CÁLCULO

R721c Rogawski, Jon
Cálculo / Jon Rogawski, Colin Adams ; tradução: Claus Ivo Doering. – 3. ed. – Porto Alegre : Bookman, 2018.
v. 1 ; xvi, 578 em várias paginações : il. ; 21 x 27,7 cm.

ISBN 978-85-8260-459-5

1. Matemática. 2. Cálculo. I. Adams, Colin. II. Título.

CDU 51-3

Catalogação na publicação: Ana Paula M. Magnus – CRB 10/2052

JON ROGAWSKI
University of California, Los Angeles
COLIN ADAMS
Williams College

CÁLCULO VOL.1

3ª EDIÇÃO

Tradução:
Claus Ivo Doering
Professor Titular do Instituto de Matemática da UFRGS

bookman

2018

Obra originalmente publicada sob o título *Calculus: Early Transcendentals*, 3rd Edition
ISBN 9781464114885

Gerente editorial: *Arysinha Jacques Affonso*

Colaboraram nesta edição:

Editora: *Denise Weber Nowaczyk*

Capa: *Márcio Monticelli* (arte sobre capa original)

Imagem da capa: *ayzek/Shutterstock*

Leitura final: *Amanda Jansson Breitsameter*

Editoração: *Techbooks*

Reservados todos os direitos de publicação, em língua portuguesa, à
BOOKMAN EDITORA LTDA., uma empresa do GRUPO A EDUCAÇÃO S.A.
Av. Jerônimo de Ornelas, 670 – Santana
90040-340 Porto Alegre RS
Fone: (51) 3027-7000 Fax: (51) 3027-7070

Unidade São Paulo
Rua Doutor Cesário Mota Jr., 63 – Vila Buarque
01221-020 São Paulo SP
Fone: (11) 3221-9033

SAC 0800 703-3444 – www.grupoa.com.br

IMPRESSO NO BRASIL
PRINTED IN BRAZIL

SOBRE OS AUTORES

COLIN ADAMS

Colin Adams ocupa a cadeira Thomas T. Read de professor de Matemática no Williams College, onde leciona desde 1985. Ele obteve seu diploma de Graduação do MIT (Massachusetts Institute of Technology) e seu diploma de Doutorado da University of Wisconsin. Sua pesquisa é desenvolvida na área de Teoria de Nós e em Topologia de dimensões baixas. Ele obteve vários financiamentos para apoiar sua pesquisa, publicou inúmeros artigos de pesquisa e vários livros como autor e coautor.

Em 1998 recebeu o prêmio nacional Haimo de excelência em ensino da MAA (Associação Americana de Matemática), de 1998 a 2000 foi o palestrante Polya da MAA, de 2000 a 2002 foi o palestrante distinguido Sigma Xi e, em 2003, recebeu o prêmio Robert Foster Cherry de ensino.

Colin tem dois filhos e um cachorro levemente maluco, que se supera no oferecimento de entretenimento.

JON ROGAWSKI

Professor por mais de 30 anos, Jon Rogawski prestou atenção e aprendeu muito com seus próprios alunos. Essas lições valiosas influenciaram seu modo de pensar e escrever e a elaboração de um livro de Cálculo.

Obteve simultaneamente o diploma de Mestrado em Matemática da Yale University e de Doutorado em Matemática da Princeton University, onde foi orientado por Robert Langlands. Antes de entrar para o Departamento de Matemática da UCLA (University of California, Los Angeles) em 1986 como Professor Titular, foi professor e pesquisador visitante no Institute for Advanced Studies e nas universidades de Bonn e de Paris, em Jussieu e em Orsay.

Suas áreas de interesse em pesquisa foram Teoria de Números, Formas Automorfas e Análise Harmônica em grupos semissimples. Publicou inúmeros artigos de pesquisa em publicações matemáticas de alto nível, inclusive sua monografia de pesquisa intitulada *Automorphic Representations of Unitary Groups in Three Variables* (Princeton University Press). Ele recebeu uma bolsa da fundação Sloan e foi editor das publicações *Pacific Mathematical Journal e Transactions of the American Mathematical Society*.

Infelizmente, Jon Rogawski faleceu em setembro de 2011. Seu compromisso com a apresentação da beleza do Cálculo e com o papel importante que essa disciplina desempenha no entendimento do mundo como um todo por parte dos estudantes constitui o legado que continua vivo em cada nova edição de Cálculo.

AGRADECIMENTOS

Colin Adams e W. H. Freeman agradecem aos muitos professores dos Estados Unidos e do Canadá que ofereceram comentários que ajudaram a desenvolver e melhorar este livro. Essas contribuições incluem testar o livro em sala de aula, revisão do manuscrito, revisão dos exercícios e participação em pesquisas sobre o livro e as necessidades gerais dos cursos.

ALABAMA Tammy Potter, *Gadsden State Community College*; David Dempsey, *Jacksonville State University*; Edwin Smith, *Jacksonville State University*; Jeff Dodd, *Jacksonville State University*; Douglas Bailer, *Northeast Alabama Community College*; Michael Hicks, *Shelton State Community College*; Patricia C. Eiland, *Troy University, Montgomery Campus*; Chadia Affane Aji, *Tuskegee University*; James L. Wang, *The University of Alabama*; Stephen Brick, *University of South Alabama*; Joerg Feldvoss, *University of South Alabama* **ALASKA** Mark A. Fitch, *University of Alaska Anchorage*; Kamal Narang, *University of Alaska Anchorage*; Alexei Rybkin, *University of Alaska Fairbanks*; Martin Getz, *University of Alaska Fairbanks* **ARIZONA** Stefania Tracogna, *Arizona State University*; Bruno Welfert, *Arizona State University*; Light Bryant, *Arizona Western College*; Daniel Russow, *Arizona Western College*; Jennifer Jameson, *Coconino College*; George Cole, *Mesa Community College*; David Schultz, *Mesa Community College*; Michael Bezusko, *Pima Community College, Desert Vista Campus*; Garry Carpenter, *Pima Community College, Northwest Campus*; Paul Flasch, *Pima County Community College*; Jessica Knapp, *Pima Community College, Northwest Campus*; Roger Werbylo, *Pima County Community College*; Katie Louchart, *Northern Arizona University*; Janet McShane, *Northern Arizona University*; Donna M. Krawczyk, *The University of Arizona* **ARKANSAS** Deborah Parker, *Arkansas Northeastern College*; J. Michael Hall, *Arkansas State University*; Kevin Cornelius, *Ouachita Baptist University*; Hyungkoo Mark Park, *Southern Arkansas University*; Katherine Pinzon, *University of Arkansas at Fort Smith*; Denise LeGrand, *University of Arkansas at Little Rock*; John Annulis, *University of Arkansas at Monticello*; Erin Haller, *University of Arkansas, Fayetteville*; Shannon Dingman, *University of Arkansas, Fayetteville*; Daniel J. Arrigo, *University of Central Arkansas* **CALIFORNIA** Michael S. Gagliardo, *California Lutheran University*; Harvey Greenwald, *California Polytechnic State University, San Luis Obispo*; Charles Hale, *California Polytechnic State University*; John Hagen, *California Polytechnic State University, San Luis Obispo*; Donald Hartig, *California Polytechnic State University, San Luis Obispo*; Colleen Margarita Kirk, *California Polytechnic State University, San Luis Obispo*; Lawrence Sze, *California Polytechnic State University, San Luis Obispo*; Raymond Terry, *California Polytechnic State University, San Luis Obispo*; James R. McKinney, *California State Polytechnic University, Pomona*; Robin Wilson, *California State Polytechnic University, Pomona*; Charles Lam, *California State University, Bakers‸eld*; David McKay, *California State University, Long Beach*; Melvin Lax, *California State University, Long Beach*; Wallace A. Etterbeek, *California State University, Sacramento*; Mohamed Allali, *Chapman University*; George Rhys, *College of the Canyons*; Janice Hector, *DeAnza College*; Isabelle Saber, *Glendale Community College*; Peter Stathis, *Glendale Community College*; Douglas B. Lloyd, *Golden West College*; Thomas Scardina, *Golden West College*; Kristin Hartford, *Long Beach City College*; Eduardo Arismendi-Pardi, *Orange Coast College*; Mitchell Alves, *Orange Coast College*; Yenkanh Vu, *Orange Coast College*; Yan Tian, *Palomar College*; Donna E. Nordstrom, *Pasadena City College*; Don L. Hancock, *Pepperdine University*; Kevin Iga, *Pepperdine University*; Adolfo J. Rumbos, *Pomona College*; Virginia May, *Sacramento City College*; Carlos de la Lama, *San Diego City College*; Matthias Beck, *San Francisco State University*; Arek Goetz, *San Francisco State University*; Nick Bykov, *San Joaquin Delta College*; Eleanor Lang Kendrick, *San Jose City College*; Elizabeth Hodes, *Santa Barbara City College*; William Konya, *Santa Monica College*; John Kennedy, *Santa Monica College*; Peter Lee, *Santa Monica College*; Richard Salome, *Scotts Valley High School*; Norman Feldman, *Sonoma State University*; Elaine McDonald, *Sonoma State University*; John D. Eggers, *University of California, San Diego*; Adam Bowers, *University of California, San Diego*; Bruno Nachtergaele, *University of California, Davis*; Boumediene Hamzi, *University of California, Davis*; Olga Radko, *University of California, Los Angeles*; Richard Leborne, *University of California, San Diego*; Peter Stevenhagen, *University of California, San Diego*; Jeffrey Stopple, *University of California, Santa Barbara*; Guofang Wei, *University of California, Santa Barbara*; Rick A. Simon, *University of La Verne*; Alexander E. Koonce, *University of Redlands*; Mohamad A. Alwash, *West Los Angeles College*; Calder Daenzer, *University of California, Berkeley*; Jude Thaddeus Socrates, *Pasadena City College*; Cheuk Ying Lam, *California State University Bakers‸eld*; Borislava Gutarts, *California State University, Los Angeles*; Daniel Rogalski, *University of California, San Diego*; Don Hartig, *California Polytechnic State University*; Anne Voth, *Palomar College*; Jay Wiestling, *Palomar College*; Lindsey Bramlett-Smith, *Santa Barbara City College*; Dennis Morrow, *College of the Canyons*; Sydney Shanks, *College of the Canyons*; Bob Tolar, *College of the Canyons*; Gene W. Majors, *Fullerton College*; Robert Diaz, *Fullerton College*; Gregory Nguyen, *Fullerton College*; Paul Sjoberg, *Fullerton College*; Deborah Ritchie, *Moorpark College*; Maya Rahnamaie, *Moorpark College*; Kathy Fink, *Moorpark College*; Christine Cole, *Moorpark College*; K. Di Passero, *Moorpark College*; Sid Kolpas, *Glendale Community College*; Miriam Castrconde, *Irvine Valley College*; Ilkner Erbas-White, *Irvine Valley College*; Corey Manchester, *Grossmont College*; Donald Murray, *Santa Monica College*; Barbara McGee, *Cuesta College*; Marie Larsen, *Cuesta College*; Joe Vasta, *Cuesta College*; Mike Kinter, *Cuesta College*; Mark Turner, *Cuesta College*; G. Lewis, *Cuesta College*; Daniel Kleinfelter, *College of the Desert*; Esmeralda Medrano, *Citrus College*; James Swatzel, *Citrus College*; Mark Littrell, *Rio Hondo College*; Rich Zucker, *Irvine Valley College*; Cindy Torigison, *Palomar College*; Craig Chamberline, *Palomar College*; Lindsey Lang, *Diablo Valley College*; Sam Needham, *Diablo Valley College*; Dan Bach, *Diablo Valley College*; Ted Nirgiotis, *Diablo Valley College*; Monte Collazo, *Diablo Valley College*; Tina Levy, *Diablo Valley College*; Mona Panchal, *East Los Angeles College*; Ron Sandvick, *San Diego Mesa College*; Larry Handa, *West Valley College*; Frederick Utter, *Santa Rose Junior College*; Farshod Mosh, *DeAnza College*; Doli Bambhania, *DeAnza College*; Charles Klein, *DeAnza College*; Tammi Marshall, *Cauyamaca College*; Inwon Leu, *Cauyamaca College*; Michael Moretti, *Bakersfield*

College; Janet Tarjan, *Bakersfield College*; Hoat Le, *San Diego City College*; Richard Fielding, *Southwestern College*; Shannon Gracey, *Southwestern College*; Janet Mazzarella, *Southwestern College*; Christina Soderlund, *California Lutheran University*; Rudy Gonzalez, *Citrus College*; Robert Crise, *Crafton Hills College*; Joseph Kazimir, *East Los Angeles College*; Randall Rogers, *Fullerton College*; Peter Bouzar, *Golden West College*; Linda Ternes, *Golden West College*; Hsiao-Ling Liu, *Los Angeles Trade Tech Community College*; Yu-Chung Chang-Hou, *Pasadena City College*; Guillermo Alvarez, *San Diego City College*; Ken Kuniyuki, *San Diego Mesa College*; Laleh Howard, *San Diego Mesa College*; Sharareh Masooman, *Santa Barbara City College*; Jared Hersh, *Santa Barbara City College*; Betty Wong, *Santa Monica College*; Brian Rodas, *Santa Monica College*; Veasna Chiek, *Riverside City College* **COLORADO** Tony Weathers, *Adams State College*; Erica Johnson, *Arapahoe Community College*; Karen Walters, *Arapahoe Community College*; Joshua D. Laison, *Colorado College*; G. Gustave Greivel, *Colorado School of Mines*; Holly Eklund, *Colorado School of the Mines*; Mike Nicholas, *Colorado School of the Mines*; Jim Thomas, *Colorado State University*; Eleanor Storey, *Front Range Community College*; Larry Johnson, *Metropolitan State College of Denver*; Carol Kuper, *Morgan Community College*; Larry A. Pontaski, *Pueblo Community College*; Terry Chen Reeves, *Red Rocks Community College*; Debra S. Carney, *Colorado School of the Mines*; Louis A. Talman, *Metropolitan State College of Denver*; Mary A. Nelson, *University of Colorado at Boulder*; J. Kyle Pula, *University of Denver*; Jon Von Stroh, *University of Denver*; Sharon Butz, *University of Denver*; Daniel Daly, *University of Denver*; Tracy Lawrence, *Arapahoe Community College*; Shawna Mahan, *University of Colorado Denver*; Adam Norris, *University of Colorado at Boulder*; Anca Radulescu, *University of Colorado at Boulder*; Mike Kawai, *University of Colorado Denver*; Janet Barnett, *Colorado State University Pueblo*; Byron Hurley, *Colorado State University Pueblo*; Jonathan Portiz, *Colorado State University Pueblo*; Bill Emerson, *Metropolitan State College of Denver*; Suzanne Caulk, *Regis University*; Anton Dzhamay, *University of Northern Colorado* **CONNECTICUT** Jeffrey McGowan, *Central Connecticut State University*; Ivan Gotchev, *Central Connecticut State University*; Charles Waiveris, *Central Connecticut State University*; Christopher Hammond, *Connecticut College*; Anthony Y. Aidoo, *Eastern Connecticut State University*; Kim Ward, *Eastern Connecticut State University*; Joan W. Weiss, *Fairfield University*; Theresa M. Sandifer, *Southern Connecticut State University*; Cristian Rios, *Trinity College*; Melanie Stein, *Trinity College*; Steven Orszag, *Yale University* **DELAWARE** Patrick F. Mwerinde, *University of Delaware* **DISTRICT OF COLUMBIA** Jeffrey Hakim, *American University*; Joshua M. Lansky, *American University*; James A. Nickerson, *Gallaudet University* **FLORIDA** Gregory Spradlin, *Embry-Riddle University at Daytona Beach*; Daniela Popova, *Florida Atlantic University*; Abbas Zadegan, *Florida International University*; Gerardo Aladro, *Florida International University*; Gregory Henderson, *Hillsborough Community College*; Pam Crawford, *Jacksonville University*; Penny Morris, *Polk Community College*; George Schultz, *St. Petersburg College*; Jimmy Chang, *St. Petersburg College*; Carolyn Kistner, *St. Petersburg College*; Aida Kadic-Galeb, *The University of Tampa*; Constance Schober, *University of Central Florida*; S. Roy Choudhury, *University of Central Florida*; Kurt Overhiser, *Valencia Community College*; Jiongmin Yong, *University of Central Florida*; Giray Okten, *The Florida State University*; Frederick Hoffman, *Florida Atlantic University*; Thomas Beatty, *Florida Gulf Coast University*; Witny Librun, *Palm Beach Community College North*; Joe Castillo, *Broward County College*; Joann Lewin, *Edison College*; Donald Ransford, *Edison College*; Scott Berthiaume, *Edison College*; Alexander Ambrioso, *Hillsborough Community College*; Jane Golden, *Hillsborough Community College*; Susan Hiatt, *Polk Community College Lakeland Campus*; Li Zhou, *Polk Community College Winter Haven Campus*; Heather Edwards, *Seminole Community College*; Benjamin Landon, *Daytona State College*; Tony Malaret, *Seminole Community College*; Lane Vosbury, *Seminole Community College*; William Rickman, *Seminole Community College*; Cheryl Cantwell, *Seminole Community College*; Michael Schramm, *Indian River State College*; Janette Campbell, *Palm Beach Community College Lake Worth*; Kwai-Lee Chui, *University of Florida*; Shu-Jen Huang, *University of Florida* **GEORGIA** Christian Barrientos, *Clayton State University*; Thomas T. Morley, *Georgia Institute of Technology*; Doron Lubinsky, *Georgia Institute of Technology*; Ralph Wildy, *Georgia Military College*; Shahram Nazari, *Georgia Perimeter College*; Alice Eiko Pierce, *Georgia Perimeter College, Clarkson Campus*; Susan Nelson, *Georgia Perimeter College, Clarkson Campus*; Laurene Fausett, *Georgia Southern University*; Scott N. Kersey, *Georgia Southern University*; Jimmy L. Solomon, *Georgia Southern University*; Allen G. Fuller, *Gordon College*; Marwan Zabdawi, *Gordon College*; Carolyn A. Yackel, *Mercer University*; Blane Hollingsworth, *Middle Georgia State College*; Shahryar Heydari, *Piedmont College*; Dan Kannan, *The University of Georgia*; June Jones, *Middle Georgia State College*; Abdelkrim Brania, *Morehouse College*; Ying Wang, *Augusta State University*; James M. Benedict, *Augusta State University*; Kouong Law, *Georgia Perimeter College*; Rob Williams, *Georgia Perimeter College*; Alvina Atkinson, *Georgia Gwinnett College*; Amy Erickson, *Georgia Gwinnett College* **HAWAII** Shuguang Li, *University of Hawaii at Hilo*; Raina B. Ivanova, *University of Hawaii at Hilo* **IDAHO** Uwe Kaiser, *Boise State University*; Charles Kerr, *Boise State University*; Zach Teitler, *Boise State University*; Otis Kenny, *Boise State University*; Alex Feldman, *Boise State University*; Doug Bullock, *Boise State University*; Brian Dietel, *Lewis-Clark State College*; Ed Korntved, *Northwest Nazarene University*; Cynthia Piez, *University of Idaho* **ILLINOIS** Chris Morin, *Blackburn College*; Alberto L. Delgado, *Bradley University*; John Haverhals, *Bradley University*; Herbert E. Kasube, *Bradley University*; Marvin Doubet, *Lake Forest College*; Marvin A. Gordon, *Lake Forest Graduate School of Management*; Richard J. Maher, *Loyola University Chicago*; Joseph H. Mayne, *Loyola University Chicago*; Marian Gidea, *Northeastern Illinois University*; John M. Alongi, *Northwestern University*; Miguel Angel Lerma, *Northwestern University*; Mehmet Dik, *Rockford College*; Tammy Voepel, *Southern Illinois University Edwardsville*; Rahim G. Karimpour, *Southern Illinois University*; Thomas Smith, *University of Chicago*; Laura DeMarco, *University of Illinois*; Evangelos Kobotis, *University of Illinois at Chicago*; Jennifer McNeilly, *University of Illinois at Urbana-Champaign*; Timur Oikhberg, *University of Illinois at Urbana-Champaign*; Manouchehr Azad, *Harper College*; Minhua Liu, *Harper College*; Mary Hill, *College of DuPage*; Arthur N. DiVito, *Harold Washington College* **INDIANA** Vania Mascioni, *Ball State University*; Julie A. Killingbeck, *Ball State University*; Kathie Freed, *Butler University*; Zhixin Wu, *DePauw University*; John P. Boardman, *Franklin College*; Robert N. Talbert, *Franklin College*; Robin Symonds, *Indiana University Kokomo*; Henry L. Wyzinski, *Indiana University Northwest*; Melvin Royer, *Indiana Wesleyan University*; Gail P. Greene, *Indiana Wesleyan University*; David L. Finn, *RoseHulman Institute of Technology*; Chong Keat Arthur Lim, *University of Notre Dame* **IOWA** Nasser Dastrange, *Buena Vista University*; Mark A. Mills, *Central College*; Karen Ernst, *Hawkeye Community College*; Richard Mason, *Indian Hills Community College*; Robert S. Keller, *Loras College*; Eric Robert Westlund, *Luther College*; Weimin Han, *The University of Iowa* **KANSAS** Timothy W. Flood, *Pittsburg State University*; Sarah Cook, *Washburn University*; Kevin E. Charlwood, *Washburn University*; Conrad Uwe, *Cowley County Community College*; David N. Yetter, *Kansas State University* **KENTUCKY** Alex M. McAllister, *Center College*; Sandy Spears, *Jefferson Community & Technical College*; Leanne Faulkner, *Kentucky Wesleyan College*; Donald O. Clayton, *Madisonville Community College*; Thomas Riedel, *University of Louisville*; Manabendra Das, *University of Louisville*; Lee Larson, *University of Louisville*; Jens E. Harlander, *Western Ken-*

tucky University; Philip McCartney, *Northern Kentucky University*; Andy Long, *Northern Kentucky University*; Omer Yayenie, *Murray State University*; Donald Krug, *Northern Kentucky University* **LOUISIANA** William Forrest, *Baton Rouge Community College*; Paul Wayne Britt, *Louisiana State University*; Galen Turner, *Louisiana Tech University*; Randall Wills, *Southeastern Louisiana University*; Kent Neuerburg, *Southeastern Louisiana University*; Guoli Ding, *Louisiana State University*; Julia Ledet, *Louisiana State University*; Brent Strunk, *University of Louisiana at Monroe* **MAINE** Andrew Knightly, *The University of Maine*; Sergey Lvin, *The University of Maine*; Joel W. Irish, *University of Southern Maine*; Laurie Woodman, *University of Southern Maine*; David M. Bradley, *The University of Maine*; William O. Bray, *The University of Maine* **MARYLAND** Leonid Stern, *Towson University*; Jacob Kogan, *University of Maryland Baltimore County*; Mark E. Williams, *University of Maryland Eastern Shore*; Austin A. Lobo, *Washington College*; Supawan Lertskrai, *Harford Community College*; Fary Sami, *Harford Community College*; Andrew Bulleri, *Howard Community College* **MASSACHUSETTS** Sean McGrath, *Algonquin Regional High School*; Norton Starr, *Amherst College*; Renato Mirollo, *Boston College*; Emma Previato, *Boston University*; Laura K Gross, *Bridgewater State University*; Richard H. Stout, *Gordon College*; Matthew P. Leingang, *Harvard University*; Suellen Robinson, *North Shore Community College*; Walter Stone, *North Shore Community College*; Barbara Loud, *Regis College*; Andrew B. Perry, *Spring.eld College*; Tawanda Gwena, *Tufts University*; Gary Simundza, *Wentworth Institute of Technology*; Mikhail Chkhenkeli, *Western New England College*; David Daniels, *Western New England College*; Alan Gor.n, *Western New England College*; Saeed Ghahramani, *Western New England College*; Julian Fleron, *West.eld State College*; Maria Fung, *Worchester State University*; Brigitte Servatius, *Worcester Polytechnic Institute*; John Goulet, *Worcester Polytechnic Institute*; Alexander Martsinkovsky, *Northeastern University*; Marie Clote, *Boston College*; Alexander Kastner, *Williams College*; Margaret Peard, *Williams College*; Mihai Stoiciu, *Williams College* **MICHIGAN** Mark E. Bollman, *Albion College*; Jim Chesla, *Grand Rapids Community College*; Jeanne Wald, *Michigan State University*; Allan A. Struthers, *Michigan Technological University*; Debra Pharo, *Northwestern Michigan College*; Anna Maria Spagnuolo, *Oakland University*; Diana Faoro, *Romeo Senior High School*; Andrew Strowe, *University of Michigan Dearborn*; Daniel Stephen Drucker, *Wayne State University*; Christopher Cartwright, *Lawrence Technological University*; Jay Treiman, *Western Michigan University* **MINNESOTA** Bruce Bordwell, *AnokaRamsey Community College*; Robert Dobrow, *Carleton College*; Jessie K. Lenarz, *Concordia College Moorhead Minnesota*; Bill Tomhave, *Concordia College*; David L. Frank, *University of Minnesota*; Steven I. Sperber, *University of Minnesota*; Jeffrey T. McLean, *University of St. Thomas*; Chehrzad Shakiban, *University of St. Thomas*; Melissa Loe, *University of St. Thomas*; Nick Christopher Fiala, *St. Cloud State University*; Victor Padron, *Normandale Community College*; Mark Ahrens, *Normandale Community College*; Gerry Naughton, *Century Community College*; Carrie Naughton, *Inver Hills Community College* **MISSISSIPPI** Vivien G. Miller, *Mississippi State University*; Ted Dobson, *Mississippi State University*; Len Miller, *Mississippi State University*; Tristan Denley, *The University of Mississippi* **MISSOURI** Robert Robertson, *Drury University*; Gregory A. Mitchell, *Metropolitan Community College Penn Valley*; Charles N. Curtis, *Missouri Southern State University*; Vivek Narayanan, *Moberly Area Community College*; Russell Blyth, *Saint Louis University*; Julianne Rainbolt, *Saint Louis University*; Blake Thornton, *Saint Louis University*; Kevin W. Hopkins, *Southwest Baptist University*; Joe Howe, *St. Charles Community College*; Wanda Long, *St. Charles Community College*; Andrew Stephan, *St. Charles Community College* **MONTANA** Kelly Cline, *Carroll College*; Veronica Baker, *Montana State University, Bozeman*; Richard C. Swanson, *Montana State University*; Thomas HayesMcGoff, *Montana State University*; Nikolaus Vonessen, *The University of Montana* **NEBRASKA** Edward G. Reinke Jr., *Concordia University*; Judith Downey, *University of Nebraska at Omaha* **NEVADA** Jennifer Gorman, *College of Southern Nevada*; Jonathan Pearsall, *College of Southern Nevada*; Rohan Dalpatadu, *University of Nevada, Las Vegas*; Paul Aizley, *University of Nevada, Las Vegas* **NEW HAMPSHIRE** Richard Jardine, *Keene State College*; Michael Cullinane, *Keene State College*; Roberta Kieronski, *University of New Hampshire at Manchester*; Erik Van Erp, *Dartmouth College* **NEW JERSEY** Paul S. Rossi, *College of Saint Elizabeth*; Mark Galit, *Essex County College*; Katarzyna Potocka, *Ramapo College of New Jersey*; Nora S. Thornber, *Raritan Valley Community College*; Abdulkadir Hassen, *Rowan University*; Olcay Ilicasu, *Rowan University*; Avraham Soffer, *Rutgers, The State University of New Jersey*; Chengwen Wang, *Rutgers, The State University of New Jersey*; Shabnam Beheshti, *Rutgers University, The State University of New Jersey*; Stephen J. Green.eld, *Rutgers, The State University of New Jersey*; John T. Saccoman, *Seton Hall University*; Lawrence E. Levine, *Stevens Institute of Technology*; Jana Gevertz, *The College of New Jersey*; Barry Burd, *Drew University*; Penny Luczak, *Camden County College*; John Climent, *Cecil Community College*; Kristyanna Erickson, *Cecil Community College*; Eric Compton, *Brookdale Community College*; John AtsuSwanzy, *Atlantic Cape Community College* **NEW MEXICO** Kevin Leith, *Central New Mexico Community College*; David Blankenbaker, *Central New Mexico Community College*; Joseph Lakey, *New Mexico State University*; Kees Onneweer, *University of New Mexico*; Jurg Bolli, *The University of New Mexico* **NEW YORK** Robert C. Williams, *Alfred University*; Timmy G. Bremer, *Broome Community College State University of New York*; Joaquin O. Carbonara, *Buffalo State College*; Robin Sue Sanders, *Buffalo State College*; Daniel Cunningham, *Buffalo State College*; Rose Marie Castner, *Canisius College*; Sharon L. Sullivan, *Catawba College*; Fabio Nironi, *Columbia University*; Camil Muscalu, *Cornell University*; Maria S. Terrell, *Cornell University*; Margaret Mulligan, *Dominican College of Blauvelt*; Robert Andersen, *Farmingdale State University of New York*; Leonard Nissim, *Fordham University*; Jennifer Roche, *Hobart and William Smith Colleges*; James E. Carpenter, *Iona College*; Peter Shenkin, *John Jay College of Criminal Justice/CUNY* ; Gordon Crandall, *LaGuardia Community College/CUNY*; Gilbert Traub, *Maritime College, State University of New York*; Paul E. Seeburger, *Monroe Community College Brighton Campus*; Abraham S. Mantell, *Nassau Community College*; Daniel D. Birmajer, *Nazareth College*; Sybil G. Shaver, *Pace University*; Margaret Kiehl, *Rensselaer Polytechnic Institute*; Carl V. Lutzer, *Rochester Institute of Technology*; Michael A. Radin, *Rochester Institute of Technology*; Hossein Shahmohamad, *Rochester Institute of Technology*; Thomas Rousseau, *Siena College*; Jason Hofstein, *Siena College*; Leon E. Gerber, *St. Johns University*; Christopher Bishop, *Stony Brook University*; James Fulton, *Suffolk County Community College*; John G. Michaels, *SUNY Brockport*; Howard J. Skogman, *SUNY Brockport*; Cristina Bacuta, *SUNY Cortland*; Jean Harper, *SUNY Fredonia*; David Hobby, *SUNY New Paltz*; Kelly Black, *Union College*; Thomas W. Cusick, *University at Buffalo/The State University of New York*; Gino Biondini, *University at Buffalo/The State University of New York*; Robert Koehler, *University at Buffalo/The State University of New York*; Donald Larson, *University of Rochester*; Robert Thompson, *Hunter College*; Ed Grossman, *The City College of New York* **NORTH CAROLINA** Jeffrey Clark, *Elon University*; William L. Burgin, *Gaston College*; Manouchehr H. Misaghian, *Johnson C. Smith University*; Legunchim L. Emmanwori, *North Carolina A&T State University*; Drew Pasteur, *North Carolina State University*; Demetrio Labate, *North Carolina State University*; Mohammad Kazemi, *The University of North Carolina at Charlotte*; Richard Carmichael, *Wake Forest University*; Gretchen Wilke Whipple, *Warren Wilson College*; John Russell Taylor, *University of North Carolina at Charlotte*; Mark Ellis, *Piedmont Community College* **NORTH DAKOTA** Jim Coykendall, *North Dakota State University*; Anthony J. Bevelacqua, *The University of North Dakota*; Richard P. Millspaugh, *The University* *of North Dakota*; Thomas Gilsdorf, *The University of North Dakota*; Michele Iiams, *The University of North Dakota*; Mohammad Khavanin, *University of North Dakota* **OHIO** Christopher Butler, *Case Western Reserve University*; Pamela Pierce, *The College of Wooster*; Barbara H. Margolius, *Cleveland State University*; Tzu-Yi Alan Yang, *Columbus State Community College*; Greg S. Goodhart, *Columbus State Community College*; Kelly C. Stady, *Cuyahoga Community College*; Brian T. Van Pelt, *Cuyahoga Community College*; David Robert Ericson, *Miami University*; Frederick S. Gass, *Miami University*; Thomas Stacklin, *Ohio Dominican University*; Vitaly Bergelson, *The Ohio State University*; Robert Knight, *Ohio University*; John R. Pather, *Ohio University, Eastern Campus*; Teresa Contenza, *Otterbein College*; Ali Hajjafar, *The University of Akron*; Jianping Zhu, *The University of Akron*; Ian Clough, *University of Cincinnati Clermont College*; Atif Abueida, *University of Dayton*; Judith McCrory, *The University at Findlay*; Thomas Smotzer, *Youngstown State University*; Angela Spalsbury, *Youngstown State University*; James Osterburg, *The University of Cincinnati*; Mihaela A. Poplicher, *University of Cincinnati*; Frederick Thulin, *University of Illinois at Chicago*; Weimin Han, *The Ohio State University*; Crichton Ogle, *The Ohio State University*; Jackie Miller, *The Ohio State University*; Walter Mackey, *Owens Community College*; Jonathan Baker, *Columbus State Community College* **OKLAHOMA** Christopher Francisco, *Oklahoma State University*; Michael McClendon, *University of Central Oklahoma*; Teri Jo Murphy, *The University of Oklahoma*; Kimberly Adams, *University of Tulsa*; Shirley Pomeranz, *University of Tulsa* **OREGON** Lorna TenEyck, *Chemeketa Community College*; Angela Martinek, *Linn-Benton Community College*; Filix Maisch, *Oregon State University*; Tevian Dray, *Oregon State University*; Mark Ferguson, *Chemekata Community College*; Andrew Flight, *Portland State University*; Austina Fong, *Portland State University*; Jeanette R. Palmiter, *Portland State University* **PENNSYLVANIA** John B. Polhill, *Bloomsburg University of Pennsylvania*; Russell C. Walker, *Carnegie Mellon University*; Jon A. Beal, *Clarion University of Pennsylvania*; Kathleen Kane, *Community College of Allegheny County*; David A. Santos, *Community College of Philadelphia*; David S. Richeson, *Dickinson College*; Christine Marie Cedzo, *Gannon University*; Monica Pierri-Galvao, *Gannon University*; John H. Ellison, *Grove City College*; Gary L. Thompson, *Grove City College*; Dale McIntyre, *Grove City College*; Dennis Benchoff, *Harrisburg Area Community College*; William A. Drumin, *King's College*; Denise Reboli, *King's College*; Chawne Kimber, *Lafayette College*; Elizabeth McMahon, *Lafayette College*; Lorenzo Traldi, *Lafayette College*; David L. Johnson, *Lehigh University*; Matthew Hyatt, *Lehigh University*; Zia Uddin, *Lock Haven University of Pennsylvania*; Donna A. Dietz, *Mans‸eld University of Pennsylvania*; Samuel Wilcock, *Messiah College*; Richard R. Kern, *Montgomery County Community College*; Michael Fraboni, *Moravian College*; Neena T. Chopra, *The Pennsylvania State University*; Boris A. Datskovsky, *Temple University*; Dennis M. DeTurck, *University of Pennsylvania*; Jacob Burbea, *University of Pittsburgh*; Mohammed Yahdi, *Ursinus College*; Timothy Feeman, *Villanova University*; Douglas Norton, *Villanova University*; Robert Styer, *Villanova University*; Michael J. Fisher, *West Chester University of Pennsylvania*; Peter Brooksbank, *Bucknell University*; Emily Dryden, *Bucknell University*; Larry Friesen, *Butler County Community College*; Lisa Angelo, *Bucks County College*; Elaine Fitt, *Bucks County College*; Pauline Chow, *Harrisburg Area Community College*; Diane Benner, *Harrisburg Area Community College*; Emily B. Dryden, *Bucknell University*; Erica Chauvet, *Waynesburg University* **RHODE ISLAND** Thomas F. Banchoff, *Brown University*; Yajni Warnapala-Yehiya, *Roger Williams University*; Carol Gibbons, *Salve Regina University*; Joe Allen, *Community College of Rhode Island*; Michael Latina, *Community College of Rhode Island* **SOUTH CAROLINA** Stanley O. Perrine, *Charleston Southern University*; Joan Hoffacker, *Clemson University*; Constance C. Edwards, *Coastal Carolina University*; Thomas L. Fitzkee, *Francis Marion University*; Richard West, *Francis Marion University*; John Harris, *Furman University*; Douglas B. Meade, *University of South Carolina*; George Androulakis, *University of South Carolina*; Art Mark, *University of South Carolina Aiken*; Sherry Biggers, *Clemson University*; Mary Zachary Krohn, *Clemson University*; Andrew Incognito, *Coastal Carolina University*; Deanna Caveny, *College of Charleston* **SOUTH DAKOTA** Dan Kemp, *South Dakota State University* **TENNESSEE** Andrew Miller, *Belmont University*; Arthur A. Yanushka, *Christian Brothers University*; Laurie Plunk Dishman, *Cumberland University*; Maria Siopsis, *Maryville College*; Beth Long, *Pellissippi State Technical Community College*; Judith Fethe, *Pellissippi State Technical Community College*; Andrzej Gutek, *Tennessee Technological University*; Sabine Le Borne, *Tennessee Technological University*; Richard Le Borne, *Tennessee Technological University*; Maria F. Bothelho, *University of Memphis*; Roberto Triggiani, *University of Memphis*; Jim Conant, *The University of Tennessee*; Pavlos Tzermias, *The University of Tennessee*; Luis Renato Abib Finotti, *University of Tennessee, Knoxville*; Jennifer Fowler, *University of Tennessee, Knoxville*; Jo Ann W. Staples, *Vanderbilt University*; Dave Vinson, *Pellissippi State Community College*; Jonathan Lamb, *Pellissippi State Community College* **TEXAS** Sally Haas, *Angelina College*; Karl Havlak, *Angelo State University*; Michael Huff, *Austin Community College*; John M. Davis, *Baylor University*; Scott Wilde, *Baylor University and The University of Texas at Arlington*; Rob Eby, *Blinn College*; Tim Sever, *Houston Community College Central*; Ernest Lowery, *Houston Community College Northwest*; Brian Loft, *Sam Houston State University*; Jianzhong Wang, *Sam Houston State University*; Shirley Davis, *South Plains College*; Todd M. Steckler, *South Texas College*; Mary E. Wagner-Krankel, *St. Mary's University*; Elise Z. Price, *Tarrant County College, Southeast Campus*; David Price, *Tarrant County College, Southeast Campus*; Runchang Lin, *Texas A&M University*; Michael Stecher, *Texas A&M University*; Philip B. Yasskin, *Texas A&M University*; Brock Williams, *Texas Tech University*; I. Wayne Lewis, *Texas Tech University*; Robert E. Byerly, *Texas Tech University*; Ellina Grigorieva, *Texas Woman's University*; Abraham Haje, *Tomball College*; Scott Chapman, *Trinity University*; Elias Y. Deeba, *University of Houston Downtown*; Jianping Zhu, *The University of Texas at Arlington*; Tuncay Aktosun, *The University of Texas at Arlington*; John E. Gilbert, *The University of Texas at Austin*; Jorge R. Viramontes-Olivias, *The University of Texas at El Paso*; Fengxin Chen, *University of Texas at San Antonio*; Melanie Ledwig, *The Victoria College*; Gary L. Walls, *West Texas A&M University*; William Heierman, *Wharton County Junior College*; Lisa Rezac, *University of St. Thomas*; Raymond J. Cannon, *Baylor University*; Kathryn Flores, *McMurry University*; Jacqueline A. Jensen, *Sam Houston State University*; James Galloway, *Collin County College*; Raja Khoury, *Collin County College*; Annette Benbow, *Tarrant County College Northwest*; Greta Harland, *Tarrant County College Northeast*; Doug Smith, *Tarrant County College Northeast*; Marcus McGuff, *Austin Community College*; Clarence McGuff, *Austin Community College*; Steve Rodi, *Austin Community College*; Vicki Payne, *Austin Community College*; Anne Pradera, *Austin Community College*; Christy Babu, *Laredo Community College*; Deborah Hewitt, *McLennan Community College*; W. Duncan, *McLennan Community College*; Hugh Grif‸th, *Mt. San Antonio College* **UTAH** Ruth Trygstad, *Salt Lake City Community College* **VIRGINIA** Verne E. Leininger, *Bridgewater College*; Brian Bradie, *Christopher Newport University*; Hongwei Chen, *Christopher Newport University*; John J. Avioli, *Christopher Newport University*; James H. Martin, *Christopher Newport University*; David Walnut, *George Mason University*; Mike Shirazi, *Germanna Community College*; Julie Clark, *Hollins University*; Ramon A. Mata-Toledo, *James Madison University*; Adrian Riskin, *Mary Baldwin College*; Josephine Letts, *Ocean Lakes High School*; Przemyslaw Bogacki, *Old Dominion University*; Deborah Denvir, *RandolphMacon Woman's College*; Linda Powers, *Virginia Tech*; Gregory Dresden, *Washington and Lee University*; Jacob A. Siehler, *Washington and Lee University*; Yuan-Jen Chiang, *University of Mary Washington*; Nicholas Hamblet, *University of Virginia*; Bernard Fulgham, *University of Virginia*; Manouchehr Mike Mohajeri, *University of Virginia*; Lester Frank Caudill, *University of Richmond* **VERMONT** David Dorman, *Middlebury College*; Rachel Repstad, *Vermont Technical College* **WASHINGTON** Ricardo Chavez, *Bellevue College*; Jennifer Laveglia, *Bellevue Community College*; David Whittaker, *Cascadia Community College*; Sharon Saxton, *Cascadia Community College*; Aaron Montgomery, *Central Washington University*; Patrick Averbeck, *Edmonds Community College*; Tana Knudson, *Heritage University*; Kelly Brooks, *Pierce College*; Shana P. Calaway, *Shoreline Community College*; Abel Gage, *Skagit Valley College*; Scott MacDonald, *Tacoma Community College*; Jason Preszler, *University of Puget Sound*; Martha A. Gady, *Whitworth College*; Wayne L. Neidhardt, *Edmonds Community College*; Simrat Ghuman, *Bellevue College*; Jeff Eldridge, *Edmonds Community College*; Kris Kissel, *Green River Community College*; Laura Moore-Mueller, *Green River Community College*; David Stacy, *Bellevue College*; Eric Schultz, *Walla Walla Community College*; Julianne Sachs, *Walla Walla Community College* **WEST VIRGINIA** David Cusick, *Marshall University*; Ralph Oberste-Vorth, *Marshall University*; Suda Kunyosying, *Shepard University*; Nicholas Martin, *Shepherd University*; Rajeev Rajaram, *Shepherd University*; Xiaohong Zhang, *West Virginia State University*; Sam B. Nadler, *West Virginia University* **WYOMING** Claudia Stewart, *Casper College*; Pete Wildman, *Casper College*; Charles Newberg, *Western Wyoming Community College*; Lynne Ipina, *University of Wyoming*; John Spitler, *University of Wyoming* **WISCONSIN** Erik R. Tou, *Carthage College*; Paul Bankston, *Marquette University*; Jane Nichols, *Milwaukee School of Engineering*; Yvonne Yaz, *Milwaukee School of Engineering*; Simei Tong, *University of Wisconsin Eau Claire*; Terry Nyman, *University of Wisconsin Fox Valley*; Robert L. Wilson, *University of Wisconsin Madison*; Dietrich A. Uhlenbrock, *University of Wisconsin Madison*; Paul Milewski, *University of Wisconsin Madison*; Donald Solomon, *University of Wisconsin Milwaukee*; Kandasamy Muthuvel, *University of Wisconsin Oshkosh*; Sheryl Wills, *University of Wisconsin Platteville*; Kathy A. Tomlinson, *University of Wisconsin River Falls*; Cynthia L. McCabe, *University of Wisconsin Stevens Point*; Matthew Welz, *University of Wisconsin Stevens Point*; Joy Becker, *University of Wisconsin-Stout*; Jeganathan Sriskandarajah , *Madison Area Tech College*; Wayne Sigelko, *Madison Area Tech College* **CANADA** Don St. Jean, *George Brown College*; Robert Dawson, *St. Mary's University*; Len Bos, *University of Calgary*; Tony Ware, *University of Calgary*; Peter David Papez, *University of Calgary*; John O'Conner, *Grant MacEwan University*; Michael P. Lamoureux, *University of Calgary*; Yousry Elsabrouty, *University of Calgary*; Darja Kalajdzievska, *University of Manitoba*; Andrew Skelton, *University of Guelph*; Douglas Farenick, *University of Regina*

A criação desta terceira edição não poderia ter acontecido sem a ajuda de muitas pessoas. Em primeiro lugar, agradeço às pessoas com os quais trabalhei na W. H. Freeman. Terri Ward e Ruth Baruth me convenceram a iniciar este projeto e sou profundamente grato a eles pelo seu apoio e pela confiança na minha habilidade em executá-lo. Terri ofereceu uma enorme ajuda ao longo de todo o processo e sempre pude contar com ela para manter esse trem nos trilhos. Katrina Wilhelm também tem sido extremamente útil; ela traz competência, calma e habilidades organizacionais que constantemente me impressionam. Tony Palermino ofereceu auxílio editorial profissional ao longo de todo o processo, sendo incrivelmente conhecedor de todos os aspectos referentes a livros-texto matemáticos, além de ter um olho apurado para os detalhes que fazem um livro funcionar. Kerry O'Shaughnessy manteve o processo editorial em movimento para frente de maneira muito oportuna e sem precisar recorrer a ameaças. John Rogosich foi o excelente compositor. Patti Brecht fez a leitura final com maestria. Meus agradecimentos também são dirigidos à maravilhosa equipe de produção da W. H. Freeman: Janice Donnola, Eileen Liang, Blake Logan, Paul Rohloff e a Ron Weickart do Network Graphics pela sua execução profissional e criativa do programa de arte final.

A segunda edição teve feedback de muitos professores e seus nomes aparecem na lista anterior. Sou profundamente grato a todos. Em particular, agradeço a todos os membros do comitê editorial que enviavam sugestões mensais. Maria Shell Terrell enviou tantas sugestões não solicitadas que acabei pedindo que fosse incluída no comitê; então, suas sugestões passaram a ser solicitadas. Os revisores técnicos John Alongi, CK Cheung, Kwai-Lee Chui, John Davis, John Eggers, Stephen Greenfield, Roger Lipsett, Vivek Narayanan e Olga Radko me ajudaram a trazer este livro à sua forma presente. Você pensa que encontrou os erros, mas não encontrou.

Também agradeço aos meus colegas do Departamento de Matemática e Estatística do Williams College. Sempre soube que tinha muita sorte em ser um membro desse departamento. Há tantos projetos interessantes e ideias pedagógicas espertas lançadas no departamento que me sinto motivado só por tentar acompanhar seu ritmo.

Além de tudo, gostaria de agradecer aos meus alunos, cujo entusiasmo faz do ensino uma alegria. É eles que me proporcionam o prazer de ir trabalhar todos os dias.

Finalmente, quero agradecer aos meus filhos Alexa e Colton. São eles que me mantém com os pés no chão e que me lembram do que funciona e do que não funciona no mundo real. Esse livro é dedicado a eles.

Colin Adams

PREFÁCIO

Sobre o ensino da Matemática

Eu me considero um sujeito de sorte por ser um professor e profissional da Matemática. Quando eu era jovem, havia decidido ser um escritor, pois adorava contar histórias. No entanto, eu também era bom em Matemática e, uma vez na faculdade, não me levou muito tempo para apaixonar-me por esse assunto. Eu adorava o fato de que o sucesso na Matemática não depende da habilidade de expor as ideias nem das relações interpessoais. Ou estamos certos ou estamos errados, havendo pouca avaliação subjetiva envolvida. E eu amava a satisfação de conseguir encontrar uma solução. Isso se intensificou quando comecei a resolver problemas que eram questões de pesquisa em aberto, que, até então, haviam permanecido sem resolução.

Assim, tornei-me um professor de Matemática. Logo de início constatei que ensinar Matemática é contar uma história. O objetivo é explicar aos estudantes de uma maneira interessante, com o ritmo certo, e da maneira mais clara possível, como a Matemática funciona e o que ela pode fazer por nós. Para mim, a Matemática é imensamente bela e quero que meus alunos também sintam isso.

Sobre escrever um livro de Cálculo

Sempre imaginei que eu poderia escrever um livro de Cálculo, só que isso é uma tarefa desafiadora. Atualmente, os livros de Cálculo têm mais de mil páginas e eu precisava me convencer de que teria algo a oferecer que fosse suficientemente diferente do que os livros existentes já apresentam. Então fui abordado para escrever a terceira edição do livro de Jon Rogawski, livro pelo qual eu já nutria grande respeito. A visão de Jon do que deveria ser um livro de Cálculo era muito parecida com a minha. Ele acreditava que, como professores de Matemática, a forma como dizemos é tão importante quanto o que dizemos. Embora ele sempre insistisse com o rigor, também queria um livro escrito em linguagem comum, que pudesse ser lido e que estimulasse o estudante a querer ler e aprender mais. Além disso, Jon procurava criar um texto em que a exposição, os gráficos e a diagramação trabalhassem juntos para ressaltar todas as facetas do aprendizado de Cálculo.

Ao escrever este livro, Jon dedicou especial atenção a certos aspectos do texto:

1. Uma exposição clara e acessível que antecipe e se preocupe com as dificuldades dos estudantes.
2. Diagramação e figuras que comuniquem o fluxo de ideias.
3. Destaques para os conceitos e o raciocínio matemático: Entendimento Conceitual, Entendimento Gráfico, Hipóteses Importam, Lembrete e Perspectiva Histórica.
4. Uma coleção rica de exemplos e exercícios de dificuldade graduada que ensinem as habilidades básicas e técnicas de resolução de problemas, reforcem o entendimento conceitual e motivem o Cálculo por meio de aplicações interessantes. Cada seção também contém exercícios que desenvolvem compreensão adicional e desafiam o estudante a desenvolver ainda mais suas habilidades.

Fiquei um pouco apreensivo ao iniciar o projeto de criar esta terceira edição. Diante de mim, estava um livro que já era excelente e que havia alcançado os objetivos propostos pelo autor. Em primeiro lugar, eu queria certificar-me de que não faria mal a esse livro. Por outro lado, tenho lecionado Cálculo por trinta anos e, nesse ínterim, cheguei a algumas conclusões sobre o que funciona e o que não funciona com os alunos.

Como matemático, queria ter certeza de que os teoremas, as demonstrações, os argumentos e desenvolvimentos estavam corretos. Na Matemática, não há lugar para desleixos de qualquer espécie. Como professor, queria que o material fosse acessível. O livro não deveria ser escrito no nível matemático do professor. Os estudantes deveriam ser capazes de usar o livro para aprender o material com a ajuda do professor. Trabalhando no padrão elevado colocado por Jon, trabalhei muito para manter o nível de qualidade da edição precedente enquanto implementava as mudanças que acredito que levarão este livro ao próximo nível.

Apresentação dos polinômios de Taylor

Os polinômios de Taylor aparecem no Capítulo 8, antes das séries infinitas do Capítulo 10. O objetivo é apresentar os polinômios de Taylor como uma extensão natural da aproximação linear. Quando ensinamos séries infinitas, a ênfase principal é na convergência, um assunto que muitos estudantes consideram difícil. Quando finalmente apresentamos os testes básicos de convergência e estudamos a convergência de séries de potências, os alunos estão prontos para atacar as questões envolvidas com a representação de funções por suas séries de Taylor. Eles então podem confiar no seu trabalho prévio com polinômios de Taylor e as estimativas de erro do Capítulo 8. Contudo, a seção de polinômios de Taylor foi escrita de tal modo que possa ser abordada junto com o material de séries infinitas, se essa ordem for preferida.

Desenvolvimento cuidadoso e preciso

A W. H. Freeman está comprometida com livros didáticos e suplementos de alta qualidade e precisão. Desde a concepção e ao longo do desenvolvimento e da produção deste projeto, foi dada prioridade significativa à qualidade e à precisão. Dispomos de procedimentos incomparáveis para garantir a precisão do texto:

- Exercícios e exemplos
- Exposição
- Figuras
- Editoração
- Composição

Juntos, esses procedimentos excedem, em muito, os padrões vigentes da indústria para zelar pela qualidade e precisão de um livro de Cálculo.

Novidades na terceira edição

Há uma variedade de mudanças que foram implementadas nesta edição; a seguir, algumas das mais importantes.

MAIOR ENFOQUE EM CONCEITOS Nunca é possível evitar completamente a memorização, mas, de forma alguma pode ser a chave do Cálculo. Os estudantes vão lembrar a aplicação de um procedimento ou técnica se puderem ver a progressão lógica que os gerou. Dessa forma podem entender os conceitos subjacentes e deixar de ver o assunto como uma caixa preta na qual se inserem números. Exemplos específicos incluem os seguintes:

- **(Seção 1.2)** Removemos a fórmula geral do completamento do quadrado e, em vez disso, enfatizamos o método, para que o aluno não necessite memorizar a fórmula.
- **(Seção 7.2)** Mudamos os métodos de calcular integrais trigonométricas para enfocar as técnicas que podem ser aplicadas em vez de fórmulas para memorizar.
- **(Capítulo 9)** Desencorajamos a memorização de soluções de tipos específicos de equações diferenciais e, em vez disso, estimulamos a utilização de métodos de resolução.
- **(Seção 12.2)** Diminuímos de duas para uma o número de fórmulas de parametrização de retas, já que a segunda pode ser facilmente deduzida da primeira.
- **(Seção 12.6)** Em vez de enfatizar a memorização de várias fórmulas de superfícies quádricas, trocamos a ênfase para os cortes com planos para encontrar curvas e as usamos para determinar o formato das superfícies. Esses métodos são úteis para todas as superfícies.
- **(Seção 14.4)** Diminuímos de quatro para dois o número de fórmulas essenciais da aproximação linear de funções de duas variáveis, fornecendo a maneira de deduzir as outras das primeiras.

MUDANÇAS NA NOTAÇÃO Introduzimos várias mudanças notacionais. Algumas tiveram o objetivo de deixar a notação mais de acordo com o padrão de uso na Matemática e em outras áreas em que é aplicada. Algumas foram implementadas para que os estudantes tivessem maior facilidade de lembrar o significado da notação e ainda algumas mudanças foram feitas para deixar mais transparentes os conceitos correspondentes representados. Exemplos específicos incluem:

- **(Seção 4.6)** Apresentamos uma nova notação para os gráficos que fornece os sinais das derivadas primeira e segunda, bem como símbolos simples (setas inclinadas para cima e para baixo e a letra u virada para cima e para baixo) para ajudar o estudante a controlar quando o gráfico é crescente ou decrescente e côncavo para cima ou para baixo no intervalo dado.
- **(Seção 7.1)** Simplificamos a notação da integração por partes e fornecermos um método visual para ser lembrado.
- **(Capítulo 10)** Modificamos os nomes de vários testes de convergência e divergência de séries infinitas para evocar o uso do teste e, assim, fazer com que sejam melhor lembrados pelos estudantes.
- **(Capítulos 13-17)** Em vez de usar $c(t)$ para um caminho, trocamos consistentemente para a função vetorial $\mathbf{r}(t)$. Isso nos permitiu substituir ds por $d\mathbf{r}$ como diferencial, de modo que cria menos confusão entre ds, dS e $d\mathbf{S}$.

MAIS EXPLICAÇÕES DE DERIVADAS Em algumas partes da edição anterior, um resultado era apresentado e verificado, sem maiores motivações sobre a sua dedução. Creio que seja importante para o estudante entender como alguém chegou a um resultado particular, auxiliando-o para imaginar como ele mesmo poderia desenvolver resultados algum dia.

- **(Seção 14.4)** Desenvolvemos a equação do plano tangente de modo a fazer sentido geométrico.
- **(Seção 14.5)** Incluímos uma demonstração do fato de que o gradiente de uma função f de três variáveis é ortogonal às superfícies que são os conjuntos de nível de f.
- **(Seção 14.8)** Oferecemos uma explicação intuitiva do motivo pelo qual funciona o método do multiplicador de Lagrange.
- **(Seção 15.5)** Desenvolvemos as fórmulas do centro de massa discutindo, inicialmente, o caso unidimensional da gangorra.

REORDENAMENTO E ADIÇÃO DE TÓPICOS Ocorreram algumas adições e rearranjos específicos dentre as seções, que incluem:

- Adicionamos à Seção 1.3 uma subsubseção sobre funções definidas por partes.
- A seção da derivação implícita no Capítulo 3 (que era a Seção 3.10) foi adiantada para ser a Seção 3.8 e absorveu a antiga Seção 3.8 (funções inversas), de modo que a derivação implícita pode ser aplicada à dedução de várias outras derivadas.
- A seção de integrais indefinidas (que era a Seção 4.9) foi movida do Capítulo 4 (Aplicações da Derivada) para o Capítulo 5 (Integral). Esse é um lugar mais natural para o tópico.
- Ao Capítulo 7 acrescentamos uma nova seção de escolha apropriada dentre os vários métodos de integração.
- À Seção 10.5 acrescentamos uma nova subseção de escolha apropriada do teste de convergência ou divergência.
- À Seção 10.6 acrescentamos uma explicação sobre como levantar limites indeterminados usando séries de potências.
- Definições de divergência e rotacional foram deslocadas do Capítulo 17 para a Seção 16.1, o que permitiu-nos sua utilização apropriada mais cedo.
- Uma lista de todos os diferentes tipos de integrais introduzidas no Capítulo 16 foi adicionada à Seção 16.5.
- Uma subseção da forma vetorial do teorema de Green foi acrescentada à Seção 17.1.

NOVOS EXEMPLOS, FIGURAS E EXERCÍCIOS Adicionamos vários exemplos e figuras para esclarecer conceitos. Muitos exercícios também foram adicionados ao longo do texto, especialmente se haviam novas aplicações disponíveis ou se era vantajoso um desenvolvimento conceitual maior.

Material online exclusivo para professores

Os professores interessados em acessar os materiais aqui descritos devem ir até o site do Grupo A (loja.grupoa.com.br), buscar por este livro, clicar no ícone Material do Professor e fazer o seu cadastro. As figuras em apresentações em PowerPoint estão em português, os demais itens estão em inglês.

Manual de soluções do professor

Contém soluções elaboradas de todos os exercícios do livro.

Manual de apoio ao professor

Oferece cronogramas de aula, pontos-chave, material para a aula, tópicos para discussão e atividades de classe, planilhas, projetos e questões.

Clicker Questions

Perguntas (com as respostas) em apresentações de PowerPoint editáveis.

Figuras em PowerPoint (em português)

Contém todas as figuras do livro em apresentações de Power Point.

SUMÁRIO

VOLUME 1

VOLUME 2

1 REVISÃO DE PRÉ-CÁLCULO

Aplicações que fornecem a quantidade de atividade sísmica como uma função do tempo ajudam os cientistas a predizer erupções vulcânicas e terremotos.
(Douglas Peebles/Science Source)

O Cálculo é fundamentado na Álgebra, Geometria Analítica e Trigonometria. Neste capítulo, portanto, revisamos alguns dos conceitos, fatos e fórmulas básicos do Pré-Cálculo que são utilizados em todo o texto. Na última seção, discutimos algumas maneiras pelas quais os recursos computacionais podem ser utilizados para reforçar o seu entendimento visual de funções e de suas propriedades.

1.1 Números reais, funções e gráficos

Começamos com uma breve discussão de números reais. Isso nos dá a oportunidade de relembrar algumas propriedades básicas e a notação padrão.

Um **número real** é um número representado como um decimal, ou "expansão decimal". Há três tipos de expansões decimais: finitas, periódicas ou infinitas e não periódicas. Por exemplo,

$$\frac{3}{8} = 0{,}375, \qquad \frac{1}{7} = 0{,}142857142857\ldots = 0{,}\overline{142857}$$

$$\pi = 3{,}141592653589793\ldots$$

O número $\frac{3}{8}$ é representado por um decimal finito, enquanto que $\frac{1}{7}$ é representado por um decimal periódico, também denominado *dízima periódica*. A barra sobre 142857 indica que essa sequência se repete indefinidamente. A expansão decimal de π é infinita, mas não é periódica.

O conjunto de todos os números reais é denotado por **R**, em negrito. Quando não há risco de confusão, referimo-nos a números reais simplesmente como *números*. Também utilizamos o símbolo padrão $\in$ para a frase "pertence a". Assim,

$$a \in \mathbf{R} \qquad \text{é lido como} \qquad \text{“}a \text{ pertence a } \mathbf{R}\text{”}$$

O conjunto dos inteiros é usualmente denotado pela letra **Z** (essa escolha vem da palavra *Zahl*, que significa "número" em alemão). Assim, $\mathbf{Z} = \{\ldots, -2, -1, 0, 1, 2, \ldots\}$. Um **número natural** é um número inteiro não negativo, 0, 1, 2, ...

Propriedades adicionais dos números reais podem ser encontradas no Apêndice B.

Um número real é denominado **racional** se puder ser representado como um quociente p/q, em que p e q são inteiros com $q \neq 0$. O conjunto dos números racionais é denotado por **Q** (de "quociente"). Números que não são racionais, como π e $\sqrt{2}$, são denominados **irracionais**.

Podemos dizer se um número é, ou não é, racional a partir de sua expansão decimal: os números racionais têm expansões decimais finitas ou periódicas e os números irracionais têm expansões infinitas que não são periódicas. Além disso, a expansão decimal de um número é única, a menos da exceção seguinte: toda decimal finita é igual a uma decimal infinita em que o dígito 9 se repete. Por exemplo,

$$1 = 0{,}999\ldots, \qquad \frac{3}{8} = 0{,}375 = 0{,}374999\ldots, \qquad \frac{47}{20} = 2{,}35 = 2{,}34999\ldots$$

Visualizamos os números reais como os pontos de uma reta (Figura 1). Por esse motivo, costumamos nos referir aos números reais como **pontos**. O ponto correspondente a 0 é denominado a **origem**.

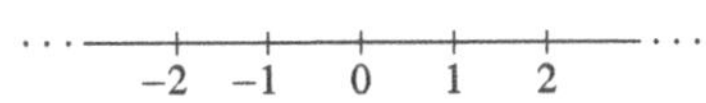

FIGURA 1 O conjunto dos números reais representado como uma reta.

O **valor absoluto** de um número real a, denotado por $|a|$, é definido por (Figura 2)

$$|a| = \textit{distância da origem} = \begin{cases} a & \text{se } a \geq 0 \\ -a & \text{se } a < 0 \end{cases}$$

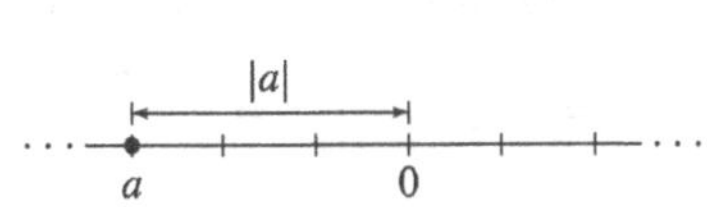

FIGURA 2 $|a|$ é a distância de a à origem.

Por exemplo, $|1{,}2| = 1{,}2$ e $|-8{,}35| = 8{,}35$. O valor absoluto satisfaz

$$\boxed{|a| = |-a|, \qquad |ab| = |a|\,|b|}$$

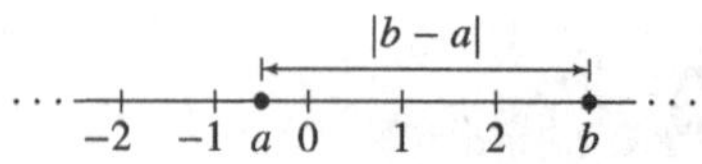

FIGURA 3 A distância entre a e b é $|b - a|$.

A **distância** entre dois números reais a e b é $|b - a|$, que é o comprimento do segmento de reta que liga a a b (Figura 3).

Dois números reais a e b estão próximos um do outro se $|b - a|$ for pequeno, e isso ocorre se suas expansões decimais coincidem em até muitas casas. Mais precisamente, *se as expansões decimais de a e b forem iguais até a k-ésima casa (à direita da vírgula), então a distância* $|b - a|$ *é no máximo* 10^{-k}. Assim, a distância entre $a = 3{,}1415$ e $b = 3{,}1478$ é no máximo 10^{-2}, porque a e b coincidem até a segunda casa decimal. De fato, a distância é exatamente $|3{,}1478 - 3{,}1415| = 0{,}0063$.

Atente para o fato de que $|a + b|$ não é igual a $|a| + |b|$, a menos que a e b tenham o mesmo sinal, ou pelo menos um dentre a e b for zero. Se tiverem sinais opostos, ocorre um cancelamento na soma $a + b$ e $|a + b| < |a| + |b|$. Por exemplo, $|2 + 5| = |2| + |5|$, mas $|-2 + 5| = 3$, que é menor do que $|-2| + |5| = 7$. Em todo caso, $|a + b|$ nunca é maior do que $|a| + |b|$, e isso nos dá a simples mas importante **desigualdade triangular**:

$$|a + b| \le |a| + |b| \qquad 1$$

Utilizamos a notação padrão para intervalos. Dados números reais $a < b$, existem quatro intervalos de extremidades a e b (Figura 4). Cada um desses intervalos tem comprimento $b - a$, mas diferem entre si conforme uma ou ambas as extremidades estiverem incluídas.

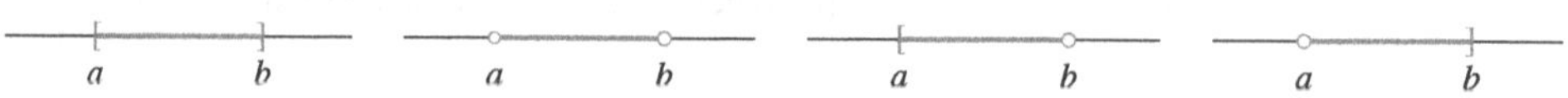

FIGURA 4 Os quatro intervalos de extremidades a e b.

O **intervalo fechado** $[a, b]$ é o conjunto de todos os números reais x tais que $a \le x \le b$:

$$[a, b] = \{x \in \mathbf{R} : a \le x \le b\}$$

A notação (2, 3) pode significar o intervalo aberto $\{x : 2 < x < 3\}$ ou, então, o ponto do plano xy com $x = 2$ e $y = 3$. Em geral, o significado ficará claro pelo contexto.

Costumamos escrever isso mais simplesmente como $\{x : a \le x \le b\}$, ficando entendido que x pertence a **R**. Os **intervalos abertos** e **semiabertos** são os conjuntos

$$\underbrace{(a, b) = \{x : a < x < b\}}_{\substack{\text{Intervalo aberto} \\ \text{(extremidades excluídas)}}}, \quad \underbrace{[a, b) = \{x : a \le x < b\}}_{\text{Intervalo semiaberto}}, \quad \underbrace{(a, b] = \{x : a < x \le b\}}_{\text{Intervalo semiaberto}}$$

O intervalo infinito $(-\infty, \infty)$ é toda a reta real **R**. Um intervalo semi-infinito é fechado se contiver sua extremidade finita; caso contrário, é aberto (Figura 5):

$$[a, \infty) = \{x : a \le x\}, \qquad (-\infty, b] = \{x : x \le b\}$$

FIGURA 5 Intervalos semi-infinitos fechados.

Os intervalos abertos e fechados podem ser descritos por desigualdades. Por exemplo, o intervalo $(-r, r)$ é descrito pela desigualdade $|x| < r$ (Figura 6):

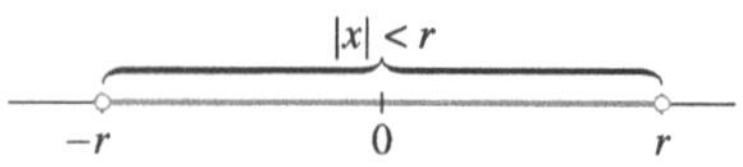

FIGURA 6 O intervalo $(-r, r) = \{x : |x| < r\}$.

$$|x| < r \quad \Leftrightarrow \quad -r < x < r \quad \Leftrightarrow \quad x \in (-r, r) \qquad 2$$

Mais geralmente, o intervalo simétrico em torno do valor c (Figura 7),

$$|x - c| < r \quad \Leftrightarrow \quad c - r < x < c + r \quad \Leftrightarrow \quad x \in (c - r, c + r) \qquad 3$$

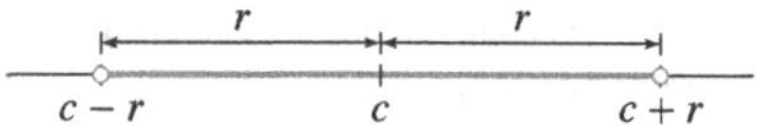

FIGURA 7 $(a, b) = (c - r, c + r)$, sendo

$$c = \frac{a + b}{2}, \qquad r = \frac{b - a}{2}$$

Uma afirmação análoga vale para intervalos fechados, com $<$ substituído por $\le$. Dizemos que r é o **raio** e c é o **ponto médio**, ou **centro**. Os intervalos (a, b) e $[a, b]$ têm ponto médio $c = \frac{1}{2}(a + b)$ e raio $r = \frac{1}{2}(b - a)$ (Figura 7).

■ **EXEMPLO 1** Descreva [7, 13] usando desigualdades.

Solução O ponto médio do intervalo [7, 13] é $c = \frac{1}{2}(7 + 13) = 10$ e seu raio é $r = \frac{1}{2}(13 - 7) = 3$ (Figura 8). Portanto

$$[7, 13] = \{x \in \mathbf{R} : |x - 10| \leq 3\}$$ ■

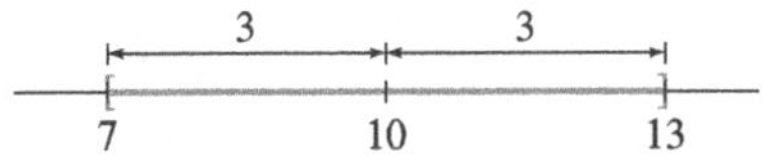

FIGURA 8 O intervalo [7, 13] é descrito por $|x - 10| \leq 3$.

■ **EXEMPLO 2** Descreva o conjunto $S = \{x : \left|\frac{1}{2}x - 3\right| > 4\}$ em termos de intervalos.

Solução É mais fácil considerar primeiro a desigualdade oposta $\left|\frac{1}{2}x - 3\right| \leq 4$. Por (2),

$$\left|\frac{1}{2}x - 3\right| \leq 4 \quad \Leftrightarrow \quad -4 \leq \frac{1}{2}x - 3 \leq 4$$

$$-1 \leq \frac{1}{2}x \leq 7 \qquad \text{(some 3)}$$

$$-2 \leq x \leq 14 \qquad \text{(multiplique por 2)}$$

Assim, $\left|\frac{1}{2}x - 3\right| \leq 4$ está satisfeita quando x pertence a $[-2, 14]$. O conjunto S é o *complementar*, consistindo em todos os números *x que não estão em* $[-2, 14]$. Podemos descrever S como a união de dois intervalos: $S = (-\infty, -2) \cup (14, \infty)$ (Figura 9). ■

No Exemplo 2 utilizamos a notação ∪ para representar a "união": a união $A \cup B$ dos conjuntos A e B consiste em todos os elementos que pertencem a A ou a B (ou a ambos).

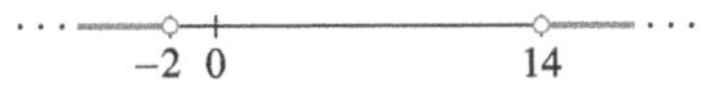

FIGURA 9 O conjunto $S = \{x : \left|\frac{1}{2}x - 3\right| > 4\}$.

Traçando gráficos

O traçado de gráficos é uma ferramenta básica no Cálculo, assim como na Álgebra e Trigonometria. Lembre que as coordenadas retangulares (ou cartesianas) no plano são definidas pela escolha de dois eixos perpendiculares, o eixo x e o eixo y. A um par (a, b) de números associamos o ponto P localizado na interseção da reta perpendicular ao eixo x em a e a reta perpendicular ao eixo y em b [Figura 10(A)]. Os números a e b são as **coordenadas** x e y de P. A coordenada x é também denominada "abscissa" e a coordenada y, "ordenada". A **origem** é o ponto de coordenadas (0, 0).

O termo "cartesiano" refere-se ao filósofo e matemático francês René Descartes (1596-1650), cujo nome em latim era Cartesius. A ele (junto com Pierre de Fermat) é creditada a invenção da Geometria Analítica. Em seu grande trabalho La Géométrie, *Descartes usou as letras x, y, z para variáveis e a, b, c para constantes, uma convenção que tem sido seguida desde então.*

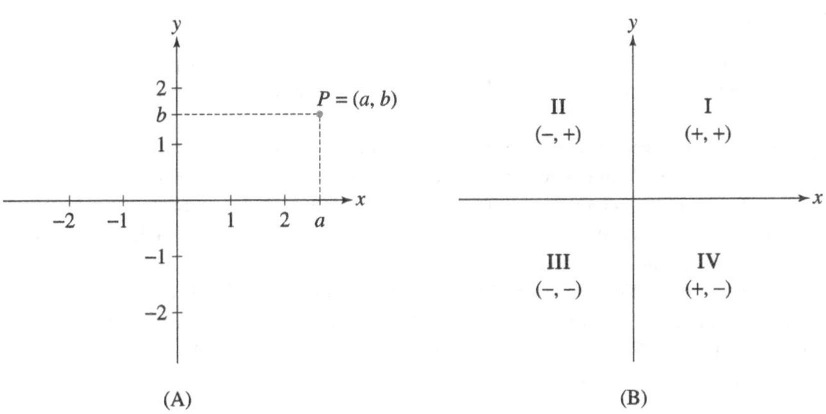

FIGURA 10 Sistema de coordenadas retangulares.

Os eixos dividem o plano em quatro quadrantes, etiquetados de I a IV, determinados pelos sinais das coordenadas [Figura 10(B)]. Por exemplo, o quadrante III consiste nos pontos (x, y) tais que $x < 0$ e $y < 0$.

A distância d entre dois pontos $P_1 = (x_1, y_1)$ e $P_2 = (x_2, y_2)$ é calculada usando o teorema de Pitágoras. Na Figura 11, vemos que $\overline{P_1P_2}$ é a hipotenusa de um triângulo retângulo de lados $a = |x_2 - x_1|$ e $b = |y_2 - y_1|$. Portanto,

$$d^2 = a^2 + b^2 = (x_2 - x_1)^2 + (y_2 - y_1)^2$$

A fórmula da distância decorre tomando raízes quadradas.

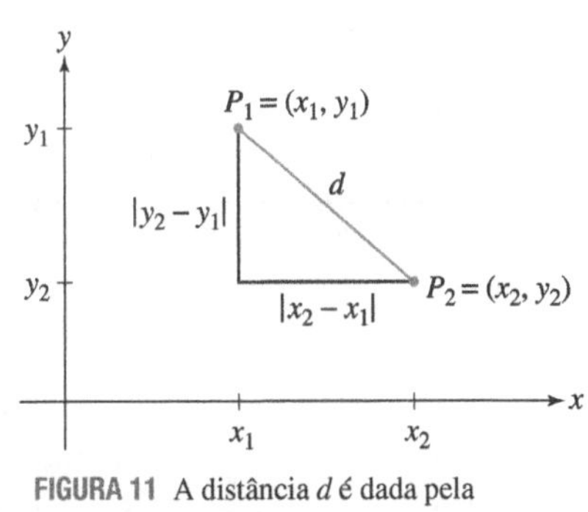

FIGURA 11 A distância d é dada pela fórmula da distância.

Fórmula da distância A distância d entre $P_1 = (x_1, y_1)$ e $P_2 = (x_2, y_2)$ é igual a

$$d = \sqrt{(x_2 - x_1)^2 + (y_2 - y_1)^2}$$

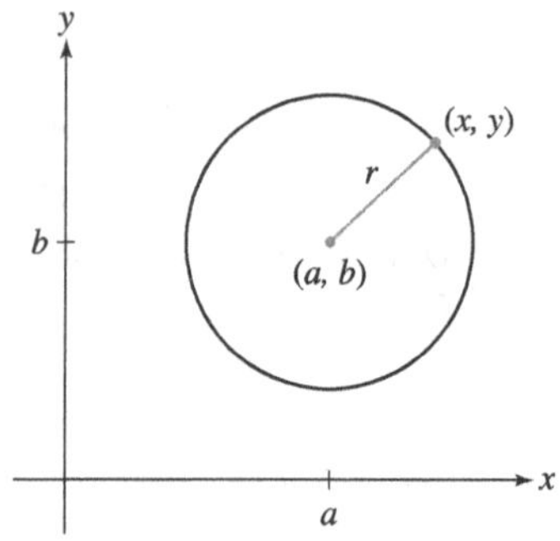

FIGURA 12 O círculo de equação $(x-a)^2+(y-b)^2=r^2$.

Uma vez tendo a fórmula da distância, podemos deduzir facilmente a equação de um círculo de raio r e centro (a, b) (Figura 12). Um ponto (x, y) está nesse círculo se a distância de (x, y) a (a, b) for r:

$$\sqrt{(x-a)^2+(y-b)^2}=r$$

Elevando ambos os lados ao quadrado, obtemos a equação padrão do círculo:

$$\boxed{(x-a)^2+(y-b)^2=r^2}$$

Vamos rever, agora, algumas definições e a notação relativa a funções.

> **DEFINIÇÃO** Uma **função** f de um conjunto D para um conjunto Y é uma regra que associa a cada elemento x em D um único elemento $y = f(x)$ em Y. Escrevemos
>
> $$f : D \to Y$$

O conjunto D, denominado o **domínio** de f, é o conjunto das "entradas permitidas". Dado $x \in D$, dizemos que $f(x)$ é o **valor** de f em x (Figura 13). A **imagem** R de f é o subconjunto de Y consistindo em todos os valores $f(x)$:

$$R = \{y \in Y : f(x) = y \text{ com algum } x \in D\}$$

Uma função $f : D \to Y$ também é denominada "aplicação". Os conjuntos D e Y podem ser arbitrários. Por exemplo, podemos definir uma aplicação do conjunto das pessoas vivas no conjunto dos números naturais levando cada pessoa em seu ano de nascimento. A imagem dessa aplicação é o conjunto dos anos nos quais alguma pessoa viva tenha nascida. Em Cálculo a várias variáveis, o domínio pode ser algum conjunto de pontos do plano bidimensional e a imagem, um conjunto de números, pontos ou vetores.

Informalmente, pensamos em f como sendo uma "máquina" que produz uma saída y para cada entrada x do domínio D (Figura 14).

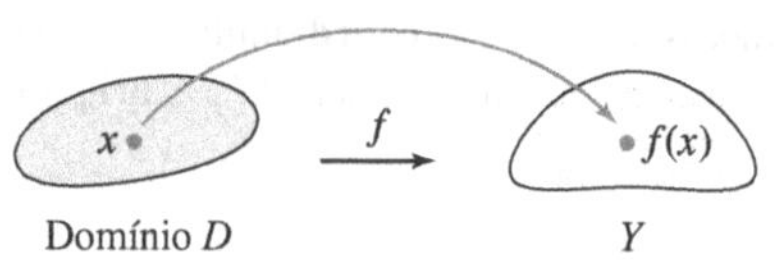

FIGURA 13 Uma função é uma regra que associa um elemento $f(x)$ de Y a cada $x \in D$.

FIGURA 14 Pense em f como uma "máquina" que pega a entrada x e produz a saída $f(x)$.

Na primeira parte deste texto tratamos de funções *numéricas* f, em que ambos, o domínio e a imagem, são conjuntos de números reais. Essas funções são denotadas por f e seu valor em x por $f(x)$. A letra x costuma ser usada como a **variável independente**, que pode tomar qualquer valor do domínio D. Escrevemos $y = f(x)$ e dizemos que y *é* a **variável dependente** (pois seu valor depende da escolha de x).

Quando f for definida por uma fórmula, seu domínio natural é o conjunto dos números reais x com os quais a fórmula fizer sentido. Por exemplo, a função $f(x) = \sqrt{9-x}$ tem domínio $D = \{x : x \le 9\}$, porque $\sqrt{9-x}$ está definido se $9 - x \ge 0$. Aqui temos mais alguns exemplos de domínios e imagens.

$f(x)$	**Domínio** D	**Imagem** R
x^2	$\mathbf{R}$	$\{y : y \ge 0\}$
$\cos x$	$\mathbf{R}$	$\{y : -1 \le y \le 1\}$
$\dfrac{1}{x+1}$	$\{x : x \ne -1\}$	$\{y : y \ne 0\}$

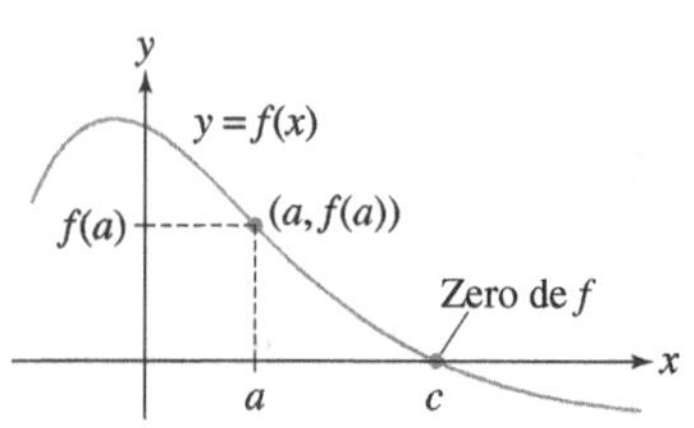

FIGURA 15

O **gráfico** de uma função $y = f(x)$ é obtido esboçando os pontos $(a, f(a))$ com a no domínio D (Figura 15). Se começarmos em $x = a$ no eixo x, movermos verticalmente para cima até o gráfico e então horizontalmente até o eixo y, alcançaremos o valor $f(a)$. O valor absoluto $|f(a)|$ é a distância do gráfico ao eixo x.

Um **zero** ou uma **raiz** de uma função f é um número c tal que $f(c) = 0$. Os zeros são os valores de x nos quais o gráfico intersecta o eixo x.

No Capítulo 4, utilizamos o Cálculo para esboçar e analisar gráficos. Neste estágio, para traçar um gráfico à mão, podemos fazer uma tabela dos valores da função, esboçar os pontos correspondentes (incluindo quaisquer zeros) e conectar esses pontos com uma curva lisa.

■ **EXEMPLO 3** Encontre as raízes e esboce o gráfico de $f(x) = x^3 - 2x$.

Solução Inicialmente resolvemos

$$x^3 - 2x = x(x^2 - 2) = 0$$

As raízes de f são $x = 0$ e $x = \pm\sqrt{2}$. Para esboçar o gráfico, marcamos as raízes e alguns poucos valores listados na Tabela 1 e juntamos esses pontos com uma curva (Figura 16). ■

TABELA 1

x	$x^3 - 2x$
−2	−4
−1	1
0	0
1	−1
2	4

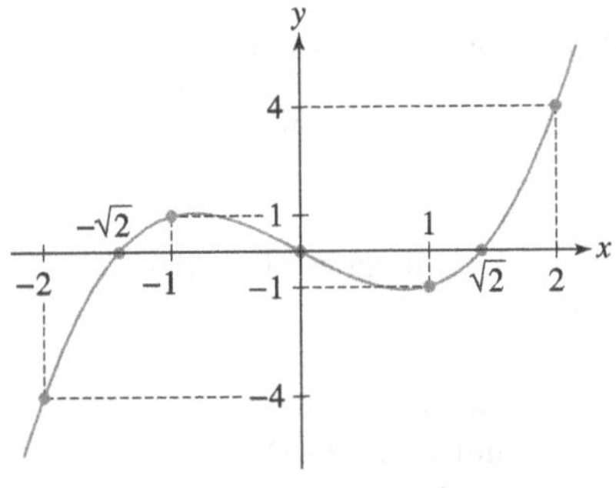

FIGURA 16 O gráfico de $f(x) = x^3 - 2x$.

As funções que surgem nas aplicações nem sempre são dadas por fórmulas. Por exemplo, os dados coletados da observação ou experimentação definem funções para as quais pode não haver uma fórmula exata. Essas funções podem ser apresentadas ou graficamente ou com uma tabela de valores. A Figura 17 e a Tabela 2 exibem os dados coletados pelo biólogo Julian Huxley (1887-1975) num estudo do peso W das armas do veado vermelho macho como uma função da idade t. Veremos que muitas das ferramentas do Cálculo podem ser aplicadas a funções construídas dessa maneira, a partir de dados.

TABELA 2

t (anos)	W (kg)	t (anos)	W (kg)
1	0,48	7	5,34
2	1,59	8	5,62
3	2,66	9	6,18
4	3,68	10	6,81
5	4,35	11	6,21
6	4,92	12	6,1

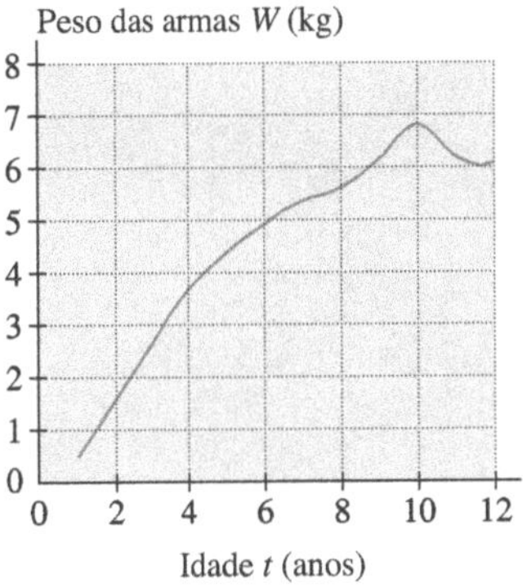

FIGURA 17 Os veados vermelhos machos descartam suas armas a cada inverno, e novas crescem a cada primavera. Esse gráfico mostra o peso médio das armas como uma função da idade.

Não só podemos traçar o gráfico de funções, como, mais geralmente, de qualquer equação relacionando y e x. A Figura 18 mostra o gráfico da equação $4y^2 - x^3 = 3$, que consiste em todos os pares (x, y) que satisfazem a equação. Essa curva não é o gráfico de uma função porque há dois valores de y para alguns valores de x. Por exemplo, $x = 1$ está associado com $y = \pm 1$. Uma curva é o gráfico de alguma função se, e só se, a curva passar no **teste da reta vertical**; isto é, cada reta vertical $x = a$ intersecta a curva em, no máximo, um ponto.

Muitas vezes estamos interessados em saber se uma função é crescente ou decrescente. Informalmente, uma função f é crescente se seu gráfico subir quando avançarmos para a direita e é decrescente se seu gráfico descer [Figuras 19(A) e (B)]. Mais precisamente, definimos os conceitos de crescente/decrescente num intervalo aberto.

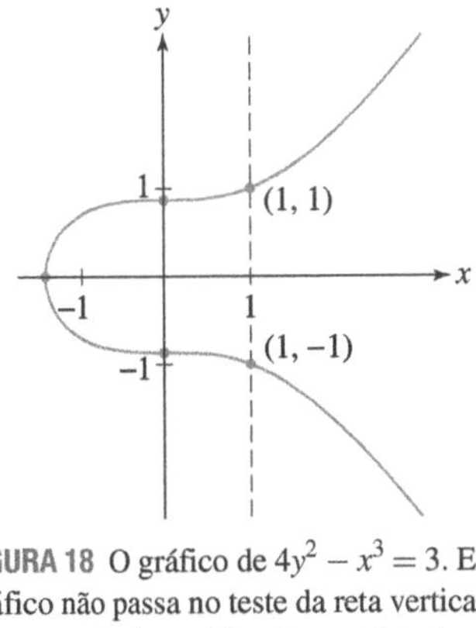

FIGURA 18 O gráfico de $4y^2 - x^3 = 3$. Esse gráfico não passa no teste da reta vertical, portanto não é o gráfico de uma função.

> Uma função f é:
> - **crescente** em (a, b) se $f(x_1) < f(x_2)$ com quaisquer $x_1, x_2 \in (a, b)$ tais que $x_1 < x_2$.
> - **decrescente** em (a, b) se $f(x_1) > f(x_2)$ com quaisquer $x_1, x_2 \in (a, b)$ tais que $x_1 < x_2$.

Dizemos que f é **monótona** se for crescente ou decrescente. Na Figura 19(C), a função não é monótona, porque não é nem crescente nem decrescente em todos os x.

Uma função f é dita **não decrescente** se $f(x_1) \leq f(x_2)$ com $x_1 < x_2$ (definida com $\leq$ em vez da desigualdade estrita $<$). Funções **não crescentes** são definidas analogamente. A função (D) na Figura 19 é não decrescente, mas não é crescente nos intervalos em que o gráfico é horizontal. A função (E) é crescente em toda a parte, mesmo sendo momentaneamente horizontal.

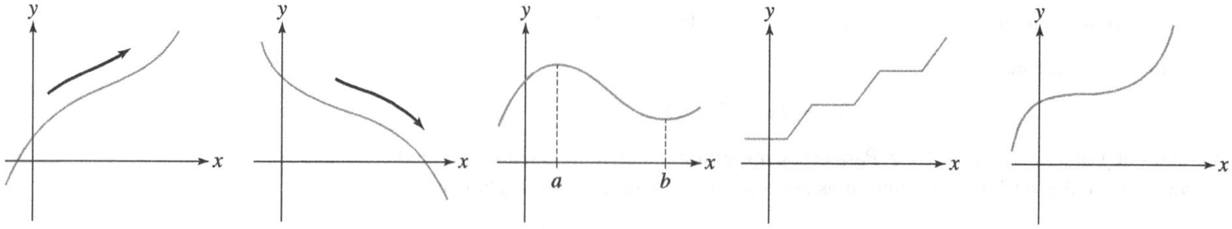

(A) Crescente (B) Decrescente (C) Decrescente em (a, b), mas não é decrescente em toda parte (D) Não decrescente, mas não é crescente (E) Crescente

FIGURA 19

Outra propriedade importante é a **paridade**, que se refere a uma função ser par ou ímpar:

- f é **par** se $f(-x) = f(x)$
- f é **ímpar** se $f(-x) = -f(x)$

Os gráficos de funções com paridade par ou ímpar têm uma simetria especial:

- **Função par**: o gráfico é simétrico em relação ao eixo y. Isso significa que se $P = (a, b)$ estiver no gráfico, então também $Q = (-a, b)$ estará [Figura 20(A)].
- **Função ímpar**: o gráfico é simétrico em relação à origem. Isso significa que se $P = (a, b)$ estiver no gráfico, então também $Q = (-a, -b)$ estará [Figura 20(B)].

Uma função pode não ser par nem ímpar [Figura 20(C)].

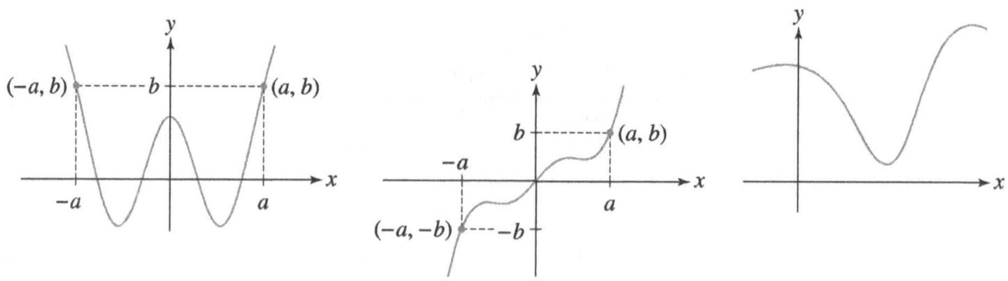

(A) Função par: $f(-x) = f(x)$. O gráfico é simétrico em relação ao eixo y. (B) Função ímpar: $f(-x) = -f(x)$. O gráfico é simétrico em relação à origem. (C) Nem par nem ímpar.

FIGURA 20

■ **EXEMPLO 4** Determine se a função é par, ímpar ou nenhum dos dois.

(a) $f(x) = x^4$ **(b)** $g(x) = x^{-1}$ **(c)** $h(x) = x^2 + x$

Solução

(a) $f(-x) = (-x)^4 = x^4$. Assim, $f(-x) = f(x)$ e f é par.
(b) $g(-x) = (-x) -1 = -x^{-1}$. Assim, $g(-x) = -g(x)$ e g é ímpar.
(c) $h(-x) = (-x)^2 + (-x) = x^2 - x$. Vemos que $h(-x)$ não é igual a $h(x)$ tampouco a $-h(x) = -x^2 - x$. Portanto, h não é nem par, nem ímpar. ■

■ **EXEMPLO 5** **Usando simetria** Esboce o gráfico de $f(x) = \dfrac{1}{x^2 + 1}$.

Solução A função f é positiva [$f(x) > 0$] e par [$f(x) = f(-x)$]. Portanto, o gráfico fica acima do eixo x e é simétrico em relação ao eixo y. Além disso, f é decrescente com $x \geq 0$ (já que um valor maior de x produz um denominador maior). Usamos essa informação e uma pequena tabela de valores (Tabela 3) para traçar o gráfico (Figura 21). Observe que o gráfico tende ao eixo x quando avançamos para a direita ou esquerda, pois $f(x)$ se aproxima de 0 se $|x|$ crescer. ■

TABELA 3

x	$\frac{1}{x^2+1}$
0	1
± 1	$\frac{1}{2}$
± 1	$\frac{1}{5}$

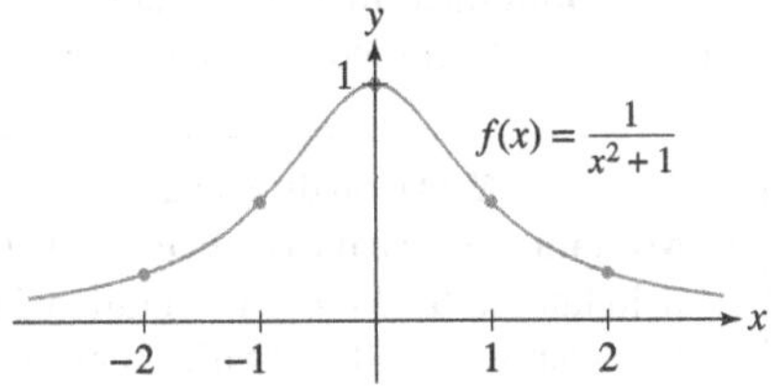

FIGURA 21

Duas maneiras importantes de modificar um gráfico são a **translação** e a **mudança de escala**. A translação consiste em mover o gráfico horizontal ou verticalmente.

> **DEFINIÇÃO Translação**
>
> - **Translação vertical** $y = f(x) + c$: move o gráfico *verticalmente* por $|c|$ unidades, para cima se $c > 0$ e para baixo se $c < 0$.
> - **Translação horizontal** $y = f(x + c)$: move o gráfico *horizontalmente* por $|c|$ unidades, para a direita se $c < 0$ e c unidades para a esquerda se $c > 0$.

Lembre que $f(x) + c$ e $f(x + c)$ são diferentes. O gráfico de $y = f(x) + c$ é uma translação vertical e $y = f(x + c)$ é uma translação horizontal do gráfico de $y = f(x)$.

A Figura 22 mostra o efeito de transladar o gráfico de $f(x) = 1/(x^2 + 1)$ vertical e horizontalmente.

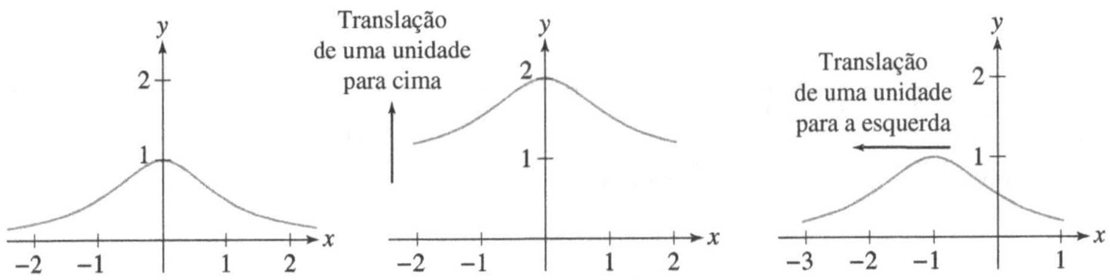

(A) $y = f(x) = \frac{1}{x^2+1}$ (B) $y = f(x) + 1 = \frac{1}{x^2+1} + 1$ (C) $y = f(x+1) = \frac{1}{(x+1)^2+1}$

FIGURA 22

■ **EXEMPLO 6** A Figura 23(A) é o gráfico de $f(x) = x^2$ e a Figura 23(B) é uma translação horizontal e vertical de (A). Qual é a equação do gráfico (B)?

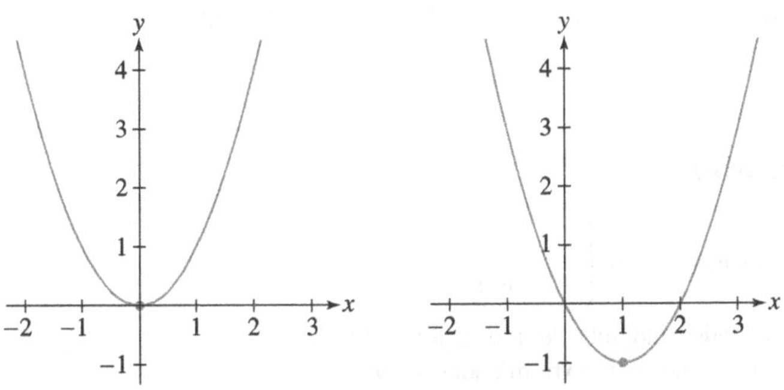

(A) $f(x) = x^2$ (B)

FIGURA 23

Solução O gráfico (B) é obtido transladando o gráfico (A) uma unidade para a direita e uma unidade para baixo. Podemos ver isso observando que o ponto (0, 0) do gráfico de f foi deslocado para (1, −1). Portanto, (B) é o gráfico de $g(x) = (x - 1)^2 - 1$. ■

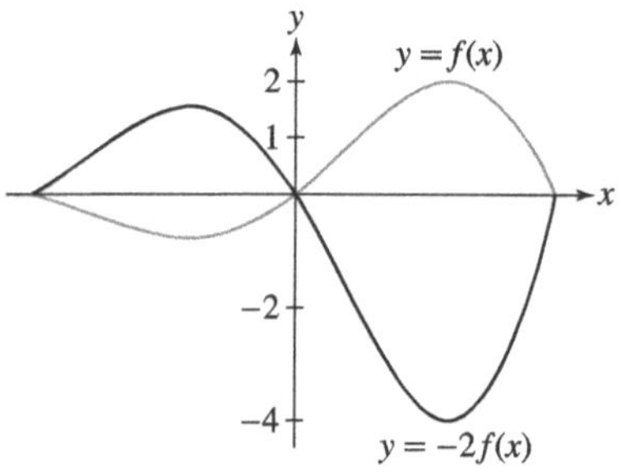

FIGURA 24 Fator de escala vertical negativo $k = -2$.

As **mudanças de escala**, também denominadas **dilatações**, consistem em compressões ou expansões do gráfico nas direções horizontal ou vertical.

> **DEFINIÇÃO Mudança de escala**
> - **Mudança de escala vertical** $y = kf(x)$: se $k > 1$, o gráfico é expandido verticalmente pelo fator k. Se $0 < k < 1$, o gráfico é comprimido verticalmente. Se o fator de escala k for negativo ($k < 0$), o gráfico também é refletido pelo eixo x (Figura 24).
> - **Mudança de escala horizontal** $y = f(kx)$: se $k > 1$, o gráfico é comprimido na direção horizontal. Se $0 < k < 1$, o gráfico é expandido. Se $k < 0$, então o gráfico também é refletido pelo eixo y.

A **amplitude** de uma função é metade da diferença entre seus maior e menor valores, caso a função tenha um maior valor e um menor valor. Assim a mudança de escala vertical muda a amplitude pelo fator $|k|$.

EXEMPLO 7 Trace os gráficos de $f(x) = \text{sen}(\pi x)$ e suas duas dilatações $f(3x)$ e $3f(x)$.

Solução O gráfico de $f(x) = \text{sen}(\pi x)$ é uma curva senoidal de período 2, que completa um ciclo a cada intervalo de comprimento 2: ver Figura 25(A). Sua amplitude é 1.

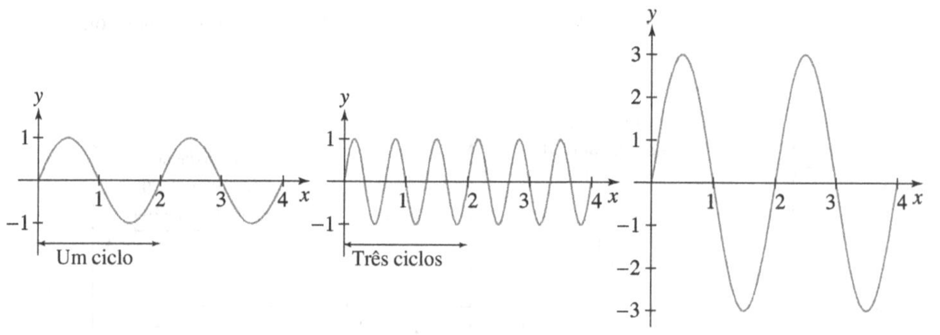

(A) $y = f(x) = \text{sen}(\pi x)$

(B) Compressão horizontal: $y = f(3x) = \text{sen}(3\pi x)$

(C) Expansão vertical: $y = 3f(x) = 3\text{sen}(\pi x)$

FIGURA 25 Mudança de escala horizontal e vertical de $f(x) = \text{sen}(\pi x)$.

- O gráfico de $f(3x) = \text{sen}(3\pi x)$ é uma versão comprimida de $y = f(x)$, que completa três ciclos num intervalo de comprimento 2 em vez de só um ciclo [Figura 25(B)]. Sua amplitude também é 1.
- O gráfico de $y = 3f(x) = 3\ \text{sen}(\pi x)$ difere do gráfico de $y = f(x)$ somente na amplitude: é expandido na direção vertical por um fator de 3 [Figura 25(C)], portanto sua amplitude é 3.

1.1 Resumo

- Valor absoluto: $|a| = \begin{cases} a & \text{se } a \geq 0 \\ -a & \text{se } a < 0 \end{cases}$
- Desigualdade triangular: $|a + b| \leq |a| + |b|$
- Quatro intervalos com extremidades a e b:

$$(a, b), \qquad [a, b], \qquad [a, b), \qquad (a, b]$$

- Escrevendo intervalos abertos e fechados com desigualdades:

$$(a, b) = \{x : |x - c| < r\}, \qquad [a, b] = \{x : |x - c| \leq r\}$$

em que $c = \frac{1}{2}(a + b)$ é o ponto médio e $r = \frac{1}{2}(b - a)$ é o raio.

- Distância d entre (x_1, y_1) e (x_2, y_2):

$$d = \sqrt{(x_2 - x_1)^2 + (y_2 - y_1)^2}$$

- Equação do círculo de raio r e centro (a, b):

$$(x - a)^2 + (y - b)^2 = r^2$$

- Um *zero* ou *raiz* de uma função f é um número c tal que $f(c) = 0$.
- Teste da reta vertical: uma curva no plano é o gráfico de uma função se, e só se, cada reta vertical $x = a$ intersectar a curva em, no máximo, um ponto.
-

Crescente:	$f(x_1) < f(x_2)$ se $x_1 < x_2$
Não decrescente:	$f(x_1) \leq f(x_2)$ se $x_1 < x_2$
Decrescente:	$f(x_1) > f(x_2)$ se $x_1 < x_2$
Não crescente:	$f(x_1) \geq f(x_2)$ se $x_1 < x_2$

- Função par: $f(-x) = f(x)$ (o gráfico é simétrico pelo eixo y).
- Função ímpar: $f(-x) = -f(x)$ (o gráfico é simétrico pela origem).
- Quatro maneiras de transformar o gráfico de f:

$f(x) + c$	Translada o gráfico verticalmente $\|c\|$ unidades (para cima se $c > 0$ e para baixo se $c < 0$)
$f(x + c)$	Translada o gráfico horizontalmente $\|c\|$ unidades (para a direita se $c < 0$ e para a esquerda se $c > 0$)
$kf(x)$	Mudança de escala vertical pelo fator k; se $k < 0$, o gráfico é refletido pelo eixo x
$f(kx)$	Mudança de escala horizontal pelo fator k (compressão se $k > 1$); se $k < 0$, o gráfico é refletido pelo eixo y

1.1 Exercícios

Exercícios preliminares

1. Dê um exemplo de números a e b tais que $a < b$ e $|a| > |b|$.
2. Quais números satisfazem $|a| = a$? Quais satisfazem $|a| = -a$? E $|-a| = a$?
3. Dê um exemplo de números a e b tais que $|a + b| < |a| + |b|$.
4. Existem números a e b tais que $|a + b| > |a| + |b|$?
5. Quais são as coordenadas de um ponto que está na interseção das retas $x = 9$ e $y = -4$?
6. Em que quadrante estão os pontos dados a seguir?
   (a) $(1, 4)$ **(b)** $(-3, 2)$ **(c)** $(4, -3)$ **(d)** $(-4, -1)$
7. Qual é o raio do círculo de equação $(x - 7)^2 + (y - 8)^2 = 9$?
8. A equação $f(x) = 5$ tem uma solução se (escolha uma):
   (a) 5 estiver no domínio de f.
   (b) 5 estiver na imagem de f.
9. Que tipo de simetria tem o gráfico se $f(-x) = -f(x)$?
10. Existe alguma função que é par e, também, ímpar?

Exercícios

1. Use uma calculadora para obter um número racional r tal que $|r - \pi^2| < 10^{-4}$.
2. Quais das desigualdades seguintes são verdadeiras se $a = -3$ e $b = 2$?
   (a) $a < b$ **(b)** $|a| < |b|$ **(c)** $ab > 0$
   (d) $3a < 3b$ **(e)** $-4a < -4b$ **(f)** $\frac{1}{a} < \frac{1}{b}$

Nos Exercícios 3-8, expresse o intervalo em termos de uma desigualdade envolvendo o valor absoluto.

3. $[-2, 2]$ **4.** $(-4, 4)$ **5.** $(0, 4)$
6. $[-4, 0]$ **7.** $[1, 5]$ **8.** $(-2, 8)$

Nos Exercícios 9-12, escreva a desigualdade na forma $a < x < b$.

9. $|x| < 8$ **10.** $|x - 12| < 8$
11. $|2x + 1| < 5$ **12.** $|3x - 4| < 2$

Nos Exercícios 13-18, expresse como um intervalo o conjunto de números x satisfazendo a condição dada.

13. $|x| < 4$ **14.** $|x| \leq 9$
15. $|x - 4| < 2$ **16.** $|x + 7| < 2$
17. $|4x - 1| \leq 8$ **18.** $|3x + 5| < 1$

Nos Exercícios 19-22, descreva o conjunto como uma união de intervalos finitos ou infinitos.

19. $\{x : |x-4| > 2\}$

20. $\{x : |2x+4| > 3\}$

21. $\{x : |x^2-1| > 2\}$

22. $\{x : |x^2+2x| > 2\}$

23. Combine as desigualdades (a)-(f) com (i)-(vi).

(a) $a > 3$

(b) $|a-5| < \frac{1}{3}$

(c) $\left|a-\frac{1}{3}\right| < 5$

(d) $|a| > 5$

(e) $|a-4| < 3$

(f) $1 \le a \le 5$

(i) a está à direita de 3.
(ii) a está entre 1 e 7.
(iii) A distância de a até 5 é menor do que $\frac{1}{3}$.
(iv) A distância de a até 3 é no máximo 2.
(v) a está a menos de 5 unidades de $\frac{1}{3}$.
(vi) a está ou à esquerda de –5 ou à direita de 5.

24. Descreva o conjunto $\left\{x : \frac{x}{x+1} < 0\right\}$ como um intervalo. *Sugestão:* considere individualmente o sinal de x e de $x+1$.

25. Descreva o conjunto $\{x : x^2+2x < 3\}$ como um intervalo. *Sugestão:* esboce $y = x^2+2x-3$.

26. Descreva o conjunto de números reais que satisfazem $|x-3| = |x-2|+1$ como um semi-intervalo infinito.

27. Mostre que se $a > b$ e $a, b \neq 0$, então $b^{-1} > a^{-1}$, desde que a e b tenham o mesmo sinal. O que acontece se $a > 0$ e $b < 0$?

28. Quais x satisfazem $|x-3| < 2$ e $|x-5| < 1$?

29. Mostre que se $|a-5| < \frac{1}{2}$ e $|b-8| < \frac{1}{2}$, então $|(a+b)-13| < 1$. *Sugestão:* use a desigualdade triangular ($|a+b| \le |a|+|b|$).

30. Suponha que $|x-4| \le 1$.
(a) Qual é o maior valor possível de $|x+4|$?
(b) Mostre que $|x^2-16| \le 9$.

31. Suponha que $|a-6| \le 2$ e $|b| \le 3$.
(a) Qual é o maior valor possível de $|a+b|$?
(b) Qual é o menor valor possível de $|a+b|$?

32. Prove que $|x|-|y| \le |x-y|$. *Sugestão*: Aplique a desigualdade triangular a y e $x-y$.

33. Expresse $r_1 = 0,\overline{27}$ como uma fração. *Sugestão*: $100r_1 - r_1$ é um inteiro. Então expresse $r_2 = 0,2666...$ como uma fração.

34. Represente 1/7 e 4/27 como dízimas periódicas.

35. No texto afirmamos o seguinte: *se as expansões decimais de dois números reais a e b forem iguais até a k-ésima casa, então* $|a-b| \le 10^{-k}$. Mostre que a recíproca é falsa: dado qualquer k, existem números a e b cujas expansões decimais *não têm nenhuma casa igual,* mas $|a-b| \le 10^{-k}$.

36. Esboce cada par de pontos e calcule a distância entre eles:

(a) $(1,4)$ e $(3,2)$

(b) $(2,1)$ e $(2,4)$

(c) $(0,0)$ e $(-2,3)$

(d) $(-3,-3)$ e $(-2,3)$

37. Determine a equação do círculo de centro (2, 4):
(a) e raio $r = 3$.
(b) que passa por (1, –1).

38. Encontre todos os pontos do plano xy de coordenadas inteiras que estão a uma distância 5 da origem. Então encontre todos os pontos de coordenadas inteiras que estão a uma distância 5 de (2, 3).

39. Determine o domínio e a imagem da função

$$f : \{r, s, t, u\} \to \{A, B, C, D, E\}$$

definida por $f(r) = A,\ f(s) = B,\ f(t) = B,\ f(u) = E$.

40. Dê um exemplo de uma função cujo domínio D tenha três elementos e cuja imagem R tenha dois elementos. Existe alguma função cujo domínio tenha dois elementos e cuja imagem tenha três elementos?

Nos Exercícios 41-48, encontre o domínio e a imagem da função,

41. $f(x) = -x$

42. $g(t) = t^4$

43. $f(x) = x^3$

44. $g(t) = \sqrt{2-t}$

45. $f(x) = |x|$

46. $h(s) = \frac{1}{s}$

47. $f(x) = \frac{1}{x^2}$

48. $g(t) = \cos\frac{1}{t}$

Nos Exercícios 49-52, determine onde a função é crescente.

49. $f(x) = |x+1|$

50. $f(x) = x^3$

51. $f(x) = x^4$

52. $f(x) = \frac{1}{x^4+x^2+1}$

Nos Exercícios 53-58, encontre os zeros da função e trace seu gráfico esboçando pontos. Use informações de simetria e de crescimento/decrescimento quando for apropriado.

53. $f(x) = x^2-4$

54. $f(x) = 2x^2-4$

55. $f(x) = x^3-4x$

56. $f(x) = x^3$

57. $f(x) = 2-x^3$

58. $f(x) = \frac{1}{(x-1)^2+1}$

59. Quais das curvas na Figura 26 são o gráfico de uma função?

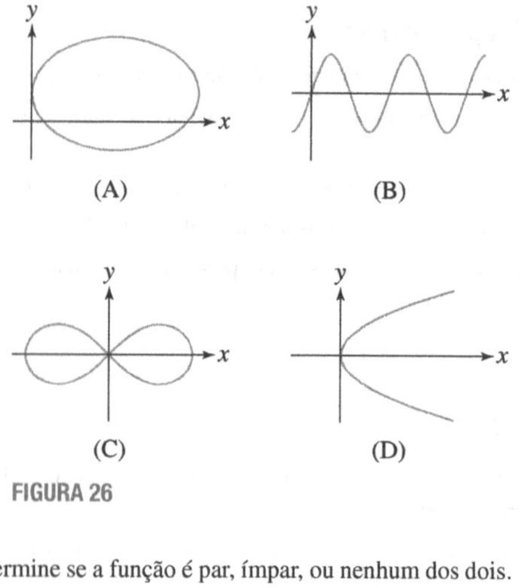

FIGURA 26

60. Determine se a função é par, ímpar, ou nenhum dos dois.

(a) $f(x) = x^5$

(b) $g(t) = t^3 - t^2$

(c) $F(t) = \frac{1}{t^4+t^2}$

61. Determine se a função é par, ímpar, ou nenhum dos dois.

(a) $f(t) = \dfrac{1}{t^4 + t + 1} - \dfrac{1}{t^4 - t + 1}$ (b) $g(t) = 2^t - 2^{-t}$

(c) $G(\theta) = \operatorname{sen}\theta + \cos\theta$ (d) $H(\theta) = \operatorname{sen}(\theta^2)$

62. Escreva $f(x) = 2x^4 - 5x^3 + 12x^2 - 3x + 4$ como a soma de uma função par e uma ímpar.

63. Mostre que $f(x) = \ln\left(\dfrac{1-x}{1+x}\right)$ é uma função ímpar.

64. Decida se a função é crescente, decrescente ou nenhum dos dois.

(a) A área de superfície de uma esfera como uma função do raio.

(b) A temperatura num ponto da linha do Equador como função do tempo.

(c) O preço de uma passagem aérea como função do preço do petróleo.

(d) A pressão do gás num pistão como função do volume.

Nos Exercícios 65-70, seja f a função cujo gráfico aparece na Figura 27.

65. Encontre o domínio e a imagem de f.

66. Esboce os gráficos de $y = f(x+2)$ e $y = f(x) + 2$.

67. Esboce os gráficos de $y = f(2x)$, $y = f\left(\frac{1}{2}x\right)$ e $y = 2f(x)$.

68. Esboce os gráficos de $y = f(-x)$ e $y = -f(-x)$.

69. Estenda o gráfico de f até [–4, 4] de tal modo que resulte numa função par.

70. Estenda o gráfico de f até [–4, 4] de tal modo que resulte uma função ímpar.

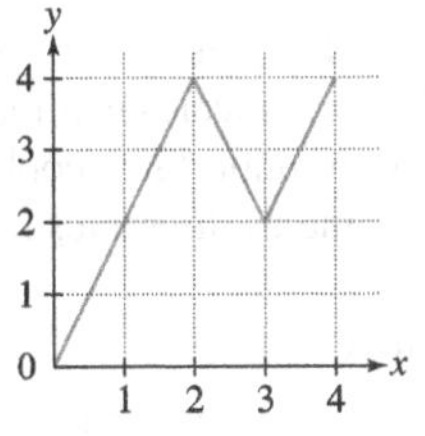

FIGURA 27

71. Suponha que f tenha domínio [4, 8] e imagem [2, 6]. Encontre o domínio e a imagem de:

(a) $y = f(x) + 3$ (b) $y = f(x+3)$

(c) $y = f(3x)$ (d) $y = 3f(x)$

72. Seja $f(x) = x^2$. Esboce o gráfico acima de [–2, 2] de:

(a) $y = f(x+1)$ (b) $y = f(x) + 1$

(c) $y = f(5x)$ (d) $y = 5f(x)$

73. Suponha que o gráfico de $f(x) = \operatorname{sen} x$ seja comprimido horizontalmente por um fator 2 e então transladado 5 unidades para a direita.

(a) Qual é a equação do novo gráfico?

(b) Qual é a equação se primeiro transladarmos por 5 e depois comprimirmos por 2?

(c) CG Confira suas respostas obtendo o gráfico das equações.

74. A Figura 28 mostra o gráfico de $f(x) = |x| + 1$. Combine as funções (a)-(e) com seus gráficos (i)-(v).

(a) $y = f(x-1)$ (b) $y = -f(x)$ (c) $y = -f(x) + 2$

(d) $y = f(x-1) - 2$ (e) $y = f(x+1)$

75. Esboce o gráfico de $y = f(2x)$ e $y = f\left(\frac{1}{2}x\right)$, sendo $f(x) = |x| + 1$ (Figura 28).

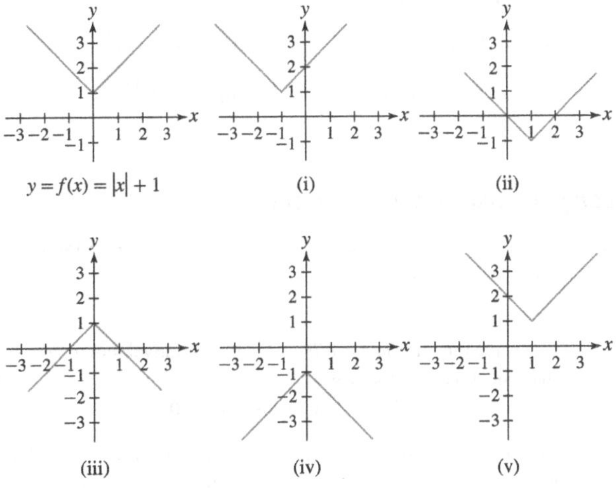

FIGURA 28

76. Encontre a função f cujo gráfico é obtido transladando a parábola $y = x^2$ três unidades para a direita e quatro unidades para baixo, como na Figura 29.

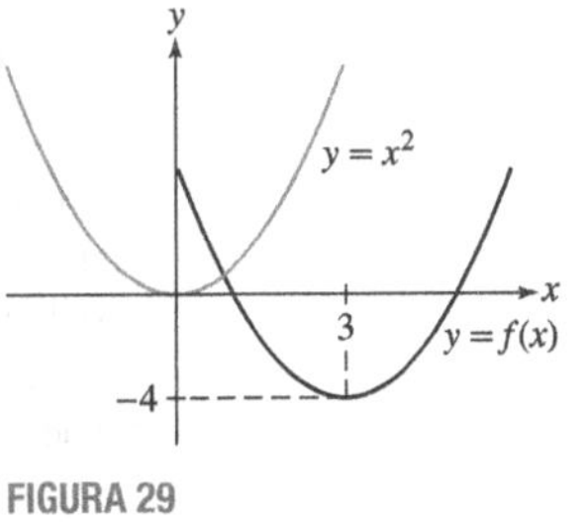

FIGURA 29

77. Defina $f(x)$ como o maior dentre x e $2 - x$. Esboce o gráfico de f. Quais são o domínio e a imagem? Expresse $f(x)$ em termos da função valor absoluto.

78. Para cada curva na Figura 30, decida se é simétrica em relação ao eixo y, à origem, a ambos ou a nenhum desses.

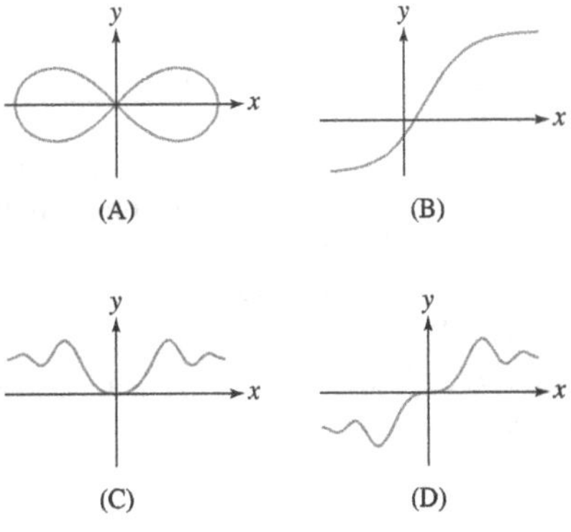

FIGURA 30

79. Mostre que a soma de duas funções pares é par e que a soma de duas funções ímpares é ímpar.

80. Suponha que f e g sejam pares. Quais das funções seguintes são pares? Quais são ímpares?

(a) $y = f(x)g(x)$ (b) $y = f(x)^3$

(c) $y = f(x) - g(x)$ (d) $y = \dfrac{f(x)}{g(x)}$

81. Prove que a única função cujo gráfico é simétrico em relação tanto ao eixo y quanto à origem é a função $f(x) = 0$.

Compreensão adicional e desafios

82. Demonstre a desigualdade triangular ($|a + b| \leq |a| + |b|$) somando as duas desigualdades

$$-|a| \leq a \leq |a|, \qquad -|b| \leq b \leq |b|$$

83. Mostre que uma fração $r = a/b$ em forma irredutível tem uma expansão decimal *finita* se, e só se,

$$b = 2^n 5^m, \quad \text{com dados } n, m \geq 0.$$

Sugestão: observe que r tem uma expansão decimal finita se $10^N r$ for um inteiro com algum $N \geq 0$ (e portanto b divide 10^N).

84. Seja $p = p_1 \ldots p_s$ um inteiro com dígitos $p_1, \ldots, p_s$. Mostre que

$$\frac{p}{10^s - 1} = 0,\overline{p_1 \ldots p_s}$$

Use isso para encontrar a expansão decimal de $r = \frac{2}{11}$. Observe que

$$r = \frac{2}{11} = \frac{18}{10^2 - 1}$$

85. Uma função f é simétrica em relação à reta vertical $x = a$ se $f(a - x) = f(a + x)$.

(a) Trace o gráfico de uma função que é simétrica em relação a $x = 2$.

(b) Mostre que se f for simétrica em relação a $x = a$, então $g(x) = f(x + a)$ é par.

86. Formule uma condição para f ser simétrica em relação ao ponto $(a, 0)$ do eixo x.

1.2 Funções lineares e quadráticas

As funções lineares são as mais simples de todas as funções, e seus gráficos (retas) são os mais simples de todas as curvas. Ainda assim, as funções lineares e as retas desempenham um papel extremamente importante no Cálculo. Por isso, é importante conhecer detalhadamente as propriedades básicas das funções lineares, bem como as diferentes maneiras de escrever a equação de uma reta.

Recordemos que uma **função linear** é uma função do tipo

$$f(x) = mx + b \qquad (m \text{ e } b \text{ constantes})$$

O gráfico de f é uma reta de inclinação m e, como $f(0) = b$, o gráfico intersecta o eixo y no ponto $(0, b)$ (Figura 1). O número b é o ponto de corte da reta com o eixo y.

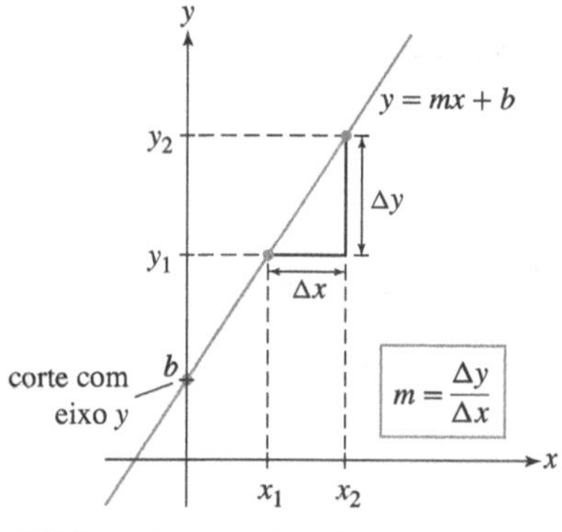

FIGURA 1 A inclinação m é a razão "elevação sobre avanço".

A **forma inclinação-corte** da reta de inclinação m e corte b com o eixo y é dada por

$$y = mx + b$$

Usamos os símbolos Δx e Δy para denotar a *variação* (ou *incremento*) em x e $y = f(x)$ ao longo do intervalo $[x_1, x_2]$ (Figura 1):

$$\Delta x = x_2 - x_1, \qquad \Delta y = y_2 - y_1 = f(x_2) - f(x_1)$$

A inclinação m da reta é igual à razão

$$m = \frac{\Delta y}{\Delta x} = \frac{\text{variação vertical}}{\text{variação horizontal}} = \frac{\text{elevação}}{\text{avanço}}$$

Isso segue da fórmula $y = mx + b$:

$$\frac{\Delta y}{\Delta x} = \frac{y_2 - y_1}{x_2 - x_1} = \frac{(mx_2 + b) - (mx_1 + b)}{x_2 - x_1} = \frac{m(x_2 - x_1)}{x_2 - x_1} = m$$

A inclinação m mede a *taxa de variação* de y em relação a x. De fato, escrevendo

$$\Delta y = m\Delta x$$

vemos que um incremento de uma unidade em x (ou seja, $\Delta x = 1$) produz uma variação de m unidades Δy em y. A interpretação da inclinação como taxa de variação é de importância fundamental no Cálculo. Na Seção 2.1, discutiremos isso com mais detalhes.

Graficamente, a inclinação m mede a declividade da reta $y = mx + b$. A Figura 2(A) mostra retas de diversas inclinações m por um mesmo ponto P. Observe as propriedades seguintes:

- **Declividade:** quanto maior o valor absoluto $|m|$, maior a declividade da reta.
- **Inclinação positiva:** se $m > 0$, a reta apresenta um aclive da esquerda para a direita.
- **Inclinação negativa:** se $m < 0$, a reta apresenta um declive da esquerda para a direita.
- $f(x) = mx + b$ é crescente se $m > 0$ e decrescente se $m < 0$.
- A **reta horizontal** $y = b$ tem inclinação $m = 0$ [Figura 2(B)].
- A **reta vertical** tem equação $x = c$, em que c é uma constante. A inclinação de uma reta vertical não está definida. Não é possível escrever a equação de uma reta vertical na forma inclinação-corte $y = mx + b$. Uma reta vertical não é o gráfico de uma função [Figura 2(B)].

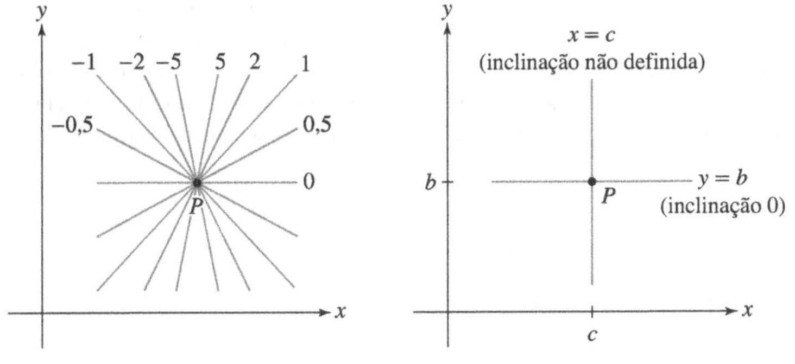

(A) Retas de diversas inclinações por P (B) Retas horizontal e vertical por P

FIGURA 2

A escala é especialmente importante nas aplicações, porque a declividade de um gráfico depende da escolha das unidades para os eixos x e y. Podemos criar impressões *subjetivas* muito distintas com uma mudança de escala. A Figura 3 mostra o crescimento dos lucros de uma companhia ao longo de um período de quatro anos. Os dois gráficos transmitem a mesma informação, mas o gráfico à esquerda faz esse crescimento parecer mais acentuado.

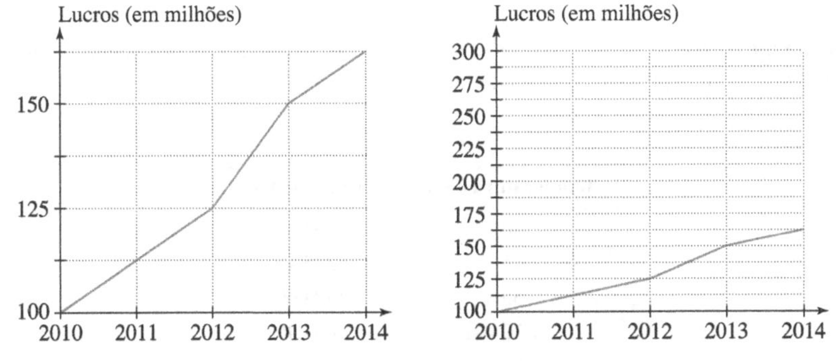

ADVERTÊNCIA Muitas vezes os gráficos são traçados utilizando escalas diferentes para os eixos x e y. Isso é necessário para manter os tamanhos desses gráficos dentro do razoável. Contudo, quando as escalas são diferentes, as retas não aparecem com sua verdadeira inclinação.

FIGURA 3 Crescimento de lucros corporativos.

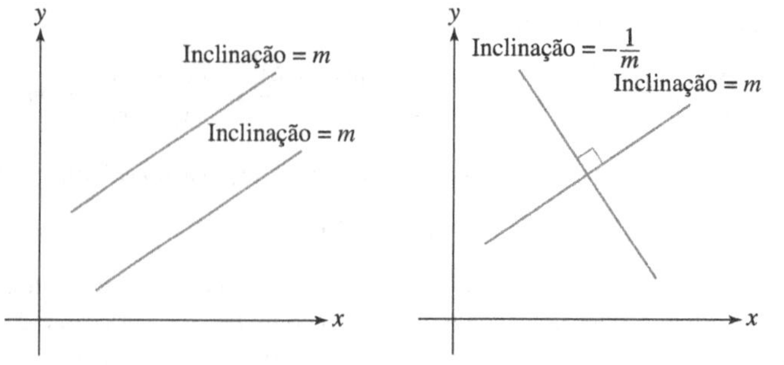

FIGURA 4 Retas paralelas e perpendiculares.

(A) Retas paralelas (B) Retas perpendiculares

Em seguida, vamos rever a relação entre as inclinações de retas paralelas e perpendiculares (Figura 4):

- As retas de inclinações m_1 e m_2 são **paralelas** se, e só se, $m_1 = m_2$.
- As retas de inclinações m_1 e m_2 são **perpendiculares** se, e só se,

$$m_1 = -\frac{1}{m_2} \qquad (\text{ou } m_1 m_2 = -1)$$

ENTENDIMENTO CONCEITUAL Os incrementos num intervalo $[x_1, x_2]$:

$$\Delta x = x_2 - x_1, \qquad \Delta y = f(x_2) - f(x_1)$$

são definidos com qualquer função f (linear, ou não), mas o quociente $\Delta y/\Delta x$ pode depender do intervalo (Figura 5). A propriedade característica de uma função linear $f(x) = mx + b$ é que $\Delta y/\Delta x$ tem o mesmo valor m em qualquer intervalo. Em outras palavras, y tem uma taxa de variação constante em relação a x. Podemos usar essa propriedade para testar se duas quantidades estão relacionadas por uma equação linear.

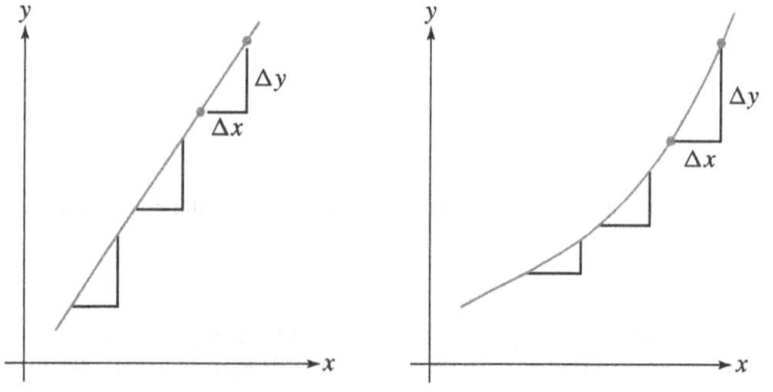

Função linear: o quociente $\Delta y/\Delta x$ é igual em todos os intervalos.

Função não linear: o quociente $\Delta y/\Delta x$ varia, dependendo do intervalo.

FIGURA 5

EXEMPLO 1 Testando para uma relação linear Os dados na Tabela 1 sugerem uma relação linear entre a pressão P e a temperatura T de um gás?

TABELA 1

Temperatura (°C)	Pressão (kPa)
40	1365,80
45	1385,40
55	1424,60
70	1483,40
80	1522,60

Solução Calculamos $\Delta P/\Delta T$ em pontos de dados sucessivos e conferimos se essa razão é constante:

(T_1, P_1)	(T_2, P_2)	$\dfrac{\Delta P}{\Delta T}$
(40, 1365,80)	(45, 1385,40)	$\dfrac{1385{,}40 - 1365{,}80}{45 - 40} = 3{,}92$
(45, 1385,40)	(55, 1424,60)	$\dfrac{1424{,}60 - 1385{,}40}{55 - 45} = 3{,}92$
(55, 1424,60)	(70, 1483,40)	$\dfrac{1483{,}40 - 1424{,}60}{70 - 55} = 3{,}92$
(70, 1483,40)	(80, 1522,60)	$\dfrac{1522{,}60 - 1483{,}40}{80 - 70} = 3{,}92$

Dados experimentais reais dificilmente revelam linearidade perfeita, mesmo se os pontos de dados estiverem, essencialmente, numa reta. O método de "regressão linear" é utilizado para encontrar a função linear que mais bem se ajusta aos dados.

Como $\Delta P/\Delta T$ tem o valor constante 3,92, os pontos de dados estão numa reta de inclinação 3,92. Isso é confirmado pelo esboço na Figura 6. ■

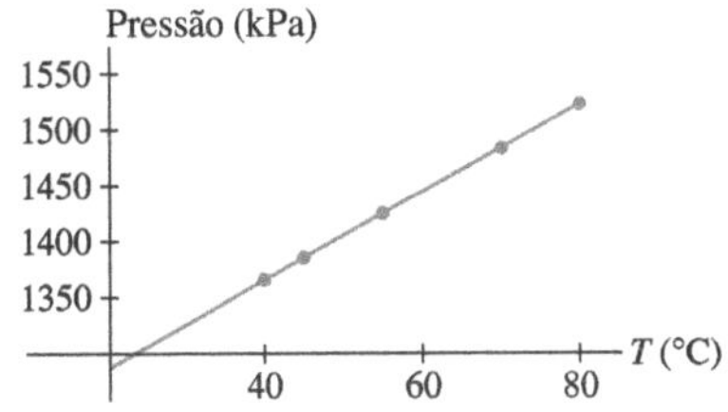

FIGURA 6 A reta pelos pontos dos dados de pressão-temperatura.

Como já mencionamos, é importante conhecer bem as diferentes maneiras padrão de escrever a equação de uma reta. A **equação linear** geral é

$$ax + by = c \qquad (1)$$

em que a e b não são, *ambos*, zero. Se $b = 0$, obtemos a reta vertical $ax = c$. Se $b \neq 0$, podemos reescrever a Equação (1) na forma inclinação-corte. Por exemplo, $-6x + 2y = 3$ pode ser reescrita como $y = 3x + \frac{3}{2}$.

Duas outras formas frequentemente utilizadas são as formas **ponto-inclinação** e a **ponto-ponto**. Dados um ponto $P = (a, b)$ e uma inclinação m, a equação da reta pelo ponto P com inclinação m é $y - b = m(x - a)$. Analogamente, a reta por dois pontos distintos $P = (a_1, b_1)$ e $Q = (a_2, b_2)$ tem inclinação (Figura 7)

$$m = \frac{b_2 - b_1}{a_2 - a_1}$$

Portanto, podemos escrever sua equação como $y - b_1 = m(x - a_1)$.

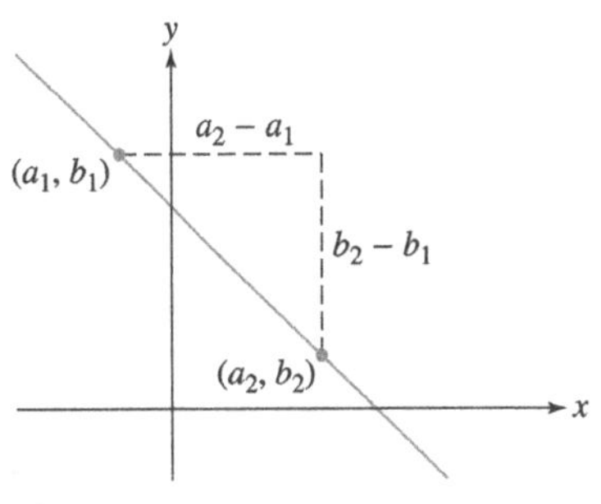

FIGURA 7 A inclinação da reta entre $P = (a_1, b_1)$ e $Q = (a_2, b_2)$ é $m = \dfrac{b_2 - b_1}{a_2 - a_1}$.

Equações adicionais para retas

1. **Forma ponto-inclinação** da reta por $P = (a, b)$ com inclinação m:

$$y - b = m(x - a)$$

2. **Forma ponto-ponto** da reta por $P = (a_1, b_1)$ e $Q = (a_2, b_2)$:

$$y - b_1 = m(x - a_1), \quad \text{em que } m = \frac{b_2 - b_1}{a_2 - a_1}$$

Se $a = 0$, a forma ponto-inclinação torna-se a forma inclinação-corte $y = mx + b$.

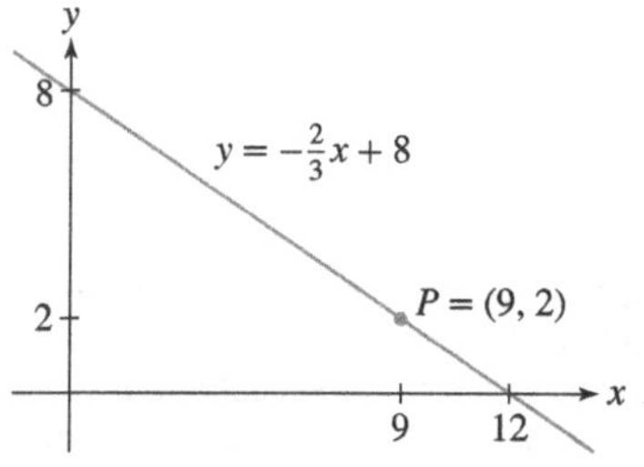

FIGURA 8 A reta por $P = (9, 2)$ de inclinação $m = -\frac{2}{3}$.

■ **EXEMPLO 2 Reta de inclinação dada por um ponto dado** Encontre a equação da reta por (9, 2) de inclinação $-\frac{2}{3}$.

Solução Em forma ponto-inclinação:

$$y - 2 = -\frac{2}{3}(x - 9)$$

Na forma inclinação-corte: $y = -\frac{2}{3}(x - 9) + 2$ ou $y = -\frac{2}{3}x + 8$. Ver Figura 8. ■

■ **EXEMPLO 3 Reta por dois pontos** Encontre a equação da reta por (2, 1) e (9, 5).

Solução A reta tem inclinação

$$m = \frac{5-1}{9-2} = \frac{4}{7}$$

Como (2, 1) está na reta, sua equação ponto-inclinação é $y - 1 = \frac{4}{7}(x - 2)$. ■

Uma **função quadrática** é uma função definida por um polinômio quadrático

$$f(x) = ax^2 + bx + c \qquad (a, b, c \text{ constantes, com } a \neq 0)$$

O gráfico de f é uma **parábola** (Figura 9). A parábola abre para cima se o coeficiente dominante a for positivo e para baixo se a for negativo. O **discriminante** de f é a quantidade

$$D = b^2 - 4ac$$

As raízes de f são dadas pela **fórmula quadrática**, ou **de Bhaskara** (ver Exercício 58):

$$\text{Raízes de } f = \frac{-b \pm \sqrt{b^2 - 4ac}}{2a} = \frac{-b \pm \sqrt{D}}{2a}$$

O sinal de D determina se f tem, ou não, raízes reais (Figura 9). Se $D > 0$, então f tem duas raízes reais e, se $D = 0$, tem uma raiz real (uma "raiz dupla"). Se $D < 0$, então $\sqrt{D}$ é imaginário, e f não tem raízes reais.

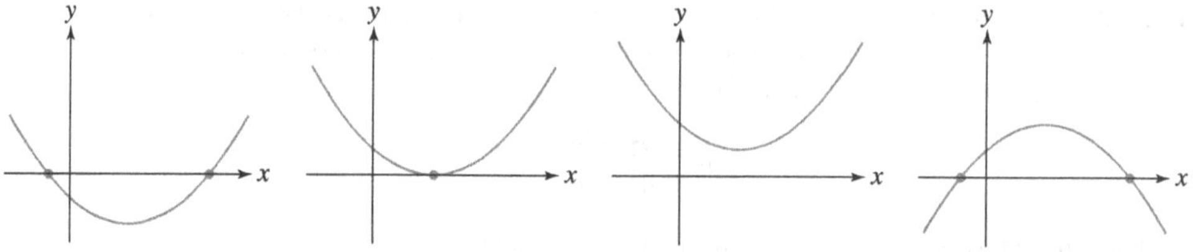

FIGURA 9 Gráficos da função quadrática $f(x) = ax^2 + bx + c$.

Quando f tem duas raízes reais r_1 e r_2, então $f(x)$ pode ser fatorado como

$$f(x) = a(x - r_1)(x - r_2)$$

Por exemplo, $f(x) = 2x^2 - 3x + 1$ tem discriminante $D = b^2 - 4ac = 9 - 8 = 1 > 0$ e, pela fórmula quadrática, suas raízes são $(3 \pm 1)/4$, ou 1 e $\frac{1}{2}$. Portanto,

$$f(x) = 2x^2 - 3x + 1 = 2(x - 1)\left(x - \frac{1}{2}\right)$$

A técnica de **completar o quadrado** consiste em escrever um polinômio quadrático como um múltiplo de um quadrado mais uma constante. Então

$$x^2 + bx + c = x^2 + bx + \left(\frac{b}{2}\right)^2 - \left(\frac{b}{2}\right)^2 + c = \left(x + \frac{b}{2}\right)^2 - \left(\frac{b}{2}\right)^2 + c$$

Se houver uma constante a multiplicando o termo x^2, começamos por fatorar essa constante para fora, como mostramos no próximo exemplo.

■ **EXEMPLO 4 Completando o quadrado** Complete o quadrado do polinômio quadrático $f(x) = 4x^2 - 12x + 3$.

Solução Primeiro fatoramos o coeficiente dominante:

$$4x^2 - 12x + 3 = 4\left(x^2 - 3x + \frac{3}{4}\right)$$

Depois completamos o quadrado para o termo $x^2 - 3x$:

$$x^2 - 3x = x^2 - 3x + \left(\frac{3}{2}\right)^2 - \left(\frac{3}{2}\right)^2 = \left(x - \frac{3}{2}\right)^2 - \frac{9}{4}$$

Desse modo,

$$4x^2 - 12x + 3 = 4\left(\left(x - \frac{3}{2}\right)^2 - \frac{9}{4} + \frac{3}{4}\right) = 4\left(x - \frac{3}{2}\right)^2 - 6$$ ■

Os textos cuneiformes escritos em placas de argila mostram que o método de completar o quadrado era conhecido dos matemáticos babilônicos da Antiguidade que viveram há cerca de 4.000 anos.

Ignorando a resistência do ar, uma bola de basquete segue um trajeto parabólico (Figura 10).

FIGURA 10

O método de completar o quadrado pode ser usado para encontrar o valor mínimo ou máximo de uma função quadrática.

■ **EXEMPLO 5 Encontrando o máximo de uma função quadrática** Complete o quadrado e encontre o valor máximo de $f(x) = -x^2 + 4x + 1$.

Solução Temos

$$f(x) = -(x^2 - 4x - 1) = -(x^2 - 4x + 4 - 4 - 1) = -((x - 2)^2 - 5) = \overbrace{-(x - 2)^2}^{\text{Esse termo é } \leq 0} + 5$$

Assim, $f(x) \leq 5$ com qualquer x, e o valor máximo de f é $f(2) = 5$ (Figura 11). ■

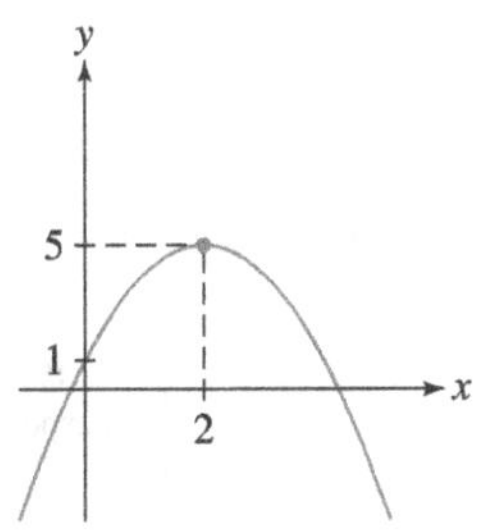

FIGURA 11 O gráfico de $f(x) = -x^2 + 4x + 1$.

1.2 Resumo

- Uma função linear é uma função da forma $f(x) = mx + b$.
- A equação geral de uma reta é $ax + by = c$. A reta $y = c$ é horizontal e $x = c$ é vertical.
- Três maneiras convenientes de escrever a equação de uma reta não vertical:
  - Forma inclinação-corte: $y = mx + b$ (inclinação m e corte b com o eixo y)
  - Forma ponto-inclinação: $y - b = m(x - a)$ [inclinação m, passa por (a, b)]
  - Forma ponto-ponto: a reta pelos dois pontos $P = (a_1, b_1)$ e $Q = (a_2, b_2)$ tem inclinação $m = \dfrac{b_2 - b_1}{a_2 - a_1}$ e equação $y - b_1 = m(x - a_1)$.
- Duas retas de inclinações m_1 e m_2 são paralelas se, e só se, $m_1 = m_2$, e são perpendiculares se, e só se, $m_1 = -1/m_2$.
- Função quadrática: $f(x) = ax^2 + bx + c$. As raízes são $x = (-b \pm \sqrt{D})/2a$, sendo $D = b^2 - 4ac$ o discriminante. As raízes são reais e distintas se $D > 0$, há uma raiz dupla se $D = 0$, e não há raízes reais se $D < 0$.
- O completamento do quadrado consiste em escrever uma função quadrática como um múltiplo de um quadrado mais uma constante.

1.2 Exercícios

Exercícios preliminares

1. Qual é a inclinação da reta $y = -4x - 9$?

2. As retas $y = 2x + 1$ e $y = -2x - 4$ são perpendiculares?

3. Quando a reta $ax + by = c$ é paralela ao eixo y? E ao eixo x?

4. Seja $y = 3x + 2$. Quanto é Δy se x tiver um acréscimo de 3?

5. Qual é o mínimo de $f(x) = (x + 3)^2 - 4$?

6. Qual é o resultado de completar o quadrado de $f(x) = x^2 + 1$?

Exercícios

Nos Exercícios 1-4, encontre a inclinação, o corte com o eixo y e o corte com o eixo x da reta de equação dada.

1. $y = 3x + 12$

2. $y = 4 - x$

3. $4x + 9y = 3$

4. $y - 3 = \frac{1}{2}(x - 6)$

Nos Exercícios 5-8, encontre a inclinação da reta.

5. $y = 3x + 2$

6. $y = 3(x - 9) + 2$

7. $3x + 4y = 12$

8. $3x + 4y = -8$

Nos Exercícios 9-20, encontre a equação da reta com a descrição dada.

9. Inclinação 3, corta em 8 o eixo y

10. Inclinação -2, corta em 3 o eixo y

11. Inclinação 3, passa por $(7, 9)$

12. Inclinação -5, passa por $(0, 0)$

13. Horizontal, passa por $(0, -2)$

14. Passa por $(-1, 4)$ e $(2, 7)$

15. Paralela a $y = 3x - 4$ e passa por $(1, 1)$

16. Passa por $(1, 4)$ e $(12, -3)$

17. Perpendicular a $3x + 5y = 9$ e passa por $(2, 3)$

18. Vertical e passa por $(-4, 9)$

19. Horizontal, passa por $(8, 4)$

20. Inclinação 3, corta em 6 o eixo x

21. Encontre a equação do bissetor perpendicular do segmento ligando $(1, 2)$ e $(5, 4)$ (Figura 12). *Sugestão*: o ponto médio Q do segmento ligando (a, b) a (c, d) é $\left(\frac{a+c}{2}, \frac{b+d}{2}\right)$.

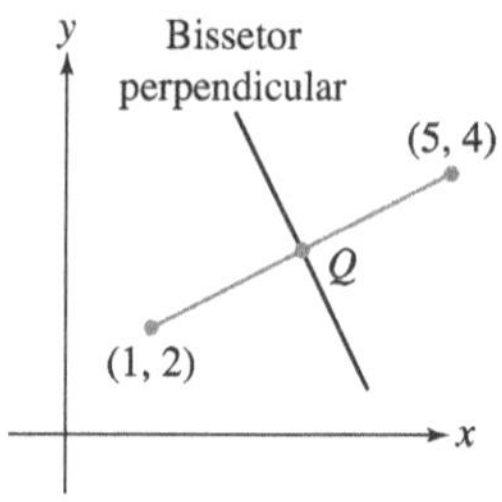

FIGURA 12

22. Forma corte-corte Mostre que se $a, b \neq 0$, então a reta de corte $x = a$ com o eixo x e $y = b$ com o eixo y tem equação (Figura 13)

$$\frac{x}{a} + \frac{y}{b} = 1$$

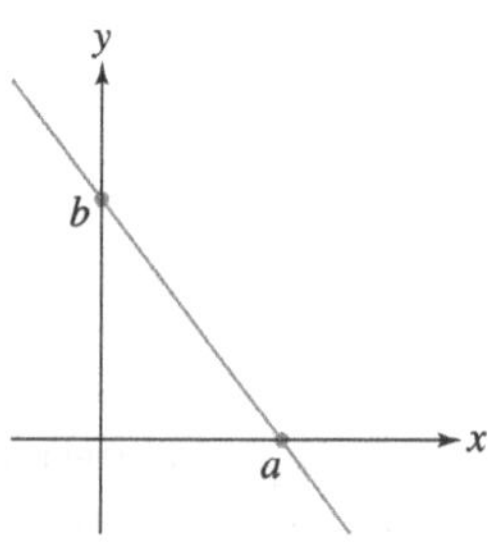

FIGURA 13

23. Encontre uma equação da reta que corta o eixo x em $x = 4$ e o eixo y em $y = 3$.

24. Uma reta de inclinação $m = 2$ passa por $(1, 4)$. Encontre y tal que $(3, y)$ esteja na reta.

25. Determine se existe alguma constante c tal que a reta $x + cy = 1$:

(a) tenha inclinação 4

(b) passe por $(3, 1)$

(c) seja horizontal

(d) seja vertical

26. Suponha que o número N de entradas de um concerto que podem ser vendidas a um preço de P dólares por entrada seja uma função linear $N(P)$ com $10 \leq P \leq 40$. Determine $N(P)$ (denominada função demanda) se $N(10) = 500$ e $N(40) = 0$. Qual é o decréscimo ΔN no número de entradas vendidas se o preço for aumentado em $\Delta P = 5$ dólares?

27. Suponha que o número de certo tipo de computadores que podem ser vendidos se seu preço for de P (dólares) seja dado por uma função linear $N(P)$. Determine $N(P)$ se $N(1.000) = 10.000$ e $N(1.500) = 7.500$. Qual é a variação ΔN no número desses computadores vendidos se o preço for aumentado em $\Delta P = 100$ dólares?

28. Suponha que a demanda pelas pizzas de Cleber seja linear no preço P. Determine a função demanda N como uma função de P e forneça o número de pizzas vendidas se o preço for P, sabendo que ele consegue vender 100 pizzas se o preço for \$5 e que ele consegue vender 40 pizzas se o preço for \$10. Determine a receita ($N \times P$) com cada um dos preços 5, 6, 7, 8, 9 e 10 e então escolha um preço para maximizar a receita.

29. O calor expande os materiais. Considere uma barra de metal de comprimento L_0 a uma temperatura T_0. Se a temperatura variar por uma quantidade ΔT, então o comprimento do bastão varia $\Delta L = \alpha L_0 \Delta T$ aproximadamente, sendo α o coeficiente de expansão termal e ΔT não sendo uma variação extrema de temperatura. Para o aço, $\alpha = 1{,}24 \times 10^{-5}\,°\text{C}^{-1}$.

(a) Um bastão de aço tem comprimento $L_0 = 40$ cm a $T_0 = 40°$C. Qual é o comprimento a $T = 90°$C?

(b) Encontre seu comprimento a $T = 50°$C se seu comprimento a $T_0 = 100°$C for de 65 cm.

(c) Expresse o comprimento L como uma função de T se $L_0 = 65$ cm a $T_0 = 100°$C.

30. Os pontos (0,5; 1), (1; 1,2) e (2; 2) estão numa reta?

31. Encontre b tal que $(2, -1)$, $(3, 2)$ e $(b, 5)$ estejam numa reta.

32. Encontre uma expressão para a velocidade v como uma função linear de t que combine com os dados a seguir.

t (s)	0	2	4	6
v (m/s)	39,2	58,6	78	97,4

33. Foi medido o período T de pêndulos de vários comprimentos L diferentes. Baseado nos dados a seguir, T parece ser uma função linear de L ou não?

L (cm)	20	30	40	50
T (s)	0,9	1,1	1,27	1,42

34. Mostre que f é linear de inclinação m se, e só se,

$$f(x + h) - f(x) = mh \quad \text{(com quaisquer } x \text{ e } h\text{)}$$

Isto é, prove as duas afirmações seguintes.

(a) Se f for linear de inclinação m, então $f(x + h) - f(x) = mh$ (com quaisquer x e h).

(b) Se $f(x+h) - f(x) = mh$ (com quaisquer x e h), então f será linear de inclinação m.

35. Encontre as raízes dos polinômios quadráticos:
(a) $f(x) = 4x^2 - 3x - 1$ (b) $f(x) = x^2 - 2x - 1$

Nos Exercícios 36-43, complete o quadrado e encontre o valor mínimo ou máximo da função quadrática.

36. $y = x^2 + 2x + 5$
37. $y = x^2 - 6x + 9$
38. $y = -9x^2 + x$
39. $y = x^2 + 6x + 2$
40. $y = 2x^2 - 4x - 7$
41. $y = -4x^2 + 3x + 8$
42. $y = 3x^2 + 12x - 5$
43. $y = 4x - 12x^2$

44. Trace o gráfico de $y = x^2 - 6x + 8$ esboçando as raízes e o ponto mínimo.

45. Trace o gráfico de $y = x^2 + 4x + 6$ esboçando o ponto mínimo, o ponto de corte com o eixo y e mais algum outro ponto.

46. Se, numa população, os alelos A e B do gene da fibrose cística ocorrem com frequências p e $1 - p$ (em que p é uma fração entre 0 e 1), então a frequência de portadores heterozigotos (que têm ambos os alelos) é $2p(1 - p)$. Qual valor de p dá a maior frequência de portadores heterozigotos?

47. A função $f(x) = x^2 + cx + 1$ tem uma raiz dupla com quais valores de c? E nenhuma raiz real?

48. Sejam f uma função quadrática e c uma constante. Qual das afirmações a seguir está correta? Explique graficamente.
(a) Existe um único valor de c tal que $y = f(x) - c$ tem uma raiz dupla.
(b) Existe um único valor de c tal que $y = f(x - c)$ tem uma raiz dupla.

49. Prove que $x + \frac{1}{x} \geq 2$ com qualquer $x > 0$.
Sugestão: considere $(x^{1/2} - x^{-1/2})^2$.

50. Sejam $a, b > 0$. Mostre que a *média geométrica* $\sqrt{ab}$ não é maior do que a *média aritmética* $(a + b)/2$. *Sugestão*: use uma variação da sugestão dada no Exercício 49.

51. Quando suspendemos objetos de pesos x e w_1 na balança da Figura 14(A), o travessão da balança está horizontal se $bx = aw_1$. Se os comprimentos a e b forem conhecidos, podemos usar essa equação para determinar um peso desconhecido x selecionando w_1 de tal maneira que o travessão esteja horizontal. Se a e b não forem conhecidos precisamente, podemos proceder como segue. Primeiro equilibramos x pondo w_1 à esquerda, como em (A). Em seguida, trocamos de lado e equilibramos x pondo w_2 à direita, como em (B). A média $\bar{x} = \frac{1}{2}(w_1 + w_2)$ dá uma estimativa para x. Mostre que $\bar{x}$ é maior do que ou igual ao verdadeiro peso de x.

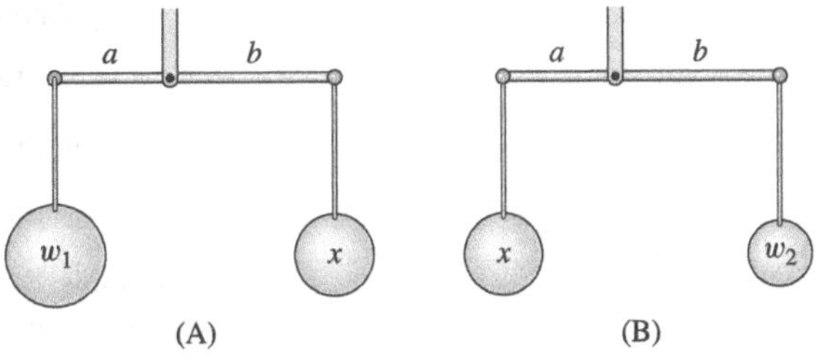

FIGURA 14

52. Encontre números x e y cuja soma é 10 e o produto 24. *Sugestão*: encontre um polinômio quadrático satisfeito por x.

53. Encontre um par de números cuja soma e produto sejam, ambos, iguais a 8.

54. Mostre que a parábola $y = x^2$ consiste em todos os pontos P tais que $d_1 = d_2$, sendo d_1 a distância de P a $\left(0, \frac{1}{4}\right)$ e d_2 a distância de P à reta $y = -\frac{1}{4}$ (Figura 15).

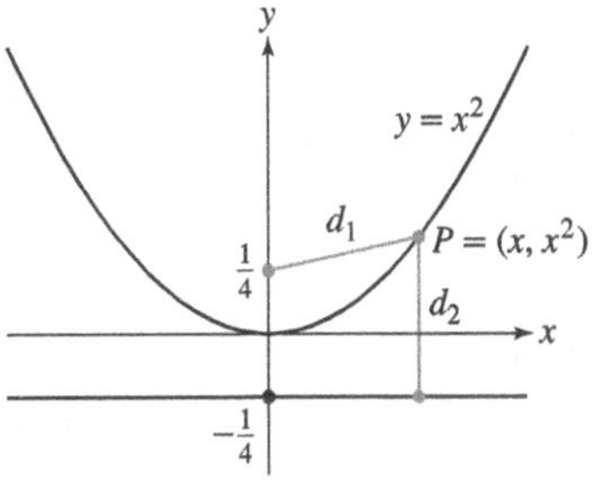

FIGURA 15

Compreensão adicional e desafios

55. Mostre que se f e g forem lineares, então $f + g$ também é. Vale o mesmo para fg?

56. Mostre que se f e g forem funções lineares tais que $f(0) = g(0)$ e $f(1) = g(1)$, então $f = g$.

57. Mostre que a razão $\Delta y/\Delta x$ da função $f(x) = x^2$ não é constante ao longo do intervalo $[x_1, x_2]$, mas depende do intervalo. Determine exatamente como $\Delta y/\Delta x$ depende de x_1 e x_2.

58. Complete o quadrado e use o resultado obtido para deduzir a fórmula quadrática das raízes de $ax^2 + bx + c = 0$.

59. Sejam a, $c \neq 0$. Mostre que as raízes de
$$ax^2 + bx + c = 0 \qquad \text{e} \qquad cx^2 + bx + a = 0$$
são recíprocas uma da outra.

60. Complete o quadrado para mostrar que a parábola
$$y = ax^2 + bx + c$$
é congruente a $y = ax^2$ por meio de uma translação vertical e uma horizontal.

61. Demonstre as **Fórmulas de Viète**: o polinômio quadrático de raízes α e β é $x^2 + bx + c$, em que $b = -\alpha - \beta$ e $c = \alpha\beta$.

1.3 Classes básicas de funções

Seria impossível (e inútil) descrever todas as possíveis funções f. Como os valores de uma função podem ser dados arbitrariamente, uma função escolhida aleatoriamente seria provavelmente tão complicada que não saberíamos nem traçar seu gráfico nem descrevê-la de alguma maneira razoável. No entanto, o Cálculo não tenta tratar com todas as funções possíveis. As técnicas do Cálculo, mesmo poderosas e gerais como são, aplicam-se somente a funções que sejam suficientemente "bem comportadas" (quando estudarmos a derivada no Capítulo 3, veremos o que significa bom comportamento). Felizmente, tais funções são adequadas para uma grande variedade de aplicações.

A maioria das funções consideradas neste texto é construída a partir das seguintes classes de funções bem comportadas conhecidas:

polinômios   funções racionais   funções algébricas

funções exponenciais   funções trigonométricas

funções logarítmicas   funções trigonométricas inversas

Diremos que essas são as **funções básicas**.

- **Polinômios:** dado qualquer número real m, dizemos que $f(x) = x^m$ é a **função potência** de expoente m. Essas funções incluem $f(x) = x^3$, $f(x) = x^{-7}$ e $f(x) = x^{\pi}$. A base é a variável e o expoente é constante. Por enquanto, estamos interessados em funções potência cujo expoente seja um inteiro positivo. Um **polinômio** é uma soma de múltiplos de funções potência de expoentes inteiros positivos ou zero (que dá o termo constante) (Figura 1):

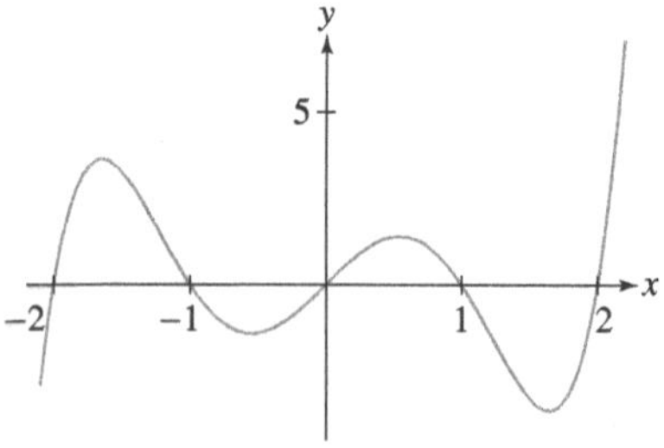

FIGURA 1 O polinômio $y = x^5 - 5x^3 + 4x$.

$$f(x) = x^5 - 5x^3 + 4x, \qquad g(t) = 7t^6 + t^3 - 3t - 1, \qquad h(x) = x^9$$

Assim, a função $f(x) = x + x^{-1}$ não é um polinômio, pois inclui uma função potência x^{-1} de expoente negativo. O polinômio geral P na variável x pode ser escrito

$$P(x) = a_n x^n + a_{n-1}x^{n-1} + \cdots + a_1 x + a_0$$

Os números $a_0, a_1, \ldots, a_n$ são denominados **coeficientes**.
O **grau** de $P(x)$ é n (supondo que $a_n \neq 0$).
O coeficiente a_n é denominado **coeficiente dominante**.
O domínio de P é **R**.

- Uma **função racional** é um *quociente* de dois polinômios (Figura 2):

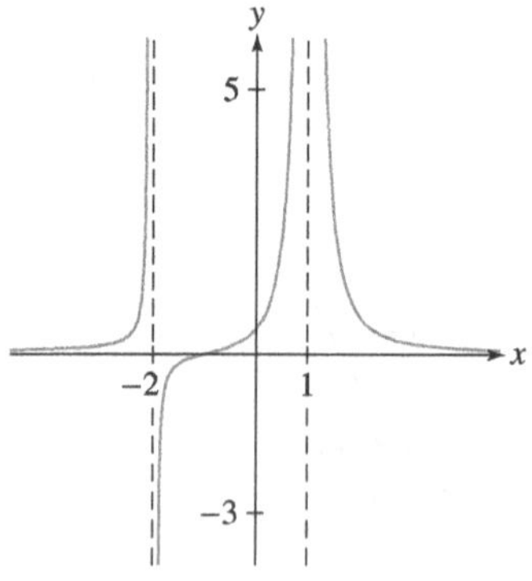

FIGURA 2 A função racional $f(x) = \dfrac{x+1}{x^3 - 3x + 2}$.

$$f(x) = \frac{P(x)}{Q(x)} \qquad [P(x) \text{ e } Q(x) \text{ polinômios}]$$

O domínio de f é o conjunto dos números x tais que $Q(x) \neq 0$. Por exemplo,

$$f(x) = \frac{1}{x^2} \qquad \text{domínio } \{x : x \neq 0\}$$

$$h(t) = \frac{7t^6 + t^3 - 3t - 1}{t^2 - 1} \qquad \text{domínio } \{t : t \neq \pm 1\}$$

Cada polinômio é, também, uma função racional [com $Q(x) = 1$].

- Uma **função algébrica** é obtida tomando somas, produtos e quocientes de *raízes* de polinômios e funções racionais (Figura 3):

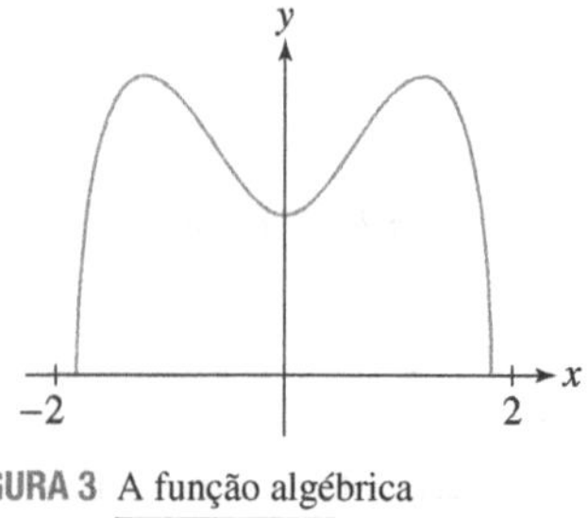

FIGURA 3 A função algébrica $f(x) = \sqrt{1 + 3x^2 - x^4}$.

$$f(x) = \sqrt{1 + 3x^2 - x^4}, \qquad g(t) = (\sqrt{t} - 2)^{-2}, \qquad h(z) = \frac{z + z^{-5/3}}{5z^3 - \sqrt{z}}$$

Um número x pertence ao domínio de f se cada termo da fórmula estiver definido e o resultado não envolver divisão por zero. Por exemplo, $g(t)$ está definida se $t \geq 0$ e $\sqrt{t} \neq 2$, portanto o domínio de g é $D = \{t : t \geq 0 \text{ e } t \neq 4\}$. Mais geralmente, as funções algébricas são definidas por equações polinomiais entre x e y. Nesse caso, dizemos que y está **definido implicitamente** como uma função de x. Por exemplo, a equação $y^4 + 2x^2y + x^4 = 1$ define y implicitamente como uma função de x.

*Qualquer função que não seja algébrica é chamada **transcendente**. As funções exponenciais e trigonométricas constituem exemplos, assim como a função gama e as funções de Bessel que ocorrem na Engenharia e Estatística. A palavra "transcendente" para descrever funções desse tipo foi utilizada nos anos 1670 por Gottfried Wilhelm Leibniz (1646-1716).*

- **Funções exponenciais:** a função $f(x) = b^x$, em que $b > 0$, é denominada função exponencial de base b. Alguns exemplos são

$$f(x) = 2^x, \qquad g(t) = 10^t, \qquad h(x) = \left(\frac{1}{3}\right)^x, \qquad p(t) = (\sqrt{5})^t$$

As funções exponenciais e suas *inversas*, as **funções logarítmicas**, são estudadas detalhadamente na Seção 1.6

- As **funções trigonométricas** são funções construídas a partir de sen x e cos x. Essas funções e suas inversas são discutidas nas duas próximas seções.

Construindo novas funções

Dadas as funções f e g, podemos construir novas formando as funções soma, diferença, produto e quociente:

$$(f+g)(x) = f(x) + g(x), \qquad (f-g)(x) = f(x) - g(x)$$

$$(fg)(x) = f(x)\,g(x), \qquad \left(\frac{f}{g}\right)(x) = \frac{f(x)}{g(x)} \quad (\text{se } g(x) \neq 0)$$

Por exemplo, se $f(x) = x^2$ e $g(x) = \operatorname{sen} x$, então

$$(f+g)(x) = x^2 + \operatorname{sen} x, \qquad (f-g)(x) = x^2 - \operatorname{sen} x$$

$$(fg)(x) = x^2 \operatorname{sen} x, \qquad \left(\frac{f}{g}\right)(x) = \frac{x^2}{\operatorname{sen} x}$$

Também podemos multiplicar funções por constantes. Uma função do tipo

$$h(x) = c_1 f(x) + c_2 g(x) \qquad (c_1, c_2 \text{ constantes})$$

é denominada uma **combinação linear** de f e g.

A **composição** é outra maneira importante de construir funções novas. A composição de f e g é a função $f \circ g$ definida por $(f \circ g)(x) = f(g(x))$. O domínio de $f \circ g$ é o conjunto de valores de x do domínio de g tais que $g(x)$ esteja no domínio de f.

■ **EXEMPLO 1** Calcule as funções compostas $f \circ g$ e $g \circ f$ e discuta seus domínios, sendo

$$f(x) = \sqrt{x}, \qquad g(x) = 1 - x$$

Solução Temos

$$(f \circ g)(x) = f(g(x)) = f(1-x) = \sqrt{1-x}$$

A raiz quadrada $\sqrt{1-x}$ está definida se $1 - x \geq 0$ ou se $x \leq 1$, portanto o domínio de $f \circ g$ é $\{x : x \leq 1\}$. Por outro lado,

$$(g \circ f)(x) = g(f(x)) = g(\sqrt{x}) = 1 - \sqrt{x}$$

O domínio de $g \circ f$ é $\{x : x \geq 0\}$. ■

O Exemplo 1 mostra que a composição de funções não é comutativa: as funções $f \circ g$ e $g \circ f$ podem ser (e, em geral, são) diferentes.

Funções elementares

Como vimos, funções novas podem ser produzidas usando as operações de adição, subtração, multiplicação, divisão e composição. É conveniente nos referirmos a uma função construída dessa maneira a partir das funções básicas listadas acima como uma **função elementar**. As funções seguintes são elementares:

As funções inversas serão discutidas na Seção 1.5.

$$f(x) = \sqrt{2x + \operatorname{sen} x}, \qquad f(x) = 10^{\sqrt{x}}, \qquad f(x) = \frac{1 + x^{-1}}{1 + \cos x}$$

Funções definidas por partes

Também podemos criar funções novas colando funções definidas em domínios delimitados, obtendo, assim, **funções definidas por partes**. Um exemplo que já foi visto é a função valor absoluto, definida por

$$|x| = \begin{cases} -x & \text{se } x < 0 \\ x & \text{se } x \geq 0 \end{cases}$$

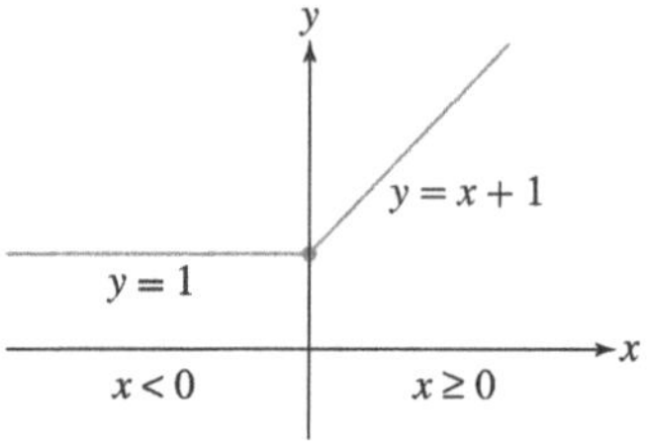

FIGURA 4 Uma função definida por partes.

■ **EXEMPLO 2** Determine o domínio e a imagem e verifique se é crescente ou decrescente em diferentes valores de x a função f definida por

$$f(x) = \begin{cases} 1 & \text{se } x < 0 \\ x + 1 & \text{se } x \geq 0 \end{cases}$$

Solução A função f, que aparece na Figura 4, está definida em todos os valores de x, portanto seu domínio é o conjunto de todos os números reais. Contudo, com $x < 0$, a imagem é somente o único valor 1 e, com $x \geq 0$, seus valores são todos $x \geq 1$. Logo, a imagem da função é $\{x : x \geq 1\}$. A função não é crescente nem decrescente em $x < 0$; contudo, a função é crescente em $x \geq 0$. ■

1.3 Resumo

- Dado um número real m, dizemos que $f(x) = x^m$ é a *função potência* de expoente m. Um polinômio P é uma soma de múltiplos de x^m, em que m é um número natural:

$$P(x) = a_n x^n + a_{n-1}x^{n-1} + \cdots + a_1 x + a_0$$

  Esse polinômio tem grau n (supondo que $a_n \neq 0$) e a_n é denominado coeficiente dominante.
- Uma função racional é um quociente P/Q de dois polinômios (definida se $Q(x) \neq 0$).
- Uma função algébrica é produzida tomando somas, produtos e raízes enésimas de polinômios e funções racionais.
- Funções exponenciais: $f(x) = b^x$, com $b > 0$ (b é denominada base).
- A função composta $f \circ g$ é definida por $(f \circ g)(x) = f(g(x))$. O domínio de $f \circ g$ é o conjunto dos x do domínio de g tais que $g(x)$ pertença ao domínio de f.
- As funções elementares são obtidas tomando somas, diferenças, produtos, quocientes e compostas das funções básicas, que incluem polinômios e funções racionais, algébricas, exponenciais, trigonométricas, logarítmicas e trigonométricas inversas.
- Uma função definida por partes é obtida definindo uma função em dois ou mais domínios disjuntos.

1.3 Exercícios

Exercícios preliminares

1. Dê um exemplo de uma função racional.
2. Será $y = |x|$ uma função polinomial? E $y = |x^2 + 1|$?
3. O que tem de incomum o domínio da função composta $f \circ g$ tomando as funções $f(x) = x^{1/2}$ e $g(x) = -1 - |x|$?
4. Será $f(x) = \left(\frac{1}{2}\right)^x$ crescente ou decrescente?
5. Dê um exemplo de uma função transcendente.

Exercícios

Nos Exercícios 1-12, determine o domínio da função.

1. $f(x) = x^{1/4}$
2. $g(t) = t^{2/3}$
3. $f(x) = x^3 + 3x - 4$
4. $h(z) = z^3 + z^{-3}$
5. $g(t) = \dfrac{1}{t+2}$
6. $f(x) = \dfrac{1}{x^2+4}$
7. $G(u) = \dfrac{1}{u^2-4}$
8. $f(x) = \dfrac{\sqrt{x}}{x^2-9}$
9. $f(x) = x^{-4} + (x-1)^{-3}$
10. $F(s) = \operatorname{sen}\left(\dfrac{s}{s+1}\right)$
11. $g(y) = 10^{\sqrt{y}+y^{-1}}$
12. $f(x) = \dfrac{x + x^{-1}}{(x-3)(x+4)}$

Nos Exercícios 13-24, identifique cada uma das funções como polinomial, racional, algébrica ou transcendente.

13. $f(x) = 4x^3 + 9x^2 - 8$
14. $f(x) = x^{-4}$
15. $f(x) = \sqrt{x}$
16. $f(x) = \sqrt{1 - x^2}$
17. $f(x) = \dfrac{x^2}{x + \operatorname{sen} x}$
18. $f(x) = 2^x$
19. $f(x) = \dfrac{2x^3 + 3x}{9 - 7x^2}$
20. $f(x) = \dfrac{3x - 9x^{-1/2}}{9 - 7x^2}$

21. $f(x) = \text{sen}(x^2)$

22. $f(x) = \dfrac{x}{\sqrt{x}+1}$

23. $f(x) = x^2 + 3x^{-1}$

24. $f(x) = \text{sen}(3^x)$

25. Será $f(x) = 2^{x^2}$ uma função transcendente?

26. Mostre que $f(x) = x^2 + 3x^{-1}$ e $g(x) = 3x^3 - 9x + x^{-2}$ são funções racionais, ou seja, quocientes de polinômios.

Nos Exercícios 27-34, calcule as funções compostas $f \circ g$ e $g \circ f$, determinando seus domínios.

27. $f(x) = \sqrt{x},\quad g(x) = x + 1$

28. $f(x) = \dfrac{1}{x},\quad g(x) = x^{-4}$

29. $f(x) = 2^x,\quad g(x) = x^2$

30. $f(x) = |x|,\quad g(\theta) = \text{sen}\,\theta$

31. $f(\theta) = \cos\theta,\quad g(x) = x^3 + x^2$

32. $f(x) = \dfrac{1}{x^2+1},\quad g(x) = x^{-2}$

33. $f(t) = \dfrac{1}{\sqrt{t}},\quad g(t) = -t^2$

34. $f(t) = \sqrt{t},\quad g(t) = 1 - t^3$

Nos Exercícios 35-38, esboce o gráfico de cada uma das funções definidas por partes.

35.
$$f(x) = \begin{cases} 3 & \text{se } x < 0 \\ x^2 + 3 & \text{se } x \geq 0 \end{cases}$$

36.
$$f(x) = \begin{cases} x + 1 & \text{se } x < 0 \\ 1 - x & \text{se } x \geq 0 \end{cases}$$

37.
$$f(x) = \begin{cases} x^2 & \text{se } x < 0 \\ -x^2 & \text{se } x \geq 0 \end{cases}$$

38.
$$f(x) = \begin{cases} 2x - 2 & \text{se } x < 0 \\ x & \text{se } x \geq 0 \end{cases}$$

39. A população (em milhões) de um país como função do tempo t (anos) é $P(t) = 30 \cdot 2^{0,1t}$. Mostre que a população dobra a cada 10 anos. Mais geralmente, mostre que, dadas quaisquer constantes não nulas a e k, a função $g(t) = a2^{kt}$ duplica a cada $1/k$ anos.

40. Encontre todos os valores de c com os quais o domínio de $f(x) = \dfrac{x+1}{x^2 + 2cx + 4}$ seja **R**.

Compreensão adicional e desafios

Nos Exercícios 41-47, definimos a diferença primeira δf de uma função f por $\delta f(x) = f(x+1) - f(x)$.

41. Mostre que se $f(x) = x^2$, então $\delta f(x) = 2x + 1$. Calcule δf se $f(x) = x$ e $f(x) = x^3$.

42. Mostre que $\delta(10^x) = 9 \cdot 10^x$ e, mais geralmente, que $\delta(b^x) = (b-1)b^x$.

43. Mostre que com quaisquer duas funções f e g, $\delta(f+g) = \delta f + \delta g$ e $\delta(cf) = c\delta(f)$, sendo c uma constante qualquer.

44. Suponha que saibamos encontrar uma função P tal que $\delta P(x) = (x+1)^k$ e $P(0) = 0$. Prove que $P(1) = 1^k$, $P(2) = 1^k + 2^k$ e, mais geralmente, com qualquer número natural n,

$$P(n) = 1^k + 2^k + \cdots + n^k \qquad 1$$

45. Mostre primeiro que

$$P(x) = \frac{x(x+1)}{2}$$

satisfaz $\delta P = (x+1)$. Em seguida, aplique o Exercício 44 para concluir que

$$1 + 2 + 3 + \cdots + n = \frac{n(n+1)}{2}$$

46. Calcule $\delta(x^3)$, $\delta(x^2)$ e $\delta(x)$. Então, encontre um polinômio P de grau 3 tal que $\delta P = (x+1)^2$ e $P(0) = 0$. Conclua que $P(n) = 1^2 + 2^2 + \cdots + n^2$.

47. Este exercício, combinado com o Exercício 44, mostra que, dado qualquer número natural k, existe um polinômio P satisfazendo a Equação (1). A solução requer o teorema binomial e prova por indução (ver Apêndice C).

(a) Mostre que $\delta(x^{k+1}) = (k+1)x^k + \cdots$, em que os pontos indicam os termos envolvendo potências menores de x.

(b) Mostre por indução que existe um polinômio de grau $k+1$ com coeficiente dominante $1/(k+1)$:

$$P(x) = \frac{1}{k+1}x^{k+1} + \cdots$$

tal que $\delta P = (x+1)^k$ e $P(0) = 0$.

1.4 Funções trigonométricas

Começamos nossa revisão de Trigonometria recordando os dois sistemas de medição de ângulos: **radianos** e **graus**. Esses sistemas são mais bem descritos usando a relação entre ângulos e rotações. Como é costumeiro, utilizamos a letra grega minúscula θ (teta) para denotar ângulos e rotações.

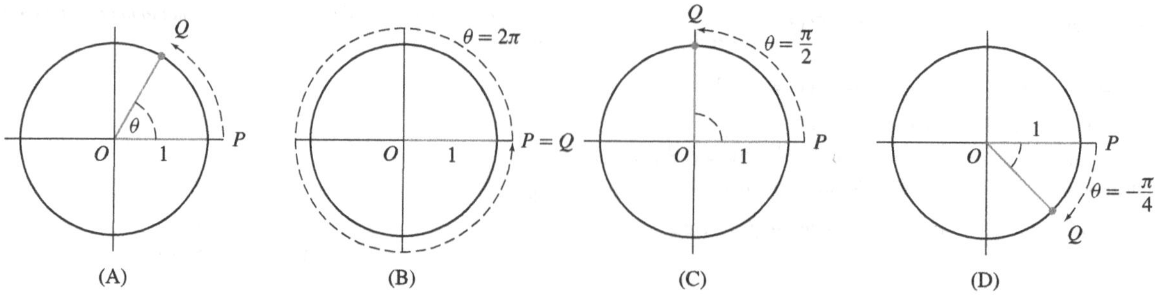

FIGURA 1 A medida em radianos θ de uma rotação anti-horária é o comprimento ao longo do círculo unitário do arco percorrido por P quando gira até Q.

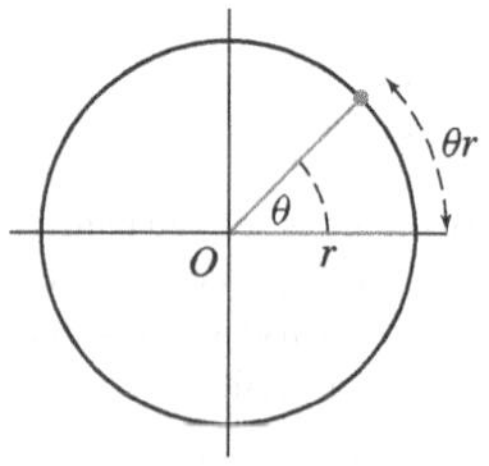

FIGURA 2 Num círculo de raio r, o arco percorrido por uma rotação anti-horária de θ radianos tem comprimento θr.

TABELA 1

Rotação de medida	Em radianos
Dois círculos inteiros	4π
Círculo inteiro	2π
Meio círculo	π
Um quarto de círculo	$2\pi/4 = \pi/2$
Um sexto de círculo	$2\pi/6 = \pi/3$

Radianos	Graus
0	0°
$\frac{\pi}{6}$	30°
$\frac{\pi}{4}$	45°
$\frac{\pi}{3}$	60°
$\frac{\pi}{2}$	90°

A medição em radianos costuma ser a melhor escolha para fins matemáticos, mas há boas razões práticas para usar graus. O número 360 tem muitos divisores ($360 = 8 \cdot 9 \cdot 5$) e, consequentemente, muitas partes fracionárias do círculo podem ser expressas por um número inteiro de graus. Por exemplo, um quinto do círculo é 72°, dois nonos é 80°, três oitavos é 135°, etc.

A Figura 1(A) mostra um círculo unitário de raio $\overline{OP}$ numa rotação anti-horária até o raio $\overline{OQ}$. *A medida em radianos dessa rotação é o comprimento θ do arco circular percorrido por P quando gira até Q.* Num círculo de raio r, o arco percorrido por uma rotação anti-horária de θ radianos tem comprimento θr (Figura 2).

O círculo unitário tem circunferência 2π. Portanto, uma rotação de um círculo inteiro tem medida em radianos de $\theta = 2\pi$ [Figura 1(B)]. A medida em radianos de uma rotação de um quarto de círculo é $\theta = 2\pi/4 = \pi/2$ [Figura 1(C)] e, em geral, a rotação de um enésimo do círculo tem medida em radianos de $2\pi/n$ (Tabela 1). Uma rotação negativa (se $\theta < 0$) é uma rotação no sentido *horário* [Figura 1(D)].

A medida em radianos de um ângulo como $\angle POQ$ na Figura 1(A) é definida como a medida em radianos de uma rotação que leva $\overline{OP}$ em $\overline{OQ}$. Observe, entretanto, que a medida em radianos de um ângulo não é única. As rotações por um ângulo θ e $\theta + 2\pi$ levam, ambas, $\overline{OP}$ em $\overline{OQ}$. Portanto, embora a rotação por $\theta + 2\pi$ faça uma viagem adicional em torno do círculo, θ e $\theta + 2\pi$ representam o mesmo ângulo. Em geral, *duas medidas em radianos representam o mesmo ângulo se as rotações correspondentes diferirem por um múltiplo inteiro de 2π.* Por exemplo, $\pi/4$, $9\pi/4$ e $-15\pi/4$ representam o mesmo ângulo porque diferem por um múltiplo de 2π:

$$\frac{\pi}{4} = \frac{9\pi}{4} - 2\pi = -\frac{15\pi}{4} + 4\pi$$

Cada ângulo tem uma medida em radianos única satisfazendo $0 \le \theta < 2\pi$. Com essa escolha, o ângulo θ subentende um arco de comprimento θr num círculo de raio r (Figura 2).

Os graus são definidos pela divisão do círculo (não necessariamente o unitário) em 360 partes. Um grau é $\frac{1}{360}$ de um círculo. Uma rotação de θ graus (denotado $\theta°$) é uma rotação de fração $\theta/360$ do círculo completo. Por exemplo, uma rotação de 90° é uma rotação de fração $\frac{90}{360}$, ou $\frac{1}{4}$, de um círculo.

Assim como ocorre com radianos, a medida em graus de um ângulo não é única. Duas medidas em graus representam o mesmo ângulo se diferirem por um múltiplo inteiro de 360. Por exemplo, os ângulos −45° e 675° coincidem porque $675 = -45 + 2(360)$. Cada ângulo tem uma medida em graus única satisfazendo $0 \le \theta < 360$.

Para fazer a conversão entre radianos e graus, lembre que 2π radianos é igual a 360°. Dessa forma, 1 radiano é igual a $360/2\pi$, ou $180/\pi$ graus.

- Para converter de radianos para graus, multiplique por $180/\pi$.
- Para converter de graus para radianos, multiplique por $\pi/180$.

■ **EXEMPLO 1** Converta **(a)** 55° em radianos e **(b)** 0,5 radianos em graus.

Solução

(a) $55° \times \dfrac{\pi}{180°} \approx 0{,}9599$ radianos **(b)** $0{,}5 \text{ radianos} \times \dfrac{180°}{\pi} \approx 28{,}648°$ ■

Convenção: *A menos de menção explícita em contrário, sempre medimos ângulos em radianos.*

As funções trigonométricas seno e cosseno podem ser definidas em termos de triângulos retângulos. Seja θ um ângulo agudo num triângulo retângulo e denotemos os lados como na Figura 3. Então

$$\text{sen}\,\theta = \frac{b}{c} = \frac{\text{oposto}}{\text{hipotenusa}}, \qquad \cos\theta = \frac{a}{c} = \frac{\text{adjacente}}{\text{hipotenusa}}$$

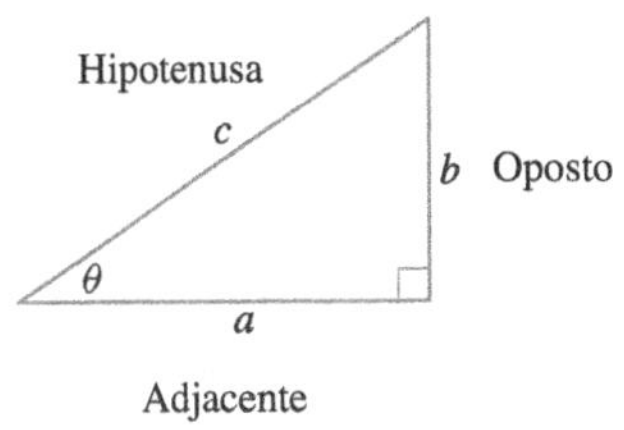

FIGURA 3

Uma desvantagem dessa definição é que ela só faz sentido se θ estiver entre 0 e $\pi/2$ (porque um ângulo num triângulo retângulo não pode exceder $\pi/2$). Contudo, o seno e o cosseno podem ser definidos com qualquer ângulo em termos do círculo unitário. Seja $P = (x, y)$ o ponto do círculo unitário correspondente ao ângulo θ, como nas Figuras 4(A) e (B), e defina:

$$\cos\theta = \text{coordenada } x \text{ de } P, \qquad \text{sen}\,\theta = \text{coordenada } y \text{ de } P$$

Isso está de acordo com a definição por triângulo retângulo se $0 < \theta < \frac{\pi}{2}$. No círculo de raio r (centrado na origem), o ponto correspondente ao ângulo θ tem coordenadas

$$(r\cos\theta, r\,\text{sen}\,\theta)$$

Além disso, vemos na Figura 4(C) que $f(x) = \text{sen}\,\theta$ é uma função ímpar e $f(x) = \cos\theta$ é uma função par:

$$\text{sen}(-\theta) = -\,\text{sen}\,\theta, \qquad \cos(-\theta) = \cos\theta$$

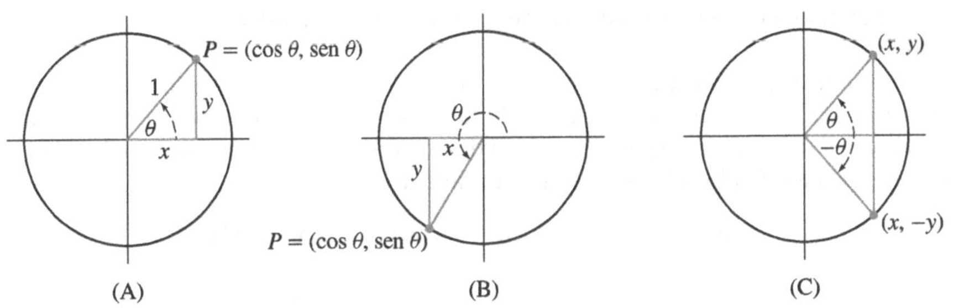

FIGURA 4 As definições de seno e cosseno do círculo unitário são válidas com qualquer ângulo θ.

Embora utilizemos uma calculadora para calcular o seno e o cosseno de ângulos mais gerais, os valores padrão listados na Figura 5 e Tabela 2 aparecem muito e devem ser memorizados.

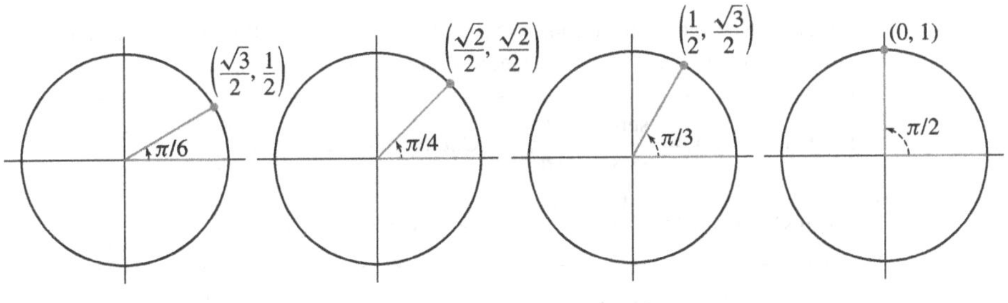

FIGURA 5 Quatro ângulos padrão: as coordenadas x e y dos pontos são $\cos\theta$ e $\text{sen}\,\theta$.

TABELA 2

θ	0	$\frac{\pi}{6}$	$\frac{\pi}{4}$	$\frac{\pi}{3}$	$\frac{\pi}{2}$	$\frac{2\pi}{3}$	$\frac{3\pi}{4}$	$\frac{5\pi}{6}$	π
$\text{sen}\,\theta$	0	$\frac{1}{2}$	$\frac{\sqrt{2}}{2}$	$\frac{\sqrt{3}}{2}$	1	$\frac{\sqrt{3}}{2}$	$\frac{\sqrt{2}}{2}$	$\frac{1}{2}$	0
$\cos\theta$	1	$\frac{\sqrt{3}}{2}$	$\frac{\sqrt{2}}{2}$	$\frac{1}{2}$	0	$-\frac{1}{2}$	$-\frac{\sqrt{2}}{2}$	$-\frac{\sqrt{3}}{2}$	-1

O gráfico de $y = \text{sen}\,\theta$ é a conhecida "onda senoidal" mostrada na Figura 6. Observe como o gráfico é gerado pela coordenada y de um ponto $P = (\cos\theta, \text{sen}\,\theta)$ que percorre o círculo unitário.

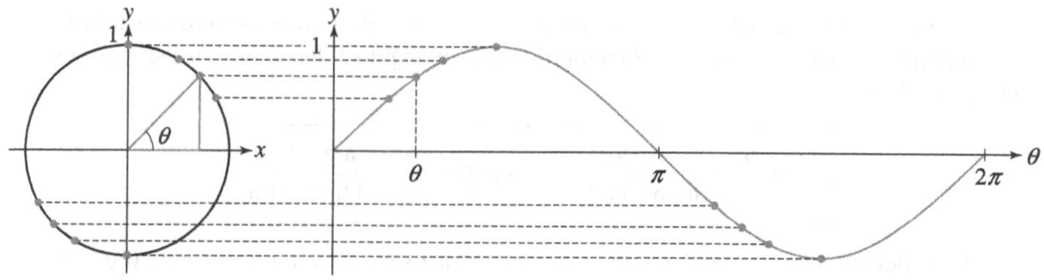

FIGURA 6 O gráfico de $y = \text{sen}\,\theta$ é gerado quando o ponto $P = (\cos\theta, \text{sen}\,\theta)$ percorre o círculo unitário.

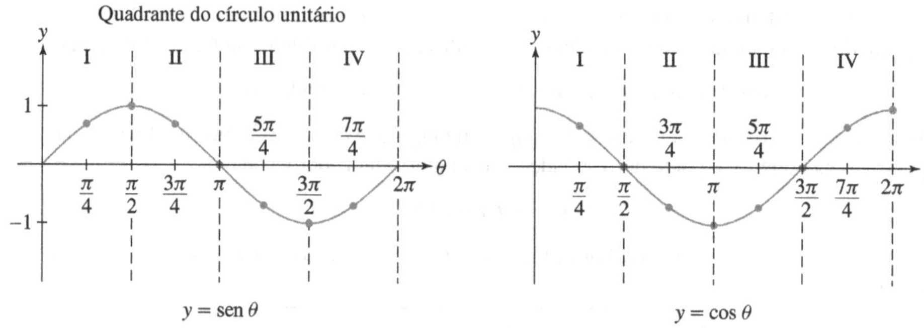

FIGURA 7 Os gráficos de $y = \text{sen}\,\theta$ e $y = \cos\theta$ ao longo de um *período* de comprimento 2π.

O gráfico de $y = \cos\theta$ tem o mesmo formato, mas é transladado $\pi/2$ unidades para a esquerda (Figura 7). Os sinais de $\text{sen}\,\theta$ e $\cos\theta$ variam quando $P = (\cos\theta, \text{sen}\,\theta)$ muda de quadrante.

Muitas vezes escrevemos $\text{sen}\,x$ *e* $\cos x$ *usando* x *em vez de* θ. *Dependendo da aplicação, podemos pensar em* x *como um ângulo ou, simplesmente, um número real.*

Uma função f é dita **periódica** de período T se $f(x + T) = f(x)$ (com qualquer x) e T é o menor número positivo com essa propriedade. As funções seno e cosseno são periódicas de período $T = 2\pi$ (Figura 8), já que as medidas x e $x + 2\pi k$ em radiamos correspondem ao mesmo ponto do círculo unitário com qualquer inteiro k:

$$\text{sen}\,x = \text{sen}(x + 2\pi k), \qquad \cos x = \cos(x + 2\pi k)$$

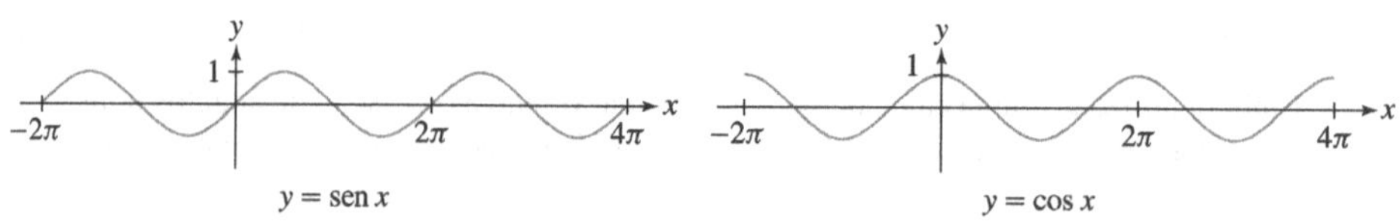

FIGURA 8 O seno e o cosseno têm período 2π.

Há outras quatro funções trigonométricas padrão, cada uma definida em termos de $\text{sen}\,x$ e $\cos x$ ou como razões dos lados de um triângulo retângulo (Figura 9):

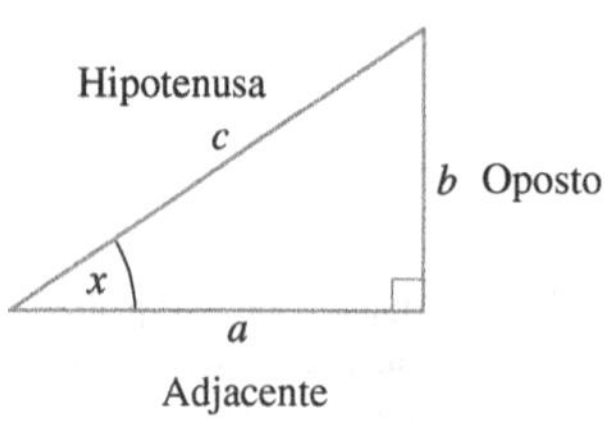

FIGURA 9

$$\text{Tangente:}\quad \text{tg}\,x = \frac{\text{sen}\,x}{\cos x} = \frac{b}{a}, \qquad \text{Cotangente:}\quad \text{cotg}\,x = \frac{\cos x}{\text{sen}\,x} = \frac{a}{b}$$

$$\text{Secante:}\quad \sec x = \frac{1}{\cos x} = \frac{c}{a}, \qquad \text{Cossecante:}\quad \text{cossec}\,x = \frac{1}{\text{sen}\,x} = \frac{c}{b}$$

Essas funções são periódicas (Figura 10): $y = \text{tg}\,x$ e $y = \text{cotg}\,x$ têm período π; $y = \sec x$ e $y = \text{cossec}\,x$ têm período 2π (ver Exercício 57).

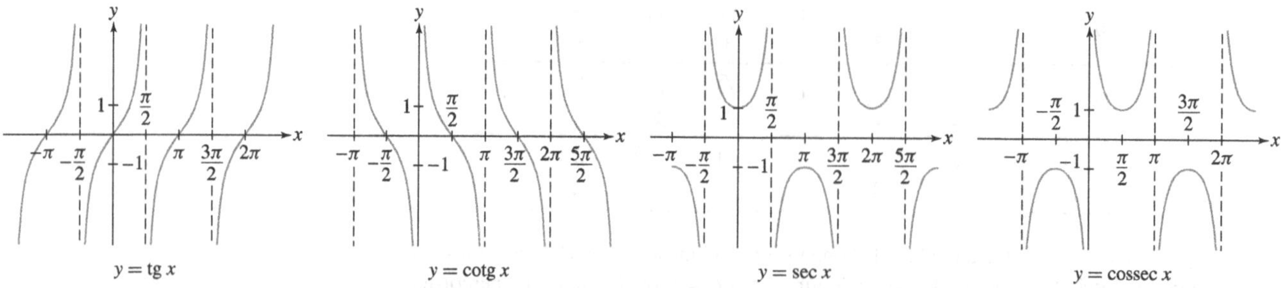

FIGURA 10 Gráficos das funções trigonométricas padrão.

■ **EXEMPLO 2** **Calculando valores de funções trigonométricas** Encontre os valores das seis funções trigonométricas em $x = 4\pi/3$.

Solução O ponto P do círculo unitário que corresponde ao ângulo $x = 4\pi/3$ fica do lado oposto ao ponto de ângulo $\pi/3$ (Figura 11). Assim, vemos que (usando a Tabela 2)

$$\operatorname{sen}\frac{4\pi}{3} = -\operatorname{sen}\frac{\pi}{3} = -\frac{\sqrt{3}}{2}, \qquad \cos\frac{4\pi}{3} = -\cos\frac{\pi}{3} = -\frac{1}{2}$$

Os demais valores são

$$\operatorname{tg}\frac{4\pi}{3} = \frac{\operatorname{sen}4\pi/3}{\cos 4\pi/3} = \frac{-\sqrt{3}/2}{-1/2} = \sqrt{3}, \quad \operatorname{cotg}\frac{4\pi}{3} = \frac{\cos 4\pi/3}{\operatorname{sen}4\pi/3} = \frac{\sqrt{3}}{3}$$

$$\sec\frac{4\pi}{3} = \frac{1}{\cos 4\pi/3} = \frac{1}{-1/2} = -2, \quad \operatorname{cossec}\frac{4\pi}{3} = \frac{1}{\operatorname{sen}4\pi/3} = \frac{-2\sqrt{3}}{3}$$ ■

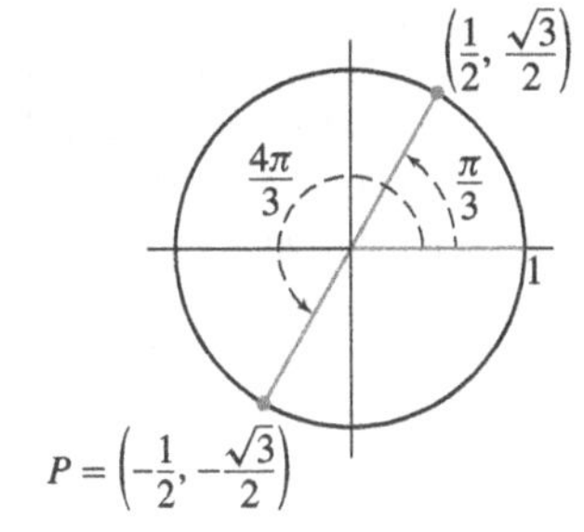

FIGURA 11

■ **EXEMPLO 3** Encontre os ângulos x tais que $\sec x = 2$.

Solução Como $\sec x = 1/\cos x$, devemos resolver $\cos x = \frac{1}{2}$. Pela Figura 12, vemos que $x = \pi/3$ e $x = -\pi/3$ são soluções. Podemos somar qualquer múltiplo inteiro de 2π, de modo que a solução geral é $x = \pm\pi/3 + 2\pi k$, sendo k um inteiro qualquer. ■

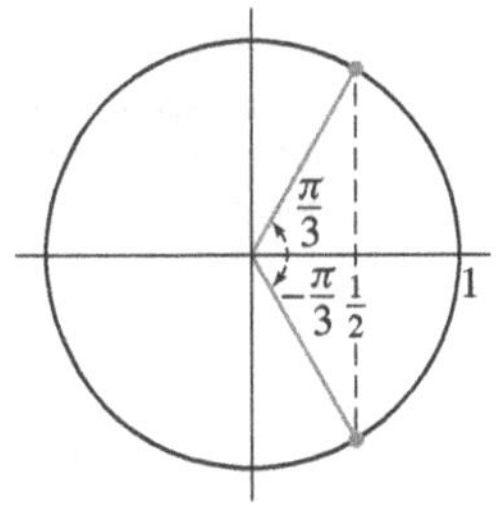

FIGURA 12 $\cos x = \frac{1}{2}$ com $x = \pm\frac{\pi}{3}$.

■ **EXEMPLO 4** **Equação trigonométrica** Resolva a equação $\operatorname{sen} 4x + \operatorname{sen} 2x = 0$ com $x \in [0, 2\pi)$.

Solução Precisamos encontrar os ângulos x tais que $\operatorname{sen} 4x = -\operatorname{sen} 2x$. Inicialmente, determinemos quais ângulos θ_1 e θ_2 satisfazem $\operatorname{sen}\theta_2 = -\operatorname{sen}\theta_1$. A Figura 13 mostra que isso ocorre se $\theta_2 = -\theta_1$ ou $\theta_2 = \theta_1 + \pi$. Como a função seno é periódica de período 2π,

$$\operatorname{sen}\theta_2 = -\operatorname{sen}\theta_1 \quad \Leftrightarrow \quad \theta_2 = -\theta_1 + 2\pi k \quad \text{ou} \quad \theta_2 = \theta_1 + \pi + 2\pi k$$

sendo k um inteiro. Tomando $\theta_2 = 4x$ e $\theta_1 = 2x$, vemos que

$$\operatorname{sen} 4x = -\operatorname{sen} 2x \quad \Leftrightarrow \quad 4x = -2x + 2\pi k \quad \text{ou} \quad 4x = 2x + \pi + 2\pi k$$

A primeira equação dá $6x = 2\pi k$ ou $x = (\pi/3)k$ e a segunda equação dá $2x = \pi + 2\pi k$ ou $x = \pi/2 + \pi k$. Obtemos oito soluções em $[0, 2\pi)$ (Figura 14):

$$x = 0, \quad \frac{\pi}{3}, \quad \frac{2\pi}{3}, \quad \pi, \quad \frac{4\pi}{3}, \quad \frac{5\pi}{3} \qquad \text{e} \qquad x = \frac{\pi}{2}, \quad \frac{3\pi}{2}$$ ■

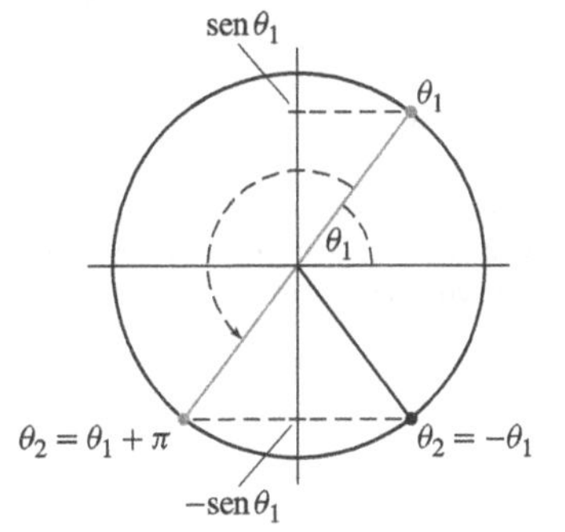

FIGURA 13 $\operatorname{sen}\theta_2 = -\operatorname{sen}\theta_1$ se $\theta_2 = -\theta_1$ ou $\theta_2 = \theta_1 + \pi$.

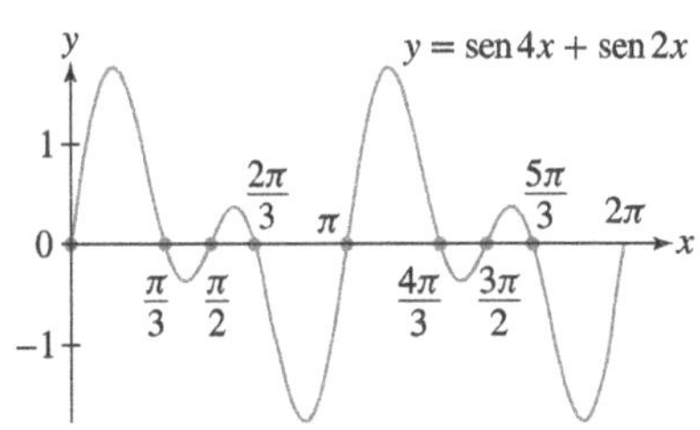

FIGURA 14 Soluções de $\operatorname{sen} 4x + \operatorname{sen} 2x = 0$.

■ **EXEMPLO 5** Esboce o gráfico de $f(x) = 3\cos\left(2\left(x + \frac{\pi}{2}\right)\right)$ em $[0, 2\pi]$.

Solução O gráfico é obtido mudando a escala e transladando o gráfico de $y = \cos x$ em três passos (Figura 15):

- Compressão horizontal pelo fator 2: $y = \cos 2x$
- Translação para a esquerda por $\pi/2$ unidades: $y = \cos\left(2\left(x + \frac{\pi}{2}\right)\right)$

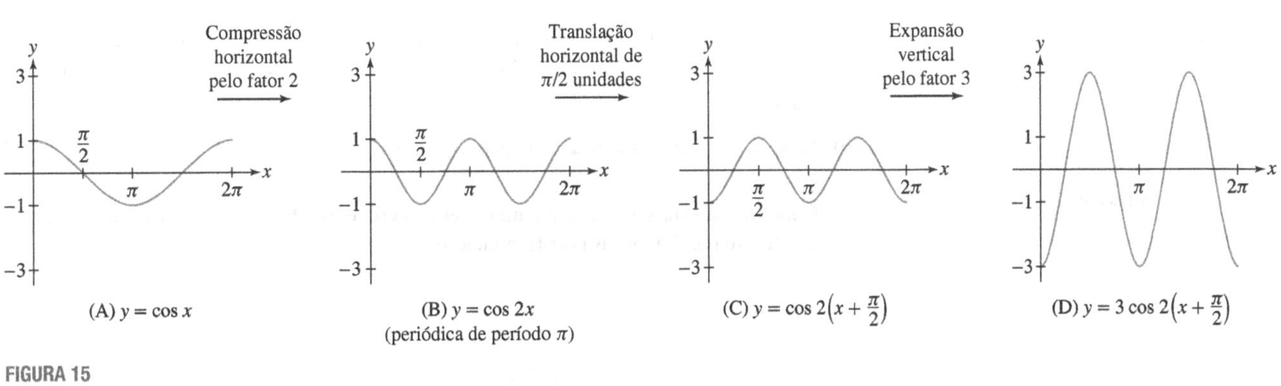

FIGURA 15

ADVERTÊNCIA Para transladar o gráfico de $y = \cos 2x$ para a esquerda por $\pi/2$ unidades, devemos trocar x por $x + \frac{\pi}{2}$ para obter $\cos\left(2\left(x + \frac{\pi}{2}\right)\right)$. É incorreto tomar $\cos\left(2x + \frac{\pi}{2}\right)$. Observe que na translação para a esquerda (no sentido de $-x$), somamos $\pi/2$. Na translação para a direita (no sentido de $+x$), subtraímos $\pi/2$, contrariamente ao que poderia ser pensado.

A expressão $(\text{sen}\, x)^k$ costuma ser denotada por $\text{sen}^k x$. Por exemplo, $\text{sen}^2 x$ é o quadrado de $\text{sen}\, x$. Utilizamos notação semelhante para as outras funções trigonométricas.

- Expansão vertical pelo fator 3: $y = 3\cos\left(2\left(x + \frac{\pi}{2}\right)\right)$ ■

A altura vertical atingida por uma função dessas é sua **amplitude**. Assim, nesse ultimo exemplo, a amplitude é 3.

Identidades trigonométricas

Uma característica essencial das funções trigonométricas é que elas satisfazem a um grande número de identidades. Em primeiro e mais destacado lugar, o seno e o cosseno satisfazem uma identidade fundamental, que é equivalente ao teorema de Pitágoras:

$$\text{sen}^2 x + \cos^2 x = 1 \tag{1}$$

Versões equivalentes são obtidas dividindo a Equação (1) por $\cos^2 x$ ou $\text{sen}^2 x$:

$$\text{tg}^2 x + 1 = \sec^2 x, \qquad 1 + \text{cotg}^2 x = \text{cossec}^2 x \tag{2}$$

Aqui está uma lista de outras identidades usadas frequentemente. As identidades dos ângulos complementares estão justificadas na Figura 16.

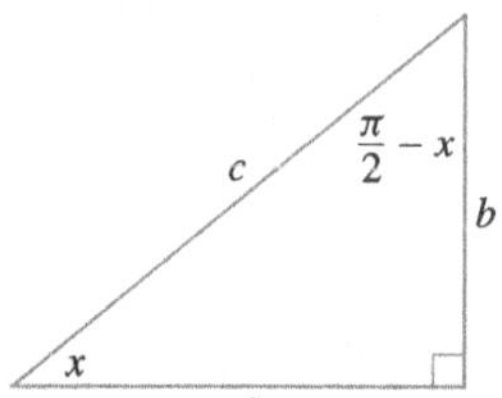

FIGURA 16 Para ângulos complementares, o seno de um ângulo é igual ao cosseno do ângulo complementar.

Identidades trigonométricas básicas

Ângulos complementares: $\text{sen}\left(\frac{\pi}{2} - x\right) = \cos x, \quad \cos\left(\frac{\pi}{2} - x\right) = \text{sen}\, x$

Fórmulas de adição: $\text{sen}(x + y) = \text{sen}\, x \cos y + \cos x\, \text{sen}\, y$

$\cos(x + y) = \cos x \cos y - \text{sen}\, x\, \text{sen}\, y$

Fórmulas de ângulo duplo: $\text{sen}^2 x = \frac{1}{2}(1 - \cos 2x), \quad \cos^2 x = \frac{1}{2}(1 + \cos 2x)$

$\cos 2x = \cos^2 x - \text{sen}^2 x, \quad \text{sen}\, 2x = 2\,\text{sen}\, x \cos x$

Fórmulas de translação: $\text{sen}\left(x + \frac{\pi}{2}\right) = \cos x, \quad \cos\left(x + \frac{\pi}{2}\right) = -\,\text{sen}\, x$

■ **EXEMPLO 6** Suponha que $\cos\theta = \frac{2}{5}$. Calcule $\text{tg}\,\theta$ nos dois casos a seguir:

(a) $0 < \theta < \frac{\pi}{2}$ e (b) $\pi < \theta < 2\pi$.

Solução Inicialmente, usamos a identidade $\cos^2\theta + \text{sen}^2\theta = 1$ para determinar

$$\text{sen}\,\theta = \pm\sqrt{1 - \cos^2\theta} = \pm\sqrt{1 - \frac{4}{25}} = \pm\frac{\sqrt{21}}{5}$$

(a) Se $0 < \theta < \frac{\pi}{2}$, então $\text{sen}\,\theta$ é positivo, e tomamos a raiz quadrada positiva:

$$\text{tg}\,\theta = \frac{\text{sen}\,\theta}{\cos\theta} = \frac{\sqrt{21}/5}{2/5} = \frac{\sqrt{21}}{2}$$

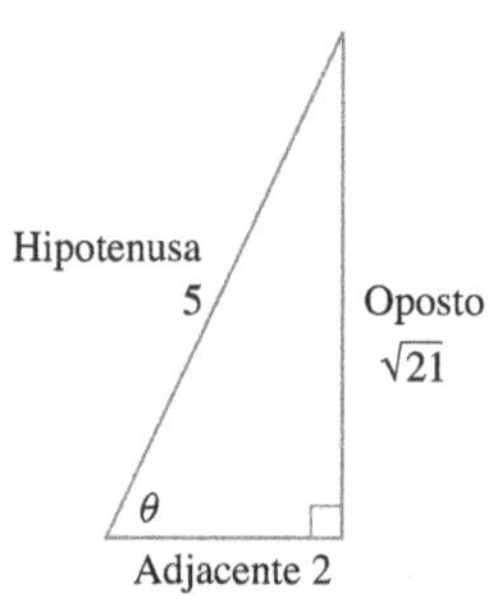

FIGURA 17

Para visualizar essa conta, esboce um triângulo retângulo com um ângulo θ tal que $\cos\theta = \frac{2}{5}$, como na Figura 17. Pelo teorema de Pitágoras, o lado oposto tem, então, um comprimento $\sqrt{21} = \sqrt{5^2 - 2^2}$.

(b) Se $\pi < \theta < 2\pi$, então $\text{sen}\,\theta$ é negativo e $\text{tg}\,\theta = -\frac{\sqrt{21}}{2}$. ■

Concluímos esta seção enunciando a **lei dos cossenos** (Figura 18), que é uma generalização do teorema de Pitágoras (ver Exercício 60).

■ TEOREMA 1 Lei dos cossenos Se um triângulo retângulo tiver lados a, b e c e θ for o ângulo oposto a c, então

$$c^2 = a^2 + b^2 - 2ab\cos\theta$$

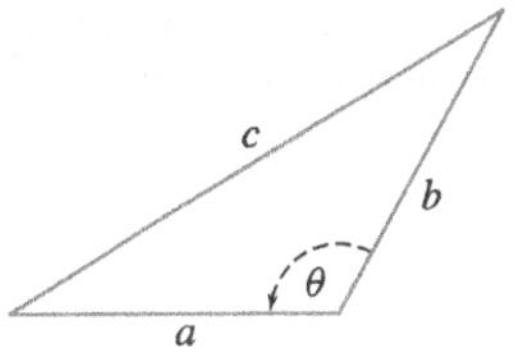

FIGURA 18

Se $\theta = \pi/2$, então $\cos\theta = 0$, e a lei dos cossenos reduz ao teorema de Pitágoras.

1.4 Resumo

- Um ângulo de θ radianos subentende um arco de comprimento θr num círculo de raio r.
- Para converter de radianos a graus, multiplique por $180/\pi$.
- Para converter de graus a radianos, multiplique por $\pi/180$.
- A menos de menção explícita em contrário, todos os ângulos neste texto são dados em radianos.
- As funções $f(x) = \cos\theta$ e $f(x) = \operatorname{sen}\theta$ são definidas em termos de triângulos retângulos para ângulos agudos e como coordenadas de um ponto do círculo unitário para ângulos gerais (Figura 19):

$$\operatorname{sen}\theta = \frac{b}{c} = \frac{\text{oposto}}{\text{hipotenusa}}, \qquad \cos\theta = \frac{a}{c} = \frac{\text{adjacente}}{\text{hipotenusa}}$$

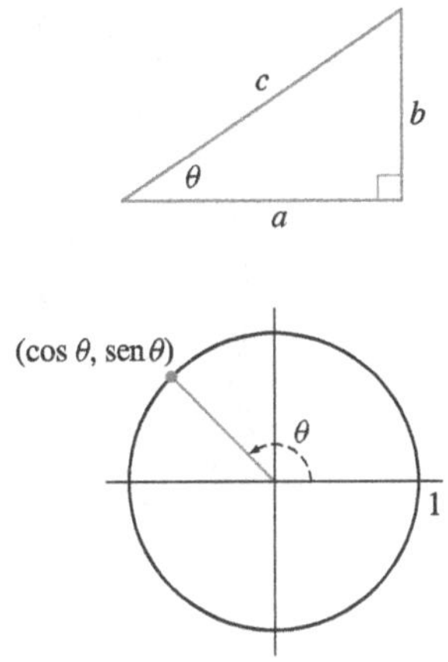

FIGURA 19

- Propriedades básicas do seno e cosseno:

Periodicidade:	$\operatorname{sen}(\theta + 2\pi) = \operatorname{sen}\theta$,	$\cos(\theta + 2\pi) = \cos\theta$
Paridade:	$\operatorname{sen}(-\theta) = -\operatorname{sen}\theta$,	$\cos(-\theta) = \cos\theta$
Identidade básica:	$\operatorname{sen}^2\theta + \cos^2\theta = 1$	

- As quatro funções trigonométricas adicionais:

$$\operatorname{tg}\theta = \frac{\operatorname{sen}\theta}{\cos\theta}, \qquad \operatorname{cotg}\theta = \frac{\cos\theta}{\operatorname{sen}\theta}, \qquad \sec\theta = \frac{1}{\cos\theta}, \qquad \operatorname{cossec}\theta = \frac{1}{\operatorname{sen}\theta}$$

1.4 Exercícios

Exercícios preliminares

1. Como é possível que duas rotações diferentes definam o mesmo ângulo?
2. Dê duas rotações positivas diferentes que definam o ângulo $\pi/4$.
3. Dê uma rotação negativa que defina o ângulo $\pi/3$.
4. A definição de $\cos\theta$ usando triângulos retângulos é aplicável quando (escolha a resposta correta):

   (a) $0 < \theta < \frac{\pi}{2}$ **(b)** $0 < \theta < \pi$ **(c)** $0 < \theta < 2\pi$
5. Qual é a definição de $\operatorname{sen}\theta$ usando o círculo unitário?
6. Como é que a periodicidade de $f(x) = \operatorname{sen}\theta$ e $f(x) = \cos\theta$ decorre da definição via círculo unitário?

Exercícios

1. Encontre o ângulo entre 0 e 2π que seja equivalente a $13\pi/4$.
2. Descreva $\theta = \pi/6$ por meio de um ângulo de medida negativa em radianos.
3. Converta de radianos para graus:

   (a) 1 **(b)** $\frac{\pi}{3}$ **(c)** $\frac{5}{12}$ **(d)** $-\frac{3\pi}{4}$
4. Converta de graus para radianos:

   (a) 1° **(b)** 30° **(c)** 25° **(d)** 120°
5. Encontre o comprimento dos arcos subentendidos pelos ângulos θ e ϕ radianos na Figura 20.

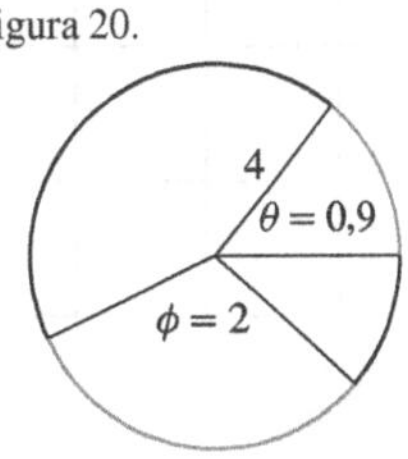

FIGURA 20 Círculo de raio 4.

6. Calcule os valores das seis funções trigonométricas padrão para o ângulo θ na Figura 21.

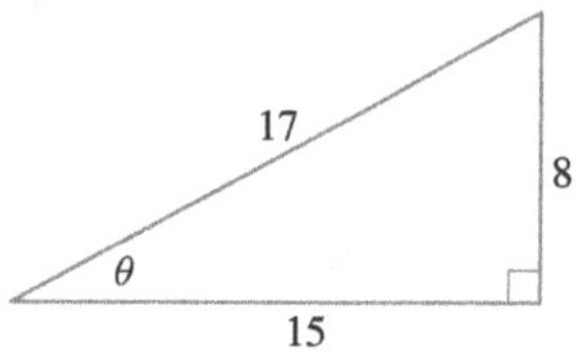

FIGURA 21

7. Complete os demais valores de $(\cos\theta, \operatorname{sen}\theta)$ para os pontos na Figura 22.

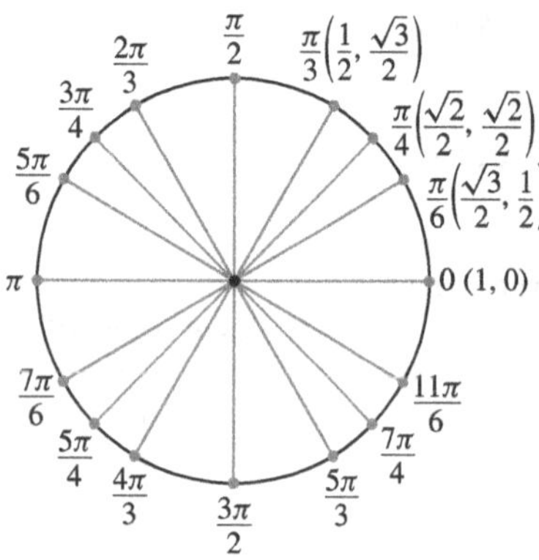

FIGURA 22

8. Encontre os valores das seis funções trigonométricas padrão em $\theta = 11\pi/6$.

Nos Exercícios 9-14, use a Figura 22 para encontrar todos os ângulos entre 0 e 2π que satisfaçam a condição dada.

9. $\cos\theta = \dfrac{1}{2}$

10. $\operatorname{tg}\theta = 1$

11. $\operatorname{tg}\theta = -1$

12. $\operatorname{cossec}\theta = 2$

13. $\operatorname{sen} x = \dfrac{\sqrt{3}}{2}$

14. $\sec t = 2$

15. Preencha a tabela seguinte de valores:

θ	$\frac{\pi}{6}$	$\frac{\pi}{4}$	$\frac{\pi}{3}$	$\frac{\pi}{2}$	$\frac{2\pi}{3}$	$\frac{3\pi}{4}$	$\frac{5\pi}{6}$
$\operatorname{tg}\theta$							
$\sec\theta$							

16. Complete a tabela seguinte de sinais:

θ	$\operatorname{sen}\theta$	$\cos\theta$	$\operatorname{tg}\theta$	$\operatorname{cotg}\theta$	$\sec\theta$	$\operatorname{cossec}\theta$
$0 < \theta < \frac{\pi}{2}$	+	+				
$\frac{\pi}{2} < \theta < \pi$						
$\pi < \theta < \frac{3\pi}{2}$						
$\frac{3\pi}{2} < \theta < 2\pi$						

17. Mostre que se $\operatorname{tg}\theta = c$ e $0 \le \theta < \pi/2$, então $\cos\theta = 1/\sqrt{1+c^2}$. *Sugestão*: desenhe um triângulo retângulo cujos catetos tenham comprimentos c e 1.

18. Suponha que $\cos\theta = \frac{1}{3}$.
(a) Mostre que se $0 \le \theta < \pi/2$, então $\operatorname{sen}\theta = 2\sqrt{2}/3$ e $\operatorname{tg}\theta = 2\sqrt{2}$.
(b) Encontre $\operatorname{sen}\theta$ e $\operatorname{tg}\theta$ se $3\pi/2 \le \theta < 2\pi$.

Nos Exercícios 19-24, suponha que $0 \le \theta < \pi/2$.

19. Encontre $\operatorname{sen}\theta$ e $\operatorname{tg}\theta$ se $\cos\theta = \frac{5}{13}$.

20. Encontre $\cos\theta$ e $\operatorname{tg}\theta$ se $\operatorname{sen}\theta = \frac{3}{5}$.

21. Encontre $\operatorname{sen}\theta$, $\sec\theta$ e $\operatorname{cotg}\theta$ se $\operatorname{tg}\theta = \frac{2}{7}$.

22. Encontre $\operatorname{sen}\theta$, $\cos\theta$ e $\sec\theta$ se $\operatorname{cotg}\theta = 4$.

23. Encontre $\cos 2\theta$ se $\operatorname{sen}\theta = \frac{1}{5}$.

24. Encontre $\operatorname{sen} 2\theta$ e $\cos 2\theta$ se $\operatorname{tg}\theta = \sqrt{2}$.

25. Encontre $\cos\theta$ e $\operatorname{tg}\theta$ se $\operatorname{sen}\theta = 0{,}4$ e $\pi/2 \le \theta < \pi$.

26. Encontre $\cos\theta$ e $\operatorname{sen}\theta$ se $\operatorname{tg}\theta = 4$ e $\pi \le \theta < 3\pi/2$.

27. Encontre $\cos\theta$ se $\operatorname{cotg}\theta = \frac{4}{3}$ e $\operatorname{sen}\theta < 0$.

28. Encontre $\operatorname{tg}\theta$ se $\sec\theta = \sqrt{5}$ e $\operatorname{sen}\theta < 0$.

29. Encontre os valores de $\operatorname{sen}\theta$, $\cos\theta$ e $\tan\theta$ para os ângulos correspondentes aos oito pontos nos círculos unitários das Figuras 23(A) e (B).

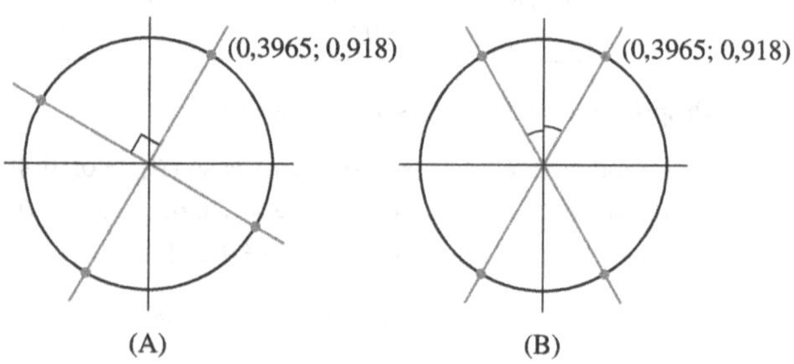

FIGURA 23

30. Usando a Figura 24(A), expresse as funções $\operatorname{sen}\theta$, $\operatorname{tg}\theta$, e $\operatorname{cossec}\theta$ em termos de c.

31. Usando a Figura 24(B), calcule $\cos\psi$, $\operatorname{sen}\psi$, $\operatorname{cotg}\psi$ e $\operatorname{cossec}\psi$.

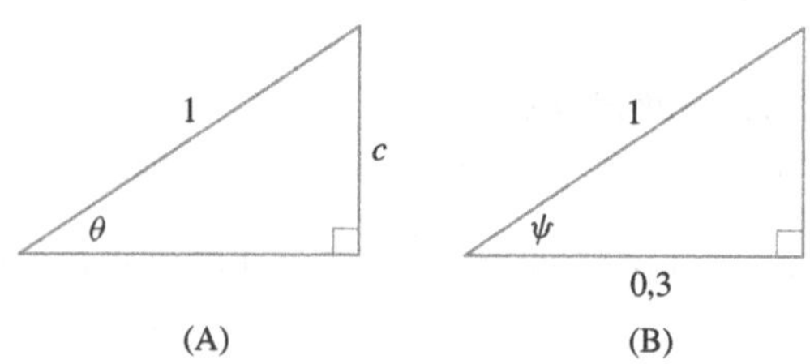

FIGURA 24

32. Expresse $\cos\left(\theta + \frac{\pi}{2}\right)$ e $\operatorname{sen}\left(\theta + \frac{\pi}{2}\right)$ em termos de $\cos\theta$ e $\operatorname{sen}\theta$. *Sugestão*: encontre a relação entre as coordenadas (a, b) e (c, d) na Figura 25.

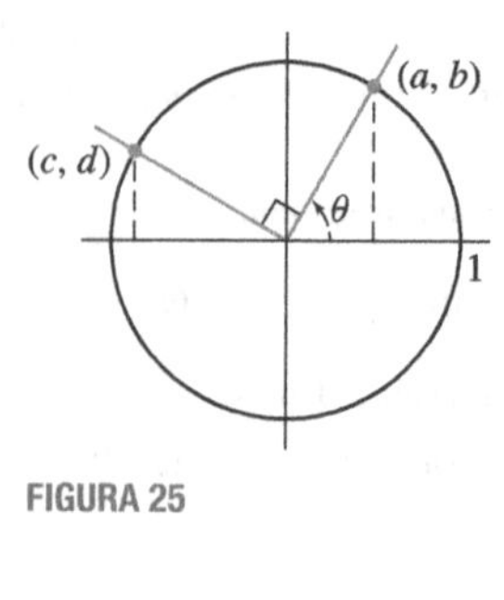

FIGURA 25

33. Use a fórmula de adição para calcular $\cos\left(\frac{\pi}{3} + \frac{\pi}{4}\right)$ exatamente.

34. Use a fórmula de adição para calcular $\operatorname{sen}\left(\frac{\pi}{3} - \frac{\pi}{4}\right)$ exatamente.

Nos Exercícios 35-38, esboce o gráfico em $[0, 2\pi]$.

35. $f(\theta) = 2\operatorname{sen} 4\theta$

36. $f(\theta) = \cos\left(2\left(\theta - \frac{\pi}{2}\right)\right)$

37. $f(\theta) = \cos\left(2\theta - \frac{\pi}{2}\right)$

38. $f(\theta) = \operatorname{sen}\left(2\left(\theta - \frac{\pi}{2}\right) + \pi\right) + 2$

39. Determine uma função cujo gráfico corresponde ao da Figura 26(A), fornecendo período e amplitude.

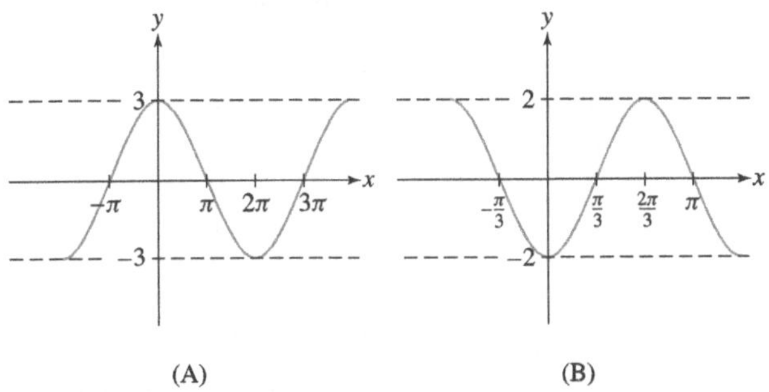

FIGURA 26

40. Determine uma função cujo gráfico corresponde ao da Figura 26(B), fornecendo período e amplitude.

41. Quantos pontos estão na interseção da reta horizontal $y = c$ com o gráfico de $y = \operatorname{sen} x$ com $0 \le x < 2\pi$? *Sugestão*: a resposta depende de c.

42. Quantos pontos estão na interseção da reta horizontal $y = c$ com o gráfico de $y = \operatorname{tg} x$ com $0 \le x < 2\pi$?

Nos Exercícios 43-46, resolva para $0 \le \theta < 2\pi$ *(ver Exemplo 4).*

43. $\operatorname{sen} 2\theta + \operatorname{sen} 3\theta = 0$

44. $\operatorname{sen}\theta = \operatorname{sen} 2\theta$

45. $\cos 4\theta + \cos 2\theta = 0$

46. $\operatorname{sen}\theta = \cos 2\theta$

Nos Exercícios 47-56, deduza a identidade usando as identidades listadas nesta seção.

47. $\cos 2\theta = 2\cos^2\theta - 1$

48. $\cos^2\frac{\theta}{2} = \frac{1 + \cos\theta}{2}$

49. $\operatorname{sen}\frac{\theta}{2} = \sqrt{\frac{1 - \cos\theta}{2}}$

50. $\operatorname{sen}(\theta + \pi) = -\operatorname{sen}\theta$

51. $\cos(\theta + \pi) = -\cos\theta$

52. $\operatorname{tg} x = \operatorname{cotg}\left(\frac{\pi}{2} - x\right)$

53. $\operatorname{tg}(\pi - \theta) = -\operatorname{tg}\theta$

54. $\operatorname{tg} 2x = \frac{2\operatorname{tg} x}{1 - \operatorname{tg}^2 x}$

55. $\operatorname{tg} x = \frac{\operatorname{sen} 2x}{1 + \cos 2x}$

56. $\operatorname{sen}^2 x \cos^2 x = \frac{1 - \cos 4x}{8}$

57. Use os Exercícios 50 e 51 para mostrar que $\operatorname{tg}\theta$ e $\operatorname{cotg}\theta$ são periódicas de período π.

58. Use a identidade no Exercício 48 para mostrar que $\cos\frac{\pi}{8}$ é igual a $\sqrt{\frac{1}{2} + \frac{\sqrt{2}}{4}}$.

59. Use a lei dos cossenos para encontrar a distância de P a Q na Figura 27.

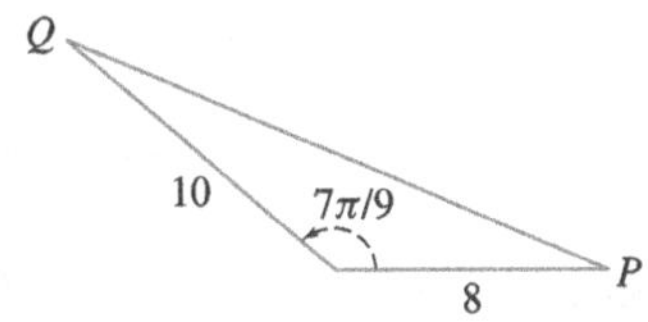

FIGURA 27

Compreensão adicional e desafios

60. Use a Figura 28 para deduzir a lei dos cossenos do teorema de Pitágoras.

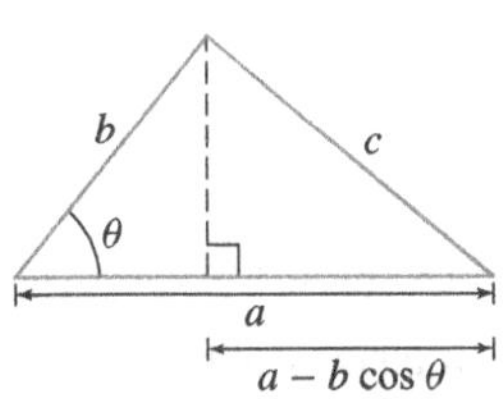

FIGURA 28

61. Use as fórmulas de adição para provar

$$\cos 3\theta = 4\cos^3\theta - 3\cos\theta$$

62. Use as fórmulas de adição do seno e do cosseno para provar

$$\operatorname{tg}(a + b) = \frac{\operatorname{tg} a + \operatorname{tg} b}{1 - \operatorname{tg} a \operatorname{tg} b}$$

$$\operatorname{cotg}(a - b) = \frac{\operatorname{cotg} a \operatorname{cotg} b + 1}{\operatorname{cotg} b - \operatorname{cotg} a}$$

63. Seja θ o ângulo entre as retas $y = mx + b$ e o eixo x [Figura 29(A)]. Prove que $m = \operatorname{tg}\theta$.

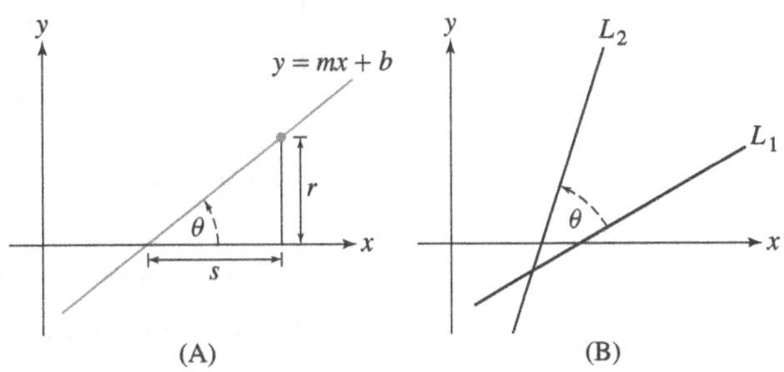

FIGURA 29

64. Sejam L_1 e L_2 as retas de inclinações m_1 e m_2 [Figura 29(B)]. Mostre que o ângulo θ entre L_1 e L_2 satisfaz $\operatorname{cotg}\theta = \frac{m_2 m_1 + 1}{m_2 - m_1}$.

65. Retas perpendiculares Use o Exercício 64 para provar que duas retas de inclinações m_1 e m_2 não nulas são perpendiculares se, e só se, $m_2 = -1/m_1$.

66. Aplique a fórmula do ângulo duplo para provar:

(a) $\cos\frac{\pi}{8} = \frac{1}{2}\sqrt{2 + \sqrt{2}}$

(b) $\cos\frac{\pi}{16} = \frac{1}{2}\sqrt{2 + \sqrt{2 + \sqrt{2}}}$

Adivinhe os valores de $\cos\frac{\pi}{32}$ e $\cos\frac{\pi}{2^n}$ com qualquer n.

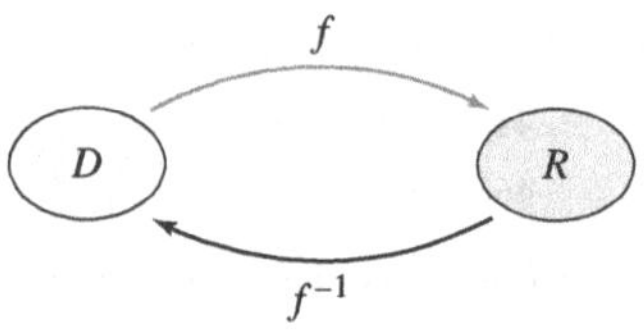

FIGURA 1 Uma função e sua inversa.

Em geral, $f^{-1}(x) \neq \frac{1}{f(x)}$. A expressão $f^{-1}(x)$ é, simplesmente, uma notação para a função inversa, e o '-1' não representa um expoente.

1.5 Funções inversas

Muitas funções importantes, como os logaritmos, as raízes e o arco seno, são definidas como sendo funções inversas. Nesta seção, vamos revisar funções inversas e seus gráficos e discutir as funções trigonométricas inversas.

A inversa de f, denotada por f^{-1}, é a função que *inverte* o efeito de f (Figura 1). Por exemplo, a inversa de $f(x) = x^3$ é a função raiz cúbica $f^{-1}(x) = x^{1/3}$. Dada uma tabela de valores funcionais de f, podemos obter uma tabela de f^{-1} invertendo as colunas x e y, desde que a resultante f^{-1} seja uma função:

Função			Inversa	
x	$f(x) = x^3$		x	$f^{-1}(x) = x^{1/3}$
-2	-8	Inverter colunas	-8	-2
-1	-1	$\Longrightarrow$	-1	-1
0	0		0	0
1	1		1	1
2	8		8	2
3	27		27	3

Se aplicarmos, em qualquer ordem, f e também f^{-1} a um número x, obtemos x de volta. Por exemplo,

$$\text{Aplicar } f \text{ e então } f^{-1}: \quad 2 \xrightarrow{(\text{Aplicar } x^3)} 8 \xrightarrow{(\text{Aplicar } x^{1/3})} 2$$

$$\text{Aplicar } f^{-1} \text{ e então } f: \quad 8 \xrightarrow{(\text{Aplicar } x^{1/3})} 2 \xrightarrow{(\text{Aplicar } x^3)} 8$$

Essa propriedade é utilizada na definição formal da função inversa.

LEMBRETE O "domínio" é o conjunto de números x tais que $f(x)$ esteja definido (o conjunto das "entradas" permitidas), e a "imagem" é o conjunto de todos os valores $f(x)$ (o conjunto das "saídas").

DEFINIÇÃO Inversa Suponha que f tenha domínio D e imagem R. Se existir alguma função g de domínio R tal que

$$g(f(x)) = x \text{ com } x \in D \qquad \text{e} \qquad f(g(x)) = x \text{ com } x \in R$$

dizemos que f é **invertível**. A função g é denominada **função inversa** de f e é denotada por f^{-1}.

■ **EXEMPLO 1** Mostre que $f(x) = 2x - 18$ é invertível. Quais são o domínio e a imagem de f^{-1}?

Solução Mostramos que f é invertível calculando a função inversa em duas etapas.

Passo 1. **Resolver a equação $y = f(x)$ para x em termos de y.**

$$y = 2x - 18$$
$$y + 18 = 2x$$
$$x = \frac{1}{2}y + 9$$

Isso nos dá a inversa como uma função da variável y: $f^{-1}(y) = \frac{1}{2}y + 9$.

Passo 2. **Trocar as variáveis.**

Em geral, preferimos escrever a inversa como uma função de x, portanto trocamos os papéis de x e y (Figura 2):

$$f^{-1}(x) = \frac{1}{2}x + 9$$

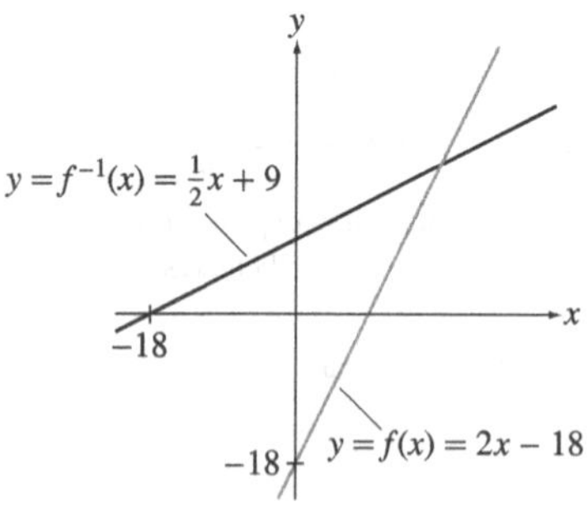

FIGURA 2

Para conferir nossas contas, verificamos que $f^{-1}(f(x)) = x$ e $f(f^{-1}(x)) = x$:

$$f^{-1}(f(x)) = f^{-1}(2x - 18) = \frac{1}{2}(2x - 18) + 9 = (x - 9) + 9 = x$$

$$f(f^{-1}(x)) = f\left(\frac{1}{2}x + 9\right) = 2\left(\frac{1}{2}x + 9\right) - 18 = (x + 18) - 18 = x$$

Como f^{-1} é uma função linear, seu domínio e imagem são **R**. ■

A função inversa é única, se existir. No entanto, algumas funções não têm uma inversa. Considere $f(x) = x^2$. Quando trocamos as colunas numa tabela de valores (que deveria nos dar uma tabela de valores de f^{-1}), a tabela resultante não define uma função:

Função	
x	$f(x) = x^2$
-2	4
-1	**1**
0	0
1	**1**
2	4

Inverter colunas $\Longrightarrow$

Inversa (?)	
x	$f^{-1}(x)$
4	-2
1	-1
0	0
1	1
4	2

$f^{-1}(1)$ tem dois valores: 1 e -1

O problema é que cada valor positivo ocorre duas vezes como uma saída de $f(x) = x^2$. Por exemplo, 1 ocorre duas vezes como uma *saída* na primeira tabela e, portanto, ocorre duas vezes como *entrada* na segunda tabela. Logo, a segunda tabela nos dá dois valores possíveis de $f^{-1}(1)$, a saber, $f^{-1}(1) = 1$ e $f^{-1}(1) = -1$. Nenhum valor satisfaz a propriedade de inversa. Por exemplo, se colocarmos $f^{-1}(1) = 1$, então $f^{-1}(f(-1)) = f^{-1}(1) = 1$, mas uma inversa deveria satisfazer $f^{-1}(f(-1)) = -1$.

Então, quando é que uma função f tem uma inversa? A resposta é: se f for **injetora**, o que significa que f atinge cada valor no máximo uma vez (Figura 3). Eis a definição formal:

DEFINIÇÃO Funções injetoras Uma função f é injetora em um domínio D se, dado qualquer valor c, a equação $f(x) = c$ tem, no máximo, uma única solução com $x \in D$. Ou, equivalentemente, se dados quaisquer $a, b \in D$,

$$f(a) \neq f(b) \quad \text{a menos que} \quad a = b$$

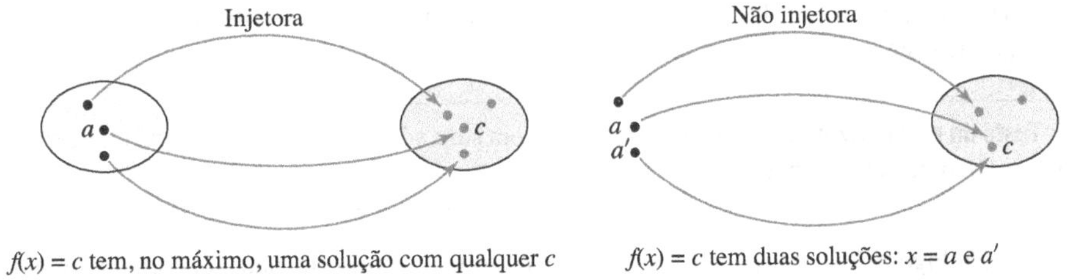

FIGURA 3 Uma função injetora atinge cada valor uma única vez, no máximo.

Quando f é injetora em seu domínio D, existe a função inversa f^{-1} e seu domínio é igual à imagem R de f (Figura 4). De fato, dado qualquer $c \in R$, existe precisamente um elemento $a \in D$ tal que $f(a) = c$ e podemos definir $f^{-1}(c) = a$. Com essa definição, $f(f^{-1}(c)) = f(a) = c$ e $f^{-1}(f(a)) = f^{-1}(c) = a$. Isso prova o teorema seguinte.

Pense numa função como sendo um artefato de "etiquetar" membros da imagem por membros do domínio. Quando f é injetora, esse etiquetamento é único e f^{-1} leva cada número da imagem de volta à sua etiqueta.

TEOREMA 1 Existência de inversas A função inversa f^{-1} existe se, e só se, f é injetora em seu domínio D. Além disso,

- Domínio de f = imagem de f^{-1}.
- Imagem de f = domínio de f^{-1}.

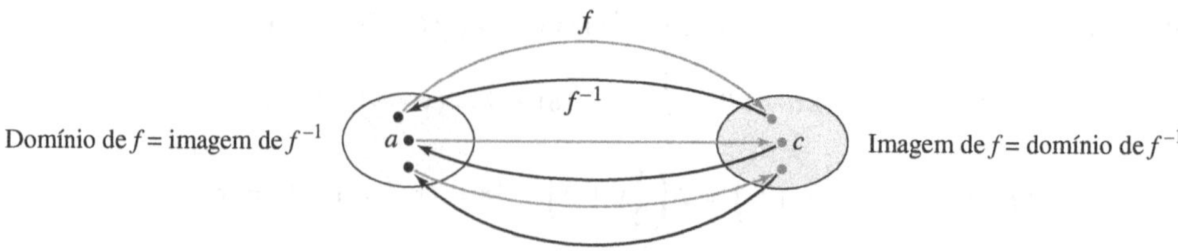

FIGURA 4 Ao passar de f para f^{-1}, o domínio e imagem são trocados.

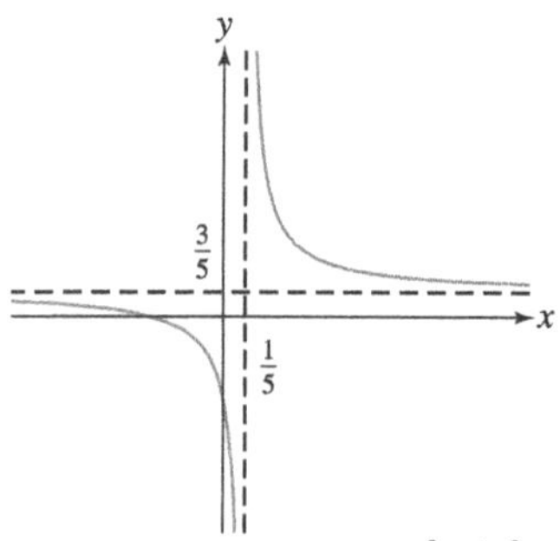

FIGURA 5 O gráfico de $f(x) = \dfrac{3x+2}{5x-1}$.

■ **EXEMPLO 2** Mostre que $f(x) = \dfrac{3x+2}{5x-1}$ é invertível. Determine o domínio e a imagem de f e f^{-1}.

Solução O domínio de f é $D = \left\{x : x \neq \frac{1}{5}\right\}$ (Figura 5). Suponha que $x \in D$, e resolvamos $y = f(x)$ para x em termos de y:

$$y = \frac{3x+2}{5x-1}$$

$$y(5x-1) = 3x+2$$

$$5xy - y = 3x + 2$$

$$5xy - 3x = y + 2 \quad \text{(juntando os termos envolvendo } x\text{)}$$

$$x(5y-3) = y+2 \quad \text{(fatorando } x \text{ para resolver em } x\text{)} \tag{1}$$

$$x = \frac{y+2}{5y-3} \quad \text{(dividindo por } 5y-3\text{)} \tag{2}$$

Muitas vezes é impossível encontrar uma fórmula para a inversa porque não conseguimos resolver a equação $y = f(x)$ explicitamente em termos de x. Por exemplo, a função $f(x) = x + e^x$ tem uma inversa, mas precisamos abrir mão de uma fórmula explícita para ela.

O último passo é válido se $5y - 3 \neq 0$, ou seja, se $y \neq \frac{3}{5}$. Contudo, note que $y = \frac{3}{5}$ não está na imagem de f. De fato, se estivesse, a Equação (1) forneceria a equação falsa $0 = \frac{3}{5} + 2$. Agora a Equação (2) mostra que, dado qualquer $y \neq \frac{3}{5}$, existe um único valor x tal que $f(x) = y$. Dessa forma, f é injetora em seu domínio e, pelo Teorema 1, é invertível. A imagem de f é $R = \left\{x : x \neq \frac{3}{5}\right\}$ e

$$f^{-1}(x) = \frac{x+2}{5x-3}$$

A função inversa tem domínio R e imagem D. ■

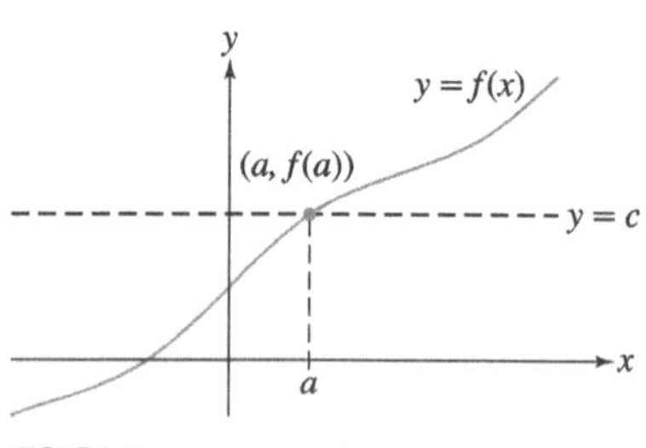

FIGURA 6 A reta $y = c$ intersecta o gráfico nos pontos em que $f(a) = c$.

Podemos detectar se uma função f é injetora a partir de seu gráfico. A reta horizontal $y = c$ intersecta o gráfico de f nos pontos $(a, f(a))$ em que $f(a) = c$ (Figura 6). Se $f(x) = c$ tiver, no máximo, uma única solução, então haverá, no máximo, um único ponto desses. Isso nos dá o seguinte teste.

> **Teste da reta horizontal** Uma função f é injetora se, e só se, cada reta horizontal intersecta o gráfico de f em, no máximo, um único ponto.

Na Figura 7, vemos que $f(x) = x^3$ passa no teste da reta horizontal e é, portanto, injetora, enquanto que $f(x) = x^2$ falha no teste e, portanto, não é injetora.

■ **EXEMPLO 3 Funções crescentes são injetoras** Mostre que funções crescentes são injetoras. Depois mostre que $f(x) = x^5 + 4x + 3$ é injetora.

Solução Uma função crescente satisfaz $f(a) < f(b)$, se $a < b$. Portanto, f não pode alcançar valor algum mais de uma vez e é, portanto, injetora. Note que, analogamente, funções decrescentes são injetoras.

Agora observe que

- se n for ímpar e $c > 0$, então cx^n é crescente, e que
- uma soma de funções crescentes é crescente.

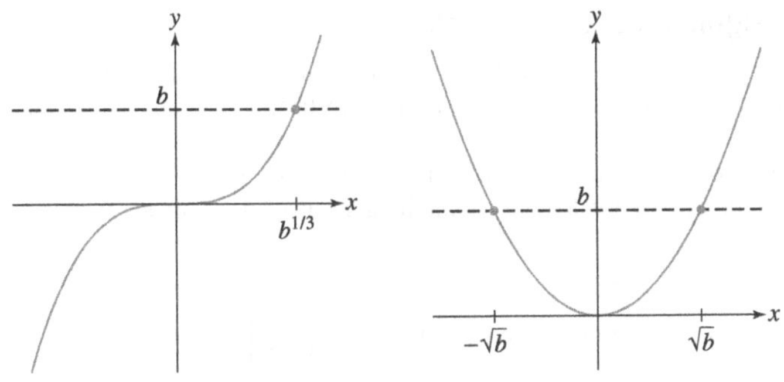

(A) $f(x) = x^3$ é injetora. (B) $f(x) = x^2$ não é injetora.

FIGURA 7

Assim, x^5, $4x$ e, portanto, a soma $x^5 + 4x$ são crescentes. Segue que a função $f(x) = x^5 + 4x + 3$ é crescente e, portanto, injetora (Figura 8). A determinação de uma fórmula explícita para sua inversa seria difícil. ■

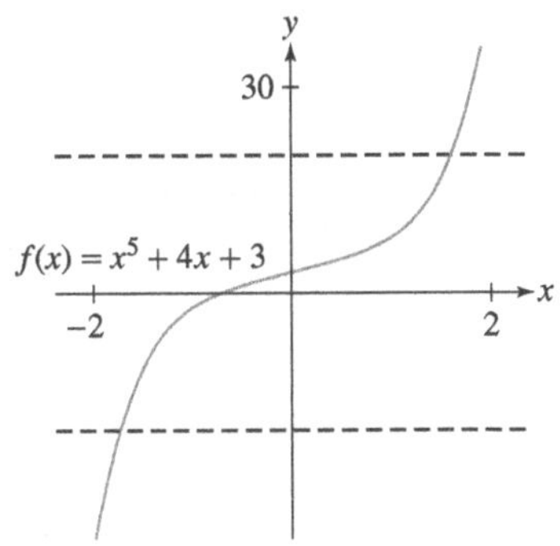

FIGURA 8 A função crescente $f(x) = x^5 + 4x + 3$ satisfaz ao teste da reta horizontal.

Podemos tornar uma função injetora restringindo convenientemente seu domínio.

■ **EXEMPLO 4 Restringindo o domínio** Encontre um domínio no qual $f(x) = x^2$ seja injetora e determine sua inversa nesse domínio.

Solução A função $f(x) = x^2$ é injetora no domínio $D = \{x : x \geq 0\}$, porque, se $a^2 = b^2$ e a e b forem não negativos, então $a = b$ (Figura 9). A inversa de f em D é a raiz quadrada positiva $f^{-1}(x) = \sqrt{x}$. Alternativamente, podemos restringir f ao domínio $\{x : x \leq 0\}$, no qual a função inversa é $f^{-1}(x) = -\sqrt{x}$. ■

Injetora com $x \geq 0$

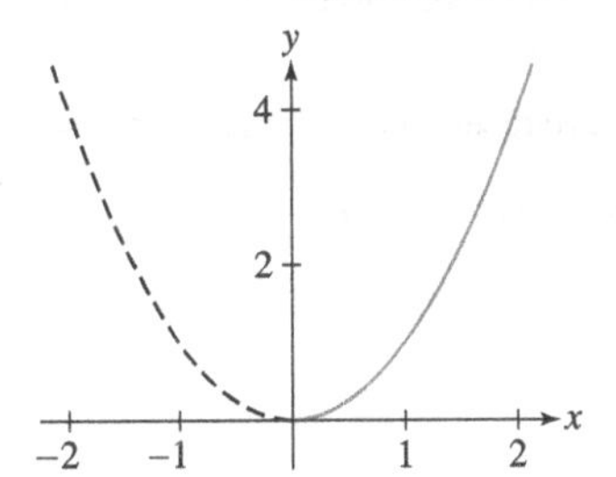

FIGURA 9 $f(x) = x^2$ satisfaz ao teste da reta horizontal no domínio $\{x : x \geq 0\}$.

A seguir, descrevemos o gráfico da função inversa. Definimos a **reflexão** de um ponto (a, b) pela reta $y = x$ como o ponto (b, a) (Figura 10). Observe que, se desenharmos os eixos x e y na mesma escala, então (a, b) e (b, a) são pontos equidistantes da reta $y = x$, e o segmento de reta que os une é perpendicular a $y = x$.

O gráfico de f^{-1} é a reflexão do gráfico de f pela reta $y = x$ (Figura 11). Para conferir isso, observe que (a, b) fica no gráfico de f se $f(a) = b$. No entanto, $f(a) = b$ se, e só se, $f^{-1}(b) = a$ e, nesse caso, (b, a) fica no gráfico de f^{-1}.

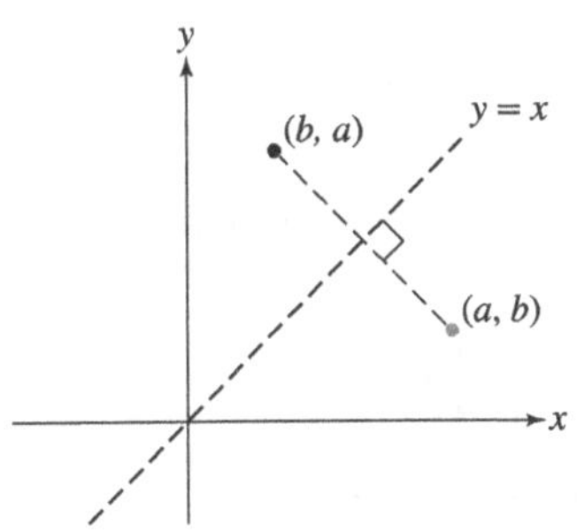

FIGURA 10 A reflexão do ponto (a, b) pela reta $y = x$ é o ponto (b, a).

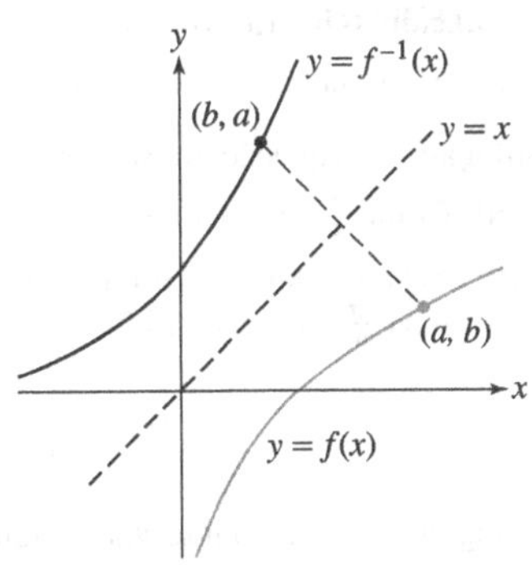

FIGURA 11 O gráfico de f^{-1} é a reflexão do gráfico de f pela reta $y = x$.

■ **EXEMPLO 5 Esboçando o gráfico da inversa** Esboce o gráfico da inversa de $f(x) = \sqrt{4 - x}$.

Solução Seja $g(x) = f^{-1}(x)$. Observe que f tem domínio $\{x : x \leq 4\}$ e imagem $\{x : x \geq 0\}$. Não precisamos de uma fórmula para $g(x)$ para poder traçar seu gráfico. Simplesmente refletimos o gráfico de f pela reta $y = x$, como na Figura 12. Contudo, se for desejado, é fácil resolver $y = \sqrt{4 - x}$ para obter $x = 4 - y^2$ e, portanto, $g(x) = 4 - x^2$ com domínio $\{x : x \geq 0\}$. ■

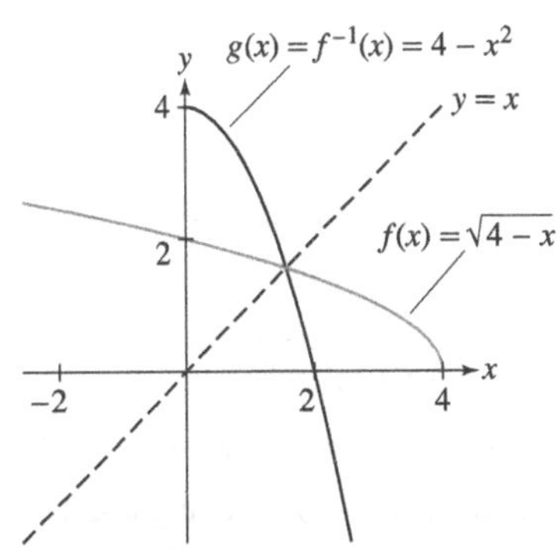

FIGURA 12 O gráfico da inversa g de $f(x) = \sqrt{4 - x}$.

Funções trigonométricas inversas

Vimos que a função inversa f^{-1} existe se, e só se, f é injetora em seu domínio. Como as funções trigonométricas não são injetoras, devemos restringir seus domínios para definir suas inversas.

Não confunda a inversa $\operatorname{arc\,sen} x$ *com a recíproca*

$$(\operatorname{sen} x)^{-1} = \frac{1}{\operatorname{sen} x} = \operatorname{cossec} x$$

Alternativamente, as funções inversas $\operatorname{arc\,sen} x$, $\operatorname{arc\,cos} x, \ldots$, *poderiam ser denotadas por* sen^{-1}, $\cos^{-1}$, *etc.*

Comecemos com a função seno. A Figura 13 mostra que $f(\theta) = \operatorname{sen}\theta$ é injetora em $\left[-\frac{\pi}{2}, \frac{\pi}{2}\right]$. Usando esse intervalo como domínio, a inversa é denominada **função arco seno** e é denotada por $\theta = \operatorname{arc\,sen} x$. Por definição,

$$\theta = \operatorname{arc\,sen} x \text{ é o único ângulo em } \left[-\frac{\pi}{2}, \frac{\pi}{2}\right] \text{ tal que } \operatorname{sen}\theta = x.$$

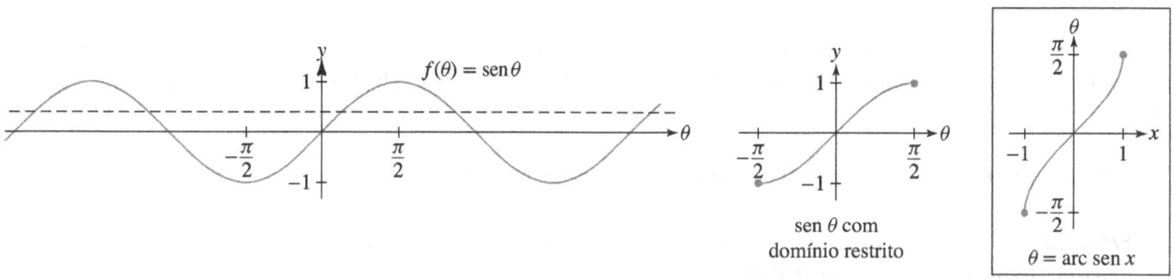

FIGURA 13

A imagem de $f(x) = \operatorname{sen} x$ é $[-1, 1]$, portanto, $f^{-1}(x) = \operatorname{arc\,sen} x$ tem domínio $[-1, 1]$. Uma tabela de valores do arco seno (Tabela 1) é obtida invertendo as colunas numa tabela de valores do seno.

RESUMO das relações inversas entre as funções seno e o arco seno:

$\operatorname{sen}(\operatorname{arc\,sen} x) = x \quad$ se $-1 \le x \le 1$

$\operatorname{arc\,sen}(\operatorname{sen}\theta) = \theta \quad$ se $-\frac{\pi}{2} \le \theta \le \frac{\pi}{2}$

TABELA 1

x	-1	$-\frac{\sqrt{3}}{2}$	$-\frac{\sqrt{2}}{2}$	$-\frac{1}{2}$	0	$\frac{1}{2}$	$\frac{\sqrt{2}}{2}$	$\frac{\sqrt{3}}{2}$	1
$\theta = \operatorname{arc\,sen} x$	$-\frac{\pi}{2}$	$-\frac{\pi}{3}$	$-\frac{\pi}{4}$	$-\frac{\pi}{6}$	0	$\frac{\pi}{6}$	$\frac{\pi}{4}$	$\frac{\pi}{3}$	$\frac{\pi}{2}$

■ **EXEMPLO 6** (a) Mostre que $\operatorname{arc\,sen}\left(\operatorname{sen}\left(\frac{\pi}{4}\right)\right) = \frac{\pi}{4}$.

(b) Explique por que $\operatorname{arc\,sen}\left(\operatorname{sen}\left(\frac{5\pi}{4}\right)\right) \neq \frac{5\pi}{4}$.

Solução A equação $\operatorname{arc\,sen}(\operatorname{sen}\theta) = \theta$ só é válida se θ estiver em $\left[-\frac{\pi}{2}, \frac{\pi}{2}\right]$.

(a) Como $\frac{\pi}{4}$ está no intervalo exigido, $\operatorname{arc\,sen}\left(\operatorname{sen}\left(\frac{\pi}{4}\right)\right) = \frac{\pi}{4}$.

(b) Seja $\theta = \operatorname{arc\,sen}\left(\operatorname{sen}\left(\frac{5\pi}{4}\right)\right)$. Por definição, θ é o ângulo em $\left[-\frac{\pi}{2}, \frac{\pi}{2}\right]$ tal que $\operatorname{sen}\theta = \operatorname{sen}\left(\frac{5\pi}{4}\right)$. Pela identidade $\operatorname{sen}\theta = \operatorname{sen}(\pi - \theta)$ (Figura 14),

$$\operatorname{sen}\left(\frac{5\pi}{4}\right) = \operatorname{sen}\left(\pi - \frac{5\pi}{4}\right) = \operatorname{sen}\left(-\frac{\pi}{4}\right)$$

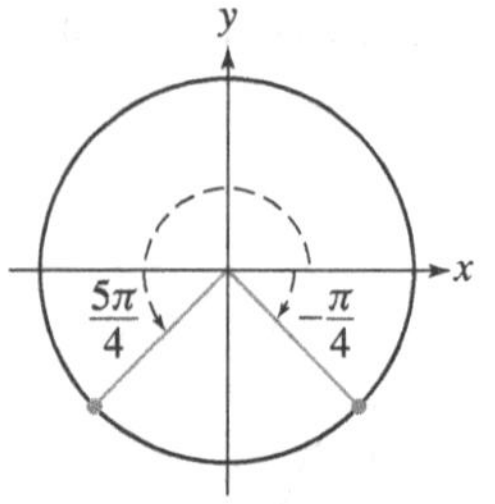

FIGURA 14 $\operatorname{sen}\left(\frac{5\pi}{4}\right) = \operatorname{sen}\left(-\frac{\pi}{4}\right)$.

O ângulo $-\frac{\pi}{4}$ está no intervalo exigido, portanto $\theta = \operatorname{arc\,sen}\left(\operatorname{sen}\left(\frac{5\pi}{4}\right)\right) = -\frac{\pi}{4}$. ■

A função cosseno é injetora em $[0, \pi]$ em vez de $\left[-\frac{\pi}{2}, \frac{\pi}{2}\right]$ (Figura 15). Com esse domínio, a inversa é denominada **função arco cosseno** e é denotada por $\theta = \operatorname{arc\,cos} x$. O domínio é $[-1, 1]$. Por definição,

$$\theta = \operatorname{arc\,cos} x \text{ é o único ângulo em } [0, \pi] \text{ tal que } \cos\theta = x.$$

RESUMO das relações inversas entre o cosseno e o arco cosseno:

$\cos(\operatorname{arc\,cos} x) = x \quad$ se $-1 \le x \le 1$

$\operatorname{arc\,cos}(\cos\theta) = \theta \quad$ se $0 \le \theta \le \pi$

No cálculo das funções trigonométricas inversas na Seção 3.8, vamos precisar simplificar expressões compostas como $\cos(\operatorname{arc\,sen} x)$ e $\operatorname{tg}(\operatorname{arc\,sen} x)$. Isso pode ser feito de duas maneiras: usando um triângulo retângulo apropriado ou usando identidades trigonométricas.

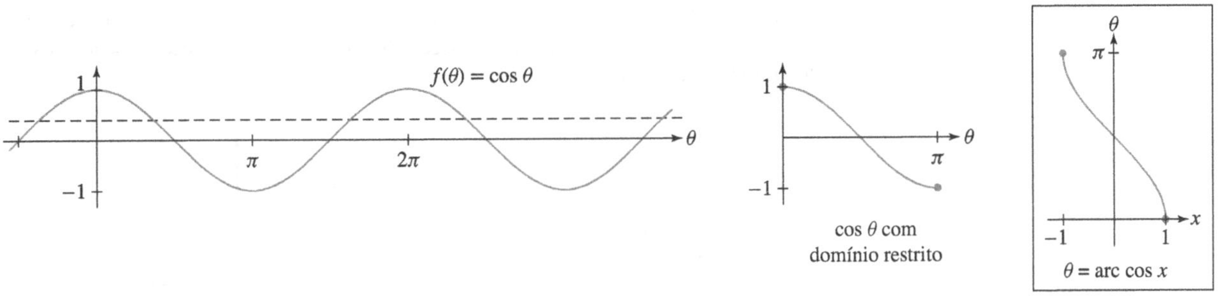

FIGURA 15

■ **EXEMPLO 7** Encontre uma forma alternativa em termos de x para cos(arc sen x) e para tg(arc sen x).

Solução Devemos encontrar os valores de $\cos\theta$ e $\text{tg}\,\theta$ no ângulo $\theta = \text{arc sen } x$. Considere um triângulo retângulo de hipotenusa de comprimento 1 e ângulo θ tal que $\text{sen}\,\theta = x$, como na Figura 16. Pelo teorema de Pitágoras, o cateto adjacente tem comprimento $\sqrt{1-x^2}$. Agora podemos ler os valores na Figura 16:

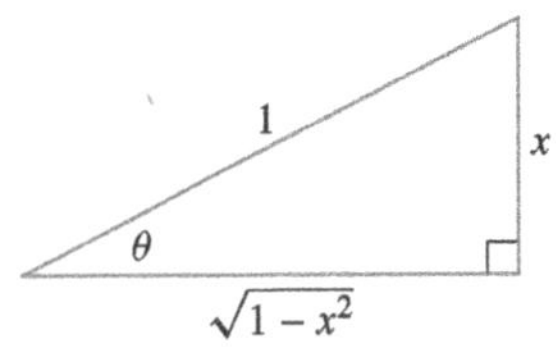

FIGURA 16 Um triângulo retângulo construído de tal modo que sen $\theta = x$.

$$\cos(\text{arc sen } x) = \cos\theta = \frac{\text{adjacente}}{\text{hipotenusa}} = \sqrt{1-x^2}$$

$$\text{tg}(\text{arc sen } x) = \text{tg}\,\theta = \frac{\text{oposto}}{\text{adjacente}} = \frac{x}{\sqrt{1-x^2}}$$

Alternativamente, podemos argumentar com identidades trigonométricas. Como $\text{sen}\,\theta = x$, temos

$$\cos(\text{arc sen } x) = \cos\theta = \sqrt{1-\text{sen}^2\theta} = \sqrt{1-x^2}$$

Podemos tomar a raiz quadrada positiva em ambas as abordagens porque $\theta = \text{arc sen } x$ está em $\left[-\frac{\pi}{2}, \frac{\pi}{2}\right]$ e $\cos\theta$ é positivo nesse intervalo. ■

Vejamos, agora, as demais funções trigonométricas. A função $f(\theta) = \text{tg}\,\theta$ é injetora em $\left(-\frac{\pi}{2}, \frac{\pi}{2}\right)$, e $f(\theta) = \text{cotg}\,\theta$ é injetora em $(0, \pi)$ (ver Figura 10 da Seção 1.4). Definimos suas inversas restringindo-as a esses domínios:

$$\theta = \text{arc tg}\,x \text{ é o único ângulo em } \left(-\frac{\pi}{2}, \frac{\pi}{2}\right) \text{ tal que } \text{tg}\,\theta = x.$$

$$\theta = \text{arc cotg}\,x \text{ é o único ângulo em } (0, \pi) \text{ tal que } \text{cotg}\,\theta = x.$$

A imagem de $f(\theta) = \text{tg}\,\theta$ e $f(\theta) = \text{cotg}\,\theta$ é o conjunto **R** de todos os números reais. Portanto, $\theta = \text{arc tg}\,x$ e $\theta = \text{arc cotg}\,x$ têm domínio **R** (Figura 17).

A função $f(\theta) = \sec\theta$ não está definida em $\theta = \frac{\pi}{2}$, mas podemos ver na Figura 18 que é injetora tanto em $\left[0, \frac{\pi}{2}\right)$ quanto em $\left(\frac{\pi}{2}, \pi\right]$. Analogamente, $f(\theta) = \text{cossec}\,\theta$ não está definida em $\theta = 0$, mas é injetora em $\left[-\frac{\pi}{2}, 0\right)$ e $\left(0, \frac{\pi}{2}\right]$. Definimos as funções inversas como segue:

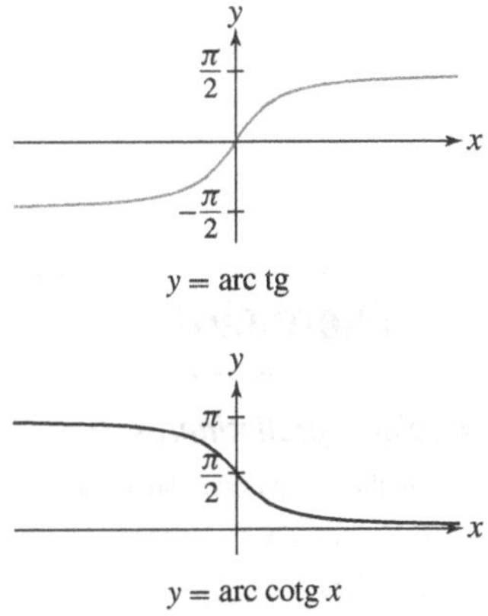

FIGURA 17

$$\theta = \text{arc sec}\,x \text{ é o único ângulo em } \left[0, \frac{\pi}{2}\right) \cup \left(\frac{\pi}{2}, \pi\right] \text{ tal que } \sec\theta = x.$$

$$\theta = \text{arc cossec}\,x \text{ é o único ângulo em } \left[-\frac{\pi}{2}, 0\right) \cup \left(0, \frac{\pi}{2}\right] \text{ tal que } \text{cossec}\,\theta = x.$$

A Figura 18 mostra que a imagem de $f(\theta) = \sec\theta$ é o conjunto dos números reais x tais que $|x| \geq 1$. O mesmo vale com $f(\theta) = \text{cossec}\,\theta$. Segue que $\theta = \text{arc sec}\,x$ e $\theta = \text{arc cossec}\,x$ têm domínio $\{x : |x| \geq 1\}$.

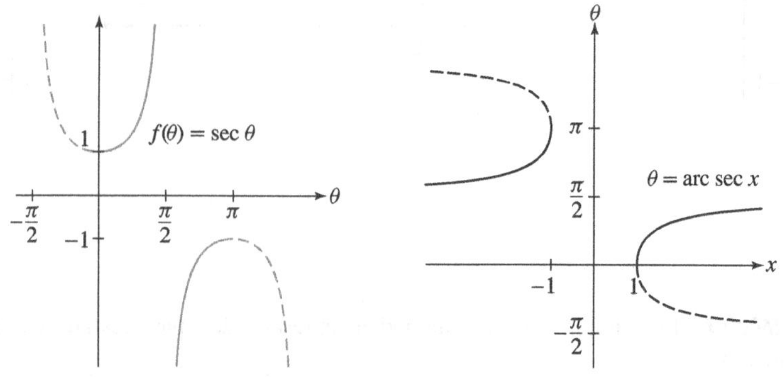

FIGURA 18 $f(\theta) = \sec\theta$ é injetora no intervalo $[0, \pi]$ com $\frac{\pi}{2}$ removido.

1.5 Resumo

- Uma função f é *injetora* num domínio D se, dado qualquer valor c, a equação $f(x) = c$ tiver, no máximo, uma solução com $x \in D$ ou, equivalentemente, se dados $a, b \in D$, $f(a) \neq f(b)$ a menos que $a = b$.
- Suponha que f tenha domínio D e imagem R. A *inversa* f^{-1} (se existir) é a única função de domínio R e imagem D satisfazendo $f(f^{-1}(x)) = x$ e $f^{-1}(f(x)) = x$.
- A inversa de f existe se, e só se, f é injetora em seu domínio.
- Para encontrar a função inversa, resolva $y = f(x)$ para x em termos de y para obter $x = g(y)$. A inversa é a função g.
- *Teste da reta horizontal:* f é injetora se, e só se, cada reta horizontal intersecta o gráfico de f em, no máximo, um ponto.
- O gráfico de f^{-1} é obtido refletindo o gráfico de f pela reta $y = x$.
- As funções *arco seno* e o *arco cosseno* estão definidas com $-1 \leq x \leq 1$:

$$\theta = \text{arc sen}\,x \text{ é o único ângulo em } \left[-\frac{\pi}{2}, \frac{\pi}{2}\right] \text{ tal que } \text{sen}\,\theta = x.$$

$$\theta = \text{arc cos}\,x \text{ é o único ângulo em } [0, \pi] \text{ tal que } \cos\theta = x.$$

- arc tg x e arc cotg x estão definidas com qualquer x:

$$\theta = \text{arc tg}\,x \text{ é o único ângulo em } \left(-\frac{\pi}{2}, \frac{\pi}{2}\right) \text{ tal que } \text{tg}\,\theta = x.$$

$$\theta = \text{arc cotg}\,x \text{ é o único ângulo em } (0, \pi) \text{ tal que } \text{cotg}\,\theta = x.$$

- arc sec x e arc cossec x estão definidas com $|x| \geq 1$:

$$\theta = \text{arc sec}\,x \text{ é o único ângulo em } \left[0, \frac{\pi}{2}\right) \cup \left(\frac{\pi}{2}, \pi\right] \text{ tal que } \sec\theta = x.$$

$$\theta = \text{arc cossec}\,x \text{ é o único ângulo em } \left[-\frac{\pi}{2}, 0\right) \cup \left(0, \frac{\pi}{2}\right] \text{ tal que } \text{cossec}\,\theta = x.$$

1.5 Exercícios

Exercícios preliminares

1. Qual das seguintes satisfaz $f^{-1}(x) = f(x)$?

(a) $f(x) = x$ **(b)** $f(x) = 1 - x$

(c) $f(x) = 1$ **(d)** $f(x) = \sqrt{x}$

(e) $f(x) = |x|$ **(f)** $f(x) = x^{-1}$

2. Considere a função f que leva os adolescentes de certo país em seus sobrenomes. Explique por que não existe a função inversa f^{-1}.

3. Observe o fragmento da escala de trens do sistema ferroviário do estado norte-americano de Nova Jersey como definindo uma função f que leva estações em instantes de tempo. Será f injetora? E o que é $f^{-1}(6{:}27)$?

Trenton	6:21
Hamilton Township	6:27
Princeton Junction	6:34
New Brunswick	6:38

4. Um dever de casa solicita um esboço da *inversa* da função $f(x) = x + \cos x$. Lucas, depois de tentar e não conseguir uma fórmula para $f^{-1}(x)$, diz que é impossível traçar o gráfico da inversa. Carla entrega um esboço preciso sem resolver para f^{-1}. Como Carla completou o tema?

5. Qual das quantidades a seguir não está definida?

   (a) arc sen$\left(-\frac{1}{2}\right)$ **(b)** arc cos(2)

   (c) arc cossec$\left(\frac{1}{2}\right)$ **(d)** arc cossec(2)

6. Dê um exemplo de um ângulo θ tal que arc cos$(\cos\theta) \neq \theta$. Isso contradiz a definição de função inversa?

Exercícios

1. Mostre que $f(x) = 7x - 4$ é invertível e encontre sua inversa.
2. Será $f(x) = x^2 + 2$ injetora? Se não for, descreva um domínio em que é injetora.
3. Qual é o maior intervalo contendo zero em que $f(x) = \text{sen}\, x$ é injetora?
4. Mostre que $f(x) = \dfrac{x-2}{x+3}$ é invertível e encontre sua inversa.
   (a) Qual é o domínio de f? A imagem de f^{-1}?
   (b) Qual é o domínio de f^{-1}? A imagem de f?
5. Verifique que $f(x) = x^3 + 3$ e $g(x) = (x-3)^{1/3}$ são inversas, mostrando que $f(g(x)) = x$ e $g(f(x)) = x$.
6. Repita o Exercício 5 com $f(t) = \dfrac{t+1}{t-1}$ e $g(t) = \dfrac{t+1}{t-1}$.
7. A velocidade de escape de um planeta de raio R é $v(R) = \sqrt{\dfrac{2GM}{R}}$, em que G é a constante universal da gravitação e M é a massa. Encontre a inversa de $v(R)$ expressando R em termos de v.

Nos Exercícios 8-15, encontre um domínio no qual f seja injetora e uma fórmula para a inversa de f restrita a esse domínio. Esboce os gráficos de f e f^{-1}.

8. $f(x) = 3x - 2$
9. $f(x) = 4 - x$
10. $f(x) = \dfrac{1}{x+1}$
11. $f(x) = \dfrac{1}{7x-3}$
12. $f(s) = \dfrac{1}{s^2}$
13. $f(x) = \dfrac{1}{\sqrt{x^2+1}}$
14. $f(z) = z^3$
15. $f(x) = \sqrt{x^3+9}$
16. Para cada uma das funções mostradas na Figura 19, esboce o gráfico da inversa (restringindo, se necessário, o domínio da função).

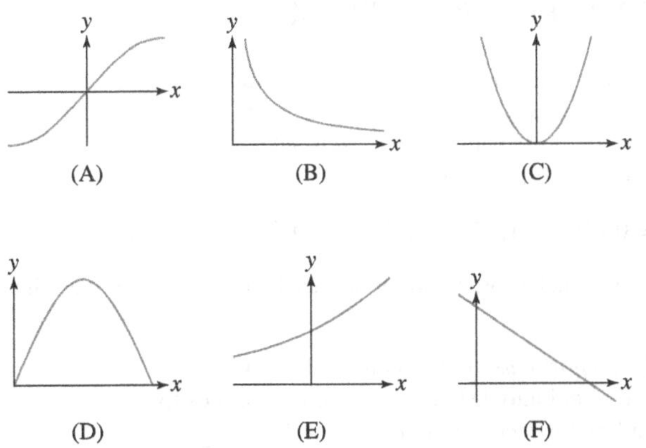

FIGURA 19

17. Qual dos gráficos na Figura 20 é o gráfico de uma função que satisfaça $f^{-1} = f$?

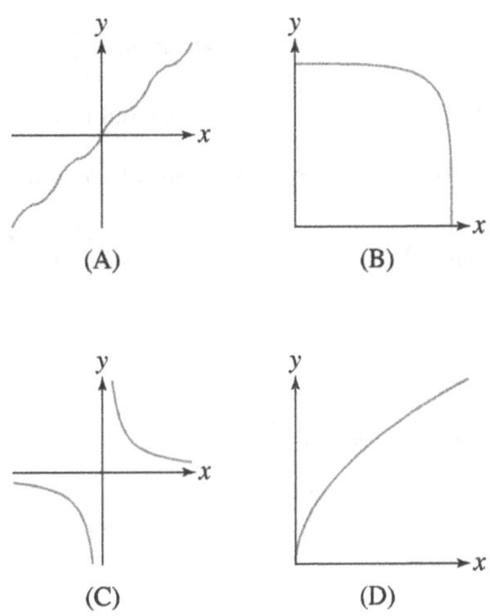

FIGURA 20

18. Seja n um inteiro não nulo. Encontre um domínio no qual $f(x) = (1 - x^n)^{1/n}$ coincida com sua inversa. *Sugestão:* a resposta depende de n ser par ou ímpar.
19. Seja $f(x) = x^7 + x + 1$.
    (a) Mostre que existe f^{-1} (mas não tente encontrá-la). *Sugestão:* mostre que f é crescente.
    (b) Qual é o domínio de f^{-1}?
    (c) Encontre $f^{-1}(3)$.
20. Mostre que $f(x) = (x^2+1)^{-1}$ é injetora em $(-\infty, 0]$ e encontre uma fórmula para f^{-1} nesse domínio de f.
21. Seja $f(x) = x^2 - 2x$. Determine um domínio no qual exista f^{-1} e encontre uma fórmula para f^{-1} nesse domínio de f.
22. Mostre que $f(x) = x + x^{-1}$ é injetora em $[1, \infty)$ e encontre a correspondente inversa f^{-1}. Qual é o domínio de f^{-1}?

Para cada uma das funções definidas por partes nos Exercícios 23-26, determine se a função é injetora ou não e, caso seja, determine sua função inversa.

23.
$$f(x) = \begin{cases} x & \text{se } x < 0 \\ 2x & \text{se } x \geq 0 \end{cases}$$

24.
$$g(x) = \begin{cases} -x & \text{se} \quad x < -1 \\ x & \text{se} \quad x \geq -1 \end{cases}$$

25.
$$f(x) = \begin{cases} x^2 & \text{se} \quad x < 0 \\ x & \text{se} \quad x \geq 0 \end{cases}$$

26.
$$g(x) = \begin{cases} x & \text{se} \quad x < 0 \\ x^2 & \text{se} \quad x \geq 0 \end{cases}$$

Nos Exercícios 27-32, calcule sem usar uma calculadora.

27. arc cos 1

28. arc sen $\frac{1}{2}$

29. arc cotg 1

30. arc sec $\frac{2}{\sqrt{3}}$

31. arc tg $\sqrt{3}$

32. arc sen (-1)

Nos Exercícios 33-42, calcule sem usar uma calculadora.

33. arc sen$\left(\text{sen}\,\frac{\pi}{3}\right)$

34. arc sen$\left(\text{sen}\,\frac{4\pi}{3}\right)$

35. arc cos$\left(\cos\frac{3\pi}{2}\right)$

36. arc sen$\left(\text{sen}\left(-\frac{5\pi}{6}\right)\right)$

37. arc tg$\left(\text{tg}\,\frac{3\pi}{4}\right)$

38. arc tg(tg π)

39. arc sec(sec 3π)

40. arc sec$\left(\sec\frac{3\pi}{2}\right)$

41. arc cossec(cossec$(-\pi)$)

42. arc cotg$\left(\text{cotg}\left(-\frac{\pi}{4}\right)\right)$

Nos Exercícios 43-46, simplifique usando o triângulo retângulo ou a identidade trigonométrica apropriados.

43. tg(arc cos x)

44. cos(arc tg x)

45. cotg(arc sec x)

46. cotg(arc sen x)

Nos Exercícios 47-54, use o triângulo retângulo ou a identidade trigonométrica apropriados para calcular o valor dado.

47. cos(arc sen $\frac{2}{3}$)

48. tg(arc cos $\frac{2}{3}$)

49. tg(arc sen 0,8)

50. cos(arc cotg 1)

51. cotg(arc cossec 2)

52. tg(arc sec (-2))

53. cotg(arc tg 20)

54. sen(arc cossec 20)

Compreensão adicional e desafios

55. Mostre que se f for ímpar e existir f^{-1}, então f^{-1} é ímpar. Por outro lado, mostre que uma função par não tem uma inversa.

56. Um tanque cilíndrico de raio R e comprimento L deitado horizontalmente, como na Figura 21, contém óleo até uma altura h. Mostre que o volume $V(h)$ de óleo no tanque como uma função da altura h é

$$V(h) = L\left(R^2 \text{arc cos}\left(1 - \frac{h}{R}\right) - (R-h)\sqrt{2hR - h^2}\right)$$

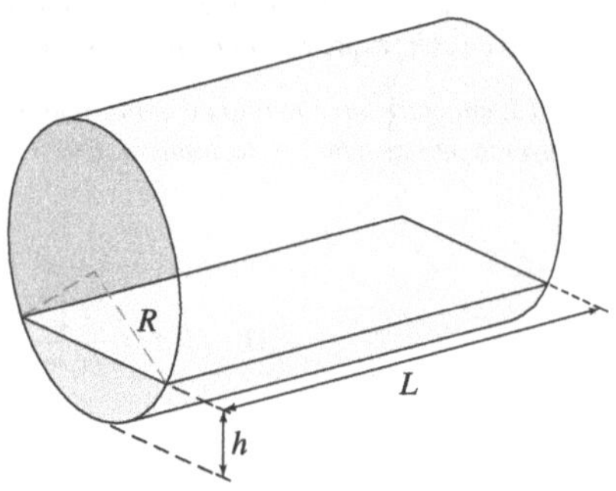

FIGURA 21 O óleo no tanque está no nível h.

1.6 Funções exponenciais e logarítmicas

Uma **função exponencial** é uma função da forma $f(x) = b^x$, em que $b > 0$ e $b \neq 1$. O número b é denominado a **base**. Alguns exemplos são $f(x) = 2^x$, $g(x) = (1{,}4)^x$ e $h(x) = 10^x$. Excluímos o caso $b = 1$ porque $f(x) = 1^x$ é uma função constante. As calculadoras dão boas aproximações decimais dos valores de funções exponenciais:

$$2^4 = 16, \quad 2^{-3} = 0{,}125, \quad (1{,}4)^{0{,}8} \approx 1{,}309, \quad 10^{4{,}6} \approx 39.810{,}717$$

Três propriedades de funções exponenciais precisam ser destacadas desde o início (ver Figura 1 no caso $b = 2$):

- *As funções exponenciais são positivas*: $b^x > 0$ com qualquer x.
- A *imagem* de $f(x) = b^x$ é o conjunto de todos os números reais positivos.
- $f(x) = b^x$ é *crescente* se $b > 1$ e *decrescente* se $0 < b < 1$.

Se $b > 1$, a função exponencial $f(x) = b^x$ não só é crescente como até, num certo sentido, cresce muito rapidamente. Embora "crescimento rápido" seja um termo subjetivo,

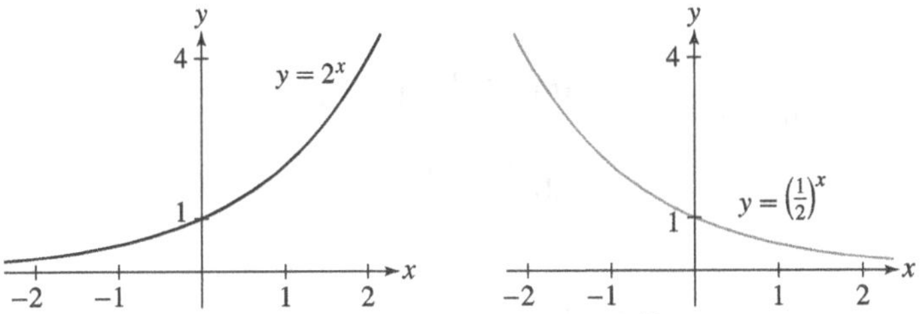

$y = 2^x$ é crescente $\qquad$ $y = \left(\frac{1}{2}\right)^x$ é decrescente

FIGURA 1

TABELA 1

x	x^5	3^x
1	1	3
5	3125	243
10	100.000	59.049
15	759.375	14.348.907
25	9.765.625	847.288.609.443

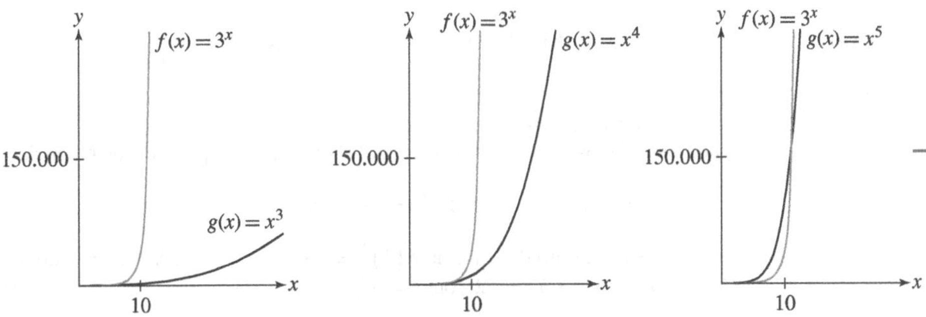

FIGURA 2 Comparação de $f(x) = 3^x$ com funções potência.

vale a afirmação precisa seguinte: $f(x) = b^x$ cresce muito mais rapidamente do que a função potência $g(x) = x^n$, com qualquer n (isso será provado na Seção 4.5). Por exemplo, a Figura 2 mostra que $f(x) = 3^x$ acaba ultrapassando e cresce mais rapidamente do que as funções potência $g(x) = x^3$, $g(x) = x^4$ e $g(x) = x^5$. A Tabela 1 compara $f(x) = 3^x$ e $g(x) = x^5$.

Agora vamos revisar as leis de expoentes. A lei mais importante é

$$b^x b^y = b^{x+y}$$

Em outras palavras, *na multiplicação, somamos os expoentes*, desde que as bases sejam iguais. Essa lei não pode ser aplicada a produtos tais como $3^2 \cdot 5^4$.

Gordon Moore (1929-). Moore, que mais tarde tornou-se presidente da Intel Corporation, previu que nas décadas que seguiriam 1965, o número de transistores por circuito integrado cresceria "exponencialmente". Essa predição tem se mantido por quase cinco décadas e pode muito bem continuar por muitas mais. Moore disse que "a lei de Moore é uma expressão que acabou sendo aplicada a uma curva que eu esbocei em meados da década de 1960, mostrando o crescimento na complexidade dos circuitos integrados em função do tempo. Ela foi expandida para incluir muito mais do que aquilo, e eu fico feliz por levar o crédito de tudo".
(AP Photo/Paul Sakuma)

Leis de expoentes ($b > 0$)

	Regra	Exemplo
Expoente zero	$b^0 = 1$	
Produtos	$b^x b^y = b^{x+y}$	$2^5 \cdot 2^3 = 2^{5+3} = 2^8$
Quocientes	$\dfrac{b^x}{b^y} = b^{x-y}$	$\dfrac{4^7}{4^2} = 4^{7-2} = 4^5$
Expoentes negativos	$b^{-x} = \dfrac{1}{b^x}$	$3^{-4} = \dfrac{1}{3^4} = \dfrac{1}{81}$
Potência de potência	$\left(b^x\right)^y = b^{xy}$	$\left(3^2\right)^4 = 3^{2(4)} = 3^8$
Raízes	$b^{1/n} = \sqrt[n]{b}$	$5^{1/2} = \sqrt{5}$

■ **EXEMPLO 1** Reescreva como número natural ou fração:

(a) $16^{-1/2}$ $\qquad$ **(b)** $27^{2/3}$ $\qquad$ **(c)** $4^{16} \cdot 4^{-18}$ $\qquad$ **(d)** $\dfrac{9^3}{3^7}$

Certifique-se de estar familiarizado com as leis de expoentes. Elas serão utilizadas em todo o Cálculo.

Solução

(a) $16^{-1/2} = \dfrac{1}{16^{1/2}} = \dfrac{1}{\sqrt{16}} = \dfrac{1}{4}$ (b) $27^{2/3} = \left(27^{1/3}\right)^2 = 3^2 = 9$

(c) $4^{16} \cdot 4^{-18} = 4^{-2} = \dfrac{1}{4^2} = \dfrac{1}{16}$ (d) $\dfrac{9^3}{3^7} = \dfrac{\left(3^2\right)^3}{3^7} = \dfrac{3^6}{3^7} = 3^{-1} = \dfrac{1}{3}$ ■

No próximo exemplo, usamos o fato de que $f(x) = b^x$ é injetora. Em outras palavras, se $b^x = b^y$, então $x = y$.

■ **EXEMPLO 2** Resolva para a incógnita:

(a) $2^{3x+1} = 2^5$ (b) $b^3 = 5^6$ (c) $7^{t+1} = \left(\dfrac{1}{7}\right)^{2t}$

Solução

(a) Se $2^{3x+1} = 2^5$, então $3x + 1 = 5$ e, portanto, $x = \frac{4}{3}$.

(b) Elevamos ambos os lados de $b^3 = 5^6$ à potência $\frac{1}{3}$. Pela regra da "potência de potência",

$$b = \left(b^3\right)^{1/3} = \left(5^6\right)^{1/3} = 5^{6/3} = 5^2 = 25$$

(c) Como $\frac{1}{7} = 7^{-1}$, o lado direito da equação é $\left(\frac{1}{7}\right)^{2t} = (7^{-1})^{2t} = 7^{-2t}$. A equação, então, é $7^{t+1} = 7^{-2t}$. Portanto, $t + 1 = -2t$, ou $t = -\frac{1}{3}$. ■

O número *e*

Embora as referências escritas ao número π remontem a mais de 4.000 anos, os matemáticos somente perceberam o papel especial desempenhado por e no século XVII. A notação e foi introduzida por Euler, que descobriu muitas propriedades fundamentais desse importante número.

No Capítulo 3, usamos o Cálculo para estudar as funções exponenciais. Uma das revelações surpreendentes do Cálculo é que a base mais conveniente, ou "natural", das funções exponenciais não é nem $b = 10$ nem $b = 2$, como poderíamos pensar inicialmente, mas sim certo número irracional, denotado por e, cujo valor aproximado é $e \approx 2{,}718$. Para calcular valores específicos de $f(x) = e^x$, utilizamos uma calculadora. Por exemplo,

$$e^3 \approx 20{,}0855, \qquad e^{-1/4} \approx 0{,}7788$$

No Cálculo, quando mencionamos *a função* exponencial, entende-se que sua base é e. Outra notação comum para e^x é $\exp(x)$.

Como se define e? Há várias definições diferentes, mas todas elas dependem do conceito de limite. Na Seção 3.2, veremos uma maneira de definir e. Outra definição aparece no Exemplo 4 da Seção 1.7. Por enquanto mencionamos as duas descrições gráficas seguintes:

- Usando a Figura 3(A): dentre todas as funções exponenciais $y = b^x$, $b = e$ é a única base com a qual a inclinação da reta tangente ao gráfico em (0, 1) é igual a 1.
- Usando a Figura 3(B): o número e é o único número tal que a área da região abaixo da hipérbole $y = 1/x$ com $1 \le x \le e$ é igual a 1.

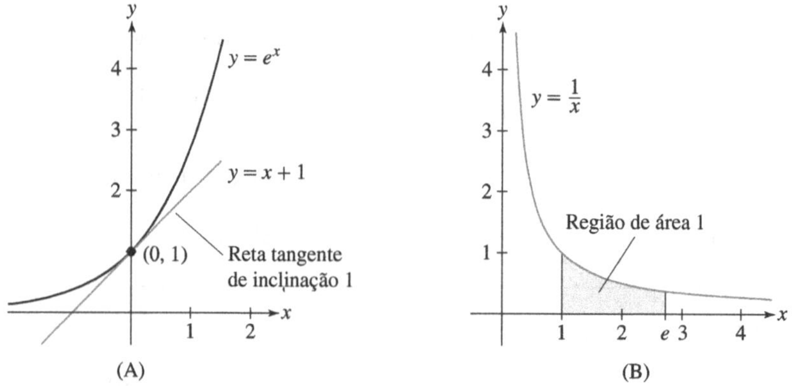

FIGURA 3

A importância de e não é evidente a partir dessas descrições. No entanto, como veremos, a função exponencial $f(x) = e^x$ desempenha um papel fundamental porque tem um comportamento particularmente simples em relação às propriedades básicas do Cálculo: derivação e integração.

EXEMPLO 3 Esboce o gráfico de $y = -e^{(x-2)}$.

Solução A Figura 3(A) mostra o gráfico de $y = e^x$. O gráfico de $y = -e^x$ é, simplesmente, a reflexão desse gráfico pelo eixo x, tornando todos os valores negativos em vez de positivos, como na Figura 4. O gráfico de $y = -e^{(x-2)}$ é obtido pela translação daquele gráfico por duas unidades para a direita. ■

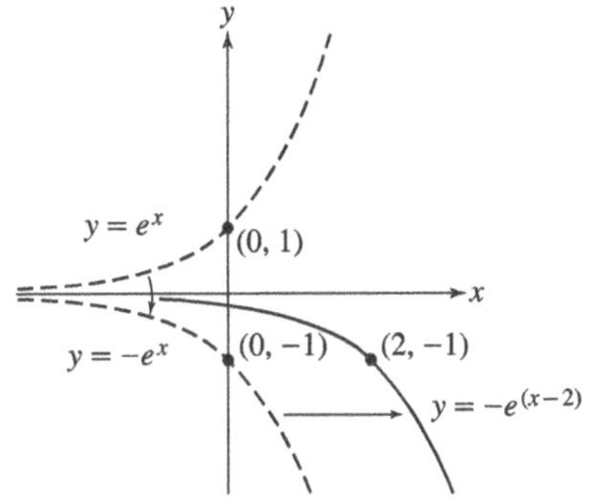

FIGURA 4 O gráfico de $y = -e^{(x-2)}$.

Logaritmos

As funções logarítmicas são as inversas das funções exponenciais. Mais precisamente, se $b > 0$ e $b \neq 1$, então o *logaritmo de base b*, denotado por $\log_b x$, é a inversa de $f(x) = b^x$. Por definição, $y = \log_b x$ se $b^y = x$, de modo que temos

$$b^{\log_b x} = x \quad \text{e} \quad \log_b(b^x) = x$$

Em outras palavras, $\log_b x$ é o número ao qual devemos elevar b para obter x. Por exemplo,

$$\log_2(8) = 3 \quad \text{pois} \quad 2^3 = 8$$

$$\log_{10}(1) = 0 \quad \text{pois} \quad 10^0 = 1$$

$$\log_3\left(\frac{1}{9}\right) = -2 \quad \text{pois} \quad 3^{-2} = \frac{1}{3^2} = \frac{1}{9}$$

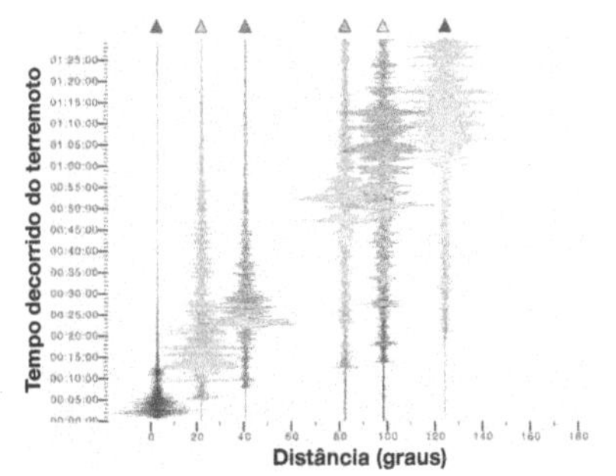

Sismógrafo do terremoto de 2010 no Haiti, que registrou intensidade 7,0 na escala Richter. A escala Richter é baseada no logaritmo (de base 10) da amplitude da onda sísmica. Cada aumento de um número inteiro na magnitude Richter corresponde a um aumento de 10 vezes na amplitude e cerca de 31 vezes na energia.
(University of South Carolina e IRIS Consortium)

O logaritmo de base e, denotado $\ln x$, desempenha um papel especial e é denominado **logaritmo natural**.

$$\ln x = \log_e x$$

Usamos uma calculadora para calcular numericamente os logaritmos. Por exemplo,

$$\ln 17 \approx 2{,}83321 \quad \text{pois} \quad e^{2{,}83321} \approx 17$$

Como na Figura 5, $f(x) = \ln x$ e $g(x) = e^x$ são funções inversas, de modo que

$$e^{\ln x} = x \quad \text{e} \quad \ln(e^x) = x$$

Neste texto, o logaritmo natural é denotado $\ln x$. *Outras notações comuns são* $\log x$ *e* $\operatorname{Log} x$.

Lembre que o domínio de $f(x) = b^x$ é $\mathbf{R}$ e sua imagem é o conjunto dos números reais positivos $\{x : x > 0\}$. Como o domínio e a imagem são trocados na função inversa,

- O *domínio* de $f(x) = \log_b x$ é $\{x : x > 0\}$.
- A *imagem* de $f(x) = \log_b x$ é o conjunto $\mathbf{R}$ de todos os números reais.

Se $b > 1$, então $\log_b x$ é positivo com $x > 1$ e negativo com $0 < x < 1$. A Figura 5 ilustra esses fatos para a base $b = e$. Não esqueça que não existe o logaritmo de um número negativo. Por exemplo, $\log_{10}(-2)$ não existe porque $10^y = -2$ não tem solução.

Para cada lei de expoentes, existe uma lei correspondente de logaritmos. A regra $b^{x+y} = b^x b^y$ corresponde à regra

$$\log_b(xy) = \log_b x + \log_b y$$

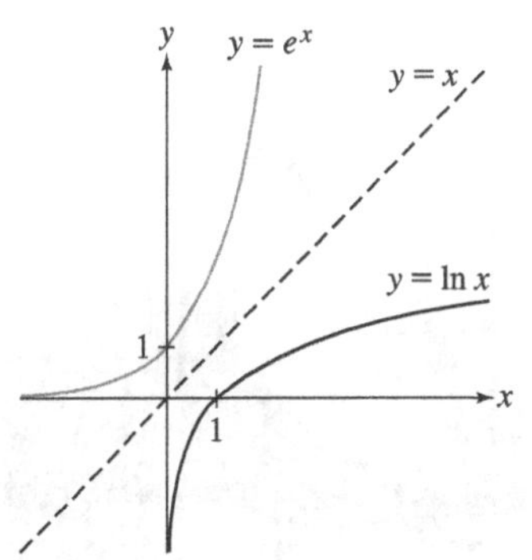

FIGURA 5 $y = \ln x$ é a inversa de $y = e^x$.

Em palavras: *o logaritmo de um produto é a soma dos logaritmos*. Para verificar isso, observe que

$$b^{\log_b(xy)} = xy = b^{\log_b x} \cdot b^{\log_b y}$$

$$= b^{\log_b x + \log_b y}$$

Os expoentes $\log_b(xy)$ e $\log_b x + \log_b y$ são iguais porque $f(x) = b^x$ é injetora. As leis dos logaritmos estão coletadas na tabela seguinte.

Leis de logaritmos

	Lei	Exemplo
Log de 1	$\log_b(1) = 0$	
Log de b	$\log_b(b) = 1$	
Produtos	$\log_b(xy) = \log_b x + \log_b y$	$\log_5(2 \cdot 3) = \log_5 2 + \log_5 3$
Quocientes	$\log_b\left(\frac{x}{y}\right) = \log_b x - \log_b y$	$\log_2\left(\frac{3}{7}\right) = \log_2 3 - \log_2 7$
Recíprocos	$\log_b\left(\frac{1}{x}\right) = -\log_b x$	$\log_2\left(\frac{1}{7}\right) = -\log_2 7$
Potências (qualquer n)	$\log_b(x^n) = n\log_b x$	$\log_{10}(8^2) = 2 \cdot \log_{10} 8$

Também observamos que todas as funções logarítmicas são proporcionais. Mais precisamente, valem as fórmulas de **mudança de base** seguintes (ver Exercício 51):

$$\log_b x = \frac{\log_a x}{\log_a b}, \qquad \log_b x = \frac{\ln x}{\ln b} \qquad 1$$

EXEMPLO 4 **Usando as leis de logaritmos** Calcule:

(a) $\log_6 9 + \log_6 4$ **(b)** $\ln\left(\frac{1}{\sqrt{e}}\right)$ **(c)** $10\log_b(b^3) - 4\log_b(\sqrt{b})$

Solução

(a) $\log_6 9 + \log_6 4 = \log_6(9 \cdot 4) = \log_6(36) = \log_6(6^2) = 2$

(b) $\ln\left(\frac{1}{\sqrt{e}}\right) = \ln(e^{-1/2}) = -\frac{1}{2}\ln(e) = -\frac{1}{2}$

(c) $10\log_b(b^3) - 4\log_b(\sqrt{b}) = 10(3) - 4\log_b(b^{1/2}) = 30 - 4\left(\frac{1}{2}\right) = 28$ ■

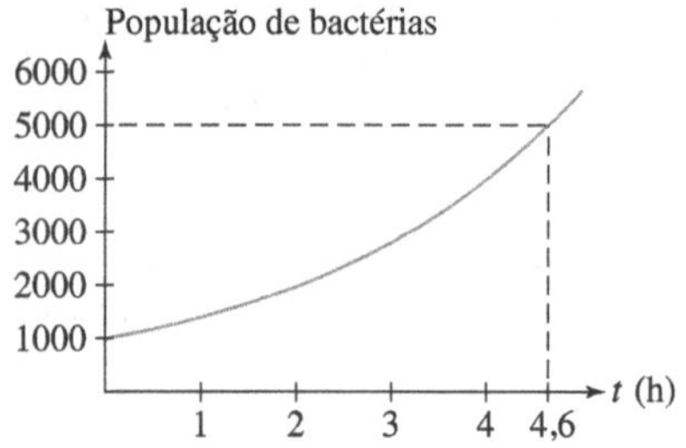

FIGURA 6 A população de bactérias como uma função do tempo.

EXEMPLO 5 **Resolvendo uma equação exponencial** A população de bactérias numa garrafa no instante t (em horas) é de $P(t) = 1000e^{0,35t}$ bactérias. Depois de quantas horas haverá 5.000 bactérias?

Solução Devemos resolver $P(t) = 1000e^{0,35t} = 5000$ para t (Figura 6):

$$e^{0,35t} = \frac{5000}{1000} = 5$$

$$\ln(e^{0,35t}) = \ln 5 \qquad \text{(tomando logaritmo de ambos os lados)}$$

$$0,35t = \ln 5 \approx 1,609 \qquad [\text{pois } \ln(e^a) = a]$$

$$t \approx \frac{1,609}{0,35} \approx 4,6 \text{ horas}$$ ■

FIGURA 7 O arco de St. Louis, nos EUA, tem a forma de um cosseno hiperbólico invertido.
(© *Corbis*)

Funções hiperbólicas

As funções hiperbólicas são certas combinações especiais de e^x e e^{-x} que desempenham um papel na Engenharia e Física (ver Figura 7 para um exemplo da vida real). O seno e o cosseno hiperbólicos são as funções definidas como segue

$$\text{senh}\, x = \frac{e^x - e^{-x}}{2}, \qquad \cosh x = \frac{e^x + e^{-x}}{2}$$

Como sugere a terminologia, existem semelhanças entre as funções hiperbólicas e as trigonométricas. Aqui temos alguns exemplos:

- **Paridade:** as funções trigonométricas e suas análogas hiperbólicas têm a mesma paridade. Assim, $f(x) = \operatorname{sen} x$ e $f(x) = \operatorname{senh} x$ são ímpares e $f(x) = \cos x$ e $f(x) = \cosh x$ são pares (Figura 8):

$$\operatorname{senh}(-x) = -\operatorname{senh} x, \qquad \cosh(-x) = \cosh x$$

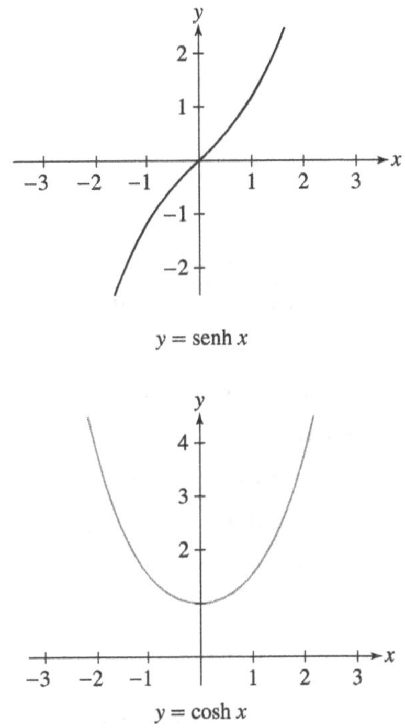

FIGURA 8 $y = \operatorname{senh} x$ é uma função ímpar e $y = \cosh x$ é par.

- **Identidades:** a identidade trigonométrica básica $\operatorname{sen}^2 x + \cos^2 x = 1$ tem um análogo hiperbólico:

$$\boxed{\cosh^2 x - \operatorname{senh}^2 x = 1} \qquad 2$$

As fórmulas de adição satisfeitas pelo seno e cosseno têm análogas hiperbólicas:

$$\operatorname{senh}(x + y) = \operatorname{senh} x \cosh y + \cosh x \operatorname{senh} y$$
$$\cosh(x + y) = \cosh x \cosh y + \operatorname{senh} x \operatorname{senh} y$$

- **Hipérbole em vez do círculo:** pela identidade trigonométrica $\cosh^2 t - \operatorname{senh}^2 t = 1$, o ponto $(\cosh t, \operatorname{senh} t)$ está na hipérbole $x^2 - y^2 = 1$, da mesma forma que $(\cos t, \operatorname{sen} t)$ está no círculo unitário $x^2 + y^2 = 1$ (Figura 9).

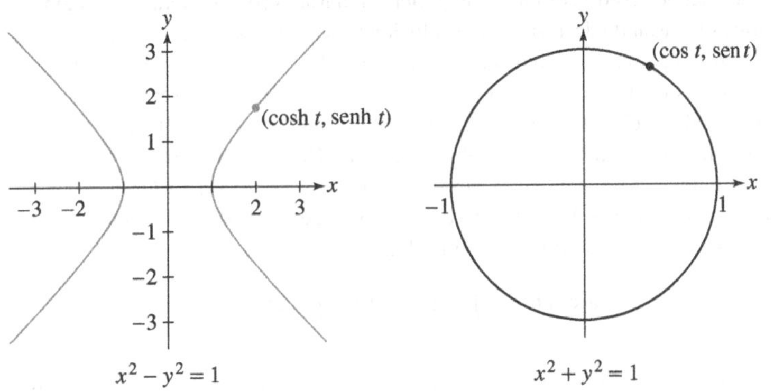

FIGURA 9

- **Outras funções hiperbólicas:** As funções tangente, cotangente, secante e cossecante hiperbólicas (ver Figuras 10 e 11) são definidas como suas contrapartidas trigonométricas:

$$\operatorname{tgh} x = \frac{\operatorname{senh} x}{\cosh x} = \frac{e^x - e^{-x}}{e^x + e^{-x}}, \qquad \operatorname{sech} x = \frac{1}{\cosh x} = \frac{2}{e^x + e^{-x}}$$

$$\operatorname{cotgh} x = \frac{\cosh x}{\operatorname{senh} x} = \frac{e^x + e^{-x}}{e^x - e^{-x}}, \qquad \operatorname{cossech} x = \frac{1}{\operatorname{senh} x} = \frac{2}{e^x - e^{-x}}$$

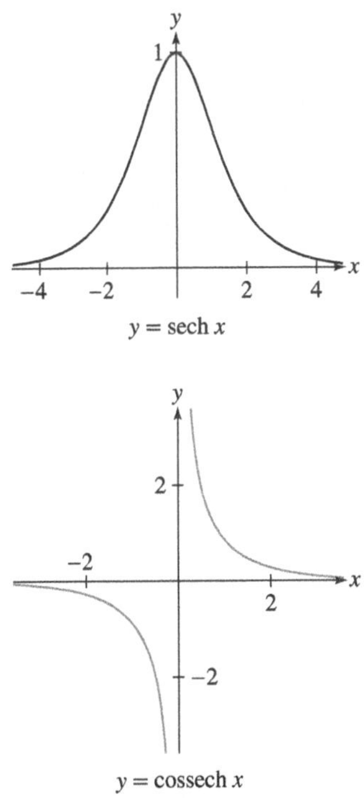

FIGURA 10 A secante e a cossecante hiperbólicas.

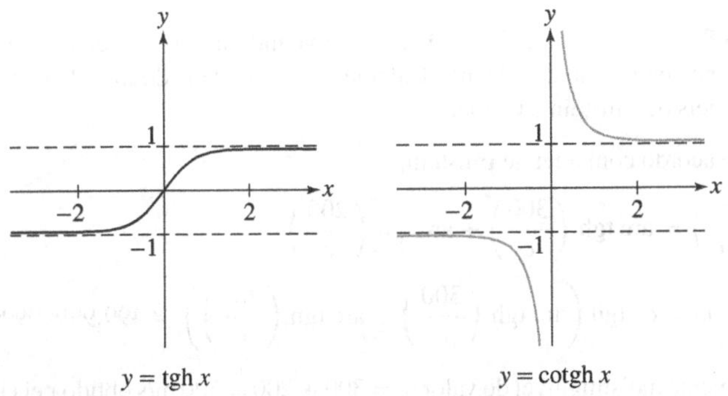

FIGURA 11 A tangente e a cotangente hiperbólicas.

■ **EXEMPLO 6** **Verificando a identidade básica** Verifique a Equação (2): $\cosh^2 x - \operatorname{senh}^2 x = 1$.

Solução Como $\cosh x = \frac{1}{2}(e^x + e^{-x})$ e $\operatorname{senh} x = \frac{1}{2}(e^x - e^{-x})$, temos

$$\cosh x + \operatorname{senh} x = e^x, \qquad \cosh x - \operatorname{senh} x = e^{-x}$$

Obtemos a Equação (2) multiplicando essas duas equações:

$$\cosh^2 x - \operatorname{senh}^2 x = (\cosh x + \operatorname{senh} x)(\cosh x - \operatorname{senh} x) = e^x \cdot e^{-x} = 1$$ ■

Funções trigonométricas inversas

Função	Domínio
$y = \text{arc senh } x$	qualquer x
$y = \text{arc cosh } x$	$x \geq 1$
$y = \text{arc tgh } x$	$\lvert x\rvert < 1$
$y = \text{arc cotgh } x$	$\lvert x\rvert > 1$
$y = \text{arc sech } x$	$0 < x \leq 1$
$y = \text{arc cossech } x$	$x \neq 0$

Funções hiperbólicas inversas

Cada uma das funções hiperbólicas, exceto $y = \cosh x$ e $y = \operatorname{sech} x$, é injetora em seu domínio e tem, portanto, uma inversa bem definida. As funções $y = \cosh x$ e $y = \operatorname{sech} x$ são injetoras no domínio restrito $\{x : x \geq 0\}$. Denotamos por arc cosh x e arc sech x as correspondentes inversas.

A lei da adição de velocidades de Einstein

A tangente hiperbólica inversa desempenha um papel na Teoria Especial da Relatividade, desenvolvida por Albert Einstein em 1905. Uma consequência dessa teoria é que nenhum objeto pode se deslocar mais rápido do que a luz, $c \approx 3 \times 10^8$ m/s. Einstein se deu conta de que isso contradiz uma lei enunciada por Galileu mais de 250 anos antes, a saber, de que *velocidades se somam*. Imagine um trem a uma velocidade de $u = 50$ m/s e um homem caminhando ao longo do corredor do trem a $v = 2$ m/s. De acordo com Galileu, a velocidade do homem em relação ao chão é $u + v = 52$ m/s. Isso está de acordo com nossa experiência diária. Agora, entretanto, imagine um foguete (imaginário) se afastando da Terra a uma velocidade de $u = 2 \times 10^8$ m/s e suponha que o foguete dispare um míssil com uma velocidade de $v = 1{,}5 \times 10^8$ m/s (relativamente ao foguete). Se a lei de Galileu estivesse correta, a velocidade do míssil em relação à Terra seria de $u + v = 3{,}5 \times 10^8$ m/s, o que excede a velocidade máxima segundo Einstein de $c \approx 3 \times 10^8$ m/s.

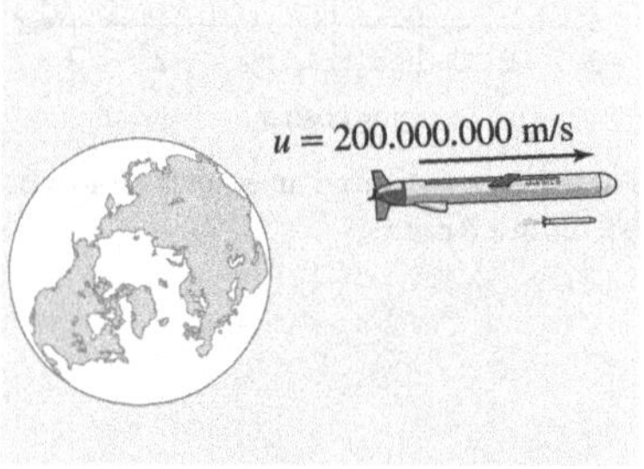

FIGURA 12 Qual é a velocidade do míssil em relação à Terra?

Contudo, a teoria de Einstein substitui a lei de Galileu com uma nova lei, afirmando que o que são somadas são *as tangentes hiperbólicas inversas das velocidades*. Mais precisamente, se u for a velocidade do foguete em relação à Terra e v a velocidade do míssil em relação ao foguete, então a velocidade do míssil em relação à Terra (Figura 12) é w, com

$$\text{arc tgh}\left(\frac{w}{c}\right) = \text{arc tgh}\left(\frac{u}{c}\right) + \text{arc tgh}\left(\frac{v}{c}\right) \qquad 3$$

A lei da adição de velocidades de Einstein [Equação (3)] reduz à lei de Galileu $w = u + v$ se u e v forem pequenos em relação à velocidade da luz c. Ver Exercício 52 para outra maneira de expressar a Equação (3).

■ **EXEMPLO 7** Uma espaçonave se afasta da Terra a uma velocidade de 2×10^8 m/s. Um míssil é disparado da espaçonave a uma velocidade de $1{,}5 \times 10^8$ m/s (em relação à espaçonave) para longe da Terra. Use a lei de Einstein para encontrar a velocidade w do míssil em relação à Terra.

Solução De acordo com a Equação (3),

$$\text{arc tgh}\left(\frac{w}{c}\right) = \text{arc tgh}\left(\frac{2 \times 10^8}{3 \times 10^8}\right) + \text{arc tgh}\left(\frac{1{,}5 \times 10^8}{3 \times 10^8}\right) \approx 0{,}805 + 0{,}549 \approx 1{,}354$$

Portanto, $w/c \approx \text{tgh}(1{,}354) \approx 0{,}875$ e $w \approx 0{,}875c \approx 2{,}6 \times 10^8$ m/s. Esse valor está de acordo com a velocidade máxima segundo Einstein de 3×10^8 m/s. ■

■ **EXEMPLO 8** **Velocidades baixas** Um avião voando a 300 m/s dispara para frente um míssil a uma velocidade de 200 m/s. Calcule a velocidade w do míssil em relação à Terra, usando as leis de Einstein e Galileu.

Solução De acordo com a lei de Einstein,

$$\text{arc tgh}\left(\frac{w}{c}\right) = \text{arc tgh}\left(\frac{300}{c}\right) + \text{arc tgh}\left(\frac{200}{c}\right)$$

$$w = c \cdot \text{tgh}\left(\text{arc tgh}\left(\frac{300}{c}\right) + \text{arc tgh}\left(\frac{200}{c}\right)\right) \approx 499{,}99999999967 \text{ m/s}$$

Isso é praticamente indistinguível do valor $w = 300 + 200 = 500$ m/s obtido pela lei de Galileu. ■

1.6 Resumo

- $f(x) = b^x$ é a *função exponencial* de base b (sendo $b > 0$ e $b \neq 1$).
- $f(x) = b^x$ é crescente se $b > 1$ e decrescente se $b < 1$.
- Leis das exponenciais importantes:

  (i) $b^x b^y = b^{x+y}$ **(ii)** $\frac{b^x}{b^y} = b^{x-y}$

  (iii) $b^{-x} = \frac{1}{b^x}$ **(iv)** $(b^x)^y = b^{xy}$

- O número $e \approx 2{,}718$
- Com $b > 0$ e $b \neq 1$, a *função logaritmo* $f(x) = \log_b x$ é a inversa de $f(x) = b^x$;

$$y = \log_b x \quad \Leftrightarrow \quad x = b^y$$

- O *logaritmo natural* é o logaritmo de base e e é denotado por $\ln x$.
- $e^{\ln x} = x$ se $x > 0$ e $\ln(e^x) = x$ com qualquer x.
- Leis dos logaritmos importantes:

  (i) $\log_b(xy) = \log_b x + \log_b y$ **(ii)** $\log_b\left(\frac{x}{y}\right) = \log_b x - \log_b y$

  (iii) $\log_b(x^n) = n \log_b x$ **(iv)** $\log_b 1 = 0$ and $\log_b b = 1$

- O *seno* e o *cosseno hiperbólicos:*

$$\operatorname{senh} x = \frac{e^x - e^{-x}}{2} \quad \text{(função ímpar)}, \qquad \cosh x = \frac{e^x + e^{-x}}{2} \quad \text{(função par)}$$

  As demais funções hiperbólicas:

$$\operatorname{tgh} x = \frac{\operatorname{senh} x}{\cosh x}, \qquad \operatorname{cotgh} x = \frac{\cosh x}{\operatorname{senh} x}, \qquad \operatorname{sech} x = \frac{1}{\cosh x}, \qquad \operatorname{cossech} x = \frac{1}{\operatorname{senh} x}$$

- Identidade básica: $\cosh^2 x - \operatorname{senh}^2 x = 1$.
- As funções hiperbólicas inversas e seus domínios:

  $f(x) = \operatorname{arc\,senh} x$, qualquer x $f(x) = \operatorname{arc\,cotgh} x$, com $|x| > 1$

  $f(x) = \operatorname{arc\,cosh} x$, com $x \geq 1$ $f(x) = \operatorname{arc\,sech} x$, com $0 < x \leq 1$

  $f(x) = \operatorname{arc\,tgh} x$, com $|x| < 1$ $f(x) = \operatorname{arc\,cossech} x$, com $x \neq 0$

1.6 Exercícios

Exercícios preliminares

1. Quais das equações seguintes está incorreta?

   (a) $3^2 \cdot 3^5 = 3^7$ **(b)** $(\sqrt{5})^{4/3} = 5^{2/3}$

   (c) $3^2 \cdot 2^3 = 1$ **(d)** $(2^{-2})^{-2} = 16$

2. Calcule $\log_{b^2}(b^4)$.
3. Quando $\ln x$ é negativo?
4. O que seria $\ln(-3)$? Explique.
5. Explique a frase "o logaritmo converte multiplicação em adição".
6. Quais são o domínio e a imagem de $f(x) = \ln x$?
7. Quais funções hiperbólicas atingem somente valores positivos?
8. Quais funções hiperbólicas são crescentes em seus domínios?
9. Descreva três propriedades de funções hiperbólicas que tenham análogos trigonométricos.

Exercícios

1. Reescreva como um número natural (sem usar calculadora)

   (a) 7^0 **(b)** $10^2(2^{-2} + 5^{-2})$

   (c) $\frac{(4^3)^5}{(4^5)^3}$ **(d)** $27^{4/3}$

   (e) $8^{-1/3} \cdot 8^{5/3}$ **(f)** $3 \cdot 4^{1/4} - 12 \cdot 2^{-3/2}$

Nos Exercícios 2-10, resolva para a variável desconhecida.

2. $9^{2x} = 9^8$
3. $e^{2x} = e^{x+1}$
4. $e^{t^2} = e^{4t-3}$
5. $3^x = \left(\frac{1}{3}\right)^{x+1}$
6. $(\sqrt{5})^x = 125$
7. $4^{-x} = 2^{x+1}$
8. $b^4 = 10^{12}$
9. $k^{3/2} = 27$
10. $(b^2)^{x+1} = b^{-6}$

Nos Exercícios 11-26, calcule sem utilizar calculadora.

11. $\log_3 27$

12. $\log_5 \frac{1}{25}$

13. $\ln 1$

14. $\log_5(5^4)$

15. $\log_2(2^{5/3})$

16. $\log_2(8^{5/3})$

17. $\log_{64} 4$

18. $\log_7(49^2)$

19. $\log_8 2 + \log_4 2$

20. $\log_{25} 30 + \log_{25} \frac{5}{6}$

21. $\log_4 48 - \log_4 12$

22. $\ln(\sqrt{e} \cdot e^{7/5})$

23. $\ln(e^3) + \ln(e^4)$

24. $\log_2 \frac{4}{3} + \log_2 24$

25. $7^{\log_7(29)}$

26. $8^{3\log_8(2)}$

27. Escreva como o logaritmo natural de uma única expressão:

(a) $2\ln 5 + 3\ln 4$ **(b)** $5\ln(x^{1/2}) + \ln(9x)$

28. Resolva para x: $\ln(x^2 + 1) - 3\ln x = \ln(2)$.

Nos Exercícios 29-34, resolva para a incógnita.

29. $7e^{5t} = 100$

30. $6e^{-4t} = 2$

31. $2^{x^2-2x} = 8$

32. $e^{2t+1} = 9e^{1-t}$

33. $\ln(x^4) - \ln(x^2) = 2$

34. $\log_3 y + 3\log_3(y^2) = 14$

35. Encontre a inversa de $y = e^{2x-3}$.

36. Encontre a inversa de $y = \ln(x^2 - 2)$ com $x > \sqrt{2}$.

37. Use uma calculadora para calcular senh x e cosh x com $x = -3$, 0 e 5.

38. Calcule senh(ln 5) e tgh(3 ln 5) sem usar calculadora.

39. Mostre com um contraexemplo que $\ln(ab)$ não é igual a $(\ln a)(\ln b)$.

40. Com quais valores de x as funções $y =$ senh x e $y =$ cosh x são crescentes ou decrescentes?

41. Mostre que $y =$ tgh x é uma função ímpar.

42. A população de uma cidade (em milhões) no instante t (anos) é dada por $P(t) = 2{,}4e^{0{,}06t}$, sendo $t = 0$ o ano 2000.

(a) Qual é a população no instante $t = 0$?

(b) Quando a população terá o dobro do tamanho em $t = 0$?

43. A **lei de Gutenberg-Richter** afirma que o número N de terremotos por ano de magnitude pelo menos M na escala Richter em toda a Terra satisfaz uma relação aproximada de $\log_{10} N = a - M$ com alguma constante a. Encontre a, supondo que ocorra um terremoto de magnitude $M \geq 8$ por ano. Quantos terremotos de magnitude $M \geq 5$ ocorrem por ano?

44. A energia E (em joules) irradiada como onda sísmica a partir de um terremoto de magnitude M na escala Richter é dada pela fórmula $\log_{10} E = 4{,}8 + 1{,}5M$.

(a) Expresse E como uma função de M.

(b) Mostre que quando M aumenta 1 unidade, a energia aumenta por um fator de aproximadamente 31,6.

45. Use gráficos para explicar por que a equação senh $x = t$ tem uma única solução com qualquer t e por que a equação cosh $x = t$ tem duas soluções com qualquer $t > 1$.

46. Calcule cosh x e tgh x, supondo que senh $x = 0{,}8$.

47. Prove a fórmula da adição de cosh x dada por $\cosh(x + y) = \cosh x \cosh y + \operatorname{senh} x \operatorname{senh} y$.

48. Use as fórmulas de adição para provar

$$\operatorname{senh}(2x) = 2\cosh x \operatorname{senh} x$$

$$\cosh(2x) = \cosh^2 x + \operatorname{senh}^2 x$$

49. Um trem percorre um trilho à velocidade v e Biônica caminha no corredor interno com uma velocidade u no sentido do movimento do trem. Calcule a velocidade w de Biônica relativamente ao chão usando as leis tanto de Galileu quanto de Einstein nos casos seguintes.

(a) $v = 500$ m/s e $u = 10$ m/s. A calculadora do leitor é suficientemente precisa a ponto de distinguir a diferença entre essas duas leis?

(b) $v = 10^7$ m/s e $u = 10^6$ m/s.

Compreensão adicional e desafios

50. Mostre que $\log_a b \log_b a = 1$ com quaisquer $a, b > 0$ tais que $a \neq 1$ e $b \neq 1$.

51. Verifique que, com qualquer x, vale a fórmula $\log_b x = \dfrac{\log_a x}{\log_a b}$ com $a, b > 0$ tais que $a \neq 1, b \neq 1$.

52. **(a)** Use as fórmulas de adição do senh x e cosh x para provar

$$\operatorname{tgh}(u + v) = \frac{\operatorname{tgh} u + \operatorname{tgh} v}{1 + \operatorname{tgh} u \operatorname{tgh} v}$$

(b) Use (a) para mostrar que a lei da adição de velocidades de Einstein [Equação (3)] é equivalente a

$$w = \frac{u + v}{1 + \dfrac{uv}{c^2}}$$

53. Prove que toda função f pode ser escrita como uma soma $f(x) = f_+(x) + f_-(x)$ de uma função par $f_+(x)$ e uma função ímpar $f_-(x)$. Expresse $f(x) = 5e^x + 8e^{-x}$ em termos de cosh x e senh x. *Sugestão:* $y = f(x) + f(-x)$ é uma função par e $y = f(x) - f(-x)$ é uma função ímpar.

1.7 Recursos computacionais: calculadoras e computadores

A tecnologia dos computadores tem aumentado em muito nossa capacidade de calcular e visualizar relações matemáticas. No contexto de aplicações, os computadores são indispensáveis para a resolução de sistemas complexos de equações e análise de dados, como na predição do tempo e na obtenção das imagens utilizadas na Medicina. Os matemáticos usam os computadores para estudar estruturas complexas como o conjunto de Mandelbrot (Figuras 1 e 2). Aproveitamos as vantagens oferecidas por esses recursos para explorar visual e numericamente as ideias do Cálculo.

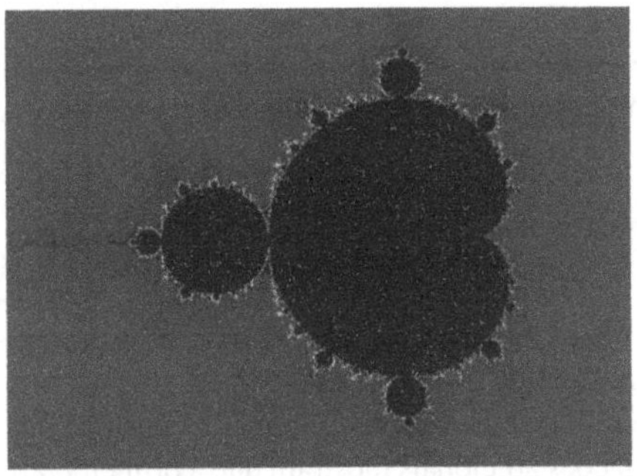

FIGURA 1 Imagem gerada por computador do conjunto de Mandelbrot, que aparece na teoria matemática do caos e de fractais.
(Scott Camazine/Science Source)

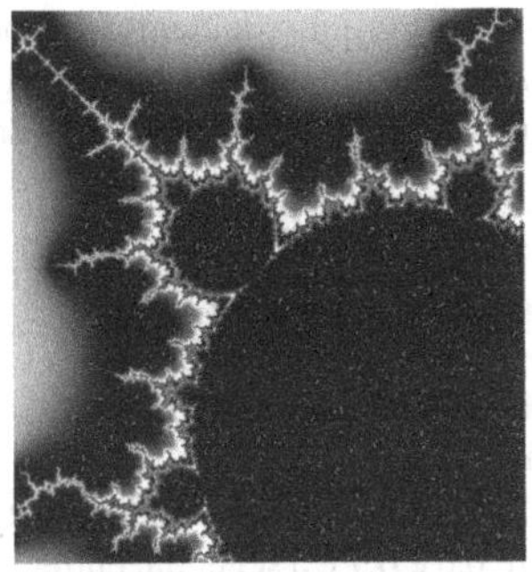

FIGURA 2 Uma complexidade ainda maior é revelada quando ampliamos um pedaço do conjunto de Mandelbrot.
(Laguna Design/Science Photo Library)

Quando traçamos o gráfico de uma função com uma calculadora gráfica ou sistema algébrico computacional, o gráfico fica contido dentro de uma **janela de visualização**, ou **janela**, que é a região determinada pela variação de x e de y no gráfico. Escrevemos $[a, b] \times [c, d]$ para denotar o retângulo determinado por $a \leq x \leq b$ e $c \leq y \leq d$.

A aparência do gráfico depende, e muito, da escolha da janela de visualização. Escolhas diferentes podem transmitir impressões diferentes, que levam, às vezes, a conclusões erradas. Compare as três janelas para o gráfico de $f(x) = 12 - x - x^2$ na Figura 3. Somente (A) consegue exibir o formato do gráfico como uma parábola. Em (B), o gráfico está cortado, e em (C) sequer aparece algum gráfico. Lembre que as escalas ao longo do eixo x podem mudar com a janela de visualização. Por exemplo, um incremento unitário ao longo do eixo y é maior em (B) do que em (A) e, portanto, o gráfico de (B) é mais inclinado.

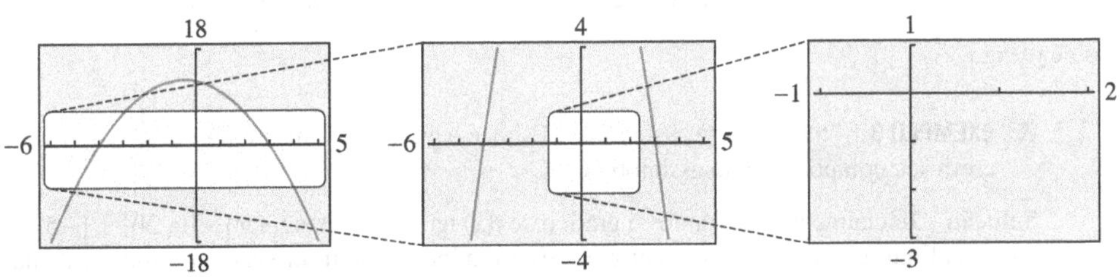

(A) $[-6, 5] \times [-18, 18]$ (B) $[-6, 5] \times [-4, 4]$ (C) $[-1, 2] \times [-3, 1]$

FIGURA 3 Janelas de visualização para o gráfico de $f(x) = 12 - x - x^2$.

Não existe alguma janela "correta". O objetivo é selecionar a janela que exiba as propriedades que desejamos investigar. Em geral, isso exige experimentação.

A tecnologia é indispensável, mas também tem suas limitações. Diz-se que o prêmio Nobel de Física Eugene Wigner (1902-1995), certa vez, quando lhe foi mostrada uma conta muito complicada feita por um computador, afirmou: "É legal saber que o computador entende esse problema, mas eu gostaria de entendê-lo também".

■ **EXEMPLO 1 Quantas raízes e onde?** Quantas raízes reais tem a função definida por $f(x) = x^9 - 20x + 1$? Encontre sua localização aproximada.

Solução Experimentamos com várias janelas de visualização (Figura 4). Nossa primeira tentativa (A) exibe um gráfico podado, de modo que tentamos selecionar uma janela de visualização que inclua uma variação maior de valores de y. O esboço (B) mostra que as raízes de f provavelmente estão em algum lugar no intervalo $[-3, 3]$, mas não revela quantas raízes reais

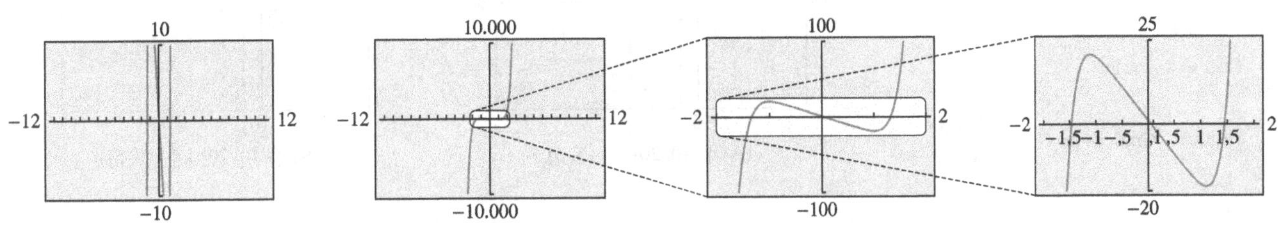

(A) $[-12, 12] \times [-10, 10]$ (B) $[-12, 12] \times [-10.000, 10.000]$ (C) $[-2, 2] \times [-100, 100]$ (D) $[-2, 2] \times [-20, 25]$

FIGURA 4 Gráficos de $f(x) = x^9 - 20x + 1$.

existem. Portanto, tentamos a janela de (C). Agora podemos ver claramente que f tem três raízes. Mais uma ampliação em (D) mostra que essas raízes estão localizadas perto de $-1,5$, de 0,1 e de 1,5. Mais ampliações dariam uma maior precisão sobre a localização dessas raízes. ■

■ **EXEMPLO 2 Existe alguma solução?** A equação $\cos x = \operatorname{tg} x$ terá alguma solução? Descreva o conjunto de todas as soluções.

Solução As soluções de $\cos x = \operatorname{tg} x$ são as coordenadas x dos pontos de interseção dos gráficos de $y = \cos x$ e $y = \operatorname{tg} x$. A Figura 5(A) mostra que existem duas soluções no intervalo $[0, 2\pi]$. Ampliando uma parte do gráfico como em (B), vemos que a primeira raiz positiva fica entre 0,6 e 0,7 e a segunda, entre 2,4 e 2,5. Ampliações adicionais mostram que a primeira raiz é aproximadamente 0,67 [Figura 5(C)]. Continuando esse processo, vemos que as primeiras duas raízes positivas são $x \approx 0{,}666$ e $x \approx 2{,}475$.

Como $f(x) = \cos x$ e $f(x) = \operatorname{tg} x$ são periódicas, o desenho se repete com a periodicidade 2π. Todas as soluções são obtidas pela adição de múltiplos inteiros de 2π às duas soluções em $[0, 2\pi]$:

$$x \approx 0{,}666 + 2\pi k \quad \text{e} \quad x \approx 2{,}475 + 2\pi k \text{ (com qualquer } k \text{ inteiro)}$$ ■

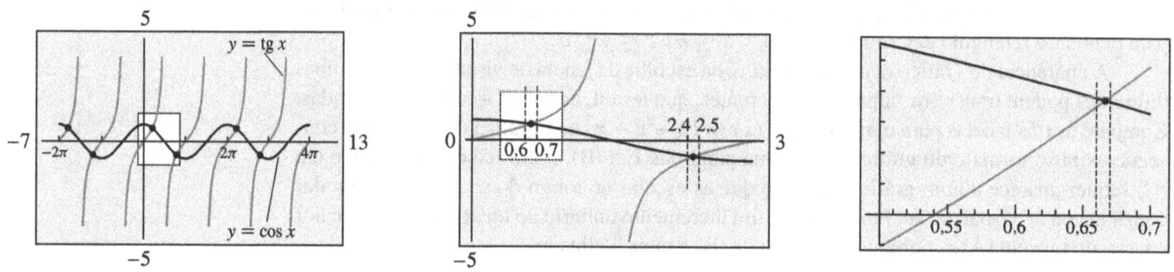

(A) $[-7, 13] \times [-5, 5]$ (B) $[0, 3] \times [-5, 5]$ (C) $[0{,}5, 0{,}7] \times [0{,}55, 0{,}85]$

FIGURA 5 Gráficos de $y = \cos x$ e $y = \operatorname{tg} x$.

ADVERTÊNCIA Ao considerar o gráfico de uma função como $y = \ln x$ (Figura 6), pode parecer que o gráfico tende a uma assíntota horizontal, mas isso, de fato, não ocorre. Dada qualquer reta horizontal, o gráfico acaba passando para cima da reta. Nesse aspecto, as calculadoras gráficas e os sistemas algébricos computacionais devem ser usados com muito cuidado.

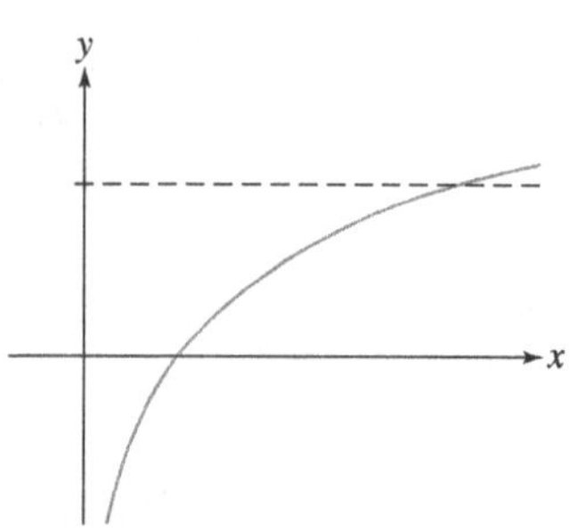

FIGURA 6 $y = \ln x$.

■ **EXEMPLO 3 Funções com assíntotas** Esboce o gráfico da função $f(x) = \dfrac{1 - 3x}{x - 2}$ e descreva seu comportamento assintótico.

Solução Inicialmente esboçamos o gráfico de $f(x)$ na janela retangular $[-10, 20] \times [-5, 5]$, como na Figura 7(A). A reta vertical $x = 2$ é denominada **assíntota vertical**. Muitas calculadoras gráficas exibem essa reta que, no entanto, *não faz* parte do gráfico (e pode ser eliminada, geralmente pela escolha de uma variação menor dos valores de y). Vemos que $f(x)$ tende a ∞ se x se aproximar de 2 pela esquerda, e a $-\infty$ se x tender a 2 pela direita. Para exibir o comportamento assintótico horizontal de f, usamos a janela $[-10, 20] \times [-10, 5]$ [Figura 7(B)]. Aqui, vemos que o gráfico tende à reta horizontal $y = -3$, denominada **assíntota horizontal** (que acrescentamos à figura como uma reta horizontal tracejada). ■

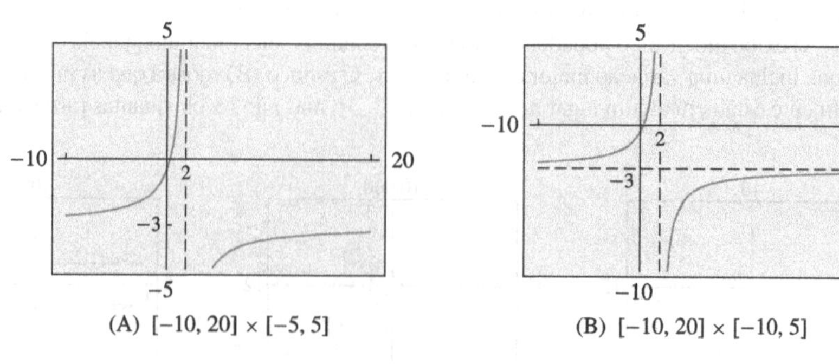

(A) $[-10, 20] \times [-5, 5]$ (B) $[-10, 20] \times [-10, 5]$

FIGURA 7 Gráficos de $f(x) = \dfrac{1 - 3x}{x - 2}$.

As calculadoras e os sistemas algébricos computacionais nos dão a liberdade de experimentação numérica. Por exemplo, podemos explorar o comportamento de uma função construindo uma tabela de valores. No próximo exemplo, investigamos uma função relacionada a funções exponenciais e juros compostos (ver Seção 5.8).

TABELA 1

n	$\left(1+\frac{1}{n}\right)^n$
10	2,59374
10^2	2,70481
10^3	2,71692
10^4	2,71815
10^5	2,71827
10^6	2,71828

■ **EXEMPLO 4 Investigando o comportamento de uma função** Qual é o comportamento de $f(n) = (1 + 1/n)^n$ com valores grandes do natural n? A função $f(n)$ tende a infinito quando n cresce?

Solução Inicialmente, fazemos uma tabela de valores de $f(n)$ com números naturais n cada vez maiores. A Tabela 1 sugere que $f(n)$ não tende ao infinito. Em vez disso, se n fica maior, $f(n)$ parece se aproximar de algum valor perto de 2,718 (um número parecido com e). Esse é um exemplo de comportamento limite que será discutido no Capítulo 2. Em seguida, substituímos a variável n pela variável x e traçamos o gráfico da função $f(x) = (1 + 1/x)^x$. Os gráficos na Figura 8 confirmam que $f(x)$ se aproxima de um limite de aproximadamente 2,7. Na Seção 5.9, provamos que $f(n)$ tende a e se n tender ao infinito. ■

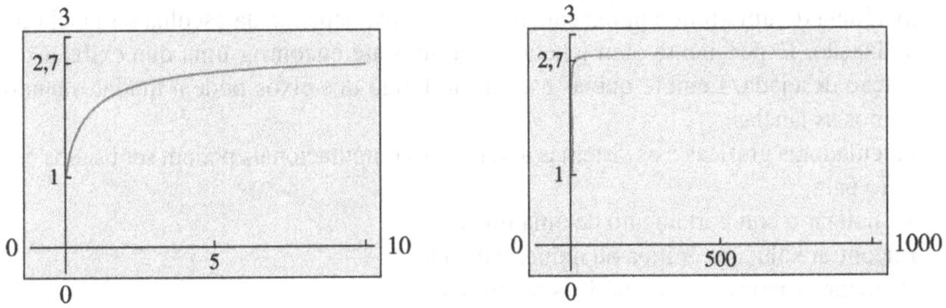

(A) [0, 10] × [0, 3] (B) [0, 1000] × [0, 3]

FIGURA 8 Gráficos de $f(x) = \left(1 + \frac{1}{x}\right)^x$.

■ **EXEMPLO 5 Voo de um pássaro: encontrando um mínimo graficamente** De acordo com um modelo de voo de pássaro, o consumo de energia de um pombo voando a uma velocidade v (em metros por segundo) é $P(v) = 17v^{-1} + 10^{-3}v^3$ (em joules por segundo). Use um gráfico de P para encontrar a velocidade que minimize o consumo de energia.

Solução A velocidade que minimiza o consumo de energia corresponde ao ponto mais baixo do gráfico de P. Primeiro esboçamos P numa janela maior (Figura 9). Essa figura revela o formato geral do gráfico e mostra que P atinge um valor mínimo com v em algum lugar entre $v = 8$ e $v = 9$. Na janela [8; 9,2] × [2,6; 2,65], vemos que o mínimo ocorre em, aproximadamente, $v = 8{,}65$ m/s. ■

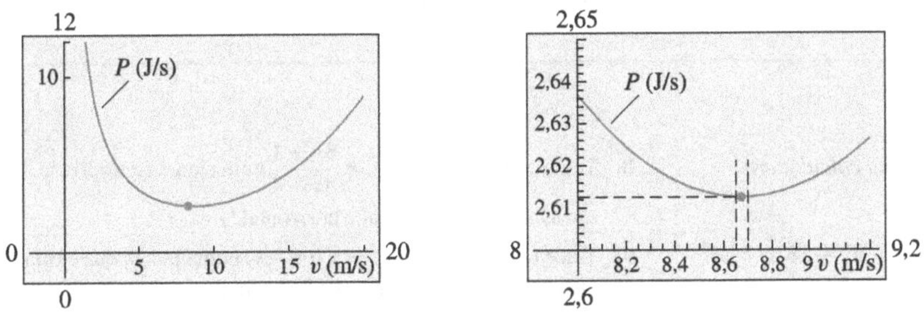

(A) [0, 20] × [0, 12] (B) [8; 9,2] × [2,6; 2,65]

FIGURA 9 Consumo de energia $P(v)$ como função da velocidade v.

Um conceito importante no Cálculo é o da **linearidade local**, que é a ideia de que muitas funções são *quase lineares* ao longo de intervalos pequenos. A calculadora gráfica pode ilustrar a linearidade local de uma forma bem eficaz.

■ **EXEMPLO 6 Ilustrando linearidade local** Ilustre a linearidade local para a função $f(x) = x^{\operatorname{sen} x}$ em $x = 1$.

Solução Inicialmente, esboçamos o gráfico de $f(x) = x^{\operatorname{sen} x}$ na janela da Figura 10(A). O gráfico sobe e desce e parece bem ondulado. Contudo, quando ampliamos a figura, o gráfico endireita. As Figuras (B)-(D) mostram o resultado de ampliações no ponto $(1, f(1))$. Quando olhamos de perto, o gráfico parece uma reta. Isso ilustra a linearidade local do gráfico de f em $x = 1$. ■

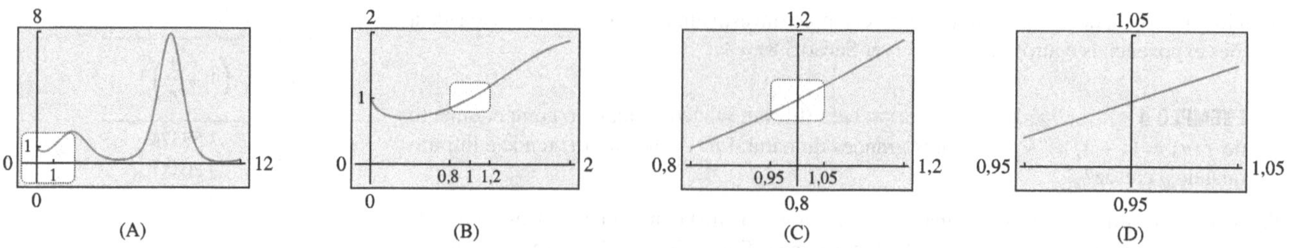

FIGURA 10 Ampliações do gráfico de $f(x) = x^{\text{sen}\,x}$ perto de $x = 1$.

1.7 Resumo

- A aparência de um gráfico numa calculadora gráfica depende da escolha da janela de visualização. Experimente com janelas diferentes até encontrar uma que exiba a informação desejada. Lembre que as escalas ao longo dos eixos podem mudar quando mudamos as janelas.
- As calculadoras gráficas e os sistemas algébricos computacionais podem ser usados em Cálculo para:
  Visualizar o comportamento de uma função
  Encontrar soluções gráfica ou numericamente
  Realizar experimentos numéricos ou gráficos
  Ilustrar ideias teóricas (como a linearidade local)

1.7 Exercícios

Exercícios preliminares

1. Existe uma maneira explícita de escolher a janela de visualização ideal ou é melhor experimentar até encontrar uma janela apropriada para o problema em questão?

2. Descreva a tela de calculadora produzida quando o gráfico da função $y = 3 + x^2$ é esboçado na janela:
   (a) $[-1, 1] \times [0, 2]$ **(b)** $[0, 1] \times [0, 4]$

3. De acordo com os dados do Exemplo 4, parece que $f(n) = (1 + 1/n)^n$ nunca atinge um valor maior do que 3 com $n > 0$. Essa evidência numérica constitui uma *demonstração* de que $f(n) \le 3$ com $n > 0$?

4. Como uma calculadora gráfica pode ser usada para encontrar o valor mínimo de uma função?

Exercícios

Os exercícios desta seção devem ser feitos usando uma calculadora gráfica ou um sistema algébrico computacional.

1. Esboce o gráfico de $f(x) = 2x^4 + 3x^3 - 14x^2 - 9x + 18$ na janela apropriada e determine suas raízes.

2. Quantas soluções tem $x^3 - 4x + 8 = 0$?

3. Quantas soluções *positivas* tem $x^3 - 12x + 8 = 0$?

4. A equação $\cos x + x = 0$ tem alguma solução? Alguma solução positiva?

5. Encontre todas as soluções de $\text{sen}\,x = \sqrt{x}$ com $x > 0$.

6. Quantas soluções tem $\cos x = x^2$?

7. Seja $f(x) = (x - 100)^2 + 1000$. O que aparece na tela se traçarmos o gráfico de f na janela $[-10, 10]$ por $[-10, 10]$? Encontre uma janela apropriada.

8. Trace o gráfico de $f(x) = \dfrac{8x + 1}{8x - 4}$ numa janela apropriada. Quais são as assíntotas vertical e horizontal?

9. Trace o gráfico de $f(x) = x/(4 - x)$ numa janela que exiba claramente as assíntotas vertical e horizontal.

10. Ilustre a linearidade local de $f(x) = x^2$ ampliando o gráfico em $x = 0{,}5$ (ver Exemplo 6).

11. Esboce o gráfico de $f(x) = \cos(x^2)\,\text{sen}\,x$ com $0 \le x \le 2\pi$. Depois ilustre a linearidade local em $x = 3{,}8$ escolhendo janelas apropriadas.

12. Um banco paga $r = 5\%$ de juros compostos mensalmente. Se depositarmos P_0 dólares, o valor de nossa conta depois de N meses será de $P_0\left(1 + \frac{0{,}05}{12}\right)^N$. Encontre o inteiro N mais próximo tal que o valor da conta seja o dobro depois de N meses.

Nos Exercícios 13-18, investigue o comportamento da função, quando n ou x cresce, montando uma tabela de valores da função e esboçando um gráfico (ver Exemplo 4). Descreva o comportamento em palavras.

13. $f(n) = n^{1/n}$

14. $f(n) = \dfrac{4n+1}{6n-5}$

15. $f(n) = \left(1 + \dfrac{1}{n}\right)^{n^2}$

16. $f(x) = \left(\dfrac{x+6}{x-4}\right)^{x}$

17. $f(x) = \left(x \operatorname{tg} \dfrac{1}{x}\right)^{x}$

18. $f(x) = \left(x \operatorname{tg} \dfrac{1}{x}\right)^{x^2}$

19. O gráfico de $f(\theta) = A\cos\theta + B \operatorname{sen}\theta$ é uma onda senoidal com quaisquer constantes A e B dadas. Confirme essa afirmação com $(A, B) = (1, 1), (1, 2)$ e $(3, 4)$ esboçando o gráfico de f.

20. Encontre o valor máximo de f para os gráficos produzidos no Exercício 19. É possível adivinhar a fórmula para o valor máximo em termos de A e B?

21. Encontre os intervalos em que $f(x) = x(x+2)(x-3)$ é positiva traçando um gráfico.

22. Encontre o conjunto de soluções da desigualdade $(x^2 - 4)(x^2 - 1) < 0$ traçando um gráfico.

Compreensão adicional e desafios

23. Seja $f_1(x) = x$ e defina uma sequência de funções por $f_{n+1}(x) = \frac{1}{2}(f_n(x) + x/f_n(x))$. Por exemplo, $f_2(x) = \frac{1}{2}(x+1)$. Use um sistema algébrico computacional para calcular $f_n(x)$ com $n = 3, 4$ e 5 e trace o gráfico de $y = f_n(x)$ junto com o de $y = \sqrt{x}$ com $x \geq 0$. O que pode ser observado?

24. Sejam $P_0(x) = 1$ e $P_1(x) = x$. Os **polinômios de Chebyshev** (úteis na teoria de aproximação) são definidos indutivamente pela fórmula $P_{n+1}(x) = 2xP_n(x) - P_{n-1}(x)$.

(a) Mostre que $P_2(x) = 2x^2 - 1$.

(b) Calcule $P_n(x)$ com $3 \leq n \leq 6$ usando um sistema algébrico computacional ou à mão e esboce $y = P_n(x)$ em $[-1, 1]$.

(c) Verifique que seus gráficos confirmam duas propriedades interessantes: (a) $y = P_n(x)$ tem n raízes reais em $[-1, 1]$ e (b) dado $x \in [-1, 1]$, $P_n(x)$ fica entre -1 e 1.

EXERCÍCIOS DE REVISÃO DO CAPÍTULO

1. Expresse $(4, 10)$ como um conjunto $\{x : |x - a| < c\}$ com a e c convenientes.

2. Expresse como um intervalo:

(a) $\{x : |x - 5| < 4\}$ **(b)** $\{x : |5x + 3| \leq 2\}$

3. Expresse $\{x : 2 \leq |x - 1| \leq 6\}$ como uma união de dois intervalos.

4. Dê um exemplo de números x, y tais que $|x| + |y| = x - y$.

5. Descreva os pares de números x, y tais que $|x + y| = x - y$.

6. Esboce o gráfico de $y = f(x+2) - 1$, em que $f(x) = x^2$, com $-2 \leq x \leq 2$.

Nos exercícios 7-10, seja f a função cujo gráfico está na Figura 1.

7. Esboce os gráficos de $y = f(x) + 2$ e $y = f(x+2)$.

8. Esboce os gráficos de $y = \frac{1}{2}f(x)$ e $y = f\left(\frac{1}{2}x\right)$.

9. Continue o gráfico de $f(x)$ até o intervalo $[-4, 4]$ como uma função par.

10. Continue o gráfico de $f(x)$ até o intervalo $[-4, 4]$ como uma função ímpar.

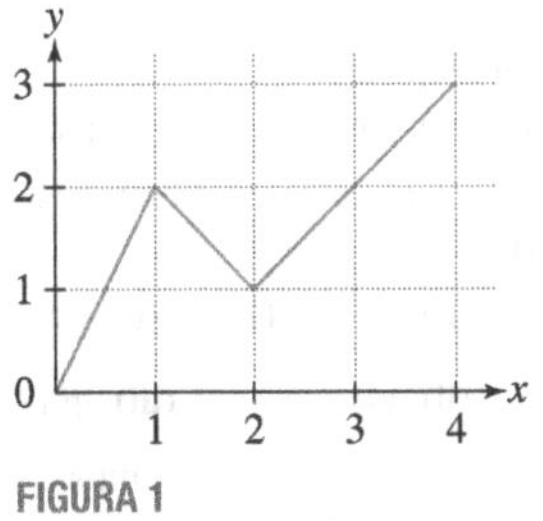

FIGURA 1

Nos Exercícios 11-14, encontre o domínio e a imagem da função.

11. $f(x) = \sqrt{x+1}$

12. $f(x) = \dfrac{4}{x^4 + 1}$

13. $f(x) = \dfrac{2}{3 - x}$

14. $f(x) = \sqrt{x^2 - x + 5}$

15. Determine se a função é crescente, decrescente ou nenhum dos dois.

(a) $f(x) = 3^{-x}$ **(b)** $f(x) = \dfrac{1}{x^2 + 1}$

(c) $g(t) = t^2 + t$ **(d)** $g(t) = t^3 + t$

16. Determine se a função é par, ímpar ou nenhum dos dois.

(a) $f(x) = x^4 - 3x^2$

(b) $g(x) = \operatorname{sen}(x+1)$

(c) $f(x) = 2^{-x^2}$

Nos Exercícios 17-24, encontre a equação da reta.

17. A reta que passa por $(-1, 4)$ e $(2, 6)$.

18. A reta que passa por $(-1, 4)$ e $(-1, 6)$.

19. A reta de inclinação 6 que passa por $(9, 1)$.

20. A reta de inclinação $-\frac{3}{2}$ que passa por $(4, -12)$.

21. A reta que passa por $(2, 1)$ que é perpendicular à reta dada por $y = 3x + 7$.

22. A reta que passa por $(3, 4)$ que é perpendicular à reta dada por $y = 4x - 2$.

23. A reta que passa por $(2, 3)$ e é paralela a $y = 4 - x$.

24. A reta horizontal que passa por $(-3, 5)$.

25. Os dados seguintes relativos ao mercado imobiliário sugerem, ou não, uma relação linear entre o preço e o número de moradias vendidas durante um período de um ano? Explique.

Preço (milhares de $)	180	195	220	240
Número de moradias vendidas	127	118	103	91

26. Os dados seguintes relativos à receita anual de um fabricante de computadores sugerem, ou não, uma relação linear entre a receita e o tempo? Explique.

Ano	2005	2009	2011	2014
Receita (bilhões de $)	13	18	15	11

27. Suponha que um plano de telefonia oferecido ao preço de P dólares mensais atraia C clientes, em que $C(P)$ é uma função demanda linear com $\$100 \le P \le \$500$. Se $C(100) = 1.000.000$ e $C(500) = 100.000$, determine a função demanda C. Qual é o decréscimo no número de clientes a cada aumento de $100 no preço do plano?

28. Suponha que nomes de domínios da Internet sejam vendidos ao preço de $\$P$ por mês com $\$2 \le P \le \$100$. O número de clientes C que compram os nomes de domínios é uma função linear do preço. Se 10.000 clientes compram um nome de domínio quando o preço é de $2 por mês e 1.000 clientes compram quando o preço é de $100 por mês, determine a função demanda C. Qual é o decréscimo no número de clientes a cada aumento de $1 no preço do nome de domínio?

29. Encontre as raízes de $f(x) = x^4 - 4x^2$ e esboce o gráfico dessa função. Em quais intervalos f é decrescente?

30. Seja $h(z) = -2z^2 + 12z + 3$. Complete o quadrado e encontre o valor máximo de h.

31. Seja $f(x)$ o quadrado da distância do ponto (2, 1) ao ponto $(x, 3x + 2)$ da reta $y = 3x + 2$. Mostre que f é uma função quadrática e encontre seu valor mínimo completando o quadrado.

32. Prove que $x^2 + 3x + 3 \ge 0$ com qualquer x.

Nos Exercícios 33-38, esboce o gráfico à mão.

33. $y = t^4$

34. $y = t^5$

35. $y = \operatorname{sen} \dfrac{\theta}{2}$

36. $y = 10^{-x}$

37. $y = x^{1/3}$

38. $y = \dfrac{1}{x^2}$

39. Mostre que o gráfico de $y = f\left(\frac{1}{3}x - b\right)$ é obtido pela translação por $3b$ unidades para a direita do gráfico de $y = f\left(\frac{1}{3}x\right)$. Utilize essa observação para esboçar o gráfico de $y = \left|\frac{1}{3}x - 4\right|$.

40. Sejam $h(x) = \cos x$ e $g(x) = x^{-1}$. Calcule as funções compostas $h(g)$ e $g(h)$ e encontre seus domínios.

41. Encontre funções f e g tais que valha

$$f(g(t)) = (12t + 9)^4$$

42. Esboce os pontos do círculo unitário correspondentes aos ângulos seguintes e encontre os valores das seis funções trigonométricas padrão de cada ângulo:

(a) $\dfrac{2\pi}{3}$ **(b)** $\dfrac{7\pi}{4}$ **(c)** $\dfrac{7\pi}{6}$

43. Qual é o período das funções?

(a) $y = \operatorname{sen} 2\theta$ **(b)** $y = \operatorname{sen} \frac{\theta}{2}$

(c) $y = \operatorname{sen} 2\theta + \operatorname{sen} \frac{\theta}{2}$

44. Suponha que $\operatorname{sen} \theta = \frac{4}{5}$, sendo $\pi/2 < \theta < \pi$. Encontre:

(a) $\operatorname{tg} \theta$ **(b)** $\operatorname{sen} 2\theta$ **(c)** $\operatorname{cossec} \dfrac{\theta}{2}$

45. Dê um exemplo de valores a, b tais que

(a) $\cos(a + b) \ne \cos a + \cos b$ **(b)** $\cos \dfrac{a}{2} \ne \dfrac{\cos a}{2}$

46. Seja $f(x) = \cos x$. Esboce o gráfico de $y = 2f\left(\frac{1}{3}x - \frac{\pi}{4}\right)$ com $0 \le x \le 6\pi$.

47. Resolva $\operatorname{sen} 2x + \cos x = 0$ com $0 \le x < 2\pi$.

48. Qual é o comportamento de $h(n) = n^2/2^n$ com valores naturais grandes de n? Será que $h(n)$ tende ao infinito?

49. CG Use uma calculadora gráfica para determinar se a equação $\cos x = 5x^2 - 8x^4$ tem alguma solução.

50. CG Use uma calculadora gráfica para encontrar o número de raízes reais e estimar a maior dessas raízes com duas casas decimais:

(a) $f(x) = 1{,}8x^4 - x^5 - x$

(b) $g(x) = 1{,}7x^4 - x^5 - x$

51. Combine cada quantidade (a)-(d) com (i), (ii) ou (iii) se possível, ou diga que não existe combinação.

(a) $2^a 3^b$ **(b)** $\dfrac{2^a}{3^b}$

(c) $(2^a)^b$ **(d)** $2^{a-b}3^{b-a}$

(i) 2^{ab} **(ii)** 6^{a+b} **(iii)** $\left(\frac{2}{3}\right)^{a-b}$

52. Combine cada quantidade (a)-(d) com (i), (ii) ou (iii) se possível, ou diga que não existe combinação.

(a) $\ln\left(\dfrac{a}{b}\right)$ **(b)** $\dfrac{\ln a}{\ln b}$

(c) $e^{\ln a - \ln b}$ **(d)** $(\ln a)(\ln b)$

(i) $\ln a + \ln b$ **(ii)** $\ln a - \ln b$ **(iii)** $\dfrac{a}{b}$

53. Encontre a inversa de $f(x) = \sqrt{x^3 - 8}$ e determine seu domínio e imagem.

54. Encontre a inversa de $f(x) = \dfrac{x-2}{x-1}$ e determine seu domínio e imagem.

55. Encontre um domínio no qual $h(t) = (t - 3)^2$ seja injetora e determine a inversa nesse domínio.

56. Mostre que $g(x) = \dfrac{x}{x-1}$ é igual à sua inversa no domínio $\{x : x \ne 1\}$.

57. Seja

$$f(x) = \begin{cases} -x^2 & \text{se } x < 0 \\ x & \text{se } x \ge 0 \end{cases}$$

(a) A função f é crescente?

(b) A função f tem inversa? Se tiver, qual é?

58. Seja

$$f(x) = \begin{cases} x - 1 & \text{se } x < 1 \\ \ln x & \text{se } x \ge 1 \end{cases}$$

(a) A função f é crescente?

(b) A função f tem inversa? Se tiver, qual é?

59. Suponha que g seja a inversa de f. Combine as funções (a)-(d) com as inversas (i)-(iv).

(a) $f(x) + 1$ **(b)** $f(x + 1)$ **(c)** $4f(x)$ **(d)** $f(4x)$

(i) $g(x)/4$ **(ii)** $g(x/4)$ **(iii)** $g(x - 1)$ **(iv)** $g(x) - 1$

60. CG Esboce $f(x) = xe^{-x}$ e use uma ampliação para encontrar duas soluções de $f(x) = 0{,}3$.

2 LIMITES

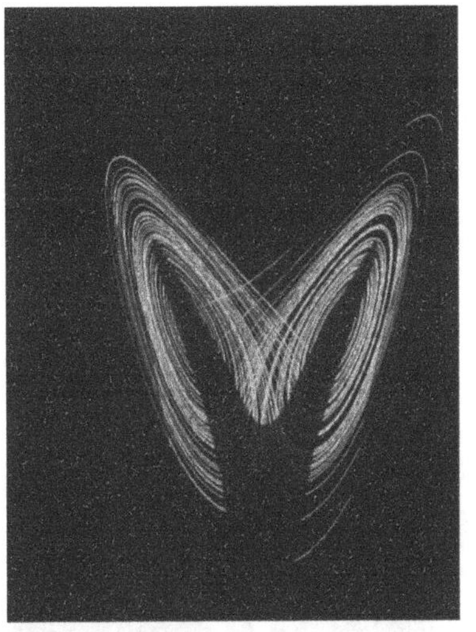

Este "atrator estranho" representa um comportamento limite que foi detectado pela primeira vez em modelos climáticos estudados pelo meteorólogo E. Lorenz em 1963. (*Scott Camazine/Science Source*)

O Cálculo, em parte por razões históricas, costuma ser dividido em dois ramos, o Diferencial e o Integral. Esse assunto foi desenvolvido no século XVII para resolver dois problemas geométricos importantes: encontrar retas tangentes a curvas (Cálculo Diferencial) e calcular a área abaixo de curvas (Cálculo Integral). Contudo, o Cálculo é um assunto muito vasto, sem fronteiras bem delimitadas. Ele inclui outros tópicos, como a teoria de séries infinitas, e tem uma gama extraordinariamente ampla de aplicações. O que faz esses métodos e aplicações uma parte do Cálculo é que todos eles recaem no conceito de um limite. Veremos, ao longo deste texto, como os limites nos permitem efetuar contas e resolver problemas que não podem ser resolvidos usando somente a Álgebra.

Neste capítulo, introduzimos o conceito de limite e preparamos o cenário para o nosso estudo da derivada no Capítulo 3. Na primeira seção, que serve de motivação, discutimos como os limites surgem no estudo de taxas de variação e retas tangentes.

2.1 Limites, taxas de variação e retas tangentes

Os limites se referem ao comportamento de uma função f quando x se aproxima de um número a. O valor $f(x)$ fica cada vez mais próximo de um número L? Se isso ocorre, dizemos que L é o limite de $f(x)$ quando x tende a a. Se isso não ocorre, dizemos que o limite não existe. Os limites desempenham um papel fundamental em todo o Cálculo. Nesta seção, discutimos o papel do limite no entendimento de taxas de variação.

As taxas de variação tornam-se cruciais sempre que estudamos a relação entre duas quantidades variáveis. Um exemplo conhecido é o da velocidade (a taxa de variação da posição em relação ao tempo), mas há muitos outros, como:

- A taxa de variação do número de indivíduos infectados em relação ao tempo
- A taxa de variação do índice de preços ao consumidor em relação ao tempo
- A taxa de variação da temperatura atmosférica em relação à altitude

Falando sem grande precisão, se y e x forem quantidades relacionadas, a taxa de variação deveria nos dizer quanto y varia em resposta a uma variação unitária de x. Por exemplo, se um carro anda a uma velocidade de 80 km/h, então sua posição varia 80 km a cada variação de uma unidade de tempo (nesse caso, a unidade é de 1 hora). Se a viagem durar somente meia hora, sua posição varia 40 km e, em geral, a variação na posição é de $80t$ km, em que t é a variação no tempo (ou seja, o tempo decorrido em horas). Em outras palavras,

$$\text{Variação na posição} = \text{velocidade} \times \text{variação no tempo}$$

No entanto, essa fórmula simples deixa de ser válida e, até, de fazer sentido, se a velocidade não for constante. Afinal, se o carro estiver acelerando ou freando, qual velocidade utilizaríamos nessa fórmula?

O problema de estender essa fórmula para incluir velocidades variáveis está no cerne do Cálculo. Como veremos, o Cálculo Diferencial usa o conceito de limite para definir a *velocidade instantânea*, e o Cálculo Integral nos permite calcular a variação na posição em termos da velocidade instantânea. No entanto, essas ideias são bem mais gerais e podem ser aplicadas a todas as taxas de variação, tornando o Cálculo uma ferramenta indispensável para modelar uma gama surpreendente de fenômenos do mundo real.

Nesta seção, discutimos velocidade e outras taxas de variação, enfatizando sua interpretação gráfica em termos de *retas tangentes*. Embora nesse estágio não definamos precisamente o que vem a ser uma reta tangente – isso terá que esperar até o Capítulo 3 –, podemos pensar numa reta tangente como uma reta que *passa de raspão* numa curva num ponto, como nas Figuras 1(A) e (B), mas não (C).

FIGURA 1 A reta é tangente em (A) e (B), mas não em (C).

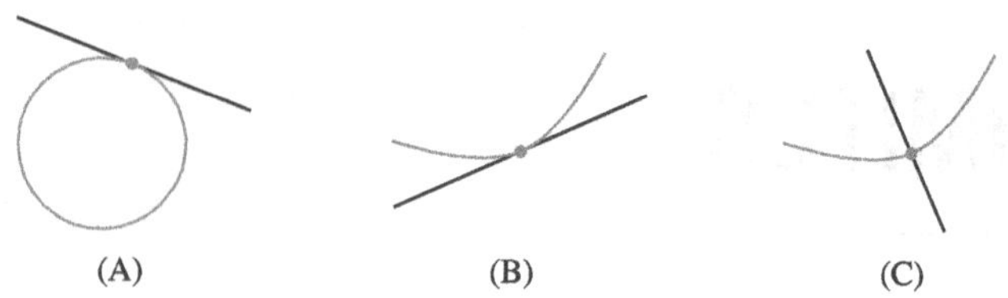

(© Jeremy Pembrey/Alamy)

Esta estátua de Isaac Newton na Universidade de Cambridge foi descrita em *O Prelúdio*, um poema de William Woodsworth (1770-1850):

Newton, com seu prisma e face silenciosa, o índice marmóreo de uma mente eternamente viajando por estranhos mares do pensamento, a sós.

PERSPECTIVA HISTÓRICA

(NASA/JPL-Caltech/STScI)

A filosofia está escrita nesse grande livro – quero dizer, o Universo – que permanece continuamente aberto aos nossos olhos, mas não pode ser entendido a menos que compreendamos primeiro a linguagem... em que está escrito. Ele está escrito na linguagem da Matemática...

– GALILEU GALILEI, 1623

A revolução científica dos séculos XVI e XVII alcançou seu ápice no trabalho de Isaac Newton (1643-1727), que foi o primeiro cientista a mostrar que o mundo físico, não obstante sua complexidade e diversidade, é governado por um número pequeno de leis universais. Um dos grandes discernimentos de Newton foi que as leis universais são dinâmicas, descrevendo como o mundo varia com o tempo em resposta a forças, e não como o mundo realmente é num dado momento de tempo. Essas leis são mais bem formuladas na linguagem do Cálculo, que é a matemática da variação.

Mais de cinquenta anos antes do trabalho de Newton, o astrônomo Johannes Kepler (1571-1630) descobriu suas três leis do movimento planetário, incluindo a mais famosa, que afirma que a trajetória de um planeta em torno do Sol é elíptica. Ele encontrou essas leis por meio de uma análise meticulosa de dados astronômicos, mas não conseguiu explicar por que elas eram verdadeiras. As leis de Newton explicam o movimento de qualquer objeto – planeta ou pedregulho – em termos de forças agindo sobre ele. Os planetas, se deixados sozinhos, percorreriam trajetórias retilíneas. Como suas trajetórias são elípticas, alguma força – nesse caso, a força gravitacional do Sol – deve estar agindo para fazê-los mudar continuamente de direção. Em sua obra suprema, *Principia Mathematica*, publicada em 1687, Newton provou que as leis de Kepler seguem das leis do movimento e da gravidade por ele mesmo formuladas.

Em virtude dessas descobertas, Newton alcançou fama generalizada durante sua vida. Sua fama continuou crescendo depois de sua morte, alcançando dimensões quase míticas, e suas ideias tiveram uma grande influência não só nas ciências, mas também nas artes e na literatura, como bem expressa esse epitáfio escrito pelo poeta britânico Alexander Pope: "A Natureza e suas leis estavam ocultas na Noite. E disse Deus: *Que haja Newton!* E tudo se fez Luz."

Velocidade

No movimento retilíneo, a velocidade pode ser positiva ou negativa (indicando o sentido do movimento, para frente ou para trás). A velocidade escalar, por definição, é o valor absoluto da velocidade e sempre é positiva.

Quando falamos de velocidade, costumamos pensar na *velocidade instantânea*, que indica velocidade, direção e sentido de um objeto em um movimento específico. Embora faça sentido intuitivo, é preciso tomar cuidado em sua definição precisa.

Considere um objeto em movimento retilíneo (ao longo de uma reta). A **velocidade média** ao longo de um dado intervalo de tempo tem uma definição imediata como o quociente

$$\text{Velocidade média} = \frac{\text{variação na posição}}{\text{comprimento do intervalo de tempo}}$$

Por exemplo, se um carro percorre 200 quilômetros em 4 horas, então sua velocidade média durante esse período de 4 horas é $\frac{200}{4} = 50$ km/h. Num dado momento qualquer, o carro pode estar mais rápido ou mais lento do que a média.

Não podemos definir a velocidade instantânea como um quociente porque teríamos que dividir pelo comprimento do intervalo de tempo (que é zero). Contudo, deveríamos poder estimar a velocidade instantânea calculando as velocidades médias ao longo de intervalos de tempo sucessivamente menores. O princípio que nos guia é o seguinte: *a velocidade média ao longo de um intervalo de tempo muito pequeno está muito próxima da velocidade instantânea.* Para explorar mais essa ideia, introduzimos alguma notação.

Para indicar a *variação* de uma função ou variável, costumamos utilizar a letra grega Δ. Se $s(t)$ for a posição de um objeto (a distância da origem) no instante t e $[t_0, t_1]$ for um intervalo de tempo, denotamos

$$\Delta s = s(t_1) - s(t_0) = \text{variação na posição}$$

$$\Delta t = \quad t_1 - t_0 \quad = \text{variação no tempo (comprimento do intervalo de tempo)}$$

A variação na posição Δs também é denominada **deslocamento**, ou **variação líquida** da posição. Se $t_1 \neq t_0$,

$$\text{Velocidade média em } [t_0, t_1] = \frac{\Delta s}{\Delta t} = \frac{s(t_1) - s(t_0)}{t_1 - t_0}$$

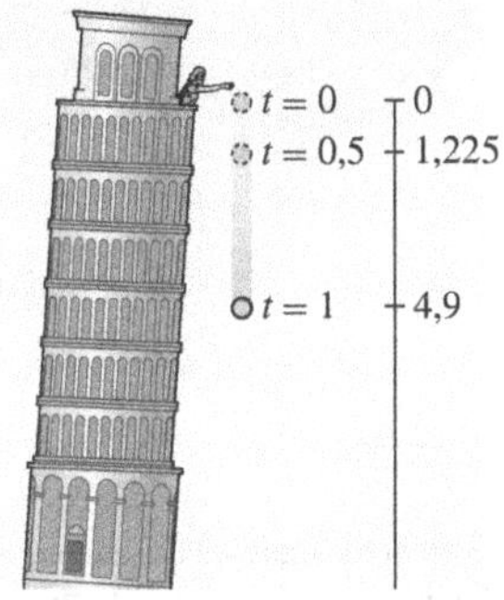

FIGURA 2 A distância percorrida por um objeto caindo depois de t segundos é $s(t) = 4{,}9t^2$ metros.

Um tipo de movimento que estudaremos é o de um objeto caindo para o chão pela influência da gravidade (supondo nenhuma resistência do ar). Galileu descobriu que se o objeto for largado do repouso no instante $t = 0$ (Figura 2), então a distância percorrida depois de t segundos é dada pela fórmula

$$s(t) = 4{,}9t^2 \text{ m}$$

TABELA 1

Intervalo de tempo	Velocidade média
[0,8; 0,81]	7,889
[0,8; 0,805]	7,8645
[0,8; 0,8001]	7,8405
[0,8; 0,80005]	7,84024
[0,8; 0,800001]	7,840005

■ **EXEMPLO 1** Um martelo cai de um andaime no instante $t = 0$. Dê uma estimativa da velocidade instantânea em $t = 0{,}8$ s.

Solução Usamos a fórmula de Galileu $s(t) = 4{,}9t^2$ para calcular a velocidade média ao longo dos cinco intervalos de tempo pequenos listados na Tabela 1. Considere o primeiro intervalo $[t_0, t_1] = [0{,}8; 0{,}81]$:

$$\Delta s = s(0{,}81) - s(0{,}8) = 4{,}9(0{,}81)^2 - 4{,}9(0{,}8)^2 \approx 3{,}2149 - 3{,}1360 = 0{,}7889 \text{ m}$$

$$\Delta t = 0{,}81 - 0{,}8 = 0{,}01 \text{ s}$$

A velocidade média ao longo de [0,8; 0,81] é o quociente

$$\frac{\Delta s}{\Delta t} = \frac{s(0{,}81) - s(0{,}8)}{0{,}81 - 0{,}8} = \frac{0{,}07889}{0{,}01} = 7{,}889 \text{ m/s}$$

A Tabela 1 mostra os resultados de contas análogas para vários intervalos de comprimento sucessivamente menores. Vemos que essas velocidades médias se aproximam de 7,84 m/s quando o intervalo de tempo diminui:

7,889, 7,8645, **7,840**5, **7,840**24, **7,840**005

Isso sugere que 7,84 m/s é um bom candidato a velocidade instantânea em $t = 0{,}8$. ■

Não há nada de especial sobre os intervalos de tempo específicos mostrados na Tabela 1. Estamos procurando estabelecer um padrão de comportamento e poderíamos ter utilizado quaisquer intervalos $[0{,}8; t]$ *com valores de* t *tendendo a 0,8. Da mesma forma, poderíamos ter escolhido intervalos* $[t; 0{,}8]$ *com* $t < 0{,}8$.

Expressamos nossa conclusão no exemplo precedente com a afirmação a seguir.

A velocidade média **converge** *à velocidade instantânea. A velocidade instantânea é o* **limite** *da velocidade média* quando o intervalo de tempo diminui a zero.

Poderíamos escrever isso como *velocidade instantânea* $= \lim_{\Delta t \to 0}$ (*velocidade média*).

Interpretação gráfica da velocidade

A ideia de que a velocidade média converge para a velocidade instantânea quando encurtamos o intervalo de tempo tem uma interpretação visual muito boa em termos de retas secantes. O termo **reta secante** se refere a uma reta por dois pontos de uma curva.

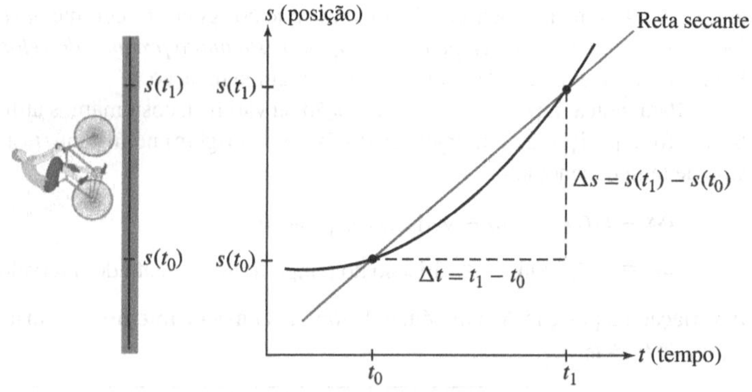

FIGURA 3 A velocidade média ao longo de $[t_0, t_1]$ é igual à inclinação da reta secante.

Intervalo de tempo	Velocidade média
[0,8; 0,805]	7,8645
[0,8; 0,8001]	7,8405
[0,8; 0,80005]	7,8402

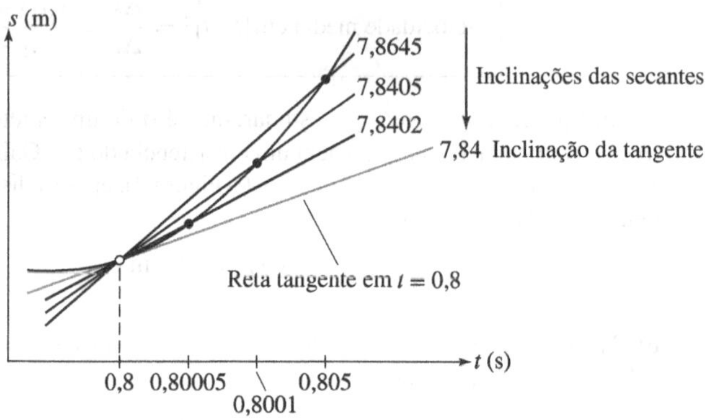

FIGURA 4 As retas secantes "giram para" a reta tangente quando diminui o intervalo de tempo. *Observação:* O gráfico não está desenhado em escala.

Considere o gráfico da posição $s(t)$ de um objeto, tal como uma bicicleta, em movimento ao longo de uma reta (Figura 3). O quociente que define a velocidade média ao longo de $[t_0, t_1]$ é nada mais que a inclinação da reta secante pelos pontos $(t_0, s(t_0))$ e $(t_1, s(t_1))$. Se $t_1 \neq t_0$,

$$\text{Velocidade média} = \text{inclinação da reta secante} = \frac{\Delta s}{\Delta t} = \frac{s(t_1) - s(t_0)}{t_1 - t_0}$$

Interpretando a velocidade média como uma inclinação, podemos visualizar o que ocorre quando os intervalos de tempo ficam menores. A Figura 4 mostra o gráfico da posição do martelo em queda do Exemplo 1, em que $s(t) = 4{,}9t^2$. À medida que o intervalo encolhe, as retas secantes ficam cada vez mais próximas da – *e parece que giram para a* – reta tangente Como as retas secantes tendem à reta tangente, as inclinações das retas secantes se aproximam cada vez mais da inclinação da reta tangente. Em outras palavras, a afirmação

> Quando o intervalo de tempo encolhe para zero, a velocidade média tende para a velocidade instantânea.

tem a interpretação gráfica

> Quando o intervalo de tempo encolhe para zero, a inclinação da reta secante tende à inclinação da reta tangente.

Podemos concluir o que segue:

> A velocidade instantânea é igual à inclinação da reta tangente ao gráfico da posição como função do tempo.

Essa conclusão e sua generalização a outras taxas de variação são de importância fundamental no Cálculo Diferencial.

■ **EXEMPLO 2** Descreva o movimento e a velocidade de um trem que percorre um trilho reto em um aeroporto, levando passageiros de um terminal a outro, de acordo com o gráfico dado na Figura 5.

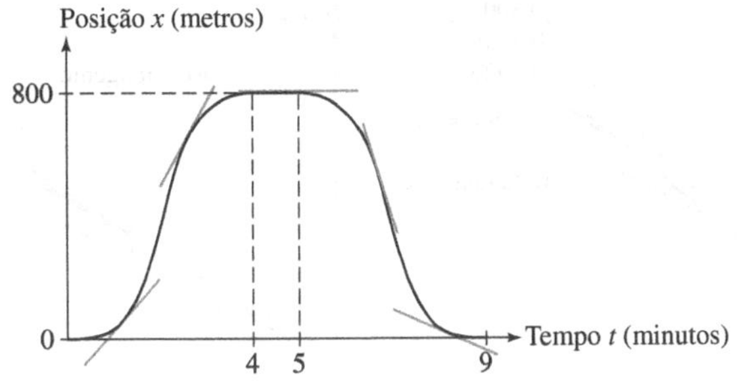

FIGURA 5 A posição de um trem ao longo de um trilho reto.

Solução No instante $t = 0$, o trem está na posição $x = 0$ do trilho no primeiro terminal. Aos poucos ele começa a se mover, acelerando até aproximadamente $t = 2$ min, quando começa a frear e alcança seu destino 800 m adiante nos trilhos em $t = 4$ min, quando para. Observe que, no intervalo (0, 4), são positivas as inclinações das retas tangentes, que representam as velocidades. Dessa forma, as velocidades instantâneas são positivas. As inclinações das retas tangentes começam bem pequenas, crescem e, depois, decrescem a 0. No intervalo [4, 5], o gráfico tem uma reta tangente horizontal de inclinação 0. Nesse intervalo, o trem está parado, com velocidade instantânea igual a 0. Daí o trem começa a se movimentar no sentido oposto. As inclinações das retas tangentes no intervalo (5, 9) são todas negativas. A velocidade escalar aumenta e, depois, diminui nesse intervalo, mas as velocidades são todas negativas. O trem retornou ao terminal original em $x = 0$ do trilho no instante $t = 9$ min. ■

Outras taxas de variação

A velocidade é apenas um dos muitos exemplos de taxas de variação. Nosso raciocínio pode ser aplicado a qualquer quantidade y que dependa de uma variável x, digamos $y = f(x)$. Dado qualquer intervalo $[x_0, x_1]$, denotamos

$$\Delta f = f(x_1) - f(x_0), \qquad \Delta x = x_1 - x_0$$

Se $x_1 \neq x_0$, a **taxa de variação média** de y em relação a x ao longo de $[x_0, x_1]$ é o quociente

$$\text{Taxa de variação média} = \frac{\Delta f}{\Delta x} = \underbrace{\frac{f(x_1) - f(x_0)}{x_1 - x_0}}_{\substack{\text{Inclinação da} \\ \text{reta secante}}}$$

Às vezes, escrevemos Δy e $\Delta y/\Delta x$ em vez de Δf e $\Delta f/\Delta x$.

A **taxa de variação instantânea** em $x = x_0$ é o limite das taxas de variação médias. Podemos estimá-la calculando a taxa de variação média ao longo de intervalos cada vez menores.

No Exemplo 1 precedente, consideramos somente intervalos do lado direito $[x_0, x_1]$. No próximo exemplo, calculamos a taxa de variação média em intervalos de ambos os lados de x_0.

A palavra "instantânea" costuma ser omitida. Quando utilizamos o termo "taxa de variação", fica subentendido que estamos nos referindo à taxa de variação instantânea, e não à taxa média.

■ **EXEMPLO 3 Bactérias numa placa de Petri** Suponha que a fórmula $B = 5\sqrt{T}$ dê uma boa aproximação da quantidade de bactérias, medida por seu peso em miligramas, que cresce numa placa de Petri particular ao longo de um dia como uma função da temperatura T em graus Celsius, com temperaturas na variação $0 \leq T \leq 25$. Dê uma estimativa da taxa de variação instantânea de B em relação a T quando $T = 10$°C. Quais são as unidades dessa taxa?

Solução Para obter uma estimativa da taxa de variação instantânea em $T = 10$, calculamos a taxa de variação média em vários intervalos à esquerda e à direita de $T = 10$. Por exemplo, a taxa de variação média ao longo de [9,5; 10] é

$$\frac{B(10) - B(9{,}5)}{10 - 9{,}5} = \frac{5\sqrt{10} - 5\sqrt{9{,}5}}{0{,}5} \approx 0{,}8007$$

As Tabelas 2 e 3 sugerem que a taxa de variação instantânea é aproximadamente 0,790. Essa é a taxa pela qual aumenta o peso das bactérias em relação à temperatura, de modo que tem unidades de mg/°C, ou *miligramas por grau Celsius*. As retas secantes correspondentes aos valores das tabelas aparecem nas Figuras 6 e 7. ■

TABELA 2 Intervalos do lado esquerdo

Intervalo de temperatura	Taxa de variação média
[9,5; 10]	0,8007
[9,8; 10]	0,7946
[9,9; 10]	0,7926
[9,99; 10]	0,7908

TABELA 3 Intervalos do lado direito

Intervalo de temperatura	Taxa de variação média
[10; 10,5]	0,7809
[10; 10,2]	0,7867
[10; 10,1]	0,7886
[10; 10,01]	0,7904

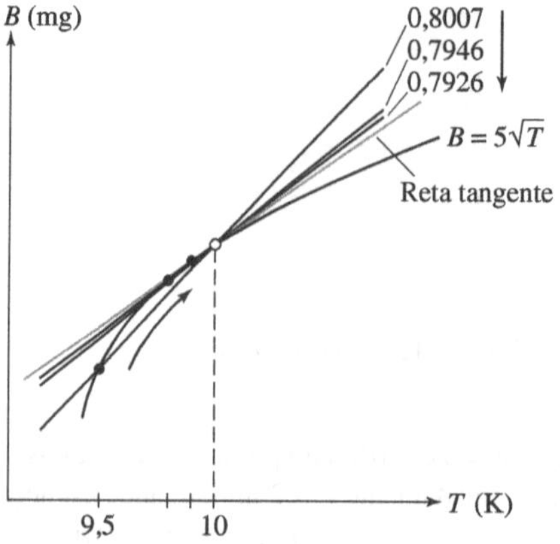

FIGURA 6 As retas secantes nos intervalos à esquerda de $T = 10$.

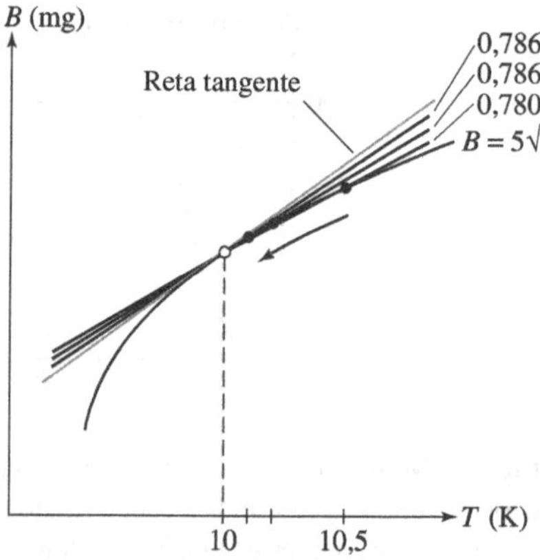

FIGURA 7 As retas secantes nos intervalos à direita de $T = 10$.

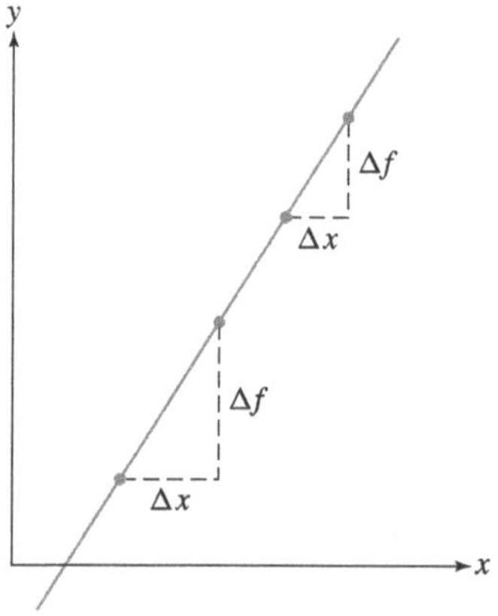

FIGURA 8 O quociente $\Delta f/\Delta x$ de uma função linear $f(x) = mx + b$ é igual à inclinação m em qualquer intervalo.

Para concluir esta seção, recordamos um ponto importante discutido na Seção 1.2: dada qualquer função linear $f(x) = mx + b$, *a taxa de variação média ao longo de qualquer intervalo é igual à inclinação m* (Figura 8). Podemos verificar isso como segue:

$$\frac{\Delta f}{\Delta x} = \frac{f(x_1) - f(x_0)}{x_1 - x_0} = \frac{(mx_1 + b) - (mx_0 + b)}{x_1 - x_0} = \frac{m(x_1 - x_0)}{x_1 - x_0} = m$$

A taxa de variação instantânea em $x = x_0$ também é igual a m por ser o limite dessas taxas de variação médias. Isso faz sentido graficamente porque todas as retas secantes e todas as retas tangentes ao gráfico de f coincidem com o próprio gráfico.

2.1 Resumo

- O limite de uma função f quando x tende a a, se existir, é um número L que é aproximado por $f(x)$.
- A *taxa de variação média* de $y = f(x)$ ao longo de um intervalo $[x_0, x_1]$ é

$$\text{Taxa de variação média} = \frac{\Delta f}{\Delta x} = \frac{f(x_1) - f(x_0)}{x_1 - x_0} \qquad (x_1 \neq x_0)$$

- A *taxa de variação instantânea* é o limite das taxas de variação médias quando o intervalo de tempo encolhe.
- Interpretação gráfica:
  - A taxa de variação média é a inclinação da reta secante pelos pontos $(x_0, f(x_0))$ e $(x_1, f(x_1))$ do gráfico de f.
  - A taxa de variação instanţânea é a inclinação da reta tangente em x_0.
- Para obter uma estimativa da taxa de variação instantânea em $x = x_0$, calculamos a taxa de variação média em vários intervalos $[x_0, x_1]$ (ou $[x_1, x_0]$), com x_1 perto de x_0.
- A velocidade de um objeto em movimento retilíneo é a taxa de variação da posição $s(t)$.
- Função linear $f(x) = mx + b$: a taxa de variação média ao longo de qualquer intervalo e a taxa de variação instantânea em qualquer ponto são iguais à inclinação m.

2.1 Exercícios

Exercícios preliminares

1. A velocidade média é igual à inclinação de uma reta secante por dois pontos de um gráfico. Qual gráfico?

2. A velocidade instantânea pode ser definida como um quociente? Se não puder, como calculamos a velocidade instantânea?

3. Qual é a interpretação gráfica da velocidade instantânea num instante $t = t_0$ específico?
4. Encontre uma interpretação gráfica da seguinte afirmação: a taxa de variação média tende à taxa de variação instantânea quando o intervalo $[x_0, x_1]$ encolhe até x_0.
5. A taxa de variação da temperatura atmosférica em relação à altitude é igual à inclinação da reta tangente a um gráfico. Qual gráfico? Quais serão as unidades possíveis dessa taxa?

Exercícios

1. Uma bola largada do repouso no instante $t = 0$ percorre uma distância de $s(t) = 4{,}9t^2$ metros em t segundos.
   (a) Qual é a distância percorrida pela bola no intervalo de tempo [2; 2,5]?
   (b) Calcule a velocidade média ao longo de [2; 2,5].
   (c) Calcule as velocidades médias ao longo dos intervalos de tempo da tabela e obtenha uma estimativa da velocidade instantânea da bola em $t = 2$.

Intervalo	[2; 2,01]	[2; 2,005]	[2; 2,001]	[2; 2,00001]
Velocidade média				

2. Uma chave inglesa é largada do repouso no instante $t = 0$ e percorre uma distância de $s(t) = 4{,}9t^2$ metros em t segundos. Dê uma estimativa da velocidade instantânea da chave em $t = 3$.
3. Seja $B = 5\sqrt{T}$ como no Exemplo 3. Dê uma estimativa da taxa de variação instantânea de B em relação a T se $T = 20$°C.
4. Calcule $\Delta y/\Delta x$ no intervalo [2, 5], sendo $y = 4x - 9$. Qual é a taxa de variação instantânea de y em relação a x em $x = 2$?

Nos Exercícios 5-6, uma pedra é jogada para cima a partir do chão com uma velocidade inicial de 15 m/s. *Sua altura no instante t é* $h(t) = 15t - 4{,}9t^2$ m.

5. Calcule a velocidade média da pedra ao longo do intervalo de tempo [0,5; 2,5] e indique a reta secante correspondente num esboço do gráfico de h.
6. Calcule as velocidades médias da pedra ao longo dos intervalos de tempo [1; 1,01], [1; 1,001], [1; 1,0001], [0,99; 1], [0,999; 1] e [0,9999; 1]. Use isso para estimar a velocidade instantânea em $t = 1$.
7. Com um depósito inicial de $100 e uma taxa de juros de 8%, o saldo numa conta de poupança depois de t anos é $f(t) = 100(1{,}08)^t$ dólares.
   (a) Quais são as unidades da taxa de variação de $f(t)$?
   (b) Encontre a taxa de variação média ao longo de [0; 0,5] e [0, 1].
   (c) Dê uma estimativa da taxa de variação instantânea em $t = 0{,}5$ calculando a taxa de variação média ao longo de intervalos à esquerda e à direita de $t = 0{,}5$.
8. A posição de uma partícula no instante t é $s(t) = t^3 + t$. Calcule a velocidade média ao longo do intervalo de tempo [1, 4] e dê uma estimativa da velocidade instantânea em $t = 1$.
9. A Figura 9 mostra uma estimativa da percentagem P da população do Chile que utiliza a Internet, de acordo com os dados da Divisão de Estatística da ONU.
   (a) Dê uma estimativa da taxa de variação de P em $t = 2010$.
   (b) A taxa de variação aumenta ou diminui com t crescente? Explique graficamente.
   (c) Seja R a taxa de variação média de T em [2008, 2012]. Calcule R.
   (d) A taxa de variação em $t = 2012$ é maior ou menor do que a taxa de variação média R? E a taxa de variação em $t = 2008$? Explique graficamente.

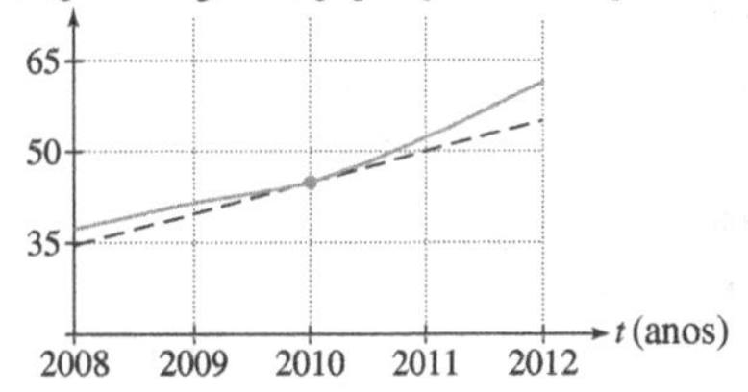

FIGURA 9

10. A **temperatura atmosférica** T (em graus Celsius) a uma altitude de h metros acima de certo ponto da Terra pode ser aproximada por $T = 15 - 0{,}0065h$, com $h \leq 12.000$ m. Quais são as taxas de variação média e instantânea de T em relação a h? Por que elas coincidem? Esboce o gráfico de T com $h \leq 12.000$.

Nos Exercícios 11-18, dê uma estimativa da taxa de variação instantânea no ponto indicado.

11. $P(x) = 3x^2 - 5$; $x = 2$
12. $f(t) = 12t - 7$; $t = -4$
13. $y(x) = \dfrac{1}{x+2}$; $x = 2$
14. $y(t) = \sqrt{3t+1}$; $t = 1$
15. $f(x) = e^x$; $x = 0$
16. $f(x) = e^x$; $x = e$
17. $f(x) = \ln x$; $x = 3$
18. $f(x) = \text{arc tg}\, x$; $x = \dfrac{\pi}{4}$
19. A altura (em centímetros) no instante t (em segundos) de uma pequena massa oscilando na extremidade de uma mola é $h(t) = 8\cos(12\pi t)$.
   (a) Calcule a velocidade média da massa ao longo dos intervalos de tempo [0; 0,1] e [3; 3,5].
   (b) Dê uma estimativa da velocidade instantânea em $t = 3$.
20. Suponha que o período T (em segundos) de um pêndulo (isto é, o tempo que leva um ciclo completo de ida e volta do pêndulo) seja $T = \frac{3}{2}\sqrt{L}$, em que L é o comprimento do pêndulo (em metros).
   (a) Quais são as unidades da taxa de variação de T em relação a L? Explique o que essa taxa mede.
   (b) Quais quantidades estão representadas pelas inclinações das retas A e B na Figura 10?
   (c) Dê uma estimativa da taxa de variação instantânea de T em relação a L quando $L = 3$ m.

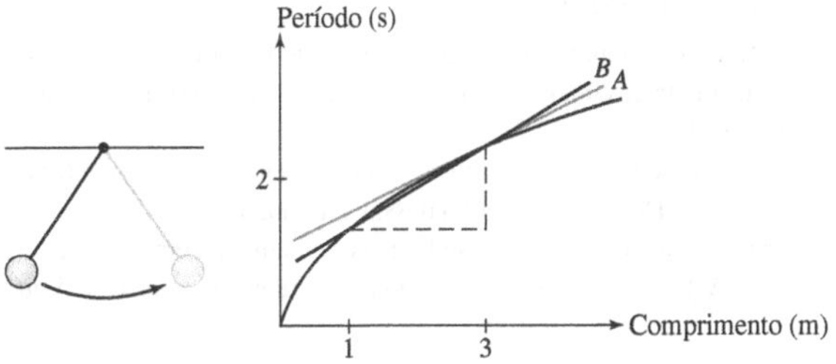

FIGURA 10 O período T é o tempo necessário para a ida e volta de um pêndulo.

21. Na Figura 11 está esboçado o número $P(t)$ de células *E. Coli* numa placa de Petri no instante t (em horas).

(a) Calcule a taxa de variação média de $P(t)$ ao longo do intervalo $[1, 3]$ e esboce a reta secante correspondente.

(b) Dê uma estimativa da inclinação m da reta na Figura 11. O que representa m?

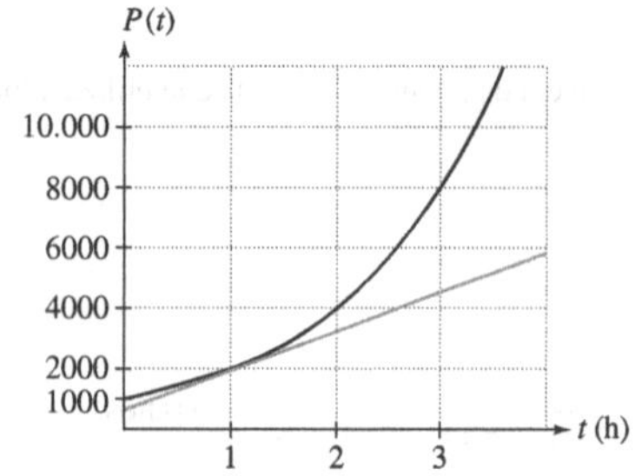

FIGURA 11 O número de células *E. Coli* no instante t.

22. Os gráficos na Figura 12 representam as posições de partículas em movimento como funções do tempo.

(a) As velocidades instantâneas nos instantes t_1, t_2, t_3 em (A) formam uma sequência crescente ou decrescente?

(b) Em (A), a partícula está aumentando ou diminuindo a velocidade?

(c) Em (B), a partícula está aumentando ou diminuindo a velocidade?

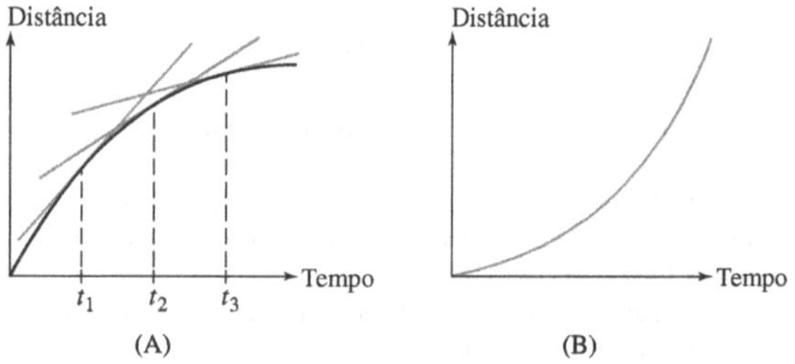

FIGURA 12

23. CG Uma campanha de publicidade alavancou as vendas da pizza congelada Beirada Crocante a um nível recorde de S_0 dólares por mês. Um estudo mostrou que depois de t meses, as vendas mensais declinaram até

$$S(t) = S_0 g(t), \text{ sendo } g(t) = \frac{1}{\sqrt{1+t}}$$

As vendas declinam mais rápida ou lentamente com tempo crescente? Dê sua resposta usando um esboço do gráfico de g junto a várias retas tangentes.

24. A fração da população de uma cidade que foi infectada por um vírus de gripe é dada como uma função do tempo (em semanas) na Figura 13.

(a) As inclinações das retas A e B representam quais quantidades? Dê uma estimativa dessas inclinações.

(b) A gripe está se espalhando mais rapidamente em $t = 1, 2$ ou 3?

(c) A gripe está se espalhando mais rapidamente em $t = 4, 5$ ou 6?

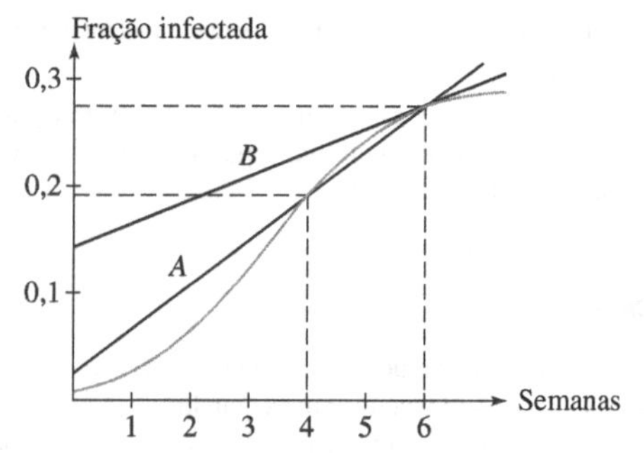

FIGURA 13

25. Os gráficos na Figura 14 representam as posições s de partículas em movimento como funções do tempo t. Combine cada gráfico com uma descrição:

(a) Aumentando a velocidade

(b) Aumentando e depois diminuindo a velocidade

(c) Diminuindo a velocidade

(d) Diminuindo e depois aumentando a velocidade

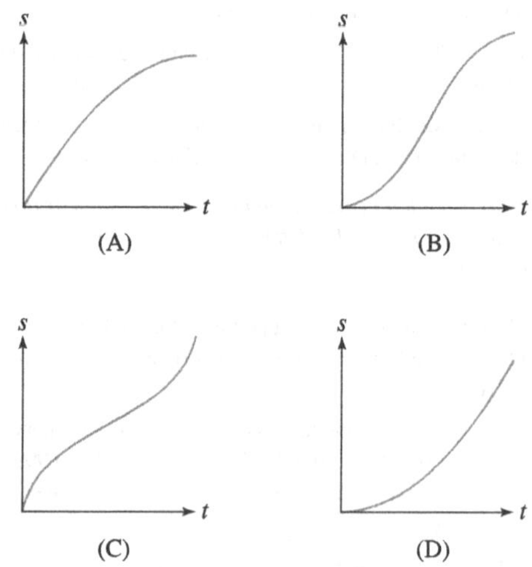

FIGURA 14

26. Um epidemiologista descobre que a percentagem $N(t)$ de crianças suscetíveis que foram infectadas no dia t durante as três primeiras semanas de uma epidemia de sarampo é dada, aproximadamente, pela fórmula (Figura 15)

$$N(t) = \frac{100t^2}{t^3 + 5t^2 - 100t + 380}$$

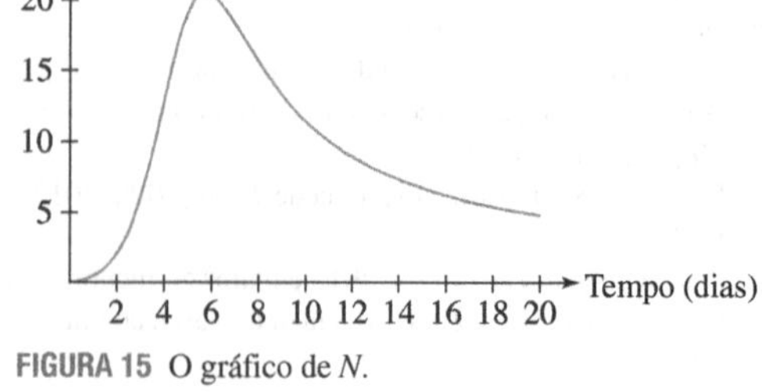

FIGURA 15 O gráfico de N.

(a) Esboce a reta secante cuja inclinação seja a taxa de variação média do número de crianças infectadas nos intervalos [4, 6] e [12, 14]. Em seguida, calcule essas taxas médias (em unidades de percentagem por dia).
(b) A taxa de declínio é maior em $t = 8$ ou em $t = 16$?
(c) Dê uma estimativa da taxa de variação de $N(t)$ no dia 12.

27. O fungo *Fusarium exosporium* infecta uma plantação de linho por meio das raízes, provocando o definhamento das plantas e, depois de certo tempo, toda a plantação está infectada. A percentagem $f(t)$ de plantas infectadas como função de tempo t (em dias) desde o plantio está mostrada na Figura 16.
(a) Quais são as unidades da taxa de variação de $f(t)$ em relação a t? O que é medido por essa taxa?
(b) Use o gráfico para ordenar (do menor ao maior) as taxas de infecção médias ao longo dos intervalos [0, 12], [20, 32] e [40, 52].
(c) Use a tabela seguinte para calcular as taxas de infecção médias ao longo dos intervalos [30, 40], [40, 50] e [30, 50]:

Dias	0	10	20	30	40	50	60
Percentual infectado	0	18	56	82	91	96	98

(d) Esboce a reta tangente em $t = 40$ e dê uma estimativa de sua inclinação.

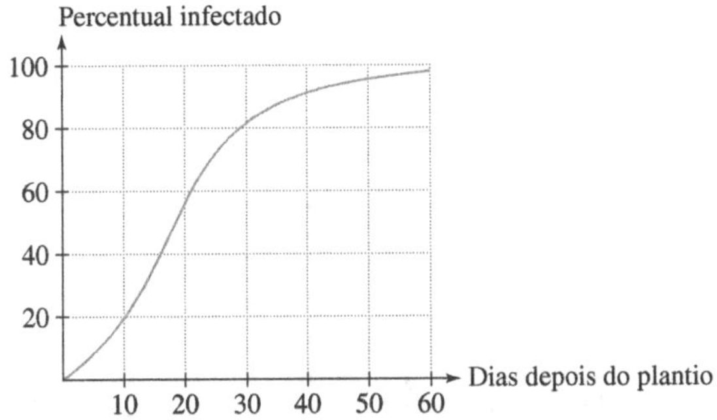

FIGURA 16

28. Seja $B = 5\sqrt{T}$ como no Exemplo 3. A taxa de variação de B em relação a T é maior a temperaturas baixas ou altas? Explique em termos do gráfico.

29. Se um objeto em movimento retilíneo (mas com velocidade variável) percorre Δs metros em Δt segundos, então sua velocidade média é $v_0 = \Delta s/\Delta t$ m/s. Mostre que ele percorreria a mesma distância se a percorresse à velocidade constante v_0 no mesmo intervalo de tempo. Essa é uma justificativa para chamar $\Delta s/\Delta t$ de *velocidade média*.

30. Esboce o gráfico de $f(x) = x(1 - x)$ em [0, 1]. Usando apenas o gráfico e não fazendo conta alguma, encontre:
(a) a taxa de variação média ao longo de [0, 1];
(b) a taxa de variação (instantânea) em $x = \frac{1}{2}$;
(c) os valores de x nos quais a taxa de variação é positiva.

31. Considere a seguinte propriedade: dado qualquer x, a taxa de variação média ao longo de $[0, x]$ é maior do que a taxa de variação instantânea em x. Qual dos gráficos da Figura 17 tem essa propriedade? Explique.

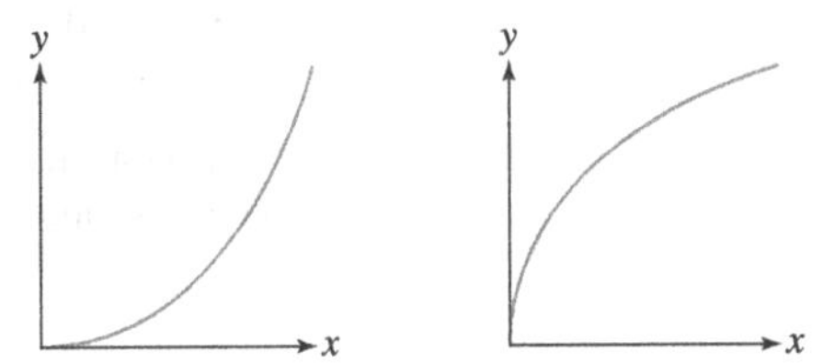

(A) (B)

FIGURA 17

Compreensão adicional e desafios

32. A altura de um projétil disparado verticalmente para cima com velocidade inicial de 25 m/s é

$$h(t) = 25t - 4{,}9t^2 \text{ m}$$

(a) Calcule $h(1)$. Mostre que $h(t) - h(1)$ pode ser fatorado, com fator $(t - 1)$.
(b) Usando a parte (a), mostre que a velocidade média ao longo do intervalo $[1, t]$ é $20{,}1 - 4{,}9t$.
(c) Use essa fórmula para encontrar a velocidade média ao longo de vários intervalos $[1, t]$ com t perto de 1. Em seguida, dê uma estimativa da velocidade instantânea no instante $t = 1$.

33. Seja $Q(t) = t^2$. Como no exercício anterior, encontre uma fórmula para a taxa de variação média de Q ao longo do intervalo $[1, t]$ e use-a para dar uma estimativa da taxa de variação instantânea em $t = 1$. Repita isso para o intervalo $[2, t]$ e dê uma estimativa da taxa de variação instantânea em $t = 2$.

34. Mostre que a taxa de variação média de $f(x) = x^3$ ao longo de $[1, x]$ é igual a

$$x^2 + x + 1$$

Use isso para obter uma estimativa da taxa de variação instantânea de $f(x)$ em $x = 1$.

35. Encontre uma fórmula para a taxa de variação média de $f(x) = x^3$ ao longo de $[2, x]$ e use-a para obter uma estimativa da taxa de variação instantânea em $x = 2$.

36. Seja $T = \frac{3}{2}\sqrt{L}$ como no Exercício 20. Os números na segunda coluna da Tabela 4 são crescentes e os da última, decrescentes. Explique isso em termos do gráfico de T como função de L. Explique, também, graficamente, por que a taxa de variação instantânea em $L = 3$ está entre 0,43299 e 0,43303.

TABELA 4 Taxas de variação médias de T em relação a L

Intervalo	Taxa de variação média	Intervalo	Taxa de variação média
[3; 3,2]	0,42603	[2,8; 3]	0,44048
[3; 3,1]	0,42946	[2,9; 3]	0,43668
[3; 3,001]	0,43298	[2,999; 3]	0,43305
[3; 3,0005]	0,43299	[2,9995; 3]	0,43303

2.2 Limites: abordagem numérica e gráfica

Nosso objetivo nesta seção é definir limites e estudá-los usando técnicas numéricas e gráficas. Começamos com a seguinte pergunta: *como se comportam os valores de uma função f quando x tende a um número c, estando ou não definido f(c)?*

Para explorar essa questão, experimentamos com a função

$$f(x) = \frac{\operatorname{sen} x}{x} \quad (x \text{ em radianos})$$

Dizemos que a expressão não definida 0/0 é uma "forma indeterminada".

Observe que $f(0)$ não está definido. De fato, tomando $x = 0$ em

$$f(x) = \frac{\operatorname{sen} x}{x}$$

obtemos a expressão indefinida 0/0, porque sen $0 = 0$. Mesmo assim, podemos calcular $f(x)$ com valores de x *perto de* 0. Quando fazemos isso, evidencia-se uma tendência.

Para descrever essa tendência, utilizamos a frase "x tende a 0" ou "x se aproxima de 0" para indicar que x toma valores (tanto positivos quanto negativos) que se aproximam cada vez mais de 0. A notação para isso é $x \to 0$ e, mais especificamente, escrevemos

- $x \to 0^+$ se x tende a 0 pela direita (na reta numérica);
- $x \to 0^-$ se x tende a 0 pela esquerda (na reta numérica)

Agora considere os valores listados na Tabela 1. Essa tabela dá a impressão inconfundível de que $f(x)$ se aproxima cada vez mais de 1 se $x \to 0^+$ e se $x \to 0^-$.

TABELA 1

x	$\frac{\operatorname{sen} x}{x}$	x	$\frac{\operatorname{sen} x}{x}$
1	0,841470985	−1	0,841470985
0,5	0,958851077	−0,5	0,958851077
0,1	0,998334166	−0,1	0,998334166
0,05	0,999583385	−0,05	0,999583385
0,01	0,999983333	−0,01	0,999983333
0,005	0,999995833	−0,005	0,999995833
0,001	0,999999833	−0,001	0,999999833
$x \to 0^+$	$f(x) \to 1$	$x \to 0^-$	$f(x) \to 1$

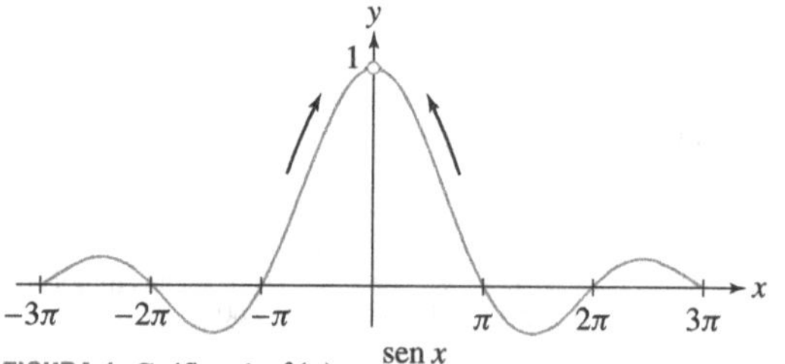

FIGURA 1 Gráfico de $f(x) = \frac{\operatorname{sen} x}{x}$.

Essa conclusão é reforçada pelo gráfico de f na Figura 1. O ponto (0, 1) está ausente do gráfico pois $f(x)$ não está definida em $x = 0$, mas o gráfico se aproxima desse ponto ausente quando x tende a 0 pela esquerda e direita. Dizemos que o *limite* de $f(x)$ quando $x \to 0$ é igual a 1 e escrevemos

$$\lim_{x \to 0} f(x) = 1$$

Também dizemos que $f(x)$ *tende*, ou *converge*, a 1 quando $x \to 0$.

O fato de $\frac{\operatorname{sen} x}{x}$ tender a 1 se x tender a 0 pode ser interpretado como significando que as duas funções $y = \operatorname{sen} x$ e $y = x$ têm comportamento análogo se x tender a 0. Seus gráficos na Figura 2 mostram claramente que isso ocorre. Quanto mais próximo x estiver de 0, mais próximos estarão os gráficos.

ENTENDIMENTO CONCEITUAL As evidências numérica e gráfica podem nos ter convencido de que $f(x) = \frac{\operatorname{sen} x}{x}$ converge a 1 se $x \to 0$, mas, como $f(0)$ dá a expressão indeterminada 0/0, não poderíamos ter chegado a essa conclusão simplesmente decretando que 0/0 seja igual a 1? A resposta é não. *A Álgebra não nos permite dividir por 0 sob hipótese alguma,* e não é correto dizer que 0/0 é igual a 1 ou qualquer outro número.

Na entanto, aprendemos que uma função f pode tender a um limite se $x \to c$, mesmo se a fórmula de $f(c)$ produzir a expressão não definida 0/0. O limite de $f(x) = \frac{\operatorname{sen} x}{x}$ acabou sendo 1. Encontraremos outros exemplos em que a fórmula de $f(c)$ produz 0/0, mas o limite é algum número diferente de 1 (ou não existe).

Definição de limite

Para definir limites, lembremos que a distância entre dois números a e b é o valor absoluto $|a - b|$, de modo que podemos expressar a ideia de que $f(x)$ está próximo de L dizendo que $|f(x) - L|$ é pequeno.

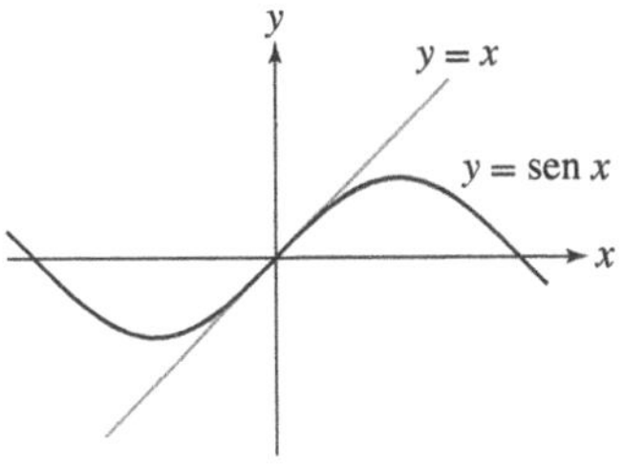

FIGURA 2

DEFINIÇÃO Limite Suponha que $f(x)$ esteja definida em qualquer x de um intervalo aberto contendo c, mas não necessariamente no próprio c. Dizemos que

o limite de $f(x)$ quando x tende a c é igual ao número L

se $|f(x) - L|$ pode ser tornado arbitrariamente pequeno tomando x suficientemente próximo de (mas não igual a) c. Nesse caso, escrevemos

$$\lim_{x\to c} f(x) = L$$

Também dizemos que $f(x)$ *converge*, ou *tende*, a L se $x \to c$ (e escrevemos $f(x) \to L$).

O conceito de limite não foi completamente esclarecido até o século XIX. O matemático francês Augustin-Louis Cauchy (pronuncia-se "Coxí") (1789-1857) deu a seguinte definição verbal: "Quando os valores sucessivamente atribuídos a uma mesma variável tendem indefinidamente a um valor fixado, de tal modo que acabam diferindo desse valor por tão pouco quanto se possa desejar, esse último valor é denominado o limite de todos os outros. Assim, por exemplo, um número irracional é o limite de várias frações que fornecem valores que o aproximam cada vez mais."

Em outras palavras, se x tender a c, então $f(x)$ tenderá a L. Ver Figura 3 para uma interpretação gráfica. Se os valores de $f(x)$ não convergirem a algum número L se $x \to c$, dizemos que $\lim_{x\to c} f(x)$ *não existe*. É importante observar que o próprio valor $f(c)$, que pode ou não estar definido, não desempenha papel algum no limite. Tudo que interessa são os valores de $f(x)$ com x próximo de c. Além disso, se $f(x)$ tender a um limite se $x \to c$, então esse valor limite L é único.

■ **EXEMPLO 1** Use a definição anterior para verificar os limites seguintes:

(a) $\lim_{x\to 7} 5 = 5$ **(b)** $\lim_{x\to 4} (3x + 1) = 13$

Solução

(a) Seja $f(x) = 5$. Para mostrar que $\lim_{x\to 7} f(x) = 5$, devemos mostrar que $|f(x) - 5|$ se torna arbitrariamente pequeno quando x estiver suficientemente próximo de (mas não for igual a) 7. Mas observe que $|f(x) - 5| = |5 - 5| = 0$ *com qualquer x*, portanto o que precisamos mostrar está automaticamente satisfeito (e nem precisamos tomar x perto de 7).

(b) Seja $f(x) = 3x + 1$. Para mostrar que $\lim_{x\to 4} (3x + 1) = 13$, devemos mostrar que $|f(x) - 13|$ se torna arbitrariamente pequeno quando x estiver suficientemente próximo de (mas não for igual a) 4. Temos

$$|f(x) - 13| = |(3x + 1) - 13| = |3x - 12| = 3|x - 4|$$

Como $|f(x) - 13|$ é um múltiplo de $|x - 4|$, podemos tornar $|f(x) - 13|$ arbitrariamente pequeno tomando x suficientemente próximo de 4. ■

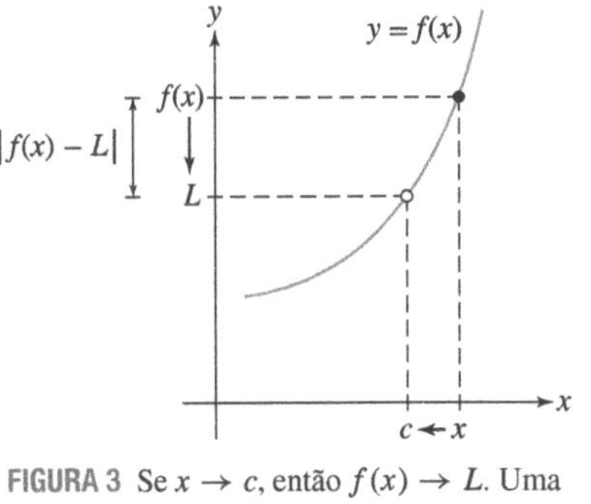

FIGURA 3 Se $x \to c$, então $f(x) \to L$. Uma figura análoga é válida com $x < c$ se $x \to c$.

Raciocinando como no Exemplo 1, mas com constantes arbitrárias, obtemos os seguintes resultados simples, mas importantes:

TEOREMA 1 Dadas quaisquer constantes k e c, (a) $\lim_{x\to c} k = k$, (b) $\lim_{x\to c} x = c$.

Para tratar com limites mais complicados e, especialmente, para obter demonstrações matematicamente rigorosas, necessitamos de uma versão mais precisa da definição anteriormente dada de limite. Essa versão mais precisa será discutida na Seção 2.9, onde utilizaremos desigualdades para alcançar um significado exato para as frases "arbitrariamente pequeno" e "suficientemente próximo".

Aqui está uma versão da definição rigorosa de um limite: $\lim_{x\to c} f(x) = L$ se, dado qualquer número n, conseguirmos encontrar um valor de m tal que, se x satisfizer $0 < |x - c| < 10^{-m}$, então $|f(x) - L| < 10^{-n}$.

Investigação gráfica e numérica

Nosso objetivo no resto desta seção é desenvolver um melhor entendimento intuitivo dos limites, por meio de uma investigação gráfica e numérica.

Investigação gráfica Utilize um recurso gráfico para produzir um gráfico de f. O gráfico deve dar uma indicação visual sobre a existência ou inexistência de um limite. Muitas vezes podemos usar um gráfico para estimar o valor do limite.

Investigação numérica Escrevemos $x \to c^-$ para indicar que x tende a c por valores menores do que c (ou seja, pela esquerda) e escrevemos $x \to c^+$ para indicar que x tende a c por valores maiores do que c (ou seja, pela direita). Para investigar $\lim_{x \to c} f(x)$,

(i) elabore uma tabela de valores de $f(x)$ com x perto de, mas menor do que c, ou seja, com $x \to c^-$;

(ii) elabore uma segunda tabela de valores de $f(x)$ com x perto de, mas maior do que c, ou seja, com $x \to c^+$;

(iii) se ambas as tabelas indicarem convergência ao mesmo número L, tomamos L como uma estimativa do limite.

Lembre que investigações gráficas e numéricas fornecem evidências para um limite, mas não provam que o limite exista ou que tenha um determinado valor. Isso é feito utilizando as leis de limite, que serão estabelecidas nas próximas seções.

As tabelas devem conter uma quantidade suficiente de valores para revelar um claro padrão de convergência para um valor L. Se $f(x)$ tender a um limite, os valores sucessivos de $f(x)$ geralmente são iguais em cada vez mais casas decimais à medida que tomamos x mais perto de c. Se não emergir algum padrão, então o limite pode não existir.

■ **EXEMPLO 2** Investigue $\lim_{x \to 9} \dfrac{x-9}{\sqrt{x}-3}$ gráfica e numericamente.

Solução A função $f(x) = \dfrac{x-9}{\sqrt{x}-3}$ não está definida em $x = 9$, porque a fórmula de $f(9)$ leva à expressão não definida 0/0. Por isso, o gráfico na Figura 4 tem um buraco em $x = 9$. No entanto, o gráfico sugere que $f(x)$ tende a 6 quando $x \to 9$.

Para obter evidência numérica, consideramos a tabela de valores de $f(x)$ com x tendendo a 9 tanto pela esquerda quanto pela direita. A Tabela 2 confirma a impressão de que

$$\lim_{x \to 9} \frac{x-9}{\sqrt{x}-3} = 6$$

Em breve, veremos que, de fato, podemos escrever $\lim_{x \to 9} \dfrac{x-9}{\sqrt{x}-3} = \lim_{x \to 9} \dfrac{(\sqrt{x}-3)(\sqrt{x}+3)}{\sqrt{x}-3} = \lim_{x \to 9} (\sqrt{x}+3) = 6$. Assim, a resolução algébrica confirmará nossa conclusão gráfica e numérica. ■

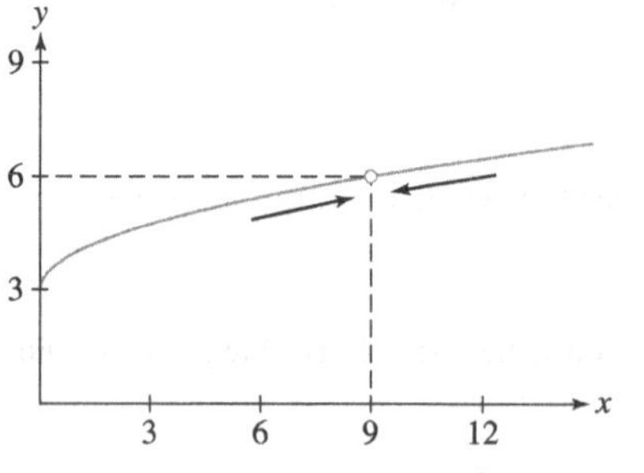

FIGURA 4 Gráfico de $f(x) = \dfrac{x-9}{\sqrt{x}-3}$.

TABELA 2

$x \to 9^-$	$\dfrac{x-9}{\sqrt{x}-3}$	$x \to 9^+$	$\dfrac{x-9}{\sqrt{x}-3}$
8,9	**5,9**8329	9,1	**6,0**1662
8,99	**5,99**833	9,01	**6,00**1666
8,999	**5,999**83	9,001	**6,000**167
8,9999	**5,9999**833	9,0001	**6,0000**167

■ **EXEMPLO 3** **Um limite que é igual ao valor da função** Investigue $\lim_{x \to 4} x^2$.

Solução Tanto a Figura 5 como a Tabela 3 sugerem que $\lim_{x \to 4} x^2 = 16$. No entanto, $f(x) = x^2$ está definida em $x = 4$ e $f(4) = 16$, portanto, nesse caso, *o limite é igual ao valor da função*. Essa conclusão conveniente é válida sempre que f for uma função *contínua*, um conceito que será estudado na Seção 2.4. ■

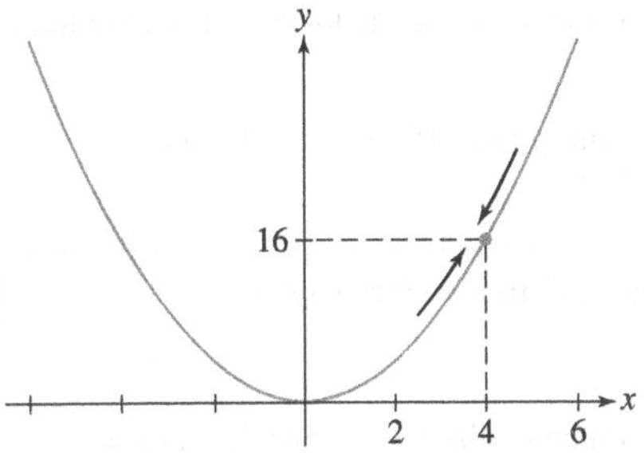

FIGURA 5 Gráfico de $f(x) = x^2$. O limite é igual ao valor da função $f(4) = 16$.

TABELA 3

$x \to 4^-$	x^2	$x \to 4^+$	x^2
3,9	15,21	4,1	16,81
3,99	**15,9**201	4,01	**16,0**801
3,999	**15,99**2001	4,001	**16,00**8001
3,9999	**15,999**20001	4,0001	**16,000**80001

■ **EXEMPLO 4** **Propriedade que define *e*** Verifique numericamente que $\lim\limits_{h\to 0} \dfrac{e^h - 1}{h} = 1$.

Solução A função $f(h) = (e^h - 1)/h$ não está definida em $h = 0$, mas tanto a Figura 6 como a Tabela 4 sugerem que $\lim\limits_{h\to 0} (e^h - 1)/h = 1$. Veremos, adiante, que o fato de esse limite ser igual a 1 reflete o fato de a reta tangente ao gráfico de $y = e^x$ em $x = 0$ ter inclinação igual a 1, conforme a Figura 3 da Seção 1.6. ■

TABELA 4

$h \to 0^-$	$\dfrac{e^h - 1}{h}$	$h \to 0^+$	$\dfrac{e^h - 1}{h}$
−0,02	0,990	0,02	1,0101
−0,005	0,99750	0,005	1,00250
−0,001	0,999500	0,001	1,000500
−0,0001	0,99995000	0,0001	1,00005000

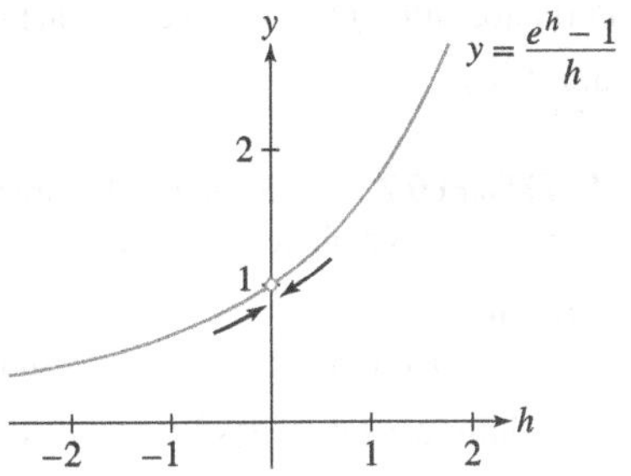

FIGURA 6

Uma investigação numérica pode, muitas vezes, sugerir um limite, mas também pode ser enganosa. No Exemplo 5, se tivéssemos escolhido calcular os valores de $f(x) = \text{sen}\,\dfrac{\pi}{x}$ nos pontos $x = 0{,}1; 0{,}01; 0{,}001;...$, poderíamos ter concluído, erroneamente, que $f(x)$ tende ao limite 0 se $x \to 0$. O problema é que $f(10^{-n}) = \text{sen}(10^n\pi) = 0$ em cada número inteiro n, mas f não tende a limite algum.

■ **EXEMPLO 5** **Um limite que não existe** Investigue $\lim\limits_{x\to 0} \text{sen}\,\dfrac{\pi}{x}$ gráfica e numericamente.

Solução A função $f(x) = \text{sen}\,\frac{\pi}{x}$ não está definida em $x = 0$, mas a Figura 7 mostra que ela fica oscilando entre $+1$ e -1 uma infinidade de vezes quando $x \to 0$. Parece, portanto, que não existe $\lim\limits_{x\to 0} \text{sen}\,\frac{\pi}{x}$. Essa impressão é confirmada pela Tabela 5, que sugere que os valores de $f(x)$ ficam pulando e não tendem para algum limite L se $x \to 0$. ■

TABELA 5 A Função $f(x) = \text{sen}\,\frac{\pi}{x}$ não tende a um limite se $x \to 0$

$x \to 0^-$	$\text{sen}\,\dfrac{\pi}{x}$	$x \to 0^+$	$\text{sen}\,\dfrac{\pi}{x}$
−0,1	0	0,1	0
−0,03	0,866	0,03	−0,866
−0,007	−0,434	0,007	0,434
−0,0009	0,342	0,0009	−0,342
−0,00065	−0,935	0,00065	0,935

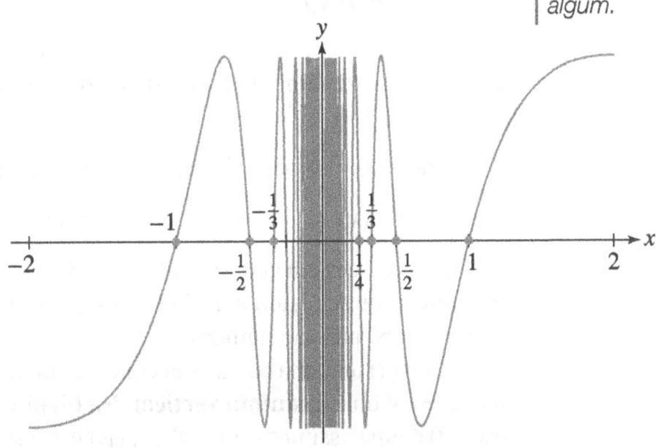

FIGURA 7 Gráfico de $f(x) = \text{sen}\,\frac{\pi}{x}$.

Limites laterais

Os limites que vimos até aqui são *bilaterais*. Para mostrar que $\lim\limits_{x\to c} f(x) = L$, é necessário conferir que $f(x)$ converge a L quando x tende a c tanto por valores maiores e menores do que c. Em alguns casos, $f(x)$ pode tender a L por um dos lados de c sem necessariamente tender pelo outro lado, ou então $f(x)$ pode estar definida apenas de um dos lados de c. Por esse motivo, definimos os limites laterais

$$\lim_{x \to c^-} f(x) \quad \text{(limite pela esquerda)}, \qquad \lim_{x \to c^+} f(x) \quad \text{(limite pela direita)}$$

O limite bilateral existe se ambos os limites laterais existirem e forem iguais.

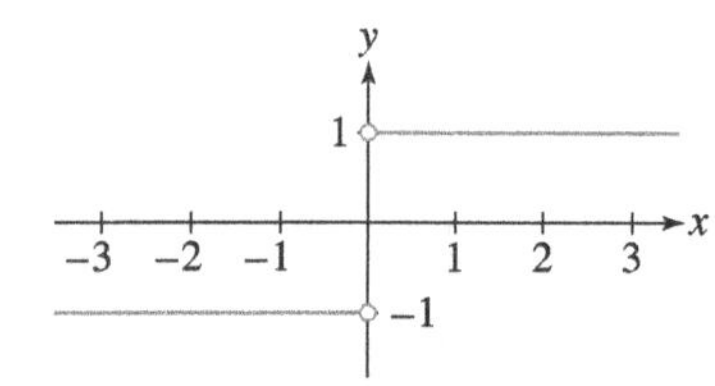

FIGURA 8 Gráfico de $f(x) = \dfrac{x}{|x|}$.

■ **EXEMPLO 6 Limites laterais desiguais** Investigue os limites laterais de $f(x) = \dfrac{x}{|x|}$ se $x \to 0$. Existe o limite $\lim_{x \to 0} f(x)$?

Solução A Figura 8 mostra o que está acontecendo. Se $x < 0$, temos

$$f(x) = \frac{x}{|x|} = \frac{x}{-x} = -1$$

Portanto, o limite pela esquerda é $\lim_{x \to 0^-} f(x) = -1$. No entanto, se $x > 0$,

$$f(x) = \frac{x}{|x|} = \frac{x}{x} = 1$$

Portanto, $\lim_{x \to 0^+} f(x) = 1$. Vemos que os limites laterais não são iguais, portanto não existe $\lim_{x \to 0} f(x)$. ■

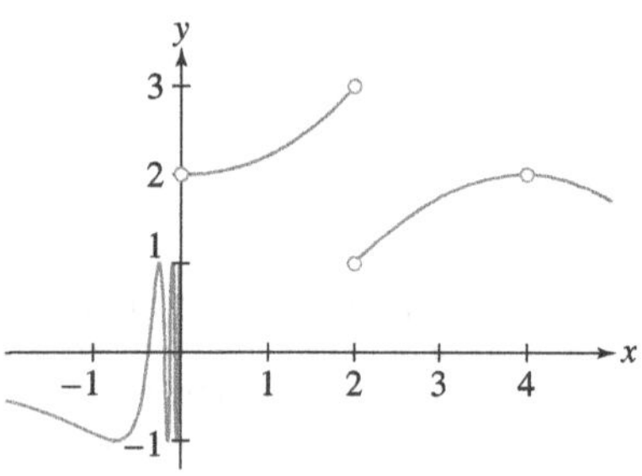

FIGURA 9

■ **EXEMPLO 7** A função f na Figura 9 não está definida em $c = 0$, 2 e 4. Investigue os limites laterais e bilaterais nesses pontos.

Solução

- $c = 0$: o limite pela esquerda $\lim_{x \to 0^-} f(x)$ não parece existir, pois $f(x)$ parece oscilar uma infinidade de vezes à esquerda de 0. Do outro lado, $\lim_{x \to 0^+} f(x) = 2$.
- $c = 2$: os limites laterais existem, mas não são iguais:

$$\lim_{x \to 2^-} f(x) = 3 \qquad \text{e} \qquad \lim_{x \to 2^+} f(x) = 1$$

  Portanto, não existe $\lim_{x \to 2} f(x)$.
- $c = 4$: os limites laterais existem e, ambos, têm o valor 2. Portanto, existe o limite bilateral e $\lim_{x \to 4} f(x) = 2$. ■

Limites infinitos

Com algumas funções, $f(x)$ tende a ∞ ou a $-\infty$ quando x se aproxima de um valor c. Nesse caso, não existe $\lim_{x \to c} f(x)$, mas dizemos que $f(x)$ tem um *limite infinito*. Mais precisamente, escrevemos

- $\lim_{x \to c} f(x) = \infty$ se $f(x)$ crescer sem cota quando $x \to c$.
- $\lim_{x \to c} f(x) = -\infty$ se $f(x)$ decresce sem cota quando $x \to c$.

Aqui, "decresce sem cota" significa que $f(x)$ fica negativo e $|f(x)| \to \infty$. De maneira análoga, definimos limites laterais infinitos. Quando utilizamos essa notação, não devemos esquecer que ∞ e $-\infty$ não são números.

Se $f(x)$ tender a ∞ ou $-\infty$ com x tendendo a c por um ou ambos os lados, dizemos que a reta $x = c$ é uma **assíntota vertical**. Na Figura 10, a reta $x = 2$ é uma assíntota vertical em (A) e $x = 0$ é uma assíntota vertical em (B) e em (C).

No próximo exemplo, usamos a notação $x \to c^{\pm}$ para indicar que os limites pela esquerda e pela direita devem ser considerados separadamente.

■ **EXEMPLO 8** CG Investigue graficamente os limites laterais:

(a) $\displaystyle\lim_{x \to 2^{\pm}} \frac{1}{x-2}$ **(b)** $\displaystyle\lim_{x \to 0^{\pm}} \frac{1}{x^2}$ **(c)** $\displaystyle\lim_{x \to 0^+} \ln x$

Solução

(a) A Figura 10(A) sugere que

$$\lim_{x\to 2^-} \frac{1}{x-2} = -\infty, \qquad \lim_{x\to 2^+} \frac{1}{x-2} = \infty$$

A reta vertical $x = 2$ é uma assíntota vertical. Por que os limites laterais são diferentes? Porque $f(x) = \frac{1}{x-2}$ é negativa com $x < 2$ (de modo que o limite pela esquerda é $-\infty$), e $f(x)$ é positiva com $x > 2$ (de modo que o limite pela direita é ∞).

(b) A Figura 10(B) sugere que $\lim_{x\to 0} \frac{1}{x^2} = \infty$. De fato, $f(x) = \frac{1}{x^2}$ é positiva com qualquer $x \neq 0$ e torna-se arbitrariamente grande quando $x \to 0$ de cada lado. A reta $x = 0$ é uma assíntota vertical.

(c) A Figura 10(C) sugere que $\lim_{x\to 0^+} \ln x = -\infty$ porque $f(x) = \ln x$ é negativa com $0 < x < 1$ e tende a $-\infty$ quando $x \to 0^+$. A reta $x = 0$ é uma assíntota vertical. ■

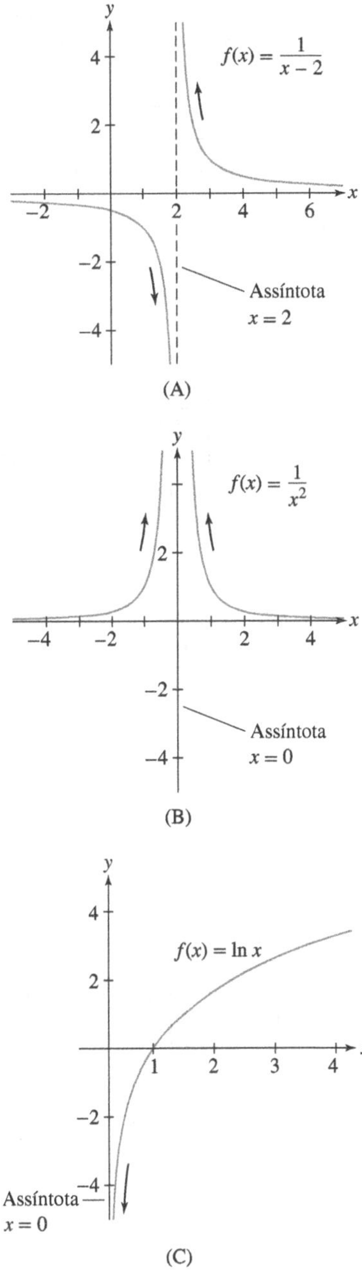

FIGURA 10

ENTENDIMENTO CONCEITUAL Não deveríamos pensar num limite infinito como um autêntico limite. A notação $\lim_{x\to c} f(x) = \infty$ é só uma maneira abreviada de dizer que $f(x)$ cresce além de qualquer cota quando x tende a c. O limite propriamente dito não existe. Devemos ter esse cuidado com a notação porque ∞ e $-\infty$ *não são números*, e podem surgir contradições se tentarmos tratá-los como números. Por exemplo, se ∞ fosse um número, seria maior do que qualquer número finito e, então, seria razoável esperar que $\infty + 1 = \infty$. No entanto,

$$\infty + 1 = \infty$$
$$(\infty + 1) - \infty = \infty - \infty$$
$$1 = 0 \qquad \text{(contradição!)}$$

Para evitar erros, lembre que ∞ é só uma abreviação, e não um número.

2.2 Resumo

- Por definição, $\lim_{x\to c} f(x) = L$ se $|f(x) - L|$ puder ser tornado arbitrariamente pequeno se x estiver suficientemente próximo de (mas não igual a) c. Dizemos que
  - o *limite de $f(x)$ quando x tende a c é L.*
  - *$f(x)$ converge (ou tende) a L se x tende a c.*
- Se $f(x)$ tender a um limite quando $x \to c$, então o valor L do limite é único.
- Se $f(x)$ não tender a um limite quando $x \to c$, dizemos que não existe $\lim_{x\to c} f(x)$.
- O limite pode existir mesmo se $f(c)$ não estiver definido.
- *Limites laterais*:
  - $\lim_{x\to c^-} f(x) = L$ se $f(x)$ converge a L quando x tende a c por valores menores do que c;
  - $\lim_{x\to c^+} f(x) = L$ se $f(x)$ converge a L quando x tende a c por valores maiores do que c.
- O limite existe se, e só se, ambos os limites laterais existem e são iguais.
- *Limites infinitos*: $\lim_{x\to c} f(x) = \infty$ se $f(x)$ crescer além de qualquer cota quando x tende a c e $\lim_{x\to c} f(x) = -\infty$ se $f(x)$ ficar arbitrariamente grande (em valor absoluto), mas negativo, quando x tende a c.
- No caso de limite ou limites laterais infinitos, dizemos que a reta vertical $x = c$ é uma *assíntota vertical*.

2.2 Exercícios

Exercícios preliminares

1. Qual é o limite de $f(x) = 1$ quando $x \to \pi$?
2. Qual é o limite de $g(t) = t$ quando $t \to \pi$?
3. $\lim_{x\to 10} 20$ é igual a 10 ou 20?

4. Pode $f(x)$ tender a um limite quando $x \to c$ se $f(c)$ não estiver definido? Se puder, dê um exemplo.

5. O que a tabela seguinte sugere sobre $\lim_{x\to 1^-} f(x)$ e $\lim_{x\to 1^+} f(x)$?

x	0,9	0,99	0,999	1,1	1,01	1,001
$f(x)$	7	25	4317	3,0126	3,0047	3,00011

6. É possível descobrir se $\lim_{x\to 5} f(x)$ existe examinando somente o gráfico de f com $x > 5$? Explique.

7. Se já soubermos que $\lim_{x\to 5} f(x)$ existe, podemos determinar seu valor a partir de um gráfico de f com qualquer $x > 5$?

Exercícios

Nos Exercícios 1-4, preencha as tabelas e dê um palpite sobre o valor do limite.

1. $\lim_{x\to 1} f(x)$, sendo $f(x) = \dfrac{x^3-1}{x^2-1}$.

x	$f(x)$	x	$f(x)$
1,002		0,998	
1,001		0,999	
1,0005		0,9995	
1,00001		0,99999	

2. $\lim_{t\to 0} h(t)$, sendo $h(t) = \dfrac{\cos t - 1}{t^2}$. Observe que h é par, isto é, $h(t) = h(-t)$.

t	$\pm 0{,}002$	$\pm 0{,}0001$	$\pm 0{,}00005$	$\pm 0{,}00001$
$h(t)$				

3. $\lim_{y\to 2} f(y)$, sendo $f(y) = \dfrac{y^2-y-2}{y^2+y-6}$.

y	$f(y)$	y	$f(y)$
2,002		1,998	
2,001		1,999	
2,0001		1,9999	

4. $\lim_{x\to 0^+} f(x)$, sendo $f(x) = x \ln x$.

x	1	0,5	0,1	0,05	0,01	0,005	0,001
$f(x)$							

5. Determine $\lim_{x\to 0,5} f(x)$ para a função f dada na Figura 11.

6. Determine $\lim_{x\to 0,5} g(x)$ para a função g dada na Figura 12.

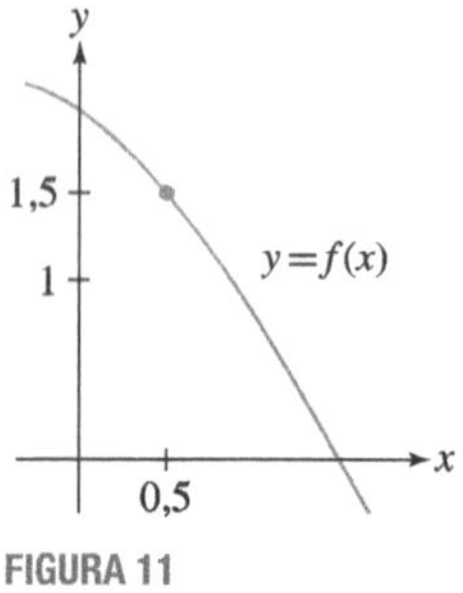

FIGURA 11

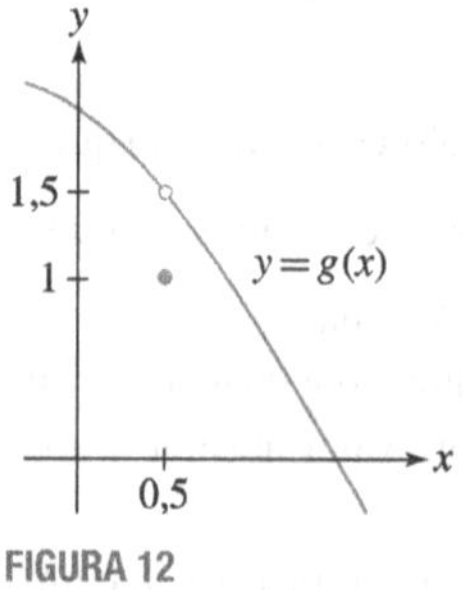

FIGURA 12

Nos Exercícios 7-8, calcule o limite.

7. $\lim_{x\to 21} x$

8. $\lim_{x\to 4,2} \sqrt{3}$

Nos Exercícios 9-16, confira cada um dos limites usando a definição de limite. Por exemplo, no Exercício 9, mostre que $|3x - 12|$ pode ser tornado tão pequeno quanto queiramos, bastando tomar x próximo de 4.

9. $\lim_{x\to 4} 3x = 12$

10. $\lim_{x\to 5} 3 = 3$

11. $\lim_{x\to 3} (5x+2) = 17$

12. $\lim_{x\to 2} (7x-4) = 10$

13. $\lim_{x\to 0} x^2 = 0$

14. $\lim_{x\to 0} (3x^2 - 9) = -9$

15. $\lim_{x\to 0} (4x^2 + 2x + 5) = 5$

16. $\lim_{x\to 0} (x^3 + 12) = 12$

Nos Exercícios 17-38, dê uma estimativa numérica para o limite ou declare que o limite não existe. Se for infinito, declare se os limites laterais são ∞ ou $-\infty$.

17. $\lim_{x\to 1} \dfrac{\sqrt{x}-1}{x-1}$

18. $\lim_{x\to -4} \dfrac{2x^2-32}{x+4}$

19. $\lim_{x\to 2} \dfrac{x^2+x-6}{x^2-x-2}$

20. $\lim_{x\to 3} \dfrac{x^3-2x^2-9}{x^2-2x-3}$

21. $\lim_{x\to 0} \dfrac{\operatorname{sen} 2x}{x}$

22. $\lim_{x\to 0} \dfrac{\operatorname{sen} 5x}{x}$

23. $\lim_{\theta\to 0} \dfrac{\cos\theta - 1}{\theta}$

24. $\lim_{x\to 0} \dfrac{\operatorname{sen} x}{x^2}$

25. $\lim_{x\to 4} \dfrac{1}{(x-4)^3}$

26. $\lim_{x\to 1^-} \dfrac{3-x}{x-1}$

27. $\lim_{x\to -3} \dfrac{x+3}{x^2+x-6}$

28. $\lim_{x\to -2^-} \dfrac{x+1}{x+2}$

29. $\lim_{x\to 3^+} \dfrac{x-4}{x^2-9}$

30. $\lim_{h\to 0} \dfrac{3^h-1}{h}$

31. $\lim_{h\to 0} \operatorname{sen} h \cos \dfrac{1}{h}$

32. $\lim_{h\to 0} \cos \dfrac{1}{h}$

33. $\lim_{x\to 0} |x|^x$

34. $\lim_{x\to 1^+} \dfrac{\operatorname{arc\,sec} x}{\sqrt{x-1}}$

35. $\lim_{t\to e} \dfrac{t-e}{\ln t - 1}$

36. $\lim_{r\to 0} (1+r)^{1/r}$

37. $\lim_{x\to 1^-} \dfrac{\operatorname{arc\,tg} x}{\operatorname{arc\,cos} x}$

38. $\lim_{x\to 0} \dfrac{\operatorname{arc\,tg} x - x}{\operatorname{arc\,sen} x - x}$

39. A **função maior inteiro** é definida por $\lfloor x \rfloor = n$, em que n é o único número inteiro tal que $n \le x < n+1$. Esboce o gráfico de $y = \lfloor x \rfloor$. Suponha que c seja um inteiro e calcule os limites.

(a) $\lim_{x\to c^-} \lfloor x \rfloor$ **(b)** $\lim_{x\to c^+} \lfloor x \rfloor$ **(c)** $\lim_{x\to 2,6} \lfloor x \rfloor$

40. Determine os limites laterais em $c = 1$, 2 e 4 da função g da Figura 13 e declare se o limite existe nesses pontos.

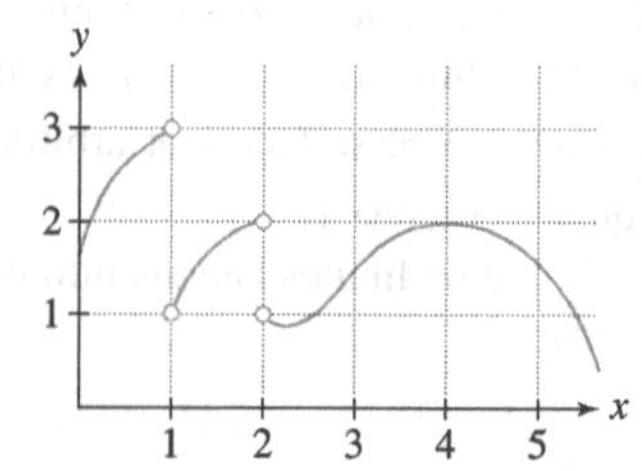

FIGURA 13

Nos Exercícios 41-48, determine numérica ou graficamente os limites laterais. Se for infinito, declare se os limites laterais são ∞ ou $-\infty$ e descreva a assíntota vertical correspondente. No Exercício 48, $f(x) = \lfloor x \rfloor$ é a função maior inteiro definida no Exercício 39.

41. $\lim_{x\to 0\pm} \frac{\operatorname{sen} x}{|x|}$

42. $\lim_{x\to 0\pm} |x|^{1/x}$

43. $\lim_{x\to 0\pm} \frac{x - \operatorname{sen}|x|}{x^3}$

44. $\lim_{x\to 4\pm} \frac{x+1}{x-4}$

45. $\lim_{x\to -2\pm} \frac{4x^2+7}{x^3+8}$

46. $\lim_{x\to -3\pm} \frac{x^2}{x^2-9}$

47. $\lim_{x\to 1\pm} \frac{x^5+x-2}{x^2+x-2}$

48. $\lim_{x\to 2\pm} \cos\left(\frac{\pi}{2}(x - \lfloor x \rfloor)\right)$

49. Determine os limites laterais em $c = 2$ e $c = 4$ da função f na Figura 14. Quais são as assíntotas verticais de f?

50. Determine os limites infinitos laterais ou bilaterais na Figura 15.

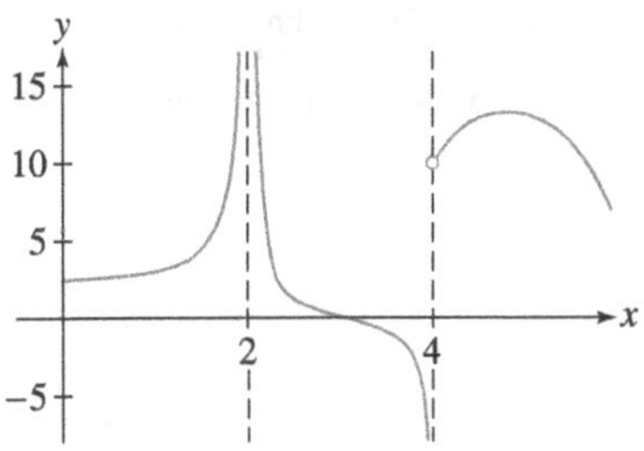

FIGURA 14

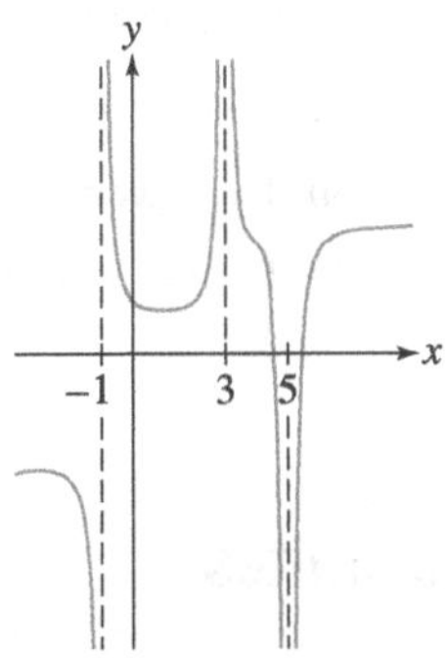

FIGURA 15

Nos Exercícios 51-54, esboce o gráfico de uma função que tenha os limites dados.

51. $\lim_{x\to 1} f(x) = 2, \quad \lim_{x\to 3^-} f(x) = 0, \quad \lim_{x\to 3^+} f(x) = 4$

52. $\lim_{x\to 1} f(x) = \infty, \quad \lim_{x\to 3^-} f(x) = 0, \quad \lim_{x\to 3^+} f(x) = -\infty$

53. $\lim_{x\to 2^+} f(x) = f(2) = 3, \quad \lim_{x\to 2^-} f(x) = -1,$
$\lim_{x\to 4} f(x) = 2 \neq f(4)$

54. $\lim_{x\to 1^+} f(x) = \infty, \quad \lim_{x\to 1^-} f(x) = 3, \quad \lim_{x\to 4} f(x) = -\infty$

55. Determine os limites laterais da função f na Figura 16 nos pontos $c = 1, 3, 5$ e 6.

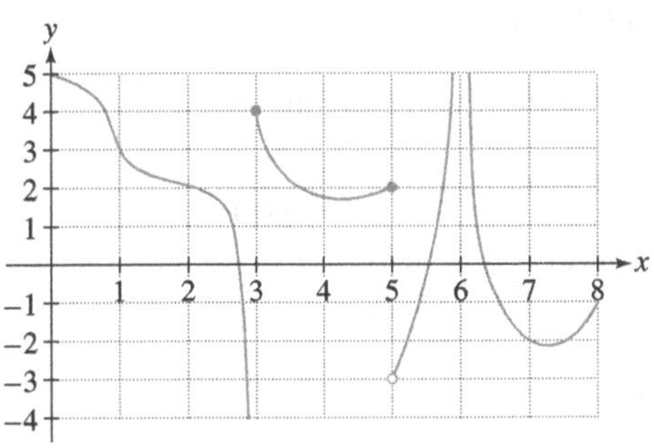

FIGURA 16 Gráfico de f.

56. Alguma das duas funções oscilantes na Figura 17 dá a impressão de ter um limite quando $x \to 0$?

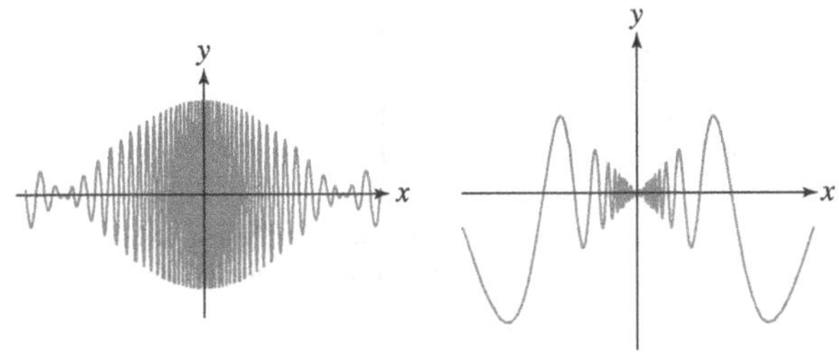

(A) (B)

FIGURA 17

CG *Nos Exercícios 57-62, esboce o gráfico da função e use-o para obter uma estimativa do valor do limite.*

57. $\lim_{\theta\to 0} \frac{\operatorname{sen} 5\theta}{\operatorname{sen} 2\theta}$

58. $\lim_{x\to 0} \frac{12^x - 1}{4^x - 1}$

59. $\lim_{x\to 0} \frac{2^x - \cos x}{x}$

60. $\lim_{\theta\to 0} \frac{\operatorname{sen}^2 4\theta}{\cos\theta - 1}$

61. $\lim_{\theta\to 0} \frac{\cos 7\theta - \cos 5\theta}{\theta^2}$

62. $\lim_{\theta\to 0} \frac{\operatorname{sen}^2 2\theta - \theta \operatorname{sen} 4\theta}{\theta^4}$

63. Seja n um inteiro positivo. Com quais n são iguais os dois limites laterais infinitos $\lim_{x\to 0\pm} 1/x^n$?

64. Seja $L(n) = \lim_{x\to 1}\left(\frac{n}{1-x^n} - \frac{1}{1-x}\right)$ com n um inteiro positivo. Investigue $L(n)$ numericamente com vários valores de n e, então, dê um palpite sobre o valor de $L(n)$ em geral.

65. CG Em alguns casos, investigações numéricas podem induzir a erros. Esboce $f(x) = \cos\frac{\pi}{x}$.

(a) Existe $\lim_{x\to 0} f(x)$?

(b) Calculando $f(x)$ com $x = \pm\frac{1}{2}, \pm\frac{1}{4}, \pm\frac{1}{6}, \ldots$, mostre que seria possível enganar seus colegas, levando-os a acreditar que esse limite existe e é igual a $L = 1$.

(c) Qual sequência de valores poderia levá-los a acreditar que o limite seja $L = -1$?

Compreensão adicional e desafios

66. As ondas de luz de frequência λ que passam por uma fenda de largura a produzem um **padrão de difração Fraunhofer**, formado por franjas mais claras e mais escuras (Figura 18). Como uma função do ângulo θ, a intensidade é

$$I(\theta) = I_m\left(\frac{\operatorname{sen}(R \operatorname{sen}\theta)}{R \operatorname{sen}\theta}\right)^2$$

em que $R = \pi a/\lambda$ e I_m é uma constante. Mostre que a função intensidade não está definida em $\theta = 0$. Em seguida, escolha dois valores quaisquer de R e confira numericamente que $I(\theta)$ tende a I_m se $\theta \to 0$.

67. Investigue $\lim_{\theta\to 0} \frac{\operatorname{sen} n\theta}{\theta}$ numericamente com vários valores positivos de n. Então, dê um palpite sobre o valor em geral.

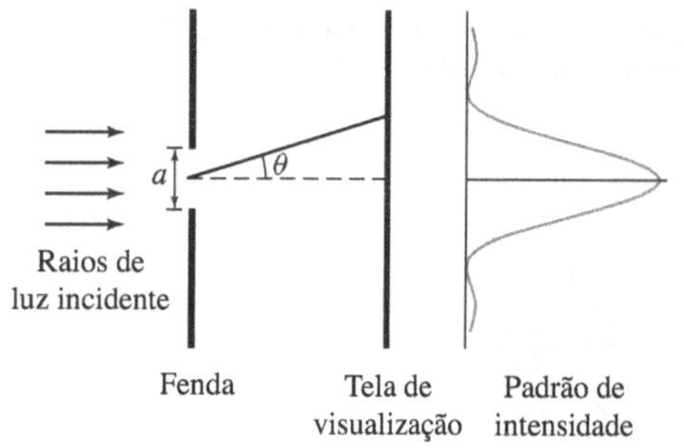

FIGURA 18 Padrão de difração Fraunhofer.

68. Mostre numericamente que $\lim\limits_{x\to 0} \dfrac{b^x - 1}{x}$ com $b = 3$ e $b = 5$ parece ser igual a ln 3 e ln 5, respectivamente, sendo ln x o logaritmo natural. Então faça uma conjectura (dê um palpite) sobre o valor em geral e teste sua conjectura com dois valores adicionais de b.

69. Investigue $\lim\limits_{x\to 1} \dfrac{x^n - 1}{x^m - 1}$ com (m, n) igual a (2, 1), (1, 2), (2, 3) e (3, 2). Em seguida, dê um palpite sobre o valor do limite em geral e confira seu palpite com dois pontos adicionais.

70. Experimentando numericamente, encontre os inteiros positivos k com os quais existe $\lim\limits_{x\to 0} \dfrac{\operatorname{sen}(\operatorname{sen}^2 x)}{x^k}$.

71. CG Esboce um gráfico de $f(x) = \dfrac{2^x - 8}{x - 3}$.

(a) Faça uma ampliação no gráfico para estimar $L = \lim\limits_{x\to 3} f(x)$.

(b) Explique por que

$$f(2{,}99999) \le L \le f(3{,}00001)$$

Use isso para determinar L com três casas decimais.

72. CG A função $f(x) = \dfrac{2^{1/x} - 2^{-1/x}}{2^{1/x} + 2^{-1/x}}$ está definida com $x \neq 0$.

(a) Investigue numericamente $\lim\limits_{x\to 0^+} f(x)$ e $\lim\limits_{x\to 0^-} f(x)$

(b) Esboce o gráfico de f e descreva seu comportamento perto de $x = 0$.

2.3 Leis básicas de limites

Na Seção 2.2, investigamos limites e obtivemos estimativas de seus valores a partir de uma abordagem gráfica e numérica. Nas quatro próximas seções, iremos além dessa abordagem intuitiva e desenvolveremos ferramentas para calcular os limites de uma maneira precisa. O próximo teorema fornece nossa primeira coleção de regras.

A demonstração do Teorema 1 será discutida na Seção 2.9 e no Apêndice D. Para ilustrar a ideia subjacente, considere dois números, como 2,99 e 5,001. Observe que 2,99 está próximo de 3 e que 5,001 está próximo de 5, de modo que sua soma 2,99 + 5,001 certamente está próxima de 3 + 5 e o produto 2,99 × 5,001 está próximo de 3 × 5. Da mesma forma, se $f(x)$ tende a L e $g(x)$ tende a M com $x \to c$, então $f(x) + g(x)$ tende à soma $L + M$ e $f(x)g(x)$ tende ao produto LM. As demais leis são análogas.

TEOREMA 1 Leis básicas de limites Se existirem $\lim\limits_{x\to c} f(x)$ e $\lim\limits_{x\to c} g(x)$, então

(i) Lei da soma: existirá $\lim\limits_{x\to c} \big(f(x) + g(x)\big)$ e

$$\lim_{x\to c} \big(f(x) + g(x)\big) = \lim_{x\to c} f(x) + \lim_{x\to c} g(x)$$

(ii) Lei do múltiplo constante: dado qualquer número k, existirá $\lim\limits_{x\to c} kf(x)$ e

$$\lim_{x\to c} kf(x) = k \lim_{x\to c} f(x)$$

(iii) Lei do produto: existirá $\lim\limits_{x\to c} f(x)g(x)$ e

$$\lim_{x\to c} f(x)g(x) = \Big(\lim_{x\to c} f(x)\Big)\Big(\lim_{x\to c} g(x)\Big)$$

(iv) Lei do quociente: se $\lim\limits_{x\to c} g(x) \neq 0$, então existirá $\lim\limits_{x\to c} \dfrac{f(x)}{g(x)}$ e

$$\lim_{x\to c} \frac{f(x)}{g(x)} = \frac{\lim\limits_{x\to c} f(x)}{\lim\limits_{x\to c} g(x)}$$

(v) Potências e raízes: se n for um inteiro positivo, então

$$\lim_{x\to c} [f(x)]^n = \Big(\lim_{x\to c} f(x)\Big)^n, \qquad \lim_{x\to c} \sqrt[n]{f(x)} = \sqrt[n]{\lim_{x\to c} f(x)}$$

No segundo limite, suponha que $\lim\limits_{x\to c} f(x) \ge 0$ no caso n par.

Se p e q forem inteiros com $q \neq 0$, então existirá $\lim\limits_{x\to c} [f(x)]^{p/q}$ e

$$\lim_{x\to c} [f(x)]^{p/q} = \Big(\lim_{x\to c} f(x)\Big)^{p/q}$$

Se q for par, suponha que $\lim\limits_{x\to c} f(x) \ge 0$ e suponha $\lim\limits_{x\to c} f(x) \neq 0$ se $p/q < 0$.

Antes de passar aos exemplos, apresentamos algumas observações úteis.

- As leis da soma e do produto são válidas com qualquer número de funções. Por exemplo,

$$\lim_{x\to c}\big(f_1(x)+f_2(x)+f_3(x)\big)=\lim_{x\to c}f_1(x)+\lim_{x\to c}f_2(x)+\lim_{x\to c}f_3(x)$$

- A lei da soma tem um contraponto para diferenças:

$$\lim_{x\to c}\big(f(x)-g(x)\big)=\lim_{x\to c}f(x)-\lim_{x\to c}g(x)$$

Isso segue das leis da soma e do múltiplo constante (com $k=-1$):

$$\lim_{x\to c}\big(f(x)-g(x)\big)=\lim_{x\to c}f(x)+\lim_{x\to c}\big(-g(x)\big)=\lim_{x\to c}f(x)-\lim_{x\to c}g(x)$$

- Vimos duas leis básicas de limites no Teorema 1 da Seção 2.2:

$$\lim_{x\to c}k=k,\qquad \lim_{x\to c}x=c$$

Aplicando a Lei (v) a $f(x)=x$, obtemos

$$\boxed{\lim_{x\to c}x^{p/q}=c^{p/q}} \tag{1}$$

com inteiros p e q, com $q\neq 0$. Suponha que $c\geq 0$ se q for par e que $c\neq 0$ se $p/q<0$.

EXEMPLO 1 Use as leis básicas de limites para calcular

(a) $\lim_{x\to 2}x^3$ **(b)** $\lim_{x\to 2}(x^3+5x+7)$ **(c)** $\lim_{x\to 2}\sqrt{x^3+5x+7}$

Solução

(a) Pela Equação (1), $\lim_{x\to 2}x^3=2^3=8$.

(b)
$$\begin{aligned}\lim_{x\to 2}(x^3+5x+7)&=\lim_{x\to 2}x^3+\lim_{x\to 2}5x+\lim_{x\to 2}7 &&\text{(Lei da soma)}\\ &=\lim_{x\to 2}x^3+5\lim_{x\to 2}x+\lim_{x\to 2}7 &&\text{(Lei do múltiplo constante)}\\ &=8+5(2)+7=25\end{aligned}$$

(c) Pela Lei (v) de raízes e (b),

$$\lim_{x\to 2}\sqrt{x^3+5x+7}=\sqrt{\lim_{x\to 2}(x^3+5x+7)}=\sqrt{25}=5$$

■

EXEMPLO 2 Calcule **(a)** $\lim_{t\to -1}\frac{t+6}{2t^4}$ e **(b)** $\lim_{t\to 3}t^{-1/4}(t+5)^{1/3}$.

Solução

(a) Usando as leis do quociente, soma e múltiplo constante, obtemos

$$\lim_{t\to -1}\frac{t+6}{2t^4}=\frac{\lim_{t\to -1}(t+6)}{\lim_{t\to -1}2t^4}=\frac{\lim_{t\to -1}t+\lim_{t\to -1}6}{2\lim_{t\to -1}t^4}=\frac{-1+6}{2(-1)^4}=\frac{5}{2}$$

(b) Usando as leis do produto, potência e soma, obtemos

$$\begin{aligned}\lim_{t\to 3}t^{-1/4}(t+5)^{1/3}&=\left(\lim_{t\to 3}t^{-1/4}\right)\left(\lim_{t\to 3}\sqrt[3]{t+5}\right)=\left(3^{-1/4}\right)\left(\sqrt[3]{\lim_{t\to 3}t+5}\right)\\ &=3^{-1/4}\sqrt[3]{3+5}=3^{-1/4}(2)=\frac{2}{3^{1/4}}\end{aligned}$$

■

O leitor pode ter observado que cada um dos limites nos Exemplos 1 e 2 poderiam ter sido calculados com uma simples substituição. Por exemplo, tomando $t=-1$ para calcular

$$\lim_{t\to -1}\frac{t+6}{2t^4}=\frac{-1+6}{2(-1)^4}=\frac{5}{2}$$

*A substituição é válida se a função for **contínua**, um conceito que estudaremos na próxima seção.*

O próximo exemplo reforça que as leis básicas de limites somente são aplicáveis se existirem os limites de ambos, $f(x)$ e $g(x)$.

■ **EXEMPLO 3 Hipóteses importam** Mostre que a lei do produto não pode ser aplicada a $\lim_{x\to 0} f(x)g(x)$ se $f(x) = x$ e $g(x) = x^{-1}$.

Solução Em cada $x \neq 0$, temos $f(x)g(x) = x \cdot x^{-1} = 1$, de modo que existe o limite do produto

$$\lim_{x\to 0} f(x)g(x) = \lim_{x\to 0} 1 = 1$$

No entanto, não existe $\lim_{x\to 0} x^{-1}$ porque $g(x) = x^{-1}$ tende a ∞ se $x \to 0^+$ e a $-\infty$ se $x \to 0^-$. Assim, a lei do produto não pode ser aplicada e sua conclusão não vale:

$$\left(\lim_{x\to 0} f(x)\right)\left(\lim_{x\to 0} g(x)\right) = \left(\lim_{x\to 0} x\right)\underbrace{\left(\lim_{x\to 0} x^{-1}\right)}_{\text{Não existe}}$$ ■

2.3 Resumo

- As leis básicas de limites: se existirem ambos, $\lim_{x\to c} f(x)$ e $\lim_{x\to c} g(x)$, então
  (i) $\lim_{x\to c} \big(f(x) + g(x)\big) = \lim_{x\to c} f(x) + \lim_{x\to c} g(x)$
  (ii) $\lim_{x\to c} kf(x) = k \lim_{x\to c} f(x)$
  (iii) $\lim_{x\to c} f(x)\,g(x) = \left(\lim_{x\to c} f(x)\right)\left(\lim_{x\to c} g(x)\right)$
  (iv) se $\lim_{x\to c} g(x) \neq 0$, então $\lim_{x\to c} \dfrac{f(x)}{g(x)} = \dfrac{\lim_{x\to c} f(x)}{\lim_{x\to c} g(x)}$
  (v) Se p e q forem inteiros com $q \neq 0$,
  $$\lim_{x\to c}[f(x)]^{p/q} = \left(\lim_{x\to c} f(x)\right)^{p/q}$$
  Se n for um inteiro positivo,
  $$\lim_{x\to c}[f(x)]^n = \left(\lim_{x\to c} f(x)\right)^n, \qquad \lim_{x\to c} \sqrt[n]{f(x)} = \sqrt[n]{\lim_{x\to c} f(x)}$$
- Se não existir $\lim_{x\to c} f(x)$ ou $\lim_{x\to c} g(x)$, então as leis básicas de limites não podem ser aplicadas.

2.3 Exercícios

Exercícios preliminares

1. Enuncie as leis da soma e do quociente.
2. Qual das seguintes afirmações é uma versão verbal da lei do produto (supondo que existam os limites)?
   (a) O produto de duas funções tem um limite.
   (b) O limite do produto é o produto dos limites.
   (c) O produto de um limite é um produto de funções.
   (d) Um limite produz um produto de funções.
3. Qual das afirmações seguintes está correta? A lei do quociente não vale se
   (a) o limite do denominador for zero.
   (b) o limite do numerador for zero.

Exercícios

Nos Exercícios 1-24, calcule o limite usando as leis básicas de limites e os limites $\lim_{x\to c} x^{p/q} = c^{p/q}$ *e* $\lim_{x\to c} k = k$.

1. $\lim_{x\to 9} x$
2. $\lim_{x\to -3} 14$
3. $\lim_{x\to \frac{1}{2}} x^4$
4. $\lim_{z\to 27} z^{2/3}$
5. $\lim_{t\to 2} t^{-1}$
6. $\lim_{x\to 5} x^{-2}$
7. $\lim_{x\to 0{,}2} (3x + 4)$
8. $\lim_{x\to \frac{1}{3}} (3x^3 + 2x^2)$
9. $\lim_{x\to -1} (3x^4 - 2x^3 + 4x)$
10. $\lim_{x\to 8} (3x^{2/3} - 16x^{-1})$

11. $\lim_{x\to 2}(x+1)(3x^2-9)$

12. $\lim_{x\to \frac{1}{2}}(4x+1)(6x-1)$

13. $\lim_{t\to 4}\frac{3t-14}{t+1}$

14. $\lim_{z\to 9}\frac{\sqrt{z}}{z-2}$

15. $\lim_{y\to \frac{1}{4}}(16y+1)(2y^{1/2}+1)$

16. $\lim_{x\to 2}x(x+1)(x+2)$

17. $\lim_{y\to 4}\frac{1}{\sqrt{6y+1}}$

18. $\lim_{w\to 7}\frac{\sqrt{w+2}+1}{\sqrt{w-3}-1}$

19. $\lim_{x\to -1}\frac{x}{x^3+4x}$

20. $\lim_{t\to -1}\frac{t^2+1}{(t^3+2)(t^4+1)}$

21. $\lim_{t\to 25}\frac{3\sqrt{t}-\frac{1}{5}t}{(t-20)^2}$

22. $\lim_{y\to \frac{1}{3}}(18y^2-4)^4$

23. $\lim_{t\to \frac{3}{2}}(4t^2+8t-5)^{3/2}$

24. $\lim_{t\to 7}\frac{(t+2)^{1/2}}{(t+1)^{2/3}}$

25. Use a lei do quociente para provar que se existir $\lim_{x\to c}f(x)$ e for não nulo, então

$$\lim_{x\to c}\frac{1}{f(x)}=\frac{1}{\lim_{x\to c}f(x)}$$

26. Supondo que $\lim_{x\to 6}f(x)=4$, calcule:

(a) $\lim_{x\to 6}f(x)^2$ **(b)** $\lim_{x\to 6}\frac{1}{f(x)}$ **(c)** $\lim_{x\to 6}x\sqrt{f(x)}$

Nos Exercícios 27-30, calcule o limite supondo que $\lim_{x\to -4}f(x)=3$ *e* $\lim_{x\to -4}g(x)=1$.

27. $\lim_{x\to -4}f(x)g(x)$

28. $\lim_{x\to -4}(2f(x)+3g(x))$

29. $\lim_{x\to -4}\frac{g(x)}{x^2}$

30. $\lim_{x\to -4}\frac{f(x)+1}{3g(x)-9}$

31. A lei do quociente pode ser aplicada para calcular $\lim_{x\to 0}\frac{\operatorname{sen} x}{x}$? Explique.

32. Mostre que a lei do produto não pode ser usada para calcular o limite $\lim_{x\to\pi/2}\left(x-\frac{\pi}{2}\right)\operatorname{tg} x$.

33. Dê um exemplo em que $\lim_{x\to 0}(f(x)+g(x))$ existe, mas nem $\lim_{x\to 0}f(x)$ nem $\lim_{x\to 0}g(x)$ existem.

34. Dê um exemplo em que $\lim_{x\to 0}(f(x)\cdot g(x))$ existe, mas nem $\lim_{x\to 0}f(x)$ nem $\lim_{x\to 0}g(x)$ existem.

35. Dê um exemplo em que $\lim_{x\to 0}\frac{f(x)}{g(x)}$ existe, mas nem $\lim_{x\to 0}f(x)$ nem $\lim_{x\to 0}g(x)$ existem.

Compreensão adicional e desafios

36. Mostre que se existirem $\lim_{x\to c}f(x)\,g(x)$ e $\lim_{x\to c}g(x)$, e se $\lim_{x\to c}g(x)\neq 0$, então existe $\lim_{x\to c}f(x)$. *Sugestão:* escreva $f(x)=\frac{f(x)\,g(x)}{g(x)}$.

37. Suponha que $\lim_{t\to 3}tg(t)=12$. Mostre que existe $\lim_{t\to 3}g(t)$ e é igual a 4.

38. Prove que se $\lim_{t\to 3}\frac{h(t)}{t}=5$, então $\lim_{t\to 3}h(t)=15$.

39. Supondo que $\lim_{x\to 0}\frac{f(x)}{x}=1$, qual das afirmações seguintes é necessariamente verdadeira? Por quê?

(a) $f(0)=0$ **(b)** $\lim_{x\to 0}f(x)=0$

40. Prove que se $\lim_{x\to c}f(x)=L\neq 0$ e $\lim_{x\to c}g(x)=0$, então o limite $\lim_{x\to c}\frac{f(x)}{g(x)}$ não existe.

41. Suponha que $\lim_{h\to 0}g(h)=L$.

(a) Explique por que $\lim_{h\to 0}g(ah)=L$ com qualquer constante $a\neq 0$.

(b) Supondo, em vez disso, que $\lim_{h\to 1}g(h)=L$, permanece válido que $\lim_{h\to 1}g(ah)=L$?

(c) Ilustre os casos (a) e (b) com a função $f(x)=x^2$.

42. Suponha que exista $L(a)=\lim_{x\to 0}\frac{a^x-1}{x}$ com qualquer $a>0$. Suponha, também, que $\lim_{x\to 0}a^x=1$.

(a) Prove que $L(ab)=L(a)+L(b)$ com $a,b>0$. *Sugestão:* $(ab)^x-1=a^xb^x-a^x+a^x-1=a^x(b^x-1)+(a^x-1)$. Isso mostra que $L(a)$ "se comporta" como um logaritmo, no sentido de que $\ln(ab)=\ln a+\ln b$. Na Seção 3.9, veremos que $L(a)=\ln a$.

(b) Verifique numericamente que $L(12)=L(3)+L(4)$.

2.4 Limites e continuidade

Na linguagem corrente, a palavra "contínua" significa não ter quebras ou interrupções. No Cálculo, a continuidade é usada para descrever as funções cujos gráficos não têm quebras. Se imaginarmos o gráfico de uma função *f* como um arame metálico sinuoso, então *f* é contínua se seu gráfico consiste num único pedaço de arame, como na Figura 1.

A maioria dos fenômenos físicos da Natureza são contínuos. Nossa posição e velocidade variam continuamente com o tempo. A temperatura varia continuamente com o tempo. A viscosidade de um fluido varia continuamente com a temperatura, supondo que o líquido não seja congelado nem fervido. Mais adiante, no próximo capítulo, quando determinarmos a taxa de variação de uma função, vamos precisar que essa função seja contínua.

Uma quebra no arame, como na Figura 2, é denominada uma **descontinuidade**. Observe que essa quebra no gráfico da Figura 2 ocorre porque não são iguais os limites laterais se x tende a c e que, por isso, não existe $\lim_{x\to c}g(x)$. Contrastando com isso, na Figura 1, $\lim_{x\to c}f(x)$ existe e é igual ao valor da função $f(c)$. Isso sugere a definição seguinte de continuidade em termos de limites.

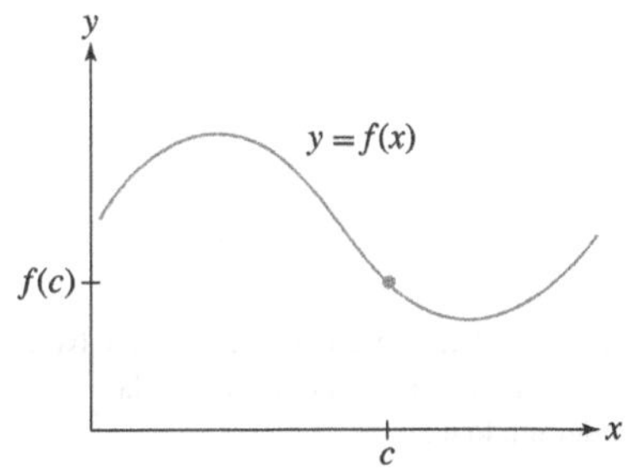

FIGURA 1 *f* é contínua em $x = c$.

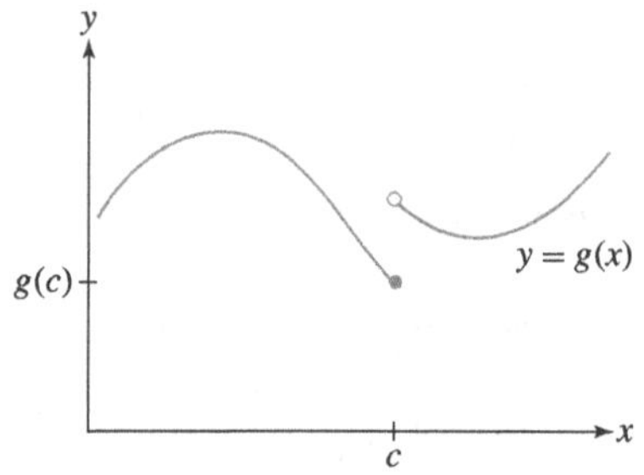

FIGURA 2 Descontinuidade em $x = c$. Os limites laterais pela esquerda e direita não são iguais se $x \to c$.

DEFINIÇÃO Continuidade num ponto Suponha que $f(x)$ esteja definida num intervalo aberto contendo $x = c$. Então f é **contínua** em $x = c$ se

$$\lim_{x\to c} f(x) = f(c)$$

Se o limite não existir, ou se existir, mas for diferente de $f(c)$, dizemos que f tem uma **descontinuidade** (ou que é **descontínua**) em $x = c$.

Observe que para f ser contínua em c devem valer as três condições seguintes:

1. $f(c)$ está definida **2.** Existe $\lim_{x\to c} f(x)$ **3.** São iguais

Uma função f pode ser contínua em alguns pontos e descontínua em outros. Se f for contínua em todos os pontos de algum intervalo I, então dizemos que f é contínua em I. Se I for um intervalo $[a, b]$ ou $[a, b)$ que inclua a como extremidade esquerda, exigimos que $\lim_{x\to a+} f(x) = f(a)$. Analogamente, exigimos $\lim_{x\to b-} f(x) = f(b)$ se I incluir b como extremidade direita. Se f for contínua em todos os pontos de seu domínio, dizemos simplesmente que f é contínua.

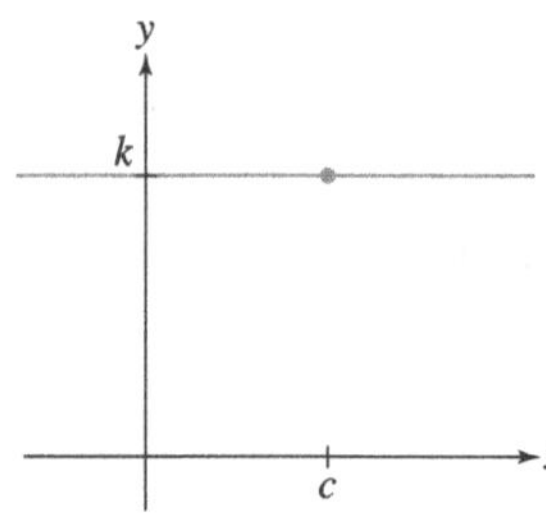

FIGURA 3 A função $f(x) = k$ é contínua.

■ **EXEMPLO 1** Mostre que as funções seguintes são contínuas:

(a) $f(x) = k$ (k qualquer constante) **(b)** $g(x) = x^n$ (n um número inteiro)

Solução

(a) Temos $\lim_{x\to c} f(x) = \lim_{x\to c} k = k$ e $f(c) = k$. O limite existe e é igual ao valor da função com qualquer c, portanto f é contínua (Figura 3).

(b) Pela Equação (1) da Seção 2.3, $\lim_{x\to c} g(x) = \lim_{x\to c} x^n = c^n$ com qualquer c. Também $g(c) = c^n$, portanto, novamente, o limite existe e é igual ao valor da função. Segue que g é contínua. (A Figura 4 ilustra o caso $n = 1$.) ■

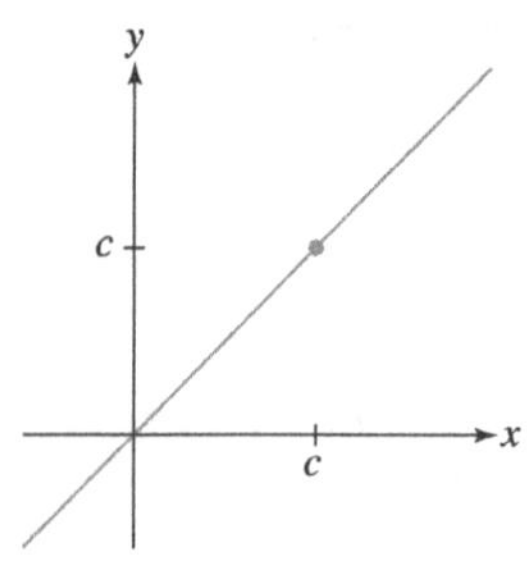

FIGURA 4 A função $g(x) = x$ é contínua.

Exemplos de descontinuidades

Para entender melhor a continuidade, vejamos algumas maneiras pelas quais uma função pode deixar de ser contínua. Lembre que a continuidade num ponto $x = c$ requer que

1. $f(c)$ está definida **2.** Existe $\lim_{x\to c} f(x)$ **3.** São iguais

Se existir $\lim_{x\to c} f(x)$, mas não for igual a $f(c)$, dizemos que f tem uma **descontinuidade removível** em $x = c$. A função na Figura 5(A) tem uma descontinuidade removível em $c = 2$ porque

$$\underbrace{f(2) = 10 \qquad \text{mas} \qquad \lim_{x\to 2} f(x) = 5}_{\text{O limite existe, mas não é igual ao valor da função.}}$$

As descontinuidades removíveis são "leves" no sentido seguinte: redefinindo $f(c)$, podemos tornar f contínua em $x = c$. Na Figura 5(B), redefinimos o valor $f(2)$ por $f(2) = 5$, o que torna f contínua em $x = 2$.

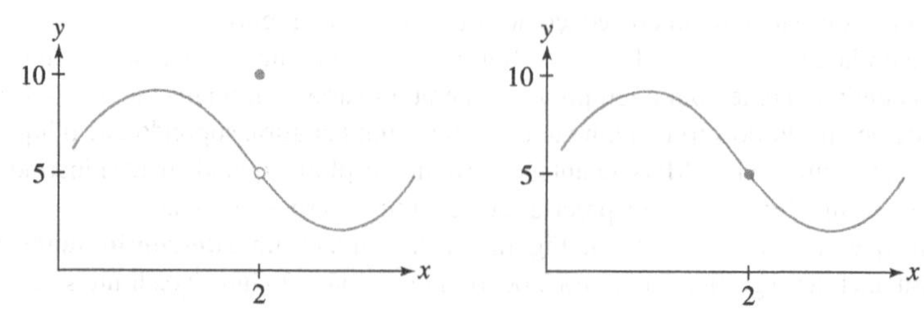

(A) Descontinuidade removível em $x = 2$ (B) Função redefinida de $x = 2$

FIGURA 5 Uma descontinuidade removível: a descontinuidade pode ser removida redefinindo $f(2)$.

Um tipo de descontinuidade que é mais "pesada" é a **descontinuidade de salto**, que ocorre quando existem ambos os limites laterais, $\lim_{x \to c^-} f(x)$ e $\lim_{x \to c^+} f(x)$, mas eles não são iguais. A Figura 6 mostra duas funções com descontinuidades de salto em $c = 2$. Ao contrário do caso removível, não podemos tornar f contínua redefinindo $f(c)$.

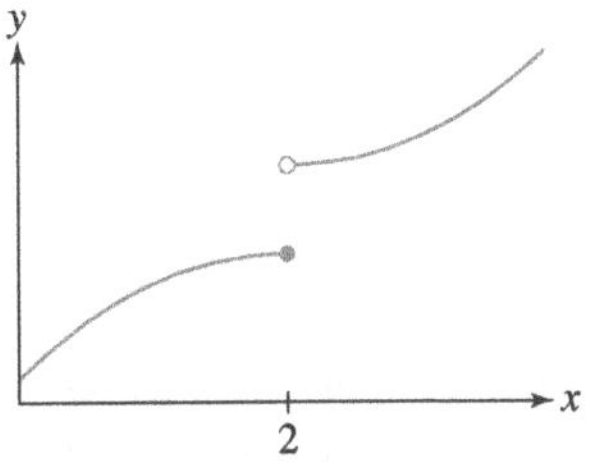

(A) Continuidade à esquerda em $x = 2$

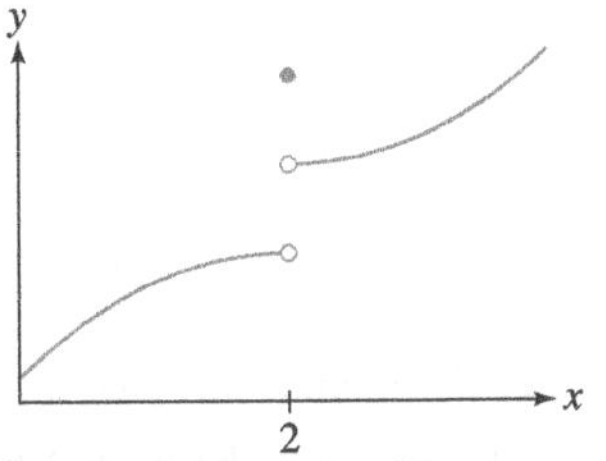

(B) Descontinuidade à esquerda e à direita em $x = 2$

FIGURA 6 Descontinuidades de salto.

Por causa das descontinuidades de salto, convém definir a *continuidade lateral.*

> **DEFINIÇÃO Continuidade lateral** Dizemos que uma função f é:
>
> - **contínua à esquerda** em $x = c$ se $\lim_{x \to c^-} f(x) = f(c)$
> - **contínua à direita** em $x = c$ se $\lim_{x \to c^+} f(x) = f(c)$

Na Figura 6 anterior, a função em (A) é contínua à esquerda, mas a função em (B) não é contínua nem à esquerda nem à direita. O exemplo seguinte explora a continuidade lateral usando uma função definida por partes, ou seja, uma função definida por fórmulas diferentes em intervalos diferentes.

■ **EXEMPLO 2 Função definida por partes** Discuta a continuidade de

$$F(x) = \begin{cases} x & \text{se } x < 1 \\ 3 & \text{se } 1 \le x \le 3 \\ x & \text{se } x > 3 \end{cases}$$

Solução As funções $f(x) = x$ e $g(x) = 3$ são contínuas, portanto F também é contínua, exceto, possivelmente, nos pontos de transição $x = 1$ e $x = 3$, nos quais a fórmula para $F(x)$ muda (Figura 7).

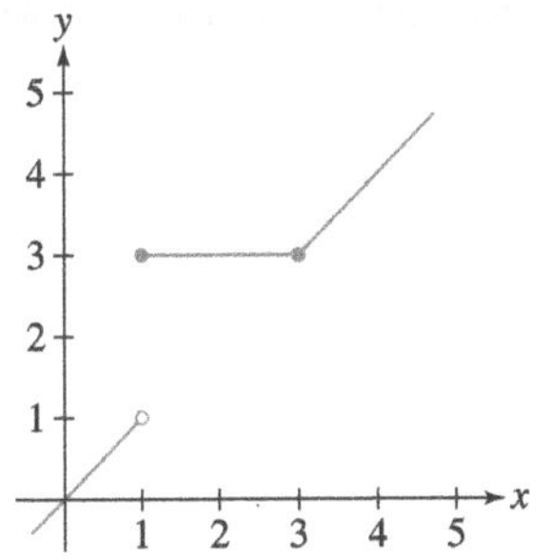

FIGURA 7 A função F definida por partes do Exemplo 2.

- Em $x = 1$, existem os limites laterais, mas não eles coincidem:

$$\lim_{x \to 1^-} F(x) = \lim_{x \to 1^-} x = 1, \qquad \lim_{x \to 1^+} F(x) = \lim_{x \to 1^+} 3 = 3$$

  Assim, F tem uma descontinuidade de salto em $x = 1$. Contudo, o limite pela direita é igual ao valor da função $F(1) = 3$, portanto, F *é contínua à direita* em $x = 1$.
- Em $x = 3$, ambos os limites laterais existem e são iguais a $F(3)$, portanto F *é contínua* em $x = 3$:

$$\lim_{x \to 3^-} F(x) = \lim_{x \to 3^-} 3 = 3, \qquad \lim_{x \to 3^+} F(x) = \lim_{x \to 3^+} x = 3$$ ■

ADVERTÊNCIA Funções definidas por partes podem ser contínuas OU NÃO *nos pontos em que trocam de fórmula.*

Dizemos que f tem uma **descontinuidade infinita** em $x = c$ se um ou ambos os limites laterais forem infinitos [mesmo se a própria $f(x)$ não estiver definida em $x = c$]. A Figura 8 ilustra três tipos de descontinuidades infinitas que ocorrem em $x = 2$. Observe que $x = 2$ não pertence ao domínio da função nos casos (A) e (B).

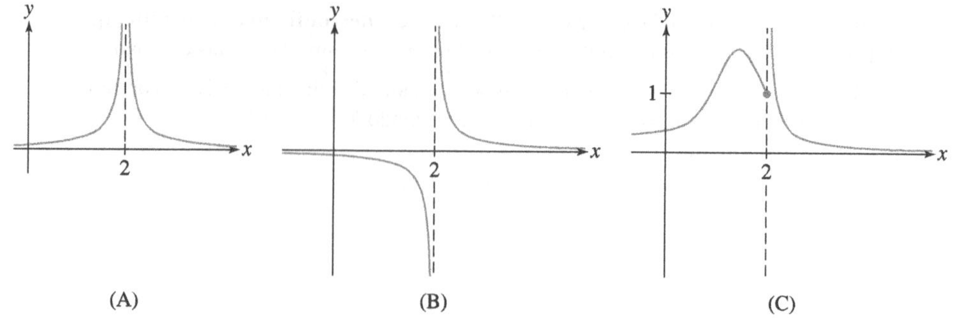

FIGURA 8 Funções com uma descontinuidade infinita em $x = 2$.

Finalmente, observamos que algumas funções podem ter tipos mais "graves" de descontinuidades do que os discutidos anteriormente. Por exemplo, $f(x) = \operatorname{sen} \frac{1}{x}$ oscila uma infinidade de vezes entre $+1$ e -1 quando $x \to 0$ (Figura 9). Nenhum dos dois limites laterais existe em $x = 0$, de modo que essa descontinuidade não é de salto. Veja os Exercícios 88 e 89 para exemplos ainda mais estranhos. Embora sejam interessantes do ponto de vista teórico, na prática essas descontinuidades aparecem raramente.

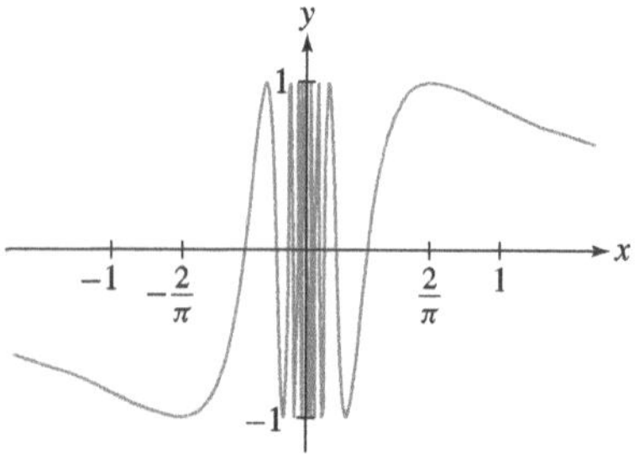

FIGURA 9 O gráfico de $y = \operatorname{sen} \frac{1}{x}$. A descontinuidade em $x = 0$ não é uma descontinuidade de salto, removível, nem infinita.

Construindo funções contínuas

Tendo estudado alguns exemplos de descontinuidades, voltamos a enfocar as funções contínuas. Como podemos mostrar que uma dada função é contínua? Uma maneira é usar as **leis de continuidade** que, informalmente, afirmam que uma função é contínua se for construída a partir de funções que já sabemos serem contínuas.

TEOREMA 1 Leis básicas de continuidade Se f e g forem contínuas em $x = c$, então as funções seguintes também serão contínuas em $x = c$:

(i) $f + g$ e $f - g$

(ii) kf, com qualquer constante k

(iii) fg

(iv) f/g se $g(c) \neq 0$

Demonstração Essas leis seguem diretamente das correspondentes leis básicas de limites (Teorema 1, na Seção 2.3). Ilustramos isso demonstrando detalhadamente a primeira parte de (i). As demais leis podem ser demonstradas de maneira análoga. Por definição, devemos mostrar que $\lim_{x\to c}(f(x) + g(x)) = f(c) + g(c)$. Como ambas, f e g, são contínuas em $x = c$, temos

$$\lim_{x\to c} f(x) = f(c), \qquad \lim_{x\to c} g(x) = g(c)$$

A lei da soma de limites produz o resultado desejado:

$$\lim_{x\to c}(f(x) + g(x)) = \lim_{x\to c} f(x) + \lim_{x\to c} g(x) = f(c) + g(c)$$ ■

Na Seção 2.3, observamos que as leis básicas de limites para somas e produtos eram válidas com um número qualquer de funções. O mesmo vale para a continuidade, a saber, se $f_1, \ldots, f_n$ forem contínuas, então também serão contínuas as funções

$$f_1 + f_2 + \cdots + f_n, \qquad f_1 \cdot f_2 \cdots f_n$$

Quando uma função f está definida e é contínua em todos os valores de x, dizemos que f é contínua na reta real.

As funções básicas são contínuas em seus domínios. Lembre que na Seção 1.3 introduzimos o termo *funções básicas* para englobar os polinômios, as funções racionais, as funções raízes enésimas e algébricas, as funções trigonométricas e suas inversas e as funções exponenciais e logarítmicas.

TEOREMA 2 Continuidade de funções polinomiais e racionais Sejam P e Q polinômios. Então:

- P e Q são contínuas na reta real.
- P/Q é contínua em seu domínio [todos os valores $x = c$ tais que $Q(c) \neq 0$].

LEMBRETE Uma função racional é um quociente de dois polinômios P/Q.

Demonstração A função $f(x) = x^m$ é contínua com qualquer número inteiro m pelo Exemplo 1. Pela lei de continuidade (ii), $f(x) = ax^m$ é contínua com qualquer constante a. Um polinômio

$$P(x) = a_n x^n + a_{n-1}x^{n-1} + \cdots + a_1 x + a_0$$

é uma soma de funções contínuas, portanto, é contínua. Pela lei de continuidade (iv), uma função quociente P/Q é contínua em $x = c$, desde que $Q(c) \neq 0$. ■

Esse resultado mostra, por exemplo, que $f(x) = 3x^4 - 2x^3 + 8x$ é contínua em qualquer x e que

$$g(x) = \frac{x+3}{x^2-1}$$

é contínua com $x \neq \pm 1$. Observe que se n for um inteiro positivo, então $f(x) = x^{-n}$ é contínua com $x \neq 0$, porque $f(x) = x^{-n} = 1/x^n$ é uma função racional.

A continuidade da raiz enésima, do seno, do cosseno, das funções exponenciais e trigonométricas não deve ser uma surpresa, porque os gráficos dessas funções não têm quebras visíveis (ver Figura 10). Contudo, as provas completas da continuidade são um tanto técnicas e, por isso, são omitidas.

TEOREMA 3 Continuidade de algumas funções básicas

- $y = x^{1/n}$ é contínua em seu domínio, com n um número natural.
- $y = \operatorname{sen} x$ e $y = \cos x$ são contínuas na reta real.
- $y = b^x$ é contínua na reta real (com $b > 0, b \neq 1$).
- $y = \log_b x$ é contínua em $x > 0$ (com $b > 0, b \neq 1$).

LEMBRETE O domínio de $y = x^{1/n}$ é a reta real se n for ímpar e a semirreta $[0, \infty)$ se n for par.

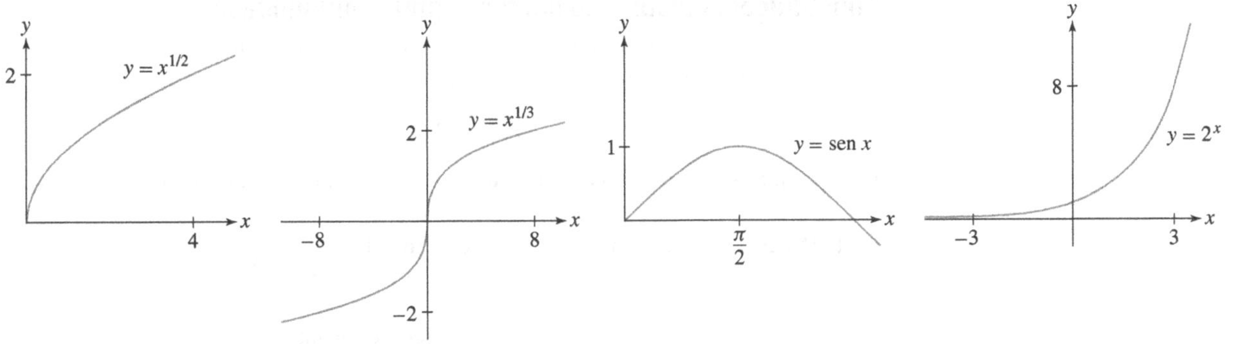

FIGURA 10 Como os gráficos sugerem, essas funções são contínuas em seus domínios.

Em virtude da continuidade de $f(x) = \operatorname{sen} x$ e de $f(x) = \cos x$, a lei de continuidade (iv) do quociente implica que as outras funções trigonométricas padrão são contínuas em seus domínios, que consistem em todos os valores de x nos quais seus denominadores não são nulos:

$$\operatorname{tg} x = \frac{\operatorname{sen} x}{\cos x}, \quad \operatorname{cotg} x = \frac{\cos x}{\operatorname{sen} x}, \quad \sec x = \frac{1}{\cos x}, \quad \operatorname{cossec} x = \frac{1}{\operatorname{sen} x}$$

Essas funções têm descontinuidades infinitas nos pontos em que seus denominadores são iguais a zero. Por exemplo, $f(x) = \operatorname{tg} x$ tem descontinuidades infinitas nos pontos (Figura 11)

$$x = \pm\frac{\pi}{2}, \quad \pm\frac{3\pi}{2}, \quad \pm\frac{5\pi}{2}, \ldots$$

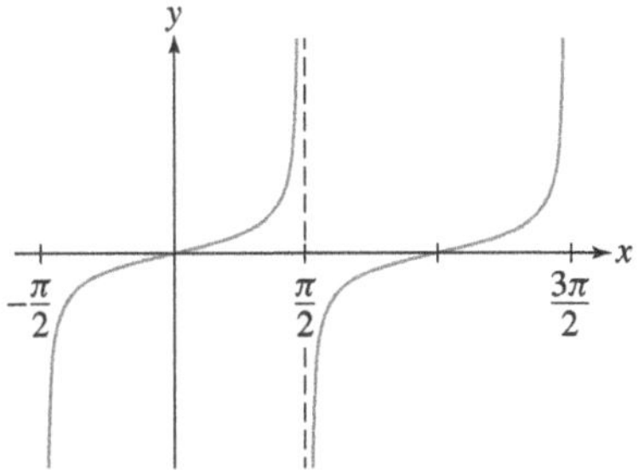

FIGURA 11 O gráfico de $y = \operatorname{tg} x$.

Nosso próximo teorema afirma que é contínua a inversa f^{-1} de uma função contínua f. Isso pode ser antecipado, já que o gráfico de f^{-1} é a reflexão do gráfico de f pela reta $y = x$. Se o gráfico de f não tiver quebras, o mesmo pode ser esperado do de f^{-1}. (A demonstração do Teorema 6 pode ser encontrada no Apêndice D.)

TEOREMA 4 Continuidade da função inversa Se f for contínua em um intervalo I e tiver imagem R, e se existir a inversa f^{-1}, então f^{-1} será contínua em seu domínio R.

Uma consequência desse teorema é a continuidade em seus respectivos domínios das funções logarítmicas e das raízes enésimas, bem como das funções trigonométricas inversas $f(x) = \text{arc sen}\, x$, $f(x) = \text{arc cos}\, x$, $f(x) = \text{arc tg}\, x$.

Finalmente, é importante saber que também é contínua a função composta de funções contínuas. O teorema seguinte está provado no Apêndice D.

TEOREMA 5 Continuidade de funções compostas Se g for contínua em $x = c$ e f for contínua em $x = g(c)$, então a função composta $F(x) = f(g(x))$ será contínua em $x = c$.

Por exemplo, $F(x) = (x^2 + 9)^{1/3}$ é contínua porque é a composta das funções contínuas $f(x) = x^{1/3}$ e $g(x) = x^2 + 9$. Analogamente, $F(x) = \cos(x^{-1})$ é contínua em cada $x \neq 0$ e $F(x) = 2^{\text{sen}\, x}$ é contínua em cada x.

Mais geralmente, uma **função elementar** é uma função construída a partir de funções básicas usando as operações de adição, subtração, multiplicação, divisão e composição. Já que as funções básicas são contínuas (em seus domínios), as leis de continuidade garantem a continuidade das funções elementares em seus domínios. Um exemplo de uma função elementar é dado por

$$F(x) = \text{arc tg}\left(\frac{x^2 + \cos(2^x + 9)}{x - 8}\right)$$

Essa função é contínua em seu domínio $\{x : x \neq 8\}$.

Substituição: Calculando limites usando continuidade

É fácil calcular um limite quando a função em questão é sabidamente contínua. Nesse caso, por definição, o limite é igual ao valor da função:

$$\lim_{x \to c} f(x) = f(c)$$

Dizemos que esse é o **método de substituição** porque o limite é calculado substituindo $x = c$.

■ **EXEMPLO 3** Calcule **(a)** $\lim\limits_{y \to \frac{\pi}{3}} \text{sen}\, y$ e **(b)** $\lim\limits_{x \to -1} \dfrac{3^x}{\sqrt{x + 5}}$.

Solução

(a) Podemos usar substituição porque $f(y) = \text{sen}\, y$ é contínua.

$$\lim_{y \to \frac{\pi}{3}} \text{sen}\, y = \text{sen}\, \frac{\pi}{3} = \frac{\sqrt{3}}{2}$$

(b) A função $f(x) = 3^x/\sqrt{x + 5}$ é contínua em $x = -1$ porque ambos, numerador e denominador, são contínuos em $x = -1$ e o denominador $\sqrt{x + 5}$ não se anula em $x = -1$. Portanto, podemos usar substituição:

$$\lim_{x \to -1} \frac{3^x}{\sqrt{x + 5}} = \frac{3^{-1}}{\sqrt{-1 + 5}} = \frac{1}{6}$$

■

A **função maior inteiro** $f(x) = \lfloor x \rfloor$ é a função definida por $\lfloor x \rfloor = n$, em que n é o único inteiro tal que $n \leq x < n + 1$ (Figura 12). Por exemplo, $\lfloor 4{,}7 \rfloor = 4$ e $\lfloor -2{,}3 \rfloor = -3$.

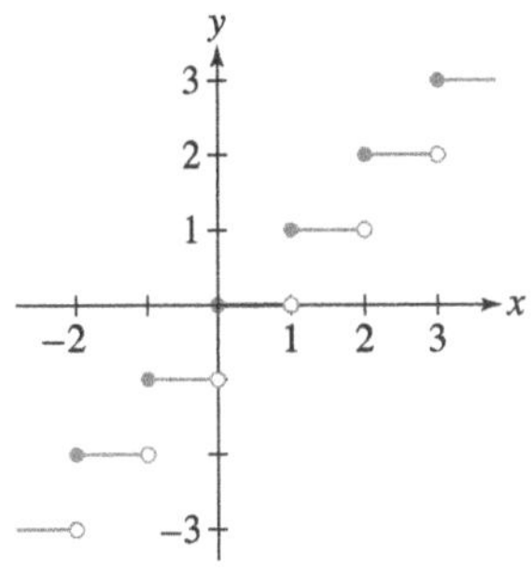

FIGURA 12 O gráfico de $f(x) = \lfloor x \rfloor$.

■ **EXEMPLO 4 Hipóteses importam** Podemos calcular $\lim\limits_{x\to 2} \lfloor x \rfloor$ usando substituição?

Solução Não podemos usar a substituição porque $f(x) = \lfloor x \rfloor$ não é contínua em $x = 2$. Embora $f(2) = 2$, o limite $\lim\limits_{x\to 2} \lfloor x \rfloor$ não existe porque os limites laterais não são iguais:

$$\lim_{x\to 2^+} \lfloor x \rfloor = 2 \quad \text{e} \quad \lim_{x\to 2^-} \lfloor x \rfloor = 1$$ ■

ENTENDIMENTO CONCEITUAL Modelagem do mundo real por meio de funções contínuas Frequentemente usamos funções contínuas para representar quantidades físicas tais como a velocidade, temperatura ou voltagem. Isso reflete nossa experiência cotidiana de que as variações do mundo físico tendem a ocorrer continuamente, ao invés de por meio de transições abruptas. Contudo, os modelos matemáticos são, no máximo, uma aproximação da realidade, e é importante ter consciência de suas limitações.

Na Figura 13, a temperatura atmosférica está representada como uma função contínua da altitude. Isso se justifica para objetos de grande escala como a atmosfera terrestre, porque a leitura num termômetro parece variar continuamente à medida que varia a altitude. Contudo, a temperatura é uma medida da energia cinética média das moléculas e, assim, num nível microscópico, não teria sentido tratar a temperatura como uma quantidade que varie continuamente de um ponto a outro.

Analogamente, o tamanho $P(t)$ de uma população costuma ser tratado como uma função contínua do tempo t. Falando estritamente, $P(t)$ é um número inteiro que varia por ± 1 quando um indivíduo nasce ou morre, portanto não é contínua. No entanto, se a população for grande, o efeito de um nascimento ou morte individual é pequeno, e é tanto razoável quanto conveniente tratar P como uma função contínua.

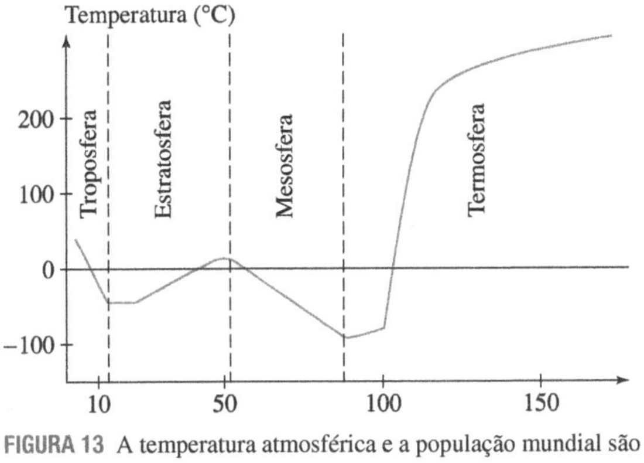

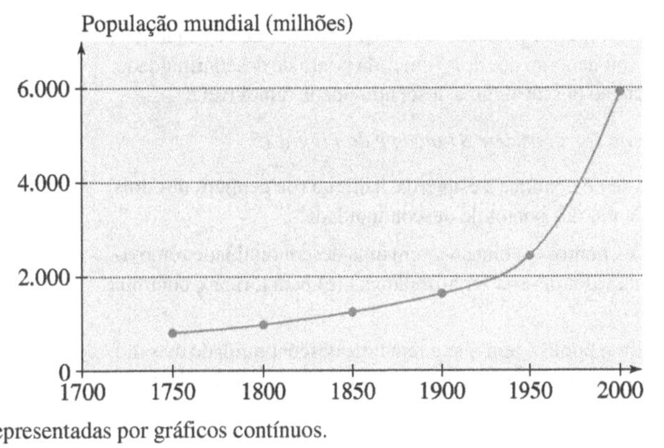

FIGURA 13 A temperatura atmosférica e a população mundial são representadas por gráficos contínuos.

2.4 Resumo

- Definição: f é *contínua* em $x = c$ se $\lim\limits_{x\to c} f(x) = f(c)$. Isso significa que $f(c)$ e $\lim\limits_{x\to c} f(x)$ existem e são iguais.
- Se $\lim\limits_{x\to c} f(x)$ não existe, ou existe mas não é igual a $f(c)$, então f é *descontínua* em $x = c$.
- Se f é contínua em todos os pontos de seu domínio, dizemos simplesmente que f é *contínua*.
- *Continuidade pela direita* em $x = c$: $\lim\limits_{x\to c^+} f(x) = f(c)$.
- *Continuidade pela esquerda* em $x = c$: $\lim\limits_{x\to c^-} f(x) = f(c)$.
- Três tipos comuns de descontinuidades: a *descontinuidade removível* [$\lim\limits_{x\to c} f(x)$ existe, mas não é igual a $f(c)$], *descontinuidade de salto* (ambos os limites laterais existem, mas

não são iguais) e *descontinuidade infinita* (o limite é infinito quando x tende a c por um ou ambos os lados).

- Leis de continuidade: são contínuas as somas, produtos, múltiplos, inversas e compostas de funções contínuas. O mesmo vale para o quociente f/g nos pontos em que $g(x) \neq 0$.
- Funções básicas: polinômios, funções racionais, raízes enésimas e funções algébricas, trigonométricas e suas inversas, funções exponenciais e logarítmicas. As funções básicas são contínuas em seus domínios.
- Método de substituição: se for sabido que f é contínua em $x = c$, então o valor do limite $\lim_{x\to c} f(x)$ é $f(c)$.

2.4 Exercícios

Exercícios preliminares

1. Qual propriedade de $f(x) = x^3$ nos permite concluir que $\lim_{x\to 2} x^3 = 8$?
2. O que pode ser dito sobre $f(3)$ se f for contínua e $\lim_{x\to 3} f(x) = \frac{1}{2}$?
3. Suponha que $f(x) < 0$ se x for positivo e $f(x) > 1$ se x for negativo. Pode f ser contínua em $x = 0$?
4. É possível determinar $f(7)$ se $f(x) = 3$ com qualquer $x < 7$ e f for contínua à direita em $x = 7$? E se f for contínua à esquerda?
5. Decida se a afirmação dada é verdadeira ou falsa. Se for falsa, esboce ou dê um contraexemplo e enuncie a versão correta.
   (a) f é contínua em $x = a$ se os limites de $f(x)$ pela esquerda e pela direita com $x \to a$ existem e são iguais.
   (b) f é contínua em $x = a$ se os limites de $f(x)$ pela esquerda e pela direita com $x \to a$ existem e são iguais a $f(a)$.
   (c) Se os limites de $f(x)$ pela esquerda e pela direita com $x \to a$ existem, então f tem uma descontinuidade removível em $x = a$.
   (d) Se f e g são contínuas em $x = a$, então $f + g$ é contínua em $x = a$.
   (e) Se f e g são contínuas em $x = a$, então f/g é contínua em $x = a$.

Exercícios

1. Usando a Figura 14, decida se a função f é contínua à esquerda, à direita (ou nenhum dos dois) em cada ponto de descontinuidade. Essa função possui alguma descontinuidade removível?

Nos Exercícios 2-4, considere a função g da Figura 15.

2. Decida se f é contínua à esquerda, à direita (ou nenhum dos dois) em cada um dos pontos de descontinuidade.
3. Em quais pontos c a função g tem uma descontinuidade removível? Que valor deveria ser atribuído a $g(c)$ para tornar g contínua em $x = c$?
4. Encontre o ponto c_1 em que g tem uma descontinuidade de salto, mas é contínua à esquerda. Que valor deveria ser atribuído a $g(c_1)$ para tornar g contínua à direita em $x = c_1$?

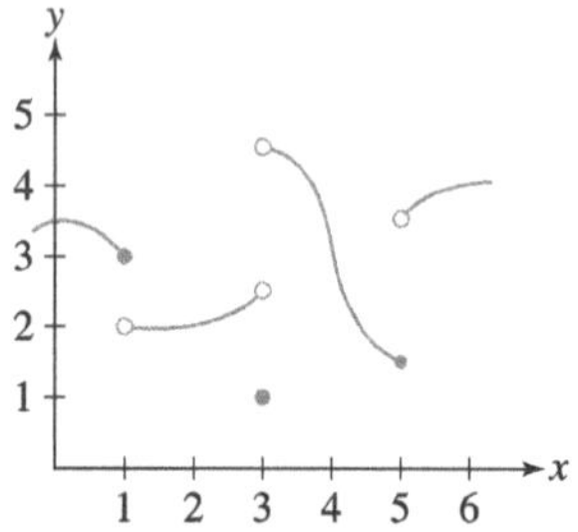

FIGURA 14 Gráfico de $y = f(x)$.

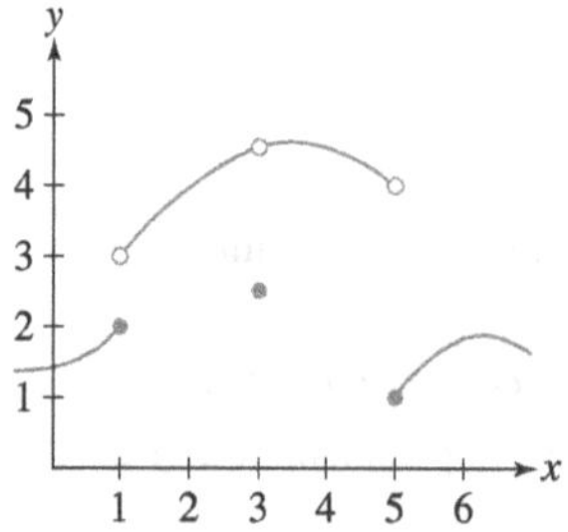

FIGURA 15 Gráfico de $y = g(x)$.

5. Na Figura 16, determine os limites laterais nos pontos de descontinuidade. Qual dessas descontinuidades é removível e como f deveria ser redefinida para torná-la contínua nesse ponto?

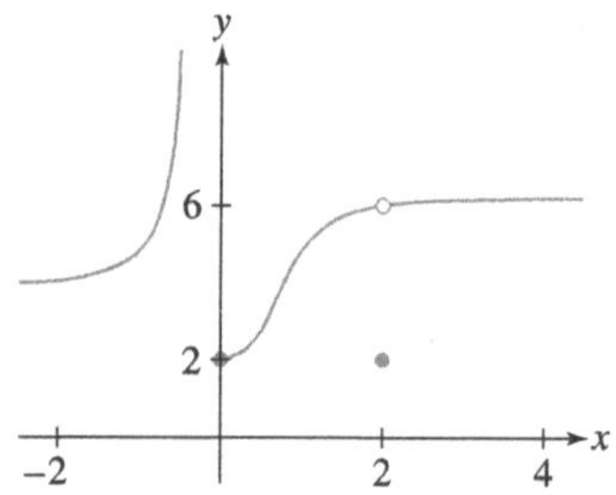

FIGURA 16

6. Suponha que $f(x) = 2$ com $x < 3$ e que $f(x) = -4$ com $x > 3$.
   (a) Qual é o valor de $f(3)$ se f for contínua pela esquerda em $x = 3$?
   (b) Qual é o valor de $f(3)$ se f for contínua pela direita em $x = 3$?

Nos Exercícios 7-16, use as leis de continuidade e os Teoremas 2 e 3 para mostrar que a função é contínua.

7. $f(x) = x + \operatorname{sen} x$
8. $f(x) = x \operatorname{sen} x$
9. $f(x) = 3x + 4 \operatorname{sen} x$
10. $f(x) = 3x^3 + 8x^2 - 20x$
11. $f(x) = \dfrac{1}{x^2 + 1}$
12. $f(x) = \dfrac{x^2 - \cos x}{3 + \cos x}$
13. $f(x) = \cos(x^2)$
14. $f(x) = \operatorname{arc\,tg}(4^x)$
15. $f(x) = e^x \cos 3x$
16. $f(x) = \ln(x^4 + 1)$

Nos Exercícios 17-34, determine os pontos de descontinuidade. Decida qual é o tipo de descontinuidade (removível, de salto, infinita ou nenhum desses) e se a função é contínua à esquerda ou à direita.

17. $f(x) = \frac{1}{x}$

18. $f(x) = |x|$

19. $f(x) = \frac{x-2}{|x-1|}$

20. $f(x) = \lfloor x \rfloor$

21. $f(x) = \left\lfloor \frac{x}{2} \right\rfloor$

22. $g(t) = \frac{1}{t^2 - 1}$

23. $f(x) = \frac{x+1}{4x-2}$

24. $h(z) = \frac{1-2z}{z^2 - z - 6}$

25. $f(x) = 3x^{2/3} - 9x^3$

26. $g(t) = 3t^{-2/3} - 9t^3$

27. $f(x) = \begin{cases} \frac{x-2}{|x-2|} & x \neq 2 \\ -1 & x = 2 \end{cases}$

28. $f(x) = \begin{cases} \cos \frac{1}{x} & x \neq 0 \\ 1 & x = 0 \end{cases}$

29. $g(t) = \text{tg}\, 2t$

30. $f(x) = \text{cossec}(x^2)$

31. $f(x) = \text{tg}\,(\text{sen}\, x)$

32. $f(x) = \cos(\pi \lfloor x \rfloor)$

33. $f(x) = \frac{1}{e^x - e^{-x}}$

34. $f(x) = \ln |x - 4|$

Nos Exercícios 35-48, determine o domínio da função e prove que ela é contínua em seu domínio, usando as leis de continuidade e os fatos abordados nesta seção.

35. $f(x) = 2\,\text{sen}\, x + 3\cos x$

36. $f(x) = \sqrt{x^2 + 9}$

37. $f(x) = \sqrt{x}\,\text{sen}\, x$

38. $f(x) = \frac{x^2}{x + x^{1/4}}$

39. $f(x) = x^{2/3}2^x$

40. $f(x) = x^{1/3} + x^{3/4}$

41. $f(x) = x^{-4/3}$

42. $f(x) = \ln(9 - x^2)$

43. $f(x) = \text{tg}^2\, x$

44. $f(x) = \cos(2^x)$

45. $f(x) = (x^4 + 1)^{3/2}$

46. $f(x) = e^{-x^2}$

47. $f(x) = \frac{\cos(x^2)}{x^2 - 1}$

48. $f(x) = 9^{\text{tg}\, x}$

49. Mostre que a função

$$f(x) = \begin{cases} x^2 + 3 & \text{se } x < 1 \\ 10 - x & \text{se } 1 \leq x \leq 2 \\ 6x - x^2 & \text{se } x > 2 \end{cases}$$

é contínua em $x \neq 1, 2$. Em seguida, calcule os limites laterais em $x = 1$ e $x = 2$ e determine se f é contínua à esquerda, contínua à direita ou contínua nesses pontos (Figura 17).

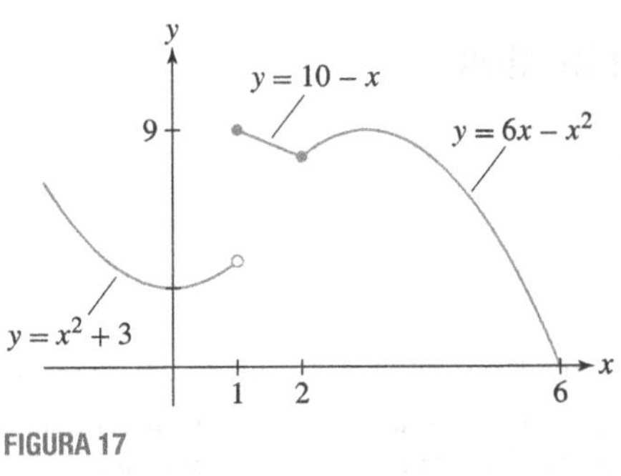

FIGURA 17

50. **Função dente de serra** Esboce o gráfico de $f(x) = x - \lfloor x \rfloor$. Em quais pontos essa função é descontínua? Ela é contínua à esquerda ou à direita nesses pontos?

Nos Exercícios 51-54, esboce o gráfico de f. Em cada ponto de descontinuidade, decida se f é contínua à esquerda ou à direita.

51. $f(x) = \begin{cases} x^2 & \text{se } x \leq 1 \\ 2 - x & \text{se } x > 1 \end{cases}$

52. $f(x) = \begin{cases} x + 1 & \text{se } x < 1 \\ \frac{1}{x} & \text{se } x \geq 1 \end{cases}$

53. $f(x) = \begin{cases} \frac{x^2 - 3x + 2}{|x-2|} & x \neq 2 \\ 0 & x = 2 \end{cases}$

54. $f(x) = \begin{cases} x^3 + 1 & \text{se } -\infty < x \leq 0 \\ -x + 1 & \text{se } 0 < x < 2 \\ -x^2 + 10x - 15 & \text{se } x \geq 2 \end{cases}$

55. Mostre que a função

$$f(x) = \begin{cases} \frac{x^2 - 16}{x - 4} & x \neq 4 \\ 10 & x = 4 \end{cases}$$

tem uma descontinuidade removível em $x = 4$.

56. [CG] Defina $f(x) = x\,\text{sen}\, \frac{1}{x} + 2$ com $x \neq 0$. Esboce f. Como deve ser definido $f(0)$ para f resultar contínua em 0?

Nos Exercícios 57-59, encontre o valor da constante (a, b ou c) que torna a função contínua.

57. $f(x) = \begin{cases} x^2 - c & \text{se } x < 5 \\ 4x + 2c & \text{se } x \geq 5 \end{cases}$

58. $f(x) = \begin{cases} 2x + 9x^{-1} & \text{se } x \leq 3 \\ -4x + c & \text{se } x > 3 \end{cases}$

59. $f(x) = \begin{cases} x^{-1} & \text{se } x < -1 \\ ax + b & \text{se } -1 \leq x \leq \frac{1}{2} \\ x^{-1} & \text{se } x > \frac{1}{2} \end{cases}$

60. Defina

$$g(x) = \begin{cases} x + 3 & \text{se } x < -1 \\ cx & \text{se } -1 \leq x \leq 2 \\ x + 2 & \text{se } x > 2 \end{cases}$$

Encontre um valor de c tal que g seja

(a) contínua à esquerda **(b)** contínua à direita

Em cada caso, esboce o gráfico de g.

61. Defina $g(t) = \text{arc tg}\left(\frac{1}{t-1}\right)$ com $t \neq 1$. Responda às questões seguintes usando um gráfico, se necessário.

(a) $g(1)$ pode ser definido de tal modo que g resulte contínua em $t = 1$?

(b) Como deveria ser definido $g(1)$ para que g resulte contínua à esquerda em $t = 1$?

62. Cada uma das afirmações a seguir é *falsa*. Para cada afirmação, esboce o gráfico de uma função que constitua um contraexemplo.

(a) Se existir $\lim_{x \to a} f(x)$, então f será contínua em $x = a$.

(b) Se f tiver uma descontinuidade de salto em $x = a$, então $f(a)$ será igual a $\lim_{x \to a^-} f(x)$ ou a $\lim_{x \to a^+} f(x)$.

Nos Exercícios 63-66, esboce o gráfico da função em [0, 5] com as propriedades dadas.

63. f não é contínua em $x = 1$, mas $\lim_{x \to 1^+} f(x)$ e $\lim_{x \to 1^-} f(x)$ existem e são iguais.

64. f é contínua à esquerda, mas não à direita em $x = 2$, e é contínua à direita, mas não é contínua em $x = 3$.

65. f tem uma descontinuidade removível em $x = 1$, uma descontinuidade de salto em $x = 2$ e

$$\lim_{x \to 3^-} f(x) = -\infty, \qquad \lim_{x \to 3^+} f(x) = 2$$

66. f é contínua à direita, mas não à esquerda em $x = 1$, contínua à esquerda, mas não à direita em $x = 2$ e não é contínua nem à esquerda nem à direita em $x = 3$.

Nos Exercícios 67-80, calcule o limite usando substituição.

67. $\lim_{x \to -1} (2x^3 - 4)$

68. $\lim_{x \to 2} (5x - 12x^{-2})$

69. $\lim_{x \to 3} \dfrac{x+2}{x^2 + 2x}$

70. $\lim_{x \to \pi} \operatorname{sen}\left(\dfrac{x}{2} - \pi\right)$

71. $\lim_{x \to \frac{\pi}{4}} \operatorname{tg}(3x)$

72. $\lim_{x \to \pi} \dfrac{1}{\cos x}$

73. $\lim_{x \to 4} x^{-5/2}$

74. $\lim_{x \to 2} \sqrt{x^3 + 4x}$

75. $\lim_{x \to -1} (1 - 8x^3)^{3/2}$

76. $\lim_{x \to 2} \left(\dfrac{7x+2}{4-x}\right)^{2/3}$

77. $\lim_{x \to 3} 10^{x^2 - 2x}$

78. $\lim_{x \to -\frac{\pi}{2}} 3^{\operatorname{sen} x}$

79. $\lim_{x \to 4^-} \operatorname{arc\,sen}\left(\dfrac{x}{4}\right)$

80. $\lim_{x \to 0} \operatorname{arc\,tg}(e^x)$

81. Suponha que f e g sejam descontínuas em $x = c$. Decorre disso que $f + g$ é descontínua em $x = c$? Se não decorrer, dê um contraexemplo. Isso contradiz o Teorema 1(i)?

82. Prove que $f(x) = |x|$ é contínua em cada x. *Sugestão:* para provar a continuidade em $x = 0$, considere limites laterais.

83. Use o resultado do Exercício 82 para provar que se g for contínua, então $f(x) = |g(x)|$ também será contínua.

84. Qual das quantidades seguintes poderia ser representada por uma função contínua do tempo e quais teriam uma ou mais descontinuidades?

(a) Velocidade de um avião em voo
(b) Temperatura de uma sala em condições normais
(c) Valor de uma poupança que paga juros anualmente.
(d) O salário de um professor
(e) A população mundial

85. Em 2009, a quantidade $T(x)$ de imposto de renda devida num rendimento de x dólares (até \$82.250) era determinada pela fórmula

$$T(x) = \begin{cases} 0{,}10x & \text{se } 0 \le x < 8350 \\ 0{,}15x - 417{,}50 & \text{se } 8350 \le x < 33.950 \\ 0{,}25x - 3812{,}50 & \text{se } 33.950 \le x < 82.250 \end{cases}$$

Esboce o gráfico de T. Verifique se T possui alguma descontinuidade. Explique por que, se T tivesse alguma descontinuidade de salto, seria vantajoso, em certas situações, ter um rendimento *menor*.

Compreensão adicional e desafios

86. Se f tiver uma descontinuidade removível em $x = c$, então é possível redefinir $f(c)$ de tal modo que f seja contínua em $x = c$. É possível redefinir $f(c)$ de mais de uma maneira?

87. Dê um exemplo de funções f e g tais que $f(g(x))$ seja contínua mas g tenha, pelo menos, uma descontinuidade.

88. Uma função contínua num único ponto Mostre que a seguinte função é contínua somente em $x = 0$:

$$f(x) = \begin{cases} x & \text{se } x \text{ for racional} \\ -x & \text{se } x \text{ for irracional} \end{cases}$$

89. Mostre que f é descontínua em cada x se $f(x)$ for dada por:

$$f(x) = \begin{cases} 1 & \text{se } x \text{ for racional} \\ -1 & \text{se } x \text{ for irracional} \end{cases}$$

Mostre que f^2 é contínua em cada x.

2.5 Cálculo algébrico de limites

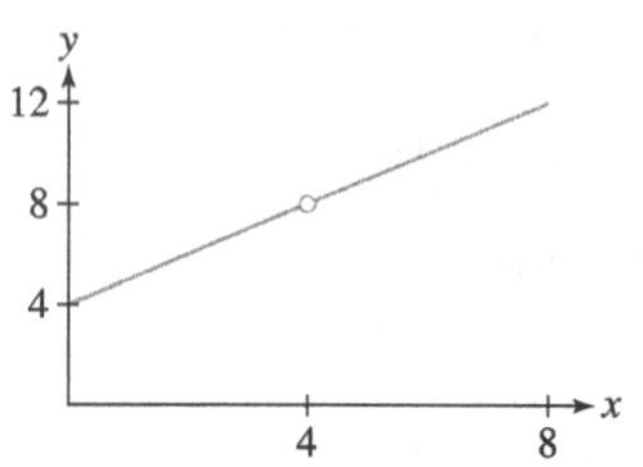

FIGURA 1 O gráfico de $f(x) = \dfrac{x^2 - 16}{x - 4}$. Essa função não está definida em $x = 4$, mas o limite existe se $x \to 4$.

A substituição pode ser usada para calcular limites quando soubermos que a função em questão é contínua. Por exemplo, $f(x) = x^{-2}$ é contínua em $x = 3$ e, portanto,

$$\lim_{x \to 3} x^{-2} = 3^{-2} = \frac{1}{9}$$

Quando estudarmos derivadas no Capítulo 3, encontraremos limites $\lim_{x \to c} f(x)$, em que $f(c)$ não estará definida. Nesses casos, não podemos usar a substituição. Contudo, muitos desses limites podem ser calculados se reescrevermos a fórmula para $f(x)$ com métodos algébricos.

Para ilustrar, considere o limite (Figura 1):

$$\lim_{x \to 4} \frac{x^2 - 16}{x - 4}$$

A função $f(x) = \dfrac{x^2 - 16}{x - 4}$ não está definida em $x = 4$ porque a fórmula para $f(4)$ produz a expressão indefinida $0/0$. Contudo, o numerador de $f(x)$ pode ser fatorado:

$$\frac{x^2-16}{x-4}=\frac{(x+4)(x-4)}{x-4}=x+4 \qquad \text{(válido se } x\neq 4\text{)}$$

Isso mostra que f coincide com a função *contínua* $y=x+4$ em qualquer $x\neq 4$. Como o limite somente depende dos valores de $f(x)$ com $x\neq 4$, temos

$$\lim_{x\to 4}\frac{x^2-16}{x-4}=\underbrace{\lim_{x\to 4}(x+4)=8}_{\text{Calculado por substituição}}$$

> Dizemos que $f(x)$ está em **forma indeterminada** (ou está **indeterminada**) em $x=c$ se a fórmula para $f(c)$ resultar numa expressão indefinida do tipo $\frac{0}{0}$, $\frac{\infty}{\infty}$, $\infty\cdot 0$, $\infty-\infty$.

Outras formas indeterminadas são 1^∞, ∞^0 e 0^0, que serão tratadas na Seção 4.5.

As formas indeterminadas são um sinal de alerta de que é necessário mais trabalho para calcular o limite. Nossa estratégia, quando isso ocorrer, é *transformar $f(x)$ algebricamente, se possível, numa nova expressão que esteja definida e seja contínua em $x=c$ e, então, calcular o limite por substituição.* À medida que for estudando os exemplos seguintes, observe que, em cada caso, o passo crítico é cancelar um fator comum do numerador e do denominador no momento certo, removendo, assim, a indeterminação.

■ **EXEMPLO 1** Calcule $\lim_{x\to 3}\frac{x^2-4x+3}{x^2+x-12}$.

Solução A função tem a forma indeterminada 0/0 em $x=3$ por que

Numerador em $x=3$: $x^2-4x+3=3^2-4(3)+3=0$

Denominador em $x=3$: $x^2+x-12=3^2+3-12=0$

Passo 1. **Transformação algébrica e cancelamento.**

$$\frac{x^2-4x+3}{x^2+x-12}=\underbrace{\frac{(x-3)(x-1)}{(x-3)(x+4)}}_{\text{Cancelando fator comum}}=\underbrace{\frac{x-1}{x+4}}_{\text{Continuidade em } x=3} \qquad \text{(se } x\neq 3\text{)} \qquad \boxed{1}$$

Passo 2. **Substituição (cálculo pela continuidade).**

Como a expressão à direita na Equação (1) é *contínua* em $x=3$,

$$\lim_{x\to 3}\frac{x^2-4x+3}{x^2+x-12}=\underbrace{\lim_{x\to 3}\frac{x-1}{x+4}=\frac{2}{7}}_{\text{Calculando por substituição}}$$ ■

■ **EXEMPLO 2** **A forma $\frac{\infty}{\infty}$** Calcule $\lim_{x\to\frac{\pi}{2}}\frac{\operatorname{tg} x}{\sec x}$.

Solução Como vemos na Figura 2, $f(x)=\operatorname{tg} x$ e $f(x)=\sec x$ têm descontinuidades infinitas em $x=\frac{\pi}{2}$, de modo que esse limite tem a forma indeterminada ∞/∞ em $x=\frac{\pi}{2}$.

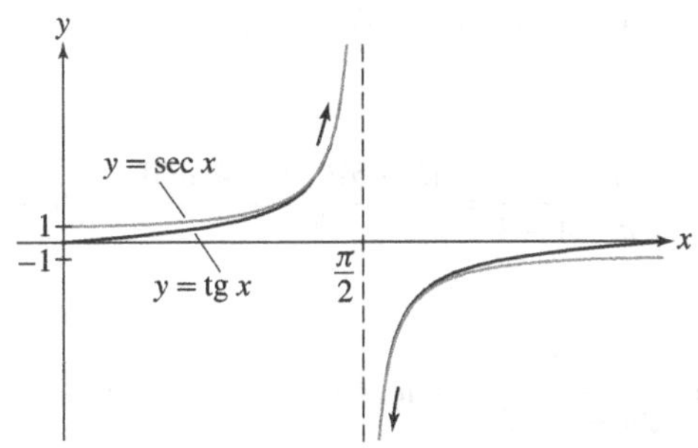

FIGURA 2

Passo 1. **Transformação algébrica e cancelamento.**

$$\frac{\operatorname{tg} x}{\sec x} = \frac{(\operatorname{sen} x)\left(\dfrac{1}{\cos x}\right)}{\dfrac{1}{\cos x}} = \operatorname{sen} x \quad (\text{se } \cos x \neq 0)$$

Passo 2. **Substituição (cálculo pela continuidade).**
Como $f(x) = \operatorname{sen} x$ é contínua,

$$\lim_{x\to\frac{\pi}{2}} \frac{\operatorname{tg} x}{\sec x} = \lim_{x\to\frac{\pi}{2}} \operatorname{sen} x = \operatorname{sen}\frac{\pi}{2} = 1$$ ■

O próximo exemplo ilustra a técnica algébrica de "multiplicar pelo conjugado", que pode ser utilizada para tratar algumas formas indeterminadas que envolvam raízes quadradas.

■ **EXEMPLO 3** **Multiplicar pelo conjugado** Calcule $\lim_{x\to 4} \dfrac{\sqrt{x}-2}{x-4}$.

Solução Verificamos que $f(x) = \dfrac{\sqrt{x}-2}{x-4}$ tem a forma indeterminada 0/0 em $x = 4$:

Numerador em $x = 4$: $\sqrt{x} - 2 = \sqrt{4} - 2 = 0$

Denominador em $x = 4$: $x - 4 = 4 - 4 = 0$

Observe que, no Passo 1, o conjugado de $\sqrt{x} - 2$ é $\sqrt{x} + 2$, portanto $(\sqrt{x}-2)(\sqrt{x}+2) = x - 4$.

Passo 1. **Multiplicação pelo conjugado e cancelamento.**

$$\left(\frac{\sqrt{x}-2}{x-4}\right)\left(\frac{\sqrt{x}+2}{\sqrt{x}+2}\right) = \frac{x-4}{(x-4)(\sqrt{x}+2)} = \frac{1}{\sqrt{x}+2} \quad (\text{se } x \neq 4)$$

Passo 2. **Substituição (cálculo pela continuidade).**
Como $f(x) = 1/(\sqrt{x}+2)$ é contínua em $x = 4$,

$$\lim_{x\to 4} \frac{\sqrt{x}-2}{x-4} = \lim_{x\to 4} \frac{1}{\sqrt{x}+2} = \frac{1}{4}$$ ■

■ **EXEMPLO 4** Calcule $\lim_{h\to 5} \dfrac{h-5}{\sqrt{h+4}-3}$.

Solução Verificamos que $f(h) = \dfrac{h-5}{\sqrt{h+4}-3}$ fornece 0/0 em $h = 5$:

Numerador em $h = 5$: $h - 5 = 5 - 5 = 0$

Denominador em $h = 5$: $\sqrt{h+4} - 3 = \sqrt{5+4} - 3 = 0$

O conjugado de $\sqrt{h+4} - 3$ é $\sqrt{h+4} + 3$ e

$$\frac{h-5}{\sqrt{h+4}-3} = \left(\frac{h-5}{\sqrt{h+4}-3}\right)\left(\frac{\sqrt{h+4}+3}{\sqrt{h+4}+3}\right) = \frac{(h-5)\left(\sqrt{h+4}+3\right)}{\left(\sqrt{h+4}-3\right)\left(\sqrt{h+4}+3\right)}$$

O denominador é igual a

$$\left(\sqrt{h+4}-3\right)\left(\sqrt{h+4}+3\right) = \left(\sqrt{h+4}\right)^2 - 9 = h - 5$$

Assim, com $h \neq 5$, temos

$$f(h) = \frac{h-5}{\sqrt{h+4}-3} = \frac{(h-5)\left(\sqrt{h+4}+3\right)}{h-5} = \sqrt{h+4}+3$$

Obtemos

$$\lim_{h\to 5} \frac{h-5}{\sqrt{h+4}-3} = \lim_{h\to 5} \left(\sqrt{h+4}+3\right) = \sqrt{9}+3 = 6$$ ■

■ **EXEMPLO 5** **A forma $\infty - \infty$** Calcule $\lim_{x\to 1}\left(\frac{1}{x-1} - \frac{2}{x^2-1}\right)$.

Solução Como pode ser visto na Figura 3, $y = \frac{1}{x-1}$ e $y = \frac{2}{x^2-1}$ têm descontinuidades infinitas em $x = 1$, de modo que esse limite tem a forma indeterminada $\infty - \infty$.

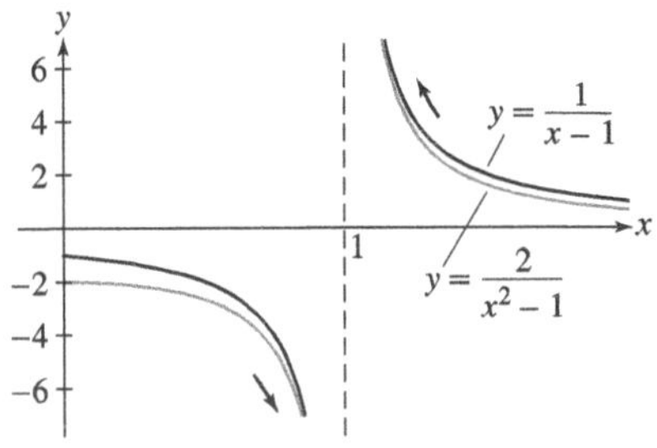

FIGURA 3

Passo 1. **Transformação algébrica e cancelamento.**
Combinamos as frações e simplificamos (com $x \neq 1$):

$$\frac{1}{x-1} - \frac{2}{x^2-1} = \frac{x+1}{x^2-1} - \frac{2}{x^2-1} = \frac{x-1}{x^2-1} = \frac{x-1}{(x-1)(x+1)} = \frac{1}{x+1}$$

Passo 2. **Substituição (cálculo pela continuidade).**

$$\lim_{x\to 1}\left(\frac{1}{x-1} - \frac{2}{x^2-1}\right) = \lim_{x\to 1}\frac{1}{x+1} = \frac{1}{1+1} = \frac{1}{2}$$ ■

No próximo exemplo, a função tem a forma indefinida $a/0$ com a não nulo. Isso *não* é uma forma indeterminada (não é do tipo $0/0$, ∞/∞, etc.).

ADVERTÊNCIA *A forma $\frac{a}{0}$ com a não nulo NÃO é uma forma indeterminada. Nesse caso, o limite não existe, e temos uma assíntota vertical.*

■ **EXEMPLO 6** **Infinita, mas não indeterminada** Calcule $\lim_{x\to 2}\frac{x^2-x+5}{x-2}$.

Solução A função $f(x) = \frac{x^2-x+5}{x-2}$ não está definida em $x = 2$ porque a fórmula de $f(2)$ fornece $7/0$:

Numerador em $x = 2$: $\quad x^2 - x + 5 = 2^2 - 2 + 5 = 7$

Denominador em $x = 2$: $\quad x - 2 = 2 - 2 = 0$

No entanto, $f(x)$ *não é uma forma indeterminada* em $x = 2$ porque $7/0$ não é uma indeterminação. Como na Figura 4, os limites laterais são infinitos:

$$\lim_{x\to 2^-}\frac{x^2-x+5}{x-2} = -\infty, \qquad \lim_{x\to 2^+}\frac{x^2-x+5}{x-2} = \infty$$

O limite (bilateral) não existe porque o numerador tende a um valor não nulo fixado e o denominador tende a 0. ■

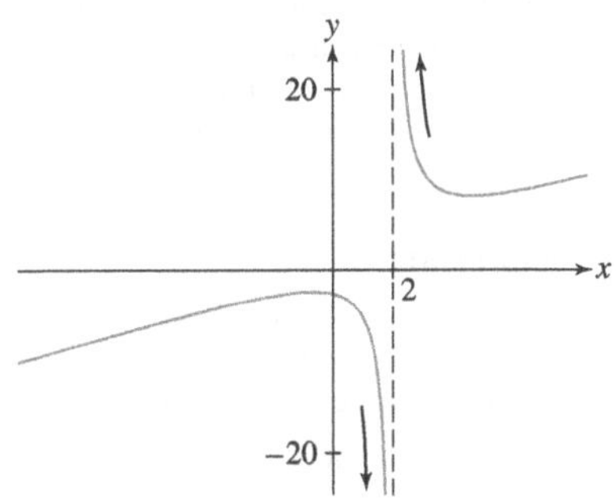

FIGURA 4 O gráfico de $f(x) = \frac{x^2-x+5}{x-2}$.

Como uma preparação para a derivada do Capítulo 3, calculamos um limite que envolve uma constante simbólica.

■ **EXEMPLO 7** **Constante simbólica** Calcule $\lim_{h\to 0}\frac{(h+a)^2 - a^2}{h}$, em que a é uma constante.

Solução Temos a forma indeterminada 0/0 em $h = 0$ por que

Numerador em $h = 0$: $\quad (h+a)^2 - a^2 = (0+a)^2 - a^2 = 0$

Denominador em $h = 0$: $\quad h = 0$

Expandimos o numerador e simplificamos (com $h \neq 0$):

$$\frac{(h+a)^2 - a^2}{h} = \frac{(h^2 + 2ah + a^2) - a^2}{h} = \frac{h^2 + 2ah}{h} = \frac{h(h+2a)}{h} = h + 2a$$

A função $y = h + 2a$ é contínua (com a constante qualquer), portanto

$$\lim_{h\to 0}\frac{(h+a)^2 - a^2}{h} = \lim_{h\to 0}(h + 2a) = 2a$$ ■

Nem sempre é possível obter o limite de uma forma indeterminada por meio de manipulação algébrica. Por exemplo, considere o limite $\lim_{x\to 0}\frac{\operatorname{sen} x}{x}$. Embora isso seja uma forma indeterminada do tipo 0/0, a manipulação algébrica não fornece uma resposta. Na próxima seção, utilizaremos o teorema do confronto para calcular esse limite. Também podemos calculá-lo com a regra de L'Hôpital, que nos permitirá calcular muitas formas indeterminadas e será discutida na Seção 4.5.

2.5 Resumo

- Quando f é sabidamente contínua em $x = c$, o limite pode ser calculado por substituição: $\lim_{x\to c} f(x) = f(c)$.
- Dizemos que $f(x)$ está *indeterminado* (ou é uma *forma indeterminada*) em $x = c$ se a fórmula para $f(c)$ fornecer uma expressão não definida do tipo

$$\frac{0}{0}, \quad \frac{\infty}{\infty}, \quad \infty \cdot 0, \quad \infty - \infty$$

- Se $f(x)$ estiver indeterminado em $x = c$, tentamos transformar $f(x)$ algebricamente numa nova expressão que esteja definida em $x = c$. Em seguida, calculamos por substituição.

2.5 Exercícios

Exercícios preliminares

1. Qual das seguintes expressões é uma indeterminação em $x = 1$?

$$\frac{x^2+1}{x-1}, \quad \frac{x^2-1}{x+2}, \quad \frac{x^2-1}{\sqrt{x+3}-2}, \quad \frac{x^2+1}{\sqrt{x+3}-2}$$

2. Dê contraexemplos para mostrar que cada uma das afirmações seguintes é falsa:

(a) Se $f(c)$ estiver indeterminado, então os limites laterais com $x \to c$ não são iguais.

(b) Se existir $\lim_{x\to c} f(x)$, então $f(c)$ não é uma indeterminação.

(c) Se $f(x)$ não estiver definida em $x = c$, então $f(x)$ tem uma forma indeterminada em $x = c$.

3. O método de calcular limites discutido nesta seção também é conhecido por "simplificar e substituir". Explique como, na verdade, ele depende da propriedade de continuidade.

Exercícios

Nos Exercícios 1-4, mostre que o limite leva a uma forma indeterminada. Então execute o procedimento de dois passos: transforme a função algebricamente e calcule usando continuidade.

1. $\lim_{x\to 6} \frac{x^2-36}{x-6}$

2. $\lim_{h\to 3} \frac{9-h^2}{h-3}$

3. $\lim_{x\to -1} \frac{x^2+2x+1}{x+1}$

4. $\lim_{t\to 9} \frac{2t-18}{5t-45}$

Nos Exercícios 5-34, calcule o limite, se existir. Se não existir, determine se existem os limites laterais (finitos ou infinitos).

5. $\lim_{x\to 7} \frac{x-7}{x^2-49}$

6. $\lim_{x\to 8} \frac{x^2-64}{x-9}$

7. $\lim_{x\to -2} \frac{x^2+3x+2}{x+2}$

8. $\lim_{x\to 8} \frac{x^3-64x}{x-8}$

9. $\lim_{x\to 5} \frac{2x^2-9x-5}{x^2-25}$

10. $\lim_{h\to 0} \frac{(1+h)^3-1}{h}$

11. $\lim_{x\to -\frac{1}{2}} \frac{2x+1}{2x^2+3x+1}$

12. $\lim_{x\to 3} \frac{x^2-x}{x^2-9}$

13. $\lim_{x\to 2} \frac{3x^2-4x-4}{2x^2-8}$

14. $\lim_{h\to 0} \frac{(3+h)^3-27}{h}$

15. $\lim_{t\to 0} \frac{4^{2t}-1}{4^t-1}$

16. $\lim_{h\to 4} \frac{(h+2)^2-9h}{h-4}$

17. $\lim_{x\to 16} \frac{\sqrt{x}-4}{x-16}$

18. $\lim_{t\to -2} \frac{2t+4}{12-3t^2}$

19. $\lim_{h\to 0} \frac{\frac{1}{(h+2)^2}-\frac{1}{4}}{h}$

20. $\lim_{y\to 3} \frac{y^2+y-12}{y^3-10y+3}$

21. $\lim_{h\to 0} \frac{\sqrt{2+h}-2}{h}$

22. $\lim_{x\to 8} \frac{\sqrt{x-4}-2}{x-8}$

23. $\lim_{x\to 4} \frac{x-4}{\sqrt{x}-\sqrt{8-x}}$

24. $\lim_{x\to 4} \frac{\sqrt{5-x}-1}{2-\sqrt{x}}$

25. $\lim_{x\to 4} \left(\frac{1}{\sqrt{x}-2} - \frac{4}{x-4}\right)$

26. $\lim_{x\to 0^+} \left(\frac{1}{\sqrt{x}} - \frac{1}{\sqrt{x^2+x}}\right)$

27. $\lim_{x\to 0} \frac{\text{cotg}\, x}{\text{cossec}\, x}$

28. $\lim_{\theta\to \frac{\pi}{2}} \frac{\text{cotg}\, \theta}{\text{cossec}\, \theta}$

29. $\lim_{x\to 1} \left(\frac{1}{1-x} - \frac{2}{1-x^2}\right)$

30. $\lim_{x\to \frac{\pi}{4}} \frac{\text{sen}\, x - \cos x}{\text{tg}\, x - 1}$

31. $\lim_{t\to 2} \frac{2^{2t}+2^t-20}{2^t-4}$

32. $\lim_{\theta\to \frac{\pi}{2}} (\sec\theta - \text{tg}\,\theta)$

33. $\lim_{\theta\to \frac{\pi}{4}} \left(\frac{1}{\text{tg}\,\theta - 1} - \frac{2}{\text{tg}^2\theta - 1}\right)$

34. $\lim_{x\to \frac{\pi}{3}} \frac{2\cos^2 x + 3\cos x - 2}{2\cos x - 1}$

35. CG Use um gráfico de $f(x) = \frac{x-4}{\sqrt{x}-\sqrt{8-x}}$ para obter uma estimativa do valor de $\lim_{x\to 4} f(x)$ até a segunda casa decimal. Compare com a resposta obtida algebricamente no Exercício 23.

36. CG Use um gráfico de $f(x) = \frac{1}{\sqrt{x}-2} - \frac{4}{x-4}$ para obter uma estimativa do valor de $\lim_{x\to 4} f(x)$ numericamente. Compare com a resposta obtida algebricamente no Exercício 25.

Nos Exercícios 37-42, calcule usando a identidade

$$a^3 - b^3 = (a-b)(a^2+ab+b^2)$$

37. $\lim_{x\to 2}\frac{x^3-8}{x-2}$

38. $\lim_{x\to 3}\frac{x^3-27}{x^2-9}$

39. $\lim_{x\to 1}\frac{x^2-5x+4}{x^3-1}$

40. $\lim_{x\to -2}\frac{x^3+8}{x^2+6x+8}$

41. $\lim_{x\to 1}\frac{x^4-1}{x^3-1}$

42. $\lim_{x\to 27}\frac{x-27}{x^{1/3}-3}$

43. Calcule $\lim_{h\to 0}\frac{\sqrt[4]{1+h}-1}{h}$. *Sugestão:* escreva $x=\sqrt[4]{1+h}$, expresse h como uma função de x e reescreva o limite se $x\to 1$.

44. Calcule $\lim_{h\to 0}\frac{\sqrt[3]{1+h}-1}{\sqrt[2]{1+h}-1}$. *Sugestão:* escreva $x=\sqrt[6]{1+h}$, expresse h como uma função de x e reescreva o limite se $x\to 1$.

Nos Exercícios 45-54, calcule em termos da constante a.

45. $\lim_{x\to 0}(2a+x)$

46. $\lim_{h\to -2}(4ah+7a)$

47. $\lim_{t\to -1}(4t-2at+3a)$

48. $\lim_{h\to 0}\frac{(3a+h)^2-9a^2}{h}$

49. $\lim_{h\to 0}\frac{2(a+h)^2-2a^2}{h}$

50. $\lim_{x\to a}\frac{(x+a)^2-4x^2}{x-a}$

51. $\lim_{x\to a}\frac{\sqrt{x}-\sqrt{a}}{x-a}$

52. $\lim_{h\to 0}\frac{\sqrt{a+2h}-\sqrt{a}}{h}$

53. $\lim_{x\to 0}\frac{(x+a)^3-a^3}{x}$

54. $\lim_{h\to a}\frac{\frac{1}{h}-\frac{1}{a}}{h-a}$

Compreensão adicional e desafios

Nos Exercícios 55-58, encontre todos os valores de c tais que exista o limite.

55. $\lim_{x\to c}\frac{x^2-5x-6}{x-c}$

56. $\lim_{x\to 1}\frac{x^2+3x+c}{x-1}$

57. $\lim_{x\to 1}\left(\frac{1}{x-1}-\frac{c}{x^3-1}\right)$

58. $\lim_{x\to 0}\frac{1+cx^2-\sqrt{1+x^2}}{x^4}$

59. Com qual sinal, + ou −, existe o limite seguinte?

$$\lim_{x\to 0}\left(\frac{1}{x}\pm\frac{1}{x(x-1)}\right)$$

2.6 Limites trigonométricos

No nosso estudo da derivada, vamos precisar calcular certos limites que envolvem funções transcendentes como o seno e o cosseno. As técnicas algébricas da seção precedente costumam ser ineficazes com essas funções, e precisamos de outras ferramentas. Uma delas é o teorema do confronto, que discutimos nesta seção e utilizamos no cálculo dos limites trigonométricos necessários na Seção 3.6.

Teorema do confronto

Considere uma função f que esteja "cercada" num intervalo I entre duas funções, uma função inferior l e uma função superior u. Em outras palavras,

$$l(x)\le f(x)\le u(x) \text{ com qualquer } x\in I$$

Assim, o gráfico de f fica entre os gráficos de l e u (Figura 1).

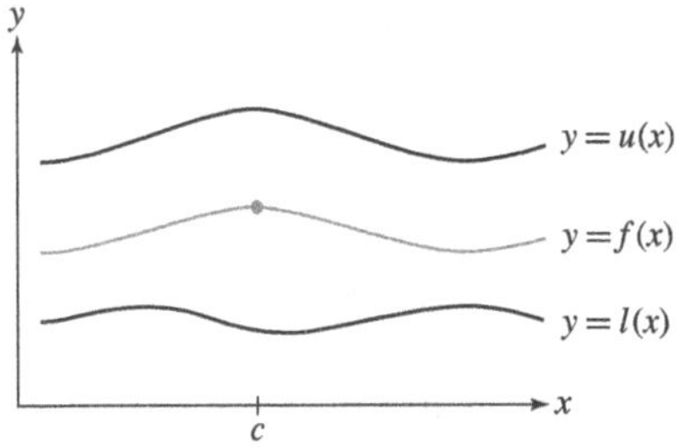

FIGURA 1 f está cercada por l e u (mas não apertada em $x=c$).

O teorema do confronto é aplicável quando f não só está cercada como também **apertada** num ponto $x=c$ (Figura 2). Por isso queremos dizer que, dado qualquer $x\ne c$ em algum intervalo aberto contendo c, temos

$$l(x)\le f(x)\le u(x) \quad \text{e} \quad \lim_{x\to c}l(x)=\lim_{x\to c}u(x)=L$$

Não exigimos que $f(x)$ esteja definida em $x=c$, mas fica graficamente evidente que $f(x)$ deve tender ao limite L, conforme teorema seguinte. Uma prova desse teorema está dada no Apêndice D.

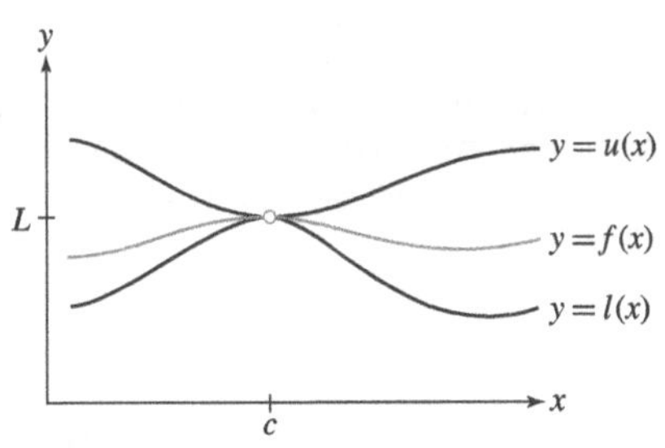

FIGURA 2 f está sendo apertada por l e u em $x=c$.

> **TEOREMA 1 Teorema do confronto** Suponha que em cada $x\ne c$ (de algum intervalo aberto contendo c),
>
> $$l(x)\le f(x)\le u(x) \quad \text{e} \quad \lim_{x\to c}l(x)=\lim_{x\to c}u(x)=L$$
>
> Então existe $\lim_{x\to c}f(x)$ e $\lim_{x\to c}f(x)=L$.

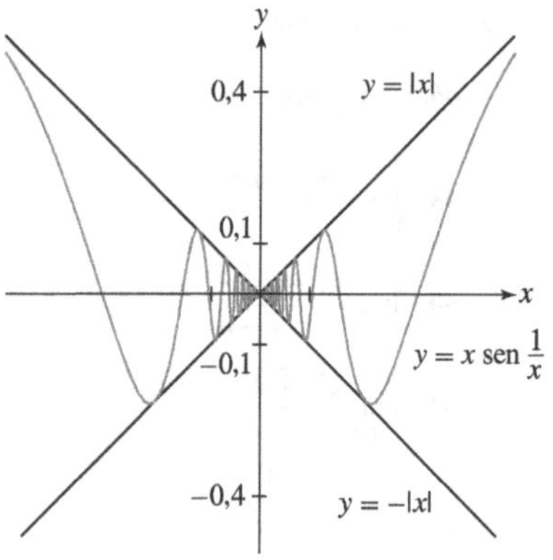

FIGURA 3

■ **EXEMPLO 1** Mostre que $\lim_{x \to 0} x \operatorname{sen} \frac{1}{x} = 0$.

Solução Embora $f(x) = x \operatorname{sen} \frac{1}{x}$ seja um produto de duas funções, não podemos usar a lei do produto porque não existe $\lim_{x \to 0} \operatorname{sen} \frac{1}{x}$. Entretanto, a função seno toma valores entre 1 e -1 e, portanto, $\left|\operatorname{sen} \frac{1}{x}\right| \leq 1$ com qualquer $x \neq 0$. Multiplicando por $|x|$, obtemos $\left|x \operatorname{sen} \frac{1}{x}\right| \leq |x|$ e concluímos que (Figura 3)

$$-|x| \leq x \operatorname{sen} \frac{1}{x} \leq |x|$$

Como

$$\lim_{x \to 0} |x| = 0 \qquad \text{e} \qquad \lim_{x \to 0} (-|x|) = -\lim_{x \to 0} |x| = 0$$

podemos aplicar o teorema do confronto para concluir que $\lim_{x \to 0} x \operatorname{sen} \frac{1}{x} = 0$. ■

Na Seção 2.2, obtivemos evidencia gráfica e numérica sugerindo que o limite $\lim_{\theta \to 0} \frac{\operatorname{sen} \theta}{\theta}$ é igual a 1. O teorema do confronto nos permite provar esse fato.

Observe que tanto $\frac{\operatorname{sen}\theta}{\theta}$ quanto $\frac{\cos\theta - 1}{\theta}$ são indeterminações em $\theta = 0$, portanto o Teorema 2 não pode ser provado por substituição.

TEOREMA 2 Limites trigonométricos importantes

$$\lim_{\theta \to 0} \frac{\operatorname{sen} \theta}{\theta} = 1 \qquad \text{e} \qquad \lim_{\theta \to 0} \frac{1 - \cos \theta}{\theta} = 0$$

Para aplicar o teorema do confronto, precisamos encontrar funções que apertem $\frac{\operatorname{sen} \theta}{\theta}$ em $\theta = 0$. Essas funções são fornecidas pelo teorema seguinte (Figura 4).

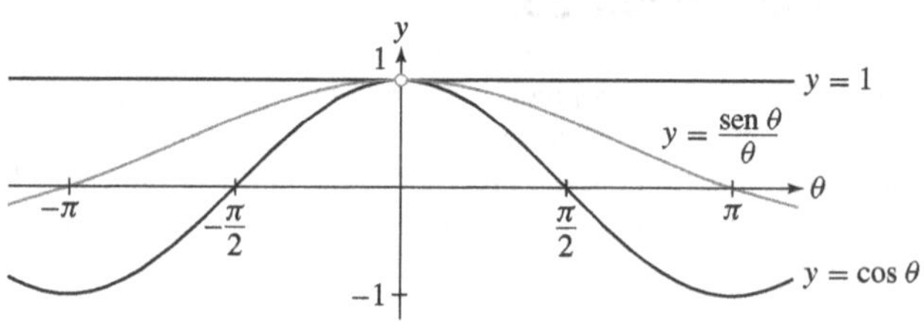

FIGURA 4 O gráfico que ilustra as desigualdades do Teorema 3.

TEOREMA 3

$$\cos \theta \leq \frac{\operatorname{sen} \theta}{\theta} \leq 1 \quad \text{para} \quad -\frac{\pi}{2} < \theta < \frac{\pi}{2}, \quad \theta \neq 0 \tag{1}$$

__LEMBRETE__ Vejamos por que o setor de ângulo θ num círculo de raio r tem área $\frac{1}{2}r^2\theta$. Um setor de ângulo θ representa uma fração $\frac{\theta}{2\pi}$ do círculo todo. O círculo tem área πr^2, portanto, o setor tem área $\left(\frac{\theta}{2\pi}\right)\pi r^2 = \frac{1}{2}r^2\theta$. No círculo unitário $(r = 1)$, o setor tem área $\frac{1}{2}\theta$.

Demonstração Suponha, inicialmente, que $0 < \theta < \frac{\pi}{2}$. Nossa prova depende da relação seguinte entre as áreas na Figura 5:

$$\text{Área do } \triangle OAB < \text{área do setor } BOA < \text{área do } \triangle OAC \tag{2}$$

__OBSERVAÇÃO__ Nossa prova do Teorema 3 usa a fórmula $\frac{1}{2}\theta$ da área de um setor, mas essa fórmula tem por base a fórmula πr^2 da área de um círculo, cuja demonstração completa exige o Cálculo Integral.

Calculemos essas três áreas. Observe que $\triangle OAB$ tem base 1 e altura $\operatorname{sen}\theta$, portanto sua área é $\frac{1}{2}\operatorname{sen}\theta$. Em seguida, lembre que um setor de ângulo θ tem área $\frac{1}{2}\theta$. Finalmente, para calcular a área do $\triangle OAC$, observe que

$$\operatorname{tg}\theta = \frac{\text{lado oposto}}{\text{lado adjacente}} = \frac{AC}{OA} = \frac{AC}{1} = AC$$

Assim, $\triangle OAC$ tem base 1, altura $\operatorname{tg}\theta$ e área $\frac{1}{2}\operatorname{tg}\theta$. Desse modo, mostramos que

$$\underbrace{\frac{1}{2}\operatorname{sen}\theta}_{\text{Área do }\triangle OAB} \leq \underbrace{\frac{1}{2}\theta}_{\text{Área do setor}} \leq \underbrace{\frac{1}{2}\frac{\operatorname{sen}\theta}{\cos\theta}}_{\text{Área do }\triangle OAC} \tag{3}$$

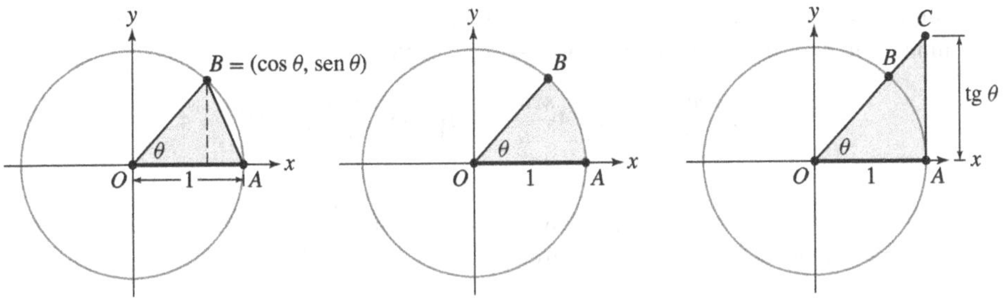

Área do triângulo = $\frac{1}{2}$ sen θ Área do setor = $\frac{1}{2}\theta$ Área do triângulo = $\frac{1}{2}$ tg θ

FIGURA 5

A primeira desigualdade dá sen $\theta \leq \theta$ e, como $\theta > 0$, resulta

$$\frac{\operatorname{sen}\theta}{\theta} \leq 1 \qquad \boxed{4}$$

Agora multiplicamos a segunda desigualdade em (3) por $\dfrac{2\cos\theta}{\theta}$ para obter

$$\cos\theta \leq \frac{\operatorname{sen}\theta}{\theta} \qquad \boxed{5}$$

A combinação de (4) e (5) nos dá (1) se $0 < \theta < \frac{\pi}{2}$. Contudo, as funções em (1) não mudam de valor quando θ for trocado por $-\theta$ porque ambas as funções, $f(x) = \cos\theta$ e $f(x) = \dfrac{\operatorname{sen}\theta}{\theta}$, são funções pares. De fato, $\cos(-\theta) = \cos\theta$ e

$$\frac{\operatorname{sen}(-\theta)}{-\theta} = \frac{-\operatorname{sen}\theta}{-\theta} = \frac{\operatorname{sen}\theta}{\theta}$$

Portanto, (1) vale também com $-\frac{\pi}{2} < \theta < 0$. Isso completa a prova do Teorema 3. ■

Demonstração do Teorema 2 De acordo com o Teorema 3,

$$\cos\theta \leq \frac{\operatorname{sen}\theta}{\theta} \leq 1$$

Como $\lim_{\theta\to 0} \cos\theta = \cos 0 = 1$ e $\lim_{\theta\to 0} 1 = 1$, o teorema do confronto nos dá $\lim_{\theta\to 0} \dfrac{\operatorname{sen}\theta}{\theta} = 1$, como afirmamos. Segue que

$$\lim_{\theta\to 0} \frac{1-\cos\theta}{\theta} = \lim_{\theta\to 0} \left(\frac{1+\cos\theta}{1+\cos\theta}\right) \frac{1-\cos\theta}{\theta} = \lim_{\theta\to 0} \frac{1-\cos^2\theta}{(1+\cos\theta)\theta}$$

$$= \lim_{\theta\to 0} \frac{1}{1+\cos\theta} \frac{\operatorname{sen}^2\theta}{\theta} = \lim_{x\to 0} \frac{\operatorname{sen}\theta}{1+\cos\theta} \frac{\operatorname{sen}\theta}{\theta} = \frac{0}{2}\cdot 1 = 0 \qquad ■$$

No próximo exemplo, calculamos outro limite trigonométrico. A ideia central é reescrever a função de h em termos da nova variável $\theta = 4h$.

■ **EXEMPLO 2 Cálculo de limite por mudança de variável** Investigue $\lim_{h\to 0} \dfrac{\operatorname{sen} 4h}{h}$ numericamente e então calcule exatamente.

Solução A tabela de valores à esquerda sugere que o limite seja igual a 4. Para calcular o limite exatamente, reescrevemos o limite em termos de $\dfrac{\operatorname{sen}\theta}{\theta}$ para poder aplicar o Teorema 2. Assim, tomamos $\theta = 4h$ e escrevemos

$$\frac{\operatorname{sen} 4h}{h} = 4\left(\frac{\operatorname{sen} 4h}{4h}\right) = 4\frac{\operatorname{sen}\theta}{\theta}$$

h	$\dfrac{\operatorname{sen} 4h}{h}$
±1,0	−0,75680
±0,5	1,81859
±0,2	3,58678
±0,1	**3,8**9 418
±0,05	**3,9**7 339
±0,01	**3,99** 893
±0,005	**3,999** 73

A nova variável θ tende a zero se $h \to 0$ pois θ é um múltiplo de h. Portanto, podemos trocar o limite com $h \to 0$ para um limite com $\theta \to 0$ para obter

$$\lim_{h\to 0} \frac{\operatorname{sen} 4h}{h} = \lim_{\theta\to 0} 4\frac{\operatorname{sen}\theta}{\theta} = 4\left(\lim_{\theta\to 0} \frac{\operatorname{sen}\theta}{\theta}\right) = 4(1) = 4 \qquad \boxed{6}$$

■

Observe que a mudança de variável demonstra que $\dfrac{\operatorname{sen}(kx)}{kx}$ tende a 1 se $x \to 0$. Podemos tirar vantagem disso no próximo exemplo.

■ **EXEMPLO 3** Encontre $\displaystyle\lim_{x\to 0} \frac{\operatorname{tg}(3x)}{\operatorname{tg}(2x)}$.

Solução

$$\lim_{x\to 0} \frac{\operatorname{tg}(3x)}{\operatorname{tg}(2x)} = \lim_{x\to 0} \frac{\operatorname{sen}(3x)}{\cos(3x)} \cdot \frac{\cos(2x)}{\operatorname{sen}(2x)} = \lim_{x\to 0} \frac{\operatorname{sen}(3x)}{\cos(3x)} \cdot \frac{\cos(2x)}{\operatorname{sen}(2x)} \cdot \frac{x}{x} \qquad \boxed{7}$$

$$= \lim_{x\to 0} \frac{3}{2}\left(\frac{\operatorname{sen}(3x)}{3x}\right)\left(\frac{2x}{\operatorname{sen}(2x)}\right)\frac{\cos(2x)}{\cos(3x)} = \frac{3}{2}\cdot 1 \cdot 1 \cdot \frac{1}{1} = \frac{3}{2} \qquad \boxed{8}$$

2.6 Resumo

- Dizemos que f está sendo *apertada* em $x = c$ se existirem funções l e u tais que $l(x) \leq f(x) \leq u(x)$ com qualquer $x \neq c$ de um intervalo aberto I contendo c, e

$$\lim_{x\to c} l(x) = \lim_{x\to c} u(x) = L$$

  O teorema do confronto afirma que, nesse caso, $\lim_{x\to c} f(x) = L$.
- Dois limites trigonométricos importantes:

$$\lim_{\theta\to 0} \frac{\operatorname{sen}\theta}{\theta} = 1 \qquad \text{e} \qquad \lim_{\theta\to 0} \frac{1-\cos\theta}{\theta} = 0$$

2.6 Exercícios

Exercícios preliminares

1. Suponha que $-x^4 \leq f(x) \leq x^2$. Quanto vale $\lim_{x\to 0} f(x)$? Há informação suficiente para calcular $\lim_{x\to \frac{1}{2}} f(x)$? Explique.

2. Enuncie cuidadosamente o teorema do confronto.

3. Se quisermos calcular $\displaystyle\lim_{h\to 0} \frac{\operatorname{sen} 5h}{3h}$, é uma boa ideia reescrever esse limite em termos da variável (escolha uma):

(a) $\theta = 5h$ **(b)** $\theta = 3h$ **(c)** $\theta = \dfrac{5h}{3}$

Exercícios

1. Enuncie precisamente as hipóteses e conclusões do teorema do confronto para a situação da Figura 6.

2. A função f está sendo apertada por l e u em $x = 3$ na Figura 7? E em $x = 2$?

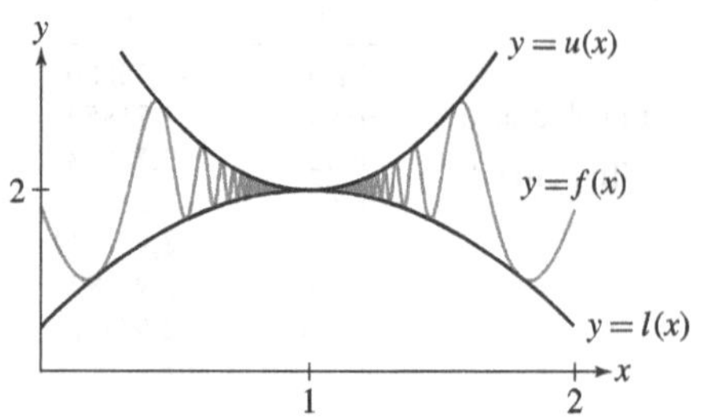

FIGURA 6

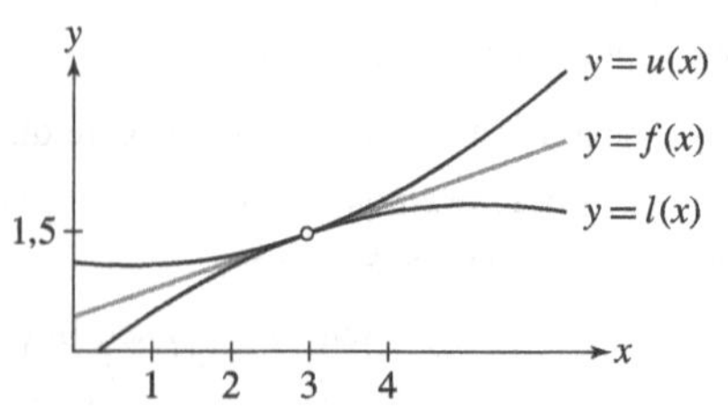

FIGURA 7

3. O que o teorema do confronto diz sobre $\lim_{x\to 7} f(x)$ se os limites $\lim_{x\to 7} l(x) = \lim_{x\to 7} u(x) = 6$ e as funções f, u e l estiverem relacionados como na Figura 8? A desigualdade $f(x) \le u(x)$ não está satisfeita com qualquer x. Isso afeta a validade da conclusão obtida?

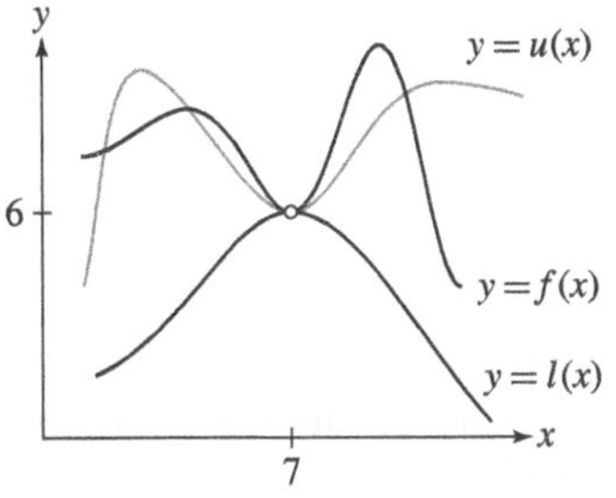

FIGURA 8

4. Determine $\lim_{x\to 0} f(x)$ supondo que $\cos x \le f(x) \le 1$.

5. Decida se a desigualdade fornece informação suficiente para determinar $\lim_{x\to 1} f(x)$ e, caso afirmativo, encontre o limite.
   (a) $4x - 5 \le f(x) \le x^2$
   (b) $2x - 1 \le f(x) \le x^2$
   (c) $4x - x^2 \le f(x) \le x^2 + 2$

6. CG Faça um esboço dos gráficos de $u(x) = 1 + \left|x - \frac{\pi}{2}\right|$ e $l(x) = \operatorname{sen} x$ no mesmo par de eixos. O que se pode dizer sobre $\lim_{x\to\frac{\pi}{2}} f(x)$ se f for apertada por l e u em $x = \frac{\pi}{2}$?

Nos Exercícios 7-16, use o teorema do confronto para calcular o limite.

7. $\lim_{x\to 0} x^2 \cos\frac{1}{x}$
8. $\lim_{x\to 0} x \operatorname{sen}\frac{1}{x^2}$
9. $\lim_{x\to 1} (x-1)\operatorname{sen}\frac{\pi}{x-1}$
10. $\lim_{x\to 3} (x^2-9)\frac{x-3}{|x-3|}$
11. $\lim_{t\to 0} (2^t - 1)\cos\frac{1}{t}$
12. $\lim_{x\to 0^+} \sqrt{x}\, e^{\cos(\pi/x)}$
13. $\lim_{t\to 2} (t^2-4)\cos\frac{1}{t-2}$
14. $\lim_{x\to 0} \operatorname{tg} x \cos\left(\operatorname{sen}\frac{1}{x}\right)$
15. $\lim_{\theta\to\frac{\pi}{2}} \cos\theta\cos(\operatorname{tg}\theta)$
16. $\lim_{t\to 0^+} \operatorname{sen} t \operatorname{arc\,tg}(\ln t)$

Nos Exercícios 17-26, calcule o limite usando o Teorema 2 quando necessário.

17. $\lim_{x\to 0} \frac{\operatorname{tg} x}{x}$
18. $\lim_{x\to 0} \frac{\operatorname{sen} x \sec x}{x}$
19. $\lim_{t\to 0} \frac{\sqrt{t^3+9}\operatorname{sen} t}{t}$
20. $\lim_{t\to 0} \frac{\operatorname{sen}^2 t}{t}$
21. $\lim_{x\to 0} \frac{x^2}{\operatorname{sen}^2 x}$
22. $\lim_{t\to\frac{\pi}{2}} \frac{1-\cos t}{t}$
23. $\lim_{\theta\to 0} \frac{\sec\theta - 1}{\theta}$
24. $\lim_{\theta\to 0} \frac{1-\cos\theta}{\operatorname{sen}\theta}$
25. $\lim_{t\to\frac{\pi}{4}} \frac{\operatorname{sen} t}{t}$
26. $\lim_{t\to 0} \frac{\cos t - \cos^2 t}{t}$

27. Seja $L = \lim_{x\to 0} \frac{\operatorname{sen} 14x}{x}$.
   (a) Tomando $\theta = 14x$, mostre que $L = \lim_{\theta\to 0} 14\frac{\operatorname{sen}\theta}{\theta}$.
   (b) Calcule L.

28. Calcule $\lim_{h\to 0} \frac{\operatorname{sen} 9h}{\operatorname{sen} 7h}$. *Sugestão:*
$$\frac{\operatorname{sen} 9h}{\operatorname{sen} 7h} = \left(\frac{9}{7}\right)\left(\frac{\operatorname{sen} 9h}{9h}\right)\left(\frac{7h}{\operatorname{sen} 7h}\right).$$

Nos Exercícios 29-48, calcule o limite.

29. $\lim_{h\to 0} \frac{\operatorname{sen} 9h}{h}$
30. $\lim_{h\to 0} \frac{\operatorname{sen} 4h}{4h}$
31. $\lim_{h\to 0} \frac{\operatorname{sen} h}{5h}$
32. $\lim_{x\to\frac{\pi}{6}} \frac{x}{\operatorname{sen} 3x}$
33. $\lim_{\theta\to 0} \frac{\operatorname{sen} 7\theta}{\operatorname{sen} 3\theta}$
34. $\lim_{x\to 0} \frac{\operatorname{tg} 4x}{9x}$
35. $\lim_{x\to 0} x \operatorname{cossec} 25x$
36. $\lim_{t\to 0} \frac{\operatorname{tg} 4t}{t \sec t}$
37. $\lim_{h\to 0} \frac{\operatorname{sen} 2h \operatorname{sen} 3h}{h^2}$
38. $\lim_{z\to 0} \frac{\operatorname{sen}(z/3)}{\operatorname{sen} z}$
39. $\lim_{\theta\to 0} \frac{\operatorname{sen}(-3\theta)}{\operatorname{sen}(4\theta)}$
40. $\lim_{x\to 0} \frac{\operatorname{tg} 4x}{\operatorname{tg} 9x}$
41. $\lim_{t\to 0} \frac{\operatorname{cossec} 8t}{\operatorname{cossec} 4t}$
42. $\lim_{x\to 0} \frac{\operatorname{sen} 5x \operatorname{sen} 2x}{\operatorname{sen} 3x \operatorname{sen} 5x}$
43. $\lim_{x\to 0} \frac{\operatorname{sen} 3x \operatorname{sen} 2x}{x \operatorname{sen} 5x}$
44. $\lim_{h\to 0} \frac{1-\cos 2h}{h}$
45. $\lim_{h\to 0} \frac{\operatorname{sen}(2h)(1-\cos h)}{h^2}$
46. $\lim_{t\to 0} \frac{1-\cos 2t}{\operatorname{sen}^2 3t}$
47. $\lim_{\theta\to 0} \frac{\cos 2\theta - \cos\theta}{\theta}$
48. $\lim_{h\to\frac{\pi}{2}} \frac{1-\cos 3h}{h}$

49. Calcule $\lim_{x\to 0^-} \frac{\operatorname{sen} x}{|x|}$.

50. Use a identidade $\operatorname{sen} 3\theta = 3\operatorname{sen}\theta - 4\operatorname{sen}^3\theta$ para calcular o limite $\lim_{\theta\to 0} \frac{\operatorname{sen} 3\theta - 3\operatorname{sen}\theta}{\theta^3}$.

51. Prove o resultado seguinte:
$$\lim_{\theta\to 0} \operatorname{cossec}\theta - \operatorname{cotg}\theta = 0$$ 9

52. CG Investigue $\lim_{h\to 0} \frac{1-\cos h}{h^2}$ numérica e graficamente. Em seguida, prove que o limite é igual a $\frac{1}{2}$. *Sugestão:* ver a prova do Teorema 2.

Nos Exercícios 53-55, calcule o limite usando o resultado do Exercício 52.

53. $\lim_{h\to 0} \frac{\cos 3h - 1}{h^2}$
54. $\lim_{h\to 0} \frac{\cos 3h - 1}{\cos 2h - 1}$
55. $\lim_{t\to 0} \frac{\sqrt{1-\cos t}}{t}$

56. Use o teorema do confronto para provar que se $\lim_{x\to c} |f(x)| = 0$, então $\lim_{x\to c} f(x) = 0$.

Compreensão adicional e desafios

57. Use o resultado do Exercício 52 para provar que, com $m \ne 0$, vale
$$\lim_{x\to 0} \frac{\cos mx - 1}{x^2} = -\frac{m^2}{2}$$

58. Use um esboço do círculo unitário e o teorema de Pitágoras para mostrar que
$$\operatorname{sen}^2\theta \le (1-\cos\theta)^2 + \operatorname{sen}^2\theta \le \theta^2$$

Conclua que $\text{sen}^2\,\theta \leq 2(1-\cos\theta) \leq \theta^2$ e use isso para dar uma prova alternativa da Equação (9) no Exercício 51. Em seguida, dê uma prova alternativa do resultado do Exercício 52.

59. (a) Investigue $\lim_{x\to c} \dfrac{\text{sen}\,x - \text{sen}\,c}{x-c}$ numericamente com os cinco valores $c = 0, \frac{\pi}{6}, \frac{\pi}{4}, \frac{\pi}{3}, \frac{\pi}{2}$.
(b) É possível adivinhar a resposta com um c geral?
(c) Confira numericamente que sua resposta em (b) vale com outros valores de c.

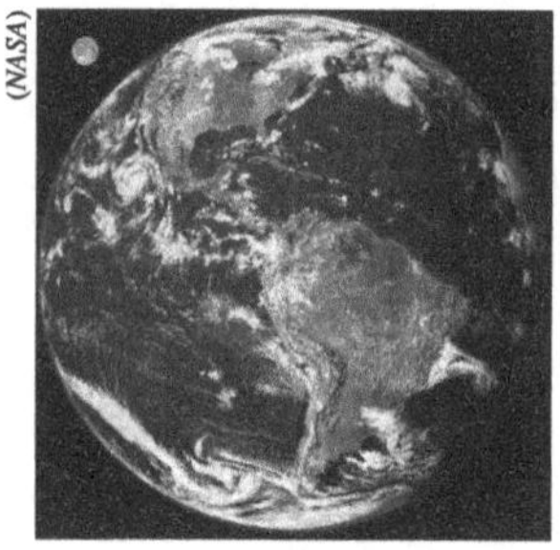

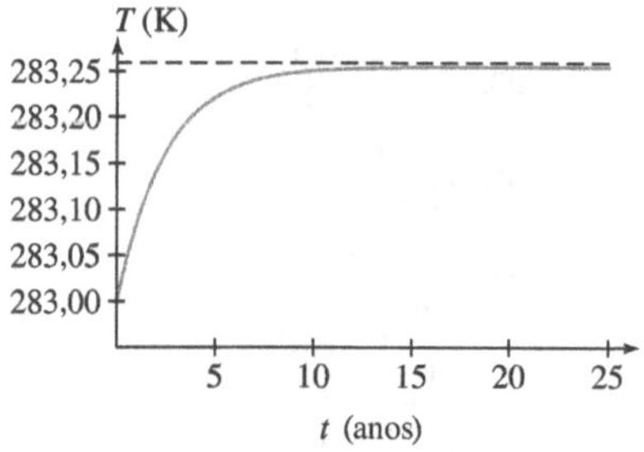

FIGURA 1 A temperatura média da Terra (de acordo com um modelo climatológico simplificado) em função de um aumento de 0,25% na radiação solar. De acordo com esse modelo, $\lim_{t\to\infty} T(t) = 283{,}255$.

2.7 Limites no infinito

Até aqui, consideramos limites com x tendendo a um número c. É igualmente importante considerar limites com x tendendo a ∞ ou a $-\infty$, que denominamos **limites no infinito**. Os limites no infinito surgem naturalmente nas aplicações quando descrevemos o comportamento no longo prazo de um sistema como o da Figura 1.

A notação $x \to \infty$ indica que x cresce sem cota e $x \to -\infty$ indica que x decresce (em valores negativos) sem cota. Escrevemos

- $\lim_{x\to\infty} f(x) = L$ se $f(x)$ se aproxima cada vez mais de L com $x \to \infty$.
- $\lim_{x\to-\infty} f(x) = L$ se $f(x)$ se aproxima cada vez mais de L com $x \to -\infty$.

Como antes, "se aproxima cada vez mais" significa que $|f(x) - L|$ se torna arbitrariamente pequeno. Em cada um dos casos, dizemos que a reta $y = L$ é uma **assíntota horizontal**. Utilizamos a notação $x \to \pm\infty$ para indicar que estamos considerando ambos os limites no infinito com $x \to \infty$ e com $x \to -\infty$.

Os limites no infinito descrevem o **comportamento assintótico** de uma função, que é determinado pelo comportamento do gráfico quando nos afastamos indefinidamente para a direita e para a esquerda.

EXEMPLO 1 Discuta o comportamento assintótico na Figura 2.

Solução A função g tende a $L = 7$ quando nos movemos para a direita e tende a $L = 3$ quando nos movemos para a esquerda, portanto

$$\lim_{x\to\infty} g(x) = 7 \quad \text{e} \quad \lim_{x\to-\infty} g(x) = 3$$

Decorre disso que as retas $y = 7$ e $y = 3$ são assíntotas horizontais de g. ■

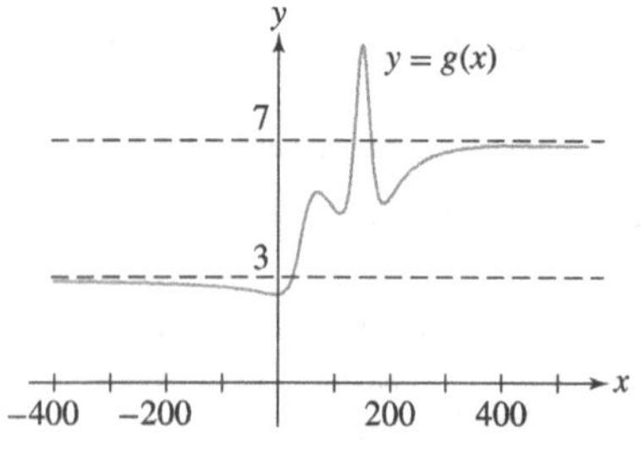

FIGURA 2 As retas $y = 7$ e $y = 3$ são assíntotas horizontais de g.

Uma função pode tender a um limite infinito com $x \to \pm\infty$. Escrevemos

$$\lim_{x\to\infty} f(x) = \infty \qquad \text{ou} \qquad \lim_{x\to-\infty} f(x) = \infty$$

se $f(x)$ se torna arbitrariamente grande com $x \to \infty$ ou $-\infty$. Notação análoga é usada se $f(x)$ tender a $-\infty$ com $x \to \pm\infty$. Por exemplo, vemos na Figura 3(A) que

$$\lim_{x\to\infty} e^x = \infty \qquad \text{e} \qquad \lim_{x\to-\infty} e^x = 0$$

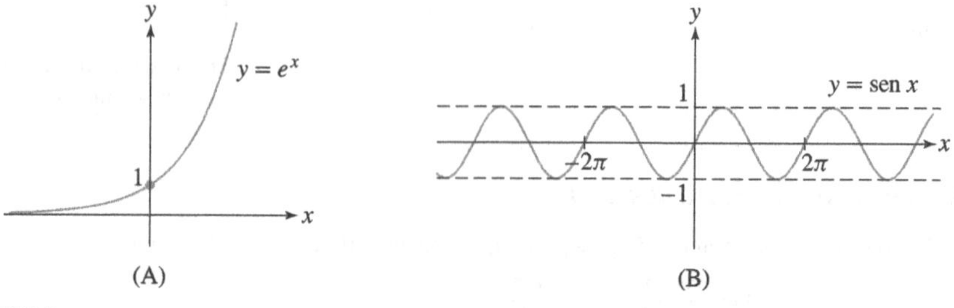

FIGURA 3

Contudo, nem sempre existem os limites no infinito. Por exemplo, $f(x) = \text{sen}\, x$ oscila indefinidamente [Figura 3(B)], portanto não existem

$$\lim_{x\to\infty} \text{sen}\, x \qquad \text{e} \qquad \lim_{x\to-\infty} \text{sen}\, x$$

O limite não existe quando um limite é igual a ∞ ou a −∞, pois a função não está tendendo para um número finito. Mesmo assim, o fato de que o limite é ∞ ou −∞ é uma informação útil, e por isso registramos esse fato em vez de só dizer que o limite não existe.

Os limites no infinito das funções potência $f(x) = x^n$ são facilmente determinados. Se $n > 0$, então x^n certamente cresce sem cota com $x \to \infty$, portanto (Figura 4)

$$\lim_{x\to\infty} x^n = \infty \qquad \text{e} \qquad \lim_{x\to\infty} x^{-n} = \lim_{x\to\infty} \frac{1}{x^n} = 0$$

Para descrever os limites com $x \to -\infty$, suponha que n seja um número natural, de modo que x^n está definida com $x < 0$. Se n for par, então x^n é positivo e se torna grande com $x \to -\infty$, mas, se n for ímpar, a potência é negativa e se torna grande. Resumindo, temos o teorema seguinte.

ADVERTÊNCIA *O limite $\lim_{x\to-\infty} x^{1/2}$ não existe, pois a raiz quadrada de um número negativo não é um número real.*

TEOREMA 1 Dado qualquer $n > 0$,

$$\lim_{x\to\infty} x^n = \infty \qquad \text{e} \qquad \lim_{x\to\infty} x^{-n} = \lim_{x\to\infty} \frac{1}{x^n} = 0$$

Se n for um número inteiro positivo, então

$$\lim_{x\to-\infty} x^n = \begin{cases} \infty & \text{se } n \text{ for par} \\ -\infty & \text{se } n \text{ for ímpar} \end{cases} \qquad \text{e} \qquad \lim_{x\to-\infty} x^{-n} = \lim_{x\to-\infty} \frac{1}{x^n} = 0$$

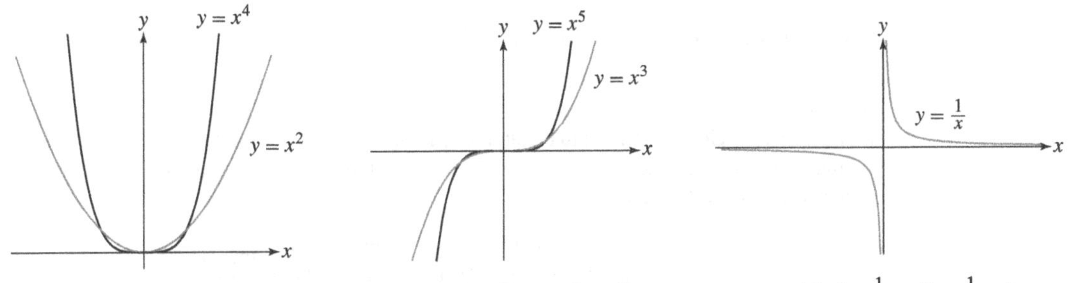

(A) n par: $\lim_{x\to\infty} x^n = \lim_{x\to-\infty} x^n = \infty$ (B) n ímpar: $\lim_{x\to\infty} x^n = \infty$, $\lim_{x\to-\infty} x^n = -\infty$ (C) $\lim_{x\to\infty} \frac{1}{x} = \lim_{x\to-\infty} \frac{1}{x} = 0$

FIGURA 4

Observe, também, que se p e q forem inteiros positivos, então

$$\lim_{x\to-\infty} x^{p/q} = \begin{cases} -\infty & \text{se } q \text{ for ímpar} \\ \text{não definido} & \text{se } q \text{ for par} \end{cases}$$

As leis básicas de limites (Teorema 1 da Seção 2.3) também valem com limites no infinito. Por exemplo, as leis da soma e do múltiplo constante fornecem

$$\lim_{x\to\infty} \left(3 - 4x^{-3} + 5x^{-5}\right) = \lim_{x\to\infty} 3 - 4 \lim_{x\to\infty} x^{-3} + 5 \lim_{x\to\infty} x^{-5}$$
$$= 3 + 0 + 0 = 3$$

■ **EXEMPLO 2** Calcule $\lim_{x\to\infty} \dfrac{20x^2 - 3x}{3x^5 - 4x^2 + 5}$.

Solução Seria legal se pudéssemos aplicar a lei do quociente dos limites, mas essa lei só é válida se o denominador tiver um limite finito e não nulo. Nosso limite tem a forma indeterminada ∞/∞ porque

$$\lim_{x\to\infty} (20x^2 - 3x) = \infty \qquad \text{e} \qquad \lim_{x\to\infty} (3x^5 - 4x^2 + 5) = \infty$$

A maneira de sair dessa situação é dividir o numerador e o denominador por x^5 (a maior potência de x no denominador):

$$\frac{20x^2 - 3x}{3x^5 - 4x^2 + 5} = \frac{x^{-5}(20x^2 - 3x)}{x^{-5}(3x^5 - 4x^2 + 5)} = \frac{20x^{-3} - 3x^{-4}}{3 - 4x^{-3} + 5x^{-5}}$$

Agora podemos utilizar a lei do quociente:

$$\lim_{x\to\infty} \frac{20x^2 - 3x}{3x^5 - 4x^2 + 5} = \frac{\lim\limits_{x\to\infty} \left(20x^{-3} - 3x^{-4}\right)}{\lim\limits_{x\to\infty} \left(3 - 4x^{-3} + 5x^{-5}\right)} = \frac{0}{3} = 0$$ ■

Em geral, se

$$f(x) = \frac{a_n x^n + a_{n-1}x^{n-1} + \cdots + a_0}{b_m x^m + b_{m-1}x^{m-1} + \cdots + b_0}$$

em que $a_n \neq 0$ e $b_m \neq 0$, dividimos o numerador e o denominador por x^m:

$$f(x) = \frac{a_n x^{n-m} + a_{n-1}x^{n-1-m} + \cdots + a_0 x^{-m}}{b_m + b_{m-1}x^{-1} + \cdots + b_0 x^{-m}}$$

$$= x^{n-m} \left(\frac{a_n + a_{n-1}x^{-1} + \cdots + a_0 x^{-n}}{b_m + b_{m-1}x^{-1} + \cdots + b_0 x^{-m}} \right)$$

O quociente entre parênteses tende ao limite finito a_n/b_m, pois

$$\lim_{x\to\infty} (a_n + a_{n-1}x^{-1} + \cdots + a_0 x^{-n}) = a_n$$

$$\lim_{x\to\infty} (b_m + b_{m-1}x^{-1} + \cdots + b_0 x^{-m}) = b_m$$

Isso também vale com $x \to -\infty$ e, portanto,

$$\lim_{x\to\pm\infty} f(x) = \lim_{x\to\pm\infty} x^{n-m} \lim_{x\to\pm\infty} \frac{a_n + a_{n-1}x^{-1} + \cdots + a_0 x^{-n}}{b_m + b_{m-1}x^{-1} + \cdots + b_0 x^{-m}} = \frac{a_n}{b_m} \lim_{x\to\pm\infty} x^{n-m}$$ ■

TEOREMA 2 Limites no infinito de uma função racional O comportamento assintótico de uma função racional depende somente dos termos dominantes no numerador e denominador. Se $a_n, b_m \neq 0$, então

$$\lim_{x\to\pm\infty} \frac{a_n x^n + a_{n-1}x^{n-1} + \cdots + a_0}{b_m x^m + b_{m-1}x^{m-1} + \cdots + b_0} = \frac{a_n}{b_m} \lim_{x\to\pm\infty} x^{n-m}$$

Temos os exemplos seguintes:

- $n = m$: $\displaystyle\lim_{x\to\infty} \frac{3x^4 - 7x + 9}{7x^4 - 4} = \frac{3}{7} \lim_{x\to\infty} x^0 = \frac{3}{7}$
- $n < m$: $\displaystyle\lim_{x\to\infty} \frac{3x^3 - 7x + 9}{7x^4 - 4} = \frac{3}{7} \lim_{x\to\infty} x^{-1} = 0$
- $n > m, n - m$ ímpar: $\displaystyle\lim_{x\to-\infty} \frac{3x^8 - 7x + 9}{7x^3 - 4} = \frac{3}{7} \lim_{x\to-\infty} x^5 = -\infty$
- $n > m, n - m$ par: $\displaystyle\lim_{x\to-\infty} \frac{3x^7 - 7x + 9}{7x^3 - 4} = \frac{3}{7} \lim_{x\to-\infty} x^4 = \infty$

Nosso método pode ser adaptado a expoentes que não são inteiros e a funções algébricas.

■ **EXEMPLO 3** Calcule os limites **(a)** $\displaystyle\lim_{x\to\infty} \frac{3x^{7/2} + 7x^{-1/2}}{x^2 - x^{1/2}}$ **(b)** $\displaystyle\lim_{x\to\infty} \frac{x^2}{\sqrt{x^3 + 1}}$.

A lei do quociente é válida no caso em que $\lim\limits_{x\to c} f(x) = \infty$ e $\lim\limits_{x\to c} g(x) = L$, sendo $L \neq 0$:

$$\lim_{x\to c} \frac{f(x)}{g(x)} = \frac{\lim\limits_{x\to c} f(x)}{\lim\limits_{x\to c} g(x)} = \begin{cases} \infty & \text{se } L > 0 \\ -\infty & \text{se } L < 0 \end{cases}$$

Um resultado análogo vale se $\lim\limits_{x\to c} f(x) = -\infty$.

Solução

(a) Como antes, dividimos o numerador e denominador por x^2, que é a maior potência de x que ocorre no denominador (isso equivale a multiplicar por x^{-2}):

$$\frac{3x^{7/2} + 7x^{-1/2}}{x^2 - x^{1/2}} = \left(\frac{x^{-2}}{x^{-2}}\right) \frac{3x^{7/2} + 7x^{-1/2}}{x^2 - x^{1/2}} = \frac{3x^{3/2} + 7x^{-5/2}}{1 - x^{-3/2}}$$

$$\lim_{x\to\infty} \frac{3x^{7/2} + 7x^{-1/2}}{x^2 - x^{1/2}} = \frac{\lim\limits_{x\to\infty} (3x^{3/2} + 7x^{-5/2})}{\lim\limits_{x\to\infty} (1 - x^{-3/2})} = \frac{\infty}{1} = \infty$$

(b) O que interessa é observar que o denominador de $\dfrac{x^2}{\sqrt{x^3+1}}$ "se comporta" como $x^{3/2}$:

$$\sqrt{x^3+1} = \sqrt{x^3(1+x^{-3})} = x^{3/2}\sqrt{1+x^{-3}} \qquad (\text{com } x>0)$$

Isso sugere que dividamos o numerador e o denominador por $x^{3/2}$:

$$\frac{x^2}{\sqrt{x^3+1}} = \left(\frac{x^{-3/2}}{x^{-3/2}}\right)\frac{x^2}{x^{3/2}\sqrt{1+x^{-3}}} = \frac{x^{1/2}}{\sqrt{1+x^{-3}}}$$

Agora aplicamos a lei do quociente:

$$\lim_{x\to\infty}\frac{x^2}{\sqrt{x^3+1}} = \lim_{x\to\infty}\frac{x^{1/2}}{\sqrt{1+x^{-3}}} = \frac{\lim\limits_{x\to\infty} x^{1/2}}{\lim\limits_{x\to\infty}\sqrt{1+x^{-3}}}$$

$$= \frac{\infty}{1} = \infty$$

■

■ **EXEMPLO 4** Calcule os limites no infinito de $f(x) = \dfrac{12x+25}{\sqrt{16x^2+100x+500}}$.

Solução Dividimos o numerador e denominador por x (multiplicando por x^{-1}), mas observe a diferença entre x positivo e negativo. Com $x > 0$,

$$x^{-1}\sqrt{16x^2+100x+500} = \sqrt{x^{-2}}\sqrt{16x^2+100x+500} = \sqrt{16+\frac{100}{x}+\frac{500}{x^2}}$$

$$\lim_{x\to\infty}\frac{12x+25}{\sqrt{16x^2+100x+500}} = \frac{\lim\limits_{x\to\infty}\left(12+\frac{25}{x}\right)}{\lim\limits_{x\to\infty}\sqrt{16+\frac{100}{x}+\frac{500}{x^2}}} = \frac{12}{\sqrt{16}} = 3$$

No entanto, se $x < 0$, então $x = -\sqrt{x^2}$ e

$$x^{-1}\sqrt{16x^2+100x+500} = -\sqrt{x^{-2}}\sqrt{16x^2+100x+500} = -\sqrt{16+\frac{100}{x}+\frac{500}{x^2}}$$

Dessa forma, em vez de 3, o limite com $x \to -\infty$ é -3 (Figura 5):

$$\lim_{x\to-\infty}\frac{12x+25}{\sqrt{16x^2+100x+500}} = \frac{\lim\limits_{x\to-\infty}\left(12+\frac{25}{x}\right)}{-\lim\limits_{x\to-\infty}\sqrt{16+\frac{100}{x}+\frac{500}{x^2}}} = \frac{12}{-\sqrt{16}} = -3$$

■

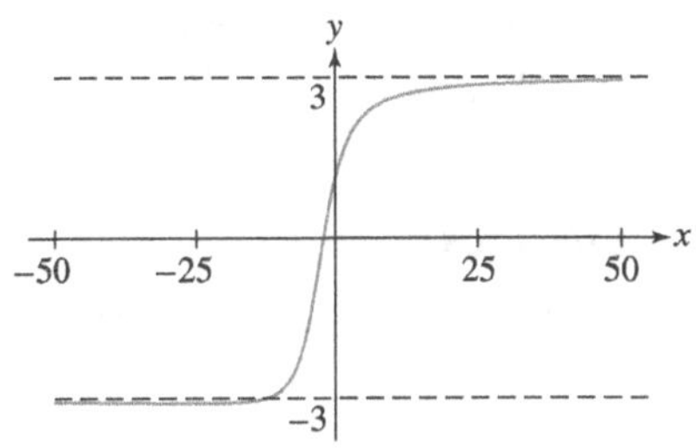

FIGURA 5 O gráfico de $f(x) = \dfrac{12x+25}{\sqrt{16x^2+100x+500}}$.

2.7 Resumo

- *Limites no infinito:*
  - $\lim\limits_{x\to\infty} f(x) = L$ se $|f(x)-L|$ tornar-se arbitrariamente pequeno se x crescer sem cota.
  - $\lim\limits_{x\to-\infty} f(x) = L$ se $|f(x)-L|$ tornar-se arbitrariamente pequeno se x decrescer sem cota.

$$\lim_{x\to\infty} e^x = \infty \qquad \text{e} \qquad \lim_{x\to-\infty} e^x = 0$$

- Uma reta horizontal $y = L$ é uma *assíntota horizontal* se

$$\lim_{x\to\infty} f(x) = L \qquad \text{e/ou} \qquad \lim_{x\to-\infty} f(x) = L$$

Uma função pode ter 0, 1 ou 2 assíntotas horizontais.

- Se $n > 0$, então $\lim\limits_{x\to\infty} x^n = \infty$ e $\lim\limits_{x\to\pm\infty} x^{-n} = 0$. Se $n > 0$ for um número inteiro, então

$$\lim_{x\to-\infty} x^n = \begin{cases} \infty & \text{se } n \text{ for par} \\ -\infty & \text{se } n \text{ for ímpar} \end{cases} \qquad \text{e} \qquad \lim_{x\to-\infty} x^{-n} = 0$$

- Se $f(x) = \dfrac{a_n x^n + a_{n-1}x^{n-1} + \cdots + a_0}{b_m x^m + b_{m-1}x^{m-1} + \cdots + b_0}$ com $a_n, b_m \neq 0$, então

$$\lim_{x\to\pm\infty} f(x) = \frac{a_n}{b_m} \lim_{x\to\pm\infty} x^{n-m}$$

2.7 Exercícios

Exercícios preliminares

1. Suponha que

$$\lim_{x\to\infty} f(x) = L \qquad \text{e} \qquad \lim_{x\to L} g(x) = \infty$$

Quais dentre as afirmações seguintes estão corretas?
(a) $x = L$ é uma assíntota vertical de g.
(b) $y = L$ é uma assíntota horizontal de g.
(c) $x = L$ é uma assíntota vertical de f.
(d) $y = L$ é uma assíntota horizontal de f.

2. Quais são os limites seguintes?
(a) $\lim\limits_{x\to\infty} x^3$ (b) $\lim\limits_{x\to-\infty} x^3$ (c) $\lim\limits_{x\to-\infty} x^4$

3. Esboce o gráfico de uma função que tende a um limite com $x \to \infty$, mas não tende a um limite (nem finito, nem infinito) com $x \to -\infty$.

4. Qual é o sinal de a se $f(x) = ax^3 + x + 1$ satisfaz $\lim\limits_{x\to-\infty} f(x) = \infty$?

5. Qual é o sinal do coeficiente que multiplica x^7 se f for um polinômio de grau 7 tal que $\lim\limits_{x\to-\infty} f(x) = \infty$?

6. Explique por que existe $\lim\limits_{x\to\infty} \operatorname{sen} \frac{1}{x}$, mas não $\lim\limits_{x\to 0} \operatorname{sen} \frac{1}{x}$. O que é $\lim\limits_{x\to\infty} \operatorname{sen} \frac{1}{x}$?

Exercícios

1. Quais são as assíntotas horizontais da função dada na Figura 6?

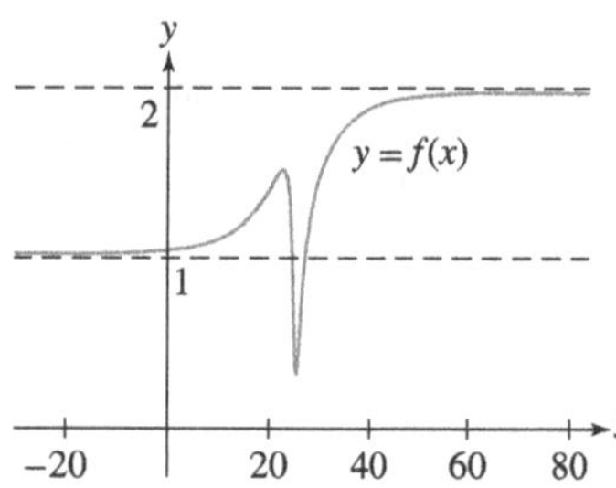

FIGURA 6

2. Esboce o gráfico de uma função f que tem ambas as retas, $y = -1$ e $y = 5$, como assíntotas horizontais.

3. Esboce o gráfico de uma função f com a única assíntota horizontal $y = 3$.

4. Esboce o gráfico de duas funções f e g que tem ambas as retas, $y = -2$ e $y = 4$, como assíntotas horizontais, mas tais que $\lim\limits_{x\to\infty} f(x) \neq \lim\limits_{x\to\infty} g(x)$.

5. CG Investigue numérica e graficamente o comportamento assintótico de $f(x) = \dfrac{x^3}{x^3 + x}$.
(a) Faça uma tabela de valores de $f(x)$ com $x = \pm 50, \pm 100, \pm 500, \pm 1000$.
(b) Esboce o gráfico de f.
(c) Quais são as assíntotas horizontais de f?

6. CG Investigue $\lim\limits_{x\to\pm\infty} \dfrac{12x+1}{\sqrt{4x^2+9}}$ numérica e graficamente.
(a) Faça uma tabela de valores de $f(x) = \dfrac{12x+1}{\sqrt{4x^2+9}}$ com $x = \pm 100, \pm 500, \pm 1000, \pm 10.000$.
(b) Esboce o gráfico de f.
(c) Quais são as assíntotas horizontais de f?

Nos Exercícios 7-16, calcule o limite.

7. $\lim\limits_{x\to\infty} \dfrac{x}{x+9}$

8. $\lim\limits_{x\to\infty} \dfrac{3x^2+20x}{4x^2+9}$

9. $\lim\limits_{x\to\infty} \dfrac{3x^2+20x}{2x^4+3x^3-29}$

10. $\lim\limits_{x\to\infty} \dfrac{4}{x+5}$

11. $\lim\limits_{x\to\infty} \dfrac{7x-9}{4x+3}$

12. $\lim\limits_{x\to\infty} \dfrac{9x^2-2}{6-29x}$

13. $\lim\limits_{x\to-\infty} \dfrac{7x^2-9}{4x+3}$

14. $\lim\limits_{x\to-\infty} \dfrac{5x-9}{4x^3+2x+7}$

15. $\lim\limits_{x\to-\infty} \dfrac{3x^3-10}{x+4}$

16. $\lim\limits_{x\to-\infty} \dfrac{2x^5+3x^4-31x}{8x^4-31x^2+12}$

Nos Exercícios 17-22, encontre as assíntotas horizontais.

17. $f(x) = \dfrac{2x^2-3x}{8x^2+8}$

18. $f(x) = \dfrac{8x^3-x^2}{7+11x-4x^4}$

19. $f(x) = \dfrac{\sqrt{36x^2+7}}{9x+4}$

20. $f(x) = \dfrac{\sqrt{36x^4+7}}{9x^2+4}$

21. $f(t) = \dfrac{e^t}{1+e^{-t}}$

22. $f(t) = \dfrac{t^{1/3}}{(64t^2+9)^{1/6}}$

Nos Exercícios 23-30, calcule o limite.

23. $\lim\limits_{x\to\infty} \dfrac{\sqrt{9x^4+3x+2}}{4x^3+1}$

24. $\lim\limits_{x\to\infty} \dfrac{\sqrt{x^3+20x}}{10x-2}$

25. $\lim_{x\to-\infty} \dfrac{8x^2+7x^{1/3}}{\sqrt{16x^4+6}}$

26. $\lim_{x\to-\infty} \dfrac{4x-3}{\sqrt{25x^2+4x}}$

27. $\lim_{t\to\infty} \dfrac{t^{4/3}+t^{1/3}}{(4t^{2/3}+1)^2}$

28. $\lim_{t\to\infty} \dfrac{t^{4/3}-9t^{1/3}}{(8t^4+2)^{1/3}}$

29. $\lim_{x\to-\infty} \dfrac{|x|+x}{x+1}$

30. $\lim_{t\to-\infty} \dfrac{4+6e^{2t}}{5-9e^{3t}}$

31. Determine $\lim_{x\to\infty}$ arc tg x. Explique geometricamente.

32. Mostre que $\lim_{x\to\infty}(\sqrt{x^2+1}-x)=0$. *Sugestão:* observe que

$$\sqrt{x^2+1}-x=\frac{1}{\sqrt{x^2+1}+x}$$

33. De acordo com a **equação de Michaelis-Menten** (Figura 7), quando uma enzima é combinada com um substrato de concentração s (em milimolares), a taxa de reação (em milimolares/min) é

$$R(s)=\frac{As}{K+s} \qquad (A \text{ e } K \text{ constantes})$$

(a) Calcule $\lim_{s\to\infty} R(s)$ para mostrar que A é a taxa de reação limite se a concentração s tender a ∞.

(b) Mostre que a taxa de reação $R(s)$ atinge a metade do valor limite A se $s=K$.

(c) Com certa reação, temos $K=1{,}25$ mM e $A=0{,}1$. Com qual concentração s é $R(s)$ igual a 75% de seu valor limite?

Leonor Michaelis
1875–1949
(Rockefeller Archive Center)

Maud Menten
1879–1960
(University Archives, University of Pittsburgh)

FIGURA 7 A bioquímica canadense Maud Menten é mais conhecida por seu trabalho fundamental com o cientista alemão Leonor Michaelis sobre a cinética das enzimas. Ela também se consagrou como pintora, clarinetista e alpinista, além de dominar várias línguas.

34. Suponha que a temperatura média da Terra seja dada por $T(t)=283+3(1-e^{-0{,}03t})$ kelvins, em que t é o número de anos decorridos desde 2000.

(a) Calcule a média no longo prazo $L=\lim_{t\to\infty} T(t)$.

(b) Em qual tempo t a média $T(t)$ fica a menos de meio grau de seu valor limite?

Nos Exercícios 35-42, calcule o limite.

35. $\lim_{x\to\infty}(\sqrt{4x^4+9x}-2x^2)$

36. $\lim_{x\to\infty}(\sqrt{9x^3+x}-x^{3/2})$

37. $\lim_{x\to\infty}(2\sqrt{x}-\sqrt{x+2})$

38. $\lim_{x\to\infty}\left(\dfrac{1}{x}-\dfrac{1}{x+2}\right)$

39. $\lim_{x\to\infty}(\ln(3x+1)-\ln(2x+1))$

40. $\lim_{x\to\infty}\left(\ln(\sqrt{5x^2+2})-\ln x\right)$

41. $\lim_{x\to\infty}$ arc tg $\left(\dfrac{x^2+9}{9-x}\right)$

42. $\lim_{x\to\infty}$ arc tg $\left(\dfrac{1+x}{1-x}\right)$

43. Seja $P(n)$ o perímetro de um polígono regular de n lados inscrito num círculo unitário (Figura 8).

(a) Explique, intuitivamente, por que $P(n)$ tende a 2π com $n\to\infty$.

(b) Mostre que $P(n)=2n \text{ sen}\left(\frac{\pi}{n}\right)$.

(c) Combine (a) com (b) para concluir que $\lim_{n\to\infty}\frac{n}{\pi}\text{ sen}\left(\frac{\pi}{n}\right)=1$.

(d) Use isso para dar outro argumento que prove que

$$\lim_{\theta\to 0}\frac{\text{sen}\,\theta}{\theta}=1.$$

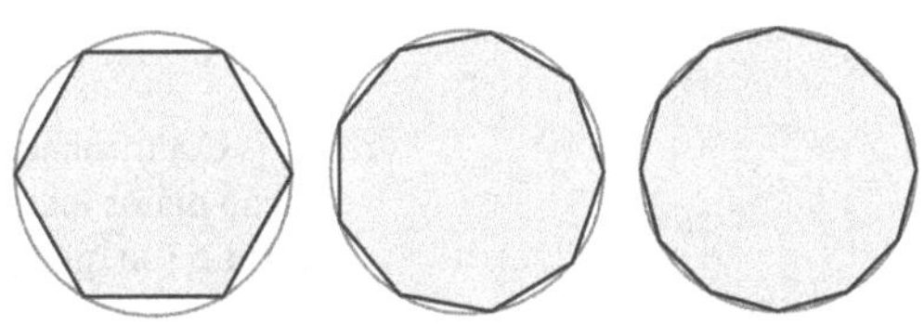

$n=6$ $\quad$ $n=9$ $\quad$ $n=12$

FIGURA 8

44. Os físicos observaram que a teoria da **relatividade especial** de Einstein se reduz à mecânica newtoniana no limite com $c\to\infty$, em que c é a velocidade da luz. Isso pode ser ilustrado com uma pedra sendo lançada verticalmente para cima a partir do chão que retorna ao solo 1 s depois de lançada. Pela lei de Newton, verificamos que a altura máxima atingida pela pedra é $h=g/8$ metros ($g=9{,}8$ m/s^2). De acordo com a relatividade especial, a massa da pedra depende de sua velocidade dividida por c, e a altura máxima é

$$h(c)=c\sqrt{c^2/g^2+1/4}-c^2/g$$

Prove que $\lim_{c\to\infty} h(c)=g/8$.

Compreensão adicional e desafios

45. Cada limite com $x\to\infty$ pode ser reescrito como um limite lateral com $t\to 0^+$, em que $t=x^{-1}$. Tomando $g(t)=f(t^{-1})$, obtemos

$$\lim_{x\to\infty} f(x)=\lim_{t\to 0+} g(t)$$

Mostre que $\lim_{x\to\infty}\dfrac{3x^2-x}{2x^2+5}=\lim_{t\to 0+}\dfrac{3-t}{2+5t^2}$, e calcule o limite usando a lei do quociente.

46. Reescreva os limites laterais seguintes como no Exercício 45 e calcule.

(a) $\lim_{x\to\infty}\dfrac{3-12x^3}{4x^3+3x+1}$

(b) $\lim_{x\to\infty} e^{1/x}$

(c) $\lim_{x\to\infty} x \text{ sen}\dfrac{1}{x}$

(d) $\lim_{x\to\infty}\ln\left(\dfrac{x+1}{x-1}\right)$

47. Seja $G(b)=\lim_{x\to\infty}(1+b^x)^{1/x}$ com $b\ge 0$. Investigue numérica e graficamente $G(b)$ com $b=0{,}2$, $0{,}8$, 2, 3, 5 (e mais valores, se necessário). Em seguida, dê um palpite para o valor de $G(b)$ como uma função de b. Esboce um gráfico de $y=G(b)$. A função G parece ser contínua? Na Seção 4.5, calcularemos $G(b)$ usando a regra de L'Hôpital (ver Exercício 69 daquela seção).

2.8 Teorema do valor intermediário

O **Teorema do valor intermediário (TVI)** afirma, basicamente, que *uma função contínua não pode pular valores*. Considere um avião que decole e suba de 0 a 10.000 m em 20 minutos. O avião deve passar em cada altitude entre 0 e 10.000 m durante esse intervalo de 20 minutos. Assim, em algum momento, a altitude do avião deve ter sido exatamente 8.371 m. É claro que estamos supondo que o movimento do avião seja contínuo, de modo que sua altitude não pode, por exemplo, pular abruptamente de 8.000 a 9.000 m.

Para enunciar essa conclusão formalmente, seja $A(t)$ a altitude do avião no instante t. O TVI então afirma que, qualquer que seja a altitude M entre 0 e 10.000, existe algum instante de tempo t_0 entre 0 e 20 tal que $A(t_0) = M$. Em outras palavras, o gráfico de A deve intersectar a reta horizontal $y = M$ [Figura 1(A)].

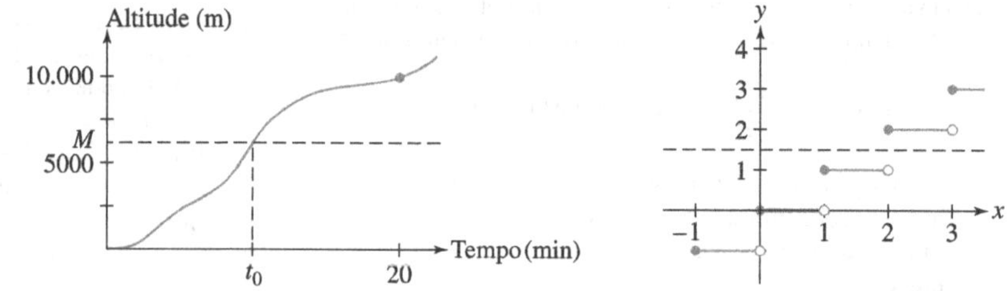

(A) Altitude do avião $A(t)$ (B) Gráfico de $f(x) = \lfloor x \rfloor$

FIGURA 1

Contrastando com esse comportamento, uma função descontínua pode pular valores. A função maior inteiro $f(x) = \lfloor x \rfloor$ na Figura 1(B) satisfaz $\lfloor 1 \rfloor = 1$ e $\lfloor 2 \rfloor = 2$, mas não atinge o valor 1,5 (ou qualquer outro valor entre 1 e 2).

> **TEOREMA 1 Teorema do valor intermediário** Se f for contínua num intervalo fechado $[a, b]$, então qualquer que seja o valor M entre $f(a)$ e $f(b)$, existe pelo menos um valor $c \in (a, b)$ tal que $f(c) = M$.

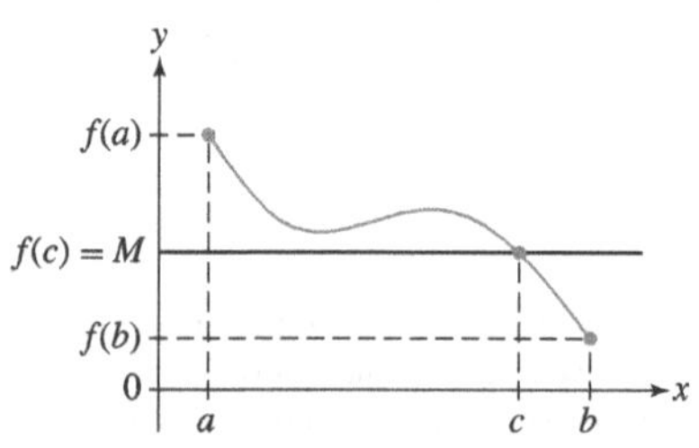

FIGURA 2 Dada qualquer altura M, existe algum c em (a, b) tal que $f(c) = M$.

O resultado parece evidente do ponto de vista gráfico, como na Figura 2. Com uma função contínua, cada reta horizontal de altura M entre $f(a)$ e $f(b)$ é obrigada a cortar o gráfico contínuo da função e, portanto, deve existir pelo menos um valor c em (a, b) tal que $f(c) = M$. A prova do TVI está no Apêndice B.

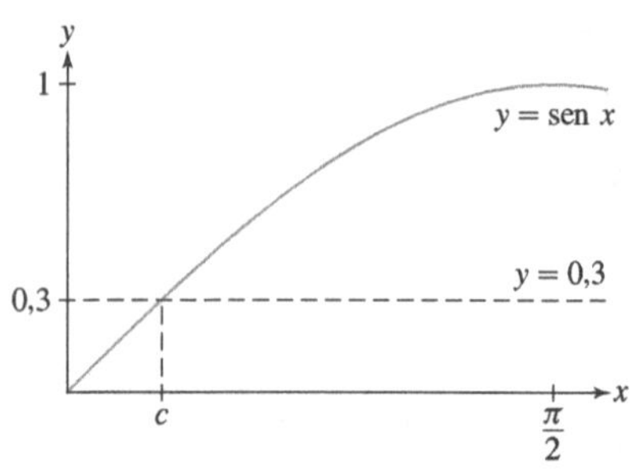

FIGURA 3

■ **EXEMPLO 1** Prove que a equação $\operatorname{sen} x = 0{,}3$ tem pelo menos uma solução.

Solução Podemos aplicar o TVI porque a função $y = \operatorname{sen} x$ é contínua. Escolhemos um intervalo no qual suspeitamos existir uma solução. O valor desejado de 0,3 fica entre os dois valores da função

$$\operatorname{sen} 0 = 0 \qquad \text{e} \qquad \operatorname{sen} \frac{\pi}{2} = 1$$

de modo que o intervalo $\left[0, \frac{\pi}{2}\right]$ vai funcionar (Figura 3). O TVI nos diz que $\operatorname{sen} x = 0{,}3$ tem pelo menos uma solução em $\left(0, \frac{\pi}{2}\right)$. ■

Um zero ou raiz de uma função é um valor c tal que $f(c) = 0$. Às vezes reservamos a palavra "raiz" especificamente para designar um zero de um polinômio.

O TVI pode ser usado para mostrar a existência de zeros de funções. Se f for contínua e atingir valores tanto positivos quanto negativos, digamos $f(a) < 0$ e $f(b) > 0$, então o TVI garante que $f(c) = 0$ com algum c entre a e b. Isso é extremamente útil caso não consigamos resolver explicitamente para um zero, mas quisermos ter certeza de que existe algum.

> **COROLÁRIO 2 Existência de zeros** Se f for contínua em $[a, b]$ e se $f(a)$ e $f(b)$ forem não nulos e tiverem sinais opostos, então f tem algum zero em (a, b).

Usando o **método da bisseção**, podemos localizar os zeros de uma função com grau arbitrário de precisão. A ideia é encontrar um intervalo $[a, b]$ tal que a função tenha sinais opostos em suas extremidades: então o Corolário 2 nos garante a existência de algum zero nesse intervalo. Para determinar a localização do zero mais precisamente, cortamos o intervalo em dois subintervalos iguais. Então conferimos os sinais nas extremidades de cada um desses subintervalos para ver em qual deles o Corolário 2 garante a existência de um zero. (Lembre que pode haver mais de um zero, portanto ambos os subintervalos poderiam conter um zero.) Agora continuamos o processo no subintervalo menor. Depois de algumas tentativas, acabamos cercando o zero. Isso está ilustrado no exemplo seguinte.

■ **EXEMPLO 2** **O método da bisseção** Mostre que $f(x) = \cos^2 x - 2\,\text{sen}\,\frac{x}{4}$ tem um zero em $(0, 2)$. Então determine o zero mais precisamente usando o método de bisseção.

Solução Usando uma calculadora, observamos que $f(0)$ e $f(2)$ têm sinais opostos:

$$f(0) = 1 > 0, \qquad f(2) \approx -0{,}786 < 0$$

O Corolário 2 garante que $f(x) = 0$ tem alguma solução em $(0, 2)$ (Figura 4).

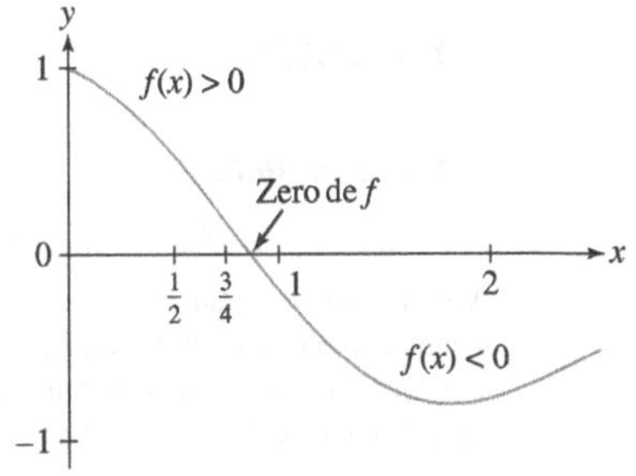

FIGURA 4 Gráfico de $f(x) = \cos^2 x - 2\,\text{sen}\,\frac{x}{4}$.

Para determinar um zero mais precisamente, dividimos $[0, 2]$ nos intervalos $[0, 1]$ e $[1, 2]$. Pelo menos um desses deve conter um zero de f. Para verificar qual, calculamos f no ponto médio $m = 1$. Uma calculadora dá $f(1) \approx -0{,}203 < 0$ e, como $f(0) = 1$, vemos que

$$f(x) \text{ toma sinais opostos nas extremidades de } [0, 1]$$

Desse modo, $(0, 1)$ deve conter um zero. Descartamos $[1, 2]$ porque ambos, $f(1)$, e $f(2)$ são negativos.

O método da bisseção consiste em continuar esse processo até que cerquemos a posição do zero com o grau desejado de precisão. Na tabela seguinte, o processo foi executado três vezes:

Os sistemas algébricos computacionais têm comandos próprios para encontrar raízes de uma função ou para resolver uma equação numericamente. Esses sistemas utilizam uma variedade de métodos, incluindo versões mais sofisticadas do método da bisseção. Observe que para utilizar o método da bisseção precisamos, inicialmente, encontrar um intervalo que contenha alguma raiz.

Intervalo	Ponto médio do intervalo	Valores da função	Conclusão
$[0, 1]$	$\frac{1}{2}$	$f(\frac{1}{2}) \approx 0{,}521$ $f(1) \approx -0{,}203$	O zero está em $(\frac{1}{2}, 1)$
$[\frac{1}{2}, 1]$	$\frac{3}{4}$	$f(\frac{3}{4}) \approx 0{,}163$ $f(1) \approx -0{,}203$	O zero está em $(\frac{3}{4}, 1)$
$[\frac{3}{4}, 1]$	$\frac{7}{8}$	$f(\frac{7}{8}) \approx -0{,}0231$ $f(\frac{3}{4}) \approx 0{,}163$	O zero está em $(\frac{3}{4}, \frac{7}{8})$

Concluímos que f tem um zero c satisfazendo $0{,}75 < c < 0{,}875$. ■

ENTENDIMENTO CONCEITUAL O TVI parece afirmar o óbvio, a saber, que uma função contínua não pode pular valores. No entanto, sua prova (dada no Apêndice B) é bastante sutil porque depende da *propriedade de completude* dos números reais. Para elucidar a sutileza, observe que o TVI é *falso* com funções definidas apenas nos *números racionais*. Por exemplo, $f(x) = x^2$ é contínua, mas não tem a propriedade do valor intermediário se restringirmos seu domínio aos números racionais. De fato, $f(0) = 0$ e $f(2) = 4$, mas $f(c) = 2$ *não tem solução* com c racional. Por ser irracional, a solução $c = \sqrt{2}$ está "faltando" no conjunto dos números racionais. O TVI certamente sempre foi considerado como sendo evidente, mas não foi possível dar uma demonstração correta até que a propriedade de completude fosse esclarecida, na segunda metade do século XIX.

2.8 Resumo

- O Teorema do valor intermediário (TVI) afirma que uma função contínua não *pula* valores.
- Mais precisamente, se f for contínua em $[a, b]$, com $f(a) \neq f(b)$, e se M for um número entre $f(a)$ e $f(b)$, então $f(c) = M$ com algum $c \in (a, b)$.

- Existência de zeros: se f for contínua em $[a, b]$ e se $f(a)$ e $f(b)$ tiverem sinais opostos (um é positivo e o outro é negativo), então $f(c) = 0$ com algum $c \in (a, b)$.
- Método da bisseção: suponha que f seja contínua e que $f(a)$ e $f(b)$ tenham sinais opostos, de modo que f tenha um zero em (a, b). Então f tem um zero em $[a, m]$ ou $[m, b]$, em que $m = (a + b)/2$ é o ponto médio de $[a, b]$. Um zero está em (a, m) se $f(a)$ e $f(m)$ tiverem sinais opostos e em (m, b) se $f(m)$ e $f(b)$ tiverem sinais opostos. Continuando o processo, podemos determinar um zero com grau de precisão arbitrário.

2.8 Exercícios

Exercícios preliminares

1. Prove que $f(x) = x^2$ atinge o valor 0,5 no intervalo [0, 1].
2. A temperatura em Vancouver, no Canadá, era de 8°C às 6 horas da manhã e subiu até os 20°C ao meio-dia. O que é preciso saber sobre a temperatura para poder concluir que ela foi de 15°C em algum instante de tempo entre as 6 horas da manhã e o meio-dia?
3. Qual é a interpretação gráfica do TVI?
4. Mostre que a afirmação seguinte é falsa, esboçando um gráfico que forneça um contraexemplo: *se f for contínua e tiver uma raiz em $[a, b]$, então $f(a)$ e $f(b)$ têm sinais opostos.*
5. Suponha que f seja contínua em [1, 5] e que $f(1) = 20$, $f(5) = 100$. Determine se a afirmação dada é sempre verdadeira, nunca verdadeira ou às vezes verdadeira.
   (a) $f(c) = 3$ tem alguma solução $c \in [1, 5]$.
   (b) $f(c) = 75$ tem alguma solução $c \in [1, 5]$.
   (c) $f(c) = 50$ não tem solução $c \in [1, 5]$ alguma.
   (d) $f(c) = 30$ tem exatamente uma solução $c \in [1, 5]$.

Exercícios

1. Use o TVI para mostrar que $f(x) = x^3 + x$ atinge o valor 9 com algum x em [1, 2].
2. Mostre que $g(t) = \dfrac{t}{t+1}$ atinge o valor 0,499 com algum t em [0, 1].
3. Mostre que $g(t) = t^2 \operatorname{tg} t$ atinge o valor $\frac{1}{2}$ com algum t em $\left[0, \frac{\pi}{4}\right]$.
4. Mostre que $f(x) = \dfrac{x^2}{x^7 + 1}$ atinge o valor 0,4.
5. Mostre que $\cos x = x$ tem alguma solução no intervalo [0, 1]. *Sugestão:* mostre que $f(x) = x - \cos x$ tem algum zero em [0, 1].
6. Use o TVI para encontrar um intervalo de comprimento $\frac{1}{2}$ que contenha alguma raiz de $f(x) = x^3 + 2x + 1$.

Nos Exercícios 7-16, prove usando o TVI, que:

7. $\sqrt{c} + \sqrt{c+2} = 3$ tem alguma solução.
8. Dado qualquer inteiro n, vale $\operatorname{sen} nx = \cos x$ com algum $x \in [0, \pi]$.
9. Existe $\sqrt{2}$. *Sugestão:* considere $f(x) = x^2$.
10. Todo número positivo c tem uma raiz enésima, qualquer que seja o inteiro positivo n.
11. Dado qualquer inteiro positivo k, $\cos x = x^k$ tem alguma solução.
12. $2^x = bx$ tem alguma solução se $b > 2$.
13. $2^x + 3^x = 4^x$ tem alguma solução.
14. $\cos x = \operatorname{arc\,cos} x$ tem alguma solução em (0, 1).
15. $e^x + \ln x = 0$ tem alguma solução.
16. $\operatorname{arc\,tg} x = \operatorname{arc\,cos} x$ tem alguma solução.
17. Use o teorema do valor intermediário para mostrar que a equação $x^6 - 8x^4 + 10x^2 - 1 = 0$ tem pelo menos seis soluções distintas.

Nos Exercícios 18-20, determine se o TVI pode ser aplicado, ou não, para mostrar que a função dada atinge todos os valores entre $f(a)$ e $f(b)$, com $x \in (a, b)$. Se não for aplicável, determine todos os valores entre $f(a)$ e $f(b)$ que a função não atinge, com $x \in (a, b)$.

18. $$f(x) = \begin{cases} x & \text{se } x < 0 \\ x^2 & \text{se } x \geq 0 \end{cases}$$
    no intervalo [−1, 1]
19. $$g(x) = \begin{cases} -x & \text{se } x < 0 \\ x^3 + 1 & \text{se } x \geq 0 \end{cases}$$
    no intervalo [−1, 1]
20. $$j(x) = \begin{cases} -x^2 & \text{se } x < 0 \\ 1 & \text{se } x = 0 \\ x & \text{se } x > 0 \end{cases}$$
    no intervalo [−2, 2].
21. Execute três passos do método da bisseção com $f(x) = 2^x - x^3$, como segue:
    (a) Mostre que f tem um zero em [1; 1,5].
    (b) Mostre que f tem um zero em [1,25; 1,5].
    (c) Determine se [1,25; 1,375] ou [1,375; 1,5] contém um zero.
22. A Figura 5 mostra que $f(x) = x^3 - 8x - 1$ tem uma raiz no intervalo [2,75; 3]. Aplique o método da bisseção duas vezes para obter um intervalo de comprimento $\frac{1}{16}$ que contenha essa raiz.

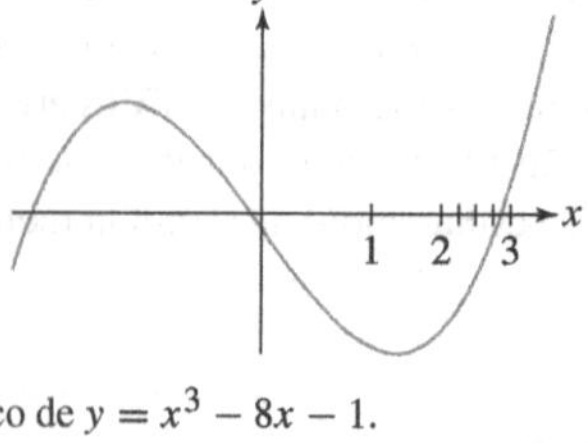

FIGURA 5 O gráfico de $y = x^3 - 8x - 1$.

23. Encontre um intervalo de comprimento $\frac{1}{4}$ em [1, 2] que contenha uma raiz da equação $x^7 + 3x - 10 = 0$.

24. Mostre que $\text{tg}^3\,\theta - 8\,\text{tg}^2\,\theta + 17\,\text{tg}\,\theta - 8 = 0$ tem alguma raiz em $[0{,}5;\ 0{,}6]$. Aplique o método da bisseção duas vezes para encontrar um intervalo de comprimento 0,025 que contenha essa raiz.

Nos Exercícios 25-28, esboce o gráfico de uma função f em $[0, 4]$ *com a propriedade dada.*

25. Descontinuidade de salto em $x = 2$ que não satisfaça a conclusão do TVI.

26. Descontinuidade de salto em $x = 2$ que satisfaça a conclusão do TVI em $[0, 4]$.

27. Limites laterais infinitos em $x = 2$ e que não satisfaça a conclusão do TVI.

28. Limites laterais infinitos em $x = 2$ e que satisfaça a conclusão do TVI em $[0, 4]$.

29. O Corolário 2 pode ser aplicado a $f(x) = x^{-1}$ em $[-1, 1]$? Essa função f tem raízes?

Compreensão adicional e desafios

31. Esboce um círculo em algum lugar num mapa qualquer (Figura 6). Prove que, em qualquer instante de tempo, existe um par de pontos A e B diametralmente opostos naquele círculo correspondentes a localidades em que as temperaturas são iguais naquele instante. *Sugestão:* seja θ uma coordenada angular em torno do círculo e seja $f(\theta)$ a diferença de temperatura nas localidades correspondentes a θ e $\theta + \pi$.

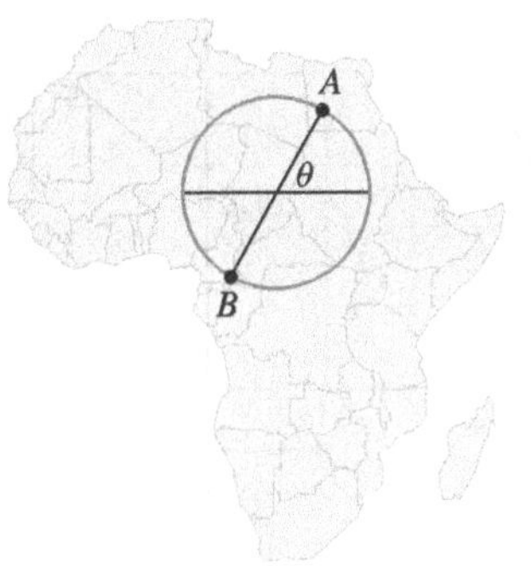

FIGURA 6 $f(\theta)$ é a diferença de temperatura em A e B.

32. Mostre que se f for contínua e $0 \le f(x) \le 1$ com $0 \le x \le 1$, então $f(c) = c$ com algum c em $[0, 1]$ (Figura 7).

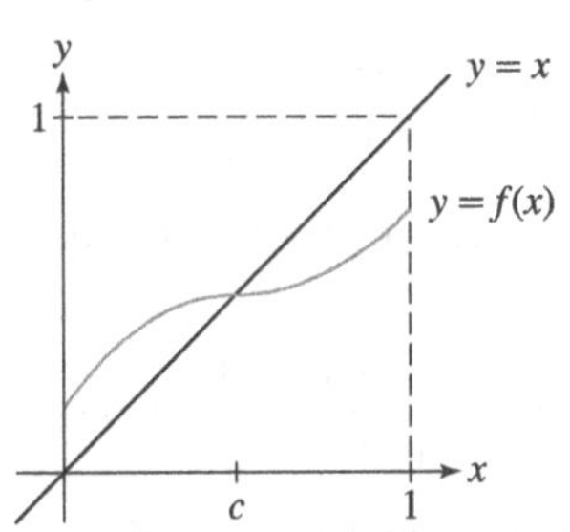

FIGURA 7 Uma função satisfazendo $0 \le f(x) \le 1$ com $0 \le x \le 1$.

33. Use o TVI para mostrar que se f for contínua e injetora num intervalo $[a, b]$, então f é uma função crescente ou decrescente.

34. **O teorema do sanduíche de presunto** A Figura 8(A) mostra uma fatia de presunto. Mostre que com qualquer ângulo θ $(0 \le \theta \le \pi)$ é possível cortar a fatia de presunto em duas partes iguais com um corte de inclinação θ. *Sugestão:* as retas de inclinação θ são dadas pelas equações $y = (\text{tg}\,\theta)x + b$, em que b varia de $-\infty$ a ∞. Cada uma dessas retas divide a fatia de presunto em duas partes (uma das quais pode ser vazia). Seja $A(b)$ a quantidade de presunto à esquerda da reta menos a quantidade à direita e seja A a área total da fatia. Mostre que $A(b) = -A$ se b for suficientemente grande e $A(b) = A$ se b for suficientemente negativo. Então use o TVI. Isso funciona se $\theta \ne 0$ ou $\frac{\pi}{2}$. Se $\theta = 0$, defina $A(b)$ como a quantidade de presunto acima da reta $y = b$ menos a quantidade abaixo. Como podemos modificar esse argumento para funcionar quando $\theta = \frac{\pi}{2}$ (caso em que $\text{tg}\,\theta = \infty$)?

35. A Figura 8(B) mostra uma fatia de presunto numa fatia de pão. Mostre que é possível cortar esse sanduíche aberto com um corte reto de tal modo que cada parte tenha as mesmas quantidades de presunto e pão. *Sugestão:* pelo Exercício 34, dado qualquer $0 \le \theta \le \pi$, existe uma reta $L(\theta)$ de inclinação θ (que vamos supor ser única) que divide o presunto em duas partes iguais. Seja $B(\theta)$ a quantidade de pão à esquerda (ou acima) de $L(\theta)$ menos a quantidade à direita (ou abaixo). Observe que $L(\pi)$ e $L(0)$ estão na mesma reta, mas $B(\pi) = -B(0)$, pois a esquerda e a direita são trocadas quando o ângulo vai de 0 a π. Suponha que B seja contínua e aplique o TVI. (Esse argumento pode ser estendido para o verdadeiro "teorema do sanduíche de presunto", que afirma que, admitindo cortes em linha reta com uma inclinação vertical, é possível cortar um sanduíche autêntico, consistindo numa fatia de presunto e em duas fatias de pão, de tal modo que as três camadas sejam simultaneamente cortadas em partes iguais.)

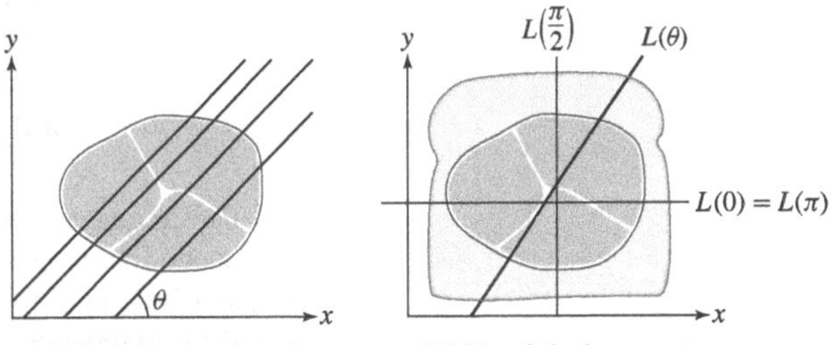

(A) Corte de uma fatia de presunto num ângulo θ.

(B) Uma fatia de presunto em cima de uma fatia de pão.

FIGURA 8

2.9 Definição formal de limite

Nesta seção, reexaminamos a definição de limite para enunciá-la de uma maneira rigorosa e precisa. Por que isso seria necessário? Na Seção 2.2, definimos os limites dizendo que $\lim_{x\to c} f(x) = L$ se $|f(x) - L|$ torna-se arbitrariamente pequeno quando x está suficientemente próximo de (sem ser igual a) c. O problema com essa definição consiste nas frases "arbitrariamente pequeno" e "suficientemente próximo". Precisamos encontrar uma maneira de especificar exatamente quão próximo é suficientemente próximo.

Uma "demonstração rigorosa" em Matemática é uma demonstração que concatena uma sucessão de argumentos lógicos, sem lacunas ou ambiguidades. A definição formal de um limite é um ingrediente básico de demonstrações rigorosas no Cálculo. Algumas dessas demonstrações estão incluídas no Apêndice D. Desenvolvimentos mais completos podem ser encontrados nos livros didáticos da área da Matemática denominada "Análise".

O tamanho da amplitude

Lembre que a distância de $f(x)$ a L é dada por $|f(x) - L|$. É conveniente denominar essa quantidade $|f(x) - L|$ como a *amplitude* entre o valor $f(x)$ e o valor L.

Reexaminemos o limite trigonométrico básico

$$\lim_{x\to 0} \frac{\operatorname{sen} x}{x} = 1 \qquad \mathbf{1}$$

Nesse exemplo, $f(x) = \dfrac{\operatorname{sen} x}{x}$ e $L = 1$, portanto, a Equação (1) nos diz que a amplitude $|f(x) - 1|$ fica arbitrariamente pequena quando x estiver suficientemente próximo de 0, mas não for igual a 0 [Figura 1(A)].

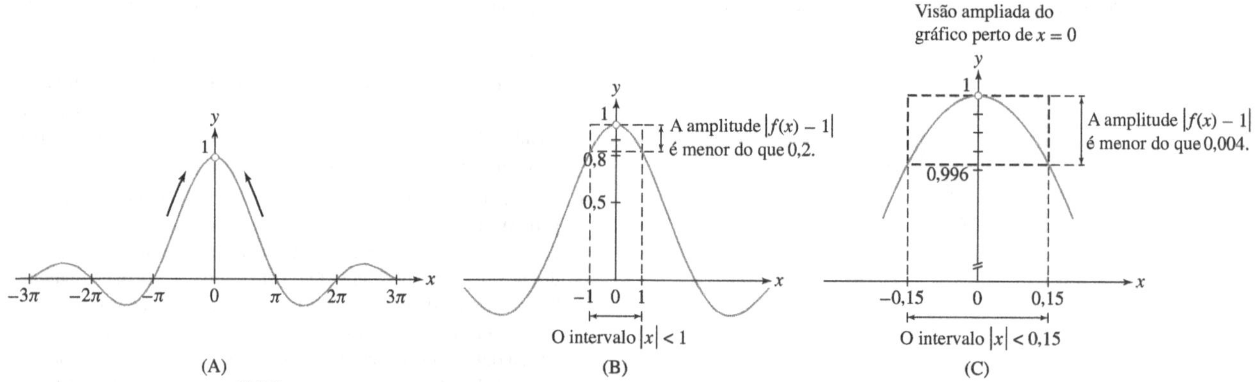

FIGURA 1 Gráficos de $y = \dfrac{\operatorname{sen} x}{x}$. Para reduzir a amplitude de 0,2 para 0,004, exigimos que x esteja a menos de 0,15 de 0.

Suponha que queiramos que a amplitude $|f(x) - 1|$ seja menor do que 0,2. Quão próximo x deve estar de 0? A Figura 1(B) mostra que $f(x)$ está a menos de 0,2 de $L = 1$ com qualquer valor de x no intervalo $[-1, 1]$. Em outras palavras, a afirmação seguinte é verdadeira:

$$\text{Se } 0 < |x| < 1, \qquad \text{então} \qquad \left|\frac{\operatorname{sen} x}{x} - 1\right| < 0{,}2$$

Se insistirmos, no entanto, que a amplitude seja menor do que 0,004, podemos ampliar o gráfico, como na Figura 1(C), e conferir que

$$\text{Se } 0 < |x| < 0{,}15, \qquad \text{então} \qquad \left|\frac{\operatorname{sen} x}{x} - 1\right| < 0{,}004$$

Parece que esse processo poderia continuar: ampliando o gráfico, podemos encontrar um pequeno intervalo em torno de $c = 0$ no qual a amplitude $|f(x) - 1|$ seja menor do que qualquer número positivo previamente dado.

Para expressar isso de maneira precisa, seguimos a tradição consagrada pelo uso das letras gregas ϵ (épsilon) e δ (delta) para denotar os números pequenos que especificam o tamanho da amplitude e da quantidade $|x - c|$, respectivamente. Em nosso caso, $c = 0$ e $|x - c| = |x|$. O significado preciso da Equação (1) é que, qualquer que seja a escolha de $\epsilon > 0$, existe algum δ (dependendo de ϵ) tal que

$$\text{Se } 0 < |x| < \delta, \qquad \text{então} \qquad \left|\frac{\operatorname{sen} x}{x} - 1\right| < \epsilon$$

O número δ nos diz quão próximo é "suficientemente próximo" para um dado ϵ. Com essa motivação, estamos prontos para enunciar a definição formal do limite.

DEFINIÇÃO FORMAL DE UM LIMITE Suponha que $f(x)$ esteja definida em cada x de um intervalo aberto contendo c (mas não necessariamente em $x = c$). Então

$$\lim_{x \to c} f(x) = L$$

se, qualquer que seja $\epsilon > 0$, existir algum $\delta > 0$ tal que

$$\text{se } 0 < |x - c| < \delta, \quad \text{então} \quad |f(x) - L| < \epsilon$$

A definição formal de um limite costuma ser chamada de definição ϵ-δ. A tradição de utilizar os símbolos ϵ e δ teve início nos textos de Cálculo e Análise de Augustin-Louis Cauchy na década de 1820.

Se os símbolos ϵ e δ tornarem essa definição muito abstrata, lembre que podemos tomar $\epsilon = 10^{-n}$ e $\delta = 10^{-m}$. Assim, $\lim_{x \to c} f(x) = L$ se, qualquer que seja n, existir algum $m > 0$ tal que, se $0 < |x - c| < 10^{-m}$, então $|f(x) - L| < 10^{-n}$.

A condição $0 < |x - c| < \delta$ dessa definição exclui $x = c$. Em outras palavras, o limite somente depende dos valores de $f(x)$ perto de c, mas não do próprio $f(c)$. Como vimos nas seções precedentes, o limite pode existir mesmo se $f(c)$ não estiver definido.

■ **EXEMPLO 1** Seja $f(x) = 8x + 3$.

(a) Mostre que $\lim_{x \to 3} f(x) = 27$ usando a definição formal de limite.

(b) Encontre valores de δ que funcionem com $\epsilon = 0{,}2$ e $0{,}001$.

Solução

(a) Quebramos a prova em dois passos.

Passo 1. **Relacionar a amplitude com $|x - c|$.**
Precisamos encontrar uma relação entre dois valores absolutos: $|f(x) - L|$ com $L = 27$ e $|x - c|$ com $c = 3$. Observe que

$$\underbrace{|f(x) - 27|}_{\text{Tamanho da amplitude}} = |(8x + 3) - 27| = |8x - 24| = 8|x - 3|$$

Assim, a amplitude é 8 vezes o tamanho de $|x - 3|$.

Passo 2. **Escolher δ (em termos de ϵ).**
Agora podemos ver como tornar a amplitude pequena: se $|x - 3| < \frac{\epsilon}{8}$, então a amplitude é menor do que $8\left(\frac{\epsilon}{8}\right) = \epsilon$. Portanto, qualquer que seja $\epsilon > 0$, escolhemos $\delta = \frac{\epsilon}{8}$. Com essa escolha, a afirmação seguinte é válida:

$$\text{Se } 0 < |x - 3| < \delta, \text{ então } |f(x) - 27| < \epsilon, \text{ em que } \delta = \frac{\epsilon}{8}$$

Como conseguimos especificar δ com qualquer $\epsilon > 0$, cumprimos as exigências da definição formal e, assim, provamos rigorosamente que $\lim_{x \to 3} (8x + 3) = 27$.

(b) Para a escolha particular $\epsilon = 0{,}2$, podemos tomar $\delta = \frac{\epsilon}{8} = \frac{0{,}2}{8} = 0{,}025$:

$$\text{Se } 0 < |x - 3| < 0{,}025, \quad \text{então} \quad |f(x) - 27| < 0{,}2$$

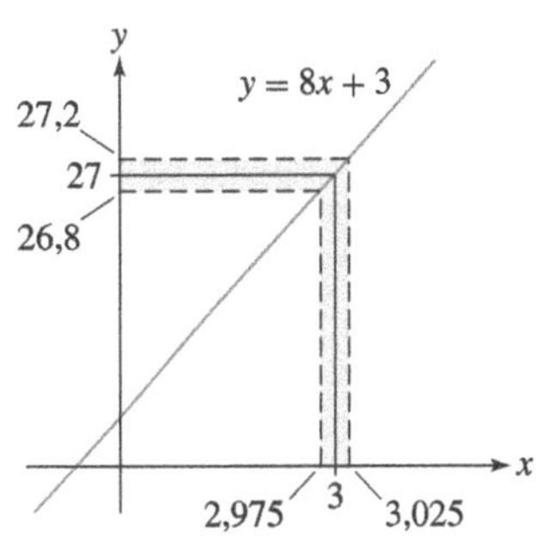

FIGURA 2 Para tornar a amplitude menor do que 0,2, podemos tomar $\delta = 0{,}025$ (figura fora de escala).

Essa afirmação está ilustrada na Figura 2. Observe que *qualquer número δ positivo menor do que* 0,025 *também funciona.* Por exemplo, a afirmação seguinte também é verdadeira, embora imponha restrições desnecessárias sobre x:

$$\text{Se } 0 < |x - 3| < 0{,}019, \quad \text{então} \quad |f(x) - 27| < 0{,}2$$

Analogamente, para tornar a amplitude menor do que $\epsilon = 0{,}001$, podemos tomar

$$\delta = \frac{\epsilon}{8} = \frac{0{,}001}{8} = 0{,}000125$$ ■

A dificuldade de aplicar a definição de limite reside na tentativa de relacionar $|f(x) - L|$ com $|x - c|$. Os dois exemplos seguintes ilustram como isso pode ser feito em casos especiais.

■ **EXEMPLO 2** Prove que $\lim_{x \to 2} x^2 = 4$.

Solução Seja $f(x) = x^2$.

Passo 1. **Relacionar a amplitude com $|x - c|$.**

Nesse caso, devemos relacionar a amplitude $|f(x) - 4| = |x^2 - 4|$ com a quantidade $|x - 2|$ (Figura 3). Isso é mais difícil do que no exemplo anterior, porque a amplitude não é um múltiplo constante de $|x - 2|$. Para continuar, considere a fatoração

$$|x^2 - 4| = |x + 2|\,|x - 2|$$

Como vamos exigir que $|x - 2|$ seja pequeno, podemos passar a supor, desde o começo, que $|x - 2| < 1$, o que significa que $1 < x < 3$. Nesse caso, $|x + 2|$ é menor do que 5, e a amplitude satisfaz

$$\text{Se } |x - 2| < 1, \qquad \text{então} \qquad |x^2 - 4| = |x + 2|\,|x - 2| < 5\,|x - 2| \qquad 2$$

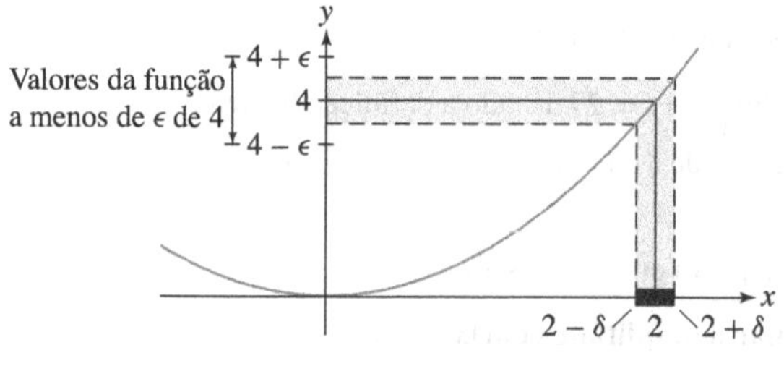

FIGURA 3 O gráfico de $f(x) = x^2$. Podemos escolher δ de tal modo que $f(x)$ fique a menos de ϵ de 4, qualquer que seja o x de $[2 - \delta, 2 + \delta]$.

Passo 2. **Escolher δ (em termos de ϵ).**

Vemos na Equação (2) que se $|x - 2|$ for menor do que $\frac{\epsilon}{5}$ e 1, então a amplitude satisfaz

$$|x^2 - 4| < 5|x - 2| < 5\left(\frac{\epsilon}{5}\right) = \epsilon$$

Portanto, a afirmação seguinte vale com qualquer $\epsilon > 0$:

Se $0 < \lvert x - 2\rvert < \delta$, então $\lvert x^2 - 4\rvert < \epsilon$, em que δ é o menor dentre $\frac{\epsilon}{5}$ e 1

Especificamos um δ com qualquer $\epsilon > 0$, portanto, atendemos às exigências da definição formal de um limite e, assim, provamos que $\lim_{x \to 2} x^2 = 4$. ■

■ **EXEMPLO 3** Prove que $\lim_{x \to 3} \frac{1}{x} = \frac{1}{3}$.

Solução

Passo 1. **Relacionar a amplitude com $|x - c|$.**

A amplitude é igual a

$$\left|\frac{1}{x} - \frac{1}{3}\right| = \left|\frac{3 - x}{3x}\right| = |x - 3|\left|\frac{1}{3x}\right|$$

LEMBRETE Se $a > b > 0$, então $\frac{1}{a} < \frac{1}{b}$. Assim, se $3x > 6$, então $\frac{1}{3x} < \frac{1}{6}$.

Como vamos querer que $|x - 3|$ seja pequeno, podemos passar a supor, desde o começo, que $|x - 3| < 1$ ou, equivalentemente, $2 < x < 4$. Agora observe que se $x > 2$, então $3x > 6$ e $\frac{1}{3x} < \frac{1}{6}$, de modo que a desigualdade seguinte é válida se $|x - 3| < 1$:

$$\left|f(x) - \frac{1}{3}\right| = \left|\frac{3 - x}{3x}\right| = \left|\frac{1}{3x}\right|\,|x - 3| < \frac{1}{6}\,|x - 3| \qquad 3$$

Passo 2. **Escolher δ (em termos de ϵ).**

Pela Equação (3), se $|x - 3| < 1$ e $|x - 3| < 6\epsilon$, então

$$\left|\frac{1}{x} - \frac{1}{3}\right| < \frac{1}{6}\,|x - 3| < \frac{1}{6}(6\epsilon) = \epsilon$$

Portanto, dado qualquer $\epsilon > 0$, tomamos δ como o menor dos dois números 6ϵ e 1. Então temos

$$\text{Se } 0 < |x - 3| < \delta, \qquad \text{então} \qquad \left|\frac{1}{x} - \frac{1}{3}\right| < \epsilon, \text{ em que } \delta \text{ é o menor dentre } 6\epsilon \text{ e } 1$$

Novamente, atendemos às exigências da definição formal de um limite e, assim, provamos rigorosamente que $\lim_{x\to 3} \frac{1}{x} = \frac{1}{3}$. ■

ENTENDIMENTO GRÁFICO Lembre-se sempre da interpretação gráfica de limites. Na Figura 4(A), $f(x)$ tende a L quando $x \to c$ porque, com qualquer $\epsilon > 0$, podemos fazer a amplitude menor do que ϵ tomando δ suficientemente pequeno. Contrastando com isso, a função na Figura 4(B) tem uma descontinuidade de salto em $x = c$. A amplitude não pode ser tornada pequena, não importando quão pequeno seja tomado δ. Portanto, o limite não existe.

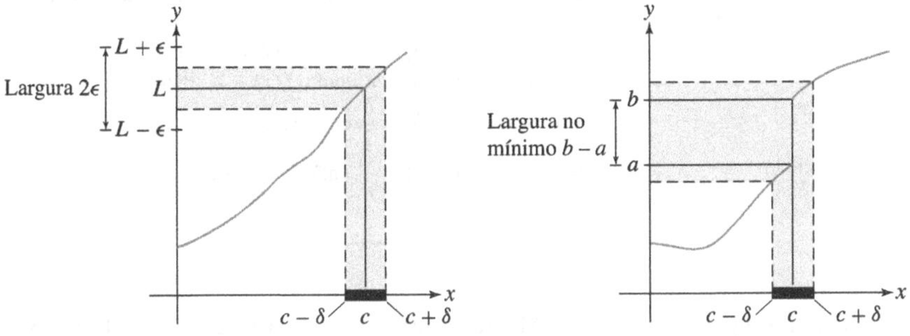

(A) A função é contínua em $x = c$. Tomando δ suficientemente pequeno, podemos tornar a amplitude menor do que ϵ.

(B) A função não é contínua em $x = c$. A amplitude é sempre maior do que $(b - a)/2$, por menor que seja δ.

FIGURA 4

Demonstração de teoremas de limites

Na prática, raramente utilizamos a definição formal de um limite para calcular um limite. A maioria dos limites é calculado utilizando as leis básicas de limites ou outras técnicas, como o teorema do confronto. Contudo, a definição formal permite-nos demonstrar essas leis de forma rigorosa e, com isso, garantir que o Cálculo tenha uma fundação sólida. Ilustramos isso provando a lei da soma. Outras provas estão dadas no Apêndice D.

Demonstração da lei da soma Suponha que

$$\lim_{x\to c} f(x) = L \qquad \text{e} \qquad \lim_{x\to c} g(x) = M$$

Devemos mostrar que $\lim_{x\to c} (f(x) + g(x)) = L + M$.

LEMBRETE *A desigualdade triangular [Equação (1) da Seção 1.1] afirma que*

$$|a + b| \le |a| + |b|$$

quaisquer que sejam a e b.

Aplicando a desigualdade triangular (ver lembrete à margem) com $a = f(x) - L$ e $b = g(x) - M$, obtemos

$$|(f(x) + g(x)) - (L + M)| \le |f(x) - L| + |g(x) - M| \qquad \mathbf{4}$$

Pela definição de limite, podemos tornar cada parcela à direita de (4) tão pequena quanto quisermos. Mais precisamente, dado $\epsilon > 0$, podemos escolher δ tal que $|f(x) - L| < \frac{\epsilon}{2}$ e $|g(x) - M| < \frac{\epsilon}{2}$ se $0 < |x - c| < \delta$ (a princípio, talvez devamos escolher δ's diferentes para f e g, mas então podemos usar o menor desses dois δ's). Assim, a Equação (4) garante

$$\text{Se } 0 < |x - c| < \delta, \quad \text{então} \quad |f(x) + g(x) - (L + M)| < \frac{\epsilon}{2} + \frac{\epsilon}{2} = \epsilon \qquad \mathbf{5}$$

Isso prova que

$$\lim_{x\to c} \big(f(x) + g(x)\big) = L + M = \lim_{x\to c} f(x) + \lim_{x\to c} g(x)$$ ■

2.9 Resumo

- Falando informalmente, afirmar que $\lim_{x \to c} f(x) = L$ significa que a amplitude $|f(x) - L|$ tende a 0 se x tender a c.
- A *definição formal* (denominada definição ϵ-δ): $\lim_{x \to c} f(x) = L$ se, qualquer que seja $\epsilon > 0$, existir algum $\delta > 0$ tal que

$$\text{Se } 0 < |x - c| < \delta, \quad \text{então} \quad |f(x) - L| < \epsilon$$

2.9 Exercícios

Exercícios preliminares

1. Sabendo que $\lim_{x \to 0} \cos x = 1$, qual das afirmações seguintes é verdadeira?
   (a) Se $|\cos x - 1|$ for muito pequeno, então x estará próximo de 0.
   (b) Existe algum $\epsilon > 0$ tal que, se $0 < |\cos x - 1| < \epsilon$, então $|x| < 10^{-5}$.
   (c) Existe algum $\delta > 0$ tal que, se $0 < |x| < \delta$, então $|\cos x - 1| < 10^{-5}$.
   (d) Existe algum $\delta > 0$ tal que, se $0 < |x - 1| < \delta$, então $|\cos x| < 10^{-5}$.

2. Suponha que se saiba que, dados certos ϵ e δ, se $0 < |x - 3| < \delta$, então $|f(x) - 2| < \epsilon$. Qual das afirmações seguintes deve também ser verdadeira?
   (a) Se $0 < |x - 3| < 2\delta$, então $|f(x) - 2| < \epsilon$.
   (b) Se $0 < |x - 3| < \delta$, então $|f(x) - 2| < 2\epsilon$.
   (c) Se $0 < |x - 3| < \frac{\delta}{2}$, então $|f(x) - 2| < \frac{\epsilon}{2}$.
   (d) Se $0 < |x - 3| < \frac{\delta}{2}$, então $|f(x) - 2| < \epsilon$.

Exercícios

1. A partir da informação transmitida pela Figura 5(A), encontre valores de L, ϵ e $\delta > 0$ tais que a afirmação seguinte seja válida: se $|x| < \delta$, então $|f(x) - L| < \epsilon$.
2. A partir da informação transmitida pela Figura 5(B), encontre valores de c, L, ϵ e $\delta > 0$ tais que a afirmação seguinte seja válida: se $0 < |x - c| < \delta$, então $|f(x) - L| < \epsilon$.

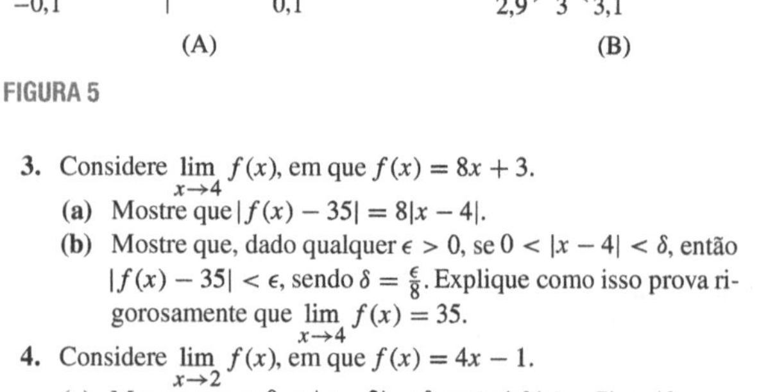

FIGURA 5

3. Considere $\lim_{x \to 4} f(x)$, em que $f(x) = 8x + 3$.
   (a) Mostre que $|f(x) - 35| = 8|x - 4|$.
   (b) Mostre que, dado qualquer $\epsilon > 0$, se $0 < |x - 4| < \delta$, então $|f(x) - 35| < \epsilon$, sendo $\delta = \frac{\epsilon}{8}$. Explique como isso prova rigorosamente que $\lim_{x \to 4} f(x) = 35$.
4. Considere $\lim_{x \to 2} f(x)$, em que $f(x) = 4x - 1$.
   (a) Mostre que se $0 < |x - 2| < \delta$, então $|f(x) - 7| < 4\delta$.
   (b) Encontre algum δ tal que
   $$\text{Se } 0 < |x - 2| < \delta, \text{ então } |f(x) - 7| < 0{,}01$$
   (c) Prove rigorosamente que $\lim_{x \to 2} f(x) = 7$.
5. Considere $\lim_{x \to 2} x^2 = 4$ (confira o Exemplo 2).
   (a) Mostre que se $0 < |x - 2| < 0{,}01$, então $|x^2 - 4| < 0{,}05$.
   (b) Mostre que se $0 < |x - 2| < 0{,}0002$, então $|x^2 - 4| < 0{,}0009$.
   (c) Encontre algum valor de δ tal que, se $0 < |x - 2| < \delta$, então $|x^2 - 4|$ é menor do que 10^{-4}.
6. Considere o limite $\lim_{x \to 5} x^2 = 25$.
   (a) Mostre que se $4 < x < 6$, então $|x^2 - 25| < 11|x - 5|$. *Sugestão:* escreva $|x^2 - 25| = |x + 5| \cdot |x - 5|$.
   (b) Encontre algum δ tal que se $0 < |x - 5| < \delta$, então $|x^2 - 25| < 10^{-3}$.
   (c) Dê uma prova rigorosa do limite mostrando que se $0 < |x - 5| < \delta$, então $|x^2 - 25| < \epsilon$, em que δ é o menor dentre $\frac{\epsilon}{11}$ e 1.
7. Use o Exemplo 3 para encontrar um valor de $\delta > 0$ tal que
   $$\text{Se } 0 < |x - 3| < \delta, \quad \text{então} \quad \left|\frac{1}{x} - \frac{1}{3}\right| < 10^{-4}$$
8. Use a Figura 6 para encontrar um valor de $\delta > 0$ tal que a afirmação seguinte seja válida: se $0 < |x - 2| < \delta$, então $\left|1/x^2 - \frac{1}{4}\right| < \epsilon$, sendo $\epsilon = 0{,}03$. Em seguida, encontre um valor de δ que funcione com $\epsilon = 0{,}01$.

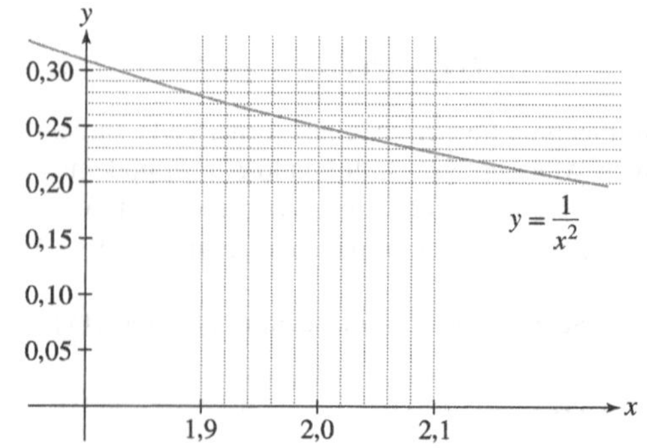

FIGURA 6

9. CG Esboce $f(x) = \sqrt{2x-1}$ junto às retas horizontais $y = 2{,}9$ e $y = 3{,}1$. Use esse esboço para encontrar algum valor de $\delta > 0$ tal que se $0 < |x - 5| < \delta$, então $|\sqrt{2x-1} - 3| < 0{,}1$.

10. CG Esboce $f(x) = \operatorname{tg} x$ junto às retas horizontais $y = 0{,}99$ e $y = 1{,}01$. Use esse esboço para encontrar algum valor de $\delta > 0$ tal que, se $0 < |x - \frac{\pi}{4}| < \delta$, então $|\operatorname{tg} x - 1| < 0{,}01$.

11. CG O número e tem a propriedade seguinte: $\lim_{x\to 0} \dfrac{e^x - 1}{x} = 1$. Use um gráfico de $f(x) = \dfrac{e^x - 1}{x}$ para encontrar um valor de $\delta > 0$ tal que se $0 < |x - 1| < \delta$, então $|f(x) - 1| < 0{,}01$.

12. CG Sejam $f(x) = \dfrac{4}{x^2 + 1}$ e $\epsilon = 0{,}5$. Usando um gráfico de f, encontre algum valor de $\delta > 0$ tal que se $0 < \left|x - \frac{1}{2}\right| < \delta$, então $\left|f(x) - \frac{16}{5}\right| < \epsilon$. Repita o exercício com $\epsilon = 0{,}2$ e $0{,}1$.

13. Considere $\lim_{x\to 2} \dfrac{1}{x}$.

(a) Mostre que se $|x - 2| < 1$, então
$$\left|\frac{1}{x} - \frac{1}{2}\right| < \frac{1}{2}|x - 2|$$

(b) Seja δ o menor dentre 1 e 2ϵ. Prove a afirmação seguinte:
$$\text{Se } 0 < |x - 2| < \delta, \text{ então } \left|\frac{1}{x} - \frac{1}{2}\right| < \epsilon$$

(c) Encontre algum $\delta > 0$ tal que se $0 < |x - 2| < \delta$, então $\left|\frac{1}{x} - \frac{1}{2}\right| < 0{,}01$.

(d) Prove rigorosamente que $\lim_{x\to 2} \dfrac{1}{x} = \dfrac{1}{2}$.

14. Considere $\lim_{x\to 1} \sqrt{x+3}$.

(a) Mostre que se $|x - 1| < 4$, então $|\sqrt{x+3} - 2| < \frac{1}{2}|x - 1|$.
Sugestão: multiplique a desigualdade por $|\sqrt{x+3} + 2|$ e observe que $|\sqrt{x+3} + 2| > 2$.

(b) Encontre $\delta > 0$ tal que se $0 < |x - 1| < \delta$, então $|\sqrt{x+3} - 2| < 10^{-4}$.

(c) Prove rigorosamente que o limite é igual a 2.

15. Seja $f(x) = \operatorname{sen} x$. Usando uma calculadora, obtemos
$$f\left(\frac{\pi}{4} - 0{,}1\right) \approx 0{,}633, \quad f\left(\frac{\pi}{4}\right) \approx 0{,}707, \quad f\left(\frac{\pi}{4} + 0{,}1\right) \approx 0{,}774$$
Use esses valores e o fato de que f é crescente em $\left[0, \frac{\pi}{2}\right]$ para justificar a afirmação
$$\text{Se } 0 < \left|x - \frac{\pi}{4}\right| < 0{,}1, \quad \text{então} \left|f(x) - f\left(\frac{\pi}{4}\right)\right| < 0{,}08$$
Em seguida, esboce uma figura como a Figura 3 para ilustrar essa afirmação.

16. Adapte o argumento no Exemplo 1 para provar rigorosamente que $\lim_{x\to c} (ax + b) = ac + b$, em que a, b e c são arbitrários.

17. Adapte o argumento no Exemplo 2 para provar rigorosamente que $\lim_{x\to c} x^2 = c^2$, qualquer que seja c.

18. Adapte o argumento no Exemplo 3 para provar rigorosamente que $\lim_{x\to c} x^{-1} = \frac{1}{c}$ com qualquer $c \neq 0$.

Nos Exercícios 19-24, use a definição formal de um limite para provar rigorosamente a afirmação.

19. $\lim_{x\to 4} \sqrt{x} = 2$

20. $\lim_{x\to 1} (3x^2 + x) = 4$

21. $\lim_{x\to 1} x^3 = 1$

22. $\lim_{x\to 0} (x^2 + x^3) = 0$

23. $\lim_{x\to 2} x^{-2} = \dfrac{1}{4}$

24. $\lim_{x\to 0} x \operatorname{sen} \dfrac{1}{x} = 0$

25. Seja $f(x) = \dfrac{x}{|x|}$. Prove rigorosamente que não existe $\lim_{x\to 0} f(x)$.
Sugestão: mostre que, dado qualquer L, sempre existe algum número x tal que $|x| < \delta$, mas $|f(x) - L| \geq \frac{1}{2}$, por menor que seja tomado δ.

26. Prove rigorosamente que $\lim_{x\to 0} |x| = 0$.

27. Seja $f(x) = \min(x, x^2)$, em que $\min(a, b)$ é o menor dentre a e b. Prove rigorosamente que $\lim_{x\to 1} f(x) = 1$.

28. Prove rigorosamente que não existe $\lim_{x\to 0} \operatorname{sen} \frac{1}{x}$.

29. Inicialmente, use a identidade
$$\operatorname{sen} x + \operatorname{sen} y = 2 \operatorname{sen}\left(\frac{x+y}{2}\right) \cos\left(\frac{x-y}{2}\right)$$
para verificar a relação
$$\operatorname{sen}(a+h) - \operatorname{sen} a = h\frac{\operatorname{sen}(h/2)}{h/2} \cos\left(a + \frac{h}{2}\right)$$ 6

Agora use a desigualdade $\left|\dfrac{\operatorname{sen} x}{x}\right| \leq 1$ com $x \neq 0$ para mostrar que $|\operatorname{sen}(a+h) - \operatorname{sen} a| < |h|$ com qualquer a. Finalmente, prove rigorosamente que $\lim_{x\to a} \operatorname{sen} x = \operatorname{sen} a$.

Compreensão adicional e desafios

30. **Unicidade do limite** Mostre que uma função converge a, no máximo, um valor limite L. Em outras palavras, use a definição de limite para mostrar que se $\lim_{x\to c} f(x) = L_1$ e $\lim_{x\to c} f(x) = L_2$, então $L_1 = L_2$.

Nos Exercícios 31-33, prove a afirmação usando a definição formal de limite.

31. A lei do múltiplo constante [Teorema 1, parte (ii), na Seção 2.3].

32. O teorema do confronto [Teorema 1 na Seção 2.6]

33. A lei do produto [Teorema 1, parte (iii), na Seção 2.3] *Sugestão:* use a identidade
$$f(x)g(x) - LM = (f(x) - L)\,g(x) + L(g(x) - M)$$

34. Seja $f(x) = 1$ se x for racional e $f(x) = 0$ se x for irracional. Prove que não existe $\lim_{x\to c} f(x)$, qualquer que seja c. *Sugestão:* existem números racionais e irracionais arbitrariamente próximos de qualquer c dado.

35. A função seguinte tem estranhas propriedades de continuidade:
$$f(x) = \begin{cases} \dfrac{1}{q} & \text{se } x \text{ for o número racional } p/q \text{ em forma irredutível.} \\ 0 & \text{se } x \text{ for um número irracional.} \end{cases}$$

(a) Mostre que f é descontínua em c se c for racional. *Sugestão:* existem números irracionais arbitrariamente próximos de c.

(b) Mostre que f é contínua em c se c for irracional. *Sugestão:* seja I o intervalo $\{x : |x - c| < 1\}$. Mostre que qualquer que seja $Q > 0$, o intervalo I contém, no máximo, um número finito de frações p/q tais que $q < Q$. Conclua que existe algum δ tal que todas as frações em $\{x : |x - c| < \delta\}$ tenham denominador maior do que Q.

36. Escreva uma definição formal de
$$\lim_{x\to\infty} f(x) = L$$

37. Escreva uma definição formal de
$$\lim_{x\to a} f(x) = \infty$$

EXERCÍCIOS DE REVISÃO DO CAPÍTULO

1. A posição de uma partícula no instante t (em segundos) é $s(t) = \sqrt{t^2 + 1}$ m. Calcule a velocidade média da partícula ao longo de [2, 5] e dê uma estimativa de sua velocidade instantânea em $t = 2$.

2. Na tabela seguinte está listado o preço p do gás natural nos EUA (em dólares por 1.000 pés^3) no primeiro dia de cada um dos meses de 2012.

J	F	M	A	M	J
2,89	2,46	2,25	1,89	1,94	2,54
J	**A**	**S**	**O**	**N**	**D**
2,59	2,86	2,71	3,03	3,35	3,35

Calcule a taxa de variação média de p (em dólares por 1.000 pés^3 por mês) nos trimestres de janeiro-março, abril-junho e julho-setembro.

3. Dado um número inteiro positivo n, seja $P(n)$ o número de *partições* de n, ou seja, o número de maneiras de escrever n como uma soma de um ou mais números inteiros positivos. Por exemplo, $P(4) = 5$, já que o número 4 pode ser particionado de cinco maneiras diferentes: 4, $3 + 1$, $2 + 2$, $2 + 1 + 1$ e $1 + 1 + 1 + 1$. Suponha que P seja uma função contínua cujos valores nos inteiros positivos sejam conhecidos. Use a Figura 1 para dar uma estimativa da taxa de variação de P em $n = 12$.

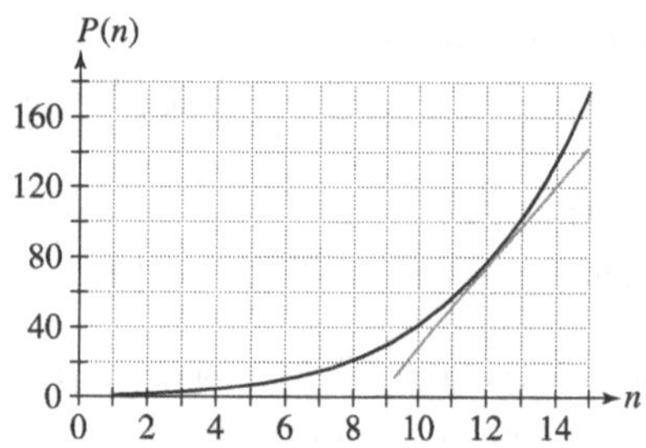

FIGURA 1 O gráfico de P.

4. A velocidade média v (m/s) de uma molécula de oxigênio no ar a uma temperatura de T (em °C) é $v = 25{,}7\sqrt{273{,}15 + T}$. Qual é a velocidade média em $T = 25°$ (temperatura ambiente)? Dê uma estimativa da taxa de variação da velocidade média em relação à temperatura em $T = 25°$. Quais são as unidades dessa taxa?

Nos Exercícios 5-10, dê uma estimativa do limite numericamente com duas casas decimais ou decida que o limite não existe.

5. $\lim\limits_{x\to 0} \dfrac{1 - \cos^3(x)}{x^2}$

6. $\lim\limits_{x\to 1} x^{1/(x-1)}$

7. $\lim\limits_{x\to 2} \dfrac{x^x - 4}{x^2 - 4}$

8. $\lim\limits_{x\to 2} \dfrac{x - 2}{\ln(3x - 5)}$

9. $\lim\limits_{x\to 1} \left(\dfrac{7}{1 - x^7} - \dfrac{3}{1 - x^3}\right)$

10. $\lim\limits_{x\to 2} \dfrac{3^x - 9}{5^x - 25}$

Nos Exercícios 11-50, calcule o limite, se existir. Caso não exista, determine se existem os limites laterais (finitos ou infinitos).

11. $\lim\limits_{x\to 4} (3 + x^{1/2})$

12. $\lim\limits_{x\to 1} \dfrac{5 - x^2}{4x + 7}$

13. $\lim\limits_{x\to -2} \dfrac{4}{x^3}$

14. $\lim\limits_{x\to -1} \dfrac{3x^2 + 4x + 1}{x + 1}$

15. $\lim\limits_{t\to 9} \dfrac{\sqrt{t} - 3}{t - 9}$

16. $\lim\limits_{x\to 3} \dfrac{\sqrt{x + 1} - 2}{x - 3}$

17. $\lim\limits_{x\to 1} \dfrac{x^3 - x}{x - 1}$

18. $\lim\limits_{h\to 0} \dfrac{2(a + h)^2 - 2a^2}{h}$

19. $\lim\limits_{t\to 9} \dfrac{t - 6}{\sqrt{t} - 3}$

20. $\lim\limits_{s\to 0} \dfrac{1 - \sqrt{s^2 + 1}}{s^2}$

21. $\lim\limits_{x\to -1^+} \dfrac{1}{x + 1}$

22. $\lim\limits_{y\to \frac{1}{3}} \dfrac{3y^2 + 5y - 2}{6y^2 - 5y + 1}$

23. $\lim\limits_{x\to 1} \dfrac{x^3 - 2x}{x - 1}$

24. $\lim\limits_{a\to b} \dfrac{a^2 - 3ab + 2b^2}{a - b}$

25. $\lim\limits_{x\to 0} \dfrac{e^{3x} - e^x}{e^x - 1}$

26. $\lim\limits_{\theta\to 0} \dfrac{\operatorname{sen} 5\theta}{\theta}$

27. $\lim\limits_{x\to 1{,}5} \left\lfloor \dfrac{1}{x} \right\rfloor$

28. $\lim\limits_{\theta\to \frac{\pi}{4}} \sec\theta$

29. $\lim\limits_{z\to -3} \dfrac{z + 3}{z^2 + 4z + 3}$

30. $\lim\limits_{x\to 1} \dfrac{x^3 - ax^2 + ax - 1}{x - 1}$

31. $\lim\limits_{x\to b} \dfrac{x^3 - b^3}{x - b}$

32. $\lim\limits_{x\to 0} \dfrac{\operatorname{sen} 4x}{\operatorname{sen} 3x}$

33. $\lim\limits_{x\to 0} \left(\dfrac{1}{3x} - \dfrac{1}{x(x + 3)}\right)$

34. $\lim\limits_{\theta\to \frac{1}{4}} 3^{\operatorname{tg}(\pi\theta)}$

35. $\lim\limits_{x\to 0^-} \dfrac{\lfloor x \rfloor}{x}$

36. $\lim\limits_{x\to 0^+} \dfrac{\lfloor x \rfloor}{x}$

37. $\lim\limits_{\theta\to \frac{\pi}{2}} \theta\sec\theta$

38. $\lim\limits_{y\to 2} \ln\left(\operatorname{sen}\dfrac{\pi}{y}\right)$

39. $\lim\limits_{\theta\to 0} \dfrac{\cos\theta - 2}{\theta}$

40. $\lim\limits_{x\to 4{,}3} \dfrac{1}{x - \lfloor x \rfloor}$

41. $\lim\limits_{x\to 2^-} \dfrac{x - 3}{x - 2}$

42. $\lim\limits_{t\to 0} \dfrac{\operatorname{sen}^2 t}{t^3}$

43. $\lim\limits_{x\to 1^+} \left(\dfrac{1}{\sqrt{x - 1}} - \dfrac{1}{\sqrt{x^2 - 1}}\right)$

44. $\lim\limits_{t\to e} \sqrt{t}(\ln t - 1)$

45. $\lim\limits_{x\to \frac{\pi}{2}} \operatorname{tg} x$

46. $\lim\limits_{t\to 0} \cos\dfrac{1}{t}$

47. $\lim\limits_{t\to 0^+} \sqrt{t}\cos\dfrac{1}{t}$

48. $\lim\limits_{x\to 5^+} \dfrac{x^2 - 24}{x^2 - 25}$

49. $\lim\limits_{x\to 0} \dfrac{\cos x - 1}{\operatorname{sen} x}$

50. $\lim\limits_{\theta\to 0} \dfrac{\operatorname{tg}\theta - \operatorname{sen}\theta}{\operatorname{sen}^3\theta}$

51. Encontre os limites laterais da função f na Figura 2 em $x = 0$, 2 e 4. Decida se f é contínua à direita ou à esquerda (ou ambos) nesses pontos.

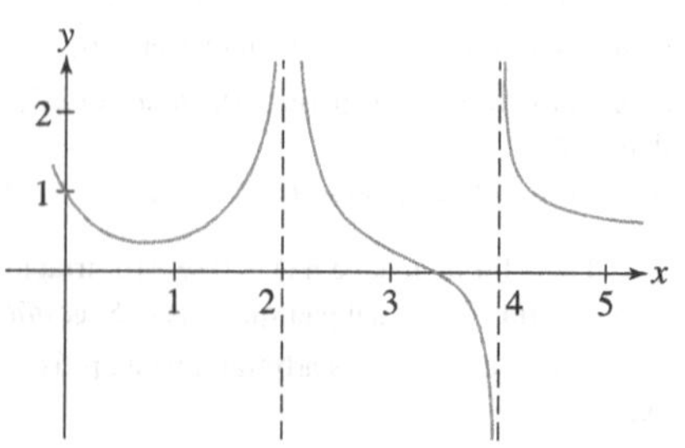

FIGURA 2

52. Esboce o gráfico de uma função f tal que
(a) $\lim_{x\to 2^-} f(x) = 1, \quad \lim_{x\to 2^+} f(x) = 3$
(b) exista $\lim_{x\to 4} f(x)$, mas não seja igual a $f(4)$.

53. Esboce o gráfico de h e descreva a descontinuidade:

$$h(x) = \begin{cases} e^x & \text{se } x \le 0 \\ \ln x & \text{se } x > 0 \end{cases}$$

Essa função é contínua à esquerda ou à direita?

54. Esboce o gráfico de uma função g tal que

$$\lim_{x\to -3^-} g(x) = \infty, \qquad \lim_{x\to -3^+} g(x) = -\infty, \qquad \lim_{x\to 4} g(x) = \infty$$

55. Encontre os pontos de descontinuidade de

$$g(x) = \begin{cases} \cos\left(\frac{\pi x}{2}\right) & \text{se } |x| < 1 \\ |x-1| & \text{se } |x| \ge 1 \end{cases}$$

Determine o tipo da descontinuidade e se g é contínua à esquerda ou direita.

56. Mostre que $f(x) = xe^{\operatorname{sen} x}$ é contínua em seu domínio.

57. Encontre uma constante b tal que h seja contínua em $x = 2$, sendo

$$h(x) = \begin{cases} x+1 & \text{se } |x| < 2 \\ b - x^2 & \text{se } |x| \ge 2 \end{cases}$$

Com essa escolha de b, encontre todos os pontos de descontinuidade.

Nos Exercícios 58-63, encontre as assíntotas horizontais da função calculando seus limites no infinito.

58. $f(x) = \dfrac{9x^2 - 4}{2x^2 - x}$

59. $f(x) = \dfrac{x^2 - 3x^4}{x - 1}$

60. $f(u) = \dfrac{8u - 3}{\sqrt{16u^2 + 6}}$

61. $f(u) = \dfrac{2u^2 - 1}{\sqrt{6 + u^4}}$

62. $f(x) = \dfrac{3x^{2/3} + 9x^{3/7}}{7x^{4/5} - 4x^{-1/3}}$

63. $f(t) = \dfrac{t^{1/3} - t^{-1/3}}{(t - t^{-1})^{1/3}}$

64. Calcule os limites seguintes, supondo que

$$\lim_{x\to 3} f(x) = 6, \qquad \lim_{x\to 3} g(x) = 4$$

(a) $\lim_{x\to 3} (f(x) - 2g(x))$
(b) $\lim_{x\to 3} x^2 f(x)$
(c) $\lim_{x\to 3} \dfrac{f(x)}{g(x) + x}$
(d) $\lim_{x\to 3} (2g(x)^3 - g(x)^{3/2})$

65. Suponha que existam os limites seguintes:

$$A = \lim_{x\to a} f(x), \qquad B = \lim_{x\to a} g(x), \qquad L = \lim_{x\to a} \frac{f(x)}{g(x)}$$

Prove que se $L = 1$, então $A = B$. *Sugestão:* não é possível utilizar a lei do quociente se $B = 0$, portanto aplique a lei do produto a L e B.

66. CG Defina $g(t) = (1 + 2^{1/t})^{-1}$ com $t \neq 0$. Como deve ser definido $g(0)$ para que g seja contínua à esquerda em $t = 0$?

67. Na notação do Exercício 65, dê um exemplo em que existe L, mas não existem nem A nem B.

68. Verdadeira ou falsa?
(a) Se existir $\lim_{x\to 3} f(x)$, então $\lim_{x\to 3} f(x) = f(3)$.
(b) Se $\lim_{x\to 0} \dfrac{f(x)}{x} = 1$, então $f(0) = 0$.
(c) Se $\lim_{x\to -7} f(x) = 8$, então $\lim_{x\to -7} \dfrac{1}{f(x)} = \dfrac{1}{8}$.
(d) Se $\lim_{x\to 5^+} f(x) = 4$ e $\lim_{x\to 5^-} f(x) = 8$, então $\lim_{x\to 5} f(x) = 6$.
(e) Se $\lim_{x\to 0} \dfrac{f(x)}{x} = 1$, então $\lim_{x\to 0} f(x) = 0$.
(f) Se $\lim_{x\to 5} f(x) = 2$, então $\lim_{x\to 5} f(x)^3 = 8$.

69. Seja $f(x) = \left\lfloor \frac{1}{x} \right\rfloor$, em que $\lfloor x \rfloor$ é a função maior inteiro. Mostre que, com $x \neq 0$,

$$\frac{1}{x} - 1 < \left\lfloor \frac{1}{x} \right\rfloor \le \frac{1}{x}$$

Em seguida use o teorema do confronto para provar que

$$\lim_{x\to 0} x \left\lfloor \frac{1}{x} \right\rfloor = 1$$

Sugestão: trate cada limite lateral separadamente.

70. Sejam r_1 e r_2 as raízes de $f(x) = ax^2 - 2x + 20$. Observe que f "se aproxima da" função linear $L(x) = -2x + 20$ se $a \to 0$. Como $r = 10$ é a única raiz de L, poderíamos esperar que pelo menos uma das raízes de f tenda a 10 se $a \to 0$ (Figura 3). Prove que as raízes podem ser etiquetadas de tal modo que $\lim_{a\to 0} r_1 = 10$ e $\lim_{a\to 0} r_2 = \infty$.

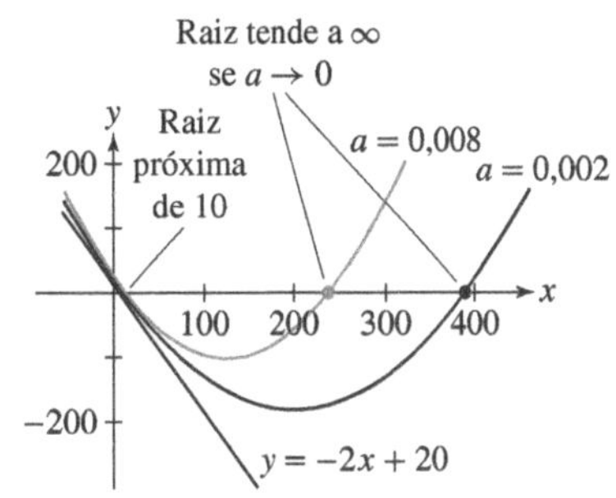

FIGURA 3 Gráficos de $f(x) = ax^2 - 2x + 20$.

71. Use o TVI para provar que as curvas $y = x^2$ e $y = \cos x$ se intersectam.

72. Use o TVI para provar que $f(x) = x^3 - \dfrac{x^2 + 2}{\cos x + 2}$ tem uma raiz no intervalo $[0, 2]$.

73. Use o TVI para mostrar que $e^{-x^2} = x$ tem uma solução em $(0, 1)$.

74. Use o método da bisseção para determinar uma solução de $x^2 - 7 = 0$ com duas casas decimais.

75. Dê um exemplo de uma função (descontínua) que não satisfaça a conclusão do TVI em $[-1, 1]$. Em seguida, mostre que a função

$$f(x) = \begin{cases} \operatorname{sen} \dfrac{1}{x} & x \neq 0 \\ 0 & x = 0 \end{cases}$$

satisfaz a conclusão do TVI em cada intervalo $[-a, a]$.

76. Seja $f(x) = \dfrac{1}{x + 2}$.
(a) Mostre que se $|x - 2| < 1$, então $\left|f(x) - \frac{1}{4}\right| < \dfrac{|x - 2|}{12}$. *Sugestão:* observe que se $|x - 2| < 1$, então $|4(x + 2)| > 12$.
(b) Encontre $\delta > 0$ tal que se $|x - 2| < \delta$, então $\left|f(x) - \frac{1}{4}\right| < 0{,}01$.
(c) Prove rigorosamente que $\lim_{x\to 2} f(x) = \frac{1}{4}$.

77. CG Esboce a função $f(x) = x^{1/3}$. Use o *zoom* da calculadora para encontrar um $\delta > 0$ tal que se $|x - 8| < \delta$, então $|x^{1/3} - 2| < 0{,}05$.

78. Use o fato de que $f(x) = 2^x$ é crescente para encontrar um valor de δ tal que $|2^x - 8| < 0{,}001$ se $|x - 2| < \delta$. *Sugestão:* encontre c_1 e c_2 tais que $7{,}999 < f(c_1) < f(c_2) < 8{,}001$.

79. Prove rigorosamente que $\lim_{x \to -1} (4 + 8x) = -4$.

80. Prove rigorosamente que $\lim_{x \to 3} (x^2 - x) = 6$.

3 DERIVADA

A velocidade num dado momento da queda livre é obtida calculando a derivada da função posição naquele instante. *(Germanskydiver/Shutterstock)*

O Cálculo Diferencial é o estudo da derivada, e a derivação é o processo de calcular derivadas. O que é uma derivada? Essa pergunta tem três respostas igualmente importantes: a derivada é uma taxa de variação, é a inclinação de uma reta tangente e (mais formalmente) é o limite de uma razão incremental, como veremos logo. Neste capítulo, exploramos essas três facetas da derivada e desenvolvemos as regras básicas de derivação. Quando você dominar essas técnicas, estará de posse de uma das ferramentas mais úteis e maleáveis que a Matemática pode oferecer.

3.1 Definição da derivada

Comecemos com duas perguntas: qual é a definição precisa de uma reta tangente e como podemos calcular sua inclinação? Para responder a essas questões, retornamos à relação entre retas tangentes e retas secantes mencionada inicialmente na Seção 2.1.

A reta secante por dois pontos distintos $P = (a, f(a))$ e $Q = (x, f(x))$ do gráfico de uma função f tem uma inclinação [Figura 1(A)]

$$\frac{\Delta f}{\Delta x} = \frac{f(x) - f(a)}{x - a}$$

em que

$$\Delta f = f(x) - f(a) \qquad \text{e} \qquad \Delta x = x - a$$

A expressão $\dfrac{f(x) - f(a)}{x - a}$ é denominada **razão incremental**.

*LEMBRETE Uma **reta secante** é qualquer reta por dois pontos de uma curva ou gráfico.*

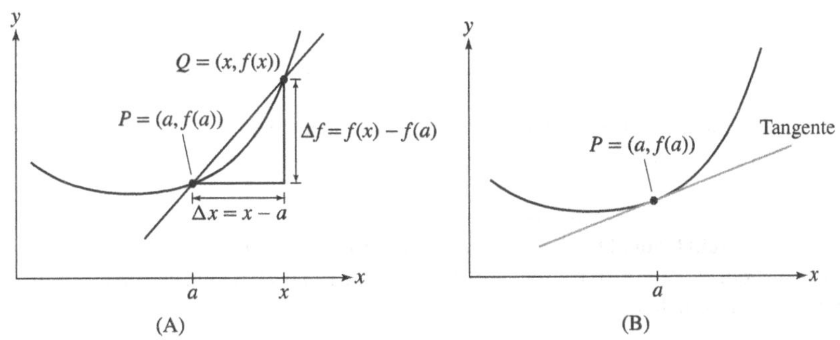

FIGURA 1 A reta secante tem inclinação $\Delta f / \Delta x$. Nosso objetivo é calcular a inclinação da reta tangente em $(a, f(a))$.

Agora observe o que acontece quando Q tende a P ou, equivalentemente, quando x tende a a. A Figura 2 sugere que as retas secantes tendem a ficar progressivamente mais próximas da reta tangente. Se imaginarmos que Q está se movendo em direção a P, então parece que as retas secantes giram para a reta tangente como em (D). Portanto, podemos esperar que as inclinações das retas secantes tendam à inclinação da reta tangente.

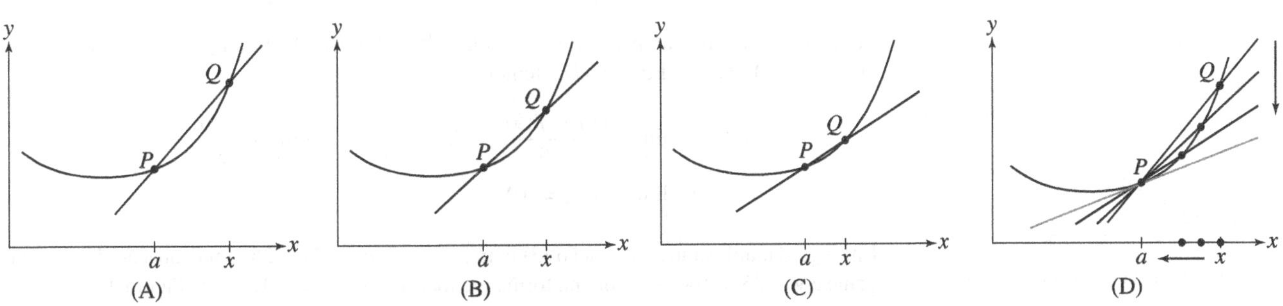

FIGURA 2 As retas secantes tendem para a reta tangente quando Q tende a P.

Usando essa intuição, definimos a **derivada** $f'(a)$ no ponto $x = a$ (que se lê "f linha de a") como o limite

$$\underbrace{f'(a)}_{\substack{\text{Inclinação}\\ \text{da reta tangente}}} = \underbrace{\lim_{x \to a} \frac{f(x) - f(a)}{x - a}}_{\substack{\text{Limite das inclinações}\\ \text{de retas secantes}}}$$

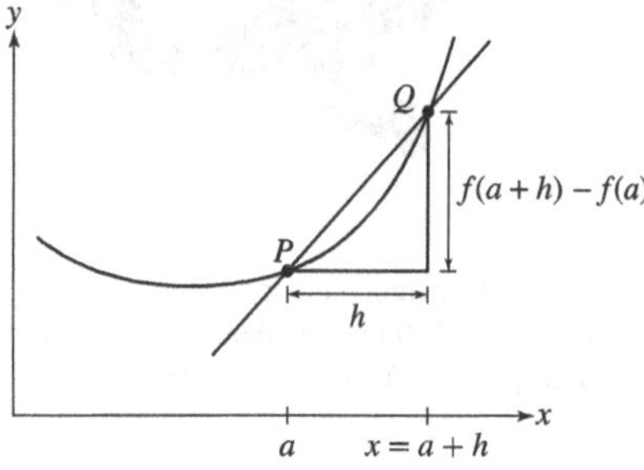

FIGURA 3 A razão incremental pode ser dada em termos de h.

Existe outra maneira de escrever a razão incremental usando uma nova variável h:

$$h = x - a$$

Temos $x = a + h$ e, com $x \neq a$ (Figura 3)

$$\frac{f(x) - f(a)}{x - a} = \frac{f(a + h) - f(a)}{h}$$

A variável h tende a 0 se $x \to a$, portanto podemos reescrever a derivada como

$$f'(a) = \lim_{h \to 0} \frac{f(a + h) - f(a)}{h}$$

Cada maneira de escrever a derivada é útil. A versão usando h é, muitas vezes, mais conveniente nos cálculos.

DEFINIÇÃO Derivada A derivada de uma função f num ponto a é o limite (se existir) das razões incrementais:

$$f'(a) = \lim_{h \to 0} \frac{f(a + h) - f(a)}{h} \qquad 1$$

Quando existe esse limite, dizemos que f é **derivável** em a ou, então, que é **diferenciável** em a. Uma definição equivalente da derivada num ponto a é

$$f'(a) = \lim_{x \to a} \frac{f(x) - f(a)}{x - a} \qquad 2$$

Agora podemos definir a reta tangente de uma maneia precisa, como a reta de inclinação $f'(a)$ por $P = (a, f(a))$.

LEMBRETE A equação da reta por $P = (a, b)$ de inclinação m na forma ponto-inclinação é

$$y - b = m(x - a)$$

DEFINIÇÃO Reta tangente Suponha que f seja derivável em a. A reta tangente ao gráfico de $y = f(x)$ em $P = (a, f(a))$ é a reta por P de inclinação $f'(a)$. A equação da reta tangente em forma ponto-inclinação é

$$y - f(a) = f'(a)(x - a) \qquad 3$$

■ **EXEMPLO 1 Equação de uma reta tangente** Encontre uma equação da reta tangente ao gráfico de $f(x) = x^2$ em $x = 5$.

Solução Inicialmente, precisamos calcular $f'(5)$. Temos a liberdade de usar ou a Equação (1) ou a (2). Usando a Equação (2), temos

$$f'(5) = \lim_{x \to 5} \frac{f(x) - f(5)}{x - 5} = \lim_{x \to 5} \frac{x^2 - 25}{x - 5} = \lim_{x \to 5} \frac{(x - 5)(x + 5)}{x - 5}$$
$$= \lim_{x \to 5} (x + 5) = 10$$

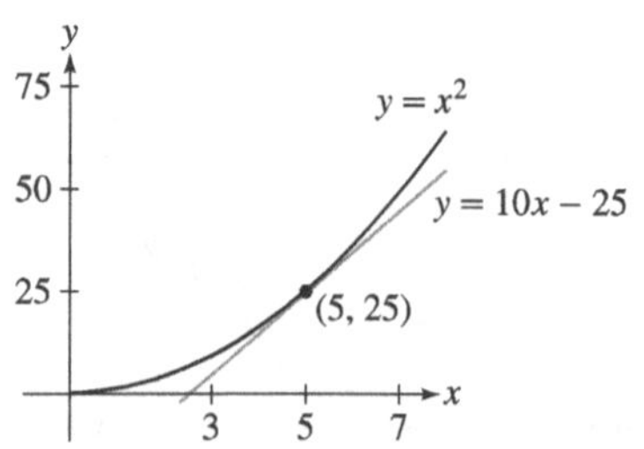

FIGURA 4 A reta tangente a $y = x^2$ em $x = 5$.

Em seguida, aplicamos a Equação (3) com $a = 5$. Como $f(5) = 25$, uma equação da reta tangente é $y - 25 = 10(x - 5)$ ou, na forma inclinação-corte: $y = 10x - 25$ (Figura 4).

Se, em vez disso, tivéssemos usado a Equação (1) para encontrar $f'(5)$, obteríamos a mesma inclinação:

$$f'(5) = \lim_{h\to 0} \frac{f(5+h) - f(5)}{h} = \lim_{h\to 0} \frac{(5+h)^2 - 5^2}{h}$$

$$= \lim_{h\to 0} \frac{(25 + 10h + h^2) - 25}{h} = \lim_{h\to 0} (10 + h) = 10$$ ■

Nos dois próximos exemplos, efetuamos a derivação (o processo de calcular a derivada) usando a Equação (1). Para ficar mais claro, dividimos os cálculos em três passos.

Isaac Newton se referia ao Cálculo como o "método dos fluxônios" (do latim, significando "fluir"), mas o termo "Cálculo Diferencial", introduzido em sua versão em latim "calculus differentialis" por Gottfried Wilhelm Leibniz, acabou predominando e foi adotado universalmente.

■ **EXEMPLO 2** Calcule $f'(3)$, sendo $f(x) = x^2 - 8x$.

Solução Usando a Equação (1), escrevemos a razão incremental em $a = 3$ como

$$\frac{f(a+h) - f(a)}{h} = \frac{f(3+h) - f(3)}{h} \qquad (h \neq 0)$$

***Passo 1.* Escrever o numerador da razão incremental.**

$$f(3+h) - f(3) = \big((3+h)^2 - 8(3+h)\big) - \big(3^2 - 8(3)\big)$$
$$= \big((9 + 6h + h^2) - (24 + 8h)\big) - (9 - 24)$$
$$= h^2 - 2h$$

***Passo 2.* Dividir por h e simplificar.**

$$\frac{f(3+h) - f(3)}{h} = \frac{h^2 - 2h}{h} = \underbrace{\frac{h(h-2)}{h} = h - 2}_{\text{Cancelamento de } h}$$

***Passo 3.* Calcular o limite.**

$$f'(3) = \lim_{h\to 0} \frac{f(3+h) - f(3)}{h} = \lim_{h\to 0} (h - 2) = -2$$ ■

■ **EXEMPLO 3** Esboce o gráfico de $f(x) = \dfrac{1}{x}$ e trace a reta tangente em $x = 2$.

(a) A partir do esboço, é de se esperar que $f'(2)$ seja positiva ou negativa?

(b) Encontre uma equação da reta tangente em $x = 2$.

Solução O gráfico e a reta tangente em $x = 2$ estão esboçados na Figura 5.

(a) Vemos que a reta tangente tem inclinação negativa, portanto $f'(2)$ deve ser negativa.

(b) Calculamos $f'(2)$ em três passos, como antes.

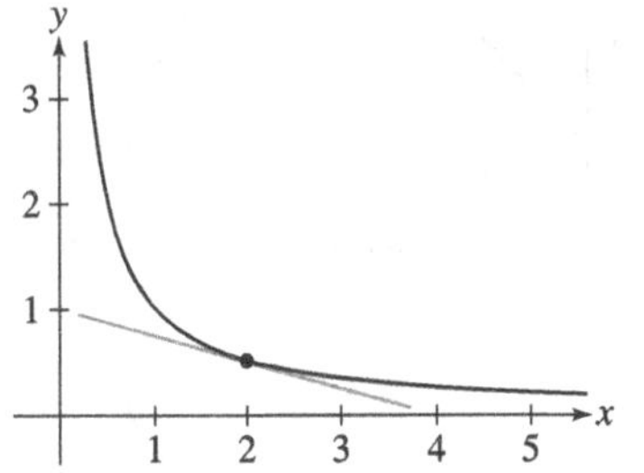

FIGURA 5 O gráfico de $f(x) = \frac{1}{x}$. A reta tangente em $x = 2$ tem equação $y = -\frac{1}{4}x + 1$.

***Passo 1.* Escrever o numerador da razão incremental.**

$$f(2+h) - f(2) = \frac{1}{2+h} - \frac{1}{2} = \frac{2}{2(2+h)} - \frac{2+h}{2(2+h)} = -\frac{h}{2(2+h)}$$

***Passo 2.* Dividir por h e simplificar.**

$$\frac{f(2+h) - f(2)}{h} = \frac{1}{h} \cdot \left(-\frac{h}{2(2+h)}\right) = -\frac{1}{2(2+h)}$$

***Passo 3.* Calcular o limite.**

$$f'(2) = \lim_{h\to 0} \frac{f(2+h) - f(2)}{h} = \lim_{h\to 0} \frac{-1}{2(2+h)} = -\frac{1}{4}$$

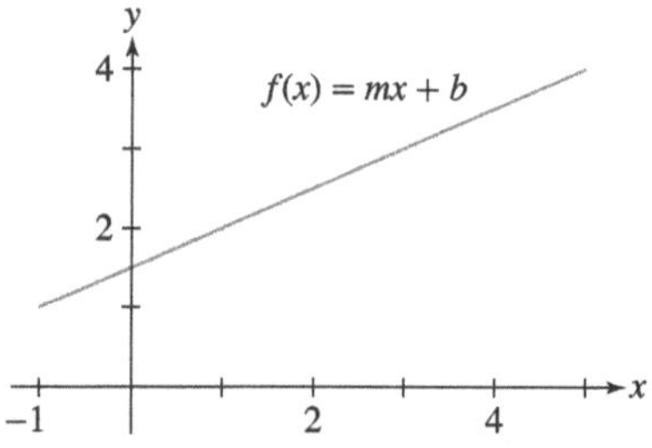

FIGURA 6 A derivada de $f(x) = mx + b$ é $f'(a) = m$, com qualquer a.

Como o valor da função é $f(2) = \frac{1}{2}$, a reta tangente passa por $\left(2, \frac{1}{2}\right)$ e tem equação

$$y - \frac{1}{2} = -\frac{1}{4}(x - 2)$$

No formato inclinação-corte, temos $y = -\frac{1}{4}x + 1$. ■

O gráfico de uma **função linear** $f(x) = mx + b$ (em que m e b são constantes) é uma reta de inclinação m. A reta tangente em qualquer ponto coincide com a própria reta (Figura 6), portanto é de se esperar que $f'(a) = m$, com qualquer a. Conferimos isso calculando a derivada:

$$f'(a) = \lim_{h \to 0} \frac{f(a+h) - f(a)}{h} = \lim_{h \to 0} \frac{(m(a+h) + b) - (ma + b)}{h}$$

$$= \lim_{h \to 0} \frac{mh}{h} = \lim_{h \to 0} m = m$$

Se $m = 0$, então $f(x) = b$ é constante e $f'(a) = 0$ (Figura 7). Resumindo, temos o resultado seguinte.

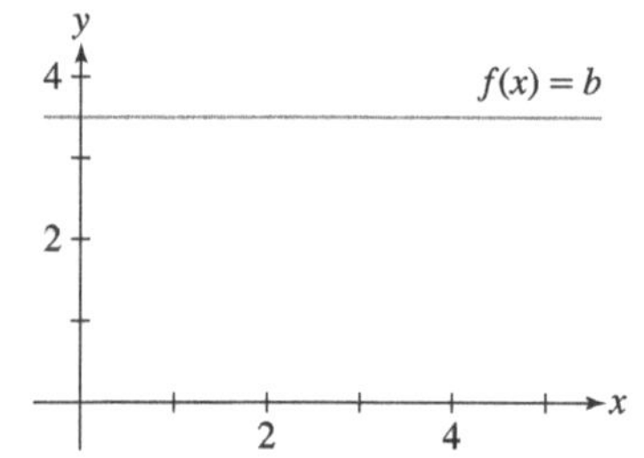

FIGURA 7 A derivada de uma função constante $f(x) = b$ é $f'(a) = 0$, com qualquer a.

> **TEOREMA 1 Derivada de funções lineares e constantes**
>
> - Se $f(x) = mx + b$ é uma função linear, então $f'(a) = m$, com qualquer a.
> - Se $f(x) = b$ é uma função constante, então $f'(a) = 0$, com qualquer a.

■ **EXEMPLO 4** Encontre a derivada de $f(x) = 9x - 5$ em $x = 2$ e $x = 5$.

Solução Temos $f'(a) = 9$, com qualquer a. Logo, $f'(2) = f'(5) = 9$. ■

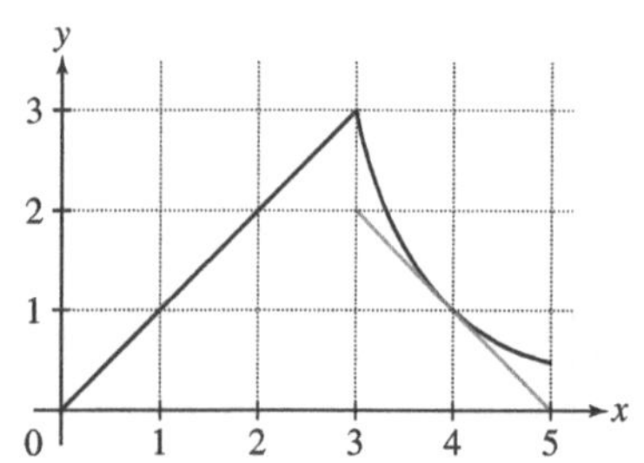

FIGURA 8 Determinando a derivada em $x = 2$, 3 e 4

■ **EXEMPLO 5** Determine a derivada da função f cujo gráfico aparece na Figura 8 em $x = 2$, 3 e 4.

Solução Em $x = 2$, o gráfico é uma reta de inclinação dada por

$$m = \frac{f(3) - f(0)}{3 - 0} = \frac{3 - 0}{3 - 0} = 1$$

Logo, $f'(2) = 1$.

Em $x = 3$, não há uma reta tangente bem definida, porque o limite das inclinações das retas secantes quando x tende a 3 pela esquerda é diferente do limite das inclinações das retas secantes quando x tende a 3 pela direita. Assim, não existe a derivada $f'(3)$.

Em $x = 4$, a reta tangente passa pelos dois pontos (3, 2) e (5, 0). Segue que essa reta tem uma inclinação $m = \frac{2-0}{3-5} = -1$. Logo, $f'(4) = -1$. ■

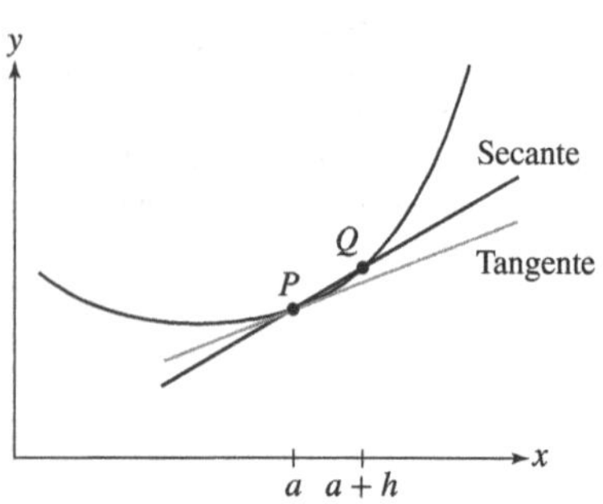

FIGURA 9 Se h for pequeno, a reta secante terá quase a mesma inclinação que a reta tangente.

Estimativa da derivada

As aproximações da derivada são úteis naquelas situações em que não conseguimos calcular $f'(a)$ exatamente. Como a derivada é o limite das razões incrementais, a razão incremental deveria dar uma boa aproximação numérica quando h for suficientemente pequeno:

$$f'(a) \approx \frac{f(a+h) - f(a)}{h} \qquad \text{se } h \text{ for pequeno}$$

Graficamente, isso diz que, com h pequeno, a inclinação da reta secante é praticamente igual à inclinação da reta tangente (Figura 9).

■ **EXEMPLO 6** Dê uma estimativa da derivada de $f(x) = \operatorname{sen} x$ em $x = \frac{\pi}{6}$.

Solução Calculamos a razão incremental com vários valores pequenos de h:

$$\frac{\operatorname{sen}\left(\frac{\pi}{6}+h\right)-\operatorname{sen}\frac{\pi}{6}}{h}=\frac{\operatorname{sen}\left(\frac{\pi}{6}+h\right)-0{,}5}{h}$$

A Tabela 1 sugere que o limite tem uma expansão decimal que começa com 0,866. Em outras palavras, $f'\left(\frac{\pi}{6}\right)\approx 0{,}866$. ■

TABELA 1 Valores da razão incremental com *h* pequeno

$h > 0$	$\frac{\operatorname{sen}\left(\frac{\pi}{6}+h\right)-0{,}5}{h}$	$h < 0$	$\frac{\operatorname{sen}\left(\frac{\pi}{6}+h\right)-0{,}5}{h}$
0,01	0,863511	−0,01	0,868511
0,001	0,865775	−0,001	0,866275
0,0001	**0,8660**00	−0,0001	**0,866**050
0,00001	**0,8660**229	−0,00001	**0,8660**279

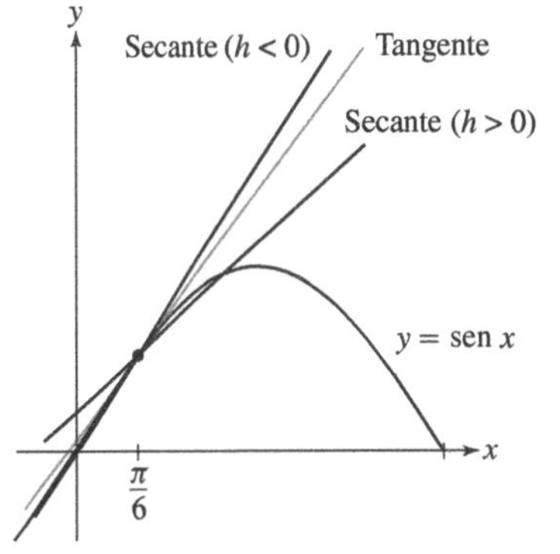

FIGURA 10 A reta tangente fica apertada *entre* as retas secantes com $h > 0$ e $h < 0$.

No próximo exemplo, utilizamos um raciocínio gráfico para determinar a precisão da estimativa obtida no Exemplo 6.

■ **EXEMPLO 7** CG **Determinando graficamente a precisão** Seja $f(x) = \operatorname{sen} x$. Mostre que a aproximação $f'\left(\frac{\pi}{6}\right)\approx 0{,}8660$ é precisa até a quarta casa decimal.

Solução Observe na Figura 10 que a posição da reta secante em relação à reta tangente depende de h ser positivo ou negativo. A inclinação da reta secante é *menor* do que a inclinação da reta tangente quando $h > 0$, mas é *maior* quando $h < 0$. Isso nos diz que as razões incrementais na segunda coluna da Tabela 1 são menores do que $f'\left(\frac{\pi}{6}\right)$ e as da quarta coluna são maiores do que $f'\left(\frac{\pi}{6}\right)$. Em particular, pela última linha na Tabela 1, podemos concluir que

$$0{,}866022 \le f'\left(\frac{\pi}{6}\right) \le 0{,}866028$$

No Cálculo, ocorre frequentemente essa técnica de estimar uma quantidade desconhecida mostrando que ela está entre dois valores conhecidos.

Segue que a estimativa $f'\left(\frac{\pi}{6}\right)\approx 0{,}8660$ está correta até a quarta casa decimal. Na Seção 3.6, veremos que o valor exato é $f'\left(\frac{\pi}{6}\right)=\cos\left(\frac{\pi}{6}\right)=\frac{\sqrt{3}}{2}\approx 0{,}8660254$, que fica praticamente na metade entre 0,866022 e 0,866028. ■

ENTENDIMENTO CONCEITUAL Os limites são realmente necessários? É natural perguntar se os limites são realmente necessários. Como a reta tangente é tão fácil de visualizar, será que não existe uma maneira melhor ou mais simples de encontrar sua equação? A História dá uma resposta. Os métodos do Cálculo que utilizam limites aguentaram o teste do tempo e hoje são mais usados do que nunca.

Deixando de lado a História, podemos ver diretamente porque os limites desempenham um papel tão crucial. A inclinação de uma reta pode ser calculada se conhecermos as coordenadas de *dois* pontos $P = (x_1, y_1)$ e $Q = (x_2, y_2)$ dessa reta:

$$\text{Inclinação da reta} = \frac{y_2 - y_1}{x_2 - x_1}$$

Essa fórmula não pode ser utilizada para encontrar a inclinação da reta tangente, pois só sabemos que ela passa pelo único ponto $P = (a, f(a))$. Os limites fornecem uma maneira engenhosa de superar esse obstáculo. Escolhemos um ponto $Q = (a + h, f(a + h))$ do gráfico perto de P e formamos a reta secante. A inclinação dessa reta secante é somente uma aproximação da inclinação da reta tangente:

$$\text{Inclinação da reta secante} = \frac{f(a+h) - f(a)}{h} \approx \text{inclinação da reta tangente}$$

No entanto, essa aproximação melhora à medida que $h \to 0$ e, tomando o limite, transformamos nossa aproximação na inclinação exata.

3.1 Resumo

- A *razão incremental*

$$\frac{f(a+h)-f(a)}{h}$$

A razão incremental é a inclinação da reta secante pelos pontos $P = (a, f(a))$ e $Q = (a+h, f(a+h))$ do gráfico de f.

- A *derivada* $f'(a)$ é definida pelos limites equivalentes seguintes:

$$f'(a) = \lim_{h \to 0} \frac{f(a+h)-f(a)}{h} = \lim_{x \to a} \frac{f(x)-f(a)}{x-a}$$

Se o limite existir, dizemos que f é *derivável* em $x = a$.

- Por definição, a reta tangente em $P = (a, f(a))$ é a reta por P de inclinação $f'(a)$ [supondo que exista $f'(a)$].
- Uma equação da reta tangente em forma ponto-inclinação é

$$y - f(a) = f'(a)(x-a)$$

- Para calcular $f'(a)$ usando a definição de limite, deve-se:

Passo 1. Escrever o numerador da razão incremental.
Passo 2. Dividir por h e simplificar.
Passo 3. Calcular a derivada tomando o limite.

- Com valores pequenos de h, temos a estimativa $f'(a) \approx \dfrac{f(a+h)-f(a)}{h}$.

3.1 Exercícios

Exercícios preliminares

1. Quais das retas na Figura 11 são tangentes à curva?

FIGURA 11

2. Quais são as duas maneiras de escrever a razão incremental?
3. Encontre valores de a e de h tais que $\dfrac{f(a+h)-f(a)}{h}$ seja igual à inclinação da reta secante pelos pontos $(3, f(3))$ e $(5, f(5))$.
4. Qual derivada é aproximada por $\dfrac{\operatorname{tg}\left(\frac{\pi}{4}+0{,}0001\right)-1}{0{,}0001}$?
5. O que representam as quantidades seguintes em termos do gráfico de $f(x) = \operatorname{sen} x$?
(a) $\operatorname{sen} 1{,}3 - \operatorname{sen} 0{,}9$ **(b)** $\dfrac{\operatorname{sen} 1{,}3 - \operatorname{sen} 0{,}9}{0{,}4}$ **(c)** $f'(0{,}9)$

Exercícios

1. Seja $f(x) = 5x^2$. Mostre que $f(3+h) = 5h^2 + 30h + 45$. Em seguida mostre que

$$\frac{f(3+h)-f(3)}{h} = 5h + 30$$

e calcule $f'(3)$ tomando o limite com $h \to 0$.

2. Seja $f(x) = 2x^2 - 3x - 5$. Mostre que a inclinação da reta secante por $(2, f(2))$ e $(2+h, f(2+h))$ é $2h + 5$. Em seguida, use essa fórmula para calcular a inclinação da:
(a) reta secante por $(2, f(2))$ e $(3, f(3))$
(b) reta tangente em $x = 2$ (tomando um limite)

Nos Exercícios 3-8, calcule $f'(a)$ de duas maneiras, usando a Equação (1) e a Equação (2).

3. $f(x) = x^2 + 9x$, $a = 0$
4. $f(x) = x^2 + 9x$, $a = 2$
5. $f(x) = 3x^2 + 4x + 2$, $a = -1$
6. $f(x) = x^3$, $a = 2$
7. $f(x) = x^3 + 2x$, $a = 1$
8. $f(x) = \frac{1}{x}$, $a = 2$

Nos Exercícios 9-12, utilize a Figura 12.

9. Encontre a inclinação da reta secante por $(2, f(2))$ e $(2{,}5, f(2{,}5))$. Essa inclinação é maior ou menor do que $f'(2)$? Explique.
10. Obtenha uma estimativa de $\dfrac{f(2+h)-f(2)}{h}$ com $h = -0{,}5$. O que representa essa quantidade? É maior ou menor do que $f'(2)$? Explique.

11. Dê uma estimativa de $f'(1)$ e $f'(2)$.

12. Encontre um valor de h com o qual $\dfrac{f(2+h)-f(2)}{h} = 0$.

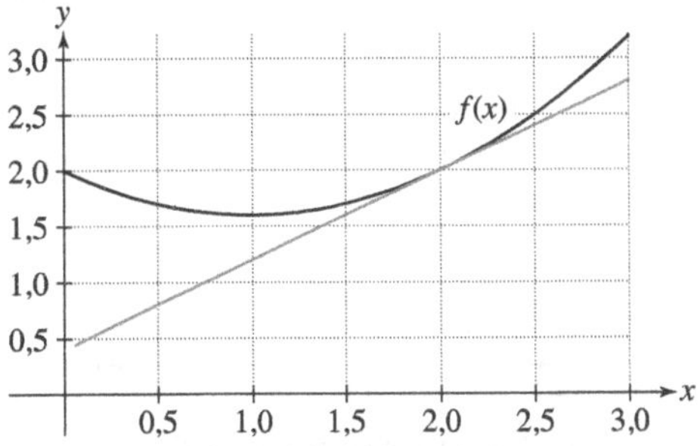

FIGURA 12

Nos Exercícios 13-16, utilize a Figura 13.

13. Determine $f'(a)$ com $a = 1, 2, 4$ e 7.

14. Com quais valores de x vale $f'(x) < 0$?

15. Qual quantidade é maior, $f'(5{,}5)$ ou $f'(6{,}5)$?

16. Mostre que não existe $f'(3)$.

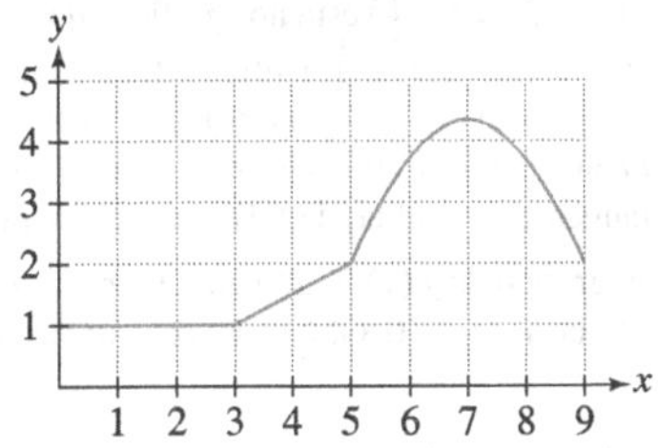

FIGURA 13 O gráfico de $f(x)$.

Nos Exercícios 17-20, use a definição via limite para calcular a derivada da função linear.

17. $f(x) = 7x - 9$

18. $f(x) = 12$

19. $g(t) = 8 - 3t$

20. $k(z) = 14z + 12$

21. Obtenha uma equação da reta tangente em $x = 3$, sabendo que $f(3) = 5$ e $f'(3) = 2$.

22. Encontre $f(3)$ e $f'(3)$, supondo que $y = 5x + 2$ seja a equação da reta tangente a $y = f(x)$ em $a = 3$.

23. Descreva a reta tangente num ponto arbitrário da "curva" $y = 2x + 8$.

24. Suponha que $f(2+h) - f(2) = 3h^2 + 5h$. Calcule:

(a) a inclinação da reta secante por $(2, f(2))$ e $(6, f(6))$

(b) $f'(2)$

25. Seja $f(x) = \dfrac{1}{x}$. Decida se $f(-2+h)$ é igual a $\dfrac{1}{-2+h}$ ou a $\dfrac{1}{-2} + \dfrac{1}{h}$. Calcule a razão incremental em $a = -2$ com $h = 0{,}5$.

26. Seja $f(x) = \sqrt{x}$. Decida se $f(5+h)$ é igual a $\sqrt{5+h}$ ou a $\sqrt{5} + \sqrt{h}$. Calcule a razão incremental em $a = 5$ com $h = 1$.

27. Seja $f(x) = 1/\sqrt{x}$. Calcule $f'(5)$ mostrando que

$$\frac{f(5+h)-f(5)}{h} = -\frac{1}{\sqrt{5}\sqrt{5+h}(\sqrt{5+h}+\sqrt{5})}$$

28. Encontre uma equação da reta tangente ao gráfico de $f(x) = 1/\sqrt{x}$ em $x = 9$.

Nos Exercícios 29-46, use a definição via limite para calcular a derivada $f'(a)$ e encontre uma equação da reta tangente.

29. $f(x) = 2x^2 + 10x, \quad a = 3$

30. $f(x) = 4 - x^2, \quad a = -1$

31. $f(t) = t - 2t^2, \quad a = 3$

32. $f(x) = 8x^3, \quad a = 1$

33. $f(x) = x^3 + x, \quad a = 0$

34. $f(t) = 2t^3 + 4t, \quad a = 4$

35. $f(x) = x^{-1}, \quad a = 8$

36. $f(x) = x + x^{-1}, \quad a = 4$

37. $f(x) = \dfrac{1}{x+3}, \quad a = -2$

38. $f(t) = \dfrac{2}{1-t}, \quad a = -1$

39. $f(x) = \sqrt{x+4}, \quad a = 1$

40. $f(t) = \sqrt{3t+5}, \quad a = -1$

41. $f(x) = \dfrac{1}{\sqrt{x}}, \quad a = 4$

42. $f(x) = \dfrac{1}{\sqrt{2x+1}}, \quad a = 4$

43. $f(t) = \sqrt{t^2+1}, \quad a = 3$

44. $f(x) = x^{-2}, \quad a = -1$

45. $f(x) = \dfrac{1}{x^2+1}, \quad a = 0$

46. $f(t) = t^{-3}, \quad a = 1$

47. A Figura 14 exibe os dados coletados pelo biólogo Julian Huxley (1887-1975) relativos ao peso médio W das armas do veado como uma função da idade t. Dê uma estimativa da inclinação da reta tangente em $t = 4$. Com quais valores de t é nula a inclinação da reta tangente? Com quais valores é negativa?

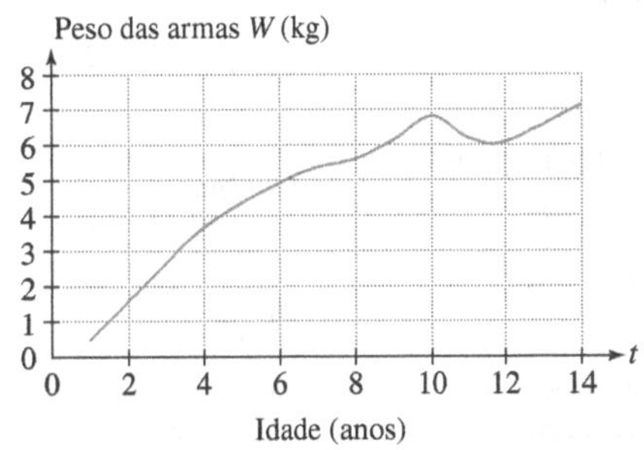

FIGURA 14

48. A Figura 15(A) mostra o gráfico de $f(x) = \sqrt{x}$. A ampliação na Figura 15(B) mostra que o gráfico é quase uma reta perto de $x = 16$. Dê uma estimativa para a inclinação dessa reta e tome-a como uma estimativa para $f'(16)$. Em seguida, calcule $f'(16)$ e compare-o com sua estimativa.

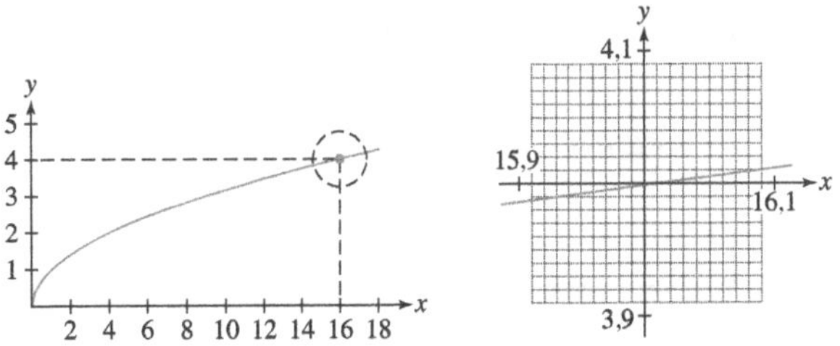

(A) O gráfico de $y = \sqrt{x}$ (B) Vista ampliada perto de (16, 4)

FIGURA 15

49. CG Seja $f(x) = \dfrac{4}{1+2^x}$.

(a) Faça um esboço do gráfico de f em $[-2, 2]$. Em seguida, amplie o gráfico perto de $x = 0$ até que pareça uma reta e dê uma estimativa para a inclinação $f'(0)$.

(b) Use (a) para encontrar uma equação aproximada da reta tangente em $x = 0$. Esboce essa reta e $y = f(x)$ juntos num mesmo par de eixos.

50. CG Seja $f(x) = \text{cotg}\, x$. Dê uma estimativa de $f'\left(\frac{\pi}{2}\right)$ graficamente, ampliando o gráfico de f perto de $x = \frac{\pi}{2}$.

51. Determine os intervalos do eixo x nos quais a derivada na Figura 16 seja positiva.

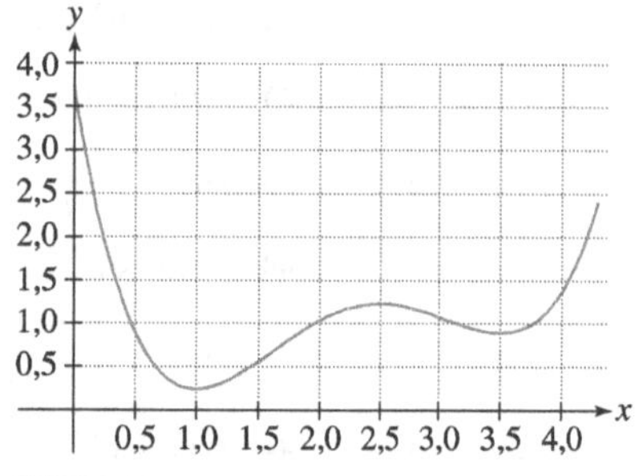

FIGURA 16

52. Esboce o gráfico de $f(x) = \text{sen}\, x$ em $[0, \pi]$ e dê um palpite sobre o valor de $f'\left(\frac{\pi}{2}\right)$. Em seguida, calcule a razão incremental em $x = \frac{\pi}{2}$ com dois valores positivos e negativos pequenos de h. Esses cálculos são consistentes com seu palpite?

Nos Exercícios 53-58, cada um dos limites representa uma derivada $f'(a)$. Encontre $f(x)$ e a.

53. $\lim\limits_{h\to 0} \dfrac{(5+h)^3 - 125}{h}$

54. $\lim\limits_{x\to 5} \dfrac{x^3 - 125}{x - 5}$

55. $\lim\limits_{h\to 0} \dfrac{\text{sen}\left(\frac{\pi}{6} + h\right) - 0{,}5}{h}$

56. $\lim\limits_{x\to \frac{1}{4}} \dfrac{x^{-1} - 4}{x - \frac{1}{4}}$

57. $\lim\limits_{h\to 0} \dfrac{5^{2+h} - 25}{h}$

58. $\lim\limits_{h\to 0} \dfrac{5^h - 1}{h}$

59. Aplique o método do Exemplo 7 a $f(x) = \text{sen}\, x$ para determinar $f'\left(\frac{\pi}{4}\right)$ com precisão de quatro casas decimais.

60. Aplique o método do Exemplo 7 a $f(x) = \cos x$ para determinar $f'\left(\frac{\pi}{5}\right)$ com precisão de quatro casas decimais. Use um gráfico de f para explicar como funciona o método nesse caso.

61. Para cada gráfico na Figura 17, determine se $f'(1)$ é maior ou menor do que a inclinação da reta secante entre $x = 1$ e $x = 1 + h$, com $h > 0$. Explique.

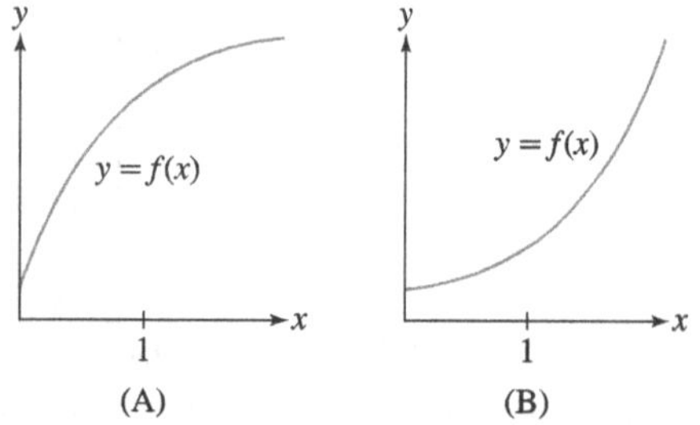

FIGURA 17

62. O gráfico de $f(x) = 2^x$ está dado na Figura 18.

(a) Explique graficamente por que, com $h > 0$,

$$\frac{f(-h) - f(0)}{-h} \leq f'(0) \leq \frac{f(h) - f(0)}{h}$$

(b) Use a parte (a) para mostrar que $0{,}69314 \leq f'(0) \leq 0{,}69315$.

(c) Analogamente, calcule $f'(x)$ com quatro casas decimais e $x = 1, 2, 3$ e 4.

(d) Agora calcule as razões $f'(x)/f'(0)$ com $x = 1, 2, 3$ e 4. É possível adivinhar uma fórmula aproximada para $f'(x)$?

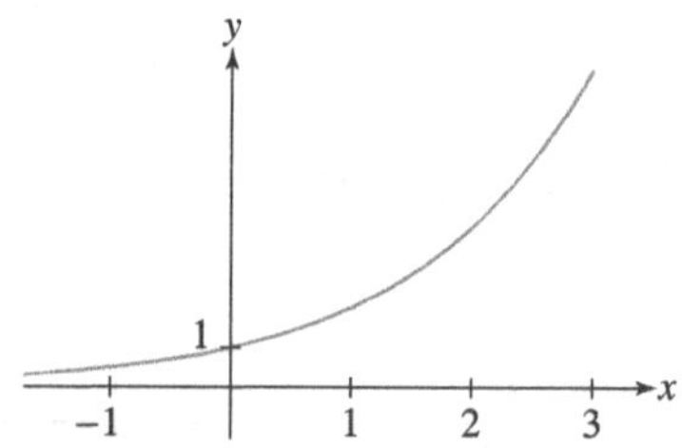

FIGURA 18 O gráfico de $f(x) = 2^x$.

63. CG Esboce o gráfico de $f(x) = x^{5/2}$ em $[0, 6]$.

(a) Use o esboço para justificar as desigualdades seguintes com $h > 0$:

$$\frac{f(4) - f(4-h)}{h} \leq f'(4) \leq \frac{f(4+h) - f(4)}{h}$$

(b) Use a parte (a) para calcular $f'(4)$ com quatro casas decimais.

(c) Use um recurso gráfico para esboçar $y = f(x)$ e a reta tangente em $x = 4$ usando a estimativa obtida para $f'(4)$.

64. CG Confira que $P = \left(1, \frac{1}{2}\right)$ está nos gráficos das funções $f(x) = 1/(1 + x^2)$ e $L(x) = \frac{1}{2} + m(x - 1)$, com qualquer inclinação m. Esboce $y = f(x)$ e $y = L(x)$ nos mesmos eixos com vários valores de m até encontrar um valor de m com o qual $y = L(x)$ pareça ser tangente ao gráfico de f. Dê uma estimativa para $f'(1)$.

65. CG Use um gráfico de $f(x) = x^x$ para obter uma estimativa do valor de c tal que $f'(c) = 0$. Obtenha c com precisão suficiente para valer

$$\left|\frac{f(c+h) - f(c)}{h}\right| \leq 0{,}006 \quad \text{com } h = \pm 0{,}001$$

66. CG Esboce $f(x) = x^x$ e $y = 2x + a$ no mesmo par de eixos com vários valores de a até que a reta se torne tangente ao gráfico. Então obtenha uma estimativa do valor c tal que $f'(c) = 2$.

*Nos Exercícios 67-73, obtenha estimativas para a derivada usando a **razão incremental simétrica** (RIS), definida como a média das razões incrementais de h e $-h$:*

$$\frac{1}{2}\left(\frac{f(a+h) - f(a)}{h} + \frac{f(a-h) - f(a)}{-h}\right) = \frac{f(a+h) - f(a-h)}{2h} \qquad 4$$

Geralmente, a RIS fornece uma aproximação melhor da derivada que a razão incremental.

67. A pressão do vapor d'água à temperatura T (em kelvins) é a pressão atmosférica P na qual não ocorre evaporação líquida da água. Use a tabela a seguir para obter uma estimativa de $P'(T)$ com $T = 303, 313, 323, 333$ e 343 calculando a RIS dada na Equação (4) com $h = 10$.

T (K)	293	303	313	323	333	343	353
P (atm)	0,0278	0,0482	0,0808	0,1311	0,2067	0,3173	0,4754

68. Use a RIS com $h = 1$ ano para obter uma estimativa de $P'(T)$ nos anos 2005, 2007, 2009 e 2011, sendo $P(T)$ a produção de etanol dos EUA (Figura 19). Expresse sua resposta com as unidades corretas.

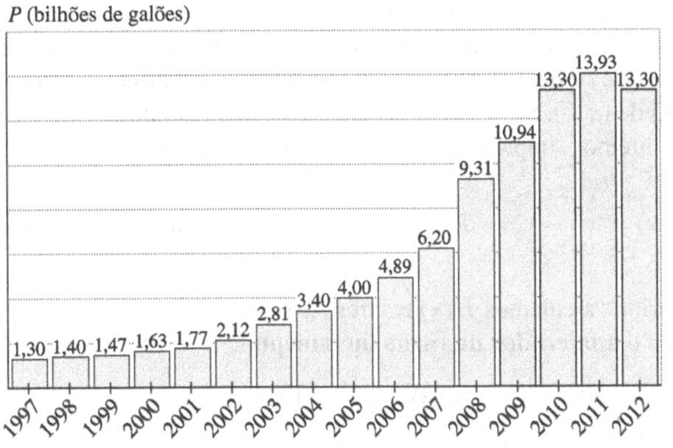

FIGURA 19 Produção de etanol dos EUA.

Nos Exercícios 69-70, a velocidade S (em quilômetros por hora) do tráfego ao longo de certa estrada varia como uma função da densidade do tráfego q (número de carros por quilômetro da estrada). Use os dados a seguir para responder às questões:

q (densidade)	60	70	80	90	100
S (velocidade)	72,5	67,5	63,5	60	56

69. Dê uma estimativa de $S'(80)$.

70. A quantidade $V = qS$ é denominada *volume de tráfego*. Explique por que V é igual ao número de carros que passam durante uma hora por um determinado ponto. Use os dados para dar uma estimativa de $V'(80)$.

Nos Exercícios 71-73, a corrente (em ampères) no instante t (segundos) que percorre o circuito mostrado na Figura 20 é dada pela lei de Kirchhoff:

$$i(t) = Cv'(t) + R^{-1}v(t)$$

em que $v(t)$ é a voltagem (em volts) no instante t, C é a capacitância (em farads F) e R é a resistência (em ohms, Ω).

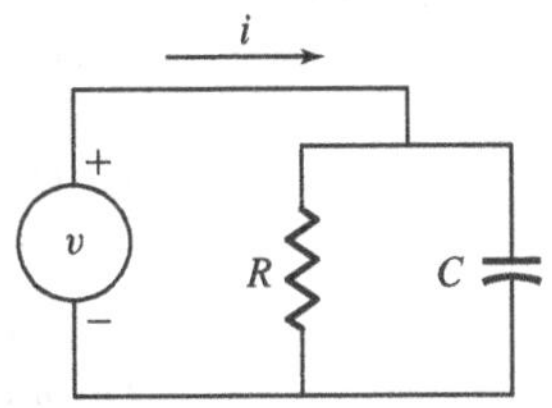

FIGURA 20

71. Calcule a corrente em $t = 3$ se

$$v(t) = 0{,}5t + 4 \text{ V}$$

em que $C = 0{,}01\text{F}$ e $R = 100\ \Omega$.

72. Use a tabela seguinte para dar uma estimativa do valor de $v'(10)$ (usando uma RIS). Em seguida, obtenha uma estimativa de $i(10)$, supondo que $C = 0{,}03$ e $R = 1.000$.

t	9,8	9,9	10	10,1	10,2
$v(t)$	256,52	257,32	258,11	258,9	259,69

73. Suponha que $R = 200\ \Omega$, mas que C seja desconhecida. Use os dados seguintes para dar uma estimativa de $v'(4)$ (usando uma RIS) e deduza um valor aproximado para a capacitância C.

t	3,8	3,9	4	4,1	4,2
$v(t)$	388,8	404,2	420	436,2	452,8
$i(t)$	32,34	33,22	34,1	34,98	35,86

Compreensão adicional e desafios

74. Geralmente a RIS dá uma aproximação da derivada que é muito mais precisa que a da razão incremental usual. Sejam $f(x) = 2^x$ e $a = 0$. Calcule a RIS com $h = 0{,}001$ e as razões incrementais usuais com $h = \pm 0{,}001$. Compare com o valor exato que é $f'(0) = \ln 2$.

75. Explique por que a razão incremental simétrica definida na Equação (4) pode ser interpretada como a inclinação de uma reta secante.

76. Qual das duas funções na Figura 21 satisfaz a desigualdade

$$\frac{f(a+h) - f(a-h)}{2h} \le \frac{f(a+h) - f(a)}{h}$$

com $h > 0$? Explique em termos de retas secantes.

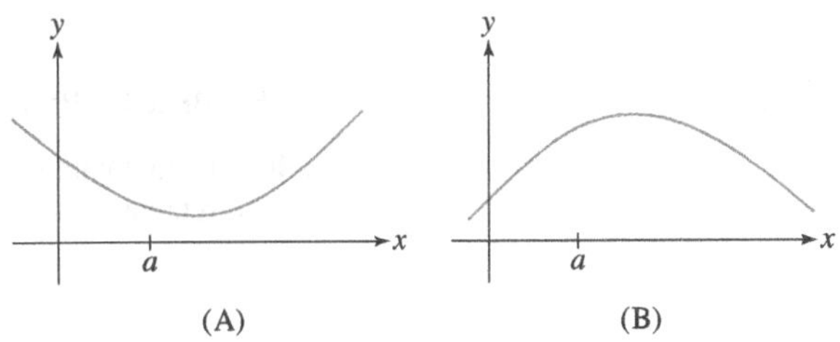

FIGURA 21

77. Mostre que se f for uma polinômio quadrático, então a RIS em $x = a$ (com qualquer $h \neq 0$) é *igual* a $f'(a)$. Explique o significado gráfico desse resultado.

78. Seja $f(x) = x^{-2}$. Calcule $f'(1)$ tomando o limite das RIS (com $a = 1$) quando $h \to 0$.

3.2 Derivada como uma função

Na seção precedente, calculamos a derivada $f'(a)$ com valores específicos de a. Também é útil ver a derivada como uma função f', cujo valor em $x = a$ é $f'(a)$. A função f' ainda é definida como um limite, mas o número a é substituído pela variável x:

$$f'(x) = \lim_{h \to 0} \frac{f(x+h) - f(x)}{h} \qquad 1$$

Muitas vezes, o domínio de f' fica evidente pelo contexto. Neste caso, em geral deixamos de explicitar o domínio.

Se $y = f(x)$, também escrevemos y' ou $y'(x)$ em vez de $f'(x)$.

O domínio de f' consiste em todos os valores de x do domínio de f nos quais existe o limite da Equação (1). Dizemos que f é **derivável** em (a, b), ou então, que é **diferenciável** em (a, b), se existir $f'(x)$ em cada x de (a, b). Se existir $f'(x)$ em cada x do intervalo ou intervalos nos quais $f(x)$ estiver definida, diremos simplesmente que f é derivável, ou diferenciável.

EXEMPLO 1 Prove que $f(x) = x^3 - 12x$ é derivável. Calcule $f'(x)$ e encontre uma equação da reta tangente em $x = -3$.

Solução Como na seção anterior, calculamos $f'(x)$ em três passos.

***Passo 1.* Escrever por extenso o numerador da razão incremental.**

$$\begin{aligned} f(x+h) - f(x) &= \big((x+h)^3 - 12(x+h)\big) - \big(x^3 - 12x\big) \\ &= (x^3 + 3x^2h + 3xh^2 + h^3 - 12x - 12h) - (x^3 - 12x) \\ &= 3x^2h + 3xh^2 + h^3 - 12h \\ &= h(3x^2 + 3xh + h^2 - 12) \qquad \text{(fatoramos } h\text{)} \end{aligned}$$

***Passo 2.* Dividir por h e simplificar.**

$$\frac{f(x+h) - f(x)}{h} = \frac{h(3x^2 + 3xh + h^2 - 12)}{h} = 3x^2 + 3xh + h^2 - 12 \quad (h \neq 0)$$

***Passo 3.* Calcular o limite.**

$$f'(x) = \lim_{h\to 0} \frac{f(x+h) - f(x)}{h} = \lim_{h\to 0} (3x^2 + 3xh + h^2 - 12) = 3x^2 - 12$$

Nesse limite, x é tratado como uma constante, pois não varia quando $h \to 0$. Vemos que o limite existe em cada x, portanto f é derivável e $f'(x) = 3x^2 - 12$.

Agora calculamos:

$$f'(-3) = 3(-3)^2 - 12 = 15$$

Essa é a inclinação da reta tangente. Como $f(-3) = 9$, a reta passa por $(3, -9)$. Assim, uma equação da reta tangente em $x = -3$ é $y - 9 = 15(x + 3)$, ou $y = 15x + 54$ (Figura 1). ■

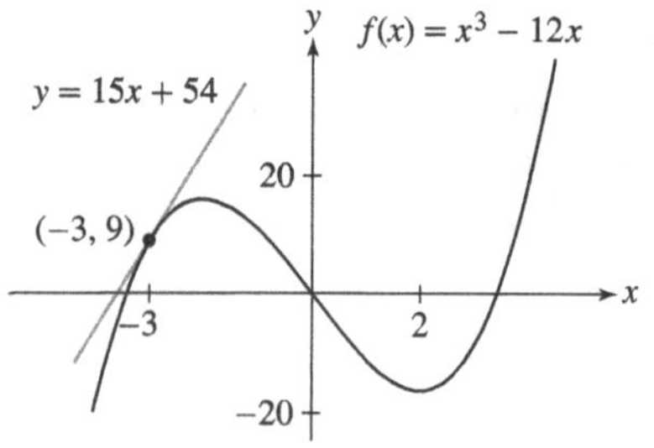

FIGURA 1 O gráfico de $f(x) = x^3 - 12x$.

EXEMPLO 2 Prove que $y = x^{-2}$ é derivável e calcule y'.

Solução O domínio de $f(x) = x^{-2}$ é $\{x : x \neq 0\}$, portanto supomos que $x \neq 0$. Calculamos $f'(x)$ diretamente, sem separar nos três passos do exemplo anterior:

$$y' = \lim_{h\to 0} \frac{f(x+h) - f(x)}{h} = \lim_{h\to 0} \frac{\dfrac{1}{(x+h)^2} - \dfrac{1}{x^2}}{h}$$

$$= \lim_{h\to 0} \frac{\dfrac{x^2 - (x+h)^2}{x^2(x+h)^2}}{h} = \lim_{h\to 0} \frac{1}{h}\left(\frac{x^2 - (x+h)^2}{x^2(x+h)^2}\right)$$

$$= \lim_{h\to 0} \frac{1}{h}\left(\frac{-h(2x+h)}{x^2(x+h)^2}\right) = \lim_{h\to 0} -\frac{2x+h}{x^2(x+h)^2}$$

$$= -\frac{2x+0}{x^2(x+0)^2} = -\frac{2x}{x^4} = -2x^{-3} \qquad \text{(cancelamos } h\text{)}$$

O limite existe em cada $x \neq 0$, portanto y é derivável e $y' = -2x^{-3}$. ■

Notação de Leibniz

A notação "linha" y' e $f'(x)$ foi introduzida pelo matemático francês Joseph Louis Lagrange (1736-1813). Há outra notação padrão para a derivada devida a Leibniz (Figura 2):

$$\frac{df}{dx} \quad \text{ou} \quad \frac{dy}{dx}$$

No Exemplo 2, mostramos que a derivada de $y = x^{-2}$ é $y' = -2x^{-3}$. Na notação de Leibniz, escreveríamos

$$\frac{dy}{dx} = -2x^{-3} \quad \text{ou} \quad \frac{d}{dx}x^{-2} = -2x^{-3}$$

Para especificar o valor da derivada num valor fixado de x, digamos, $x = 4$, escrevemos

$$\left.\frac{df}{dx}\right|_{x=4} \quad \text{ou} \quad \left.\frac{dy}{dx}\right|_{x=4}$$

Não deveríamos pensar em dy/dx como o quociente "dy dividido por dx". As expressões dy e dx são denominadas **diferenciais**, que desempenham um papel em algumas situações (na aproximação linear e no Cálculo mais avançado). Aqui essas expressões serão tratadas simplesmente como símbolos sem significado independente.

FIGURA 2 Gottfried Wilhelm von Leibniz (1646-1716), filósofo e cientista alemão. Newton e Leibniz (pronuncia-se "Láibnits") costumam ser considerados os inventores do Cálculo (trabalhando independentemente). É mais correto creditar-lhes o desenvolvimento do Cálculo como uma disciplina abrangente e fundamental, já que muitos resultados particulares do Cálculo haviam sido descobertos anteriormente por outros matemáticos.

(The Granger Collection, NYC. Todos os direitos reservados.)

ENTENDIMENTO CONCEITUAL Por várias razões, a notação de Leibniz é muito utilizada. Em primeiro lugar, ela nos lembra de que a derivada df/dx, embora não seja uma razão, é de fato um *limite* das razões $\Delta f/\Delta x$. Em segundo lugar, a notação especifica a variável independente, o que é útil quando utilizamos variáveis diferentes de x. Por exemplo, se a variável independente for t, escrevemos df/dt. Em terceiro lugar, muitas vezes pensamos em d/dx como um "operador" que efetua derivação nas funções. Em outras palavras, aplicamos o operador d/dx em f para obter a derivada df/dx. Outras vantagens da notação de Leibniz podem ser vistas na discussão da regra da cadeia, na Seção 3.7.

Um dos principais objetivos deste capítulo é desenvolver as regras básicas da derivação. Essas regras permitem encontrar derivadas sem calcular limites. Por exemplo, no Teorema 1 da seção precedente, enunciamos o fato seguinte com uma notação um pouco diferente. Vamos provar isso de novo, dessa vez diretamente.

TEOREMA 1 Regra da constante Dada qualquer constante c,

$$\frac{d}{dx}(c) = 0$$

Demonstração Se $f(x) = c$, então

$$f'(x) = \lim_{h\to 0}\frac{f(x+h)-f(x)}{h} = \lim_{h\to 0}\frac{c-c}{h} = \lim_{h\to 0} 0 = 0 \qquad 2$$

■

Vejamos outra regra que é fácil de demonstrar.

TEOREMA 2 Regra do x

$$\frac{d}{dx}(x) = 1$$

Demonstração Se $f(x) = x$, então

$$f'(x) = \lim_{h \to 0} \frac{f(x+h) - f(x)}{h} = \lim_{h \to 0} \frac{(x+h) - x}{h} = \lim_{h \to 0} \frac{h}{h} = 1 \quad 3$$

■

Nosso próximo teorema será extremamente útil na derivação de polinômios. Também inclui a última regra vista como um caso particular.

A regra da potência é válida com qualquer expoente. Aqui provamos o caso de números naturais n (ver Exercício 95 para inteiros negativos n e a nota à margem da página 176 para o caso geral).

TEOREMA 3 Regra da potência Dado qualquer expoente n,

$$\frac{d}{dx} x^n = nx^{n-1}$$

Demonstração Essa regra será provada somente no caso em que n é um número natural. Seja $f(x) = x^n$. Então

$$f'(a) = \lim_{x \to a} \frac{x^n - a^n}{x - a}$$

Para simplificar a razão incremental, precisamos saber generalizar as identidades seguintes:

$$x^2 - a^2 = (x - a)(x + a)$$
$$x^3 - a^3 = (x - a)(x^2 + xa + a^2)$$
$$x^4 - a^4 = (x - a)(x^3 + x^2a + xa^2 + a^3)$$

A generalização é

$$x^n - a^n = (x - a)(x^{n-1} + x^{n-2}a + x^{n-3}a^2 + \cdots + xa^{n-2} + a^{n-1}) \quad 4$$

Para conferir a Equação (4), observe que o lado direito é igual a

$$x(x^{n-1} + x^{n-2}a + x^{n-3}a^2 + \cdots + xa^{n-2} + a^{n-1})$$
$$- a(x^{n-1} + x^{n-2}a + x^{n-3}a^2 + \cdots + xa^{n-2} + a^{n-1})$$

Quando efetuamos a multiplicação, todos as parcelas cancelam, exceto a primeira e a última, restando $x^n - a^n$, conforme alegado.

A Equação (4) nos dá

$$\frac{x^n - a^n}{x - a} = \underbrace{x^{n-1} + x^{n-2}a + x^{n-3}a^2 + \cdots + xa^{n-2} + a^{n-1}}_{n \text{ parcelas}} \quad (x \neq a) \quad 5$$

Portanto,

$$f'(a) = \lim_{x \to a} (x^{n-1} + x^{n-2}a + x^{n-3}a^2 + \cdots + xa^{n-2} + a^{n-1})$$
$$= a^{n-1} + a^{n-2}a + a^{n-3}a^2 + \cdots + aa^{n-2} + a^{n-1} \quad (n \text{ parcelas})$$
$$= na^{n-1}$$

Isso prova que $f'(a) = na^{n-1}$, que também pode ser escrito como $f'(x) = nx^{n-1}$. ■

Antes de prosseguir, observamos o seguinte:

- Pode ser útil lembrar a regra da potência em palavras: para derivar x^n, "baixamos o expoente e subtraímos um (do expoente)".

$$\frac{d}{dx} x^{\text{expoente}} = (\text{expoente})\, x^{\text{expoente}-1}$$

- A regra da potência vale com qualquer expoente, positivo, negativo, fracional ou irracional:

$$\frac{d}{dx}x^{-3/5} = -\frac{3}{5}x^{-8/5}, \qquad \frac{d}{dx}x^{\sqrt{2}} = \sqrt{2}x^{\sqrt{2}-1}$$

- A regra da potência vale com qualquer variável, não só x. Por exemplo,

$$\frac{d}{dz}z^2 = 2z, \qquad \frac{d}{dt}t^{20} = 20t^{19}, \qquad \frac{d}{dr}r^{1/2} = \frac{1}{2}r^{-1/2}$$

*ADVERTÊNCIA A regra da potência somente é aplicável às funções potências $y = x^n$. Ela não pode ser usada com funções exponenciais como $y = 2^x$. A derivada de $y = 2^x$ **não é** $x2^{x-1}$. A derivada de funções exponenciais será estudada mais adiante, nesta seção.*

Em seguida, enunciamos as regras da linearidade das derivadas, que são análogas às leis da linearidade dos limites.

TEOREMA 4 Regras da linearidade Suponha que f e g sejam funções deriváveis. Então

Regras da soma e diferença: $f + g$ e $f - g$ são deriváveis e

$$(f+g)' = f' + g', \qquad (f-g)' = f' - g'$$

Regra do múltiplo constante: dada qualquer constante c, a função cf é derivável e

$$(cf)' = cf'$$

Demonstração Para provar a regra da soma, usamos a definição

$$(f+g)'(x) = \lim_{h\to 0} \frac{(f(x+h)+g(x+h)) - (f(x)+g(x))}{h}$$

Essa razão incremental é igual a uma soma ($h \neq 0$):

$$\frac{(f(x+h)+g(x+h)) - (f(x)+g(x))}{h} = \frac{f(x+h)-f(x)}{h} + \frac{g(x+h)-g(x)}{h}$$

Portanto, pela lei da soma dos limites,

$$\begin{aligned}(f+g)'(x) &= \lim_{h\to 0}\frac{f(x+h)-f(x)}{h} + \lim_{h\to 0}\frac{g(x+h)-g(x)}{h}\\ &= f'(x) + g'(x)\end{aligned}$$

conforme afirmado. As regras da diferença e do múltiplo constante são provadas de maneira análoga. ■

■ **EXEMPLO 3** Encontre os pontos do gráfico de $f(t) = t^3 - 12t + 4$ nos quais a reta tangente é horizontal (Figura 3).

Solução Calculamos a derivada:

$$\begin{aligned}\frac{df}{dt} &= \frac{d}{dt}\left(t^3 - 12t + 4\right)\\ &= \frac{d}{dt}t^3 - \frac{d}{dt}(12t) + \frac{d}{dt}4 && \text{(regras da soma e da diferença)}\\ &= \frac{d}{dt}t^3 - 12\frac{d}{dt}t + 0 && \text{(regra do múltiplo constante)}\\ &= 3t^2 - 12 && \text{(regra da potência)}\end{aligned}$$

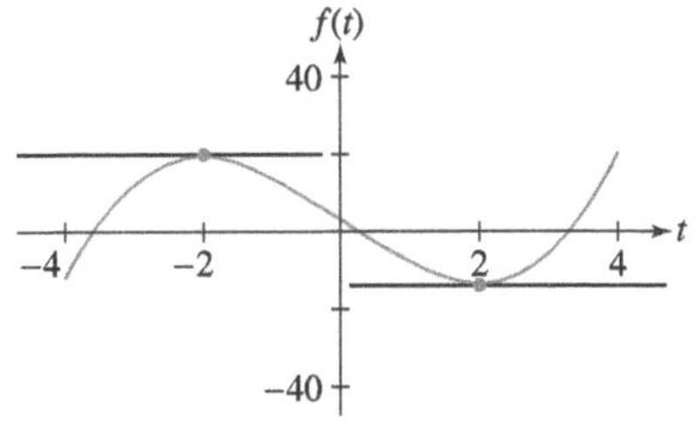

FIGURA 3 O gráfico de $f(t) = t^3 - 12t + 4$. As retas tangentes são horizontais em $t = \pm 2$.

Observe na segunda linha que a derivada da constante 4 é nula. A reta tangente é horizontal nos pontos em que a inclinação $f'(t)$ é nula, de modo que resolvemos

$$f'(t) = 3t^2 - 12 = 0 \quad \Rightarrow \quad t = \pm 2$$

Agora, $f(2) = -12$ e $f(-2) = 20$. Logo, as retas tangentes são horizontais em $(2, -12)$ e $(-2, 20)$. ■

■ **EXEMPLO 4** Calcule $\left.\dfrac{dg}{dt}\right|_{t=1}$, sendo $g(t) = t^{-3} + 2\sqrt{t} - t^{-4/5}$.

Solução Derivamos termo a termo usando a regra da potência sem justificar os passos intermediários. Escrevendo $\sqrt{t}$ como $t^{1/2}$, temos

$$\frac{dg}{dt} = \frac{d}{dt}\left(t^{-3} + 2t^{1/2} - t^{-4/5}\right) = -3t^{-4} + 2\left(\frac{1}{2}\right)t^{-1/2} - \left(-\frac{4}{5}\right)t^{-9/5}$$

$$= -3t^{-4} + t^{-1/2} + \frac{4}{5}t^{-9/5}.$$

$$\left.\frac{dg}{dt}\right|_{t=1} = -3 + 1 + \frac{4}{5} = -\frac{6}{5}$$ ■

A derivada e o comportamento do gráfico

A derivada f' nos dá informação importante sobre o gráfico de f. Por exemplo, o sinal de $f'(x)$ nos diz se a reta tangente tem inclinação positiva ou negativa. Quando a reta tangente tem inclinação positiva, sobe para a direita e o gráfico deve ser crescente. A magnitude de $f'(x)$ revela quão íngreme é a declividade.

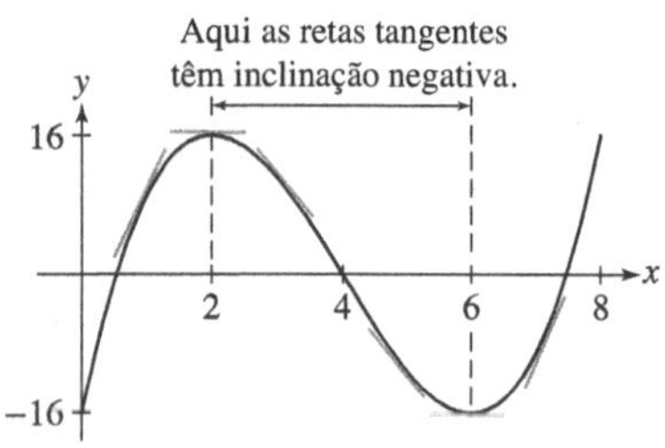

(A) O gráfico de $f(x) = x^3 - 12x^2 + 36x - 16$

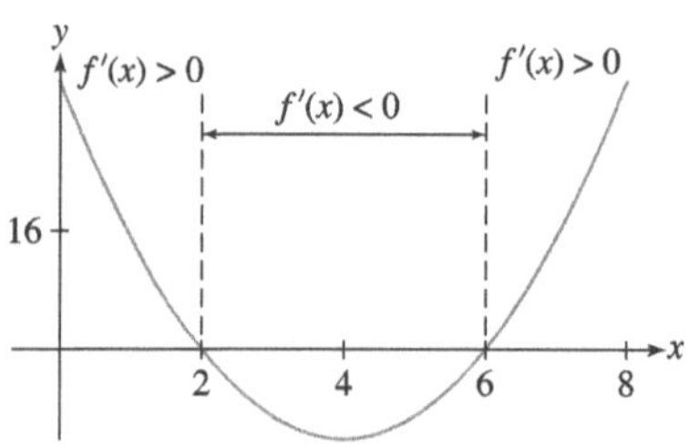

(B) O gráfico da derivada $f'(x) = 3x^2 - 24x + 36$

FIGURA 4

■ **EXEMPLO 5 Entendimento gráfico** Qual é a relação entre o gráfico da função $f(x) = x^3 - 12x^2 + 36x - 16$ e da derivada $f'(x) = 3x^2 - 24x + 36$?

Solução Observamos que a derivada $f'(x) = 3x^2 - 24x + 36 = 3(x-6)(x-2)$ é negativa com $2 < x < 6$ e positiva nos demais pontos [Figura 4(B)]. A tabela seguinte resume essa informação relativa ao sinal [Figura 4(A)]:

Propriedade de $f'(x)$	Propriedade do gráfico de f
$f'(x) < 0$ com $2 < x < 6$	A reta tangente tem inclinação negativa se $2 < x < 6$ (gráfico é decrescente).
$f'(x) = f'(6) = 0$	A reta tangente é horizontal se $x = 2$ e $x = 6$.
$f'(x) > 0$ com $x < 2$ e $x > 6$	A reta tangente tem inclinação positiva se $x < 2$ e $x > 6$ (gráfico é crescente).

Observe também que $f'(x) \to \infty$ se $|x|$ se tornar grande. Isso corresponde ao fato de que as retas tangentes ao gráfico de f ficam cada vez mais íngremes à medida que $|x|$ cresce. ■

■ **EXEMPLO 6 Identificação da derivada** O gráfico de f está mostrado na Figura 5(A). Qual gráfico, (B) ou (C), é o de f'?

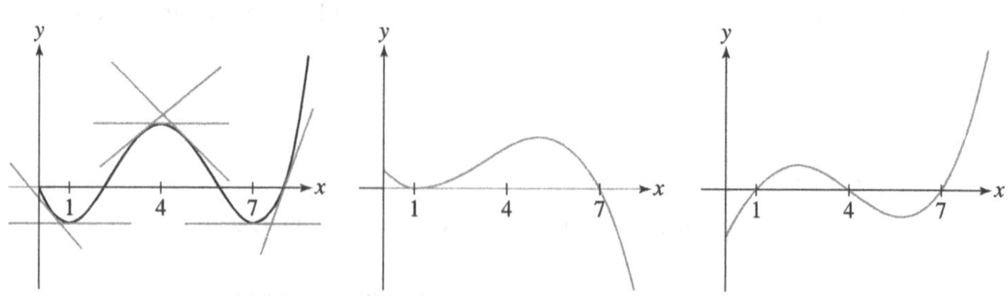

(A) Gráfico de f (B) (C)

FIGURA 5

Inclinação da reta tangente	Onde
Negativa	(0, 1) e (4, 7)
Zero	$x = 1, 4$ e 7
Positiva	(1, 4) e (7, ∞)

Solução Na Figura 5(A), vemos que, nos intervalos (0, 1) e (4, 7), o gráfico é decrescente e, portanto, as retas tangentes ao gráfico têm inclinação negativa. Assim, $f'(x)$ é negativa nesses intervalos. Analogamente, nos intervalos (1, 4) e (7, ∞), o gráfico é crescente e, portanto, as retas tangentes têm inclinação positiva e $f'(x)$ é positiva (ver tabela ao lado). Somente (C) tem essas propriedades, portanto (C) é o gráfico de f'. ■

A derivada de $f(x) = e^x$

O número e foi introduzido informalmente na Seção 1.6. Agora que dispomos da derivada em nosso arsenal, podemos definir e como segue: e é o único número tal que a função exponencial $f(x) = e^x$ é igual à sua própria derivada. Para justificar essa definição, devemos provar que existe algum número com essa propriedade.

De certa forma, o número e é "complicado": é irracional e não pode ser definido sem o uso de limites. No entanto a elegante fórmula $\frac{d}{dx}e^x = e^x$ mostra que e é "simples" do ponto de vista do Cálculo e que $f(x) = e^x$ é mais simples do que as funções exponenciais aparentemente mais simples $f(x) = 2^x$ e $f(x) = 10^x$.

■ **TEOREMA 5 O número *e*** Existe um único número real positivo e com a propriedade

$$\frac{d}{dx}e^x = e^x \qquad 6$$

O número e é irracional, com valor aproximado $e \approx 2{,}718$.

Demonstração Vamos considerar conhecidos alguns fatos plausíveis de demonstração um pouco técnica. O primeiro fato é que $f(x) = b^x$ é derivável, qualquer que seja $b > 0$. Supondo isso, calculemos sua derivada:

$$\frac{f(x+h) - f(x)}{h} = \frac{b^{x+h} - b^x}{h} = \frac{b^x b^h - b^x}{h} = \frac{b^x(b^h - 1)}{h}$$

$$f'(x) = \lim_{h \to 0} \frac{f(x+h) - f(x)}{h} = \lim_{h \to 0} \frac{b^x(b^h - 1)}{h}$$

$$= b^x \lim_{h \to 0} \left(\frac{b^h - 1}{h}\right)$$

Observe que tiramos o fator b^x para fora do limite. Isso está correto porque b^x não depende de h. Denotemos o valor do limite à direita por $m(b)$:

$$m(b) = \lim_{h \to 0} \left(\frac{b^h - 1}{h}\right) \qquad 7$$

O que acabamos de mostrar, então, é que *a derivada de $f(x) = b^x$ é proporcional a b^x*:

$$\frac{d}{dx}b^x = m(b)\, b^x \qquad 8$$

Antes de continuar, investiguemos $m(b)$ numericamente usando a Equação (7).

■ **EXEMPLO 7** Obtenha uma estimativa numérica para $m(b)$ com $b = 2$; 2,5; 3 e 10.

Solução Criamos uma tabela de valores de razões incrementais para obter uma estimativa de $m(b)$:

h	$\frac{2^h - 1}{h}$	$\frac{(2{,}5)^h - 1}{h}$	$\frac{3^h - 1}{h}$	$\frac{10^h - 1}{h}$
0,01	0,69556	0,92050	1,10467	2,32930
0,001	0,69339	0,91671	1,09921	2,30524
0,0001	0,69317	0,91633	1,09867	2,30285
0,00001	0,69315	0,916295	1,09861	2,30261
	$m(2) \approx 0{,}69$	$m(2{,}5) \approx 0{,}92$	$m(3) \approx 1{,}10$	$m(10) \approx 2{,}30$

Como $m(2{,}5) \approx 0{,}92$ e $m(3) \approx 1{,}10$, deve existir algum número b *entre* 2,5 e 3 tal que $m(b) = 1$. Isso decorre do teorema do valor intermediário [supondo o fato de que $m(b)$ é uma função contínua de b]. Se também usarmos o fato de que $m(b)$ é uma função crescente de b, podemos concluir que existe precisamente um único número b tal que $m(b) = 1$. Esse número é e. ■

Em muitos livros, e^x é denotado por $\exp(x)$. Sempre que utilizamos a função exponencial sem referência à base, estamos falando de $f(x) = e^x$. O número e foi calculado com precisão superior a 100 bilhões de dígitos. Até a vigésima casa decimal, temos

$$e = 2{,}71828182845904523536\ldots$$

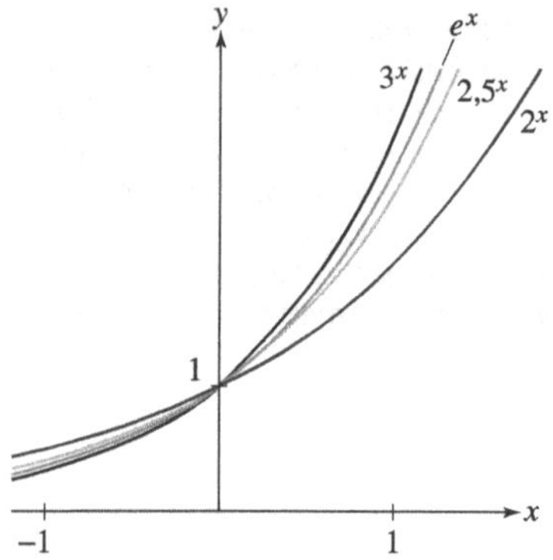

FIGURA 6 As retas tangentes a $y = b^x$ em $x = 0$ aumentam sua inclinação com b crescente.

Usando séries infinitas (ver Exercício 93 na Seção 10.7), podemos mostrar que e é irracional e calcular seu valor com qualquer grau de precisão desejado. Para a maioria dos propósitos, a aproximação $e \approx 2{,}718$ é adequada.

ENTENDIMENTO GRÁFICO O gráfico de $f(x) = b^x$ passa por (0, 1) porque $b^0 = 1$ (Figura 6). O número $m(b)$ é, simplesmente, a inclinação da reta tangente em (0, 1):

$$\left.\frac{d}{dx}b^x\right|_{x=0} = m(b) \cdot b^0 = m(b)$$

Essas retas tangentes tornam-se mais inclinadas quando b cresce, e $b = e$ é o único valor com o qual a reta tangente tem inclinação 1. Na Seção 3.9 veremos, mais geralmente, que $m(b) = \ln b$, o logaritmo natural de b, de modo que $\frac{d}{dx}b^x = b^x \ln b$.

■ **EXEMPLO 8** Encontre a reta tangente ao gráfico de $f(x) = 3e^x - 5x^2$ em $x = 2$.

Solução Calculamos $f'(2)$ e $f(2)$:

$$f'(x) = \frac{d}{dx}(3e^x - 5x^2) = 3\frac{d}{dx}e^x - 5\frac{d}{dx}x^2 = 3e^x - 10x$$

$$f'(2) = 3e^2 - 10(2) \approx 2{,}17$$

$$f(2) = 3e^2 - 5(2^2) \approx 2{,}17$$

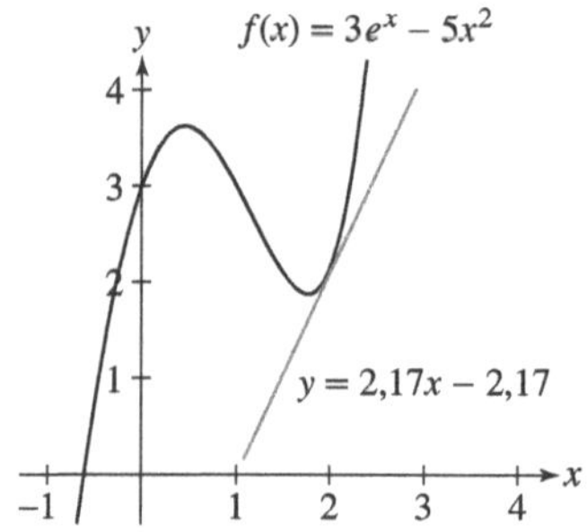

FIGURA 7

Como $f'(2)$ é a inclinação e a reta tangente passa por $(2, f(2))$, uma equação dessa reta tangente é $y - f(2) = f'(2)(x - 2)$. Usando esses valores aproximados, escrevemos a equação como (Figura 7)

$$y - 2{,}17 = 2{,}17(x - 2) \quad \text{ou} \quad y = 2{,}17x - 2{,}17.$$ ■

ENTENDIMENTO CONCEITUAL O que precisamente significa b^x? Tomamos como evidente que b^x faz sentido com qualquer valor de x, mas nunca especificamos como poderia ser definido b^x com x irracional. Se n for um número natural, b^n é simplesmente o produto $b \cdot b \cdots b$ (n vezes) e com qualquer número racional $x = m/n$,

$$b^x = b^{m/n} = \left(b^{1/n}\right)^m = \left(\sqrt[n]{b}\right)^m$$

Quando x é irracional, essa definição não pode ser aplicada, e b^x não pode ser definida diretamente em termos de raízes e potências de b. No entanto, faz sentido ver $b^{m/n}$ como uma aproximação de b^x quando m/n for um número racional próximo de x. Por exemplo, $3^{\sqrt{2}}$ deveria ser aproximadamente igual a $3^{1{,}4142} \approx 4{,}729$, porque 1,4142 é uma boa aproximação racional de $\sqrt{2}$. Formalmente, então, podemos definir b^x como um limite quando os números racionais m/n tendem a x:

$$b^x = \lim_{m/n \to x} b^{m/n}$$

Pode ser mostrado que esse limite existe e que a função $f(x) = b^x$ assim definida não só é contínua como, também, derivável (ver Exercício 80 na Seção 5.7).

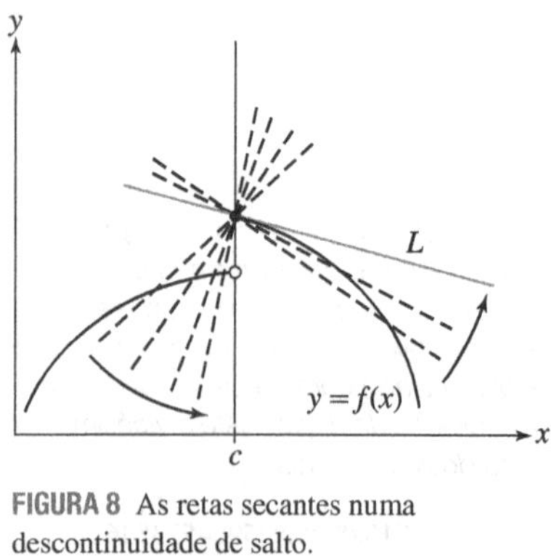

FIGURA 8 As retas secantes numa descontinuidade de salto.

Diferenciabilidade, continuidade e linearidade local

No restante desta seção, examinaremos mais de perto o conceito de **diferenciabilidade**. Inicialmente provamos que uma função derivável é, necessariamente, contínua. Em particular, uma função derivável não pode apresentar saltos. A Figura 8 mostra por que: embora as retas secantes pela direita tendam à reta L (que é tangente à metade direita do gráfico), as retas secantes pela esquerda tendem à vertical (e suas inclinações tendem a ∞).

TEOREMA 6 **Diferenciabilidade implica continuidade** Se f for derivável em $x = c$, então f é contínua em $x = c$.

Demonstração Por definição, se f for derivável em $x = c$, então o limite seguinte existe:

$$f'(c) = \lim_{x\to c} \frac{f(x) - f(c)}{x - c}$$

Devemos provar que $\lim_{x\to c} f(x) = f(c)$, pois essa é a definição de continuidade em $x = c$. Para relacionar os dois limites, considere a equação (válida com $x \neq c$)

$$f(x) - f(c) = (x - c)\,\frac{f(x) - f(c)}{x - c}$$

Ambos os fatores à direita tendem a um limite quando $x \to c$, portanto,

$$\begin{aligned}\lim_{x\to c}\big(f(x) - f(c)\big) &= \lim_{x\to c}\left((x - c)\,\frac{f(x) - f(c)}{x - c}\right)\\ &= \left(\lim_{x\to c}(x - c)\right)\left(\lim_{x\to c}\frac{f(x) - f(c)}{x - c}\right)\\ &= 0 \cdot f'(c) = 0\end{aligned}$$

pela lei do produto de limites. Agora a lei da soma fornece a conclusão procurada:

$$\lim_{x\to c} f(x) = \lim_{x\to c}(f(x) - f(c)) + \lim_{x\to c} f(c) = 0 + f(c) = f(c)$$ ■

A maioria das funções encontradas neste texto são deriváveis, mas existem exceções, conforme mostra o exemplo seguinte.

■ **EXEMPLO 9** **Contínua, mas não derivável** Mostre que $f(x) = |x|$ é contínua, mas não é derivável em $x = 0$.

O Teorema 6 afirma que todas as funções deriváveis são contínuas, mas o Exemplo 9 mostra que a recíproca é falsa. Uma função contínua não é necessariamente derivável.

Solução A função f é contínua em $x = 0$ porque $\lim_{x\to 0} |x| = 0 = f(0)$. Por outro lado,

$$f'(0) = \lim_{h\to 0} \frac{f(0+h) - f(0)}{h} = \lim_{h\to 0} \frac{|0+h| - |0|}{h} = \lim_{h\to 0} \frac{|h|}{h}$$

Esse limite não existe [e, portanto, f não é derivável em $x = 0$] por que

$$\frac{|h|}{h} = \begin{cases} 1 & \text{se } h > 0 \\ -1 & \text{se } h < 0 \end{cases}$$

e, assim, os limites laterais não são iguais:

$$\lim_{h\to 0+} \frac{|h|}{h} = 1 \quad \text{e} \quad \lim_{h\to 0-} \frac{|h|}{h} = -1$$ ■

ENTENDIMENTO GRÁFICO A diferenciabilidade tem uma interpretação gráfica importante em termos de linearidade local. Dizemos que f é **localmente linear** em $x = a$ se o gráfico for cada vez mais parecido com uma reta à medida que o ampliarmos na vizinhança do ponto $(a, f(a))$. Nesse contexto, o adjetivo *linear* significa "parecido com uma linha reta" e *local* indica que só nos interessamos pelo comportamento do gráfico perto de $(a, f(a))$. O gráfico de uma função localmente linear pode perfeitamente ser muito ondulado ou *não linear*, como na Figura 9, mas assim que ampliarmos pedaços suficientemente pequenos do gráfico, ele começa a parecer reto.

Não só o gráfico parece uma reta quando ampliamos num ponto, mas, como sugere a Figura 9, a "reta da ampliação" é a reta tangente. Assim, a relação entre a diferenciabilidade e a linearidade local pode ser expressa da forma seguinte:

> Se existir $f'(a)$, então f é localmente linear em $x = a$: à medida que ampliarmos no ponto $(a, f(a))$, o gráfico fica praticamente indistinguível de sua reta tangente.

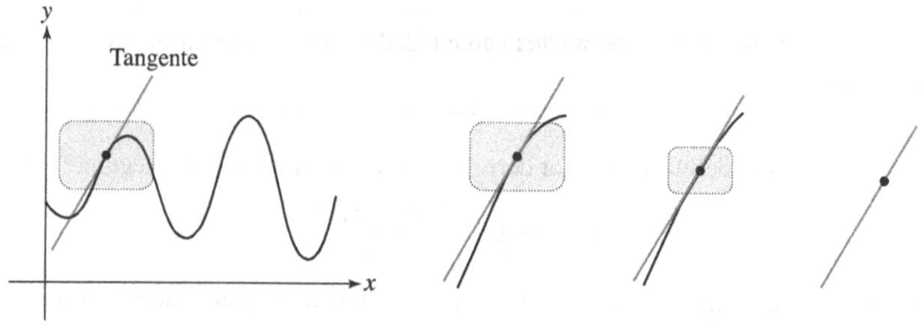

FIGURA 9 Linearidade local: à medida que ampliamos o gráfico num ponto, cada vez mais ele se parece com a reta tangente.

A linearidade local nos dá uma maneira gráfica de entender por que $f(x) = |x|$ não é derivável em $x = 0$ (conforme provado no Exemplo 9). A Figura 10 mostra que o gráfico de $f(x) = |x|$ tem uma esquina em $x = 0$ e essa esquina *não desaparece*, não importa quanto ampliarmos o gráfico na origem. Como o gráfico não se endireita com ampliações, f não é localmente linear em $x = 0$, e não podemos esperar que exista $f'(0)$.

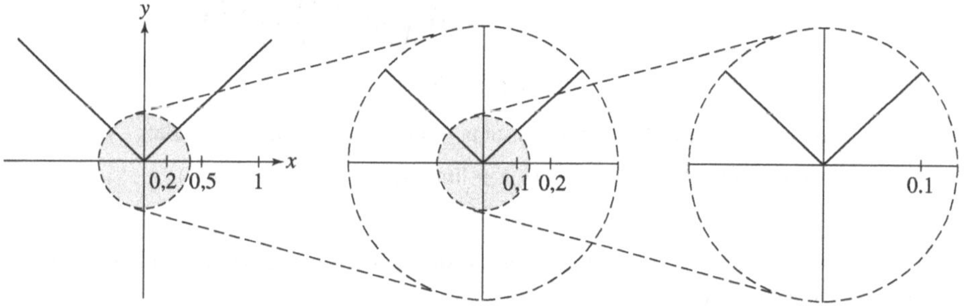

FIGURA 10 O gráfico de $f(x) = |x|$ não é localmente linear em $x = 0$. A esquina não desaparece quando ampliamos o gráfico na origem.

Outra maneira pela qual uma função contínua pode deixar de ser derivável é se a reta tangente existir, mas for vertical (caso em que a inclinação da reta tangente é infinita).

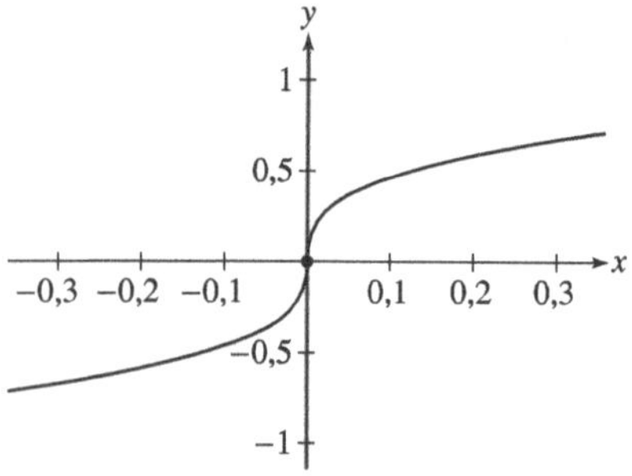

FIGURA 11 A reta tangente ao gráfico de $f(x) = x^{1/3}$ na origem é o eixo (vertical) y. A derivada $f'(0)$ não existe.

EXEMPLO 10 **Tangentes verticais** Mostre que $f(x) = x^{1/3}$ não é derivável em $x = 0$.

Solução O limite que define $f'(0)$ é infinito:

$$\lim_{h\to 0} \frac{f(h) - f(0)}{h} = \lim_{h\to 0} \frac{h^{1/3} - 0}{h} = \lim_{h\to 0} \frac{h^{1/3}}{h} = \lim_{h\to 0} \frac{1}{h^{2/3}} = \infty$$

Portanto, não existe $f'(0)$ (Figura 11). ■

Como uma observação final, mencionamos que há maneiras mais complicadas pelas quais uma função contínua pode deixar de ser derivável. A Figura 12 mostra o gráfico de $f(x) = x \operatorname{sen} \frac{1}{x}$. Se definirmos $f(0) = 0$, então f será contínua, mas não derivável em $x = 0$. As retas secantes ficam oscilando e nunca se acomodam numa posição limite (ver Exercício 97).

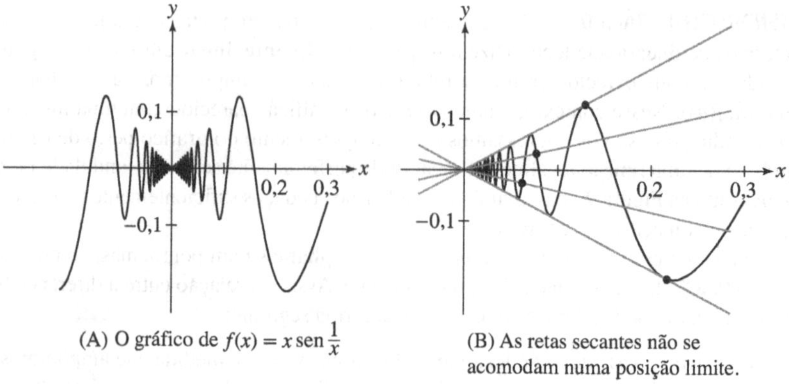

(A) O gráfico de $f(x) = x \operatorname{sen} \frac{1}{x}$

(B) As retas secantes não se acomodam numa posição limite.

FIGURA 12

3.2 Resumo

- A derivada f' é a função cujo valor em $x = a$ é a derivada $f'(a)$.
- Dispomos de várias notações diferentes para a derivada de $y = f(x)$:

$$y', \quad y'(x), \quad f'(x), \quad \frac{dy}{dx}, \quad \frac{df}{dx}$$

O valor da derivada em $x = a$ é denotado por

$$y'(a), \quad f'(a), \quad \left.\frac{dy}{dx}\right|_{x=a}, \quad \left.\frac{df}{dx}\right|_{x=a}$$

TEOREMA 7 Regras de derivação

$$\frac{d}{dx}(c) = 0$$

$$\frac{d}{dx}x^n = nx^{n-1}$$

$$(f+g)' = f' + g'$$

$$(cf)' = cf'$$

- A derivada de $f(x) = b^x$ é proporcional a b^x:

$$\frac{d}{dx}b^x = m(b)b^x, \quad \text{em que} \quad m(b) = \lim_{h\to 0}\frac{b^h - 1}{h}$$

- O número $e \approx 2{,}718$ é definido pela propriedade $m(e) = 1$, de modo que

$$\frac{d}{dx}e^x = e^x$$

- Diferenciabilidade implica continuidade: se f for derivável em $x = a$, então f é contínua em $x = a$. No entanto, existem funções contínuas que não são deriváveis.
- Se existir $f'(a)$, então f é localmente linear no sentido seguinte: quando ampliamos no ponto $(a, f(a))$, o gráfico fica quase indistinguível de sua reta tangente.

3.2 Exercícios

Exercícios preliminares

1. Qual é a inclinação da reta tangente pelo ponto $(2, f(2))$ se $f'(x) = x^3$?

2. Calcule $(f - g)'(1)$ e $(3f + 2g)'(1)$ supondo que $f'(1) = 3$ e $g'(1) = 5$.

3. A quais das funções seguintes pode ser aplicada a regra da potência?

(a) $f(x) = x^2$ **(b)** $f(x) = 2^e$

(c) $f(x) = x^e$ **(d)** $f(x) = e^x$

(e) $f(x) = x^x$ **(f)** $f(x) = x^{-4/5}$

4. Escolha (a) ou (b). A derivada não existe se a reta tangente for: (a) horizontal (b) vertical.

5. Qual propriedade distingue $f(x) = e^x$ de todas as outras funções exponenciais $g(x) = b^x$?

Exercícios

Nos Exercícios 1-6, calcule $f'(x)$ usando a definição via limite.

1. $f(x) = 3x - 7$

2. $f(x) = x^2 + 3x$

3. $f(x) = x^3$

4. $f(x) = 1 - x^{-1}$

5. $f(x) = x - \sqrt{x}$

6. $f(x) = x^{-1/2}$

Nos Exercícios 7-14, use a regra da potência para calcular a derivada.

7. $\left.\frac{d}{dx} x^4\right|_{x=-2}$

8. $\left.\frac{d}{dt} t^{-3}\right|_{t=4}$

9. $\left.\frac{d}{dt} t^{2/3}\right|_{t=8}$

10. $\left.\frac{d}{dt} t^{-2/5}\right|_{t=1}$

11. $\frac{d}{dx} x^{0,35}$

12. $\frac{d}{dx} x^{14/3}$

13. $\frac{d}{dt} t^{\sqrt{17}}$

14. $\frac{d}{dt} t^{-\pi^2}$

Nos Exercícios 15-18, calcule $f'(x)$ e encontre uma equação da reta tangente ao gráfico em $x = a$.

15. $f(x) = x^4, \quad a = 2$

16. $f(x) = x^{-2}, \quad a = 5$

17. $f(x) = 5x - 32\sqrt{x}, \quad a = 4$

18. $f(x) = \sqrt[3]{x}, \quad a = 8$

19. Calcule

(a) $\frac{d}{dx} 12e^x$ (b) $\frac{d}{dt}(25t - 8e^t)$ (c) $\frac{d}{dt} e^{t-3}$

Sugestão para (c): escreva e^{t-3} como $e^{-3}e^t$.

20. Encontre uma equação da reta tangente a $y = 24e^x$ em $x = 2$.

Nos Exercícios 21-32, calcule a derivada.

21. $f(x) = 2x^3 - 3x^2 + 5$

22. $f(x) = 2x^3 - 3x^2 + 2x$

23. $f(x) = 4x^{5/3} - 3x^{-2} - 12$

24. $f(x) = x^{5/4} + 4x^{-3/2} + 11x$

25. $g(z) = 7z^{-5/14} + z^{-5} + 9$

26. $h(t) = 6\sqrt{t} + \frac{1}{\sqrt{t}}$

27. $f(s) = \sqrt[4]{s} + \sqrt[3]{s}$

28. $W(y) = 6y^4 + 7y^{2/3}$

29. $g(x) = e^2$

30. $f(x) = 3e^x - x^3$

31. $h(t) = 5e^{t-3}$

32. $f(x) = 9 - 12x^{1/3} + 8e^x$

Nos Exercícios 33-36, calcule a derivada expandindo ou simplificando a função.

33. $P(s) = (4s - 3)^2$

34. $Q(r) = (1 - 2r)(3r + 5)$

35. $g(x) = \frac{x^2 + 4x^{1/2}}{x^2}$

36. $s(t) = \frac{1 - 2t}{t^{1/2}}$

Nos Exercícios 37-42, calcule a derivada indicada.

37. $\left.\frac{dT}{dC}\right|_{C=8}, \quad T = 3C^{2/3}$

38. $\left.\frac{dP}{dV}\right|_{V=-2}, \quad P = \frac{7}{V}$

39. $\left.\frac{ds}{dz}\right|_{z=2}, \quad s = 4z - 16z^2$

40. $\left.\frac{dR}{dW}\right|_{W=1}, \quad R = W^{\pi}$

41. $\left.\frac{dr}{dt}\right|_{t=4}, \quad r = t - e^t$

42. $\left.\frac{dp}{dh}\right|_{h=4}, \quad p = 7e^{h-2}$

43. Combine as funções nos gráficos (A)-(D) com suas derivadas (I)-(III) na Figura 13. Observe que duas das funções têm a mesma derivada. Explique por quê.

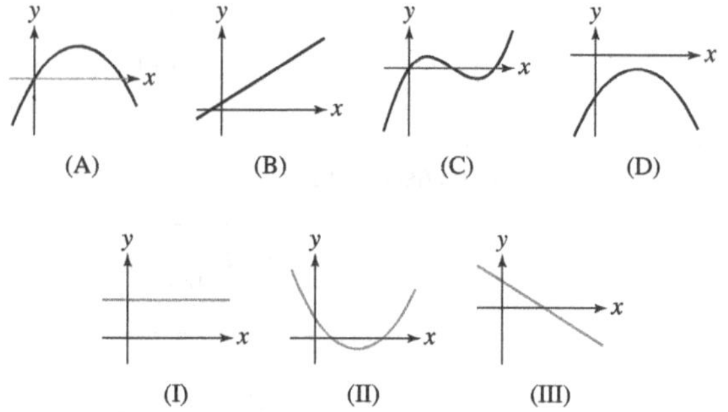

FIGURA 13

44. Das duas funções f e g na Figura 14, qual é derivada da outra? Justifique sua resposta.

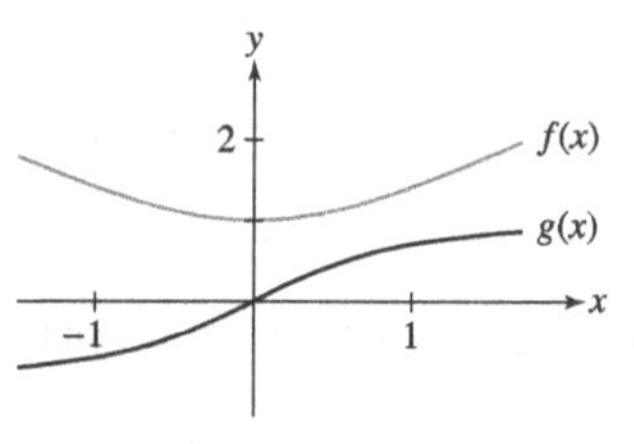

FIGURA 14

45. Combine as etiquetas $y = f(x)$, $y = g(x)$ e $y = h(x)$ aos gráficos na Figura 15 de tal modo que $f'(x) = g(x)$ e $g'(x) = h(x)$.

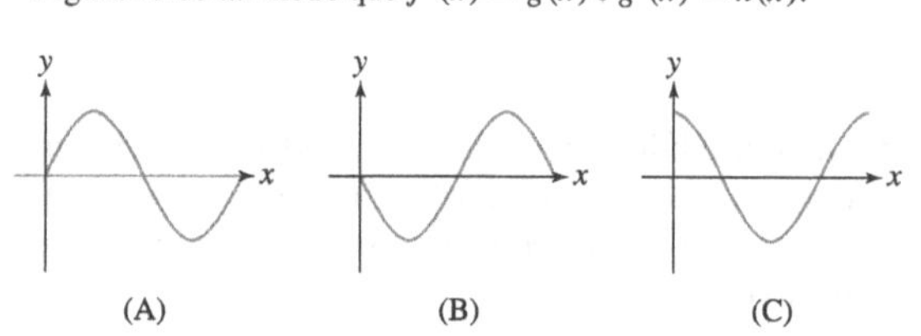

FIGURA 15

46. De acordo com a *teoria do pico do petróleo*, proposta pela primeira vez em 1956 pelo geólogo-físico M. Hubbert, a quantidade total de petróleo cru $Q(t)$ produzido mundialmente até o instante t tem um gráfico como o da Figura 16.

(a) Esboce a derivada $Q'(t)$ com $1900 \le t \le 2150$. O que representa $Q'(t)$?

(b) Em qual ano (aproximadamente) $Q'(t)$ atingiu seu valor máximo?

(c) Qual é o valor de $L = \lim_{t\to\infty} Q(t)$? E qual é sua interpretação?

(d) Qual é o valor de $\lim_{t\to\infty} Q'(t)$?

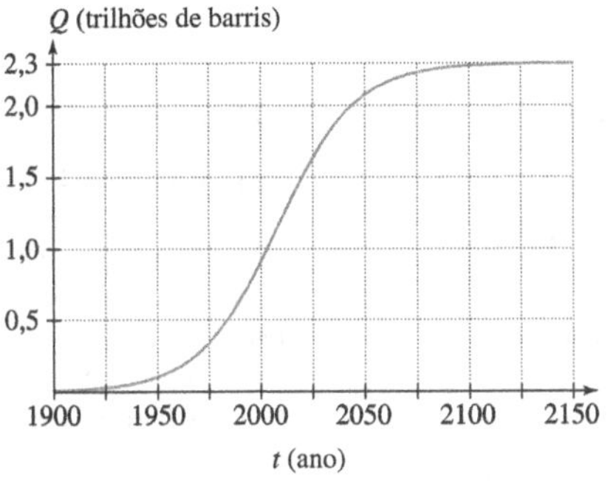

FIGURA 16 Produção mundial de petróleo até o instante t.

47. Use a tabela dos valores de f para determinar qual dentre (A) ou (B) na Figura 17 é o gráfico de f'. Explique.

x	0	0,5	1	1,5	2	2,5	3	3,5	4
$f(x)$	10	55	98	139	177	210	237	257	268

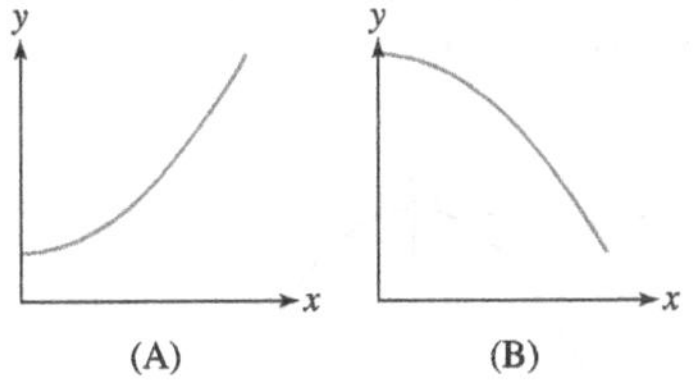

FIGURA 17 Qual é o gráfico de f'?

48. Sejam R uma variável e r uma constante. Calcule as derivadas

(a) $\frac{d}{dR}R$ **(b)** $\frac{d}{dR}r$ **(c)** $\frac{d}{dR}r^2R^3$

49. Calcule as derivadas, sendo c uma constante.

(a) $\frac{d}{dt}ct^3$ **(b)** $\frac{d}{dz}(5z + 4cz^2)$

(c) $\frac{d}{dy}(9c^2y^3 - 24c)$

50. Encontre os pontos do gráfico de $f(x) = 12x - x^3$ nos quais a reta tangente é horizontal.

51. Encontre os pontos no gráfico de $y = x^2 + 3x - 7$ nos quais a inclinação da reta tangente é igual a 4.

52. Encontre os valores de x nos quais $y = x^3$ e $y = x^2 + 5x$ têm retas tangentes paralelas.

53. Determine a e b tais que $p(x) = x^2 + ax + b$ satisfaça $p(1) = 0$ e $p'(1) = 4$.

54. Encontre todos os valores de x tais que a reta tangente a $y = 4x^2 + 11x + 2$ é mais inclinada que a reta tangente a $y = x^3$.

55. Seja $f(x) = x^3 - 3x + 1$. Mostre que $f'(x) \geq -3$ com qualquer x e que, dado qualquer $m > -3$, existem exatamente dois pontos em que $f'(x) = m$. Com algum valor escolhido de m, indique a posição desses pontos e as correspondentes retas tangentes num esboço do gráfico de f.

56. Mostre que as retas tangentes ao gráfico de $y = \frac{1}{3}x^3 - x^2$ em $x = a$ e $x = b$ são paralelas se $a = b$ ou $a + b = 2$.

57. Calcule a derivada de $f(x) = x^{3/2}$ usando a definição de limite. *Sugestão:* Mostre que

$$\frac{f(x+h) - f(x)}{h} = \frac{(x+h)^3 - x^3}{h}\left(\frac{1}{\sqrt{(x+h)^3} + \sqrt{x^3}}\right)$$

58. Use a definição via limite de $m(b)$ para aproximar $m(4)$. Então obtenha uma estimativa da inclinação da reta tangente a $y = 4^x$ em $x = 0$ e $x = 2$.

59. Seja $f(x) = xe^x$. Use a definição via limite para calcular $f'(0)$ e encontre a equação da reta tangente em $x = 0$.

60. A velocidade média (em metros por segundo) de uma molécula de gás é

$$v_{\text{m}} = \sqrt{\frac{8RT}{\pi M}}$$

em que T é a temperatura (em kelvins), M é a massa molar (em quilograma por mole) e $R = 8{,}31$. Calcule dv_{m}/dT em $T = 300$ K para o oxigênio, que tem uma massa molar de 0,032 kg/mol.

61. Os biólogos têm observado que a taxa de batimentos cardíacos P (em batidas por minuto) de animais está relacionada com a massa corpórea m (em kg) por meio da fórmula aproximada $P = 200m^{-1/4}$. Essa é uma das muitas *leis de escala alométricas* predominantes na Biologia. A função P de m é crescente ou decrescente? Obtenha uma equação da reta tangente nos pontos do gráfico marcados na Figura 18, que representam o bode ($m = 33$) e o homem ($m = 68$).

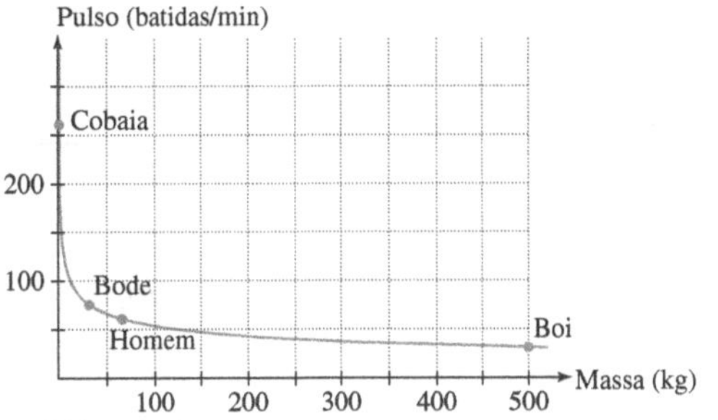

FIGURA 18

62. Alguns estudos sugerem que a massa K (em quilogramas) dos rins de mamíferos esteja relacionada à massa corpórea m (em kg) pela fórmula aproximada $K = 0{,}007m^{0{,}85}$. Calcule dK/dm em $m = 68$. Então calcule a derivada em relação a m da razão K/m das massas de rins para corpo quando $m = 68$.

63. A relação entre a *pressão do vapor* d'água P (em atmosferas) e a temperatura T (em kelvins) é dada pela lei de Clausius-Claperyon:

$$\frac{dP}{dT} = k\frac{P}{T^2}$$

em que k é uma constante. Obtenha uma estimativa de dP/dT com $T = 303, 313, 323, 333$ e 343 usando a tabela seguinte e a aproximação

$$\frac{dP}{dT} \approx \frac{P(T+10) - P(T-10)}{20}$$

T (K)	293	303	313	323	333	343	353
P (atm)	0,0278	0,0482	0,0808	0,1311	0,2067	0,3173	0,4754

A estimativa obtida parece confirmar a lei de Clausius-Claperyon? Qual é o valor aproximado de k?

64. Seja L uma reta tangente à hipérbole $xy = 1$ em $x = a$, com $a > 0$. Mostre que a área do triângulo delimitado por L e os eixos coordenados não depende de a.

65. Com a notação do Exercício 64, mostre que o ponto de tangência é o ponto médio do segmento de L que fica no primeiro quadrante.

66. Combine as funções (A)-(C) com suas derivadas (I)-(III) na Figura 19.

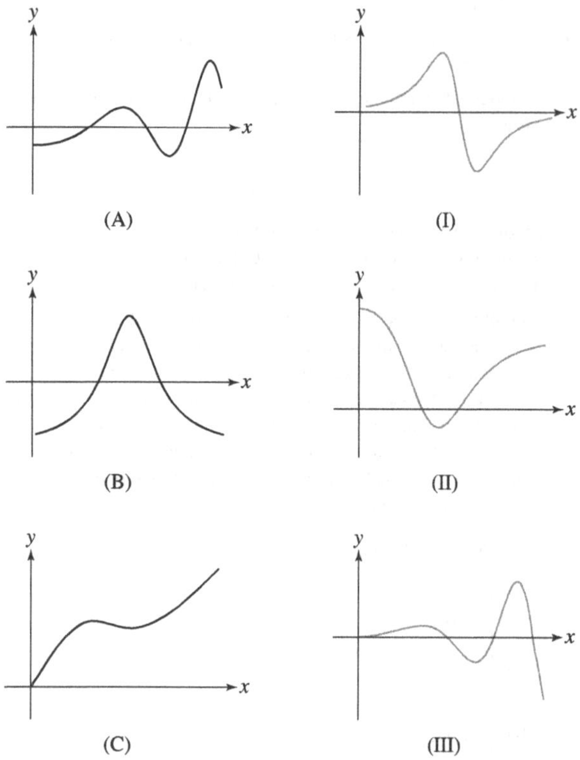

FIGURA 19

67. Faça um esboço aproximado do gráfico da derivada da função mostrada na Figura 20(A).

68. Esboce o gráfico da derivada da função mostrada na Figura 20(B), omitindo os pontos em que a derivada não estiver definida.

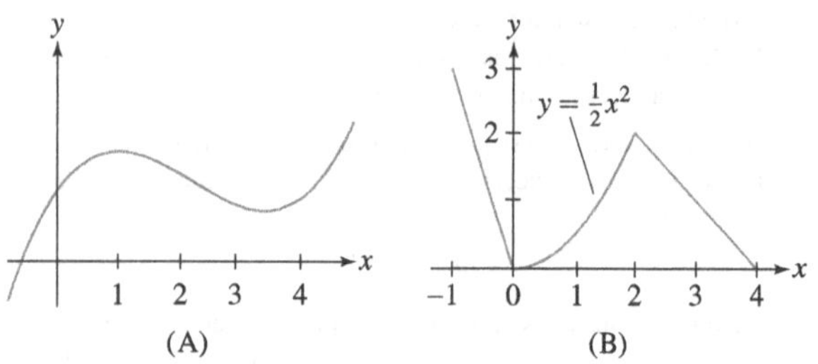

FIGURA 20

69. Esboce o gráfico de $f(x) = x\,|x|$. Então mostre que existe $f'(0)$.

70. Determine os valores de x nos quais a função da Figura 21 é: (a) descontínua e (b) não derivável.

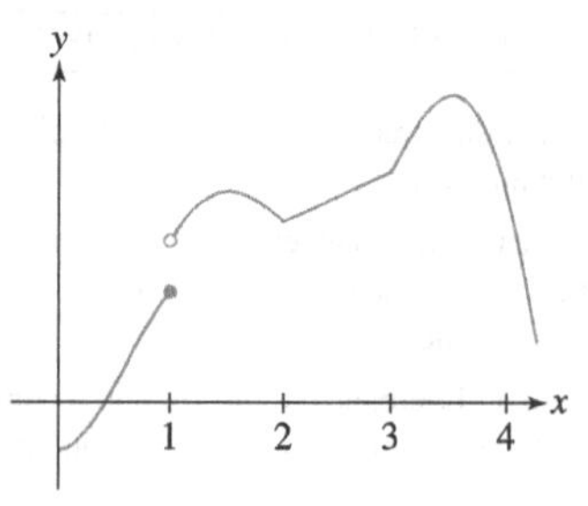

FIGURA 21

Nos Exercícios 71-76, encontre os pontos c (se houver) nos quais $f'(c)$ não existe.

71. $f(x) = |x - 1|$

72. $f(x) = \lfloor x \rfloor$

73. $f(x) = x^{2/3}$

74. $f(x) = x^{3/2}$

75. $f(x) = |x^2 - 1|$

76. $f(x) = |x - 1|^2$

CG *Nos Exercícios 77-82, amplie um gráfico de f no ponto (a, f(a)) e decida se f parece ser, ou não, derivável em $x = a$. Se não for derivável, decida se a reta tangente não existe ou se parece ser vertical.*

77. $f(x) = (x - 1)|x|, \quad a = 0$

78. $f(x) = (x - 3)^{5/3}, \quad a = 3$

79. $f(x) = (x - 3)^{1/3}, \quad a = 3$

80. $f(x) = \text{sen}(x^{1/3}), \quad a = 0$

81. $f(x) = |\,\text{sen}\, x|, \quad a = 0$

82. $f(x) = |x - \text{sen}\, x|, \quad a = 0$

83. Encontre as coordenadas do ponto P da Figura 22 no qual a reta tangente passa por $(5, 0)$.

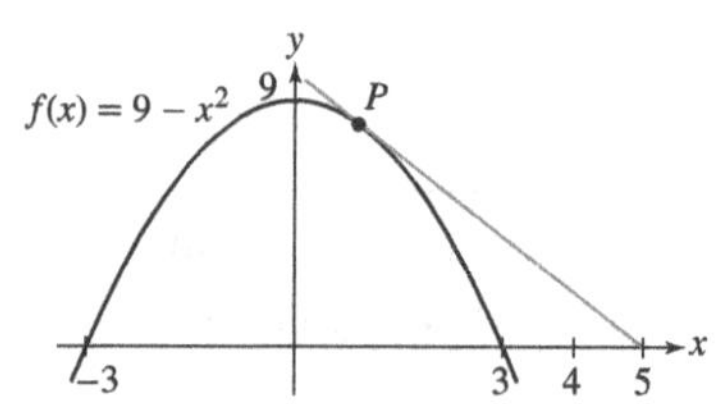

FIGURA 22

84. CG Esboce o gráfico da derivada f' de $f(x) = 2x^3 - 10x^{-1}$ com $x > 0$ (escolha apropriadamente a janela de visualização) e observe que $f'(x) > 0$. O que o sinal positivo de $f'(x)$ nos diz sobre o gráfico da própria f? Esboce f e confirme essa conclusão.

Os Exercícios 85-88 se referem à Figura 23. Dizemos que o comprimento QR é a subtangente *em P e o cumprimento RT é a* subnormal.

85. Calcule a subtangente de

$$f(x) = x^2 + 3x \quad \text{em } x = 2.$$

86. Mostre que a subtangente de $f(x) = e^x$ é igual a 1 em cada ponto.

87. Prove que, em geral, a subnormal em P é $|f'(x)f(x)|$.

88. Mostre que $\overline{PQ}$ tem comprimento $|f(x)|\sqrt{1 + f'(x)^{-2}}$.

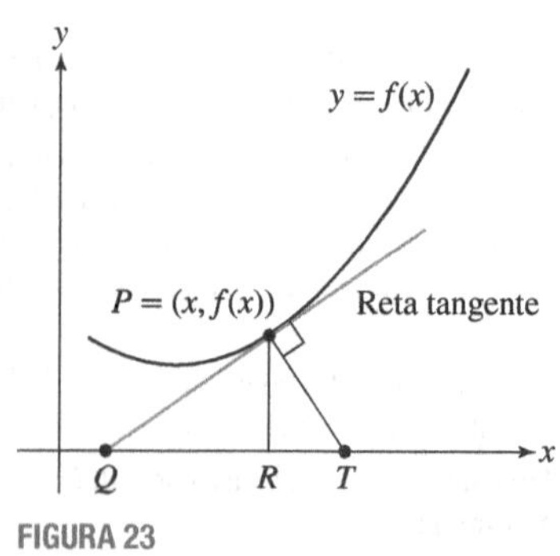

FIGURA 23

89. Prove o teorema seguinte, devido a Apolônio de Perga (o matemático grego nascido em 262 a.C. que deu os nomes à parábola, à elipse e à hipérbole): a subtangente da parábola $y = x^2$ em $x = a$ é igual a $a/2$.

90. Mostre que a subtangente de $y = x^3$ em $x = a$ é igual a $\frac{1}{3}a$.

91. Formule e prove uma generalização do Exercício 90 para $y = x^n$.

Compreensão adicional e desafios

92. Dois arcos pequenos têm o formato de parábolas. O primeiro é dado por $f(x) = 1 - x^2$ com $-1 \leq x \leq 1$ e o segundo por $g(x) = 4 - (x - 4)^2$ com $2 \leq x \leq 6$. Coloca-se uma régua em cima desses dois arcos, sendo que a régua fica equilibrada (Figura 24). Qual é a inclinação da régua? *Sugestão:* encontre a reta tangente a $y = f(x)$ que intersecta $y = g(x)$ em exatamente um ponto.

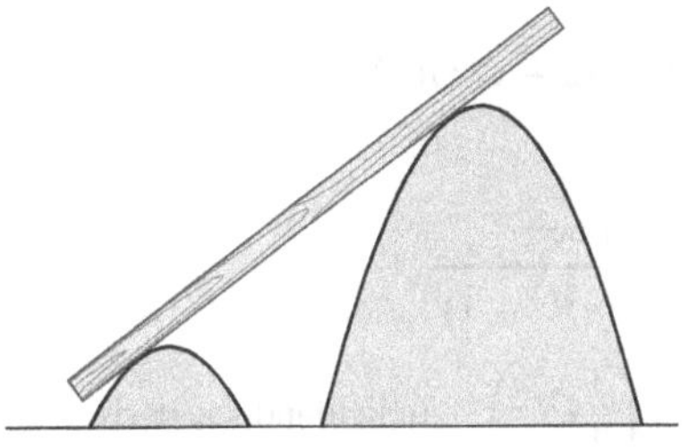

FIGURA 24

93. Girando a curva $y = x^2$ em torno do eixo y obtemos um vaso. Se colocarmos uma bolinha de gude nesse vaso, ou ela toca o fundo do vaso ou ela fica suspensa acima do fundo, por encostar nos lados (Figura 25). Quão pequena deve ser a bolinha para tocar o fundo do vaso?

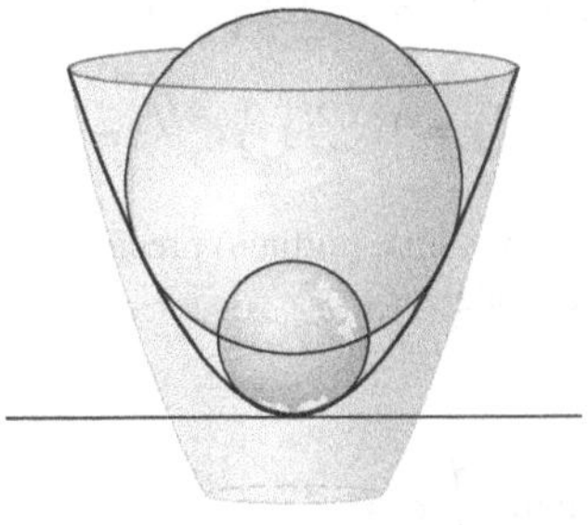

FIGURA 25

94. Seja f uma função derivável e defina $g(x) = f(x + c)$, em que c é uma constante. Use a definição via limite para mostrar que $g'(x) = f'(x + c)$. Explique graficamente esse resultado, lembrando que o gráfico de g pode ser obtido transladando o gráfico de f por c unidades para a esquerda (se $c > 0$) ou direita (se $c < 0$).

95. Expoentes negativos Seja n um número natural. Use a regra da potência de x^n para calcular a derivada de $f(x) = x^{-n}$ mostrando que

$$\frac{f(x+h) - f(x)}{h} = \frac{-1}{x^n(x+h)^n} \frac{(x+h)^n - x^n}{h}$$

96. Verifique a regra da potência para o expoente $1/n$, sendo n um inteiro positivo, usando o truque seguinte: reescreva a razão incremental de $y = x^{1/n}$ em $x = b$ em termos de

$$u = (b+h)^{1/n} \quad \text{e} \quad a = b^{1/n}$$

97. Oscilações infinitamente rápidas Defina

$$f(x) = \begin{cases} x \operatorname{sen} \dfrac{1}{x} & \text{se } x \neq 0 \\ 0 & \text{se } x = 0 \end{cases}$$

Mostre que f é contínua em $x = 0$, mas que não existe $f'(0)$ (ver Figura 12).

98. Com qual valor de λ a equação $e^x = \lambda x$ tem uma única solução? Com quais valores de λ ela tem pelo menos uma solução? Para entender, esboce $y = e^x$ junto com a reta $y = \lambda x$.

3.3 Regras do produto e do quociente

Nesta seção, apresentamos a **regra do produto** e a **regra do quociente** para calcular derivadas. Essas duas regras, junto à regra da cadeia e à derivação implícita (que serão apresentadas adiante), constituem uma poderosa "caixa de ferramentas" da derivação.

LEMBRETE A função produto fg é definida por $(fg)(x) = f(x)\,g(x)$.

TEOREMA 1 Regra do produto Se f e g forem funções deriváveis, então fg será derivável e

$$(fg)'(x) = f'(x)\,g(x) + f(x)\,g'(x)$$

Pode ser útil memorizar a regra do produto em palavras: a derivada de um produto é igual à *derivada da primeira função vezes a segunda função mais a primeira função vezes a derivada da segunda função*:

$$(\text{Primeira})' \cdot \text{Segunda} + \text{Primeira} \cdot (\text{Segunda})'$$

Depois de apresentar três exemplos, daremos a prova da regra do produto.

EXEMPLO 1 Encontre a derivada de $h(x) = x^2(9x + 2)$.

Solução Essa função é um produto

$$h(x) = \overbrace{x^2}^{\text{Primeira}} \overbrace{(9x + 2)}^{\text{Segunda}}$$

Pela regra do produto (na notação de Leibniz),

$$h'(x) = \overbrace{\frac{d}{dx}(x^2)}^{(\text{Primeira})'} \overbrace{(9x + 2)}^{\text{Segunda}} + \overbrace{(x^2)}^{\text{Primeira}} \overbrace{\frac{d}{dx}(9x + 2)}^{(\text{Segunda})'}$$

$$= (2x)(9x + 2) + (x^2)(9) = 27x^2 + 4x$$ ■

EXEMPLO 2 Encontre a derivada de $y = (2 + x^{-1})(x^{3/2} + 1)$.

Solução Usando a regra do produto:

Note como a notação linha é usada na solução do Exemplo 2. Escrevemos $(x^{3/2} + 1)'$ para denotar a derivada de $f(x) = x^{3/2} + 1$, etc.

$$y' = \overbrace{(2 + x^{-1})'(x^{3/2} + 1) + (2 + x^{-1})(x^{3/2} + 1)'}^{(\text{Primeira})' \cdot \text{Segunda} \; + \text{Primeira} \cdot (\text{Segunda})'}$$

$$= (-x^{-2})(x^{3/2} + 1) + (2 + x^{-1})\left(\frac{3}{2}x^{1/2}\right) \quad \text{(calculando as derivadas)}$$

$$= -x^{-1/2} - x^{-2} + 3x^{1/2} + \tfrac{3}{2}x^{-1/2} = \tfrac{1}{2}x^{-1/2} - x^{-2} + 3x^{1/2} \quad \text{(simplificando)}$$ ■

Nos dois exemplos precedentes, poderíamos ter evitado o uso da regra do produto expandindo a função. Assim, o resultado do Exemplo 2 pode ser obtido como segue:

$$y = (2 + x^{-1})(x^{3/2} + 1) = 2x^{3/2} + 2 + x^{1/2} + x^{-1}$$

$$y' = \frac{d}{dx}(2x^{3/2} + 2 + x^{1/2} + x^{-1}) = 3x^{1/2} + \tfrac{1}{2}x^{-1/2} - x^{-2}$$

No próximo exemplo, a função não pode ser expandida, portanto precisamos usar a regra do produto (ou voltar à definição via limite da derivada).

EXEMPLO 3 Calcule $\dfrac{d}{dt}\left(t^2 e^t\right)$.

Solução Usamos a regra do produto e a fórmula $\dfrac{d}{dt}e^t = e^t$:

$$\frac{d}{dt}\left(t^2 e^t\right) = \overbrace{\left(\frac{d}{dt}t^2\right)e^t + t^2\left(\frac{d}{dt}e^t\right)}^{(\text{Primeira})' \cdot \text{Segunda} + \text{Primeira} \cdot (\text{Segunda})'} = 2te^t + t^2(e^t) = (2t + t^2)e^t$$ ■

Demonstração da regra do produto De acordo com a definição via limite da derivada,

$$(fg)'(x) = \lim_{h \to 0} \frac{f(x + h)g(x + h) - f(x)g(x)}{h}$$

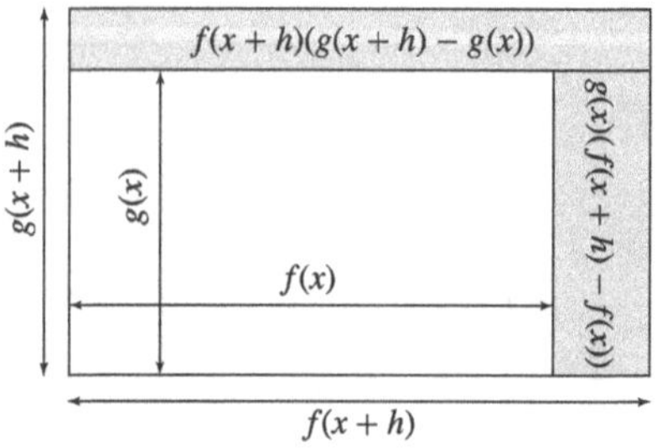

FIGURA 1

Podemos interpretar o numerador como a área da região sombreada na Figura 1: a área $f(x + h)g(x + h)$ do retângulo maior menos a área $f(x)g(x)$ do retângulo menor. Essa região sombreada é a união de duas faixas retangulares, de modo que obtemos a identidade seguinte [que também pode ser obtida algebricamente somando e subtraindo o termo $f(x + h)g(x)$ do lado esquerdo e manipulando o resultado]:

$$f(x + h)g(x + h) - f(x)g(x) = \big(f(x + h) - f(x)\big)g(x) + f(x + h)\big(g(x + h) - g(x)\big)$$

Agora usamos essa identidade para escrever $(fg)'(x)$ como a soma de dois limites:

$$(fg)'(x) = \underbrace{\lim_{h \to 0} \frac{f(x + h) - f(x)}{h} g(x)}_{\text{Mostrar que isso é igual a } f'(x)g(x).} + \underbrace{\lim_{h \to 0} f(x + h)\frac{g(x + h) - g(x)}{h}}_{\text{Mostrar que isso é igual a } f(x)g'(x).} \qquad 1$$

É válido usar a lei da soma, desde que cada limite à direita exista. Para conferir se o primeiro limite existe, e calculá-lo, observamos que f é derivável. Assim:

$$\lim_{h\to 0}\frac{f(x+h)-f(x)}{h}g(x) = \lim_{h\to 0}\frac{f(x+h)-f(x)}{h}\lim_{h\to 0}g(x) \qquad 2$$
$$= f'(x)\,g(x)$$

O segundo limite é análogo, mas usamos a continuidade de f (por ser derivável) e a diferenciabilidade de g:

$$\lim_{h\to 0}f(x+h)\frac{g(x+h)-g(x)}{h} = \lim_{h\to 0}f(x+h)\lim_{h\to 0}\frac{g(x+h)-g(x)}{h} = f(x)\,g'(x) \qquad 3$$

Usando as Equações (2) e (3) na Equação (1), concluímos que fg é derivável e que $(fg)'(x) = f'(x)g(x) + f(x)g'(x)$, como queríamos provar. ■

ENTENDIMENTO CONCEITUAL A regra do produto foi enunciada pela primeira vez por Leibniz quando ele tinha 29 anos, em 1675, o ano em que ele desenvolveu algumas das suas maiores ideias sobre o Cálculo. A fim de documentar seu processo de descobrimento para a posteridade, ele registrou seus pensamentos e suas dificuldades, seus momentos de inspiração e também seus enganos. Em um manuscrito datado de 11 de novembro de 1675, ele sugere *erroneamente* que $(fg)'$ é igual a $f'g'$. Em seguida, ele descobre seu erro tomando $f(x) = g(x) = x$ e observando que

$$(fg)'(x) = (x^2)' = 2x \text{ *não é* igual a } f'(x)g'(x) = 1\cdot 1 = 1$$

Dez dias depois, em 21 de novembro, Leibniz escreveu a regra do produto correta e comenta: "*Isso agora é realmente um teorema notável*".

Com o benefício do nosso conhecimento atual, podemos indicar que Leibniz poderia ter evitado seu erro se tivesse prestado atenção às unidades. Suponha que $f(t)$ e $g(t)$ representem distâncias em metros, sendo t em segundos. Então as unidades de $(fg)'$ são m²/s. Isso não pode ser igual a $f'g'$, cujas unidades são (m/s)(m/s) = m²/s².

O próximo teorema enuncia a regra da derivada do quociente. Observe, em particular, que $(f/g)'$ *não é* igual a f'/g'.

TEOREMA 2 Regra do quociente Se f e g forem funções deriváveis, então f/g é derivável em cada x tal que $g(x) \neq 0$ e

$$\left(\frac{f}{g}\right)'(x) = \frac{g(x)f'(x) - f(x)g'(x)}{g(x)^2}$$

LEMBRETE A função quociente f/g é definida por

$$\left(\frac{f}{g}\right)(x) = \frac{f(x)}{g(x)}$$

O numerador na regra do quociente é igual à *função de baixo vezes a derivada da de cima menos a função de cima vezes a derivada da de baixo*:

$$\frac{\text{Baixo}\cdot(\text{Cima})' - \text{Cima}\cdot(\text{Baixo})'}{\text{Baixo}^2}$$

ADVERTÊNCIA É muito fácil inverter, sem querer, a ordem dos dois termos do numerador da regra do quociente.

Demonstração da regra do quociente Seja $Q(x) = f(x)/g(x)$. Nosso objetivo é encontrar a fórmula para $Q'(x)$. Observe que $f(x) = Q(x)\cdot g(x)$. Derivando ambos os lados e usando a regra do produto no lado direito, obtemos $f'(x) = Q'(x)\cdot g(x) + Q(x)\cdot g'(x)$. Resolvendo para $Q'(x)$, obtemos

$$Q'(x) = \frac{f'(x) - Q(x)\cdot g'(x)}{g(x)} = \frac{f'(x) - \frac{f(x)}{g(x)}\cdot g'(x)}{g(x)} = \frac{f'(x)g(x) - f(x)g'(x)}{g(x)^2}$$

como queríamos provar. ■

Uma prova alternativa aparece nos Exercícios 58-60.

Observe que nem sempre a regra do quociente é o método mais simples. Se quisermos derivar a função $f(x) = \frac{\sqrt{x} - x^3}{x}$, é mais fácil reescrevê-la como $f(x) = x^{-1/2} - x^2$ e derivar diretamente.

■ **EXEMPLO 4** Calcule a derivada de $f(x) = \dfrac{x}{1+x^2}$.

Solução Aplicamos a regra do quociente:

$$f'(x) = \frac{\overbrace{(1+x^2)}^{\text{Baixo}}\overbrace{(x)'}^{(\text{Cima})'} - \overbrace{(x)}^{\text{Cima}}\overbrace{(1+x^2)'}^{(\text{Baixo})'}}{(1+x^2)^2} = \frac{(1+x^2)(1) - (x)(2x)}{(1+x^2)^2}$$

$$= \frac{1+x^2-2x^2}{(1+x^2)^2} = \frac{1-x^2}{(1+x^2)^2}$$ ■

■ **EXEMPLO 5** Calcule $\dfrac{d}{dt}\left(\dfrac{e^t}{e^t+t}\right)$.

Solução Usamos a regra do quociente e a fórmula $(e^t)' = e^t$:

$$\frac{d}{dt}\left(\frac{e^t}{e^t+t}\right) = \frac{(e^t+t)(e^t)' - e^t(e^t+t)'}{(e^t+t)^2} = \frac{(e^t+t)e^t - e^t(e^t+1)}{(e^t+t)^2} = \frac{(t-1)e^t}{(e^t+t)^2}$$ ■

■ **EXEMPLO 6** Encontre a reta tangente ao gráfico de $f(x) = \dfrac{3x^2+x-2}{4x^3+1}$ em $x = 1$.

Solução

$$f'(x) = \frac{d}{dx}\left(\frac{3x^2+x-2}{4x^3+1}\right) = \frac{\overbrace{(4x^3+1)}^{\text{Baixo}}\overbrace{(3x^2+x-2)'}^{(\text{Cima})'} - \overbrace{(3x^2+x-2)}^{\text{Cima}}\overbrace{(4x^3+1)'}^{(\text{Baixo})'}}{(4x^3+1)^2}$$

$$= \frac{(4x^3+1)(6x+1) - (3x^2+x-2)(12x^2)}{(4x^3+1)^2}$$

$$= \frac{(24x^4+4x^3+6x+1) - (36x^4+12x^3-24x^2)}{(4x^3+1)^2}$$

$$= \frac{-12x^4-8x^3+24x^2+6x+1}{(4x^3+1)^2}$$ ■

Em $x = 1$,

$$f(1) = \frac{3+1-2}{4+1} = \frac{2}{5}$$

$$f'(1) = \frac{-12-8+24+6+1}{5^2} = \frac{11}{25}$$

Uma equação da reta tangente em $\left(1, \frac{2}{5}\right)$ é

$$y - \frac{2}{5} = \frac{11}{25}(x-1) \quad \text{ou} \quad y = \frac{11}{25}x - \frac{1}{25}.$$ ■

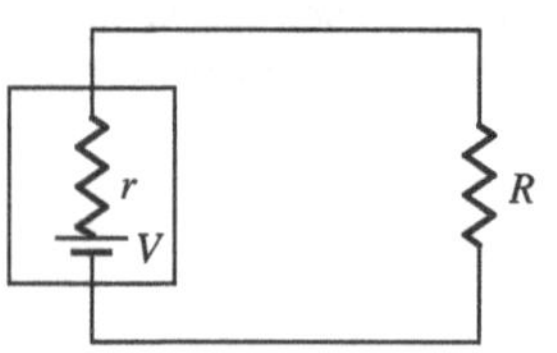

FIGURA 2 Um aparelho de resistência R ligado a uma bateria de voltagem V.

■ **EXEMPLO 7 Potência fornecida por uma bateria** A potência que uma bateria consegue fornecer a um aparelho como um *laptop* depende da *resistência interna* da bateria. Para uma bateria de voltagem V e resistência interna r, a potência total fornecida a um aparelho de resistência R (Figura 2) é

$$P = \frac{V^2 R}{(R+r)^2}$$

(a) Calcule dP/dR, supondo que V e r sejam constantes.

(b) Onde, no gráfico de P por R, a reta tangente é horizontal?

Solução

(a) Como V é uma constante, obtemos (pela regra do quociente)

$$\frac{dP}{dR} = V^2 \frac{d}{dR}\left(\frac{R}{(R+r)^2}\right) = V^2 \frac{(R+r)^2 \frac{d}{dR}R - R\frac{d}{dR}(R+r)^2}{(R+r)^4} \qquad 4$$

Temos $\frac{d}{dR}R = 1$ e $\frac{d}{dR}r = 0$ porque r é uma constante. Assim,

$$\begin{aligned}\frac{d}{dR}(R+r)^2 &= \frac{d}{dR}(R^2 + 2rR + r^2)\\ &= \frac{d}{dR}R^2 + 2r\frac{d}{dR}R + \frac{d}{dR}r^2\\ &= 2R + 2r + 0 = 2(R+r)\end{aligned} \quad 5$$

Usando a Equação (5) na Equação (4), obtemos

$$\frac{dP}{dR} = V^2\frac{(R+r)^2 - 2R(R+r)}{(R+r)^4} = V^2\frac{(R+r) - 2R}{(R+r)^3} = V^2\frac{r-R}{(R+r)^3} \quad 6$$

(b) A reta tangente é horizontal quando a derivada é nula. A partir da Equação (6), vemos que a derivada é zero se $r - R = 0$, ou seja, se $R = r$. ■

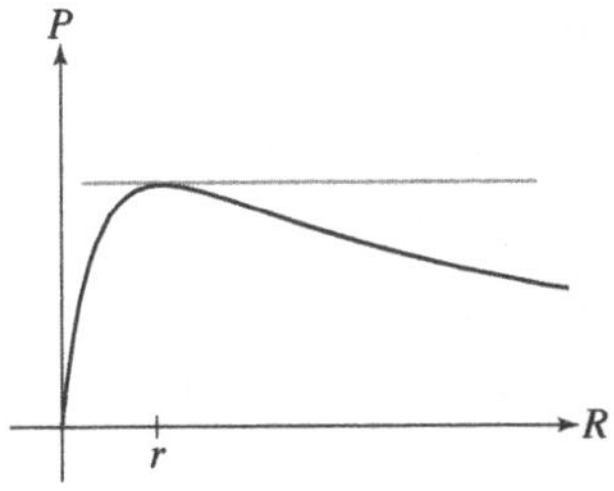

FIGURA 3 O gráfico de potência por resistência:

$$P = \frac{V^2R}{(R+r)^2}$$

ENTENDIMENTO GRÁFICO A Figura 3 mostra que o ponto em que a reta tangente é horizontal é o *ponto máximo* do gráfico. Isso prova um resultado importante em projetos de circuitos: a potência máxima é obtida quando a resistência da carga (aparelho) é igual à resistência interna da bateria.

3.3 Resumo

- Duas regras básicas da derivação:

$$\text{Regra do produto: } (fg)' = f'g + fg'$$

$$\text{Regra do quociente: } \left(\frac{f}{g}\right)' = \frac{gf' - fg'}{g^2}$$

- Não esqueça que a derivada de fg *não é igual a* $f'g'$. Analogamente, a derivada de f/g *não é igual a* f'/g'.

3.3 Exercícios

Exercícios preliminares

1. Decida se as afirmações seguintes são verdadeiras ou falsas. Se for falsa, enuncie a versão correta.
   (a) fg denota a função cujo valor em x é $f(g(x))$.
   (b) f/g denota a função cujo valor em x é $f(x)/g(x)$.
   (c) A derivada do produto é o produto das derivadas.
   (d) $\left.\frac{d}{dx}(fg)\right|_{x=4} = f(4)g'(4) - g(4)f'(4)$
   (e) $\left.\frac{d}{dx}(fg)\right|_{x=0} = f'(0)g(0) + f(0)g'(0)$
2. Encontre $(f/g)'(1)$ se $f(1) = f'(1) = g(1) = 2$ e $g'(1) = 4$.
3. Encontre $g(1)$ se $f(1) = 0$, $f'(1) = 2$ e $(fg)'(1) = 10$.

Exercícios

Nos Exercícios 1-6, use a regra do produto para calcular a derivada.

1. $f(x) = x^3(2x^2 + 1)$
2. $f(x) = (3x - 5)(2x^2 - 3)$
3. $f(x) = x^2e^x$
4. $f(x) = (2x - 9)(4e^x + 1)$
5. $\left.\frac{dh}{ds}\right|_{s=4}$, $h(s) = (s^{-1/2} + 2s)(7 - s^{-1})$
6. $\left.\frac{dy}{dt}\right|_{t=2}$, $y = (t - 8t^{-1})(e^t + t^2)$

Nos Exercícios 7-12, use a regra do quociente para calcular a derivada.

7. $f(x) = \frac{x}{x-2}$
8. $f(x) = \frac{x+4}{x^2+x+1}$
9. $\left.\frac{dg}{dt}\right|_{t=-2}$, $g(t) = \frac{t^2+1}{t^2-1}$
10. $\left.\frac{dw}{dz}\right|_{z=9}$, $w = \frac{z^2}{\sqrt{z}+z}$
11. $g(x) = \frac{1}{1+e^x}$
12. $f(x) = \frac{e^x}{x^2+1}$

Nos Exercícios 13-16, calcule a derivada de duas maneiras: primeiro use a regra do produto ou quociente, depois reescreva algebricamente a função e aplique diretamente a regra da potência.

13. $f(t) = (2t + 1)(t^2 - 2)$

14. $f(x) = x^2(3 + x^{-1})$

15. $h(t) = \dfrac{t^2 - 1}{t - 1}$

16. $g(x) = \dfrac{x^3 + 2x^2 + 3x^{-1}}{x}$

Nos Exercícios 17-38, calcule a derivada.

17. $f(x) = (x^3 + 5)(x^3 + x + 1)$

18. $f(x) = (4e^x - x^2)(x^3 + 1)$

19. $\left.\dfrac{dy}{dx}\right|_{x=3}, \quad y = \dfrac{1}{x + 10}$

20. $\left.\dfrac{dz}{dx}\right|_{x=-2}, \quad z = \dfrac{x}{3x^2 + 1}$

21. $f(x) = (\sqrt{x} + 1)(\sqrt{x} - 1)$

22. $f(x) = \dfrac{9x^{5/2} - 2}{x}$

23. $\left.\dfrac{dy}{dx}\right|_{x=2}, \quad y = \dfrac{x^4 - 4}{x^2 - 5}$

24. $f(x) = \dfrac{x^4 + e^x}{x + 1}$

25. $\left.\dfrac{dz}{dx}\right|_{x=1}, \quad z = \dfrac{1}{x^3 + 1}$

26. $f(x) = \dfrac{3x^3 - x^2 + 2}{\sqrt{x}}$

27. $h(t) = \dfrac{t}{(t + 1)(t^2 + 1)}$

28. $f(x) = x^{3/2}(2x^4 - 3x + x^{-1/2})$

29. $f(t) = 3^{1/2} \cdot 5^{1/2}$

30. $h(x) = \pi^2(x - 1)$

31. $f(x) = (x + 3)(x - 1)(x - 5)$

32. $f(x) = e^x(x^2 + 1)(x + 4)$

33. $f(x) = \dfrac{e^x}{x + 1}$

34. $g(x) = \dfrac{e^{x+1} + e^x}{e + 1}$

35. $g(z) = \left(\dfrac{z^2 - 4}{z - 1}\right)\left(\dfrac{z^2 - 1}{z + 2}\right)$ *Sugestão:* primeiro, simplifique.

36. $\dfrac{d}{dx}\left((ax + b)(abx^2 + 1)\right)$ (a, b constantes)

37. $\dfrac{d}{dt}\left(\dfrac{xt - 4}{t^2 - x}\right)$ (x constante)

38. $\dfrac{d}{dx}\left(\dfrac{ax + b}{cx + d}\right)$ (a, b, c e d constantes)

Nos Exercícios 39-42, calcule a derivada usando os valores da tabela:

$f(4)$	$f'(4)$	$g(4)$	$g'(4)$
10	−2	5	−1

39. $(fg)'(4)$ e $(f/g)'(4)$.

40. $F'(4)$, sendo $F(x) = x^2 f(x)$

41. $G'(4)$, sendo $G(x) = (g(x))^2$

42. $H'(4)$, sendo $H(x) = \dfrac{x}{g(x)f(x)}$

43. Calcule $F'(0)$, sendo

$$F(x) = \frac{x^9 + x^8 + 4x^5 - 7x}{x^4 - 3x^2 + 2x + 1}$$

Sugestão: não calcule $F'(x)$. Em vez disso, escreva $F(x) = f(x)/g(x)$ e expresse $F'(0)$ diretamente em termos de $f(0)$, $f'(0)$, $g(0)$, $g'(0)$.

44. Proceda como no Exercício 43 para calcular $F'(0)$, sendo

$$F(x) = \left(1 + x + x^{4/3} + x^{5/3}\right)\frac{3x^5 + 5x^4 + 5x + 1}{8x^9 - 7x^4 + 1}$$

45. Use a regra do produto para calcular $\dfrac{d}{dx}e^{2x}$.

46. CG Faça um esboço da derivada de $f(x) = x/(x^2 + 1)$ em $[-4, 4]$. Use o gráfico para determinar os intervalos nos quais $f'(x) > 0$ e $f'(x) < 0$. Então esboce f e descreva como o sinal de $f'(x)$ se reflete no gráfico de $f(x)$.

47. CG Faça um esboço de $f(x) = x/(x^2 - 1)$ (numa janela de visualização conveniente). Use o gráfico para determinar se $f'(x)$ é positiva ou negativa em seu domínio $\{x : x \neq \pm 1\}$. Então calcule $f'(x)$ e confirme algebricamente suas conclusões.

48. Seja $P = V^2R/(R + r)^2$ como no Exemplo 7. Calcule dP/dr, supondo que r seja variável e R seja constante.

49. Encontre $a > 0$ tal que a reta tangente ao gráfico de

$$f(x) = x^2e^{-x} \quad \text{em } x = a$$

passe pela origem (Figura 4).

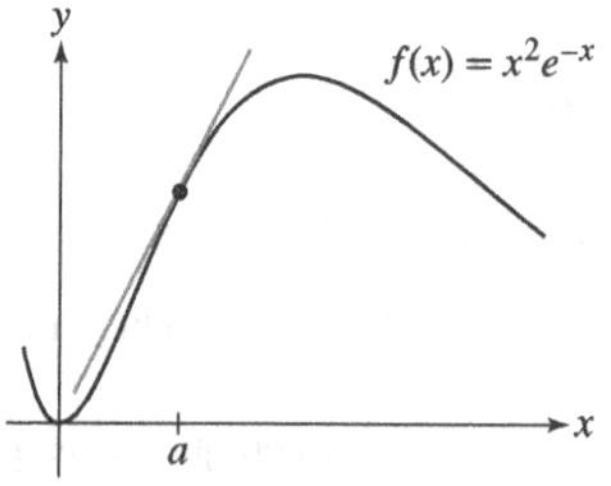

FIGURA 4

50. De acordo com a lei de Ohm, a intensidade de corrente I (em ampères), a voltagem V (em volts) e a resistência R (em ohms) de um circuito estão relacionadas por $I = V/R$.

(a) Calcule $\left.\dfrac{dI}{dR}\right|_{R=6}$ se V for constante de valor $V = 24$.

(b) Calcule $\left.\dfrac{dV}{dR}\right|_{R=6}$ se I for constante de valor $I = 4$.

51. Uma rede de lojas de vestuário tem uma receita $R(t) = N(t)S(t)$ no instante t, em que $N(t)$ é o numero de lojas e $S(t)$ é a receita média mensal por loja. A rede inicia um programa de expansão de duas partes: (A) abrir lojas novas a uma taxa de 5 lojas por mês e (B) usar propaganda para aumentar as vendas por loja a uma taxa de \$10.000 por mês. Suponha que $N(0) = 50$ e $S(0) = \$150.000$.

(a) Mostre que a receita total aumentará a uma taxa de

$$\frac{dR}{dt} = 5S(t) + 10.000N(t)$$

Observe que as duas parcelas na regra do produto correspondem aos efeitos separados de aumentar, por um lado, o número de lojas e, por outro lado, a receita média por loja.

(b) Calcule $\left.\dfrac{dR}{dt}\right|_{t=0}$.

(c) Se a rede puder implementar somente uma das partes (A ou B) do programa de expansão no instante $t = 0$, qual escolha fará a receita aumentar mais rapidamente?

52. A **razão da velocidade da ponta da pá** de uma turbina eólica (Figura 5) é o quociente $R = T/W$, em que T é a velocidade da ponta da pá e W é a velocidade do vento. (Empiricamente, foi constatado que uma turbina com n pás extrai uma potência máxima do vento se $R = 2\pi/n$.) Calcule dR/dt (t em minutos) se $W = 35$ km/h e W decresce a uma taxa de 4 km/h por minuto, sendo a velocidade da ponta da pá constante, com $T = 150$ km/h.

FIGURA 5 Turbinas de uma usina eólica.
(Brian A. Jackson/iStockphoto.com)

53. A curva $y = 1/(x^2 + 1)$ é denominada *bruxa de Agnesi* (Figura 6) segundo a matemática italiana Maria Agnesi (1718-1799), que escreveu um dos primeiros livros de Cálculo. Esse nome estranho é o resultado de uma tradução mal feita para o inglês da expressão italiana *la versiera*, que significa "a que gira". Encontre equações das retas tangentes em $x = \pm 1$.

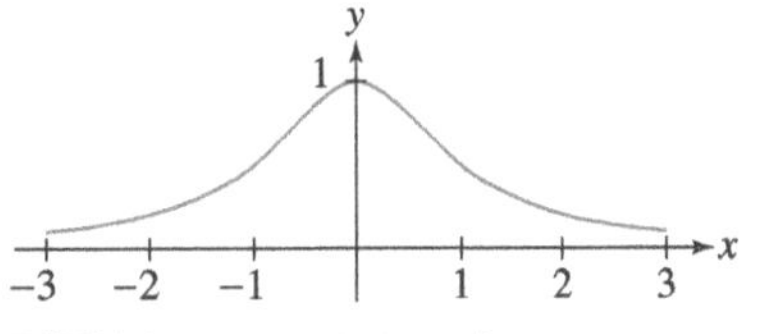

FIGURA 6 A bruxa de Agnesi.

54. Sejam $f(x) = g(x) = x$. Mostre que $(f/g)' \neq f'/g'$.

55. Use a regra do produto para mostrar que $(f^2)' = 2ff'$.

56. Mostre que $(f^3)' = 3f^2 f'$.

Compreensão adicional e desafios

57. Sejam f, g e h funções deriváveis. Mostre que $(fgh)'(x)$ é igual a

$$f'(x)g(x)h(x) + f(x)g'(x)h(x) + f(x)g(x)h'(x)$$

Sugestão: escreva fgh como $f(gh)$.

58. Demonstre a regra do quociente usando a definição via limite da derivada.

59. **Derivada da recíproca** Use a definição via limite de derivada para provar que

$$\frac{d}{dx}\left(\frac{1}{f(x)}\right) = -\frac{f'(x)}{f^2(x)} \qquad 7$$

Sugestão: mostre que a razão incremental de $1/f(x)$ é igual a

$$\frac{f(x) - f(x+h)}{hf(x)f(x+h)}$$

60. Prove a regra do quociente usando a Equação (7) e a regra do produto.

61. Use a definição via limite da derivada para provar o caso especial seguinte da regra do produto:

$$\frac{d}{dx}(xf(x)) = f(x) + xf'(x)$$

62. Forneça os detalhes da prova da regra do quociente que Agnesi forneceu em seu livro de Cálculo, publicado em 1748, como segue: suponha que f, g e $h = f/g$ sejam deriváveis. Calcule a derivada de $hg = f$ usando a regra do produto e resolva para h'.

63. **De novo a regra da potência** Se o leitor estiver familiarizado com o *método da indução*, use-o para provar a regra da potência com qualquer número natural n. Mostre que a regra da potência vale com $n = 1$; então escreva x^n como $x \cdot x^{n-1}$ e use a regra do produto.

*Exercícios 64-65: um fato básico da Álgebra afirma que c é uma raiz de um polinômio f se, e só se, $f(x) = (x - c)g(x)$, com algum polinômio g. Dizemos que c é uma **raiz múltipla** se $f(x) = (x - c)^2 h(x)$, em que h é um polinômio.*

64. Mostre que c é uma raiz múltipla de f se, e só se, c é uma raiz de ambas, f e f'.

65. Use o Exercício 64 para determinar se $c = -1$ é uma raiz múltipla:
   (a) $x^5 + 2x^4 - 4x^3 - 8x^2 - x + 2$
   (b) $x^4 + x^3 - 5x^2 - 3x + 2$

66. A Figura 7 dá o gráfico de um polinômio de raízes A, B e C. Qual dessas raízes é múltipla? Explique seu raciocínio usando o Exercício 64.

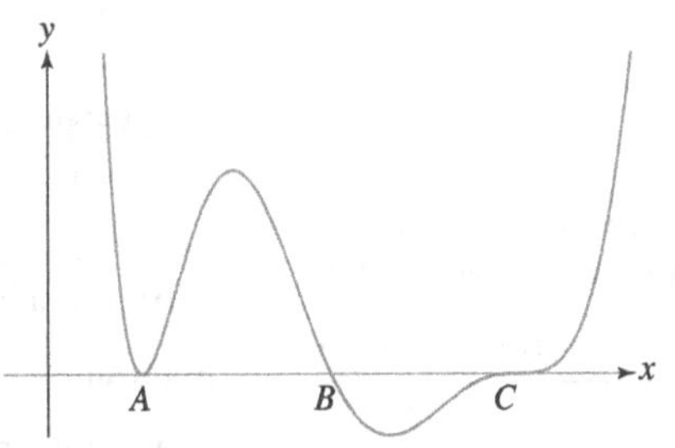

FIGURA 7

67. De acordo com a Equação (8) da Seção 3.2, $\frac{d}{dx}b^x = m(b)\,b^x$. Use a regra do produto para mostrar que $m(ab) = m(a) + m(b)$.

3.4 Taxas de variação

Lembre-se da notação para a taxa de variação média de uma função $y = f(x)$ ao longo de um intervalo $[x_0, x_1]$:

$$\Delta y = \text{variação em } y = f(x_1) - f(x_0)$$

$$\Delta x = \text{variação em } x = x_1 - x_0$$

$$\text{Taxa de variação média} = \frac{\Delta y}{\Delta x} = \frac{f(x_1) - f(x_0)}{x_1 - x_0}$$

Geralmente omitimos a palavra "instantânea" e nos referimos à derivada simplesmente como a taxa de variação. Isso é mais curto e bem como mais preciso quando aplicado a taxas de variação mais gerais, já que o termo "instantâneo" parece referir-se apenas a taxas de variação em relação ao tempo.

Na nossa discussão anterior na Seção 2.1, os limites e as derivadas ainda não haviam sido introduzidos. Agora que dispomos deles, estamos prontos para definir a taxa de variação **instantânea** de y em relação a x em $x = x_0$:

$$\text{Taxa de variação instantânea} = f'(x_0) = \lim_{\Delta x \to 0} \frac{\Delta y}{\Delta x} = \lim_{x_1 \to x_0} \frac{f(x_1) - f(x_0)}{x_1 - x_0}$$

É importante não esquecer a interpretação geométrica da taxa de variação: a taxa de variação média é a inclinação da reta secante (Figura 1), e a taxa de variação instantânea é a inclinação da reta tangente (Figura 2).

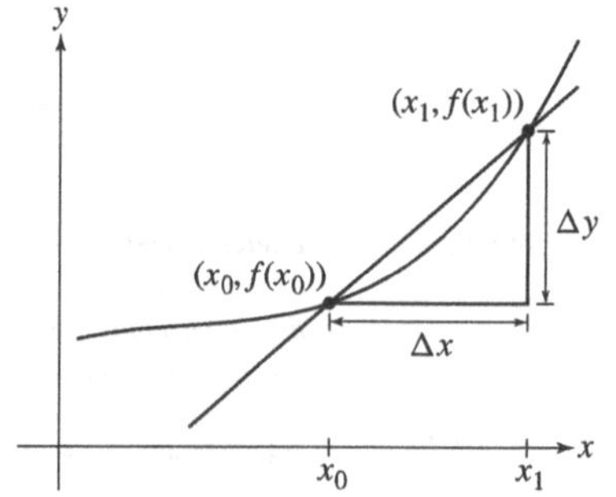

FIGURA 1 A taxa de variação média ao longo de $[x_0, x_1]$ é a inclinação da reta secante.

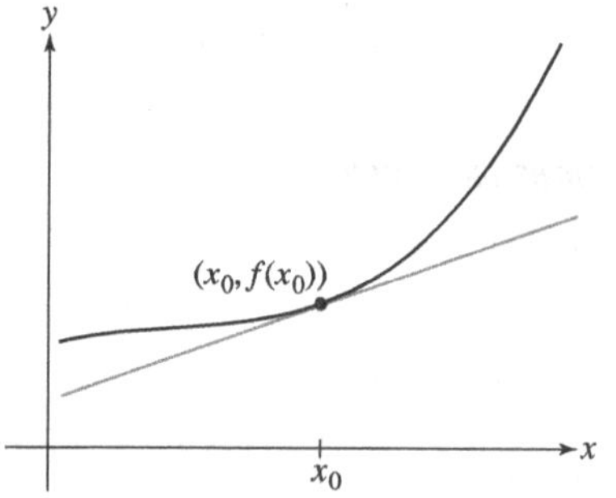

FIGURA 2 A taxa de variação instantânea em x_0 é a inclinação da reta tangente.

A notação de Leibniz dy/dx é particularmente conveniente porque especifica que estamos considerando a taxa de variação de y em relação à variável independente x. A taxa dy/dx é medida em unidades de y por unidades de x. Por exemplo, a taxa de variação da temperatura em relação ao tempo tem unidades tais como graus por minuto, ao passo que a taxa de variação da temperatura em relação à altitude tem unidades tais como graus por quilômetro.

■ **EXEMPLO 1** A Tabela 1 apresenta os dados da temperatura T na superfície de Marte no instante de tempo marciano t, coletados pela sonda espacial Pathfinder da NASA.

(a) Calcule a taxa de variação média da temperatura T de 6:11 até 9:05.
(b) Use a Figura 3 para obter uma estimativa da taxa de variação em $t = 12{:}28$.

TABELA 1 Dados da missão Pathfinder de Marte, julho de 1997

Tempo	Temperatura (°C)
5:42	−74,7
6:11	−71,6
6:40	−67,2
7:09	−63,7
7:38	−59,5
8:07	−53
8:36	−47,7
9:05	−44,3
9:34	−42

Solução

(a) O intervalo de tempo [6:11, 9:05] tem comprimento de 2 horas e 54 minutos, ou $\Delta t = 2{,}9$ horas. De acordo com a Tabela 1, a variação na temperatura nesse intervalo é

$$\Delta T = -44{,}3 - (-71{,}6) = 27{,}3°\text{C}$$

A taxa de variação média é o quociente

$$\frac{\Delta T}{\Delta t} = \frac{27{,}3}{2{,}9} \approx 9{,}4°\text{C/h}$$

(b) A taxa de variação é a derivada dT/dt, que é igual à inclinação da reta tangente pelo ponto (12:28, −22,3) da Figura 3. Para obter uma estimativa de sua inclinação, devemos escolher um segundo ponto na reta tangente. Usamos o ponto identificado por A, cujas coordenadas são (4:48, −51) aproximadamente. O intervalo de tempo de 4:48 a 12:28 tem um comprimento de 7 horas e 40 minutos, ou $\Delta t \approx 7{,}67$ h, e

$$\frac{dT}{dt} = \text{inclinação da reta tangente} \approx \frac{-22{,}3 - (-51)}{7{,}67} \approx 3{,}7°\text{C/h}$$ ■

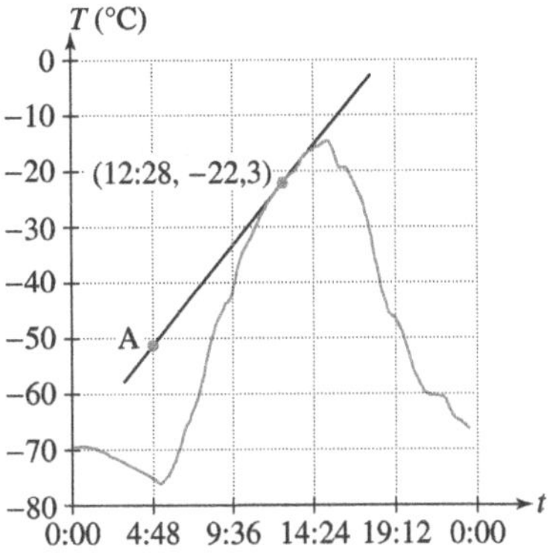

FIGURA 3 A variação da temperatura na superfície de Marte em 6 de julho de 1997.

■ **EXEMPLO 2** Seja $A = \pi r^2$ a área de um círculo de raio r.

(a) Calcule dA/dr com $r = 2$ e $r = 5$.
(b) Por que dA/dr é maior com $r = 5$?

Solução

A taxa de variação da área em relação ao raio é a derivada

$$\frac{dA}{dr} = \frac{d}{dr}(\pi r^2) = 2\pi r \qquad (1)$$

(a) Temos

$$\left.\frac{dA}{dr}\right|_{r=2} = 2\pi(2) \approx 12{,}57 \quad \text{e} \quad \left.\frac{dA}{dr}\right|_{r=5} = 2\pi(5) \approx 31{,}42$$

(b) A derivada dA/dr mede a variação da área do círculo quando r cresce. A Figura 4 mostra que se o raio for aumentado por Δr, então a área do círculo cresce com uma faixa de largura Δr. A área dessa faixa é maior em $r = 5$ do que em $r = 2$. Assim, a derivada é maior (e a reta tangente, mais inclinada) em $r = 5$. Em geral, fixado Δr, a variação ΔA na área é maior quando r for maior. ■

Pela Equação (1), dA/dr é igual à circunferência $2\pi r$. Isso pode ser explicado intuitivamente como segue. A área ΔA de uma faixa de largura Δr na Figura 4 é igual, aproximadamente, à circunferência $2\pi r$ vezes a largura Δr. Portanto, $\Delta A \approx 2\pi r \Delta r$ e

$$\frac{dA}{dr} = \lim_{\Delta r \to 0} \frac{\Delta A}{\Delta r} = 2\pi r$$

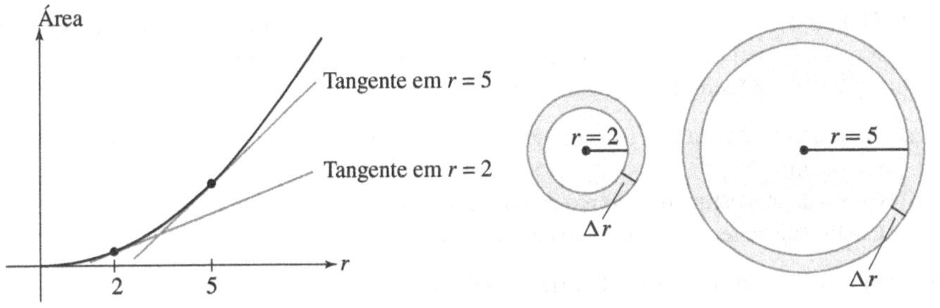

FIGURA 4 A faixa cinza representa a variação da área quando r sofre um acréscimo de Δr.

O efeito da variação de uma unidade

Com valores pequenos de h, a razão incremental fica próxima da própria derivada:

$$f'(x_0) \approx \frac{f(x_0 + h) - f(x_0)}{h} \qquad (2)$$

Essa aproximação costuma ficar melhor à medida que h diminuir, mas, em algumas aplicações, a aproximação já é útil quando $h = 1$. Tomando $h = 1$ na Equação (2), obtemos

$$\boxed{f'(x_0) \approx f(x_0 + 1) - f(x_0)} \qquad (3)$$

Em outras palavras, $f'(x_0)$ é *aproximadamente igual à variação em f causada pela variação de uma unidade de x quando $x = x_0$.*

■ **EXEMPLO 3** **Distância de frenagem** Com velocidades s entre 30 e 75 milhas por hora (que abreviamos "mi/h"), a distância de frenagem de um carro depois de acionados os freios é de aproximadamente $F(s) = 1{,}1s + 0{,}05s^2$ pés. Com $s = 60$ mi/h:

(a) Dê uma estimativa da variação na distância de frenagem se a velocidade for aumentada em 1 mi/h.
(b) Compare sua estimativa com o real aumento na distância de frenagem.

Solução

(a) Temos

$$F'(s) = \frac{d}{ds}(1{,}1s + 0{,}05s^2) = 1{,}1 + 0{,}1s \text{ pés/mi/h}$$

$$F'(60) = 1{,}1 + 6 = 7{,}1 \text{ pés/mi/h}$$

Usando a Equação (3), obtemos a estimativa

$$\underbrace{F(61) - F(60)}_{\text{Variação na distância de frenagem}} \approx F'(60) = 7{,}1 \text{ pés}$$

Assim, quando aumentar a velocidade de 60 para 61 mi/h, a distância de frenagem aumenta em aproximadamente 7 pés.

(b) A variação real da distância de frenagem é $F(61) - F(60) = 253{,}15 - 246 = 7{,}15$, portanto a estimativa de (a) é razoavelmente precisa. ■

Custo marginal na Economia

Embora C(x) só faça sentido quando x for um número natural, os economistas costumam tratar C(x) como uma função derivável de x, de modo que podemos aplicar as técnicas do Cálculo.

Seja $C(x)$ o custo em dólares (incluindo trabalho e peças) da produção de x unidades de certo produto. O número x de unidades fabricadas é denominado **nível de produção**. Para estudar a relação entre custos e produção, os economistas definem o **custo marginal** no nível de produção x_0 como o custo de produzir uma unidade adicional:

$$\text{Custo marginal} = C(x_0 + 1) - C(x_0)$$

Nesse contexto, a Equação (3) costuma dar uma boa aproximação, portanto tomamos $C'(x_0)$ como uma estimativa do custo marginal.

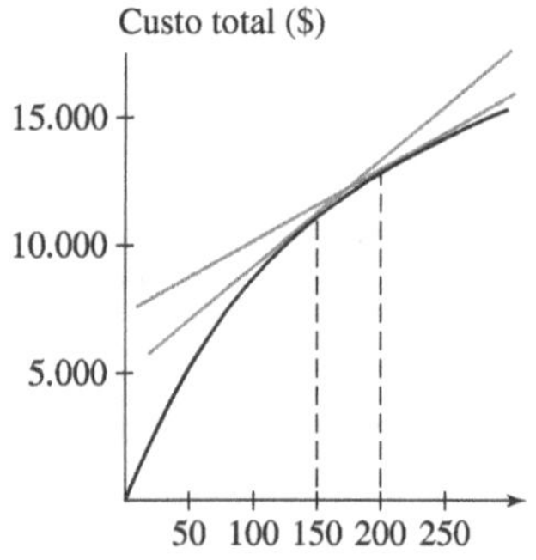

FIGURA 5 O custo de uma viagem aérea. As inclinações das retas tangentes são decrescentes, portanto o custo marginal é decrescente.

■ **EXEMPLO 4 Custo de uma viagem aérea** Os dados de uma companhia aérea sugerem que o custo total de certo voo é, aproximadamente, $C(x) = 0{,}0005x^3 - 0{,}38x^2 + 120x$, em que x é o número de passageiros (Figura 5).

(a) Dê uma estimativa do custo marginal de um passageiro adicional se o voo já tem 150 passageiros.

(b) Compare sua estimativa com o custo real de um passageiro a mais.

(c) Custa mais acrescentar um passageiro quando $x = 150$ ou $x = 200$?

Solução A derivada é $C'(x) = 0{,}0015x^2 - 0{,}76x + 120$.

(a) A estimativa do custo marginal em $x = 150$ é dada pela derivada

$$C'(150) = 0{,}0015(150)^2 - 0{,}76(150) + 120 = 39{,}75$$

Assim, acrescentar um passageiro custa aproximadamente \$39,75.

(b) O custo real de acrescentar um passageiro é

$$C(151) - C(150) \approx 11.177{,}10 - 11.137{,}50 = 39{,}60$$

Nossa estimativa de \$39,75 ficou suficientemente próxima para fins práticos.

(c) O custo marginal em $x = 200$ é aproximadamente

$$C'(200) = 0{,}0015(200)^2 - 0{,}76(200) + 120 = 28$$

Como $39{,}75 > 28$, custa mais acrescentar um passageiro se $x = 150$. ■

Movimento retilíneo

Lembre que *movimento retilíneo* é o movimento ao longo de uma linha reta. Isso inclui o movimento horizontal ao longo de uma estrada reta e o movimento vertical de um objeto em queda. Seja $s(t)$ a posição, ou distância da origem, no instante de tempo t. A velocidade é a taxa de variação da posição em relação ao tempo:

$$v(t) = \text{velocidade} = \frac{ds}{dt}$$

O *sinal* de $v(t)$ indica o sentido do movimento. Por exemplo, se $s(t)$ for a altura acima do solo, então $v(t) > 0$ indica que o objeto está subindo. O valor absoluto $|v(t)|$ da velocidade é a **velocidade escalar**.

Em seu famoso livro-texto Lectures on Physics, o prêmio Nobel Richard Feynman (1918-1988) usa um diálogo para chamar a atenção para o conceito de velocidade instantânea:
Policial: "Meu caro, você estava a 120 km por hora."
Motorista: "Isso é impossível, pois eu só estou dirigindo por sete minutos."

A Figura 6 mostra a posição de um carro em função do tempo. Não esqueça que a altura do gráfico indica a distância do carro até o ponto na origem. A inclinação da reta tangente é a velocidade. Aqui temos alguns fatos que podemos deduzir a partir do gráfico:

- **Aumentando ou diminuindo a velocidade?** As retas tangentes ficam mais inclinadas no intervalo [0, 1], portanto *o carro estava aumentando a velocidade durante a primeira hora*. As retas ficam cada vez mais horizontais no intervalo [1, 2], portanto o carro estava diminuindo a velocidade durante a segunda hora.
- **Estacionado** O gráfico é horizontal acima de [2, 3] (talvez o motorista tenha parado num restaurante durante uma hora).
- **Voltando para o mesmo ponto** O gráfico sobe e desce no intervalo [3, 4], indicando que o motorista voltou ao restaurante (talvez ele tenha esquecido seu celular lá).
- **Velocidade média** O gráfico sobe mais acima de [0, 2] do que [3, 5], portanto a velocidade média foi maior ao longo das primeiras duas horas que nas últimas duas.

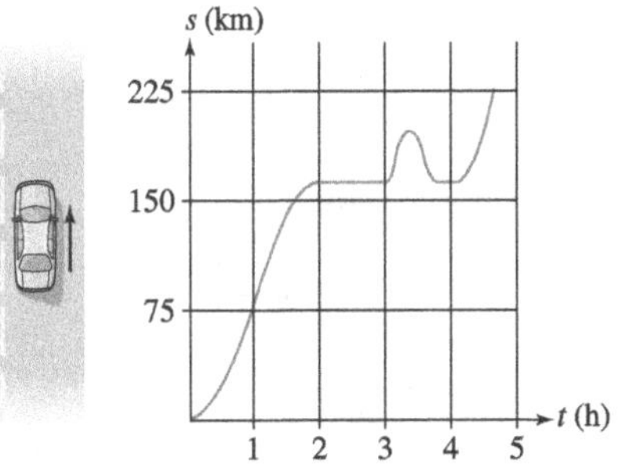

FIGURA 6 O gráfico da distância pelo tempo.

EXEMPLO 5 Uma jamanta pega a pista de saída de uma rodovia em $t = 0$. Sua posição depois de t segundos é $s(t) = 25t - 0{,}3t^3$ m, com $0 \le t \le 5$.

(a) Qual é a velocidade da jamanta no momento em que pega a pista de saída?
(b) A jamanta está aumentando ou diminuindo a velocidade?

Solução A velocidade da jamanta no instante t é $v(t) = \frac{d}{dt}(25t - 0{,}3t^3) = 25 - 0{,}9t^2$.

(a) A jamanta entra na pista de saída com uma velocidade de $v(0) = 25$ m/s.
(b) Como $v(t) = 25 - 0{,}9t^2$ é decrescente (Figura 7), a jamanta está diminuindo a velocidade.

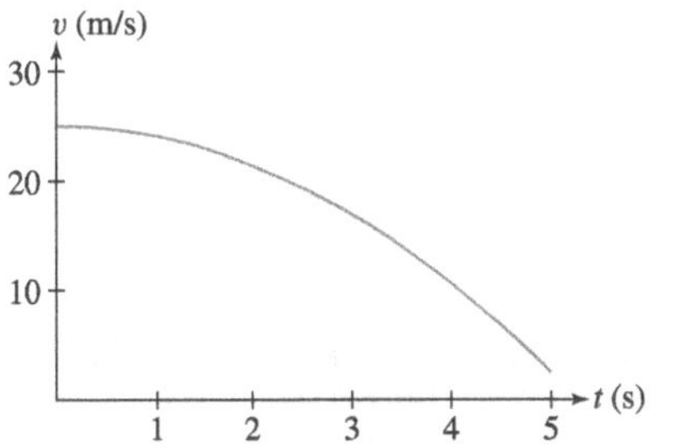

FIGURA 7 O gráfico da velocidade $v(t) = 25 - 0{,}9t^2$.

Movimento sob a influência da gravidade

Galileu descobriu que a altura $s(t)$ e a velocidade $v(t)$ no instante de tempo t (segundos) de um objeto lançado verticalmente no ar perto da superfície da Terra são dadas pelas fórmulas

$$s(t) = s_0 + v_0 t - \frac{1}{2}gt^2, \qquad v(t) = \frac{ds}{dt} = v_0 - gt \tag{4}$$

As fórmulas de Galileu são válidas somente se a resistência do ar for desprezível. Aqui, estamos supondo isso em todos os nossos exemplos.

As constantes s_0 e v_0 são os *valores iniciais*:

- $s_0 = s(0)$, a posição no instante $t = 0$.
- $v_0 = v(0)$, a velocidade em $t = 0$.
- $-g$ é a aceleração devido à gravidade na superfície da Terra (negativa porque o sentido positivo é para cima), sendo

$$g \approx 9{,}8 \text{ m/s}^2 \text{ ou } g \approx 32 \text{ pés/s}^2$$

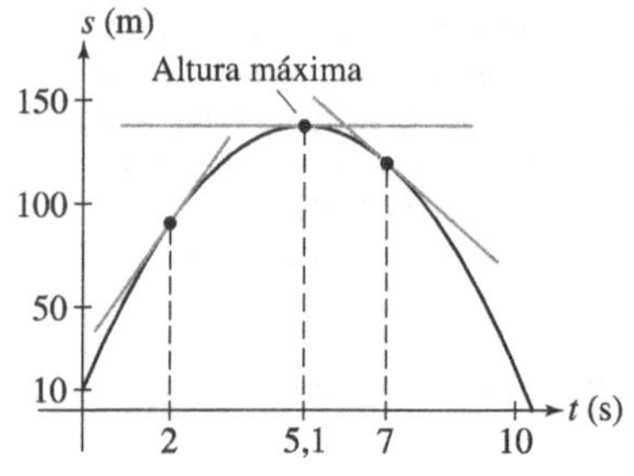

FIGURA 8 A altura máxima ocorre quando $s'(t) = v(t) = 0$, onde a reta tangente é horizontal.

Uma observação simples nos permite encontrar a altura máxima do objeto. Como a velocidade é positiva quando o objeto sobe e negativa quando cai de volta à Terra, o objeto atinge sua altura máxima no momento de transição, quando não está mais subindo e ainda não começou a cair. Naquele momento, sua velocidade é nula. Em outras palavras, *a altura máxima é atingida quando* $v(t) = 0$. Nesse instante, a reta tangente ao gráfico de s é horizontal (Figura 8).

EXEMPLO 6 **Encontrando a altura máxima** Um estilingue lança uma pedra verticalmente para cima com velocidade inicial de 50 m/s a partir de uma altura inicial de 10 m.

(a) Encontre a velocidade em $t = 2$ e em $t = 7$. Explique a mudança de sinal.
(b) Qual é a altura máxima da pedra e quando ela alcança essa altura?

Solução Aplicando a Equação (4) com $s_0 = 10$, $v_0 = 50$ e $g = 9{,}8$:

$$s(t) = 10 + 50t - 4{,}9t^2, \qquad v(t) = 50 - 9{,}8t$$

As fórmulas de Galileu:

$$s(t) = s_0 + v_0 t - \frac{1}{2}gt^2$$
$$v(t) = \frac{ds}{dt} = v_0 - gt$$

(a) Portanto,

$$v(2) = 50 - 9{,}8(2) = 30{,}4 \text{ m/s}, \qquad v(7) = 50 - 9{,}8(7) = -18{,}6 \text{ m/s}$$

Em $t = 2$, a pedra está subindo e sua velocidade $v(2)$ é positiva (Figura 8). Em $t = 7$, a pedra já está no caminho para baixo e sua velocidade $v(7)$ é negativa.

(b) A altura máxima é atingida quando a velocidade é nula, portanto resolvemos:

$$v(t) = 50 - 9{,}8t = 0 \quad \Rightarrow \quad t = \frac{50}{9{,}8} \approx 5{,}1$$

A pedra alcança sua altura máxima em $t = 5{,}1$ s. Sua altura máxima é

$$s(5{,}1) = 10 + 50(5{,}1) - 4{,}9(5{,}1)^2 \approx 137{,}6 \text{ m}$$ ■

No Exemplo 6, especificamos os valores iniciais da posição e velocidade. No próximo exemplo, o objetivo é determinar a velocidade inicial.

Quão importantes são as unidades? Em setembro de 1999, a sonda espacial Mars Climate Orbiter, que custou 125 milhões de dólares, incendiou-se na atmosfera marciana antes de completar sua missão científica. De acordo com Arthur Stephenson, o presidente da comissão da NASA que investigou o fracasso da missão do Mars Climate Orbiter em 1999, "a razão básica da perda da sonda foi a conversão mal feita das unidades inglesas para as unidades métricas num segmento, baseado na unidade terrestre, do aplicativo relacionado ao sistema de navegação da missão espacial".

EXEMPLO 7 **Encontrando condições iniciais** Um projétil é disparado verticalmente a partir do solo. Qual é a velocidade inicial v_0 necessária para que o projétil atinja uma altura máxima de 2 km?

Solução Necessitamos de uma fórmula para a altura máxima como uma função da velocidade inicial v_0. A altura inicial do projétil é $s_0 = 0$, portanto a altura do projétil é $s(t) = v_0 t - \frac{1}{2}gt^2$ pela fórmula de Galileu. A máxima é atingida quando sua velocidade for nula:

$$v(t) = v_0 - gt = 0 \qquad \text{ou} \qquad t = \frac{v_0}{g}$$

A altura máxima é o valor de $s(t)$ em $t = v_0/g$:

$$s\left(\frac{v_0}{g}\right) = v_0\left(\frac{v_0}{g}\right) - \frac{1}{2}g\left(\frac{v_0}{g}\right)^2 = \frac{v_0^2}{g} - \frac{1}{2}\frac{v_0^2}{g} = \frac{v_0^2}{2g}$$

Agora podemos resolver para v_0 usando o valor $g = 9{,}8$ m/s^2 (observe que 2 km = 2.000 m).

$$\text{Altura máxima} = \frac{v_0^2}{2g} = \frac{v_0^2}{2(9{,}8)} = 2.000 \text{ m} \qquad (5)$$

Na Equação (5), a distância precisa ser em metros porque as unidades de g são m/s^2.

Isso fornece $v_0 = \sqrt{(2)(9{,}8)2000} \approx 198$ m/s. Na verdade, a velocidade inicial deveria ser consideravelmente maior devido à resistência do ar. ■

PERSPECTIVA HISTÓRICA

(© Bettmann/CORBIS)

Em torno de 1600, Galileu Galilei (1564-1642) descobriu as leis do movimento de objetos em queda perto da superfície terrestre. Isso pavimentou o caminho para a lei geral do movimento de Newton. Como foi que Galileu chegou às suas fórmulas? O movimento de um objeto em queda é muito rápido para ser medido diretamente sem a fotografia moderna ou aparato eletrônico. Para evitar essa dificuldade, Galileu experimentou com bolas rolando rampa abaixo (Figura 9). Para uma rampa suficientemente plana, ele foi capaz de medir o movimento com um relógio d'água e descobriu que a velocidade de uma bola rolando é proporcional ao tempo. Então ele raciocinou que o movimento em queda livre é só uma versão mais rápida do movimento numa rampa e deduziu a fórmula $v(t) = -gt$ para objetos em queda (supondo que a velocidade inicial $v(t) = -gt$ seja nula).

Antes de Galileu, supunha-se erroneamente que objetos pesados caíssem mais rapidamente do que leves. Galileu percebeu que isso não ocorre (desde que a resistência do ar seja desprezível) e, de fato, a fórmula $v(t) = -gt$ mostra que a velocidade depende do tempo, mas não do peso do objeto. É interessante observar que, 300 anos depois, outro grande físico, Albert Einstein, ficou profundamente intrigado pela descoberta de Galileu de que todos os objetos caem à mesma taxa, independentemente de seu peso. Ele chamou isso de Princípio da Equivalência e procurou entender por que era verdadeiro. Em 1916, depois de uma década de trabalho intenso, Einstein desenvolveu a Teoria Geral da Relatividade, que finalmente deu uma explicação completa do Princípio da Equivalência em termos da geometria do espaço e tempo.

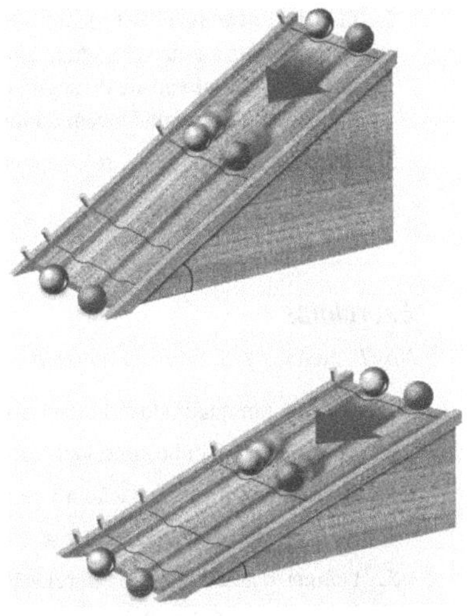

FIGURA 9 Para explicar o movimento de objetos em queda, Galileu estudou o movimento de bolas num plano inclinado. *(Dorling Kindersley/Getty Images)*

3.3 Resumo

- A taxa de variação (instantânea) de $y = f(x)$ em relação a x em $x = x_0$ é definida como a derivada

$$f'(x_0) = \lim_{\Delta x \to 0} \frac{\Delta y}{\Delta x} = \lim_{x_1 \to x_0} \frac{f(x_1) - f(x_0)}{x_1 - x_0}$$

- A taxa dy/dx é medida em *unidades de y por unidades de x*.
- No movimento retilíneo, a velocidade $v(t)$ é a taxa de variação da posição $s(t)$ em relação ao tempo, ou seja, $v(t) = s'(t)$.
- Em algumas aplicações, $f'(x_0)$ fornece uma boa estimativa da variação em f devido a um aumento de uma unidade em x quando $x = x_0$:

$$f'(x_0) \approx f(x_0 + 1) - f(x_0)$$

- O custo marginal é o custo de produzir uma unidade adicional. Se $C(x)$ for o custo de produzir x unidades, então o custo marginal no nível de produção x_0 é $C(x_0 + 1) - C(x_0)$. Muitas vezes, a derivada $C'(x_0)$ é uma boa estimativa para o custo marginal.
- As fórmulas de Galileu para um objeto subindo ou descendo sob a influência da gravidade perto da superfície da Terra e ignorando a resistência do ar (s_0 = posição inicial, v_0 = velocidade inicial):

$$s(t) = s_0 + v_0 t - \frac{1}{2} g t^2, \qquad v(t) = v_0 - gt$$

em que $g \approx 9{,}8$ m/s^2, ou $g \approx 32$ pés/s^2. A altura máxima é alcançada quando $v(t) = 0$.

3.4 Exercícios

Exercícios preliminares

1. Quais unidades podem ser utilizadas para cada taxa de variação?
   (a) A pressão (em atmosferas) num tanque d'água em relação à profundidade.
   (b) A taxa de reação de uma reação química (a variação na concentração em relação ao tempo, com uma concentração em moles por litro).

2. Dois trens vão de New Orleans a Memphis em 4 horas. O primeiro trem viaja a uma velocidade constante de 90 mi/h (milhas por hora), mas a velocidade do segundo trem varia. Qual foi a velocidade média do segundo trem ao longo do percurso?

3. Dê uma estimativa de $f(26)$, supondo que

$$f(25) = 43, \qquad f'(25) = 0{,}75$$

4. Em 2009, a população $P(t)$ de Freedonia foi de $P(2009) = 5$ milhões.
   (a) Qual é o significado da derivada $P'(2009)$?
   (b) Dê uma estimativa de $P(2010)$ se $P'(2009) = 0{,}2$.

Exercícios

Nos Exercícios 1-8, encontre a taxa de variação.

1. Área de um quadrado em relação ao seu lado s se $s = 5$.
2. Volume de um cubo em relação ao seu lado s se $s = 5$.
3. Raiz cúbica $\sqrt[3]{x}$ em relação a x se $x = 1$, 8 e 27.
4. Recíproco $1/x$ em relação a x se $x = 1$, 2 e 3.
5. Diâmetro de um círculo em relação ao raio.
6. Área de superfície A de uma esfera em relação ao raio r ($A = 4\pi r^2$).
7. Volume V de um cilindro em relação ao raio se a altura for igual ao raio.
8. Velocidade do som v (em m/s) em relação à temperatura T do ar (em kelvins), sendo $v = 20\sqrt{T}$.

Nos Exercícios 9-11, use a Figura 10, que mostra o gráfico da distância s da origem como uma função do tempo de uma viagem de carro.

9. Encontre a velocidade média em cada intervalo.
   (a) [0; 0,5] (b) [0,5; 1] (c) [1; 1,5] (d) [1, 2]
10. Em que instante a velocidade atingiu um máximo?
11. Combine a descrição (i)-(iii) com o intervalo (a)-(c).
   (i) Velocidade crescente
   (ii) Velocidade decrescente
   (iii) Velocidade negativa
   (a) [0; 0,5] (b) [2,5; 3] (c) [1,5; 2]

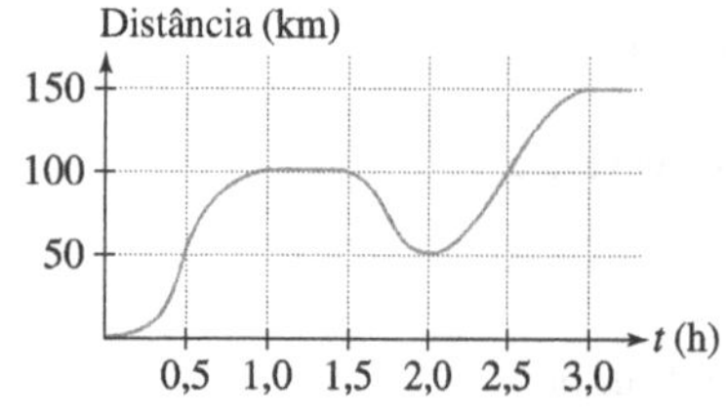

FIGURA 10 Distância da origem pelo tempo de uma viagem de carro.

12. Use o dados da Tabela 1 do Exemplo 1 para calcular a taxa de variação média da temperatura marciana T em relação ao tempo t ao longo do intervalo de 8:36 até 9:34.

13. Use a Figura 3 do Exemplo 1 para obter uma estimativa da taxa de variação instantânea da temperatura marciana em relação ao tempo (em graus Celsius por hora) em $t = 4{:}00$.

14. A temperatura (em graus Celsius) de um objeto no instante t (em minutos) é $T(t) = \frac{3}{8}t^2 - 15t + 180$ com $0 \le t \le 20$. A que taxa o objeto esfria se $t = 10$ minutos? (Dê unidades corretas.)

15. A velocidade (em cm/s) das moléculas de sangue fluindo por um vaso capilar de 0,008 cm de raio é $v = 6{,}4 \times 10^{-8} - 0{,}001r^2$, em que r é a distância da molécula ao centro da capilar. Encontre a taxa de variação da velocidade em relação a r se $r = 0{,}004$cm.

16. A Figura 11 exibe a voltagem V através de um capacitor como uma função do tempo enquanto o capacitor está sendo carregado. Dê uma estimativa da taxa de variação da voltagem em $t = 20$ s. Indique os valores de sua conta e inclua unidades adequadas. A voltagem varia mais rapidamente ou mais devagar à medida que o tempo passa? Explique em termos de retas tangentes.

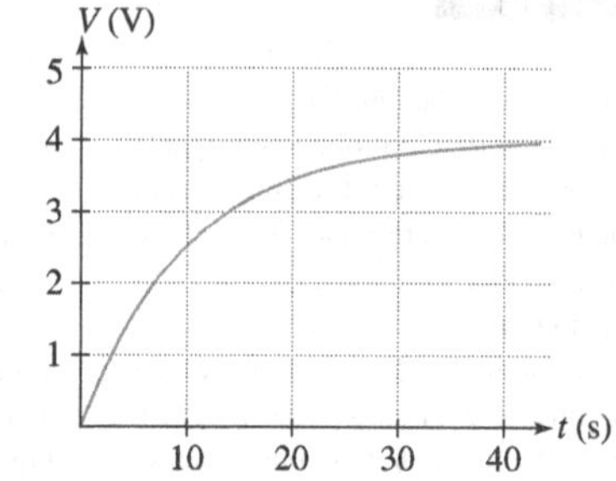

FIGURA 11

17. Use a Figura 12 para dar uma estimativa de dT/dh em $h = 30$ e 70, sendo T a temperatura atmosférica (em graus Celsius) e h a altitude (em km). Onde dT/dh é igual a zero?

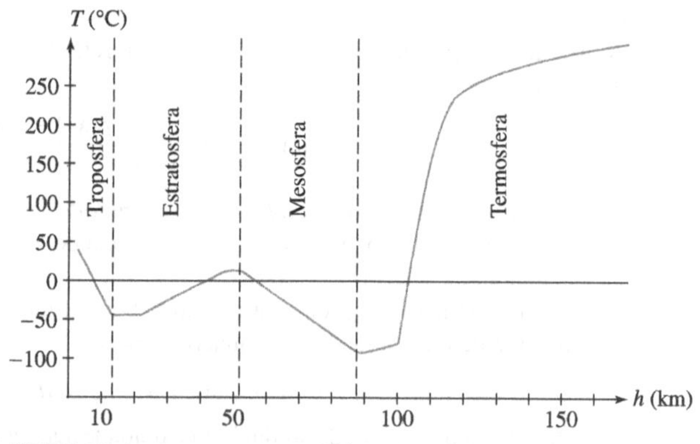

FIGURA 12 A temperatura atmosférica pela altitude.

18. A Terra exerce uma força gravitacional de $F(r) = (2{,}99 \times 10^{16})/r^2$ newtons sobre um objeto de massa de 75 kg localizado r metros do centro da Terra. Encontre a taxa de variação da força em relação a r na superfície da Terra.

19. Calcule a taxa de variação da velocidade de escape $v_{\text{esc}} = (2{,}82 \times 10^7)r^{-1/2}$ m/s em relação à distância r do centro da Terra.

20. A potência fornecida por uma bateria a um aparelho de resistência R (em ohms) é $P = 2{,}25R/(R + 0{,}5)^2$ watts (W). Encontre a taxa de variação da potência em relação à resistência se $R = 3\ \Omega$ e $R = 5\ \Omega$.

21. A posição de uma partícula em movimento retilíneo durante uma viagem de 5 s é $s(t) = t^2 - t + 10$ cm. Encontre um instante t no qual a velocidade instantânea seja igual à velocidade média ao longo de toda a viagem, iniciando em $t = 0$.

22. A altura (em metros) de um helicóptero no instante t (em minutos) é $s(t) = 600t - 3t^3$ com $0 \le t \le 12$.
   (a) Esboce s e v como função de t.

(b) Encontre a velocidade em $t = 8$ e $t = 10$.
(c) Encontre a altura máxima do helicóptero.

23. Uma partícula em movimento retilíneo tem sua posição dada por $s(t) = t^4 - 18t^2$ metros no instante t segundos. Em qual instante essa partícula passa pela origem? Em quais instantes essa partícula está instantaneamente parada (ou seja, com velocidade zero)?

24. CG Obtenha um esboço da posição da partícula do Exercício 23. Qual é a distância máxima à esquerda da origem alcançada por essa partícula?

25. Um projétil é lançado verticalmente no ar a partir do nível do chão com uma velocidade de 200 m/s. Encontre a velocidade e altura máximas do projétil.

26. Encontre a velocidade no momento em que atinge o solo de um aparelho de ar condicionado que foi largado acidentalmente de uma altura de 300 m.

27. Uma bola é jogada verticalmente para cima a partir do chão e volta ao chão 4 s depois. Qual foi a velocidade inicial do objeto e qual a altura máxima alcançada?

28. Franciele está olhando para fora de uma janela no décimo andar de um prédio e vê passar um balde (deixado cair por um lavador de vidraças) que ela observa bater no chão 1,5 s depois. Determine o andar do qual caiu o balde se cada andar medir 5 m e a janela estiver no meio do décimo andar. Despreze o atrito do ar.

29. Mostre que para um objeto caindo de acordo com a fórmula de Galileu, a velocidade média ao longo de um intervalo de tempo $[t_1, t_2]$ qualquer é igual à média das velocidades instantâneas em t_1 e t_2.

30. Um objeto cai sob a influência da gravidade perto da superfície da Terra. Qual das afirmações seguintes é verdadeira? Explique.
(a) A distância percorrida aumenta quantidades iguais em intervalos de tempo iguais.
(b) A velocidade cresce quantidades iguais em intervalos de tempo iguais.
(c) A derivada da velocidade cresce com o tempo.

31. Pela lei de Faraday, se um arame condutor de comprimento ℓ metros mover-se a uma velocidade de v m/s perpendicularmente a um campo magnético de intensidade B (em teslas), então a voltagem induzida no arame é de tamanho $V = -B\ell v$. Suponha que $B = 2$ e $\ell = 0{,}5$.
(a) Calcule dV/dv.
(b) Encontre a taxa de variação de V em relação ao tempo t se $v(t) = 4t + 9$.

32. De acordo com a lei de Ohm, a voltagem V, a intensidade de corrente I e a resistência R de um circuito estão relacionadas pela equação $V = IR$, sendo as unidades volts, ampères e ohms, respectivamente. Suponha que a voltagem seja constante com $V = 12$ V. Calcule (especificando as unidades):
(a) A taxa de variação média de I em relação a R ao longo do intervalo de $R = 8$ a $R = 8{,}1$.
(b) A taxa de variação de I em relação a R se $R = 8$.
(c) A taxa de variação de R em relação a I se $I = 1{,}5$.

33. André estabelece que com h horas de tutoria individual ele é capaz de responder $S(h)$ porcento dos problemas de um exame de Matemática. Qual é de se esperar que seja maior: $S'(3)$ ou $S'(30)$? Explique.

34. Suponha que $\theta(t)$ meça o ângulo entre os ponteiros de minuto e horas de um relógio. O que é $\theta'(t)$ às 3 horas?

35. Para determinar a dosagem de remédios, os médicos obtêm uma estimativa da área de superfície do corpo (ASC) de uma pessoa (em metros quadrados) usando a fórmula ASC $= \sqrt{hm}/60$, em que h é a altura em cm e m é a massa em kg. Calcule a taxa de variação da ASC em relação à massa para uma pessoa de altura constante $h = 180$. Qual é essa taxa de variação com $m = 70$ e $m = 80$? Expresse sua resposta nas unidades corretas. A ASC cresce mais rapidamente em relação à massa com massa corpórea menor ou maior?

36. O nível atmosférico $A(t)$ de CO_2 em Mauna Loa, no Havaí, no instante de tempo t (em partes por milhão por volume) é registrado no Instituto Scripps de Oceanografia. De acordo com esses registros, os valores anuais em intervalos de 4 anos são

1960	1964	1968	1972	1976	1980	1984
0,54	0,28	1,03	1,69	1,02	1,73	1,36

1988	1992	1996	2000	2004	2008	2012
2,13	0,48	1,25	1,62	1,56	1,60	2,66

(a) Obtenha uma estimativa de $A'(t)$ em 1962, 1970, 1978, 1986, 1994, 2002 e 2010.
(b) Em quais dos anos de (a) a aproximação de $A'(t)$ alcançou seu maior e menor valores?
(c) Em quais desses anos a aproximação sugere que o nível de CO_2 foi o mais constante?

37. As retas tangentes ao gráfico de $f(x) = x^2$ ficam cada vez mais inclinadas quando x cresce. A que taxa cresce a inclinação dessas retas tangentes?

38. A Figura 13 mostra a altura y de uma massa oscilando na extremidade de uma mola durante um ciclo da oscilação. Esboce o gráfico da velocidade como uma função do tempo.

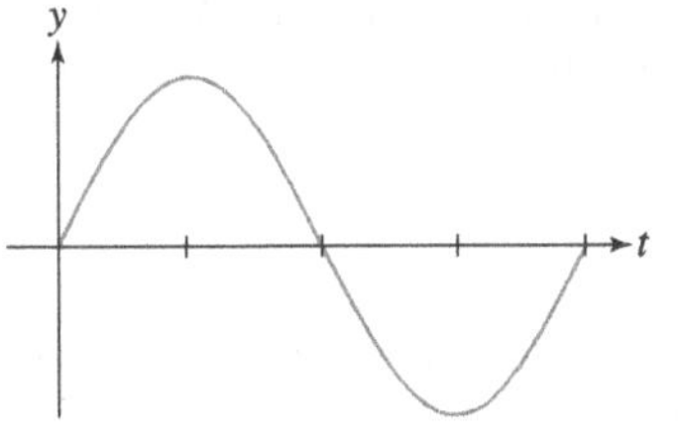

FIGURA 13

Nos Exercícios 39-46, use a Equação (3) para obter uma estimativa da variação unitária.

39. Dê uma estimativa de $\sqrt{2} - \sqrt{1}$ e $\sqrt{101} - \sqrt{100}$. Compare essas estimativas com os valores exatos.

40. Dê uma estimativa de $f(4) - f(3)$ se $f'(x) = 2^{-x}$. Em seguida, dê uma estimativa de $f(4)$, supondo que $f(3) = 12$.

41. Seja $F(s) = 1{,}1s + 0{,}05s^2$ a distância de frenagem do Exemplo 3. Calcule $F(65)$ e dê uma estimativa do aumento na distância de frenagem se a velocidade for aumentada de 65 para 66 mi/h. Compare sua estimativa com o aumento real.

42. De acordo com a lei de Kleiber, a taxa metabólica P (em quilocalorias diárias) e a massa corpórea m (em kg) de um animal estão relacionadas pela *lei da potência três quartos* $P = 73{,}3m^{3/4}$. Dê uma estimativa do aumento da taxa metabólica quando a massa corpórea aumenta de 60 para 61 kg.

43. O custo em dólar da produção de x pastéis é dado pela função $C(x) = 300 + 0{,}25x - 0{,}5(x/1000)^3$. Determine o custo de produção de 2.000 pastéis e dê uma estimativa do custo do pastel de número 2.001. Compare sua estimativa com o custo real do pastel de número 2.001.

44. Suponha que o custo em dólares da produção de x filmadoras de vídeo seja $C(x) = 500x - 0{,}003x^2 + 10^{-8}x^3$.
(a) Dê uma estimativa do custo marginal no nível de produção $x = 5.000$ e compare com o custo real $C(5.001) - C(5.000)$.
(b) Compare o custo marginal em $x = 5.000$ com o custo médio por filmadora, definido por $C(x)/x$.

45. Em geral, a demanda por um bem decresce quando seu preço aumenta. Suponha que a demanda por petróleo (por pessoa por ano) seja $D(p) = 900/p$ barris, em que p é o preço em dólares por barril. Encontre a demanda quando $p = \$40$. Dê uma estimativa da diminuição da demanda se p aumentar para \$41 e do aumento da demanda se p diminuir para \$39.

46. A taxa de reprodução das moscas drosófilas criadas em frascos de laboratório decresce com o número p de moscas no frasco. Uma pesquisadora descobre que o número de descendentes por fêmea por dia é aproximadamente $f(p) = (34 - 0{,}612p)p^{-0{,}658}$.

(a) Calcule $f(15)$ e $f'(15)$.

(b) Dê uma estimativa para a diminuição diária de descendentes por fêmea quando p for aumentado de 15 para 16. Essa estimativa é maior ou menor do que o valor real $f(16) - f(15)$?

(c) CG Esboce f com $5 \leq p \leq 25$ e verifique que $f(p)$ é uma função decrescente de p. Qual é a expectativa sobre o sinal de $f'(p)$? Esboce f' e confirme sua expectativa.

47. De acordo com a lei de Steven da psicologia, a magnitude percebida de um estímulo é (aproximadamente) proporcional a uma potência da intensidade real I do estímulo. Experimentos mostram que a *luminosidade B percebida* de uma luz satisfaz $B = kI^{2/3}$, em que I é a intensidade da luz, ao passo que o *peso H percebido* de um peso W satisfaz $H = kW^{3/2}$ (k é uma constante que é diferente nos dois casos). Calcule dB/dI e dH/dW e decida se são funções crescentes ou decrescentes. Em seguida, explique as afirmações a seguir.

(a) Um aumento de uma unidade na intensidade de luz é sentido mais fortemente quando I é pequeno do que quando I é grande.

(b) Adicionar mais um quilo a um peso W é sentido mais fortemente quando W é grande do que quando W é pequeno.

48. Seja $M(t)$ a massa (em kg) de uma planta como uma função do tempo (em anos). Estudos recentes de Niklas e Enquist sugerem que uma enorme variedade de plantas (desde algas e grama até coqueiros) satisfaz uma *lei de crescimento de potência três quartos*, ou seja,

$$\frac{dM}{dt} = CM^{3/4} \quad \text{com alguma constante } C$$

(a) Se uma árvore tem uma taxa de crescimento de 6 kg/ano quando $M = 100$ kg, qual será sua taxa de crescimento quando $M = 125$ kg?

(b) Se $M = 0{,}5$ kg, de quanta massa adicional essa planta precisa para dobrar sua taxa de crescimento?

Compreensão adicional e desafios

Exercícios 49-51: a ***curva de Lorenz*** $y = F(r)$ *é utilizada por economistas no estudo da distribuição de renda de um dado país (ver Figura 14). Por definição,* $F(r)$ *é a fração da renda total que vai para a r-ésima parte inferior da população, com* $0 \leq r \leq 1$. *Por exemplo,* $F(0{,}4) = 0{,}245$ *significa que os domicílios na porção dos 40% mais pobres recebem 24,5% da renda total. Observe que* $F(0) = 0$ *e* $F(1) = 1$.

49. Nosso objetivo é encontrar uma interpretação para $F'(r)$. A renda média de um grupo de domicílios é a renda total que vai para o grupo dividida pelo número de domicílios no grupo. A renda média nacional é $A = T/N$, em que N é o número total de domicílios e T é a renda total recebida por toda a população.

(a) Mostre que a renda média dos domicílios na r-ésima parte inferior é igual a $(F(r)/r)A$.

(b) Mais geralmente, mostre que a renda média dos domicílios pertencentes ao intervalo $[r, r + \Delta r]$ é igual a

$$\left(\frac{F(r + \Delta r) - F(r)}{\Delta r}\right) A$$

(c) Seja dado $0 \leq r \leq 1$. Um domicílio pertence ao $100r$-ésimo percentil se sua renda for maior do que ou igual à renda de $100r$ % de todos os domicílios. Tome o limite com $\Delta r \to 0$ em (b) para obter a interpretação seguinte: um domicílio no $100r$-ésimo percentil tem renda igual a $F'(r)A$. Em particular, um domicílio no $100r$-ésimo percentil tem um renda maior do que a média nacional se $F'(r) > 1$ e menor se $F'(r) < 1$.

(d) Qual percentagem dos domicílios tem renda acima da média nas curvas de Lorenz L_1 e L_2 da Figura 14(B)?

50. A tabela a seguir fornece os valores de $F(r)$ para os EUA em 2010. Suponha que a renda nacional média tenha sido $A = \$66.000$.

r	0	0,2	0,4	0,6	0,8	1
$F(r)$	0	0,033	0,118	0,264	0,480	1

(a) Qual foi a renda média dos domicílios na porção dos 40% mais pobres?

(b) Mostre que a renda média dos domicílios do intervalo [0,4; 0,6] foi de \$48.180.

(c) Obtenha uma estimativa de $F'(0{,}5)$. Obtenha uma estimativa da renda dos domicílios no 50-ésimo percentil. Essa renda foi maior ou menor que a média nacional?

51. Use o Exercício 49(c) para provar:

(a) $F'(r)$ é uma função crescente de r.

(b) A renda é distribuída igualmente (todos os domicílios têm a mesma renda) se, e só se, $F(r) = r$ com $0 \leq r \leq 1$.

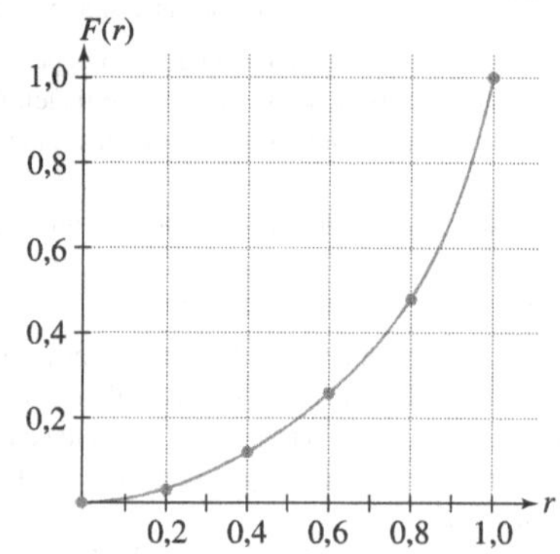

(A) A curva de Lorenz dos EUA em 2010.

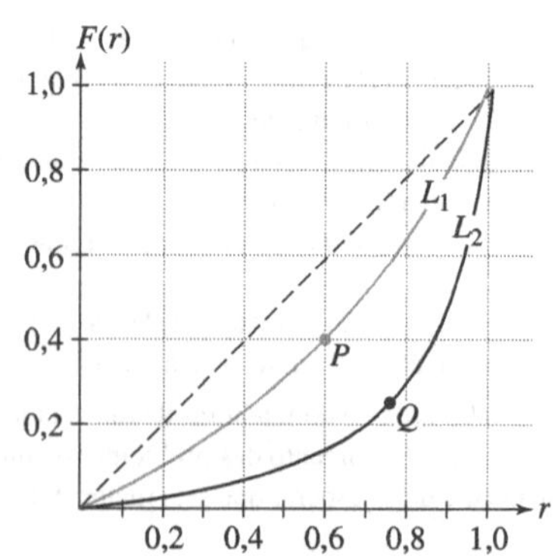

(B) Duas curvas de Lorenz: as retas tangentes em P e Q têm inclinação 1.

FIGURA 14

52. Estudos acerca do uso da internet mostram que a popularidade de um site é muito bem descrita pela lei de Zipf, de acordo com a qual o enésimo site mais popular recebe aproximadamente a fração de $1/n$ de todas as visitas. Suponha que num certo dia, o enésimo site mais popular tenha tido aproximadamente $V(n) = 10^6/n$ visitantes (com $n \leq 15.000$).

(a) Verifique que os 50 melhores sites receberam aproximadamente 45% dos visitantes. *Sugestão:* seja $T(N)$ a soma de $V(n)$ com $1 \leq n \leq N$. Use um sistema algébrico computacional para calcular $T(50)$ e $T(15.000)$.

(b) Verifique por experimentação numérica que quando usamos a Equação (3) para obter uma estimativa de $V(n+1) - V(n)$, o erro dessa estimativa decresce quando n cresce. Encontre (novamente, por experimentação) um N tal que o erro seja no máximo 10 com $n \geq N$.

(c) Usando a Equação (3), mostre que, com $n \geq 100$, o enésimo *site* teve no máximo 100 visitantes a mais do que o $(n+1)$-ésimo site.

Nos Exercícios 53-54, o custo médio unitário no nível de produção x é definido por $C_m(x) = C(x)/x$*, sendo C(x) a função custo de produção de x unidades. O custo médio é uma medida da eficácia do processo produtivo.*

53. Mostre que $C_m(x)$ é igual à inclinação da reta pela origem e o ponto $(x, C(x))$ do gráfico de $y = C(x)$. Usando essa interpretação, determine se o custo médio ou o custo marginal é maior nos pontos A, B, C e D da Figura 15.

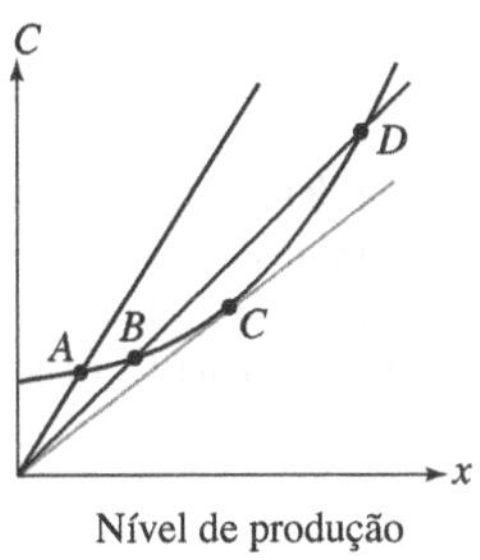

FIGURA 15 O gráfico de $y = C(x)$.

54. O custo de produção, em dólares, de despertadores é dado por $C(x) = 50x^3 - 750x^2 + 3740x + 3750$, em que x é dado em milhares.

(a) Calcule o custo médio em $x = 4, 6, 8$ e 10.

(b) Use a interpretação gráfica do custo médio para encontrar o nível de produção x_0 no qual o custo médio é mínimo. Qual é a relação entre custo médio e custo marginal em x_0 (ver Figura 16)?

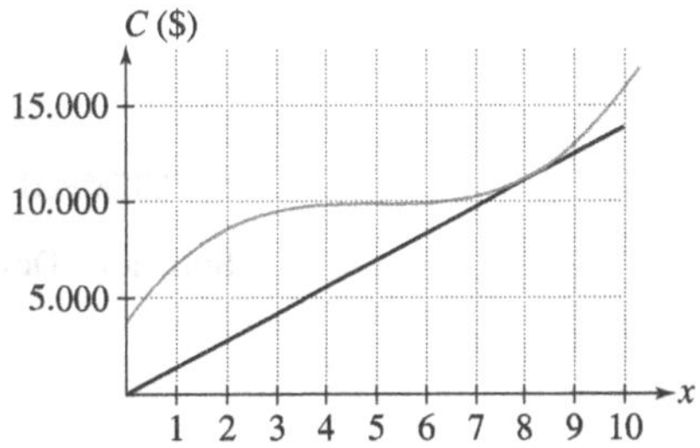

FIGURA 16 A função custo $C(x) = 50x^3 - 750x^2 + 3740x + 3750$.

3.5 Derivadas superiores

As derivadas de ordem superior são obtidas derivando repetidamente a função $y = f(x)$. Se f' for derivável, a **derivada segunda**, denotada f'', ou y'', é a derivada:

$$f''(x) = \frac{d}{dx}\left(f'(x)\right)$$

A derivada segunda é a taxa de variação de $f'(x)$. O exemplo a seguir ilustra a diferença entre as primeira e segunda derivadas.

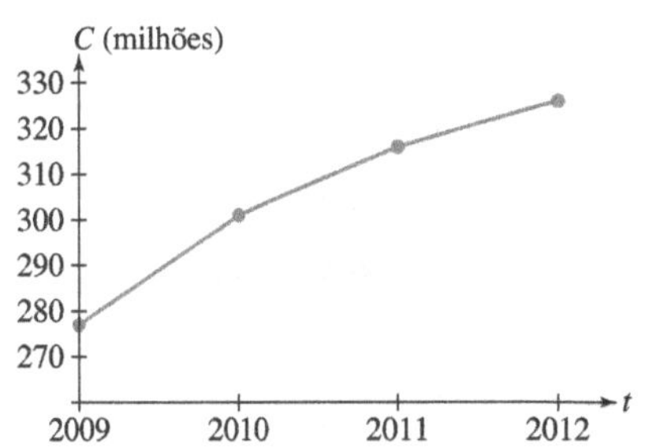

FIGURA 1 O número de usuários C de celulares nos EUA, em milhões.

■ **EXEMPLO 1** A Figura 1 e a Tabela 1 mostram o número $C(t)$ de usuários de celular nos EUA no ano t. Discuta $C'(t)$ e $C''(t)$.

TABELA 1 Número de usuários de celular nos EUA

Ano	2009	2010	2011	2012
Número em milhões	277	301	316	326
Aumento anual		24	15	10

Solução Mostremos que $C'(t)$ é positiva, mas que $C''(t)$ é negativa. De acordo com a Tabela 1, o número de usuários de celular a cada ano foi maior que o do ano anterior, de modo que a taxa de variação $C'(t)$ certamente é positiva. Contudo, a quantidade de aumento declinou de 24 milhões em 2010 para 10 milhões em 2012. Assim, embora $C'(t)$ seja positiva, $C'(t)$

- *dy/dx tem unidades de y por unidade de x.*
- *d^2y/dx^2 tem unidades de dy/dx por unidade de x ou unidades de y por unidade de x ao quadrado.*

decresce a cada ano e, portanto, sua taxa de variação $C''(t)$ é negativa. A Figura 1 corrobora essa conclusão, pois são decrescentes as inclinações dos segmentos dos gráficos. ■

O processo de derivação pode ser continuado, desde que as derivadas existam. A derivada terceira, denotada por $f'''(x)$ ou $f^{(3)}(x)$, é a derivada de $f''(x)$. Mais geralmente, a derivada enésima $f^{(n)}(x)$ é a derivada da derivada $(n-1)$-ésima. Dizemos que $f(x)$ é a derivada zero-ésima e $f'(x)$ é a derivada primeira. Na notação de Leibniz, escrevemos

$$\frac{df}{dx}, \quad \frac{d^2f}{dx^2}, \quad \frac{d^3f}{dx^3}, \quad \frac{d^4f}{dx^4}, \dots$$

■ **EXEMPLO 2** Calcule $f'''(-1)$ para $f(x) = 3x^5 - 2x^2 + 7x^{-2}$.

Solução Devemos calcular as três primeiras derivadas:

$$f'(x) = \frac{d}{dx}(3x^5 - 2x^2 + 7x^{-2}) = 15x^4 - 4x - 14x^{-3}$$

$$f''(x) = \frac{d}{dx}(15x^4 - 4x - 14x^{-3}) = 60x^3 - 4 + 42x^{-4}$$

$$f'''(x) = \frac{d}{dx}(60x^3 - 4 + 42x^{-4}) = 180x^2 - 168x^{-5}$$

Em $x = -1$, $f'''(-1) = 180 + 168 = 348$. ■

Os polinômios têm uma propriedade especial: suas derivadas de ordens superiores acabam sendo a função nula. Mais precisamente, se f for um polinômio de grau k, então $f^{(n)}(x)$ é zero com $n > k$. A Tabela 2 ilustra essa propriedade com $f(x) = x^5$. Contrastando com isso, as derivadas superiores de uma função não polinomial nunca são a função nula (ver Exercício 87, Seção 5.3).

TABELA 2 Derivadas de x^5

$f(x)$	$f'(x)$	$f''(x)$	$f'''(x)$	$f^{(4)}(x)$	$f^{(5)}(x)$	$f^{(6)}(x)$
x^5	$5x^4$	$20x^3$	$60x^2$	$120x$	120	0

■ **EXEMPLO 3** Calcule as primeiras quatro derivadas de $y = x^{-1}$. Então descubra o padrão e determine uma fórmula geral para $y^{(n)}$.

Solução Pela regra da potência,

$$y'(x) = -x^{-2}, \quad y'' = 2x^{-3}, \quad y''' = -2(3)x^{-4}, \quad y^{(4)} = 2(3)(4)x^{-5}$$

Vemos que $y^{(n)}(x)$ é igual a $\pm n!\,x^{-n-1}$. Agora observe que o sinal alterna. Como as derivadas de ordem ímpar ocorrem com um sinal de menos, o sinal de $y^{(n)}(x)$ é $(-1)^n$. Em geral, portanto, $y^{(n)}(x) = (-1)^n n!\,x^{-n-1}$. ■

LEMBRETE O fatorial de n é o número

$$n! = n(n-1)(n-2)\cdots(2)(1)$$

Assim,

$$1! = 1, \quad 2! = (2)(1) = 2$$
$$3! = (3)(2)(1) = 6$$

Por convenção, consideramos $0! = 1$.

■ **EXEMPLO 4** Calcule as primeiras três derivadas de $f(x) = xe^x$. Então determine uma fórmula geral para $f^{(n)}(x)$.

Nem sempre é possível encontrar uma fórmula simples para as derivadas superiores de uma função. Na maioria dos casos, as derivadas ficam cada vez mais complicadas.

Solução Pela regra do produto:

$$f'(x) = \frac{d}{dx}(xe^x) = e^x + xe^x = (1+x)e^x$$

$$f''(x) = \frac{d}{dx}\big((1+x)e^x\big) = e^x + (1+x)e^x = (2+x)e^x$$

$$f'''(x) = \frac{d}{dx}\big((2+x)e^x\big) = e^x + (2+x)e^x = (3+x)e^x$$

Vemos que $f^n(x) = e^x + f^{n-1}(x)$, o que leva à fórmula geral

$$f^{(n)}(x) = (n+x)e^x$$

■

Uma derivada segunda conhecida é a aceleração. Um objeto em movimento retilíneo com posição $s(t)$ no instante t tem velocidade $v(t) = s'(t)$ e aceleração $a(t) = v'(t) = s''(t)$. Assim, a aceleração é a taxa de variação da velocidade, que é medida em unidades de velocidade por unidade de tempo, ou "distância por tempo ao quadrado", como m/s^2.

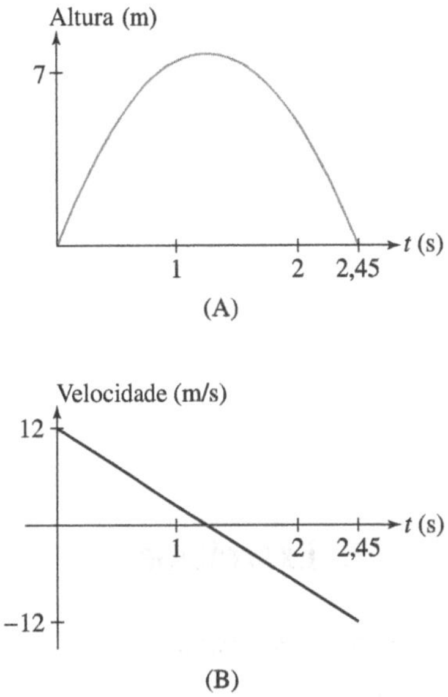

FIGURA 2 Altura e velocidade de uma bola lançada verticalmente com velocidade inicial de 12 m/s.

■ **EXEMPLO 5 Aceleração devido à gravidade** Encontre a aceleração $a(t)$ de uma bola jogada verticalmente no ar a partir do chão com uma velocidade inicial de 12 m/s. Como é que $a(t)$ descreve a variação na velocidade da bola enquanto ela sobe e desce?

Solução Pela fórmula de Galileu, a altura da bola no instante t é $s(t) = s_0 + v_0t - 4{,}9t^2$ [Figura 2(A)]. No nosso caso, $s_0 = 0$ e $v_0 = 12$, portanto $s(t) = 12t - 4{,}9t^2$ m. Logo, $v(t) = s'(t) = 12 - 9{,}8t$ m/s e a aceleração da bola é

$$a(t) = s''(t) = \frac{d}{dt}(12 - 9{,}8t) = -9{,}8 \text{ m/s}^2$$

Como era esperado, a aceleração é constante, com um valor de $-g = -9{,}8$ m/s^2. Enquanto a bola sobe e desce, sua velocidade decresce de 12 até −12 m/s a uma taxa constante de $-g$ [Figura 2(B)]. ■

ENTENDIMENTO GRÁFICO Será possível visualizar a taxa representada por $f''(x)$? A derivada segunda é a taxa pela qual $f'(x)$ está variando, portanto $f''(x)$ é grande quando as inclinações das retas tangentes variam rapidamente, como na Figura 3(A). Analogamente, $f''(x)$ é pequena se as inclinações das retas tangentes variam lentamente; nesse caso, a curva é relativamente achatada, como na Figura 3(B). Se f for uma função linear [Figura 3(C)], então a reta tangente não varia e $f''(x) = 0$. Assim, $f''(x)$ mede a "curvatura", ou concavidade, do gráfico.

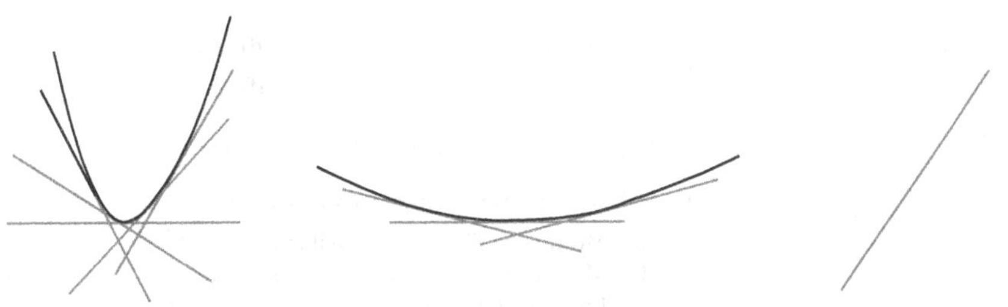

(A) Derivada segunda grande: as retas tangentes variam rapidamente.
(B) Derivada segunda pequena: as retas tangentes variam lentamente.
(C) Derivada segunda nula: as retas tangentes não variam.

FIGURA 3

■ **EXEMPLO 6** Identifique as curvas I e II na Figura 4(B) como os gráficos de f' e f'' da função f da Figura 4(A).

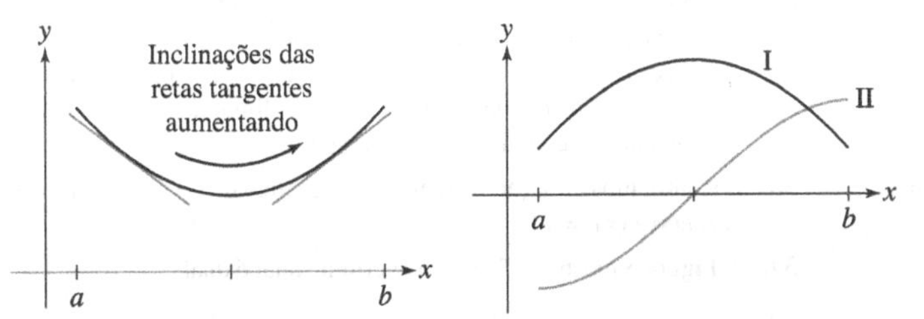

(A) O gráfico de f. (B) O gráfico das primeiras duas derivadas.

FIGURA 4

Solução As inclinações das retas tangentes ao gráfico de f são *crescentes* no intervalo $[a, b]$. Portanto, f' é uma função crescente e seu gráfico deve ser II. Como $f''(x)$ é a taxa de variação de $f'(x)$, $f''(x)$ é positiva e seu gráfico deve ser I. ■

3.5 Resumo

- As derivadas superiores $f', f'', f''', \ldots$ são definidas por derivação sucessiva:

$$f''(x) = \frac{d}{dx}f'(x) = \frac{d^2f}{dx^2}, \qquad f'''(x) = \frac{d}{dx}f''(x) = \frac{d^3f}{dx^3}, \ldots$$

  A derivada enésima também é denotada $f^{(n)}(x) = \frac{d^nf}{dx^n}$.
- A derivada segunda desempenha um papel importante: é a taxa segundo a qual varia $f'(x)$. Graficamente, $f''(x)$ mede quão rapidamente as retas tangentes mudam de direção e é, portanto, uma medida da "curvatura" do gráfico.
- Se $s(t)$ for a posição de um objeto no instante t, então $s'(t)$ é a velocidade e $s''(t)$ é a aceleração.

3.5 Exercícios

Exercícios preliminares

1. O diário *Wall Street Journal* publicou a manchete "Ações Sobem, Embora o Ritmo dos Ganhos Esteja Mais Lento" em 4 de setembro de 2003. Reescreva essa manchete como uma afirmação sobre as derivadas primeira e segunda do preço das ações e esboce um gráfico possível.
2. A afirmação seguinte é verdadeira ou falsa? A derivada terceira da posição em relação ao tempo é nula para um objeto caindo em direção à Terra sob a influência da gravidade. Explique.
3. Que tipo de polinômio satisfaz $f'''(x) = 0$ com qualquer x?
4. Qual é a derivada milionésima de $f(x) = e^x$?

Exercícios

Nos Exercícios 1-16, calcule y'' e y'''.

1. $y = 14x^2$
2. $y = 7 - 2x$
3. $y = x^4 - 25x^2 + 2x$
4. $y = 4t^3 - 9t^2 + 7$
5. $y = \frac{4}{3}\pi r^3$
6. $y = \sqrt{x}$
7. $y = 20t^{4/5} - 6t^{2/3}$
8. $y = x^{-9/5}$
9. $y = z - \frac{4}{z}$
10. $y = 5t^{-3} + 7t^{-8/3}$
11. $y = \theta^2(2\theta + 7)$
12. $y = (x^2 + x)(x^3 + 1)$
13. $y = \frac{x-4}{x}$
14. $y = \frac{1}{1-x}$
15. $y = x^5e^x$
16. $y = \frac{e^x}{x}$

Nos Exercícios 17-26, calcule a derivada indicada.

17. $f^{(4)}(1), \quad f(x) = x^4$
18. $g'''(-1), \quad g(t) = -4t^{-5}$
19. $\left.\frac{d^2y}{dt^2}\right|_{t=1}, \quad y = 4t^{-3} + 3t^2$
20. $\left.\frac{d^4f}{dt^4}\right|_{t=1}, \quad f(t) = 6t^9 - 2t^5$
21. $\left.\frac{d^4x}{dt^4}\right|_{t=16}, \quad x = t^{-3/4}$
22. $f'''(4), \quad f(t) = 2t^2 - t$
23. $f'''(-3), \quad f(x) = 4e^x - x^3$
24. $f''(1), \quad f(t) = \frac{t}{t+1}$
25. $h''(1), \quad h(w) = \sqrt{w}e^w$
26. $g''(0), \quad g(s) = \frac{e^s}{s+1}$
27. Calcule $y^{(k)}(0)$ com $0 \leq k \leq 5$, sendo $y = x^4 + ax^3 + bx^2 + cx + d$ (com a, b, c e d constantes).
28. Qual das funções seguintes satisfaz $f^{(k)}(x) = 0$ com qualquer $k \geq 6$?
    (a) $f(x) = 7x^4 + 4 + x^{-1}$ (b) $f(x) = x^3 - 2$
    (c) $f(x) = \sqrt{x}$ (d) $f(x) = 1 - x^6$
    (e) $f(x) = x^{9/5}$ (f) $f(x) = 2x^2 + 3x^5$
29. Use o resultado do Exemplo 3 para encontrar $\frac{d^6}{dx^6}x^{-1}$.
30. Calcule as primeiras cinco derivadas de $f(x) = \sqrt{x}$.
    (a) Mostre que $f^{(n)}(x)$ é um múltiplo de $x^{-n+1/2}$.
    (b) Mostre que $f^{(n)}(x)$ alterna o sinal como $(-1)^{n-1}$ com $n \geq 1$.
    (c) Encontre uma fórmula para $f^{(n)}(x)$ com $n \geq 2$. *Sugestão:* verifique que o coeficiente é $\pm 1 \cdot 3 \cdot 5 \cdots \frac{2n-3}{2^n}$.

Nos Exercícios 31-36, encontre uma fórmula geral para $f^{(n)}(x)$.

31. $f(x) = x^{-2}$
32. $f(x) = (x+2)^{-1}$
33. $f(x) = x^{-1/2}$
34. $f(x) = x^{-3/2}$
35. $f(x) = xe^{-x}$
36. $f(x) = x^2e^x$
37. (a) Encontre a aceleração no instante $t = 5$ minutos de um helicóptero cuja altura é $s(t) = 300t - 4t^3$ m.
    (b) Faça um esboço da aceleração s'' com $0 \leq t \leq 6$. Por que esse gráfico mostra que o helicóptero está diminuindo a velocidade durante esse intervalo de tempo?
38. Encontre uma equação da tangente ao gráfico de $y = f'(x)$ em $x = 3$, sendo $f(x) = x^4$.
39. A Figura 5 mostra f, f' e f''. Determine qual é qual.

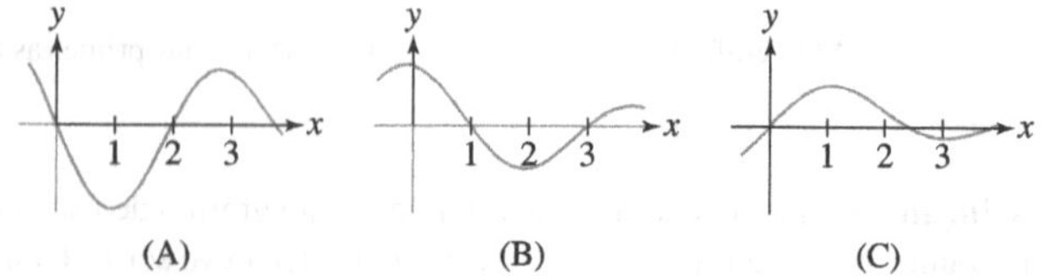

FIGURA 5

40. A derivada segunda f'' é dada na Figura 6. Determine qual dentre (A) e (B) é o gráfico de f e qual é f'.

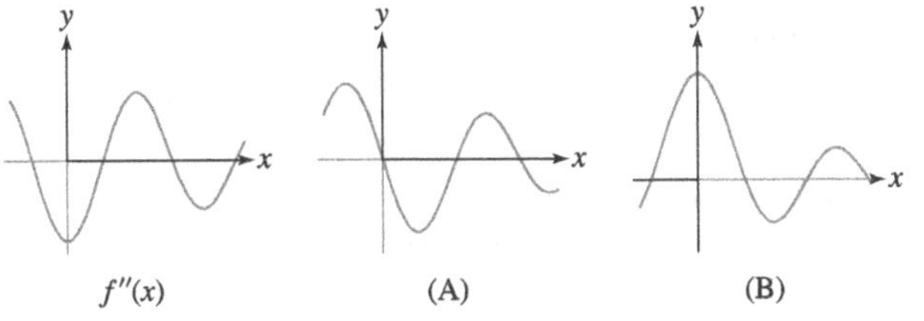

FIGURA 6

41. A Figura 7 mostra o gráfico da posição s de um objeto como função do tempo t. Determine os intervalos nos quais a aceleração é positiva.

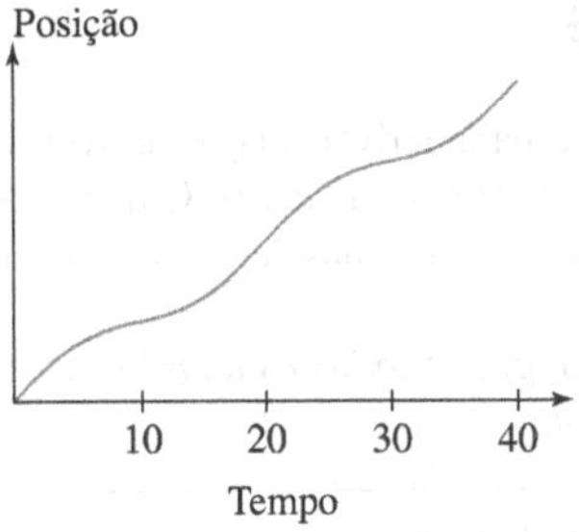

FIGURA 7

42. Encontre um polinômio $f(x)$ satisfazendo a equação $xf''(x) + f(x) = x^2$.

43. Encontre todos os valores de n tais que $y = x^n$ satisfaça

$$x^2y'' - 2xy' = 4y$$

44. Qual das descrições seguintes *não pode* ser aplicada à Figura 8? Explique.
(a) É o gráfico da aceleração quando a velocidade é constante.
(b) É o gráfico da velocidade quando a aceleração é constante.
(c) É o gráfico da posição quando a aceleração é nula.

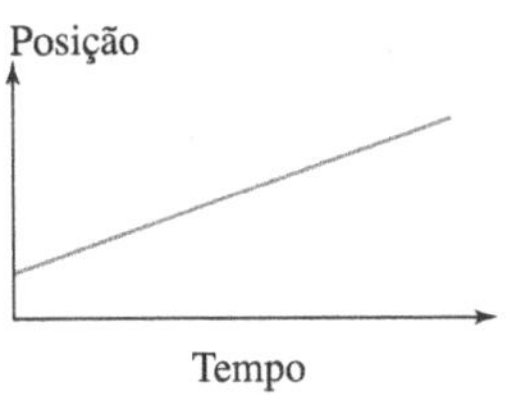

FIGURA 8

45. De acordo com um modelo que leva em conta a resistência do ar, a aceleração $a(t)$ (em m/s^2) de um paraquedista de massa m em queda livre satisfaz

$$a(t) = -9{,}8 + \frac{k}{m}v(t)^2$$

em que $v(t)$ é a velocidade (negativa, pois o paraquedista está caindo) e k é uma constante. Suponha que $m = 75$ kg e $k = 14$ kg/m.
(a) Qual é a velocidade do paraquedista quando $a(t) = -4{,}9$?
(b) Qual é a velocidade do paraquedista quando $a(t) = 0$? Essa é a velocidade terminal do paraquedista.

46. De acordo com um modelo que tenta levar em conta a resistência do ar, a distância $s(t)$ (em metros) percorrida por um pingo de chuva satisfaz

$$\frac{d^2s}{dt^2} = g - \frac{0{,}0005}{D}\left(\frac{ds}{dt}\right)^2$$

em que D é o diâmetro do pingo de chuva e $g = 9{,}8$ m/s^2. A velocidade terminal v_{term} é definida como a velocidade na qual o pingo tem aceleração nula (pode ser mostrado que a velocidade tende a v_{term} com o tempo).
(a) Mostre que $v_{\text{term}} = \sqrt{2000gD}$.
(b) Encontre v_{term} para pingos de diâmetro 10^{-3} m e 10^{-4} m.
(c) Nesse modelo, os pingos aceleram mais rapidamente com velocidades altas ou baixas?

47. Um servomotor controla o movimento vertical de uma broca que executa uma série de furos numa lâmina metálica. A velocidade vertical máxima da broca é de 4 pol/s e, enquanto faz o furo, ela não pode se mover a mais do que 2,6 pol/s para evitar que a lâmina entorte. Durante um ciclo, a broca começa e termina em repouso, rapidamente se aproxima da lâmina e, uma vez feito o furo, rapidamente retorna à sua posição original. Esboce gráficos possíveis da velocidade e aceleração verticais da broca. Identifique os pontos em que a broca entra no metal.

Nos Exercícios 48-49, utilize a informação seguinte. Em seu estudo de 1997, Boardman e Lave relacionaram a velocidade do tráfego S numa rodovia de duas pistas à densidade de tráfego Q (número de carros por milha de estrada) pela fórmula

$$S = 2882Q^{-1} - 0{,}052Q + 31{,}73$$

com $60 \le Q \le 400$ *(Figura 9).*

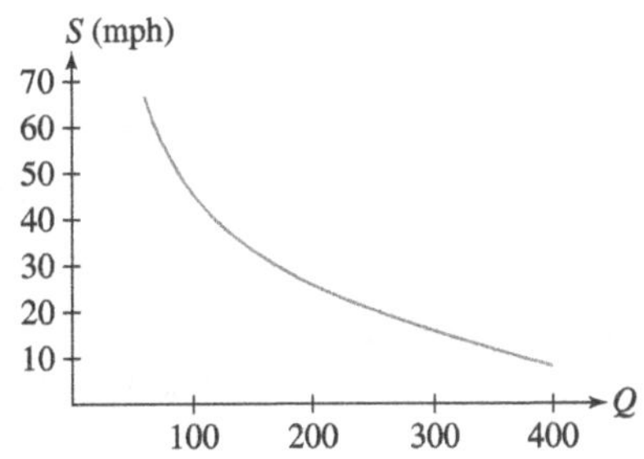

FIGURA 9 Velocidade como função da densidade do tráfego.

48. Calcule dS/dQ e d^2S/dQ^2.

49. **(a)** Explique intuitivamente por que é de se esperar que $dS/dQ < 0$.
(b) Mostre que $d^2S/dQ^2 > 0$. Em seguida, use o fato de que $dS/dQ < 0$ e $d^2S/dQ^2 > 0$ para justificar a afirmação seguinte: *Um aumento de uma unidade na densidade de tráfego diminui mais a velocidade do tráfego quando Q é pequeno do que quando Q é grande.*
(c) CG Esboce o gráfico de dS/dQ. Qual é a propriedade desse gráfico que mostra que $d^2S/dQ^2 > 0$?

50. Use um sistema algébrico computacional para calcular $f^{(k)}(x)$ com $k = 1, 2$ e 3 para as funções:

(a) $f(x) = (1 + x^3)^{5/3}$ **(b)** $f(x) = \dfrac{1 - x^4}{1 - 5x - 6x^2}$

51. Seja $f(x) = \dfrac{x+2}{x-1}$. Use um sistema algébrico computacional para calcular $f^{(k)}(x)$ com $1 \le k \le 4$. É possível encontrar uma fórmula geral para $f^{(k)}(x)$?

Compreensão adicional e desafios

52. Encontre a derivada centésima de

$$p(x) = (x + x^5 + x^7)^{10}(1 + x^2)^{11}(x^3 + x^5 + x^7)$$

53. O que é $p^{(99)}(x)$ para $p(x)$ como no Exercício 52?

54. Use a regra do produto duas vezes para encontrar uma fórmula para $(fg)''$ em termos de f e g e de suas derivadas primeira e segunda.

55. Use a regra do produto para encontrar uma fórmula para $(fg)'''$ e compare o resultado com a expansão de $(a + b)^3$. Em seguida, tente adivinhar a forma geral de $(fg)^{(n)}$.

56. Calcule

$$\Delta f(x) = \lim_{h\to 0} \frac{f(x+h) + f(x-h) - 2f(x)}{h^2}$$

para as funções seguintes:

(a) $f(x) = x$ **(b)** $f(x) = x^2$ **(c)** $f(x) = x^3$

Usando esses exemplos, é possível decidir o que representa o limite Δf?

3.6 Funções trigonométricas

ADVERTÊNCIA No Teorema 1 estamos derivando em relação a x medido em radianos. As derivadas do seno e cosseno em relação a graus envolvem um fator extra $\pi/180$ de difícil manuseio (ver Exemplo 8 na Seção 3.7).

Podemos usar as regras desenvolvidas até aqui para derivar funções envolvendo potências de x, mas ainda não sabemos lidar com as funções trigonométricas. O que está faltando são as fórmulas para as derivadas de $\operatorname{sen} x$ e $\cos x$. Felizmente, suas derivadas são simples: cada uma é a derivada da outra, a menos de sinal.

Lembre-se da nossa convenção sobre ângulos: *todos os ângulos, a menos de menção explícita em contrário, são medidos em radianos.*

TEOREMA 1 Derivada do seno e cosseno As funções $y = \operatorname{sen} x$ e $y = \cos x$ são deriváveis e

$$\frac{d}{dx} \operatorname{sen} x = \cos x \quad \text{e} \quad \frac{d}{dx} \cos x = -\operatorname{sen} x$$

LEMBRETE A fórmula de adição do seno:

$$\operatorname{sen}(x + h) = \operatorname{sen} x \cos h + \cos x \operatorname{sen} h$$

Demonstração Devemos voltar para a definição da derivada:

$$\frac{d}{dx} \operatorname{sen} x = \lim_{h\to 0} \frac{\operatorname{sen}(x+h) - \operatorname{sen} x}{h} \qquad 1$$

Não é possível reescrever a razão incremental para cancelar h, mas podemos usar a fórmula da soma (ver margem) para escrever o numerador como uma soma de duas parcelas:

$$\begin{aligned} \operatorname{sen}(x+h) - \operatorname{sen} x &= \operatorname{sen} x \cos h + \cos x \operatorname{sen} h - \operatorname{sen} x \qquad \text{(fórmula da adição)} \\ &= (\operatorname{sen} x \cos h - \operatorname{sen} x) + \cos x \operatorname{sen} h \\ &= \operatorname{sen} x(\cos h - 1) + \cos x \operatorname{sen} h \end{aligned}$$

Isso nos dá

$$\frac{\operatorname{sen}(x+h) - \operatorname{sen} x}{h} = \frac{\operatorname{sen} x\,(\cos h - 1)}{h} + \frac{\cos x \,\operatorname{sen} h}{h}$$

$$\begin{aligned} \frac{d \operatorname{sen} x}{dx} = \lim_{h\to 0} \frac{\operatorname{sen}(x+h) - \operatorname{sen} x}{h} &= \lim_{h\to 0} \frac{\operatorname{sen} x\,(\cos h - 1)}{h} + \lim_{h\to 0} \frac{\cos x\,\operatorname{sen} h}{h} \\ &= (\operatorname{sen} x) \underbrace{\lim_{h\to 0} \frac{\cos h - 1}{h}}_{\text{Isso é igual a 0.}} + (\cos x) \underbrace{\lim_{h\to 0} \frac{\operatorname{sen} h}{h}}_{\text{Isso é igual a 1.}} \qquad 2 \end{aligned}$$

Observe que $\operatorname{sen} x$ e $\cos x$ não dependem de h e, por isso, podem ser levados para fora do limite na Equação (2). Os dois limites são dados no Teorema 2 da Seção 2.6:

$$\lim_{h\to 0} \frac{\cos h - 1}{h} = 0 \quad \text{e} \quad \lim_{h\to 0} \frac{\operatorname{sen} h}{h} = 1$$

Portanto, a Equação (2) reduz à fórmula $\frac{d}{dx} \operatorname{sen} x = \cos x$, como queríamos mostrar. A fórmula $\frac{d}{dx} \cos x = -\operatorname{sen} x$ é demonstrada de forma análoga (ver Exercício 53). ■

■ **EXEMPLO 1** Calcule $f''(x)$, sendo $f(x) = x \cos x$.

Solução Pela regra do produto,

$$f'(x) = x' \cos x + x(\cos x)' = \cos x - x \operatorname{sen} x$$

$$f''(x) = (\cos x - x \operatorname{sen} x)' = -\operatorname{sen} x - \big(x'(\operatorname{sen} x) + x(\operatorname{sen} x)'\big) = -2 \operatorname{sen} x - x \cos x \quad ■$$

ENTENDIMENTO GRÁFICO A fórmula $(\operatorname{sen} x)' = \cos x$ faz sentido quando comparamos os gráficos da Figura 1. As retas tangentes ao gráfico de $y = \operatorname{sen} x$ têm inclinação positiva no intervalo $\left(-\frac{\pi}{2}, \frac{\pi}{2}\right)$ e, nesse intervalo, a derivada $y' = \cos x$ é positiva. De modo análogo, as retas tangentes têm inclinação negativa no intervalo $\left(\frac{\pi}{2}, \frac{3\pi}{2}\right)$, onde $y' = \cos x$ é negativa. As retas tangentes são horizontais em $x = -\frac{\pi}{2}, \frac{\pi}{2}, \frac{3\pi}{2}$, onde $\cos x = 0$.

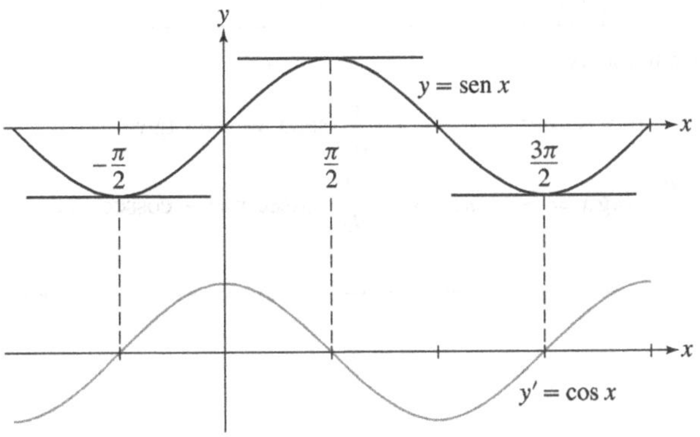

FIGURA 1 Compare os gráficos de $y = \operatorname{sen} x$ com o de sua derivada $y' = \cos x$.

As derivadas das demais **funções trigonométricas padrão** podem ser calculadas usando a regra do quociente. No Exemplo 2, deduzimos a fórmula para $(\operatorname{tg} x)'$; as demais fórmulas são deixadas como exercício (Exercícios 35-37).

LEMBRETE As funções trigonométricas padrão estão definidas na Seção 1.4.

TEOREMA 2 Derivadas das funções trigonométricas padrão

$$\frac{d}{dx} \operatorname{tg} x = \sec^2 x, \qquad \frac{d}{dx} \sec x = \sec x \operatorname{tg} x$$

$$\frac{d}{dx} \operatorname{cotg} x = -\operatorname{cossec}^2 x, \qquad \frac{d}{dx} \operatorname{cossec} x = -\operatorname{cossec} x \operatorname{cotg} x$$

■ **EXEMPLO 2** Confira a fórmula $\frac{d}{dx}(\operatorname{tg} x) = \sec^2 x$ (Figura 2).

Solução Usamos a regra do quociente e a identidade $\cos^2 x + \operatorname{sen}^2 x = 1$:

$$\frac{d}{dx}(\operatorname{tg} x) = \left(\frac{\operatorname{sen} x}{\cos x}\right)' = \frac{\cos x \cdot (\operatorname{sen} x)' - \operatorname{sen} x \cdot (\cos x)'}{\cos^2 x}$$

$$= \frac{\cos x \cos x - \operatorname{sen} x(-\operatorname{sen} x)}{\cos^2 x}$$

$$= \frac{\cos^2 x + \operatorname{sen}^2 x}{\cos^2 x} = \frac{1}{\cos^2 x} = \sec^2 x \quad ■$$

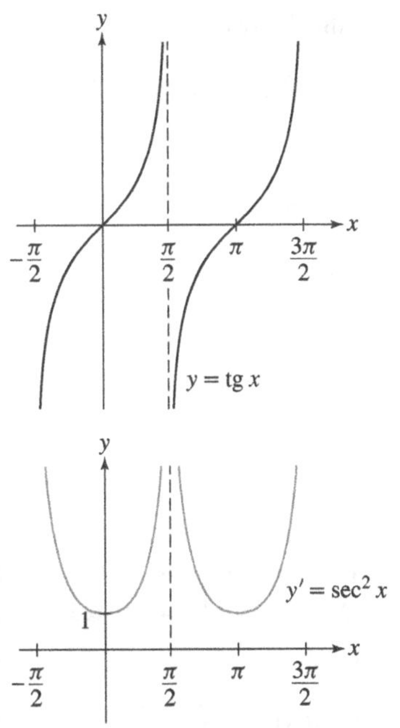

FIGURA 2 Os gráficos de $y = \operatorname{tg} x$ e sua derivada $y' = \sec^2 x$.

■ **EXEMPLO 3** Encontre a reta tangente ao gráfico de $y = \operatorname{tg}\theta \sec\theta$ em $\theta = \frac{\pi}{4}$.

Solução Pela regra do produto,

$$y' = (\operatorname{tg}\theta)' \sec\theta + \operatorname{tg}\theta\,(\sec\theta)' = \sec^2\theta \sec\theta + \operatorname{tg}\theta\,(\sec\theta \operatorname{tg}\theta)$$

$$= \sec^3\theta + \operatorname{tg}^2\theta \sec\theta$$

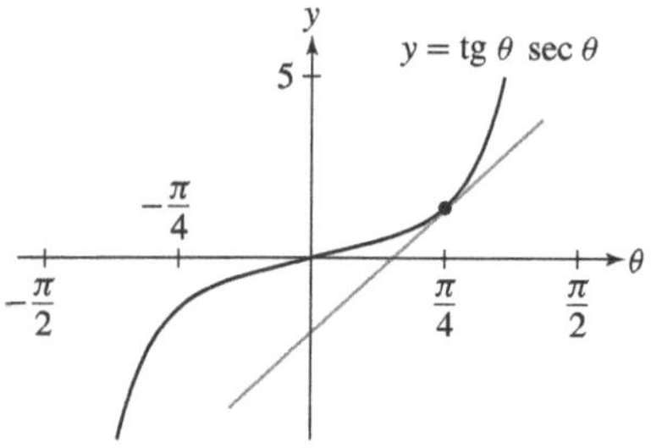

FIGURA 3 A reta tangente a $y = \operatorname{tg}\theta \sec\theta$ em $\theta = \frac{\pi}{4}$.

Agora usamos os valores $\sec\frac{\pi}{4} = \sqrt{2}$ e $\operatorname{tg}\frac{\pi}{4} = 1$ para calcular

$$y\left(\frac{\pi}{4}\right) = \operatorname{tg}\left(\frac{\pi}{4}\right)\sec\left(\frac{\pi}{4}\right) = \sqrt{2}$$

$$y'\left(\frac{\pi}{4}\right) = \sec^3\left(\frac{\pi}{4}\right) + \operatorname{tg}^2\left(\frac{\pi}{4}\right)\sec\left(\frac{\pi}{4}\right) = 2\sqrt{2} + \sqrt{2} = 3\sqrt{2}$$

Uma equação da reta tangente (Figura 3) é $y - \sqrt{2} = 3\sqrt{2}\left(\theta - \frac{\pi}{4}\right)$. ■

3.6 Resumo

- As derivadas trigonométricas básicas:

$$\frac{d}{dx}\operatorname{sen} x = \cos x, \qquad \frac{d}{dx}\cos x = -\operatorname{sen} x$$

- Fórmulas adicionais:

$$\frac{d}{dx}\operatorname{tg} x = \sec^2 x, \qquad \frac{d}{dx}\sec x = \sec x \operatorname{tg} x$$

$$\frac{d}{dx}\operatorname{cotg} x = -\operatorname{cossec}^2 x, \qquad \frac{d}{dx}\operatorname{cossec} x = -\operatorname{cossec} x \operatorname{cotg} x$$

3.6 Exercícios

Exercícios preliminares

1. Determine o sinal (+ ou −) que fornece a fórmula correta para o que segue:

(a) $\frac{d}{dx}(\operatorname{sen} x + \cos x) = \pm \operatorname{sen} x \pm \cos x$

(b) $\frac{d}{dx}\sec x = \pm \sec x \operatorname{tg} x$

(c) $\frac{d}{dx}\operatorname{cotg} x = \pm \operatorname{cossec}^2 x$

2. Qual das funções seguintes pode ser derivada usando as regras que desenvolvemos até aqui?

(a) $y = 3\cos x \operatorname{cotg} x$ **(b)** $y = \cos(x^2)$ **(c)** $y = e^x \operatorname{sen} x$

3. Calcule $\frac{d}{dx}(\operatorname{sen}^2 x + \cos^2 x)$ sem utilizar as fórmulas das derivadas de $\operatorname{sen} x$ e $\cos x$.

4. Como é utilizada a fórmula da adição na dedução de $(\operatorname{sen} x)' = \cos x$?

Exercícios

Nos Exercícios 1-4, encontre uma equação da reta tangente no ponto indicado.

1. $y = \operatorname{sen} x, \quad x = \frac{\pi}{4}$
2. $y = \cos x, \quad x = \frac{\pi}{3}$
3. $y = \operatorname{tg} x, \quad x = \frac{\pi}{4}$
4. $y = \sec x, \quad x = \frac{\pi}{6}$

Nos Exercícios 5-24, calcule a derivada.

5. $f(x) = \operatorname{sen} x \cos x$
6. $f(x) = x^2 \cos x$
7. $f(x) = \operatorname{sen}^2 x$
8. $f(x) = 9\sec x + 12\operatorname{cotg} x$
9. $H(t) = \operatorname{sen} t \sec^2 t$
10. $h(t) = 9\operatorname{cossec} t + t\operatorname{cotg} t$
11. $f(\theta) = \operatorname{tg}\theta \sec\theta$
12. $k(\theta) = \theta^2 \operatorname{sen}^2\theta$
13. $f(x) = (2x^4 - 4x^{-1})\sec x$
14. $f(z) = z\operatorname{tg} z$
15. $y = \dfrac{\sec\theta}{\theta}$
16. $G(z) = \dfrac{1}{\operatorname{tg} z - \operatorname{cotg} z}$
17. $R(y) = \dfrac{3\cos y - 4}{\operatorname{sen} y}$
18. $f(x) = \dfrac{x}{\operatorname{sen} x + 2}$
19. $f(x) = \dfrac{1 + \operatorname{tg} x}{1 - \operatorname{tg} x}$
20. $f(\theta) = \theta\operatorname{tg}\theta\sec\theta$
21. $f(x) = e^x \operatorname{sen} x$
22. $h(t) = e^t \operatorname{cossec} t$
23. $f(\theta) = e^\theta(5\operatorname{sen}\theta - 4\operatorname{tg}\theta)$
24. $f(x) = xe^x \cos x$

Nos Exercícios 25-34, encontre uma equação da reta tangente no ponto indicado.

25. $y = x^3 + \cos x, \quad x = 0$
26. $y = \operatorname{tg}\theta, \quad \theta = \frac{\pi}{6}$
27. $y = \dfrac{\operatorname{sen} t}{1 + \cos t}, \quad t = \frac{\pi}{3}$
28. $y = \operatorname{sen} x + 3\cos x, \quad x = 0$
29. $y = 2(\operatorname{sen}\theta + \cos\theta), \quad \theta = \frac{\pi}{3}$
30. $y = \operatorname{cossec} x - \operatorname{cotg} x, \quad x = \frac{\pi}{4}$
31. $y = e^x \cos x, \quad x = 0$
32. $y = e^x \cos^2 x, \quad x = \frac{\pi}{4}$
33. $y = e^t(1 - \cos t), \quad t = \frac{\pi}{2}$
34. $y = e^\theta \sec\theta, \quad \theta = \frac{\pi}{4}$

Nos Exercícios 35-37, use o Teorema 1 para verificar a fórmula.

35. $\frac{d}{dx}\operatorname{cotg} x = -\operatorname{cossec}^2 x$
36. $\frac{d}{dx}\sec x = \sec x \operatorname{tg} x$
37. $\frac{d}{dx}\operatorname{cossec} x = -\operatorname{cossec} x \operatorname{cotg} x$

38. Mostre que $y = \operatorname{sen} x$ e $y = \cos x$ satisfazem $y'' = -y$.

Nos Exercícios 39-42, calcule a derivada superior.

39. $f''(\theta), \quad f(\theta) = \theta\operatorname{sen}\theta$
40. $\dfrac{d^2}{dt^2}\cos^2 t$
41. $y'', \quad y''', \quad y = \operatorname{tg} x$
42. $y'', \quad y''', \quad y = e^t \operatorname{sen} t$

43. Calcule as primeiras cinco derivadas de $f(x) = \cos x$. Então determine $f^{(8)}(x)$ e $f^{(37)}(x)$.

44. Encontre $y^{(157)}$, sendo $y = \operatorname{sen} x$.

45. Encontre os valores de x entre 0 e 2π nos quais a reta tangente ao gráfico de $y = \operatorname{sen} x \cos x$ é horizontal.

46. CG Esboce o gráfico de $f(\theta) = \sec\theta + \operatorname{cossec}\theta$ em $[0, 2\pi]$ e determine graficamente o número de soluções de $f'(\theta) = 0$ nesse intervalo. Em seguida, calcule $f'(\theta)$ e encontre as soluções.

47. CG Seja $g(t) = t - \operatorname{sen} t$.
- **(a)** Use um recurso gráfico para esboçar o gráfico de g com $0 \le t \le 4\pi$.
- **(b)** Mostre que a inclinação da reta tangente sempre é positiva e confira isso no gráfico obtido em (a).
- **(c)** No domínio dado, em quais valores de t a reta tangente é horizontal?

48. Sejam $f(x) = (\operatorname{sen} x)/x$ para $x \neq 0$ e $f(0) = 1$. Utilizando um sistema algébrico computacional:
- **(a)** Esboce o gráfico de $f(x)$ em $[-3\pi, 3\pi]$.
- **(b)** Mostre que $f'(c) = 0$ se $c = \operatorname{tg} c$. Use a aproximação numérica de raízes do sistema algébrico computacional para encontrar uma boa aproximação do menor valor *positivo* c_0 tal que $f'(c_0) = 0$.
- **(c)** Verifique que a reta horizontal $y = f(c_0)$ é tangente ao gráfico de $y = f(x)$ em $x = c_0$, esboçando ambos no mesmo sistema de eixos.

49. Mostre que nenhuma reta tangente ao gráfico de $f(x) = \operatorname{tg} x$ tem inclinação nula. Qual é a menor inclinação de uma reta tangente? Justifique a resposta esboçando o gráfico de $f'(x) = (\operatorname{tg} x)'$.

50. A altura no instante t (em segundos) de uma massa que oscila na extremidade de uma mola é $s(t) = 300 + 40 \operatorname{sen} t$ cm. Encontre a velocidade e a aceleração em $t = \frac{\pi}{3}$ s.

51. O alcance horizontal R de um projétil lançado a partir do chão num ângulo θ com velocidade inicial v_0 m/s é $R = (v_0^2/9{,}8)\operatorname{sen}\theta\cos\theta$. Calcule $dR/d\theta$. Se $\theta = 7\pi/24$, o alcance aumenta ou diminui se aumentarmos um pouco o ângulo? Use o sinal da derivada para elaborar sua resposta.

52. Mostre que se $\frac{\pi}{2} < \theta < \pi$, então a distância ao longo do eixo x entre θ e o ponto em que a reta tangente intersecta o eixo x é igual a $|\operatorname{tg}\theta|$ (Figura 4).

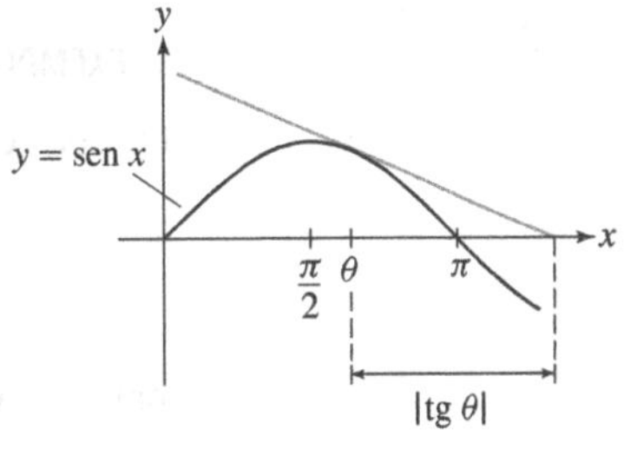

FIGURA 4

Compreensão adicional e desafios

53. Use a definição via limite da derivada e a lei da adição do cosseno para provar que $(\cos x)' = -\operatorname{sen} x$.

54. Use a fórmula de adição da tangente

$$\operatorname{tg}(x+h) = \frac{\operatorname{tg} x + \operatorname{tg} h}{1 + \operatorname{tg} x \operatorname{tg} h}$$

para calcular $(\operatorname{tg} x)'$ diretamente como um limite de razões incrementais. Para isso, vai ser necessário mostrar que $\lim\limits_{h\to 0} \frac{\operatorname{tg} h}{h} = 1$.

55. Confira a identidade seguinte e use-a para dar outra prova da fórmula $(\operatorname{sen} x)' = \cos x$:

$$\operatorname{sen}(x+h) - \operatorname{sen} x = 2\cos\left(x + \tfrac{1}{2}h\right)\operatorname{sen}\left(\tfrac{1}{2}h\right)$$

Sugestão: use a fórmula da adição para provar que $\operatorname{sen}(a+b) - \operatorname{sen}(a-b) = 2\cos a \operatorname{sen} b$.

56. Mostre que uma função polinomial não nula $y = f(x)$ *não pode* satisfazer a equação $y'' = -y$. Use isso para provar que nem $f(x) = \operatorname{sen} x$ nem $f(x) = \cos x$ é um polinômio. Encontre outra maneira de provar isso considerando limites com $x \to \infty$?

57. Sejam $f(x) = x \operatorname{sen} x$ e $g(x) = x\cos x$.
- **(a)** Mostre que $f'(x) = g(x) + \operatorname{sen} x$ e $g'(x) = -f(x) + \cos x$.
- **(b)** Confira que $f''(x) = -f(x) + 2\cos x$ e $g''(x) = -g(x) - 2\operatorname{sen} x$.
- **(c)** Experimentando, tente encontrar uma fórmula para todas as derivadas superiores de f e g. *Sugestão:* a derivada k-ésima depende dos casos $k = 4n$, $4n+1$, $4n+2$ e $4n+3$.

58. A Figura 5 mostra a geometria subjacente à fórmula da derivada $(\operatorname{sen}\theta)' = \cos\theta$. Os segmentos $\overline{BA}$ e $\overline{BD}$ são paralelos aos eixos x e y, respectivamente. Denote $\Delta\operatorname{sen}\theta = \operatorname{sen}(\theta + h) - \operatorname{sen}\theta$. Verifique as afirmações seguintes:
- **(a)** $\Delta\operatorname{sen}\theta = BC$
- **(b)** $\angle BDA = \theta$ *Sugestão:* $\overline{OA} \perp AD$.
- **(c)** $BD = (\cos\theta)AD$

Agora explique o argumento intuitivo seguinte: se h for pequeno, então $BC \approx BD$ e $AD \approx h$, de modo que $\Delta\operatorname{sen}\theta \approx (\cos\theta)h$ e $(\operatorname{sen}\theta)' = \cos\theta$.

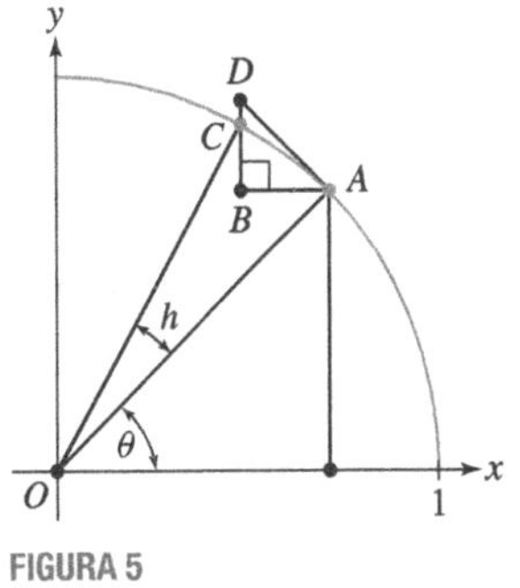

FIGURA 5

3.7 Regra da cadeia

A **regra da cadeia** é usada para derivar funções compostas como $y = \cos(x^3)$ e $y = \sqrt{x^4+1}$.

Lembre que uma *função composta* é obtida substituindo uma função em outra. A composta de f e g, denotada por $f \circ g$, é definida por

$$(f \circ g)(x) = f\big(g(x)\big)$$

Por conveniência, dizemos que g é a função *de dentro* e f é a *de fora*. Muitas vezes, escrevemos a função composta como $f(u)$, em que $u = g(x)$. Por exemplo, $y = \cos(x^3)$ é a função $y = \cos u$, em que $u = x^3$.

Em forma verbal, a regra da cadeia afirma que

$$\big(f(g(x))\big)' = \text{fora}'\,(\text{dentro}) \cdot \text{dentro}'$$

Em palavras, é "a derivada da de fora calculada na de dentro vezes a derivada da de dentro". Uma prova da regra da cadeia é dada no final desta seção.

TEOREMA 1 Regra da cadeia Se f e g forem deriváveis, então a função composta $(f \circ g)(x) = f(g(x))$ será derivável e

$$\big(f(g(x))\big)' = f'\big(g(x)\big)\,g'(x)$$

■ **EXEMPLO 1** Calcule a derivada de $y = \cos(x^3)$.

Solução Como já observamos, $y = \cos(x^3)$ é a composta $f(g(x))$, em que

$$f(u) = \cos u, \qquad u = g(x) = x^3$$

$$f'(u) = -\operatorname{sen} u, \qquad g'(x) = 3x^2$$

Como $u = x^3$, $f'(g(x)) = f'(u) = f'(x^3) = -\operatorname{sen}(x^3)$. Logo, pela regra da cadeia,

$$\frac{d}{dx}\cos(x^3) = \underbrace{-\operatorname{sen}(x^3)}_{f'(g(x))}\ \underbrace{(3x^2)}_{g'(x)} = -3x^2\operatorname{sen}(x^3)$$ ■

■ **EXEMPLO 2** Calcule a derivada de $y = \sqrt{x^4 + 1}$.

Solução A função $y = \sqrt{x^4 + 1}$ é a composta $f(g(x))$, em que

$$f(u) = u^{1/2}, \qquad u = g(x) = x^4 + 1$$

$$f'(u) = \frac{1}{2}u^{-1/2}, \qquad g'(x) = 4x^3$$

Note que $f'(g(x)) = \frac{1}{2}(x^4 + 1)^{-1/2}$, portanto, pela regra da cadeia,

$$\frac{d}{dx}\sqrt{x^4 + 1} = \underbrace{\frac{1}{2}(x^4 + 1)^{-1/2}}_{f'(g(x))}\ \underbrace{(4x^3)}_{g'(x)} = \frac{4x^3}{2\sqrt{x^4 + 1}}$$ ■

■ **EXEMPLO 3** Calcule $\dfrac{dy}{dx}$ com $y = \operatorname{tg}\left(\dfrac{x}{x+1}\right)$

Solução A função de fora é $f(u) = \operatorname{tg} u$. Como $f'(u) = \sec^2 u$, a regra da cadeia nos dá

$$\frac{d}{dx}\operatorname{tg}\left(\frac{x}{x+1}\right) = \sec^2\left(\frac{x}{x+1}\right)\underbrace{\frac{d}{dx}\left(\frac{x}{x+1}\right)}_{\substack{\text{Derivada da}\\ \text{função de dentro}}}$$

Agora, pela regra do quociente,

$$\frac{d}{dx}\left(\frac{x}{x+1}\right) = \frac{(x+1)\dfrac{d}{dx}x - x\dfrac{d}{dx}(x+1)}{(x+1)^2} = \frac{1}{(x+1)^2}$$

Assim, obtemos

$$\frac{d}{dx}\operatorname{tg}\left(\frac{x}{x+1}\right) = \sec^2\left(\frac{x}{x+1}\right)\frac{1}{(x+1)^2} = \frac{\sec^2\left(\dfrac{x}{x+1}\right)}{(x+1)^2}$$ ■

■ **EXEMPLO 4** O consumo domiciliar de gás natural no hemisfério norte segue um padrão dado por $G(t) = 300(1 + \cos \frac{2\pi t}{365})$ pés cúbicos por dia, sendo que $t = 1$ corresponde a 1° de janeiro. Supondo que o ano não seja bissexto, encontre a taxa de variação do consumo domiciliar nos primeiros dias dos meses de março, junho, setembro e dezembro.

Solução Pela regra da cadeia,

$$G'(t) = -300 \operatorname{sen}\left(\frac{2\pi t}{365}\right) \cdot \frac{2\pi}{365}$$

Em 1° de março, $t = 60$, portanto $G'(60) = -300 \operatorname{sen}\left(\frac{2\pi(60)}{365}\right) \cdot \frac{2\pi}{365} \approx -4{,}4349$

Em 1° de junho, $t = 152$, portanto $G'(152) = -300 \operatorname{sen}\left(\frac{2\pi(152)}{365}\right) \cdot \frac{2\pi}{365} \approx -2{,}5885$

Em 1° de setembro, $t = 244$, portanto $G'(244) = -300 \operatorname{sen}\left(\frac{2\pi(244)}{365}\right) \cdot \frac{2\pi}{365} \approx 4{,}5017$

Em 1° de dezembro, $t = 335$, portanto $G'(335) = -300 \operatorname{sen}\left(\frac{2\pi(335)}{365}\right) \cdot \frac{2\pi}{365} \approx 2{,}5500$

Não é surpreendente que a derivada seja negativa na primavera, pois o consumo diminui com o aumento da temperatura. A derivada está próxima de zero no verão, pois o tempo permanece quente e o consumo não varia. O consumo cresce substancialmente no outono e ainda está crescendo em dezembro. ■

É instrutivo escrever a regra da cadeia na notação de Leibniz. Seja

$$y = f(u) = f(g(x))$$

Então, pela regra da cadeia,

$$\frac{dy}{dx} = f'(u)\, g'(x) = \frac{df}{du}\frac{du}{dx}$$

ou

$$\boxed{\frac{dy}{dx} = \frac{dy}{du}\frac{du}{dx}}$$

ENTENDIMENTO CONCEITUAL Na notação de Leibniz, parece que estamos multiplicando frações e a regra da cadeia trata simplesmente de "cancelar o *du*". Como as expressões simbólicas *dy/du* e *du/dx* não são frações, isso não faz sentido literal, mas sugere que as derivadas se comportam *como se fossem frações* (o que é razoável, porque uma derivada é um *limite* de frações, a saber, da razão incremental). A forma de Leibniz também enfatiza um aspecto crucial da regra da cadeia: *taxas de variação se multiplicam*. Para ilustrar isso, suponha que (graças aos seus conhecimentos de Cálculo) seu salário aumente duas vezes mais rapidamente do que o de seu amigo. Se o salário de seu amigo aumenta \$4.000 por ano, seu salário vai aumentar à taxa de 2 × 4000, ou \$8.000 por ano. Em termos de derivadas,

$$\frac{d(\text{seu salário})}{dt} = \frac{d(\text{seu salário})}{d(\text{salário do amigo})} \times \frac{d(\text{salário do amigo})}{dt}$$

$$\$8000/\text{ano} = 2 \times \$4000/\text{ano}$$

Christiaan Huygens (1629-1695), um dos maiores cientistas de seu tempo, foi professor de Matemática e Física de Leibniz. Ele tinha grande admiração por Isaac Newton, mas não aceitava a teoria da gravitação de Newton, à qual se referia como o "improvável princípio da atração", já que essa teoria não explicava como duas massas separadas por uma distância poderiam exercer influência uma sobre a outra.
(© *Betmann/CORBIS*)

■ **EXEMPLO 5** Imagine uma esfera cujo raio r cresça a uma taxa de 3 cm/s. A que taxa está aumentando o volume V dessa esfera se $r = 10$ cm?

Solução Como queremos determinar a taxa à qual V cresce, precisamos encontrar dV/dt. O que sabemos é a taxa dr/dt, a saber, $dr/dt = 3$ cm/s. A regra da cadeia nos permite expressar dV/dt em termos de dV/dr e dr/dt:

$$\underbrace{\frac{dV}{dt}}_{\substack{\text{Taxa de variação do volume}\\ \text{em relação ao tempo}}} = \underbrace{\frac{dV}{dr}}_{\substack{\text{Taxa de variação do volume}\\ \text{em relação ao raio}}} \times \underbrace{\frac{dr}{dt}}_{\substack{\text{Taxa de variação do raio}\\ \text{em relação ao tempo}}}$$

Para calcular dV/dr, usamos a fórmula do volume de uma esfera, $V = \frac{4}{3}\pi r^3$:

$$\frac{dV}{dr} = \frac{d}{dr}\left(\frac{4}{3}\pi r^3\right) = 4\pi r^2$$

Como $dr/dt = 3$ obtemos

$$\frac{dV}{dt} = \frac{dV}{dr}\frac{dr}{dt} = 4\pi r^2(3) = 12\pi r^2$$

Se $r = 10$,

$$\left.\frac{dV}{dt}\right|_{r=10} = (12\pi)10^2 = 1200\pi \approx 3770 \text{ cm}^3/\text{s}$$ ■

Passamos a discutir alguns casos especiais importantes da regra da cadeia.

TEOREMA 2 Regra da potência e da exponencial generalizadas Se g for derivável, então

- $\frac{d}{dx}(g(x))^n = n(g(x))^{n-1}g'(x)$ (com qualquer número n)
- $\frac{d}{dx}e^{g(x)} = e^{g(x)}g'(x)$

Demonstração Seja $f(u) = u^n$. Então $(g(x))^n = f(g(x))$ e, pela regra da cadeia,

$$\frac{d}{dx}(g(x))^n = f'(g(x))g'(x) = n(g(x))^{n-1}g'(x)$$

Por outro lado, $e^{g(x)} = h(g(x))$, sendo $h(u) = e^u$. Obtemos

$$\frac{d}{dx}e^{g(x)} = h'(g(x))g'(x) = e^{g(x)}g'(x)$$ ■

■ **EXEMPLO 6 Regra da potência e da exponencial generalizadas** Encontre as derivadas de **(a)** $y = (x^2 + 7x + 2)^{-1/3}$ e **(b)** $y = e^{\cos t}$.

Solução Utilizamos $\frac{d}{dx}g(x)^n = ng(x)^{n-1}g'(x)$ em (a) e $\frac{d}{dx}e^{g(x)} = e^{g(x)}g'(x)$ em (b).

(a) $$\frac{d}{dx}(x^2 + 7x + 2)^{-1/3} = -\frac{1}{3}(x^2 + 7x + 2)^{-4/3}\frac{d}{dx}(x^2 + 7x + 2)$$
$$= -\frac{1}{3}(x^2 + 7x + 2)^{-4/3}(2x + 7)$$

(b) $$\frac{d}{dt}e^{\cos t} = e^{\cos t}\frac{d}{dt}(\cos t) = -(\text{sen}\, t)e^{\cos t}$$ ■

■ **EXEMPLO 7 Uso da regra da cadeia duas vezes** Calcule $\frac{d}{dx}\sqrt{1 + \sqrt{x^2 + 1}}$.

Solução Primeiro aplicamos a regra da cadeia com a função de dentro $u = 1 + \sqrt{x^2 + 1}$:

$$\frac{d}{dx}\left(1 + (x^2 + 1)^{1/2}\right)^{1/2} = \frac{1}{2}\left(1 + (x^2 + 1)^{1/2}\right)^{-1/2}\frac{d}{dx}\left(1 + (x^2 + 1)^{1/2}\right)$$

Em seguida, usamos a regra da cadeia de novo para calcular a derivada que falta:

$$\frac{d}{dx}\left(1 + (x^2 + 1)^{1/2}\right)^{1/2} = \frac{1}{2}(1 + (x^2 + 1)^{1/2})^{-1/2}\left(\frac{1}{2}(x^2 + 1)^{-1/2}(2x)\right)$$
$$= \frac{1}{2}x(x^2 + 1)^{-1/2}\left(1 + (x^2 + 1)^{1/2}\right)^{-1/2}$$ ■

De acordo com nossa convenção, sen x denota o seno de x radianos e, com essa convenção, vale a fórmula $(\operatorname{sen} x)' = \cos x$. No próximo exemplo, deduzimos a fórmula para a derivada da função seno quando x for medido em graus.

■ **EXEMPLO 8 Derivadas trigonométricas em graus** Calcule a derivada da função seno como função de graus em vez de radianos.

Solução Para resolver esse problema, é conveniente sublinhar uma função para indicar que a variável representa graus, e não radianos. Por exemplo,

$$\underline{\operatorname{sen}}\, x = \text{seno de } x \text{ graus}$$

As funções $f(x) = \operatorname{sen} x$ e $g(x) = \underline{\operatorname{sen}}\, x$ são diferentes, mas estão relacionadas por

$$\underline{\operatorname{sen}}\, x = \operatorname{sen}\left(\frac{\pi}{180}x\right)$$

porque x graus correspondem a $\frac{\pi}{180}x$ radianos. Pelo Teorema 1,

$$\frac{d}{dx}\underline{\operatorname{sen}}\, x = \frac{d}{dx}\operatorname{sen}\left(\frac{\pi}{180}x\right) = \left(\frac{\pi}{180}\right)\cos\left(\frac{\pi}{180}x\right) = \left(\frac{\pi}{180}\right)\underline{\cos}\, x$$ ■

Uma conta análoga mostra que o fator $\frac{\pi}{180}$ aparece nas fórmulas para as derivadas das outras funções trigonométricas padrão em relação a graus. Por exemplo,

$$\frac{d}{dx}\underline{\operatorname{tg}}\, x = \left(\frac{\pi}{180}\right)\underline{\sec}^2\, x$$

Demonstração da regra da cadeia A razão incremental da composta $f \circ g$ é

$$\frac{f(g(x+h)) - f(g(x))}{h} \qquad (h \neq 0)$$

Nosso objetivo é mostrar que $(f \circ g)'(x)$ é o produto de $f'(g(x))$ por $g'(x)$, portanto faz sentido escrever a razão incremental como um produto:

$$\frac{f(g(x+h)) - f(g(x))}{h} = \frac{f(g(x+h)) - f(g(x))}{g(x+h) - g(x)} \times \frac{g(x+h) - g(x)}{h} \qquad 1$$

Isso só é válido se o denominador $g(x+h) - g(x)$ for não nulo. Portanto, para continuar nossa demonstração, supomos adicionalmente que $g(x+h) - g(x) \neq 0$ com qualquer h perto, mas diferente, de 0. Isso não é necessário mas, sem essa suposição a argumentação é mais técnica (ver Exercício 105).

Com nossa suposição, podemos usar a Equação (1) para escrever $(f \circ g)'(x)$ como o produto de dois limites:

$$(f \circ g)'(x) = \underbrace{\lim_{h\to 0} \frac{f(g(x+h)) - f(g(x))}{g(x+h) - g(x)}}_{\text{Mostrar que isso é igual } f'(g(x)).} \times \underbrace{\lim_{h\to 0} \frac{g(x+h) - g(x)}{h}}_{\text{Isso é } g'(x).}$$

O segundo limite à direita é $g'(x)$. Obteremos a regra da cadeia assim que mostrarmos que o primeiro limite à direita é igual a $f'(g(x))$. Para verificar isso, denotemos

$$k = g(x+h) - g(x)$$

Então $g(x+h) = g(x) + k$ e

$$\frac{f(g(x+h)) - f(g(x))}{g(x+h) - g(x)} = \frac{f(g(x)+k) - f(g(x))}{k}$$

A função g é contínua porque é derivável. Portanto, $g(x+h)$ tende a $g(x)$ e $k = g(x+h) - g(x)$ tende a zero se $h \to 0$. Assim, podemos reescrever o limite em termos de k para obter o resultado procurado:

$$\lim_{h\to 0} \frac{f(g(x+h)) - f(g(x))}{g(x+h) - g(x)} = \lim_{k\to 0} \frac{f(g(x)+k) - f(g(x))}{k} = f'(g(x))$$ ■

3.7 Resumo

- A regra da cadeia expressa $(f \circ g)'$ em termos de f' e g':
$$(f(g(x)))' = f'(g(x))\, g'(x)$$
- Na notação de Leibniz: $\frac{dy}{dx} = \frac{dy}{du}\frac{du}{dx}$, em que $y = f(u)$ e $u = g(x)$.
- A regra da potência generalizada: $\frac{d}{dx}(g(x))^n = n(g(x))^{n-1} g'(x)$
- A regra da exponencial generalizada: $\frac{d}{dx}e^{g(x)} = e^{g(x)} g'(x)$

3.7 Exercícios

Exercícios preliminares

1. Identifique as funções de fora e de dentro em cada uma dessas funções compostas.
   (a) $y = \sqrt{4x + 9x^2}$ (b) $y = \text{tg}(x^2 + 1)$
   (c) $y = \sec^5 x$ (d) $y = (1 + e^x)^4$
2. Quais das funções seguintes pode ser derivada *sem usar* a regra da cadeia?
   (a) $y = \text{tg}\,(7x^2 + 2)$ (b) $y = \frac{x}{x+1}$
   (c) $y = \sqrt{x} \cdot \sec x$ (d) $y = \sqrt{x \cos x}$
   (e) $y = xe^x$ (f) $y = e^{\text{sen}\, x}$
3. Qual dessas é a derivada de $f(5x)$?
   (a) $5f'(x)$ (b) $5f'(5x)$ (c) $f'(5x)$
4. Suponha que $f'(4) = g(4) = g'(4) = 1$. Há informação suficiente para calcular $F'(4)$, sendo $F(x) = f(g(x))$? Se não houver, o que falta?

Exercícios

Nos Exercícios 1-4, preencha uma tabela do tipo a seguir:

$f(g(x))$	$f'(u)$	$f'(g(x))$	$g'(x)$	$(f \circ g)'$

1. $f(u) = u^{3/2}$, $g(x) = x^4 + 1$
2. $f(u) = u^3$, $g(x) = 3x + 5$
3. $f(u) = \text{tg}\, u$, $g(x) = x^4$
4. $f(u) = u^4 + u$, $g(x) = \cos x$

Nos Exercícios 5-6, escreva a função como uma composta $f(g(x))$ e calcule a derivada usando a regra da cadeia.

5. $y = (x + \text{sen}\, x)^4$
6. $y = \cos(x^3)$
7. Calcule $\frac{d}{dx}$ com as escolhas seguintes de $u(x)$:
   (a) $u(x) = 9 - x^2$ (b) $u(x) = x^{-1}$ (c) $u(x) = \text{tg}\, x$
8. Calcule $\frac{d}{dx}f(x^2 + 1)$ com as escolhas seguintes de $f(u)$:
   (a) $f(u) = \text{sen}\, u$ (b) $f(u) = 3u^{3/2}$ (c) $f(u) = u^2 - u$
9. Calcule $\frac{df}{dx}$ se $\frac{df}{du} = 2$ e $\frac{du}{dx} = 6$.
10. Calcule $\left.\frac{df}{dx}\right|_{x=2}$ se $f(u) = u^2, u(2) = -5$ e $u'(2) = -5$.

Nos Exercícios 11-22, obtenha a derivada usando a regra da cadeia, da potência generalizada ou da exponencial generalizada.

11. $y = (x^4 + 5)^3$
12. $y = (8x^4 + 5)^3$
13. $y = \sqrt{7x - 3}$
14. $y = (4 - 2x - 3x^2)^5$
15. $y = (x^2 + 9x)^{-2}$
16. $y = (x^3 + 3x + 9)^{-4/3}$
17. $y = \cos^4 \theta$
18. $y = \cos(9\theta + 41)$
19. $y = (2\cos\theta + 5\,\text{sen}\,\theta)^9$
20. $y = \sqrt{9 + x + \text{sen}\, x}$
21. $y = e^{x-12}$
22. $y = e^{8x+9}$

Nos Exercícios 23-26, calcule a derivada de $f \circ g$.

23. $f(u) = \text{sen}\, u$, $g(x) = 2x + 1$
24. $f(u) = 2u + 1$, $g(x) = \text{sen}\, x$
25. $f(u) = e^u$, $g(x) = x + x^{-1}$
26. $f(u) = \frac{u}{u-1}$, $g(x) = \text{cossec}\, x$

Nos Exercícios 27 e 28, encontre as derivadas de $f(g(x))$ e $g(f(x))$.

27. $f(u) = \cos u$, $u = g(x) = x^2 + 1$
28. $f(u) = u^3$, $u = g(x) = \frac{1}{x+1}$

Nos Exercícios 29-42, use a regra da cadeia para encontrar a derivada.

29. $y = \text{sen}(x^2)$

30. $y = \text{sen}^2 x$

31. $y = \sqrt{t^2 + 9}$

32. $y = (t^2 + 3t + 1)^{-5/2}$

33. $y = (x^4 - x^3 - 1)^{2/3}$

34. $y = (\sqrt{x+1} - 1)^{3/2}$

35. $y = \left(\dfrac{x+1}{x-1}\right)^4$

36. $y = \cos^3(12\theta)$

37. $y = \sec \dfrac{1}{x}$

38. $y = \text{tg}(\theta^2 - 4\theta)$

39. $y = \text{tg}(\theta + \cos\theta)$

40. $y = e^{2x^2}$

41. $y = e^{2-9t^2}$

42. $y = \cos^3(e^{4\theta})$

Nos Exercícios 43-72, encontre a derivada usando a regra, ou combinação de regras, apropriada.

43. $y = \text{tg}(x^2 + 4x)$

44. $y = \text{sen}(x^2 + 4x)$

45. $y = x\cos(1 - 3x)$

46. $y = \text{sen}(x^2)\cos(x^2)$

47. $y = (4t + 9)^{1/2}$

48. $y = (z + 1)^4(2z - 1)^3$

49. $y = (x^3 + \cos x)^{-4}$

50. $y = \text{sen}(\cos(\text{sen}\,x))$

51. $y = \sqrt{\text{sen}\,x\cos x}$

52. $y = (9 - (5 - 2x^4)^7)^3$

53. $y = (\cos 6x + \text{sen}\,x^2)^{1/2}$

54. $y = \dfrac{(x+1)^{1/2}}{x+2}$

55. $y = \text{tg}^3 x + \text{tg}(x^3)$

56. $y = \sqrt{4 - 3\cos x}$

57. $y = \sqrt{\dfrac{z+1}{z-1}}$

58. $y = (\cos^3 x + 3\cos x + 7)^9$

59. $y = \dfrac{\cos(1+x)}{1+\cos x}$

60. $y = \sec(\sqrt{t^2 - 9})$

61. $y = \text{cotg}^7(x^5)$

62. $y = \dfrac{\cos(1/x)}{1+x^2}$

63. $y = \left(1 + \text{cotg}^5(x^4 + 1)\right)^9$

64. $y = 4e^{-x} + 7e^{-2x}$

65. $y = (2e^{3x} + 3e^{-2x})^4$

66. $y = \cos(te^{-2t})$

67. $y = e^{(x^2+2x+3)^2}$

68. $y = e^{e^x}$

69. $y = \sqrt{1 + \sqrt{1 + \sqrt{x}}}$

70. $y = \sqrt{\sqrt{x+1} + 1}$

71. $y = (kx + b)^{-1/3}$; k e b constantes quaisquer.

72. $y = \dfrac{1}{\sqrt{kt^4 + b}}$; k e b constantes, não ambas nulas.

Nos Exercícios 73-76, calcule a derivada superior.

73. $\dfrac{d^2}{dx^2}\text{sen}(x^2)$

74. $\dfrac{d^2}{dx^2}(x^2 + 9)^5$

75. $\dfrac{d^3}{dx^3}(9 - x)^8$

76. $\dfrac{d^3}{dx^3}\text{sen}(2x)$

77. A velocidade molecular média v de um gás num certo recipiente é dada por $v(T) = 29\sqrt{T}$ m/s, em que T é a temperatura em kelvins. A temperatura está relacionada à pressão (em atmosferas) por $T = 200\,P$. Encontre $\left.\dfrac{dv}{dP}\right|_{P=1,5}$.

78. A potência P num circuito é $P = Ri^2$, em que R é a resistência e i é a intensidade de corrente. Encontre dP/dt em $t = \frac{1}{3}$ se $R = 1000\ \Omega$ e i varia de acordo com $i = \text{sen}(4\pi t)$ (tempo em segundos).

79. Uma esfera inflável tem raio $r = 0{,}4t$ cm no instante t (em segundos). Seja V o volume da esfera. Encontre dV/dt se (a) $r = 3$ (b) $t = 3$.

80. Um estudo de 2005 do serviço de pesquisa do pescado de Aberdeen, na Escócia, sugere que o comprimento médio do arenque do Atlântico (*Clupea harengus*) em função da idade t (em anos) pode ser modelado por $L(t) = 32(1 - e^{-0{,}37t})$ cm com $0 \le t \le 13$. Ver Figura 1.

(a) Quão rapidamente varia o comprimento médio aos $t = 6$ anos?

(b) Com qual idade o comprimento médio está variando a uma taxa de 5 cm/ano?

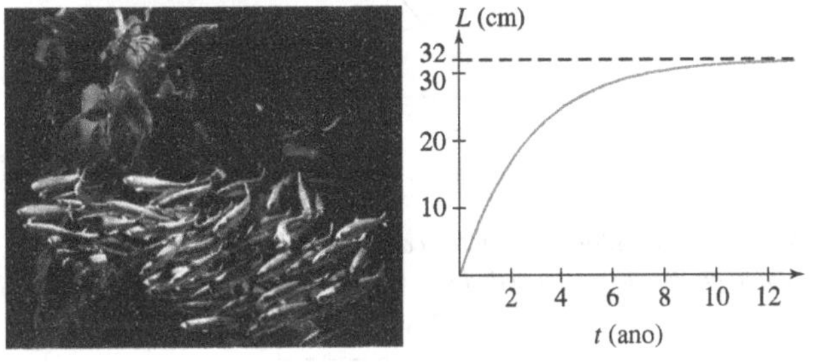

FIGURA 1 O comprimento médio do arenque do Atlântico.
(© A & J Visage/Alamy)

81. Num estudo de 1999, Starkey e Scarnecchia desenvolveram o modelo seguinte para o peso médio (em kg) do bagre americano (*Ictalurus punctatus*) de idade t (em anos) na parte baixa do rio Yellowstone (Figura 2) nos EUA:

$$W(t) = (3{,}46293 - 3{,}32173e^{-0{,}03456t})^{3{,}4026}$$

Encontre a taxa de variação do peso à idade de $t = 10$ anos.

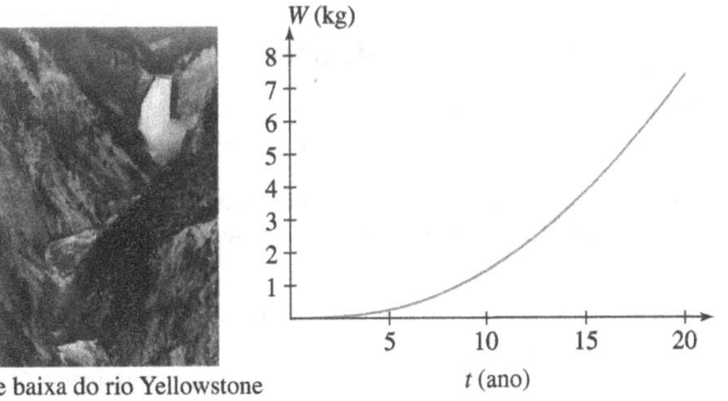

Parte baixa do rio Yellowstone

FIGURA 2 O peso médio do bagre americano à idade t.
(© Doug James/Dreamstime.com)

82. As funções dos Exercícios 80 e 81 são exemplos da **função de crescimento de von Bertalanffy**

$$M(t) = \left(a + (b - a)e^{kmt}\right)^{1/m} \qquad (m \neq 0)$$

introduzida nos anos 1930 pelo biólogo Karl Ludwig von Bertalanffy, nascido na Áustria. Calcule $M'(0)$ em termos das constantes a, b, k e m.

83. Com a notação do Exemplo 8, calcule

(a) $\left.\dfrac{d}{d\theta}\,\underline{\text{sen}}\,\theta\right|_{\theta=60°}$

(b) $\left.\dfrac{d}{d\theta}\left(\theta + \underline{\text{tg}}\,\theta\right)\right|_{\theta=45°}$

84. Suponha que

$$f(0) = 2,\ f'(0) = 3,\ h(0) = -1,\ h'(0) = 7$$

Calcule as derivadas das funções seguintes em $x = 0$:

(a) $(f(x))^3$ **(b)** $f(7x)$ **(c)** $f(4x)h(5x)$

85. Calcule a derivada de $h(\text{sen}\, x)$ em $x = \frac{\pi}{6}$, supondo que $h'(0{,}5) = 10$.

86. Seja $F(x) = f(g(x))$, em que os gráficos de f e g estão dados na Figura 3. Dê uma estimativa de $g'(2)$ e $f'(g(2))$ e calcule $F'(2)$.

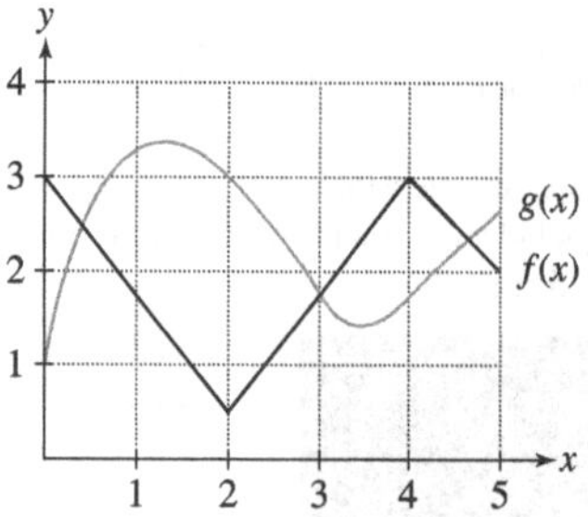

FIGURA 3

Nos Exercícios 87-90, use a tabela de valores dada para calcular a derivada da função no ponto dado.

x	1	4	6
$f(x)$	4	0	6
$f'(x)$	5	7	4
$g(x)$	4	1	6
$g'(x)$	5	$\frac{1}{2}$	3

87. $f(g(x)),\quad x = 6$

88. $e^{f(x)},\quad x = 4$

89. $g(\sqrt{x}),\quad x = 16$

90. $f(2x + g(x)),\quad x = 1$

91. O preço (em dólares) de um componente de computador é $P = 2C - 18C^{-1}$, sendo C é o custo do fabricante para produzir o componente. Supondo que o custo no instante t (em anos) seja $C = 9 + 3t^{-1}$, determine a taxa de variação do preço em relação ao tempo em $t = 3$.

92. [CG] Esboce o "astroide" $y = (4 - x^{2/3})^{3/2}$ com $0 \le x \le 8$. Mostre que a parte do primeiro quadrante de cada reta tangente tem um comprimento constante 8.

93. De acordo com o modelo atmosférico padrão dos EUA, desenvolvido pela Administração Nacional dos Oceanos e da Atmosfera daquele país, para utilização em projetos de aviação e mísseis, a temperatura atmosférica T (em graus Celsius), a pressão P (em kPa = 1.000 pascais) e a altitude h (em metros) estão relacionadas pelas fórmulas (válidas na troposfera, com $h \le 11{,}000$):

$$T = 15{,}04 - 0{,}000649h, \qquad P = 101{,}29 + \left(\frac{T + 273{,}1}{288{,}08}\right)^{5{,}256}$$

Use a regra da cadeia para calcular dP/dh. Em seguida, dê uma estimativa da variação em P (em pascais, Pa) por metro adicional de altitude se $h = 3.000$.

94. Os climatologistas usam a **lei de Stefan-Boltzmann** $R = \sigma T^4$ para estimar a variação na temperatura média T (em kelvins) da Terra causada por uma radiação R (em joules por metro quadrado por segundo) solar recebida na Terra. Aqui, $\sigma = 5{,}67 \times 10^{-8}\ \text{Js}^{-1}\text{m}^{-2}\text{K}^{-4}$. Calcule dR/dt, supondo que $T = 238$ e $\frac{dT}{dt} = 0{,}05$ K/ano. Quais são as unidades da derivada?

95. No contexto do Exercício 94, calcule a taxa de variação anual de T se $T = 238\ K$ e R cresce a uma taxa de $0{,}5\ \text{Js}^{-1}\text{m}^{-2}$ por ano.

96. Use um sistema algébrico computacional para calcular $f^{(k)}(x)$, com $k = 1$, 2 e 3, para as funções seguintes:

(a) $f(x) = \cot g(x^2)$ **(b)** $f(x) = \sqrt{x^3 + 1}$

97. Use a regra da cadeia para obter uma expressão da derivada segunda de $f \circ g$ em termos das derivadas primeira e segunda de f e g.

98. Calcule a derivada segunda de $\text{sen}(g(x))$ em $x = 2$, supondo que $g(2) = \frac{\pi}{4}$, $g'(2) = 5$ e $g''(2) = 3$.

Compreensão adicional e desafios

99. Mostre que se f, g e h forem deriváveis, então

$$[f(g(h(x)))]' = f'(g(h(x)))g'(h(x))h'(x)$$

100. Mostre que a derivação inverte a paridade: se f for par, então f' será ímpar e, se f for ímpar, então f' será par. *Sugestão:* derive $f(-x)$.

101. **(a)** Esboce um gráfico de alguma função par e explique graficamente por que f' é ímpar.

(b) Suponha que f' seja par. Será que f é necessariamente ímpar? *Sugestão:* verifique se isso vale com funções lineares.

102. **Regra da potência com expoentes fracionários** Sejam $f(u) = u^q$ e $g(x) = x^{p/q}$. Suponha que g seja derivável.

(a) Mostre que $f(g(x)) = x^p$ (lembre-se das regras de exponenciação).

(b) Aplique a regras da cadeia e da potência com expoentes inteiros para mostrar que $f'(g(x))\,g'(x) = px^{p-1}$.

(c) Então deduza a regra da potência para $x^{p/q}$.

103. Prove que, dado qualquer número natural $n \ge 1$,

$$\frac{d^n}{dx^n}\,\text{sen}\, x = \text{sen}\left(x + \frac{n\pi}{2}\right)$$

Sugestão: use a identidade $\cos x = \text{sen}\left(x + \frac{\pi}{2}\right)$

104. **Uma derivada descontínua** Use a definição via limite para mostrar que existe $g'(0)$, mas que $g'(0) \ne \lim_{x\to 0} g'(x)$, sendo

$$g(x) = \begin{cases} x^2\,\text{sen}\,\frac{1}{x} & \text{se} \quad x \ne 0 \\ 0 & \text{se} \quad x = 0 \end{cases}$$

105. **Regra da cadeia** Neste exercício, demonstramos a regra da cadeia sem a suposição adicional feita no texto. Dado um número b qualquer, defina uma nova função por

$$F(u) = \frac{f(u) - f(b)}{u - b} \qquad \text{com qualquer } u \ne b$$

(a) Mostre que se definirmos $F(b) = f'(b)$, então F resulta contínua em $u = b$.

(b) Tome $b = g(a)$. Mostre que se $x \ne a$, então, com qualquer u,

$$\frac{f(u) - f(g(a))}{x - a} = F(u)\frac{u - g(a)}{x - a} \qquad (2)$$

Observe que ambos os lados se anulam se $u = g(a)$.

(c) Substitua $u = g(x)$ na Equação (2) para obter

$$\frac{f(g(x)) - f(g(a))}{x - a} = F(g(x))\,\frac{g(x) - g(a)}{x - a}$$

Deduza a regra da cadeia calculando o limite de ambos os lados se $x \to a$.

3.8 Derivação implícita

Desenvolvemos as técnicas básicas para calcular a derivada dy/dx quando y é dado em termos de x por meio de alguma fórmula, tal como $y = x^3 + 1$. Suponha, entretanto, que y esteja determinado por uma equação como

$$y^4 + xy = x^3 - x + 2 \qquad (1)$$

Nesse caso, dizemos que y está definido *implicitamente*. Como poderemos encontrar a inclinação da reta tangente num ponto do gráfico (Figura 1)? Embora possa ser difícil, ou até impossível, resolver para y explicitamente como uma função de x, podemos encontrar dy/dx usando o método da **derivação implícita**.

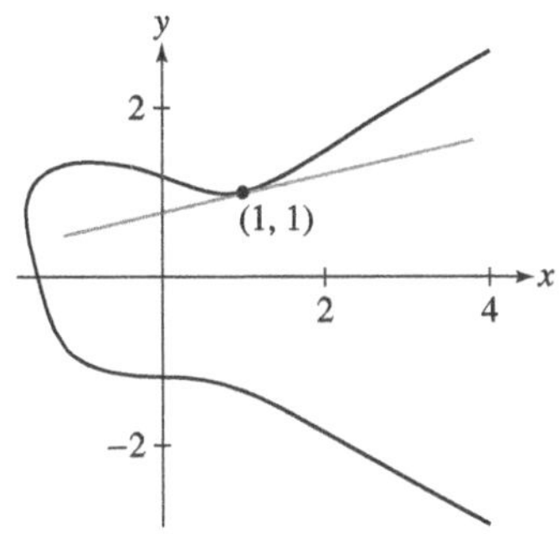

FIGURA 1 O gráfico da função definida implicitamente $y^4 + xy = x^3 - x + 2$.

Para ilustrar, considere a equação do círculo unitário (Figura 2):

$$x^2 + y^2 = 1$$

Calculamos dy/dx tomando a derivada de ambos os lados da equação:

$$\frac{d}{dx}(x^2 + y^2) = \frac{d}{dx}(1)$$

$$\frac{d}{dx}(x^2) + \frac{d}{dx}(y^2) = 0$$

$$2x + \frac{d}{dx}(y^2) = 0 \qquad (2)$$

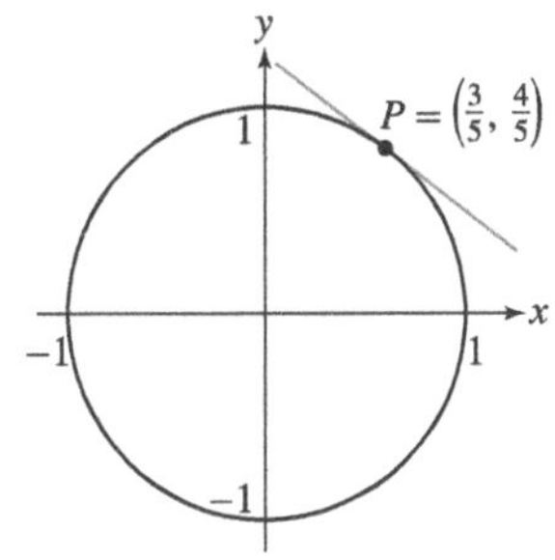

FIGURA 2 A reta tangente ao círculo unitário $x^2 + y^2 = 1$ em P tem inclinação $-\frac{3}{4}$.

O que deveríamos fazer com o termo $\frac{d}{dx}(y^2)$? Usamos a regra da cadeia. Pensando em y como uma função $y = f(x)$ de x, obtemos $y^2 = (f(x))^2$ e, pela regra da cadeia,

$$\frac{d}{dx}y^2 = \frac{d}{dx}(f(x))^2 = 2f(x)\frac{df}{dx} = 2y\frac{dy}{dx}$$

A Equação (2) agora é dada por $2x + 2y\frac{dy}{dx} = 0$, e podemos resolver em $\frac{dy}{dx}$, se $y \neq 0$:

$$\boxed{\frac{dy}{dx} = -\frac{x}{y}} \qquad (3)$$

■ **EXEMPLO 1** Use a Equação (3) para encontrar a inclinação da reta tangente no ponto $P = \left(\frac{3}{5}, \frac{4}{5}\right)$ do círculo unitário.

Solução Tomamos $x = \frac{3}{5}$ e $y = \frac{4}{5}$ na Equação (3):

$$\left.\frac{dy}{dx}\right|_P = -\frac{x}{y} = -\frac{\frac{3}{5}}{\frac{4}{5}} = -\frac{3}{4} \qquad ■$$

Nesse exemplo particular, poderíamos ter calculado dy/dx diretamente, sem usar derivação implícita. O semicírculo superior é o gráfico de $y = \sqrt{1 - x^2}$ e

$$\frac{dy}{dx} = \frac{d}{dx}\sqrt{1 - x^2} = \frac{1}{2}(1 - x^2)^{-1/2}\frac{d}{dx}(1 - x^2) = -\frac{x}{\sqrt{1 - x^2}}$$

Essa fórmula expressa dy/dx em termos unicamente de x, enquanto a Equação (3) expressa dy/dx em temos tanto de x como de y, o que é típico da derivação implícita. As duas fórmulas coincidem, pois $y = \sqrt{1 - x^2}$.

Antes de apresentar mais exemplos, vamos examinar novamente como aparece o fator dy/dx quando derivamos em relação a x uma expressão que envolve y. Esse fator não apareceria se estivéssemos derivando em relação a y. Assim,

$$\frac{d}{dy}\operatorname{sen} y = \cos y, \quad \text{mas} \quad \frac{d}{dx}\operatorname{sen} y = (\cos y)\frac{dy}{dx}$$

$$\frac{d}{dy}y^4 = 4y^3, \quad \text{mas} \quad \frac{d}{dx}y^4 = 4y^3\frac{dy}{dx}$$

Repare no que acontece quando insistimos em aplicar a regra da cadeia a $\frac{d}{dy}$ sen y. O fator extra aparece, mas é igual a 1:

$$\frac{d}{dy}\operatorname{sen} y = (\cos y)\frac{dy}{dy} = \cos y$$

Analogamente, a regra do produto aplicada a xy dá

$$\frac{d}{dx}(xy) = \frac{dx}{dx}y + x\frac{dy}{dx} = y + x\frac{dy}{dx}$$

A regra do quociente aplicada a t^2/y dá

$$\frac{d}{dt}\left(\frac{t^2}{y}\right) = \frac{y\frac{d}{dt}t^2 - t^2\frac{dy}{dt}}{y^2} = \frac{2ty - t^2\frac{dy}{dt}}{y^2}$$

■ **EXEMPLO 2** Encontre uma equação da reta tangente no ponto $P = (1, 1)$ da curva (Figura 1)

$$y^4 + xy = x^3 - x + 2$$

Solução Repartimos o cálculo da derivada em dois passos.

Passo 1. **Derivar ambos os lados da equação em relação a x.**

Note que cada ocorrência de y na equação original gera uma derivada $\frac{dy}{dx}$ adicional ao derivar.

$$\frac{d}{dx}y^4 + \frac{d}{dx}(xy) = \frac{d}{dx}(x^3 - x + 2)$$

$$4y^3\frac{dy}{dx} + \left(y + x\frac{dy}{dx}\right) = 3x^2 - 1 \qquad 4$$

Passo 2. **Resolver em $\frac{dy}{dx}$.**

Do lado esquerdo, agrupamos os termos envolvendo dy/dx na Equação (4) e, do lado direito, os demais termos:

$$4y^3\frac{dy}{dx} + x\frac{dy}{dx} = 3x^2 - 1 - y$$

Agora fatoramos dy/dx e dividimos:

$$(4y^3 + x)\frac{dy}{dx} = 3x^2 - 1 - y$$

$$\frac{dy}{dx} = \frac{3x^2 - 1 - y}{4y^3 + x} \qquad 5$$

Para encontrar a derivada em $P = (1, 1)$, aplicamos a Equação (5) com $x = 1$ e $y = 1$:

$$\left.\frac{dy}{dx}\right|_{(1,1)} = \frac{3 \cdot 1^2 - 1 - 1}{4 \cdot 1^3 + 1} = \frac{1}{5}$$

Uma equação de reta tangente é $y - 1 = \frac{1}{5}(x - 1)$ ou $y = \frac{1}{5}x + \frac{4}{5}$. ■

ENTENDIMENTO CONCEITUAL O gráfico de uma equação não precisa definir uma função porque pode haver mais do que um valor de y para um dado valor de x. A derivação implícita funciona porque, geralmente, o gráfico é constituído de várias partes, denominadas **ramos**, cada um dos quais realmente definindo uma função (uma prova desse fato depende do teorema da função implícita do Cálculo avançado). Por exemplo, os ramos do círculo unitário $x^2 + y^2 = 1$ são os gráficos das funções $y = \sqrt{1 - x^2}$ e $y = -\sqrt{1 - x^2}$. Analogamente, o gráfico na Figura 3 tem ramos superior e inferior. Na maioria dos exemplos, os ramos são deriváveis, exceto em certos pontos excepcionais em que a reta tangente pode ser vertical.

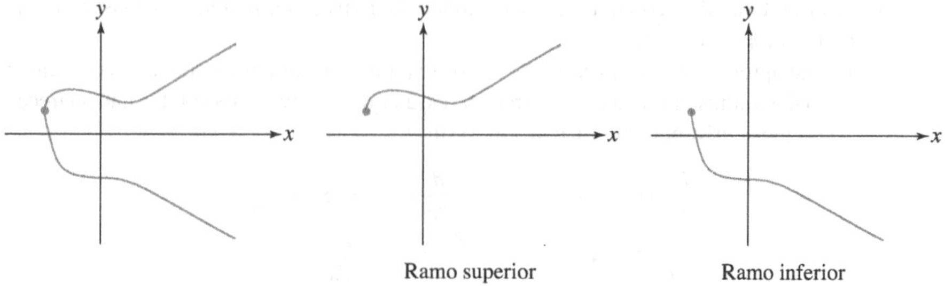

FIGURA 3 Cada ramo do gráfico de $y^4 + xy = x^3 - x + 2$ define uma função de x.

■ **EXEMPLO 3** Encontre a inclinação da reta tangente no ponto $P = (1, 1)$ do gráfico de $e^{x-y} = 2x^2 - y^2$.

Solução Seguimos os passos utilizados no exemplo precedente, dessa vez escrevendo y' para dy/dx:

$$\frac{d}{dx}e^{x-y} = \frac{d}{dx}(2x^2 - y^2)$$

$$e^{x-y}(1 - y') = 4x - 2yy' \qquad \text{(regra da cadeia aplicada a } e^{x-y}\text{)}$$

$$e^{x-y} - e^{x-y}y' = 4x - 2yy'$$

$$(2y - e^{x-y})y' = 4x - e^{x-y} \qquad \text{(colocando todos os termos com } y' \text{ à esquerda)}$$

$$y' = \frac{4x - e^{x-y}}{2y - e^{x-y}}$$

A inclinação da reta tangente em $P = (1, 1)$ é (Figura 4)

$$\left.\frac{dy}{dx}\right|_{(1,1)} = \frac{4(1) - e^{1-1}}{2(1) - e^{1-1}} = \frac{4-1}{2-1} = 3$$ ■

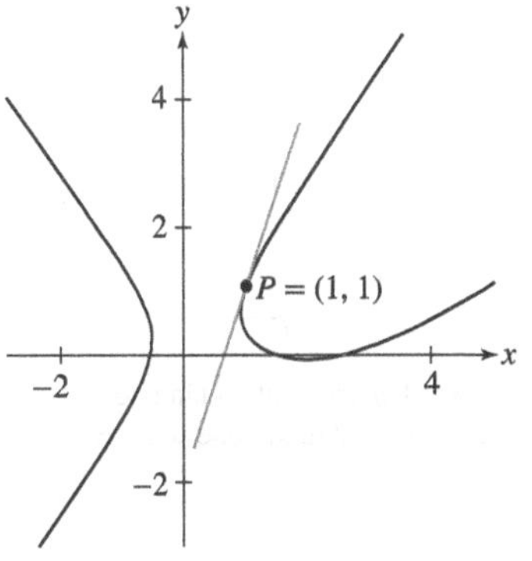

FIGURA 4 O gráfico de $e^{x-y} = 2x^2 - y^2$.

■ **EXEMPLO 4 Atalho para a derivada num ponto específico** Calcule $\left.\frac{dy}{dt}\right|_P$ no ponto $P = \left(0, \frac{5\pi}{2}\right)$ da curva (Figura 5)

$$y\cos(y + t + t^2) = t^3.$$

Solução Como antes, derivamos ambos os lados da equação (escrevemos y' para dy/dt):

$$\frac{d}{dt}y\cos(y + t + t^2) = \frac{d}{dt}t^3$$

$$y'\cos(y + t + t^2) - y\,\text{sen}(y + t + t^2)(y' + 1 + 2t) = 3t^2 \qquad 6$$

Poderíamos continuar resolvendo para y', mas isso não é necessário. Em vez disso, podemos substituir $t = 0$, $y = \frac{5\pi}{2}$ diretamente na Equação (6) para obter

$$y'\cos\left(\frac{5\pi}{2} + 0 + 0^2\right) - \left(\frac{5\pi}{2}\right)\text{sen}\left(\frac{5\pi}{2} + 0 + 0^2\right)(y' + 1 + 0) = 0$$

$$0 - \left(\frac{5\pi}{2}\right)(1)(y' + 1) = 0$$

Isso nos dá $y' + 1 = 0$, ou $y' = -1$. ■

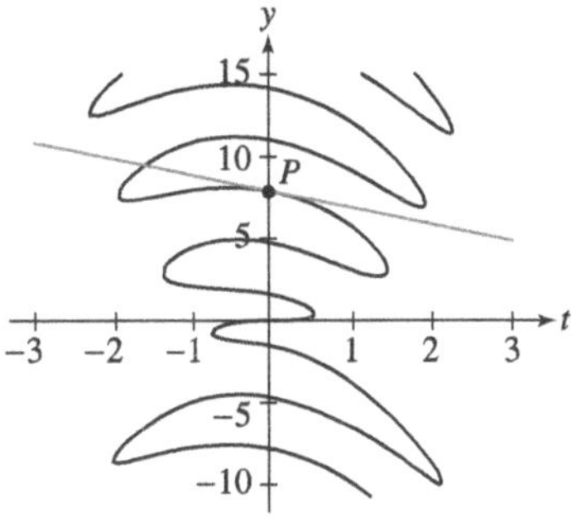

FIGURA 5 O gráfico de $y\cos(y + t + t^2) = t^3$. A reta tangente em $P = \left(0, \frac{5\pi}{2}\right)$ tem inclinação -1.

Derivadas das funções trigonométricas inversas

Agora aplicamos a derivação implícita para determinar as derivadas das funções trigonométricas inversas. Uma característica interessante dessas funções é que suas derivadas não são trigonométricas; em vez disso, envolvem expressões quadráticas e suas raízes quadradas. Não se esqueça dos domínios restritos dessas funções.

TEOREMA 1 Derivadas dos arcos seno e cosseno

$$\frac{d}{dx}(\text{arc sen}\,x) = \frac{1}{\sqrt{1-x^2}}, \qquad \frac{d}{dx}(\text{arc cos}\,x) = -\frac{1}{\sqrt{1-x^2}} \qquad 7$$

Demonstração Se $y = \text{arc sen}\,x$, nosso objetivo é encontrar $\frac{dy}{dx}$. Aplicando o seno a ambos os lados, obtemos

$$\text{sen}\,y = x$$

LEMBRETE No Exemplo 7 da Seção 1.5, usamos o triangulo retângulo da Figura 6 nas contas:

$$\cos(\text{arc sen}\, x) = \cos y = \frac{\text{adjacente}}{\text{hipotenusa}}$$
$$= \sqrt{1-x^2}$$

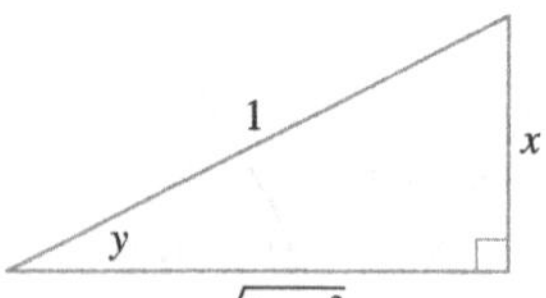

FIGURA 6 Um triângulo retângulo construído de tal modo que sen $y = x$.

Derivando ambos os lados da equação e tratando x e y como funções de x, obtemos

$$\cos y \frac{dy}{dx} = 1$$
$$\frac{dy}{dx} = \frac{1}{\cos y}$$

Para obter uma expressão algébrica em x para cos x, construímos um triângulo retângulo como o da Figura 6 tal que sen $y = x$. Escolhemos y como seu ângulo, tomamos a hipotenusa de comprimento 1 e o cateto oposto de comprimento x. Pelo teorema de Pitágoras, o cateto adjacente deve ter comprimento $\sqrt{1-x^2}$. Podemos, portanto, ver nesse triângulo que $\cos y = \frac{\sqrt{1-x^2}}{1} = \sqrt{1-x^2}$. Assim,

$$\frac{dy}{dx} = \frac{1}{\cos y} = \frac{1}{\sqrt{1-x^2}}$$

Como o domínio da função seno inversa vai de $-\pi/2$ até $\pi/2$, onde o cosseno é não negativo, foi possível tomar a raiz quadrada positiva em vez da negativa.

As contas de $\frac{d}{dx}(\text{arc cos}\, x)$ são análogas (ver Exercício 45 ou o próximo exemplo). ■

■ **EXEMPLO 5 Ângulos complementares** As derivadas de arc sen x e arc cos x são iguais a menos de um sinal de menos. Explique isso provando que

$$\text{arc sen}\, x + \text{arc cos}\, x = \frac{\pi}{2}$$

Solução Na Figura 7, temos $\theta = \text{arc sen}\, x$ e $\psi = \text{arc cos}\, x$. Esses ângulos são complementares, portanto $\theta + \psi = \frac{\pi}{2}$, como queríamos mostrar. Segue que

$$\text{arc sen}\, x = \frac{\pi}{2} - \text{arc cos}\, x$$

$$\frac{d}{dx}\text{arc sen}\, x = \frac{d}{dx}\left(\frac{\pi}{2} - \text{arc cos}\, x\right) = -\frac{d}{dx}\text{arc cos}\, x$$ ■

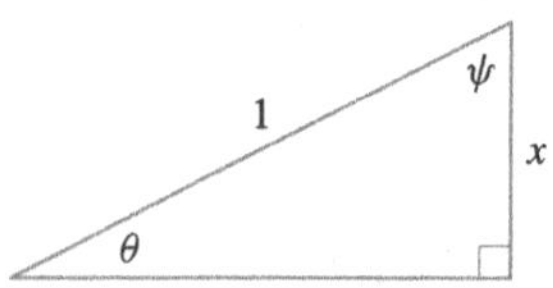

FIGURA 7 Os ângulos $\theta = \text{arc sen}\, x$ e $\psi = \text{arc cos}\, x$ são complementares e, portanto, sua soma dá $\pi/2$.

■ **EXEMPLO 6** Calcule $f'(\frac{1}{2})$, em que $f(x) = \text{arc sen}(x^2)$.

Solução Pela regra da cadeia,

$$\frac{d}{dx}\text{arc sen}(x^2) = \frac{d}{dx}(\text{arc sen}(x^2)) = \frac{1}{\sqrt{1-(x^2)^2}}\frac{d}{dx}(x^2) = \frac{2x}{\sqrt{1-x^4}}$$

$$f'\left(\frac{1}{2}\right) = \frac{2(\frac{1}{2})}{\sqrt{1-(\frac{1}{2})^4}} = \frac{1}{\sqrt{\frac{15}{16}}} = \frac{4}{\sqrt{15}}$$ ■

As provas das fórmulas no Teorema 2 são análogas à prova do Teorema 1. Ver Exercícios 46-48.

TEOREMA 2 Derivadas das funções trigonométricas inversas

$$\frac{d}{dx}\text{arc tg}\, x = \frac{1}{x^2+1}, \qquad \frac{d}{dx}\text{arc cotg}\, x = -\frac{1}{x^2+1}$$

$$\frac{d}{dx}\text{arc sec}\, x = \frac{1}{|x|\sqrt{x^2-1}}, \qquad \frac{d}{dx}\text{arc cossec}\, x = -\frac{1}{|x|\sqrt{x^2-1}}$$

■ **EXEMPLO 7** Calcule $\left.\frac{d}{dx}(\text{arc cossec } (e^x + 1))\right|_{x=0}$.

Solução Aplicamos a regra da cadeia com a fórmula $\frac{d}{du}$ arc cossec $u = -\frac{1}{|u|\sqrt{u^2-1}}$:

$$\frac{d}{dx}\text{ arc cossec } (e^x + 1) = -\frac{1}{|e^x+1|\sqrt{(e^x+1)^2-1}}\,\frac{d}{dx}(e^x+1)$$

$$= -\frac{e^x}{(e^x+1)\sqrt{e^{2x}+2e^x}}$$

Substituímos $|e^x + 1|$ por $e^x + 1$ pois essa quantidade é positiva. Agora temos

$$\left.\frac{d}{dx}\text{ arc cossec } (e^x + 1)\right|_{x=0} = -\frac{e^0}{(e^0+1)\sqrt{e^0+2e^0}} = -\frac{1}{2\sqrt{3}}$$ ■

Encontrando derivadas implícitas superiores

É possível que precisemos encontrar alguma derivada de ordem superior de uma função definida implicitamente, como no próximo exemplo.

■ **EXEMPLO 8** Encontre uma fórmula para $\frac{d^2y}{dx^2}$ se y estiver definida implicitamente como uma função de x por $x^2 + 4y^2 = 7$.

Solução Derivamos em relação a x, escrevendo y' em vez de $\frac{dy}{dx}$.

$$2x + 8yy' = 0$$

Resolvendo em y', obtemos

$$y' = \frac{-x}{4y}$$

Derivando novamente em relação a x, obtemos

$$y'' = \frac{4y(-1) - (-x)(4y')}{16y^2} = \frac{-y + xy'}{4y^2}$$

Substituindo nisso o fato já obtido $y' = \frac{-x}{4y}$, temos

$$y'' = \frac{-y + x(-x/4y)}{4y^2} = \frac{-4y^2 - x^2}{16y^3}$$ ■

3.8 Resumo

- A derivação implícita é usada para calcular dy/dx quando x e y estão relacionados por uma equação.

  Passo 1. Tomamos a derivada de ambos os lados da equação em relação a x.
  Passo 2. Resolvemos em dy/dx, agrupando os termos envolvendo dy/dx de um lado e os demais termos do outro lado da equação.

- Lembre-se de incluir o fator dy/dx quando derivar em relação a x expressões que envolvem y. Por exemplo,

$$\frac{d}{dx}\text{ sen } y = (\cos y)\,\frac{dy}{dx}$$

- Fórmulas de derivadas:

$$\frac{d}{dx}\text{arc sen}\,x = \frac{1}{\sqrt{1-x^2}}, \qquad \frac{d}{dx}\text{arc cos}\,x = -\frac{1}{\sqrt{1-x^2}}$$

$$\frac{d}{dx}\text{arc tg}\,x = \frac{1}{x^2+1}, \qquad \frac{d}{dx}\text{arc cotg}\,x = -\frac{1}{x^2+1}$$

$$\frac{d}{dx}\text{arc sec}\,x = \frac{1}{|x|\sqrt{x^2-1}}, \qquad \frac{d}{dx}\text{arc cossec}\,x = -\frac{1}{|x|\sqrt{x^2-1}}$$

3.8 Exercícios

Exercícios preliminares

1. Qual regra de derivação é utilizada para mostrar que $\frac{d}{dx}\,\text{sen}\,y = \cos y\,\frac{dy}{dx}$?

2. Uma das afirmações (a)-(c) não está correta. Encontre o erro e corrija-o.

   (a) $\frac{d}{dy}\,\text{sen}(y^2) = 2y\cos(y^2)$ **(b)** $\frac{d}{dx}\,\text{sen}(x^2) = 2x\cos(x^2)$

   (c) $\frac{d}{dx}\,\text{sen}(y^2) = 2y\cos(y^2)$

3. Num exame, pediu-se que um aluno derivasse a equação

$$x^2 + 2xy + y^3 = 7$$

   Encontre o erro na solução dada: $2x + 2xy' + 3y^2 = 0$

4. Qual dentre (a) ou (b) é igual a $\frac{d}{dx}(x\,\text{sen}\,t)$?

   (a) $(x\cos t)\frac{dt}{dx}$ **(b)** $(x\cos t)\frac{dt}{dx} + \text{sen}\,t$

5. Determine qual função trigonométrica inversa g tem a derivada

$$g'(x) = \frac{1}{x^2+1}$$

6. O que a identidade seguinte nos diz sobre as derivadas de arc sen x e arc cos x?

$$\text{arc sen}\,x + \text{arc cos}\,x = \frac{\pi}{2}$$

Exercícios

1. Mostre que se derivarmos ambos os lados de $x^2 + 2y^3 = 6$, o resultado é $2x + 6y^2\frac{dy}{dx} = 0$. Em seguida, resolva em dy/dx e calcule-a no ponto (2, 1).

2. Mostre que se derivarmos ambos os lados de $xy + 4x + 2y = 1$, o resultado é $(x+2)\frac{dy}{dx} + y + 4 = 0$. Em seguida, resolva em dy/dx e calcule-a no ponto (1, −1).

Nos Exercícios 3-8, derive a expressão em relação a x, supondo que y = f(x).

3. x^2y^3
4. $\frac{x^3}{y^2}$
5. $(x^2+y^2)^{3/2}$
6. $\text{tg}(xy)$
7. $\frac{y}{y+1}$
8. $e^{y/x}$

Nos Exercícios 9-26, calcule a derivada da outra variável em relação a x.

9. $3y^3 + x^2 = 5$
10. $y^4 - 2y = 4x^3 + x$
11. $x^2y + 2x^3y = x + y$
12. $xy^2 + x^2y^5 - x^3 = 3$
13. $x^3R^5 = 1$
14. $x^4 + z^4 = 1$
15. $\frac{y}{x} + \frac{x}{y} = 2y$
16. $\sqrt{x+s} = \frac{1}{x} + \frac{1}{s}$
17. $y^{-2/3} + x^{3/2} = 1$
18. $x^{1/2} + y^{2/3} = -4y$
19. $y + \frac{1}{y} = x^2 + x$
20. $\text{sen}(xt) = t$
21. $\text{sen}(x+y) = x + \cos y$
22. $\text{tg}(x^2y) = (x+y)^3$
23. $xe^y = 2xy + y^3$
24. $e^{xy} = \text{sen}(y^2)$
25. $e^x + e^y = x - y$
26. $e^{x^2+y^2} = x + 4$

Nos Exercícios 27-30, calcule a derivada no ponto indicado sem usar calculadora.

27. $y = \text{arc sen}\,x, \quad x = \frac{3}{5}$
28. $y = \text{arc tg}\,x, \quad x = \frac{1}{2}$
29. $y = \text{arc sec}\,x, \quad x = 4$
30. $y = \text{arc cos}(4x), \quad x = \frac{1}{5}$

Nos Exercícios 31-44, encontre a derivada.

31. $y = \text{arc sen}(7x)$
32. $y = \text{arc tg}\left(\frac{x}{3}\right)$
33. $y = \text{arc cos}(x^2)$
34. $y = \text{arc sec}(t+1)$
35. $y = x\,\text{arc tg}\,x$
36. $y = e^{\text{arc cos}\,x}$
37. $y = \text{arc sen}(e^x)$
38. $y = \text{arc cossec}(x^{-1})$
39. $y = \sqrt{1-t^2} + \text{arc sen}\,t$
40. $y = \text{arc tg}\left(\frac{1+t}{1-t}\right)$
41. $y = (\text{arc tg}\,x)^3$
42. $y = \frac{\text{arc cos}\,x}{\text{arc sen}\,x}$
43. $y = \text{arc cos}\,t^{-1} - \text{arc sec}\,t$
44. $y = \text{arc cos}(x + \text{arc sen}\,x)$
45. Use a Figura 8 para provar que $(\text{arc cos}\,x)' = -\frac{1}{\sqrt{1-x^2}}$.

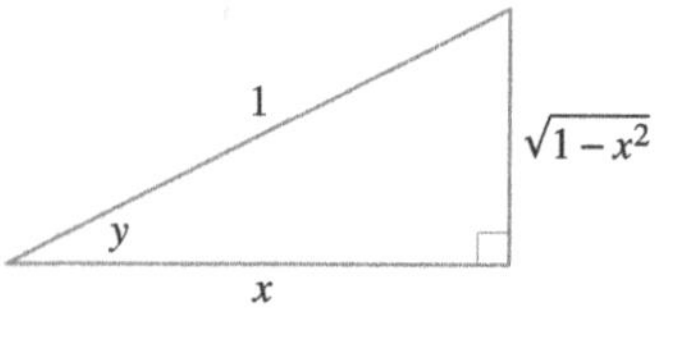

FIGURA 8 Triângulo retângulo com $y = \text{arc cos}\,x$.

46. Mostre que (arc tg x)$' = \cos^2$(arc tg x) e, então, use a Figura 9 para provar que (arc tg x)$' = (x^2+1)^{-1}$

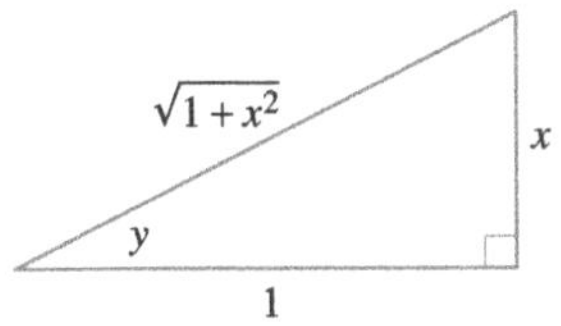

FIGURA 9 Triângulo retângulo com $y =$ arc tg x.

47. Seja $y =$ arc sec x. Mostre que tg $y = \sqrt{x^2-1}$ se $x \geq 1$ e tg $y = -\sqrt{x^2-1}$ se $x \leq -1$. *Sugestão:* tg $y \geq 0$ em $\left(0, \frac{\pi}{2}\right)$ e tg $y \leq 0$ em $\left(\frac{\pi}{2}, \pi\right)$.

48. Use o Exercício 47 para verificar a fórmula

$$(\text{arc sec}\, x)' = \frac{1}{|x|\sqrt{x^2-1}}$$

49. Mostre que $x + yx^{-1} = 1$ e $y = x - x^2$ definem a mesma curva [exceto que (0, 0) não é uma solução da primeira] e que a derivação implícita dá $y' = yx^{-1} - x$ e $y' = 1 - 2x$. Explique por que essas fórmulas produzem os mesmos valores da derivada.

50. Use o método do Exemplo 4 para calcular $\frac{dy}{dx}\big|_P$ em $P = (2, 1)$ na curva $y^2x^3 + y^3x^4 - 10x + y = 5$.

Nos Exercícios 51 e 52, encontre dy/dx no ponto dado.

51. $(x+2)^2 - 6(2y+3)^2 = 3, \quad (1, -1)$

52. $\text{sen}^2(3y) = x + y, \quad \left(\frac{2-\pi}{4}, \frac{\pi}{4}\right)$

Nos Exercícios 53-60, encontre uma equação da reta tangente no ponto dado.

53. $xy + x^2y^2 = 6, \quad (2,1)$

54. $x^{2/3} + y^{2/3} = 2, \quad (1,1)$

55. $x^2 + \text{sen}\, y = xy^2 + 1, \quad (1,0)$

56. $\text{sen}(x-y) = x\cos\left(y + \frac{\pi}{4}\right), \quad \left(\frac{\pi}{4}, \frac{\pi}{4}\right)$

57. $2x^{1/2} + 4y^{-1/2} = xy, \quad (1, 4)$

58. $x^2e^y + ye^x = 4, \quad (2,0)$

59. $e^{2x-y} = \frac{x^2}{y}, \quad (2, 4)$

60. $y^2e^{x^2-16} - xy^{-1} = 2, \quad (4, 2)$

61. Encontre os pontos do gráfico de $y^2 = x^3 - 3x + 1$ (Figura 10) em que a reta tangente é horizontal.
(a) Primeiro mostre que $2yy' = 3x^2 - 3$, sendo $y' = dy/dx$.
(b) Não resolva em y'. Em vez disso, ponha $y' = 0$ e resolva em x. Isso dá dois valores possíveis de x em que a inclinação pode ser zero.
(c) Mostre que os valores positivos de x não correspondem a pontos do gráfico.
(d) O valor negativo corresponde aos dois pontos do gráfico em que a reta tangente é horizontal. Encontre suas coordenadas.

62. Mostre, derivando a equação, que se a reta tangente em um ponto (x, y) da curva $x^2y - 2x + 8y = 2$ for horizontal, então $xy = 1$. Agora substitua $y = x^{-1}$ na equação $x^2y - 2x + 8y = 2$ para mostrar que a reta tangente é horizontal nos pontos $\left(2, \frac{1}{2}\right)$ e $\left(-4, -\frac{1}{4}\right)$.

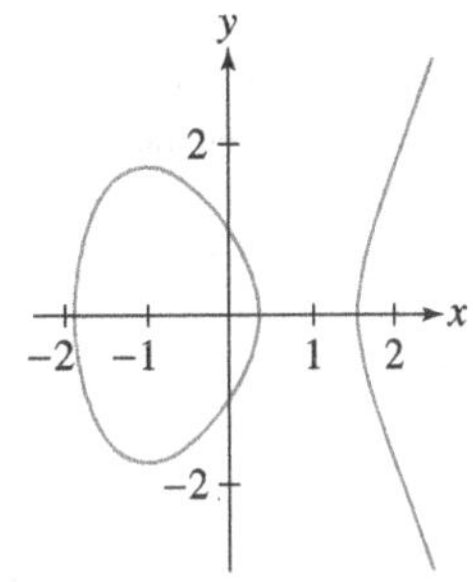

FIGURA 10 O gráfico de $y^2 = x^3 - 3x + 1$.

63. Encontre todos os pontos do gráfico de $3x^2 + 4y^2 + 3xy = 24$ em que a reta tangente é horizontal (Figura 11).

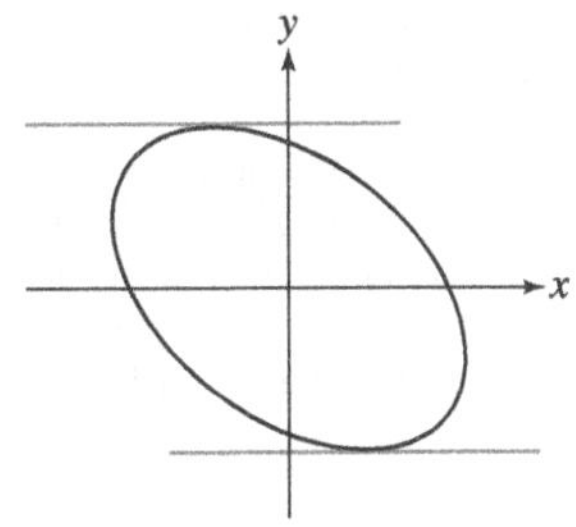

FIGURA 11 O gráfico de $3x^2 + 4y^2 + 3xy = 24$.

64. Mostre que nenhum ponto do gráfico de $x^2 - 3xy + y^2 = 1$ tem uma reta tangente horizontal.

65. A Figura 1 mostra o gráfico de $y^4 + xy = x^3 - x + 2$. Encontre dy/dx nos dois pontos do gráfico em que a coordenada x é nula e encontre uma equação da reta tangente em (1, 1).

66. **Fólio de Descartes** A curva $x^3 + y^3 = 3xy$ (Figura 12) foi discutida pela primeira vez em 1638 pelo filósofo-matemático francês René Descartes, que escolheu o nome fólio, que significa folha. O cientista Gilles de Roberval, colega de Descartes, a chamava de "flor de jasmim". Ambos acreditavam, erroneamente, que o formato de folha do primeiro quadrante era repetido nos demais quadrantes, dando-lhe um aspecto de pétalas de uma flor. Encontre uma equação para a reta tangente no ponto $\left(\frac{2}{3}, \frac{4}{3}\right)$.

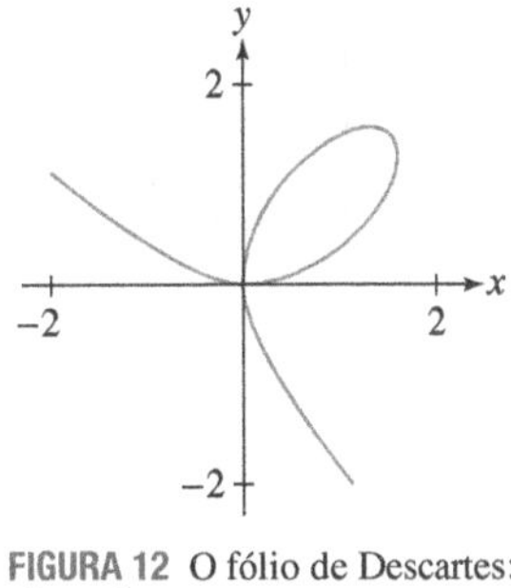

FIGURA 12 O fólio de Descartes: $x^3 + y^3 = 3xy$.

67. Encontre um ponto distinto da origem do fólio $x^3 + y^3 = 3xy$ no qual a reta tangente é horizontal.

68. CG Esboce $x^3 + y^3 = 3xy + b$ com vários valores de b e descreva como o gráfico varia com $b \to 0$. Em seguida, calcule dy/dx no ponto $(b^{1/3}, 0)$. Como é que esse valor varia se $b \to \infty$? Sua conclusão é confirmada pelos seus gráficos?

69. Encontre as coordenadas x dos pontos em que a reta tangente é horizontal da *curva tridente* $xy = x^3 - 5x^2 + 2x - 1$, assim batizada por Isaac Newton em seu tratado sobre curvas publicado em 1710 (Figura 13). Sugestão: $2x^3 - 5x^2 + 1 = (2x - 1)(x^2 - 2x - 1)$.

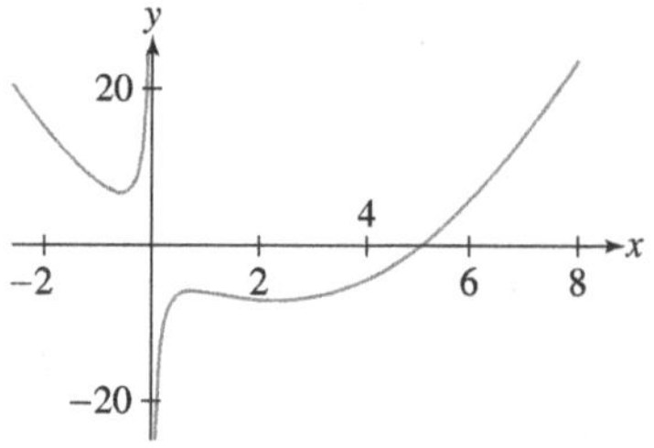

FIGURA 13 A curva tridente: $xy = x^3 - 5x^2 + 2x - 1$.

70. Encontre uma equação da reta tangente em cada um dos quatro pontos da curva $(x^2 + y^2 - 4x)^2 = 2(x^2 + y^2)$ em que $x = 1$. Essa curva (Figura 14) é um exemplo de um *limaçon de Pascal*, assim denominado em homenagem ao pai do filósofo francês Blaise Pascal, que, em 1650, foi o primeiro a descrevê-la.

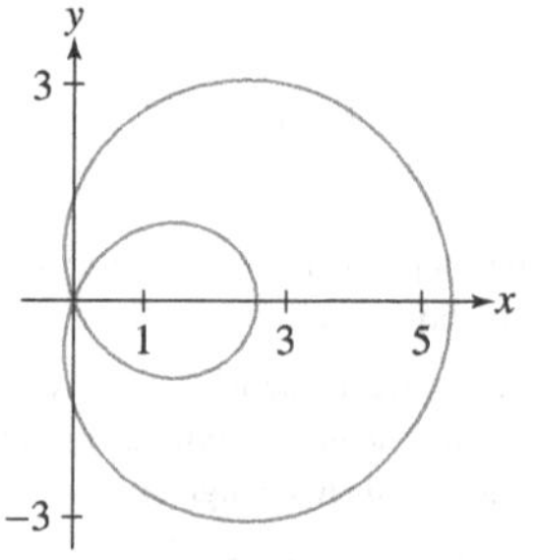

FIGURA 14 O limaçon: $(x^2 + y^2 - 4x)^2 = 2(x^2 + y^2)$.

71. Encontre a derivada nos pontos em que $x = 1$ no fólio $(x^2 + y^2)^2 = \frac{25}{4}xy^2$. Ver Figura 15.

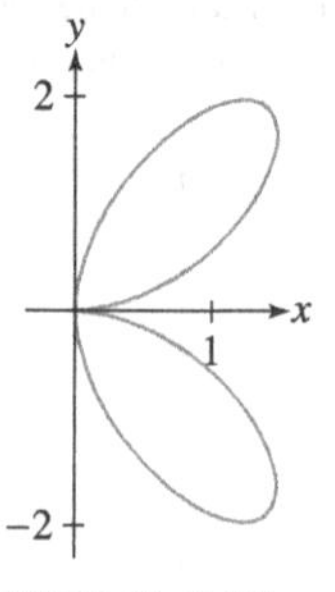

FIGURA 15 O fólio: $(x^2 + y^2)^2 = \dfrac{25}{4}xy^2$

72. Use um sistema algébrico computacional para esboçar a equação $(x^2 + y^2)^2 = 12(x^2 - y^2) + 2$ com $-4 \le x \le 4, -4 \le y \le 4$. Quantas retas tangentes horizontais aparenta ter essa curva? Encontre os pontos em que isso ocorre.

73. Calcule dx/dy para a equação $y^4 + 1 = y^2 + x^2$ e encontre os pontos do gráfico em que a reta tangente é vertical.

74. Mostre que são verticais as retas tangentes em $x = 1 \pm \sqrt{2}$ à *concoide* de equação $(x - 1)^2(x^2 + y^2) = 2x^2$ (Figura 16).

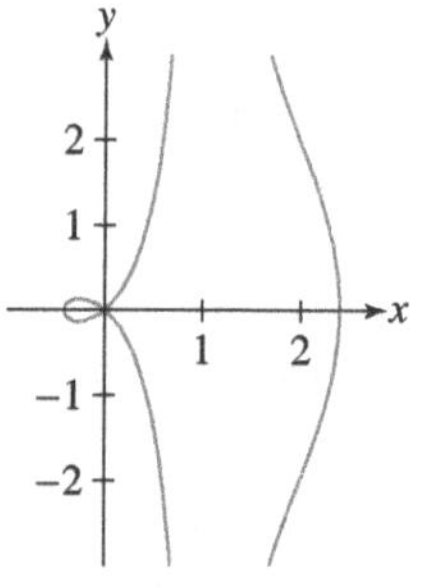

FIGURA 16 A concoide: $(x - 1)^2(x^2 + y^2) = 2x^2$.

75. Use um sistema algébrico computacional para esboçar $y^2 = x^3 - 4x$ com $-4 \le x \le 4$, $-4 \le y \le 4$. Mostre que se $dx/dy = 0$, então $y = 0$. Conclua que a reta tangente é vertical nos pontos em que a curva corta o eixo x. Isso é confirmado pelo seu gráfico?

76. Mostre que, qualquer que seja o ponto P do gráfico da Figura 17, os segmentos $\overline{OP}$ e $\overline{PR}$ têm o mesmo comprimento.

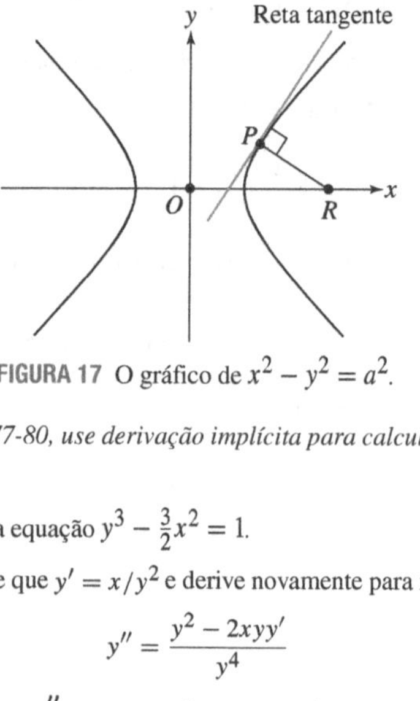

FIGURA 17 O gráfico de $x^2 - y^2 = a^2$.

Nos Exercícios 77-80, use derivação implícita para calcular derivadas superiores.

77. Considere a equação $y^3 - \frac{3}{2}x^2 = 1$.

(a) Mostre que $y' = x/y^2$ e derive novamente para mostrar que

$$y'' = \frac{y^2 - 2xyy'}{y^4}$$

(b) Expresse y'' em termos de x e y usando a parte (a).

78. Use o método do exercício precedente para mostrar que $y'' = -y^{-3}$ no círculo $x^2 + y^2 = 1$.

79. Calcule y'' no ponto $(1, 1)$ da curva $xy^2 + y - 2 = 0$, da maneira seguinte.

(a) Encontre y' por derivação implícita e calcule y' no ponto $(1, 1)$.

(b) Derive a expressão encontrada em (a) para y' e, então, calcule y'' em $(1, 1)$ substituindo $x = 1$, $y = 1$ e o valor de y' encontrado em (a).

80. Use o método do exercício precedente para calcular y'' no ponto $(1, 1)$ da curva $x^3 + y^3 = 3x + y - 2$.

81. Derive $xy = 1$ em relação a t e deduza a relação $\dfrac{dy}{dt} = -\dfrac{y}{x}\dfrac{dx}{dt}$.

82. Derive

$$x^3 + 3xy^2 = 1$$

em relação a t e expresse dy/dt em termos de dx/dt, como no Exercício 81.

83. Calcule dy/dt em termos de dx/dt.

(a) $x^3 - y^3 = 1$

(b) $y^4 + 2xy + x^2 = 0$

84. O volume V e a pressão P de um gás num pistão (que varia com o tempo) satisfazem $PV^{3/2} = C$, sendo C uma constante. Prove que

$$\frac{dP/dt}{dV/dt} = -\frac{3}{2}\frac{P}{V}$$

O quociente das derivadas é negativo. Isso poderia ter sido previsto a partir da relação $PV^{3/2} = C$?

Compreensão adicional e desafios

85. Mostre que se P está na interseção das duas curvas $x^2 - y^2 = c$ e $xy = d$ (c, d constantes), então as retas tangentes às curvas em P são perpendiculares.

86. A *lemniscata* $(x^2 + y^2)^2 = 4(x^2 - y^2)$ foi descoberta em 1694 por Jakob Bernoulli, que observou que "ela tem o formato de um 8, ou um nó, ou uma gravata-borboleta". Encontre as coordenadas dos quatro pontos em que a reta tangente é horizontal (Figura 18).

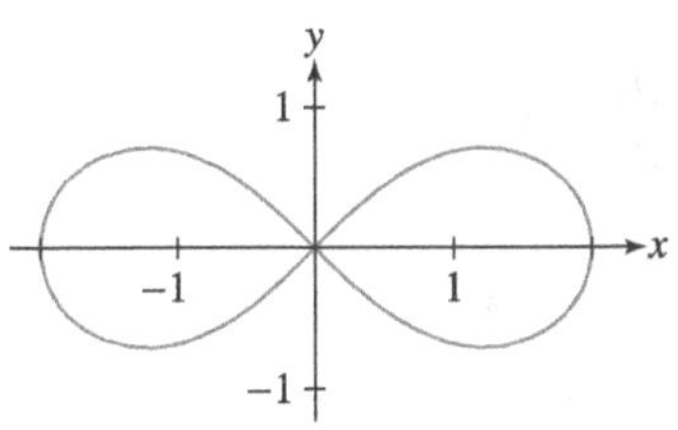

FIGURA 18 A lemniscata: $(x^2 + y^2)^2 = 4(x^2 - y^2)$.

87. Divida a curva na Figura 19 em cinco ramos, cada um dos quais é o gráfico de uma função. Esboce os ramos.

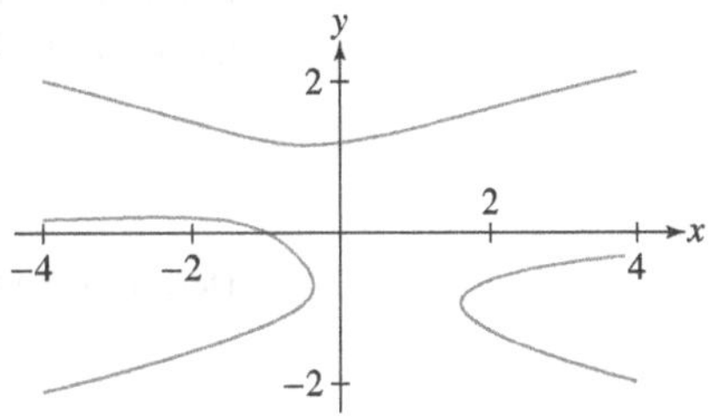

FIGURA 19 O gráfico de $y^5 - y = x^2y + x + 1$.

3.9 Derivadas das funções exponenciais e logarítmicas gerais

Na Seção 3.2, provamos que, qualquer que seja a base $b > 0$,

$$\frac{d}{dx}b^x = m(b)\,b^x, \quad \text{em que } m(b) = \lim_{h\to 0}\frac{b^h - 1}{h}$$

mas não fomos capazes de identificar o fator $m(b)$ [exceto por dizer que e é o único número com o qual $m(e) = 1$]. Agora podemos usar derivação implícita para provar que $m(b) = \ln b$.

LEMBRETE *$\ln x$ é o logaritmo natural, ou seja, $\ln x = \log_e x$.*

Se $y = b^x$, então nosso objetivo é encontrar $\frac{dy}{dx}$. Tomando o logaritmo natural de ambos os lados,

$$\ln y = \ln b^x = x \ln b$$

Derivando implicitamente cada lado da equação em relação a x e tratando x e y como funções de x, obtemos

$$\frac{1}{y}\frac{dy}{dx} = \ln b$$

Logo, como $y = b^x$, resulta $\frac{dy}{dx} = y \ln b = b^x \ln b$. Assim, temos o teorema seguinte.

TEOREMA 1 Derivada de $f(x) = b^x$

$$\frac{d}{dx}b^x = (\ln b)b^x \quad \text{com } b > 0 \qquad (1)$$

Por exemplo, $(10^x)' = (\ln 10)10^x$.

■ **EXEMPLO 1** Derive: **(a)** $f(x) = 4^{3x}$ e **(b)** $f(x) = 5^{x^2}$

Solução

(a) A função $f(x) = 4^{3x}$ é uma composta de 4^u e $u = 3x$:

$$\frac{d}{dx}4^{3x} = \left(\frac{d}{du}4^u\right)\frac{du}{dx} = (\ln 4)4^u(3x)' = (\ln 4)4^{3x}(3) = (3\ln 4)4^{3x}$$

(b) A função $f(x) = 5^{x^2}$ é uma composta de 5^u e $u = x^2$:

$$\frac{d}{dx}5^{x^2} = \left(\frac{d}{du}5^u\right)\frac{du}{dx} = (\ln 5)5^u(x^2)' = (\ln 5)5^{x^2}(2x) = (2\ln 5)\,x\,5^{x^2}$$ ■

A derivada do logaritmo natural

Em seguida, encontremos a derivada de $f(x) = \ln x$. Tomando $y = \ln x$ e supondo $x > 0$, para que esteja no domínio de $\ln x$, nosso objetivo é encontrar dy/dx. Ocorre que

$$e^y = e^{\ln x}$$

$$e^y = x$$

Derivando implicitamente, obtemos

$$e^y\frac{dy}{dx} = 1$$

$$\frac{dy}{dx} = \frac{1}{e^y} = \frac{1}{x}$$

TEOREMA 2 Derivada do logaritmo natural

$$\frac{d}{dx}\ln x = \frac{1}{x} \quad \text{com } x > 0$$ 2

Os dois fatos sobre exponenciais e logaritmos no Cálculo são

$$\frac{d}{dx}e^x = e^x, \qquad \frac{d}{dx}\ln x = \frac{1}{x}$$

■ **EXEMPLO 2** Derive: **(a)** $y = x\ln x$ e **(b)** $y = (\ln x)^2$

Solução

(a) Usamos a regra do produto:

$$\frac{d}{dx}(x\ln x) = x\cdot(\ln x)' + (x)'\cdot\ln x$$

$$= x\cdot\frac{1}{x} + \ln x = 1 + \ln x$$

(b) Usamos a regra da potência generalizada:

$$\frac{d}{dx}(\ln x)^2 = 2\ln x\cdot\frac{d}{dx}\ln x = \frac{2\ln x}{x}$$ ■

Na Seção 3.2, provamos a regra da potência com expoentes naturais. Agora podemos prová-la com qualquer expoente n escrevendo x^n como uma exponencial e usando a regra da cadeia. Com $x > 0$

$$x^n = (e^{\ln x})^n = e^{n\ln x}$$

$$\frac{d}{dx}x^n = \frac{d}{dx}e^{n\ln x} = \left(\frac{d}{dx}n\ln x\right)e^{n\ln x}$$

$$= \left(\frac{n}{x}\right)x^n = nx^{n-1}$$

Podemos obter uma fórmula útil da derivada de $\ln(f(x))$ aplicando a regra da cadeia com $u = f(x)$:

$$\frac{d}{dx}\ln(f(x)) = \frac{d}{du}\ln(u)\frac{du}{dx} = \frac{1}{u}\cdot u' = \frac{1}{f(x)}f'(x)$$

$$\frac{d}{dx}\ln(f(x)) = \frac{f'(x)}{f(x)}$$ 3

EXEMPLO 3 Derive: (**a**) $y = \ln(x^3 + 1)$ e (**b**) $y = \ln(\sqrt{\operatorname{sen} x})$.

Solução Usamos a Equação (3):

(**a**) $\dfrac{d}{dx}\ln(x^3+1) = \dfrac{(x^3+1)'}{x^3+1} = \dfrac{3x^2}{x^3+1}$

(**b**) Simplificamos a expressão escrevendo $\ln(\sqrt{\operatorname{sen} x}) = \ln\left((\operatorname{sen} x)^{1/2}\right) = \frac{1}{2}\ln(\operatorname{sen} x)$:

$$\frac{d}{dx}\ln\left(\sqrt{\operatorname{sen} x}\right) = \frac{1}{2}\frac{d}{dx}\ln(\operatorname{sen} x)$$

$$= \frac{1}{2}\frac{(\operatorname{sen} x)'}{\operatorname{sen} x} = \frac{1}{2}\frac{\cos x}{\operatorname{sen} x} = \frac{1}{2}\operatorname{cotg} x$$

LEMBRETE De acordo com a Equação (1) da Seção 1.6, temos as fórmulas de mudança de base:

$$\log_b x = \frac{\log_a x}{\log_a b}, \qquad \log_b x = \frac{\ln x}{\ln b}$$

Segue, como no Exemplo 4, que, qualquer que seja a base $b > 0$, $b \neq 1$:

$$\frac{d}{dx}\log_b x = \frac{1}{(\ln b)x}$$

EXEMPLO 4 **Logaritmo com outra base** Calcule $\dfrac{d}{dx}\log_{10} x$.

Solução Pela fórmula de mudança de base (ver na margem), $\log_{10} x = \frac{\ln x}{\ln 10}$. Assim,

$$\frac{d}{dx}\log_{10} x = \frac{d}{dx}\left(\frac{\ln x}{\ln 10}\right) = \frac{1}{\ln 10}\frac{d}{dx}\ln x = \frac{1}{(\ln 10)x}$$

Derivação logarítmica

O próximo exemplo ilustra a derivação logarítmica. Essa técnica poupa trabalho quando a função é um produto ou quociente com vários fatores.

A derivação logarítmica torna um procedimento relativamente simples o que, sem ela, poderia ser uma derivada dolorosa e entediante, com múltiplas aplicações das regras do produto e do quociente.

EXEMPLO 5 Encontre a derivada de

$$f(x) = \frac{(x+1)^2(2x^2-3)}{\sqrt{x^2+1}}$$

Solução Na derivação logarítmica, derivamos $\ln(f(x))$ em vez de a própria $f(x)$. Inicialmente, tomamos o logaritmo natural de ambos os lados da equação:

$$\ln f(x) = \ln\left(\frac{(x+1)^2(2x^2-3)}{\sqrt{x^2+1}}\right)$$

Em seguida, expandimos o lado direito usando as propriedades do logaritmo:

$$\ln(f(x)) = \ln\left((x+1)^2\right) + \ln\left(2x^2-3\right) - \ln\left(\sqrt{x^2+1}\right)$$

$$= 2\ln(x+1) + \ln\left(2x^2-3\right) - \frac{1}{2}\ln(x^2+1)$$

Agora usamos a Equação (3):

$$\frac{f'(x)}{f(x)} = \frac{d}{dx}\ln(f(x)) = 2\frac{d}{dx}\ln(x+1) + \frac{d}{dx}\ln\left(2x^2-3\right) - \frac{1}{2}\frac{d}{dx}\ln\left(x^2+1\right)$$

$$\frac{f'(x)}{f(x)} = \frac{2}{x+1} + \frac{4x}{2x^2-3} - \frac{1}{2}\frac{2x}{x^2+1}$$

Finalmente, multiplicamos tudo por $f(x)$:

$$f'(x) = \left(\frac{2}{x+1} + \frac{4x}{2x^2-3} - \frac{x}{x^2+1}\right)\left(\frac{(x+1)^2(2x^2-3)}{\sqrt{x^2+1}}\right)$$

A derivação logarítmica também nos permite derivar funções da forma $y = f(x)^{g(x)}$, em que tanto a base quanto o expoente dependem de x.

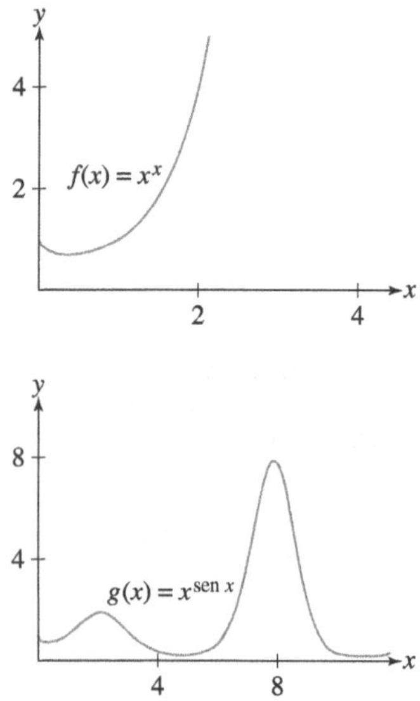

FIGURA 1 Os gráficos de $f(x) = x^x$ e $g(x) = x^{\operatorname{sen} x}$.

■ **EXEMPLO 6** Derive (com $x > 0$): **(a)** $f(x) = x^x$ e **(b)** $g(x) = x^{\operatorname{sen} x}$

Solução Os dois problemas são parecidos (Figura 1). Ilustramos dois métodos diferentes.

(a) Método 1: Usamos a identidade $x = e^{\ln x}$ para reescrever $f(x)$ como uma exponencial:

$$f(x) = x^x = (e^{\ln x})^x = e^{x \ln x}$$

$$f'(x) = (x \ln x)' e^{x \ln x} = (1 + \ln x) e^{x \ln x} = (1 + \ln x) x^x$$

(b) Método 2: Aplicamos a Equação (3) a $\ln(g(x))$. Como $\ln(g(x)) = \ln(x^{\operatorname{sen} x}) = (\operatorname{sen} x) \ln x$,

$$\frac{g'(x)}{g(x)} = \frac{d}{dx} \ln(g(x)) = \frac{d}{dx}\big((\operatorname{sen} x) \ln x\big) = \frac{\operatorname{sen} x}{x} + (\cos x) \ln x$$

$$g'(x) = \left(\frac{\operatorname{sen} x}{x} + (\cos x) \ln x\right) g(x) = \left(\frac{\operatorname{sen} x}{x} + (\cos x) \ln x\right) x^{\operatorname{sen} x}$$ ■

Derivadas de funções hiperbólicas

Lembre que na Seção 1.6 introduzimos as funções hiperbólicas como combinações especiais de e^x e e^{-x}. As fórmulas de suas derivadas são análogas às das correspondentes funções trigonométricas, exceto pelo sinal.

Considere o seno e o cosseno hiperbólicos:

$$\operatorname{senh} x = \frac{e^x - e^{-x}}{2}, \qquad \cosh x = \frac{e^x + e^{-x}}{2}$$

As derivadas são:

$$\frac{d}{dx} \operatorname{senh} x = \cosh x, \qquad \frac{d}{dx} \cosh x = \operatorname{senh} x$$

Podemos conferir isso diretamente. Por exemplo,

$$\frac{d}{dx}\left(\frac{e^x - e^{-x}}{2}\right) = \left(\frac{e^x - e^{-x}}{2}\right)' = \frac{e^x + e^{-x}}{2} = \cosh x$$

Observe a semelhança com as fórmulas $\frac{d}{dx} \operatorname{sen} x = \cos x$, $\frac{d}{dx} \cos x = -\operatorname{sen} x$. As derivadas das outras funções hiperbólicas, que são calculadas de maneira análoga, também diferem de suas correspondentes trigonométricas por um sinal, no máximo.

LEMBRETE

$$\operatorname{tg} x = \frac{\operatorname{senh} x}{\cosh x} = \frac{e^x - e^{-x}}{e^x + e^{-x}}$$

$$\operatorname{sech} x = \frac{1}{\cosh x} = \frac{2}{e^x + e^{-x}}$$

$$\operatorname{cotg} x = \frac{\cosh x}{\operatorname{senh} x} = \frac{e^x + e^{-x}}{e^x - e^{-x}}$$

$$\operatorname{cossec} x = \frac{1}{\operatorname{senh} x} = \frac{2}{e^x - e^{-x}}$$

Derivadas de funções hiperbólicas e trigonométricas

$$\frac{d}{dx} \operatorname{tgh} x = \operatorname{sech}^2 x, \qquad \frac{d}{dx} \operatorname{tg} x = \sec^2 x$$

$$\frac{d}{dx} \operatorname{cotgh} x = -\operatorname{cossech}^2 x, \qquad \frac{d}{dx} \operatorname{cotg} x = -\operatorname{cossec}^2 x$$

$$\frac{d}{dx} \operatorname{sech} x = -\operatorname{sech} x \operatorname{tgh} x, \qquad \frac{d}{dx} \sec x = \sec x \operatorname{tg} x$$

$$\frac{d}{dx} \operatorname{cossech} x = -\operatorname{cossech} x \operatorname{cotg} x, \qquad \frac{d}{dx} \operatorname{cossec} x = -\operatorname{cossec} x \operatorname{cotg} x$$

LEMBRETE O seno e o cosseno hiperbólicos satisfazem a identidade básica (Seção 1.6)

$$\cosh^2 x - \operatorname{senh}^2 x = 1$$

■ **EXEMPLO 7** Verifique $\frac{d}{dx} \operatorname{cotgh} x = -\operatorname{cossech}^2 x$

Solução Pela regra do quociente e a identidade $\cosh^2 x - \operatorname{senh}^2 x = 1$,

$$\frac{d}{dx} \operatorname{cotgh} x = \left(\frac{\cosh x}{\operatorname{senh} x}\right)' = \frac{(\operatorname{senh} x)(\cosh x)' - (\cosh x)(\operatorname{senh} x)'}{\operatorname{senh}^2 x}$$

$$= \frac{\operatorname{senh}^2 x - \cosh^2 x}{\operatorname{senh}^2 x} = \frac{-1}{\operatorname{senh}^2 x} = -\operatorname{cossech}^2 x$$ ■

■ **EXEMPLO 8** Calcule: **(a)** $\frac{d}{dx}\cosh(3x^2+1)$ **(b)** $\frac{d}{dx}$ senh x tgh x.

Solução

(a) Pela regra da cadeia, $\frac{d}{dx}\cosh(3x^2+1) = 6x\,\text{senh}(3x^2+1)$

(b) Pela regra do produto,

$$\frac{d}{dx}(\text{senh}\,x\ \text{tgh}\,x) = \text{senh}\,x\ \text{sech}^2 x + \text{tgh}\,x\cosh x = \text{sech}\,x\ \text{tgh}\,x + \text{senh}\,x$$ ■

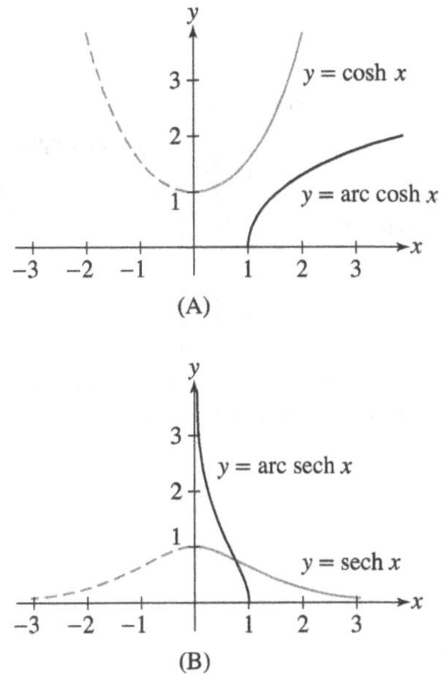

FIGURA 2

Funções hiperbólicas inversas

Lembre que uma função f de domínio D tem uma inversa se, e só se, é injetora em D. Cada uma das funções hiperbólicas é injetora em seu domínio e, portanto, tem uma inversa bem definida, exceto $f(x) = \cosh x$ e $f(x) = \text{sech}\,x$. Essas duas funções são injetoras no domínio restrito $\{x : x \geq 0\}$, e consideramos $f(x) = \text{arc cosh}\,x$ e $f(x) = \text{arc sech}\,x$ como as correspondentes inversas (Figura 2). Na leitura da tabela seguinte, lembre que o domínio da inversa é igual à imagem da função.

LEMBRETE As derivadas de arc cosh x *e de* arc sech x *não estão definidas na extremidade* $x = 1$ *de seus domínios.*

Funções hiperbólicas inversas e suas derivadas

Função	Domínio	Derivada
$y = \text{arc senh}\,x$	qualquer x	$\frac{d}{dx}\text{arc senh}\,x = \frac{1}{\sqrt{x^2+1}}$
$y = \text{arc cosh}\,x$	$x \geq 1$	$\frac{d}{dx}\text{arc cosh}\,x = \frac{1}{\sqrt{x^2-1}}$
$y = \text{arc tgh}\,x$	$\lvert x\rvert < 1$	$\frac{d}{dx}\text{arc tgh}\,x = \frac{1}{1-x^2}$
$y = \text{arc cotgh}\,x$	$\lvert x\rvert > 1$	$\frac{d}{dx}\text{arc cotgh}\,x = \frac{1}{1-x^2}$
$y = \text{arc sech}\,x$	$0 < x \leq 1$	$\frac{d}{dx}\text{arc sech}\,x = -\frac{1}{x\sqrt{1-x^2}}$
$y = \text{arc cossech}\,x$	$x \neq 0$	$\frac{d}{dx}\text{arc cossech}\,x = -\frac{1}{\lvert x\rvert\sqrt{x^2+1}}$

■ **EXEMPLO 9** Verifique $\frac{d}{dx}\text{arc tgh}\,x = \frac{1}{1-x^2}$.

Solução Seja $y = \text{arc tgh}\,x$. Então $\text{tgh}\,y = x$. Derivando implicitamente, obtemos

$$\text{sech}^2 y\frac{dy}{dx} = 1$$

$$\frac{dy}{dx} = \frac{1}{\text{sech}^2 y}$$

Segue que

$$\frac{d}{dx}\text{arc tgh}\,x = \frac{1}{\text{sech}^2(\text{arc tgh}\,x)}$$

Para calcular $\text{sech}^2(y)$,

$$\cosh^2 y - \text{senh}^2 y = 1 \quad \text{(identidade básica)}$$

$$1 - \text{tgh}^2 y = \text{sech}^2 y \quad \text{(dividindo por } \cosh^2 t\text{)}$$

$$1 - x^2 = \text{sech}^2(y) \quad \text{(pois } x = \text{tgh}\,y\text{)}$$

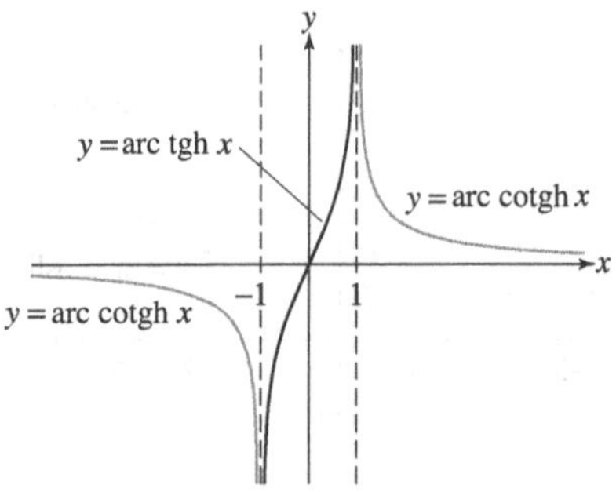

FIGURA 3 As funções $y = \text{arc tgh}\, x$ e $y = \text{arc cotgh}\, x$ têm domínios disjuntos.

Assim obtemos o resultado que procuramos:

$$\frac{d}{dx}\,\text{arc tgh}\, x = \frac{1}{\text{sech}^2 y} = \frac{1}{1 - x^2}$$ ■

As funções $y = \text{arc tgh}\, x$ e $y = \text{arc cotgh}\, x$ têm, ambas, derivada $1/(1 - x^2)$. Observe, entretanto, que seus domínios são disjuntos (Figura 3).

3.9 Resumo

- Fórmulas de derivação:

$$\frac{d}{dx}e^x = e^x, \qquad \frac{d}{dx}\ln x = \frac{1}{x}, \qquad \frac{d}{dx}b^x = (\ln b)b^x, \qquad \frac{d}{dx}\log_b x = \frac{1}{(\ln b)x}$$

- Use a derivação logarítmica com funções que sejam produtos ou quocientes de vários fatores e com funções da forma $y = f(x)^{g(x)}$
- Funções hiperbólicas:

$$\frac{d}{dx}\,\text{senh}\, x = \cosh x, \qquad \frac{d}{dx}\cosh x = \text{senh}\, x$$

$$\frac{d}{dx}\,\text{tgh}\, x = \text{sech}^2 x, \qquad \frac{d}{dx}\,\text{cotgh}\, x = -\,\text{cossech}^2 x$$

$$\frac{d}{dx}\,\text{sech}\, x = -\,\text{sech}\, x\,\text{tgh}\, x, \qquad \frac{d}{dx}\,\text{cossech}\, x = -\,\text{cossech}\, x\,\text{cotgh}\, x$$

- Funções hiperbólicas inversas:

$$\frac{d}{dx}\,\text{arc senh}\, x = \frac{1}{\sqrt{x^2+1}}, \qquad \frac{d}{dx}\,\text{arc cosh}\, x = \frac{1}{\sqrt{x^2-1}} \quad (x > 1)$$

$$\frac{d}{dx}\,\text{arc tgh}\, x = \frac{1}{1-x^2} \quad (|x| < 1), \qquad \frac{d}{dx}\,\text{arc cotgh}\, x = \frac{1}{1-x^2} \quad (|x| > 1)$$

$$\frac{d}{dx}\,\text{arc sech}\, x = \frac{-1}{x\sqrt{1-x^2}} \quad (0 < x < 1), \qquad \frac{d}{dx}\,\text{arc cossech}\, x = -\frac{1}{|x|\sqrt{x^2+1}} \quad (x \neq 0)$$

3.9 Exercícios

Exercícios preliminares

1. Qual é a inclinação da reta tangente a $y = 4^x$ em $x = 0$?
2. Qual é a taxa de variação de $y = \ln x$ em $x = 10$?
3. Qual $b > 0$ é tal que a reta tangente a $y = b^x$ em $x = 0$ tem inclinação 2?
4. Qual $b > 0$ é tal que $(\log_b x)' = \dfrac{1}{3x}$?
5. Se $y = \cosh x$, quais são $y^{(100)}$ e $y^{(101)}$?

Exercícios

Nos Exercícios 1-20, encontre a derivada.

1. $y = x \ln x$
2. $y = t \ln t - t$
3. $y = 2^{x^3}$
4. $y = \ln(x^5)$
5. $y = \ln(9x^2 - 8)$
6. $y = \ln(t5^t)$
7. $y = (\ln x)^2$
8. $y = x^2 \ln x$
9. $y = e^{(\ln x)^2}$
10. $y = \dfrac{\ln x}{x}$
11. $y = \ln(\ln x)$
12. $y = \ln(\text{cotg}\, x)$
13. $y = \left(\ln(\ln x)\right)^3$
14. $y = \ln\left((\ln x)^3\right)$
15. $y = \ln\left((x+1)(2x+9)\right)$
16. $y = \ln\left(\dfrac{x+1}{x^3+1}\right)$
17. $y = 11^x$
18. $y = 7^{4x - x^2}$
19. $y = \dfrac{2^x - 3^{-x}}{x}$
20. $y = 16^{\text{sen}\, x}$

Nos Exercícios 21-24, calcule a derivada.

21. $f'(x), \quad f(x) = \log_2 x$
22. $f'(3), \quad f(x) = \log_5 x$
23. $\dfrac{d}{dt}\log_3(\text{sen}\, t)$
24. $\dfrac{d}{dt}\log_{10}(t + 2^t)$

Nos Exercícios 25-36, encontre uma equação da reta tangente no ponto indicado.

25. $f(x) = 6^x, \quad x = 2$

26. $y = (\sqrt{2})^x, \quad x = 8$

27. $s(t) = 3^{9t}, \quad t = 2$

28. $y = \pi^{5x-2}, \quad x = 1$

29. $f(x) = 5^{x^2-2x}, \quad x = 1$

30. $s(t) = \ln t, \quad t = 5$

31. $s(t) = \ln(8 - 4t), \quad t = 1$

32. $f(x) = \ln(x^2), \quad x = 4$

33. $R(z) = \log_5(2z^2 + 7), \quad z = 3$

34. $y = \ln(\operatorname{sen} x), \quad x = \frac{\pi}{4}$

35. $f(w) = \log_2 w, \quad w = \frac{1}{8}$

36. $y = \log_2(1 + 4x^{-1}), \quad x = 4$

Nos Exercícios 37-44, encontre a derivada usando derivação logarítmica, como no Exemplo 5.

37. $y = (x + 5)(x + 9)$

38. $y = (3x + 5)(4x + 9)$

39. $y = (x - 1)(x - 12)(x + 7)$

40. $y = \dfrac{x(x + 1)^3}{(3x - 1)^2}$

41. $y = \dfrac{x(x^2 + 1)}{\sqrt{x + 1}}$

42. $y = (2x + 1)(4x^2)\sqrt{x - 9}$

43. $y = \sqrt{\dfrac{x(x + 2)}{(2x + 1)(3x + 2)}}$

44. $y = (x^3 + 1)(x^4 + 2)(x^5 + 3)^2$

Nos Exercícios 45-50, encontre a derivada usando um dos dois métodos do Exemplo 6.

45. $f(x) = x^{3x}$

46. $f(x) = x^{3^x}$

47. $f(x) = x^{e^x}$

48. $f(x) = x^{x^2}$

49. $f(x) = x^{\cos x}$

50. $f(x) = e^{x^x}$

Nos Exercícios 51-74, calcule a derivada.

51. $y = \operatorname{senh}(9x)$

52. $y = \operatorname{senh}(x^2)$

53. $y = \cosh^2(9 - 3t)$

54. $y = \operatorname{tgh}(t^2 + 1)$

55. $y = \sqrt{\cosh x + 1}$

56. $y = \operatorname{senh} x \operatorname{tgh} x$

57. $y = \dfrac{\operatorname{cotgh} t}{1 + \operatorname{tgh} t}$

58. $y = (\ln(\cosh x))^5$

59. $y = \operatorname{senh}(\ln x)$

60. $y = e^{\operatorname{cotgh} x}$

61. $y = \operatorname{tgh}(e^x)$

62. $y = \operatorname{senh}(\cosh^3 x)$

63. $y = \operatorname{sech}(\sqrt{x})$

64. $y = \ln(\operatorname{cotgh} x)$

65. $y = \operatorname{sech} x \operatorname{cotgh} x$

66. $y = x^{\operatorname{senh} x}$

67. $y = \operatorname{arc\,cosh}(3x)$

68. $y = \operatorname{arc\,tgh}(e^x + x^2)$

69. $y = (\operatorname{arc\,senh}(x^2))^3$

70. $y = (\operatorname{arc\,cossech} 3x)^4$

71. $y = e^{\operatorname{arc\,cosh} x}$

72. $y = \operatorname{arc\,senh}(\sqrt{x^2 + 1})$

73. $y = \operatorname{arc\,tgh}(\ln t)$

74. $y = \ln(\operatorname{arc\,tgh} x)$

Nos Exercícios 75-77, prove a fórmula.

75. $\dfrac{d}{dx}(\operatorname{cotgh} x) = -\operatorname{cossech}^2 x$

76. $\dfrac{d}{dt} \operatorname{arc\,senh} t = \dfrac{1}{\sqrt{t^2 + 1}}$

77. $\dfrac{d}{dt} \operatorname{arc\,cosh} t = \dfrac{1}{\sqrt{t^2 - 1}}$ com $t > 1$

78. Use a fórmula $(\ln f(x))' = f'(x)/f(x)$ para mostrar que $\ln x$ e $\ln(2x)$ têm a mesma derivada. Há alguma explicação mais simples desse resultado?

79. De acordo com um modelo simplificado, o poder de compra de um dólar no ano 2000 + t é igual a $P(t) = 0{,}68(1{,}04)^{-t}$ (em dólares de 1983). Calcule a taxa de declínio do poder de compra prevista para 2020 em centavos de dólar por ano.

80. A energia E (em joules) liberada como onda sísmica por um terremoto de magnitude Richter M satisfaz $\log_{10} E = 4{,}8 + 1{,}5M$.

(a) Mostre que, se M aumentar uma unidade, então a energia cresce, aproximadamente, por um fator de 31,5.

(b) Calcule dE/dM.

81. Dadas quaisquer constantes M, k e a, mostre que a função

$$y(t) = \frac{1}{2}M\left(1 + \operatorname{tgh}\left(\frac{k(t - a)}{2}\right)\right)$$

satisfaz a **equação logística** $\dfrac{y'}{y} = k\left(1 - \dfrac{y}{M}\right)$

82. Mostre que $V(x) = 2\ln(\operatorname{tgh}(x/2))$ satisfaz a **equação de Poisson--Boltzmann** $V''(x) = \operatorname{senh}(V(x))$, utilizada para descrever as forças eletrostáticas de certas moléculas.

83. A escala técnica Palermo de destruição por impacto P é usada para quantificar o risco associado ao impacto de um asteroide com a Terra:

$$P = \log_{10}\left(\frac{p_i E^{0{,}8}}{0{,}03T}\right)$$

em que p_i é a probabilidade de o impacto ocorrer, T é o número de anos até o impacto e E é a energia de impacto (em megatoneladas de TNT). O risco é maior do que o de um evento aleatório de magnitude semelhante se $P > 0$.

(a) Calcule dP/dT, supondo que $p_i = 2 \times 10^{-5}$ e $E = 2$ megatoneladas.

(b) Use a derivada para obter uma estimativa da variação de P se T aumentar de 8 para 9 anos.

Compreensão adicional e desafios

84. **(a)** Mostre que se f e g forem deriváveis, então

$$\frac{d}{dx}\ln(f(x)g(x)) = \frac{f'(x)}{f(x)} + \frac{g'(x)}{g(x)} \qquad (4)$$

(b) Dê uma nova demonstração da regra do produto observando que o lado esquerdo da Equação (4) é igual a $\dfrac{(f(x)g(x))'}{f(x)g(x)}$.

85. Use a fórmula $\log_b x = \dfrac{\log_a x}{\log_a b}$, com $a, b > 0$, para verificar a fórmula

$$\frac{d}{dx}\log_b x = \frac{1}{(\ln b)x}$$

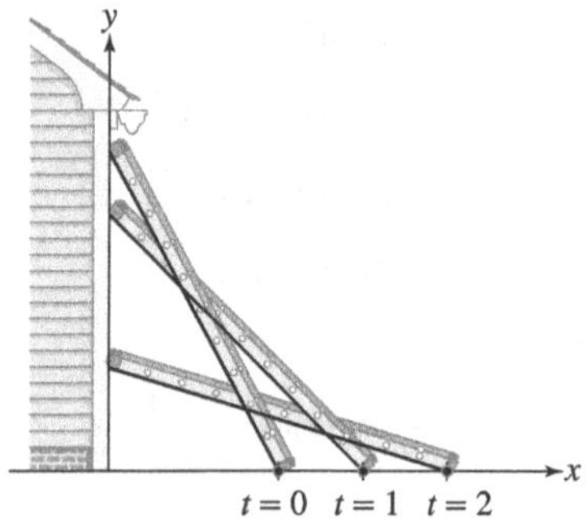

FIGURA 1 As posições de uma escada nos instantes $t = 0$, 1 e 2.

3.10 Taxas relacionadas

Em problemas de *taxas relacionadas*, o objetivo é calcular uma taxa de variação desconhecida em termos de outras taxas de variação que são conhecidas. Um exemplo típico é o "problema da escada deslizante". Uma escada está apoiada numa parede enquanto sua base está sendo puxado para longe da parede a uma velocidade constante. *Quão rápido se moverá o alto da escada?* O que é interessante e, talvez, surpreendente, é que as duas extremidades da escada se movem a velocidades distintas. A Figura 1 mostra isso claramente: a base percorre a mesma distância a cada intervalo de tempo, mas o alto percorre uma distância maior durante o segundo intervalo de tempo do que durante o primeiro. Em outras palavras, o alto está aumentando a velocidade enquanto que a base mantém uma velocidade constante. No exemplo a seguir, utilizamos o Cálculo para encontrar a velocidade do alto da escada.

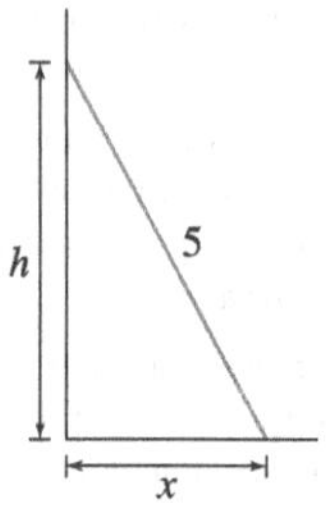

FIGURA 2 As variáveis x e h.

■ **EXEMPLO 1 O problema da escada deslizante** Uma escada de 5 m está encostada numa parede. No instante $t = 0$, a base da escada está a 1,5 m da parede e se afasta da parede a uma taxa de 0,8 m/s. Encontre a velocidade do alto da escada no instante $t = 1$.

Solução O primeiro passo em qualquer problema de taxas relacionadas é a escolha de variáveis para as quantidades relevantes. Como estamos considerando a variação de posição do alto e da base da escada, usamos as variáveis (Figura 2):

- $x = x(t)$ é a distância da base da escada à parede
- $h = h(t)$ é a altura a que está o alto da escada

Ambos, x e h, são funções do tempo. A velocidade da base é $dx/dt = 0{,}8$ m/s. A velocidade desconhecida do alto é dh/dt e a distância inicial da base à parede é $x(0) = 1{,}5$. Assim, podemos reformular o problema como

$$\text{Calcular } \frac{dh}{dt} \text{ em } t = 1 \quad \text{sabendo que } \frac{dx}{dt} = 0{,}8 \text{ m/s e } x(0) = 1{,}5 \text{ m}$$

Para resolver esse problema, precisamos de uma equação que relacione x e h (Figura 2). Isso é fornecido pelo teorema de Pitágoras:

$$x^2 + h^2 = 5^2$$

Para calcular dh/dt, derivamos ambos os lados dessa equação *em relação a t*:

$$\frac{d}{dt}x^2 + \frac{d}{dt}h^2 = \frac{d}{dt}5^2$$

$$2x\frac{dx}{dt} + 2h\frac{dh}{dt} = 0$$

Então, $\frac{dh}{dt} = -\frac{x}{h}\frac{dx}{dt}$, e, como $\frac{dx}{dt} = 0{,}8$ m/s, a velocidade do alto é

$$\frac{dh}{dt} = -0{,}8\frac{x}{h} \text{ m/s} \qquad 1$$

t	x	h	dh/dt
0	1,5	4,77	−0,25
1	2,3	4,44	−0,41
2	3,1	3,92	−0,63
3	3,9	3,13	−1,00

Esta tabela de valores confirma que o alto da escada está aumentando a velocidade.

Para aplicar essa fórmula, precisamos encontrar x e h no instante $t = 1$. Como a base se afasta a 0,8 m/s e $x(0) = 1{,}5$, temos $x(1) = 2{,}3$ e $h(1) = \sqrt{5^2 - 2{,}3^2} \approx 4{,}44$. Dessa forma, obtemos (note que a resposta é negativa, pois o alto da escada está caindo)

$$\left.\frac{dh}{dt}\right|_{t=1} = -0{,}8\frac{x(1)}{h(1)} \approx -0{,}8\frac{2{,}3}{4{,}44} \approx -0{,}41 \text{ m/s} \quad ■$$

ENTENDIMENTO CONCEITUAL Uma característica intrigante da Equação (1) é que a velocidade dh/dt, que é igual a $-0{,}8\ x/h$, tende ao infinito se $h \to 0$ (ou seja, quando o topo da escada tende ao chão). Como isso é impossível, nosso modelo matemático deve deixar de valer se $h \to 0$. De fato, pode ser mostrado que o topo da escada perde o contato com a parede antes de alcançar o chão e, desse momento em diante, a fórmula deixa de valer.

Nos próximos exemplos, dividimos a resolução em três passos que podem ser utilizados nos exercícios.

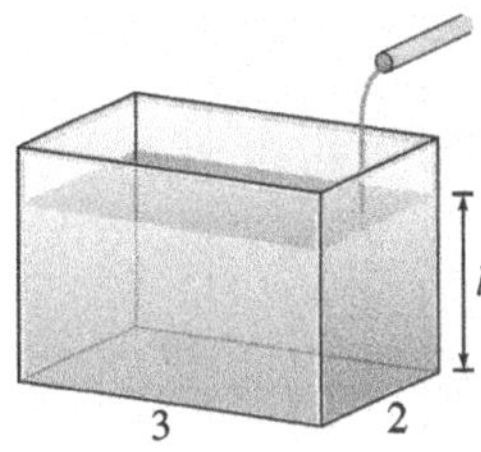

FIGURA 3 V = volume d'água no instante t.

■ **EXEMPLO 2** **Enchendo um tanque retangular** Suponha que um tanque seja enchido de água a uma taxa de 0,3 m^3/min. Com que velocidade o nível d'água estará subindo se a base do tanque for um retângulo de dimensões 2×3 m?

Solução Para resolver um problema de taxas relacionadas, sempre que for possível é útil fazer um diagrama descritivo. A Figura 3 ilustra nosso problema.

***Passo 1*. Escolher variáveis e reformular o problema.**
Em primeiro lugar, devemos nos dar conta de que a taxa segundo a qual a água entra no tanque é a derivada do volume d'água em relação ao tempo. Portanto, sejam V o volume e h a altura da água no instante t. Então

$$\frac{dV}{dt} = \text{taxa segundo a qual a água está sendo acrescentada ao tanque}$$

$$\frac{dh}{dt} = \text{taxa segundo a qual o nível d'água está subindo}$$

É útil escolher variáveis que estejam relacionadas ou tradicionalmente associadas com a quantidade representada, como V para volume, θ para um ângulo, h ou y para altura e r para o raio.

Agora podemos reformular o problema em termos de derivadas:

$$\text{Calcular } \frac{dh}{dt} \quad \text{sabendo que} \quad \frac{dV}{dt} = 0{,}3 \text{ m}^3/\text{min}$$

***Passo 2*. Encontrar uma equação que relacione as variáveis e derivar em relação ao tempo.**
Precisamos de uma relação entre V e h. Temos $V = 6h$, já que a base do tanque tem uma área de 6 m^2. Portanto,

$$\frac{dV}{dt} = 6\frac{dh}{dt} \quad \Rightarrow \quad \frac{dh}{dt} = \frac{1}{6}\frac{dV}{dt}$$

***Passo 3*. Usar os dados para encontrar a derivada desconhecida.**
Como $dV/dt = 0{,}3$, o nível d'água sobe à taxa

$$\frac{dh}{dt} = \frac{1}{6}\frac{dV}{dt} = \frac{1}{6}(0{,}3) = 0{,}05 \text{ m/min}$$

Observe que as unidades de dh/dt são m/min, pois h e t estão em metros e minutos, respectivamente. ■

A situação no próximo exemplo é análoga, mas mais complicada porque o tanque de água tem o formato de um cone circular. Utilizamos triângulos semelhantes para deduzir uma relação entre o volume e a altura da água. Também precisamos da fórmula $V = \frac{1}{3}\pi h r^2$ do volume de um cone circular de altura h e raio r.

■ **EXEMPLO 3** **Enchendo um tanque cônico** Suponha que um tanque cônico de 10 m de altura e raio de 4 m seja enchido de água a uma taxa de 6 m^3/min.

(a) A que taxa estará subindo o nível d'água quando estiver a uma altura de 5 m?
(b) Com o passar do tempo, o que ocorre com a taxa segundo a qual a água sobe?

Solução

(a) ***Passo 1*. Escolher variáveis e reformular o problema.**
Como no exemplo anterior, sejam V e h o volume e a altura da água no tanque no instante t. Nosso problema, em termos de derivadas, é

$$\text{Calcular } \frac{dh}{dt} \text{ com } h = 5 \quad \text{sabendo que} \quad \frac{dV}{dt} = 6 \text{ m}^3/\text{min}$$

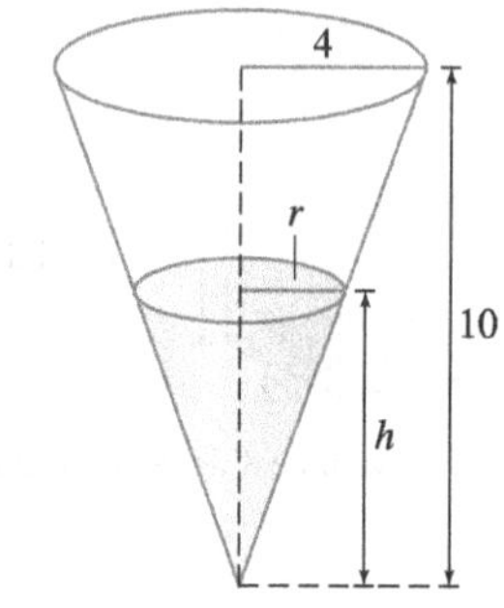

FIGURA 4 Por semelhança de triângulos,

$$\frac{r}{h} = \frac{4}{10}$$

Passo 2. **Encontrar uma equação que relacione as variáveis e derivar em relação ao tempo.**
Quando o nível d'água for h, o volume da água no cone é $V = \frac{1}{3}\pi hr^2$, em que r é o raio do cone à altura h. Para poder usar essa relação, eliminamos a variável r. Usando a semelhança de triângulos da Figura 4, vemos que

$$\frac{r}{h} = \frac{4}{10}$$

ou

$$r = 0{,}4\,h$$

Portanto,

$$V = \frac{1}{3}\pi h(0{,}4\,h)^2 = \left(\frac{0{,}16}{3}\right)\pi h^3$$

$$\frac{dV}{dt} = (0{,}16)\pi h^2\frac{dh}{dt} \tag{2}$$

ADVERTÊNCIA Um erro comum é substituir o valor particular $h = 5$ na Equação (2). Não tome $h = 5$ antes do final do problema, depois de ter calculado as derivadas. Isso se aplica a todos os problemas de taxas relacionadas.

Passo 3. **Usar os dados para encontrar a derivada desconhecida.**
Sabemos que $dV/dt = 6$. Usando isso na Equação (2), obtemos

$$(0{,}16)\pi h^2\frac{dh}{dt} = 6$$

$$\frac{dh}{dt} = \frac{6}{(0{,}16)\pi h^2} \tag{3}$$

Quando $h = 5$, o nível d'água está subindo a uma taxa de $\frac{dh}{dt} = \frac{6}{(0{,}16)\pi 5^2} \approx 0{,}48$ m/min.

(b) A Equação (3) mostra que dh/dt é inversamente proporcional a h^2. Quando h cresce, o nível d'água sobe mais lentamente. Isso é razoável, pois se considerarmos que uma fatia fina do cone de altura Δh tem mais volume quando h for maior, então precisaremos de mais água para subir o nível quando h for maior (Figura 5). ■

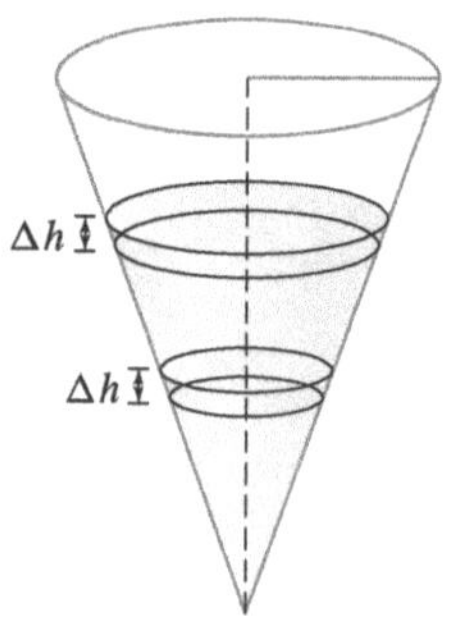

FIGURA 5 Quando h for maior, precisará de mais água para elevar o nível d'água por Δh.

■ **EXEMPLO 4 Acompanhamento de um foguete** Um espião observa por telescópio um foguete sendo lançado de uma base a 6 km de distância, como na Figura 6. Num certo momento, o ângulo entre o telescópio e o nível do chão é igual a $\frac{\pi}{3}$ e está variando a uma taxa de 0,9 rad/min. Qual é a velocidade do foguete naquele momento?

Solução

Passo 1. **Escolher variáveis e reformular o problema.**
Seja y a altura do foguete no instante t. Nosso objetivo é calcular a velocidade dy/dt do foguete quando $\theta = \frac{\pi}{3}$, portanto podemos reformular o problema como segue:

Calcular $\left.\frac{dy}{dt}\right\vert_{\theta=\frac{\pi}{3}}$ sabendo que $\frac{d\theta}{dt} = 0{,}9$ rad/min quando $\theta = \frac{\pi}{3}$

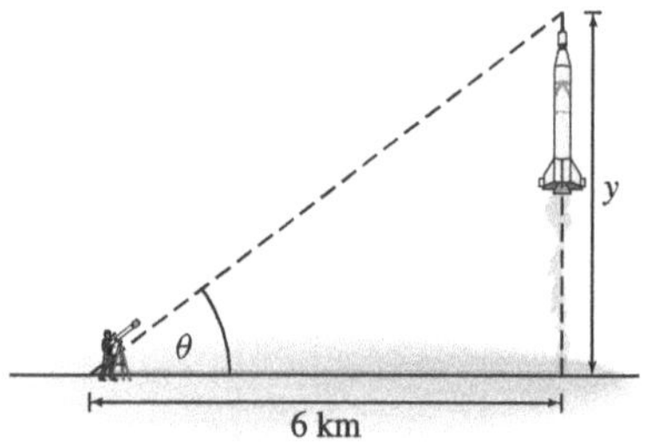

FIGURA 6 Acompanhando um foguete por telescópio.

Passo 2. **Encontrar uma equação que relacione as variáveis e derivar.**
Precisamos de uma relação entre θ e y. Como podemos ver na Figura 6,

$$\text{tg}\,\theta = \frac{y}{6}$$

Agora derivamos em relação ao tempo:

$$\sec^2\theta\frac{d\theta}{dt} = \frac{1}{6}\frac{dy}{dt}$$

$$\frac{dy}{dt} = \frac{6}{\cos^2\theta}\frac{d\theta}{dt} \tag{4}$$

Passo 3. **Usar os dados para encontrar a derivada desconhecida.**

No instante dado, $\theta = \frac{\pi}{3}$ e $d\theta/dt = 0{,}9$, portanto a Equação (4) fornece

$$\frac{dy}{dt} = \frac{6}{\cos^2(\pi/3)}(0{,}9) = \frac{6}{(0{,}5)^2}(0{,}9) = 21{,}6 \text{ km/min}$$

A velocidade do foguete nesse instante é de 21,6 km/min ou, aproximadamente, 1.296 km/h. ■

■ **EXEMPLO 5** O trator de um fazendeiro anda a 3 m/s e puxa um fardo de feno com uma corda que passa por uma roldana. Com as dimensões indicadas na Figura 7, calcule a velocidade do fardo quando o trator estiver a 5 m do fardo.

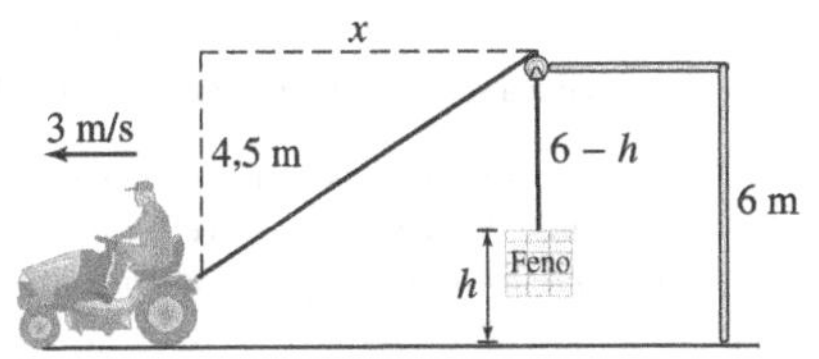

FIGURA 7

Solução

Passo 1. **Escolher variáveis e reformular o problema.** Sejam x a distância horizontal entre o trator e o fardo de feno e h a altura do topo do fardo de feno acima do chão. O trator está a 5 m do fardo se $x = 5$, portanto nosso problema pode ser reformulado como segue:

Calcular $\left.\frac{dh}{dt}\right\|_{x=5}$ sabendo que $\frac{dx}{dt} = 3$ m/s

Passo 2. **Encontrar uma equação que relacione as variáveis e derivar.**

Seja L o comprimento total da corda. A partir da Figura 7 (usando o teorema de Pitágoras),

$$L = \sqrt{x^2 + 4{,}5^2} + (6 - h)$$

Embora o comprimento L não seja conhecido, ele é constante, e por isso $dL/dt = 0$. Assim,

$$\frac{dL}{dt} = \frac{d}{dt}\left(\sqrt{x^2 + 4{,}5^2} + (6 - h)\right) = \frac{x\frac{dx}{dt}}{\sqrt{x^2 + 4{,}5^2}} - \frac{dh}{dt} = 0 \qquad 5$$

Passo 3. **Usar os dados para encontrar a derivada desconhecida.**

Aplicando $x = 5$ e $dx/dt = 3$ na Equação (5), vemos que o fardo está subindo à taxa de

$$\frac{dh}{dt} = \frac{x\frac{dx}{dt}}{\sqrt{x^2 + 4{,}5^2}} = \frac{(5)(3)}{\sqrt{5^2 + 4{,}5^2}} \approx 2{,}23 \text{ m/s}$$ ■

3.10 Resumo

- Os problemas de taxas relacionadas nos defrontam com situações em que uma ou mais variáveis estão relacionadas por uma equação, e devemos calcular a taxa de variação de uma das variáveis em temos das taxas de variação das outras variáveis.
- Se possível, faça um diagrama. Também pode ser útil dividir a solução em três passos:

  Passo 1. Identificar as variáveis relevantes e reformular o problema.
  Passo 2. Encontrar uma equação que relacione as variáveis e derivar em relação ao tempo.

  Isso nos dá uma equação relacionando as derivadas conhecidas com as desconhecidas. Lembre que não devemos substituir as variáveis por valores específicos antes de ter terminado de calcular todas as derivadas.

  Passo 3. Usar os dados para encontrar a derivada desconhecida.

- Os dois fatos da Geometria que muitas vezes aparecem em problemas de taxas relacionadas são o teorema de Pitágoras e a relação entre triângulos semelhantes (são iguais as razões de lados correspondentes).

3.10 Exercícios

Exercícios preliminares

1. Escolha variáveis e reformule (mas não resolva) o problema seguinte em termos de derivadas conhecidas e desconhecidas: quão rapidamente aumentará o volume de um cubo se seu lado estiver aumentando a uma taxa de 0,5 cm/s?
2. Qual é a relação entre dV/dt e dr/dt se $V = \left(\frac{4}{3}\right)\pi r^3$?

Nos Exercícios 3-4, suponha que um copo cilíndrico de 4 cm de raio seja enchido de água. As variáveis V e h denotam o volume e o nível e de água no instante t, respectivamente.

3. Reformule em termos das derivadas dV/dt e dh/dt: quão rapidamente estará subindo o nível d'água se a água estiver sendo colocada a uma taxa de 2 cm^3/min?
4. Reformule em termos das derivadas dV/dt e dh/dt: a que taxa estará sendo colocada a água se o nível d'água estiver aumentando a uma taxa de 1 cm/min?

Exercícios

Nos Exercícios 1 e 2, considere uma banheira retangular cuja base tenha 18 pes^2.

1. A que taxa aumentará o nível d'água se a água estiver sendo colocada a uma taxa de 0,7 pés^3/min?
2. A que taxa estará sendo colocada a água se o nível d'água estiver aumentando a uma taxa de 0,8 pés/min?
3. O raio de uma mancha circular de óleo expande a uma taxa de 2 m/min.
   (a) A que taxa aumentará a área da mancha de óleo quando o raio for de 25 m?
   (b) Se o raio for 0 no instante $t = 0$, a que taxa aumentará a área depois de 3 minutos?
4. A que taxa estará crescendo a diagonal de um cubo se seus lados estiverem crescendo a uma taxa de 2 cm/s?

Nos Exercícios 5-8, suponha que o raio r de uma esfera esteja expandindo a uma taxa de 30 cm/min. *O volume da esfera é* $V = \frac{4}{3}\pi r^3$ *e sua área de superfície é* $4\pi r^2$. *Determine a taxa dada.*

5. O volume em relação ao tempo quando $r = 15$ cm.
6. O volume em relação ao tempo quando $t = 2$ minutos, supondo que $r = 0$ quando $t = 0$.
7. A área de superfície em relação ao tempo quando $r = 40$ cm.
8. A área de superfície em relação ao tempo quando $t = 2$ minutos, supondo que $r = 10$ quando $t = 0$.

Nos Exercícios 9-12, temos uma escada de 5 m escorregando para o chão ao longo de uma parede, como nas Figuras 1 e 2. A variável h é a altura do alto da escada no instante t e x é a distância da parede ao pé da escada.

9. Suponha que o pé da escada se afaste da parede a uma velocidade de 0,8 m/s. Encontre a velocidade do alto da escada em $t = 2$ se o pé da escada estiver a 1,5 m da parede quando em $t = 0$ s.
10. Suponha que o alto da escada esteja escorregando parede abaixo a uma taxa de 1,2 m/s. Calcule dx/dt quando $h = 3$ m.
11. Suponha que $h(0) = 4$ e que o alto da escada esteja escorregando parede abaixo a uma taxa de 1,2 m/s. Calcule x e dx/dt em $t = 2$ s.
12. Qual é a relação entre h e x no momento em que o alto e o pé da escada estiverem se movendo com a mesma velocidade?
13. Um tanque cônico tem uma altura de 3 m e um raio de 2 m no topo. Suponha que o tanque seja enchido de água a uma taxa de 2 m^3/min. A que velocidade estará subindo o nível d'água quando estiver a 2 m?
14. Com o mesmo tanque do Exercício 13, suponha que o nível d'água esteja subindo a uma taxa de 0,3 m/min quando estiver a 2 m. A que taxa o tanque está sendo enchido de água?
15. Tanto o raio r quanto a altura h de um cone circular variam a uma taxa de 2 cm/s. Quão rapidamente cresce o volume do cone quando $r = 10$ cm e $h = 20$ cm?
16. Uma estrada perpendicular a uma rodovia leva a uma casa de campo a 2 km da rodovia (Figura 8). Um automóvel na rodovia passa pela entrada da estrada a 80 km/h. A que velocidade aumenta a distância entre o carro e a casa quando o carro estiver a 6 km da entrada da estrada?

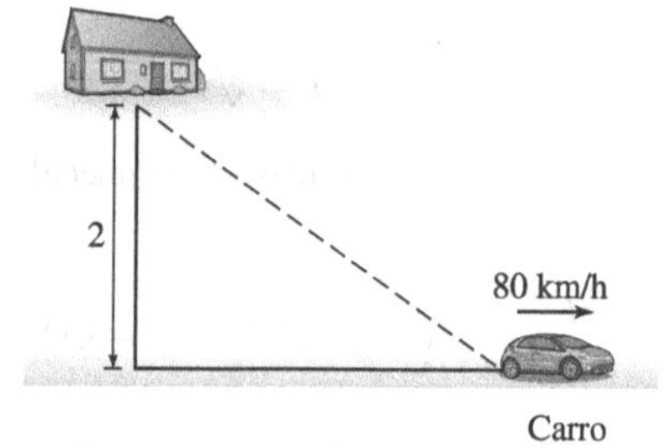

FIGURA 8

17. Um homem de 1,8 m de altura se afasta de um poste de luz de 5 m a uma velocidade de 1,2 m/s (Figura 9). Encontre a taxa segundo a qual cresce o comprimento de sua sombra.

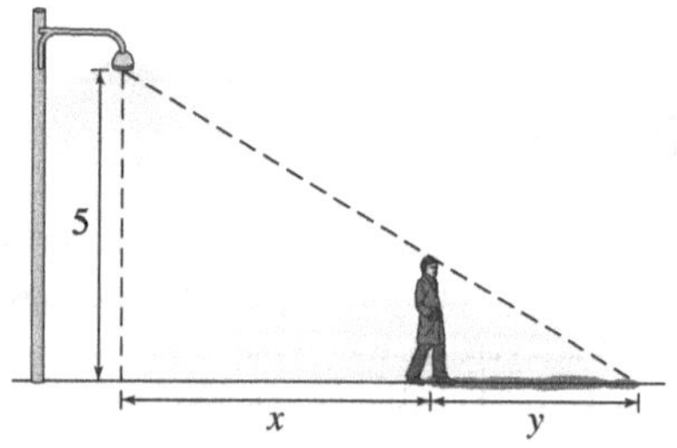

FIGURA 9

18. Quando Cláudia se afasta de um poste de luz de 264 cm de altura, a ponta de sua sombra se move com o dobro de sua velocidade. Qual é a altura de Cláudia?
19. Num dado momento, um avião passa a uma altitude de 6 km diretamente acima de uma estação de radar.
   (a) Se a velocidade do avião for de 800 km/h, com que velocidade varia a distância entre o avião e o radar depois de meio minuto?
   (b) Quão rapidamente varia a distância entre o avião e a estação quando o avião passa diretamente acima do radar?

20. No contexto do Exercício 19, suponha que a reta que passa pela estação e o avião faça um ângulo de θ com a horizontal. Com que velocidade varia θ 12 minutos depois do avião passar acima da estação?

21. Um balão subindo verticalmente é observado a 4 km de distância do ponto em que iniciou a subida. Num dado momento, o ângulo entre a linha de visão do observador e a horizontal é de $\frac{\pi}{5}$ e varia a uma taxa de 0,2 rad/min. Nesse instante, quão rapidamente está subindo o balão?

22. Uma pistola de laser é colocada numa plataforma que gira a uma taxa de 20 revoluções por minuto. Seu raio atinge uma parede a 8 m de distância e produz um ponto de luz que se move horizontalmente ao longo da parede. Seja θ o ângulo entre o raio e a reta desde a pistola que é perpendicular à parede (Figura 10). Qual é a velocidade do ponto de luz quando o ângulo for $\frac{\pi}{6}$?

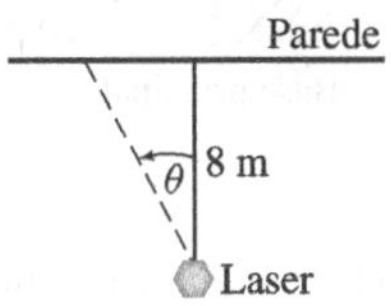

FIGURA 10

23. Um foguete voa verticalmente a uma velocidade de 1.200 km/h. O foguete é acompanhado através de um telescópio por um observador a 16 km da rampa de lançamento. Encontre a taxa segundo a qual aumenta o ângulo entre o telescópio e o nível do chão 3 minutos depois de disparado o foguete.

24. Usando um telescópio, observamos um foguete que foi lançado verticalmente a uma distância de 4 km, registrando o ângulo θ entre o telescópio e o nível do chão de meio em meio segundo. Dê uma estimativa da velocidade do foguete se $\theta(10) = 0{,}205$ e $\theta(10{,}5) = 0{,}225$.

25. Um carro de polícia anda a 160 km/h para os sul em direção a Sioux Falls, no estado norte-americano de Iowa, em perseguição a um caminhão que anda a 140 km/h para o leste afastando-se de Sioux Falls (Figura 11). No instante $t = 0$, o carro de polícia está 20 km ao norte e o caminhão, 30 km a leste de Sioux Falls. Calcule a taxa segundo a qual varia a distância entre os dois veículos **(a)** no instante $t = 0$ e **(b)** 5 minutos depois.

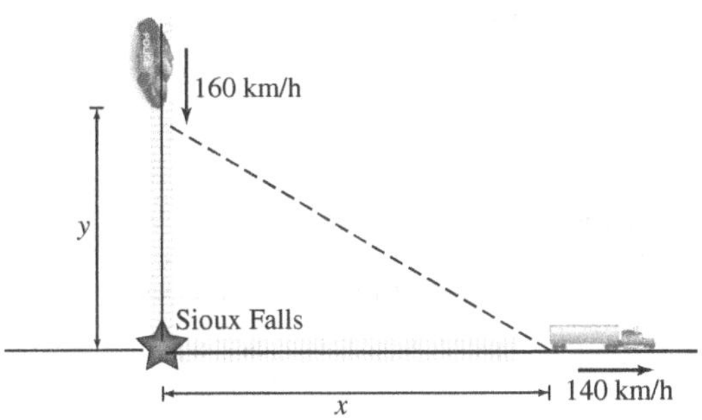

FIGURA 11

26. Um carro passa numa rodovia a 25 m/s. Um observador está parado a 150 m da rodovia.
  (a) Quão rapidamente está aumentando a distância entre o observador e o carro no instante em que o carro passa em frente ao observador? Explique sua resposta sem utilizar qualquer calculadora.
  (b) Quão rapidamente está aumentando a distância 20 s mais tarde?

27. No contexto do Exemplo 5, num certo momento a velocidade do trator é de 3 m/s e o fardo está subindo a 2 m/s. Qual é a distância do trator ao fardo?

28. Henrique puxa a uma taxa de q m/s uma corda que passa por uma roldana no alto de um poste e está presa num carrinho. Com as dimensões dadas na Figura 12:
  (a) Encontre uma fórmula para a velocidade do carrinho em termos de q e da variável x na figura.
  (b) Encontre a velocidade do carrinho quando $x = 0{,}6$ m se $q = 0{,}5$ m/s.

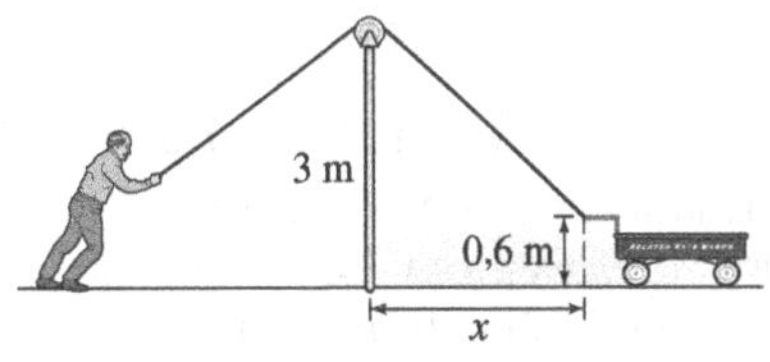

FIGURA 12

29. Uma atleta corre voltas numa pista circular de raio igual a 50 m. Sejam (x, y) as coordenadas da pista, sendo o centro da pista localizado na origem. Quando as coordenadas da atleta são (40, 30), sua coordenada x está variando a uma taxa de $-1{,}25$ m/s. Encontre dy/dt nesse momento.

30. Uma partícula se move no sentido anti-horário em torno da elipse de equação $9x^2 + 16y^2 = 25$ (Figura 13).
  (a) A derivada $dx/dt > 0$ é positiva em qual dos quatro quadrantes? Explique seu raciocínio.
  (b) Encontre uma relação entre dx/dt e dy/dt.
  (c) A que taxa estará variando a coordenada x quando a partícula passar pelo ponto (1, 1) se sua coordenada y estiver crescendo a uma taxa de 6 m/s?
  (d) Encontre dy/dt quando a partícula estiver no ponto mais alto e no mais baixo da elipse.

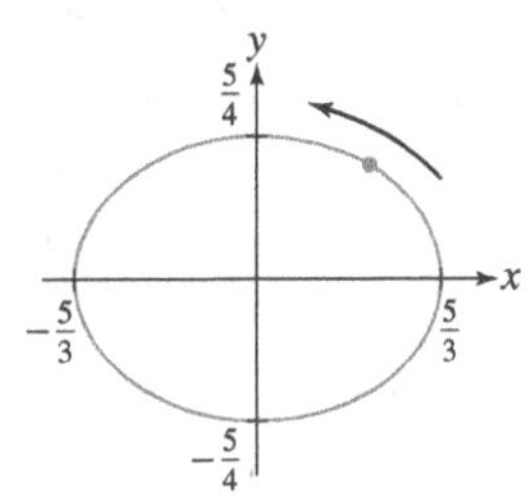

FIGURA 13

Nos Exercícios 31 e 32, suponha que a pressão P (em quilo-pascais) e o volume (em cm³) de um gás em expansão estejam relacionados por $PV^b = C$, em que b e C são constantes. (Isso é válido para expansões adiabáticas, *em que não ocorre transferência de calor.)*

31. Encontre dP/dt se $b = 1{,}2$, $P = 8$ kPa, $V = 100$ cm^2 e $dV/dt = 20$ cm^3/min.

32. Encontre b se $P = 25$ kPa, $dP/dt = 12$ kPa/min, $V = 100$ cm^2 e $dV/dt = 20$ cm^3/min.

33. A base x do triângulo retângulo da Figura 14 cresce a uma taxa de 5 cm/s, enquanto a altura permanece constante em $h = 20$ cm. A que taxa está variando o ângulo θ quando $x = 20$?

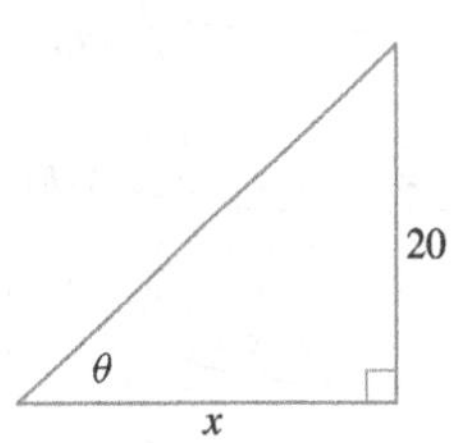

FIGURA 14

34. Duas trilhas paralelas pelo parque estão a 15 m de distância. Sabrina corre para o leste em uma das trilhas a 10 km/h enquanto Júnior caminha para o oeste na outra trilha a 6 km/h. Se eles se cruzarem no instante $t = 0$, a que distância estarão 3 s depois e quão rapidamente estará aumentando a distância entre eles naquele momento?

35. Uma partícula percorre a curva $y = f(x)$ dada na Figura 15. Seja $L(t)$ a distância da partícula à origem.

(a) Mostre que $\dfrac{dL}{dt} = \left(\dfrac{x + f(x)f'(x)}{\sqrt{x^2 + f(x)^2}}\right)\dfrac{dx}{dt}$ se a posição da partícula no instante t for $P = (x, f(x))$.

(b) Calcule $L'(t)$ se $x = 1$ e $x = 2$ no caso em que $f(x) = \sqrt{3x^2 - 8x + 9}$ e $dx/dt = 4$.

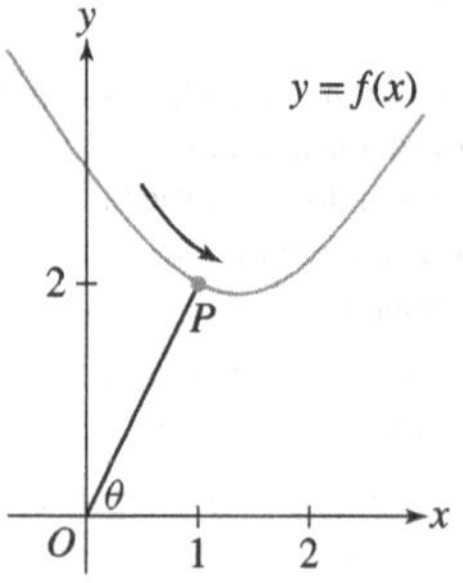

FIGURA 15

36. Seja θ o ângulo na Figura 15, sendo $P = (x, f(x))$. No contexto do exercício precedente, mostre que

$$\frac{d\theta}{dt} = \left(\frac{xf'(x) - f(x)}{x^2 + f(x)^2}\right)\frac{dx}{dt}$$

Sugestão: derive $\operatorname{tg}\theta = f(x)/x$ e observe que $\cos\theta = x/\sqrt{x^2 + f(x)^2}$.

Os Exercícios 37 e 38 se referem ao diamante do beisebol, um quadrado de 90 pés de lado, como na Figura 16.

37. Um jogador de beisebol corre a 20 pés/s da base principal (embaixo) para a primeira base (à direita). A que velocidade está mudando a distância do jogador à segunda base (ao alto) quando ele está na metade da distância à primeira base?

38. O Jogador 1 corre para a primeira base a uma velocidade de 20 pés/s enquanto o Jogador 2 corre da segunda para a terceira base a uma velocidade de 15 pés/s. Seja s a distância entre esses dois jogadores. Quão rápido varia s quando o Jogador 1 está a 30 pés da base de casa e o Jogador 2 está a 60 pés da segunda base?

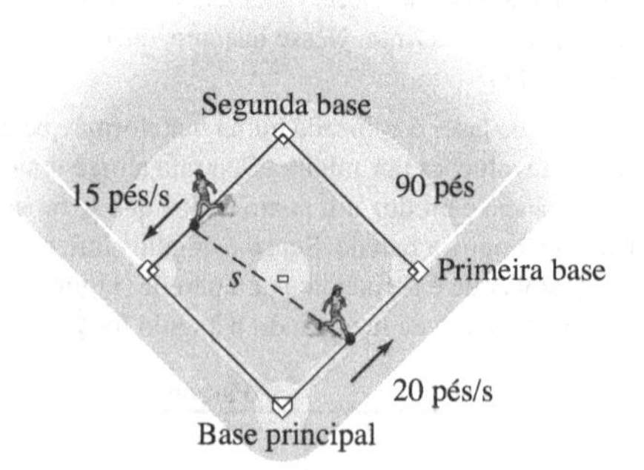

FIGURA 16

39. O regador cônico da Figura 17 tem um reticulado de furos. A água escorre pelos furos a uma taxa de kA m^3/min, em que k é uma constante e A é a área de superfície da parte do cone em contato com a água. Essa área de superfície é dada por $A = \pi r\sqrt{h^2 + r^2}$ e o volume da água é $V = \frac{1}{3}\pi r^2 h$. Supondo que $k = 0{,}25$ cm, calcule a taxa dh/dt segundo a qual varia o nível d'água quando $h = 0{,}3$ m.

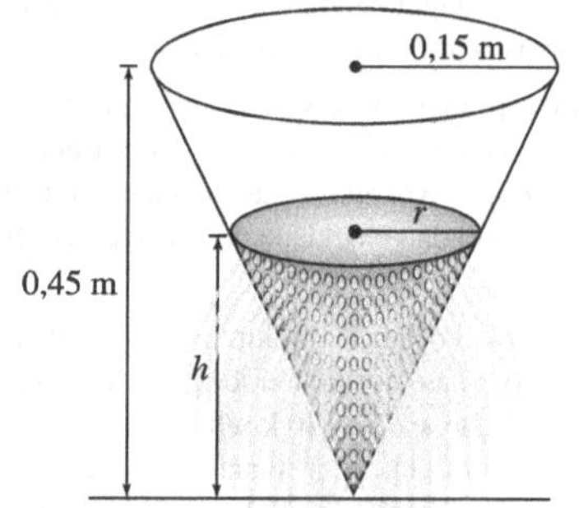

FIGURA 17

Compreensão adicional e desafios

40. Uma bacia contém água que evapora a uma taxa proporcional à área de superfície da água exposta ao ar (Figura 18). Seja $A(h)$ a área da seção transversal no nível h.

(a) Explique por que $V(h + \Delta h) - V(h) \approx A(h)\Delta h$ se Δh for pequeno.

(b) Use (a) para estabelecer que $\dfrac{dV}{dh} = A(h)$.

(c) Mostre que o nível d'água decresce a uma taxa constante.

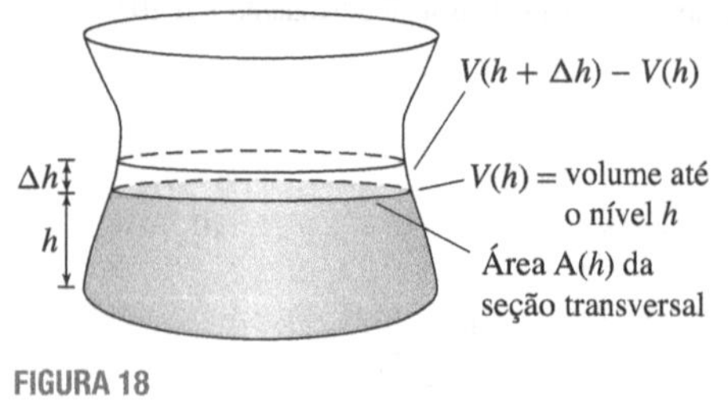

FIGURA 18

41. Uma montanha-russa tem o formato do gráfico da Figura 19. Mostre que quando um carrinho passa pelo ponto $(x, f(x))$, a velocidade vertical do carrinho é igual a $f'(x)$ vezes a velocidade horizontal.

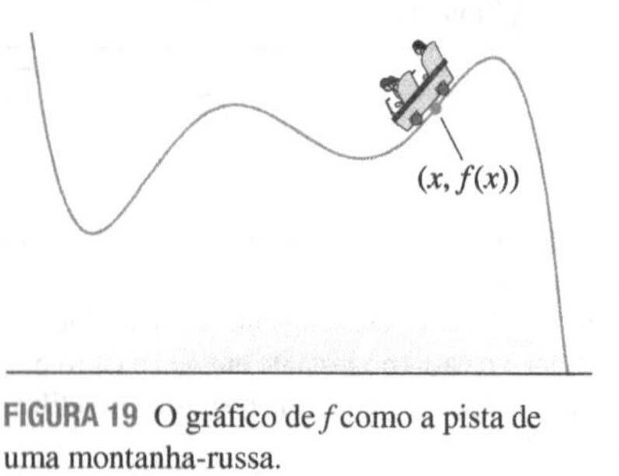

FIGURA 19 O gráfico de f como a pista de uma montanha-russa.

42. Dois trens saem de uma estação em $t = 0$ e viajam com velocidade constante v ao longo de trilhos em linha reta com um ângulo de θ entre eles.

(a) Mostre que os trens se afastam um do outro a uma taxa de $v\sqrt{2 - 2\cos\theta}$.

(b) O que essa fórmula produz com $\theta = \pi$?

43. Com a rotação de uma roda de r cm de raio da Figura 20, uma barra de comprimento L presa no ponto P da roda movimenta um pistão para trás e para frente em linha reta. Seja x a distância da origem no centro da roda ao ponto Q na extremidade da barra, como na figura.

(a) Uso o teorema de Pitágoras para mostrar que

$$L^2 = (x - r\cos\theta)^2 + r^2 \operatorname{sen}^2\theta \qquad 6$$

(b) Derive a Equação (6) em relação a r para provar que

$$2(x - r\cos\theta)\left(\frac{dx}{dt} + r \operatorname{sen}\theta \frac{d\theta}{dt}\right) + 2r^2 \operatorname{sen}\theta\cos\theta\frac{d\theta}{dt} = 0$$

(c) Calcule a velocidade do pistão quando $\theta = \frac{\pi}{2}$, supondo que $r =$ 10 cm, $L = 30$ cm e que a roda gire a 4 revoluções por minuto.

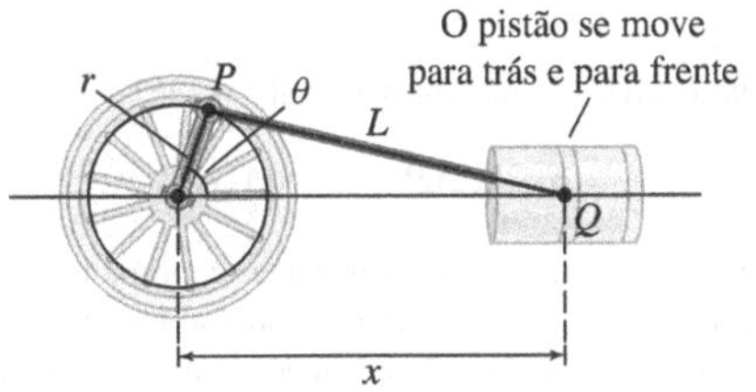

FIGURA 20

44. Um espectador sentado a 300 m do centro de uma pista circular de 100 m de raio observa um atleta correndo na pista a 5 m/s. A que velocidade está mudando a distância entre o espectador e o atleta quando o atleta estiver se aproximando do espectador e a distância entre eles for de 250 m? *Sugestão*: o diagrama para esse problema é parecido com o da Figura 20, com $r = 100$ e $x = 300$.

45. Um tanque cilíndrico de raio R e comprimento L deitado horizontalmente como na Figura 21 contém óleo até uma altura h.

(a) Mostre que o volume $V(h)$ de óleo no tanque é

$$V(h) = L\left(R^2 \operatorname{arc}\cos\left(1 - \frac{h}{R}\right) - (R - h)\sqrt{2hR - h^2}\right)$$

(b) Mostre que $\frac{dV}{dh} = 2L\sqrt{h(2R - h)}$.

(c) Suponha que $R = 1{,}5$ m e $L = 10$ m e que o tanque esteja sendo enchido a uma taxa de 0,6 m^3/min. Quão rapidamente estará aumentando a altura h quando $h = 0{,}5$ m?

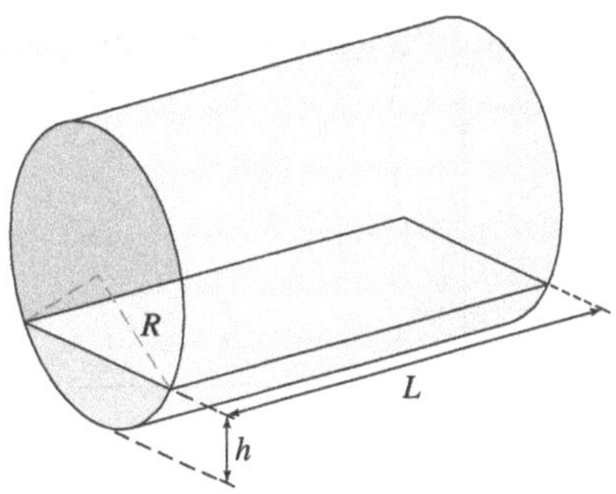

FIGURA 21 O óleo no tanque está no nível h.

EXERCÍCIOS DE REVISÃO DO CAPÍTULO

Os Exercícios 1-4 tratam da função f cujo gráfico aparece na Figura 1.

1. Calcule a taxa de variação média de $f(x)$ ao longo do intervalo [0, 2]. Qual é a interpretação gráfica dessa taxa de variação média?

2. Com quais valores de h $\dfrac{f(0{,}7 + h) - f(0{,}7)}{h}$ é igual à inclinação da reta secante entre os pontos em que $x = 0{,}7$ e $x = 1{,}1$?

3. Dê uma estimativa de $\dfrac{f(0{,}7 + h) - f(0{,}7)}{h}$ com $h = 0{,}3$. Esse número é maior ou menor do que $f'(0{,}7)$?

4. Dê uma estimativa de $f'(0{,}7)$ e $f'(1{,}1)$.

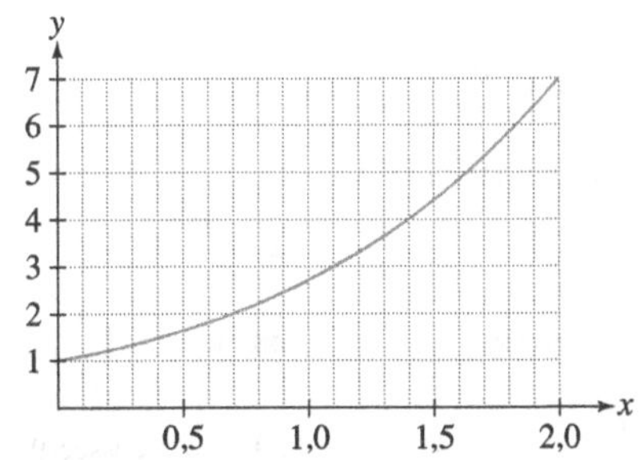

FIGURA 1

Nos Exercícios 5-8, calcule $f'(a)$ usando a definição via limite e encontre uma equação da reta tangente ao gráfico de f em $x = a$.

5. $f(x) = x^2 - x, \quad a = 1$

6. $f(x) = 5 - 3x, \quad a = 2$

7. $f(x) = x^{-1}, \quad a = 4$

8. $f(x) = x^3, \quad a = -2$

Nos Exercícios 9-12, calcule dy/dx usando a definição via limite.

9. $y = 4 - x^2$

10. $y = \sqrt{2x + 1}$

11. $y = \dfrac{1}{2 - x}$

12. $y = \dfrac{1}{(x - 1)^2}$

Nos Exercícios 13-16, expresse o limite como uma derivada.

13. $\displaystyle\lim_{h\to 0} \frac{\sqrt{1 + h} - 1}{h}$

14. $\displaystyle\lim_{x\to -1} \frac{x^3 + 1}{x + 1}$

15. $\displaystyle\lim_{t\to \pi} \frac{\operatorname{sen} t \cos t}{t - \pi}$

16. $\displaystyle\lim_{\theta\to \pi} \frac{\cos\theta - \operatorname{sen}\theta + 1}{\theta - \pi}$

17. Encontre $f(4)$ e $f'(4)$ se a reta tangente ao gráfico de f em $x = 4$ tiver equação $y = 3x - 14$.

18. Cada gráfico na Figura 2 mostra o gráfico de uma função f e sua derivada f'. Determine qual é o gráfico da função e qual é o da derivada.

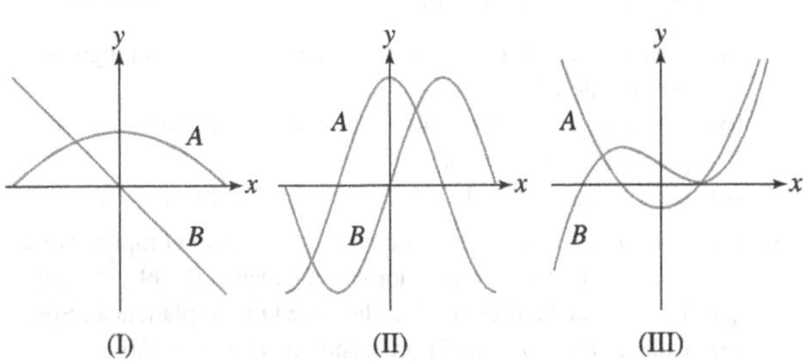

FIGURA 2 O gráfico de f.

19. Qual dentre (A), (B) e (C) é o gráfico da derivada da função f mostrada na Figura 3?

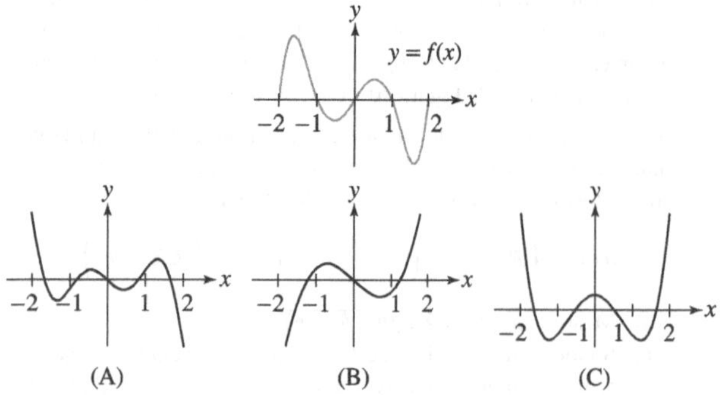

FIGURA 3

20. Esboce o gráfico de f' se o gráfico de f for o da Figura 4.

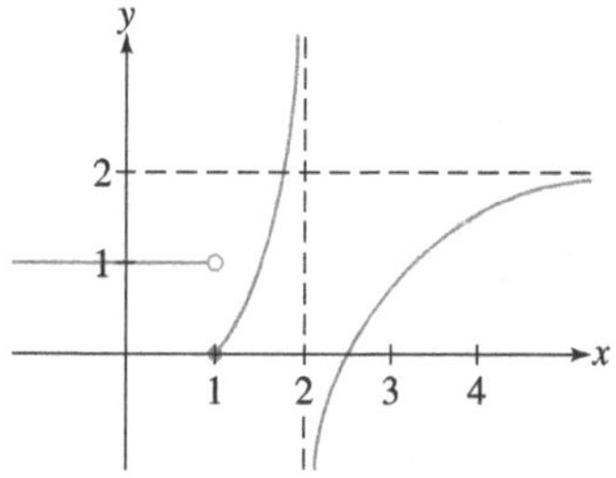

FIGURA 4

21. Esboce o gráfico de uma função contínua f tal que $f(0) = 0$ se o gráfico de f' for o da Figura 5.

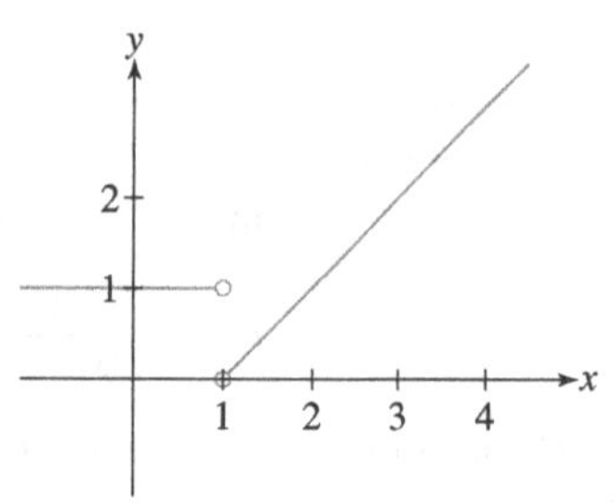

FIGURA 5

22. Seja $N(t)$ a percentagem da população de um estado que está infectada com um vírus da gripe na semana t de uma epidemia. Qual é a percentagem da população provavelmente infectada na semana 4 se $N(3) = 8$ e $N'(3) = 1{,}2$?

23. A altura $h(t)$ de uma menina (em centímetros) é medida no instante t (em anos) com $0 \le t \le 14$:

52, 75,1, 87,5, 96,7, 104,5, 111,8, 118,7, 125,2, 131,5, 137,5, 143,3, 149,2, 155,3, 160,8, 164,7

(a) Qual é a taxa de crescimento média da menina ao longo do período de 14 anos?

(b) A taxa de crescimento média é maior na primeira ou na segunda metade desse período?

(c) Dê uma estimativa de $h'(t)$ (em cm/ano) com $t = 3$ e 8.

24. O período P de um planeta (o número de dias para completar uma revolução em torno do Sol) é, aproximadamente, $0{,}199A^{3/2}$, em que A é a distância média (em milhões de km) do planeta ao Sol.

(a) Calcule P e dP/dA da Terra usando o valor $A = 150$.

(b) Dê uma estimativa do aumento de P se A for aumentado para 152.

Nos Exercícios 25 e 26, use a tabela de valores seguinte com os números $A(t)$ de automóveis (em milhões) fabricados nos EUA no ano t.

t	1970	1971	1972	1973	1974	1975	1976
$A(t)$	6,55	8,58	8,83	9,67	7,32	6,72	8,50

25. Qual é a interpretação de $A'(t)$? Dê uma estimativa de $A'(1971)$. O valor de $A'(1974)$ parece ser positivo ou negativo?

26. Com os dados disponíveis, qual dentre (A)-(C) na Figura 6 poderia ser o gráfico da derivada A'? Explique.

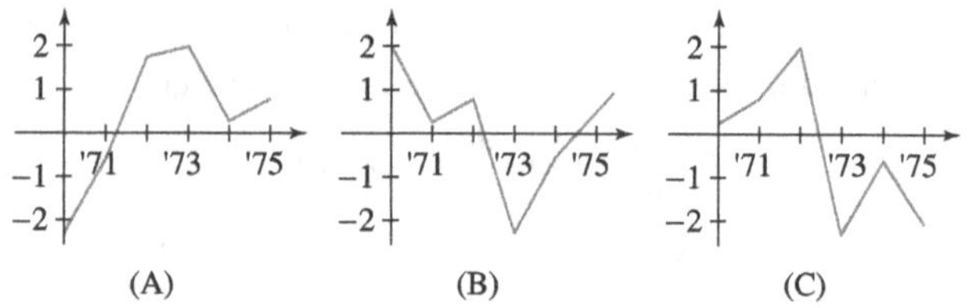

FIGURA 6

27. Qual das expressões seguintes é igual a $\dfrac{d}{dx}2^x$?

(a) 2^x **(b)** $(\ln 2)2^x$ **(c)** $x2^{x-1}$ **(d)** $\dfrac{1}{\ln 2}2^x$

28. Use a regra da cadeia para mostrar que se g for a inversa de f, então $g'(x) = 1/f'(g(x))$ em cada x do domínio de g tal que $f(g(x)) \neq 0$. Use isso e a derivada de e^x para obter outro método de encontrar a derivada de $\ln x$.

Nos Exercícios 29-80, calcule a derivada.

29. $y = 3x^5 - 7x^2 + 4$

30. $y = 4x^{-3/2}$

31. $y = t^{-7,3}$

32. $y = 4x^2 - x^{-2}$

33. $y = \dfrac{x+1}{x^2+1}$

34. $y = \dfrac{3t-2}{4t-9}$

35. $y = (x^4 - 9x)^6$

36. $y = (3t^2 + 20t^{-3})^6$

37. $y = (2 + 9x^2)^{3/2}$

38. $y = (x+1)^3(x+4)^4$

39. $y = \dfrac{z}{\sqrt{1-z}}$

40. $y = \left(1 + \dfrac{1}{x}\right)^3$

41. $y = \dfrac{x^4 + \sqrt{x}}{x^2}$

42. $y = \dfrac{1}{(1-x)\sqrt{2-x}}$

43. $y = \sqrt{x + \sqrt{x + \sqrt{x}}}$

44. $h(z) = \left(z + (z+1)^{1/2}\right)^{-3/2}$

45. $y = \operatorname{tg}(t^{-3})$

46. $y = 4\cos(2 - 3x)$

47. $y = \operatorname{sen}(2x)\cos^2 x$

48. $y = \operatorname{sen}\left(\dfrac{4}{\theta}\right)$

49. $y = \dfrac{t}{1 + \sec t}$

50. $y = z\operatorname{cossec}(9z + 1)$

51. $y = \dfrac{8}{1 + \operatorname{cotg}\theta}$

52. $y = \operatorname{tg}(\cos x)$

53. $y = \operatorname{tg}(\sqrt{1 + \operatorname{cossec}\theta})$

54. $y = \cos(\cos(\cos(\theta)))$

55. $f(x) = 9e^{-4x}$

56. $f(x) = \dfrac{e^{-x}}{x}$

57. $g(t) = e^{4t-t^2}$

58. $g(t) = t^2 e^{1/t}$

59. $f(x) = \ln(4x^2 + 1)$

60. $f(x) = \ln(e^x - 4x)$

61. $G(s) = (\ln(s))^2$

62. $G(s) = \ln(s^2)$

63. $f(\theta) = \ln(\operatorname{sen}\theta)$

64. $f(\theta) = \operatorname{sen}(\ln\theta)$

65. $h(z) = \sec(z + \ln z)$

66. $f(x) = e^{\operatorname{sen}^2 x}$

67. $f(x) = 7^{-2x}$

68. $h(y) = \dfrac{1 + e^y}{1 - e^y}$

69. $g(x) = \operatorname{arc\,tg}(\ln x)$

70. $G(s) = \operatorname{arc\,cos}(s^{-1})$

71. $f(x) = \ln(\operatorname{arc\,cossec} x)$

72. $f(x) = e^{\operatorname{arc\,sec} x}$

73. $R(s) = s^{\ln s}$

74. $f(x) = (\cos^2 x)^{\cos x}$

75. $G(t) = (\operatorname{sen}^2 t)^t$

76. $h(t) = t^{(t^t)}$

77. $g(t) = \operatorname{senh}(t^2)$

78. $h(y) = y\operatorname{tgh}(4y)$

79. $g(x) = \operatorname{arc\,tgh}(e^x)$

80. $g(t) = \sqrt{t^2 - 1}\,\operatorname{arc\,senh} t$

81. Obtenha os valores de α com os quais a função $f(x) = |x|^\alpha$ seja derivável em $x = 0$.

82. Encontre $f'(2)$ se $f(g(x)) = e^{x^2}$, $g(1) = 2$ e $g'(1) = 4$.

Nos Exercícios 83 e 84, seja $f(x) = xe^{-x}$.

83. Mostre que f tem uma inversa em $[1, \infty)$. Seja g essa inversa. Encontre o domínio e a imagem de g e calcule $g'(2e^{-2})$.

84. Mostre que $f(x) = c$ tem duas soluções se $0 < c < e^{-1}$.

Nos Exercícios 85-90, use a tabela de valores seguinte para calcular a derivada da função dada em $x = 2$.

x	$f(x)$	$g(x)$	$f'(x)$	$g'(x)$
2	5	4	−3	9
4	3	2	−2	3

85. $S(x) = 3f(x) - 2g(x)$

86. $H(x) = f(x)g(x)$

87. $R(x) = \dfrac{f(x)}{g(x)}$

88. $G(x) = f(g(x))$

89. $F(x) = f(g(2x))$

90. $K(x) = f(x^2)$

91. Encontre os pontos no gráfico de $f(x) = x^3 - 3x^2 + x + 4$ em que a reta tangente tem inclinação 10.

92. Encontre os pontos no gráfico de $x^{2/3} + y^{2/3} = 1$ em que a reta tangente tem inclinação 1.

93. Encontre a tal que a reta tangente a $y = x^3 - 2x^2 + x + 1$ em $x = a$ seja paralela a $x = a + 1$.

94. Use a tabela para calcular a taxa de variação média das percentagens de votos do Candidato A ao longo dos intervalos do dia 20 ao dia 15, do dia 15 ao dia 10 e do dia 10 ao dia 5. Se essa tendência continuar nos próximos 5 dias antes da eleição, o Candidato A vencerá a eleição?

Dias antes da eleição	20	15	10	5
Candidato A	44,8%	46,8%	48,3%	49,3%
Candidato B	55,2%	53,2%	51,7%	50,7%

Nos Exercícios 95-100, calcule y''.

95. $y = 12x^3 - 5x^2 + 3x$

96. $y = x^{-2/5}$

97. $y = \sqrt{2x + 3}$

98. $y = \dfrac{4x}{x + 1}$

99. $y = \operatorname{tg}(x^2)$

100. $y = \operatorname{sen}^2(4x + 9)$

Nos Exercícios 101-106, calcule $\dfrac{dy}{dx}$.

101. $x^3 - y^3 = 4$

102. $4x^2 - 9y^2 = 36$

103. $y = xy^2 + 2x^2$

104. $\dfrac{y}{x} = x + y$

105. $y = \operatorname{sen}(x + y)$

106. $\operatorname{tg}(x + y) = xy$

107. Na Figura 7, identifique o gráfico de f, f' e f''.

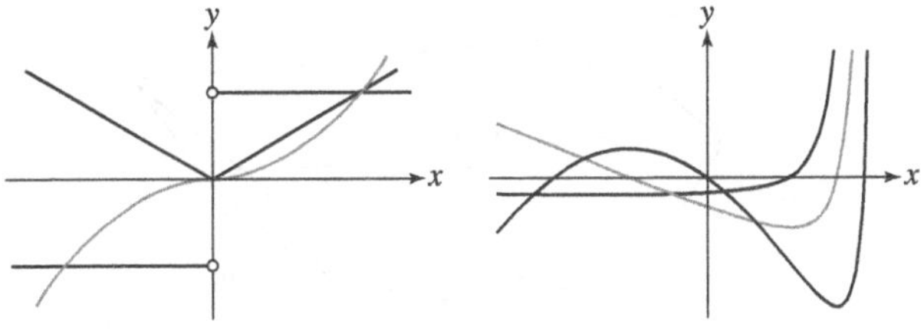

FIGURA 7

108. Seja $f(x) = x^2 \operatorname{sen}(x^{-1})$ com $x \neq 0$ e $f(0) = 0$. Mostre que existe $f'(x)$ em cada x (inclusive em $x = 0$), mas que f' não é contínua em $x = 0$ (Figura 8).

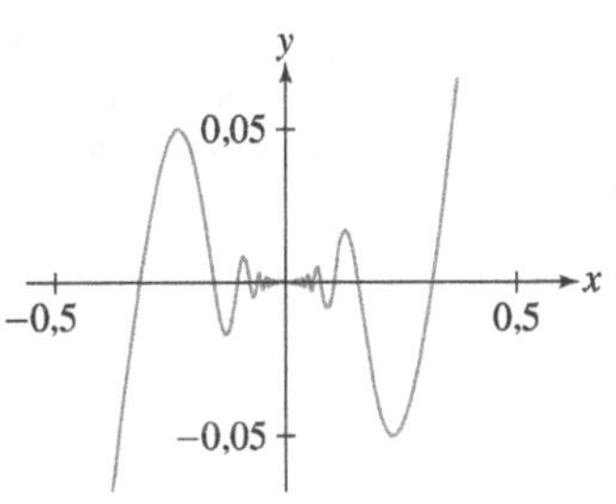

FIGURA 8 O gráfico de $f(x) = x^2 \operatorname{sen}(x^{-1})$.

Nos Exercícios 109-114, use derivação logarítmica para encontrar a derivada.

109. $y = \dfrac{(x + 1)^3}{(4x - 2)^2}$

110. $y = \dfrac{(x + 1)(x + 2)^2}{(x + 3)(x + 4)}$

111. $y = e^{(x-1)^2} e^{(x-3)^2}$

112. $y = \dfrac{e^x \operatorname{arc\,sen} x}{\ln x}$

113. $y = \dfrac{e^{3x}(x - 2)^2}{(x + 1)^2}$

114. $y = x^{\sqrt{x}}(x^{\ln x})$

*Exercícios 115-117: Seja q o número de unidades de certo produto (celulares, barris de petróleo, etc.) que se pode vender ao preço p. A **elasticidade-preço da demanda** E é definida como a taxa de variação percentual de q em relação a p. Em termos de derivadas,*

$$E = \frac{p}{q}\frac{dq}{dp} = \lim_{\Delta p \to 0} \frac{(100\Delta q)/q}{(100\Delta p)/p}$$

115. Mostre que a receita total $R = pq$ satisfaz $\dfrac{dR}{dp} = q(1 + E)$.

116. Uma padaria consegue vender q de tortas de chocolate por semana ao preço de $\$p$, sendo $q = 50p(10 - p)$ com $5 < p < 10$.

(a) Mostre que $E(p) = \dfrac{2p - 10}{p - 10}$.

(b) Mostre, calculando o valor de $E(8)$, que se $p = \$8$, então um aumento de 1% no preço reduz a demanda em 3%.

117. A demanda mensal (em milhares) por voos entre Chicago e St. Louis ao preço p é $q = 40 - 0{,}2p$. Calcule a elasticidade-preço da demanda se $p = \$150$ e dê uma estimativa do aumento percentual no número de passageiros adicionais se o preço do bilhete for reduzido em 1%.

118. Suponha que o tanque na Figura 9 seja enchido de água a uma taxa de 20 m^3/min. Quão rápido está subindo o nível d'água quando o nível d'água estiver em $h = 4$ m?

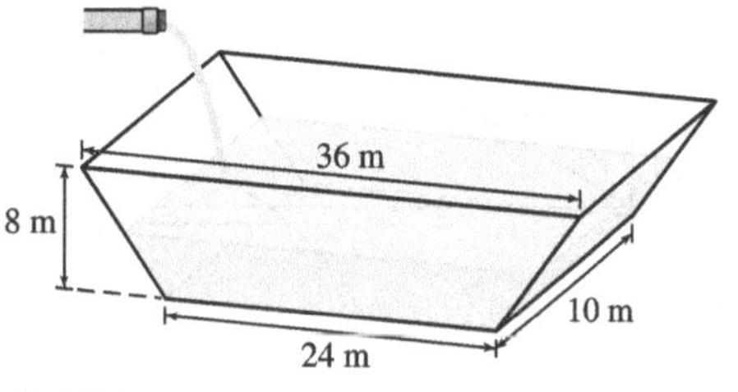

FIGURA 9

119. O ponteiro dos minutos de um relógio mede 8 cm e o das horas mede 5 cm. A que velocidade estará variando a distância entre as pontas dos ponteiros quando o relógio marcar 3 horas?

120. Sônia e Cauê estão em lanchas no meio de um lago. No instante $t = 0$, Sônia parte para o sul a 50 km/h. Um minuto depois, Cauê parte para o leste a 40 km/h. A que taxa aumenta a distância entre eles quando $t = 12$ minutos?

121. Uma conta escorrega pela curva $xy = 10$. Encontre a velocidade horizontal da conta no instante $t = 2$ se sua altura no instante t segundos for $400 - 16t^2$ cm.

122. Na Figura 10, x está crescendo a 2 cm/s, y está crescendo a 3 cm/s e θ está decrescendo de tal modo que a área do triângulo tem o valor constante de 4 cm^2.

(a) Quão rápido está diminuindo θ quando $x = 4$, $y = 4$?

(b) Quão rápido está variando a distância entre P e Q quando $x = 4$, $y = 4$?

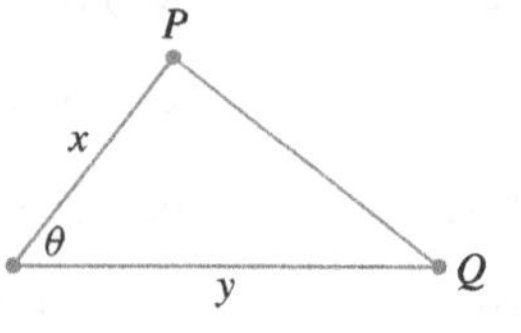

FIGURA 10

123. Uma fonte de luz move-se a 0,8 m/s e se aproxima de um homem de 1,8 m parado a 4 m de uma parede (Figura 11). A luz está 1 m acima do nível do chão. A que velocidade está se movendo a ponta P da sombra do homem quando a luz estiver a 7 m da parede?

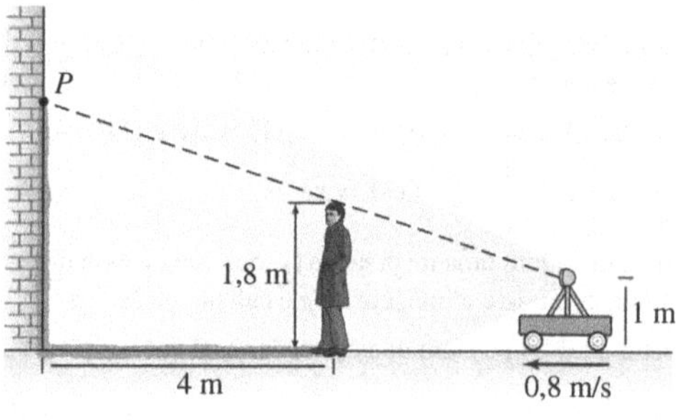

FIGURA 11

4 APLICAÇÕES DA DERIVADA

Espelhos que acompanham o Sol, conhecidos como helióstatos, no deserto de Tabernas, na Espanha, utilizam o princípio da distância mínima (ver Seção 4.7) para concentrar a luz do Sol e gerar energia. (*Thomas Dressler/Gallo Images/Getty Images*).

Neste capítulo, colocamos a derivada a trabalhar. Usamos as derivadas primeira e segunda para analisar funções e seus gráficos e resolvemos problemas de otimização (encontrar o valor mínimo e máximo de uma função). O método de Newton, na Seção 4.8, utiliza a derivada para aproximar soluções de equações.

4.1 Aproximação linear e aplicações

Em algumas situações, estamos interessados em determinar o "efeito de uma pequena variação". Por exemplo:

- Como é que uma pequena variação do ângulo afeta a distância do lançamento de um jogador de basquete? (Exercício 39)
- Como é afetada a bilheteria de um espetáculo por uma pequena variação do preço do ingresso? (Exercício 29)
- A raiz cúbica de 27 é 3. Quanto maior é a raiz cúbica de 27,2? (Exercício 7)

Em cada caso, temos uma função f e estamos interessados na variação

$$\boxed{\Delta f = f(a + \Delta x) - f(a)}$$

em que Δx é pequeno. A **aproximação linear** usa a derivada para obter uma estimativa de Δf sem calcular essa variação exatamente. Por definição, a derivada é o limite

$$f'(a) = \lim_{\Delta x \to 0} \frac{f(a + \Delta x) - f(a)}{\Delta x} = \lim_{\Delta x \to 0} \frac{\Delta f}{\Delta x}$$

Logo, se Δx for pequeno, temos $\Delta f / \Delta x \approx f'(a)$, e, assim,

$$\Delta f \approx f'(a)\Delta x$$

Aproximação linear de Δf Se f for derivável em $x = a$ e Δx for pequeno, então

$$\boxed{\Delta f \approx f'(a)\Delta x} \qquad 1$$

sendo $\Delta f = f(a + \Delta x) - f(a)$. Assim,

$$\boxed{f(a + \Delta x) \approx f(a) + f'(a)\Delta x} \qquad 2$$

LEMBRETE A notação $\approx$ significa "aproximadamente igual a". A precisão da aproximação linear é discutida no final desta seção.

Não se esqueça dos papéis diferentes desempenhados por Δf e $f'(a)\Delta x$. A quantidade que nos interessa é *variação exata* Δf, que é aproximada por $f'(a)\,\Delta x$. A aproximação linear nos diz que, a menos de um erro pequeno, Δf é diretamente proporcional a Δx, se Δx for pequeno.

ENTENDIMENTO GRÁFICO A aproximação linear também é denominada **aproximação pela reta tangente**. Por quê? Observe na Figura 1 que Δf é a variação vertical no gráfico de $x = a$ até $x = a + \Delta x$. Para uma reta, a variação vertical é igual à inclinação vezes a variação horizontal Δx e, como a reta tangente tem inclinação $f'(a)$, sua variação vertical é $f'(a)\Delta x$. Portanto, a aproximação linear aproxima Δf pela variação vertical da reta tangente. Quando Δx é pequeno, as duas quantidades são quase iguais.

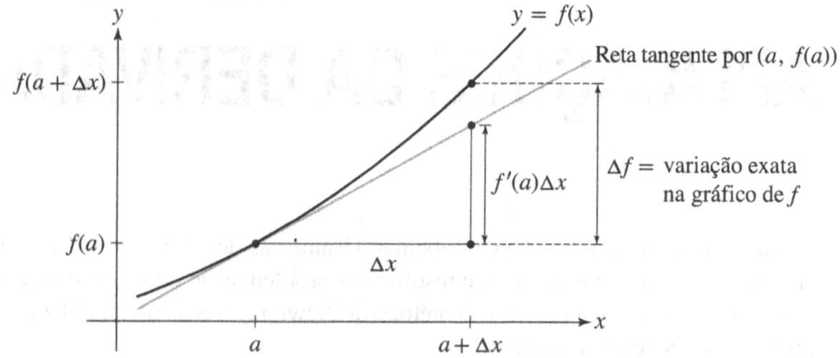

FIGURA 1 O significado gráfico da aproximação linear $\Delta f \approx f'(a)\Delta x$.

A aproximação linear

$$\Delta f \approx f'(a)\Delta x$$

em que $\Delta f = f(a+\Delta x) - f(a)$, *fornece a aproximação seguinte do valor da função em* $a + \Delta x$:

$$f(a+\Delta x) \approx f(a) + f'(a)\Delta x$$

■ **EXEMPLO 1** Use a aproximação linear para dar uma estimativa de $\frac{1}{10,2} - \frac{1}{10}$ e, portanto, de $\frac{1}{10,2}$. Qual é a precisão de aproximação obtida?

Solução Aplicamos a aproximação linear à função $f(x) = \frac{1}{x}$, com $a = 10$ e $\Delta x = 0{,}2$:

$$\Delta f = f(10{,}2) - f(10) = \frac{1}{10{,}2} - \frac{1}{10}$$

Temos $f'(x) = -x^{-2}$ e $f'(10) = -0{,}01$, portanto Δf é aproximado por

$$f'(10)\Delta x = (-0{,}01)(0{,}2) = -0{,}002$$

Em outras palavras,

$$\frac{1}{10{,}2} - \frac{1}{10} \approx -0{,}002$$

Então temos

$$\frac{1}{10{,}2} \approx \frac{1}{10} + (-0{,}002) \approx 0{,}098$$

O erro na aproximação linear é a quantidade

$$\text{Erro} = |\Delta f - f'(a)\Delta x|$$

Uma calculadora dá o valor $\frac{1}{10,2} - \frac{1}{10} \approx -0{,}00196$, de modo que o nosso erro é menor do que 10^{-4}:

$$\text{Erro} \approx \left|-0{,}00196 - (-0{,}002)\right| = 0{,}00004 < 10^{-4}.$$ ■

NOTAÇÃO DE DIFERENCIAIS A aproximação linear de $y = f(x)$ é escrita, muitas vezes, usando os "diferenciais" dx e dy. Nesta notação, dx representa a variação em x, também denotada por Δx, e dy denota a variação vertical na reta tangente correspondente:

$$\boxed{dy = f'(a)dx} \qquad 3$$

Seja $\Delta y = f(a+\Delta x) - f(a)$. Então a aproximação linear afirma que

$$\boxed{\Delta y \approx dy} \qquad 4$$

Isso é, simplesmente, outra maneira de escrever $\Delta f \approx f'(a)\Delta x$.

■ **EXEMPLO 2** **Notação diferencial** Quanto maior é $\sqrt[3]{8{,}1}$ do que $\sqrt[3]{8} = 2$?

Solução Estamos interessados em $\sqrt[3]{8{,}1} - \sqrt[3]{8}$, portanto aplicamos a aproximação linear a $f(x) = x^{1/3}$, com $a = 8$ e variação $\Delta x = dx = 0{,}1$.

Passo 1. **Escrever Δy.**

$$\Delta y = f(a+\Delta x) - f(a) = \sqrt[3]{8+0{,}1} - \sqrt[3]{8} = \sqrt[3]{8{,}1} - 2$$

Passo 2. **Calcular dy.**

$$f'(x) = \frac{1}{3}x^{-2/3} \quad \text{e} \quad f'(8) = \left(\frac{1}{3}\right)8^{-2/3} = \left(\frac{1}{3}\right)\left(\frac{1}{4}\right) = \frac{1}{12}$$

Portanto, $dy = f'(8)\,dx = \frac{1}{12}(0{,}1) \approx 0{,}0083$.

Passo 3. **Usar a aproximação linear.**

$$\Delta y \approx dy \quad \Rightarrow \quad \sqrt[3]{8{,}1} - 2 \approx 0{,}0083$$

Assim, $\sqrt[3]{8{,}1}$ é maior do que $\sqrt[3]{8}$, aproximadamente, pela quantidade 0,0083, e $\sqrt[3]{8{,}1} \approx 2{,}0083$. ■

Quando os engenheiros precisam monitorar a variação na posição de um objeto com grande precisão, eles podem usar um transdutor de posição com cabo (Figura 2). Esse aparelho detecta e grava o movimento de um cabo metálico preso ao objeto. A precisão é afetada por variações na temperatura ambiente, porque o calor faz o cabo se alongar. A aproximação linear pode ser usada para estimar esse efeito.

FIGURA 2 Um transdutor de posição com cabo (fabricado pela firma Space Age Control, Inc.). Numa aplicação, foi utilizado um transdutor para comparar as variações na posição do acelerador de um carro de Fórmula 1 enquanto o piloto faz as mudanças de marcha. (*Space Age Control Inc., fotografia de Tom Anderson*)

■ **EXEMPLO 3** **Expansão termal** Um cabo metálico fino tem comprimento de $L = 12$ cm à temperatura de $T = 21°C$. Dê uma estimativa da variação no comprimento quando T aumenta para 24°C, supondo que

$$\frac{dL}{dT} = kL \tag{5}$$

sendo $k = 1{,}7 \times 10^{-5}\,°C^{-1}$ (k é denominado coeficiente de expansão termal).

Solução Como aplicar aqui a aproximação linear? Utilizamos a diferencial dL para obter uma estimativa da variação exata no comprimento ΔL quando T cresce de 21° para 24°, ou seja, quando $dT = \Delta T = 3°$. Pela Equação (3), a diferencial dL é

$$dL = \left(\frac{dL}{dT}\right) dT$$

Pela Equação (5), como $L = 12$,

$$\left.\frac{dL}{dT}\right|_{L=12} = kL = (1{,}7 \times 10^{-5})(12) \approx 2 \times 10^{-4} \text{ cm/°C}$$

A aproximação linear $\Delta L \approx dL$ nos diz que a variação no comprimento é, aproximadamente,

$$\Delta L \approx \underbrace{\left(\frac{dL}{dT}\right) dT}_{dL} \approx (2 \times 10^{-4})(3) = 6 \times 10^{-4} \text{ cm}$$ ■

Suponha que tenhamos medido o *diâmetro* D de um círculo e que usemos esse resultado para calcular a *área* do círculo. Se nossa medição de D for inexata, o cálculo da área também será inexato. Qual é o efeito de um erro de medição sobre o cálculo da área resultante? Isso pode ser estimado usando a aproximação linear, como no exemplo seguinte.

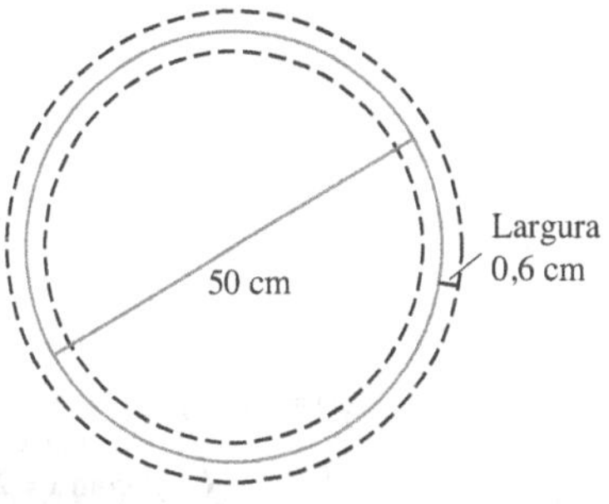

FIGURA 3 A borda da pizza efetivamente fica entre os círculos tracejados.

■ **EXEMPLO 4** **Efeito de uma medição inexata** A Companhia Bonzo de Pizzas alega que suas pizzas são circulares com 50 cm de diâmetro (Figura 3).

(a) Qual é a área da pizza?

(b) Dê uma estimativa da quantidade de pizza perdida ou ganha se o diâmetro estiver errado por, no máximo, 1,2 cm.

Solução Para começar, precisamos de uma fórmula da área A de um círculo em termos de seu diâmetro D. Como o raio é $r = D/2$, a área é

$$A(D) = \pi r^2 = \pi\left(\frac{D}{2}\right)^2 = \frac{\pi}{4} D^2$$ ■

(a) Se $D = 50$ cm, então a área da pizza é $A(50) = \left(\frac{\pi}{4}\right)(50)^2 \approx 1963{,}5 \text{ cm}^2$.

(b) Se o diâmetro real for igual a $50 + \Delta D$, então a perda ou ganho na área da pizza é de $\Delta A = A(50 + \Delta D) - A(50)$. Observe que $A'(D) = \frac{\pi}{2} D$ e $A'(50) = 25\pi \approx 78{,}5$ cm, de modo que a aproximação linear fornece

$$\Delta A = A(50 + \Delta D) - A(50) \approx A'(D)\Delta D \approx (78{,}5)\,\Delta D$$

Nesse exemplo, interpretamos ΔA como o erro possível no cálculo de $A(D)$. Isso não deve ser confundido com o erro na aproximação linear. Esse último erro se refere à precisão no uso de $A'(D)\,\Delta D$ para aproximar ΔA.

Como ΔD é, no máximo, $\pm 1{,}2$ cm, a perda ou ganho na pizza fica em torno de

$$\Delta A \approx \pm(78{,}5)(1{,}2) \approx \pm 94{,}2 \text{ cm}^2$$

Isso corresponde a uma perda ou ganho de aproximadamente 4,8%. ■

Linearização

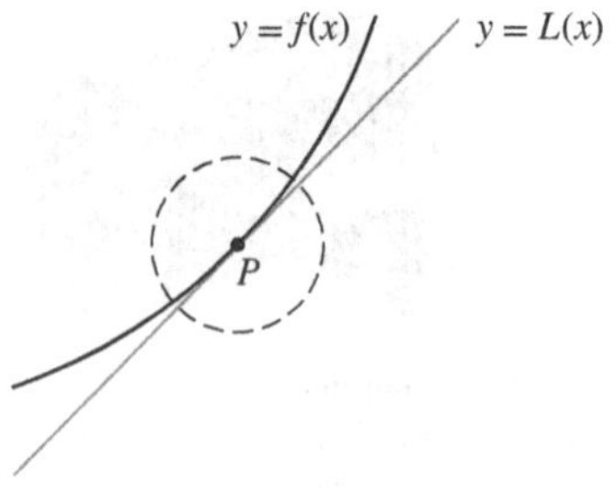

FIGURA 4 A reta tangente é uma boa aproximação numa pequena vizinhança de $P = (a, f(a))$.

Para aproximar o próprio valor da função f em vez da variação Δf, usamos a linearização $L(x)$ "centrada em $x = a$", definida por

$$L(x) = f'(a)(x - a) + f(a)$$

Observe que $y = L(x)$ é a equação da reta tangente em $x = a$ (Figura 4). Com valores de x próximos de a, $L(x)$ fornece uma boa aproximação de $f(x)$.

Aproximando f por sua linearização Se f for derivável em $x = a$ e se x estiver perto de a, então

$$f(x) \approx L(x) = f(a) + f'(a)(x - a)$$

ENTENDIMENTO CONCEITUAL Lembre que a linearização e a aproximação linear são duas maneiras de dizer a mesma coisa. De fato, quando aplicamos a linearização com $x = a + \Delta x$ e rearranjamos, obtemos a aproximação linear:

$$f(x) \approx f(a) + f'(a)(x - a)$$

$$f(a + \Delta x) \approx f(a) + f'(a)\,\Delta x \qquad (\text{pois } \Delta x = x - a)$$

$$f(a + \Delta x) - f(a) \approx f'(a)\Delta x$$

■ **EXEMPLO 5** Calcule a linearização de $f(x) = \sqrt{x}e^{x-1}$ em $a = 1$.

Solução Pela regra do produto:

$$f'(x) = \frac{1}{2}x^{-1/2}e^{x-1} + x^{1/2}e^{x-1} = \left(\frac{1}{2}x^{-1/2} + x^{1/2}\right)e^{x-1}$$

$$f(1) = \sqrt{1}e^0 = 1. \qquad f'(1) = \left(\frac{1}{2} + 1\right)e^0 = \frac{3}{2}$$

Portanto, a linearização em $a = 1$ é

$$L(x) = f(1) + f'(1)(x - 1) = 1 + \frac{3}{2}(x - 1) = \frac{3}{2}x - \frac{1}{2}$$ ■

A linearização pode ser usada para aproximar os valores da função. A tabela seguinte compara os valores da linearização com os valores obtidos numa calculadora para a função $f(x) = \sqrt{x}e^{x-1}$ do exemplo precedente. Observe que o erro é grande com $x = 2{,}5$, como poderia ter sido antecipado, pois 2,5 não está perto do centro $a = 1$ (Figura 5).

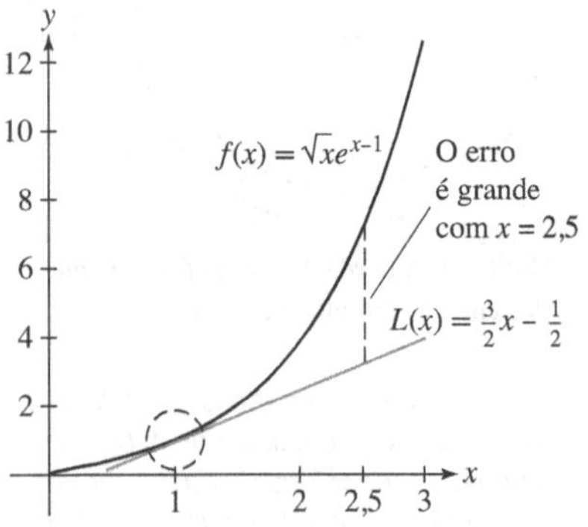

FIGURA 5 O gráfico de $f(x) = \sqrt{x}e^{x-1}$ e sua linearização em $a = 1$.

x	$\sqrt{x}e^{x-1}$	Linearização em $a = 1$: $L(x) = \frac{3}{2}x - \frac{1}{2}$	Calculadora	Erro
1,1	$\sqrt{1{,}1}e^{0{,}1}$	$L(1{,}1) = \frac{3}{2}(1{,}1) - \frac{1}{2} = 1{,}15$	1,15911	10^{-2}
0,999	$\sqrt{0{,}999}e^{-0{,}001}$	$L(0{,}999) = \frac{3}{2}(0{,}999) - \frac{1}{2} = 0{,}9985$	0,998501	10^{-6}
2,5	$\sqrt{2{,}5}e^{1{,}5}$	$L(2{,}5) = \frac{3}{2}(2{,}5) - \frac{1}{2} = 3{,}25$	7,086	3,84

No exemplo seguinte, calculamos o **erro percentual**, que muitas vezes é mais importante que o próprio erro. Por definição,

$$\text{Erro percentual} = \left|\frac{\text{erro}}{\text{valor exato}}\right| \times 100\%$$

■ **EXEMPLO 6** Obtenha uma estimativa de $\left(\frac{\pi}{4} + 0{,}02\right)$ e calcule o erro percentual.

Solução Obtemos a linearização de $f(x) = \operatorname{tg} x$ em $a = \frac{\pi}{4}$:

$$f\left(\frac{\pi}{4}\right) = \operatorname{tg}\left(\frac{\pi}{4}\right) = 1, \qquad f'\left(\frac{\pi}{4}\right) = \sec^2\left(\frac{\pi}{4}\right) = (\sqrt{2})^2 = 2$$

$$L(x) = f\left(\frac{\pi}{4}\right) + f'\left(\frac{\pi}{4}\right)\left(x - \frac{\pi}{4}\right) = 1 + 2\left(x - \frac{\pi}{4}\right)$$

Em $x = \frac{\pi}{4} + 0{,}02$, a linearização fornece a estimativa

$$\operatorname{tg}\left(\frac{\pi}{4} + 0{,}02\right) \approx L\left(\frac{\pi}{4} + 0{,}02\right) = 1 + 2(0{,}02) = 1{,}04$$

Uma calculadora dá $\operatorname{tg}\left(\frac{\pi}{4} + 0{,}02\right) \approx 1{,}0408$, portanto

$$\text{Erro percentual} \approx \left|\frac{1{,}0408 - 1{,}04}{1{,}0408}\right| \times 100 \approx 0{,}08\%$$ ■

O tamanho do erro

Os exemplos nesta seção podem ter convencido o leitor de que a aproximação linear dá uma boa aproximação de Δf quando Δx for pequeno, mas se quisermos confiar na aproximação linear, precisamos saber mais sobre o tamanho do erro:

$$E = \text{Erro} = |\Delta f - f'(a)\Delta x|$$

Lembre que o erro E é, simplesmente, a distância vertical entre o gráfico e a reta tangente (Figura 6). Na Seção 8.4, provaremos a **estimativa do erro** seguinte:

$$E \leq \frac{1}{2}K\,(\Delta x)^2 \qquad 6$$

em que K é o valor máximo de $|f''(x)|$ no intervalo de a até $a + \Delta x$.

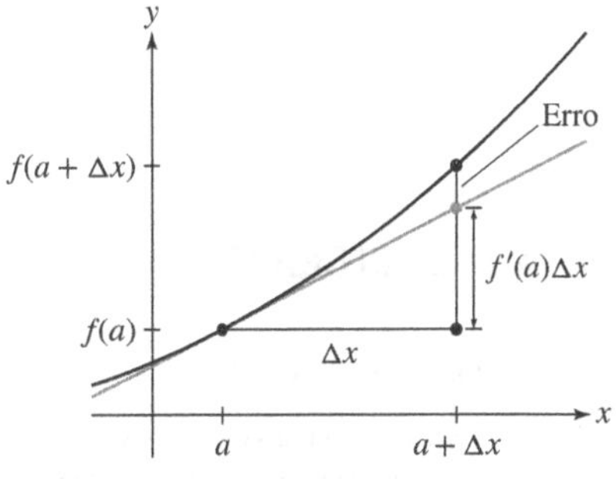

FIGURA 6 Uma interpretação gráfica do erro na aproximação linear.

Estimativa do erro:

$$E \leq \frac{1}{2}K\,(\Delta x)^2$$

sendo K o valor máximo de $|f''(x)|$ *no intervalo* $[a, a + \Delta x]$.

A estimativa do erro nos diz duas coisas importantes. Em primeiro lugar, ela diz que o erro é pequeno se a derivada segunda (e, portanto, K) for pequena. Isso faz sentido, porque $f''(x)$ mede quão rapidamente as retas tangentes variam de direção. Quando $|f''(x)|$ for menor, o gráfico será mais reto e a aproximação linear será mais precisa ao longo de um intervalo maior centrado em $x = a$ (compare os gráficos na Figura 7).

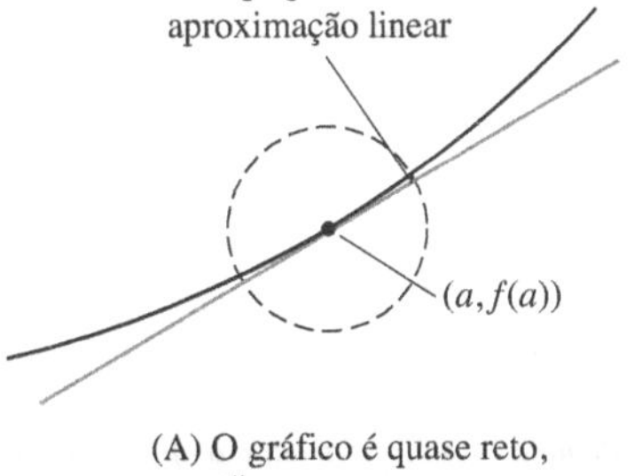

(A) O gráfico é quase reto, $f''(x)$ é pequena.

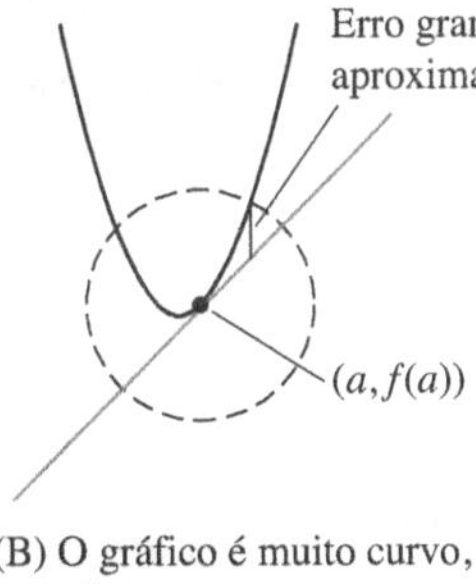

(B) O gráfico é muito curvo, $f''(x)$ é grande.

FIGURA 7 A precisão da aproximação linear depende da curvatura da curva.

Em segundo lugar, a estimativa do erro nos diz que o erro é de *ordem* 2 em Δx, o que significa que E não é maior do que uma constante vezes $(\Delta x)^2$. Assim, se Δx for pequeno, digamos, $\Delta x = 10^{-n}$, então E tem uma ordem de magnitude substancialmente menor, porque $(\Delta x)^2 = 10^{-2n}$. Em particular, $E/\Delta x$ tende a zero (pois $E/\Delta x < K\Delta x$), de modo que a estimativa do erro nos diz que o gráfico se torna praticamente indistinguível de sua reta tangente quando ampliamos o gráfico perto de $x = a$. Isso é uma versão precisa da propriedade de "linearidade local" discutida na Seção 3.2.

4.1 Resumo

- Seja $\Delta f = f(a + \Delta x) - f(a)$. A *aproximação linear* é a estimativa

$$\Delta f \approx f'(a)\Delta x \quad \text{(com } \Delta x \text{ pequeno) e} \quad f(a + \Delta x) \approx f(a) + f'(a)\Delta x$$

- Notação diferencial: $dx = \Delta x$ é a variação em x, $dy = f'(a)dx$, $\Delta y = f(a + \Delta x) - f(a)$. Nessa notação, a aproximação linear é dada por

$$\Delta y \approx dy \text{ (com } dx \text{ pequeno)}$$

- A *linearização* de $f(x)$ em $x = a$ é a função

$$L(x) = f(a) + f'(a)(x - a)$$

- A aproximação linear é equivalente à aproximação

$$f(x) \approx L(x) \quad \text{(com } x \text{ próximo de } a\text{)}$$

- O erro na aproximação linear é a quantidade

$$\text{Erro} = \left|\Delta f - f'(a)\Delta x\right|$$

Em muitos casos, o erro percentual é mais importante do que o próprio erro:

$$\text{Erro percentual} = \left|\frac{\text{erro}}{\text{valor exato}}\right| \times 100\%$$

4.1 Exercícios

Exercícios preliminares

1. Verdadeira ou falsa? A aproximação linear diz que a variação vertical no gráfico é aproximadamente igual à variação vertical na reta tangente.
2. Dê uma estimativa de $g(1{,}2) - g(1)$ se $g'(1) = 4$.
3. Dê uma estimativa de $f(2{,}1)$, sabendo que $f(2) = 1$ e $f'(2) = 3$.
4. Complete a afirmação seguinte: A aproximação linear mostra que, a menos de um erro pequeno, a variação na saída Δf é diretamente proporcional a...

Exercícios

Nos Exercícios 1-6, use a Equação (2) para dar uma estimativa de $\Delta f = f(3{,}02) - f(3)$.

1. $f(x) = x^2$
2. $f(x) = x^4$
3. $f(x) = x^{-1}$
4. $f(x) = \dfrac{1}{x+1}$
5. $f(x) = \sqrt{x+6}$
6. $f(x) = \operatorname{tg}\dfrac{\pi x}{3}$
7. A raiz cúbica de 27 é 3. Quanto maior é a raiz cúbica de 27,2? Dê uma estimativa usando a aproximação linear.
8. Dê uma estimativa de $\ln(e^3 + 0{,}1) - \ln(e^3)$ usando diferenciais.

Nos Exercícios 9-12, use a Equação (2) para dar uma estimativa de Δf. *Use uma calculadora para calcular o erro e também o erro percentual.*

9. $f(x) = \sqrt{1+x}, \quad a = 3, \quad \Delta x = 0{,}2$
10. $f(x) = 2x^2 - x, \quad a = 5, \quad \Delta x = -0{,}4$
11. $f(x) = \dfrac{1}{1+x^2}, \quad a = 3, \quad \Delta x = 0{,}5$
12. $f(x) = \ln(x^2 + 1), \quad a = 1, \quad \Delta x = 0{,}1$

Nos Exercícios 13-16, dê uma estimativa de Δy *usando diferenciais [Equação (4)].*

13. $y = \cos x, \quad a = \frac{\pi}{6}, \quad dx = 0{,}014$
14. $y = \operatorname{tg}^2 x, \quad a = \frac{\pi}{4}, \quad dx = -0{,}02$
15. $y = \dfrac{10 - x^2}{2 + x^2}, \quad a = 1, \quad dx = 0{,}01$
16. $y = x^{1/3}e^{x-1}, \quad a = 1, \quad dx = 0{,}1$

Nos Exercícios 17-24, dê uma estimativa usando a aproximação linear e encontre o erro usando uma calculadora.

17. $\sqrt{26} - \sqrt{25}$
18. $16{,}5^{1/4} - 16^{1/4}$
19. $\dfrac{1}{\sqrt{101}} - \dfrac{1}{10}$
20. $\dfrac{1}{\sqrt{98}} - \dfrac{1}{10}$
21. $9^{1/3} - 2$
22. $\operatorname{arc\,tg}(1{,}05) - \frac{\pi}{4}$
23. $e^{-0{,}1} - 1$
24. $\ln(0{,}97)$

25. Dê uma estimativa de $f(4{,}03)$ com a função $f(x)$ da Figura 8.

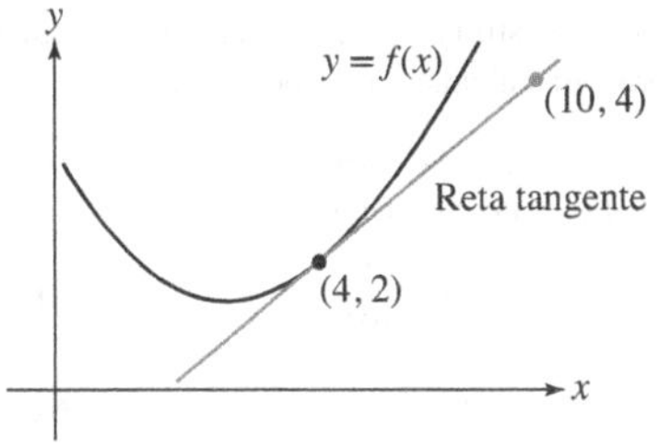

FIGURA 8

26. Num certo momento, um objeto em movimento retilíneo tem uma velocidade de 100 m/s. Dê uma estimativa da distância percorrida na próxima quarta parte de um segundo e explique como isso é uma aplicação da aproximação linear.

27. O que é maior: $\sqrt{2{,}1}-\sqrt{2}$ ou $\sqrt{9{,}1}-\sqrt{9}$? Explique usando a aproximação linear.

28. Dê uma estimativa de sen $61°$ − sen $60°$ usando a aproximação linear. *Sugestão:* expresse $\Delta\theta$ em radianos.

29. A receita de um complexo de cinemas em Paris é $R(p) = 3600p - 10p^3$ euros por sessão se o preço do ingresso for de p euros. Calcule $R(p)$ com $p = 9$ e use aproximação linear para obter uma estimativa de ΔR se p aumentar ou baixar 0,5 euro.

30. A *distância de frenagem* de um automóvel é $F(s) = 1{,}1s + 0{,}054s^2$m, em que s é a velocidade em km/h. Use a aproximação linear para dar uma estimativa da variação na distância de frenagem por km/h adicional quando $s = 50$ e quando $s = 80$.

31. Um fio fino de prata tem comprimento $L = 18$ cm quando a temperatura for de $T = 30$°C. Dê uma estimativa do comprimento quando T decresce a 25°C se o coeficiente de expansão termal for $k = 1{,}9 \times 10^{-5}$°C^{-1} (ver Exemplo 3).

32. Num certo momento, a temperatura numa gaiola de cobras satisfaz $dT/dt = 0{,}008$°C/s. Dê uma estimativa do aumento de temperatura durante os próximos 10 s.

33. A pressão atmosférica à altitude h (km) com $11 \le h \le 25$ é, aproximadamente,

$$P(h) = 128e^{-0{,}157h} \text{ quilo-pascais}$$

(a) Dê uma estimativa de ΔP a $h = 20$ se $\Delta h = 0{,}5$.
(b) Calcule a variação exata e o erro percentual da aproximação linear.

34. A resistência R de um fio de cobre à temperatura $T = 20$°C é de $R = 15\ \Omega$. Dê uma estimativa da resistência se $T = 22$°C, supondo que $dR/dT\big|_{T=20} = 0{,}06\ \Omega$/°C,.

35. A lei da gravitação de Newton mostra que se uma pessoa pesar w libras na superfície da Terra, então seu peso a uma distância x do centro da Terra será de

$$W(x) = \frac{wR^2}{x^2} \quad (\text{com } x \ge R)$$

em que $R = 3960$ milhas é o raio da Terra (Figura 9).

(a) Mostre que a perda de peso a uma altitude de h milhas acima da superfície da Terra é aproximadamente $\Delta W \approx -(0{,}0005w)h$. *Sugestão:* use aproximação linear com $dx = h$.

(b) Dê uma estimativa da perda de peso de um jogador de futebol americano de 200 libras num jato a 7 milhas de altitude.

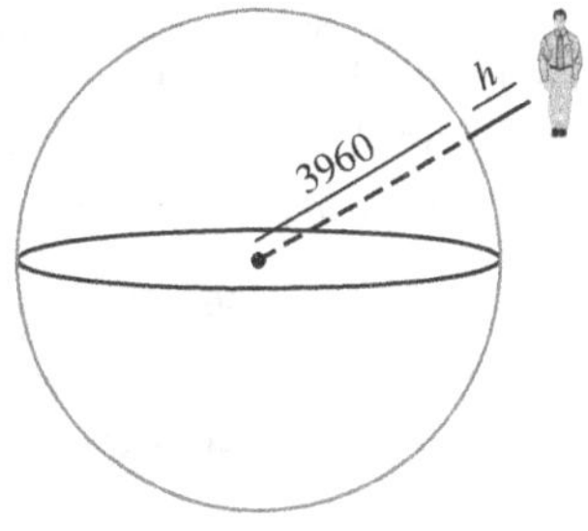

FIGURA 9 A distância ao centro da Terra é de $3960 + h$ milhas.

36. Use o Exercício 35(b) para dar uma estimativa da altitude na qual um piloto de 130 libras pesaria 129,5 libras.

37. Uma pedra lançada verticalmente no ar, com velocidade inicial de v cm/s, alcança uma altura máxima de $h = v^2/1960$ cm.
(a) Dê uma estimativa de Δh se $v = 700$ cm/s e $\Delta v = 1$ cm/s.
(b) Dê uma estimativa de Δh se $v = 1.000$ cm/s e $\Delta v = 1$ cm/s.
(c) Em geral, um aumento de 1 cm/s na velocidade inicial v causa uma variação maior na altura máxima alcançada quando a velocidade for menor ou maior? Explique.

38. O lado s de um tapete quadrado foi medido como sendo de 6 m. Dê uma estimativa do erro máximo na área A do tapete se a precisão de s for de 2 cm.

Nos Exercícios 39 e 40, use o fato seguinte, deduzido das leis de Newton: um objeto lançado num ângulo θ com velocidade inicial v pés/s *percorre uma distância horizontal total de*

$$s = \frac{1}{32}v^2 \text{ sen } 2\theta \text{ pés (Figura 10).}$$

39. Um jogador a 18,1 pés da cesta salta para encestar a bola desde uma altura de 10 pés (no nível da cesta) com um ângulo de $\theta = 34°$ e velocidade inicial de $v = 25$ pés/s.

(a) Mostre que $\Delta s \approx 0{,}255\Delta\theta$ pé com uma pequena variação de $\Delta\theta$.

(b) É razoável esperar que o lançamento tivesse sido convertido se o ângulo fosse modificado por no máximo 2°?

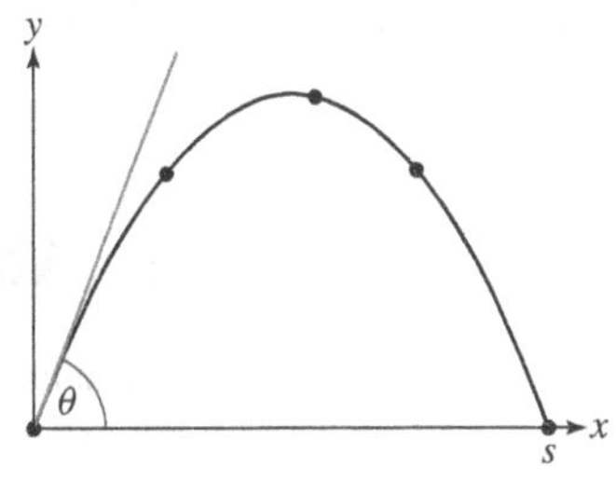

FIGURA 10 A trajetória de um objeto lançado num ângulo θ.

40. Dê uma estimativa de Δs se $\theta = 34°$, $v = 25$ pés/s e $\Delta v = 2$.

41. O raio de uma bola esférica é medido como sendo de $r = 25$ cm. Dê uma estimativa do erro máximo no volume e na área de superfície se o erro em r é de, no máximo, 0,5 cm.

42. A dosagem D de difenidramina para um cão de massa corpórea w kg é $D = 4{,}7w^{2/3}$mg. Dê uma estimativa do erro máximo possível em w de um cocker spaniel de massa $w = 10$ kg se o erro percentual em D deve ser inferior a 3%.

43. O volume V (em litros) e a pressão P (em atmosferas) de certo gás satisfazem $PV = 24$. Uma medição fornece $V = 4$ com erro possível de $\pm 0{,}3$ litros. Calcule P e dê uma estimativa do erro máximo possível desse cálculo.

44. Na notação do Exercício 43, suponha que uma medição forneça $V = 4$. Dê uma estimativa do erro máximo possível de V se P deve ter um erro menor do que 0,2 atm.

Nos Exercícios 45-54, encontre a linearização em $x = a$.

45. $f(x) = x^4, \quad a = 1$

46. $f(x) = \dfrac{1}{x}, \quad a = 2$

47. $f(\theta) = \operatorname{sen}^2 \theta, \quad a = \frac{\pi}{4}$

48. $g(x) = \dfrac{x^2}{x-3}, \quad a = 4$

49. $y = (1+x)^{-1/2}, \quad a = 0$

50. $y = (1+x)^{-1/2}, \quad a = 3$

51. $y = (1+x^2)^{-1/2}, \quad a = 0$

52. $y = \operatorname{arc\,tg} x, \quad a = 1$

53. $y = e^{\sqrt{x}}, \quad a = 1$

54. $y = e^x \ln x, \quad a = 1$

55. Quanto vale $f(2)$ se a linearização de $f(x)$ em $a = 2$ é $L(x) = 2x + 4$?

56. Calcule a linearização de $f(x) = 3x - 4$ em $a = 0$ e $a = 2$. Mais geralmente, prove que uma função linear coincide com sua linearização em $x = a$, com qualquer a.

57. Dê uma estimativa de $\sqrt{16{,}2}$ usando a linearização $L(x)$ de $f(x) = \sqrt{x}$ em $a = 16$. Esboce f e L no mesmo par de eixos e determine se a estimativa é muito grande ou pequena.

58. CG Dê uma estimativa de $1/\sqrt{15}$ usando uma linearização conveniente de $f(x) = 1/\sqrt{x}$. Esboce f e L no mesmo par de eixos e determine se a estimativa é muito grande ou pequena. Use uma calculadora para calcular o erro percentual.

Nos Exercícios 59-67, aproxime usando linearização e use uma calculadora para calcular o erro percentual.

59. $\dfrac{1}{\sqrt{17}}$

60. $\dfrac{1}{101}$

61. $\dfrac{1}{(10{,}03)^2}$

62. $(17)^{1/4}$

63. $(64{,}1)^{1/3}$

64. $(1{,}2)^{5/3}$

65. $\arccos(0{,}52)$

66. $\ln 1{,}07$

67. $e^{-0{,}012}$

68. CG Calcule a linearização $L(x)$ de $f(x) = x^2 - x^{3/2}$ em $a = 4$. Em seguida, esboce o gráfico de $f - L$ e encontre um intervalo I contendo $a = 4$ tal que $|f(x) - L(x)| \le 0{,}1$ com $x \in I$.

69. Mostre que a aproximação linear de $f(x) = \sqrt{x}$ em $x = 9$ fornece a estimativa $\sqrt{9+h} - 3 \approx \frac{1}{6}h$. Considere $K = 0{,}01$ e mostre que $|f''(x)| \le K$ com $x \ge 9$. Em seguida, verifique numericamente que o erro E satisfaz a Equação (6) com $h = 10^{-n}$ e $1 \le n \le 4$.

70. CG A aproximação linear de $f(x) = \operatorname{tg} x$ em $x = \frac{\pi}{4}$ fornece a estimativa $\operatorname{tg}\left(\frac{\pi}{4} + h\right) - 1 \approx 2h$. Considere $K = 6{,}2$ e mostre, usando um esboço, que $|f''(x)| \le K$ com $x \in [\frac{\pi}{4}, \frac{\pi}{4} + 0{,}1]$. Em seguida, verifique numericamente que o erro E satisfaz a Equação (6) com $h = 10^{-n}$ e $1 \le n \le 4$.

Compreensão adicional e desafios

71. Calcule dy/dx no ponto $P = (2, 1)$ da curva $y^3 + 3xy = 7$ e mostre que a linearização de P é $L(x) = -\frac{1}{3}x + \frac{5}{3}$. Use $L(x)$ para obter uma estimativa da coordenada y do ponto da curva em que $x = 2{,}1$.

72. Aplique o método do Exercício 71 a $P = (0{,}5; 1)$ de $y^5 + y - 2x = 1$ para obter uma estimativa da coordenada y do ponto da curva em que $x = 0{,}55$.

73. Aplique o método do Exercício 71 a $P = (-1, 2)$ de $y^4 + 7xy = 2$ para obter uma estimativa da solução de $y^4 - 7{,}7y = 2$ perto de $y = 2$.

74. Mostre que, dado qualquer número real k, $(1 + \Delta x)^k \approx 1 + k\Delta x$ com Δx pequeno. Dê uma estimativa de $(1{,}02)^{0{,}7}$ e de $(1{,}02)^{-0{,}3}$.

75. Seja $\Delta f = f(5+h) - f(5)$, em que $f(x) = x^2$. Verifique diretamente que $E = |\Delta f - f'(5)h|$ satisfaz a Equação (6) com $K = 2$.

76. Seja $\Delta f = f(1+h) - f(1)$, em que $f(x) = x^{-1}$. Mostre diretamente que $E = |\Delta f - f'(1)h|$ é igual a $h^2/(1+h)$. Em seguida, prove que $E \le 2h^2$ se $-\frac{1}{2} \le h \le \frac{1}{2}$. *Sugestão:* neste caso, $\frac{1}{2} \le 1 + h \le \frac{3}{2}$.

4.2 Valores extremos

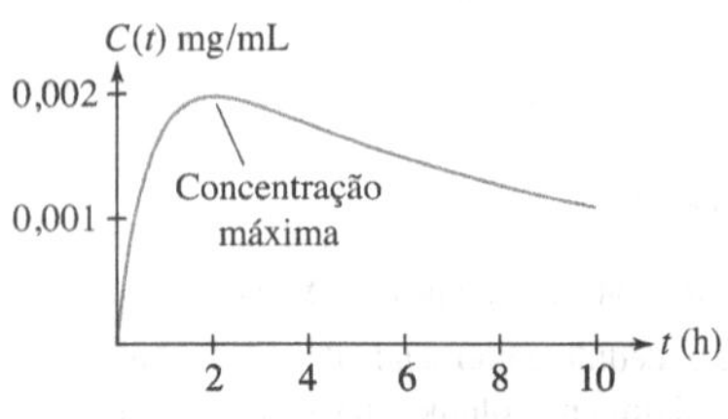

FIGURA 1 A concentração $C(t)$ do medicamento na corrente sanguínea (ver Exercício 74).

Muitas vezes, omitimos a palavra "absoluto" e nos referimos simplesmente ao min ou max no intervalo I. Quando nenhum intervalo for mencionado, entenda-se que estamos nos referindo aos valores extremos de todo o domínio da função.

Em muitas aplicações, é importante encontrar a valor mínimo ou máximo de alguma função f. Por exemplo, um médico precisa determinar a concentração máxima de um medicamento na corrente sanguínea de um paciente quando esse medicamento for administrado. Isso corresponde a encontrar o ponto mais elevado do gráfico de C, a concentração no instante t (Figura 1).

Os valores máximo e mínimo (que, às vezes, abreviamos por "max" e "min", respectivamente) são denominados **valores extremos** ou, simplesmente, **extremos** da função, e o processo de encontrá-los é a **otimização**. Às vezes estamos interessados em encontrar o min ou max com x num determinado intervalo I, em vez de todo o domínio de f.

DEFINIÇÃO Valores extremos num intervalo Seja f uma função num intervalo I e seja $a \in I$. Dizemos que $f(a)$ é o

- **mínimo absoluto** de f em I se $f(a) \le f(x)$ com qualquer $x \in I$.
- **máximo absoluto** de f em I se $f(a) \ge f(x)$ com qualquer $x \in I$.

Será que toda função tem um valor máximo ou mínimo? Certamente que não, como podemos ver tomando $f(x) = x$. De fato, $f(x) = x$ cresce sem cota quando $x \to \infty$ e decresce sem cota quando $x \to -\infty$. A verdade é que os valores extremos nem sempre existem, nem mesmo quando nos restringimos a um intervalo I. A Figura 2 ilustra o que pode dar errado se o intervalo I for aberto ou se f tiver uma descontinuidade:

- **Descontinuidade:** (A) mostra uma função descontínua sem valor máximo. Os valores de $f(x)$ ficam arbitrariamente próximos de 3 por falta, mas 3 não é o valor máximo porque na realidade $f(x)$ nunca atinge o valor 3.
- **Intervalo aberto:** Em (B), $g(x)$ está definida no intervalo *aberto* (a, b) e não tem max porque tende a ∞ na extremidade direita e tende a 10 na esquerda sem nunca atingir esse valor.

Felizmente, o teorema a seguir garante que os valores extremos existem se a função for contínua e I for fechado [Figura 2(C)].

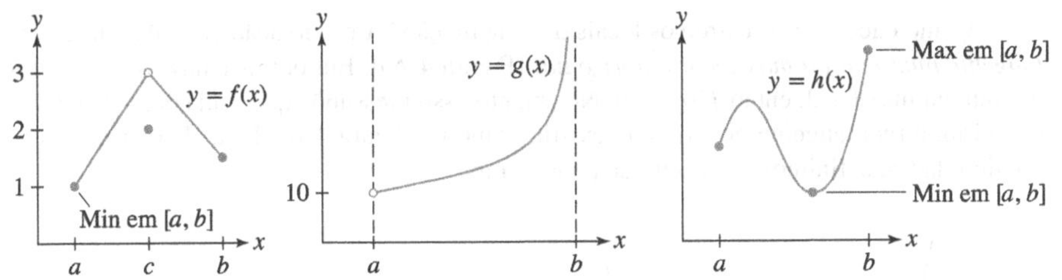

(A) Função descontínua sem max em $[a, b]$ e um min em $x = a$.

(B) Função contínua sem min nem max no intervalo aberto (a, b).

(C) Toda função contínua num intervalo $[a, b]$ fechado tem um min e um max em $[a, b]$.

FIGURA 2

LEMBRETE Um intervalo fechado e limitado é um intervalo $I = [a, b]$ (com extremidades incluídas) em que ambos, a e b, são finitos. Muitas vezes, omitimos a palavra "limitado" e nos referimos a I mais simplesmente como um intervalo fechado. Um intervalo aberto (a, b) (extremidades excluídas) pode ter uma ou ambas as extremidades infinitas.

TEOREMA 1 Existência de extremos num intervalo fechado Uma função contínua f num intervalo fechado (e limitado) $I = [a, b]$ atinge tanto um valor mínimo quanto um valor máximo em I.

ENTENDIMENTO CONCEITUAL Por que o Teorema 1 exige um intervalo fechado? Pense numa função contínua como uma corda. Se o intervalo for fechado, a corda está presa nas duas extremidades e não pode sair voando para o infinito (ou tender a um min/max sem alcançá-lo) como na Figura 20(B). Intuitivamente, então, ela precisa atingir um ponto mais alto e um ponto mais baixo. Contudo, uma prova rigorosa do Teorema 1 depende da *propriedade de completude* dos números reais (ver Apêndice D).

Extremos locais e pontos críticos

Agora nos concentramos no problema de encontrar valores extremos. Um conceito-chave é o de mínimo e máximo local.

DEFINIÇÃO Extremos locais Dizemos que $f(c)$ é um

- **mínimo local** que ocorre em $x = c$ se $f(c)$ for o valor mínimo de f em algum intervalo aberto (no domínio de f) contendo c.
- **máximo local** que ocorre em $x = c$ se $f(c)$ for o valor máximo de f em algum intervalo aberto (no domínio de f) contendo c.

Quando chegamos ao alto de uma montanha numa região relativamente plana, nossa altitude está num máximo local, mas ainda estamos longe do ponto de altitude máxima absoluta, que está localizado no pico do Everest. Essa é a diferença entre extremos locais e absolutos.

Adaptado de V. M. Tikhomirov, Stories About Maxima and Minima, *1990.*

Um max local ocorre em $x = c$ se $(c, f(c))$ for o ponto mais alto do gráfico dentro de alguma caixa pequena [Figura 3(A)]. Assim, $f(c)$ é maior do que ou igual a todos os outros valores *próximos*, mas não precisa ser o valor máximo absoluto de f. Analogamente para um min local. A Figura 3(B) ilustra a diferença entre extremos locais e absolutos: $f(a)$ é o max absoluto em $[a, b]$, mas não é um max local, pois $f(x)$ atinge valores maiores à esquerda de $x = a$.

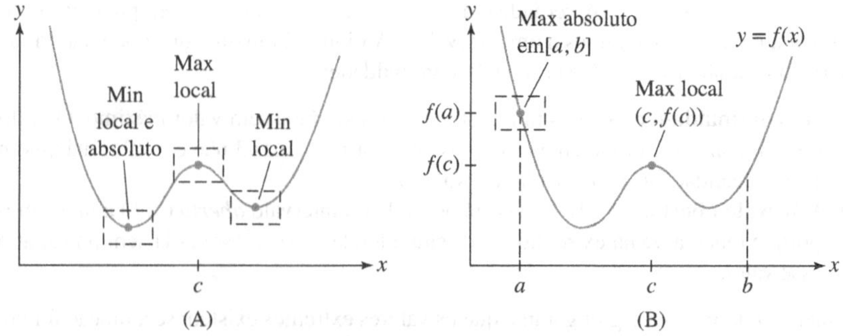

FIGURA 3

Como encontrar os extremos locais de uma função? A observação crucial é que *a reta tangente num min ou max local é horizontal* [Figura 4(A)]. Em outras palavras, se $f(c)$ for um min ou max local, então $f'(c) = 0$. No entanto, isso pressupõe que f seja derivável. Caso contrário, a reta tangente poderia não existir, como na Figura 4(B). Para abarcar ambas as possibilidades, definimos o conceito de ponto crítico.

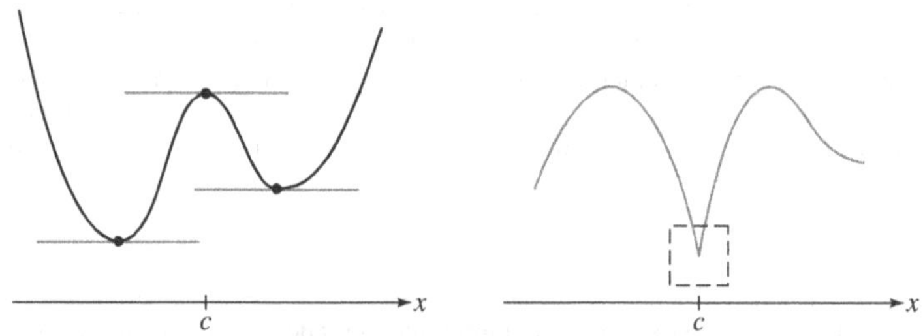

(A) A reta tangente é horizontal nos extremos locais.

(B) Esse mínimo local ocorre num ponto em que a função não é derivável.

FIGURA 4

DEFINIÇÃO Pontos críticos Um número c no domínio de f é denominado **ponto crítico** se $f'(c) = 0$ *ou, então,* se $f'(c)$ não existir.

EXEMPLO 1 Encontre os pontos críticos de $f(x) = x^3 - 9x^2 + 24x - 10$.

Solução A função f é derivável em toda parte (Figura 5), portanto os pontos críticos são as soluções de $f'(x) = 0$:

$$f'(x) = 3x^2 - 18x + 24 = 3(x^2 - 6x + 8)$$
$$= 3(x-2)(x-4) = 0$$

Os pontos críticos são as raízes $c = 2$ e $c = 4$. ■

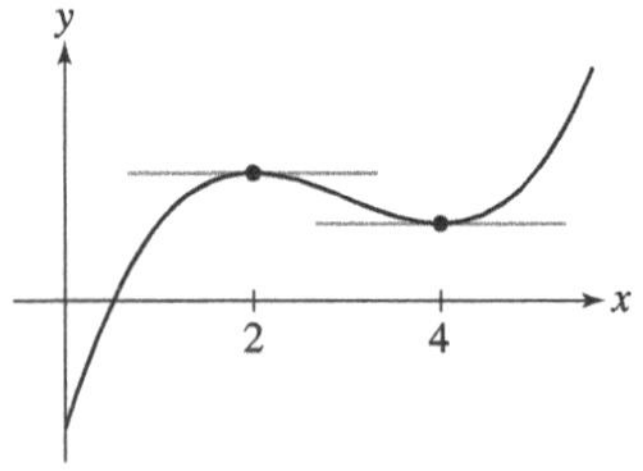

FIGURA 5 O gráfico de $f(x) = x^3 - 9x^2 + 24x - 10$.

EXEMPLO 2 Função não derivável Encontre os pontos críticos de $f(x) = |x|$.

Solução Como vemos na Figura 6, $f'(x) = -1$ com $x < 0$ e $f'(x) = 1$ com $x > 0$. Portanto, $f'(x) = 0$ não tem solução com $x \neq 0$. Contudo, $f'(0)$ não existe. Assim, $c = 0$ é um ponto crítico. ■

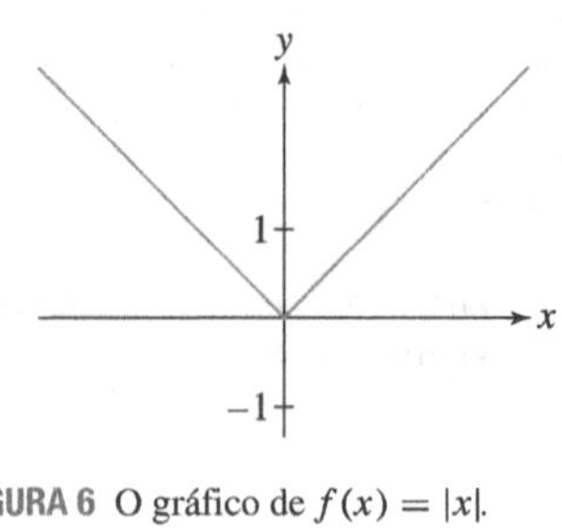

FIGURA 6 O gráfico de $f(x) = |x|$.

O teorema seguinte afirma que podemos encontrar os extremos locais procurando pelos pontos críticos. É um dos resultados mais importantes do Cálculo.

TEOREMA 2 Teorema de Fermat sobre extremos locais Se $f(c)$ for um min ou max local, então c é um ponto crítico de f.

Demonstração Suponha que $f(c)$ seja um mínimo local (o caso de máximo local é análogo). Se não existir $f'(c)$, então c é um ponto crítico e não há mais o que provar. Portanto, supomos que exista $f'(c)$. Então devemos provar que $f'(c) = 0$.

Como $f(c)$ é um mínimo local, temos $f(c+h) \geq f(c)$ com qualquer $h \neq 0$ suficientemente pequeno. Equivalentemente, $f(c+h) - f(c) \geq 0$. Agora dividimos essa desigualdade por h:

$$\frac{f(c+h) - f(c)}{h} \geq 0 \quad \text{se } h > 0 \qquad (1)$$

$$\frac{f(c+h) - f(c)}{h} \leq 0 \quad \text{se } h < 0 \qquad (2)$$

A Figura 7 mostra a interpretação gráfica dessas desigualdades. Tomando os limites laterais de ambos os lados de (1) e (2), obtemos

$$f'(c) = \lim_{h \to 0^+} \frac{f(c+h) - f(c)}{h} \geq \lim_{h \to 0^+} 0 = 0$$

$$f'(c) = \lim_{h \to 0^-} \frac{f(c+h) - f(c)}{h} \leq \lim_{h \to 0^-} 0 = 0$$

Assim, $f'(c) \geq 0$ e $f'(c) \leq 0$. A única possibilidade que resta é $f'(c) = 0$, como queríamos demonstrar. ■

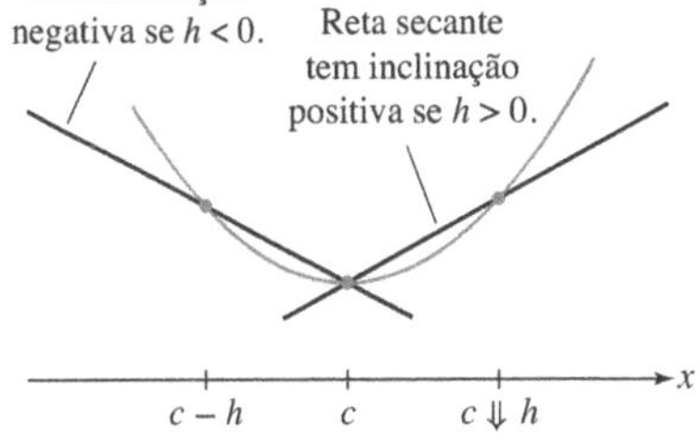

FIGURA 7

ENTENDIMENTO CONCEITUAL O Teorema de Fermat *não afirma* que todos os pontos críticos fornecem extremos locais. Podem ocorrer "falsos positivos", ou seja, pontos em que $f'(c) = 0$ sem que $f(c)$ seja um min ou max local. Por exemplo, $f(x) = x^3$ tem derivada $f'(x) = 3x^2$ e $f'(0) = 0$, mas $f(0)$ não é nem um min local nem um max local (Figura 8). A origem é um ponto de inflexão (estudado na Seção 4.4), em que a reta tangente cruza o gráfico.

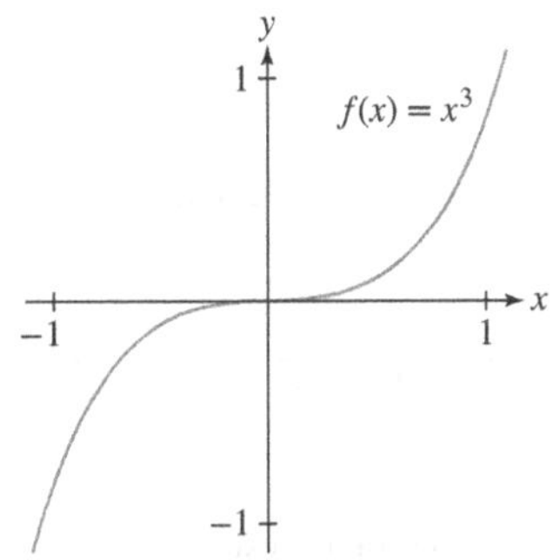

FIGURA 8 A reta tangente em (0, 0) é horizontal, mas $f(0)$ não é um min nem um max local.

Otimização num intervalo fechado

Finalmente dispomos de todas as ferramentas necessárias para otimizar uma função contínua num intervalo fechado. O Teorema 1 garante a existência de valores extremos e o teorema seguinte nos diz onde podemos encontrá-los, a saber, dentre os pontos críticos ou extremidades do intervalo.

> **TEOREMA 3 Valores extremos num intervalo fechado** Suponha que f seja contínua em $[a, b]$ e seja $f(c)$ o valor mínimo ou máximo em $[a, b]$. Então ou c é um ponto crítico ou então é uma das extremidades a ou b.

Demonstração Se c for uma das extremidades a ou b, não há mais o que provar. Caso contrário, c pertence ao intervalo aberto (a, b). Nesse caso, $f(c)$ também é um min ou max local, porque é o valor máximo em (a, b). Pelo Teorema de Fermat, c é um ponto crítico. ■

Nesta seção, restringimos nossa atenção a intervalos fechados porque, nesse caso, os valores extremos garantidamente existem (Teorema 1). A otimização em intervalos abertos é discutida na Seção 4.7.

■ **EXEMPLO 3** Encontre os extremos de $f(x) = 2x^3 - 15x^2 + 24x + 7$ em $[0, 6]$.

Solução Pelo Teorema 3, os valores extremos ocorrem em pontos críticos ou extremidades, portanto podemos repartir o problema simplesmente em dois passos.

***Passo 1.* Encontrar os pontos críticos.**

A função f é derivável, portanto podemos encontrar os pontos críticos resolvendo

$$f'(x) = 6x^2 - 30x + 24 = 6(x-1)(x-4) = 0$$

Os pontos críticos são $c = 1$ e 4.

***Passo 2.* Comparar os valores de $f(x)$ nos pontos críticos e nas extremidades.**

Valor de x	Valor de $f(x)$	
1 (ponto crítico)	$f(1) = 18$	
4 (ponto crítico)	$f(4) = -9$	min
0 (extremidade)	$f(0) = 7$	
6 (extremidade)	$f(6) = 43$	max

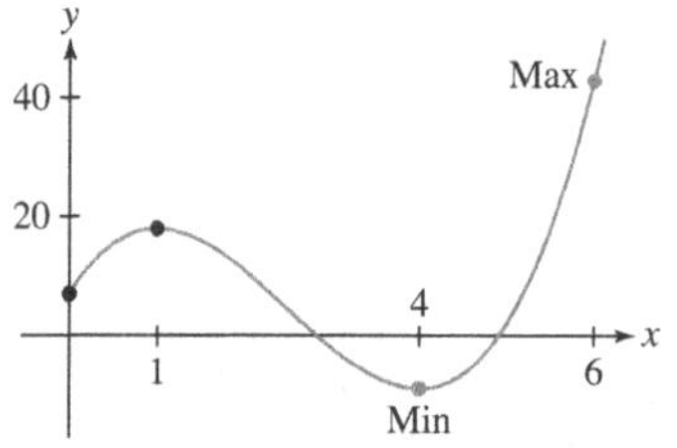

FIGURA 9 Os valores extremos de $f(x) = 2x^3 - 15x^2 + 24x + 7$ em $[0, 6]$.

O máximo de $f(x)$ em $[0, 6]$ é o maior dos valores dessa tabela, a saber, $f(6) = 43$. Analogamente, o mínimo é $f(4) = -9$. Ver Figura 9. ■

■ **EXEMPLO 4** **Função com uma cúspide** Encontre o máximo de $f(x) = 1 - (x - 1)^{2/3}$ em $[-1, 2]$.

Solução Inicialmente, encontramos os pontos críticos:

$$f'(x) = -\frac{2}{3}(x - 1)^{-1/3} = -\frac{2}{3(x - 1)^{1/3}}$$

A equação $f'(x) = 0$ não tem solução, porque $f'(x)$ não se anula. Contudo, $f'(x)$ não existe em $x = 1$, portanto $c = 1$ é um ponto crítico (Figura 10).

Em seguida, comparamos os valores de $f(x)$ nos pontos críticos e extremidades:

Valor de x	Valor de $f(x)$	
1 (ponto crítico)	$f(1) = 1$	max
-1 (extremidade)	$f(-1) \approx -0{,}59$	min
2 (extremidade)	$f(2) = 0$	

■

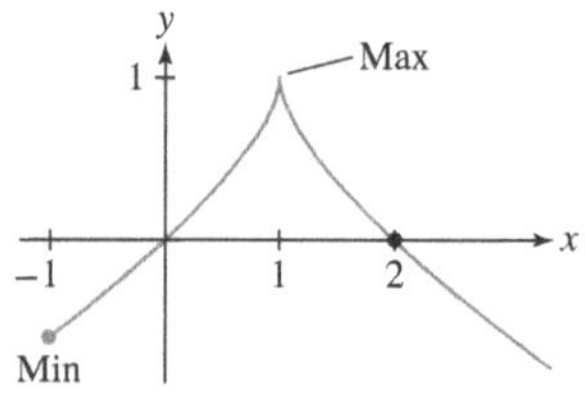

FIGURA 10 Os valores extremos de $f(x) = 1 - (x - 1)^{2/3}$ em $[-1, 2]$.

■ **EXEMPLO 5** Encontre os valores extremos da função $f(x) = x^2 - 8 \ln x$ em $[1, 4]$.

Solução Inicialmente, resolvemos os pontos críticos:

$$f'(x) = 2x - \frac{8}{x} = 0 \quad \Rightarrow \quad 2x = \frac{8}{x} \quad \Rightarrow \quad x = \pm 2$$

O único ponto crítico no intervalo $[1, 4]$ é $c = 2$. Em seguida, comparamos os valores de $f(x)$ nos pontos críticos e nas extremidades (Figura 11):

Valor de x	Valor de $f(x)$	
2 (ponto crítico)	$f(2) \approx -1{,}55$	max
1 (extremidade)	$f(1) = 1$	min
4 (extremidade)	$f(4) \approx 4{,}9$	

Vemos que o min em $[1, 4]$ é $f(2) \approx -1{,}55$ e o max é $f(4) \approx 4{,}9$. ■

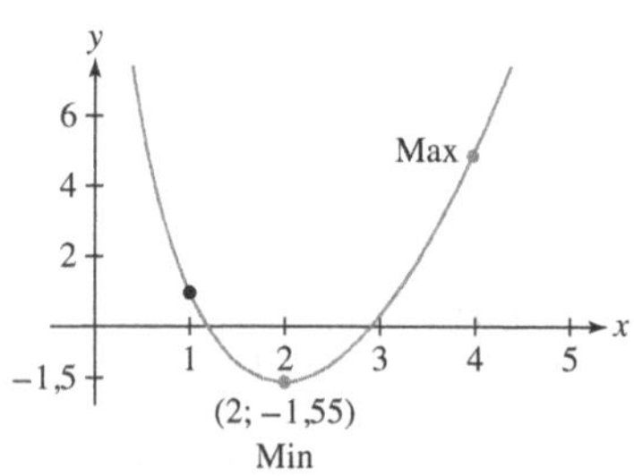

FIGURA 11 Os valores extremos de $f(x) = x^2 - 8 \ln x$ em $[1, 4]$.

■ **EXEMPLO 6** **Função trigonométrica** Encontre o mínimo e o máximo da função $f(x) = \operatorname{sen} x + \cos^2 x$ em $[0, 2\pi]$ (Figura 12).

Solução Inicialmente, resolvemos os pontos críticos:

$$f'(x) = \cos x - 2 \operatorname{sen} x \cos x = \cos x(1 - 2 \operatorname{sen} x) = 0 \quad \Rightarrow \quad \cos x = 0 \text{ ou } \operatorname{sen} x = \frac{1}{2}$$

$$\cos x = 0 \quad \Rightarrow \quad x = \frac{\pi}{2}, \frac{3\pi}{2} \qquad \text{e} \qquad \operatorname{sen} x = \frac{1}{2} \quad \Rightarrow \quad x = \frac{\pi}{6}, \frac{5\pi}{6}$$

Em seguida, comparamos os valores de $f(x)$ nos pontos críticos e nas extremidades:

Valor de x	Valor de $f(x)$	
$\frac{\pi}{2}$ (ponto crítico)	$f\left(\frac{\pi}{2}\right) = 1 + 0^2 = 1$	
$\frac{3\pi}{2}$ (ponto crítico)	$f\left(\frac{3\pi}{2}\right) = -1 + 0^2 = -1$	min
$\frac{\pi}{6}$ (ponto crítico)	$f\left(\frac{\pi}{6}\right) = \frac{1}{2} + \left(\frac{\sqrt{3}}{2}\right)^2 = \frac{5}{4}$	max
$\frac{5\pi}{6}$ (ponto crítico)	$f\left(\frac{5\pi}{6}\right) = \frac{1}{2} + \left(-\frac{\sqrt{3}}{2}\right)^2 = \frac{5}{4}$	max
0 e 2π (extremidades)	$f(0) = f(2\pi) = 1$	

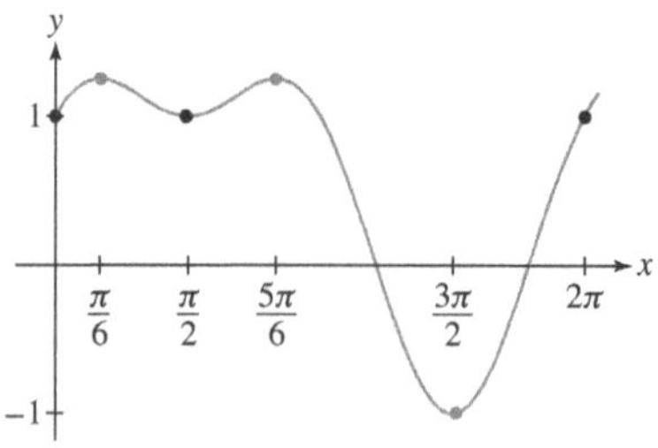

FIGURA 12 f atinge um max em $\frac{\pi}{6}$ e $\frac{5\pi}{6}$ e um min em $\frac{3\pi}{2}$.

Teorema de Rolle

Como uma aplicação de nossos métodos de otimização, provamos o teorema de Rolle: se uma função for derivável e atingir o mesmo valor em dois pontos distintos, então, em algum ponto entre esses dois, a derivada é nula. Graficamente, se a reta secante entre $x = a$ e $x = b$ for horizontal, então pelo menos uma reta tangente entre a e b também é horizontal (Figura 13).

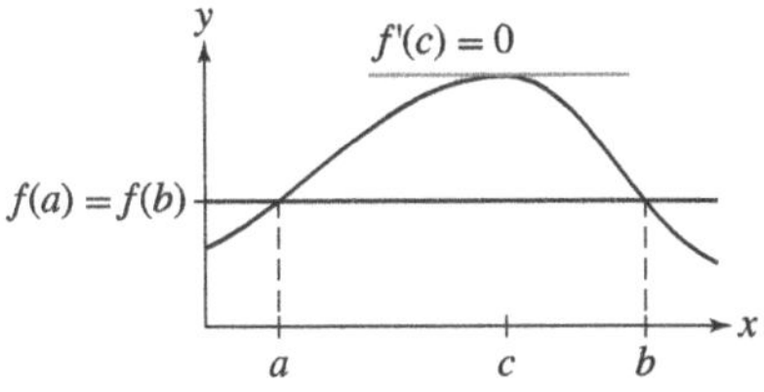

FIGURA 13 Teorema de Rolle: se $f(a) = f(b)$, então $f'(c) = 0$ em algum c entre a e b.

> **TEOREMA 4 Teorema de Rolle** Suponha que f seja contínua em $[a, b]$ e derivável em (a, b). Se $f(a) = f(b)$, então existe algum número c entre a e b tal que $f'(c) = 0$.

Demonstração Como f é contínua e $[a, b]$ é fechado, f tem um min e um max em $[a, b]$. Onde ocorrem? Se o min ou o max ocorrer num ponto c do intervalo *aberto* (a, b), então $f(c)$ é um valor extremo local e $f'(c) = 0$ pelo Teorema de Fermat (Teorema 2). Caso contrário, tanto o min quanto o max ocorrem nas extremidades. Contudo, $f(a) = f(b)$, portanto, os valores min e max coincidem, e f é uma função constante com derivada nula. Portanto, $f'(c) = 0$ vale em cada c de (a, b). ■

■ **EXEMPLO 7 Ilustrando o teorema de Rolle** Verifique o teorema de Rolle com

$$f(x) = x^4 - x^2 \text{ em } [-2, 2]$$

Solução As hipóteses do teorema de Rolle estão satisfeitas porque f é derivável (e, portanto, contínua) em toda parte, e $f(-2) = f(2)$:

$$f(2) = 2^4 - 2^2 = 12, \qquad f(-2) = (-2)^4 - (-2)^2 = 12$$

Devemos verificar que $f'(c) = 0$ tem alguma solução em $(-2, 2)$. Para isso, resolvemos $f'(x) = 4x^3 - 2x = 2x(2x^2 - 1) = 0$. As soluções são $c = 0$ e $c = \pm 1/\sqrt{2} \approx \pm 0{,}707$. Todas estão em $(-2, 2)$, portanto o Teorema de Rolle está satisfeito com três valores de c. ■

■ **EXEMPLO 8 Usando o teorema de Rolle** Mostre que $f(x) = x^3 + 9x - 4$ tem exatamente uma raiz real.

Solução Inicialmente, observamos que $f(0) = -4$ é negativo e $f(1) = 6$ é positivo. Pelo teorema do valor intermediário (Seção 2.8), f tem *pelo menos* uma raiz a em $[0, 1]$. Se f tivesse alguma segunda raiz b, então $f(a) = f(b) = 0$, e o Teorema de Rolle implicaria que $f'(c) = 0$ em algum $c \in (a, b)$. Isso não é possível, porque $f'(x) = 3x^2 + 9 \geq 9$, portanto $f'(c) = 0$ não tem solução. Concluímos que a é *a única* raiz real de f (Figura 14). ■

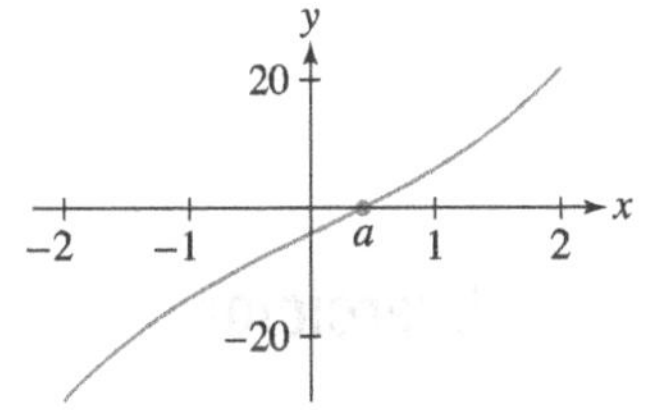

FIGURA 14 O gráfico de $f(x) = x^3 + 9x - 4$. Essa função tem uma raiz real.

4.2 Resumo

- Os *valores extremos* de f num intervalo I (também denominados extremos *absolutos* em I) são os valores mínimo e máximo de f com $x \in I$.
- Teorema básico: se f for contínua num intervalo fechado $[a, b]$, então f atinge um min e um max em $[a, b]$.
- $f(c)$ é um *mínimo local* se $f(x) \geq f(c)$, qualquer que seja x de algum intervalo aberto contendo c. Máximos locais são definidos de maneira análoga.
- $x = c$ é um *ponto crítico* de f se $f'(c) = 0$ ou, então, $f'(c)$ não existir.
- Teorema de Fermat: se $f(c)$ for um min ou max local, então c é um ponto crítico.
- Para encontrar os valores extremos de uma função contínua f num intervalo fechado $[a, b]$:

  Passo 1. Encontrar os pontos críticos de f em $[a, b]$.
  Passo 2. Calcular $f(x)$ nos pontos críticos de $[a, b]$ e nas extremidades.

  O min e o max em $[a, b]$ são o menor e o maior valor dentre os valores calculados no Passo 2.
- Teorema de Rolle: se f for contínua em $[a, b]$ e derivável em (a, b), e se $f(a) = f(b)$, então existe c entre a e b tal que $f'(c) = 0$.

É difícil imaginar um método mais geral... Esse método nunca falha e poderia ser estendido a inúmeros lindos problemas; com a ajuda dele, encontramos o centro de gravidade de figuras delimitadas por linhas retas ou curvas, bem como de sólidos, e muitos outros resultados que poderiam ser tratados se dispuséssemos de tempo para isso.

—Fermat, em *Sobre Máximos e Mínimos e sobre Tangentes*

PERSPECTIVA HISTÓRICA

Em torno de 1630, na década anterior ao nascimento de Isaac Newton, o matemático francês Pierre de Fermat inventou um método geral para encontrar valores extremos. Fermat essencialmente disse que se quisermos encontrar extremos, devemos igualar a derivada a zero e resolver para os pontos críticos, exatamente como fizemos nesta seção. Ele também descreveu um método geral para encontrar retas tangentes que não é essencialmente diferente do nosso método de derivadas. Por esse motivo, muitas vezes Fermat é considerado um dos inventores do Cálculo, junto com Newton e Leibniz.

Mais ou menos na mesma época, René Descartes desenvolveu uma abordagem diferente, mas muito menos eficaz, para encontrar retas tangentes. Descartes, em homenagem a quem usamos o nome de coordenadas cartesianas, foi um profundo pensador e o principal filósofo e cientista europeu de sua época. É considerado hoje o pai da Filosofia Moderna e o fundador (junto com Fermat) da Geometria Analítica. Quando Descartes soube por um intermediário que Fermat havia criticado seu trabalho em Ótica, iniciou-se uma disputa entre os dois. Sensitivo e obstinado, Descartes retaliou atacando o método de Fermat para encontrar tangentes e só depois de interferências de terceiros admitiu que o método de Fermat estava correto. Ele escreveu:

Pierre de Fermat (1601-1665) (© Bettmann/Corbis)

René Descartes (1596-1650) (© Stapleton Collection/Corbis)

> *...Vendo o último método que você usou para encontrar tangentes a curvas, eu não posso responder diferentemente que dizer que é muito bom e que, se você o tivesse explicado assim desde o início, eu não o teria contradito.*

No entanto, em correspondência particular subsequente, Descartes foi menos generoso e se referiu a certa altura a uma parte do trabalho de Fermat como sendo "*le galimatias le plus ridicule*", ou seja, a bobagem mais ridícula. Atualmente, reconhecemos Fermat como um dos maiores matemáticos de seu tempo, que fez contribuições de enorme alcance em várias áreas da Matemática.

4.2 Exercícios

Exercícios preliminares

1. Qual é a definição de ponto crítico?

Nos Exercícios 2 e 3, escolha a conclusão correta.

2. Se f não for contínua em [0, 1], então
  (a) f não tem valores extremos em [0, 1].
  (b) f pode não ter quaisquer valores extremos em [0, 1].

3. Se f for contínua, mas não tiver ponto crítico em [0, 1], então
  (a) f não tem nem min nem max em [0, 1].
  (b) $f(0)$ ou $f(1)$ é o valor mínimo em [0, 1].

4. O Teorema de Fermat *não afirma* que se $f'(c) = 0$, então $f(c)$ é um valor extremo local (isso é falso). O que, afinal, *afirma* o Teorema de Fermat?

Exercícios

1. As questões a seguir se referem à Figura 15.
  (a) Quantos pontos críticos tem f em [0, 8]?
  (b) Qual é o valor máximo de f em [0, 8]?
  (c) Quais são valores máximos locais de f?
  (d) Encontre um intervalo fechado em que ambos os valores, min e max, de f ocorrem em pontos críticos.
  (e) Encontre um intervalo no qual o valor máximo ocorre numa extremidade.

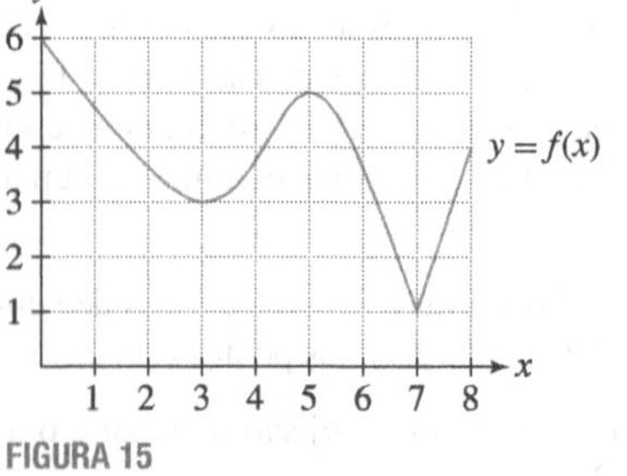

FIGURA 15

2. Decida se $f(x) = x^{-1}$ (Figura 16) tem um valor mínimo ou máximo nos intervalos seguintes:

(a) (0,2) **(b)** (1,2) **(c)** [1,2]

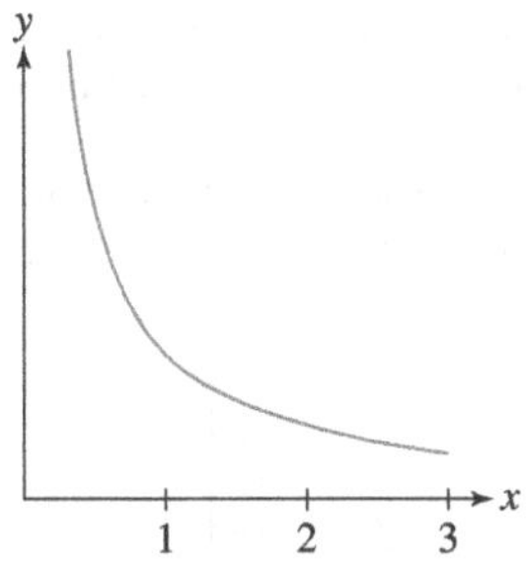

FIGURA 16 O gráfico de $f(x) = x^{-1}$.

Nos Exercícios 3-20, encontre todos os pontos críticos da função.

3. $f(x) = x^2 - 2x + 4$

4. $f(x) = 7x - 2$

5. $f(x) = x^3 - \frac{9}{2}x^2 - 54x + 2$

6. $f(t) = 8t^3 - t^2$

7. $f(x) = x^{-1} - x^{-2}$

8. $g(z) = \dfrac{1}{z-1} - \dfrac{1}{z}$

9. $f(x) = \dfrac{x}{x^2+1}$

10. $f(x) = \dfrac{x^2}{x^2 - 4x + 8}$

11. $f(t) = t - 4\sqrt{t+1}$

12. $f(t) = 4t - \sqrt{t^2+1}$

13. $f(x) = xe^{2x}$

14. $f(x) = x + |2x + 1|$

15. $g(\theta) = \operatorname{sen}^2 \theta$

16. $R(\theta) = \cos\theta + \operatorname{sen}^2 \theta$

17. $f(x) = x \ln x$

18. $f(x) = x^2\sqrt{1-x^2}$

19. $f(x) = \operatorname{arc\,sen} x - 2x$

20. $f(x) = \operatorname{arc\,sec} x - \ln x$

21. Seja $f(x) = x^2 - 4x + 1$.
(a) Encontre o ponto crítico c de f e calcule $f(c)$.
(b) Calcule os valores de $f(x)$ nas extremidades do intervalo [0, 4].
(c) Determine o min e o max de f no intervalo [0, 4].
(d) Encontre os valores extremos de f em [0, 1].

22. Encontre os valores extremos de $f(x) = 2x^3 - 9x^2 + 12x$ nos intervalos [0, 3] e [0, 2].

23. Encontre os pontos críticos de $f(x) = \operatorname{sen} x + \cos x$ e determine os valores extremos em $\left[0, \frac{\pi}{2}\right]$.

24. Calcule os pontos críticos de $h(t) = (t^2 - 1)^{1/3}$. Confira se sua resposta é consistente com a Figura 17. Em seguida, encontre os valores extremos de h em [0,1] e em [0,2].

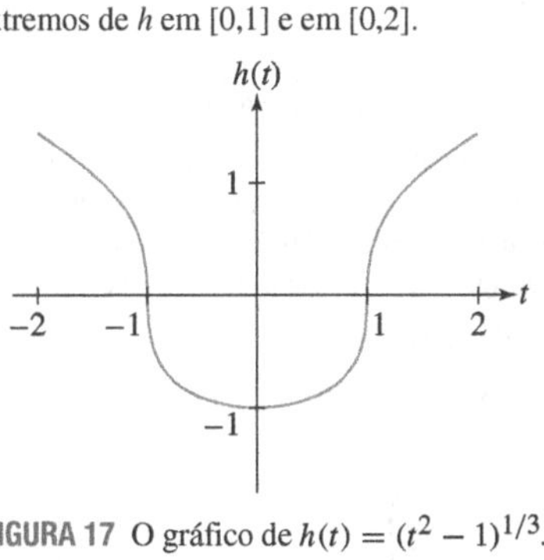

FIGURA 17 O gráfico de $h(t) = (t^2 - 1)^{1/3}$.

25. CG Esboce $f(x) = 2\sqrt{x} - x$ em [0, 4] e determine o valor máximo graficamente. Em seguida, confira sua resposta usando Cálculo.

26. CG Esboce $f(x) = \ln x - 5 \operatorname{sen} x$ em [0,1; 2] e obtenha aproximações dos pontos críticos e dos valores extremos.

27. Obtenha, utlizando em sistema algébrico computacional, uma aproximação dos pontos críticos de $g(x) = \arccos x$ e uma estimativa do valor máximo de g.

28. Obtenha, utilizando um sistema algébrico computacional, uma aproximação dos pontos críticos de $g(x) = 5e^x - \operatorname{tg} x$ em $\left(-\frac{\pi}{2}, \frac{\pi}{2}\right)$.

Nos Exercícios 29-58, encontre os valores máximo e mínimo da função no intervalo dado comparando os valores nos pontos críticos e nas extremidades.

29. $y = 2x^2 + 4x + 5$, $[-2, 2]$

30. $y = 2x^2 + 4x + 5$, $[0, 2]$

31. $y = 6t - t^2$, $[0, 5]$

32. $y = 6t - t^2$, $[4, 6]$

33. $y = x^3 - 6x^2 + 8$, $[1, 6]$

34. $y = x^3 + x^2 - x$, $[-2, 2]$

35. $y = 2t^3 + 3t^2$, $[1, 2]$

36. $y = x^3 - 12x^2 + 21x$, $[0, 2]$

37. $y = z^5 - 80z$, $[-3, 3]$

38. $y = 2x^5 + 5x^2$, $[-2, 2]$

39. $y = \dfrac{x^2+1}{x-4}$, $[5, 6]$

40. $y = \dfrac{1-x}{x^2+3x}$, $[1,4]$

41. $y = x - \dfrac{4x}{x+1}$, $[0, 3]$

42. $y = 2\sqrt{x^2+1} - x$, $[0, 2]$

43. $y = (2+x)\sqrt{2+(2-x)^2}$, $[0, 2]$

44. $y = \sqrt{1+x^2} - 2x$, $[0\ 1]$

45. $y = \sqrt{x+x^2} - 2\sqrt{x}$, $[0, 4]$

46. $y = (t - t^2)^{1/3}$, $[-1, 2]$

47. $y = \operatorname{sen} x \cos x$ $\left[0, \frac{\pi}{2}\right]$

48. $y = x + \operatorname{sen} x$, $[0, 2\pi]$

49. $y = \sqrt{2}\,\theta - \sec\theta$, $\left[0, \frac{\pi}{3}\right]$

50. $y = \cos\theta + \operatorname{sen}\theta$, $[0, 2\pi]$

51. $y = \theta - 2\operatorname{sen}\theta$, $[0\ 2\pi]$

52. $y = 4\operatorname{sen}^3\theta - 3\cos^2\theta$ $[0, 2\pi]$

53. $y = \operatorname{tg} x - 2x$, $[0, 1]$

54. $y = xe^{-x}$ $[0,2]$

55. $y = \dfrac{\ln x}{x}$ $[1, 3]$

56. $y = 5 \operatorname{arc\,tg} x - x$, $[1,5]$

57. $y = 3e^x - e^{2x}$, $\left[-\frac{1}{2}, 1\right]$

58. $y = x^3 - 24\ln x$, $\left[\frac{1}{2}, 3\right]$

59. Seja $f(\theta) = 2\operatorname{sen} 2\theta + \operatorname{sen} 4\theta$.
(a) Mostre que θ é um ponto crítico se $\cos 4\theta = -\cos 2\theta$.
(b) Usando um círculo unitário, mostre que $\cos\theta_1 = -\cos\theta_2$ se, e só se, $\theta_1 = \pi \pm \theta_2 + 2\pi k$ com algum inteiro k.
(c) Mostre que $\cos 4\theta = -\cos 2\theta$ se, e só se, $\theta = \frac{\pi}{2} + \pi k$ ou $\theta = \frac{\pi}{6} + \left(\frac{\pi}{3}\right)k$.
(d) Encontre os seis pontos críticos de f em $[0, 2\pi]$ e encontre os valores extremos de f nesse intervalo.
(e) CG Confira suas respostas num gráfico de f.

60. CG Encontre os pontos críticos de $f(x) = 2\cos 3x + 3\cos 2x$ em $[0, 2\pi]$. Confira sua resposta num gráfico de f.

Nos Exercícios 61-64, encontre os pontos críticos e os valores extremos em [0, 4]. *Nos Exercícios 63 e 64, use a Figura 18.*

61. $y = |x - 2|$

62. $y = |3x - 9|$

63. $y = |x^2 + 4x - 12|$

64. $y = |\cos x|$

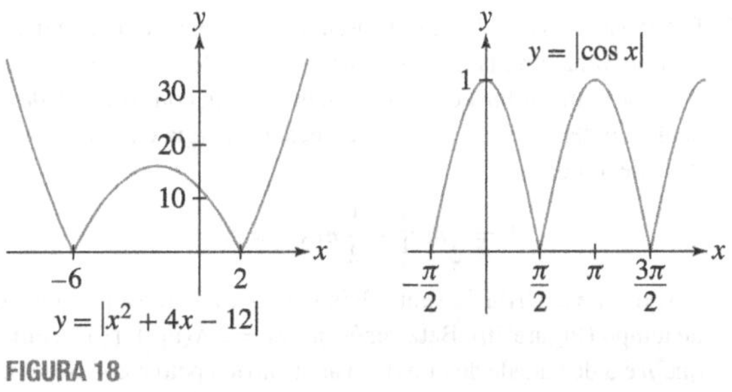

FIGURA 18

Nos Exercícios 65-68, verifique o teorema de Rolle no intervalo dado conferindo f(a) = f(b) e então encontrando um valor c em (a, b) tal que $f'(c) = 0$

65. $f(x) = x + x^{-1}$, $[\frac{1}{2}, 2]$

66. $f(x) = \operatorname{sen} x$, $[\frac{\pi}{4}, \frac{3\pi}{4}]$

67. $f(x) = \dfrac{x^2}{8x - 15}$, $[3, 5]$

68. $f(x) = \operatorname{sen}^2 x - \cos^2 x$, $[\frac{\pi}{4}, \frac{3\pi}{4}]$

69. Prove que $f(x) = x^5 + 2x^3 + 4x - 12$ tem exatamente uma raiz real.

70. Prove que $f(x) = x^3 + 3x^2 + 6x$ tem exatamente uma raiz real.

71. Prove que $f(x) = x^4 + 5x^3 + 4x$ não tem raiz c alguma satisfazendo $c > 0$. *Sugestão:* observe que $x = 0$ é uma raiz e aplique o teorema de Rolle.

72. Prove que $c = 4$ é a maior raiz de $f(x) = x^4 - 8x^2 - 128$.

73. A posição de uma massa oscilando na extremidade de uma mola é $A \operatorname{sen} \omega t$, em que A é a amplitude e ω é a frequência angular. Mostre que a velocidade escalar $|v(t)|$ atinge um máximo quando a aceleração for nula e que $|a(t)|$ atinge um máximo quando $v(t)$ for nula.

74. A concentração $C(t)$ (em mg/cm³) de um medicamento no sangue de um paciente depois de t horas é

$$C(t) = \frac{0{,}016t}{t^2 + 4t + 4}$$

Encontre a concentração máxima no intervalo de tempo [0, 8] e o instante em que ocorre.

75. Níveis de antibiótico Um estudo mostra que a concentração $C(t)$ (em microgramas por mililitro) de antibiótico no soro sanguíneo de um paciente depois de t horas é $C(t) = 120(e^{-0{,}2t} - e^{-bt})$, em que $b \geq 1$ é uma constante que depende da particular combinação de agentes antibióticos usados. Resolva numericamente, utilizando um sistema algébrico computacional, para o valor de b (com duas casas decimais) com o qual a concentração máxima ocorre em $t = 1$ h. Considere que o máximo ocorre num ponto crítico, conforme sugerido na Figura 19.

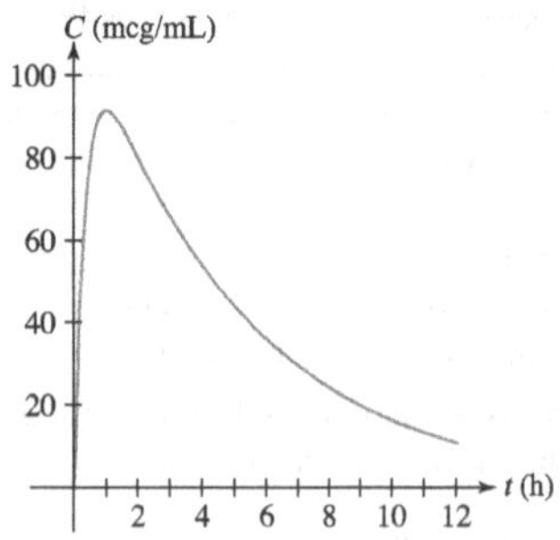

FIGURA 19 O gráfico de $C(t) = 120(e^{-0{,}2t} - e^{-bt})$ com b escolhido tal que o máximo ocorra em $t = 1$ h.

76. Com a notação do Exercício 75, encontre o valor de b (com duas casas decimais) com o qual o valor máximo de C seja igual a 100 mcg/ml.

77. Em 1919, o físico Alfred Betz argumentou que a eficiência máxima de uma turbina de vento está em torno de 59%. Se o vento entra por uma turbina com velocidade v_1 e sai com velocidade v_2, então a potência extraída é a diferença da energia cinética por unidade de tempo:

$$P = \frac{1}{2}mv_1^2 - \frac{1}{2}mv_2^2 \quad \text{watts}$$

em que m é a massa do vento fluindo através do rotor por unidade de tempo (Figura 20). Betz supôs que $m = \rho A(v_1 + v_2)/2$, em que ρ é a densidade do ar e A é a área varrida pelo rotor. Se o vento passasse direto pela mesma área A ele teria a massa por unidade de tempo $\rho A v_1$ e potência $P_0 = \frac{1}{2}\rho A v_1^3$. A fração de potência extraída pela turbina é $F = P/P_0$.

(a) Mostre que F depende só da razão $r = v_2/v_1$ e é igual a $F(r) = \frac{1}{2}(1 - r^2)(1 + r)$, com $0 \leq r \leq 1$.

(b) Mostre que o valor máximo de F, denominado **limite de Betz**, é $16/27 \approx 0{,}59$.

(c) Explique por que a fórmula de Betz para F não faz sentido com r próximo de zero. *Sugestão:* quanto vento passaria pela turbina se v_2 fosse zero? Isso seria realista?

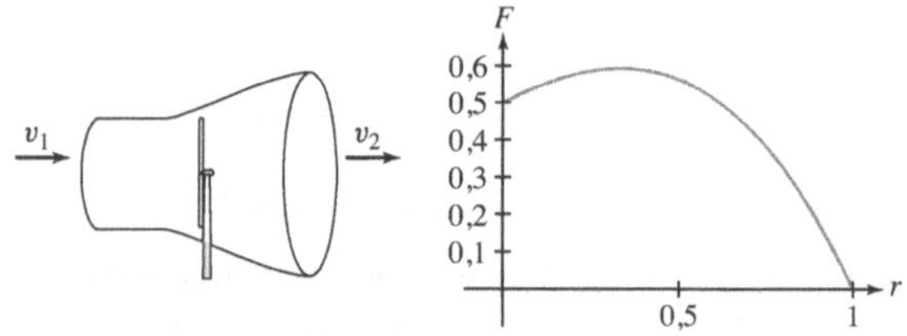

(A) Vento fluindo pela turbina.

(B) F é a fração de energia extraída pela turbina como uma função de $r = v_2/v_1$.

FIGURA 20

78. CG O **raio de Bohr** a_0 do átomo de hidrogênio é o valor de r que minimiza a energia

$$E(r) = \frac{\hbar^2}{2mr^2} - \frac{e^2}{4\pi\epsilon_0 r}$$

em que $\hbar$, m, e e ϵ_0 são constantes físicas. Mostre que $a_0 = 4\pi\epsilon_0\hbar^2/(me^2)$. Suponha que o mínimo ocorra num ponto crítico, conforme sugerido na Figura 21.

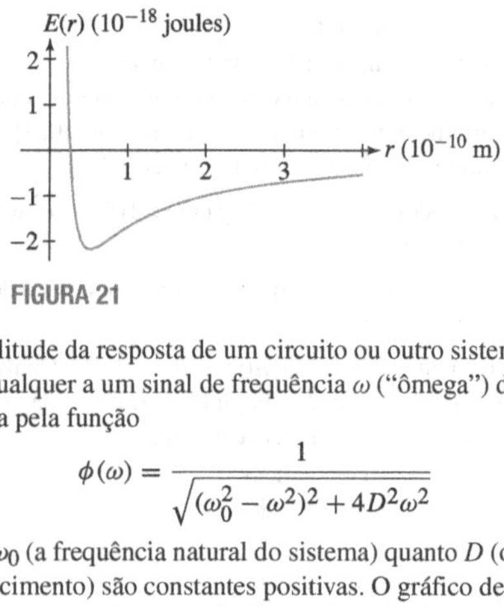

FIGURA 21

79. A amplitude da resposta de um circuito ou outro sistema oscilatório qualquer a um sinal de frequência ω ("ômega") de entrada é descrita pela função

$$\phi(\omega) = \frac{1}{\sqrt{(\omega_0^2 - \omega^2)^2 + 4D^2\omega^2}}$$

Tanto ω_0 (a frequência natural do sistema) quanto D (o fator de amortecimento) são constantes positivas. O gráfico de ϕ é denominado uma **curva de ressonância,** e a frequência positiva $\omega_r > 0$; na qual ϕ atinge seu valor máximo, se é que existe, é denominada **frequência de ressonância**. Mostre que $\omega_r = \sqrt{\omega_0^2 - 2D^2}$ se $0 < D < \omega_0/\sqrt{2}$ e que não existe outra frequência de ressonância (Figura 22).

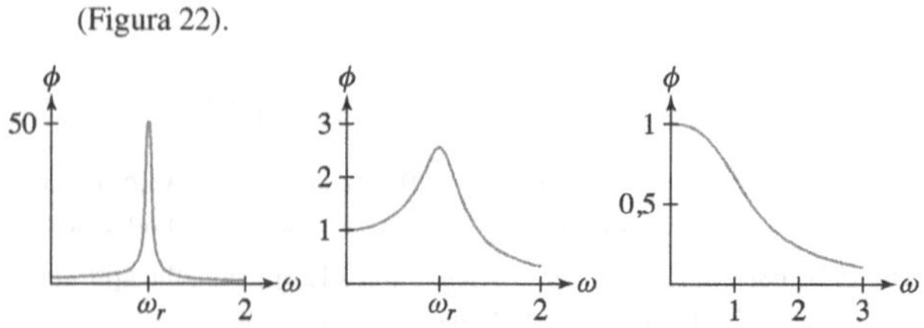

(A) $D = 0{,}01$

(B) $D = 0{,}2$

(C) $D = 0{,}75$ (sem ressonância)

FIGURA 22 Curvas de ressonância com $\omega_0 = 1$.

80. As abelhas constroem a estrutura do favo com células de base hexagonal e três faces trapezoidais no topo, como na Figura 23. Podemos mostrar que a área de superfície dessa célula é

$$A(\theta) = 6hs + \frac{3}{2}s^2(\sqrt{3}\ \text{cossec}\,\theta - \text{cotg}\,\theta)$$

sendo h, s e θ conforme indicados na figura. É um fato impressionante que as abelhas "saibam" qual é o ângulo θ que minimiza a área de superfície (e que, portanto, requer a menor quantidade de cera).

(a) Mostre que $\theta \approx 54{,}7°$ (supondo que h e s sejam constantes). *Sugestão:* encontre o ponto crítico de $A(\theta)$ com $0 < \theta < \pi/2$.

(b) CG Confirme, fazendo um gráfico de $f(\theta) = \sqrt{3}\ \text{cossec}\,\theta - \text{cotg}\,\theta$, que o ponto crítico realmente minimiza a área de superfície.

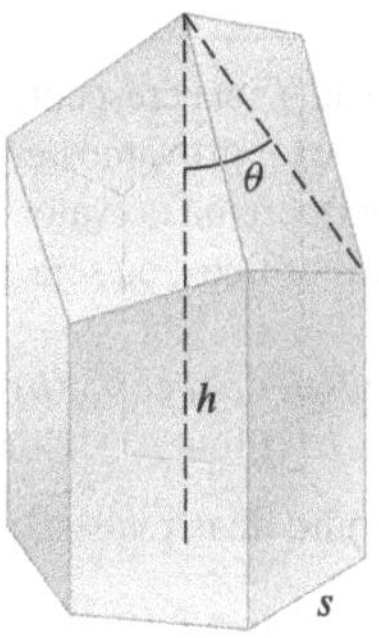

FIGURA 23 Uma célula do favo construído por abelhas.

81. Encontre o máximo de $y = x^a - x^b$ em $[0, 1]$, em que $0 < a < b$. Em particular, encontre o máximo de $y = x^5 - x^{10}$ em $[0, 1]$.

Nos Exercícios 82-84, esboce o gráfico da função usando um recurso gráfico e encontre seus pontos críticos e valores extremos em $[-5, 5]$.

82. CG $y = \dfrac{1}{1 + |x - 1|}$

83. CG $y = \dfrac{1}{1 + |x - 1|} + \dfrac{1}{1 + |x - 4|}$

84. CG $y = \dfrac{x}{|x^2 - 1| + |x^2 - 4|}$

85. **(a)** Use derivação implícita para encontrar os pontos críticos da curva $27x^2 = (x^2 + y^2)^3$.

(b) CG Faça um esboço da curva e das retas tangentes horizontais no mesmo par de eixos.

86. Esboce o gráfico de uma função contínua em $(0, 4)$ com um valor mínimo, mas sem valor máximo.

87. Esboce o gráfico de uma função contínua em $(0, 4)$ com um mínimo local, mas sem mínimo absoluto.

88. Esboce o gráfico de uma função em $[0, 4]$ com

(a) dois máximos locais e um mínimo local;

(b) um mínimo absoluto que ocorre numa extremidade e um máximo absoluto que ocorre num ponto crítico.

89. Esboce o gráfico de uma função f em $[0, 4]$ com uma descontinuidade tal que f tem um mínimo absoluto, mas nenhum máximo absoluto.

90. Um arco-íris é produzido por raios de luz que entram num pingo de chuva (que supomos esférico) e saem depois de terem sido refletidos internamente, como na Figura 24. O ângulo entre o raio incidente e o refletido é $\theta = 4r - 2i$, em que o ângulo de incidência i e de refração r estão relacionados pela lei de Snell sen $i = n$ sen r com $n \approx 1{,}33$ (que é o índice de refração de ar e água).

(a) Use a lei de Snell para mostrar que $\dfrac{dr}{di} = \dfrac{\cos i}{n \cos r}$.

(b) Mostre que o valor máximo $\theta_{\max}$ de θ ocorre se i satisfaz $\cos i = \sqrt{\dfrac{n^2 - 1}{3}}$. *Sugestão:* mostre que $\dfrac{d\theta}{di} = 0$ se $\cos i = \dfrac{n}{2}$. Então use a lei de Snell para eliminar r.

(c) Mostre que $\theta_{\max} \approx 42{,}53°$.

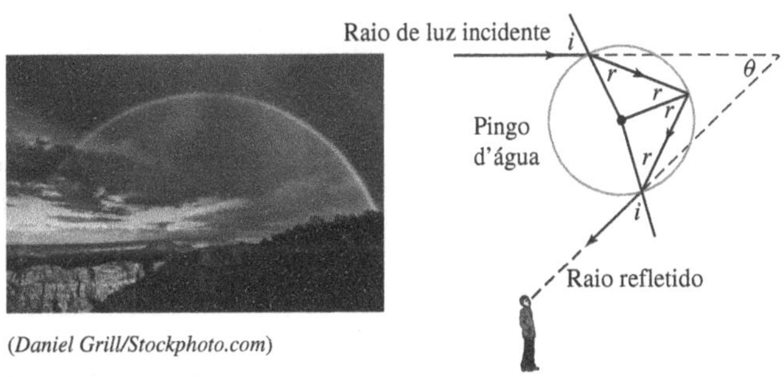

(Daniel Grill/Stockphoto.com)

FIGURA 24

Compreensão adicional e desafios

91. Mostre que os valores extremos de $f(x) = a\,\text{sen}\,x + b\cos x$ são $\pm\sqrt{a^2 + b^2}$.

92. Considerando o valor mínimo, mostre que todos os valores de $f(x) = x^2 - 2x + 3$ são positivos. Mais geralmente, obtenha condições sobre r e s com as quais todos os valores da função quadrática $f(x) = x^2 + rx + s$ são positivos. Dê exemplos de r e s com os quais f toma valores tanto positivos quanto negativos.

93. Mostre que se o polinômio quadrático $f(x) = x^2 + rx + s$ toma valores tanto positivos quanto negativos, então seu valor mínimo ocorre no ponto médio entre duas raízes.

94. Generalize o Exercício 93: mostre que se a reta horizontal $y = c$ intersecta o gráfico de $f(x) = x^2 + rx + s$ em dois pontos $(x_1, f(x_1))$ e $(x_2, f(x_2))$, então f atinge seu valor mínimo no ponto médio $M = \dfrac{x_1 + x_2}{2}$ (Figura 25).

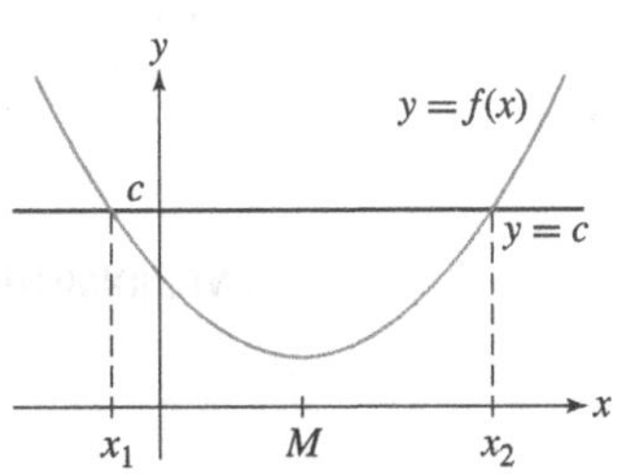

FIGURA 25

95. Um polinômio cúbico pode ter um min e um max locais ou, então, nenhum dos dois (Figura 26). Encontre condições sobre os coeficientes a e b de

$$f(x) = \frac{1}{3}x^3 + \frac{1}{2}ax^2 + bx + c$$

que garantam que f não tenha nem min nem max local. *Sugestão:* aplique o Exercício 92 a $f'(x)$.

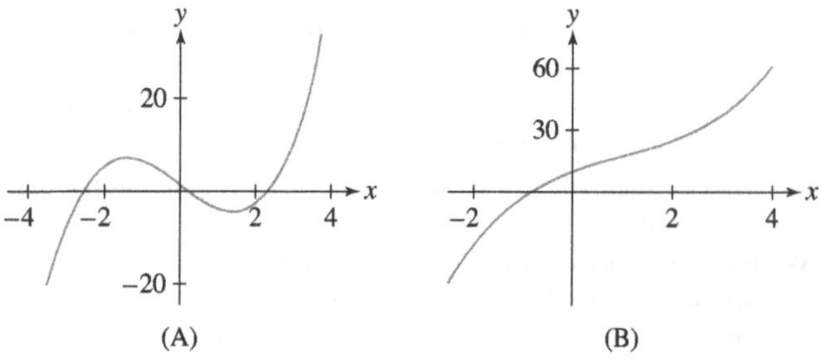

FIGURA 26 Polinômios cúbicos.

96. Encontre os valores mínimo e máximo de

$$f(x) = x^p(1-x)^q \quad \text{em } [0, 1]$$

em que $p, q > 0$.

97. Prove que se f for contínua e $f(a)$ e $f(b)$ forem mínimos locais, sendo $a < b$, então existe um valor c entre a e b tal que $f(c)$ é um máximo local. (*Sugestão:* aplique o Teorema 1 ao intervalo $[a, b]$.) Mostre que a continuidade é uma hipótese necessária, esboçando o gráfico de uma função (necessariamente descontínua) com dois mínimos locais mas nenhum máximo local.

4.3 Teorema do valor médio e monotonicidade

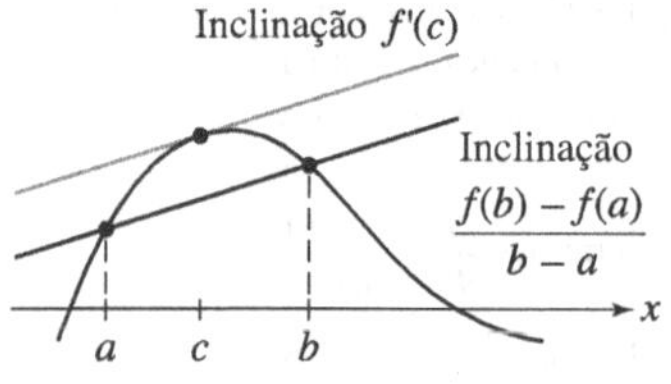

FIGURA 1 Pelo TVM, existe pelo menos uma reta tangente paralela à reta secante.

Consideramos mais ou menos evidente que uma função f seja crescente se a derivada $f'(x)$ for positiva e decrescente se $f'(x)$ for negativa. Nesta seção, provamos essa afirmação rigorosamente, usando um resultado importante denominado teorema do valor médio (TVM). Depois disso, desenvolvemos um método para "testar" pontos críticos, ou seja, para determinar se eles correspondem a mínimos ou máximos locais.

O TVM diz que uma reta secante pelos pontos $(a, f(a))$ e $(b, f(b))$ de um gráfico é paralela a pelo menos uma reta tangente no intervalo (a, b) (Figura 1). Como a reta secante entre $(a, f(a))$ e $(b, f(b))$ tem inclinação $\frac{f(b)-f(a)}{b-a}$ e como duas retas são paralelas se tiverem a mesma inclinação, o que o TVM afirma é que existe um ponto c entre a e b tal que

$$\underbrace{f'(c)}_{\text{Inclinação da reta tangente}} = \underbrace{\frac{f(b)-f(a)}{b-a}}_{\text{Inclinação da reta secante}}$$

TEOREMA 1 Teorema do valor médio Suponha que f seja contínua no intervalo fechado $[a, b]$ e derivável em (a, b). Então existe pelo menos um ponto c em (a, b) tal que

$$f'(c) = \frac{f(b)-f(a)}{b-a}$$

FIGURA 2 Transladamos a reta secante paralelamente até que fique tangente à curva.

O Teorema de Rolle (Seção 4.2) é o caso especial do TVM em que $f(a) = f(b)$. Nesse caso, a conclusão é que $f'(c) = 0$.

ENTENDIMENTO GRÁFICO Imagine o que acontece se movermos a reta secante paralelamente a si mesma. Em algum lugar, ela acaba ficando uma reta tangente, como na Figura 2. Essa é a ideia subjacente ao TVM. Apresentamos uma prova formal no final desta seção.

ENTENDIMENTO CONCEITUAL A conclusão do TVM pode ser reescrita como

$$f(b) - f(a) = f'(c)(b-a)$$

Podemos pensar nisso como sendo uma variação da aproximação linear, que afirma

$$f(b) - f(a) \approx f'(a)(b-a)$$

O TVM torna essa aproximação numa igualdade, substituindo $f'(a)$ por $f'(c)$ com uma escolha conveniente de c em (a, b).

■ **EXEMPLO 1** Verifique o TVM com a função $f(x) = \sqrt{x}$ e os pontos $a = 1$ e $b = 9$.

Solução Começamos calculando a inclinação da reta secante (Figura 3):

$$\frac{f(b) - f(a)}{b - a} = \frac{\sqrt{9} - \sqrt{1}}{9 - 1} = \frac{3 - 1}{9 - 1} = \frac{1}{4}$$

Queremos encontrar algum c tal que $f'(c) = 1/4$. A derivada é $f'(x) = \frac{1}{2}x^{-1/2}$ e

$$f'(c) = \frac{1}{2\sqrt{c}} = \frac{1}{4} \quad \Rightarrow \quad 2\sqrt{c} = 4 \quad \Rightarrow \quad c = 4$$

O valor $c = 4$ está em $(1, 9)$ e satisfaz $f'(4) = \frac{1}{4}$. Isso verifica o TVM. ■

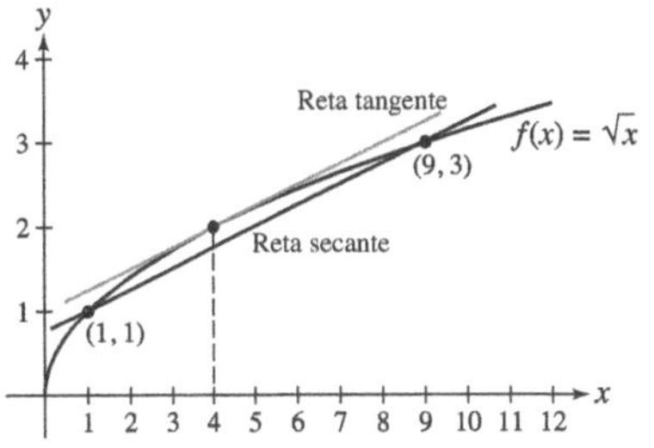

FIGURA 3 A reta tangente em $c = 4$ é paralela à reta secante.

Como uma primeira aplicação, provamos que uma função com derivada nula é constante.

> **COROLÁRIO** Se f for derivável e $f'(x) = 0$ em cada $x \in (a, b)$, então f é constante em (a, b). Em outras palavras, $f(x) = C$, com alguma constante C.

Demonstração Se a_1 e b_1 são dois pontos distintos quaisquer em (a, b), então, pelo TVM, existe um c entre a_1 e b_1

$$f(b_1) - f(a_1) = f'(c)(b_1 - a_1) = 0 \quad \text{(pois } f'(c) = 0\text{)}$$

Assim, $f(b_1) = f(a_1)$. Isso mostra que $f(x)$ é constante em (a, b). ■

Comportamento crescente/decrescente de funções

Provemos agora que o sinal da derivada determina se uma função é crescente ou decrescente. Lembre que f é dita

- **crescente em (a, b)** se $f(x_1) < f(x_2)$ com quaisquer $x_1, x_2 \in (a, b)$ tais que $x_1 < x_2$.
- **decrescente em (a, b)** se $f(x_1) > f(x_2)$ com quaisquer $x_1, x_2 \in (a, b)$ tais que $x_1 < x_2$.

Dizemos que f é **monótona** em (a, b) se ela for crescente ou decrescente em (a, b).

Dizemos que f é "não decrescente" se

$$f(x_1) \le f(x_2) \quad \text{com} \quad x_1 \le x_2$$

O termo "não crescente" é definido de maneira análoga. No Teorema 2, se supsermos que $f'(x) \ge 0$ (em vez de > 0), então f será não decrescente em (a, b). Se $f'(x) \le 0$, então f será não crescente em (a, b).

> **TEOREMA 2 Sinal da derivada** Seja f uma função derivável no intervalo aberto (a, b).
> - Se $f'(x) > 0$ com $x \in (a, b)$, então f é crescente em (a, b).
> - Se $f'(x) < 0$ com $x \in (a, b)$, então f é decrescente em (a, b).

Demonstração Inicialmente suponha que $f'(x) > 0$, qualquer que seja $x \in (a, b)$. O TVM afirma que, dados dois pontos $x_1 < x_2$ quaisquer em (a, b), existe c entre x_1 e x_2 tal que

$$f(x_2) - f(x_1) = f'(c)(x_2 - x_1) > 0$$

A desigualdade é válida porque, ambos, $f'(c)$ e $(x_2 - x_1)$, são positivos. Assim, $f(x_2) > f(x_1)$, como queríamos demonstrar. O caso $f'(x) < 0$ é análogo. ■

> **ENTENDIMENTO GRÁFICO** O Teorema 2 confirma nossa intuição gráfica (Figura 4):
> - $f'(x) > 0 \quad \Rightarrow$ as retas tangentes têm inclinação positiva $\Rightarrow f$ é crescente
> - $f'(x) < 0 \quad \Rightarrow$ as retas tangentes têm inclinação negativa $\Rightarrow f$ é decrescente

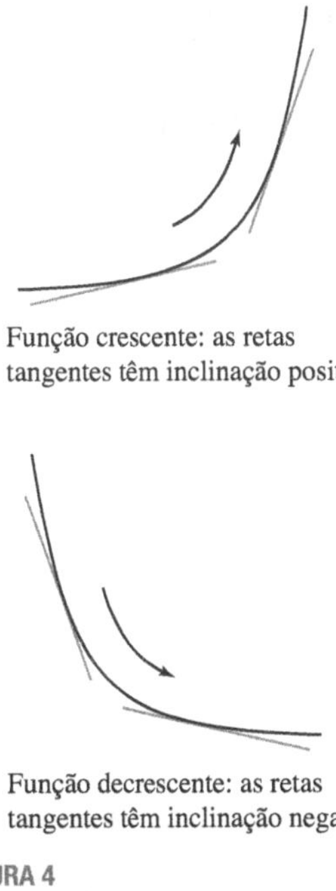

Função crescente: as retas tangentes têm inclinação positiva.

Função decrescente: as retas tangentes têm inclinação negativa.

FIGURA 4

EXEMPLO 2 Mostre que $f(x) = \ln x$ é crescente.

Solução A derivada $f'(x) = x^{-1}$ é positiva no domínio $\{x : x > 0\}$, portanto $f(x) = \ln x$ é crescente. Entretanto, observe que $f'(x) = x^{-1}$ é decrescente, de modo que o gráfico fica cada vez mais achatado se $x \to \infty$ (Figura 5). ■

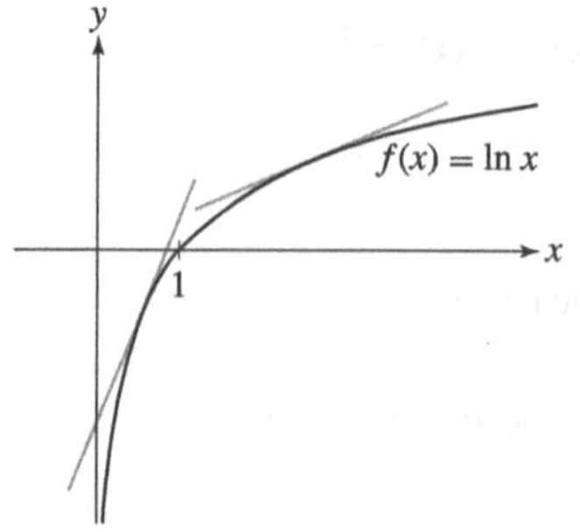

FIGURA 5 As retas tangentes a $y = \ln x$ ficam cada vez mais horizontais com $x \to \infty$.

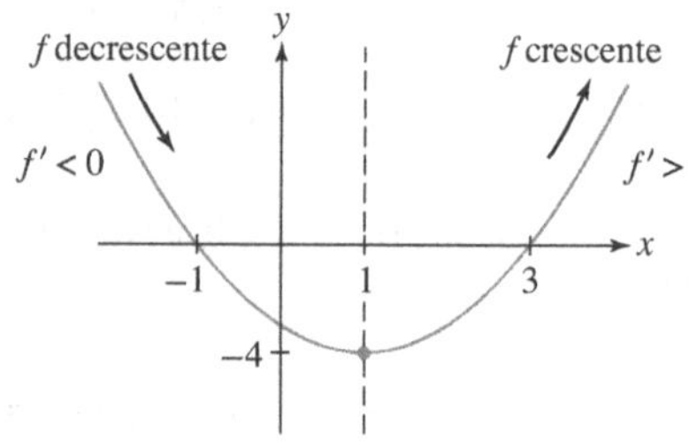

FIGURA 6 O gráfico de $f(x) = x^2 - 2x - 3$.

EXEMPLO 3 Encontre os intervalos em que $f(x) = x^2 - 2x - 3$ é monótona.

Solução A derivada $f'(x) = 2x - 2 = 2(x - 1)$ é positiva se $x > 1$ e negativa se $x < 1$. Pelo Teorema 2, f é decrescente no intervalo $(-\infty, 1)$ e crescente no intervalo $(1, \infty)$, como pode ser visto na Figura 6. ■

Teste de pontos críticos

Existe um teste útil para determinar se um ponto crítico é um min ou max (ou nenhum dos dois) que decorre da *troca de sinal* da derivada $f'(x)$.

Para explicar o termo "troca de sinal", suponha que uma função g satisfaça $g(c) = 0$. Dizemos que $g(x)$ *troca de positivo para negativo* em $x = c$ se $g(x) > 0$ à esquerda de c e $g(x) < 0$ à direita de c, qualquer que seja x dentro de um intervalo aberto pequeno que contenha c (Figura 7). Analogamente definimos uma troca de sinal de negativo para positivo. Observe na Figura 7 que $g(5) = 0$, mas $g(x)$ não troca de sinal em $x = 5$.

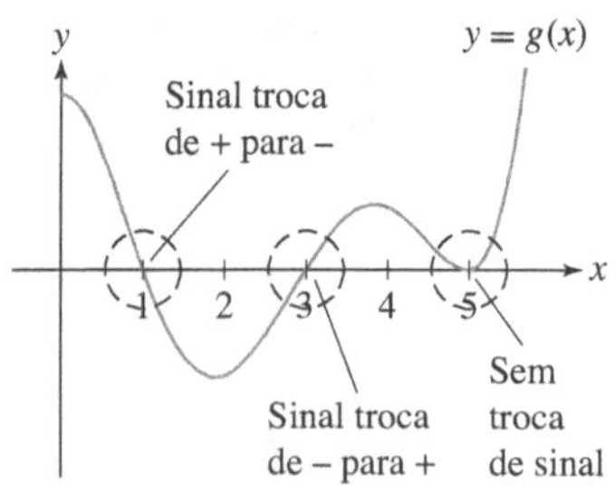

FIGURA 7

Agora suponha que $f'(c) = 0$ e que $f'(x)$ troque de sinal em $x = c$, digamos, de + para −. Então f é crescente à esquerda de c e decrescente à direita, portanto $f(c)$ é um máximo local. Analogamente, se $f'(x)$ trocar de sinal de − para +, então $f(c)$ será um mínimo local. Ver Figura 8(A).

A Figura 8(B) ilustra o caso em que $f'(c) = 0$, mas $f'(x)$ não troca de sinal. Nesse caso, $f'(x) > 0$ em qualquer x próximo, mas distinto, de c, de modo que f é crescente e não tem nem um min local nem um max local em c. A mesma analise é válida se a derivada $f'(c)$ não existir.

TEOREMA 3 Teste da derivada primeira para pontos críticos Seja c um ponto crítico de f. Então:

- $f'(x)$ muda de + para − em $c \Rightarrow f(c)$ é um máximo local.
- $f'(x)$ muda de − para + em $c \Rightarrow f(c)$ é um mínimo local.

Para usar o teste da derivada primeira, observemos o seguinte: o sinal de $f'(x)$ pode trocar num ponto crítico, mas *não pode trocar no intervalo entre dois pontos críticos consecutivos* (isso pode ser provado mesmo se não supusermos que f' seja contínua). Portanto, para determinar o sinal de $f'(x)$ num intervalo entre dois pontos críticos consecutivos, basta calcular o valor de $f'(x)$ num *ponto de teste* x_0 qualquer dentro do intervalo. O sinal de $f'(x_0)$ é o sinal de $f'(x)$ em todo esse intervalo.

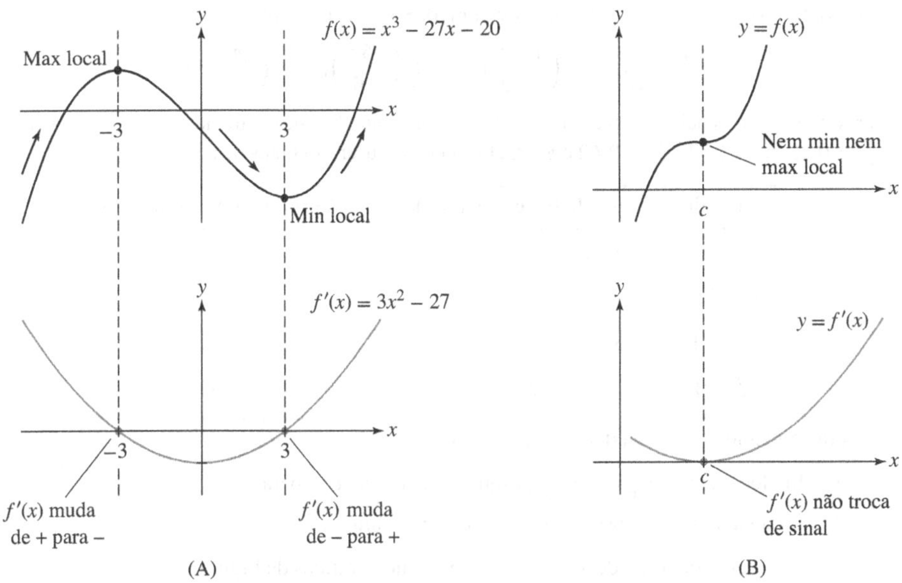

FIGURA 8

■ **EXEMPLO 4** Analise os pontos críticos de $f(x) = x^3 - 27x - 20$.

Solução Nossa análise vai confirmar o gráfico na Figura 8(A).

Passo 1. **Encontrar os pontos críticos.**

As raízes de $f'(x) = 3x^2 - 27 = 3(x^2 - 9) = 0$ são $c = \pm 3$.

Passo 2. **Encontrar o sinal de $f'(x)$ nos intervalos entre os pontos críticos.**

Os pontos críticos $c = \pm 3$ dividem a reta real em três intervalos:

$$(-\infty, -3), \qquad (-3, 3), \qquad (3, \infty)$$

Para determinar o sinal de $f'(x)$ nesses intervalos, escolhemos um ponto de teste dentro de cada intervalo e calculamos o valor da derivada. Por exemplo, em $(-\infty, -3)$, escolhemos $x = -4$. Como $f'(-4) = 21 > 0$, concluímos que $f'(x)$ é positiva em todo o intervalo $(-3, \infty)$. Analogamente,

Escolhemos os pontos de teste −4, 0 e 4 arbitrariamente. Para encontrar o sinal de $f'(x)$ em $(-\infty, -3)$, poderíamos perfeitamente ter calculado $f'(-5)$, ou qualquer outro valor de f' no intervalo $(-\infty, -3)$.

$$\begin{aligned} f'(-4) &= 21 > 0 &\Rightarrow\quad f'(x) > 0 \text{ em cada } x \in (-\infty, -3) \\ f'(0) &= -27 < 0 &\Rightarrow\quad f'(x) < 0 \text{ em cada } x \in (-3, 3) \\ f'(4) &= 21 > 0 &\Rightarrow\quad f'(x) > 0 \text{ em cada } x \in (3, \infty) \end{aligned}$$

Essa informação está esquematizada no diagrama de sinais seguinte:

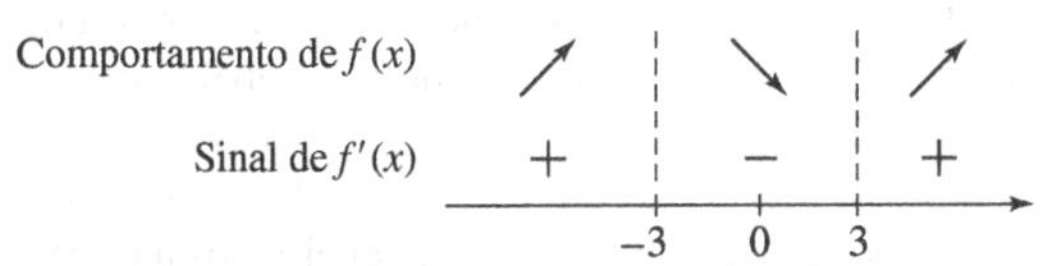

Passo 3. **Usar o teste da derivada primeira.**

- $c = -3$: $f'(x)$ troca de + para − $\Rightarrow f(-3) = 34$ é um valor max local;
- $c = 3$: $f'(x)$ troca de − para + $\Rightarrow f(3) = -74$ é um valor min local. ■

■ **EXEMPLO 5** Analise os pontos críticos e os intervalos de crescimento/decrescimento de $\cos^2 x + \operatorname{sen} x$ em $(0, \pi)$.

Solução Começamos pelos pontos críticos:

$$f'(x) = -2\cos x \operatorname{sen} x + \cos x = (\cos x)(1 - 2\operatorname{sen} x) = 0 \quad \Rightarrow \quad \cos x = 0 \text{ ou } \operatorname{sen} x = \frac{1}{2}$$

Os pontos críticos são $\frac{\pi}{6}$, $\frac{\pi}{2}$ e $\frac{5\pi}{6}$, que dividem $(0, \pi)$ em quatro intervalos:

$$\left(0, \frac{\pi}{6}\right), \quad \left(\frac{\pi}{6}, \frac{\pi}{2}\right), \quad \left(\frac{\pi}{2}, \frac{5\pi}{6}\right), \quad \left(\frac{5\pi}{6}, \pi\right)$$

Determinamos o sinal de $f'(x)$ calculando $f'(x)$ num ponto de teste dentro de cada intervalo. Como $\frac{\pi}{6} \approx 0{,}52$, $\frac{\pi}{2} \approx 1{,}57$, $\frac{5\pi}{6} \approx 2{,}62$ e $\pi \approx 3{,}14$, podemos usar os pontos de teste a seguir:

Intervalo	Valor de teste	Sinal de $f'(x)$	Comportamento de $f(x)$
$(0, \frac{\pi}{6})$	$f'(0{,}5) \approx 0{,}04$	+	↗
$(\frac{\pi}{6}, \frac{\pi}{2})$	$f'(1) \approx -0{,}37$	−	↘
$(\frac{\pi}{2}, \frac{5\pi}{6})$	$f'(2) \approx 0{,}34$	+	↗
$(\frac{5\pi}{6}, \pi)$	$f'(3) \approx -0{,}71$	−	↘

Agora aplicamos o teste da derivada primeira:

- Max local em $c = \frac{\pi}{6}$ e $c = \frac{5\pi}{6}$ porque $f'(x)$ troca de + para −.
- Min local em $c = \frac{\pi}{2}$ porque $f'(x)$ troca de − para +.

O comportamento de $f(x)$ e de $f'(x)$ está refletido nos gráficos da Figura 9. ■

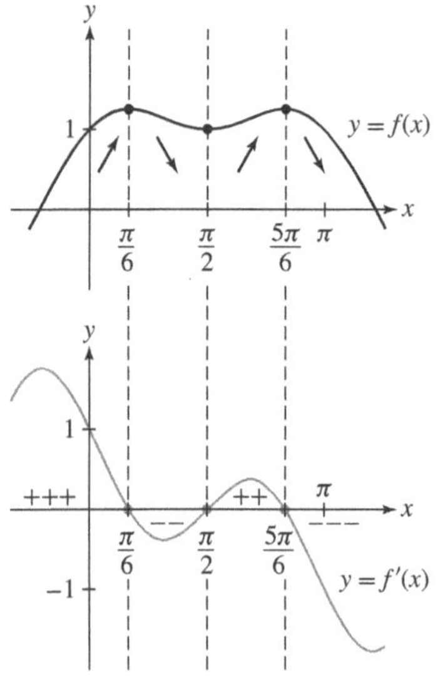

FIGURA 9 O gráfico de $f(x) = \cos^2 x + \operatorname{sen} x$ e sua derivada.

■ **EXEMPLO 6 Um ponto crítico sem troca de sinal** Analise os pontos críticos de $f(x) = \frac{1}{3}x^3 - x^2 + x$.

Solução A derivada é $f'(x) = x^2 - 2x + 1 = (x - 1)^2$, portanto $c = 1$ é o único ponto crítico. No entanto, $(x - 1)^2 \geq 0$, de modo que $f'(x)$ não troca de sinal em $c = 1$ e, portanto, $f(1)$ não é nem um min local nem um max local. Ver Figura 10. ■

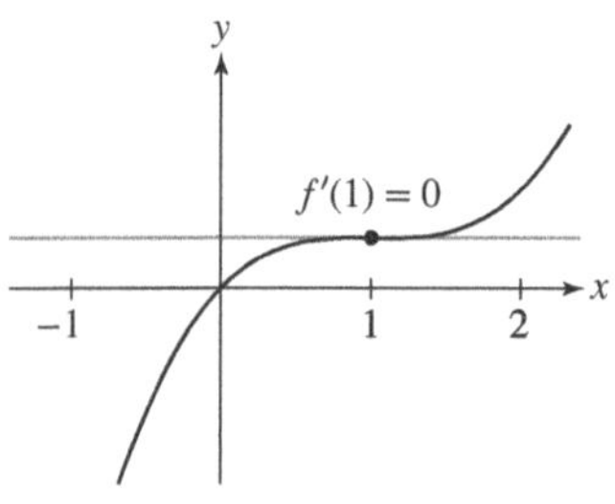

FIGURA 10 O gráfico de $f(x) = \frac{1}{3}x^3 - x^2 + x$.

■ **EXEMPLO 7 Um ponto crítico em que $f'(x)$ não está definida** Analise os pontos críticos de $f(x) = (1 - x)^{2/3}$.

Solução A derivada é $f'(x) = -\frac{2}{3}(1 - x)^{-1/3} = \frac{-2}{3(1-x)^{1/3}}$. O único ponto crítico ocorre em $c = 1$, onde $f'(x)$ não está definida. Com $x < 1$, $f'(x)$ é negativa. Com $x > 1$, $f'(x)$ é positiva. Dessa forma, $f'(x)$ troca de sinal em $c = 1$ e, portanto, pelo teste da derivada primeira, $f(1) = 0$ é um min local. Ver Figura 11. ■

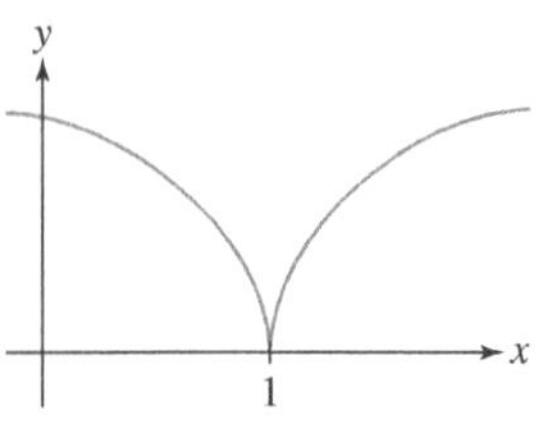

FIGURA 11 O gráfico de $f(x) = (1 - x)^{2/3}$.

Demonstração do TVM Seja $m = \dfrac{f(b) - f(a)}{b - a}$ a inclinação da reta secante ligando $(a, f(a))$ a $(b, f(b))$. A equação da reta secante tem a equação $y = mx + r$ com algum r (Figura 12). O valor exato de r não é importante, mas pode ser conferido que $r = f(a) - ma$. Agora considere a função

$$G(x) = f(x) - (mx + r)$$

Conforme indicado na Figura 12, $G(x)$ é a distância vertical entre o gráfico e a reta secante em x (que é negativa nos pontos em que o gráfico de f fica abaixo da reta secante). Essa distância é nula nas extremidades e, portanto, $G(a) = G(b) = 0$. Pelo Teorema de Rolle (Seção 4.2), existe algum ponto c em (a, b) tal que $G'(c) = 0$. Como $G'(x) = f'(x) - m$, resulta $G'(c) = f'(c) - m = 0$ e, portanto, $f'(c) = m$, como queiramos mostrar. ■

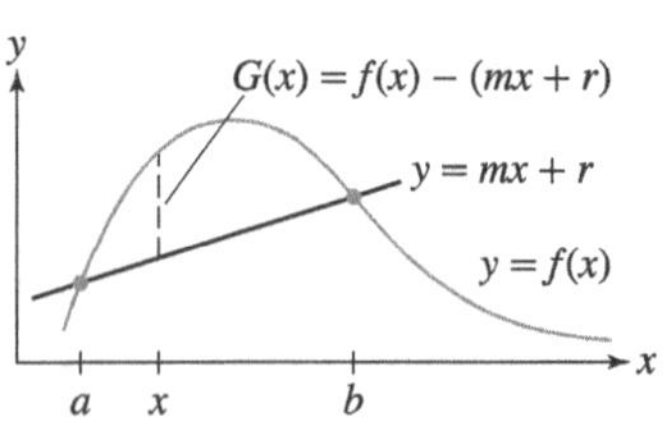

FIGURA 12 $G(x)$ é a distância vertical entre o gráfico e a reta secante.

4.3 Resumo

- O teorema do valor médio (TVM): se f for contínua em $[a, b]$ e derivável em (a, b), então existe pelo menos um valor c em (a, b) tal que

$$f'(c) = \frac{f(b) - f(a)}{b - a}$$

Essa conclusão também pode ser escrita como

$$f(b) - f(a) = f'(c)(b - a)$$

- Corolário importante do TVM: se $f'(x) = 0$ em cada $x \in (a, b)$, então f é constante em (a, b).
- O *sinal* de $f'(x)$ determina se f é crescente ou decrescente:

$$f'(x) > 0 \text{ com } x \in (a, b) \quad \Rightarrow \quad f \text{ é crescente em } (a, b)$$

$$f'(x) < 0 \text{ com } x \in (a, b) \quad \Rightarrow \quad f \text{ é decrescente em } (a, b)$$

- O sinal de $f'(x)$ só pode trocar nos pontos críticos, portanto f é *monótona* (crescente ou decrescente) nos intervalos entre os pontos críticos.
- Para encontrar o sinal de $f'(x)$ no intervalo entre dois pontos críticos, calculamos o sinal de $f'(x_0)$ em qualquer ponto de teste x_0 desse intervalo.
- Teste da derivada primeira: se f for derivável e c for um ponto crítico, então

Troca de sinal de $f'(x)$ em c	Tipo de ponto crítico
De + para −	Máximo local
De − para +	Mínimo local

4.3 Exercícios

Exercícios preliminares

1. Qual valor de m torna correta a afirmação seguinte? Se $f(2) = 3$ e $f(4) = 9$ e se f for derivável, então f tem uma reta tangente de inclinação m.
2. Suponha que f seja derivável. Qual das afirmações seguintes *não decorre* do TVM?
   (a) Se f tem uma reta secante de inclinação 0, então f tem uma reta tangente de inclinação 0.
   (b) Se $f(5) < f(9)$, então $f'(c) > 0$ com algum $c \in (5, 9)$.
   (c) Se f tem uma reta tangente de inclinação 0, então f tem uma reta secante de inclinação 0.
   (d) Se $f'(x) > 0$ com qualquer x, então todas as retas secantes têm inclinação positiva.
3. Uma função de domínio igual ao conjunto dos números reais pode tomar só valores negativos e ter uma derivada positiva? Se isso for possível, esboce um exemplo.
4. Seja f uma função cuja derivada aparece na Figura 13.
   (a) Será $f(c)$ um mínimo ou máximo local?
   (b) Será f uma função decrescente?

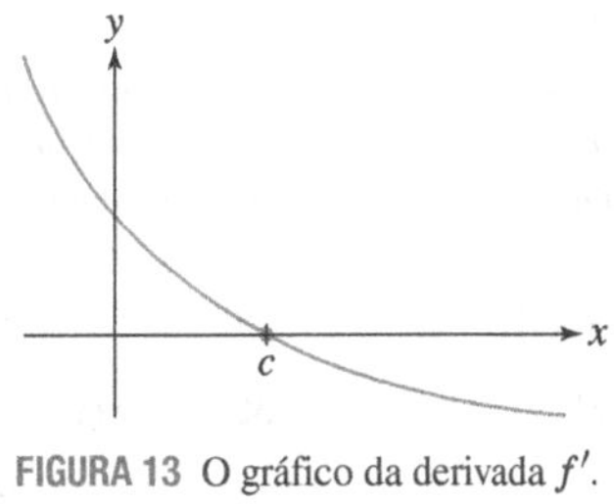

FIGURA 13 O gráfico da derivada f'.

Exercícios

Nos Exercícios 1-8, encontre um ponto c satisfazendo a conclusão do TVM para a função e o intervalo dados.

1. $y = x^{-1}$, $[2, 8]$
2. $y = \sqrt{x}$, $[9, 25]$
3. $y = \cos x - \operatorname{sen} x$, $[0, 2\pi]$
4. $y = \dfrac{x}{x+2}$, $[1, 4]$
5. $y = x^3$, $[-4, 5]$
6. $y = x \ln x$, $[1, 2]$
7. $y = e^{-2x}$, $[0, 3]$
8. $y = e^x - x$, $[-1, 1]$

Nos Exercícios 9-12, encontre um ponto c satisfazendo a conclusão do TVM para a função e o intervalo dados. Em seguida, esboce o gráfico da função, a reta secante entre as extremidades do gráfico e a reta tangente em $(c, f(c))$ para verificar que as retas secante e tangente são, de fato, paralelas.

9. $y = x^2$. $[0. 1]$
10. $y = x^{2/3}$. $[0. 8]$
11. $y = e^x$. $[0. 1]$
12. $y = \sqrt{x}$. $[0.3]$

13. CG Seja $f(x) = x^5 + x^2$. Verifique que a reta secante entre (0, 0) e (1, 2) tem inclinação 2, de modo que, pelo TVM, $f'(c) = 2$ com algum $c \in (0, 1)$. Esboce f e a reta secante no mesmo par de eixos. Em seguida, esboce as retas $y = 2x + b$ com alguns valores diferentes de b, até que a reta seja tangente ao gráfico de f. Amplie no ponto de tangência para obter uma estimativa da coordenada x desse ponto c de tangência.

14. CG Esboce o gráfico da derivada de $f(x) = 3x^5 - 5x^3$. Descreva as trocas de sinal da derivada e use isso para determinar os valores extremos locais de f. Em seguida, esboce o gráfico de f para confirmar suas conclusões.

15. Determine os intervalos nos quais $f'(x)$ é positiva e negativa, supondo que a Figura 14 seja o gráfico de f.

16. Determine os intervalos nos quais f é crescente ou decrescente, supondo que a Figura 14 seja o gráfico da derivada f'.

17. Decida se $f(2)$ e $f(4)$ são min local ou max local, supondo que a Figura 14 seja o gráfico da derivada f'.

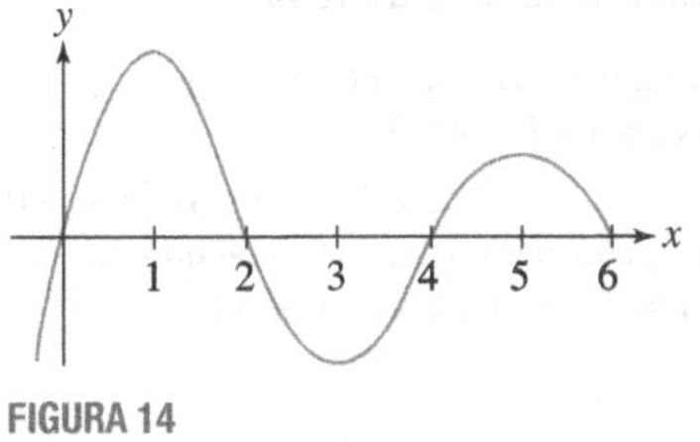

FIGURA 14

18. A Figura 15 mostra o gráfico da derivada f' de uma função f. Encontre os pontos críticos de f e determine se são mínimos locais, máximos locais ou nenhum dos dois.

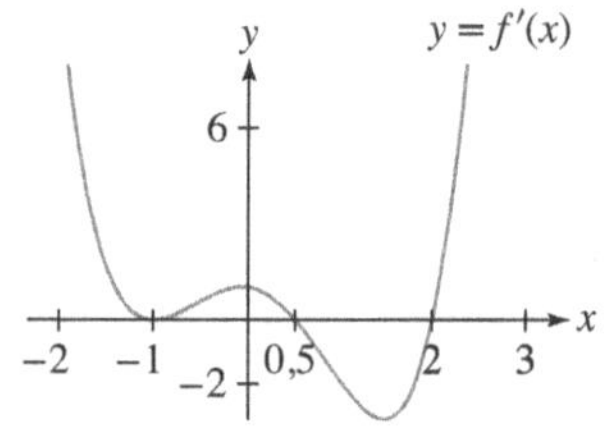

FIGURA 15

Nos Exercícios 19-22, esboce o gráfico de uma função f cuja derivada f' tenha a descrição dada.

19. $f'(x) > 0$ com $x > 3$ e $f'(x) < 0$ com $x < 3$.

20. $f'(x) > 0$ com $x < 1$ e $f'(x) < 0$ com $x > 1$.

21. $f'(x)$ é negativa em $(1, 3)$ e positiva em todos demais pontos.

22. $f'(x)$ tem a sucessão de sinais $+, -, +, -$.

Nos Exercícios 23-26, encontre todos os pontos críticos de f e use o teste da derivada primeira para determinar se são mínimos ou máximos locais.

23. $f(x) = 4 + 6x - x^2$

24. $f(x) = x^3 - 12x - 4$

25. $f(x) = \dfrac{x^2}{x+1}$

26. $f(x) = x^3 + x^{-3}$

Nos Exercícios 27-58, encontre os pontos críticos e os intervalos nos quais a função é crescente ou decrescente. Use o teste da derivada primeira para determinar se o ponto crítico é um mínimo ou máximo local (ou nenhum dos dois).

27. $y = -x^2 + 7x - 17$

28. $y = 5x^2 + 6x - 4$

29. $y = x^3 - 12x^2$

30. $y = x(x-2)^3$

31. $y = 3x^4 + 8x^3 - 6x^2 - 24x$

32. $y = x^2 + (10 - x)^2$

33. $y = \frac{1}{3}x^3 + \frac{3}{2}x^2 + 2x + 4$

34. $y = x^4 + x^3$

35. $y = x^5 + x^3 + 1$

36. $y = x^5 + x^3 + x$

37. $y = x^4 - 4x^{3/2} \quad (x > 0)$

38. $y = x^{5/2} - x^2 \quad (x > 0)$

39. $y = x + x^{-1} \quad (x > 0)$

40. $y = x^{-2} - 4x^{-1} \quad (x > 0)$

41. $y = \dfrac{1}{x^2+1}$

42. $y = \dfrac{2x+1}{x^2+1}$

43. $y = \dfrac{x^3}{x^2+1}$

44. $y = \dfrac{x^3}{x^2-3}$

45. $y = \theta + \operatorname{sen}\theta + \cos\theta$

46. $y = \operatorname{sen}\theta + \sqrt{3}\cos\theta$

47. $y = \operatorname{sen}^2\theta + \operatorname{sen}\theta$

48. $y = \theta - 2\cos\theta, \quad [0, 2\pi]$

49. $y = x + e^{-x}$

50. $y = \dfrac{e^x}{x} \quad (x > 0)$

51. $y = e^{-x}\cos x, \quad \left[-\frac{\pi}{2}, \frac{\pi}{2}\right]$

52. $y = x^2 e^x$

53. $y = \operatorname{arc\,tg} x - \frac{1}{2}x$

54. $y = (x^2 - 2x)e^x$

55. $y = x - \ln x \quad (x > 0)$

56. $y = \dfrac{\ln x}{x} \quad (x > 0)$

57. $y = x^{1/3}$

58. $y = x^{2/3} - x^2$

59. Encontre o valor mínimo de $f(x) = x^x$ com $x > 0$.

60. Mostre que $f(x) = x^2 + bx + c$ é decrescente em $\left(-\infty, -\frac{b}{2}\right)$ e crescente em $\left(-\frac{b}{2}, \infty\right)$.

61. Mostre que $f(x) = x^3 - 2x^2 + 2x$ é uma função crescente. *Sugestão:* encontre o valor mínimo de f'.

62. Encontre condições sobre a e b que garantam que $f(x) = x^3 + ax + b$ seja crescente em $(-\infty, \infty)$.

63. CG Seja $h(x) = \dfrac{x(x^2-1)}{x^2+1}$ e suponha que $f'(x) = h(x)$. Esboce h e use esse esboço para descrever os extremos locais e o comportamento crescente/decrescente de f. Esboce um gráfico plausível da própria f.

64. Débora duvidou de duas afirmações de Lucas.

(a) "Embora a velocidade média na minha viagem tenha sido de 70 km/h, em momento algum meu velocímetro marcou 70 km/h."

(b) "Embora o radar tenha medido minha velocidade como sendo de 70 km/h, meu velocímetro jamais marcou 65 km/h."

Em cada caso, qual é o teorema que Débora utilizou para provar a falsidade da afirmação de Lucas: o teorema do valor intermediário ou o teorema do valor médio? Explique.

65. Determine onde $f(x) = (1.000 - x)^2 + x^2$ é decrescente. Use isso para decidir qual é o valor maior: $800^2 + 200^2$ ou $600^2 + 400^2$.

66. Mostre que $f(x) = 1 - |x|$ satisfaz a conclusão do TVM em $[a, b]$ se a e b são, ambos, positivos ou negativos, mas não se $a < 0$ e $b > 0$.

67. Quais valores de c satisfazem a conclusão do TVM no intervalo $[a, b]$ se f for uma função linear?

68. Mostre que se f for um polinômio quadrático qualquer, então o ponto médio $c = \dfrac{a+b}{2}$ satisfaz a conclusão do TVM em $[a, b]$, quaisquer que sejam a e b.

69. Suponha que $f(0) = 2$ e que $f'(x) \le 3$ com $x > 0$. Aplique o TVM no intervalo $[0, 4]$ para provar que $f(4) \le 14$. Mais geralmente, prove que $f(x) \le 2 + 3x$ com qualquer $x > 0$.

70. Mostre que se $f(2) = -2$ e $f'(x) \ge 5$ com $x > 2$, então $f(4) \ge 8$.

71. Mostre que se $f(2) = 5$ e $f'(x) \ge 10$ com $x > 2$, então $f(x) \ge 10x - 15$ com qualquer $x > 2$.

Compreensão adicional e desafios

72. Mostre que a função cúbica $f(x) = x^3 + ax^2 + bx + c$ é crescente em $(-\infty, \infty)$ se $b > a^2/3$.

73. Prove que se $f(0) = g(0)$ e $f'(x) \le g'(x)$ com $x \ge 0$, então $f(x) \le g(x)$ com qualquer $x \ge 0$. *Sugestão:* mostre que a função dada por $y = f(x) - g(x)$ é não crescente.

74. Use o Exercício 73 para provar que $x \le \operatorname{tg} x$ com $0 \le x < \frac{\pi}{2}$.

75. Use o Exercício 73 e a desigualdade $\operatorname{sen} x \le x$ com $x \ge 0$ (estabelecida no Teorema 3 da Seção 2.6) para provar as afirmações seguintes com qualquer $x \ge 0$ (cada afirmação decorre da anterior):

(a) $\cos x \ge 1 - \frac{1}{2}x^2$

(b) $\operatorname{sen} x \geq x - \frac{1}{6}x^3$

(c) $\cos x \leq 1 - \frac{1}{2}x^2 + \frac{1}{24}x^4$

Dá para adivinhar a próxima desigualdade dessa série?

76. Seja $f(x) = e^{-x}$. Use o método do Exercício 75 para provar as afirmações seguintes com qualquer $x \geq 0$:

(a) $e^{-x} \geq 1 - x$

(b) $e^{-x} \leq 1 - x + \frac{1}{2}x^2$

(c) $e^{-x} \geq 1 - x + \frac{1}{2}x^2 - \frac{1}{6}x^3$

Dá para adivinhar a próxima desigualdade dessa série?

77. Suponha que f'' exista e $f''(x) = 0$ com qualquer x. Prove que $f(x) = mx + b$, em que $m = f'(0)$ e $b = f(0)$.

78. Defina $f(x) = x^3 \operatorname{sen}\left(\frac{1}{x}\right)$ com $x \neq 0$ e $f(0) = 0$.

(a) Mostre que f' é contínua em $x = 0$ e que $x = 0$ é um ponto crítico de f.

(b) CG Examine os gráficos de f e f'. Podemos aplicar o teste da derivada primeira?

(c) Mostre que $f(0)$ não é nem mínimo nem máximo local.

79. Suponha que $f(x)$ satisfaça a equação seguinte (um exemplo de uma **equação diferencial**):

$$f''(x) = -f(x) \qquad 1$$

(a) Mostre que $f(x)^2 + f'(x)^2 = f(0)^2 + f'(0)^2$ com qualquer x. *Sugestão:* mostre que a função à esquerda tem derivada nula.

(b) Verifique que $\operatorname{sen} x$ e $\cos x$ satisfazem a Equação (1) e deduza que $\operatorname{sen}^2 x + \cos^2 x = 1$.

80. Suponha que ambas as funções, f e g, satisfaçam a Equação (1) e tenham os mesmos valores iniciais, ou seja, $f(0) = g(0)$ e $f'(0) = g'(0)$. Prove que $f(x) = g(x)$ com qualquer x. *Sugestão:* aplique o Exercício 79(a) a $f - g$.

81. Use o Exercício 80 para provar que $f(x) = \operatorname{sen} x$ é a única solução da Equação (1) tal que $f(0) = 0$ e $f'(0) = 1$; e que $g(x) = \cos x$ é a única solução da Equação (1) tal que $g(0) = 1$ e $g'(0) = 0$. Esse resultado pode ser usado para desenvolver todas as propriedades das funções trigonométricas "analiticamente", ou seja, sem referência a triângulos.

4.4 O formato de um gráfico

Na seção precedente, estudamos o comportamento crescente/decrescente de uma função de acordo com o que é determinado pelo sinal da derivada. Outra propriedade importante é sua concavidade, que se refere à maneira pela qual seu gráfico se curva. Informalmente, uma curva é dita *côncava para cima* se ela se curva para cima e *côncava para baixo* se ela se curva para baixo (Figura 1).

Côncava para cima Côncava para baixo

FIGURA 1

Para analisar a concavidade de um modo preciso, examinemos como a concavidade está relacionada com retas tangentes e derivadas. Observe na Figura 2 que quando f é côncava para cima, f' é crescente (as inclinações das retas tangentes aumentam quando nos movemos para a direita). Analogamente, quando f é côncava para baixo, f' é decrescente. Isso sugere a definição seguinte.

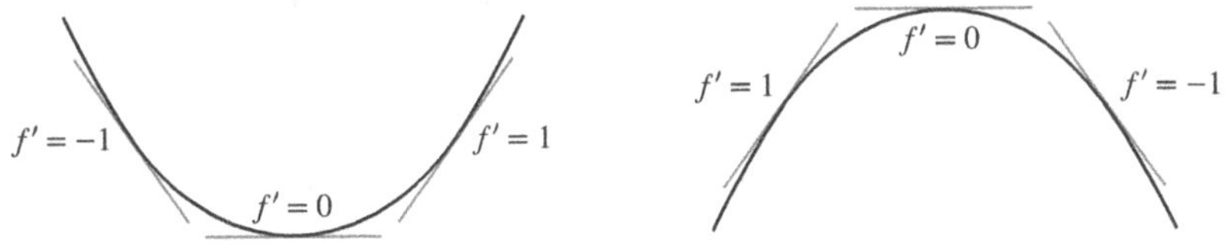

Côncava para cima: as inclinações das retas tangentes são crescentes.

Côncava para baixo: as inclinações das retas tangentes são decrescentes.

FIGURA 2

DEFINIÇÃO Concavidade Seja f uma função derivável num intervalo aberto (a, b). Então

- f é **côncava para cima** em (a, b) se f' for crescente em (a, b).
- f é **côncava para baixo** em (a, b) se f' for decrescente em (a, b).

■ **EXEMPLO 1 Concavidade e preço de ações** As ações de duas companhias valorizaram e atualmente ambas vendem a 75 dólares (Figura 3). Contudo, uma é claramente um investimento melhor do que a outra. Explique em termos de concavidade.

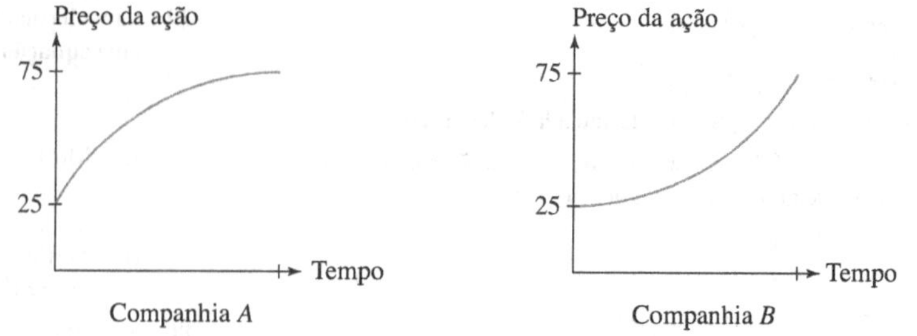

FIGURA 3

Solução O gráfico das ações da companhia A é côncavo para baixo, portanto sua taxa de crescimento (a derivada primeira) é decrescente com o passar do tempo. O gráfico das ações da companhia B é côncavo para baixo, portanto sua taxa de crescimento é crescente. A continuar essa tendência, as ações da companhia B constituem um investimento melhor. ■

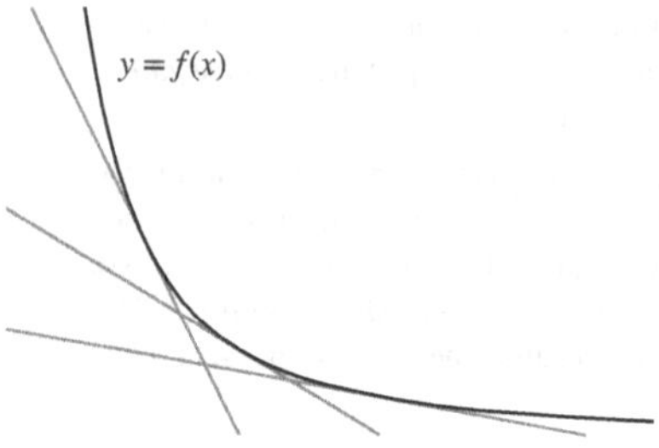

FIGURA 4 Essa função é decrescente. Sua derivada é negativa, mas crescente.

ENTENDIMENTO GRÁFICO Lembre que uma função pode decrescer enquanto sua derivada cresce. Na Figura 4, a derivada f' é crescente. Embora as retas tangentes fiquem cada vez menos inclinadas, suas inclinações estão ficando *menos negativas*.

A concavidade de uma função é determinada pelo *sinal* de sua derivada segunda. De fato, se $f''(x) > 0$, então f' é crescente e, portanto, f é côncava para cima. Analogamente, se $f''(x) < 0$, então f' é decrescente e f é côncava para baixo.

TEOREMA 1 Teste de concavidade Suponha que $f''(x)$ exista em cada $x \in (a, b)$.

- Se $f''(x) > 0$ com $x \in (a, b)$, então f é côncava para cima em (a, b).
- Se $f''(x) < 0$ com $x \in (a, b)$, então f é côncava para baixo em (a, b).

ADVERTÊNCIA Um ponto crítico c é só um número, ao passo que um ponto de inflexão $(c, f(c))$ é um ponto do plano xy.

De especial interesse são os pontos de um gráfico em que a concavidade muda. Dizemos que $P = (c, f(c))$ é um **ponto de inflexão** de f se, em $x = c$, a concavidade trocar de para cima para para baixo, ou vice-versa. A Figura 5 mostra uma curva constituída de dois arcos – um é côncavo para baixo e outro é côncavo para cima (a palavra "arco" se refere a uma porção da curva). O ponto P em que os dois arcos se juntam é um ponto de inflexão. Nos gráficos, denotaremos os pontos de inflexão por um quadrado sólido.

FIGURA 5

De acordo com o Teorema 1, a concavidade de f é determinada pelo sinal de $f''(x)$. Decorre que um ponto de inflexão é um ponto em que $f''(x)$ troca de sinal.

TEOREMA 2 Teste de ponto de inflexão Se $f''(c) = 0$, ou se não existir $f''(c)$, e se $f''(x)$ trocar de sinal em $x = c$, então f tem um ponto de inflexão em $x = c$.

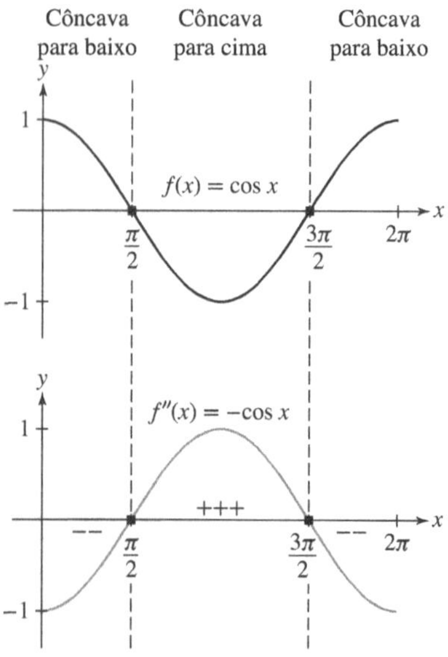

FIGURA 6

■ **EXEMPLO 2** Encontre os pontos de inflexão de $f(x) = \cos x$ em $[0, 2\pi]$.

Solução Temos $f''(x) = -\cos x$ e $f''(x) = 0$ com $x = \frac{\pi}{2}, \frac{3\pi}{2}$. A Figura 6 mostra que $f''(x)$ troca de sinal em $x = \frac{\pi}{2}$ e em $\frac{3\pi}{2}$, portanto f tem um ponto de inflexão em ambos os pontos. ■

■ **EXEMPLO 3 Pontos de inflexão e intervalos de concavidade** Encontre os pontos de inflexão e os intervalos em que $f(x) = 3x^5 - 5x^4 + 1$ é côncava para cima e para baixo.

Solução A derivada primeira é $f'(x) = 15x^4 - 20x^3$ e

$$f''(x) = 60x^3 - 60x^2 = 60x^2(x-1)$$

Os zeros de $f''(x) = 60x^2(x-1)$ são $x = 0$ e $x = 1$. Esses pontos dividem o eixo x em três intervalos: $(-\infty, 0)$, $(0, 1)$ e $(1, \infty)$. Determinamos o sinal de $f''(x)$ e a concavidade de f calculando "valores de teste" dentro de cada intervalo (Figura 7):

Intervalo	Valor de teste	Sinal de $f''(x)$	Comportamento de $f(x)$
$(-\infty, 0)$	$f''(-1) = -120$	$-$	Côncava para baixo
$(0, 1)$	$f''(\frac{1}{2}) = -\frac{15}{2}$	$-$	Côncava para baixo
$(1, \infty)$	$f''(2) = 240$	$+$	Côncava para cima

Os pontos de inflexão podem ser lidos nessa tabela:

- $c = 0$: não é um ponto de inflexão, pois $f''(x)$ não troca de sinal em 0.
- $c = 1$: é um ponto de inflexão, pois $f''(x)$ troca de sinal em 1. ■

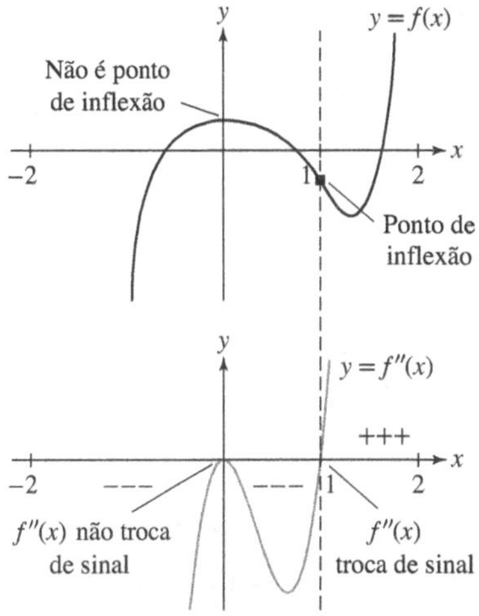

FIGURA 7 O gráfico de $f(x) = 3x^5 - 5x^4 + 1$ e de sua derivada segunda.

Em geral, encontramos os pontos de inflexão resolvendo $f''(x) = 0$. Contudo, um ponto de inflexão também pode ocorrer num ponto $(c, f(c))$ em que $f''(c)$ não existe.

■ **EXEMPLO 4 Um caso em que não existe a derivada segunda** Encontre os pontos de inflexão de $f(x) = x^{5/3}$.

Solução Nesse caso, $f'(x) = \frac{5}{3}x^{2/3}$ e $f''(x) = \frac{10}{9}x^{-1/3}$. Embora $f''(0)$ não exista, $f''(x)$ troca de sinal em $x = 0$:

$$f''(x) = \frac{10}{9x^{1/3}} \begin{cases} > 0 & \text{se } x > 0 \\ < 0 & \text{se } x < 0 \end{cases}$$

Portanto, a concavidade de f troca em $x = 0$, e $(0, 0)$ é um ponto de inflexão (Figura 8). ■

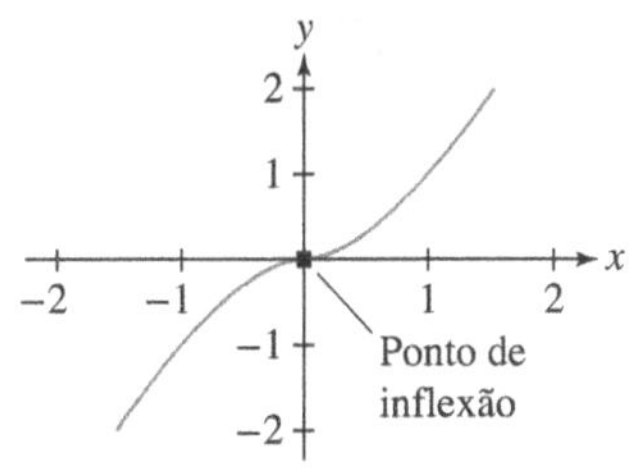

FIGURA 8 A concavidade de $f(x) = x^{5/3}$ troca em $x = 0$, mesmo não existindo $f''(0)$.

ENTENDIMENTO GRÁFICO Os pontos de inflexão são fáceis de ver no gráfico da derivada primeira f'. Se $f''(c) = 0$ e $f''(x)$ trocar de sinal em $x = c$, então o comportamento crescente/decrescente de f' mudará em $x = c$. Assim, *os pontos de inflexão de f ocorrem onde f' tiver um min ou max local* (Figura 9).

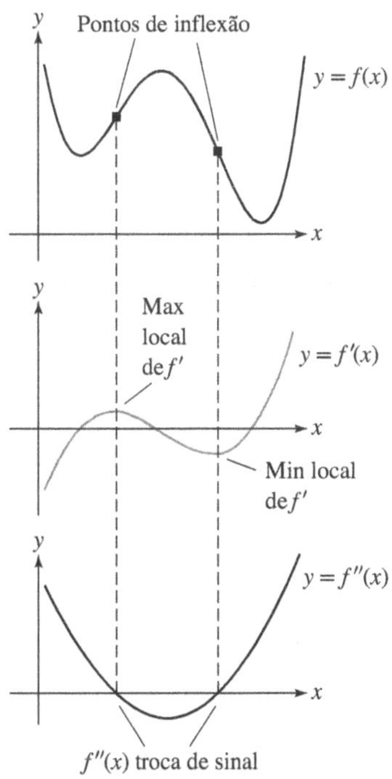

FIGURA 9

Teste da derivada segunda para pontos críticos

Existe um teste simples para pontos críticos que usa a concavidade. Suponha que $f'(c) = 0$. Como vemos na Figura 10, se f for côncava para baixo, então $f(c)$ é um max local e, se f for côncava para cima, então $f(c)$ é um min local. A concavidade é determinada pelo sinal de $f''(x)$, de modo que obtemos o teste da derivada segunda a seguir. (Ver Exercício 67 para uma prova detalhada.)

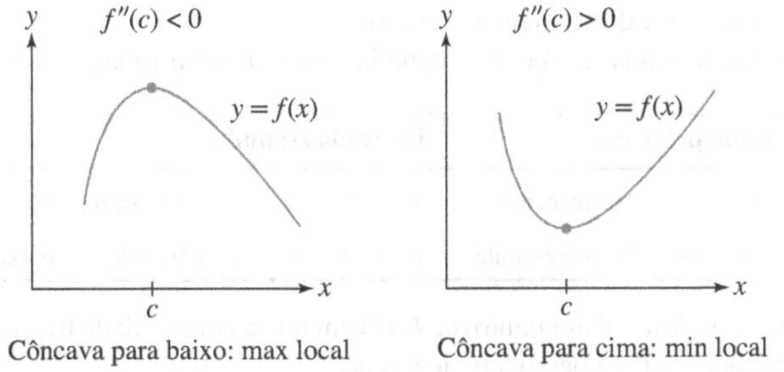

FIGURA 10 A concavidade determina o tipo do ponto crítico.

Recurso mnemônico

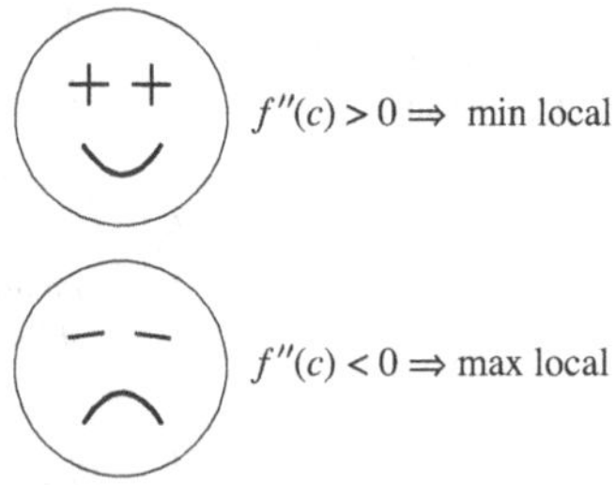

FIGURA 11

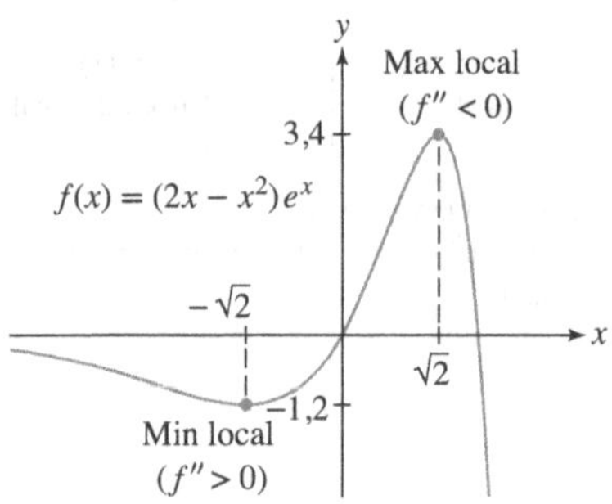

FIGURA 12

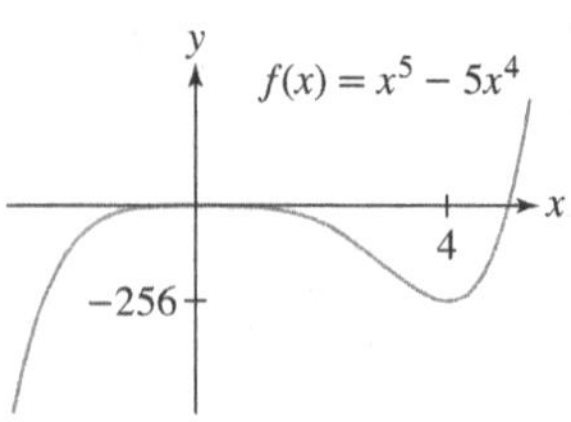

FIGURA 13

> **TEOREMA 3 Teste da derivada segunda** Seja c um ponto crítico de f. Se existir $f''(c)$, então
> - $f''(c) > 0 \quad \Rightarrow \quad f(c)$ é um mínimo local.
> - $f''(c) < 0 \quad \Rightarrow \quad f(c)$ é um máximo local.
> - $f''(c) = 0 \quad \Rightarrow$ inconclusivo: $f(c)$ pode ser um min local, um max local, ou nenhum dos dois.

O recurso mnemônico da Figura 11 fornece uma maneira simples de lembrar o teste.

■ **EXEMPLO 5** Analise os pontos críticos de $f(x) = (2x - x^2)e^x$.

Solução Primeiro resolvemos

$$f'(x) = e^x(2 - 2x) + (2x - x^2)e^x = (2 - x^2)e^x = 0$$

Os pontos críticos são $c = \pm\sqrt{2}$ (Figura 12). Em seguida, determinamos o sinal da derivada segunda nos pontos críticos:

$$f''(x) = (-2x)e^x + (2 - x^2)e^x = (2 - 2x - x^2)e^x$$

$$f''(-\sqrt{2}) = \left(2 - 2(-\sqrt{2}) - (-\sqrt{2})^2\right)e^{-\sqrt{2}} = 2\sqrt{2}e^{-\sqrt{2}} \qquad > 0 \quad \text{(min local)}$$

$$f''(\sqrt{2}) = \left(2 - 2\sqrt{2} - (\sqrt{2})^2\right)e^{\sqrt{2}} = -2\sqrt{2}e^{\sqrt{2}} \qquad < 0 \quad \text{(max local)}$$

Pelo teste da derivada segunda, f tem um min local em $c = -\sqrt{2}$ e um max local em $c = \sqrt{2}$ (Figura 12). ■

■ **EXEMPLO 6** **Teste da derivada segunda inconclusivo** Analise os pontos críticos de $f(x) = x^5 - 5x^4$.

Solução As duas derivadas são

$$f'(x) = 5x^4 - 20x^3 = 5x^3(x - 4)$$

$$f''(x) = 20x^3 - 60x^2$$

Os pontos críticos são $c = 0$ e $c = 4$, e o teste da derivada segunda fornece

$$f''(0) = 0 \qquad \Rightarrow \qquad \text{o teste da derivada segunda falha}$$

$$f''(4) = 320 > 0 \qquad \Rightarrow \qquad f(4) \text{ é um min local}$$

O teste da derivada segunda falha em $c = 0$, de modo que voltamos ao teste da derivada primeira. Escolhendo pontos de teste à esquerda e direita de $c = 0$, obtemos

$$f'(-1) = 5 + 20 = 25 > 0 \qquad \Rightarrow \qquad f'(x) \text{ é positiva em } (-\infty, 0)$$

$$f'(1) = 5 - 20 = -15 < 0 \qquad \Rightarrow \qquad f'(x) \text{ é negativa em } (0, 4)$$

Como $f'(x)$ troca de sinal de + para – em $c = 0$, $f(0)$ é um max local (Figura 13). ■

4.4 Resumo

- Uma função derivável f *é côncava para cima* em (a, b) se f' for crescente e *côncava para baixo* se f' for decrescente em (a, b).
- Os sinais das derivadas primeira e segunda fornecem a informação seguinte:

Derivada primeira	Derivada segunda
$f' > 0 \Rightarrow$ f é crescente	$f'' > 0 \Rightarrow$ f é côncava para cima
$f' < 0 \Rightarrow$ f é decrescente	$f'' < 0 \Rightarrow$ f é côncava para baixo

- Um *ponto de inflexão* é um ponto $(c, f(c))$ em que a concavidade troca de côncava para cima para côncava para baixo, ou vice-versa.

- Se $f''(c) = 0$ não existir e $f''(x)$ trocar de sinal em c, então $(c, f(c))$ é um ponto de inflexão.
- Teste da derivada segunda: se $f'(c) = 0$ e existir $f''(c)$, então
  - $f(c)$ é um máximo local se $f''(c) < 0$.
  - $f(c)$ é um mínimo local se $f''(c) > 0$.
  - O teste falha se $f''(c) = 0$.

  Quando falhar esse teste, usamos o teste da derivada primeira.

4.4 Exercícios

Exercícios preliminares

1. Se f for côncava para cima, então f' é (escolha uma):
   (a) crescente (b) decrescente
2. Qual conclusão pode ser alcançada se $f'(c) = 0$ e $f''(c) < 0$?
3. Verdadeira ou falsa? Se $f(c)$ for um mínimo local, então $f''(c)$ deve ser positiva.
4. Verdadeira ou falsa? Se $f''(x)$ trocar de sinal de + para − em $x = c$, então f tem um ponto de inflexão em $x = c$.

Exercícios

1. Combine os gráficos na Figura 14 com a descrição:
   (a) $f''(x) < 0$ com qualquer x.
   (b) $f''(x)$ troca de + para −.
   (c) $f''(x) > 0$ com qualquer x.
   (d) $f''(x)$ troca de − para +.

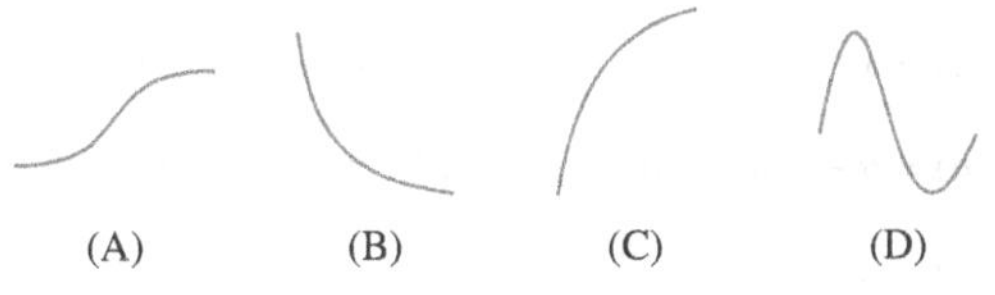

FIGURA 14

2. Combine cada afirmação com um gráfico na Figura 15 que represente os lucros da companhia como função do tempo.
   (a) As perspectivas são ótimas: a taxa de crescimento continua crescente.
   (b) Estamos perdendo dinheiro, mas não tão rapidamente como antes.
   (c) Estamos perdendo dinheiro, e está ficando cada vez pior.
   (d) Estamos nos saindo bem, mas nossa taxa de crescimento está nivelando.
   (e) Os negócios estavam encolhendo, mas agora estão retomando.
   (f) Os negócios estavam retomando, mas agora estão encolhendo.

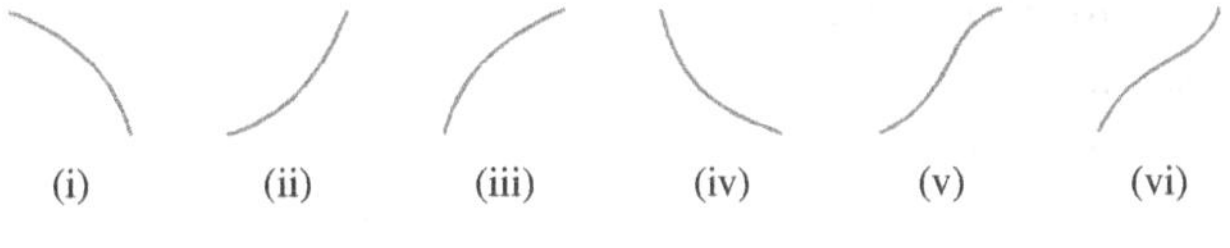

FIGURA 15

Nos Exercícios 3-18, determine os intervalos nos quais a função é côncava para cima ou para baixo e encontre os pontos de inflexão.

3. $y = x^2 - 4x + 3$
4. $y = t^3 - 6t^2 + 4$
5. $y = 10x^3 - x^5$
6. $y = 5x^2 + x^4$
7. $y = \theta - 2\,\text{sen}\,\theta, \quad [0, 2\pi]$
8. $y = \theta + \text{sen}^2\,\theta, \quad [0, \pi]$
9. $y = x(x - 8\sqrt{x}) \quad (x \geq 0)$
10. $y = x^{7/2} - 35x^2$
11. $y = (x - 2)(1 - x^3)$
12. $y = x^{7/5}$
13. $y = \dfrac{1}{x^2 + 3}$
14. $y = \dfrac{x}{x^2 + 9}$
15. $y = xe^{-3x}$
16. $y = (x^2 - 7)e^x$
17. $y = 2x^2 + \ln x \quad (x > 0)$
18. $y = x - \ln x \quad (x > 0)$
19. A posição de uma ambulância numa estrada reta em quilômetros ao longo de 4 horas é dada pelo gráfico na Figura 16.
    (a) Descreva o movimento da ambulância.
    (b) Explique o que esse gráfico, por ser côncavo para cima, nos diz sobre a velocidade dessa ambulância.

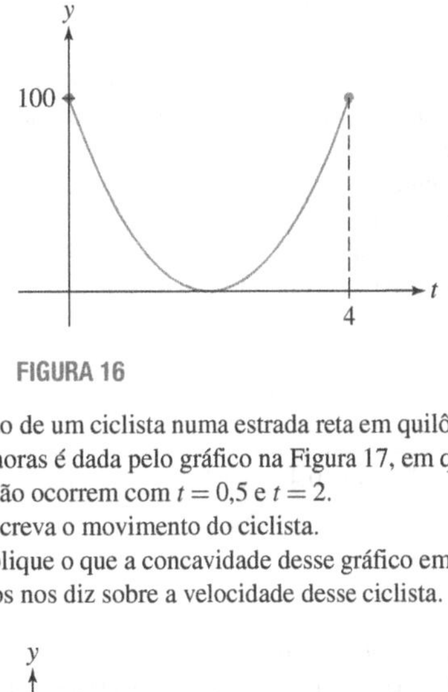

FIGURA 16

20. A posição de um ciclista numa estrada reta em quilômetros ao longo de 4 horas é dada pelo gráfico na Figura 17, em que os pontos de inflexão ocorrem com $t = 0{,}5$ e $t = 2$.
    (a) Descreva o movimento do ciclista.
    (b) Explique o que a concavidade desse gráfico em vários intervalos nos diz sobre a velocidade desse ciclista.

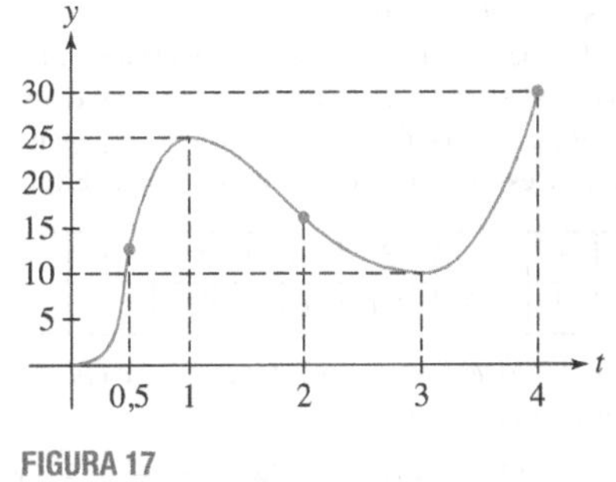

FIGURA 17

21. O crescimento de um girassol durante seus 100 primeiros dias é bem modelado pela *curva logística* $y = h(t)$ mostrada na

Figura 18. Dê uma estimativa da taxa de crescimento no ponto de inflexão e explique seu significado. Em seguida, esboce o gráfico das derivadas primeira e segunda de h.

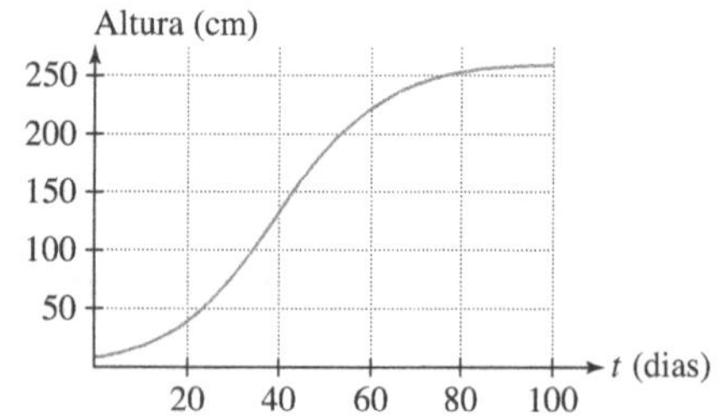

FIGURA 18

22. Suponha que a Figura 19 seja o gráfico de f. Onde ocorrem os pontos de inflexão de f e em quais intervalos f é côncava para baixo?

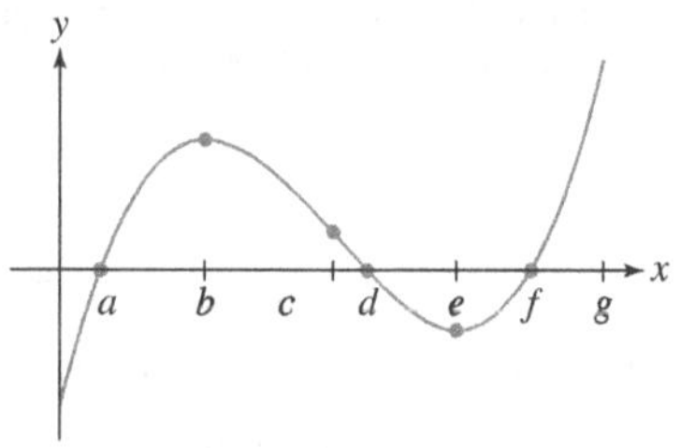

FIGURA 19

23. Repita o Exercício 22, mas agora supondo que a Figura 19 seja o gráfico da *derivada* f'.

24. Repita o Exercício 22, mas agora supondo que a Figura 19 seja o gráfico da *derivada segunda* f''.

25. A Figura 20 mostra o gráfico da *derivada* f' em [0; 1,2]. Determine os pontos de inflexão de f e os pontos em que ocorrem os mínimos e máximos locais. Determine os intervalos em que f tem as propriedades seguintes:
(a) Crescente
(b) Decrescente
(c) Côncava para cima
(d) Côncava para baixo

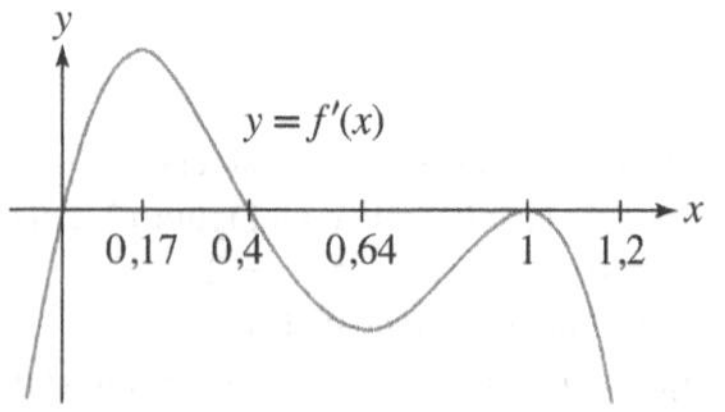

FIGURA 20

26. Letícia está vendendo carregadores solares de laptop pela internet, com vendas mensais de acordo com a tabela a seguir. Num relatório para os investidores, ela afirma que "as vendas atingiram um ponto de inflexão quando comecei a usar a propaganda paga pelo número de acessos". Em que mês isso ocorreu? Explique.

Mês	1	2	3	4	5	6	7	8
Vendas	2	30	50	60	90	150	230	340

Nos Exercícios 27-40, encontre os pontos críticos e aplique o teste da derivada segunda (ou diga que não é aplicável).

27. $f(x) = x^3 - 12x^2 + 45x$ **28.** $f(x) = x^4 - 8x^2 + 1$

29. $f(x) = 3x^4 - 8x^3 + 6x^2$ **30.** $f(x) = x^5 - x^3$

31. $f(x) = \dfrac{x^2 - 8x}{x + 1}$ **32.** $f(x) = \dfrac{1}{x^2 - x + 2}$

33. $y = 6x^{3/2} - 4x^{1/2}$ **34.** $y = 9x^{7/3} - 21x^{1/2}$

35. $f(x) = \operatorname{sen}^2 x + \cos x, \quad [0, \pi]$

36. $y = \dfrac{1}{\operatorname{sen} x + 4}, \quad [0, 2\pi]$

37. $f(x) = xe^{-x^2}$ **38.** $f(x) = e^{-x} - 4e^{-2x}$

39. $f(x) = x^3 \ln x \quad (x > 0)$

40. $f(x) = \ln x + \ln(4 - x^2), \quad (0, 2)$

Nos Exercícios 41-56, encontre os intervalos nos quais f é côncava para cima ou para baixo, os pontos de inflexão, os pontos críticos e os mínimos e máximos locais.

41. $f(x) = x^3 - 2x^2 + x$ **42.** $f(x) = x^2(x - 4)$

43. $f(t) = t^2 - t^3$ **44.** $f(x) = 2x^4 - 3x^2 + 2$

45. $f(x) = x^2 - 8x^{1/2} \quad (x \geq 0)$

46. $f(x) = x^{3/2} - 4x^{-1/2} \quad (x > 0)$

47. $f(x) = \dfrac{x}{x^2 + 27}$ **48.** $f(x) = \dfrac{1}{x^4 + 1}$

49. $f(x) = x^{5/3} - x$ **50.** $f(x) = (x - 1)^{3/5}$

51. $f(\theta) = \theta + \operatorname{sen}\theta, \quad [0, 2\pi]$ **52.** $f(x) = \cos^2 x, \quad [0, \pi]$

53. $f(x) = \operatorname{tg} x, \quad \left(-\frac{\pi}{2}, \frac{\pi}{2}\right)$

54. $f(x) = e^{-x}\cos x, \quad \left[-\frac{\pi}{2}, \frac{3\pi}{2}\right]$

55. $y = (x^2 - 2)e^{-x} \quad (x > 0)$ **56.** $y = \ln(x^2 + 2x + 5)$

57. Esboce o gráfico de uma função crescente tal que $f''(x)$ troque de $+$ para $-$ em $x = 2$ e de $-$ para $+$ em $x = 4$. Faça o mesmo para uma função decrescente.

Nos Exercícios 58-60, esboce o gráfico de uma função f satisfazendo todas as condições dadas.

58. $f'(x) > 0$ e $f''(x) < 0$ com qualquer x.

59. **(i)** $f'(x) > 0$ com qualquer x e
(ii) $f''(x) < 0$ com $x < 0$ e $f''(x) > 0$ com $x > 0$.

60. **(i)** $f'(x) < 0$ com $x < 0$ e $f'(x) > 0$ com $x > 0$ e
(ii) $f''(x) < 0$ com $|x| > 2$ e $f''(x) > 0$ com $|x| < 2$.

61. No início de uma epidemia, o vírus da gripe se espalha lentamente. O processo infeccioso acelera até que uma maioria de indivíduos receptivos esteja infectada, quando o processo começa a desacelerar.
(a) Se $R(t)$ denotar o número de indivíduos infectados no instante t, descreva a concavidade do gráfico de R perto do começo e do fim da epidemia.
(b) Descreva a situação da epidemia no dia em que $R(t)$ tem um ponto de inflexão.

62. Uma esfera está sendo enchida de água a uma taxa constante (Figura 21). Seja $h(t)$ o nível d'água no instante t. Esboce o gráfico de h (aproximadamente, mas com a concavidade correta). Onde ocorre o ponto de inflexão?

63. Uma esfera de raio R está sendo enchida de água a uma taxa variável de tal modo que o nível d'água sobe a uma taxa constante c (Figura 21). Seja $V(t)$ o volume d'água no tanque no instante t. Esboce o gráfico de V (aproximadamente, mas com a concavidade correta). Onde ocorre o ponto de inflexão?

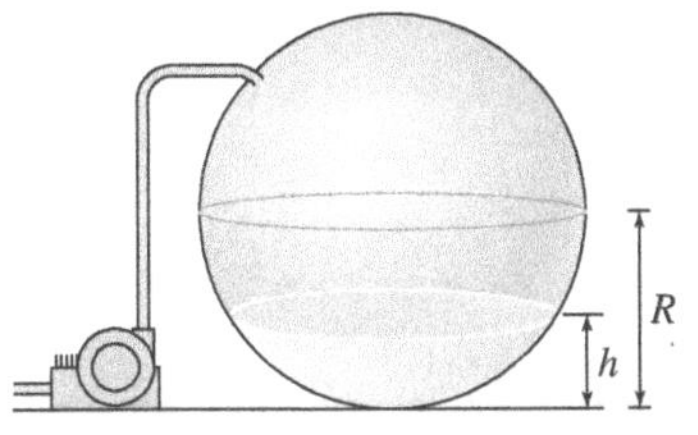

FIGURA 21

64. (Continuação do Exercício 63) Se a esfera tem raio R, o volume d'água é $V = \pi\left(Rh^2 - \frac{1}{3}h^3\right)$, em que h é o nível d'água. Suponha que o nível cresça a uma taxa constante de 1 (ou seja, $h = t$).

(a) Encontre o ponto de inflexão de V. Isso está de acordo com a conclusão obtida no Exercício 63?

(b) CG Esboce o gráfico de V se $R = 1$.

65. Processamento digital de imagens A intensidade de um pixel numa imagem digital é medida por um número u entre 0 e 1. Muitas vezes, as imagens podem ser melhoradas com uma mudança na escala das intensidades (Figura 22), quando os pixels de intensidade u são apresentados com uma intensidade $g(u)$ com uma função g conveniente. Uma escolha comum é a **correção sigmoidal**, definida com constantes a e b por

$$g(u) = \frac{f(u) - f(0)}{f(1) - f(0)}, \qquad \text{em que } f(u) = \left(1 + e^{b(a-u)}\right)^{-1}$$

A Figura 23 mostra que $g(u)$ reduz a intensidade dos pixels de baixa intensidade [nos quais $g(u) < u$] e aumenta a intensidade dos pixels de alta intensidade.

(a) Verifique que $f'(u) > 0$ e use isso para mostrar que $g(u)$ cresce de 0 a 1 em $0 \le u \le 1$.

(b) Onde ocorre o ponto de inflexão de $g(u)$?

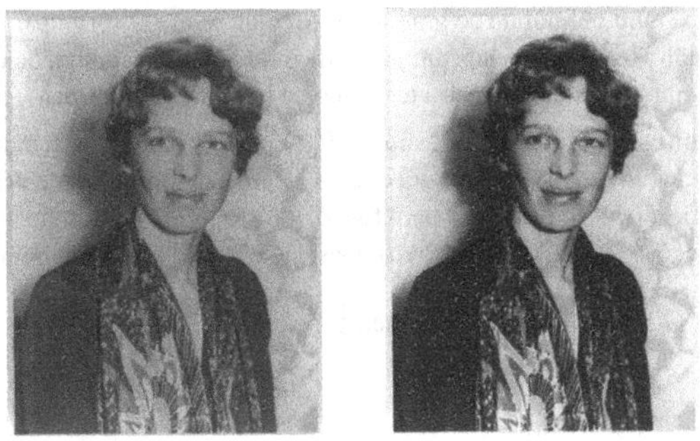

Original Correção sigmoidal

(ambas: Divisão de Impressos e Fotografias da Biblioteca do Congresso dos EUA)

FIGURA 22

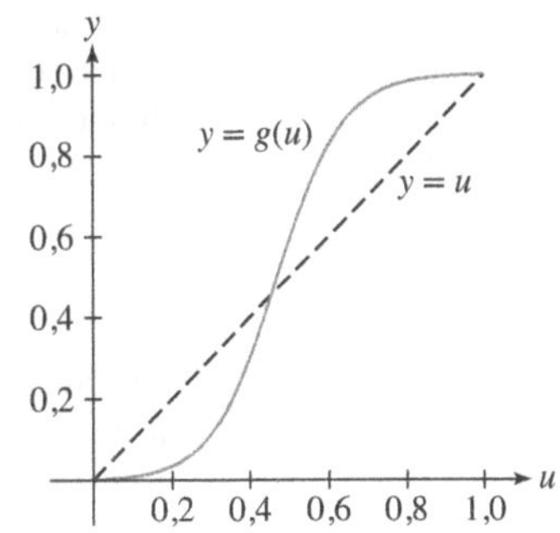

FIGURA 23 Correção sigmoidal com $a = 0{,}47$ e $b = 12$.

66. Use um raciocínio gráfico para determinar se as afirmações seguintes são verdadeiras ou falsas. Se a afirmação for falsa, modifique-a para torná-la verdadeira.

(a) Se f for crescente, então f^{-1} será decrescente.

(b) Se f for decrescente, então f^{-1} será decrescente.

(c) Se f for côncava par cima, então f^{-1} será côncava para cima.

(d) Se f for côncava para baixo, então f^{-1} será côncava para cima.

Compreensão adicional e desafios

Nos Exercícios 67-69, suponha que f seja derivável.

67. Demonstração do teste da derivada segunda Seja c um ponto crítico tal que $f''(c) > 0$ [o caso $f''(c) < 0$ é análogo].

(a) Mostre que $f''(c) = \lim_{h\to 0} \frac{f'(c+h)}{h}$.

(b) Use a parte (a) para mostrar que existe um intervalo aberto (a, b) contendo c tal que $f'(x) < 0$ se $a < x < c$ e $f'(x) > 0$ se $c < x < b$. Conclua que $f(c)$ é um mínimo local.

68. Prove que se existir f'' e $f''(x) > 0$ com qualquer x, então o gráfico de f "fica acima" de suas retas tangentes.

(a) Dado qualquer c, tome $G(x) = f(x) - f'(c)(x - c) - f(c)$. É suficiente provar que $G(x) \ge 0$ vale com qualquer c. Explique por que com um esboço.

(b) Mostre que $G(c) = G'(c) = 0$ e $G''(x) > 0$ com qualquer x. Conclua que $G'(x) < 0$ com $x < c$ e $G'(x) > 0$ com $x > c$. Então, usando o TVM, deduza que $G(x) > G(c)$ com $x \ne c$.

69. Suponha que exista f'' e seja c um ponto de inflexão de f.

(a) Use o método do Exercício 68 para provar que a reta tangente em $x = c$ *cruza o gráfico* (Figura 24). *Sugestão:* mostre que $G(x)$ troca de sinal em $x = c$.

(b) CG Verifique essa conclusão com $f(x) = \dfrac{x}{3x^2 + 1}$, traçando, no mesmo par de eixos, o gráfico de f e o da reta tangente em cada ponto de inflexão.

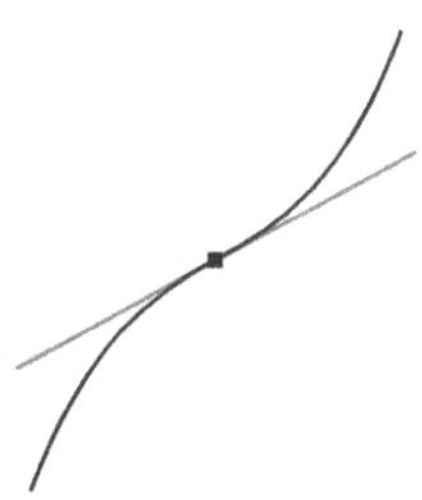

FIGURA 24 A reta tangente cruza o gráfico num ponto de inflexão.

70. Denote por $C(x)$ o custo de produção de x unidades de certo bem. Suponha que o gráfico de C seja côncavo para cima.

(a) Mostre que o custo médio $A(x) = C(x)/x$ é mínimo no nível de produção x_0, em que o custo médio é igual ao custo marginal, ou seja, $A(x_0) = C'(x_0)$.

(b) Mostre que a reta por $(0, 0)$ e $(x_0, C(x_0))$ é tangente ao gráfico de C.

71. Seja f um polinômio de grau n. Mostre que se $n \geq 2$ for ímpar, então f tem pelo menos um ponto de inflexão. Em seguida, dê um exemplo que f não precisa ter ponto de inflexão se n for par.

72. Pontos críticos e de inflexão Se $f'(c) = 0$ e $f(c)$ não for nem um min nem um max local, será que $x = c$ precisa ser um ponto de inflexão? Isso é verdade para funções "razoáveis" (incluindo as funções estudadas neste livro), mas não é válido em geral. Seja

$$f(x) = \begin{cases} x^2 \operatorname{sen} \frac{1}{x} & \text{se } x \neq 0 \\ 0 & \text{se } x = 0 \end{cases}$$

(a) Use a definição da derivada via limite para mostrar que existe $f'(0)$ e $f'(0) = 0$.

(b) Mostre que $f(0)$ não é nem min nem max local.

(c) Mostre que $f'(x)$ troca de sinal uma infinidade de vezes perto de $x = 0$. Conclua que $x = 0$ não é um ponto de inflexão.

4.5 A regra de L'Hôpital

A regra de L'Hôpital deve seu nome ao matemático francês Guillaume François Antoine Marquis de L'Hôpital (1661-1704), que escreveu o primeiro livro didático de Cálculo, em 1696.

A regra de L'Hôpital é uma ferramenta valiosa no cálculo de certos limites que, de outra forma, seriam difíceis de calcular e, também, na determinação do comportamento assintótico (limites no infinito). Na próxima seção, utilizaremos essa regra para esboçar gráficos.

Considere o limite de um quociente

$$\lim_{x \to a} \frac{f(x)}{g(x)}$$

Informalmente, a regra de L'Hôpital afirma que *se $f(x)/g(x)$ for uma forma indeterminada do tipo 0/0 ou ∞/∞ em $x = a$, então podemos trocar $f(x)/g(x)$ pelo quociente das derivadas $f'(x)/g'(x)$.*

TEOREMA 1 Regra de L'Hôpital Suponha que f e g sejam deriváveis num intervalo aberto contendo a e que

$$f(a) = g(a) = 0$$

Também suponha que $g'(x) \neq 0$ (exceto, possivelmente, em a). Então

$$\lim_{x \to a} \frac{f(x)}{g(x)} = \lim_{x \to a} \frac{f'(x)}{g'(x)}$$

sempre que o limite à direita existir ou for infinito (∞ ou $-\infty$). Essa conclusão também vale se f e g forem deriváveis em cada x próximo de (mas não igual a) a e

$$\lim_{x \to a} f(x) = \pm\infty \quad \text{e} \quad \lim_{x \to a} g(x) = \pm\infty$$

Além disso, essa regra é válida com limites laterais.

***ADVERTÊNCIA** Quando utilizar a regra de L'Hôpital, cuide para derivar o numerador e o denominador separadamente:*

$$\lim_{x \to a} \frac{f(x)}{g(x)} = \lim_{x \to a} \frac{f'(x)}{g'(x)}$$

Não derive a função quociente $y = f(x)/g(x)$.

■ **EXEMPLO 1** Use a regra de L'Hôpital para calcular $\lim_{x \to 2} \frac{x^3 - 8}{x^4 + 2x - 20}$.

Solução Sejam $f(x) = x^3 - 8$ e $g(x) = x^4 + 2x - 20$. Ambas, f e g, são deriváveis e o quociente é uma indeterminação do tipo 0/0 em $a = 2$ porque $f(2) = g(2) = 0$:

- Numerador: $f(2) = 2^3 - 1 = 0$
- Denominador: $g(2) = 2^4 + 2(2) - 20 = 0$

Além disso, $g'(x) = 4x^3 + 2$ é não nula perto de $x = 2$, portanto podemos aplicar a regra de L'Hôpital. Podemos substituir o numerador e o denominador por suas derivadas para obter

$$\underbrace{\lim_{x \to 2} \frac{x^3 - 8}{x^4 + 2x - 2} = \lim_{x \to 2} \frac{(x^3 - 8)'}{(x^4 + 2x - 2)'}}_{\text{Regra de L'Hôpital}} = \lim_{x \to 2} \frac{3x^2}{4x^3 + 2} = \frac{3(2^2)}{4(2^3) + 2} = \frac{12}{34} = \frac{6}{17} \quad ■$$

■ **EXEMPLO 2** Calcule $\lim_{x\to 2} \dfrac{4-x^2}{\operatorname{sen} \pi x}$.

Solução O quociente é uma indeterminação do tipo 0/0 em $a = 2$:

- Numerador: $4 - x^2 = 4 - 2^2 = 0$
- Denominador: $\operatorname{sen} \pi x = \operatorname{sen} 2\pi = 0$

As outras hipóteses [que f e g são deriváveis e que $g'(x) \neq 0$ com x perto de $a = 2$] também estão satisfeitas, portanto podemos aplicar a regra de L'Hôpital:

$$\underbrace{\lim_{x\to 2} \frac{4-x^2}{\operatorname{sen}\pi x} = \lim_{x\to 2} \frac{(4-x^2)'}{(\operatorname{sen}\pi x)'}}_{\text{Regra de L'Hôpital}} = \lim_{x\to 2} \frac{-2x}{\pi \cos \pi x} = \frac{-2(2)}{\pi \cos 2\pi} = \frac{-4}{\pi}$$ ■

■ **EXEMPLO 3** Calcule $\lim_{x\to\pi/2} \dfrac{\cos^2 x}{1 - \operatorname{sen} x}$.

Solução Novamente, o quociente é uma indeterminação do tipo 0/0 em $a = \frac{\pi}{2}$:

$$\cos^2\left(\frac{\pi}{2}\right) = 0, \qquad 1 - \operatorname{sen}\frac{\pi}{2} = 1 - 1 = 0$$

As outras hipóteses estão satisfeitas, portanto podemos aplicar a regra de L'Hôpital:

$$\underbrace{\lim_{x\to\pi/2} \frac{\cos^2 x}{1-\operatorname{sen} x} = \lim_{x\to\pi/2} \frac{(\cos^2 x)'}{(1-\operatorname{sen} x)'}}_{\text{Regra de L'Hôpital}} = \lim_{x\to\pi/2} \frac{-2\cos x \operatorname{sen} x}{-\cos x} = \underbrace{\lim_{x\to\pi/2} (2\operatorname{sen} x)}_{\text{simplificando}} = 2$$

Observe que o quociente $\dfrac{-2\cos x \operatorname{sen} x}{-\cos x}$ ainda é uma indeterminação em $a = \pi/2$. Essa indeterminação foi removida cancelando o fator $-\cos x$. ■

■ **EXEMPLO 4** **A forma $0 \cdot \infty$** Calcule $\lim_{x\to 0^+} x \ln x$.

Solução Esse limite é lateral porque $f(x) = x \ln x$ não está definida com $x \leq 0$. Além disso, com $x \to 0^+$,

- x tende a 0
- $\ln x$ tende a $-\infty$

Assim, $f(x)$ apresenta uma indeterminação do tipo $0 \cdot \infty$. Para aplicar a regra de L'Hôpital, reescrevemos a função como $f(x) = (\ln x)/x^{-1}$, de modo que $f(x)$ apresenta uma forma indeterminada do tipo $-\infty/\infty$. Então podemos usar a regra de L'Hôpital:

$$\underbrace{\lim_{x\to\pi/2} \frac{\cos^2 x}{1-\operatorname{sen} x} = \lim_{x\to\pi/2} \frac{(\cos^2 x)'}{(1-\operatorname{sen} x)'}}_{\text{Regra de L'Hôpital}} = \lim_{x\to\pi/2} \frac{-2\cos x \operatorname{sen} x}{-\cos x} = \underbrace{\lim_{x\to\pi/2} (2\operatorname{sen} x)}_{\text{Simplificando}} = 2$$ ■

■ **EXEMPLO 5** **Usando a regra de L'Hôpital duas vezes** Calcule $\lim_{x\to 0} \dfrac{e^x - x - 1}{\cos x - 1}$.

Solução Com $a = 0$, temos

$$e^x - x - 1 = e^0 - 0 - 1 = 0, \qquad \cos x - 1 = \cos 0 - 1 = 0$$

Uma primeira aplicação da regra de L'Hôpital fornece

$$\lim_{x\to 0} \frac{e^x - x - 1}{\cos x - 1} = \lim_{x\to 0} \frac{(e^x - x - 1)'}{(\cos x - 1)'} = \lim_{x\to 0} \left(\frac{e^x - 1}{-\operatorname{sen} x}\right) = \lim_{x\to 0} \frac{1 - e^x}{\operatorname{sen} x}$$

Esse limite é, novamente, uma indeterminação do tipo 0/0, portanto podemos aplicar a regra de L'Hôpital uma segunda vez:

$$\lim_{x\to 0} \frac{1-e^x}{\operatorname{sen} x} = \lim_{x\to 0} \frac{-e^x}{\cos x} = \frac{-e^0}{\cos 0} = -1$$ ■

■ **EXEMPLO 6** **Hipóteses importam** A regra de L'Hôpital pode ser aplicada a $\lim_{x\to 1} \dfrac{x^2+1}{2x+1}$?

Solução A resposta é não. A função *não tem* uma forma indeterminada, porque

$$\left.\frac{x^2+1}{2x+1}\right|_{x=1} = \frac{1^2+1}{2\cdot 1+1} = \frac{2}{3}$$

Contudo, o limite pode ser calculado diretamente por substituição: $\lim_{x\to 1} \dfrac{x^2+1}{2x+1} = \dfrac{2}{3}$. O uso indevido da regra de L'Hôpital leva à resposta errada:

$$\lim_{x\to 1} \frac{(x^2+1)'}{(2x+1)'} = \lim_{x\to 1} \frac{2x}{2} = 1 \quad \text{(diferente do limite original)}$$ ■

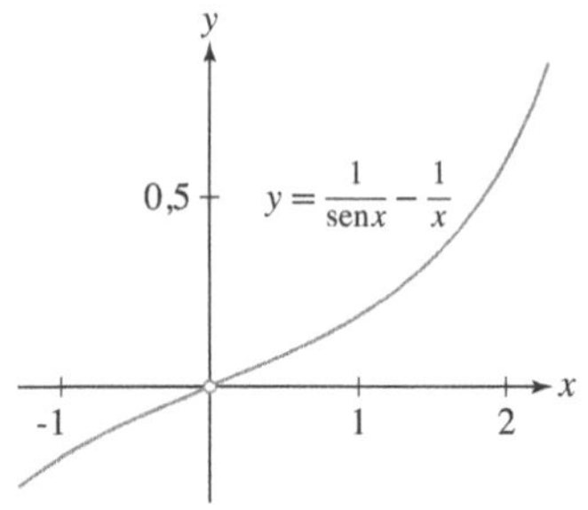

FIGURA 1 O gráfico confirma que $y = \dfrac{1}{\operatorname{sen} x} - \dfrac{1}{x}$ tende a 0 com $x \to 0$.

■ **EXEMPLO 7** **A forma $\infty - \infty$** Calcule $\lim_{x\to 0} \left(\dfrac{1}{\operatorname{sen} x} - \dfrac{1}{x}\right)$.

Solução Tanto $1/\operatorname{sen} x$ quanto $1/x$ tornam-se infinitos em $a = 0$, portanto temos uma forma indeterminada do tipo $\infty - \infty$. Precisamos reescrever a função como

$$\frac{1}{\operatorname{sen} x} - \frac{1}{x} = \frac{x - \operatorname{sen} x}{x \operatorname{sen} x}$$

para obter uma indeterminação 0/0. A regra de L'Hôpital fornece (ver Figura 1)

$$\lim_{x\to 0} \left(\frac{1}{\operatorname{sen} x} - \frac{1}{x}\right) = \underbrace{\lim_{x\to 0} \frac{x - \operatorname{sen} x}{x \operatorname{sen} x} = \lim_{x\to 0} \frac{1-\cos x}{x\cos x + \operatorname{sen} x}}_{\text{Regra de L'Hôpital}}$$

$$= \underbrace{\lim_{x\to 0} \frac{\operatorname{sen} x}{-x \operatorname{sen} x + 2\cos x}}_{\text{De novo a regra de L'Hôpital}} = \frac{0}{2} = 0$$ ■

A forma 0^∞ NÃO é uma forma indeterminada. Ver Exercício 59.

Os limites de funções da forma $f(x)^{g(x)}$ podem levar a indeterminações do tipo 0^0, 1^∞ ou ∞^0. Essas formas são indeterminadas porque o limite pode tomar uma variedade de valores, dependendo da velocidade relativa com que a base e o expoente tendem aos seus limites. Nesses casos, podemos tomar o logaritmo e depois aplicar a regra de L'Hôpital.

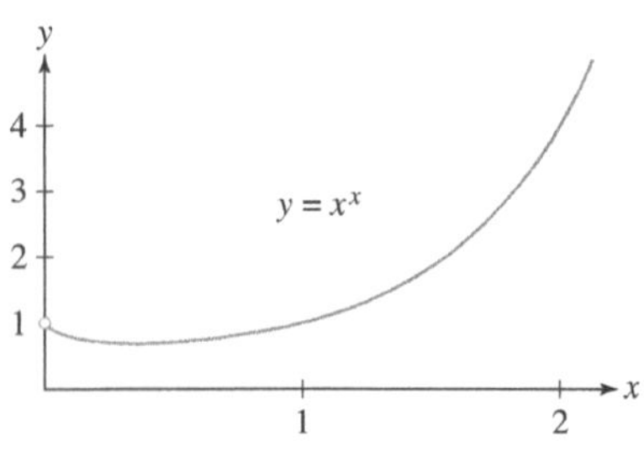

FIGURA 2 A função $y = x^x$ tende a 1 com $x \to 0^+$.

■ **EXEMPLO 8** **A forma 0^0** Calcule $\lim_{x\to 0^+} x^x$.

Solução Inicialmente, tomamos $y = x^x$, de modo que $\ln y = x \ln x$. Então tomamos o limite de $\ln y$:

$$\lim_{x\to 0^+} \ln y = \lim_{x\to 0+} x \ln x = \lim_{x\to 0+} \frac{\ln x}{x^{-1}} = 0 \qquad \text{(pelo Exemplo 4)}$$

Como $f(x) = e^x$ é contínua, podemos exponenciar para obter o limite solicitado (ver Figura 2):

$$\lim_{x\to 0^+} x^x = \lim_{x\to 0^+} e^{\ln(x^x)} = e^{\lim_{x\to 0^+} \ln(x^x)} = e^{\lim_{x\to 0^+} y} = e^0 = 1$$ ■

■ **EXEMPLO 9** **A forma 1^∞** Encontre $\lim_{x\to 0} (1+4x)^{1/2x}$.

Solução Isso tem a forma indeterminada 1^∞. Por isso, tomamos $y = (1+4x)^{1/2x}$, de modo que $\ln y = \frac{\ln(1+4x)}{2x}$. Então

$$\lim_{x\to 0} \ln y = \underbrace{\lim_{x\to 0} \frac{\ln(1+4x)}{2x} = \lim_{x\to 0} \frac{\frac{4}{1+4x}}{2}}_{\text{Regra de L'Hôpital}} = 2$$

Logo,

$$\lim_{x\to 0} (1+4x)^{1/2x} = \lim_{x\to 0} e^{\ln y} = e^{\lim_{x\to 0} \ln y} = e^2.$$ ■

Comparando o crescimento de funções

Às vezes, estamos interessados em determinar qual de duas funções, f ou g, cresce mais rapidamente. Por exemplo, há dois algoritmos computacionais padrão para ordenar dados (por ordem alfabética, por tamanho, etc.): **Quick Sort** e **Bubble Sort**. O tempo médio necessário para ordenar uma lista de tamanho n tem ordem de magnitude $n \ln n$ com o Quick Sort e n^2 com o Bubble Sort. Qual algoritmo é mais rápido quando o tamanho n da lista for grande? Embora n seja um número natural, esse problema reduz-se a comparar o crescimento de $f(x) = x \ln x$ e $g(x) = x^2$ quando $x \to \infty$.

Dizemos que $f(x)$ cresce *mais rapidamente* do que $g(x)$ se

$$\lim_{x\to\infty} \frac{f(x)}{g(x)} = \infty \qquad \text{ou, equivalentemente,} \qquad \lim_{x\to\infty} \frac{g(x)}{f(x)} = 0$$

Para indicar que $f(x)$ cresce mais rapidamente do que $g(x)$, usamos a notação $g(x) \ll f(x)$. Por exemplo, $x \ll x^2$, pois

$$\lim_{x\to\infty} \frac{x^2}{x} = \lim_{x\to\infty} x = \infty$$

Para comparar o crescimento de funções, precisamos de uma versão da regra de L'Hôpital que possa ser aplicada a limites no infinito.

TEOREMA 2 Regra de L'Hôpital para limites no infinito Suponha que f e g sejam deriváveis num intervalo (b, ∞) e que $g'(x) \neq 0$ com $x > b$. Se existirem $\lim_{x\to\infty} f(x)$ e $\lim_{x\to\infty} g(x)$ e ambos forem ou zero ou infinito, então

$$\lim_{x\to\infty} \frac{f(x)}{g(x)} = \lim_{x\to\infty} \frac{f'(x)}{g'(x)}$$

desde que exista o limite à direita. Um resultado análogo vale para limites com $x \to -\infty$.

■ **EXEMPLO 10 A forma $\frac{\infty}{\infty}$** Qual dentre $f(x) = x^2$ e $g(x) = x \ln x$ cresce mais rapidamente quando $x \to \infty$?

Solução Ambas, $f(x)$ e $g(x)$, tendem ao infinito com $x \to \infty$, portanto podemos aplicar a regra de L'Hôpital ao quociente:

$$\lim_{x\to\infty} \frac{f(x)}{g(x)} = \lim_{x\to\infty} \frac{x^2}{x \ln x} = \underbrace{\lim_{x\to\infty} \frac{x}{\ln x} = \lim_{x\to\infty} \frac{1}{x^{-1}}}_{\text{Regra de L'Hôpital}} = \lim_{x\to\infty} x = \infty$$

Concluímos que $x \ln x \ll x^2$ (Figura 3). ■

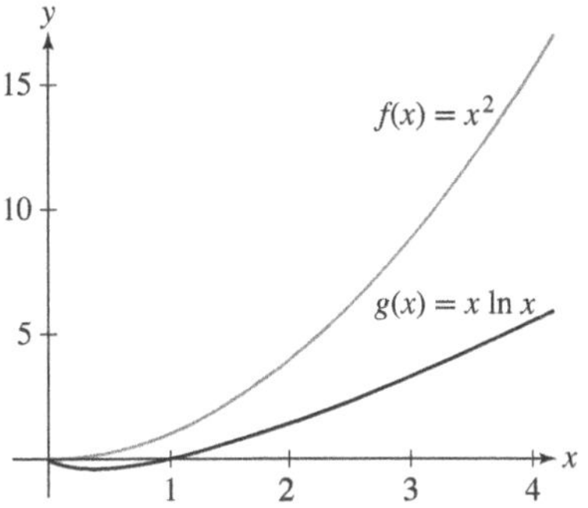

FIGURA 3

Observe que esse exemplo implica que o Quick Sort é um algoritmo muito mais rápido do que o Bubble Sort com n grande.

■ **EXEMPLO 11** Joaquim está interessado em comparar dois algoritmos computacionais cujos tempos médios de execução são aproximadamente $(\ln n)^2$ e $\sqrt{n}$. Qual algoritmo leva menos tempo com valores grandes de n?

Solução Substituímos n pela variável contínua x e aplicamos a regra de L'Hôpital:

$$\underbrace{\lim_{x\to\infty} \frac{\sqrt{x}}{(\ln x)^2} = \lim_{x\to\infty} \frac{\frac{1}{2}x^{-1/2}}{2x^{-1}\ln x}}_{\text{Regra de L'Hôpital}} = \underbrace{\lim_{x\to\infty} \frac{x^{1/2}}{4\ln x}}_{\text{Simplificando}} = \underbrace{\lim_{x\to\infty} \frac{\frac{1}{2}x^{-1/2}}{4x^{-1}}}_{\text{De novo a regra de L'Hôpital}} = \underbrace{\lim_{x\to\infty} \frac{x^{1/2}}{8}}_{\text{Simplificando}} = \infty$$

Isso mostra que $(\ln x)^2 \ll \sqrt{x}$. Concluímos que o algoritmo cujo tempo médio é proporcional a $(\ln n)^2$ leva menos tempo com n grande. ■

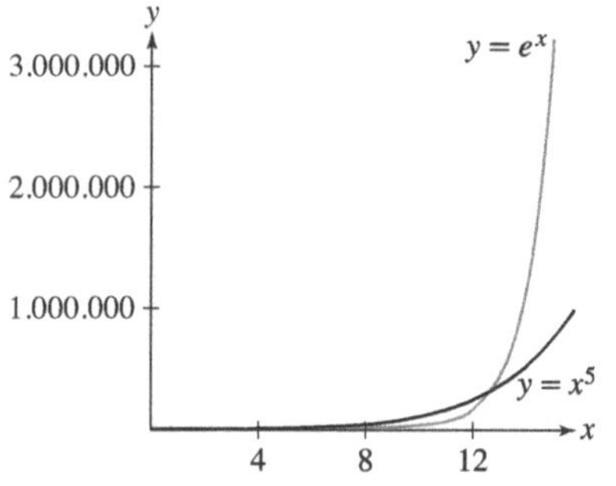

FIGURA 4 Um gráfico ilustrando que $x^5 \ll e^x$.

Na Seção 1.6, afirmamos que as funções exponenciais crescem mais rapidamente do que as funções potências. Agora provamos isso, mostrando que $x^n \ll e^x$ com qualquer expoente n (Figura 4).

> **TEOREMA 3 Crescimento de $f(x) = e^x$**
>
> $x^k \ll e^x$ qualquer que seja o expoente k
>
> Ou seja, $\lim_{x\to\infty} \frac{e^x}{x^k} = \infty$ com qualquer expoente k.

Demonstração O teorema é verdadeiro com $n = 0$, pois $\lim_{x\to\infty} e^x = \infty$. Usamos repetidamente a regra de L'Hôpital para provar que e^x/x^n tende a ∞ com $n = 1, 2, 3,...$ Por exemplo,

$$\lim_{x\to\infty} \frac{e^x}{x} = \lim_{x\to\infty} \frac{e^x}{1} = \lim_{x\to\infty} e^x = \infty$$

Agora, tendo provado que $e^x/x \to \infty$, usamos a regra de L'Hôpital de novo:

$$\lim_{x\to\infty} \frac{e^x}{x^2} = \lim_{x\to\infty} \frac{e^x}{2x} = \frac{1}{2}\lim_{x\to\infty} \frac{e^x}{x} = \infty$$

Procedendo dessa maneira, provamos o resultado com qualquer número natural n. Uma prova mais formal utilizaria o princípio da indução. Finalmente, se k for um expoente qualquer, escolhemos algum natural n tal que $n > k$. Então $e^x/x^n < e^x/x^k$ com $x > 1$, de modo que e^x/x^k também deve tender ao infinito com $x \to \infty$. ■

Demonstração da regra de L'Hôpital

Aqui provamos a regra de L'Hôpital somente no primeiro caso do Teorema 1, a saber, que $f(a) = g(a) = 0$. Também supomos, adicionalmente, que f' e g' sejam contínuas em $x = a$ e que $g'(a) \neq 0$. Então $g(x) \neq g(a)$ com x perto, mas diferente, de a e

$$\frac{f(x)}{g(x)} = \frac{f(x) - f(a)}{g(x) - g(a)} = \frac{\dfrac{f(x) - f(a)}{x - a}}{\dfrac{g(x) - g(a)}{x - a}}$$

Pela lei do quociente dos limites e a definição de derivada,

$$\lim_{x\to a} \frac{f(x)}{g(x)} = \frac{\lim\limits_{x\to a} \dfrac{f(x) - f(a)}{x - a}}{\lim\limits_{x\to a} \dfrac{g(x) - g(a)}{x - a}} = \frac{f'(a)}{g'(a)} = \lim_{x\to a} \frac{f'(x)}{g'(x)}$$ ■

4.5 Resumo

- Regra de L'Hôpital: suponha que f e g sejam deriváveis perto de a e que

  $$f(a) = g(a) = 0$$

  Também suponha que $g'(x) \neq 0$ (exceto, possivelmente, em a). Então

  $$\lim_{x\to a} \frac{f(x)}{g(x)} = \lim_{x\to a} \frac{f'(x)}{g'(x)}$$

  sempre que o limite da direita existir ou for infinito (∞ ou $-\infty$).
- A regra de L'Hôpital é aplicável às formas indeterminadas $0/0$ e $\pm\infty/\infty$. Muitas vezes, também é aplicável a $0 \cdot \infty$ e $\infty - \infty$, uma vez que tenham sido reescritas apropriadamente.
- A regra de L'Hôpital também é aplicável a limites com $x \to \infty$ ou $x \to -\infty$.

- Os limites envolvendo as formas indeterminadas 0^0, 1^∞ ou ∞^0 podem, muitas vezes, ser calculados tomando primeiro o logaritmo e depois aplicando a regra de L'Hôpital.
- Ao comparar as taxas de crescimento de funções, dizemos que $f(x)$ cresce mais rapidamente do que $g(x)$, e escrevemos $g \ll f$, se

$$\lim_{x\to\infty} \frac{f(x)}{g(x)} = \infty$$

4.5 Exercícios

Exercícios preliminares

1. O que está errado usando a regra de L'Hôpital com $\lim_{x\to 0} \frac{x^2-2x}{3x-2}$?

2. Podemos aplicar a regra de L'Hôpital a $\lim_{x\to a} f(x)g(x)$ se ambas, $f(x)$ e $g(x)$, tenderem a ∞ com $x \to a$?

Exercícios

Nos Exercícios 1-10, use a regra de L'Hôpital para calcular o limite, ou decida que a regra de L'Hôpital não é aplicável.

1. $\lim_{x\to 3} \frac{2x^2-5x-3}{x-4}$

2. $\lim_{x\to -5} \frac{x^2-25}{5-4x-x^2}$

3. $\lim_{x\to 4} \frac{x^3-64}{x^2+16}$

4. $\lim_{x\to -1} \frac{x^4+2x+1}{x^5-2x-1}$

5. $\lim_{x\to 9} \frac{x^{1/2}+x-6}{x^{3/2}-27}$

6. $\lim_{x\to 3} \frac{\sqrt{x+1}-2}{x^3-7x-6}$

7. $\lim_{x\to 0} \frac{\operatorname{sen} 4x}{x^2+3x+1}$

8. $\lim_{x\to 0} \frac{x^3}{\operatorname{sen} x - x}$

9. $\lim_{x\to 0} \frac{\cos 2x - 1}{\operatorname{sen} 5x}$

10. $\lim_{x\to 0} \frac{\cos x - \operatorname{sen}^2 x}{\operatorname{sen} x}$

Nos Exercícios 11-16, mostre que a regra de L'Hôpital é aplicável ao limite com $x \to \pm\infty$ e calcule o limite.

11. $\lim_{x\to\infty} \frac{9x+4}{3-2x}$

12. $\lim_{x\to -\infty} x \operatorname{sen} \frac{1}{x}$

13. $\lim_{x\to\infty} \frac{\ln x}{x^{1/2}}$

14. $\lim_{x\to\infty} \frac{x}{e^x}$

15. $\lim_{x\to -\infty} \frac{\ln(x^4+1)}{x}$

16. $\lim_{x\to\infty} \frac{x^2}{e^x}$

Nos Exercícios 17-54, calcule o limite.

17. $\lim_{x\to 1} \frac{\sqrt{8+x}-3x^{1/3}}{x^2-3x+2}$

18. $\lim_{x\to 4} \left[\frac{1}{\sqrt{x}-2} - \frac{4}{x-4}\right]$

19. $\lim_{x\to -\infty} \frac{3x-2}{1-5x}$

20. $\lim_{x\to\infty} \frac{x^{2/3}+3x}{x^{5/3}-x}$

21. $\lim_{x\to -\infty} \frac{7x^2+4x}{9-3x^2}$

22. $\lim_{x\to\infty} \frac{3x^3+4x^2}{4x^3-7}$

23. $\lim_{x\to 1} \frac{(1+3x)^{1/2}-2}{(1+7x)^{1/3}-2}$

24. $\lim_{x\to 8} \frac{x^{5/3}-2x-16}{x^{1/3}-2}$

25. $\lim_{x\to 0} \frac{\operatorname{sen} 2x}{\operatorname{sen} 7x}$

26. $\lim_{x\to 0} \frac{\operatorname{tg} 4x}{\operatorname{tg} 5x}$

27. $\lim_{x\to 0} \frac{\operatorname{tg} x}{x}$

28. $\lim_{x\to 0} \left(\operatorname{cotg} x - \frac{1}{x}\right)$

29. $\lim_{x\to 0} \frac{\operatorname{sen} x - x\cos x}{x - \operatorname{sen} x}$

30. $\lim_{x\to \pi/2} \left(x - \frac{\pi}{2}\right)\operatorname{tg} x$

31. $\lim_{x\to 0} \frac{\cos(x+\frac{\pi}{2})}{\operatorname{sen} x}$

32. $\lim_{x\to 0} \frac{x^2}{1-\cos x}$

33. $\lim_{x\to \pi/2} \frac{\cos x}{\operatorname{sen}(2x)}$

34. $\lim_{x\to 0} \left(\frac{1}{x^2} - \operatorname{cossec}^2 x\right)$

35. $\lim_{x\to \pi/2} (\sec x - \operatorname{tg} x)$

36. $\lim_{x\to 2} \frac{e^{x^2}-e^4}{x-2}$

37. $\lim_{x\to 1} \operatorname{tg}\left(\frac{\pi x}{2}\right)\ln x$

38. $\lim_{x\to 1} \frac{x(\ln x - 1)+1}{(x-1)\ln x}$

39. $\lim_{x\to 0} \frac{e^x-1}{\operatorname{sen} x}$

40. $\lim_{x\to 1} \frac{e^x-e}{\ln x}$

41. $\lim_{x\to 0} \frac{e^{2x}-1-x}{x^2}$

42. $\lim_{x\to\infty} \frac{e^{2x}-1-x}{x^2}$

43. $\lim_{t\to 0^+} (\operatorname{sen} t)(\ln t)$

44. $\lim_{x\to\infty} e^{-x}(x^3-x^2+9)$

45. $\lim_{x\to 0} \frac{a^x-1}{x}$ $(a>0)$

46. $\lim_{x\to\infty} x^{1/x^2}$

47. $\lim_{x\to 1} (1+\ln x)^{1/(x-1)}$

48. $\lim_{x\to 0^+} x^{\operatorname{sen} x}$

49. $\lim_{x\to 0} (\cos x)^{3/x^2}$

50. $\lim_{x\to\infty} \left(\frac{x}{x+1}\right)^x$

51. $\lim_{x\to 0} \frac{\operatorname{arc\,sen} x}{x}$

52. $\lim_{x\to 0} \frac{\operatorname{arc\,tg} x}{\operatorname{arc\,sen} x}$

53. $\lim_{x\to 1} \frac{\operatorname{arc\,tg} x - \frac{\pi}{4}}{\operatorname{tg}\frac{\pi}{4}x - 1}$

54. $\lim_{x\to 0^+} \ln x \operatorname{arc\,tg} x$

55. Calcule $\lim_{x\to \pi/2} \frac{\cos mx}{\cos nx}$, sendo $m, n \neq 0$ inteiros.

56. Calcule $\lim_{x\to 1} \frac{x^m-1}{x^n-1}$ com quaisquer números $m, n \neq 0$.

57. Prove a fórmula de e como um limite a seguir:

$$e = \lim_{x\to 0} (1+x)^{1/x}$$

Em seguida, encontre um valor de x tal que $|(1+x)^{1/x} - e| \le 0{,}001$.

58. Prove a fórmula de e como um limite a seguir:

$$e = \lim_{x\to\infty} \left(1+\frac{1}{x}\right)^x$$

59. Mostre que 0^{∞} não é uma forma indeterminada, mostrando que se f for uma função positiva tal que $\lim_{x\to 0} f(x)$ e $\lim_{x\to 0} g(x) = \infty$, então $\lim_{x\to 0} (f(x))^{g(x)} = 0$.

60. CG A regra de L'Hôpital pode ser aplicada ao limite $\lim_{x\to 0^+} x^{\operatorname{sen}(1/x)}$? Descubra se uma investigação numérica ou gráfica sugere a existência desse limite.

61. Seja $f(x) = x^{1/x}$ com $x > 0$.
(a) Calcule $\lim_{x\to 0^+} f(x)$ e $\lim_{x\to\infty} f(x)$.
(b) Encontre o valor máximo de f e determine os intervalos em que f é crescente ou decrescente.

62. (a) Use os resultados do Exercício 61 para provar que $x^{1/x} = c$ tem uma única solução se $0 < c \le 1$ ou $c = e^{1/e}$, duas soluções se $1 < c < e^{1/e}$ e nenhuma solução se $c > e^{1/e}$.
(b) CG Esboce o gráfico de $f(x) = x^{1/x}$ e verifique que confirma as conclusões de (a).

63. Determine se $f \ll g$ ou $g \ll f$ (ou nenhum dos dois) com as funções $f(x) = \log_{10} x$ e $g(x) = \ln x$.

64. Mostre que $(\ln x)^3 \ll x^{1/3}$ e $(\ln x)^4 \ll x^{1/10}$.

65. Assim como as funções exponenciais se distinguem pelo seu rápido crescimento, as funções logarítmicas crescem especialmente devagar. Mostre que $\ln x \ll x^a$ com qualquer $a > 0$.

66. Mostre que $(\ln x)^N \ll x^a$ com quaisquer N e $a > 0$.

67. Determine se $\sqrt{x} \ll e^{\sqrt{\ln x}}$ ou $e^{\sqrt{\ln x}} \ll \sqrt{x}$. *Sugestão:* use a substituição $u = \ln x$ em vez da regra de L'Hôpital.

68. Mostre que $\lim_{x\to\infty} x^n e^{-x} = 0$ com qualquer número natural $n > 0$.

69. **Hipóteses importam** Sejam $f(x) = x(2 + \operatorname{sen} x)$ e $g(x) = x^2 + 1$.
(a) Mostre diretamente que $\lim_{x\to\infty} f(x)/g(x) = 0$.
(b) Mostre que $\lim_{x\to\infty} f(x) = \lim_{x\to\infty} g(x) = \infty$, mas que $\lim_{x\to\infty} f'(x)/g'(x)$ não existe.

Será que (a) e (b) contradizem a regra de L'Hôpital? Explique.

70. Seja $H(b) = \lim_{x\to\infty} \dfrac{\ln(1 + b^x)}{x}$ com $b > 0$.
(a) Mostre que $H(b) = \ln b$ se $b \ge 1$.
(b) Determine $H(b)$ com $0 < b \le 1$.

71. Seja $G(b) = \lim_{x\to\infty} (1 + b^x)^{1/x}$ com $b > 0$.
(a) Use o resultado do Exercício 70 para calcular $G(b)$ com qualquer $b > 0$.
(b) CG Verifique seu resultado graficamente esboçando $y = (1 + b^x)^{1/x}$ junto à reta horizontal $y = G(b)$ com os valores $b = 0{,}25$; $0{,}5$; 2 e 3.

72. Mostre que $\lim_{t\to\infty} t^k e^{-t^2} = 0$, com qualquer k. *Sugestão:* compare com $\lim_{t\to\infty} t^k e^{-t} = 0$.

Nos Exercícios 73-75, seja

$$f(x) = \begin{cases} e^{-1/x^2} & \text{se } x \neq 0 \\ 0 & \text{se } x = 0 \end{cases}$$

Esses exercícios mostram que f tem uma propriedade pouco usual: todas as suas derivadas em $x = 0$ existem e são iguais a zero.

73. Mostre que $\lim_{x\to 0} \dfrac{f(x)}{x^k} = 0$, com qualquer k. *Sugestão:* seja $t = x^{-1}$ e aplique o resultado do Exercício 72.

74. Mostre que existe $f'(0)$ e que é igual a zero. Também verifique que existe $f''(0)$ e é igual a zero.

75. Mostre que, com $k \ge 1$ e $x \ne 0$,

$$f^{(k)}(x) = \frac{P(x)e^{-1/x^2}}{x^r}$$

com algum polinômio $P(x)$ e algum expoente $r \ge 1$. Use o resultado do Exercício 73 para mostrar que existe $f^{(k)}(0)$ e é igual a zero com qualquer $k \ge 1$.

Compreensão adicional e desafios

76. Mostre que a regra de L'Hôpital é aplicável a $\lim_{x\to\infty} \dfrac{x}{\sqrt{x^2+1}}$, mas que não ajuda. Em seguida, calcule o limite diretamente.

77. O teste da derivada segunda para pontos críticos falha se $f''(c) = 0$. Neste exercício, desenvolvemos um **teste de derivadas superiores** que usa o sinal da primeira derivada não nula. Suponha que

$$f'(c) = f''(c) = \cdots = f^{(n-1)}(c) = 0, \text{ mas } f^{(n)}(c) \neq 0$$

(a) Mostre, aplicando a regra de L'Hôpital n vezes, que

$$\lim_{x\to c} \frac{f(x) - f(c)}{(x-c)^n} = \frac{1}{n!} f^{(n)}(c)$$

em que $n! = n(n-1)(n-2)\cdots(2)(1)$.
(b) Use (a) para mostrar que se n for par, então $f(c)$ será um mínimo local no caso $f^{(n)}(c) > 0$ e um máximo local no caso $f^{(n)}(c) < 0$. *Sugestão:* se n for par, então $(x-c)^n > 0$ com $x \ne a$, portanto $f(x) - f(c)$ deve ser positivo com x próximo de c se $f^{(n)}(c) > 0$.
(c) Use (a) para mostrar que se n for ímpar, então $f(c)$ não é nem um mínimo nem um máximo local.

78. Quando uma mola de frequência natural $\lambda/2\pi$ é forçada com uma força senoidal $\operatorname{sen}(\omega t)$, sendo $\omega \ne \lambda$, ela oscila de acordo com

$$y(t) = \frac{1}{\lambda^2 - \omega^2}\left(\lambda \operatorname{sen}(\omega t) - \omega \operatorname{sen}(\lambda t)\right)$$

Seja $y_0(t) = \lim_{\omega\to\lambda} y(t)$.
(a) Use a regra de L'Hôpital para determinar $y_0(t)$.
(b) Mostre que $y_0(t)$ deixa de ser periódica e que sua amplitude $|y_0(t)|$ tende ao infinito com $t \to \infty$ (dizemos que o sistema está em **ressonância**; a mola acaba sendo esticada além de sua capacidade).
(c) Esboce, utilizando um sistema algébrico computacional, y com $\lambda = 1$ e $\omega = 0{,}8$; $0{,}9$; $0{,}99$ e $0{,}999$. Os gráficos confirmam sua conclusão de (b)?

79. Dispendemos bastante esforço no Capítulo 2 para calcular $\lim_{x\to 0} \dfrac{\operatorname{sen} x}{x}$. Mostre que esse limite poderia ter sido calculado facilmente usando a regra de L'Hôpital. Então explique por que esse método envolve *raciocínio circular*.

80. É um fato algébrico que se f e g forem polinômios tais que $f(a) = g(a) = 0$, então existirão polinômios f_1 e g_1 tais que

$$f(x) = (x-a)f_1(x), \qquad g(x) = (x-a)g_1(x)$$

Use isso para conferir a regra de L'Hôpital diretamente para $\lim_{x\to a} f(x)/g(x)$.

81. **Precisa-se de paciência:** Use a regra de L'Hôpital para calcular e confira sua resposta numericamente:

(a) $\lim_{x\to 0^+} \left(\dfrac{\operatorname{sen} x}{x}\right)^{1/x^2}$ (b) $\lim_{x\to 0} \left(\dfrac{1}{\operatorname{sen}^2 x} - \dfrac{1}{x^2}\right)$

82. Nos casos seguintes, confira que $x = c$ é um ponto crítico e use o Exercício 77 para determinar se $f(c)$ é um mínimo local ou um máximo local.

(a) $f(x) = x^5 - 6x^4 + 14x^3 - 16x^2 + 9x + 12 \quad (c = 1)$

(b) $f(x) = x^6 - x^3 \quad (c = 0)$

4.6 Esboçando gráficos e assíntotas

Nesta seção, nosso objetivo é esboçar gráficos utilizando a informação fornecida pelas derivadas primeira f' e segunda f''. Veremos que é possível obter um esboço útil sem precisar traçar uma grande quantidade de pontos. Embora hoje todos os gráficos sejam produzidos por computador (inclusive, é claro, os deste livro), o esboço de gráficos à mão é útil como uma maneira de solidificar nosso entendimento dos conceitos básicos deste capítulo.

A maioria dos gráficos é constituída de *arcos* menores que têm um de quatro formatos básicos, correspondendo às quatro combinações de sinais possíveis de f' e f'' (Figura 1). Como f' e f'' podem, cada uma, ter os sinais + ou −, as combinações de sinais são

$$++ \qquad +- \qquad -+ \qquad --$$

Nessa notação, o primeiro sinal se refere a f' e o segundo, a f''. Por exemplo, − + indica que $f'(x) < 0$ e $f''(x) > 0$. Acima do primeiro sinal utilizamos uma seta inclinada para indicar se a função é crescente ou decrescente e um sinal ∪ virado para cima ou para baixo para indicar a concavidade.

Quando esboçamos um gráfico, dedicamos atenção especial aos **pontos de transição**, nos quais muda o formato básico devido a uma troca de sinal em f' (min ou max local) ou f'' (ponto de inflexão). Nesta seção, os extremos locais são indicados com uma bolinha sólida e os pontos de inflexão, por quadradinhos sólidos (Figura 2).

Quando esboçamos um gráfico, também devemos prestar atenção ao **comportamento assintótico**, ou seja, o comportamento de $f(x)$ quando x tende a $\pm\infty$ ou a uma assíntota vertical. Os três exemplos seguintes tratam de polinômios. Lembre que na Seção 2.7 vimos que os limites no infinito de um polinômio

$$f(x) = a_n x^n + a_{n-1}x^{n-1} + \cdots + a_1 x + a_0$$

(supondo que $a_n \neq 0$) são determinados por

$$\lim_{x\to\infty} f(x) = a_n \lim_{x\to\infty} x^n$$

Em geral, então, o gráfico de um polinômio "saltita" para cima e para baixo um número finito de vezes e daí tende ao infinito positivo ou negativo. Três exemplos típicos aparecem na Figura 3.

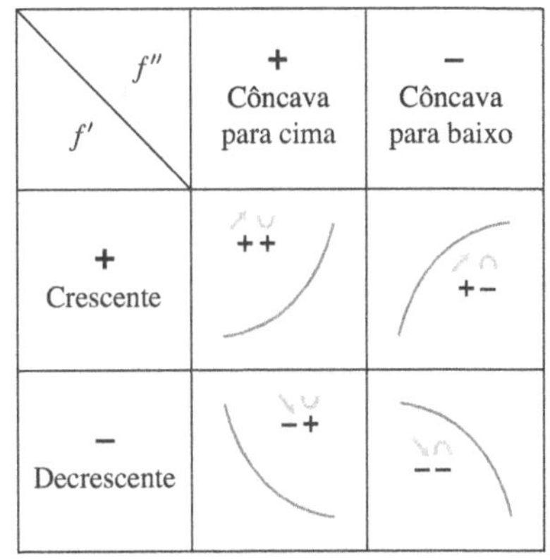

FIGURA 1 Os quatro formatos básicos.

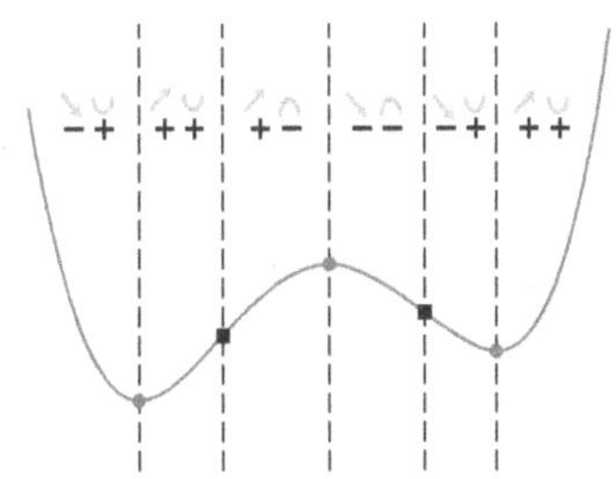

FIGURA 2 O gráfico de f com pontos de transição e combinações de sinais de f' e f''.

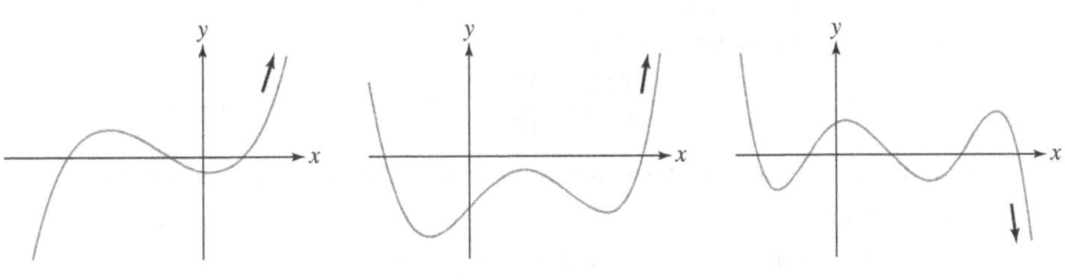

(A) Grau 3, $a_3 > 0$ (B) Grau 4, $a_4 > 0$ (C) Grau 5, $a_5 < 0$

FIGURA 3 Gráficos de polinômios.

■ **EXEMPLO 1** **Polinômio quadrático** Esboce o gráfico de $f(x) = x^2 - 4x + 3$.

Solução Observe que $f(x) = (x - 1)(x - 3)$, portanto, o gráfico intersecta o eixo x em $x = 1$ e $x = 3$. Temos $f'(x) = 2x - 4 = 2(x - 2)$. Podemos ver diretamente que $f'(x)$ é negativa com $x < 2$ e positiva com $x > 2$, mas confirmemos isso usando valores de teste, como nas seções anteriores:

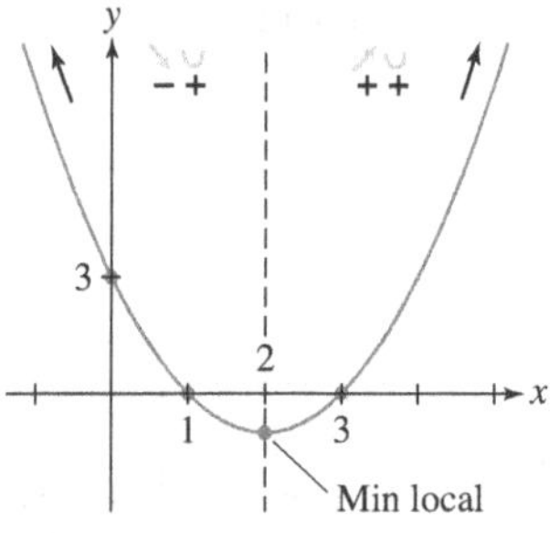

FIGURA 4 O gráfico de $f(x) = x^2 - 4x + 3$.

Intervalo	Valor de teste	Sinal de f'
$(-\infty, 2)$	$f'(1) = -2$	−
$(2, \infty)$	$f'(3) = 2$	+

Além disso, $f''(x) = 2$ é positiva, portanto o gráfico é côncavo para cima em toda a parte. Para traçar o gráfico, esboçamos o mínimo local $(2, -1)$, o corte com o eixo y e as raízes $x = 1$ e 3. Como o termo dominante de f é x^2, $f(x)$ tende a ∞ com $x \to \pm\infty$. Esse comportamento assintótico está indicado pelas setas da Figura 4.

■ **EXEMPLO 2 Polinômio cúbico** Esboce o gráfico de $f(x) = \frac{1}{3}x^3 - \frac{1}{2}x^2 - 2x + 3$.

Solução

***Passo 1.* Determinar os sinais de f' e f''.**

Em primeiro lugar, resolvemos para os pontos críticos:

$$f'(x) = x^2 - x - 2 = (x+1)(x-2) = 0$$

Os pontos críticos $c = -1$ e 2 dividem o eixo x nos intervalos $(-\infty, -1)$, $(-1, 2)$ e $(2, \infty)$, nos quais determinamos o sinal de f' calculando valores de teste:

Intervalo	Valor de teste	Sinal de f'
$(-\infty, -1)$	$f'(-2) = 4$	+
$(-1, 2)$	$f'(0) = -2$	−
$(2, \infty)$	$f'(3) = 4$	+

Em seguida, resolvemos $f''(x) = 2x - 1 = 0$. A solução é $c = \frac{1}{2}$, e temos

Intervalo	Valor de teste	Sinal de f''
$(-\infty, \frac{1}{2})$	$f''(0) = -1$	−
$(\frac{1}{2}, \infty)$	$f''(1) = 1$	+

***Passo 2.* Encontrar pontos de transição e combinações de sinais.**

Esse passo junta a informação sobre f' e f'' num diagrama de sinais (Figura 5). Existem três pontos de transição:

- $c = -1$: max local, pois f' troca de + para − em $c = -1$.
- $c = \frac{1}{2}$: corresponde a um ponto de inflexão, pois f'' troca de sinal em $c = \frac{1}{2}$.
- $c = 2$: min local, pois f' troca de − para + em $c = 2$.

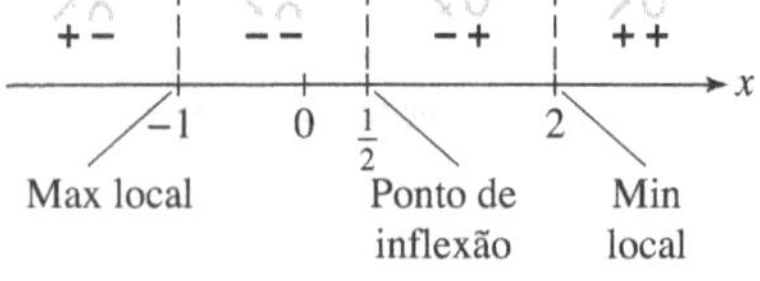

FIGURA 5 Combinações de sinais de f' e f''.

Na Figura 6(A), esboçamos os pontos de transição e, para melhor precisão, o corte com o eixo y em $f(0)$, usando os valores

$$f(-1) = \frac{25}{6}, \qquad f\left(\frac{1}{2}\right) = \frac{23}{12}, \qquad f(0) = 3, \qquad f(2) = -\frac{1}{3}$$

***Passo 3.* Esboçar os arcos de formato apropriado e o comportamento assintótico.**

O termo dominante de $f(x)$ é $\frac{1}{3}x^3$. Portanto, $\lim_{x\to\infty} f(x) = \infty$ e $\lim_{x\to-\infty} f(x) = -\infty$.

Para criar o esboço, resta conectar os pontos de transição com arcos de concavidade e comportamento assintótico apropriados, como nas Figuras 6(B) e (C). ■

■ **EXEMPLO 3** Esboce o gráfico de $f(x) = 3x^4 - 8x^3 + 6x^2 + 1$.

Solução

***Passo 1.* Determinar os sinais de f' e f''.**

Em primeiro lugar, procuramos os pontos de transição:

$$f'(x) = 12x^3 - 24x^2 + 12x = 12x(x-1)^2 = 0 \quad \Rightarrow \quad x = 0, \ 1$$

$$f''(x) = 36x^2 - 48x + 12 = 12(x-1)(3x-1) = 0 \quad \Rightarrow \quad x = \frac{1}{3}, 1$$

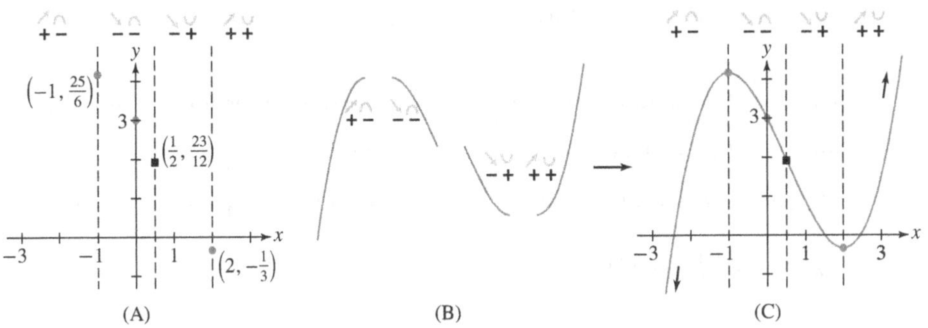

FIGURA 6 O gráfico de $f(x) = \frac{1}{3}x^3 - \frac{1}{2}x^2 - 2x + 3$.

Os sinais de f' e f'' estão registrados nas tabelas seguintes:

Intervalo	Valor de teste	Sinal de f'
$(-\infty, 0)$	$f'(-1) = -48$	$-$
$(0, 1)$	$f'(\frac{1}{2}) = \frac{3}{2}$	$+$
$(1, \infty)$	$f'(2) = 24$	$+$

Intervalo	Valor de teste	Sinal de f''
$(-\infty, \frac{1}{3})$	$f''(0) = 12$	$+$
$(\frac{1}{3}, 1)$	$f''(\frac{1}{2}) = -3$	$-$
$(1, \infty)$	$f''(2) = 60$	$+$

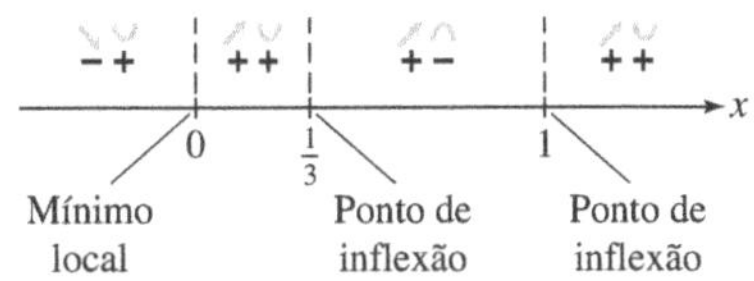

FIGURA 7

***Passo 2.* Encontrar pontos de transição e combinações de sinais.**

Os pontos de transição $c = 0, \frac{1}{3}, 1$ dividem o eixo x em quatro intervalos (Figura 7). O tipo de troca de sinal determina a natureza do ponto de transição:

- $c = 0$: min local, pois f' troca de $-$ para $+$ em $c = 0$.
- $c = \frac{1}{3}$: corresponde a um ponto de inflexão, pois f'' troca de sinal em $c = \frac{1}{3}$.
- $c = 1$: não é min local nem max local, pois f' não troca de sinal, mas é um ponto de inflexão, pois $f''(x)$ troca de sinal em $c = 1$.

Esboçamos os pontos de transição $c = 0, \frac{1}{3}, 1$ na Figura 8(A), usando os valores da função $f(0) = 1$, $f\left(\frac{1}{3}\right) = \frac{38}{27}$ e $f(1) = 2$.

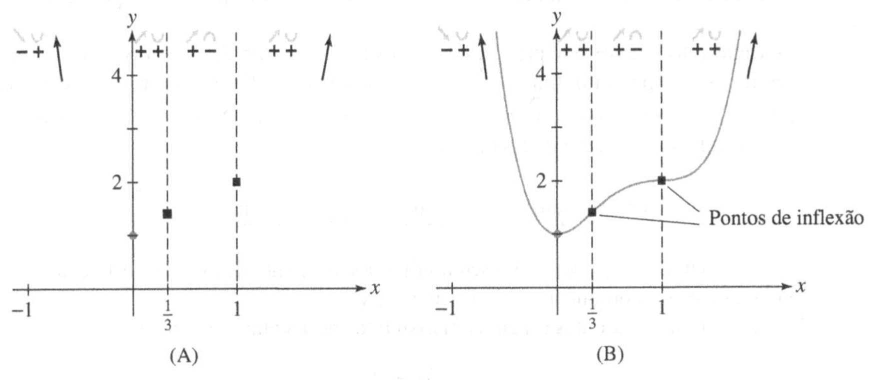

FIGURA 8 $f(x) = 3x^4 - 8x^3 + 6x^2 + 1$.

***Passo 3.* Esboçar os arcos de formato apropriado e o comportamento assintótico.**

Antes de esboçar os arcos, observamos que $f(x)$ tem termo dominante $3x^4$, portanto $f(x)$ tende a ∞ com $x \to \infty$ e com $x \to -\infty$. Obtemos a Figura 8(B). ■

■ **EXEMPLO 4** **Função trigonométrica** Esboce $f(x) = \cos x + \frac{1}{2}x$ no intervalo $[0, \pi]$.

Solução Em primeiro lugar, encontramos os pontos de transição com x em $[0, \pi]$:

$$f'(x) = -\operatorname{sen} x + \frac{1}{2} = 0 \quad \Rightarrow \quad x = \frac{\pi}{6}, \frac{5\pi}{6}$$

$$f''(x) = -\cos x = 0 \quad \Rightarrow \quad x = \frac{\pi}{2}$$

As combinações de sinal estão dadas nas tabelas seguintes:

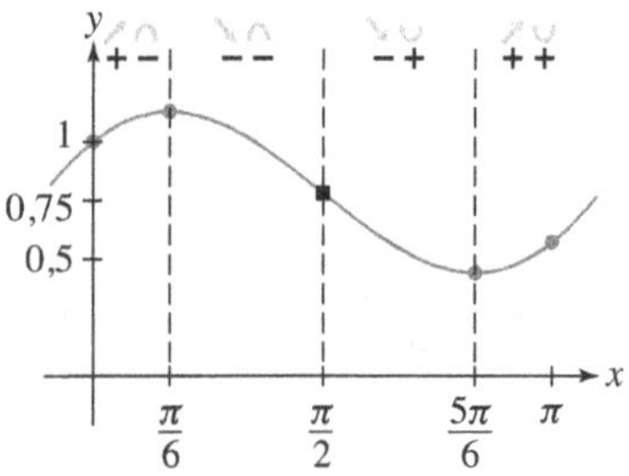

FIGURA 9 $f(x) = \cos x + \frac{1}{2}x$.

Intervalo	Valor de teste	Sinal de f'
$(0, \frac{\pi}{6})$	$f'(\frac{\pi}{12}) \approx 0{,}24$	+
$(\frac{\pi}{6}, \frac{5\pi}{6})$	$f'(\frac{\pi}{2}) = -\frac{1}{2}$	−
$(\frac{5\pi}{6}, \pi)$	$f'(\frac{11\pi}{12}) \approx 0{,}24$	+

Intervalo	Valor de teste	Sinal de f''
$(0, \frac{\pi}{2})$	$f''(\frac{\pi}{4}) = -\frac{\sqrt{2}}{2}$	−
$(\frac{\pi}{2}, \pi)$	$f''(\frac{3\pi}{4}) = \frac{\sqrt{2}}{2}$	+

Registramos as trocas de sinal e os pontos de transição na Figura 9 e esboçamos o gráfico usando os valores:

$$f(0) = 1; \quad f\left(\frac{\pi}{6}\right) \approx 1{,}13; \quad f\left(\frac{\pi}{2}\right) \approx 0{,}79; \quad f\left(\frac{5\pi}{6}\right) \approx 0{,}44; \quad f(\pi) \approx 0{,}57$$ ■

■ **EXEMPLO 5** **Uma função envolvendo e^x** Esboce o gráfico de $f(x) = xe^x$.

Solução Como antes, resolvemos para os pontos de transição e determinamos os sinais:

$$f'(x) = xe^x + e^x = (x+1)e^x = 0 \quad \Rightarrow \quad x = -1$$
$$f''(x) = (x+1)e^x + e^x = (x+2)e^x = 0 \quad \Rightarrow \quad x = -2$$

Intervalo	Valor de teste	Sinal de f'
$(-\infty, -1)$	$f'(-2) = -e^{-2}$	−
$(-1, \infty)$	$f'(0) = e^0$	+

Intervalo	Valor de teste	Sinal de f''
$(-\infty, -2)$	$f''(-3) = -e^{-3}$	−
$(-2, \infty)$	$f''(0) = 2e^0$	+

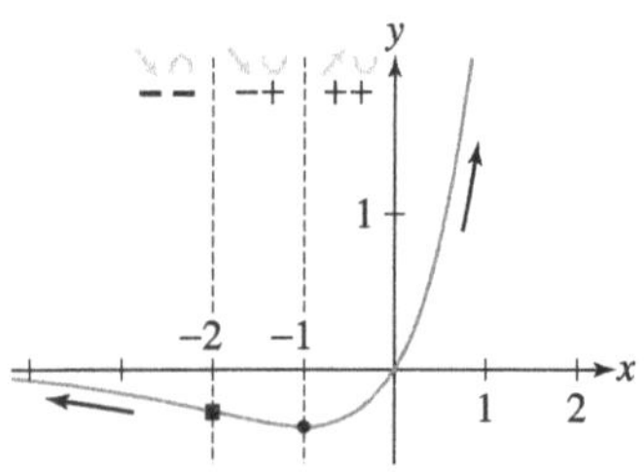

FIGURA 10 O gráfico de $f(x) = xe^x$. As combinações de sinais $--$, $-+$, $++$ indicam os sinais de f' e f''.

A troca de sinal de f' mostra que $f(-1)$ é um min local. A troca de sinal de f'' mostra que f tem um ponto de inflexão em $x = -2$, onde o gráfico passa de côncavo para baixo para côncavo para cima.

As últimas informações que precisamos são os limites no infinito. Tanto x como e^x tendem a ∞ com $x \to \infty$, portanto $\lim_{x\to\infty} xe^x = \infty$. Por outro lado, o limite com $x \to -\infty$ é uma indeterminação do tipo ∞, porque x tende a $-\infty$ e e^x tende a zero. Dessa forma, escrevemos $xe^x = x/e^{-x}$ e aplicamos a regra de L'Hôpital:

$$\lim_{x\to-\infty} xe^x = \lim_{x\to-\infty} \frac{x}{e^{-x}} = \lim_{x\to-\infty} \frac{1}{-e^{-x}} = -\lim_{x\to-\infty} e^x = 0$$

A Figura 10 mostra o gráfico com seu mínimo local e ponto de inflexão, esboçado com as concavidades e o comportamento assintótico corretos. ■

Os dois exemplos seguintes tratam com assíntotas horizontais e verticais.

■ **EXEMPLO 6** Esboce o gráfico de $f(x) = \dfrac{3x+2}{2x-4}$.

Solução A função f não está definida em todo x. Isso tem influência na nossa análise e, por isso, acrescentamos um Passo 0 ao nosso procedimento.

***Passo 0.* Determinar o domínio de f.**

Como $f(x)$ não está definida em $x = 2$, o domínio de f consiste nos dois intervalos, $(-\infty, 2)$ e $(2, \infty)$. Devemos analisar o comportamento de f separadamente nesses dois intervalos.

***Passo 1.* Determinar os sinais de f' e f''.**

Uma conta mostra que

$$f'(x) = -\frac{4}{(x-2)^2}, \qquad f''(x) = \frac{8}{(x-2)^3}$$

Embora $f'(x)$ não esteja definida em $x = 2$, não podemos dizer que é um ponto crítico porque $x = 2$ não está no domínio de f. De fato, $f'(x)$ é negativa com $x \neq 2$, portanto f é decrescente e não tem pontos críticos.

Por outro lado, $f''(x) > 0$ com $x > 2$ e $f''(x) < 0$ com $x < 2$. Embora $f''(x)$ troque de sinal em $x = 2$, não dizemos que $x = 2$ é um ponto de inflexão, porque não está no domínio de f.

***Passo 2*. Encontrar pontos de transição e combinações de sinais.**

Não há pontos de transição no domínio de f.

$(-\infty, 2)$	$f'(x) < 0$ e $f''(x) < 0$
$(2, \infty)$	$f'(x) < 0$ e $f''(x) > 0$

***Passo 3*. Esboçar os arcos de formato apropriado e o comportamento assintótico.**

Os limites a seguir mostram que $y = \frac{3}{2}$ é uma assíntota horizontal:

$$\lim_{x\to\pm\infty} \frac{3x+2}{2x-4} = \lim_{x\to\pm\infty} \frac{3+2x^{-1}}{2-4x^{-1}} = \frac{3}{2}$$

A reta $x = 2$ é uma assíntota vertical porque $f(x)$ tem limites laterais infinitos

$$\lim_{x\to 2^-} \frac{3x+2}{2x-4} = -\infty, \qquad \lim_{x\to 2^+} \frac{3x+2}{2x-4} = \infty$$

Para conferir esses limites, observe que, com x perto de 2, o denominador $2x - 4$ é negativo e pequeno se $x < 2$ e positivo e pequeno se $x > 2$, ao passo que o numerador $3x + 2$ é positivo.

Na Figura 11(A) resumimos o comportamento assintótico. Como será o gráfico à direita de $x = 2$? É decrescente e côncavo para cima, porque $f' < 0$ e $f'' > 0$, e tende às assíntotas. A única possibilidade é a curva do lado direito na Figura 11(B). À esquerda de $x = 2$, o gráfico é decrescente, côncavo para baixo e tende às assíntotas. O corte com o eixo x é $x = -\frac{2}{3}$, porque $f\left(-\frac{2}{3}\right) = 0$, e o corte com o eixo y é $y = f(0) = -\frac{1}{2}$. ■

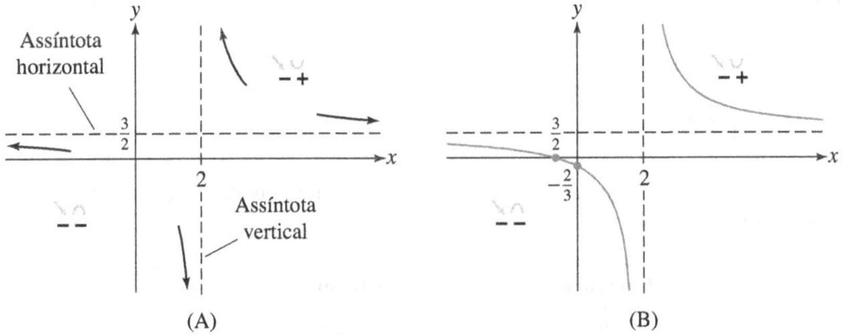

FIGURA 11 O gráfico de $y = \dfrac{3x+2}{2x-4}$.

■ **EXEMPLO 7** Esboce o gráfico de $f(x) = \dfrac{1}{x^2 - 1}$.

Solução A função f está definida com $x \neq \pm 1$. Calculando, obtemos

$$f'(x) = -\frac{2x}{(x^2-1)^2}, \qquad f''(x) = \frac{6x^2+2}{(x^2-1)^3}$$

Se $x \neq \pm 1$, o denominador de $f'(x)$ é positivo. Portanto, $f'(x)$ e x têm sinais opostos:

- $f'(x) > 0$ com $x < 0$, $f'(x) < 0$ com $x > 0$, $x = 0$ é um max local

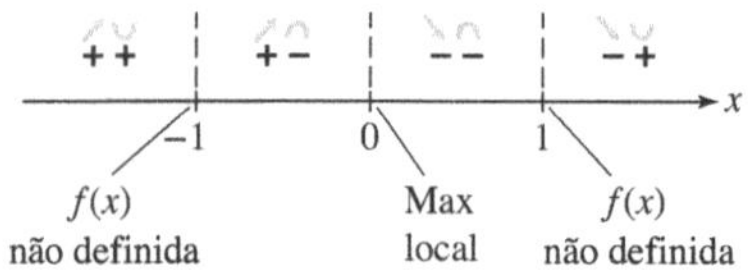

FIGURA 12

Neste exemplo,

$$f(x) = \frac{1}{x^2 - 1}$$

$$f'(x) = -\frac{2x}{(x^2 - 1)^2}$$

$$f''(x) = \frac{6x^2 + 2}{(x^2 - 1)^3}$$

O sinal de $f''(x)$ é igual ao sinal de $x^2 - 1$, porque $6x^2 + 2$ é positivo:

- $f''(x) > 0$ com $x < -1$ ou $x > 1$ e $f''(x) < 0$ com $-1 < x < 1$

A Figura 12 resume a informação obtida dos sinais.

O eixo x, dado por $y = 0$, é uma assíntota horizontal, pois

$$\lim_{x\to\infty} \frac{1}{x^2 - 1} = 0 \text{ e } \lim_{x\to-\infty} \frac{1}{x^2 - 1} = 0$$

As retas $x = \pm 1$ são assíntotas verticais. Para determinar os limites laterais, observe que $f(x) < 0$ se $-1 < x < 1$ e $f(x) > 0$ se $|x| > 1$. Portanto, se $x \to \pm 1$, $f(x)$ tende a $-\infty$ por dentro do intervalo $(-1, 1)$ e tende a ∞ por fora do intervalo $(-1, 1)$ (Figura 13). Obtemos o esboço da Figura 14.

Assíntota vertical	Limite à esquerda	Limite à direita
$x = -1$	$\lim_{x\to-1^-} \frac{1}{x^2 - 1} = \infty$	$\lim_{x\to-1^+} \frac{1}{x^2 - 1} = -\infty$
$x = 1$	$\lim_{x\to1^-} \frac{1}{x^2 - 1} = -\infty$	$\lim_{x\to1^+} \frac{1}{x^2 - 1} = \infty$

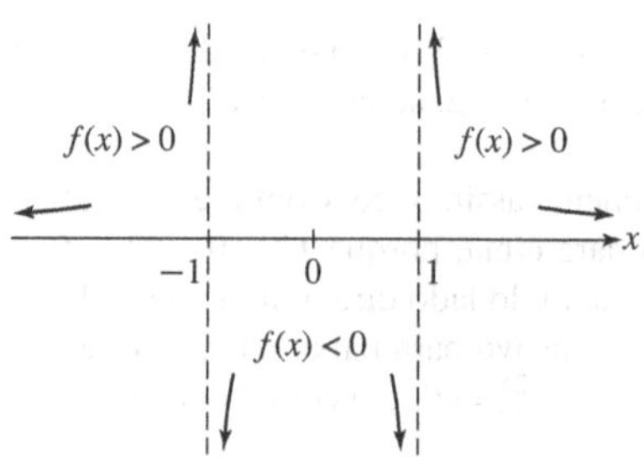

FIGURA 13 Comportamento nas assíntotas verticais.

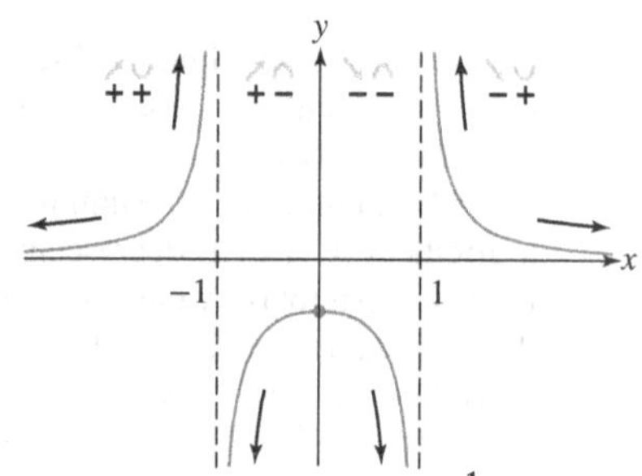

FIGURA 14 O gráfico de $y = \frac{1}{x^2 - 1}$

4.6 Resumo

- A maioria dos gráficos é constituída de arcos que têm um dos quatro formatos básicos (Figura 15):

Combinação de sinais		Tipo de curva
++	$f' > 0, f'' > 0$	Crescente e côncava para cima
+−	$f' > 0, f'' < 0$	Crescente e côncava para baixo
−+	$f' < 0, f'' > 0$	Decrescente e côncava para cima
−−	$f' < 0, f'' < 0$	Decrescente e côncava para baixo

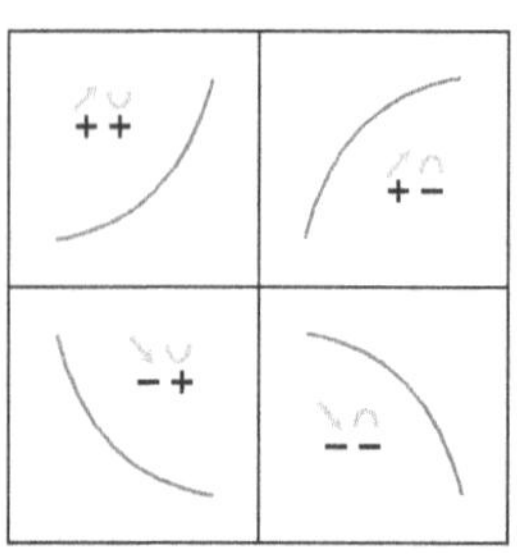

FIGURA 15 Os quatro formatos básicos.

- Um *ponto de transição* é um ponto do domínio de f no qual ou f' troca de sinal (min ou max local) ou f'' troca de sinal (ponto de inflexão).
- É conveniente repartir o processo de esboçar uma curva em passos:

Passo 0. Determinar o domínio de f.
Passo 1. Determinar os sinais de f' e f''.
Passo 2. Encontrar pontos de transição e combinações de sinais.
Passo 3. Determinar o comportamento assintótico de $f(x)$.
Passo 4. Esboçar os arcos com formato e comportamento assintótico apropriados.

4.6 Exercícios

Exercícios preliminares

1. Esboce um arco em que f' e f'' tenham a combinação de sinais $++$. Faça o mesmo com $-+$.

2. Se a combinação de sinais de f' e f'' trocar de $++$ para $+-$ em $x = c$, então (escolha a resposta correta):
 (a) $f(c)$ é um min local.
 (b) $f(c)$ é um max local.
 (c) $(c, f(c))$ é um ponto de inflexão.

3. A derivada segunda da função $f(x) = (x-4)^{-1}$ é $f''(x) = 2(x-4)^{-3}$. Embora $f''(x)$ troque de sinal em $x = 4$, f não tem um ponto de inflexão em $x = 4$. Por quê?

Exercícios

1. Determine a combinação de sinais de f' e f'' em cada intervalo *A-G* na Figura 16.

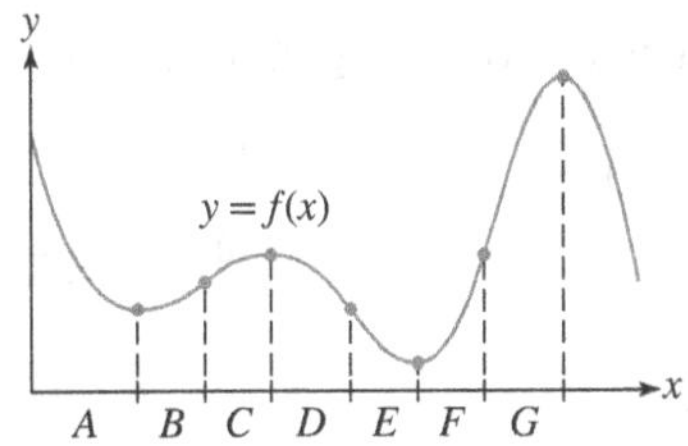

FIGURA 16

2. Decida a troca de sinal em cada ponto de transição *A-G* na Figura 17. Exemplo: $f'(x)$ troca de $+$ para $-$ em *A*.

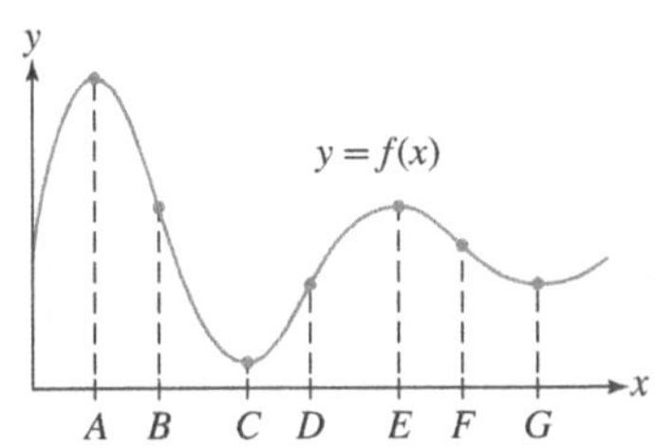

FIGURA 17

Nos Exercícios 3-6, esboce o gráfico de uma função tal que f' e f'' tenham as combinações de sinais seguintes.

3. $++$, $+-$, $--$

4. $+-$, $--$, $-+$

5. $-+$, $--$, $-+$

6. $-+$, $++$, $+-$

7. Esboce o gráfico de uma função que poderia ter os gráficos de f' e de f'' da Figura 18.

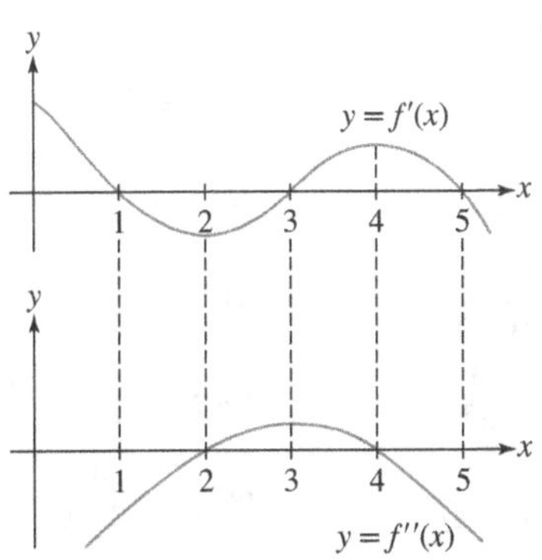

FIGURA 18

8. Esboce o gráfico de uma função que poderia ter os gráficos de f' e de f'' da Figura 19.

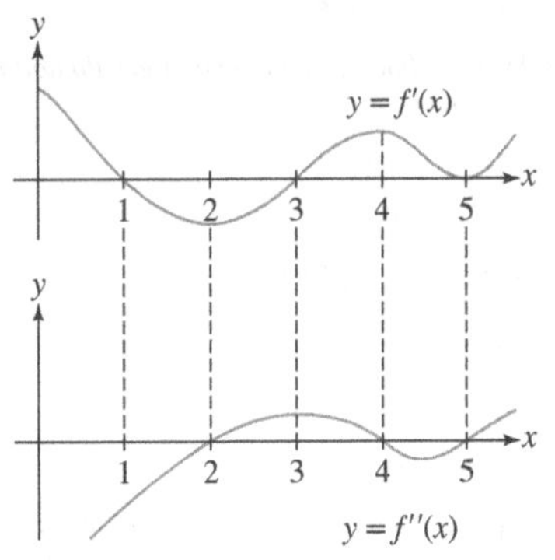

FIGURA 19

9. Esboce o gráfico de $y = x^2 - 5x + 4$.

10. Esboce o gráfico de $y = 12 - 5x - 2x^2$.

11. Esboce o gráfico de $f(x) = x^3 - 3x^2 + 2$. Inclua os zeros de f, que são $x = 1$ e $1 \pm \sqrt{3}$ (aproximadamente, $-0{,}73$ e $2{,}73$).

12. Mostre que $f(x) = x^3 - 3x^2 + 6x$ tem um ponto de inflexão mas não tem valores extremos locais. Esboce o gráfico.

13. Estenda o esboço do gráfico de $f(x) = \cos x + \frac{1}{2}x$ no intervalo $[0, 5\pi]$ do Exemplo 4 para o intervalo $[0, 5\pi]$.

14. Esboce os gráficos de $y = x^{2/3}$ e $y = x^{4/3}$.

Nos Exercícios 15-36, encontre os pontos de transição, os intervalos de crescimento/decrescimento, a concavidade e o comportamento assintótico. Então esboce o gráfico com a informação obtida.

15. $y = x^3 + 24x^2$

16. $y = x^3 - 3x + 5$

17. $y = x^2 - 4x^3$

18. $y = \frac{1}{3}x^3 + x^2 + 3x$

19. $y = 4 - 2x^2 + \frac{1}{6}x^4$

20. $y = 7x^4 - 6x^2 + 1$

21. $y = x^5 + 5x$

22. $y = x^5 - 15x^3$

23. $y = x^4 - 3x^3 + 4x$

24. $y = x^2(x-4)^2$

25. $y = x^7 - 14x^6$

26. $y = x^6 - 9x^4$

27. $y = x - 4\sqrt{x}$

28. $y = \sqrt{x} + \sqrt{16 - x}$

29. $y = x(8 - x)^{1/3}$

30. $y = (x^2 - 4x)^{1/3}$

31. $y = xe^{-x^2}$

32. $y = (2x^2 - 1)e^{-x^2}$

33. $y = x - 2\ln x$

34. $y = x(4 - x) - 3\ln x$

35. $y = x^2 - 2\ln x$

36. $y = x - 2\ln(x^2 + 1)$

37. Esboce o gráfico de $f(x) = 18(x-3)(x-1)^{2/3}$ usando as fórmulas

$$f'(x) = \frac{30\left(x - \frac{9}{5}\right)}{(x-1)^{1/3}}, \qquad f''(x) = \frac{20\left(x - \frac{3}{5}\right)}{(x-1)^{4/3}}$$

38. Esboce o gráfico de $f(x) = \dfrac{x}{x^2+1}$ usando as fórmulas

$$f'(x) = \frac{1-x^2}{(1+x^2)^2}, \qquad f''(x) = \frac{2x(x^2-3)}{(x^2+1)^3}$$

Nos Exercícios 39-42, esboce o gráfico da função, indicando todos os pontos de transição. Se necessário, use um recurso gráfico ou sistema algébrico computacional para localizar os pontos de transição numericamente.

39. $y = x^2 - 10\ln(x^2+1)$

40. $y = e^{-x/2}\ln x$

41. $y = x^4 - 4x^2 + x + 1$

42. $y = 2\sqrt{x} - \operatorname{sen} x, \quad 0 \le x \le 2\pi$

Nos Exercícios 43-48, esboce o gráfico no intervalo dado, indicando todos os pontos de transição.

43. $y = x + \operatorname{sen} x, \quad [0, 2\pi]$

44. $y = \operatorname{sen} x + \cos x, \quad [0, 2\pi]$

45. $y = 2\operatorname{sen} x - \cos^2 x, \quad [0, 2\pi]$

46. $y = \operatorname{sen} x + \frac{1}{2}x, \quad [0, 2\pi]$

47. $y = \operatorname{sen} x + \sqrt{3}\cos x, \quad [0, \pi]$

48. $y = \operatorname{sen} x - \frac{1}{2}\operatorname{sen} 2x, \quad [0, \pi]$

49. Serão possíveis todas as combinações de sinais? Explique com um esboço por que as transições $++ \to -+$ e $-- \to +-$ não podem ocorrer se a função for derivável. (Ver Exercício 78 para uma prova.)

50. Suponha que f seja duas vezes derivável e satisfaça (i) $f(0) = 1$, (ii) $f'(x) > 0$ com qualquer $x \neq 0$ e (iii) $f''(x) < 0$ com $x < 0$ e $f''(x) > 0$ com $x > 0$. Seja $g(x) = f(x^2)$.

(a) Esboce um possível gráfico de f.

(b) Prove que g não tem pontos de inflexão e um único valor extremo local em $x = 0$. Esboce um gráfico possível de g.

51. Qual dos gráficos na Figura 20 *não pode* ser o gráfico de um polinômio? Explique.

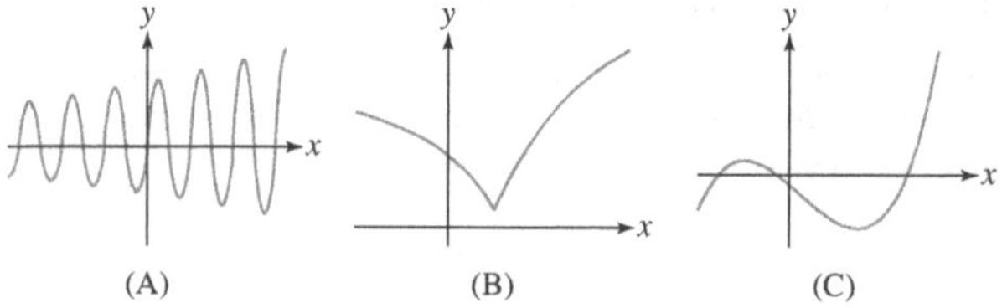

FIGURA 20

52. Qual das curvas na Figura 21 é o gráfico de $f(x) = \dfrac{2x^4-1}{1+x^4}$? Explique em termos de assíntotas horizontais.

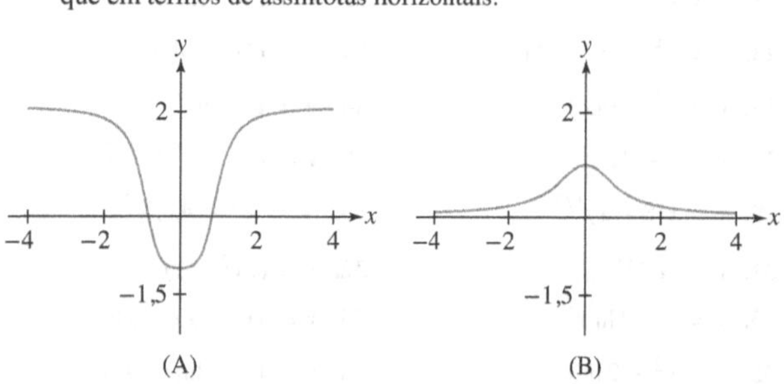

FIGURA 21

53. Combine os gráficos na Figura 22 com as funções $y = \dfrac{3x}{x^2-1}$ e $y = \dfrac{3x^2}{x^2-1}$. Explique.

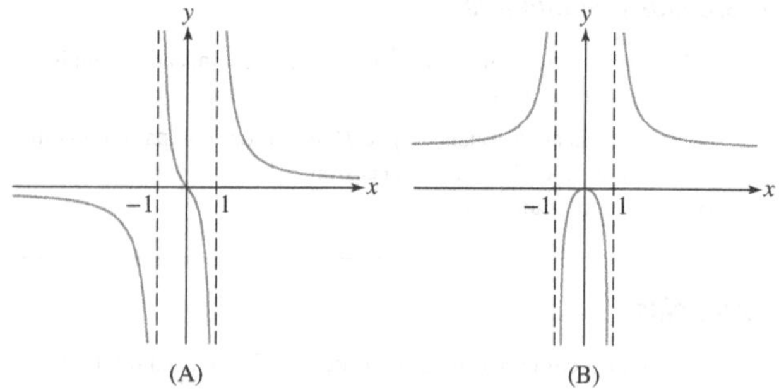

FIGURA 22

54. Combine as funções com seus gráficos na Figura 23.

(a) $y = \dfrac{1}{x^2-1}$ **(b)** $y = \dfrac{x^2}{x^2+1}$

(c) $y = \dfrac{1}{x^2+1}$ **(d)** $y = \dfrac{x}{x^2-1}$

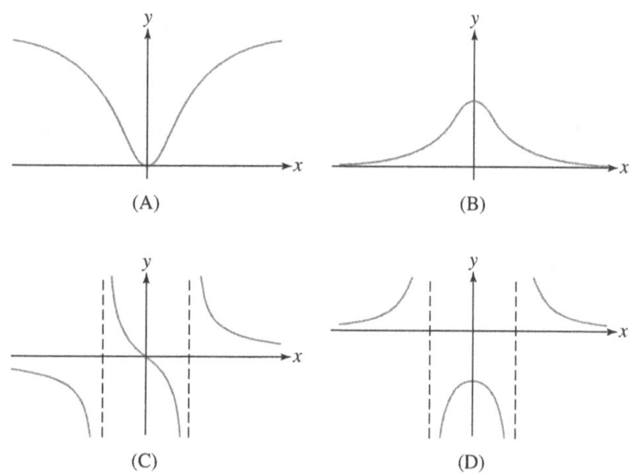

FIGURA 23

Nos Exercícios 55-72, esboce o gráfico da função. Indique os pontos de transição e as assíntotas.

55. $y = \dfrac{1}{3x-1}$

56. $y = \dfrac{x-2}{x-3}$

57. $y = \dfrac{x+3}{x-2}$

58. $y = x + \dfrac{1}{x}$

59. $y = \dfrac{1}{x} + \dfrac{1}{x-1}$

60. $y = \dfrac{1}{x} - \dfrac{1}{x-1}$

61. $y = \dfrac{1}{x(x-2)}$

62. $y = \dfrac{x}{x^2-9}$

63. $y = \dfrac{1}{x^2-6x+8}$

64. $y = \dfrac{x^3+1}{x}$

65. $y = 1 - \dfrac{3}{x} + \dfrac{4}{x^3}$

66. $y = \dfrac{1}{x^2} + \dfrac{1}{(x-2)^2}$

67. $y = \dfrac{1}{x^2} - \dfrac{1}{(x-2)^2}$

68. $y = \dfrac{4}{x^2-9}$

69. $y = \dfrac{1}{(x^2+1)^2}$

70. $y = \dfrac{x^2}{(x^2-1)(x^2+1)}$

71. $y = \dfrac{1}{\sqrt{x^2+1}}$

72. $y = \dfrac{x}{\sqrt{x^2+1}}$

Compreensão adicional e desafios

Nos Exercícios 73-77, exploramos funções cujos gráficos tendem a uma reta não horizontal se $x \to \infty$. Uma reta $y = ax + b$ é denominada uma ***assíntota inclinada*** *se*

$$\lim_{x\to\infty} (f(x) - (ax+b)) = 0$$

ou

$$\lim_{x\to-\infty} (f(x) - (ax+b)) = 0$$

73. Seja $f(x) = \dfrac{x^2}{x-1}$ (Figura 24). Confira as afirmações seguintes:

(a) $f(0)$ é um max local e $f(2)$ é um min local.

(b) f é côncava para baixo em $(-\infty, 1)$ e côncava para cima em $(1, \infty)$.

(c) $\lim_{x\to 1-} f(x) = -\infty$ e $\lim_{x\to 1+} f(x) = \infty$.

(d) $y = x + 1$ é uma assíntota inclinada de f com $x \to \pm\infty$.

(e) A assíntota inclinada fica acima do gráfico de f com $x < 1$ e abaixo do gráfico com $x > 1$.

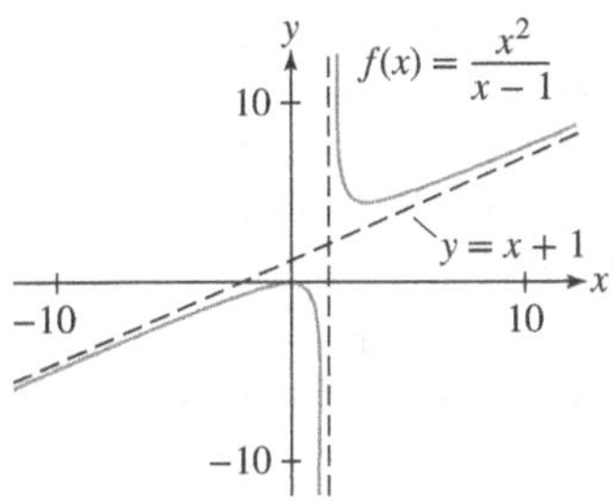

FIGURA 24

74. Se $f(x) = P(x)/Q(x)$, em que P e Q são polinômios de graus $m + 1$ e m, então, usando divisão de polinômios, podemos escrever

$$f(x) = (ax + b) + P_1(x)/Q(x)$$

sendo P_1 um polinômio de grau $< m$. Mostre que $y = ax + b$ é a assíntota inclinada de $f(x)$. Use esse procedimento para encontrar a assíntota inclinada das funções seguintes

(a) $y = \dfrac{x^2}{x+2}$

(b) $y = \dfrac{x^3+x}{x^2+x+1}$

75. Esboce o gráfico de

$$f(x) = \frac{x^2}{x+1}$$

Proceda como no exercício precedente para encontrar a assíntota inclinada.

76. Mostre que $y = 3x$ é uma assíntota inclinada de $f(x) = 3x + x^{-2}$. Determine se $f(x)$ tende à assíntota inclinada por cima ou por baixo e faça um esboço do gráfico.

77. Esboce o gráfico de $f(x) = \dfrac{1-x^2}{2-x}$.

78. Suponha que existam f' e f'' em qualquer x e seja c um ponto crítico de f. Mostre que $f(x)$ não pode fazer uma transição de $++$ para $-+$ em $x = c$. *Sugestão:* aplique o TVM a $f'(x)$.

79. Suponha que exista f'' e que $f''(x) > 0$ com qualquer x. Mostre que $f(x)$ não pode ser negativa em todos os x. *Sugestão:* mostre que $f'(b) \neq 0$ com algum b e use o resultado do Exercício 68 da Seção 4.4.

4.7 Otimização aplicada

Os problemas de otimização desempenham um papel numa ampla gama de disciplinas, incluindo a Física, a Economia e a Biologia. Por exemplo, os cientistas têm estudado como as aves migratórias escolhem a velocidade ótima v que maximiza a distância que alcançam sem precisar parar, dada a energia que conseguem armazenar como gordura (Figura 1).

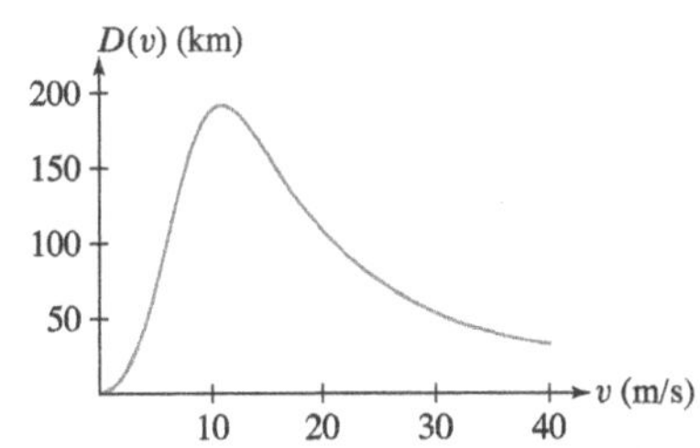

FIGURA 1 Os cientistas usam princípios de fisiologia e aerodinâmica para obter uma fórmula plausível para a distância D alcançada na migração de aves em função da velocidade v. A velocidade ótima corresponde ao ponto máximo do gráfico (ver Exercício 67).

Em muitos problemas de otimização, o primeiro passo é determinar a **função objetivo**. Essa é a função cujo mínimo ou máximo estamos procurando. Uma vez encontrada a função objetivo, podemos aplicar as técnicas de otimização desenvolvidas neste capítulo. Nossos primeiros exemplos requerem otimização num intervalo fechado $[a, b]$. Vejamos, novamente, os passos para encontrar extremos que desenvolvemos na Seção 4.2:

(i) Encontrar os pontos críticos de f em $[a, b]$.

(ii) Calcular $f(x)$ nos pontos críticos e nas extremidades a e b.

(iii) O maior e o menor desses valores são os valores extremos de f em $[a, b]$.

■ **EXEMPLO 1** Um pedaço de arame de comprimento L é dobrado no formato de um retângulo (Figura 2). Quais dimensões dão o retângulo de área máxima?

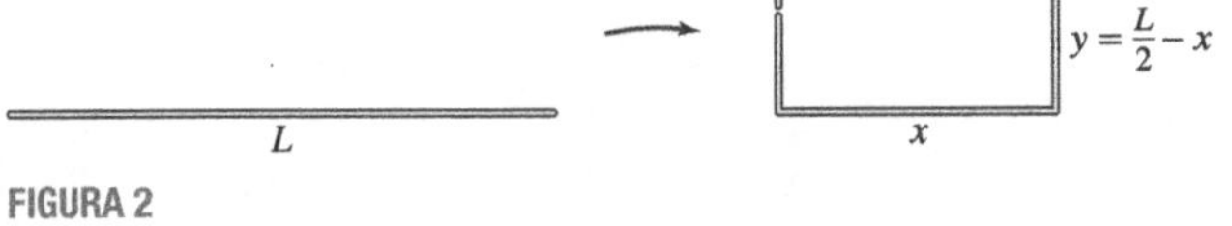

FIGURA 2

Uma equação relacionando duas ou mais variáveis num problema de otimização é denominada uma "equação de vínculo". No Exemplo 1, a equação de vínculo é

$$2x + 2y = L$$

Solução O retângulo tem área $A = xy$, sendo x e y os comprimentos dos lados. Como A depende das duas variáveis x e y, não podemos encontrar o máximo enquanto não eliminarmos uma das variáveis. Isso pode ser feito porque as variáveis estão relacionadas: o perímetro do retângulo é $L = 2x + 2y$, portanto $y = \frac{1}{2}L - x$. Isso nos permite reescrever a área como uma função somente de x e obter a função objetivo

$$A(x) = x\left(\frac{1}{2}L - x\right) = \frac{1}{2}Lx - x^2$$

Qual é o intervalo no qual ocorre a otimização? Como os lados do retângulo não podem ter comprimento negativo, exigimos $x \geq 0$ e $\frac{1}{2}L - x \geq 0$. Assim, $0 \leq x \leq \frac{1}{2}L$. Nosso problema é maximizar $A(x)$ no intervalo fechado $\left[0, \frac{1}{2}L\right]$.

Resolvemos $A'(x) = \frac{1}{2}L - 2x = 0$ para obter o ponto crítico $x = \frac{1}{4}L$ e comparar:

$$\text{Extremidades:} \quad A(0) = 0$$

$$A\left(\frac{1}{2}L\right) = \frac{1}{2}L\left(\frac{1}{2}L - \frac{1}{2}L\right) = 0$$

$$\text{Ponto crítico:} \quad A\left(\frac{1}{4}L\right) = \left(\frac{1}{4}L\right)\left(\frac{1}{2}L - \frac{1}{4}L\right) = \frac{1}{16}L^2$$

O maior valor ocorre com $x = \frac{1}{4}L$ e, nesse caso, $y = \frac{1}{2}L - \frac{1}{4}L = \frac{1}{4}L$. O retângulo de área máxima é o quadrado de lados $x = y = \frac{1}{4}L$. ■

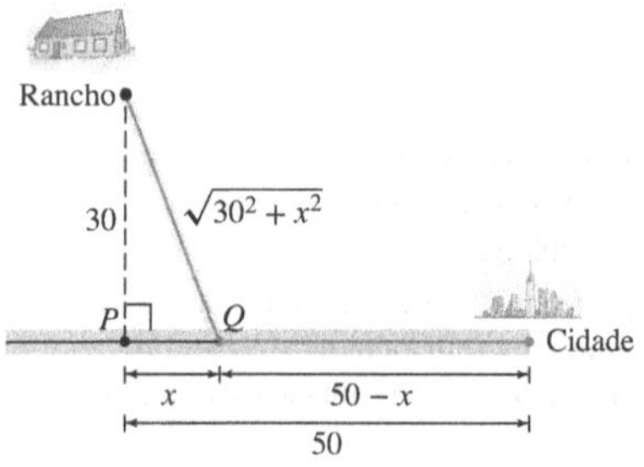

FIGURA 3

■ **EXEMPLO 2 Minimizando o tempo de viagem** Nossa tarefa é construir uma estrada ligando um rancho a uma rodovia que permita aos motoristas alcançar a cidade no menor tempo possível (Figura 3). Como isso deveria ser feito se o limite de velocidade na estrada for de 60 km/h e na rodovia for de 110 km/h? A distância perpendicular do rancho à rodovia é de 30 km e a cidade está 50 km adiante na rodovia.

Solução Esse problema é mais complicado que o anterior, portanto vamos analisá-lo em três passos. Esses passos podem ser seguidos para resolver outros problemas de otimização.

***Passo 1.* Escolher variáveis.**

Precisamos determinar o ponto Q em que a estrada vai encontrar a rodovia. Seja, pois, x a distância de Q ao ponto P em que a perpendicular encontra a rodovia.

***Passo 2.* Encontrar a função objetivo e o intervalo.**

Nossa função objetivo é o tempo $T(x)$ de viagem como uma função de x. Para encontrar uma fórmula para $T(x)$, lembre que a distância percorrida à velocidade constante v é $d = vt$ e que o tempo necessário para percorrer uma distância d é $t = d/v$. A estrada tem comprimento $\sqrt{30^2 + x^2}$ pelo teorema de Pitágoras, portanto, a uma velocidade de $v = 60$ km/h, leva

$$\frac{\sqrt{30^2 + x^2}}{60} \text{ horas para viajar do rancho até } Q.$$

A parte da rodovia de Q até a cidade tem comprimento $50 - x$. À velocidade de 110 km/h, leva

$$\frac{50 - x}{110} \text{ horas para viajar de } Q \text{ até a cidade}$$

O número total de horas para a viagem é

$$T(x) = \frac{\sqrt{30^2 + x^2}}{60} + \frac{50 - x}{110}$$

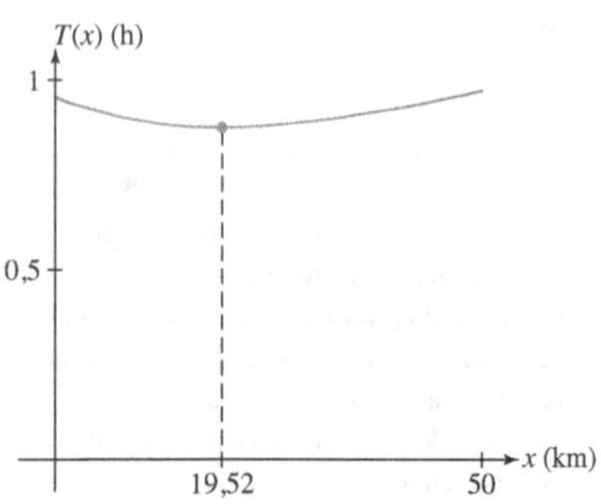

FIGURA 4 O gráfico do tempo de viagem como função de x.

Nosso intervalo é $0 \leq x \leq 50$ porque a estrada encontra a rodovia em algum ponto entre P e a cidade. Portanto, nosso problema é minimizar T em $[0, 50]$ (Figura 4).

Passo 3. **Otimizar.**

Resolvemos para os pontos críticos:

$$T'(x) = \frac{x}{60\sqrt{30^2 + x^2}} - \frac{1}{110} = 0$$

$$110x = 60\sqrt{30^2 + x^2} \quad \Rightarrow \quad 11x = 6\sqrt{30^2 + x^2} \quad \Rightarrow$$

$$121x^2 = 36(30^2 + x^2) \quad \Rightarrow \quad 85x^2 = 32.400 \quad \Rightarrow \quad x = \sqrt{32.400/85} \approx 19{,}52$$

Para encontrar o valor mínimo de T, comparamos os valores de $T(x)$ no ponto crítico e nas extremidades de $[0, 50]$:

$$T(0) \approx 0{,}95 \text{ h}, \qquad T(19{,}52) \approx 0{,}87 \text{ h}, \qquad T(50) \approx 0{,}97 \text{ h}$$

Concluímos que o tempo de viagem é minimizado se a estrada for ligada à rodovia a uma distância de $x \approx 19{,}52$ km ao longo da rodovia a partir de P. ■

■ **EXEMPLO 3** **Preço ótimo** Cada um dos 30 apartamentos de um prédio são alugados se o aluguel mensal for estipulado em $r = 1.000$ reais por mês. Um levantamento prevê que um apartamento deixa de ser alugado a cada 40 reais de acréscimo no aluguel. Suponha que cada apartamento ocupado tenha um gasto de 120 reais mensais para o proprietário do prédio (manutenção). Qual será o aluguel que maximiza o lucro mensal?

Solução

Passo 1. **Escolher variáveis.**

Nosso objetivo é maximizar o lucro mensal total P. Seja r o valor do aluguel mensal de um apartamento e $N(r)$ o número de apartamentos alugados se o aluguel for fixado em r.

Passo 2. **Encontrar a função objetivo e o intervalo.**

Como uma unidade é desocupada a cada aumento de 40 reais no aluguel acima de 1.000 reais, obtemos que $(r - 1000)/40$ apartamentos estão desocupados se $r > 1.000$. Portanto,

$$N(r) = 30 - \frac{1}{40}(r - 1000) = 55 - \frac{1}{40}r$$

O lucro mensal é igual ao número de apartamentos alugados vezes o lucro por apartamento, que é $r - 120$ (porque cada apartamento gasta 120 reais mensais em manutenção), portanto,

$$P(r) = N(r)(r - 120) = \left(55 - \frac{1}{40}r\right)(r - 120) = -6600 + 58r - \frac{1}{40}r^2$$

Qual é o intervalo de valores de r que devemos considerar? Não há motivo para estipular o aluguel abaixo de 1.000 reais, porque todos os apartamentos estarão ocupados se $r = 1.000$. Por outro lado, $N(r) = 0$ com $r = 40 \cdot 55 = 2200$. Portanto, nenhum apartamento estará alugado se $r = 2.200$ e faz sentido considerar $1000 \le r \le 2200$.

Passo 3. **Otimizar.**

Resolvemos para os pontos críticos:

$$P'(r) = 58 - \frac{1}{20}r = 0 \quad \Rightarrow \quad r = 1160$$

e comparamos os valores no ponto crítico e nas extremidades:

$$P(1000) = 26.400, \qquad P(1160) = 27.040, \qquad P(2.200) = 0$$

Concluímos que o lucro é maximizado se o aluguel for de $r = 1.160$ reais. Nesse caso, estarão ocupados 26 apartamentos. Observe que se o lucro máximo tivesse ocorrido num preço que desse um número fracionário de apartamentos ocupados, não teríamos alcançado esse máximo. Em vez disso, deveríamos tomar o preço correspondente ao número arredondado de apartamentos, para menos ou para mais, dependendo do número inteiro de apartamentos que maximizasse o lucro. ■

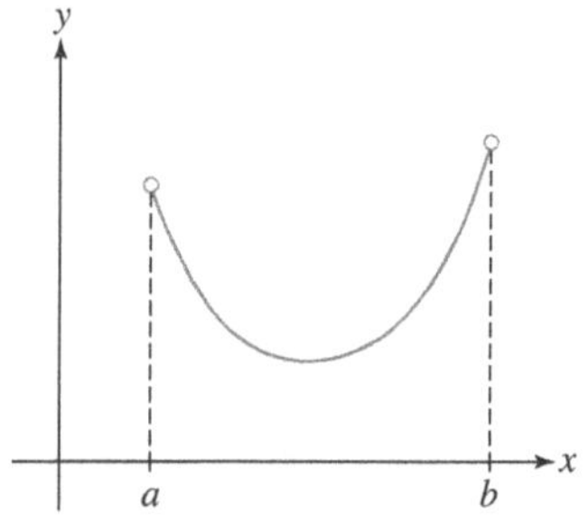

FIGURA 5 Uma função sem máximo no intervalo aberto (a, b).

Intervalos abertos contra fechados

Quando precisamos otimizar num intervalo aberto, não há garantia de que exista um min ou max, como, por exemplo, na Figura 5 (diferentemente do que ocorre com intervalos fechados). Contudo, se existir um min ou um max, ele deve ocorrer num ponto crítico (porque também será um min ou max local). Muitas vezes conseguimos mostrar que existe um min ou max examinando $f(x)$ perto das extremidades do intervalo aberto. Se $f(x)$ tender ao infinito quando x tender às extremidades (como na Figura 7), então ocorre um mínimo num ponto crítico em algum ponto do intervalo.

■ **EXEMPLO 4** Projete uma lata cilíndrica de 900 cm^3 de tal modo que utilize a quantidade mínima de metal (Figura 6). Em outras palavras, minimize a área de superfície da lata (incluindo o topo e a base).

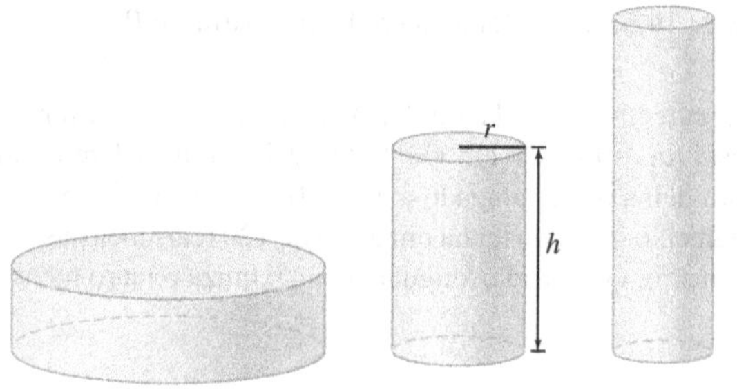

FIGURA 6 Cilindros de mesmo volume, mas diferentes áreas de superfície.

Solução

***Passo 1.* Escolher variáveis.**

Precisamos especificar o raio e a altura da lata. Sejam, pois, r o raio e h a altura. Seja A a área de superfície da lata.

***Passo 2.* Encontrar a função objetivo e o intervalo.**

Calculamos A como função de r e h:

$$A = \underbrace{\pi r^2}_{\text{Topo}} + \underbrace{\pi r^2}_{\text{Base}} + \underbrace{2\pi r h}_{\text{Lado}} = 2\pi r^2 + 2\pi r h$$

O volume da lata é $V = \pi r^2 h$. Como devemos ter $V = 900$ cm^3, temos a equação de vínculo $\pi r^2 h = 900$. Assim, $h = (900/\pi)r^{-2}$ e

$$A(r) = 2\pi r^2 + 2\pi r\left(\frac{900}{\pi r^2}\right) = 2\pi r^2 + \frac{1800}{r}$$

O raio r pode ter qualquer valor positivo, de modo que maximizamos $A(r)$ em $(0, \infty)$

***Passo 3.* Otimizar a função.**

Observe que $A(r)$ tende ao infinito quando r tende às extremidades de $(0, \infty)$:

- $A(r) \to \infty$ se $r \to \infty$ (por causa do termo r^2)
- $A(r) \to \infty$ se $r \to 0$ (por causa do termo $1/r$)

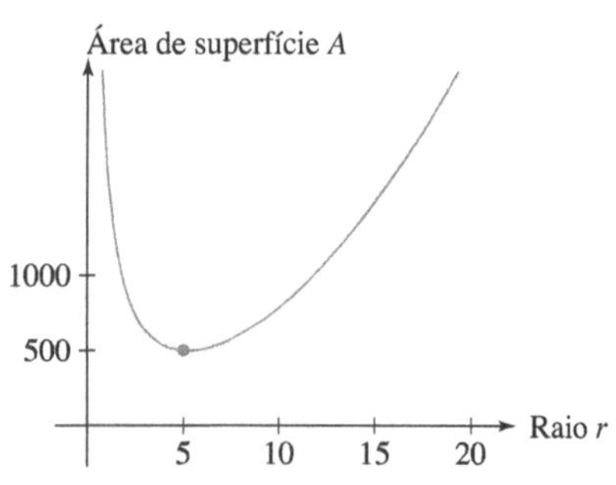

FIGURA 7 A área de superfície aumenta se r tende a zero ou ∞. O valor mínimo existe.

No caso de um único ponto crítico, como ocorre nesse exemplo, um segundo método para provar que esse ponto corresponde a um mínimo é aplicar o teste da derivada primeira. De fato, como $A'(r) < 0$ com $r < \left(\frac{450}{\pi}\right)^{1/3}$ e $A'(r) > 0$ com $r > \left(\frac{450}{\pi}\right)^{1/3}$, o ponto crítico necessariamente é um mínimo local e, por ser o único ponto crítico, é um mínimo global. Um terceiro método é aplicar o teste da derivada segunda para mostrar que esse ponto é um mínimo local e então, por ser o único ponto extremo, um mínimo global.

Dessa forma, $A(r)$ deve alcançar um valor mínimo num ponto crítico de $(0, \infty)$ (Figura 7). Resolvendo como de costume:

$$\frac{dA}{dr} = 4\pi r - \frac{1800}{r^2} = 0 \quad\Rightarrow\quad r^3 = \frac{450}{\pi} \quad\Rightarrow\quad r = \left(\frac{450}{\pi}\right)^{1/3} \approx 5{,}23 \text{ cm}$$

Também precisamos calcular a altura:

$$h = \frac{900}{\pi r^2} = 2\left(\frac{450}{\pi}\right)r^{-2} = 2\left(\frac{450}{\pi}\right)\left(\frac{450}{\pi}\right)^{-2/3} = 2\left(\frac{450}{\pi}\right)^{1/3} \approx 10{,}46 \text{ cm}$$

Observe que as dimensões ótimas satisfazem $h = 2r$. Em outras palavras, a lata ótima tem a mesma altura que largura. ■

■ **EXEMPLO 5** **Problema de otimização sem solução** É possível projetar um cilindro de 900 cm^3 de volume com maior área de superfície possível?

Solução A resposta é não. No exemplo precedente, mostramos que um cilindro de volume 900 e raio r tem área de superfície

$$A(r) = 2\pi r^2 + \frac{1800}{r}$$

Essa função não tem valor máximo porque tende ao infinito quando $r \to 0$ ou $r \to \infty$ (Figura 7). Isso significa que um cilindro de volume fixado tem uma área de superfície grande se for ou muito gordo e curto (r grande) ou muito alto e fino (r pequeno). ■

O **princípio da distância mínima** afirma que um raio de luz refletido num espelho percorre o caminho mais curto. Em outras palavras, um raio que parte de A e chega a B, como na Figura 8, é refletido no ponto P com o qual o caminho APB tem o comprimento mínimo. No próximo exemplo, mostramos que esse mínimo ocorre quando *o ângulo de incidência é igual ao ângulo de reflexão*, ou seja, $\theta_1 = \theta_2$

O princípio da distância mínima também é conhecido como ***princípio de Heron****, segundo o matemático grego Heron de Alexandria (cerca de 100 d.C.). Ver Exercício 79 para uma prova elementar que não utiliza o Cálculo e que pode ter sido conhecida por Heron. No Exercício 54, desenvolvemos a lei de Snell, que é uma lei óptica mais geral baseada no princípio do tempo mínimo.*

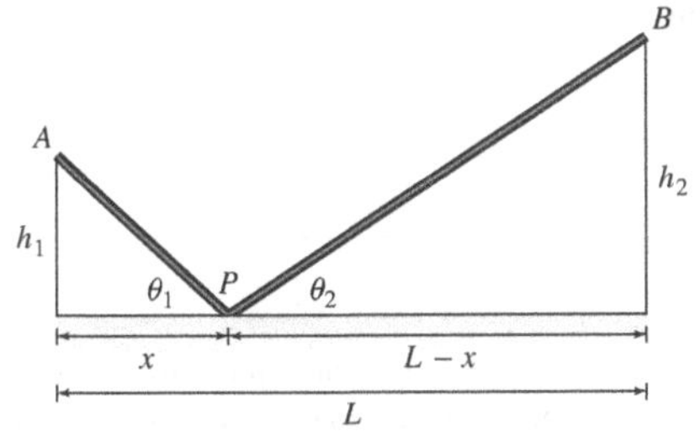

FIGURA 8 Reflexão de um raio de luz num espelho.

■ **EXEMPLO 6** Mostre que se P for o ponto no qual o caminho APB da Figura 8 tem o comprimento mínimo, então $\theta_1 = \theta_2$.

Solução Pelo teorema de Pitágoras, o comprimento do caminho de APB é

$$f(x) = AP + PB = \sqrt{x^2 + h_1^2} + \sqrt{(L-x)^2 + h_2^2}$$

sendo x, h_1 e h_2 como na figura. A função f tende ao infinito se x tender a $\pm\infty$ (ou seja, se P estiver arbitrariamente longe à direita ou à esquerda), portanto f atinge um valor mínimo num ponto crítico x tal que (ver Figura 9)

$$f'(x) = \frac{x}{\sqrt{x^2 + h_1^2}} - \frac{L-x}{\sqrt{(L-x)^2 + h_2^2}} = 0 \qquad \boxed{1}$$

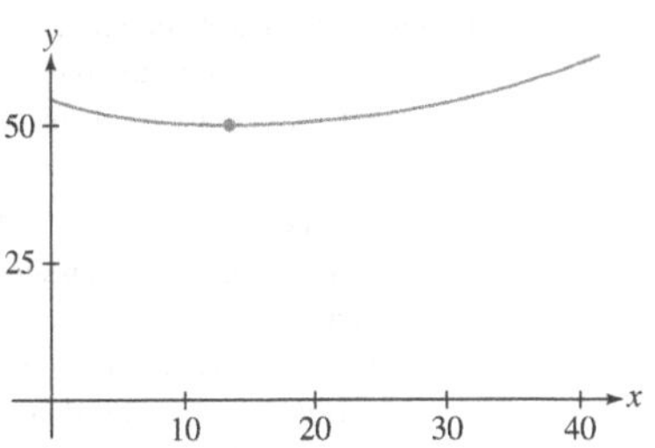

FIGURA 9 O gráfico do comprimento do caminho com $h_1 = 10$, $h_2 = 20$, $L = 40$.

Não é necessário resolver em x porque nosso objetivo não é encontrar o ponto crítico, mas, em vez disso, mostrar que $\theta_1 = \theta_2$. Para isso, reescrevemos a Equação (1) como

$$\underbrace{\frac{x}{\sqrt{x^2 + h_1^2}}}_{\cos\theta_1} = \underbrace{\frac{L-x}{\sqrt{(L-x)^2 + h_2^2}}}_{\cos\theta_2}$$

Usando a Figura 8, vemos que essa equação diz que $\cos\theta_1 = \cos\theta_2$ e, como θ_1 e θ_2 estão entre 0 e $\frac{\pi}{2}$, concluímos que $\theta_1 = \theta_2$, como queríamos mostrar. ■

ENTENDIMENTO CONCEITUAL Selecionamos os exemplos desta seção porque levam a problemas de otimização em que o min ou max ocorre num ponto crítico. Muitas vezes o ponto crítico representa o melhor equilíbrio entre "fatores conflitantes". No Exemplo 3, maximizamos o lucro, encontrando um melhor equilíbrio entre aumentar o aluguel e manter os apartamentos ocupados. No Exemplo 4, nossa solução minimiza a área de superfície, encontrando o melhor equilíbrio entre altura e largura. Na vida diária, contudo, muitas vezes encontramos soluções de extremidades, em vez de pontos críticos. Por exemplo, para minimizar o tempo numa corrida de 10 m, devemos correr o mais rápido possível – a solução não é um ponto crítico, mas, em vez disso, uma extremidade (sua velocidade máxima).

4.7 Resumo

- Geralmente distinguimos três passos principais na resolução de problemas de otimização aplicada:

  Passo 1. Escolher variáveis.
  Determinar quais quantidades são relevantes, muitas vezes esboçando um diagrama, e associando variáveis apropriadas.
  Passo 2. Encontrar a função objetivo e o intervalo.
  Reformular o problema como um de otimização de uma função f em algum intervalo. Se f depender de mais de uma variável, usar uma *equação de vínculo* para escrever f como função de uma só variável.
  Passo 3. Otimizar a função objetivo.

- Se o intervalo for aberto, f não necessariamente atinge um valor mínimo ou máximo, mas, se atingir, eles devem ocorrer em pontos críticos dentro do intervalo. Para determinar se existe um min ou max, analise o comportamento de f quando x tende às extremidades do intervalo.

4.7 Exercícios

Exercícios preliminares

1. O problema é encontrar um triângulo retângulo de perímetro 10 cuja área seja a maior possível. Qual é a equação de vínculo relacionando a base b com a altura h do triângulo?

2. Descreva uma maneira de mostrar que uma função contínua num intervalo aberto (a, b) tem um valor mínimo.

3. Existe um retângulo de área 100 e com o maior perímetro? Explique.

Exercícios

1. Encontre as dimensões x e y do retângulo de área máxima que pode ser formado usando um arame de 3 m.
   (a) Qual é a equação de vínculo relacionando x e y?
   (b) Encontre uma fórmula para a área em termos só de x.
   (c) Qual é o intervalo de otimização? É aberto ou fechado?
   (d) Resolva o problema de otimização.

2. Um arame medindo 12 m é dividido em duas peças, e cada uma é dobrada para formar um quadrado. Como deveríamos fazer isso de modo a minimizar a soma das áreas dos dois quadrados?
   (a) Expresse a soma das áreas dos dois quadrados em termos dos comprimentos x e y das duas peças.
   (b) Qual é a equação de vínculo relacionando x e y?
   (c) Qual é o intervalo de otimização? É aberto ou fechado?
   (d) Resolva o problema de otimização.

3. Pretende-se construir um santuário de pássaros retangular com um dos lados ao longo de um rio reto. Nos demais três lados deve ser erguida uma cerca protetora. Se há 12 km lineares de cerca disponíveis, encontre as dimensões do retângulo de área máxima do santuário.

4. Pretende-se construir um santuário de pássaros retangular de 8 km^2 de área com um dos lados ao longo de um rio reto. Nos demais três lados deve ser erguida uma cerca protetora. Encontre as dimensões do retângulo do santuário que minimizam a quantidade de cerca necessária para cercar o santuário.

5. Encontre dois números reais positivos tais que a soma do quadrado do primeiro com o segundo seja 48 e seu produto seja máximo.

6. Encontre dois números reais positivos tais que sua soma seja 108 e o produto do primeiro com o quadrado do segundo seja máximo.

7. Um arame medindo 12 m é dividido em duas peças e essas peças são dobradas para formar um quadrado e um círculo. Como deveríamos fazer isso de modo a minimizar a soma de suas áreas?

8. Encontre o número positivo x tal que a soma de x com seu recíproco seja a menor possível. Esse problema requer otimização num intervalo aberto ou fechado?

9. Encontre dois números reais positivos tais que sua soma seja 40 e seu produto seja o maior possível.

10. Encontre dois números reais positivos x e y tais que sua soma seja 120 e x^2y seja o maior possível.

12. Um tubo flexível de 4 m de comprimento é dobrado no formato da letra L. Onde deveria ser feita a dobra para minimizar a distância entre as duas extremidades?

13. Encontre as dimensões de uma caixa de base quadrada:
    (a) de volume 12 e área de superfície mínima;
    (b) área de superfície 20 e volume máximo.

14. Uma caixinha de joias de base quadrada deve ser construída com lados revestidos de cobre, topo e base revestidos de níquel e volume de 40 cm^3. Se o revestimento de cobre custa \$1 por cm^2 e o de níquel custa \$2 por cm^2, encontre as dimensões da caixinha que minimizam o custo desses materiais.

15. Um fazendeiro irá utilizar 600 m de cerca para cercar um curral no formato de um semicírculo no alto de um retângulo (Figura 10). Encontre as dimensões que maximizam a área cercada.

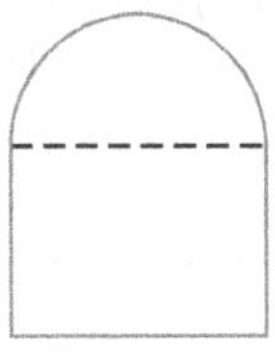

FIGURA 10

16. Qual é a área máxima de um retângulo inscrito num triângulo retângulo de catetos de comprimentos 3 e 4 como na Figura 11? Suponha que os lados do retângulo sejam paralelos aos catetos do triângulo.

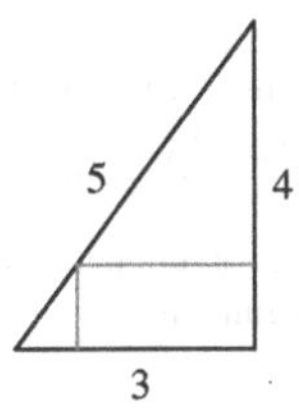

FIGURA 11

17. Encontre as dimensões do retângulo de área máxima que pode ser inscrito num círculo de raio $r = 4$ (Figura 12).

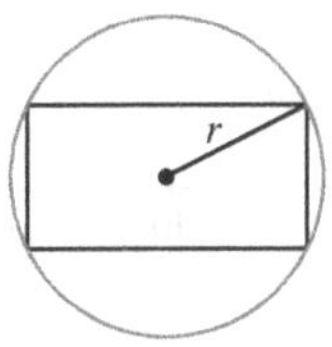

FIGURA 12

18. Encontre as dimensões x e y de um retângulo inscrito num círculo de raio r que maximize a quantidade xy^2.

19. No artigo "Os Cachorros Conhecem o Cálculo?", o autor José Faustino explica como ele observou que, quando joga uma bola diagonalmente para dentro de um lago ao longo de uma margem reta, seu cachorro Elvis parece escolher o ponto ótimo no qual entrar na água de modo a minimizar o tempo que leva para alcançar a bola, como na Figura 13. Ele cronometrou seu cachorro e constatou que Elvis consegue correr a 6,4 m/s na margem e nadar a 0,91 m/s. Suponha que José esteja parado no ponto A e lance a bola até o ponto B na água que dista 10 m perpendicularmente ao ponto C da margem, sendo que C dista 15 m de onde está parado. A que distância x do ponto C Elvis entra na água se o cachorro efetivamente minimiza seu tempo para alcançar a bola?

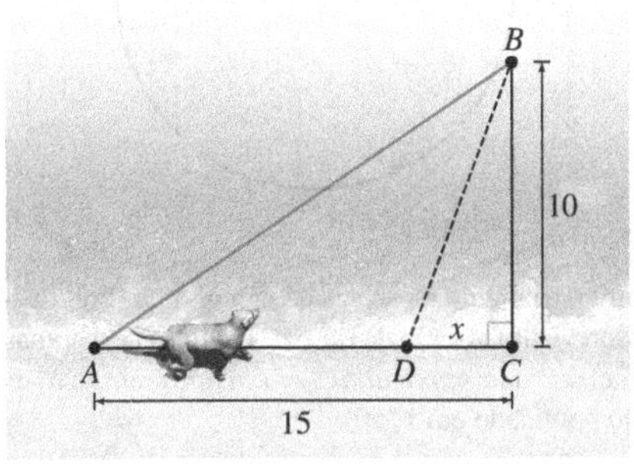

FIGURA 13

20. Um veículo de resgate pretende transportar uma pessoa ferida para o hospital. O ferido está a 30 km de distância do ponto mais próximo de uma estrada reta, sendo que o hospital está 50 km adiante nesta estrada. Se o veículo consegue andar a 30 km/h no terreno e a 120 km/h na estrada, em que ponto o veículo deve ingressar na estrada para alcançar o hospital no tempo mínimo?

21. Encontre o ponto da reta $y = x$ que esteja mais próximo do ponto $(1, 0)$. *Sugestão:* é equivalente, e mais fácil, minimizar o *quadrado* da distância.

22. Encontre o ponto P da parábola $y = x^2$ que esteja mais próximo do ponto $(3, 0)$ (Figura 14).

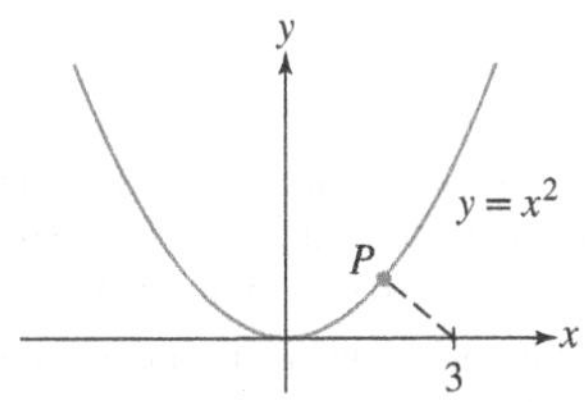

FIGURA 14

23. Encontre, utilizando um sistema algébrico computacional, uma aproximação numérica boa para as coordenadas do ponto do gráfico de $y = \ln x - x$ que esteja mais próximo da origem (Figura 15).

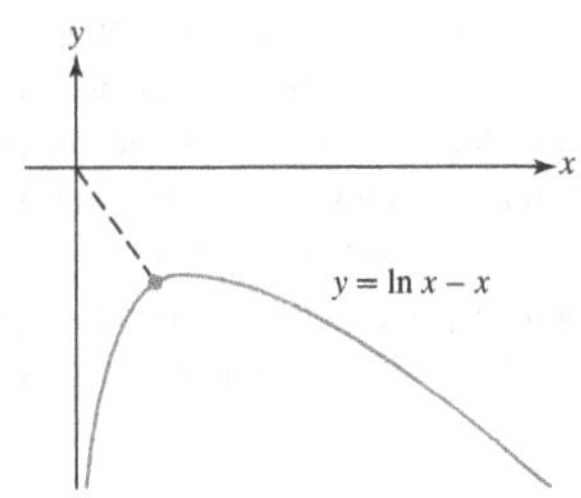

FIGURA 15

24. **O problema de Tartaglia (1500-1557)** Dentre todos os números positivos a, b cuja soma seja 8, encontre aqueles com os quais o produto dos dois números por sua diferença seja máximo.

25. Encontre o ângulo θ que maximiza a área do triângulo isósceles cujos lados iguais têm comprimento ℓ (Figura 16), usando o fato de que a área é dada por $A = \frac{1}{2}\ell^2 \operatorname{sen}\theta$.

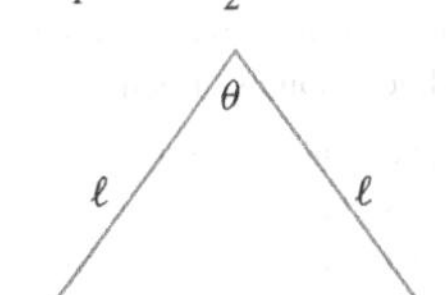

FIGURA 16

26. O volume de um cone circular reto (Figura 17) é $V = \frac{\pi}{3}r^2 h$ e sua área de superfície é $S = \pi r\sqrt{r^2 + h^2}$. Encontre as dimensões do cone com área de superfície 1 e volume máximo.

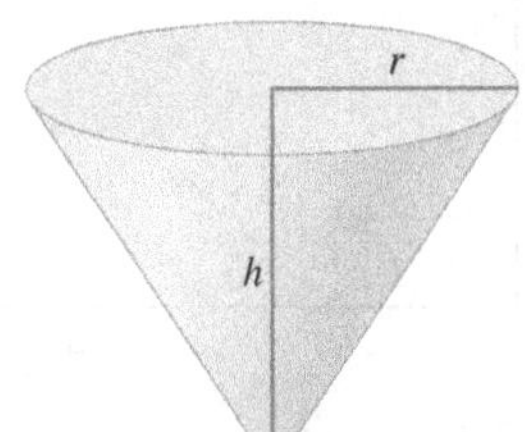

FIGURA 17

27. Encontre a área do maior triângulo isósceles que pode ser inscrito num círculo de raio 1 (Figura 18).

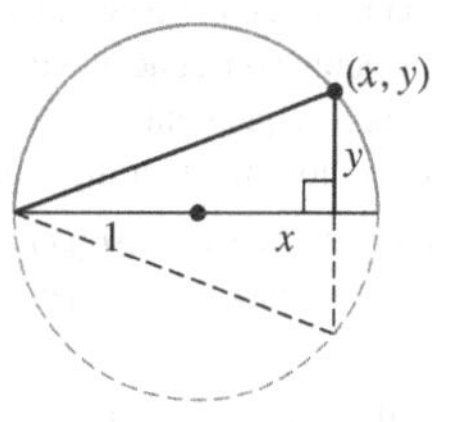

FIGURA 18

28. Encontre o raio e a altura de uma lata cilíndrica de área de superfície total A cujo volume seja o maior possível. Existe algum cilindro de área de superfície total A e volume total mínimo?

29. Um pôster de 6.000 cm^2 de área tem margens superior e inferior de 10 cm e laterais de 6 cm. Encontre as dimensões que maximizem a área impressa (pôster menos margens).

30. De acordo com o regulamento postal norte-americano, uma caixa pode ser mandada pelo correio somente se a soma de sua altura com sua cintura (que é o perímetro de sua base) não exceda 108 polegadas. Encontre as dimensões da caixa de volume máximo que pode ser mandada pelo correio se a base for um quadrado.

31. O problema do tonel de vinho de Kepler O problema seguinte foi enunciado e resolvido no trabalho intitulado *Nova stereometria doliorum vinariorum* (Nova Geometria Sólida do Tonel de Vinho), publicado em 1615 pelo astrônomo Johannes Kepler: encontre as dimensões do cilindro de maior volume que pode ser inscrito numa esfera de raio R. *Sugestão:* mostre que o volume do cilindro inscrito é $2\pi x(R^2 - x^2)$, sendo x a metade da altura do cilindro.

32. Encontre o ângulo θ que maximiza a área do trapézio com base de comprimento 4 e lados de comprimento 2, como na Figura 19.

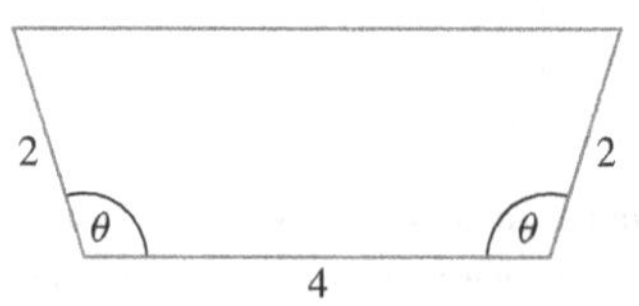

FIGURA 19

33. Uma paisagista deseja fechar um lado de um jardim retangular de 1.000 m^2 com um muro de tijolos que custa 90 dólares por metro linear e os outros três lados com uma cerca de metal que custa 30 dólares por metro linear. Quais dimensões minimizam o custo?

34. A quantidade de luz que alcança um ponto a uma distância r de uma fonte A de intensidade I_A é I_A/r^2. Suponha que uma segunda fonte de luz B de intensidade $I_B = 4I_A$ esteja localizada a 10 m de A. Encontre o ponto no segmento ligando A a B em que a quantidade total de luz é um mínimo.

35. Encontre a área máxima de um retângulo inscrito na região delimitada pelo gráfico de $y = \dfrac{4-x}{2+x}$ e os eixos coordenados (Figura 20).

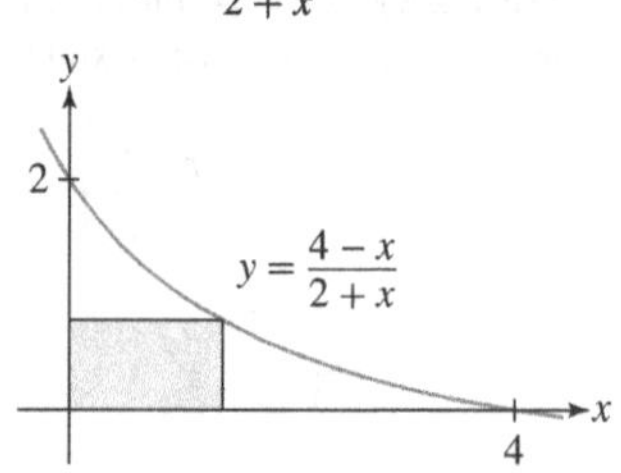

FIGURA 20

36. Encontre a área máxima de um triângulo formado pelos eixos e uma reta tangente ao gráfico de $y = (x+1)^{-2}$ com $x > 0$.

37. Encontre a área máxima de um retângulo circunscrito em volta de um retângulo de lados L e H. *Sugestão:* expresse a área do retângulo circunscrito em termos do ângulo θ (Figura 21).

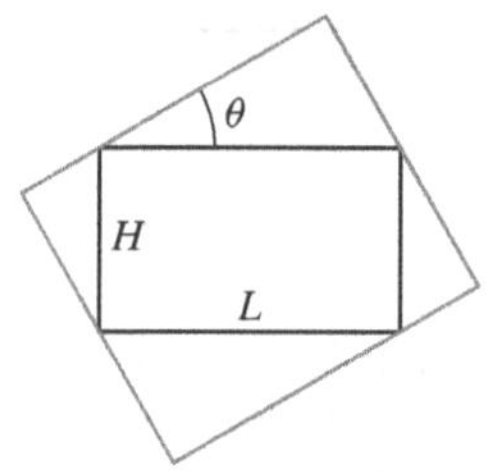

FIGURA 21

38. Pretende-se construir uma escadaria num morro que tem a forma do gráfico de $y = \dfrac{x^2(120-x)}{6400}$ com $0 \le x \le 80$, sendo x em metros (Figura 22). Qual é a altura máxima de um degrau se a largura de cada degrau deve medir $\frac{1}{3}$ m?

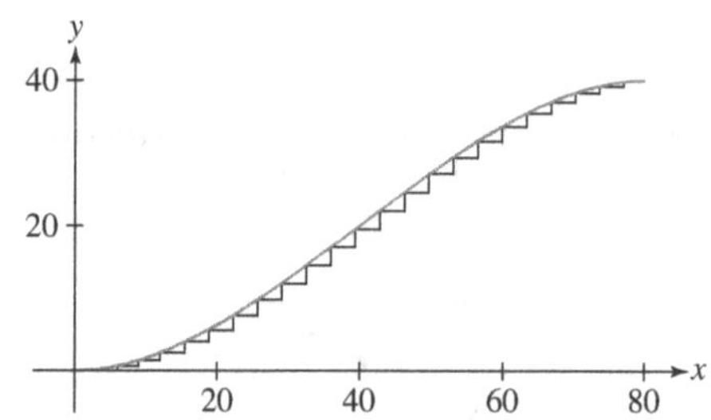

FIGURA 22

39. Encontre a equação da reta pelo ponto $P = (4, 12)$ tal que a área delimitada por essa reta no primeiro quadrante seja mínima.

40. Seja $P = (a, b)$ um ponto do primeiro quadrante. Encontre a inclinação da reta por P tal que o triângulo delimitado por essa reta e os eixos coordenados do primeiro quadrante tenha área mínima. Em seguida, mostre que P é o ponto médio da hipotenusa desse triângulo.

41. O problema de Arquimedes Uma calota esférica (Figura 23) de raio r e altura h tem volume $V = \pi h^2\left(r - \frac{1}{3}h\right)$ e área de superfície $S = 2\pi rh$. Prove que um hemisfério tem o maior volume dentre todas as calotas esféricas de área de superfície fixada S.

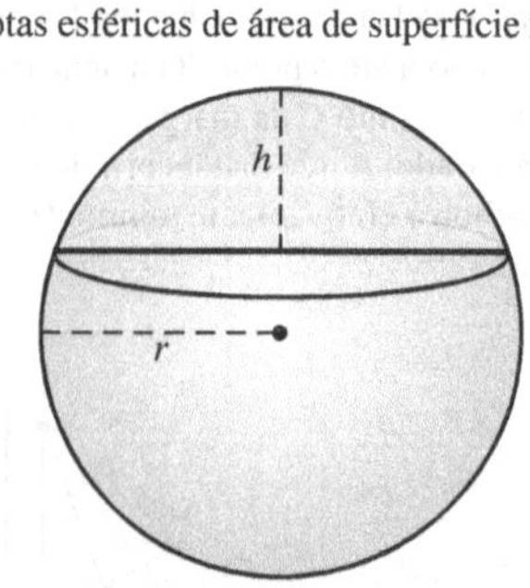

FIGURA 23

42. Encontre o triângulo isósceles de menor área (Figura 24) que circunscreve um círculo de raio 1. (Do livro de Thomas Simpson *The Doctrine and Applications of Fluxions*, um livro didático de Cálculo publicado em 1750).

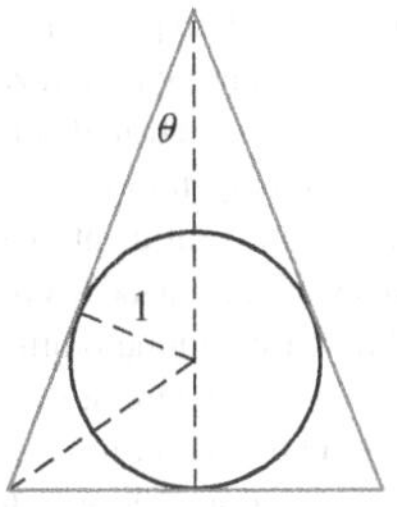

FIGURA 24

43. Uma caixa de 72 dm^3 de volume de base quadrada e sem tampa deve ser construída de dois materiais diferentes. O custo do material da base é de \$40 por dm^2 e o custo dos lados é de \$30 por dm^2. Encontre as dimensões da caixa que minimizam o custo total.

44. Encontre as dimensões de um cilindro de 1 m^3 de volume de custo mínimo se o topo e a base forem feitos de um material que custa o dobro do material utilizado na lateral.

45. Considere um depósito industrial consistindo em três espaços separados de igual tamanho, como na Figura 25. Suponha que o material para as paredes custe 500 dólares por metro linear e que a companhia aloque 2.400.000 dólares para essa construção.

(a) Quais dimensões maximizam a área total do depósito?

(b) Qual é a área de cada um dos três espaços?

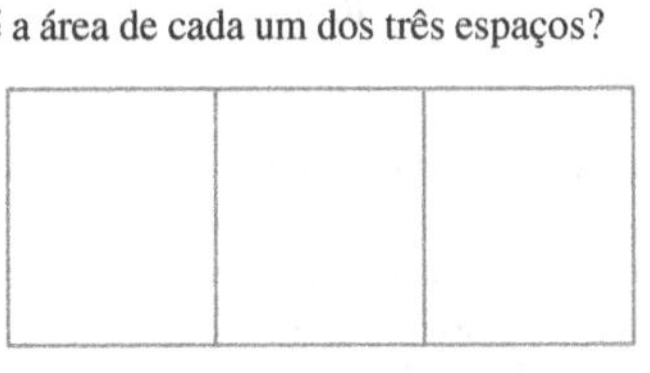
FIGURA 25

46. Suponha, no exercício precedente, que o depósito consista em n espaços separados de igual tamanho. Encontre uma fórmula em termos de n para a área total máxima possível do depósito.

47. De acordo com um modelo desenvolvido por dois economistas, a utilização de N quilos de nitrogênio e P quilos de fosfato no preparo da terra garante uma colheita de milho (em *bushels* por hectare) de

$$Y = 7{,}5 + 0{,}6N + 0{,}7P - 0{,}001N^2 - 0{,}002P^2 + 0{,}001NP$$

Um fazendeiro pretende gastar \$30 por hectare em fertilizante. Se o quilo de nitrogênio custa \$0,25 e o de fosfato custa \$0,20, qual é a combinação de N e P que garante a melhor colheita de milho?

48. Experimentos mostram que as quantidades x de milho e y de soja necessárias para produzir um suíno de peso Q satisfazem $Q = 0{,}5x^{1/2}y^{1/4}$, em que x, y e Q são dados em unidades de 100 kg. Encontre os valores de x e y que minimizem o custo de um suíno de peso $Q = 2{,}5$ se a unidade de 100 kg de milho custa \$3 e a de soja custa \$7.

49. Todos os 100 apartamentos de um prédio podem ser alugados se o aluguel mensal for fixado em $r = 900$ reais. Suponha que uma unidade é desocupada a cada 10 reais de acréscimo no aluguel e que a taxa de manutenção mensal por unidade ocupada seja de 80 reais. Determine o valor r do aluguel que maximiza o lucro mensal.

50. Uma colheita de 8 bilhões de *bushels* de milho leva a um preço de 2,40 dólares por *bushel*. Um corretor da bolsa de alimentos usa a regra empírica seguinte: se a colheita for menor em x por cento, então o preço por *bushel* aumenta em $10x$ centavos de dólar. Qual é o tamanho de colheita que resulta na receita máxima e qual é o preço por *bushel*? *Sugestão:* a receita é igual ao preço vezes o tamanho da colheita.

51. A produção mensal de uma fábrica de lâmpadas é $P = 2LK^2$ (em milhões), sendo L é a quantia investida em trabalho e K a quantia investida em equipamento (em milhares de reais). Se a fábrica precisar produzir 1,7 milhão de unidades por mês, quais valores de L e K minimizam o custo $L + K$ da produção?

52. O terreno retangular da Figura 20 mede 100 m × 200 m. Será colocada uma tubulação desde A até um ponto P no lado BC e de lá até C. O custo de colocar a tubulação ao longo do lado do terreno é de 45 reais/m e o custo através do terreno é de 80 reais/m (pois precisa ser subterrâneo).

(a) Seja $f(x)$ o custo total, sendo x a distância de P a B. Determine $f(x)$, mas observe que f é descontínua em $x = 0$ (se $x = 0$, o custo de toda a tubulação é de 45 reais/m).

(b) Qual é a maneira mais econômica de colocar a tubulação? E se o custo ao longo dos lados for de 65 reais/m?

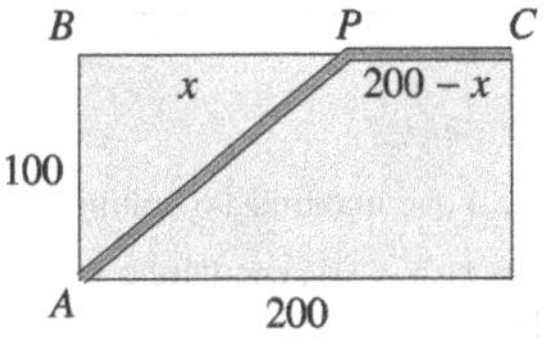

FIGURA 26

53. Jaqueline está numa margem de um rio que tem 50 m de largura e quer alcançar o mais rapidamente um ponto na outra margem 200 m rio abaixo nadando diagonalmente através do rio e depois correndo ao longo da outra margem. Encontre o melhor trajeto que ela pode tomar se ela consegue nadar a 1,5 m/s e correr 4 m/s.

54. **A lei de Snell** Quando um raio de luz parte do ponto A localizado acima da superfície de uma piscina para o ponto B localizado dentro da água (Figura 27), a luz escolhe o caminho que *toma o menor tempo*. Sejam v_1 a velocidade da luz no ar e v_2 a velocidade da luz na água (é sabido que $v_1 > v_2$). Prove a lei de Snell da refração:

$$\frac{\operatorname{sen}\theta_1}{v_1} = \frac{\operatorname{sen}\theta_2}{v_2}$$

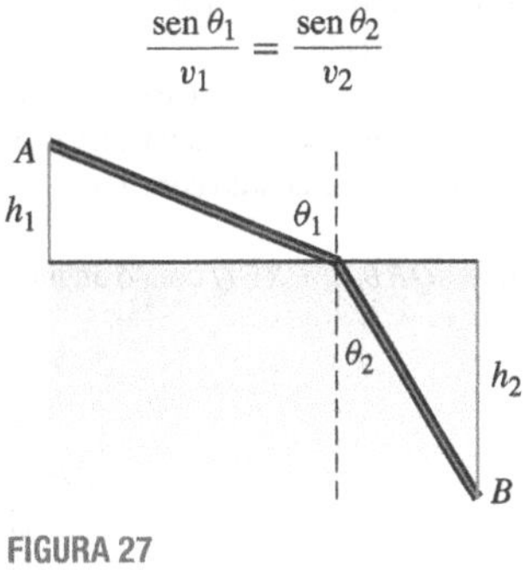

FIGURA 27

55. **Ramificação vascular** Um pequeno vaso sanguíneo de raio r bifurca num ângulo θ de um vaso maior de raio R para levar sangue de A até B. De acordo com a lei de Poiseuille, a resistência total ao fluxo sanguíneo é proporcional a

$$T = \left(\frac{a - b\operatorname{cotg}\theta}{R^4} + \frac{b\operatorname{cossec}\theta}{r^4}\right)$$

sendo a e b dados na Figura 28. Mostre que a resistência total é minimizada quando $\theta = (r/R)^4$.

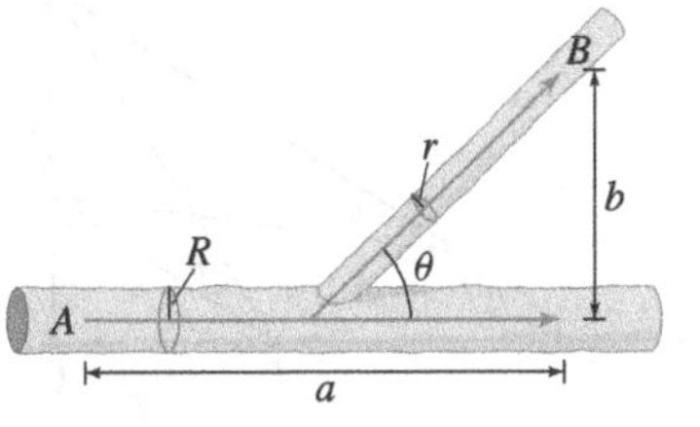

FIGURA 28

Nos Exercícios 56-58, é construída uma caixa (sem tampa) com um pedaço de cartolina de lados de comprimento A e B, recortando quadradinhos de lado h dos cantos e dobrando os lados (Figura 29).

56. Encontre o valor de h que maximiza o volume da caixa se $A = 15$ e $B = 24$. Quais são as dimensões da caixa resultante?

57. Quais valores de A e B maximizam o volume da caixa se $h = 10$ cm e $AB = 900$ cm?

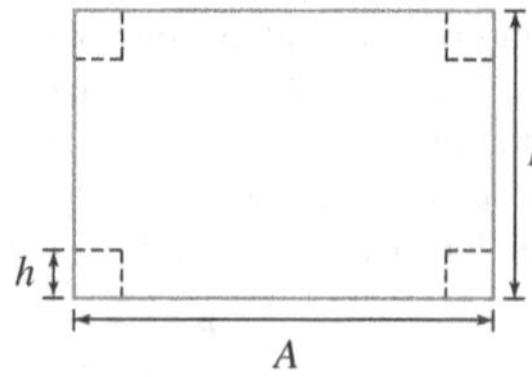

FIGURA 29

58. Qual é o valor de h que maximiza o volume se $A = B$?

59. Dados n números $x_1, \ldots, x_n$, encontre o valor de x que minimiza a soma dos quadrados:

$$(x - x_1)^2 + (x - x_2)^2 + \cdots + (x - x_n)^2$$

Primeiro resolva o problema com $n = 2$ e 3 e, só então, resolva-o com n qualquer.

60. Um *outdoor* de altura b é montado num lado de um prédio com sua base a uma altura h do nível da rua, como na Figura 30. A que distância x do prédio deveria ficar um observador para maximizar o ângulo de observação θ?

61. Resolva o Exercício 60 de novo usando Geometria em vez de Cálculo. Existe um único círculo passando pelos pontos B e C que é tangente à rua. Seja R o ponto de tangência. Observe que os dois ângulos denotados por ψ na Figura 30 são iguais porque subentendem arcos iguais no círculo.

(a) Mostre que o valor máximo de θ é $\theta = \psi$. *Sugestão:* mostre que $\psi = \theta + \angle PBA$, sendo A a interseção do círculo com PC.

(b) Prove que isso está de acordo com a resposta obtida no Exercício 60.

(c) Mostre que $\angle QRB = \angle RCQ$ com o ângulo máximo ψ.

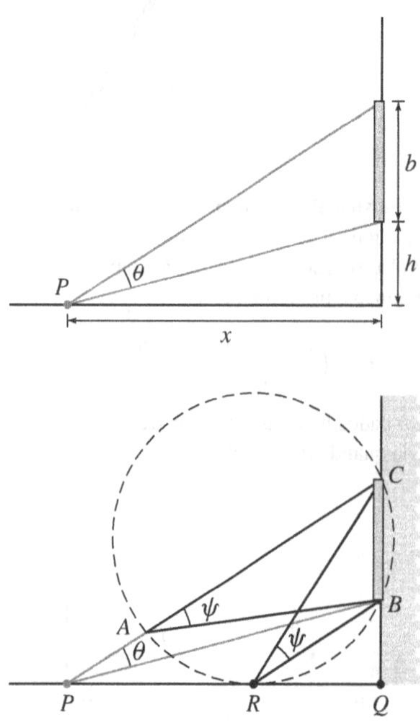

FIGURA 30

62. Escala de entrega ótima Um posto de gasolina vende Q litros de gasolina por ano, que é entregue N vezes ao ano em carregamentos iguais de Q/N litros. O custo de cada entrega é de d dólares e os custos anuais de estocagem são dados por sQT, em que T é o tempo (uma fração de ano) entre entregas e s é uma constante. Mostre que os custos são minimizados com $N = \sqrt{sQ/d}$. (*Sugestão:* $T = 1/N$.) Encontre o número ótimo de entregas se $Q = 2$ milhões de litros, $d = 8.000$ dólares e $s = 30$ centavos de dólar por litro ao ano. A resposta deveria ser um número inteiro, portanto compare os custos para os dois valores inteiros de N mais próximos do valor ótimo.

63. Maximização de área A partir de um muro reto de 40 m, nosso objetivo é construir um cercado retangular usando 80 m lineares de cerca para englobar a maior área possível. Seja $A(x)$ a área do cercado, sendo x dado na Figura 31.

(a) Encontre o valor máximo de $A(x)$.

(b) Qual intervalo de valores de x é relevante para o nosso problema? Encontre o valor máximo de $A(x)$ nesse intervalo.

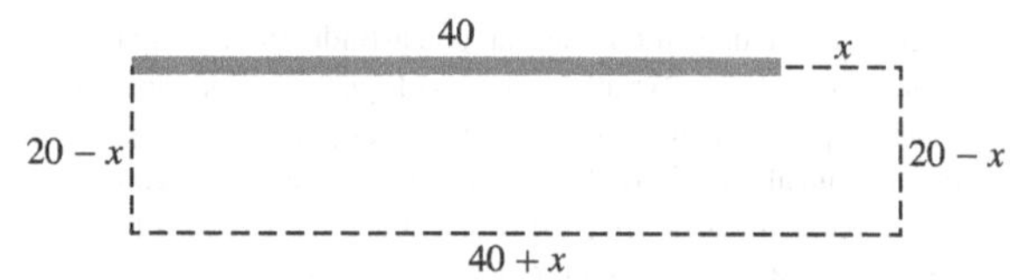

FIGURA 31

64. Seja (a, b) um ponto fixado no primeiro quadrante e seja $S(d)$ a soma das distâncias de $(d, 0)$ aos pontos $(0, 0)$, (a, b) e $(a, -b)$.

(a) Encontre o valor de d com o qual $S(d)$ é mínimo. A resposta depende dos casos $b < \sqrt{3}a$ ou $b \geq \sqrt{3}a$. *Sugestão:* Mostre que $d = 0$ se $b \geq \sqrt{3}a$.

(b) CG Seja $a = 1$. Esboce S com $b = 0{,}5$; $\sqrt{3}$ e 3 e descreva a posição do mínimo.

65. A força F (em newtons) necessária para colocar em movimento uma caixa de m kg de massa puxando-a por uma corda (Figura 32) é

$$F(\theta) = \frac{fmg}{\cos\theta + f\,\text{sen}\,\theta}$$

em que θ é o ângulo entre a corda e a horizontal, f é o coeficiente de atrito estático e $g = 9{,}8$ m/s^2. Encontre o ângulo θ que minimiza a força F necessária, supondo que $f = 0{,}4$. *Sugestão:* encontre o valor máximo de $\theta + f\,\text{sen}\,\theta$.

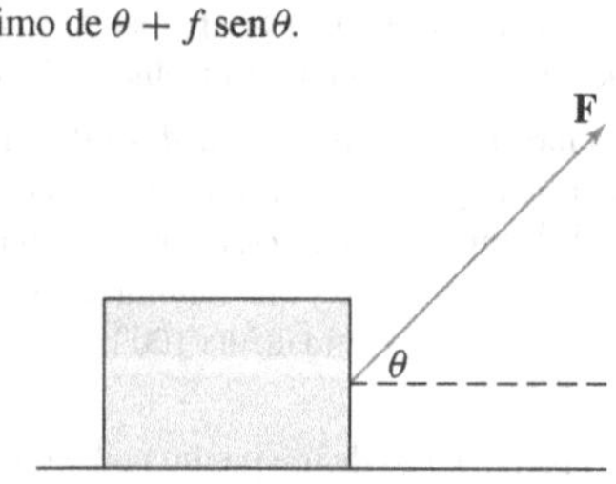

FIGURA 32

66. No contexto do Exercício 65, mostre que, dado qualquer coeficiente f, a força mínima exigida é proporcional a $1/\sqrt{1 + f^2}$.

67. Migração de aves Os ornitólogos descobriram que o consumo de potência (em joules por segundo) de certo tipo de pombo voando a uma velocidade de v m/s é muito bem descrito pela função $P(v) = 17v^{-1} + 10^{-3}v^3$. Suponha que o pombo possa armazenar 5×10^4 joules de energia útil em forma de gordura.

(a) Mostre que à velocidade v, um pombo consegue voar uma distância total de $D(v) = (5 \times 10^4)v/P(v)$ se utilizar toda sua energia armazenada.

(b) Encontre a velocidade v_p que *minimiza P*.

(c) As aves migratórias são espertas a ponto de voar à velocidade que maximiza a distância percorrida ao invés de minimizar o consumo de potência. Mostre que a velocidade v_d que maximiza a distância total $D(v)$ satisfaz $P'(v_d) = P(v_d)/v_d$. Mostre que v_d é obtida graficamente como a coordenada da velocidade do ponto em que uma reta pela origem é tangente ao gráfico de P (Figura 33).

(d) Encontre v_d e a distância total máxima $D(v_d)$.

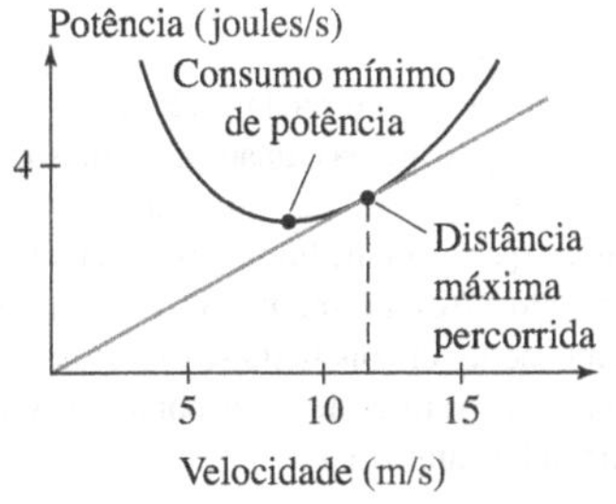

FIGURA 33

68. O problema é colocar um "telhado" de lado s numa peça do sótão de altura h e largura b. Encontre o menor comprimento s para o qual isso é possível se $b = 27$ e $h = 8$ (Figura 34).

69. Refaça o Exercício 68 com b e h arbitrários.

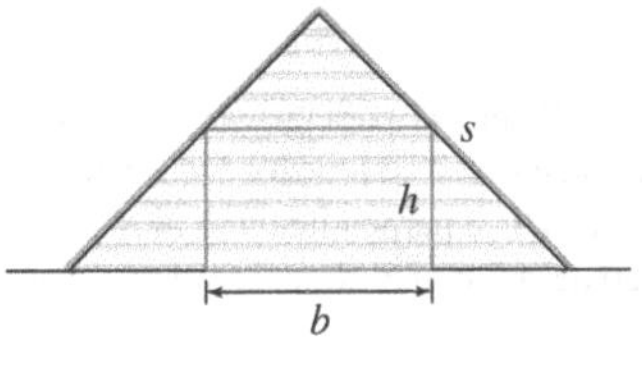

FIGURA 34

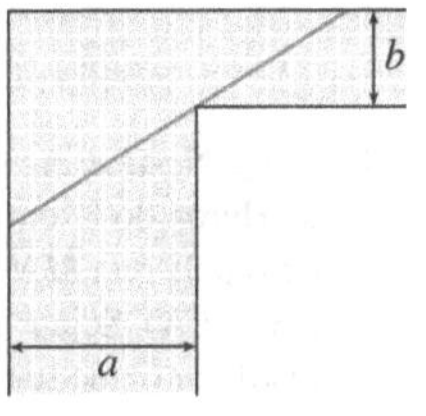

FIGURA 35

70. Encontre o comprimento máximo de um poste que possa ser carregado horizontalmente por uma esquina que liga corredores de larguras $a = 24$ e $b = 3$ (Figura 35).

71. Refaça o Exercício 70 com corredores de larguras arbitrárias a e b.

72. Encontre o comprimento ℓ mínimo de uma viga que, por cima de uma cerca de altura h, consegue alcançar uma parede a b m atrás da cerca (Figura 36).

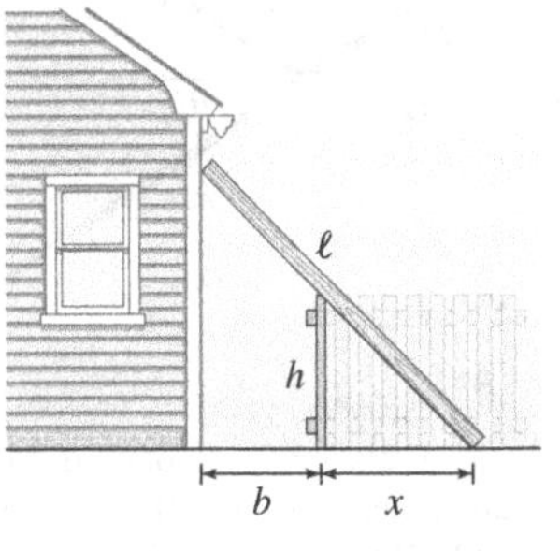

FIGURA 36

73. Um jogador de basquete está parado a d m da cesta. Sejam h e α como na Figura 37. Usando Física, podemos mostrar que se o jogador lançar a bola num ângulo θ, então a velocidade inicial exigida para converter a cesta satisfaz

$$v^2 = \frac{16d}{\cos^2\theta(\operatorname{tg}\theta - \operatorname{tg}\alpha)}$$

(a) Explique por que essa fórmula só faz sentido se $\alpha < \theta < \frac{\pi}{2}$. Por que v tende ao infinito nas extremidades desse intervalo?

(b) CG Tome $\alpha = \frac{\pi}{6}$ e esboce v^2 como função de θ com $\frac{\pi}{6} < \theta < \frac{\pi}{2}$. Confira que o mínimo ocorre em $\theta = \frac{\pi}{3}$.

(c) Seja $F(\theta) = \cos^2\theta(\operatorname{tg}\theta - \operatorname{tg}\alpha)$. Explique por que v é minimizado com θ tal que $F(\theta)$ é maximizado.

(d) Confira que $F'(\theta) = \cos(\alpha - 2\theta)\sec\alpha$ (para isso será necessária a fórmula de adição do cosseno) e mostre que o valor máximo de F em $[\alpha, \frac{\pi}{2}]$ ocorre em $\theta_0 = \frac{\alpha}{2} + \frac{\pi}{4}$.

(e) Com um α dado, o ângulo ótimo para converter o arremesso é θ_0, porque minimiza v^2 e, portanto, minimiza a energia exigida para fazer o melhor arremesso (a energia é proporcional a v^2). Mostre que a velocidade v_{otm} no ângulo ótimo θ_0 satisfaz

$$v_{\text{otm}}^2 = \frac{32d\cos\alpha}{1 - \operatorname{sen}\alpha} = \frac{32d^2}{-h + \sqrt{d^2 + h^2}}$$

(f) CG Mostre com um gráfico que, com d fixado (digamos, $d = 4{,}6$ m, a distância de um lance livre), v_{otm}^2 é uma função crescente de h. Use isso para explicar por que jogadores mais altos têm uma vantagem e por que pode ser útil saltar para fazer um arremesso.

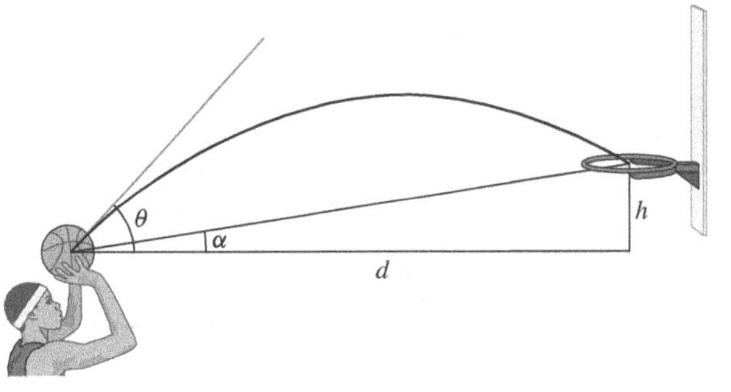

FIGURA 37

74. As três cidades A, B e C serão ligadas por um cabo de fibra ótica subterrâneo, como ilustrado na Figura 38(A). Suponha que C esteja localizada diretamente abaixo do ponto médio de $\overline{AB}$. Encontre o ponto de junção P que minimiza a quantidade total de cabo utilizada.

(a) Mostre inicialmente que P deve ficar diretamente acima de C. *Sugestão:* use o resultado do Exemplo 6 para mostrar que se o ponto de junção for colocado no ponto Q da Figura 38(B), então podemos reduzir o comprimento do cabo movendo Q horizontalmente até o ponto P localizado acima de C.

(b) Com x como na Figura 38(A), seja $f(x)$ o comprimento total do cabo utilizado. Mostre que f tem um único ponto crítico c. Calcule c e mostre que $0 \le c \le L$ se, e só se, $D \le 2\sqrt{3}\,L$.

(c) Encontre o mínimo de f em $[0, L]$ em dois casos: $D = 2$, $L = 4$ e $D = 8$, $L = 2$.

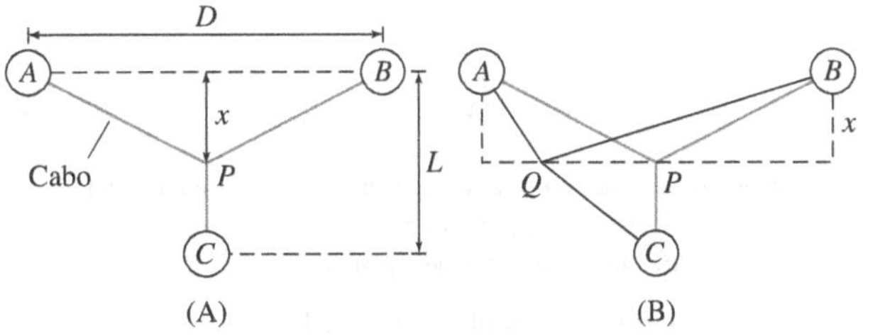

FIGURA 38

Compreensão adicional e desafios

75. Jairo e Paula estão dirigindo numa rodovia representada pelo gráfico de f na Figura 39. Durante o percurso, Paula vê um *outdoor* representado pelo segmento $\overline{BC}$ ao longo do eixo y. Seja Q o ponto de corte com o eixo y da reta tangente a $y = f(x)$. Mostre que θ é maximizado com os valores de x nos quais são iguais os ângulos $\angle QPB$ e $\angle QCP$. Isso generaliza o Exercício 61(c) [que corresponde ao caso $f(x) = 0$]. *Sugestões:*

(a) Mostre que $d\theta/dx$ é igual a

$$(b-c)\cdot\frac{(x^2+(xf'(x))^2)-(b-(f(x)-xf'(x)))(c-(f(x)-xf'(x)))}{(x^2+(b-f(x))^2)(x^2+(c-f(x))^2)}$$

(b) Mostre que a coordenada y de Q é $f(x) - xf'(x)$.

(c) Mostre que a condição $d\theta/dx = 0$ é equivalente a

$$PQ^2 = BQ \cdot CQ$$

(d) Conclua que $\triangle QPB$ e $\triangle QCP$ são triângulos semelhantes.

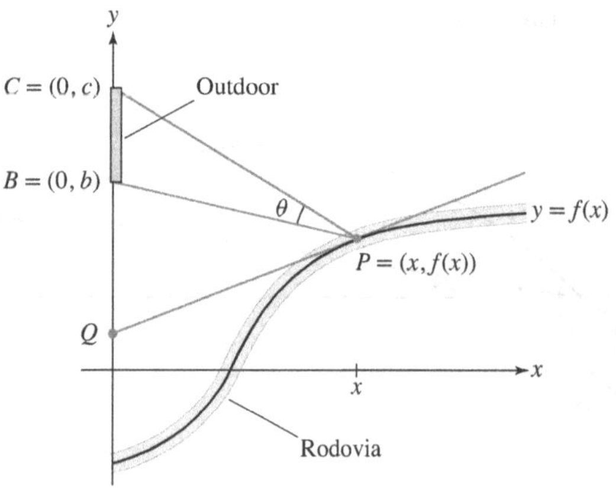

FIGURA 39

Prospecção Sísmica *Nos Exercícios 76-78 tratamos da determinação da espessura de uma camada de solo que fica acima de formações rochosas. Os geólogos enviam dois pulsos sonoros do ponto A ao ponto D separados por uma distância s. O primeiro pulso é enviado diretamente de A a D ao longo da superfície terrestre. O segundo pulso vai até a formação rochosa, dali ao longo da superfície rochosa até voltar para cima até D (o caminho ABCD), como na Figura 40. O pulso viaja à velocidade v_1 no solo e v_2 na rocha.*

76. (a) Mostre que o tempo necessário para o primeiro pulso ir de A até D é $t_1 = s/v_1$.

(b) Mostre que o tempo necessário para o segundo pulso é

$$t_2 = \frac{2d}{v_1}\sec\theta + \frac{s - 2d\,\mathrm{tg}\,\theta}{v_2}$$

desde que tenhamos

$$\mathrm{tg}\,\theta \le \frac{s}{2d} \qquad 2$$

(*Observação:* se essa desigualdade não estiver satisfeita, então o ponto B não estará à esquerda de C.)

(c) Mostre que t_2 é minimizada quando $\operatorname{sen}\theta = v_1/v_2$.

77. Neste exercício, suponha que $v_2/v_1 \ge \sqrt{1 + 4(d/s)^2}$.

(a) Mostre que a desigualdade (2) vale se $\operatorname{sen}\theta = v_1/v_2$.

(b) Mostre que o tempo mínimo para o segundo pulso é

$$t_2 = \frac{2d}{v_1}(1-k^2)^{1/2} + \frac{s}{v_2}$$

sendo $k = v_1/v_2$.

(c) Conclua que $\dfrac{t_2}{t_1} = \dfrac{2d(1-k^2)^{1/2}}{s} + k$.

78. Continue no contexto do exercício precedente.

(a) Encontre a espessura da camada de solo, supondo que $v_1 = 0{,}7v_2$, $t_2/t_1 = 1{,}3$ e $s = 400$ m.

(b) Os tempos t_1 e t_2 são medidos experimentalmente. A equação no Exercício 77(c) mostra que t_2/t_1 é uma função linear de $1/s$. O que pode ser concluído se executássemos experimentos com vários valores de s e os pontos $(1/s, t_2/t_1)$ *não ficassem* alinhados numa reta?

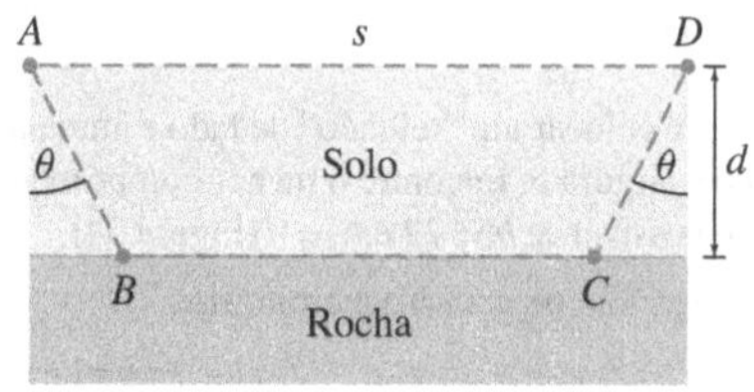

FIGURA 40

79. Neste exercício, usamos a Figura 41 para provar o princípio de Heron do Exemplo 6 sem Cálculo. Por definição, C é a reflexão de B pela reta $\overline{MN}$ (de modo que $\overline{BC}$ é perpendicular a $\overline{MN}$ e $BN = CN$). Seja P a interseção de $\overline{AC}$ e $\overline{MN}$. Use Geometria para justificar o que segue.

(a) $\triangle PNB$ e $\triangle PNC$ são congruentes e $\theta_1 = \theta_2$.

(b) Os caminhos APB e APC têm comprimentos iguais.

(c) Analogamente, AQB e AQC têm comprimentos iguais.

(d) O caminho APC é mais curto do que AQB com qualquer $Q \ne P$. Conclua que o caminho AQB mais curto ocorre se $Q = P$.

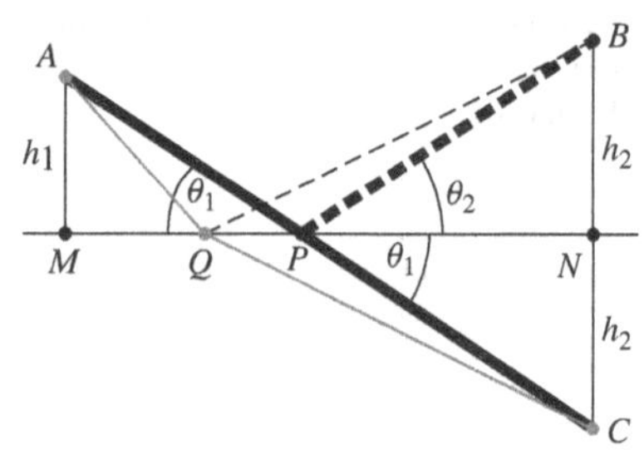

FIGURA 41

80. Um projetista de joias planeja incorporar um componente de ouro em formato de um tronco de cone de 1 cm de altura e raio inferior r fixado (Figura 42). O raio x superior pode tomar qualquer valor entre 0 e r. Observe que $x = 0$ e $x = r$ correspondem ao cone e ao cilindro, respectivamente. Como função de x, a área de superfície (sem incluir o topo e a base) é $S(x) = \pi s(r + x)$, em que s é a *altura inclinada* do tronco, conforme indicado na figura. Qual é o valor de x que fornece o projeto menos caro [o valor mínimo de $S(x)$ com $0 \le x \le r$]?

(a) Mostre que $S(x) = \pi(r + x)\sqrt{1 + (r - x)^2}$.

(b) Mostre que se $r < \sqrt{2}$, então S é uma função crescente. Conclua que o cone ($x = 0$) tem a área mínima nesse caso.

(c) Suponha que $r > \sqrt{2}$. Mostre que S tem dois pontos críticos $x_1 < x_2$ em $(0, r)$, que $S(x_1)$ é um máximo local e que $S(x_2)$ é um mínimo local.
(d) Conclua que o mínimo ocorre em $x = 0$ ou x_2.
(e) Encontre o mínimo nos casos $r = 1{,}5$ e $r = 2$.
(f) Desafio: seja $c = \sqrt{(5 + 3\sqrt{3})/4} \approx 1{,}597$. Prove que o mínimo ocorre em $x = 0$ (cone) se $\sqrt{2} < r < c$, mas que o mínimo ocorre em $x = x_2$ se $r > c$.

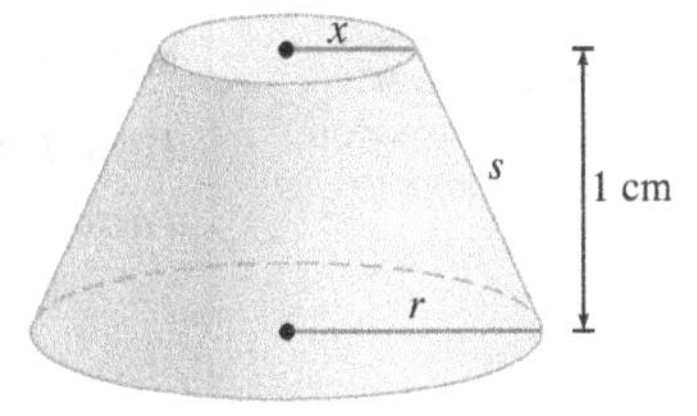

FIGURA 42 Tronco de cone de 1 cm de altura.

4.8 Método de Newton

O método de Newton é um procedimento para encontrar aproximações numéricas de zeros de funções. As aproximações numéricas são importantes porque muitas vezes é impossível encontrar os zeros exatamente. Por exemplo, o polinômio $f(x) = x^5 - x - 1$ tem uma raiz real c (ver Figura 1), mas pode ser provado, usando um ramo de Matemática avançada denominado *Teoria de Galois*, que não existe fórmula algébrica alguma para essa raiz. O método de Newton mostra que $c \approx 1{,}1673$ e, com mais contas, podemos calcular c com qualquer grau necessário de precisão.

LEMBRETE Um "zero" ou "raiz" de uma função f é uma solução da equação $f(x) = 0$.

No método de Newton, começamos escolhendo um número x_0, que acreditamos estar próximo de uma raiz da equação $f(x) = 0$. Esse valor com que começamos as contas é denominado **palpite inicial**. O método de Newton então produz uma sequência $x_0, x_1, x_2, \ldots$ de aproximações sucessivas que, em situações favoráveis, converge a uma raiz.

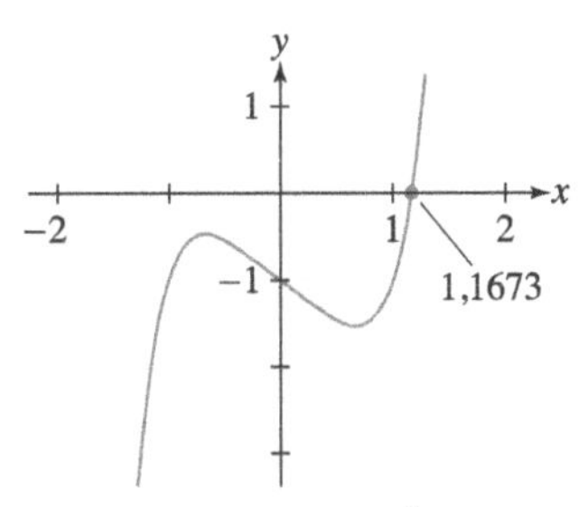

FIGURA 1 O gráfico de $y = x^5 - x - 1$. O valor 1,1673 é uma boa aproximação numérica da raiz.

A Figura 2 ilustra o procedimento. Dado um palpite inicial x_0, traçamos a reta tangente ao gráfico em $(x_0, f(x_0))$. A aproximação x_1 é definida como a coordenada x do ponto em que a reta tangente intersecta o eixo x. Para produzir a segunda aproximação x_2 (também denominada segunda iterada), aplicamos esse procedimento a x_1.

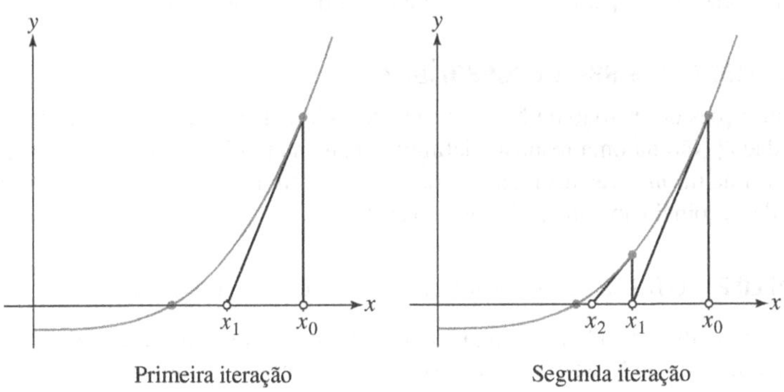

FIGURA 2 A sequência produzida por iteração converge a uma raiz.

Vamos deduzir uma fórmula para x_1. A equação da reta tangente em $(x_0, f(x_0))$ é

$$y = f(x_0) + f'(x_0)(x - x_0)$$

A reta tangente cruza o eixo x em x_1, sendo

$$y = f(x_0) + f'(x_0)(x_1 - x_0) = 0$$

Se $f'(x_0) \neq 0$, podemos resolver em x_1 para obter $x_1 - x_0 = -f(x_0)/f'(x_0)$, ou

$$x_1 = x_0 - \frac{f(x_0)}{f'(x_0)}$$

A segunda iterada x_2 é obtida aplicando essa fórmula a x_1 em vez de x_0:

$$x_2 = x_1 - \frac{f(x_1)}{f'(x_1)}$$

e assim por diante. Observe na Figura 2 que x_1 está mais próximo da raiz que x_0 e que x_2 está mais próximo ainda. Isso é típico: as aproximações sucessivas geralmente convergem a uma raiz exata. Contudo, há casos em que o método de Newton falha (Figura 4).

O método de Newton é um exemplo de um procedimento iterativo. "Iterar" significa repetir e no método de Newton usamos a Equação (1) repetidamente para produzir a sequência de aproximações.

Método de Newton Para aproximar uma raiz de $f(x) = 0$:

Passo 1. **Escolher um palpite inicial x_0 (perto da raiz procurada, se possível).**

Passo 2. **Gerar as aproximações sucessivas $x_1, x_2, \ldots$, sendo**

$$x_{n+1} = x_n - \frac{f(x_n)}{f'(x_n)} \qquad (1)$$

■ **EXEMPLO 1** **Aproximando $\sqrt{5}$** Calcule as três primeiras aproximações x_1, x_2, x_3 de uma raiz de $f(x) = x^2 - 5$ usando o palpite inicial $x_0 = 2$.

Solução Temos $f'(x) = 2x$. Portanto,

$$x_1 = x_0 - \frac{f(x_0)}{f'(x_0)} = x_0 - \frac{x_0^2 - 5}{2x_0}$$

Calculamos as aproximações sucessivas como segue:

$$x_1 = x_0 - \frac{f(x_0)}{f'(x_0)} = 2 - \frac{2^2 - 5}{2 \cdot 2} = 2{,}25$$

$$x_2 = x_1 - \frac{f(x_1)}{f'(x_1)} = 2{,}25 - \frac{2{,}25^2 - 5}{2 \cdot 2{,}25} \approx 2{,}23611$$

$$x_3 = x_2 - \frac{f(x_2)}{f'(x_2)} = 2{,}23611 - \frac{2{,}23611^2 - 5}{2 \cdot 2{,}23611} \approx \mathbf{2{,}23606797}789$$

Essa sequência fornece aproximações sucessivas de uma raiz de $x^2 - 5 = 0$, a saber,

$$\sqrt{5} = \mathbf{2{,}23606797}7499789696\ldots$$

Observe que x_3 é igual à raiz exata a menos de um erro menor do que 10^{-9}. Isso é uma precisão impressionante para somente três iterações do método de Newton. ■

Quantas iterações são necessárias?

Quantas iterações do método de Newton são necessárias para aproximar uma raiz com uma precisão dada? Não há uma resposta definitiva, mas, na prática, é geralmente seguro supor que se as primeiras m casas decimais de x_n e x_{n+1} forem iguais, então as primeiras m casas decimais de x_n coincidem com as da solução exata.

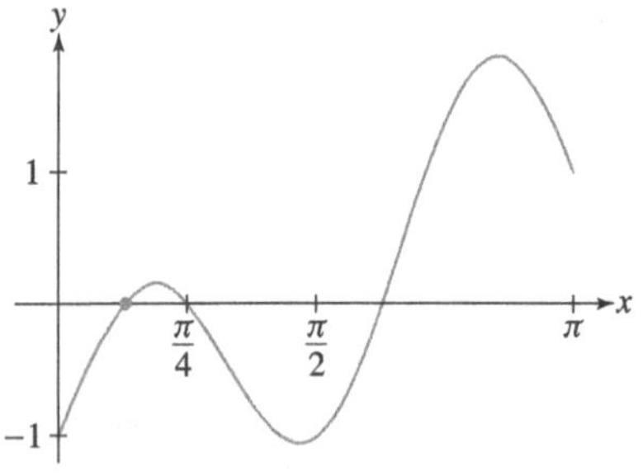

FIGURA 3 O gráfico de $f(x) = \operatorname{sen} 3x - \cos x$.

■ **EXEMPLO 2** CG Seja c a menor solução positiva de $\operatorname{sen} 3x = \cos x$.

(a) Use um gráfico gerado por computador para escolher um palpite inicial x_0 de c.

(b) Use o método de Newton para aproximar c com um erro menor do que 10^{-6}.

Solução

(a) Uma solução de sen $3x = \cos x$ é um zero da função $f(x) = \operatorname{sen} 3x - \cos x$. A Figura 3 mostra que o menor zero está aproximadamente a meio caminho entre 0 e $\frac{\pi}{4}$. Como $\frac{\pi}{4} \approx 0{,}785$, um bom palpite inicial é $x_0 = 0{,}4$.

(b) Como $f'(x) = 3\cos 3x + \operatorname{sen} x$, a Equação (1) fornece a fórmula

$$x_{n+1} = x_n - \frac{\operatorname{sen} 3x_n - \cos x_n}{3\cos 3x_n + \operatorname{sen} x_n}$$

Com $x_0 = 0{,}4$ como valor inicial, as primeiras quatro iteradas são

$$x_1 \approx \mathbf{0{,}3925647447}$$

$$x_2 \approx \mathbf{0{,}3926990}382$$

$$x_3 \approx \mathbf{0{,}3926990816987}196$$

$$x_4 \approx \mathbf{0{,}3926990816987}241$$

Parando aqui, podemos estar razoavelmente confiantes de que x_4 aproxima a menor raiz positiva c até a décima segunda casa decimal. De fato, $c = \frac{\pi}{8}$ e a precisão de x_4 é de 16 casas decimais. ■

Não existe um palpite inicial "correto". No Exemplo 2, escolhemos $x_0 = 0{,}4$, mas outra escolha possível é $x_0 = 0$, que leva à sequência

$$x_1 \approx 0{,}3333333333$$

$$x_2 \approx 0{,}3864547725$$

$$x_3 \approx 0{,}3926082513$$

$$x_4 \approx 0{,}3926990816$$

Pode ser conferido, no entanto, que $x_0 = 1$ leva a uma sequência convergindo a $\frac{\pi}{4}$, que é a segunda solução positiva de sen $3x = \cos x$.

Quais raízes são calculadas pelo método de Newton?

Às vezes, o método de Newton não calcula raiz alguma. Na Figura 4, as iteradas divergem ao infinito. Contudo, o método de Newton geralmente converge rapidamente e, se uma particular escolha de x_0 não leva a uma raiz, a melhor estratégia é tentar um palpite inicial diferente, consultando um gráfico, se possível. Se $f(x) = 0$ tiver mais de uma raiz, palpites iniciais x_0 diferentes podem levar a raízes diferentes.

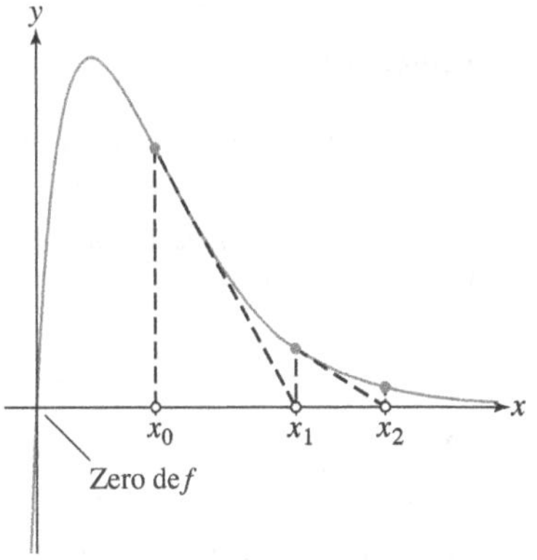

FIGURA 4 A função tem um único zero, mas a sequência das iteradas de Newton tende para o infinito.

■ **EXEMPLO 3** A Figura 5 mostra que $f(x) = x^4 - 6x^2 + x + 5$ tem quatro raízes reais.

(a) Mostre que, com $x_0 = 0$, o método de Newton converge à raiz perto de -2.
(b) Mostre que, com $x_0 = -1$, o método de Newton converge à raiz perto de -1.

Solução Temos $f'(x) = 4x^3 - 12x + 1$ e

$$x_{n+1} = x_n - \frac{x_n^4 - 6x_n^2 + x_n + 5}{4x_n^3 - 12x_n + 1} = \frac{3x_n^4 - 6x_n^2 - 5}{4x_n^3 - 12x_n + 1}$$

(a) Usando a Tabela 1, podemos ter certeza de que, com $x_0 = 0$, o método de Newton converge a uma raiz perto de $-2{,}3$. Observe na Figura 5 que essa não é a raiz mais próxima de x_0.
(b) A Tabela 2 sugere que, com $x_0 = -1$, o método de Newton converge à raiz perto de $-0{,}9$. ■

TABELA 1

x_0	0
x_1	−5
x_2	−3,9179954
x_3	−3,1669480
x_4	−2,6871270
x_5	−2,4363303
x_6	−2,3572979
x_7	−**2,3**495000

TABELA 2

x_0	−1
x_1	−0,8888888888
x_2	−0,8882866140
x_3	−0,88828656234358
x_4	−**0,888286562343575**

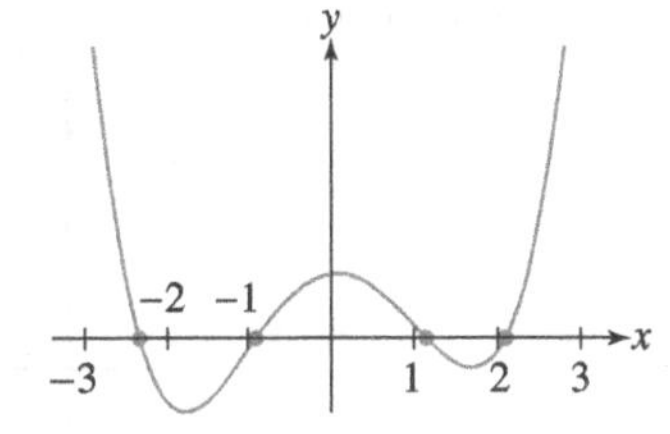

FIGURA 5 O gráfico de $f(x) = x^4 - 6x^2 + x + 5$.

4.8 Resumo

- Método de Newton: para encontrar uma sequência de aproximações numéricas a uma raiz de f, comece com um palpite inicial x_0. Em seguida, construa a sequência $x_0, x_1, x_2, \ldots$ usando a fórmula

$$x_{n+1} = x_n - \frac{f(x_n)}{f'(x_n)}$$

  O palpite inicial x_0 deve ser escolhido tão próximo de uma raiz quanto for possível, utilizando, talvez, um gráfico. Em casos favoráveis, a sequência converge rapidamente a uma raiz.
- Se as primeiras m casas decimais de x_n e x_{n+1} forem iguais, podemos estar razoavelmente certos de que as primeiras m casas decimais de x_n coincidem com as da raiz.

4.8 Exercícios

Exercícios preliminares

1. Quantas iterações do método de Newton são necessárias para calcular uma raiz se f for uma função linear?
2. O que acontece com o método de Newton se o palpite inicial já for um zero de f?
3. O que acontece com o método de Newton se o palpite inicial for justamente um min ou max local de f?
4. Verifique se a afirmação a seguir é uma descrição razoável do método de Newton: "Uma raiz da equação da reta tangente ao gráfico de f é usada como uma aproximação da raiz da própria f." Explique.

Exercícios

Neste conjunto de exercícios, todas as aproximações devem ser calculadas usando o método de Newton.

Nos Exercícios 1-6, aplique o método de Newton a f e o palpite inicial x_0 para calcular x_1, x_2, x_3.

1. $f(x) = x^2 - 6, \quad x_0 = 2$

2. $f(x) = x^2 - 3x + 1, \quad x_0 = 3$

3. $f(x) = x^3 - 10, \quad x_0 = 2$

4. $f(x) = x^3 + x + 1, \quad x_0 = -1$

5. $f(x) = \cos x - 4x, \quad x_0 = 1$

6. $f(x) = 1 - x \operatorname{sen} x, \quad x_0 = 7$

7. Use a Figura 6 para escolher um palpite inicial x_0 da única raiz real de $x^3 + 2x + 5 = 0$ e calcule as três primeiras iteradas do método de Newton.

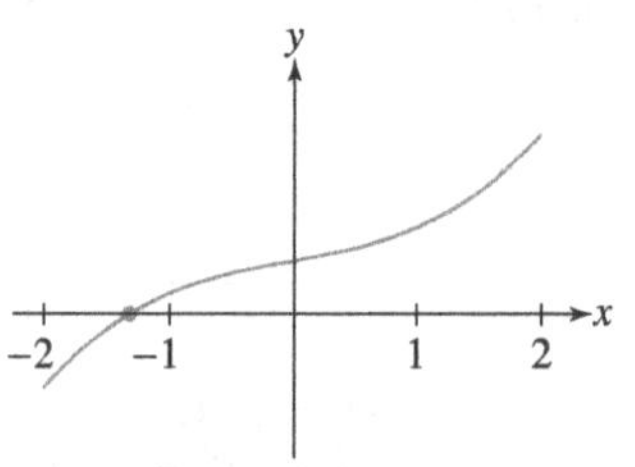

FIGURA 6 O gráfico de $y = x^3 + 2x + 5$.

8. Aproxime uma solução de $\operatorname{sen} x = \cos 2x$ no intervalo $[0, \frac{\pi}{2}]$ com três casas decimais. Depois encontre a solução exata e compare com a aproximação obtida.

9. Aproxime ambas as soluções de $e^x = 5x$ com três casas decimais (Figura 7).

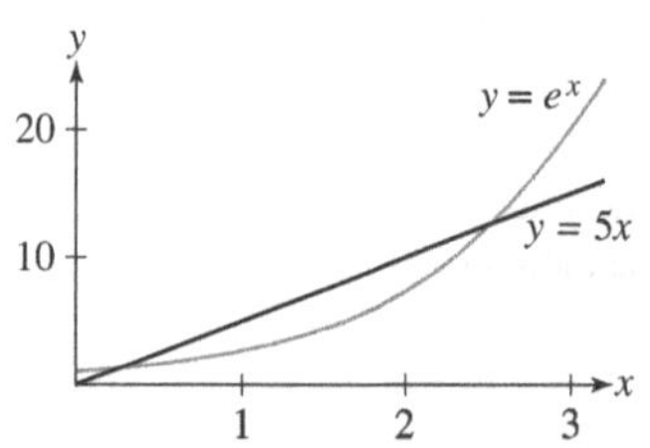

FIGURA 7 Os gráficos de $y = e^x$ e $y = 5x$.

10. A primeira solução positiva de $\operatorname{sen} x = 0$ é $x = \pi$. Use o método de Newton para calcular π com quatro casas decimais.

Nos Exercícios 11-14, use o método de Newton para aproximar com três casas decimais e compare com o valor obtido com uma calculadora.

11. $\sqrt{11}$ **12.** $5^{1/3}$ **13.** $2^{7/3}$ **14.** $3^{-1/4}$

15. Aproxime a maior raiz positiva de $f(x) = x^4 - 6x^2 + x + 5$ com erro menor do que 10^{-4}. Use a Figura 5.

CG *Nos Exercícios 16-19, aproxime a raiz especificada com três casas decimais usando o método de Newton. Use um gráfico para escolher um palpite inicial.*

16. A maior raiz positiva de $f(x) = x^3 - 5x + 1$.

17. A raiz negativa de $f(x) = x^5 - 20x + 10$.

18. A solução positiva de $\operatorname{sen} \theta = 0{,}8\theta$

19. A solução de $\ln(x + 4) = x$.

20. Sejam x_1, x_2 as estimativas de uma raiz obtidas pela aplicação do método de Newton com $x_0 = 1$ à função cujo gráfico é dado na Figura 8. Dê uma estimativa dos valores numéricos de x_1 e x_2 e trace as retas tangentes usadas em sua obtenção.

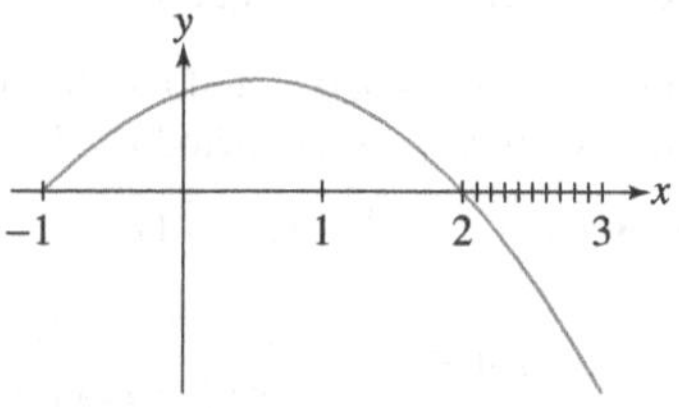

FIGURA 8

21. CG Encontre o menor valor positivo de x em que $y = x$ intersecta $y = \operatorname{tg} x$. *Sugestão:* faça um gráfico.

22. Em 1535, o matemático Antonio Fior desafiou seu rival Niccolo Tartaglia na resolução do problema seguinte. Uma árvore mede 12 *braccia* de altura; ela é partida em duas partes num ponto tal que a altura da parte que fica em pé é igual à raiz cúbica da parte cortada fora. Qual é a altura da parte que ficou em pé? Mostre que isso é equivalente a resolver $x^3 + x = 12$ e encontre a altura com três casas decimais. Tartaglia, que havia descoberto o segredo da resolução de equações cúbicas, foi capaz de determinar a resposta exata:

$$x = \left(\sqrt[3]{\sqrt{2919} + 54} - \sqrt[3]{\sqrt{2919} - 54}\right) \Big/ \sqrt[3]{9}$$

23. Encontre (com duas casas decimais) as coordenadas do ponto P na Figura 9 em que a reta tangente a $y = \cos x$ passa pela origem.

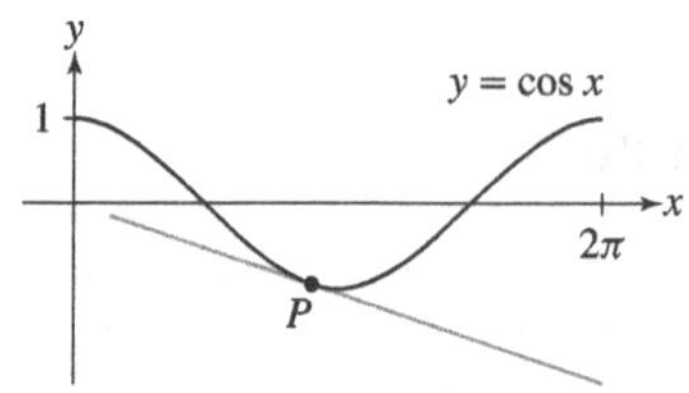

FIGURA 9

O método de Newton é, muitas vezes, utilizado para determinar taxas de juros em cálculos financeiros. Nos Exercícios 24-26, r denota um juro anual expresso como um número decimal (em vez de uma percentagem).

24. Se P dólares forem depositados mensalmente numa caderneta de poupança com taxa de juros anual r, então o valor S da conta N anos depois é

$$S = P\left(\frac{b^{12N+1} - b}{b - 1}\right), \text{ em que } b = 1 + \frac{r}{12}$$

Digamos que tenham sido depositados $P = 100$ dólares por mês.

(a) Determine S depois de 5 anos se $r = 0{,}07$ (ou seja, 7%).

(b) Mostre que para ter 10.000 dólares depois de 5 anos, devemos receber juros a uma taxa r determinada pela equação $b^{61} - 101b + 100 = 0$. Use o método de Newton para resolver em b. Em seguida, encontre r. Observe que $b = 1$ é uma raiz, mas o que queremos é a raiz satisfazendo $b > 1$.

25. Se pedirmos um empréstimo de L dólares para pagar em N anos a uma taxa de juros anual r, o pagamento mensal de P dólares é calculado usando a equação

$$L = P\left(\frac{1 - b^{-12N}}{b - 1}\right), \text{ em que } b = 1 + \frac{r}{12}$$

(a) Encontre P se $L = 5.000$ dólares, $N = 3$ e $r = 0{,}08$ (8%).

(b) Recebemos uma oferta de um empréstimo de $L = 5.000$ dólares para ser pago ao longo de três anos com pagamentos mensais de $P = 200$ dólares. Use o método de Newton para calcular b e descobrir a taxa de juros r que está embutida nesse empréstimo. *Sugestão:* mostre que

$$(L/P)b^{12N+1} - (1 + L/P)b^{12N} + 1 = 0$$

26. Se depositarmos P dólares num fundo de pensão anualmente durante N anos com o objetivo de sacar Q dólares anualmente por M anos, precisamos obter uma taxa de juros r satisfazendo

$$P(b^N - 1) = Q(1 - b^{-M}), \text{ em que } b = 1 + r$$

Suponha que depositemos 2.000 dólares anualmente durante 30 anos com o objetivo de sacar 10.000 dólares anualmente durante 25 anos. Use o método de Newton para calcular b e então encontrar r. Observe que $b = 1$ é uma raiz, mas o que queremos é a raiz satisfazendo $b > 1$.

27. Não existe uma fórmula simples para a posição no instante t de um planeta P em sua órbita (uma elipse) em torno do Sol. Introduza o círculo auxiliar e o ângulo θ da Figura 10 (observe que P determina θ porque é o ângulo central do ponto B no círculo). Sejam $a = OA$ e $e = OS/OA$ (a excentricidade da órbita).

(a) Mostre que o setor BSA tem uma área de $(a^2/2)(\theta - e\,\text{sen}\,\theta)$.

(b) Decorre da segunda lei de Kepler que a área do setor BSA é proporcional ao tempo t decorrido desde que o planeta passou pelo ponto A e, como o círculo tem área πa^2, BSA tem uma área de $(\pi a^2)(t/T)$, em que T é o período da órbita. Deduza a **equação de Kepler**:

$$\frac{2\pi t}{T} = \theta - e\,\text{sen}\,\theta$$

(c) A excentricidade da órbita de Mercúrio é aproximadamente $e = 0{,}2$. Use o método de Newton para encontrar θ depois de decorrida uma quarta parte do ano de Mercúrio ($t = T/4$). Converta θ para graus. Mercúrio cobriu mais do que uma quarta parte de sua órbita em $t = T/4$?

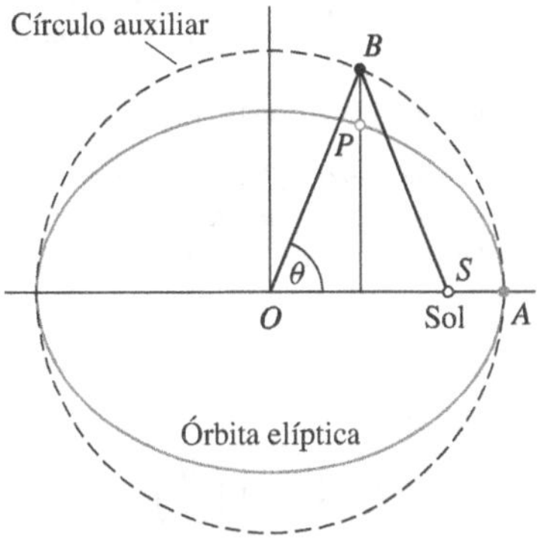

FIGURA 10

28. As raízes de $f(x) = \frac{1}{3}x^3 - 4x + 1$ com três casas decimais são $-3{,}583$, $0{,}251$ e $3{,}332$ (Figura 11). Determine a raiz para a qual converge o método de Newton com os palpites iniciais $x_0 = 1{,}85$; $1{,}7$ e $1{,}55$. A resposta mostra que uma pequena variação em x_0 pode ter um efeito significativo no resultado do método de Newton.

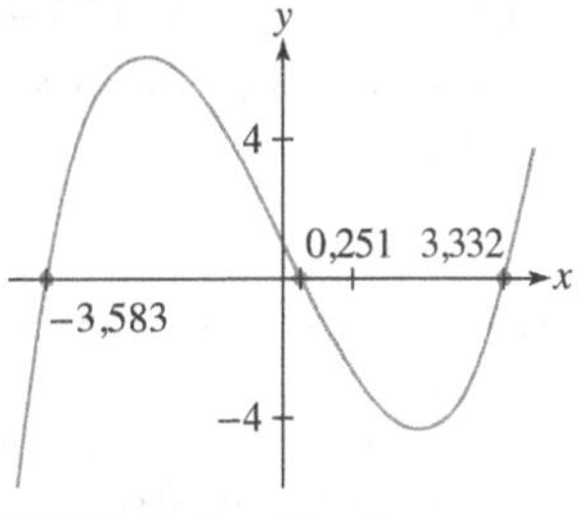

FIGURA 11 O gráfico de $f(x) = \frac{1}{3}x^3 - 4x + 1$.

29. O que acontece quando aplicamos o método de Newton para encontrar um zero de $f(x) = x^{1/3}$? Observe que o único zero é $x = 0$.

30. O que acontece quando aplicamos o método de Newton à equação $x^3 - 20x = 0$ com o infeliz palpite inicial $x_0 = 2$?

Compreensão adicional e desafios

31. O método de Newton pode ser usado para calcular recíprocos sem efetuar divisão. Seja $c > 0$ e denote $f(x) = x^{-1} - c$.

(a) Mostre que $x - (f(x)/f'(x)) = 2x - cx^2$.

(b) Calcule as três primeiras iteradas do método de Newton com $c = 10{,}3$ e os dois palpites iniciais $x_0 = 0{,}1$ e $x_0 = 0{,}5$.

(c) Explique graficamente por que $x_0 = 0{,}5$ não fornece uma sequência de aproximações convergente a $1/10{,}3$.

Nos Exercícios 32 e 33, considere uma haste metálica de comprimento L com ambas as extremidades fixadas. Se cortarmos a haste e soldarmos um segmento adicional de comprimento m, mantendo as extremidades fixadas, a haste flexionará formando um arco circular de raio R (desconhecido), como indicado na Figura 12.

32. Seja h o deslocamento vertical máximo da haste.

(a) Mostre que $L = 2R\,\text{sen}\,\theta$ e conclua que

$$h = \frac{L(1 - \cos\theta)}{2\,\text{sen}\,\theta}$$

(b) Mostre que $L + m = 2R\theta$ e então prove que

$$\frac{\text{sen}\,\theta}{\theta} = \frac{L}{L + m} \qquad 2$$

33. Sejam $L = 3$ e $m = 1$. Aplique o método de Newton à Equação (2) para obter uma estimativa de θ e use-a para obter uma estimativa de h.

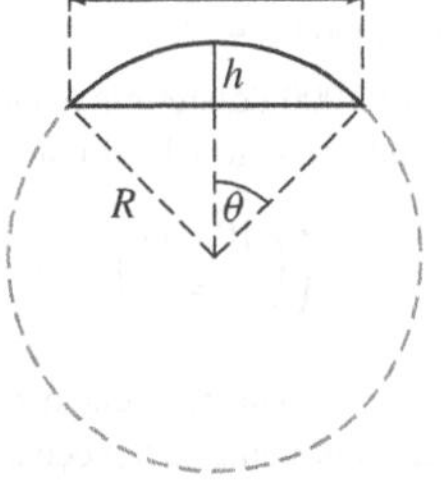

FIGURA 12 O arco circular em destaque tem comprimento $L + m$.

34. **Convergência quadrática a raízes quadradas** Seja $f(x) = x^2 - c$ e considere o erro $e_n = x_n - \sqrt{c}$ de x_n.
(a) Mostre que $x_{n+1} = \frac{1}{2}(x_n + c/x_n)$ e que $e_{n+1} = e_n^2/2x_n$.
(b) Mostre que se $x_0 > \sqrt{c}$, então $x_n > \sqrt{c}$ com qualquer n. Explique isso graficamente.
(c) Mostre que, se $x_0 > \sqrt{c}$, então $e_{n+1} \leq e_n^2/(2\sqrt{c})$.

Nos Exercícios 35-37, uma corrente flexível de comprimento L está suspensa entre dois postes de mesma altura separados por uma distância de 2M (Figura 13). Pelas leis de Newton, a corrente descreve uma ***catenária***

$$y = a\cosh\left(\frac{x}{a}\right)$$

em que a é um número tal que

$$L = 2a\,\mathrm{senh}\left(\frac{M}{a}\right)$$

A amplitude s da curva é a distância vertical entre o ponto mais alto e o mais baixo da corrente.

35. Suponha que $L = 120$ e $M = 50$.
(a) Use o método de Newton para encontrar um valor de a (com duas casas decimais) satisfazendo $L = 2a\,\mathrm{senh}(M/a)$.
(b) Calcule a amplitude s.

36. Suponha que M esteja fixado.
(a) Calcule $\frac{ds}{da}$. Observe que $s = a\cosh\left(\frac{M}{a}\right) - a$.
(b) Calcule $\frac{da}{dL}$ por derivação implícita usando a relação $L = 2a\,\mathrm{senh}\left(\frac{M}{a}\right)$
(c) Use (a) e (b) e a regra da cadeia para mostrar que

$$\frac{ds}{dL} = \frac{ds}{da}\frac{da}{dL} = \frac{\cosh(M/a) - (M/a)\mathrm{senh}(M/a) - 1}{2\mathrm{senh}(M/a) - (2M/a)\cosh(M/a)} \qquad 3$$

37. Suponha que $L = 160$ e $M = 50$.
(a) Use o método de Newton para encontrar um valor de a (com duas casas decimais) satisfazendo $L = 2a\,\mathrm{senh}(M/a)$.
(b) Use a Equação (3) e a aproximação linear para obter uma estimativa do aumento Δs da amplitude com variações do comprimento de $\Delta L = 1$ e $\Delta L = 5$.
(c) Calcule $s(161) - s(160)$ e $s(165) - s(160)$ diretamente e compare com sua estimativa em (b). Utilize um sistema algébrico computacional.

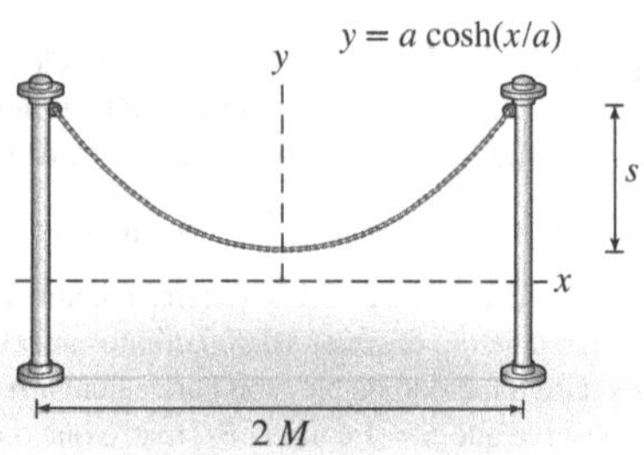

FIGURA 13 Uma corrente pendurada entre dois postes.

Exercícios de revisão do capítulo

Nos Exercícios 1-6, dê uma estimativa usando aproximação linear ou linearização e use uma calculadora para obter uma estimativa do erro.

1. $8{,}1^{1/3} - 2$
2. $\frac{1}{\sqrt{4{,}1}} - \frac{1}{2}$
3. $625^{1/4} - 624^{1/4}$
4. $\sqrt{101}$
5. $\frac{1}{1{,}02}$
6. $\sqrt[5]{33}$

Nos Exercícios 7-12, encontre a linearização no ponto indicado.

7. $y = \sqrt{x}, \quad a = 25$
8. $v(t) = 32t - 4t^2, \quad a = 2$
9. $A(r) = \frac{4}{3}\pi r^3, \quad a = 3$
10. $V(h) = 4h(2-h)(4-2h), \quad a = 1$
11. $P(x) = e^{-x^2/2}, \quad a = 1$
12. $f(x) = \ln(x + e), \quad a = e$

Nos Exercícios 13-18, use a aproximação linear.

13. A posição de um objeto em movimento retilíneo no instante t é $s(t) = 0{,}4t^2 + (t+1)^{-1}$. Dê uma estimativa da distância percorrida no intervalo de tempo [4; 4,2].

14. Um título que paga 10.000 dólares em 6 anos está à venda por um preço P. O rendimento percentual Y do título é

$$Y = 100\left(\left(\frac{10.000}{P}\right)^{1/6} - 1\right)$$

Verifique que se $P = 7.500$ dólares, então $Y = 4{,}91\%$. Dê uma estimativa da queda do rendimento se o preço subir para 7.700 dólares.

15. Se o preço de uma passagem de ônibus de Albuquerque para Los Alamos for fixado em p dólares, uma companhia de transporte coletivo obtém uma receita mensal de $1{,}5p - 0{,}01\,p^2$ (em milhares de dólares).
(a) Dê uma estimativa de ΔR se o preço for aumentado de \$50 para \$53.
(b) Se $p = 80$, como será afetada a receita por um pequeno aumento no preço? Explique usando a aproximação linear.

16. Uma loja vende 80 *players* de MP4 por semana se cada um custar $P = 75$ dólares. Dê uma estimativa do número N de *players* vendidos se P for aumentado para 80 dólares, supondo que $dN/dP = -4$. Dê uma estimativa de N se o preço baixar para 69 dólares.

17. A circunferência de uma esfera é medida como sendo $C = 100$ cm. Dê uma estimativa de erro percentual máximo no volume V da esfera se o erro em C é de, no máximo, 3 cm.

18. Mostre que $\sqrt{a^2 + b} \approx a + \frac{b}{2a}$ se b for pequeno. Use isso para obter uma estimativa de $\sqrt{26}$ e encontre o erro usando uma calculadora.

19. Use o teorema do valor intermediário para provar que $\mathrm{sen}\,x - \cos x = 3x$ tem, pelo menos, uma solução e use o teorema de Rolle para mostrar que essa solução é única.

20. Mostre que $f(x) = 2x^3 + 2x + \mathrm{sen}\,x + 1$ tem precisamente uma raiz real.

21. Verifique o TVM com $f(x) = \ln x$ em [1, 4].

22. Suponha que $f(1) = 5$ e $f'(x) \geq 2$ com $x \geq 1$. Use o TVM para mostrar que $f(8) \geq 19$.

23. Use o TVM para provar que se $f'(x) \leq 2$ com $x > 0$ e $f(0) = 4$, então $f(x) \leq 2x + 4$ com qualquer $x \geq 0$.

24. Uma função f tem derivada $f'(x) = \frac{1}{x^4 + 1}$. Em qual ponto do intervalo [1, 4] a função f atinge seu valor máximo?

Nos Exercícios 25-30, encontre os pontos críticos e determine se são mínimos, máximos ou nenhum dos dois.

25. $f(x) = x^3 - 4x^2 + 4x$

26. $s(t) = t^4 - 8t^2$

27. $f(x) = x^2(x+2)^3$

28. $f(x) = x^{2/3}(1-x)$

29. $g(\theta) = \text{sen}^2\,\theta + \theta$

30. $h(\theta) = 2\cos 2\theta + \cos 4\theta$

Nos Exercícios 31-38, encontre os valores extremos no intervalo.

31. $f(x) = x(10-x)$. $[-1, 3]$

32. $f(x) = 6x^4 - 4x^6$. $[-2, 2]$

33. $g(\theta) = \text{sen}^2\,\theta - \cos\theta$. $[0, 2\pi]$

34. $R(t) = \dfrac{t}{t^2+t+1}$. $[0, 3]$

35. $f(x) = x^{2/3} - 2x^{1/3}$, $[-1, 3]$

36. $f(x) = 4x - \text{tg}^2\,x$, $\left[-\frac{\pi}{4}, \frac{\pi}{3}\right]$

37. $f(x) = x - 12\ln x$, $[5, 40]$

38. $f(x) = e^x - 20x - 1$, $[0, 5]$

39. Encontre os pontos críticos e valores extremos de $f(x) = |x-1| + |2x-6|$ em $[0, 8]$.

40. Combine a descrição de f com o gráfico de sua *derivada* f' na Figura 1.

(a) f é crescente e côncava para cima.

(b) f é decrescente e côncava para cima.

(c) f é crescente e côncava para baixo.

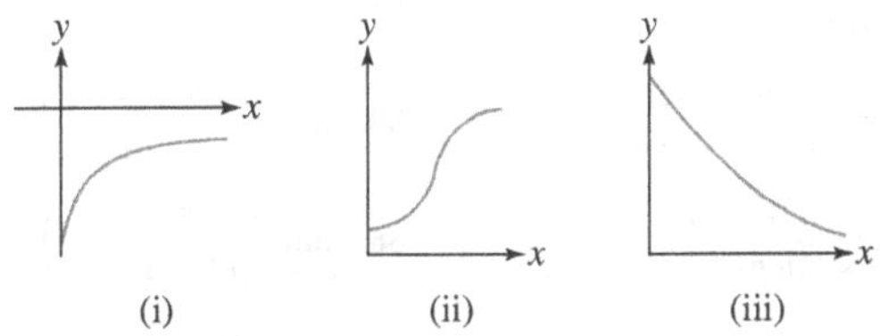

FIGURA 1 Os gráficos da derivada.

Nos Exercícios 41-46, encontre os pontos de inflexão.

41. $y = x^3 - 4x^2 + 4x$

42. $y = x - 2\cos x$

43. $y = \dfrac{x^2}{x^2+4}$

44. $y = \dfrac{x}{(x^2-4)^{1/3}}$

45. $f(x) = (x^2 - x)e^{-x}$

46. $f(x) = x(\ln x)^2$

Nos Exercícios 47-56, esboce o gráfico, indicando os pontos de transição e o comportamento assintótico.

47. $y = 12x - 3x^2$

48. $y = 8x^2 - x^4$

49. $y = x^3 - 2x^2 + 3$

50. $y = 4x - x^{3/2}$

51. $y = \dfrac{x}{x^3+1}$

52. $y = \dfrac{x}{(x^2-4)^{2/3}}$

53. $y = \dfrac{1}{|x+2|+1}$

54. $y = \sqrt{2 - x^3}$

55. $y = \sqrt{3}\,\text{sen}\,x - \cos x$ em $[0,\ 2\pi]$

56. $y = 2x - \text{tg}\,x$ em $[0,\ 2\pi]$

57. Esboce a curva $y = f(x)$ tal que f' e f'' têm os sinais indicados na Figura 2.

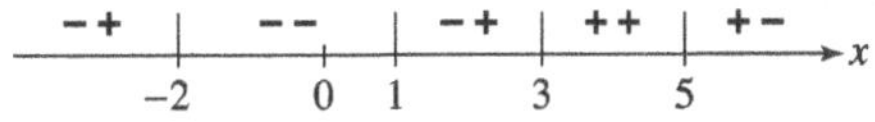

FIGURA 2

58. Encontre as dimensões de uma lata cilíndrica, com base e sem tampa, de volume 4 dm^3 que utiliza a menor quantidade de metal.

59. Uma caixa retangular de altura h e base quadrada de lado b tem um volume $V = 4$ dm^3. Duas de suas faces laterais são feitas de um material que custa \$40 por dm^2. O custo das demais faces é de \$20 por dm^2. Quais valores de b e h minimizam o custo da caixa?

60. Numa certa fazenda, a produção de milho é

$$Y = -0{,}118x^2 + 8{,}5x + 12{,}9 \text{ (\textit{bushels} por hectare)}$$

sendo x o número de pés de milho por hectare (em milhares). Suponha que a semente de milho custe 1,25 reais (por milhares de sementes) e que o milho possa ser vendido a 1,50 reais por *bushel*. Seja $P(x)$ o lucro (receita menos o custo da semente) de plantar no nível x.

(a) Calcule $P(x_0)$ no valor x_0 que maximiza a produção Y.

(b) Encontre o valor máximo de $P(x)$. A produção máxima leva ao lucro máximo?

61. Seja $N(t)$ o tamanho de um tumor (em unidades de 10^6 células) no instante t (em dias). De acordo com o **modelo Gompertz**, $dN/dt = N(a - b\ln N)$, em que a e b são constantes positivas. Mostre que o valor máximo de N é $e^{\frac{a}{b}}$ e que o tumor cresce mais rapidamente se $N = e^{\frac{a}{b}-1}$.

62. Certo caminhão consome 10 km/l de diesel numa rodovia a 50 km/h. A cada km/h a mais acima de 50 km/h faz o consumo aumentar 0,15 km/l.

(a) Se o motorista desse veículo recebe 30 reais/hora e o diesel custa $P = 3$ reais por litro, qual é a velocidade v entre 50 e 70 km/h que minimiza o custo da viagem na rodovia? Observe que o custo real depende da distância percorrida, mas a velocidade ótima não depende.

(b) CG Faça um esboço do custo como função de v (escolha uma distância arbitrária de percurso) e confira sua resposta com a da parte (a).

(c) CG Será que a velocidade ótima v aumenta ou diminui se o custo do diesel baixar para 2 reais por litro? Esboce o gráfico do custo como uma função de v com $P = 2$ e $P = 3$ no mesmo par de eixos e confira seu palpite.

63. Encontre o volume máximo de um cone circular reto colocado de cabeça para baixo dentro de um cone circular reto de raio $R = 3$ e altura $H = 4$ como na Figura 3. O volume de um cone de raio r e altura h é $\frac{1}{3}\pi r^2 h$.

64. Refaça o Exercício 63 com R e H arbitrários.

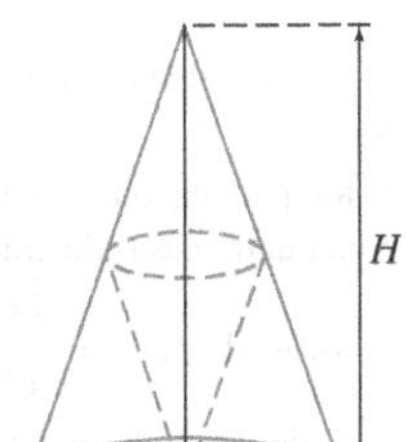

FIGURA 3

65. Mostre que a área máxima de um paralelogramo $ADEF$ inscrito num triângulo ABC, como na Figura 4, é igual à metade da área de ΔABC.

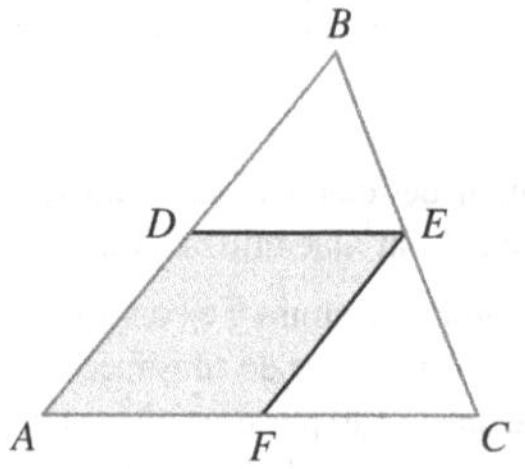

FIGURA 4

66. Uma caixa de 8 dm^3 de volume com base e topo quadrados é construída com dois tipos de material. O material da base e do topo custa \$50 por dm^2, e o material dos lados custa \$30 por dm^2. Encontre as dimensões da caixa que minimizam o custo total.

67. Seja f uma função cujo gráfico não passa pelo eixo x e denote $Q = (a, 0)$. Seja $P = (x_0, f(x_0))$ o ponto do gráfico mais perto de Q (Figura 5). Prove que $\overline{PQ}$ é perpendicular à reta tangente ao gráfico em x_0. *Sugestão:* encontre o valor mínimo *do quadrado* da distância de $(x, f(x))$ até $(a, 0)$.

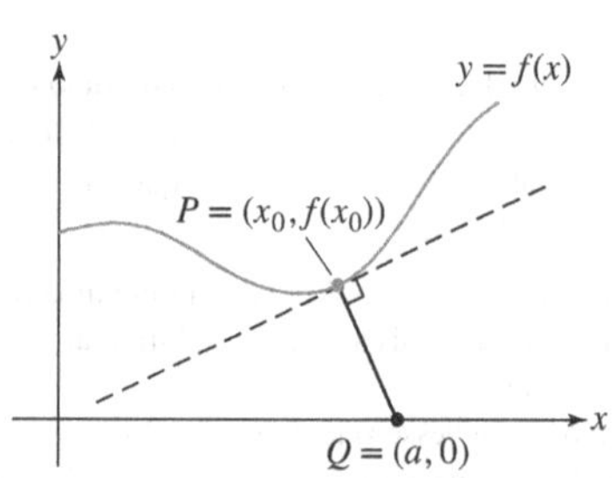

FIGURA 5

68. Tome um pedaço de papel de formato circular de raio R, remova um setor de ângulo θ (Figura 6) e dobre o pedaço que sobra num copo de formato cônico. Qual ângulo θ produz o copo de maior volume?

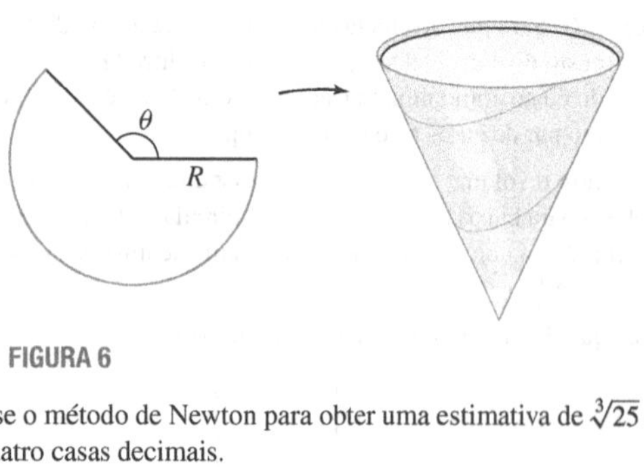

FIGURA 6

69. Use o método de Newton para obter uma estimativa de $\sqrt[3]{25}$ com quatro casas decimais.

70. Use o método de Newton para encontrar uma raiz de $f(x) = x^2 - x - 1$ com quatro casas decimais.

71. Encontre os extremos locais de $f(x) = \dfrac{e^{2x}+1}{e^{x+1}}$.

72. Encontre os pontos de inflexão de $f(x) = \ln(x^2 + 1)$ e determine se a concavidade muda nesses pontos.

Nos Exercícios 73-76, encontre os extremos locais e pontos de inflexão e esboce o gráfico. Use a regra de L'Hôpital para determinar os limites quando $x \to 0+$ ou $x \to \pm\infty$, se necessário.

73. $y = x \ln x \quad (x > 0)$

74. $y = e^{x-x^2}$

75. $y = x(\ln x)^2 \quad (x > 0)$

76. $y = \text{arc tg}\left(\dfrac{x^2}{4}\right)$

77. Explique por que a regra de L'Hôpital não dá informação sobre $\displaystyle\lim_{x\to\infty} \frac{2x - \text{sen}\,x}{3x + \cos 2x}$. Calcule o limite por outro método.

78. Seja f uma função derivável com inversa g que também é derivável. Suponha que $f(0) = 0$ e $f'(0) \neq 0$.

(a) Use o fato de que $f(g(x)) = x$ e a regra da cadeia para mostrar que

$$g'(x) = \frac{1}{f'(g(x))}$$

(b) Prove que

$$\lim_{x\to 0} \frac{f(x)}{g(x)} = f'(0)^2$$

Nos Exercícios 79-90, verifique que a regra de L'Hôpital pode ser aplicada e calcule o limite.

79. $\displaystyle\lim_{x\to 3} \frac{4x - 12}{x^2 - 5x + 6}$

80. $\displaystyle\lim_{x\to -2} \frac{x^3 + 2x^2 - x - 2}{x^4 + 2x^3 - 4x - 8}$

81. $\displaystyle\lim_{x\to 0^+} x^{1/2} \ln x$

82. $\displaystyle\lim_{t\to\infty} \frac{\ln(e^t + 1)}{t}$

83. $\displaystyle\lim_{\theta\to 0} \frac{2\,\text{sen}\,\theta - \text{sen}\,2\theta}{\text{sen}\,\theta - \theta\cos\theta}$

84. $\displaystyle\lim_{x\to 0} \frac{\sqrt{4+x} - 2\sqrt[8]{1+x}}{x^2}$

85. $\displaystyle\lim_{t\to\infty} \frac{\ln(t+2)}{\log_2 t}$

86. $\displaystyle\lim_{x\to 0} \left(\frac{e^x}{e^x - 1} - \frac{1}{x}\right)$

87. $\displaystyle\lim_{y\to 0} \frac{\text{arc sen}\,y - y}{y^3}$

88. $\displaystyle\lim_{x\to 1} \frac{\sqrt{1-x^2}}{\text{arc cos}\,x}$

89. $\displaystyle\lim_{x\to 0} \frac{\text{senh}(x^2)}{\cosh x - 1}$

90. $\displaystyle\lim_{x\to 0} \frac{\text{tgh}\,x - \text{senh}\,x}{\text{sen}\,x - x}$

91. Seja $f(x) = e^{-Ax^2/2}$, em que $A > 0$ é uma constante. Dados quaisquer n número reais $a_1, a_2, \ldots, a_n$, considere

$$\Phi(x) = f(x - a_1)f(x - a_2)\cdots f(x - a_n)$$

(a) Suponha que $n = 2$ e prove que Φ atinge seu valor máximo na média $x = \frac{1}{2}(a_1 + a_2)$. *Sugestão:* calcule $\Phi'(x)$ usando derivação logarítmica.

(b) Mostre que, dado qualquer n, Φ atinge seu valor máximo em $x = \frac{1}{n}(a_1 + a_2 + \cdots + a_n)$. Esse fato está relacionado ao papel desempenhado por $f(x)$ (cujo gráfico é uma curva no formato de um sino) na Estatística.

5 INTEGRAL

A datação por carbono, que depende do decaimento exponencial de C^{14} em relação a C^{12}, permite a determinação da idade das pinturas dessas cavernas.
(© *John Mitchell/Alany*)

O problema básico do Cálculo Integral é encontrar a área abaixo de uma curva. Pode parecer estranho que o Cálculo se interesse por dois tópicos aparentemente não relacionados como áreas e retas tangentes. Uma razão é que ambas são calculadas via limites. Uma relação mais profunda é revelada pelo Teorema Fundamental do Cálculo, discutido nas Seções 5.4 e 5.5. Esse teorema expressa a relação "inversa" entre integração e derivação e desempenha um papel realmente fundamental em quase todas as aplicações do Cálculo, tanto teóricas quanto práticas.

5.1 Aproximando e calculando área

Por que estaríamos interessados na área abaixo de uma curva? Considere um objeto em movimento retilíneo com *velocidade constante* v (que supomos ser positiva). A distância percorrida ao longo de um intervalo de tempo $[t_1, t_2]$ é igual a $v\Delta t$, em que $\Delta t = (t_2 - t_1)$ é o tempo decorrido. Isso é a bem conhecida fórmula

$$\text{Distância percorrida} = \overbrace{\text{velocidade} \times \text{tempo decorrido}}^{v\Delta t} \qquad (1)$$

Por ser v constante, o gráfico da velocidade é uma reta horizontal (Figura 1), e $v\Delta t$ é igual à área da região retangular abaixo do gráfico da velocidade e acima de $[t_1, t_2]$. Assim, podemos escrever a Equação (1) como

$$\text{Distância percorrida} = \text{área abaixo do gráfico da velocidade e acima de } [t_1, t_2] \qquad (2)$$

No entanto, existe uma diferença importante entre essas duas equações: a Equação (1) só faz sentido se a velocidade v for constante, ao passo que a Equação (2) está correta *mesmo se a velocidade variar com o tempo* (isso será provado na Seção 5.6). Assim, a vantagem de expressar a distância percorrida como uma área é que isso nos permite tratar com movimentos muito mais gerais.

Para entender por que a Equação (2) pode ser verdadeira em geral, consideremos o caso em que a velocidade varia com o tempo, mas permanece constante em intervalos. Em outras palavras, vamos supor que a velocidade do objeto varia abruptamente de um intervalo para o seguinte, como na Figura 2. A distância percorrida em cada intervalo de tempo é igual à área do retângulo acima do intervalo, de modo que a distância total percorrida é a soma das áreas dos retângulos. Na Figura 2,

$$\text{Distância percorrida ao longo de } [0, 8] \text{ s} = \underbrace{10 + 15 + 30 + 10}_{\text{Soma das áreas dos retângulos}} = 65 \text{ m}$$

Nossa estratégia caso a velocidade varie continuamente (Figura 3) é *aproximar* a área abaixo do gráfico por somas de áreas de retângulos e então passar a um limite. Essa ideia leva ao conceito de uma integral.

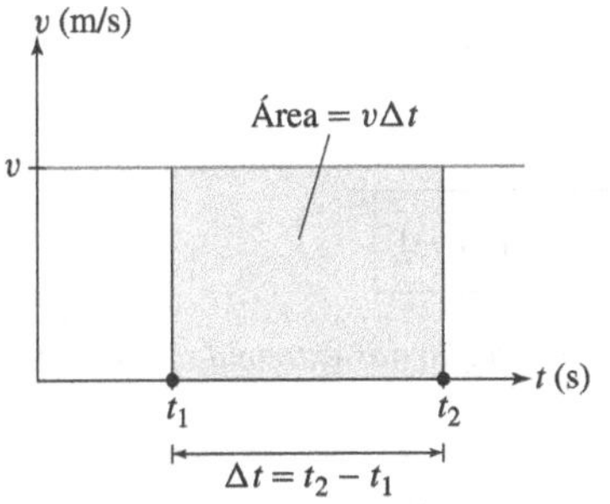

FIGURA 1 O retângulo tem área $v\Delta t$, que é igual à distância percorrida.

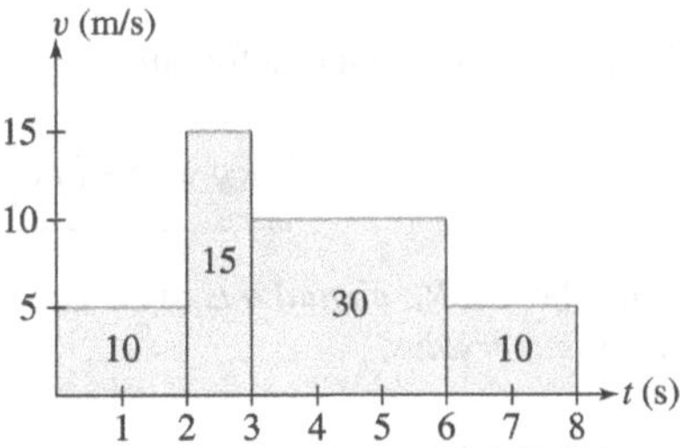

FIGURA 2 A distância percorrida é igual à soma das áreas dos retângulos.

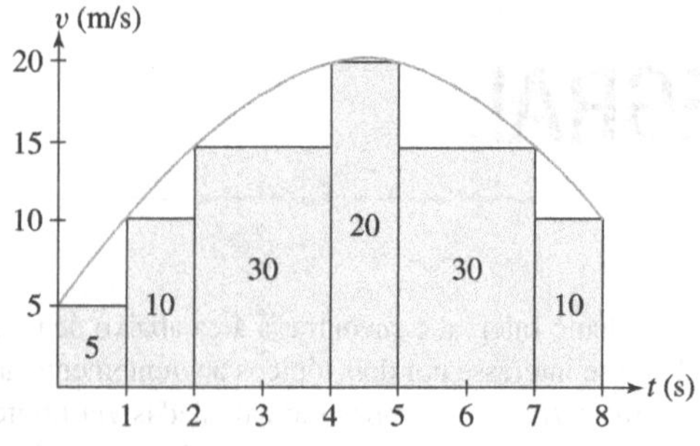

FIGURA 3 A distância percorrida é igual à área abaixo do gráfico. Ela é *aproximada* pela soma das áreas dos retângulos.

Aproximando área por retângulos

Nosso objetivo é calcular a área abaixo do gráfico de uma função f. Nesta seção, vamos supor que f seja contínua e *positiva*, de modo que o gráfico de f fica acima do eixo x (Figura 4). O primeiro passo é aproximar a área usando retângulos.

Relembremos o procedimento de dois passos para encontrar a inclinação da reta tangente (a derivada): primeiro, aproximamos a inclinação usando retas secantes e, depois, calculamos o limite dessas aproximações. Também há dois passos no Cálculo Integral:

- *Primeiro aproximamos a área abaixo do gráfico usando retângulos.*
- *Depois calculamos a área exata (a integral) como o limite dessas aproximações.*

Para começar, escolhemos um número natural N e dividimos $[a, b]$ em N subintervalos de mesmo comprimento, como na Figura 4(A). O intervalo $[a, b]$ inteiro tem comprimento $b - a$, portanto cada subintervalo tem comprimento $\Delta x = (b - a)/N$. As extremidades direitas desses subintervalos são

$$x_1 = a + \Delta x,\quad x_2 = a + 2\Delta x,\quad \ldots,\quad x_{N-1} = a + (N-1)\Delta x,\quad x_N = a + N\Delta x$$

Observe que a última extremidade direita é $x_N = b$, porque $a + N\Delta x = a + N((b - a)/N = b$. Em seguida, como na Figura 4(B), construímos acima de cada subintervalo um retângulo cuja altura é o valor de $f(x)$ na *extremidade direita* do subintervalo.

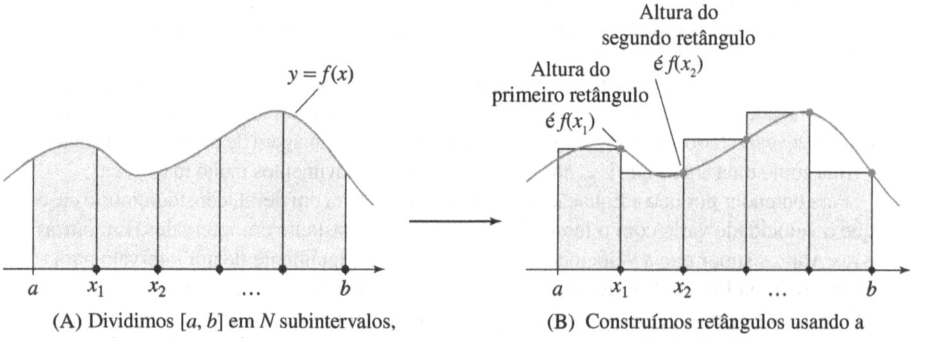

(A) Dividimos $[a, b]$ em N subintervalos, cada um de comprimento Δx.

(B) Construímos retângulos usando a extremidade direita.

FIGURA 4

A soma das áreas desses retângulos fornece uma *aproximação* da área abaixo do gráfico. O primeiro retângulo tem base Δx e altura $f(x_1)$, de modo que sua área é $f(x_1)\Delta x$. Analogamente, o segundo retângulo tem altura $f(x_2)$ e área $f(x_2)\,\Delta x$, etc. A soma das áreas dos retângulos é denotada por R_N e é denominada **N-ésima aproximação pela direita**:

$$R_N = f(x_1)\Delta x + f(x_2)\Delta x + \cdots + f(x_N)\Delta x$$

Fatorando Δx, obtemos a fórmula

$$R_N = \Delta x\left(f(x_1) + f(x_2) + \cdots + f(x_N)\right)$$

Resumindo,

a = extremidade esquerda do intervalo $[a, b]$
b = extremidade direita do intervalo $[a, b]$
N = número de subintervalos em $[a, b]$

$$\Delta x = \frac{b-a}{N}$$

Em palavras, R_N *é igual a* Δx *vezes a soma dos valores da função nas extremidades direitas dos subintervalos.*

■ **EXEMPLO 1** Calcule R_4 e R_6 para $f(x) = x^2$ no intervalo $[1, 3]$.

Solução

Passo 1. **Determinar Δx e as extremidades direitas.**

Para calcular R_4, dividimos [1, 3] em quatro subintervalos de comprimento $\Delta x = \frac{3-1}{4} = \frac{1}{2}$. As extremidades direitas são os números $x_j = a + j\Delta x = 1 + j\left(\frac{1}{2}\right)$, com $j = 1, 2, 3, 4$. Eles estão espaçados a intervalos de $\frac{1}{2}$, começando em $\frac{3}{2}$, portanto, como podemos ver na Figura 5(A), as extremidades direitas são $\frac{3}{2}, \frac{4}{2}, \frac{5}{2}, \frac{6}{2}$.

Passo 2. **Calcular Δx vezes a soma dos valores da função.**

R_4 é Δx vezes a soma dos valores da função nas extremidades direitas:

$$R_4 = \frac{1}{2}\left(f\left(\frac{3}{2}\right) + f\left(\frac{4}{2}\right) + f\left(\frac{5}{2}\right) + f\left(\frac{6}{2}\right)\right)$$

$$= \frac{1}{2}\left(\left(\frac{3}{2}\right)^2 + \left(\frac{4}{2}\right)^2 + \left(\frac{5}{2}\right)^2 + \left(\frac{6}{2}\right)^2\right) = \frac{43}{4} = 10{,}75$$

R_6 é análogo: $\Delta x = \frac{3-1}{6} = \frac{1}{3}$, e as extremidades direitas estão espaçadas a intervalos de $\frac{1}{3}$ começando em $\frac{4}{3}$ e terminando em 3, como na Figura 5(B). Assim,

$$R_6 = \frac{1}{3}\left(f\left(\frac{4}{3}\right) + f\left(\frac{5}{3}\right) + f\left(\frac{6}{3}\right) + f\left(\frac{7}{3}\right) + f\left(\frac{8}{3}\right) + f\left(\frac{9}{3}\right)\right)$$

$$= \frac{1}{3}\left(\frac{16}{9} + \frac{25}{9} + \frac{36}{9} + \frac{49}{9} + \frac{64}{9} + \frac{81}{9}\right) = \frac{271}{27} \approx 10{,}037$$ ■

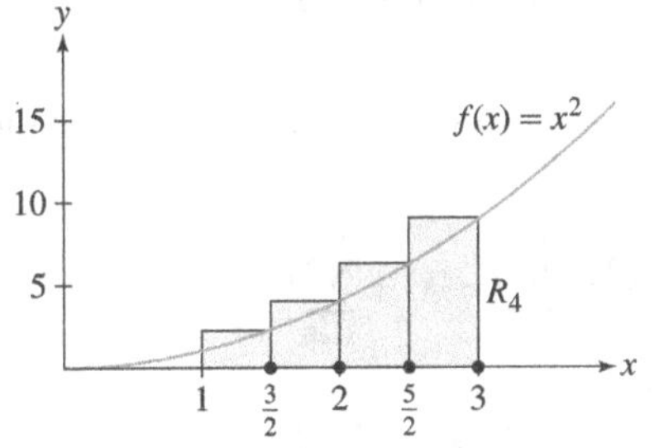

(A) A aproximação R_4

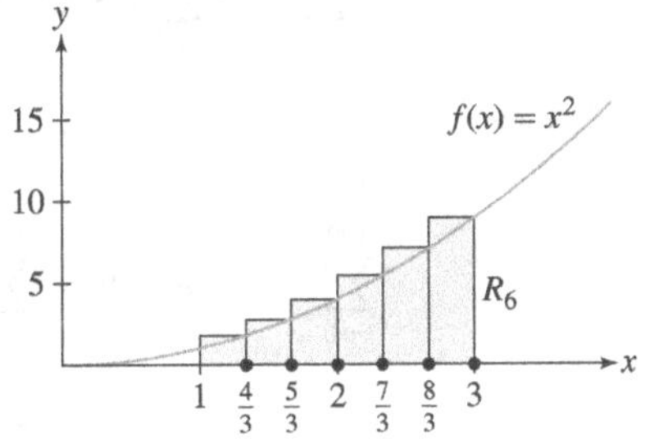

(B) A aproximação R_6

FIGURA 5

Notação de somatório

A **notação de somatório** é a maneira padrão de escrever somas em formato condensado. A soma dos números $a_m, \ldots, a_n$ $(m \leq n)$ é denotada por

$$\sum_{j=m}^{n} a_j = a_m + a_{m+1} + \cdots + a_n$$

A letra grega maiúscula $\sum$ (sigma) significa "soma", e a notação $\sum_{j=m}^{n}$ nos diz que devemos começar a somar em $j = m$ e terminar em $j = n$. Por exemplo,

$$\sum_{j=1}^{5} j^2 = 1^2 + 2^2 + 3^2 + 4^2 + 5^2 = 55$$

Neste somatório, o j-ésimo termo é dado pela fórmula $a_j = j^2$. Dizemos que j^2 é o **termo geral**. A letra j é denominada **índice do somatório**. Também dizemos que é uma **variável muda**, porque qualquer outra letra pode ser usada em seu lugar. Por exemplo,

$$\sum_{k=4}^{6} (k^2 - 2k) = \overbrace{(4^2 - 2(4))}^{k=4} + \overbrace{(5^2 - 2(5))}^{k=5} + \overbrace{(6^2 - 2(6))}^{k=6} = 47$$

$$\sum_{m=7}^{9} 1 = 1 + 1 + 1 = 3 \qquad (\text{pois } a_7 = a_8 = a_9 = 1)$$

As regras conhecidas da comutatividade, associatividade e distributividade da adição fornecem as regras seguintes para trabalhar com somatórios.

Linearidade de somatórios

- $\sum_{j=m}^{n}(a_j + b_j) = \sum_{j=m}^{n} a_j + \sum_{j=m}^{n} b_j$
- $\sum_{j=m}^{n} Ca_j = C\sum_{j=m}^{n} a_j$ (C qualquer constante)
- $\sum_{j=1}^{n} C = nC$ (C qualquer constante e $n \geq 1$)

Por exemplo,

$$\sum_{j=3}^{5}(j^2 + j) = (3^2 + 3) + (4^2 + 4) + (5^2 + 5)$$

é igual a

$$\sum_{j=3}^{5} j^2 + \sum_{j=3}^{5} j = \left(3^2 + 4^2 + 5^2\right) + \left(3 + 4 + 5\right)$$

A linearidade pode ser usada para escrever um único somatório como a soma de vários somatórios. Por exemplo,

$$\begin{aligned}\sum_{k=0}^{100}(7k^2 - 4k + 9) &= \sum_{k=0}^{100} 7k^2 + \sum_{k=0}^{100}(-4k) + \sum_{k=0}^{100} 9\\ &= 7\sum_{k=0}^{100} k^2 - 4\sum_{k=0}^{100} k + 9\sum_{k=0}^{100} 1\end{aligned}$$

É conveniente usar a notação de somatório ao trabalhar com aproximações de áreas. Por exemplo, R_N é uma soma de termo geral $f(x_j)$:

$$R_N = \Delta x\left[f(x_1) + f(x_2) + \cdots + f(x_N)\right]$$

A soma vai de $j = 1$ até $j = N$, portanto podemos escrever R_N de maneira concisa como

$$R_N = \Delta x \sum_{j=1}^{N} f(x_j)$$

Utilizaremos duas outras aproximações da área por retângulos: a aproximação pela esquerda e a pelo ponto médio. Como antes, dividimos $[a, b]$ em N subintervalos. Na **aproximação pela esquerda** L_N, as alturas dos retângulos são os valores de $f(x)$ nas extremidades esquerdas [Figura 6(A)]. Essas extremidades esquerdas são

LEMBRETE

$$\Delta x = \frac{b-a}{N}$$

$$x_0 = a,\ x_1 = a + \Delta x,\ x_2 = a + 2\Delta x,\ \ldots,\ x_{N-1} = a + (N-1)\Delta x$$

e a soma das áreas dos retângulos pela esquerda é

$$L_N = \Delta x\Big(f(x_0) + f(x_1) + f(x_2) + \cdots + f(x_{N-1})\Big)$$

Observe que ambos, R_N e L_N, têm termo geral $f(x_j)$, mas a soma de L_N vai de $j = 0$ até $j = N - 1$, em vez de ir de $j = 1$ a $j = N$:

$$L_N = \Delta x \sum_{j=0}^{N-1} f(x_j)$$

Na **aproximação pelo ponto médio** M_N, as alturas dos retângulos são os valores de $f(x)$ nos pontos médios dos subintervalos em vez das extremidades. Como pode ser visto na Figura 6(B), os pontos médios são

$$\frac{x_0 + x_1}{2}, \quad \frac{x_1 + x_2}{2}, \quad \ldots, \quad \frac{x_{N-1} + x_N}{2}$$

A soma das áreas dos retângulos pelo ponto médio é

$$M_N = \Delta x \left(f\left(\frac{x_0 + x_1}{2}\right) + f\left(\frac{x_1 + x_2}{2}\right) + \cdots + f\left(\frac{x_{N-1} + x_N}{2}\right) \right)$$

Em notação de somatório,

$$M_N = \Delta x \sum_{j=0}^{N-1} f\left(\frac{x_j + x_{j+1}}{2}\right)$$

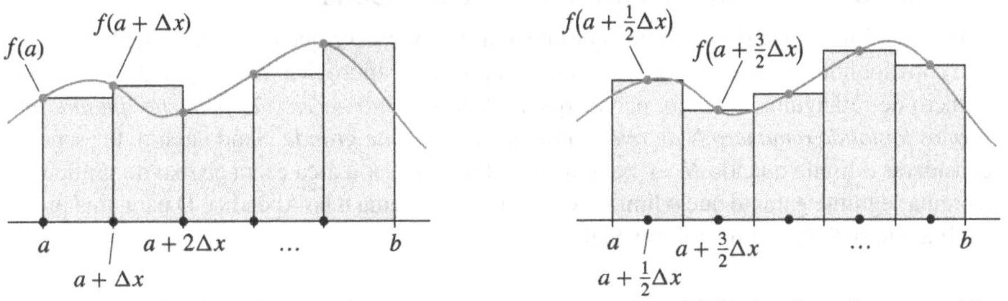

(A) Retângulos pela esquerda

(B) Retângulos pelo ponto médio

FIGURA 6

■ **EXEMPLO 2** Calcule R_6, L_6 e M_6 para $f(x) = x^{-1}$ em [2, 4].

Solução Nesse caso, $\Delta x = (b - a)/N = (4 - 2)/6 = \frac{1}{3}$. O termo geral da soma para R_6 e L_6 é

$$f(x_j) = f(a + j\Delta x) = f\left(2 + j\left(\frac{1}{3}\right)\right) = \frac{1}{2 + \frac{1}{3}j} = \frac{3}{6 + j}$$

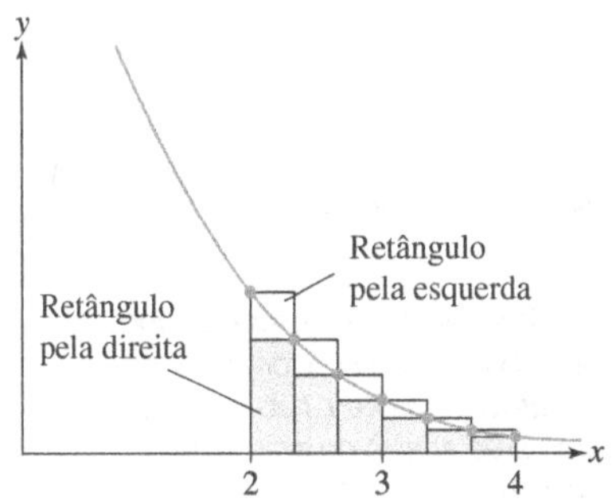

FIGURA 7 L_6 e R_6 para $f(x) = x^{-1}$ em [2, 4].

Portanto (Figura 7),

$$R_6 = \frac{1}{3}\sum_{j=1}^{6} f(x_j) = \frac{1}{3}\sum_{j=1}^{6} \frac{3}{6 + j}$$

$$= \frac{1}{3}\left(\frac{3}{7} + \frac{3}{8} + \frac{3}{9} + \frac{3}{10} + \frac{3}{11} + \frac{3}{12}\right) \approx 0{,}653$$

Em L_6, a soma começa em $j = 0$ e termina em $j = 5$:

$$L_6 = \frac{1}{3}\sum_{j=0}^{5} \frac{3}{6 + j} = \frac{1}{3}\left(\frac{3}{6} + \frac{3}{7} + \frac{3}{8} + \frac{3}{9} + \frac{3}{10} + \frac{3}{11}\right) \approx 0{,}737$$

O termo geral em M_6 é

$$f\left(\frac{x_j + x_{j+1}}{2}\right)$$

Nesse caso, os pontos médios são $\frac{13}{6}$, $\frac{15}{6}$, $\frac{17}{6}$, $\frac{19}{6}$, $\frac{21}{6}$ e $\frac{23}{6}$. Somando de $j = 0$ a 5, obtemos (Figura 8):

$$M_6 = \frac{1}{3}\left(f\left(\frac{13}{6}\right) + f\left(\frac{15}{6}\right) + f\left(\frac{17}{6}\right) + f\left(\frac{19}{6}\right) + f\left(\frac{21}{6}\right) + f\left(\frac{23}{6}\right)\right)$$

$$= \frac{1}{3}\left(\frac{6}{13} + \frac{6}{15} + \frac{6}{17} + \frac{6}{19} + \frac{6}{21} + \frac{6}{23}\right) \approx 0{,}692$$ ■

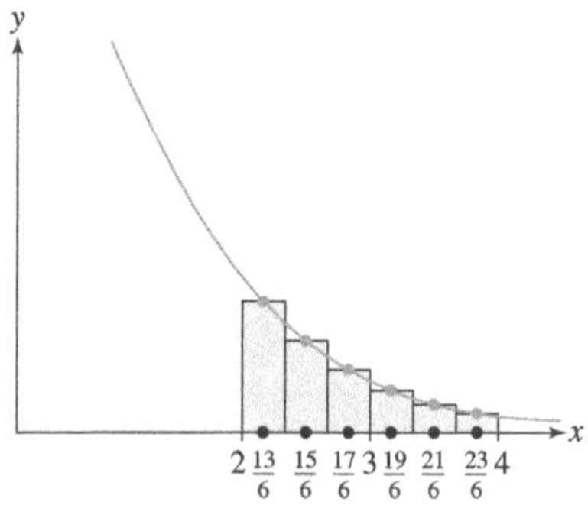

FIGURA 8 M_6 para $f(x) = x^{-1}$ em [2, 4].

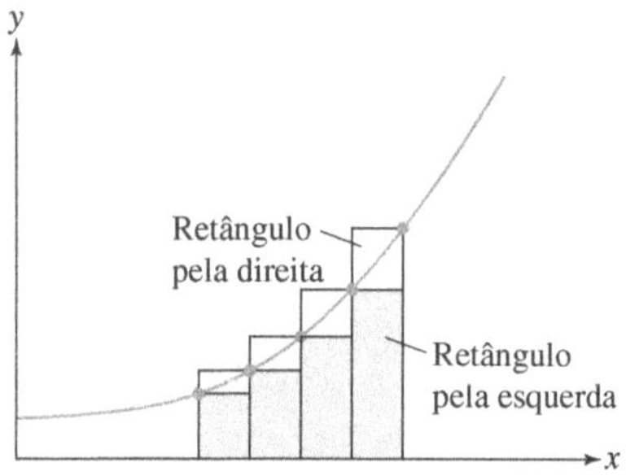

FIGURA 9 Quando f é crescente, os retângulos pela esquerda ficam abaixo do gráfico e os retângulos pela direita ficam acima.

ENTENDIMENTO GRÁFICO Funções monótonas Observe, na Figura 7, que os retângulos pela esquerda para $f(x) = x^{-1}$ ficam acima do gráfico e os retângulos pela direita ficam abaixo. Portanto, a área exata A deve ficar entre R_6 e L_6 e, assim, de acordo com o exemplo precedente, $0{,}65 \le A \le 0{,}74$. Mais geralmente, *quando f é monótona (crescente ou decrescente), a área exata fica entre R_N e L_N* (Figura 9):

- f crescente $\Rightarrow$ $L_N \le$ área abaixo do gráfico $\le R_N$
- f decrescente $\Rightarrow$ $R_N \le$ área abaixo do gráfico $\le L_N$

Observe que M_6 fica entre R_6 e L_6. Isso sempre ocorre com uma função monótona. (Veja o Exercício 93.)

Calculando área como o limite de aproximações

A Figura 10 mostra várias aproximações pela direita. Observe que o *erro* no cálculo da área, que corresponde à região em tom mais claro acima do gráfico, fica menor quando aumenta o número de retângulos. De fato, parece que *podemos tornar o erro tão pequeno quanto quisermos tomando o número N de retângulos suficientemente grande*. Sendo assim, faz sentido considerar o limite quando $N \to \infty$, pois isso deve nos dar a área exata abaixo do gráfico. O teorema seguinte garante que o limite existe (veja o Teorema 8 no Apêndice D para uma prova e o Exercício 89 para um caso especial).

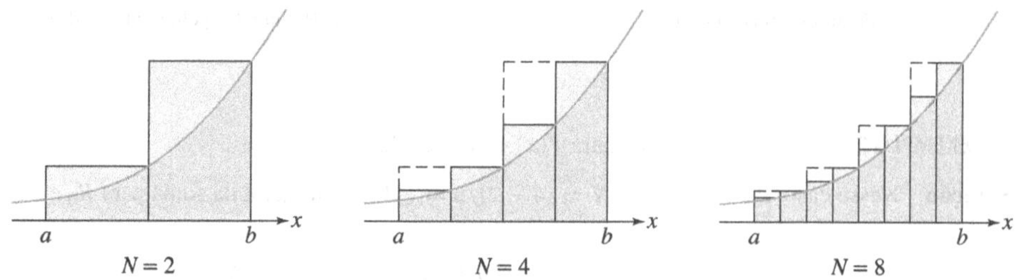

FIGURA 10 O erro decresce quando usamos mais retângulos.

No Teorema 1, não estamos supondo que $f(x) \ge 0$. Se $f(x)$ tomar valores negativos, o limite L não mais representa uma área abaixo do gráfico, mas podemos interpretá-lo como uma "área com sinal", a ser discutida na próxima seção.

TEOREMA 1 Se f for contínua em $[a, b]$, então as aproximações pela esquerda, direita e ponto médio tenderão a um mesmo limite quando $N \to \infty$. Em outras palavras, existe um valor L tal que

$$\lim_{N\to\infty} R_N = \lim_{N\to\infty} L_N = \lim_{N\to\infty} M_N = L$$

Se $f(x) \ge 0$ em $[a, b]$, definimos L como sendo a área abaixo do gráfico e acima de $[a, b]$.

ENTENDIMENTO CONCEITUAL Os limites são utilizados no Cálculo para definir quantidades básicas que de outra forma careceriam de um significado preciso. O Teorema 1 permite-nos *definir* a área como um limite L de uma maneira muito parecida pela qual definimos a inclinação da reta tangente como sendo o limite das inclinações das retas secantes.

Nos três próximos exemplos, ilustramos o Teorema 1 usando fórmulas para as **somas de potências**. A soma das potências k-ésimas é definida como a soma das k-ésimas potências dos N primeiros inteiros. Utilizaremos as fórmulas da soma de potências com $k = 1, 2, 3$.

Soma de potências

$$\sum_{j=1}^{N} j = 1 + 2 + \cdots + N = \frac{N(N+1)}{2} = \frac{N^2}{2} + \frac{N}{2} \qquad (3)$$

$$\sum_{j=1}^{N} j^2 = 1^2 + 2^2 + \cdots + N^2 = \frac{N(N+1)(2N+1)}{6} = \frac{N^3}{3} + \frac{N^2}{2} + \frac{N}{6} \qquad (4)$$

$$\sum_{j=1}^{N} j^3 = 1^3 + 2^3 + \cdots + N^3 = \frac{N^2(N+1)^2}{4} = \frac{N^4}{4} + \frac{N^3}{2} + \frac{N^2}{4} \qquad (5)$$

Nos Exercícios 44-47 da Seção 1.3, desenvolvemos um método para demonstrar fórmulas de somas de potências. As fórmulas (3)-(5) também podem ser verificadas usando o método da indução.

Por exemplo, pela Equação (4),

$$\sum_{j=1}^{6} j^2 = 1^2 + 2^2 + 3^2 + 4^2 + 5^2 + 6^2 = \underbrace{\frac{6^3}{3} + \frac{6^2}{2} + \frac{6}{6}}_{\frac{N^3}{3}+\frac{N^2}{2}+\frac{N}{6} \text{ com } N=6} = 91$$

Como um primeiro exemplo, calculamos a área de um triângulo retângulo da maneira "difícil".

■ **EXEMPLO 3** Calcule a área A abaixo do gráfico de $f(x) = x$, acima de $[0, 4]$ de três maneiras:

(a) usando Geometria **(b)** $\lim\limits_{N\to\infty} R_N$ **(c)** $\lim\limits_{N\to\infty} L_N$

Solução A região abaixo do gráfico é um triangulo retângulo de base $b = 4$ e altura $h = 4$ (Figura 11).

(a) Por Geometria, $A = \frac{1}{2}bh = \left(\frac{1}{2}\right)(4)(4) = 8$.

(b) Calculemos essa área de novo como um limite. Como $\Delta x = (b-a)/N = 4/N$ e $f(x) = x$,

$$f(x_j) = f(a + j\Delta x) = f\left(0 + j\left(\frac{4}{N}\right)\right) = \frac{4j}{N}$$

$$R_N = \Delta x \sum_{j=1}^{N} f(x_j) = \frac{4}{N}\sum_{j=1}^{N} \frac{4j}{N} = \frac{16}{N^2}\sum_{j=1}^{N} j$$

LEMBRETE

$$R_N = \Delta x \sum_{j=1}^{N} f(x_j)$$

$$L_N = \Delta x \sum_{j=0}^{N-1} f(x_j)$$

$$\Delta x = \frac{b-a}{N}$$

$$x_j = a + j\Delta x$$

Na última igualdade, fatoramos $4/N$ para fora da soma. Isso é possível, pois $4/N$ é uma constante que não depende de j. Agora usamos a Fórmula (3):

$$R_N = \frac{16}{N^2}\sum_{j=1}^{N} j = \frac{16}{N^2}\underbrace{\left(\frac{N(N+1)}{2}\right)}_{\text{Fórmula da soma de potências}} = \frac{8}{N^2}\left(N^2 + N\right) = 8 + \frac{8}{N}$$

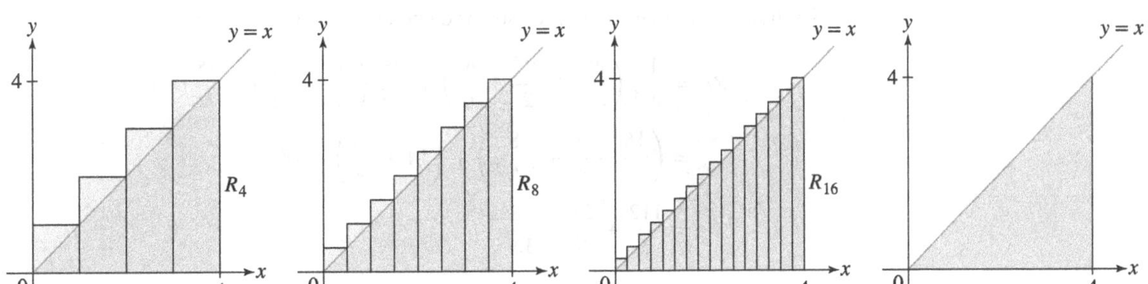

FIGURA 11 As aproximações pela direita tendem à área do triângulo.

O segundo termo $8/N$ tende a zero quando N tende a ∞, portanto

$$A = \lim_{N\to\infty} R_N = \lim_{N\to\infty}\left(8 + \frac{8}{N}\right) = 8$$

Como era de se esperar, esse limite dá o mesmo valor do que a fórmula $\frac{1}{2}bh$.

(c) A aproximação pela esquerda é análoga, mas a soma começa em $j = 0$ e termina em $j = N - 1$:

$$L_N = \frac{16}{N^2}\sum_{j=0}^{N-1} j = \frac{16}{N^2}\sum_{j=1}^{N-1} j = \frac{16}{N^2}\left(\frac{(N-1)N}{2}\right) = 8 - \frac{8}{N} \qquad 6$$

Na Equação (6), aplicamos a fórmula

$$\sum_{j=1}^{N} j = \frac{N(N+1)}{2}$$

com $N - 1$ no lugar de N:

$$\sum_{j=1}^{N-1} j = \frac{(N-1)N}{2}$$

Observe que, no segundo passo, substituímos a soma começando em $j = 0$ por uma soma começando em $j = 1$. Isso é possível porque o termo para $j = 0$ é zero e pode ser ignorado. Novamente, obtemos $A = \lim_{N\to\infty} L_N = \lim_{N\to\infty}(8 - 8/N) = 8$. ■

No próximo exemplo, calculamos a área abaixo de um gráfico curvo. Ao contrário do que vimos no exemplo precedente, agora não é possível calcular a área diretamente usando Geometria.

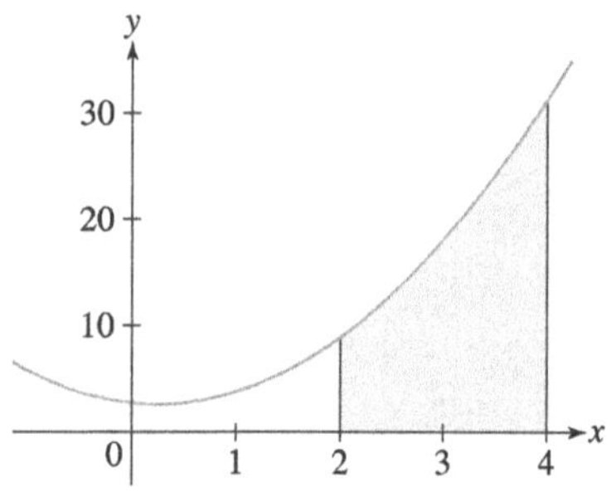

FIGURA 12 A área abaixo do gráfico de $f(x) = 2x^2 - x + 3$, acima de $[2, 4]$.

■ **EXEMPLO 4** Seja A a área abaixo do gráfico de $f(x) = 2x^2 - x + 3$ acima de $[2, 4]$ (Figura 12). Calcule A como o limite $\lim_{N\to\infty} R_N$.

Solução

***Passo 1.* Expressar R_N em termos de somas de potências.**

Nesse caso, $\Delta x = (4 - 2)/N = 2/N$ e

$$R_N = \Delta x \sum_{j=1}^{N} f(x_j) = \Delta x \sum_{j=1}^{N} f(a + j\Delta x) = \frac{2}{N}\sum_{j=1}^{N} f\left(2 + \frac{2j}{N}\right)$$

Simplifiquemos o termo geral. Como $f(x) = 2x^2 - x + 3$,

$$f\left(2+\frac{2j}{N}\right) = 2\left(2+\frac{2j}{N}\right)^2 - \left(2+\frac{2j}{N}\right) + 3$$
$$= 2\left(4 + \frac{8j}{N} + \frac{4j^2}{N^2}\right) - \left(2 + \frac{2j}{N}\right) + 3 = \frac{8}{N^2}j^2 + \frac{14}{N}j + 9$$

Agora podemos expressar R_N em termos de somas de potências:

$$R_N = \frac{2}{N}\sum_{j=1}^{N}\left(\frac{8}{N^2}j^2 + \frac{14}{N}j + 9\right) = \frac{2}{N}\sum_{j=1}^{N}\frac{8}{N^2}j^2 + \frac{2}{N}\sum_{j=1}^{N}\frac{14}{N}j + \frac{2}{N}\sum_{j=1}^{N}9$$
$$= \frac{16}{N^3}\sum_{j=1}^{N} j^2 + \frac{28}{N^2}\sum_{j=1}^{N} j + \frac{18}{N}\sum_{j=1}^{N} 1 \qquad 7$$

***Passo 2.* Usar as fórmulas de somas de potências.**

Usando as fórmulas (3) e (4) de somas de potências na Equação (7), obtemos

$$R_N = \frac{16}{N^3}\left(\frac{N^3}{3} + \frac{N^2}{2} + \frac{N}{6}\right) + \frac{28}{N^2}\left(\frac{N^2}{2} + \frac{N}{2}\right) + \frac{18}{N}(N)$$
$$= \left(\frac{16}{3} + \frac{8}{N} + \frac{8}{3N^2}\right) + \left(14 + \frac{14}{N}\right) + 18$$
$$= \frac{112}{3} + \frac{22}{N} + \frac{8}{3N^2}$$

Passo 3. **Calcular o limite.**

$$A = \lim_{N\to\infty} R_N = \lim_{N\to\infty}\left(\frac{112}{3} + \frac{22}{N} + \frac{8}{3N^2}\right) = \frac{112}{3}$$ ■

■ **EXEMPLO 5** Prove que, dado qualquer $b > 0$, a área A abaixo do gráfico de $f(x) = x^2$ acima de $[0, b]$ é igual a $b^3/3$, conforme indicado na Figura 13.

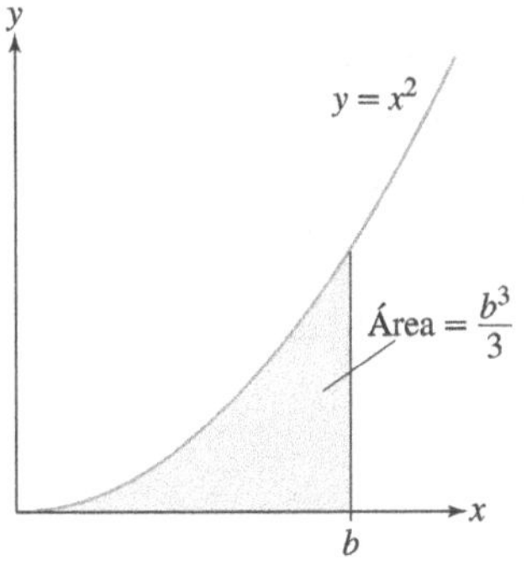

FIGURA 13

Solução Vamos calcular a área com R_N. Temos $\Delta x = (b-0)/N = b/N$ e

$$R_N = \Delta x \sum_{j=1}^{N} f(x_j) = \Delta x \sum_{j=1}^{N} f(0 + j\Delta x) = \frac{b}{N}\sum_{j=1}^{N}\left(0 + j\frac{b}{N}\right)^2 = \frac{b}{N}\sum_{j=1}^{N}\left(j^2\frac{b^2}{N^2}\right)$$

$$= \frac{b^3}{N^3}\sum_{j=1}^{N} j^2$$

Pela fórmula de soma de potências indicada à margem,

LEMBRETE Pela Equação (4),

$$\sum_{j=1}^{N} j^2 = \frac{N^3}{3} + \frac{N^2}{2} + \frac{N}{6}$$

$$R_N = \frac{b^3}{N^3}\left(\frac{N^3}{3} + \frac{N^2}{2} + \frac{N}{6}\right) = \frac{b^3}{3} + \frac{b^3}{2N} + \frac{b^3}{6N^2}$$

$$A = \lim_{N\to\infty} R_N = \lim_{N\to\infty}\left(\frac{b^3}{3} + \frac{b^3}{2N} + \frac{b^3}{6N^2}\right) = \frac{b^3}{3}$$ ■

A área abaixo do gráfico de um polinômio qualquer pode ser calculada usando fórmulas de somas de potências como nos exemplos precedentes. Para outras funções, o limite que define a área pode ser difícil ou impossível de ser calculado diretamente. Considere $f(x) = \text{sen}\, x$ no intervalo $\left[\frac{\pi}{4}, \frac{3\pi}{4}\right]$. Nesse caso (Figura 14), $\Delta x = (3\pi/4 - \pi/4)/N = \pi/(2N)$, e a área A é

$$A = \lim_{N\to\infty} R_N = \lim_{N\to\infty} \Delta x \sum_{j=1}^{N} f(a + j\Delta x) = \lim_{N\to\infty}\frac{\pi}{2N}\sum_{j=1}^{N}\text{sen}\left(\frac{\pi}{4} + \frac{\pi j}{2N}\right)$$

Com algum esforço, podemos mostrar que o limite é igual a $A = \sqrt{2}$. No entanto, veremos na Seção 5.4 que é muito mais fácil aplicar o Teorema Fundamental do Cálculo, que reduz o cálculo de áreas ao problema de encontrar antiderivadas.

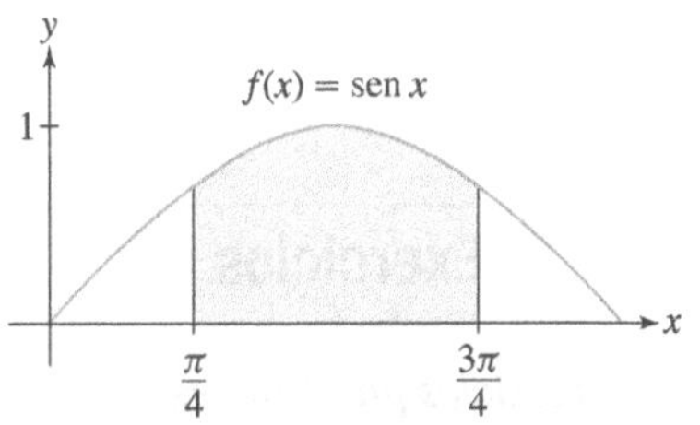

FIGURA 14 A área dessa região é mais difícil de calcular como limite de aproximações pelas extremidades.

PERSPECTIVA HISTÓRICA

(© Bettmann/Corbis)

Jacob Bernoulli (1654-1705)

Usamos as fórmulas para as somas das potências k-ésimas com $k = 1, 2, 3$. Existem fórmulas análogas para todas as potências k. Esse problema foi estudado no século XVII e acabou sendo resolvido em torno de 1690 pelo grande matemático suíço Jacob Bernoulli. Sobre essa descoberta, ele escreveu

> Com a ajuda [dessas fórmulas] eu levei menos do que um quarto de hora para verificar que a soma das décimas potências dos 1000 primeiros números dá o valor
>
> 91409924241424243424241924242500

A fórmula de Bernoulli tem o formato geral

$$\sum_{j=1}^{n} j^k = \frac{1}{k+1}n^{k+1} + \frac{1}{2}n^k + \frac{k}{12}n^{k-1} + \cdots$$

Os pontos indicam termos envolvendo potências menores de n, cujos coeficientes são dados em termos dos assim chamados números de Bernoulli. Por exemplo,

$$\sum_{j=1}^{n} j^4 = \frac{1}{5}n^5 + \frac{1}{2}n^4 + \frac{1}{3}n^3 - \frac{1}{30}n$$

Essas fórmulas estão disponíveis na maioria dos sistemas algébricos computacionais.

5.1 Resumo

Somas de potências

$$\sum_{j=1}^{N} j = \frac{N(N+1)}{2} = \frac{N^2}{2} + \frac{N}{2}$$

$$\sum_{j=1}^{N} j^2 = \frac{N(N+1)(2N+1)}{6} = \frac{N^3}{3} + \frac{N^2}{2} + \frac{N}{6}$$

$$\sum_{j=1}^{N} j^3 = \frac{N^2(N+1)^2}{4} = \frac{N^4}{4} + \frac{N^3}{2} + \frac{N^2}{4}$$

- Aproximações da área abaixo do gráfico de f, acima do intervalo $[a, b]$ $\left(\Delta x = \frac{b-a}{N}, x_j = a + j\Delta x\right)$:

$$R_N = \Delta x \sum_{j=1}^{N} f(x_j) = \Delta x\big(f(x_1) + f(x_2) + \cdots + f(x_N)\big)$$

$$L_N = \Delta x \sum_{j=0}^{N-1} f(x_j) = \Delta x\big(f(x_0) + f(x_1) + \cdots + f(x_{N-1})\big)$$

$$M_N = \Delta x \sum_{j=0}^{N-1} f\left(\frac{x_j + x_{j+1}}{2}\right) = \Delta x\left(f\left(\frac{x_0 + x_1}{2}\right) + \cdots + f\left(\frac{x_{N-1} + x_N}{2}\right)\right)$$

- Se f for contínua em $[a, b]$, então as aproximações pela esquerda, direita e ponto médio tendem a um mesmo limite L:

$$\lim_{N\to\infty} R_N = \lim_{N\to\infty} L_N = \lim_{N\to\infty} M_N = L$$

- Se $f(x) \geq 0$ em $[a, b]$, tomamos L como a definição da área abaixo do gráfico de $y = f(x)$, acima de $[a, b]$.

5.1 Exercícios

Exercícios preliminares

1. Suponha que [2, 5] seja dividido em seis subintervalos. Quais são as extremidades direitas e esquerdas dos subintervalos?
2. O intervalo [1, 5] é dividido em oito subintervalos.
   (a) Qual é a extremidade esquerda do último intervalo?
   (b) Quais são as extremidades direitas dos dois primeiros intervalos?
3. Quais dos pares de somas seguintes *não são* iguais?
   (a) $\sum_{i=1}^{4} i, \quad \sum_{\ell=1}^{4} \ell$
   (b) $\sum_{j=1}^{4} j^2, \quad \sum_{k=2}^{5} k^2$
   (c) $\sum_{j=1}^{4} j, \quad \sum_{i=2}^{5} (i-1)$
   (d) $\sum_{i=1}^{4} i(i+1), \quad \sum_{j=2}^{5} (j-1)j$
4. Explique: $\sum_{j=1}^{100} j = \sum_{j=0}^{100} j$, mas $\sum_{j=1}^{100} 1$ não é igual a $\sum_{j=0}^{100} 1$.
5. Explique por que $L_{100} \geq R_{100}$ se $f(x) = x^{-2}$ em [3, 7].

Exercícios

1. A Figura 15 mostra a velocidade de um objeto ao longo de um intervalo de 3 minutos. Determine a distância percorrida ao longo dos intervalos [0, 3] e [1; 2,5] (lembre-se de converter km/h em quilômetros por minuto).

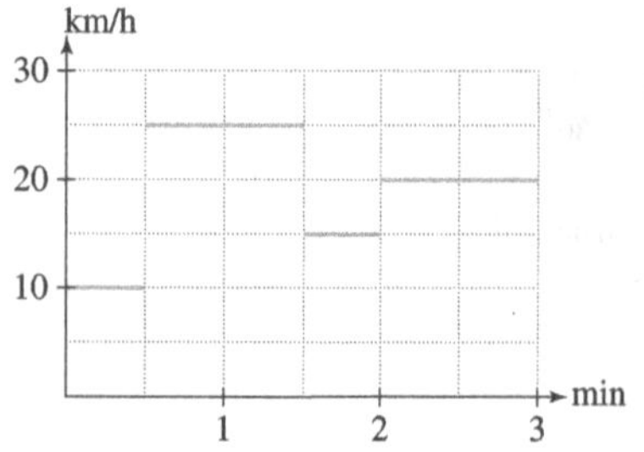

FIGURA 15

2. Um avestruz (Figura 16) corre à velocidade de 20 km/h por 2 minutos, a 12 km/h por 3 minutos e a 40 km/h por mais um minuto. Calcule a distância total percorrida e indique num gráfico como essa quantidade pode ser interpretada como uma área.

FIGURA 16 Avestruzes alcançam velocidades de até 70 km/h. (© *Daryl Balfour/Gallo Images/Alamy*)

3. Uma tempestade se abateu sobre Portland, no estado norte-americano do Maine, em outubro de 1996, resultando num recorde de chuva registrada. A taxa da precipitação $R(t)$ em 21 de outubro foi registrada na tabela seguinte, em centímetros por hora, sendo t o número de horas desde a meia-noite. Calcule a quantidade de chuva total durante esse período de 24 horas e indique num gráfico como essa quantidade pode ser interpretada como uma área.

t (h)	0-2	2-4	4-9	9-12	12-20	20-24
$R(t)$ (cm)	0,5	0,3	1,0	2,5	1,5	0,6

4. A velocidade de um objeto é $v(t) = 12$ m/s. Use a Equação (2) e Geometria para encontrar a distância percorrida ao longo dos intervalos de tempo [0, 2] e [2, 5].

5. Calcule R_5 e L_5 em [0, 1], usando os valores a seguir:

x	0	0,2	0,4	0,6	0,8	1
$f(x)$	50	48	46	44	42	40

6. Calcule R_6, L_6 e M_3 para obter uma estimativa da distância percorrida ao longo de [0, 3] se a velocidade em intervalos de meio segundo for como segue:

t (s)	0	0,5	1	1,5	2	2,5	3
v (m/s)	0	12	18	25	20	14	20

7. Considere $f(x) = 2x + 3$.
(a) Calcule R_6 e L_6 em [0, 3].
(b) Use Geometria para encontrar a área exata A e calcule os erros $|A - R_6|$ e $|A - L_6|$ nessas aproximações.

8. Repita o Exercício 7 com $f(x) = 20 - 3x$ em [2, 4].

9. Calcule R_3 e L_3 para $f(x) = x^2 - x + 4$ em [1, 4]. Em seguida, esboce o gráfico de f e os retângulos que dão cada aproximação. A área abaixo do gráfico é maior ou menor do que R_3? É maior ou menor do que L_3?

10. Sejam $f(x) = \sqrt{x^2+1}$ e $\Delta x = \frac{1}{3}$. Esboce o gráfico de f e os retângulos pela direita cuja área é representada pela soma
$$\sum_{i=1}^{6} f(1 + i\Delta x)\Delta x.$$

11. Dê uma estimativa de R_3, M_3 e L_6 em [0; 1,5] para a função na Figura 17.

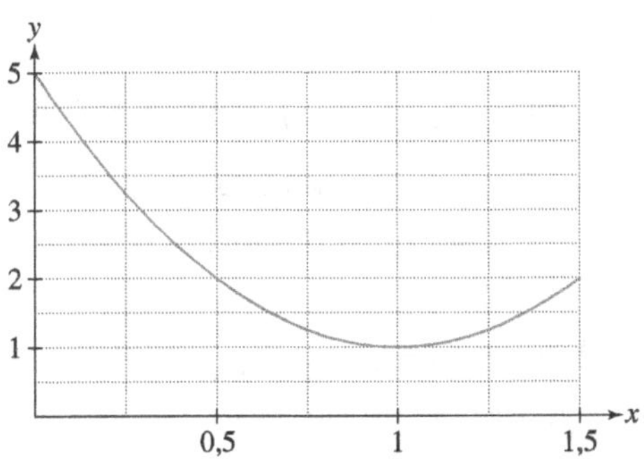

FIGURA 17

12. Calcule a área dos retângulos sombreados na Figura 18. Qual é a aproximação que esses retângulos representam?

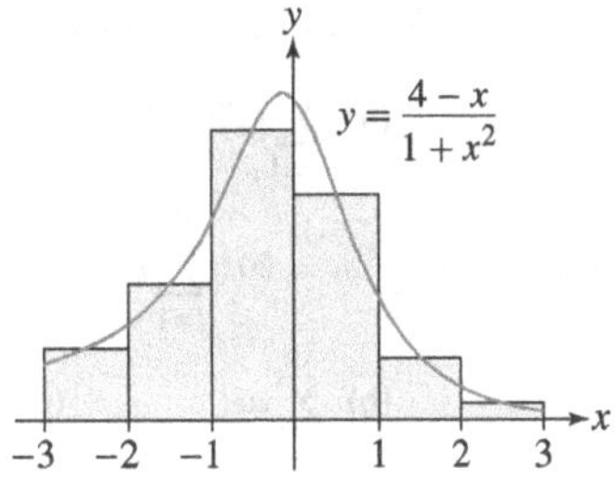

FIGURA 18

13. Seja $f(x) = x^2$.
(a) Esboce a função no intervalo [0, 2] e os retângulos correspondentes a L_4. Calcule a área contida nesses retângulos.
(b) Esboce novamente a função no intervalo [0, 2], mas com os retângulos correspondentes a R_4. Calcule a área contida nesses retângulos.
(c) Decida sobre o valor da área abaixo do gráfico de $f(x) = x^2$ acima do intervalo [0, 2].

14. Seja $f(x) = \sqrt{x}$.
(a) Esboce a função no intervalo [0, 4] e os retângulos correspondentes a L_4. Calcule a área contida nesses retângulos.
(b) Esboce novamente a função no intervalo [0, 4], mas com os retângulos correspondentes a R_4. Calcule a área contida nesses retângulos.
(c) Decida sobre o valor da área abaixo do gráfico de $f(x) = \sqrt{x}$ acima do intervalo [0, 4].

Nos Exercícios 15-22, calcule as aproximações para a função e o intervalo dados.

15. R_3, $f(x) = 7 - x$, [3, 5]

16. L_6, $f(x) = \sqrt{6x+2}$, [1, 3]

17. M_6, $f(x) = 4x + 3$, [5, 8]

18. R_5, $f(x) = x^2 + x$, [−1, 1]

19. M_5, $f(x) = \ln x$, [1, 3]

20. M_4, $f(x) = \sqrt{x}$, [3, 5]

21. L_4, $f(x) = \cos^2 x$, $\left[\frac{\pi}{6}, \frac{\pi}{2}\right]$

22. L_6, $f(x) = x^2 + 3|x|$, [−2, 1]

Nos Exercícios 23-28, escreva a soma usando a notação de somatório.

23. $4^7 + 5^7 + 6^7 + 7^7 + 8^7$

24. $(2^2 + 2) + (3^2 + 3) + (4^2 + 4) + (5^2 + 5)$

25. $(2^2 + 2) + (2^3 + 2) + (2^4 + 2) + (2^5 + 2)$

26. $\sqrt{1+1^3} + \sqrt{2+2^3} + \cdots + \sqrt{n+n^3}$

27. $\frac{1}{2\cdot 3} + \frac{2}{3\cdot 4} + \cdots + \frac{n}{(n+1)(n+2)}$

28. $e^{\pi} + e^{\pi/2} + e^{\pi/3} + \cdots + e^{\pi/n}$

29. Calcule as somas:

(a) $\sum_{i=1}^{5} 9$ **(b)** $\sum_{i=0}^{5} 4$ **(c)** $\sum_{k=2}^{4} k^3$

30. Calcule as somas:

(a) $\sum_{j=3}^{4} \operatorname{sen}\left(j\frac{\pi}{2}\right)$ **(b)** $\sum_{k=3}^{5} \frac{1}{k-1}$ **(c)** $\sum_{j=0}^{2} 3^{j-1}$

31. Sejam $b_1 = 4, b_2 = 1, b_3 = 2$ e $b_4 = -4$. Calcule:

(a) $\sum_{i=2}^{4} b_i$ (b) $\sum_{j=1}^{2} (2^{b_j} - b_j)$ (c) $\sum_{k=1}^{3} kb_k$

32. Suponha que $a_1 = -5$, $\sum_{i=1}^{10} a_i = 20$ e $\sum_{i=1}^{10} b_i = 7$. Calcule:

(a) $\sum_{i=1}^{10} (4a_i + 3)$ (b) $\sum_{i=2}^{10} a_i$ (c) $\sum_{i=1}^{10} (2a_i - 3b_i)$

33. Calcule $\sum_{j=101}^{200} j$. *Sugestão:* escreva como a diferença de duas somas e use a fórmula (3).

34. Calcule $\sum_{j=1}^{30} (2j + 1)^2$. *Sugestão:* expanda e use as fórmulas (3)-(4).

Nos Exercícios 35-42, use a linearidade e as fórmulas (3)-(5) para reescrever e calcular as somas.

35. $\sum_{j=1}^{20} 8j^3$

36. $\sum_{k=1}^{30} (4k - 3)$

37. $\sum_{n=51}^{150} n^2$

38. $\sum_{k=101}^{200} k^3$

39. $\sum_{j=0}^{50} j(j-1)$

40. $\sum_{j=2}^{30} \left(6j + \frac{4j^2}{3}\right)$

41. $\sum_{m=1}^{30} (4 - m)^3$

42. $\sum_{m=1}^{20} \left(5 + \frac{3m}{2}\right)^2$

Nos Exercícios 43-46, use as fórmulas (3)-(5) para calcular o limite.

43. $\lim_{N\to\infty} \sum_{i=1}^{N} \frac{i}{N^2}$

44. $\lim_{N\to\infty} \sum_{j=1}^{N} \frac{j^3}{N^4}$

45. $\lim_{N\to\infty} \sum_{i=1}^{N} \frac{i^2 - i + 1}{N^3}$

46. $\lim_{N\to\infty} \sum_{i=1}^{N} \left(\frac{i^3}{N^4} - \frac{20}{N}\right)$

Nos Exercícios 47-52, calcule o limite usando a função e o intervalo dados. Confira sua resposta usando Geometria.

47. $\lim_{N\to\infty} R_N$, $f(x) = 9x$, $[0, 2]$

48. $\lim_{N\to\infty} R_N$, $f(x) = 3x + 6$, $[1, 4]$

49. $\lim_{N\to\infty} L_N$, $f(x) = \frac{1}{2}x + 2$, $[0, 4]$

50. $\lim_{N\to\infty} L_N$, $f(x) = 4x - 2$, $[1, 3]$

51. $\lim_{N\to\infty} M_N$, $f(x) = x$, $[0, 2]$

52. $\lim_{N\to\infty} M_N$, $f(x) = 12 - 4x$, $[2, 6]$

53. Mostre que, para $f(x) = 3x^2 + 4x$ em $[0, 2]$, vale

$$R_N = \frac{2}{N} \sum_{j=1}^{N} \left(\frac{12j^2}{N^2} + \frac{8j}{N}\right)$$

Em seguida, calcule $\lim_{N\to\infty} R_N$.

54. Mostre que, para $f(x) = 3x^3 - x^2$ em $[1, 5]$, vale

$$R_N = \frac{4}{N} \sum_{j=1}^{N} \left(\frac{192j^3}{N^3} + \frac{128j^2}{N^2} + \frac{28j}{N} + 2\right)$$

Em seguida, calcule $\lim_{N\to\infty} R_N$.

Nos Exercícios 55-62, encontre uma fórmula para R_N e calcule a área abaixo do gráfico como um limite.

55. $f(x) = x^2$, $[0, 1]$

56. $f(x) = x^2$, $[-1, 5]$

57. $f(x) = 6x^2 - 4$, $[2, 5]$

58. $f(x) = x^2 + 7x$, $[6, 11]$

59. $f(x) = x^3 - x$, $[0, 2]$

60. $f(x) = 2x^3 + x^2$, $[-2, 2]$

61. $f(x) = 2x + 1$, $[a, b]$ (a, b constantes, com $a < b$)

62. $f(x) = x^2$, $[a, b]$ (a, b constantes, com $a < b$)

Nos Exercícios 63-66, descreva a área representada pelos limites.

63. $\lim_{N\to\infty} \frac{1}{N} \sum_{j=1}^{N} \left(\frac{j}{N}\right)^4$

64. $\lim_{N\to\infty} \frac{3}{N} \sum_{j=1}^{N} \left(2 + \frac{3j}{N}\right)^4$

65. $\lim_{N\to\infty} \frac{5}{N} \sum_{j=0}^{N-1} e^{-2+5j/N}$

66. $\lim_{N\to\infty} \frac{\pi}{2N} \sum_{j=1}^{N} \operatorname{sen}\left(\frac{\pi}{3} - \frac{\pi}{4N} + \frac{j\pi}{2N}\right)$

Nos Exercícios 67-72, use a aproximação indicada (em notação de somatório) para expressar (sem calcular) a área abaixo do gráfico como um limite.

67. R_N, $f(x) = \operatorname{sen} x$ em $[0, \pi]$

68. R_N, $f(x) = x^{-1}$ em $[1, 7]$

69. L_N, $f(x) = \sqrt{2x + 1}$ em $[7, 11]$

70. L_N, $f(x) = \cos x$ em $\left[\frac{\pi}{8}, \frac{\pi}{4}\right]$

71. M_N, $f(x) = \operatorname{tg} x$ em $\left[\frac{1}{2}, 1\right]$

72. M_N, $f(x) = x^{-2}$ em $[3, 5]$

73. Calcule $\lim_{N\to\infty} \frac{1}{N} \sum_{j=1}^{N} \sqrt{1 - \left(\frac{j}{N}\right)^2}$ interpretando o limite como a área de uma parte de uma conhecida figura geométrica.

Nos Exercícios 74-76, seja $f(x) = x^2$ e considere as aproximações R_N, L_N e M_N no intervalo $[0, 1]$.

74. Mostre que $R_N = \frac{1}{3} + \frac{1}{2N} + \frac{1}{6N^2}$. Interprete a quantidade $\frac{1}{2N} + \frac{1}{6N^2}$ como a área de uma região.

75. Mostre que

$$L_N = \frac{1}{3} - \frac{1}{2N} + \frac{1}{6N^2}, \qquad M_N = \frac{1}{3} - \frac{1}{12N^2}$$

Ordene as três aproximações R_N, L_N e M_N em ordem de precisão crescente (use o Exercício 74).

76. Para cada um dentre R_N, L_N e M_N, encontre o menor inteiro N com o qual o erro é menor do que 0,001.

Nos Exercícios 77-82, use o Entendimento gráfico na página 264 para obter cotas da área.

77. Seja A a área abaixo do gráfico de $f(x) = \sqrt{x}$ acima de [0, 1]. Prove que $0{,}51 \leq A \leq 0{,}77$ calculando R_4 e L_4. Explique seu raciocínio.

78. Use R_5 e L_5 para mostrar que a área A abaixo do gráfico de $y = x^{-2}$, acima de [10, 13], satisfaz $0{,}0218 \leq A \leq 0{,}0244$.

79. Use R_4 e L_4 para mostrar que a área A abaixo do gráfico de $y =$ sen x, acima de $[0, \frac{\pi}{2}]$, satisfaz $0{,}79 \leq A \leq 1{,}19$.

80. Mostre que a área A abaixo do gráfico de $f(x) = x^{-1}$, acima de [1, 8], satisfaz

$$\frac{1}{2} + \frac{1}{3} + \frac{1}{4} + \frac{1}{5} + \frac{1}{6} + \frac{1}{7} + \frac{1}{8} \leq A \leq 1 + \frac{1}{2} + \frac{1}{3} + \frac{1}{4} + \frac{1}{5} + \frac{1}{6} + \frac{1}{7}$$

81. Mostre que a área A abaixo de $y = x^{1/4}$, acima de [0, 1], satisfaz $L_N \leq A \leq R_N$ com qualquer N. Use um sistema algébrico computacional para calcular L_N e R_N com $N = 100$ e 200 e determine A com duas casas decimais.

82. Mostre que a área A abaixo de $y = 4/(x^2 + 1)$, acima de [0, 1], satisfaz $R_N \leq A \leq L_N$ com qualquer N. Use um sistema algébrico computacional para determinar A com pelo menos três casas decimais. É possível adivinhar o valor exato de A?

83. Neste exercício, calculamos a área A abaixo de $y = e^x$, acima de [0, 1] [Figura 19(A)] usando a fórmula da soma de uma progressão geométrica (válida com $r \neq 1$):

$$1 + r + r^2 + \cdots + r^{N-1} = \sum_{j=0}^{N-1} r^j = \frac{r^N - 1}{r - 1} \qquad 8$$

(a) Mostre que $L_N = \dfrac{1}{N} \displaystyle\sum_{j=0}^{N-1} e^{j/N}$.

(b) Aplique a Equação (8) com $r = e^{1/N}$ para mostrar que

$$L_N = \frac{e - 1}{N(e^{1/N} - 1)}.$$

(c) Calcule $A = \lim\limits_{N\to\infty} L_N$ usando a regra de L'Hôpital.

84. Use o resultado do Exercício 83 para mostrar que a área B abaixo do gráfico de $f(x) = \ln x$ acima de $[1, e]$ é igual a 1. *Sugestão:* relacione B na Figura 19(B) com a área A calculada no Exercício 83.

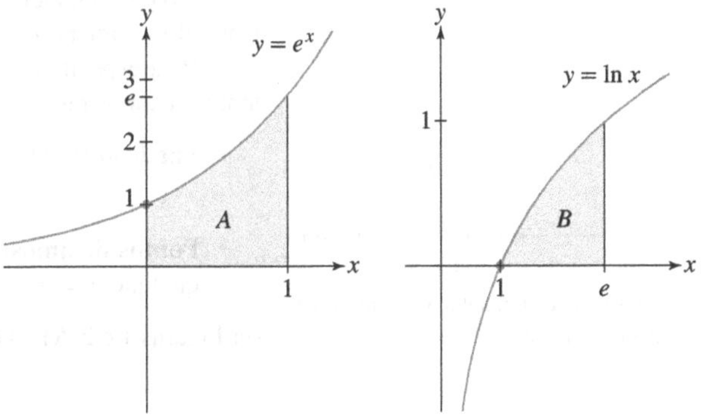

FIGURA 19

Compreensão adicional e desafios

85. Embora a precisão de R_N costume aumentar quando N cresce, isso não precisa ser verdade com valores pequenos de N. Esboce o gráfico de uma função f contínua e positiva num intervalo, tal que R_1 esteja mais próximo da área exata abaixo do gráfico do que R_2. Pode tal função ser monótona?

86. Esboce o gráfico de uma função contínua e positiva num intervalo tal que R_2 e L_2 sejam, ambos, menores do que a área exata abaixo do gráfico. Pode tal função ser monótona?

87. Explique graficamente a seguinte afirmação: *as aproximações pela esquerda e direita são menos precisas quando $f'(x)$ for grande.*

88. Prove que, qualquer que seja a função f em $[a, b]$, vale

$$R_N - L_N = \frac{b - a}{N}(f(b) - f(a)) \qquad 9$$

89. Neste exercício, provamos que os limites $\lim\limits_{N\to\infty} R_N$ e $\lim\limits_{N\to\infty} L_N$ existem e são iguais se f for crescente [o caso de f decrescente sendo análogo]. Utilizamos o conceito de supremo, discutido no Apêndice B.

(a) Explique por meio de um gráfico por que $L_N \leq R_M$ com quaisquer $N, M \geq 1$.

(b) Pela parte (a), a sequência $\{L_N\}$ é limitada, portanto possui um supremo L. Por definição, L é o menor número tal que $L_N \leq L$ com qualquer N. Mostre que $L \leq R_M$, qualquer que seja M.

(c) De acordo com a parte (b), $L_N \leq L \leq R_N$ com qualquer N. Use a Equação (9) para mostrar que $\lim\limits_{N\to\infty} L_N = L$ e $\lim\limits_{N\to\infty} R_N = L$.

90. Use a Equação (9) para mostrar que se f for positiva e monótona, então a área A abaixo de seu gráfico, acima de $[a, b]$, satisfaz

$$|R_N - A| \leq \frac{b - a}{N}|f(b) - f(a)| \qquad 10$$

Nos Exercícios 91-92, use a Equação (10) para encontrar um valor de N tal que $|R_N - A| < 10^{-4}$ para a função e o intervalo dados.

91. $f(x) = \sqrt{x}$, [1, 4]

92. $f(x) = \sqrt{9 - x^2}$, [0, 3]

93. Suponha que f seja monótona e positiva. Prove que M_N fica entre R_N e L_N e que está mais próximo da área exata abaixo do gráfico do que R_N e L_N. *Sugestão:* no caso de f ser crescente, a Figura 20 mostra que a parte do erro em R_N que é devida ao i-ésimo retângulo é a soma das áreas $A + B + D$ e, em M_N, é $|B - E|$. Por outro lado, $A \geq E$.

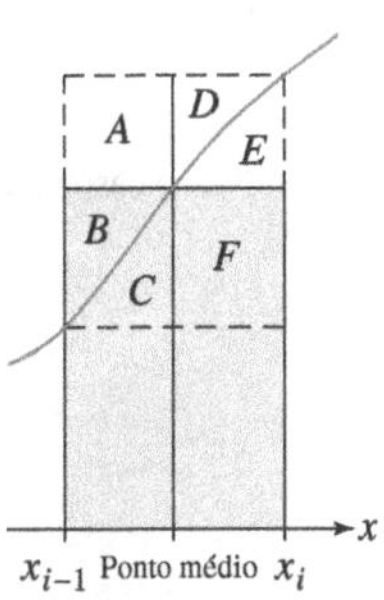

FIGURA 20

5.2 Integral definida

Na seção precedente, vimos que se f for contínua num intervalo $[a, b]$, então as aproximações pela esquerda, direita e ponto médio tendem a um limite comum L quando $N \to \infty$:

$$L = \lim_{N\to\infty} R_N = \lim_{N\to\infty} L_N = \lim_{N\to\infty} M_N \qquad 1$$

Se $f(x) \geq 0$, então L é a área abaixo do gráfico de f. Daqui a pouco enunciaremos formalmente que o limite L é a *integral definida* de f em $[a, b]$. Antes disso, introduzimos as **somas de Riemann**, que são aproximações mais gerais da área.

Lembre que nas aproximações R_N, L_N e M_N usamos retângulos de mesma largura Δx, cujas alturas são os valores de $f(x)$ na extremidade esquerda, direita ou no ponto médio dos subintervalos. Nas aproximações por somas de Riemann, liberamos essas restrições: os retângulos não precisam ter largura igual, e a altura de um retângulo pode ser *qualquer* valor de $f(x)$ dentro do subintervalo.

Para especificar uma soma de Riemann, escolhemos uma partição e uma coleção de pontos de amostragem:

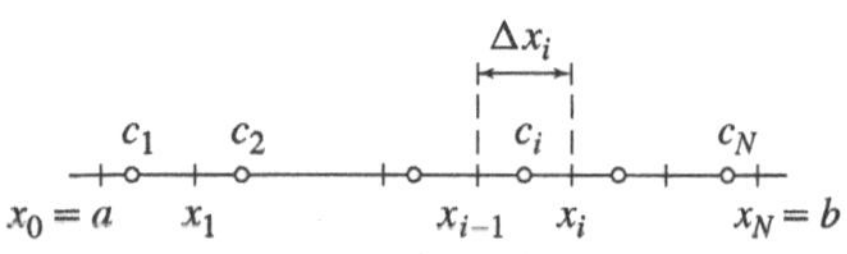

FIGURA 1 Partição de tamanho N e conjunto de pontos de amostragem.

- **Partição** P de tamanho N: uma escolha de pontos que divide $[a, b]$ em N subintervalos.

$$P : a = x_0 < x_1 < x_2 < \cdots < x_N = b$$

- **Pontos de amostragem** $C = \{c_1, \ldots, c_N\}$: c_i pertence ao subintervalo $[x_{i-1}, x_i]$ com qualquer $i = 1, \ldots, N$.

Ver Figuras 1 e 2(A). O comprimento do i-ésimo subintervalo é

$$\Delta x_i = x_i - x_{i-1}$$

A **norma** de P, denotada por $\|P\|$, é o máximo dos comprimentos Δx_i.

Dados P e C, construímos o retângulo de altura $f(c_i)$ e base Δx_i acima de cada subintervalo $[x_{i-1}, x_i]$, como na Figura 2(B). Esse retângulo tem área $f(c_i)\Delta x_i$ se $f(c_i) \geq 0$. Se $f(c_i) < 0$, o retângulo se estende para baixo do eixo x, e $f(c_i)\Delta x_i$ é o negativo de sua área. A soma de Riemann é a soma

Convém não esquecer que R_N, L_N e M_N são exemplos particulares de somas de Riemann nas quais $\Delta x_i = (b - a)/N$ com qualquer i, e cada ponto de amostragem c_i é uma das extremidades ou o ponto médio.

$$R(f, P, C) = \sum_{i=1}^{N} f(c_i)\Delta x_i = f(c_1)\Delta x_1 + f(c_2)\Delta x_2 + \cdots + f(c_N)\Delta x_N \qquad 2$$

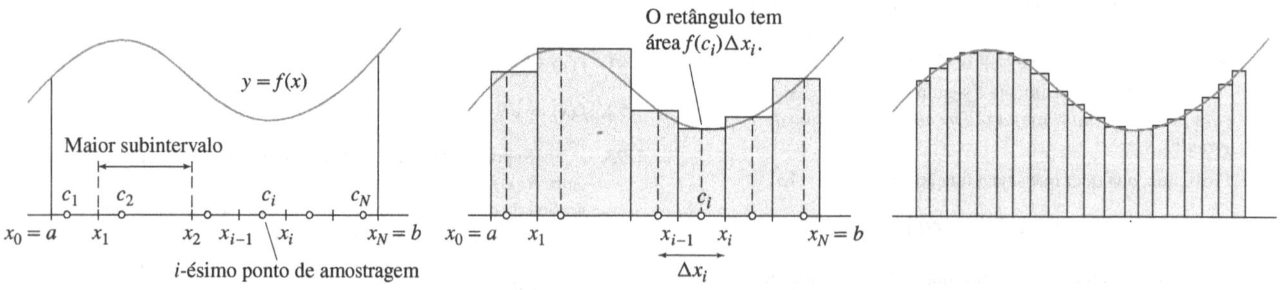

(A) Partição de $[a, b]$ em subintervalos.

(B) Construção de retângulo acima de cada subintervalo de altura $f(c_i)$.

(C) Os retângulos correspondentes a uma soma de Riemann com $\|P\|$ pequeno (um número grande de retângulos).

FIGURA 2 Construção de $R(f, P, C)$. Nesse caso, a norma da partição é Δx_2.

■ **EXEMPLO 1** Calcule a soma de Riemann $R(f, P, C)$, sendo $f(x) = 8 + 12 \operatorname{sen} x - 4x$ em $[0, 4]$,

$$P : x_0 = 0 < x_1 = 1 < x_2 = 1{,}8 < x_3 = 2{,}9 < x_4 = 4$$

$$C = \{0{,}4;\ 1{,}2;\ 2;\ 3{,}5\}$$

Qual é a norma $\| P \|$?

Solução As larguras dos subintervalos da partição (Figura 3) são

$$\Delta x_1 = x_1 - x_0 = 1 - 0 = 1, \qquad \Delta x_2 = x_2 - x_1 = 1{,}8 - 1 = 0{,}8$$

$$\Delta x_3 = x_3 - x_2 = 2{,}9 - 1{,}8 = 1{,}1, \qquad \Delta x_4 = x_4 - x_3 = 4 - 2{,}9 = 1{,}1$$

A norma da partição é $\|P\| = 1{,}1$, pois os dois maiores subintervalos têm largura 1,1. Usando uma calculadora, obtemos

$$R(f, P, C) = f(0{,}4)\Delta x_1 + f(1{,}2)\Delta x_2 + f(2)\Delta x_3 + f(3{,}5)\Delta x_4$$

$$\approx 11{,}07(1) + 14{,}38(0{,}8) + 10{,}91(1{,}1) - 10{,}2(1{,}1) \approx 23{,}35$$

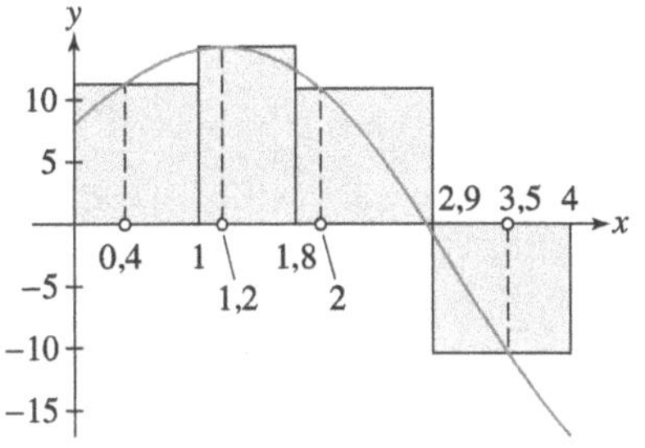

FIGURA 3 Os retângulos definidos por uma soma de Riemann para $f(x) = 8 + 12\,\text{sen}\,x - 4x$.

Observe, na Figura 2(C), que se a norma $\|P\|$ tende a zero (o que significa que os retângulos ficam mais estreitos), o número N de subintervalos tende a ∞ e eles aproximam mais precisamente a área abaixo do gráfico. Isso nos leva à definição seguinte: f é **integrável** em $[a, b]$ se *todas* as somas de Riemann (não só as aproximações pela esquerda, direita ou pelo ponto médio) tenderem a um único e mesmo limite L quando $\|P\|$ tende a zero. Formalmente, escrevemos

$$L = \lim_{\|P\|\to 0} R(f, P, C) = \lim_{\|P\|\to 0} \sum_{i=1}^{N} f(c_i)\Delta x_i \qquad 3$$

se $|R(f, P, C) - L|$ fica arbitrariamente pequeno quando a norma $\|P\|$ tende a zero, independentemente de como escolhermos a partição e os pontos de amostragm. O limite L é denominado **integral definida** de f em $[a, b]$.

A notação $\int f(x)\,dx$ foi introduzida por Leibniz em 1686. O símbolo $\int$ é um S alongado, significando "soma". O diferencial dx corresponde ao comprimento Δx_i ao longo do eixo x.

DEFINIÇÃO Integral definida A integral definida de f em $[a, b]$, denotada pelo sinal de integral, é o limite das somas de Riemann:

$$\int_a^b f(x)\,dx = \lim_{\|P\|\to 0} R(f, P, C) = \lim_{\|P\|\to 0} \sum_{i=1}^{N} f(c_i)\Delta x_i$$

Quando esse limite existe, dizemos que f é integrável em $[a, b]$.

Muitas vezes nos referimos à integral definida simplesmente como a *integral* de f em $[a, b]$. O processo de calcular integrais é denominado **integração**, e dizemos que $f(x)$ é o **integrando**. As extremidades a e b de $[a, b]$ são denominadas **limites de integração**, sendo a o limite inferior e b o superior. Finalmente, observamos que qualquer variável pode ser usada como uma variável de integração (ou seja, é uma variável "muda"). Assim, as três integrais seguintes denotam, todas, a mesma quantidade:

$$\int_a^b \text{sen}\,x\,dx, \qquad \int_a^b \text{sen}\,t\,dt, \qquad \int_a^b \text{sen}\,u\,du$$

Um dos maiores matemáticos do século XIX, e talvez somente superado por seu mentor C. F. Gauss, Riemann transformou as áreas da Geometria, Análise e Teoria de Números. Albert Einstein baseou sua Teoria Geral da Relatividade *na geometria de Riemann. A "Hipótese de Riemann", que trata de números primos, é um dos grandes problemas não resolvidos da Matemática atual. A Fundação Clay ofereceu 1 milhão de dólares por sua solução (http://www.clay.org/millenium-problems/riemann-hypothesis).*

ENTENDIMENTO CONCEITUAL Lembre que uma soma de Riemann $R(f, P, C)$ é tão somente uma aproximação da área baseada em retângulos e que $\int_a^b f(x)\,dx$ é o número que obtemos no limite ao tomar retângulos cada vez mais estreitos.

No entanto, somas de Riemann gerais (com partições e pontos de amostragem arbitrários) são raramente usadas em cálculos. Na prática, usamos aproximações específicas como M_N ou, como veremos em breve, o Teorema Fundamental do Cálculo. Sendo assim, por que se dar ao trabalho de introduzir somas de Riemann? A resposta é que as somas de Riemann desempenham um papel predominantemente teórico e não computacional. Elas são úteis em demonstrações e fornecem uma maneira de tratar rigorosamente com certas funções descontínuas. Em seções posteriores, as somas de Riemann serão usadas para mostrar que volumes e outras quantidades podem ser dadas por integrais definidas.

Georg Friedrich Riemann (1826-1866). (*The Granger Collection, NYC. Direitos reservados.*)

O teorema a seguir nos garante que são integráveis as funções contínuas (e mesmo as funções com um número finito de descontinuidades de salto). (Uma prova pode ser vista no

Apêndice D.) Na prática, usamos esse teorema em vez de tentar comprovar diretamente que uma dada função é integrável.

> **TEOREMA 1** Se f for contínua em $[a, b]$ ou se for contínua exceto por um número finito de descontinuidades de salto, então f será integrável em $[a, b]$.

Interpretação da integral definida como área com sinal

Se $f(x) \geq 0$, a integral definida define a área abaixo do gráfico. Para interpretar a integral se $f(x)$ tomar valores positivos e negativos, definimos o conceito de **área com sinal**, em que as regiões abaixo do eixo x são consideradas como tendo "área negativa" (Figura 4); ou seja,

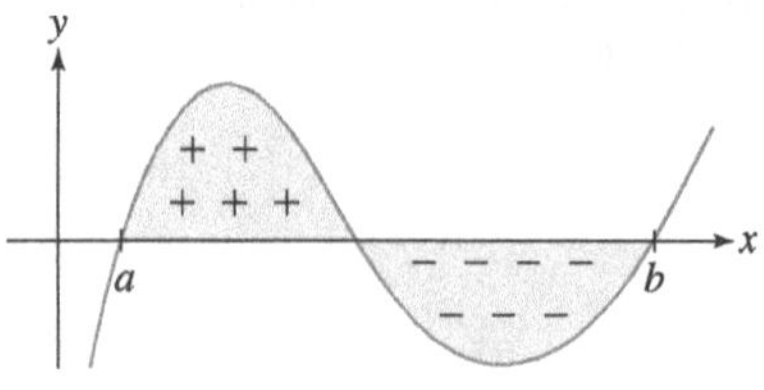

FIGURA 4 A área com sinal é a área acima do eixo x menos a área abaixo do eixo x.

$$\text{Área com sinal de uma região} = (\text{área acima do eixo } x) - (\text{área abaixo do eixo } x)$$

Agora observe que uma soma de Riemann é igual à área com sinal dos retângulos correspondentes:

$$R(f, C, P) = f(c_1)\Delta x_1 + f(c_2)\Delta x_2 + \cdots + f(c_N)\Delta x_N$$

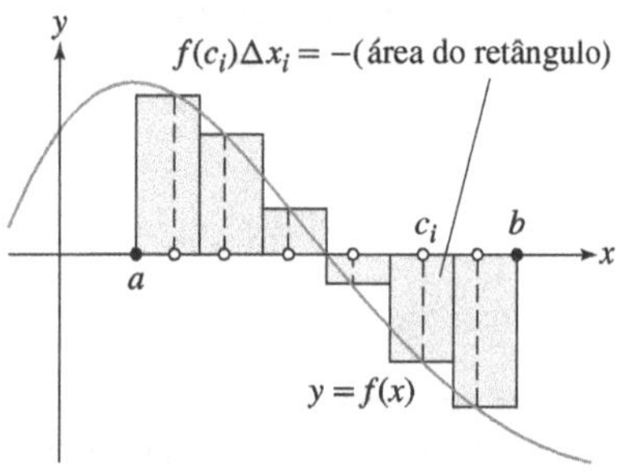

FIGURA 5

De fato, se $f(c_i) < 0$, então o retângulo correspondente fica abaixo do eixo x e tem área com sinal igual a $f(c_i)\Delta x_i$ (Figura 5). O limite das somas de Riemann é a área com sinal da região entre o gráfico e o eixo x:

$$\int_a^b f(x)\,dx = \text{área com sinal da região entre o gráfico e o eixo } x, \text{ ao longo de } [a, b]$$

■ **EXEMPLO 2 Área com sinal** Calcule

$$\int_0^5 (3 - x)\,dx \quad \text{e} \quad \int_0^5 |3 - x|\,dx$$

Solução A região entre $y = 3 - x$ e o eixo x consiste em dois triângulos de áreas $\frac{9}{2}$ e 2 [Figura 6(A)]. Contudo, o segundo triângulo fica abaixo do eixo x, portanto tem área com sinal -2. No gráfico de $y = |3 - x|$, ambos os triângulos ficam acima do eixo x [Figura 6(B)]. Portanto,

$$\int_0^5 (3 - x)\,dx = \frac{9}{2} - 2 = \frac{5}{2} \qquad \int_0^5 |3 - x|\,dx = \frac{9}{2} + 2 = \frac{13}{2} \qquad ■$$

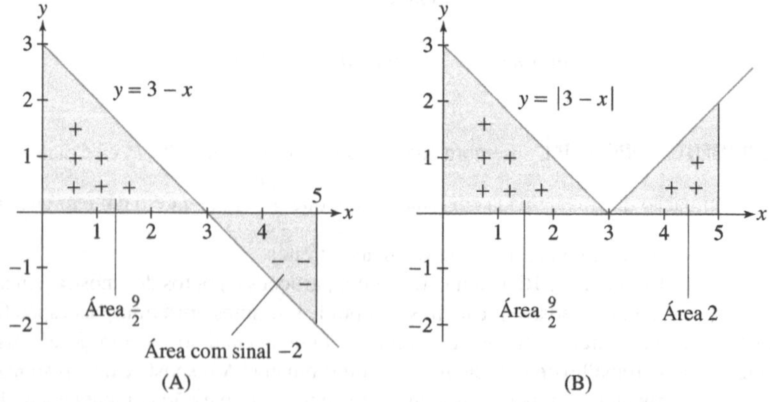

FIGURA 6

Propriedades da integral definida

No restante desta seção, discutiremos algumas propriedades básicas de integrais definidas. Em primeiro lugar, observe que a integral de uma função constante $f(x) = C$ em $[a, b]$ é a área com sinal $C(b - a)$ de um retângulo (como pode ser visto na Figura 7).

TEOREMA 2 Integral de uma constante Com qualquer constante C, temos

$$\int_a^b C\,dx = C(b-a) \quad (4)$$

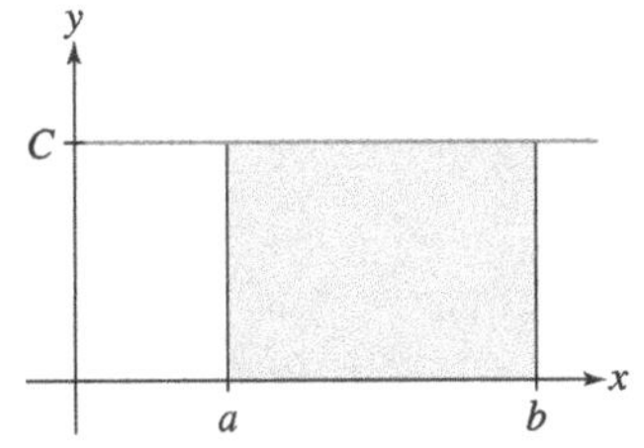

FIGURA 7 $\int_a^b C\,dx = C(b-a)$.

Em seguida, enunciamos as propriedades de linearidade da integral definida.

TEOREMA 3 Linearidade da integral definida Se f e g forem integráveis em $[a, b]$, então $f + g$ e Cf serão integráveis (com qualquer constante C) e valem

- $\int_a^b \big(f(x)+g(x)\big)\,dx = \int_a^b f(x)\,dx + \int_a^b g(x)\,dx$
- $\int_a^b Cf(x)\,dx = C\int_a^b f(x)\,dx$

Demonstração Essas propriedades decorrem das propriedades de linearidade correspondentes das somas e dos limites. Por exemplo, as somas de Riemann são aditivas:

$$R(f+g, P, C) = \sum_{i=1}^{N}\big(f(c_i)+g(c_i)\big)\Delta x_i = \sum_{i=1}^{N} f(c_i)\Delta x_i + \sum_{i=1}^{N} g(c_i)\Delta x_i$$
$$= R(f, P, C) + R(g, P, C)$$

Pela aditividade de limites,

$$\int_a^b (f(x)+g(x))\,dx = \lim_{||P||\to 0} R(f+g, P, C)$$
$$= \lim_{||P||\to 0} R(f, P, C) + \lim_{||P||\to 0} R(g, P, C)$$
$$= \int_a^b f(x)\,dx + \int_a^b g(x)\,dx$$

A segunda propriedade é demonstrada de maneira análoga. ■

■ **EXEMPLO 3** Calcule $\int_0^3 (2x^2-5)\,dx$ usando a fórmula

$$\int_0^b x^2\,dx = \frac{b^3}{3} \quad (5)$$

A Equação (5) foi verificada no Exemplo 5 da Seção 5.1

Solução

$$\int_0^3 (2x^2-5)\,dx = 2\int_0^3 x^2\,dx + \int_0^3 (-5)\,dx \qquad \text{(linearidade)}$$
$$= 2\left(\frac{3^3}{3}\right) - 5(3-0) = 3 \qquad \text{[Equações (5) e (4)]}$$ ■

Até aqui usamos a notação $\int_a^b f(x)\,dx$ subentendendo que $a < b$. É conveniente definir a integral definida com a e b arbitrários.

*De acordo com a Equação (6), **a integral troca de sinal se os limites de integração forem trocados**. Por que escolhemos colocar o sinal de menos do lado direito da Equação (6), já que temos liberdade de definir símbolos da maneira que nos for conveniente? Porque é somente com essa definição que é válido o Teorema Fundamental do Cálculo.*

DEFINIÇÃO Invertendo os limites de integração Se $a < b$, definimos

$$\int_b^a f(x)\,dx = -\int_a^b f(x)\,dx \quad (6)$$

Por exemplo, pela Equação (5), temos

$$\int_5^0 x^2\,dx = -\int_0^5 x^2\,dx = -\frac{5^3}{3} = -\frac{125}{3}$$

Se $a = b$, o intervalo $[a, b] = [a, a]$ tem comprimento nulo, e definimos a integral definida como sendo zero:

$$\int_a^a f(x)\,dx = 0$$

■ **EXEMPLO 4** Prove, com qualquer b (positivo ou negativo),

$$\int_0^b x\,dx = \frac{1}{2}b^2 \qquad 7$$

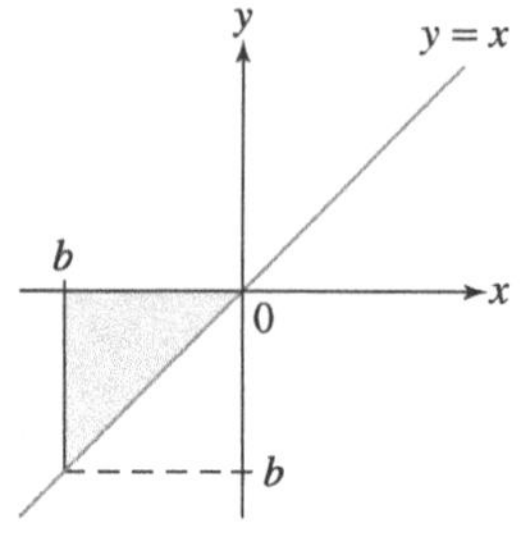

FIGURA 8 Aqui, $b < 0$ e a área com sinal é $-\frac{1}{2}b^2$.

Solução Se $b > 0$, $\int_0^b x\,dx$ é a área $\frac{1}{2}b^2$ de um triângulo de base b e altura b. Se $b < 0$, $\int_b^0 x\,dx$ é a área com sinal $-\frac{1}{2}b^2$ do triângulo na Figura 8, e a Equação (7) decorre da regra de trocar os limites de integração:

$$\int_0^b x\,dx = -\int_b^0 x\,dx = -\left(-\frac{1}{2}b^2\right) = \frac{1}{2}b^2$$ ■

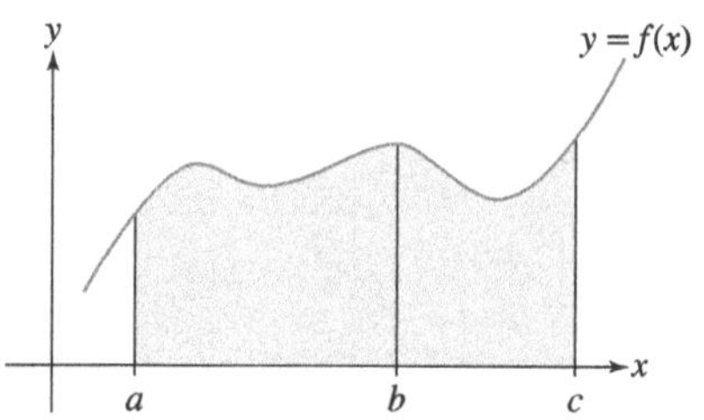

FIGURA 9 A área acima de $[a, c]$ é a *soma* das áreas acima de $[a, b]$ e $[b, c]$.

As integrais definidas satisfazem uma propriedade aditiva importante. Se f for integrável e $a \le b \le c$, como na Figura 9, então a integral de a a c é igual à integral de a a b *mais* a integral de b a c. Enunciamos isso no teorema seguinte (uma demonstração formal pode ser dada usando somas de Riemann).

TEOREMA 4 Aditividade de intervalos adjacentes Suponha que $a \le b \le c$ e que f seja integrável. Então

$$\int_a^c f(x)\,dx = \int_a^b f(x)\,dx + \int_b^c f(x)\,dx$$

Esse teorema permanece verdadeiro como enunciado mesmo se a condição $a \le b \le c$ não estiver satisfeita (Exercício 88).

■ **EXEMPLO 5** Calcule $\int_4^7 x^2\,dx$.

Solução Antes de poder aplicar a fórmula $\int_0^b x^2 dx = b^3/3$ do Exemplo 3, devemos usar a propriedade da aditividade de intervalos adjacentes para escrever

$$\int_0^4 x^2\,dx + \int_4^7 x^2\,dx = \int_0^7 x^2\,dx$$

Agora podemos calcular nossa integral como uma diferença:

$$\int_4^7 x^2\,dx = \int_0^7 x^2\,dx - \int_0^4 x^2\,dx = \left(\frac{1}{3}\right)7^3 - \left(\frac{1}{3}\right)4^3 = 93$$ ■

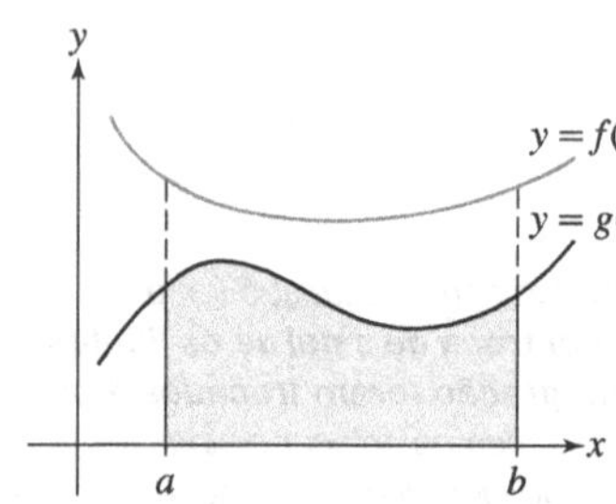

FIGURA 10 A integral de f é maior do que a integral de g.

Outra propriedade básica da integral definida é que funções maiores têm integrais maiores (Figura 10).

TEOREMA 5 Teorema da comparação Se f e g forem integráveis e se $g(x) \le f(x)$ em cada x de $[a, b]$, então

$$\int_a^b g(x)\,dx \le \int_a^b f(x)\,dx$$

Demonstração Se $g(x) \leq f(x)$, então, dadas quaisquer partição e escolha de pontos de amostragem, temos $g(c_i)\Delta x_i \leq f(c_i)\Delta x_i$ com qualquer i. Portanto, as somas de Riemann satisfazem

$$\sum_{i=1}^{N} g(c_i)\Delta x_i \leq \sum_{i=1}^{N} f(c_i)\Delta x_i$$

Tomando o limite quando a norma $\|P\|$ tende a zero, obtemos

$$\int_a^b g(x)\,dx = \lim_{\|P\|\to 0} \sum_{i=1}^{N} g(c_i)\Delta x_i \leq \lim_{\|P\|\to 0} \sum_{i=1}^{N} f(c_i)\Delta x_i = \int_a^b f(x)\,dx \quad \blacksquare$$

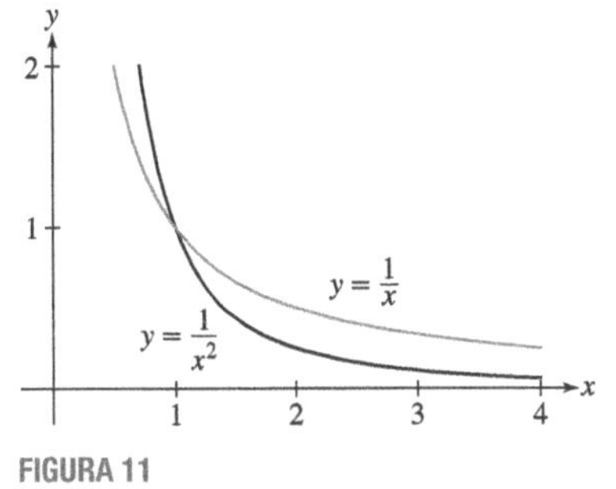

FIGURA 11

■ **EXEMPLO 6** Prove a desigualdade $\int_1^4 \frac{1}{x^2}\,dx \leq \int_1^4 \frac{1}{x}\,dx$.

Solução Se $x \geq 1$, então $x^2 \geq x$, e $x^{-2} \leq x^{-1}$ (Figura 11). Portanto, a desigualdade segue tomando $g(x) = x^{-2}$ e $f(x) = x^{-1}$ no Teorema da Comparação. ■

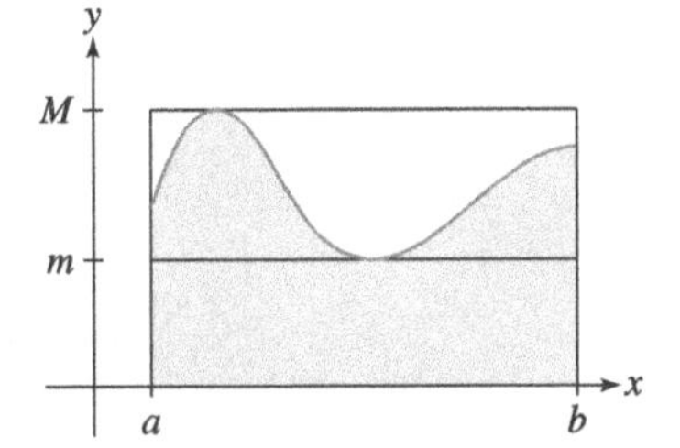

FIGURA 12 A integral $\int_a^b f(x)\,dx$ fica entre as áreas dos retângulos de alturas m e M.

Suponha que existam números m e M tais que $m \leq f(x) \leq M$ com qualquer x em $[a, b]$. Os números m e M são denominados **cotas inferior** e **superior** de $f(x)$ em $[a, b]$. Pelo Teorema da Comparação,

$$\int_a^b m\,dx \leq \int_a^b f(x)\,dx \leq \int_a^b M\,dx$$

Isso nos dá

$$\boxed{m(b-a) \leq \int_a^b f(x)\,dx \leq M(b-a)} \qquad 8$$

Isso nos diz, simplesmente, que a integral de f fica entre as áreas de dois retângulos (Figura 12).

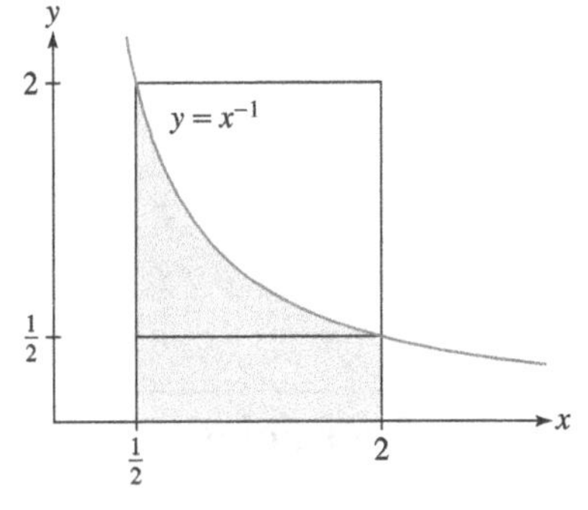

FIGURA 13

■ **EXEMPLO 7** Prove as desigualdades $\frac{3}{4} \leq \int_{1/2}^2 \frac{1}{x}\,dx \leq 3$.

Solução
Como $f(x) = x^{-1}$ é decrescente (Figura 13), seu valor mínimo em $\left[\frac{1}{2}, 2\right]$ é $m = f(2) = \frac{1}{2}$ e seu valor máximo é $M = f\left(\frac{1}{2}\right) = 2$. Pela Equação (8),

$$\underbrace{\frac{1}{2}\left(2 - \frac{1}{2}\right)}_{m(b-a)} = \frac{3}{4} \leq \int_{1/2}^2 \frac{1}{x}\,dx \leq \underbrace{2\left(2 - \frac{1}{2}\right)}_{M(b-a)} = 3 \quad \blacksquare$$

5.2 Resumo

- Uma soma de Riemann $R(f, P, C)$ no intervalo $[a, b]$ é definida pela escolha de uma *partição*

$$P : a = x_0 < x_1 < x_2 < \cdots < x_N = b$$

e *pontos de amostragem* $C = \{c_i\}$, tomando $c_i \in [x_{i-1}, x_i]$. Seja $\Delta x_i = x_i - x_{i-1}$. Então

$$R(f, P, C) = \sum_{i=1}^{N} f(c_i)\Delta x_i$$

- O máximo das larguras Δx_i é denominado norma $\|P\|$ da partição.
- A *integral definida* é o limite das somas de Riemann (se existir):

$$\int_a^b f(x)\,dx = \lim_{\|P\|\to 0} R(f, P, C)$$

Dizemos que f é *integrável* em $[a, b]$ se existir esse limite.

- Teorema: se f for contínua em $[a, b]$, então f será integrável em $[a, b]$.
- $\int_a^b f(x)\,dx =$ *área com sinal* da região entre o gráfico de f e o eixo x.
- Propriedades das integrais definidas:

$$\int_a^b \big(f(x) + g(x)\big)\,dx = \int_a^b f(x)\,dx + \int_a^b g(x)\,dx$$

$$\int_a^b Cf(x)\,dx = C\int_a^b f(x)\,dx \quad \text{com qualquer constante } C$$

$$\int_b^a f(x)\,dx = -\int_a^b f(x)\,dx$$

$$\int_a^a f(x)\,dx = 0$$

$$\int_a^b f(x)\,dx + \int_b^c f(x)\,dx = \int_a^c f(x)\,dx \quad \text{com quaisquer } a, b, c$$

- Fórmulas:

$$\int_a^b C\,dx = C(b-a) \quad (C \text{ qualquer constante})$$

$$\int_0^b x\,dx = \frac{1}{2}b^2$$

$$\int_0^b x^2\,dx = \frac{1}{3}b^3$$

- Teorema da comparação: se $f(x) \le g(x)$ em $[a, b]$, então

$$\int_a^b f(x)\,dx \le \int_a^b g(x)\,dx$$

Se $m \le f(x) \le M$ em $[a, b]$, então

$$m(b-a) \le \int_a^b f(x)\,dx \le M(b-a)$$

5.2 Exercícios

Exercícios preliminares

1. O que é $\int_3^5 dx$ [aqui a função é $f(x) = 1$]?

2. Seja $I = \int_2^7 f(x)\,dx$, com f contínua. Decida se as afirmações seguintes são verdadeiras ou falsas:
   (a) I é a área entre o gráfico e o eixo x, ao longo de $[2, 7]$.
   (b) Se $f(x) \ge 0$, então I é a área entre o gráfico e o eixo x, ao longo de $[2, 7]$.
   (c) Se $f(x) \le 0$, então $-I$ é a área entre o gráfico de f e o eixo x, ao longo de $[2, 7]$.

3. Explique graficamente: $\int_0^\pi \cos x\,dx = 0$.

4. Qual integral é negativa, $\int_{-1}^{-5} 8\,dx$ ou $\int_{-5}^{-1} 8\,dx$?

Exercícios

Nos Exercícios 1-10, esboce a área com sinal representada pela integral e calcule seu valor usando Geometria.

1. $\int_{-3}^{3} 2x\,dx$
2. $\int_{-2}^{3} (2x+4)\,dx$
3. $\int_{-2}^{1} (3x+4)\,dx$
4. $\int_{-2}^{1} 4\,dx$
5. $\int_6^8 (7-x)\,dx$
6. $\int_{\pi/2}^{3\pi/2} \operatorname{sen} x\,dx$
7. $\int_0^5 \sqrt{25-x^2}\,dx$
8. $\int_{-2}^{3} |x|\,dx$
9. $\int_{-2}^{2} (2-|x|)\,dx$
10. $\int_{-2}^{5} (3+x-2|x|)\,dx$

11. Calcule $\int_0^{10} (8 - x)\, dx$ de duas maneiras:

(a) como o limite $\lim_{N\to\infty} R_N$;

(b) esboçando a área com sinal pertinente e usando Geometria.

12. Calcule $\int_{-1}^{4} (4x - 8)\, dx$ de duas maneiras:

(a) como o limite $\lim_{N\to\infty} R_N$;

(b) usando Geometria.

Nos Exercícios 13 e 14, use a Figura 14.

13. Calcule: (a) $\int_0^2 f(x)\, dx$ (b) $\int_0^6 f(x)\, dx$

14. Calcule: (a) $\int_1^4 f(x)\, dx$ (b) $\int_1^6 |f(x)|\, dx$

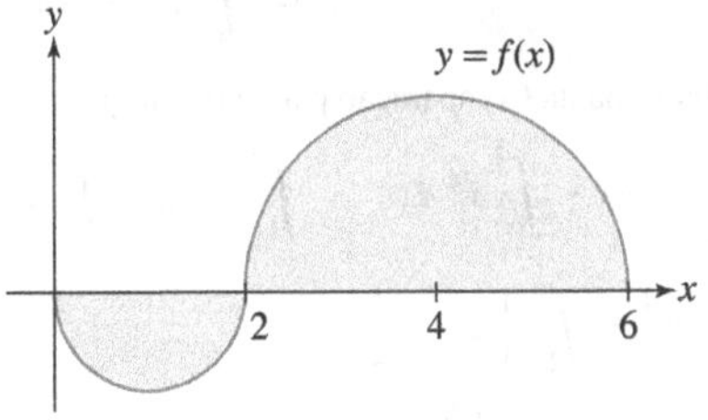

FIGURA 14 As duas partes do gráfico são semicírculos.

Nos Exercícios 15 e 16, use a Figura 15.

15. Calcule $\int_0^3 g(t)\, dt$ e $\int_3^5 g(t)\, dt$.

16. Encontre a, b e c tais que $\int_0^a g(t)\, dt$ e $\int_b^c g(t)\, dt$ sejam os maiores possíveis.

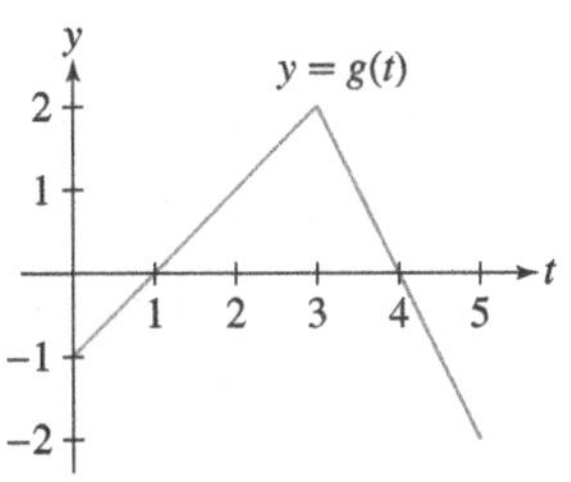

FIGURA 15

17. Descreva a partição P e a coleção de pontos de amostragem C da soma de Riemann mostrada na Figura 16. Calcule o valor da soma de Riemann.

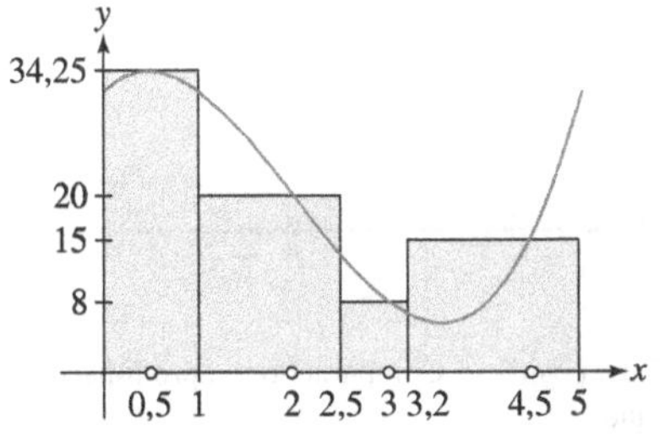

FIGURA 16

18. Calcule $R(f, P, C)$ para $f(x) = x^2 + x$ usando a partição P e o conjunto de pontos de amostragem C da Figura 16. [A curva mostrada na figura não é o gráfico de $f(x) = x^2 + x$.]

Nos Exercícios 19-22, calcule a soma de Riemann $R(f, P, C)$ para a função, partição e escolha de pontos de amostragem dados. Também esboce o gráfico de f e dos retângulos correspondentes a $R(f, P, C)$.

19. $f(x) = x$, $P = \{1; 1{,}2; 1{,}5; 2\}$, $C = \{1{,}1; 1{,}4; 1{,}9\}$

20. $f(x) = 2x + 3$, $P = \{-4, -1, 1, 4, 8\}$, $C = \{-3, 0, 2, 5\}$

21. $f(x) = x^2 + x$, $P = \{2; 3; 4{,}5; 5\}$, $C = \{2; 3{,}5; 5\}$

22. $f(x) = \operatorname{sen} x$, $P = \{0, \frac{\pi}{6}, \frac{\pi}{3}, \frac{\pi}{2}\}$, $C = \{0{,}4; 0{,}7; 1{,}2\}$

Nos Exercícios 23-28, esboce a área com sinal representada pela integral. Indique as regiões de áreas positivas e negativas.

23. $\int_0^5 (4x - x^2)\, dx$

24. $\int_{-\pi/4}^{\pi/4} \operatorname{tg} x\, dx$

25. $\int_{\pi}^{2\pi} \operatorname{sen} x\, dx$

26. $\int_0^{3\pi} \operatorname{sen} x\, dx$

27. $\int_{1/2}^{2} \ln x\, dx$

28. $\int_{-1}^{1} \operatorname{arc\,tg} x\, dx$

Nos Exercícios 29-32, determine o sinal da integral sem calculá-la. Se necessário, esboce um gráfico.

29. $\int_{-2}^{1} x^4\, dx$

30. $\int_{-2}^{1} x^3\, dx$

31. CG $\int_0^{2\pi} x \operatorname{sen} x\, dx$

32. CG $\int_0^{2\pi} \frac{\operatorname{sen} x}{x}\, dx$

Nos Exercícios 33-42, use propriedades da integral e as fórmulas no resumo para calcular as integrais.

33. $\int_0^4 (6t - 3)\, dt$

34. $\int_{-3}^{2} (4x + 7)\, dx$

35. $\int_0^9 x^2\, dx$

36. $\int_2^5 x^2\, dx$

37. $\int_0^1 (u^2 - 2u)\, du$

38. $\int_0^{1/2} (12y^2 + 6y)\, dy$

39. $\int_{-3}^{1} (7t^2 + t + 1)\, dt$

40. $\int_{-3}^{3} (9x - 4x^2)\, dx$

41. $\int_{-a}^{1} (x^2 + x)\, dx$

42. $\int_a^{a^2} x^2\, dx$

Nos Exercícios 43-47, calcule a integral, supondo que

$$\int_0^5 f(x)\, dx = 5, \qquad \int_0^5 g(x)\, dx = 12$$

43. $\int_0^5 (f(x) + g(x))\, dx$

44. $\int_0^5 \left(2f(x) - \frac{1}{3}g(x)\right) dx$

45. $\int_5^0 g(x)\, dx$

46. $\int_0^5 (f(x) - x)\, dx$

47. É possível calcular $\int_0^5 g(x) f(x)\, dx$ a partir da informação dada?

48. Prove, calculando o limite das aproximações pela direita, que:

$$\int_0^b x^3\,dx = \frac{b^4}{4} \qquad (9)$$

Nos Exercícios 49-54, calcule a integral, utilizando as fórmulas do Resumo e a Equação (9).

49. $\int_0^3 x^3\,dx$

50. $\int_1^3 x^3\,dx$

51. $\int_0^3 (x - x^3)\,dx$

52. $\int_0^1 (2x^3 - x + 4)\,dx$

53. $\int_0^1 (12x^3 + 24x^2 - 8x)\,dx$

54. $\int_{-2}^2 (2x^3 - 3x^2)\,dx$

Nos Exercícios 55-58, calcule a integral, supondo que

$$\int_0^1 f(x)\,dx = 1, \qquad \int_0^2 f(x)\,dx = 4, \qquad \int_1^4 f(x)\,dx = 7$$

55. $\int_0^4 f(x)\,dx$

56. $\int_1^2 f(x)\,dx$

57. $\int_4^1 f(x)\,dx$

58. $\int_2^4 f(x)\,dx$

Nos Exercícios 59-62, expresse cada integral como uma única integral.

59. $\int_0^3 f(x)\,dx + \int_3^7 f(x)\,dx$

60. $\int_2^9 f(x)\,dx - \int_4^9 f(x)\,dx$

61. $\int_2^9 f(x)\,dx - \int_2^5 f(x)\,dx$

62. $\int_7^3 f(x)\,dx + \int_3^9 f(x)\,dx$

Nos Exercícios 63-66, calcule a integral, supondo que f seja uma função integrável tal que $\int_1^b f(x)\,dx = 1 - b^{-1}$ *com qualquer* $b > 0$.

63. $\int_1^5 f(x)\,dx$

64. $\int_3^5 f(x)\,dx$

65. $\int_1^6 (3f(x) - 4)\,dx$

66. $\int_{1/2}^1 f(x)\,dx$

67. Usando interpretação gráfica, explique a diferença entre $\int_a^b f(x)\,dx$ e $\int_a^b |f(x)|\,dx$.

68. Use a interpretação gráfica da integral definida para explicar a desigualdade

$$\left|\int_a^b f(x)\,dx\right| \le \int_a^b |f(x)|\,dx$$

em que *f* é contínua. Também explique por que a igualdade é válida se, e somente se, ou $f(x) \ge 0$ com qualquer *x* ou $f(x) \le 0$ com qualquer *x*.

69. Seja $f(x) = x$. Encontre um intervalo $[a, b]$ tal que

$$\left|\int_a^b f(x)\,dx\right| = \frac{1}{2} \quad \text{e} \quad \int_a^b |f(x)|\,dx = \frac{3}{2}$$

70. Calcule $I = \int_0^{2\pi} \operatorname{sen}^2 x\,dx$ e $J = \int_0^{2\pi} \cos^2 x\,dx$ como segue. Primeiro use um gráfico para mostrar que $I = J$. Em seguida, mostre que $I + J = 2\pi$.

Nos Exercícios 71-74, calcule a integral.

71. $\int_0^6 |3 - x|\,dx$

72. $\int_1^3 |2x - 4|\,dx$

73. $\int_{-1}^1 |x^3|\,dx$

74. $\int_0^2 |x^2 - 1|\,dx$

75. Use o Teorema da Comparação para mostrar que

$$\int_0^1 x^5\,dx \le \int_0^1 x^4\,dx, \qquad \int_1^2 x^4\,dx \le \int_1^2 x^5\,dx$$

76. Prove que $\frac{1}{3} \le \int_4^6 \frac{1}{x}\,dx \le \frac{1}{2}$.

77. Prove que $0{,}0198 \le \int_{0,2}^{0,3} \operatorname{sen} x\,dx \le 0{,}0296$. *Sugestão:* mostre que $0{,}198 \le \operatorname{sen} x \le 0{,}296$ com *x* em [0,2; 0,3].

78. Prove que $0{,}277 \le \int_{\pi/8}^{\pi/4} \cos x\,dx \le 0{,}363$.

79. Prove que $0 \le \int_{\pi/4}^{\pi/2} \frac{\operatorname{sen} x}{x}\,dx \le \frac{\sqrt{2}}{2}$.

80. Encontre cotas inferior e superior para $\int_0^1 \frac{dx}{\sqrt{5x^3 + 4}}$.

81. Suponha que $f(x) \le g(x)$ em $[a, b]$. Pelo teorema da comparação, $\int_a^b f(x)\,dx \le \int_a^b g(x)\,dx$. É verdade, também, que $f'(x) \le g'(x)$ com qualquer $x \in [a, b]$? Se não for, dê um contraexemplo.

82. Decida se as afirmações seguintes são verdadeiras ou falsas. Se falsa, esboce o gráfico de um contraexemplo.

(a) Se $f(x) > 0$, então $\int_a^b f(x)\,dx > 0$.

(b) Se $\int_a^b f(x)\,dx > 0$, então $f(x) > 0$.

Compreensão adicional e desafios

83. Explique graficamente: se *f* for uma função ímpar, então $\int_{-a}^a f(x)\,dx = 0$.

84. Calcule $\int_{-1}^1 (\operatorname{sen} x)(\operatorname{sen}^2 x + 1)\,dx$.

85. Sejam *k* e *b* positivos. Comparando as aproximações pela direita, mostre que

$$\int_0^b x^k\,dx = b^{k+1} \int_0^1 x^k\,dx$$

86. Interpretando a integral como uma área, verifique a validade de

$$\int_0^b \sqrt{1-x^2}\,dx = \frac{1}{2}b\sqrt{1-b^2} + \frac{1}{2}\text{arc sen}\,b$$

87. Suponha que f e g sejam funções contínuas tais que a igualdade

$$\int_{-a}^{a} f(x)\,dx = \int_{-a}^{a} g(x)\,dx$$

seja válida *com qualquer a*. Dê um argumento intuitivo para mostrar que $f(0) = g(0)$. Explique seu raciocínio com um gráfico.

88. O Teorema 4 permanece válido sem a hipótese $a \leq b \leq c$. Verifique isso nos casos $b < a < c$ e $c < a < b$.

5.3 Integral indefinida

Em capítulos anteriores, vimos a utilidade de sermos capazes de encontrar a derivada de uma função. E o problema inverso? Dada a derivada de alguma função desconhecida, encontrar a própria função. Na Física, por exemplo, podemos saber a velocidade $v(t)$ (a derivada) e querer calcular a posição $s(t)$ de um objeto. Como $s'(t) = v(t)$, isso corresponde a encontrar uma função cuja derivada seja $v(t)$. Uma função F cuja derivada seja f é denominada uma antiderivada de f. As antiderivadas vão revelar-se como a chave para calcular integrais definidas.

DEFINIÇÃO **Antiderivadas** Uma função F é uma antiderivada de f em um intervalo aberto (a, b) se $F'(x) = f(x)$ com qualquer x em (a, b).

Exemplos:

- $F(x) = -\cos x$ é uma antiderivada de $f(x) = \text{sen}\,x$, pois, em qualquer valor de x,

$$F'(x) = \frac{d}{dx}(-\cos x) = \text{sen}\,x = f(x)$$

- $F(x) = \frac{1}{3}x^3$ é uma antiderivada de $f(x) = x^2$, pois, em qualquer valor de x,

$$F'(x) = \frac{d}{dx}\left(\frac{1}{3}x^3\right) = x^2 = f(x)$$

Uma observação crítica é que antiderivadas não são únicas. Temos toda a liberdade de acrescentar uma constante C, porque a derivada de uma constante é nula e, portanto, se $F'(x) = f(x)$, então $(F(x) + C)' = f(x)$. Por exemplo, cada uma das seguintes é uma antiderivada de x^2:

$$\frac{1}{3}x^3, \qquad \frac{1}{3}x^3 + 5, \qquad \frac{1}{3}x^3 - 4$$

Existirão outras antiderivadas de f além daquelas obtidas pela adição de uma constante a uma dada antiderivada F? De acordo com o teorema seguinte, a resposta é não, se f estiver definida num intervalo aberto (a, b).

TEOREMA 1 **Antiderivada geral** Seja $y = F(x)$ uma antiderivada de $y = f(x)$ em (a, b). Então qualquer outra antiderivada em (a, b) é da forma $y = F(x) + C$, com alguma constante C.

Demonstração Se $y = G(x)$ for uma segunda antiderivada de $y = f(x)$, tomamos $H(x) = G(x) - F(x)$. Então $H'(x) = G'(x) - F'(x) = f(x) - f(x) = 0$. Pelo corolário do teorema do valor médio, na Seção 4.3, $H(x)$ deve ser uma constante; digamos, $H(x) = C$, e isso dá $G(x) = F(x) + C$. ■

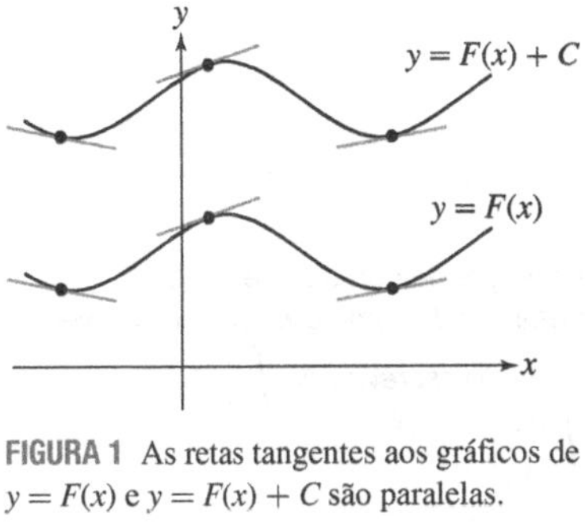

FIGURA 1 As retas tangentes aos gráficos de $y = F(x)$ e $y = F(x) + C$ são paralelas.

ENTENDIMENTO GRÁFICO O gráfico de $y = F(x) + C$ é obtido transladando o gráfico de $y = f(x)$ verticalmente por C unidades. Como as translações verticais carregam as retas tangentes sem modificar suas inclinações, faz sentido que todas as funções $y = F(x) + C$ tenham a mesma derivada (Figura 1). Reciprocamente, o Teorema 1 nos diz que se dois gráficos tiverem retas tangentes paralelas, então um gráfico é obtido do outro por alguma translação vertical.

Muitas vezes descrevemos a antiderivada *geral* de uma função em termos de uma constante arbitrária, como no exemplo seguinte.

EXEMPLO 1 Encontre duas antiderivadas de $f(x) = \cos x$. Então determine a antiderivada geral.

Solução As funções $F(x) = \text{sen } x$ e $G(x) = \text{sen } x + 2$ são, ambas, antiderivadas de $f(x) = \cos x$. A antiderivada geral é $F(x) = \text{sen } x + C$, em que C é uma constante qualquer. ■

O processo de encontrar uma antiderivada é denominado **integração**. O motivo disso será visto na próxima seção, quando discutiremos as relações entre antiderivadas e áreas abaixo de curvas, dadas pelo Teorema Fundamental do Cálculo. Antecipando aquele resultado, começamos a utilizar agora o símbolo $\int$ da integral, que é a notação padrão para antiderivadas.

Os termos "antiderivada" e "integral indefinida" são usados indistintamente. Em alguns livros, a antiderivada é denominada "função primitiva".

NOTAÇÃO Integral indefinida A notação

$$\int f(x)\,dx = F(x) + C \quad \text{significa que} \quad F'(x) = f(x)$$

Dizemos que $y = F(x) + C$ é a antiderivada geral ou **integral indefinida** de $y = f(x)$.

A expressão $f(x)$ que aparece no símbolo da integral é denominada **integrando**. O símbolo dx é denominado *diferencial*. Esse símbolo faz parte da notação da integral e serve para indicar a variável independente. A constante C é denominada *constante de integração*.

Algumas integrais indefinidas podem ser calculadas invertendo as fórmulas conhecidas de derivadas. Por exemplo, obtemos a integral indefinida de $y = x^n$ invertendo a regra da potência para derivadas.

Não existem regras do produto, do quociente ou da cadeia para integrais. Contudo, veremos que a regra do produto para a derivada leva a uma técnica importante de integração, denominada integração por partes (Seção 7.1) e que a regra da cadeia leva ao método da substituição (Seção 5.7).

TEOREMA 2 Regra da potência para integrais

$$\int x^n\,dx = \frac{x^{n+1}}{n+1} + C \qquad \text{se } n \neq -1$$

Demonstração Basta verificar que $F(x) = \dfrac{x^{n+1}}{n+1}$ é uma antiderivada de $f(x) = x^n$:

$$F'(x) = \frac{d}{dx}\left(\frac{x^{n+1}}{n+1} + C\right) = \frac{1}{n+1}((n+1)x^n) = x^n$$ ■

Em palavras, a regra da potência para integrais diz que para integrar uma potência de x, "somamos um ao expoente e dividimos pelo novo expoente". Aqui temos alguns exemplos:

$$\int x^5\,dx = \frac{1}{6}x^6 + C, \qquad \int x^{-9}\,dx = -\frac{1}{8}x^{-8} + C, \qquad \int x^{3/5}\,dx = \frac{5}{8}x^{8/5} + C$$

A regra da potência não é válida se $n = -1$. De fato, com $n = -1$, obteríamos a expressão desprovida de significado

$$\int x^{-1}\,dx = \frac{x^{n+1}}{n+1} + C = \frac{x^0}{0} + C \qquad \text{(sem significado)}$$

No entanto, lembre que a derivada do logaritmo natural é $\dfrac{d}{dx}\ln x = \dfrac{1}{x}$. Isso mostra que $F(x) = \ln x$ é uma antiderivada de $y = \dfrac{1}{x}$. Assim, se $n = -1$, em vez da regra da potência temos

Note que na notação de integral tratamos dx como uma variável móvel, portanto escrevemos $\int \frac{1}{x}\,dx$ como $\int \frac{dx}{x}$.

$$\int \frac{dx}{x} = \ln x + C$$

Essa fórmula é válida com $x > 0$, onde $\ln x$ está definido. Gostaríamos de ter uma antiderivada de $y = \frac{1}{x}$ em todo o seu domínio, a saber, $\{x : x \neq 0\}$. Para conseguir isso, estendemos $F(x)$ para uma função par definindo $F(x) = \ln|x|$ (Figura 2). Então $F(x) = F(-x)$ e, pela regra da cadeia, $F'(x) = -F'(-x)$. Se $x < 0$, obtemos

$$\frac{d}{dx}\ln|x| = F'(x) = -F'(-x) = -\frac{1}{-x} = \frac{1}{x}$$

Isso prova que $\frac{d}{dx}\ln|x| = \frac{1}{x}$ em cada $x \neq 0$.

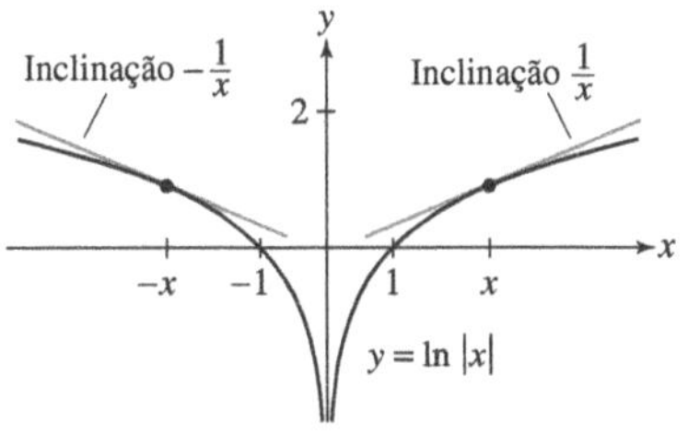

FIGURA 2

TEOREMA 3 Antiderivada de $y = \frac{1}{x}$ A função $F(x) = \ln|x|$ é uma antiderivada de $y = \frac{1}{x}$ no domínio $\{x : x \neq 0\}$, ou seja,

$$\int \frac{dx}{x} = \ln|x| + C \qquad (1)$$

A integral indefinida obedece as regras de linearidade usuais que nos permitem integrar "termo a termo". Isso segue diretamente das regras de linearidade da derivada (ver Exercício 81).

TEOREMA 4 Linearidade da integral indefinida

- **Regra da soma:** $\int (f(x) + g(x))\,dx = \int f(x)\,dx + \int g(x)\,dx$
- **Regra do múltiplo:** $\int cf(x)\,dx = c\int f(x)\,dx$

■ **EXEMPLO 2** Calcule $\int(3x^4 - 5x^{2/3} + x^{-3})\,dx$.

Solução Integramos termo a termo e usamos a regra da potência:

$$\begin{aligned}\int(3x^4 - 5x^{2/3} + x^{-3})\,dx &= \int 3x^4\,dx - \int 5x^{2/3}\,dx + \int x^{-3}\,dx &&\text{(regra da soma)}\\ &= 3\int x^4\,dx - 5\int x^{2/3}\,dx + \int x^{-3}\,dx &&\text{(regra do múltiplo)}\\ &= 3\left(\frac{x^5}{5}\right) - 5\left(\frac{x^{5/3}}{5/3}\right) + \frac{x^{-2}}{-2} + C &&\text{(regra da potência)}\\ &= \frac{3}{5}x^5 - 3x^{5/3} - \frac{1}{2}x^{-2} + C\end{aligned}$$

Quando repartimos uma integral indefinida numa soma de várias integrais, como no Exemplo 2, não é necessário incluir uma constante de integração separada para cada integral.

Para conferir a resposta, verificamos que a derivada é igual ao integrando:

$$\frac{d}{dx}\left(\frac{3}{5}x^5 - 3x^{5/3} - \frac{1}{2}x^{-2} + C\right) = 3x^4 - 5x^{2/3} + x^{-3}$$ ■

■ **EXEMPLO 3** Calcule $\int\left(\frac{5}{x} - 3x^{-10}\right)dx$.

Solução Aplicamos a Equação (1) e a regra da potência:

$$\begin{aligned}\int\left(\frac{5}{x} - 3x^{-10}\right)dx &= 5\int\frac{dx}{x} - 3\int x^{-10}\,dx\\ &= 5\ln|x| - 3\left(\frac{x^{-9}}{-9}\right) + C = 5\ln|x| + \frac{1}{3}x^{-9} + C\end{aligned}$$ ■

As fórmulas de derivação das funções trigonométricas nos dão as fórmulas de integração seguintes. Cada fórmula pode ser conferida por derivação.

Integrais trigonométricas básicas

$$\int \operatorname{sen} x \, dx = -\cos x + C, \qquad \int \cos x \, dx = \operatorname{sen} x + C$$

$$\int \sec^2 x \, dx = \operatorname{tg} x + C, \qquad \int \operatorname{cossec}^2 x \, dx = -\operatorname{cotg} x + C$$

$$\int \sec x \operatorname{tg} x \, dx = \sec x + C, \qquad \int \operatorname{cossec} x \operatorname{cotg} x \, dx = -\operatorname{cossec} x + C$$

Analogamente, dada qualquer constante $k \neq 0$, as fórmulas

$$\frac{d}{dx} \operatorname{sen}(kx) = k \cos(kx), \qquad \frac{d}{dx} \cos(kx) = -k \operatorname{sen}(kx)$$

têm tradução para as fórmulas de integrais indefinidas seguintes:

$$\int \cos(kx) \, dx = \frac{1}{k} \operatorname{sen}(kx) + C$$

$$\int \operatorname{sen}(kx) \, dx = -\frac{1}{k} \cos(kx) + C$$

■ **EXEMPLO 4** Calcule $\int \big(\operatorname{sen} 8t + 20 \cos 9t\big) \, dt$.

Solução

$$\int \big(\operatorname{sen} 8t + 20 \cos 9t\big) \, dt = \int \operatorname{sen} 8t \, dt + 20 \int \cos 9t \, dt$$

$$= -\frac{1}{8} \cos 8t + \frac{20}{9} \operatorname{sen} 9t + C$$ ■

Integrais envolvendo e^x

A fórmula $(e^x)' = e^x$ diz que $f(x) = e^x$ é sua própria derivada. Isso significa, então, que $f(x) = e^x$ também é *sua própria antiderivada*. Em outras palavras,

$$\int e^x \, dx = e^x + C$$

Mais geralmente, dada qualquer constante $k \neq 0$,

$$\int e^{kx} \, dx = \frac{1}{k} e^{kx} + C$$

■ **EXEMPLO 5** Calcule **(a)** $\int (3e^x - 4) \, dx$ e **(b)** $\int 12e^{7-3x} \, dx$.

Solução

(a) $\int (3e^x - 4) \, dx = 3 \int e^x \, dx - \int 4 \, dx = 3e^x - 4x + C$

(b) $\int 12e^{7-3x} \, dx = 12 \int e^7 e^{-3x} \, dx = 12e^7 \left(\frac{1}{-3} e^{-3x} \right) = -4e^{7-3x} + C$ ■

Condições iniciais

Podemos pensar na antiderivada como uma solução da **equação diferencial**

$$\frac{dy}{dx} = f(x) \qquad 2$$

Em geral, uma equação diferencial é uma equação que relaciona uma função desconhecida com suas derivadas. A incógnita na Equação (2) é uma função $y = F(x)$ cuja derivada é $f(x)$; ou seja, $y = F(x)$ é uma antiderivada de $y = f(x)$.

A Equação (2) tem uma infinidade de soluções (porque a antiderivada não é única), mas podemos especificar uma solução particular impondo uma **condição inicial**, ou seja, exigindo que a solução satisfaça $y(x_0) = y_0$ com certos valores x_0 e y_0 fixados. Uma equação diferencial com uma condição inicial é denominada **problema de valor inicial**.

Uma condição inicial é como o ponto em que uma reta corta o eixo y, que especifica aquela dentre todas as retas que têm a mesma inclinação. Os gráficos das antiderivadas de y = f(x) são todos paralelos (Figura 1), e a condição inicial especifica um deles. Às vezes, quando a variável não for o tempo, a condição inicial é denominada condição de fronteira.

■ **EXEMPLO 6** Resolva $\frac{dy}{dx} = 4x^7$, sujeita à condição inicial $y(0) = 4$.

Solução Inicialmente, encontramos a antiderivada geral:

$$y(x) = \int 4x^7\,dx = \frac{1}{2}x^8 + C$$

Em seguida, escolhemos C de tal modo que a condição inicial $y(0) = 0 + C = 4$ seja satisfeita. Isso dá $C = 4$, e a solução particular é $y = \frac{1}{2}x^8 + 4$. ■

■ **EXEMPLO 7** Resolva o problema de valor inicial $\frac{dy}{dt} = \operatorname{sen}(\pi t),\ y(2) = 2$.

Solução Inicialmente, encontramos a antiderivada geral:

$$y(t) = \int \operatorname{sen}(\pi t)\,dt = -\frac{1}{\pi}\cos(\pi t) + C$$

Em seguida resolvemos em C calculando em $t = 2$:

$$y(2) = -\frac{1}{\pi}\cos(2\pi) + C = 2 \quad \Rightarrow \quad C = 2 + \frac{1}{\pi}$$

A solução do problema de valor inicial é $y(t) = -\frac{1}{\pi}\cos(\pi t) + 2 + \frac{1}{\pi}$. ■

■ **EXEMPLO 8** No instante $t = 0$, um carro andando a uma velocidade de 24 m/s começa a diminuir sua velocidade com desaceleração constante de $a = -6$ m/s^2. Encontre **(a)** a velocidade $v(t)$ no instante t e **(b)** a distância percorrida até o carro parar.

Solução **(a)** A derivada da velocidade é a aceleração, portanto *a velocidade é a antiderivada da aceleração*:

$$v(t) = \int a\,dt = \int (-6)\,dt = -6t + C$$

A condição inicial $v(0) = C = 24$ m/s fornece $v(t) = -6t + 24$.

(b) A posição é a antiderivada da velocidade, portanto a posição do carro em metros é

$$s(t) = \int v(t)\,dt = \int (-6t + 24)\,dt = -3t^2 + 24t + C_1$$

em que C_1 é uma constante. Não sabemos em qual posição estava o carro no instante $t = 0$, então tomamos $s(0) = 0$, por conveniência, obtendo $C_1 = 0$. Com essa escolha, $s(t) = -3t^2 + 24t$. Essa é a distância percorrida desde o tempo $t = 0$.

O carro parou quando sua velocidade chegou a zero, portanto resolvemos

$$v(t) = -6t + 24 = 0 \quad \Rightarrow \quad t = 4 \text{ s}$$

Assim, a distância percorrida até o carro parar é de $s(4) = -3(4^2) + 24(4) = 48$ m. ■

A relação entre posição, velocidade e aceleração:

$$s'(t) = v(t), \qquad s(t) = \int v(t)\,dt$$

$$v'(t) = a(t), \qquad v(t) = \int a(t)\,dt$$

5.3 Resumo

- F é denominada uma *antiderivada* de f se $F'(x) = f(x)$.
- Duas antiderivadas quaisquer de f num intervalo (a, b) diferem por uma constante.
- A antiderivada geral é denotada pela integral indefinida

$$\int f(x)\,dx = F(x) + C$$

- Fórmulas de integração:

$$\int 0\,dx = C$$

$$\int k\,dx = kx + C \qquad (k \neq 0)$$

$$\int x^n\,dx = \frac{x^{n+1}}{n+1} + C \qquad (n \neq -1)$$

$$\int \operatorname{sen}(kx)\,dx = -\frac{1}{k}\cos(kx) + C \qquad (k \neq 0)$$

$$\int \cos(kx)\,dx = \frac{1}{k}\operatorname{sen}(kx) + C \qquad (k \neq 0)$$

$$\int e^{kx}\,dx = \frac{1}{k}e^{kx} + C \qquad (k \neq 0)$$

$$\int \frac{dx}{x} = \ln|x| + C$$

$$\int cf(x)\,dx = c\int f(x)\,dx$$

$$\int f(x) + g(x)\,dx = \int f(x)\,dx + \int g(x)\,dx$$

- Para resolver um problema de valor inicial $\frac{dy}{dx} = f(x)$, $y(x_0) = y_0$, primeiro encontramos a antiderivada geral $y = F(x) + C$. Em seguida, determinamos C usando a condição inicial $F(x_0) + C = y_0$.

5.3 Exercícios

Exercícios preliminares

1. Encontre uma antiderivada da função $f(x) = 0$.
2. Qual é a diferença, se houver, entre encontrar a antiderivada geral de uma função f e calcular $\int f(x)\,dx$?
3. Jacques descobriu que f e g têm a mesma derivada e ele gostaria de saber se $f(x) = g(x)$. Ele tem informação suficiente para decidir essa questão?
4. Suponha que $F'(x) = f(x)$ e $G'(x) = g(x)$. Quais das afirmações seguintes são verdadeiras? Explique.
   (a) Se $f = g$, então $F = G$.
   (b) Se F e G diferem por uma constante, então $f = g$.
   (c) Se f e g diferem por uma constante, então $F = G$.
5. Determine se $y = x$ é uma solução do problema de valor inicial

$$\frac{dy}{dx} = 1, \qquad y(0) = 1$$

Exercícios

Nos Exercícios 1-8, encontre a antiderivada geral de f e confira sua resposta por derivação.

1. $f(x) = 18x^2$
2. $f(x) = x^{-3/5}$
3. $f(x) = 2x^4 - 24x^2 + 12x^{-1}$
4. $f(x) = 9x + 15x^{-2}$
5. $f(x) = 2\cos x - 9\operatorname{sen} x$
6. $f(x) = 4x^7 - 3\cos x$
7. $f(x) = 12e^x - 5x^{-2}$
8. $f(x) = e^x - 4\operatorname{sen} x$

9. Combine as funções (a)-(d) com suas antiderivadas (i)-(iv).

(a) $f(x) = \operatorname{sen} x$	(i) $F(x) = \cos(1 - x)$
(b) $f(x) = x\operatorname{sen}(x^2)$	(ii) $F(x) = -\cos x$
(c) $f(x) = \operatorname{sen}(1 - x)$	(iii) $F(x) = -\frac{1}{2}\cos(x^2)$
(d) $f(x) = x\operatorname{sen} x$	(iv) $F(x) = \operatorname{sen} x - x\cos x$

Nos Exercícios 10-39, calcule a integral indefinida.

10. $\int (9x + 2)\, dx$

11. $\int (4 - 18x)\, dx$

12. $\int x^{-3}\, dx$

13. $\int t^{-6/11}\, dt$

14. $\int (5t^3 - t^{-3})\, dt$

15. $\int (18t^5 - 10t^4 - 28t)\, dt$

16. $\int 14s^{9/5}\, ds$

17. $\int (z^{-4/5} - z^{2/3} + z^{5/4})\, dz$

18. $\int \frac{3}{2}\, dx$

19. $\int \frac{1}{\sqrt[3]{x}}\, dx$

20. $\int \frac{dx}{x^{4/3}}$

21. $\int \frac{36\, dt}{t^3}$

22. $\int x(x^2 - 4)\, dx$

23. $\int (t^{1/2} + 1)(t + 1)\, dt$

24. $\int \frac{12 - z}{\sqrt{z}}\, dz$

25. $\int \frac{x^3 + 3x - 4}{x^2}\, dx$

26. $\int \left(\frac{1}{3}\operatorname{sen} x - \frac{1}{4}\cos x\right) dx$

27. $\int 12 \sec x \operatorname{tg} x\, dx$

28. $\int (\theta + \sec^2 \theta)\, d\theta$

29. $\int (\operatorname{cossec} t \operatorname{cotg} t)\, dt$

30. $\int \operatorname{sen}(7x)\, dx$

31. $\int \sec^2(-3\theta)\, d\theta$

32. $\int (\theta - \cos(-\theta))\, d\theta$

33. $\int 25 \sec^2(3z)\, dz$

34. $\int \sec x \operatorname{tg} x\, dx$

35. $\int \left(\cos(3\theta) - \frac{1}{2}\sec^2\left(\frac{\theta}{4}\right)\right) d\theta$

36. $\int \left(\frac{4}{x} - e^x\right) dx$

37. $\int (3e^{5x})\, dx$

38. $\int e^{3t-4}\, dt$

39. $\int (8x - 4e^{5-2x})\, dx$

40. Na Figura 3, qual dos gráficos, (A) ou (B), é o gráfico de uma antiderivada de $y = f(x)$?

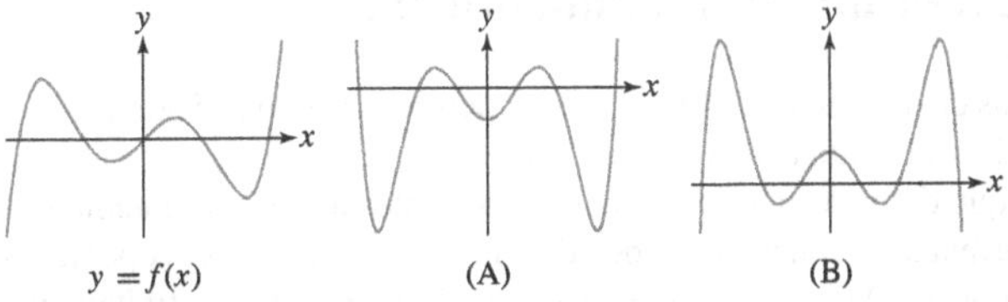

FIGURA 3

41. Na Figura 4, qual dentre os gráficos (A), (B) e (C) *não é* o gráfico de uma antiderivada de $y = f(x)$? Explique.

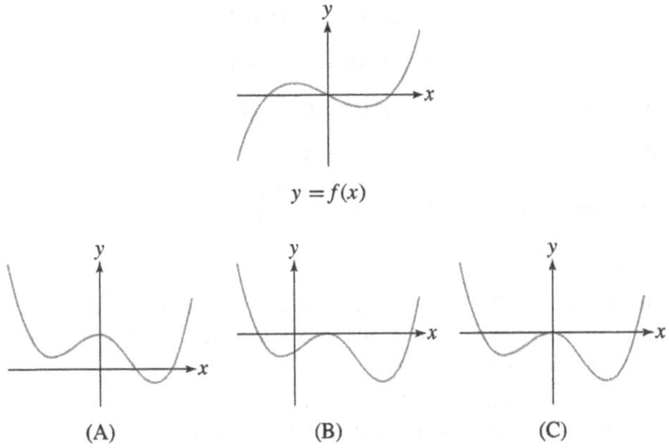

FIGURA 4

42. Mostre que $F(x) = \frac{1}{3}(x + 13)^3$ é uma antiderivada de $f(x) = (x + 13)^2$.

Nos Exercícios 43-46, verifique a igualdade por derivação.

43. $\int (x + 13)^6\, dx = \frac{1}{7}(x + 13)^7 + C$

44. $\int (x + 13)^{-5}\, dx = -\frac{1}{4}(x + 13)^{-4} + C$

45. $\int (4x + 13)^2\, dx = \frac{1}{12}(4x + 13)^3 + C$

46. $\int (ax + b)^n\, dx = \frac{1}{a(n+1)}(ax + b)^{n+1} + C$ (com $n \neq -1$)

Nos Exercícios 47-62, resolva o problema de valor inicial.

47. $\frac{dy}{dx} = x^3,\ y(0) = 4$

48. $\frac{dy}{dt} = 3 - 2t,\ y(0) = -5$

49. $\frac{dy}{dt} = 2t + 9t^2,\ y(1) = 2$

50. $\frac{dy}{dx} = 8x^3 + 3x^2,\ y(2) = 0$

51. $\frac{dy}{dt} = \sqrt{t}\ \ y(1) = 1$

52. $\frac{dz}{dt} = t^{-3/2},\ z(4) = -1$

53. $\frac{dy}{dx} = (3x + 2)^3,\ y(0) = 1$

54. $\frac{dy}{dt} = (4t + 3)^{-2},\ y(1) = 0$

55. $\frac{dy}{dx} = \operatorname{sen} x,\ y\left(\frac{\pi}{2}\right) = 1$

56. $\frac{dy}{dz} = \operatorname{sen} 2z,\ y\left(\frac{\pi}{4}\right) = 4$

57. $\frac{dy}{dx} = \cos 5x,\ y(\pi) = 3$

58. $\frac{dy}{dx} = \sec^2 3x,\ y\left(\frac{\pi}{4}\right) = 2$

59. $\frac{dy}{dx} = e^x,\ y(2) = 0$

60. $\frac{dy}{dt} = e^{-t},\ y(0) = 0$

61. $\frac{dy}{dt} = 9e^{12-3t},\ y(4) = 7$

62. $\frac{dy}{dt} = t + 2e^{t-9},\ y(9) = 4$

Nos Exercícios 63-69, primeiro encontre f' e depois encontre f.

63. $f''(x) = 12x,\quad f'(0) = 1,\quad f(0) = 2$

64. $f''(x) = x^3 - 2x, \quad f'(1) = 0, \quad f(1) = 2$

65. $f''(x) = x^3 - 2x + 1, \quad f'(0) = 1, \quad f(0) = 0$

66. $f''(x) = x^3 - 2x + 1, \quad f'(1) = 0, \quad f(1) = 4$

67. $f''(t) = t^{-3/2}, \quad f'(4) = 1, \quad f(4) = 4$

68. $f''(\theta) = \cos\theta, \quad f'\left(\frac{\pi}{2}\right) = 1, \quad f\left(\frac{\pi}{2}\right) = 6$

69. $f''(t) = t - \cos t, \quad f'(0) = 2, \quad f(0) = -2$

70. Mostre que $F(x) = \text{tg}^2\, x$ e $G(x) = \sec^2 x$ têm a mesma derivada. O que podemos concluir sobre a relação entre F e G? Confira sua conclusão diretamente.

71. Uma partícula localizada na origem em $t = 1$ s move-se ao longo do eixo x com velocidade $v(t) = (6t^2 - t)$ m/s. Enuncie a equação diferencial com a condição inicial satisfeita pela posição $s(t)$ da partícula e encontre $s(t)$.

72. Uma partícula move-se ao longo do eixo x com velocidade $v(t) = (6t^2 - t)$ m/s. Encontre a posição $s(t)$ da partícula, supondo que $s(2) = 4$ m.

73. Um balão d'água é largado do alto de um prédio alto. Ele cai durante 5 s até atingir o solo. Determine a velocidade com a qual alcança o solo, supondo uma aceleração devido à gravidade de $-9{,}8$ m/s^2 e nenhuma resistência do ar.

74. Um martelo é largado e cai durante 2 s até atingir o solo. Determine a distância percorrida pelo martelo até alcançar o solo, supondo uma aceleração devido à gravidade de $-9{,}8$ m/s^2 e nenhuma resistência do ar.

75. Uma massa oscila na ponta de uma mola. Seja $s(t)$ o deslocamento da massa em relação à posição de equilíbrio no instante t. Supondo que massa esteja localizada na origem em $t = 0$ e que tenha velocidade $v(t) = \text{sen}(\pi t/2)$ m/s, enuncie a equação diferencial com a condição inicial satisfeita por $s(t)$ e encontre $s(t)$.

76. Partindo em $t = 0$ s com velocidade inicial de 4 m/s, um objeto encontra-se em movimento retilíneo com aceleração $a(t) = 3t^{1/2}$ m/s^2. Encontre a distância percorrida em 25 s.

77. Um carro andando a uma velocidade de 25 m/s começa a diminuir sua velocidade a uma taxa constante de 4 m/s^2. Depois de quantos segundos o carro para e qual a distância percorrida antes de parar?

78. No instante $t = 1$ s, uma partícula tem uma velocidade de 72 m/s e começa a desacelerar a uma taxa de $a(t) = -t^{-1/2}$ até chegar ao repouso. Qual é a distância percorrida pela partícula durante sua desaceleração até parar?

79. Um foguete de 900 kg é largado de uma estação espacial. À medida que o foguete consome combustível, sua massa diminui e sua velocidade aumenta. Seja $v(m)$ a velocidade (em m/s) como função da massa m. Encontre a velocidade se $m = 729$ kg e se $dv/dm = -50m^{-1/2}$. Suponha que $v(900) = 0$ m/s.

80. Quando água flui através de um cano de raio $R = 10$ cm, a velocidade v de uma partícula d'água individual depende somente de sua distância r ao centro do cano. As partículas nas paredes do cano tem velocidade zero e $dv/dr = -0{,}06r$. Determine $v(r)$.

81. Confira as propriedades de linearidade da integral indefinida enunciadas no Teorema 4.

Compreensão adicional e desafios

82. Encontre constantes c_1 e c_2 tais que $F(x) = c_1 x \,\text{sen}\, x + c_2 \cos x$ seja uma antiderivada de $f(x) = x\cos x$.

83. Encontre constantes c_1 e c_2 tais que $F(x) = c_1 x e^x + c_2 e^x$ seja uma antiderivada de $f(x) = xe^x$.

84. Suponha que $F'(x) = f(x)$ e $G'(x) = g(x)$. É verdade que $y = F(x)G(x)$ é uma antiderivada de $y = f(x)g(x)$? Confirme ou forneça um contraexemplo.

85. Suponha que $F'(x) = f(x)$.

(a) Mostre que $y = \frac{1}{2}F(2x)$ é uma antiderivada de $y = f(2x)$.

(b) Encontre a antiderivada geral de $y = f(kx)$ com $k \neq 0$.

86. Encontre uma antiderivada de $f(x) = |x|$.

87. Usando o Teorema 1, prove que se $F'(x) = f(x)$, sendo f um polinômio de grau $n - 1$, então F é um polinômio de grau n. Em seguida, prove que se g for uma função qualquer tal que $g^{(n)}(x) = 0$, então g é um polinômio de grau, no máximo, igual a n.

88. Mostre que $F(x) = \dfrac{x^{n+1} - 1}{n+1}$ é uma antiderivada de $y = x^n$ se $n \neq -1$. Em seguida, use a regra de L'Hôpital para provar que

$$\lim_{n \to -1} F(x) = \ln x$$

Nesse limite, x está fixado e a variável é n. Esse resultado mostra que, embora a regra da potência deixe de ser válida com $n = -1$, a antiderivada de $y = x^{-1}$ é o limite das antiderivadas de $y = x^n$ com $n \to -1$.

O TFC foi enunciado claramente pela primeira vez por Isaac Newton em 1666, embora outros matemáticos, inclusive seu professor Isaac Barrow, tenham descoberto versões anteriormente.

5.4 Teorema fundamental do Cálculo, parte I

Tendo introduzido os conceitos de derivada e de integral, uma pergunta razoável é por que eles aparecem juntos nesse ramo da Matemática denominado Cálculo. A resposta é o teorema fundamental do Cálculo (TFC), que é um dos teoremas mais importantes de toda a Matemática. Esse resultado fundamental revela uma conexão inesperada entre as duas principais operações do Cálculo: derivação e integração. O teorema tem duas partes. Embora sejam estreitamente relacionadas, serão discutidas em seções separadas, para enfatizar as maneiras diferentes em que são utilizadas. A primeira parte do teorema fundamental do Cálculo permite que calculemos integrais definidas sem precisar tomar limites de somas de Riemann.

LEMBRETE

*Dizemos que F é uma **antiderivada** de f se $F'(x) = f(x)$. Também dizemos que F é uma **integral indefinida** de f, e usamos a notação*

$$\int f(x)\,dx = F(x) + C$$

Para explicar a primeira parte do TFC, lembre-se de um resultado do Exemplo 5 da Seção 5.2:

$$\int_4^7 x^2\,dx = \left(\frac{1}{3}\right)7^3 - \left(\frac{1}{3}\right)4^3 = 93$$

Agora observe que $F(x) = \frac{1}{3}x^3$ é uma antiderivada de $f(x) = x^2$, de modo que podemos escrever

$$\int_4^7 x^2\,dx = F(7) - F(4)$$

De acordo com o TFC, parte I, isso não é uma coincidência – essa relação entre a integral definida e a antiderivada é válida em geral.

TEOREMA 1 Teorema fundamental do Cálculo, parte I Suponha que f seja contínua em $[a, b]$. Se $F(x)$ for uma antiderivada de f em $[a, b]$, então

$$\int_a^b f(x)\,dx = F(b) - F(a) \qquad 1$$

Demonstração A quantidade $F(b) - F(a)$ é a variação total de F no intervalo $[a, b]$ (também denominada "variação líquida"). Nosso objetivo é relacioná-la com a integral de $F'(x) = f(x)$. Destacamos dois passos principais.

***Passo 1.* Escrever a variação total como uma soma de pequenas variações.**

Dada uma parição arbitrária P de $[a, b]$:

$$P : x_0 = a < x_1 < x_2 < \cdots < x_N = b$$

podemos desmembrar $F(b) - F(a)$ como uma soma de variações nos intervalos $[x_{i-1}, x_i]$:

$$F(b) - F(a) = \big(\cancel{F(x_1)} - F(a)\big) + \big(\cancel{F(x_2)} - \cancel{F(x_1)}\big) + \cdots + \big(F(b) - \cancel{F(x_{N-1})}\big)$$

Do lado direito, $F(x_1)$ é cancelado por $-F(x_1)$ na segunda parcela, $F(x_2)$ é cancelado por $-F(x_2)$, etc. (Figura 1). Em notação de somatório,

$$F(b) - F(a) = \sum_{i=1}^{N} \big(F(x_i) - F(x_{i-1})\big) \qquad 2$$

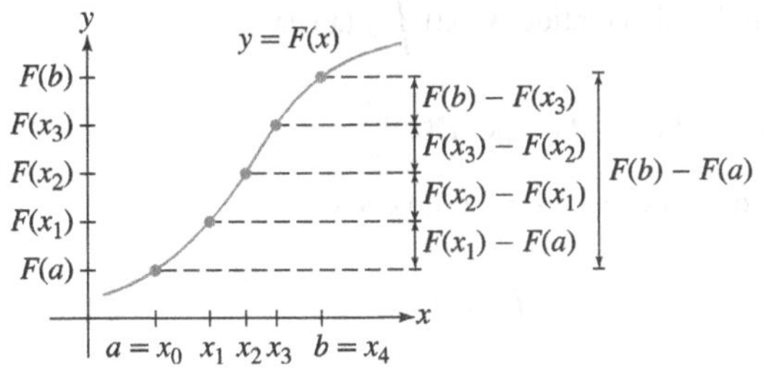

FIGURA 1 Observe os cancelamentos quando escrevemos $F(b) - F(a)$ como uma soma de pequenas variações $F(x_i) - F(x_{i-1})$.

***Passo 2.* Interpretar a Equação (2) como uma soma de Riemann.**

O Teorema do Valor Médio nos diz que em existe um ponto c_i^* em $[x_{i-1}, x_i]$ tal que

$$F(x_i) - F(x_{i-1}) = F'(c_i^*)(x_i - x_{i-1}) = f(c_i^*)(x_i - x_{i-1}) = f(c_i^*)\,\Delta x_i$$

Portanto, a Equação (2) pode ser escrita como

$$F(b) - F(a) = \sum_{i=1}^{N} f(c_i^*)\,\Delta x_i$$

Essa soma é a soma de Riemann $R(f, P, C^*)$ com pontos de amostragem $C^* = \{c_i^*\}$.

Como f é integrável (Teorema 1, na Seção 5.2), sabemos que $R(f, P, C)$ tende a $\int_a^b f(x)\,dx$ com a norma $\|P\|$ tendendo a zero. Por outro lado, $R(f, P, C^*)$ é *igual* a $F(b) - F(a)$ pela nossa escolha particular C^* de pontos de amostragem. Isso prova o resultado que queríamos, a saber,

$$F(b) - F(a) = \lim_{\|P\| \to 0} R(f, P, C^*) = \int_a^b f(x)\,dx \qquad ■$$

ENTENDIMENTO CONCEITUAL Um conto de dois gráficos Na prova do TFC, parte I, utilizamos o TVM para escrever uma variação pequena de $F(x)$ em termos da derivada $F'(x) = f(x)$:

$$F(x_i) - F(x_{i-1}) = f(c_i^*)\Delta x_i$$

Ocorre que $f(c_i^*)\Delta x_i$ é a área de um retângulo estreito que aproxima um pequeno pedaço de área abaixo do gráfico de f (Figura 2). *Essa é a essência do teorema fundamental*: a variação total $F(b) - F(a)$ é igual à soma de variações pequenas $F(x_i) - F(x_{i-1})$, que, por sua vez, é igual à soma de áreas dos retângulos de uma aproximação por somas de Riemann de $f(x)$. Decorre disso que obtemos o teorema fundamental tomando o limite com a largura dos retângulos tendendo a zero.

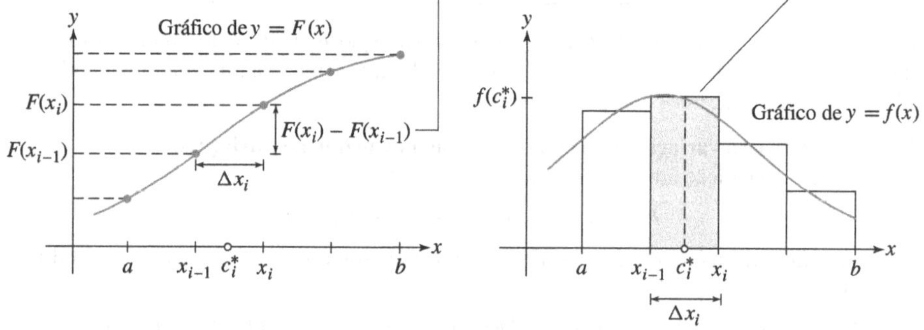

FIGURA 2

O TFC, parte I, nos diz que se soubermos encontrar uma antiderivada de f, então poderemos calcular a integral definida simplesmente, sem precisar calcular quaisquer limites. É esse o motivo pelo qual utilizamos o sinal de integração $\int$ tanto na integral definida $\int_a^b f(x)\,dx$ quanto na integral indefinida (antiderivada) $\int f(x)\,dx$.

Notação: Denotamos $F(b) - F(a)$ por $F(x)\Big|_a^b$.

Nessa notação, o TFC pode ser escrito como

$$\int_a^b f(x)\,dx = F(x)\Big|_a^b$$

LEMBRETE A regra da potência para integrais (válida com $n \neq -1$) afirma que

$$\int x^n\,dx = \frac{x^{n+1}}{n+1} + C$$

■ **EXEMPLO 1** Calcule a área abaixo do gráfico de $f(x) = x^3$ acima de [2, 4].

Solução Como, $F(x) = \frac{1}{4}x^4$ é uma antiderivada de $f(x) = x^3$, o TFC I dá

$$\int_2^4 x^3\,dx = F(4) - F(2) = \frac{1}{4}x^4\Big|_2^4 = \frac{1}{4}4^4 - \frac{1}{4}2^4 = 60$$ ■

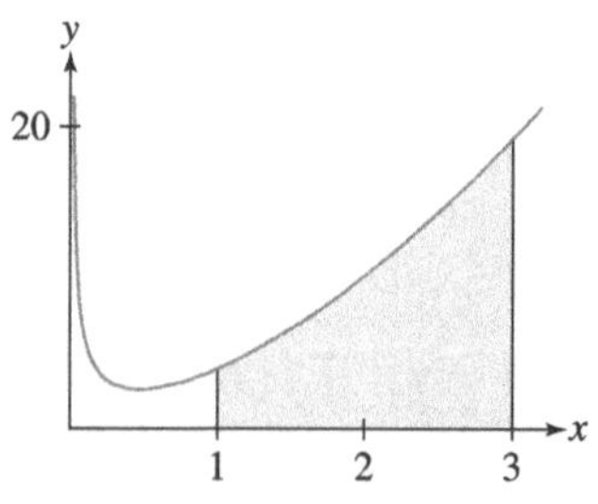

FIGURA 3 A região abaixo do gráfico de $g(x) = x^{-3/4} + 3x^{5/3}$ acima de [1, 3].

■ **EXEMPLO 2** Calcule a área abaixo $g(x) = x^{-3/4} + 3x^{5/3}$ acima de [1, 3].

Solução A função $G(x) = 4x^{1/4} + \frac{9}{8}x^{8/3}$ é uma antiderivada de g. A área (Figura 3) é igual a

$$\int_1^3 (x^{-3/4} + 3x^{5/3})\,dx = G(x)\Big|_1^3 = \left(4x^{1/4} + \frac{9}{8}x^{8/3}\right)\Big|_1^3$$

$$= \left(4 \cdot 3^{1/4} + \frac{9}{8} \cdot 3^{8/3}\right) - \left(4 \cdot 1^{1/4} + \frac{9}{8} \cdot 1^{8/3}\right)$$

$$\approx 26{,}325 - 5{,}125 = 21{,}2$$ ■

■ **EXEMPLO 3** Calcule $\int_{-\pi/4}^{\pi/4} \sec^2 x\,dx$ e esboce a região correspondente.

Solução A região aparece na Figura 4. Lembre que $(\text{tg}\,x)' = \sec^2 x$. Portanto,

$$\int_{-\pi/4}^{\pi/4} \sec^2 x\,dx = \text{tg}\,x\Big|_{-\pi/4}^{\pi/4} = \text{tg}\left(\frac{\pi}{4}\right) - \text{tg}\left(-\frac{\pi}{4}\right) = 1 - (-1) = 2$$ ■

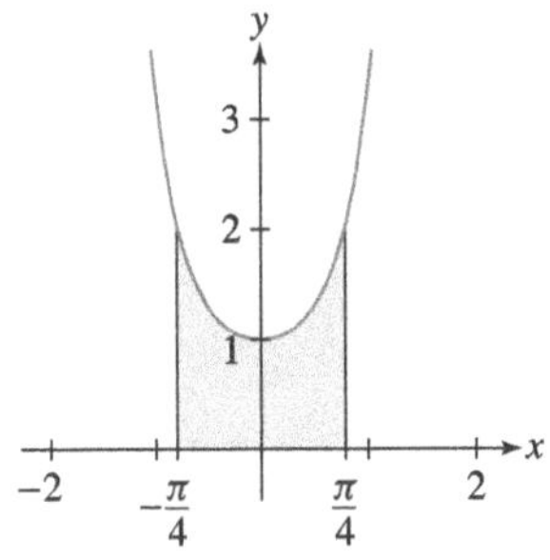

FIGURA 4 O gráfico de $y = \sec^2 x$.

■ **EXEMPLO 4** Calcule (a) $\int_0^{\pi} \text{sen}\,x\,dx$ e (b) $\int_0^{2\pi} \text{sen}\,x\,dx$.

Solução

(a) Como $(-\cos x)' = \text{sen}\,x$, a área de uma "corcova" (Figura 5) é

$$\int_0^{\pi} \text{sen}\,x\,dx = -\cos x\Big|_0^{\pi} = -\cos\pi - (-\cos 0) = -(-1) - (-1) = 2$$

(b) É de se esperar que a área em $[0, 2\pi]$ seja nula, pois a segunda corcova fica abaixo do eixo x e, de fato,

$$\int_0^{2\pi} \text{sen}\,x\,dx = -\cos x\Big|_0^{2\pi} = (-\cos(2\pi) - (-\cos 0)) = -1 - (-1) = 0$$ ■

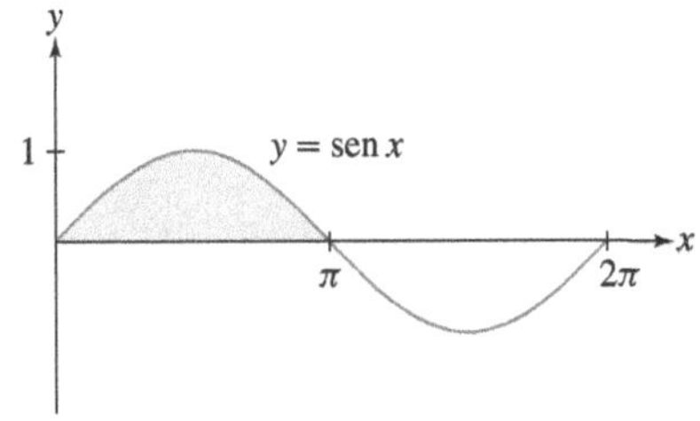

FIGURA 5 A área de uma corcova é 2. A área com sinal em $[0, 2\pi]$ é nula.

■ **EXEMPLO 5** **Função exponencial** Calcule $\int_{-0,3}^{0,6} e^{3x-1}\,dx$.

Solução A função $F(x) = \frac{1}{3}e^{3x-1}$ é uma antiderivada de $f(x) = e^{3x-1}$, portanto a integral definida (a área sombreada na Figura 6) é

$$\int_{-0,3}^{0,6} e^{3x-1}\,dx = \frac{1}{3}e^{3x-1}\Big|_{-0,3}^{0,6} = \frac{1}{3}e^{3(0,6)-1} - \frac{1}{3}e^{3(-0,3)-1}$$

$$\approx 0{,}742 - 0{,}050 = 0{,}692$$ ■

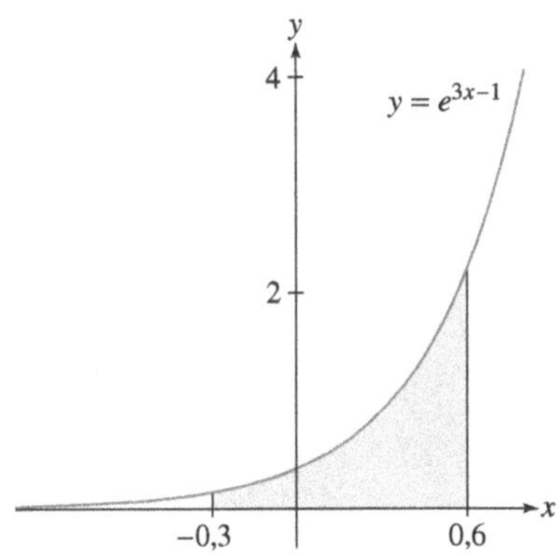

FIGURA 6

Lembre que $F(x) = \ln|x|$ é uma antiderivada de $f(x) = x^{-1}$ no domínio $\{x : x \neq 0\}$. (ver Seção 5.3). Assim, o TFC fornece a fórmula seguinte [Figura 7(A)], que é válida se ambos, a e b, forem positivos, ou ambos forem negativos. Observe que se $a < 0 < b$, a fórmula não é válida, pois 0 não está no domínio de $\frac{1}{x}$, como na Figura 7(C).

$$\boxed{\int_a^b \frac{dx}{x} = \ln|b| - \ln|a| = \ln\frac{b}{a}} \qquad 3$$

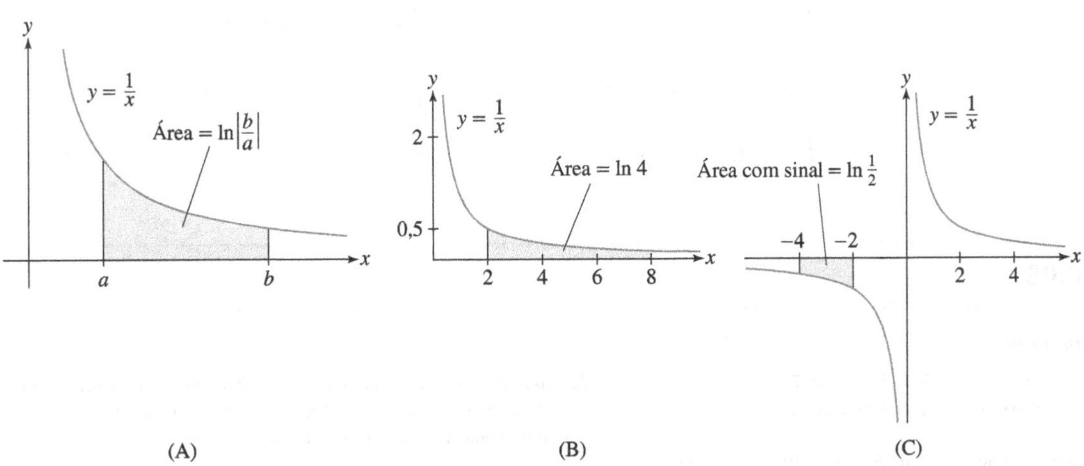

FIGURA 7

■ **EXEMPLO 6 O logaritmo como uma antiderivada** Calcule (a) $\int_2^8 \frac{dx}{x}$ e (b) $\int_{-4}^{-2} \frac{dx}{x}$.

Solução Pela Equação (3),

$$\textbf{(a)} \quad \int_2^8 \frac{dx}{x} = \ln\frac{8}{2} = \ln 4 \approx 1{,}39$$

$$\textbf{(b)} \quad \int_{-4}^{-2} \frac{dx}{x} = \ln\left(\frac{-2}{-4}\right) = \ln\frac{1}{2} \approx -0{,}69$$

As áreas representadas por essas integrais estão mostradas nas Figuras 7(B) e (C). ■

ENTENDIMENTO CONCEITUAL Qual antiderivada? As antiderivadas só são únicas a menos de uma constante aditiva (Seção 5.3). Será relevante qual antiderivada é utilizada no TFC? A resposta é não. Se F e G forem, ambas, antiderivadas de f, então $F(x) = G(x) + C$ com alguma constante C, e

$$F(b) - F(a) = \underbrace{(G(b) + C) - (G(a) + C)}_{\text{A constante cancela}} = G(b) - G(a)$$

As duas antiderivadas dão o mesmo valor para a integral definida:

$$\int_a^b f(x)\,dx = F(b) - F(a) = G(b) - G(a)$$

5.4 Resumo

- O teorema fundamental do Cálculo, parte I, afirma que

$$\int_a^b f(x)\,dx = F(b) - F(a)$$

sendo F uma antiderivada de f. O TFC I é usado para calcular integrais definidas nos casos em que sabemos encontrar uma antiderivada do integrando.

- Fórmulas de antiderivadas básicas para calcular integrais definidas:

$$\int x^n dx = \frac{x^{n+1}}{n+1} + C \qquad \text{se } n \neq -1$$

$$\int e^x\,dx = e^x + C, \qquad \int \frac{dx}{x} = \ln|x| + C$$

$$\int \operatorname{sen} x\,dx = -\cos x + C, \qquad \int \cos x\,dx = \operatorname{sen} x + C$$

$$\int \sec^2 x\,dx = \operatorname{tg} x + C, \qquad \int \operatorname{cossec}^2 x\,dx = -\operatorname{cotg} x + C$$

$$\int \sec x \operatorname{tg} x\,dx = \sec x + C, \qquad \int \operatorname{cossec} x \operatorname{cotg} x\,dx = -\operatorname{cossec} x + C$$

5.4 Exercícios

Exercícios preliminares

1. Suponha que $F'(x) = f(x)$ e $F(0) = 3$, $F(2) = 7$.

(a) Qual é a área abaixo de $y = f(x)$, acima de $[0, 2]$, se $f(x) \geq 0$?

(b) Qual é a interpretação gráfica de $F(2) - F(0)$ se $f(x)$ tomar valores positivos e negativos?

2. Suponha que f seja uma função *negativa* com uma antiderivada F tal que $F(1) = 7$ e $F(3) = 4$. Qual é a área (um número positivo) entre o eixo x e o gráfico de f acima de $[1, 3]$?

3. As afirmações seguintes são verdadeiras ou falsas? Explique.
 (a) O TFC I só é válido para funções positivas.
 (b) Para poder usar o TFC I, precisamos escolher a antiderivada certa.
 (c) Se não conseguirmos encontrar uma antiderivada de f, então a integral definida não existe.

4. Calcule $\int_2^9 f'(x)\,dx$ se f for derivável e $f(2) = f(9) = 4$.

Exercícios

Nos Exercícios 1-4, esboce a região abaixo do gráfico da função e encontre sua área usando o TFC I.

1. $f(x) = x^2, \quad [0, 1]$

2. $f(x) = 2x - x^2, \quad [0, 2]$

3. $f(x) = x^{-2}, \quad [1, 2]$

4. $f(x) = \cos x, \quad \left[0, \frac{\pi}{2}\right]$

Nos Exercícios 5-42, calcule a integral usando o TFC I.

5. $\int_3^6 x\,dx$

6. $\int_0^9 2\,dx$

7. $\int_0^1 (4x - 9x^2)\,dx$

8. $\int_{-3}^2 u^2\,du$

9. $\int_0^2 (12x^5 + 3x^2 - 4x)\,dx$

10. $\int_{-2}^2 (10x^9 + 3x^5)\,dx$

11. $\int_3^0 (2t^3 - 6t^2)\,dt$

12. $\int_{-1}^1 (5u^4 + u^2 - u)\,du$

13. $\int_0^4 \sqrt{y}\,dy$

14. $\int_1^8 x^{4/3}\,dx$

15. $\int_{1/16}^1 t^{1/4}\,dt$

16. $\int_4^1 t^{5/2}\,dt$

17. $\int_1^3 \frac{dt}{t^2}$

18. $\int_1^4 x^{-4}\,dx$

19. $\int_{1/2}^1 \frac{8}{x^3}\,dx$

20. $\int_{-2}^{-1} \frac{1}{x^3}\,dx$

21. $\int_1^2 (x^2 - x^{-2})\,dx$

22. $\int_1^9 t^{-1/2}\,dt$

23. $\int_1^{27} \frac{t+1}{\sqrt{t}}\,dt$

24. $\int_{8/27}^1 \frac{10t^{4/3} - 8t^{1/3}}{t^2}\,dt$

25. $\int_{\pi/4}^{3\pi/4} \operatorname{sen}\theta\,d\theta$

26. $\int_{2\pi}^{4\pi} \operatorname{sen} x\,dx$

27. $\int_0^{\pi/2} \cos\left(\frac{1}{3}\theta\right)d\theta$

28. $\int_{\pi/4}^{5\pi/8} \cos 2x\,dx$

29. $\int_0^{\pi/6} \sec^2\left(3t - \frac{\pi}{6}\right)dt$

30. $\int_0^{\pi/6} \sec\theta\,\operatorname{tg}\theta\,d\theta$

31. $\int_{\pi/20}^{\pi/10} \operatorname{cossec} 5x\,\operatorname{cotg} 5x\,dx$

32. $\int_{\pi/28}^{\pi/14} \operatorname{cossec}^2 7y\,dy$

33. $\int_0^1 e^x\,dx$

34. $\int_3^5 e^{-4x}\,dx$

35. $\int_0^3 e^{1-6t}\,dt$

36. $\int_2^3 e^{4t-3}\,dt$

37. $\int_2^{10} \frac{dx}{x}$

38. $\int_{-12}^{-4} \frac{dx}{x}$

39. $\int_0^1 \frac{dt}{t+1}$

40. $\int_1^4 \frac{dt}{5t+4}$

41. $\int_{-2}^0 (3x - 9e^{3x})\,dx$

42. $\int_2^6 \left(x + \frac{1}{x}\right)dx$

Nos Exercícios 43-48, escreva a integral como uma soma de integrais sem valor absoluto e calcule seu valor.

43. $\int_{-2}^1 |x|\,dx$

44. $\int_0^5 |3 - x|\,dx$

45. $\int_{-2}^3 |x^3|\,dx$

46. $\int_0^3 |x^2 - 1|\,dx$

47. $\int_0^\pi |\cos x|\,dx$

48. $\int_0^5 |x^2 - 4x + 3|\,dx$

Nos Exercícios 49-54, calcule a integral em termos das constantes.

49. $\int_1^b x^3\,dx$

50. $\int_b^a x^4\,dx$

51. $\int_1^b x^5\,dx$

52. $\int_{-x}^x (t^3 + t)\,dt$

53. $\int_a^{5a} \frac{dx}{x}$

54. $\int_b^{b^2} \frac{dx}{x}$

55. Calcule $\int_{-2}^3 f(x)\,dx$, com

$$f(x) = \begin{cases} 12 - x^2 & \text{se } x \le 2 \\ x^3 & \text{se } x > 2 \end{cases}$$

56. Calcule $\int_0^{2\pi} f(x)\,dx$, com

$$f(x) = \begin{cases} \cos x & \text{se } x \le \pi \\ \cos x - \operatorname{sen} 2x & \text{se } x > \pi \end{cases}$$

57. Use o TFC I para mostrar que $\int_{-1}^1 x^n\,dx = 0$ se n for um número inteiro ímpar. Explique graficamente.

58. Com o auxílio de um sistema algébrico computacional, esboce o gráfico da função $f(x) = \operatorname{sen} 3x - x$. Encontre a raiz positiva de f com três casas decimais e use-a para encontrar a área abaixo do gráfico de f no primeiro quadrante.

59. Calcule $F(4)$, sabendo que $F(1) = 3$ e $F'(x) = x^2$. *Sugestão:* expresse $F(4) - F(1)$ como uma integral definida.

60. Calcule $G(16)$, sabendo que $dG/dt = t^{-1/2}$ e $G(9) = -5$.

61. A integral $\int_0^1 x^n\,dx$ fica maior ou menor quando n cresce? Explique graficamente.

62. Mostre que a área do arco parabólico sombreado na Figura 8 é igual a quatro terços da área do triângulo mostrado.

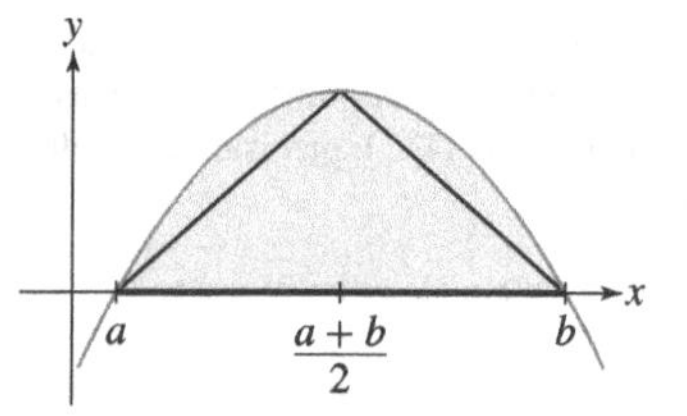

FIGURA 8 O gráfico de $y = (x - a)(b - x)$.

Compreensão adicional e desafios

63. Prove um resultado famoso de Arquimedes (generalizando o Exercício 62): se $r < s$, então a área da região sombreada na Figura 9 é igual a quatro terços da área do triângulo ΔACE, em que C é o ponto na parábola em que a reta tangente é paralela à reta secante $\overline{AE}$.
   - **(a)** Mostre que C tem coordenada x igual a $(r + s)/2$.
   - **(b)** Mostre que $ABDE$ tem área $(s - r)^3/4$, olhando para essa região como um paralelogramo de altura $s - r$ e base de comprimento $\overline{CF}$.
   - **(c)** Mostre que ΔACE tem área $(s - r)^3/8$, observando que ele tem a mesma base e altura que o paralelogramo.
   - **(d)** Calcule a área sombreada como a área abaixo do gráfico menos a área de um trapezoide, e prove o resultado de Arquimedes.

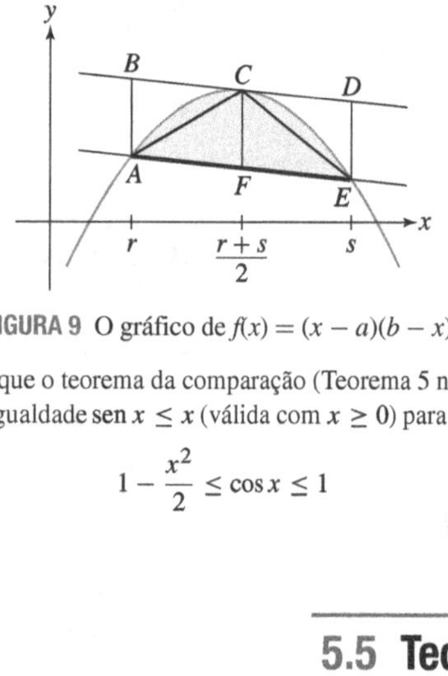

FIGURA 9 O gráfico de $f(x) = (x - a)(b - x)$.

64. **(a)** Aplique o teorema da comparação (Teorema 5 na Seção 5.2) à desigualdade sen $x \le x$ (válida com $x \ge 0$) para provar que

$$1 - \frac{x^2}{2} \le \cos x \le 1$$

   (b) Aplique o mesmo resultado para provar que

$$x - \frac{x^3}{6} \le \operatorname{sen} x \le x \quad (\text{com } x \ge 0)$$

   (c) Verifique essas desigualdades com $x = 0{,}3$.

65. Use o método do Exercício 64 para provar que

$$1 - \frac{x^2}{2} \le \cos x \le 1 - \frac{x^2}{2} + \frac{x^4}{24}$$

$$x - \frac{x^3}{6} \le \operatorname{sen} x \le x - \frac{x^3}{6} + \frac{x^5}{120} \quad (\text{com } x \ge 0)$$

Verifique essas desigualdades com $x = 0{,}1$. Por que especificamos $x \ge 0$ para sen x mas não para cos x?

66. Calcule o próximo par de desigualdades para sen x e cos x integrando os resultados do Exercício 65. É possível adivinhar o padrão geral?

67. Use o TFC I para provar que se $|f'(x)| \le K$ com $x \in [a, b]$, então $|f(x) - f(a)| \le K|x - a|$ com qualquer $x \in [a, b]$.

68. **(a)** Use o Exercício 67 para provar que $|\operatorname{sen} a - \operatorname{sen} b| \le |a - b|$, quaisquer que sejam a, b.
   (b) Seja $f(x) = \operatorname{sen}(x + a) - \operatorname{sen} x$. Use a parte (a) para mostrar que o gráfico de f fica entre as retas horizontais $y = \pm a$.
   (c) CG Esboce $y = f(x)$ e as retas $y = \pm a$ para verificar a parte (b) com $a = 0{,}5$ e $a = 0{,}2$.

5.5 Teorema fundamental do Cálculo, parte II

A parte I do teorema fundamental do Cálculo diz que podemos calcular integrais definidas usando antiderivadas. Isso é uma enorme vantagem sobre ter de tomar limites de somas de Riemann. A parte II do teorema fundamental diz que a derivada de certa integral é o integrando. Isso significa dizer que a derivada cancela a ação da integral na função original. No entanto, precisamos de um tipo muito particular de integral para que isso funcione.

*Às vezes, A é denominada **função área cumulativa**. Na definição de $A(x)$, usamos t como a variável de integração para evitar confusão com x, que é o limite de integração superior. Na realidade, t é uma variável muda, podendo ser trocada por qualquer outra variável.*

Para enunciar a parte II precisamente, introduzimos a **função área** de f de limite de integração inferior a:

$$A(x) = \int_a^x f(t)\,dt = \text{área com sinal de } a \text{ até } x$$

Essencialmente, transformamos a integral definida numa função tratando o limite de integração superior x como uma variável (Figura 1). Observe que $A(a) = 0$, pois

$$A(a) = \int_a^a f(t)\,dt = 0.$$

Em alguns casos, podemos encontrar uma fórmula explícita para $A(x)$ (Figura 2).

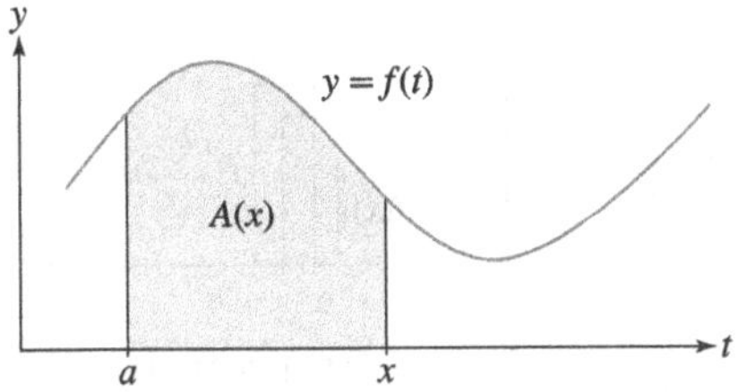

FIGURA 1 $A(x)$ é a área abaixo do gráfico de a até x.

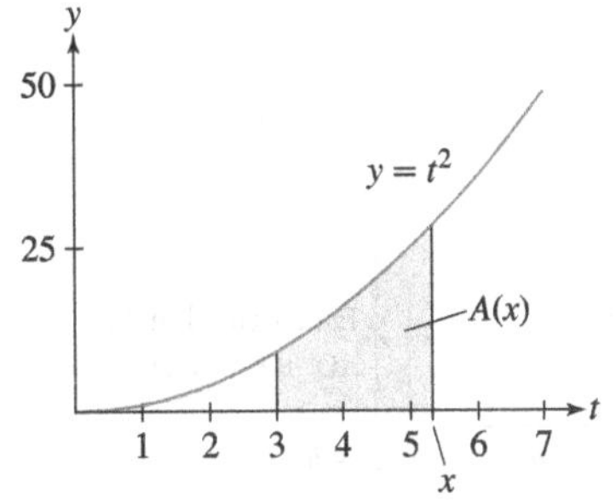

FIGURA 2 A área abaixo de $y = t^2$ de 3 até x é $A(x) = \frac{1}{3}x^3 - 9$.

■ **EXEMPLO 1** Encontre uma fórmula para a função área $A(x) = \int_3^x t^2\,dt$.

Solução A função $F(t) = \frac{1}{3}t^3$ é uma antiderivada de $f(t) = t^2$. Pelo TFC I,

$$A(x) = \int_3^x t^2\,dt = F(x) - F(3) = \frac{1}{3}x^3 - \frac{1}{3}\cdot 3^3 = \frac{1}{3}x^3 - 9$$ ■

Observe, no exemplo precedente, que *a derivada de A é a própria f:*

$$A'(x) = \frac{d}{dx}\left(\frac{1}{3}x^3 - 9\right) = x^2$$

O TFC II afirma que essa relação é sempre válida: a derivada da função área é igual à função original.

TEOREMA 1 Teorema fundamental do Cálculo, parte II Suponha que f seja contínua num intervalo aberto I e seja a um ponto de I. Então a função área

$$A(x) = \int_a^x f(t)\,dt$$

é uma antiderivada de f em I, ou seja, $A'(x) = f(x)$. Equivalentemente,

$$\frac{d}{dx}\int_a^x f(t)\,dt = f(x)$$

Além disso, $A(x)$ satisfaz a condição inicial $A(a) = 0$.

Demonstração Começamos usando a propriedade de aditividade da integral definida para escrever a variação de A em $[x, x+h]$ como uma integral:

$$A(x+h) - A(x) = \int_a^{x+h} f(t)\,dt - \int_a^x f(t)\,dt = \int_x^{x+h} f(t)\,dt$$

Em outras palavras, $A(x+h) - A(x)$ é igual à área do pequeno pedaço de área entre o gráfico e o eixo x, de x até $x + h$ na Figura 3.

Para simplificar o resto da demonstração, vamos supor que f seja crescente (ver Exercício 50 para o caso geral). Então, se $h > 0$, esse pequeno pedaço fica entre os dois retângulos de alturas $f(x)$ e $f(x+h)$ na Figura 4, e temos

$$\underbrace{hf(x)}_{\text{Área do retângulo menor}} \le \underbrace{A(x+h) - A(x)}_{\text{Área do pedaço}} \le \underbrace{hf(x+h)}_{\text{Área do retângulo maior}}$$

Nessa demonstração,

$$A(x) = \int_a^x f(t)\,dt$$

$$A(x+h) - A(x) = \int_x^{x+h} f(t)\,dt$$

$$A'(x) = \lim_{h\to 0}\frac{A(x+h) - A(x)}{h}$$

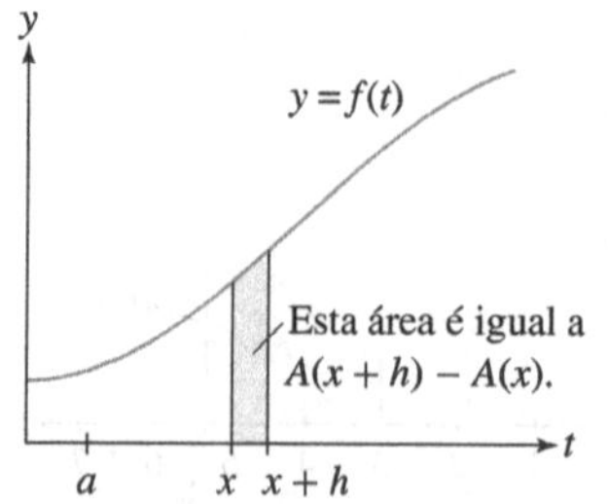

FIGURA 3 A área do pequeno pedaço é igual a $A(x + h) - A(x)$.

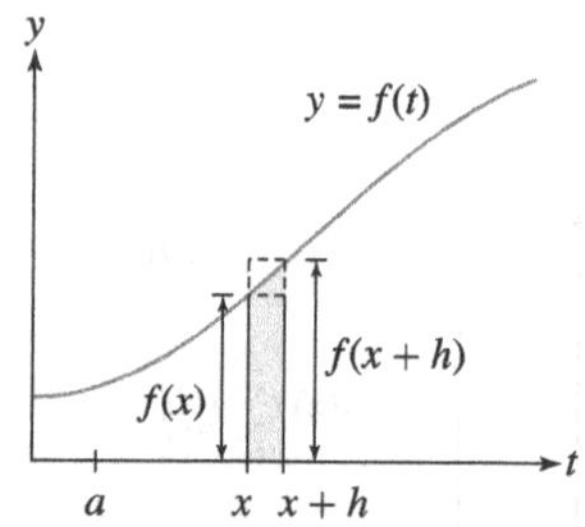

FIGURA 4 O pequeno pedaço sombreado fica entre os retângulos de alturas $f(x)$ e $f(x + h)$.

Agora dividimos por h para confrontar a razão incremental entre $f(x)$ e $f(x + h)$:

$$f(x) \leq \frac{A(x+h) - A(x)}{h} \leq f(x+h)$$

Temos $\lim_{h \to 0^+} f(x+h) = f(x)$, porque f é contínua, e $\lim_{h \to 0^+} f(x) = f(x)$, de modo que o teorema do confronto fornece

$$\lim_{h \to 0^+} \frac{A(x+h) - A(x)}{h} = f(x) \qquad 1$$

Um argumento análogo mostra que se $h < 0$, então

$$f(x+h) \leq \frac{A(x+h) - A(x)}{h} \leq f(x)$$

e, novamente, o teorema do confronto garante que

$$\lim_{h \to 0^-} \frac{A(x+h) - A(x)}{h} = f(x) \qquad 2$$

As Equações (1) e (2) mostram que existe $A'(x)$ e que $A'(x) = f(x)$. ■

Na seção precedente, vimos que o TFC I afirma que se soubermos encontrar uma antiderivada F de f, então poderemos calcular $\int_a^b f(x)\,dx$, tomando, simplesmente, $F(b) - F(a)$. O TFC II nos garante que existe uma antiderivada de f.

ENTENDIMENTO CONCEITUAL Muitas aplicações (nas Ciências, Engenharias e Estatística) envolvem funções para as quais não dispomos de fórmula explícita. No entanto, muitas vezes essas funções podem ser expressas como integrais definidas (ou séries infinitas). Isso nos permite calcular seu valor numericamente e criar gráficos usando algum sistema algébrico computacional. A Figura 5 mostra um gráfico gerado por computador de uma antiderivada de $f(x) = \text{sen}(x^2)$, para a qual não existe uma fórmula explícita.

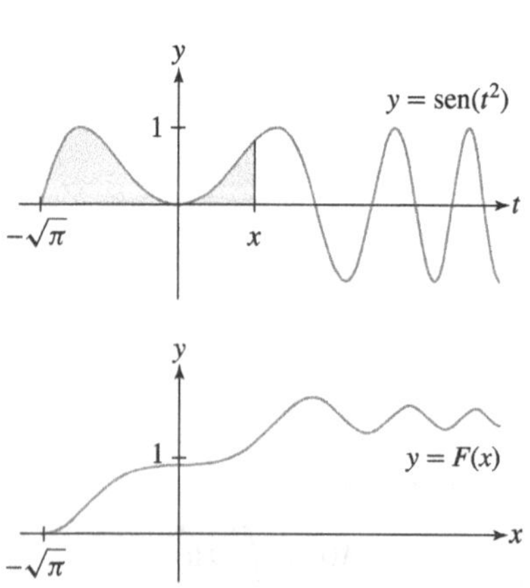

FIGURA 5 O gráfico de $F(x) = \int_{-\sqrt{\pi}}^{x} \text{sen}(t^2)\,dt$ gerado por computador.

■ **EXEMPLO 2 Antiderivada como uma integral** Seja F a antiderivada específica de $f(x) = \text{sen}(x^2)$ que satisfaz $F(-\sqrt{\pi}) = 0$. Expresse $F(x)$ como uma integral.

Solução De acordo com o TFC II, a função área com limite de integração inferior $a = -\sqrt{\pi}$ é uma antiderivada satisfazendo $F(-\sqrt{\pi}) = 0$:

$$F(x) = \int_{-\sqrt{\pi}}^{x} \text{sen}(t^2)\,dt$$

■

■ **EXEMPLO 3 Derivando uma integral** Encontre a derivada de

$$A(x) = \int_2^x \sqrt{1 + t^3}\,dt$$

e calcule $A'(2)$, $A'(3)$ e $A(2)$.

Solução Pelo TFC II, $A'(x) = \sqrt{1 + x^3}$. Em particular,

$$A'(2) = \sqrt{1 + 2^3} = 3 \quad \text{e} \quad A'(3) = \sqrt{1 + 3^3} = \sqrt{28}$$

Por outro lado, $A(2) = \int_2^2 \sqrt{1 + t^3}\, dt = 0$. ■

ENTENDIMENTO CONCEITUAL O TFC mostra que a integração e a derivação são *operações inversas*. Pelo TFC II, se começarmos com uma função contínua f e formarmos a integral $\int_a^x f(t)\, dt$, então obteremos de volta a função original por derivação:

$$f(x) \overset{\text{Integrar}}{\longrightarrow} \int_a^x f(t)\, dt \overset{\text{Derivar}}{\longrightarrow} \frac{d}{dx} \int_a^x f(t)\, dt = f(x)$$

Por outro lado, pelo TFC I, se primeiro derivarmos e, depois, integrarmos, também voltamos a obter $f(x)$ [mas só a menos de uma constante $f(a)$]:

$$f(x) \overset{\text{Derivar}}{\longrightarrow} f'(x) \overset{\text{Integrar}}{\longrightarrow} \int_a^x f'(t)\, dt = f(x) - f(a)$$

Quando o limite de integração superior for uma *função* de x em vez da própria x, usamos a TFC II junto à regra da cadeia para derivar a integral.

■ **EXEMPLO 4 O TFC e a regra da cadeia** Encontre a derivada de

$$G(x) = \int_{-2}^{x^2} \operatorname{sen} t\, dt$$

Solução O TFC II não pode ser aplicado diretamente porque o limite superior é x^2 em vez de x. É necessário reconhecer que G é uma *função composta* com função externa $A(x) = \int_{-2}^{x} \operatorname{sen} t\, dt$:

$$G(x) = A(x^2) = \int_{-2}^{x^2} \operatorname{sen} t\, dt$$

O TFC II nos diz que $A'(x) = \operatorname{sen} x$, portanto, pela regra da cadeia,

$$G'(x) = A'(x^2) \cdot (x^2)' = \operatorname{sen}(x^2) \cdot (2x) = 2x \operatorname{sen}(x^2)$$

Alternativamente, podemos denotar $u = x^2$ e usar a regra da cadeia como segue:

$$\frac{dG}{dx} = \frac{d}{dx} \int_{-2}^{x^2} \operatorname{sen} t\, dt = \left(\frac{d}{du} \int_{-2}^{u} \operatorname{sen} t\, dt \right) \frac{du}{dx} = (\operatorname{sen} u) 2x = 2x \operatorname{sen}(x^2)$$ ■

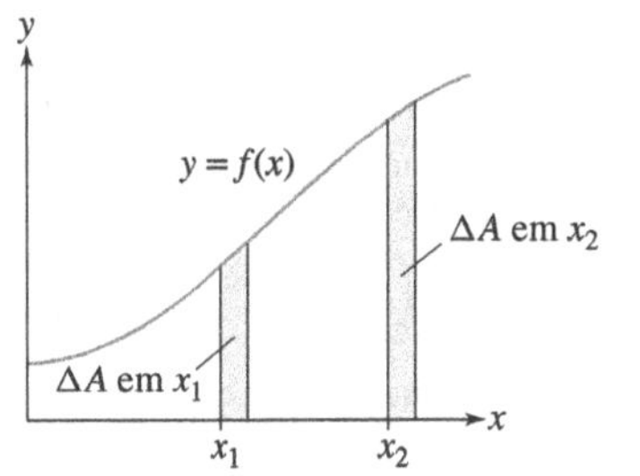

FIGURA 6 A variação na área ΔA com um dado Δx é maior quando $f(x)$ for maior.

ENTENDIMENTO GRÁFICO Mais um conto de dois gráficos O TFC II nos diz que $A'(x) = f(x)$ ou, em outras palavras, que $f(x)$ é a taxa de variação de $A(x)$. Mesmo se não soubéssemos disso, poderíamos ser levados a pensar que isso realmente ocorre se comparássemos os gráficos de A e de f. De fato, considere o que segue:

- A Figura 6 mostra que o aumento de área ΔA com um dado Δx é maior em x_2 do que em x_1, já que $f(x_2) > f(x_1)$. Assim, o tamanho de $f(x)$ determina quão rapidamente $A(x)$ varia, como seria de se esperar se $A'(x) = f(x)$.
- A Figura 7 mostra que o sinal de $f(x)$ determina se $A(x)$ cresce ou decresce. Se $f(x) > 0$, então A é crescente, porque quando x se move para a direita é acrescentada área positiva. Se $f(x)$ for negativo, A começa a decrescer porque começamos a acrescentar área negativa.
- A tem um máximo local nos pontos em que $f(x)$ troca de sinal de + para − (os pontos em que a área fica negativa), e tem um mínimo local se $f(x)$ troca de sinal de − para +. Isso está de acordo com o teste da derivada primeira.

Essas observações mostram que f se "comporta" como A', conforme afirma o TFC II.

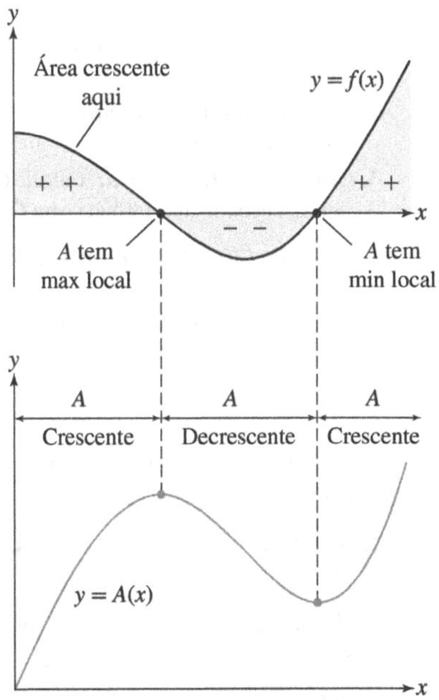

FIGURA 7 O sinal de $f(x)$ determina o comportamento crescente/decrescente de A.

5.5 Resumo

- A *função área* com limite inferior a: $A(x) = \int_a^x f(t)\,dt$. Satisfaz $A(a) = 0$.
- TFC II: $A'(x) = f(x)$ ou, equivalentemente, $\frac{d}{dx}\int_a^x f(t)\,dt = f(x)$.
- O TFC II mostra que toda função contínua tem uma antiderivada, a saber, a função área associada (com qualquer limite inferior).
- Para derivar uma função da forma $G(x) = \int_a^{g(x)} f(t)\,dt$, escreva $G(x) = A(g(x))$, onde $A(x) = \int_a^x f(t)\,dt$. Depois use a regra da cadeia:
$$G'(x) = A'(g(x))g'(x) = f(g(x))g'(x)$$

5.5 Exercícios

Exercícios preliminares

1. Seja $G(x) = \int_4^x \sqrt{t^3+1}\,dt$.
   (a) Precisamos do TFC II para calcular $G(4)$?
   (b) Precisamos do TFC II para calcular $G'(4)$?
2. Qual das seguintes define uma antiderivada F de $f(x) = x^2$ satisfazendo $F(2) = 0$?
   (a) $\int_2^x 2t\,dt$ (b) $\int_0^2 t^2\,dt$ (c) $\int_2^x t^2\,dt$
3. Qualquer função contínua possui alguma antiderivada? Explique.
4. Seja $G(x) = \int_4^{x^3} \operatorname{sen} t\,dt$. Quais das afirmações seguintes são verdadeiras?
   (a) G é a função composta $\operatorname{sen}(x^3)$.
   (b) G é a função composta $A(x^3)$, em que
   $$A(x) = \int_4^x \operatorname{sen} t\,dt$$
   (c) $G(x)$ é complicada demais para derivar.
   (d) Para derivar $G(x)$ usamos a regra do produto.
   (e) Para derivar $G(x)$ usamos a regra da cadeia.
   (f) $G'(x) = 3x^2 \operatorname{sen}(x^3)$.

Exercícios

1. Escreva a função área de $f(x) = 2x + 4$ com limite de integração inferior $a = -2$ como uma integral e encontre uma fórmula para essa função.
2. Encontre uma fórmula para a função área de $f(x) = 2x + 4$ com limite de integração inferior $a = 0$.
3. Seja $G(x) = \int_1^x (t^2 - 2)\,dt$. Calcule $G(1)$, $G'(1)$ e $G'(2)$. Em seguida, encontre uma fórmula para $G(x)$.
4. Encontre $F(0)$, $F'(0)$ e $F'(3)$, sendo $F(x) = \int_0^x \sqrt{t^2+t}\,dt$.
5. Encontre $G(1)$, $G'(0)$ e $G'(\pi/4)$, sendo $G(x) = \int_1^x \operatorname{tg} t\,dt$.
6. Encontre $H(-2)$ e $H'(-2)$, sendo $H(x) = \int_{-2}^x \frac{du}{u^2+1}$.

Nos Exercícios 7-16, encontre fórmulas para as funções representadas pelas integrais.

7. $\int_2^x u^4\,du$
8. $\int_2^x (12t^2 - 8t)\,dt$
9. $\int_0^x \operatorname{sen} u\,du$
10. $\int_{-\pi/4}^x \sec^2\theta\,d\theta$
11. $\int_4^x e^{3u}\,du$
12. $\int_x^0 e^{-t}\,dt$
13. $\int_1^{x^2} t\,dt$
14. $\int_{x/2}^{x/4} \sec^2 u\,du$
15. $\int_{3x}^{9x+2} e^{-u}\,du$
16. $\int_2^{\sqrt{x}} \frac{dt}{t}$

Nos Exercícios 17-20, expresse como uma integral a antiderivada F de f satisfazendo a condição inicial dada.

17. $f(x) = \sqrt{x^3+1}$, $F(5) = 0$
18. $f(x) = \frac{x+1}{x^2+9}$, $F(7) = 0$
19. $f(x) = \sec x$, $F(0) = 0$
20. $f(x) = e^{-x^2}$, $F(-4) = 0$

Nos Exercícios 21-24, calcule a derivada.

21. $\frac{d}{dx}\int_0^x (t^5 - 9t^3)\,dt$
22. $\frac{d}{d\theta}\int_1^\theta \operatorname{cotg} u\,du$
23. $\frac{d}{dt}\int_{100}^t \sec(5x - 9)\,dx$
24. $\frac{d}{ds}\int_{-2}^s \operatorname{tg}\left(\frac{1}{1+u^2}\right) du$
25. Considere $A(x) = \int_0^x f(t)\,dt$, sendo $f(x)$ dada na Figura 8.
   (a) Calcule $A(2)$, $A(3)$, $A'(2)$, $A'(3)$.

(b) Encontre fórmulas para $A(x)$ em $[0, 2]$ e $[2, 4]$ e esboce o gráfico de A.

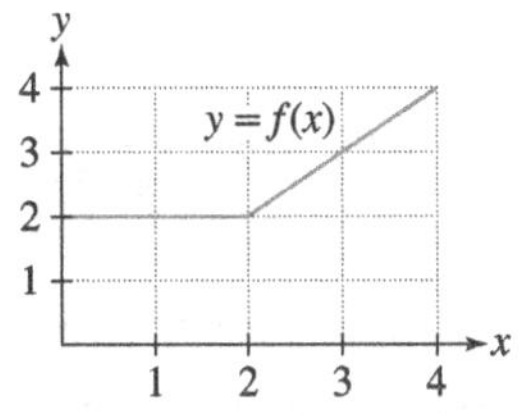

FIGURA 8

26. Faça um esboço aproximado do gráfico de $A(x) = \int_0^x g(t)\,dt$, sendo $y = g(x)$ dada na Figura 9.

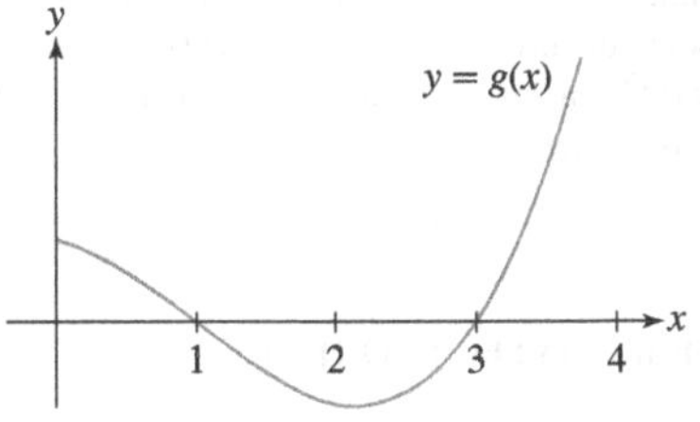

FIGURA 9

27. Verifique $\int_0^x |t|\,dt = \frac{1}{2}x|x|$. *Sugestão:* considere $x \geq 0$ e $x \leq 0$ separadamente.

28. Encontre $G'(1)$, sendo $G(x) = \int_0^{x^2} \sqrt{t^3 + 3}\,dt$.

Nos Exercícios 29-34, calcule a derivada.

29. $\frac{d}{dx}\int_0^{x^2} \frac{t\,dt}{t+1}$

30. $\frac{d}{dx}\int_1^{1/x} \cos^3 t\,dt$

31. $\frac{d}{ds}\int_{-6}^{\cos s} u^4\,du$

32. $\frac{d}{dx}\int_{x^2}^{x^4} \sqrt{t}\,dt$

Sugestão para o Exercício 32: $F(x) = A(x^4) - A(x^2)$.

33. $\frac{d}{dx}\int_{\sqrt{x}}^{x^2} \text{tg}\,t\,dt$

34. $\frac{d}{du}\int_{-u}^{3u} \sqrt{x^2 + 1}\,dx$

Nos Exercícios 35-38, com $y = f(x)$ como na Figura 10, considere

$$A(x) = \int_0^x f(t)\,dt \qquad e \qquad B(x) = \int_2^x f(t)\,dt$$

35. Encontre o min e o max de A em $[0, 6]$.

36. Encontre o min e o max de B em $[0, 6]$.

37. Encontre fórmulas para $A(x)$ e $B(x)$ que sejam válidas em $[2, 4]$.

38. Encontre fórmulas para $A(x)$ e $B(x)$ que sejam válidas em $[4, 5]$.

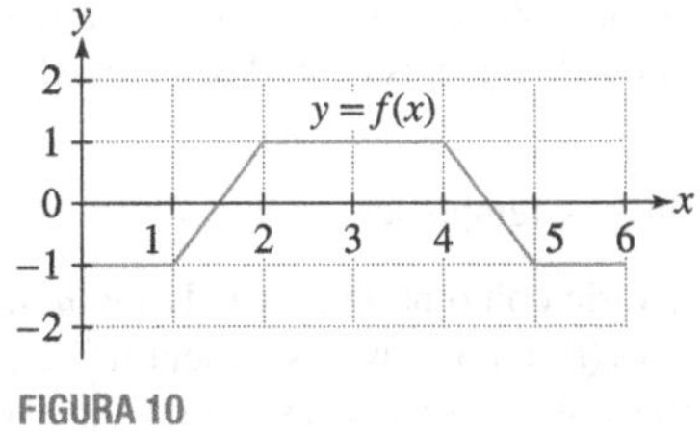

FIGURA 10

39. Seja $A(x) = \int_0^x f(t)\,dt$, com $y = f(x)$ como na Figura 11.

(a) Terá A um máximo local em P?

(b) Onde é que A tem um mínimo local?

(c) Onde é que A tem um máximo local?

(d) Verdadeira ou falsa? $A(x) < 0$ em qualquer x do intervalo mostrado.

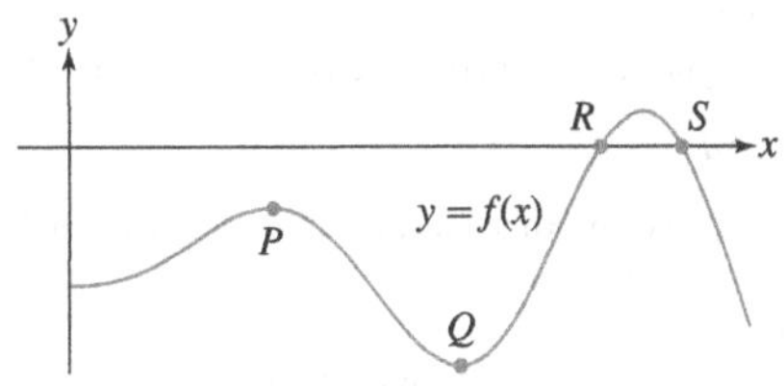

FIGURA 11 O gráfico de $y = f(x)$.

40. Determine $f(x)$, sabendo que $\int_0^x f(t)\,dt = x^2 + x$.

41. Determine $g(x)$ e todos os valores de c tais que

$$\int_c^x g(t)\,dt = x^2 + x - 6$$

42. Encontre $a \leq b$ tais que $\int_a^b (x^2 - 9)\,dx$ tenha o menor valor.

Nos Exercícios 43-44, seja $A(x) = \int_a^x f(t)\,dt$.

43. **Função área e concavidade** Explique por que as afirmações seguintes são verdadeiras. Suponha f derivável.

(a) Se c for um ponto de inflexão de A, então $f'(c) = 0$.

(b) A é côncava para cima se f for crescente.

(c) A é côncava para baixo se f for decrescente.

44. Combine a propriedade de A com a propriedade correspondente do gráfico de f. Suponha f derivável.

Função área A

(a) A é decrescente.

(b) A tem algum máximo local.

(c) A é côncava para cima.

(d) A passa de côncava para cima para côncava para baixo.

Gráfico de f

(i) Fica abaixo do eixo x.

(ii) Cruza o eixo x de positivo para negativo.

(iii) Tem algum máximo local.

(iv) f é crescente.

45. Seja $A(x) = \int_0^x f(t)\,dt$, sendo $y = f(x)$ dado na Figura 12. Determine:

(a) Os intervalos em que A é crescente ou decrescente.

(b) Os valores x em que A tem um min ou max local.

(c) Os pontos de inflexão de A.

(d) Os intervalos em que A é côncava para cima ou para baixo.

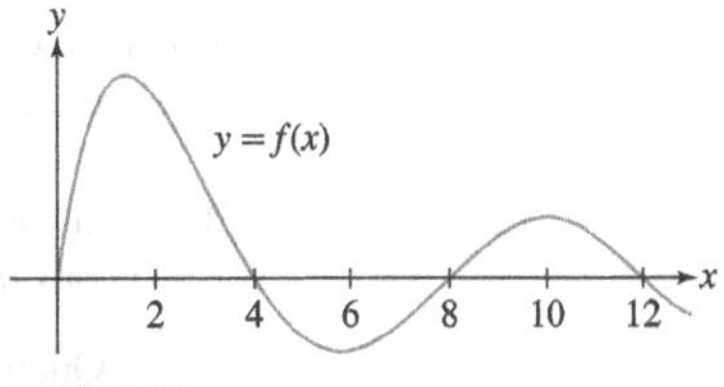

FIGURA 12

46. Sejam $f(x) = x^2 - 5x - 6$ e $F(x) = \int_0^x f(t)\,dt$.

(a) Encontre os pontos críticos de F e determine se são mínimos ou máximos locais.

(b) Encontre os pontos de inflexão de F e determine se a concavidade troca de cima para baixo ou vice-versa.

(c) CG Esboce $y = f(x)$ e $y = F(x)$ no mesmo par de eixos e confirme as respostas em (a) e (b).

47. Esboce o gráfico de uma função crescente f tal que $f'(x)$ e $A(x) = \int_0^x f(t)\,dt$ sejam decrescentes.

48. A Figura 13 mostra o gráfico de $f(x) = x \operatorname{sen} x$. Seja $\int_0^x t \operatorname{sen} t\,dt$.
 (a) Encontre os máximos locais e absoluto de F em $[0, 3\pi]$.
 (b) Justifique graficamente que F tem precisamente um zero no intervalo $[\pi, 2\pi]$.
 (c) Quantos zeros tem F no intervalo $[0, 3\pi]$?
 (d) Encontre os pontos de inflexão de F em $[0, 3\pi]$. Para cada um, decida se a concavidade muda de cima para baixo ou vice-versa.

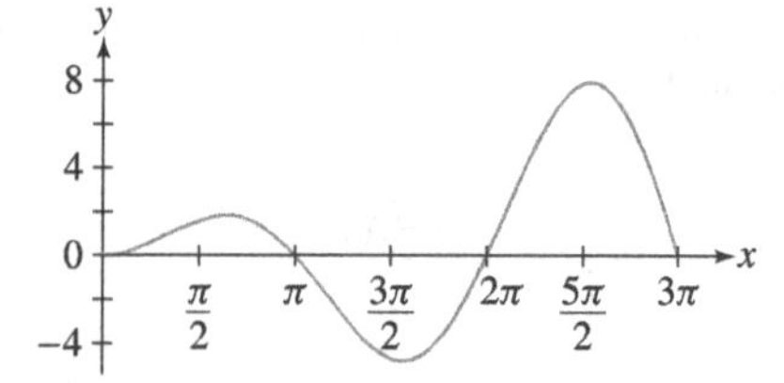

FIGURA 13 O gráfico de $f(x) = x \operatorname{sen} x$.

49. CG Encontre o menor ponto crítico positivo de

$$F(x) = \int_0^x \cos(t^{3/2})\,dt$$

e determine se é um max ou min local. Em seguida, encontre o menor ponto de inflexão positivo de $F(x)$ e use um gráfico de $y = \cos(x^{3/2})$ para determinar se a concavidade muda de cima para baixo ou vice-versa nesse ponto.

Compreensão adicional e desafios

50. **Demonstração do TFC II** Na demonstração dada, supomos que f fosse crescente. Para provar esse resultado com qualquer função contínua, sejam $m(h)$ e $M(h)$ os valores *mínimo* e *máximo* de f em $[x, x + h]$ (Figura 14). A continuidade de f implica que $\lim_{h\to 0} m(h) = \lim_{h\to 0} M(h) = f(x)$. Mostre que, com $h > 0$, temos

$$hm(h) \le A(x+h) - A(x) \le hM(h)$$

Se $h < 0$, as desigualdades são invertidas. Prove que $A'(x) = f(x)$.

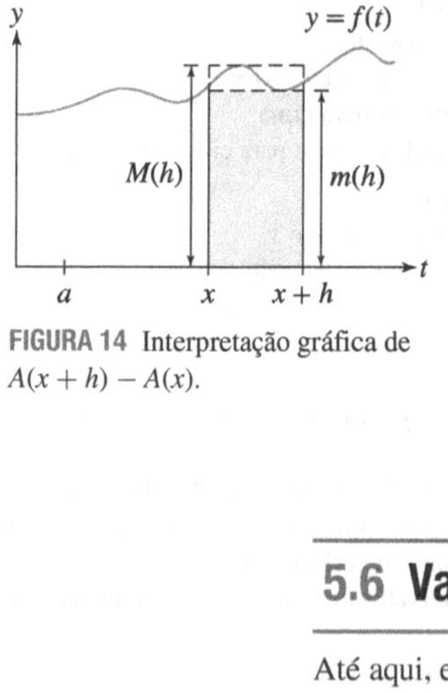

FIGURA 14 Interpretação gráfica de $A(x+h) - A(x)$.

51. **Demonstração do TFC I** O TFC I afirma que $\int_a^b f(t)\,dt = F(b) - F(a)$ se $F'(x) = f(x)$. Use o TFC II para dar uma nova prova do TFC I, como segue. Defina $A(x) = \int_a^x f(t)\,dt$.
 (a) Mostre que $F(x) = A(x) + C$ com alguma constante.
 (b) Mostre que $F(b) - F(a) = A(b) - A(a) = \int_a^b f(t)\,dt$.

52. **Qualquer antiderivada pode ser dada como uma integral?** A função área $A(x) = \int_a^x f(t)\,dt$ é uma antiderivada de f com qualquer valor de a. Contudo, nem todas as antiderivadas são obtidas dessa maneira. A antiderivada geral de $f(x) = x$ é $F(x) = \frac{1}{2}x^2 + C$. Mostre que F é uma função área se $C \le 0$, mas não se $C > 0$.

53. Prove a validade da fórmula

$$\frac{d}{dx}\int_{u(x)}^{v(x)} f(t)\,dt = f(v(x))v'(x) - f(u(x))u'(x)$$

54. Use o resultado do Exercício 53 para calcular

$$\frac{d}{dx}\int_{\ln x}^{e^x} \operatorname{sen} t\,dt$$

5.6 Variação líquida como integral de uma taxa de variação

Até aqui, estivemos concentrados em interpretar a integral como uma área. Nesta seção, usamos a integral para calcular variação líquida.

Considere o problema seguinte: um balde vazio está sendo enchido d'água a uma taxa de $r(t)$ litros por segundo. Quanta água tem no balde depois de 4 s? Se a taxa do fluxo d'água fosse *constante*, digamos, 1,5 l/s, teríamos

$$\text{Quantidade total de água} = \text{taxa do fluxo} \times \text{tempo decorrido} = (1{,}5)4 = 6 \text{ litros}$$

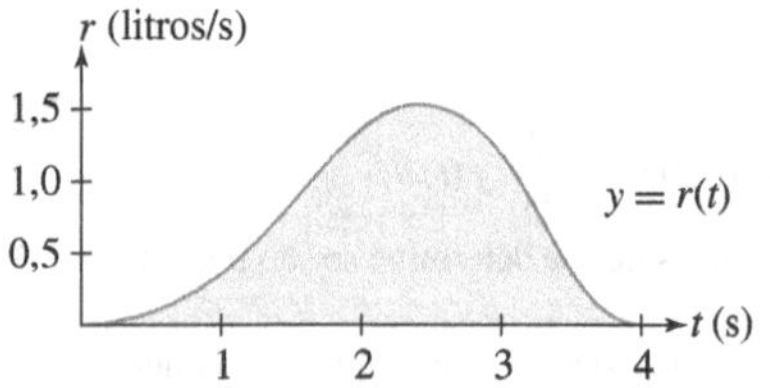

FIGURA 1 A quantidade de água no balde é igual à área abaixo do gráfico da taxa do fluxo $r(t)$.

Suponha, contudo, que a taxa do fluxo $r(t)$ varie como na Figura 1. Então *a quantidade de água é igual à área abaixo do gráfico de* $y = r(t)$. Para provar isso, seja $s(t)$ a quantidade de água no balde no instante t. Então $s'(t) = r(t)$, pois $s'(t)$ é a taxa segundo a qual está variando a quantidade de água. Além disso, $s(0) = 0$ porque, no início, o balde está vazio. Pelo TFC I,

$$\underbrace{\int_0^4 s'(t)\,dt}_{\substack{\text{Área abaixo do gráfico} \\ \text{da taxa do fluxo}}} = s(4) - s(0) = \underbrace{s(4)}_{\substack{\text{Água no balde} \\ \text{em } t = 4}}$$

Mais geralmente, dizemos que a quantidade $s(t_2) - s(t_1)$ é a **variação líquida** de $s(t)$ no intervalo $[t_1, t_2]$. O TFC I fornece o resultado seguinte.

TEOREMA 1 Variação líquida como a integral de uma taxa de variação A variação líquida de $s(t)$ no intervalo $[t_1, t_2]$ é dada pela integral

$$\underbrace{\int_{t_1}^{t_2} s'(t)\,dt}_{\text{Integral da taxa de variação}} = \underbrace{s(t_2) - s(t_1)}_{\text{Variação líquida em } [t_1, t_2]}$$

No Teorema 1, a variável t não necessariamente representa o tempo.

■ **EXEMPLO 1** Às 7 horas da manhã começa um vazamento num tanque a uma taxa de $2 + 5\,t$ litros/hora, em que t é o número de horas depois das 7 da manhã. Quanta água é perdida entre as 9 e as 11 horas da manhã?

Solução Seja $s(t)$ a quantidade de água no tanque no instante t. Então $s'(t) = -(2 + 5t)$, em que ocorre o sinal de menos porque $s(t)$ é decrescente. Como 9 e 11 horas correspondem a $t = 2$ e $t = 4$, respectivamente, a variação líquida de $s(t)$ entre as 9 e as 11 horas é

$$s(4) - s(2) = \int_2^4 s'(t)\,dt = -\int_2^4 (2 + 5t)\,dt$$

$$= -\left(2t + \frac{5}{2}t^2\right)\bigg|_2^4 = (-48) - (-14) = -34 \text{ litros}$$

O tanque perdeu 34 litros entre as 9 e as 11 horas. ■

No próximo exemplo, estimamos uma integral usando dados numéricos. Calcularemos a média das aproximações pela esquerda e pela direita, pois isso é, geralmente, mais preciso do que qualquer uma dessas duas aproximações. (Na Seção 7.8, essa média é denominada aproximação trapezoidal.)

■ **EXEMPLO 2 Fluxo de tráfego** O número de carros por hora passando por um ponto de observação numa rodovia é denominado taxa do fluxo do tráfego $q(t)$ (em carros por hora).

(a) Qual quantidade é representada pela integral $\int_{t_1}^{t_2} q(t)\,dt$?

(b) A taxa do fluxo é registrada a intervalos de 15 minutos entre as 7 e as 9 horas da manhã. Dê uma estimativa do número de carros usando a rodovia durante esse período de 2 horas.

t	7:00	7:15	7:30	7:45	8:00	8:15	8:30	8:45	9:00
$q(t)$	1.044	1.297	1.478	1.844	1.451	1.378	1.155	802	542

Solução

(a) A integral $\int_{t_1}^{t_2} q(t)\,dt$ representa o número total de carros que passou pelo ponto de observação durante o intervalo de tempo $[t_1, t_2]$.

(b) Os valores dados estão espaçados em intervalos de $\Delta t = 0{,}25$ hora. Assim,

$$L_N = 0{,}25\big(1044 + 1297 + 1478 + 1844 + 1451 + 1378 + 1155 + 802\big)$$

$$\approx 2612$$

$$R_N = 0{,}25\big(1297 + 1478 + 1844 + 1451 + 1378 + 1155 + 802 + 542\big)$$

$$\approx 2487$$

No Exemplo 2, L_N é a soma dos valores de $q(t)$ nas extremidades esquerdas

7:00, 7:15, ..., 8:45

e R_N é a soma dos valores de $q(t)$ nas extremidades direitas

7:15, ..., 8:45, 9:00

Estimamos o número de carros que passam pelo ponto de observação entre as 7 e as 9 da manhã tomando a média de R_N e L_N:

$$\int_7^9 q(t)\,dt \approx \frac{1}{2}(R_N + L_N) = \frac{1}{2}(2612 + 2487) \approx 2550$$

Aproximadamente 2.550 carros passaram na rodovia entre as 7 e as 9 da manhã. ■

A integral da velocidade

Seja $s(t)$ a posição no instante t de um objeto em movimento retilíneo. Então a velocidade do objeto é $v(t) = s'(t)$ e a integral de v é a *variação líquida da posição* ou seu *deslocamento* ao longo do intervalo de tempo $[t_1, t_2]$:

$$\int_{t_1}^{t_2} v(t)\,dt = \int_{t_1}^{t_2} s'(t)\,dt = \underbrace{s(t_2) - s(t_1)}_{\substack{\text{Deslocamento, ou variação} \\ \text{líquida da posição}}}$$

Devemos distinguir entre o deslocamento e a *distância percorrida*. Se percorrermos 10 km e retornarmos ao ponto de partida, nosso deslocamento será nulo, mas nossa distância percorrida será de 20 km. Para calcular a distância percorrida em vez do deslocamento, devemos integrar o valor absoluto da velocidade, que é a velocidade *escalar* $|v(t)|$.

TEOREMA 2 Integral da velocidade Se um objeto em movimento retilíneo tiver velocidade $v(t)$, então

$$\text{Deslocamento durante } [t_1, t_2] = \int_{t_1}^{t_2} v(t)\,dt$$

$$\text{Distância total percorrida durante } [t_1, t_2] = \int_{t_1}^{t_2} |v(t)|\,dt$$

EXEMPLO 3 A velocidade de uma partícula é $v(t) = t^3 - 10t^2 + 24t$ m/s. Calcule

(a) o deslocamento durante $[0, 6]$;
(b) a distância total percorrida durante $[0, 6]$.

Indique a trajetória da partícula com um diagrama do movimento.

Solução Primeiro calculamos a integral indefinida:

$$\int v(t)\,dt = \int (t^3 - 10t^2 + 24t)\,dt = \frac{1}{4}t^4 - \frac{10}{3}t^3 + 12t^2 + C$$

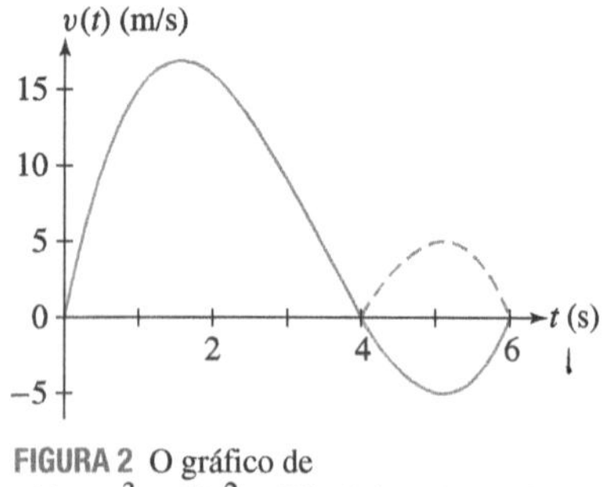

FIGURA 2 O gráfico de $v(t) = t^3 - 10t^2 + 24t$. Acima de $[4, 6]$, a curva pontilhada é o gráfico de $|v(t)|$.

(a) O deslocamento no intervalo de tempo $[0, 6]$ é:

$$\int_0^6 v(t)\,dt = \left(\frac{1}{4}t^4 - \frac{10}{3}t^3 + 12t^2\right)\Bigg|_0^6 = 36 \text{ m}$$

(b) A fatoração de $v(t) = t(t-4)(t-6)$ mostra que $v(t)$ troca de sinal em $t = 4$. Como pode ser visto na Figura 2, a velocidade é positiva em $[0, 4]$ e negativa em $[4, 6]$. Portanto, a distância total percorrida é

$$\int_0^6 |v(t)|\,dt = \int_0^4 v(t)\,dt - \int_4^6 v(t)\,dt$$

Calculamos essas duas integrais separadamente:

$$[0, 4]: \quad \int_0^4 v(t)\,dt = \left(\frac{1}{4}t^4 - \frac{10}{3}t^3 + 12t^2\right)\Bigg|_0^4 = \frac{128}{3} \text{ m}$$

$$[4, 6]: \quad \int_4^6 v(t)\,dt = \left(\frac{1}{4}t^4 - \frac{10}{3}t^3 + 12t^2\right)\Bigg|_4^6 = -\frac{20}{3} \text{ m}$$

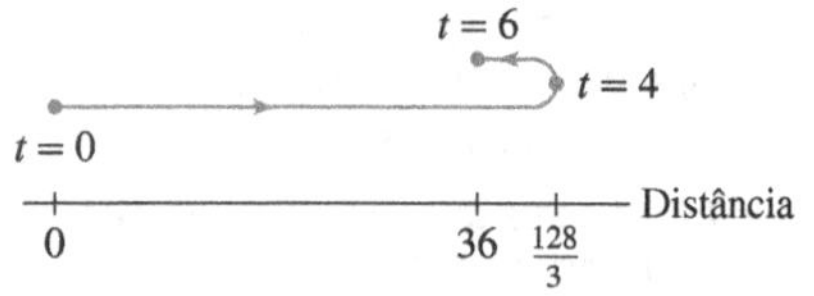

FIGURA 3 A trajetória da partícula ao longo de uma linha reta.

A distância total percorrida é $\frac{128}{3} + \frac{20}{3} = \frac{148}{3} = 49\frac{1}{3}$ m.

A Figura 3 é um diagrama do movimento que indica a trajetória da partícula. A partícula percorreu $\frac{128}{3}$ m durante os primeiros 4 s e, depois, retornou por $\frac{20}{3}$ m nos próximos 2 s. ■

Custo total e custo marginal

Considere o custo $C(x)$ de um produtor (ou seja, o custo em dólares de produzir x unidades de um produto ou bem específico). A derivada $C'(x)$ é denominada **custo marginal**. O custo de aumentar a produção de a para b unidades é a variação líquida $C(b) - C(a)$, que é igual à integral do custo marginal:

$$\text{Custo de aumentar a produção de } a \text{ para } b \text{ unidades} = \int_a^b C'(x)\,dx$$

Na Seção 3.4, definimos o custo marginal no nível de produção x_0 como sendo o custo

$$C(x_0 + 1) - C(x_0)$$

de produzir uma unidade adicional. Como esse custo é muito bem aproximado pela derivada $C'(x_0)$ em valores de x_0 grandes em relação a 1, os economistas muitas vezes se referem à própria derivada $C'(x)$ como sendo o curso marginal.

■ **EXEMPLO 4** O custo marginal de produzir x microprocessadores (em milhares) é de $C'(x) = 300x^2 - 4000x + 40.000$ (dólares por milhar).

(a) Encontre o custo de aumentar a produção de 10.000 para 15.000.

(b) Determine o custo total de produzir 15.000 microprocessadores, supondo que custe \$30.000 para colocar a fábrica a produzir, ou seja, que $C(0) = 30.000$.

Solução

(a) O custo de aumentar a produção de 10.000 ($x = 10$) para 15.000 ($x = 15$) é

$$\begin{aligned} C(15) - C(10) &= \int_{10}^{15} (300x^2 - 4000x + 40.000)\,dx \\ &= (100x^3 - 2000x^2 + 40.000x)\Big|_{10}^{15} \\ &= 487.500 - 300.000 = \$187.500 \end{aligned}$$

(b) O custo de passar de 0 para 15.000 microprocessadores é

$$\begin{aligned} C(15) - C(0) &= \int_0^{15} (300x^2 - 4000x + 40.000)\,dx \\ &= (100x^3 - 2000x^2 + 40.000x)\Big|_0^{15} = \$487.500 \end{aligned}$$

O custo total de produzir 15.000 microprocessadores inclui o custo de montar a fábrica:

$$C(15) = C(0) + 487.500 = 30.000 + 487.500 = \$517.500$$ ■

5.6 Resumo

- Muitas aplicações são baseadas no princípio seguinte: *a variação líquida de uma quantidade $s(t)$ é a integral de sua taxa de variação*:

$$\underbrace{s(t_2) - s(t_1)}_{\text{Variação líquida em } [t_1, t_2]} = \int_{t_1}^{t_2} s'(t)\,dt$$

- Para um objeto em movimento retilíneo com velocidade $v(t)$,

$$\text{Deslocamento durante } [t_1, t_2] = \int_{t_1}^{t_2} v(t)\,dt$$

$$\text{Distância total percorrida durante } [t_1, t_2] = \int_{t_1}^{t_2} |v(t)|\,dt$$

- Se $C(x)$ for o custo de produzir x unidades de um bem, então $C'(x)$ é o custo marginal e

$$\text{Custo de aumentar a produção de } a \text{ para } b \text{ unidades} = \int_a^b C'(x)\,dx$$

5.6 Exercícios

Exercícios preliminares

1. Um objeto de metal quente é submerso na água fria. A taxa de resfriamento do objeto (em graus por minuto) é uma função $f(t)$ do tempo. Qual quantidade é representada pela integral $\int_0^T f(t)\,dt$?
2. Um avião faz o trajeto de 560 km de Los Angeles a San Francisco em 1 hora. Supondo que a velocidade do avião no instante t seja $v(t)$ km/h, qual é o valor da integral $\int_0^1 v(t)\,dt$?
3. Quais das quantidades seguintes seriam representadas naturalmente como derivadas e quais como integrais?
   (a) A velocidade de um trem.
   (b) A quantidade de chuva durante um período de 6 meses.
   (c) A quilometragem por litro de um carro.
   (d) O aumento da população dos EUA de 1900 a 2010.

Exercícios

1. Um reservatório d'água vazio está sendo enchido d'água a uma taxa de $3.000 + 20t$ l/h. Qual é a quantidade de água no reservatório depois de 5 horas?
2. Uma população de insetos cresce a uma taxa de $200 + 10t + 0{,}25t^2$ insetos por dia (sendo t em dias). Encontre a população de insetos depois de 3 dias, supondo que existam 35 insetos em $t = 0$.
3. Uma pesquisa mostra que uma candidata à prefeitura está ganhando votos a uma taxa de $2.000t + 1.000$ votos por dia, em que t é o número de dias desde que ela anunciou sua candidatura. Quantos eleitores ela terá depois de 60 dias, supondo que ela não tinha eleitores em $t = 0$?
4. Uma fábrica produz bicicletas a uma taxa de $95 + 3t^2 - t$ bicicletas por semana (sendo t em semanas). Quantas bicicletas foram produzidas do início da segunda semana até o final da terceira?
5. Encontre o deslocamento de uma partícula em movimento retilíneo com velocidade $v(t) = 4t - 3$ m/s no intervalo de tempo [2, 5].
6. Encontre o deslocamento no intervalo de tempo [1, 6] de um helicóptero cuja velocidade (vertical) no instante t é $v(t) = 0{,}02t^2 + t$ m/s.
7. Um gato cai de uma árvore em $t = 0$ (com velocidade inicial nula). Quão longe cai o gato entre $t = 0{,}5$ e $t = 1$ s? Use a fórmula de Galileu $v(t) = -9{,}8$ m/s.
8. Um projétil é lançado com velocidade inicial (vertical) de 100 m/s. Use a fórmula $v(t) = 100 - 9{,}8\,t$ da velocidade para determinar a distância percorrida durante os primeiros 15 s.

Nos Exercícios 9-12, suponha que uma partícula esteja em movimento retilíneo com velocidade dada (em metros por segundo). Encontre o deslocamento e a distância total percorrida no intervalo de tempo dado e esboce um diagrama do movimento como o da Figura 3 (identificando distância e tempo).

9. $v(t) = 12 - 4t$, [0, 5]
10. $v(t) = 36 - 24t + 3t^2$, [0, 10]
11. $v(t) = t^{-2} - 1$, [0,5, 2]
12. $v(t) = \cos t$, $[0, 3\pi]$
13. Encontre a variação líquida da velocidade em [1, 4] de um objeto com $a(t) = 8t - t^2$ m/s^2.
14. Mostre que se a aceleração for constante, então a variação da velocidade será proporcional ao comprimento do intervalo de tempo.
15. O fluxo de tráfego num certo ponto de uma rodovia é $q(t) = 3000 + 2000t - 300t^2$ (sendo t em horas) e $t = 0$ corresponde às 8 horas da manhã. Quantos carros passam pelo ponto durante o intervalo de tempo das 8 às 10 da manhã?
16. Suponha que o custo marginal de produzir x *tablets* seja de $C'(x) = 120 - 0{,}06x + 0{,}00001x^2$ dólares. Qual é o custo de produzir 3.000 unidades se o custo inicial de montar a fábrica seja de \$90.000? Se a produção for de 3.000 unidades, qual é o custo de produzir 200 unidades adicionais?
17. Uma pequena confecção produz casacos de lã por um custo marginal de $40 - 5\lfloor x/5 \rfloor$ para $0 \le x \le 20$, onde $\lfloor x \rfloor$ é a função maior inteiro. Determine o custo de produzir 20 casacos. Em seguida, calcule o custo médio dos 10 primeiros casacos e dos 10 últimos.
18. A taxa (em litros por minuto) segundo a qual a água escoa de um tanque é registrada em intervalos de meio minuto. Use a média das aproximações pela esquerda e direita para obter uma estimativa da quantidade total de água escoada durante os primeiros 3 minutos.

t (min)	0	0,5	1	1,5	2	2,5	3
r l/min	50	48	46	44	42	40	38

19. A velocidade de um carro (em pés por segundo) é registrada em intervalos de meio minuto. Use a média das aproximações pela esquerda e direita para obter uma estimativa da distância total percorrida durante os primeiros 4 segundos.

t (min)	0	0,5	1	1,5	2	2,5	3	3,5	4
$v(t)$	0	12	20	29	38	44	32	35	30

20. Para modelar os efeitos de um **imposto do carbono** sobre as emissões de CO_2, os técnicos estudam o *custo marginal da redução $B(x)$*, definido como o custo de aumentar a redução de CO_2 de x para $x + 1$ toneladas (em unidades de dez mil toneladas; ver Figura 4). Qual é a quantidade representada pela área abaixo da curva acima de [0, 3] na Figura 4?

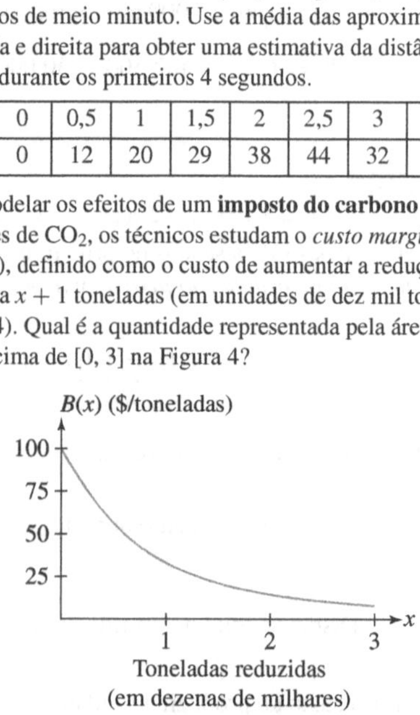

FIGURA 4 O custo marginal da redução $B(x)$.

21. Um megawatt de potência é 10^6 W, ou $3{,}6 \times 10^9$ J/hora. Qual é a quantidade representada pela área abaixo do gráfico na Figura 5? Dê uma estimativa (em joules) do consumo no período das 16 às 20 horas.

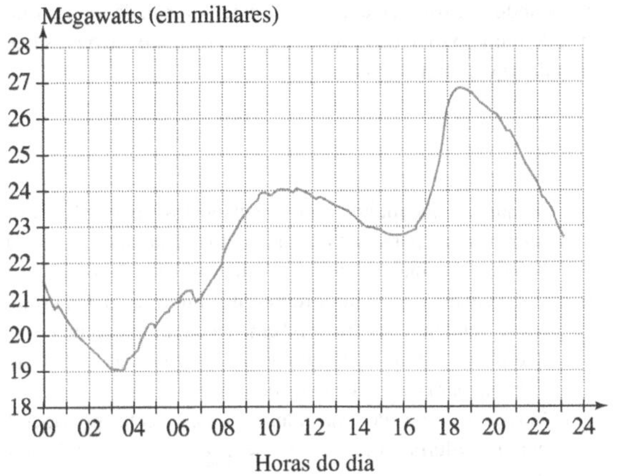

FIGURA 5 O consumo de energia durante um dia na Califórnia (fevereiro de 2010).

22. A Figura 6 mostra a taxa de migração $M(t)$ da Irlanda durante o período 1988-1998, ou seja, a taxa segundo a qual as pessoas (em milhares por ano) emigraram da Irlanda ou imigraram para a Irlanda.

(a) A integral a seguir é positiva ou negativa? O que representa essa quantidade?

$$\int_{1988}^{1998} M(t)\,dt$$

(b) A migração durante o período de 1988 a 1998 resultou em uma imigração ou emigração líquida de pessoas da Irlanda?

(c) Durante quais dois anos o primeiro ministro irlandês poderia ter anunciado "Atingimos um ponto de inflexão. Ainda estamos perdendo população, mas agora a tendência está melhorando"?

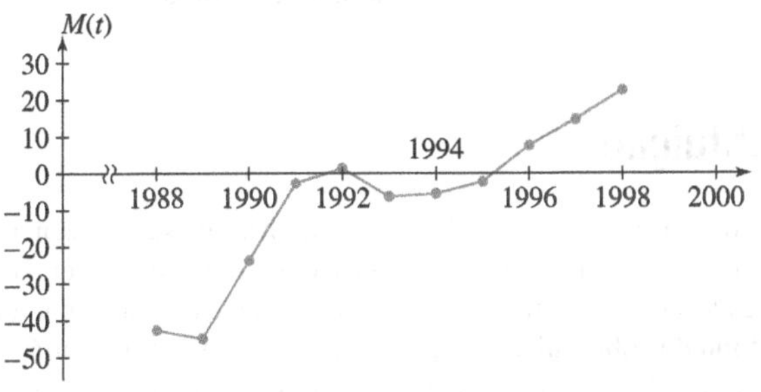

FIGURA 6 Taxa de migração irlandesa (em milhares por ano).

23. Seja $N(t)$ o número de asteroides de diâmetro $\leq d$ quilômetros. Os dados sugerem que esses diâmetros estão distribuídos de acordo com uma lei de potências dada por partes

$$N'(d) = \begin{cases} 1{,}9 \times 10^9 d^{-2{,}3} & \text{se } d < 70 \\ 2{,}6 \times 10^{12} d^{-4} & \text{se } d \geq 70 \end{cases}$$

(a) Calcule o número de asteroides com um diâmetro entre 0,1 e 100 km.

(b) Usando a aproximação $N(d+1) - N(d) \approx N'(d)$, obtenha uma estimativa do número de asteroides com 50 km de diâmetro.

24. A **capacidade calorífica** $C(T)$ de uma substância é a quantidade de energia (em joules) necessária para elevar a temperatura de 1 g da substância à temperatura T por 1°C.

(a) Explique por que a energia necessária para elevar a temperatura de T_1 para T_2 é a área abaixo do gráfico de $C(T)$, acima de $[T_1, T_2]$.

(b) Quanta energia é necessária para elevar a temperatura de 50 a 100°C se $C(T) = 6 + 0{,}2\sqrt{T}$?

25. A Figura 7 mostra a taxa $R(t)$ de consumo de gás natural (em bilhões de pés cúbicos por dia) nos estados de NY, NJ e PA (Nova York, Nova Jérsei e Pensilvânia). Expresse a quantidade total de gás natural consumido em 2009 como uma integral (em relação ao número t em dias). Em seguida, dê uma estimativa dessa quantidade, usando os valores mensais seguintes de $R(t)$:

3,18, 2,86, 2,39, 1,49, 1,08, 0,80,
1,01, 0,89, 0,89, 1,20, 1,64, 2,52

Observe que o número de dias do mês varia com o mês.

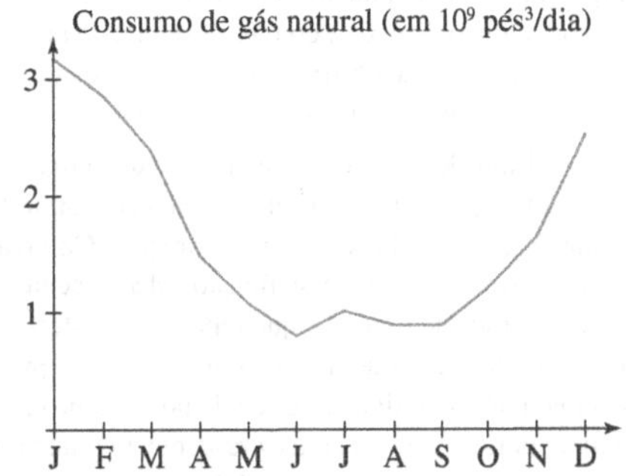

FIGURA 7 O consumo de gás natural em 2009 nos estados de NY, NJ e PA.

26. O débito cardíaco é a taxa R do volume de sangue bombeado pelo coração por unidade de tempo (em litros por minuto). Os médicos medem R injetando A mg de corante numa veia próximo do coração no instante $t = 0$ e registrando em intervalos de tempo curtos a concentração $c(t)$ de corante (em mg por litro) bombeado para fora (Figura 8).

(a) Explique: a quantidade de corante bombeada para fora num intervalo de tempo $[t, t + \Delta t]$ pequeno é aproximadamente $Rc(t)\Delta t$.

(b) Mostre que $A = R\int_0^T c(t)\,dt$, em que T é suficientemente grande para garantir que todo o corante tenha sido bombeado pelo coração, mas não tão grande que o corante retorne por recirculação.

(c) Supondo que $A = 5$ mg, dê uma estimativa de R, usando os valores seguintes de $c(t)$ registrados em intervalos de 1 s de $t = 0$ a $t = 10$:

0, 0,4, 2,8, 6,5, 9,8, 8,9,
6,1, 4, 2,3, 1,1, 0

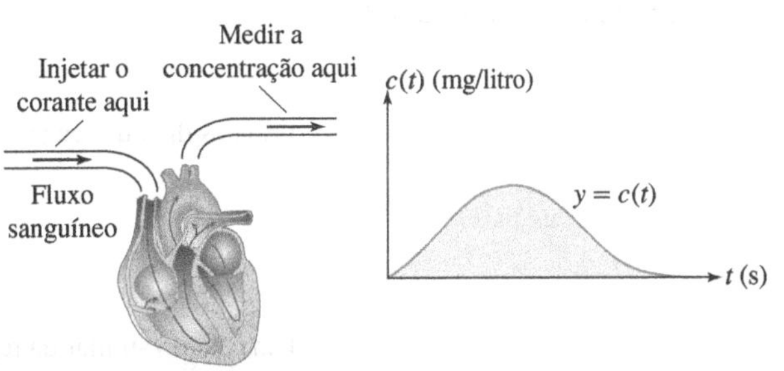

FIGURA 8

Nos Exercícios 27 e 28, considere o problema seguinte. Estudos sugerem que a taxa de extinção $r(t)$ de famílias de animais marinhos durante o período fanerozoico possa ser modelada pela função $r(t) = 3.130/(t + 262)$, com $0 \leq t \leq 544$, sendo t o tempo decorrido (em milhões de anos) desde o começo do período fanerozoico há 544 milhões de anos. Assim, $t = 544$ refere-se ao tempo presente, $t = 540$ é 4 milhões de anos atrás, etc.

27. Calcule a média de R_N e L_N com $N = 5$ para obter uma estimativa do número total de famílias que foram extintas nos períodos $100 \leq t \leq 150$ e $350 \leq t \leq 400$.

28. Utilizando um sistema algébrico computacional, dê uma estimativa do número total de famílias extintas de $t = 0$ até o presente, usando M_N com $N = 544$.

Compreensão adicional e desafios

29. Mostre que uma partícula localizada na origem em $t = 1$ em movimento ao longo do eixo x com uma velocidade $v(t) = t^{-2}$ nunca passa pelo ponto $x = 2$.

30. Mostre que uma partícula localizada na origem em $t = 1$ em movimento ao longo do eixo x com um velocidade $v(t) = t^{-1/2}$ afasta-se a uma distância arbitrariamente grande da origem uma vez decorrido um tempo suficientemente grande.

31. Em uma economia de mercado livre, a curva de demanda é o gráfico da função D que representa a demanda do consumidor por algum produto específico da economia ao preço q. Como a demanda diminui se aumentar o preço, essa função é decrescente. A curva de oferta é o gráfico da função S que representa a oferta do produto que os produtores estão dispostos a produzir ao preço q. Se o preço aumentar, os produtores estão dispostos a produzir mais desse item e, portanto, essa curva é crescente. O ponto (p^*, q^*) em que essas duas curvas se cruzam é denominado ponto de equilíbrio, em que se igualam a demanda e a oferta. Na Economia, é tradicional usar o eixo horizontal para a quantidade q do item e o eixo vertical para o preço p. Definimos $p = S(q)$ para corresponder à curva de oferta e $p = D(q)$ para corresponder à curva de demanda. Em outras palavras, invertemos a fórmula dessas duas funções para dar preços em termos de quantidades, e não quantidade em termos de preço. As áreas indicadas na Figura 9 representam o excesso na oferta e na demanda.

    (a) O excedente do consumidor representa a poupança dos consumidores se pagarem o preço p^* em vez de um preço maior do que p^*, que muitos estariam dispostos a pagar. Escreva uma fórmula para esse excedente do consumidor. A fórmula contém uma integral definida e depende de p^* e q^*.

    (b) O excedente do produtor representa a poupança dos produtores se venderem ao preço p^* em vez de um preço menor do que p^*, que alguns estariam dispostos a aceitar. Escreva uma fórmula para esse excedente do produtor.

    (c) Várias cafeterias de uma cidade oferecem cafés gourmet. Se a curva de oferta for dada por $p = \frac{q}{100} + 1$ e a curva de demanda for $p = \frac{10}{q/100+1}$, determine o ponto de equilíbrio (p^*, q^*) e o excedente do consumidor e do produtor se os cafés gourmet forem vendidos ao preço p^*.

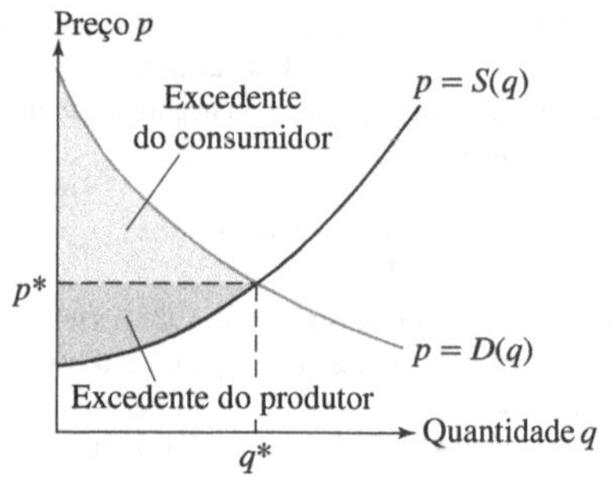

FIGURA 9 As curvas de oferta e demanda.

5.7 Método da substituição

O termo "integração" é usado de duas maneiras. Ele denota:

- *o processo de encontrar a área com sinal abaixo de um gráfico (o cálculo de uma integral definida) e, também,*
- *o processo de encontrar uma antiderivada (o cálculo de uma integral indefinida).*

Geralmente, a integração (ou antiderivação) é mais difícil do que a derivação. Não existem métodos infalíveis para encontrar uma antiderivada, e muitas antiderivadas nem podem ser dadas em termos de funções elementares. Contudo, existem algumas poucas técnicas gerais importantes. Uma dessas técnicas é o **método da substituição**, que usa a regra da cadeia "ao contrário".

Considere a integral $\int 2x \cos(x^2)\, dx$. Podemos calculá-la se nos lembrarmos da conta da regra da cadeia

$$\frac{d}{dx}\operatorname{sen}(x^2) = 2x\cos(x^2)$$

Isso nos diz que sen (x^2) é uma antiderivada de $2x\cos(x^2)$ e, portanto,

$$\int \underbrace{2x}_{\substack{\text{Derivada da}\\ \text{função de dentro}}} \cos(\underbrace{x^2}_{\substack{\text{Função}\\ \text{de dentro}}})\, dx = \operatorname{sen}(x^2) + C$$

Um cálculo similar da regra da cadeia mostra que

$$\int \underbrace{(1 + 3x^2)}_{\substack{\text{Derivada da}\\ \text{função de dentro}}} \cos(\underbrace{x + x^3}_{\substack{\text{Função}\\ \text{de dentro}}})\, dx = \operatorname{sen}(x + x^3) + C$$

Lembrete Uma "função composta" tem a forma $f(g(x))$. Por conveniência, dizemos que $u = g(x)$ é a função de dentro e $f(u)$ é a de fora.

Em ambos os casos, o integrando é o produto de uma função composta pela derivada da função de dentro. A regra da cadeia não ajuda se estiver faltando a derivada da função de dentro. Por exemplo, não podemos usar a regra da cadeia para calcular $\int \cos(x + x^3)\, dx$, porque não temos o fator $(1 + 3x^2)$.

Em geral, se $F'(u) = f(u)$, então, pela regra da cadeia,

$$\frac{d}{dx}F(u(x)) = F'(u(x))u'(x) = f(u(x))u'(x)$$

Isso se traduz na fórmula de integração seguinte.

TEOREMA 1 **Método da substituição** Se $F'(x) = f(x)$, então

$$\int f(u(x))u'(x)\,dx = F(u(x)) + C$$

Substituição usando diferenciais

Antes de passar aos exemplos, discutimos o procedimento de fazer a substituição usando diferenciais. As diferenciais são símbolos como dx ou du que ocorrem na notação de Leibniz du/dx e $\int f(x)\,dx$. Nas nossas contas, manipulamos as diferenciais como se estivessem relacionadas por uma equação em que podemos "cancelar" dx:

$$du = \frac{du}{dx}dx$$

Equivalentemente, du e dx estão relacionadas por

$$du = u'(x)\,dx \qquad (1)$$

Por exemplo,

$$\text{Se } u = x^2, \quad \text{então} \quad du = 2x\,dx$$

$$\text{Se } u = \cos(x^3), \quad \text{então} \quad du = -3x^2\,\text{sen}(x^3)\,dx$$

Agora, se o integrando tiver o formato $f(u(x))\,u'(x)$, podemos usar a Equação (1) para reescrever toda a integral (inclusive o termo dx) em termos de u e sua diferencial du:

O cálculo simbólico da substituição usando diferenciais foi inventado por Leibniz e é considerado uma de suas maiores realizações. Ele reduz o processo de transformar integrais (que sem ele é, em geral, complicado) a uma coleção conveniente de regras.

$$\int \underbrace{f(u(x))}_{f(u)}\ \underbrace{u'(x)\,dx}_{du} = \int f(u)\,du$$

Essa equação é denominada a **fórmula de mudança de variáveis**. Ela transforma uma integral na variável x numa integral na nova variável u (que se espera que seja mais simples).

■ **EXEMPLO 1** Calcule $\displaystyle\int 3x^2\,\text{sen}(x^3)\,dx$.

Solução O integrando contém a função composta sen (x^3), portanto, tomamos $u = x^3$. A diferencial $du = 3x^2\,dx$ também aparece, portanto podemos fazer a substituição:

Na substituição, o passo crucial é escolher uma função de dentro que seja apropriada.

$$\int 3x^2\,\text{sen}(x^3)\,dx = \int \underbrace{\text{sen}(x^3)}_{\text{sen}\,u}\ \underbrace{3x^2\,dx}_{du} = \int \text{sen}\,u\,du$$

Em seguida, calculamos a integral na variável u e trocamos u por x^3 na resposta:

$$\int 3x^2\,\text{sen}(x^3)\,dx = \int \text{sen}\,u\,du = -\cos u + C = -\cos(x^3) + C$$

Podemos conferir a resposta por derivação:

$$\frac{d}{dx}(-\cos(x^3)) = \text{sen}(x^3)\frac{d}{dx}x^3 = 3x^2\,\text{sen}(x^3)$$ ■

■ **EXEMPLO 2** **Multiplicando du por uma constante** Calcule $\int x(x^2+9)^5\,dx$.

Solução Tomamos $u = x^2 + 9$, porque a composta $u^5 = (x^2+9)^5$ aparece no integrando. A diferencial $du = 2x\,dx$ não aparece dessa forma, mas podemos multiplicar por $\frac{1}{2}$ para obter

$$\frac{1}{2}du = x\,dx \quad \Rightarrow \quad \frac{1}{2}u^5\,du = x(x^2+9)^5\,dx$$

Agora podemos fazer a substituição

$$\int x(x^2+9)^5\,dx = \int \overbrace{(x^2+9)^5}^{u^5}\,\overbrace{x\,dx}^{\frac{1}{2}du} = \frac{1}{2}\int u^5\,du = \frac{1}{12}u^6 + C$$

Finalmente, expressamos a resposta em termos de x usando a substituição $u = x^2+9$:

$$\int x(x^2+9)^5\,dx = \frac{1}{12}u^6 + C = \frac{1}{12}(x^2+9)^6 + C$$ ■

O método da substituição:
(1) Escolher u e calcular du.
(2) Reescrever a integral em termos de u e du e calcular.
(3) Expressar a resposta final em termos de x.

■ **EXEMPLO 3** Calcule $\int \frac{(x^2+2x)\,dx}{(x^3+3x^2+12)^6}$.

Solução A presença de $(x^3+3x^2+12)^{-6}$ no integrando sugere que tentemos a substituição $u = x^3+3x^2+12$. Com essa escolha,

$$du = (3x^2+6x)\,dx = 3(x^2+2x)\,dx \quad \Rightarrow \quad \frac{1}{3}du = (x^2+2x)\,dx$$

$$\begin{aligned}\int \frac{(x^2+2x)\,dx}{(x^3+3x^2+12)^6} &= \int \overbrace{(x^3+3x^2+12)^{-6}}^{u^{-6}}\,\overbrace{(x^2+2x)\,dx}^{\frac{1}{3}du} \\ &= \frac{1}{3}\int u^{-6}\,du = \left(\frac{1}{3}\right)\left(\frac{u^{-5}}{-5}\right) + C \\ &= -\frac{1}{15}(x^3+3x^2+12)^{-5} + C\end{aligned}$$ ■

ENTENDIMENTO CONCEITUAL Um método de integração que funciona com uma dada função pode deixar de funcionar se mudarmos qualquer detalhe da função. No exemplo precedente, se trocarmos 2 por 2,1 e considerarmos $\int \frac{(x^2+2{,}1x)\,dx}{(x^3+3x^2+12)^6}$, em vez de a integral do exemplo, o método da substituição não funcionará. O problema é que $(x^2+2{,}1x)\,dx$ *não é* um múltiplo de $du = (3x^2+6x)\,dx$.

■ **EXEMPLO 4** Calcule $\int \operatorname{sen}(7\theta+5)\,d\theta$.

Solução Seja $u = 7\theta+5$. Então $du = 7\,d\theta$ e $\frac{1}{7}\,du = d\theta$. Obtemos

$$\int \underbrace{\operatorname{sen}(7\theta+5)}_{\operatorname{sen} u}\,\underbrace{d\theta}_{\frac{1}{7}du} = \frac{1}{7}\int \operatorname{sen} u\,du = -\frac{1}{7}\cos u + C = -\frac{1}{7}\cos(7\theta+5) + C$$ ■

■ **EXEMPLO 5** Calcule $\int e^{-9t}\,dt$.

Solução Usamos a substituição $u = -9t$, $du = -9\,dt$. Então $dt = -\frac{1}{9}du$ e

$$\int e^{-9t}\,dt = \int e^u\left(-\frac{1}{9}du\right) = -\frac{1}{9}\int e^u\,du = -\frac{1}{9}e^u + C = -\frac{1}{9}e^{-9t} + C$$ ■

■ **EXEMPLO 6** **Integral de tg θ** Calcule $\int \text{tg}\,\theta\,d\theta$.

Solução Nesse caso, a ideia é escrever tg $\theta\,d\theta = \dfrac{\text{sen}\,\theta\,d\theta}{\cos\theta}$ e observar que se $u = \cos\theta$, então $du = -\text{sen}\,\theta\,d\theta$, de modo que $\frac{1}{-1}du = \text{sen}\,\theta d\theta$:

$$\int \text{tg}\,\theta\,d\theta = \int \frac{\text{sen}\,\theta\,d\theta}{\cos\theta} = -\int \frac{du}{u} = -\ln|u| + C = -\ln|\cos\theta| + C$$

Agora lembre que $-\ln u = \ln \frac{1}{u}$. Assim, $-\ln|\cos\theta| = \ln\frac{1}{|\cos\theta|}$ e obtemos

$$\int \text{tg}\,\theta\,d\theta = \ln\left|\frac{1}{\cos\theta}\right| + C = \ln|\sec\theta| + C$$ ■

■ **EXEMPLO 7** **Passo adicional necessário** Calcule $\int x\sqrt{5x+1}\,dx$.

Solução Como $\sqrt{5x+1}$ aparece, faz sentido tentar $u = 5x + 1$. Então

$$du = 5dx \quad \Rightarrow \quad \sqrt{5x+1}\,dx = \frac{1}{5}\sqrt{u}\,du$$

Infelizmente, o integrando não é $\sqrt{5x+1}$, mas $x\sqrt{5x+1}$. Para dar conta do fator x adicional, resolvemos $u = 5x + 1$ para obter $x = \frac{1}{5}(u-1)$. Então

$$x\sqrt{5x+1}\,dx = \left(\frac{1}{5}(u-1)\right)\frac{1}{5}\sqrt{u}\,du = \frac{1}{25}(u^{3/2} - u^{1/2})\,du$$

$$\int x\sqrt{5x+1}\,dx = \frac{1}{25}\int (u^{3/2} - u^{1/2})\,du$$

$$= \frac{1}{25}\left(\frac{2}{5}u^{5/2} - \frac{2}{3}u^{3/2}\right) + C$$

$$= \frac{2}{125}(5x+1)^{5/2} - \frac{2}{75}(5x+1)^{3/2} + C$$ ■

O método da substituição não funciona sempre, mesmo se o integrando parecer relativamente simples. Por exemplo, $\int \text{sen}(x^2)\,dx$ não pode ser calculada explicitamente por substituição, nem qualquer outro método. Adquirindo experiência, podemos reconhecer quando a substituição tem chances de ter êxito.

Fórmula de mudança de variáveis para integrais definidas

A fórmula de mudança de variáveis pode ser aplicada a integrais definidas, desde que os limites de integração sejam mudados, conforme indicado no teorema seguinte.

Fórmula de mudança de variáveis para integrais definidas

$$\int_a^b f(u(x))u'(x)\,dx = \int_{u(a)}^{u(b)} f(u)\,du \qquad 2$$

Os novos limites de integração em relação à variável u são $u(a)$ e $u(b)$. É conveniente pensar nisso assim: quando x varia de a até b, a variável $u = u(x)$ varia de $u(a)$ até $u(b)$.

Demonstração Se $F(x)$ for uma antiderivada de $f(x)$, então $F(u(x))$ será uma antiderivada de $f(u(x))u'(x)$. O TFC I mostra que as duas integrais são iguais:

$$\int_a^b f(u(x))u'(x)\,dx = F(u(b)) - F(u(a))$$

$$\int_{u(a)}^{u(b)} f(u)\,du = F(u(b)) - F(u(a))$$ ■

■ **EXEMPLO 8** Calcule $\int_0^2 x^2\sqrt{x^3+1}\,dx$.

Solução Use a substituição $u = x^3 + 1$, $du = 3x^2\,dx$ para obter

$$x^2\sqrt{x^3+1}\,dx = \frac{1}{3}\sqrt{u}\,du$$

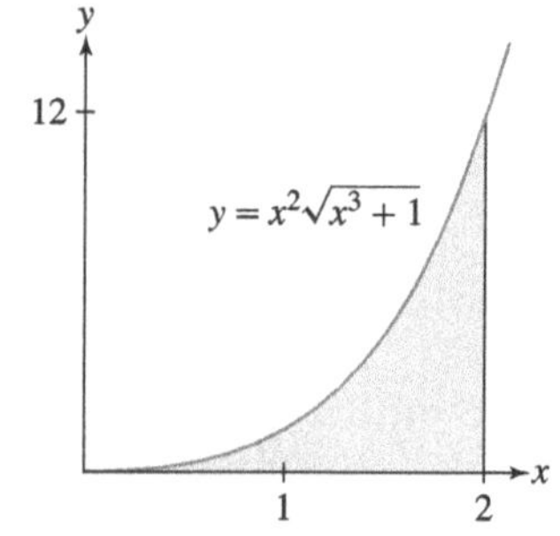

FIGURA 1 A região representada por $\int_0^2 x^2\sqrt{x^3+1}\,dx$.

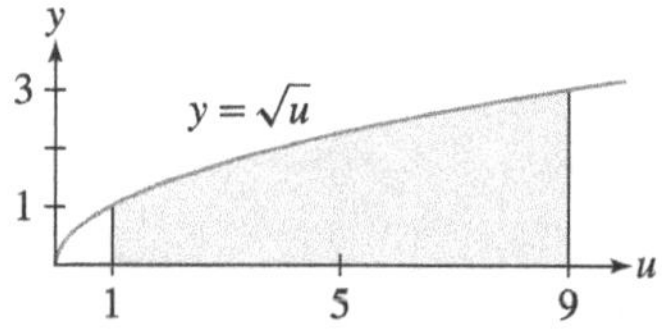

FIGURA 2 Região representada por $\int_1^9 \sqrt{u}\,du$.

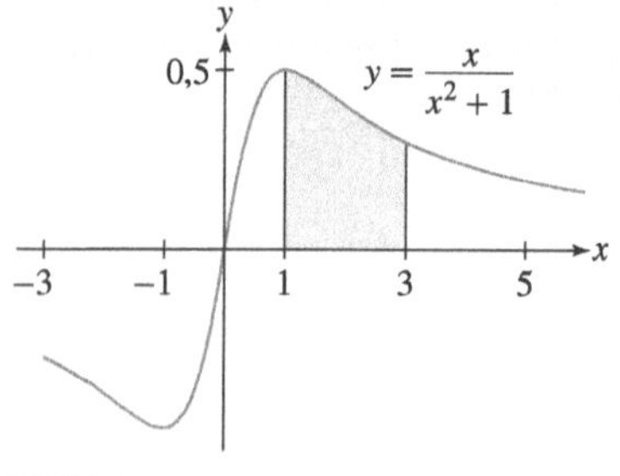

FIGURA 3 A área abaixo do gráfico de $y = \frac{x}{x^2+1}$, acima de [1, 3].

Pela Equação (2), os novos limites de integração são

$$u(0) = 0^3 + 1 = 1 \qquad \text{e} \qquad u(2) = 2^3 + 1 = 9$$

Assim,

$$\int_0^2 x^2\sqrt{x^3+1}\,dx = \frac{1}{3}\int_1^9 \sqrt{u}\,du = \frac{2}{9}u^{3/2}\bigg|_1^9 = \frac{52}{9}$$

Essa substituição mostra que a área na Figura 1 é igual a um terço da área na Figura 2 (no entanto, observe que as escalas nessas duas figuras não são iguais). ■

No exemplo anterior, podemos evitar mudar os limites de integração calculando a integral em termos de x:

$$\int x^2\sqrt{x^3+1}\,dx = \frac{1}{3}\int \sqrt{u}\,du = \frac{2}{9}u^{3/2} = \frac{2}{9}(x^3+1)^{3/2}$$

Isso leva ao mesmo resultado: $\int_0^2 x^2\sqrt{x^3+1}\,dx = \frac{2}{9}(x^3+1)^{3/2}\Big|_0^2 = \frac{52}{9}$.

■ **EXEMPLO 9** Calcule $\int_0^{\pi/4} \operatorname{tg}^3\theta \sec^2\theta\,d\theta$.

Solução A substituição $u = \operatorname{tg}\theta$ faz sentido, pois $du = \sec^2\theta\,d\theta$ e, consequentemente, $u^3\,du = \operatorname{tg}^3\theta\sec^2\theta\,d\theta$. Os novos limites de integração são

$$u(0) = \operatorname{tg} 0 = 0 \qquad \text{e} \qquad u\left(\frac{\pi}{4}\right) = \operatorname{tg}\left(\frac{\pi}{4}\right) = 1$$

Assim,

$$\int_0^{\pi/4} \operatorname{tg}^3\theta\sec^2\theta\,d\theta = \int_0^1 u^3\,du = \frac{u^4}{4}\bigg|_0^1 = \frac{1}{4}$$ ■

■ **EXEMPLO 10** Calcule a área abaixo do gráfico de $y = \frac{x}{x^2+1}$, acima de [1, 3].

Solução A área (Figura 3) é igual a $\int_1^3 \frac{x}{x^2+1}\,dx$. Usamos a substituição

$$u = x^2 + 1, \qquad du = 2x\,dx, \qquad \frac{1}{2}\frac{du}{u} = \frac{x\,dx}{x^2+1}$$

Os novos limites de integração são $u(1) = 1^2 + 1 = 2$ e $u(3) = 3^2 + 1 = 10$, portanto

$$\int_1^3 \frac{x}{x^2+1}\,dx = \frac{1}{2}\int_2^{10}\frac{du}{u} = \frac{1}{2}\ln|u|\bigg|_2^{10} = \frac{1}{2}\ln 10 - \frac{1}{2}\ln 2 \approx 0{,}805$$ ■

5.7 Resumo

- Tente utilizar o método da substituição quando o integrando tiver o formato $f(u(x))\,u'(x)$. Se F for uma antiderivada de f, então

$$\int f(u(x))\,u'(x)\,dx = F(u(x)) + C$$

- A diferencial de $u(x)$ está relacionada com dx por $du = u'(x)\,dx$.
- O método da substituição é dado pela fórmula de mudança de variáveis:

$$\int f(u(x))\,u'(x)\,dx = \int f(u)\,du$$

- A fórmula de mudança de variáveis para integrais definidas:

$$\int_a^b f(u(x))\,u'(x)\,dx = \int_{u(a)}^{u(b)} f(u)\,du$$

5.7 Exercícios

Exercícios preliminares

1. Qual das integrais seguintes é uma candidata para o método da substituição?

   (a) $\int 5x^4 \operatorname{sen}(x^5)\,dx$ **(b)** $\int \operatorname{sen}^5 x \cos x\,dx$

   (c) $\int x^5 \operatorname{sen} x\,dx$

2. Encontre uma escolha apropriada de *u* para calcular as integrais seguintes por substituição:

   (a) $\int x(x^2+9)^4\,dx$ **(b)** $\int x^2 \operatorname{sen}(x^3)\,dx$

   (c) $\int \operatorname{sen} x \cos^2 x\,dx$

3. Qual das seguintes é igual a $\int_0^2 x^2(x^3+1)\,dx$ com uma substituição adequada?

   (a) $\frac{1}{3}\int_0^2 u\,du$ **(b)** $\int_0^9 u\,du$ **(c)** $\frac{1}{3}\int_1^9 u\,du$

Exercícios

Nos Exercícios 1-6, calcule du.

1. $u = x^3 - x^2$ **2.** $u = 2x^4 + 8x^{-1}$

3. $u = \cos(x^2)$ **4.** $u = \operatorname{tg} x$

5. $u = e^{4x+1}$ **6.** $u = \ln(x^4+1)$

Nos Exercícios 7-24, escreva a integral em termos de u e du. Depois calcule.

7. $\int (x-7)^3\,dx. \quad u = x-7$

8. $\int (x+25)^{-2}\,dx. \quad u = x+25$

9. $\int (3t-4)^5\,dt. \quad u = 3t-4$

10. $\int (2x+7)^{3/2}\,dx. \quad u = 2x+7$

11. $\int t\sqrt{t^2+1}\,dt. \quad u = t^2+1$

12. $\int (x^3+1)\cos(x^4+4x)\,dx. \quad u = x^4+4x$

13. $\int \frac{t^3}{(4-2t^4)^{11}}\,dt. \quad u = 4-2t^4$

14. $\int \sqrt{4x-1}\,dx. \quad u = 4x-1$

15. $\int x(x+1)^9\,dx. \quad u = x+1$

16. $\int x\sqrt{4x-1}\,dx. \quad u = 4x-1$

17. $\int x^2\sqrt{x+1}\,dx. \quad u = x+1$

18. $\int \operatorname{sen}(4\theta-7)\,d\theta. \quad u = 4\theta-7$

19. $\int \operatorname{sen}^2\theta\cos\theta\,d\theta. \quad u = \operatorname{sen}\theta$

20. $\int \sec^2 x \operatorname{tg} x\,dx. \quad u = \operatorname{tg} x$

21. $\int xe^{-x^2}\,dx. \quad u = -x^2$

22. $\int (\sec^2 t)e^{\operatorname{tg} t}\,dt. \quad u = \operatorname{tg} t$

23. $\int \frac{(\ln x)^2\,dx}{x}, \quad u = \ln x$

24. $\int \frac{(\operatorname{arc\,tg} x)^2\,dx}{x^2+1}, \quad u = \operatorname{arc\,tg} x$

Nos Exercícios 25-28, calcule a integral no formato sen(u(x)) + C com uma escolha apropriada de u(x) e constante a.

25. $\int x^3\cos(x^4)\,dx$ **26.** $\int x^2\cos(x^3+1)\,dx$

27. $\int x^{1/2}\cos(x^{3/2})\,dx$ **28.** $\int \cos x\cos(\operatorname{sen} x)\,dx$

Nos Exercícios 29-74, calcule a integral indefinida.

29. $\int (4x+5)^9\,dx$ **30.** $\int \frac{dx}{(x-9)^5}$

31. $\int \frac{dt}{\sqrt{t+12}}$ **32.** $\int (9t+2)^{2/3}\,dt$

33. $\int \frac{x+1}{(x^2+2x)^3}\,dx$

34. $\int (x+1)(x^2+2x)^{3/4}\,dx$

35. $\int \frac{x}{\sqrt{x^2+9}}\,dx$ **36.** $\int \frac{2x^2+x}{(4x^3+3x^2)^2}\,dx$

37. $\int (3x^2+1)(x^3+x)^2\,dx$ **38.** $\int \frac{5x^4+2x}{(x^5+x^2)^3}\,dx$

39. $\int (3x+8)^{11}\,dx$ **40.** $\int x(3x+8)^{11}\,dx$

41. $\int x^2\sqrt{x^3+1}\,dx$ **42.** $\int x^5\sqrt{x^3+1}\,dx$

43. $\int \frac{dx}{(x+5)^3}$ **44.** $\int \frac{x^2\,dx}{(x+5)^3}$

45. $\int z^2(z^3+1)^{12}\,dz$

46. $\int (z^5+4z^2)(z^3+1)^{12}\,dz$

47. $\int (x+2)(x+1)^{1/4}\,dx$ **48.** $\int x^3(x^2-1)^{3/2}\,dx$

49. $\int \operatorname{sen}(8-3\theta)\,d\theta$ **50.** $\int \theta\operatorname{sen}(\theta^2)\,d\theta$

51. $\int \frac{\cos\sqrt{t}}{\sqrt{t}}\,dt$

52. $\int x^2 \operatorname{sen}(x^3+1)\,dx$

53. $\int \operatorname{tg}(4\theta+9)\,d\theta$

54. $\int \operatorname{sen}^8\theta\cos\theta\,d\theta$

55. $\int \operatorname{cotg} x\,dx$

56. $\int x^{-1/5}\operatorname{tg}\left(x^{4/5}\right)dx$

57. $\int \sec^2(4x+9)\,dx$

58. $\int \sec^2 x\operatorname{tg}^4 x\,dx$

59. $\int \frac{\sec^2(\sqrt{x})\,dx}{\sqrt{x}}$

60. $\int \frac{\cos 2x}{(1+\operatorname{sen}2x)^2}\,dx$

61. $\int \operatorname{sen}4x\sqrt{\cos 4x+1}\,dx$

62. $\int \cos x(3\operatorname{sen}x-1)\,dx$

63. $\int \sec\theta\operatorname{tg}\theta(\sec\theta-1)\,d\theta$

64. $\int \cos t\cos(\operatorname{sen}t)\,dt$

65. $\int e^{14x-7}\,dx$

66. $\int (x+1)e^{x^2+2x}\,dx$

67. $\int \frac{e^x\,dx}{(e^x+1)^4}$

68. $\int (\sec^2\theta)\,e^{\operatorname{tg}\theta}\,d\theta$

69. $\int \frac{e^t\,dt}{e^{2t}+2e^t+1}$

70. $\int \frac{dx}{x(\ln x)^2}$

71. $\int \frac{(\ln x)^4\,dx}{x}$

72. $\int \frac{dx}{x\ln x}$

73. $\int \frac{\operatorname{tg}(\ln x)}{x}\,dx$

74. $\int (\operatorname{cotg}x)\ln(\operatorname{sen}x)\,dx$

75. Calcule $\int \frac{dx}{(1+\sqrt{x})^3}$ usando $u = 1+\sqrt{x}$. *Sugestão:* mostre que $dx = 2(u-1)du$.

76. **Podem ambas estar certas?** Ana usa a substituição $u = \operatorname{tg} x$ e Carla usa $u = \sec x$ para calcular $\int \operatorname{tg} x \sec^2 x\,dx$. Mostre que elas obtêm respostas diferentes e explique a aparente contradição.

77. Calcule $\int \operatorname{sen} x\cos x\,dx$ usando substituição de duas maneiras diferentes: primeiro use $u = \operatorname{sen} x$ e depois use $u = \cos x$. Concilie as duas respostas diferentes.

78. **Algumas escolhas são melhores do que outras** Calcule

$$\int \operatorname{sen}x\,\cos^2 x\,dx$$

de duas maneiras. Primeiro use $u = \operatorname{sen} x$ para mostrar que

$$\int \operatorname{sen}x\,\cos^2 x\,dx = \int u\sqrt{1-u^2}\,du$$

e calcule a integral da direita com mais uma substituição. Depois mostre que $u = \cos x$ é uma escolha melhor.

79. Quais são os novos limites de integração se aplicarmos a substituição $u = 3x+\pi$ à integral $\int_0^{\pi}\operatorname{sen}(3x+\pi)\,dx$?

80. Qual das seguintes resulta da aplicação da substituição $u = 4x-9$ à integral $\int_2^8 (4x-9)^{20}\,dx$?

(a) $\int_2^8 u^{20}\,du$

(b) $\frac{1}{4}\int_2^8 u^{20}\,du$

(c) $4\int_{-1}^{23} u^{20}\,du$

(d) $\frac{1}{4}\int_{-1}^{23} u^{20}\,du$

Nos Exercícios 81-96, use a fórmula de mudança de variáveis para calcular a integral definida.

81. $\int_1^3 (x+2)^3\,dx$

82. $\int_0^1 (3t-1)^2\,dt$

83. $\int_0^2 \frac{dx}{\sqrt{2x+5}}$

84. $\int_1^6 \sqrt{x+3}\,dx$

85. $\int_0^1 \frac{x}{(x^2+1)^3}\,dx$

86. $\int_{-1}^2 \sqrt{5x+6}\,dx$

87. $\int_0^4 x\sqrt{x^2+9}\,dx$

88. $\int_1^2 \frac{4x+12}{(x^2+6x+1)^2}\,dx$

89. $\int_0^1 (x+1)(x^2+2x)^5\,dx$

90. $\int_{10}^{17} (x-9)^{-2/3}\,dx$

91. $\int_1^e \frac{\ln x}{x}\,dx$

92. $\int_0^{\sqrt{e-1}} \frac{x^3}{x^2+1}\,dx$

93. $\int_0^1 \theta\operatorname{tg}(\theta^2)\,d\theta$

94. $\int_0^{\pi/6} \sec^2\left(2x-\frac{\pi}{6}\right)dx$

95. $\int_0^{\pi/2} \cos^3 x\operatorname{sen}x\,dx$

96. $\int_{\pi/3}^{\pi/2} \operatorname{cotg}^2\frac{x}{2}\operatorname{cossec}^2\frac{x}{2}\,dx$

97. Calcule $\int_0^2 r\sqrt{5-\sqrt{4-r^2}}\,dr$.

98. Encontre números a e b tais que

$$\int_a^b (u^2+1)\,du = \int_{-\pi/4}^{\pi/4} \sec^4\theta\,d\theta$$

e calcule. *Sugestão:* use a identidade $\sec^2\theta = \operatorname{tg}^2\theta+1$.

99. Os engenheiros descobriram que a velocidade do vento v (em m/s) numa dada localização obedece a uma **distribuição de Rayleigh** do tipo

$$W(v) = \frac{1}{32}ve^{-v^2/64}$$

Isso significa que, num dado instante de tempo, a probabilidade de v estar entre a e b é a área sombreada na Figura 4.

(a) Mostre que a probabilidade de $v \in [0, b]$ é $1-e^{-b^2/64}$.

(b) Calcule a probabilidade de $v \in [2, 5]$.

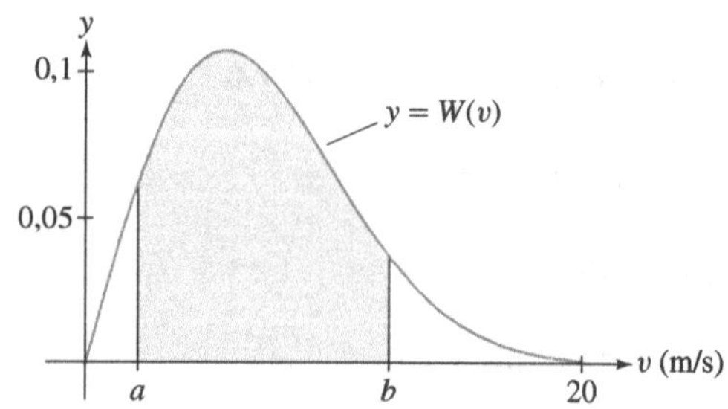

FIGURA 4 A área sombreada é a probabilidade de v estar entre a e b.

100. Calcule $\int_0^{\pi/2} \operatorname{sen}^n x\cos x\,dx$ se $n \geq 0$.

Nos Exercícios 101-104, use substituição para calcular a integral em termos de $f(x)$.

101. $\int f(x)^3 f'(x)\,dx$

102. $\int \frac{f'(x)}{f(x)^2}\,dx$

103. $\int \frac{f'(x)}{f(x)}\,dx$

104. $\int f'(-x+7)\,dx$

105. Mostre que $\int_0^{\pi/6} f(\operatorname{sen}\theta)\,d\theta = \int_0^{1/2} f(u)\frac{1}{\sqrt{1-u^2}}\,du$.

Compreensão adicional e desafios

106. Use a substituição $u = 1 + x^{1/n}$ para mostrar que

$$\int \sqrt{1 + x^{1/n}}\, dx = n \int u^{1/2}(u-1)^{n-1}\, du$$

Calcule com $n = 2$ e 3.

107. Calcule $I = \int_0^{\pi/2} \frac{d\theta}{1 + \text{tg}^{6000}\,\theta}$. *Sugestão:* use substituição para mostrar que I é igual a $J = \int_0^{\pi/2} \frac{d\theta}{1 + \text{cotg}^{6000}\,\theta}$ e depois verifique que $I + J = \int_0^{\pi/2} d\theta$.

108. Use substituição para provar que $\int_{-a}^{a} f(x)\, dx = 0$ se f for uma função ímpar.

109. Prove que $\int_a^b \frac{1}{x}\, dx = \int_1^{b/a} \frac{1}{x}\, dx$ se $a, b > 0$. Em seguida, mostre que as regiões abaixo da hipérbole e acima dos intervalos [1, 2], [2, 4], [4, 8],... têm, todas, a mesma área (Figura 5).

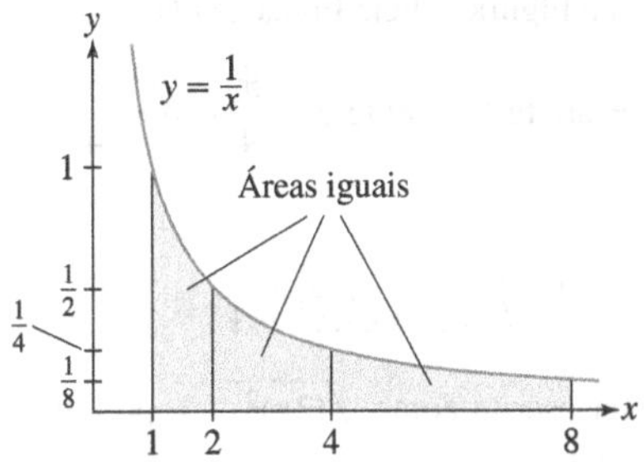

FIGURA 5 A área abaixo de $y = \frac{1}{x}$, acima de $[2^n, 2^{n+1}]$, é a mesma com qualquer $n = 0, 1, 2,...$

110. Mostre que as duas regiões na Figura 6 têm a mesma área. Depois use a identidade $\cos^2 u = \frac{1}{2}(1 + \cos 2u)$ para calcular a segunda área.

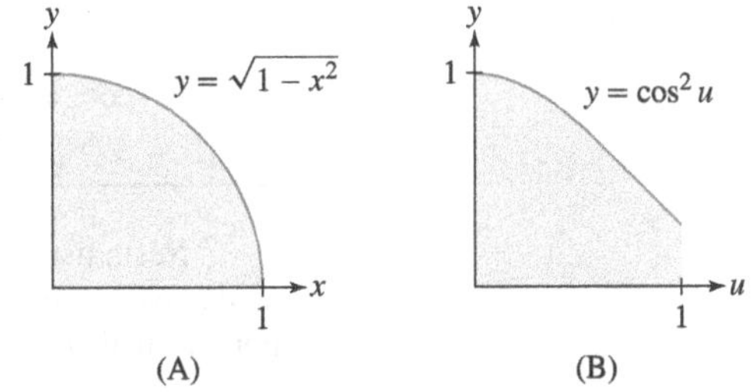

FIGURA 6

111. Área de uma elipse Prove a fórmula $A = \pi ab$ da área da elipse de equação (Figura 7)

$$\frac{x^2}{a^2} + \frac{y^2}{b^2} = 1$$

Sugestão: use uma mudança de variável para mostrar que A é igual a ab vezes a área do círculo unitário.

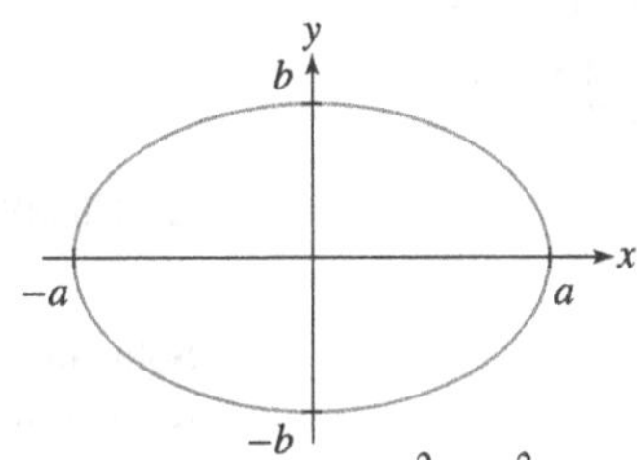

FIGURA 7 O gráfico de $\frac{x^2}{a^2} + \frac{y^2}{b^2} = 1$.

5.8 Mais funções transcendentes

Na Seção 5.4, usamos o TFC I para mostrar que se a e b tiverem o mesmo sinal, então

$$\int_a^b \frac{dx}{x} = \ln \frac{b}{a}$$

Obtemos uma fórmula para $\ln x$ como uma integral definida tomando $a = 1$ e $b = x$ e lembrando que $\ln 1 = 0$:

$$\ln x = \int_1^x \frac{dt}{t} \qquad \text{se } x > 0 \tag{1}$$

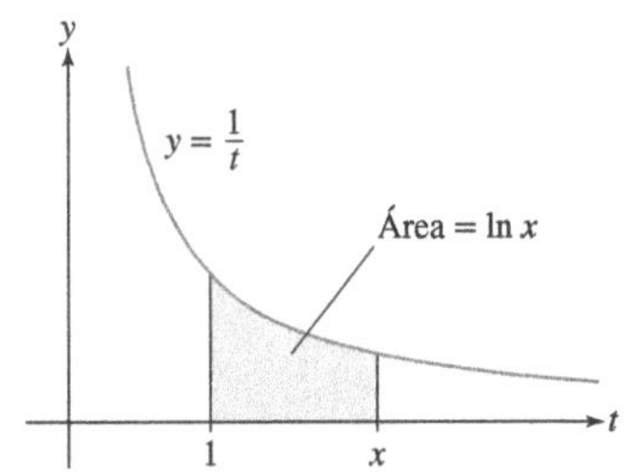

FIGURA 1

É possível (e, matematicamente, é mais eficaz) usar a Equação (1) como a ***definição*** *de* $\ln x$ *e definir* e^x *como a função inversa correspondente (ver Exercícios 78-79).*

Assim, $\ln x$ é igual a uma área abaixo da hipérbole $y = 1/t$ (Figura 1).

De maneira análoga, podemos expressar arc sen x como uma integral definida usando a fórmula da derivada da Seção 3.8 (Figura 2):

$$\frac{d}{dx}\text{arc sen}\, x = \frac{1}{\sqrt{1-x^2}} \quad \Rightarrow \quad \int \frac{dx}{\sqrt{1-x^2}} = \text{arc sen}\, x + C$$

Como arc sen $0 = 0$, obtemos

$$\text{arc sen}\, x = \int_0^x \frac{dt}{\sqrt{1-t^2}} \qquad \text{se } -1 < x < 1$$

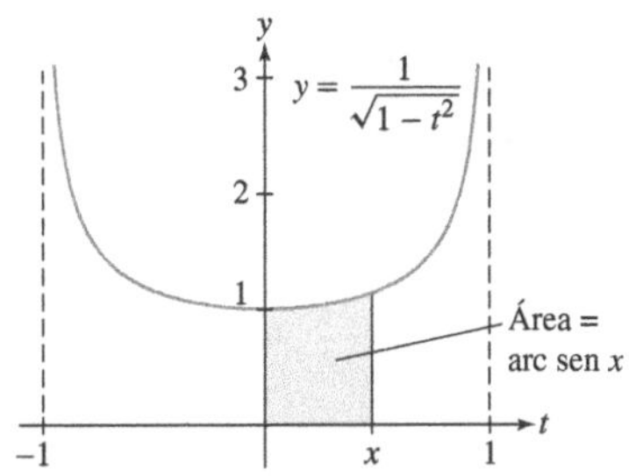

FIGURA 2

Em outras palavras, as fórmulas de derivadas da Seção 3.8 fornecem fórmulas de integração que são úteis para calcular novos tipos de integrais.

Funções trigonométricas inversas

$$\frac{d}{dx}\text{arc sen } x = \frac{1}{\sqrt{1-x^2}}, \qquad \int \frac{dx}{\sqrt{1-x^2}} = \text{arc sen } x + C \tag{2}$$

$$\frac{d}{dx}\text{arc tg } x = \frac{1}{x^2+1}, \qquad \int \frac{dx}{x^2+1} = \text{arc tg } x + C \tag{3}$$

$$\frac{d}{dx}\text{arc sec } x = \frac{1}{|x|\sqrt{x^2-1}}, \qquad \int \frac{dx}{|x|\sqrt{x^2-1}} = \text{arc sec } x + C \tag{4}$$

Nesta lista, omitimos as fórmulas integrais correspondentes às derivadas das funções arco cosseno, cotangente e cossecante, porque essas integrais diferem das já listadas somente por um sinal de menos. Por exemplo,

$$\frac{d}{dx}\text{arc cos } x = -\frac{1}{\sqrt{1-x^2}}, \qquad \int \frac{dx}{\sqrt{1-x^2}} = -\text{arc cos } x + C$$

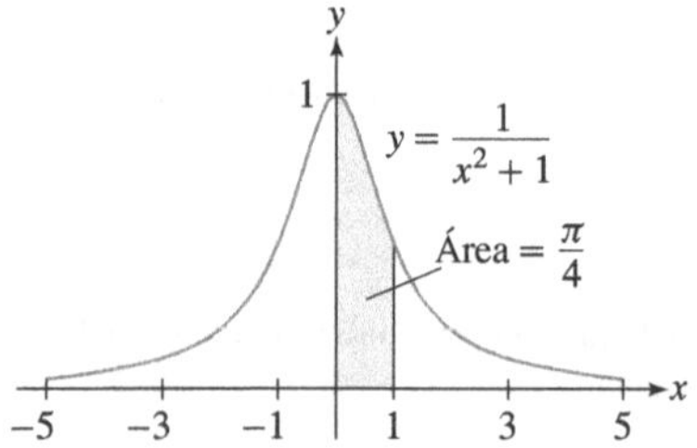

FIGURA 3 A região sombreada tem uma área igual a arc tg $1 = \frac{\pi}{4}$.

■ **EXEMPLO 1** Calcule $\displaystyle\int_0^1 \frac{dx}{x^2+1}$.

Solução Essa integral é a área da região na Figura 3. Pela Equação (3),

$$\int_0^1 \frac{dx}{x^2+1} = \text{arc tg } x\Big|_0^1 = \text{arc tg } 1 - \text{arc tg } 0 = \frac{\pi}{4} - 0 = \frac{\pi}{4}$$ ■

■ **EXEMPLO 2 Usando substituição** Calcule $\displaystyle\int_{1/\sqrt{2}}^1 \frac{dx}{x\sqrt{4x^2-1}}$.

Solução Observe que $\sqrt{4x^2-1}$ pode ser escrita como $\sqrt{(2x)^2-1}$, portanto, faz sentido tentar a substituição $u = 2x$, $du = 2\,dx$. Então

$$u^2 = 4x^2 \qquad \text{e} \qquad \sqrt{4x^2-1} = \sqrt{u^2-1}$$

Os novos limites de integração são $u(1/\sqrt{2}) = 2(1/\sqrt{2}) = \sqrt{2}$ e $u(1) = 2$. Pela Equação (4),

$$\int_{1/\sqrt{2}}^1 \frac{dx}{x\sqrt{4x^2-1}} = \int_{\sqrt{2}}^2 \frac{\frac{1}{2}\,du}{\frac{1}{2}u\sqrt{u^2-1}} = \int_{\sqrt{2}}^2 \frac{du}{u\sqrt{u^2-1}}$$

$$= \text{arc sec } 2 - \text{arc sec } \sqrt{2}$$

$$= \frac{\pi}{3} - \frac{\pi}{4} = \frac{\pi}{12}$$ ■

■ **EXEMPLO 3 Usando substituição** Calcule $\displaystyle\int_0^{3/4} \frac{dx}{\sqrt{9-16x^2}}$.

Solução Primeiro reescrevemos o integrando:

$$\sqrt{9-16x^2} = \sqrt{9\left(1-\frac{16x^2}{9}\right)} = 3\sqrt{1-\left(\frac{4x}{3}\right)^2}$$

Assim, faz sentido usar a substituição $u = \frac{4}{3}x$. Então $du = \frac{4}{3}dx$ e

$$x = \frac{3}{4}u, \qquad dx = \frac{3}{4}du, \qquad \sqrt{9-16x^2} = 3\sqrt{1-u^2}$$

Os novos limites de integração são $u(0) = 0$ e $u(\frac{3}{4}) = 1$:

$$\int_0^{3/4} \frac{dx}{\sqrt{9-16x^2}} = \int_0^1 \frac{\frac{3}{4}\,du}{3\sqrt{1-u^2}} = \frac{1}{4}\text{arc sen } x\Big|_0^1 = \frac{1}{4}(\text{arc sen } 1 - \text{arc sen } 0)$$

$$= \frac{1}{4}\left(\frac{\pi}{2}\right) = \frac{\pi}{8}$$ ■

Integrais envolvendo $f(x) = b^x$

A função exponencial $f(x) = e^x$ é particularmente conveniente porque e^x é sua própria derivada e também sua própria antiderivada. Em outras bases b, temos

$$\frac{d}{dx}b^x = \frac{d}{dx}e^{(\ln b)x} = (\ln b)e^{(\ln b)x} = (\ln b)b^x \quad \Rightarrow \quad \frac{d}{dx}\left(\frac{b^x}{\ln b}\right) = b^x$$

LEMBRETE

$$b = e^{\ln b}, \quad b^x = e^{(\ln b)x}$$

Isso se traduz como a fórmula integral

$$\boxed{\int b^x\,dx = \frac{b^x}{\ln b} + C} \qquad 5$$

■ **EXEMPLO 4** Calcule $\int_3^5 7^x\,dx$.

Solução Aplicamos a Equação (5) com $b = 7$:

$$\int_3^5 7^x\,dx = \left.\frac{7^x}{\ln 7}\right|_3^5 = \frac{7^5 - 7^3}{\ln 7} \approx 8460{,}8$$ ■

■ **EXEMPLO 5** Calcule $\int_0^{\pi/2} (\cos\theta)10^{\operatorname{sen}\theta}\,d\theta$.

Solução Usamos a substituição $u = \operatorname{sen}\theta$, $du = \cos\theta\,d\theta$. Os novos limites de integração passam a ser $u(0) = 0$ e $u(\pi/2) = 1$:

$$\int_0^{\pi/2} (\cos\theta)10^{\operatorname{sen}\theta}\,d\theta = \int_0^1 10^u\,du = \left.\frac{10^u}{\ln 10}\right|_0^1 = \frac{10^1 - 10^0}{\ln 10} \approx 3{,}91$$ ■

5.8 Resumo

- Fórmula integral do logaritmo natural:

$$\ln x = \int_1^x \frac{dt}{t}$$

- Fórmulas integrais:

$$\int \frac{dx}{\sqrt{1-x^2}} = \operatorname{arc\,sen} x + C$$

$$\int \frac{dx}{x^2+1} = \operatorname{arc\,tg} x + C$$

$$\int \frac{dx}{|x|\sqrt{x^2-1}} = \operatorname{arc\,sec} x + C$$

- Integrais das funções exponenciais ($b > 0$, $b \neq 1$):

$$\int e^x\,dx = e^x + C, \qquad \int b^x\,dx = \frac{b^x}{\ln b} + C$$

5.8 Exercícios

Exercícios preliminares

1. Encontre b tal que $\int_1^b \frac{dx}{x}$ seja igual a

(a) $\ln 3$. **(b)** 3.

2. Encontre b tal que $\int_0^b \frac{dx}{1+x^2} = \frac{\pi}{3}$.

3. Qual integral deveria ser calculada usando substituição?

(a) $\int \frac{9\,dx}{1+x^2}$ **(b)** $\int \frac{dx}{1+9x^2}$

4. Qual relação entre x e u fornece $\sqrt{16+x^2} = 4\sqrt{1+u^2}$?

Exercícios

Nos Exercícios 1-10, calcule a integral definida.

1. $\int_1^9 \frac{dx}{x}$

2. $\int_4^{20} \frac{dx}{x}$

3. $\int_1^{e^3} \frac{1}{t}\,dt$

4. $\int_{-e^2}^{-e} \frac{1}{t}\,dt$

5. $\int_2^{12} \frac{dt}{3t+4}$

6. $\int_e^{e^3} \frac{dt}{t\ln t}$

7. $\int_1^{\sqrt{3}} \frac{dx}{x^2+1}$

8. $\int_2^7 \frac{x\,dx}{x^2+1}$

9. $\int_0^{1/2} \frac{dx}{\sqrt{1-x^2}}$

10. $\int_{-2}^{-2/\sqrt{3}} \frac{dx}{|x|\sqrt{x^2-1}}$

11. Use a substituição $u = x/3$ para provar que

$$\int \frac{dx}{9+x^2} = \frac{1}{3}\,\text{arc tg}\,\frac{x}{3} + C$$

12. Use a substituição $u = 2x$ para calcular $\int \frac{dx}{4x^2+1}$.

Nos Exercícios 13-32, calcule a integral.

13. $\int_0^3 \frac{dx}{x^2+3}$

14. $\int_0^4 \frac{dt}{4t^2+9}$

15. $\int \frac{dt}{\sqrt{1-16t^2}}$

16. $\int_{-1/5}^{1/5} \frac{dx}{\sqrt{4-25x^2}}$

17. $\int \frac{dt}{\sqrt{5-3t^2}}$

18. $\int_{1/(2\sqrt{2})}^{1/2} \frac{dx}{x\sqrt{16x^2-1}}$

19. $\int \frac{dx}{x\sqrt{12x^2-3}}$

20. $\int \frac{x\,dx}{x^4+1}$

21. $\int \frac{dx}{x\sqrt{x^4-1}}$

22. $\int_{-1/2}^{0} \frac{(x+1)\,dx}{\sqrt{1-x^2}}$

23. $\int_{-\ln 2}^{0} \frac{e^x\,dx}{1+e^{2x}}$

24. $\int \frac{\ln(\text{arc cos}\,x)\,dx}{(\text{arc cos}\,x)\sqrt{1-x^2}}$

25. $\int \frac{\text{arc tg}\,x\,dx}{1+x^2}$

26. $\int_1^{\sqrt{3}} \frac{dx}{(\text{arc tg}\,x)(1+x^2)}$

27. $\int_0^1 3^x\,dx$

28. $\int_0^1 3^{-x}\,dx$

29. $\int_0^{\log_4(3)} 4^x\,dx$

30. $\int_0^1 t\,5^{t^2}\,dt$

31. $\int 9^x\,\text{sen}(9^x)\,dx$

32. $\int \frac{dx}{\sqrt{5^{2x}-1}}$

Nos Exercícios 33-70, calcule a integral usando qualquer método que já tenha sido apresentado nas seções precedentes.

33. $\int ye^{y^2}\,dy$

34. $\int \frac{dx}{3x+5}$

35. $\int \frac{x\,dx}{\sqrt{4x^2+9}}$

36. $\int (x - x^{-2})^2\,dx$

37. $\int 7^{-x}\,dx$

38. $\int e^{9-12t}\,dt$

39. $\int \sec^2\theta\,\text{tg}^7\,\theta\,d\theta$

40. $\int \frac{\cos(\ln t)\,dt}{t}$

41. $\int \frac{t\,dt}{\sqrt{7-t^2}}$

42. $\int 2^x e^{4x}\,dx$

43. $\int \frac{(3x+2)\,dx}{x^2+4}$

44. $\int \text{tg}(4x+1)\,dx$

45. $\int \frac{dx}{\sqrt{9-4x^2}}$

46. $\int e^t\sqrt{e^t+1}\,dt$

47. $\int (e^{-x} - 4x)\,dx$

48. $\int (7 - e^{10x})\,dx$

49. $\int \frac{e^{2x}-e^{4x}}{e^x}\,dx$

50. $\int \frac{dx}{x\sqrt{25x^2-1}}$

51. $\int \frac{(x+5)\,dx}{\sqrt{4-x^2}}$

52. $\int (t+1)\sqrt{t+1}\,dt$

53. $\int e^x\cos(e^x)\,dx$

54. $\int \frac{e^x}{\sqrt{e^x+1}}\,dx$

55. $\int \frac{dx}{\sqrt{9-16x^2}}$

56. $\int \frac{dx}{(4x-1)\ln(8x-2)}$

57. $\int e^x(e^{2x}+1)^3\,dx$

58. $\int \frac{dx}{x(\ln x)^5}$

59. $\int \frac{x^2\,dx}{x^3+2}$

60. $\int \frac{(3x-1)\,dx}{9-2x+3x^2}$

61. $\int \text{cotg}\,x\,dx$

62. $\int \frac{\cos x}{2\,\text{sen}\,x+3}\,dx$

63. $\int \frac{4\ln x+5}{x}\,dx$

64. $\int (\sec\theta\,\text{tg}\,\theta)5^{\sec\theta}\,d\theta$

65. $\int x3^{x^2}\,dx$

66. $\int \frac{\ln(\ln x)}{x\ln x}\,dx$

67. $\int \text{cotg}\,x\,\ln(\text{sen}\,x)\,dx$

68. $\int \frac{t\,dt}{\sqrt{1-t^4}}$

69. $\int t^2\sqrt{t-3}\,dt$

70. $\int \cos x\,5^{-2\,\text{sen}\,x}\,dx$

71. Use a Figura 4 para provar que

$$\int_0^x \sqrt{1-t^2}\,dt = \frac{1}{2}x\sqrt{1-x^2} + \frac{1}{2}\,\text{arc sen}\,x$$

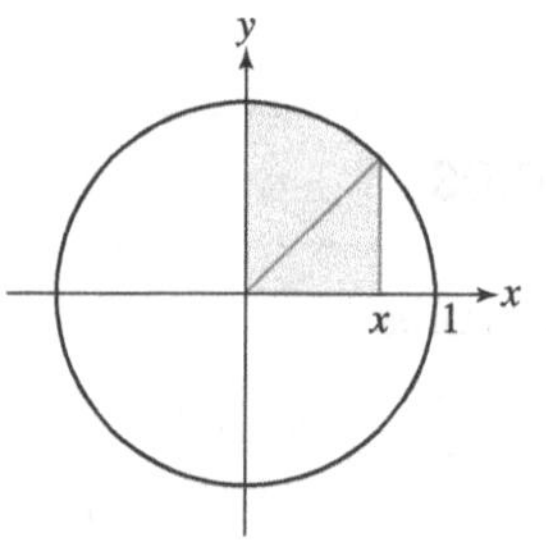

FIGURA 4

72. Use a substituição $u = \text{tg}\, x$ para calcular

$$\int \frac{dx}{1 + \text{sen}^2 x}$$

Sugestão: mostre que

$$\frac{dx}{1 + \text{sen}^2 x} = \frac{du}{1 + 2u^2}$$

73. Prove que

$$\int \text{arc sen}\, t\, dt = \sqrt{1 - t^2} + t\, \text{arc sen}\, t$$

74. **(a)** Verifique, com $r \neq 0$:

$$\int_0^T te^{rt}\, dt = \frac{e^{rT}(rT - 1) + 1}{r^2} \qquad 6$$

Sugestão: fixado r, considere $F(T)$ como o valor da integral da esquerda. Pelo TFC II, temos $F'(t) = te^{rt}$ e $F(0) = 0$. Mostre que o mesmo é válido com a função da direita.

(b) Use a regra de L'Hôpital para mostrar que, com T fixado, o limite, com $r \to 0$, do lado direito da Equação (6) é igual ao valor da integral com $r = 0$.

Compreensão adicional e desafios

75. Lembre que se $f(t) \geq g(t)$ com $t \geq 0$, então, com qualquer $x \geq 0$,

$$\int_0^x f(t)\, dt \geq \int_0^x g(t)\, dt \qquad 7$$

A desigualdade $e^t \geq 1$ é válida se $t \geq 0$ porque $e > 1$. Use (7) para provar que $e^x \geq 1 + x$ se $x \geq 0$. Usando sucessivas integrações, continue provando as desigualdades seguintes (com $x \geq 0$):

$$e^x \geq 1 + x + \frac{1}{2}x^2, \qquad e^x \geq 1 + x + \frac{1}{2}x^2 + \frac{1}{6}x^3$$

76. Generalize o Exercício 75, provando por indução (se esse método de prova for conhecido) que, qualquer que seja $n \geq 0$, vale

$$e^x \geq 1 + x + \frac{1}{2}x^2 + \frac{1}{6}x^3 + \cdots + \frac{1}{n!}x^n \quad (x \geq 0)$$

77. Use o Exercício 75 para mostrar que $e^x/x^2 \geq x/6$ e conclua que $\lim_{x\to\infty} e^x/x^2 = \infty$. Então, use o Exercício 76 para provar, mais geralmente, que $\lim_{x\to\infty} e^x/x^n = \infty$, com qualquer n.

Nos Exercícios 78-80, desenvolvemos uma abordagem elegante das funções exponencial e logaritmo. Defina uma função $G(x)$ com $x > 0$ por

$$G(x) = \int_1^x \frac{1}{t}\, dt$$

78. Definindo $\ln x$ como uma integral Neste exercício, vamos fazer de conta que não sabemos que $G(x) = \ln x$ e mostrar diretamente que G tem todas as propriedades básicas do logaritmo. Prove as afirmações a seguir:

(a) $\int_a^{ab} \frac{1}{t}\, dt = \int_1^b \frac{1}{t}\, dt$ com quaisquer $a, b > 0$. *Sugestão:* use a substituição $u = t/a$.

(b) $G(ab) = G(a) + G(b)$. *Sugestão:* separe a integral de 1 até ab em duas integrais e use a parte (a).

(c) $G(1) = 0$ e $G(a^{-1}) = -G(a)$ se $a > 0$.

(d) $G(a^n) = nG(a)$ com quaisquer $a > 0$ e n inteiro.

(e) $G(a^{1/n}) = \frac{1}{n}G(a)$ com quaisquer $a > 0$ e $n \neq 0$ inteiro.

(f) $G(a^r) = rG(a)$ com quaisquer $a > 0$ e r racional.

(g) G é crescente. *Sugestão:* use o TFC II.

(h) Existe algum número a tal que $G(a) > 1$. *Sugestão:* mostre que $G(2) > 0$ e considere $a = 2^m$ com $m > 1/G(2)$.

(i) $\lim_{x\to\infty} G(x) = \infty$ e $\lim_{x\to 0^+} G(x) = -\infty$.

(j) Existe um único número E tal que $G(E) = 1$.

(k) $G(E^r) = r$ com qualquer número racional r.

79. Definindo e^x Use o Exercício 78 para provar as afirmações a seguir:

(a) G tem um inversa de domínio **R** e imagem $\{x : x > 0\}$. Denote a inversa por F.

(b) $F(x + y) = F(x)F(y)$ com quaisquer x, y. *Sugestão:* basta mostrar que $G(F(x)F(y)) = G(F(x + y))$.

(c) $F(r) = E^r$ com qualquer número r. Em particular, $F(0) = 1$.

(d) $F'(x) = F(x)$. *Sugestão:* use a fórmula da derivada de uma função inversa dada no Exercício de Revisão 28 do Capítulo 3.

Isso prova que $E = e$ e $F(x) = e^x$, conforme definimos no texto.

80. Definindo b^x Fixado $b > 0$, defina $f(x) = F(xG(b))$ com F dada no Exercício 79. Use o Exercício 78 (f) para provar que $f(r) = b^r$, qualquer que seja o número racional r. Isso fornece uma maneira de definir b^x com x irracional, a saber, $b^x = f(x)$. Com essa definição, $y = b^x$ é uma função derivável de x (porque F é derivável).

81. A fórmula $\int x^n\, dx = \frac{x^{n+1}}{n+1} + C$ é válida com $n \neq -1$. Mostre que o caso excepcional $n = -1$ é um limite do caso geral aplicando a regra de L'Hôpital ao limite à esquerda:

$$\lim_{n\to -1} \int_1^x t^n\, dt = \int_1^x t^{-1}\, dt \qquad (\text{com } x > 0 \text{ fixado})$$

Observe que a integral do lado esquerdo é igual a $\frac{x^{n+1} - 1}{n+1}$.

82. A integral dentro do limite à esquerda no Exercício 81 é igual a $f_n(x) = \frac{x^{n+1} - 1}{n+1}$ se $x \neq -1$. Investigue o limite graficamente, usando um sistema algébrico computacional, esboçando $y = f_n(x)$ com $n = 0, -0{,}3, -0{,}6$ e $-0{,}9$ junto a $y = \ln x$ num único gráfico.

83. **(a)** Explique por que a região sombreada na Figura 5 tem área $\int_0^{\ln a} e^y\, dy$.

(b) Prove a fórmula $\int_1^a \ln x\, dx = a \ln a - \int_0^{\ln a} e^y\, dy$.

(c) Conclua que $\int_1^a \ln x\, dx = a \ln a - a + 1$.

(d) Use o resultado da parte (a) para encontrar uma antiderivada de $y = \ln x$.

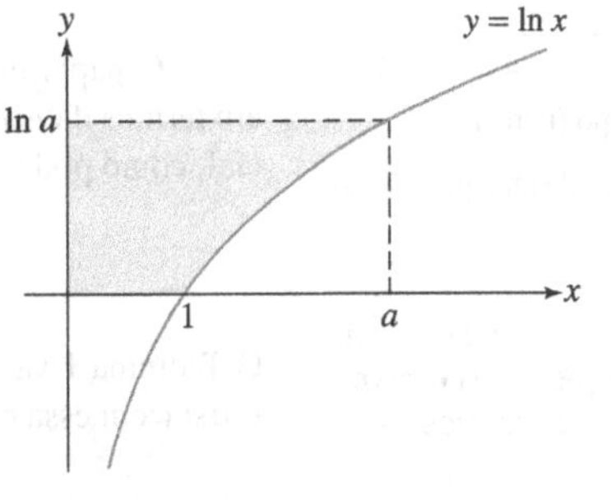

FIGURA 5

5.9 Crescimento e decaimento exponencial

Nesta seção, exploramos algumas aplicações da função exponencial. Considere uma quantidade $P(t)$ que dependa exponencialmente do tempo:

A constante k tem unidades de "tempo inverso"; se t for medido em dias, então k tem unidades de $(\text{dias})^{-1}$.

$$P(t) = P_0e^{kt}$$

Se $k > 0$, então $P(t)$ *cresce exponencialmente,* e dizemos que k é a *constante de crescimento.* Observe que P_0 é o tamanho inicial (o tamanho em $t = 0$):

$$P(0) = P_0e^{k\cdot 0} = P_0$$

Também podemos escrever $P(t) = P_0b^t$, com $b = e^k$, já que $b^t = (e^k)^t = e^{kt}$.

Dizemos que uma quantidade que decresce exponencialmente tem um *decaimento exponencial.* Nesse caso, escrevemos $P(t) = P_0e^{-kt}$, com $k > 0$; k é a *constante de decaimento.*

A população é um exemplo típico de uma quantidade que cresce exponencialmente, pelo menos sob condições convenientes. Para entender por que, considere uma colônia de células com população inicial $P_0 = 100$ e suponha que cada célula se divida em duas células depois de 1 hora. Então a cada hora a população $P(t)$ dobra:

$$P(0) \qquad = 100 \text{ (população inicial)}$$

$$P(1) = 2(100) = 200 \text{ (população dobra)}$$

$$P(2) = 2(200) = 400 \text{ (população dobra de novo)}$$

Depois de t horas, $P(t) = (100)2^t$.

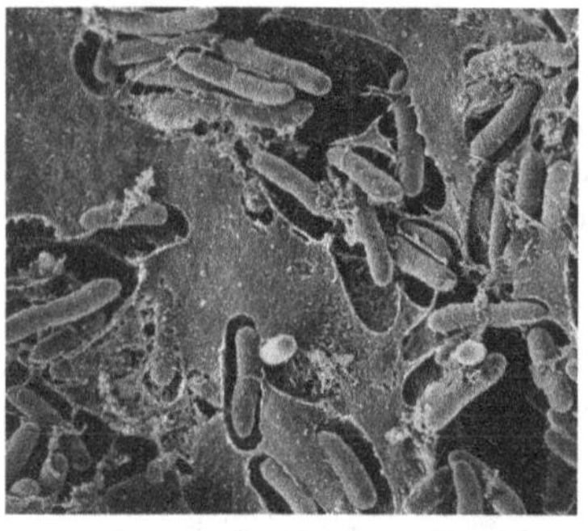

FIGURA 1 A bactéria *E. coli*, encontrada no intestino humano. (*Dr. Gary Gaugler/Science Source*)

O crescimento exponencial não pode continuar por períodos de tempo muito longos. Uma colônia que comece com uma célula de E. coli *cresceria até atingir 5×10^{89} células em 3 semanas, muito mais do que o número estimado de átomos no universo observável. No verdadeiro crescimento celular, a fase exponencial é seguida por um período em que o crescimento diminui, podendo até declinar.*

■ **EXEMPLO 1** No laboratório, a bactéria *Escherichia coli* (Figura 1) cresce exponencialmente com constante de crescimento $k = 0{,}41\ (\text{horas})^{-1}$. Suponha que no instante $t = 0$ estejam presentes 1.000 bactérias.

(a) Encontre a fórmula para o número de bactérias $P(t)$ no instante t.
(b) Qual é o tamanho da população depois de 5 horas?
(c) Quando a população atinge 10.000?

Solução O crescimento é exponencial, portanto $P(t) = P_0e^{kt}$.

(a) O tamanho inicial é $P_0 = 1000$ e $k = 0{,}41$, portanto $P(t) = 1000e^{0{,}41t}$ (t em horas).
(b) Depois de 5 horas, $P(5) = 1000e^{0{,}41\cdot 5} = 1000e^{2{,}05} \approx 7767{,}9$. Como o número de bactérias deve se um número inteiro, arredondamos a resposta para 7.768.
(c) O problema pede o tempo t no qual $P(t) = 10.000$, portanto resolvemos

$$1000e^{0{,}41t} = 10.000 \quad\Rightarrow\quad e^{0{,}41t} = \frac{10.000}{1000} = 10$$

Tomando o logaritmo de ambos os lados, obtemos $\ln\left(e^{0{,}41t}\right) = \ln 10$, ou

$$0{,}41t = \ln 10 \quad\Rightarrow\quad t = \frac{\ln 10}{0{,}41} \approx 5{,}62 \text{ h}$$

Portanto, $P(t)$ alcança 10.000 depois de aproximadamente 5 horas e 37 minutos (Figura 2). ■

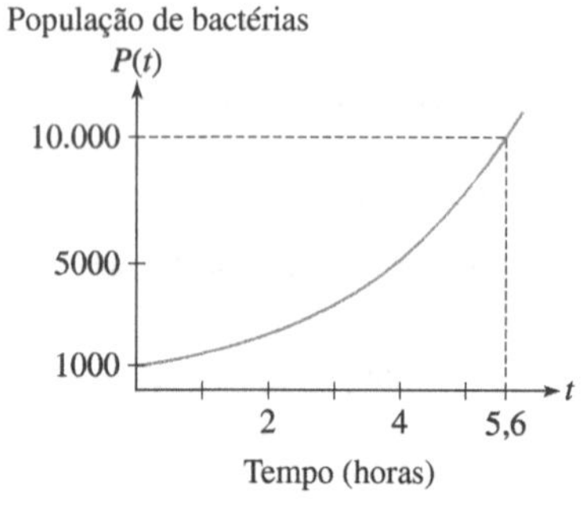

FIGURA 2 O crescimento de uma população de *E. coli*.

O papel importante desempenhado pelas funções exponenciais é mais bem entendido em termos da *equação diferencial* $y' = ky$. A função $y = P_0e^{kt}$ satisfaz essa equação diferencial, como pode ser conferido diretamente:

Uma equação diferencial é uma equação que relaciona uma função $y = f(x)$ com sua derivada y' (ou derivadas superiores y', y'', y''').

$$y' = \frac{d}{dt}\left(P_0e^{kt}\right) = kP_0e^{kt} = ky$$

O Teorema 1 vai mais longe e afirma que as funções exponenciais são *as únicas* funções que satisfazem essa equação diferencial.

TEOREMA 1 Se y for uma função derivável satisfazendo a equação diferencial

$$y' = ky$$

então $y(t) = P_0 e^{kt}$, em que P_0 é o valor inicial $P_0 = y(0)$.

Demonstração Calculamos a derivada de ye^{-kt}. Se $y' = ky$, então

$$\frac{d}{dt}(ye^{-kt}) = y'e^{-kt} - ke^{-kt}y = (ky)e^{-kt} - ke^{-kt}y = 0$$

Como a derivada é nula, $y(t)e^{-kt} = P_0$ com alguma constante P_0 e $y(t) = P_0 e^{kt}$, como queríamos mostrar. O valor inicial é $y(0) = P_0 e^0 = P_0$. ■

ENTENDIMENTO CONCEITUAL O Teorema 1 nos diz que um processo obedece a uma lei exponencial precisamente quando *sua taxa de variação for proporcional à quantidade presente*. Isso nos ajuda a entender por que certas quantidades crescem ou decaem exponencialmente.

Uma população cresce exponencialmente porque cada organismo contribui para o crescimento por meio da reprodução e, portanto, a taxa de crescimento é proporcional ao tamanho da população. Contudo, isso só é verdade sob certas condições. Se os organismos interagirem, digamos, competindo pelo alimento ou parceiro, então a taxa de crescimento pode não ser proporcional ao tamanho da população, e não podemos esperar crescimento exponencial.

Analogamente, os experimentos mostram que substâncias radioativas decaem exponencialmente. Isso sugere que o decaimento radioativo seja um processo aleatório, em que uma fração constante de átomos, escolhidos aleatoriamente, dacaia por unidade de tempo (Figura 3). Se não fosse observado o decaimento exponencial, poderíamos suspeitar que o decaimento estivesse sendo influenciado por alguma interação entre os átomos.

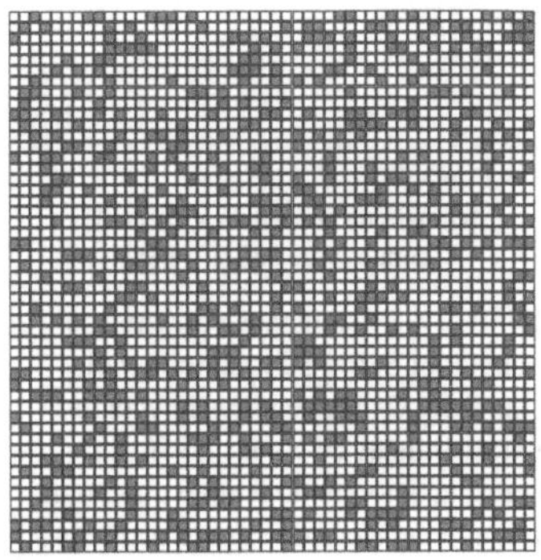

FIGURA 3 Simulação de computador do decaimento radioativo como um processo aleatório. Os quadrados escuros são átomos que ainda não decaíram. Uma fração constante de quadrados escuros fica branca a cada unidade de tempo. (*Cortesia de Michael Zingale*)

■ **EXEMPLO 2** Encontre todas as soluções de $y' = 3y$. Qual solução satisfaz $y(0) = 9$?

Solução As soluções de $y' = 3y$ são as funções $y(t) = Ce^{3t}$, em que C é o valor inicial $C = y(0)$. A solução particular satisfazendo $y(0) = 9$ é $y(t) = 9e^{3t}$. ■

■ **EXEMPLO 3 Modelagem da penicilina** Os farmacólogos mostraram que a taxa segundo a qual a penicilina deixa a corrente sanguínea de uma pessoa é proporcional à quantidade de penicilina presente.

(a) Expresse essa afirmação como uma equação diferencial.

(b) Encontre a constante de decaimento se permanecerem 50 mg de penicilina na corrente sanguínea 7 horas depois da injeção inicial de 450 mg.

(c) Com as hipóteses de (b), em que instante havia 200 mg de penicilina presente?

Solução

(a) Denotemos por $A(t)$ a quantidade de penicilina presente na corrente sanguínea no instante t. Como a taxa segundo a qual a penicilina deixa a corrente é proporcional a $A(t)$,

$$A'(t) = -kA(t) \qquad 1$$

com $k > 0$, pois $A(t)$ é decrescente.

(b) A Equação (1) e a condição $A(0) = 450$ nos dizem que $A(t) = 450e^{-kt}$. A condição adicional $A(7) = 50$ nos permite resolver em k:

$$A(7) = 450e^{-7k} = 50 \quad \Rightarrow \quad e^{-7k} = \frac{1}{9} \quad \Rightarrow \quad -7k = \ln\frac{1}{9}$$

Assim, $k = -\frac{1}{7}\ln\frac{1}{9} \approx 0{,}31$.

(c) Para obter o instante de tempo t em que estavam presentes 200 mg, resolvemos

$$A(t) = 450e^{-0{,}31t} = 200 \quad \Rightarrow \quad e^{-0{,}31t} = \frac{4}{9}$$

Portanto, $t = -\frac{1}{0{,}31}\ln\left(\frac{4}{9}\right) \approx 2{,}62$ h (Figura 4). ■

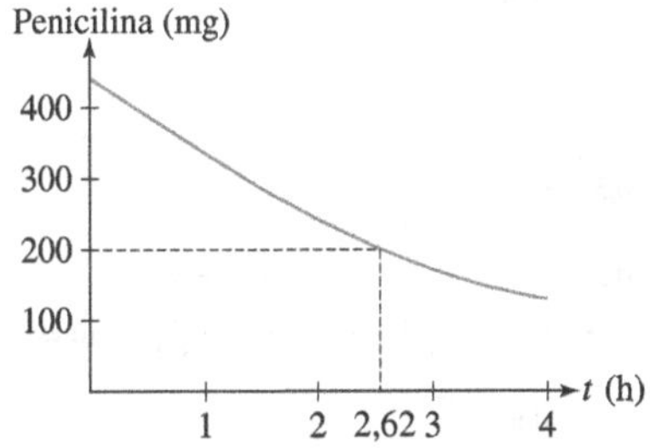

FIGURA 4 A quantidade de penicilina na corrente sanguínea decai exponencialmente.

A constante k tem unidades de tempo^{-1}, portanto o tempo de duplicação $T = (\ln 2)/k$ tem unidades de tempo, como deveria ser antecipado. Uma conta análoga mostra que o tempo de triplicação é $(\ln 3)/k$, o de quadruplicação é $(\ln 4)/k$ e, em geral o de aumento de n vezes é de $(\ln n)/k$.

As quantidades que crescem exponencialmente possuem uma propriedade importante: existe um tempo de duplicação T tal que $P(t)$ dobra de tamanho a cada intervalo de tempo de comprimento T. Para provar isso, seja $P(t) = P_0 e^{kt}$ e resolvemos para T na equação $P(t + T) = 2P(t)$:

$$P_0 e^{k(t+T)} = 2P_0 e^{kt}$$
$$e^{kt} e^{kT} = 2e^{kt}$$
$$e^{kT} = 2$$

Obtemos $kT = \ln 2$, ou $T = (\ln 2)/k$.

Número de hospedeiros infectados com o vírus Safira: 74.855

FIGURA 5 A disseminação do vírus de computador Safira 30 minutos depois de lançado. Os hospedeiros infectados jogaram bilhões de cópias do vírus no ciberespaço, tornando lento o tráfego da Internet e interferindo com os negócios, a programação de voos e os caixas eletrônicos. (*Copyright © 2010 The Regents of the University of California. Todos os direitos reservados. Usado com permissão.*)

Tempo de duplicação Se $P(t) = P_0 e^{kt}$ com $k > 0$, então o tempo de duplicação de P é

$$\text{Tempo de duplicação} = \frac{\ln 2}{k}$$

■ **EXEMPLO 4 Disseminação do vírus Safira** Em 25 de janeiro de 2003, um vírus de computador apelidado de *Safira* se espalhou pela Internet (Figura 5). Os estudos sugerem que durante os primeiros poucos minutos, a população de computadores hospedeiros infectados cresceu exponencialmente, com constante de crescimento $k = 0{,}0815\ \text{s}^{-1}$.

(a) Qual foi o tempo de duplicação do vírus?

(b) Se o vírus tiver começado em quatro computadores, quantos hospedeiros foram infectados depois de 2 minutos? E depois de 3 minutos?

Solução

(a) O tempo de duplicação é $(\ln 2)/0{,}0815 \approx 8{,}5$ s (Figura 6).

(b) Se $P_0 = 4$, então o número de hospedeiros infectados depois de t segundos é $P(t) = 4e^{0{,}0815t}$. Depois de 2 minutos (120 s), o número de hospedeiros infectados é

$$P(120) = 4e^{0{,}0815(120)} \approx 70.700$$

Depois de 3 minutos, o número teria sido $P(180) = 4e^{0{,}0815(180)} \approx 9{,}4$ milhões. No entanto, estima-se que foram infectados um total de 75.000 hospedeiros, de modo que a fase exponencial do vírus não pode ter durado mais do que 2 minutos. ■

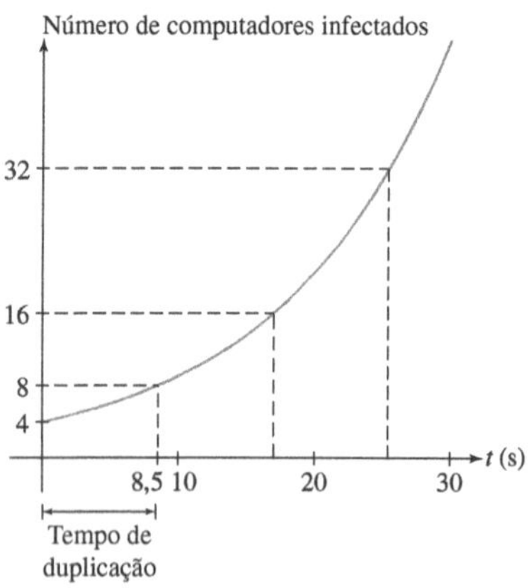

FIGURA 6 A duplicação (de 4 para 8 para 16, etc.) ocorre em intervalos de tempo iguais.

Na situação de decaimento exponencial $P(t) = P_0 e^{-kt}$, a **meia-vida** é o tempo que leva para a quantidade decrescer por um fator de $\frac{1}{2}$. Uma conta análoga à do tempo de duplicação vista acima mostra que

$$\text{Meia-vida} = \frac{\ln 2}{k}$$

■ **EXEMPLO 5** O isótopo radônio-222 decai exponencialmente com uma meia-vida de 3,825 dias. Quanto tempo leva para que 80% dos isótopos decaiam?

Solução Pela equação da meia-vida, k é igual a ln 2 dividido pela meia-vida:

$$k = \frac{\ln 2}{3{,}825} \approx 0{,}181$$

Portanto, a quantidade de radônio-222 no instante t é $R(t) = R_0 e^{-0{,}181t}$, em que R_0 é a quantidade presente em $t = 0$ (Figura 7). Quando 80% tiverem decaído, permanecem 20%, portanto resolvemos para t na equação $R_0 e^{-0{,}181t} = 0{,}2R_0$:

$$e^{-0{,}181t} = 0{,}2$$

$$-0{,}181t = \ln(0{,}2) \quad \Rightarrow \quad t = \frac{\ln(0{,}2)}{-0{,}181} \approx 8{,}9 \text{ dias}$$

A quantidade de radônio-222 decresce 80% depois de 8,9 dias. ■

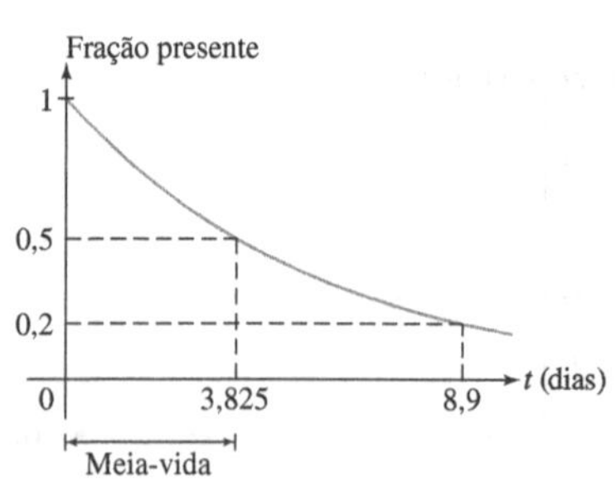

FIGURA 7 A fração de radônio-222 presente no instante t.

Datação por radiocarbono

A datação por carbono (Figura 8) depende do fato de que todos os organismos vivos contêm carbono, que entra na cadeia alimentar através do dióxido de carbono absorvido da atmosfera pelas plantas. O carbono na atmosfera é constituído de carbono-12 (C^{12}) não radioativo e de uma quantidade minúscula de carbono-14 (C^{14}) radioativo, que decai em nitrogênio. A razão de C^{14} para C^{12} é de, aproximadamente, $R_{atm} = 10^{-12}$.

O carbono em um organismo vivo tem a mesma razão R_{atm} porque esse carbono se origina na atmosfera, mas, quando o organismo morre, seu carbono não é mais reabastecido. O C^{14} começa a decair exponencialmente, enquanto o C^{12} permanece inalterado. Portanto, a razão de C^{14} para C^{12} no organismo decresce exponencialmente. Medindo essa razão, podemos determinar quando ocorreu a morte. A constante de decaimento de C^{14} é $k = 0{,}000121$ anos^{-1}, portanto

$$\text{Razão de } C^{14} \text{ para } C^{12} \text{ depois de } t \text{ anos} = R_{atm}e^{-0{,}000121t}$$

FIGURA 8 O químico norte-americano Willard Libby (1908-1980) desenvolveu, em 1946, a técnica de datação por radiocarbono para determinar a idade de fósseis e, em 1960, recebeu o Prêmio Nobel da Química por seu trabalho. Desde então, a técnica tem sido refinada. (© *Bettmann/Corbis*)

■ **EXEMPLO 6** **Pinturas de caverna** Uma galeria impressionante de pinturas pré-históricas de animais foi descoberta na caverna de Lascaux, em Dordogne, na França, em 1940 (Figura 9). Os cientistas determinaram que uma amostra de carvão retirada das paredes da caverna tinha uma razão de C^{14} para C^{12} igual a 15% da encontrada na atmosfera. Aproximadamente, qual é a idade das pinturas?

Solução A razão de C^{14} para C^{12} no carvão é, agora, igual a $0{,}15R_{atm}$, portanto

$$R_{atm}e^{-0{,}000121t} = 0{,}15R_{atm}$$

em que t é a idade das pinturas. Resolvendo em t,

$$e^{-0{,}000121t} = 0{,}15$$

$$-0{,}000121t = \ln(0{,}15) \quad \Rightarrow \quad t = -\frac{\ln(0{,}15)}{0{,}000121} \approx 15.700$$

A idade aproximada das pinturas da caverna é de 16.000 anos (Figura 10). ■

FIGURA 9 Um detalhe de um touro e outros animais numa réplica do mural da caverna de Lascaux. (© *Gianni Dagli Orti/Corbis*)

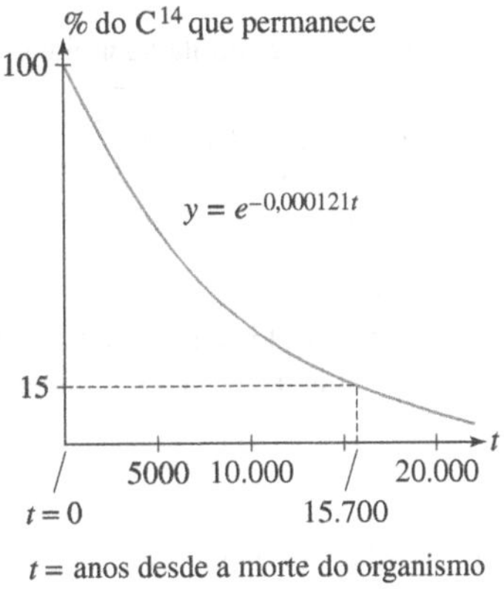

FIGURA 10 Se permanecerem somente 15% do C^{14}, a idade do objeto é de aproximadamente 16.000 anos.

Juros compostos e valor presente

As funções exponenciais são utilizadas extensivamente nos cálculos financeiros. Duas aplicações são os juros compostos e o valor presente.

Quando uma quantia de dinheiro P_0, denominada **principal**, é depositada em uma conta que rende juros, a quantidade, ou o **saldo**, de dinheiro na conta no instante t depende de dois fatores: a **taxa de juros** r e a frequência da **composição** desses juros. Se os juros forem pagos uma só vez ao ano, no final do ano, dizemos que o juro é *composto anualmente*. O saldo aumenta pelo fator $(1 + r)$ ao final de cada ano, levando a um crescimento exponencial:

Convenção: o tempo t é medido em anos, e as taxas de juros são anuais; essas taxas são dadas ou como números decimais, ou como percentagens. Assim, $r = 0{,}05$ corresponde a uma taxa de juros de 5% ao ano. Além disso, para uniformizar e simplificar, nesta seção a unidade monetária geralmente é o dólar.

	Principal	+	Juros	=	Saldo
Depois de 1 ano	P_0	+	rP_0	=	$P_0(1+r)$
Depois de 2 anos	$P_0(1+r)$	+	$rP_0(1+r)$	=	$P_0(1+r)^2$
...			...		
Depois de t anos	$P_0(1+r)^{t-1}$	+	$rP_0(1+r)^{t-1}$	=	$P_0(1+r)^t$

Suponha que os juros sejam pagos trimestralmente. Então o juro pago depois de 3 meses é de $\frac{r}{4}P_0$ dólares e o saldo aumenta pelo fator $\left(1+\frac{r}{4}\right)$. Depois de 1 ano (quatro trimestres), o saldo aumenta para $P_0\left(1+\frac{r}{4}\right)^4$ e, depois de t anos,

$$\text{Saldo depois de } t \text{ anos} = P_0\left(1+\frac{r}{4}\right)^{4t}$$

Por exemplo, se $P_0 = \$100$ e $r = 0{,}09$, então o saldo depois de 1 ano é

$$100\left(1+\frac{0{,}09}{4}\right)^4 = 100(1{,}0225)^4 \approx 100(1{,}09308) \approx \$109{,}31$$

Mais geralmente,

Juro composto Se P_0 dólares forem depositados numa conta que rende juros à taxa anual de r, compostos M vezes ao ano, então o saldo na conta depois de t anos é

$$P(t) = P_0\left(1+\frac{r}{M}\right)^{Mt}$$

O fator $\left(1+\frac{r}{M}\right)^M$ é denominado **multiplicador anual**.

TABELA 1 Juros compostos com principal $P_0 = \$100$ e $r = 0{,}09$

	Principal depois de 1 ano
Anual	$100(1+0{,}09) = \$109$
Trimestral	$100\left(1+\frac{0{,}09}{4}\right)^4 \approx \$109{,}31$
Mensal	$100\left(1+\frac{0{,}09}{12}\right)^{12} \approx \$109{,}38$
Semanal	$100\left(1+\frac{0{,}09}{52}\right)^{52} \approx \$109{,}41$
Diário	$100\left(1+\frac{0{,}09}{365}\right)^{365} \approx \$109{,}42$

A Tabela 1 mostra o efeito de composição mais frequente. O que acontece no limite quando M tende ao infinito? Essa questão é respondida no próximo teorema (uma prova é dada ao final desta seção).

TEOREMA 2 Fórmula do limite para e e e^x

$$e = \lim_{n\to\infty}\left(1+\frac{1}{n}\right)^n \quad \text{e} \quad e^x = \lim_{n\to\infty}\left(1+\frac{x}{n}\right)^n \quad \text{com qualquer } x$$

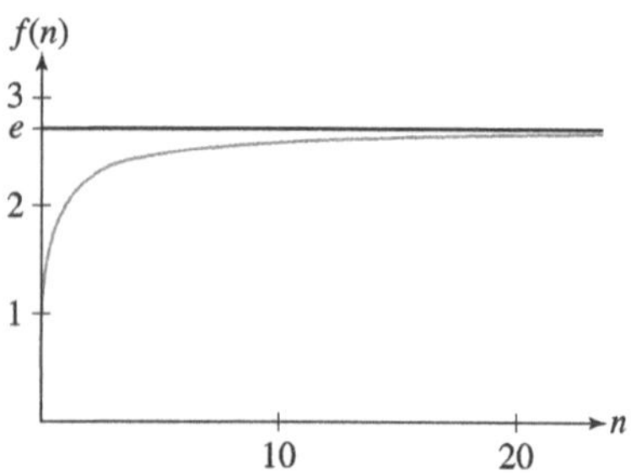

FIGURA 11 A função $f(n) = \left(1+\frac{1}{n}\right)^n$ tende a e quando $n \to \infty$.

A Figura 11 ilustra graficamente o primeiro limite. Para calcular o limite do multiplicador anual quando $M \to \infty$, aplicamos o segundo limite com $x = r$ e $n = M$:

$$\lim_{M\to\infty}\left(1+\frac{r}{M}\right)^M = e^r \qquad 2$$

O multiplicador depois de t anos é $(e^r)^t = e^{rt}$. Isso leva à definição seguinte.

Juro composto continuamente Se P_0 dólares forem depositados numa conta que rende juros compostos continuamente, a uma taxa anual r, então o saldo na conta depois de t anos é de

$$P(t) = P_0e^{rt}$$

■ **EXEMPLO 7** Um principal de $P_0 = \text{R\$ } 100.000$ é depositado numa conta que paga 6% de juros. Encontre o saldo depois de 3 anos se o juro for composto trimestralmente e se o juro for composto continuamente.

Solução Depois de 3 anos, o saldo é

$$\text{Composição trimestral:} \quad 100.000\left(1+\frac{0{,}06}{4}\right)^{4(3)} \approx \text{R\$ } 119.562$$

$$\text{Composição contínua:} \quad 100.000e^{(0{,}06)3} \approx \text{R\$ } 119.722$$

Nota: a matemática das taxas de juros é a mesma em todas as unidades monetárias (dólares, reais, euros, pesos, ienes, etc.).

Valor presente

O conceito de *valor presente* (PV, na sigla em inglês) é usado nos negócios e nas finanças para comparar os valores de pagamentos efetuados em épocas distintas. Suponha que possamos emprestar ou tomar emprestado dinheiro a uma taxa de juros r (compostos continuamente). Por definição, o PV de P dólares a serem recebidos daqui a t anos é Pe^{-rt}:

O mundo financeiro trabalha com muitas taxas de juros (referencial, Selic, etc.). Aqui simplificamos nossa discussão supondo que só exista uma única taxa.

> O PV de P dólares recebidos no instante $t = Pe^{-rt}$.

Qual é o raciocínio subjacente a essa definição? Quando investimos a uma taxa de juros r por t anos, nosso principal cresce por um fator e^{rt}, portanto se investirmos Pe^{-rt} dólares, nosso principal aumenta para $(Pe^{-rt})e^{rt} = P$ dólares no instante t. O valor presente Pe^{-rt} é a quantia que deveríamos investir *hoje* para ter P dólares no instante t.

EXEMPLO 8 É melhor receber 2.000 dólares hoje ou 2.200 dólares daqui a 2 anos? Considere $r = 0{,}03$ e $r = 0{,}07$.

Solução Comparamos 2.000 dólares hoje com o PV de 2.200 dólares recebidos daqui a dois anos.

- Se $r = 0{,}03$, o PV é $2200e^{-(0{,}03)2} \approx \$2071{,}88$. Isso é mais do que 2.000 dólares, portanto, um pagamento de 2.200 dólares daqui a dois anos é preferível a um pagamento de 2.000 dólares hoje.
- Se $r = 0{,}07$, o PV é $2200e^{-(0{,}07)2} \approx \$1912{,}59$. Isso é menos do que 2.000 dólares, portanto, é melhor receber 2.000 dólares hoje, se $r = 0{,}07$.

EXEMPLO 9 Decidindo um investimento A gerente de infraestrutura de uma firma deve decidir se atualiza o sistema computacional da empresa. A atualização custa 400.000 dólares e, com ela, a firma poupará 150.000 dólares anuais durante os próximos três anos. A atualização é um bom negócio se $r = 7\%$?

Solução A gerente deve comparar o custo da atualização hoje com o PV do dinheiro poupado. Para simplificar, vamos supor que a poupança anual de 150.000 dólares seja recebida de uma só vez ao final de cada ano.

Se $r = 0{,}07$, o PV do dinheiro poupado depois de três anos é

$$150.000e^{-(0{,}07)} + 150.000e^{-(0{,}07)2} + 150.000e^{-(0{,}07)3} \approx \$391.850$$

O total poupado é *menos* do que o custo de 400.000 dólares portanto, a atualização não vale a pena.

Uma **série de pagamentos** é uma sucessão de pagamentos periódicos que continua ao longo de um intervalo de T anos. Considere um investimento que produza renda a uma taxa de 800 dólares/ano por 5 anos. Ao longo dos 5 anos será pago um total de 4.000 dólares, mas o PV da série de pagamentos é menor. Por exemplo, se a taxa de juros for $r = 0{,}06$ e os pagamentos forem feitos ao final do ano, então o PV é

$$800e^{-0{,}06} + 800e^{-(0{,}06)2} + 800e^{-(0{,}06)3} + 800e^{-(0{,}06)4} + 800e^{-(0{,}06)5} \approx \$3.353{,}12$$

É mais conveniente, do ponto de vista matemático, supor que os pagamentos sejam feitos *continuamente* a uma taxa de $R(t)$ dólares/ano. Então podemos calcular o PV como uma integral. Dividimos o intervalo de tempo $[0, T]$ em N subintervalos de comprimento $\Delta t = T/N$. Se Δt for pequeno, a quantia paga entre o tempo t e $t + \Delta t$ é aproximadamente igual a

$$\underbrace{R(t)}_{\text{Taxa}} \times \underbrace{\Delta t}_{\text{Intervalo de tempo}} = R(t)\Delta t$$

O PV desse pagamento é, aproximadamente, $e^{-rt}R(t)\Delta t$. Tomando $t_i = i\Delta t$, obtemos a aproximação

$$\text{PV da série de pagamentos} \approx \sum_{i=1}^{N} e^{-rt_i} R(t_i)\Delta t$$

Isso é uma soma de Riemann cujo valor tende a $\int_0^T R(t)e^{-rt}\,dt$ quando $\Delta t \to 0$.

Em 1720, Isaac Newton duplicou seu dinheiro investindo na Companhia dos Mares do Sul, uma companhia inglesa criada para fomentar o comércio com as Índias Orientais e a América do Sul. Tendo ganho 7.000 libras, Newton investiu uma segunda vez, mas, como muitos outros, não percebeu que essa companhia era fraudulenta. No que se tornou a "bolha dos mares do sul", as ações perderam 80% de seu valor e o famoso cientista teve um prejuízo de 20.000 libras.

PV de uma série de pagamentos O valor presente à taxa de juros r de uma série de pagamentos contínuos de $R(t)$ dólares/ano por T anos é

$$\text{PV} = \int_0^T R(t)e^{-rt}\,dt \qquad 3$$

■ **EXEMPLO 10** Um investimento paga 800.000 pesos uruguaios por ano, continuamente por 5 anos. Encontre o PV do investimento se $r = 0{,}04$ e $r = 0{,}06$.

Solução Nesse caso, $R(t) = 800.000$. Se $r = 0{,}04$, o PV da série de pagamentos é igual (em pesos) a

$$\int_0^5 800.000e^{-0{,}04t}\,dt = -800.000\left.\frac{e^{-0{,}04t}}{0{,}04}\right|_0^5 \approx -16.374.615 - (-20.000.000)$$
$$= 3.625.385$$

Se $r = 0{,}06$, o PV é igual (em pesos) a

$$\int_0^5 800.000e^{-0{,}06t}\,dt = -800.000\left.\frac{e^{-0{,}06t}}{0{,}06}\right|_0^5 \approx -9.877.576 - (-13.333.333)$$
$$= 3.455.757$$

■

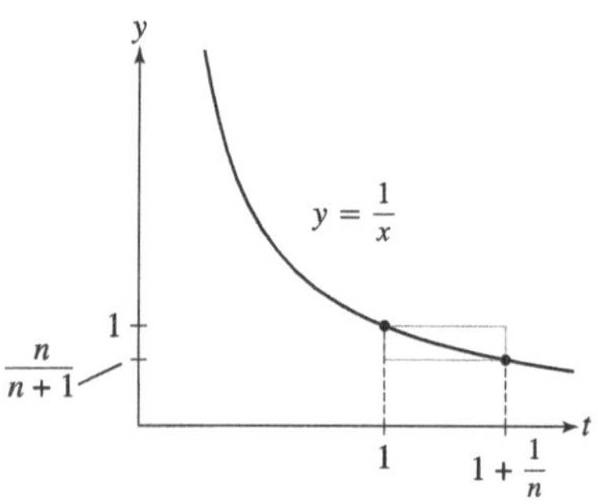

FIGURA 12

Demonstração do Teorema 2 Aplicando a fórmula $\ln b = \int_1^b t^{-1}\,dt$ com $b = 1 + 1/n$, obtemos

$$\ln\left(1 + \frac{1}{n}\right) = \int_1^{1+1/n} \frac{dt}{t}$$

A Figura 12 mostra que a área representada por essa integral fica entre as áreas de dois retângulos de alturas $n/(n+1)$ e 1, ambos de base $1/n$. Esses retângulos têm áreas $1/(n+1)$ e $1/n$, portanto

$$\frac{1}{n+1} \le \ln\left(1 + \frac{1}{n}\right) \le \frac{1}{n} \qquad 4$$

Multiplicando tudo por n e usando a regra $n\ln a = \ln a^n$:

$$\frac{n}{n+1} \le \ln\left(\left(1 + \frac{1}{n}\right)^n\right) \le 1$$

Como $\lim_{n\to\infty} \frac{n}{n+1} = 1$, a quantidade do meio deve tender a 1 pelo Teorema do Confronto:

$$\lim_{n\to\infty} \ln\left(\left(1 + \frac{1}{n}\right)^n\right) = 1$$

Agora podemos aplicar e^x (por ser contínua) para obter

$$e^1 = e^{\lim_{n\to\infty} \ln\left(\left(1+\frac{1}{n}\right)^n\right)} = \lim_{n\to\infty} e^{\ln\left(\left(1+\frac{1}{n}\right)^n\right)} = \lim_{n\to\infty}\left(1 + \frac{1}{n}\right)^n$$

como queríamos provar. Veja o Exercício 61 para uma prova da fórmula mais geral $e^x = \lim_{n\to\infty}\left(1 + \frac{x}{n}\right)^n$. ■

Um segundo método de demonstração do Teorema 2 consiste em aplicar os métodos da Seção 4.5 a $\lim_{x \to \infty} f(x)^{g(x)}$ que, tomando $f(x) = 1 + \frac{1}{x}$ e $g(x) = x$, é uma forma indeterminada do tipo 1^{∞}.

5.9 Resumo

- *Crescimento exponencial* com constante de crescimento $k > 0$: $P(t) = P_0 e^{kt}$.
- *Decaimento exponencial* com constante de crescimento $k > 0$: $P(t) = P_0 e^{-kt}$.
- As soluções da equação diferencial $y' = ky$ são as funções exponenciais $y = Ce^{kt}$, em que C é uma constante.
- A quantidade $P(t)$ cresce exponencialmente se crescer a uma taxa proporcional a seu tamanho, ou seja, se $P'(t) = kP(t)$.
- O *tempo de duplicação* do crescimento exponencial e a *meia-vida* do decaimento exponencial são, ambos, iguais a $(\ln 2)/k$.
- Para usar na datação por carbono: a constante de decaimento de C^{14} é $k = 0{,}000121$.
- Taxa de juros r, composta M vezes ao ano:

$$P(t) = P_0(1 + r/M)^{Mt}$$

- Taxa de juros r, composta continuamente: $P(t) = P_0 e^{rt}$.
- O *valor presente* (PV) de P dólares, a ser pago t anos mais tarde, é Pe^{-rt}.
- O valor presente de uma série de pagamentos pagando $R(t)$ dólares/ano continuamente por T anos é

$$\text{PV} = \int_0^T R(t)e^{-rt}\,dt$$

5.9 Exercícios

Exercícios preliminares

1. Duas quantidades aumentam exponencialmente com constantes de crescimento $k = 1{,}2$ e $k = 3{,}4$, respectivamente. Qual quantidade dobra mais rapidamente?
2. Uma população de células cresce exponencialmente, começando com uma célula. O que leva mais tempo: a população crescer de uma para duas células ou crescer de 15 milhões a 20 milhões?
3. Em relação a seu famoso livro *Uma breve história do tempo*, o famoso físico Stephen Hawking disse: "Alguém me afirmou que cada equação que eu incluísse no livro, reduziria suas vendas à metade". Encontre uma equação diferencial satisfeita por $S(n)$, o número de cópias vendidas se o livro tiver n equações.
4. O PV de N dólares recebidos no instante T é (escolha a resposta correta):
   (a) o valor no instante T de N dólares investidos hoje;
   (b) a quantia que deveríamos investir hoje para receber N dólares no instante T.
5. Daqui a um ano receberemos 1 dólar. O PV dessa quantia aumenta ou diminui se a taxa de juros subir?

Exercícios

1. A população P de certa bactéria obedece à lei do crescimento exponencial $P(t) = 2000e^{1{,}3t}$ (t em horas).
   (a) Quantas bactérias estão presentes inicialmente?
   (b) Quando haverá 10.000 bactérias?
2. Uma quantidade P obedece à lei do crescimento exponencial $P(t) = e^{5t}$ (t em anos).
   (a) Com qual t temos $P = 10$?
   (b) Qual é o tempo de duplicação de P?
3. Escreva $f(t) = 5(7)^t$ na forma $f(t) = P_0 e^{kt}$ com algum P_0 e k.
4. Escreva $f(t) = 9e^{1{,}4t}$ na forma $f(t) = P_0 b^t$ com algum P_0 e b.
5. Certa molécula de DNA duplica-se a cada 3 minutos. Encontre a equação diferencial para o número $N(t)$ de moléculas presentes no instante t (em minutos). Começando com uma molécula em $t = 0$, quantas estarão presentes depois de 1 hora?
6. Uma quantidade P obedece à lei do crescimento exponencial $P(t) = Ce^{kt}$ (t em anos). Encontre a fórmula para $P(t)$, supondo que o tempo de duplicação seja 7 anos e que $P(0) = 100$.
7. Encontre todas as soluções da equação diferencial $y' = -5y$. Qual solução satisfaz a condição inicial $y(0) = 3{,}4$?
8. Encontre a solução de $y' = \sqrt{2}y$ satisfazendo $y(0) = 20$.
9. Encontre a solução de $y' = 3y$ satisfazendo $y(2) = 1000$.
10. Encontre a função $y = f(t)$ que satisfaz a equação diferencial $y' = -0{,}7y$ e a condição inicial $y(0) = 10$.

11. A constante de decaimento do cobalto-60 é 0,13 ano^{-1}. Encontre sua meia-vida.

12. A meia-vida do radio-226 é 1.622 anos. Encontre sua constante de decaimento.

13. Uma das menores plantas do mundo, a *Wolffia globosa* (Figura 13) tem um tempo de duplicação de aproximadamente 30 horas. Encontre a constante de crescimento k e determine a população inicial se a população cresceu a 1.000 em 48 horas.

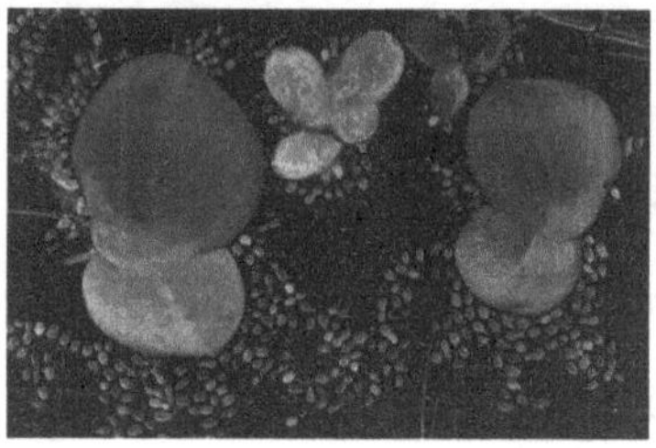

FIGURA 13 Essas plantas minúsculas são *Wolffia*, com tamanho total menor do que a cabeça de um alfinete. *(Gerald D. Carr)*

14. Uma quantidade de 10 kg de um isótopo radioativo decai a 3 kg em 17 anos. Encontre a constante de decaimento desse isótopo.

15. A população de uma cidade é dada por $P(t) = 2 \cdot e^{0,06t}$ (em milhões), em que t é medido em anos. Calcule o tempo que leva para a população dobrar, triplicar e aumentar 7 vezes.

16. Qual é a equação diferencial satisfeita por $P(t)$, o número de computadores hospedeiros infectados do Exemplo 4? Qual seria o intervalo de tempo para $P(t)$ aumentar 100 vezes?

17. A constante de decaimento de certa droga é $k = 0,35$ dia^{-1}. Calcule o tempo que certa quantidade presente na corrente sanguínea leva para decrescer à metade, a um terço e a um décimo.

18. **Intensidade da luz** A intensidade da luz que passa por um meio absorvente decresce exponencialmente com a distância percorrida. Suponha que a constante de decaimento para certo bloco de plástico seja $k = 4$ m^{-1}. Quão espesso deve ser o bloco para reduzir a intensidade por um fator de um terço?

19. Supondo que o crescimento populacional seja aproximadamente exponencial, qual das duas coleções de dados mais provavelmente representa a população (em milhões) de alguma cidade ao longo de um período de cinco anos?

Ano	2000	2001	2002	2003	2004
Dados I	3,14	3,36	3,60	3,85	4,11
Dados II	3,14	3,24	3,54	4,04	4,74

20. A **pressão atmosférica** $P(k)$ (em quilopascais) a uma altitude de h metros acima do nível do mar terrestre satisfaz uma equação diferencial $P' = -kP$ com alguma constante k positiva.

(a) Medições com um barômetro indicam que $P(0) = 101,3$ e $P(30.900) = 1,013$. Qual é a constante de decaimento k?

(b) Determine a pressão atmosférica a uma altura de $h = 500$.

21. **Diplomas em Física** Um estudo sugere que, de 1955 a 1970, o número de diplomas de Bacharelado em Física conferidos por ano pelas universidades norte-americanas cresceu exponencialmente, com constante de crescimento $k = 0,1$.

(a) Se o crescimento exponencial persistir, quanto tempo levará para que o número de diplomas conferidos por ano aumente 14 vezes?

(b) Se foram conferidos 2.500 diplomas em 1955, em qual ano foram conferidos 10.000 diplomas?

22. A **lei de Beer-Lambert** é usada na espectroscopia para determinar a absorção molar α ou a concentração c de um composto dissolvido numa solução a baixas concentrações (Figura 14). A lei afirma que a intensidade I da luz ao passar pela solução satisfaz $\ln(I/I_0) = \alpha c x$, em que I_0 é a intensidade inicial e x é a distância percorrida pela luz. Mostre que I satisfaz uma equação diferencial $dI/dx = -kI$ com alguma constante k.

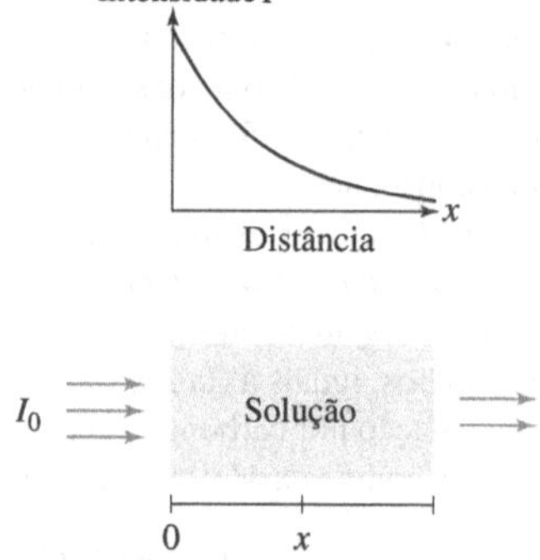

FIGURA 14 Luz de intensidade I_0 passando por uma solução.

23. Medições indicam que uma amostra de pergaminho de couro de ovelha encontrado por arqueólogos tem uma razão de C^{14} para C^{12} igual a 40% da encontrada na atmosfera. Qual é a idade aproximada desse pergaminho?

24. **As cavernas de Chauvet** Em 1994, três geólogos franceses descobriram uma caverna no sul da França com pinturas pré-históricas. Uma análise de C^{14} efetivada pela arqueóloga francesa Helene Valladas mostrou que as pinturas têm uma idade entre 29.700 e 32.400 anos, muito mais do que qualquer outra obra de arte humana conhecida até então. Dado que a razão de C^{14} para C^{12} na atmosfera é de $R = 10^{-12}$, qual é o intervalo da razão de C^{14} para C^{12} que a arqueóloga detectou nos espécimes de carvão dessas pinturas?

25. Uma paleontóloga descobriu restos de animais que aparentemente morreram no início do período glacial holoceno, entre 10.000 e 12.000 anos atrás. Qual intervalo da razão de C^{14} para C^{12} ela deve esperar encontrar nesses restos de animais?

26. **Inversão de açúcar** Quando o açúcar é dissolvido na água, ele se converte em açúcar invertido ao longo de um período de várias horas. A percentagem $f(t)$ de açúcar não convertido no instante t satisfaz $f' = -0,2f$. Qual é a percentagem de açúcar que permanece depois de 5 horas? E depois de 10?

27. Continuando o Exercício 26, suponha que 50 g de açúcar sejam dissolvidos em um recipiente com água. Depois de quantas horas haverá 20 g de açúcar invertido presente nesse recipiente?

28. Duas colônias de bactérias são cultivadas em laboratório. A primeira colônia tem um tempo de duplicação de 2 horas e a segunda, de 3 horas. Inicialmente, a primeira colônia contém 1.000 bactérias e a segunda contém 3.000 bactérias. Em qual instante de tempo t as duas colônias terão o mesmo tamanho?

29. **A lei de Moore** Em 1965, Gordon Moore previu que o número N de transistores num microprocessador cresceria exponencialmente.

(a) A tabela de dados a seguir confirma a previsão de Moore para o período de 1971 a 2000? Caso afirmativo, dê uma estimativa da constante de crescimento k.

(b) Faça um gráfico, com o auxílio de um sistema algébrico computacional, dos dados da tabela.

(c) Seja $N(t)$ o número de transistores por processador t anos depois de 1971. Encontre uma fórmula aproximada $N(t) \approx Ce^{kt}$, em que t é o número de anos depois de 1971.

(d) Dê uma estimativa do tempo de duplicação na lei de Moore para o período de 1971 até 2000.

(e) Se a lei de Moore continuar valendo, quantos transistores haverá num processador em 2020?

(f) Será que Moore pensou que sua previsão pudesse valer indefinidamente?

Processador	Ano	Número de transistores
4004	1971	2250
8008	1972	2500
8080	1974	5000
8086	1978	29.000
286	1982	120.000
386	1985	275.000
486 DX	1989	1.180.000
Pentium	1993	3.100.000
Pentium II	1997	7.500.000
Pentium III	1999	24.000.000
Pentium 4	2000	42.000.000
Xeon	2008	1.900.000.000

30. Suponha que, num certo país, a taxa de criação de empregos seja proporcional ao número de pessoas que já têm emprego. Se houver 15 milhões de empregos em $t = 0$ e 15,1 milhões de empregos 3 meses depois, quantos empregos haverá três anos depois?

31. As únicas funções com tempo de duplicação *constante* são as funções exponenciais $y = P_0e^{kt}$ com $k > 0$. Mostre que o tempo de duplicação da função linear $f(t) = at + b$ no instante t_0 é $t_0 + b/a$ (que cresce com t_0). Calcule os tempos de duplicação de $f(t) = 3t + 12$ em $t_0 = 10$ e $t_0 = 20$.

32. Verifique que a meia-vida de uma quantidade que decaia exponencialmente com constante de decaimento k é igual a $(\ln 2)/k$.

33. Calcule o saldo daqui a 10 anos de 2.000 dólares que são depositados numa conta que paga 9% de juros compostos **(a)** trimestralmente, **(b)** mensalmente, ou **(c)** continuamente.

34. Suponha que sejam depositados 500 dólares numa conta que paga 7% de juros compostos continuamente. Encontre uma fórmula para o saldo no instante t. Qual é o valor do saldo depois de 3 anos?

35. Um banco paga juros a uma taxa de 5%. Qual é o multiplicador anual se os juros forem compostos **(a)** três vezes ao ano, ou **(b)** continuamente?

36. Quanto tempo leva para 4.000 dólares dobrarem de valor, se essa quantia for depositada numa conta que paga 7% de juros compostos continuamente?

37. Quanto deve ser investido hoje para receber 20.000 dólares daqui a 5 anos, se os juros forem compostos continuamente a uma taxa $r = 9\%$?

38. Um investimento aumenta de valor a uma taxa de 9% composta continuamente. Qual deve ser o investimento inicial para que o montante chegue a 50.000 dólares depois de sete anos?

39. Calcule o PV de 5.000 dólares recebidos daqui a 3 anos se a taxa de juros for de **(a)** 6% e **(b)** 11%. Qual é o PV nesses dois casos se esse valor só for recebido daqui a 5 anos?

40. É melhor receber 1.000 hoje ou 1.300 daqui a 4 anos? Considere $r = 0{,}08$ e $r = 0{,}03$.

41. Encontre a taxa de juros r se o PV de 8.000 dólares a serem recebidos daqui a 1 ano for de 7.300 dólares.

42. Se uma firma investir 2 milhões de dólares para reformar suas instalações, poderá obter lucros adicionais de 500.000 dólares/ano por 5 anos. Vale a pena esse investimento se a taxa de juros estiver em 6%? (Suponha que os lucros sejam obtidos de uma só vez ao final de cada ano.)

43. Uma nova rede de computadores custando 25.000 dólares vai reduzir o custo do trabalho em 7.000 dólares/ano por 5 anos.

(a) Isso é um bom investimento se $r = 8\%$?

(b) Quanto dinheiro será realmente poupado?

44. Depois de receber 25 milhões de dólares da loteria estadual, Jéssica descobre que o prêmio será pago em cinco parcelas anuais de 5 milhões de dólares, com a primeira parcela paga imediatamente.

(a) Qual é o PV do prêmio de Jéssica se $r = 6\%$?

(b) Quanto mais valeria esse prêmio se fosse pago todo hoje?

45. Use a Equação (3) para calcular o PV de uma série de pagamentos que paga $R(t) = 5.000$ dólares/ano continuamente por 10 anos, supondo que $r = 0{,}05$.

46. Calcule o PV de um investimento que paga continuamente uma renda a uma taxa de 800 dólares/ano por 5 anos, supondo que $r = 0{,}08$.

47. Calcule o PV de uma série de pagamentos que paga continuamente uma taxa de $R(t) = \$5000e^{0,1t}$ dólares/ano por 7 anos, supondo que $r = 0{,}05$.

48. Uma propriedade comercial gera renda a uma taxa $R(t)$. Suponha que $R(0) = 70.000$ dólares/ano e que $R(t)$ aumente a uma taxa de 5% composta continuamente. Encontre o PV da renda gerada nos quatro primeiros anos, supondo que $r = 6\%$.

49. Mostre que um investimento que paga R dólares/ano continuamente por T anos tem o PV de $R(1 - e^{-rT})/r$.

50. Explique essa afirmação: se T for muito grande, então o PV da série de pagamentos descrita no Exercício 49 é, aproximadamente, R / r.

51. Suponha que $r = 0{,}06$. Use o resultado do Exercício 50 para obter uma estimativa da taxa de pagamentos R que é necessária para produzir uma série de pagamentos cujo PV é 20.000 dólares, supondo que a série de pagamentos continue por um número muito grande de anos.

52. Por derivação, verifique que

$$\int te^{-rt}\,dt = -\frac{e^{-rt}(1 + rt)}{r^2} + C \tag{5}$$

Use a Equação (5) para calcular o PV de um investimento que paga um rendimento continuamente a uma taxa de $R(t) = (5.000 + 1.000\,t)$ dólares/ano durante 5 anos, supondo que $r = 0{,}05$.

53. Use a Equação (5) para calcular o PV de um investimento que paga um rendimento continuamente a uma taxa de $R(t) = (5000 + 1000t)e^{0,02t}$ dólares/ano durante 10 anos, supondo que $r = 0{,}08$.

54. **Regra dos 70 do bancário** Se um investimento pagar juros a uma taxa de R por cento, compostos continuamente, então o investimento dobra depois de, aproximadamente, $70/R$ anos. Por exemplo, com $R = 5\%$, nosso dinheiro duplica depois de 70/5, ou 14 anos. Use o conceito de tempo de duplicação para justificar a regra do bancário. (*Observação:* às vezes é utilizada a aproximação $72/R$. Ela é menos precisa, mas mais fácil de aplicar, porque 72 é divisível por mais números do que 70.)

55. **Intervalo de dosagem de droga** Seja $y(t)$ a concentração de uma droga (em microgramas por quilo) no corpo de um paciente no instante t. A concentração inicial é $y(0) = L$. A intervalos de tempo de comprimento T são administradas doses adicionais, que aumentam a concentração por uma quantidade d. Entre as doses, $y(t)$ decai exponencialmente, ou seja, $y' = -ky$. Encontre o valor de T (em termos de k e d) com o qual a concentração fica variando entre L e $L - d$, como na Figura 15.

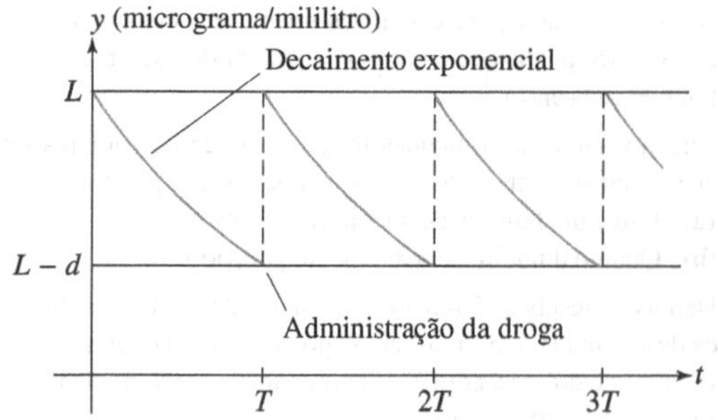

FIGURA 15 A concentração da droga com doses periódicas.

Exercícios 56 e 57: a ***equação diferencial de Gompertz:***

$$\frac{dy}{dt} = ky \ln\left(\frac{y}{M}\right) \qquad 6$$

(em que M e k são constantes) foi introduzida em 1825 pelo matemático inglês Benjamin Gompertz e é usada até hoje na modelagem do envelhecimento e da mortalidade.

56. Mostre que $y = Me^{ae^{kt}}$ satisfaz a Equação (6) com qualquer constante a.

57. Para modelar a mortalidade numa população de 200 ratos de laboratório, um cientista supõe que o número $P(t)$ de ratos vivos no instante t (em meses) satisfaça a Equação (6) com $M = 204$ e $k = 0{,}15$ mês^{-1} (Figura 16). Encontre $P(t)$ [observe que $P(0) = 200$] e determine a população depois de 20 meses.

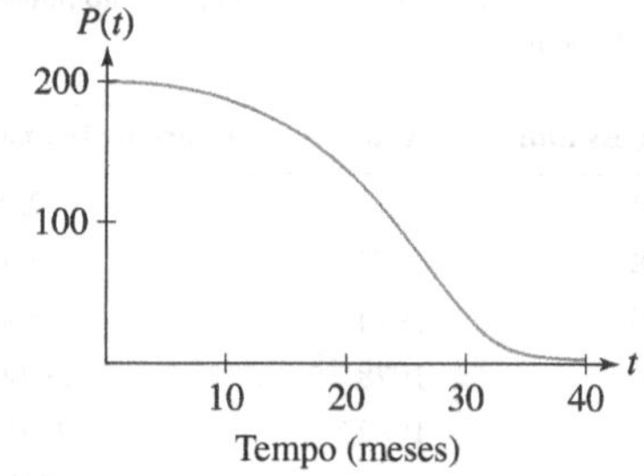

FIGURA 16

58. **Isótopos para datação** Dado que a idade da Terra é de aproximadamente 4,5 bilhões de anos, qual dos isótopos seguintes seria o mais recomendável para obter a estimativa da idade de rochas extremamente velhas: o carbono-14 (meia-vida de 5.570 anos), chumbo-210 (meia-vida de 22,26 anos), ou potássio-49 (meia-vida de 1,3 bilhão de anos)? Explique por quê.

59. Seja $P = P(t)$ uma quantidade que segue um lei de crescimento exponencial com constante de crescimento k. Mostre que P aumenta m vezes depois de um intervalo de $(\ln m)/k$ anos.

Compreensão adicional e desafios

60. **Tempo médio de decaimento** Os físicos utilizam a lei de decaimento radioativo $R = R_0e^{-kt}$ para calcular a média, ou *tempo médio M,* até que um átomo decaia. Seja $F(t) = R/R_0 = e^{-kt}$ a fração de átomos que sobreviveram até o instante t sem decair.

(a) Encontre a função inversa $t(F)$.

(b) Por definição de $t(F)$, uma fração $1/N$ de átomos decai no intervalo de tempo

$$\left[t\left(\frac{j}{N}\right), t\left(\frac{j-1}{N}\right)\right]$$

Use isso para justificar a aproximação $M \approx \dfrac{1}{N}\displaystyle\sum_{j=1}^{N} t\left(\frac{j}{N}\right)$.

Em seguida, passando ao limite com $N \to \infty$, argumente que $M = \int_0^1 t(F)\,dF$. Falando precisamente, essa é uma *integral imprópria,* porque $t(0)$ é infinito (leva uma tempo infinito para todos os átomos decaírem). Assim, definimos M como um limite

$$M = \lim_{c\to 0} \int_c^1 t(F)\,dF$$

(c) Use derivação para verificar a fórmula $\int \ln x\,dx = x\ln x - x$ e use-a para mostrar que, com $c > 0$,

$$M = \lim_{c\to 0}\left(\frac{1}{k} + \frac{1}{k}(c\ln c - c)\right)$$

(d) Mostre que $M = 1/k$ calculando o limite (use a regra de L'Hôpital para calcular $\lim_{c\to 0} c\ln c$).

(e) Qual é o tempo médio de decaimento do radônio (cuja meia--vida é de 3,825 dias)?

61. Modifique a prova da relação $e = \lim_{n\to\infty}\left(1 + \frac{1}{n}\right)^n$ dada no texto para provar que $e^x = \lim_{n\to\infty}\left(1 + \frac{x}{n}\right)^n$. *Sugestão:* expresse $\ln(1 + xn^{-1})$ como uma integral e obtenha cotas superior e inferior dadas por retângulos.

62. Prove que, com $n > 0$, vale

$$\left(1 + \frac{1}{n}\right)^n \le e \le \left(1 + \frac{1}{n}\right)^{n+1}$$

Sugestão: tome logaritmos e use a Equação (4).

63. Um banco paga juros a uma taxa r, compostos M vezes ao ano. A **taxa de juros efetiva r_e** é a taxa de juros que, sendo composta anualmente, produziria o mesmo rendimento anual.

(a) Encontre r_e se $r = 9\%$, compostos mensalmente.

(b) Mostre que $r_e = (1 + r/M)^M - 1$ e que $r_e = e^r - 1$ se os juros forem compostos continuamente.

(c) Encontre r_e se $r = 11\%$, compostos continuamente.

(d) Encontre a taxa de juros r que, compostos semanalmente, pagariam uma taxa efetiva de 20%.

EXERCÍCIOS DE REVISÃO DO CAPÍTULO

Nos Exercícios 1-4, use a função f cujo gráfico aparece na Figura 1.

1. Dê uma estimativa de L_4 e M_4 em $[0, 4]$.

2. Dê uma estimativa de R_4, L_4 e M_4 em $[1, 3]$.

3. Encontre um intervalo $[a, b]$ em que R_4 seja maior do que $\int_a^b f(x)\,dx$. Faça o mesmo com L_4.

4. Justifique $\frac{3}{2} \le \int_1^2 f(x)\,dx \le \frac{9}{4}$.

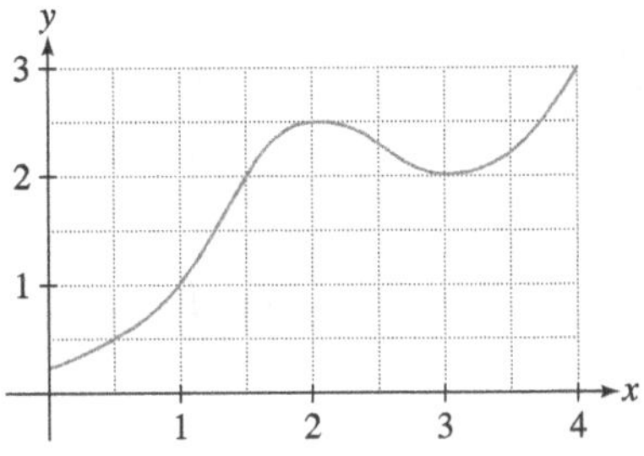

FIGURA 1

Nos Exercícios 5-8, seja $f(x) = x^2 + 3x$.

5. Calcule R_6, M_6 e L_6 para f no intervalo [2, 5]. Esboce o gráfico de f e os retângulos correspondentes de cada aproximação.

6. Use o TFC I para calcular $A(x) = \int_{-2}^{x} f(t)\,dt$.

7. Encontre uma fórmula de R_N para f em [2, 5] e calcule $\int_2^5 f(x)\,dx$ tomando o limite.

8. Encontre uma fórmula de L_N para f em [0, 2] e calcule $\int_0^2 f(x)\,dx$ tomando o limite.

9. Calcule R_5, M_5 e L_5 para $f(x) = (x^2 + 1)^{-1}$ no intervalo [0, 1].

10. Seja R_N a N-ésima aproximação para $f(x) = x^3$ em [0, 4] (Figura 2).
    (a) Prove que $R_N = \dfrac{64(N+1)^2}{N^2}$.
    (b) Prove que a área da região dentro dos retângulos pela direita e acima do gráfico é igual a
    $$\frac{64(2N+1)}{N^2}$$

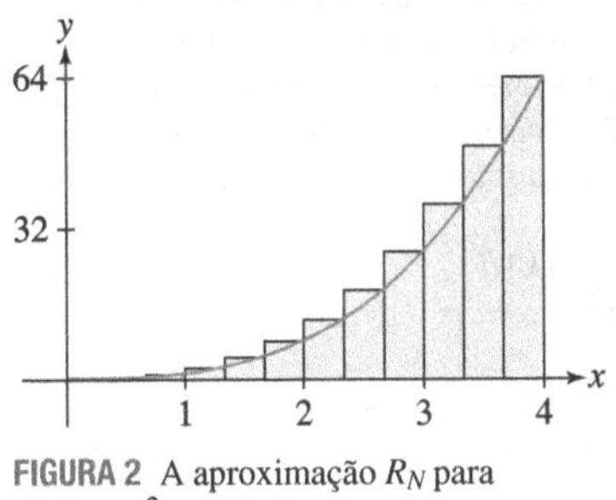

FIGURA 2 A aproximação R_N para $f(x) = x^3$ em [0, 4].

11. Qual é a aproximação da área que está representada pelos retângulos sombreados na Figura 3? Calcule R_5 e L_5.

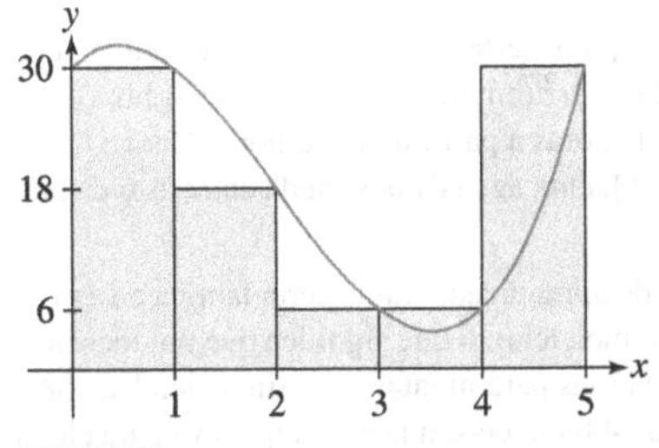

FIGURA 3

12. Calcule duas somas de Riemann quaisquer para $f(x) = x^2$ no intervalo [2, 5], mas escolha partições com pelo menos cinco subintervalos de comprimentos desiguais e pontos intermediários distintos das extremidades e dos pontos médios.

Nos Exercícios 13-16, expresse o limite como uma integral (ou múltiplo de uma integral) e calcule.

13. $\displaystyle\lim_{N\to\infty} \frac{\pi}{6N} \sum_{j=1}^{N} \operatorname{sen}\left(\frac{\pi}{3} + \frac{\pi j}{6N}\right)$

14. $\displaystyle\lim_{N\to\infty} \frac{3}{N} \sum_{k=0}^{N-1} \left(10 + \frac{3k}{N}\right)$

15. $\displaystyle\lim_{N\to\infty} \frac{5}{N} \sum_{j=1}^{N} \sqrt{4 + 5j/N}$

16. $\displaystyle\lim_{N\to\infty} \frac{1^k + 2^k + \cdots + N^k}{N^{k+1}} \quad (k > 0)$

Nos Exercícios 17-30, calcule a integral indefinida.

17. $\int (4x^3 - 2x^2)\,dx$

18. $\int x^{9/4}\,dx$

19. $\int \operatorname{sen}(\theta - 8)\,d\theta$

20. $\int \cos(5 - 7\theta)\,d\theta$

21. $\int (4t^{-3} - 12t^{-4})\,dt$

22. $\int (9t^{-2/3} + 4t^{7/3})\,dt$

23. $\int \sec^2 x\,dx$

24. $\int \operatorname{tg} 3\theta \sec 3\theta\,d\theta$

25. $\int (y + 2)^4\,dy$

26. $\int \dfrac{3x^3 - 9}{x^2}\,dx$

27. $\int (e^x - x)\,dx$

28. $\int e^{-4x}\,dx$

29. $\int 4x^{-1}\,dx$

30. $\int \operatorname{sen}(4x - 9)\,dx$

Nos Exercícios 31-36, resolva a equação diferencial com a dada condição inicial.

31. $\dfrac{dy}{dx} = 4x^3, \quad y(1) = 4$

32. $\dfrac{dy}{dt} = 3t^2 + \cos t, \quad y(0) = 12$

33. $\dfrac{dy}{dx} = x^{-1/2}, \quad y(1) = 1$

34. $\dfrac{dy}{dx} = \sec^2 x, \quad y(\frac{\pi}{4}) = 2$

35. $\dfrac{dy}{dx} = e^{-x}, \quad y(0) = 3$

36. $\dfrac{dy}{dx} = e^{4x}, \quad y(1) = 1$

37. Encontre $f(t)$ se $f''(t) = 1 - 2t$, $f(0) = 2$ e $f'(0) = -1$.

38. No instante $t = 0$, um motorista começa a reduzir a velocidade a uma taxa constante de -10 m/s^2 e acaba parando depois de percorrer 500 m. Encontre a velocidade em $t = 0$.

Nos Exercícios 39-42, use a substituição dada para calcular a integral.

39. $\displaystyle\int_0^2 \frac{dt}{4t + 12}, \quad u = 4t + 12$

40. $\displaystyle\int \frac{(x^2 + 1)\,dx}{(x^3 + 3x)^4}, \quad u = x^3 + 3x$

41. $\displaystyle\int_0^{\pi/6} \operatorname{sen} x \cos^4 x\,dx, \quad u = \cos x$

42. $\displaystyle\int \sec^2(2\theta)\operatorname{tg}(2\theta)\,d\theta, \quad u = \operatorname{tg}(2\theta)$

Nos Exercícios 43-92, calcule a integral.

43. $\displaystyle\int (20x^4 - 9x^3 - 2x)\,dx$

44. $\displaystyle\int_0^2 (12x^3 - 3x^2)\,dx$

45. $\displaystyle\int (2x^2 - 3x)^2\,dx$

46. $\displaystyle\int_0^1 (x^{7/3} - 2x^{1/4})\,dx$

47. $\displaystyle\int \frac{x^5 + 3x^4}{x^2}\,dx$

48. $\displaystyle\int_1^3 r^{-4}\,dr$

49. $\displaystyle\int_{-3}^3 |x^2 - 4|\,dx$

50. $\displaystyle\int_{-2}^4 |(x-1)(x-3)|\,dx$

51. $\displaystyle\int_1^3 [t]\,dt$

52. $\displaystyle\int_0^2 (t - [t])^2\,dt$

53. $\displaystyle\int (10t - 7)^{14}\,dt$

54. $\displaystyle\int_2^3 \sqrt{7y - 5}\,dy$

55. $\displaystyle\int \frac{(2x^3 + 3x)\,dx}{(3x^4 + 9x^2)^5}$

56. $\displaystyle\int_{-3}^{-1} \frac{x\,dx}{(x^2+5)^2}$

57. $\displaystyle\int_0^5 15x\sqrt{x+4}\,dx$

58. $\displaystyle\int t^2\sqrt{t+8}\,dt$

59. $\displaystyle\int_0^1 \cos\left(\frac{\pi}{3}(t+2)\right)dt$

60. $\displaystyle\int_{\pi/2}^{\pi} \operatorname{sen}\left(\frac{5\theta - \pi}{6}\right)d\theta$

61. $\displaystyle\int t^2\sec^2(9t^3 + 1)\,dt$

62. $\displaystyle\int \operatorname{sen}^2(3\theta)\cos(3\theta)\,d\theta$

63. $\displaystyle\int \operatorname{cossec}^2(9 - 2\theta)\,d\theta$

64. $\displaystyle\int \operatorname{sen}\theta\sqrt{4 - \cos\theta}\,d\theta$

65. $\displaystyle\int_0^{\pi/3} \frac{\operatorname{sen}\theta}{\cos^{2/3}\theta}\,d\theta$

66. $\displaystyle\int \frac{\sec^2 t\,dt}{(\operatorname{tg} t - 1)^2}$

67. $\displaystyle\int e^{9-2x}\,dx$

68. $\displaystyle\int_1^3 e^{4x-3}\,dx$

69. $\displaystyle\int x^2 e^{x^3}\,dx$

70. $\displaystyle\int_0^{\ln 3} e^{x - e^x}\,dx$

71. $\displaystyle\int e^x 10^x\,dx$

72. $\displaystyle\int e^{-2x}\operatorname{sen}(e^{-2x})\,dx$

73. $\displaystyle\int \frac{e^{-x}\,dx}{(e^{-x}+2)^3}$

74. $\displaystyle\int \operatorname{sen}\theta\cos\theta\, e^{\cos^2\theta + 1}\,d\theta$

75. $\displaystyle\int_0^{\pi/6} \operatorname{tg} 2\theta\,d\theta$

76. $\displaystyle\int_{\pi/3}^{2\pi/3} \operatorname{cotg}\left(\frac{1}{2}\theta\right)d\theta$

77. $\displaystyle\int \frac{dt}{t(1 + (\ln t)^2)}$

78. $\displaystyle\int \frac{\cos(\ln x)\,dx}{x}$

79. $\displaystyle\int_1^e \frac{\ln x\,dx}{x}$

80. $\displaystyle\int \frac{dx}{x\sqrt{\ln x}}$

81. $\displaystyle\int \frac{dx}{4x^2 + 9}$

82. $\displaystyle\int_0^{0,8} \frac{dx}{\sqrt{1 - x^2}}$

83. $\displaystyle\int_4^{12} \frac{dx}{x\sqrt{x^2 - 1}}$

84. $\displaystyle\int_0^3 \frac{x\,dx}{x^2 + 9}$

85. $\displaystyle\int_0^3 \frac{dx}{x^2 + 9}$

86. $\displaystyle\int \frac{dx}{\sqrt{e^{2x} - 1}}$

87. $\displaystyle\int \frac{x\,dx}{\sqrt{1 - x^4}}$

88. $\displaystyle\int_{-5/\sqrt{2}}^{5/\sqrt{2}} \frac{dx}{\sqrt{25 - x^2}}$

89. $\displaystyle\int_0^4 \frac{dx}{2x^2 + 1}$

90. $\displaystyle\int_5^8 \frac{dx}{x\sqrt{x^2 - 16}}$

91. $\displaystyle\int_0^1 \frac{(\operatorname{arc\,tg} x)^3\,dx}{1 + x^2}$

92. $\displaystyle\int \frac{\operatorname{arc\,cos} t\,dt}{\sqrt{1 - t^2}}$

93. Combine escrevendo como uma única integral

$$\int_0^8 f(x)\,dx + \int_{-2}^0 f(x)\,dx + \int_8^6 f(x)\,dx$$

94. Seja $A(x) = \displaystyle\int_0^x f(x)\,dx$, em que f é a função mostrada na Figura 4. Identifique a localização dos mínimos e máximos locais e dos pontos de inflexão de A no intervalo $[0, E]$, bem como os intervalos em que A é crescente, decrescente, côncava para cima e para baixo. Onde ocorre o máximo absoluto de A?

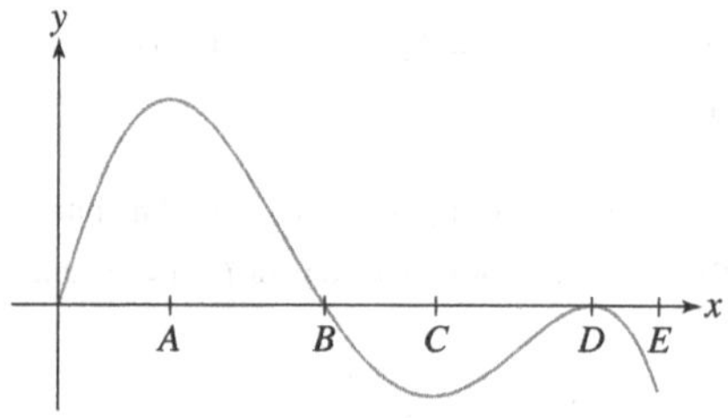

FIGURA 4

95. Encontre os mínimos e máximos locais e os pontos de inflexão de $A(x) = \displaystyle\int_3^x \frac{t\,dt}{t^2 + 1}$.

96. Uma partícula começa na origem em $t = 0$ e move-se com velocidade $v(t)$, conforme mostrado na Figura 5.
   (a) Quantas vezes a partícula retorna à origem nos primeiros 12 s?
   (b) Qual é a distância máxima da partícula da origem?
   (c) Qual é a distância máxima da partícula à esquerda da origem?

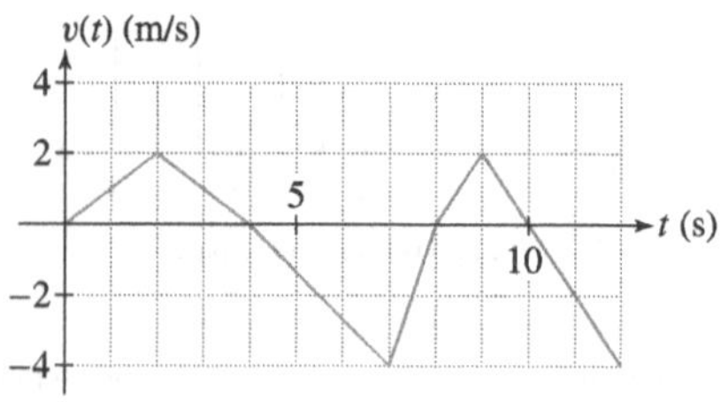

FIGURA 5

97. Num dia típico, certa cidade consome água a uma taxa de $r(t) = 100 + 72t - 3t^2$ (em milhares de litros por hora), em que t é o número de horas a partir da meia-noite. Qual é o consumo diário de água? Quanta água é consumida entre as 6 da tarde e a meia-noite?

98. A curva de aprendizado numa certa fábrica é $L(x) = 12x^{-1/5}$ (em horas por bicicleta), o que significa que um mecânico de bicicleta leva $L(n)$ horas para montar a enésima bicicleta. Se um mecânico produziu 24 bicicletas, quanto tempo leva para ele produzir uma batelada subsequente de 12 bicicletas?

99. Os engenheiros de custo da NASA têm a tarefa de projetar o custo P dos principais projetos espaciais. Notou-se que o custo C de desenvolver uma projeção aumenta com P a uma taxa de $dC/dP \approx 21P^{-0{,}65}$, em que C é dado em milhares de dólares e P está em milhões de dólares. Qual é o custo de desenvolver uma projeção para um projeto cujo custo acaba sendo de $P = 35$ milhões de dólares?

100. Um astrônomo estima que, numa certa constelação, o número de estrelas de magnitude m, por grau quadrado de céu, seja de $A(m) = 2{,}4 \times 10^{-6}m^{7{,}4}$ (estrelas aparentemente mais fracas têm magnitude maior). Determine o número total de estrelas de magnitude entre 6 e 15 em uma região de 1 grau quadrado de céu.

101. Calcule $\int_{-8}^{8} \frac{x^{15}\,dx}{3+\cos^2 x}$, usando as propriedades de funções ímpares.

102. Calcule $\int_0^1 f(x)\,dx$, supondo que f seja uma função contínua par tal que

$$\int_1^2 f(x)\,dx = 5, \qquad \int_{-2}^{1} f(x)\,dx = 8$$

103. CG Esboce o gráfico de $f(x) = \text{sen}\, mx\, \text{sen}\, nx$ em $[0, \pi]$ com os pares $(m, n) = (2, 4), (3, 5)$ e, em cada caso, adivinhe o valor de $I = \int_0^{\pi} f(x)\,dx$. Experimente com alguns outros valores (inclusive com dois casos em que $m = n$) e formule uma conjectura sobre quando I tem valor zero.

104. Mostre que

$$\int x\,f(x)\,dx = xF(x) - G(x)$$

em que $F'(x) = f(x)$ e $G'(x) = F(x)$. Use isso para calcular $\int x \cos x\,dx$.

105. Prove que

$$2 \le \int_1^2 2^x\,dx \le 4 \qquad \text{e} \qquad \frac{1}{9} \le \int_1^2 3^{-x}\,dx \le \frac{1}{3}$$

106. CG Esboce o gráfico de $f(x) = x^{-2}\,\text{sen}\, x$ e mostre que $0{,}2 \le \int_1^2 f(x)\,dx \le 0{,}9$.

107. Encontre cotas superior e inferior de $\int_0^1 f(x)\,dx$, em que $y = f(x)$ é dada na Figura 6.

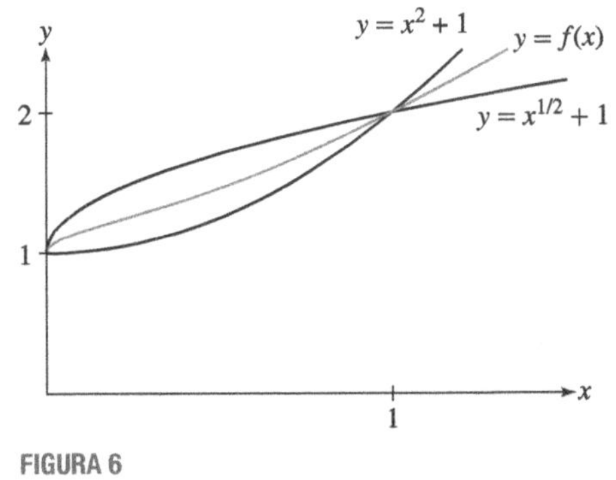

FIGURA 6

Nos Exercícios 108-113, encontre a derivada.

108. $A'(x)$, em que $A(x) = \int_3^x \text{sen}(t^3)\,dt$.

109. $A'(\pi)$, em que $A(x) = \int_2^x \frac{\cos t}{1+t}\,dt$.

110. $\frac{d}{dy}\int_{-2}^{y} 3^x\,dx$.

111. $G'(x)$, em que $G(x) = \int_{-2}^{\text{sen}\,x} t^3\,dt$.

112. $G'(2)$, em que $G(x) = \int_0^{x^3} \sqrt{t+1}\,dt$.

113. $H'(1)$, em que $H(x) = \int_{4x^2}^{9} \frac{1}{t}\,dt$.

114. Explique com um gráfico: se f for crescente e côncava para cima em $[a, b]$, então L_N é uma aproximação mais precisa do que R_N. Qual é mais precisa se f for crescente e côncava para baixo?

115. Explique com um gráfico: se f for linear em $[a, b]$, então $\int_a^b f(x)\,dx = \frac{1}{2}(R_N + L_N)$, com qualquer N.

116. Neste exercício, provamos que

$$x - \frac{x^2}{2} \le \ln(1+x) \le x \qquad (\text{se } x > 0) \tag{1}$$

(a) Mostre que $\ln(1+x) = \int_0^x \frac{dt}{1+t}$ se $x > 0$.

(b) Verifique que $1 - t \le \frac{1}{1+t} \le 1$ com qualquer $t > 0$.

(c) Use a parte (b) para provar a Equação (1).

(d) Verifique a Equação (1) com $x = 0{,}5$; $0{,}1$ e $0{,}01$.

117. Seja

$$F(x) = x\sqrt{x^2-1} - 2\int_1^x \sqrt{t^2-1}\,dt$$

Prove que $F(x)$ e $y = \text{arc cosh}\, x$ diferem por uma constante, mostrando que essas funções têm a mesma derivada. Em seguida, prove que são iguais, calculando seu valor em $x = 1$.

118. Seja f uma função contínua, crescente e positiva em $[a, b]$, em que $0 \le a < b$, como na Figura 7. Mostre que a região sombreada tem uma área de

$$I = bf(b) - af(a) - \int_a^b f(x)\,dx \tag{2}$$

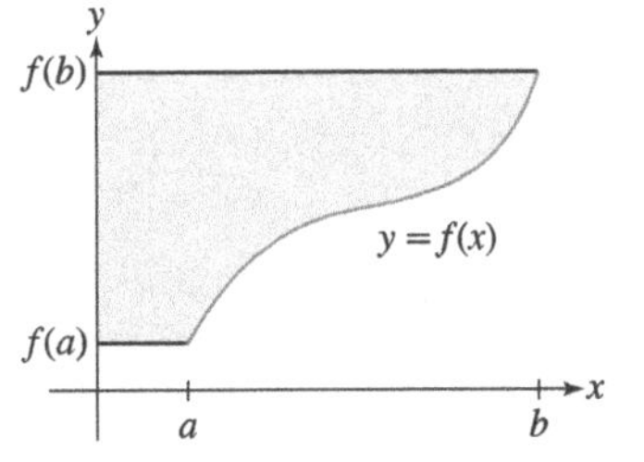

FIGURA 7

119. Como pode ser interpretada a quantidade I na Equação (2) se $a < b \le 0$? Explique com um gráfico.

120. O isótopo tório-234 tem uma meia-vida de 24,5 dias.

(a) Qual é a equação diferencial satisfeita pela quantidade $y(t)$ de tório-234 em uma amostra no instante t?

(b) Em $t = 0$, uma amostra contém 2 kg de tório-234. Quanto resta depois de 40 dias?

121. O lanche mais antigo? Na caverna Bat, no estado norte-americano do Novo México, arqueólogos encontraram restos humanos antigos, bem como espigas de milho de pipoca, que tinham uma razão de C^{14} para C^{12} em torno de 48% da que é encontrada em matéria viva. Dê uma estimativa para a idade dessa pipoca.

122. A razão de C^{14} para C^{12} de uma amostra é proporcional à taxa de desintegração (número de partículas beta emitidas por minuto) que é medida diretamente com um contador Geiger. A taxa de desintegração do carbono num organismo vivo é de 15,3 partículas beta/minuto por grama. Encontre a idade de uma amostra que emite 9,5 partículas beta/minuto por grama.

123. Qual é a taxa de juros se 43.000 for o PV de 50.000 a serem pagos em 3 anos?

124. Uma renovação de equipamento custando 1 milhão proporcionará uma economia de 320.000 ao ano por 4 anos. Isso constitui um bom investimento se a taxa de juros for de 5%? Qual é a maior taxa de juros que faria essa renovação valer a pena? Suponha que a poupança seja recebida de uma só vez ao final de cada ano.

125. Encontre o PV de uma série de pagamentos que paga $5000e^{-0,1t}$ dólares/ano continuamente por 5 anos, supondo que $r = 4\%$.

126. Calcule o limite:

(a) $\lim_{n\to\infty}\left(1+\frac{4}{n}\right)^{n}$

(b) $\lim_{n\to\infty}\left(1+\frac{1}{n}\right)^{4n}$

(c) $\lim_{n\to\infty}\left(1+\frac{4}{n}\right)^{3n}$

6 APLICAÇÕES DA INTEGRAL

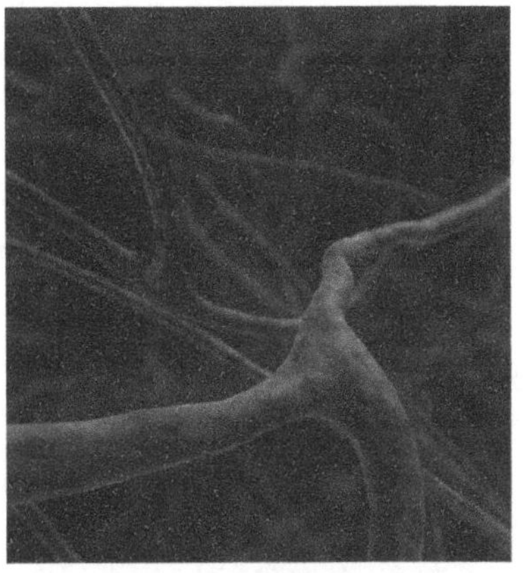

Uma imagem de veias em um coração humano, obtida por ressonância magnética (RM). Os digitalizadores de RM utilizam a matemática das transformadas de Fourier, que dependem de integrais, para construir imagens bi e tridimensionais. *(Sergey Panteleev/Getty Images)*

No capitulo precedente, utilizamos a integral para calcular áreas abaixo de curvas e variação líquida. Neste capítulo, discutimos algumas das outras quantidades representadas por integrais, incluindo volume, valor médio, trabalho, massa total, população e escoamento de fluido.

6.1 Área entre duas curvas

Às vezes estamos interessados na área entre duas curvas. A Figura 1 mostra a projeção da geração de energia elétrica nos EUA a partir de fontes renováveis (eólica, solar, biocombustíveis, etc.) segundo dois cenários: com ou sem o estímulo governamental ao consumo. A área da região sombreada entre os dois gráficos representa a projeção da energia adicional que resulta do consumo estimulado.

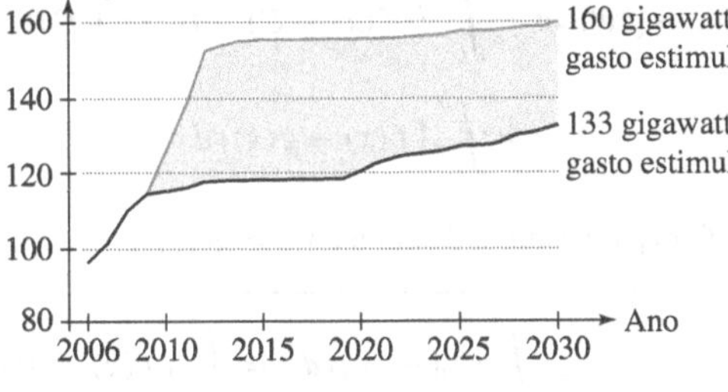

FIGURA 1 A área da região sombreada (que tem as unidades de *potência* × *tempo*, ou *energia*) representa a energia adicional gerada por fontes renováveis projetada com um estimulo governamental ao consumo em 2009-2010. *Fonte:* Agência de Informação de Energia dos EUA.

Agora suponha que sejam dadas duas funções, $y = f(x)$ e $y = g(x)$, tais que $f(x) \geq g(x)$ em cada x de algum intervalo $[a, b]$. Uma região dessas é denominada **verticalmente simples**, pois qualquer reta vertical que intersecta a região é um ponto ou um intervalo cuja extremidade inferior fica no gráfico de $y = g(x)$ e a superior fica no gráfico de $y = f(x)$, como pode ser visto, por exemplo, na Figura 2. Então o gráfico de $y = f(x)$ fica acima do gráfico de $y = g(x)$ (Figura 3), e a área entre os dois gráficos é igual à área abaixo da função de cima menos a área abaixo da função de baixo, que é a integral de $f(x) - g(x)$:

$$\text{Área entre os gráficos} = \int_a^b f(x)\,dx - \int_a^b g(x)\,dx$$
$$= \int_a^b \big(f(x) - g(x)\big)\,dx \qquad 1$$

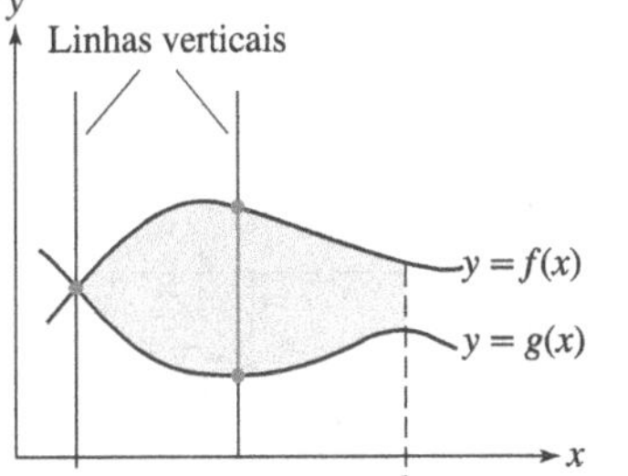

FIGURA 2 Uma região verticalmente simples.

A Figura 3 ilustra essa fórmula no caso em que ambos os gráficos ficam acima do eixo x. Vemos que a região entre os gráficos é obtida removendo a região abaixo de $y = g(x)$ da região abaixo de $y = f(x)$.

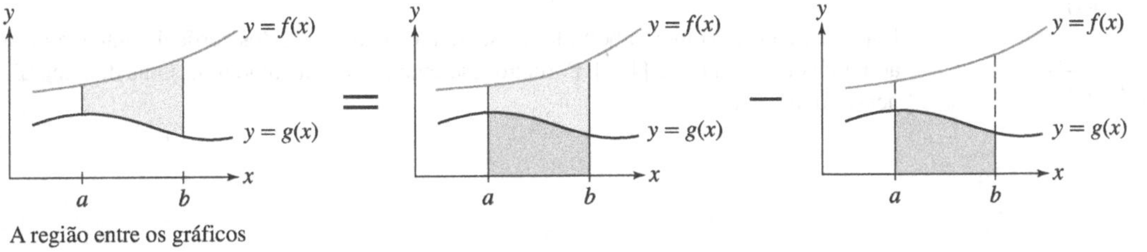

FIGURA 3 A área entre os gráficos é uma diferença de duas áreas.

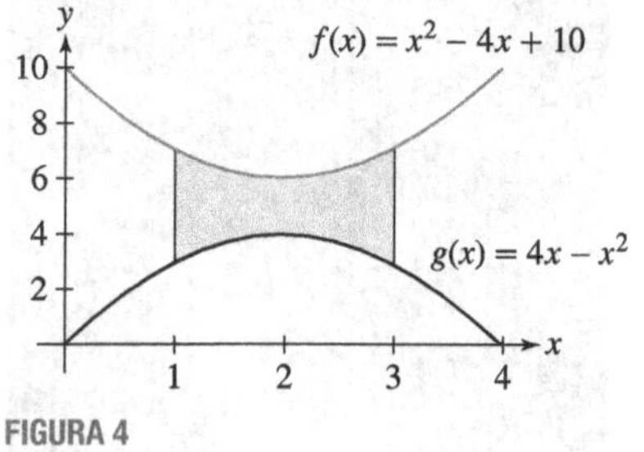

FIGURA 4

■ **EXEMPLO 1** Calcule a área da região entre os gráficos das funções

$$f(x) = x^2 - 4x + 10, \qquad g(x) = 4x - x^2, \qquad 1 \le x \le 3$$

Solução Inicialmente devemos determinar qual gráfico está acima. A Figura 4 mostra que $f(x) \ge g(x)$, como podemos verificar diretamente completando o quadrado:

$$f(x) - g(x) = (x^2 - 4x + 10) - (4x - x^2) = 2x^2 - 8x + 10 = 2(x-2)^2 + 2 > 0$$

Portanto, a região é verticalmente simples e, pela Equação (1), a área entre os gráficos é

$$\int_1^3 \big(f(x) - g(x)\big)\,dx = \int_1^3 \big((x^2 - 4x + 10) - (4x - x^2)\big)\,dx$$

$$= \int_1^3 (2x^2 - 8x + 10)\,dx = \left(\frac{2}{3}x^3 - 4x^2 + 10x\right)\Big|_1^3 = 12 - \frac{20}{3} = \frac{16}{3} \qquad ■$$

Antes de continuar com mais exemplos, observamos que a Equação (1) permanece válida se $f(x) \ge g(x)$, mesmo se $f(x)$ e $g(x)$ não forem necessariamente positivas. Como na Figura 5, podemos, simplesmente, transladar as duas funções para cima somando uma constante C suficientemente grande, de tal modo que ambas as funções transladadas sejam positivas no intervalo $[a, b]$. Isso não afeta a área entre essas funções. Do resultado anterior, decorre que

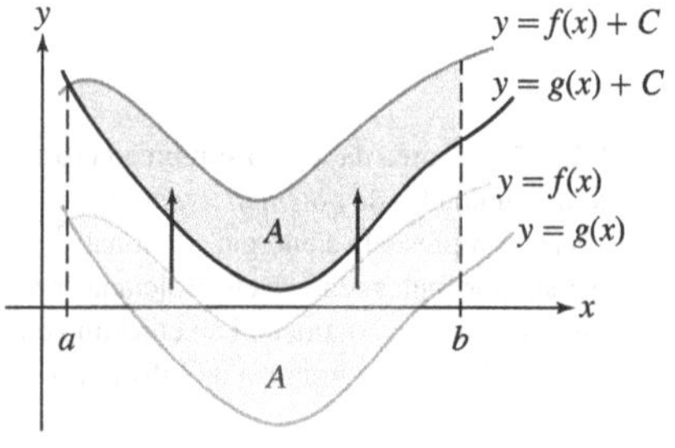

FIGURA 5 Transladando as funções para que passem a ser positivas.

$$\text{Área entre os gráficos} = \int_a^b \big((f(x) + C) - (g(x) + C)\big)\,dx$$

$$= \int_a^b \big(f(x) - g(x)\big)\,dx$$

Escrevendo $y_{\text{al}} = f(x)$ para a curva de cima e $y_{\text{ba}} = g(x)$ para a de baixo, obtemos

$$\text{Área entre os gráficos} = \int_a^b (y_{\text{al}} - y_{\text{ba}})\,dx = \int_a^b \big(f(x) - g(x)\big)\,dx \qquad 2$$

■ **EXEMPLO 2** Encontre a área entre os gráficos de $f(x) = x^2 - 5x - 7$ e $g(x) = x - 12$, ao longo de $[-2, 5]$.

Solução Precisamos determinar, inicialmente, qual gráfico está em cima.

Passo 1. **Esboçar a região (especialmente, encontrar quaisquer pontos de interseção).** Sabemos que $y = f(x)$ é uma parábola que corta o eixo y em -7 e $y = g(x)$ é uma reta que corta o eixo y em -12 (Figura 6). Para determinar onde os gráficos intersectam, procuramos valores de x em que $f(x) = g(x)$ ou, equivalentemente, em que $f(x) - g(x) = 0$:

$$f(x) - g(x) = (x^2 - 5x - 7) - (x - 12) = x^2 - 6x + 5 = (x-1)(x-5)$$

Os gráficos intersectam se $(x-1)(x-5) = 0$, ou seja, em $x = 1$ e $x = 5$.

Passo 2. **Montar as integrais e calcular.** Também podemos ver que $f(x) - g(x) \le 0$ se $1 \le x < 5$ e, portanto,

$$f(x) \ge g(x) \text{ em } [-2, 1] \text{ e } g(x) \ge f(x) \text{ em } [1, 5]$$

Isso indica que devemos subdividir nossa região em duas regiões verticalmente simples, ao longo de $[-2, 1]$ e de $[1, 5]$. Portanto, escrevemos a área como uma soma de integrais nesses dois intervalos:

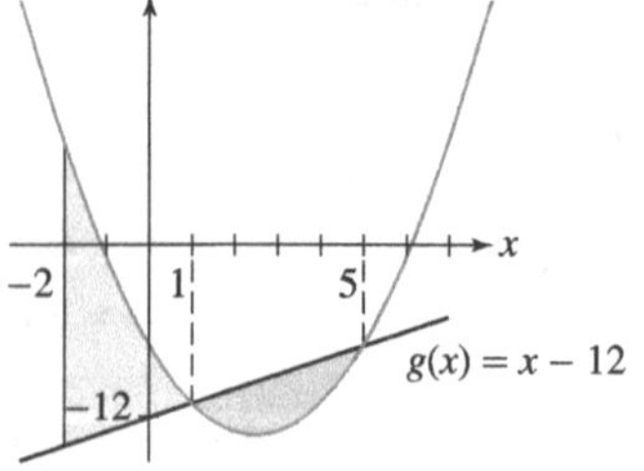

FIGURA 6

No Exemplo 2, encontramos os pontos de interseção de $y = f(x)$ e $y = g(x)$ algebricamente. Com funções mais complicadas, pode ser preciso utilizar um sistema algébrico computacional.

$$\int_{-2}^{5}(y_{al}-y_{ba})\,dx = \int_{-2}^{1}\big(f(x)-g(x)\big)\,dx + \int_{1}^{5}\big(g(x)-f(x)\big)\,dx$$

$$= \int_{-2}^{1}\big((x^2-5x-7)-(x-12)\big)\,dx + \int_{1}^{5}\big((x-12)-(x^2-5x-7)\big)\,dx$$

$$= \int_{-2}^{1}(x^2-6x+5)\,dx + \int_{1}^{5}(-x^2+6x-5)\,dx$$

$$= \left(\frac{1}{3}x^3-3x^2+5x\right)\Big|_{-2}^{1} + \left(-\frac{1}{3}x^3+3x^2-5x\right)\Big|_{1}^{5}$$

$$= \left(\frac{7}{3}-\frac{(-74)}{3}\right)+\left(\frac{25}{3}-\frac{(-7)}{3}\right)=\frac{113}{3}$$ ■

■ **EXEMPLO 3 Calculando área dividindo a região** Encontre a área da região delimitada pelos gráficos de $y = 8/x^2$, $y = 8x$, $y = 8x$ e $y = x$.

Solução

Passo 1. **Esboçar a região (especialmente, encontrar quaisquer pontos de interseção).**
A curva $y = 8/x^2$ corta fora uma região no setor entre as duas retas $y = 8x$ e $y = x$ (Figura 7). Encontramos a interseção de $y = 8/x^2$ e $y = 8x$ resolvendo

$$\frac{8}{x^2} = 8x \quad\Rightarrow\quad x^3 = 1 \quad\Rightarrow\quad x = 1$$

e a interseção de $y = 8/x^2$ e $y = x$ resolvendo

$$\frac{8}{x^2} = x \quad\Rightarrow\quad x^3 = 8 \quad\Rightarrow\quad x = 2$$

Passo 2. **Montar as integrais e calcular.**
A Figura 7 mostra que $y_{ba} = x$, mas y_{al} troca em $x = 1$ de $y_{al} = 8x$ para $y_{al} = 8/x^2$. Vemos que a região não é verticalmente simples. Portanto, dividimos a região em duas partes, A e B, cada uma verticalmente simples e calculamos as áreas separadamente:

$$\text{Área de } A = \int_0^1 (y_{al}-y_{ba})\,dx = \int_0^1 (8x-x)\,dx = \int_0^1 7x\,dx = \frac{7}{2}x^2\Big|_0^1 = \frac{7}{2}$$

$$\text{Área de } B = \int_1^2 (y_{al}-y_{ba})\,dx = \int_1^2 \left(\frac{8}{x^2}-x\right)dx = \left(-\frac{8}{x}-\frac{1}{2}x^2\right)\Big|_1^2 = \frac{5}{2}$$

A área total delimitada pelas curvas é a soma $\frac{7}{2}+\frac{5}{2}=6$. ■

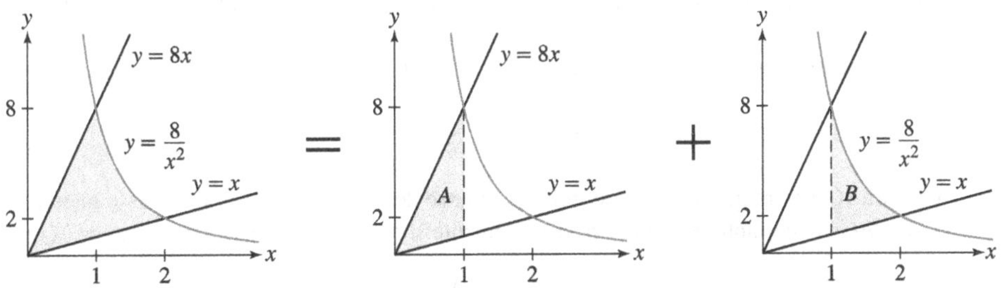

FIGURA 7 A área delimitada por $y = 8/x^2$, $y = 8x$ e $y = x$ como uma soma de duas áreas.

Integração ao longo do eixo *y*

Suponha que x seja dado como função de y, digamos, $x = g(y)$. Qual é o significado da integral $\int_c^d g(y)\,dy$? Essa integral pode ser interpretada como uma *área com sinal*, em que regiões à *direita* do eixo y têm área positiva e regiões à *esquerda* têm área negativa:

$$\int_c^d g(y)\,dy = \text{área com sinal entre o gráfico e o eixo } y \text{ com } c \le y \le d$$

Na Figura 8(A), a parte da região sombreada à esquerda do eixo y tem área com sinal negativa. A área com sinal de toda a região é

$$\underbrace{\int_{-6}^{6} (y^2 - 9)\, dy}_{\substack{\text{Área à direita do eixo } y \text{ menos} \\ \text{área à esquerda do eixo } y}} = \left(\frac{1}{3}y^3 - 9y\right)\Bigg|_{-6}^{6} = 36$$

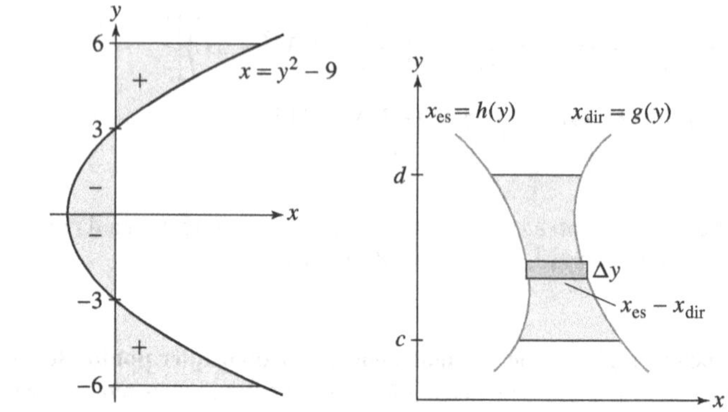

(A) A região entre $x = y^2 - 9$ e o eixo y.

(B) A região entre $x = h(y)$ e $x = g(y)$.

FIGURA 8

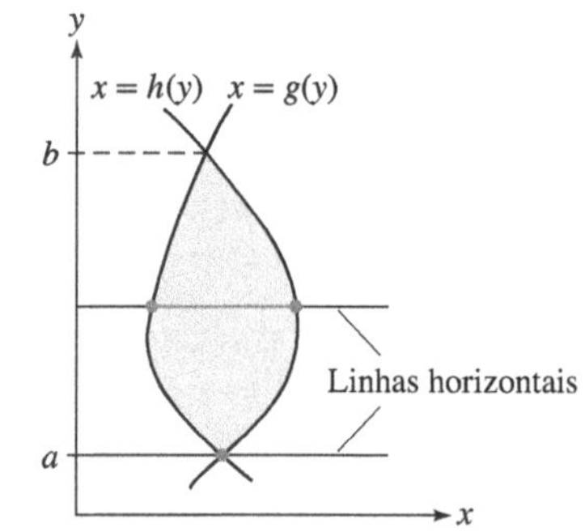

FIGURA 9 Uma região horizontalmente simples.

Mais geralmente, se $g(y) \geq h(y)$ como na Figura 8(B), então o gráfico de $x = g(y)$ fica à direita do gráfico de $x = h(y)$. Nesse caso, escrevemos $x_{di} = g(y)$ e $x_{es} = h(y)$ e dizemos que a região é **horizontalmente simples**, pois qualquer reta horizontal que intersecta a região é um ponto ou um intervalo cuja extremidade esquerda fica na curva $x = h(y)$ e a direita na curva $x = g(y)$, como na Figura 9. A fórmula para a área correspondente à Equação (2) é

$$\text{Área entre os gráficos} = \int_c^d (x_{di} - x_{es})\, dy = \int_c^d \big(g(y) - h(y)\big)\, dy \qquad 3$$

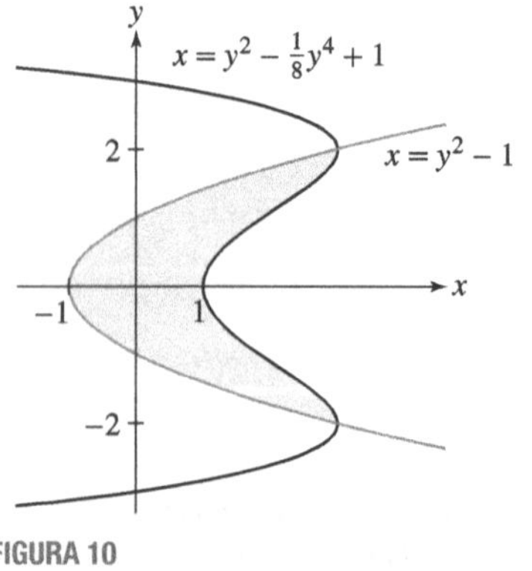

FIGURA 10

Seria mais difícil calcular a área da região na Figura 10 como uma integral em relação a x, porque as curvas não são gráficos de funções de x.

EXEMPLO 4 Calcule a área delimitada pelos gráficos de $h(y) = y^2 - 1$ e $g(y) = y^2 - \frac{1}{8}y^4 + 1$.

Solução Observe que, para ter uma ideia do gráfico da segunda função, podemos pensar em $g(x) = x^2 - \frac{1}{8}x^4 + 1$ e traçar esse gráfico usando as técnicas que já desenvolvemos e, então, refletir o gráfico pela reta $y = x$ para obter o gráfico de $g(y) = y^2 - \frac{1}{8}y^4 + 1$, como na Figura 10.

Encontramos os pontos em que os gráficos intersectam resolvendo $g(y) = h(y)$ em y:

$$y^2 - \frac{1}{8}y^4 + 1 = y^2 - 1 \quad \Rightarrow \quad \frac{1}{8}y^4 - 2 = 0 \quad \Rightarrow \quad y = \pm 2$$

A Figura 10 mostra que a região delimitada situa-se desde $y = -2$ até $y = 2$. Nesse intervalo, $g(y) \geq h(y)$ e, portanto, a região é horizontalmente simples. Assim, $x_{di} = g(y)$, $x_{es} = h(y)$, e

$$x_{di} - x_{es} = \left(y^2 - \frac{1}{8}y^4 + 1\right) - (y^2 - 1) = 2 - \frac{1}{8}y^4$$

A área delimitada é

$$\int_{-2}^{2} (x_{di} - x_{es})\, dy = \int_{-2}^{2} \left(2 - \frac{1}{8}y^4\right) dy = \left(2y - \frac{1}{40}y^5\right)\Bigg|_{-2}^{2}$$

$$= \frac{16}{5} - \left(-\frac{16}{5}\right) = \frac{32}{5}$$

■

Com muitas regiões, temos uma opção de encontrar a área integrando em relação a x ou a y. Essa decisão, geralmente, fundamenta-se em quão fácil é obter as curvas como funções de uma das variáveis em termos da outra, bem como quão fácil é subdividir a região em regiões mais simples e então integrar as funções envolvidas.

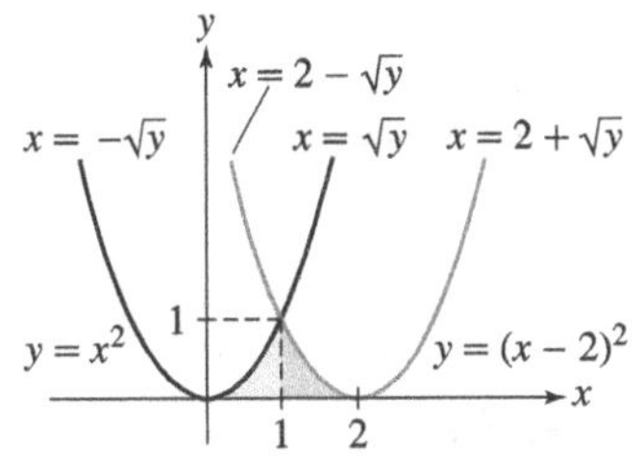

FIGURA 11 Essa região é horizontalmente simples, mas é mais fácil cortá-la em duas regiões verticalmente simples.

■ **EXEMPLO 5** Encontre a área da região delimitada pelas três curvas $y = x^2$, $y = (x-2)^2$ e $y = 0$.

Solução A área aparece na Figura 11. Observe imediatamente que a região não é verticalmente simples, pois a função de cima troca no intervalo [0, 2]. Ela é horizontalmente simples, mas calcular a área usando essa informação requer um pouco mais trabalho. Assim, inicialmente calculamos a área dividindo a região em duas verticalmente simples. Então a área é dada por

$$\int_0^1 x^2\,dx + \int_1^2 (x-2)^2\,dx = \left.\frac{x^3}{3}\right|_0^1 + \left.\frac{(x-2)^3}{3}\right|_1^2 = \frac{1}{3} + 0 - \left(-\frac{1}{3}\right) = \frac{2}{3}$$

Vamos, agora, refazer o problema olhando para a região como sendo horizontalmente simples. Precisamos inverter as fórmulas das parábolas. A fronteira esquerda da região, que é o lado direito da parábola definida por $y = x^2$, torna-se $x = \sqrt{y}$. Para determinar a fórmula da fronteira direita da região, que é o lado esquerdo da parábola definida por $y = (x-2)^2$, resolvemos em x:

$$x - 2 = \pm\sqrt{y}$$
$$x = 2 \pm \sqrt{y}$$

A equação para o lado esquerdo da parábola é dada pela escolha do sinal de menos, $x = 2 - \sqrt{y}$.

Então a área é dada por

$$\int_0^1 \left((2-\sqrt{y}) - \sqrt{y}\right)dy = 2y - \frac{4}{3}y^{3/2}\Big|_0^1 = \frac{2}{3}$$ ■

6.1 Resumo

- Se $f(x) \geq g(x)$ em $[a, b]$, então a área entre os gráficos é verticalmente simples, e temos

$$\text{Área entre os gráficos} = \int_a^b (y_{\text{al}} - y_{\text{ba}})\,dx = \int_a^b (f(x) - g(x))\,dx$$

- Para calcular a área entre $y = f(x)$ e $y = g(x)$, esboçamos a região para encontrar y_{al}. Se necessário, procuramos os pontos de interseção resolvendo $f(x) = g(x)$.
- Integral ao longo do eixo y: $\int_c^d g(y)\,dy$ é igual à área com sinal entre o gráfico e o eixo y, com $c \leq y \leq d$. A área à direita do eixo y é positiva e a área à esquerda é negativa.
- Se $g(y) \geq h(y)$ em $[c, d]$, então $x = g(y)$ fica à direita do gráfico de $x = h(y)$, e a região é horizontalmente simples.

$$\text{Área entre os gráficos} = \int_c^d (x_{\text{di}} - x_{\text{es}})\,dy = \int_c^d (g(y) - h(y))\,dy$$

6.1 Exercícios

Exercícios preliminares

1. Qual é a interpretação de área de $\int_a^b (f(x) - g(x))\,dx$ se $f(x) \geq g(x)$?

2. Será $\int_a^b (f(x) - g(x))\,dx$ ainda igual à área entre os gráficos de f e g se $f(x) \geq 0$, mas $g(x) \leq 0$?

3. Suponha que $f(x) \geq g(x)$ em $[0, 3]$ e $g(x) \geq f(x)$ em $[3, 5]$. Expresse a área entre os gráficos ao longo de $[0, 5]$ como uma soma de integrais.

4. Suponha que o gráfico de $x = f(y)$ fique à esquerda do eixo y. Será $\int_a^b f(y)\,dy$ positiva ou negativa?

5. Explique o que representa $\int_a^b |f(x) - g(x)|\,dx$.

6. Esboce uma região que seja horizontal e verticalmente simples.

Exercícios

1. Encontre a área da região entre $y = 3x^2 + 12$ e $y = 4x + 4$, ao longo de $[-3, 3]$ (Figura 12).

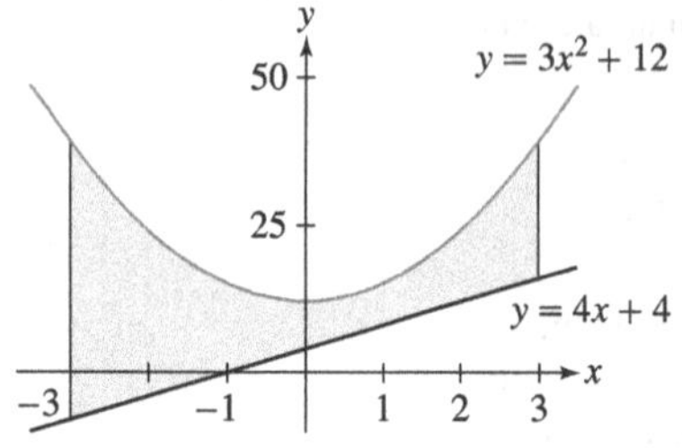

FIGURA 12

2. Encontre a área da região entre os gráficos de $f(x) = 3x + 8$ e $g(x) = x^2 + 2x + 2$ ao longo de $[0, 2]$.

3. Encontre a área da região delimitada pelos gráficos de $f(x) = x^2 + 2$ e $g(x) = 2x + 5$ (Figura 13).

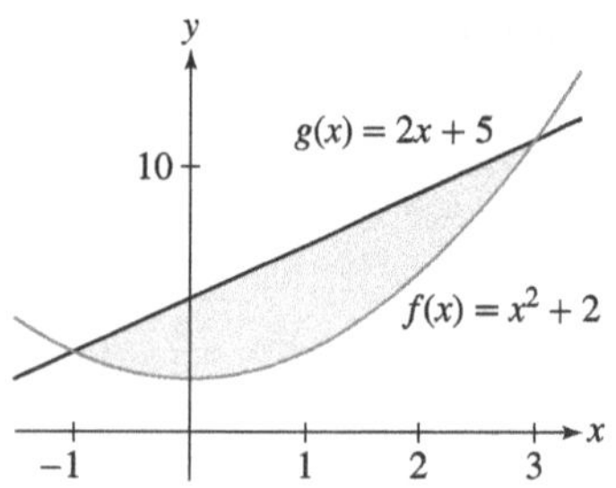

FIGURA 13

4. Encontre a área da região delimitada pelos gráficos de $f(x) = x^3 - 10x$ e $g(x) = 6x$ (Figura 14).

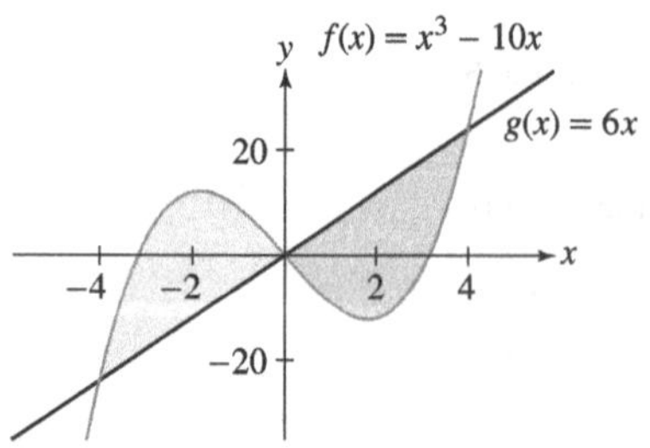

FIGURA 14

Nos Exercícios 5 e 6, esboce a região entre $y = \text{sen}\, x$ e $y = \cos x$ ao longo do intervalo dado e encontre sua área.

5. $\left[\frac{\pi}{4}, \frac{\pi}{2}\right]$

6. $[0, \pi]$

Nos Exercícios 7 e 8, sejam $f(x) = 20 + x - x^2$ e $g(x) = x^2 - 5x$.

7. Esboce a região delimitada pelos gráficos de f e g e encontre sua área.

8. Esboce a região entre os gráficos de f e g ao longo de $[4, 8]$ e calcule a área como a soma de duas integrais.

9. Encontre a área delimitada por $y = e^x$ e $y = e^{2x}$ ao longo de $[0, 1]$.

10. Encontre a área da região delimitada por $y = e^x$ e $y = 12 - e^x$ e o eixo y.

11. Esboce a região delimitada pela reta $y = 2$ e o gráfico de $y = \sec^2 x$ com $-\frac{\pi}{2} < x < \frac{\pi}{2}$ e encontre sua área.

12. Esboce a região delimitada por

$$y = \sqrt{4 - x^2} \quad \text{e} \quad y = -\sqrt{4 - x^2}$$

com $-2 \leq x \leq 2$. Escreva uma integral definida que dê a área, mas use Geometria para encontrar essa área (e, assim, determinar a integral).

Nos Exercícios 13-16, determine se a região delimitada pelas curvas é ou não é verticalmente simples e/ou horizontalmente simples.

13. $x = y^2$, $x = 2 - y^2$

14. $y = x^2$, $x = y^2$

15. $y = x$, $y = 2x$, $y = \frac{1}{x}$

16. $y = \text{sen}\, x$ com $0 \leq x \leq \pi$ e $y = 1 - x$, $y = 0$. (Das duas regiões delimitadas por essas curvas, tome a que não tem a origem na fronteira.)

Nos Exercícios 17-20, encontre a área da região sombreada na figura.

17.

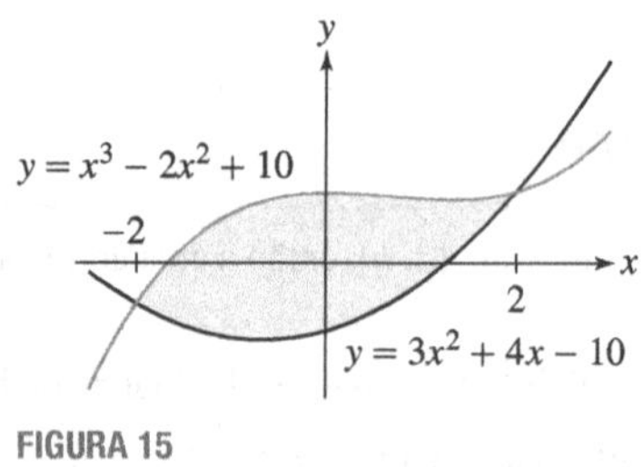

FIGURA 15

18.

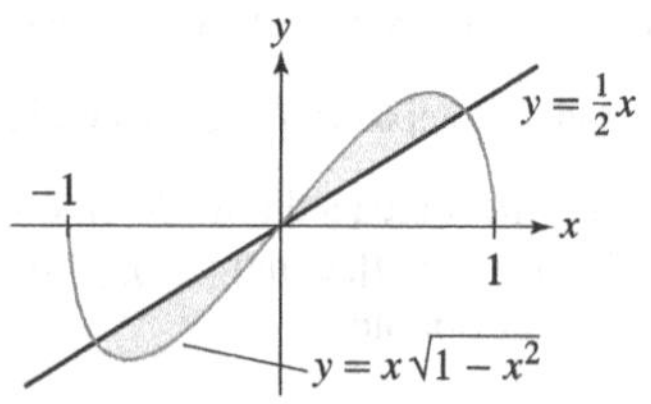

FIGURA 16

19.

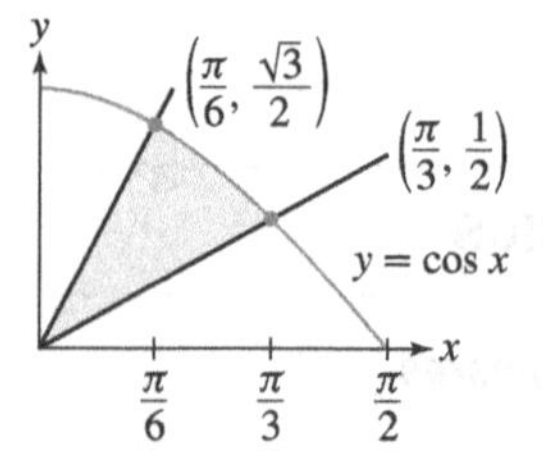

FIGURA 17

20.

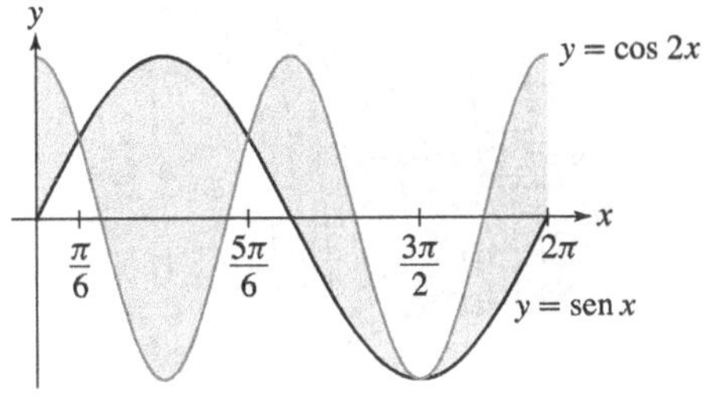

FIGURA 18

Nos Exercícios 21 e 22, encontre a área entre os gráficos de $x = \operatorname{sen} y$ e $x = 1 - \cos y$ ao longo do intervalo dado (Figura 19).

21. $0 \leq y \leq \dfrac{\pi}{2}$

22. $-\dfrac{\pi}{2} \leq y \leq \dfrac{\pi}{2}$

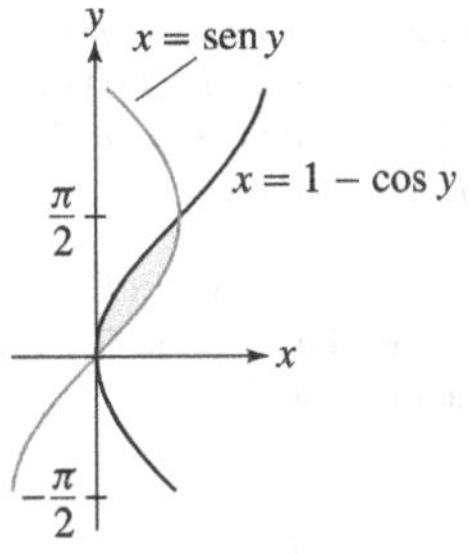

FIGURA 19

23. Encontre a área da região que fica à direita de $x = y^2 + 4y - 22$ e à esquerda de $x = 3y + 8$.

24. Encontre a área da região que fica à direita de $x = y^2 - 5$ e à esquerda de $x = 3 - y^2$.

25. A Figura 20 mostra a região delimitada por $x = y^3 - 26y + 10$ e $x = 40 - 6y^2 - y^3$. Combine as equações com as curvas e calcule a área da região.

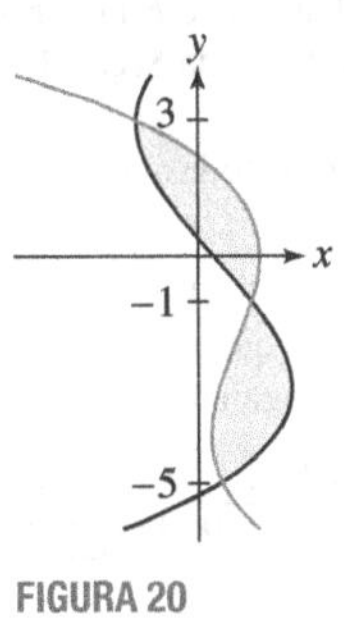

FIGURA 20

26. A Figura 21 mostra a região delimitada por $y = x^3 - 6x$ e $y = 8 - 3x^2$. Combine as equações com as curvas e calcule a área da região.

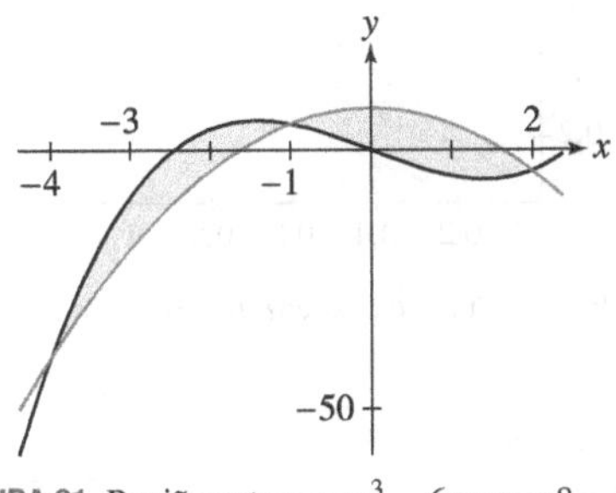

FIGURA 21 Região entre $y = x^3 - 6x$ e $y = 8 - 3x^2$.

Nos Exercícios 27 e 28, encontre a área da região delimitada pelos gráficos de duas maneiras: integrando ao longo do eixo x e integrando ao longo do eixo y.

27. $x = 9 - y^2, \quad x = 5$

28. A *parábola semicúbica* $y^2 = x^3$ e a reta $x = 1$.

Nos Exercícios 29 e 30, encontre a área da região usando o método (integração ao longo de um dos eixos, x ou y) que exija o cálculo de somente uma integral.

29. A região entre $y^2 = x + 5$ e $y^2 = 3 - x$.

30. A região entre $y = x$ e $x + y = 8$ ao longo de $[2, 3]$.

Nos Exercícios 31-48, esboce a região englobada pelas curvas dadas e calcule sua área como uma integral ao longo do eixo x ou y.

31. $y = 4 - x^2, \quad y = x^2 - 4$

32. $y = x^2 - 6, \quad y = 6 - x^3$, eixo y.

33. $x + y = 4, \quad x - y = 0, \quad y + 3x = 4$

34. $y = 8 - 3x, \quad y = 6 - x, \quad y = 2$

35. $y = 8 - \sqrt{x}, \quad y = \sqrt{x}, \quad x = 0$

36. $y = \dfrac{x}{x^2 + 1}, \quad y = \dfrac{x}{5}$

37. $x = |y|, \quad x = 1 - |y|$

38. $y = |x|, \quad y = x^2 - 6$

39. $x = y^3 - 18y, \quad y + 2x = 0$

40. $y = x\sqrt{x - 2}, \quad y = -x\sqrt{x - 2}, \quad x = 4$

41. $x = 2y, \quad x + 1 = (y - 1)^2$

42. $x + y = 1, \quad x^{1/2} + y^{1/2} = 1$

43. $y = \cos x, \quad y = \cos 2x, \quad x = 0, \quad x = \dfrac{2\pi}{3}$

44. $y = \operatorname{tg} x, \quad y = -\operatorname{tg} x, \quad x = \dfrac{\pi}{4}$

45. $y = \operatorname{sen} x, \quad y = \operatorname{cossec}^2 x, \quad x = \dfrac{\pi}{4}$

46. $x = \operatorname{sen} y, \quad x = \dfrac{2}{\pi} y$

47. $y = e^x, \quad y = e^{-x}, \quad y = 2$

48. $y = \dfrac{\ln x}{x}, \quad y = \dfrac{(\ln x)^2}{x}$

49. Esboce

$$y = \frac{x}{\sqrt{x^2 + 1}} \text{ e } y = (x - 1)^2$$

no mesmo par de eixos. Use um sistema algébrico computacional para encontrar numericamente os pontos de interseção e calcule a área entre as curvas.

50. Esboce a região cuja área é representada por

$$\int_{-\sqrt{2}/2}^{\sqrt{2}/2} \left(\sqrt{1 - x^2} - |x|\right) dx$$

e calcule-a usando Geometria.

51. As atletas 1 e 2 correm ao longo de uma pista reta com velocidades $v_1(t)$ e $v_2(t)$ (em m/s) conforme indicado na Figura 22.

(a) Qual das seguintes é representada pela área da região sombreada acima de [0, 10]?

i. A distância entre as atletas 1 e 2 no instante $t = 10$s.
ii. A diferença na distância percorrida pelas atletas 1 e 2 ao longo do intervalo [0, 10].

(b) A Figura 22 dá informação suficiente para determinar quem está adiante no instante $t = 10$ s?

(c) Se as atletas começam no mesmo lugar no mesmo instante, quem está adiante em $t = 10$ s? E em $t = 25$ s?

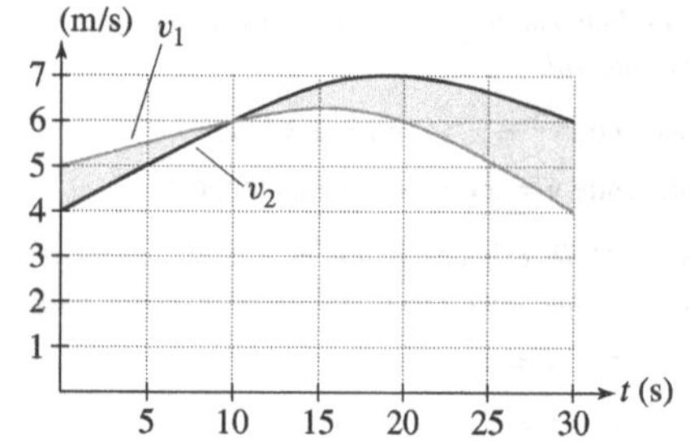

FIGURA 22

52. Expresse a área (não com sinal) da região sombreada na Figura 23 como uma soma de três integrais envolvendo $f(x)$ e $g(x)$.

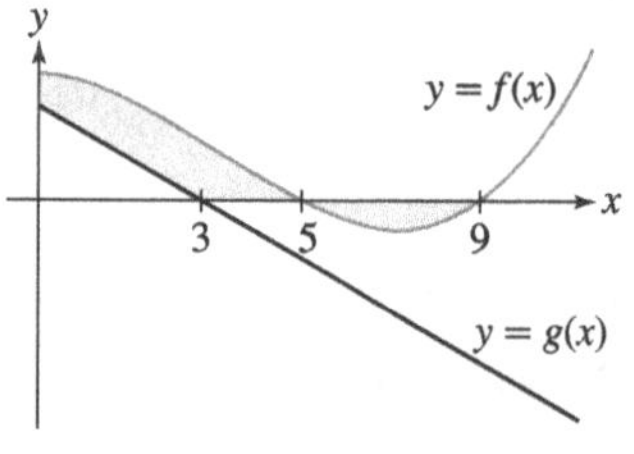

FIGURA 23

53. Encontre a área englobada pelas curvas $y = c - x^2$ e $y = x^2 - c$ como uma função de c. Encontre o valor de c com o qual essa área é igual a 1.

54. Monte (mas não calcule) uma integral que expresse a área entre os círculos $x^2 + y^2 = 2$ e $x^2 + (y - 1)^2 = 1$.

55. Monte (mas não calcule) uma integral que expresse a área entre os gráficos de $y = (1 + x^2)^{-1}$ e $y = x^2$.

56. Use um sistema algébrico computacional para encontrar uma aproximação numérica da área acima de $y = 1 - (x/\pi)$ e abaixo de $y = \text{sen}\, x$ (encontre os pontos de interseção numericamente).

57. Use um sistema algébrico computacional para encontrar uma aproximação numérica da área acima de $y = |x|$ e abaixo de $y = \cos x$.

58. Use um sistema algébrico computacional para encontrar uma aproximação numérica do número c (além de zero) em $[0, \frac{\pi}{2}]$, no qual se intersectam as curvas $y = \text{sen}\, x$ e $y = \text{tg}^2\, x$. Em seguida, encontre a área delimitada pelos gráficos ao longo de $[0, c]$.

59. O fundo do violão de João (Figura 24) tem um comprimento de 19 polegadas. Ele mediu as larguras com intervalos de 1 polegada, começando e terminando a $\frac{1}{2}$ polegada das extremidades, obtendo as larguras

6; 9; 10,25; 10,75; 10,75; 10,25; 9,75; 9,5; 10; 11,25; 12,75; 13,75; 14,25; 14,5; 14,5; 14; 13,25; 11,25; 9

Use a aproximação pelo ponto médio para obter uma estimativa da área do fundo do violão.

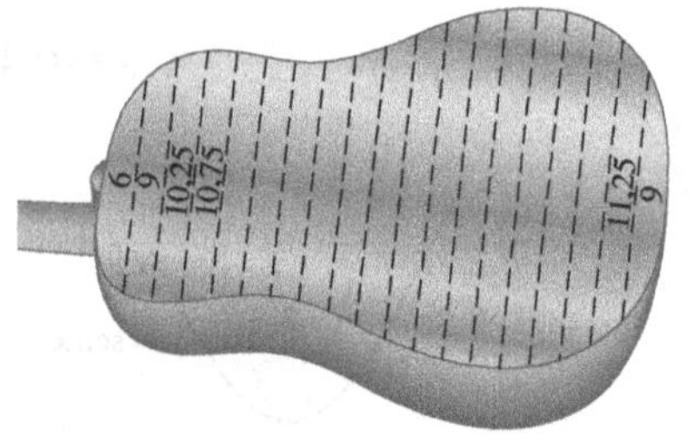

FIGURA 24 O fundo do violão.

60. Considere a Figura 1 no início desta seção. Dê uma estimativa para a quantidade adicional de joules produzidos nos anos de 2009-2030 em virtude do estímulo governamental ao consumo em 2009-2010. *Nota:* um watt (W) é igual a 1 joule/s e 1 gigawatt (GW) é 10^9 watts.

Nos Exercícios 61 e 62, use a notação e os resultados dos Exercícios 49-51 da Seção 3.4. Para um dado país, $F(r)$ é a fração da renda total que é destinada à fração r-ésima inferior dos lares. Dizemos que o gráfico de $y = F(r)$ é uma curva de Lorenz.

61. Seja A a área entre $y = r$ e $y = F(r)$ no intervalo [0, 1] (Figura 25). O **índice de Gini** é a razão $G = A/B$, em que B é a área abaixo de $y = r$ acima de [0, 1].

(a) Mostre que

$$G = 2\int_0^1 (r - F(r))\, dr$$

(b) Calcule G se

$$F(r) = \begin{cases} \frac{1}{3}r & \text{se } 0 \le r \le \frac{1}{2} \\ \frac{5}{3}r - \frac{2}{3} & \text{se } \frac{1}{2} \le r \le 1 \end{cases}$$

(c) O índice de Gini é uma medida da distribuição de renda, em que um valor menor indica uma distribuição de renda mais equilibrada. Calcule G se $F(r) = r$ (caso em que, de acordo com o Exercício 51(b) da Seção 3.4, todos os lares têm a mesma renda).

(d) Qual é o índice G se toda a renda for para um lar? *Sugestão:* nesse caso extremo, $F(r) = 0$ com $0 \le r < 1$.

62. Calcule o índice de Gini dos EUA no ano de 2010 a partir da curva de Lorenz na Figura 25, que consiste em segmentos de reta ligando os dados da tabela seguinte:

r	0	0,2	0,4	0,6	0,8	1
$F(r)$	0	0,033	0,118	0,264	0,480	1

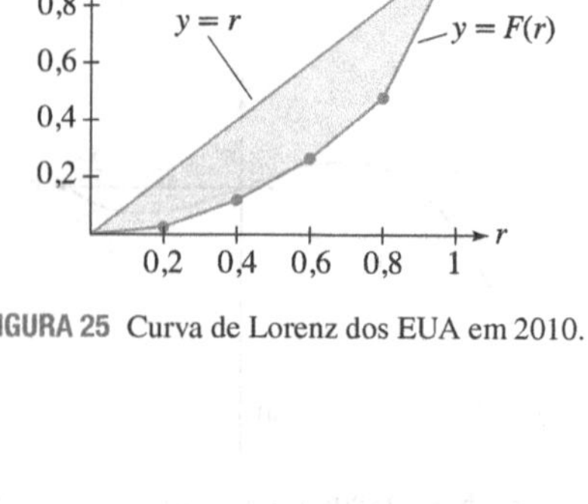

FIGURA 25 Curva de Lorenz dos EUA em 2010.

Compreensão adicional e desafios

63. Encontre a reta $y = mx$ que divide a área sob a curva $y = x(1 - x)$ acima de [0, 1] em duas regiões de mesma área.

64. Seja c o número tal que a área abaixo de $y = \text{sen}\, x$, acima de $[0, \pi]$, seja dividida ao meio pela reta $y = cx$ (Figura 26). Encontre uma equação para c e resolva essa equação *numericamente* usando um sistema algébrico computacional.

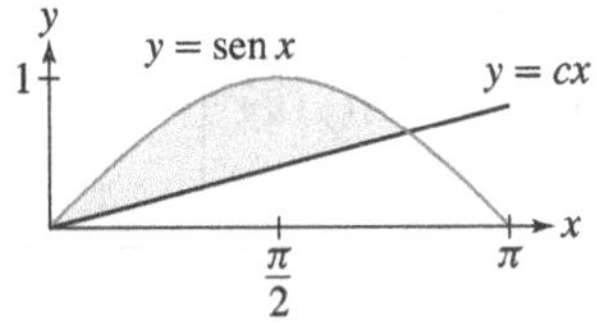

FIGURA 26

65. Explique geometricamente (sem fazer contas):

$$\int_0^1 x^n\,dx + \int_0^1 x^{1/n}\,dx = 1 \qquad (\text{com } n > 0)$$

66. Seja f uma função crescente com inversa g. Explique geometricamente:

$$\int_0^a f(x)\,dx + \int_{f(0)}^{f(a)} g(x)\,dx = af(a)$$

6.2 Montando integrais: volume, densidade, valor médio

Quais quantidades são representadas por integrais? *Grosso modo*, as integrais representam "quantidades totais" de alguma coisa, como área, volume ou massa total. Há um procedimento de duas etapas para calcular tais quantidades: (1) aproximamos a quantidade por uma soma de N parcelas e (2) passamos ao limite com $N \to \infty$ para obter uma integral. Esse procedimento será muito usado nesta e em outras seções.

Volume

Nosso primeiro exemplo é o **volume** de um corpo sólido. Antes de começar, lembremos que o volume de um *cilindro reto* (Figura 1) é Ah, em que A é a área da base e h é a altura, medida perpendicularmente à base. Aqui usamos o termo "cilindro reto" num sentido geral; a base não precisa ser circular, mas os lados são perpendiculares à base.

O termo "sólido" ou "corpo sólido" se refere a um objeto sólido tridimensional.

Suponha que o corpo sólido se estenda de uma altura $y = a$ até $y = b$ ao longo do eixo y, como na Figura 2. Seja $A(y)$ a área de uma **seção transversal horizontal** à altura y (a interseção do sólido com o plano horizontal à altura y).

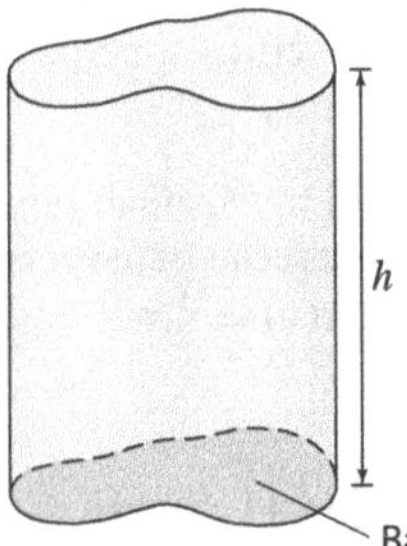

FIGURA 1 O volume de um cilindro reto de altura h é Ah.

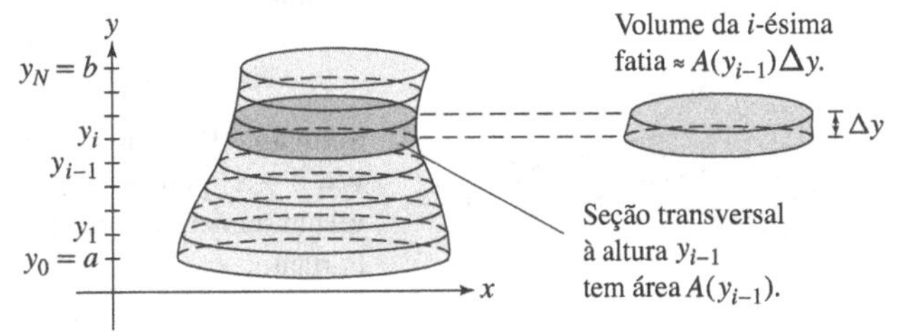

FIGURA 2 Dividimos o sólido em fatias horizontais finas. Cada fatia é quase um cilindro reto, cujo volume pode ser aproximado pela área vezes a altura.

Para calcular o volume V do corpo, dividimos o sólido em N fatias horizontais de espessura $\Delta y = (b - a)/N$. A i-ésima fatia se estende de y_{i-1} até y_i, em que $y_i = a + i\,\Delta y$. Seja V_i o volume da fatia.

Se N for muito grande, então Δy é muito pequeno e as fatias são muito finas. Nesse caso, a i-ésima fatia é praticamente um cilindro reto de base $A(y_{i-1})$ e altura Δy, de modo que $V_i \approx A(y_{i-1})\Delta y$. Somando, obtemos

$$V = \sum_{i=1}^{N} V_i \approx \sum_{i=1}^{N} A(y_{i-1})\Delta y$$

A soma à direita é uma aproximação pela esquerda da integral $\int_a^b A(y)\,dy$. Supondo que A seja uma função contínua, então a precisão da aproximação melhora e converge à integral se $N \to \infty$. Concluímos que *o volume de um sólido é igual à integral da área de sua seção transversal.*

Volume como a integral da área de seção transversal Seja $A(y)$ a área da seção transversal horizontal à altura y de um corpo sólido que se estende de $y = a$ até $y = b$. Então

$$\text{Volume do corpo sólido} = \int_a^b A(y)\,dy \qquad (1)$$

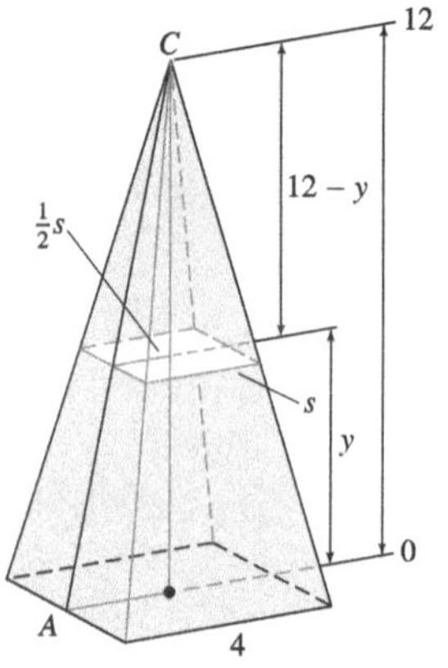

FIGURA 3 Uma seção transversal horizontal da pirâmide é um quadrado.

■ **EXEMPLO 1 Volume de uma pirâmide** Calcule o volume V de uma pirâmide de 12 m de altura cuja base é um quadrado de 4 m de lado.

Solução Para usar a Equação (1), precisamos de uma fórmula para a área $A(y)$ da seção transversal.

Passo 1. **Encontrar uma fórmula para $A(y)$.**

Vemos na Figura 3 que a seção transversal horizontal à altura y é um quadrado. Para encontrar o lado s desse quadrado, aplicamos a lei de semelhança de triângulos a $\triangle ABC$ e ao triângulo de altura $12 - y$ cuja base de comprimento $\frac{1}{2}s$ fica na seção transversal:

$$\frac{\text{Base}}{\text{Altura}} = \frac{2}{12} = \frac{\frac{1}{2}s}{12 - y} \quad \Rightarrow \quad 2(12 - y) = 6s$$

Vemos que $s = \frac{1}{3}(12 - y)$ e, portanto, $A(y) = s^2 = \frac{1}{9}(12 - y)^2$.

Passo 2. **Calcular V como a integral de $A(y)$.**

$$V = \int_0^{12} A(y)\,dy = \int_0^{12} \frac{1}{9}(12 - y)^2\,dy = -\frac{1}{27}(12 - y)^3 \bigg|_0^{12} = 64\ \text{m}^3$$

Esse resultado é o mesmo que teríamos obtido usando a fórmula $V = \frac{1}{3}Ah$ para o volume de uma pirâmide de base A e altura h, já que $\frac{1}{3}Ah = \frac{1}{3}(4^2)(12) = 64$. ■

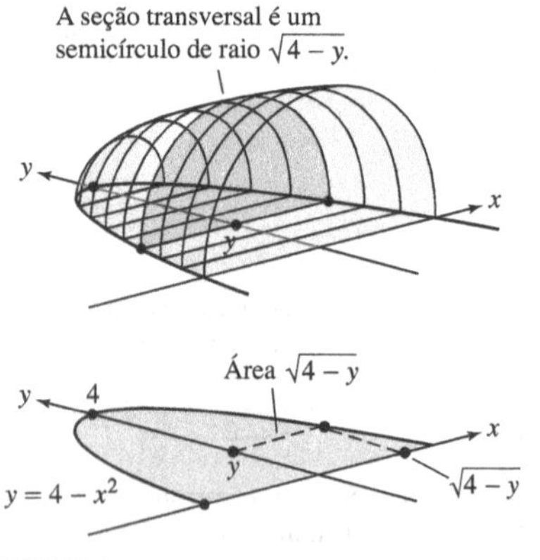

FIGURA 4

■ **EXEMPLO 2** Calcule o volume V do sólido da Figura 4, cuja base é a região entre o eixo x e a parábola invertida $y = 4 - x^2$ e cujas seções transversais verticais, perpendiculares ao eixo y, são semicírculos.

Solução Para encontrar uma fórmula para a área $A(y)$ da seção transversal, observe que $y = 4 - x^2$ pode ser escrito $x = \pm\sqrt{4 - y}$. Vemos na Figura 4 que a seção transversal à altura y é um semicírculo de raio $r = \sqrt{4 - y}$. A área desse semicírculo é $A(y) = \frac{1}{2}\pi r^2 = \frac{\pi}{2}(4 - y)$. Portanto,

$$V = \int_0^4 A(y)\,dy = \frac{\pi}{2}\int_0^4 (4 - y)\,dy = \frac{\pi}{2}\left(4y - \frac{1}{2}y^2\right)\bigg|_0^4 = 4\pi \qquad ■$$

No próximo exemplo, calculamos volume usando seções transversais verticais em vez de horizontais. Isso nos leva a integrais em relação a x em vez de y.

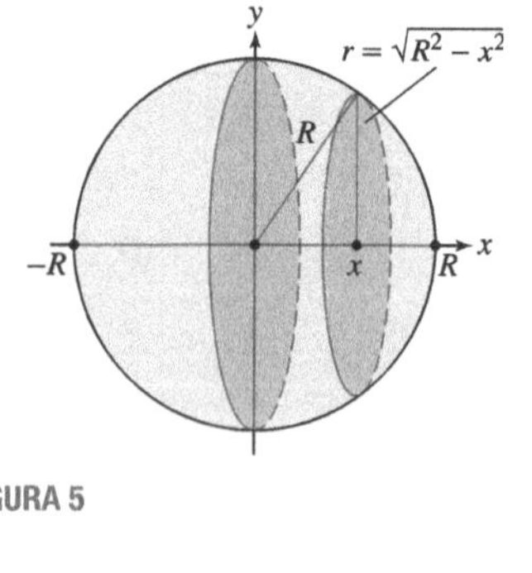

FIGURA 5

■ **EXEMPLO 3 Volume de uma esfera: seções transversais verticais** Calcule o volume de uma esfera de raio R.

Solução Como vemos na Figura 5, a seção transversal vertical da esfera em x é um círculo cujo raio r satisfaz $x^2 + r^2 = R^2$, ou $r = \sqrt{R^2 - x^2}$. A área da seção transversal é $A(x) = \pi r^2 = \pi(R^2 - x^2)$. Portanto, o volume da esfera é

$$\int_{-R}^{R} \pi(R^2 - x^2)\,dx = \pi\left(R^2x - \frac{x^3}{3}\right)\bigg|_{-R}^{R} = 2\left(\pi R^3 - \pi\frac{R^3}{3}\right) = \frac{4}{3}\pi R^3 \qquad ■$$

ENTENDIMENTO CONCEITUAL O **princípio de Cavalieri** afirma que sólidos com áreas de seções transversais iguais têm volumes iguais. Isso costuma ser muito claramente ilustrado com duas pilhas de moedas (Figura 6). Nossa fórmula $V = \int_a^b A(y)\,dy$ inclui o princípio de Cavalieri, porque os volumes V certamente serão iguais se as áreas $A(y)$ das seções transversais forem iguais.

FIGURA 6 Duas pilhas de moedas têm seções transversais iguais, portanto, volumes iguais, pelo princípio de Cavalieri.

Densidade

Em seguida, mostramos que a massa total de um objeto pode ser expressa como uma integral de sua densidade de massa. Considere um bastão de comprimento ℓ. A **densidade de massa linear** do bastão ρ é definida como a massa por unidade de comprimento. Se ρ for constante, então, por definição,

$$\text{Massa total} = \text{densidade de massa linear} \times \text{comprimento} = \rho \cdot \ell \qquad 2$$

Por exemplo, se $\ell = 10$ cm e $\rho = 9$ g/cm, então a massa total é $\rho\ell = 9 \cdot 10 = 90$ g.

Agora considere um bastão que se estende ao longo do eixo x, desde $x = a$ até $x = b$, cuja densidade $y = \rho(x)$ seja uma função contínua de x, como na Figura 7. Para calcular a massa total M, decompomos o bastão em N segmentos pequenos de comprimento $\Delta x = (b - a)/N$. Então $M = \sum_{i=1}^{N} M_i$, em que M_i é a massa do i-ésimo segmento.

A densidade costuma ser denotada pelo símbolo ρ, a letra grega rhô minúscula.

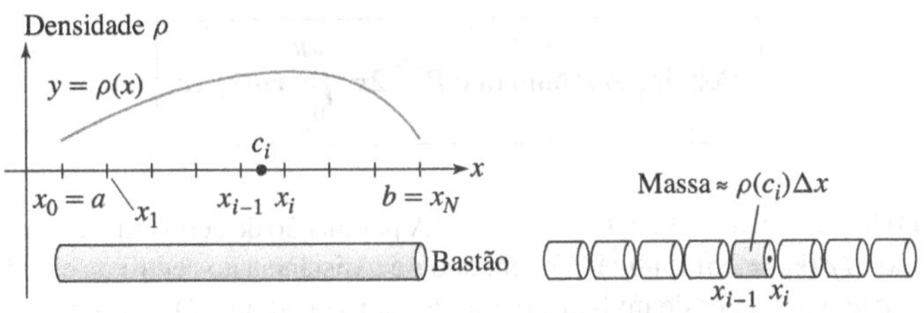

FIGURA 7 A massa total do bastão é igual à área abaixo do gráfico da densidade de massa ρ.

Não podemos usar a Equação (2) porque $\rho(x)$ não é constante, mas podemos argumentar que, se Δx for pequeno, então $\rho(x)$ é *praticamente constante* ao longo do i-ésimo segmento. Se o i-ésimo segmento se estender de x_{i-1} a x_i e se c_i for um ponto de amostragem qualquer em $[x_{i-1}, x_i]$, então $M_i \approx \rho(c_i)\Delta x$ e

$$\text{Massa total } M = \sum_{i=1}^{N} M_i \approx \sum_{i=1}^{N} \rho(c_i)\Delta x$$

Se $N \to \infty$, a precisão da aproximação melhora. Contudo, a soma à direita é uma soma de Riemann, cujo valor tende a $\int_a^b \rho(x)\,dx$ e, portanto, faz sentido definir *a massa total de um bastão como a integral de sua densidade de massa linear*:

$$\boxed{\text{Massa total } M = \int_a^b \rho(x)\,dx} \qquad 3$$

Observe a semelhança entre a maneira pela qual usamos fatias finas para calcular volume e pedaços pequenos para calcular massa total.

■ **EXEMPLO 4 Massa total** Encontre a massa total M de um bastão de 2 m com densidade linear $\rho(x) = 1 + x(2 - x)$ kg/m, sendo x a distância de uma das extremidades do bastão.

Solução

$$M = \int_0^2 \rho(x)\,dx = \int_0^2 \left(1 + x(2 - x)\right) dx = \left(x + x^2 - \frac{1}{3}x^3\right)\Bigg|_0^2 = \frac{10}{3} \text{ kg} \qquad ■$$

Em algumas situações, a densidade é uma função da distância à origem. Por exemplo, no estudo de populações urbanas, podemos supor que a densidade populacional $\rho(r)$ (em pessoas por quilômetro quadrado) dependa somente da distância r ao centro de uma cidade. Tal função densidade é denominada **função densidade radial**.

Em geral, a densidade é uma função $\rho(x, y)$ que depende não só da distância à origem, mas também das coordenadas (x, y). Nesse caso, a massa total ou população é calculada usando integrais duplas, um assunto do cálculo a várias variáveis.

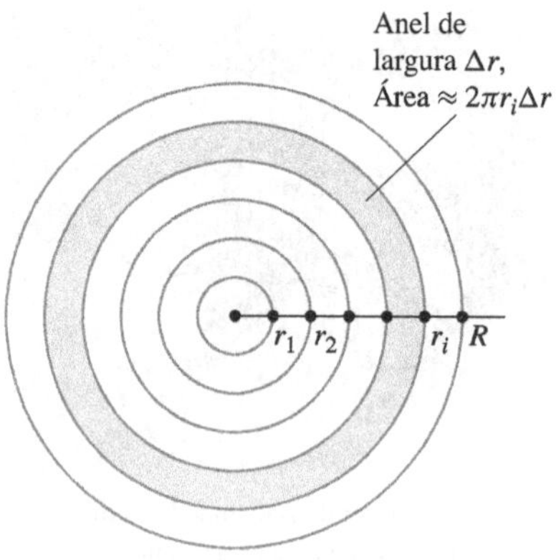

FIGURA 8 Dividindo o círculo de raio R em N anéis finos de largura $\Delta r = R/N$.

Agora deduzimos uma fórmula para a população total P dentro de um raio R do centro de uma cidade, supondo uma função densidade radial $\rho(r)$. Primeiro dividimos o círculo de raio R em N anéis finos de igual largura $\Delta r = R/N$, como na Figura 8.

Seja P_i a população dentro do i-ésimo anel, de modo que $P = \sum_{i=1}^{N} P_i$. Se o raio exterior do i-ésimo anel for r_i, então sua circunferência é $2\pi r_i$ e, se Δr for pequeno, a área desse anel é, *aproximadamente*, $2\pi r_i \Delta r$ (circunferência externa vezes largura). Além disso, a densidade populacional dentro do anel fino é praticamente constante e de valor $\rho(r_i)$. Com essas aproximações,

$$P_i \approx \underbrace{2\pi r_i \Delta r}_{\text{Área do anel}} \times \underbrace{\rho(r_i)}_{\text{Densidade populacional}} = 2\pi r_i \rho(r_i) \Delta r$$

$$P = \sum_{i=1}^{N} P_i \approx 2\pi \sum_{i=1}^{N} r_i \rho(r_i) \Delta r$$

Essa última soma é uma aproximação pela direita da integral $2\pi \int_0^R r\rho(r)\,dr$. Se N tender a ∞, a precisão da aproximação melhora e a soma converge à integral. Assim, com uma população de função densidade radial ρ,

$$\text{População } P \text{ num raio } R = 2\pi \int_0^R r\rho(r)\,dr \qquad 4$$

Lembre que, com uma função densidade radial, a população total é obtida integrando $2\pi r\rho(r)$ em vez de $\rho(r)$.

■ **EXEMPLO 5 Calculando a população total** A população de certa cidade tem função densidade radial $\rho(r) = 15(1 + r^2)^{-1/2}$, em que r é a distância ao centro da cidade em quilômetros e ρ tem unidades de milhares por quilômetro quadrado. Quantas pessoas vivem no anel entre 10 e 30 km do centro da cidade?

Solução A população P (em milhares) nesse anel é

$$P = 2\pi \int_{10}^{30} r\left(15(1 + r^2)^{-1/2}\right) dr = 2\pi(15) \int_{10}^{30} \frac{r}{(1 + r^2)^{1/2}}\,dr$$

Agora usamos a substituição $u = 1 + r^2$, $du = 2r\,dr$. Os limites de integração passam a ser $u(10) = 101$ e $u(30) = 901$, portanto

$$P = 30\pi \int_{101}^{901} u^{-1/2} \left(\frac{1}{2}\right) du = 30\pi u^{1/2} \Big|_{101}^{901} \approx 1.881 \text{ mil}$$

Em palavras, a população é de aproximadamente 1,9 milhão de pessoas. ■

Taxa de fluxo

Quando um fluido escoa por um tubo, a **taxa de fluxo** Q é o *volume por unidade de tempo* do fluido que passa pelo tubo (Figura 9). A taxa de fluxo depende da velocidade das partículas do fluido. Se todas as partículas do fluido têm a mesma velocidade v (digamos, em unidades de metros cúbicos por minuto), e o raio do tubo for R, então

$$\underbrace{\text{Taxa de fluxo } Q}_{\text{Volume por unidade de tempo}} = \text{área da seção transversal} \times \text{velocidade} = \pi R^2 v \text{ cm}^3\text{/min}$$

Por que é válida essa fórmula? Fixemos um ponto de observação P no tubo e perguntemos: quais partículas do fluido escoam por P num intervalo de 1 minuto? Uma partícula percorre v cm a cada minuto, portanto ela passa por P durante esse minuto se estiver localizada no máximo v cm à esquerda de P (supondo que o fluido escoe da esquerda para a direita). Portanto, a coluna de fluido que escoa por P num intervalo de 1 minuto é um cilindro de raio R e comprimento v, que tem um volume de $\pi R^2 v$ (Figura 9).

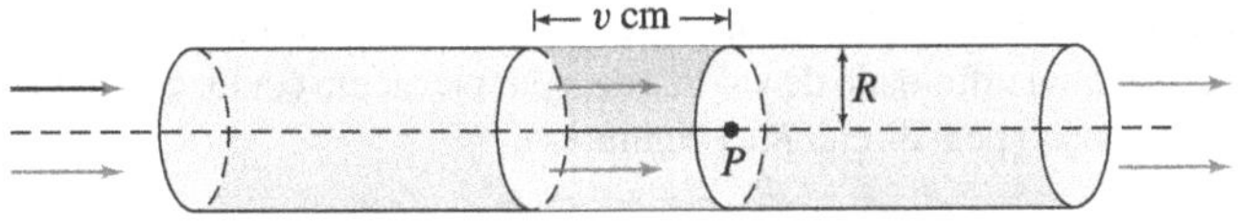

FIGURA 9 A coluna de fluido escoando por P em uma unidade de tempo é um cilindro de volume $\pi R^2 v$.

Na realidade, as partículas de um fluido não têm todas a mesma velocidade, por causa do atrito. Contudo, com fluidos que escoam lentamente, o fluxo é **laminar**, com o que queremos dizer que a velocidade $v(r)$ depende somente da distância r ao centro do tubo. As partículas no centro do tubo têm a maior velocidade, que diminui até zero perto das paredes do tubo (Figura 10).

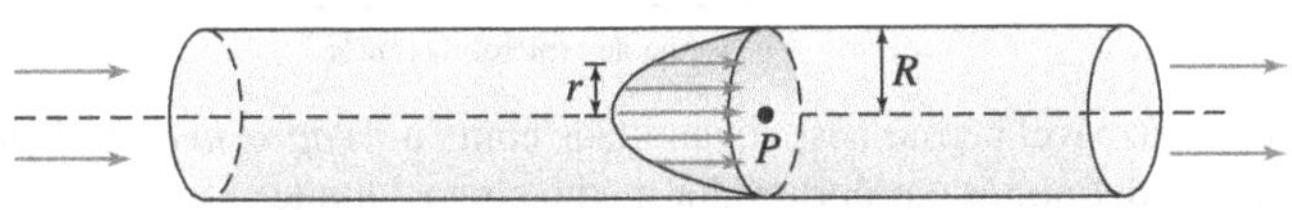

FIGURA 10 Fluxo laminar: a velocidade do fluido cresce em direção ao centro do tubo.

Se o fluxo for laminar, podemos expressar a taxa de fluxo Q como uma integral. Dividimos a seção transversal circular do tubo em N anéis concêntricos finos de largura $\Delta r = R/N$ (Figura 11). A área do i-ésimo anel é, aproximadamente, $2\pi r_i \Delta r$ e a velocidade das partículas do fluido que escoam por esse anel é praticamente constante, com valor $v(r_i)$. Portanto, podemos aproximar a taxa de fluxo Q_i pelo i-ésimo anel por

$$Q_i \approx \text{área da seção transversal} \times \text{velocidade} \approx (2\pi r_i \Delta r)v(r_i)$$

Obtemos

$$Q = \sum_{i=1}^{N} Q_i \approx 2\pi \sum_{i=1}^{N} r_i v(r_i)\Delta r$$

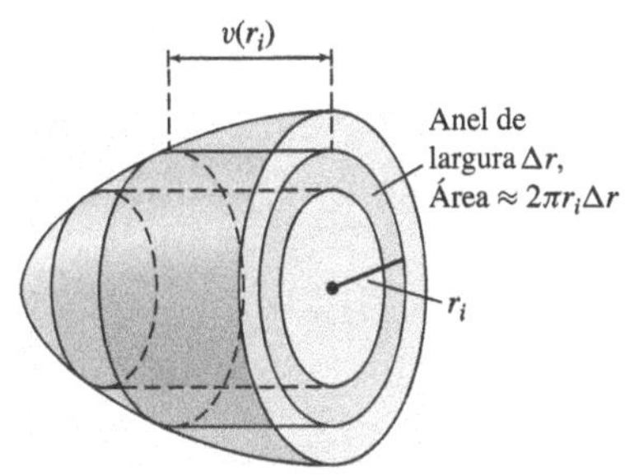

FIGURA 11 Num fluxo laminar, todas as partículas do fluido que passam por um anel fino distante r_i do centro têm aproximadamente a mesma velocidade $v(r_i)$.

A soma à direita é uma aproximação pela direita da integral $2\pi \int_0^R rv(r)\,dr$. Mais uma vez, deixamos N tender a ∞ para obter a fórmula

$$\text{Taxa de fluxo } Q = 2\pi \int_0^R rv(r)\,dr \qquad (5)$$

Observe a semelhança entre essa fórmula e sua dedução e a da população com uma função densidade radial.

■ **EXEMPLO 6** **Fluxo laminar** De acordo com a **lei de Poiseuille**, a velocidade do sangue fluindo num vaso sanguíneo de R cm de raio é $v(r) = k(R^2 - r^2)$, em que r é a distância ao centro do vaso (em cm) e k é uma constante. Calcule a taxa de fluxo Q como função de R, supondo que $k = 0{,}5$ (cm-s)$^{-1}$.

O medico francês Jean Poiseuille (1799-1868) descobriu a lei do fluxo laminar que os cardiologistas usam para estudar o fluxo do sangue nos humanos. A lei de Poiseuille esclarece o perigo do acúmulo de colesterol nos vasos sanguíneos: a taxa do fluxo por um vaso de raio R é proporcional a R^4, portanto, se R for reduzido à metade, o fluxo é reduzido por um fator de 16.

Solução Pela Equação (5),

$$Q = 2\pi \int_0^R (0{,}5)r(R^2 - r^2)\,dr = \pi \left(R^2\frac{r^2}{2} - \frac{r^4}{4} \right)\Bigg|_0^R = \frac{\pi}{4} R^4 \text{ cm}^3/\text{s}$$

Observe que Q é proporcional a R^4 (isso é válido com qualquer valor de k). ■

Valor médio

Como um último exemplo, discutimos o *valor médio* de uma função. Lembre que a média de N números $a_1, a_2, \ldots, a_N$ é sua soma dividida por N:

$$\frac{a_1 + a_2 + \cdots + a_N}{N} = \frac{1}{N}\sum_{j=1}^{N} a_j$$

Por exemplo, a média de 18, 25, 22 e 31 é $\frac{1}{4}(18 + 25 + 22 + 31) = 24$.

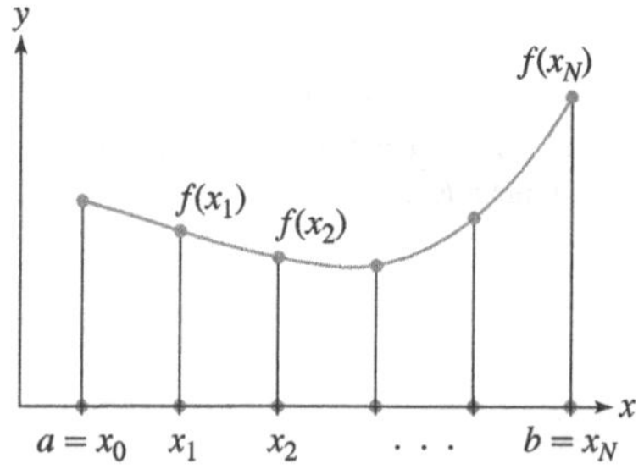

FIGURA 12 A média dos valores de $f(x)$ nos pontos $x_1, x_2, \ldots, x_N$ é igual a $\dfrac{R_N}{b-a}$.

Não podemos definir o valor médio de uma função $f(x)$ num intervalo $[a, b]$ como uma soma porque existe uma infinidade de valores de x para levar em conta. Contudo, lembre-se da fórmula da aproximação pela direita R_N (Figura 12):

$$R_N = \frac{b-a}{N}\big(f(x_1) + f(x_2) + \cdots + f(x_N)\big)$$

em que $x_i = a + i\left(\dfrac{b-a}{N}\right)$. Vemos que R_N dividido por $(b - a)$ é igual à média dos valores igualmente espaçados da função $f(x_i)$:

$$\frac{1}{b-a}R_N = \underbrace{\frac{f(x_1) + f(x_2) + \cdots + f(x_N)}{N}}_{\text{Média dos valores da função}}$$

Se N for grande, é razoável pensar nessa quantidade como uma *aproximação* da média de $f(x)$ em $[a, b]$. Portanto, definimos o próprio valor médio como o limite:

$$\text{Valor médio} = \lim_{N\to\infty} \frac{1}{b-a}R_N(f) = \frac{1}{b-a}\int_a^b f(x)\,dx$$

DEFINIÇÃO Valor médio O **valor médio** de uma função integrável f em $[a, b]$ é a quantidade

$$\text{Valor médio} = \frac{1}{b-a}\int_a^b f(x)\,dx \qquad 6$$

O valor médio de uma função também é denominado, simplesmente, a **média** da função.

ENTENDIMENTO GRÁFICO Pensamos no valor médio M de uma função como a altura média de seu gráfico (Figura 13). A região abaixo do gráfico tem a mesma área com sinal do retângulo de altura M, porque $\int_a^b f(x)\,dx = M(b-a)$.

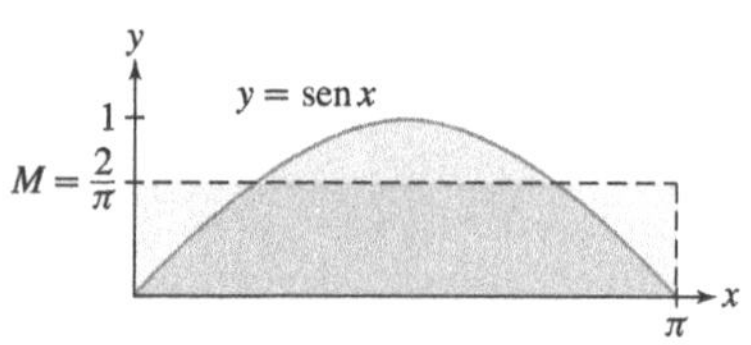

FIGURA 13 A área abaixo do gráfico é igual à área de um retângulo cuja altura é o valor médio M.

■ **EXEMPLO 7** Encontre o valor médio de $f(x) = \text{sen}\,x$ em $[0, \pi]$.

Solução O valor médio de $f(x) = \text{sen}\,x$ em $[0, \pi]$ é

$$\frac{1}{\pi}\int_0^\pi \text{sen}\,x\,dx = -\frac{1}{\pi}\cos x\bigg|_0^\pi = \frac{1}{\pi}\big(-(-1) - (-1)\big) = \frac{2}{\pi} \approx 0{,}637$$

Essa resposta é razoável, pois sen x varia de 0 a 1 no intervalo $[0, \pi]$ e a média 0,637 fica em algum lugar entre os dois extremos (Figura 13). ■

■ **EXEMPLO 8 Salto vertical de um galagonídeo** O galagonídeo (*Galago senegalensis*) é um pequeno macaco com uma capacidade de salto vertical impressionante (Figura 14). Encontre a velocidade média durante um salto se a velocidade inicial for de $v_0 = 600$ cm/s. Use a fórmula da altura $h(t) = v_0t - \frac{1}{2}gt^2$ de Galileu (em cm, sendo $g = 980$ cm/s^2).

FIGURA 14 Um galagonídeo consegue saltar 2 m de altura (seu centro de massa sobe cinco alturas do corpo). Por comparação, o astro da NBA Blake Griffin sobe, no máximo, 0,6 da altura de seu corpo ao enterrar uma cesta. (© *Corbis/Alamy*)

Solução A altura do galagonídeo é $h(t) = v_0t - \frac{1}{2}gt^2 = t\big(v_0 - \frac{1}{2}gt\big)$. A altura é zero em $t = 0$ e em $t = 2v_0/g = \frac{1200}{980} = \frac{6}{4{,}9}$ s, quando o salto termina.

A velocidade do galagonídeo é $h'(t) = v_0 - gt = 600 - 980t$. A velocidade é negativa se $t > v_0/g = \frac{6}{9{,}8}$, portanto, como pode ser observado na Figura 15, a integral da velocidade (escalar) $|h'(t)|$ é igual à soma das áreas de dois triângulos de base $\frac{6}{9{,}8}$ e altura 600:

$$\int_0^{6/4{,}9} |600 - 980t|\,dt = \frac{1}{2}\left(\frac{6}{9{,}8}\right)(600) + \frac{1}{2}\left(\frac{6}{9{,}8}\right)(600) = \frac{3600}{9{,}8}$$

A velocidade média $\bar{s}$ é

$$\bar{s} = \frac{1}{\frac{6}{4,9}} \int_0^{6/4,9} |600 - 980t|\, dt = \frac{1}{\frac{6}{4,9}} \left(\frac{3600}{9,8}\right) = 300 \text{ cm/s}$$ ■

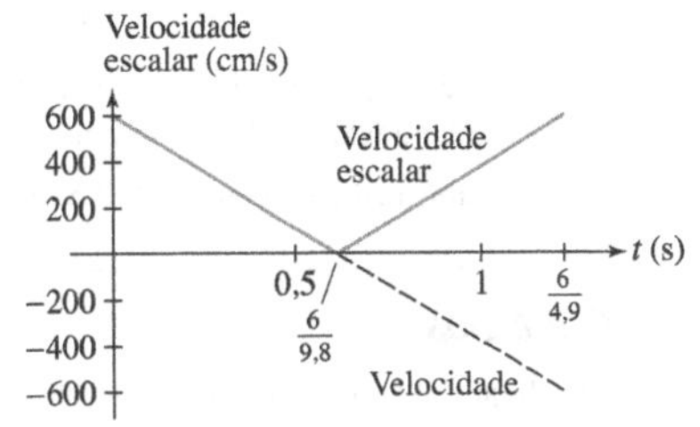

FIGURA 15 O gráfico da velocidade escalar $|h'(t)| = |600 - 980t|$.

Existe uma distinção importante entre a média de uma lista de números e o valor médio de uma função contínua. Se a nota média em um exame for 8,4, então 8,4 fica entre a nota mais alta e a mais baixa, mas é possível que nenhum aluno tenha tirado a nota 8,4. Contrastando com isso, o Teorema do Valor Médio (TVM) para integrais afirma que uma função contínua sempre atinge seu valor médio em algum ponto do intervalo (Figura 16).

TEOREMA 1 Teorema do valor médio para integrais Se f for contínua em $[a, b]$, então existirá algum valor $c \in [a, b]$ tal que

$$f(c) = \frac{1}{b-a} \int_a^b f(x)\, dx$$

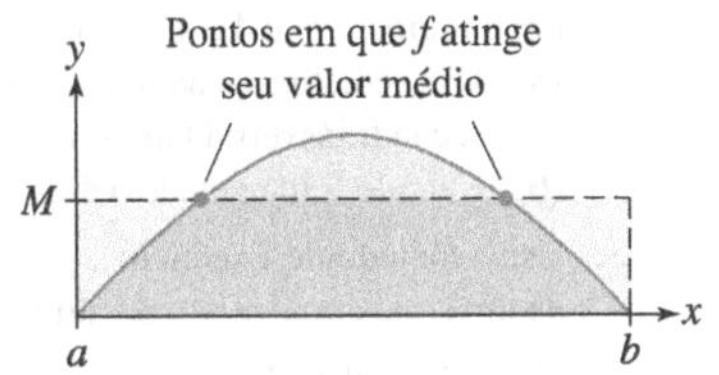

FIGURA 16 A função f atinge seu valor médio M nos pontos em que o lado superior do retângulo intersecta o gráfico.

Demonstração Seja $M = \frac{1}{b-a} \int_a^b f(x)\, dx$ o valor médio. Como f é contínua, podemos aplicar o Teorema 1 da Seção 4.2 para concluir que f atinge um valor mínimo m_{min} e um valor máximo M_{max} no intervalo fechado $[a, b]$. Além disso, pela Equação (8) da Seção 5.2,

$$m_{\text{min}}(b-a) \le \int_a^b f(x)\, dx \le M_{\text{max}}(b-a)$$

Dividindo por $(b - a)$, obtemos

$$m_{\text{min}} \le M \le M_{\text{max}}$$

Em palavras, o valor médio M fica entre m_{min} e M_{max}. O Teorema do Valor Intermediário garante que $f(x)$ atinge cada valor intermediário entre seu mínimo e máximo, portanto, $f(c) = M$ em algum c de $[a, b]$. ■

6.2 Resumo

- Fórmulas:

Volume	$V = \int_a^b A(y)\, dy,$	$A(y) =$ área de seção transversal
Massa total	$M = \int_a^b \rho(x)\, dx,$	$\rho(x) =$ densidade de massa linear
População total	$P = 2\pi \int_0^R r\rho(r)\, dr,$	$\rho(r) =$ densidade radial
Taxa de fluxo laminar	$Q = 2\pi \int_0^R rv(r)\, dr,$	$v(r) =$ velocidade no raio r
Valor médio	$M = \frac{1}{b-a} \int_a^b f(x)\, dx,$	$f =$ qualquer função contínua

- O TVM para integrais: Se f for contínua em $[a, b]$ com valor médio M, então $f(c) = M$ em algum $c \in [a, b]$.

6.2 Exercícios

Exercícios preliminares

1. Qual é o valor médio de f em $[0, 4]$ se a área entre o gráfico de f e o eixo x for igual a 12?

2. Encontre o volume de um sólido que se estende de $y = 2$ até $y = 5$ se cada seção transversal tiver área $A(y) = 5$.

3. Qual é a definição de taxa de fluxo?
4. Qual é a hipótese sobre a velocidade do fluido que utilizamos para calcular a taxa de fluxo como uma integral?
5. O valor médio de f em [1, 4] é 5. Encontre $\int_1^4 f(x)\,dx$.

Exercícios

1. Seja V o volume de uma pirâmide de altura 20 cuja base é um quadrado de lado 8.
   (a) Use semelhança de triângulos, como no Exemplo 1, para encontrar a área da seção transversal horizontal à altura y.
   (b) Calcule V integrando a área das seções transversais.
2. Seja V o volume de um cone circular reto de altura 10 cuja base é um círculo de raio 4 [Figura 17(A)].
   (a) Use semelhança de triângulos para encontrar a área de uma seção transversal horizontal à altura y.
   (b) Calcule V integrando a área das seções transversais.
3. Use o método do Exercício 2 para encontrar a fórmula do volume de um cone circular reto de altura h e cuja base é um círculo de raio r [Figura 17(B)].

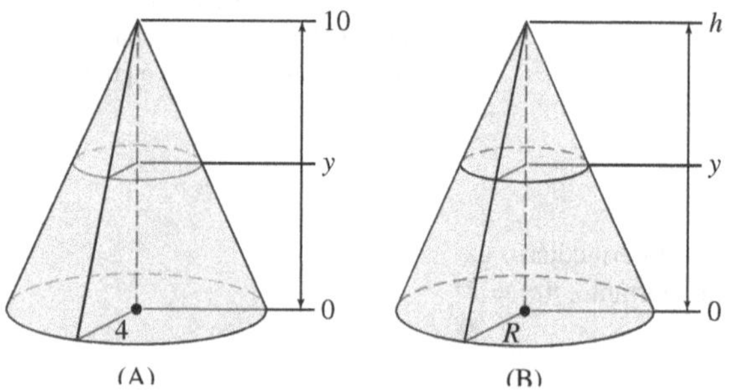

FIGURA 17 Cones circulares retos.

4. Calcule o volume da rampa na Figura 18 de três maneiras integrando a área das seções transversais:
   (a) perpendiculares ao eixo x (retângulos);
   (b) perpendiculares ao eixo y (triângulos);
   (c) perpendiculares ao eixo z (retângulos).

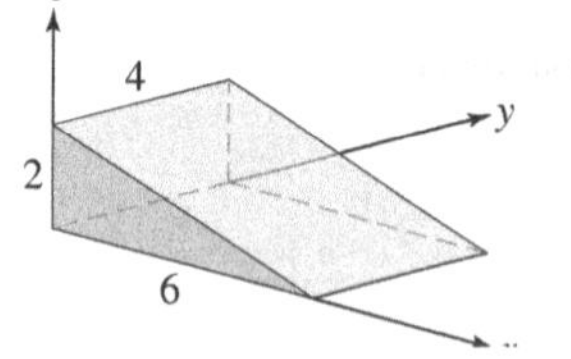

FIGURA 18 Rampa de comprimento 6, largura 4 e altura 2.

5. Encontre o volume de líquido necessário para encher uma esfera de raio R até a altura h (Figura 19).

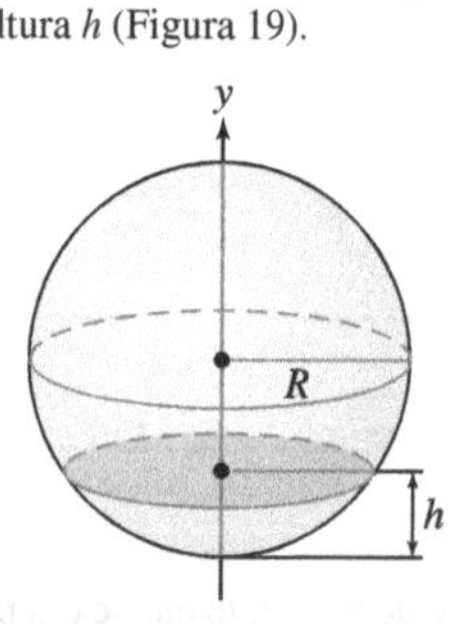

FIGURA 19 Esfera preenchida com líquido até a altura h.

6. Encontre o volume da cunha na Figura 20(A) integrando a área das seções transversais verticais.

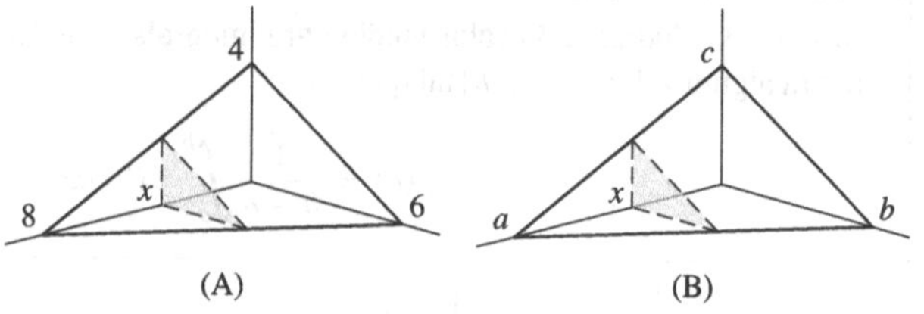

FIGURA 20

7. Deduza uma fórmula para o volume da cunha na Figura 20(B) em termos das constantes a, b e c.
8. Seja B o sólido cuja base é o círculo unitário $x^2 + y^2 = 1$ e cujas seções transversais verticais perpendiculares ao eixo x são triângulos equiláteros. Mostre que as seções transversais verticais têm área $A(x) = \sqrt{3}(1 - x^2)$ e calcule o volume de B.

Nos Exercícios 9-14, encontre o volume do sólido com base e seção transversal dadas.

9. A base é o círculo unitário $x^2 + y^2 = 1$, e as seções transversais perpendiculares ao eixo x são triângulos de altura igual à base.
10. A base é o triângulo delimitado por $x + y = 1$, o eixo x e o eixo y. As seções transversais perpendiculares ao eixo y são semicírculos.
11. A base é o semicírculo $y = \sqrt{9 - x^2}$, com $-3 \le x \le 3$. As seções transversais perpendiculares ao eixo x são quadrados.
12. A base é um quadrado, com um dos lados sendo o intervalo $[0, \ell]$ ao longo do eixo x. As seções transversais perpendiculares ao eixo x são retângulos de altura $f(x) = x^2$.
13. A base é a região delimitada por $y = x^2$ e $y = 3$. As seções transversais perpendiculares ao eixo y são quadrados.
14. A base é a região englobada por $y = x^2$ e $y = 3$. As seções transversais perpendiculares ao eixo y são retângulos de altura y^3.
15. Encontre o volume do sólido cuja base é a região $|x| + |y| \le 1$ e cuja seções transversais verticais perpendiculares ao eixo y são semicírculos (com diâmetro ao longo da base).
16. Mostre que o volume de uma pirâmide de altura h cuja base é um triângulo equilátero de lado s é igual a $\frac{\sqrt{3}}{12}hs^2$.
17. A área de uma elipse é πab, sendo a e b os comprimentos dos semieixos maior e menor (Figura 21). Calcule o volume de um cone de altura 12 cuja base é uma elipse com semieixos $a = 6$ e $b = 4$.

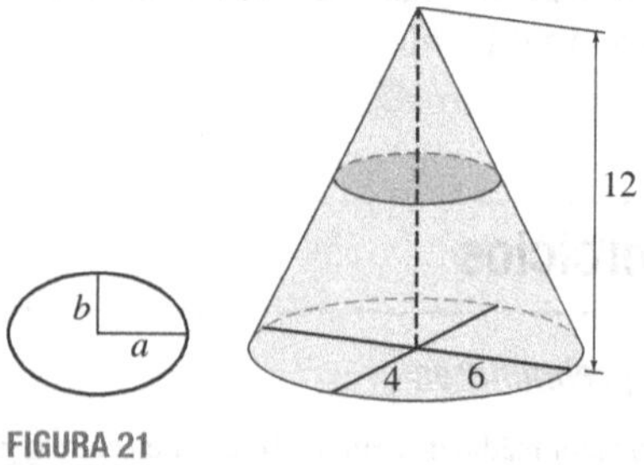

FIGURA 21

18. Encontre o volume V de um tetraedro *regular* (Figura 22) cuja face é um triângulo equilátero de lado s. A altura do tetraedro é $h = \sqrt{2/3}s$.

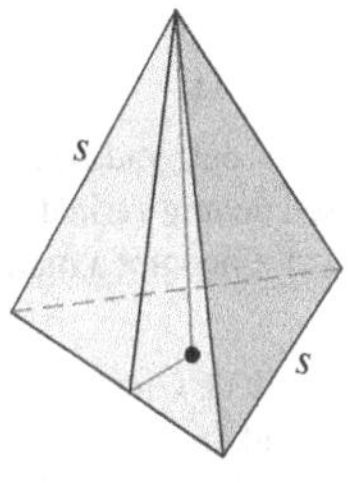

FIGURA 22 Tetraedro regular.

19. Um tronco de pirâmide é uma pirâmide com sua ponta truncada [Figura 23(A)]. Seja V o volume de um tronco de pirâmide de altura h cuja base é um quadrado de lado a e cujo topo é um quadrado de lado b, com $a > b \geq 0$.

(a) Mostre que se o tronco fosse continuado até uma pirâmide inteira, ela teria uma altura $ha/(a-b)$ [Figura 23(B)].

(b) Mostre que a seção transversal à altura x é um quadrado de lado $(1/h)(a(h-x)+bx)$.

(c) Mostre que $V = \frac{1}{3}h(a^2+ab+b^2)$. Um papiro que remonta a 1850 a.C. indica que os matemáticos egípcios tinham descoberto essa fórmula há quase 4.000 anos.

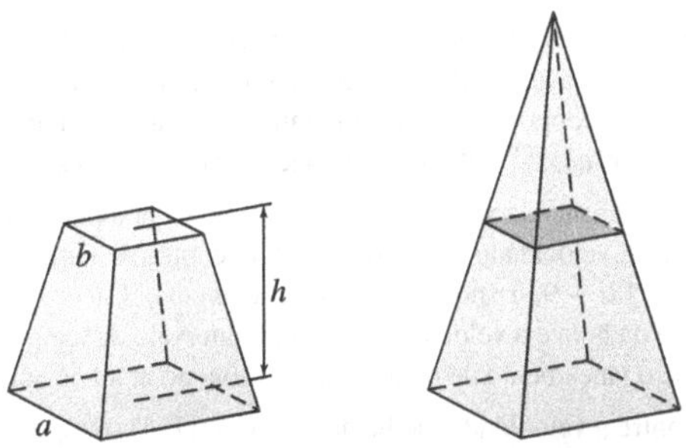

(A) (B)

FIGURA 23

20. Um plano inclinado num ângulo de 45° passa pelo diâmetro da base de um cilindro de raio r. Encontre o volume da região dentro do cilindro e abaixo do plano (Figura 24).

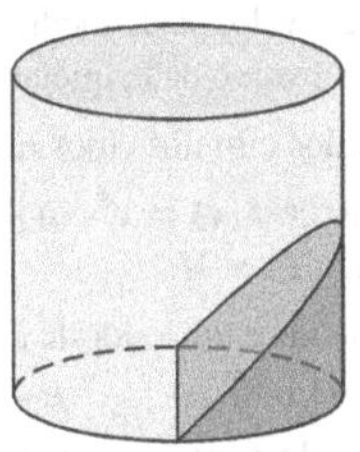

FIGURA 24

21. O sólido S da Figura 25 é obtido pela interseção de dois cilindros de raio r cujos eixos são perpendiculares.

(a) A seção transversal horizontal de cada cilindro à altura y do eixo central é uma faixa retangular. Encontre a largura dessa faixa.

(b) Encontre a área da seção transversal horizontal de S à altura y.

(c) Encontre o volume de S como uma função de r.

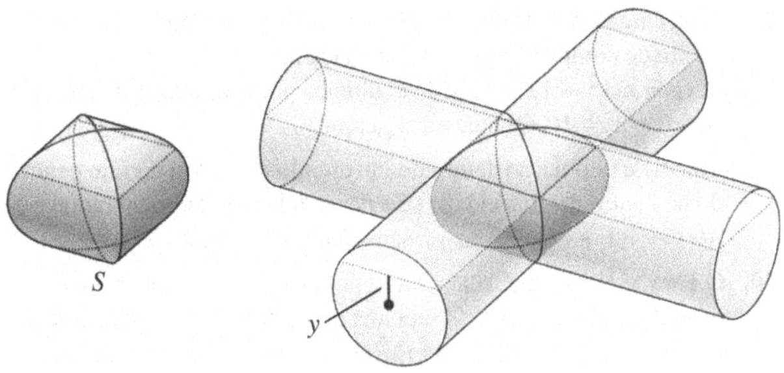

FIGURA 25 Dois cilindros com interseção em ângulo reto.

22. Seja S o sólido obtido pela interseção de dois cilindros de raio r cujos eixos intersectam num ângulo θ. Encontre o volume de S como função de r e θ.

23. Calcule o volume de um cilindro inclinado num ângulo de $\theta = 30°$ cuja altura é 10 e cuja base é um círculo de raio 4 (Figura 26).

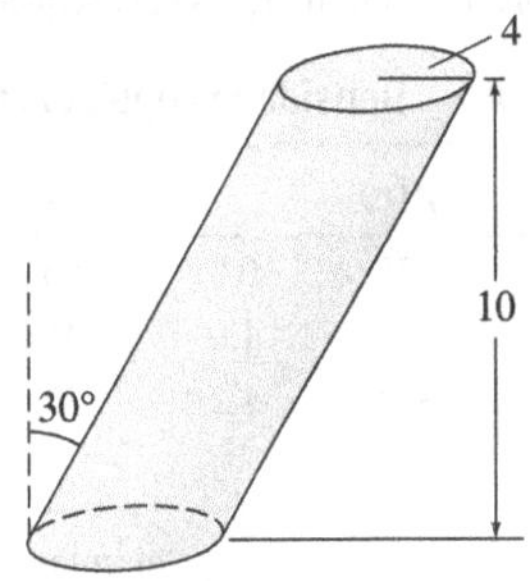

FIGURA 26 Cilindro inclinado num ângulo $\theta = 30°$.

24. Na tabela a seguir aparecem as áreas de seções transversais do lago Nogebow, no estado norte-americano do Minnesota, tomadas a intervalos de 5 m. A Figura 27 mostra um mapa de contornos do lago. Dê uma estimativa para o volume V do lago usando a média das aproximações pela direita e esquerda da integral da área das seções transversais.

Profundidade (m)	0	5	10	15	20
Área (milhões de m^2)	2,1	1,5	1,1	0,835	0,217

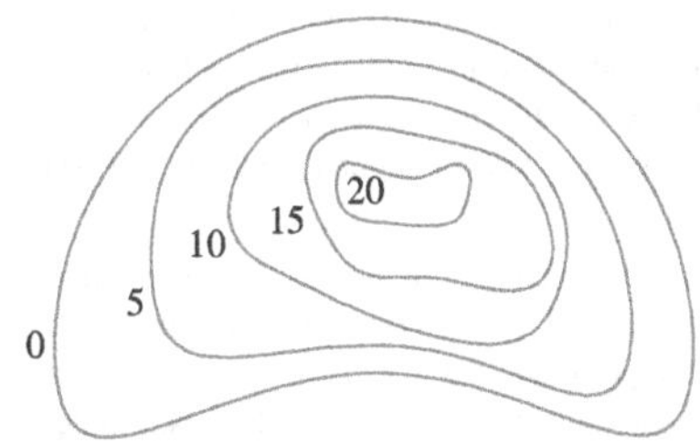

FIGURA 27 Mapa de contornos da profundidade do lago Nogebow.

25. Encontre a massa total de um bastão de 1 m cuja função densidade linear é $\rho(x) = 10(x+1)^{-2}$ kg/m com $0 \leq x \leq 1$.

26. Encontre a massa total de um bastão de 2 m cuja função densidade linear é $\rho(x) = 1 + 0{,}5\,\text{sen}(\pi x)$ kg/m com $0 \leq x \leq 2$.

27. Um depósito mineral ao longo de uma faixa de 6 cm de comprimento tem densidade $s(x) = 0{,}01x(6-x)$ g/cm com $0 \leq x \leq 6$. Calcule a massa total do depósito.

28. Uma carga é distribuída ao longo de um tubo de vidro de 10 cm de comprimento com densidade de carga linear de $\rho(x) = x(x^2 + 1)^{-2} \times 10^{-4}$ coulombs por centímetro (C/cm) com $0 \le x \le 10$. Calcule a carga total.

29. Calcule a população dentro de um círculo de 10 km de raio centrado no centro de uma cidade se a densidade populacional radial é $\rho(r) = 4(1 + r^2)^{1/3}$ (em milhares por km quadrados).

30. O Parque Nacional Ozdala, na Republica do Congo, tem uma densidade alta de gorilas. Suponha que a densidade populacional radial seja $\rho(r) = 52(1 + r^2)^{-2}$ gorilas por quilômetro quadrado, em que r é a distância até uma clareira gramada que dispõe de uma fonte de água. Calcule o número de gorilas dentro de um círculo de 5 km de raio centrado na clareira.

31. A Tabela 1 lista a densidade populacional (em pessoas por quilometro quadrado) como uma função da distância r (em quilômetros) do centro de uma vila rural. Dê uma estimativa da população total dentro de um círculo de 1,2 km de raio centrado na aldeia, tomando a média das aproximações pela esquerda e direita.

TABELA 1 Densidade populacional

r	$\rho(r)$	r	$\rho(r)$
0,0	125,0	0,8	56,2
0,2	102,3	1,0	46,0
0,4	83,8	1,2	37,6
0,6	68,6		

32. Encontre a massa total de uma chapa circular de 20 cm de raio cuja densidade de massa é a função radial $\rho(r) = 0{,}03 + 0{,}01\cos(\pi r^2)$ g/cm^2.

33. A densidade de cervos numa floresta é a função radial $\rho(r) = 150(r^2 + 2)^{-2}$ cervos por km^2, em que r é a distância (em quilômetros) até uma pequena fonte. Calcule o número de cervos na região $2 \le r \le 5$ km.

34. Mostre que uma chapa circular de 2 cm de raio com densidade de massa radial $\rho(r) = \frac{4}{r}$ g/cm^2 tem massa total finita, embora sua densidade fique infinita na origem.

35. Encontre a taxa de fluxo através de um tubo de 4 cm de raio, supondo que a velocidade das partículas do fluido que estão a r cm de distância do centro do tubo seja $v(r) = (16 - r^2)$ cm/s.

36. A velocidade das partículas de um fluido escoando num tubo de 5 cm de rio é dada por $v(r) = (10 - 0{,}3r - 0{,}34r^2)$ cm/s, em que r centímetros é a distância ao centro do tubo. Obtenha a quantidade de fluido que escoa por segundo pela porção do tubo em que $0 \le r \le 2$.

37. Um bastão sólido com 1 cm de raio é colocado num cano com 3 cm de raio de tal maneira que seus eixos ficam alinhados. Água escoa pelo cano e por volta do bastão. Encontre a taxa de fluxo se a velocidade da água for dada pela função radial $v(r) = 0{,}5(r - 1)(3 - r)$ cm/s.

38. Seja $v(r)$ a velocidade do sangue num vaso capilar de raio $R = 4 \times 10^{-5}$ m. Use a lei de Poiseuille (Exemplo 6) com $k = 10^6$ (m-s)$^{-1}$ para determinar a velocidade no centro do vaso capilar e a taxa de fluxo (com unidades corretas).

Nos Exercícios 39-48, calcule a média no intervalo dado.

39. $f(x) = x^3$, $[0, 4]$

40. $f(x) = x^3$, $[-1, 1]$

41. $f(x) = \cos x$, $\left[0, \frac{\pi}{6}\right]$

42. $f(x) = \sec^2 x$, $\left[\frac{\pi}{6}, \frac{\pi}{3}\right]$

43. $f(s) = s^{-2}$, $[2, 5]$

44. $f(x) = \dfrac{\text{sen}(\pi/x)}{x^2}$, $[1, 2]$

45. $f(x) = 2x^3 - 6x^2$, $[-1, 3]$

46. $f(x) = \dfrac{1}{x^2 + 1}$, $[-1, 1]$

47. $f(x) = x^n$ se $n \ge 0$, $[0, 1]$

48. $f(x) = e^{-nx}$, $[-1, 1]$

49. A temperatura (em graus centígrados) no instante t (em horas) num certo museu de arte varia de acordo com $T(t) = 20 + 5\cos\left(\frac{\pi}{12}t\right)$. Encontre a média nos intervalos de tempo $[0, 24]$ e $[2, 6]$.

50. Uma barra de ferro de 3 m de comprimento situada no intervalo $[0, 3]$ do eixo x é submetida a calor intenso em seu centro, com o que a temperatura na coordenada x da barra é dada por $T(x) = 40\,\text{sen}\left(\frac{\pi x}{3}\right) + 50$°C. Obtenha a temperatura média da barra.

51. A temperatura na aldeia de Walla Walla durante certo mês de 31 dias segue o padrão dado por $T(t) = 10\,\text{sen}\left(\frac{t\pi}{31}\right) + 14\,\text{sen}\left(\frac{t\pi}{2}\right) + 73$°F, em que t é medido em dias. Explique por que um padrão de temperatura desses é razoável e calcule a temperatura média durante esse mês.

52. A porta da garagem de uma casa é deixada aberta e durante as próximas 4 horas a temperatura na casa, em graus centígrados, é dada por $T(t) = 20e^{-t/4}$. Obtenha a temperatura média durante essas 4 horas.

53. Um arame de cobre de 10 cm tem uma extremidade banhada em gelo e a outra aquecida de tal modo que a temperatura em cada ponto x ao longo do arame (em graus centígrados) é dada por $T(x) = 50\cos\frac{\pi x}{20}$. Obtenha a temperatura média do arame.

54. Uma bola lançada verticalmente para cima no ar a partir do nível do solo com velocidade inicial de 18 m/s encontra-se a uma altura de $h(t) = 18t - 9{,}8t^2$ no instante t (em segundos). Encontre a altitude média da bola e a velocidade média no intervalo de tempo que vai desde o lançamento da bola até seu retorno ao nível do solo.

55. Encontre a velocidade média no intervalo $[1, 5]$ (tempo em segundos) de uma partícula cuja posição no instante t é $s(t) = t^3 - 6t^2$ m.

56. Um objeto com velocidade inicial nula acelera a uma taxa constante de 10 m/s^2. Encontre sua velocidade média durante os primeiros 15 segundos.

57. A aceleração de uma partícula é $a(t) = 60t - 4t^3$ m/s^2. Calcule a aceleração média e a velocidade média no intervalo de tempo $[12, 6]$, supondo que a velocidade inicial da partícula seja nula.

58. Qual é a área média dos círculos cujos raios variam de 0 a R?

59. Seja M o valor médio de $f(x) = x^4$ em $[0, 3]$. Encontre um valor de c em $[0, 3]$ tal que $f(c) = M$.

60. Seja $f(x) = \sqrt{x}$. Encontre um valor de c em $[4, 9]$ tal que $f(c)$ seja igual à média de f em $[4, 9]$.

61. Seja M o valor médio de $f(x) = x^3$ em $[0, A]$, com $A > 0$. Qual teorema garante que $f(c) = M$ tem alguma solução c em $[0, A]$? Encontre c.

62. Seja $f(x) = 2\,\text{sen}\,x - x$. Use um sistema algébrico computacional para esboçar o gráfico de f e obter uma estimativa:
(a) da raiz positiva α de $f(x)$;
(b) do valor médio M de f em $[0, \alpha]$;
(c) de um valor $c \in [0, \alpha]$ tal que $f(c) = M$.

63. Qual das funções, $f(x) = x\,\text{sen}^2 x$ e $g(x) = x^2\,\text{sen}^2 x$, tem o maior valor médio em $[0, 1]$? E em $[1, 2]$?

64. Encontre a média de $f(x) = ax + b$ no intervalo $[-M, M]$, em que a, b e M são constantes arbitrárias.

65. Faça um esboço do gráfico de uma função f tal que $f(x) \geq 0$ em $[0, 1]$ e $f(x) \leq 0$ em $[1, 2]$, cuja média em $[0, 2]$ seja negativa.

66. Dê um exemplo de uma função (necessariamente descontínua) que não satisfaz a conclusão do TVM para integrais.

Compreensão adicional e desafios

67. Um objeto é lançado verticalmente no ar a partir do nível do solo com velocidade inicial de v_0 m/s no instante $t = 0$. Encontre a velocidade média do objeto no intervalo de tempo $[0, T]$, sendo T o tempo que o objeto leva para voltar ao solo.

68. Reveja o TVM enunciado na Seção 4.3 (Teorema 1, p. 226) e mostre como ele pode ser utilizado, junto com o teorema fundamental do Cálculo, para provar o TVM para integrais.

6.3 Volumes de revolução

Um **sólido de revolução** é um sólido obtido pela rotação de uma região do plano em torno de um eixo. A esfera e o cone circular reto são exemplos familiares de tais sólidos. Cada um desses sólidos é "varrido" quando um plano gira em torno de um eixo (Figura 1).

Usamos os termos "girar" ou "efetuar uma rotação" sem grandes distinções.

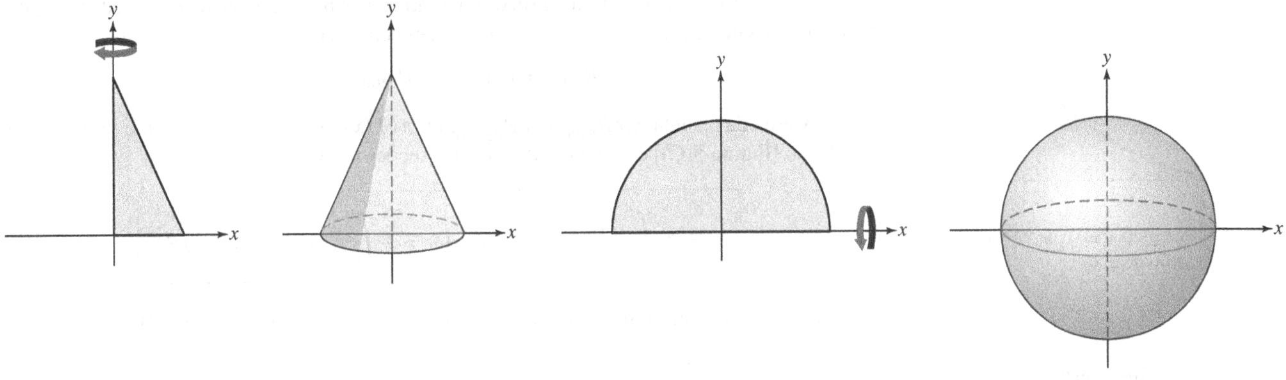

FIGURA 1 O cone circular reto e a esfera são sólidos de revolução.

Suponha que $f(x) \geq 0$ com $a \leq x \leq b$. O sólido obtido pela rotação da região abaixo do gráfico em torno do eixo x tem uma característica especial: todas as seções transversais verticais são círculos (Figura 2). De fato, a seção transversal vertical no ponto x é um círculo de raio $R = f(x)$ e, portanto,

Esse método de calcular o volume é conhecido como o método dos discos, porque as fatias verticais do sólido são discos circulares.

$$\text{Área da seção transversal vertical} = \pi R^2 = \pi f(x)^2$$

Como vimos na Seção 6.2, o volume total V é igual à integral da área das seções transversais. Portanto, $V = \int_a^b \pi f(x)^2\, dx$.

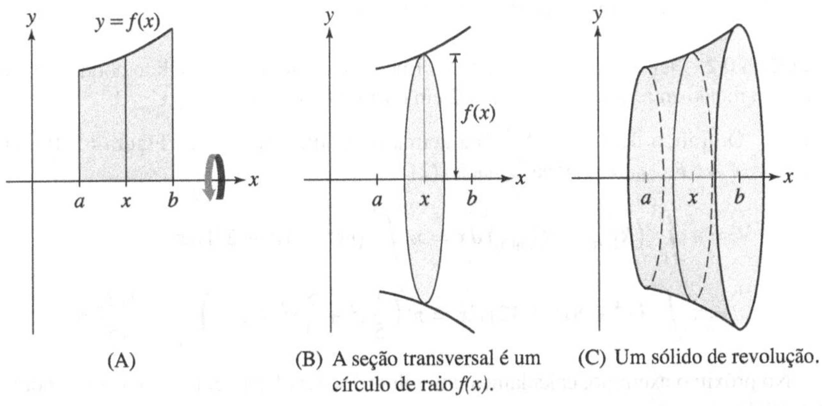

(A)

(B) A seção transversal é um círculo de raio $f(x)$.

(C) Um sólido de revolução.

FIGURA 2

As seções transversais de um sólido de revolução são círculos de raio $R = f(x)$ e área $\pi R^2 = \pi f(x)^2$. O volume, dado pela Equação (1), é a integral da área das seções transversais.

Volume de revolução: método dos discos Se f for contínua e $f(x) \geq 0$ em $[a, b]$, então o sólido obtido pela rotação da região abaixo do gráfico em torno do eixo x tem volume [com $R = f(x)$] é

$$V = \pi \int_a^b R^2\,dx = \pi \int_a^b f(x)^2\,dx \tag{1}$$

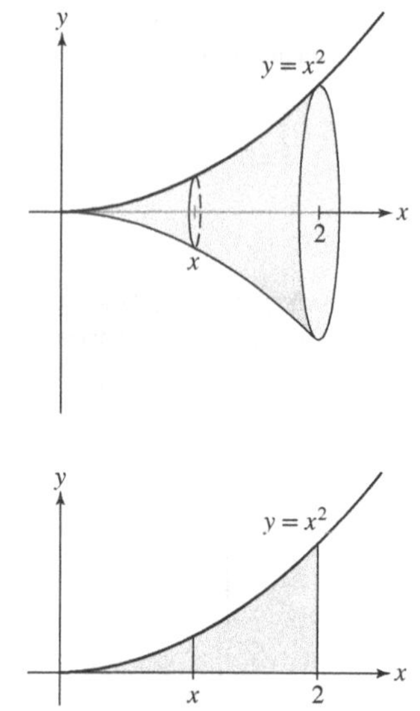

FIGURA 3 A região abaixo de $y = x^2$ girada em torno do eixo x.

■ **EXEMPLO 1** Calcule o volume V do sólido obtido pela rotação da região abaixo de $y = x^2$ em torno do eixo x, com $0 \leq x \leq 2$.

Solução O sólido aparece na Figura 3. Pela Equação (1) com $f(x) = x^2$, o volume é

$$V = \pi \int_0^2 R^2\,dx = \pi \int_0^2 (x^2)^2\,dx = \pi \int_0^2 x^4\,dx = \pi \left.\frac{x^5}{5}\right|_0^2 = \pi \frac{2^5}{5} = \frac{32}{5}\pi \qquad ■$$

Existem algumas variações úteis da fórmula do volume de revolução. Em primeiro lugar, considere a região *entre* duas curvas, $y = f(x)$ e $y = g(x)$, com $f(x) \geq g(x) \geq 0$, como na Figura 5(A). Ao girar essa região em torno do eixo x, o segmento $\overline{AB}$ varre a **arruela** mostrada na Figura 5(B). Os raios de dentro e de fora dessa arruela (também denominada anel; ver Figura 4) são

$$R_{\text{fora}} = f(x), \qquad R_{\text{dentro}} = g(x)$$

A área da arruela é $\pi R_{\text{fora}}^2 - \pi R_{\text{dentro}}^2$, ou $\pi(f(x)^2 - g(x)^2)$, e o volume do sólido de revolução [Figura 5(C)] é a integral da área das seções transversais:

$$V = \pi \int_a^b \left(R_{\text{fora}}^2 - R_{\text{dentro}}^2\right) dx = \pi \int_a^b \left(f(x)^2 - g(x)^2\right) dx \tag{2}$$

Cuidado para não confundir o integrando $(f(x)^2 - g(x)^2)$, com $(f(x) - g(x))^2$.

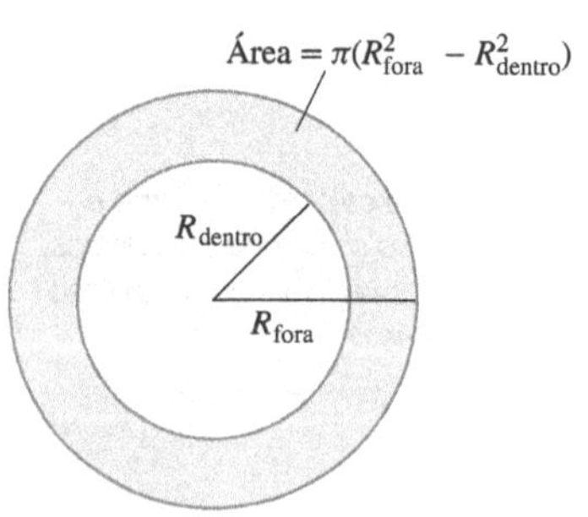

FIGURA 4 A região entre dois círculos concêntricos é denominada "anel" ou, mais informalmente, "arruela".

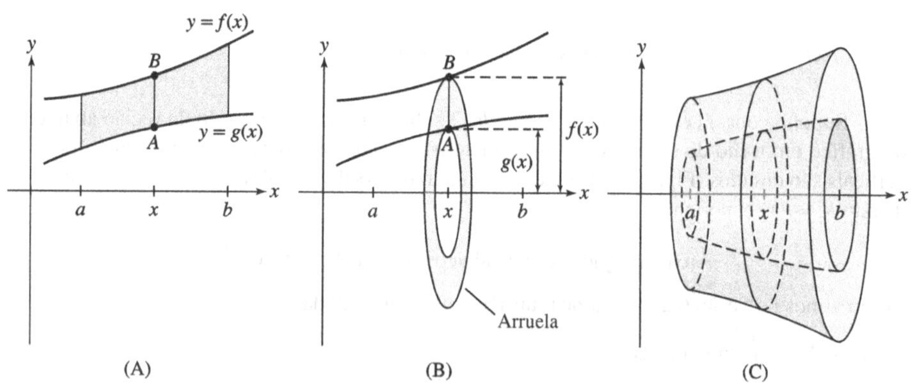

FIGURA 5 $\overline{AB}$ gera uma arruela ao ser girado em torno do eixo x.

■ **EXEMPLO 2 Região entre duas curvas** Encontre o volume V do sólido obtido pela rotação da região entre $y = x^2 + 4$ e $y = 2$ em torno do eixo x, com $1 \leq x \leq 3$.

Solução O gráfico de $y = x^2 + 4$ fica acima do gráfico de $y = 2$ (Figura 6). Portanto, $R_{\text{fora}} = x^2 + 4$ e $R_{\text{dentro}} = 2$. Pela Equação (2),

$$V = \pi \int_1^3 \left(R_{\text{fora}}^2 - R_{\text{dentro}}^2\right) dx = \pi \int_1^3 \left((x^2 + 4)^2 - 2^2\right) dx$$

$$= \pi \int_1^3 \left(x^4 + 8x^2 + 12\right) dx = \pi \left.\left(\frac{1}{5}x^5 + \frac{8}{3}x^3 + 12x\right)\right|_1^3 = \frac{2126}{15}\pi \qquad ■$$

ADVERTÊNCIA Utilizando o método das arruelas, devemos cuidar para usar $(f(x)^2 - g(x)^2)$ no integrando, e não $(f(x) - g(x))^2$.

No próximo exemplo, calculamos um volume de revolução em torno de retas horizontais paralelas ao eixo x.

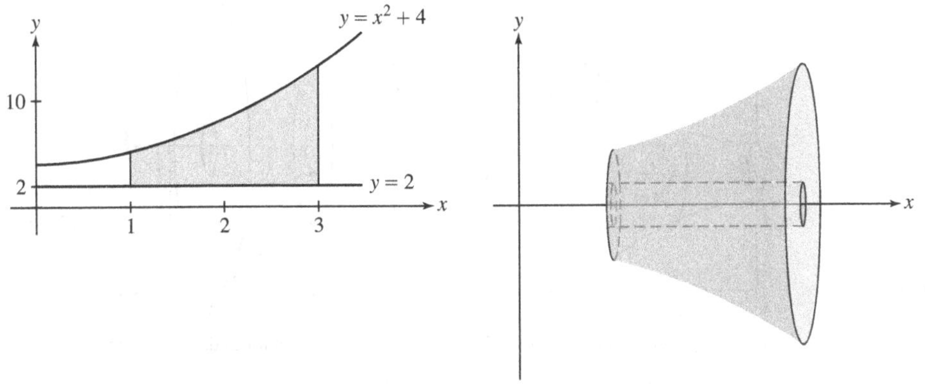

FIGURA 6 A área entre $y = x^2 + 4$ e $y = 2$, acima de $[1, 3]$, girada em torno do eixo x.

■ **EXEMPLO 3** **Revolução em torno de um eixo horizontal** Encontre o volume V da "aliança" [Figura 7(C)] obtida pela rotação da região entre os gráficos de $f(x) = x^2 + 2$ e $g(x) = 4 - x^2$ em torno da reta horizontal $y = -3$.

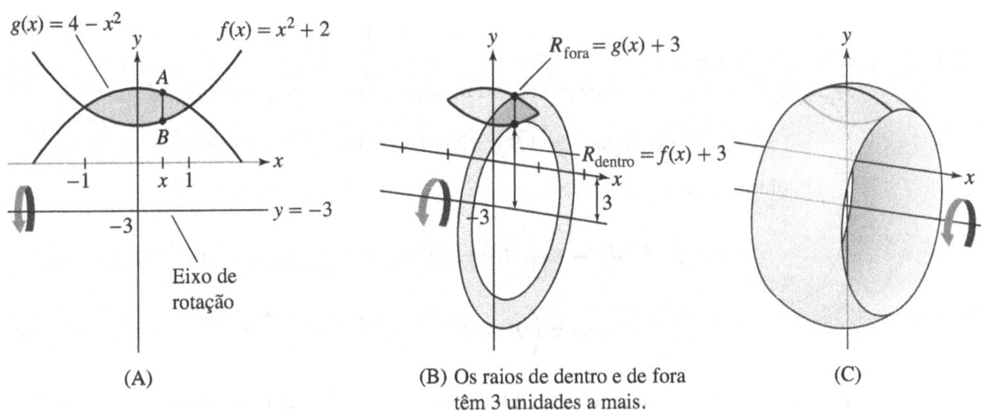

FIGURA 7

Solução Inicialmente, determinamos os pontos de interseção dos dois gráficos resolvendo

$$f(x) = g(x) \quad \Rightarrow \quad x^2 + 2 = 4 - x^2 \quad \Rightarrow \quad x^2 = 1 \quad \Rightarrow \quad x = \pm 1$$

A Figura 7(A) mostra que $g(x) \geq f(x)$ com $-1 \leq x \leq 1$.

Se quiséssemos girar a região em torno do eixo x, utilizaríamos a Equação (2). Como queremos girar em torno de $y = -3$, devemos ver como isso afeta os raios. A Figura 7(B) mostra que girando em torno do eixo $y = -3$, o segmento $\overline{AB}$ gera uma arruela cujos raios de fora e de dentro tem, ambos, três unidades a mais:

Quando montamos a integral para um volume de rotação, devemos visualizar as seções transversais. Essas seções transversais são arruelas (ou discos) cujos raios de dentro e de fora dependem do eixo de rotação.

- $R_{\text{fora}} = g(x) - (-3) = (4 - x^2) + 3 = 7 - x^2$
- $R_{\text{dentro}} = f(x) - (-3) = (x^2 + 2) + 3 = x^2 + 5$

O volume de revolução é igual à integral da área dessa arruela:

$$V\,(\text{em torno de } y = -3) = \pi \int_{-1}^{1} \left(R_{\text{fora}}^2 - R_{\text{dentro}}^2\right) dx = \pi \int_{-1}^{1} \left((g(x) + 3)^2 - (f(x) + 3)^2\right) dx$$

$$= \pi \int_{-1}^{1} \left((7 - x^2)^2 - (x^2 + 5)^2\right) dx$$

$$= \pi \int_{-1}^{1} \left((49 - 14x^2 + x^4) - (x^4 + 10x^2 + 25)\right) dx$$

$$= \pi \int_{-1}^{1} (24 - 24x^2)\, dx = \pi(24x - 8x^3)\Big|_{-1}^{1} = 32\pi$$

Obtemos R_{fora} subtraindo $y = -3$ de $y = g(x)$, porque a distância vertical é a diferença das coordenadas y. Analogamente, subtraímos -3 de $f(x)$ para obter R_{dentro}.

■

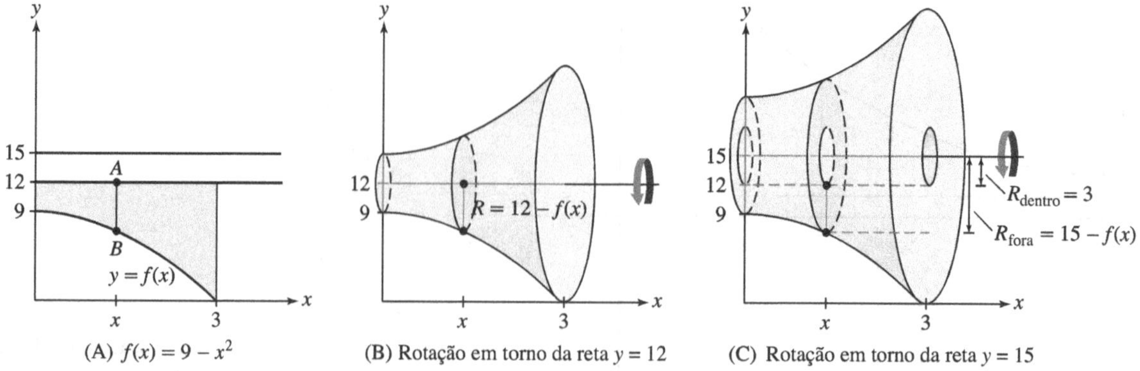

FIGURA 8 O segmento $\overline{AB}$ gera um disco quando girado em torno de $y = 12$, mas gera uma arruela quando girado em torno de $y = 15$.

■ **EXEMPLO 4** Encontre o volume do sólido obtido pela rotação da região entre os gráficos de $f(x) = 9 - x^2$ e $y = 12$, com $0 \le x \le 3$, em torno

(a) da reta $y = 12$. (b) da reta $y = 15$.

Na Figura 8, o comprimento de $\overline{AB}$ é $12 - f(x)$, em vez de $f(x) - 12$, porque a reta $y = 12$ fica acima do gráfico de $f(x)$.

Solução Para montar as integrais, precisamos visualizar as seções transversais. Temos um disco ou uma arruela?

(a) A Figura 8(B) mostra que girar $\overline{AB}$ em torno de $y = 12$ gera um *disco* de raio

$$R = \text{comprimento de } \overline{AB} = 12 - f(x) = 12 - (9 - x^2) = 3 + x^2$$

O volume girando em torno de $y = 12$ é

$$V = \pi \int_0^3 R^2\, dx = \pi \int_0^3 (3 + x^2)^2\, dx = \pi \int_0^3 (9 + 6x^2 + x^4)\, dx$$

$$= \pi \left(9x + 2x^3 + \frac{1}{5}x^5\right)\bigg|_0^3 = \frac{648}{5}\pi$$

(b) A Figura 8(C) mostra que girar $\overline{AB}$ em torno de $y = 15$ gera uma *arruela*. O raio de fora dessa arruela é a distância de B à reta $y = 15$:

$$R_{\text{fora}} = 15 - f(x) = 15 - (9 - x^2) = 6 + x^2$$

O raio de dentro é $R_{\text{dentro}} = 3$, portanto, o volume de revolução em torno de $y = 15$ é

$$V = \pi \int_0^3 \left(R_{\text{fora}}^2 - R_{\text{dentro}}^2\right) dx = \pi \int_0^3 \left((6 + x^2)^2 - 3^2\right) dx$$

$$= \pi \int_0^3 (36 + 12x^2 + x^4 - 9)\, dx$$

$$= \pi \left(27x + 4x^3 + \frac{1}{5}x^5\right)\bigg|_0^3 = \frac{1188}{5}\pi \qquad ■$$

Podemos usar os métodos dos discos e das arruelas com sólidos de revolução em torno de eixos verticais, mas é necessário descrever o gráfico como uma função de y, ou seja, $x = g(y)$.

■ **EXEMPLO 5 Revolução em torno de um eixo vertical** Encontre o volume do sólido obtido pela rotação da região abaixo do gráfico de $f(x) = 9 - x^2$, com $0 \le x \le 3$, em torno do eixo vertical $x = -2$.

Solução A Figura 9 mostra que $\overline{AB}$ varre uma arruela horizontal ao ser girado em torno da reta vertical $x = -2$. Vamos integrar em relação a y, portanto precisamos dos raios de dentro e de fora dessa arruela como funções de y. Resolvendo $y = 9 - x^2$ em x, obtemos $x^2 = 9 - y$ ou $x = \sqrt{9 - y}$ (pois $x \ge 0$). Assim,

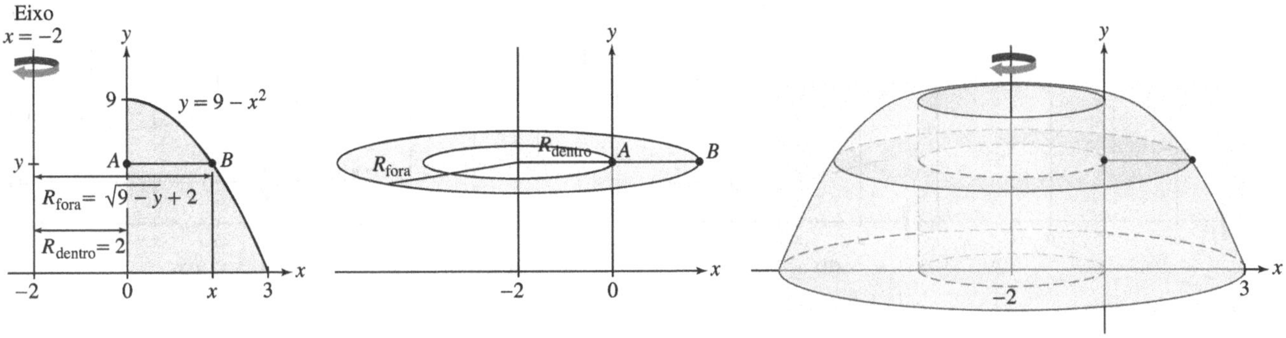

FIGURA 9

$$R_{\text{fora}} = \sqrt{9-y}+2, \qquad R_{\text{dentro}} = 2$$

$$\begin{aligned} R_{\text{fora}}^2 - R_{\text{dentro}}^2 &= (\sqrt{9-y}+2)^2 - 2^2 = (9-y) + 4\sqrt{9-y} + 4 - 4 \\ &= 9 - y + 4\sqrt{9-y} \end{aligned}$$

A região se estende de $y = 0$ até $y = 9$ ao longo do eixo y, portanto,

$$\begin{aligned} V = \pi \int_0^9 \left(R_{\text{fora}}^2 - R_{\text{dentro}}^2\right) dy &= \pi \int_0^9 \left(9 - y + 4\sqrt{9-y}\right) dy \\ &= \pi \left(9y - \frac{1}{2}y^2 - \frac{8}{3}(9-y)^{3/2}\right)\Bigg|_0^9 = \frac{225}{2}\pi \end{aligned}$$ ■

6.3 Resumo

- Método dos discos: Girando a região entre dois gráficos em torno de um eixo, os segmentos *perpendiculares* ao eixo geram discos ou arruelas. O volume V do sólido de revolução é a integral da área desses discos ou arruelas.
- Esboce os gráficos para visualizar os discos ou arruelas.
- Figura 10(A): A região entre $y = f(x)$ e o eixo x, girada em torno do eixo x.
  - Seção transversal vertical: um círculo de raio $R = f(x)$ e área $\pi R^2 = \pi f(x)^2$:

$$V = \pi \int_a^b R^2\, dx = \pi \int_a^b f(x)^2\, dx$$

- Figura 10(B): A região entre $y = f(x)$ e $y = g(x)$, girada em torno do eixo x.
  - Seção transversal vertical: uma arruela de raio de fora $R_{\text{fora}} = f(x)$ e raio de dentro $R_{\text{dentro}} = g(x)$:

$$V = \pi \int_a^b \left(R_{\text{fora}}^2 - R_{\text{dentro}}^2\right) dx = \pi \int_a^b \left(f(x)^2 - g(x)^2\right) dx$$

- Para girar em torno de uma reta horizontal $y = c$, modifique os raios de acordo:
  - Figura 10(C): $c \geq f(x) \geq g(x)$:

$$R_{\text{fora}} = c - g(x), \qquad R_{\text{dentro}} = c - f(x)$$

  - Figura 10(D): $f(x) \geq g(x) \geq c$:

$$R_{\text{fora}} = f(x) - c, \qquad R_{\text{dentro}} = g(x) - c$$

- Para girar em torno de uma reta vertical $x = c$, expressamos R_{fora} e R_{dentro} como funções de y e integramos ao longo do eixo y.

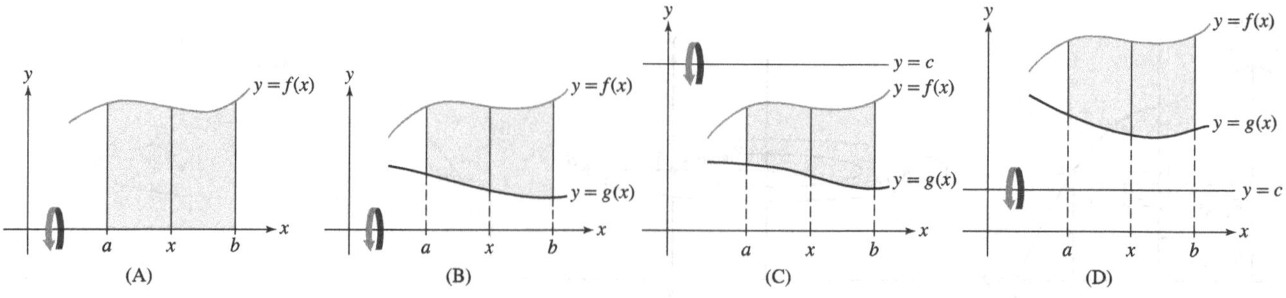

FIGURA 10

6.3 Exercícios

Exercícios preliminares

1. Qual dos seguintes é um sólido de revolução?
   (a) Esfera (b) Pirâmide (c) Cilindro (d) Cubo
2. Verdadeira ou falsa? Quando a região abaixo de um único gráfico é girada em torno do eixo x, as seções transversais do sólido perpendiculares ao eixo x são discos circulares.
3. Verdadeira ou falsa? Quando a região entre dois gráficos é girada em torno do eixo x, as seções transversais do sólido perpendiculares ao eixo x são discos circulares.
4. Qual das integrais seguintes expressa o volume do sólido obtido pela rotação da área entre $y = f(x)$ e $y = g(x)$ em $[a, b]$ em torno do eixo x? [Suponha $f(x) \geq g(x) \geq 0$.]
   (a) $\pi \int_a^b (f(x) - g(x))^2\, dx$
   (b) $\pi \int_a^b (f(x)^2 - g(x)^2)\, dx$

Exercícios

Nos Exercícios 1-4, (a) esboce o sólido obtido pela rotação da região abaixo do gráfico de f em torno do eixo x no intervalo dado; (b) descreva a seção transversal perpendicular ao eixo x localizada em x e (c) calcule o volume do sólido.

1. $f(x) = x + 1$, $[0, 3]$
2. $f(x) = x^2$, $[1, 3]$
3. $f(x) = \sqrt{x+1}$, $[1, 4]$
4. $f(x) = x^{-1}$, $[1, 4]$

Nos Exercícios 5-12,encontre o volume do sólido de revolução em torno do eixo x usando a função e o intervalo dados.

5. $f(x) = 3x - x^2$, $[0, 3]$
6. $f(x) = \dfrac{1}{x^2}$, $[1, 4]$
7. $f(x) = x^{5/3}$, $[1, 8]$
8. $f(x) = 4 - x^2$, $[0, 2]$
9. $f(x) = \dfrac{2}{x+1}$, $[1, 3]$
10. $f(x) = \sqrt{x^4 + 1}$, $[1, 3]$
11. $f(x) = e^x$, $[0, 1]$
12. $f(x) = \sqrt{\cos x \operatorname{sen} x}$, $[0, \frac{\pi}{2}]$

Nos Exercícios 13 e 14, R é a região sombreada na Figura 11.

13. Qual dos integrandos (i)-(iv) é utilizado para calcular o volume obtido girando a região R em torno de $y = -2$?
    (i) $(f(x)^2 + 2^2) - (g(x)^2 + 2^2)$
    (ii) $(f(x) + 2)^2 - (g(x) + 2)^2$
    (iii) $(f(x)^2 - 2^2) - (g(x)^2 - 2^2)$
    (iv) $(f(x) - 2)^2 - (g(x) - 2)^2$
14. Qual dos integrandos (i)-(iv) é utilizado para calcular o volume obtido girando a região R em torno de $y = 9$ na Figura 11?
    (i) $(9 + f(x))^2 - (9 + g(x))^2$
    (ii) $(9 + g(x))^2 - (9 + f(x))^2$
    (iii) $(9 - f(x))^2 - (9 - g(x))^2$
    (iv) $(9 - g(x))^2 - (9 - f(x))^2$

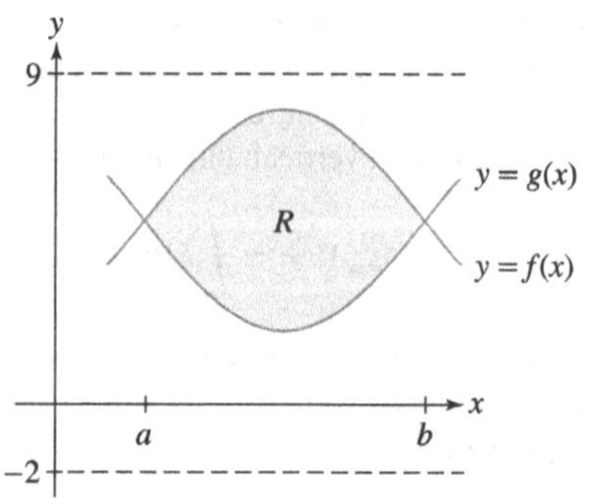

FIGURA 11

Nos Exercícios 15-20, (a) esboce a região delimitada pelas curvas; (b) descreva a seção transversal perpendicular ao eixo x localizada em x e (c) calcule o volume do sólido obtido pela rotação da região em torno do eixo x.

15. $y = x^2 + 2$, $y = 10 - x^2$
16. $y = x^2$, $y = 2x + 3$
17. $y = 16 - x$, $y = 3x + 12$ $x = -1$
18. $y = \dfrac{1}{x}$, $y = \dfrac{5}{2} - x$
19. $y = \sec x$, $y = 0$, $x = -\dfrac{\pi}{4}$, $x = \dfrac{\pi}{4}$
20. $y = \sec x$, $y = 0$, $x = 0$, $x = \dfrac{\pi}{4}$

Nos Exercícios 21-24, encontre o volume do sólido obtido pela rotação da região delimitada pelos gráficos em torno do eixo y no intervalo dado.

21. $x = \sqrt{y}$, $x = 0$; $1 \le y \le 4$

22. $x = \sqrt{\operatorname{sen} y}$, $x = 0$; $0 \le y \le \pi$

23. $x = y^2$, $x = \sqrt{y}$

24. $x = 4 - y$, $x = 16 - y^2$

25. A rotação da região na Figura 12 em torno do eixo y produz um sólido com dois tipos de seções transversais distintas. Calcule o volume como uma soma de duas integrais, uma em $-12 \le y \le 4$ e outra em $4 \le y \le 12$.

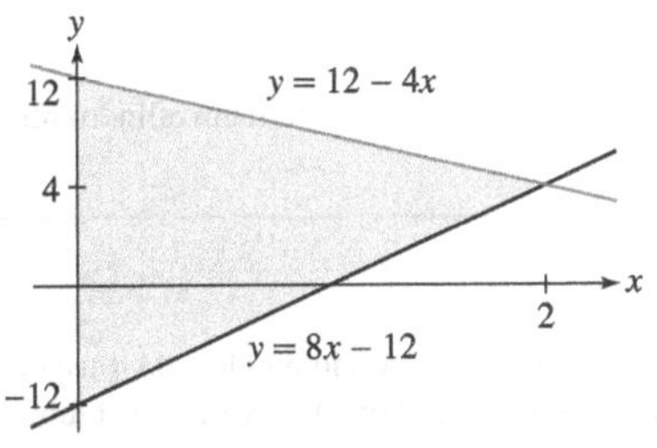

FIGURA 12

26. Seja R a região delimitada por $y = x^2 + 2$, $y = (x - 2)^2$ e os eixos $x = 0$ e $y = 0$. Calcule o volume V obtido pela rotação de R em torno do eixo x. *Sugestão:* expresse V como uma soma de duas integrais.

Nos Exercícios 27-32, encontre o volume do sólido obtido pela rotação da região A na Figura 13 em torno do eixo dado.

27. eixo x **28.** $y = -2$ **29.** $y = 2$

30. eixo y **31.** $x = -3$ **32.** $x = 2$

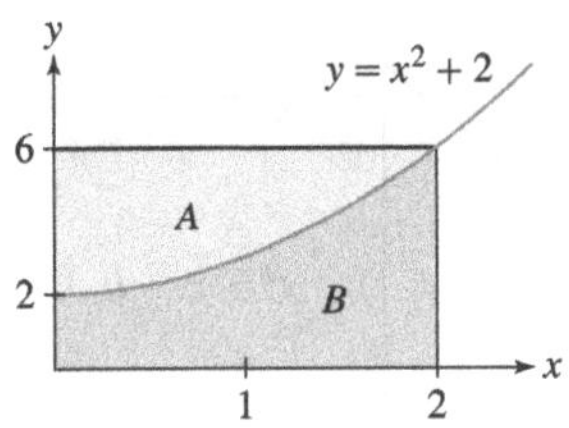

FIGURA 13

Nos Exercícios 33-38, encontre o volume do sólido obtido pela rotação da região B na Figura 13 em torno do eixo dado.

33. eixo x **34.** $y = -2$

35. $y = 6$

36. eixo y *Sugestão:* expresse o volume como uma soma de duas integrais no eixo y, ou use o Exercício 30.

37. $x = 2$ **38.** $x = -3$

Nos Exercícios 39-52, encontre o volume do sólido obtido pela rotação da região delimitada pelos gráficos em torno do eixo dado.

39. $y = x^2$, $y = 12 - x$, $x = 0$, em torno de $y = -2$

40. $y = x^2$, $y = 12 - x$, $x = 0$, em torno de $y = 15$

41. $y = 16 - 2x$, $y = 6$, $x = 0$, em torno do eixo x

42. $y = 32 - 2x$, $y = 2 + 4x$, $x = 0$, em torno do eixo y

43. $y = \sec x$, $y = 1 + \frac{3}{\pi}x$, em torno do eixo x

44. $x = 2$, $x = 3$, $y = 16 - x^4$, $y = 0$, em torno do eixo y

45. $y = 2\sqrt{x}$, $y = x$ em torno de $x = -2$

46. $y = 2\sqrt{x}$, $y = x$, em torno de $y = 4$

47. $y = x^3$, $y = x^{1/3}$, com $x \ge 0$, em torno do eixo y

48. $y = x^2$, $y = x^{1/2}$, em torno de $x = -2$

49. $y = \frac{9}{x^2}$, $y = 10 - x^2$, $x \ge 0$, em torno de $y = 12$

50. $y = \frac{9}{x^2}$, $y = 10 - x^2$, $x \ge 0$, em torno de $x = -1$

51. $y = e^{-x}$, $y = 1 - e^{-x}$, $x = 0$, em torno de $y = 4$

52. $y = \cosh x$, $x = \pm 2$, em torno do eixo x

53. A bacia na Figura 14(A) tem 21 cm de altura e é obtida pela rotação da curva na Figura 14(B) conforme indicado. Dê uma estimativa da capacidade de volume da bacia mostrada tomando a média das aproximações pela direita e esquerda da integral com $N = 7$. Os raios internos da bacia, começando do topo, são 0, 4, 7, 8, 10, 13, 14 e 20 cm.

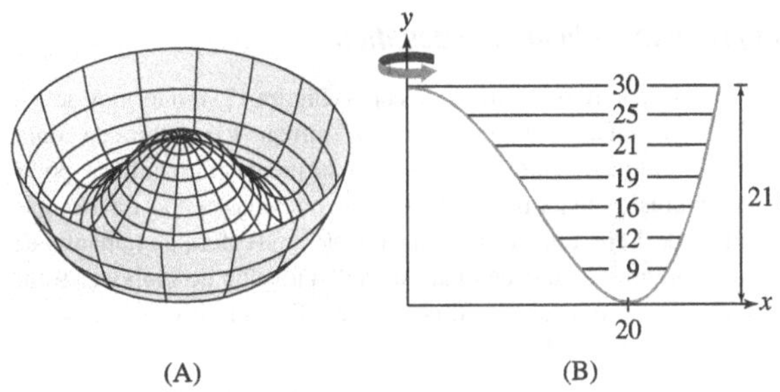

FIGURA 14

54. A região entre os gráficos de f e g em [0, 1] é girada em torno da reta $y = -3$. Use a aproximação pelo ponto médio com os valores dados na tabela a seguir para obter uma estimativa do volume do sólido resultante.

x	0,1	0,3	0,5	0,7	0,9
$f(x)$	8	7	6	7	8
$g(x)$	2	3,5	4	3,5	2

55. Encontre o volume do cone obtido pela rotação em torno do eixo y da região abaixo do segmento de reta que liga $(0, h)$ com $(r, 0)$.

56. O **toro** (sólido em formato de câmara de pneu) na Figura 15 é obtido pela rotação da região dentro do círculo $(x - a)^2 + y^2 = b^2$ em torno do eixo y (supondo que $a > b$). Mostre que esse sólido tem volume $2\pi^2 ab^2$. *Sugestão:* depois de simplificar, calcule a integral interpretando-a como a área de um círculo.

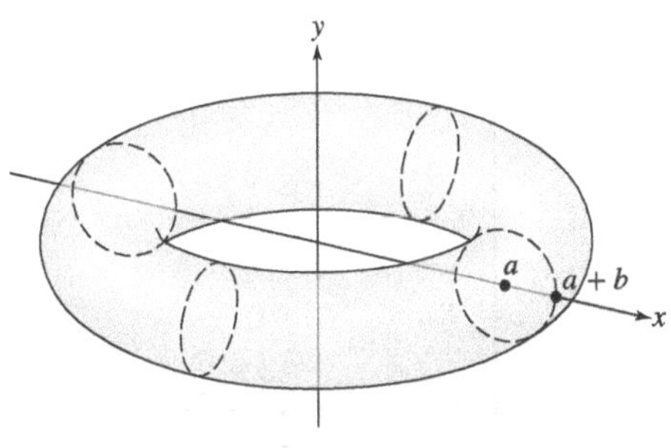

FIGURA 15 O toro obtido pela rotação de um círculo em torno do eixo y.

57. CG Esboce a hipocicloide $x^{2/3} + y^{2/3} = 1$ e encontre o volume do sólido obtido girando-a em torno do eixo x.

58. O sólido gerado pela rotação da região entre os ramos da hipérbole $y^2 - x^2 = 1$ em torno do eixo x é denominado **hiperboloide** (Figura 16). Encontre o volume do hiperboloide com $-a \le x \le a$.

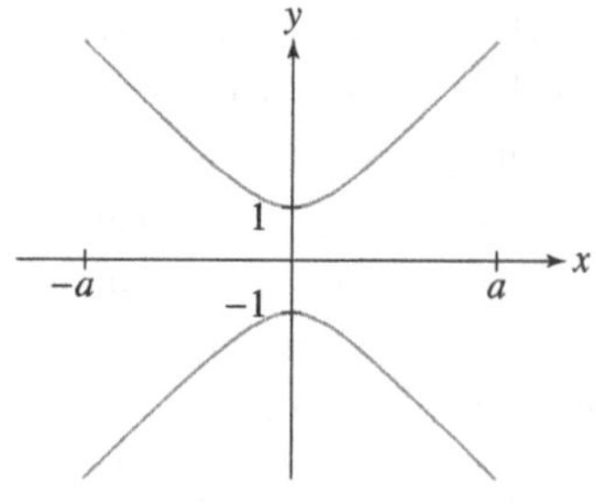

FIGURA 16 A hipérbole de equação $y^2 - x^2 = 1$.

59. Uma conta é formada pela remoção de um cilindro de raio r de uma esfera de raio R (Figura 17). Encontre o volume da conta se $r = 1$ e $R = 2$.

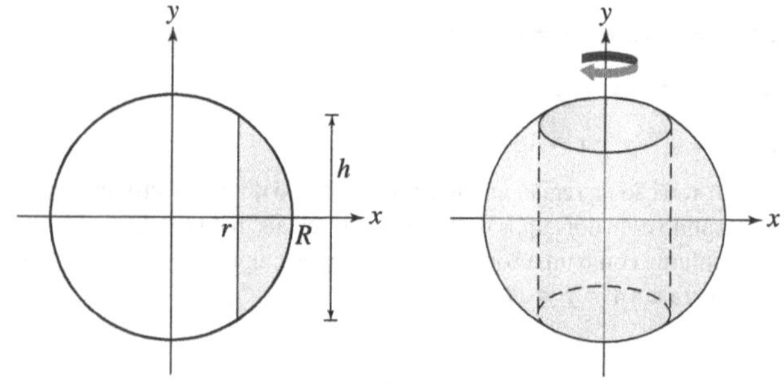

FIGURA 17 Uma conta é uma esfera com um cilindro removido.

Compreensão adicional e desafios

60. Encontre o volume V da conta (Figura 17) em termos de r e R. Em seguida, mostre que $V = \frac{\pi}{6}h^3$, em que h é a altura da conta. Essa fórmula tem uma consequência surpreendente: como V pode ser expresso em termos só de h, segue que duas contas da mesma altura de 1 cm, uma formada a partir de uma esfera do tamanho de uma laranja e a outra de uma esfera do tamanho do globo terrestre, teriam o mesmo volume! É possível explicar intuitivamente por que isso é possível?

61. O sólido gerado pela rotação da região dentro da elipse de equação $\left(\frac{x}{a}\right)^2 + \left(\frac{y}{b}\right)^2 = 1$ em torno do eixo x é denominado **elipsoide**. Mostre que o elipsoide tem volume $\frac{4}{3}\pi ab^2$. Qual é o volume se a elipse for girada em torno do eixo y?

62. A curva $y = f(x)$ na Figura 18, denominada **tractriz**, tem a propriedade seguinte: a reta tangente em cada ponto (x, y) da curva tem inclinação

$$\frac{dy}{dx} = \frac{-y}{\sqrt{1 - y^2}}$$

Seja R a região abaixo do gráfico de $y = f(x)$ com $0 \le x \le a$, sombreada na Figura 18. Calcule o volume V do sólido obtido pela rotação de R em torno do eixo x em termos da constante $c = f(a)$. *Sugestão:* use a substituição $u = f(x)$ para mostrar que

$$V = \pi \int_c^1 u\sqrt{1 - u^2}\, du$$

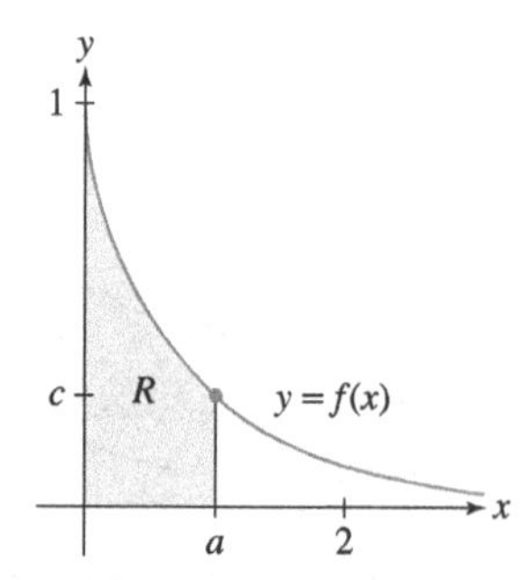

FIGURA 18 A tractriz.

63. Verifique a fórmula

$$\int_{x_1}^{x_2} (x - x_1)(x - x_2)\, dx = \frac{1}{6}(x_1 - x_2)^3$$

Em seguida, prove que o sólido obtido pela rotação da região sombreada na Figura 19 em torno do eixo x tem volume $V = \frac{\pi}{6}BH^2$, com B e H como na figura. *Sugestão:* sejam x_1 e x_2 as raízes de $f(x) = ax + b - (mx + c)^2$, com $x_1 < x_2$. Mostre que

$$V = \pi \int_{x_1}^{x_2} f(x)\, dx$$

e use a Equação (3).

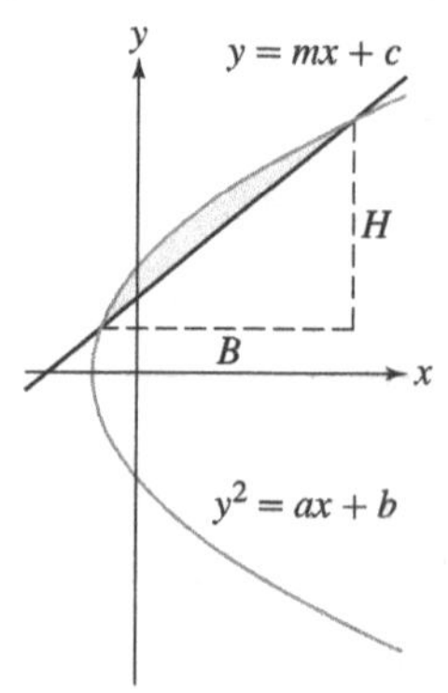

FIGURA 19 A reta $y = mx + c$ intersecta a parábola $y^2 = ax + b$ em dois pontos acima do eixo x.

64. Seja R a região do círculo unitário que fica acima do corte da reta $y = mx + b$ (Figura 20). Suponha que os pontos de corte da reta com o círculo estejam acima do eixo x. Use o método do Exercício 63 para mostrar que o sólido obtido pela rotação de R em torno do eixo x tem volume $V = \frac{\pi}{6}hd^2$, em que h e d são dados na figura.

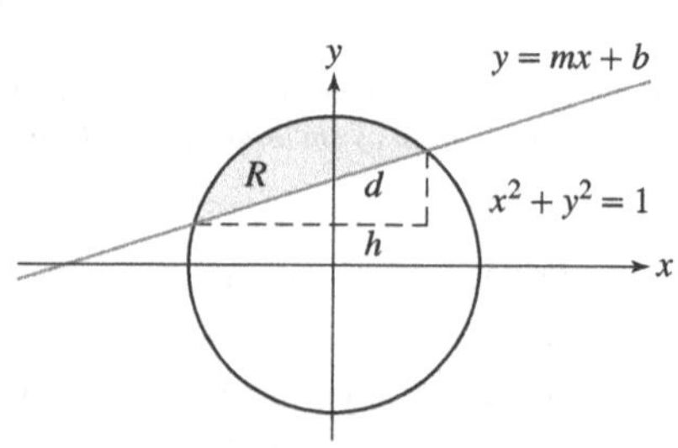

FIGURA 20

6.4 Método de cascas cilíndricas

Nas duas seções anteriores, calculamos volumes integrando a área de seções transversais. O **método das cascas**, que utiliza cascas cilíndricas, é mais conveniente em alguns casos.

Considere uma casca cilíndrica (Figura 1) de altura h com raio de fora R e raio de dentro r. Como a casca é obtida removendo um cilindro de raio r de um cilindro maior de raio R, seu volume é igual a

$$\pi R^2 h - \pi r^2 h = \pi h(R^2 - r^2) = \pi h(R + r)(R - r) = \pi h(R + r)\Delta r$$

em que $\Delta r = R - r$ é a espessura da casca. Se a casca for muito fina, então R e r são praticamente iguais, e podemos trocar $(R + r)$ por $2R$ para obter

$$\text{Volume da casca} \approx 2\pi Rh\Delta r = 2\pi \text{ (raio)} \times \text{(altura da casca)} \times \text{(espessura)} \qquad 1$$

Isso é a área de superfície do cilindro vezes sua espessura Δr.

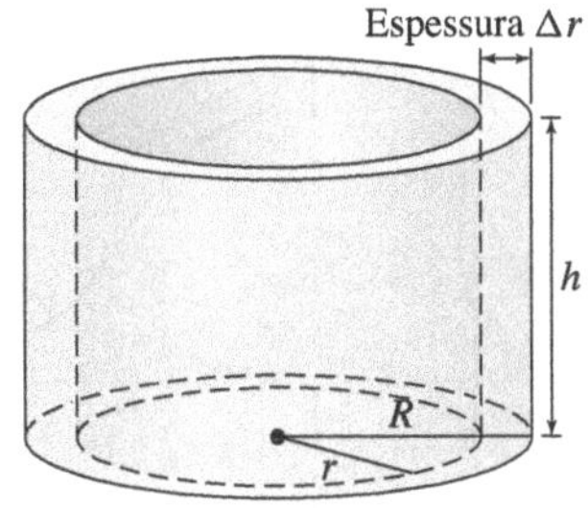

FIGURA 1 O volume da casca cilíndrica é aproximadamente $2\pi Rh\Delta r$, em que $\Delta r = R - r$.

Agora giramos a região abaixo de $y = f(x)$, de $x = a$ até $x = b$, em torno do eixo y, como na Figura 2. O sólido resultante pode ser dividido em cascas concêntricas finas. Mais precisamente, dividimos $[a, b]$ em N subintervalos de comprimento $\Delta x = (b - a)/N$ com extremidades $x_0, x_1, \ldots, x_N$. Quando giramos a faixa fina acima de $[x_{i-1}, x_i]$ em torno do eixo y, obtemos uma casca fina cujo volume denotamos por V_i. O volume total do sólido é igual à soma $V = \sum_{i=1}^{N} V_i$.

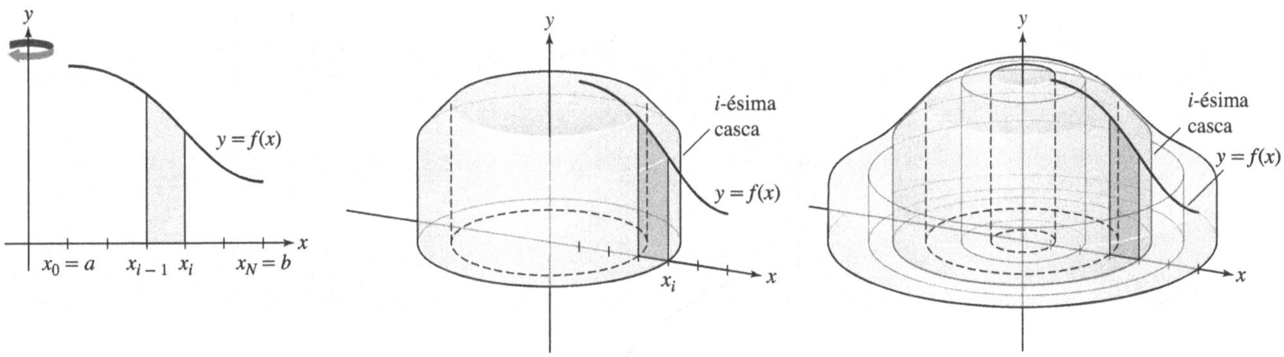

FIGURA 2 A faixa sombreada girada em torno do eixo y gera uma "casca fina".

O topo da i-ésima casca fina na Figura 2 é curvo. Contudo, quando Δx for pequeno, podemos aproximar essa casca fina pela casca cilíndrica (de topo reto) de altura $f(x_i)$. Então, usando a Equação (1), obtemos

$$V_i \approx 2\pi x_i f(x_i)\Delta x = 2\pi \text{ (raio)(altura da casca)(espessura)}$$

$$V = \sum_{i=1}^{N} V_i \approx 2\pi \sum_{i=1}^{N} x_i f(x_i)\Delta x$$

A soma à direita é o volume da aproximação cilíndrica que converge a V se $N \to \infty$ (Figura 3). Essa soma também é uma aproximação pela direita que converge a $2\pi \int_a^b x f(x)\, dx$. Assim, obtemos a Equação (2) do volume do sólido.

Volume de revolução: o método das cascas O sólido obtido pela rotação da região abaixo do gráfico de $y = f(x)$, acima do intervalo $[a, b]$, *em torno do eixo y*, tem volume

$$V = 2\pi \int_a^b \text{(raio) (altura da casca)}\, dx = 2\pi \int_a^b x f(x)\, dx \qquad 2$$

Observação: no método das cascas, integramos em relação a x se a região for girada em torno do eixo y.

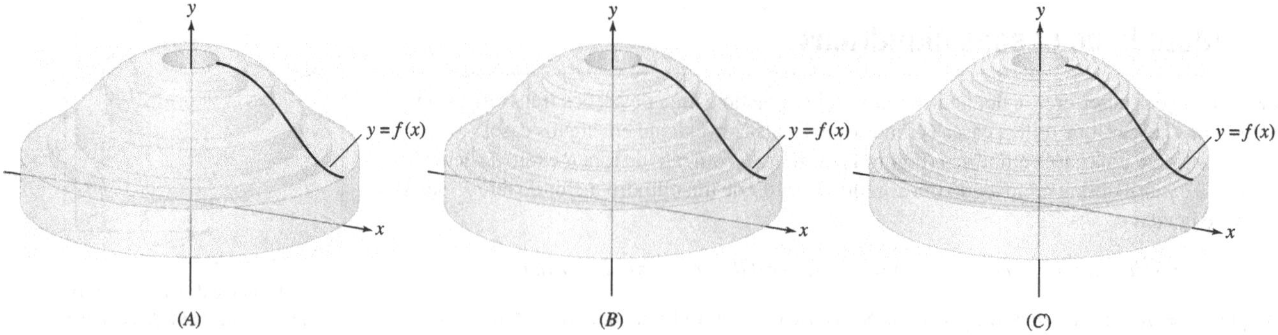

FIGURA 3 Aproximações por cascas cilíndricas com $N \to \infty$.

■ **EXEMPLO 1** Encontre o volume V do sólido obtido pela rotação da região abaixo do gráfico de $f(x) = 1 - 2x + 3x^2 - 2x^3$, acima de [0, 1], em torno do eixo y.

Solução O sólido aparece na Figura 4. Pela Equação (2),

$$\begin{aligned} V &= 2\pi \int_0^1 x f(x)\,dx \\ &= 2\pi \int_0^1 x(1 - 2x + 3x^2 - 2x^3)\,dx \\ &= 2\pi \left(\frac{1}{2}x^2 - \frac{2}{3}x^3 + \frac{3}{4}x^4 - \frac{2}{5}x^5 \right)\Bigg|_0^1 = \frac{11}{30}\pi \end{aligned}$$ ■

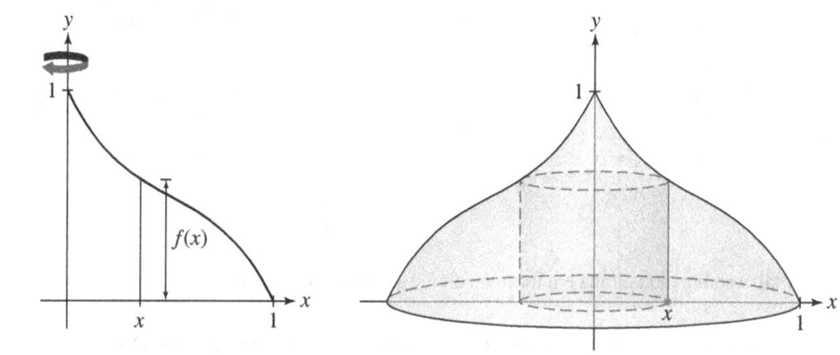

FIGURA 4 O gráfico de $f(x) = 1 - 2x + 3x^2 - 2x^3$ girado em torno do eixo y.

ENTENDIMENTO CONCEITUAL **Cascas *versus* discos e arruelas** Quando calculamos um volume usando o método das cascas, a altura da casca sempre é *paralela* ao eixo de rotação. Quando calculamos um volume usando o método dos discos ou arruelas, o raio do disco sempre é *perpendicular* ao eixo de rotação. Alguns volumes podem ser calculados com a mesma facilidade usando qualquer um desses dois métodos, mas, no Exemplo 1, o método das cascas é muito mais fácil. Para usar o método dos discos, deveríamos conhecer o raio do disco gerado localizado em y, pois estamos girando em torno do eixo y (Figura 5). Para isso, deveríamos encontrar a função inversa $g(y) = f^{-1}(y)$. **Em geral**: use o método das cascas se a obtenção da altura da casca for mais simples do que a do raio do disco. Use o método do disco se for mais fácil encontrar o raio do disco.

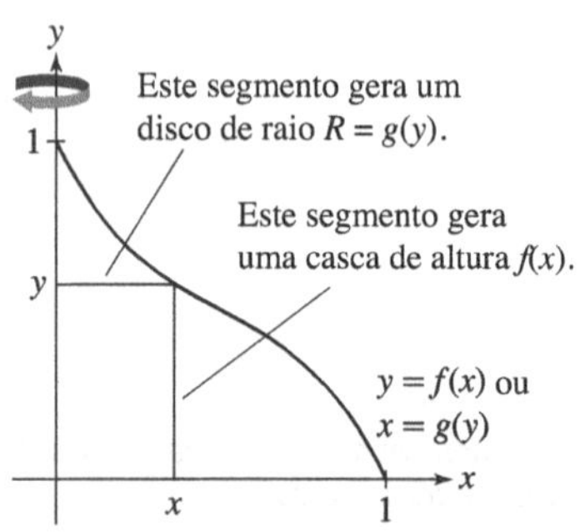

FIGURA 5 Para rotações em torno do eixo y, o método das cascas usa $y = f(x)$, mas o método dos discos requer a função inversa $x = g(y)$.

Quando giramos a região entre os gráficos de duas funções f e g que satisfazem $f(x) \ge g(x)$, o segmento vertical localizado em x gera uma casca cilíndrica de raio x e altura $f(x) - g(x)$ (Figura 6). Portanto, o volume é

$$V = 2\pi \int_a^b (\text{raio})\,(\text{altura da casca})\,dx = 2\pi \int_a^b x\big(f(x) - g(x)\big)\,dx \qquad (3)$$

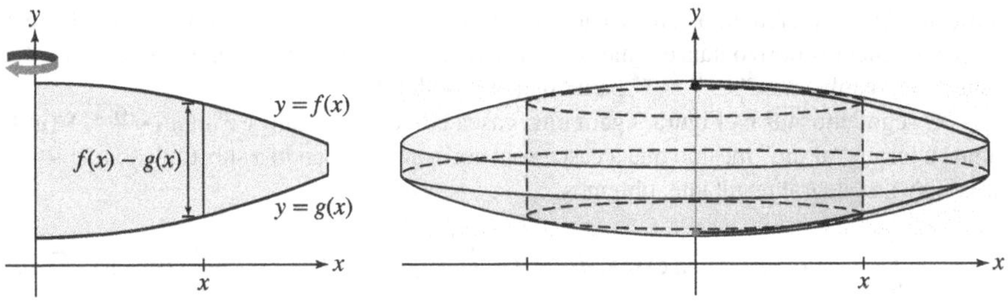

FIGURA 6 O segmento vertical localizado em x gera uma casca de raio x e altura $f(x) - g(x)$.

■ **EXEMPLO 2** **Região entre duas curvas** Calcule o volume V do sólido obtido pela rotação da área delimitada pelos gráficos de $f(x) = x(5 - x)$ e $g(x) = 8 - x(5 - x)$ em torno do eixo y.

Solução Inicialmente, encontramos os pontos de interseção resolvendo $x(5 - x) = 8 - x(5 - x)$. Obtemos $x^2 - 5x + 4 = (x - 1)(x - 4) = 0$, portanto as curvas se intersectam em $x = 1$ e 4. Esboçando os gráficos (Figura 7), vemos que $f(x) \geq g(x)$ no intervalo $[1, 4]$ e

$$\text{Altura da casca} = f(x) - g(x) = x(5 - x) - \big(8 - x(5 - x)\big) = 10x - 2x^2 - 8$$

$$V = 2\pi \int_1^4 (\text{raio})\,(\text{altura da casca})\,dx = 2\pi \int_1^4 x(10x - 2x^2 - 8)\,dx$$

$$= 2\pi \left(\frac{10}{3}x^3 - \frac{1}{2}x^4 - 4x^2\right)\bigg|_1^4 = 2\pi \left(\frac{64}{3} - \left(-\frac{7}{6}\right)\right) = 45\pi$$ ■

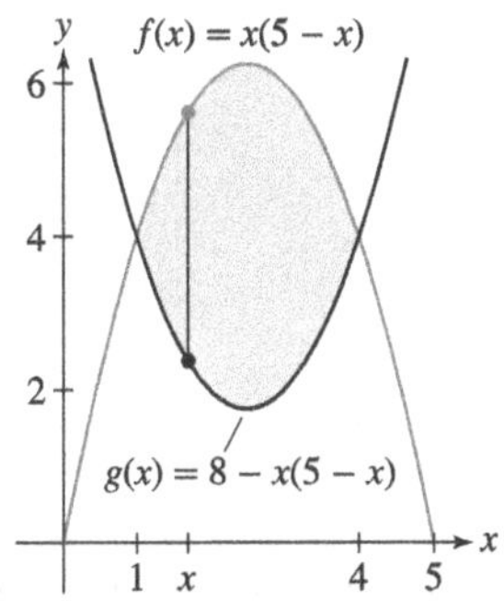

FIGURA 7

■ **EXEMPLO 3** **Rotação em torno de um eixo vertical** Use o método das cascas para calcular o volume V do sólido obtido pela rotação da região abaixo do gráfico de $f(x) = x^{-1/2}$, acima de $[1, 4]$, em torno de $x = -3$.

Solução Se quiséssemos girar essa região em torno do eixo y (ou seja, $x = 0$), utilizaríamos a Equação (3). Para girá-la em torno da reta $x = -3$, precisamos levar em conta que o raio de rotação agora tem três unidades a mais.

A Figura 8 mostra que o raio da casca agora é $x - (-3) = x + 3$. A altura da casca ainda é $f(x) = x^{-1/2}$, portanto

$$V = 2\pi \int_1^4 (\text{raio})\,(\text{altura da casca})\,dx$$

$$= 2\pi \int_1^4 (x + 3)x^{-1/2}\,dx = 2\pi \left(\frac{2}{3}x^{3/2} + 6x^{1/2}\right)\bigg|_1^4 = \frac{64\pi}{3}$$ ■

O raciocínio no Exemplo 3 mostra que, se girarmos a região abaixo de $y = f(x)$, acima de $[a, b]$, em torno da reta vertical $x = c$, então o volume será

$$V = 2\pi \int_a^b (x - c)f(x)\,dx \quad \text{se } c \leq a$$

$$V = 2\pi \int_a^b (c - x)f(x)\,dx \quad \text{se } c \geq b$$

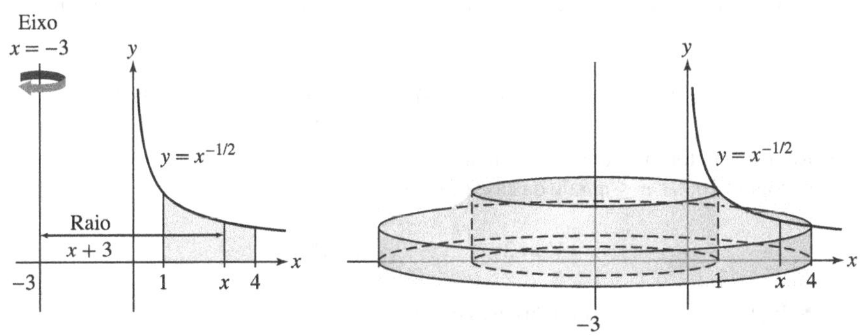

FIGURA 8 Rotação em torno do eixo $x = -3$.

O método das cascas cilíndricas pode ser aplicado à rotação em torno de eixos horizontais mas, nesse caso, o gráfico deve ser descrito no formato $x = g(y)$.

■ **EXEMPLO 4** **Rotação em torno do eixo x** Use o método das cascas para calcular o volume V do sólido obtido pela rotação em torno do eixo x da região abaixo de $y = 9 - x^2$, acima de $[0, 3]$.

Solução Quando efetuamos uma rotação em torno do eixo x, as cascas cilíndricas são geradas por segmentos horizontais e o método das cascas nos dá uma integral em relação a y. Em vista disso, resolvemos $y = 9 - x^2$ para obter $x = \sqrt{9 - y}$.

LEMBRETE Depois da substituição $u = 9 - x$, os limites de integração devem ser modificados. Como $u(0) = 9$ e $u(9) = 0$, trocamos $\int_0^9$ por $\int_9^0$.

O segmento $\overline{AB}$ na Figura 9 gera uma casca cilíndrica de raio y e altura $\sqrt{9 - y}$ (utilizamos o termo "altura" mesmo que a casca seja horizontal). Usando a substituição $u = 9 - y$, $du = -dy$ na integral resultante, obtemos

$$V = 2\pi \int_0^9 \text{(raio) (altura da casca)}\, dy = 2\pi \int_0^9 y\sqrt{9 - y}\, dy = -2\pi \int_9^0 (9 - u)\sqrt{u}\, du$$

$$= 2\pi \int_0^9 (9u^{1/2} - u^{3/2})\, du = 2\pi \left(6u^{3/2} - \frac{2}{5}u^{5/2}\right)\Big|_0^9 = \frac{648}{5}\pi$$ ■

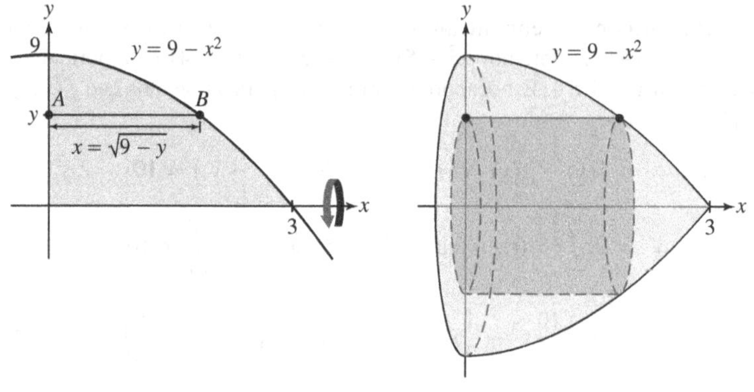

FIGURA 9 A casca gerada por um segmento horizontal na região abaixo do gráfico de $y = 9 - x^2$.

6.4 Resumo

- Método das cascas: quando giramos a região entre dois gráficos em torno do eixo x, o segmento *paralelo* ao eixo gera cascas cilíndricas [Figura 10(A)]. O volume V do sólido de revolução é a integral da área de superfície dessas cascas:

$$\text{Área de superfície da casca} = 2\pi \text{ (raio) (altura da casca)}$$

- Esboce os gráficos para visualizar as cascas.
- Figura 10(B): a região entre $y = f(x)$ (com $f(x) \geq 0$) e o eixo y, girada em torno do eixo y:

$$V = 2\pi \int_a^b \text{(raio) (altura da casca)}\, dx = 2\pi \int_a^b x f(x)\, dx$$

- Figura 10(C): a região entre $y = f(x)$ e $y = g(x)$ (com $f(x) \geq g(x) \geq 0$), girada em torno do eixo y:

$$V = 2\pi \int_a^b \text{(raio) (altura da casca)}\, dx = 2\pi \int_a^b x(f(x) - g(x))\, dx$$

- Rotação em torno de um eixo vertical $x = c$.
  - Figura 10(D): $c \leq a$, raio da casca é $(x - c)$:

$$V = 2\pi \int_a^b (x - c) f(x)\, dx$$

  - Figura 10(E): $c \geq a$, raio da casca é $(c - x)$:

$$V = 2\pi \int_a^b (c - x) f(x)\, dx$$

- Rotação em torno do eixo x usando o método das cascas: escreva o gráfico como $x = g(y)$:

$$V = 2\pi \int_c^d \text{(raio) (altura da casca)}\, dy = 2\pi \int_c^d y g(y)\, dy$$

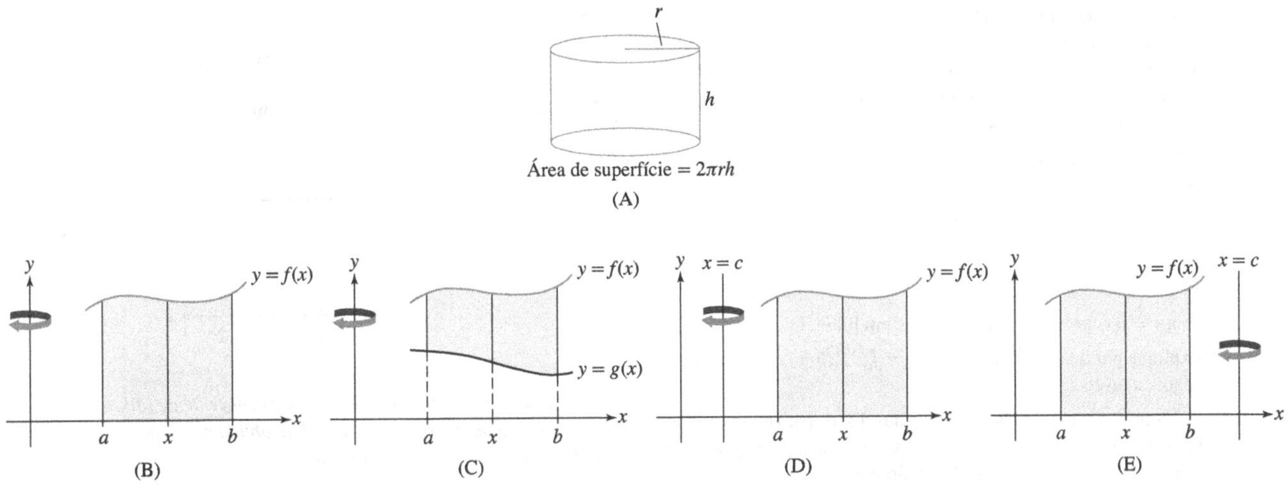

FIGURA 10

6.4 Exercícios

Exercícios preliminares

1. Considere a região $\mathcal{R}$ abaixo do gráfico da função constante $f(x) = h$ no intervalo $[0, r]$. Quais são a altura e o raio do cilindro gerado quando $\mathcal{R}$ é girada em torno do
   (a) eixo x? **(b)** eixo y?

2. Seja V o volume de um sólido de revolução em torno do eixo y.
   (a) O método das cascas para calcular V leva a uma integral em relação a x ou y?
   (b) O método dos discos ou arruelas para calcular V leva a uma integral em relação a x ou y?

3. Girando a região abaixo da curva $y = 8$ entre $x = 2$ e $x = 3$ em torno do eixo x, qual deve ser a resposta fornecida pelo método das cascas?

Exercícios

Nos Exercícios 1-6, esboce o sólido obtido pela rotação da região abaixo do gráfico da função, acima do intervalo dado, em torno do eixo y e encontre seu volume.

1. $f(x) = x^3$, $[0, 1]$
2. $f(x) = \sqrt{x}$, $[0, 4]$
3. $f(x) = x^{-1}$, $[1, 3]$
4. $f(x) = 4 - x^2$, $[0, 2]$
5. $f(x) = \sqrt{x^2 + 9}$, $[0, 3]$
6. $f(x) = \dfrac{x}{\sqrt{1 + x^3}}$, $[1, 4]$

Nos Exercícios 7-12, use o método das cascas para calcular o volume do sólido obtido pela rotação da região delimitada pelos gráficos conforme indicado, em torno do eixo y.

7. $y = 3x - 2$, $y = 6 - x$, $x = 0$
8. $y = \sqrt{x}$, $y = x^2$
9. $y = x^2$, $y = 8 - x^2$, $x = 0$, com $x \geq 0$
10. $y = 8 - x^3$, $y = 8 - 4x$, com $x \geq 0$
11. $y = (x^2 + 1)^{-2}$, $y = 2 - (x^2 + 1)^{-2}$, $x = 2$
12. $y = 1 - |x - 1|$, $y = 0$

Nos Exercícios 13 e 14, use algum recurso gráfico para encontrar numericamente os pontos de interseção das curvas e então calcule o volume do sólido obtido pela rotação da região delimitada em torno do eixo y.

13. CG $y = \frac{1}{2}x^2$, $y = \operatorname{sen}(x^2)$, $x \geq 0$
14. CG $y = e^{-x^2/2}$, $y = x$, $x = 0$

Nos Exercícios 15-20, esboce o sólido obtido pela rotação da região abaixo do gráfico de f acima do intervalo em torno do eixo dado e calcule seu volume usando o método das cascas.

15. $f(x) = x^3$, $[0, 1]$, em torno de $x = 2$
16. $f(x) = x^3$, $[0, 1]$, em torno de $x = -2$
17. $f(x) = x^{-4}$, $[-3, -1]$, em torno de $x = 4$
18. $f(x) = \dfrac{1}{\sqrt{x^2 + 1}}$, $[0, 2]$, em torno de $x = 0$
19. $f(x) = a - x$, com $a > 0$, $[0, a]$, em torno de $x = -1$
20. $f(x) = 1 - x^2$, $[-1, 1]$ $x = c$, com $c > 1$

Nos Exercícios 21-26, esboce a região delimitada e use o método das cascas para calcular o volume do sólido obtido pela rotação em torno do eixo x.

21. $x = y$, $y = 0$, $x = 1$
22. $x = \frac{1}{4}y + 1$, $x = 3 - \frac{1}{4}y$, $y = 0$
23. $x = y(4 - y)$, $x = 0$
24. $x = y(4 - y)$, $x = (y - 2)^2$
25. $y = 4 - x^2$, $x = 0$, $y = 0$
26. $y = x^{1/3} - 2$, $y = 0$, $x = 27$

27. Determine quais dos seguintes é o integrando apropriado necessário para determinar o volume do sólido obtido pela rotação em torno do eixo vertical dado por $x = -1$ da região que fica entre as curvas $y = f(x)$ e $y = g(x)$ acima do intervalo $[a, b]$, sendo que $a \geq 0$ e $f(x) \geq g(x)$ nesse intervalo.
   (a) $x(f(x) - g(x))$
   (b) $(x + 1)(f(x) - g(x))$
   (c) $x((f(x) - 1) - (g(x) - 1))$
   (d) $(x - 1)(f(x) - g(x))$
   (e) $x(f(x + 1) - g(x + 1))$

28. Seja $y = f(x)$ uma função decrescente em $[0, b]$, tal que $f(b) = 0$. Explique por que $2\pi \int_0^b xf(x)\,dx = \pi \int_0^{f(0)} (h(x))^2\,dx$, em que h denota a inversa de f.

29. Use ambos os métodos das cascas e dos discos para calcular o volume do sólido obtido pela rotação da região abaixo do gráfico de $f(x) = 8 - x^3$ com $0 \leq x \leq 2$, em torno do:
   (a) eixo x (b) eixo y

30. Esboce o sólido obtido pela rotação em torno do eixo y da região abaixo do gráfico da função constante $f(x) = c$ (sendo $c > 0$) com $0 \leq x \leq r$.
   (a) Encontre o volume sem usar integração.
   (b) Use o método das cascas para calcular o volume.

31. O gráfico da Figura 11(A) pode ser descrito tanto por $y = f(x)$ quanto $x = h(y)$, em que h é a inversa de f. Seja V o volume do sólido obtido pela rotação da região abaixo da curva em torno do eixo y.
   (a) Descreva as figuras geradas pela rotação dos segmentos $\overline{AB}$ e $\overline{CB}$ em torno do eixo y.
   (b) Monte integrais para calcular V pelos métodos das cascas e dos discos.

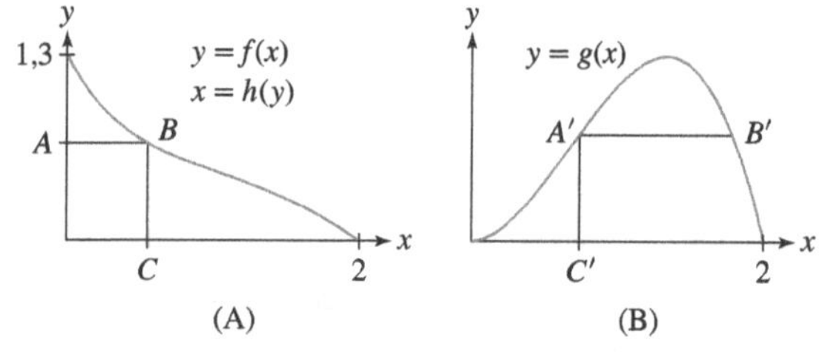

FIGURA 11

32. Seja W o volume do sólido obtido pela rotação da região abaixo do gráfico na Figura 11(B) em torno do eixo y.
   (a) Descreva as figuras geradas pela rotação dos segmentos $\overline{A'B'}$ e $\overline{A'C'}$ em torno do eixo y.
   (b) Monte uma integral que calcule W pelo método das cascas.
   (c) Explique a dificuldade para calcular W pelo método das arruelas.

33. Seja R a região abaixo do gráfico de $y = 9 - x^2$ com $0 \leq x \leq 2$. Use o método das cascas para calcular o volume do sólido obtido pela rotação de R em torno do eixo x como uma soma de duas integrais ao longo do eixo y. *Sugestão:* as cascas geradas dependem de $y \in [0, 5]$ ou $y \in [5, 9]$.

34. Seja R a região abaixo do gráfico de $y = 4x^{-1}$ com $1 \leq y \leq 4$. Use o método das cascas para calcular o volume do sólido obtido pela rotação de R em torno do eixo y como uma soma de duas integrais ao longo do eixo x.

Nos Exercícios 35-40, use o método das cascas para encontrar o volume do sólido obtido pela rotação da região A na Figura 12 em torno do eixo dado.

35. eixo y
36. $x = -3$
37. $x = 2$
38. eixo x
39. $y = -2$
40. $y = 6$

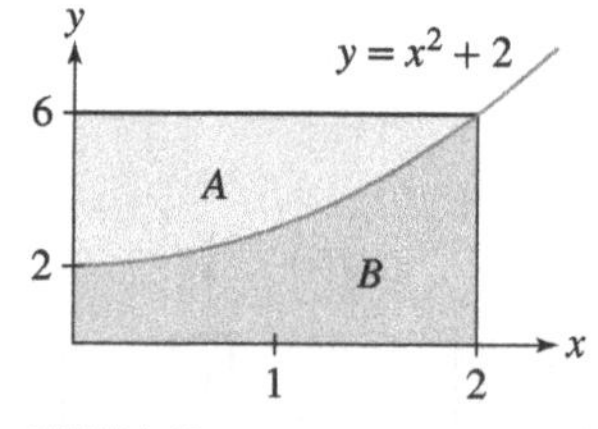

FIGURA 12

Nos Exercícios 41-46, use o método mais conveniente (discos ou cascas) para encontrar o volume do sólido obtido pela rotação da região B na Figura 12 em torno do eixo dado.

41. eixo y
42. $x = -3$
43. $x = 2$
44. eixo x
45. $y = -2$
46. $y = 8$

Nos Exercícios 47-54, use o método mais conveniente (discos ou cascas) para encontrar o volume do sólido obtido por rotação especificado.

47. A região entre $x = y(5 - y)$ e $x = 0$, girada em torno do eixo y.
48. A região entre $x = y(5 - y)$ e $x = 0$, girada em torno do eixo x.
49. A região delimitada por $y = x^2$ e $x = y^2$, girada em torno do eixo y.
50. A região delimitada por $y = x^2$ e $x = y^2$, girada em torno de $x = 3$.
51. A região da Figura 13, girada em torno do eixo x.
52. A região da Figura 13, girada em torno do eixo y.

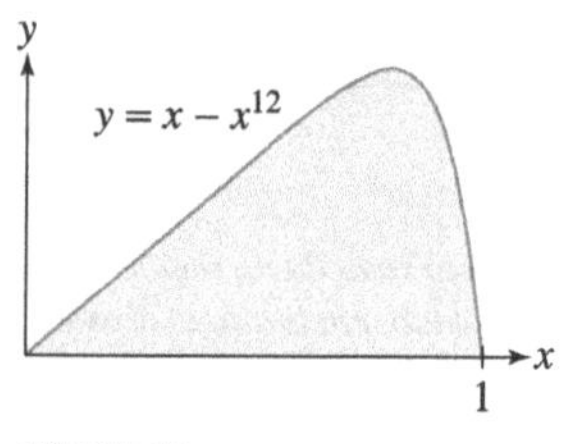

FIGURA 13

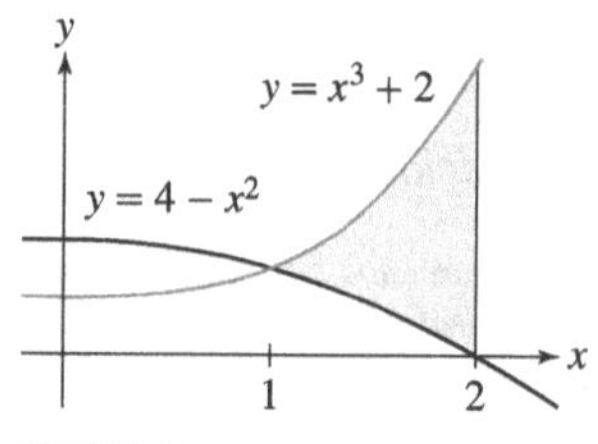

FIGURA 14

53. A região da Figura 14, girada em torno de $x = 4$.
54. A região da Figura 13, girada em torno de $y = -2$.

Nos Exercícios 55-58, use o método das cascas para encontrar o volume de rotação dado.

55. Uma esfera de raio r.
56. A "conta" formada pela remoção de um cilindro de raio r do centro de uma esfera de raio R (compare com o Exercício 59 da Seção 6.3).
57. O toro obtido pela rotação do interior do disco $(x - a)^2 + y^2 = b^2$ em torno do eixo y, sendo $a > r$ (compare com o Exercício 56 da Seção 6.3). *Sugestão:* calcule a integral interpretando uma parte dela como a área de um círculo.
58. O "paraboloide" obtido pela rotação da região entre $y = x^2$ e $y = c$ (com $c > 0$) em torno do eixo y.
59. Dados a e b, tais que $0 \leq a \leq b$, encontre uma função f tal que o volume do sólido obtido pela rotação em torno do eixo x da região R abaixo do gráfico de $y = f(x)$, acima do intervalo $[a, b]$ seja igual ao volume do sólido obtido pela rotação da mesma região R em torno do eixo y.

Compreensão adicional e desafios

60. A área de superfície de uma esfera de raio r é $4\pi r^2$. Use isso para deduzir a fórmula do volume V da esfera de raio R de outra maneira.
   (a) Mostre que o volume de uma casca esférica fina de raio de dentro r e espessura Δr é aproximadamente $4\pi r^2 \Delta r$.
   (b) Aproxime V decompondo a esfera de raio R em N cascas esféricas finas de espessura $\Delta r = R/N$.
   (c) Mostre que a aproximação é uma soma de Riemann que converge a uma integral. Calcule a integral.

61. Mostre que o sólido (denominado **elipsoide**) obtido pela rotação da região R na Figura 15 em torno do eixo y tem volume $\frac{4}{3}\pi a^2 b$.

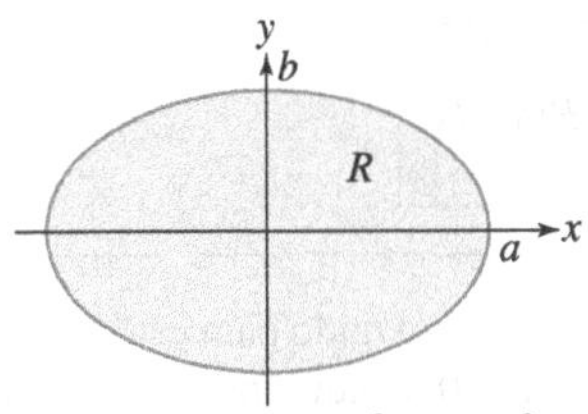

FIGURA 15 A elipse $\left(\frac{x}{a}\right)^2 + \left(\frac{y}{b}\right)^2 = 1$.

62. A curva em forma de sino $y = f(x)$ na Figura 16 satisfaz $dy/dx = -xy$. Use o método das cascas e a substituição $u = f(x)$ para mostrar que o sólido obtido pela rotação da região R em torno do eixo y tem volume $V = 2\pi(1 - c)$, em que $c = f(a)$. Observe que, quando $c \to 0$, a região R torna-se ilimitada, mas o volume V tende a 2π.

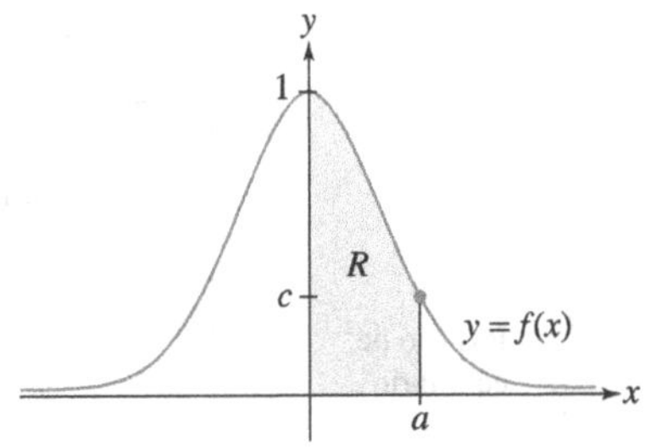

FIGURA 16 A curva em forma de sino.

6.5 Trabalho e energia

Todas as tarefas físicas, de correr lomba acima a ligar um computador, exigem um consumo de energia. Quando uma força é aplicada a um objeto para colocá-lo em movimento, a energia dispendida é denominada **trabalho**. Se uma força *constante* F for aplicada para mover o objeto uma distância d na direção e sentido da força, o trabalho W é definido como "força vezes distância" (Figura 1):

> *Para aqueles que querem algum tipo de confirmação de que os físicos são seres humanos, a prova está na idiotice de todas essas unidades diferentes que eles usam para medir a energia.*
> —*Richard Feynmann, no livro The Character of Physical Law*

$$\boxed{W = F \cdot d} \qquad (1)$$

No sistema métrico, a unidade de força é o *newton* (abreviado N), definido como 1 kg-m/s^2. A energia e o trabalho são, ambos, medidos em unidades de *joule* (J), igual a 1 N-m. No sistema britânico, a unidade de força é a libra (lb) e ambos, energia e trabalho, são medidos em pé-libra (pé-lb). Outra unidade de energia é a *caloria*. Um pé-lb é, aproximadamente, igual a 0,738 J ou 3,088 calorias.

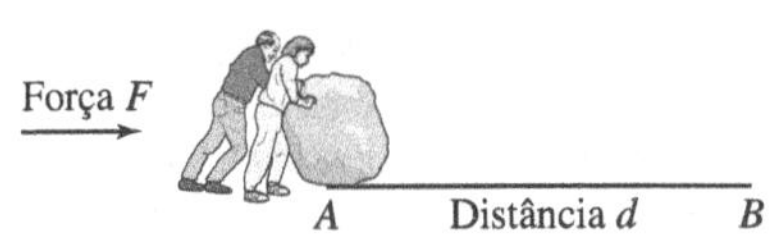

FIGURA 1 O trabalho realizado para mover um objeto de A até B é $W = F \cdot d$.

Para adquirir familiaridade com as unidades, calculemos o trabalho W necessário para levantar uma pedra de 2 kg a 3 m acima do chão. A gravidade puxa essa pedra de massa m para baixo com uma força igual a $-mg$, em que $g = 9{,}8$ m/s^2. Portanto, levantar a pedra exige uma força vertical $F = mg$ para cima, e o trabalho realizado é

$$W = \underbrace{(mg)h}_{F \cdot d} = (2\text{ kg})(9{,}8\text{ m/s}^2)(3\text{ m}) = 58{,}8\text{ J}$$

O quilograma é uma unidade de massa, mas a libra é uma unidade de força. Portanto, no sistema britânico, o fator g não aparece quando calculamos trabalho contra a gravidade. O trabalho realizado para levantar uma pedra de 2 lb a 3 pés acima do chão é

$$W = \underbrace{(2\text{ lb})(3\text{ pés})}_{F \cdot d} = 6\text{ pés-lb}$$

Estamos interessados no caso em que a força $F(x)$ varia quando o objeto se move de a até b ao longo do eixo x. A Equação (1) não pode ser aplicada diretamente, mas podemos quebrar a tarefa num número grande de tarefas menores, em cada uma das quais a Equação (1) dá uma boa aproximação. Dividimos $[a, b]$ em N subintervalos de comprimento $\Delta x = (b - a)/N$,

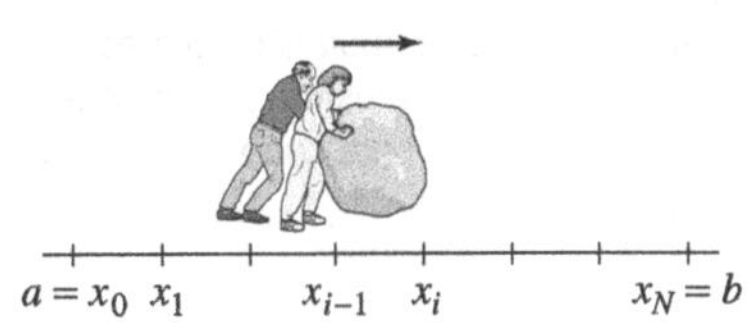

FIGURA 2 O trabalho para mover um objeto de x_{i-1} até x_i é, aproximadamente, $F(x_i)\Delta x$.

como na Figura 2, e consideramos o trabalho W_i realizado para mover o objeto de x_{i-1} até x_i. Se Δx for pequeno, então a força $F(x)$ é, praticamente, constante no intervalo $[x_{i-1}, x_i]$, com valor $F(x_i)$, portanto $W_i \approx F(x_i)\Delta x$. Somando as contribuições, obtemos

$$W = \sum_{i=1}^{N} W_i \approx \underbrace{\sum_{i=1}^{N} F(x_i)\Delta x}_{\text{Aproximação pela direita}}$$

A soma do lado direito é uma aproximação pela direita convergindo a $\int_a^b F(x)\,dx$. Isso nos leva à definição seguinte.

DEFINIÇÃO Trabalho O trabalho realizado para mover um objeto ao longo do eixo x de a até b aplicando uma força de magnitude $F(x)$ é

$$W = \int_a^b F(x)\,dx \qquad 2$$

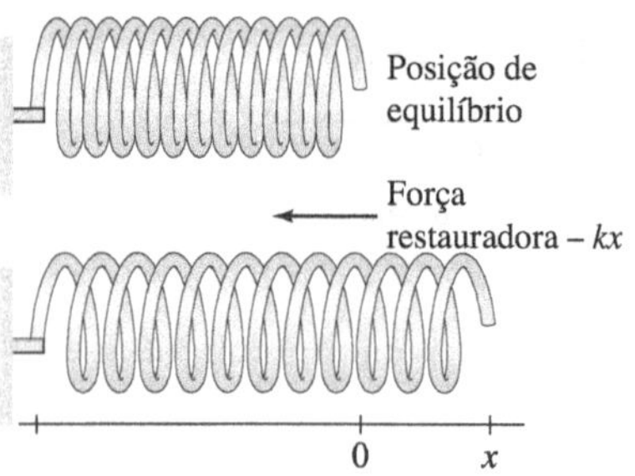

FIGURA 3 Lei de Hooke.

Um cálculo típico envolve encontrar o trabalho exigido para estender uma mola. Suponha que a extremidade da mola ocupe a posição $x = 0$ no equilíbrio, quando não houver força agindo (Figura 3). De acordo com a **lei de Hooke**, quando a mola é estendida (ou comprimida) a uma posição x, ela exerce uma força restauradora de magnitude $-kx$ no sentido oposto, sendo k a **constante da mola**. Se quisermos estender a mola mais, devemos aplicar uma força $F(x) = kx$ para contrabalancear a força exercida pela mola.

A lei de Hooke tem seu nome em razão do cientista, inventor e arquiteto inglês Robert Hooke (1653-1703), que fez descobertas importantes na Física, Astronomia, Química e Biologia. Ele foi pioneiro no uso do microscópio para estudar organismos. Infelizmente, Hooke esteve envolvido em vários conflitos ásperos com outros cientistas, mais especialmente com seu contemporâneo Isaac Newton. Newton ficou furioso quando Hooke falou mal de seu trabalho em Óptica. Mais tarde, Hooke disse a Newton que acreditava que as leis de Kepler deveriam poder ser deduzidas de uma lei do quadrado inverso da gravitação, mas, em sua obra-prima Principia, *Newton recusou-se a reconhecer as contribuições de Hooke. Um pouco antes de sua morte, Albert Einstein comentou esse comportamento de Newton: "Isso é vaidade e, infelizmente, pode ser encontrado no comportamento de muitos cientistas. Sempre me causou tristeza pensar que Galileu jamais reconhecera o trabalho de Kepler."*

■ **EXEMPLO 1 Lei de Hooke** Supondo uma constante da mola $k = 400$ N/m, encontre o trabalho necessário para

(a) estender a mola 10 cm além do equilíbrio;
(b) comprimir a mola 2 cm adicionais quando já estiver comprimida 3 cm.

Solução Para estender a mola, é necessária uma força $F(x) = 400x$ N, em que x está em metros. Observe que precisamos converter os centímetros em metros.

(a) O trabalho realizado para estender a mola 10 cm (0,1 m) além do equilíbrio é

$$W = \int_0^{0,1} 400x\,dx = 200x^2\Big|_0^{0,1} = 2\text{ J}$$

(b) Se a mola estiver na posição $x = -3$ cm, então o trabalho W exigido para comprimi-la mais, até $x = -5$ cm, é

$$W = \int_{-0,03}^{-0,05} 400x\,dx = 200x^2\Big|_{-0,03}^{-0,05} = 0,5 - 0,18 = 0,32\text{ J}$$

Observe que integramos a partir do ponto inicial $x = -0,03$ até o ponto final $x = -0,05$ (mesmo que, nesse caso, o limite de integração inferior seja maior do que o limite superior). ■

Nos dois exemplos seguintes, não estamos movendo um único objeto por uma distância fixada, de modo que não podemos aplicar a Equação (2). Em vez disso, cada fina camada do objeto é movida por uma distância diferente. Calculamos o trabalho total "somando" (ou seja, *integrando*) o trabalho efetuado em cada camada fina.

■ **EXEMPLO 2 Construindo uma coluna de cimento** Calcule o trabalho (contra a gravidade) necessário para construir uma coluna de cimento de 5 m de altura e base quadrada de 2 m de lado. Suponha que a densidade do cimento seja 1.500 kg/m^3.

Solução Pensamos na coluna como uma pilha de n camadas finas de espessura $\Delta y = 5/n$. O trabalho consiste em levantar essas camadas e colocá-las na pilha (Figura 4), mas o trabalho efetuado numa dada camada depende de quão alto a levantamos. Inicialmente, calculemos a força gravitacional em uma camada fina de espessura Δy:

$$\text{Volume da camada} = \text{área} \times \text{espessura} = 4\Delta y \text{ m}^3$$

$$\text{Massa da camada} = \text{densidade} \times \text{volume} = 1500 \cdot 4\Delta y \text{ kg}$$

$$\text{Força na camada} = g \times \text{massa} = 9{,}8 \cdot 1500 \cdot 4\Delta y = 58.800\ \Delta y \text{ N}$$

O trabalho requerido para levantar essa camada à altura y é igual à força vezes a distância y, que é $(58.800\Delta y)y$. Denotando $L(y) = 58.800y$, temos

Trabalho realizado para levantar uma camada à altura $y \approx (58.800\Delta y)y = L(y)\Delta y$

Isso é somente uma aproximação (embora seja uma muito boa se Δy for pequeno), porque a camada tem espessura não nula e as partículas de cimento do topo foram levantadas um pouquinho mais do que as da base. A i-ésima camada é levantada à altura y_i, portanto o trabalho total realizado é

$$W \approx \sum_{i=1}^{n} L(y_i)\,\Delta y$$

Essa soma é uma aproximação pela direita de $\int_0^5 L(y)\,dy$. Fazendo $n \to \infty$, obtemos

$$W = \int_0^5 L(y)\,dy = \int_0^5 58.800y\,dy = 58.800\left.\frac{y^2}{2}\right|_0^5 = 735.000 \text{ J} \qquad ■$$

Na superfície terrestre, o trabalho contra a gravidade é igual à força mg vezes a distância vertical pela qual é movido o objeto. Nenhum trabalho contra a gravidade é efetuado quando um objeto é movido lateralmente.

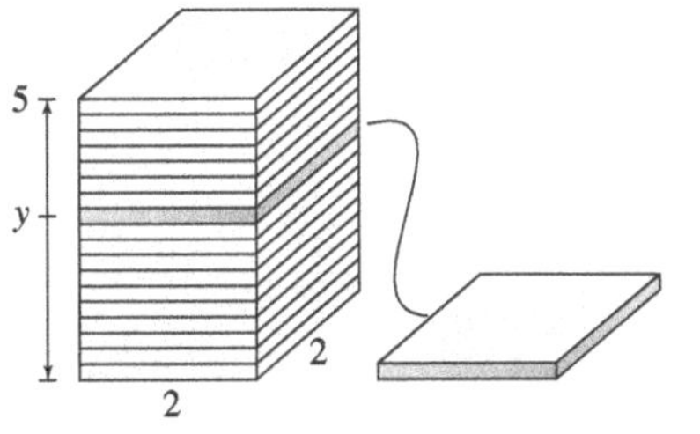

FIGURA 4 O trabalho total é a soma dos trabalhos efetuados em cada camada da coluna.

■ **EXEMPLO 3 Bombeando água para fora de um tanque** Um tanque esférico com 5 metros de raio está cheio de água. Calcule o trabalho W realizado (contra a gravidade) para bombear a água para fora através de um cano de 1 m de altura situado no topo. A densidade da água é 1.000 kg/m^3.

Solução O primeiro passo, como no exemplo precedente, é calcular o trabalho contra a gravidade realizado para mover uma camada fina de água de espessura Δy. Colocamos a origem de nosso sistema de coordenadas no centro da esfera, porque isso leva a uma fórmula simples para o raio r da seção transversal à altura y (Figura 5).

***Passo 1.* Calcular o trabalho realizado em uma camada.**

A Figura 5 mostra que a seção transversal à altura y é um círculo de raio $r = \sqrt{25 - y^2}$ e área $A(y) = \pi r^2 = \pi(25 - y^2)$. Uma camada fina tem volume $A(y)\Delta y$, e, para levantá-la, precisamos exercer uma força contra a gravidade igual a

$$\text{Força na camada} = g \times \overbrace{\text{densidade} \times A(y)\Delta y}^{\text{massa}} \approx (9{,}8)1000\pi(25 - y^2)\Delta y$$

Essa camada deve ser levantada uma distância vertical $6 - y$, portanto

$\text{Trabalho realizado na camada} \approx \overbrace{9800\pi(25 - y^2)\Delta y}^{\text{Força contra a gravidade}} \times \overbrace{(6 - y)}^{\text{Distância vertical levantada}} = L(y)\Delta y$

em que $L(y) = 9800\pi(150 - 25y - 6y^2 + y^3)$.

Nos Exemplos 2 e 3, denotamos o trabalho realizado numa camada fina por

$$L(y)\Delta y$$

Quando somamos e fazemos Δy tender a zero, obtemos a integral de $L(y)$.

Simbolicamente, o Δy transforma-se no dy da integral. Observe que

$$L(y) = g \times \textit{densidade} \times A(y) \times (\textit{distância vertical levantada})$$

em que $A(y)$ é a área da seção transversal.

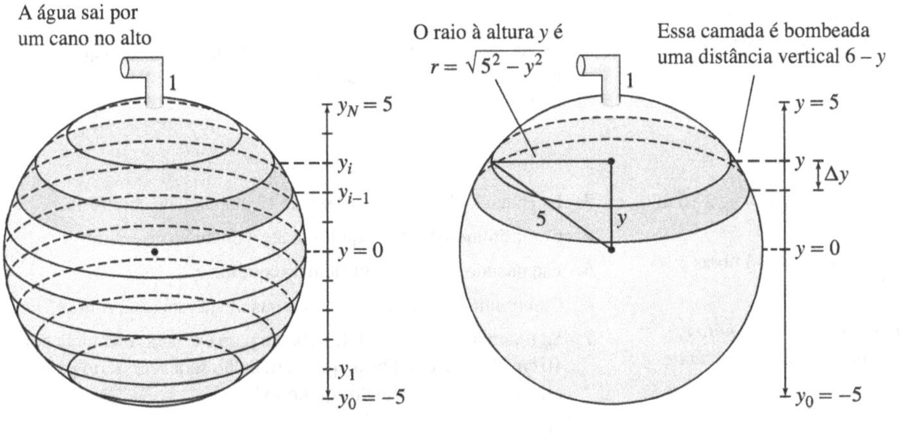

FIGURA 5 A esfera é dividida em N camadas finas.

Passo 2. **Calcular o trabalho total.**

Agora dividimos a esfera em N camadas e seja y_i a altura da i-ésima camada. O trabalho efetuado na i-ésima camada é, aproximadamente, $L(y_i)\,\Delta y$, e, portanto,

$$W \approx \sum_{i=1}^{N} L(y_i)\,\Delta y$$

Essa soma tende à integral de $L(y)$ se $N \to \infty$ (ou seja, se $\Delta y \to 0$), portanto

$$W = \int_{-5}^{5} L(y)\,dy = 9800\pi \int_{-5}^{5} (150 - 25y - 6y^2 + y^3)\,dy$$

$$= 9800\pi \left(150y - \frac{25}{2}y^2 - 2y^3 + \frac{1}{4}y^4\right)\Bigg|_{-5}^{5} = 9.800.000\pi \text{ J}$$

Observe que a integral é calculada de -5 até 5, porque a coordenada y ao longo da esfera varia de -5 até 5. ■

Um litro de gasolina tem um conteúdo energético de, aproximadamente, $3{,}4 \times 10^7$ joules. Assim, o trabalho exigido para bombear a água para fora do cano é igual, aproximadamente, ao conteúdo energético de 0,9 litro de gasolina.

6.5 Resumo

- Trabalho realizado para mover um objeto:

  Força constante: $W = F \cdot d$, Força variável: $W = \int_a^b F(x)\,dx$

- Lei de Hooke: uma mola estendida x unidades além do equilíbrio exerce uma força restauradora de magnitude $-kx$. Para estender ainda mais a mola, é necessária uma força $F(x) = kx$
- Para calcular o trabalho contra a gravidade decompondo o objeto em N camadas finas de espessura Δy, expresse o trabalho realizado em uma camada fina como $L(y)\Delta y$, em que

  $$L(y) = g \times \text{densidade} \times A(y) \times (\text{distância vertical levantada})$$

  O trabalho total efetuado é $W = \int_a^b L(y)\,dy$.

6.5 Exercícios

Exercícios preliminares

1. Por que precisamos de integração para calcular o trabalho realizado para estender uma mola?
2. Por que precisamos de integração para calcular o trabalho realizado para bombear água para fora de um tanque mas não para calcular o trabalho realizado para levantar o tanque?
3. Qual dos seguintes representa o trabalho requerido para estender uma mola (com constante k) por uma distância x além de sua posição de equilíbrio: kx, $-kx$, $\frac{1}{2}mk^2$, $\frac{1}{2}kx^2$, ou $\frac{1}{2}mx^2$?
4. O que significa uma integral dar um resultado negativo quando é utilizada no cálculo de trabalho?

Exercícios

1. Quanto trabalho é realizado levantando uma massa de 4 kg a 16 m acima do nível do solo?
2. Quanto trabalho é realizado levantando uma massa de 4 libras a 16 pés acima do nível do solo?

Nos Exercícios 3-6, calcule o trabalho (em joules) necessário para estender ou comprimir uma mola como a dada, supondo que a constante da mola seja $k = 800$ N/m.

3. Estendendo desde o equilíbrio até 12 cm além do equilíbrio.
4. Comprimindo desde o equilíbrio até 4 cm além do equilíbrio.
5. Estendendo de 5 a 15 cm além do equilíbrio.
6. Comprimindo a mola 4 cm a mais quando já está comprimida 5 cm.
7. Se forem necessários 5 J de trabalho para estender uma mola por 10 cm além do equilíbrio, quanto trabalho será necessário para estendê-la 15 cm além do equilíbrio?

8. Para criar imagens de amostras no nível molecular, os microscópios de força atômica usam micro-cantiléveres de silício que obedecem à lei de Hooke $F(x) = -kx$, em que x é a distância pela qual a ponta é deslocada (Figura 6). Suponha que sejam necessários 10^{-7} J de trabalho para deslocar a ponta uma distância de 10^{-8} m. Encontre o deslocamento provocado por uma força de 10^{-9} N aplicada na ponta.

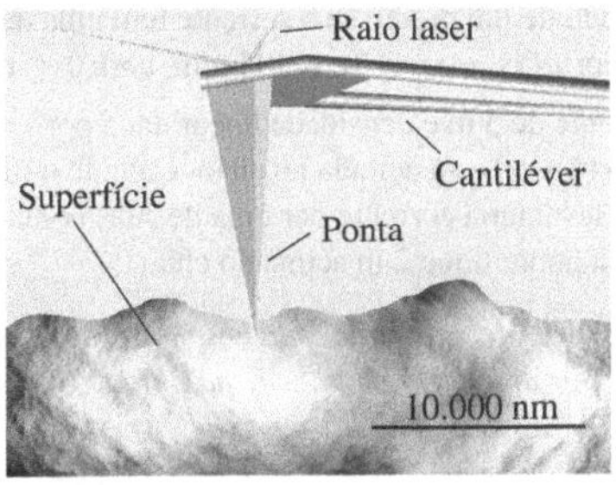

FIGURA 6

9. Uma mola obedece a uma lei de força $F(x) = -kx^{1,1}$, com $k = 100$ N/m^{1,1}. Encontre o trabalho necessário para estender a mola 0,3 m além do equilíbrio.

10. Mostre que o trabalho necessário para estender uma mola desde a posição a até a posição b é $\frac{1}{2}k(b^2 - a^2)$, em que k é a constante da mola. Como podemos interpretar o trabalho negativo que obtemos quando $|b| < |a|$?

Nos Exercícios 11-14, use o método dos Exemplos 2 e 3 para calcular o trabalho contra a gravidade requerido para construir a estrutura com um material levíssimo de densidade de 600 kg/m^3.

11. Uma caixa de 3 m de altura e base quadrada de 2 m de lado.

12. Uma coluna cilíndrica de 4 m de altura e raio de 0,8 m.

13. Um cone circular reto de 4 m de altura e base de raio 1,2 m.

14. Uma estrutura no formato de um hemisfério de 0,8 m de raio.

15. A grande pirâmide de Gizé, no Egito (Figura 7), construída em torno de 2600 a.C., tem 146 m de altura e uma base quadrada, com lado de 230 m. Encontre o trabalho realizado (contra a gravidade) para construir a pirâmide se a estimativa da densidade da pedra utilizada for de 2.000 kg/m^3.

FIGURA 7 A grande pirâmide de Gizé, no Egito. (© *Elvele Images Ltd/Alamy*)

16. Calcule o trabalho realizado (contra a gravidade) para construir uma caixa de 3 m de altura e base quadrada de 2 m de lado com um material de densidade variável, supondo que a densidade à altura y seja dada por $f(y) = 1000 - 100y$ kg/m^3.

Nos Exercícios 17-22, calcule o trabalho (em joules) necessário para bombear toda água para fora de um tanque cheio. As medidas são em metros e a densidade da água é 1.000 kg/m^3.

17. O tanque retangular da Figura 8; a água sai por uma abertura pequena no topo.

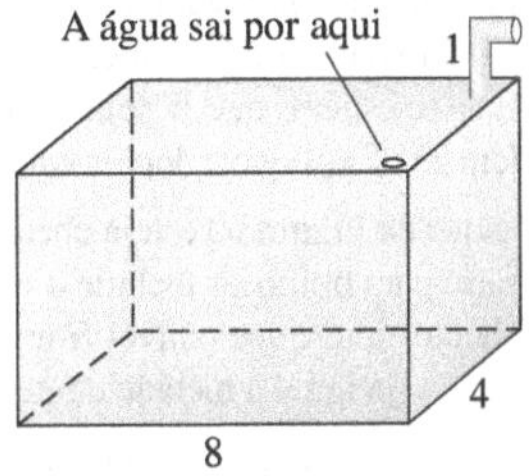

FIGURA 8

18. O tanque retangular da Figura 8; a água sai pelo cano mostrado na figura.

19. O hemisfério da Figura 9; a água sai pelo cano mostrado na figura.

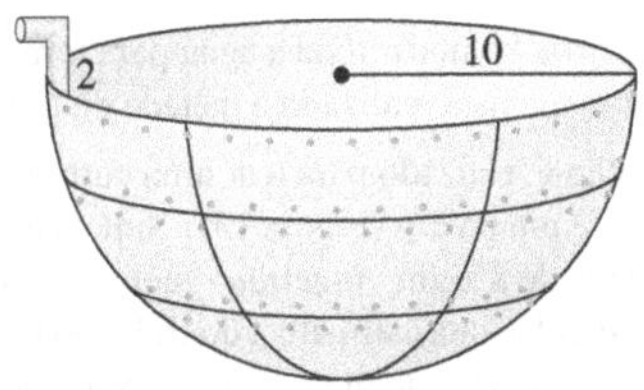

FIGURA 9

20. O tanque cônico da Figura 10; a água sai pelo cano mostrado na figura.

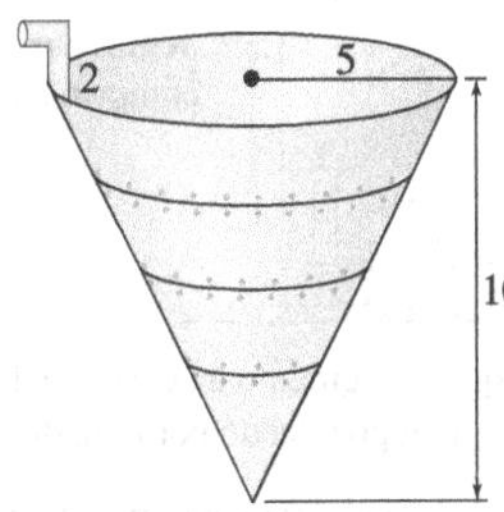

FIGURA 10

21. O cilindro horizontal da Figura 11; a água sai por uma abertura pequena no topo. *Sugestão:* calcule a integral interpretando uma parte dela como a área de um círculo.

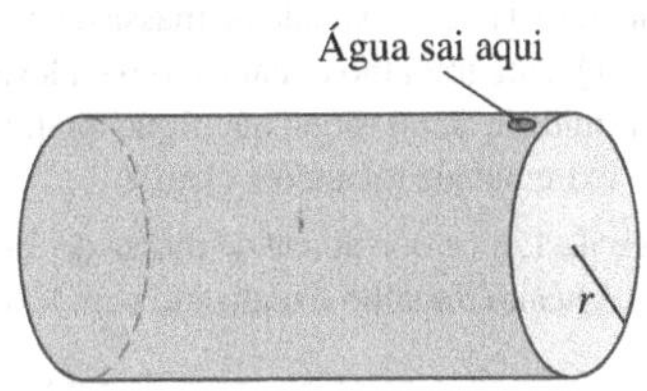

FIGURA 11

22. A calha da Figura 12; a água sai derramando por cima dos lados.

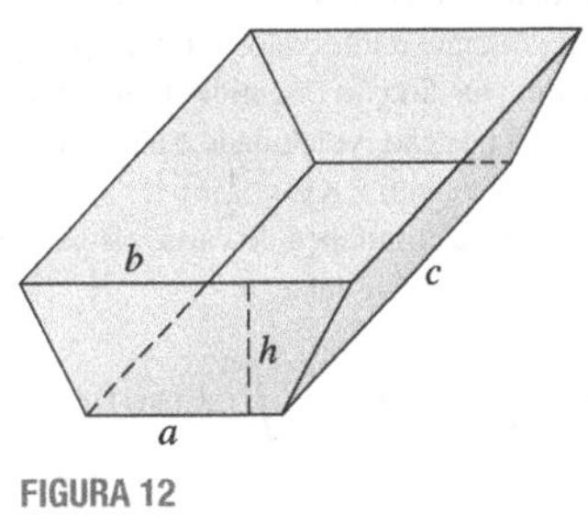

FIGURA 12

23. Encontre o trabalho W requerido para esvaziar o tanque da Figura 8 por um buraco no topo se o tanque estiver cheio só até a metade.

24. Suponha que o tanque da Figura 8 esteja cheio d'água e seja W o trabalho necessário para bombear metade dela para fora do buraco no topo. É de se esperar que W seja igual ao trabalho calculado no Exercício 23? Explique e depois calcule W.

25. Suponha que o tanque da Figura 10 esteja cheio d'água. Calcule o trabalho necessário para bombear metade d'água para fora. *Sugestão:* inicialmente, determine o nível H no qual a água que permanece no tanque seja igual à metade da capacidade do tanque.

26. Suponha que o tanque da Figura 10 esteja cheio.
   (a) Calcule o trabalho $F(y)$ necessário para bombear a água para fora até que ela alcance o nível y de profundidade.
   (b) Faça um esboço do gráfico de F usando um sistema algébrico computacional.
   (c) Qual é o significado de $F'(y)$ como uma taxa de variação?
   (d) Se quisermos bombear toda a água para fora, em qual nível de água y_0 teremos realizado a metade do trabalho?

27. Quanto trabalho é realizado para içar uma corrente de 10 m para cima do lado de um prédio (Figura 13)? Suponha que a corrente tenha densidade de 8 kg/m. *Sugestão:* quebre a corrente em N segmentos, obtenha uma estimativa do trabalho realizado num segmento e calcule o limite quando $N \to \infty$ como uma integral.

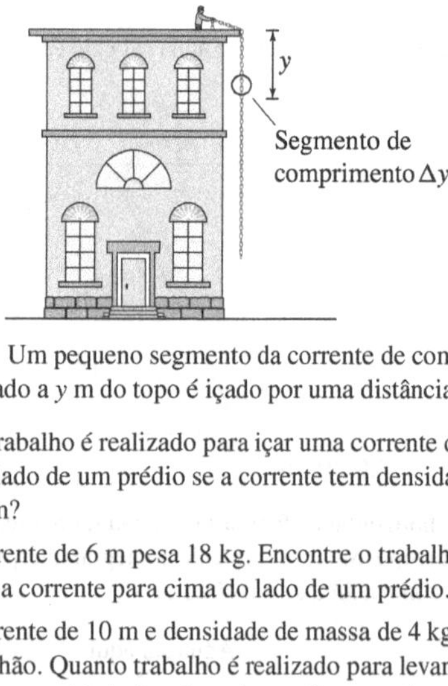

FIGURA 13 Um pequeno segmento da corrente de comprimento Δy localizado a y m do topo é içado por uma distância vertical y.

28. Quanto trabalho é realizado para içar uma corrente de 3 m para cima do lado de um prédio se a corrente tem densidade de massa de 4 kg/m?

29 Uma corrente de 6 m pesa 18 kg. Encontre o trabalho requerido para içar a corrente para cima do lado de um prédio.

30. Uma corrente de 10 m e densidade de massa de 4 kg/m está enrolada no chão. Quanto trabalho é realizado para levantar a corrente por uma extremidade de tal modo que fique totalmente estendida (com a outra extremidade tocando o chão)?

31. Uma corrente de 12 m e densidade de massa de 3 kg/m está enrolada no chão. Quanto trabalho é realizado para levantar a corrente por uma extremidade de tal modo que essa extremidade fique a 10 m do chão?

32. Uma bola de demolição de 500 kg está pendurada por um cabo de 12 m e densidade de 15 kg/m preso num guindaste. Calcule o trabalho realizado se o guindaste puxar o cabo e içar a bola desde o nível do chão até uma altura de 12 m.

33. Calcule o trabalho realizado para içar uma corrente de 3 m para cima do lado de um prédio se a corrente tem uma densidade variável dada por $\rho(x) = x^2 - 3x + 10$ kg/m, com $0 \le x \le 3$.

34. Uma corrente de 3 m e densidade linear dada por $\rho(x) = 2x(4 - x)$ está deitada no chão. Calcule o trabalho realizado para levantar a corrente por uma de suas pontas de tal modo que a outra ponta fique 2 m acima do chão.

Exercícios 35-37: a força gravitacional entre dois objetos de massas m e M, separados por uma distância r, tem magnitude GMm/r^2, em que $G = 6{,}67 \times 10^{-11}$ m^{3}kg^{-1}s^{-1}.

35. Mostre que se dois objetos de massas M e m estiverem separadas por uma distância r_1, então o trabalho necessário para aumentar essa separação a uma distância r_2 é igual a $W = GMm(r_1^{-1} - r_2^{-1})$.

36. Use o resultado do Exercício 35 para calcular o trabalho necessário para colocar um satélite de 2.000 kg numa órbita a 1.200 km acima da superfície da Terra. Suponha que a Terra seja uma esfera de raio $R_e = 6{,}37 \times 10^6$ m e massa $M_e = 5{,}98 \times 10^{24}$ kg. Trate o satélite como uma massa pontual.

37. Use o resultado do Exercício 35 para calcular o trabalho necessário para mover um satélite de 1.500 kg de uma órbita de 1.000 para uma de 1.500 km acima da superfície da Terra.

38. A pressão P e o volume V do gás num cilindro de 0,8 m de comprimento e raio de 0,2 m, com um pistão móvel, estão relacionados por $PV^{1,4} = k$, em que k é uma constante (Figura 14). Quando o cilindro está totalmente estendido, a pressão do gás é de 2.000 quilopascais (kPa: 1 quilopascal é igual a 103 newtons por metro quadrado).
   (a) Calcule k.
   (b) Calcule a força no pistão como uma função do comprimento x da coluna de gás (essa força é PA, onde A é a área do pistão).
   (c) Calcule o trabalho necessário para comprimir a coluna de gás de 0,8 para 0,5 m.

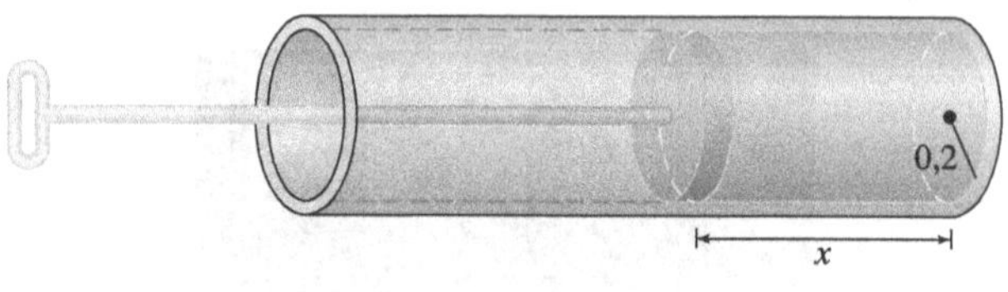

FIGURA 14 Gás num cilindro com pistão.

Compreensão adicional e desafios

39. **Teorema do trabalho-energia** Um objeto de massa m move-se de x_1 até x_2 durante o intervalo de tempo $[t_1, t_2]$ devido a uma força $F(x)$ agindo na direção e sentido do movimento. Sejam $x(t)$, $v(t)$ e $a(t)$ a posição, velocidade e aceleração no instante t. A energia cinética do objeto é $\text{KE} = \frac{1}{2}mv^2$.
   (a) Use a fórmula de mudança de variáveis para mostrar que o trabalho realizado é igual a

$$W = \int_{x_1}^{x_2} F(x)\,dx = \int_{t_1}^{t_2} F(x(t))v(t)\,dt$$

   (b) Use a segunda lei de Newton, $F(x(t)) = ma(t)$, para mostrar que

$$\frac{d}{dt}\left(\frac{1}{2}mv(t)^2\right) = F(x(t))v(t)$$

   (c) Use o TFC para provar o teorema do trabalho-energia: a variação na energia cinética durante o intervalo de tempo $[t_1, t_2]$ é igual ao trabalho realizado.

40. Um trenzinho elétrico de 0,5 kg de massa é colocado em uma extremidade de um trilho elétrico reto de 3 m. Suponha que uma força

$F(x) = (3x - x^2)$ N age no trenzinho à distância x medida ao longo do trilho. Use o teorema do trabalho-energia (Exercício 39) para determinar a velocidade do trenzinho quando ele atinge o fim do trilho.

41. Com qual velocidade inicial v_0 deve ser lançado um foguete para que alcance uma altitude máxima r acima da superfície da Terra? *Sugestão:* use os resultados dos Exercícios 35 e 39. Quando o foguete atinge sua altitude máxima, sua energia cinética decresce de $\frac{1}{2}mv_0^2$ a zero.

42. Com qual velocidade inicial deve ser lançado um foguete para que alcance uma altitude máxima de $r = 20$ km acima da superfície da Terra?

43. Calcule a **velocidade de escape**, que é a velocidade inicial mínima de um objeto que garante que ele continue viajando pelo espaço sem nunca cair de volta à Terra (supondo que nenhuma força seja aplicada depois do lançamento). *Sugestão:* tome o limite quando $r \to \infty$ no Exercício 41.

EXERCÍCIOS DE REVISÃO DO CAPÍTULO

1. Calcule a área da região na Figura 1(A) delimitada por $y = 2 - x^2$ e $y = -2$.

2. Calcule a área da região na Figura 1(B) delimitada por $y = 2 - x^2$ e $y = x$.

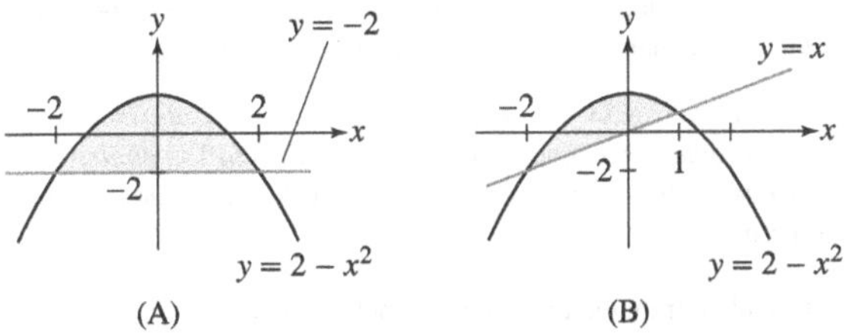

FIGURA 1

Nos Exercícios 3-12, encontre a área da região delimitada pelos gráficos das funções.

3. $y = x^3 - 2x^2 + x, \quad y = x^2 - x$

4. $y = x^2 + 2x, \quad y = x^2 - 1, \quad h(x) = x^2 + x - 2$

5. $x = 4y, \quad x = 24 - 8y, \quad y = 0$

6. $x = y^2 - 9, \quad x = 15 - 2y$

7. $y = 4 - x^2, \quad y = 3x, \quad y = 4$

8. CG $x = \frac{1}{2}y, \quad x = y\sqrt{1 - y^2}, \quad 0 \le y \le 1$

9. $y = \operatorname{sen} x, \quad y = \cos x, \quad 0 \le x \le \frac{5\pi}{4}$

10. $f(x) = \operatorname{sen} x, \quad g(x) = \operatorname{sen} 2x, \quad \frac{\pi}{3} \le x \le \pi$

11. $y = e^x, \quad y = 1 - x, \quad x = 1$

12. $y = \cosh 1 - \cosh x, \quad y = \cosh x - \cosh 1$

13. CG Use um recurso gráfico para localizar os pontos de interseção de $y = e^{-x}$ e $y = 1 - x^2$ e encontre (aproximadamente) a área entre as duas curvas.

14. A Figura 2 mostra um sólido cuja seção transversal horizontal à altura y é um círculo de raio $(1 + y)^{-2}$, com $0 \le y \le H$. Encontre o volume do sólido.

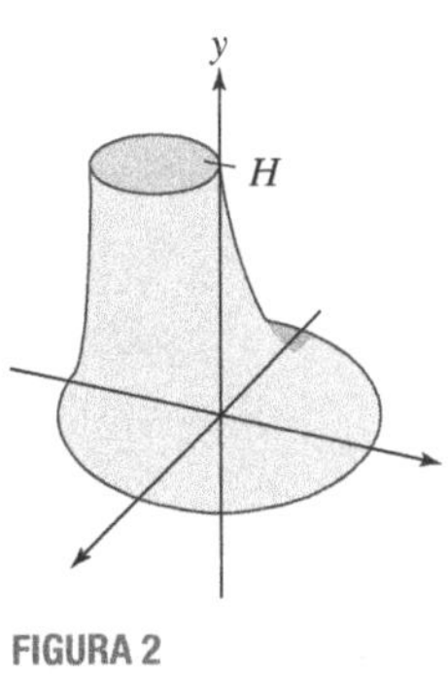

FIGURA 2

15. A base de um sólido é o círculo unitário $x^2 + y^2 = 1$ e suas seções transversais perpendiculares ao eixo x são retângulos de 4 m de altura. Encontre seu volume.

16. A base de um sólido é o triângulo delimitado pelos eixos coordenados e a reta de equação $2x + 3y = 12$ e suas seções transversais perpendiculares ao eixo y têm área $A(y) = (y + 2)$. Encontre seu volume.

17. Encontre a massa total de um bastão de 1,2 m com densidade linear $\rho(x) = (1 + 2x + \frac{2}{9}x^3)$ kg/m.

18. Encontre a taxa de fluxo (nas unidades corretas) através de um cano de 6 cm de diâmetro se a velocidade das partículas do fluido a uma distância r do centro do cano for $v(r) = (3 - r)$ cm/s.

Nos Exercícios 19-24, encontre o valor médio da função no intervalo.

19. $f(x) = x^3 - 2x + 2, \quad [-1, 2]$

20. $f(x) = |x|, \quad [-4, 4]$

21. $f(x) = x\cosh(x^2), \quad [0, 1]$

22. $f(x) = \dfrac{e^x}{1 + e^{2x}}, \quad \left[0, \dfrac{1}{2}\right]$

23. $f(x) = \sqrt{9 - x^2}, \quad [0, 3]$ *Sugestão:* use Geometria para calcular a integral.

24. $f(x) = x\lfloor x \rfloor \quad [0, 3]$, em que $\lfloor x \rfloor$ é função maior inteiro.

25. Encontre $\int_2^5 g(t)\,dt$ se o valor médio de g em $[2, 5]$ for 9.

26. O valor médio de $R(x)$ em $[0, x]$ é igual a x, com qualquer x. Use o TFC para determinar $R(x)$.

27. Use o método das arruelas para encontrar o volume do sólido obtido pela rotação da região sombreada na Figura 3 em torno do eixo x.

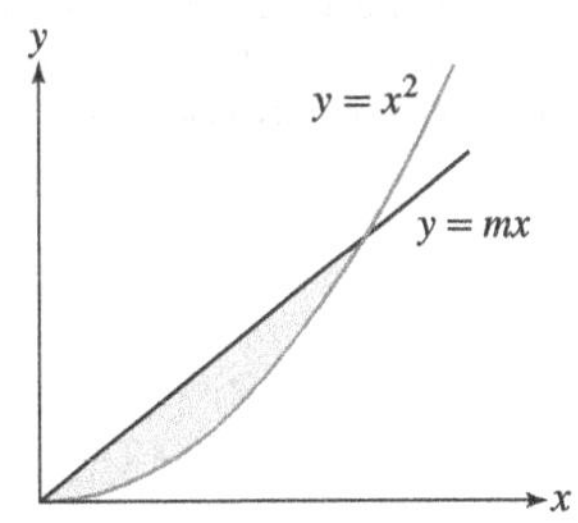

FIGURA 3

28. Use o método das cascas para encontrar o volume do sólido obtido pela rotação da região sombreada na Figura 3 em torno do eixo x.

Nos Exercícios 29-40, encontre o volume do sólido obtido pela rotação da região delimitada pelas curvas em torno do eixo dado.

29. $y = x^2 + 2, \quad y = x + 4$, eixo x

30. $y = x^2 + 6, \quad y = 8x - 1$, eixo y

31. $x = y^2 - 3, \quad x = 2y, \quad$ eixo $y = 4$

32. $y = 2x, \quad y = 0, \quad x = 8, \quad$ eixo $x = -3$

33. $y = x^2 - 1, \quad y = 2x - 1, \quad$ eixo $x = -2$

34. $y = x^2 - 1, \quad y = 2x - 1, \quad$ eixo $y = 4$

35. $y = -x^2 + 4x - 3, \quad y = 0, \quad$ eixo $y = -1$

36. $y = -x^2 + 4x - 3, \quad y = 0, \quad$ eixo $x = 4$

37. $x = 4y - y^3, \quad x = 0, \quad y \geq 0,$ eixo x

38. $y^2 = x^{-1}, \quad x = 1, \quad x = 3,$ eixo $y = -3$

39. $y = e^{-x^2/2}, \quad y = -e^{-x^2/2}, \quad x = 0, \quad x = 1,$ eixo y

40. $y = \sec x, \quad y = \operatorname{cossec} x, \quad y = 0, \quad x = 0, \quad x = \frac{\pi}{2},$ eixo x

Nos Exercícios 41-44, encontre o volume do sólido obtido pela revolução da região dada em torno do eixo dado. As regiões se referem ao gráfico da hipérbole $y^2 - x^2 = 1$ na Figura 4.

41. A região sombreada entre o ramo superior da hipérbole e o eixo x, com $-c \leq x \leq c$, em torno do eixo x.

42. A região entre o ramo superior da hipérbole e o eixo x, com $0 \leq x \leq c$, em torno do eixo y.

43. A região entre o ramo superior da hipérbole e a reta $y = x$, com $0 \leq x \leq c$, em torno do eixo x.

44. A região entre o ramo superior da hipérbole e $y = 2$, em torno do eixo y.

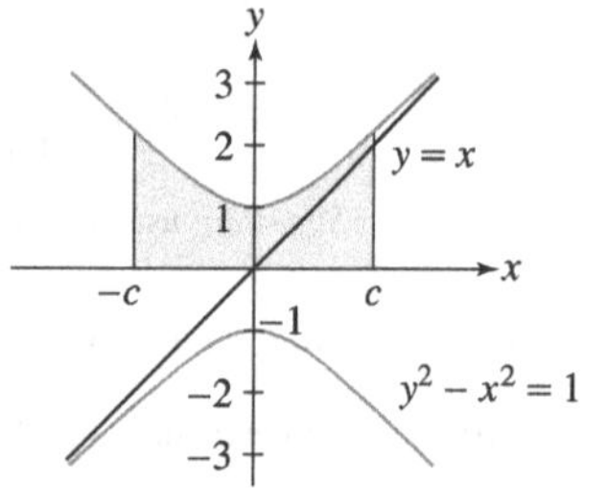

FIGURA 4

45. Seja R a interseção dos círculos de raio 1 centrados em (1, 0) e (0, 1). Expresse como uma integral (mas não a calcule): **(a)** a área de R e **(b)** o volume do sólido de revolução de R em torno do eixo x.

46. Seja R a interseção dos círculos de raio 1 centrados em (0, 0) e (0, 1). Obtenha uma integral que dê o volume do sólido de revolução de R em torno do eixo x. (Não calcule a integral.)

47. Seja $a > 0$. Mostre que o volume de revolução obtido quando a região entre $y = a\sqrt{x - ax^2}$ e o eixo x é girada em torno do eixo x é independente da constante a.

48. Se forem necessários 12 J de trabalho para estender uma mola 20 cm além do ponto de equilíbrio, quanto trabalho será necessário para comprimi-la 6 cm além do equilíbrio?

49. Uma mola cujo comprimento de equilíbrio é de 15 cm, exerce uma força de 50 N quando estendida a 20 cm. Encontre o trabalho exigido para esticar a mola de 22 a 24 cm.

50. Se forem necessários 18 pés-libra de trabalho para estender uma mola 1,5 pé além do ponto de equilíbrio, quanto a mola será estendida se na extremidade da mola for pendurado um peso de 12 lb?

51. Seja W o trabalho (contra a gravidade do Sol) requerido para transportar uma pessoa de 80 kg da Terra para Marte quando os dois planetas estiverem alinhados com o Sol e à sua distância mínima de $55{,}7 \times 10^6$ km. Use a lei da gravitação universal de Newton (ver Exercícios 35-37 na Seção 6.5) para expressar W como uma integral e calcule-a. O Sol tem uma massa de $M_s = 1{,}99 \times 10^{30}$ kg e a distância do Sol à Terra é de $149{,}6 \times 10^6$ km.

Nos Exercícios 52 e 53, um tanque esférico de 2 m de raio está sendo enchido de água bombeada de uma fonte localizada 1 m abaixo da abertura de um buraco na base (Figura 5). A densidade da água é de 1.000 kg/m^3.

52. Calcule o trabalho exigido para encher o tanque.

53. Calcule o trabalho $F(h)$ exigido para encher o tanque até uma altura de h m da esfera.

54. Um tanque de massa 20 kg contendo 100 kg de água (densidade 1.000 kg/m^3) é levantado verticalmente a uma velocidade constante de 100 m/min durante 1 minuto e, enquanto isso, a água vaza a uma taxa de 40 kg/min. Calcule o trabalho total realizado para levantar o tanque.

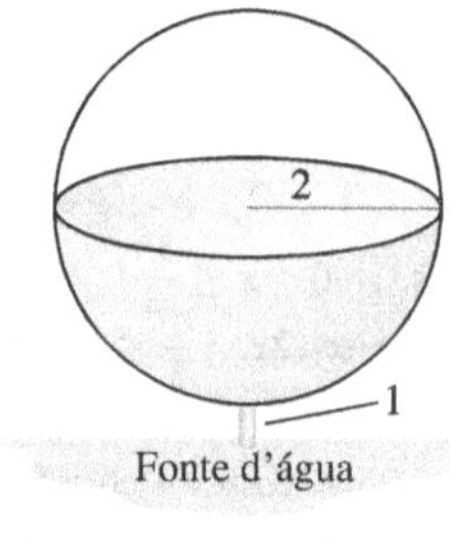

FIGURA 5

7 TÉCNICAS DE INTEGRAÇÃO

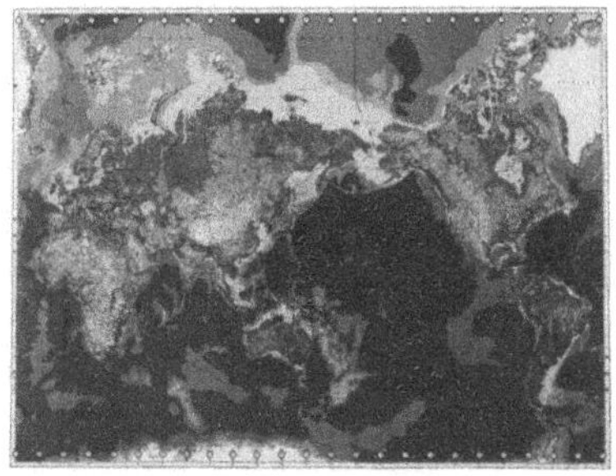

Na projeção de Mercator da Terra, um ponto localizado a y unidades radiais do Equador corresponde a um ponto do globo terrestre com latitude dada pelo gudermanniano, que é a função definida por $\int_0^y \frac{dt}{\cosh t} = \text{arc tg}\,(\text{senh}\, y)$.
(Photodisc/Getty Images)

Na Seção 5.7, introduzimos a substituição, que é uma das mais importantes técnicas de integração. Neste capítulo, desenvolvemos uma segunda técnica fundamental, a integração por partes, bem como várias técnicas para tratar classes particulares de funções, tais como funções trigonométricas e racionais. Contudo, não existe um método infalível e, de fato, muitas antiderivadas importantes nem podem ser dadas em termos elementares. Por isso, discutimos a integração numérica na última seção. Qualquer integral definida pode ser aproximada numericamente com qualquer grau de precisão desejado.

7.1 Integração por partes

Nesta seção, deduzimos uma fórmula que, muitas vezes, permite-nos converter uma integral que não sabemos calcular em uma integral que sabemos calcular. A fórmula da integração por partes decorre da regra do produto.

Sejam u e v funções de x:

$$\frac{d}{dx}(uv) = u\frac{dv}{dx} + \frac{du}{dx}v$$

De acordo com essa fórmula, uv é uma antiderivada do lado direito, portanto

$$uv = \int u\frac{dv}{dx}\,dx + \int v\frac{du}{dx}\,dx$$

Passando a segunda integral do lado direito para o outro lado, obtemos:

$$\int u\frac{dv}{dx}\,dx = uv - \int v\frac{du}{dx}\,dx$$

Escrevendo $du = \frac{du}{dx}\,dx$ e $dv = \frac{dv}{dx}\,dx$, obtemos a

Fórmula da integração por partes

$$\int u\,dv = uv - \int v\,du \qquad (1)$$

Podemos controlar nossas escolhas usando o padrão

$$u = \square \qquad dv = \square$$
$$du = \square \qquad v = \square$$

A integral original é o produto dos termos da primeira linha. A expressão resultante é o produto dos termo na diagonal principal menos a integral do produto dos termos da linha de baixo. Sombreando os termos que são multiplicados em cada expressão, obtemos

$$\int \begin{matrix}\blacksquare & \blacksquare \\ \square & \square\end{matrix} = \begin{matrix}\blacksquare & \square \\ \square & \blacksquare\end{matrix} - \int \begin{matrix}\square & \square \\ \blacksquare & \blacksquare\end{matrix}$$

Como a fórmula da integração por partes é aplicável a um produto, devemos considerar seu uso quando o integrando for um produto de duas funções.

EXEMPLO 1 Calcule $\int x \cos x\,dx$.

Solução O integrando é um produto, portanto tentamos escrever $x \cos x\,dx = u\,dv$ com

$$u = x \qquad\qquad dv = \cos x\,dx$$

$$du = \frac{du}{dx}\,dx = 1\,dx \qquad\qquad v = \text{sen}\,x$$

Aplicando a Equação (1), podemos usar qualquer antiderivada v.

Pela fórmula da integração por partes,

$$\int \underbrace{x}_{u}\,\underbrace{\cos x\,dx}_{dv} = \underbrace{x\,\text{sen}\,x}_{uv} - \int \underbrace{\text{sen}\,x}_{v}\,\underbrace{dx}_{du} = x\,\text{sen}\,x + \cos x + C$$

Vamos conferir a resposta tomando a derivada:

$$\frac{d}{dx}(x \operatorname{sen} x + \cos x + C) = x \cos x + \operatorname{sen} x - \operatorname{sen} x = x \cos x$$ ■

O passo crucial na integração por partes é decidir como escrever o integrando na forma de um produto $u\,dv$. Lembre que a integração por partes expressa $\int u\,dv$ em termos de uv e $\int v\,du$. *Isso só é útil se $v\,du$ for mais fácil de integrar do que $u\,dv$.* Aqui temos duas diretrizes:

- Escolha dv de tal modo que $v = \int dv$ possa ser calculada.
- Escolha u de tal modo que $\frac{du}{dx}$ seja "mais simples" do que a própria u.

■ **EXEMPLO 2** **Boas e más escolhas de u e dv** Calcule $\int xe^x\,dx$.

Solução Usando nossas diretrizes, faz sentido escrever $u\,dv = xe^x\,dx$ com

$$\begin{aligned} u &= x & dv &= e^x\,dx \\ du &= 1\,dx & v &= e^x \end{aligned}$$

Isso é uma boa escolha, pois $\frac{du}{dx} = 1$ é mais simples do que u, e podemos calcular

$$\int v\,du = \int e^x\,dx = e^x + C$$

A integração por partes dá

$$\int xe^x\,dx = uv - \int v\,du = xe^x - \int e^x\,dx = xe^x - e^x + C$$

Vejamos o que acontece se escrevermos $xe^x\,dx = u\,dv$ com

$$\begin{aligned} u &= e^x & dv &= x\,dx \\ du &= e^x\,dx & v &= \int x\,dx = \frac{1}{2}x^2 \end{aligned}$$

$$\int \underbrace{e^x}_{u}\,\underbrace{x\,dx}_{dv} = \underbrace{\frac{1}{2}x^2 e^x}_{uv} - \int \underbrace{\frac{1}{2}x^2}_{v}\,\underbrace{e^x\,dx}_{du}$$

Isso é uma má escolha de u e dv, porque a integral à direita é mais complicada do que a original. ■

■ **EXEMPLO 3** **Integrando por partes mais de uma vez** Calcule $\int x^2 \cos x\,dx$.

No Exemplo 3, faz sentido tomar $u = x^2$ porque a integração por partes reduz a integração de $x^2 \cos x$ à integração de $2x \operatorname{sen} x$, que é mais fácil.

Solução Usamos integração por partes a primeira vez com $u = x^2$ e $dv = \cos x\,dx$:

$$\int \underbrace{x^2 \cos x\,dx}_{udv} = \underbrace{x^2 \operatorname{sen} x}_{uv} - \int \underbrace{\operatorname{sen} x}_{v}\,\underbrace{2x\,dx}_{du} = x^2 \operatorname{sen} x - 2\int x \operatorname{sen} x\,dx \qquad 2$$

Agora, aplicamos a integração por partes novamente, dessa vez com $u = x$ e $dv = \operatorname{sen} x\,dx$:

$$\int \underbrace{x \operatorname{sen} x\,dx}_{udv} = \underbrace{-x \cos x}_{uv} - \int \underbrace{(-\cos x)}_{v}\,\underbrace{dx}_{du} = -x \cos x + \operatorname{sen} x + C$$

Usando esse resultado na Equação (2), obtemos

$$\begin{aligned} \int x^2 \cos x\,dx &= x^2 \operatorname{sen} x - 2\int x \operatorname{sen} x\,dx = x^2 \operatorname{sen} x - 2(-x \cos x + \operatorname{sen} x) + C \\ &= x^2 \operatorname{sen} x + 2x \cos x - 2 \operatorname{sen} x + C \end{aligned}$$ ■

A fórmula da integração por partes pode ser usada em *integrais definidas*:

$$\int_a^b u\,dv = uv\Big|_a^b - \int_a^b v\,du$$

■ **EXEMPLO 4** **Tomando $dv = dx$** Calcule $\displaystyle\int_1^3 \ln x\,dx$.

Solução O integrando não é um produto, portanto, à primeira vista, essa integral não parece ser uma candidata à integração por partes. Contudo, podemos tratar ln $x\,dx$ como um produto de *ln x* e dx. Então

$$u = \ln x \qquad dv = dx$$

$$du = \frac{1}{x}\,dx \qquad v = x$$

$$\int_1^3 \underbrace{\ln x\,dx}_{udv} = \underbrace{x\ln x}_{uv}\Big|_1^3 - \int_1^3 \underbrace{x\frac{1}{x}\,dx}_{vdu} = x\ln x\Big|_1^3 - \int_1^3 dx$$

$$= x\ln x - x\Big|_1^3 = (3\ln 3 - 3) - (1\ln 1 - 1) = 3\ln 3 - 2 \qquad ■$$

A escolha $dv = dx$, surpreendentemente, funciona em alguns casos. Usando-a como no Exemplo 4, vemos que

$$\int \ln x\,dx = x\ln x - x + C$$

Essa escolha também funciona para as funções trigonométricas inversas (ver Exercício 6).

■ **EXEMPLO 5** **Andando em círculos?** Calcule $\displaystyle\int e^x \cos x\,dx$.

Solução Há duas maneiras razoáveis de escrever $e^x \cos x\,dx$ como $u\,dv$. Tentemos $u = \cos x$. Então segue

$$u = \cos x \qquad dv = e^x\,dx$$

$$du = -\operatorname{sen} x\,dx \qquad v = e^x$$

Assim,

$$\int \underbrace{e^x \cos x\,dx}_{udv} = \underbrace{e^x \cos x}_{uv} - \int \underbrace{e^x(-\operatorname{sen} x)\,dx}_{vdu} \qquad \boxed{3}$$

No Exemplo 5, a escolha $u = e^x$, $dv = \cos x\,dx$ também funciona.

Agora usamos integração por partes na integral da direita com $u = \operatorname{sen} x$:

$$u = \operatorname{sen} x \qquad dv = e^x\,dx$$

$$du = \cos x\,dx \qquad v = e^x$$

$$\int e^x \operatorname{sen} x\,dx = e^x \operatorname{sen} x - \int e^x \cos x\,dx \qquad \boxed{4}$$

A Equação (4) nos leva de volta à integral original de $e^x \cos x$, portanto parece que estamos dando voltas num círculo. No entanto, podemos substituir a Equação (4) na Equação (3) e resolver para a integral de $e^x \cos x$:

$$\int e^x \cos x\,dx = e^x \cos x + \int e^x \operatorname{sen} x\,dx = e^x \cos x + \left(e^x \operatorname{sen} x - \int e^x \cos x\,dx\right)$$

Agora, podemos somar $\int e^x \cos x\,dx$ a ambos os lados. Observe que acrescentamos um "$+C$" do lado direito porque não temos mais uma integral daquele lado da equação que gere a constante de integração necessária:

$$2\int e^x \cos x\,dx = e^x \cos x + e^x \operatorname{sen} x + C$$

$$\int e^x \cos x\,dx = \frac{1}{2}e^x(\cos x + \operatorname{sen} x) + C \qquad ■$$

Dividir uma constante arbitrária por 2 ainda deixa uma constante arbitrária, portanto continuamos a denotá-la por C, absorvendo o $\frac{1}{2}$ na constante C.

Uma fórmula de redução (ou então, uma ***fórmula recursiva****) expressa a integral com um dado valor de n em termos de uma integral análoga com algum valor menor de n. A integral procurada pode ser calculada aplicando-se repetidamente a fórmula de redução.*

A integração por partes pode ser usada para deduzir **fórmulas de redução** de integrais que dependam de um inteiro positivo n, como $\int x^n e^x\,dx$, $\int \ln^n x\,dx$, ou o exemplo a seguir.

EXEMPLO 6 **Uma fórmula de redução** Deduza a fórmula de redução

$$\int \operatorname{sen}^n x\,dx = -\frac{1}{n}\operatorname{sen}^{n-1} x \cos x + \frac{n-1}{n}\int \operatorname{sen}^{n-2} x\,dx \qquad 5$$

Em seguida, calcule $\int \operatorname{sen}^3 x\,dx$.

Solução Embora não saibamos como integrar $\operatorname{sen}^n x$, sabemos como integrar sen x. Então aplicamos a fórmula de integração por partes como segue:

$$u = \operatorname{sen}^{n-1} x \qquad dv = \operatorname{sen} x\,dx$$

$$du = (n-1)\operatorname{sen}^{n-2} x \cos x\,dx \qquad v = -\cos x$$

Então temos

$$\int \operatorname{sen}^n x\,dx = \underbrace{-\operatorname{sen}^{n-1} x \cos x}_{uv} - \int \underbrace{(-\cos x)(n-1)\operatorname{sen}^{n-2} x \cos x\,dx}_{v\,du}$$

$$= -\operatorname{sen}^{n-1} x \cos x + (n-1)\int \operatorname{sen}^{n-2} x \cos^2 x\,dx$$

Usando que $\cos^2 x = 1 - \operatorname{sen}^2 x$, obtemos

$$\int \operatorname{sen}^n x\,dx = -\operatorname{sen}^{n-1} x \cos x + (n-1)\int \operatorname{sen}^{n-2} x\,dx - (n-1)\int \operatorname{sen}^n x\,dx$$

Somando $(n-1)\int \operatorname{sen}^n x\,dx$ a ambos os lados, temos

$$n\int \operatorname{sen}^n x\,dx = -\operatorname{sen}^{n-1} x \cos x + (n-1)\int \operatorname{sen}^{n-2} x\,dx$$

$$\int \operatorname{sen}^n x\,dx = -\frac{1}{n}\operatorname{sen}^{n-1} x \cos x + \frac{n-1}{n}\int \operatorname{sen}^{n-2} x\,dx$$

Aplicando essa fórmula no caso $n = 3$, obtemos

$$\int \operatorname{sen}^3 x\,dx = -\frac{1}{3}\operatorname{sen}^2 x \cos x + \frac{2}{3}\int \operatorname{sen} x\,dx = -\frac{1}{3}\operatorname{sen}^2 x \cos x - \frac{2}{3}\cos x + C \qquad \blacksquare$$

No Exercício 58, deduzimos outra fórmula de redução, como segue.

$$\int \cos^n x\,dx = \frac{1}{n}\cos^{n-1} x \operatorname{sen} x + \frac{n-1}{n}\int \cos^{n-2} x\,dx \qquad 6$$

7.1 Resumo

- Fórmula da integração por partes: $\int u\,dv = uv - \int v\,du$.
- O passo crucial é decidir como escrever o integrando como um produto $u\,dv$. Lembre que a integração por partes é útil se $v\,du$ for mais fácil (ou, no mínimo, menos difícil) de integrar do que $u\,dv$. Aqui temos algumas diretrizes:
  - Escolha u de tal modo que $\frac{du}{dx}$ seja mais simples do que a própria u.
  - Escolha dv de tal modo que $v = \int dv$ possa ser calculada.
  - Às vezes, uma boa escolha é $dv = dx$.
  - Boas escolhas para u costumam ser x^n, ln x e as funções trigonométricas inversas.

7.1 Exercícios

Exercícios preliminares

1. Qual é a regra de derivação usada para deduzir a fórmula da integração por partes?
2. Em cada uma das integrais seguintes, decida se é melhor usar substituição ou integração por partes:

$$\int x\cos(x^2)\,dx,\quad \int x\cos x\,dx,\quad \int x^2e^x\,dx,\quad \int xe^{x^2}\,dx$$

3. Por que $u=\cos x$, $dv=x\,dx$ não é uma boa escolha para calcular $\int x\cos x\,dx$?

Exercícios

Nos Exercícios 1-6, calcule a integral usando a fórmula de integração por partes com as escolhas de u e dv dadas.

1. $\int x\,\text{sen}\,x\,dx$; $u=x$, $dv=\text{sen}\,x\,dx$
2. $\int xe^{2x}\,dx$; $u=x$, $dv=e^{2x}\,dx$
3. $\int (2x+9)e^x\,dx$; $u=2x+9$, $dv=e^x\,dx$
4. $\int x\cos 4x\,dx$; $u=x$, $dv=\cos 4x\,dx$
5. $\int x^3\ln x\,dx$; $u=\ln x$, $dv=x^3\,dx$
6. $\int \text{arc tg}\,x\,dx$; $u=\text{arc tg}\,x$, $dv=dx$

Nos Exercícios 7-34, calcule a integral usando integração por partes.

7. $\int (4x-3)e^{-x}\,dx$
8. $\int (2x+1)e^x\,dx$
9. $\int x\,e^{5x+2}\,dx$
10. $\int x^2e^x\,dx$
11. $\int x\cos 2x\,dx$
12. $\int x\,\text{sen}(3-x)\,dx$
13. $\int x^2\,\text{sen}\,x\,dx$
14. $\int x^2\cos 3x\,dx$
15. $\int e^{-x}\,\text{sen}\,x\,dx$
16. $\int e^x\,\text{sen}\,2x\,dx$
17. $\int e^{-5x}\,\text{sen}\,x\,dx$
18. $\int e^{3x}\cos 4x\,dx$
19. $\int x\ln x\,dx$
20. $\int \frac{\ln x}{x^2}\,dx$
21. $\int x^2\ln x\,dx$
22. $\int x^{-5}\ln x\,dx$
23. $\int (\ln x)^2\,dx$
24. $\int x(\ln x)^2\,dx$
25. $\int \text{arc cos}\,x\,dx$
26. $\int \text{arc sen}\,x\,dx$
27. $\int \text{arc sec}\,x\,dx$
28. $\int x5^x\,dx$
29. $\int 3^x\cos x\,dx$
30. $\int x\,\text{senh}\,x\,dx$
31. $\int x^2\cosh x\,dx$
32. $\int \cos x\cosh x\,dx$
33. $\int \text{arc tgh}\,4x\,dx$
34. $\int \text{arc senh}\,x\,dx$

Nos Exercícios 35 e 36, calcule a integral usando substituição e, depois, integração por partes.

35. $\int e^{\sqrt{x}}\,dx$ *Sugestão:* use $u=x^{1/2}$.
36. $\int x^3e^{x^2}\,dx$

Nos Exercícios 37-46, calcule a integral usando integração por partes, substituição, ou ambos, se necessário.

37. $\int x\cos 4x\,dx$
38. $\int \frac{\ln(\ln x)\,dx}{x}$
39. $\int \frac{x\,dx}{\sqrt{x+1}}$
40. $\int x^2(x^3+9)^{15}\,dx$
41. $\int \cos x\ln(\text{sen}\,x)\,dx$
42. $\int \text{sen}\sqrt{x}\,dx$
43. $\int \sqrt{x}e^{\sqrt{x}}\,dx$
44. $\int \frac{\text{tg}\sqrt{x}\,dx}{\sqrt{x}}$
45. $\int \frac{\ln(\ln x)\ln x\,dx}{x}$
46. $\int \text{sen}(\ln x)\,dx$

Nos Exercícios 47-56, calcule a integral definida.

47. $\int_0^3 xe^{4x}\,dx$
48. $\int_0^{\pi/4} x\,\text{sen}\,2x\,dx$
49. $\int_1^2 x\ln x\,dx$
50. $\int_1^e \frac{\ln x\,dx}{x^2}$
51. $\int_0^1 xe^{-x}\,dx$
52. $\int_0^1 \frac{x^3}{\sqrt{9+x^2}}\,dx$
53. $\int_0^1 x3^x\,dx$
54. $\int_0^1 x\cos(\pi x)\,dx$
55. $\int_0^{\pi} e^x\,\text{sen}\,x\,dx$
56. $\int_0^1 \text{arc tg}\,x\,dx$

57. Use a Equação (5) para calcular $\int \text{sen}^5 x\,dx$.
58. Deduza a fórmula de redução

$$\int \cos^n x\,dx = \frac{1}{n}\cos^{n-1}x\,\text{sen}\,x + \frac{n-1}{n}\int \cos^{n-2}x\,dx$$

dada na Equação (6).

59. Use a fórmula de redução do exercício acima [Equação (6)] para encontrar $\int \cos^3 x\,dx$.
60. Deduza a fórmula de redução

$$\int x^ne^x\,dx = x^ne^x - n\int x^{n-1}e^x\,dx.$$

61. Use a fórmula de redução do Exercício 60 para encontrar $\int x^3 e^x\,dx$.

62. Use substituição e, então, a fórmula de redução do Exercício 60 para calcular $\int x^4 e^{7x}\,dx$.

63. Encontre uma fórmula de redução para $\int x^n e^{-x}\,dx$ análoga à fórmula que aparece no Exercício 60.

64. Calcule $\int x^n \ln x\,dx$ com $n \neq -1$. Qual método deveria ser usado para calcular $\int x^{-1} \ln x\,dx$?

65. Encontre o volume do sólido de revolução obtido pela rotação da região abaixo do gráfico de $f(x) = x\sqrt{\operatorname{sen} x}$, com $0 \le x \le \pi$, em torno do eixo x.

66. Encontre o volume do sólido de revolução obtido pela rotação da região abaixo do gráfico de $f(x) = \ln x$, com $1 \le x \le e$, em torno do eixo x.

Nos Exercícios 67-74, indique um bom método para calcular a integral (mas não a calcule). As escolhas possíveis são manipulação algébrica, substituição (especificando u e du) e integração por partes (especificando u e dv). Se as técnicas até aqui desenvolvidas não forem suficientes, diga-o.

67. $\int \sqrt{x} \ln x\,dx$

68. $\int \dfrac{x^2 - \sqrt{x}}{2x}\,dx$

69. $\int \dfrac{x^3\,dx}{\sqrt{4 - x^2}}$

70. $\int \dfrac{dx}{\sqrt{4 - x^2}}$

71. $\int \dfrac{x + 2}{x^2 + 4x + 3}\,dx$

72. $\int \dfrac{dx}{(x + 2)(x^2 + 4x + 3)}$

73. $\int x \operatorname{sen}(3x + 4)\,dx$

74. $\int x \cos(9x^2)\,dx$

75. Calcule $\int (\text{arc sen } x)^2\,dx$. *Sugestão:* use integração por partes e, depois, substituição.

76. Calcule $\int \dfrac{(\ln x)^2\,dx}{x^2}$. *Sugestão:* use substituição e, depois, integração por partes.

77. Calcule $\int x^7 \cos(x^4)\,dx$.

78. Encontre $f(x)$, supondo que

$$\int f(x)e^x\,dx = f(x)e^x - \int x^{-1}e^x\,dx$$

79. Encontre o volume do sólido obtido pela rotação da região abaixo de $y = e^x$, com $0 \le x \le 2$, em torno do eixo y.

80. Encontre a área delimitada por $y = \ln x$ e $y = (\ln x)^2$.

81. Lembre que o *valor presente* (PV) de um investimento que paga um rendimento continuamente a uma taxa $R(t)$ por T anos é $\int_0^T R(t)e^{-rt}\,dt$, em que r é a taxa de juros. Encontre o PV se $R(t) = 5.000 + 100\,t$ dólares/ano, $r = 0{,}05$ e $T = 10$ anos.

82. Deduza as fórmulas de redução

$$\int (\ln x)^k\,dx = x(\ln x)^k - k\int (\ln x)^{k-1}\,dx \qquad 7$$

83. Use a Equação (7) para calcular $\int (\ln x)^k\,dx$, com $k = 2, 3$.

84. Deduza as fórmulas de redução

$$\int x^n \cos x\,dx = x^n \operatorname{sen} x - n\int x^{n-1} \operatorname{sen} x\,dx$$

$$\int x^n \operatorname{sen} x\,dx = -x^n \cos x + n\int x^{n-1} \cos x\,dx$$

85. Prove que $\int x b^x\,dx = b^x\left(\dfrac{x}{\ln b} - \dfrac{1}{\ln^2 b}\right) + C$.

86. Defina $P_n(x)$ por

$$\int x^n e^x\,dx = P_n(x)\,e^x + C$$

Use a fórmula de redução do Exercício 60 para provar que $P_n(x) = x^n - nP_{n-1}(x)$. Use essa relação recursiva para encontrar $P_n(x)$, com $n = 1, 2, 3, 4$. Observe que $P_0(x) = 1$.

Compreensão adicional e desafios

87. A fórmula de integração por partes pode ser escrita como

$$\int uv\,dx = uV - \int V\,du \qquad 8$$

em que $V(x)$ satisfaz $V'(x) = v(x)$.

(a) Mostre diretamente que o lado direito da Equação (8) não muda se $V(x)$ for trocado por $V(x) + C$, em que C é uma constante.

(b) Use $u = \text{arc tg}\,x$ e $v = x$ na Equação (8) para calcular $\int x \text{ arc tg } x\,dx$, mas faça a conta duas vezes: primeiro com $V(x) = \frac{1}{2}x^2$ e depois com $V(x) = \frac{1}{2}x^2 + \frac{1}{2}$. Qual escolha de $V(x)$ resultou numa conta mais simples?

88. Prove de duas maneiras que

$$\int_0^a f(x)\,dx = af(a) - \int_0^a xf'(x)\,dx \qquad 9$$

Primeiro use integração por partes. Depois, suponha que f seja crescente. Use a substituição $u = f(x)$ para provar que $\int_0^a xf'(x)\,dx$ é igual à área da região sombreada na Figura 1 e então deduza a Equação (9) uma segunda vez.

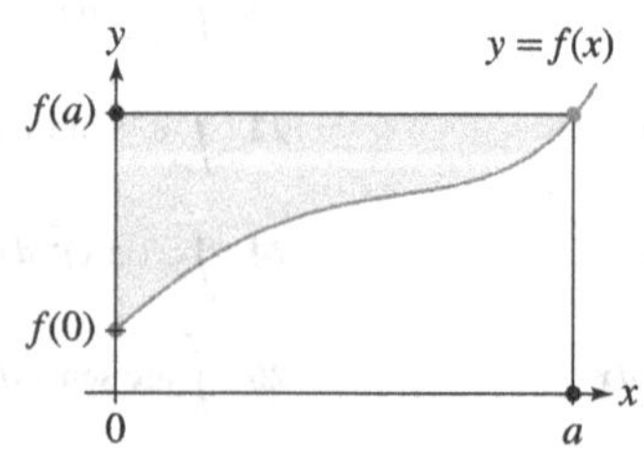

FIGURA 1

89. Suponha que $f(0) = f(1) = 0$ e que exista f''. Prove que

$$\int_0^1 f''(x)f(x)\,dx = -\int_0^1 f'(x)^2\,dx \qquad 10$$

Use isso para provar que se $f(0) = f(1) = 0$ e $f''(x) = \lambda f(x)$ com alguma constante λ, então $\lambda < 0$. Dá para imaginar uma função que satisfaça essas condições com algum λ?

90. Denote $I(a, b) = \int_0^1 x^a (1 - x)^b \, dx$, em que a e b são números inteiros.

(a) Use substituição para mostrar que $I(a, b) = I(b, a)$.

(b) Mostre que $I(a, 0) = I(0, a) = \dfrac{1}{a+1}$.

(c) Prove que, com $a \geq 1$ e $b \geq 0$,

$$I(a, b) = \frac{a}{b+1} I(a-1, \ b+1)$$

(d) Use (b) e (c) para calcular $I(1, 1)$ e $I(3, 2)$.

(e) Mostre que $I(a, b) = \dfrac{a!\,b!}{(a+b+1)!}$.

91. Sejam $I_n = \int x^n \cos(x^2)\,dx$ e $J_n = \int x^n \operatorname{sen}(x^2)\,dx$.

(a) Encontre uma fórmula de redução que expresse I_n em termos de J_{n-2}. *Sugestão:* escreva $x^n \cos(x^2)$ como $x^{n-1}(x\cos(x^2))$.

(b) Use o resultado da parte (a) para mostrar que I_n pode ser calculado explicitamente se n for ímpar.

(c) Calcule I_3.

7.2 Integrais trigonométricas

Muitas funções trigonométricas podem ser integradas combinando substituição e integração por partes com as identidades trigonométricas apropriadas. Nesta seção, consideramos as técnicas para integrar vários tipos de funções trigonométricas. Para começar, consideramos integrais da forma

$$\int \operatorname{sen}^m x \cos^n x \, dx$$

em que m e n são números inteiros. O caso mais fácil ocorre quando pelo menos um dos expoentes é *ímpar*.

■ **EXEMPLO 1 Potências ímpares de sen x** Calcule $\int \operatorname{sen}^3 x \, dx$.

Solução Calculamos essa integral no Exemplo 6 da seção precedente. No entanto, usaremos um método diferente, que é mais geralmente aplicável. Como $\operatorname{sen}^3 x$ é uma potência ímpar, separamos um fator sen x e usamos a identidade $\operatorname{sen}^2 x = 1 - \cos^2 x$ para reescrever o resto do integrando como uma expressão em cos x:

$$\operatorname{sen}^3 x = (\operatorname{sen}^2 x)(\operatorname{sen} x) = (1 - \cos^2 x)\operatorname{sen} x$$

Depois usamos a substituição $u = \cos x$, $du = -\operatorname{sen} x\, dx$:

$$\int \operatorname{sen}^3 x \, dx = \int (1 - \cos^2 x)\operatorname{sen} x \, dx = -\int (1 - u^2)\, du$$

$$= \frac{u^3}{3} - u + C = \frac{\cos^3 x}{3} - \cos x + C \qquad ■$$

A estratégia usada no exemplo anterior funciona quando $\operatorname{sen}^m x$ aparecer com potência m ímpar, independentemente da potência de cos x presente. Analogamente, se n for ímpar, escrevemos $\cos^n x$ como uma potência de $(1 - \operatorname{sen}^2 x)$ vezes cos x.

■ **EXEMPLO 2 Potências ímpares de cos x** Calcule $\int \operatorname{sen}^4 x \cos^5 x \, dx$.

Solução Aproveitamos que $\cos^5 x$ é uma potência ímpar para escrever

$$\operatorname{sen}^4 x \cos^5 x = \operatorname{sen}^4 x \cos^4 x(\cos x) = \operatorname{sen}^4 x(1 - \operatorname{sen}^2 x)^2(\cos x)$$

$$= (\operatorname{sen}^4 x - 2\operatorname{sen}^6 x + \operatorname{sen}^8 x)\cos x$$

Isso permite-nos usar a substituição $u = \operatorname{sen} x$, $du = \cos x\, dx$:

$$\int \operatorname{sen}^4 x \cos^5 x \, dx = \int (\operatorname{sen}^4 x - 2\operatorname{sen}^6 x + \operatorname{sen}^8 x)\cos x \, dx$$

$$= \int (u^4 - 2u^6 + u^8)\, du$$

$$= \frac{u^5}{5} - \frac{2u^7}{7} + \frac{u^9}{9} + C = \frac{\operatorname{sen}^5 x}{5} - \frac{2\operatorname{sen}^7 x}{7} + \frac{\operatorname{sen}^9 x}{9} + C \qquad ■$$

Quando nem sen x nem cos x aparecerem com potência ímpar, vamos precisar de uma estratégia diferente.

EXEMPLO 3 Calcule $\int \text{sen}^2 x\, dx$.

Solução Poderíamos aplicar a fórmula de redução da Equação (5) da seção anterior. Em vez disso, aplicamos um método que não depende do conhecimento daquela fórmula. Utilizamos a identidade trigonométrica conhecida como fórmula do ângulo duplo, a saber, $\text{sen}^2 x = \frac{1}{2}(1 - \cos 2x)$. Então

$$\int \text{sen}^2 x\, dx = \int \frac{1}{2}(1 - \cos 2x)\, dx = \frac{x}{2} - \frac{\text{sen}\, 2x}{4} + C$$

LEMBRETE *Identidades úteis:*

$$\text{sen}^2 x = \frac{1}{2}(1 - \cos 2x)$$
$$\cos^2 x = \frac{1}{2}(1 + \cos 2x)$$
$$\text{sen}\, 2x = 2\, \text{sen}\, x \cos x$$
$$\cos 2x = \cos^2 x - \text{sen}^2 x$$

Usando as identidades trigonométricas à margem esquerda, também podemos integrar $\cos^2 x$ e obter o que segue:

$$\int \text{sen}^2 x\, dx = \frac{x}{2} - \frac{\text{sen}\, 2x}{4} + C = \frac{x}{2} - \frac{1}{2}\text{sen}\, x \cos x + C \qquad \mathbf{1}$$

$$\int \cos^2 x\, dx = \frac{x}{2} + \frac{\text{sen}\, 2x}{4} + C = \frac{x}{2} + \frac{1}{2}\text{sen}\, x \cos x + C \qquad \mathbf{2}$$

EXEMPLO 4 Calcule $\int \text{sen}^4 x\, dx$.

Solução Novamente, poderíamos usar a fórmula de redução da Equação (5) da seção anterior, mas, em vez de depender dessa fórmula, procedemos como no exemplo anterior. Usamos a fórmula do ângulo duplo $\text{sen}^2 x = \frac{1}{2}(1 - \cos 2x)$ e obtemos

$$\int \text{sen}^4 x\, dx = \int (\text{sen}^2 x)^2\, dx = \int \left(\frac{1}{2}(1 - \cos 2x)\right)^2 dx$$
$$= \frac{1}{4}\int (1 - 2\cos 2x + \cos^2 2x)\, dx$$

Aplicando a fórmula do ângulo duplo a $\cos^2 2x$, obtemos

$$\int \text{sen}^4 x\, dx = \frac{1}{4}\int (1 - 2\cos 2x + \cos^2 2x)\, dx$$
$$= \frac{1}{4}\int \left(1 - 2\cos 2x + \frac{1 + \cos 4x}{2}\right) dx$$
$$= \frac{1}{4}\int \left(\frac{3}{2} - 2\cos 2x + \frac{\cos 4x}{2}\right) dx$$

Uma simples substituição u fornece

$$\int \text{sen}^4 x\, dx = \frac{1}{4}\left(\frac{3x}{2} - \text{sen}\, 2x + \frac{\text{sen}\, 4x}{8}\right) + C = \frac{3x}{8} - \frac{\text{sen}\, 2x}{4} + \frac{\text{sen}\, 4x}{32} + C$$

Integrando $\text{sen}^m x \cos^n x$

Caso 1: m **ímpar**

Separamos um fator sen x *e usamos* $\text{sen}^2 x = 1 - \cos^2 x$ *para expressar as demais potências de* sen x *em termos de* cos x. *Então substituímos* $u = \cos x$, $du = -\text{sen}\, x\, dx$.

Caso 2: n **ímpar**

Separamos um fator cos x *e usamos* $\cos^2 x = 1 - \text{sen}^2 x$ *para expressar as demais potências de* cos x *em termos de* sen x. *Então substituímos* $u = \text{sen}\, x$, $du = \cos x\, dx$.

Caso 3: m **e** n **pares**

Ou utilizamos repetidamente as fórmulas de ângulo duplo (ver Exercícios 67-70), ou convertemos o integrando em uma expressão inteiramente em termos de sen x *ou* cos x *e, então, aplicamos as fórmulas de redução [Equações (5) ou (6)] da seção precedente.*

As integrais trigonométricas podem ser expressas de mais de uma maneira porque as funções trigonométricas satisfazem um grande número de identidades. Por exemplo, podemos determinar a integral do exemplo precedente aplicando duas vezes a fórmula de redução dada na Equação (5) da seção anterior para obter

$$\int \text{sen}^4 x\, dx = -\frac{1}{4}\text{sen}^3 x \cos x - \frac{3}{8}\text{sen}\, x \cos x + \frac{3}{8}x + C$$

É possível conferir que isso está de acordo com a resposta no Exemplo 4 (ver Exercício 63).

Para integrar $\text{sen}^m x \cos^n x$ com m e n pares, é exigido mais trabalho.

■ **EXEMPLO 5** **Potências pares de $\operatorname{sen} x$ e $\cos x$** Calcule $\int \operatorname{sen}^2 x \cos^4 x\, dx$.

Solução Aqui, $m = 2$ e $n = 4$. Como $m < n$, substituímos $\operatorname{sen}^2 x$ por $1 - \cos^2 x$:

$$\int \operatorname{sen}^2 x \cos^4 x\, dx = \int (1 - \cos^2 x) \cos^4 x\, dx = \int \cos^4 x\, dx - \int \cos^6 x\, dx$$

A fórmula de redução com $n = 6$ dá

$$\int \cos^6 x\, dx = \frac{1}{6} \cos^5 x \operatorname{sen} x + \frac{5}{6} \int \cos^4 x\, dx$$

Usando esse resultado no lado direito da primeira equação desta resolução, obtemos

$$\int \operatorname{sen}^2 x \cos^4 x\, dx = \int \cos^4 x\, dx - \left(\frac{1}{6} \cos^5 x \operatorname{sen} x + \frac{5}{6} \int \cos^4 x\, dx \right)$$
$$= -\frac{1}{6} \cos^5 x \operatorname{sen} x + \frac{1}{6} \int \cos^4 x\, dx$$

Em seguida, calculamos $\int \cos^4 x\, dx$ usando as fórmulas de redução, com $n = 4$ e $n = 2$:

$$\int \cos^4 x\, dx = \frac{1}{4} \cos^3 x \operatorname{sen} x + \frac{3}{4} \int \cos^2 x\, dx$$
$$= \frac{1}{4} \cos^3 x \operatorname{sen} x + \frac{3}{4} \left(\frac{1}{2} \cos x \operatorname{sen} x + \frac{1}{2} x \right) + C$$
$$= \frac{1}{4} \cos^3 x \operatorname{sen} x + \frac{3}{8} \cos x \operatorname{sen} x + \frac{3}{8} x + C$$

Juntando tudo,

$$\int \operatorname{sen}^2 x \cos^4 x\, dx = -\frac{1}{6} \cos^5 x \operatorname{sen} x + \frac{1}{6} \left(\frac{1}{4} \cos^3 x \operatorname{sen} x + \frac{3}{8} \cos x \operatorname{sen} x + \frac{3}{8} x \right) + C$$
$$= -\frac{1}{6} \cos^5 x \operatorname{sen} x + \frac{1}{24} \cos^3 x \operatorname{sen} x + \frac{1}{16} \cos x \operatorname{sen} x + \frac{1}{16} x + C \quad ■$$

Como observamos, as integrais trigonométricas podem ser expressas de mais de uma maneira. De acordo com o programa Mathematica,

$$\int \operatorname{sen}^2 x \cos^4 x\, dx$$
$$= \tfrac{1}{16} x + \tfrac{1}{64} \operatorname{sen} 2x - \tfrac{1}{64} \operatorname{sen} 4x - \tfrac{1}{192} \operatorname{sen} 6x$$

Para mostrar que isso está de acordo com a solução do Exemplo 5, podemos usar identidades trigonométricas.

Vejamos as integrais das demais funções trigonométricas.

■ **EXEMPLO 6** **Integral da tangente e secante** Deduza as fórmulas

$$\int \operatorname{tg} x\, dx = \ln |\sec x| + C \qquad \text{e} \qquad \int \sec x\, dx = \ln |\sec x + \operatorname{tg} x| + C$$

Solução Para integrar $\operatorname{tg} x$, usamos a substituição $u = \cos x$, $du = -\operatorname{sen} x\, dx$:

$$\int \operatorname{tg} x\, dx = \int \frac{\operatorname{sen} x}{\cos x} dx = -\int \frac{du}{u} = -\ln |u| + C = -\ln |\cos x| + C$$
$$= \ln \frac{1}{|\cos x|} + C = \ln |\sec x| + C$$

Para integrar $\sec x$, usamos um truque esperto que não é nada óbvio: multiplicamos o integrando por

$$1 = \frac{\sec x + \operatorname{tg} x}{\sec x + \operatorname{tg} x}$$

Então,

$$\int \sec x\, dx = \int \sec x \left(\frac{\sec x + \operatorname{tg} x}{\sec x + \operatorname{tg} x} \right) dx = \int \frac{\sec^2 x + \sec x \operatorname{tg} x}{\sec x + \operatorname{tg} x} dx$$

Observando que o numerador é a derivada do denominador, usamos o denominador como u:

$$u = \sec x + \operatorname{tg} x \qquad \text{e} \qquad du = (\sec x \operatorname{tg} x + \sec^2 x)\, dx$$

A integral $\int \sec x\, dx$ foi calculada numericamente pela primeira vez em 1590, pelo matemático inglês Edward Wright, décadas antes da invenção do Cálculo. Embora ele não tenha inventado o conceito de integral, Wright se deu conta de que as somas que aproximam a integral detêm a chave para entender a projeção de Mercator de mapas, de grande importância na navegação marítima por permitir aos navegadores alcançar seus destinos seguindo ao longo de retas de direção cardinal fixada. A fórmula para a integral foi demonstrada pela primeira vez por James Gregory em 1668.

Assim, concluímos que

$$\int \frac{du}{u} = \ln|u| + C = \ln|\sec x + \operatorname{tg} x| + C$$

■

A tabela de integrais ao final desta seção (página 383) contém uma lista de integrais trigonométricas e fórmulas de redução adicionais.

■ **EXEMPLO 7** **Utilizando a tabela de integrais** Calcule $\int_0^{\pi/4} \operatorname{tg}^3 x\,dx$.

Solução Usamos a fórmula de redução (10) da tabela com $k = 3$:

$$\int_0^{\pi/4} \operatorname{tg}^3 x\,dx = \left.\frac{\operatorname{tg}^2 x}{2}\right|_0^{\pi/4} - \int_0^{\pi/4} \operatorname{tg} x\,dx = \left.\left(\frac{1}{2}\operatorname{tg}^2 x - \ln|\sec x|\right)\right|_0^{\pi/4}$$

$$= \left(\frac{1}{2}\operatorname{tg}^2 \frac{\pi}{4} - \ln\left|\sec\frac{\pi}{4}\right|\right) - \left(\frac{1}{2}\operatorname{tg}^2 0 - \ln|\sec 0|\right)$$

$$= \left(\frac{1}{2}(1)^2 - \ln\sqrt{2}\right) - \left(\frac{1}{2}0^2 - \ln|1|\right) = \frac{1}{2} - \ln\sqrt{2}$$

■

À margem, descrevemos um método para integrar $\operatorname{tg}^m x \sec^n x$.

Integrando $\operatorname{tg}^m x \sec^n x$

Caso 1: m **ímpar e** $n \geq 1$

Separamos um fator $\sec x \operatorname{tg} x$ *e usamos a identidade* $\operatorname{tg}^2 x = \sec^2 x - 1$ *para expressar o resto do integrando em termos de* $\sec x$*. Então usamos a substituição* $u = \sec x$, $du = \sec x \operatorname{tg} x\,dx$ *para obter uma integral envolvendo somente potências de* u.

Caso 1: n **par**

Separamos um fator $\sec^2 x$ *e usamos a identidade* $\sec^2 x = 1 + \operatorname{tg}^2 x$ *para expressar o resto do integrando em termos de* $\operatorname{tg} x$*. Então usamos a substituição* $u = \operatorname{tg} x$, $du = \sec^2 x\,dx$ *para obter uma integral envolvendo somente potências de* u.

Caso 3: m **par e** n **ímpar**

Usamos a identidade $\operatorname{tg}^2 x = \sec^2 x - 1$ *para obter uma integral envolvendo somente potências de* $\sec x$ *e usamos a fórmula de redução (14).*

■ **EXEMPLO 8** Calcule $\int \operatorname{tg}^3 x \sec^5 x\,dx$.

Solução Observe que temos uma cópia de $\sec x \operatorname{tg} x$ no integrando e que as demais potências de $\operatorname{tg} x$ são pares. Então separamos uma cópia de $\sec x \operatorname{tg} x$ e convertemos o resto do integrando em potências de $\sec x$. Dessa forma, como a derivada de $\sec x$ é $\sec x \operatorname{tg} x$, estamos prontos para uma substituição u.

O primeiro passo é utilizar a identidade $\operatorname{tg}^2 x = \sec^2 x - 1$:

$$\int \operatorname{tg}^3 x \sec^5 x\,dx = \int (\sec^2 x - 1)(\sec^4 x)(\sec x \operatorname{tg} x)\,dx$$

$$= \int (\sec^6 x - \sec^4 x)\sec x \operatorname{tg} x\,dx$$

Tomando $u = \sec x$, temos $du = \sec x \operatorname{tg} x\,dx$ e, então,

$$\int \operatorname{tg}^3 x \sec^5 x\,dx = \int (u^6 - u^4)\,du = \frac{u^7}{7} - \frac{u^5}{5} + C$$

$$= \frac{\sec^7 x}{7} - \frac{\sec^5 x}{5} + C$$

■

Observe que o método acima funciona sempre que integrarmos $\int \operatorname{tg}^m x \sec^n x\,dx$ com m ímpar e $n > 0$.

■ **EXEMPLO 9** Calcule $\int \operatorname{tg}^2 x \sec^4 x\,dx$.

Solução Nesse caso, separamos $\sec^2 x$ e convertemos o resto do integrando em potências de $\operatorname{tg} x$, já que a derivada de $\operatorname{tg} x$ é $\sec^2 x$. Lembrando que $\sec^2 x = \operatorname{tg}^2 x + 1$, obtemos

$$\int \operatorname{tg}^2 x \sec^4 x\,dx = \int (\operatorname{tg}^2 x)(\operatorname{tg}^2 x + 1)(\sec^2 x)\,dx = \int (\operatorname{tg}^4 x + \operatorname{tg}^2 x)\sec^2 x\,dx$$

Tomando $u = \operatorname{tg} x$, temos $du = \sec^2 x\,dx$ e, então,

$$\int \operatorname{tg}^2 x \sec^4 x\,dx = \int (u^4 + u^2)\,du = \frac{u^5}{5} + \frac{u^3}{3} + C = \frac{\operatorname{tg}^5 x}{5} + \frac{\operatorname{tg}^3 x}{3} + C$$

■

O método utilizado no exemplo acima funciona para integrar $\int \operatorname{tg}^m x \sec^n x\,dx$ sempre que $n > 0$ for par. O último caso que resta para ser tratado é se m for par e for n ímpar. Então podemos converter o integrando inteiramente em potências de $\sec x$ e aplicar as fórmulas de redução.

As Fórmulas (17)-(19) da tabela descrevem as integrais de produtos da forma sen mx sen nx, cos mx cos nx e sen mx cos nx. Essas integrais aparecem na teoria de séries de Fourier, uma técnica fundamental que é muito usada na Engenharia e Física.

EXEMPLO 10 **Integral de sen mx cos nx** Calcule $\int_0^\pi \operatorname{sen} 4x \cos 3x\,dx$.

Solução Aplicamos a fórmula (18), com $m = 4$ e $n = 3$:

$$\int_0^\pi \operatorname{sen} 4x \cos 3x\,dx = \left(-\frac{\cos(4-3)x}{2(4-3)} - \frac{\cos(4+3)x}{2(4+3)}\right)\Bigg|_0^\pi$$

$$= \left(-\frac{\cos x}{2} - \frac{\cos 7x}{14}\right)\Bigg|_0^\pi$$

$$= \left(\frac{1}{2} + \frac{1}{14}\right) - \left(-\frac{1}{2} - \frac{1}{14}\right) = \frac{8}{7}$$

TABELA DE INTEGRAIS TRIGONOMÉTRICAS

$$\int \operatorname{sen}^2 x\,dx = \frac{x}{2} - \frac{\operatorname{sen} 2x}{4} + C = \frac{x}{2} - \frac{1}{2}\operatorname{sen} x \cos x + C \qquad 3$$

$$\int \cos^2 x\,dx = \frac{x}{2} + \frac{\operatorname{sen} 2x}{4} + C = \frac{x}{2} + \frac{1}{2}\operatorname{sen} x \cos x + C \qquad 4$$

$$\int \operatorname{sen}^n x\,dx = -\frac{\operatorname{sen}^{n-1} x \cos x}{n} + \frac{n-1}{n}\int \operatorname{sen}^{n-2} x\,dx \qquad 5$$

$$\int \cos^n x\,dx = \frac{\cos^{n-1} x \operatorname{sen} x}{n} + \frac{n-1}{n}\int \cos^{n-2} x\,dx \qquad 6$$

$$\int \operatorname{sen}^m x \cos^n x\,dx = \frac{\operatorname{sen}^{m+1} x \cos^{n-1} x}{m+n} + \frac{n-1}{m+n}\int \operatorname{sen}^m x \cos^{n-2} x\,dx \qquad 7$$

$$\int \operatorname{sen}^m x \cos^n x\,dx = -\frac{\operatorname{sen}^{m-1} x \cos^{n+1} x}{m+n} + \frac{m-1}{m+n}\int \operatorname{sen}^{m-2} x \cos^n x\,dx \qquad 8$$

$$\int \operatorname{tg} x\,dx = \ln|\sec x| + C = -\ln|\cos x| + C \qquad 9$$

$$\int \operatorname{tg}^m x\,dx = \frac{\operatorname{tg}^{m-1} x}{m-1} - \int \operatorname{tg}^{m-2} x\,dx \qquad 10$$

$$\int \operatorname{cotg} x\,dx = -\ln|\operatorname{cossec} x| + C = \ln|\operatorname{sen} x| + C \qquad 11$$

$$\int \operatorname{cotg}^m x\,dx = -\frac{\operatorname{cotg}^{m-1} x}{m-1} - \int \operatorname{cotg}^{m-2} x\,dx \qquad 12$$

$$\int \sec x\,dx = \ln|\sec x + \operatorname{tg} x| + C \qquad 13$$

$$\int \sec^m x\,dx = \frac{\operatorname{tg} x \sec^{m-2} x}{m-1} + \frac{m-2}{m-1}\int \sec^{m-2} x\,dx \qquad 14$$

$$\int \operatorname{cossec} x\,dx = \ln|\operatorname{cossec} x - \operatorname{cotg} x| + C \qquad 15$$

$$\int \operatorname{cossec}^m x\,dx = -\frac{\operatorname{cotg} x \operatorname{cossec}^{m-2} x}{m-1} + \frac{m-2}{m-1}\int \operatorname{cossec}^{m-2} x\,dx \qquad 16$$

$$\int \operatorname{sen} mx \operatorname{sen} nx\,dx = \frac{\operatorname{sen}(m-n)x}{2(m-n)} - \frac{\operatorname{sen}(m+n)x}{2(m+n)} + C \quad (m \neq \pm n) \qquad 17$$

$$\int \operatorname{sen} mx \cos nx\,dx = -\frac{\cos(m-n)x}{2(m-n)} - \frac{\cos(m+n)x}{2(m+n)} + C \quad (m \neq \pm n) \qquad 18$$

$$\int \cos mx \cos nx\,dx = \frac{\operatorname{sen}(m-n)x}{2(m-n)} + \frac{\operatorname{sen}(m+n)x}{2(m+n)} + C \quad (m \neq \pm n) \qquad 19$$

Embora tenhamos apresentado esta tabela de integrais trigonométricas, é muito mais sensato entender como se obtém uma dada integral do que simplesmente depender da tabela.

7.2 Resumo

- Para integrar uma potência ímpar de sen x vezes $\cos^n x$, escrevemos

$$\int \operatorname{sen}^{2k+1} x \cos^n x\, dx = \int (1 - \cos^2 x)^k \cos^n x \operatorname{sen} x\, dx$$

Em seguida, usamos a substituição $u = \cos x$, $du = -\operatorname{sen} x\, dx$.

- Para integrar uma potência ímpar do $\cos x$ vezes $\operatorname{sen}^m x$, escrevemos

$$\int \operatorname{sen}^m x \cos^{2k+1} x\, dx = \int (\operatorname{sen}^m x)(1 - \operatorname{sen}^2 x)^k \cos x\, dx$$

Em seguida, usamos a substituição $u = \operatorname{sen} x$, $du = \cos x\, dx$.

- Se ambos, sen x e cos x, ocorrerem com potências pares, escrevemos

$$\int \operatorname{sen}^m x \cos^n x\, dx = \int (1 - \cos^2 x)^{m/2} \cos^n x\, dx \quad (\text{se } m \le n)$$

$$\int \operatorname{sen}^m x \cos^n x\, dx = \int (\operatorname{sen}^m x)(1 - \operatorname{sen}^2 x)^{n/2}\, dx \quad (\text{se } m \ge n)$$

Expandimos o lado direito para obter uma soma de potências de cos x ou potências de sen x. Em seguida, usamos as fórmulas de redução.

$$\int \operatorname{sen}^n x\, dx = -\frac{1}{n} \operatorname{sen}^{n-1} x \cos x + \frac{n-1}{n} \int \operatorname{sen}^{n-2} x\, dx$$

$$\int \cos^n x\, dx = \frac{1}{n} \cos^{n-1} x \operatorname{sen} x + \frac{n-1}{n} \int \cos^{n-2} x\, dx$$

Também podemos aplicar as identidades trigonométricas do ângulo duplo para obter um integrando em potências menores do seno e cosseno na variável $2x$.

- A integral $\int \operatorname{tg}^m x \sec^n x\, dx$ pode ser calculada como na observação marginal à página 382.

7.2 Exercícios

Exercícios preliminares

1. Descreva a técnica usada para calcular $\int \operatorname{sen}^5 x\, dx$.
2. Descreva uma maneira de calcular $\int \operatorname{sen}^6 x\, dx$.
3. Precisamos de fórmulas de redução para calcular $\int \operatorname{sen}^7 x \cos^2 x\, dx$? Por que sim ou não?
4. Descreva uma maneira de calcular $\int \operatorname{sen}^6 x \cos^2 x\, dx$.
5. Qual dessas integrais é mais difícil de calcular?

$$\int \operatorname{sen}^{798} x \cos x\, dx \quad \text{ou} \quad \int \operatorname{sen}^4 x \cos^4 x\, dx$$

Explique sua resposta.

Exercícios

Nos Exercícios 1-6, use o método de potências ímpares para calcular a integral.

1. $\int \cos^3 x\, dx$
2. $\int \operatorname{sen}^5 x\, dx$
3. $\int \operatorname{sen}^3 \theta \cos^2 \theta\, d\theta$
4. $\int \operatorname{sen}^5 x \cos x\, dx$
5. $\int \operatorname{sen}^3 t \cos^3 t\, dt$
6. $\int \operatorname{sen}^2 x \cos^5 x\, dx$
7. Encontre a área da região sombreada na Figura 1.

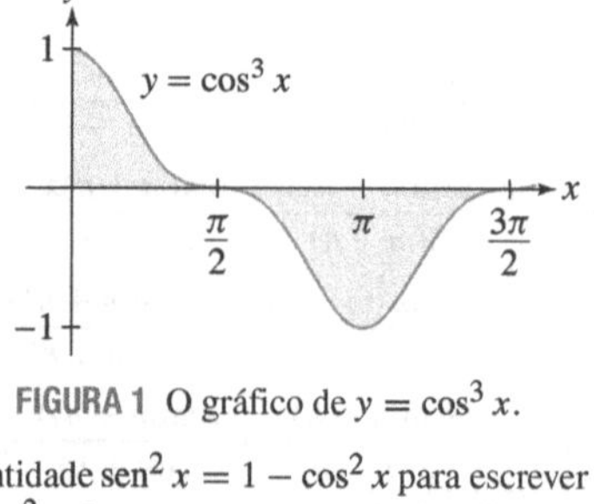

FIGURA 1 O gráfico de $y = \cos^3 x$.

8. Use a identidade $\operatorname{sen}^2 x = 1 - \cos^2 x$ para escrever $\int \operatorname{sen}^2 x \cos^2 x\, dx$ como uma soma de duas integrais e então calcule usando a fórmula de redução.

Nos Exercícios 9-12, calcule a integral usando os métodos utilizados nos Exemplos 4 e 5.

9. $\int \cos^4 y\, dy$

10. $\int \cos^2\theta \,\text{sen}^2\theta\, d\theta$

11. $\int \text{sen}^4 x \cos^2 x\, dx$

12. $\int \text{sen}^2 x \cos^6 x\, dx$

Nos Exercícios 13 e 14, calcule a integral usando a Equação (7).

13. $\int \text{sen}^3 x \cos^2 x\, dx$

14. $\int \text{sen}^2 x \cos^4 x\, dx$

Nos Exercícios 15-18, calcule a integral usando o método descrito na página 382 e, se for preciso, as fórmulas de redução à página 383.

15. $\int \text{tg}^3 x \sec x\, dx$

16. $\int \text{tg}^2 x \sec x\, dx$

17. $\int \text{tg}^2 x \sec^4 x\, dx$

18. $\int \text{tg}^8 x \sec^2 x\, dx$

Nos Exercícios 19-22, calcule a integral usando métodos análogos aos empregados para calcular a integral $\text{tg}^m x \sec^n x$.

19. $\int \text{cotg}^3 x\, dx$

20. $\int \sec^3 x\, dx$

21. $\int \text{cotg}^5 x\, \text{cossec}^2 x\, dx$

22. $\int \text{cotg}^4 x\, \text{cossec}\, x\, dx$

Nos Exercícios 23-48, calcule a integral.

23. $\int \cos^5 x\, \text{sen}\, x\, dx$

24. $\int \cos^3(2-x)\,\text{sen}(2-x)\, dx$

25. $\int \cos^4(3x+2)\, dx$

26. $\int \cos^7 3x\, dx$

27. $\int \cos^3(\pi\theta)\,\text{sen}^4(\pi\theta)\, d\theta$

28. $\int \cos^{498} y\, \text{sen}^3 y\, dy$

29. $\int \text{sen}^4(3x)\, dx$

30. $\int \text{sen}^2 x \cos^6 x\, dx$

31. $\int \frac{\cos^5 x}{\text{sen}^3 x}\, dx$

32. $\int \frac{\text{sen}^7 x}{\cos^4 x}\, dx$

33. $\int \text{cossec}^2(3-2x)\, dx$

34. $\int \text{cossec}^3 x\, dx$

35. $\int \text{tg}\, x \sec^2 x\, dx$

36. $\int \text{tg}^3\theta \sec^3\theta\, d\theta$

37. $\int \text{tg}^5 x \sec^4 x\, dx$

38. $\int \text{tg}^4 x \sec x\, dx$

39. $\int \text{tg}^6 x \sec^4 x\, dx$

40. $\int \text{tg}^2 x \sec^3 x\, dx$

41. $\int \text{cotg}^5 x\, \text{cossec}^5 x\, dx$

42. $\int \text{cotg}^2 x\, \text{cossec}^4 x\, dx$

43. $\int \text{sen}\, 2x \cos 2x\, dx$

44. $\int \cos 4x \cos 6x\, dx$

45. $\int t\cos^3(t^2)\, dt$

46. $\int \frac{\text{tg}^3(\ln t)}{t}\, dt$

47. $\int \cos^2(\text{sen}\, t)\cos t\, dt$

48. $\int e^x\, \text{tg}^2(e^x)\, dx$

Nos Exercícios 49-62, calcule a integral definida.

49. $\int_0^{2\pi} \text{sen}^2 x\, dx$

50. $\int_0^{\pi/2} \cos^3 x\, dx$

51. $\int_0^{\pi/2} \text{sen}^5 x\, dx$

52. $\int_0^{\pi/2} \text{sen}^2 x \cos^3 x\, dx$

53. $\int_0^{\pi/4} \frac{dx}{\cos x}$

54. $\int_{\pi/4}^{\pi/2} \frac{dx}{\text{sen}\, x}$

55. $\int_0^{\pi/3} \text{tg}\, x\, dx$

56. $\int_0^{\pi/4} \text{tg}^5 x\, dx$

57. $\int_{-\pi/4}^{\pi/4} \sec^4 x\, dx$

58. $\int_{\pi/4}^{3\pi/4} \text{cotg}^4 x\, \text{cossec}^2 x\, dx$

59. $\int_0^{\pi} \text{sen}\, 3x \cos 4x\, dx$

60. $\int_0^{\pi} \text{sen}\, x\, \text{sen}\, 3x\, dx$

61. $\int_0^{\pi/6} \text{sen}\, 2x \cos 4x\, dx$

62. $\int_0^{\pi/4} \text{sen}\, 7x \cos 2x\, dx$

63. Use as identidades com sen $2x$ e cos $2x$ à página 380 para verificar que as fórmulas seguintes são equivalentes.

$$\int \text{sen}^4 x\, dx = \frac{1}{32}(12x - 8\,\text{sen}\, 2x + \text{sen}\, 4x) + C$$

$$\int \text{sen}^4 x\, dx = -\frac{1}{4}\text{sen}^3 x \cos x - \frac{3}{8}\text{sen}\, x \cos x + \frac{3}{8}x + C$$

64. Calcule $\int \text{sen}^2 x \cos^3 x\, dx$ usando o método descrito no texto e verifique que sua resposta é equivalente ao resultado seguinte fornecido por um sistema algébrico computacional:

$$\int \text{sen}^2 x \cos^3 x\, dx = \frac{1}{30}(7 + 3\cos 2x)\,\text{sen}^3 x + C$$

65. Encontre o volume do sólido obtido pela rotação de $y = \text{sen}\, x$, com $0 \le x \le \pi$, em torno do eixo x.

66. Use integração por partes para provar as Equações (1) e (2).

Nos Exercícios 67-70, siga o método alternativo seguinte para calcular a integral $J = \int \text{sen}^m x \cos^n x\, dx$ *em que m e n são, ambos, pares. Use as identidades*

$$\text{sen}^2 x = \frac{1}{2}(1 - \cos 2x), \qquad \cos^2 x = \frac{1}{2}(1 + \cos 2x)$$

para escrever $J = \frac{1}{4}\int (1-\cos 2x)^{m/2}(1+\cos 2x)^{n/2}\, dx$ *e expanda o lado direito como uma soma de integrais envolvendo potências menores do seno e cosseno na variável* $2x$.

67. $\int \text{sen}^2 x \cos^2 x\, dx$

68. $\int \cos^4 x\, dx$

69. $\int \text{sen}^4 x \cos^2 x\, dx$

70. $\int \text{sen}^6 x\, dx$

71. Prove a fórmula de redução

$$\int \text{tg}^k x\, dx = \frac{\text{tg}^{k-1} x}{k-1} - \int \text{tg}^{k-2} x\, dx$$

Sugestão: $\text{tg}^k x = (\sec^2 x - 1)\,\text{tg}^{k-2} x$.

72. Use a substituição $u = \text{cossec}\, x - \text{cotg}\, x$ para calcular $\int \text{cossec}\, x\, dx$ (ver Exemplo 6).

73. Seja $I_m = \int_0^{\pi/2} \text{sen}^m x\, dx$.

(a) Mostre que $I_0 = \frac{\pi}{2}$ e $I_1 = 1$.

(b) Prove que, com $m \geq 2$,

$$I_m = \frac{m-1}{m} I_{m-2}$$

(c) Use as partes (a) e (b) para calcular I_m com $m = 2, 3, 4$ e 5.

74. Calcule $\int_0^{\pi} \text{sen}^2\, mx\, dx$ em que m é um inteiro arbitrário.

75. Calcule $\int \text{sen}\, x \ln(\text{sen}\, x)\, dx$. *Sugestão:* inicialmente use integração por partes.

76. Energia total Uma lâmpada de 100 W tem uma resistência $R = 144\,(\Omega)$ (ohms) quando ligada à corrente residencial, em que a voltagem varia de acordo com $V = V_0 \,\text{sen}(2\pi f t)$ ($V_0 = 110$ V, $f = 60$ Hz).A energia (em joules) dispendida pela lâmpada ao longo de um período de T segundos é

$$U = \int_0^T P(t)\, dt$$

em que $P = V^2/R$ (J/s) é a potência. Calcule U se a lâmpada permanecer acesa por 5 horas.

77. Sejam m e n inteiros com $m \neq \pm n$. Use as Equações (17)-(19) para provar as assim denominadas **relações de ortogonalidade**, que desempenham um papel básico na teoria de séries de Fourier (Figura 2):

$$\int_0^{\pi} \text{sen}\, mx\, \text{sen}\, nx\, dx = 0$$

$$\int_0^{\pi} \cos mx \cos nx\, dx = 0$$

$$\int_0^{2\pi} \text{sen}\, mx \cos nx\, dx = 0$$

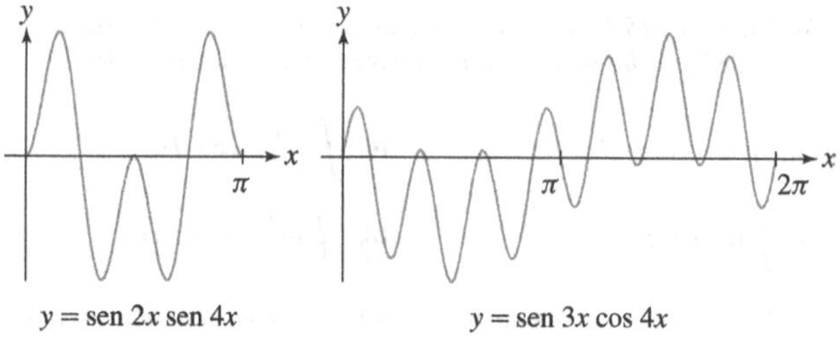

FIGURA 2 As integrais são nulas pelas relações de ortogonalidade.

Compreensão adicional e desafios

78. Use a identidade trigonométrica

$$\text{sen}\, mx \cos nx = \frac{1}{2}\big(\text{sen}(m-n)x + \text{sen}(m+n)x\big)$$

para provar a Equação (18) da tabela de integrais à página 383.

79. Use integração por partes para provar (se $m \neq 1$) que

$$\int \sec^m x\, dx = \frac{\text{tg}\, x \sec^{m-2} x}{m-1} + \frac{m-2}{m-1} \int \sec^{m-2} x\, dx$$

80. Seja $I_m = \int_0^{\pi/2} \text{sen}^m\, x\, dx$. Use o Exercício 73 para provar que

$$I_{2m} = \frac{2m-1}{2m} \frac{2m-3}{2m-2} \cdots \frac{1}{2} \cdot \frac{\pi}{2}$$

$$I_{2m+1} = \frac{2m}{2m+1} \frac{2m-2}{2m-1} \cdots \frac{2}{3}$$

Conclua que

$$\frac{\pi}{2} = \frac{2\cdot 2}{1\cdot 3} \cdot \frac{4\cdot 4}{3\cdot 5} \cdots \frac{2m\cdot 2m}{(2m-1)(2m+1)} \frac{I_{2m}}{I_{2m+1}}$$

81. Essa é uma continuação do Exercício 80.

(a) Prove que $I_{2m+1} \leq I_{2m} \leq I_{2m-1}$. *Sugestão:*

$$\text{sen}^{2m+1} x \leq \text{sen}^{2m} x \leq \text{sen}^{2m-1} x \quad \text{com} \quad 0 \leq x \leq \tfrac{\pi}{2}$$

(b) Mostre que $\dfrac{I_{2m-1}}{I_{2m+1}} = 1 + \dfrac{1}{2m}$.

(c) Mostre que $1 \leq \dfrac{I_{2m}}{I_{2m+1}} \leq 1 + \dfrac{1}{2m}$.

(d) Prove que $\lim\limits_{m\to\infty} \dfrac{I_{2m}}{I_{2m+1}} = 1$.

(e) Finalmente, deduza o produto infinito de $\frac{\pi}{2}$ descoberto pelo matemático inglês John Wallis (1616-1703):

$$\frac{\pi}{2} = \lim_{m\to\infty} \frac{2}{1} \cdot \frac{2}{3} \cdot \frac{4}{3} \cdot \frac{4}{5} \cdots \frac{2m\cdot 2m}{(2m-1)(2m+1)}$$

7.3 Substituição trigonométrica

Nosso próximo objetivo é integrar funções que envolvam uma dessas expressões com raízes quadradas:

$$\sqrt{a^2 - x^2}, \qquad \sqrt{x^2 + a^2}, \qquad \sqrt{x^2 - a^2}$$

Mais geralmente, veremos que também podemos integrar funções que envolvem $\sqrt{ax^2 + bx + c}$. Em cada caso, uma substituição transforma a integral numa integral trigonométrica. Por exemplo, tomando $x = a\,\text{sen}\,\theta$ no primeiro caso, podemos usar que $\text{sen}^2\theta + \cos^2\theta = 1$ para obter

$$\sqrt{a^2 - x^2} = \sqrt{a^2 - a^2\,\text{sen}^2\theta} = a\sqrt{1 - \text{sen}^2\theta} = a\sqrt{\cos^2\theta}$$

$$= a\cos\theta \quad \text{com} \quad -\frac{\pi}{2} \leq \theta \leq \frac{\pi}{2}$$

As demais funções com raízes quadradas dadas também podem ser integradas usando identidades envolvendo as outras funções trigonométricas.

■ **EXEMPLO 1** Calcule $\int \frac{1}{\sqrt{1-x^2}}\,dx.$

Solução

Passo 1. **Substituir para eliminar a raiz quadrada.**

O integrando está definido com $-1 < x < 1$, portanto podemos tomar $x = \operatorname{sen}\theta$, em que $-\frac{\pi}{2} < \theta < \frac{\pi}{2}$. Como $\cos\theta > 0$ com tais θ, obtemos a raiz quadrada positiva

$$\sqrt{1-x^2} = \sqrt{1-\operatorname{sen}^2\theta} = \sqrt{\cos^2\theta} = \cos\theta \qquad 1$$

Passo 2. **Calcular a integral trigonométrica.**

Como $x = \operatorname{sen}\theta$, temos $dx = \cos\theta\,d\theta$ e $\frac{1}{\sqrt{1-x^2}}\,dx = \frac{1}{\cos\theta}(\cos\theta\,d\theta) = d\theta$. Assim,

$$\int \frac{1}{\sqrt{1-x^2}}\,dx = \int d\theta = \theta + C$$

Passo 3. **Converter de volta à variável original.**

Como $x = \operatorname{sen}\theta$ com $-\frac{\pi}{2} < \theta < \frac{\pi}{2}$, a inversa de $\operatorname{sen}\theta$ está definida e $\theta = \operatorname{arc\,sen} x$. Portanto,

$$\int \frac{1}{\sqrt{1-x^2}}\,dx = \operatorname{arc\,sen} x + C$$ ■

■ **EXEMPLO 2** Calcule $\int \sqrt{1-x^2}\,dx.$

Solução

Passo 1. **Substituir para eliminar a raiz quadrada.**

O integrando está definido com $-1 \le x \le 1$, portanto, como no exemplo anterior, tomamos $x = \operatorname{sen}\theta$, em que $-\frac{\pi}{2} \le \theta \le \frac{\pi}{2}$. Como $\cos\theta \ge 0$ com tais θ, novamente obtemos a raiz quadrada positiva

$$\sqrt{1-x^2} = \sqrt{1-\operatorname{sen}^2\theta} = \sqrt{\cos^2\theta} = \cos\theta \qquad 2$$

Passo 2. **Calcular a integral trigonométrica.**

Como $x = \operatorname{sen}\theta$, temos $dx = \cos\theta\,d\theta$ e $\sqrt{1-x^2}\,dx = \cos\theta(\cos\theta\,d\theta)$. Assim,

$$\int \sqrt{1-x^2}\,dx = \int \cos^2\theta\,d\theta = \frac{1}{2}\theta + \frac{1}{2}\operatorname{sen}\theta\cos\theta + C$$

LEMBRETE

$$\int \cos^2\theta\,d\theta = \frac{1}{2}\theta + \frac{1}{2}\operatorname{sen}\theta\cos\theta + C$$

Passo 3. **Converter de volta à variável original.**

Resta dar a resposta em termos de x (ver Figura 1):

$$x = \operatorname{sen}\theta, \qquad \theta = \operatorname{arc\,sen} x, \qquad \sqrt{1-x^2} = \cos\theta$$

$$\int \sqrt{1-x^2}\,dx = \frac{1}{2}\theta + \frac{1}{2}\operatorname{sen}\theta\cos\theta + C = \frac{1}{2}\operatorname{arc\,sen} x + \frac{1}{2}x\sqrt{1-x^2} + C$$ ■

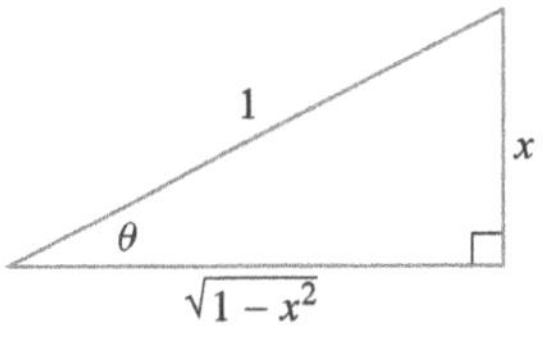

FIGURA 1 Triângulo retângulo com $x = \operatorname{sen}\theta$, do que decorre $\cos\theta = \sqrt{1-x^2}$.

Integrais envolvendo $\sqrt{a^2-x^2}$ Se ocorrer $\sqrt{a^2-x^2}$ numa integral, em que $a > 0$, podemos tentar a substituição

$$x = a\operatorname{sen}\theta, \qquad dx = a\cos\theta\,d\theta, \qquad \sqrt{a^2-x^2} = a\cos\theta$$

Observe que se $x = a\operatorname{sen}\theta$ e $a > 0$, então

$$a^2 - x^2 = a^2(1-\operatorname{sen}^2\theta) = a^2\cos^2\theta$$

Se $-\frac{\pi}{2} \le \theta \le \frac{\pi}{2}$, temos $\cos\theta \ge 0$ e, portanto,

$$\sqrt{a^2-x^2} = a\cos\theta$$

No próximo exemplo, vemos que a substituição trigonométrica pode ser usada com integrandos envolvendo $(a^2-x^2)^{n/2}$, em que n é um inteiro qualquer.

■ **EXEMPLO 3** **Integrando envolvendo** $(a^2 - x^2)^{3/2}$ Calcule $\displaystyle\int \frac{x^2}{(4-x^2)^{3/2}}\,dx$.

Solução

Passo 1. **Substituir para eliminar a raiz quadrada.**

Nesse caso, $a = 2$, pois $\sqrt{4-x^2} = \sqrt{2^2 - x^2}$. Portanto, usamos

$$x = 2\,\text{sen}\,\theta, \qquad dx = 2\cos\theta\,d\theta, \qquad \sqrt{4-x^2} = 2\cos\theta$$

$$\int \frac{x^2}{(4-x^2)^{3/2}}\,dx = \int \frac{4\,\text{sen}^2\,\theta}{2^3\cos^3\theta}\,2\cos\theta\,d\theta = \int \frac{\text{sen}^2\,\theta}{\cos^2\theta}\,d\theta = \int \text{tg}^2\,\theta\,d\theta$$

Passo 2. **Calcular a integral trigonométrica.**

Usamos a identidade trigonométrica $\text{tg}^2\,x = \sec^2 x - 1$:

$$\int \text{tg}^2\,\theta\,d\theta = \int (\sec^2\theta - 1)\,d\theta = \text{tg}\,\theta - \theta + C$$

Passo 3. **Converter de volta à variável original.**

Devemos expressar $\text{tg}\,\theta$ e θ em termos de x. Por definição, $x = 2\,\text{sen}\,\theta$, portanto

$$\text{sen}\,\theta = \frac{x}{2}, \qquad \theta = \text{arc sen}\,\frac{x}{2}$$

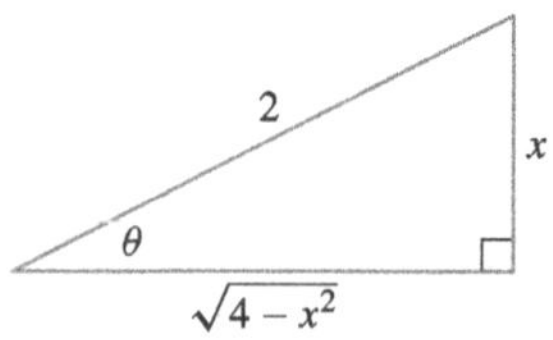

FIGURA 2 Triângulo retângulo com $\text{sen}\,\theta = \frac{x}{2}$.

Para expressar $\text{tg}\,\theta$ em termos de x, usamos o triângulo retângulo da Figura 2. O ângulo θ satisfaz $\text{sen}\,\theta = \frac{x}{2}$ e

$$\text{tg}\,\theta = \frac{\text{oposto}}{\text{adjacente}} = \frac{x}{\sqrt{4-x^2}}$$

Assim, temos

$$\int \frac{x^2}{(4-x^2)^{3/2}}\,dx = \text{tg}\,\theta - \theta + C = \frac{x}{\sqrt{4-x^2}} - \text{arc sen}\,\frac{x}{2} + C$$ ■

Quando o integrando envolve $\sqrt{x^2+a^2}$, tentamos a substituição $x = a\,\text{tg}\,\theta$. Então,

$$x^2 + a^2 = a^2\,\text{tg}^2\,\theta + a^2 = a^2(1 + \text{tg}^2\,\theta) = a^2\sec^2\theta$$

e, assim, $\sqrt{x^2+a^2} = a\sec\theta$.

Na substituição $x = a\,\text{tg}\,\theta$, escolhemos $-\frac{\pi}{2} < \theta < \frac{\pi}{2}$. Portanto, $a\sec\theta$ é a raiz quadrada positiva de $\sqrt{x^2+a^2}$.

> **Integrais envolvendo $\sqrt{x^2+a^2}$** Se ocorrer $\sqrt{x^2+a^2}$ num integrando, em que $a > 0$, podemos tentar a substituição
>
> $$x = a\,\text{tg}\,\theta, \qquad dx = a\sec^2\theta\,d\theta, \qquad \sqrt{x^2+a^2} = a\sec\theta$$

■ **EXEMPLO 4** Calcule $\displaystyle\int \frac{1}{\sqrt{x^2+9}}\,dx$.

Solução Temos o formato $\sqrt{x^2+a^2}$ com $a = 3$.

Passo 1. **Substituir para eliminar a raiz quadrada.**

$$x = 3\,\text{tg}\,\theta, \qquad dx = 3\sec^2\theta\,d\theta, \qquad \sqrt{x^2+9} = 3\sec\theta$$

$$\int \frac{1}{\sqrt{x^2+9}}\,dx = \int \left(\frac{1}{3\sec\theta}\right) 3\sec^2\theta\,d\theta = \int \sec\theta\,d\theta$$

Passo 2. **Calcular a integral trigonométrica.**

$$\int \frac{1}{\sqrt{x^2+9}}\,dx = \int \sec\theta\,d\theta = \ln|\sec\theta + \text{tg}\,\theta| + C$$

Passo 3. **Converter de volta à variável original.**

Como $x = 3\,\text{tg}\,\theta$, usamos o triângulo retângulo da Figura 3.

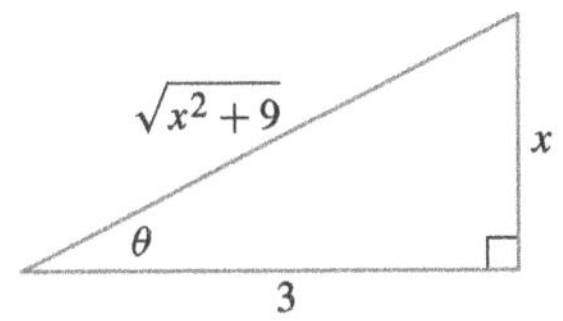

FIGURA 3 Triângulo retângulo com $\text{tg}\,\theta = \frac{x}{3}$.

$$\text{tg}\,\theta = \frac{\text{oposto}}{\text{adjacente}} = \frac{x}{3}, \qquad \sec\theta = \frac{\text{hipotenusa}}{\text{adjacente}} = \frac{\sqrt{x^2+9}}{3}$$

$$\int \frac{1}{\sqrt{x^2+9}}\,dx = \ln\left|\frac{\sqrt{x^2+9}}{3} + \frac{x}{3}\right| + C$$

Observe que podemos reescrever a resposta como segue, absorvendo o termo constante na constante arbitrária:

$$\ln\left|\frac{\sqrt{x^2+9}}{3} + \frac{x}{3}\right| + C = \ln|\sqrt{x^2+9}+x| - \ln 3 + C = \ln|\sqrt{x^2+9}+x| + C \quad ■$$

Nossa última substituição trigonométrica $x = a\sec\theta$ transforma $\sqrt{x^2-a^2}$ em $a\,\text{tg}\,\theta$, pois

$$x^2 - a^2 = a^2\sec^2\theta - a^2 = a^2(\sec^2\theta - 1) = a^2\,\text{tg}^2\,\theta$$

Na substituição $x = a\sec\theta$, escolhemos $0 \le \theta < \frac{\pi}{2}$ se $x \ge a$ e $\pi \le \theta < \frac{3\pi}{2}$ se $x \le -a$. Com essas escolhas, $a\,\text{tg}\,\theta$ é a raiz quadrada positiva de $\sqrt{x^2-a^2}$. Observe que $x \ge a$ ou $x \le -a$ para que a raiz quadrada esteja definida.

Integrais envolvendo $\sqrt{x^2-a^2}$ Se ocorrer $\sqrt{x^2-a^2}$ num integrando, em que $a > 0$, podemos tentar a substituição

$$x = a\sec\theta, \qquad dx = a\sec\theta\,\text{tg}\,\theta\,d\theta, \qquad \sqrt{x^2-a^2} = a\,\text{tg}\,\theta$$

■ **EXEMPLO 5** Calcule $\displaystyle\int \frac{dx}{x^2\sqrt{4x^2-36}}$.

Solução Inicialmente, fatoramos o 4 para fora da raiz para obter $x^2\sqrt{4x^2-36} = 2x^2\sqrt{x^2-9}$. Nesse caso, fazemos a substituição

$$x = 3\sec\theta, \qquad dx = 3\sec\theta\,\text{tg}\,\theta\,d\theta, \qquad \sqrt{x^2-9} = 3\,\text{tg}\,\theta$$

$$\int \frac{dx}{x^2\sqrt{4x^2-36}} = \frac{1}{2}\int \frac{3\sec\theta\,\text{tg}\,\theta\,d\theta}{(9\sec^2\theta)(3\,\text{tg}\,\theta)} = \frac{1}{18}\int \cos\theta\,d\theta = \frac{1}{18}\,\text{sen}\,\theta + C$$

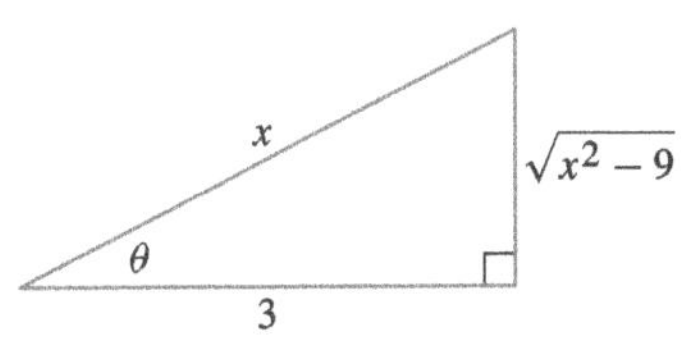

FIGURA 4 Triângulo retângulo com $\sec\theta = \frac{x}{3}$.

Como $x = 3\sec\theta$, usamos o triângulo retângulo da Figura 4:

$$\sec\theta = \frac{\text{hipotenusa}}{\text{adjacente}} = \frac{x}{3}, \qquad \text{sen}\,\theta = \frac{\text{oposto}}{\text{hipotenusa}} = \frac{\sqrt{x^2-9}}{x}$$

Portanto,

$$\int \frac{dx}{x^2\sqrt{4x^2-36}} = \frac{1}{18}\,\text{sen}\,\theta + C = \frac{\sqrt{x^2-9}}{18x} + C \quad ■$$

Raízes quadradas de funções quadráticas gerais

Até aqui lidamos com as expressões $\sqrt{x^2 \pm a^2}$ e $\sqrt{a^2-x^2}$. Completando o quadrado (Seção 1.2), podemos tratar a forma mais geral $\sqrt{ax^2+bx+c}$.

■ **EXEMPLO 6** **Completando o quadrado** Calcule $\displaystyle\int \frac{dx}{(x^2-6x+11)^2}$.

Solução

Passo 1. **Completar o quadrado.**

$$x^2 - 6x + 11 = (x^2 - 6x + 9) + 2 = \underbrace{(x-3)^2}_{u^2} + 2$$

Passo 2. **Usar substituição.**

Seja $u = x - 3$, $du = dx$:

$$\int \frac{dx}{(x^2-6x+11)^2} = \int \frac{du}{(u^2+2)^2} \qquad 3$$

LEMBRETE

$$\int \cos^2\theta\, d\theta = \frac{\theta}{2} + \frac{\operatorname{sen}\theta\cos\theta}{2} + C$$

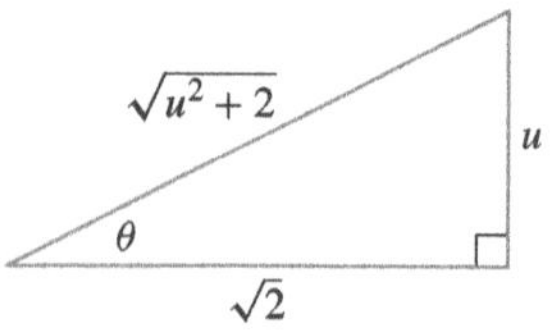

FIGURA 5 Triângulo retângulo com $\operatorname{tg}\theta = \frac{u}{\sqrt{2}}$.

Passo 3. **Fazer substituição trigonométrica.**
Calculamos a integral em u usando substituição trigonométrica:

$$u = \sqrt{2}\operatorname{tg}\theta, \qquad u^2 + 2 = 2\sec^2\theta, \qquad du = \sqrt{2}\sec^2\theta\, d\theta$$

$$\int \frac{du}{(u^2+2)^2} = \int \frac{\sqrt{2}\sec^2\theta\, d\theta}{4\sec^4\theta} = \frac{1}{2\sqrt{2}}\int \cos^2\theta\, d\theta$$

$$= \frac{1}{2\sqrt{2}}\left(\frac{\theta}{2} + \frac{\operatorname{sen}\theta\cos\theta}{2}\right) + C \tag{4}$$

Como $\theta = \operatorname{arc\,tg}\dfrac{u}{\sqrt{2}}$, usamos o triângulo retângulo da Figura 5 para obter

$$\operatorname{sen}\theta\cos\theta = \left(\frac{\text{oposto}}{\text{hipotenusa}}\right)\left(\frac{\text{adjacente}}{\text{hipotenusa}}\right) = \frac{u}{\sqrt{u^2+2}}\cdot\frac{\sqrt{2}}{\sqrt{u^2+2}} = \frac{\sqrt{2}u}{u^2+2}$$

Assim, a Equação (4) é igual a

$$\int \frac{du}{(u^2+2)^2} = \frac{1}{4\sqrt{2}}\left(\operatorname{arc\,tg}\frac{u}{\sqrt{2}} + \frac{\sqrt{2}u}{u^2+2}\right) + C$$

$$= \frac{1}{4\sqrt{2}}\operatorname{arc\,tg}\frac{u}{\sqrt{2}} + \frac{u}{4(u^2+2)} + C \tag{5}$$

Passo 4. **Converter à variável original.**
Como $u = x - 3$ e $u^2 + 2 = x^2 - 6x + 11$, a Equação (5) é igual a

$$\int \frac{du}{(u^2+2)^2} = \frac{1}{4\sqrt{2}}\operatorname{arc\,tg}\frac{x-3}{\sqrt{2}} + \frac{x-3}{4(x^2-6x+11)} + C$$

Usando a Equação (3), obtemos nossa resposta final:

$$\int \frac{dx}{(x^2-6x+11)^2} = \frac{1}{4\sqrt{2}}\operatorname{arc\,tg}\frac{x-3}{\sqrt{2}} + \frac{x-3}{4(x^2-6x+11)} + C$$

■

7.3 Resumo

- Substituição trigonométrica:

Forma da raiz quadrada no integrando		Substituição trigonométrica
$\sqrt{a^2-x^2}$	$x = a\operatorname{sen}\theta,$	$dx = a\cos\theta\, d\theta,\quad \sqrt{a^2-x^2} = a\cos\theta$
$\sqrt{x^2+a^2}$	$x = a\operatorname{tg}\theta,$	$dx = a\sec^2\theta\, d\theta,\quad \sqrt{x^2+a^2} = a\sec\theta$
$\sqrt{x^2-a^2}$	$x = a\sec\theta,$	$dx = a\sec\theta\operatorname{tg}\theta\, d\theta,\quad \sqrt{x^2-a^2} = a\operatorname{tg}\theta$

Passo 1. Substituir para eliminar a raiz quadrada.
Passo 2. Calcular a integral trigonométrica.
Passo 3. Converter de volta à variável original.

- As três substituições trigonométricas correspondem a três triângulos retângulos (Figura 6) que usamos para expressar as funções trigonométricas de θ em termos de x.
- Integrandos envolvendo $\sqrt{x^2+bx+c}$ são tratados com completamento de quadrado (ver Exemplo 6).

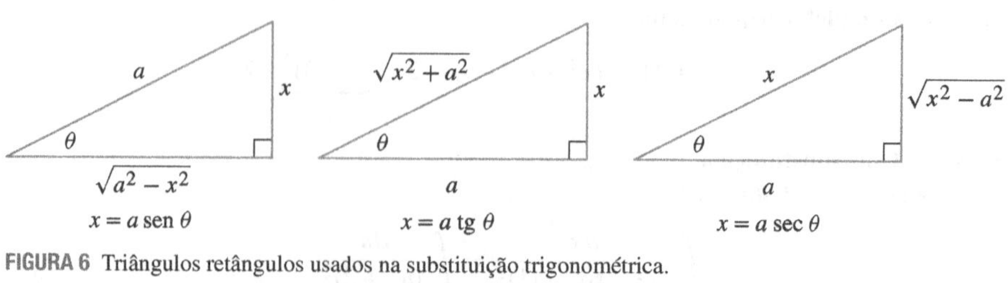

FIGURA 6 Triângulos retângulos usados na substituição trigonométrica.

7.3 Exercícios

Exercícios preliminares

1. Explicite a substituição trigonométrica apropriada para a integral dada.

(a) $\int \sqrt{9-x^2}\,dx$ (b) $\int x^2(x^2-16)^{3/2}\,dx$

(c) $\int x^2(x^2+16)^{3/2}\,dx$ (d) $\int (x^2-5)^{-2}\,dx$

2. Será necessária a substituição trigonométrica para calcular $\int x\sqrt{9-x^2}\,dx$?

3. Expresse $\operatorname{sen} 2\theta$ em termos de $x = \operatorname{sen}\theta$.

4. Esboce um triângulo retângulo que poderia ser usado junto à substituição $x = 3\sec\theta$.

Exercícios

Nos Exercícios 1-4, calcule a integral seguindo os passos indicados.

1. $I = \int \dfrac{dx}{\sqrt{9-x^2}}$

(a) Mostre que a substituição $x = 3\operatorname{sen}\theta$ transforma I em $\int d\theta$ e calcule I em termos de θ.

(b) Calcule I em termos de x.

2. $I = \int \dfrac{dx}{x^2\sqrt{x^2-2}}$

(a) Mostre que a substituição $x = \sqrt{2}\sec\theta$ transforma a integral I em $\dfrac{1}{2}\int \cos\theta\,d\theta$ e calcule I em termos de θ.

(b) Use um triângulo retângulo para mostrar que, com essa substituição, $\operatorname{sen}\theta = \sqrt{x^2-2}/x$.

(c) Calcule I em termos de x.

3. $I = \int \dfrac{dx}{\sqrt{4x^2+9}}$

(a) Mostre que a substituição $x = \frac{3}{2}\operatorname{tg}\theta$ transforma I em $\dfrac{1}{2}\int \sec\theta\,d\theta$.

(b) Calcule I em termos de θ (usando, se necessário, a tabela de integrais da Seção 7.2, à página 383).

(c) Expresse I em termos de x.

4. $I = \int \dfrac{dx}{(x^2+4)^2}$

(a) Mostre que a substituição $x = 2\operatorname{tg}\theta$ transforma a integral I em $\dfrac{1}{8}\int \cos^2\theta\,d\theta$.

(b) Use a fórmula $\int \cos^2\theta\,d\theta = \dfrac{1}{2}\theta + \dfrac{1}{2}\operatorname{sen}\theta\cos\theta$ para calcular I em termos de θ.

(c) Mostre que $\operatorname{sen}\theta = \dfrac{x}{\sqrt{x^2+4}}$ e $\cos\theta = \dfrac{2}{\sqrt{x^2+4}}$.

(d) Expresse I em termos de x.

Nos Exercícios 5-10, use a substituição indicada para calcular a integral.

5. $\int \sqrt{16-5x^2}\,dx$, $x = \dfrac{4}{\sqrt{5}}\operatorname{sen}\theta$

6. $\int_0^{1/2} \dfrac{x^2}{\sqrt{1-x^2}}\,dx$, $x = \operatorname{sen}\theta$

7. $\int \dfrac{dx}{x\sqrt{x^2-9}}$, $x = 3\sec\theta$

8. $\int_{1/2}^{1} \dfrac{dx}{x^2\sqrt{x^2+4}}$, $x = 2\operatorname{tg}\theta$

9. $\int \dfrac{dx}{(x^2-4)^{3/2}}$, $x = 2\sec\theta$

10. $\int_0^1 \dfrac{dx}{(4+4x^2)^2}$, $x = \dfrac{2}{3}\operatorname{tg}\theta$

11. Calcule $\int \dfrac{x\,dx}{\sqrt{x^2-4}}$ de duas maneiras: usando a substituição direta $u = x^2-4$ e usando substituição trigonométrica.

12. Será a substituição $u = x^2-4$ eficaz para calcular a integral $\int \dfrac{x^2\,dx}{\sqrt{x^2-4}}$? Se não for, calcule usando substituição trigonométrica.

13. Calcule usando a substituição $u = 1-x^2$ ou trigonométrica.

(a) $\int \dfrac{x}{\sqrt{1-x^2}}\,dx$ (b) $\int x^2\sqrt{1-x^2}\,dx$

(c) $\int x^3\sqrt{1-x^2}\,dx$ (d) $\int \dfrac{x^4}{\sqrt{1-x^2}}\,dx$

14. Calcule

(a) $\int_0^1 \dfrac{dt}{(t^2+1)^{3/2}}$ (b) $\int_0^1 \dfrac{t\,dt}{(t^2+1)^{3/2}}$

Nos Exercícios 15-32, calcule a integral usando substituição trigonométrica. Se necessário, use a tabela de integrais trigonométricas.

15. $\int \dfrac{x^2\,dx}{\sqrt{9-x^2}}$

16. $\int \dfrac{dt}{(16-t^2)^{3/2}}$

17. $\int \dfrac{dx}{x\sqrt{x^2+16}}$

18. $\int \sqrt{12+4t^2}\,dt$

19. $\int \dfrac{dx}{\sqrt{x^2-9}}$

20. $\int \dfrac{dt}{t^2\sqrt{t^2-25}}$

21. $\int \dfrac{dy}{y^2\sqrt{5-y^2}}$

22. $\int x^3\sqrt{9-x^2}\,dx$

23. $\int \dfrac{dx}{\sqrt{25x^2+2}}$

24. $\int \dfrac{dt}{(9t^2+4)^2}$

25. $\int \dfrac{dz}{z^3\sqrt{z^2-4}}$

26. $\int \dfrac{dy}{\sqrt{y^2-9}}$

27. $\int \dfrac{x^2\,dx}{(6x^2-49)^{1/2}}$

28. $\int \dfrac{dx}{(x^2-4)^2}$

29. $\int_0^1 \dfrac{dt}{(t^2+9)^2}$

30. $\int_0^1 \dfrac{dx}{(x^2+1)^3}$

31. $\int \dfrac{x^2\,dx}{(x^2-1)^{3/2}}$

32. $\int \dfrac{x^2\,dx}{(x^2+1)^{3/2}}$

33. Prove, se $a > 0$:

$$\int \frac{dx}{x^2+a} = \frac{1}{\sqrt{a}}\operatorname{arc\,tg}\frac{x}{\sqrt{a}} + C$$

34. Prove, se $a > 0$:

$$\int \frac{dx}{(x^2+a)^2} = \frac{1}{2a}\left(\frac{x}{x^2+a} + \frac{1}{\sqrt{a}} \operatorname{arc\,tg} \frac{x}{\sqrt{a}}\right) + C$$

35. Seja $I = \int \frac{dx}{\sqrt{x^2-4x+8}}$.

(a) Complete o quadrado para mostrar que $x^2 - 4x + 8 = (x-2)^2 + 4$.

(b) Use a substituição $u = x - 2$ para mostrar que $I = \int \frac{du}{\sqrt{u^2+2^2}}$. Calcule a integral u.

(c) Mostre que $I = \ln\left|\sqrt{(x-2)^2+4} + x - 2\right| + C$.

36. Calcule $\int \frac{dx}{\sqrt{12x - x^2}}$. Primeiro complete o quadrado para escrever $12x - x^2 = 36 - (x-6)^2$.

Nos Exercícios 37-42, calcule a integral completando o quadrado e usando substituição trigonométrica.

37. $\int \frac{dx}{\sqrt{x^2+4x+13}}$

38. $\int \frac{dx}{\sqrt{2+x-x^2}}$

39. $\int \frac{dx}{\sqrt{x+6x^2}}$

40. $\int \sqrt{x^2-4x+7}\,dx$

41. $\int \sqrt{x^2-4x+3}\,dx$

42. $\int \frac{dx}{(x^2+6x+6)^2}$

Nos Exercícios 43-46, calcule usando integração por partes como primeiro passo.

43. $\int \operatorname{arc\,sec} x\,dx$

44. $\int \frac{\operatorname{arc\,sen} x}{x^2}\,dx$

45. $\int \ln(x^2+1)\,dx$

46. $\int x^2 \ln(x^2+1)\,dx$

47. Encontre a altura média de um ponto no semicírculo $y = \sqrt{1-x^2}$, com $-1 \le x \le 1$.

48. Encontre o volume do sólido obtido pela rotação do gráfico de $y = x\sqrt{1-x^2}$, acima de $[0, 1]$, em torno do eixo y.

49. Encontre o volume do sólido obtido pela rotação da região entre o gráfico de $y^2 - x^2 = 1$ e a reta $y = 2$, em torno da reta $y = 2$.

50. Encontre o volume do sólido obtido pela rotação da região no Exercício 49, mas em torno de $y = 3$.

51. Calcule $\int \frac{dx}{x^2-1}$ de duas maneiras e verifique que as respostas estão de acordo: primeiro, usando substituição trigonométrica e, depois, usando a identidade

$$\frac{1}{x^2-1} = \frac{1}{2}\left(\frac{1}{x-1} - \frac{1}{x+1}\right)$$

52. Três amigos encomendaram uma pizza de 18 polegadas e querem dividi-la em três partes iguais usando fatias verticais em $\pm x$ como na Figura 7. Encontra uma equação satisfeita por x e obtenha o valor aproximado de x usando um sistema algébrico computacional.

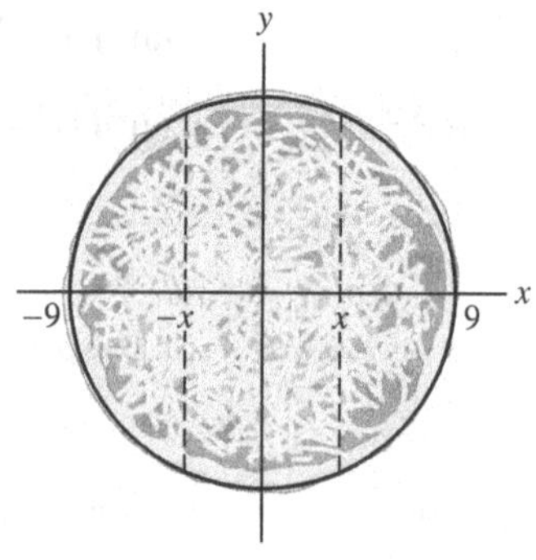

FIGURA 7 Dividindo uma pizza em três partes iguais.

53. Uma carga elétrica num arame cria um campo elétrico num ponto P localizado a uma distância D do arame (Figura 8). O componente $E_\perp$ do campo perpendicular ao arame (em newtons por coulomb) é

$$E_\perp = \int_{x_1}^{x_2} \frac{k\lambda D}{(x^2+D^2)^{3/2}}\,dx$$

em que λ é a densidade de carga (coulombs por metro), $k = 8{,}99 \times 10^9$ N·m²/C² (constante de Coulomb), e x_1 e x_2 estão indicados na figura. Suponha que $\lambda = 6 \times 10^{-4}$ C/m e $D = 3$ m. Encontre $E_\perp$ se (a) $x_1 = 0$ e $x_2 = 30$ m e (b) $x_1 = -15$ m e $x_2 = 15$ m.

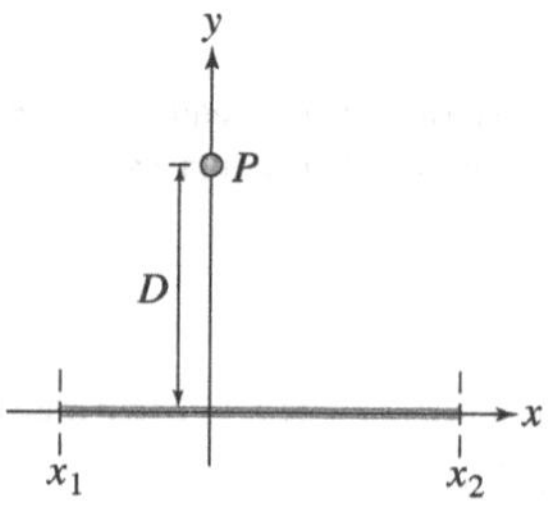

FIGURA 8

Compreensão adicional e desafios

54. Seja $J_n = \int \frac{dx}{(x^2+1)^n}$. Use integração por partes para provar

$$J_{n+1} = \left(1 - \frac{1}{2n}\right) J_n + \left(\frac{1}{2n}\right) \frac{x}{(x^2+1)^n}$$

Use essa relação recursiva para calcular J_2 e J_3.

55. Prove a fórmula

$$\int \sqrt{1-x^2}\,dx = \frac{1}{2} \operatorname{arc\,sen} x + \frac{1}{2} x\sqrt{1-x^2} + C$$

usando Geometria em vez de Cálculo, interpretando a integral como a área de uma parte do círculo unitário.

7.4 Integrais de funções hiperbólicas e suas inversas

Na Seção 1.6, observamos a semelhança entre as funções hiperbólicas e trigonométricas. Também vimos, na Seção 3.9, que as fórmulas de suas derivadas guardam muita semelhança, em geral diferindo só por um sinal. As fórmulas das derivadas das funções hiperbólicas são equivalentes às fórmulas integrais seguintes.

Fórmulas integrais hiperbólicas

$$\int \operatorname{senh} x\,dx = \cosh x + C, \qquad \int \cosh x\,dx = \operatorname{senh} x + C$$

$$\int \operatorname{sech}^2 x\,dx = \operatorname{tgh} x + C, \qquad \int \operatorname{cossech}^2 x\,dx = -\operatorname{cotgh} x + C$$

$$\int \operatorname{sech} x \operatorname{tgh} x\,dx = -\operatorname{sech} x + C, \qquad \int \operatorname{cossech} x \operatorname{cotgh} x\,dx = -\operatorname{cossech} x + C$$

LEMBRETE

$$\operatorname{senh} x = \frac{e^x - e^{-x}}{2} \qquad \cosh x = \frac{e^x + e^{-x}}{2}$$

$$\frac{d}{dx}\operatorname{senh} x = \cosh x \qquad \frac{d}{dx}\cosh x = \operatorname{senh} x$$

$$\frac{d}{dx}\operatorname{tgh} x = \operatorname{sech}^2 x$$

$$\frac{d}{dx}\operatorname{cotgh} x = -\operatorname{cossech}^2 x$$

$$\frac{d}{dx}\operatorname{sech} x = -\operatorname{sech} x \operatorname{tgh} x$$

$$\frac{d}{dx}\operatorname{cossech} x = -\operatorname{cossech} x \operatorname{cotg} x$$

■ **EXEMPLO 1** Calcule $\int x\cosh(x^2)\,dx$.

Solução A substituição $u = x^2$, $du = 2x\,dx$ fornece

$$\int x\cosh(x^2)\,dx = \frac{1}{2}\int \cosh u\,du = \frac{1}{2}\operatorname{senh} u + C = \frac{1}{2}\operatorname{senh}(x^2) + C \qquad ■$$

As técnicas de calcular integrais trigonométricas discutidas na Seção 7.2 aplicam-se com poucas alterações a integrais hiperbólicas. Em vez de identidades trigonométricas, utilizamos as correspondentes identidades hiperbólicas (ver margem).

Identidades hiperbólicas:

$$\cosh^2 x - \operatorname{senh}^2 x = 1$$

$$\cosh^2 x = 1 + \operatorname{senh}^2 x$$

$$\cosh^2 x = \tfrac{1}{2}(\cosh 2x + 1)$$

$$\operatorname{senh}^2 x = \tfrac{1}{2}(\cosh 2x - 1)$$

$$\operatorname{senh} 2x = 2\operatorname{senh} x \cosh x$$

$$\cosh 2x = \cosh^2 x + \operatorname{senh}^2 x$$

■ **EXEMPLO 2 Potências de senh x e cosh x** Calcule: **(a)** $\int \operatorname{senh}^4 x\cosh^5 x\,dx$ e **(b)** $\int \cosh^2 x\,dx$.

Solução

(a) Como cosh x aparece com uma potência ímpar, usamos $\cosh^2 x = 1 + \operatorname{senh}^2 x$ para escrever

$$\cosh^5 x = \cosh^4 x \cdot \cosh x = (\operatorname{senh}^2 x + 1)^2 \cosh x$$

Em seguida, usamos a substituição $u = \operatorname{senh} x$, $du = \cosh x\,dx$:

$$\int \operatorname{senh}^4 x\cosh^5 x\,dx = \int \underbrace{\operatorname{senh}^4 x}_{u^4}\,\underbrace{(\operatorname{senh}^2 x + 1)^2}_{(u^2+1)^2}\,\underbrace{\cosh x\,dx}_{du}$$

$$= \int u^4(u^2+1)^2\,du = \int (u^8 + 2u^6 + u^4)\,du$$

$$= \frac{u^9}{9} + \frac{2u^7}{7} + \frac{u^5}{5} + C = \frac{\operatorname{senh}^9 x}{9} + \frac{2\operatorname{senh}^7 x}{7} + \frac{\operatorname{senh}^5 x}{5} + C$$

(b) Usando a identidade $\cosh^2 x = \frac{1}{2}(\cosh 2x + 1)$:

$$\int \cosh^2 x\,dx = \frac{1}{2}\int (\cosh 2x + 1)\,dx = \frac{1}{2}\left(\frac{\operatorname{senh} 2x}{2} + x\right) + C$$

$$= \frac{1}{4}\operatorname{senh} 2x + \frac{1}{2}x + C \qquad ■$$

A substituição hiperbólica pode ser utilizada como uma alternativa à substituição trigonométrica para integrar funções que envolvam as expressões de raízes quadradas a seguir:

Forma da raiz quadrada	Substituição hiperbólica
$\sqrt{x^2 + a^2}$	$x = a\operatorname{senh} u$, $dx = a\cosh u$, $\sqrt{x^2+a^2} = a\cosh u$
$\sqrt{x^2 - a^2}$	$x = a\cosh u$, $dx = a\operatorname{senh} u$, $\sqrt{x^2-a^2} = a\operatorname{senh} u$

Na substituição trigonométrica, tratamos $\sqrt{x^2 + a^2}$ usando a substituição $x = a\operatorname{tg}\theta$ e $\sqrt{x^2 - a^2}$ usando a substituição $x = a\sec\theta$. Usando identidades, podemos mostrar que os resultados coincidem com os obtidos usando substituições hiperbólicas (ver Exercícios 31-35).

■ **EXEMPLO 3** **Substituição hiperbólica** Calcule $\int \sqrt{x^2 + 16}\,dx$.

Solução

Passo 1. **Substituir para eliminar a raiz quadrada.**

Usamos a substituição hiperbólica $x = 4\,\text{senh}\,u$, $dx = 4\cosh u\,du$. Então

$$x^2 + 16 = 16(\text{senh}^2 u + 1) = (4\cosh u)^2$$

Alem disso, $4\cosh u > 0$, portanto $\sqrt{x^2 + 16} = 4\cosh u$ e, assim,

$$\int \sqrt{x^2 + 16}\,dx = \int (4\cosh u)\,4\cosh u\,du = 16\int \cosh^2 u\,du$$

Passo 2. **Calcular a integral hiperbólica.**

Calculamos a integral de $\cosh^2 u$ no Exemplo 2(b):

$$\int \sqrt{x^2 + 16}\,dx = 16\int \cosh^2 u\,du = 16\left(\frac{1}{4}\,\text{senh}\,2u + \frac{1}{2}u + C\right)$$

$$= 4\,\text{senh}\,2u + 8u + C \qquad (1)$$

Passo 3. **Converter de volta à variável original.**

Para escrever a resposta em termos da variável original, observamos que

$$\text{senh}\,u = \frac{x}{4}, \qquad u = \text{arc senh}\,\frac{x}{4}$$

LEMBRETE

$\text{senh}\,2u = 2\,\text{senh}\,u\cosh u$

$\cosh u = \sqrt{\text{senh}^2 u + 1}$

Usamos as identidades lembradas à margem para escrever

$$4\,\text{senh}\,2u = 4(2\,\text{senh}\,u\cosh u) = 8\,\text{senh}\,u\sqrt{\text{senh}^2 u + 1}$$

$$= 8\left(\frac{x}{4}\right)\sqrt{\left(\frac{x}{4}\right)^2 + 1} = 2x\sqrt{\frac{x^2}{16} + 1} = \frac{1}{2}x\sqrt{x^2 + 16}$$

Então a Equação (1) é dada por

$$\int \sqrt{x^2 + 16}\,dx = 4\,\text{senh}\,2u + 8u + C = \frac{1}{2}x\sqrt{x^2 + 16} + 8\,\text{arc senh}\,\frac{x}{4} + C$$ ■

De maneira análoga, poderíamos deduzir cada uma das fórmulas integrais a seguir. Alternativamente, podemos verificá-las a partir das fórmulas das derivadas correspondentes das funções hiperbólicas inversas apresentadas na Seção 3.9. Cada fórmula é válida no domínio em que o integrando e a função hiperbólica inversa estiverem definidos.

TEOREMA 1 **Integrais envolvendo funções hiperbólicas inversas**

$$\int \frac{dx}{\sqrt{x^2 + 1}} = \text{arc senh}\,x + C$$

$$\int \frac{dx}{\sqrt{x^2 - 1}} = \text{arc cosh}\,x + C \qquad (\text{se } x > 1)$$

$$\int \frac{dx}{1 - x^2} = \text{arc tgh}\,x + C \qquad (\text{se } |x| < 1)$$

$$\int \frac{dx}{1 - x^2} = \text{arc cotgh}\,x + C \qquad (\text{se } |x| > 1)$$

$$\int \frac{dx}{x\sqrt{1 - x^2}} = -\,\text{arc sech}\,x + C \qquad (\text{se } 0 < x < 1)$$

$$\int \frac{dx}{|x|\sqrt{1 + x^2}} = -\,\text{arc cossech}\,x + C \qquad (\text{se } x \neq 0)$$

■ **EXEMPLO 4** Calcule: **(a)** $\displaystyle\int_2^4 \frac{dx}{\sqrt{x^2-1}}$ e **(b)** $\displaystyle\int_{0,2}^{0,6} \frac{x\,dx}{1-x^4}$.

Quem não dispuser de uma calculadora que forneça os valores das funções hiperbólicas inversas, pode consultar a internet, por exemplo, em http://wolframalpha.com.

Solução

(a) Pelo Teorema 1,

$$\int_2^4 \frac{dx}{\sqrt{x^2-1}} = \cosh^{-1} x\Big|_2^4 = \text{arc cosh } 4 - \text{arc cosh } 2 \approx 0{,}75$$

(b) Inicialmente usamos a substituição $u = x^2$, $du = 2x\,du$. Os novos limites de integração passam a ser $u = (0{,}2)^2 = 0{,}04$ e $u = (0{,}6)^2 = 0{,}36$, portanto,

$$\int_{0,2}^{0,6} \frac{x\,dx}{1-x^4} = \int_{0,04}^{0,36} \frac{\frac{1}{2}du}{1-u^2} = \frac{1}{2}\int_{0,04}^{0,36} \frac{du}{1-u^2}$$

Pelo Teorema 1, tanto arc tgh u quanto arc cotgh u são antiderivadas de $f(u) = (1-u^2)^{-1}$. Usamos arc tgh u porque o intervalo de integração [0,04; 0,36] está contido em $(-1, 1)$, que é o domínio de $f(u) = \text{arc tgh } u$. Se os limites de integração estivessem contidos em $(1, \infty)$ ou $(-\infty, -1)$, usaríamos arc cotgh u. O resultado é

$$\frac{1}{2}\int_{0,04}^{0,36} \frac{du}{1-u^2} = \frac{1}{2}\big(\text{arc tgh}\,(0{,}36) - \text{arc tgh}\,(0{,}04)\big) \approx 0{,}1684$$ ■

Excursão: um exercício de imaginação

Os termos "seno hiperbólico" e "cosseno hiperbólico" sugerem uma relação entre as funções hiperbólicas e trigonométricas. Nesta excursão, exploramos a origem dessa relação, que nos conduz aos **números complexos** e à famosa fórmula de Euler (Figura 1).

Lembre que $y = e^t$ satisfaz a equação diferencial $y' = y$. Mais que isso, sabemos que *cada* solução é da forma $y = Ce^t$, com alguma constante C. Observe que ambas, $y = e^t$ e $y = e^{-t}$, satisfazem a **equação diferencial de segunda ordem**

Essa equação diferencial é denominada "de segunda ordem" porque envolve a derivada segunda y''.

$$\boxed{y'' = y} \qquad 2$$

De fato, $(e^t)'' = e^t$ e $(e^{-t})'' = (-e^{-t})' = e^{-t}$. Além disso, *cada* solução da Equação (2) tem a forma $y = Ae^t + Be^{-t}$ com constantes A e B específicas (Exercício 44).

Vejamos, agora, o que acontece se introduzirmos um sinal de menos na Equação (2):

$$\boxed{y'' = -y} \qquad 3$$

Nesse caso, $y = \text{sen } t$ e $y = \cos t$ são soluções, porque

$$(\text{sen } t)'' = (\cos t)' = -\text{sen } t, \qquad (\cos t)'' = (-\text{sen } t)' = -\cos t$$

E, como antes, cada solução da Equação (3) tem a forma

$$\boxed{y = A\cos t + B\,\text{sen } t}$$

Isso poderia parecer o final da história. Contudo, também podemos escrever as soluções da Equação (3) usando as funções exponenciais $y = e^{it}$ e $y = e^{-it}$. Aqui,

$$\boxed{i = \sqrt{-1}}$$

é um número complexo *imaginário* satisfazendo $i^2 = -1$. Como i não é um número real, e^{it} não está definida sem maiores explicações. Contudo aceitemos que e^{it} *pode* ser definida e que sejam aplicáveis as regras usuais do Cálculo:

$$(e^{it})' = ie^{it}$$
$$(e^{it})'' = (ie^{it})' = i^2e^{it} = -e^{it}$$

FIGURA 1 Leonhard Euler (1707-1783). Euler (que se pronuncia "Óiler") é considerado um dos maiores matemáticos de todos os tempos. Seu trabalho (publicado em mais de 70 volumes) contém contribuições fundamentais a quase cada aspecto da Matemática e Física de sua época. O matemático Pierre Simon de Laplace uma vez declarou: "Leiam Euler, ele é o nosso mestre em tudo". (*The Granger Collection, NYC. Todos os direitos reservados.*)

Isso mostra que $y = e^{it}$ é uma solução de $y'' = -y$, de modo que devem existir constantes A e B tais que

$$e^{it} = A\cos t + B\,\text{sen}\,t \qquad (4)$$

As constantes são determinadas pelas condições iniciais. Em primeiro lugar, tomando $t = 0$ na Equação (4):

$$1 = e^{i0} = A\cos 0 + B\,\text{sen}\,0 = A$$

Depois, derivando a Equação (4) e tomando $t = 0$:

$$ie^{it} = \frac{d}{dt}e^{it} = A\cos' t + B\,\text{sen}' t = -A\,\text{sen}\,t + B\cos t$$

$$i = ie^{i0} = -A\,\text{sen}\,0 + B\cos 0 = B$$

Assim, $A = 1$ e $B = i$, de modo que a Equação (4) fornece a **fórmula de Euler**

$$\boxed{e^{it} = \cos t + i\,\text{sen}\,t}$$

Euler provou essa fórmula usando séries de potências, que podem ser usadas para definir e^{it} de maneira rigorosa. Em $t = \pi$, a fórmula de Euler dá lugar a

$$\boxed{e^{i\pi} = -1}$$

Aqui temos uma relação simples, mas surpreendente, entre os quatro números importantes e, i, π e -1.

A fórmula de Euler também revela a origem da analogia entre funções hiperbólicas e trigonométricas. Calculemos o cosseno hiperbólico em $x = it$:

$$\cosh(it) = \frac{e^{it} + e^{-it}}{2} = \frac{\cos t + i\,\text{sen}\,t}{2} + \frac{\cos(-t) + i\,\text{sen}(-t)}{2} = \cos t$$

Uma conta parecida mostra que $\text{senh}(it) = i\,\text{sen}\,t$. Em outras palavras, as funções hiperbólicas e trigonométricas não são só análogas: introduzindo os números complexos, elas são praticamente as mesmas funções.

7.4 Resumo

- Integrais de funções hiperbólicas:

$$\int \text{senh}\,x\,dx = \cosh x + C, \qquad \int \cosh x\,dx = \text{senh}\,x + C$$

$$\int \text{sech}^2 x\,dx = \text{tgh}\,x + C, \qquad \int \text{cossech}^2 x\,dx = -\text{cotgh}\,x + C$$

$$\int \text{sech}\,x\,\text{tgh}\,x\,dx = -\text{sech}\,x + C, \qquad \int \text{cossech}\,x\,\text{cotgh}\,x\,dx = -\text{cossech}\,x + C$$

- Integrais envolvendo funções hiperbólicas inversas:

$$\int \frac{dx}{\sqrt{x^2+1}} = \text{arc senh}\,x + C$$

$$\int \frac{dx}{\sqrt{x^2-1}} = \text{arc cosh}\,x + C \quad (\text{se } x > 1)$$

$$\int \frac{dx}{1-x^2} = \text{arc tgh}\, x + C \qquad (\text{se } |x| < 1)$$

$$\int \frac{dx}{1-x^2} = \text{arc cotgh}\, x + C \qquad (\text{se } |x| > 1)$$

$$\int \frac{dx}{x\sqrt{1-x^2}} = -\text{arc sech}\, x + C \qquad (\text{se } 0 < x < 1)$$

$$\int \frac{dx}{|x|\sqrt{1+x^2}} = -\text{arc cossech}\, x + C \qquad (\text{se } x \neq 0)$$

7.4 Exercícios

Exercícios preliminares

1. Qual substituição hiperbólica pode ser usada para calcular as integrais dadas?

(a) $\int \frac{dx}{\sqrt{x^2+1}}$ (b) $\int \frac{dx}{\sqrt{x^2+9}}$ (c) $\int \frac{dx}{\sqrt{9x^2+1}}$

2. Quais são as duas fórmulas de integração hiperbólica que diferem das respectivas integrais trigonométricas por um sinal de menos?

3. Qual antiderivada de $y = (1-x^2)^{-1}$ deve ser utilizada para calcular a integral $\int_3^5 (1-x^2)^{-1}\,dx$?

Exercícios

Nos Exercícios 1-16, calcule a integral.

1. $\int \cosh(3x)\,dx$

2. $\int \text{senh}(x+1)\,dx$

3. $\int x\,\text{senh}(x^2+1)\,dx$

4. $\int \text{senh}^2 x \cosh x\,dx$

5. $\int \text{sech}^2(1-2x)\,dx$

6. $\int \text{tgh}(3x)\,\text{sech}(3x)\,dx$

7. $\int \text{tgh}\,x\,\text{sech}^2 x\,dx$

8. $\int \frac{\cosh x}{3\,\text{senh}\,x + 4}\,dx$

9. $\int \text{tgh}\,x\,dx$

10. $\int x\,\text{cossech}(x^2)\,\text{cotgh}(x^2)\,dx$

11. $\int \frac{\cosh x}{\text{senh}\,x}\,dx$

12. $\int \frac{\cosh x}{\text{senh}^2 x}\,dx$

13. $\int \text{senh}^2(4x-9)\,dx$

14. $\int \text{senh}^3 x \cosh^6 x\,dx$

15. $\int \text{senh}^2 x \cosh^2 x\,dx$

16. $\int \text{tgh}^3 x\,dx$

Nos Exercícios 17-30, calcule a integral em termos de funções hiperbólicas inversas.

17. $\int \frac{dx}{\sqrt{x^2-1}}$

18. $\int \frac{dx}{\sqrt{9x^2-4}}$

19. $\int \frac{dx}{\sqrt{16+25x^2}}$

20. $\int \frac{dx}{\sqrt{1+3x^2}}$

21. $\int \sqrt{x^2-1}\,dx$

22. $\int \frac{x^2\,dx}{\sqrt{x^2+1}}$

23. $\int_{-1/2}^{1/2} \frac{dx}{1-x^2}$

24. $\int_4^5 \frac{dx}{1-x^2}$

25. $\int_0^1 \frac{dx}{\sqrt{1+x^2}}$

26. $\int_2^{10} \frac{dx}{4x^2-1}$

27. $\int_{-3}^{-1} \frac{dx}{x\sqrt{x^2+16}}$

28. $\int_{0,2}^{0,8} \frac{dx}{x\sqrt{1-x^2}}$

29. $\int \frac{\sqrt{x^2-1}\,dx}{x^2}$

30. $\int_1^9 \frac{dx}{x\sqrt{x^4+1}}$

31. Verifique as fórmulas

$$\text{arc senh}\, x = \ln|x + \sqrt{x^2+1}|$$

$$\text{arc cosh}\, x = \ln|x + \sqrt{x^2-1}| \qquad (\text{se } x \geq 1)$$

32. Verifique que $\text{arc tgh}\, x = \frac{1}{2}\ln\left|\frac{1+x}{1-x}\right|$ se $|x| < 1$.

33. Calcule $\int \sqrt{x^2+16}\,dx$ usando substituição trigonométrica. Em seguida, use o Exercício 31 para verificar que sua resposta confere com o obtido no Exemplo 3.

34. Calcule $\int \sqrt{x^2-9}\,dx$ de duas maneiras: usando substituição trigonométrica e usando substituição hiperbólica. Em seguida, use o Exercício 31 para verificar que as duas respostas conferem.

35. Prove a fórmula de redução com $n \geq 2$:

$$\int \cosh^n x\,dx = \frac{1}{n}\cosh^{n-1} x\,\text{senh}\,x + \frac{n-1}{n}\int \cosh^{n-2} x\,dx \qquad 5$$

36. Use a Equação (5) para calcular $\int \cosh^4 x\,dx$.

Nos Exercícios 37-40, calcule a integral.

37. $\int \frac{\text{arc tgh}\,x\,dx}{x^2-1}$

38. $\int \text{arc senh}\,x\,dx$

39. $\int \text{arc tgh}\,x\,dx$

40. $\int x\,\text{arc tgh}\,x\,dx$

Compreensão adicional e desafios

41. Mostre que se $u = \text{tgh}(x/2)$, então

$$\cosh x = \frac{1+u^2}{1-u^2}, \qquad \text{senh}\, x = \frac{2u}{1-u^2}, \qquad dx = \frac{2du}{1-u^2}$$

Sugestão: na primeira relação, use as identidades

$$\text{senh}^2\left(\frac{x}{2}\right) = \frac{1}{2}(\cosh x - 1), \qquad \cosh^2\left(\frac{x}{2}\right) = \frac{1}{2}(\cosh x + 1)$$

Nos Exercícios 42 e 43, calcule usando a substituição do Exercício 41.

42. $\int \text{sech}\, x\, dx$

43. $\int \frac{dx}{1+\cosh x}$

44. Suponha que $y = f(x)$ satisfaça $y'' = y$. Prove que

(a) $f(x)^2 - (f'(x))^2$ é constante;

(b) se $f(0) = f'(0) = 0$, então f é a função nula;

(c) $f(x) = f(0)\cosh x + f'(0)\,\text{senh}\, x$.

Sugestão: lembre-se do Teorema 1 da Seção 5.9.

Os Exercícios 45-48 referem-se à função $gd(y) = \text{arc tg}\,(\text{senh}\, y)$, denominada ***gudermanniana****. Num mapa da Terra construído com a projeção de Mercator, os pontos localizados a y unidades radiais do Equador correspondem a pontos no globo terrestre de latitude $gd(y)$.*

45. Prove que $\frac{d}{dy} gd(y) = \text{sech}\, y$.

46. Seja $f(y) = 2\,\text{arc tg}(e^y) - \pi/2$. Prove que $gd(y) = f(y)$. *Sugestão:* mostre que $gd'(y) = f'(y)$ e $f(0) = gd(0)$.

47. Seja $t(y) = \text{arc senh}\,(\text{tg}\, y)$. Mostre que $t(y)$ é a inversa de $gd(y)$ em $0 \le y < \pi/2$.

48. Verifique que $t(y)$ do Exercício 47 satisfaz $t'(y) = \sec y$ e encontre um valor de a tal que

$$t(y) = \int_a^y \frac{dt}{\cos t}$$

49. As relações $\cosh(it) = \cos t$ e $\text{senh}\,(it) = i\,\text{sen}\, t$ foram discutidas na Excursão. Use essas relações para provar que a identidade $\cos^2 t + \text{sen}^2 t = 1$ resulta de tomar $x = it$ na identidade $\cosh^2 x - \text{senh}^2 x = 1$.

7.5 Método das frações parciais

O método das frações parciais é utilizado para integrar funções racionais:

$$f(x) = \frac{P(x)}{Q(x)}$$

em que P e Q são polinômios. A ideia é escrever f como uma soma de funções racionais mais simples, que possam ser integradas diretamente. Por exemplo, no caso mais simples usamos a identidade

É um fato da Álgebra (conhecido por "Teorema Fundamental da Álgebra") que cada polinômio Q com coeficientes reais pode ser escrito como um produto de fatores lineares ou quadráticos de coeficientes reais. Contudo, nem sempre é possível encontrar esses fatores explicitamente.

$$\frac{1}{x^2-1} = \frac{\frac{1}{2}}{x-1} - \frac{\frac{1}{2}}{x+1}$$

para calcular a integral

$$\int \frac{dx}{x^2-1} = \frac{1}{2}\int \frac{dx}{x-1} - \frac{1}{2}\int \frac{dx}{x+1} = \frac{1}{2}\ln|x-1| - \frac{1}{2}\ln|x+1|$$

Cada fator linear $(x - a)$ distinto no denominador contribui com um termo

$$\frac{A}{x-a}$$

para a decomposição em frações parciais.

Uma função racional P/Q é denominada **própria** se o grau de P [denotado por grau(P)] for *menor do que* o grau de Q. Por exemplo,

$$\underbrace{\frac{x^2-3x+7}{x^4-16}}_{\text{Própria}}, \qquad \underbrace{\frac{2x^2+7}{x-5}, \qquad \frac{x-2}{x-5}}_{\text{Não são próprias}}$$

Suponha, inicialmente, que P/Q seja própria e que o denominador $Q(x)$ fatore como um produto de *fatores lineares distintos*. Em outras palavras,

$$\frac{P(x)}{Q(x)} = \frac{P(x)}{(x-a_1)(x-a_2)\cdots(x-a_n)}$$

sendo que as raízes $a_1, a_2, \ldots, a_n$ são todas distintas e grau(P) $< n$. Então existe uma **decomposição em frações parciais**:

$$\frac{P(x)}{Q(x)} = \frac{A_1}{(x-a_1)} + \frac{A_2}{(x-a_2)} + \cdots + \frac{A_n}{(x-a_n)}$$

com constantes $A_1, \ldots, A_n$ apropriadas. Por exemplo,

$$\frac{5x^2 + x - 28}{(x+1)(x-2)(x-3)} = -\frac{2}{x+1} + \frac{2}{x-2} + \frac{5}{x-3}$$

Uma vez encontrada a decomposição em frações parciais, podemos integrar os termos individualmente.

■ **EXEMPLO 1** **Encontrando as constantes** Calcule $\displaystyle\int \frac{dx}{x^2 - 7x + 10}$.

Solução O denominador fatora em $x^2 - 7x + 10 = (x-2)(x-5)$, portanto podemos procurar uma decomposição em frações parciais:

$$\frac{1}{(x-2)(x-5)} = \frac{A}{x-2} + \frac{B}{x-5}$$

Para encontrar A e B, multiplicamos tudo por $(x-2)(x-5)$ para limpar os denominadores:

$$1 = (x-2)(x-5)\left(\frac{A}{x-2} + \frac{B}{x-5}\right)$$

$$1 = A(x-5) + B(x-2) \qquad \text{1}$$

Uma segunda maneira de determinar A e B, uma vez obtida a Equação $1 = A(x-5) + B(x-2)$, é reescrevê-la como $1 = (A+B)x + (-5A - 2B)$. Como não há x do lado esquerdo da equação, necessariamente devemos ter $A + B = 0$. Então, o que resta é $1 = -5A - 2B$. Resolvendo esse sistema de duas equações em A e B, obtemos $A = -\frac{1}{3}$ e $B = \frac{1}{3}$.

Essa equação é válida com qualquer valor de x (inclusive $x = 2$ e $x = 5$, por continuidade). Determinamos A tomando $x = 2$ (que faz desaparecer a segunda parcela):

$$1 = A(2-5) + \underbrace{B(2-2)}_{\text{Isto é zero}} = -3A \quad \Rightarrow \quad \boxed{A = -\frac{1}{3}}$$

Analogamente, para calcular B, tomamos $x = 5$ na Equação (1):

$$1 = A(5-5) + B(5-2) = 3B \quad \Rightarrow \quad \boxed{B = \frac{1}{3}}$$

A decomposição em frações parciais resultante é

$$\boxed{\frac{1}{(x-2)(x-5)} = \frac{-\frac{1}{3}}{x-2} + \frac{\frac{1}{3}}{x-5}}$$

Agora podemos efetuar a integração:

$$\int \frac{dx}{(x-2)(x-5)} = -\frac{1}{3}\int \frac{dx}{x-2} + \frac{1}{3}\int \frac{dx}{x-5}$$
$$= -\frac{1}{3}\ln|x-2| + \frac{1}{3}\ln|x-5| + C$$

■

■ **EXEMPLO 2** Calcule $\displaystyle\int \frac{x^2+2}{(x-1)(2x-8)(x+2)}\,dx$.

Solução

Passo 1. **Encontrar a decomposição em frações parciais.**
A decomposição tem o formato

$$\frac{x^2+2}{(x-1)(2x-8)(x+2)} = \frac{A}{x-1} + \frac{B}{2x-8} + \frac{C}{x+2} \qquad \text{2}$$

Na Equação (2), o fator linear $2x - 8$ não está no formato $(x - a)$ usado anteriormente, mas a decomposição em frações parciais pode ser executada da mesma maneira.

Como antes, multiplicamos por $(x-1)(2x-8)(x+2)$ para limpar os denominadores:

$$x^2 + 2 = A(2x-8)(x+2) + B(x-1)(x+2) + C(x-1)(2x-8) \qquad \text{3}$$

Como A vai com o fator $(x - 1)$, tomamos $x = 1$ na Equação (3) para calcular A:

$$1^2 + 2 = A(2-8)(1+2) + \overbrace{B(1-1)(1+2) + C(1-1)(2-8)}^{\text{Zero}}$$

$$3 = -18A \quad \Rightarrow \quad \boxed{A = -\frac{1}{6}}$$

Analogamente, 4 é a raiz de $2x - 8$, portanto calculamos B tomando $x = 4$ na Equação (3):

$$4^2 + 2 = A(8-8)(4+2) + B(4-1)(4+2) + C(4-1)(8-8)$$

$$18 = 18B \quad \Rightarrow \quad \boxed{B = 1}$$

Finalmente, C é determinada tomando $x = -2$ na Equação (3):

$$(-2)^2 + 2 = A(-4-8)(-2+2) + B(-2-1)(-2+2) + C(-2-1)(-4-8)$$

$$6 = 36C \quad \Rightarrow \quad \boxed{C = \frac{1}{6}}$$

O resultado é

$$\boxed{\frac{x^2+2}{(x-1)(2x-8)(x+2)} = -\frac{\frac{1}{6}}{x-1} + \frac{1}{2x-8} + \frac{\frac{1}{6}}{x+2}}$$

***Passo 2.* Efetuar a integração.**

$$\int \frac{x^2+2}{(x-1)(2x-8)(x+2)}\,dx = -\frac{1}{6}\int \frac{dx}{x-1} + \int \frac{dx}{2x-8} + \frac{1}{6}\int \frac{dx}{x+2}$$

$$= -\frac{1}{6}\ln|x-1| + \frac{1}{2}\ln|2x-8| + \frac{1}{6}\ln|x+2| + C \quad \blacksquare$$

Agora suponha que o denominador tenha fatores lineares repetidos:

$$\frac{P(x)}{Q(x)} = \frac{P(x)}{(x-a_1)^{M_1}(x-a_2)^{M_2}\cdots(x-a_n)^{M_n}}$$

Cada fator $(x - a_i)^{M_i}$ contribui com a soma a seguir na decomposição em frações parciais:

$$\frac{B_1}{(x-a_i)} + \frac{B_2}{(x-a_i)^2} + \cdots + \frac{B_{M_i}}{(x-a_i)^{M_i}}$$

■ **EXEMPLO 3** **Fatores lineares repetidos** Calcule $\displaystyle\int \frac{3x-9}{(x-1)(x+2)^2}\,dx$.

Solução Estamos procurando encontrar uma decomposição em frações parciais da forma

$$\frac{3x-9}{(x-1)(x+2)^2} = \frac{A}{x-1} + \frac{B}{x+2} + \frac{C}{(x+2)^2}$$

Eliminando os denominadores, obtemos

$$3x - 9 = A(x+2)^2 + B(x-1)(x+2) + C(x-1) \qquad 4$$

Calculamos A e C por substituição na Equação (4), como anteriormente:

- Tomamos $x = 1$: obtemos $-6 = 9A$, ou $\boxed{A = -\frac{2}{3}}$.
- Tomamos $x = -2$: obtemos $-15 = -3C$, ou $\boxed{C = 5}$.

Com essas constantes, a Equação (4) é dada por

$$3x - 9 = -\frac{2}{3}(x+2)^2 + B(x-1)(x+2) + 5(x-1) \qquad 5$$

Não é possível determinar B pelo método que nos deu A e C. Há duas maneiras de prosseguir.

- **Primeiro método (substituição)** Não adianta substituir $x = 1$ ou $x = -2$ na Equação (5), porque eliminam a parcela com B. No entanto, podemos usar qualquer outro valor de x na Equação (5), por exemplo, $x = 2$:

$$3(2) - 9 = -\frac{2}{3}(2+2)^2 + B(2-1)(2+2) + 5(2-1)$$
$$-3 = -\frac{32}{3} + 4B + 5$$
$$B = \frac{1}{4}\left(-8 + \frac{32}{3}\right) = \frac{2}{3}$$

- **Segundo método (coeficientes indeterminados)** Expandimos as parcelas na Equação (5):

$$3x - 9 = -\frac{2}{3}(x^2 + 4x + 4) + B(x^2 + x - 2) + 5(x-1)$$
$$3x - 9 = \left(-\frac{2}{3} + B\right)x^2 + \left(-\frac{8}{3} + B + 5\right)x + \left(-\frac{8}{3} - 2B - 5\right)$$

Os coeficientes das potências de x de cada lado da equação devem coincidir. Como x^2 não ocorre do lado esquerdo, temos $0 = -\frac{2}{3} + B$, ou $B = \frac{2}{3}$.

De qualquer maneira, mostramos que

$$\boxed{\frac{3x-9}{(x-1)(x+2)^2} = -\frac{\frac{2}{3}}{x-1} + \frac{\frac{2}{3}}{x+2} + \frac{5}{(x+2)^2}}$$

$$\int \frac{3x-9}{(x-1)(x+2)^2}\,dx = -\frac{2}{3}\int\frac{dx}{x-1} + \frac{2}{3}\int\frac{dx}{x+2} + 5\int\frac{dx}{(x+2)^2}$$
$$= -\frac{2}{3}\ln|x-1| + \frac{2}{3}\ln|x+2| - \frac{5}{x+2} + C \qquad \blacksquare$$

Se P/Q não for própria, ou seja, se grau(P) ≥ grau(Q), dividimos os polinômios e escrevemos

$$\frac{P(x)}{Q(x)} = g(x) + \frac{R(x)}{Q(x)}$$

em que g é um polinômio e R/Q é própria. Então, podemos integrar $P(x)/Q(x)$ usando a decomposição em frações parciais de $R(x)/Q(x)$.

■ **EXEMPLO 4** **Divisão polinomial requerida** Calcule $\displaystyle\int \frac{x^3+1}{x^2-4}\,dx$.

Solução Dividindo os polinômios, podemos escrever

$$\frac{x^3+1}{x^2-4} = x + \frac{4x+1}{x^2-4} = x + \frac{4x+1}{(x-2)(x+2)}$$

Não é difícil mostrar que a segunda parcela tem uma decomposição em frações parciais:

$$\frac{4x+1}{(x-2)(x+2)} = \frac{\frac{9}{4}}{x-2} + \frac{\frac{7}{4}}{x+2}$$

Divisão de polinômios:

$$\begin{array}{r|l} x^3 + 1 & x^2 - 4 \\ \cline{2-2} x^3 - 4x & x \\ \hline 4x + 1 & \end{array}$$

O quociente $\frac{x^3+1}{x^2-4}$ *é igual a* x *com resto* $4x + 1$.

Portanto,

$$\int \frac{(x^3+1)\,dx}{x^2-4} = \int x\,dx + \frac{9}{4}\int \frac{dx}{x-2} + \frac{7}{4}\int \frac{dx}{x+2}$$
$$= \frac{1}{2}x^2 + \frac{9}{4}\ln|x-2| + \frac{7}{4}\ln|x+2| + C \qquad \blacksquare$$

Fatores quadráticos

Dizemos que um polinômio quadrático é **irredutível** se não puder ser escrito como um produto de dois fatores lineares (sem usar números complexos). Uma potência $(ax^2+bx+c)^M$ de um fator quadrático irredutível contribui com uma soma do tipo seguinte para a decomposição em frações parciais:

$$\frac{A_1x+B_1}{ax^2+bx+c} + \frac{A_2x+B_2}{(ax^2+bx+c)^2} + \cdots + \frac{A_Mx+B_M}{(ax^2+bx+c)^M}$$

Por exemplo,

$$\frac{4-12x}{(x+1)(x^2+x+4)^2} = \frac{1}{x+1} - \frac{x}{x^2+x+4} - \frac{4x+12}{(x^2+x+4)^2}$$

É possível que seja necessário utilizar substituição trigonométrica para integrar esses termos. Em particular, o resultado seguinte pode ser útil (Exercício 33 da Seção 7.3):

LEMBRETE Se $b>0$, então x^2+b é irredutível, mas x^2-b é redutível, já que

$$x^2-b = (x+\sqrt{b})(x-\sqrt{b})$$

$$\int \frac{dx}{x^2+a} = \frac{1}{\sqrt{a}}\,\text{arc tg}\left(\frac{x}{\sqrt{a}}\right) + C \quad (\text{se } a>0) \qquad 6$$

■ **EXEMPLO 5 Fatores quadráticos irredutíveis ou redutíveis** Calcule

(a) $\displaystyle\int \frac{18}{(x+3)(x^2+9)}\,dx$ **(b)** $\displaystyle\int \frac{18}{(x+3)(x^2-9)}\,dx$

Solução

(a) O fator quadrático x^2+9 é irredutível, portanto a decomposição em frações parciais tem o formato

$$\frac{18}{(x+3)(x^2+9)} = \frac{A}{x+3} + \frac{Bx+C}{x^2+9}$$

Limpando os denominadores, obtemos

$$18 = A(x^2+9) + (Bx+C)(x+3) \qquad 7$$

Para encontrar A, tomamos $x=-3$:

$$18 = A\big((-3)^2+9\big) + 0 \quad \Rightarrow \quad \boxed{A=1}$$

Depois substituímos $A=1$ na Equação (7) para obter

$$18 = (x^2+9) + (Bx+C)(x+3) = (B+1)x^2 + (C+3B)x + (9+3C)$$

Igualando os coeficientes, obtemos $B+1=0$ e $9+3C=18$. Assim,

$$\boxed{B=-1, \quad C=3}$$

Na segunda igualdade, usamos

$$\int \frac{x\,dx}{x^2+9} = \frac{1}{2}\int \frac{du}{u} = \frac{1}{2}\ln(x^2+9) + C$$

e a Equação (6):

$$\int \frac{dx}{x^2+9} = \frac{1}{3}\,\text{arc tg}\,\frac{x}{3} + C$$

$$\int \frac{18\,dx}{(x+3)(x^2+9)} = \int \frac{dx}{x+3} + \int \frac{(-x+3)\,dx}{x^2+9}$$
$$= \int \frac{dx}{x+3} - \int \frac{x\,dx}{x^2+9} + \int \frac{3\,dx}{x^2+9}$$
$$= \ln|x+3| - \frac{1}{2}\ln(x^2+9) + \text{arc tg}\,\frac{x}{3} + C$$

A última linha decorre da aplicação das fórmulas à margem.

(b) O polinômio x^2-9 não é irredutível, pois $x^2-9=(x-3)(x+3)$. Portanto, a decomposição em frações parciais tem o formato

$$\frac{18}{(x+3)(x^2-9)}=\frac{18}{(x+3)^2(x-3)}=\frac{A}{x-3}+\frac{B}{x+3}+\frac{C}{(x+3)^2}$$

Limpando os denominadores:

$$18=A(x+3)^2+B(x+3)(x-3)+C(x-3)$$

Tomando $x=3$, obtemos $18=(6^2)A$ e, tomando $x=-3$, obtemos $18=-6C$. Portanto,

$$A=\frac{1}{2},\quad C=-3 \qquad \Rightarrow \qquad 18=\frac{1}{2}(x+3)^2+B(x+3)(x-3)-3(x-3)$$

Para resolver em B, podemos tomar qualquer valor de x diferente de ± 3. A escolha $x=2$ fornece $18=\frac{1}{2}(25)-5B+3$, ou $B=-\frac{1}{2}$, e resulta em

$$\begin{aligned}\int\frac{18}{(x+3)(x^2-9)}\,dx &= \frac{1}{2}\int\frac{dx}{x-3}-\frac{1}{2}\int\frac{dx}{x+3}-3\int\frac{dx}{(x+3)^2}\\ &= \frac{1}{2}\ln|x-3|-\frac{1}{2}\ln|x+3|+3(x+3)^{-1}+C\end{aligned}$$ ■

■ **EXEMPLO 6** **Fator quadrático repetido** Calcule $\displaystyle\int\frac{4-x}{x(x^2+2)^2}\,dx$.

Solução A decomposição em frações parciais tem o formato

$$\frac{4-x}{x(x^2+2)^2}=\frac{A}{x}+\frac{Bx+C}{x^2+2}+\frac{Dx+E}{(x^2+2)^2}$$

Limpamos os denominadores multiplicando tudo por $x(x^2+2)^2$:

$$4-x=A(x^2+2)^2+(Bx+C)\big(x(x^2+2)\big)+(Dx+E)x \qquad 8$$

Calculamos A diretamente, tomando $x=0$. Então a Equação (8) reduz a $4=4A$, ou $A=1$. Encontramos os demais coeficientes pelo método dos coeficientes indeterminados. Tomando $A=1$ na Equação (8) e expandindo,

$$\begin{aligned}4-x &= (x^4+4x^2+4)+(Bx^4+2Bx^2+Cx^3+2Cx)+(Dx^2+Ex)\\ &= (1+B)x^4+Cx^3+(4+2B+D)x^2+(2C+E)x+4\end{aligned}$$

Agora equacionamos os coeficientes do dois lados da equação:

$$\begin{aligned}1+B&=0 &&\text{(Coeficiente de } x^4)\\ C&=0 &&\text{(Coeficiente de } x^3)\\ 4+2B+D&=0 &&\text{(Coeficiente de } x^2)\\ 2C+E&=-1 &&\text{(Coeficiente de } x)\\ 2C+4&=4 &&\text{(Termo constante)}\end{aligned}$$

Essas equações fornecem $B=-1$, $C=0$, $D=-2$ e $E=-1$. Assim,

$$\begin{aligned}\int\frac{(4-x)\,dx}{x(x^2+2)^2} &= \int\frac{dx}{x}-\int\frac{x\,dx}{x^2+2}-\int\frac{(2x+1)\,dx}{(x^2+2)^2}\\ &= \ln|x|-\frac{1}{2}\ln(x^2+2)-\int\frac{(2x+1)dx}{(x^2+2)^2}\end{aligned}$$

A integral do meio foi calculada usando a substituição $u = x^2 + 2$, $du = 2x\,dx$. A terceira integral se reparte em duas como uma soma:

$$\int \frac{(2x+1)\,dx}{(x^2+2)^2} = \overbrace{\int \frac{2x\,dx}{(x^2+2)^2}}^{\text{Use substituição } u = x^2+2} + \int \frac{dx}{(x^2+2)^2}$$

$$= -(x^2+2)^{-1} + \int \frac{dx}{(x^2+2)^2} \qquad 9$$

Para calcular a integral da Equação (9), usamos a substituição trigonométrica

$$x = \sqrt{2}\,\text{tg}\,\theta, \qquad dx = \sqrt{2}\sec^2\theta\,d\theta, \qquad x^2 + 2 = 2\,\text{tg}^2\,\theta + 2 = 2\sec^2\theta$$

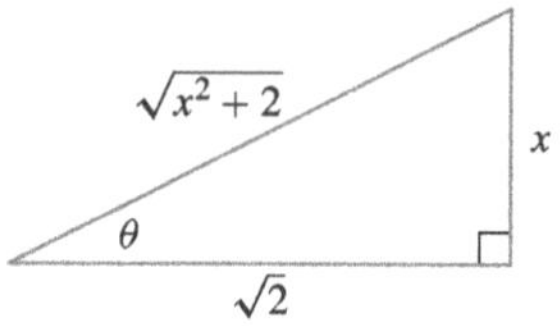

FIGURA 1 Triângulo retângulo com $\text{tg}\,\theta = \frac{x}{\sqrt{2}}$.

Usando a Figura 1, obtemos

$$\int \frac{dx}{(x^2+2)^2} = \int \frac{\sqrt{2}\sec^2\theta\,d\theta}{(2\,\text{tg}^2\,\theta+2)^2} = \int \frac{\sqrt{2}\sec^2\theta\,d\theta}{4\sec^4\theta}$$

$$= \frac{\sqrt{2}}{4}\int \cos^2\theta\,d\theta = \frac{\sqrt{2}}{4}\left(\frac{1}{2}\theta + \frac{1}{2}\,\text{sen}\,\theta\cos\theta\right) + C$$

$$= \frac{\sqrt{2}}{8}\,\text{arc tg}\,\frac{x}{\sqrt{2}} + \frac{\sqrt{2}}{8}\,\frac{x}{\sqrt{x^2+2}}\,\frac{\sqrt{2}}{\sqrt{x^2+2}} + C$$

$$= \frac{1}{4\sqrt{2}}\,\text{arc tg}\,\frac{x}{\sqrt{2}} + \frac{1}{4}\,\frac{x}{x^2+2} + C$$

Juntando todos os termos, obtemos

$$\int \frac{4-x}{x(x^2+2)^2}\,dx = \ln|x| - \frac{1}{2}\ln(x^2+2) + \frac{1-\frac{1}{4}x}{x^2+2} - \frac{1}{4\sqrt{2}}\,\text{arc tg}\,\frac{x}{\sqrt{2}} + C$$

■

ENTENDIMENTO CONCEITUAL Os exemplos desta seção ilustram um fato geral: a integral de uma função racional pode ser expressa como uma soma de funções racionais, arco tangentes de polinômios lineares ou quadráticos e logaritmos de polinômios lineares ou quadráticos. Não ocorrem outros tipos de funções, como as exponenciais ou trigonométricas.

Usando um sistema algébrico computacional

Muitas vezes precisamos fazer contas muito trabalhosas para encontrar uma decomposição em frações parciais. Felizmente, a maioria dos sistemas algébricos computacionais tem um comando (com nomes tais como "Apart" ou "parfrac" ou, simplesmente, "frações parciais") que fornece decomposições em frações parciais. Por exemplo, no sistema algébrico computacional *Mathematica*, um comando do tipo

```
Apart[(x^2 - 2)/((x + 2)(x^2 + 4)^3)]
```

fornece a decomposição em frações parciais

$$\frac{x^2-2}{(x+2)(x^2+4)^3} = \frac{1}{256(2+x)} + \frac{3(x-2)}{4(4+x^2)^3} + \frac{2-x}{32(4+x^2)^2} + \frac{2-x}{256(4+x^2)}$$

Contudo, um sistema algébrico computacional não consegue fornecer uma decomposição nos casos em que $Q(x)$ não possa ser fatorado explicitamente.

O polinômio $x^5 + 2x + 2$ não pode ser fatorado explicitamente e, por isso, o comando

```
Apart[1/(x^5 + 2x + 2)]
```

dá a seguinte resposta sem sentido:

$$\frac{1}{x^5+2x+2}$$

7.5 Resumo

Método das frações parciais, suponha que P/Q seja uma função racional *própria* [isto é, grau(P) < grau (Q)] e que $Q(x)$ possa ser fatorado explicitamente como um produto de termos lineares e quadráticos irredutíveis.

- Se $Q(x) = (x - a_1)(x - a_2) \cdots (x - a_n)$ com raízes a_j distintas, então

$$\frac{P(x)}{(x - a_1)(x - a_2) \cdots (x - a_n)} = \frac{A_1}{x - a_1} + \frac{A_2}{x - a_2} + \cdots + \frac{A_n}{x - a_n}$$

Para calcular as constantes, limpamos os denominadores e substituímos os valores $x = a_1, a_2, \ldots, a_n$, um de cada vez.

- Se $Q(x)$ for igual a um produto de potências de fatores lineares $(x - a)^M$ e fatores quadráticos irredutíveis $(x^2 + b)^N$ com $b > 0$, então a decomposição em frações parciais de $P(x)/Q(x)$ é uma soma de termos do tipo seguinte:

$$(x - a)^M \quad \text{contribui com} \quad \frac{A_1}{x - a} + \frac{A_2}{(x - a)^2} + \cdots + \frac{A_M}{(x - a)^M}$$

$$(x^2 + b)^N \quad \text{contribui com} \quad \frac{A_1 x + B_1}{x^2 + b} + \frac{A_2 x + B_2}{(x^2 + b)^2} + \cdots + \frac{A_N x + B_N}{(x^2 + b)^N}$$

Pode ser preciso usar substituição ou substituição trigonométrica para integrar os termos correspondentes a $(x^2 + b)^N$ (ver Exemplo 6).

- Se P/Q for imprópria, usamos divisão polinomial (Exemplo 4).

7.5 Exercícios

Exercícios preliminares

1. Suponha que $\int f(x)\,dx = \ln x + \sqrt{x+1} + C$. Será que f pode ser uma função racional? Explique.

2. Qual das seguintes é uma função racional *própria*?

(a) $\dfrac{x}{x-3}$ (b) $\dfrac{4}{9-x}$

(c) $\dfrac{x^2+12}{(x+2)(x+1)(x-3)}$ (d) $\dfrac{4x^3-7x}{(x-3)(2x+5)(9-x)}$

3. Qual dos seguintes polinômios quadráticos é irredutível? Para conferir, complete o quadrado, se necessário.

(a) x^2+5 (b) x^2-5

(c) x^2+4x+6 (d) x^2+4x+2

4. Seja P/Q uma função racional própria, em que $Q(x)$ é fatorável como um produto de fatores lineares distintos $(x - a_i)$. Então

$$\int \frac{P(x)\,dx}{Q(x)}$$

(escolha a resposta correta):

(a) é uma soma de termos logarítmicos $A_i \ln(x - a_i)$ com algumas constantes A_i.

(b) pode conter um termo envolvendo o arco tangente.

Exercícios

1. Combine a função racional (a)-(d) com a correspondente decomposição em frações parciais (i)-(iv).

(a) $\dfrac{x^2+4x+12}{(x+2)(x^2+4)}$ (b) $\dfrac{2x^2+8x+24}{(x+2)^2(x^2+4)}$

(c) $\dfrac{x^2-4x+8}{(x-1)^2(x-2)^2}$ (d) $\dfrac{x^4-4x+8}{(x+2)(x^2+4)}$

(i) $x-2+\dfrac{4}{x+2}-\dfrac{4x-4}{x^2+4}$

(ii) $\dfrac{-8}{x-2}+\dfrac{4}{(x-2)^2}+\dfrac{8}{x-1}+\dfrac{5}{(x-1)^2}$

(iii) $\dfrac{1}{x+2}+\dfrac{2}{(x+2)^2}+\dfrac{-x+2}{x^2+4}$ (iv) $\dfrac{1}{x+2}+\dfrac{4}{x^2+4}$

2. Determine as constantes A e B:

$$\frac{2x-3}{(x-3)(x-4)} = \frac{A}{x-3} + \frac{B}{x-4}$$

3. Limpe os denominadores da decomposição em frações parciais seguinte e determine a constante B (substitua um valor de x ou use o método dos coeficientes indeterminados):

$$\frac{3x^2+11x+12}{(x+1)(x+3)^2} = \frac{1}{x+1} - \frac{B}{x+3} - \frac{3}{(x+3)^2}$$

4. Encontre as constantes na decomposição em frações parciais

$$\frac{2x+4}{(x-2)(x^2+4)} = \frac{A}{x-2} + \frac{Bx+C}{x^2+4}$$

Nos Exercícios 5-8, use divisão polinomial para escrever $f(x)$ como a soma de um polinômio com uma função racional própria.

5. $\displaystyle\int \frac{x\,dx}{3x-4}$ 6. $\displaystyle\int \frac{(x^2+2)\,dx}{x+3}$

7. $\displaystyle\int \frac{(x^3+2x^2+1)\,dx}{x+2}$ 8. $\displaystyle\int \frac{(x^3+1)\,dx}{x^2+1}$

Nos Exercícios 9-46, calcule a integral.

9. $\displaystyle\int \frac{dx}{(x-2)(x-4)}$ 10. $\displaystyle\int \frac{(x+3)\,dx}{x+4}$

11. $\displaystyle\int \frac{dx}{x(2x+1)}$ 12. $\displaystyle\int \frac{(2x-1)\,dx}{x^2-5x+6}$

13. $\displaystyle\int \frac{x^2\,dx}{x^2+9}$ 14. $\displaystyle\int \frac{dx}{(x-2)(x-3)(x+2)}$

15. $\displaystyle\int \frac{(x^2+3x-44)\,dx}{(x+3)(x+5)(3x-2)}$ 16. $\displaystyle\int \frac{3\,dx}{(x+1)(x^2+x)}$

17. $\displaystyle\int \frac{(x^2+11x)\,dx}{(x-1)(x+1)^2}$

18. $\displaystyle\int \frac{(4x^2-21x)\,dx}{(x-3)^2(2x+3)}$

19. $\displaystyle\int \frac{dx}{(x-1)^2(x-2)^2}$

20. $\displaystyle\int \frac{(x^2-8x)\,dx}{(x+1)(x+4)^3}$

21. $\displaystyle\int \frac{8\,dx}{x(x+2)^3}$

22. $\displaystyle\int \frac{x^2\,dx}{x^2+3}$

23. $\displaystyle\int \frac{dx}{2x^2-3}$

24. $\displaystyle\int \frac{dx}{(x-4)^2(x-1)}$

25. $\displaystyle\int \frac{dx}{x^3+x^2-x-1}$

26. $\displaystyle\int \frac{dx}{x^3-3x^2+4}$

27. $\displaystyle\int \frac{4x^2-20}{(2x+5)^3}\,dx$

28. $\displaystyle\int \frac{3x+6}{x^2(x-1)(x-3)}\,dx$

29. $\displaystyle\int \frac{dx}{x(x-1)^3}$

30. $\displaystyle\int \frac{(3x^2-2)\,dx}{x-4}$

31. $\displaystyle\int \frac{(x^2-x+1)\,dx}{x^2+x}$

32. $\displaystyle\int \frac{dx}{x(x^2+1)}$

33. $\displaystyle\int \frac{(3x^2-4x+5)\,dx}{(x-1)(x^2+1)}$

34. $\displaystyle\int \frac{x^2}{(x+1)(x^2+1)}\,dx$

35. $\displaystyle\int \frac{dx}{x(x^2+25)}$

36. $\displaystyle\int \frac{dx}{x^2(x^2+25)}$

37. $\displaystyle\int \frac{(6x^2+2)\,dx}{x^2+2x-3}$

38. $\displaystyle\int \frac{6x^2+7x-6}{(x^2-4)(x+2)}\,dx$

39. $\displaystyle\int \frac{10\,dx}{(x-1)^2(x^2+9)}$

40. $\displaystyle\int \frac{10\,dx}{(x+1)(x^2+9)^2}$

41. $\displaystyle\int \frac{dx}{x(x^2+8)^2}$

42. $\displaystyle\int \frac{100x\,dx}{(x-3)(x^2+1)^2}$

43. $\displaystyle\int \frac{dx}{(x+2)(x^2+4x+10)}$

44. $\displaystyle\int \frac{9\,dx}{(x+1)(x^2-2x+6)}$

45. $\displaystyle\int \frac{25\,dx}{x(x^2+2x+5)^2}$

46. $\displaystyle\int \frac{(x^2+3)\,dx}{(x^2+2x+3)^2}$

Nos Exercícios 47-50, calcule a integral usando, inicialmente, substituição e, depois, se necessário, decomposição em frações parciais.

47. $\displaystyle\int \frac{x\,dx}{x^4+1}$

48. $\displaystyle\int \frac{x\,dx}{(x+2)^4}$

49. $\displaystyle\int \frac{e^x\,dx}{e^{2x}-e^x}$

50. $\displaystyle\int \frac{\sec^2\theta\,d\theta}{\operatorname{tg}^2\theta-1}$

51. Calcule $\displaystyle\int \frac{\sqrt{x}\,dx}{x-1}$. *Sugestão:* use a substituição $u=\sqrt{x}$ (que é denominada **substituição racionalizante**).

52. Calcule $\displaystyle\int \frac{dx}{x^{1/2}-x^{1/3}}$. *Sugestão:* use a substituição $u=x^{1/6}$.

53. Calcule $\displaystyle\int \frac{dx}{x^{5/4}-4x^{3/4}}$.

54. Calcule $\displaystyle\int \frac{dx}{x^{4/3}+x-2x^{2/3}}$.

55. Calcule $\displaystyle\int \frac{dx}{x^2-1}$ de duas maneiras: usando frações parciais e usando substituição trigonométrica. Verifique que as duas respostas coincidem.

56. CG Esboce o gráfico da equação $(x-40)y^2=10x(x-30)$ e encontre o volume do sólido obtido pela rotação da região entre o gráfico e o eixo x, com $0\le x\le 30$, em torno do eixo x.

57. Mostre que a substituição $\theta = 2\operatorname{arc\,tg} t$ (Figura 2) fornece as fórmulas

$$\cos\theta=\frac{1-t^2}{1+t^2},\qquad \operatorname{sen}\theta=\frac{2t}{1+t^2},\qquad d\theta=\frac{2\,dt}{1+t^2}$$ 10

Essa substituição transforma a integral de qualquer função racional de $\cos\theta$ ou $\operatorname{sen}\theta$ numa integral de uma função racional de t (que pode, então, ser calculada com frações parciais). Use essa substituição para calcular $\displaystyle\int \frac{d\theta}{\cos\theta+\frac{3}{4}\operatorname{sen}\theta}$.

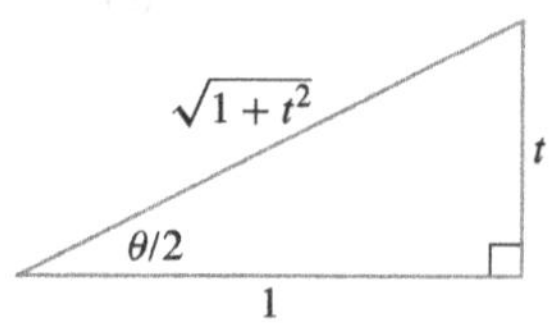

FIGURA 2

58. Use a substituição do Exercício 57 para calcular $\displaystyle\int \frac{d\theta}{\cos\theta+\operatorname{sen}\theta}$.

Compreensão adicional e desafios

59. Prove a fórmula geral

$$\int \frac{dx}{(x-a)(x-b)}=\frac{1}{a-b}\ln\left|\frac{x-a}{x-b}\right|+C$$

em que a e b são constantes tais que $a\neq b$.

60. O método das frações parciais mostra que

$$\int \frac{dx}{x^2-1}=\frac{1}{2}\ln|x-1|-\frac{1}{2}\ln|x+1|+C$$

O sistema algébrico computacional *Mathematica* calcula essa integral como menos a função tangente hiperbólica inversa $-\operatorname{arc\,tgh} x$. É possível conciliar essas duas respostas?

61. Suponha que $Q(x)=(x-a)(x-b)$, em que $a\neq b$, e seja P/Q uma função racional própria tal que

$$\frac{P(x)}{Q(x)}=\frac{A}{(x-a)}+\frac{B}{(x-b)}$$

(a) Mostre que $A=\dfrac{P(a)}{Q'(a)}$ e $B=\dfrac{P(b)}{Q'(b)}$.

(b) Use esse resultado para encontrar a decomposição em frações parciais no caso $P(x)=3x-2$ e $Q(x)=x^2-4x-12$.

62. Suponha que $Q(x)=(x-a_1)(x-a_2)\cdots(x-a_n)$, em que as raízes a_j são todas distintas. Seja P/Q uma função racional própria tal que

$$\frac{P(x)}{Q(x)}=\frac{A_1}{(x-a_1)}+\frac{A_2}{(x-a_2)}+\cdots+\frac{A_n}{(x-a_n)}$$

(a) Mostre que $A_j=\dfrac{P(a_j)}{Q'(a_j)}$, com $j=1,\ldots n$.

(b) Use esse resultado para encontrar a decomposição em frações parciais no caso $P(x)=2x^2-1$, $Q(x)=x^3-4x^2+x+6=(x+1)(x-2)(x-3)$.

7.6 Estratégias de integração

No Capítulo 5 e nas seções precedentes deste capítulo, vimos uma variedade de técnicas para calcular várias integrais. No entanto, na vida real, quando nos depararmos com uma dada integral, ela não vai aparecer em alguma seção específica dedicada a uma técnica específica de integração. Portanto, é importante sermos capazes de reconhecer com qual técnica de integração teremos a melhor chance. Esta seção é dedicada a esse assunto. Além de considerar qual é a técnica mais apropriada, também discutiremos a utilização de tabelas de integrais e de sistemas computacionais algébricos para encontrar integrais.

Muitas vezes, a integral que surge de uma aplicação particular do Cálculo é uma integral definida, com limites de integração. No pior caso, quando nenhuma técnica de integração produzir alguma resposta, podemos utilizar aproximações numéricas para encontrar uma estimativa numérica do valor dessa integral, que pode ser tomado com um grau de precisão suficiente para a aplicação. Essas técnicas serão discutidas na Seção 7.9.

Em geral, não há regras seguras e rápidas para calcular alguma dada integral, mas há várias considerações que nos ajudam a determinar quais seriam as técnicas mais apropriadas.

Vejamos os passos que poderíamos seguir para tentar calcular uma dada integral $\int f(x)\,dx$.

1. Simplifique algebricamente tudo que for possível. Cancele termos possíveis em frações. Por exemplo:

(a) $$\int \frac{x^3-1}{x-1}\,dx = \int \frac{(x-1)(x^2+x+1)}{x-1}\,dx = \int (x^2+x+1)\,dx = \frac{x^3}{3}+\frac{x^2}{2}+x+C$$

(b) $\displaystyle\int \frac{x-x^3}{\sqrt{x}}\,dx = \int (x^{1/2}-x^{5/2})\,dx$, que pode ser integrada facilmente.

(c) $\displaystyle\int \frac{1}{\operatorname{sen}^2 x}\,dx = \int \operatorname{cossec}^2 x\,dx$, e vimos que é igual a $-\operatorname{cotg} x + C$.

(d) $\displaystyle\int e^x \operatorname{senh} x\,dx$. É tentador aplicar a integração por partes, mas isso não produz uma resposta. Em vez disso, substituímos senh x por sua expressão em termos de funções exponenciais para obter

$$\int e^x \operatorname{senh} x\,dx = \int e^x\left(\frac{e^x-e^{-x}}{2}\right)dx = \frac{1}{2}\int \left(e^{2x}-1\right)dx = \frac{e^{2x}}{4}-\frac{x}{2}+C$$

2. Verifique se há substituições possíveis.

Sempre que observarmos que nossa integral é do formato $\displaystyle\int f(g(x))g'(x)\,dx$, podemos usar uma substituição. Para a substituição de $g(x)$ por u ter sucesso, precisamos que exista uma $g'(x)$ para ser juntada com dx para fornecer o du necessário.

Assim, por exemplo, $\displaystyle\int x^2 \operatorname{sen}(x^3)\,dx$ está pronta para a substituição, pois usando $u = x^3$, então $du = 3x^2\,dx$ e, no integrando, temos o x^2 necessário para isso funcionar. A constante 3 que é igualmente necessária não constitui problema pois sempre podemos multiplicar por 1/3 para compensar a falta de 3.

No caso de $\displaystyle\int e^{\operatorname{sen} x}\cos x\,dx$, podemos usar $u = \operatorname{sen} x$ e $du = \cos x\,dx$. No caso de $\displaystyle\int e^x\sqrt{e^x+1}\,dx$, podemos usar $u = e^x+1$ e, então, $du = e^x\,dx$, que temos no integrando.

Às vezes, o que funciona é uma substituição menos óbvia.

■ **EXEMPLO 1** Encontre $\displaystyle\int x^3\sqrt{1+x^2}\,dx$.

Solução Nosso primeiro palpite é tentar a substituição $u = 1+x^2$ resulta em $x^2 = u-1$. pois essa quantidade está dentro da raiz quadrada. Contudo, então $du = 2x\,dx$, e temos um fator extra de x^2 sobrando. Em vez de passar a outro método de integração, observe que tomar $u = 1 + x^2$ resulta em $x^2 = u - 1$. Assim, temos

$$\begin{aligned}\int x^3\sqrt{1+x^2}\,dx &= \int x^2\sqrt{1+x^2}\,x\,dx = \int (u-1)\sqrt{u}\,\frac{du}{2} \\ &= \frac{1}{2}\int \left(u^{3/2} - u^{1/2}\right) du = \frac{u^{5/2}}{5} - \frac{u^{3/2}}{3} + C \\ &= \frac{(1+x^2)^{5/2}}{5} - \frac{(1+x^2)^{3/2}}{3} + C\end{aligned}$$

Essa integral também poderia ter sido calculada com integração por partes, mas isso daria mais trabalho.

EXEMPLO 2 Calcule $\displaystyle\int \frac{dx}{\sqrt{\sqrt{x}+1}}$.

Solução Nosso primeiro palpite é tentar a substituição $u = \sqrt{x}$. No entanto, então teríamos $du = \frac{dx}{2\sqrt{x}}$, e não conseguiríamos fazer a substituição. Em vez disso, tentemos a substituição $u = \sqrt{x} + 1$. Antes de calcular du, resolvemos em x para obter $x = (u-1)^2$. Então $dx = 2(u-1)\,du$. Substituindo, obtemos

$$\begin{aligned}\int \frac{dx}{\sqrt{\sqrt{x}+1}} &= \int \frac{2(u-1)\,du}{\sqrt{u}} = 2\int u^{1/2} - u^{-1/2}\,du \\ &= 2\left(\frac{2}{3}u^{3/2} - 2u^{1/2}\right) + C = \frac{4}{3}(\sqrt{x}+1)^{3/2} - 4(\sqrt{x}+1)^{1/2} + C\end{aligned}$$

3. Considere integração por partes. Como vimos, se houver um produto no integrando, podemos separar a integral nas duas partes u e dv e aplicar integração por partes, obtendo

$$\int u\,dv = uv - \int v\,du$$

Por exemplo, considere $\int xe^x\,dx$. Nesse caso, é óbvio que podemos usar integração por partes. Se não houvesse o x, poderíamos integrar e^x facilmente. Então escolher $u = x$ e $dv = e^x\,dx$ fornece $\int xe^x\,dx = xe^x - \int e^x\,dx$. A integral que resta é uma que sabemos calcular.

Em particular, estamos olhando para integrandos que são produtos tais que derivando um fator do produto e integrando o outro resulte uma integral que seja mais fácil de calcular. Alguns casos a considerar são os seguintes:

(a) $\int x^n f(x)\,dx$. Supondo que $f(x)$ possa ser seguidamente integrado, podemos usar integração por partes repetidamente, sempre escolhendo para u a potência de x que ainda permanece, até eliminar todas as potências de x, deixando algo que saibamos integrar. Os candidatos para $f(x)$ incluem sen x, cos x, e^x, a^x, senh x, cosh x, $\sec^2 x$ e $\text{cossec}^2\,x$, dentre outros. Observe que se x^n for trocado por algum polinômio mais complicado, ainda podemos usar essa mesma técnica, ou seja, integração por partes repetida elimina o polinômio.

(b) $\int e^x \operatorname{sen} x\,dx$. Duas aplicações da integração por partes, escolhendo $u = e^x$ ambas as vezes, dá

$$\int e^x \operatorname{sen} x\,dx = -e^x\cos x + e^x \operatorname{sen} x - \int e^x \operatorname{sen} x\,dx$$

Em vez de obter uma integral mais simples do lado direito, obtivemos exatamente a mesma integral com a qual começamos. Somando-a em ambos os lado, obtemos

$$2\int e^x \operatorname{sen} x\,dx = -e^x\cos x + e^x \operatorname{sen} x + C$$

$$\int e^x \operatorname{sen} x\,dx = \frac{1}{2}(-e^x\cos x + e^x \operatorname{sen} x) + C$$

(c) Embora geralmente seja aplicada a um produto, às vezes a integração por partes funciona com uma só função, tal como $\int \ln x\,dx$, $\int \text{arc tg}\,x\,dx$ e $\int \text{arc sen}\,x\,dx$. Nesse caso, escolhemos a função do integrando como u e tomamos $dv = dx$.

4. Considere o tipo do integrando. É de um dos tipos para os quais temos uma técnica?

(a) É uma integral trigonométrica? Se for do formato $\int \text{sen}^n x \cos^m x\,dx$ e se n for ímpar, usamos a identidade $\text{sen}^2 x = 1 - \cos^2 x$ para remover todas as cópias de sen x, exceto uma. Em seguida, usamos a substituição $u = \cos x$ e $du = -\text{sen}\,x\,dx$. Se m for ímpar, usamos a identidade $\cos^2 x = 1 - \text{sen}^2 x$ para remover todas as cópias de cos x, exceto uma. Em seguida, usamos a substituição $u = \text{sen}\,x$, de modo que $du = \cos x\,dx$. Se m e n forem pares, usamos identidades trigonométricas para baixar as potências das funções trigonométricas. Analogamente, usamos identidades trigonométricas se a integral for do formato $\int \text{tg}^n x \sec^m x\,dx$.

Essas identidades trigonométricas podem ser usadas para reduzir as potências das funções seno e cosseno: $\text{sen}^2 x = \dfrac{1 - \cos(2x)}{2}$ *e* $\cos^2 x = \dfrac{1 + \cos(2x)}{2}$.

(b) O integrando contém $\sqrt{a^2 - x^2}$, $\sqrt{x^2 - a^2}$ ou $\sqrt{x^2 + a^2}$?

Nesse caso, tentamos uma substituição trigonométrica. Lembre que se $x = a\,\text{sen}\,\theta$, então $\sqrt{a^2 - x^2} = a\cos\theta$. Se $x = a\sec\theta$, então $\sqrt{x^2 - a^2} = a\,\text{tg}\,\theta$. E se $x = a\,\text{tg}\,\theta$, então $\sqrt{x^2 + a^2} = a\sec\theta$. Observe que a mesma técnica funciona com quaisquer potências inteiras de raízes, não só com as quadradas.

■ **EXEMPLO 3** Calcule $\int (x^2 + 16)^{3/2}\,dx$.

Solução Seja $x = 4\,\text{tg}\,\theta$. Então $(x^2 + 16)^{3/2} = (16\,\text{tg}^2\theta + 16)^{3/2} = (16\sec^2\theta)^{3/2} = 64\sec^3\theta$ e $dx = 4\sec^2\theta\,d\theta$. Logo, segue que

$$\int (x^2 + 16)^{3/2}\,dx = \int 64\sec^3\theta(4\sec^2\theta)\,d\theta = 256\int \sec^5\theta\,d\theta$$

Agora podemos usar a fórmula de redução (15) da Seção 7.2 para obter

$$\begin{aligned}
256\int \sec^5\theta\,d\theta &= 256\left(\frac{\text{tg}\,\theta\sec^3\theta}{4} + \frac{3}{4}\int \sec^3\theta\,d\theta\right)\\
&= 256\left(\frac{\text{tg}\,\theta\sec^3\theta}{4} + \frac{3}{4}\left(\frac{\text{tg}\,\theta\sec\theta}{2} + \frac{1}{2}\int \sec\theta\,d\theta\right)\right)\\
&= 256\left(\frac{\text{tg}\,\theta\sec^3\theta}{4} + \frac{3}{4}\left(\frac{\text{tg}\,\theta\sec\theta}{2} + \frac{1}{2}\ln|\sec\theta + \text{tg}\,\theta|\right)\right) + C\\
&= 64\,\text{tg}\,\theta\sec^3\theta + 96\,\text{tg}\,\theta\sec\theta + 96\ln|\sec\theta + \text{tg}\,\theta| + C
\end{aligned}$$

Como $x = 4\,\text{tg}\,\theta$, sabemos que $\text{tg}\,\theta = \frac{x}{4}$ e, pelo triângulo da Figura 1, resulta $\sec\theta = \frac{\sqrt{x^2+16}}{4}$. Assim, temos

$$\begin{aligned}
&\int (x^2 + 16)^{3/2}\,dx\\
&= 64\frac{x}{4}(x^2 + 16)^{3/2} + 96\frac{x}{4}(x^2 + 16)^{1/2} + 96\ln\left|(x^2 + 16)^{1/2} + \frac{x}{4}\right| + C\\
&= 16x(x^2 + 16)^{3/2} + 24x(x^2 + 16)^{1/2} + 96\ln\left|(x^2 + 16)^{1/2} + \frac{x}{4}\right| + C
\end{aligned}$$ ■

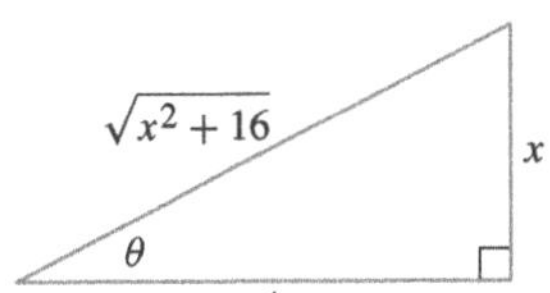

FIGURA 1 Como $x/4 = \text{tg}\,\theta$, podemos completar o triângulo usando o teorema de Pitágoras para encontrar $\sec\theta = \dfrac{\sqrt{x^2+16}}{4}$.

Se a integral contém uma expressão no formato $\sqrt{ax^2 + bx + c}$, podemos completar o quadrado dentro da raiz quadrada para obter um dos casos que acabamos de discutir.

(c) É uma função racional $\dfrac{P}{Q}$ com polinômios P e Q? Se for, seguidamente podemos aplicar o método das frações parciais. Em primeiro lugar, se o grau de P for pelo menos tão grande quanto o de Q, dividimos $P(x)$ por $Q(x)$ para obter um polinômio (que é fácil de integrar) junto a um resto $\dfrac{R(x)}{Q(x)}$, ao qual podemos aplicar o método das frações parciais.

■ **EXEMPLO 4** Encontre $\int \frac{x^2+2x+10}{x^2+x-6}\,dx$.

Solução Observando que o numerador e o denominador têm grau 2, dividimos para obter

$$\frac{x^2+2x+10}{x^2+x-6} = 1 + \frac{x+16}{x^2+x-6}$$

Então podemos escrever

$$\frac{x+16}{x^2+x-6} = \frac{x+16}{(x+3)(x-2)} = \frac{A}{x+3} + \frac{B}{x-2}$$

Limpando o denominador, obtemos

$$x + 16 = A(x-2) + B(x+3)$$

Tomando $x = 2$, essa equação fornece

$$18 = 5B \quad \Rightarrow \quad B = \frac{18}{5}$$

Tomando $x = -3$, essa equação fornece

$$13 = -5A \quad \Rightarrow \quad A = -\frac{13}{5}$$

Assim,

$$\int \frac{x^2+2x+10}{x^2+x-6}\,dx = \int 1 + \frac{-13}{5(x+3)} + \frac{18}{5(x-2)}\,dx$$

$$= x - \frac{13}{5}\ln|x+3| + \frac{18}{5}\ln|x-2| + C$$ ■

Usando uma tabela de integrais

Nas três ultimas páginas deste livro, apresentamos uma lista do formato de muitas integrais comuns. Dada alguma integral específica que queiramos calcular, se conseguirmos fazer com que ela fique da forma de uma das integrais da tabela, então poderemos aplicar a fórmula dada para calcular a integral. Vejamos alguns exemplos.

■ **EXEMPLO 5** Calcule $\int \frac{\sqrt{9-4x^2}}{x}\,dx$.

Solução Olhando a lista de integrais dada ao final do livro, vemos que a fórmula com a integral mais parecida é a de número 69:

$$\int \frac{\sqrt{a^2-u^2}}{u}\,du = \sqrt{a^2-u^2} - a\ln\left|\frac{a+\sqrt{a^2-u^2}}{u}\right| + C$$

No entanto, para fazer nossa integral ficar daquela forma, precisamos trabalhar um pouco. Começamos com a substituição $u = 2x$. Então $du = 2dx$ e $x = \frac{u}{2}$, de modo que

$$\int \frac{\sqrt{9-4x^2}}{x}\,dx = \int \frac{\sqrt{9-u^2}}{u/2}\frac{du}{2} = \int \frac{\sqrt{9-u^2}}{u}\,du$$

Isso está na forma correta, com $a = 3$, portanto obtemos

$$\int \frac{\sqrt{9-4x^2}}{x}\,dx = \int \frac{\sqrt{9-u^2}}{u}\,du = \sqrt{9-u^2} - 3\ln\left|\frac{3+\sqrt{9-u^2}}{u}\right| + C$$

$$= \sqrt{9-4x^2} - 3\ln\left|\frac{3+\sqrt{9-4x^2}}{2x}\right| + C$$

Observe que essa integral também poderia ter sido calculada aplicando uma substituição trigonométrica seguida de mais uma substituição. ■

EXEMPLO 6 Calcule $\int x \operatorname{sen}^2 x \cos x \, dx$.

Solução Essa integral não aparece na tabela de integrais ao final do livro, mas, se não houvesse o x no integrando, poderíamos calculá-la com relativa facilidade. Por isso, tentemos usar integração por partes, com $u = x$ e $dv = \operatorname{sen}^2 x \cos x \, dx$.

Então $du = dx$ e $v = \dfrac{\operatorname{sen}^3 x}{3}$. Assim, temos

$$\int x \operatorname{sen}^2 x \cos x \, dx = x\frac{\operatorname{sen}^3 x}{3} - \int \frac{\operatorname{sen}^3 x}{3} \, dx$$

Essa última integral coincide com a integral que aparece na tabela de integrais com essa fórmula:

$$38. \int \operatorname{sen}^3 u \, dx = -\frac{1}{3}(2 + \operatorname{sen}^2 u) \cos u + C$$

Observe que também poderíamos ter encontrado $\int \operatorname{sen}^3 u \, dx$ substituindo $\operatorname{sen}^2 u$ por $1 - \cos^2 x$ e integrando a substituição u resultante.

Então temos

$$\int x \operatorname{sen}^2 x \cos x \, dx = \frac{1}{3} x \operatorname{sen}^3 x + \frac{1}{9}(2 + \operatorname{sen}^2 x) \cos x + C$$ ■

EXEMPLO 7 Calcule $\int x\sqrt{x^2 - 4x - 5}\, dx$.

Solução Nenhuma das integrais do final do livro vai ficar parecida com essa integral. No entanto, se completarmos o quadrado da quantidade dentro da raiz quadrada, poderemos fazer o integrando ficar mais parecido com as integrais da tabela:

$$x^2 - 4x - 5 = (x - 2)^2 - 9$$

Então substituímos $u = x - 2$ e segue que $du = dx$ e $x = u + 2$:

$$\begin{aligned}\int x\sqrt{x^2 - 4x - 5}\, dx = \int x\sqrt{(x-2)^2 - 9}\, dx &= \int (u + 2)\sqrt{u^2 - 9}\, du \\ &= \int u\sqrt{u^2 - 9}\, du + 2\int \sqrt{u^2 - 9}\, du\end{aligned}$$

A primeira dessas integrais pode ser calculada usando a substituição $w = u^2 - 9$, com $dw = 2u\, du$, portanto

$$\int u\sqrt{u^2 - 9}\, du = \int \sqrt{w}\, \frac{dw}{2} = \frac{1}{3} w^{3/2} + C = \frac{1}{3}(u^2 - 9)^{3/2} + C$$

A segunda integral aparece nesta fórmula do final do livro:

$$76. \int \sqrt{u^2 - a^2}\, du = \frac{u}{2}\sqrt{u^2 - a^2} - \frac{a^2}{2} \ln \left|u + \sqrt{u^2 - a^2}\right| + C$$

com $a = 3$. Portanto,

$$\begin{aligned}&\int x\sqrt{x^2 - 4x - 5}\, dx \\ &= \int u\sqrt{u^2 - 9}\, du + 2\int \sqrt{u^2 - 9}\, du \\ &= \frac{1}{3}(u^2 - 9)^{3/2} + u\sqrt{u^2 - 9} - 9 \ln \left|u + \sqrt{u^2 - 9}\right| + C \\ &= \frac{1}{3}((x-2)^2 - 9)^{3/2} + (x - 2)\sqrt{(x-2)^2 - 9} - 9 \ln \left|x - 2 + \sqrt{(x-2)^2 - 9}\right| + C \\ &= \frac{1}{3}(x^2 - 4x + 5)^{3/2} + (x - 2)\sqrt{x^2 - 4x + 5} - 9 \ln \left|x - 2 + \sqrt{x^2 - 4x + 5}\right| + C\end{aligned}$$ ■

Usando um sistema algébrico computacional

Para conseguir encontrar essas últimas integrais usando as tabelas do final do livro, precisamos de alguma manipulação algébrica e/ou da aplicação de alguma técnica de integração para que a integral entrasse no formato de uma das fórmulas do final do livro. Os computadores são particularmente dedicados a tentar vários arranjos e técnicas de integração para levar uma dada integral a um formato tabelado. Por isso, sistemas computacionais algébricos como Mathematica, Maple, Sage e WolframAlpha são muito eficientes no cálculo de integrais. Contudo, não esqueça que a resposta que esses sistemas geram pode não estar no formato que é mais conveniente para ser usado. Por exemplo, se quisermos encontrar $\int x(x-3)^{15}\,dx$, fazemos a substituição $u = x - 3$ (portanto, $x = u + 3$) e obtemos

$$\int x(x-3)^{15}\,dx = \int (u+3)u^{15}\,du = \int u^{16} + 3u^{15}\,du = \frac{1}{17}u^{17} + \frac{3}{16}u^{16} + C$$
$$= \frac{1}{17}(x-3)^{17} + \frac{3}{16}(x-3)^{16} + C$$

Por outro lado, o sistema computacional algébrico gera a seguinte resposta:

$$\int x(x-3)^{15}\,dx = \frac{x^{17}}{17} - \frac{45x^{16}}{16} + 63x^{15} - \frac{1755x^{14}}{2} + 8505x^{13} - \frac{243.243x^{12}}{4}$$
$$+ 331.695x^{11} - \frac{2.814.669x^{10}}{2} + 4.691.115x^{9} - \frac{98.513.415x^{8}}{8}$$
$$+ 25.332.021x^{7} - \frac{80.601.885x^{6}}{2} + 48.361.131x^{5} - \frac{167.403.915x^{4}}{4}$$
$$+ 23.914.845x^{3} - \frac{14\,348\,907x^{2}}{2} + C$$

Como pode ser visto, na maioria da situações a resposta obtida por substituição pode ser mais útil.

7.6 Resumo

Estratégia de integração:

- Faça todas as simplificações algébricas possíveis.
- Considere possíveis substituições $u = g(x)$, não esquecendo que precisamos ter $g'(x)$ no integrando, pois $du = g'(x)\,dx$.
- Considere integração por partes, escolhendo u como uma função que possa ser derivada, dv como algo que possa se integrado e tais que $\int v\,du$ seja uma integral mais fácil do que a original. Lembre que integração por partes pode até funcionar quando o integrando não for um produto óbvio.
- Verifique se a integral é trigonométrica, da forma $\int \operatorname{sen}^n x \cos^m x\,dx$ ou $\int \operatorname{tg}^m x \sec^m x\,dx$. Se for, podemos aplicar identidades trigonométricas.
- A integral contém $\sqrt{a^2 - x^2}$, $\sqrt{x^2 - a^2}$ ou $\sqrt{x^2 + a^2}$? Caso afirmativo, tente uma substituição trigonométrica.
- O integrando é uma função racional $\frac{P}{Q}$ com polinômios P e Q? Se for, muitas vezes podemos aplicar o método das frações parciais.
- Determine se, depois de adaptações convenientes, a integral aparece na tabela de integrais ao final do livro.
- Considere utilizar um sistema algébrico computacional para obter a integral.
- Se a integral for definida e nenhum desses métodos funcionar, use um sistema algébrico computacional para aproximar a integral numericamente.

7.6 Exercícios

Exercícios preliminares

Em cada uma das seguintes, decida qual é o método aplicável e diga como é aplicado, mas não calcule a integral.

1. $\int x \operatorname{sen} x\, dx$
2. $\int \sqrt{1+x^2}\, dx$
3. $\int \frac{1+x^2}{1-x^2}\, dx$
4. $\int \cos^2 x \operatorname{sen} x\, dx$
5. $\int x \ln x\, dx$
6. $\int \sqrt{1-x^2}\, dx$
7. $\int \operatorname{sen}^3 x \cos^2 x\, dx$

Em cada uma das seguintes, encontre a fórmula da tabela de integrais ao final do livro que pode ser aplicada para encontrar a integral.

8. $\int \frac{3x^2\, dx}{5x+2}$
9. $\int \frac{\sqrt{25+16x^2}}{x^2}\, dx$
10. $\int \sec^3(4x)\, dx$
11. $\int \frac{x^2}{\sqrt{x^2+2x+5}}\, dx$

Exercícios

Nos Exercícios 1-10, indique um bom método para calcular a integral (mas não a calcule). As opções são: substituição (especifique u e du), integração por partes (especifique u e dv), um método trigonométrico ou substituição trigonométrica (especifique qual). Se aparentemente essas técnicas não forem suficientes, indique isso.

1. $\int \frac{x\, dx}{\sqrt{12-6x-x^2}}$
2. $\int \sqrt{4x^2-1}\, dx$
3. $\int \operatorname{sen}^3 x \cos^3 x\, dx$
4. $\int x \sec^2 x\, dx$
5. $\int \frac{dx}{\sqrt{9-x^2}}$
6. $\int \sqrt{1-x^3}\, dx$
7. $\int \operatorname{sen}^{3/2} x\, dx$
8. $\int x^2\sqrt{x+1}\, dx$
9. $\int \frac{dx}{(x+1)(x+2)^3}$
10. $\int \frac{dx}{(x+12)^4}$

Nos Exercícios 11-57, calcule a integral usando o método ou a combinação de métodos apropriados (dentre os que foram apresentados no texto até aqui). Pode ser usada a tabela de integrais ao final do livro, mas não um sistema algébrico computacional.

11. $\int \frac{dx}{x^2\sqrt{4-x^2}}$
12. $\int \frac{dx}{x(x-1)^2}$
13. $\int \cos^2 4x\, dx$
14. $\int x \operatorname{cossec} x \operatorname{cotg} x\, dx$
15. $\int \frac{dx}{(x^2+9)^2}$
16. $\int \theta \operatorname{arc\,sec} \theta\, d\theta$
17. $\int \operatorname{tg}^5 x \sec x\, dx$
18. $\int \frac{(3x^2-1)\, dx}{x(x^2-1)}$
19. $\int \ln(x^4-1)\, dx$
20. $\int \frac{x\, dx}{(x^2-1)^{3/2}}$
21. $\int \frac{x^2\, dx}{(x^2-1)^{3/2}}$
22. $\int \sqrt{(x^2-6x+5)}\, dx$
23. $\int \frac{(x+1)\, dx}{(x^2+4x+8)^2}$
24. $\int \frac{\sqrt{x}\, dx}{x^3+1}$
25. $\int \frac{x^{1/2}\, dx}{x^{1/3}+1}$
26. $\int \frac{dx}{\sqrt{16+x^2}}$
27. $\int \frac{dt}{3+e^{-t}}$
28. $\int \frac{dt}{(1+4t^2)^{3/2}}$
29. $\int x^2 \ln x\, dx$
30. $\int \sec^5 y \operatorname{tg} y\, dy$
31. $\int \frac{dx}{x^2+2x+5}$
32. $\int \frac{x^4+1}{x^2+1}\, dx$
33. $\int \sqrt{x^4+x^7}\, dx$
34. $\int \sqrt{x^2+6x}\, dx$
35. $\int \frac{dx}{1+e^x}$
36. $\int \frac{x^5}{x^3-1}\, dx$
37. $\int \frac{x}{\sqrt{x}-1}\, dx$
38. $\int \frac{x}{\sqrt{x+2}}\, dx$
39. $\int \frac{x^2}{\sqrt{x+1}}\, dx$
40. $\int \sqrt{x^2-16}\, dx$
41. $\int (\operatorname{sen} x + \cos 2x)^2\, dx$
42. $\int \sqrt{1+\sqrt{x}}\, dx$
43. $\int \operatorname{sen}^2 x \operatorname{tg} x\, dx$
44. $\int x \ln(x+12)\, dx$
45. $\int \ln(x^2+9)\, dx$
46. $\int \frac{dx}{x(x^2-6x-7)}$
47. $\int \operatorname{sen}^5 x \cos^2 x\, dx$
48. $\int e^x\sqrt{e^{2x}-1}\, dx$
49. $\int \cos^7 x\, dx$
50. $\int \frac{x^{11}}{x^4-1}\, dx$
51. $\int \frac{x^5}{x^4-1}\, dx$
52. $\int \operatorname{tg} x \sec^{5/4} x\, dx$
53. $\int (3\sec x - \cos x)^2\, dx$
54. $\int x^3 \ln x\, dx$
55. $\int x^3 \ln^2 x\, dx$
56. $\int \sqrt{e^x+1}\, dx$
57. $\int \frac{dx}{\sqrt{x^2-36}}$
58. Tente usar um sistema algébrico computacional para encontrar $\int (\ln x + 1)\sqrt{(x \ln x)^2+1}\, dx$. (Isso provavelmente não vai dar certo.) Agora, calcule a integral sem o CAS.

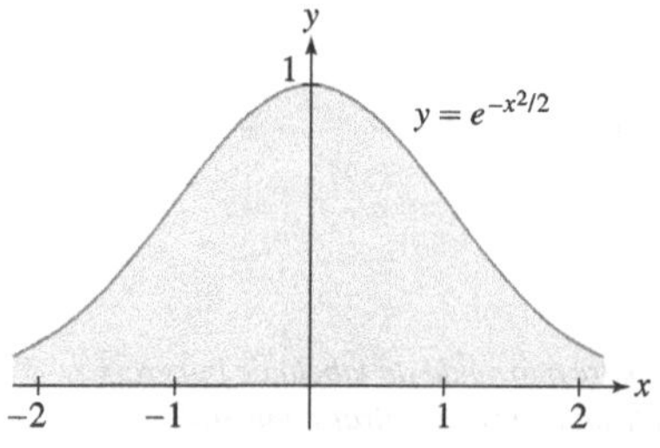

FIGURA 1 A curva em forma de sino. A região se estende infinitamente em ambos os sentidos, mas a área total é finita.

O grande matemático britânico G. H. Hardy (1877-1947) observou que no Cálculo não aprendemos a perguntar "O que é?", mas sim "Como podemos ***definir*** *isso?" Vimos que retas tangentes e áreas abaixo de curvas não têm um sentido claro até que as definimos precisamente usando limites. Aqui, novamente, a pergunta-chave é "Como poderemos definir a área de uma região ilimitada?"*

7.7 Integrais impróprias

As integrais que estudamos até aqui representam área com sinal de regiões limitadas. Contudo, áreas de regiões ilimitadas (Figura 1) também ocorrem nas aplicações e são representadas por **integrais impróprias**.

Há duas maneiras de uma integral ser imprópria: (1) o intervalo de integração pode ser infinito, ou (2) o integrando pode tender ao infinito. Começamos com integrais impróprias em intervalos infinitos. Uma ou ambas as extremidades podem ser infinitas:

$$\int_{-\infty}^{a} f(x)\,dx, \qquad \int_{a}^{\infty} f(x)\,dx, \qquad \int_{-\infty}^{\infty} f(x)\,dx$$

Em que sentido a área de uma região ilimitada poderia ser finita? Para responder a essa questão, devemos especificar o que entendemos por área de uma região ilimitada. Considere a área [Figura 2(A)] abaixo do gráfico de $f(x) = e^{-x}$, acima do intervalo finito $[0, R]$:

$$\int_0^R e^{-x}\,dx = -e^{-x}\Big|_0^R = -e^{-R} + e^0 = 1 - e^{-R}$$

Se $R \to \infty$, essa área tende a um valor finito [Figura 2(B)]:

$$\int_0^\infty e^{-x}\,dx = \lim_{R\to\infty} \int_0^R e^{-x}\,dx = \lim_{R\to\infty} \left(1 - e^{-R}\right) = 1 \qquad \mathbf{1}$$

Parece razoável tomar esse limite como a *definição* da área abaixo do gráfico e acima do intervalo infinito $[0, \infty)$. Assim, a região ilimitada na Figura 2(C) tem área 1.

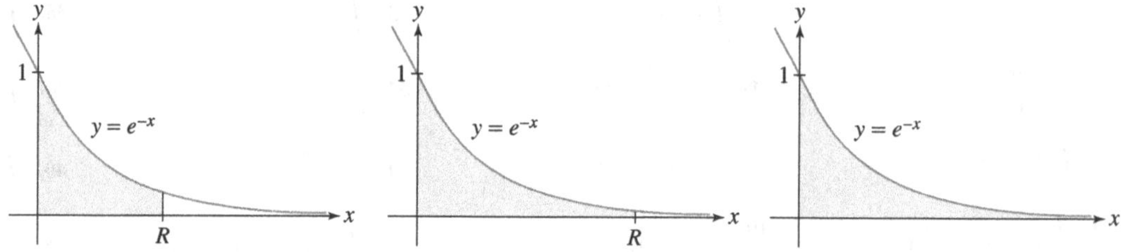

(A) A região finita tem área $1 - e^{-R}$ (B) A área tende a 1 se $R \to \infty$ (C) A região ilimitada tem área 1.

FIGURA 2

LEMBRETE Quando dizemos "O limite não existe", isso inclui as possibilidades de a função ser $+\infty$, $-\infty$ ou que a função não tende a algum número real.

DEFINIÇÃO Integral imprópria Fixado um número a, suponha que f seja integrável em $[a, b]$, com qualquer $b > a$. A *integral imprópria* de f em $[a, \infty)$ é definida como o limite (caso exista)

$$\int_a^\infty f(x)\,dx = \lim_{R\to\infty} \int_a^R f(x)\,dx$$

Quando o limite existir (e for finito), dizemos que a integral imprópria *converge*; se não existir, dizemos que *diverge*.

Analogamente, definimos

$$\int_{-\infty}^a f(x)\,dx = \lim_{R\to-\infty} \int_R^a f(x)\,dx$$

■ **EXEMPLO 1** Mostre que $\displaystyle\int_2^\infty \frac{dx}{x^3}$ converge e calcule seu valor.

Solução

$$\int_2^\infty \frac{dx}{x^3} = \lim_{R\to\infty} \int_2^R \frac{dx}{x^3} = \lim_{R\to\infty} -\frac{1}{2}x^{-2}\Big|_2^R = \lim_{R\to\infty} -\frac{1}{2}(R^{-2}) + \frac{1}{2}(2^{-2})$$

$$= \lim_{R\to\infty} \left(\frac{1}{8} - \frac{1}{2R^2}\right) = \frac{1}{8}$$

Concluímos que a região sombreada ilimitada na Figura 3 tem área $\frac{1}{8}$. ■

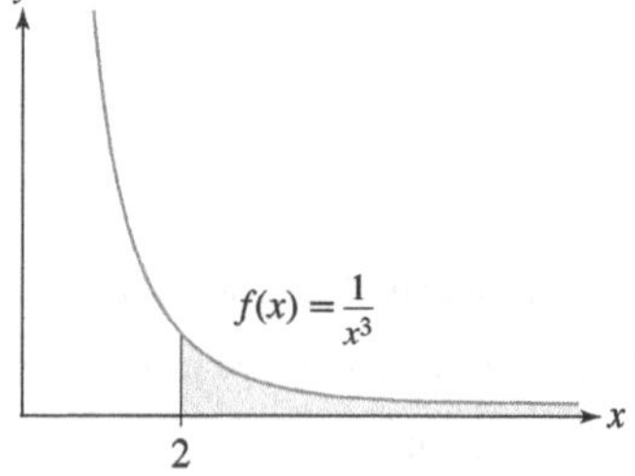

FIGURA 3 A área acima de $[2, \infty)$ é igual a $\frac{1}{8}$.

■ **EXEMPLO 2** Determine se $\int_{-\infty}^{-1} \frac{dx}{x}$ converge.

Solução Como limite de integração inferior é $-\infty$, tomamos $R < -1$. Então calculamos o limite com $R \to -\infty$:

$$\int_{-\infty}^{-1} \frac{dx}{x} = \lim_{R\to-\infty} \int_{R}^{-1} \frac{dx}{x} = \lim_{R\to-\infty} \ln|x|\Big|_{R}^{-1}$$

$$= \lim_{R\to-\infty} \ln|-1| - \ln|R| = \lim_{R\to-\infty} (-\ln|R|) = -\lim_{R\to-\infty} \ln|R| = -\infty$$

O limite é infinito, portanto a integral imprópria diverge. Concluímos que a área da região ilimitada na Figura 4 é infinita. ■

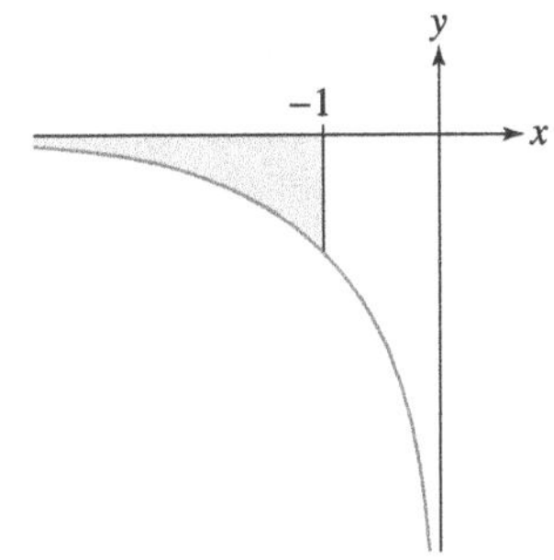

FIGURA 4 A integral de $f(x) = x^{-1}$ acima de $(-\infty, -1]$ é infinita.

Uma integral imprópria duplamente infinita é definida como uma soma (desde que ambas integrais à direita convirjam):

$$\int_{-\infty}^{\infty} f(x)\,dx = \int_{-\infty}^{0} f(x)\,dx + \int_{0}^{\infty} f(x)\,dx \qquad 2$$

Poderíamos ter usado algum outro número e não 0 para dividir a integral, se fosse mais conveniente.

■ **EXEMPLO 3** Determine se $\int_{-\infty}^{\infty} \frac{1}{1+x^2}\,dx$ converge e, se convergir, calcule seu valor.

Solução

$$\int_{-\infty}^{\infty} \frac{1}{1+x^2}\,dx = \int_{-\infty}^{0} \frac{1}{1+x^2}\,dx + \int_{0}^{\infty} \frac{1}{1+x^2}\,dx$$

supondo que ambas as integrais convirjam. Para a segunda, temos:

$$\int_{0}^{\infty} \frac{1}{1+x^2}\,dx = \lim_{R\to\infty} \int_{0}^{R} \frac{1}{1+x^2}\,dx = \lim_{R\to\infty} \operatorname{arc\,tg} x\Big|_{0}^{R} = \lim_{R\to\infty} \operatorname{arc\,tg} R - 0 = \frac{\pi}{2}$$

Analogamente,

$$\int_{-\infty}^{0} \frac{1}{1+x^2}\,dx = \lim_{R\to-\infty} \int_{R}^{0} \frac{1}{1+x^2}\,dx = \lim_{R\to-\infty} \operatorname{arc\,tg} x\Big|_{R}^{0} = \lim_{R\to-\infty} 0 - \operatorname{arc\,tg} R = \frac{\pi}{2}$$

Assim, como ambas as integrais convergem,

$$\int_{-\infty}^{\infty} \frac{1}{1+x^2}\,dx = \int_{-\infty}^{0} \frac{1}{1+x^2}\,dx + \int_{0}^{\infty} \frac{1}{1+x^2}\,dx = \frac{\pi}{2} + \frac{\pi}{2} = \pi$$

■

ENTENDIMENTO CONCEITUAL Comparando as regiões ilimitadas sombreadas nas Figuras 3 e 4, podemos estranhar que uma tenha área finita e, a outra, infinita. A convergência de uma integral imprópria depende de quão rapidamente $f(x)$ tende a zero com $x \to \infty$ (ou $x \to -\infty$). Nossas contas mostram que a convergência a zero de x^{-2} é suficientemente rápida, mas não a de x^{-1}.

Uma integral imprópria de uma função potência $f(x) = x^{-p}$ é denominada **integral** $\boldsymbol{p}$. Observe que quanto maior for p, mais rapidamente decresce $f(x) = x^{-p}$. Nosso próximo teorema mostra que o expoente $p = -1$ é o ponto divisório entre a convergência e a divergência.

As integrais p são particularmente importantes porque são, muitas vezes, usadas para determinar a convergência ou divergência de integrais mais complicadas, por meio do teste de comparação (ver Exemplo 10).

TEOREMA 1 Integral p em $[a, \infty)$ Fixado $a > 0$,

$$\int_a^\infty \frac{dx}{x^p} = \begin{cases} \dfrac{a^{1-p}}{p-1} & \text{se } p > 1 \\ \text{diverge} & \text{se } p \le 1 \end{cases}$$

Demonstração Denotemos a integral p por J. Então

$$J = \lim_{R\to\infty} \int_a^R x^{-p}\,dx = \lim_{R\to\infty} \left.\frac{x^{1-p}}{1-p}\right|_a^R = \lim_{R\to\infty} \left(\frac{R^{1-p}}{1-p} - \frac{a^{1-p}}{1-p}\right)$$

Se $p > 1$, então $1 - p < 0$ e R^{1-p} tende a zero com $R \to \infty$. Nesse caso, $J = \dfrac{a^{1-p}}{p-1}$. Se $p < 1$, então $1 - p > 0$ e R^{1-p} tende a ∞. Nesse caso, J diverge. Finalmente, se $p = 1$, então J diverge porque $\lim_{R\to\infty} \int_a^R x^{-1}\,dx = \lim_{R\to\infty} (\ln R - \ln a) = \infty$. ■

Às vezes é necessário usar a regra de L'Hôpital para determinar os limites que aparecem em integrais impróprias.

■ **EXEMPLO 4 Usando a regra de L'Hôpital** Calcule $\int_0^\infty xe^{-x}\,dx$.

Solução Primeiramente, usamos integração por partes com $u = x$ e $dv = e^{-x}\,dx$:

$$\int xe^{-x}\,dx = -xe^{-x} + \int e^{-x}\,dx = -xe^{-x} - e^{-x} = -(x+1)e^{-x} + C$$

$$\int_0^R xe^{-x}\,dx = -(x+1)e^{-x}\Big|_0^R = -(R+1)e^{-R} + 1 = 1 - \frac{R+1}{e^R}$$

Agora calculamos a integral imprópria como um limite, usando a regra de L'Hôpital:

$$\int_0^\infty xe^{-x}\,dx = 1 - \lim_{R\to\infty} \frac{R+1}{e^R} = 1 - \underbrace{\lim_{R\to\infty} \frac{1}{e^R}}_{\text{Regra de L'Hôpital}} = 1 - 0 = 1$$ ■

A integrais impróprias surgem em aplicações nas quais faz sentido lidar com certas quantidades muito grandes como se fossem infinitas. Por exemplo, um objeto lançado com velocidade de escape nunca mais retorna à Terra e fica percorrendo distâncias "infinitas" pelo espaço.

Na Física, falamos em mover um objeto "infinitamente longe". Na prática, isso significa "muito longe", mas é mais conveniente trabalhar com uma integral imprópria.

LEMBRETE A massa da Terra é

$$M_e \approx 5{,}98 \cdot 10^{24}\ \text{kg}$$

O raio da Terra é

$$r_e \approx 6{,}37 \cdot 10^6\ \text{m}$$

A constante de gravitação universal é

$$G \approx 6{,}67 \cdot 10^{-11}\ \text{N-m}^2/\text{kg}^2$$

1 Newton é 1 kg-m/s^2 e um joule é 1 N-m.

■ **EXEMPLO 5 Velocidade de escape** A Terra exerce uma força gravitacional de magnitude $F(r) = GM_em/r^2$ num objeto de massa m a uma distância r do centro da Terra.

(a) Encontre o trabalho exigido para mover o objeto a uma distância infinita da Terra.
(b) Calcule a velocidade de escape v_{esc} na superfície da Terra.

Solução Lembre que o trabalho é a integral da força como função da distância (Seção 6.5). Assim, precisamos calcular uma integral p com $p = 2$.

(a) O trabalho exigido para mover um objeto da superfície da Terra ($r = r_e$) a uma distância R do centro é

$$\int_{r_e}^R \frac{GM_em}{r^2}\,dr = -\frac{GM_em}{r}\Big|_{r_e}^R = GM_em\left(\frac{1}{r_e} - \frac{1}{R}\right) \text{ joules}$$

O trabalho para mover o objeto "infinitamente longe" é a integral imprópria

$$GM_em \int_{r_e}^\infty \frac{dr}{r^2} = \lim_{R\to\infty} GM_em\left(\frac{1}{r_e} - \frac{1}{R}\right) = \frac{GM_em}{r_e} \text{ joules}$$

(b) Pelo princípio da conservação da energia, um objeto lançado com uma velocidade inicial v_0 escapará do campo gravitacional terrestre se a sua energia cinética $\frac{1}{2}mv_0^2$ for, pelo menos, tão grande quanto o trabalho exigido para mover o objeto infinitamente longe, isto é, se

$$\frac{1}{2}mv_0^2 \geq \frac{GM_e m}{r_e} \quad \Rightarrow \quad v_0 \geq \left(\frac{2GM_e}{r_e}\right)^{1/2}$$

Usando os valores das constantes lembradas à margem, obtemos que $v_0 \geq 11.200$ m/s. A velocidade mínima é a velocidade de escape $v_{esc} = 11.200$ m/s ■

A velocidade de escape em quilômetros por hora é, aproximadamente, 40.320 km/h.

■ **EXEMPLO 6** **Anuidade perpétua** Um investimento paga dividendos continuamente a uma taxa de 6.000 dólares/ano. Calcule o valor presente da série de pagamentos se a taxa de juros for de 4% e os dividendos continuarem a ser pagos para sempre.

Solução Lembre que na Seção 5.9 definimos que o valor presente (PV) depois de T anos à taxa $r = 0{,}04$ é $\int_0^T 6000e^{-0{,}04t}\,dt$. Ao longo de um intervalo de tempo infinito,

$$\text{PV} = \int_0^{\infty} 6000e^{-0{,}04t}\,dt = \lim_{T\to\infty} \frac{6000e^{-0{,}04t}}{-0{,}04}\bigg|_0^T = \frac{6000}{0{,}04} = \$150.000$$

Embora seja paga uma quantidade infinita de dólares durante o intervalo de tempo infinito, seu valor presente total é finito. ■

Na prática, a expressão "para sempre" significa "uma duração de tempo longa, mas não especificada". Por exemplo, se o investimento pagar dividendos por 100 anos, então seu valor presente é de

$$\int_0^{100} 6000e^{-0{,}04t}\,dt \approx \$147.253$$

A integral imprópria (de valor $150.000) dá uma aproximação útil e conveniente desse valor.

Funções ilimitadas

Uma integral em um intervalo finito $[a, b]$ é imprópria se o integrando for ilimitado. Nesse caso, a região em questão é infinita na direção vertical. Por exemplo, $\int_0^9 \frac{dx}{\sqrt{x}}$ é imprópria porque o integrando $f(x) = x^{-1/2}$ tende a ∞ com $x \to 0+$ (Figura 5). Integrais impróprias desse tipo são definidas como limites laterais.

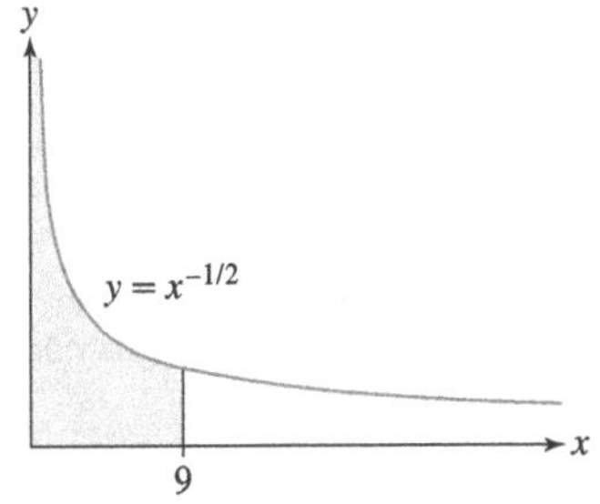

FIGURA 5 A região sombreada tem área 6, pelo Exemplo 7(a).

DEFINIÇÃO **Integrandos ilimitados** Se f for contínua em $[a, b)$ e $\lim_{x\to b^-} f(x) = \pm\infty$, definimos

$$\int_a^b f(x)\,dx = \lim_{R\to b^-} \int_a^R f(x)\,dx$$

Analogamente, se f for contínua em $(a, b]$, mas $\lim_{x\to a^+} f(x) = \pm\infty$,

$$\int_a^b f(x)\,dx = \lim_{R\to a^+} \int_R^b f(x)\,dx$$

Em ambas as situações, dizemos que a integral imprópria converge se o limite existir; caso contrário, diverge.

Observe que se existir um ponto c no intervalo $[a, b]$ tal que $\lim_{x\to c^-} f(x) = \pm\infty$ ou $\lim_{x\to c^+} f(x) = \pm\infty$, e se $\int_a^c f(x)\,dx$ e $\int_c^b f(x)\,dx$ convergirem, então definimos $\int_a^b f(x)\,dx = \int_a^c f(x)\,dx + \int_c^b f(x)\,dx$.

■ **EXEMPLO 7** Calcule: **(a)** $\int_0^9 \frac{dx}{\sqrt{x}}$ e **(b)** $\int_0^{1/2} \frac{dx}{x}$.

Solução Ambas as integrais são impróprias, já que os integrandos têm descontinuidades infinitas em $x = 0$. A primeira integral converge:

$$\int_0^9 \frac{dx}{\sqrt{x}} = \lim_{R\to 0+} \int_R^9 x^{-1/2}dx = \lim_{R\to 0+} 2x^{1/2}\bigg|_R^9$$

$$= \lim_{R\to 0+} (6 - 2R^{1/2}) = 6$$

A segunda integral diverge:

$$\int_0^{1/2} \frac{dx}{x} = \lim_{R\to 0+} \int_R^{1/2} \frac{dx}{x} = \lim_{R\to 0+} \left(\ln\frac{1}{2} - \ln R\right)$$

$$= \ln\frac{1}{2} - \lim_{R\to 0+} \ln R = \infty$$

■

■ **EXEMPLO 8** Calcule $\int_0^2 \frac{dx}{(x-1)^{\frac{2}{3}}}$.

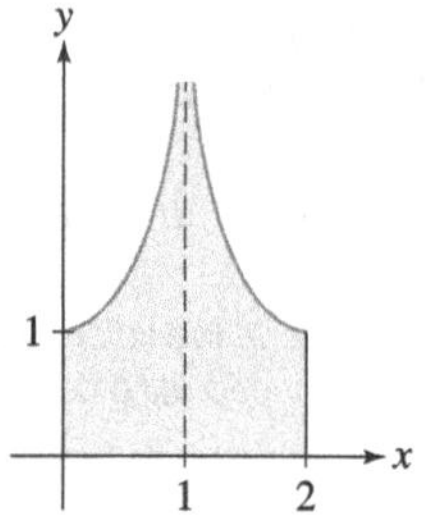

FIGURA 6 A região ilimitada sombreada tem área 6.

Solução A integral é imprópria com uma descontinuidade infinita em $x = 1$ (Figura 6). Portanto, escrevemos

$$\int_0^2 \frac{dx}{(x-1)^{\frac{2}{3}}} = \int_0^1 \frac{dx}{(x-1)^{\frac{2}{3}}} + \int_1^2 \frac{dx}{(x-1)^{\frac{2}{3}}}$$

Consideramos cada integral separadamente:

$$\int_0^1 \frac{dx}{(x-1)^{\frac{2}{3}}} = \lim_{R\to 1^-} \int_0^R \frac{dx}{(x-1)^{\frac{2}{3}}} = \lim_{R\to 1^-} 3(x-1)^{\frac{1}{3}}\Big|_0^R$$

$$= \lim_{R\to 1^-} 3(R-1)^{\frac{1}{3}} - 3(-1)^{\frac{1}{3}} = 3$$

$$\int_1^2 \frac{dx}{(x-1)^{\frac{2}{3}}} = \lim_{R\to 1^+} \int_R^2 \frac{dx}{(x-1)^{\frac{2}{3}}} = \lim_{R\to 1^+} 3(x-1)^{\frac{1}{3}}\Big|_R^2$$

$$= \lim_{R\to 1^+} 3(1)^{\frac{1}{3}} - 3(R-1)^{\frac{1}{3}} = 3$$

O Teorema 2 é válido com qualquer expoente p. No entanto, a integral não é imprópria se $p < 0$.

Assim, obtemos

$$\int_0^2 \frac{dx}{(x-1)^{\frac{2}{3}}} = \int_0^1 \frac{dx}{(x-1)^{\frac{2}{3}}} + \int_1^2 \frac{dx}{(x-1)^{\frac{2}{3}}} = 3 + 3 = 6$$

■

A prova do próximo teorema é análoga à prova do Teorema 1 (ver Exercício 52).

TEOREMA 2 **A integral p em $[0, a]$** Se $a > 0$,

$$\int_0^a \frac{dx}{x^p} = \begin{cases} \dfrac{a^{1-p}}{1-p} & \text{se } p < 1 \\ \text{diverge} & \text{se } p \geq 1 \end{cases}$$

ENTENDIMENTO GRÁFICO As integrais p $\int_a^\infty x^{-p}\,dx$ e $\int_0^a x^{-p}\,dx$ têm comportamento contrário em $p \neq 1$. A primeira converge somente se $p > 1$ e a segunda converge somente se $p < 1$ (ambas divergem se $p = 1$). Isso se reflete nos gráficos de $y = x^{-p}$ e $y = x^{-q}$, que trocam de lugar em $x = 1$ (Figura 7). Vemos que um valor grande de p ajuda $\int_a^\infty x^{-p}\,dx$ a convergir, mas faz $\int_0^a x^{-p}\,dx$ divergir.

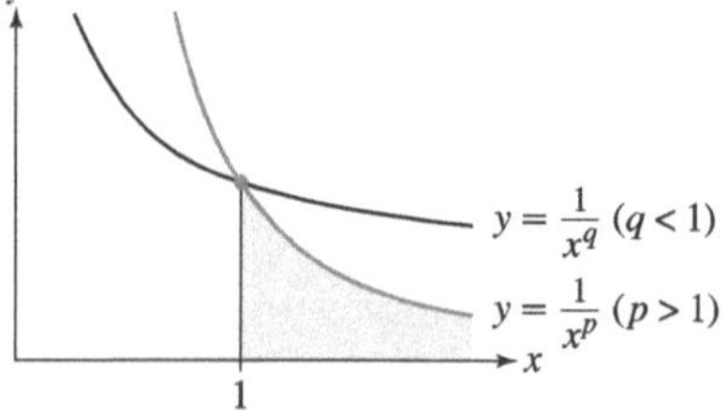

$\int_1^\infty \frac{dx}{x^p} < \infty$ mas $\int_1^\infty \frac{dx}{x^q} = \infty$

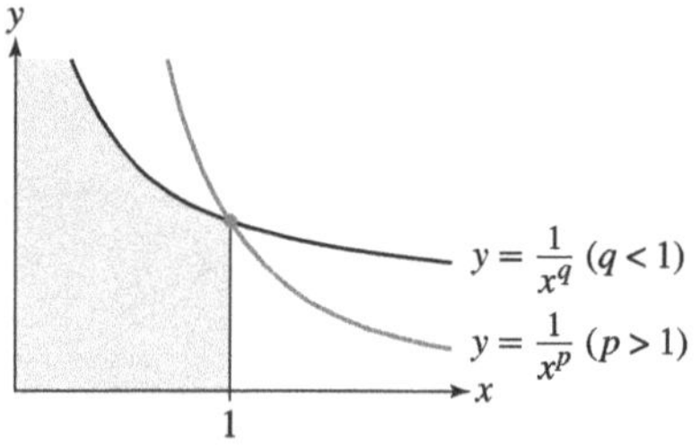

$\int_0^1 \frac{dx}{x^p} = \infty$ mas $\int_0^1 \frac{dx}{x^q} < \infty$

FIGURA 7

Na Seção 8.1, calcularemos o comprimento de uma curva como uma integral. Ocorre que a integral imprópria de nosso próximo exemplo representa o comprimento de uma quarta parte do círculo unitário. Assim, podemos esperar que o valor da integral seja $\frac{1}{4}(2\pi) = \pi/2$.

■ **EXEMPLO 9** Calcule $\int_0^1 \frac{dx}{\sqrt{1-x^2}}$.

Solução Essa integral é imprópria com uma descontinuidade infinita em $x = 1$ (Figura 8). Usando a fórmula $\int dx/\sqrt{1-x^2} = \text{arc sen}\, x + C$, obtemos

$$\int_0^1 \frac{dx}{\sqrt{1-x^2}} = \lim_{R\to 1-} \int_0^R \frac{dx}{\sqrt{1-x^2}}$$

$$= \lim_{R\to 1-} (\text{arc sen}\, R - \text{arc sen}\, 0)$$

$$= \text{arc sen}\, 1 - \text{arc sen}\, 0 = \frac{\pi}{2} - 0 = \frac{\pi}{2}$$ ■

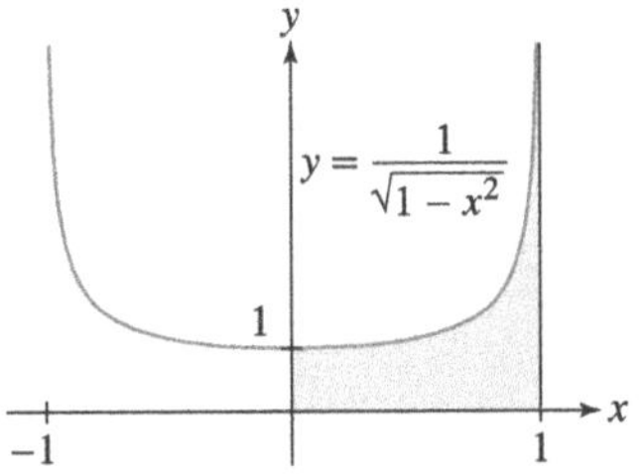

FIGURA 8 A região ilimitada sombreada tem área $\frac{\pi}{2}$.

Comparação de integrais

Às vezes, estamos interessados em determinar se certa integral imprópria converge, mesmo se não conseguirmos encontrar seu valor exato. Por exemplo, a integral

$$\int_1^\infty \frac{e^{-x}}{x}\, dx$$

não pode ser calculada explicitamente. No entanto, se $x \geq 1$, então

$$0 \leq \frac{1}{x} \leq 1 \quad \Rightarrow \quad 0 \leq \frac{e^{-x}}{x} \leq e^{-x}$$

Em outras palavras, o gráfico de $y = e^{-x}/x$ fica *abaixo* do gráfico de $y = e^{-x}$ com $x \geq 1$ (Figura 9). Portanto,

$$0 \quad \leq \quad \int_1^\infty \frac{e^{-x}}{x}\, dx \quad \leq \quad \underbrace{\int_1^\infty e^{-x}\, dx = e^{-1}}_{\text{Converge por cálculo direto}}$$

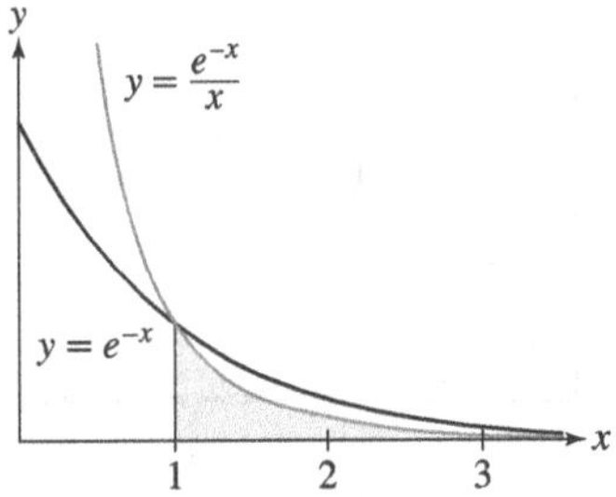

FIGURA 9 Há menos área abaixo de $y = e^{-x}/x$ do que de $y = e^{-x}$ no intervalo $[1, \infty)$.

Como a integral maior converge, é de se esperar que a integral menor também convirja (e que seu valor seja algum número positivo menor do que e^{-1}). Esse tipo de conclusão é o conteúdo do teorema seguinte (cuja prova omitimos).

TEOREMA 3 Teste da comparação para integrais impróprias Suponha que $f(x) \geq g(x) \geq 0$ com $x \geq a$.

- Se $\int_a^\infty f(x)\, dx$ convergir, então $\int_a^\infty g(x)\, dx$ também converge.
- Se $\int_a^\infty g(x)\, dx$ divergir, então $\int_a^\infty f(x)\, dx$ também diverge.

O teste da comparação é igualmente válido para integrais impróprias com descontinuidades infinitas nas extremidades.

■ **EXEMPLO 10** Mostre que $\int_1^\infty \frac{dx}{\sqrt{x^3+1}}$ converge.

Solução Não sabemos calcular essa integral, mas podemos usar o teste da comparação. Para mostrar que a integral converge, devemos comparar o integrando $(x^3+1)^{-1/2}$ com uma função *maior* cuja integral saibamos calcular.

Faz sentido comparar com $x^{-3/2}$, porque $\sqrt{x^3} \leq \sqrt{x^3+1}$. Logo,

$$\frac{1}{\sqrt{x^3+1}} \leq \frac{1}{\sqrt{x^3}} = x^{-3/2}$$

A integral da função maior converge, portanto, a integral da função menor também converge:

$$\underbrace{\int_1^\infty \frac{dx}{x^{3/2}}}_{\text{Integral } p \text{ com } p>1} \quad \text{converge} \quad \Rightarrow \quad \underbrace{\int_1^\infty \frac{dx}{\sqrt{x^3+1}}}_{\text{Integral da função menor}} \quad \text{converge} \qquad \blacksquare$$

■ **EXEMPLO 11** **Escolhendo a comparação certa** $\displaystyle\int_1^\infty \frac{dx}{\sqrt{x}+e^{3x}}$ converge?

O que o teste da comparação afirma (para funções não negativas):

- *Se a integral da função maior convergir, então a integral da função menor também converge.*
- *Se a integral da função menor divergir, então a integral da função maior também diverge.*

Solução Como $\sqrt{x} \geq 0$, temos $\sqrt{x}+e^{3x} \geq e^{3x}$ e, portanto,

$$\frac{1}{\sqrt{x}+e^{3x}} \leq \frac{1}{e^{3x}}$$

Além disso,

$$\int_1^\infty \frac{dx}{e^{3x}} = \lim_{R\to\infty} -\frac{1}{3}e^{-3x}\bigg|_1^R = \lim_{R\to\infty} \frac{1}{3}\left(e^{-3}-e^{-3R}\right) = \frac{1}{3}e^{-3} \quad \text{(converge)}$$

Nossa integral converge pelo teste da comparação:

$$\underbrace{\int_1^\infty \frac{dx}{e^{3x}}}_{\text{Integral da função maior}} \quad \text{converge} \quad \Rightarrow \quad \underbrace{\int_1^\infty \frac{dx}{\sqrt{x}+e^{3x}}}_{\text{Integral da função menor}} \quad \text{também converge}$$

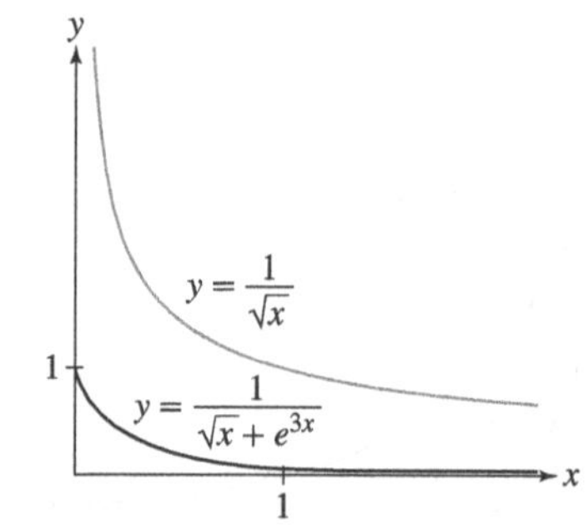

FIGURA 10 A divergência de uma integral maior não diz coisa alguma sobre a integral menor.

Se não estivéssemos atentos, poderíamos ter tentado usar a desigualdade

$$\frac{1}{\sqrt{x}+e^{3x}} \leq \frac{1}{\sqrt{x}}$$

No entanto, a integral $\displaystyle\int_1^\infty \frac{dx}{\sqrt{x}}$ diverge (integral p, com $p<1$), e isso não nos diz coisa alguma sobre a integral menor (Figura 10). ■

■ **EXEMPLO 12** **Descontinuidade na extremidade** $J = \displaystyle\int_0^{0,5} \frac{dx}{x^8+x^2}$ converge?

Solução Esse integrando tem uma descontinuidade em $x = 0$, pois $\displaystyle\lim_{x\to 0+} \frac{1}{x^8+x^2} = +\infty$. Poderíamos tentar a comparação

$$x^8+x^2 > x^2 \quad \Rightarrow \quad \frac{1}{x^8+x^2} < \frac{1}{x^2}$$

No entanto, a integral p $\displaystyle\int_0^{0,5} \frac{dx}{x^2}$ diverge, portanto isso não nos diz coisa alguma sobre nossa integral J, que é menor. Observe, entretanto, que se $0 < x < 0,5$, então $x^8 < x^2$ e, portanto,

$$x^8+x^2 < 2x^2 \quad \Rightarrow \quad \frac{1}{x^8+x^2} > \frac{1}{2x^2}$$

Como $\displaystyle\int_0^{0,5} \frac{dx}{2x^2}$ diverge, a integral maior J também diverge. ■

7.7 Resumo

- Uma *integral imprópria* é definida como o limite de integrais comuns:

$$\int_a^\infty f(x)\,dx = \lim_{R\to\infty} \int_a^R f(x)\,dx$$

A integral imprópria *converge* se esse limite existir; caso contrário, *diverge*.

- Se f for contínua em $[a, b)$ e $\lim_{x\to b^-} f(x) = \pm\infty$, então

$$\int_a^b f(x)\,dx = \lim_{R\to b-} \int_a^R f(x)\,dx$$

- Se f for contínua em $[a, b]$ e $\lim_{x\to c^-} f(x) = \pm\infty$ ou $\lim_{x\to c^+} f(x) = \pm\infty$, com $a < c < b$, e se $\int_a^c f(x)\,dx$ e $\int_c^b f(x)\,dx$ convergirem, então

$$\int_a^b f(x)\,dx = \int_a^c f(x)\,dx + \int_c^b f(x)\,dx$$

- Uma integral imprópria de x^{-p} é denominada integral p. Dado $a > 0$,

$p > 1$:	$\int_a^\infty \frac{dx}{x^p}$	converge	e	$\int_0^a \frac{dx}{x^p}$	diverge
$p < 1$:	$\int_a^\infty \frac{dx}{x^p}$	diverge	e	$\int_0^a \frac{dx}{x^p}$	converge
$p = 1$:	ambas $\int_a^\infty \frac{dx}{x}$		e	$\int_0^a \frac{dx}{x}$	divergem

- Teste da comparação: suponha que $f(x) \geq g(x) \geq 0$ com $x \geq a$.

Se $\int_a^\infty f(x)\,dx$ converge, então $\int_a^\infty g(x)\,dx$ converge.

Se $\int_a^\infty g(x)\,dx$ diverge, então $\int_a^\infty f(x)\,dx$ diverge.

- Lembre que o teste da comparação não fornece informação alguma se a integral maior $\int_a^\infty f(x)\,dx$ divergir ou a integral menor $\int_a^\infty g(x)\,dx$ convergir.
- O teste da comparação também é válido com integrais impróprias com descontinuidades infinitas nas extremidades.

7.7 Exercícios

Exercícios preliminares

1. Decida se a integral converge ou diverge:

(a) $\int_1^\infty x^{-3}\,dx$ **(b)** $\int_0^1 x^{-3}\,dx$

(c) $\int_1^\infty x^{-2/3}\,dx$ **(d)** $\int_0^1 x^{-2/3}\,dx$

2. Será $\int_0^{\pi/2} \operatorname{cotg} x\,dx$ uma integral imprópria? Explique.

3. Encontre um valor de $b > 0$ que torne $\int_0^b \frac{1}{x^2 - 4}\,dx$ uma integral imprópria.

4. Qual comparação mostraria que $\int_0^\infty \frac{dx}{x + e^x}$ converge?

5. Explique por que não é possível tirar alguma conclusão sobre a convergência de $\int_1^\infty \frac{e^{-x}}{x}\,dx$ comparando-a com a integral $\int_1^\infty \frac{dx}{x}$.

Exercícios

1. Qual das integrais seguintes é imprópria? Explique sua reposta, mas não calcule a integral.

(a) $\int_0^2 \frac{dx}{x^{1/3}}$ (b) $\int_1^\infty \frac{dx}{x^{0,2}}$ (c) $\int_{-1}^\infty e^{-x}\,dx$

(d) $\int_0^1 e^{-x}\,dx$ (e) $\int_0^\pi \sec x\,dx$ (f) $\int_0^\infty \operatorname{sen} x\,dx$

(g) $\int_0^1 \operatorname{sen} x\,dx$ (h) $\int_0^1 \frac{dx}{\sqrt{3-x^2}}$ (i) $\int_1^\infty \ln x\,dx$

(j) $\int_0^3 \ln x\,dx$

2. Seja $f(x) = x^{-4/3}$.

(a) Calcule $\int_1^R f(x)\,dx$.

(b) Calcule $\int_1^\infty f(x)\,dx$ calculando o limite

$$\lim_{R\to\infty} \int_1^R f(x)\,dx$$

3. Prove que $\int_1^\infty x^{-2/3}\,dx$ diverge mostrando que

$$\lim_{R\to\infty} \int_1^R x^{-2/3}\,dx = \infty$$

4. Determine se $\int_0^3 \frac{dx}{(3-x)^{3/2}}$ converge calculando

$$\lim_{R\to 3-} \int_0^R \frac{dx}{(3-x)^{3/2}}$$

Nos Exercícios 5-40, determine se a integral imprópria converge e, nesse caso, calcule-a.

5. $\int_1^\infty \frac{dx}{x^{19/20}}$

6. $\int_1^\infty \frac{dx}{x^{20/19}}$

7. $\int_{-\infty}^4 e^{0{,}0001t}\,dt$

8. $\int_{20}^\infty \frac{dt}{t}$

9. $\int_0^5 \frac{dx}{x^{20/19}}$

10. $\int_0^5 \frac{dx}{x^{19/20}}$

11. $\int_0^4 \frac{dx}{\sqrt{4-x}}$

12. $\int_5^6 \frac{dx}{(x-5)^{3/2}}$

13. $\int_2^\infty x^{-3}\,dx$

14. $\int_0^\infty \frac{dx}{(x+1)^3}$

15. $\int_{-3}^\infty \frac{dx}{(x+4)^{3/2}}$

16. $\int_2^\infty e^{-2x}\,dx$

17. $\int_{-1}^1 \frac{dx}{x^{0,2}}$

18. $\int_2^\infty x^{-1/3}\,dx$

19. $\int_4^\infty e^{-3x}\,dx$

20. $\int_4^\infty e^{3x}\,dx$

21. $\int_{-\infty}^0 e^{3x}\,dx$

22. $\int_1^2 \frac{dx}{(x-1)^2}$

23. $\int_1^3 \frac{dx}{\sqrt{3-x}}$

24. $\int_{-4}^0 \frac{dx}{(x+2)^{1/3}}$

25. $\int_0^\infty \frac{dx}{1+x}$

26. $\int_{-\infty}^0 xe^{-x^2}\,dx$

27. $\int_0^\infty \frac{x\,dx}{(1+x^2)^2}$

28. $\int_3^6 \frac{x\,dx}{\sqrt{x-3}}$

29. $\int_0^\infty e^{-x}\cos x\,dx$

30. $\int_1^\infty xe^{-2x}\,dx$

31. $\int_0^3 \frac{dx}{\sqrt{9-x^2}}$

32. $\int_0^1 \frac{e^{\sqrt{x}}\,dx}{\sqrt{x}}$

33. $\int_1^\infty \frac{e^{\sqrt{x}}\,dx}{\sqrt{x}}$

34. $\int_0^\pi \sec\theta\,d\theta$

35. $\int_0^\infty \operatorname{sen} x\,dx$

36. $\int_0^{\pi/2} \operatorname{tg} x\,dx$

37. $\int_0^1 \ln x\,dx$

38. $\int_1^2 \frac{dx}{x\ln x}$

39. $\int_0^1 \frac{\ln x}{x^2}\,dx$

40. $\int_1^\infty \frac{\ln x}{x^2}\,dx$

41. Seja $I = \int_4^\infty \frac{dx}{(x-2)(x-3)}$.

(a) Mostre que com $R > 4$,

$$\int_4^R \frac{dx}{(x-2)(x-3)} = \ln\left|\frac{R-3}{R-2}\right| - \ln\frac{1}{2}$$

(b) Em seguida, mostre que $I = \ln 2$.

42. Calcule a integral $I = \int_1^\infty \frac{dx}{x(2x+5)}$.

43. Calcule $I = \int_0^1 \frac{dx}{x(2x+5)}$ ou diga que diverge.

44. Calcule $I = \int_2^\infty \frac{dx}{(x+3)(x+1)^2}$ ou diga que diverge.

Nos Exercícios 45-48, determine se a integral imprópria duplamente infinita converge e, nesse caso, calcule-a. Use a Definição (2).

45. $\int_{-\infty}^\infty \frac{x\,dx}{1+x^2}$

46. $\int_{-\infty}^\infty e^{-|x|}\,dx$

47. $\int_{-\infty}^\infty xe^{-x^2}\,dx$

48. $\int_{-\infty}^\infty \frac{dx}{(x^2+1)^{3/2}}$

49. Determine se $J = \int_{-1}^1 \frac{dx}{x^{1/3}}$ converge e, nesse caso, calcule I.

50. Considere a integral $\int_{-\infty}^\infty x\,dx$.

(a) Mostre que a integral diverge.

(b) Mostre que $\lim_{R\to\infty} \int_{-R}^R x\,dx$ converge e, com isso, prove que a definição de $\int_{-\infty}^\infty f(x)\,dx$ deve ser cuidadosamente seguida.

51. A integral $\int_0^\infty e^{ax}\,dx$ converge com quais valores de a?

52. Mostre que $\int_0^1 \frac{dx}{x^p}$ converge se $p < 1$ e diverge se $p \geq 1$.

53. Esboce a região abaixo do gráfico de $f(x) = \frac{1}{1+x^2}$ com $-\infty < x < \infty$ e mostre que sua área é π.

54. Mostre que $\frac{1}{\sqrt{x^4+1}} \leq \frac{1}{x^2}$ com qualquer x, e use isso para provar que $\int_1^\infty \frac{dx}{\sqrt{x^4+1}}$ converge.

55. Mostre que $\int_1^\infty \frac{dx}{x^3+4}$ converge, comparando-a com $\int_1^\infty x^{-3}\,dx$.

56. Mostre que $\int_2^\infty \frac{dx}{x^3-4}$ converge, comparando-a com $\int_2^\infty 2x^{-3}\,dx$.

57. Mostre que $0 \leq e^{-x^2} \leq e^{-x}$ com $x \geq 1$ (Figura 11). Use o teste da comparação para mostrar que $\int_0^\infty e^{-x^2}\,dx$ converge. *Sugestão:* basta (por quê?) comparar com $x \geq 1$, pois

$$\int_0^\infty e^{-x^2}\,dx = \int_0^1 e^{-x^2}\,dx + \int_1^\infty e^{-x^2}\,dx$$

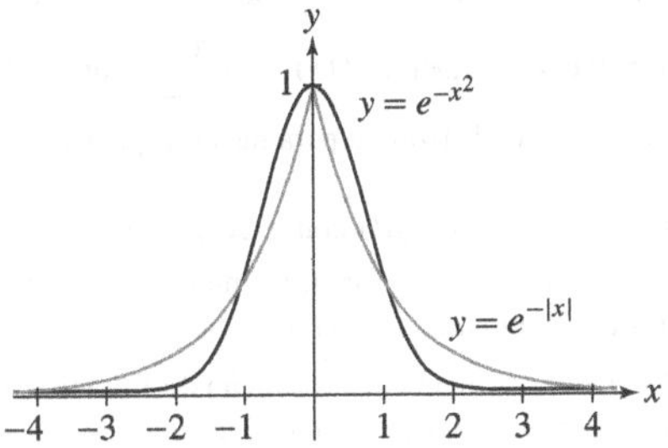

FIGURA 11 Comparação de $y = e^{-|x|}$ e $y = e^{-x^2}$.

58. Prove que $\int_{-\infty}^\infty e^{-x^2}\,dx$ converge, comparando-a com $\int_{-\infty}^\infty e^{-|x|}\,dx$ (Figura 11).

59. Mostre que $\int_1^\infty \frac{1-\operatorname{sen} x}{x^2}\,dx$ converge.

60. Seja $a > 0$. Lembre que $\lim_{x\to\infty} \frac{x^a}{\ln x} = \infty$ (pelo Exercício 66 da Seção 4.5).

(a) Mostre que $x^a > 2\ln x$ com x suficientemente grande.

(b) Mostre que $e^{-x^a} < x^{-2}$ com x suficientemente grande.

(c) Mostre que $\int_1^\infty e^{-x^a}\,dx$ converge.

Nos Exercícios 61-75, use o teste da comparação para determine se a integral converge ou não.

61. $\int_1^\infty \frac{1}{\sqrt{x^5+2}}\,dx$

62. $\int_1^\infty \frac{dx}{(x^3+2x+4)^{1/2}}$

63. $\int_3^\infty \frac{dx}{\sqrt{x}-1}$

64. $\int_0^5 \frac{dx}{x^{1/3}+x^3}$

65. $\int_1^\infty e^{-(x+x^{-1})}\,dx$

66. $\int_0^1 \frac{|\operatorname{sen} x|}{\sqrt{x}}\,dx$

67. $\int_0^1 \frac{e^x}{x^2}\,dx$

68. $\int_1^\infty \frac{1}{x^4+e^x}\,dx$

69. $\int_0^1 \frac{1}{x^4+\sqrt{x}}\,dx$

70. $\int_1^\infty \frac{\ln x}{\operatorname{senh} x}\,dx$

71. $\int_5^\infty \frac{1}{x^2\ln x}\,dx$

72. $\int_1^\infty \frac{dx}{\sqrt{x^{1/3}+x^3}}$

73. $\int_0^1 \frac{dx}{(8x^2+x^4)^{1/3}}$

74. $\int_1^\infty \frac{dx}{(x+x^2)^{1/3}}$

75. $\int_0^1 \frac{dx}{xe^x+x^2}$

Sugestão para o Exercício 74: mostre que, com $x \geq 1$,

$$\frac{1}{(x+x^2)^{1/3}} \geq \frac{1}{2^{1/3}x^{2/3}}$$

Sugestão para o Exercício 75: mostre que, com $0 \leq x \leq 1$,

$$\frac{1}{xe^x+x^2} \geq \frac{1}{(e+1)x}$$

76. Use o teste da comparação para determinar os valores de p com os quais a integral $\int_5^\infty \frac{1}{x^p\ln x}\,dx$ converge.

77. Defina $J = \int_0^\infty \frac{dx}{x^{1/2}(x+1)}$ como a soma das duas integrais impróprias

$$\int_0^1 \frac{dx}{x^{1/2}(x+1)} + \int_1^\infty \frac{dx}{x^{1/2}(x+1)}$$

Use o teste da comparação para mostrar que J converge.

78. Determine se $J = \int_0^\infty \frac{dx}{x^{3/2}(x+1)}$ (definida no Exercício 77) converge.

79. Um investimento paga um dividendo de 250 dólares/ano continuamente para sempre. Se a taxa de juros for de 7%, qual é o valor presente de toda a série de pagamentos gerada pelo investimento?

80. Espera-se que um investimento pague um rendimento a uma taxa de $10.000e^{0,01t}$ dólares/ano para sempre. Encontre o valor presente da série de pagamentos se a taxa de juros for de 4%.

81. Calcule o valor presente de um investimento que gera rendimento a uma taxa de $5000te^{0,01t}$ dólares/ano para sempre, supondo uma taxa de juros de 6%.

82. Encontre o volume do sólido obtido pela rotação da região abaixo do gráfico de $y = e^{-x}$ em torno do eixo x, com $0 \leq x < \infty$.

83. Quando um capacitor de capacitância C é carregado por uma fonte de voltagem V, a potência consumida no instante t é

$$P(t) = \frac{V^2}{R}(e^{-t/RC} - e^{-2t/RC})$$

em que R é a resistência do circuito. A energia total armazenada no capacitor é

$$W = \int_0^\infty P(t)\,dt$$

Mostre que $W = \frac{1}{2}CV^2$.

84. O sólido S obtido pela rotação da região abaixo do gráfico de $y = x^{-1}$ em torno do eixo x, com $1 \le x < \infty$, é denominado **corneta de Gabriel** (Figura 12).

(a) Use o método dos discos (Seção 6.3) para calcular o volume de S. Observe que o volume é finito, mesmo que S seja uma região infinita.

(b) Pode ser mostrado que a área de S é

$$A = 2\pi \int_1^{\infty} x^{-1}\sqrt{1 + x^{-4}}\, dx$$

Mostre que A é infinita. Se S fosse um recipiente, poderíamos encher seu interior com uma quantidade finita de tinta, mas não poderíamos pintar sua superfície com uma quantidade finita de tinta.

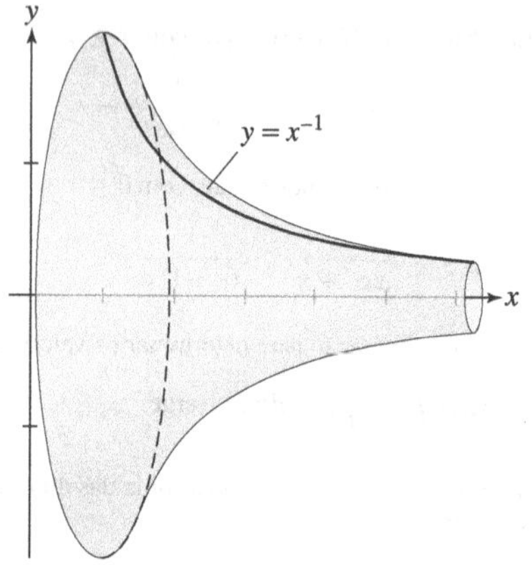

FIGURA 12

85. Calcule o volume do sólido obtido pela rotação da região abaixo do gráfico de $y = e^{-|x|/2}$ em torno do eixo x, com $-\infty < x < \infty$.

86. Com quais inteiros p a integral $\displaystyle\int_0^{1/2} \frac{dx}{x(\ln x)^p}$ converge?

87. A conservação da energia pode ser usada para mostrar que quando uma massa m oscila na extremidade de uma mola com constante de mola k, o período da oscilação é

$$T = 4\sqrt{m} \int_0^{\sqrt{2E/k}} \frac{dx}{\sqrt{2E - kx^2}}$$

em que E é a energia total da massa. Mostre que isso é uma integral imprópria de valor $T = 2\pi\sqrt{m/k}$.

Nos Exercícios 88-91, a ***transformada de Laplace*** *de uma função f é a função $\mathcal{L}f(s)$ da variável s definida pela integral imprópria (caso convirja)*

$$\mathcal{L}f(s) = \int_0^{\infty} f(x)e^{-sx}\, dx$$

As transformadas de Laplace são muito usadas em Física e Engenharia.

88. Mostre que se $f(x) = C$, com C constante, então $\mathcal{L}f(s) = C/s$, com $s > 0$.

89. Mostre que se $f(x) = \operatorname{sen} \alpha x$, então $\mathcal{L}f(s) = \dfrac{\alpha}{s^2 + \alpha^2}$.

90. Calcule $\mathcal{L}f(s)$, sendo $f(x) = e^{\alpha x}$ e $s > \alpha$.

91. Calcule $\mathcal{L}f(s)$, sendo $f(x) = \cos \alpha x$ e $s > 0$.

92. Quando uma substância radioativa decai, a fração de átomos presentes no instante t é $f(t) = e^{-kt}$, em que $k > 0$ é constante de decaimento. Pode ser mostrado que a vida *média* de um átomo (até que ela decaia) é $A = -\int_0^{\infty} t f'(t)\, dt$. Use integração por partes para mostrar que $A = \int_0^{\infty} f(t)\, dt$ e calcule A. Qual é a vida média do radônio-222, cuja meia-vida é 3,825 dias?

93. Seja $J_n = \displaystyle\int_0^{\infty} x^n e^{-\alpha x}\, dx$, em que $n \ge 1$ é um inteiro e $\alpha > 0$. Prove que

$$J_n = \frac{n}{\alpha} J_{n-1}$$

e $J_0 = 1/\alpha$. Use isso para calcular J_4. Mostre que $J_n = n!/\alpha^{n+1}$.

94. Sejam $a > 0$ e $n > 1$. Defina $f(x) = \dfrac{x^n}{e^{ax} - 1}$ com $x \ne 0$ e $f(0) = 0$.

(a) Use a regra de L'Hôpital para mostrar que f é contínua em $x = 0$.

(b) Mostre que $\int_0^{\infty} f(x)\, dx$ converge. *Sugestão:* mostre que $f(x) \le 2x^n e^{-ax}$ se x for suficientemente grande. Depois use o teste da comparação e o Exercício 93.

95. De acordo com a **lei da radiação de Planck**, a quantidade de energia eletromagnética de frequência entre ν e $\nu + \Delta\nu$ que é radiada por um assim chamado corpo negro à temperatura T é proporcional a $F(\nu)\,\Delta\nu$, em que

$$F(\nu) = \left(\frac{8\pi h}{c^3}\right) \frac{\nu^3}{e^{h\nu/kT} - 1}$$

sendo c, h e k constantes físicas. Use o Exercício 94 para mostrar que a energia total radiada

$$E = \int_0^{\infty} F(\nu)\, d\nu$$

é finita. Para deduzir essa lei, Planck introduziu a hipótese quântica em 1900, que marcou o nascimento da Mecânica Quântica.

Compreensão adicional e desafios

96. Seja $I = \displaystyle\int_0^1 x^p \ln x\, dx$.

(a) Mostre que I diverge se $p = -1$.

(b) Mostre que, se $p \ne -1$, então

$$\int x^p \ln x\, dx = \frac{x^{p+1}}{p+1}\left(\ln x - \frac{1}{p+1}\right) + C$$

(c) Use a regra de L'Hôpital para mostrar que I converge se $p > -1$ e diverge se $p < -1$.

97. Sejam

$$F(x) = \int_2^x \frac{dt}{\ln t} \quad \text{e} \quad G(x) = \frac{x}{\ln x}$$

Verifique que a regra de L'Hôpital é aplicável ao limite $L = \displaystyle\lim_{x\to\infty} \frac{F(x)}{G(x)}$ e calcule L.

Nos Exercícios 98-100, dizemos que uma integral imprópria $I = \int_a^{\infty} f(x)\, dx$ é ***absolutamente convergente*** *se $\int_a^{\infty} |f(x)|\, dx$ for convergente. Pode ser mostrado que, se I for absolutamente convergente, então é convergente.*

98. Mostre que $\displaystyle\int_1^{\infty} \frac{\operatorname{sen} x}{x^2}\, dx$ é absolutamente convergente.

99. Mostre que $\displaystyle\int_1^{\infty} e^{-x^2} \cos x\, dx$ é absolutamente convergente.

100. Sejam $f(x) = \text{sen}\, x/x$ e $I = \int_0^\infty f(x)\, dx$. Definimos $f(0) = 1$. Então f é contínua e I não é imprópria em $x = 0$.

(a) Mostre que

$$\int_1^R \frac{\text{sen}\, x}{x}\, dx = -\frac{\cos x}{x}\bigg|_1^R - \int_1^R \frac{\cos x}{x^2}\, dx$$

(b) Mostre que $\int_1^\infty (\cos x/x^2)\, dx$ converge. Conclua que existe e é finito o limite da integral em (a) se $R \to \infty$.

(c) Mostre que I converge.

É sabido que $I = \frac{\pi}{2}$. Contudo, I *não é* absolutamente convergente. A convergência depende de cancelamentos, como mostra a Figura 13.

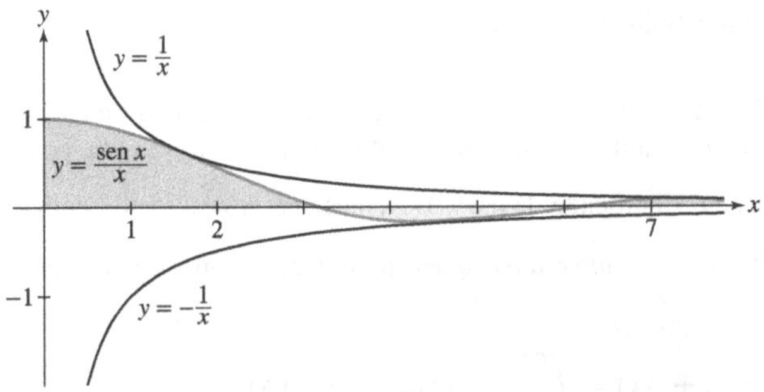

FIGURA 13 A convergência de $\int_1^\infty (\text{sen}\, x/x)\, dx$ é devida ao cancelamento provocado pela troca periódica de sinal.

101. A **função gama**, que desempenha um papel importante em aplicações avançadas, é definida com $n \geq 1$ por

$$\Gamma(n) = \int_0^\infty t^{n-1} e^{-t}\, dt$$

(a) Mostre que a integral que define $\Gamma(n)$ converge se $n \geq 1$ (de fato, converge com qualquer $n > 0$). *Sugestão:* mostre que $t^{n-1}e^{-t} < t^{-2}$ com t suficientemente grande.

(b) Mostre que $\Gamma(n+1) = n\Gamma(n)$, usando integração por partes.

(c) Mostre que $\Gamma(n+1) = n!$ se $n \geq 1$ for um inteiro. *Sugestão:* use (b) repetidamente. Assim, $\Gamma(n)$ fornece uma maneira de definir o fatorial de n quando n não for um inteiro.

102. Use o resultado do Exercício 101 para mostrar que a transformada de Laplace (ver Exercícios 88-91, acima) de x^n é $\frac{n!}{s^{n+1}}$.

7.8 Probabilidade e integração

Qual é a probabilidade de um cliente entrar numa lancheria nos próximos 45 segundos? Ou a de se tirar 90% em um exame padronizado? Probabilidades dessas são dadas por números entre 0 e 1, em que 0 significa que não há a possibilidade de ocorrer o evento e 1 significa que é certo que o evento ocorra. Essas probabilidades são mais bem descritas por áreas abaixo do gráfico de uma função $y = p(x)$ denominada **função densidade de probabilidade** (Figura 1). Os métodos de integração desenvolvidos neste capítulo são muito utilizados no estudo dessas funções.

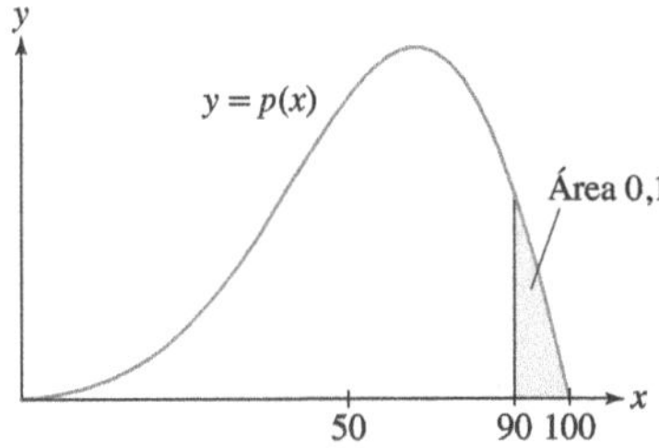

FIGURA 1 A função densidade de probabilidade de notas em um exame. A região sombreada tem área 0,15, ou seja, a probabilidade de um exame escolhido aleatoriamente ter uma nota acima de 90 é de 15%.

Na teoria de Probabilidade, a quantidade X que estamos tentando predizer (tempo de chegada, nota em exame, etc.) é denominada **variável aleatória**. A probabilidade de X estar em um dado intervalo $[a, b]$ é denotada por

$$P(a \leq X \leq b)$$

Por exemplo, a probabilidade de um cliente chegar dentro dos próximos 30 a 45 segundos é denotada por $P(30 \leq X \leq 45)$.

Dizemos que p é uma **função densidade de probabilidade** de X se for uma função contínua tal que

$$P(a \leq X \leq b) = \int_a^b p(x)\, dx$$

A função densidade de probabilidade p também deve satisfazer duas condições. Em primeiro lugar, deve satisfazer $p(x) \geq 0$ em cada x, porque uma probabilidade não pode ser negativa. Em segundo lugar,

$$\int_{-\infty}^{\infty} p(x)\, dx = 1 \qquad 1$$

Escrevemos $P(X \leq b)$ para a probabilidade de X ser, no máximo, igual a b e $P(X \geq b)$ para a probabilidade de X ser, no mínimo, igual a b.

A integral representa $P(-\infty < X < \infty)$. A integral deve ser igual a 1 porque é certo (a probabilidade é 1) que o valor de X fique entre $-\infty$ e ∞. Isso também garante que $P(a \leq X \leq b)$ é um número no intervalo [0, 1], mesmo se tomarmos $a = -\infty$ e/ou $b = \infty$.

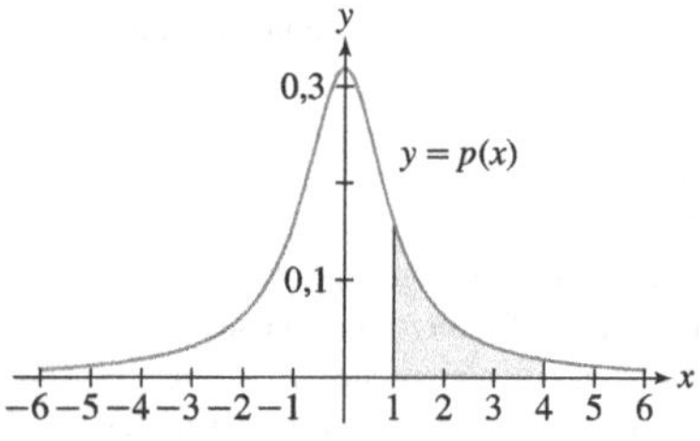

FIGURA 2 A função densidade de probabilidade $p(x) = \dfrac{1}{\pi(x^2+1)}$.

LEMBRETE

$$\int_{-\infty}^{0} \frac{dx}{x^2+1} = \lim_{R\to-\infty} \operatorname{arc\,tg} x\Big|_R^0$$
$$= \lim_{R\to-\infty} (\operatorname{arc\,tg} 0 - \operatorname{arc\,tg} R)$$
$$= 0 - \left(-\frac{\pi}{2}\right) = \frac{\pi}{2}$$

Analogamente,

$$\int_{0}^{\infty} \frac{dx}{x^2+1} = \frac{\pi}{2}.$$

■ **EXEMPLO 1** Encontre uma constante C com a qual $p(x) = \dfrac{C}{x^2+1}$ seja uma função densidade de probabilidade. Então calcule $P(1 \le X \le 4)$.

Solução Devemos escolher C tal que a Equação (1) seja válida. A integral imprópria é uma soma de duas integrais (ver Exemplo 3 da Seção 7.7).

$$\int_{-\infty}^{\infty} p(x)\,dx = C\int_{-\infty}^{0} \frac{dx}{x^2+1} + C\int_{0}^{\infty} \frac{dx}{x^2+1} = C\frac{\pi}{2} + C\frac{\pi}{2} = C\pi$$

Portanto, vale a Equação (1) se $C\pi = 1$ ou $C = \pi^{-1}$. Temos

$$P(1 < X < 4) = \int_{1}^{4} p(x)\,dx = \int_{1}^{4} \frac{\pi^{-1}\,dx}{x^2+1} = \pi^{-1}(\operatorname{arc\,tg} 4 - \operatorname{arc\,tg} 1) \approx 0{,}17$$

Assim, X fica entre 1 e 4 com probabilidade 0,17, ou seja, de 17% (Figura 2). ■

ENTENDIMENTO CONCEITUAL Se X for uma variável aleatória com função densidade de probabilidade p, então a probabilidade de X ser igual a algum valor a é *nula*, pois $\int_a^a p(x)\,dx = 0$. Então, qual é o significado de $p(a)$? Devemos pensar nesse valor como segue: a probabilidade de X ficar em um *intervalo pequeno* $[a, a + \Delta x]$ é, aproximadamente, $p(a)\Delta x$:

$$P(a \le X \le a + \Delta x) = \int_{a}^{a+\Delta x} p(x)\,dx \approx p(a)\Delta x$$

Uma densidade de probabilidade é análoga à densidade linear de massa $\rho(x)$. A massa de um pequeno segmento $[a, a + \Delta x]$ é, aproximadamente, $\rho(a)\Delta x$, mas a massa de um ponto $x = a$ qualquer é nula.

A *média*, ou o *valor médio*, de uma variável aleatória é a quantidade

$$\mu = \mu(X) = \int_{-\infty}^{\infty} xp(x)\,dx \qquad 2$$

se essa integral convergir.

O símbolo μ é a letra grega minúscula mu. Se $p(x)$ estiver definida em $[0, \infty)$ em vez de $(-\infty, \infty)$, ou em algum outro intervalo, então μ é calculada integrando naquele intervalo. Analogamente, na Equação (1), integramos no intervalo em que $p(x)$ estiver definida.

No próximo exemplo, consideramos a **densidade de probabilidade exponencial** de parâmetro $r > 0$, definida em $[0, \infty)$ por

$$p(t) = \frac{1}{r}e^{-t/r}$$

Essa função densidade é muito usada para modelar "tempos de espera" entre eventos que ocorrem aleatoriamente. No Exercício 10, devemos verificar que $p(t)$ satisfaz a Equação (1).

■ **EXEMPLO 2 Média de uma densidade exponencial** Seja $r > 0$. Calcule a média da densidade de probabilidade exponencial $p(t) = \frac{1}{r}e^{-t/r}$ em $[0, \infty)$.

Solução A média é a integral de $tp(t)$ em $[0, \infty)$. Usando integração por partes com $u = t/r$ e $dv = e^{-t/r}\,dt$, obtemos $du = dt/r$, $v = -re^{-t/r}$ e

$$\int tp(t)\,dt = \int \left(\frac{t}{r}e^{-t/r}\right)dt = -te^{-t/r} + \int e^{-t/r}dt = -(r+t)e^{-t/r}$$

Assim (já que, no último limite, $re^{-R/r}$ e $Re^{-R/r}$ tendem a zero se $R \to \infty$),

$$\mu = \int_0^\infty tp(t)\,dt = \int_0^\infty t\left(\frac{1}{r}e^{-t/r}\right)dt = \lim_{R\to\infty} -(r+t)e^{-t/r}\Big|_0^R$$

$$= \lim_{R\to\infty}\left(r - (r+R)\,e^{-R/r}\right) = r$$

■

■ **EXEMPLO 3** **Tempo de espera** O tempo de espera T entre a chegada de clientes em uma lancheria é uma variável aleatória com densidade de probabilidade exponencial. Se o tempo de espera médio for de 60 segundos, qual é a probabilidade de chegar algum cliente entre 30 a 45 s depois de outro cliente?

Solução Se o tempo de espera médio for de 60 s, então $r = 60$ e $p(t) = \frac{1}{60}e^{-t/60}$, porque a média de $\frac{1}{r}e^{-t/r}$ é r, pelo exemplo anterior. Portanto, a probabilidade de esperar 30 a 45 s para o próximo cliente é

$$P(30 \le T \le 45) = \int_{30}^{45} \frac{1}{60}e^{-t/60} = -e^{-t/60}\Big|_{30}^{45} = -e^{-3/4} + e^{-1/2} \approx 0{,}134$$

A probabilidade é a área da região sombreada na Figura 3. ■

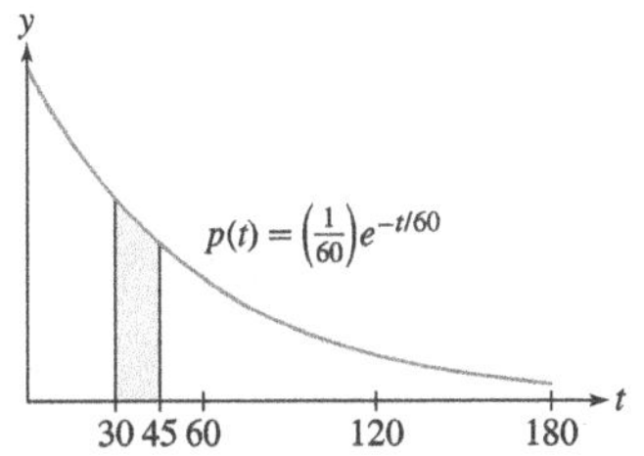

FIGURA 3 A chegada de clientes tem uma distribuição exponencial.

As **funções densidade normal**, cujos gráficos são as conhecidas curvas em formato de sino, aparecem em uma surpreendentemente grande variedade de aplicações. A densidade **normal padrão** é definida por

$$p(x) = \frac{1}{\sqrt{2\pi}}e^{-x^2/2} \qquad (3)$$

Pode ser provado que $p(x)$ satisfaz a Equação (1) usando Cálculo a várias variáveis.

Mais geralmente, definimos a função densidade normal de média μ e desvio padrão σ por

$$p(x) = \frac{1}{\sigma\sqrt{2\pi}}e^{-(x-\mu)^2/(2\sigma^2)}$$

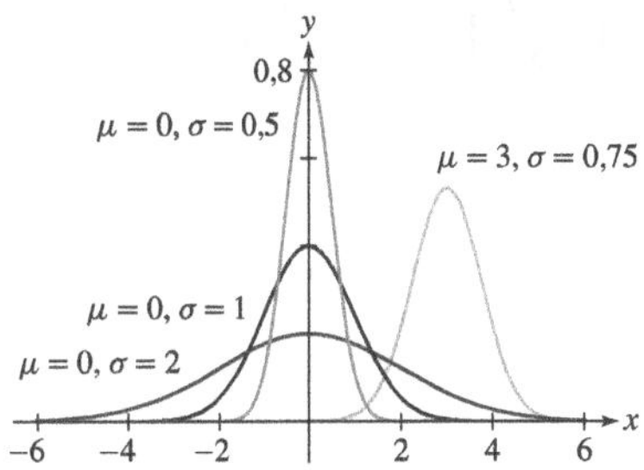

FIGURA 4 Funções densidade normal.

O desvio padrão σ mede o espalhamento; com valores maiores de σ, o gráfico está mais espalhado em torno da média μ (Figura 4). A densidade normal padrão na Equação (3) tem média $\mu = 0$ e $\sigma = 1$. Dizemos que uma variável aleatória com uma função densidade normal tem uma **distribuição normal**, ou **gaussiana**. Exemplos de dados que recaem numa densidade normal incluem os preços da venda de casas em Porto Alegre, a altura de meninas de 11 anos em Recife e a pressão sanguínea de adultos em Curitiba. A distribuição normal aparece em todos os lugares no dia a dia.

■ **EXEMPLO 4** Na Figura 5, vemos os dados de um levantamento de 2012 a respeito da hora do dia em que os trabalhadores dos EUA saem de casa para o trabalho. Observe a curva em forma de sino gerada pelos dados.

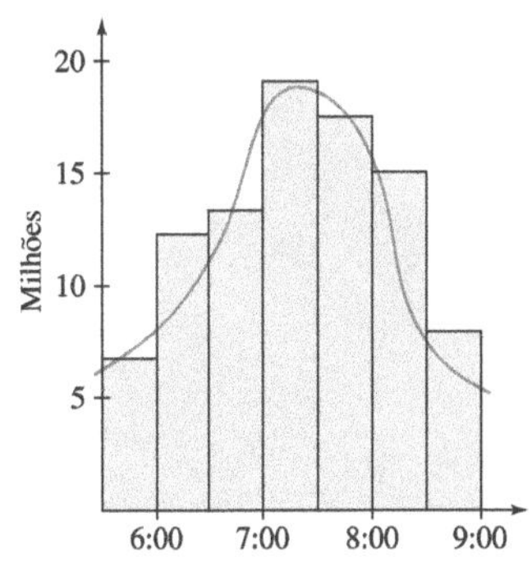

FIGURA 5 A hora em que as pessoas saem para o trabalho.

Uma dificuldade com as funções densidade normal é que eles não possuem antiderivadas elementares. Consequentemente, não é possível calcular as probabilidades

$$P(a \le X \le b) = \frac{1}{\sigma\sqrt{2\pi}}\int_a^b e^{-(x-\mu)^2/(2\sigma^2)}\,dx$$

explicitamente. No entanto, o teorema seguinte mostra que todas essas probabilidades podem ser dadas em termos de uma única função denominada **função distribuição cumulativa normal padrão**:

$$F(z) = \frac{1}{\sqrt{2\pi}}\int_{-\infty}^{z} e^{-x^2/2}\,dx$$

Observe que $F(z)$ é igual à área abaixo do gráfico em $(-\infty, z]$ na Figura 6. Os valores numéricos de $F(z)$ estão amplamente disponibilizados em calculadoras científicas, sistemas algébricos computacionais e na Internet (procure por "distribuição normal cumulativa padrão").

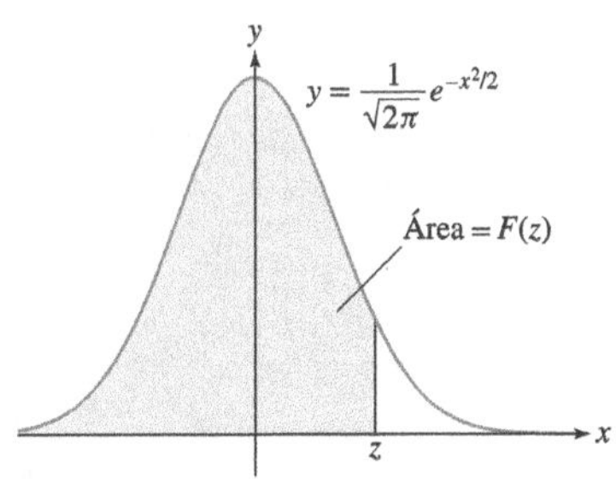

FIGURA 6 $F(z)$ é a área da região sombreada.

TEOREMA 1 Se X tiver uma distribuição normal com média μ e desvio padrão σ, então, quaisquer que sejam $a \leq b$,

$$P(X \leq b) = F\left(\frac{b-\mu}{\sigma}\right) \tag{4}$$

$$P(a \leq X \leq b) = F\left(\frac{b-\mu}{\sigma}\right) - F\left(\frac{a-\mu}{\sigma}\right) \tag{5}$$

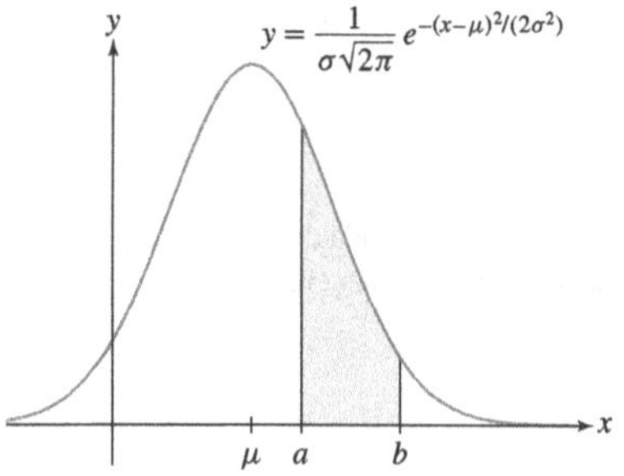

FIGURA 7 A área da região sombreada é $F\left(\frac{b-\mu}{\sigma}\right) - F\left(\frac{a-\mu}{\sigma}\right)$.

Demonstração Usamos duas mudanças de variáveis, primeiro $u = x - \mu$ e, depois, $t = u/\sigma$:

$$P(X \leq b) = \frac{1}{\sigma\sqrt{2\pi}} \int_{-\infty}^{b} e^{-(x-\mu)^2/(2\sigma^2)}\,dx = \frac{1}{\sigma\sqrt{2\pi}} \int_{-\infty}^{b-\mu} e^{-u^2/(2\sigma^2)}\,du$$

$$= \frac{1}{\sqrt{2\pi}} \int_{-\infty}^{(b-\mu)/\sigma} e^{-t^2/2}\,dt = F\left(\frac{b-\mu}{\sigma}\right)$$

Isso demonstra (4). A Equação (5) decorre porque $P(a \leq X \leq b)$ é a área abaixo do gráfico entre a e b, e isso é igual à área à esquerda de b menos a área à esquerda de a (Figura 7). ■

■ **EXEMPLO 5** Suponha que as notas X em uma prova padronizada estejam distribuídas normalmente com média $\mu = 500$ e desvio padrão $\sigma = 100$. Encontre a probabilidade de um teste escolhido aleatoriamente ter uma nota

(a) no máximo 600;
(b) entre 450 e 650.

Solução Usamos um sistema algébrico computacional para calcular $F(z)$ numericamente.

(a) Aplicando a Equação (4) com $\mu = 500$ e $\sigma = 100$:

$$P(x \leq 600) = F\left(\frac{600-500}{100}\right) = F(1) \approx 0{,}84$$

Assim, a probabilidade de um teste escolhido aleatoriamente ter uma nota 600 ou menos é de 0,84, ou 84%.

(b) Aplicando a Equação (5), vemos que a probabilidade de um teste escolhido aleatoriamente ter uma nota entre 450 e 650 é de 62,5%:

$$P(450 \leq x \leq 650) = F(1{,}5) - F(-0{,}5) \approx 0{,}933 - 0{,}308 = 0{,}625$$ ■

ENTENDIMENTO CONCEITUAL Por que definimos a média de uma variável aleatória contínua X pela integral $\mu = \int_{-\infty}^{\infty} xp(x)\,dx$? Suponha que tenhamos N números $a_1, a_2, \ldots, a_N$, e que cada valor x ocorra $N(x)$ vezes dentre os números a_j. Então um a_j escolhido aleatoriamente tem o valor x com uma probabilidade $p(x) = N(x)/N$. Por exemplo, dados os números 4, 4, 5, 5, 5, 8, temos $N = 6$ e $N(5) = 3$. A probabilidade de escolher um 5 é $p(5) = N(5)/N = \frac{3}{6} = \frac{1}{2}$. Agora observe que podemos escrever o valor médio (a média) dos a_j em termos das probabilidades $p(x)$:

$$\frac{a_1 + a_2 + \cdots + a_N}{N} = \frac{1}{N}\sum_x N(x)x = \sum_x xp(x)$$

Por exemplo,

$$\frac{4+4+5+5+5+8}{6} = \frac{1}{6}(2 \cdot 4 + 3 \cdot 5 + 1 \cdot 8) = 4p(4) + 5p(5) + 8p(8)$$

Na definição da média de uma variável aleatória contínua X, substituímos a soma $\sum_x xp(x)$ pela integral $\mu = \int_{-\infty}^{\infty} xp(x)\,dx$. Isso faz sentido, porque a integral é o limite das somas $\sum x_i p(x_i)\Delta x$ e, como vimos, $p(x_i)\Delta x$ é a probabilidade aproximada de X estar no intervalo $[x_i, x_i + \Delta x]$.

7.8 Resumo

- Se X for uma variável aleatória contínua com função densidade de probabilidade p, então
$$P(a \leq X \leq b) = \int_a^b p(x)\,dx$$
- As densidades de probabilidade satisfazem as duas condições $p(x) \geq 0$ e $\int_{-\infty}^{\infty} p(x)\,dx = 1$.
- Média (ou valor médio) de X:
$$\mu = \int_{-\infty}^{\infty} xp(x)\,dx$$
- Função densidade exponencial de média r:
$$p(x) = \frac{1}{r}e^{-x/r}$$
- Densidade normal de média μ e desvio padrão σ:
$$p(x) = \frac{1}{\sigma\sqrt{2\pi}}e^{-(x-\mu)^2/(2\sigma^2)}$$
- Função distribuição normal cumulativa padrão:
$$F(z) = \frac{1}{\sqrt{2\pi}}\int_{-\infty}^{z} e^{-t^2/2}\,dt$$
- Se X tiver uma distribuição normal de média μ e desvio padrão σ, então
$$P(X \leq b) = F\left(\frac{b-\mu}{\sigma}\right)$$
$$P(a \leq X \leq b) = F\left(\frac{b-\mu}{\sigma}\right) - F\left(\frac{a-\mu}{\sigma}\right)$$

7.8 Exercícios

Exercícios preliminares

1. A função $p(x) = \cos x$ satisfaz $\int_{-\pi/2}^{\pi} p(x)\,dx = 1$. Será que p é uma função densidade de probabilidade em $[-\pi/2, \pi]$?

2. Dê uma estimativa de $P(2 \leq X \leq 2{,}1)$, supondo que a função densidade de probabilidade X satisfaça $p(2) = 0{,}2$.

3. Qual densidade de probabilidade exponencial tem média $\mu = \frac{1}{4}$?

Exercícios

Nos Exercícios 1-6, encontre uma constante C tal que p seja uma função densidade de probabilidade no intervalo dado e calcule a probabilidade dada.

1. $p(x) = \dfrac{C}{(x+1)^3}$ em $[0, \infty)$; $P(0 \leq X \leq 1)$

2. $p(x) = Cx(4-x)$ em $[0, 4]$; $P(3 \leq X \leq 4)$

3. $p(x) = \dfrac{C}{\sqrt{1-x^2}}$ em $(-1, 1)$; $P\left(-\frac{1}{2} \leq X \leq \frac{1}{2}\right)$

4. $p(x) = \dfrac{Ce^{-x}}{1+e^{-2x}}$ em $(-\infty, \infty)$; $P(X \leq -4)$

5. $p(x) = C\sqrt{1-x^2}$ em $(-1, 1)$; $P\left(-\frac{1}{2} \leq X \leq 1\right)$

6. $p(x) = Ce^{-x}e^{-e^{-x}}$ em $(-\infty, \infty)$; $P(-4 \leq X \leq 4)$

Essa função, denominada **densidade de Gumbel**, é utilizada na modelagem, de eventos extremos como enchentes e terremotos.

7. Verifique que $p(x) = 3x^{-4}$ é uma função densidade de probabilidade em $[1, \infty)$ e calcule seu valor médio.

8. Mostre que a função densidade $p(x) = \dfrac{2}{\pi(x^2+1)}$ em $[0, \infty)$ tem uma média infinita.

9. Verifique que $p(t) = \frac{1}{50}e^{-t/50}$ satisfaz a condição
$$\int_0^{\infty} p(t)\,dt = 1$$

10. Verifique que, com $r > 0$, a função densidade exponencial $p(t) = \frac{1}{r}e^{-t/r}$ satisfaz a condição

$$\int_0^\infty p(t)\,dt = 1$$

11. A vida útil X (em horas) de uma bateria em uso constante é uma variável aleatória de densidade exponencial. Qual é a probabilidade de uma bateria durar mais de 12 horas se sua vida média for de 8 horas?

12. O tempo decorrido entre chamadas telefônicas em um serviço de atendimento ao cliente é uma variável aleatória de densidade exponencial. Há uma probabilidade de 50% de decorrer 20 segundos ou mais entre duas chamadas. Qual é o tempo médio entre as chamadas?

13. A distância r entre o elétron e o núcleo de um átomo de hidrogênio (em seu estado de energia mais baixo) é uma variável aleatória com densidade de probabilidade $p(r) = 4a_0^{-3}r^2e^{-2r/a_0}$ com $r \geq 0$, em que a_0 é o raio de Bohr (Figura 8). Calcule a probabilidade P de um elétron estar a um raio de Bohr ou menos do núcleo. O valor de a_0, que não é necessário para calcular P, é $5{,}29 \times 10^{-11}$, aproximadamente.

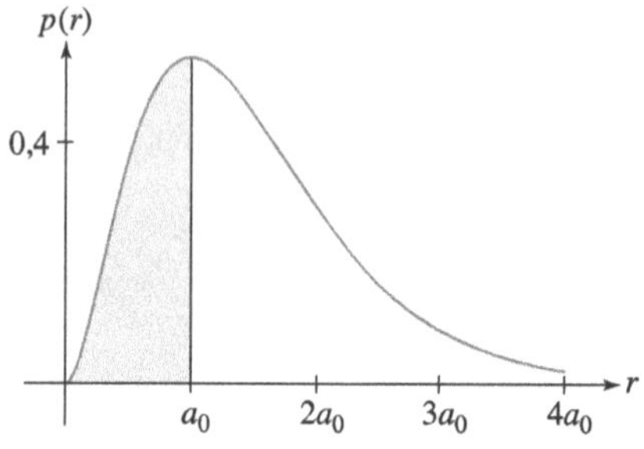

FIGURA 8 A função densidade de probabilidade $p(r) = 4a_0^{-3}r^2e^{-2r/a_0}$.

14. Mostre que a distância r entre o eléctron e o núcleo no Exercício 13 tem média $\mu = 3a_0/2$.

Nos Exercícios 15-21, F(z) denota a função distribuição normal cumulativa. Use uma calculadora, um sistema algébrico computacional ou algum recurso na Internet para obter os valores de F(z).

15. Expresse a área da região A na Figura 9 em termos de $F(z)$ e calcule seu valor.

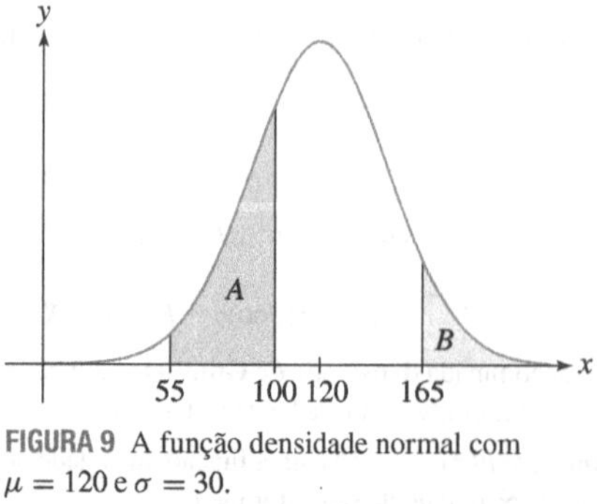

FIGURA 9 A função densidade normal com $\mu = 120$ e $\sigma = 30$.

16. Mostre que a área da região B na Figura 9 é igual a $1 - F(1{,}5)$ e calcule seu valor. Verifique numericamente que essa área também é igual a $F(-1{,}5)$ e explique isso graficamente.

17. Suponha que X tenha uma distribuição normal padrão ($\mu = 0, \sigma = 1$). Encontre:

(a) $P(X \leq 1{,}2)$ **(b)** $P(X \geq -0{,}4)$

18. Calcule numericamente $\dfrac{1}{3\sqrt{2\pi}}\displaystyle\int_{14{,}5}^{\infty} e^{-(z-10)^2/18}\,dz$.

19. Use um gráfico para mostrar que $F(-z) = 1 - F(z)$, com qualquer z. Então mostre que se $p(x)$ for uma função densidade normal com média μ e desvio padrão σ, então, dado qualquer $r \geq 0$,

$$P(\mu - r\sigma \leq X \leq \mu + r\sigma) = 2F(r) - 1$$

20. A média da quantidade de chuva em Erie, no estado norte-americano da Pensilvânia, é uma variável aleatória X de média $\mu = 102$ mm. Suponha que a precipitação seja distribuída normalmente com desvio padrão $\sigma = 48$.

(a) Expresse $P(128 \leq X \leq 150)$ em termos de $F(z)$ e calcule seu valor numericamente.

(b) Seja P a probabilidade de ter uma precipitação em setembro de, pelo menos, 120 mm. Expresse P como uma integral de uma função densidade apropriada e calcule seu valor numericamente.

21. Uma companhia produz bombons que pesam, em média, 32 g. Devido a flutuações aleatórias na máquina, o peso real do bombom é normalmente distribuído com desvio padrão de 0,4 g. Seja P a probabilidade de um bombom pesar menos do que 31 g. Expresse P como uma integral de uma função densidade apropriada e calcule seu valor numericamente.

22. De acordo com a **lei da distribuição de Maxwell**, num gás de massa molecular m, a velocidade v de uma molécula do gás à temperatura T (kelvin) é uma variável aleatória de densidade

$$p(v) = 4\pi\left(\frac{m}{2\pi kT}\right)^{3/2} v^2e^{-mv^2/(2kT)} \quad (v \geq 0)$$

em que k é a constante de Boltzmann. Mostre que a velocidade molecular média é igual a $(8kT/\pi m)^{1/2}$. A velocidade média das moléculas de oxigênio à temperatura ambiente é, aproximadamente, 450 m/s.

23. Defina a mediana de uma distribuição de probabilidade como o valor a tal que $\displaystyle\int_a^\infty p(x)\,dx = \int_{-\infty}^a p(x)\,dx = \frac{1}{2}$. Mostre que se uma função probabilidade for simétrica em torno da reta $x = m$, então m é a média e, também, a mediana.

24. Defina os quartis de uma função probabilidade como os valores a_1, a_2 e a_3 tais que $P(-\infty < x \leq a_1) = P(a_1 \leq x \leq a_2) = P(a_2 \leq x \leq a_3) = P(a_3 \leq x < \infty) = \frac{1}{4}$. Encontre os valores dos quartis da função probabilidade $p(x) = \frac{1}{1+x^2}$.

Nos Exercícios 25-28, calcule μ e σ, em que σ é o ***desvio padrão*** *definido por*

$$\sigma^2 = \int_{-\infty}^{\infty} (x-\mu)^2\,p(x)\,dx$$

Quanto menor for o valor de σ, mais próximos da média μ se encontram os valores da variável aleatória X. (Os limites de integração não precisam ser $\pm\infty$ se p estiver definida num intervalo menor.)

25. $p(x) = \dfrac{5}{2x^{7/2}}$ em $[1, \infty)$

26. $p(x) = \dfrac{1}{\pi\sqrt{1-x^2}}$ em $(-1, 1)$

27. $p(x) = \dfrac{1}{3}e^{-x/3}$ em $[0, \infty)$

28. $p(x) = \dfrac{1}{r}e^{-x/r}$ em $[0, \infty)$, sendo $r > 0$

Compreensão adicional e desafios

29. O tempo de decaimento de um átomo de uma substância radioativa é uma variável aleatória X. A lei de decaimento radioativo afirma que se tivermos N átomos no instante de tempo $t = 0$, então $Nf(t)$ átomos estarão presentes no instante t, em que $f(t) = e^{-kt}$ ($k > 0$ é a constante de decaimento). Explique as afirmações seguintes.

(a) A fração de átomos que decaem num intervalo $[t, t + \Delta t]$ pequeno é aproximadamente $-f'(t)\Delta t$.

(b) A função densidade de probabilidade de X é $y = -f'(t)$.

(c) O tempo médio de decaimento é $1/k$.

30. A meia-vida do radônio-222 é 3,825 dias. Use o Exercício 29 para calcular:

(a) o tempo médio de decaimento do átomo de radônio-222;

(b) a probabilidade de um dado átomo decair nas próximas 24 horas.

7.9 Integração numérica

Integração numérica é o processo de aproximar uma integral definida utilizando somas bem escolhidas de valores da função. A integração numérica é necessária quando não conseguirmos encontrar uma antiderivada explicitamente, como é o caso das funções gaussianas $f(x) = e^{-x^2/2}$ (Figura 1).

Na Seção 5.1, vimos que podemos aproximar uma integral definida dividindo o intervalo de integração $[a, b]$ em N subintervalos, cada um de comprimento Δx. Então tomamos os valores da função em cada extremidade esquerda, multiplicamos pelo comprimento Δx do intervalo e somamos em todos os intervalos. Essa aproximação é conhecida como aproximação pela esquerda. Analogamente, vimos a aproximação pela direita. O terceiro método introduzido naquela seção, que vamos rever aqui, usa os pontos médios dos intervalos, e geralmente dá uma aproximação melhor.

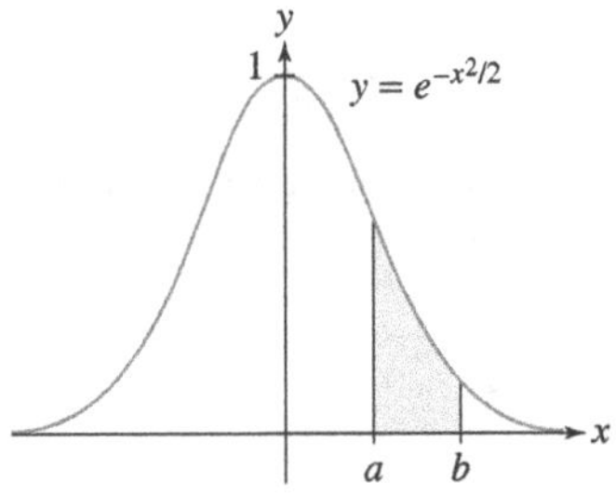

FIGURA 1 As áreas abaixo da curva em forma de sino são calculadas com integração numérica.

A regra do ponto médio

Para aproximar a integral definida $\int_a^b f(x)\,dx$, fixamos um número inteiro N e dividimos $[a, b]$ em N subintervalos de comprimento $\Delta x = (b - a)/N$. As extremidades dos subintervalos (Figura 4) são

$$x_0 = a, \quad x_1 = a + \Delta x, \quad x_2 = a + 2\Delta x, \quad \ldots, \quad x_N = b$$

Denotamos os valores de $f(x)$ nessas extremidades por y_j:

$$y_j = f(x_j) = f(a + j\Delta x)$$

Em particular, $y_0 = f(a)$ e $y_N = f(b)$.

A aproximação pelo ponto médio M_N é a soma das áreas dos retângulos de altura $f(c_j)$ e base Δx, em que c_j é o ponto médio do intervalo $[x_{j-1}, x_j]$ [Figura 2(A)].

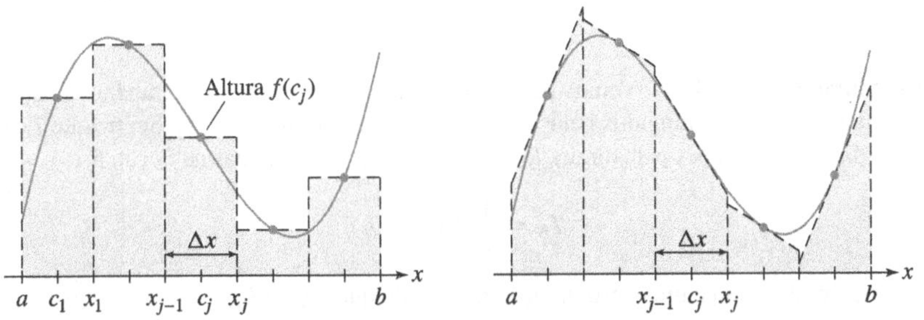

(A) M_N é a soma das áreas dos retângulos pelo ponto médio.

(B) M_N também é a soma das áreas dos trapézios tangentes.

FIGURA 2 Duas interpretações de M_N.

> **Regra do ponto médio** A N-ésima aproximação pelo ponto médio de $\int_a^b f(x)\,dx$ é
>
> $$M_N = \Delta x\big(f(c_1) + f(c_2) + \cdots + f(c_N)\big)$$
>
> em que $\Delta x = \dfrac{b-a}{N}$ e $c_j = a + \left(j - \frac{1}{2}\right)\Delta x$ é o ponto médio de $[x_{j-1}, x_j]$.

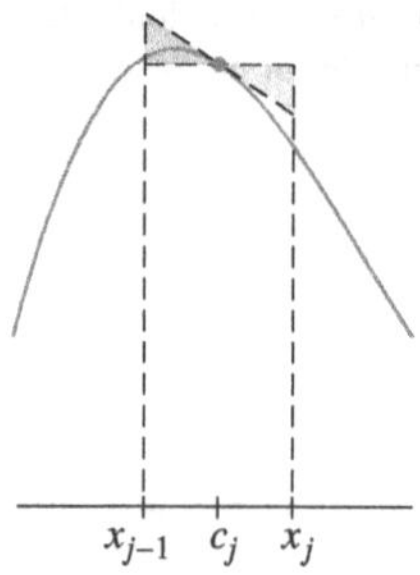

FIGURA 3 O retângulo e o trapézio têm a mesma área.

ENTENDIMENTO GRÁFICO M_N tem uma segunda interpretação como a soma das áreas de trapézios, isto é, os trapézios cujos topos são tangentes ao gráfico de f nos pontos médios c_j [Figura 2(B)]. Os trapézios têm a mesma área dos retângulos porque o topo do trapézio passa pelo ponto médio do topo do retângulo, conforme vemos na Figura 3.

A regra do trapézio

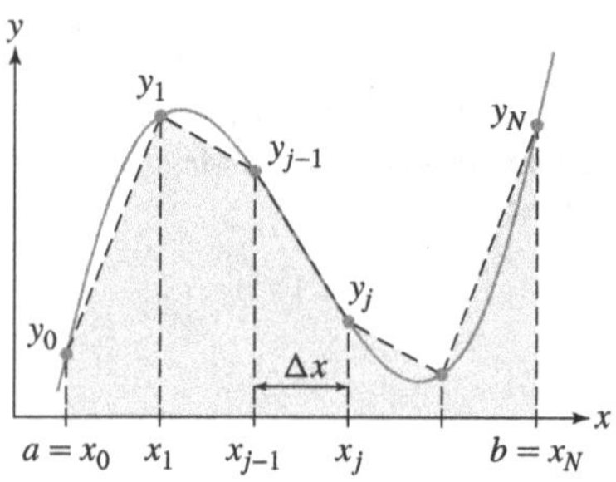

FIGURA 4 T_N aproxima a área abaixo do gráfico por trapézios.

A **regra do trapézio** T_N aproxima $\int_a^b f(x)\,dx$ pela área dos trapézios obtidos juntando os pontos $(x_0, y_0), (x_1, y_1), \ldots, (x_N, y_N)$ por segmentos de reta, como na Figura 4. A área do j-ésimo trapézio é $\frac{1}{2}\Delta x(y_{j-1} + y_j)$ e, portanto,

$$\begin{aligned} T_N &= \frac{1}{2}\Delta x(y_0 + y_1) + \frac{1}{2}\Delta x(y_1 + y_2) + \cdots + \frac{1}{2}\Delta x(y_{N-1} + y_N) \\ &= \frac{1}{2}\Delta x\Big((y_0 + y_1) + (y_1 + y_2) + \cdots + (y_{N-1} + y_N)\Big) \end{aligned}$$

Observe que cada valor y_j ocorre duas vezes, exceto y_0 e y_N, portanto obtemos

$$T_N = \frac{1}{2}\Delta x\Big(y_0 + 2y_1 + 2y_2 + \cdots + 2y_{N-1} + y_N\Big)$$

> **Regra do trapézio** A N-ésima aproximação trapezoidal de $\int_a^b f(x)\,dx$ é
>
> $$T_N = \frac{1}{2}\,\Delta x\big(y_0 + 2y_1 + \cdots + 2y_{N-1} + y_N\big)$$
>
> em que $\Delta x = \dfrac{b-a}{N}$ e $y_j = f(x_j)$.

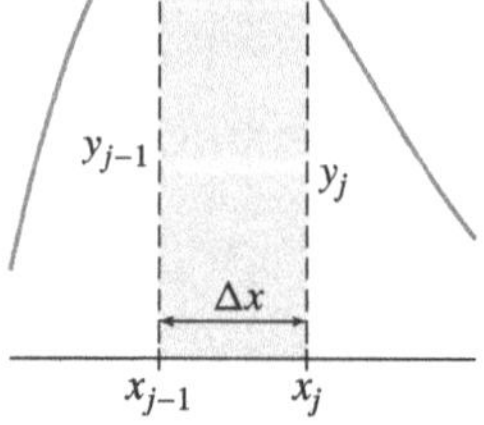

FIGURA 5 A área sombreada do trapézio é $\frac{1}{2}\Delta x(y_{j-1} + y_j)$. Isso é a média das áreas dos retângulos pela esquerda e direita.

ENTENDIMENTO GRÁFICO Vemos na Figura 5 que a área do j-ésimo trapézio é igual à média das áreas dos retângulos pelas extremidades de alturas y_{j-1} e y_j. Segue que T_N é a média das aproximações pela direita R_N e esquerda L_N introduzidas na Seção 5.1:

$$T_N = \frac{1}{2}(R_N + L_N)$$

Em geral, essa média é uma aproximação melhor do que R_N ou L_N.

■ **EXEMPLO 1** Calcule T_8 da integral $\int_1^3 \operatorname{sen}(x^2)\,dx$. Em seguida, use um sistema algébrico computacional para calcular T_N com $N = 50, 100, 500, 1.000$ e 10.000.

Solução Dividimos [1, 3] em $N = 8$ subintervalos de comprimento $\Delta x = \frac{3-1}{8} = \frac{1}{4}$. Então somamos os valores da função nas extremidades (Figura 6) com os coeficientes apropriados:

$$T_8 = \frac{1}{2}\left(\frac{1}{4}\right)\left[\operatorname{sen}(1^2) + 2\operatorname{sen}(1{,}25^2) + 2\operatorname{sen}(1{,}5^2) + 2\operatorname{sen}(1{,}75^2)\right.$$
$$\left. + 2\operatorname{sen}(2^2) + 2\operatorname{sen}(2{,}25^2) + 2\operatorname{sen}(2{,}5^2) + 2\operatorname{sen}(2{,}75^2) + \operatorname{sen}(3^2)\right]$$
$$\approx 0{,}4281$$

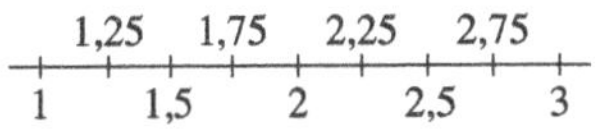

FIGURA 6 Divisão de [1, 3] em $N = 8$ subintervalos.

Em geral, $\Delta x = (3-1)/N = 2/N$ e $x_j = 1 + 2j/N$. Em notação de somatório,

$$T_N = \frac{1}{2}\left(\frac{2}{N}\right)\left[\operatorname{sen}(1^2) + \underbrace{2\sum_{j=1}^{N-1}\operatorname{sen}\left(\left(1+\frac{2j}{N}\right)^2\right)}_{\text{Soma das parcelas de coeficiente 2}} + \operatorname{sen}(3^2)\right]$$

A soma interna pode ser calculada num sistema algébrico computacional usando um comando do tipo seguinte:

```
Sum[Sin[(1 + 2j/N)^2], {j, 1, N − 1}]
```

Os resultados na Tabela 1 sugerem que $\int_1^3 \operatorname{sen}(x^2)\,dx$ é, aproximadamente, 0,4633. ■

TABELA 1

N	T_N
50	0,4624205
100	0,4630759
500	**0,4632**855
1000	**0,4632**920
10.000	**0,4632**942

Estimativas do erro

Nas aplicações, é importante conhecer o grau de precisão de uma aproximação numérica. Definimos o erro em M_N e T_N por

$$\text{Erro}(M_N) = \left|\int_a^b f(x)\,dx - M_N\right|, \qquad \text{Erro}(T_N) = \left|\int_a^b f(x)\,dx - T_N\right|$$

De acordo com o teorema seguinte, as magnitudes desses erros estão relacionadas com o tamanho da derivada *segunda* $f''(x)$.

TEOREMA 1 Estimativa do erro de M_N e T_N Suponha que f'' exista e seja contínua. Seja K_2 um número tal que $|f''(x)| \le K_2$, com qualquer x em $[a, b]$. Então

$$\text{Erro}(M_N) \le \frac{K_2(b-a)^3}{24N^2}, \qquad \text{Erro}(T_N) \le \frac{K_2(b-a)^3}{12N^2}$$

Na estimativa do erro, podemos tomar K_2 como o máximo de $|f''(x)|$ em $[a, b]$, mas se for inconveniente encontrar esse máximo exatamente, tomamos K_2 como qualquer número que seja, com certeza, maior do que o máximo.

ENTENDIMENTO GRÁFICO Observe que a cota do erro de M_N é a metade da cota do erro de T_N, o que sugere que M_N é geralmente mais preciso do que T_N. E por que ambas as cotas dos erros dependem de $f''(x)$? A derivada segunda mede a concavidade, portanto, se $|f''(x)|$ for grande, então o gráfico de f é muito curvo e os trapézios não dão uma boa aproximação da área abaixo do gráfico. Assim, os erros em T_N e M_N (que utiliza trapézios tangentes) provavelmente são grandes (Figura 7).

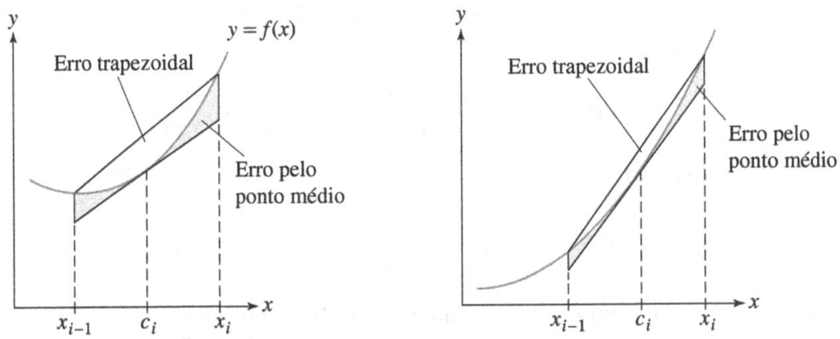

(A) $f''(x)$ é maior e os erros são maiores. (B) $f''(x)$ é menor e os erros são menores.

FIGURA 7 M_N e T_N são mais precisos quando $|f''(x)|$ for pequena.

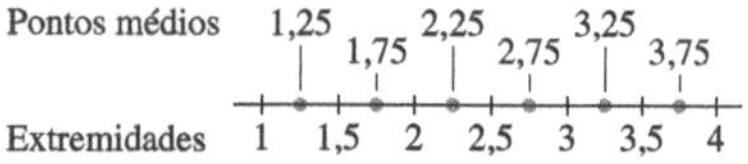

FIGURA 8 O intervalo $[1, 4]$ dividido em $N = 6$ subintervalos.

■ **EXEMPLO 2 Conferindo a estimativa do erro** Calcule M_6 e T_6 para $\int_1^4 \sqrt{x}\,dx$.

(a) Calcule as cotas dos erros.

(b) Calcule a integral exatamente e verifique que as estimativas dos erros estão satisfeitas.

Solução Dividimos $[1, 4]$ em seis subintervalos de comprimento $\Delta x = \frac{4-1}{6} = \frac{1}{2}$. Usando as extremidades e os pontos médios indicados na Figura 8, obtemos

$$M_6 = \frac{1}{2}\left(\sqrt{1{,}25} + \sqrt{1{,}75} + \sqrt{2{,}25} + \sqrt{2{,}75} + \sqrt{3{,}25} + \sqrt{3{,}75}\right) \approx 4{,}669245$$

$$T_6 = \frac{1}{2}\left(\frac{1}{2}\right)\left(\sqrt{1} + 2\sqrt{1{,}5} + 2\sqrt{2} + 2\sqrt{2{,}5} + 2\sqrt{3} + 2\sqrt{3{,}5} + \sqrt{4}\right) \approx 4{,}661488$$

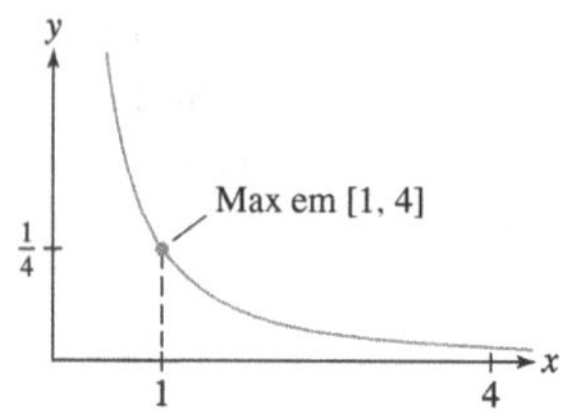

FIGURA 9 O gráfico de $y = |f''(x)| = \frac{1}{4}x^{-3/2}$ para $f(x) = \sqrt{x}$.

No Exemplo 2, o erro de T_6 é aproximadamente duas vezes maior do que o erro de M_6. Na prática, isso ocorre frequentemente.

(a) Seja $f(x) = \sqrt{x}$. Precisamos encontrar um número K_2 tal que $|f''(x)| \le K_2$ com $1 \le x \le 4$. Temos $f''(x) = -\frac{1}{4}x^{-3/2}$. O valor absoluto $|f''(x)| = \frac{1}{4}x^{-3/2}$ é decrescente em $[1, 4]$, portanto seu máximo ocorre em $x = 1$ (Figura 9). Assim, podemos tomar $K_2 = |f''(1)| = \frac{1}{4}$. Pelo Teorema 1,

$$\text{Erro}(M_6) \le \frac{K_2(b-a)^3}{24N^2} = \frac{\frac{1}{4}(4-1)^3}{24(6)^2} = \frac{1}{128} \approx 0{,}0078$$

$$\text{Erro}(T_6) \le \frac{K_2(b-a)^3}{12N^2} = \frac{\frac{1}{4}(4-1)^3}{12(6)^2} = \frac{1}{64} \approx 0{,}0156$$

(b) O valor exato é $\int_1^4 \sqrt{x}\,dx = \frac{2}{3}x^{3/2}\Big|_1^4 = \frac{14}{3}$, portanto os erros exatos são

$$\text{Erro}(M_6) \approx \left|\frac{14}{3} - 4{,}669245\right| \approx 0{,}00258 \quad \text{(menos do que a cota de erro 0,0078)}$$

$$\text{Erro}(T_6) \approx \left|\frac{14}{3} - 4{,}661488\right| \approx 0{,}00518 \quad \text{(menos do que a cota de erro 0,0156)}$$

Os erros exatos são menores do que as cotas dos erros e, portanto, o Teorema 1 está verificado. ■

A estimativa do erro pode ser usada para determinar os valores de N que fornecem uma precisão dada.

■ **EXEMPLO 3 Obtendo a precisão desejada** Encontre N tal que T_N aproxime $\int_0^3 e^{-x^2}\,dx$ com um erro de, no máximo, 0,0001.

Uma maneira rápida de encontrar um valor para K_2 é esboçar um gráfico de f'' usando um recurso gráfico e encontrar visualmente uma cota para $|f''(x)|$, como fizemos no Exemplo 3.

Solução Seja $f(x) = e^{-x^2}$. Para aplicar a estimativa do erro, devemos encontrar um número K_2 tal que $|f''(x)| \le K_2$, com qualquer $x \in [0, 3]$. Temos $f'(x) = -2xe^{-x^2}$ e

$$f''(x) = (4x^2 - 2)e^{-x^2}$$

Usamos um recurso gráfico para esboçar o gráfico de f'' (Figura 10). O gráfico mostra que o valor máximo de $|f''(x)|$ em $[0, 3]$ é $|f''(0)| = |-2| = 2$, portanto tomamos $K_2 = 2$ na estimativa do erro:

$$\text{Erro}(T_N) \le \frac{K_2(b-a)^3}{12N^2} = \frac{2(3-0)^3}{12N^2} = \frac{9}{2N^2}$$

O erro é, no máximo, 10^{-4} se

$$\frac{9}{2N^2} \le 10^{-4} \quad \Rightarrow \quad N^2 \ge \frac{9 \times 10^4}{2} \quad \Rightarrow \quad N \ge \frac{300}{\sqrt{2}} \approx 212{,}1$$

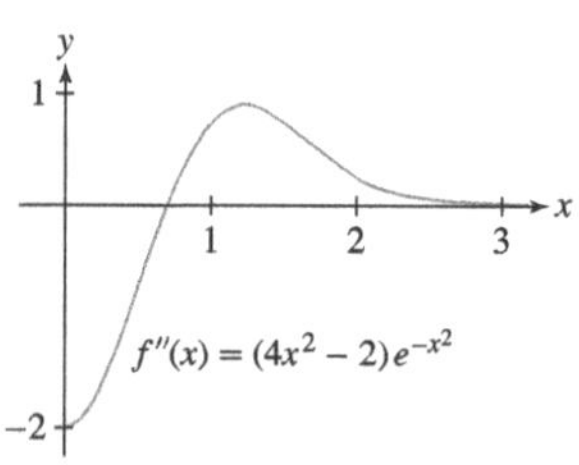

FIGURA 10 O gráfico da derivada segunda de $f(x) = e^{-x^2}$.

Concluímos que T_{213} tem um erro de, no máximo, 10^{-4}. Podemos confirmar isso com um sistema algébrico computacional, que mostra que $T_{213} \approx 0{,}886207$, ao passo que o valor da integral até nove casas decimais é 0,886207348. Assim, o erro é menor do que 10^{-6}. ■

A rega de Simpson

Como vimos, a regra do ponto médio utiliza trapézios tangentes à curva para aproximar a área abaixo da curva. A regra do trapézio utiliza trapézios com vértices na curva para aproximar a área. Em ambos os casos, o topo de cada trapézio é um segmento de reta. É de se pensar se não poderíamos melhorar a aproximação usando alguma outra curva no topo dos trapézios. Na **regra de Simpson**, substituímos os segmentos de reta por parábolas, o que nos permite obter uma aproximação que, geralmente, é mais precisa.

Para começar, novamente subdividimos $[a, b]$ em N subintervalos, cada um de comprimento $\Delta x = \frac{b-a}{N}$. No entanto, agora exigimos que N seja par. Então juntamos os intervalos resultantes, $[x_0, x_1]$ com $[x_1, x_2]$, $[x_2, x_3]$ com $[x_3, x_4]$ e assim por diante. Para cada par de intervalos, encontramos uma parábola que passa pelos três pontos da curva acima das extremidades dos dois intervalos, como na Figura 11. Então tomamos a soma das áreas abaixo das parábolas e acima dos intervalos correspondentes para obter uma aproximação da área abaixo da curva.

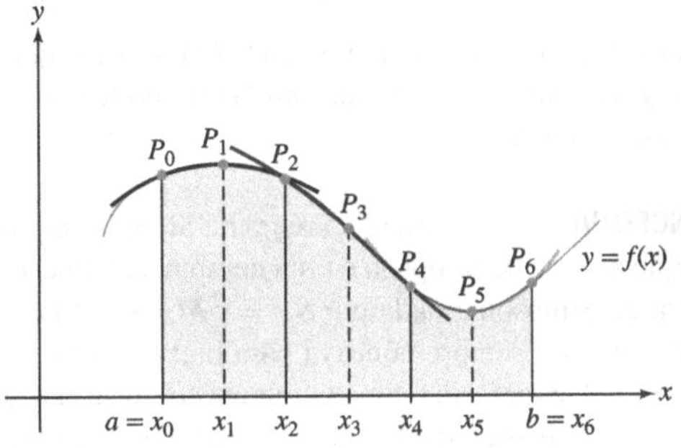

FIGURA 11 Aproximando a área abaixo da curva usando parábolas.

Para determinar a fórmula resultante, começamos com o caso de um par de intervalos $[-\Delta x, 0]$ e $[0, \Delta x]$ em torno da origem. Vamos supor que os três pontos correspondentes da curva sejam $P_0(-\Delta x, y_0)$, $P_1(0, y_1)$ e $P_2(\Delta x, y_2)$. Veja Figura 12.

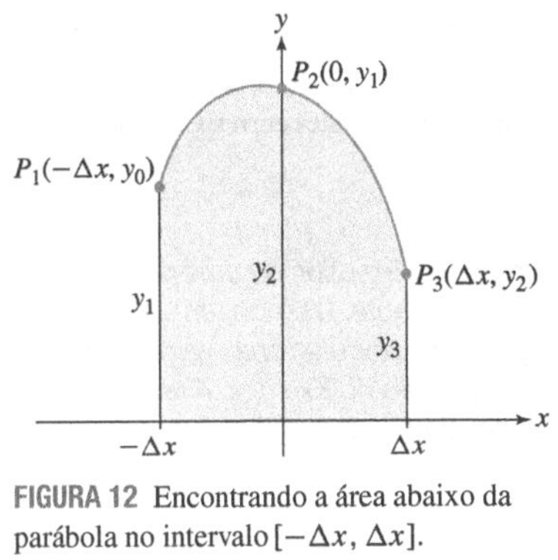

FIGURA 12 Encontrando a área abaixo da parábola no intervalo $[-\Delta x, \Delta x]$.

A equação geral de uma parábola é $y = Cx^2 + Dx + E$ com constantes C, D e E. A área abaixo da parábola e acima dos dois intervalos $[-\Delta x, 0]$ e $[0, \Delta x]$ é obtida por integração:

$$\text{Área} = \int_{-\Delta x}^{\Delta x} Cx^2 + Dx + E\,dx = \frac{Cx^3}{3} + \frac{Dx^2}{2} + Ex\Big|_{-\Delta x}^{\Delta x}$$

$$= 2\left(\frac{C(\Delta x)^3}{3} + E\Delta x\right) = \frac{\Delta x}{3}(2C(\Delta x)^2 + 6E)$$

Como a parábola deve passar pelos três pontos P_0, P_1 e P_2, sabemos que as coordenadas de cada ponto devem satisfazer a equação da parábola. Dessa forma, obtemos as três equações

$$y_0 = C(\Delta x)^2 - D\Delta x + E$$

$$y_1 = E$$

$$y_2 = C(\Delta x)^2 + D\Delta x + E$$

Somando a primeira e a terceira equação, obtemos

$$y_0 + y_2 = 2C(\Delta x)^2 + 2E$$

Somando quatro cópias da segunda equação, obtemos a expressão que aparece na área da integral:

$$y_0 + 4y_1 + y_2 = 2C(\Delta x)^2 + 6E$$

Assim, a área abaixo da parábola é dada por $\frac{\Delta x}{3}(y_0 + 4y_1 + y_2)$.

Essa área depende somente da coordenada y dos três pontos, de modo que obtemos uma expressão análoga se tomarmos a parábola em quaisquer pares subsequentes de subintervalos adjacentes. Portanto, podemos aproximar a área abaixo da curva por

$$\frac{\Delta x}{3}(y_0 + 4y_1 + y_2) + \frac{\Delta x}{3}(y_2 + 4y_3 + y_4) + \cdots + \frac{\Delta x}{3}(y_{N-2} + 4y_{N-1} + y_N)$$

Simplificando, obtemos a regra seguinte.

Regra de Simpson Supondo N par, a N-ésima aproximação de $\int_a^b f(x)\,dx$ pela regra de Simpson é

$$S_N = \frac{1}{3}\Delta x\left[y_0 + 4y_1 + 2y_2 + \cdots + 4y_{N-3} + 2y_{N-2} + 4y_{N-1} + y_N\right] \qquad \mathbf{1}$$

em que $\Delta x = \dfrac{b-a}{N}$ e $y_j = f(x_j)$.

Embora tenhamos deduzido essa regra no caso $f(x) \geq 0$, em que é mais fácil visualizá-la como uma área, a regra de Simpson continua válida mesmo se o integrando for uma função contínua que é, às vezes, negativa.

ENTENDIMENTO CONCEITUAL Comparando a regra de Simpson com as do ponto médio e do trapézio, vemos que a regra de Simpson é uma combinação linear das outas duas. Mais precisamente, a regra de Simpson é dada por $S_N = \frac{2}{3}M_{N/2} + \frac{1}{3}T_{N/2}$. Se uma função for sempre côncava para cima ou sempre côncava para baixo, o valor exato da integral fica sempre entre $M_{N/2}$ e $T_{N/2}$. Dessa forma, uma combinação linear das duas deveria ser mais precisa nesse e em muitos outros casos. É vantajoso que o peso de $M_{N/2}$, na combinação linear seja maior, pois, como vimos, a cota do erro dessa aproximação é a metade da de $T_{N/2}$.

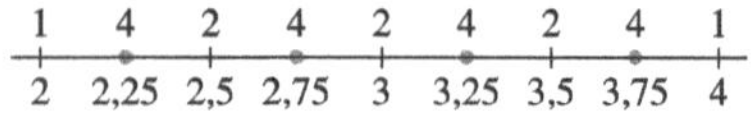

FIGURA 13 Os coeficientes de S_8 em [2, 4] com as extremidades correspondentes.

EXEMPLO 4 Use a regra de Simpson com $N = 8$ para aproximar $\int_2^4 \sqrt{1+x^3}\,dx$.

Solução Temos $\Delta x = \frac{4-2}{8} = \frac{1}{4}$. A Figura 13 mostra as extremidades e os coeficientes necessários para calcular S_8 usando a Equação (1):

$$\frac{1}{3}\left(\frac{1}{4}\right)\left[\sqrt{1+2^3} + 4\sqrt{1+2{,}25^3} + 2\sqrt{1+2{,}5^3} + 4\sqrt{1+2{,}75^3} + 2\sqrt{1+3^3}\right.$$
$$\left. + 4\sqrt{1+3{,}25^3} + 2\sqrt{1+3{,}5^3} + 4\sqrt{1+3{,}75^3} + \sqrt{1+4^3}\right]$$
$$\approx \frac{1}{12}\left[3 + 4(3{,}52003) + 2(4{,}07738) + 4(4{,}66871) + 2(5{,}2915)\right.$$
$$\left. + 4(5{,}94375) + 2(6{,}62382) + 4(7{,}33037) + 8{,}06226\right] \approx 10{,}74159$$

A regra de Simpson dá uma precisão impressionante. Usando um sistema algébrico computacional, vemos que a aproximação no Exemplo 4 tem um erro menor do que 3×10^{-6}.

EXEMPLO 5 Estimando integrais a partir de dados numéricos A velocidade (em quilômetros por hora) de um teco-teco voando para o oeste é registrada a cada minuto durante os 10 primeiro minutos de voo depois da decolagem. Use a regra de Simpson para obter uma estimativa da distância percorrida.

t (min)	0	1	2	3	4	5	6	7	8	9	10
$v(t)$ (km/h)	0	80	100	128	144	160	152	136	128	120	136

Solução A distância percorrida é a integral da velocidade. Convertemos de minutos para horas porque a velocidade é dada em quilômetros por hora e, portanto, aplicamos a regra de Simpson, em que o número de intervalos é $N = 10$ e cada intervalo tem comprimento $\Delta t = \frac{1}{60}$ h:

$$S_{10} = \left(\frac{1}{3}\right)\left(\frac{1}{60}\right)\big(0 + 4(80) + 2(100) + 4(128) + 2(144) + 4(160)$$
$$+ 2(152) + 4(136) + 2(128) + 4(120) + 136\big) \approx 21{,}2 \text{ km}$$

A distância percorrida é de, aproximadamente, 21,2 km (Figura 14).

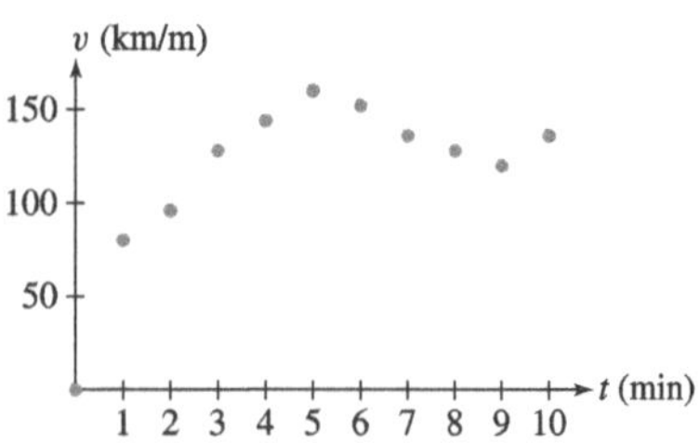

FIGURA 14 A velocidade do teco-teco.

Agora enunciamos (sem demonstrar) a estimativa do erro na regra de Simpson. Seja

$$\text{Erro}(S_N) = \left| \int_a^b f(x) - S_N(f)\,dx \right|$$

O erro envolve a derivada quarta, que supomos existir e ser contínua.

Embora a regra de Simpson forneça aproximações bastante boas, os sistemas algébricos computacionais usam técnicas mais sofisticadas. Essas técnicas são estudadas na área da Matemática denominada "Análise Numérica".

TEOREMA 2 Estimativa do erro de S_N Seja K_4 um número tal que $|f^{(4)}(x)| \leq K_4$ com qualquer $x \in [a, b]$. Então

$$\text{Erro}(S_N) \leq \frac{K_4(b-a)^5}{180N^4}$$

EXEMPLO 6 Calcule S_8 para $\displaystyle\int_1^3 \frac{1}{x}\,dx$.

(a) Encontre uma cota para o erro de S_8.
(b) Encontre N tal que S_N tenha um erro menor do que 10^{-6}.

Solução A largura é $\Delta x = \frac{3-1}{8} = \frac{1}{4}$ e as extremidades da partição de $[1, 3]$ são 1; 1,25; 1,5;...; 2,75 e 3. Usando a Equação (1) com $f(x) = x^{-1}$, obtemos

$$S_8 = \frac{1}{3}\left(\frac{1}{4}\right)\left[\frac{1}{1} + \frac{4}{1{,}25} + \frac{2}{1{,}5} + \frac{4}{1{,}75} + \frac{2}{2} + \frac{4}{2{,}25} + \frac{2}{2{,}5} + \frac{4}{2{,}75} + \frac{1}{3}\right]$$
$$\approx 1{,}09873$$

(a) A derivada quarta $f^{(4)}(x) = 24x^{-5}$ é decrescente, portanto o máximo de $|f^{(4)}(x)|$ em $[1, 3]$ é $|f^{(4)}(1)| = 24$. Portanto, usamos a cota do erro com $K_4 = 24$:

$$\text{Erro}(S_N) \leq \frac{K_4(b-a)^5}{180N^4} = \frac{24(3-1)^5}{180N^4} = \frac{64}{15N^4}$$

$$\text{Erro}(S_8) \leq \frac{K_4(b-a)^5}{180(8)^4} = \frac{24(3-1)^5}{180(8^4)} \approx 0{,}001$$

(b) O erro será menor do que 10^{-6} se N satisfizer

$$\text{Erro}(S_N) = \frac{64}{15N^4} \leq 10^{-6}$$

Em outras palavras,

$$N^4 \geq 10^6\left(\frac{64}{15}\right) \quad \text{ou} \quad N \geq \left(\frac{10^6 \cdot 64}{15}\right)^{1/4} \approx 45{,}45$$

Assim, podemos tomar $N = 46$ (ver comentário à margem). ■

Usando um sistema algébrico computacional, obtemos

$$S_{46} \approx 1{,}09861241$$

$$\int_1^3 \frac{1}{x}\,dx = \ln 3 \approx 1{,}09861229$$

O erro, realmente, é menor do que 10^{-6}.

7.9 Resumo

- Consideramos três aproximações numéricas de $\int_a^b f(x)dx$: a *regra do ponto médio* M_N, a *regra do trapézio* T_N e a *regra de Simpson* S_N (se N for par).

$$M_N = \Delta x\big(f(c_1) + f(c_2) + \cdots + f(c_N)\big) \qquad \left(c_j = a + \left(j - \frac{1}{2}\right)\Delta x\right)$$

$$T_N = \frac{1}{2}\Delta x\big(y_0 + 2y_1 + 2y_2 + \cdots + 2y_{N-1} + y_N\big)$$

$$S_N = \frac{1}{3}\Delta x\big[y_0 + 4y_1 + 2y_2 + \cdots + 4y_{N-3} + 2y_{N-2} + 4y_{N-1} + y_N\big]$$

em que $\Delta x = (b-a)/N$ e $y_j = f(a + j\,\Delta x)$.

- M_N tem duas interpretações geométricas: pode ser interpretado como a soma das áreas dos retângulos pelo ponto médio ou como a soma de áreas dos trapézios tangentes.
- T_N é igual à soma das áreas dos trapézios obtidos conectando os pontos $(x_0, y_0), (x_1, y_1), \ldots, (x_N, y_N)$ com segmentos de reta.
- S_N é igual a $\frac{1}{3}T_{N/2} + \frac{2}{3}M_{N/2}$.
- Estimativas do erro:

$$\text{Erro}(M_N) \le \frac{K_2(b-a)^3}{24N^2}, \qquad \text{Erro}(T_N) \le \frac{K_2(b-a)^3}{12N^2}, \qquad \text{Erro}(S_N) \le \frac{K_4(b-a)^5}{180N^4}$$

em que K_2 é qualquer número tal que $|f''(x)| \le K_2$ com $x \in [a, b]$ e K_4 é qualquer número tal que $|f^{(4)}(x)| \le K_4$ com $x \in [a, b]$.

7.9 Exercícios

Exercícios preliminares

1. O que são T_1 e T_2 para uma função de [0, 2] tal que $f(0) = 3$, $f(1) = 4$ e $f(2) = 3$?

2. T_N *sobrestima* a integral da função dada por qual dos gráficos da Figura 15? E M_N?

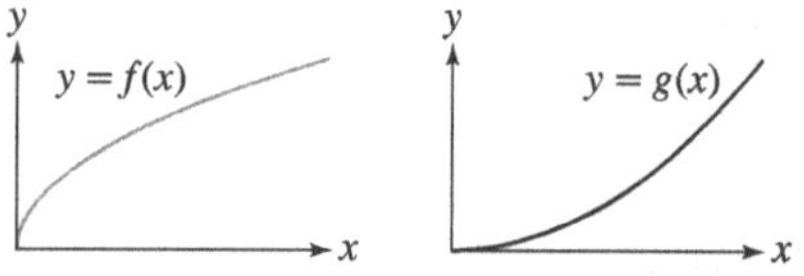

FIGURA 15

3. Aplicada a uma função linear, qual é o erro da regra do trapézio? Explique graficamente.

4. Qual é o erro máximo possível se T_4 for usado para aproximar

$$\int_0^3 f(x)\,dx$$

em que $|f''(x)| \le 2$ com qualquer x.

5. Quais são as duas interpretações gráficas da regra do ponto médio?

Exercícios

Nos Exercícios 1-12, calcule M_N e T_N com o valor indicado de N.

1. $\int_0^2 x^2\,dx, \quad N = 4$

2. $\int_0^4 \sqrt{x}\,dx, \quad N = 4$

3. $\int_1^4 x^3\,dx, \quad N = 6$

4. $\int_1^2 \sqrt{x^4+1}\,dx, \quad N = 5$

5. $\int_1^4 \frac{dx}{x}, \quad N = 6$

6. $\int_{-2}^{-1} \frac{dx}{x}, \quad N = 5$

7. $\int_0^{\pi/2} \sqrt{\operatorname{sen} x}\,dx, \quad N = 6$

8. $\int_0^{\pi/4} \sec x\,dx, \quad N = 6$

9. $\int_1^2 \ln x\,dx, \quad N = 5$

10. $\int_2^3 \frac{dx}{\ln x}, \quad N = 5$

11. $\int_0^1 e^{-x^2}\,dx, \quad N = 5$

12. $\int_{-2}^1 e^{x^2}\,dx, \quad N = 6$

Nos Exercícios 13-22, calcule S_N dada pela regra de Simpson com o valor indicado de N.

13. $\int_0^4 \sqrt{x}\,dx, \quad N = 4$

14. $\int_3^5 (9 - x^2)\,dx, \quad N = 4$

15. $\int_0^3 \frac{dx}{x^4+1}, \quad N = 6$

16. $\int_0^1 \cos(x^2)\,dx, \quad N = 6$

17. $\int_0^1 e^{-x^2}\,dx, \quad N = 4$

18. $\int_1^2 e^{-x}\,dx, \quad N = 6$

19. $\int_1^4 \ln x\,dx, \quad N = 8$

20. $\int_2^4 \sqrt{x^4+1}\,dx, \quad N = 8$

21. $\int_0^{\pi/4} \operatorname{tg}\theta\,d\theta, \quad N = 10$

22. $\int_0^2 (x^2+1)^{-1/3}\,dx, \quad N = 10$

Nos Exercícios 23-26, calcule a aproximação do volume do sólido obtido pela rotação do gráfico em torno do eixo dado.

23. $y = \cos x$; $[0, \frac{\pi}{2}]$; eixo x; M_8

24. $y = \cos x$; $[0, \frac{\pi}{2}]$; eixo y; S_8

25. $y = e^{-x^2}$; [0, 1]; eixo x; T_8

26. $y = e^{-x^2}$; [0, 1]; eixo y; S_8

27. A velocidade de um avião foi registrada com intervalos de 5 minutos durante um período de uma hora com os resultados seguintes, em milhas por hora:

550, 575, 600, 580, 610, 640, 625,
595, 590, 620, 640, 640, 630

Use a regra de Simpson para obter uma estimativa da distância percorrida durante essa hora.

28. Use a regra de Simpson para determinar a temperatura média num museu ao longo de um período de 3 horas se as temperaturas (em graus Celsius) registradas em intervalos de 15 minutos foram

21; 21,3; 21,5; 21,8; 21,6; 21,2; 20,8;
20,6; 20,9; 21,2; 21,1; 21,3; 21,2

29. **Tempo de chegada do *tsunami*** Os cientistas estimam a chegada das ondas de *tsunamis* (ondas oceânicas sísmicas) utilizando o ponto de origem P e as profundidades do oceano. A velocidade s de um *tsunami* em milhas por hora é, aproximadamente, $s = \sqrt{15d}$, em que d é a profundidade do oceano, em pés (lembre que 1 milha = 5280 pés).

(a) Seja $f(x)$ a profundidade do oceano a x milhas de P (na direção e sentido da costa). Usando somas de Riemann, argumente que o tempo T necessário para o *tsunami* percorrer M milhas em direção à costa é

$$T = \int_0^M \frac{dx}{\sqrt{15f(x)}}$$

(b) Use a regra de Simpson para obter uma estimativa de T se $M = 1.000$ e as profundidades do oceano, medidas (em pés) em intervalos de 100 milhas e começando em P, forem

13.000, 11.500, 10.500, 9.000, 8.500,
7.000, 6.000, 4.400, 3.800, 3.200, 2.000

30. Use S_8 para obter uma estimativa de $\int_0^{\pi/2} \frac{\operatorname{sen} x}{x}\,dx$, tomando o valor de $\frac{\operatorname{sen} x}{x}$ em $x = 0$ como sendo 1.

31. Calcule T_6 para a integral $I = \int_0^2 x^3\,dx$.

(a) T_6 é muito grande ou pequeno? Explique graficamente.

(b) Mostre que pode ser usado $K_2 = |f''(2)|$ na estimativa do erro e encontre uma cota para o erro.

(c) Calcule I e confira que o erro exato é menor do que a cota calculada em (b).

32. Calcule M_4 para a integral $I = \int_0^1 x \operatorname{sen}(x^2)\,dx$.

(a) CG Use um gráfico de f'' para mostrar que $K_2 = 3{,}2$ pode ser usado na cota do erro e encontre uma cota para o erro.

(b) Utilizando um sistema algébrico computacional, calcule I numericamente e confira que o erro exato é menor do que a cota calculada em (a).

Nos Exercícios 33-36, decida se T_N ou M_N subestima ou sobrestima a integral e encontre uma cota para o erro (mas não calcule T_N ou M_N).

33. $\int_1^4 \frac{1}{x}\,dx,\quad T_{10}$

34. $\int_0^2 e^{-x/4}\,dx,\quad T_{20}$

35. $\int_1^4 \ln x\,dx,\quad M_{10}$

36. $\int_0^{\pi/4} \cos x,\quad M_{20}$

Nos Exercícios 37-40, use a estimativa do erro para encontrar um valor de N com o qual Erro(T_N) $\leq 10^{-6}$. Use um sistema algébrico computacional para calcular a aproximação correspondente e confirme que o erro satisfaz a cota exigida.

37. $\int_0^1 x^4\,dx$

38. $\int_0^3 (5x^4 - x^5)\,dx$

39. $\int_2^5 \frac{1}{x}\,dx$

40. $\int_0^3 e^{-x}\,dx$

41. Encontre uma cota para o erro nas aproximações T_{10} e M_{10} de $\int_0^3 (x^3+1)^{-1/2}\,dx$, usando a Figura 16 para determinar um valor de K_2. Em seguida, encontre um valor de N com o qual o erro em M_N não seja maior do que 10^{-6}.

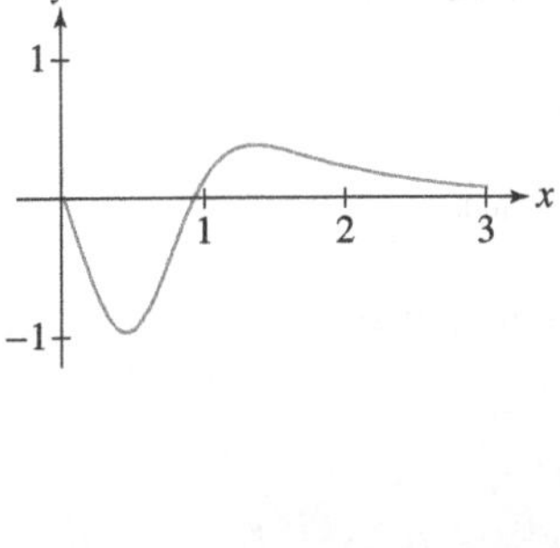

FIGURA 16 O gráfico de f'', sendo $f(x) = (x^3+1)^{-1/2}$.

42. (a) Calcule S_6 para a integral $I = \int_0^1 e^{-2x}\,dx$.

(b) Mostre que pode ser usado $K_4 = 16$ na estimativa do erro e encontre uma cota para o erro.

(c) Calcule I e confira que o erro exato é menor do que a cota do erro calculada em (b).

43. Calcule S_8 para $\int_1^5 \ln x\,dx$ e encontre uma cota para o erro. Em seguida, encontre um valor de N com o qual o erro em S_N não seja maior do que 10^{-6}.

44. Encontre uma cota para o erro na aproximação S_{10} de $\int_0^3 e^{-x^2}\,dx$ (use a Figura 17 para determinar um valor de K_4). Em seguida, encontre um valor de N com o qual o erro em S_N não seja maior do que 10^{-6}.

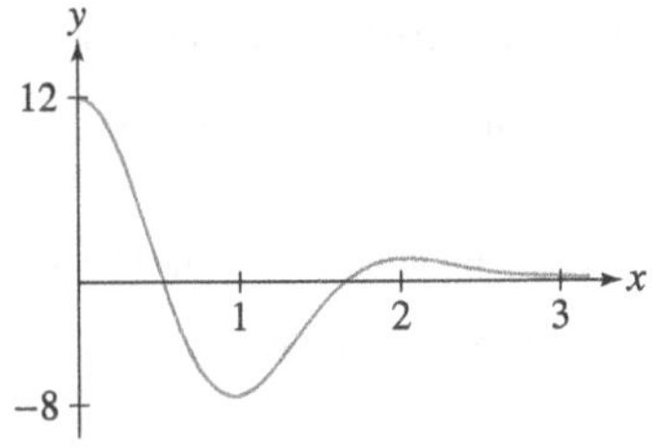

FIGURA 17 O gráfico de $f^{(4)}$, sendo $f(x) = e^{-x^2}$.

45. Use um sistema algébrico computacional para calcular e esboçar o gráfico de $f^{(4)}$ para $f(x) = \sqrt{1+x^4}$ e encontre uma cota para o erro na aproximação S_{40} de $\int_0^5 f(x)\,dx$.

46. Use um sistema algébrico computacional para calcular e esboçar o gráfico de $f^{(4)}$ para $f(x) = \operatorname{tg} x - \sec x$ e encontre uma cota para o erro na aproximação S_{40} de $\int_0^{\pi/4} f(x)\,dx$.

Nos Exercícios 47-50, use a estimativa do erro para encontrar um valor de N com o qual Erro(S_N) $\leq 10^{-9}$.

47. $\int_1^6 x^{4/3}\,dx$

48. $\int_0^4 xe^x\,dx$

49. $\int_0^1 e^{x^2}\,dx$

50. $\int_1^4 \operatorname{sen}(\ln x)\,dx$

51. Mostre que $\int_0^1 \frac{dx}{1+x^2} = \frac{\pi}{4}$ [use a Equação (3) da Seção 5.8].

(a) Use um sistema algébrico computacional para esboçar o gráfico de $f^{(4)}$ para $f(x) = (1+x^2)^{-1}$ e encontre seu máximo em [0, 1].

(b) Encontre um valor de N tal que S_N aproxime a integral com um erro de, no máximo, 10^{-6}. Calcule a aproximação correspondente e confirme que $\frac{\pi}{4}$ foi calculado até a quarta casa decimal, pelo menos.

52. Sejam $J = \int_0^\infty e^{-x^2}\,dx$ e $J_N = \int_0^N e^{-x^2}\,dx$. Embora e^{-x^2} não possua antiderivada elementar, sabe-se que $J = \sqrt{\pi}/2$. Seja T_N a N-ésima aproximação trapezoidal de J_N. Calcule T_4 e mostre que T_4 aproxima J até a terceira casa decimal.

53. Sejam $f(x) = \operatorname{sen}(x^2)$ e $I = \int_0^1 f(x)\,dx$.

(a) Confirme que $f''(x) = 2\cos(x^2) - 4x^2\operatorname{sen}(x^2)$. Em seguida, mostre que $|f''(x)| \leq 6$ se $x \in [0, 1]$. *Sugestão:* observe que $|2\cos(x^2)| \leq 2$ e $|4x^2 \operatorname{sen}(x^2)| \leq 4$ com $x \in [0, 1]$.

(b) Mostre que Erro(M_N) é, no máximo, $\frac{1}{4N^2}$.

(c) Encontre N tal que $|I - M_N| \leq 10^{-3}$.

54. A estimativa do erro em M_N é proporcional a $1/N^2$, portanto a estimativa do erro decresce $\frac{1}{4}$ se N aumentar para $2N$. Calcule o erro exato em M_N para $\int_0^{\pi} \operatorname{sen} x \, dx$ com $N = 4, 8, 16, 32$ e 64. O erro exato parece decrescer $\frac{1}{4}$ quando N dobra? Neste e nos próximos exercícios, utilize um sistema algébrico computacional.

55. Observe que a estimativa do erro em T_N (que tem um 12 no denominador) é duas vezes maior do que a estimativa do erro em M_N (que tem um 24 no denominador). Calcule o erro exato em T_N para $\int_0^{\pi} \operatorname{sen} x \, dx$ com $N = 4, 8, 16, 32$ e 64 e compare com as contas do Exercício 54. Nesse caso, o erro exato em T_N parece ser aproximadamente duas vezes maior do que o erro em M_N?

56. Explique por que a estimativa do erro em S_N decresce $\frac{1}{16}$ se N aumentar para $2N$. Calcule o erro exato em S_N para $\int_0^{\pi} \operatorname{sen} x \, dx$ com $N = 4, 8, 16, 32$ e 64. O erro exato em parece decrescer $\frac{1}{16}$ quando N dobra?

57. Verifique que S_2 dá o valor exato de $\int_0^1 (x - x^3)\, dx$.

58. Verifique que S_2 dá o valor exato de $\int_a^b (x - x^3)\, dx$, com quaisquer $a < b$.

Compreensão adicional e desafios

59. Mostre que se $f(x) = rx + s$ for uma função linear (com r, s constantes), então $T_N = \int_a^b f(x)\, dx$ com qualquer N e quaisquer extremidades a, b.

60. Mostre que se $f(x) = px^2 + qx + r$ for um polinômio quadrático, então $S_2 = \int_a^b f(x)\, dx$. Em outras palavras, mostre que

$$\int_a^b f(x)\, dx = \frac{b-a}{6}(y_0 + 4y_1 + y_2)$$

em que $y_0 = f(a)$, $y_1 = f\left(\frac{a+b}{2}\right)$ e $y_2 = f(b)$. *Sugestão:* mostre primeiro para $f(x) = 1, x, x^2$ e use linearidade.

61. Com N par, divida $[a, b]$ em N subintervalos de comprimento $\Delta x = \frac{b-a}{N}$. Sejam $x_j = a + j\,\Delta x$, $y_j = f(x_j)$ e

$$S_2^{2j} = \frac{b-a}{3N}(y_{2j} + 4y_{2j+1} + y_{2j+2})$$

(a) Mostre que S_N é a soma das aproximações nos intervalos $[x_{2j}, x_{2j+2}]$, ou seja, $S_N = S_2^0 + S_2^2 + \cdots + S_2^{N-2}$.

(b) Pelo Exercício 60, $S_2^{2j} = \int_{x_{2j}}^{x_{2j+2}} f(x)\, dx$ se f for um polinômio quadrático. Use (a) para mostrar que S_N é exata *com qualquer* N se f for um polinômio quadrático.

62. Mostre que S_2 também dá o valor exato de $\int_a^b x^3\, dx$ e conclua, como no Exercício 61, que S_N é exata para todos os polinômios cúbicos. Mostre, com um contraexemplo, que S_2 não é exata com integrais de x^4.

63. Use a estimativa do erro de S_N para provar de outra forma que a regra de Simpson é exata com polinômios cúbicos.

64. **Às vezes, a regra de Simpson tem mau desempenho** Calcule M_{10} e S_{10} para a integral $\int_0^1 \sqrt{1 - x^2}\, dx$, cujo valor sabemos ser $\frac{\pi}{4}$ (uma quarta parte da área do círculo unitário).

(a) Em geral, confiamos que S_N seja mais preciso que M_N. Nesse caso, qual é mais preciso: M_{10} ou S_{10}?

(b) Como pode ser explicado o resultado de (a)? *Sugestão:* as cotas do erro não são válidas porque $|f''(x)|$ e $|f^{(4)}(x)|$ tendem a ∞ se $x \to 1$, mas $|f^{(4)}(x)|$ tende ao infinito mais rapidamente.

EXERCÍCIOS DE REVISÃO DO CAPÍTULO

1. Combine as integrais (a)-(e) com suas antiderivadas (i)-(v), usando apenas o seu formato geral (mas não calcule as integrais).

(a) $\int \frac{x\, dx}{\sqrt{x^2 - 4}}$ **(b)** $\int \frac{(2x + 9)\, dx}{x^2 + 4}$

(c) $\int \operatorname{sen}^3 x \cos^2 x\, dx$ **(d)** $\int \frac{dx}{x\sqrt{16x^2 - 1}}$

(e) $\int \frac{16\, dx}{x(x-4)^2}$

(i) $\operatorname{arc\,sec} 4x + C$

(ii) $\log|x| - \log|x - 4| - \frac{4}{x-4} + C$

(iii) $\frac{1}{30}(3\cos^5 x - 3\cos^3 x \operatorname{sen}^2 x - 7\cos^3 x) + C$

(iv) $\frac{9}{2} \operatorname{arc\,tg} \frac{x}{2} + \ln(x^2 + 4) + C$ **(v)** $\sqrt{x^2 - 4} + C$

2. Calcule $\int \frac{x\, dx}{x+2}$ de duas maneiras: usando substituição e o método das frações parciais.

Nos Exercícios 3-12, calcule a integral usando o método sugerido.

3. $\int \cos^3\theta \operatorname{sen}^8\theta\, d\theta$ [escreva $\cos^3\theta \cos\theta(1 - \operatorname{sen}^2\theta)$]

4. $\int xe^{-12x}\, dx$ (integração por partes)

5. $\int \sec^3\theta \operatorname{tg}^4\theta\, d\theta$ (identidade trigonométrica, fórmula de redução)

6. $\int \frac{4x+4}{(x-5)(x+3)}\, dx$ (frações parciais)

7. $\int \frac{dx}{x(x^2-1)^{3/2}}\, dx$ (substituição trigonométrica)

8. $\int (1 + x^2)^{-3/2} dx$ (substituição trigonométrica)

9. $\int \frac{dx}{x^{3/2} + x^{1/2}}$ (substituição)

10. $\int \frac{dx}{x + x^{-1}}$ (reescreva o integrando)

11. $\int x^{-2} \operatorname{arc\,tg} x\, dx$ (integração por partes)

12. $\displaystyle\int \frac{dx}{x^2+4x-5}$ (completamento do quadrado, substituição, frações parciais)

Nos Exercícios 13-64, calcule a integral usando o método ou a combinação de métodos apropriados.

13. $\displaystyle\int_0^1 x^2 e^{4x}\,dx$

14. $\displaystyle\int \frac{x^2}{\sqrt{9-x^2}}\,dx$

15. $\displaystyle\int \cos^9 6\theta \operatorname{sen}^3 6\theta\,d\theta$

16. $\displaystyle\int \sec^2\theta \operatorname{tg}^4\theta\,d\theta$

17. $\displaystyle\int \frac{(6x+4)\,dx}{x^2-1}$

18. $\displaystyle\int_4^9 \frac{dt}{(t^2-1)^2}$

19. $\displaystyle\int \frac{d\theta}{\cos^4\theta}$

20. $\displaystyle\int \operatorname{sen} 2\theta \operatorname{sen}^2\theta\,d\theta$

21. $\displaystyle\int_0^1 \ln(4-2x)\,dx$

22. $\displaystyle\int (\ln(x+1))^2\,dx$

23. $\displaystyle\int \operatorname{sen}^5\theta\,d\theta$

24. $\displaystyle\int \cos^4(9x-2)\,dx$

25. $\displaystyle\int_0^{\pi/4} \operatorname{sen} 3x \cos 5x\,dx$

26. $\displaystyle\int \operatorname{sen} 2x \sec^2 x\,dx$

27. $\displaystyle\int \sqrt{\operatorname{tg} x}\,\sec^2 x\,dx$

28. $\displaystyle\int (\sec x + \operatorname{tg} x)^2\,dx$

29. $\displaystyle\int \operatorname{sen}^5\theta \cos^3\theta\,d\theta$

30. $\displaystyle\int \operatorname{cotg}^3 x \operatorname{cossec} x\,dx$

31. $\displaystyle\int \operatorname{cotg}^2 x \operatorname{cossec}^2 x\,dx$

32. $\displaystyle\int_{\pi/2}^{\pi} \operatorname{cotg}^2\frac{\theta}{2}\,d\theta$

33. $\displaystyle\int_{\pi/4}^{\pi/2} \operatorname{cotg}^2 x \operatorname{cossec}^3 x\,dx$

34. $\displaystyle\int_4^6 \frac{dt}{(t-3)(t+4)}$

35. $\displaystyle\int \frac{dt}{(t-3)^2(t+4)}$

36. $\displaystyle\int \sqrt{x^2+9}\,dx$

37. $\displaystyle\int \frac{dx}{x\sqrt{x^2-4}}$

38. $\displaystyle\int_8^{27} \frac{dx}{x+x^{2/3}}$

39. $\displaystyle\int \frac{dx}{x^{3/2}+ax^{1/2}}$

40. $\displaystyle\int \frac{dx}{(x-b)^2+4}$

41. $\displaystyle\int \frac{(x^2-x)\,dx}{(x+2)^3}$

42. $\displaystyle\int \frac{(7x^2+x)\,dx}{(x-2)(2x+1)(x+1)}$

43. $\displaystyle\int \frac{16\,dx}{(x-2)^2(x^2+4)}$

44. $\displaystyle\int \frac{dx}{(x^2+25)^2}$

45. $\displaystyle\int \frac{dx}{x^2+8x+25}$

46. $\displaystyle\int \frac{dx}{x^2+8x+4}$

47. $\displaystyle\int \frac{x-2}{x^3-2x^2-x+2}\,dx$

48. $\displaystyle\int_0^1 t^2\sqrt{1-t^2}\,dt$

49. $\displaystyle\int \frac{dx}{x^4\sqrt{x^2+4}}$

50. $\displaystyle\int \frac{dx}{(x^2+5)^{3/2}}$

51. $\displaystyle\int (x+1)e^{4-3x}\,dx$

52. $\displaystyle\int x^{-2} \operatorname{arc\,tg} x\,dx$

53. $\displaystyle\int x^3\cos(x^2)\,dx$

54. $\displaystyle\int x^2(\ln x)^2\,dx$

55. $\displaystyle\int x \operatorname{arc\,tgh} x\,dx$

56. $\displaystyle\int \frac{\operatorname{arc\,tg} t\,dt}{1+t^2}$

57. $\displaystyle\int \ln(x^2+9)\,dx$

58. $\displaystyle\int (\operatorname{sen} x)(\cosh x)\,dx$

59. $\displaystyle\int_0^1 \cosh 2t\,dt$

60. $\displaystyle\int \operatorname{senh}^3 x \cosh x\,dx$

61. $\displaystyle\int \operatorname{cotgh}^2(1-4t)\,dt$

62. $\displaystyle\int_{-0,3}^{0,3} \frac{dx}{1-x^2}$

63. $\displaystyle\int_0^{3\sqrt{3}/2} \frac{dx}{\sqrt{9-x^2}}$

64. $\displaystyle\int \frac{\sqrt{x^2+1}\,dx}{x^2}$

65. Use a substituição $u = \operatorname{tgh} t$ para calcular $\displaystyle\int \frac{dt}{\cosh^2 t + \operatorname{senh}^2 t}$.

66. Encontre o volume do sólido obtido pela rotação em torno do eixo y da região delimitada por $y = \ln x$ e $y = (\ln x)^2$.

67. Seja $I_n = \displaystyle\int \frac{x^n\,dx}{x^2+1}$.

(a) Prove que $I_n = \dfrac{x^{n-1}}{n-1} - I_{n-2}$.

(b) Use (a) para calcular I_n com $0 \le n \le 5$.

(c) Mostre que, em geral,

$$I_{2n+1} = \frac{x^{2n}}{2n} - \frac{x^{2n-2}}{2n-2} + \cdots + (-1)^{n-1}\frac{x^2}{2} + (-1)^n\frac{1}{2}\ln(x^2+1) + C$$

$$I_{2n} = \frac{x^{2n-1}}{2n-1} - \frac{x^{2n-3}}{2n-3} + \cdots + (-1)^{n-1}x + (-1)^n \operatorname{arc\,tg} x + C$$

68. Seja $J_n = \displaystyle\int x^n e^{-x^2/2}\,dx$.

(a) Mostre que $J_1 = -e^{-x^2/2}$.

(b) Prove que $J_n = -x^{n-1}e^{-x^2/2} + (n-1)J_{n-2}$.

(c) Use (a) e (b) para calcular J_3 e J_5.

69. Calcule $P(X \le 1)$, em que X é uma variável aleatória contínua de densidade de probabilidade $p(x) = \dfrac{1}{\pi(x^2+1)}$.

70. Mostre que $p(x) = \frac{1}{4}e^{-x/2} + \frac{1}{6}e^{-x/3}$ é uma densidade de probabilidade no domínio $[0, \infty)$ e encontre sua média.

71. Encontre uma constante C tal que $p(x) = Cx^3e^{-x^2}$ seja uma densidade de probabilidade no domínio $[0, \infty)$ e calcule $P(0 \le X \le 1)$.

72. O intervalo entre chegadas de pacientes a uma emergência médica é uma variável aleatória com função de densidade exponencial $p(t) = 0{,}125e^{-0{,}125t}$, com t em minutos. Qual é o tempo médio entre chegadas de pacientes? Qual é a probabilidade de chegarem dois pacientes num intervalo de 3 minutos?

73. Calcule as probabilidades seguintes, supondo que X seja distribuída normalmente com média $\mu = 40$ e $\sigma = 5$.

(a) $P(X \ge 45)$

(b) $P(0 \le X \le 40)$

74. De acordo com a teoria cinética, as moléculas de matéria comum estão constantemente em movimento aleatório. A energia E de uma molécula é uma variável aleatória com função de densidade $p(E) = \frac{1}{kT}e^{-E/(kT)}$, em que T é a temperatura (em kelvins) e k é a constante de Boltzmann. Calcule a energia cinética *média* $\overline{E}$ em termos de k e T.

Nos Exercícios 75-84, determine se a integral imprópria converge e calcule-a, caso convergir.

75. $\displaystyle\int_0^\infty \frac{dx}{(x+2)^2}$ **76.** $\displaystyle\int_4^\infty \frac{dx}{x^{2/3}}$

77. $\displaystyle\int_0^4 \frac{dx}{x^{2/3}}$ **78.** $\displaystyle\int_9^\infty \frac{dx}{x^{12/5}}$

79. $\displaystyle\int_{-\infty}^0 \frac{dx}{x^2+1}$ **80.** $\displaystyle\int_{-\infty}^9 e^{4x}\,dx$

81. $\displaystyle\int_0^{\pi/2} \operatorname{cotg}\theta\,d\theta$ **82.** $\displaystyle\int_1^\infty \frac{dx}{(x+2)(2x+3)}$

83. $\displaystyle\int_0^\infty (5+x)^{-1/3}\,dx$ **84.** $\displaystyle\int_2^5 (5-x)^{-1/3}\,dx$

Nos Exercícios 85-90, use o teste da comparação para determinar se a integral imprópria converge ou diverge.

85. $\displaystyle\int_8^\infty \frac{dx}{x^2-4}$ **86.** $\displaystyle\int_8^\infty (\operatorname{sen}^2 x)e^{-x}\,dx$

87. $\displaystyle\int_3^\infty \frac{dx}{x^4+\cos^2 x}$ **88.** $\displaystyle\int_1^\infty \frac{dx}{x^{1/3}+x^{2/3}}$

89. $\displaystyle\int_0^1 \frac{dx}{x^{1/3}+x^{2/3}}$ **90.** $\displaystyle\int_0^\infty e^{-x^3}\,dx$

91. Calcule o volume do sólido infinito obtido pela rotação da região abaixo de $y = (x^2+1)^{-2}$, com $0 \le x < \infty$, em torno do eixo y.

92. Seja R a região abaixo do gráfico de $y = (x+1)^{-1}$, com $0 \le x < \infty$. Qual das quantidades seguintes é finita?

(a) A área de R.

(b) O volume do sólido obtido pela rotação de R em torno do eixo x.

(c) O volume do sólido obtido pela rotação de R em torno do eixo y.

93. Mostre que $\displaystyle\int_0^\infty x^n e^{-x^2}\,dx$ converge com qualquer $n > 0$. *Sugestão:* primeiro observe que $x^n e^{-x^2} < x^n e^{-x}$ se $x > 1$ e depois mostre que $x^n e^{-x} < x^{-2}$, com x suficientemente grande.

94. Calcule a transformada de Laplace $Lf(s)$ da função $f(x) = x$ com $s > 0$. Veja os Exercícios 88-91 da Seção 7.7 para a definição de $Lf(s)$.

95. Calcule a transformada de Laplace $Lf(s)$ da função $f(x) = x^2e^{\alpha x}$ com $s > \alpha$.

96. Dê uma estimativa de $\displaystyle\int_2^5 f(x)\,dx$ calculando T_2, M_3, T_6 e S_6 para uma função f que tem seus valores dados na tabela seguinte:

x	2	2,5	3	3,5	4	4,5	5
$f(x)$	$\frac{1}{2}$	2	1	0	$-\frac{3}{2}$	-4	-2

97. Decida qual das aproximações, M_N ou T_N, é maior ou menor do que a integral.

(a) $\displaystyle\int_0^\pi \operatorname{sen} x\,dx$ **(b)** $\displaystyle\int_\pi^{2\pi} \operatorname{sen} x\,dx$

(c) $\displaystyle\int_1^8 \frac{dx}{x^2}$ **(d)** $\displaystyle\int_2^5 \ln x\,dx$

98. A taxa de precipitação de chuva (em polegadas por hora) foi medida durante uma tempestade de 10 horas com o resultado seguinte:

0; 0,41; 0,49; 0,32; 0,3; 0,23;
0,09; 0,08; 0,05; 0,11; 0,12

Use a regra de Simpson para obter uma estimativa da precipitação total durante as 10 horas.

Nos Exercícios 99-104, calcule a aproximação indicada da integral.

99. $\displaystyle\int_0^1 e^{-x^2}\,dx$, M_5 **100.** $\displaystyle\int_2^4 \sqrt{6t^3+1}\,dt$, T_3

101. $\displaystyle\int_{\pi/4}^{\pi/2} \sqrt{\operatorname{sen}\theta}\,d\theta$, M_4 **102.** $\displaystyle\int_1^4 \frac{dx}{x^3+1}$, T_6

103. $\displaystyle\int_0^1 e^{-x^2}\,dx$, S_4 **104.** $\displaystyle\int_5^9 \cos(x^2)\,dx$, S_8

105. A tabela a seguir dá a área $A(h)$ em ares de uma seção transversal horizontal de um lago à profundidade de h metros. Use a regra do trapézio para obter uma estimativa do volume V do lago (Figura 1). (Nota: 1 are = 100 m^2.)

h (m)	$A(h)$ (ares)	h (m)	$A(h)$ (ares)
0	2,8	10	0,8
2	2,4	12	0,6
4	1,8	14	0,2
6	1,5	16	0,1
8	1,2	18	0

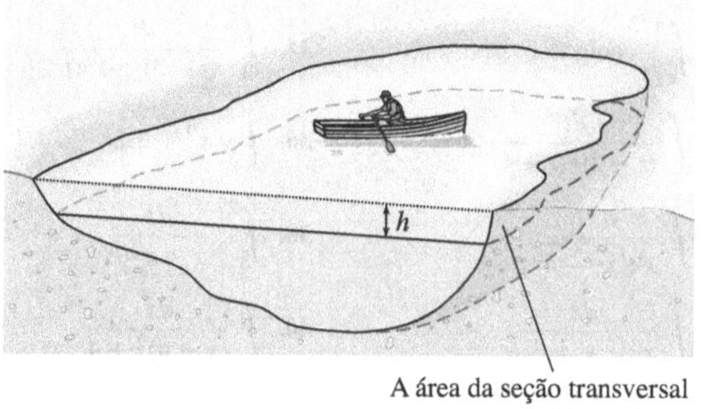

FIGURA 1

106. Suponha que a derivada segunda da função $A(h)$ do Exercício 105 satisfaça $|A''(h)| \le 1{,}5$. Use a estimativa do erro para encontrar o erro máximo possível na estimativa do volume V do lago.

107. Encontre uma cota para o erro $\left|M_{16} - \displaystyle\int_1^3 x^3\,dx\right|$.

108. CG Seja $f(x) = \operatorname{sen}(x^3)$. Encontre uma cota para o erro

$$\left|T_{24} - \int_0^{\pi/2} f(x)\,dx\right|$$

Sugestão: encontre uma cota K_2 de $|f''(x)|$ esboçando o gráfico de f'' com um recurso gráfico.

109. Encontre um valor de N tal que

$$\left|M_N - \int_0^{\pi/4} \operatorname{tg} x\,dx\right| \le 10^{-4}$$

8 MAIS APLICAÇÕES DA INTEGRAL E POLINÔMIOS DE TAYLOR

Os engenheiros utilizam integrais no projeto de represas para garantir que as paredes da represa consigam suportar a força da água. *(Earl Roberg/Science Source)*

Nas três primeiras seções deste capítulo, desenvolvemos alguns usos adicionais da integração, incluindo duas importantes aplicações à Física. Na última seção, introduzimos os polinômios de Taylor, que são generalizações da aproximação linear para ordens mais elevadas. Os polinômios de Taylor ilustram maravilhosamente o poder do Cálculo para fornecer entendimento valioso de funções.

8.1 Comprimento de arco e área de superfície

Vimos que as integrais são utilizadas para calcular "quantidades totais" (tais como distância percorrida, massa total, custo total, etc.). Outra dessas quantidades é o comprimento de uma curva (também denominado **comprimento de arco**). Deduzimos uma fórmula para o comprimento de arco usando nosso procedimento padrão: aproximação seguida de passagem ao limite. Nesse caso, aproximamos a curva por um caminho poligonal constituído de segmentos de reta que conectam pontos da curva. É fácil encontrar o comprimento de uma coleção de segmentos de reta. Então podemos tomar o limite da soma de seus comprimentos fazendo o número de segmentos crescer.

Para tornar isso preciso, considere o gráfico de $y = f(x)$ no intervalo $[a, b]$. Escolhemos uma partição P de $[a, b]$ em N subintervalos de extremidades

$$P : a = x_0 < x_1 < \cdots < x_N = b$$

e denotamos por $P_i = (x_i, f(x_i))$ o ponto do gráfico acima de x_i. Agora ligamos esses pontos por segmentos de reta $L_i = \overline{P_{i-1}P_i}$. A curva resultante é denominada **aproximação poligonal** (Figura 1). O comprimento de L, que denotamos por $|L|$, é a soma dos comprimentos $|L_i|$ dos segmentos:

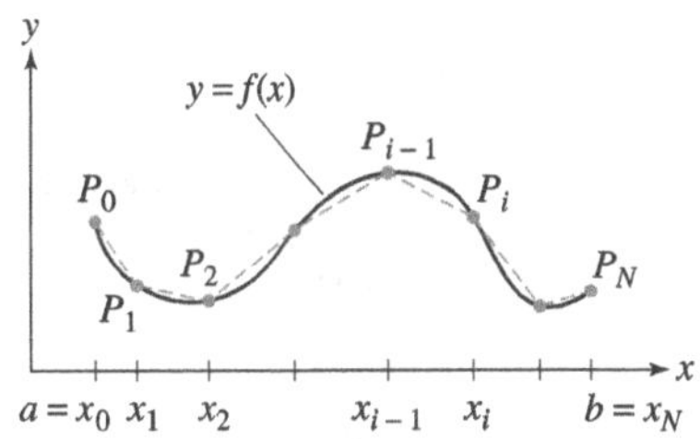

FIGURA 1 Uma aproximação poligonal L de $y = f(x)$.

$$|L| = |L_1| + |L_2| + \cdots + |L_N| = \sum_{i=1}^{N} |L_i|$$

Como pode ser esperado, as aproximações poligonais L aproximam cada vez melhor a curva se decrescer o comprimento do maior subintervalo, que definimos como a norma $\|P\|$ da partição na Seção 5.2 (Figura 2). Usando essa ideia, definimos o comprimento de arco s do gráfico como o limite dos comprimentos $|L|$ quando a norma $\|P\|$ da partição tende a zero:

É comum utilizar a letra s para denotar o comprimento de arco.

$$\text{Comprimento de arco } s = \lim_{\|P\| \to 0} \sum_{i=1}^{N} |L_i|$$

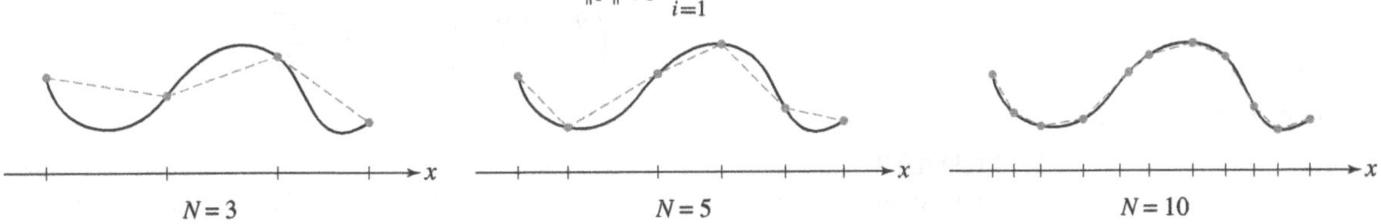

FIGURA 2 As aproximações poligonais melhoram quando o comprimento dos subintervalos decresce.

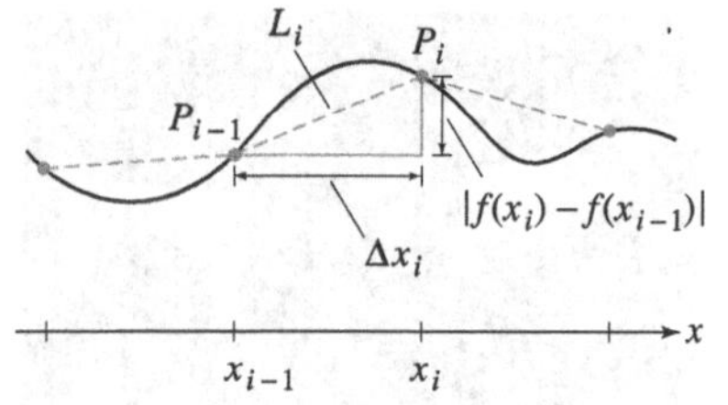

FIGURA 3

Para calcular o comprimento de arco s, expressamos o limite das aproximações poligonais como uma integral. A Figura 3 mostra que o segmento L_i é a hipotenusa de um triângulo retângulo de base $\Delta x_i = x_i - x_{i-1}$ e altura $|f(x_i) - f(x_{i-1})|$. Pelo Teorema de Pitágoras,

$$|L_i| = \sqrt{\Delta x_i^2 + (f(x_i) - f(x_{i-1}))^2}$$

Vamos supor que f' exista e seja contínua. Então, pelo teorema do valor médio, existe algum ponto c_i em $[x_{i-1}, x_i]$, tal que

$$f(x_i) - f(x_{i-1}) = f'(c_i)(x_i - x_{i-1}) = f'(c_i)\Delta x_i$$

e, portanto,

$$|L_i| = \sqrt{(\Delta x_i)^2 + (f'(c_i)\Delta x_i)^2} = \sqrt{(\Delta x_i)^2(1 + [f'(c_i)]^2)} = \sqrt{1 + [f'(c_i)]^2}\,\Delta x_i$$

Vemos que o comprimento $|L|$ é uma soma de Riemann de $\sqrt{1 + [f'(x)]^2}$:

$$|L| = |L_1| + |L_2| + \cdots + |L_N| = \sum_{i=1}^{N} \sqrt{1 + [f'(c_i)]^2}\,\Delta x_i$$

Essa função é contínua e, portanto, integrável, de modo que as somas de Riemann tendem a

$$\int_a^b \sqrt{1 + [f'(x)]^2}\,dx$$

se a norma (máximo dos comprimentos Δx_i) da partição tender a zero.

LEMBRETE Uma soma de Riemann da integral $\int_a^b g(x)\,dx$ é uma soma

$$\sum_{i=1}^{N} g(c_i)\Delta x_i$$

em que $x_0, x_1, \ldots, x_N$ é alguma partição de $[a, b]$, $\Delta x_i = x_i - x_{i-1}$, e c_i é algum número qualquer em $[x_{i-1}, x_i]$.

TEOREMA 1 Fórmula do comprimento de arco Suponha que f' exista e seja contínua no intervalo $[a, b]$. Então o comprimento de arco s de $y = f(x)$ em $[a, b]$ é igual a

$$s = \int_a^b \sqrt{1 + [f'(x)]^2}\,dx \qquad 1$$

Nos Exercícios 22-24, verificamos que a Equação (1) dá corretamente o comprimento de segmentos de reta e de círculos.

EXEMPLO 1 Calcule o comprimento de arco s do gráfico de $f(x) = \frac{1}{12}x^3 + x^{-1}$ no intervalo $[1, 3]$ (Figura 4).

Solução Primeiro calculamos $1 + f'(x)^2$. Como $f'(x) = \frac{1}{4}x^2 - x^{-2}$,

$$1 + f'(x)^2 = 1 + \left(\frac{1}{4}x^2 - x^{-2}\right)^2 = 1 + \left(\frac{1}{16}x^4 - \frac{1}{2} + x^{-4}\right)$$

$$= \frac{1}{16}x^4 + \frac{1}{2} + x^{-4} = \left(\frac{1}{4}x^2 + x^{-2}\right)^2$$

Felizmente, $1 + f'(x)^2$ é um quadrado, portanto podemos calcular o comprimento de arco com facilidade

$$s = \int_1^3 \sqrt{1 + f'(x)^2}\,dx = \int_1^3 \left(\frac{1}{4}x^2 + x^{-2}\right)dx = \left(\frac{1}{12}x^3 - x^{-1}\right)\Bigg|_1^3$$

$$= \left(\frac{9}{4} - \frac{1}{3}\right) - \left(\frac{1}{12} - 1\right) = \frac{17}{6}$$

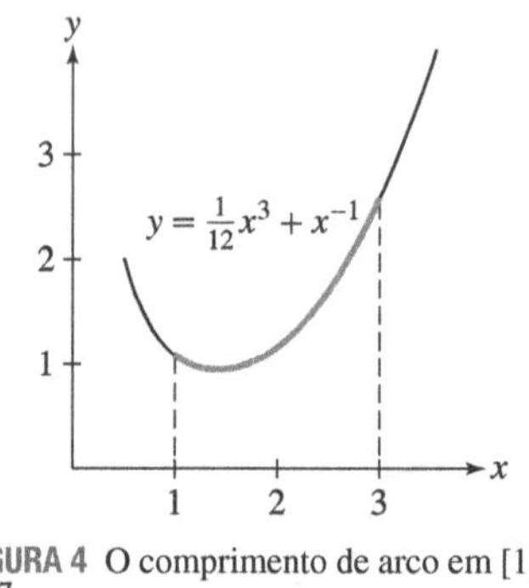

FIGURA 4 O comprimento de arco em $[1, 3]$ é $\frac{17}{6}$.

EXEMPLO 2 Comprimento de arco como função do limite superior Encontre o comprimento de arco $s(a)$ de $y = \cosh x$ em $[0, a]$ (Figura 5). Em seguida, encontre o comprimento de arco em $[0, 2]$.

Solução Lembre que $y' = (\cosh x)' = \operatorname{senh} x$. Usando a Equação (2) à margem, obtemos

$$1 + (y')^2 = 1 + \operatorname{senh}^2 x = \cosh^2 x$$

Como $\cosh > 0$, temos $\sqrt{1 + (y')^2} = \cosh x$ e

$$s(a) = \int_0^a \sqrt{1 + (y')^2}\, dx = \int_0^a \cosh x\, dx = \operatorname{senh} x \Big|_0^a = \operatorname{senh} a$$

O comprimento de arco em $[0, 2]$ é $s(2) = \operatorname{senh} 2 \approx 3{,}63$. ■

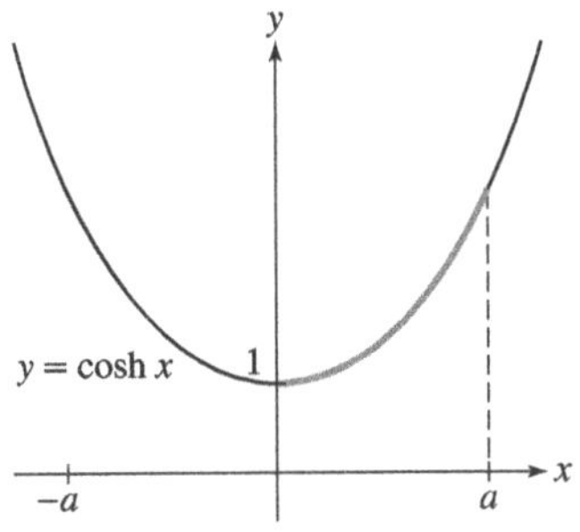

FIGURA 5

LEMBRETE

$$\cosh x = \frac{1}{2}(e^x + e^{-x})$$

$$\operatorname{senh} x = \frac{1}{2}(e^x - e^{-x})$$

$$\cosh^2 x - \operatorname{senh}^2 x = 1 \qquad 2$$

Nos Exemplos 1 e 2, a quantidade $1 + f'(x)^2$ acabou sendo um quadrado perfeito, e fomos capazes de calcular s exatamente. Em geral, $\sqrt{1 + f'(x)^2}$ não tem uma antiderivada elementar e não há formula explícita para o comprimento de arco. No entanto, sempre podemos aproximar o comprimento de arco usando integração numérica.

■ **EXEMPLO 3 Comprimento de arco sem fórmula exata** Aproxime o comprimento de arco s de $y = \operatorname{sen} x$ em $[0, \pi]$ usando a regra de Simpson S_N com $N = 6$.

Solução Temos $y' = \cos x$ e $\sqrt{1 + (y')^2} = \sqrt{1 + \cos^2 x}$. O comprimento de arco é

$$s = \int_0^{\pi} \sqrt{1 + \cos^2 x}\, dx$$

Essa integral não pode ser calculada explicitamente, de modo que a aproximamos aplicando a regra de Simpson (Seção 7.9) ao integrando $g(x) = \sqrt{1 + \cos^2 x}$. Dividimos $[0, \pi]$ em $N = 6$ subintervalos de comprimento $\Delta x = \pi/6$. Então

$$S_6 = \frac{\Delta x}{3}\left(g(0) + 4g\left(\frac{\pi}{6}\right) + 2g\left(\frac{2\pi}{6}\right) + 4g\left(\frac{3\pi}{6}\right) + 2g\left(\frac{4\pi}{6}\right) + 4g\left(\frac{5\pi}{6}\right) + g(\pi)\right)$$

$$\approx \frac{\pi}{18}(1{,}4142 + 5{,}2915 + 2{,}2361 + 4 + 2{,}2361 + 5{,}2915 + 1{,}4142) \approx 3{,}82$$

Assim, $s \approx 3{,}82$ (Figura 6). Um sistema algébrico computacional dá a aproximação mais precisa $s \approx 3{,}820198$. ■

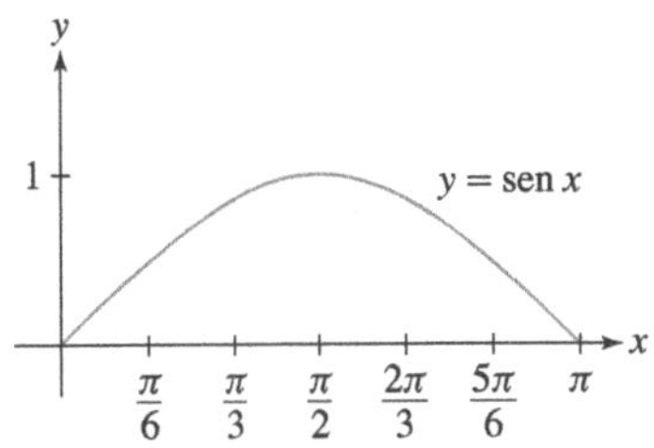

FIGURA 6 O comprimento de arco de 0 a π é, aproximadamente, 3,82.

A área de superfície S de uma superfície de revolução (Figura 7) pode ser calculada por uma integral que é análoga à integral do comprimento de arco. Suponha que $f(x) \geq 0$, de modo que o gráfico fica acima do eixo x. Podemos aproximar a superfície girando uma aproximação poligonal de $y = f(x)$ em torno do eixo x. O resultado é uma superfície construída com troncos de cones (Figura 8).

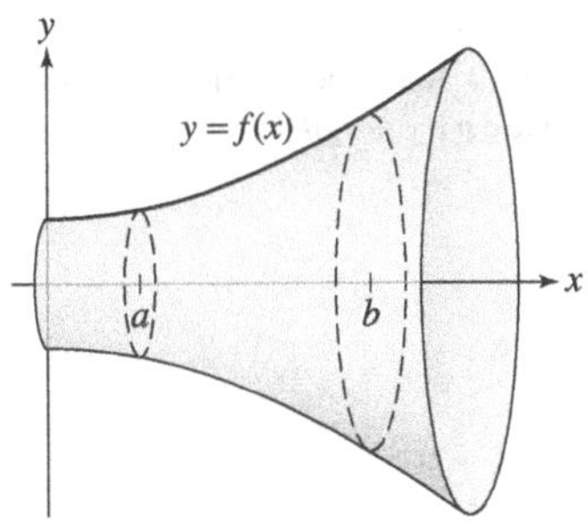

FIGURA 7 A superfície obtida pela rotação de $y = f(x)$ em torno do eixo x.

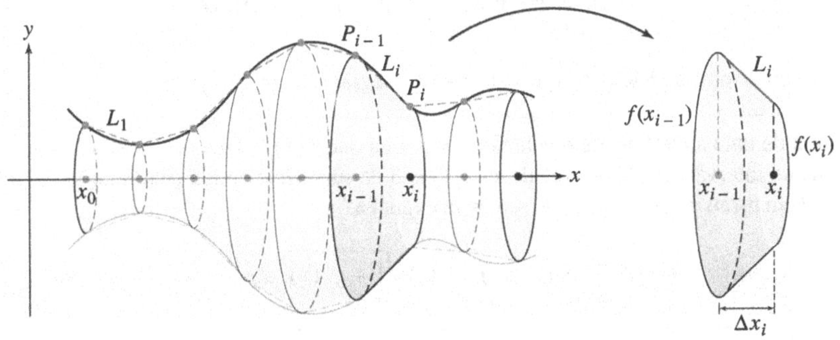

FIGURA 8 A rotação de uma aproximação poligonal produz uma aproximação com troncos de cones.

Para determinar a área de superfície de um tronco de cone, começamos considerando um cone circular de raio r e altura inclinada l, como na Figura 9. Cortando esse cone ao longo da linha indicada, podemos planificá-lo para obter a fração de um círculo de raio l mostrado. Como esse setor é uma fração do círculo todo determinada pela fração da circunferência a que corresponde, a saber, $\frac{2\pi r}{2\pi l}$, e como o círculo todo tem uma área de πl^2, resulta que a área de superfície do cone deve ser $\frac{2\pi r}{2\pi l}\pi l^2 = \pi r l$.

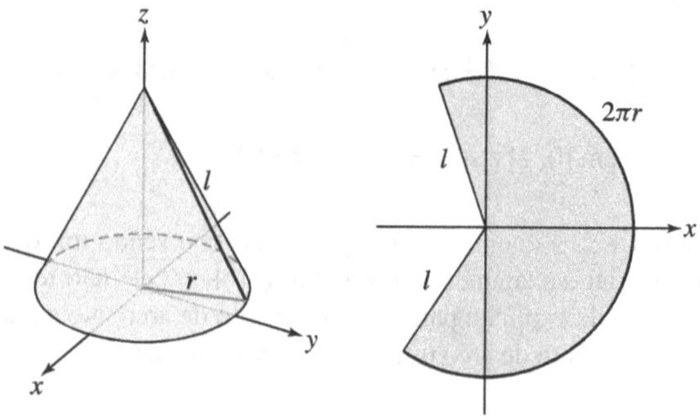

FIGURA 9 O cone tem área de superfície $\pi r l$.

Para encontrar a área de superfície de um tronco de cone, consideramos a Figura 10. A área de superfície é obtida subtraindo a área do cone menor da ponta da área do cone inteiro maior, fornecendo $A = \pi r_2(l + l_1) - \pi r_1 l_1 = \pi r_2 l + \pi l_1(r_2 - r_1)$.

Por semelhança de triângulos,

$$\frac{l_1}{r_1} = \frac{l + l_1}{r_2}$$

Isso dá $l_1 r_2 = r_1(l + l_1)$ e, portanto, $l_1(r_2 - r_1) = r_1 l$. Assim, a área de superfície do tronco de cone é dada por

$$A = \pi r_2 l + \pi l_1(r_2 - r_1) = \pi r_2 l + \pi r_1 l = \pi(r_1 + r_2)l$$

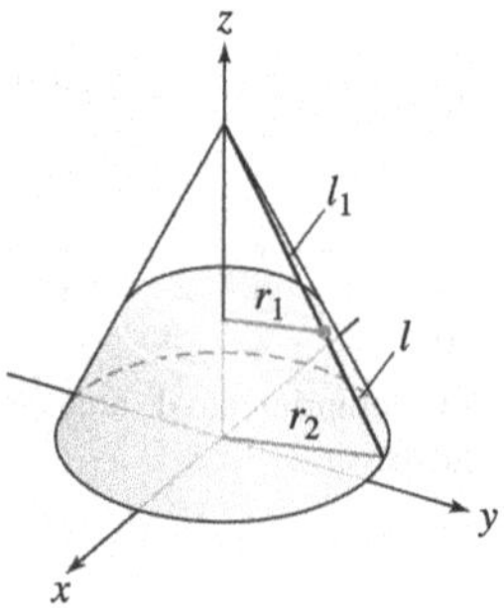

FIGURA 10 A área de superfície do tronco de cone é $\pi(r_1 + r_2)l$.

Em palavras, a área de superfície de um tronco de cone é igual a π vezes a soma dos dois raios vezes a altura inclinada.

Usando a notação da dedução da fórmula do comprimento de arco, vemos que a área de superfície do tronco de cone correspondente ao subintervalo $[x_{i-1}, x_i]$ é

$$\pi \underbrace{(f(x_{i-1}) + f(x_i))}_{\text{Soma dos raios}} \underbrace{|\overline{P_{i-1}P_i}|}_{\text{Altura inclinada}} = 2\pi \left(\frac{f(x_{i-1}) + f(x_i)}{2}\right)\sqrt{1 + f'(c_i)^2}\Delta x_i$$

A área de superfície S é igual ao limite das somas das áreas de superfície dos troncos de cones com $N \to \infty$. Pode ser mostrado que o limite não é afetado se trocarmos x_{i-1} e x_i por c_i. Portanto,

$$S = 2\pi \lim_{N\to\infty} \sum_{i=1}^{N} f(c_i)\sqrt{1 + f'(c_i)^2}\Delta x_i$$

Isso é uma soma de Riemann que converge à integral na Equação (3).

> **Área de uma superfície de revolução** Suponha que $f(x) \geq 0$ e que f' exista e seja contínua no intervalo $[a, b]$. A área de superfície S da superfície obtida pela rotação do gráfico de f em torno do eixo x, com $a \leq x \leq b$, é igual a
>
> $$S = 2\pi \int_a^b f(x)\sqrt{1 + f'(x)^2}\,dx \qquad (3)$$

■ **EXEMPLO 4** Calcule a área de superfície de uma esfera de raio R.

Solução O gráfico de $f(x) = \sqrt{R^2 - x^2}$ é um semicírculo de raio R (Figura 11). Obtemos uma esfera girando esse semicírculo em torno do eixo x. Temos

$$f'(x) = -\frac{x}{\sqrt{R^2 - x^2}}, \qquad 1 + f'(x)^2 = 1 + \frac{x^2}{R^2 - x^2} = \frac{R^2}{R^2 - x^2}$$

A integral da área de superfície nos dá a fórmula usual da área de superfície de uma esfera:

$$S = 2\pi \int_{-R}^{R} f(x)\sqrt{1 + f'(x)^2}\,dx = 2\pi \int_{-R}^{R} \sqrt{R^2 - x^2}\,\frac{R}{\sqrt{R^2 - x^2}}\,dx$$

$$= 2\pi R \int_{-R}^{R} dx = 2\pi R(2R) = 4\pi R^2$$

■

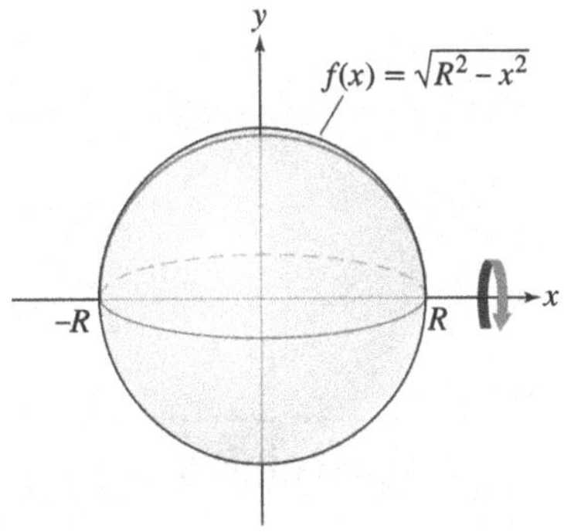

FIGURA 11 Uma esfera é obtida pela rotação do semicírculo indicado em torno do eixo x.

■ **EXEMPLO 5** Encontre a área de superfície da superfície denominada paraboloide, que é obtida pela rotação do gráfico de $f(x) = \sqrt{x}$ em torno do eixo x, com $0 \leq x \leq 1$.

Solução O gráfico de $f(x) = \sqrt{x}$ é a metade superior de uma parábola voltada para o eixo x. Girado em torno do eixo x, obtemos um paraboloide (Figura 12). Então $f'(x) = \frac{1}{2\sqrt{x}}$ e, portanto, resulta

$$S = 2\pi \int_{0}^{1} f(x)\sqrt{1 + f'(x)^2}\,dx = 2\pi \int_{0}^{1} \sqrt{x}\sqrt{1 + \left(\frac{1}{2\sqrt{x}}\right)^2}\,dx$$

$$= 2\pi \int_{0}^{1} \frac{\sqrt{x}}{2\sqrt{x}}\sqrt{4x+1}\,dx$$

$$= \pi \int_{0}^{1} \sqrt{4x+1}\,dx$$

$$= \frac{\pi}{6}(4x+1)^{\frac{3}{2}}\Big|_{0}^{1} = \frac{\pi}{6}(5^{\frac{3}{2}} - 1) \approx 5{,}3304$$

■

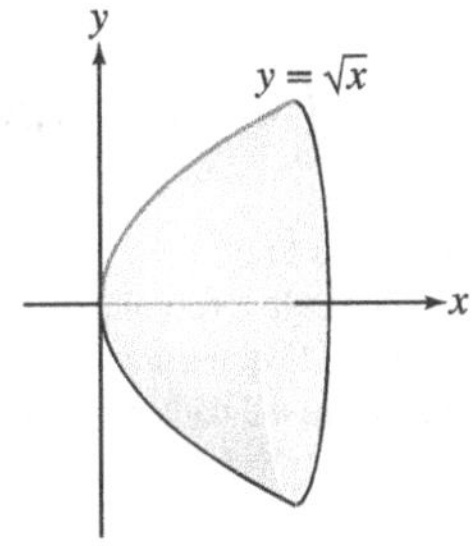

FIGURA 12 Um paraboloide é obtido pela rotação da metade superior da parábola em torno do eixo x.

■ **EXEMPLO 6** Encontre a área de superfície da superfície S obtida pela rotação do gráfico de $y = x^{1/2} - \frac{1}{3}x^{3/2}$ em torno do eixo x, com $1 \leq x \leq 3$.

Solução Seja $f(x) = x^{1/2} - \frac{1}{3}x^{3/2}$. Então $f'(x) = \frac{1}{2}(x^{-1/2} - x^{1/2})$ e

$$1 + f'(x)^2 = 1 + \left(\frac{x^{-1/2} - x^{1/2}}{2}\right)^2 = 1 + \frac{x^{-1} - 2 + x}{4}$$

$$= \frac{x^{-1} + 2 + x}{4} = \left(\frac{x^{1/2} + x^{-1/2}}{2}\right)^2$$

A área de superfície (Figura 13) é igual a

$$S = 2\pi \int_{1}^{3} f(x)\sqrt{1 + f'(x)^2}\,dx = 2\pi \int_{1}^{3} \left(x^{1/2} - \frac{1}{3}x^{3/2}\right)\left(\frac{x^{1/2} + x^{-1/2}}{2}\right)dx$$

$$= \pi \int_{1}^{3} \left(1 + \frac{2}{3}x - \frac{1}{3}x^2\right)dx = \pi\left(x + \frac{1}{3}x^2 - \frac{1}{9}x^3\right)\Big|_{1}^{3} = \frac{16\pi}{9}$$

■

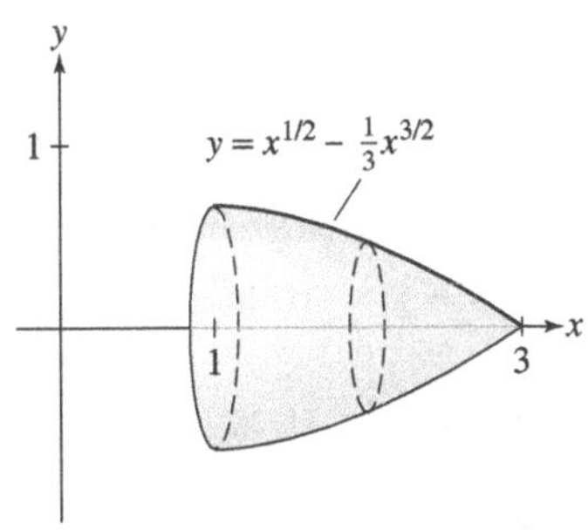

FIGURA 13

Observe que também podemos obter a área de uma superfície de revolução obtida girando uma curva em torno do eixo y. Para isso, basta trocar os papéis de x e y. Contudo, é necessário ter a curva no formato $x = f(y)$ para poder aplicar a fórmula.

8.1 Resumo

- O *comprimento de arco* de $y = f(x)$ no intervalo $[a, b]$ é

$$s = \int_{a}^{b} \sqrt{1 + f'(x)^2}\,dx$$

- Usamos integração numérica para obter uma aproximação do comprimento de arco se a integral do comprimento de arco não puder ser calculada explicitamente.
- Suponha que $f(x) \geq 0$. A *área de superfície* da superfície obtida pela rotação do gráfico de f em torno do eixo x com $a \leq x \leq b$ é

$$\text{Área de superfície} = 2\pi \int_a^b f(x)\sqrt{1 + f'(x)^2}\, dx.$$

8.1 Exercícios

Exercícios preliminares

1. Qual integral representa o comprimento da curva $y = \cos x$ entre 0 e $\frac{\pi}{4}$?

$$\int_0^{\frac{\pi}{4}} \sqrt{1 + \cos^2 x}\, dx, \qquad \int_0^{\frac{\pi}{4}} \sqrt{1 + \text{sen}^2\, x}\, dx$$

2. Girando a reta $y = r$ em torno do eixo x, com x no intervalo $[0, h]$, e aplicando a fórmula da área de superfície, estabeleça o fato bem conhecido que a área de superfície de um cilindro de raio r e comprimento h é dada por $2\pi r h$.
3. Se $0 \leq f(x) \leq g(x)$ com qualquer x do intervalo $[a, b]$, é possível que a superfície obtida girando o gráfico de $y = g(x)$ em torno do eixo x no intervalo dado tenha uma área de superfície menor do que a da superfície obtida girando o gráfico de $y = f(x)$ em torno do eixo x no mesmo intervalo?
4. Use a fórmula do comprimento de arco para mostrar que os gráficos $y = f(x)$ e $y = f(x) + C$ têm o mesmo comprimento de arco em qualquer intervalo $[a, b]$, sendo C uma constante qualquer. Explique geometricamente.
5. Use a fórmula do comprimento de arco para mostrar que o comprimento de um gráfico em $[1, 4]$ não pode ser menor do que 3.

Exercícios

1. Expresse o comprimento de arco da curva $y = x^4$ entre $x = 2$ e $x = 6$ como uma integral (mas não a calcule).
2. Expresse o comprimento de arco da curva $y = \text{tg}\, x$ com $0 \leq x \leq \frac{\pi}{4}$ como uma integral (mas não a calcule).
3. Encontre o comprimento de arco de $y = \frac{1}{12}x^3 + x^{-1}$ com $1 \leq x \leq 2$. *Sugestão:* mostre que $1 + (y')^2 = \left(\frac{1}{4}x^2 + x^{-2}\right)^2$.
4. Encontre o comprimento de arco de $y = \left(\frac{x}{2}\right)^4 + \frac{1}{2x^2}$ em $[1, 4]$. *Sugestão:* mostre que $1 + (y')^2$ é um quadrado perfeito.

Nos Exercícios 5-10, calcule o comprimento de arco no intervalo dado.

5. $y = 3x + 1, \quad [0, 3]$
6. $y = 9 - 3x, \quad [1, 3]$
7. $y = x^{3/2}, \quad [1, 2]$
8. $y = \frac{1}{3}x^{3/2} - x^{1/2}, \quad [2, 8]$
9. $y = \frac{1}{4}x^2 - \frac{1}{2}\ln x, \quad [1, 2e]$
10. $y = \ln(\cos x), \quad \left[0, \frac{\pi}{4}\right]$

Nos Exercícios 11-16, aproxime o comprimento de arco da curva no intervalo dado usando a regra do trapézio T_N, a regra do ponto médio M_N ou a regra de Simpson S_N, conforme indicado.

11. $y = \frac{1}{4}x^4, \quad [1, 2], \quad T_5$
12. $y = \text{sen}\, x, \quad \left[0, \frac{\pi}{2}\right], \quad M_8$
13. $y = x^{-1}, \quad [1, 2], \quad S_8$
14. $y = e^{-x^2}, \quad [0, 2], \quad S_8$
15. $y = \ln x, \quad [1, 3], \quad M_6$
16. $y = \cos x, \quad [0, 2], \quad T_8$
17. Calcule o comprimento do astroide $x^{2/3} + y^{2/3} = 1$ (Figura 14).

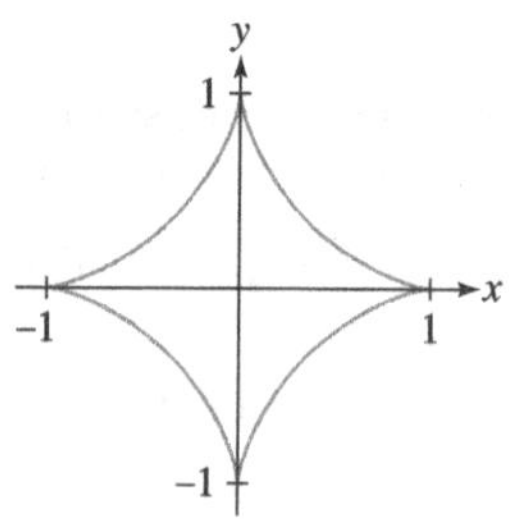

FIGURA 14 O gráfico de $x^{2/3} + y^{2/3} = 1$.

18. Mostre que o comprimento de arco do astroide $x^{2/3} + y^{2/3} = a^{2/3}$ (com $a > 0$) é proporcional a a.
19. Sejam $a, r > 0$. Mostre que o comprimento de arco da curva $x^r + y^r = a^r$ com $0 \leq x \leq a$ é proporcional a a.
20. Encontre o comprimento de arco da curva mostrada na Figura 15.

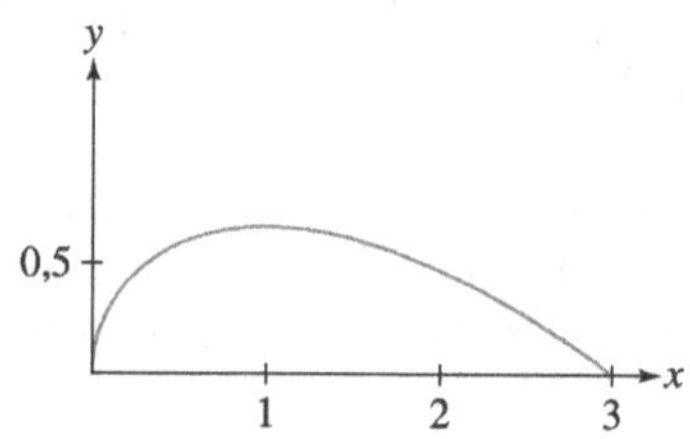

FIGURA 15 O gráfico de $9y^2 = x(x-3)^2$.

21. Encontre o valor de a tal que o comprimento de arco da *catenária* $y = \cosh x$, com $-a \leq x \leq a$, seja igual a 10.
22. Calcule o comprimento de arco do gráfico de $f(x) = mx + b$ em $[a, b]$ de duas maneiras: usando o teorema de Pitágoras (Figura 16) e usando a integral do comprimento de arco.

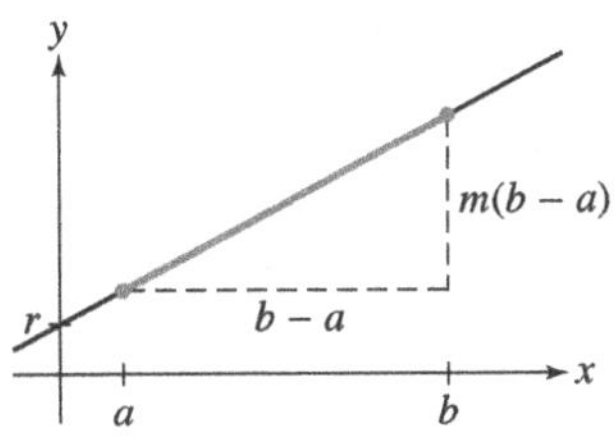

FIGURA 16

23. Mostre que a circunferência do círculo unitário é igual a

$$2\int_{-1}^{1} \frac{dx}{\sqrt{1-x^2}} \quad \text{(uma integral imprópria).}$$

Calcule essa integral, verificando que a circunferência é 2π.

24. Generalize o resultado do Exercício 23 para mostrar que a circunferência do círculo de raio r é $2\pi r$.

25. Calcule o comprimento de arco de $y = x^2$ em $[0, a]$. *Sugestão:* use uma substituição trigonométrica. Calcule com $a = 1$.

26. Expresse o comprimento de arco de $g(x) = \sqrt{x}$ em $[0, 1]$ como uma integral definida. Em seguida, use a substituição $u = \sqrt{x}$ para mostrar que esse comprimento de arco é igual ao comprimento de arco de $y = x^2$ em $[0, 1]$ (mas não calcule as integrais). Explique graficamente esse resultado.

27. Encontre o comprimento de arco de $y = e^x$ em $[0, a]$. *Sugestão:* tente a substituição $u = \sqrt{1+e^{2x}}$ seguida de frações parciais.

28. Mostre que o comprimento de arco de $y = \ln(f(x))$ para $a \le x \le b$ é

$$\int_a^b \frac{\sqrt{f(x)^2 + f'(x)^2}}{f(x)}\, dx \qquad 4$$

29. Use a Equação (4) para calcular o comprimento de arco de $y = \ln(\operatorname{sen} x)$ em $\frac{\pi}{4} \le x \le \frac{\pi}{2}$.

30. Use a Equação (4) para calcular o comprimento de arco de $y = \ln\left(\dfrac{e^x+1}{e^x-1}\right)$ em $[1, 3]$.

31. Mostre que se $0 \le f'(x) \le 1$ com qualquer x, então o comprimento de arco de $y = f(x)$ em $[a, b]$ é, no máximo, $\sqrt{2}(b-a)$. Mostre que, para $f(x) = x$, o comprimento de arco é igual a $\sqrt{2}(b-a)$.

32. Use o teorema da comparação (Seção 5.2) para provar que o comprimento de arco de $y = x^{4/3}$ em $[1, 2]$ não é menor do que $\frac{5}{3}$.

33. Aproxime o comprimento de arco de uma quarta parte do círculo unitário (que sabemos ser igual a $\frac{\pi}{2}$) calculando o comprimento da aproximação poligonal com $N = 4$ segmentos (Figura 17).

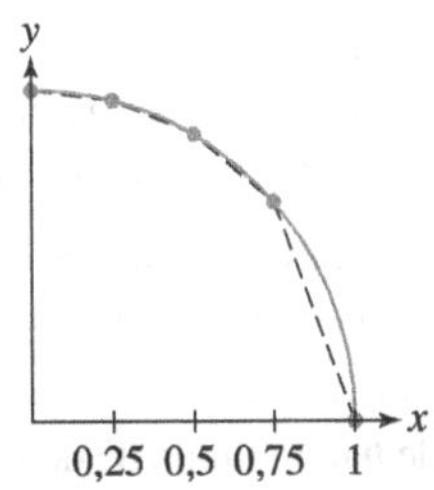

FIGURA 17 Uma quarta parte do círculo unitário.

34. Um fabricante pretende produzir tapetes especiais no formato da região na Figura 18, delimitada pelos eixos e o gráfico de $y = 1 - x^n$ (unidades em metros). Suponha que o material custe 50 dólares/m^2 e que o custo para cortar o tapete seja de $50L$ dólares, onde L é o comprimento do lado curvo do tapete. O tapete pode ser vendido por $150A$ dólares, onde A é a área do tapete. Usando integração numérica com um sistema algébrico computacional, encontre o número natural n com o qual o lucro do fabricante seja máximo.

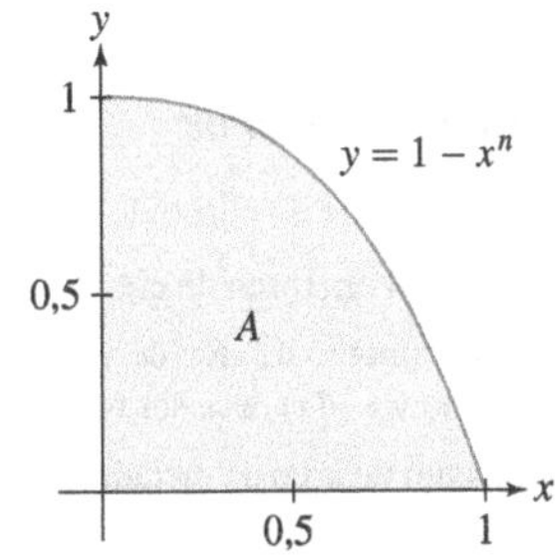

FIGURA 18

Nos Exercícios 35-42, calcule a área da superfície de revolução em torno do eixo x no intervalo dado.

35. $y = x, \quad [0, 4]$

36. $y = 4x + 3, \quad [0, 1]$

37. $y = x^3, \quad [0, 2]$

38. $y = x^2, \quad [0, 4]$

39. $y = (4 - x^{2/3})^{3/2}, \quad [0, 8]$

40. $y = e^{-x}, \quad [0, 1]$

41. $y = \frac{1}{4}x^2 - \frac{1}{2}\ln x, \quad [1, e]$

42. $y = \operatorname{sen} x, \quad [0, \pi]$

Nos Exercícios 43-46, use um sistema algébrico computacional para encontrar a área de superfície aproximada do sólido gerado pela rotação da curva em torno do eixo x.

43. $y = x^{-1}, \quad [1, 3]$

44. $y = x^4, \quad [0, 1]$

45. $y = e^{-x^2/2}, \quad [0, 2]$

46. $y = \operatorname{tg} x, \quad \left[0, \frac{\pi}{4}\right]$

47. Encontre a área da superfície obtida pela rotação em torno do eixo x da curva $y = \cosh x$ em $[-\ln 2, \ln 2]$.

48. Mostre que a área de superfície de uma calota esférica de altura h e raio R (Figura 19) é $2\pi Rh$.

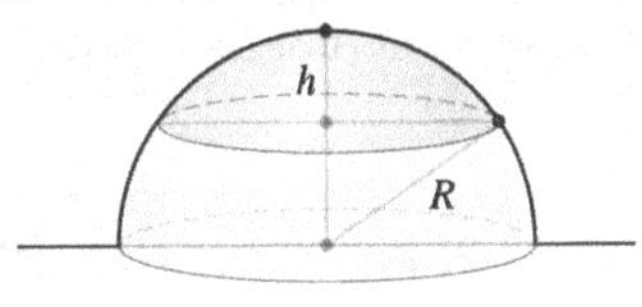

FIGURA 19

49. Encontre a área de superfície do toro obtido pela rotação do círculo $x^2 + (y-b)^2 = r^2$ em torno do eixo x (Figura 20).

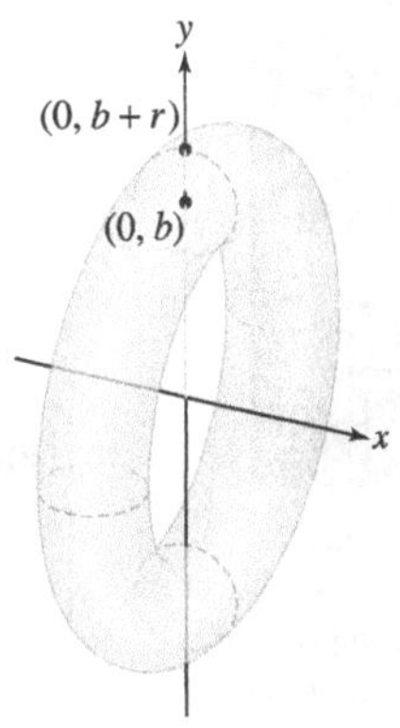

FIGURA 20 O toro obtido pela rotação de um círculo em torno do eixo x.

50. Obtemos um tronco de cone girando a reta $y = mx$ em torno do eixo x com $0 \leq a \leq x \leq b$. Nesta seção, usamos Geometria para mostrar que a área de superfície de um tronco de cone desses é $\pi(r_1 + r_2)l$, em que r_1 e r_2 são os raios dos círculos de fronteira e l é a altura inclinada do tronco.

(a) Mostre que a altura inclinada do tronco pode ser dada por $l = \sqrt{1 + m^2}(b - a)$ e que, portanto, a área de superfície é dada por $\pi(r_1 + r_2)l = \pi m\sqrt{1 + m^2}(b^2 - a^2)$.

(b) Aplique a Equação (3) à superfície de revolução para obter o mesmo resultado para a área de superfície.

Compreensão adicional e desafios

51. Encontre a área de superfície do elipsoide obtido pela rotação da elipse $\left(\frac{x}{a}\right)^2 + \left(\frac{y}{b}\right)^2 = 1$ em torno do eixo x.

52. Mostre que se o comprimento de arco de $y = f(x)$ em $[0, a]$ for proporcional a a, então $y = f(x)$ deve ser uma função linear.

53. Sejam L o comprimento de arco da metade superior da elipse de equação

$$y = \frac{b}{a}\sqrt{a^2 - x^2}$$

(Figura 21) e $\eta = \sqrt{1 - (b^2/a^2)}$. Use substituição para mostrar que

$$L = a\int_{-\pi/2}^{\pi/2} \sqrt{1 - \eta^2 \operatorname{sen}^2 \theta}\, d\theta$$

Use um sistema algébrico computacional para aproximar L com $a = 2, b = 1$.

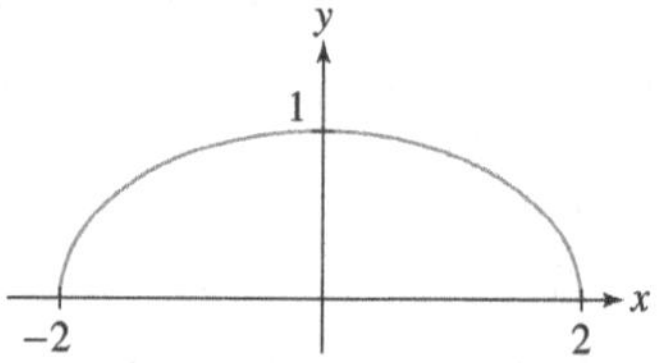

FIGURA 21 O gráfico da elipse $y = \frac{1}{2}\sqrt{4 - x^2}$.

54. Prove que a porção de uma esfera de raio R que pode ser vista por um observador localizado a uma distância d acima do Polo Norte tem área $A = 2\pi dR^2/(d + R)$. *Sugestão:* pelo Exercício 48, a calota tem área $2\pi Rh$. Mostre que $h = dR/(d + R)$, aplicando o teorema de Pitágoras aos três triângulos retângulos na Figura 22.

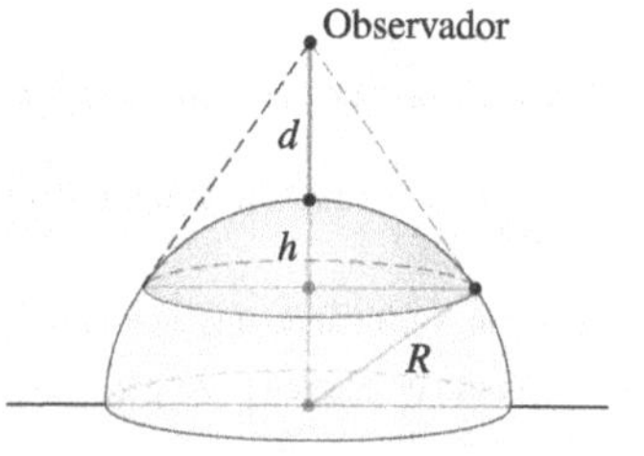

FIGURA 22 A calota esférica observada a uma distância d acima do Polo Norte.

55. Suponha que o observador no Exercício 54 se afaste para o infinito, ou seja, que $d \to \infty$. O que pode ser esperado do valor limite da área observada? Confira seu palpite calculando o limite usando a fórmula para a área do exercício precedente.

56. Seja M a massa total de um bastão metálico no formato da curva $y = f(x)$ em $[a, b]$ cuja densidade de massa $\rho(x)$ varia como uma função de x. Use somas de Riemann para justificar a fórmula

$$M = \int_a^b \rho(x)\sqrt{1 + f'(x)^2}\, dx$$

57. Seja $f(x)$ uma função crescente em $[a, b]$ e seja g sua inversa. Argumente com comprimento de arco para provar que a igualdade seguinte é válida:

$$\int_a^b \sqrt{1 + f'(x)^2}\, dx = \int_{f(a)}^{f(b)} \sqrt{1 + g'(y)^2}\, dy \qquad 5$$

Em seguida, use a substituição $u = f(x)$ para provar a Equação (5).

8.2 Pressão e força de fluido

FIGURA 1 Como a pressão d'água é proporcional à profundidade, os mergulhadores respiram ar comprimido para equilibrar a pressão e evitar lesões aos pulmões. (*Paul Soudors/WorldFoto/Aurora Photos*)

A força de fluido é a força exercida sobre um objeto submerso num fluido. Os mergulhadores sentem essa força quando descem abaixo da superfície da água (Figura 1). Nossos cálculos da força de fluido dependem de duas leis que determinam a pressão exercida por um fluido:

- A pressão de fluido p é proporcional à profundidade.
- A pressão de fluido não age em alguma direção específica. Ao invés disso, um fluido exerce pressão em cada lado de um objeto na direção perpendicular (Figura 2).

Esse segundo fato, conhecido como princípio de Pascal, chama a atenção para uma diferença importante entre a pressão de fluido e a pressão exercida por um objeto sólido em outro.

Pressão de um fluido A pressão p à profundidade h num fluido de densidade de massa ρ é

$$p = \rho g h \qquad 1$$

A pressão age em cada ponto de um objeto na direção perpendicular à superfície do objeto naquele ponto.

Nosso primeiro exemplo não requer integração porque a pressão p é constante. Nesse caso, a força total agindo numa superfície de área A é

$$\text{Força} = \text{pressão} \times \text{área} = pA$$

A pressão, por definição, é força por unidade de área.

- *No sistema internacional, a unidade de pressão é o pascal (Pa), sendo* $1 \text{ Pa} = 1 \text{N/m}^2 = 1 \text{ kg/ms}^2$.
- *A densidade de massa (massa por volume unitário) é denotada pela letra grega* ρ*, que se lê "rô".*
- *O fator* ρg *é a densidade de peso, em que* $g = 9{,}8 \text{ m/s}^2$ *é a aceleração devido a gravidade.*

■ **EXEMPLO 1** Calcule a força de fluido no topo e na base de uma caixa de dimensões $2 \times 2 \times 5$ m submersa numa piscina d'água com seu topo a 3 m abaixo da superfície d'água (Figura 2). A densidade d'água é $\rho = 10^3 \text{ kg/m}^3$.

Solução O topo da caixa está localizado à profundidade $h = 3$ m, portanto, pela Equação (1), com $g = 9{,}8 \text{ m/s}^2$,

$$\text{Pressão no topo } p = \rho g h = 10^3(9{,}8)(3) = 29.400 \text{ Pa}$$

O topo tem uma área $A = 4 \text{ m}^2$ e a pressão é constante, portanto

$$\text{Força para baixo no topo} = pA = 29.400 \times 4 = 117.600 \text{ N}$$

A base da caixa está à profundidade $h = 8$ m, portanto a força total na base é

$$\text{Força para cima na base} = pA = \rho g A = 10^3(9{,}8)(8) \times 4 = 313.600 \text{ N}$$ ■

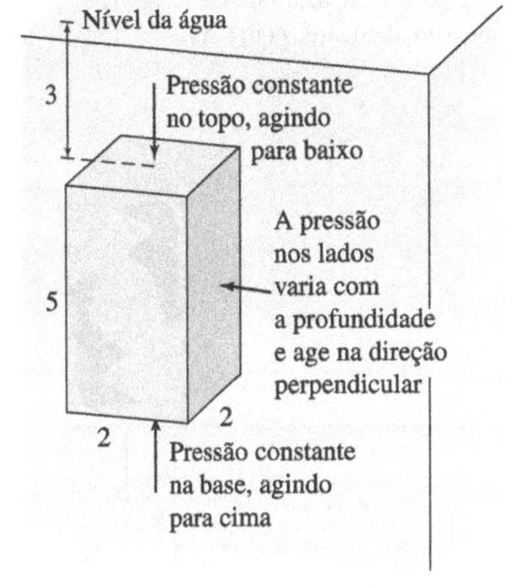

FIGURA 2 A pressão de fluido age em cada lado na direção perpendicular.

No próximo exemplo, a pressão varia com a profundidade, e é necessário calcular a força como uma integral.

■ **EXEMPLO 2 Calculando força usando integração** Calcule a força de fluido F no lado de uma caixa submersa do Exemplo 1.

Solução Como a pressão varia com a profundidade, dividimos o lado da caixa em N faixas horizontais estreitas (Figura 3). Seja F_j a força na j-ésima faixa. A força total F é igual à soma das forças nas faixas:

$$F = F_1 + F_2 + \cdots + F_N$$

Passo 1. **Aproximar a força numa faixa.**

Utilizaremos a variável y para denotar a profundidade, em que $y = 0$ é o nível d'água e y é positivo no sentido para baixo. Assim, um valor maior de y denota profundidade maior. Cada faixa é um retângulo de altura $\Delta y = 5/N$ e comprimento 2, portanto a área da faixa é $2\Delta y$. A aresta de baixo da j-ésima faixa está à profundidade $y_j = 3 + j\Delta y$.

Se Δy for pequeno, a pressão na j-ésima faixa é praticamente constante, com valor $\rho g y_j$ (já que todos os pontos da faixa estão praticamente à mesma profundidade y_j), portanto podemos aproximar a força na j-ésima faixa:

$$F_j \approx \underbrace{\rho g y_j}_{\text{Pressão}} \times \underbrace{(2\Delta y)}_{\text{Área}} = (\rho g) 2 y_j \Delta y$$

Passo 2. **Aproximar a força total como uma soma de Riemann.**

$$F = F_1 + F_2 + \cdots + F_N \approx \rho g \sum_{j=1}^{N} 2 y_j \Delta y$$

A soma à direita é uma soma de Riemann que converge à integral $\rho g \int_3^8 2y\, dy$. O intervalo de integração é [3, 8], pois a caixa se estende de $y = 3$ até $y = 8$ (a soma de Riemann foi montada com $y_0 = 3$ e $y_N = 8$).

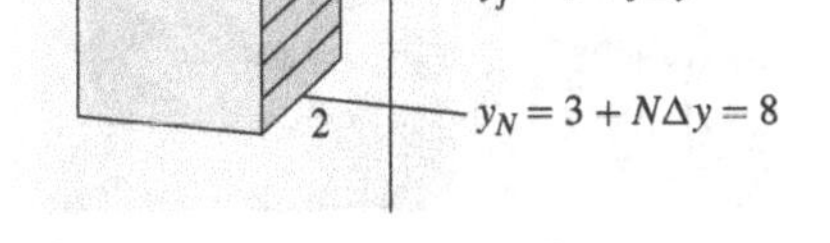

FIGURA 3 Cada faixa tem área $2\Delta y$.

Passo 3. **Calcular a força total como uma integral.**

Quando Δy tende a zero, a soma de Riemann tende à integral, e obtemos

$$F = \rho g \int_3^8 2y\,dy = (\rho g)y^2\Big|_3^8 = (10^3)(9{,}8)(8^2 - 3^2) = 539.000 \text{ N} \qquad ■$$

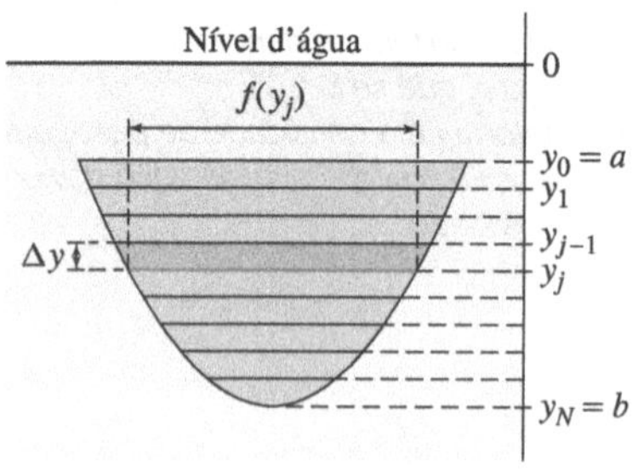

FIGURA 4 A área da faixa sombreada é, aproximadamente, $f(y_j)\,\Delta y$.

Agora acrescentamos mais uma complicação, permitindo que as larguras das faixas horizontais variem com a profundidade (Figura 4). Denotemos a largura da faixa à profundidade y por $f(y)$:

$$f(y) = \text{largura do lado à profundidade } y$$

Como antes, supomos que o objeto se estenda desde $y = a$ até $y = b$. Dividimos o lado plano do objeto em N faixas horizontais de espessura $\Delta y = (b - a)/N$. Se Δy for pequeno, então a j-ésima faixa é praticamente retangular com área $f(y)\Delta y$. Como a faixa fica à profundidade $y_j = a + j\Delta y$, a força F_j na j-ésima faixa pode ser aproximada:

$$F_j \approx \underbrace{\rho g y_j}_{\text{Pressão}} \times \underbrace{f(y_j)\Delta y}_{\text{Área}} = (\rho g) y_j f(y_j)\Delta y$$

A força F é aproximada por uma soma de Riemann que converge a uma integral:

$$F = F_1 + \cdots + F_N \approx \rho g \sum_{j=1}^{N} y_j f(y_j)\Delta y \quad \Rightarrow \quad F = \rho g \int_a^b y f(y)\,dy$$

TEOREMA 1 **Força de fluido numa superfície plana submersa verticalmente** A força de fluido F no lado plano de um objeto submerso verticalmente num fluido é

$$F = \rho g \int_a^b y f(y)\,dy \qquad \mathbf{2}$$

em que $f(y)$ é a largura horizontal do lado à profundidade y e o objeto se estende desde a profundidade $y = a$ até a profundidade $y = b$.

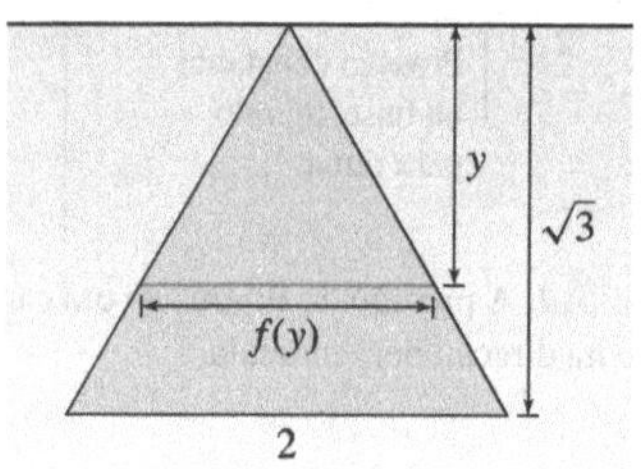

FIGURA 5 Uma placa triangular submersa num tanque de óleo.

■ **EXEMPLO 3** Calcule a força de fluido F num lado de uma placa na forma de um triângulo equilátero de 2 m de lado submersa verticalmente num tanque de óleo, com densidade de massa $\rho = 900$ kg/m^3(Figura 5).

Solução Para usar a Equação (2), precisamos calcular a largura horizontal $f(y)$ da placa à profundidade y. Um triângulo equilátero de lado $s = 2$ tem altura $\sqrt{3}s/2 = \sqrt{3}$. Por semelhança de triângulos, $y/f(y) = \sqrt{3}/2$ e, portanto, $f(y) = 2y/\sqrt{3}$. Pela Equação (2),

$$F = \rho g \int_0^{\sqrt{3}} y\,f(y)\,dy = (900)(9{,}8)\int_0^{\sqrt{3}} \frac{2}{\sqrt{3}} y^2\,dy = \left(\frac{17.640}{\sqrt{3}}\right)\frac{y^3}{3}\Big|_0^{\sqrt{3}} = 17.640 \text{ N} \qquad ■$$

A represa Hoover, com a recentemente concluída ponte do rio Colorado. (*Andrew Zarivnyl/Shutterstock*)

No próximo exemplo, mostramos como modificar o cálculo da força se o lado do objeto submerso estiver inclinado num ângulo.

■ **EXEMPLO 4** **Força numa superfície inclinada** O lado de uma barragem está inclinado num ângulo de 45°. A barragem tem 700 pés de altura e 1.500 pés de largura, como na Figura 6. Calcule a força de fluido F na barragem se o reservatório estiver cheio. A água tem uma densidade de peso $w = 62{,}4$ lb/pés^3.

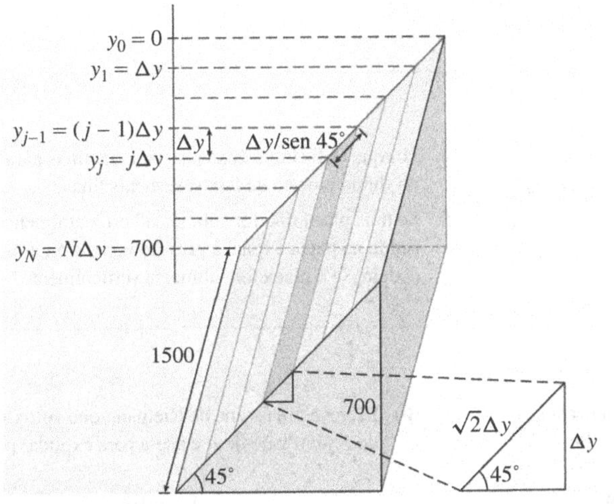

FIGURA 6

Solução A altura vertical da barragem é 700 pés, portanto dividimos o eixo vertical de 0 a 700 em N subintervalos de comprimento $\Delta y = 700/N$. Isso divide a face da barragem em N faixas como na Figura 6. Por trigonometria, cada faixa tem um comprimento igual a $\Delta y/\operatorname{sen}(45°) = \sqrt{2}\Delta y$. Portanto,

$$\text{Área de cada faixa} = \text{comprimento} \times \text{largura} = 1500(\sqrt{2}\,\Delta y)$$

Como sempre, aproximamos a força F_j na j-ésima faixa. O termo ρg é igual ao peso por unidade de volume, portanto usamos $w = 62{,}4$ lb/pés^3 em vez de ρg:

$$F_j \approx \overbrace{wy_j}^{\text{Pressão}} \times \overbrace{1500\sqrt{2}\Delta y}^{\text{Área da faixa}} = wy_j \times 1500\sqrt{2}\,\Delta y \text{ lb}$$

$$F = \sum_{j=1}^{N} F_j \approx \sum_{j=1}^{N} wy_j(1500\sqrt{2}\,\Delta y) = 1500\sqrt{2}\,w\sum_{j=1}^{N} y_j\Delta y$$

Isso é uma soma de Riemann da integral $1500\sqrt{2}w\int_0^{700} y\,dy$. Assim,

$$F = 1500\sqrt{2}w\int_0^{700} y\,dy = 1500\sqrt{2}(62{,}4)\frac{700^2}{2} \approx 3{,}24 \times 10^{10} \text{ lb}$$ ■

8.2 Resumo

- Se a pressão for constante, então força = pressão × área.
- A pressão de fluido à profundidade h é igual a $\rho g h$, em que ρ é a densidade do fluido (massa por unidade de volume) e $g = 9{,}8$ m/s^2 é a aceleração devida à gravidade. A pressão de fluido age numa superfície na direção perpendicular à superfície. A água tem densidade de massa 1.000 kg/m^3.
- Se um objeto estiver verticalmente submerso num fluido e se estender de uma profundidade $y = a$ até $y = b$, então a força de fluido total no lado do objeto é

$$F = \rho g \int_a^b y f(y)\,dy$$

em que $f(y)$ é a largura horizontal do lado à profundidade y.
- Se a densidade de fluido for dada como *peso* por unidade de volume, usamos w em vez de ρg. A água tem uma densidade de peso 62,4 lb/pé^3.

8.2 Exercícios

Exercícios preliminares

1. Como é definida a pressão?
2. A pressão do fluido é proporcional à profundidade. Qual é o fator de proporcionalidade?
3. Quando a força de fluido age no lado de um objeto submerso, em que direção ela age?
4. Por que utilizamos faixas horizontais finas para calcular a pressão do fluido em vez de faixas verticais finas?
5. Se uma placa fina for submersa horizontalmente, então a força de fluido na placa é igual à pressão vezes a área. Isso permanece verdadeiro se a placa for submersa verticalmente?

Exercícios

1. Uma caixa de 6 m de altura e base quadrada de 3 m de lado está submersa numa piscina com água. O topo da caixa está a 2 m abaixo da superfície da água.
   (a) Calcule a força de fluido no topo e na base da caixa.
   (b) Escreva uma soma de Riemann que aproxime a força de fluido num lado da caixa dividindo-a em N faixas horizontais de altura $\Delta y = 6/N$.
   (c) Para qual integral converge a soma de Riemann?
   (d) Calcule a força de fluido num lado da caixa.
2. Calcule a força de fluido no lado de uma placa quadrada de 2 m por 2 m submersa na água de tal modo que sua aresta superior esteja na superfície d'água.
3. Suponha que uma placa retangular de 1 m por 2 m esteja submersa na água de tal modo que sua aresta superior de comprimento 1 m esteja na superfície d'água. Calcule o aumento da força de fluido no lado dessa placa se ela for submersa mais, de tal modo que sua aresta superior fique 1 m abaixo da superfície d'água.
4. Uma placa em forma de triângulo isósceles com 1 m de base e 2 m de altura está submersa verticalmente num tanque d'água de modo que seu vértice toca a superfície d'água (Figura 7).
   (a) Mostre que a largura do triângulo à profundidade y é $f(y) = \frac{1}{2}y$.
   (b) Considere uma faixa estreita de espessura Δy à profundidade y. Explique por que a força de fluido num lado dessa faixa é aproximadamente igual a $\rho g \frac{1}{2} y^2 \Delta y$.
   (c) Escreve uma aproximação para a força de fluido total F num lado da caixa como uma soma de Riemann e indique a integral para a qual ela converge.
   (d) Calcule F.

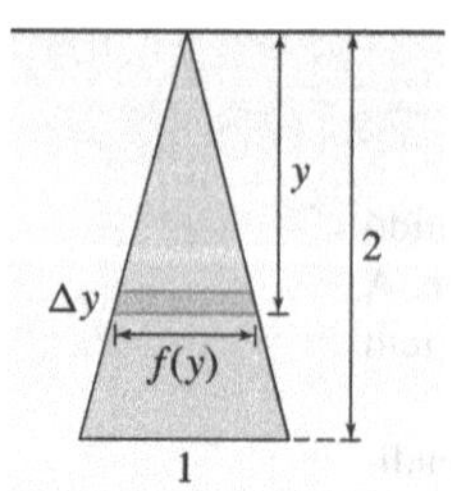

FIGURA 7

5. Repita o Exercício 4, mas agora supondo que o topo do triângulo está 3 m abaixo da superfície d'água.
6. A placa R da Figura 8, delimitada pela parábola $y = x^2$ e $y = 1$, está submersa verticalmente na água (distância em metros).
   (a) Mostre que a largura de R à altura y é $f(y) = 2\sqrt{y}$ e que a força de fluido numa faixa horizontal de espessura Δy à altura y é aproximadamente $(\rho g)2y^{1/2}(1 - y)\Delta y$.
   (b) Escreve uma soma de Riemann que aproxime a força de fluido F num lado de R e use-a para explicar por que

$$F = \rho g \int_0^1 2y^{1/2}(1 - y)\, dy$$

   (c) Calcule F.

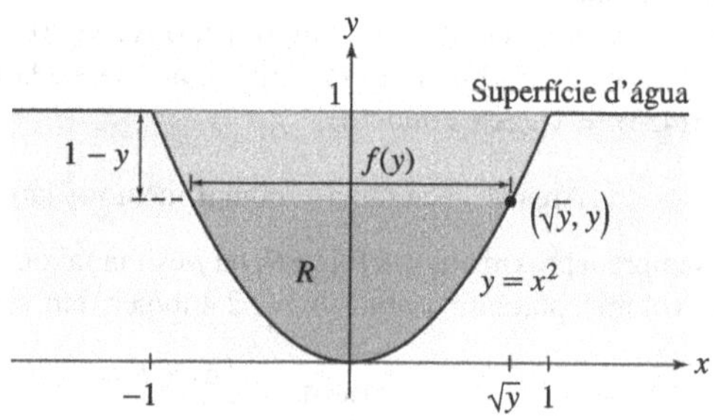

FIGURA 8

7. Seja F a força de fluido num lado de uma placa semicircular de r metros de raio, submersa verticalmente em água de tal modo que seu diâmetro esteja na superfície d'água (Figura 9).
   (a) Mostre que a largura da placa à profundidade y é $2\sqrt{r^2 - y^2}$.
   (b) Calcule F como uma função de r usando a Equação (2).

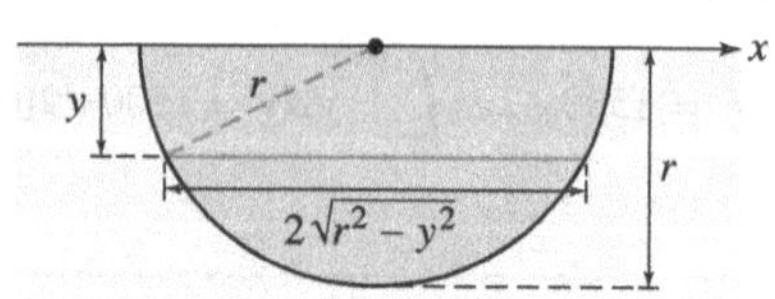

FIGURA 9

8. Calcule a força num lado de uma placa circular de 2 m de raio, submersa verticalmente num tanque d'água de tal modo que o topo do círculo seja tangente à superfície d'água.
9. Uma placa semicircular de raio r metros, orientada como a da Figura 9, está submersa em água de tal modo que seu diâmetro está a uma profundidade de m m. Calcule a força de fluido num dos lados da placa em termos de m e r.
10. Uma placa que se estende da profundidade $y = 2$ m até $y = 5$ m está submersa em um fluido de densidade $\rho = 850$ kg/m^3. A largura horizontal da placa à profundidade y é $f(y) = 2(1 + y^2)^{-1}$. Calcule a força de fluido em um lado da placa.
11. A Figura 10 mostra a parede de uma barragem num reservatório d'água. Use a regra do trapézio e as medidas de largura e profun-

didade na figura para obter uma estimativa da força de fluido na parede.

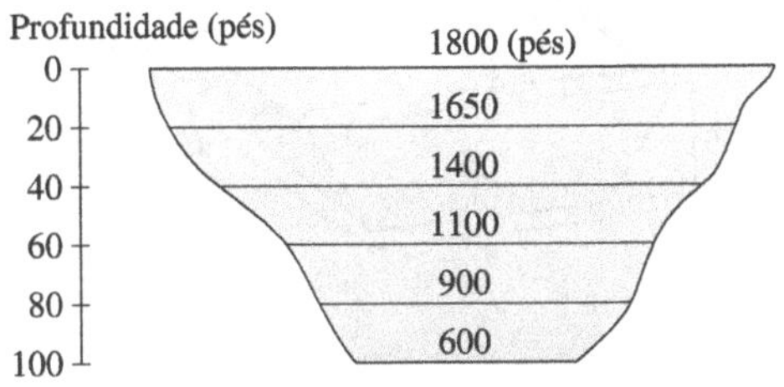

FIGURA 10

12. Calcule a força de fluido num dos lados da placa da Figura 11(A), submersa em água.

13. Calcule a força de fluido num dos lados da placa da Figura 11(B), submersa num fluido de densidade de massa $\rho = 800$ kg/m^3.

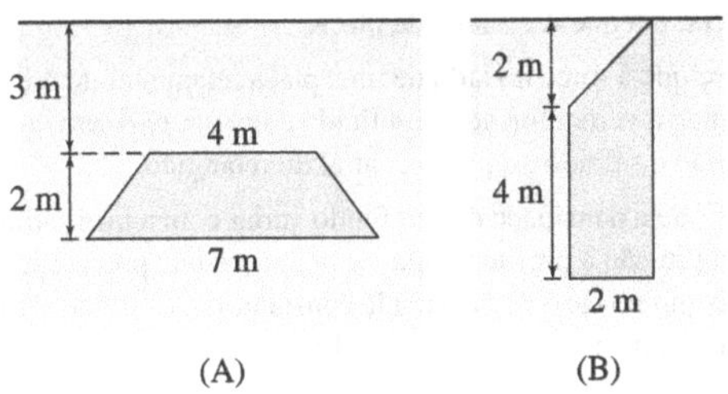

FIGURA 11

14. Encontre a força de fluido num dos lados da placa da Figura 12, submersa em um fluido de densidade $\rho = 1200$ kg/m^3. O topo da placa está alinhado com a superfície do fluido. As beiradas da placa são dadas pelas curvas $y = x^{1/3}$ e $y = -x^{1/3}$.

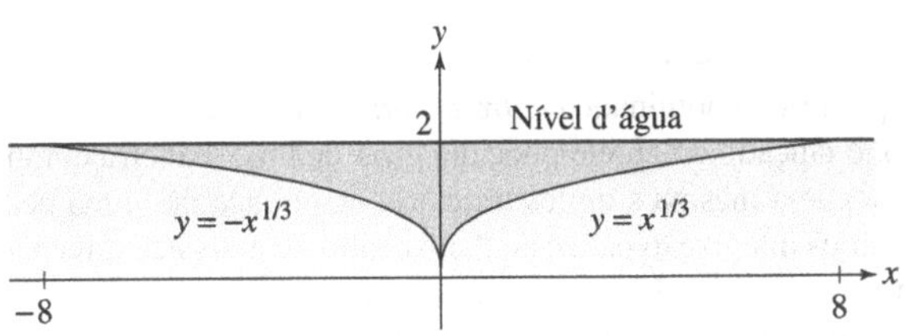

FIGURA 12

15. Seja R a placa cujo formato é o da região abaixo de $y = \operatorname{sen} x$, com $0 \leq x \leq \frac{\pi}{2}$, na Figura 13(A). Se R for girado 90° no sentido anti-horário e submersa num fluido de densidade 1100 kg/m^3 com seu topo nivelado com a superfície do fluido, como em (B), encontre a força de fluido num lado de R.

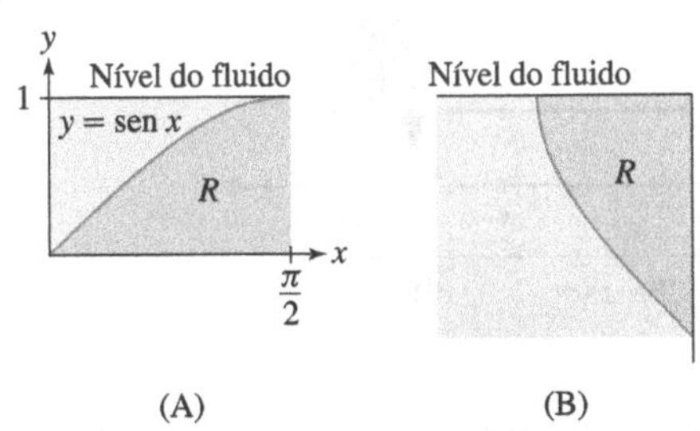

FIGURA 13

16. Na notação do Exercício 15, calcule a força de fluido num dos lados de R se estiver orientada como na Figura 13(A). É possível que seja necessário usar integração por partes e substituição trigonométrica.

17. Calcule a força de fluido num lado da placa no formato da região A da Figura 14. A superfície d'água está em $y = 1$ e o fluido tem densidade $\rho = 900$ kg/m^3.

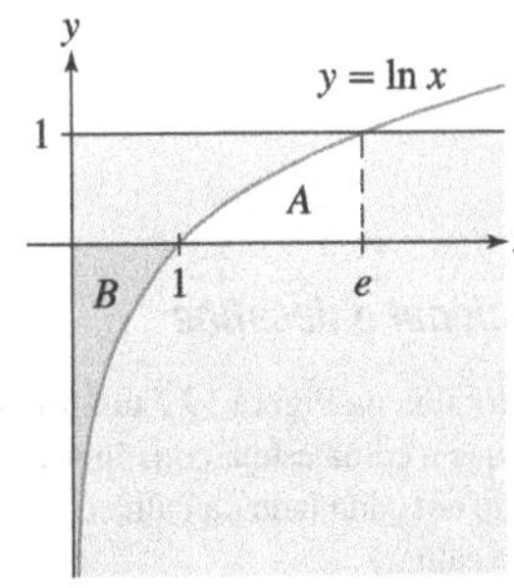

FIGURA 14

18. Calcule a força de fluido num dos lados da placa "infinita" B da Figura 14, supondo que o fluido tenha densidade $\rho = 900$ kg/m^3.

19. A Figura 15(A) mostra uma rampa inclinada a 30° para dentro de uma piscina. Calcule a força de fluido na rampa.

20. Calcule a força de fluido num lado da placa (um triângulo isósceles) mostrada na Figura 15(B).

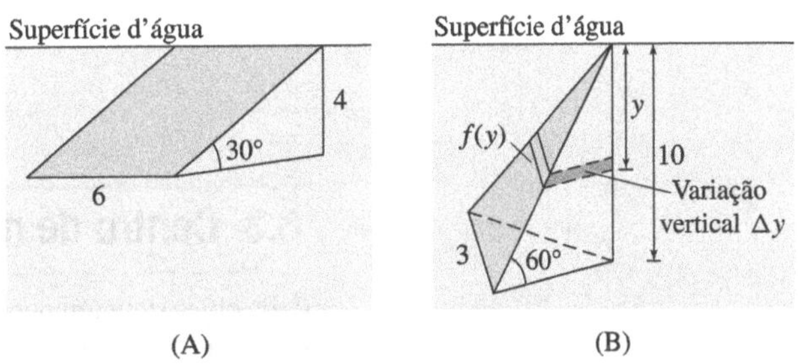

FIGURA 15

21. A gigantesca represa Três Gargantas do rio Yangtsé, na China, tem uma altura de 185 m (Figura 16). Calcule a força na represa, supondo que ela seja trapezoidal com 2.000 m de base, 3.000 m de lado superior e inclinada a um ângulo de 55° com a horizontal (Figura 17).

FIGURA 16 A represa Três Gargantas do rio Yangtsé. *(Reuters/STR/Landov)*

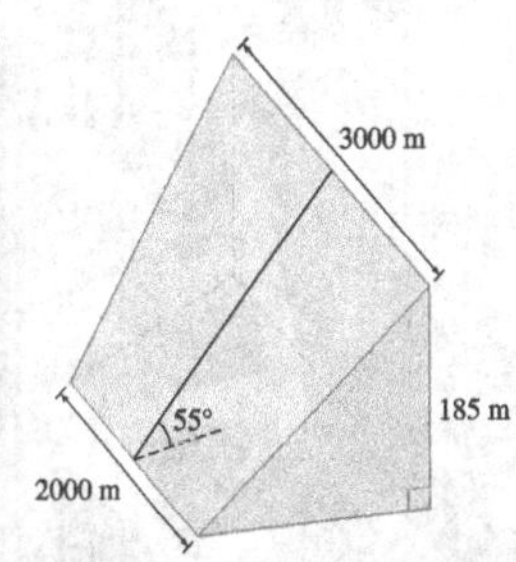

FIGURA 17

22. Uma placa quadrada de 3 m de lado está submersa n'água a uma inclinação de 30° com a horizontal. Calcule a força de fluido em um lado da placa se a aresta superior estiver a uma profundidade de 6 m.

23. A calha na Figura 18 está cheia de melaço, cuja densidade de peso é 90 lb/pé^3. Calcule a força no lado frontal da calha.

24. Calcule a pressão de fluido em um dos lados inclinados da calha da Figura 18, cheia de melaço, como no Exercício 23.

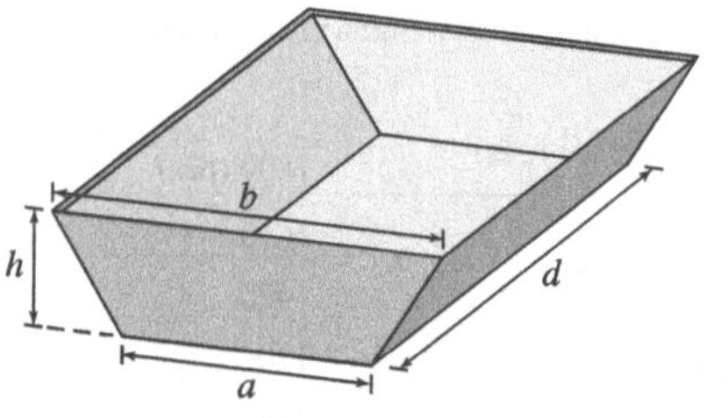

FIGURA 18

Compreensão adicional e desafios

25. A extremidade da calha na Figura 19 é um triângulo equilátero de lado 3. Suponha que a calha esteja com água até a altura H. Calcule a força de fluido em cada lado da calha como função de H e do comprimento l da calha.

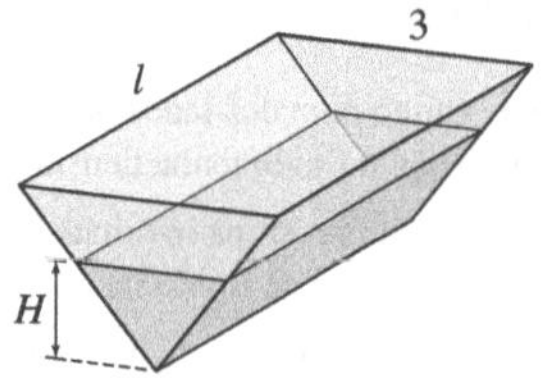

FIGURA 19

26. Uma placa retangular de lado ℓ está submersa verticalmente num fluido de densidade w, com sua aresta superior a uma profundidade h. Mostre que se a profundidade for aumentada por uma quantidade Δh, então a força num lado da placa aumenta por $wA\Delta h$, em que A é a área da placa.

27. Prove que a força no lado de uma placa retangular de área A submersa verticalmente num fluido é igual a p_0A, em que p_0 é a pressão do fluido no ponto central do retângulo.

28. Se a densidade de um fluido variar com a profundidade, então a pressão à profundidade y é $p(y)$ (que não precisa ser igual a wy como no caso de densidade constante). Use somas de Riemann para argumentar que a força total F no lado plano de um objeto submerso verticalmente é $F = \int_a^b f(y)p(y)\,dy$, em que $f(y)$ é a espessura do objeto à profundidade y.

8.3 Centro de massa

Cada objeto tem um ponto de equilíbrio denominado *centro de massa* (Figura 1). Quando um objeto rígido, como um martelo, é lançado ao ar, ele pode até girar de uma maneira complicada, mas seu centro de massa segue a mesma simples trajetória parabólica que uma pedra lançada ao ar. Nesta seção, utilizamos integração para calcular o centro de massa de uma placa fina (também denominada **lâmina**) de densidade de massa δ constante.

Considere uma gangorra com um jogador de futebol americano pesado de um lado e uma bailarina do outro, como na Figura 2. Claramente, o ponto de equilíbrio $\bar{x}$ deve estar mais próximo do jogador do que da bailarina.

FIGURA 1 Esse acrobata do Cirque du Soleil precisa distribuir seu peso de tal modo que seu braço forneça um apoio diretamente abaixo de seu centro de massa. (*Mark Dadswell/Getty Images*)

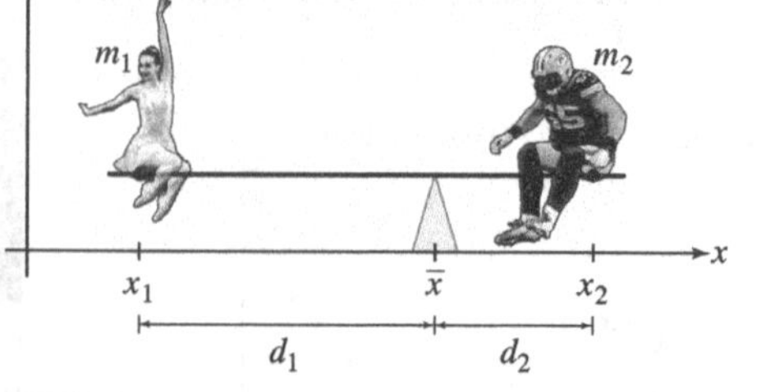

FIGURA 2

Como Arquimedes descobriu há mais de 2.000 anos, a massa de cada objeto vezes sua distância ao ponto de equilíbrio deve ser igual. Nesse caso, $m_1d_1 = m_2d_2$. Usando coordenadas indicadas na reta real, isso é dado por

$$m_1(\bar{x} - x_1) = m_2(x_2 - \bar{x})$$

Resolvemos

$$m_1\bar{x} - m_1x_1 = m_2x_2 - m_2\bar{x}$$
$$m_1\bar{x} + m_2\bar{x} = m_1x_1 + m_2x_2$$
$$(m_1 + m_2)\bar{x} = m_1x_1 + m_2x_2$$
$$\bar{x} = \frac{m_1x_1 + m_2x_2}{m_1 + m_2}$$

Em outras palavras, o ponto de equilíbrio, denominado **centro de massa** (**CM**), ocorre na coordenada obtida tomando a soma dos produtos de cada massa vezes sua distância (que é x) do eixo y e, então, dividindo essa soma pela massa total. Essas quantidades m_1x_1 e m_2x_2 são denominadas **momentos**. Nesse caso, o centro de massa ocorre no eixo x e as distâncias são medidas ao eixo y.

Mais geralmente, o momento de uma partícula isolada de massa m em relação a uma reta L é o produto da massa m da partícula vezes a distância dirigida (positiva ou negativa) à reta:

$$\text{Momento em relação à reta } L = m \times \text{distância dirigida a } L$$

Os momentos particulares em relação aos eixos x e y são denominados *momento x* e *momento y* e denotados por M_x e M_y. Se a partícula estiver localizada no ponto (x, y) (Figura 3),

$$M_x = my \text{ (massa vezes a distância dirigida ao eixo } x)$$
$$M_y = mx \text{ (massa vezes a distância dirigida ao eixo } y)$$

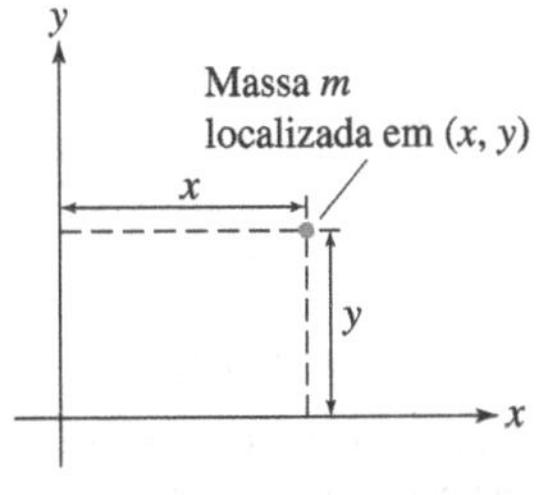

FIGURA 3

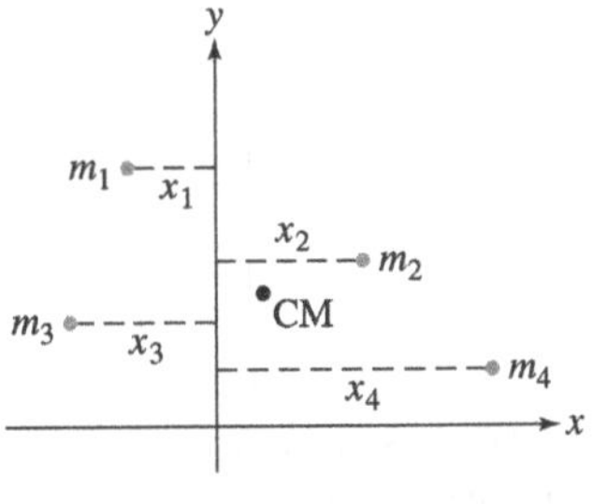

FIGURA 4

Os momentos são aditivos: o momento de um sistema de n partículas de coordenadas (x_j, y_j) e massas m_j (Figura 4) é a soma

$$M_x = m_1y_1 + m_2y_2 + \cdots + m_ny_n$$
$$M_y = m_1x_1 + m_2x_2 + \cdots + m_nx_n$$

O CM é o ponto $P = (\bar{x}, \bar{y})$ de coordenadas

$$\bar{x} = \frac{M_y}{M}, \qquad \bar{y} = \frac{M_x}{M}$$

em que $M = m_1 + m_2 + \cdots + m_n$ é a massa total do sistema.

ADVERTÊNCIA A notação é potencialmente conflitante: M_x é definido em termos da distância ao eixo x (dada pelas coordenadas y) e M_y é definido em termos da distância ao eixo y (dada pelas coordenadas x).

■ **EXEMPLO 1** Encontre o CM do sistema de três partículas da Figura 5, de massas 2, 4 e 8 localizadas nos pontos (0, 2), (3, 1) e (6, 4).

Solução A massa total é $M = 2 + 4 + 8 = 14$ e os momentos são

$$M_x = m_1y_1 + m_2y_2 + m_3y_3 = 2 \cdot 2 + 4 \cdot 1 + 8 \cdot 4 = 40$$
$$M_y = m_1x_1 + m_2x_2 + m_3x_3 = 2 \cdot 0 + 4 \cdot 3 + 8 \cdot 6 = 60$$

Portanto, $\bar{x} = \frac{60}{14} = \frac{30}{7}$ e $\bar{y} = \frac{40}{14} = \frac{20}{7}$. O CM é $\left(\frac{30}{7}, \frac{20}{7}\right)$. ■

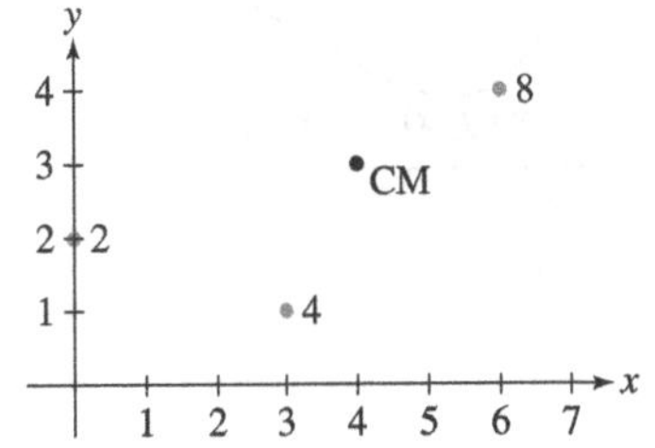

FIGURA 5 O centro de massa no Exemplo 1.

Nesta seção, nos restringimos a placas finas de densidade de massa constante (também denominada "densidade uniforme"). Quando a densidade não for constante, os cálculos do CM exigem integração múltipla e serão apresentados na Seção 15.5.

Lâminas (placas finas)

Agora considere uma lâmina (uma placa fina) de densidade de massa constante que ocupa a região abaixo do gráfico de f num intervalo $[a, b]$, sendo f uma função contínua e $f(x) \geq 0$ (Figura 6). Nas nossas contas, vamos usar o princípio da *aditividade dos momentos*, já mencionado com massas pontuais:

Se uma região for decomposta em regiões disjuntas menores, então o momento da região é a soma dos momentos das regiões menores.

Para calcular o momento M_y em relação ao eixo y, começamos, como sempre, dividindo $[a, b]$ em N subintervalos de comprimento $\Delta x = (b - a)/N$ e extremidades $x_j = a + j\Delta x$. Isso divide a lâmina em N faixas verticais (Figura 7). Se Δx for pequeno, a j-ésima faixa é praticamente retangular, de área $f(x_j)\Delta x$ e massa $\delta f(x_j)\Delta x$. Como todos os pontos na faixa ficam aproximadamente à mesma distância x_j do eixo y, o momento $M_{y,j}$ da j-ésima faixa é, aproximadamente,

$$M_{y,j} \approx (\text{massa}) \times (\text{distância ao eixo } y) = (\delta f(x_j)\Delta x)x_j$$

Pela aditividade dos momentos,

$$M_y = \sum_{j=1}^{N} M_{y,j} \approx \delta \sum_{j=1}^{N} x_j f(x_j)\Delta x$$

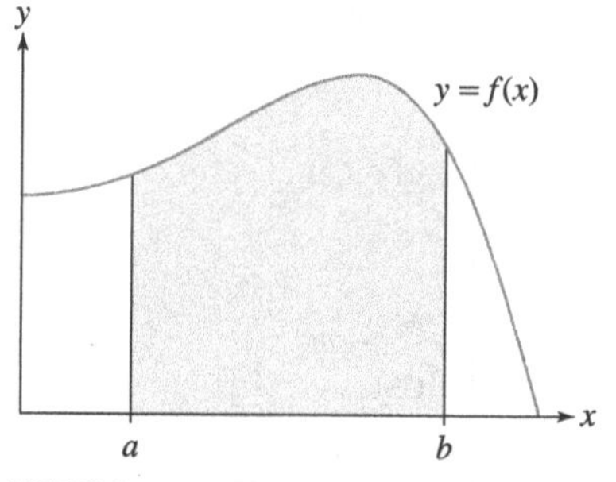

FIGURA 6 Uma lâmina ocupando a região abaixo do gráfico de f acima de $[a, b]$.

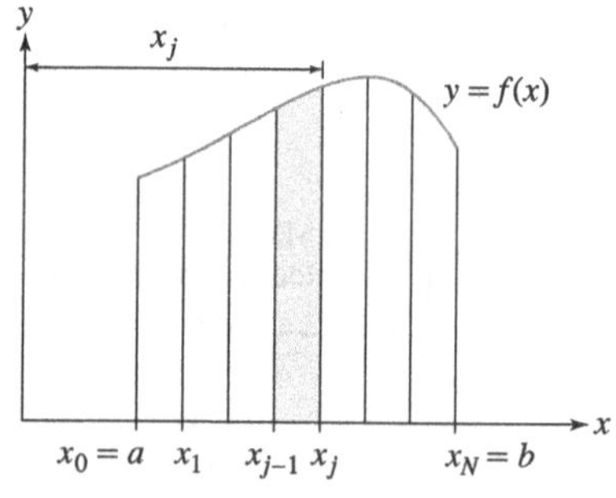

FIGURA 7 A faixa sombreada é praticamente retangular com área $f(x_j)\Delta x$.

Isso é uma soma de Riemann cujo valor tende a $\delta \int_a^b xf(x)\,dx$ se $N \to \infty$, e, portanto,

$$M_y = \delta \int_a^b xf(x)\,dx$$

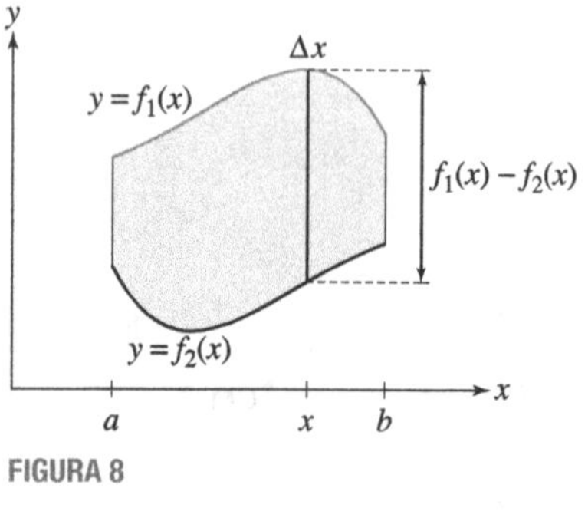

FIGURA 8

Mais geralmente, se a lâmina ocupar a região *entre* os gráficos de duas funções f_1 e f_2 em $[a, b]$, sendo que $f_1(x) \geq f_2(x)$, então

$$M_y = \delta \int_a^b x\,(\text{comprimento do corte vertical}) = dx = \delta \int_a^b x\big(f_1(x) - f_2(x)\big)\,dx \qquad 1$$

Para isso, basta pensar na lâmina como sendo constituída de faixas verticais de comprimento $f_1(x) - f_2(x)$ à distância x do eixo y (Figura 8).

Podemos calcular o momento x dividindo a lâmina em faixas *horizontais*, mas, para isso, precisamos descrever a lâmina como uma região entre duas curvas, $x = g_1(y)$ e $x = g_2(y)$, com $g_1(y) \geq g_2(y)$, num intervalo $[c, d]$ do eixo y (Figura 9).

$$M_x = \delta \int_c^d y \text{ (comprimento do corte horizontal) } dy = \delta \int_c^d y\big(g_1(y) - g_2(y)\big)\, dy \qquad 2$$

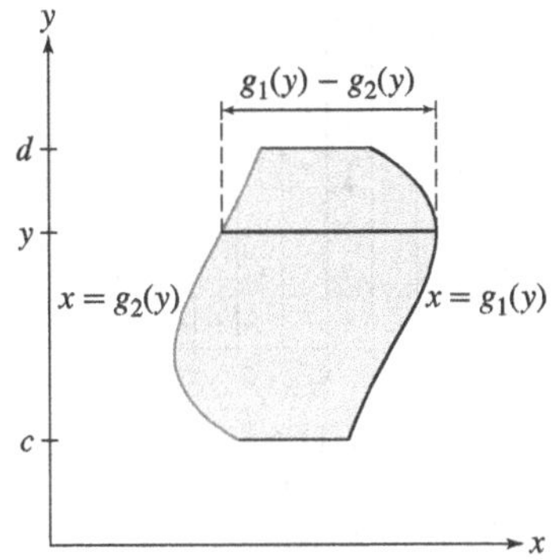

FIGURA 9

A massa total da lâmina é $M = \delta A$, em que A é a área da lâmina:

$$M = \delta A = \delta \int_a^b \big(f_1(x) - f_2(x)\big)\, dx \quad \text{ou} \quad M = \delta \int_c^d \big(g_1(y) - g_2(y)\big)\, dy$$

As coordenadas do cento de massa são os momentos divididos pela massa total:

$$\bar{x} = \frac{M_y}{M}, \qquad \bar{y} = \frac{M_x}{M}$$

A lâmina fica equilibrada no ponto $(\bar{x}, \bar{y})$, como na Figura 10.

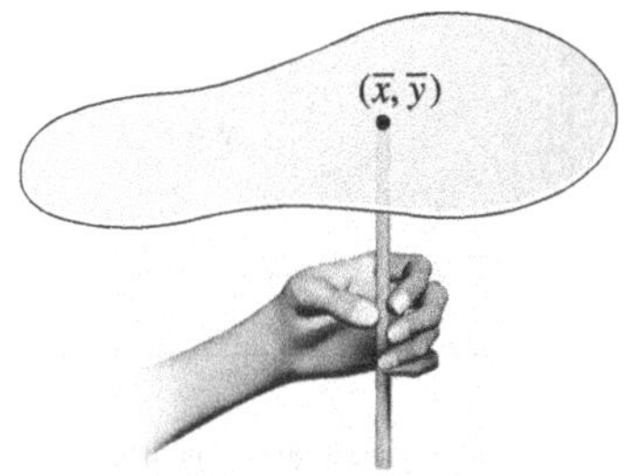

FIGURA 10 A lâmina fica equilibrada em seu centro de massa $(\bar{x}, \bar{y})$.

■ **EXEMPLO 2** Encontre os momentos e o CM da lâmina de densidade uniforme δ que ocupa a região abaixo do gráfico de $f(x) = x^2$ e acima do eixo x, com $0 \le x \le 2$.

Solução Em primeiro lugar, calculamos M_y usando a Equação (1):

$$M_y = \delta \int_0^2 x f(x)\, dx = \delta \int_0^2 x(x^2)\, dx = \delta \left. \frac{x^4}{4} \right|_0^2 = 4\delta$$

Em seguida calculamos M_x usando a Equação (2) e descrevendo a lâmina como a região entre $x = \sqrt{y}$ e $x = 2$ acima do intervalo [0, 4] do eixo y (Figura 11). Pela Equação (2),

$$M_x = \delta \int_0^4 y\big(g_1(y) - g_2(y)\big)\, dy = \delta \int_0^4 y(2 - \sqrt{y})\, dy$$

$$= \delta \left(y^2 - \frac{2}{5} y^{5/2} \right) \bigg|_0^4 = \delta \left(16 - \frac{2}{5} \cdot 32 \right) = \frac{16}{5}\delta$$

A área da placa é $A = \int_0^2 x^2\, dx = \frac{8}{3}$ e sua massa total é $M = \frac{8}{3}\delta$. Portanto,

$$\bar{x} = \frac{M_y}{M} = \frac{4\delta}{\frac{8}{3}\delta} = \frac{3}{2}, \qquad \bar{y} = \frac{M_x}{M} = \frac{\frac{16}{5}\delta}{\frac{8}{3}\delta} = \frac{6}{5}$$

Ver Figura 12. ■

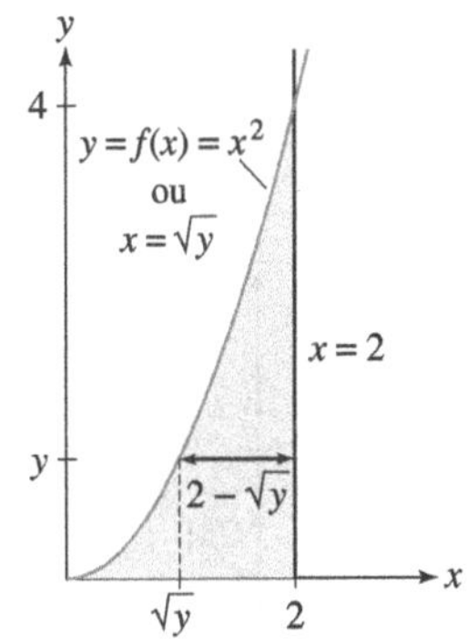

FIGURA 11 Uma lâmina ocupando a região abaixo do gráfico de $f(x) = x^2$, acima de [0, 2].

Entendimento conceitual O CM de uma lâmina de densidade de massa constante δ é, também, denominado **centroide**. O centroide depende do formato da lâmina, mas não da densidade de massa, porque o fator δ cancela nos quocientes M_x/M e M_y/M. Em particular, *ao calcular o centroide, podemos tomar* $\delta = 1$. Se a densidade de massa não for constante, o CM depende tanto do formato quanto da densidade de massa. Nesse caso, o CM é calculado usando integrais múltiplas (Seção 15.5).

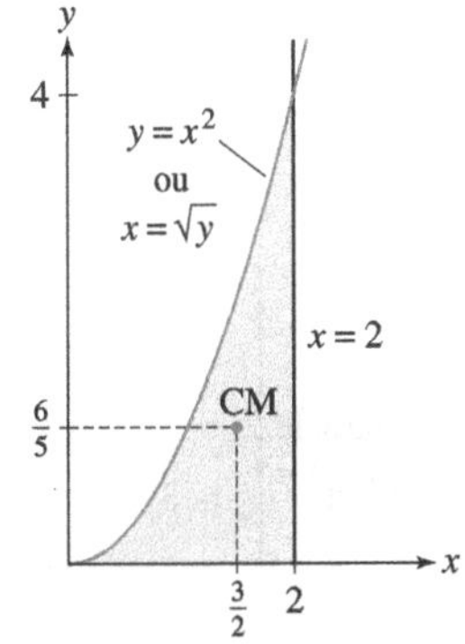

FIGURA 12 O centro de massa da lâmina.

Uma desvantagem da Equação (2) para M_x é que ela exige integração ao longo do eixo y, o que pode causar dificuldades se a lâmina estiver definida em função de x. Felizmente, existe uma segunda fórmula para M_x, como uma integral ao longo do eixo x. Como antes, dividimos a região em N faixas verticais finas de largura Δx (ver Figura 13). Seja $M_{x,j}$ o momento x da j-ésima faixa e seja m_j sua massa. Então podemos usar o artifício seguinte para

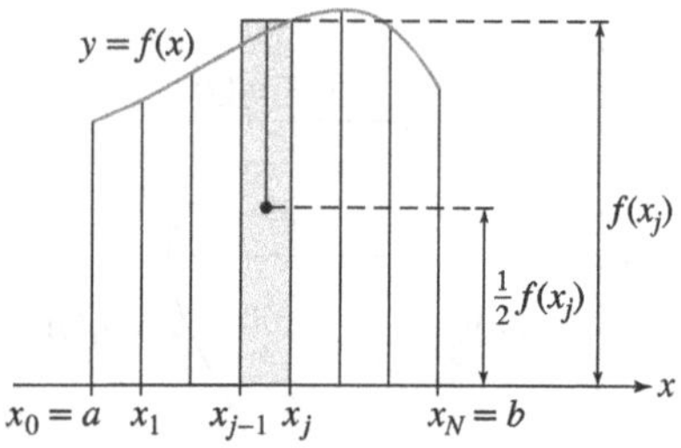

FIGURA 13 Como a faixa sombreada é quase retangular, seu CM tem altura, aproximadamente, igual a $\frac{1}{2}f(x_j)$.

aproximar $M_{x,j}$. A faixa é praticamente retangular, com altura $f(x_j)$ e largura Δx, portanto $m_j \approx \delta f(x_j)\,\Delta x$. Além disso, $M_{x,j} = \overline{y_j} m_j$, em que $\overline{y_j}$ é a coordenada y do CM da faixa. Contudo, $\overline{y_j} \approx \frac{1}{2}f(x_j)$, porque o CM de um retângulo está localizado em seu centro. Assim,

$$M_{x,j} = m_j\overline{y_j} \approx \delta f(x_j)\Delta x \cdot \frac{1}{2}f(x_j) = \frac{1}{2}\delta f(x_j)^2\Delta x$$

$$M_x = \sum_{j=1}^{N} M_{x,j} \approx \frac{1}{2}\delta \sum_{j=1}^{N} f(x_j)^2\Delta x$$

Isso é uma soma de Riemann cujo valor tende a $\frac{1}{2}\delta \int_a^b f(x)^2\,dx$ se $N \to \infty$. O caso de uma região *entre* os gráficos de funções f_1 e f_2, em que $f_1(x) \ge f_2(x) \ge 0$, pelo princípio da aditividade de momentos, é a diferença dos momentos correspondentes a $f_1(x)$ e $f_2(x)$, portanto obtemos as fórmulas alternativas

$$M_x = \frac{1}{2}\delta \int_a^b f(x)^2\,dx \quad \text{ou} \quad M_x = \frac{1}{2}\delta \int_a^b \left(f_1(x)^2 - f_2(x)^2\right)dx \qquad 3$$

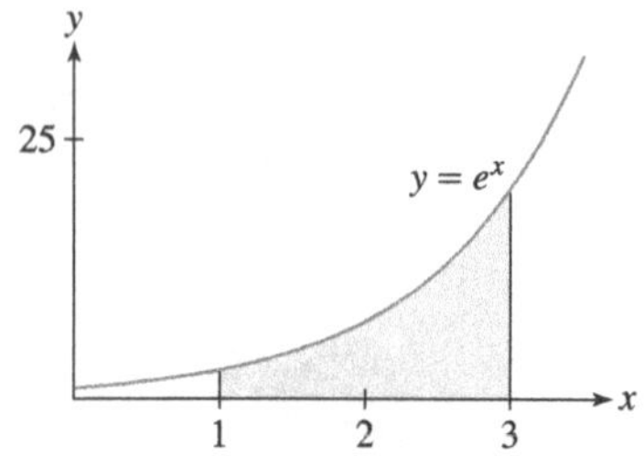

FIGURA 14 A região abaixo da curva $y = e^x$, entre $x = 1$ e $x = 3$.

■ **EXEMPLO 3** Encontre o centroide da região sombreada na Figura 14.

Solução O centroide não depende de δ, portanto podemos tomar $\delta = 1$ e aplicar as Equações (1) e (3) com $f(x) = e^x$:

$$M_x = \frac{1}{2}\int_1^3 f(x)^2\,dx = \frac{1}{2}\int_1^3 e^{2x}\,dx = \frac{1}{4}e^{2x}\bigg|_1^3 = \frac{e^6 - e^2}{4}$$

Usando integração por partes, obtemos

$$M_y = \int_1^3 xf(x)\,dx = \int_1^3 xe^x\,dx = (x-1)e^x\bigg|_1^3 = 2e^3$$

A massa total é $M = \int_1^3 e^x\,dx = (e^3 - e)$. O centroide tem coordenadas

$$\bar{x} = \frac{M_y}{M} = \frac{2e^3}{e^3 - e} \approx 2{,}313, \qquad \bar{y} = \frac{M_x}{M} = \frac{e^6 - e^2}{4(e^3 - e)} \approx 5{,}701$$ ■

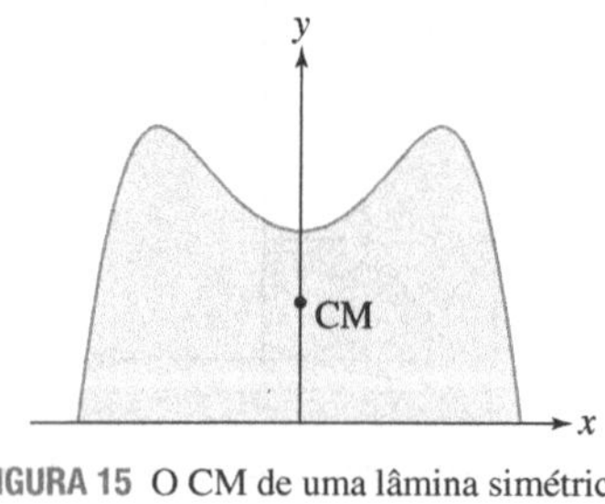

FIGURA 15 O CM de uma lâmina simétrica fica no eixo de simetria.

As propriedades de simetria de um objeto fornecem informações sobre seu centroide (Figura 15). Por exemplo, o centroide de uma placa quadrada ou circular está localizado no centro da placa. Uma formulação precisa do princípio da simetria é a seguinte (ver Exercício 45).

TEOREMA 1 Princípio de simetria Se uma lâmina for simétrica em relação a uma reta, então seu centroide fica nessa reta.

LEMBRETE Uma região é simétrica em relação a uma reta se a reflexão pela reta mandar cada ponto da região para um outro ponto da região.

■ **EXEMPLO 4 Usando simetria** Encontre o centroide de um semicírculo de raio 3.

Solução A simetria corta nosso trabalho ao meio. O semicírculo é simétrico em relação ao eixo y, portanto o centroide fica no eixo y e, assim, $\bar{x} = 0$. Resta calcular M_x e $\bar{y}$. A fronteira do semicírculo é o gráfico de $f(x) = \sqrt{9 - x^2}$ (Figura 16). Pela Equação (3), com $\delta = 1$,

$$M_x = \frac{1}{2}\int_{-3}^{3} f(x)^2\,dx = \frac{1}{2}\int_{-3}^{3}(9 - x^2)\,dx = \frac{1}{2}\left(9x - \frac{1}{3}x^3\right)\bigg|_{-3}^{3} = 9 - (-9) = 18$$

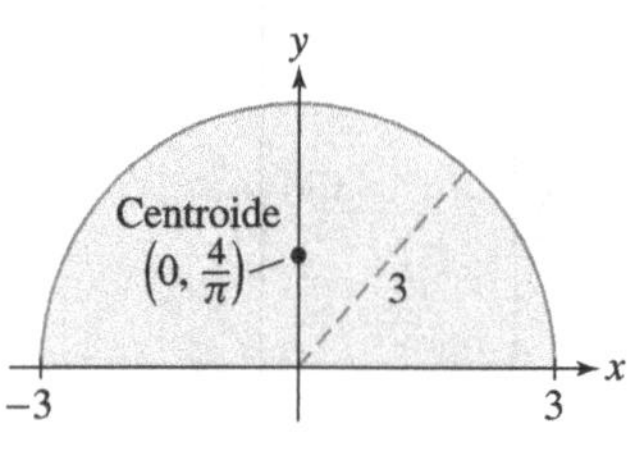

FIGURA 16 O semicírculo dado por $y = \sqrt{9 - x^2}$.

O semicírculo tem área (e massa) igual a $A = \frac{1}{2}\pi(3^2) = 9\pi/2$, de modo que

$$\bar{y} = \frac{M_x}{M} = \frac{18}{9\pi/2} = \frac{4}{\pi} \approx 1{,}27$$ ■

■ **EXEMPLO 5** **Usando aditividade e simetria** Encontre o centroide da região R da Figura 17.

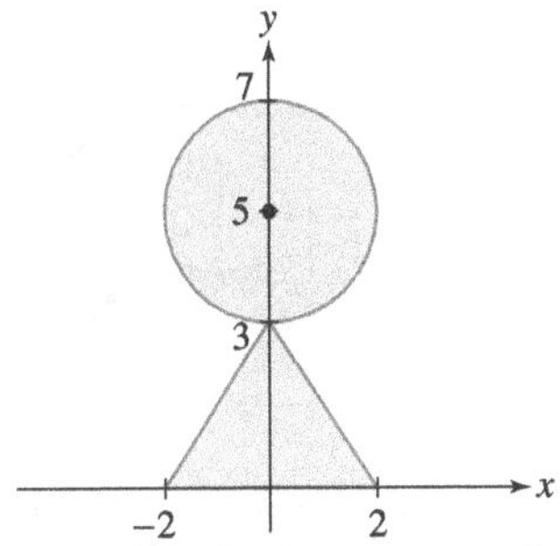

FIGURA 17 O momento da região R é a soma dos momentos do triângulo e do círculo.

Solução Tomamos $\delta = 1$, já que estamos calculando um centroide. A região R é simétrica em relação ao eixo y, portanto sabemos antes de começar que $\bar{x} = 0$. Para encontrar $\bar{y}$, calculamos o momento M_x.

Passo 1. **Usar a aditividade dos momentos.**

Sejam $M_x^{\text{triângulo}}$ e $M_x^{\text{círculo}}$ os momentos x do triângulo e do círculo. Então

$$M_x = M_x^{\text{triângulo}} + M_x^{\text{círculo}}$$

Passo 2. **Momento do círculo.**

Para poupar trabalho, usamos o fato de que, pela simetria, o centroide do círculo está localizado no centro (0, 5). Assim, $\bar{y}^{\text{círculo}} = 5$ e podemos resolver para o momento:

$$\bar{y}^{\text{círculo}} = \frac{M_x^{\text{círculo}}}{M^{\text{círculo}}} = \frac{M_x^{\text{círculo}}}{4\pi} = 5 \quad \Rightarrow \quad M_x^{\text{círculo}} = 20\pi$$

Aqui, a massa do círculo é sua área $M^{\text{círculo}} = \pi(2^2) = 4\pi$ (pois $\delta = 1$).

Passo 3. **Momento do triângulo.**

Calculemos $M_x^{\text{triângulo}}$ de um triângulo qualquer de altura h e base b (Figura 18). Seja $\ell(y)$ a largura do triângulo à altura y. Por semelhança de triângulos,

$$\frac{\ell(y)}{h - y} = \frac{b}{h} \quad \Rightarrow \quad \ell(y) = b - \frac{b}{h}y$$

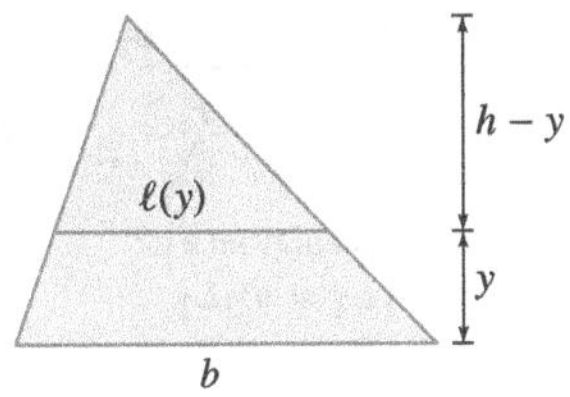

FIGURA 18 Por semelhança de triângulos, $\dfrac{\ell(y)}{h-y} = \dfrac{b}{h}$.

Pela Equação (2),

$$M_x^{\text{triângulo}} = \int_0^h y\ell(y)\,dy = \int_0^h y\left(b - \frac{b}{h}y\right)dy = \left(\frac{by^2}{2} - \frac{by^3}{3h}\right)\Big|_0^h = \frac{bh^2}{6}$$

No nosso caso, $b = 4$, $h = 3$ e $M_x^{\text{triângulo}} = \dfrac{4 \cdot 3^2}{6} = 6$.

Passo 4. **Cálculo de $\bar{y}$.**

$$M_x = M_x^{\text{triângulo}} + M_x^{\text{círculo}} = 6 + 20\pi$$

O triângulo tem massa $\frac{1}{2} \cdot 4 \cdot 3 = 6$ e o círculo tem massa 4π, portanto R tem massa $M = 6 + 4\pi$ e

$$\bar{y} = \frac{M_x}{M} = \frac{6 + 20\pi}{6 + 4\pi} \approx 3{,}71$$ ■

Concluímos essa seção com o teorema de Pappus, atribuído a Pappus de Alexandria, um matemático do século IV a.C.

TEOREMA 2 **Teorema de Pappus** Seja R uma região do plano de área A que foi girada em torno de um eixo que é disjunto de R. Então o volume do sólido resultante é o produto de A pela distância percorrida pelo centroide de R.

Demonstração Como estamos supondo densidade uniforme igual a 1, a área A da região é igual à massa M. Vamos provar esse teorema somente no caso de R ser delimitada por $y = f_1(x)$ e $y = f_2(x)$, com $a \le x \le b$ e $f_1(x) \ge f_2(x) > 0$, sendo a rotação em torno do eixo x. Nesse caso, sabemos que o volume é dado por

$$V = \pi \int_a^b (f_1(x)^2 - f_2(x)^2)\,dx = 2\pi\left(\frac{1}{2}\int_a^b (f_1(x)^2 - f_2(x)^2)\,dx\right)$$

$$= 2\pi M_x = A \cdot 2\pi \frac{M_x}{A} = A \cdot 2\pi \bar{x}$$ ■

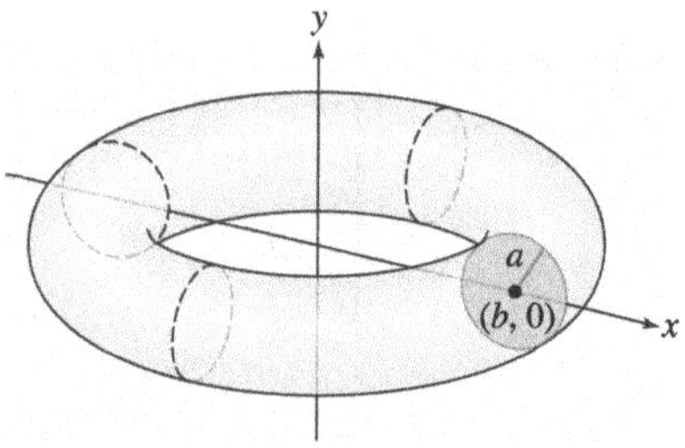

FIGURA 19 Um toro sólido é obtido pela rotação de um disco em torno do eixo y.

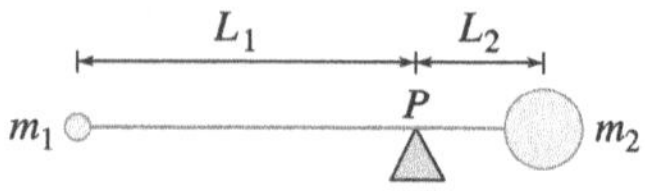

FIGURA 20 A lei da alavanca de Arquimedes: $m_1L_1 = m_2L_2$.

■ **EXEMPLO 6** Encontre a fórmula do volume do toro sólido obtido pela rotação do disco de raio a centrado em $(b, 0)$ em torno do eixo y, sendo $a < b$, como na Figura 19.

Solução O centroide do disco ocorre em seu centro. Assim, $(\bar{x}, \bar{y}) = (b, 0)$. Pelo teorema de Pappus, obtemos

$$V = A \cdot 2\pi\bar{x} = \pi a^2 2\pi b = 2\pi^2 a^2 b \qquad ■$$

PERSPECTIVA HISTÓRICA

Arquimedes (287–212a.C.). *(Roger Viollet Collection/Getty Images)*

Costumamos aceitar com naturalidade que as leis básicas da Física sejam mais bem expressas como relações matemáticas. Pense em $F = ma$ ou na lei de gravitação universal. Contudo, a visão fundamental de que a Matemática poderia ser usada para formular leis da Natureza (e não só para contar e medir) evoluiu gradualmente, começando com os filósofos da Grécia antiga e culminando quase 2000 anos depois, com as descobertas de Galileu e Newton. A respeito do princípio da alavanca, Arquimedes escreveu: "magnitudes comensuráveis equilibram-se à distâncias inversamente proporcionais a seus pesos". Em outras palavras, se dois pesos de massas m_1 e m_2 são colocadas a distâncias L_1 e L_2 de um fulcro P numa barra sem peso (Figura 20), então a barra fica equilibrada se $m_1/m_2 = L_2/L_1$, ou

$$\boxed{m_1L_1 = m_2L_2}$$

Na nossa terminologia, o que Arquimedes descobriu foi o centro de massa P do sistema de pesos (ver Exercícios 43 e 44).

8.3 Resumo

- Os *momentos* de um sistema de partículas de massas m_j localizadas em (x_j, y_j) são

$$M_x = m_1y_1 + \cdots + m_ny_n, \qquad M_y = m_1x_1 + \cdots + m_nx_n$$

  O *centro de massa* (CM) tem coordenadas

$$\bar{x} = \frac{M_y}{M} \quad \text{e} \quad \bar{y} = \frac{M_x}{M}$$

  sendo $M = m_1 + \cdots + m_n$.
- Uma lâmina (placa fina) de densidade de massa constante δ [região abaixo do gráfico de f, se $f(x) \geq 0$, ou *entre* os gráficos de f_1 e f_2, se $f_1(x) \geq f_2(x)$]:

$$M_y = \delta \int_a^b x f(x)\,dx \quad \text{ou} \quad M_y = \delta \int_a^b x\big(f_1(x) - f_2(x)\big)\,dx$$

- Há duas maneiras de calcular o momento M_x em relação ao eixo x. Se a lâmina ocupar a região entre o gráfico de $x = g(y)$ e o eixo y, sendo $g(y) \geq 0$, ou *entre* os gráficos de $x = g_1(y)$ e $x = g_2(y)$, se $g_1(y) \geq g_2(y)$, então

$$M_x = \delta \int_c^d y g(y)\,dy \quad \text{ou} \quad M_x = \delta \int_c^d y\big(g_1(y) - g_2(y)\big)\,dy$$

- Fórmula alternativa (em geral mais conveniente) para M_x:

$$M_x = \frac{1}{2}\delta \int_a^b f(x)^2\,dx \quad \text{ou} \quad M_x = \frac{1}{2}\delta \int_a^b \big(f_1(x)^2 - f_2(x)^2\big)\,dx$$

- A massa total da lâmina é $M = \delta \int_a^b \big(f_1(x) - f_2(x)\big)\,dx$. As coordenadas do centro de massa (também denominado *centroide*) são

$$\bar{x} = \frac{M_y}{M}, \qquad \bar{y} = \frac{M_x}{M}$$

- Aditividade: se uma região for decomposta em regiões disjuntas menores, então o momento da região é a soma dos momentos das regiões menores.
- Princípio de simetria: se uma lâmina de densidade de massa constante for simétrica em relação a uma reta, então seu centro de massa (centroide) fica nessa reta.
- Teorema de Pappus: se uma lâmina for girada em torno de um eixo disjunto da região, então o volume do sólido de revolução resultante é a área da lâmina vezes a distância percorrida pelo centroide da região.

8.3 Exercícios

Exercícios preliminares

1. O que são os momentos x e y de uma lâmina cujo centro de massa está localizado na origem?
2. Uma placa fina tem massa 3. Qual é o momento x da placa se seu cento de massa tiver coordenadas (2, 7)?
3. O cento de massa de uma lâmina de massa total 5 tem coordenadas (2, 1). Quais são os momentos x e y da lâmina?
4. Explique como o princípio de simetria é usado para estabelecer que o centroide de um retângulo é o cento do retângulo.
5. Dê um exemplo de uma placa tal que seu centro de massa não ocorra em ponto algum da placa.
6. Esboce uma placa tal que seu centro de massa ocorra em sua fronteira. (Não é preciso verificar isso, devendo ser plausível pelo esboço.)

Exercícios

1. Quatro partículas estão localizadas nos pontos (1, 1), (1, 2), (4, 0) e (3, 1)
   (a) Encontre os momentos M_x e M_y e o centro de massa do sistema, supondo que as partículas tenham massas iguais a m.
   (b) Encontre o centro de massa do sistema, supondo que as partículas tenham massas 3, 2, 5 e 7, respectivamente.
2. Encontre o centro de massa do sistema de partículas de massas 4, 2, 5 e 1, localizadas em (1, 2), (−3, 2), (2, −1) e (4, 0), respectivamente.
3. Nos vértices de coordenadas $(a, 0)$, $(b, 0)$ e $(0, c)$ de um triângulo são colocadas massas pontuais de mesmo tamanho. Mostre que o centro de massa do sistema de massas tem coordenadas $\left(\frac{1}{3}(a+b), \frac{1}{3}c\right)$.
4. Nos pontos (−1, 0), (3, 0) e (0, 4) são colocadas massas m_1, m_2 e m_3.
   (a) Suponha que $m_1 = 6$. Encontre m_2 tal que o cento de massa fique no eixo y.
   (b) Suponha que $m_1 = 6$ e $m_2 = 4$. Encontre o valor de m_3 tal que $\overline{y} = 2$.
5. Esboce a lâmina S de densidade constante $\rho = 3$ g/cm^2 que ocupa a região abaixo do gráfico de $y = x^2$, com $0 \le x \le 3$.
   (a) Use as Equações (1) e (2) pra calcular M_x e M_y.
   (b) Encontre a área e o centro de massa de S.
6. Use as Equações (1) e (3) para encontrar os momentos e o centro de massa da lâmina S de densidade constante $\rho = 2$ g/cm^2 que ocupa a região entre $y = x^2$ e $y = 9x$, acima de [0, 3]. Esboce S, indicando a localização do centro de massa.
7. Encontre os momentos e o centro de massa da lâmina de densidade uniforme ρ que ocupa a região abaixo de $y = x^3$, com $0 \le x \le 2$.
8. Calcule M_x (supondo $\rho = 1$) para a região abaixo do gráfico de $y = 1 - x^2$, com $0 \le x \le 1$, de duas maneiras, primeiro usando a Equação (2) e, depois, usando a Equação (3).
9. Seja T a lâmina triangular da Figura 21.
   (a) Mostre que o corte horizontal à altura y tem comprimento $4 - \frac{2}{3}y$ e use a Equação (2) para calcular M_x (com $\rho = 1$).
   (b) Use o princípio de simetria para mostrar que $M_y = 0$ e encontre o centro de massa.

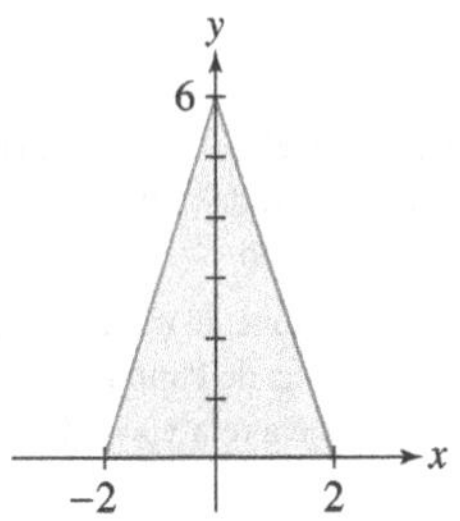

FIGURA 21 Triângulo isósceles.

Nos Exercícios 10-17, encontre o centroide da região abaixo do gráfico da função, acima do intervalo dado.

10. $f(x) = 6 - 2x$, [0, 3]
11. $f(x) = \sqrt{x}$, [1, 4]
12. $f(x) = x^3$, [0, 1]
13. $f(x) = 9 - x^2$, [0, 3]
14. $f(x) = (1 + x^2)^{-1/2}$, [0, 3]
15. $f(x) = e^{-x}$, [0, 4]
16. $f(x) = \ln x$, [1, 2]
17. $f(x) = \operatorname{sen} x$, $[0, \pi]$
18. Calcule os momentos e o centro de massa da lâmina que ocupa a região entre as curvas $y = x$ e $y = x^2$, com $0 \le x \le 1$.
19. Esboce a região entre $y = x + 4$ e $y = 2 - x$, com $0 \le x \le 2$. Usando simetria, explique por que o centroide da região fica na reta $y = 3$. Verifique isso calculando os momentos e o centroide.

Nos Exercícios 20-25, encontre o centroide da região entre os gráficos das funções, acima do intervalo dado.

20. $y = x$, $y = \sqrt{x}$, [0, 1]
21. $y = x^2$, $y = \sqrt{x}$, [0, 1]
22. $y = x^{-1}$, $y = 2 - x$, [1, 2]
23. $y = e^x$, $y = 1$, [0, 1]
24. $y = \ln x$, $y = x - 1$, [1, 3]
25. $y = \operatorname{sen} x$, $y = \cos x$, $[0, \pi/4]$

26. Esboce a região delimitada por $y = x + 1$ e $y = (x - 1)^2$ e encontre seu centroide.

27. Esboce a região delimitada por $y = 0$, $y = (x + 1)^3$ e $y = (1 - x)^3$ e encontre seu centroide.

Nos Exercícios 28-32, encontre o centroide da região.

28. A metade superior da elipse $\left(\frac{x}{2}\right)^2 + \left(\frac{y}{4}\right)^2 = 1$.

29. A metade superior da elipse $\left(\frac{x}{a}\right)^2 + \left(\frac{y}{b}\right)^2 = 1$, com $a, b > 0$ arbitrários.

30. Semicírculo de raio r centrado na origem.

31. A quarta parte do círculo unitário que fica no primeiro quadrante.

32. A região entre $y = x(a - x)$ e o eixo x, com $a > 0$.

33. Encontre o centroide da região sombreada no semicírculo de raio r na Figura 22. Qual é o centroide se $r = 1$ e $h = \frac{1}{2}$? *Sugestão:* use Geometria, em vez de integração, para mostrar que a *área* da região é $r^2 \text{ arc sen}(\sqrt{1 - h^2/r^2}) - h\sqrt{r^2 - h^2}$.

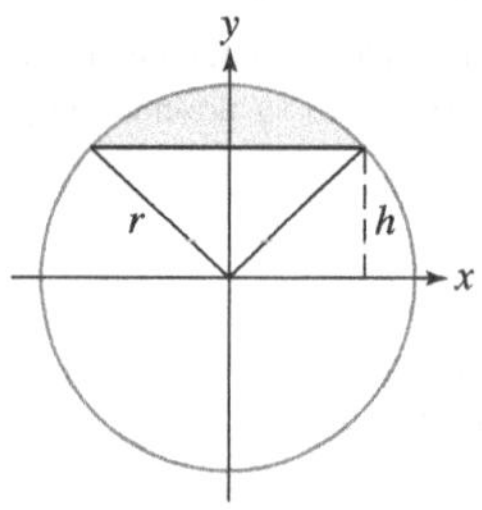

FIGURA 22

34. Esboce a região entre $y = x^n$ e $y = x^m$ com $0 \le x \le 1$, em que $m > n \ge 0$, e encontre o CM da região. Encontre um par (n, m) tal que o CM fique fora da região.

35. Encontre a fórmula do volume de um cone circular reto de altura H e raio R usando o teorema de Pappus aplicado ao triângulo delimitado pelos eixos x e y e a reta $y = \frac{-H}{R}x + H$, girado em torno do eixo x.

36. Use o teorema de Pappus para encontrar o centroide do semicírculo delimitado por $y = \sqrt{R^2 - x^2}$ e o eixo x.

Nos Exercícios 37-39, use a aditividade de momentos para encontrar o CM da região.

37. Um triângulo isósceles de altura 2 montado num retângulo de base 4 e altura 3 (Figura 23).

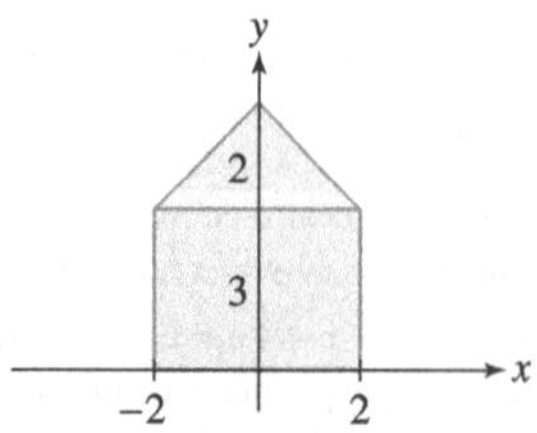

FIGURA 23

38. Uma casquinha de sorvete consistindo num semicírculo montado num triângulo equilátero de lado 6 (Figura 24).

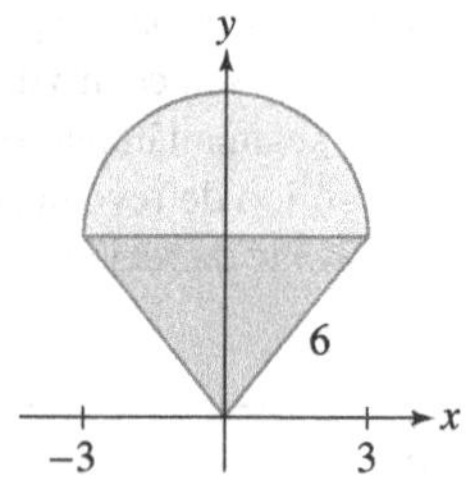

FIGURA 24

39. Três quartas partes do círculo unitário (remova a parte do quarto quadrante).

40. Seja S a lâmina de densidade de massa $\rho = 1$ obtida removendo um círculo de raio r de um círculo de raio $2r$, mostrada na Figura 25. Sejam M_x^S e M_y^S os momentos de S. Analogamente, sejam M_y^{G} e M_y^{P} os momentos y dos círculos maior e menor.
   (a) Use o princípio de simetria para mostrar que $M_x^S = 0$.
   (b) Mostre que $M_y^S = M_y^{\mathrm{G}} - M_y^{\mathrm{P}}$ usando a aditividade de momentos.
   (c) Encontre M_y^{G} e M_y^{P} usando o fato de que o CM de um círculo é seu centro. Depois calcule M_y^S usando (b).
   (d) Determine o CM de S.

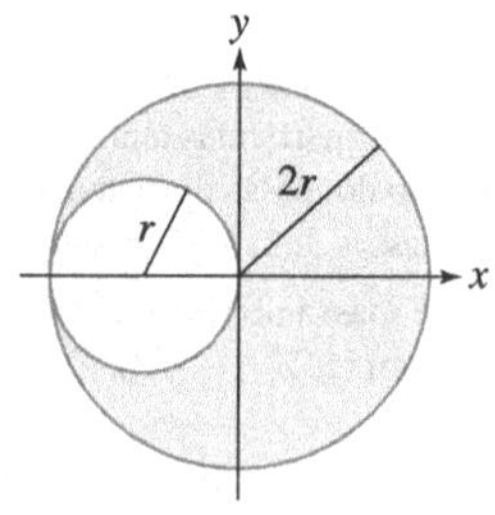

FIGURA 25

41. Encontre o CM das lâminas na Figura 26, obtidas removendo quadrados de lado 2 de um quadrado de lado 8.

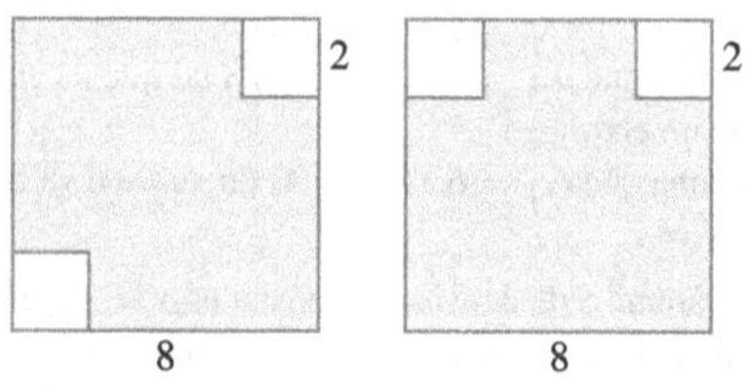

FIGURA 26

Compreensão adicional e desafios

42. Uma **mediana** de um triângulo é um segmento ligando um vértice ao ponto médio do lado oposto. Mostre que o centroide de um triângulo fica em cada uma das medianas, a uma distância de duas terças partes do vértice. Então use esse fato para provar que as três medianas se intersectam num único ponto. *Sugestão:* simplifique as contas supondo que um vértice esteja na origem e outro no eixo x.

43. Seja P o CM de um sistema de dois pesos de massas m_1 e m_2 separados por uma distância d. Prove a lei de Arquimedes da alavanca (sem peso): P é o ponto do segmento de reta entre os pesos tal que $m_1L_1 = m_2L_2$, sendo L_j a distância da massa j a P.

44. Encontre o CM de um sistema de dois pesos de massas m_1 e m_2, conectados por uma haste de comprimento d, cuja densidade de massa ρ é uniforme. *Sugestão:* o momento do sistema é a soma dos momentos dos pesos e da haste.

45. **Princípio de simetria** Seja $\mathcal{R}$ a região abaixo do gráfico de $y = f(x)$, acima do intervalo $[-a, a]$, sendo $f(x) \geq 0$. Suponha que $\mathcal{R}$ seja simétrica em relação ao eixo y.

(a) Explique por que $y = f(x)$ é par, ou seja, por que $f(x) = f(-x)$.

(b) Mostre que $y = xf(x)$ é uma função *ímpar*.

(c) Use (b) para provar que $M_y = 0$.

(d) Prove que o CM de $\mathcal{R}$ fica no eixo y (um argumento análogo é aplicável à simetria em relação ao eixo x).

46. Prove diretamente que as Equações (2) e (3) são equivalentes na situação seguinte. Seja f uma função positiva e decrescente em $[0, b]$ tal que $f(b) = 0$. Denotemos $d = f(0)$ e $g(y) = f^{-1}(y)$. Mostre que

$$\frac{1}{2}\int_0^b f(x)^2\,dx = \int_0^d y g(y)\,dy$$

Sugestão: inicialmente faça a substituição $y = f(x)$ na integral à esquerda e observe que $dx = g'(y)\,dy$. Depois use integração por partes.

47. Seja R uma lâmina de densidade uniforme submersa num fluido de densidade w (Figura 27). Prove a lei seguinte: a força de fluido em um lado de R é igual à área de R vezes a pressão do fluido no centroide. *Sugestão:* seja $g(y)$ a largura horizontal de R à profundidade y. Expresse tanto a pressão do fluido [Equação (2) na Seção 8.2] quanto a coordenada y do centroide em termos de $g(y)$.

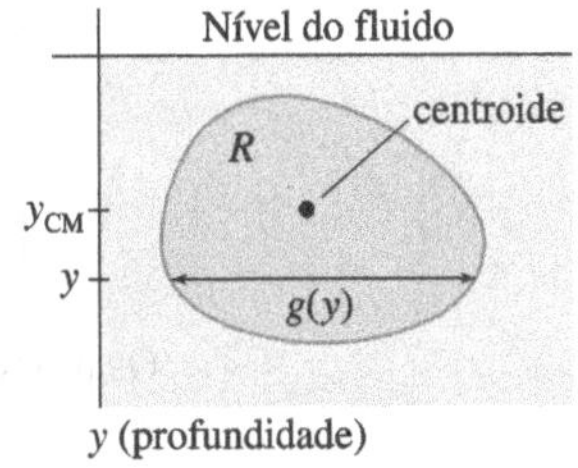

FIGURA 27

8.4 Polinômios de Taylor

O matemático inglês Brook Taylor (1685-1731) fez contribuições importantes ao Cálculo e à Física, bem como à teoria da perspectiva linear utilizada no desenho. *(The Granger Collection, NYC. Todos os direitos reservados.)*

Muitas funções oferecem dificuldades em seu manuseio. Por exemplo, $\operatorname{sen}(x^2)$ não pode ser integrada usando funções elementares. Tampouco e^{-x^2}. De fato, até funções simples, como $\operatorname{sen} x$, $\cos x$, e^x e $\ln x$ só podem ser calculadas de forma exata em relativamente poucos valores de x e, nos demais, só podem ser aproximadas numericamente. Por outro lado, polinômios como $f(x) = 3x^4 - 7x^3 + 2x - 4$ podem ser derivados e integrados com facilidade. Também podem ser calculados em qualquer valor de x usando apenas multiplicação e adição. Nesta seção, introduzimos um método para aproximar uma função f por um polinômio, cujo comportamento é semelhante ao da função.

Já fizemos isso antes. Na Seção 4.1, usamos a linearização $L(x) = f(a) + f'(a)(x - a)$ para aproximar $f(x)$ perto de um ponto $x = a$:

$$f(x) \approx f(a) + f'(a)(x - a)$$

Dizemos que $L(x)$ é uma aproximação "de primeira ordem" de $f(x)$ em $x = a$ porque $f(x)$ e $L(x)$ têm o mesmo valor e a mesma derivada primeira em $x = a$ (Figura 1):

$$L(a) = f(a), \qquad L'(a) = f'(a)$$

Uma aproximação de primeira ordem só é útil num pequeno intervalo em torno de $x = a$. Nesta seção, veremos como alcançar maior precisão em intervalos maiores usando aproximações de ordens superiores (Figura 2). Essas aproximações de ordens superiores são, simplesmente, polinômios de graus superiores. Finalmente veremos que os erros na utilização dessas aproximações de ordens superiores são determinados por integrais.

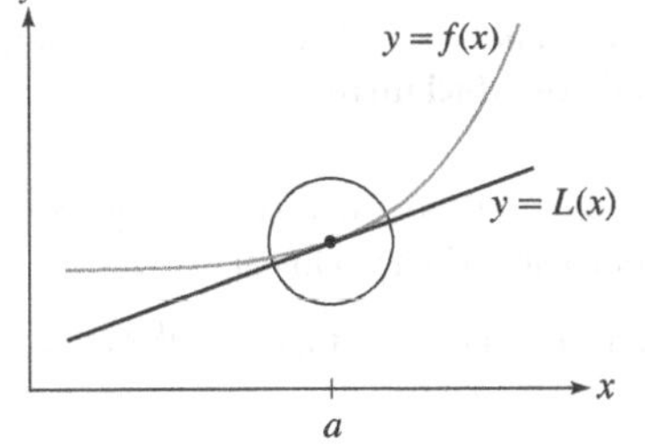

FIGURA 1 A aproximação linear $L(x)$ é uma aproximação de primeira ordem de f.

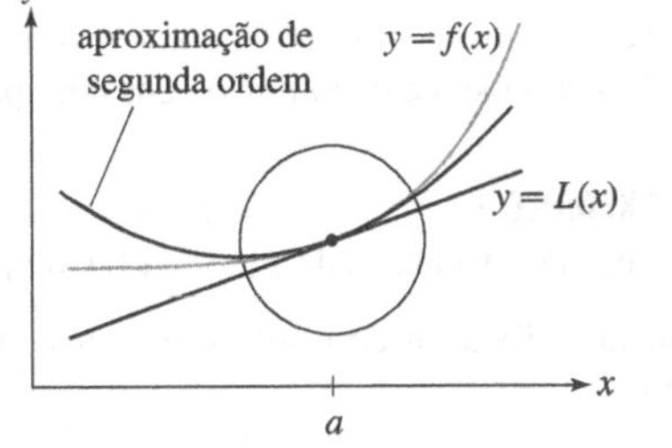

FIGURA 2 Uma aproximação de segunda ordem é mais precisa num intervalo maior.

No que segue, suponha que f esteja definida num intervalo aberto I e que todas as derivadas superiores $f^{(k)}$ existam em I. Dizemos que duas funções f e g **concordam até a enésima ordem** em $x = a$ se suas derivadas até ordem n forem iguais em $x = a$:

$$f(a) = g(a), \quad f'(a) = g'(a), \quad f''(a) = g''(a), \quad \ldots, \quad f^{(n)}(a) = g^{(n)}(a)$$

Também dizemos que g "aproxima f até a enésima ordem" em $x = a$.

Definimos o enésimo **polinômio de Taylor T_n de f centrado em $x = a$** como segue:

$$T_n(x) = f(a) + \frac{f'(a)}{1!}(x-a) + \frac{f''(a)}{2!}(x-a)^2 + \cdots + \frac{f^{(n)}(a)}{n!}(x-a)^n$$

Os primeiros polinômios de Taylor são

$$T_0(x) = f(a)$$

$$T_1(x) = f(a) + f'(a)(x-a)$$

$$T_2(x) = f(a) + f'(a)(x-a) + \frac{1}{2}f''(a)(x-a)^2$$

$$T_3(x) = f(a) + f'(a)(x-a) + \frac{1}{2}f''(a)(x-a)^2 + \frac{1}{6}f'''(a)(x-a)^3$$

Observe que T_1 é a linearização de f em a. Note, também, que T_n é obtido de T_{n-1} pela adição de um termo de grau n:

$$T_n(x) = T_{n-1}(x) + \frac{f^{(n)}(a)}{n!}(x-a)^n$$

O teorema seguinte justifica nossa definição de T_n.

LEMBRETE *O fatorial de* k *é o número* $k! = k(k-1)(k-2)\cdots(2)(1)$. *Assim,*

$$1! = 1, 2! = (2)1 = 2,$$

$$3! = (3)(2)1 = 6$$

Por convenção, definimos $0! = 1$.

TEOREMA 1 O polinômio T_n centrado em a concorda com f até a enésima ordem em $x = a$ e é o único polinômio de grau no máximo n com essa propriedade.

A verificação do Teorema 1 é deixada para os exercícios (Exercícios 70-71), mas podemos ilustrar a ideia conferindo que T_2 concorda com f até a segunda ordem:

$$T_2(x) = f(a) + f'(a)(x-a) + \frac{1}{2}f''(a)(x-a)^2, \qquad T_2(a) = f(a)$$

$$T_2'(x) = f'(a) + f''(a)(x-a), \qquad T_2'(a) = f'(a)$$

$$T_2''(x) = f''(a), \qquad T_2''(a) = f''(a)$$

Isso mostra que são iguais o valor e as derivadas até a segunda ordem em $x = a$.

Antes de passar aos exemplos, escrevemos T_n em notação de somatório:

$$T_n(x) = \sum_{j=0}^{n} \frac{f^{(j)}(a)}{j!}(x-a)^j$$

Convencionamos considerar f como a derivada *zero-ésima*, de modo que $f^{(0)}$ é a própria f. Se $a = 0$, T_n também é denominado enésimo **polinômio de Maclaurin**.

EXEMPLO 1 Polinômios de Maclaurin de $f(x) = e^x$ Esboce o terceiro e o quarto polinômios de Maclaurin de $f(x) = e^x$. Compare com a aproximação linear.

Solução Todas as derivadas superiores coincidem com a própria função: $f^{(k)}(x) = e^x$. Portanto,

$$f(0) = f'(0) = f''(0) = f'''(0) = f^{(4)}(0) = e^0 = 1$$

O terceiro polinômio de Maclaurin (o caso $a = 0$) é

$$T_3(x) = f(0) + f'(0)x + \frac{1}{2}f''(0)x^2 + \frac{1}{3!}f'''(0)x^3 = 1 + x + \frac{1}{2}x^2 + \frac{1}{6}x^3$$

Obtemos $T_4(x)$ somando o termo de grau 4 a $T_3(x)$:

$$T_4(x) = T_3(x) + \frac{1}{4!}f^{(4)}(0)x^4 = 1 + x + \frac{1}{2}x^2 + \frac{1}{6}x^3 + \frac{1}{24}x^4$$

A Figura 3 mostra que T_3 e T_4 aproximam $f(x) = e^x$ com precisões muito maiores do que a aproximação linear T_1 num intervalo centrado em $a = 0$. Os polinômios de Maclaurin de ordens superiores forneceriam aproximações ainda melhores em intervalos maiores. ■

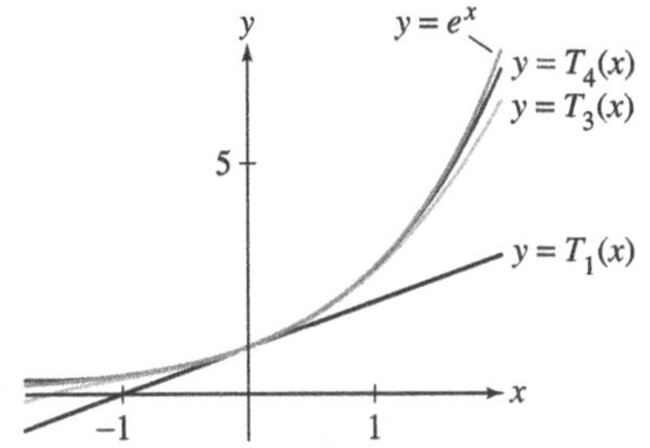

FIGURA 3 Polinômios de Maclaurin de $f(x) = e^x$.

■ **EXEMPLO 2 Calculando polinômios de Taylor** Calcule o polinômio de Taylor T_4 centrado em $a = 3$ de $f(x) = \sqrt{x+1}$.

Solução Primeiro calculamos as derivadas até ordem 4 em $a = 3$:

$$f(x) = (x+1)^{1/2}, \qquad f(3) = 2$$

$$f'(x) = \frac{1}{2}(x+1)^{-1/2}, \qquad f'(3) = \frac{1}{4}$$

$$f''(x) = -\frac{1}{4}(x+1)^{-3/2}, \qquad f''(3) = -\frac{1}{32}$$

$$f'''(x) = \frac{3}{8}(x+1)^{-5/2}, \qquad f'''(3) = \frac{3}{256}$$

$$f^{(4)}(x) = -\frac{15}{16}(x+1)^{-7/2}, \qquad f^{(4)}(3) = -\frac{15}{2048}$$

Em seguida, calculamos os coeficientes $\frac{f^{(j)}(3)}{j!}$:

O primeiro termo $f(a)$ do polinômio de Taylor T_n é denominado termo constante.

$$\text{Termo constante} \quad = f(3) = 2$$

$$\text{Coeficiente de } (x-3) \quad = f'(3) = \frac{1}{4}$$

$$\text{Coeficiente de } (x-3)^2 = \frac{f''(3)}{2!} = -\frac{1}{32}\cdot\frac{1}{2!} = -\frac{1}{64}$$

$$\text{Coeficiente de } (x-3)^3 = \frac{f'''(3)}{3!} = \frac{3}{256}\cdot\frac{1}{3!} = \frac{1}{512}$$

$$\text{Coeficiente de } (x-3)^4 = \frac{f^{(4)}(3)}{4!} = -\frac{15}{2048}\cdot\frac{1}{4!} = -\frac{5}{16.384}$$

Os polinômios de Taylor T_4 centrados em $a = 3$ são (Figura 4):

$$T_4(x) = 2 + \frac{1}{4}(x-3) - \frac{1}{64}(x-3)^2 + \frac{1}{512}(x-3)^3 - \frac{5}{16.384}(x-3)^4$$ ■

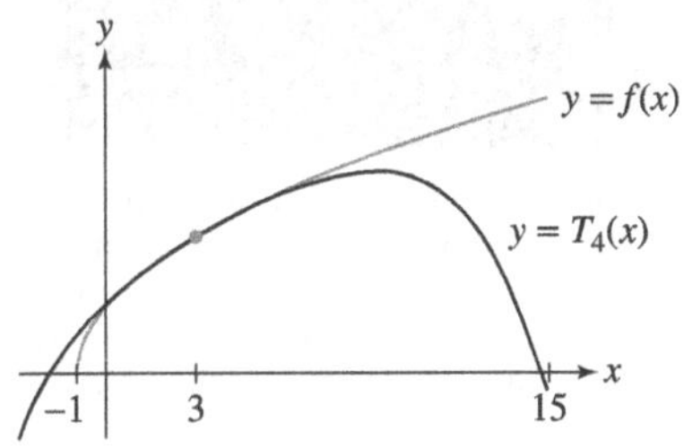

FIGURA 4 O gráfico de $f(x) = \sqrt{x+1}$ e T_4 centrado em $x = 3$.

■ **EXEMPLO 3 Encontrando uma fórmula geral para T_n** Encontre os polinômios de Taylor T_n de $f(x) = \ln x$ centrados em $a = 1$.

Depois de calcular várias derivadas de $f(x) = \ln x$, começamos a discernir o padrão. No entanto, com muitas funções importantes, as derivadas não seguem algum padrão simples e não há fórmula conveniente para o polinômio de Taylor geral.

Solução Para $f(x) = \ln x$, o termo constante de T_n em $a = 1$ é nulo, pois $f(1) = \ln 1 = 0$. Em seguida, calculamos as derivadas:

$$f'(x) = x^{-1}, \qquad f''(x) = -x^{-2}, \qquad f'''(x) = 2x^{-3}, \qquad f^{(4)}(x) = -3\cdot 2x^{-4}$$

Analogamente, $f^{(5)}(x) = 4 \cdot 3 \cdot 2x^{-5}$. O padrão geral é que $f^{(k)}(x)$ é um múltiplo de x^{-k}, com um coeficiente $\pm(k-1)!$ que alterna de sinal:

$$f^{(k)}(x) = (-1)^{k-1}(k-1)!\,x^{-k} \qquad 1$$

O coeficiente de $(x-1)^k$ em T_n é

$$\frac{f^{(k)}(1)}{k!} = \frac{(-1)^{k-1}(k-1)!}{k!} = \frac{(-1)^{k-1}}{k} \quad (\text{com } k \geq 1)$$

Os polinômios de Taylor de $\ln x$ *em* $a = 1$:

$$T_1(x) = (x-1)$$

$$T_2(x) = (x-1) - \frac{1}{2}(x-1)^2$$

$$T_3(x) = (x-1) - \frac{1}{2}(x-1)^2 + \frac{1}{3}(x-1)^3$$

Assim, os coeficientes com $k \geq 1$ formam uma sequência $1, -\frac{1}{2}, \frac{1}{3}, -\frac{1}{4}, \ldots$, e

$$T_n(x) = (x-1) - \frac{1}{2}(x-1)^2 + \frac{1}{3}(x-1)^3 - \cdots + (-1)^{n-1}\frac{1}{n}(x-1)^n$$

■

O matemático escocês Colin Maclaurin (1698-1746) foi um professor em Edimburgo. Newton ficou tão impressionado com seu trabalho que uma vez até ofereceu pagar parte do salário de Maclaurin. (*The Granger Collection, NYC. Todos os direitos reservados.*)

■ **EXEMPLO 4 Cosseno** Encontre os polinômios de Maclaurin de $f(x) = \cos x$.

Solução As derivadas formam um padrão que se repete com período 4:

$$f(x) = \cos x, \quad f'(x) = -\operatorname{sen} x, \quad f''(x) = -\cos x, \quad f'''(x) = \operatorname{sen} x,$$

$$f^{(4)}(x) = \cos x, \quad f^{(5)}(x) = -\operatorname{sen} x, \quad \cdots$$

Em geral, $f^{(j+4)}(x) = f^{(j)}(x)$. Em $x = 0$, as derivadas também formam um padrão:

$f(0)$	$f'(0)$	$f''(0)$	$f'''(0)$	$f^{(4)}(0)$	$f^{(5)}(0)$	$f^{(6)}(0)$	$f^{(7)}(0)$	...
1	0	−1	0	1	0	−1	0	...

Portanto, os coeficientes das potências ímpares x^{2k+1} são nulos e os coeficientes das potências pares x^{2k} alternam de sinal com o valor $(-1)^k/(2k)!$:

$$T_0(x) = T_1(x) = 1, \qquad T_2(x) = T_3(x) = 1 - \frac{1}{2!}x^2$$

$$T_4(x) = T_5(x) = 1 - \frac{x^2}{2} + \frac{x^4}{4!}$$

$$T_{2n}(x) = T_{2n+1}(x) = 1 - \frac{1}{2}x^2 + \frac{1}{4!}x^4 - \frac{1}{6!}x^6 + \cdots + (-1)^n\frac{1}{(2n)!}x^{2n}$$

A Figura 5 mostra que, à medida que n cresce, T_n aproxima $f(x) = \cos x$ cada vez melhor em intervalos cada vez maiores, mas, fora desses intervalos, a aproximação falha. ■

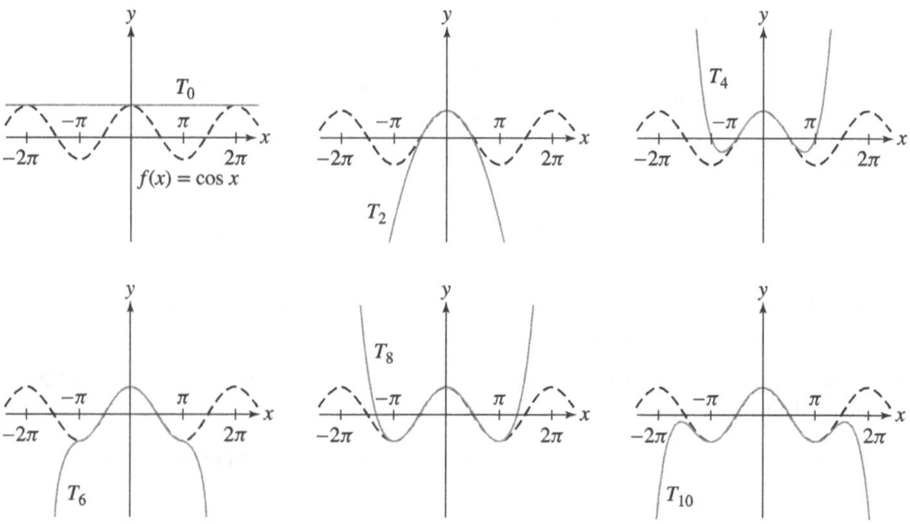

FIGURA 5 Os polinômios de Maclaurin de $f(x) = \cos x$. O gráfico de f aparece tracejado.

■ **EXEMPLO 5 Quão longe está o horizonte?** Vanessa está na praia, olhando para o oceano (Figura 6). Use polinômios de Maclaurin para obter uma estimativa da distância d, supondo que os olhos de Vanessa ficam a $h = 1{,}7$ m acima da areia. E se ela olhasse por uma janela com os olhos a 20 m do chão?

FIGURA 6 Vista da praia. (*Alexandr Ozerov/iStockphoto*)

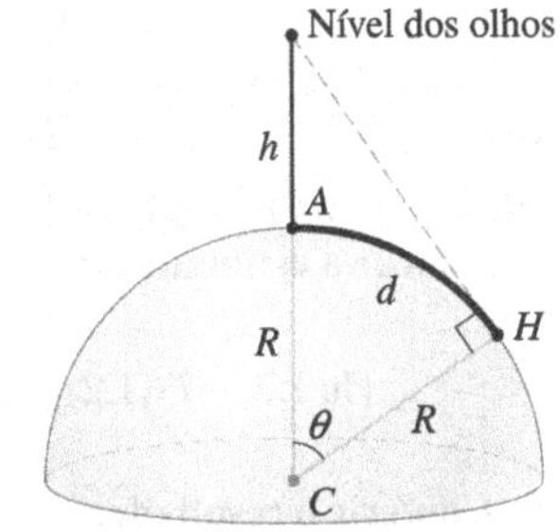

FIGURA 7 Vanessa consegue ver uma distância $d = R\theta$, o comprimento do arco AH.

Solução Seja R o raio da Terra. A Figura 7 mostra que Vanessa consegue ver uma distância de $d = R\theta$, que é o comprimento do arco circular AH. Temos

$$\cos\theta = \frac{R}{R+h}$$

A observação crucial é que θ é praticamente zero (tanto θ quanto h são muito menores do que aparecem na figura) e, portanto, perdemos pouca precisão substituindo θ pelo segundo polinômio de Maclaurin $T_2(\theta) = 1 - \frac{1}{2}\theta^2$, conforme calculado no Exemplo 4:

Nessas contas ignoramos a curvatura da luz, denominada refração, ao passar pela atmosfera. Geralmente o aumento de d devido à refração é da ordem de 10%, embora o efeito verdadeiro seja complexo e varie com as temperaturas atmosféricas.

$$1 - \frac{1}{2}\theta^2 \approx \frac{R}{R+h} \quad \Rightarrow \quad \theta^2 \approx 2 - \frac{2R}{R+h} \quad \Rightarrow \quad \theta \approx \sqrt{\frac{2h}{R+h}}$$

Além disso, h é muito pequeno em relação a R, portanto podemos substituir $R + h$ por R para obter

$$d = R\theta \approx R\sqrt{\frac{2h}{R}} = \sqrt{2Rh}$$

O raio da Terra é, aproximadamente, $R \approx 6{,}37 \times 10^6$ m, de modo que

$$d = \sqrt{2Rh} \approx \sqrt{2(6{,}37 \times 10^6)h} \approx 3569\sqrt{h} \text{ m}$$

Em particular, vemos que d é proporcional a $\sqrt{h}$.

Se os olhos de Vanessa estiverem no nível $h = 1{,}7$ m, então $d \approx 3569\sqrt{1{,}7} \approx 4653$ m, ou, aproximadamente, 4,7 km. Se $h = 20$, então $d \approx 3569\sqrt{20} \approx 15.961$ m, ou, aproximadamente, 16 km. ■

Estimativa do erro

Para utilizar os polinômios de Taylor eficientemente, precisamos saber obter uma estimativa do tamanho do erro. Isso é fornecido no próximo teorema, que mostra que o tamanho desse erro depende do tamanho da $(n + 1)$-ésima derivada.

TEOREMA 2 Estimativa do erro Suponha que $f^{(n+1)}$ exista e seja contínua. Seja K um número tal que $|f^{(n+1)}(u)| \le K$ com qualquer u entre a e x. Então

$$|f(x) - T_n(x)| \le K\frac{|x-a|^{n+1}}{(n+1)!}$$

em que T_n é o enésimo polinômio de Taylor centrado em $x = a$.

Uma demonstração do Teorema 2 aparece no final desta seção.

■ **EXEMPLO 6 Usando a estimativa do erro** Aplique a estimativa do erro a

$$|\ln 1{,}2 - T_3(1{,}2)|$$

em que T_3 é o terceiro polinômio de Taylor de $f(x) = \ln x$ em $a = 1$. Confira a resposta com uma calculadora.

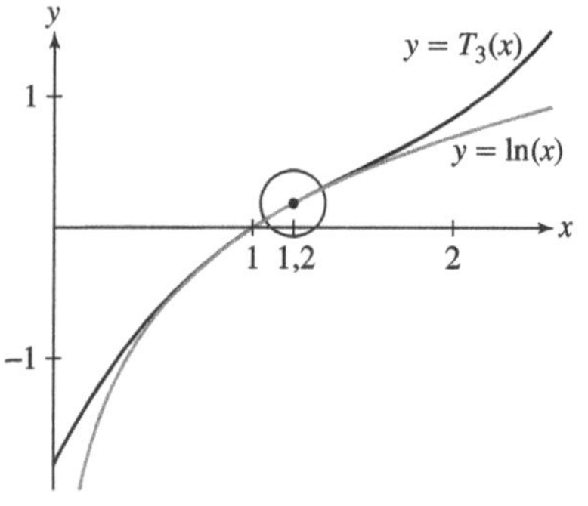

FIGURA 8 $y = \ln x$ e $y = T_3(x)$ são indistinguíveis perto de $x = 1{,}2$.

Solução

***Passo 1.* Encontrar um valor de *K*.**

Para usar a estimativa do erro com $n = 3$, precisamos encontrar um valor de K tal que $|f^{(4)}(u)| \leq K$ com qualquer u entre $a = 1$ e $x = 1{,}2$. Conforme calculamos no Exemplo 3, temos $f^{(4)}(x) = -6x^{-4}$. O valor absoluto $|f^{(4)}(x)|$ é decrescente com $x > 0$, portanto seu valor máximo em $[1; 1{,}2]$ é $|f^{(4)}(1)| = 6$. Dessa forma, podemos tomar $K = 6$.

***Passo 2.* Aplicar a estimativa do erro.**

$$|\ln 1{,}2 - T_3(1{,}2)| \leq K\frac{|x-a|^{n+1}}{(n+1)!} = 6\frac{|1{,}2-1|^4}{4!} \approx 0{,}0004$$

***Passo 3.* Conferir o resultado.**

Lembre que, pelo Exemplo 3,

$$T_3(x) = (x-1) - \frac{1}{2}(x-1)^2 + \frac{1}{3}(x-1)^3$$

Os valores seguintes de uma calculadora confirmam que o erro é, no máximo, 0,0004:

$$|\ln 1{,}2 - T_3(1{,}2)| \approx |0{,}182667 - 0{,}182322| \approx 0{,}00035 < 0{,}0004$$

Observe na Figura 8 que $y = \ln x$ e $y = T_3(x)$ são indistinguíveis perto de $x = 1{,}2$. ■

■ **EXEMPLO 7** **Aproximação com precisão dada** Seja T_n o enésimo polinômio de Maclaurin de $f(x) = \cos x$. Encontre um valor de n tal que

$$|\cos 0{,}2 - T_n(0{,}2)| < 10^{-5}$$

Solução

***Passo 1.* Encontrar um valor de *K*.**

Como $|f^{(n)}(x)|$ é $|\cos x|$ ou $|\operatorname{sen} x|$, dependendo de n ser par ou ímpar, temos $|f^{(n)}(u)| \leq 1$ com qualquer u. Assim, podemos aplicar a estimativa do erro com $K = 1$.

Para usar a estimativa do erro, não é necessário encontrar o menor valor possível de K. Nesse exemplo, tomamos $K = 1$. Isso funciona com qualquer n, mas para n ímpar poderíamos ter usado o valor menor $K = \operatorname{sen} 0{,}2 \approx 0{,}2$.

***Passo 2.* Encontrar um valor de *n*.**

A estimativa do erro dá

$$|\cos 0{,}2 - T_n(0{,}2)| \leq K\frac{|0{,}2-0|^{n+1}}{(n+1)!} = \frac{|0{,}2|^{n+1}}{(n+1)!}$$

Para tornar o erro menor do que 10^{-5}, precisamos escolher n tal que

$$\frac{|0{,}2|^{n+1}}{(n+1)!} < 10^{-5}$$

Não é possível resolver essa desigualdade em n, mas podemos encontrar um n conveniente conferindo alguns valores:

n	2	3	4
$\frac{\lvert 0{,}2\rvert^{n+1}}{(n+1)!}$	$\frac{0{,}2^3}{3!} \approx 0{,}0013$	$\frac{0{,}2^4}{4!} \approx 6{,}67 \times 10^{-5}$	$\frac{0{,}2^5}{5!} \approx 2{,}67 \times 10^{-6} < 10^{-5}$

Vemos que o erro é menor do que 10^{-5} com $n = 4$. ■

O restante desta seção é dedicado a uma prova da estimativa do erro (Teorema 2). Definimos o **enésimo resto**:

$$\boxed{R_n(x) = f(x) - T_n(x)}$$

O erro de $T_n(x)$ é o valor absoluto $|R_n(x)|$. Um primeiro passo na prova da estimativa do erro é mostrar que $R_n(x)$ pode ser representado como uma integral.

Teorema de Taylor Suponha que $f^{(n+1)}$ exista e seja contínua. Então

$$R_n(x) = \frac{1}{n!}\int_a^x (x-u)^n f^{(n+1)}(u)\,du \qquad (2)$$

Demonstração Denotemos

$$I_n(x) = \frac{1}{n!}\int_a^x (x-u)^n f^{(n+1)}(u)\,du$$

Nosso objetivo é mostrar que $R_n(x) = I_n(x)$. Se $n = 0$, temos $R_0(x) = f(x) - f(a)$, e o resultado que queremos é só outra maneira de escrever o teorema fundamental do cálculo:

$$I_0(x) = \int_a^x f'(u)\,du = f(x) - f(a) = R_0(x)$$

Para provar a fórmula no caso $n > 0$, usamos integração por partes em $I_n(x)$ com

No Exercício 64, revemos essa demonstração no caso especial $n = 2$.

$$h(u) = \frac{1}{n!}(x-u)^n, \qquad g(u) = f^{(n)}(u)$$

Então $g'(u) = f^{(n+1)}(u)$ e, portanto,

$$\begin{aligned} I_n(x) &= \int_a^x h(u)\,g'(u)\,du = h(u)g(u)\Big|_a^x - \int_a^x h'(u)g(u)\,du \\ &= \frac{1}{n!}(x-u)^n f^{(n)}(u)\Big|_a^x - \frac{1}{n!}\int_a^x (-n)(x-u)^{n-1} f^{(n)}(u)\,du \\ &= -\frac{1}{n!}(x-a)^n f^{(n)}(a) + I_{n-1}(x) \end{aligned}$$

Isso pode ser reescrito como

$$I_{n-1}(x) = \frac{f^{(n)}(a)}{n!}(x-a)^n + I_n(x)$$

Agora aplicamos n vezes essa relação, observando que $I_0(x) = f(x) - f(a)$:

$$\begin{aligned} f(x) &= f(a) + I_0(x) \\ &= f(a) + \frac{f'(a)}{1!}(x-a) + I_1(x) \\ &= f(a) + \frac{f'(a)}{1!}(x-a) + \frac{f''(a)}{2!}(x-a)^2 + I_2(x) \\ &\ \vdots \\ &= f(a) + \frac{f'(a)}{1!}(x-a) + \cdots + \frac{f^{(n)}(a)}{n!}(x-a)^n + I_n(x) \end{aligned}$$

Isso mostra que $f(x) = T_n(x) + I_n(x)$ e, portanto, $I_n(x) = R_n(x)$, como queríamos mostrar. ■

Demonstração Agora podemos provar o Teorema 2. Inicialmente, suponha que $x \geq a$. Então,

Em (3), usamos a desigualdade

$$\left|\int_a^b f(x)\,dx\right| \leq \int_a^b |f(x)|\,dx$$

que é válida com qualquer função integrável.

$$\begin{aligned} |f(x) - T_n(x)| = |R_n(x)| &= \left|\frac{1}{n!}\int_a^x (x-u)^n f^{(n+1)}(u)\,du\right| \\ &\leq \frac{1}{n!}\int_a^x \left|(x-u)^n f^{(n+1)}(u)\right| du \qquad (3) \\ &\leq \frac{K}{n!}\int_a^x |x-u|^n\,du \qquad (4) \\ &= \frac{K}{n!}\,\frac{-(x-u)^{n+1}}{n+1}\Big|_{u=a}^x = K\frac{|x-a|^{n+1}}{(n+1)!} \end{aligned}$$

Observe que o valor absoluto não é necessário na Equação (4), pois $x - u \geq 0$ com $a \leq u \leq x$. Se $x \leq a$, devemos permutar os limites de integração das integrais nas Equações (3) e (4). ■

8.4 Resumo

- O enésimo *polinômio de Taylor* centrado em $x = a$ da função f é

$$T_n(x) = f(a) + \frac{f'(a)}{1!}(x-a)^1 + \frac{f''(a)}{2!}(x-a)^2 + \cdots + \frac{f^{(n)}(a)}{n!}(x-a)^n$$

Se $a = 0$, T_n também é denominado enésimo *polinômio de Maclaurin*.

- Se $f^{(n+1)}$ existir e for contínua, então temos a *estimativa do erro*

$$|T_n(x) - f(x)| \le K\frac{|x-a|^{n+1}}{(n+1)!}$$

em que K é um número tal que $|f^{(n+1)}(u)| \le K$ com qualquer u entre a e x.

- Para referência, incluímos uma tabela de polinômios de Maclaurin e Taylor padrão.

$f(x)$	a	Polinômio de Maclaurin ou Taylor
e^x	0	$T_n(x) = 1 + x + \frac{x^2}{2!} + \frac{x^3}{3!} + \cdots + \frac{x^n}{n!}$
$\operatorname{sen} x$	0	$T_{2n+1}(x) = T_{2n+2}(x) = x - \frac{x^3}{3!} + \cdots + (-1)^n\frac{x^{2n+1}}{(2n+1)!}$
$\cos x$	0	$T_{2n}(x) = T_{2n+1}(x) = 1 - \frac{x^2}{2!} + \frac{x^4}{4!} - \cdots + (-1)^n\frac{x^{2n}}{(2n)!}$
$\ln x$	1	$T_n(x) = (x-1) - \frac{1}{2}(x-1)^2 + \cdots + \frac{(-1)^{n-1}}{n}(x-1)^n$
$\frac{1}{1-x}$	0	$T_n(x) = 1 + x + x^2 + \cdots + x^n$

8.4 Exercícios

Exercícios preliminares

1. Como é T_3 centrado em $a = 3$ para uma função f tal que $f(3) = 9$, $f'(3) = 8$, $f''(3) = 4$ e $f'''(3) = 12$?
2. Os gráficos tracejados na Figura 9 são polinômios de Taylor de uma função f. Qual dos dois é um polinômio de Maclaurin?

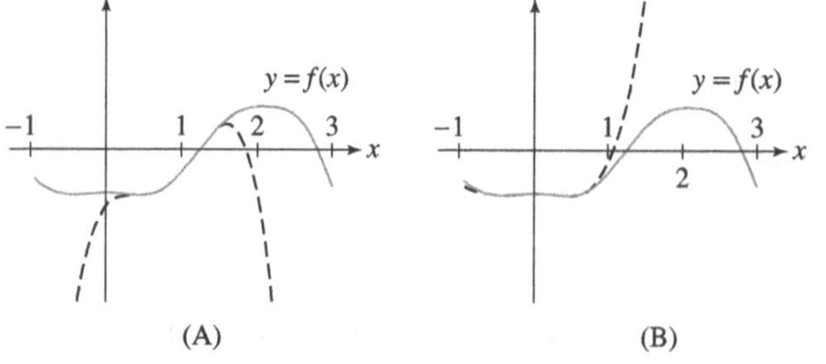

FIGURA 9

3. Para qual valor de x é verdade que o polinômio de Maclaurin T_n satisfaz $T_n(x) = f(x)$, qualquer que seja a função f?
4. Seja T_n o polinômio de Maclaurin de uma função f que satisfaz $|f^{(4)}(x)| \le 1$ com qualquer x. Qual das afirmações seguintes decorre da estimativa do erro?
   (a) $|T_4(2) - f(2)| \le \frac{2}{3}$
   (b) $|T_3(2) - f(2)| \le \frac{2}{3}$
   (c) $|T_3(2) - f(2)| \le \frac{1}{3}$

Exercícios

Nos Exercícios 1-14, calcule os polinômios de Taylor T_2 e T_3 centrados em $x = a$ da função e valor de a dados.

1. $f(x) = \operatorname{sen} x, \quad a = 0$
2. $f(x) = \operatorname{sen} x, \quad a = \frac{\pi}{2}$
3. $f(x) = \frac{1}{1+x}, \quad a = 2$
4. $f(x) = \frac{1}{1+x^2}, \quad a = -1$
5. $f(x) = x^4 - 2x, \quad a = 3$
6. $f(x) = \frac{x^2+1}{x+1}, \quad a = -2$
7. $f(x) = \operatorname{tg} x, \quad a = 0$
8. $f(x) = \operatorname{tg} x, \quad a = \frac{\pi}{4}$
9. $f(x) = e^{-x} + e^{-2x}, \quad a = 0$
10. $f(x) = e^{2x}, \quad a = \ln 2$

11. $f(x) = x^2e^{-x}, \quad a = 1$

12. $f(x) = \cosh 2x, \quad a = 0$

13. $f(x) = \dfrac{\ln x}{x}, \quad a = 1$

14. $f(x) = \ln(x+1), \quad a = 0$

15. Mostre que o enésimo polinômio de Maclaurin de $f(x) = e^x$ é

$$T_n(x) = 1 + \frac{x}{1!} + \frac{x^2}{2!} + \cdots + \frac{x^n}{n!}$$

16. Mostre que o enésimo polinômio de Taylor de $f(x) = \dfrac{1}{x+1}$ em $a = 1$ é

$$T_n(x) = \frac{1}{2} - \frac{(x-1)}{4} + \frac{(x-1)^2}{8} + \cdots + (-1)^n \frac{(x-1)^n}{2^{n+1}}$$

17. Mostre que os polinômios de Maclaurin de $f(x) = \operatorname{sen} x$ são

$$T_{2n+1}(x) = T_{2n+2}(x) = x - \frac{x^3}{3!} + \frac{x^5}{5!} - \cdots + (-1)^n \frac{x^{2n+1}}{(2n+1)!}$$

18. Mostre que os polinômios de Maclaurin de $f(x) = \ln(1+x)$ são

$$T_n(x) = x - \frac{x^2}{2} + \frac{x^3}{3} + \cdots + (-1)^{n-1}\frac{x^n}{n}$$

Nos Exercícios 19-24, encontre T_n centrado em $x = a$ com qualquer n.

19. $f(x) = \dfrac{1}{1+x}, \quad a = 0$

20. $f(x) = \dfrac{1}{x-1}, \quad a = 4$

21. $f(x) = e^x, \quad a = 1$

22. $f(x) = x^{-2}, \quad a = 2$

23. $f(x) = \cos x, \quad a = \dfrac{\pi}{4}$

24. $f(\theta) = \operatorname{sen} 3\theta, \quad a = 0$

Nos Exercícios 25-28, calcule T_2 e use uma calculadora para calcular o erro $|f(x) - T_2(x)|$ com os valores de a e x dados.

25. $y = e^x, \quad a = 0, \quad x = -0{,}5$

26. $y = \cos x, \quad a = 0, \quad x = \dfrac{\pi}{12}$

27. $y = x^{-2/3}, \quad a = 1, \quad x = 1{,}2$

28. $y = e^{\operatorname{sen} x}, \quad a = \dfrac{\pi}{2}, \quad x = 1{,}5$

29. CG Calcule T_3 para $f(x) = \sqrt{x}$ centrado em $a = 1$. Em seguida use um esboço de $|f(x) - T_3(x)|$ para encontrar um valor de $c > 1$ com o qual o erro no intervalo $[1, c]$ seja, no máximo, 0,25.

30. Esboce $f(x) = 1/(1+x)$ junto aos polinômios de Taylor T_n em $a = 1$, com $1 \le n \le 4$, no intervalo $[-2, 8]$ (cuidado para não se esquecer de limitar a imagem superiormente).

(a) Em quais intervalos parece que T_4 dá uma boa aproximação de f?

(b) O que ocorre se $x < -1$?

(c) Use um sistema algébrico computacional para obter e esboçar T_{30} junto a f em $[-2, 8]$. Em quais intervalos parece que T_{30} dá uma boa aproximação?

31. Seja T_3 o polinômio de Maclaurin de $f(x) = e^x$. Use a estimativa do erro para encontrar o maior valor possível de $|f(1{,}1) - T_3(1{,}1)|$. Mostre que podemos tomar $K = e^{1{,}1}$.

32. Seja T_2 o polinômio de Taylor de $f(x) = \sqrt{x}$ em $a = 4$. Aplique a estimativa do erro para encontrar o maior valor possível do erro $|f(3{,}9) - T_2(3{,}9)|$.

Nos Exercícios 33-36, calcule o polinômio de Taylor indicado e use a estimativa do erro para encontrar o maior valor possível do erro. Verifique sua resposta com uma calculadora.

33. $f(x) = \cos x, \quad a = 0; \quad |\cos 0{,}25 - T_5(0{,}25)|$

34. $f(x) = x^{11/2}, \quad a = 1; \quad |f(1{,}2) - T_4(1{,}2)|$

35. $f(x) = x^{-1/2}, \quad a = 4; \quad |f(4{,}3) - T_3(4{,}3)|$

36. $f(x) = \sqrt{1+x}, \quad a = 8; \quad |\sqrt{9{,}02} - T_3(8{,}02)|$

37. Calcule o polinômio de Maclaurin T_3 de $f(x) = \operatorname{arc\,tg} x$. Calcule $T_3\left(\frac{1}{2}\right)$ e use a estimativa do erro para encontrar uma cota para o erro $\left|\operatorname{arc\,tg} \frac{1}{2} - T_3\left(\frac{1}{2}\right)\right|$. Use o gráfico na Figura 10 para encontrar um valor aceitável de K. Verifique sua resposta calculando $\left|\operatorname{arc\,tg} \frac{1}{2} - T_3\left(\frac{1}{2}\right)\right|$ com uma calculadora.

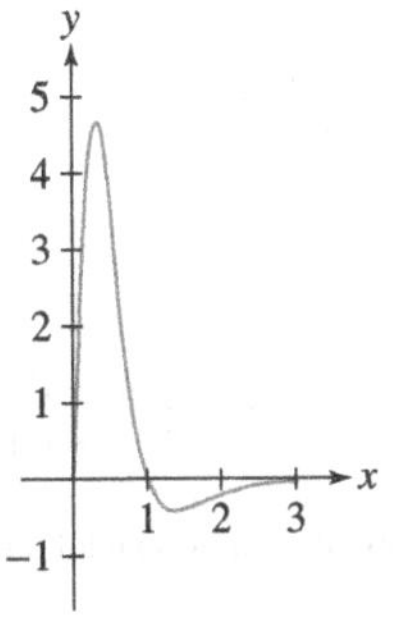

FIGURA 10 O gráfico de $f^{(4)}(x) = \dfrac{-24x(x^2-1)}{(x^2+1)^4}$, sendo $f(x) = \operatorname{arc\,tg} x$.

38. Considere $f(x) = \ln(x^3 - x + 1)$. O terceiro polinômio de Taylor em $a = 1$ é

$$T_3(x) = 2(x-1) + (x-1)^2 - \frac{7}{3}(x-1)^3$$

Encontre o maior valor possível de $|f(1{,}1) - T_3(1{,}1)|$, usando o gráfico na Figura 11 para encontrar um valor aceitável de K. Verifique sua resposta calculando $|f(1{,}1) - T_3(1{,}1)|$ com uma calculadora.

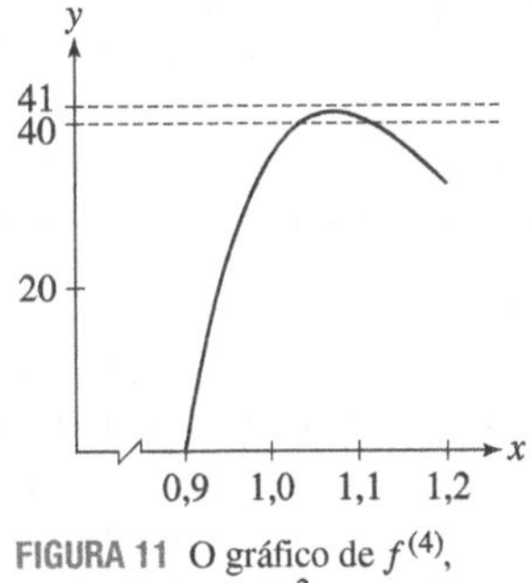

FIGURA 11 O gráfico de $f^{(4)}$, sendo $f(x) = \ln(x^3 - x + 1)$.

39. CG Seja T_2 o polinômio de Taylor em $a = 0{,}5$ de $f(x) = \cos(x^2)$. Use a estimativa do erro para encontrar o maior valor possível de $|f(0{,}6) - T_2(0{,}6)|$. Esboce $f^{(3)}$ para encontrar um valor aceitável de K.

40. CG Calcule o polinômio de Maclaurin T_2 de $f(x) = \operatorname{sech} x$ e use a estimativa do erro para encontrar o maior valor possível de $\left|f\left(\frac{1}{2}\right) - T_2\left(\frac{1}{2}\right)\right|$. Esboce f''' para encontrar um valor aceitável de K.

Nos Exercícios 41-44, use a estimativa do erro para encontrar um valor de n com o qual a desigualdade dada seja satisfeita. Em seguida, verifique sua resposta com uma calculadora.

41. $|\cos 0{,}1 - T_n(0{,}1)| \le 10^{-7}, \quad a = 0$

42. $|\ln 1{,}3 - T_n(1{,}3)| \le 10^{-4}, \quad a = 1$

43. $|\sqrt{1{,}3} - T_n(1{,}3)| \le 10^{-6}, \quad a = 1$

44. $|e^{-0{,}1} - T_n(-0{,}1)| \le 10^{-6}, \quad a = 0$

45. Sejam $f(x) = e^{-x}$ e $T_3(x) = 1 - x + \frac{x^2}{2} - \frac{x^3}{6}$. Use a estimativa do erro para mostrar que, com qualquer $x \geq 0$,

$$|f(x) - T_3(x)| \leq \frac{x^4}{24}$$

Usando uma calculadora gráfica, ilustre essa desigualdade esboçando $y = f(x) - T_3(x)$ e $y = x^4/24$ juntos em [0, 1].

46. Use a estimativa do erro com $n = 4$ para mostrar que

$$\left|\operatorname{sen} x - \left(x - \frac{x^3}{6}\right)\right| \leq \frac{|x|^5}{120} \quad \text{(com qualquer } x\text{)}$$

47. Seja T_n o polinômio de Taylor de $f(x) = \ln x$ em $a = 1$ e seja $c > 1$. Mostre que

$$|\ln c - T_n(c)| \leq \frac{|c-1|^{n+1}}{n+1}$$

Em seguida, encontre um valor de n tal que $|\ln 1{,}5 - T_n(1{,}5)| \leq 10^{-2}$.

48. Seja $n \geq 1$. Mostre que se $|x|$ for pequeno, então

$$(x+1)^{1/n} \approx 1 + \frac{x}{n} + \frac{1-n}{2n^2}x^2$$

Use essa aproximação com $n = 6$ para obter uma estimativa de $1{,}5^{1/6}$.

49. Confira que o terceiro polinômio de Maclaurin de $f(x) = e^x \operatorname{sen} x$ é igual ao produto dos terceiros polinômios de Maclaurin de $f(x) = e^x$ e $f(x) = \operatorname{sen} x$ (depois de descartar do produto os termos de grau maior do que 3).

50. Obtenha o quarto polinômio de Maclaurin de $f(x) = \operatorname{sen} x \cos x$ multiplicando os quartos polinômios de Maclaurin de $f(x) = \operatorname{sen} x$ e $f(x) = \cos x$.

51. Encontre os polinômios de Maclaurin T_n de $f(x) = \cos(x^2)$. É permitido usar o fato de que $T_n(x)$ é igual à soma dos termos até grau n que são obtidos pela substituição de x por x^2 no enésimo polinômio de Maclaurin de $\cos x$.

52. Encontre os polinômios de Maclaurin de $1/(1 + x^2)$ substituindo x por $-x^2$ nos polinômios de Maclaurin de $1/(1 - x)$.

53. Seja $f(x) = 3x^3 + 2x^2 - x - 4$. Calcule T_j com $j = 1, 2, 3, 4$ e 5 em $a = 0$ e também em $a = 1$. Mostre que $T_3(x) = f(x)$ em ambos os casos.

54. Seja T_n o enésimo polinômio de Taylor em $x = a$ de um polinômio $f(x)$ de grau n. Usando o resultado do Exercício 53, adivinhe o valor de $|f(x) - T_n(x)|$. Prove que seu palpite está correto usando a estimativa do erro.

55. Seja $s(t)$ a distância de um caminhão até uma interseção. No instante $t = 0$, o caminhão está a 60 m da interseção, se afasta a uma velocidade de 24 m/s e começa a diminuir a velocidade, com uma aceleração de $a = -3$ m/s^2. Determine o segundo polinômio de Maclaurin de s e use-o para obter uma estimativa da distância do caminhão até a interseção depois de 4 s.

56. Um banco tem uma carteira de títulos cujo valor $P(r)$ depende da taxa de juros r (medida em percentuais: por exemplo, $r = 5$ significa 5% de juros). O analista quantitativo do banco determina que

$$P(5) = 100.000. \quad \left.\frac{dP}{dr}\right|_{r=5} = -40.000. \quad \left.\frac{d^2P}{dr^2}\right|_{r=5} = 50.000$$

Essa derivada segunda é denominada **convexidade do título** nas financeiras. Encontre o segundo polinômio de Taylor de $P(r)$ centrado em $r = 5$ e use-o para obter uma estimativa do valor da carteira se a taxa de juros passar para 5,5%.

57. Um anel estreito de raio R com carga negativa exerce uma força em uma partícula P de carga positiva localizada a uma distância x acima do centro do anel de magnitude

$$F(x) = -\frac{kx}{(x^2 + R^2)^{3/2}}$$

em que $k > 0$ é uma constante (Figura 12).

(a) Calcule o polinômio de Maclaurin de grau três de F.

(b) Mostre que $F \approx -(k/R^3)x$ até ordem 2. Isso mostra que, se x for pequeno, $F(x)$ se comporta como uma força restauradora, análoga à força exercida por uma mola.

(c) Mostre que $F(x) \approx -k/x^2$ se x for grande, mostrando que

$$\lim_{x\to\infty} \frac{F(x)}{-k/x^2} = 1$$

Assim $F(x)$ se comporta como uma lei do quadrado inverso e, de longe, o anel com carga parece uma carga pontual.

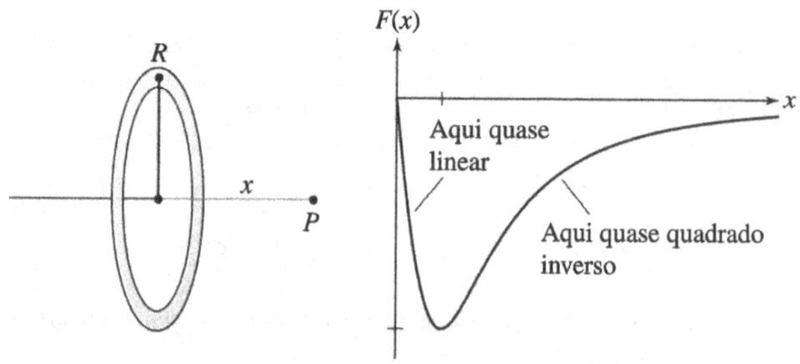

FIGURA 12

58. Uma onda de luz de comprimento de onda λ vai de A até B passando por uma pequena abertura (circular) localizada num plano perpendicular a $\overline{AB}$ (ver Figura 13 para a notação). Seja $f(r) = d' + h'$, isto é, $f(r)$ é a distância $AC + BC$ como função de r.

(a) Mostre que $f(r) = \sqrt{d^2 + r^2} + \sqrt{h^2 + r^2}$ e use o polinômio de Maclaurin de ordem 2 para mostrar que

$$f(r) \approx d + h + \frac{1}{2}\left(\frac{1}{d} + \frac{1}{h}\right)r^2$$

(b) As **zonas de Fresnel**, usadas para determinar as perturbações óticas em B, são os anéis concêntricos delimitados pelos círculos de raios R_n tais que $f(R_n) = d + h + n\lambda/2$. Mostre que $R_n \approx \sqrt{n\lambda L}$, em que $L = (d^{-1} + h^{-1})^{-1}$.

(c) Dê uma estimativa dos raios R_1 e R_{100} para a luz azul ($\lambda = 475 \times 10^{-7}$ cm) se $d = h = 100$ cm.

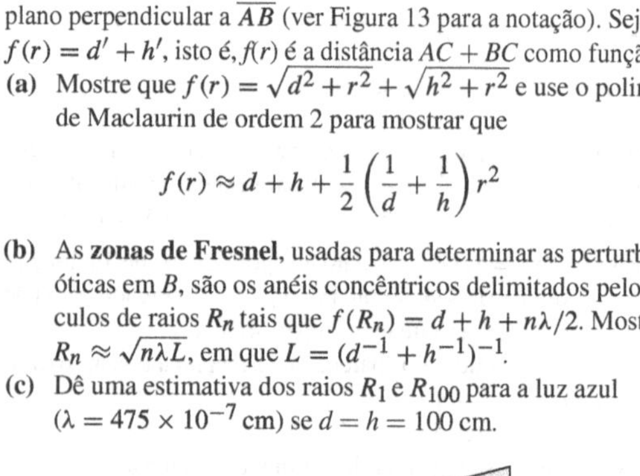

FIGURA 13 As zonas de Fresnel são as regiões entre os círculos de raio R_n.

59. Usando a Figura 14, seja a o comprimento da corda $\overline{AC}$ de ângulo θ do círculo unitário. Deduza a aproximação seguinte do excesso do arco sobre a corda:

$$\theta - a \approx \frac{\theta^3}{24}$$

Sugestão: mostre que $\theta - a = \theta - 2\,\text{sen}(\theta/2)$ e use o terceiro polinômio de Maclaurin como uma aproximação.

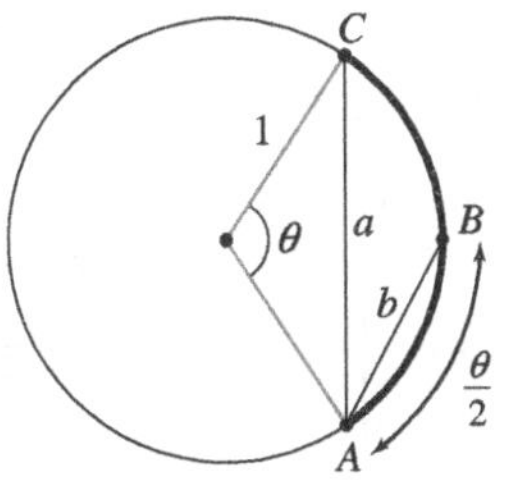

FIGURA 14 O círculo unitário.

60. Para obter uma estimativa do comprimento θ de um arco circular do círculo unitário, o cientista holandês Christian Huygens usou, no século XVII, a aproximação $\theta \approx (8b - a)/3$, em que a é o comprimento da corda $\overline{AC}$ de ângulo θ e b é o comprimento da corda $\overline{AB}$ de ângulo $\theta/2$ (Figura 14).

(a) Prove que $a = 2\,\text{sen}(\theta/2)$ e $b = 2\,\text{sen}(\theta/4)$ e mostre que a aproximação de Huygens equivale à aproximação

$$\theta \approx \frac{16}{3}\,\text{sen}\,\frac{\theta}{4} - \frac{2}{3}\,\text{sen}\,\frac{\theta}{2}$$

(b) Calcule o quinto polinômio de Maclaurin da função do lado direito.

(c) Use a estimativa do erro para mostrar que o erro na aproximação de Huygens é menor do que $0{,}00022|\theta|^5$.

Compreensão adicional e desafios

61. Mostre que o enésimo polinômio de Maclaurin de $f(x) = \text{arc sen}\, x$, com n ímpar, é

$$T_n(x) = x + \frac{1}{2}\frac{x^3}{3} + \frac{1\cdot 3}{2\cdot 4}\frac{x^5}{5} + \cdots + \frac{1\cdot 3\cdot 5\cdots(n-2)}{2\cdot 4\cdot 6\cdots(n-1)}\frac{x^n}{n}$$

62. Seja $x \ge 0$ e suponha que $f^{(n+1)}(t) \ge 0$ com $0 \le t \le x$. Use o teorema de Taylor para mostrar que o enésimo polinômio de Maclaurin T_n satisfaz

$$T_n(x) \le f(x), \qquad \text{com qualquer} \qquad x \ge 0.$$

63. Use o Exercício 62 para mostrar que, com $x \ge 0$ e qualquer n,

$$e^x \ge 1 + x + \frac{x^2}{2!} + \cdots + \frac{x^n}{n!}$$

Esboce os gráficos de $y = e^x$, $y = T_1(x)$ e $y = T_2(x)$ nos mesmos eixos coordenados. Essa desigualdade permanece válida se $x < 0$?

64. O objetivo deste exercício é reforçar a prova do teorema de Taylor.

(a) Mostre que $f(x) = T_0(x) + \int_a^x f'(u)\,du$.

(b) Use integração por partes para provar a fórmula

$$\int_a^x (x-u) f^{(2)}(u)\,du = -f'(a)(x-a) + \int_a^x f'(u)\,du$$

(c) Prove o caso $n = 2$ do teorema de Taylor:

$$f(x) = T_1(x) + \int_a^x (x-u) f^{(2)}(u)\,du$$

Nos Exercícios 65-69, obtemos estimativas de integrais usando polinômios de Taylor. O Exercício 66 é usado para obter a estimativa do erro.

65. Encontre o quarto polinômio de Maclaurin T_4 de $f(x) = e^{-x^2}$ e calcule $I = \int_0^{1/2} T_4(x)\,dx$ como uma estimativa de $\int_0^{1/2} e^{-x^2}\,dx$. Um sistema algébrico computacional fornece o valor $I \approx 0{,}461281$. Qual é o tamanho do erro na aproximação obtida? *Sugestão:* T_4 foi obtido substituindo x por $-x^2$ no segundo polinômio de Maclaurin de e^x.

66. **Aproximação de integrais** Seja $L > 0$. Mostre que se duas funções, f e g, satisfazem $|f(x) - g(x)| < L$ com qualquer $x \in [a, b]$, então

$$\left|\int_a^b f(x)\,dx - \int_a^b g(x)\,dx\right| dx < L(b-a)$$

67. Seja T_4 o quarto polinômio de Maclaurin de $f(x) = \cos x$.

(a) Mostre que

$$|\cos x - T_4(x)| \le \frac{\left(\frac{1}{2}\right)^6}{6!} \qquad \text{com qualquer} \qquad x \in \left[0, \frac{1}{2}\right]$$

Sugestão: $T_4(x) = T_5(x)$.

(b) Calcule $\int_0^{1/2} T_4(x)\,dx$ como uma aproximação de $\int_0^{1/2} \cos x\,dx$. Use o Exercício 66 para encontrar uma estimativa do tamanho do erro.

68. Seja $Q(x) = 1 - x^2/6$. Use a estimativa do erro de $f(x) = \text{sen}\, x$ para mostrar que

$$\left|\frac{\text{sen}\, x}{x} - Q(x)\right| \le \frac{|x|^4}{5!}$$

Em seguida, calcule $\int_0^1 Q(x)\,dx$ como uma aproximação de $\int_0^1 (\text{sen}\, x/x)\,dx$ e encontre uma cota para o erro.

69. **(a)** Calcule o sexto polinômio de Maclaurin T_6 de $f(x) = \text{sen}(x^2)$ substituindo x por x^2 em $P(x) = x - x^3/6$, que é o terceiro polinômio de Maclaurin de $f(x) = \text{sen}\, x$.

(b) Mostre que $|\text{sen}(x^2) - T_6(x)| \le \frac{|x|^{10}}{5!}$.

Sugestão: substitua x por x^2 na estimativa do erro de $|\text{sen}\, x - P(x)|$, observando que P também é o quarto polinômio de Maclaurin de $f(x) = \text{sen}\, x$.

(c) Use T_6 para aproximar $\int_0^{1/2} \text{sen}(x^2)\,dx$ e encontrar uma cota para o erro.

70. Prove, por indução, que com qualquer k,

$$\frac{d^j}{dx^j}\left(\frac{(x-a)^k}{k!}\right) = \frac{k(k-1)\cdots(k-j+1)(x-a)^{k-j}}{k!}$$

$$\left.\frac{d^j}{dx^j}\left(\frac{(x-a)^k}{k!}\right)\right|_{x=a} = \begin{cases} 1 & \text{se } k = j \\ 0 & \text{se } k \ne j \end{cases}$$

Use isso para provar que T_n concorda até a enésima ordem com f em $x = a$.

71. Seja a um número qualquer e considere

$$P(x) = a_n x^n + a_{n-1}x^{n-1} + \cdots + a_1 x + a_0$$

um polinômio de grau, no máximo, n.

(a) Mostre que se $P^{(j)}(a) = 0$ com $j = 0, 1, \ldots, n$, então $P(x) = 0$, ou seja, $a_j = 0$, com qualquer j. *Sugestão:* use indução, observando que se a afirmação for correta com grau $n - 1$, então $P'(x) = 0$.

(b) Prove que T_n é o único polinômio de grau, no máximo, n, que concorda até a enésima ordem com f em $x = a$. *Sugestão:* se Q for outro polinômio desses, aplique a parte (a) a $P(x) = T_n(x) - Q(x)$.

EXERCÍCIOS DE REVISÃO DO CAPÍTULO

Nos Exercícios 1-4, calcule o comprimento de arco no intervalo dado.

1. $y = \dfrac{x^5}{10} + \dfrac{x^{-3}}{6}$, $[1, 2]$

2. $y = e^{x/2} + e^{-x/2}$, $[0, 2]$

3. $y = 4x - 2$, $[-2, 2]$

4. $y = x^{2/3}$, $[1, 8]$

5. Mostre que o comprimento de arco de $y = 2\sqrt{x}$ em $[0, a]$ é igual a $\sqrt{a(a+1)} + \ln(\sqrt{a} + \sqrt{a+1})$. *Sugestão:* use a substituição $x = \text{tg}^2\,\theta$ na integral do comprimento de arco.

6. Calcule, utilizando um sistema algébrico computacional, a aproximação trapezoidal T_5 do comprimento de arco s de $y = \text{tg}\,x$ em $\left[0, \frac{\pi}{4}\right]$.

Nos Exercícios 7-10, calcule a área de superfície do sólido obtido pela rotação da curva no intervalo dado em torno do eixo x.

7. $y = x + 1$, $[0, 4]$

8. $y = \dfrac{2}{3}x^{3/4} - \dfrac{2}{5}x^{5/4}$, $[0, 1]$

9. $y = \dfrac{2}{3}x^{3/2} - \dfrac{1}{2}x^{1/2}$, $[1, 2]$

10. $y = \dfrac{1}{2}x^2$, $[0, 2]$

11. Calcule a área de superfície total da moeda obtida pela rotação da região na Figura 1 em torno do eixo x. O topo e a base da região são semicírculos de 1 mm de raio.

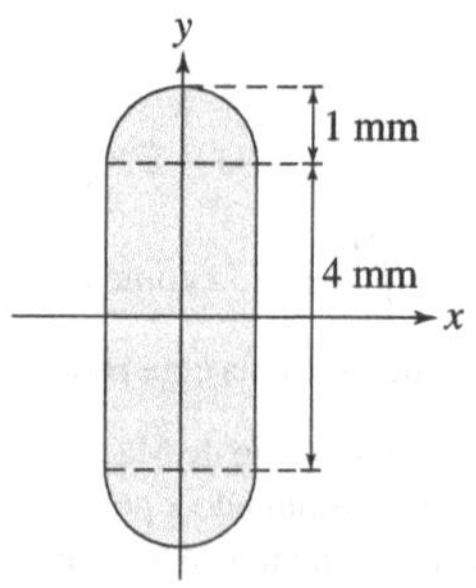

FIGURA 1

12. Calcule a força de fluido num dos lados de um triângulo retângulo de 3 m de altura e 2 m de base submerso verticalmente na água, com seu vértice superior na superfície d'água.

13. Calcule a força de fluido num dos lados de um triângulo retângulo de 3 m de altura e 2 m de base submerso verticalmente na água, com seu vértice superior 4 m abaixo da superfície da água.

14. Uma placa no formato da região sombreada na Figura 2 está verticalmente submersa em água. Calcule a pressão de fluido num dos lados da placa se a superfície d'água estiver em $y = 1$.

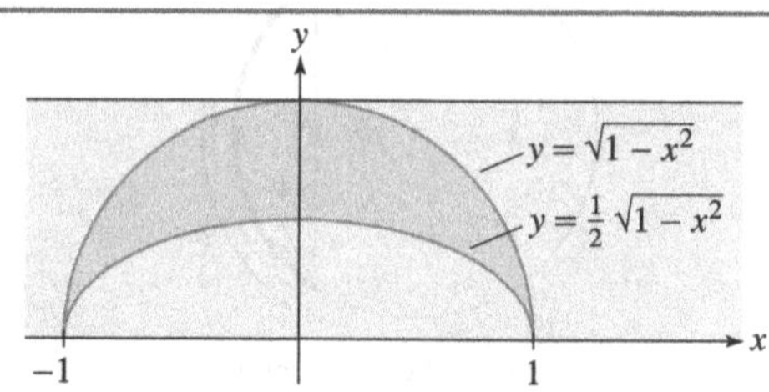

FIGURA 2

15. A Figura 3 mostra um objeto cuja face é um triângulo equilátero com 5 m de lado. A largura do objeto é de 2 m e ele está submerso com seu vértice a 3 m abaixo do nível d'água. Calcule a força de fluido em uma face triangular e também na face retangular inclinada do objeto.

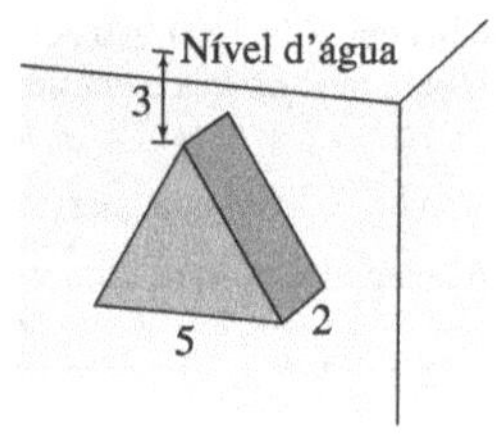

FIGURA 3

16. A extremidade de um tanque de óleo horizontal é uma elipse (Figura 4) de equação $(x/4)^2 + (y/3)^2 = 1$ (medidas em metros). Suponha que o tanque esteja cheio de óleo com uma densidade de 900 kg/m^3.

(a) Calcule a força total F na extremidade do tanque quando o tanque estiver cheio.

(b) É de se esperar que a força total na metade inferior do tanque seja maior, menor ou igual a $\frac{1}{2}F$? Explique. Em seguida, calcule exatamente a força na metade inferior e confirme (ou refute) sua expectativa.

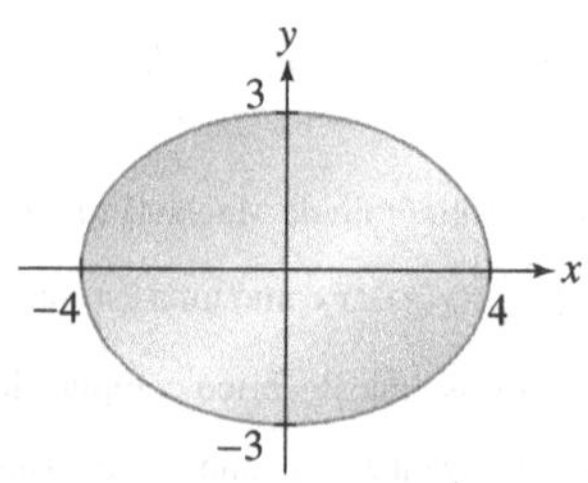

FIGURA 4

17. Calcule os momentos e o CM da lâmina que ocupa a região abaixo de $y = x(4 - x)$ com $0 \le x \le 4$, supondo uma densidade de $\rho = 1.200\ \text{kg/m}^3$.

18. Esboce a região entre $y = 4(x + 1)^{-1}$ e $y = 1$ com $0 \le x \le 3$, e encontre seu centroide.

19. Encontre o centroide da região entre o semicírculo $y = \sqrt{1 - x^2}$ e a parte de cima da elipse $y = \frac{1}{2}\sqrt{1 - x^2}$ (Figura 2).

20. Encontre o centroide da região sombreada na Figura 5, delimitada à esquerda por $x = 2y^2 - 2$ e à direita por um semicírculo de raio 1. *Sugestão:* use simetria e aditividade dos momentos.

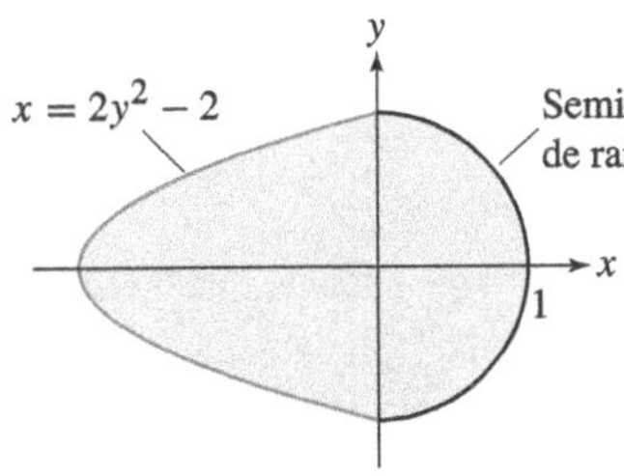

FIGURA 5

21. Use o teorema de Pappus para encontrar o volume do sólido de revolução obtido girando a região do primeiro quadrante delimitada por $y = x^2$ e $y = \sqrt{x}$ em torno do eixo x.

22. Use o teorema de Pappus para encontrar uma fórmula para o volume do sólido obtido pela rotação do triângulo de vértices $(1, 0)$, $(3, 0)$ e $(2, 2)$ em torno do eixo y.

Nos Exercícios 23-28, encontre o polinômio de Taylor em $x = a$ da função dada.

23. $f(x) = x^3, \quad T_3, \quad a = 1$

24. $f(x) = 3(x + 2)^3 - 5(x + 2), \quad T_3, \quad a = -2$

25. $f(x) = x\ln(x), \quad T_4, \quad a = 1$

26. $f(x) = (3x + 2)^{1/3}, \quad T_3, \quad a = 2$

27. $f(x) = xe^{-x^2}, \quad T_4, \quad a = 0$

28. $f(x) = \ln(\cos x), \quad T_3, \quad a = 0$

29. Encontre o enésimo polinômio de Maclaurin de $f(x) = e^{3x}$.

30. Use o quinto polinômio de Maclaurin de $f(x) = e^x$ para aproximar $\sqrt{e}$. Use uma calculadora para determinar o erro.

31. Use o terceiro polinômio de Taylor de $f(x) = \text{arc tg}\, x$ em $a = 1$ para aproximar $f(1{,}1)$. Use uma calculadora para determinar o erro.

32. Seja T_4 o polinômio de Taylor de $f(x) = \sqrt{x}$ em $a = 16$. Use a estimativa do erro para encontrar o maior tamanho possível de $|f(17) - T_4(17)|$.

33. Encontre n tal que $|e - T_n(1)| < 10^{-8}$, em que T_n é o enésimo polinômio de Maclaurin de $f(x) = e^x$.

34. Seja T_4 o polinômio de Taylor de $f(x) = x\ln x$ em $a = 1$ calculado no Exercício 25. Use a estimativa do erro para encontrar uma cota para $|f(1{,}2) - T_4(1{,}2)|$.

35. Verifique que $T_n(x) = 1 + x + x^2 + \cdots + x^n$ é o enésimo polinômio de Maclaurin de $f(x) = 1/(1 - x)$. Usando substituição, mostre que o enésimo polinômio de Maclaurin de $f(x) = 1/(1 - x/4)$ é

$$T_n(x) = 1 + \frac{1}{4}x + \frac{1}{4^2}x^2 + \cdots + \frac{1}{4^n}x^n$$

Qual é o enésimo polinômio de Maclaurin de $g(x) = \dfrac{1}{1 + x}$?

36. Sejam $f(x) = \dfrac{5}{4 + 3x - x^2}$ e a_k o coeficiente de x^k no polinômio de Maclaurin T_n com $k \le n$.

(a) Mostre que $f(x) = \left(\dfrac{1/4}{1 - x/4} + \dfrac{1}{1 + x}\right)$.

(b) Use o Exercício 35 para mostrar que $a_k = \dfrac{1}{4^{k+1}} + (-1)^k$.

(c) Calcule T_3.

37. Seja T_n o enésimo polinômio de Maclaurin de $f(x) = \text{sen}\, x + \text{senh}\, x$.

(a) Mostre que $T_5(x) = T_6(x) = T_7(x) = T_8(x)$.

(b) Mostre que $|f^n(x)| \le 1 + \cosh x$ com qualquer n. *Sugestão:* note que $|\text{senh}\, x| \le |\cosh x|$ com qualquer x.

(c) Mostre que $|T_8(x) - f(x)| \le \dfrac{2{,}6}{9!}|x|^9$ se $-1 \le x \le 1$.

A A LINGUAGEM DA MATEMÁTICA

Um dos desafios no aprendizado do Cálculo é se acostumar com sua terminologia e linguagem precisas, especialmente no enunciado de teoremas. Nesta seção, analisamos alguns detalhes de Lógica que são úteis e, na verdade, essenciais, no entendimento de teoremas e sua utilização correta.

Muitos teoremas da Matemática envolvem uma **implicação**. Se A e B são afirmações, então a implicação $A \Longrightarrow B$ significa que A implica B:

$$A \Longrightarrow B : \quad \textit{Se A for verdadeira, então B é verdadeira.}$$

A afirmação A é denominada a **hipótese** (ou premissa) e a afirmação B é a **conclusão** (ou tese) da implicação. Vejamos um exemplo: *Se m e n forem inteiros pares, então m + n será um inteiro par*. Essa afirmação pode ser dividida em uma hipótese e uma conclusão:

$$\underbrace{m \text{ e } n \text{ são inteiros pares}}_{A} \quad \Longrightarrow \quad \underbrace{m + n \text{ é um inteiro par}}_{B}$$

Na linguagem do dia a dia, as implicações costumam ser utilizadas de uma maneira menos precisa. Um exemplo: *Se você trabalhar duro, então você terá sucesso*. Além disso, algumas afirmações que sequer tem o formato $A \Longrightarrow B$ podem ser reformuladas como implicações. Por exemplo, a afirmação "Gatos são mamíferos" por ser reescrita:

$$\text{Seja } X \text{ um animal.} \quad \underbrace{X \text{ é um gato}}_{A} \quad \Longrightarrow \quad \underbrace{X \text{ é um mamífero}}_{B}$$

Quando dizemos que uma implicação $A \Longrightarrow B$ é verdadeira, não estamos alegando que A ou que B sejam necessariamente afirmações verdadeiras. Em vez disso, estamos fazendo uma afirmação condicional, a saber, que *se* acontecer de A ser verdadeira, *então* B também será verdadeira. Acima, se ocorrer de X não ser um gato, a implicação não nos diz coisa alguma.

A **negação** de uma afirmação A é a afirmação de que A é falsa e é denotada por $\neg A$.

Afirmação A	Negação $\neg A$
X mora na Califórnia.	X não mora na Califórnia.
ΔABC é um triângulo retângulo.	ΔABC não é um triângulo retângulo.

A negação da negação é a afirmação original: $\neg(\neg A) = A$. Dizer que *X não não mora na Califórnia* é o mesmo que dizer que *X mora na Califórnia*.

EXEMPLO 1 Enuncie a negação de:

(a) A porta está aberta e o cachorro está latindo.
(b) A porta está aberta ou o cachorro está latindo (ou ambos).

Solução

(a) A primeira afirmação é verdadeira se ambas as condições estiverem satisfeitas (porta aberta e cachorro latindo) e é falsa se pelo menos uma dessas condições não estiver satisfeita. Portanto a negação é

Ou a porta não está aberta *OU* o cachorro não está latindo *(ou ambos)*.

(b) A segunda afirmação é verdadeira se pelo menos uma das condições (porta aberta e cachorro latindo) estiver satisfeita e é falsa se nenhuma dessas condições estiver satisfeita. Portanto a negação é

A porta não está aberta *E* o cachorro não está latindo. ■

Lembre que na formação da contraposição, invertemos a ordem de A e B. A contraposição de $A \Longrightarrow B$ NÃO é $\neg A \Longrightarrow \neg B$.

Contraposição e recíproca

A formação da contraposição e da recíproca de uma afirmação são duas operações importantes. A **contraposição** de $A \Longrightarrow B$ é a afirmação "Se B for falsa, então A será falsa":

A contraposição de $A \Longrightarrow B$ é $\neg B \Longrightarrow \neg A$.

Aqui temos alguns exemplos:

Afirmação	Contraposição
Se X for um gato, então X será um mamífero.	Se X não for um mamífero, então X não será um gato.
Se você trabalhar bastante, então você será bem-sucedido.	Se você não tiver sido bem-sucedido, então você não trabalhou bastante.
Se m e n forem, ambos, pares, então $m + n$ será par.	Se $m + n$ não for par, então m e n não serão, ambos, pares.

Uma observação crucial é esta:

A contraposição e a implicação original são equivalentes.

O fato de que $A \Longrightarrow B$ é equivalente à sua contraposição é uma regra geral da Lógica que não depende do significado particular de A e B. Essa regra pertence à área da "lógica formal", que trata das relações lógicas entre afirmações sem se preocupar com o conteúdo real dessas afirmações.

Em outras palavras, se uma implicação for verdadeira, então sua contraposição será automaticamente verdadeira e vice-versa. No fundo, uma implicação e sua contraposição são duas maneiras de dizer a mesma coisa. Por exemplo, a contraposição de "Se X não for um mamífero, então X não será um gato" é uma maneira indireta de dizer que gatos são mamíferos.

A **recíproca** de $A \Longrightarrow B$ é a implicação *inversa* $B \Longrightarrow A$.

Implicação: $A \Longrightarrow B$	Recíproca: $B \Longrightarrow A$
Se A for verdadeira, então B será verdadeira.	Se B for verdadeira, então A será verdadeira.

A recíproca desempenha um papel muito diferente da contraposição, porque *a recíproca NÃO é equivalente à implicação original*. A recíproca pode ser verdadeira ou falsa, mesmo se a implicação original for verdadeira. Aqui temos alguns exemplos:

Afirmação verdadeira	Recíproca	A recíproca é verdadeira ou falsa?
Se X for um gato, então X será um mamífero.	Se X for um mamífero, então X será um gato.	Falsa.
Se m for par, então m^2 será par.	Se m^2 for par, então m será par.	Verdadeira.

Um contraexemplo é um exemplo que satisfaz a hipótese, mas não a conclusão de uma afirmação. Se existir pelo menos um contraexemplo, então a afirmação é falsa. Contudo, não podemos provar que uma afirmação seja verdadeira simplesmente dando um exemplo.

■ **EXEMPLO 2 Um exemplo em que a recíproca é falsa** Mostre que a recíproca de "Se m e n forem, ambos, pares, então $m + n$ será par" é falsa.

Solução A recíproca é "Se $m + n$ for par, então m e n serão pares". Para mostrar que a recíproca é falsa, apresentamos um contraexemplo. Tomamos $m = 1$ e $n = 3$ (ou qualquer outro par de números ímpares). A soma é par (pois $1 + 3 = 4$) mas nem 1 nem 3 são pares. Portanto, a recíproca é falsa. ■

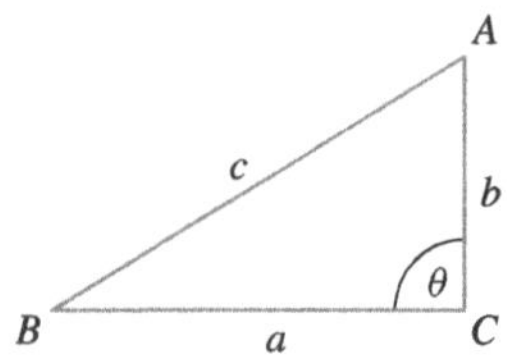

FIGURA 1

■ **EXEMPLO 3 Um exemplo em que a recíproca é verdadeira** Enuncie a contraposição e a recíproca do teorema de Pitágoras. Uma dessas duas afirmações, ou ambas, são verdadeiras?

Solução Considere um triângulo de lados a, b e c e seja θ o ângulo oposto ao lado de comprimento c, como na Figura 1. O teorema de Pitágoras afirma que se $\theta = 90°$, então $a^2 + b^2 = c^2$. Aqui temos a contraposição e a recíproca:

Teorema de Pitágoras	$\theta = 90° \Longrightarrow a^2 + b^2 = c^2$	Verdadeira
Contraposição	$a^2 + b^2 \neq c^2 \Longrightarrow \theta \neq 90°$	Automaticamente verdadeira
Recíproca	$a^2 + b^2 = c^2 \Longrightarrow \theta = 90°$	Verdadeira (mas não automaticamente)

A contraposição é automaticamente verdadeira pois é somente outra maneira de enunciar o teorema original. A recíproca não é automaticamente verdadeira, pois poderia possivelmente existir algum triângulo que não seja retângulo e que satisfaça $a^2 + b^2 = c^2$. Contudo, a recíproca do teorema de Pitágoras é, de fato, verdadeira. Isso decorre da lei dos cossenos (ver Exercício 38). ■

Quando uma afirmação $A \Longrightarrow B$ e sua recíproca $B \Longrightarrow A$ são verdadeiras, escrevemos $A \Longleftrightarrow B$. Nesse caso, A e B são **equivalentes**. Muitas vezes expressamos isso com a frase

$A \Longleftrightarrow B$ $\quad$ A é verdadeira *se, e somente se,* B é verdadeira.

Por exemplo,

$a^2 + b^2 = c^2$	se, e somente se,	$\theta = 90°$
É de manhã	se, e somente se,	o sol está nascendo.

Mencionamos as seguintes variações da terminologia envolvendo implicações com as quais o leitor pode se deparar:

Afirmação	**É uma outra maneira de dizer**
A será verdadeira se B for verdadeira.	$B \Longrightarrow A$
A será verdadeira somente se B for verdadeira.	$A \Longrightarrow B$ (A não poderá ser verdadeira a menos que B também seja verdadeira.)
Para A ser verdadeira, é necessário que B seja verdadeira.	$A \Longrightarrow B$ (A não pode ser verdadeira, a menos que B também seja verdadeira.)
Para A ser verdadeira, é suficiente que B seja verdadeira.	$B \Longrightarrow A$
Para A ser verdadeira, é necessário e suficiente que B seja verdadeira.	$B \Longleftrightarrow A$

Analisando um teorema

Para ver como essas regras da Lógica surgem no estudo do Cálculo, considere o resultado seguinte da Seção 4.2.

TEOREMA 1 Existência de um máximo num intervalo fechado Uma função contínua f num intervalo (limitado) fechado $I = [a, b]$ atinge um valor mínimo e um valor máximo em I (Figura 2).

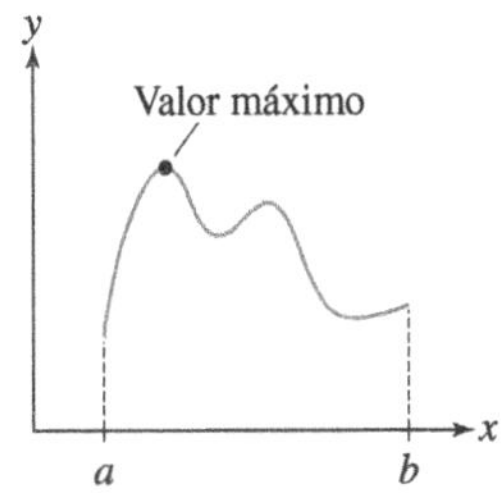

FIGURA 2 Uma função contínua num intervalo fechado $I = [a, b]$ tem um valor máximo.

Para analisar esse teorema, escrevamos a hipótese e a conclusão separadamente:

Hipótese A: $\quad$ f é contínua e I é fechado.

Conclusão B: $\quad$ f atinge um valor mínimo e um valor máximo em I.

Uma primeira pergunta a ser formulada é: "As hipóteses são necessárias?" A conclusão continua válida se deixarmos de supor uma ou ambas as premissas? Para mostrar que ambas as hipóteses são necessárias, fornecemos contraexemplos:

- **A continuidade de f é uma hipótese necessária.** A Figura 3(A) mostra o gráfico de uma função num intervalo fechado $[a, b]$ que não é contínua. Essa função não tem valor máximo em $[a, b]$, o que mostra que a conclusão pode falhar se a hipótese de continuidade não estiver satisfeita.
- **A hipótese de I ser fechado é necessária.** A Figura 3(B) mostra o gráfico de uma função contínua num *intervalo aberto* (a, b). Essa função não tem valor máximo, o que mostra que a conclusão pode falhar se o intervalo não for fechado.

Vemos que ambas as hipóteses do Teorema 1 são necessárias. Ao afirmar isso, não estamos querendo dizer que a conclusão *sempre* falha quando uma ou ambas as hipóteses não estiverem satisfeitas. Afirmamos somente que a conclusão *pode* falhar quando as hipóteses não estiverem satisfeitas. Em seguida, vamos analisar a contraposição e a recíproca:

- **Contraposição $\neg B \implies \neg A$ (automaticamente verdadeira):** Se f não tiver um valor mínimo ou um valor máximo em I, então f não será contínua ou I não será fechado (ou ambos).
- **Recíproca $B \implies A$ (nesse caso, falsa):** Se f tiver um valor mínimo e um valor máximo em I, então f será contínua e I será fechado. Mostramos que essa afirmação é falsa exibindo um contraexemplo [Figura 3(C)].

A técnica da prova por contradição também é conhecida como "redução ao absurdo". Os gregos da Antiguidade já usavam a prova por contradição no século V a.C. e Euclides (325-265 a.C.) utilizou-a em Os Elementos, seu tratado clássico de Geometria. Um exemplo famoso é a prova da irracionalidade de $\sqrt{2}$ no Exemplo 4. O filosofo Platão (427-347 a.C.) escreveu: "Aquele que ignorar o fato de a diagonal de um quadrado ser incomensurável com seu lado, não merece ser chamado de ser humano."

Como sabemos, a contraposição é somente uma maneira de reformular o teorema, de modo que é automaticamente verdadeira. A recíproca não é automaticamente verdadeira e, na verdade, nesse caso, ela é falsa. A função na Figura 3(C) fornece um contraexemplo para a recíproca: f tem um valor máximo em $I = (a, b)$, mas f não é contínua e I não é fechado.

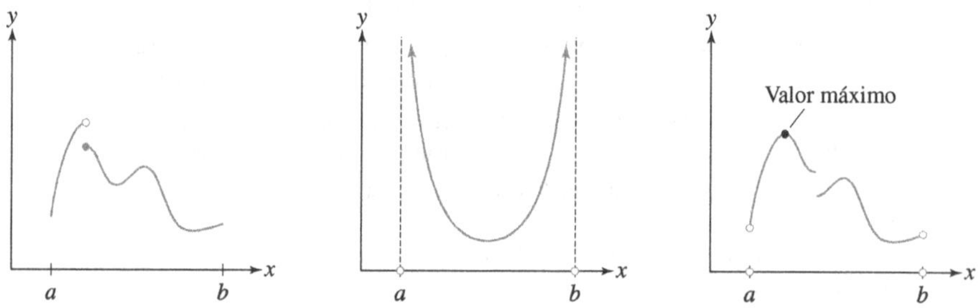

(A) O intervalo é fechado, mas a função não é contínua. A função não tem valor máximo.

(B) A função é contínua, mas o intervalo é aberto. A função não tem valor máximo.

(C) Essa função não é contínua e o intervalo não é fechado, mas a função tem um valor máximo.

FIGURA 3

Os matemáticos desenvolveram várias estratégias e métodos gerais para provar teoremas. O método de prova por indução será discutido no Apêndice C. Outro método importante é a **prova por contradição**, também chamada de **prova indireta**. Suponha que nosso objetivo seja demonstrar a afirmação A. Numa prova por contradição, partimos da hipótese de que A é falsa e, então, mostramos que isso leva a alguma contradição. Decorre disso que A deve ser verdadeira (para evitar a contradição).

EXEMPLO 4 **Prova por contradição** O número $\sqrt{2}$ é irracional (Figura 4).

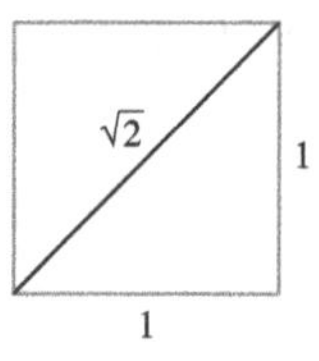

FIGURA 4 A diagonal do quadrado unitário tem comprimento $\sqrt{2}$.

Solução Suponha que o teorema seja falso, ou seja, que $\sqrt{2} = p/q$, em que p e q são números inteiros. Podemos supor que p/q esteja na forma irredutível, de modo que, no máximo, um dentre p e q é par. Observe que se o quadrado m^2 de um número inteiro for par, então o próprio número m deve ser par.

A relação $\sqrt{2} = p/q$ implica $2 = p^2/q^2$ ou $p^2 = 2q^2$. Isso mostra que p deve ser par. No entanto, se p for par, então $p = 2m$ com algum número inteiro m, e $p^2 = 4m^2$. Como $p^2 = 2q^2$, obtemos $4m^2 = 2q^2$, ou $q^2 = 2m^2$. Isso mostra que q também é par. Ocorre que pela nossa escolha de p e q, no máximo um desses números é par. Essa contradição mostra que nossa hipótese original, que $\sqrt{2} = p/q$, deve ser falsa. Portanto, $\sqrt{2}$ é irracional. ■

ENTENDIMENTO CONCEITUAL As características fundamentais da Matemática são a precisão e o rigor. Um teorema é estabelecido não por meio de observação ou experimentação, mas por meio de uma demonstração, que consiste numa cadeia de raciocínios sem lacunas.

Essa abordagem da Matemática nos foi legada pelos matemáticos gregos da Antiguidade, especialmente Euclides, e permanece como padrão na pesquisa contemporânea. Em décadas mais recentes, o computador se tornou uma poderosa ferramenta de experimentação matemática e de análise de dados. Os pesquisadores podem utilizar dados experimentais para descobrir novos fatos matemáticos potenciais, mas o título de "teorema" não é concedido até que alguém escreva uma demonstração.

Essa insistência com teoremas e demonstrações distingue a Matemática das outras ciências. Nas ciências naturais, os fatos são estabelecidos por meio de experimentação e estão sujeitos a revisão ou modificação à medida que se acumula mais conhecimento. Na Matemática, as teorias também são desenvolvidas e expandidas, mas os resultados anteriores não são invalidados. O teorema de Pitágoras foi descoberto na Antiguidade e é um dos pilares fundamentais da Geometria plana. No século XIX, os matemáticos começaram a estudar tipos mais gerais de geometrias (do tipo que acabou levando à geometria de dimensão quatro do espaço-tempo de Einstein na Teoria da Relatividade). O teorema de Pitágoras não é válido nessas geometrias mais gerais, mas seu valor na Geometria plana permanece inalterado.

Um dos mais famosos problemas da Matemática é conhecido como o "Último Teorema de Fermat", que afirma que a equação

$$x^n + y^n = z^n$$

não tem soluções nos inteiros positivos se $n \geq 3$. Numa nota marginal escrita em torno de 1630, Fermat alegou possuir uma prova e, ao longo dos séculos, essa afirmação foi efetivamente verificada para muitos valores do expoente n. Contudo, somente em 1994 o matemático anglo-americano Andrew Wiles, trabalhando na Princeton University, encontrou uma prova completa.

A. RESUMO

- A implicação $A \Longrightarrow B$ é a afirmação "Se A for verdadeira, então B será verdadeira".
- A *contraposição* de $A \Longrightarrow B$ é a implicação $\neg B \Longrightarrow \neg A$, que diz "Se B for falsa, então A será falsa". Uma implicação e sua contraposição são equivalentes (uma das duas é verdadeira se, e somente se, a outra é verdadeira).
- A *recíproca* de $A \Longrightarrow B$ é $B \Longrightarrow A$. Uma implicação e sua recíproca não são necessariamente equivalentes. Uma pode ser verdadeira e a outra, falsa.
- A e B são *equivalentes* se $A \Longrightarrow B$ e $B \Longrightarrow A$ forem, ambas, afirmações verdadeiras.
- Numa prova por contradição (em que o objetivo é provar a afirmação A), começamos supondo que A seja falsa e mostramos que essa hipótese leva a alguma contradição.

A. EXERCÍCIOS

Exercícios preliminares

1. Qual é a contraposição de $A \Longrightarrow B$?

(a) $B \Longrightarrow A$ (b) $\neg B \Longrightarrow A$
(c) $\neg B \Longrightarrow \neg A$ (d) $\neg A \Longrightarrow \neg B$

2. Qual das opções no Exercício 1 é a recíproca de $A \Longrightarrow B$?

3. Suponha que $A \Longrightarrow B$ seja verdadeira. Qual é, então, automaticamente verdadeira a recíproca ou a contraposição?

4. Reescreva como uma implicação: "Um triângulo é um polígono."

Exercícios

1. Qual é a negação da afirmação "O carro e a camisa são, ambos, azuis"?

(a) Nem o carro nem a camisa são azuis.
(b) O carro não é azul e/ou a camisa não é azul.

2. Qual é a contraposição da implicação "Se o carro tiver gasolina, então ele andará"?

(a) Se o carro não tiver gasolina, então ele não andará.
(b) Se o carro não andar, então ele não tem gasolina.

Nos Exercícios 3-8, enuncie a negação.

3. A hora é 4 horas.

4. ΔABC é um triângulo isósceles.

5. m e n são inteiros ímpares.

6. Ou m é impar, ou n é ímpar.

7. x é um número real e y é um inteiro.

8. f é uma função linear.

Nos Exercícios 9-14, enuncie a contraposição e a recíproca.

9. Se m e n forem inteiros ímpares, então mn será ímpar.

10. Se hoje é terça-feira, então estamos na Bélgica.

11. Se hoje é terça-feira, então não estamos na Bélgica.

12. Se $x > 4$, então $x^2 > 16$.

13. Se m^2 for divisível por 3, então m será divisível por 3.

14. Se $x^2 = 2$, então x será irracional.

Nos Exercícios 15-18, dê um contraexemplo para mostrar que a recíproca da afirmação é falsa.

15. Se m é ímpar, então $2m + 1$ também é ímpar.

16. Se ΔABC for equilátero, então será um triângulo isósceles.

17. Se m for divisível por 9 e 4, então m será divisível por 12.

18. Se m for ímpar, então $m^3 - m$ será divisível por 3.

Nos Exercícios 19-22, determine se a recíproca da afirmação é falsa.

19. Se $x > 4$ e $y > 4$, então $x + y > 8$.

20. Se $x > 4$, então $x^2 > 16$.

21. Se $|x| > 4$, então $x^2 > 16$.

22. Se m e n forem pares, então mn será par.

Nos Exercícios 23 e 24, enuncie a contraposição e a recíproca (não sendo necessário saber o que essas afirmações significam).

23. Se f e g forem deriváveis, então fg será derivável.

24. Se o campo de forças for radial e decrescer como o inverso do quadrado da distância, então todas as órbitas fechadas serão elipses.

*Nos Exercícios 25-28, a **inversa** de $A \Longrightarrow B$ é implicação $\neg A \Longrightarrow \neg B$.*

25. Qual das seguintes é a inversa da implicação "Se ela saltou no lago, então ela ficou molhada"?

(a) Se ela não ficou molhada, então ela não saltou no lago.

(b) Se ela não saltou no lago, então ela não ficou molhada.

A inversa é verdadeira?

26. Enuncie as inversas dessas implicações.

(a) Se X for um camundongo, então X será um roedor.

(b) Se você ficar dormindo, você perderá a aula.

(c) Se um astro girar em torno do Sol, então será um planeta.

27. Explique por que a inversa é equivalente à recíproca.

28. Enuncie a inversa do teorema de Pitágoras. É verdadeira?

29. O Teorema 1 da Seção 2.4 afirma o seguinte: "Se f e g forem funções contínuas, então $f + g$ será contínua". Decorre logicamente disso que se f e g não forem contínuas, então $f + g$ não será contínua?

30. Escreva detalhadamente uma prova por contradição desse fato: Não existe um menor número racional positivo. Como base de sua prova, use o fato de que se $r > 0$, então $0 < r/2 < r$.

31. Use uma demonstração por contradição para provar que se $x + y > 2$, então $x > 1$ ou $y > 1$ (ou ambos).

Nos exercícios 32-35, use demonstração por contradição para mostrar que o número é irracional.

32. $\sqrt{\frac{1}{2}}$ **33.** $\sqrt{3}$ **34.** $\sqrt[3]{2}$ **35.** $\sqrt[4]{11}$

36. Um triângulo isósceles é um triângulo com dois lados iguais. Vale o seguinte teorema: se Δ for um triângulo com dois ângulos iguais, então Δ será um triângulo isósceles.

(a) Qual é a hipótese?

(b) Fornecendo um contraexemplo, mostre que a hipótese é necessária.

(c) Qual é a contraposição?

(d) Qual é a recíproca? É verdadeira?

37. Considere o teorema seguinte: Seja f um polinômio quadrático com coeficiente dominante positivo. Então f tem um valor mínimo.

(a) Quais são as hipóteses?

(b) Qual é a contraposição?

(c) Qual é a recíproca? É verdadeira?

Compreensão adicional e desafios

38. Sejam a, b e c os lados de um triângulo e seja θ o ângulo oposto a c. Use a lei dos cossenos (Teorema 1 da Seção 1.4) para provar a recíproca do teorema de Pitágoras.

39. Forneça todos os detalhes da seguinte prova por contradição de que $\sqrt{2}$ é irracional (essa prova é devida a R. Palais). Se $\sqrt{2}$ for irracional, então $n\sqrt{2}$ será um número inteiro com algum natural n. Seja n o menor desses números naturais e seja $m = n\sqrt{2} - n$.

(a) Prove que $m < n$.

(b) Prove que $m\sqrt{2}$ é um número natural.

Explique por que (a) e (b) implicam que $\sqrt{2}$ é irracional.

40. Generalize o argumento do Exercício 39 para provar que $\sqrt{A}$ é irracional se A for um número natural, mas não um quadrado perfeito. *Sugestão*: escolha n como antes e tome $m = n\sqrt{A} - n\lfloor\sqrt{A}\rfloor$, onde $\lfloor x \rfloor$ é a função maior inteiro.

41. Generalize mais ainda e mostre que, dado qualquer natural r, a raiz $\sqrt[r]{A}$ de ordem r de A é um irracional, a menos que A seja uma potência de ordem r. *Sugestão*: seja $x = \sqrt[r]{A}$. Mostre que se x for racional, então poderemos escolher um menor número natural n tal que nx^j seja um número natural, com $j = 1, \ldots, r - 1$. Então considere $m = nx - n[x]$, como antes.

42. Dada uma coleção finita de números primos $p_1, \ldots, p_N$, seja $M = p_1 \cdot p_2 \cdots p_N + 1$. Mostre que M não é divisível por qualquer um dos primos $p_1, \ldots, p_N$. Use esse fato e que cada número tem uma fatoração em primos para provar que existe uma infinidade de números primos. Esse argumento foi fornecido por Euclides em *Os Elementos*.

B PROPRIEDADES DE NÚMEROS REAIS

Foi na Índia que surgiu o método genial de expressar cada número possível usando um conjunto de dez símbolos (cada símbolo tendo um valor posicional e um valor absoluto). A ideia parece tão simples hoje que seu significado e sua profunda importância nem são mais apreciados. Sua simplicidade reside na maneira pela qual facilitou as contas e, com isso, colocou a Aritmética na liderança das invenções úteis. A importância dessa invenção é mais facilmente apreciada quando consideramos que ela estava além de Arquimedes e Apolônio, os dois maiores homens da Antiguidade.

—Pierre Simon de Laplace,
um dos grandes matemáticos franceses
do século XVIII

Neste apêndice, discutimos as propriedades básicas dos números reais. Inicialmente, recordamos que um número real é um número que pode ser representado por uma expansão decimal finita ou infinita. O conjunto de todos os números reais é denotado por **R** e muitas vezes é visualizado como a "reta real" (Figura 1).

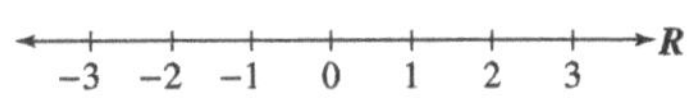

FIGURA 1 A reta dos números reais.

Assim, um número real a é representado por

$$a = \pm n{,}a_1a_2a_3a_4\ldots,$$

em que n é um número natural qualquer e cada dígito a_j é um número natural entre 0 e 9. Por exemplo, $10\pi = 31{,}41592\ldots$. Lembre que a será racional se sua expansão for finita ou periódica e irracional se não apresentar repetição. Além disso, a expansão é única, a menos da exceção seguinte: toda expansão finita é igual a uma expansão com o dígito 9 repetido. Por exemplo, $0{,}5 = 0{,}4999\cdots = 0{,}4\bar{9}$.

Supomos que seja sabido que as operações de adição e multiplicação estão definidas em **R**, ou seja, no conjunto das expansões decimais. Informalmente, a adição e a multiplicação de expansões decimais infinitas são definidas em termos de expansões finitas. Se $d \geq 1$, defina o d-ésimo truncamento de $a = n{,}a_1a_2a_3a_4\ldots$ como a expansão finita $a(d) = a{,}a_1a_2\ldots a_d$ obtida cortando a expansão na d-ésima casa decimal. Para formar $a + b$, suponha que ambos os números sejam expansões infinitas (possivelmente com 9 repetido). Isso elimina qualquer possibilidade de ambiguidade na expansão. Então o enésimo dígito de $a + b$ é igual ao enésimo dígito de $a(d) + b(d)$, com d suficientemente grande [a partir de certo ponto em diante, o enésimo dígito de $a(d) + b(d)$ não muda mais e esse valor é o enésimo dígito de $a + b$]. De maneira análoga, definimos a multiplicação. Além disso, valem as leis da comutatividade, associatividade e distributividade (Tabela 1).

TABELA 1 Leis algébricas

Leis da Comutatividade:	$a + b = b + a$, $ab = ba$
Leis da Associatividade:	$(a + b) + c = a + (b + c)$, $(ab)c = a(bc)$
Lei da Distributividade:	$a(b + c) = ab + ac$

Cada número real x tem um inverso aditivo $-x$ tal que $x + (-x) = 0$ e cada número real não nulo tem um inverso multiplicativo x^{-1} tal que $x(x^{-1}) = 1$. Não consideramos a subtração e a divisão como operações algébricas adicionais, porque elas são definidas em termos de inversos. Por definição, a diferença $x - y$ é igual a $x + (-y)$, e o quociente x / y é igual a $x(y^{-1})$, com $y \neq 0$.

Além das propriedades algébricas, existe uma **relação de ordem** em **R**: dados quaisquer dois números reais a e b, vale precisamente uma das seguintes:

$$\text{Ou} \quad a = b, \quad \text{ou} \quad a < b, \quad \text{ou} \quad a > b$$

Para distinguir entre as condições $a \leq b$ e $a < b$, muitas vezes dizemos que $a < b$ é uma **desigualdade estrita**. Convenções análogas valem para $>$ e $\geq$. As regras dadas na Tabela 2 permitem-nos manipular desigualdades. A última propriedade da ordem diz que uma desigualdade inverte seu sentido se for multiplicada por um número negativo c. Por exemplo,

$$-2 < 5 \quad \text{mas} \quad (-3)(-2) > (-3)5$$

TABELA 2 Propriedades de ordem

Se $a < b$ e $b < c$,	então $a < c$.
Se $a < b$ e $c < d$,	então $a + c < b + d$.
Se $a < b$ e $c > 0$,	então $ac < bc$.
Se $a < b$ e $c < 0$	então $ac > bc$.

As propriedades algébricas e de ordem dos números reais certamente são conhecidas. Agora discutimos a **propriedade do supremo** dos números reais, que é bem menos conhecida. Essa propriedade é uma maneira de formular a assim chamada **completude** dos números reais. Há

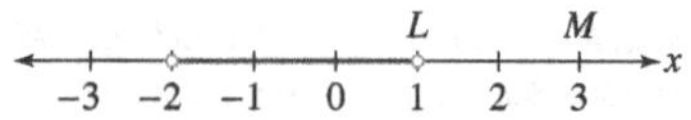

FIGURA 2 $M = 3$ é uma cota superior do conjunto $S = (-2, 1)$. O supremo é $L = 1$.

outras maneiras de formular a completude (tais como a assim chamada propriedade dos intervalos encaixados, discutida em qualquer livro de Análise) que são equivalentes à propriedade do supremo e servem ao mesmo propósito. A completude é utilizada no Cálculo para construir provas rigorosas de teoremas básicos sobre funções contínuas, tais como o teorema do valor intermediário (TVI) ou a existência de valores extremos em intervalos fechados. A ideia subjacente é que a reta real "não tem buracos". Essa ideia será elaborada mais adiante. Inicialmente introduzimos as definições necessárias.

Seja S um conjunto não vazio de números reais. Um número M é denominado uma **cota superior** de S se

$$x \leq M \quad \text{com qualquer } x \in S$$

Se S tiver alguma cota superior, dizemos que S é **limitado superiormente**. Um **supremo** L é uma cota superior de S tal que qualquer outra cota superior M satisfaz $M \geq L$. Por exemplo (Figura 2),

- $M = 3$ é uma cota superior do intervalo aberto $S = (-2, 1)$.
- $L = 1$ é o supremo de $S = (-2, 1)$.

Agora enunciamos a propriedade do supremo dos números reais.

TEOREMA 1 Existência de um supremo Seja S um conjunto não vazio de números reais que é limitado superiormente. Então S tem um supremo.

De maneira análoga, dizemos que um número B é uma **cota inferior** de S se $x \geq B$ com qualquer $x \in S$. Dizemos que S é **limitado inferiormente** se S tiver alguma cota inferior. Um **ínfimo** é uma cota inferior M tal que qualquer outra cota inferior B satisfaz $B \leq M$. O conjunto de números reais também tem a Propriedade do Ínfimo: se S for um conjunto não vazio de números reais que é limitado inferiormente, então S tem um ínfimo. Isso pode ser deduzido imediatamente do Teorema 1. Dado qualquer conjunto não vazio de números reais S, seja $-S$ o conjunto dos números reais da forma $-x$, com $x \in S$. Então $-S$ tem uma cota superior se S tiver uma cota inferior. Consequentemente, $-S$ tem um supremo L pelo Teorema 1, e $-L$ é um ínfimo de S.

ENTENDIMENTO CONCEITUAL O Teorema 1 pode parecer bem razoável, mas sua utilidade talvez não seja visível. Acima, sugerimos que a propriedade do supremo expressa a ideia de que **R** é "completo", ou "não tem buracos". Para ilustrar essa ideia, comparemos **R** com o conjunto dos números racionais, denotado por **Q**. Intuitivamente, **Q** não é completo porque faltam os número irracionais. Por exemplo, **Q** tem um "buraco" onde deveria estar localizado o número irracional $\sqrt{2}$ (Figura 3). Esse buraco divide **Q** em duas metades desconexas (a metade à esquerda e a metade à direita de $\sqrt{2}$). Além disso, a metade à esquerda é limitada superiormente, mas nenhum número racional é um supremo, e a metade à direita é limitada inferiormente, mas nenhum número racional é um ínfimo. O supremo e o ínfimo são, ambos, iguais ao número irracional $\sqrt{2}$, que existe em **R**, mas não em **Q**. Assim, diferentemente de **R**, o conjunto **Q** dos número racionais não tem a propriedade do supremo.

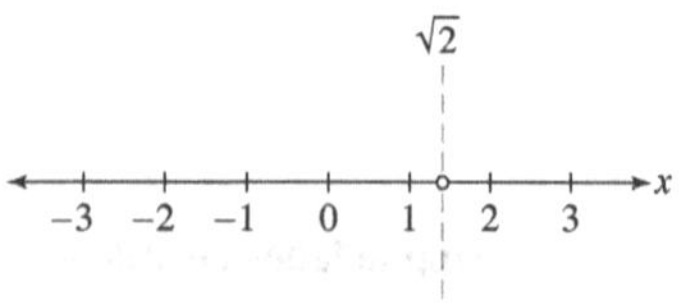

FIGURA 3 Os números racionais têm um "buraco" na localização de $\sqrt{2}$.

■ **EXEMPLO 1** Mostre que 2 possui uma raiz quadrada aplicando a propriedade do supremo ao conjunto

$$S = \{x : x^2 < 2\}$$

Solução Inicialmente, observamos que S é limitado com a cota superior $M = 2$. De fato, se $x > 2$, então x satisfaz $x^2 > 4$ e, portanto, x não pertence a S. Pela propriedade do supremo, S tem um supremo, que denotamos por L. Afirmamos que $L = \sqrt{2}$ ou, equivalentemente, que $L^2 = 2$. Provamos isso mostrando que $L^2 \geq 2$ e $L^2 \leq 2$.

Se $L^2 < 2$, seja $b = L + h$, em que $h > 0$. Então

$$b^2 = L^2 + 2Lh + h^2 = L^2 + h(2L + h)$$

Podemos tornar a quantidade $h(2L + h)$ tão pequena quanto desejarmos, escolhendo $h > 0$ suficientemente pequeno. Em particular, podemos escolher um h positivo de tal forma que $h(2L + h) < 2 - L^2$. Com essa escolha, $b^2 < L^2 + (2 - L^2) = 2$ pela Equação (1). Dessa forma, $b \in S$. No entanto, $b > L$, pois $h > 0$, e, assim, L não é uma cota superior de S, em contradição com nossa hipótese sobre L. Concluímos que $L^2 \geq 2$.

Se $L^2 > 2$, seja $b = L - h$, em que $h > 0$. Então

$$b^2 = L^2 - 2Lh + h^2 = L^2 - h(2L - h)$$

Agora escolhemos h positivo, mas suficientemente pequeno para ter $0 < h(2L - h) < L^2 - 2$. Então $b^2 > L^2 - (L^2 - 2) = 2$. No entanto, $b < L$, de modo que b é uma cota inferior menor de S. De fato, se $x \geq b$, então $x^2 \geq b^2 > 2$, e x não pertence a S. Isso contradiz nossa hipótese de que L é o supremo. Concluímos que $L^2 \leq 2$ e, como já mostramos que $L^2 \geq 2$, resulta $L^2 = 2$, como queríamos provar. ■

Agora provamos três teoremas importantes, o terceiro dos quais é utilizado na demonstração da propriedade do supremo, como segue.

TEOREMA 2 **Teorema de Bolzano-Weierstrass** Seja S um conjunto limitado e infinito de números reais. Então existe uma sequência de elementos distintos $\{a_n\}$ em S tal que existe o limite $L = \lim_{n\to\infty} a_n$

Demonstração Para simplificar a notação, vamos supor que S esteja contido no intervalo unitário $[0, 1]$ (uma prova análoga funciona em geral). Se $k_1, k_2, \ldots, k_n$ é uma sequência de n dígitos (ou seja, cada k_j é um número natural e $0 \leq k_j \leq 9$), seja

$$S(k_1, k_2, \ldots, k_n)$$

o conjunto de $x \in S$ cuja expansão decimal começa com $0{,}k_1k_2 \ldots k_n$. O conjunto S é a união dos subconjuntos $S(0)$, $S(1)$, ..., $S(9)$ e, como S é infinito, pelo menos um desses subconjuntos deve ser infinito. Portanto, podemos escolher k_1 tal que $S(k_1)$ seja infinito. De modo análogo, pelo menos um dos conjuntos $S(k_1, 0)$, $S(k_2, 1), \ldots, S(k_1, 9)$ deve ser infinito, portanto podemos escolher k_2 tal que $S(k_1, k_2)$ seja infinito. Continuando dessa maneira, obtemos uma sequência infinita $\{k_n\}$ tal que o conjunto $S(k_1, k_2, \ldots, k_n)$ é infinito, com qualquer n. Podemos escolher uma sequência de elementos $a_n \in S(k_1, k_2, \ldots, k_n)$ com a propriedade de a_n ser distinto de $a_1, \ldots, a_{n-1}$, com qualquer n. Seja L a expansão decimal infinita $0{,}k_1k_2k_3\ldots$. Então $\lim_{n\to\infty} a_n = L$, já que $|L - a_n| < 10^{-n}$ com qualquer n. ■

Utilizamos o Teorema de Bolzano-Weierstrass para provar dois importantes resultados sobre sequências $\{a_n\}$. Lembre que uma cota superior de $\{a_n\}$ é um número M tal que $a_j \leq M$, com qualquer j. Se existir uma cota superior, dizemos que $\{a_n\}$ é limitada superiormente. Cotas inferiores são definidas de maneira análoga, e dizemos que $\{a_n\}$ é limitada inferiormente se existir uma cota inferior. Uma sequência é limitada se for limitada inferior e superiormente. Uma **subsequência** de $\{a_n\}$ é uma sequência de elementos $a_{n_1}, a_{n_2}, a_{n_3}, \ldots$ em que $n_1 < n_2 < n_3 < \cdots$.

Agora consideremos uma sequência limitada $\{a_n\}$. Se uma infinidade dos a_n forem distintos, o Teorema de Bolzano-Weierstrass garante que existe uma subsequência $\{a_{n_1}, a_{n_2}, \ldots\}$ tal que existe $\lim_{n\to\infty} a_{n_k}$. Caso contrário, uma infinidade dos a_n coincide e, então, esses termos formam uma subsequência convergente. Assim, provamos o resultado seguinte.

| *Seção 10.1*

TEOREMA 3 Toda sequência limitada tem uma subsequência convergente.

TEOREMA 4 **Sequências monótonas limitadas convergem**

- Se $\{a_n\}$ for crescente e $a_n \leq M$ com qualquer n, então $\{a_n\}$ converge e $\lim_{n\to\infty} a_n \leq M$.
- Se $\{a_n\}$ for decrescente e $a_n \geq M$ com qualquer n, então $\{a_n\}$ converge e $\lim_{n\to\infty} a_n \geq M$.

Demonstração Suponha que $\{a_n\}$ seja crescente e limitada superiormente por M. Então $\{a_n\}$ é, automaticamente, limitada inferiormente por $m = a_1$, pois $a_1 \leq a_2 \leq a_3 \cdots$. Portanto, $\{a_n\}$ é limitada e, pelo Teorema 3, podemos escolher uma subsequência convergente $a_{n_1}, a_{n_2}, \ldots$. Seja

$$L = \lim_{k\to\infty} a_{n_k}$$

Observe que $a_n \leq L$ com qualquer n. Se isso não valesse, então $a_n > L$ com algum n, e obteríamos que $a_{n_k} \geq a_n > L$ com qualquer k tal que $n_k \geq n$. No entanto, isso contradiria que $a_{n_k} \to L$. Agora, por definição, dado qualquer $\epsilon > 0$, existe $N_\epsilon > 0$ tal que

$$|a_{n_k} - L| < \epsilon \qquad \text{se } n_k > N_\epsilon$$

Escolha m tal que $n_m > N_\epsilon$. Se $n \geq n_m$, então $a_{n_m} \leq a_n \leq L$, e, portanto,

$$|a_n - L| \leq |a_{n_m} - L| < \epsilon \qquad \text{com qualquer } n \geq n_m$$

Isso mostra que $\lim_{n\to\infty} a_n = L$, como queríamos provar. Resta provar que $L \leq M$. Se $L > M$, seja $\epsilon = (L - M)/2$ e escolha N tal que

$$|a_n - L| < \epsilon \qquad \text{se } k > N$$

Então $a_n > L - \epsilon = M + \epsilon$. Isso contradiz nossa hipótese de que M é uma cota superior de $\{a_n\}$. Portanto, $L \leq M$ como afirmamos. ■

Demonstração do Teorema 1 Agora utilizamos o Teorema 4 para provar a propriedade do supremo (Teorema 1). Como antes, se x for um número real, denotamos por $x(d)$ o truncamento de x de comprimento d. Por exemplo,

$$\text{se } x = 1{,}41569, \text{ então } x(3) = 1{,}415.$$

Dizemos que x é uma *expansão decimal de comprimento d* se $x = x(d)$. A diferença entre duas expansões decimais distintas de comprimento d é de, no mínimo, 10^{-d}. Segue que, dados dois números reais $A < B$ quaisquer, existe no máximo um número finito de decimais de comprimento d entre A e B.

Agora, seja S um conjunto não vazio de números reais com uma cota superior M. Provemos que S tem um supremo. Seja $S(d)$ o conjunto dos truncamentos de comprimento d:

$$S(d) = \{x(d) : x \in S\}$$

Afirmamos que $S(d)$ tem um elemento máximo. Para verificar isso, escolha qualquer $a \in S$. Se $x \in S$ e $x(d) > a(d)$, então

$$a(d) \leq x(d) \leq M$$

Assim, pelo que observamos no parágrafo precedente, existe no máximo um número finito de elementos $x(d)$ em $S(d)$ maiores do que $a(d)$. O maior desses é o elemento máximo de $S(d)$.

Dado $d = 1, 2, \ldots$, escolhemos um elemento x_d tal que $x_d(d)$ seja o elemento máximo de $S(d)$. Por construção, $\{x_d(d)\}$ é uma sequência crescente (já que o maior truncamento de comprimento d só pode aumentar quando d cresce). Além disso, $x_d(d) \leq M$ com qualquer d. Agora aplicamos o Teorema 4 para concluir que $\{x_d(d)\}$ converge a um limite L. Afirmamos que L é o supremo de S. Inicialmente, observe que L é uma cota superior de S. De fato, se $x \in S$, então $x(d) \leq L$ com qualquer d e, assim, $x \leq L$. Para mostrar que L é o supremo, suponha que M seja uma cota superior tal que $M < L$. Então $x_d \leq M$ com qualquer d e, portanto, $x_d(d) \leq M$ com qualquer d. Portanto,

$$L = \lim_{d\to\infty} x_d(d) \leq M$$

Isso é uma contradição, pois $M < L$. Segue-se que L é o supremo de S. ■

Como mencionamos acima, a propriedade do supremo é utilizada no Cálculo para estabelecer certos teoremas básicos sobre funções contínuas. Como um exemplo, provamos o TVI. Outro exemplo é o teorema de existência de extremos em intervalos fechados (ver Apêndice D).

TEOREMA 5 **Teorema do valor intermediário** Se f for contínua num intervalo fechado $[a, b]$ e $f(a) \neq f(b)$, então, dado qualquer valor M entre $f(a)$ e $f(b)$, existe pelo menos um valor $c \in (a, b)$ tal que $f(c) = M$.

Demonstração Suponha, inicialmente, que $M = 0$. Substituindo $f(x)$ por $-f(x)$, se necessário, podemos supor que $f(a) < 0$ e $f(b) > 0$. Agora, seja

$$S = \{x \in [a, b] : f(x) < 0\}$$

Então $a \in S$, pois $f(a) < 0$ e, portanto, S é não vazio. Claramente, b é uma cota superior de S. Portanto, pela propriedade do supremo, S tem um supremo L. Afirmamos que $f(L) = 0$. Caso contrário, denote $r = f(L)$. Inicialmente, suponha que $r > 0$.

Como f é contínua, existe um número $\delta > 0$ tal que

$$\text{se } |x - L| < \delta, \text{ então } |f(x) - f(L)| = |f(x) - r| < \frac{1}{2}r.$$

Equivalentemente,

$$\text{se } |x - L| < \delta, \text{ então } \frac{1}{2}r < f(x) < \frac{3}{2}r.$$

O número $\frac{1}{2}r$ é positivo, portanto concluímos que

$$\text{se } L - \delta < x < L + \delta, \text{ então } f(x) > 0.$$

Por definição de L, temos $f(x) \geq 0$ com qualquer $x \in [a, b]$ tal que $x > L$, de modo que podemos concluir que $f(x) \geq 0$ com qualquer $x \in [a, b]$ tal que $x > L - \delta$. Assim, $L - \delta$ é uma cota superior de S. Isso é uma contradição, pois L é o supremo de S, e segue que $r = f(L)$ não pode satisfazer $r > 0$. Analogamente, r não pode satisfazer $r < 0$. Concluímos que $f(L) = 0$, como afirmamos.

Agora, se M for não nulo, consideramos $g(x) = f(x) - M$. Então 0 é um valor entre $g(a)$ e $g(b)$ e, portanto, pelo que acabamos de provar, existe algum $c \in (a, b)$ tal que $g(c) = 0$. Segue-se que $f(c) = g(c) + M = M$, como queríamos mostrar. ■

C INDUÇÃO E O TEOREMA BINOMIAL

O princípio da indução é um método de demonstração que é largamente utilizado para provar que uma dada afirmação $P(n)$ é válida com qualquer número natural $n = 1, 2, 3, \ldots$. Aqui temos duas afirmações desse tipo:

- $P(n)$: A soma dos primeiros n números ímpares é igual a n^2.
- $P(n)$: $\dfrac{d}{dx}x^n = nx^{n-1}$.

A primeira afirmação diz que, dado qualquer número natural n,

$$\underbrace{1 + 3 + \cdots + (2n - 1)}_{\text{Soma dos primeiros } n \text{ números ímpares}} = n^2 \qquad 1$$

Podemos verificar diretamente que $P(n)$ é verdadeira com os primeiros valores de n:

$P(1)$ é a igualdade: $1 = 1^2$ (verdadeira)

$P(2)$ é a igualdade: $1 + 3 = 2^2$ (verdadeira)

$P(3)$ é a igualdade: $1 + 3 + 5 = 3^2$ (verdadeira)

O princípio da indução pode ser utilizado para garantir $P(n)$ com qualquer valor de n.

O princípio da indução é aplicável se $P(n)$ for uma afirmação definida com $n \geq n_0$ sendo n_0 um inteiro fixado. Suponha que

(i) Base de indução: $P(n_0)$ é verdadeira.

(ii) Etapa de indução: Se $P(n)$ for verdadeira com $n = k$, então $P(n)$ também será verdadeira com $n = k + 1$.

Então $P(n)$ é verdadeira com qualquer $n \geq n_0$.

TEOREMA 1 Princípio da indução Seja $P(n)$ uma afirmação que depende de um número natural n. Suponha que:

(i) ***Base de indução:*** $P(1)$ é verdadeira.

(ii) ***Etapa de indução:*** Se $P(n)$ for verdadeira com $n = k$, então $P(n)$ também será verdadeira com $n = k + 1$.

Então $P(n)$ é verdadeira com qualquer número natural $n = 1, 2, 3, \ldots$.

EXEMPLO 1 Prove que $1 + 3 + \cdots + (2n - 1) = n^2$ com qualquer número natural n.

Solução Como acima, denotemos por $P(n)$ a igualdade

$$P(n): \qquad 1 + 3 + \cdots + (2n - 1) = n^2$$

Passo 1. **Base de indução: Mostrar que $P(1)$ é verdadeira.**

Isso foi constatado acima. $P(1)$ é a igualdade $1 = 1^2$.

Passo 2. **Etapa de indução: Mostrar que se $P(n)$ for verdadeira com $n = k$, então $P(n)$ também será verdadeira com $n = k + 1$.**

Suponha que $P(k)$ seja verdadeira. Então

$$1 + 3 + \cdots + (2k - 1) = k^2$$

Somamos $2k + 1$ a ambos os lados:

$$[1 + 3 + \cdots + (2k - 1)] + (2k + 1) = k^2 + 2k + 1 = (k + 1)^2$$

$$1 + 3 + \cdots + (2k + 1) = (k + 1)^2$$

Isso é precisamente a afirmação $P(k + 1)$. Assim, $P(k + 1)$ é verdadeira sempre que $P(k)$ for verdadeira. Pelo princípio da indução, $P(k)$ é verdadeira com qualquer k. ■

A intuição subjacente ao princípio da indução é o seguinte: se $P(n)$ não fosse verdadeira com qualquer n, então existiria algum menor número natural k tal que $P(k)$ é falsa. Teríamos $k > 1$, pois $P(1)$ é verdadeira. Assim, $P(k-1)$ seria verdadeira [já que $P(k)$ é o menor "contraexemplo"]. Por outro lado, se $P(k-1)$ for verdadeira, então $P(k)$ também seria verdadeira pela etapa de indução. Isso é uma contradição. Segue-se que $P(n)$ deve ser verdadeira com qualquer n.

■ **EXEMPLO 2** Use indução e a regra do produto para provar que, dado qualquer número natural n,

$$\frac{d}{dx}x^n = nx^{n-1}$$

Solução Seja $P(n)$ a fórmula $\frac{d}{dx}x^n = nx^{n-1}$.

***Passo 1*. Base de indução: Mostrar que $P(1)$ é verdadeira.**

Usamos a definição via limite para verificar $P(1)$:

$$\frac{d}{dx}x = \lim_{h\to 0}\frac{(x+h)-x}{h} = \lim_{h\to 0}\frac{h}{h} = \lim_{h\to 0} 1 = 1$$

***Passo 2*. Etapa de indução: Mostrar que se $P(n)$ for verdadeira com $n = k$, então $P(n)$ também será verdadeira com $n = k + 1$.**

Para executar esse passo, suponha que $\frac{d}{dx}x^k = kx^{k-1}$, em que $k \geq 1$. Então, pela regra do produto,

$$\begin{aligned}\frac{d}{dx}x^{k+1} &= \frac{d}{dx}(x\cdot x^k) = x\frac{d}{dx}x^k + x^k\frac{d}{dx}x = x(kx^{k-1}) + x^k\\ &= kx^k + x^k = (k+1)x^k\end{aligned}$$

Isso mostra que $P(k+1)$ é verdadeira.

Pelo princípio da indução, $P(n)$ é verdadeira com qualquer $n \geq 1$. ■

No triângulo de Pascal, a enésima linha exibe os coeficientes da expansão de $(a+b)^n$:

n	
0	1
1	1 1
2	1 2 1
3	1 3 3 1
4	1 4 6 4 1
5	1 5 10 10 5 1
6	1 6 15 20 15 6 1

O triângulo é construído da maneira seguinte: cada entrada é a soma das duas entradas acima dela na linha anterior. Por exemplo, a entrada 15 na linha $n = 6$ é a soma $10 + 5$ das entradas acima dela na linha $n = 5$. A relação recursiva garante que as entradas no triângulo são os coeficientes binomiais.

Como outra aplicação da indução, provamos o teorema binomial, que descreve a expansão do binômio $(a+b)^n$. As primeiras expansões são conhecidas:

$$(a+b)^1 = a + b$$

$$(a+b)^2 = a^2 + 2ab + b^2$$

$$(a+b)^3 = a^3 + 3a^2b + 3ab^2 + b^3$$

Em geral, temos uma expansão

$$\begin{aligned}(a+b)^n = a^n + \binom{n}{1}a^{n-1}b + \binom{n}{2}a^{n-2}b^2 + \binom{n}{3}a^{n-3}b^3\\ + \cdots + \binom{n}{n-1}ab^{n-1} + b^n\end{aligned} \tag{2}$$

onde o coeficiente de $a^{n-k}b^k$, denotado por $\binom{n}{k}$, é denominado o **coeficiente binomial**. Observe que o primeiro termo na Equação (2) corresponde a $k = 0$ e o último a $k = n$; assim, $\binom{n}{0} = \binom{n}{n} = 1$. Em notação de somatório,

$$(a+b)^n = \sum_{k=0}^{n}\binom{n}{k}a^kb^{n-k}$$

O triângulo de Pascal (descrito na nota da margem da página anterior) pode ser usado para calcular os coeficientes binomiais se n e k não forem muito grandes. O teorema binomial fornece a seguinte fórmula geral:

$$\binom{n}{k} = \frac{n!}{k!\,(n-k)!} = \frac{n(n-1)(n-2)\cdots(n-k+1)}{k(k-1)(k-2)\cdots 2\cdot 1} \qquad 3$$

Antes de provar essa fórmula, provamos uma relação recursiva satisfeita pelos coeficientes binomiais. Entretanto, observe que (3) certamente vale com $k = 0$ e $k = n$ (lembre que, por convenção, $0! = 1$):

$$\binom{n}{0} = \frac{n!}{(n-0)!\,0!} = \frac{n!}{n!} = 1, \qquad \binom{n}{n} = \frac{n!}{(n-n)!\,n!} = \frac{n!}{n!} = 1$$

TEOREMA 2 Relação recursiva dos coeficientes binomiais

$$\binom{n}{k} = \binom{n-1}{k} + \binom{n-1}{k-1} \qquad \text{se } 1 \le k \le n-1$$

Demonstração Escrevemos $(a+b)^n$ como $(a+b)(a+b)^{n-1}$ e expandimos em termos de coeficientes binomiais:

$$(a+b)^n = (a+b)(a+b)^{n-1}$$

$$\sum_{k=0}^{n}\binom{n}{k}a^{n-k}b^k = (a+b)\sum_{k=0}^{n-1}\binom{n-1}{k}a^{n-1-k}b^k$$

$$= a\sum_{k=0}^{n-1}\binom{n-1}{k}a^{n-1-k}b^k + b\sum_{k=0}^{n-1}\binom{n-1}{k}a^{n-1-k}b^k$$

$$= \sum_{k=0}^{n-1}\binom{n-1}{k}a^{n-k}b^k + \sum_{k=0}^{n-1}\binom{n-1}{k}a^{n-(k+1)}b^{k+1}$$

Substituindo k por $k-1$ na segunda soma, obtemos

$$\sum_{k=0}^{n}\binom{n}{k}a^{n-k}b^k = \sum_{k=0}^{n-1}\binom{n-1}{k}a^{n-k}b^k + \sum_{k=1}^{n}\binom{n-1}{k-1}a^{n-k}b^k$$

Do lado direito, a primeira parcela da primeira soma é a^n e a última parcela da última soma é b^n. Assim, temos

$$\sum_{k=0}^{n}\binom{n}{k}a^{n-k}b^k = a^n + \left(\sum_{k=1}^{n-1}\left(\binom{n-1}{k} + \binom{n-1}{k-1}\right)a^{n-k}b^k\right) + b^n$$

A relação recursiva decorre disso, porque os coeficientes de $a^{n-k}b^k$ devem ser iguais nos dois lados da equação. ■

Agora usamos indução para provar a Equação (3). Seja $P(n)$ a afirmação:

$$\binom{n}{k} = \frac{n!}{k!\,(n-k)!} \qquad \text{com } 0 \le k \le n$$

Temos $\binom{1}{0} = \binom{1}{1} = 1$, já que $(a+b)^1 = a+b$, portanto vale $P(1)$. Além disso, $\binom{n}{n} = \binom{n}{0} = 1$ pelo observado acima, já que a^n e b^n têm coeficiente 1 na expansão de

$(a+b)^n$. Para a etapa de indução, suponha que $P(n)$ seja verdadeira. Pela relação recursiva, dado $1 \le k \le n$, temos

$$\binom{n+1}{k} = \binom{n}{k} + \binom{n}{k-1} = \frac{n!}{k!\,(n-k)!} + \frac{n!}{(k-1)!\,(n-k+1)!}$$
$$= n!\left(\frac{n+1-k}{k!\,(n+1-k)!} + \frac{k}{k!\,(n+1-k)!}\right) = n!\left(\frac{n+1}{k!\,(n+1-k)!}\right)$$
$$= \frac{(n+1)!}{k!\,(n+1-k)!}$$

Assim, $P(n+1)$ também é verdadeira, e o teorema binomial decorre por indução. ■

■ **EXEMPLO 3** Use o teorema binomial para expandir $(x+y)^5$ e $(x+2)^3$.

Solução A quinta linha no triângulo de Pascal dá

$$(x+y)^5 = x^5 + 5x^4y + 10x^3y^2 + 10x^2y^3 + 5xy^4 + y^5$$

A terceira linha no triângulo de Pascal dá

$$(x+2)^3 = x^3 + 3x^2(2) + 3x(2)^2 + 2^3 = x^3 + 6x^2 + 12x + 8$$ ■

C. EXERCÍCIOS

Nos Exercícios 1-4, use o princípio da indução para provar a fórmula com qualquer número natural n.

1. $1+2+3+\cdots+n = \dfrac{n(n+1)}{2}$
2. $1^3+2^3+3^3+\cdots+n^3 = \dfrac{n^2(n+1)^2}{4}$
3. $\dfrac{1}{1\cdot 2} + \dfrac{1}{2\cdot 3} + \cdots + \dfrac{1}{n(n+1)} = \dfrac{n}{n+1}$
4. $1+x+x^2+\cdots+x^n = \dfrac{1-x^{n+1}}{1-x}$ com qualquer $x \ne 1$
5. Seja $P(n)$ a afirmação $2^n > n$.
   (a) Mostre que $P(1)$ é válida.
   (b) Observe que, se $2^n > n$, então $2^n + 2^n > 2n$. Use isso para mostrar que se $P(n)$ for verdadeira com $n = k$, então $P(n)$ será verdadeira com $n = k+1$. Conclua que $P(n)$ é verdadeira com qualquer n.
6. Use indução para provar que $n! > 2^n$ com qualquer $n \ge 4$.

Seja $\{F_n\}$ a sequência de Fibonacci, definida pela fórmula recursiva

$$F_n = F_{n-1} + F_{n-2}, \qquad F_1 = F_2 = 1$$

Os primeiros termos são 1, 1, 2, 3, 5, 8, 13, ... Nos Exercícios 7-10, use indução para provar a identidade.

7. $F_1 + F_2 + \cdots + F_n = F_{n+2} - 1$
8. $F_1^2 + F_2^2 + \cdots + F_n^2 = F_{n+1}F_n$
9. $F_n = \dfrac{R_+^n - R_-^n}{\sqrt{5}}$, sendo $R_\pm = \dfrac{1 \pm \sqrt{5}}{2}$
10. $F_{n+1}F_{n-1} = F_n^2 + (-1)^n$. *Sugestão*: na etapa de indução, mostre que
$$F_{n+2}F_n = F_{n+1}F_n + F_n^2$$
$$F_{n+1}^2 = F_{n+1}F_n + F_{n+1}F_{n-1}$$
11. Use indução para provar que $f(n) = 8^n - 1$ é divisível por 7 com qualquer número natural n. *Sugestão*: na etapa de indução, mostre que
$$8^{k+1} - 1 = 7\cdot 8^k + (8^k - 1)$$
12. Use indução para provar que $n^3 - n$ é divisível por 3 com qualquer número natural n.
13. Use indução para provar que $5^{2n} - 4^n$ é divisível por 7 com qualquer número natural n.
14. Use o triângulo de Pascal para escrever a expansão de $(a+b)^6$ e de $(a-b)^4$.
15. Expanda $(x + x^{-1})^4$.
16. Qual é o coeficiente de x^9 em $(x^3 + x)^5$?
17. Seja $S(n) = \displaystyle\sum_{k=0}^{n} \binom{n}{k}$.
    (a) Use o triângulo de Pascal para calcular $S(n)$ com $n = 1, 2, 3, 4$.
    (b) Prove que $S(n) = 2^n$ com qualquer $n \ge 1$. *Sugestão*: expanda $(a+b)^n$ e calcule em $a = b = 1$.
18. Seja $T(n) = \displaystyle\sum_{k=0}^{n} (-1)^k \binom{n}{k}$.
    (a) Use o triângulo de Pascal para calcular $T(n)$ com $n = 1, 2, 3, 4$.
    (b) Prove que $T(n) = 0$ com qualquer $n \ge 1$. *Sugestão*: expanda $(a+b)^n$ e calcule em $a = 1, b = -1$.

D DEMONSTRAÇÕES ADICIONAIS

Neste apêndice, fornecemos provas de vários teoremas que foram enunciados ou usados no texto.

| Seção 2.3

TEOREMA 1 Leis básicas de limites Suponha que existam $\lim_{x\to c} f(x)$ e $\lim_{x\to c} g(x)$. Então:

(i) $\lim_{x\to c} \big(f(x) + g(x)\big) = \lim_{x\to c} f(x) + \lim_{x\to c} g(x)$

(ii) Dado qualquer número k, $\lim_{x\to c} kf(x) = k \lim_{x\to c} f(x)$

(iii) $\lim_{x\to c} f(x)g(x) = \left(\lim_{x\to c} f(x)\right)\left(\lim_{x\to c} g(x)\right)$

(iv) Se $\lim_{x\to c} g(x) \neq 0$, então

$$\lim_{x\to c} \frac{f(x)}{g(x)} = \frac{\lim_{x\to c} f(x)}{\lim_{x\to c} g(x)}$$

Demonstração Sejam $L = \lim_{x\to c} f(x)$ e $M = \lim_{x\to c} g(x)$. A lei da soma (i) foi provada na Seção 2.9. Observe que (ii) é um caso especial de (iii), em que $g(x) = k$ é uma função constante. Assim, é suficiente provar a lei do produto (iii). Escrevemos

$$f(x)g(x) - LM = f(x)(g(x) - M) + M(f(x) - L)$$

e aplicamos a desigualdade triangular para obter

$$|f(x)g(x) - LM| \le |f(x)(g(x) - M)| + |M(f(x) - L)| \qquad 1$$

Pela definição de limite, podemos escolher $\delta > 0$ de tal modo que

$$\text{se } 0 < |x - c| < \delta, \text{ então } |f(x) - L| < 1.$$

Segue que $|f(x)| < |L| + 1$ com $0 < |x - c| < \delta$. Agora escolha qualquer número $\epsilon > 0$. Aplicando novamente a definição de limite, vemos que escolhendo um δ menor, se necessário, também podemos garantir que, se $0 < |x - c| < \delta$, então

$$|f(x) - L| \le \frac{\epsilon}{2(|M| + 1)} \quad \text{e} \quad |g(x) - M| \le \frac{\epsilon}{2(|L| + 1)}$$

Usando a Equação (1), vemos que, se $0 < |x - c| < \delta$, então

$$\begin{aligned} |f(x)g(x) - LM| &\le |f(x)|\,|g(x) - M| + |M|\,|f(x) - L| \\ &\le (|L| + 1)\frac{\epsilon}{2(|L| + 1)} + |M|\frac{\epsilon}{2(|M| + 1)} \\ &\le \frac{\epsilon}{2} + \frac{\epsilon}{2} = \epsilon \end{aligned}$$

Como ϵ foi tomado arbitrariamente, isso prova que $\lim_{x\to c} f(x)g(x) = LM$. Para provar a lei do quociente (iv), é suficiente verificar que, se $M \neq 0$, então

$$\lim_{x\to c} \frac{1}{g(x)} = \frac{1}{M} \qquad 2$$

De fato, se a Equação (2) for válida, então podemos aplicar a lei do produto com $f(x)$ e $g(x)^{-1}$ para obter a lei do quociente:

$$\lim_{x \to c} \frac{f(x)}{g(x)} = \lim_{x \to c} f(x) \frac{1}{g(x)} = \left(\lim_{x \to c} f(x)\right)\left(\lim_{x \to c} \frac{1}{g(x)}\right)$$
$$= L\left(\frac{1}{M}\right) = \frac{L}{M}$$

Agora vamos verificar a Equação (2). Como $g(x)$ tende a M e $M \neq 0$, podemos escolher $\delta > 0$ tal que, se $0 < |x - c| < \delta$, então $|g(x)| \geq |M|/2$. Agora escolha qualquer número $\epsilon > 0$. Tomando um δ menor, se necessário, também podemos garantir que

$$\text{se } 0 < |x - c| < \delta, \text{ então } |M - g(x)| < \epsilon|M|\left(\frac{|M|}{2}\right).$$

Decorre disso que

$$\left|\frac{1}{g(x)} - \frac{1}{M}\right| = \left|\frac{M - g(x)}{Mg(x)}\right| \leq \left|\frac{M - g(x)}{M(M/2)}\right| \leq \frac{\epsilon|M|(|M|/2)}{|M|(|M|/2)} = \epsilon$$

Como ϵ foi tomado arbitrariamente, provamos o limite na Equação (2). ■

O resultado seguinte foi utilizado no texto.

TEOREMA 2 Limites preservam desigualdades Sejam (a, b) um intervalo aberto e $c \in (a, b)$ dados. Suponha que f e g sejam funções definidas em (a, b), exceto, possivelmente, em c. Suponha que

$$f(x) \leq g(x) \qquad \text{com } x \in (a, b), \quad x \neq c$$

e que existam os limites $\lim_{x \to c} f(x)$ e $\lim_{x \to c} g(x)$. Então

$$\lim_{x \to c} f(x) \leq \lim_{x \to c} g(x)$$

Demonstração Sejam $L = \lim_{x \to c} f(x)$ e $M = \lim_{x \to c} g(x)$. Para mostrar que $L \leq M$, usamos uma prova por contradição. Se $L > M$, seja $\epsilon = \frac{1}{2}(L - M)$. Pela definição formal de limites, podemos escolher $\delta > 0$ tal que as duas condições seguintes estejam satisfeitas:

$$\text{se } |x - c| < \delta, \text{ então } |M - g(x)| < \epsilon.$$
$$\text{se } |x - c| < \delta, \text{ então } |L - f(x)| < \epsilon.$$

Segue-se que

$$f(x) > L - \epsilon = M + \epsilon > g(x)$$

Isso é uma contradição, pois $f(x) \leq g(x)$. Concluímos que $L \leq M$. ■

TEOREMA 3 Limite de uma função composta Suponha que existam os limites seguintes:

$$L = \lim_{x \to c} g(x) \qquad \text{e} \qquad M = \lim_{x \to L} f(x)$$

Então $\lim_{x \to c} f(g(x)) = M$.

Demonstração Seja $\epsilon > 0$ dado. Pela definição de limite, existe $\delta_1 > 0$ tal que

$$\text{se } 0 < |x - L| < \delta_1, \text{ então } |f(x) - M| < \epsilon. \qquad 3$$

Analogamente, existe $\delta > 0$ tal que

$$\text{se } 0 < |x - c| < \delta, \text{ então } |g(x) - L| < \delta_1. \qquad 4$$

Substituímos x por $g(x)$ na Equação (3) e aplicamos a Equação (4) para obter

$$\text{se } 0 < |x - c| < \delta, \text{ então } |f(g(x)) - M| < \epsilon.$$

Como ϵ foi tomado arbitrariamente, isso prova que $\lim_{x \to c} f(g(x)) = M$. ■

| Seção 2.4

TEOREMA 4 Continuidade de funções compostas Seja $F(x) = f(g(x))$ uma função composta. Se g for contínua em $x = c$ e f for contínua em $x = g(c)$, então $F(x)$ será contínua em $x = c$.

Demonstração Pela definição de continuidade,

$$\lim_{x \to c} g(x) = g(c) \qquad \text{e} \qquad \lim_{x \to g(c)} f(x) = f(g(c))$$

Portanto, podemos aplicar o Teorema 3 para obter

$$\lim_{x \to c} f(g(x)) = f(g(c))$$

Isso prova que $F(x) = f(g(x))$ é contínua em $x = c$. ■

| Seção 2.6

TEOREMA 5 Teorema do confronto Suponha que, com $x \neq c$ (em algum intervalo aberto contendo c),

$$l(x) \le f(x) \le u(x) \qquad \text{e} \qquad \lim_{x \to c} l(x) = \lim_{x \to c} u(x) = L$$

Então existe $\lim_{x \to c} f(x)$ e

$$\lim_{x \to c} f(x) = L$$

Demonstração Seja $\epsilon > 0$ dado. Podemos escolher $\delta > 0$ tal que

$$\text{se } 0 < |x - c| < \delta, \text{ então } |l(x) - L| < \epsilon \quad \text{e} \quad |u(x) - L| < \epsilon.$$

Em princípio, pode ser necessário um δ diferente para obter as duas desigualdades para $l(x)$ e $u(x)$, mas podemos utilizar o menor dos dois deltas. Assim, se $0 < |x - c| < \delta$, segue-se

$$L - \epsilon < l(x) < L + \epsilon$$

e

$$L - \epsilon < u(x) < L + \epsilon$$

Como $f(x)$ está entre $l(x)$ e $u(x)$, decorre que

$$L - \epsilon < l(x) \le f(x) \le u(x) < L + \epsilon$$

e, portanto, $|f(x) - L| < \epsilon$ se $0 < |x - c| < \delta$. Como ϵ foi tomado arbitrariamente, isso prova que $\lim_{x \to c} f(x) = L$, como queríamos. ■

| Seção 4.2

TEOREMA 6 Existência de extremos em intervalos fechados Uma função contínua f num intervalo fechado (e limitado) $I = [a, b]$ atinge um valor mínimo e um valor máximo em I.

Demonstração Vamos provar que $f(x)$ atinge um valor máximo em dois passos (o caso de um mínimo é análogo).

Passo 1. **Provar que f é limitada superiormente.**

Vamos usar prova por contradição. Se f não fosse limitada superiormente, então existiriam pontos $a_n \in [a, b]$ tais que $f(a_n) \ge n$ com $n = 1, 2, \ldots$. Pelo Teorema 3 do Apêndice B, podemos escolher alguma subsequência de elementos $a_{n_1}, a_{n_2}, \ldots$ que convirja a um limite em $[a, b]$, digamos, $\lim_{k \to \infty} a_{n_k} = L$. Como f é contínua, existe $\delta > 0$ tal que

$$\text{se } x \in [a, b] \ \text{ e } \ |x - L| < \delta, \text{ então } |f(x) - f(L)| < 1.$$

Portanto,

$$\text{se } x \in [a, b] \text{ e } x \in (L - \delta, L + \delta), \text{ então } f(x) < f(L) + 1. \qquad 5$$

Tomando k suficientemente grande, a_{n_k} está em $(L - \delta, L + \delta)$, pois $\lim_{k\to\infty} a_{n_k} = L$. Pela Equação (5), $f(a_{n_k})$ é limitada por $f(L) + 1$. Contudo, $f(a_{n_k}) = n_k$ tende ao infinito com $k \to \infty$. Isso é uma contradição. Desse modo, é falsa a nossa hipótese de que f não é limitada superiormente.

Passo 2. **Provar que f atinge um valor máximo.**
A imagem de $f(x)$ em $I = [a, b]$ é o conjunto

$$S = \{f(x) : x \in [a, b]\}$$

Pelo passo anterior, S é limitado superiormente e, portanto, existe um supremo M de S pela propriedade do supremo. Assim, $f(x) \le M$ com qualquer $x \in [a, b]$. Para completar a prova, mostramos que $f(c) = M$, com algum $c \in [a, b]$. Disso decorre, então, que f atinge seu valor máximo M em $[a, b]$.

Por definição, $M - 1/n$ não é uma cota superior com $n \ge 1$, e, portanto, podemos escolher um ponto b_n em $[a, b]$ tal que

$$M - \frac{1}{n} \le f(b_n) \le M$$

Novamente, pelo Teorema 3 do Apêndice B, existe alguma subsequência de elementos $\{b_{n_1}, b_{n_2}, \dots\}$ em $\{b_1, b_2, \dots\}$ que converge a um limite, digamos,

$$\lim_{k\to\infty} b_{n_k} = c$$

Além disso, esse limite c pertence a $[a, b]$, pois $[a, b]$ é fechado. Seja $\epsilon > 0$ dado. Como f é contínua, podemos escolher k tão grande que as duas condições seguintes estejam satisfeitas: $|f(c) - f(b_{n_k})| < \epsilon/2$ e $n_k > 2/\epsilon$. Então

$$|f(c) - M| \le |f(c) - f(b_{n_k})| + |f(b_{n_k}) - M| \le \frac{\epsilon}{2} + \frac{1}{n_k} \le \frac{\epsilon}{2} + \frac{\epsilon}{2} = \epsilon$$

Assim, $|f(c) - M|$ é menor do que ϵ com qualquer número positivo ϵ. Ocorre que isso só é possível se $|f(c) - M| = 0$. Assim, $f(c) = M$, como queríamos provar. ■

TEOREMA 7 Funções contínuas são integráveis Se f for contínua em $[a, b]$, então f será integrável em $[a, b]$.

| *Seção 5.2*

Demonstração Utilizaremos uma hipótese simplificadora adicional, a saber, que f é derivável e que sua derivada f' é limitada. Em outras palavras, vamos supor que $|f'(x)| \le K$ com alguma constante K. Essa hipótese é usada para mostrar que f não pode variar muito em intervalos pequenos. Mais precisamente, provemos que se $[a_0, b_0]$ for um intervalo fechado qualquer contido em $[a, b]$ e se m e M forem os valores mínimo e máximo de f em $[a_0, b_0]$, então

$$|M - m| \le K|b_0 - a_0| \qquad 6$$

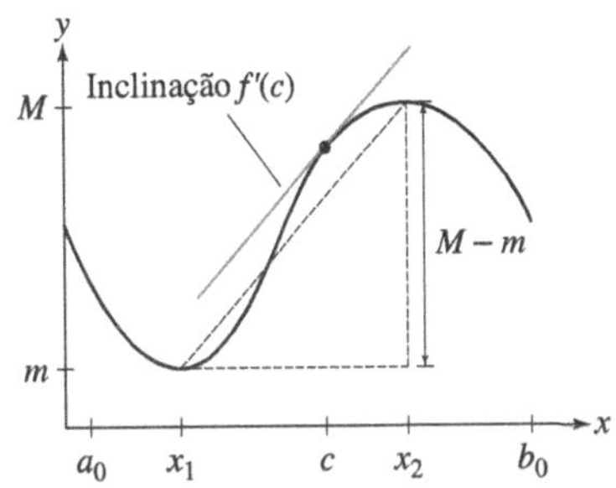

FIGURA 1 Como $M - m = f'(c)(x_2 - x_1)$, concluímos que $M - m \le K(b_0 - a_0)$.

A Figura 1 ilustra a ideia subjacente a essa desigualdade. Suponha que $f(x_1) = m$ e $f(x_2) = M$, em que x_1 e x_2 estão em $[a_0, b_0]$. Se $x_1 \ne x_2$, então, pelo TVM, existe um ponto c entre x_1 e x_2 tal que

$$\frac{M - m}{x_2 - x_1} = \frac{f(x_2) - f(x_1)}{x_2 - x_1} = f'(c)$$

Como x_1, x_2 estão em $[a_0, b_0]$, temos $|x_2 - x_1| \le |b_0 - a_0|$ e, assim,

$$|M - m| = |f'(c)|\,|x_2 - x_1| \le K|b_0 - a_0|$$

Isso prova a Equação (6).

Dividimos o resto da prova em dois passos. Considere uma partição P:

$$P: \quad x_0 = a < x_1 < \quad \cdots \quad < x_{N-1} < x_N = b$$

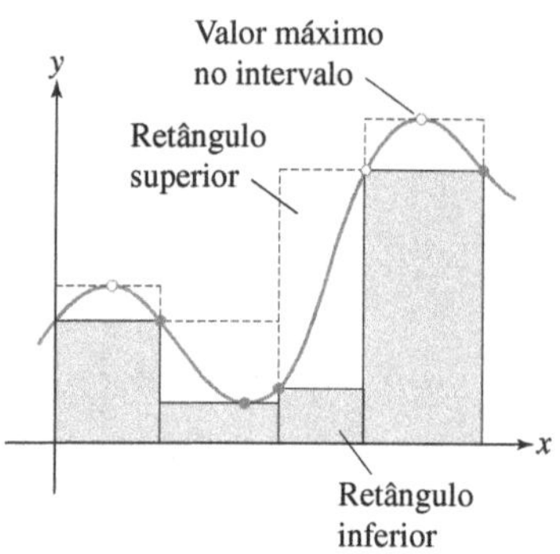

FIGURA 2 Retângulos inferiores e superiores de uma partição de comprimento $N = 4$.

Sejam m_i o valor mínimo de f em $[x_{i-1}, x_i]$ e M_i o máximo em $[x_{i-1}, x_i]$. Definimos as somas de Riemann *inferior* e *superior* por

$$L(f, P) = \sum_{i=1}^{N} m_i \Delta x_i \quad \text{e} \quad U(f, P) = \sum_{i=1}^{N} M_i \Delta x_i$$

Essas são somas de Riemann particulares, em que o ponto intermediário em $[x_{i-1}, x_i]$ é o ponto em que f atinge seu mínimo e máximo em $[x_{i-1}, x_i]$. A Figura 2 ilustra o caso $N = 4$.

***Passo 1.* Provar que as somas inferiores e superiores tendem a um limite.**

Observamos que

$$L(f, P_1) \le U(f, P_2) \quad \text{quaisquer que sejam as duas partições } P_1 \text{ e } P_2 \qquad 7$$

De fato, se um subintervalo I_1 de P_1 intersectar um subintervalo I_2 de P_2, então o mínimo de f em I_1 é menor do que ou igual ao máximo de f em I_2 (Figura 3). Em particular, as somas inferiores são limitadas superiormente por $U(f, P)$, com qualquer partição P. Seja L o supremo das somas inferiores. Então, qualquer que seja a partição P,

$$L(f, P) \le L \le U(f, P) \qquad 8$$

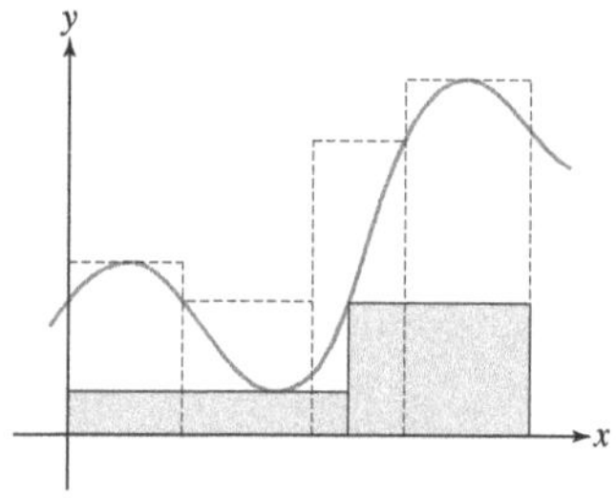

FIGURA 3 Os retângulos inferiores sempre ficam abaixo dos retângulos superiores, mesmo quando as partições são diferentes.

De acordo com a Equação (6), temos $|M_i - m_i| \le K\Delta x_i$ com qualquer i. Como $\|P\|$ é o maior dos comprimentos Δx_i, vemos que $|M_i - m_i| \le K\|P\|$ e

$$|U(f, P) - L(f, P)| \le \sum_{i=1}^{N} |M_i - m_i| \Delta x_i$$

$$\le K\|P\| \sum_{i=1}^{N} \Delta x_i = K\|P\| \, |b - a| \qquad 9$$

Seja $c = K\,|b - a|$. Usando as Equações (8) e (9), obtemos

$$|L - U(f, P)| \le |U(f, P) - L(f, P)| \le c\|P\|$$

Concluímos que $\lim_{\|P\| \to 0} |L - U(f, P)| = 0$. Analogamente,

$$|L - L(f, P)| \le c\|P\|$$

e

$$\lim_{\|P\| \to 0} |L - L(f, P)| = 0$$

Assim, temos

$$\lim_{\|P\| \to 0} U(f, P) = \lim_{\|P\| \to 0} L(f, P) = L$$

***Passo 2.* Provar que $\int_a^b f(x)\,dx$ existe e tem valor L.**

Lembre que, com qualquer escolha C de pontos intermediários $c_i \in [x_{i-1}, x_i]$, definimos a soma de Riemann por

$$R(f, P, C) = \sum_{i=1}^{N} f(c_i)\Delta x_i$$

Temos

$$L(f, P) \le R(f, P, C) \le U(f, P)$$

De fato, como $c_i \in [x_{i-1}, x_i]$, temos $m_i \leq f(c_i) \leq M_i$ com qualquer i e

$$\sum_{i=1}^{N} m_i\, \Delta x_i \leq \sum_{i=1}^{N} f(c_i)\, \Delta x_i \leq \sum_{i=1}^{N} M_i\, \Delta x_i$$

Segue que

$$|L - R(f, P, C)| \leq |U(f, P) - L(f, P)| \leq c\|P\|$$

Isso mostra que $R(f, P, C)$ converge a L quando $\|P\| \to 0$. ■

TEOREMA 8 Se f for contínua e $\{a_n\}$ for uma sequência tal que exista o limite $\lim_{n\to\infty} a_n = L$, então

$$\lim_{n\to\infty} f(a_n) = f(L)$$

| Seção 10.1

Demonstração Escolha um $\epsilon > 0$ qualquer. Como f é contínua, existe algum $\delta > 0$ tal que

$$\text{se } 0 < |x - L| < \delta, \text{ então } |f(x) - f(L)| < \epsilon.$$

Como $\lim_{n\to\infty} a_n = L$, existe $N > 0$ tal que $|a_n - L| < \delta$ com $n > N$. Assim,

$$|f(a_n) - f(L)| < \epsilon \qquad \text{com } n > N$$

Segue que $\lim_{n\to\infty} f(a_n) = f(L)$. ■

TEOREMA 9 **Teorema de Clairaut** Se ambas derivadas f_{xy} e y_{yx} forem funções contínuas num disco D, então $f_{xy}(a, b) = f_{yx}(a, b)$ com qualquer $(a, b) \in D$.

| Seção 14.3

Demonstração Provamos que $f_{xy}(a, b)$ e $f_{yx}(a, b)$ são iguais ao limite

$$L = \lim_{h\to 0} \frac{f(a+h, b+h) - f(a+h, b) - f(a, b+h) + f(a, b)}{h^2}$$

Seja $F(x) = f(x, b+h) - f(x, b)$. O numerador do limite é igual a

$$F(a+h) - F(a)$$

e $F'(x) = f_x(x, b+h) - f_x(x, b)$. Pelo TVM, existe a_1 entre a e $a+h$ tal que

$$F(a+h) - F(a) = hF'(a_1) = h(f_x(a_1, b+h) - f_x(a_1, b))$$

Pelo TVM aplicado a f_x, existe b_1 entre b e $b+h$ tal que

$$f_x(a_1, b+h) - f_x(a_1, b) = hf_{xy}(a_1, b_1)$$

Assim,

$$F(a+h) - F(a) = h^2 f_{xy}(a_1, b_1)$$

e

$$L = \lim_{h\to 0} \frac{h^2 f_{xy}(a_1, b_1)}{h^2} = \lim_{h\to 0} f_{xy}(a_1, b_1) = f_{xy}(a, b)$$

A última igualdade decorre da continuidade de f_{xy}, pois (a_1, b_1) tende a (a, b) se $h \to 0$. Para provar que $L = f_{yx}(a, b)$, repetimos o argumento usando a função $F(y) = f(a+h, y) - f(a, y)$, com os papéis de x e de y invertidos. ■

| Seção 14.4

TEOREMA 10 Critério de diferenciabilidade Se $f_x(x, y)$ e $f_y(x, y)$ existirem e forem contínuas num disco aberto D, então $f(x, y)$ será diferenciável em D.

Demonstração Dado $(a, b) \in D$, denotemos

$$L(x, y) = f(a, b) + f_x(a, b)(x - a) + f_y(a, b)(y - b)$$

É conveniente trocar para as variáveis h e k, sendo $x = a + h$ e $y = b + k$. Denotemos

$$\Delta f = f(a + h, b + k) - f(a, b)$$

Então

$$L(x, y) = f(a, b) + f_x(a, b)h + f_y(a, b)k$$

e podemos definir a função

$$e(h, k) = f(x, y) - L(x, y) = \Delta f - (f_x(a, b)h + f_y(a, b)k)$$

Para provar que $f(x, y)$ é diferenciável, devemos mostrar que

$$\lim_{(h,k)\to(0,0)} \frac{e(h, k)}{\sqrt{h^2 + k^2}} = 0$$

Para isso, escrevemos Δf como a soma de duas parcelas:

$$\Delta f = (f(a + h, b + k) - f(a, b + k)) + (f(a, b + k) - f(a, b))$$

e aplicamos o TVM a cada parcela separadamente. Vemos que existem a_1 entre a e $a + h$ e b_1 entre b e $b + k$ tais que

$$f(a + h, b + k) - f(a, b + k) = hf_x(a_1, b + k)$$
$$f(a, b + k) - f(a, b) = kf_y(a, b_1)$$

Portanto,

$$e(h, k) = h(f_x(a_1, b + k) - f_x(a, b)) + k(f_y(a, b_1) - f_y(a, b))$$

e se $(h, k) \neq (0, 0)$,

$$\begin{aligned}\left|\frac{e(h, k)}{\sqrt{h^2 + k^2}}\right| &= \left|\frac{h(f_x(a_1, b + k) - f_x(a, b)) + k(f_y(a, b_1) - f_y(a, b))}{\sqrt{h^2 + k^2}}\right| \\ &\le \left|\frac{h(f_x(a_1, b + k) - f_x(a, b))}{\sqrt{h^2 + k^2}}\right| + \left|\frac{k(f_y(a, b_1) - f_y(a, b))}{\sqrt{h^2 + k^2}}\right| \\ &= |f_x(a_1, b + k) - f_x(a, b)| + |f_y(a, b_1) - f_y(a, b)|\end{aligned}$$

Na segunda linha, utilizamos a desigualdade triangular, [ver Equação (1) na Seção 1.1], e podemos passar para a terceira linha porque $|h/\sqrt{h^2 + k^2}|$ e $|k/\sqrt{h^2 + k^2}|$ são, ambos, menores do que 1. Ambas as parcelas na última linha tendem a zero se $(h, k) \to (0, 0)$, porque estamos supondo f_x e f_y contínuas. Isso completa a prova da diferenciabilidade de $f(x, y)$. ■

RESPOSTAS DOS EXERCÍCIOS ÍMPARES

Capítulo 1

Seção 1.1 Exercícios preliminares

1. $a = -3, b = 1$
2. Os números $a \geq 0$ satisfazem $|a| = a$ e $|-a| = a$. Os números $a \leq 0$ satisfazem $|a| = -a$.
3. $a = -3, b = 1$
4. Não
5. $(9, -4)$
6. **(a)** primeiro quadrante **(b)** segundo quadrante **(c)** quarto quadrante **(d)** terceiro quadrante
7. 3
8. **(b)**
9. Simetria em relação à origem.
10. A única função que é simultaneamente par e ímpar é a função constante $f(x) = 0$.

Seção 1.1 Exercícios

1. $r = \frac{12337}{1250}$ **3.** $|x| \leq 2$ **5.** $|x - 2| < 2$ **7.** $|x - 3| \leq 2$
9. $-8 < x < 8$ **11.** $-3 < x < 2$ **13.** $(-4, 4)$ **15.** $(2, 6)$
17. $\left[-\frac{7}{4}, \frac{9}{4}\right]$ **19.** $(-\infty, 2) \cup (6, \infty)$
21. $(-\infty, -\sqrt{3}) \cup (\sqrt{3}, \infty)$
23. **(a)** (i) **(b)** (iii) **(c)** (v) **(d)** (vi) **(e)** (ii) **(f)** (iv)
25. $(-3, 1)$
29. $|a + b - 13| = |(a - 5) + (b - 8)| \leq |a - 5| + |b - 8| < \frac{1}{2} + \frac{1}{2} = 1$
31. **(a)** 11 **(b)** 1
33. $r_1 = \frac{3}{11}$ e $r_2 = \frac{4}{15}$
35. Sejam $a = 1$ e $b = 0,\overline{9}$ (ver discussão antes do Exemplo 1). A expansão decimal de a e b não são idênticas, mas $|1 - 0,\overline{9}| < 10^{-k}$ com qualquer k.
37. **(a)** $(x - 2)^2 + (y - 4)^2 = 9$
(b) $(x - 2)^2 + (y - 4)^2 = 26$
39. $D = \{r, s, t, u\}$; $R = \{A, B, E\}$
41. D: todos os reais; R: todos os reais
43. D: todos os reais; R: todos os reais
45. D: todos os reais; R: $\{y : y \geq 0\}$
47. $D : \{x : x \neq 0\}$; $R : \{y : y > 0\}$
49. No intervalo $(-1, \infty)$
51. No intervalo $(0, \infty)$
53. Zeros: ± 2; Crescente: $x > 0$; Decrescente: $x < 0$; Simetria: $f(-x) = f(x)$, portanto simetria em relação ao eixo y.

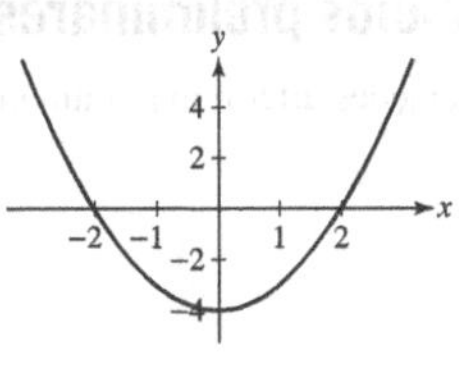

55. Zeros: $0, \pm 2$; Simetria: $f(-x) = -f(x)$, portanto, simetria em relação à origem.

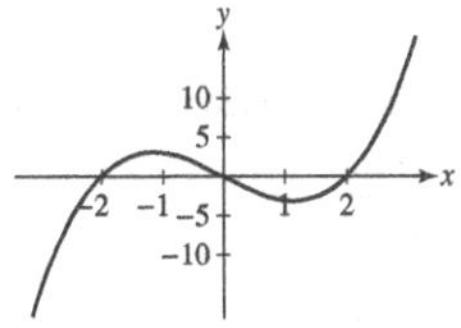

57. Isso é uma reflexão pelo eixo x de $y = x^3$ transladado 2 unidades para cima. Há um zero em $x = \sqrt[3]{2}$.

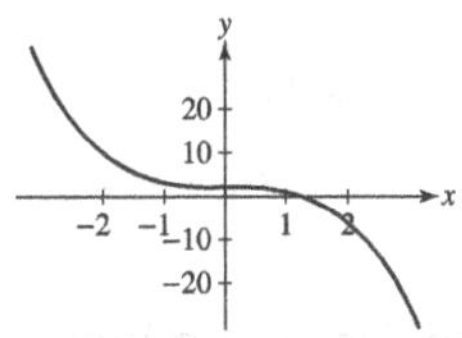

59. (B)
61. **(a)** Ímpar **(b)** Ímpar **(c)** Nem ímpar, nem par **(d)** Par
65. $D : [0, 4]$; $R : [0, 4]$
67.

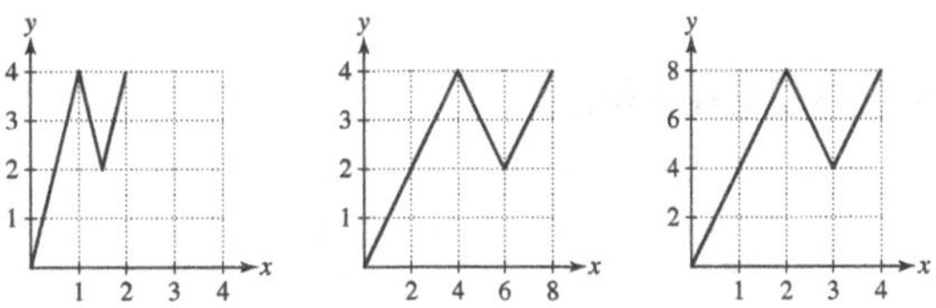

$f(2x)$ $f(x/2)$ $2f(x)$

69.

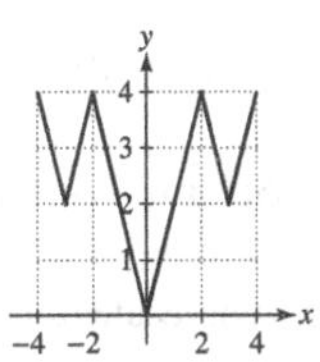

71. **(a)** $D : [4, 8], R : [5, 9]$. **(b)** $D : [1, 5], R : [2, 6]$. **(c)** $D : \left[\frac{4}{3}, \frac{8}{3}\right], R : [2, 6]$. **(d)** $D : [4, 8], R : [6, 18]$.
73. **(a)** $f(x) = \text{sen}(2(x - 5))$ **(b)** $f(x) = \text{sen}(2x - 5)$
75.

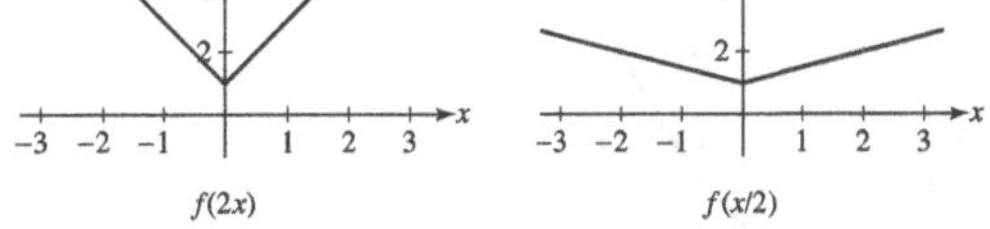

$f(2x)$ $f(x/2)$

77.

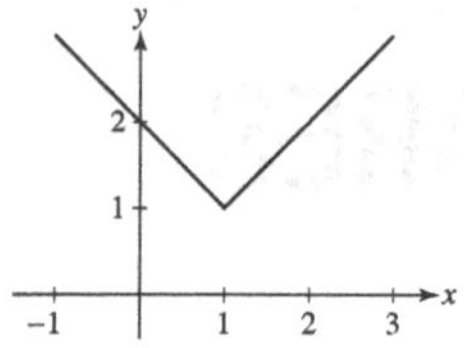

D: todos os reais; R: $\{y \mid y \geq 1\}$; $f(x) = |x-1| + 1$

79. Par:

$$(f+g)(-x) = f(-x) + g(-x) \overset{\text{par}}{=} f(x) + g(x) = (f+g)(x)$$

Ímpar: $(f+g)(-x) = f(-x) + g(-x) \overset{\text{ímpar}}{=} -f(x) + -g(x) = -(f+g)(x)$

85. **(a)** Existem muitas possibilidades, uma das quais é

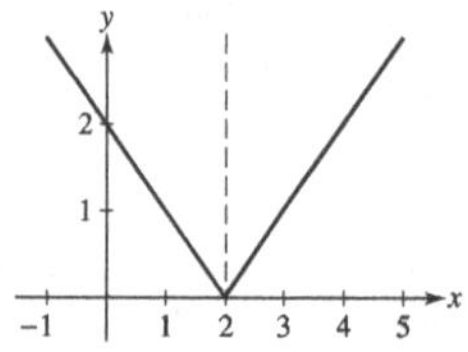

$y = |x-2|$

(b) Seja $g(x) = f(x+a)$. Então

$$g(-x) = f(-x+a) = f(a-x) = f(a+x) = g(x)$$

Seção 1.2 Exercícios preliminares

1. -4
2. Não
3. Paralela ao eixo y se $b = 0$; paralela ao eixo x se $a = 0$.
4. $\Delta y = 9$

Seção 1.2 Exercícios

1. $m = 3$; $y = 12$; $x = -4$ **3.** $m = -\frac{4}{9}$; $y = \frac{1}{3}$; $x = \frac{3}{4}$

5. $m = 3$ **7.** $m = -\frac{3}{4}$ **9.** $y = 3x + 8$ **11.** $y = 3x - 12$

13. $y = -2$ **15.** $y = 3x - 2$ **17.** $3x + 5y = 21$ **19.** $y = 4$

21. $y = -2x + 9$ **23.** $3x + 4y = 12$

25. **(a)** $c = -\frac{1}{4}$ **(b)** $c = -2$

(c) Não existe valor de c tal que essa inclinação seja 0 **(d)** $c = 0$

27. $N(P) = -5P + 15.000$; $\Delta N = -500$

29. **(a)** 40,0248 cm **(b)** $L = 64{,}9597$ pol **(c)** $L = 65(1 + \alpha(T - 100))$

31. $b = 4$

33. Não, pois as inclinações entre pontos de dados consecutivos não são iguais.

35. **(a)** 1 ou $-\frac{1}{4}$ **(b)** $1 \pm \sqrt{2}$

37. O valor mínimo é 0.

39. O valor mínimo é -7.

41. O valor máximo é $\frac{137}{16}$.

43. O valor máximo é $\frac{1}{3}$.

45.

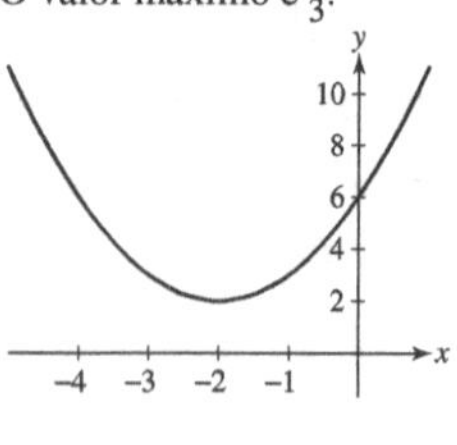

47. Uma raiz dupla ocorre se $c = \pm 2$. Não existem raízes reais se $-2 < c < 2$.

49. Dado $x \geq 0$, $0 \leq \left(x^{1/2} - x^{-1/2}\right)^2 = x - 2 + \frac{1}{x}$. Assim, $x + \frac{1}{x} \geq 2$.

53. $4 \pm \sqrt{8}$

57. Para x^2, $\frac{\Delta y}{\Delta x} = \frac{x_2^2 - x_1^2}{x_2 - x_1} = x_2 + x_1$.

61.

$$(x-\alpha)(x-\beta) = x^2 - \alpha x - \beta x + \alpha\beta = x^2 + (-\alpha - \beta)x + \alpha\beta$$

Seção 1.3 Exercícios preliminares

1. Um exemplo é $f(x) = \frac{3x^2 - 2}{7x^3 + x - 1}$.
2. $y = |x|$ não é um polinômio; $y = |x^2 + 1|$ é um polinômio.
3. O domínio de $f \circ g$ é o conjunto vazio.
4. Decrescente.
5. Uma possibilidade é $f(x) = e^x - \operatorname{sen} x$.

Seção 1.3 Exercícios

1. $x \geq 0$

3. Todos os números reais.

5. $t \neq -2$ **7.** $u \neq \pm 2$ **9.** $x \neq 0, 1$

11. $y > 0$ **13.** Polinomial **15.** Algébrica **17.** Transcendente

19. Racional **21.** Transcendente **23.** Racional **25.** Sim

27. $f(g(x)) = \sqrt{x+1}$; D: $x \geq -1$, $g(f(x)) = \sqrt{x} + 1$; D: $x \geq 0$

29. $f(g(x)) = 2^{x^2}$; D: **R**, $g(f(x)) = (2^x)^2 = 2^{2x}$; D: **R**

31. $f(g(x)) = \cos(x^3 + x^2)$; D: **R**, $g(f(\theta)) = \cos^3\theta + \cos^2\theta$; D: **R**

33. $f(g(t)) = \frac{1}{\sqrt{-t^2}}$; D: não é válido com qualquer t,

$$g(f(t)) = -\left(\frac{1}{\sqrt{t}}\right)^2 = -\frac{1}{t};\ D\text{: } t > 0$$

35.

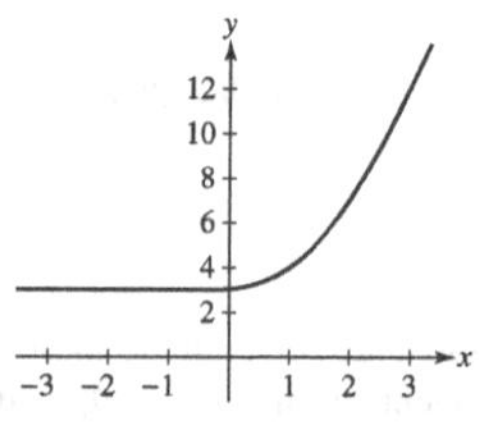

37.

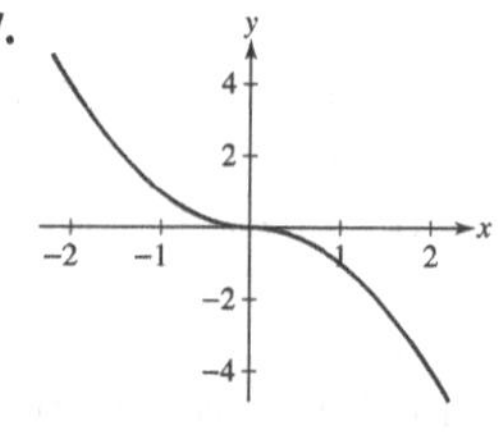

39.

$P(t+10) = 30 \cdot 2^{0,1(t+10)} = 30 \cdot 2^{0,1t+1} = 2(30 \cdot 2^{0,1t}) = 2P(t)$;
$g\left(t + \frac{1}{k}\right) = a2^{k(t+1/k)} = a2^{kt+1} = 2a2^{kt} = 2g(t)$

41. $f(x) = x^2$:

$\delta f(x) = f(x+1) - f(x) = (x+1)^2 - x^2 = 2x + 1$

$f(x) = x$: $\delta f(x) = x + 1 - x = 1$

$f(x) = x^3$: $\delta f(x) = (x+1)^3 - x^3 = 3x^2 + 3x + 1$

43.

$$\begin{aligned}\delta(f+g) &= (f(x+1) + g(x+1)) - (f(x) - g(x)) \\ &= (f(x+1) - f(x)) + (g(x+1) - g(x)) = \delta f(x) + \delta g(x)\end{aligned}$$

$$\delta(cf) = cf(x+1) - cf(x) = c(f(x+1) - f(x)) = c\delta f(x).$$

Seção 1.4 Exercícios preliminares

1. É possível se as rotações diferirem por um inteiro múltiplo de 2π.
2. $\frac{9\pi}{4}$ e $\frac{41\pi}{4}$
3. $-\frac{5\pi}{3}$
4. **(a)**

5. Denote por O o centro do círculo unitário e seja P um ponto no círculo unitário tal que o raio $\overline{OP}$ faça um ângulo θ com o eixo x positivo. Então sen x é a coordenada y do ponto P.

6. Denote por O o centro do círculo unitário e seja P um ponto no círculo unitário tal que o raio $\overline{OP}$ faça um ângulo θ com o eixo x positivo. O ângulo $\theta + 2\pi$ é obtido do ângulo θ com uma volta completa em torno do círculo. Portanto, o ângulo $\theta + 2\pi$ terá o raio $\overline{OP}$ em seu lado final.

Seção 1.4 Exercícios

1. $5\pi/4$

3. **(a)** $\frac{180°}{\pi} \approx 57{,}3°$ **(b)** $60°$ **(c)** $\frac{75°}{\pi} \approx 23{,}87°$ **(d)** $225°$

5. $s = r\theta = 3{,}6$; $s = r\phi = 8$

7.

θ	$(\cos\theta, \operatorname{sen}\theta)$	θ	$(\cos\theta, \operatorname{sen}\theta)$
$\frac{\pi}{2}$	$(0, 1)$	$\frac{5\pi}{4}$	$\left(\frac{-\sqrt{2}}{2}, \frac{-\sqrt{2}}{2}\right)$
$\frac{2\pi}{3}$	$\left(\frac{-1}{2}, \frac{\sqrt{3}}{2}\right)$	$\frac{4\pi}{3}$	$\left(\frac{-1}{2}, \frac{-\sqrt{3}}{2}\right)$
$\frac{3\pi}{4}$	$\left(\frac{-\sqrt{2}}{2}, \frac{\sqrt{2}}{2}\right)$	$\frac{3\pi}{2}$	$(0, -1)$
$\frac{5\pi}{6}$	$\left(\frac{-\sqrt{3}}{2}, \frac{1}{2}\right)$	$\frac{5\pi}{3}$	$\left(\frac{1}{2}, \frac{-\sqrt{3}}{2}\right)$
π	$(-1, 0)$	$\frac{7\pi}{4}$	$\left(\frac{\sqrt{2}}{2}, \frac{-\sqrt{2}}{2}\right)$
$\frac{7\pi}{6}$	$\left(\frac{-\sqrt{3}}{2}, \frac{-1}{2}\right)$	$\frac{11\pi}{6}$	$\left(\frac{\sqrt{3}}{2}, \frac{-1}{2}\right)$

9. $\theta = \frac{\pi}{3}, \frac{5\pi}{3}$ **11.** $\theta = \frac{3\pi}{4}, \frac{7\pi}{4}$ **13.** $x = \frac{\pi}{3}, \frac{2\pi}{3}$

15.

θ	$\frac{\pi}{6}$	$\frac{\pi}{4}$	$\frac{\pi}{3}$	$\frac{\pi}{2}$	$\frac{2\pi}{3}$	$\frac{3\pi}{4}$	$\frac{5\pi}{6}$
tg θ	$\frac{1}{\sqrt{3}}$	1	$\sqrt{3}$	não def	$-\sqrt{3}$	-1	$-\frac{1}{\sqrt{3}}$
sec θ	$\frac{2}{\sqrt{3}}$	$\sqrt{2}$	2	não def	-2	$-\sqrt{2}$	$-\frac{2}{\sqrt{3}}$

17. A hipotenusa do triângulo terá comprimento $\sqrt{1 + c^2}$.

19. $\operatorname{sen}\theta = \frac{12}{13}$ e $\operatorname{tg}\theta = \frac{12}{5}$

21. $\operatorname{sen}\theta = \frac{2}{\sqrt{53}}$, $\sec\theta = \frac{\sqrt{53}}{7}$ e $\operatorname{cotg}\theta = \frac{7}{2}$

23. $23/25$

25. $\cos\theta = -\frac{\sqrt{21}}{5}$ e $\operatorname{tg}\theta = -\frac{2\sqrt{21}}{21}$

27. $\cos\theta = -\frac{4}{5}$

29. Comecemos com os quatro pontos da Figura 23(A).

- O ponto no primeiro quadrante:

$$\operatorname{sen}\theta = 0{,}918, \quad \cos\theta = 0{,}3965 \text{ e } \operatorname{tg}\theta = \frac{0{,}918}{0{,}3965} = 2{,}3153$$

- O ponto no segundo quadrante:

$$\operatorname{sen}\theta = 0{,}3965, \quad \cos\theta = -0{,}918 \text{ e } \operatorname{tg}\theta = \frac{0{,}3965}{-0{,}918} = -0{,}4319$$

- O ponto no terceiro quadrante:

$$\operatorname{sen}\theta = -0{,}918, \quad \cos\theta = -0{,}3965 \text{ e } \operatorname{tg}\theta = \frac{-0{,}918}{-0{,}3965} = 2{,}3153$$

- O ponto no quarto quadrante:

$$\operatorname{sen}\theta = -0{,}3965, \quad \cos\theta = 0{,}918 \text{ e } \operatorname{tg}\theta = \frac{-0{,}3965}{0{,}918} = -0{,}4319$$

Agora consideramos os quatro pontos da Figura 23(B):

- O ponto no primeiro quadrante:

$$\operatorname{sen}\theta = 0{,}918, \quad \cos\theta = 0{,}3965 \text{ e } \operatorname{tg}\theta = \frac{0{,}918}{0{,}3965} = 2{,}3153$$

- O ponto no segundo quadrante:

$$\operatorname{sen}\theta = 0{,}918, \quad \cos\theta = -0{,}3965 \text{ e } \operatorname{tg}\theta = \frac{0{,}918}{0{,}3965} = -2{,}3153$$

- O ponto no terceiro quadrante:

$$\operatorname{sen}\theta = -0{,}918, \quad \cos\theta = -0{,}3965 \text{ e } \operatorname{tg}\theta = \frac{-0{,}918}{-0{,}3965} = 2{,}3153$$

- O ponto no quarto quadrante:

$$\operatorname{sen}\theta = -0{,}918, \quad \cos\theta = 0{,}3965 \text{ e } \operatorname{tg}\theta = \frac{-0{,}918}{0{,}3965} = -2{,}3153$$

31. $\cos\psi = 0{,}3$, $\operatorname{sen}\psi = \sqrt{0{,}91}$ $\operatorname{cotg}\psi = \frac{0{,}3}{\sqrt{0{,}91}}$ e $\operatorname{cossec}\psi = \frac{1}{\sqrt{0{,}91}}$

33. $\cos\left(\frac{\pi}{3} + \frac{\pi}{4}\right) = \frac{\sqrt{2}-\sqrt{6}}{4}$

35.

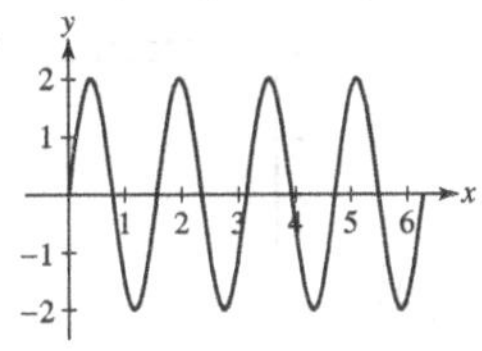

37.

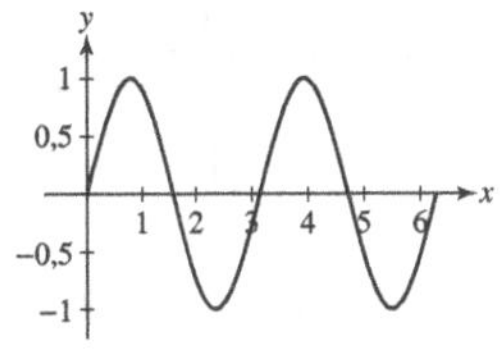

39. $3\cos(\theta/2)$; período 4π; amplitude 3

41. Se $|c| > 1$, não há pontos de interseção; se $|c| = 1$, um ponto de interseção; se $|c| < 1$, dois pontos de interseção.

43. $\theta = 0, \frac{2\pi}{5}, \frac{4\pi}{5}, \pi, \frac{6\pi}{5}, \frac{8\pi}{5}$

45. $\theta = \frac{\pi}{6}, \frac{\pi}{2}, \frac{5\pi}{6}, \frac{7\pi}{6}, \frac{3\pi}{2}, \frac{11\pi}{6}$

47. $\cos 2\theta = \cos(\theta + \theta) = \cos\theta\cos\theta - \operatorname{sen}\theta\operatorname{sen}\theta = \cos^2\theta - \operatorname{sen}^2\theta = 2\cos^2\theta - 1$

49. Substitua $x = \theta/2$ na fórmula do ângulo duplo do seno, $\operatorname{sen}^2 x = \frac{1}{2}(1 - \cos 2x)$ e então extraia a raiz quadrada dos dois lados.

51. $\cos(\theta + \pi) = \cos\theta\cos\pi - \operatorname{sen}\theta\operatorname{sen}\pi = \cos\theta(-1) = -\cos\theta$

53. $\operatorname{tg}(\pi - \theta) = \frac{\operatorname{sen}(\pi-\theta)}{\cos(\pi-\theta)} = \frac{-\operatorname{sen}(-\theta)}{-\cos(-\theta)} = \frac{\operatorname{sen}\theta}{-\cos\theta} = -\operatorname{tg}\theta.$

55. $\frac{\operatorname{sen} 2x}{1+\cos 2x} = \frac{2\operatorname{sen} x\cos x}{1+2\cos^2 x-1} = \frac{2\operatorname{sen} x\cos x}{2\cos^2 x} = \frac{\operatorname{sen} x}{\cos x} = \operatorname{tg} x$

59. 16,928

Seção 1.5 Exercícios preliminares

1. **(a)**, **(b)**, **(f)**

2. Muitos adolescentes diferentes terão o mesmo sobrenome, portanto essa função não será injetora.

3. Essa função é injetora, e $f^{-1}(6{:}27)$ = Hamilton Township.

4. O gráfico da função inversa é a reflexão do gráfico de $y = f(x)$ pela reta $y = x$.

5. **(b)** e **(c)**

6. $\theta = 3\pi$; não

Seção 1.5 Exercícios

1. $f^{-1}(x) = \frac{x+4}{7}$ **3.** $[-\pi/2, \pi/2]$

5. • $f(g(x)) = \left((x-3)^{1/3}\right)^3 + 3 = x - 3 + 3 = x.$

• $g(f(x)) = \left(x^3 + 3 - 3\right)^{1/3} = \left(x^3\right)^{1/3} = x.$

7. $R(v) = \frac{2GM}{v^2}$

9. $f^{-1}(x) = 4 - x.$

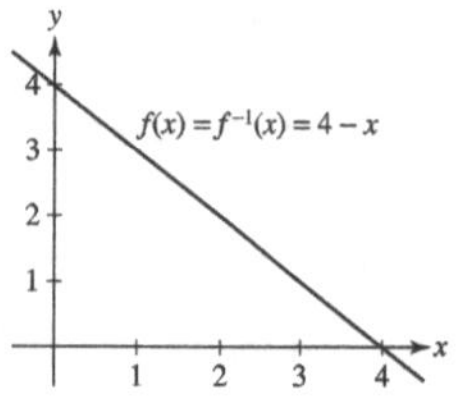

11. $f^{-1}(x) = \frac{1}{7x} + \frac{3}{7}$

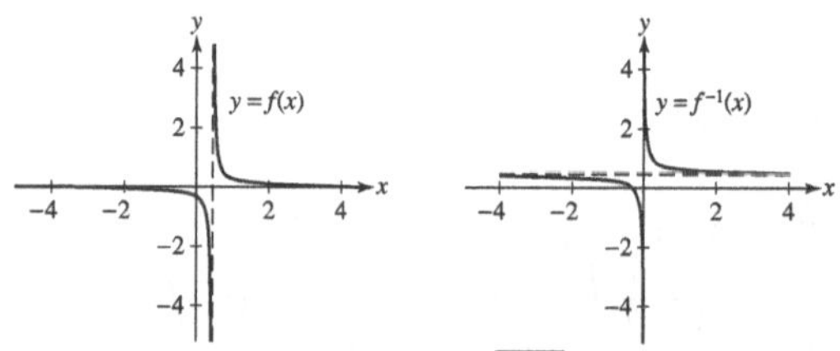

13. Domínio $\{x : x \geq 0\}$: $f^{-1}(x) = \frac{\sqrt{1-x^2}}{x}$;
domínio $\{x : x \leq 0\}$: $f^{-1}(x) = -\frac{\sqrt{1-x^2}}{x}$

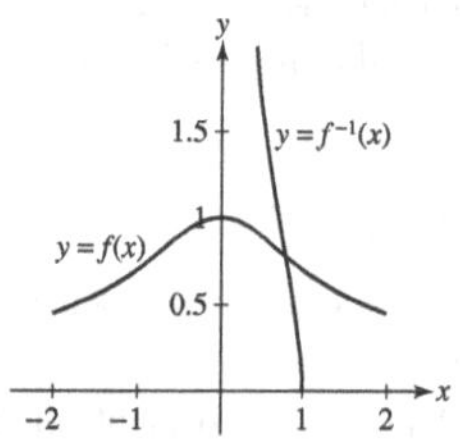

15. $f^{-1}(x) = (x^2 - 9)^{1/3}$

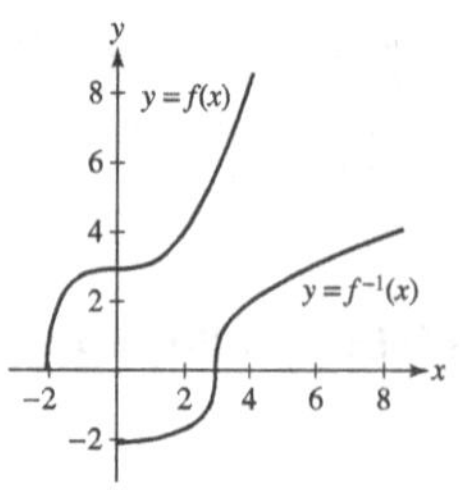

17. Figuras (B) e (C)

19. **(a)**

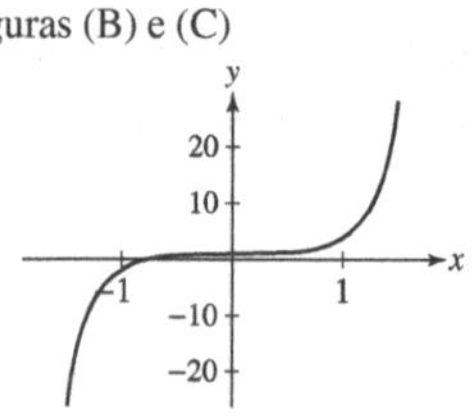

(b) $(-\infty, \infty)$ **(c)** $f^{-1}(3) = 1$

21. Domínio $x \leq 1$: $f^{-1}(x) = 1 - \sqrt{x+1}$; domínio $x \geq 1$: $f^{-1}(x) = 1 + \sqrt{x+1}$

23. $f^{-1}(x) = \begin{cases} x & \text{se} \quad x < 0 \\ \frac{1}{2}x & \text{se} \quad x \geq 0 \end{cases}$

25. f não é injetora

27. 0 **29.** $\frac{\pi}{4}$ **31.** $\frac{\pi}{3}$ **33.** $\frac{\pi}{3}$ **35.** $\frac{\pi}{2}$ **37.** $-\frac{\pi}{4}$ **39.** π

41. Não definida

43. $\frac{\sqrt{1-x^2}}{x}$ **45.** $\frac{1}{\sqrt{x^2-1}}$ **47.** $\frac{\sqrt{5}}{3}$ **49.** $\frac{4}{3}$

51. $\sqrt{3}$ **53.** $\frac{1}{20}$

Seção 1.6 Exercícios preliminares

1. **(a)** Correta **(b)** Correta **(c)** Incorreta **(d)** Correta
2. $\log_{b^2}(b^4) = 2$
3. Com $0 < x < 1$
4. $\ln(-3)$ não está definido
5. Essa frase é uma descrição verbal da propriedade geral dos logaritmos, que afirma $\log(ab) = \log a + \log b$.
6. D: $x > 0$; R: números reais
7. $f(x) = \cosh x$ e $f(x) = \text{sech}\, x$
8. $f(x) = \text{senh}\, x$ e $f(x) = \text{tgh}\, x$
9. Ambos os tipos de funções têm a mesma paridade, compartilham identidades semelhantes e os valores das funções trigonométricas percorrem um círculo, enquanto os das funções hiperbólicas percorrem uma hipérbole.

Seção 1.6 Exercícios

1. **(a)** 1 **(b)** 29 **(c)** 1 **(d)** 81 **(e)** 16 **(f)** 0

3. $x = 1$ **5.** $x = -1/2$ **7.** $x = -1/3$ **9.** $k = 9$ **11.** 3 **13.** 0 **15.** $\frac{5}{3}$ **17.** $\frac{1}{3}$ **19.** $\frac{5}{6}$ **21.** 1 **23.** 7 **25.** 29

27. **(a)** $\ln 1600$ **(b)** $\ln(9x^{7/2})$ **29.** $t = \frac{1}{5}\ln\left(\frac{100}{7}\right)$

31. $x = -1$ ou $x = 3$

33. $x = e$ **35.** $y = (3 + \ln x)/2$

37.

x	-3	0	5
$\text{senh}\, x = \dfrac{e^x - e^{-x}}{2}$	$-10{,}0179$	0	$74{,}203$
$\cosh x = \dfrac{e^x + e^{-x}}{2}$	$10{,}0677$	1	$74{,}210$

39. $\ln(2 \cdot 1) \neq (\ln 2)(\ln 1)$

41. $\text{tgh}(-x) = \dfrac{\text{senh}(-x)}{\cosh(-x)} = -\dfrac{\text{senh}(x)}{\cosh(x)} = -\,\text{tgh}(x)$

43. $a = 8$; 1.000 terremotos

49. **(a)** Pela lei de Galileu, $w = 500 + 10 = 510$ m/s. Usando a lei de Einstein, $w = c \cdot \text{tgh}(1{,}7 \times 10^{-6}) \approx 510$ m/s.
(b) Pela lei de Galileu, $u + v = 10^7 + 10^6 = 1{,}1 \times 10^7$ m/s. Pela lei de Einstein, $w \approx c \cdot \text{tgh}(0{,}036679) \approx 1{,}09988 \times 10^7$ m/s.

51. Seja $y = \log_b x$. Então $x = b^y$ e $\log_a x = \log_a b^y = y \log_a b$. Assim, $y = \frac{\log_a x}{\log_a b}$.

53. $13 \cosh x - 3\, \text{senh}\, x$

Seção 1.7 Exercícios preliminares

1. É melhor experimentar
2. **(a)** A tela não mostra nada
   (b) A tela mostrará a parte da parábola entre os pontos (0, 3) e (1, 4).

3. Não
4. Experimente dar um zoom com a janela de visualização na parte mais baixa do gráfico da função. A coordenada y do ponto mais baixo do gráfico é o valor mínimo da função.

Seção 1.7 Exercícios

1. 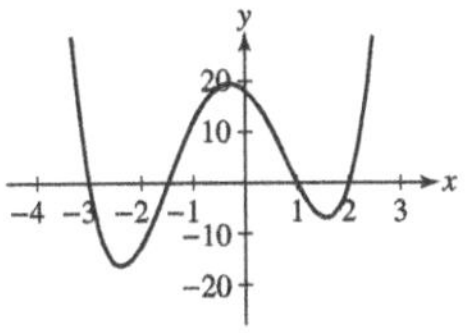

$x = -3$; $x = -1{,}5$; $x = 1$ e $x = 2$

3. Duas soluções positivas
5. Não há soluções
7. A tela não mostra nada. Uma janela de visualização apropriada: [−50, 150] por [1.000, 2.000]
9. 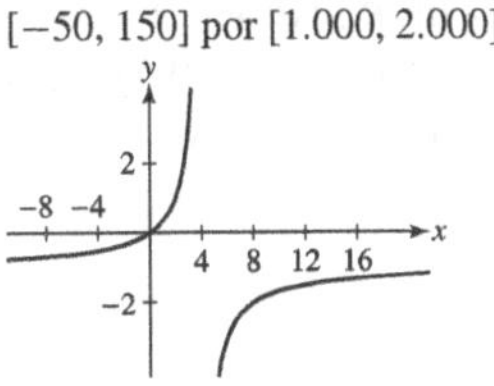

11. 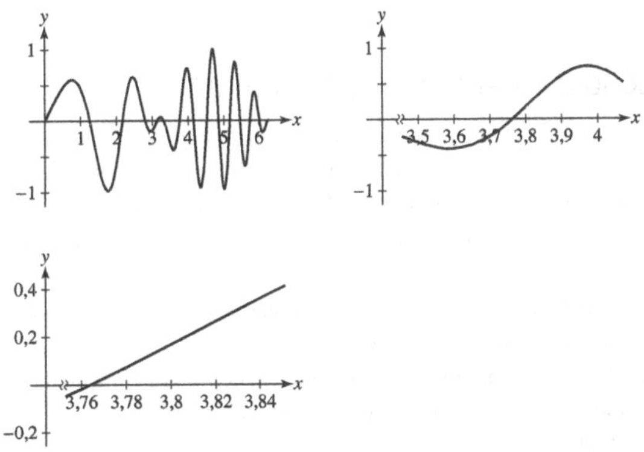

13. A tabela e os gráficos a seguir sugerem que quando n aumenta, $n^{1/n}$ tende a 1.

n	$n^{1/n}$
10	1,258925412
10^2	1,047128548
10^3	1,006931669
10^4	1,000921458
10^5	1,000115136
10^6	1,000013816

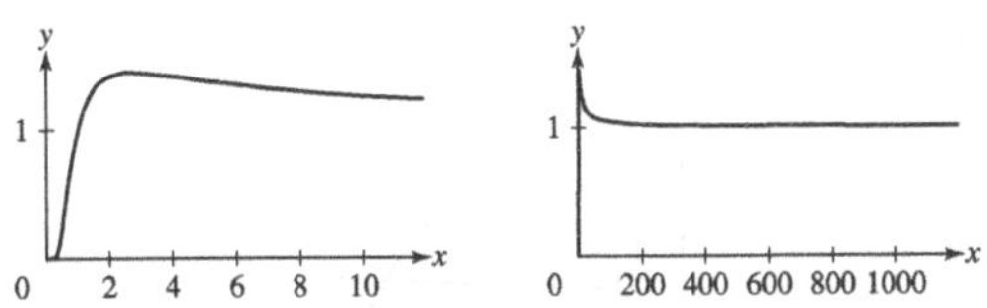

15. A tabela e os gráficos a seguir sugerem que quando n aumenta, $f(n)$ tende ao ∞.

n	$\left(1+\frac{1}{n}\right)^{n^2}$
10	13780,61234
10^2	$1{,}635828711 \times 10^{43}$
10^3	$1{,}195306603 \times 10^{434}$
10^4	$5{,}341783312 \times 10^{4342}$
10^5	$1{,}702333054 \times 10^{43429}$
10^6	$1{,}839738749 \times 10^{434294}$

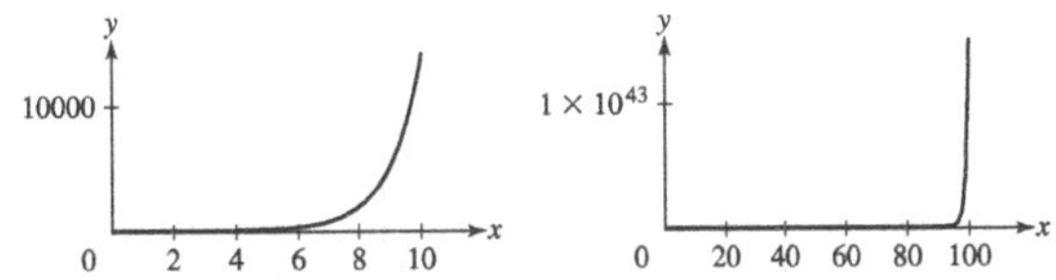

17. A tabela e os gráficos a seguir sugerem que quando x aumenta, $f(x)$ tende a 1.

x	$\left(x \operatorname{tg} \frac{1}{x}\right)^x$
10	1,033975758
10^2	1,003338973
10^3	1,000333389
10^4	1,000033334
10^5	1,000003333
10^6	1,000000333

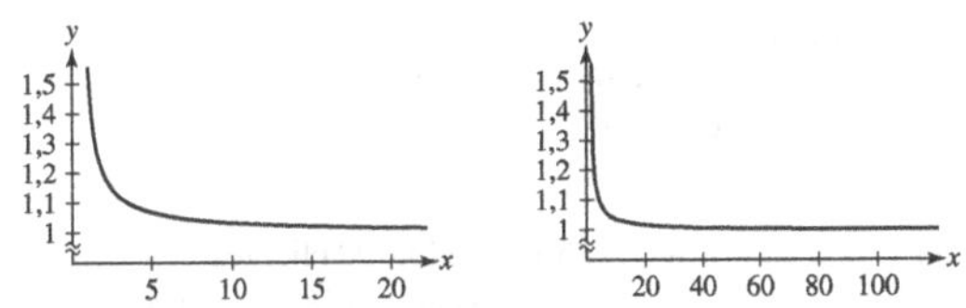

19. 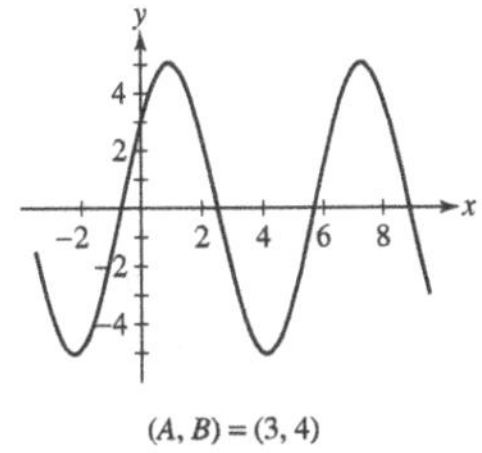

$(A, B) = (1, 1)$

$(A, B) = (1, 2)$

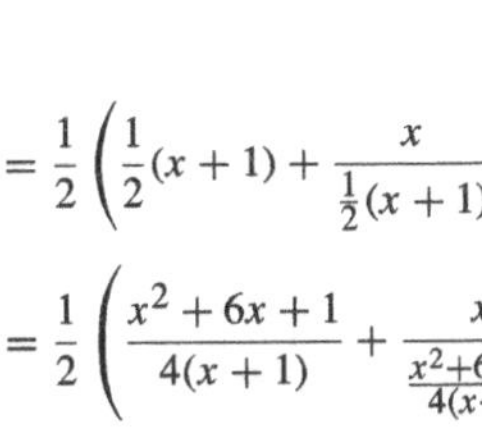

$(A, B) = (3, 4)$

21. $x \in (-2, 0) \cup (3, \infty)$
23.

$$f_3(x) = \frac{1}{2}\left(\frac{1}{2}(x+1) + \frac{x}{\frac{1}{2}(x+1)}\right) = \frac{x^2+6x+1}{4(x+1)}$$

$$f_4(x) = \frac{1}{2}\left(\frac{x^2+6x+1}{4(x+1)} + \frac{x}{\frac{x^2+6x+1}{4(x+1)}}\right) = \frac{x^4+28x^3+70x^2+28x+1}{8(1+x)(1+6x+x^2)}$$

e

$$f_5(x) = \frac{1 + 120x + 1820x^2 + 8008x^3 + 12870x^4 + 8008x^5 + 1820x^6 + 120x^7 + x^8}{16(1+x)(1+6x+x^2)(1+28x+70x^2+28x^3+x^4)}$$

Parece que as f_n são assintóticas a $\sqrt{x}$.

Revisão do Capítulo 1

1. $\{x : |x - 7| < 3\}$

3. $[-5, -1] \cup [3, 7]$

5. $(x, 0)$ com $x \geq 0$; $(0, y)$ com $y < 0$

7.

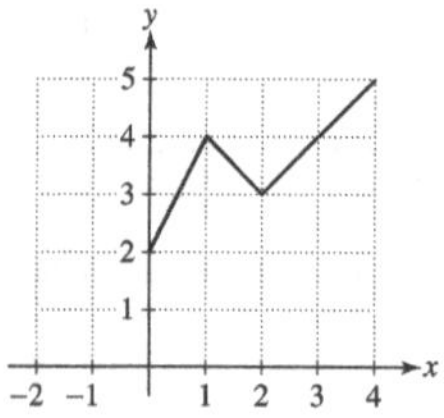

$y = f(x) + 2$

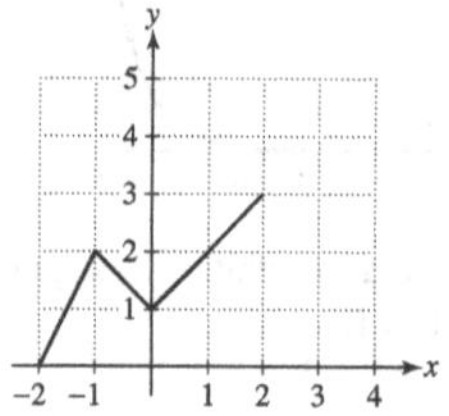

$y = f(x + 2)$

9.

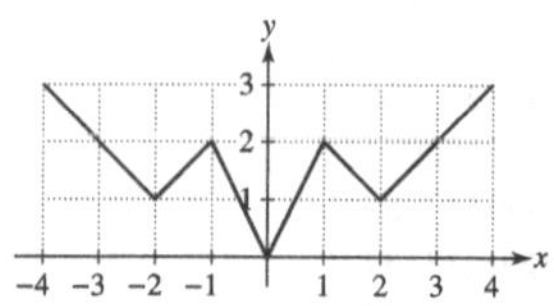

11. $D : \{x : x \geq -1\}$; $R : \{y : y \geq 0\}$

13. $D : \{x : x \neq 3\}$; $R : \{y : y \neq 0\}$

15. **(a)** Decrescente **(b)** Nenhum dos dois **(c)** Nenhum dos dois **(d)** Crescente

17. $2x - 3y = -14$ **19.** $6x - y = 53$

21. $x + 3y = 5$ **23.** $x + y = 5$

25. Sim

27. $C(P) = -2250P + 1.225.000$; 225.000 clientes

29. Raízes: $x = -2$, $x = 0$ e $x = 2$; decrescente: $x < -1{,}4$ e $0 < x < 1{,}4$.

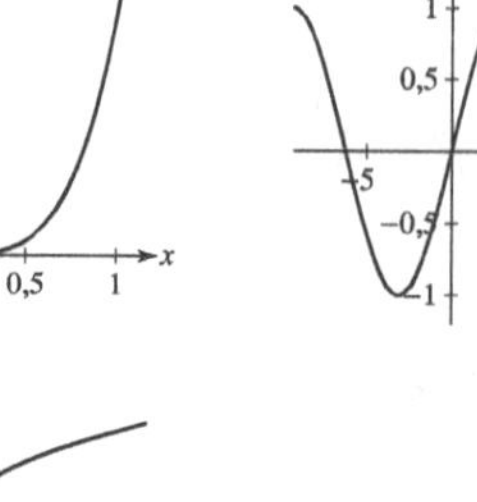

31. $f(x) = 10x^2 + 2x + 5$; valor mínimo é $\frac{49}{10}$

33.

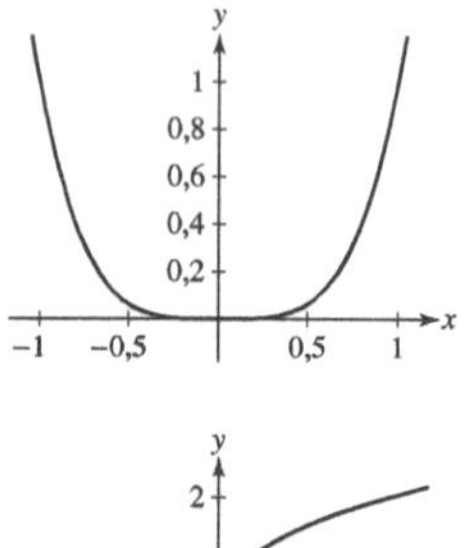

35.

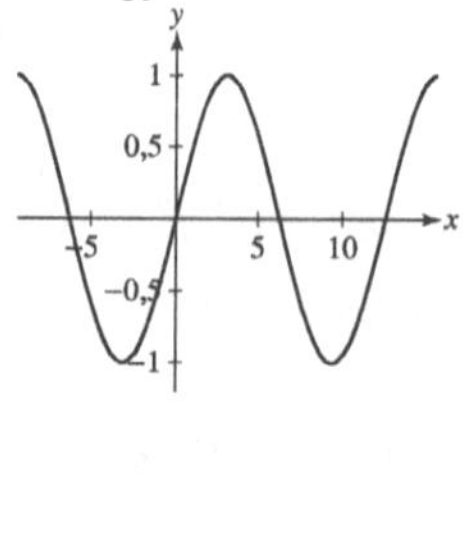

37.

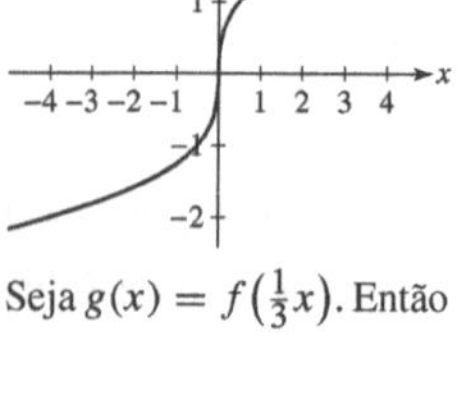

39. Seja $g(x) = f\left(\frac{1}{3}x\right)$. Então $g(x - 3b) = f\left(\frac{1}{3}(x - 3b)\right) = f\left(\frac{1}{3}x - b\right)$. O gráfico de $y = \left|\frac{1}{3}x - 4\right|$:

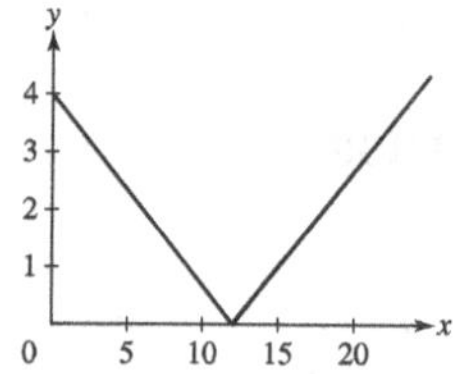

41. $f(t) = t^4$ e $g(t) = 12t + 9$

43. **(a)** π **(b)** 4π **(c)** 4π

45. **(a)** $a = b = \pi/2$ **(b)** $a = \pi$

47. $x = \pi/2, x = 7\pi/6, x = 3\pi/2$ e $x = 11\pi/6$

49. Não existem soluções.

51. **(a)** Não está associada **(b)** Não está associada **(c)** **(i)** **(d)** **(iii)**

53. $f^{-1}(x) = \sqrt[3]{x^2 + 8}$; $D : \{x : x \geq 0\}$; $R : \{y : y \geq 2\}$

55. Com $\{t : t \leq 3\}$, $h^{-1}(t) = 3 - \sqrt{t}$. Com $t \geq 3$, $h^{-1}(t) = 3 + \sqrt{t}$.

57. **(a)** Sim **(b)** Sim $f^{-1}(x) = \begin{cases} -\sqrt{-x} & \text{se } x < 0 \\ x & \text{se } x \geq 0 \end{cases}$

59. **(a)** **(iii)** **(b)** **(iv)** **(c)** **(ii)** **(d)** **(i)**

Capítulo 2

Seção 2.1 Exercícios preliminares

1. O gráfico da posição como uma função do tempo.

2. Não. A velocidade instantânea é definida como o limite da velocidade média quando o intervalo de tempo decorrido tende a zero.

3. A inclinação da reta tangente ao gráfico da posição como função do tempo em $t = t_0$

4. A inclinação da reta secante no intervalo $[x_0, x_1]$ tende à inclinação da reta tangente em $x = x_0$.

5. O gráfico da temperatura atmosférica como uma função da altitude. Possíveis unidades para essa taxa de variação são °F/pé ou °C/m.

Seção 2.1 Exercícios

1. **(a)** 11,025 m **(b)** 22,05 m
(c)

intervalo de tempo	[2; 2,01]	[2; 2,005]	[2; 2,001]	[2; 2,00001]
velocidade média	19,649	19,6245	19,6049	19,600049

A velocidade instantânea em $t = 2$ é 19,6 m/s.

3. 0,559017 mg/°C

5. 0,3 m/s

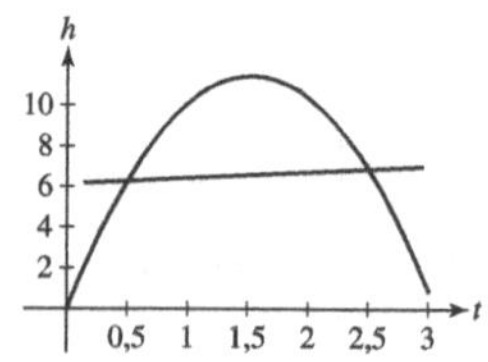

7. **(a)** Dólares/ano **(b)** [0; 0,5]: 7,8461 e [0, 1]: 8 **(c)** Aproximadamente \$8/ano.

9. **(a)** Aproximadamente 5% por ano. **(b)** Cresce **(c)** Aproximadamente 5,5% ao ano **(d)** Maior em $t = 2012$; menor em $t = 2008$.

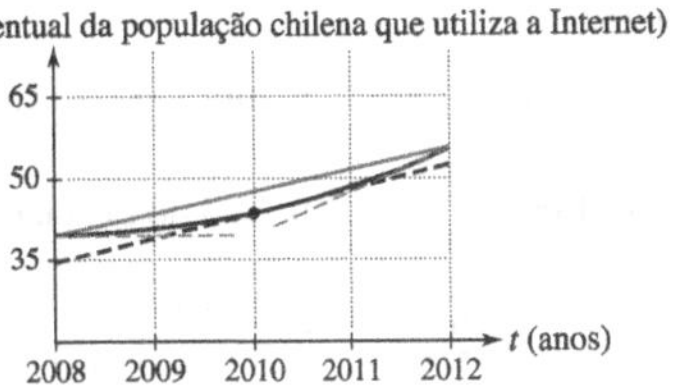

11. 12 **13.** −0,0625 **15.** 1,00 **17.** 0,333

19. **(a)** [0, 0,1]: −144,721 cm/s; [3, 3,5]: 0 cm/s **(b)** 0 cm/s

21. **(a)** 3.000 células por hora

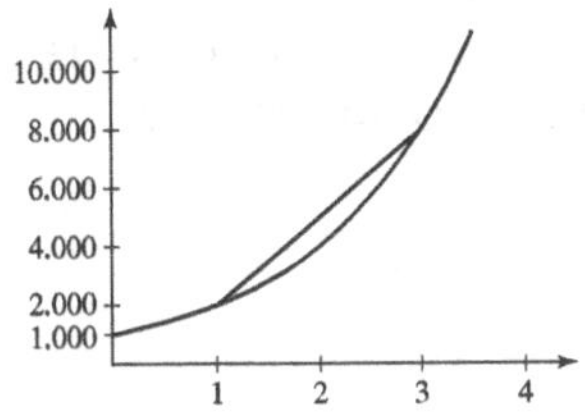

(b) 1.250 células por hora. Essa quantidade representa a taxa de variação instantânea de $P(t)$ em $t = 1$.

23. As vendas declinam mais lentamente com tempo crescente.

25.
- No gráfico (A), a partícula está (c) diminuindo a velocidade.
- No gráfico (B), a partícula está (b) aumentando a velocidade e depois diminuindo a velocidade.
- No gráfico (C), a partícula está (d) diminuindo a velocidade e depois aumentando a velocidade.
- No gráfico (D), a partícula está (a) aumentando a velocidade.

27. **(a)** Porcentagem/dia; mede quão rapidamente a população de plantas está sendo infectada.
(b) [40, 52], [0, 12], [20, 32]
(c) As taxas médias de infecção nos intervalos [30, 40]; [40, 50] e [30, 50] são 0,9; 0,5 e 0,7% dias, respectivamente.
(d) 0,55% por dia

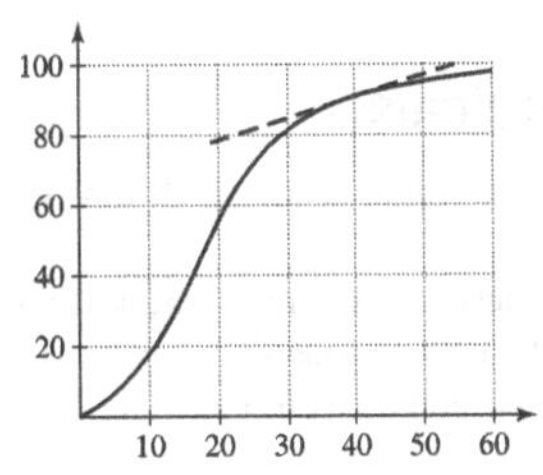

31. (B)

33. Intervalo $[1, t]$: taxa de variação média é $t + 1$, taxa de variação instantânea é $1 + 1 = 2$. Intervalo $[2, t]$: taxa de variação média é $t + 2$, taxa de variação instantânea é $2 + 2 = 4$.

35. $x^2 + 2x + 4$; taxa de variação instantânea é $2^2 + 2 * 2 + 4 = 12$.

Seção 2.2 Exercícios preliminares

1. 1 **2.** π **3.** 20

4. Sim, $f(x) = \frac{x^2-9}{x-3}$ em $c = 3$

5. $\lim_{x\to 1^-} f(x) = \infty$ e $\lim_{x\to 1^+} f(x) = 3$

6. Não, porque $\lim_{x\to 5^-} f(x)$ pode não ser igual a $f(5)$.

7. Sim.

Seção 2.2 Exercícios

1.

x	0,998	0,999	0,9995	0,99999
$f(x)$	1,498501	1,499250	1,499625	1,499993

x	1,00001	1,0005	1,001	1,002
$f(x)$	1,500008	1,500375	1,500750	1,501500

O limite com $x \to 1$ é $\frac{3}{2}$.

3.

y	1,998	1,999	1,9999
$f(y)$	0,59984	0,59992	0,599992

y	2,0001	2,001	2,002
$f(y)$	0,600008	0,60008	0,60016

O limite com $y \to 2$ é $\frac{3}{5}$.

5. 1,5 **7.** 21

9. $|3x - 12| = 3|x - 4|$

11. $|(5x + 2) - 17| = |5x - 15| = 5|x - 3|$

13. Suponha que $|x| < 1$, de modo que $|x^2 - 0| = |x + 0||x - 0| = |x||x| < |x|$.

15. Se $|x| < 1$, $|4x + 2|$ não pode ser maior do que 6, portanto,

$$|4x^2 + 2x + 5 - 5| = |4x^2 + 2x| = |x||4x + 2| < 6|x|.$$

17. $\frac{1}{2}$

19. $\frac{5}{3}$

21. 2

23. 0

25. Se $x \to 4^-$, $f(x) \to -\infty$; analogamente, se $x \to 4^+$, $f(x) \to \infty$

27. $-1/5$

29. $-\infty$

31. 0

33. 1

35. 2,718 (A resposta exata é e.)

37. ∞

39.

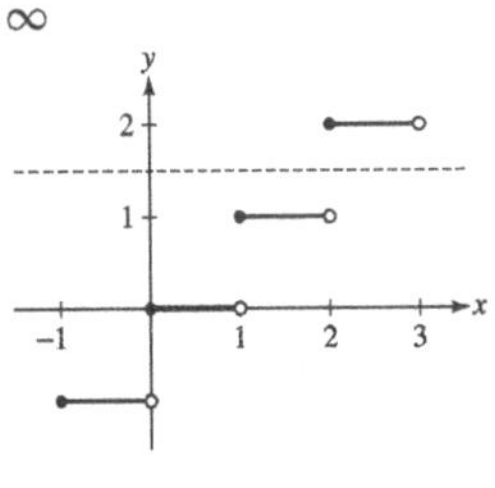

(a) $c - 1$ **(b)** c **(c)** 2

41. $\lim_{x\to 0^-} f(x) = -1$, $\lim_{x\to 0^+} f(x) = 1$

43. $\lim_{x\to 0^-} f(x) = \infty$, $\lim_{x\to 0^+} f(x) = \frac{1}{6}$

45. $\lim_{x\to -2^-} \frac{4x^2 + 7}{x^3 + 8} = -\infty$, $\lim_{x\to -2^+} \frac{4x^2 + 7}{x^3 + 8} = \infty$

47. $\lim_{x\to 1^\pm} \frac{x^5 + x - 2}{x^2 + x - 2} = 2$

49.
- $\lim_{x\to 2^-} f(x) = \infty$ e $\lim_{x\to 2^+} f(x) = \infty$.
- $\lim_{x\to 4^-} f(x) = -\infty$ e $\lim_{x\to 4^+} f(x) = 10$.

As assíntotas verticais são as retas verticais $x = 2$ e $x = 4$.

51.

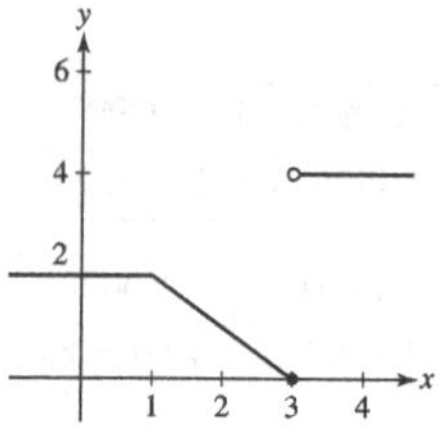

53.

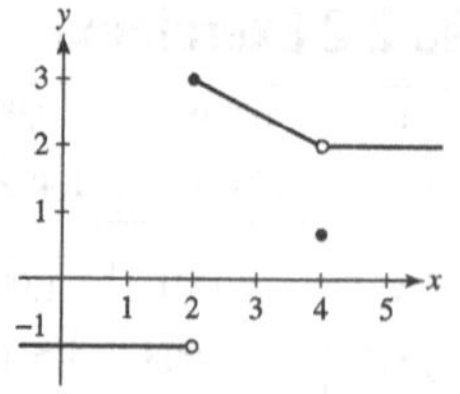

55. • $\lim_{x\to 1^-} f(x) = \lim_{x\to 1^+} f(x) = 3$
- $\lim_{x\to 3^-} f(x) = -\infty$
- $\lim_{x\to 3^+} f(x) = 4$
- $\lim_{x\to 5^-} f(x) = 2$
- $\lim_{x\to 5^+} f(x) = -3$
- $\lim_{x\to 6^-} f(x) = \lim_{x\to 6^+} f(x) = \infty$

57. $\frac{5}{2}$

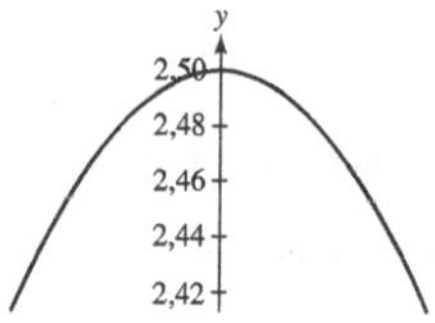

59. 0,0693 (A resposta exata é ln 2.)

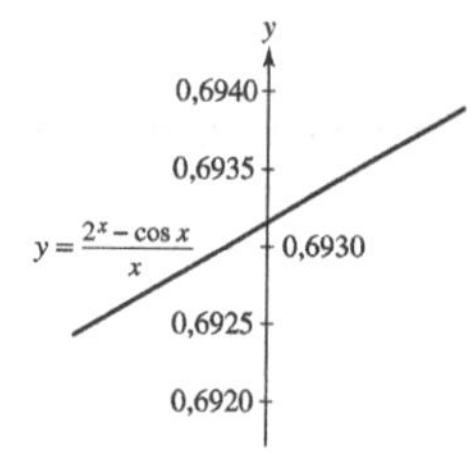

61. −12

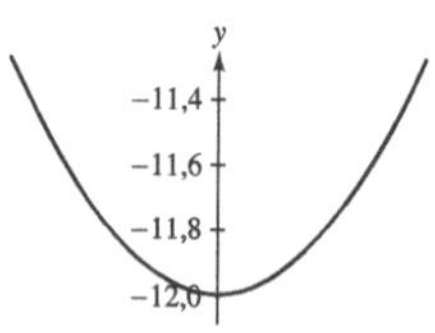

63. Com n par.

65. **(a)** Não **(b)** $f(\frac{1}{2n}) = 1$ com qualquer inteiro n.

(c) Em $x = 1, \frac{1}{3}, \frac{1}{5}, \ldots$, o valor de $f(x)$ é, sempre, −1.

67. $\lim_{\theta\to 0} \frac{\text{sen}\, n\theta}{\theta} = n$

69. $\frac{1}{2}, 2, \frac{3}{2}, \frac{2}{3}$; $\lim_{x\to 1} \frac{x^n - 1}{x^m - 1} = \frac{n}{m}$

71. **(a)**

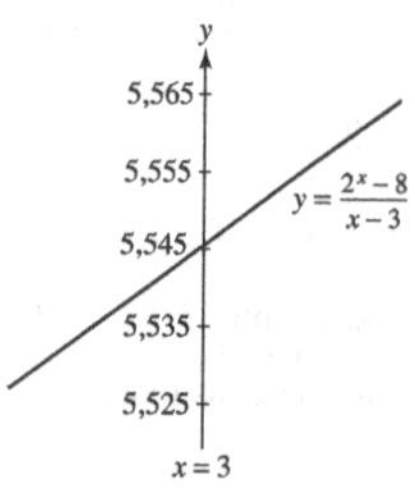

(b) $L = 5{,}545$.

Seção 2.3 Exercícios preliminares

1. Digamos que $\lim_{x\to c} f(x)$ e $\lim_{x\to c} g(x)$ existam. A lei da soma afirma que

$$\lim_{x\to c}(f(x) + g(x)) = \lim_{x\to c} f(x) + \lim_{x\to c} g(x)$$

Sempre que $\lim_{x\to c} g(x) \neq 0$, a lei do quociente afirma que

$$\lim_{x\to c} \frac{f(x)}{g(x)} = \frac{\lim_{x\to c} f(x)}{\lim_{x\to c} g(x)}$$

2. **(b)**

3. **(a)**

Seção 2.3 Exercícios

1. 9 **3.** $\frac{1}{16}$ **5.** $\frac{1}{2}$ **7.** 4,6 **9.** 1 **11.** 9 **13.** $-\frac{2}{5}$ **15.** 10 **17.** $\frac{1}{5}$ **19.** $\frac{1}{5}$ **21.** $\frac{2}{5}$ **23.** 64 **27.** 3 **29.** $\frac{1}{16}$

31. Não

33. $f(x) = 1/x$ e $g(x) = -1/x$

37. Escreva $g(t) = \frac{tg(t)}{t}$.

39. **(b)**

Seção 2.4 Exercícios preliminares

1. Continuidade

2. $f(3) = \frac{1}{2}$

3. Não

4. Não; Sim

5. **(a)** Falsa. A afirmação correta é "f é contínua em $x = a$ se existirem ambos os limites laterais de $f(x)$ quando $x \to a$ e eles forem iguais a $f(a)$".

(b) Verdadeira

(c) Falsa. A afirmação correta é "Se forem iguais os limites laterais de $f(x)$ quando $x \to a$, mas não iguais a $f(a)$, então f tem uma descontinuidade removível em $x = a$".

(d) Verdadeira

(e) Falsa. A afirmação correta é "Se f e g forem contínuas em $x = a$ e se $g(a) \neq 0$, então f/g será contínua em $x = a$."

Seção 2.4 Exercícios

1. • A função f é descontínua em $x = 1$; nesse ponto, ela é contínua à direita.
- A função f é descontínua em $x = 3$; nesse ponto, ela não é contínua à direita, nem à esquerda.
- A função f é descontínua em $x = 5$; nesse ponto, ela é contínua à esquerda.

Nenhuma dessas descontinuidades é removível.

3. $x = 3$; redefina $g(3) = 4$.

5. A função f é descontínua em $x = 0$, onde $\lim_{x\to 0^-} f(x) = \infty$ e $\lim_{x\to 0^+} f(x) = 2$. A função f também é descontínua em $x = 2$, onde $\lim_{x\to 2^-} f(x) = 6$ e $\lim_{x\to 2^+} f(x) = 6$. A descontinuidade em $x = 2$ é removível. Definindo $f(2) = 6$, f resulta contínua em $x = 2$.

7. $y = x$ e $y = \text{sen}\, x$ são contínuas, portanto $f(x) = x + \text{sen}\, x$ é contínua pela lei (i) da continuidade.

9. Como $y = x$ e $y = \text{sen}\, x$ são contínuas, $y = 3x$ e $y = 4\text{sen}\, x$ também são contínuas pela lei (ii) da continuidade. Assim, $f(x) = 3x + 4\text{sen}\, x$ é contínua pela lei (i) da continuidade.

11. Como $y = x$ é contínua, $y = x^2$ é contínua pela lei (iii) da continuidade. Lembre que funções constantes, como 1, são contínuas.

Assim, $y = x^2 + 1$ é contínua pela lei (i) da continuidade. Finalmente, $f(x) = \dfrac{1}{x^2+1}$ é contínua pela lei (iv) da continuidade, porque $x^2 + 1$ nunca é 0.

13. A função f é uma composta de duas funções contínuas: $y = \cos x$ e $y = x^2$, portanto f é contínua pelo Teorema 5.

15. $y = e^x$ e $y = \cos 3x$ são contínuas, portanto, $f(x) = e^x \cos 3x$ é contínua pela lei (iii) da continuidade.

17. Descontinuidade em $x = 0$, onde ocorre uma descontinuidade infinita. A função não é contínua à esquerda e nem à direita em $x = 0$.

19. Descontinuidade em $x = 1$, onde ocorre uma descontinuidade infinita. A função não é contínua à esquerda e nem à direita em $x = 1$.

21. Descontinuidades nos inteiros pares, onde ocorrem descontinuidades de salto. A função é contínua à direita nos inteiros pares, mas não à esquerda.

23. Descontínua em $x = \frac{1}{2}$, onde ocorre uma descontinuidade infinita. A função não é contínua à esquerda e nem à direita em $x = \frac{1}{2}$.

25. Contínua em cada x

27. Descontinuidade de salto em $x = 2$. A função é contínua à esquerda em $x = 2$, mas não à direita.

29. Descontínua sempre que $t = \frac{(2n+1)\pi}{4}$, com n inteiro. Em cada um desses valores de t ocorre uma descontinuidade infinita. A função não é contínua à direita nem à esquerda em qualquer um desses pontos de descontinuidade.

31. Contínua em toda parte.

33. Descontínua em $x = 0$, onde ocorre uma descontinuidade infinita. A função não é contínua à direita nem à esquerda em $x = 0$.

35. O domínio é todos os números reais. Tanto $y = \operatorname{sen} x$ quanto $y = \cos x$ são contínuas nesse domínio, portanto, $f(x) = 2 \operatorname{sen} x + 3 \cos x$ contínua pelas leis (i) e (ii) da continuidade.

37. O domínio é $x \geq 0$. Como $y = \sqrt{x}$ e $y = \operatorname{sen} x$ são contínuas, a função $f(x) = \sqrt{x} \operatorname{sen} x$ é contínua pela lei (iii) da continuidade.

39. O domínio é todos os números reais. Tanto $y = x^{2/3}$ quanto $y = 2^x$ são contínuas nesse domínio portanto, $f(x) = x^{2/3}2^x$ é contínua pela lei (iii) da continuidade.

41. O domínio é $x \neq 0$. Como a função $y = x^{4/3}$ é contínua e não nula com $x \neq 0$, a função $f(x) = x^{-4/3}$ é contínua em $x \neq 0$ pela lei (iv) da continuidade.

43. O domínio é todo $x \neq \pm(2n-1)\pi/2$, em que n é um inteiro positivo. Como $y = \operatorname{tg} x$ é contínua nesse domínio, segue pela lei (iii) da continuidade que $f(x) = \operatorname{tg}^2 x$ também é contínua nesse domínio.

45. O domínio de $f(x) = (x^4+1)^{3/2}$ é todos os números reais. Como $y = x^{3/2}$ e o polinômio $y = x^4 + 1$ são, ambas, contínuas nesse domínio, a função composta também é contínua.

47. O domínio é todo $x \neq \pm 1$. Como as funções $y = \cos x$ e $y = x^2$ são contínuas nesse domínio, o mesmo ocorre com a função composta $y = \cos(x^2)$. Finalmente, como o polinômio $y = x^2 - 1$ é contínuo e não nulo com $x \neq \pm 1$, a função $f(x) = \frac{\cos(x^2)}{x^2-1}$ é contínua pela lei (iv) da continuidade.

49. f é contínua à direita em $x = 1$; f é contínua em $x = 2$.

51. A função f é contínua em toda parte.

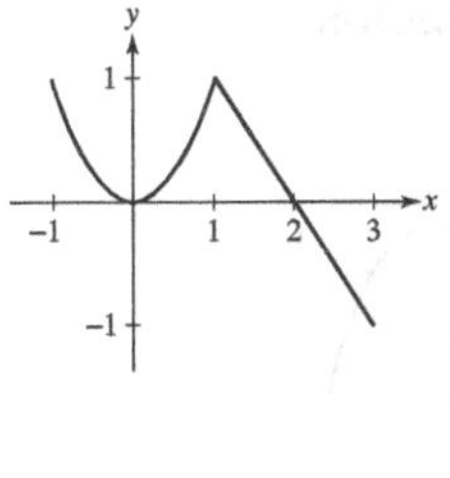

53. A função f não é contínua à esquerda nem à direita em $x = 2$.

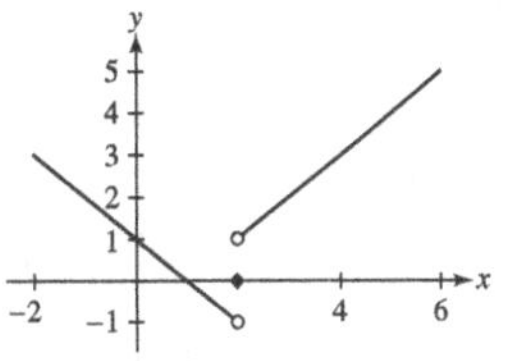

55. $\lim\limits_{x\to 4} \frac{x^2-16}{x-4} = \lim\limits_{x\to 4}(x+4) = 8 \neq 10 = f(4)$

57. $c = \frac{5}{3}$

59. $a = 2$ e $b = 1$

61. (a) Não (b) $g(1) = -\frac{\pi}{2}$

63.

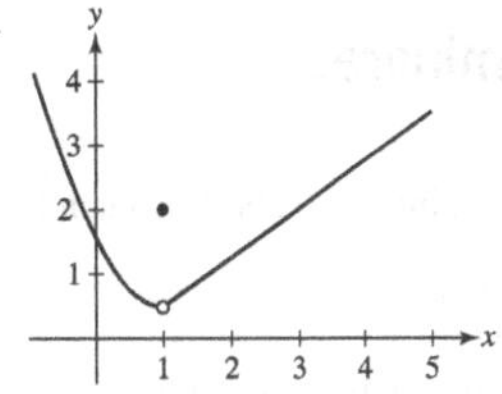

65.

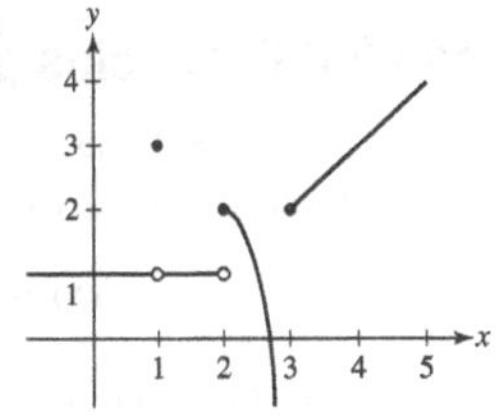

67. -6 **69.** $\frac{1}{3}$ **71.** -1 **73.** $\frac{1}{32}$ **75.** 27 **77.** 1000 **79.** $\frac{\pi}{2}$

81. Não. Considere $f(x) = -x^{-1}$ e $g(x) = x^{-1}$

83. $f(x) = |g(x)|$ é uma composta da funções contínuas g e $y = |x|$

85. Não

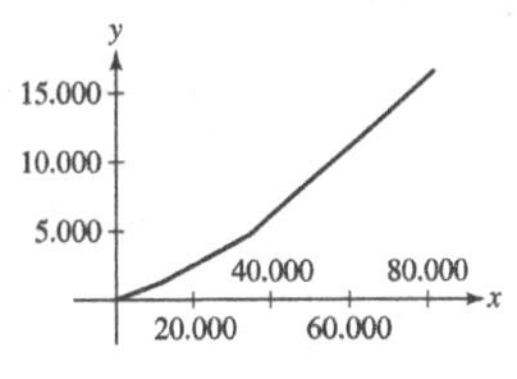

87. $f(x) = 3$ e $g(x) = [x]$

89. Nesse caso, $y = f(x)^2$ é a função constante 1.

Seção 2.5 Exercícios preliminares

1. $\frac{x^2-1}{\sqrt{x+3}-2}$

2. (a) $f(x) = \frac{x^2-1}{x-1}$ (b) $f(x) = \frac{x^2-1}{x-1}$ (c) $f(x) = \frac{1}{x}$

3. A estratégia "simplificar e substituir" tem por base a simplificação de uma função que apresenta uma indeterminação até chegar numa função contínua. Uma vez efetuada a simplificação, o limite da função contínua resultante é obtido por substituição.

Seção 2.5 Exercícios

1. $\lim\limits_{x\to 6} \frac{x^2-36}{x-6} = \lim\limits_{x\to 6} \frac{(x-6)(x+6)}{x-6} = \lim\limits_{x\to 6}(x+6) = 12$

3. 0 **5.** $\frac{1}{14}$ **7.** -1 **9.** $\frac{11}{10}$ **11.** 2 **13.** 1 **15.** 2 **17.** $\frac{1}{8}$

19. $-\frac{1}{4}$

21. O limite não existe.

- Se $h \to 0+$, $\dfrac{\sqrt{h+2}-2}{h} \to -\infty$.
- Se $h \to 0-$, $\dfrac{\sqrt{h+2}-2}{h} \to \infty$.

23. 2 **25.** $\frac{1}{4}$ **27.** 1 **29.** $-\frac{1}{2}$ **31.** 9 **33.** $\frac{1}{2}$

35. $\lim\limits_{x\to 4} f(x) \approx 2{,}00$, o que concorda, até a segunda casa, com o valor 2 obtido no Exercício 23.

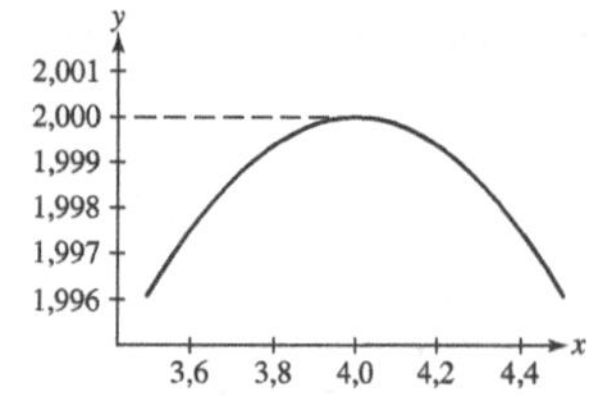

37. 12 **39.** -1 **41.** $\frac{4}{3}$ **43.** $\frac{1}{4}$ **45.** $2a$ **47.** $-4+5a$ **49.** $4a$
51. $\frac{1}{2\sqrt{a}}$ **53.** $3a^2$

55. $c=-1$ e $c=6$

57. $c=3$

59. $+$

Seção 2.6 Exercícios preliminares

1. $\lim_{x\to 0} f(x)=0$; não.

2. Suponha que, com $x\neq c$ (em algum intervalo aberto contendo c),

$$l(x)\le f(x)\le u(x)$$

e que $\lim_{x\to c} l(x)=\lim_{x\to c} u(x)=L$. Então $\lim_{x\to c} f(x)$ existe e

$$\lim_{x\to c} f(x)=L$$

3. **(a)**

Seção 2.6 Exercícios

1. Dado qualquer $x\neq 1$ no intervalo aberto $(0, 2)$ que contém $x=1$, temos $\ell(x)\le f(x)\le u(x)$ Além disso,

$$\lim_{x\to 1}\ell(x)=\lim_{x\to 1}u(x)=2$$

Pelo teorema do confronto, segue que

$$\lim_{x\to 1} f(x)=2$$

3. $\lim_{x\to 7} f(x)=6$; não.

5. **(a)** *não há* informação suficiente **(b)** $\lim_{x\to 1} f(x)=1$
(c) $\lim_{x\to 1} f(x)=3$

7. $\lim_{x\to 0} x^2\cos\frac{1}{x}=0$ **9.** $\lim_{x\to 1}(x-1)\operatorname{sen}\frac{\pi}{x-1}=0$

11. $\lim_{t\to 0}(2^t-1)\cos\frac{1}{t}=0$ **13.** $\lim_{t\to 2}(t^2-4)\cos\frac{1}{t-2}=0$

15. $\lim_{\theta\to\frac{\pi}{2}}\cos\theta\cos(\operatorname{tg}\theta)=0$ **17.** 1 **19.** 3 **21.** 1 **23.** 0

25. $\frac{2\sqrt{2}}{\pi}$ **27.** **(b)** $L=14$ **29.** 9 **31.** $\frac{1}{5}$ **33.** $\frac{7}{3}$ **35.** $\frac{1}{25}$

37. 6 **39.** $-\frac{3}{4}$ **41.** $\frac{1}{2}$ **43.** $\frac{6}{5}$ **45.** 0 **47.** 0 **49.** -1

53. $-\frac{9}{2}$

55. $\lim_{t\to 0^+}\frac{\sqrt{1-\cos t}}{t}=\frac{\sqrt{2}}{2}$; $\lim_{t\to 0^-}\frac{\sqrt{1-\cos t}}{t}=-\frac{\sqrt{2}}{2}$; não existe

59. **(a)**

x	$c-0{,}01$	$c-0{,}001$	$c+0{,}001$	$c+0{,}01$
$\frac{\operatorname{sen}x-\operatorname{sen}c}{x-c}$	0,999983	0,99999983	0,99999983	0,999983

Aqui, $c=0$ e $\cos c=1$.

x	$c-0{,}01$	$c-0{,}001$	$c+0{,}001$	$c+0{,}01$
$\frac{\operatorname{sen}x-\operatorname{sen}c}{x-c}$	0,868511	0,866275	0,865775	0,863511

Aqui, $c=\frac{\pi}{6}$ e $\cos c=\frac{\sqrt{3}}{2}\approx 0{,}866025$.

x	$c-0{,}01$	$c-0{,}001$	$c+0{,}001$	$c+0{,}01$
$\frac{\operatorname{sen}x-\operatorname{sen}c}{x-c}$	0,504322	0,500433	0,499567	0,495662

Aqui, $c=\frac{\pi}{3}$ e $\cos c=\frac{1}{2}$.

x	$c-0{,}01$	$c-0{,}001$	$c+0{,}001$	$c+0{,}01$
$\frac{\operatorname{sen}x-\operatorname{sen}c}{x-c}$	0,710631	0,707460	0,706753	0,703559

Aqui, $c=\frac{\pi}{4}$ e $\cos c=\frac{\sqrt{2}}{2}\approx 0{,}707107$.

x	$c-0{,}01$	$c-0{,}001$	$c+0{,}001$	$c+0{,}01$
$\frac{\operatorname{sen}x-\operatorname{sen}c}{x-c}$	0,005000	0,000500	$-0{,}000500$	$-0{,}005000$

Aqui, $c=\frac{\pi}{2}$ e $\cos c=0$.

(b) $\lim_{x\to c}\frac{\operatorname{sen}x-\operatorname{sen}c}{x-c}=\cos c.$

(c)

x	$c-0{,}01$	$c-0{,}001$	$c+0{,}001$	$c+0{,}01$
$\frac{\operatorname{sen}x-\operatorname{sen}c}{x-c}$	$-0{,}411593$	$-0{,}415692$	$-0{,}416601$	$-0{,}420686$

Aqui, $c=2$ e $\cos c=\cos 2\approx -0{,}416147$.

x	$c-0{,}01$	$c-0{,}001$	$c+0{,}001$	$c+0{,}01$
$\frac{\operatorname{sen}x-\operatorname{sen}c}{x-c}$	0,863511	0,865775	0,866275	0,868511

Aqui, $c=-\frac{\pi}{6}$ e $\cos c=\frac{\sqrt{3}}{2}\approx 0{,}866025$.

Seção 2.7 Exercícios preliminares

1. **(a)** Correta **(b)** Incorreta **(c)** Incorreta **(d)** Correta

2. **(a)** $\lim_{x\to\infty}x^3=\infty$ **(b)** $\lim_{x\to-\infty}x^3=-\infty$
(c) $\lim_{x\to-\infty}x^4=\infty$

3.

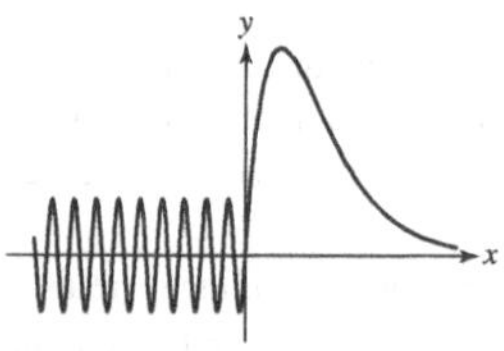

4. Negativo

5. Negativo

6. Se $x\to\infty$, $\frac{1}{x}\to 0$, portanto

$$\lim_{x\to\infty}\operatorname{sen}\frac{1}{x}=\operatorname{sen}0=0$$

Por outro lado, $\frac{1}{x}\to\pm\infty$ se $x\to 0$, portanto, se $\frac{1}{x}\to\pm\infty$, segue que $\operatorname{sen}\frac{1}{x}$ oscila uma infinidade de vezes.

Seção 2.7 Exercícios

1. $y=1$ e $y=2$

3.

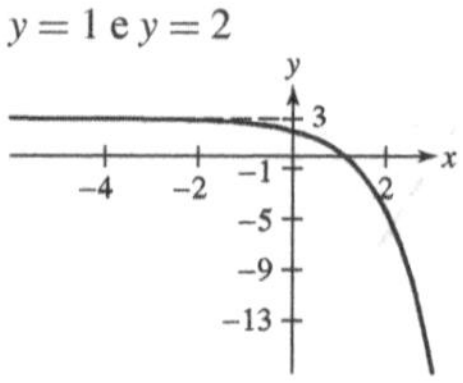

5. **(a)** Pela tabela a seguir, parece que

$$\lim_{x\to\pm\infty} \frac{x^3}{x^3+x} = 1$$

x	± 50	± 100	± 500	± 1000
$f(x)$	0,999600	0,999900	0,999996	0,999999

(b) Pelo gráfico a seguir, também parece que

$$\lim_{x\to\pm\infty} \frac{x^3}{x^3+x} = 1$$

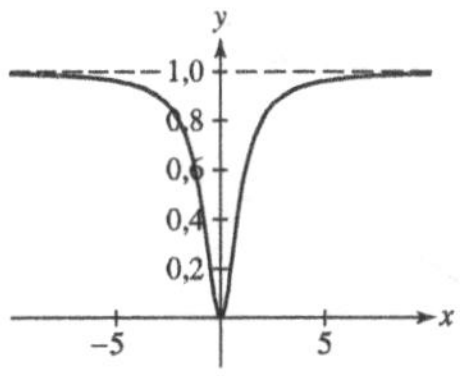

(c) A assíntota horizontal de f é $y = 1$.

7. 1 **9.** 0 **11.** $\frac{7}{4}$ **13.** $-\infty$ **15.** ∞ **17.** $y = \frac{1}{4}$ **19.** $y = \frac{2}{3}$ e $y = -\frac{2}{3}$ **21.** $y = 0$ **23.** 0 **25.** 2 **27.** $\frac{1}{16}$ **29.** 0

31. $\frac{\pi}{2}$; o gráfico de $y = \text{arc tg}\, x$ tem uma assíntota horizontal em $y = \frac{\pi}{2}$.

33. **(a)** $\lim_{s\to\infty} R(s) = \lim_{s\to\infty} \frac{As}{K+s} = \lim_{s\to\infty} \frac{A}{1+\frac{K}{s}} = A.$

(b) $R(K) = \frac{AK}{K+K} = \frac{AK}{2K} = \frac{A}{2}$ igual à metade do valor do limite. **(c)** 3,75 mM

35. 0 **37.** ∞ **39.** $\ln\frac{3}{2}$ **41.** $-\frac{\pi}{2}$

45. $\lim_{x\to\infty} \frac{3x^2-x}{2x^2+5} = \lim_{t\to 0+} \frac{3-t}{2+5t^2} = \frac{3}{2}$

47. • $b = 0{,}2$:

x	5	10	50	100
$G(x)$	1,000064	1,000000	1,000000	1,000000

Parece que $G(0{,}2) = 1$.

• $b = 0{,}8$:

x	5	10	50	100
$G(x)$	1,058324	1,010251	1,000000	1,000000

Parece que $G(0{,}8) = 1$.

• $b = 2$:

x	5	10	50	100
$G(x)$	2,012347	2,000195	2,000000	2,000000

Parece que $G(2) = 2$.

• $b = 3$:

x	5	10	50	100
$G(x)$	3,002465	3,000005	3,000000	3,000000

Parece que $G(3) = 3$.

• $b = 5$:

x	5	10	50	100
$G(x)$	5,000320	5,000000	5,000000	5,000000

Parece que $G(5) = 5$.

Usando essas observações, podemos conjecturar que $G(b) = 1$ se $0 \le b \le 1$ e $G(b) = b$ se $b > 1$. O gráfico de $y = G(b)$ é dado a seguir; o gráfico parece ser contínuo.

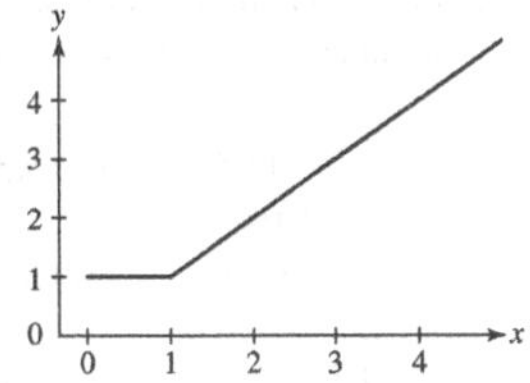

Seção 2.8 Exercícios preliminares

1. Observe que $f(x) = x^2$ é contínua em $[0, 1]$ com $f(0) = 0$ e $f(1) = 1$. Como $f(0) < 0{,}5 < f(1)$, o Teorema do Valor Intermediário garante que existe algum $c \in [0, 1]$ tal que $f(c) = 0{,}5$.

2. Devemos supor que a temperatura seja uma função contínua do tempo.

3. Se f for contínua em $[a, b]$, então, dado qualquer k entre $f(a)$ e $f(b)$, a reta horizontal $y = k$ intersecta o gráfico de $y = f(x)$ pelo menos uma vez.

4.

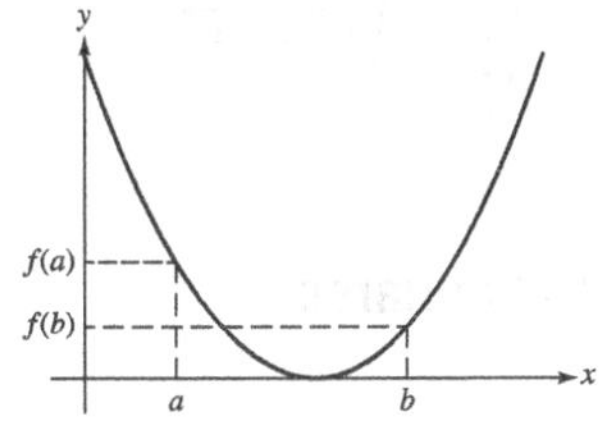

5. **(a)** Às vezes verdadeira **(b)** Sempre verdadeira **(c)** Nunca verdadeira **(d)** Às vezes verdadeira

Seção 2.8 Exercícios

1. Observe que $f(1) = 2$ e $f(2) = 10$. Como f é um polinômio, é contínua em toda parte; em particular, em $[1, 2]$. Pelo TVI, existe algum $c \in [1, 2]$ tal que $f(c) = 9$.

3. $g(0) = 0$ e $g(\frac{\pi}{4}) = \frac{\pi^2}{16}$. g é contínua em cada t entre 0 e $\frac{\pi}{4}$, e $0 < \frac{1}{2} < \frac{\pi^2}{16}$; portanto, pelo TVI, existe algum $c \in [0, \frac{\pi}{4}]$ tal que $g(c) = \frac{1}{2}$.

5. Seja $f(x) = x - \cos x$. Observe que f é contínua, com $f(0) = -1$ e $f(1) = 1 - \cos 1 \approx 0{,}46$. Portanto, pelo TVI, existe algum $c \in [0, 1]$ tal que $f(c) = c - \cos c = 0$.

7. Seja $f(x) = \sqrt{x} + \sqrt{x+2} - 3$. Observe que f é contínua em $\left[\frac{1}{4}, 2\right]$, com $f(\frac{1}{4}) = -1$ e $f(2) = \sqrt{2} - 1 \approx 0{,}41$. Portanto, pelo TVI, existe algum $c \in \left[\frac{1}{4}, 2\right]$ tal que $f(c) = \sqrt{c} + \sqrt{c+2} - 3 = 0$.

9. Seja $f(x) = x^2$. Observe que f é contínua, com $f(1) = 1$ e $f(2) = 4$. Portanto, pelo TVI, existe algum $c \in [1, 2]$ tal que $f(c) = c^2 = 2$.

11. Fixado algum inteiro positivo k qualquer, denotemos $f(x) = x^k - \cos x$. Observe que f é contínua em $\left[0, \frac{\pi}{2}\right]$, com $f(0) = -1$ e $f(\frac{\pi}{2}) = \left(\frac{\pi}{2}\right)^k > 0$. Portanto, pelo TVI, existe algum $c \in \left[0, \frac{\pi}{2}\right]$ tal que $f(c) = c^k - \cos(c) = 0$.

13. Seja $f(x) = 2^x + 3^x - 4^x$. Observe que f é contínua em $[0, 2]$, com $f(0) = 1 > 0$ e $f(2) = -3 < 0$. Portanto, pelo TVI, existe algum $c \in (0, 2)$ tal que $f(c) = 2^c + 3^c - 4^c = 0$.

15. Seja $f(x) = e^x + \ln x$. Observe que f é contínua em $[e^{-2}, 1]$, com $f(e^{-2}) = e^{e^{-2}} - 2 < 0$ e $f(1) = e > 0$. Portanto, pelo TVI, existe algum $c \in (e^{-2}, 1) \subset (0, 1)$ tal que $f(c) = e^c + \ln c = 0$.

17. Aplique o Corolário 2 ao teorema do valor intermediário. f é um polinômio e é contínua em toda parte. $f(-3) = 170$, $f(-2) = -25$, $f(-1) = 2$, $f(0) = -1$, $f(1) = 2$, $f(2) = -25$

e $f(3) = 170$. Assim, f tem algum zero em cada um desses intervalos: $(-3, -2)$, $(-2, -1)$, $(-1, 0)$, $(0, 1)$, $(1, 2)$, $(2, 3)$ e f deve possuir seis soluções distintas.

19. O TVI não pode ser aplicado porque g não é contínua no intervalo $[-1, 1]$. Contudo, essa função toma todos os valores entre $g(-1) = 1$ e $g(1) = 2$.

21. **(a)** $f(1) = 1$, $f(1{,}5) = 2^{1{,}5} - (1{,}5)^3 < 3 - 3{,}375 < 0$. Portanto, $f(x) = 0$ em algum x entre 0 e 1,5.
(b) $f(1{,}25) \approx 0{,}4253 > 0$ e $f(1{,}5) < 0$. Portanto, $f(x) = 0$ em algum x entre 1,25 e 1,5.
(c) $f(1{,}375) \approx -0{,}0059$. Portanto, $f(x) = 0$ em algum x entre 1,25 e 1,375.

23. $[0; 0{,}25]$

25.

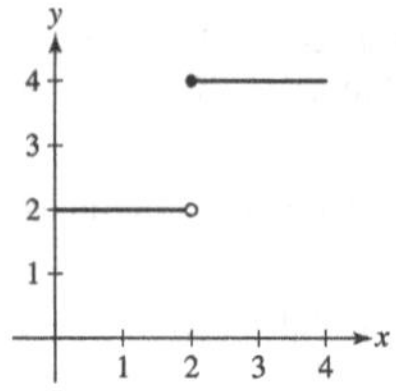

27.

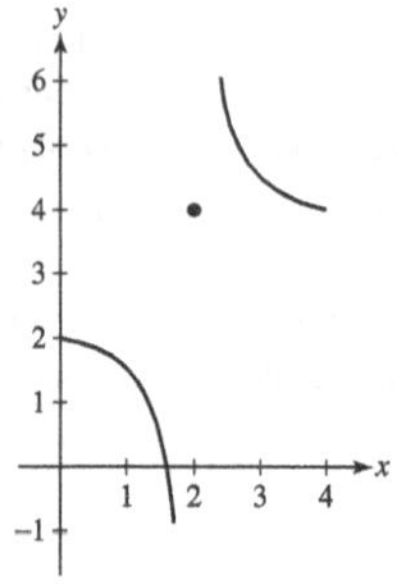

29. Não; não

Seção 2.9 Exercícios preliminares

1. (c)
2. **(b)** e **(d)** são verdadeiras.

Seção 2.9 Exercícios

1. $L = 4$, $\epsilon = 0{,}8$ e $\delta = 0{,}1$

3. **(a)**

$$|f(x) - 35| = |8x + 3 - 35| = |8x - 32| = |8(x - 4)| = 8\,|x - 4|$$

(b) Seja $\epsilon > 0$. Seja $\delta = \epsilon/8$ e suponha que $|x - 4| < \delta$. Pela parte **(a)**, $|f(x) - 35| = 8|x - 4| < 8\delta$. Substituindo $\delta = \epsilon/8$, vemos que $|f(x) - 35| < 8\epsilon/8 = \epsilon$.

5. **(a)** Se $0 < |x - 2| < \delta = 0{,}01$, então $|x| < 3$ e

$$\left|x^2 - 4\right| = |x-2||x+2| \le |x-2|\,(|x|+2) < 5|x-2| < 0{,}05.$$

(b) Se $0 < |x - 2| < \delta = 0{,}0002$, então $|x| < 2{,}0002$ e

$$\left|x^2 - 4\right| = |x - 2||x + 2| \le |x - 2|\,(|x| + 2) < 4{,}0002|x - 2|$$
$$< 0{,}00080004 < 0{,}0009$$

(c) $\delta = 10^{-5}$

7. $\delta = 6 \times 10^{-4}$

9. $\delta = 0{,}25$

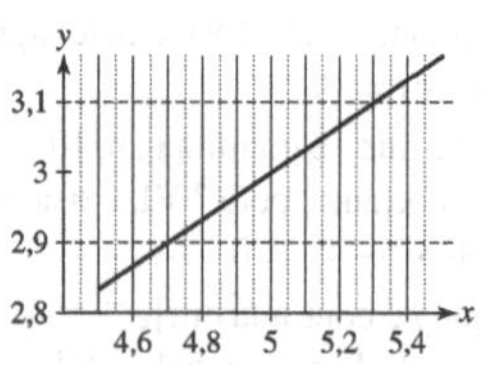

11. $\delta = 0{,}02$

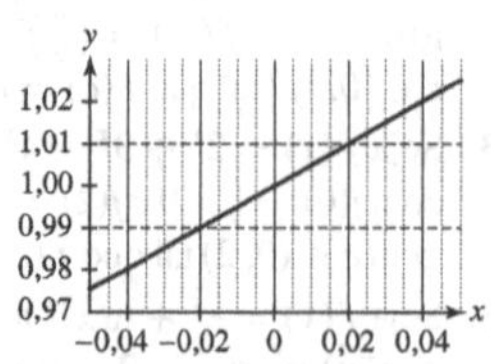

13. **(a)** Como $|x - 2| < 1$, segue que $1 < x < 3$ e, em particular, que $x > 1$. Como $x > 1$, segue que $\frac{1}{x} < 1$ e

$$\left|\frac{1}{x} - \frac{1}{2}\right| = \left|\frac{2 - x}{2x}\right| = \frac{|x - 2|}{2x} < \frac{1}{2}|x - 2|$$

(b) Seja $\delta = \min\{1, 2\epsilon\}$ e suponha que $|x - 2| < \delta$. Então, pela parte (a), temos

$$\left|\frac{1}{x} - \frac{1}{2}\right| < \frac{1}{2}|x - 2| < \frac{1}{2}\delta < \frac{1}{2} \cdot 2\epsilon = \epsilon$$

(c) Escolha $\delta = 0{,}02$

(d) Seja dado $\epsilon > 0$. Então, sempre que $0 < |x - 2| < \delta = \min\{1, 2\epsilon\}$, obtemos

$$\left|\frac{1}{x} - \frac{1}{2}\right| < \frac{1}{2}\delta \le \epsilon$$

15.

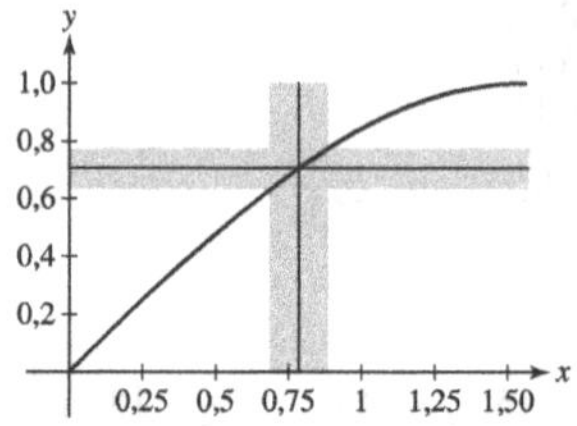

17. Dado $\epsilon > 0$, seja

$$\delta = \min\left\{|c|, \frac{\epsilon}{3|c|}\right\}$$

Então, se $|x - c| < \delta$, obtemos

$$|x^2 - c^2| = |x - c|\,|x + c| < 3|c|\delta < 3|c|\frac{\epsilon}{3|c|} = \epsilon$$

19. Seja $\epsilon > 0$ dado. Seja $\delta = \min(1, 3\epsilon)$. Se $|x - 4| < \delta$,

$$|\sqrt{x} - 2| = |x - 4|\left|\frac{1}{\sqrt{x} + 2}\right| < |x - 4|\frac{1}{3} < \delta\frac{1}{3} < 3\epsilon\frac{1}{3} = \epsilon$$

21. Seja $\epsilon > 0$ dado. Seja $\delta = \min(1, \frac{\epsilon}{7})$ e suponha que $|x - 1| < \delta$. Como $\delta < 1$, $0 < x < 2$. Como $x^2 + x + 1$ cresce e x cresce com $x > 0$, $x^2 + x + 1 < 7$ se $0 < x < 2$, portanto,

$$\left|x^3 - 1\right| = |x - 1|\left|x^2 + x + 1\right| < 7|x - 1| < 7\frac{\epsilon}{7} = \epsilon$$

23. Seja $\epsilon > 0$ dado. Seja $\delta = \min(1, \frac{4}{5}\epsilon)$ e suponha que $|x - 2| < \delta$. Como $\delta < 1$, $|x - 2| < 1$, portanto $1 < x < 3$. Isso significa que $4x^2 > 4$ e $|2 + x| < 5$, de modo que $\frac{2+x}{4x^2} < \frac{5}{4}$. Obtemos

$$\left|x^{-2} - \frac{1}{4}\right| = |2 - x|\left|\frac{2 + x}{4x^2}\right| < \frac{5}{4}|x - 2| < \frac{5}{4} \cdot \frac{4}{5}\epsilon = \epsilon$$

25. Seja L um número real qualquer. Seja $\delta > 0$ algum número pequeno positivo qualquer. Seja $x = \frac{\delta}{2}$, que satisfaz $|x| < \delta$, e $f(x) = 1$. Consideramos dois casos:

- $(|f(x) - L| \ge \frac{1}{2})$: está feito.
- $(|f(x) - L| < \frac{1}{2})$: isso significa que $\frac{1}{2} < L < \frac{3}{2}$. Nesse caso, tomamos $x = -\frac{\delta}{2}$. $f(x) = -1$, portanto $\frac{3}{2} < L - f(x)$.

Em ambos os casos, existe algum x tal que $|x| < \frac{\delta}{2}$, mas $|f(x) - L| \ge \frac{1}{2}$.

27. Seja $\epsilon > 0$ dado e tomemos $\delta = \min(1, \frac{\epsilon}{2})$. Então, sempre que $|x - 1| < \delta$, segue que $0 < x < 2$. Se $1 < x < 2$, então $\min(x, x^2) = x$ e

$$|f(x) - 1| = |x - 1| < \delta < \frac{\epsilon}{2} < \epsilon$$

Por outro lado, se $0 < x < 1$, então $\min(x, x^2) = x^2$, $|x+1| < 2$ e

$$|f(x) - 1| = |x^2 - 1| = |x-1|\,|x+1| < 2\delta < \epsilon$$

Assim sempre que $|x-1| < \delta$, $|f(x) - 1| < \epsilon$.

31. Suponha que $\lim_{x\to c} f(x) = L$. Seja $\epsilon > 0$ dado. Como $\lim_{x\to c} f(x) = L$, sabemos que existe algum $\delta > 0$ tal que $|x - c| < \delta$ garante $|f(x) - L| < \epsilon/|a|$. Suponha que $|x - c| < \delta$. Então

$$|af(x) - aL| = |a||f(x) - aL| < |a|(\epsilon/|a|) = \epsilon.$$

Revisão do Capítulo 2

1. Velocidade média aproximadamente 0,954 m/s; velocidade instantânea aproximadamente 0,894 m/s.

3. $\frac{200}{9}$ **5.** 1,50 **7.** 1,69 **9.** 2,00

11. 5 **13.** $-\frac{1}{2}$ **15.** $\frac{1}{6}$ **17.** 2

19. Não existe; $\lim_{t\to 9-} \dfrac{t-6}{\sqrt{t}-3} = -\infty$ e $\lim_{t\to 9+} \dfrac{t-6}{\sqrt{t}-3} = \infty$

21. ∞

23. Não existe; $\lim_{x\to 1-} \dfrac{x^3-2x}{x-1} = \infty$ e $\lim_{x\to 1+} \dfrac{x^3-2x}{x-1} = -\infty$

25. 2 **27.** $\frac{2}{3}$ **29.** $-\frac{1}{2}$ **31.** $3b^2$ **33.** $\frac{1}{9}$ **35.** ∞

37. Não existe; $\lim_{\theta\to\frac{\pi}{2}-} \theta\sec\theta = \infty$ e $\lim_{\theta\to\frac{\pi}{2}+} \theta\sec\theta = -\infty$

39. Não existe; $\lim_{\theta\to 0-} \dfrac{\cos\theta - 2}{\theta} = \infty$ e $\lim_{\theta\to 0+} \dfrac{\cos\theta - 2}{\theta} = -\infty$

41. ∞

43. ∞

45. Não existe; $\lim_{x\to\frac{\pi}{2}-} \operatorname{tg} x = \infty$ e $\lim_{x\to\frac{\pi}{2}+} \operatorname{tg} x = -\infty$

47. 0

49. 0

51. De acordo com o gráfico de f,

$$\lim_{x\to 0-} f(x) = \lim_{x\to 0+} f(x) = 1$$

$$\lim_{x\to 2-} f(x) = \lim_{x\to 2+} f(x) = \infty$$

$$\lim_{x\to 4-} f(x) = -\infty$$

$$\lim_{x\to 4+} f(x) = \infty$$

A função é contínua à direita e à esquerda em $x = 0$, mas não é contínua à direita nem à esquerda em $x = 2$ e $x = 4$.

53. Em $x = 0$, a função tem uma descontinuidade infinita, mas é contínua à esquerda.

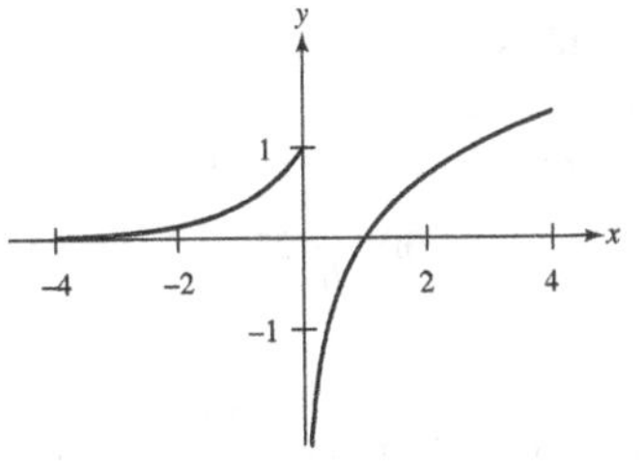

55. g tem uma descontinuidade de salto em $x = -1$; g é contínua à esquerda em $x = -1$.

57. $b = 7$; h tem uma descontinuidade de salto em $x = -2$.

59. Não tem assíntota horizontal.

61. $y = 2$

63. $y = 1$

65. $B = B \cdot 1 = B \cdot L =$

$$\lim_{x\to a} g(x) \cdot \lim_{x\to a} \frac{f(x)}{g(x)} = \lim_{x\to a} g(x)\frac{f(x)}{g(x)} = \lim_{x\to a} f(x) = A$$

67. $f(x) = \dfrac{1}{(x-a)^3}$ e $g(x) = \dfrac{1}{(x-a)^5}$

71. Seja $f(x) = x^2 - \cos x$. Note que f é contínua no intervalo $[0, \frac{\pi}{2}]$, $f(0) = -1 < 0$ e $f(\frac{\pi}{2}) = \frac{\pi^2}{4} > 0$. Portanto, pelo TVI, existe algum $c \in (0, \frac{\pi}{2})$ tal que $f(c) = 0$; consequentemente, as curvas $y = x^2$ e $y = \cos x$ possuem interseção.

73. Seja $f(x) = e^{-x^2} - x$. Observe que f é contínua em [0, 1], com $f(0) = e^0 - 0 = 1 > 0$ e $f(1) = e^{-1} - 1 < 0$. Portanto, o TVI garante que exista algum $c \in (0, 1)$ tal que $f(c) = e^{-c^2} - c = 0$.

75. $g(x) = \lfloor x \rfloor$; no intervalo

$$x \in \left[\frac{a}{2+2\pi a}, \frac{a}{2}\right] \subset [-a, a]$$

$\frac{1}{x}$ vai de $\frac{2}{a}$ até $\frac{2}{a} + 2\pi$, de modo que a função seno percorre um período completo e, claramente, toma cada valor entre $-\operatorname{sen} a$ e $\operatorname{sen} a$.

77. $\delta = 0{,}55$;

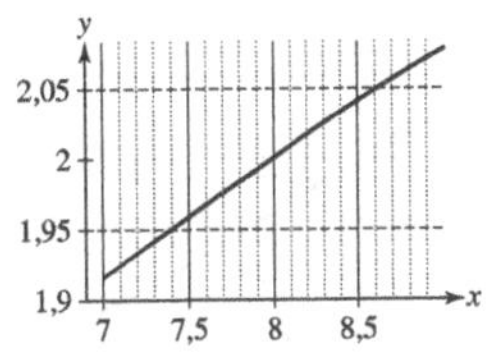

79. Seja $\epsilon > 0$ e tome $\delta = \epsilon/8$. Então, se $|x - (-1)| = |x+1| < \delta$,

$$|f(x) - (-4)| = |4 + 8x + 4| = 8|x+1| < 8\delta = \epsilon$$

Capítulo 3

Seção 3.1 Exercícios preliminares

1. B e D

2. $\dfrac{f(x) - f(a)}{x-a}$ ou $\dfrac{f(a+h) - f(a)}{h}$

3. $a = 3$ e $h = 2$

4. A derivada da função $f(x) = \operatorname{tg} x$ em $x = \frac{\pi}{4}$.

5. **(a)** A diferença de altura entre os pontos (0,9; sen 0,9) e (1,3; sen 1,3).
(b) A inclinação da reta secante entre os pontos (0,9; sen 0,9) e (1,3; sen 1,3).
(c) A inclinação da reta tangente ao gráfico em $x = 0{,}9$.

Seção 3.1 Exercícios

1. $f'(3) = 30$ **3.** $f'(0) = 9$ **5.** $f'(-1) = -2$

7. $f'(1) = 5$

9. A inclinação da reta secante é 1; a reta secante por (2, f(2)) e (2,5; f(2,5)) tem uma inclinação maior do que a reta tangente em $x = 2$.

11. $f'(1) \approx 0$; $f'(2) \approx 0{,}8$

13. $f'(1) = f'(2) = 0$; $f'(4) = \frac{1}{2}$; $f'(7) = 0$

15. $f'(5{,}5)$ **17.** $f'(x) = 7$ **19.** $g'(t) = -3$ **21.** $y = 2x - 1$

23. A reja tangente em qualquer ponto é a própria reta.

25. $f(-2+h) = \dfrac{1}{-2+h}$; $-\dfrac{1}{3}$ **27.** $f'(5) = -\frac{1}{10\sqrt{5}}$

29. $f'(3) = 22$; $y = 22x - 18$ **31.** $f'(3) = -11$; $y = -11t + 18$

33. $f'(0) = 1$; $y = x$ **35.** $f'(8) = -\dfrac{1}{64}$; $y = -\dfrac{1}{64}x + \dfrac{1}{4}$

37. $f'(-2) = -1$; $y = -x - 1$

39. $f'(1) = \dfrac{1}{2\sqrt{5}}$; $y = \dfrac{1}{2\sqrt{5}}x + \dfrac{9}{2\sqrt{5}}$

41. $f'(4) = -\dfrac{1}{16}$; $y = -\dfrac{1}{16}x + \dfrac{3}{4}$

43. $f'(3) = \dfrac{3}{\sqrt{10}}$; $y = \dfrac{3}{\sqrt{10}}t + \dfrac{1}{\sqrt{10}}$ **45.** $f'(0) = 0$; $y = 1$

47. $W'(4) \approx 0{,}9$ kg/ano; a inclinação da tangente é zero em $t = 10$ e $t = 11{,}6$; a inclinação da reta tangente é negativa se $10 < t < 11{,}6$.

49. **(a)** $f'(0) \approx -0{,}68$

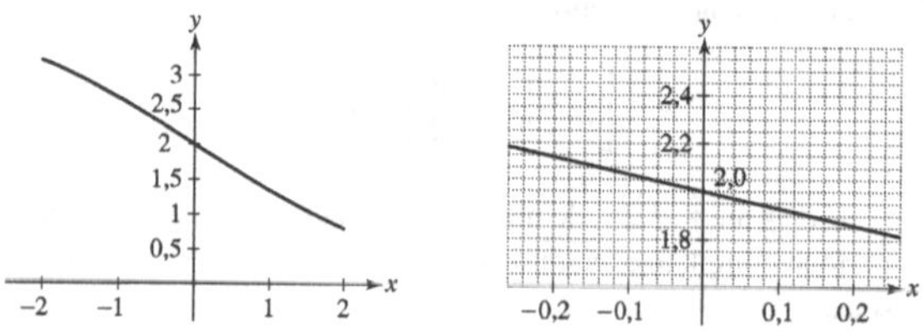

(b) $y = -0{,}68x + 2$

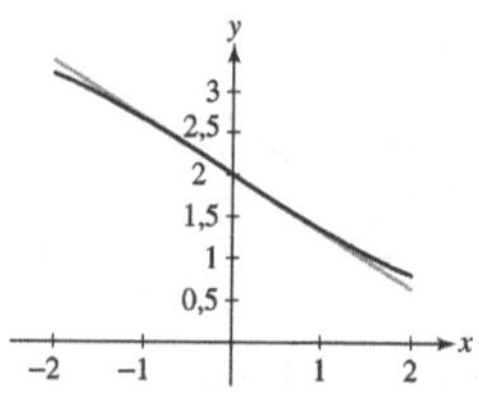

51. Com $1 < x < 2{,}5$ e $x > 3{,}5$.

53. $f(x) = x^3$ e $a = 5$.

55. $f(x) = \text{sen}\, x$ e $a = \frac{\pi}{6}$

57. $f(x) = 5^x$ e $a = 2$.

59. $f'\left(\dfrac{\pi}{4}\right) \approx 0{,}7071$

61. • Na curva (A), $f'(1)$ é maior do que

$$\frac{f(1+h) - f(1)}{h}$$

A curva dobra para baixo, portanto a reta secante para a direita está num ângulo menor do que a reta tangente.

• Na curva (B), $f'(1)$ é menor do que

$$\frac{f(1+h) - f(1)}{h}$$

A curva dobra para cima, portanto a reta secante para a direita está num ângulo maior do que a reta tangente.

63. **(b)** $f'(4) \approx 20{,}0000$
(c) $y = 20x - 48$

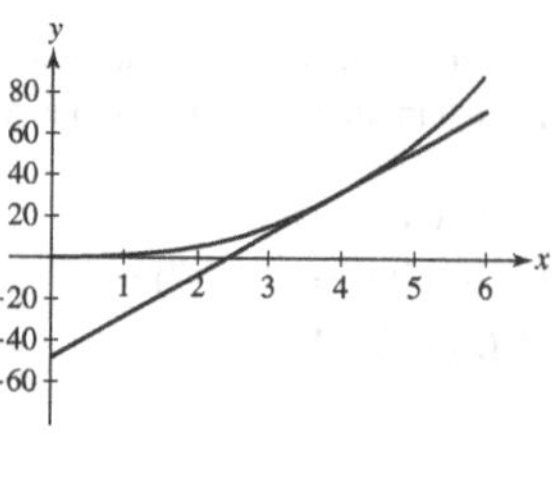

65. $c \approx 0{,}37$.

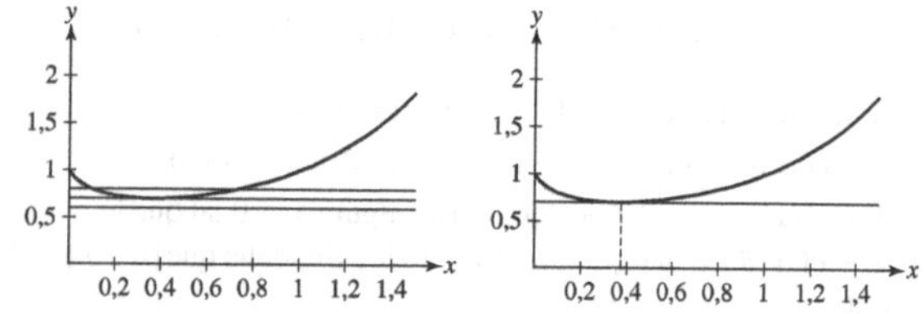

67.

$$P'(303) \approx \frac{P(313) - P(293)}{20} = \frac{0{,}0808 - 0{,}0278}{20} = 0{,}00265 \text{ atm/K};$$

$$P'(313) \approx \frac{P(323) - P(303)}{20} = \frac{0{,}1311 - 0{,}0482}{20} = 0{,}004145 \text{ atm/K};$$

$$P'(323) \approx \frac{P(333) - P(313)}{20} = \frac{0{,}2067 - 0{,}0808}{20} = 0{,}006295 \text{ atm/K}$$

$$P'(333) \approx \frac{P(343) - P(323)}{20} = \frac{0{,}3173 - 0{,}1311}{20} = 0{,}00931 \text{ atm/K};$$

$$P'(343) \approx \frac{P(353) - P(333)}{20} = \frac{0{,}4754 - 0{,}2067}{20} = 0{,}013435 \text{ atm/K}$$

69. $-0{,}39375$ (km/h)km/carro

71. $i(3) = 0{,}06$ amperes

73. $v'(4) \approx 160$; $C \approx 0{,}2$ farads

75. É a inclinação da reta secante ligando os pontos $(a - h, f(a-h))$ e $(a + h, f(a+h))$ do gráfico de f.

77. Seja $f(x) = px^2 + qx + r$; RIS: $\big(f(a+h) - f(a-h)\big)/2h = 2h(2pa + q)/2h = 2pa + q$; $f'(a) = \lim_{h\to 0}\big(f(a+h) - f(a)\big)/h = 2pa + q$

Seção 3.2 Exercícios preliminares

1. 8.

2. $(f - g)'(1) = -2$ e $(3f + 2g)'(1) = 19$.

3. (a), (b), (c) e (f)

4. (b)

5. A reta tangente a $f(x) = e^x$ em $x = 0$ tem inclinação 1.

Seção 3.2 Exercícios

1. $f'(x) = 3$ **3.** $f'(x) = 3x^2$ **5.** $f'(x) = 1 - \dfrac{1}{2\sqrt{x}}$

7. $\left.\dfrac{d}{dx}x^4\right|_{x=-2} = 4(-2)^3 = -32$

9. $\left.\dfrac{d}{dt}t^{2/3}\right|_{t=8} = \dfrac{2}{3}(8)^{-1/3} = \dfrac{1}{3}$

11. $0{,}35x^{-0{,}65}$ **13.** $\sqrt{17}t^{\sqrt{17}-1}$

15. $f'(x) = 4x^3$; $y = 32x - 48$

17. $f'(x) = 5 - 16x^{-1/2}$; $y = -3x - 32$

19. **(a)** $\dfrac{d}{dx}12e^x = 12e^x$ **(b)** $\dfrac{d}{dt}(25t - 8e^t) = 25 - 8e^t$

(c) $\dfrac{d}{dt}e^{t-3} = e^{t-3}$

21. $f'(x) = 6x^2 - 6x$ **23.** $f'(x) = \dfrac{20}{3}x^{2/3} + 6x^{-3}$

25. $g'(z) = -\dfrac{5}{2}z^{-19/14} - 5z^{-6}$ **27.** $f'(s) = \dfrac{1}{4}s^{-3/4} + \dfrac{1}{3}s^{-2/3}$

29. $g'(x) = 0$ **31.** $h'(t) = 5e^{t-3}$ **33.** $P'(s) = 32s - 24$

35. $g'(x) = -6x^{-5/2}$ **37.** 1 **39.** -60 **41.** $1 - e^4$

43. • O gráfico (A) combina com a derivada (III).
• O gráfico (B) combina com a derivada (I).
• O gráfico (C) combina com a derivada (II).
• O gráfico (D) combina com a derivada (III).
(A) e (D) têm a mesma derivada porque o gráfico (D) é somente uma translação vertical do gráfico em (A).

45. O gráfico (A) é o de f, o gráfico (B) é o de h e o gráfico (C) é o de g.

47. (B) poderia ser o gráfico da derivada de f.

49. **(a)** $\frac{d}{dt}ct^3 = 3ct^2$ **(b)** $\frac{d}{dz}(5z + 4cz^2) = 5 + 8cz$
(c) $\frac{d}{dy}(9c^2y^3 - 24c) = 27c^2y^2$

51. $x = \frac{1}{2}$

53. $a = 2$ e $b = -3$

55. • $f'(x) = 3x^2 - 3 \geq -3$, pois $3x^2$ é não negativo.
• As duas retas tangentes paralelas de inclinação 2 aparecem no gráfico de f a seguir.

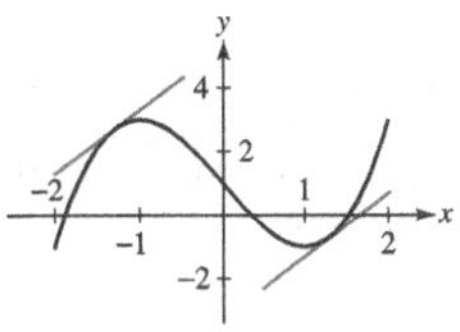

57. $f'(x) = \frac{3}{2}x^{1/2}$

59. $f'(0) = 1$; $y = x$

61. Decrescente; $y = -0{,}63216(m - 33) + 83{,}445$;
$y = -0{,}25606(m - 68) + 69{,}647$

$$P'(303) \approx \frac{P(313) - P(293)}{20} = \frac{0{,}0808 - 0{,}0278}{20} = 0{,}00265 \text{ atm/K};$$

$$P'(313) \approx \frac{P(323) - P(303)}{20} = \frac{0{,}1311 - 0{,}0482}{20} = 0{,}004145 \text{ atm/K};$$

$$P'(323) \approx \frac{P(333) - P(313)}{20} = \frac{0{,}2067 - 0{,}0808}{20} = 0{,}006295 \text{ atm/K};$$

$$P'(333) \approx \frac{P(343) - P(323)}{20} = \frac{0{,}3173 - 0{,}1311}{20} = 0{,}00931 \text{ atm/K};$$

$$P'(343) \approx \frac{P(353) - P(333)}{20} = \frac{0{,}4754 - 0{,}2067}{20} = 0{,}013435 \text{ atm/K}$$

$\frac{T^2}{P}\frac{dP}{dT}$ é mais ou menos constante, sugerindo que a lei de Clausius-Claperyon seja válida e que $k \approx 5000$.

67.

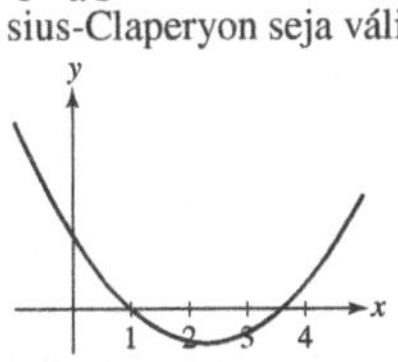

69. Se $x < 0$, $f(x) = -x^2$ e $f'(x) = -2x$. Se $x > 0$, $f(x) = x^2$ e $f'(x) = 2x$. Assim, $f'(0) = 0$.

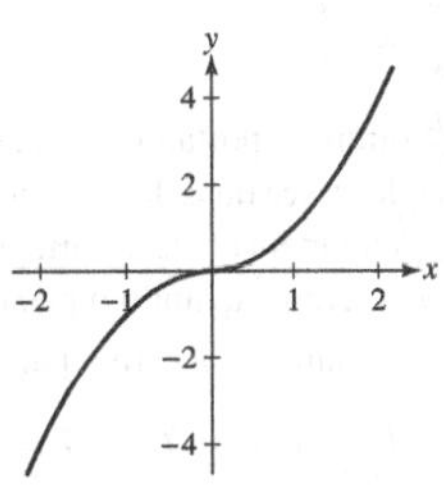

71. $c = 1$.

73. $c = 0$

75. $c = \pm 1$

77. Aparentemente, f não é derivável em $a = 0$. Além disso, a reta tangente não existe nesse ponto.

79. Aparentemente, f não é derivável em $a = 3$. Além disso, a reta tangente parece ser vertical.

81. Aparentemente, f não é derivável em $a = 0$. Além disso, a reta tangente não existe nesse ponto.

83. $(1, 8)$

85. $\frac{10}{7}$

87. A reta normal intersecta o eixo x no ponto T de coordenadas $(x + f(x)f'(x), 0)$. O ponto R tem coordenadas $(x, 0)$, portanto a subnormal é $|x + f(x)f'(x) - x| = |f(x)f'(x)|$.

89. A reta tangente a f em $x = a$ é $y = 2ax - a^2$. O corte dessa reta com o eixo x é $\frac{a}{2}$, portanto a subtangente é $a - a/2 = a/2$.

91. A subtangente é $\frac{1}{n}a$.

93. $r \leq \frac{1}{2}$

Seção 3.3 Exercícios preliminares

1. **(a)** Falsa. A notação fg denota a função cujo valor em x é $f(x)\,g(x)$.
(b) Verdadeira
(c) Falsa. A derivada do produto fg é $f'(x)g(x) + f(x)g'(x)$.
(d) Falsa. $\left.\frac{d}{dx}(fg)\right|_{x=4} = f(4)g'(4) + g(4)f'(4)$.
(e) Verdadeira

2. -1

3. 5

Seção 3.3 Exercícios

1. $f'(x) = 10x^4 + 3x^2$ **3.** $f'(x) = e^x(x^2 + 2x)$

5. $\frac{dh}{ds} = -\frac{7}{2}s^{-3/2} + \frac{3}{2}s^{-5/2} + 14$; $\left.\frac{dh}{ds}\right|_{s=4} = \frac{871}{64}$

7. $f'(x) = \frac{-2}{(x-2)^2}$ **9.** $\frac{dg}{dt} = -\frac{4t}{(t^2-1)^2}$; $\left.\frac{dg}{dt}\right|_{t=-2} = \frac{8}{9}$

11. $g'(x) = -\frac{e^x}{(1+e^x)^2}$ **13.** $f'(t) = 6t^2 + 2t - 4$

15. $h'(t) = 1$ se $t \neq 1$

17. $f'(x) = 6x^5 + 4x^3 + 18x^2 + 5$

19. $\frac{dy}{dx} = -\frac{1}{(x+10)^2}$; $\left.\frac{dy}{dx}\right|_{x=3} = -\frac{1}{169}$

21. $f'(x) = 1$ se $x \geq 0$

23. $\frac{dy}{dx} = \frac{2x^5 - 20x^3 + 8x}{(x^2-5)^2}$; $\left.\frac{dy}{dx}\right|_{x=2} = -80$

25. $\frac{dz}{dx} = -\frac{3x^2}{(x^3+1)^2}$; $\left.\frac{dz}{dx}\right|_{x=1} = -\frac{3}{4}$

27. $h'(t) = \frac{-2t^3 - t^2 + 1}{(t^3 + t^2 + t + 1)^2}$

29. $f'(t) = 0$ **31.** $f'(x) = 3x^2 - 6x - 13$

33. $f'(x) = \frac{xe^x}{(x+1)^2}$

35. Se $z \neq -2$ e $z \neq 1$, $g'(z) = 2z - 1$

37. $f'(t) = \frac{-xt^2 + 8t - x^2}{(t^2 - x)^2}$

39. $(fg)'(4) = -20$ e $(f/g)'(4) = 0$

41. $G'(4) = -10$
43. $F'(0) = -7$
45. $\dfrac{d}{dx}e^{2x} = 2e^{2x}$
47. A partir do gráfico a seguir, vemos que f é decrescente em seu domínio $\{x : x \neq \pm 1\}$. Consequentemente, $f'(x)$ deve ser negativa. Usando a regra do quociente, obtemos

$$f'(x) = \frac{(x^2-1)(1) - x(2x)}{(x^2-1)^2} = -\frac{x^2+1}{(x^2-1)^2}$$

que é negativa com qualquer $x \neq \pm 1$.

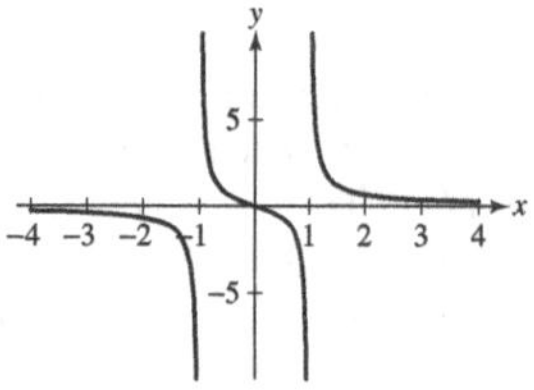

49. $a = 1$
51. (a) Dado $R(t) = N(t)S(t)$, segue que

$$\frac{dR}{dt} = N(t)S'(t) + S(t)N'(t)$$

(b) $\left.\dfrac{dR}{dt}\right|_{t=0} = 1.250.000$

(c) O termo $5S(0)$ é maior do que o termo $10.000N(0)$. Assim, se só for possível implementar uma parte da campanha, deveria ser a parte A: aumentar o número de lojas, 5 por mês.

53. • Em $x = -1$, a reta tangente é $y = \frac{1}{2}x + 1$
- Em $x = 1$, a reta tangente é $y = -\frac{1}{2}x + 1$

55. Seja $g = f^2 = ff$. Então

$$g' = \left(f^2\right)' = (ff)' = ff' + ff' = 2ff'.$$

57. Seja $p = fgh$. Então

$$p' = (fgh)' = f\left(gh' + hg'\right) + ghf' = f'gh + fg'h + fgh'.$$

61.
$$\begin{aligned}\frac{d}{dx}(xf(x)) &= \lim_{h\to 0}\frac{(x+h)f(x+h) - f(x)}{h}\\ &= \lim_{h\to 0}\left(x\frac{f(x+h)-f(x)}{h} + f(x+h)\right)\\ &= x\lim_{h\to 0}\frac{f(x+h)-f(x)}{h} + \lim_{h\to 0}f(x+h)\\ &= xf'(x) + f(x)\end{aligned}$$

65. (a) É uma raiz múltipla. (b) Não é uma raiz múltipla.
67.
$$\begin{aligned}m(ab)(ab)^x &= \frac{d}{dx}(ab)^x = \frac{d}{dx}\left(a^x b^x\right)\\ &= a^x\frac{d}{dx}b^x + b^x\frac{d}{dx}a^x\\ &= m(b)a^x b^x + m(a)a^x b^x\\ &= (m(a) + m(b))(ab)^x\end{aligned}$$

Seção 3.4 Exercícios preliminares

1. (a) atmosferas/metro (b) mols/(litro × hora)
2. 90 milhas/hora
3. $f(26) \approx 43{,}75$
4. (a) $P'(2009)$ mede a taxa de variação da população de Freedonia no ano de 2009.
(b) $P(2010) \approx 5{,}2$ milhões.

Seção 3.4 Exercícios

1. 10 unidades quadradas por unidade de crescimento.
3.

c	Taxa de variação de $f(x)$ em relação a x em $x = c$
1	$f'(1) = \frac{1}{3}$
8	$f'(8) = \frac{1}{12}$
27	$f'(27) = \frac{1}{27}$

5. $d' = 2$
7. $dV/dr = 3\pi r^2$
9. (a) 100 km/h (b) 100 km/h (c) 0 km/h (d) −50 km/h
11. (a) (i) (b) (ii) (c) (iii)
13. $\dfrac{dT}{dt} \approx -1{,}5625$°C/hora
15. -8×10^{-6} 1/s
17. $\left.\dfrac{dT}{dh}\right|_{h=30} \approx 2{,}94$°C/km; $\left.\dfrac{dT}{dh}\right|_{h=70} \approx -3{,}33$°C/km; $\dfrac{dT}{dh} = 0$ no intervalo $[13, 23]$ e perto dos pontos $h = 50$ e $h = 90$.
19. $v'_{esc}(r) = -1{,}41 \times 10^7 r^{-3/2}$
21. $t = \frac{5}{2}$ s
23. A partícula passa pela origem se $t = 0$ s e se $t = 3\sqrt{2} \approx 4{,}24$ s. A partícula está instantaneamente parada se $t = 0$ s e se $t = 3$ s.
25. Velocidade máxima: 200 m/s; altura máxima: 2040,82 m
27. Velocidade inicial: $v_0 = 19{,}6$ m/s; altura máxima: 19,6 m
31. (a) $\dfrac{dV}{dv} = -1$ (b) -4
35. Taxa de variação de ASC em relação à massa: $\dfrac{\sqrt{5}}{20\sqrt{m}}$; $m = 70$ kg, taxa de variação é $\approx 0{,}0133631\,\frac{\text{m}^2}{\text{kg}}$; $m = 80$ kg, taxa de variação é $\frac{1}{80}\frac{\text{m}^2}{\text{kg}}$; a ASC varia mais rápido com menor massa corporal.
37. 2
39. $\sqrt{2} - \sqrt{1} \approx \frac{1}{2}$; o valor exato, com seis casas decimais, é 0,414214.
$\sqrt{101} - \sqrt{100} \approx 0{,}05$; o valor exato, com seis casas decimais, é 0,0498756.
41. • $F(65) = 282{,}75$ pés
- Aumento de velocidade de 65 para 66 aumenta a distância de parada por 7,6 pés, aproximadamente.
- O aumento real da distância de parada se a velocidade aumentar de 65 para 66 é $F(66) - F(65) = 290{,}4 - 282{,}75 = 7{,}65$ pés, que difere por menos de 1% da estimativa obtida usando a derivada.

43. O custo de produzir 2.000 bagels é 796 dólares. O custo do 2001-ésimo bagel é 0,244 dólares, aproximadamente, indistinguível do custo estimado.
45. Um aumento de 1 dólar no preço do petróleo leva a uma diminuição na demanda de 0,5625 barris/ano; uma redução de 1 dólar leva a um *aumento* na demanda de 0,5625 barris/ano.
47. $\dfrac{dB}{dI} = \dfrac{2k}{3I^{1/3}}$; $\dfrac{dH}{dW} = \dfrac{3k}{2}W^{1/2}$
(a) Se I cresce, $\frac{dB}{dI}$ diminui, portanto a taxa de variação da intensidade percebida decresce quando a intensidade real aumenta.
(b) Se W cresce, $\frac{dH}{dW}$ também cresce, portanto a taxa de variação do peso percebido cresce quando o peso aumenta.
49. (a) A renda média dos lares da r-ésima parte inferior é

$$\frac{F(r)T}{rN} = \frac{F(r)}{r}\cdot\frac{T}{N} = \frac{F(r)}{r}A$$

(b) A renda média dos lares num intervalo $[r, r + \Delta r]$ é igual a

$$\frac{F(r+\Delta r)T - F(r)T}{\Delta r N} = \frac{F(r+\Delta r) - F(r)}{\Delta r} \cdot \frac{T}{N} = \frac{F(r+\Delta r) - F(r)}{\Delta r} A$$

(c) Tome o resultado da parte (b) e faça $\Delta r \to 0$. Como

$$\lim_{\Delta r \to 0} \frac{F(r+\Delta r) - F(r)}{\Delta r} = F'(r)$$

obtemos que um lar no centésimo percentil tem uma renda de $F'(r)A$.

(d) O ponto P na Figura 14(B) tem uma coordenada r de 0,6, ao passo que o ponto Q tem uma coordenada r aproximada de 0,75. Assim, na curva L_1, 40% dos lares têm $F'(r) > 1$ e, portanto, uma renda acima da média. Na curva L_2, aproximadamente 25% dos lares têm uma renda acima da média.

53. Por definição, a inclinação da reta por $(0, 0)$ e $(x, C(x))$ é

$$\frac{C(x) - 0}{x - 0} = \frac{C(x)}{x} = C_{\text{med}}(x)$$

- No ponto A, o custo médio é maior do que o custo marginal.
- No ponto B, o custo médio é maior do que o custo marginal.
- No ponto C, o custo médio e o custo marginal são praticamente iguais.
- No ponto D, o custo médio é menor do que o custo marginal.

Seção 3.5 Exercícios preliminares

1. A derivada primeira do preço das ações deve ser positiva, ao passo que a derivada segunda deve ser negativa.
2. Verdadeira
3. Qualquer polinômio quadrático.
4. e^x

Seção 3.5 Exercícios

1. $y'' = 28$ e $y''' = 0$

3. $y'' = 12x^2 - 50$ e $y''' = 24x$

5. $y'' = 8\pi r$ e $y''' = 8\pi$

7. $y'' = -\frac{16}{5}t^{-6/5} + \frac{4}{3}t^{-4/3}$ e $y''' = \frac{96}{25}t^{-11/5} - \frac{16}{9}t^{-7/3}$

9. $y'' = -8z^{-3}$ e $y''' = 24z^{-4}$

11. $y'' = 12\theta + 14$ e $y''' = 12$

13. $y'' = -8x^{-3}$ e $y''' = 24x^{-4}$

15. $y'' = (x^5 + 10x^4 + 20x^3)e^x$ e $y''' = (x^5 + 15x^4 + 60x^3 + 60x^2)e^x$

17. $f^{(4)}(1) = 24$ **19.** $\left.\frac{d^2y}{dt^2}\right|_{t=1} = 54$

21. $\left.\frac{d^4x}{dt^4}\right|_{t=16} = \frac{3465}{134217728}$ **23.** $f'''(-3) = 4e^{-3} - 6$

25. $h''(1) = \frac{7}{4}e$

27. $y^{(0)}(0) = d$, $y^{(1)}(0) = c$, $y^{(2)}(0) = 2b$, $y^{(3)}(0) = 6a$, $y^{(4)}(0) = 24$ e $y^{(5)}(0) = 0$

29. $\frac{d^6}{dx^6}x^{-1} = 720x^{-7}$ **31.** $f^{(n)}(x) = (-1)^n(n+1)!x^{-(n+2)}$

33. $f^{(n)}(x) = (-1)^n \frac{(2n-1)\times(2n-3)\times\cdots\times 1}{2^n} x^{-(2n+1)/2}$

35. $f^{(n)}(x) = (-1)^n(x-n)e^{-x}$

37. (a) $a(5) = -120$ m/min²

(b) A aceleração do helicóptero em $0 \le t \le 6$ aparece na figura a seguir. Como a aceleração do helicóptero é negativa, a velocidade do helicóptero deve ser decrescente. Como a velocidade é positiva em $0 \le t \le 6$, o helicóptero está parando.

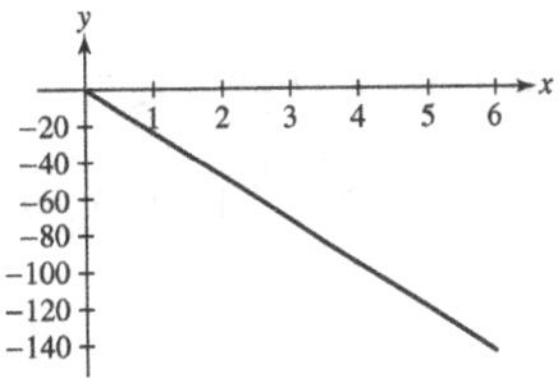

39. (a) f'' **(b)** f' **(c)** f

41. Mais ou menos do tempo 10 até o tempo 20 e do tempo 30 até o tempo 40.

43. $n = 4, -1$

45. (a) $v(t) = -5{,}12$ m/s **(b)** $v(t) = -7{,}25$ m/s

47. Um gráfico possível da velocidade vertical da broca é o seguinte:

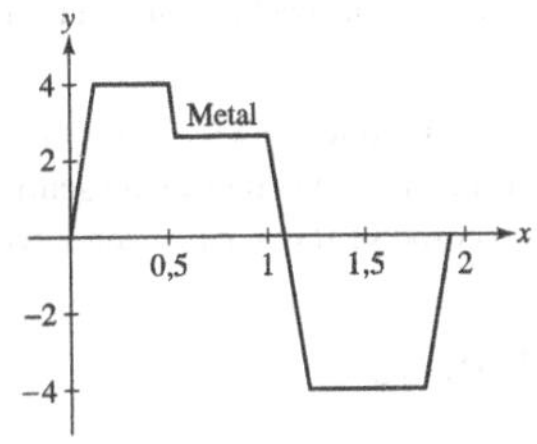

Um gráfico da aceleração é o seguinte:

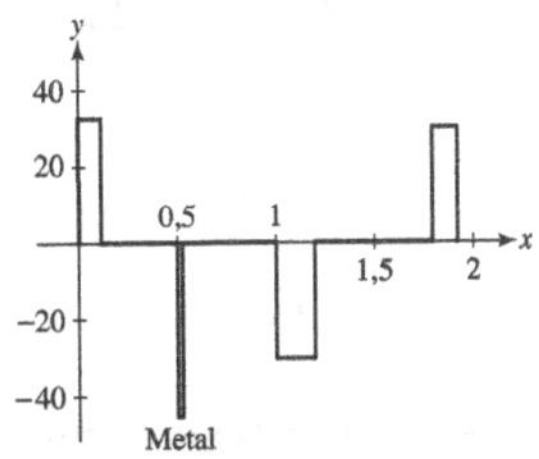

49. (a) A velocidade do trânsito deve ser reduzida quando a estrada ficar mais lotada, por isso é de se esperar que $\frac{dS}{dQ}$ seja negativa.

(b) A diminuição na velocidade decorrente de uma unidade a mais na densidade é aproximadamente $\frac{dS}{dQ}$ (um número negativo). Como $\frac{d^2S}{dQ^2} = 5764Q^{-3} > 0$ é positiva, isso nos diz que $\frac{dS}{dQ}$ aumenta quando Q cresce.

(c) O gráfico de dS/dQ é dado a seguir. Já que esse gráfico é crescente, temos $d^2S/dQ^2 > 0$.

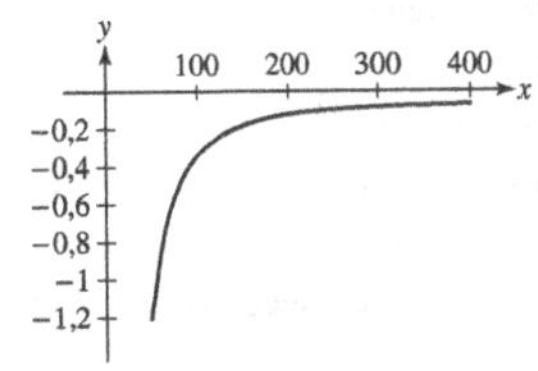

$$f'(x) = -\frac{3}{(x-1)^2} = (-1)^1 \frac{3 \cdot 1}{(x-1)^{1+1}};$$

$$f''(x) = \frac{6}{(x-1)^3} = (-1)^2 \frac{3 \cdot 2 \cdot 1}{(x-1)^{2+1}};$$

$$f'''(x) = -\frac{18}{(x-1)^4} = (-1)^3 \frac{3 \cdot 3!}{(x-1)^{3+1}};\ \text{e}$$

$$f^{(4)}(x) = \frac{72}{(x-1)^5} = (-1)^4 \frac{3 \cdot 4!}{(x-1)^{4+1}}$$

A partir desse padrão, conjecturamos que

$$f^{(k)}(x) = (-1)^k \frac{3 \cdot k!}{(x-1)^{k+1}}$$

53. 99!

55. $(fg)''' = f'''g + 3f''g' + 3f'g'' + fg'''$;

$$(fg)^{(n)} = \sum_{k=0}^{n} \binom{n}{k} f^{(n-k)} g^{(k)}$$

Seção 3.6 Exercícios preliminares

1. **(a)** $\frac{d}{dx}(\operatorname{sen} x + \cos x) = -\operatorname{sen} x + \cos x$

(b) $\frac{d}{dx}\sec x = \sec x \operatorname{tg} x$ **(c)** $\frac{d}{dx}\operatorname{cotg} x = -\operatorname{cossec}^2 x$

2. **(a)** Essa função pode se derivada usando a regra do produto.
(b) Ainda não discutimos como derivar uma função dessas.
(c) Essa função pode se derivada usando a regra do produto.

3. 0

4. A razão incremental da função $f(x) = \operatorname{sen} x$ envolve a expressão $\operatorname{sen}(x+h)$. A fórmula da soma da função seno é usada para expandir essa expressão como $\operatorname{sen}(x+h) = \operatorname{sen} x \cos h + \operatorname{sen} h \cos x$.

Seção 3.6 Exercícios

1. $y = \frac{\sqrt{2}}{2}x + \frac{\sqrt{2}}{2}\left(1 - \frac{\pi}{4}\right)$ **3.** $y = 2x + 1 - \frac{\pi}{2}$

5. $f'(x) = \cos^2 x - \operatorname{sen}^2 x$ **7.** $f'(x) = 2 \operatorname{sen} x \cos x$

9. $H'(t) = \sec t + 2 \operatorname{sen} t \sec^2 t \operatorname{tg} t$

11. $f'(\theta) = \sec\theta\left(\sec^2\theta + \operatorname{tg}^2\theta\right)$

13. $f'(x) = \left(8x^3 + 4x^{-2}\right)\sec x + \left(2x^4 - 4x^{-1}\right)\sec x \operatorname{tg} x$

15. $y' = \frac{\theta \sec\theta \operatorname{tg}\theta - \sec\theta}{\theta^2}$ **17.** $R'(y) = \frac{4\cos y - 3}{\operatorname{sen}^2 y}$

19. $f'(x) = \frac{2\sec^2 x}{(1 - \operatorname{tg} x)^2}$ **21.** $f'(x) = e^x(\cos x + \operatorname{sen} x)$

23. $f'(\theta) = e^\theta(5\operatorname{sen}\theta + 5\cos\theta - 4\operatorname{tg}\theta - 4\sec^2\theta)$

25. $y = 1$ **27.** $y = \frac{2}{3}t + \left(3\sqrt{3} - 2\pi\right)/9$

29. $y = \left(1 - \sqrt{3}\right)\left(\theta - \frac{\pi}{3}\right) + 1 + \sqrt{3}$

31. $y = x + 1$ **33.** $y = 2e^{\pi/2}\left(t - \frac{\pi}{2}\right) + e^{\pi/2}$

35. $\operatorname{cotg} x = \frac{\cos x}{\operatorname{sen} x}$; use a regra do quociente.

37. $\operatorname{cossec} x = \frac{1}{\operatorname{sen} x}$; use a regra do quociente.

39. $f''(\theta) = 2\cos\theta - \theta\operatorname{sen}\theta$

41. $y'' = 2\sec^2 x \operatorname{tg} x$
$y''' = 2\sec^4 x + 4\sec^2 x \operatorname{tg}^2 x$

43.
- Então $f'(x) = -\operatorname{sen} x$, $f''(x) = -\cos x$, $f'''(x) = \operatorname{sen} x$, $f^{(4)}(x) = \cos x$ e $f^{(5)}(x) = -\operatorname{sen} x$.
- Decorre que as derivadas sucessivas de f são, ciclicamente,

$$\{-\operatorname{sen} x, -\cos x, \operatorname{sen} x, \cos x\}$$

nessa ordem. Como 8 é um múltiplo de 4, temos $f^{(8)}(x) = \cos x$.
- Como 36 é um múltiplo de 4, temos $f^{(36)}(x) = \cos x$. Assim, $f^{(37)}(x) = -\operatorname{sen} x$.

45. $x = \frac{\pi}{4}, \frac{3\pi}{4}, \frac{5\pi}{4}, \frac{7\pi}{4}$

47. **(a)**

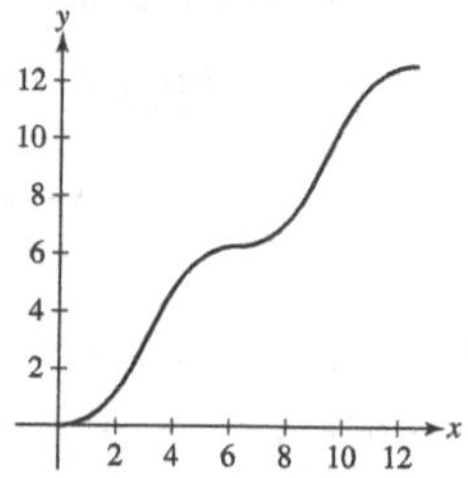

(b) Como $g'(t) = 1 - \cos t \geq 0$ com qualquer t, a inclinação da reta tangente a g é, sempre, não negativa.
(c) $t = 0, 2\pi, 4\pi$

49. $f'(x) = \sec^2 x = \frac{1}{\cos^2 x}$. Observe que $f'(x) = \frac{1}{\cos^2 x}$ tem numerador 1; portanto, a equação $f'(x) = 0$ não tem solução. A inclinação mínima de uma reta tangente a $\operatorname{tg} x$ é 1. A seguir, um gráfico de f'.

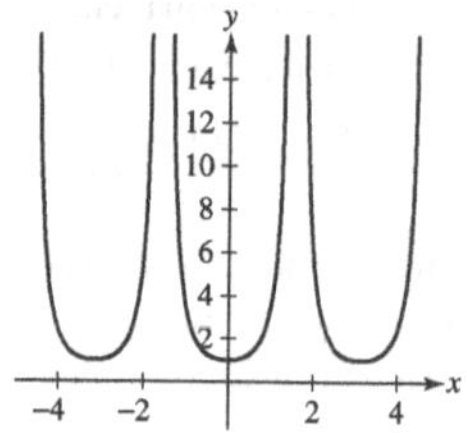

51. $\frac{dR}{d\theta} = (v_0^2/9{,}8)(-\operatorname{sen}^2\theta + \cos^2\theta)$; se $\theta = 7\pi/24$, aumentar o ângulo *diminui* a imagem.

53.

$$f'(x) = \lim_{h\to 0} \frac{\cos(x+h) - \cos x}{h} = \lim_{h\to 0} \frac{\cos x \cos h - \operatorname{sen} x \operatorname{sen} h - \cos x}{h}$$

$$= \lim_{h\to 0}\left((-\operatorname{sen} x)\frac{\operatorname{sen} h}{h} + (\cos x)\frac{\cos h - 1}{h}\right)$$

$$= (-\operatorname{sen} x)\cdot 1 + (\cos x)\cdot 0 = -\operatorname{sen} x$$

Seção 3.7 Exercícios preliminares

1. **(a)** A função de fora é $\sqrt{x}$ e a de dentro é $4x + 9x^2$.
(b) A função de fora é $\operatorname{tg} x$ e a de dentro é $x^2 + 1$.
(c) A função de fora é x^5 e a de dentro é $\sec x$.
(d) A função de fora é x^4 e a de dentro é $1 + e^x$.

2. A função $\frac{x}{x+1}$ pode ser derivada usando a regra do quociente e as funções $\sqrt{x}\cdot\sec x$ e xe^x podem ser derivadas usando a regra do produto. As funções $\operatorname{tg}(7x^2+2)$, $\sqrt{x\cos x}$ e $e^{\operatorname{sen} x}$ exigem a regra da cadeia.

3. **(b)**

4. Não temos informação suficiente para calcular $F'(4)$. Falta o valor de $f'(1)$.

Seção 3.7 Exercícios

1.

$f(g(x))$	$f'(u)$	$f'(g(x))$	$g'(x)$	$(f \circ g)'$
$(x^4+1)^{3/2}$	$\frac{3}{2}u^{1/2}$	$\frac{3}{2}(x^4+1)^{1/2}$	$4x^3$	$6x^3(x^4+1)^{1/2}$

3.

$f(g(x))$	$f'(u)$	$f'(g(x))$	$g'(x)$	$(f \circ g)'$
$\operatorname{tg}(x^4)$	$\sec^2 u$	$\sec^2(x^4)$	$4x^3$	$4x^3\sec^2(x^4)$

5. $4(x + \operatorname{sen} x)^3(1 + \cos x)$

7. **(a)** $2x\operatorname{sen}(9 - x^2)$ **(b)** $\frac{\operatorname{sen}(x^{-1})}{x^2}$ **(c)** $-\sec^2 x \operatorname{sen}(\operatorname{tg} x)$

9. 12 **11.** $12x^3(x^4+5)^2$ **13.** $\dfrac{7}{2\sqrt{7x-3}}$

15. $-2(x^2+9x)^{-3}(2x+9)$ **17.** $-4\cos^3\theta\,\mathrm{sen}\,\theta$

19. $9(2\cos\theta+5\,\mathrm{sen}\,\theta)^8(5\cos\theta-2\,\mathrm{sen}\,\theta)$

21. e^{x-12} **23.** $2\cos(2x+1)$ **25.** $e^{x+x^{-1}}\left(1-x^{-2}\right)$

27.

$$\frac{d}{dx}f(g(x)) = -\,\mathrm{sen}(x^2+1)(2x) = -2x\,\mathrm{sen}(x^2+1)$$

$$\frac{d}{dx}g(f(x)) = -2\,\mathrm{sen}\,x\cos x$$

29. $2x\cos\left(x^2\right)$ **31.** $\dfrac{t}{\sqrt{t^2+9}}$

33. $\dfrac{2}{3}\left(x^4-x^3-1\right)^{-1/3}\left(4x^3-3x^2\right)$

35. $\dfrac{8(1+x)^3}{(1-x)^5}$ **37.** $-\dfrac{\sec(1/x)\,\mathrm{tg}\,(1/x)}{x^2}$

39. $(1-\mathrm{sen}\,\theta)\sec^2(\theta+\cos\theta)$ **41.** $-18te^{2-9t^2}$

43. $(2x+4)\sec^2(x^2+4x)$ **45.** $\cos(1-3x)+3x\,\mathrm{sen}(1-3x)$

47. $2(4t+9)^{-1/2}$ **49.** $4(\mathrm{sen}\,x-3x^2)(x^3+\cos x)^{-5}$

51. $\dfrac{\cos 2x}{\sqrt{2\,\mathrm{sen}\,2x}}$ **53.** $\dfrac{x\cos(x^2)-3\,\mathrm{sen}\,6x}{\sqrt{\cos 6x+\mathrm{sen}(x^2)}}$

55. $3(\mathrm{tg}^2\,x\sec^2 x+x^2\sec^2(x^3))$ **57.** $\dfrac{-1}{\sqrt{z+1}\,(z-1)^{3/2}}$

59. $\dfrac{\mathrm{sen}(-1)-\mathrm{sen}(1+x)}{(1+\cos x)^2}$ **61.** $-35x^4\,\mathrm{cotg}^6\left(x^5\right)\mathrm{cossec}^2\left(x^5\right)$

63. $-180x^3\,\mathrm{cotg}^4\left(x^4+1\right)\mathrm{cossec}^2\left(x^4+1\right)\left(1+\mathrm{cotg}^5\left(x^4+1\right)\right)^8$

65. $24(2e^{3x}+3e^{-2x})^3(e^{3x}-e^{-2x})$

67. $4(x+1)(x^2+2x+3)e^{(x^2+2x+3)^2}$

69. $\dfrac{1}{8\sqrt{x}\sqrt{1+\sqrt{x}}\sqrt{1+\sqrt{1+\sqrt{x}}}}$

71. $-\dfrac{k}{3}(kx+b)^{-4/3}$ **73.** $2\cos\left(x^2\right)-4x^2\,\mathrm{sen}\left(x^2\right)$

75. $-336(9-x)^5$ **77.** $\left.\dfrac{dv}{dP}\right|_{P=1,5} = \dfrac{290\sqrt{3}}{3}\ \dfrac{\mathrm{m}}{\mathrm{s}\cdot\mathrm{atm}}$

79. **(a)** Se $r=3$, $\dfrac{dV}{dt} = 1{,}6\pi(3)^2 \approx 45{,}24$ cm/s

(b) Se $t=3$, temos $r=1{,}2$. Assim,

$$\frac{dV}{dt} = 1{,}6\pi(1{,}2)^2 \approx 7{,}24 \text{ cm/s.}$$

81. $W'(10)\approx 0{,}3566$ kg/ano

83. **(a)** $\dfrac{\pi}{360}$ **(b)** $1+\dfrac{\pi}{90}$

85. $5\sqrt{3}$

87. 12

89. $\dfrac{1}{16}$

91. $\left.\dfrac{dP}{dt}\right|_{t=3} = -0{,}727\ \dfrac{\text{dólares}}{\text{ano}}$

93. $\dfrac{dP}{dh} = -4{,}03366\times 10^{-16}\,(288{,}14-0{,}000649\,h)^{4{,}256}$; para cada metro de altitude adicional, $\Delta P \approx -1{,}15\times 10^{-2}$ Pa

95. 0,0973 kelvins/ano

97. $f''(g(x))(g'(x))^2+f'(g(x))g''(x)$

99. Sejam $u=h(x)$, $v=g(u)$ e $w=f(v)$. Então

$$\frac{dw}{dx} = \frac{df}{dv}\frac{dv}{dx} = \frac{df}{dv}\frac{dv}{du}\frac{du}{dx} = f'(g(h(x))g'(h(x))h'(x)$$

103. Se $n=1$, obtemos

$$\frac{d}{dx}\,\mathrm{sen}\,x = \cos x = \mathrm{sen}\left(x+\frac{\pi}{2}\right)$$

como queríamos. Agora suponha que, dado algum inteiro positivo k,

$$\frac{d^k}{dx^k}\,\mathrm{sen}\,x = \mathrm{sen}\left(x+\frac{k\pi}{2}\right)$$

Então

$$\frac{d^{k+1}}{dx^{k+1}}\,\mathrm{sen}\,x = \frac{d}{dx}\,\mathrm{sen}\left(x+\frac{k\pi}{2}\right) = \cos\left(x+\frac{k\pi}{2}\right) = \mathrm{sen}\left(x+\frac{(k+1)\pi}{2}\right)$$

Seção 3.8 Exercícios preliminares

1. A regra da cadeia

2. **(a)** Isso está correto. **(b)** Isso está correto.
(c) Isso está errado. Como a derivação é em relação à variável x, precisamos da regra da cadeia para obter

$$\frac{d}{dx}\,\mathrm{sen}(y^2) = 2y\cos(y^2)\frac{dy}{dx}$$

3. Há dois erros na resposta dele. Em primeiro lugar, ele deveria ter utilizado a regra do produto na segunda parcela para obter

$$\frac{d}{dx}(2xy) = 2x\frac{dy}{dx}+2y$$

Em segundo lugar, ele deveria ter utilizado a regra da potência generalizada na terceira parcela para obter

$$\frac{d}{dx}y^3 = 3y^2\frac{dy}{dx}$$

4. **(b)**

5. $g(x) = \mathrm{arc\ tg}\,x$

6. São iguais as derivadas de arc sen x e arc cos x.

Seção 3.8 Exercícios

1. $(2,1)$, $\dfrac{dy}{dx} = -\dfrac{2}{3}$ **3.** $\dfrac{d}{dx}\left(x^2y^3\right) = 3x^2y^2y'+2xy^3$

5. $\dfrac{d}{dx}\left(\left(x^2+y^2\right)^{3/2}\right) = 3\left(x+yy'\right)\sqrt{x^2+y^2}$

7. $\dfrac{d}{dx}\dfrac{y}{y+1} = \dfrac{y'}{(y+1)^2}$ **9.** $y' = -\dfrac{2x}{9y^2}$

11. $y' = \dfrac{2xy+6x^2y-1}{1-x^2-2x^3}$ **13.** $R' = -\dfrac{3R}{5x}$

15. $y' = \dfrac{y(y^2-x^2)}{x(y^2-x^2-2xy^2)}$ **17.** $y' = \dfrac{9}{4}x^{1/2}y^{5/3}$

19. $y' = \dfrac{(2x+1)y^2}{y^2-1}$ **21.** $y' = \dfrac{1-\cos(x+y)}{\cos(x+y)+\mathrm{sen}\,y}$

23. $y' = \dfrac{e^y-2y}{2x+3y^2-xe^y}$ **25.** $y' = \dfrac{(1-e^x)}{(e^{y+1})}$ **27.** $5/4$

29. $\dfrac{1}{4\sqrt{15}}$ **31.** $\dfrac{7}{\sqrt{1-49x^2}}$ **33.** $\dfrac{-2x}{\sqrt{1-x^4}}$

35. $\mathrm{arc\ tg}\,x+\dfrac{x}{x^2+1}$ **37.** $\dfrac{e^x}{\sqrt{1-e^{2x}}}$ **39.** $\dfrac{1-t}{\sqrt{1-t^2}}$

41. $\dfrac{3(\mathrm{arc\ tg}\,x)^2}{x^2+1}$ **43.** 0

45. $\cos y = x$, portanto, derivando implicitamente, obtemos $-\,\mathrm{sen}(y)y' = 1$, ou $\dfrac{dy}{dx} = -\,\mathrm{cossec}\,y = \dfrac{-1}{\sqrt{1-x^2}}$.

47. Como $1 + \text{tg}^2\, y = \sec^2 y$ e $\sec y = x$, temos $\text{tg}\, y = \pm\sqrt{x^2 - 1}$. Se $x \geq 1$, arc sec $x = y \in \left[0, \frac{\pi}{2}\right)$, e, então, $\text{tg}\, y > 0$. Se $x \leq -1$, arc sec $x = y \in \left(-\frac{\pi}{2}, 0\right]$, e, então, $\text{tg}\, y = -\sqrt{x^2 - 1} < 0$.

49. Multiplicando ambos os lados de $x + yx^{-1} = 1$ por x, obtemos $x^2 + y = x$, de modo que ambas definem a mesma curva, exceto se $x = 0$. Como $y = x - x^2$, derivar a primeira forma fornece $y' = \frac{y}{x} - x = \frac{x - x^2}{x} - x = 1 - 2x$.

51. $\frac{1}{4}$ **53.** $y = -\frac{1}{2}x + 2$ **55.** $y = -2x + 2$

57. $y = -\frac{12}{5}x + \frac{32}{5}$ **59.** $y = \frac{4}{3}x + \frac{4}{3}$

61. A tangente é horizontal nos pontos $(-1, \sqrt{3})$ e $(-1, -\sqrt{3})$.

63. A reta tangente é horizontal em

$$\left(\frac{2\sqrt{78}}{13}, -\frac{4\sqrt{78}}{13}\right) \text{ e } \left(-\frac{2\sqrt{78}}{13}, \frac{4\sqrt{78}}{13}\right)$$

65. As inclinações correspondentes a $x = 0$ são $\frac{-1 \pm \sqrt[4]{2}}{4\sqrt[4]{8}}$. Em $(1, 1)$, a reta tangente tem equação $x - 5y = -4$.

67. $(2^{1/3}, 2^{2/3})$

69. $x = \frac{1}{2}, 1 \pm \sqrt{2}$

71.
- Em $(1, 2)$, $y' = \frac{1}{3}$
- Em $(1, -2)$, $y' = -\frac{1}{3}$
- Em $(1, \frac{1}{2})$, $y' = \frac{11}{12}$
- Em $(1, -\frac{1}{2})$, $y' = -\frac{11}{12}$

73. Há retas tangentes verticais nos seis pontos $(\pm 1, 0)$ e $\left(\pm\frac{\sqrt{3}}{2}, \pm\frac{\sqrt{2}}{2}\right)$.

75. $\frac{dx}{dy} = \frac{2y}{3x^2 - 4}$; segue que $\frac{dx}{dy} = 0$ se $y = 0$, portanto a reta tangente a essa curva é vertical nos pontos em que a curva intersecta o eixo x.

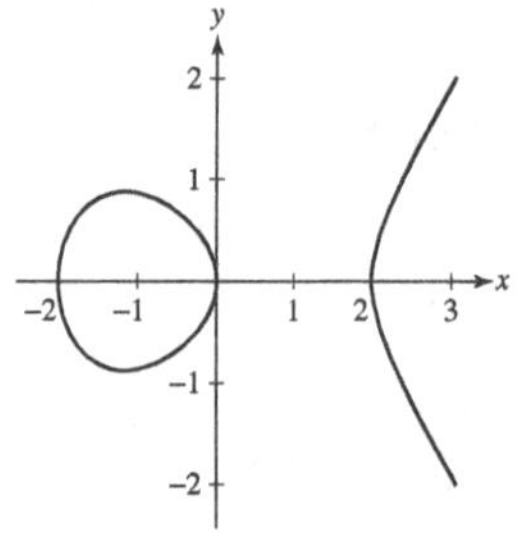

77. $y'' = (y^2 - 2xyy')/y^4 = (y^2 - 2xyx/y^2)/y^4 = (y^3 - 2x^2)/y^5$

79. **(a)** $y' = -y^2/(2xy + 1)$; $y'|(1, 1) = -1/3$

(b) $y'' = (2y^3 - 2xy^2y' - 2yy')/(2xy + 1)^2$; $y''|(1, 1) = 10/27$

81. A regra do produto dá $\frac{dx}{dt}y + x\frac{dy}{dt} = 0$, ou $\frac{dy}{dt} = -\frac{y}{x}\frac{dx}{dt}$.

83. **(a)** $\frac{dy}{dt} = \frac{x^2}{y^2}\frac{dx}{dt}$ **(b)** $\frac{dy}{dt} = -\frac{x + y}{2y^3 + x}\frac{dx}{dt}$

85. As derivadas dessas duas curvas são $y' = x/y$ e $y' = -y/x$, respectivamente. Assim, em qualquer ponto (x, y) satisfazendo ambas as equações, a inclinação de uma reta tangente será o recíproco negativo da outra inclinação. Ou seja, as retas tangentes serão perpendiculares.

87.
- Ramo superior:

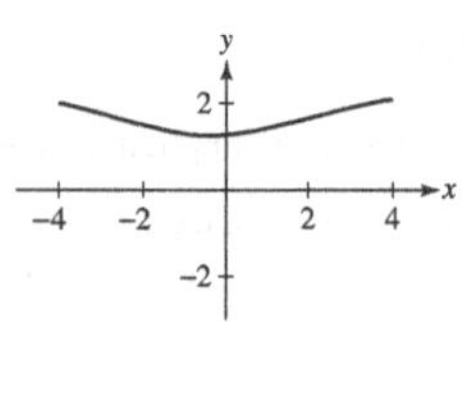

- Parte inferior da curva inferior à esquerda:

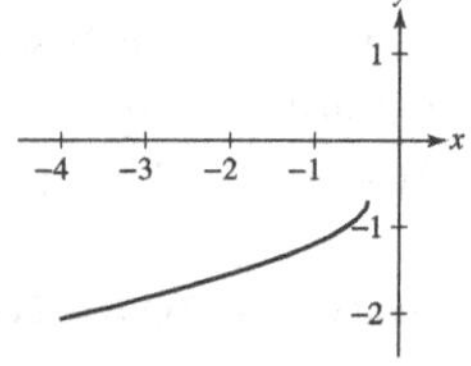

- Parte superior da curva inferior à esquerda:

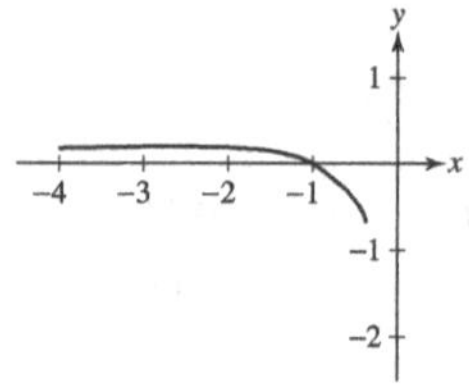

- Parte superior da curva inferior à direita:

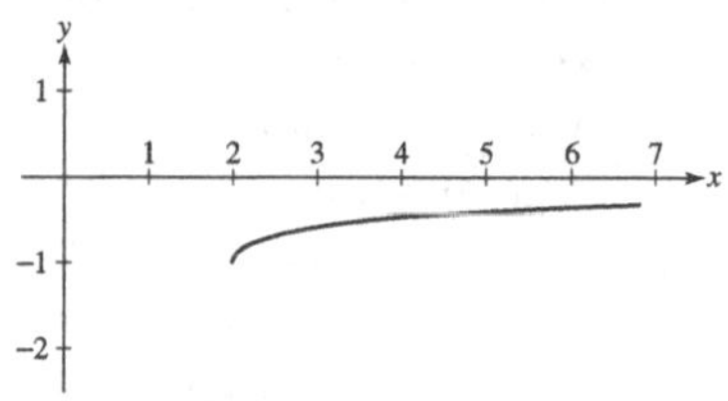

- Parte inferior da curva inferior à direita:

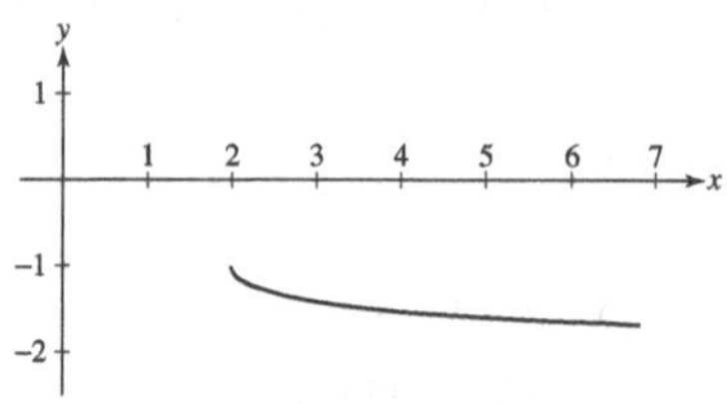

Seção 3.9 Exercícios preliminares

1. $\ln 4$ **2.** $\frac{1}{10}$ **3.** e^2 **4.** e^3

5. $y^{(100)} = \cosh x$ e $y^{(101)} = \text{senh}\, x$

Seção 3.9 Exercícios

1. $\frac{d}{dx}x\ln x = \ln x + 1$ **3.** $\frac{d}{dx}2^{x^3} = 2^{x^3} * 3x^2 * \ln 2$

5. $\frac{d}{dx}\ln(9x^2 - 8) = \frac{18x}{9x^2 - 8}$ **7.** $\frac{d}{dx}(\ln x)^2 = \frac{2}{x}\ln x$

9. $\frac{d}{dx}e^{(\ln x)^2} = \frac{2}{x}\ln x * e^{(\ln x)^2}$ **11.** $\frac{d}{dx}\ln(\ln x) = \frac{1}{x\ln x}$

13. $\frac{d}{dx}(\ln(\ln x))^3 = \frac{3(\ln(\ln x))^2}{x\ln x}$

15. $\frac{d}{dx}\ln((x + 1)(2x + 9)) = \frac{4x + 11}{(x + 1)(2x + 9)}$

17. $\frac{d}{dx}11^x = \ln 11 \cdot 11^x$

19. $\frac{d}{dx}\frac{2^x - 3^{-x}}{x} = \frac{x(2^x\ln 2 + 3^{-x}\ln 3) - (2^x - 3^{-x})}{x^2}$

21. $f'(x) = \frac{1}{x} \cdot \frac{1}{\ln 2}$ **23.** $\frac{d}{dt}\log_3(\text{sen}\, t) = \frac{\text{cotg}\, t}{\ln 3}$

25. $y = 36\ln 6(x - 2) + 36$ **27.** $y = 3^{20}\ln 3(t - 2) + 3^{18}$

29. $y = 5^{-1}$ **31.** $y = -1(t - 1) + \ln 4$

33. $y = \dfrac{12}{25 \ln 5}(z-3)+2$ **35.** $y = \dfrac{8}{\ln 2}\left(w - \dfrac{1}{8}\right) - 3$

37. $y' = 2x + 14$ **39.** $y' = 3x^2 - 12x - 79$

41. $y' = \dfrac{x(x^2+1)}{\sqrt{x+1}}\left(\dfrac{1}{x} + \dfrac{2x}{x^2+1} - \dfrac{1}{2(x+1)}\right)$

43.
$$y' = \frac{1}{2}\sqrt{\frac{x(x+2)}{(2x+1)(3x+2)}} \cdot \left(\frac{1}{x} + \frac{1}{x+2} - \frac{2}{2x+1} - \frac{3}{3x+2}\right)$$

45. $\dfrac{d}{dx}x^{3x} = x^{3x}(3 + 3\ln x)$ **47.** $\dfrac{d}{dx}x^{e^x} = x^{e^x}\left(\dfrac{e^x}{x} + e^x \ln x\right)$

49. $y' = x^{\cos x}\left((\cos x)/x - \operatorname{sen} x \ln x\right)$

51. $\dfrac{d}{dx}\operatorname{senh}(9x) = 9\cosh(9x)$

53. $\dfrac{d}{dt}\cosh^2(9-3t) = -6\cosh(9-3t)\operatorname{senh}(9-3t)$

55. $\dfrac{d}{dx}\sqrt{\cosh x + 1} = \dfrac{1}{2}(\cosh x + 1)^{-1/2}\operatorname{senh} x$

57. $\dfrac{dy}{dt} = -\dfrac{\operatorname{cossech} t(\operatorname{cossech} t + 2\operatorname{sech} t)}{(1 + \operatorname{tgh} t)^2}$

59. $\dfrac{d}{dx}\operatorname{senh}(\ln x) = \dfrac{\cosh(\ln x)}{x}$

61. $\dfrac{d}{dx}\operatorname{tgh}(e^x) = e^x \operatorname{sech}^2(e^x)$

63. $\dfrac{d}{dx}\operatorname{sech}(\sqrt{x}) = -\dfrac{1}{2}x^{-1/2}\operatorname{sech}\sqrt{x}\operatorname{tgh}\sqrt{x}$

65. $\dfrac{d}{dx}\operatorname{sech} x \operatorname{cotgh} x = -\operatorname{cossech} x \operatorname{cotgh} x$

67. $\dfrac{d}{dx}\operatorname{arc\,cosh}(3x) = \dfrac{3}{\sqrt{9x^2-1}}$

69. $\dfrac{d}{dx}(\operatorname{arc\,senh}(x^2))^3 = 3(\operatorname{arc\,senh}(x^2))^2\dfrac{2x}{\sqrt{x^4+1}}$

71. $\dfrac{d}{dx}e^{\operatorname{arc\,cosh} x} = e^{\operatorname{arc\,cosh} x}\left(\dfrac{1}{\sqrt{x^2-1}}\right)$

73. $\dfrac{d}{dt}\operatorname{arc\,tgh}(\ln t) = \dfrac{1}{t(1-(\ln t)^2)}$

75. $\dfrac{d}{dx}\operatorname{cotgh} x = \dfrac{d}{dx}\dfrac{\cosh x}{\operatorname{senh} x} = \dfrac{\operatorname{senh}^2 x - \cosh^2 x}{\operatorname{senh}^2 x} = \dfrac{-1}{\operatorname{senh}^2 x} =$
$-\operatorname{cossech}^2 x$

79. 1,22 centavos por ano.

83. **(a)** $\dfrac{dP}{dT} = -\dfrac{1}{T\ln 10}$ **(b)** $\Delta P \approx -0{,}054$

85. $\dfrac{d}{dx}\log_b x = \dfrac{d}{dx}\dfrac{\ln x}{\ln b} = \dfrac{1}{(\ln b)x}$

Seção 3.10 Exercícios preliminares

1. Sejam s e V o comprimento do lado e o correspondente volume de um cubo, respectivamente. Determine $\frac{dV}{dt}$ se $\frac{ds}{dt} = 0{,}5$ cm/s.

2. $\dfrac{dV}{dt} = 4\pi r^2 \dfrac{dr}{dt}$

3. Determine $\frac{dh}{dt}$ se $\frac{dV}{dt} = 2\ \text{cm}^3/\text{min}$

4. Determine $\frac{dV}{dt}$ se $\frac{dh}{dt} = 1$ cm/min

Seção 3.10 Exercícios

1. 0,039 pés/min

3. **(a)** $100\pi \approx 314{,}16\ \text{m}^2/\text{min}$ **(b)** $24\pi \approx 75{,}40\ \text{m}^2/\text{min}$

5. $27000\pi\ \text{cm}^3/\text{min}$ **7.** $9600\pi\ \text{cm}^2/\text{min}$

9. $-0{,}632$ m/s **11.** $x = 4{,}737$ m; $\frac{dx}{dt} \approx 0{,}405$ m/s

13. $\dfrac{9}{8\pi} \approx 0{,}36$ m/min **15.** $\dfrac{1000\pi}{3} \approx 1047{,}20\ \text{cm}^3/\text{s}$

17. 0,675 m/s

19. **(a)** 594,6 km/h **(b)** 0 km/h

21. 1,22 km/min **23.** $\dfrac{1200}{241} \approx 4{,}98$ rad/h

25. **(a)** $\dfrac{100\sqrt{13}}{13} \approx 27{,}735$ km/h **(b)** 112,962 km/h

27. $\sqrt{16{,}2} \approx 4{,}025$ m **29.** $\dfrac{5}{3}$ m/s **31.** $-1{,}92$ kPa/min

33. $-\dfrac{1}{8}$ rad/s

35. **(b)** Se $x = 1$, $L'(t) = 0$; se $x = 2$, $L'(t) = \dfrac{16}{3}$.

37. $-4\sqrt{5} \approx -8{,}94$ pés/s

39. $-0{,}79$ m/min

41. Seja $y = f(x)$ a equação que descreve o formato da pista da montanha russa. Tomando $\frac{d}{dt}$ de ambos os lados dessa equação, obtemos $\frac{dy}{dt} = f'(x)\frac{dx}{dt}$.

43. **(a)** A fórmula da distância dá

$$L = \sqrt{(x - r\cos\theta)^2 + (-r\operatorname{sen}\theta)^2}$$

Assim,

$$L^2 = (x - r\cos\theta)^2 + r^2\operatorname{sen}^2\theta$$

(b) A partir de (a), obtemos

$$0 = 2(x - r\cos\theta)\left(\frac{dx}{dt} + r\operatorname{sen}\theta\frac{d\theta}{dt}\right) + 2r^2\operatorname{sen}\theta\cos\theta\frac{d\theta}{dt}$$

(c) $-80\pi \approx -251{,}33$ cm/min

45. **(c)** $\dfrac{3\sqrt{5}}{250} \approx 0{,}027$ m/min

Revisão do Capítulo 3

1. 3; a inclinação da reta secante pelos pontos (2, 7) e (0, 1) do gráfico de $f(x)$.

3. $\dfrac{8}{3}$; o valor da razão incremental deveria ser maior do que o valor da derivada.

5. $f'(1) = 1$; $y = x - 1$ **7.** $f'(4) = -\dfrac{1}{16}$; $y = -\dfrac{1}{16}x + \dfrac{1}{2}$

9. $-2x$ **11.** $\dfrac{1}{(2-x)^2}$

13. $f'(1)$, em que $f(x) = \sqrt{x}$

15. $f'(\pi)$, em que $f(t) = \operatorname{sen} t \cos t$

17. $f(4) = -2$; $f'(4) = 3$

19. (C) é o gráfico de $f'(x)$.

21.

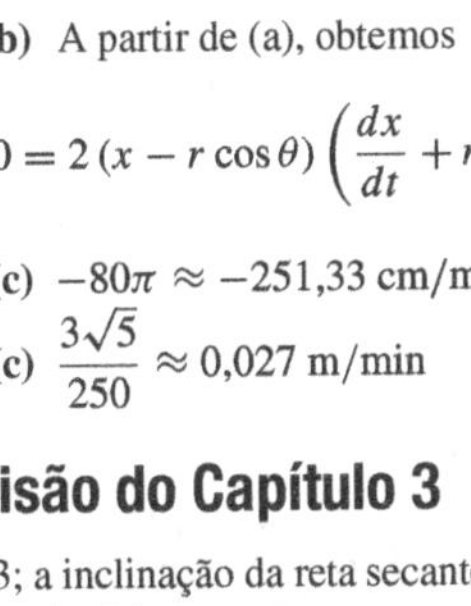

23. **(a)** 8,05 cm/ano **(b)** Maior durante a primeira metade do período. **(c)** $h'(3) \approx 7{,}8$ cm/ano; $h'(8) \approx 6{,}0$ cm/ano

25. $A'(t)$ mede a taxa de variação da produção de automóveis nos EUA;
$A'(1971) \approx 0{,}25$ milhões de automóveis/ano.
$A'(1974)$ seria negativa.

27. (b) **29.** $15x^4 - 14x$ **31.** $-7{,}3t^{-8{,}3}$ **33.** $\dfrac{1-2x-x^2}{(x^2+1)^2}$

35. $6(4x^3-9)(x^4-9x)^5$ **37.** $27x(2+9x^2)^{1/2}$

39. $\dfrac{2-z}{2(1-z)^{3/2}}$ **41.** $2x - \dfrac{3}{2}x^{-5/2}$

43.
$$\frac{1}{2}\left(x+\sqrt{x+\sqrt{x}}\right)^{-1/2}\left(1+\frac{1}{2}\left(x+\sqrt{x}\right)^{-1/2}\left(1+\frac{1}{2}x^{-1/2}\right)\right)$$

45. $-3t^{-4}\sec^2(t^{-3})$ **47.** $-6\,\text{sen}^2\,x\cos^2 x + 2\cos^4 x$

49. $\dfrac{1+\sec t - t\sec t\,\text{tg}\,t}{(1+\sec t)^2}$ **51.** $\dfrac{8\,\text{cossec}^2\,\theta}{(1+\text{cotg}\,\theta)^2}$

53. $-\dfrac{\sec^2(\sqrt{1+\text{cossec}\,\theta})\,\text{cossec}\,\theta\,\text{cotg}\,\theta}{2(\sqrt{1+\text{cossec}\,\theta})}$ **55.** $-36e^{-4x}$

57. $(4-2t)e^{4t-t^2}$ **59.** $\dfrac{8x}{4x^2+1}$ **61.** $\dfrac{2\ln s}{s}$

63. $\text{cotg}\,\theta$ **65.** $\sec(z+\ln z)\,\text{tg}(z+\ln z)\left(1+\dfrac{1}{z}\right)$

67. $-2(\ln 7)(7^{-2x})$ **69.** $\dfrac{1}{1+(\ln x)^2}\cdot\dfrac{1}{x}$

71. $-\dfrac{1}{|x|\sqrt{x^2-1}\,\text{cossec}^{-1}\,x}$ **73.** $\dfrac{2\ln s}{s}s^{\ln s}$

75. $2(\text{sen}^2\,t)^t(t\,\text{cotg}\,t + \ln\text{sen}\,t)$ **77.** $2t\cosh(t^2)$ **79.** $\dfrac{e^x}{1-e^{2x}}$

81. $\alpha = 0$ e $\alpha > 1$

83. Seja $f(x) = xe^{-x}$. Então $f'(x) = e^{-x}(1-x)$. Em $[1,\infty)$, $f'(x) < 0$, de modo que $f(x)$ é decrescente e, portanto, injetora. O domínio de $g(x)$ é $(0, e^{-1}]$ e a imagem é $[1,\infty)$. $g'(2e^{-2}) = -e^2$.

85. -27 **87.** $-\dfrac{57}{16}$ **89.** -18

91. $(-1,-1)$ e $(3,7)$

93. $a = \dfrac{1}{6}$ **95.** $72x - 10$ **97.** $-(2x+3)^{-3/2}$

99. $8x^2\sec^2(x^2)\,\text{tg}(x^2) + 2\sec^2(x^2)$ **101.** $\dfrac{dy}{dx} = \dfrac{x^2}{y^2}$

103. $\dfrac{dy}{dx} = \dfrac{y^2+4x}{1-2xy}$ **105.** $\dfrac{dy}{dx} = \dfrac{\cos(x+y)}{1-\cos(x+y)}$

107. No gráfico à esquerda, as curvas vermelha, verde e azul, respectivamente, são os gráficos de f, f' e f''. No gráfico à direita, as curvas verde, vermelha e azul, respectivamente, são os gráficos de f, f' e f''.

109. $\dfrac{(x+1)^3}{(4x-2)^2}\left(\dfrac{3}{x+1} - \dfrac{4}{2x-1}\right)$ **111.** $4e^{(x-1)^2}e^{(x-3)^2}(x-2)$

113. $\dfrac{e^{3x}(x-2)^2}{(x+1)^2}\left(3+\dfrac{2}{x-2}-\dfrac{2}{x+1}\right)$

115. $\dfrac{dR}{dp} = p\dfrac{dq}{dp} + q = q\dfrac{p}{q}\dfrac{dq}{dp} + q = q(E+1)$

117. $\dfrac{dh}{dt} = \frac{1}{15}$ m/min **119.** $\dfrac{-11\pi}{9\sqrt{89}} \approx -0{,}407$ cm/min

121. $\dfrac{640}{(336)^2} \approx 0{,}00567$ cm/s **123.** 0,284 m/s

Capítulo 4

Seção 4.1 Exercícios preliminares

1. Verdadeira

2. $g(1{,}2) - g(1) \approx 0{,}8$

3. $f(2{,}1) \approx 1{,}3$

4. A aproximação linear nos diz que, a menos de um pequeno erro, a variação na saída Δf é diretamente proporcional à variação na entrada Δx, se Δx for pequena.

Seção 4.1 Exercícios

1. $\Delta f \approx 0{,}12$ **3.** $\Delta f \approx -0{,}00222$ **5.** $\Delta f \approx 0{,}003333$

7. $\Delta f \approx 0{,}0074074$

9. $\Delta f \approx 0{,}05$; o erro é 0,000610; o erro percentual é 1,24%.

11. $\Delta f \approx -0{,}03$; o erro é 0,0054717; o erro percentual é 22,31%.

13. $\Delta y \approx -0{,}007$

15. $\Delta y \approx -0{,}026667$

17. $\Delta f \approx 0{,}1$; o erro é 0,00098

19. $\Delta f \approx -0{,}0005$; o erro é $3{,}71902 \times 10^{-6}$.

21. $\Delta f \approx 0{,}083333$; o erro é $3{,}25 \times 10^{-3}$.

23. $\Delta f \approx -0{,}1$; o erro é $4{,}84 \times 10^{-3}$.

25. $f(4{,}03) \approx 2{,}01$

27. $\sqrt{2{,}1} - \sqrt{2}$ é maior do que $\sqrt{9{,}1} - \sqrt{9}$.

29. $R(9) = 25.110$ euros; se p for aumentado 0,5 euro, então $\Delta R \approx 585$ euros; por outro lado, se p for baixado 0,5 euro, então $\Delta R \approx -585$ euros.

31. $\Delta L \approx -0{,}00171$ cm

33. **(a)** $\Delta P \approx -0{,}434906$ quilopascais (kPa)
(b) A variação real de pressão é $-0{,}418274$ kPa; o erro percentual é 3,98%

35. **(a)** $\Delta W \approx W'(R)\Delta x = -\dfrac{2wR^2}{R^3}h = -\dfrac{2wh}{R} \approx -0{,}0005wh$
(b) $\Delta W \approx -0{,}7$ libras

37. **(a)** $\Delta h \approx 0{,}71$ cm **(b)** $\Delta h \approx 1{,}02$ cm
(c) O efeito é maior com velocidades maiores.

39. **(a)** Se $\theta = 34°$ (ou seja, $t = \frac{17}{90}\pi$), então

$$\Delta s \approx s'(t)\Delta t = \frac{625}{16}\cos\left(\frac{17}{45}\pi\right)\Delta t$$
$$= \frac{625}{16}\cos\left(\frac{17}{45}\pi\right)\Delta\theta\cdot\frac{\pi}{180} \approx 0{,}255\Delta\theta$$

(b) Se $\Delta\theta = 2°$, obtemos $\Delta s \approx 0{,}51$ pés, caso em que o tiro não teria obtido êxito, errando por meio pé.

41. $\Delta V \approx 4\pi(25)^2(0{,}5) \approx 3927$ cm^3;
$\Delta S \approx 8\pi(25)(0{,}5) \approx 314{,}2$ cm^2

43. $P = 6$ atm; $\Delta P \approx \pm 0{,}45$ atm

45. $L(x) = 4x - 3$ **47.** $L(\theta) = \theta - \dfrac{\pi}{4} + \dfrac{1}{2}$

49. $L(x) = -\dfrac{1}{2}x + 1$ **51.** $L(x) = 1$ **53.** $L(x) = \dfrac{1}{2}e(x+1)$

55. $f(2) = 8$

57. $\sqrt{16{,}2} \approx L(16{,}2) = 4{,}025$. Os gráficos de f e L são dados a segui[r]. Como o gráfico de L fica acima do de f, é de se esperar que a estimativa da aproximação linear seja muito grande.

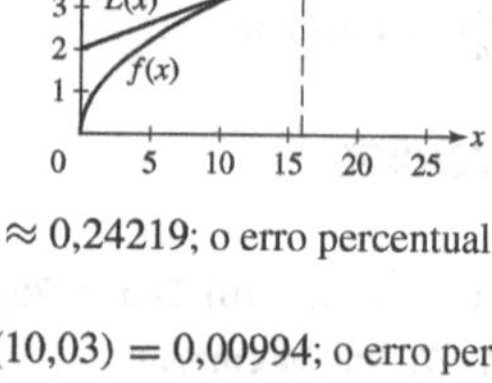

59. $\dfrac{1}{\sqrt{17}} \approx L(17) \approx 0{,}24219$; o erro percentual é 0,14%.

61. $\dfrac{1}{(10{,}03)^2} \approx L(10{,}03) = 0{,}00994$; o erro percentual é 0,0027%.

63. $(64{,}1)^{1/3} \approx L(64{,}1) \approx 4{,}002083$; o erro percentual é 0,000019%

65. arc cos (0,52) ≈ $L(0{,}02) = 1{,}024104$; o erro percentual é 0,015%.

67. $e^{-0{,}012} \approx L(-0{,}012) = 0{,}988$; o erro percentual é 0,0073%.

69. Seja $f(x) = \sqrt{x}$. Então $f(9) = 3$, $f'(x) = \frac{1}{2}x^{-1/2}$ e $f'(9) = \frac{1}{6}$. Portanto, pela aproximação linear,

$$f(9+h) - f(9) = \sqrt{9+h} - 3 \approx \frac{1}{6}h$$

Além disso, $f''(x) = -\frac{1}{4}x^{-3/2}$, portanto, $|f''(x)| = \frac{1}{4}x^{-3/2}$. Como isso é uma função decrescente, segue que, com $x \geq 9$,

$$K = \max|f''(x)| \leq |f''(9)| = \frac{1}{108} < 0{,}01$$

A partir da tabela seguinte, vemos que, com $h = 10^{-n}$, $1 \leq n \leq 4$, $E \leq \frac{1}{2}Kh^2$.

h	$E = \left\|\sqrt{9+h} - 3 - \frac{1}{6}h\right\|$	$\frac{1}{2}Kh^2$
10^{-1}	$4{,}604 \times 10^{-5}$	$5{,}00 \times 10^{-5}$
10^{-2}	$4{,}627 \times 10^{-7}$	$5{,}00 \times 10^{-7}$
10^{-3}	$4{,}629 \times 10^{-9}$	$5{,}00 \times 10^{-9}$
10^{-4}	$4{,}627 \times 10^{-11}$	$5{,}00 \times 10^{-11}$

71. $\left.\frac{dy}{dx}\right|_{(2,1)} = -\frac{1}{3}$; $y \approx L(2{,}1) = 0{,}967$

73. $L(x) = -\frac{14}{25}x + \frac{36}{25}$; $y \approx L(-1{,}1) = 2{,}056$

75. Seja $f(x) = x^2$. Então

$$\Delta f = f(5+h) - f(5) = (5+h)^2 - 5^2 = h^2 + 10h \text{ e}$$

$$E = |\Delta f - f'(5)h| = |h^2 + 10h - 10h| = h^2 = \frac{1}{2}(2)h^2 = \frac{1}{2}Kh^2$$

Seção 4.2 Exercícios preliminares

1. Um ponto crítico é um valor da variável independente x do domínio de uma função f no qual $f'(x) = 0$ ou, então, $f'(x)$ não existe.

2. **(b)**

3. **(b)**

4. O teorema de Fermat afirma: se $f(c)$ for um valor extremo local, então $f'(c) = 0$ ou, então, $f'(c)$ não existe.

Seção 4.2 Exercícios

1. **(a)** 3 **(b)** 6 **(c)** Máximo local 5 em $x = 5$ **(d)** A resposta pode variar. Um exemplo é o intervalo [4, 8]. Outro é [2, 6]. **(e)** A resposta pode variar. Um exemplo é [0, 2].

3. $x = 1$

5. $x = -3$ e $x = 6$

7. $x = 0$ e $x = 2$

9. $x = 1$ e $x = -1$

11. $t = 3$ e $t = -1$ **13.** $x = -\frac{1}{2}$

15. $\theta = \frac{n\pi}{2}$ **17.** $x = \frac{1}{e}$ **19.** $x = \pm\frac{\sqrt{3}}{2}, \pm 1$

21. **(a)** $c = 2$ e $f(c) = -3$ **(b)** $f(0) = f(4) = 1$
   (c) Valor máximo: 1; valor mínimo: −3
   (d) Valor máximo: 1; valor mínimo: −2

23. $x = \frac{\pi}{4}$; valor máximo: $\sqrt{2}$; valor mínimo: 1

25. Valor máximo: 1

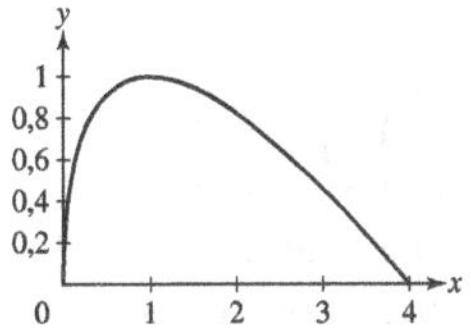

27. Ponto crítico: $x \approx 0{,}652185$; valor máximo: aproximadamente 0,561096

29. Mínimo: $f(-1) = 3$, máximo: $f(2) = 21$

31. Mínimo: $f(0) = 0$, máximo: $f(3) = 9$

33. Mínimo: $f(4) = -24$, máximo: $f(6) = 8$

35. Mínimo: $f(1) = 5$, máximo: $f(2) = 28$

37. Mínimo: $f(2) = -128$, máximo: $f(-2) = 128$

39. Mínimo: $f(6) = 18{,}5$, máximo: $f(5) = 26$

41. Mínimo: $f(1) = -1$, máximo: $f(0) = f(3) = 0$

43. Mínimo: $f(0) = 2\sqrt{6} \approx 4{,}9$, máximo: $f(2) = 4\sqrt{2} \approx 5{,}66$

45. Mínimo: $f\left(\frac{\sqrt{3}}{2}\right) \approx -0{,}589980$, máximo: $f(4) \approx 0{,}472136$

47. Mínimo: $f(0) = f\left(\frac{\pi}{2}\right) = 0$, máximo: $f\left(\frac{\pi}{4}\right) = \frac{1}{2}$

49. Mínimo: $f(0) = -1$, máximo:
   $f\left(\frac{\pi}{4}\right) = \sqrt{2}\left(\frac{\pi}{4} - 1\right) \approx -0{,}303493$

51. Mínimo: $g\left(\frac{\pi}{3}\right) = \frac{\pi}{3} - \sqrt{3} \approx -0{,}685$, máximo:
   $g\left(\frac{5}{3}\pi\right) = \frac{5}{3}\pi + \sqrt{3} \approx 6{,}968$

53. Mínimo: $f\left(\frac{\pi}{4}\right) = 1 - \frac{\pi}{2} \approx -0{,}570796$, máximo: $f(0) = 0$

55. Mínimo: $f(1) = 0$, máximo é $f(e) = e^{-1} \approx 0{,}367879$

57. Mínimo: $f(1) = 3e - e^2 \approx 0{,}765789$, máximo:
   $f\left(\ln\left(\frac{3}{2}\right)\right) = \frac{9}{4}$

59. **(d)** $\frac{\pi}{6}, \frac{\pi}{2}, \frac{5\pi}{6}, \frac{7\pi}{6}, \frac{3\pi}{2}$ e $\frac{11\pi}{6}$; o valor máximo é
   $f(\frac{\pi}{6}) = f(\frac{7\pi}{6}) = \frac{3\sqrt{3}}{2}$ e o valor mínimo é
   $f(\frac{5\pi}{6}) = f(\frac{11\pi}{6}) = -\frac{3\sqrt{3}}{2}$.
   (e) Podemos ver que há seis pontos em que o gráfico é horizontal entre 0 e 2π, conforme previsto. Há quatro extremos locais e os dois pontos $(\frac{\pi}{2}, 0)$ e $(\frac{3\pi}{2}, 0)$, nos quais o gráfico não apresenta nem máximo nem mínimo local.

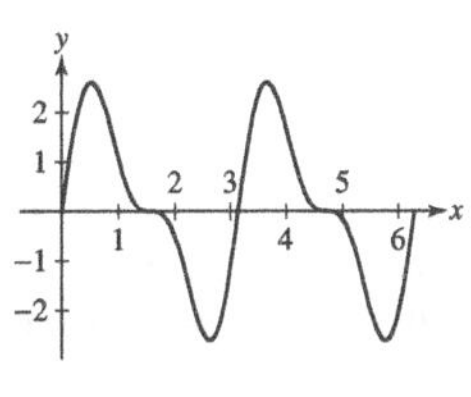

61. Ponto crítico: $x = 2$; valor mínimo: $f(2) = 0$, máximo: $f(0) = f(4) = 2$.

63. Ponto crítico: $x = 2$; valor mínimo: $f(2) = 0$, máximo: $f(4) = 20$.

65. $c = 1$

67. $c = \frac{15}{4}$

69. $f(0) < 0$ e $f(2) > 0$, portanto, pelo teorema do valor intermediário, existe pelo menos uma raiz; não pode haver outra raiz, porque $f'(x) \geq 4$ com qualquer x.

71. Não pode haver alguma raiz $c > 0$, porque $f'(x) > 4$ com qualquer $x > 0$.

75. $b \approx 2{,}86$

77. **(a)** $F = \dfrac{1}{2}\left(1 - \dfrac{v_2^2}{v_1^2}\right)\left(1 + \dfrac{v_2}{v_1}\right)$

(b) $F(r)$ atinge seu valor máximo com $r = 1/3$.

(c) Se v_2 fosse igual a 0, então não haveria ar passando na turbina, o que não seria realista.

81. • O valor máximo de f em [0, 1] é

$$f\left(\left(\frac{a}{b}\right)^{1/(b-a)}\right) = \left(\frac{a}{b}\right)^{a/(b-a)} - \left(\frac{a}{b}\right)^{b/(b-a)}$$

• $\dfrac{1}{4}$

83. Pontos críticos: $x = 1$, $x = 4$ e $x = \frac{5}{2}$; valor máximo: $f(1) = f(4) = \frac{5}{4}$, valor mínimo: $f(-5) = \frac{17}{70}$

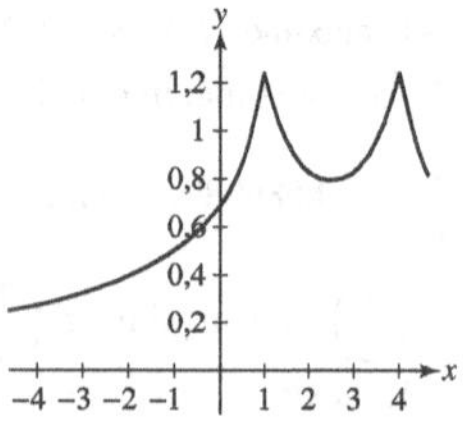

85. **(a)** Há, portanto, quatro pontos nos quais a derivada é zero:

$$(-1, -\sqrt{2}), (-1, \sqrt{2}), (1, -\sqrt{2}), (1, \sqrt{2})$$

Também há pontos críticos nos quais a derivada não existe:

$$(0, 0), (\pm\sqrt[4]{27}, 0)$$

(b) A curva $27x^2 = (x^2 + y^2)^3$ e suas tangentes horizontais estão esboçadas a seguir.

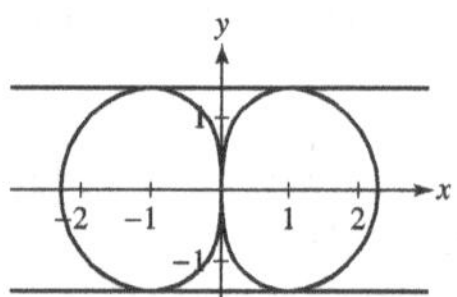

87.

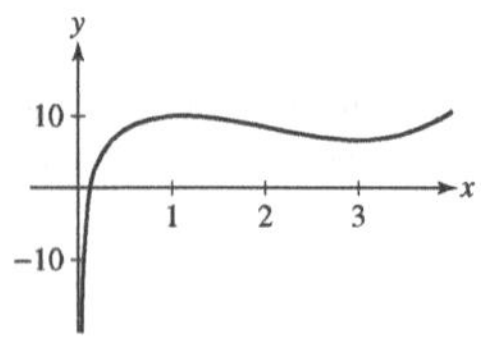

89.

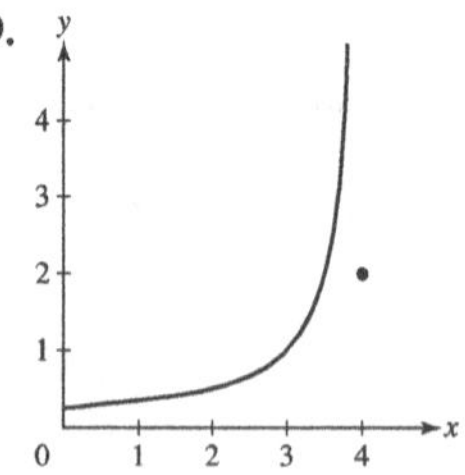

91. Se $f(x) = a \operatorname{sen} x + b \cos x$, então $f'(x) = a \cos x - b \operatorname{sen} x$, de modo que $f'(x) = 0$ implica $a \cos x - b \operatorname{sen} x = 0$. Isso implica $\operatorname{tg} x = \frac{a}{b}$. Então

$$\operatorname{sen} x = \frac{\pm a}{\sqrt{a^2 + b^2}} \text{ e } \cos x = \frac{\pm b}{\sqrt{a^2 + b^2}}$$

Assim,

$$f(x) = a \operatorname{sen} x + b \cos x = a\frac{\pm a}{\sqrt{a^2+b^2}} + b\frac{\pm b}{\sqrt{a^2+b^2}}$$
$$= \pm\frac{a^2+b^2}{\sqrt{a^2+b^2}} = \pm\sqrt{a^2+b^2}$$

93. Seja $f(x) = x^2 + rx + s$ e suponha que $f(x)$ tome valores tanto positivos quanto negativos. Isso garantirá que f terá duas raízes reais. Pela fórmula quadrática, as raízes de f são

$$x = \frac{-r \pm \sqrt{r^2 - 4s}}{2}$$

Observe que o ponto médio entre essas raízes é

$$\frac{1}{2}\left(\frac{-r + \sqrt{r^2 - 4s}}{2} + \frac{-r - \sqrt{r^2 - 4s}}{2}\right) = -\frac{r}{2}$$

Em seguida, observe que $f'(x) = 2x + r = 0$ se $x = -\frac{r}{2}$, portanto, como o gráfico de f é uma parábola aberta para cima, segue que $f(-\frac{r}{2})$ é um mínimo.

95. $b > \frac{1}{4}a^2$

97. • Seja f uma função contínua com mínimos locais $f(a)$ e $f(b)$ no intervalo $[a, b]$. Pelo Teorema 1, $f(x)$ dever tomar algum valor mínimo e também algum valor máximo em $[a, b]$. Como os mínimos locais são $f(a)$ e $f(b)$, o máximo deve ocorrer em algum outro ponto do intervalo, digamos, c, sendo $f(c)$ um máximo local.

• A função cujo gráfico está esboçado a seguir é descontínua em $x = 0$.

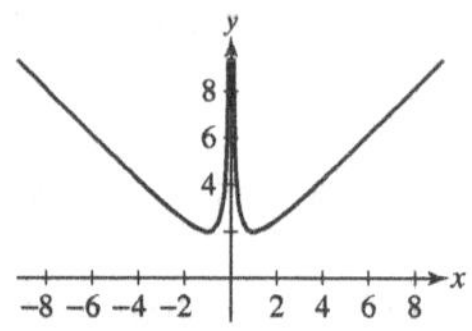

Seção 4.3 Exercícios preliminares

1. $m = 3$

2. (c)

3. Sim. A figura a seguir exibe uma função que só toma valores negativos, mas tem uma derivada positiva.

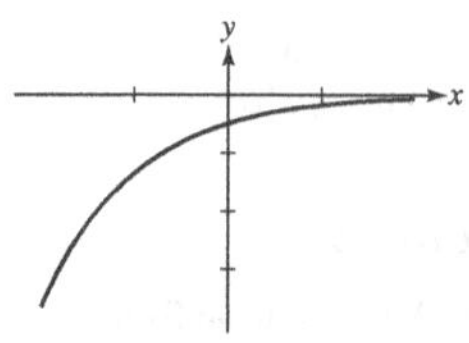

4. **(a)** $f(c)$ deve ser um máximo local. **(b)** Não.

Seção 4.3 Exercícios

1. $c = 4$

3. $c = \dfrac{3\pi}{4}$ ou $\dfrac{7\pi}{4}$

5. $c = \pm\sqrt{7}$

7. $c = -\dfrac{1}{2}\ln\left(\dfrac{1 - e^{-6}}{6}\right)$

9. A inclinação da reta secante entre (0, 0) e (1, 1) é

$$\frac{f(1) - f(0)}{1 - 0} = 1$$

Como $f'(x) = 2x$, resolvendo $2c = 1$ obtemos $c = \dfrac{1}{2}$. Um gráfico de f e da reta tangente é dado a seguir.

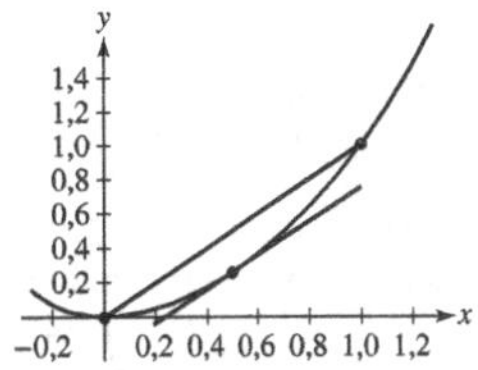

11. A inclinação da reta secante entre (0, 1) e (1, *e*) é

$$\frac{f(1) - f(0)}{1 - 0} = e - 1$$

Como $f'(x) = e^x$, resolvendo $e^c = e - 1$ obtemos $c = \ln(e - 1)$. Um gráfico de *f* e da reta tangente é dado a seguir.

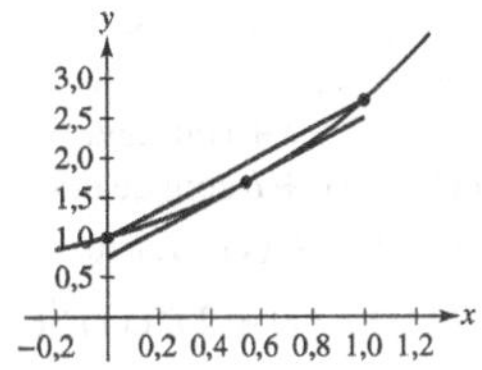

13. A inclinação da reta secante entre (0, 0) e (1, 2) é

$$\frac{f(1) - f(0)}{1 - 0} = \frac{2 - 0}{1} = 2$$

Aparentemente, a coordenada *x* do ponto de tangência é, aproximadamente, 0,62.

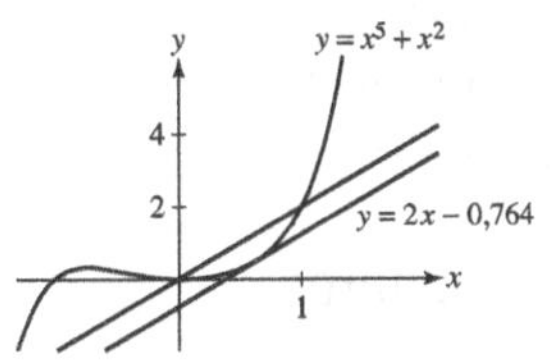

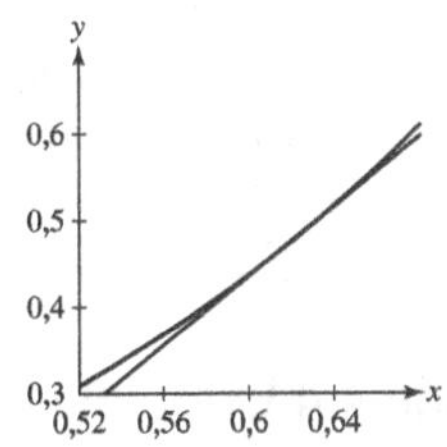

15. A derivada é positiva nos intervalos $(-\infty, 1) \cup (3, 5)$ e negativa nos intervalos $(1, 3) \cup (5, 6)$.

17. *f*(2) é um máximo local; *f*(4) é um mínimo local.

19.

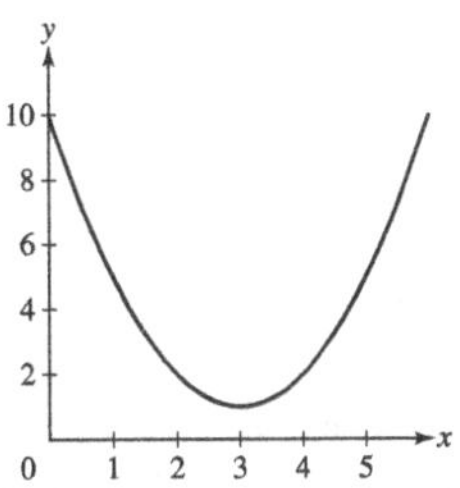

21.

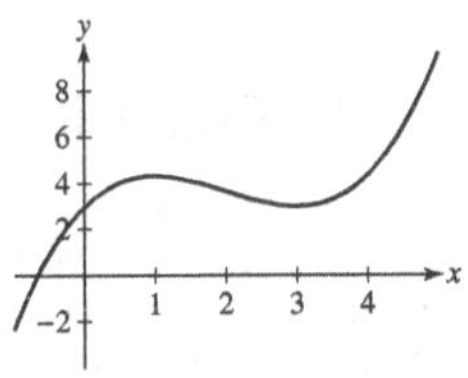

23. Ponto crítico $c = 3$; como a derivada troca de sinal de + para −, isso é um ponto de máximo local.

25. Pontos críticos $c = -2$ e $c = 0$. Como $f'(x)$ troca de sinal de + para − em $c = -2$, isso é um ponto de máximo local. Como $f'(x)$ troca de sinal de − para + em $c = 0$, isso é um ponto de mínimo local.

27. $c = \frac{7}{2}$

x	$\left(-\infty, \frac{7}{2}\right)$	7/2	$\left(\frac{7}{2}, \infty\right)$
f'	+	0	−
f	$\nearrow$	M	$\searrow$

29. $c = 0, 8$

x	$(-\infty, 0)$	0	$(0, 8)$	8	$(8, \infty)$
f'	+	0	−	0	+
f	$\nearrow$	M	$\searrow$	m	$\nearrow$

31. $c = -2, -1, 1$

x	$(-\infty, -2)$	−2	$(-2, -1)$	−1	$(-1, 1)$	1	$(1, \infty)$
f'	−	0	+	0	−	0	+
f	$\searrow$	m	$\nearrow$	M	$\searrow$	m	$\nearrow$

33. $c = -2, -1$

x	$(-\infty, -2)$	−2	$(-2, -1)$	−1	$(-1, \infty)$
f'	+	0	−	0	+
f	$\nearrow$	M	$\searrow$	m	$\nearrow$

35. $c = 0$

x	$(-\infty, 0)$	0	$(0, \infty)$
f'	+	0	+
f	$\nearrow$	≠	$\nearrow$

37. $c = \left(\frac{3}{2}\right)^{2/5}$

x	$(0, (\frac{3}{2})^{2/5})$	$\frac{3}{2}^{2/5}$	$((\frac{3}{2})^{2/5}, \infty)$
f'	−	0	+
f	$\searrow$	m	$\nearrow$

39. $c = 1$

x	$(0, 1)$	1	$(1, \infty)$
f'	−	0	+
f	$\searrow$	m	$\nearrow$

41. $c = 0$

x	$(-\infty, 0)$	0	$(0, \infty)$
f'	+	0	−
f	$\nearrow$	M	$\searrow$

43. $c = 0$

x	$(-\infty, 0)$	0	$(0, \infty)$
f'	+	0	+
f	$\nearrow$	¬	$\nearrow$

45. $c = \frac{\pi}{2}$ e $c = \pi$

x	$\left(0, \frac{\pi}{2}\right)$	$\frac{\pi}{2}$	$\left(\frac{\pi}{2}, \pi\right)$	π	$(\pi, 2\pi)$
f'	+	0	−	0	+
f	$\nearrow$	*M*	$\searrow$	m	$\nearrow$

47. $c = \frac{\pi}{2}, \frac{7\pi}{6}, \frac{3\pi}{2}$ e $\frac{11\pi}{6}$

x	$\left(0, \frac{\pi}{2}\right)$	$\frac{\pi}{2}$	$\left(\frac{\pi}{2}, \frac{7\pi}{6}\right)$	$\frac{7\pi}{6}$	$\left(\frac{7\pi}{6}, \frac{3\pi}{2}\right)$
f'	+	0	−	0	+
f	$\nearrow$	M	$\searrow$	m	$\nearrow$

x	$\frac{3\pi}{2}$	$\left(\frac{3\pi}{2}, \frac{11\pi}{6}\right)$	$\frac{11\pi}{6}$	$\left(\frac{11\pi}{6}, 2\pi\right)$
f'	0	−	0	+
f	M	$\searrow$	m	$\nearrow$

49. $c = 0$

x	$(-\infty, 0)$	0	$(0, \infty)$
f'	−	0	+
f	↘	m	↗

51. $c = -\frac{\pi}{4}$

x	$[-\frac{\pi}{2}, -\frac{\pi}{4})$	$-\frac{\pi}{4}$	$(-\frac{\pi}{4}, \frac{\pi}{2}]$
f'	+	0	−
f	↗	M	↘

53. $c = \pm 1$

x	$(-\infty, -1)$	-1	$(-1, 1)$	1	$(1, \infty)$
f'	−	0	+	0	−
f	↘	m	↗	M	↘

55. $c = 1$

x	$(0, 1)$	1	$(1, \infty)$
f'	−	0	+
f	↘	m	↗

57. $c = 0$; f' é positiva em $(-\infty, 0)$ e em $(0, \infty)$, não estando definida em 0; f é crescente em $(-\infty, 0)$ e $(0, \infty)$; $x = 0$ não é um mínimo nem máximo local.

x	$(-\infty, 0)$	0	$(0, \infty)$
f'	+	0	+
f	↗	−	↗

59. $\left(\frac{1}{e}\right)^{1/e} \approx 0{,}692201$

61. $f'(x) > 0$ com qualquer x

63. O gráfico de h aparece a seguir, à esquerda. Como $h(x)$ é negativo com $x < -1$ e com $0 < x < 1$, segue que f é decrescente com $x < -1$ e com $0 < x < 1$. Analogamente, f é crescente com $-1 < x < 0$ e com $x > 1$ porque $h(x)$ é positivo nesses intervalos. Além disso, $f(x)$ tem um mínimo local em $x = -1$ e $x = 1$ e um máximo local em $x = 0$. Um gráfico plausível de f aparece a seguir, à direta.

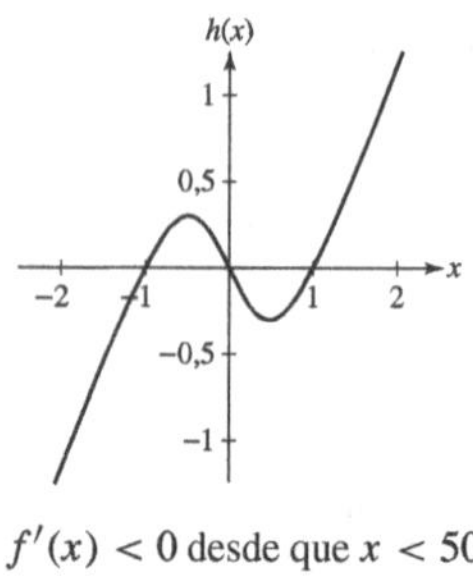

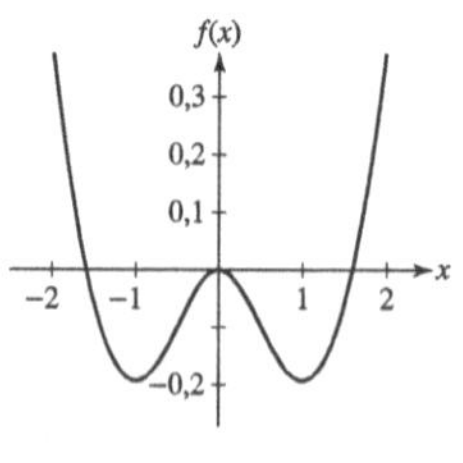

65. $f'(x) < 0$ desde que $x < 500$, portanto,

$$800^2 + 200^2 = f(200) > f(400) = 600^2 + 400^2.$$

67. *Qualquer* ponto $c \in (a, b)$.

75. **(a)** Sejam $g(x) = \cos x$ e $f(x) = 1 - \frac{1}{2}x^2$. Então $f(0) = g(0) = 1$ e $g'(x) = -\operatorname{sen} x \geq -x = f'(x)$ com $x \geq 0$ pelo Exercício 73. Agora, aplicando esse exercício, conclua que $\cos x \geq 1 - \frac{1}{2}x^2$, com $x \geq 0$.

(b) Sejam $g(x) = \operatorname{sen} x$ e $f(x) = x - \frac{1}{6}x^3$. Então $f(0) = g(0) = 0$ e $g'(x) = \cos x \geq 1 - \frac{1}{2}x^2 = f'(x)$ com $x \geq 0$ pela parte (a). Agora, aplique o Exercício 73 para concluir que $\operatorname{sen} x \geq x - \frac{1}{6}x^3$, com $x \geq 0$.

(c) Sejam $g(x) = 1 - \frac{1}{2}x^2 + \frac{1}{24}x^4$ e $f(x) = \cos x$. Então $f(0) = g(0) = 1$ e $g'(x) = -x + \frac{1}{6}x^3 \geq -\operatorname{sen} x = f'(x)$ com $x \geq 0$ pela parte (b). Agora, aplique o Exercício 73 para concluir que $\cos x \leq 1 - \frac{1}{2}x^2 + \frac{1}{24}x^4$, com $x \geq 0$.

(d) A próxima desigualdade desta sucessão é $\operatorname{sen} x \leq x - \frac{1}{6}x^3 + \frac{1}{120}x^5$, válida com $x \geq 0$.

77.
- Seja $f''(x) = 0$ com qualquer x. Então $f'(x) =$ constante com qualquer x. Como $f'(0) = m$, concluímos que $f'(x) = m$ com qualquer x.
- Seja $g(x) = f(x) - mx$. Então $g'(x) = f'(x) - m = m - m = 0$, que implica $g(x) =$ constante com qualquer x e, consequentemente, $f(x) - mx =$ constante com qualquer x. Rearranjando, $f(x) = mx +$ constante. Como $f(0) = b$, concluímos que $f(x) = mx + b$ com qualquer x.

79. **(a)** Seja $g(x) = f(x)^2 + f'(x)^2$. Então

$$g'(x) = 2f(x)f'(x) + 2f'(x)f''(x)$$
$$= 2f(x)f'(x) + 2f'(x)(-f(x)) = 0$$

Como $g'(0) = 0$ com qualquer x, $g(x) = f(x)^2 + f'(x)^2$ deve ser uma função constante. Para determinar o valor de C, podemos substituir qualquer valor de x. Em particular, neste problema, queremos substituir $x = 0$ para obter $C = f(0)^2 + f'(0)^2$. Assim,

$$f(x)^2 + f'(x)^2 = f(0)^2 + f'(0)^2$$

(b) Seja $f(x) = \operatorname{sen} x$. Então $f'(x) = \cos x$ e $f''(x) = -\operatorname{sen} x$, de modo que $f''(x) = -f(x)$. Finalmente, tomando $f(x) = \operatorname{sen} x$, o resultado da parte (a) garante que

$$\operatorname{sen}^2 x + \cos^2 x = \operatorname{sen}^2 0 + \cos^2 0 = 0 + 1 = 1$$

Seção 4.4 Exercícios preliminares

1. **(a)** crescente

2. $f(c)$ é um máximo local.

3. Falsa

4. Falsa; $f(x)$ pode não estar definida em $x = c$.

Seção 4.4 Exercícios

1. **(a)** Em C, temos $f''(x) < 0$ com qualquer x.
(b) Em A, $f''(x)$ vai de + para −.
(c) Em B, temos $f''(x) > 0$ com qualquer x.
(d) Em D, $f''(x)$ vai de − para +.

3. Côncava para cima em toda parte; sem pontos de inflexão.

5. Côncava para cima com $x < -\sqrt{3}$ e $0 < x < \sqrt{3}$; côncava para baixo com $-\sqrt{3} < x < 0$ e $x > \sqrt{3}$; ponto de inflexão em $x = 0$ e em $x = \pm\sqrt{3}$

7. Côncava para cima com $0 < \theta < \pi$; côncava para baixo com $\pi < \theta < 2\pi$; ponto de inflexão em $\theta = \pi$.

9. Côncava para baixo com $0 < x < 9$; côncava para cima com $x > 9$; ponto de inflexão em $x = 9$.

11. Côncava para cima em $(0, 1)$; côncava para baixo em $(-\infty, 0) \cup (1, \infty)$; ponto de inflexão em $x = 0$ e em $x = 1$.

13. Côncava para cima com $|x| > 1$; côncava para baixo com $|x| < 1$; ponto de inflexão em $x = -1$ e em $x = 1$.

15. Côncava para baixo com $x < \frac{2}{3}$; côncava para cima com $x > \frac{2}{3}$; ponto de inflexão em $x = \frac{2}{3}$.

17. Côncava para baixo com $x < \frac{1}{2}$; côncava para cima com $x > \frac{1}{2}$; ponto de inflexão em $x = \frac{1}{2}$.

19. **(a)** Ela inicia a 100 km de distância trafegando em nossa direção com velocidade cada vez menor, parando quando chega onde estamos (depois de 2 horas), daí vira e volta a se afastar 100 km, trafegando com velocidade cada vez maior.
(b) A velocidade é sempre crescente. Quando a ambulância está se aproximando de nós (velocidade negativa), isso significa que a velocidade escalar está diminuindo; quando se afasta, isso significa que a velocidade escalar está aumentando.

21. Perto do ponto de inflexão, a curva é, aproximadamente, uma reta pelos pontos (55, 200) e (35, 100), de modo que a taxa de variação é, aproximadamente, $\frac{200-100}{55-35} = 5$ cm/dia. Assim, quando a taxa de crescimento começar a ficar mais lenta, a altura está crescendo em torno de 5 cm/dia. A seguir, esboços das derivadas primeira e segunda.

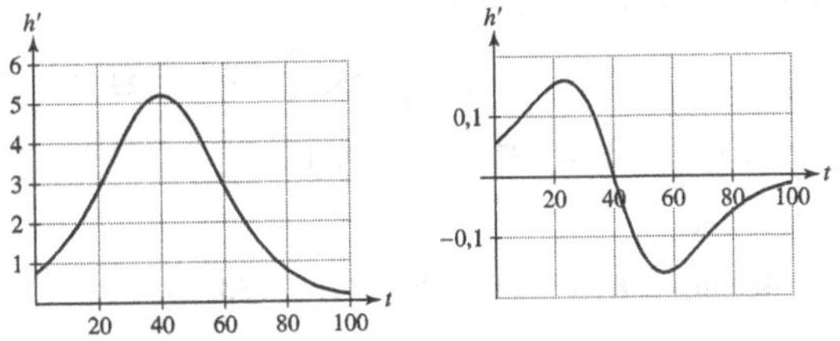

23. Os pontos de inflexão são a, d e f. A função é côncava para baixo em $[0, a) \cup (d, f)$.

25. **(a)** f é crescente em (0; 0,4).
(b) f é decrescente em $(-\infty, 0) \cup (0, 4, 1) \cup (1, 1, 2)$.
(c) f é côncava para cima em $(0, 0\ 17) \cup (0{,}64; 1)$.
(d) f é côncava para baixo em $(0{,}17; 0{,}64) \cup (1; 1{,}2)$.

27. Os pontos críticos são $x = 3$ e $x = 5$; $f(3) = 54$ é um máximo local e $f(5) = 50$ é um mínimo local.

29. Os pontos críticos são $x = 0$ e $x = 1$; $f(0) = 0$ é um mínimo local; o teste da derivada segunda é inconclusivo em $x = 1$.

31. Os pontos críticos são $x = -4$ e $x = 2$; $f(-4) = -16$ é um máximo local e $f(2) = -4$ é um mínimo local.

33. Os pontos críticos são $x = 0$ e $x = \frac{2}{9}$; $f\left(\frac{2}{9}\right)$ é um mínimo local; $f''(x)$ não está definida em $x = 0$, de modo que não podemos aplicar o teste da derivada segunda nesse ponto.

35. Os pontos críticos são $x = 0$, $x = \frac{\pi}{3}$ e $x = \pi$; $f(0)$ é um mínimo local, $f(\frac{\pi}{3})$ é um máximo local e $f(\pi)$ é um mínimo local.

37. Os pontos críticos são $x = \pm\frac{\sqrt{2}}{2}$; $f\left(\frac{\sqrt{2}}{2}\right)$ é um máximo local e $f\left(-\frac{\sqrt{2}}{2}\right)$ é um mínimo local.

39. O ponto crítico é $x = e^{-1/3}$; $f\left(e^{-1/3}\right)$ é um mínimo local.

41.

x	$(-\infty, \frac{1}{3})$	$\frac{1}{3}$	$(\frac{1}{3}, 1)$	1	$(1, \infty)$
f'	+	0	−	0	+
f	↗	M	↘	m	↗

x	$(-\infty, \frac{2}{3})$	$\frac{2}{3}$	$(\frac{2}{3}, \infty)$
f''	−	0	+
f	⌒	I	⌣

43.

t	$(-\infty, 0)$	0	$(0, \frac{2}{3})$	$\frac{2}{3}$	$(\frac{2}{3}, \infty)$
f'	−	0	+	0	−
f	↘	m	↗	M	↘

t	$(-\infty, \frac{1}{3})$	$\frac{1}{3}$	$(\frac{1}{3}, \infty)$
f''	+	0	−
f	⌣	I	⌒

45. $f''(x) > 0$ com qualquer $x \geq 0$, significando que não há pontos de inflexão.

x	0	$\left(0, (2)^{2/3}\right)$	$(2)^{2/3}$	$\left((2)^{2/3}, \infty\right)$
f'	U	−	0	+
f	M	↘	m	↗

47.

x	$\left(-\infty, -3\sqrt{3}\right)$	$-3\sqrt{3}$	$\left(-3\sqrt{3}, 3\sqrt{3}\right)$	$3\sqrt{3}$	$\left(3\sqrt{3}, \infty\right)$
f'	−	0	+	0	−
f	↘	m	↗	M	↘

x	$(-\infty, -9)$	−9	$(-9, 0)$	0	$(0, 9)$	9	$(9, \infty)$
f''	−	0	+	0	−	0	+
f	⌒	I	⌣	I	⌒	I	⌣

49.

x	$\left(-\infty, -(\frac{3}{5})^{3/2}\right)$	$-(\frac{3}{5})^{3/2}$	$\left(-(\frac{3}{5})^{3/2}, 0\right)$	0
f''	−	−	−	não def

$\left(0, (\frac{3}{5})^{3/2}\right)$	$(\frac{3}{5})^{3/2}$	$\left((\frac{3}{5})^{3/2}, \infty\right)$
+	+	+

51.

θ	$(0, \pi)$	π	$(\pi, 2\pi)$
f'	+	0	+
f	↗	¬	↗

θ	0	$(0, \pi)$	π	$(\pi, 2\pi)$	2π
f''	0	−	0	+	0
f	¬	⌒	I	⌣	¬

53.

x	$(-\frac{\pi}{2}, \frac{\pi}{2})$
f'	+
f	↗

x	$(-\frac{\pi}{2}, 0)$	0	$(0, \frac{\pi}{2})$
f''	−	0	+
f	⌒	I	⌣

55.

x	$\left(0, 1+\sqrt{3}\right)$	$1+\sqrt{3}$	$\left(1+\sqrt{3}, \infty\right)$
f'	+	0	−
f	↗	M	↘

x	$(0, 4)$	4	$(4, \infty)$
f''	−	0	+
f	⌒	I	⌣

57.

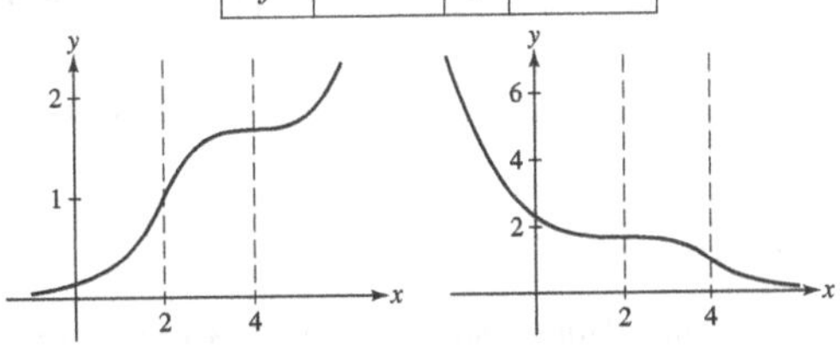

59.

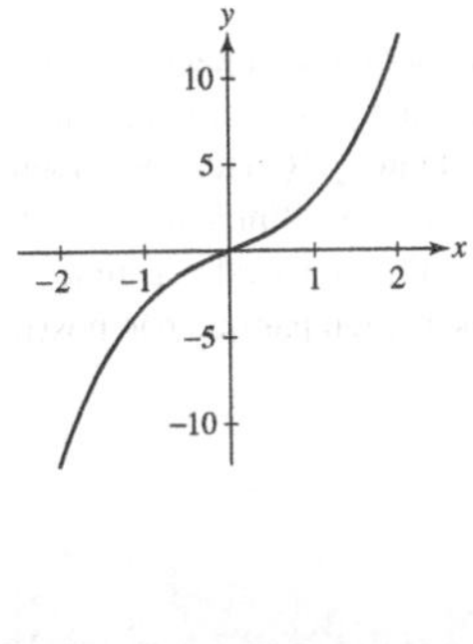

61. **(a)** Perto do começo da epidemia, o gráfico de R é côncavo para cima. Perto do final da epidemia, R é côncava para baixo.
(b) "A epidemia diminui: o número de casos novos está declinando."

63. O ponto de inflexão deveria ocorrer quando o nível de água for igual ao raio da esfera. A seguir, um gráfico possível de V.

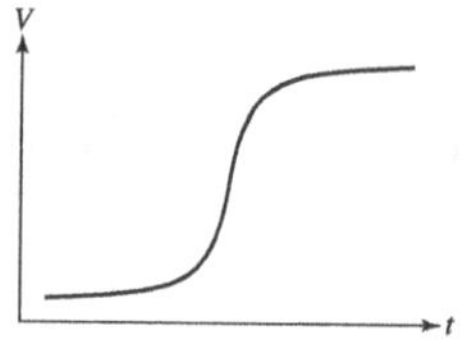

65. **(a)** $f'(u) = \dfrac{be^{b(a-u)}}{(1+e^{b(a-u)})^2} > 0$
(b) $u = a$

67. **(a)** Pela definição de derivada, temos

$$f''(c) = \lim_{h\to 0} \frac{f'(c+h) - f'(c)}{h} = \lim_{h\to 0} \frac{f'(c+h)}{h}$$

(b) Sabemos que $f''(c) > 0$. Pela parte (a), segue que

$$\lim_{h\to 0} \frac{f'(c+h)}{h} > 0$$

Em outras palavras, com h suficientemente pequeno,

$$\frac{f'(c+h)}{h} > 0$$

Agora, se h for suficientemente pequeno, mas negativo, então $f'(c+h)$ também deve ser negativa [de modo que o quociente $f'(c+h)/h$ será positivo] e $c+h < c$. Por outro lado, se h for suficientemente pequeno, mas positivo, então $f'(c+h)$ também deve ser positiva e $c+h > c$. Assim, existe algum intervalo aberto (a, b) contendo c tal que $f'(x) < 0$ com $a < x < c$ e $f'(c) > 0$ com $c < x < b$. Finalmente, como $f'(x)$ troca de negativa para positiva em $x = c$, $f(c)$ deve ser um mínimo local.

69. **(b)** $f(x)$ tem um ponto de inflexão em $x = 0$ e em $x = \pm 1$. A figura seguinte mostra o gráfico de $y = f(x)$ e suas retas tangentes em cada um dos pontos de inflexão. Fica claro que cada reta tangente cruza o gráfico de f no ponto de inflexão.

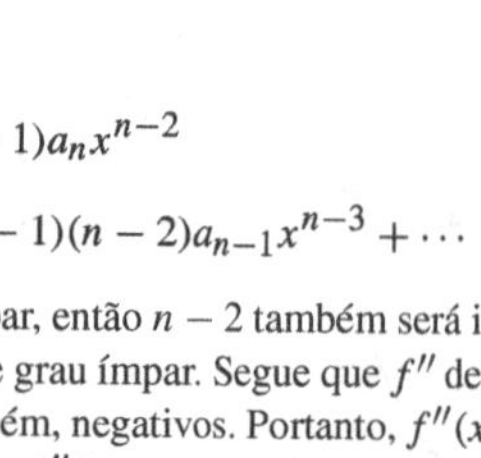

71. Seja $f(x) = a_n x^n + a_{n-1}x^{n-1} + \cdots + a_1 x + a_0$ um polinômio de grau n. Então

$$f'(x) = na_n x^{n-1} + (n-1)a_{n-1}x^{n-2} + \cdots + 2a_2 x + a_1$$

e

$$f''(x) = n(n-1)a_n x^{n-2} + (n-1)(n-2)a_{n-1}x^{n-3} + \cdots + 6a_3 x + 2a_2$$

Se $n \geq 3$ for impar, então $n - 2$ também será impar e f'' será um polinômio de grau ímpar. Segue que f'' deve tomar valores positivos e, também, negativos. Portanto, $f''(x)$ tem pelo menos uma raiz c tal que $f''(x)$ troca de sinal em c. Então a função f terá um ponto de inflexão em $x = c$. Por outro lado, as funções $f(x) = x^2$, x^4 e x^8 são polinômios de grau par que não possuem pontos de inflexão.

Seção 4.5 Exercícios preliminares

1. Não da forma $\frac{0}{0}$ ou $\frac{\infty}{\infty}$.
2. Não

Seção 4.5 Exercícios

1. A regra de L'Hôpital não é aplicável.
3. A regra de L'Hôpital não é aplicável.
5. A regra de L'Hôpital não é aplicável.
7. A regra de L'Hôpital não é aplicável.
9. 0
11. Um quociente da forma $\frac{\infty}{\infty}$; $-\frac{9}{2}$
13. Um quociente da forma $\frac{\infty}{\infty}$; 0
15. Um quociente da forma $\frac{\infty}{\infty}$; 0

17. $\frac{5}{6}$ **19.** $-\frac{3}{5}$ **21.** $-\frac{7}{3}$ **23.** $\frac{9}{7}$ **25.** $\frac{2}{7}$ **27.** 1 **29.** 2

31. -1 **33.** $\frac{1}{2}$ **35.** 0 **37.** $-\frac{2}{\pi}$ **39.** 1

41. Não existe

43. 0 **45.** $\ln a$ **47.** e **49.** $e^{-3/2}$ **51.** 1 **53.** $\frac{1}{\pi}$

55.

$$\lim_{x\to\pi/2} \frac{\cos mx}{\cos nx} = \begin{cases} (-1)^{(m-n)/2}, & m, n \text{ par} \\ \text{não existe}, & m \text{ par}, n \text{ ímpar} \\ 0 & m \text{ ímpar}, n \text{ par} \\ (-1)^{(m-n)/2}\frac{m}{n}, & m, n \text{ ímpar} \end{cases}$$

57.

$$\lim_{x\to 0} \ln\left((1+x)^{1/x}\right) = \lim_{x\to 0} \frac{1}{x}\ln(1+x) = \lim_{x\to 0} \frac{\ln(1+x)}{x} = 1$$

Assim, $\lim_{x\to 0}(1+x)^{1/x} = e^1 = e$; $x = 0{,}0005$.

61. **(a)** $\lim_{x\to 0+} f(x) = 0$; $\lim_{x\to\infty} f(x) = e^0 = 1$
(b) f é crescente em $0 < x < e$, é decrescente em $x > e$ e tem um máximo em $x = e$. O valor máximo é $f(e) = e^{1/e} \approx 1{,}444668$.

63. Nenhum dos dois.

65. $\lim_{x\to\infty} \frac{\ln x}{x^a} = \lim_{x\to\infty} \frac{x^{-1}}{ax^{a-1}} = \lim_{x\to\infty} \frac{1}{a}x^{-a} = 0$

69. **(a)** $1 \leq 2 + \operatorname{sen} x \leq 3$, portanto

$$\frac{x}{x^2+1} \leq \frac{x(2+\operatorname{sen} x)}{x^2+1} \leq \frac{3x}{x^2+1}$$

Segue do teorema do confronto que

$$\lim_{x\to\infty} \frac{x(2+\operatorname{sen} x)}{x^2+1} = 0$$

(b) $\lim_{x\to\infty} f(x) = \lim_{x\to\infty} x(2+\operatorname{sen} x) \geq \lim_{x\to\infty} x = \infty$ e $\lim_{x\to\infty} g(x) = \lim_{x\to\infty}(x^2+1) = \infty$, mas

$$\lim_{x\to\infty} \frac{f'(x)}{g'(x)} = \lim_{x\to\infty} \frac{x(\cos x) + (2+\operatorname{sen} x)}{2x}$$

não existe, pois $\cos x$ oscila. Isso não viola a regra de L'Hôpital, já que o teorema exige, claramente, que

$$\lim_{x\to\infty} \frac{f(x)}{g(x)} = \lim_{x\to\infty} \frac{f'(x)}{g'(x)}$$

"sempre que existir o limite à direita".

71. **(a)** Usando o Exercício 70, vemos que $G(b) = e^{H(b)}$. Assim, $G(b) = 1$ se $0 \leq b \leq 1$ e $G(b) = b$ se $b > 1$.

(b)

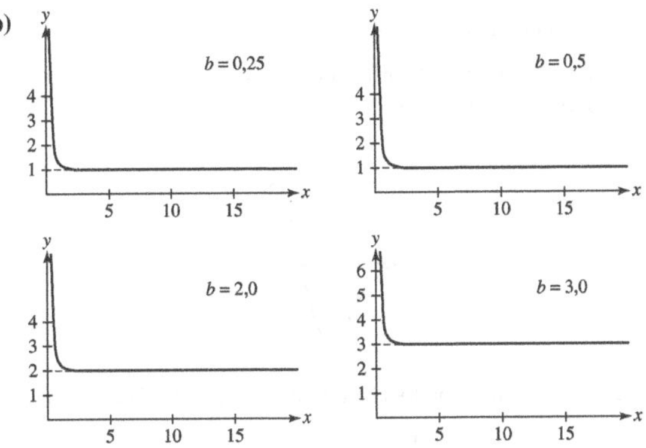

73. $\lim_{x\to 0} \frac{f(x)}{x^k} = \lim_{x\to 0} \frac{1}{x^k e^{1/x^2}}$. Seja $t = 1/x$. Se $x \to 0$, $t \to \infty$. Então

$$\lim_{x\to 0} \frac{1}{x^k e^{1/x^2}} = \lim_{t\to\infty} \frac{t^k}{e^{t^2}} = 0$$

pelo Exercício 72.

75 Se $x \neq 0$, $f'(x) = e^{-1/x^2}\left(\frac{2}{x^3}\right)$. Aqui, $P(x) = 2$ e $r = 3$. Suponha que $f^{(k)}(x) = \frac{P(x)e^{-1/x^2}}{x^r}$. Então

$$f^{(k+1)}(x) = e^{-1/x^2}\left(\frac{x^3 P'(x) + (2 - rx^2)P(x)}{x^{r+3}}\right)$$

que está no formato procurado.

Além disso, pelo Exercício 74, $f'(0) = 0$. Suponha que $f^{(k)}(0) = 0$. Então

$$f^{(k+1)}(0) = \lim_{x\to 0} \frac{f^{(k)}(x) - f^{(k)}(0)}{x - 0} = \lim_{x\to 0} \frac{P(x)e^{-1/x^2}}{x^{r+1}}$$

$$= P(0) \lim_{x\to 0} \frac{f(x)}{x^{r+1}} = 0$$

79. $\lim_{x\to 0} \frac{\operatorname{sen} x}{x} = \lim_{x\to 0} \frac{\cos x}{1} = 1$. Para usar a regra de L'Hôpital no cálculo de $\lim_{x\to 0} \frac{\operatorname{sen} x}{x}$, precisamos saber que a derivada de sen x é cos x, mas, para determinar a derivada de sen x, precisamos conseguir calcular $\lim_{x\to 0} \frac{\operatorname{sen} x}{x}$.

81. **(a)** $e^{-1/6} \approx 0{,}846481724$

x	1	0,1	0,01
$\left(\frac{\operatorname{sen} x}{x}\right)^{1/x^2}$	0,841471	0,846435	0,846481

(b) 1/3

x	± 1	$\pm 0{,}1$	$\pm 0{,}01$
$\frac{1}{\operatorname{sen}^2 x} - \frac{1}{x^2}$	0,412283	0,334001	0,333340

Seção 4.6 Exercícios preliminares

1. Um arco com a combinação ++ de sinais (crescente, côncava para cima) aparece a seguir à esquerda. Um arco com a combinação −+ de sinais (decrescente, côncava para cima) aparece a seguir à direita.

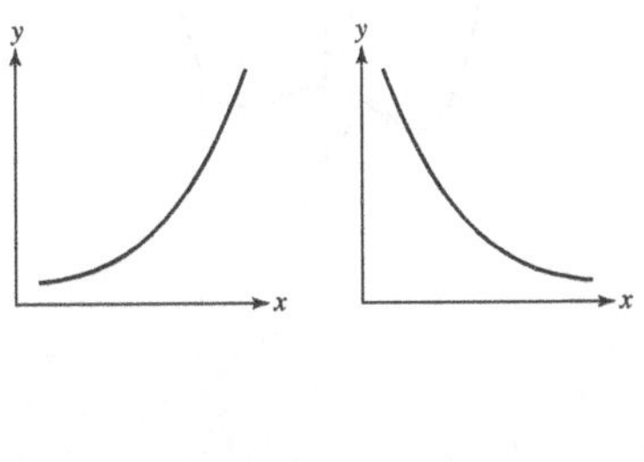

2. (c)

3. $x = 4$ não está no domínio de f.

Seção 4.6 Exercícios

1.
- Em A, f é decrescente e côncava para cima, portanto, $f' < 0$ e $f'' > 0$.
- Em B, f é crescente e côncava para cima, portanto, $f' > 0$ e $f'' > 0$.
- Em C, f é crescente e côncava para baixo, portanto, $f' > 0$ e $f'' < 0$.
- Em D, f é decrescente e côncava para baixo, portanto, $f' < 0$ e $f'' < 0$.
- Em E, f é decrescente e côncava para cima, portanto, $f' < 0$ e $f'' > 0$.
- Em F, f é crescente e côncava para cima, portanto, $f' > 0$ e $f'' > 0$.
- Em G, f é decrescente e côncava para baixo, portanto, $f' > 0$ e $f'' < 0$.

3. A função troca de côncava para cima a côncava para baixo em $x = -1$ e de crescente a decrescente em $x = 0$.

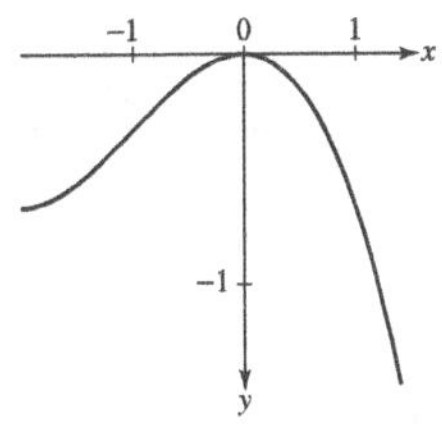

5. A função é decrescente em toda parte e troca de côncava para cima a côncava para baixo em $x = -1$ e de côncava para baixo a côncava para cima em $x = -\frac{1}{2}$.

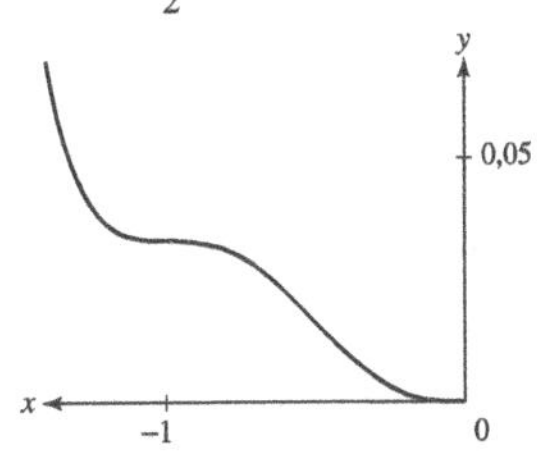

7.

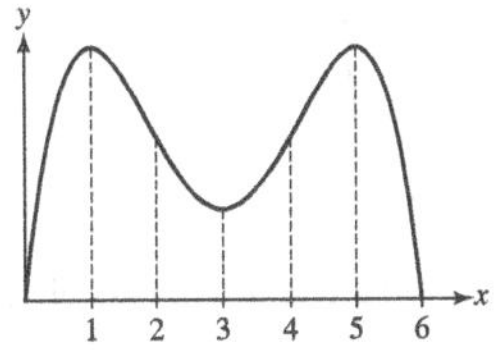

9.

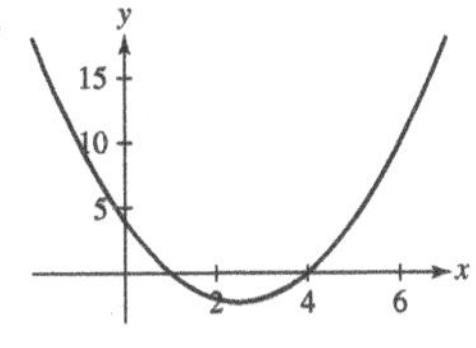

11.

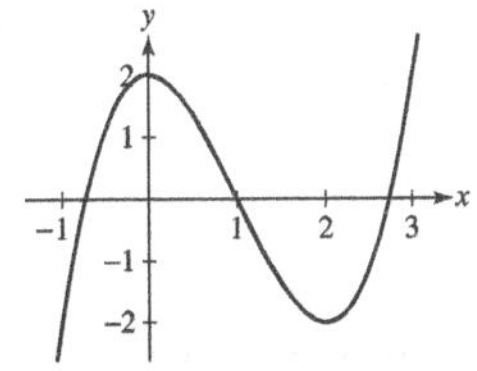

13.

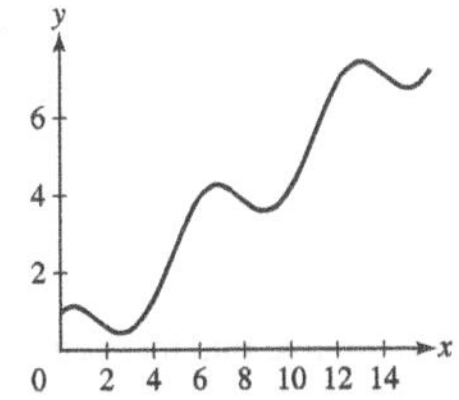

15. Máximo local em $x = -16$, mínimo local em $x = 0$ e um ponto de inflexão em $x = -8$.

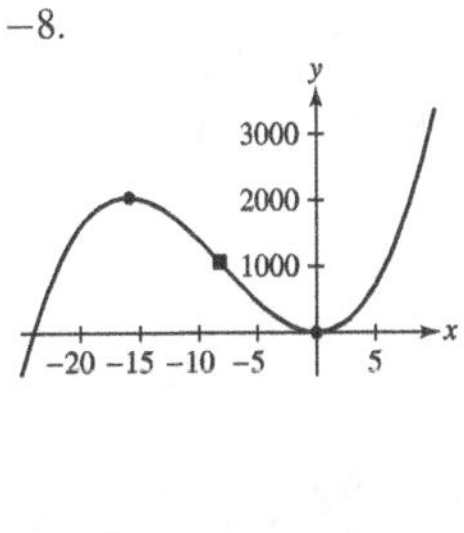

17. $f(0)$ é um mínimo local, $f(\frac{1}{6})$ é um máximo local e há um ponto de inflexão em $x = \frac{1}{12}$.

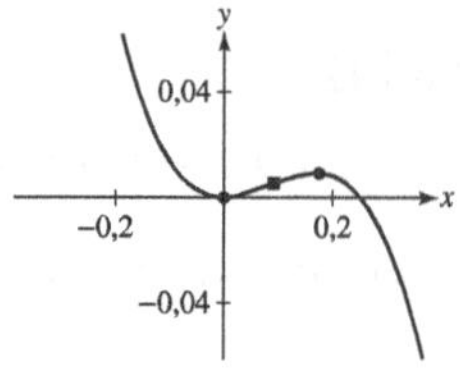

19. f tem um mínimo local em $x = \pm\sqrt{6}$, um máximo local em $x = 0$ e pontos de inflexão em $x = \pm\sqrt{2}$.

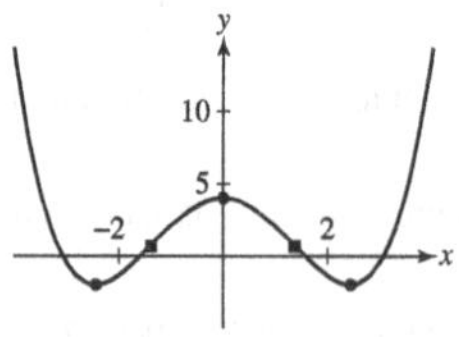

21. O gráfico não tem pontos críticos e é crescente em toda parte, ponto de inflexão em (0, 0).

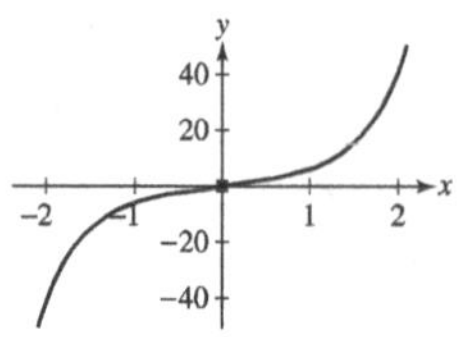

23. $f\left(\frac{1-\sqrt{33}}{8}\right)$ e $f(2)$ são mínimos locais e $f\left(\frac{1+\sqrt{33}}{8}\right)$ é um máximo local; pontos de inflexão em $x = 0$ e $x = \frac{3}{2}$.

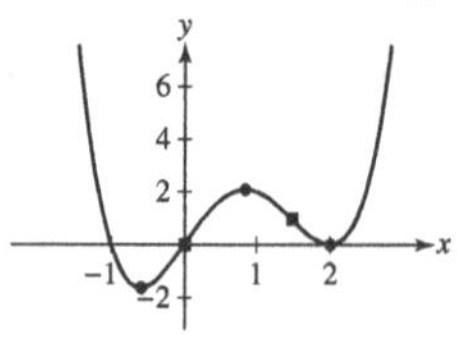

25. $f(0)$ é um máximo local, $f(12)$ é um mínimo local e $x = 10$ é um ponto de inflexão.

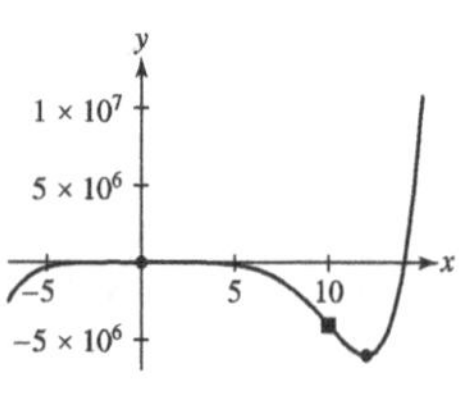

27. $f(4)$ é um mínimo local e o gráfico é sempre côncavo para cima.

29. f tem um máximo local em $x = 6$ e pontos de inflexão em $x = 8$ e $x = 12$.

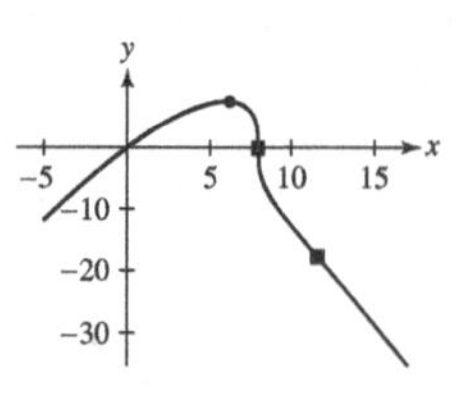

31. f tem um mínimo local em $x = -\frac{\sqrt{2}}{2}$, um máximo local em $x = \frac{\sqrt{2}}{2}$, pontos de inflexão em $x = 0$ e $x = \pm\sqrt{\frac{3}{2}}$ e uma assíntota horizontal em $y = 0$.

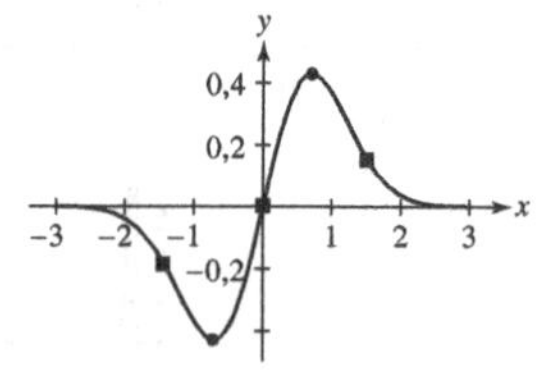

33. $f(2)$ é um mínimo local e o gráfico é sempre côncavo para cima.

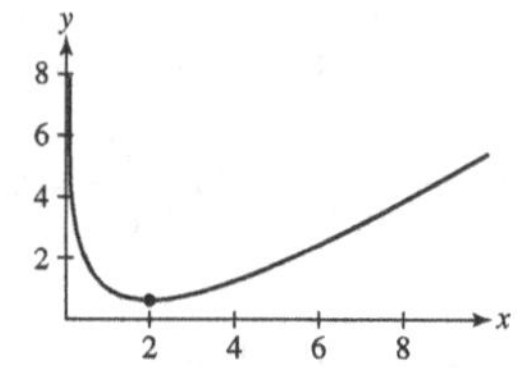

35. f tem um mínimo local em $x = 1$ e nenhum ponto de inflexão. É côncava para cima em toda parte. Tem uma assíntota vertical em $x = 0$.

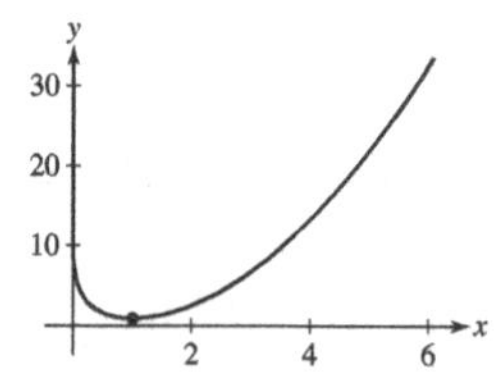

37. O gráfico tem um ponto de inflexão em $x = \frac{3}{5}$, um máximo local em $x = 1$ (onde o gráfico tem uma cúspide) e um mínimo local em $x = \frac{9}{5}$.

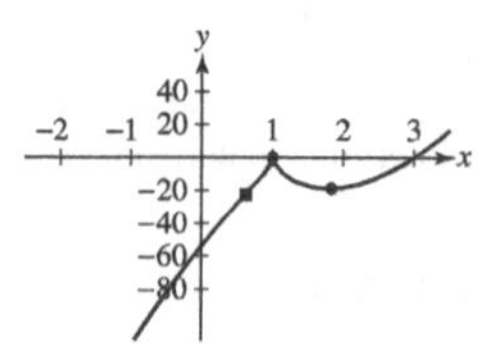

39. f tem um máximo local em $x = 0$, um mínimo local em $x = \pm 3$ e pontos de inflexão em $x = \pm\sqrt{-6 + 3\sqrt{5}}$.

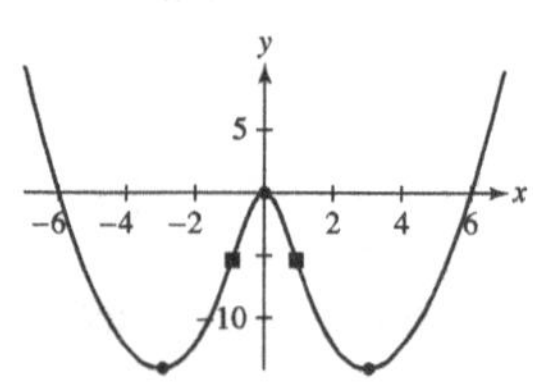

41. f tem mínimos locais em $x = -1{,}473$ e $x = 1{,}347$, um máximo local em $x = 0{,}126$ e pontos de inflexão em $x = \pm\sqrt{\frac{2}{3}}$.

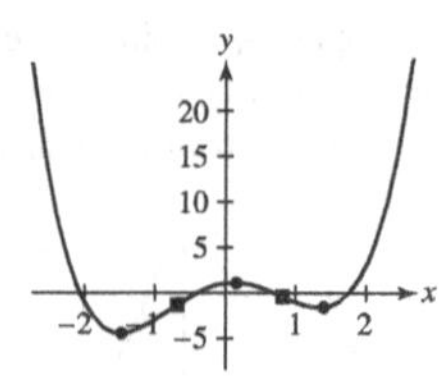

43. O gráfico tem um ponto de inflexão em $x = \pi$ e não há máximos ou mínimos locais.

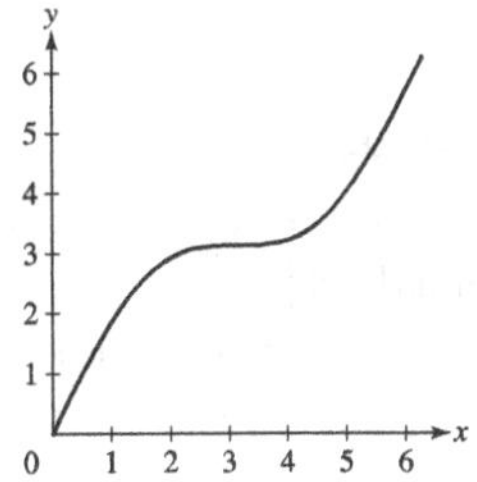

45. Máximo local em $x = \frac{\pi}{2}$, mínimo local em $x = \frac{3\pi}{2}$ e pontos de inflexão em $x = \frac{\pi}{6}$ e $x = \frac{5\pi}{6}$.

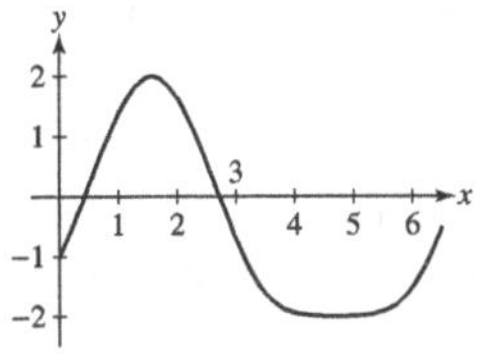

47. Máximo local em $x = \frac{\pi}{6}$ e um ponto de inflexão em $x = \frac{2\pi}{3}$.

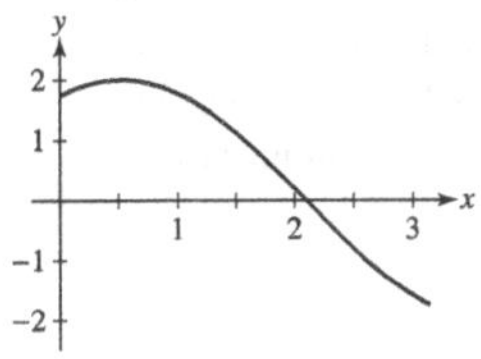

49. Em ambos os casos, há um ponto em que f não é derivável na transição de crescente a decrescente ou de decrescente a crescente.

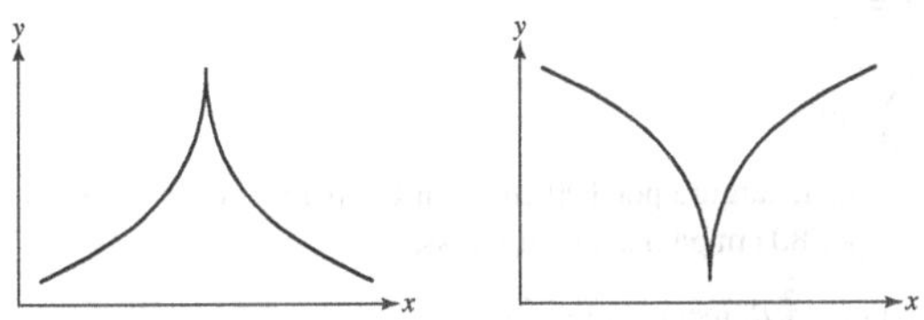

51. O gráfico (B) não pode ser o gráfico de um polinômio.

53. (B) é o gráfico de $f(x) = \dfrac{3x^2}{x^2 - 1}$; (A) é o gráfico de $f(x) = \dfrac{3x}{x^2 - 1}$.

55. f é decrescente com $x \neq \frac{1}{3}$, côncava para cima com $x > \frac{1}{3}$, côncava para baixo com $x < \frac{1}{3}$, tem uma assíntota horizontal em $y = 0$ e uma vertical em $x = \frac{1}{3}$.

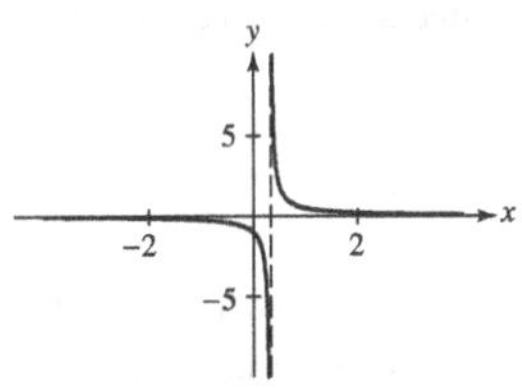

57. f é decrescente com $x \neq 2$, côncava para cima com $x > 2$, côncava para baixo com $x < 2$, tem uma assíntota horizontal em $y = 1$ e uma vertical em $x = 2$.

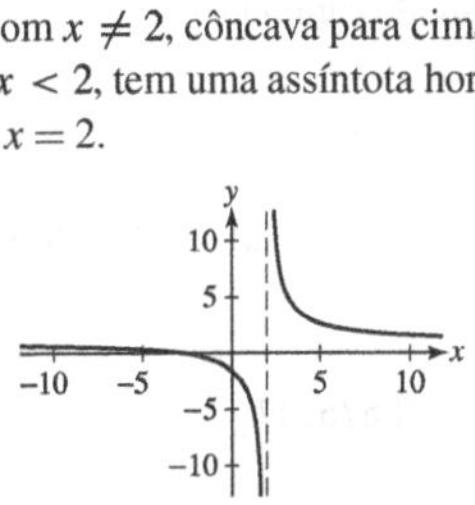

59. f é decrescente com $x \neq 0, 1$, côncava para cima com $0 < x < \frac{1}{2}$ e $x > 1$, côncava para baixo com $x < 0$ e $\frac{1}{2} < x < 1$, tem uma assíntota horizontal em $y = 0$ e verticais em $x = 0$ e $x = 1$.

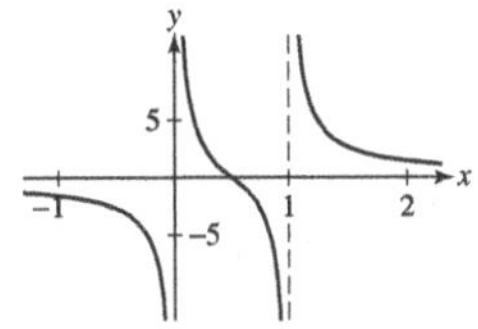

61. f é crescente com $x < 0$ e $0 < x < 1$ e decrescente com $1 < x < 2$ e $x > 2$; f é côncava para cima com $x < 0$ e $x > 2$ e côncava para baixo com $0 < x < 2$; f tem uma assíntota horizontal em $y = 0$ e verticais em $x = 0$ e $x = 2$.

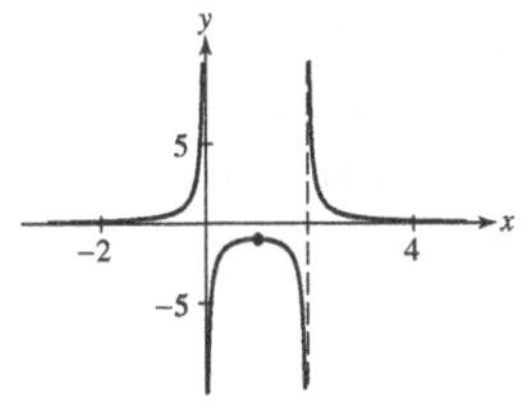

63. f é crescente com $x < 2$ e $2 < x < 3$, decrescente com $3 < x < 4$ e $x > 4$ e tem um máximo local em $x = 3$; f é côncava para cima com $x < 2$ e $x > 4$ e côncava para baixo com $2 < x < 4$; f tem uma assíntota horizontal em $y = 0$ e verticais em $x = 2$ e $x = 4$.

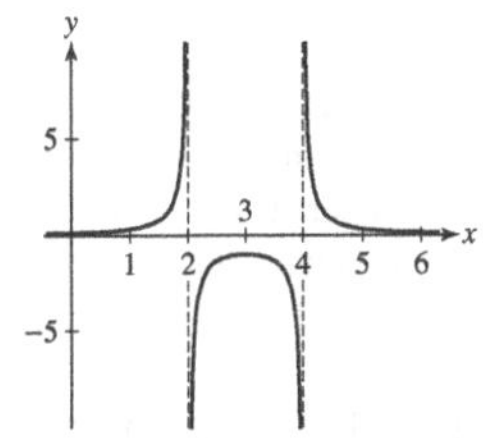

65. f é crescente com $|x| > 2$ e decrescente com $-2 < x < 0$ e $0 < x < 2$; f é côncava para baixo com $-2\sqrt{2} < x < 0$ e $x > 2\sqrt{2}$ e côncava para cima com $x < -2\sqrt{2}$ e $0 < x < 2\sqrt{2}$; f tem uma assíntota horizontal em $y = 1$ e uma vertical em $x = 0$.

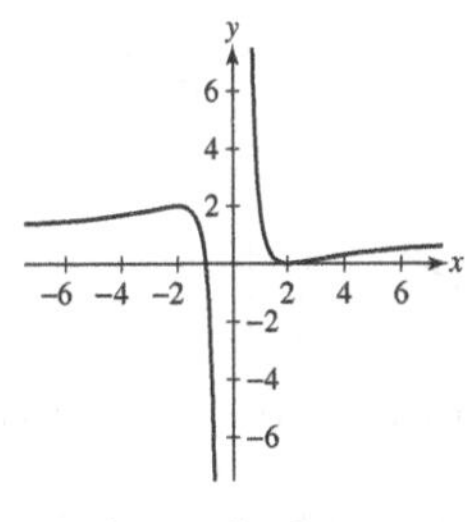

67. f é crescente com $x < 0$ e $x > 2$ e decrescente com $0 < x < 2$; f é côncava para cima com $x < 0$ e $0 < x < 1$, côncava para baixo com $1 < x < 2$ e $x > 2$ e tem um ponto de inflexão em $x = 1$; f tem uma assíntota horizontal em $y = 0$ e verticais em $x = 0$ e $x = 2$.

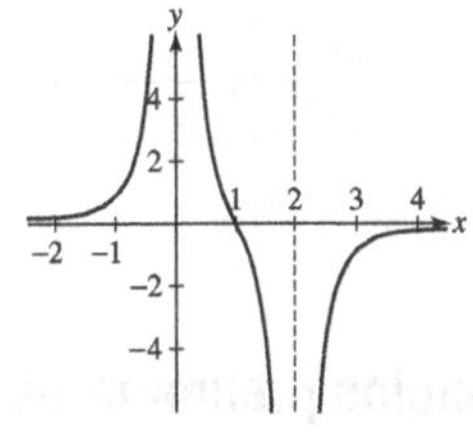

69. f é crescente com $x < 0$, decrescente com $x > 0$ e tem um máximo local em $x = 0$; f é côncava para cima com $|x| > 1/\sqrt{5}$, côncava para baixo com $|x| < 1/\sqrt{5}$ e tem pontos de inflexão em $x = \pm 1/\sqrt{5}$; f tem uma assíntota horizontal em $y = 0$ e nenhuma vertical.

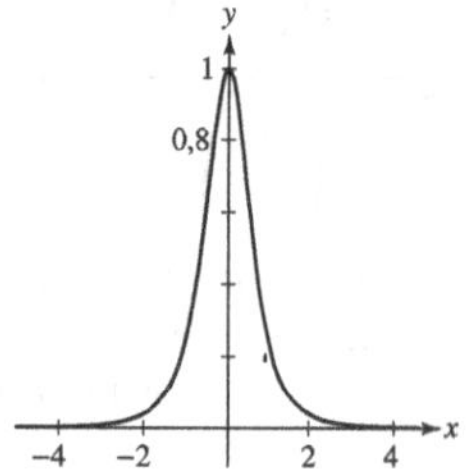

71. f é crescente com $x < 0$ e decrescente com $x > 0$; f é côncava para baixo com $|x| < \frac{\sqrt{2}}{2}$ e côncava para cima com $|x| > \frac{\sqrt{2}}{2}$; f tem uma assíntota horizontal em $y = 0$ e nenhuma vertical.

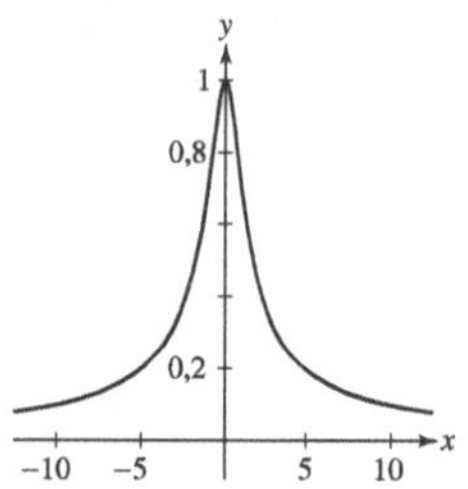

73. f é crescente com $x < -2$ e $x > 0$, decrescente com $-2 < x < -1$ e $-1 < x < 0$, tem um mínimo local em $x = 0$ e um máximo local em $x = -2$; f é côncava para baixo em $(-\infty, -1)$, côncava para cima em $(-1, \infty)$ e tem uma assíntota vertical em $x = -1$; divisão polinomial dá $f(x) = x - 1 + \frac{1}{x+1}$ e

$$\lim_{x\to\pm\infty}\left(x - 1 + \frac{1}{x+1} - (x-1)\right) = 0$$

implicando que a assíntota inclinada é $y = x - 1$.

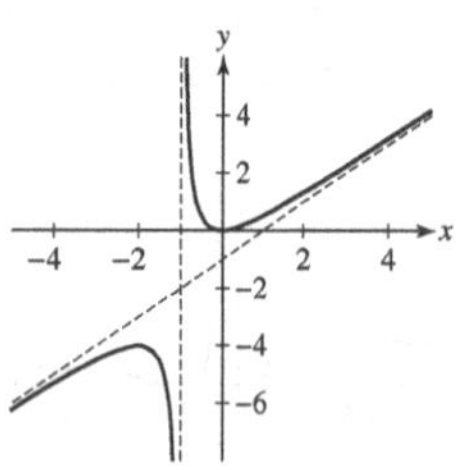

77. $y = x + 2$ é a assíntota inclinada de f; mínimo local em $x = 2 + \sqrt{3}$, máximo local em $x = 2 - \sqrt{3}$; f é côncava para baixo em $(-\infty, 2)$ e côncava para cima em $(2, \infty)$; assíntota vertical em $x = 2$.

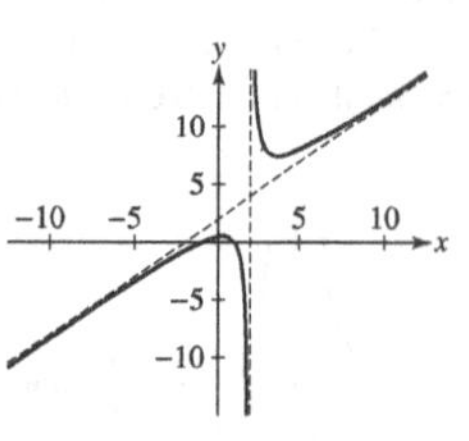

Seção 4.7 Exercícios preliminares

1. $b + h + \sqrt{b^2 + h^2} = 10$

2. Se a função tende ao infinito nas extremidades do intervalo, então a função deve alcançar um valor mínimo num ponto crítico.

3. Não

Seção 4.7 Exercícios

1. **(a)** $y = \frac{3}{2} - x$ **(b)** $A = x(\frac{3}{2} - x) = \frac{3}{2}x - x^2$
(c) Intervalo fechado $[0, \frac{3}{2}]$
(d) A área máxima de 0,5625 m^2 é obtida com $x = y = \frac{3}{4}$ m.

3. Um lado de comprimento 6 e dois de comprimento 3.

5. 4 e 32

7. Destine aproximadamente 5,28 m do arame para o círculo.

9. 20 e 20

11. Não é possível. y pode ser arbitrariamente grande; então x é positivo, mas perto de zero, e $x + 2y \approx 2y$ será arbitrariamente grande.

13. **(a)** A caixa deveria ser um cubo com aresta de comprimento $12^{1/3}$.
(b) A caixa deveria ser um cubo com aresta de comprimento $\frac{\sqrt{30}}{3}$.

15. O curral de área máxima tem dimensões

$$x = \frac{300}{1 + \pi/4}\ \text{m} \quad \text{e} \quad y = \frac{150}{1 + \pi/4}\ \text{m}$$

em que x é a largura do curral e, portanto, o diâmetro do semicírculo, e y é a altura da seção retangular.

17. Quadrado de lado de comprimento $4\sqrt{2}$

19. Cerca de 1,43 m

21. $\left(\frac{1}{2}, \frac{1}{2}\right)$

23. (0,632784; −1,090410)

25. $\theta = \frac{\pi}{2}$

27. $\frac{3\sqrt{3}}{4}r^2$

29. 60 cm de largura por 100 cm de altura para o pôster todo, sendo 48 cm por 80 cm para a área impressa.

31. Raio: $\sqrt{\frac{2}{3}}R$; meia altura: $\frac{R}{\sqrt{3}}$

33. $x = 10\sqrt{5} \approx 22{,}36$ m e $y = 20\sqrt{5} \approx 44{,}72$ m, em que x é o comprimento do muro de tijolos e y é o comprimento do lado adjacente.

35. 1,0718

37. $LH + \frac{1}{2}(L^2 + H^2)$

39. $y = -3x + 24$

43. $s = 3\sqrt[3]{4}$ e $h = 2\sqrt[3]{4}$, em que s é o comprimento do lado da base quadrada da caixa e h é a altura da caixa.

45. **(a)** Cada compartimento tem um comprimento de 600 m e largura de 400 m.
(b) 240.000 m^2.

47. $N \approx 58{,}14$ lb e $P \approx 77{,}33$ lb

49. $990

51. 1,2 milhão de euros de equipamento e 600.000 euros de trabalho.

53. Jaqueline nada diagonalmente até um ponto 20,2 m rio abaixo e depois corre o resto do caminho.

57. $A = B = 30$ cm

59. $x = \frac{x_1 + x_2 + \cdots + x_n}{n}$

63. **(a)** 900 m^2 se $x = -10$ **(b)** $[0, 20]$; 800 m^2 se $x = 0$.

65. $\operatorname{tg}\theta = \frac{5}{2}$

67. **(b)** $\left(\frac{17}{0{,}003}\right)^{1/4} \approx 8{,}676247$

(d) $v_d \approx 11{,}418583$; $D(v_d) \approx 191{,}741$ km

69. $s = \left(\dfrac{b^{2/3}}{2^{2/3}} + h^{2/3}\right)^{3/2}$

71. $\left(a^{2/3} + b^{2/3}\right)^{3/2}$

73. (a) $\alpha = 0$ corresponde a lançar a bola diretamente para a cesta, ao passo que $\alpha = \pi/2$ corresponde a lançar a bola diretamente para cima. Em nenhum desses casos é possível que a bola entre na cesta. Se o ângulo for muito próximo de 0, a bola é lançada quase que diretamente para a cesta; por outro lado, se o ângulo α for muito próximo de $\pi/2$, a bola é lançada quase verticalmente. Em cada um desses casos, a bola deve voar a uma velocidade enorme.

(b) Claramente, o mínimo ocorre se $\theta = \pi/3$.

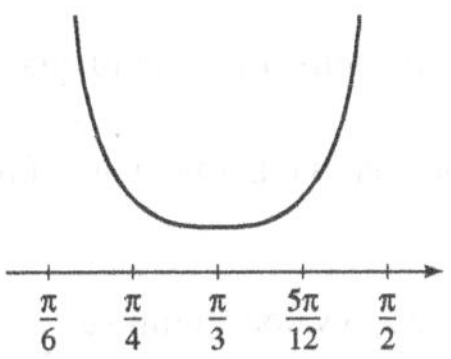

(c) $v^2 = \dfrac{16d}{F(\theta)}$; logo, v^2 é a menor quando $F(\theta)$ for o maior.

(d) Um ponto crítico de F ocorre se $\cos(\alpha - 2\theta) = 0$, de modo que $\alpha - 2\theta = -\frac{\pi}{2}$ (negativo, porque $2\theta > \theta > \alpha$), e isso nos dá $\theta = \alpha/2 + \pi/4$. O valor mínimo $F(\theta_0)$ ocorre se $\theta_0 = \alpha/2 + \pi/4$.

(e) Substitua $\theta_0 = \alpha/2 + \pi/4$. Pela Figura 34, vemos que

$$\cos\alpha = \frac{d}{\sqrt{d^2+h^2}} \text{ e } \operatorname{sen}\alpha = \frac{h}{\sqrt{d^2+h^2}}$$

(f) Isso mostra que a velocidade mínima exigida para lançar a bola ao cesto cai se a altura do lançador aumenta. Isso mostra uma das maneiras pelas quais a altura é uma vantagem nos lances livres; um lançador mais alto não precisa lançar a bola com tanta força para converter a cesta.

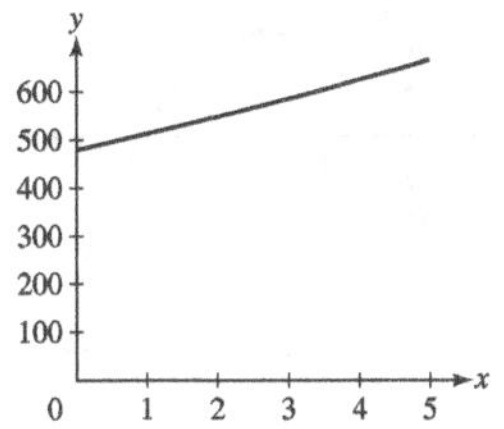

75. (a) A partir da figura, vemos que

$$\theta(x) = \text{arc tg}\,\frac{c - f(x)}{x} - \text{arc tg}\,\frac{b - f(x)}{x}$$

Então

$$\begin{aligned}
\theta'(x) &= \frac{b - (f(x) - xf'(x))}{x^2 + (b - f(x))^2} - \frac{c - (f(x) - xf'(x))}{x^2 + (c - f(x))^2} \\
&= (b - c)\frac{x^2 - bc + (b + c)(f(x) - xf'(x)) - (f(x))^2 + 2xf(x)f'(x)}{(x^2 + (b - f(x))^2)(x^2 + (c - f(x))^2)} \\
&= (b - c)\frac{(x^2 + (xf'(x))^2 - (bc - (b + c)(f(x) - xf'(x)) + (f(x) - xf'(x))^2)}{(x^2 + (b - f(x))^2)(x^2 + (c - f(x))^2)} \\
&= (b - c)\frac{(x^2 + (xf'(x))^2 - (b - (f(x) - xf'(x)))(c - (f(x) - xf'(x)))}{(x^2 + (b - f(x))^2)(x^2 + (c - f(x))^2)}
\end{aligned}$$

(b) O ponto Q é corte com o eixo y da reta tangente ao gráfico de f no ponto P. A equação dessa reta tangente é

$$Y - f(x) = f'(x)(X - x)$$

Então a coordenada y de Q é $f(x) - xf'(x)$.

(c) A partir da figura, vemos que

$$BQ = b - (f(x) - xf'(x)),$$
$$CQ = c - (f(x) - xf'(x))$$

e

$$PQ = \sqrt{x^2 + (f(x) - (f(x) - xf'(x)))^2} = \sqrt{x^2 + (xf'(x))^2}$$

Comparando essas expressões com o numerador de $d\theta/dx$, segue que $\dfrac{d\theta}{dx} = 0$ é equivalente a

$$PQ^2 = BQ \cdot CQ$$

(d) A equação $PQ^2 = BQ \cdot CQ$ é equivalente a

$$\frac{PQ}{BQ} = \frac{CQ}{PQ}$$

Em outras palavras, os comprimentos dos lados CQ e PQ do triângulo ΔQCP são proporcionais aos comprimentos dos lados PQ e BQ do triângulo ΔQPB. Como $\angle PQB = \angle CQP$, segue que os triângulos ΔQCP e ΔQPB são semelhantes.

Seção 4.8 Exercícios preliminares

1. Uma

2. Cada termo da sequência do método de Newton é x_0.

3. O método de Newton falha.

4. Sim, é uma descrição razoável. A fórmula da iteração do método de Newton foi deduzida resolvendo a equação da reta tangente a $y = f(x)$ em x_0 para o ponto de corte com o eixo x.

Seção 4.8 Exercícios

1.

n	1	2	3
x_n	2,5	2,45	2,44948980

3.

n	1	2	3
x_n	2,16666667	2,15450362	2,15443469

5.

n	1	2	3
x_n	0,28540361	0,24288009	0,24267469

7. Tomamos $x_0 = -1{,}4$, usando a figura, e então calculamos

n	1	2	3
x_n	$-1{,}330964467$	$-1{,}328272820$	$-1{,}328268856$

9. $r_1 \approx 0{,}25917$ e $r_2 \approx 2{,}54264$

11. $\sqrt{11} \approx 3{,}317$; uma calculadora dá 3,31662479.

13. $2^{7/3} \approx 5{,}040$; uma calculadora dá 5,0396842.

15. 2,093064358

17. $-2{,}225$

19. 1,749

21. $x = 4{,}49341$, que é $1{,}4303\pi$, aproximadamente.

23. (2,7984, −0,941684)

25. (a) $P \approx \$156{,}69$;

(b) $b \approx 1{,}02121$; a taxa de juros está próxima de 25,45%.

27. **(a)** O setor SAB é a fatia OAB com o triângulo OBS removido. OAB é um setor central de arco θ e raio $\overline{OA} = a$ e, portanto, sua área é $\frac{a^2\theta}{2}$. OBS é um triângulo de altura a sen θ e comprimento da base $\overline{OS} = ea$. Assim, a área do setor é

$$\frac{a^2}{2}\theta - \frac{1}{2}ea^2 \operatorname{sen}\theta = \frac{a^2}{2}(\theta - e\operatorname{sen}\theta)$$

(b) Como a segunda lei de Kepler indica que a área do setor é proporcional ao tempo t decorrido desde o planeta passar por A, obtemos

$$\pi a^2 (t/T) = a^2/2\,(\theta - e\operatorname{sen}\theta)$$

$$2\pi\frac{t}{T} = \theta - e\operatorname{sen}\theta$$

(c) Do ponto de vista do Sol, Mercúrio percorreu um ângulo de aproximadamente 1,76696 radianos = 101,24°. Portanto, durante esse tempo, Mercúrio percorreu mais de uma quarta parte da volta (do ponto de vista do ângulo central).

29. A sequência de iteradas diverge espetacularmente, pois $x_n = (-2)^n x_0$.

31. **(a)** Seja $f(x) = \frac{1}{x} - c$. Então

$$x - \frac{f(x)}{f'(x)} = x - \frac{\frac{1}{x} - c}{-x^{-2}} = 2x - cx^2$$

(b) Com $c = 10{,}3$, temos $f(x) = \frac{1}{x} - 10{,}3$ e, portanto, $x_{n+1} = 2x_n - 10{,}3x_n^2$

- Tomando $x_0 = 0{,}1$.

n	1	2	3
x_n	0,097	0,0970873	0,09708738

- Tomando $x_0 = 0{,}5$.

n	1	2	3
x_n	−1,575	−28,7004375	−8541,66654

(c) O gráfico é desconexo. Se $x_0 = 0{,}5$, então $(x_1, f(x_1))$ estará na outra porção do gráfico e nunca convergirá a ponto algum pelo método de Newton.

33. $\theta \approx 1{,}2757$; logo, $h = L\dfrac{1 - \cos\theta}{2\operatorname{sen}\theta} \approx 1{,}11181$

35. **(a)** $a = 46{,}95$ **(b)** $s = 29{,}24$

37. **(a)** $a \approx 28{,}46$

(b) $\Delta L = 1$ pé fornece $\Delta s \approx 0{,}61$; $\Delta L = 5$ fornece $\Delta s \approx 3{,}05$.

(c) $s(161) - s(160) = 0{,}62$, muito próximo da aproximação obtida pela aproximação linear; $s(165) - s(160) = 3{,}02$, novamente muito próximo da aproximação obtida pela aproximação linear.

Revisão do Capítulo 4

1. $8{,}1^{1/3} - 2 \approx 0{,}00833333$; o erro é $3{,}445 \times 10^{-5}$.

3. $625^{1/4} - 624^{1/4} \approx 0{,}002$; o erro é $1{,}201 \times 10^{-6}$.

5. $\frac{1}{1{,}02} \approx 0{,}98$; o erro é $3{,}922 \times 10^{-4}$.

7. $L(x) = 5 + \dfrac{1}{10}(x - 25)$

9. $L(r) = 36\pi(r - 2)$

11. $L(x) = \dfrac{1}{\sqrt{e}}(2 - x)$

13. $\Delta s \approx 0{,}632$

15. **(a)** Um aumento de 1.500 dólares na renda.

(b) Um pequeno aumento no preço resultaria numa diminuição da renda.

17. 9%

21. $c = \dfrac{3}{\ln 4} \approx 2{,}164 \in (1, 4)$

23. Seja $x > 0$. Como f é contínua em $[0, x]$ e derivável em $(0, x)$, o teorema do valor médio garante a existência de $c \in (0, x)$ tal que

$$f'(c) = \frac{f(x) - f(0)}{x - 0} \text{ ou } f(x) = f(0) + xf'(c)$$

Agora, é dado que $f(0) = 4$ e $f'(x) \leq 2$ com $x > 0$. Então, com qualquer $x \geq 0$,

$$f(x) \leq 4 + x(2) = 2x + 4$$

25. $x = \frac{2}{3}$ e $x = 2$ são pontos críticos; $f\left(\frac{2}{3}\right)$ é um máximo local e $f(2)$ é um mínimo local.

27. $x = 0$, $x = -2$ e $x = -\frac{4}{5}$ são ponto críticos; $f(-2)$ não é nem máximo nem mínimo local, $f\left(-\frac{4}{5}\right)$ é um máximo local e $f(0)$ é um mínimo local.

29. $\theta = \dfrac{3\pi}{4} + n\pi$ é um ponto crítico, com qualquer inteiro n; $g\left(\dfrac{3\pi}{4} + n\pi\right)$ não é nem máximo nem mínimo local, qualquer que seja n inteiro.

31. O valor máximo é 21; o valor mínimo é −11.

33. O valor mínimo é −1; o valor máximo é $\dfrac{5}{4}$.

35. O valor mínimo é −1; o valor máximo é 3.

37. O valor mínimo é $12 - 12\ln 12 \approx -17{,}818880$; o valor máximo é $40 - 12\ln 40 \approx -4{,}266553$.

39. Os pontos críticos são $x = 1$ e $x = 3$. O valor mínimo é 2, que ocorre em $x = 3$, e o valor máximo é 17, que ocorre na extremidade esquerda $x = 8$.

41. $x = \dfrac{4}{3}$

43. $x = \pm\dfrac{2}{\sqrt{3}}$

45. $x = 1$ e $x = 4$

47. Não há assíntotas horizontais nem verticais.

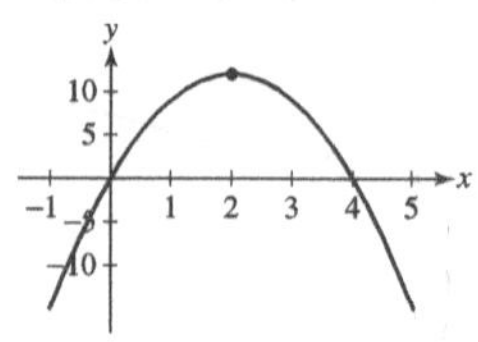

49. Não há assíntotas horizontais nem verticais.

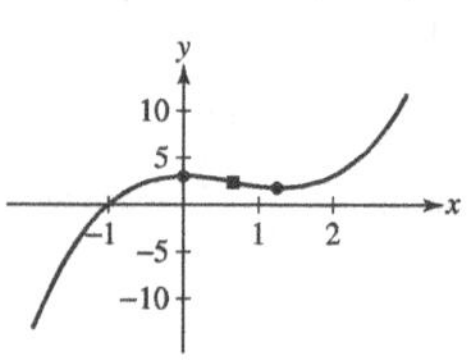

51. $y = 0$ é uma assíntota horizontal; $x = -1$ é uma assíntota vertical.

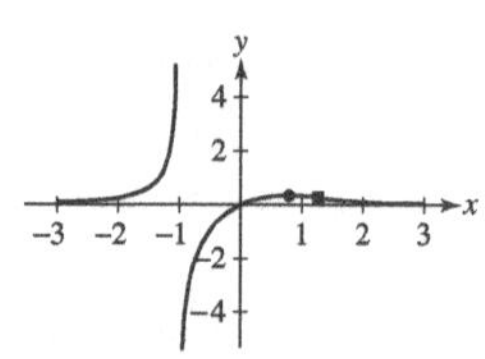

53. Uma assíntota horizontal é $y = 0$; não há assíntotas verticais.

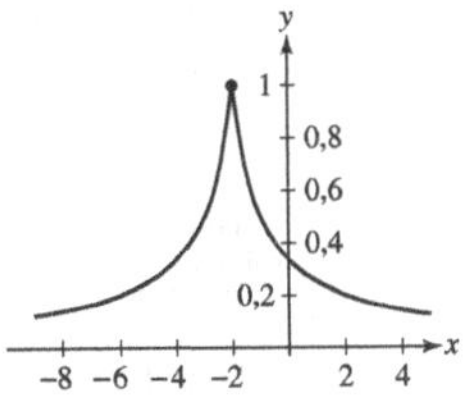

55.

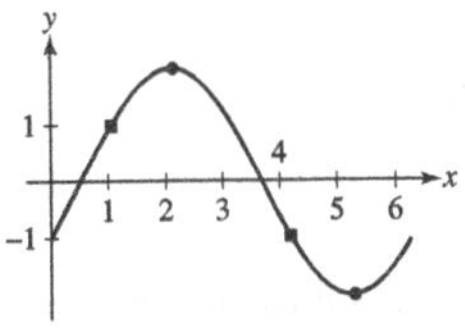

57.

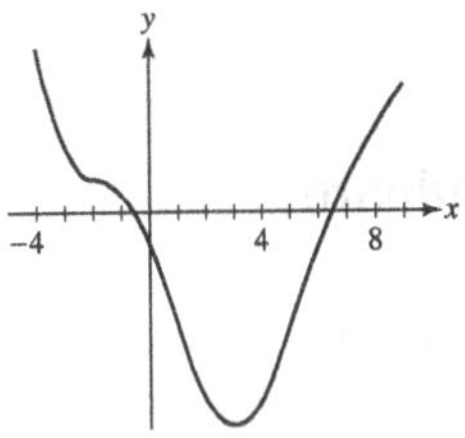

59. $b = \sqrt[3]{12}$ m e $h = \frac{1}{3}\sqrt[3]{12}$ m

63. $\frac{16}{9}\pi$

69. $\sqrt[3]{25} = 2{,}9240$

71. $(0, \frac{2}{e})$ é um mínimo local

73. Mínimo local em $x = e^{-1}$; não há pontos de inflexão; $\lim_{x\to 0+} x \ln x = 0$; $\lim_{x\to\infty} x \ln x = \infty$

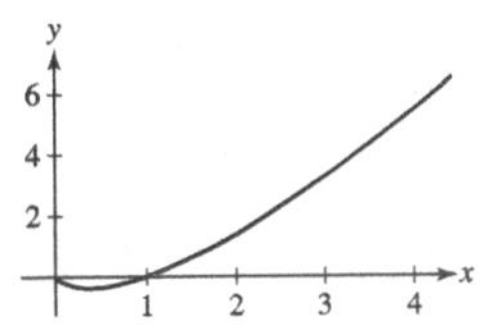

75. Máximo local em $x = e^{-2}$ e um mínimo local em $x = 1$; ponto de inflexão em $x = e^{-1}$; $\lim_{x\to 0+} x(\ln x)^2 = 0$; $\lim_{x\to\infty} x(\ln x)^2 = \infty$.

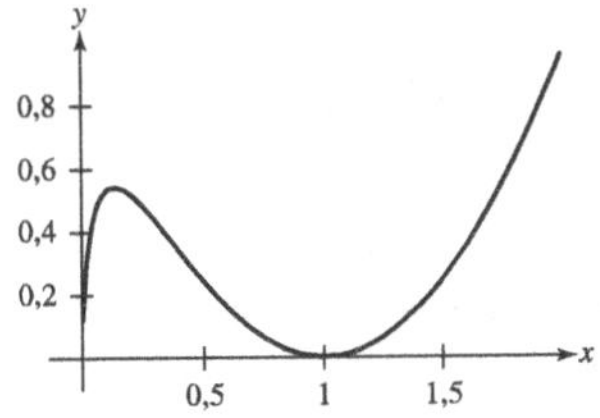

77. Se $x \to \infty$, $2x - \operatorname{sen} x$ e $3x + \cos 2x$ tendem ao infinito, portanto a regra de L'Hôpital é aplicável a $\lim\limits_{x\to\infty} \frac{2x - \operatorname{sen} x}{3x + \cos 2x}$; no entanto, o limite $\lim\limits_{x\to\infty} \frac{2 - \cos x}{3 - 2\operatorname{sen} 2x}$ resultante não existe, devido às oscilações de sen x e cos x. Para calcular o limite original, observe que

$$\lim_{x\to\infty} \frac{2x - \operatorname{sen} x}{3x + \cos 2x} = \lim_{x\to\infty} \frac{2 - \frac{\operatorname{sen} x}{x}}{3 + \frac{\cos 2x}{x}} = \frac{2}{3}$$

79. 4 **81.** 0 **83.** 3 **85.** ln 2 **87.** $\frac{1}{6}$ **89.** 2

Capítulo 5

Seção 5.1 Exercícios preliminares

1. As extremidades direitas dos subintervalos são, portanto, $\frac{5}{2}, 3, \frac{7}{2}, 4, \frac{9}{2}, 5$, ao passo que as extremidades esquerdas são $2, \frac{5}{2}, 3, \frac{7}{2}, 4, \frac{9}{2}$.

2. **(a)** $\frac{9}{2}$ **(b)** $\frac{3}{2}$ e 2

3. **(a)** São iguais **(b)** Não são
(c) São iguais **(d)** São iguais

4. O primeiro termo da soma $\sum_{j=0}^{100} j$ é igual a zero, de modo que pode ser ignorado; por outro lado, o primeiro termo da soma $\sum_{j=0}^{100} 1$ não é zero.

5. Em [3, 7], a função $f(x) = x^{-2}$ é decrescente.

Seção 5.1 Exercícios

1. No intervalo [0, 3]: 0,96 km; no intervalo [1; 2,5]: 0,5 km

3. 28,5 cm. A figura a seguir é um gráfico da precipitação como função do tempo; a área da região sombreada representa o total de chuva.

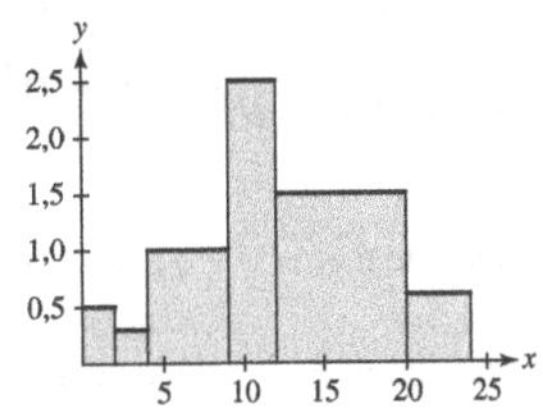

5. $L_5 = 46$; $R_5 = 44$

7. **(a)** $L_6 = 16{,}5$; $R_6 = 19{,}5$
(b) Usando Geometria (ver figura a seguir) a área exata é $A = 18$. Assim, L_6 subestima a área real ($L_6 - A = -1{,}5$) ao passo que R_6 sobrestima a área real ($R_6 - A = +1{,}5$).

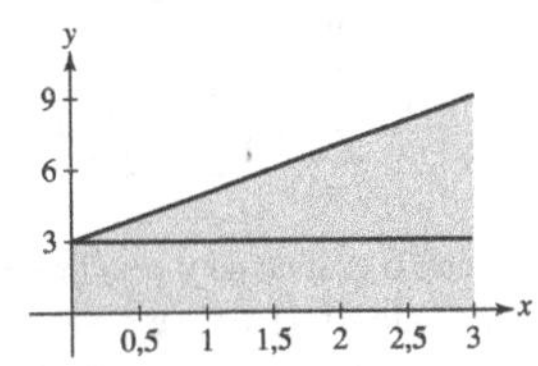

9. $R_3 = 32$; $L_3 = 20$; a área abaixo do gráfico é maior do que L_3, mas menor do que R_3.

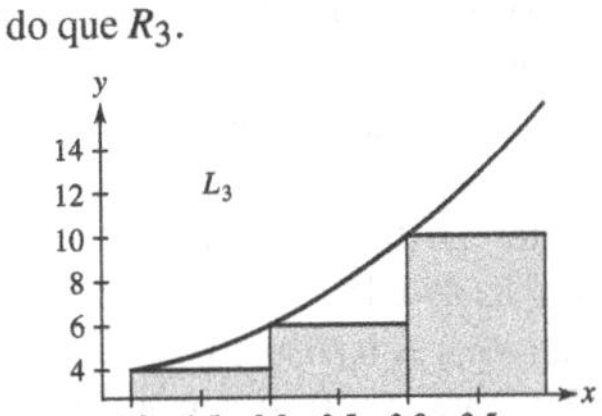

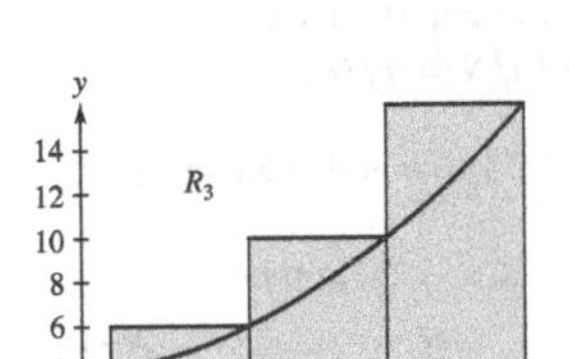

11. $R_3 = 2{,}5$; $M_3 = 2{,}875$; $L_6 = 3{,}4375$

13. **(a)** $L_4 = 1{,}75$ **(b)** $R_4 = 3{,}75$ **(c)** A área real A abaixo da curva $f(x) = x^2$ acima do intervalo [0, 2] satisfaz $L_4 < A < R_4$.

15. $R_3 = \frac{16}{3}$ **17.** $M_6 = 87$ **19.** $M_5 \approx 1{,}30$

21. $L_4 \approx 0{,}410236$ **23.** $\sum_{k=4}^{8} k^7$ **25.** $\sum_{k=2}^{5}(2^k + 2)$

27. $\sum_{i=1}^{n} \frac{i}{(i+1)(i+2)}$

29. **(a)** 45 **(b)** 24 **(c)** 99

31. **(a)** −1 **(b)** 13 **(c)** 12

33. 15.050 **35.** 352.800 **37.** 1.093.350 **39.** 41.650

41. −123.165 **43.** $\frac{1}{2}$ **45.** $\frac{1}{3}$

47. 18; a região abaixo do gráfico é um triângulo de base 2 e altura 18.

49. 12; a região abaixo do gráfico é um trapézio de base 4 e alturas 2 e 4.

51. 2; a região abaixo da curva e acima de [0, 2] é um triângulo de base e altura 2.

53. $\lim_{N\to\infty} R_N = 16$ **55.** $R_N = \frac{1}{3} + \frac{1}{2N} + \frac{1}{6N^2}$; $\frac{1}{3}$

57. $R_N = 222 + \frac{189}{N} + \frac{27}{N^2}$; 222 **59.** $R_N = 2 + \frac{6}{N} + \frac{8}{N^2}$; 2

61. $R_N = (b-a)(2a+1) + (b-a)^2 + \frac{(b-a)^2}{N}$; $(b^2 + b) - (a^2 + a)$

63. A área entre o gráfico de $f(x) = x^4$ e o eixo x, acima do intervalo [0, 1].

65. A área entre o gráfico de $y = e^x$ e o eixo x, acima do intervalo [−2, 3].

67. $\lim_{N\to\infty} R_N = \lim_{N\to\infty} \frac{\pi}{N} \sum_{k=1}^{N} \operatorname{sen}\left(\frac{k\pi}{N}\right)$

69. $\lim_{N\to\infty} L_N = \lim_{N\to\infty} \frac{4}{N} \sum_{j=0}^{N-1} \sqrt{15 + \frac{8j}{N}}$

71. $\lim_{N\to\infty} M_N = \lim_{N\to\infty} \frac{1}{2N} \sum_{j=1}^{N} \operatorname{tg}\left(\frac{1}{2} + \frac{1}{2N}\left(j - \frac{1}{2}\right)\right)$

73. Representa a área entre o gráfico de $y = f(x) = \sqrt{1 - x^2}$ e o eixo x, acima do intervalo [0, 1]. Essa é a parte do disco circular $x^2 + y^2 \le 1$ que fica no primeiro quadrante. Por isso, sua área é $\frac{\pi}{4}$.

75. Das três aproximações, R_N é a menos precisa, depois L_N e, por fim, M_N é a mais precisa.

77. A área A abaixo da curva é algum número entre $L_4 \approx 0{,}518$ e $R_4 \approx 0{,}768$.

79. f é crescente no intervalo $[0, \pi/2]$, portanto $0{,}79 \approx L_4 \le A \le R_4 \approx 1{,}18$.

81. $L_{100} = 0{,}793988$; $R_{100} = 0{,}80399$; $L_{200} = 0{,}797074$; $R_{200} = 0{,}802075$; assim, $A = 0{,}80$ com duas casas decimais.

83. **(a)** Seja $f(x) = e^x$ em [0, 1]. Com $n = N$, $\Delta x = (1-0)/N = 1/N$ e

$$x_j = a + j\Delta x = \frac{j}{N}$$

com $j = 0, 1, 2, \ldots, N$. Portanto,

$$L_N = \Delta x \sum_{j=0}^{N-1} f(x_j) = \frac{1}{N} \sum_{j=0}^{N-1} e^{j/N}$$

(b) Aplicando a Equação (8) com $r = e^{1/N}$, temos

$$L_N = \frac{1}{N} \frac{(e^{1/N})^N - 1}{e^{1/N} - 1} = \frac{e - 1}{N(e^{1/N} - 1)}$$

(c) $A = e - 1$

85.

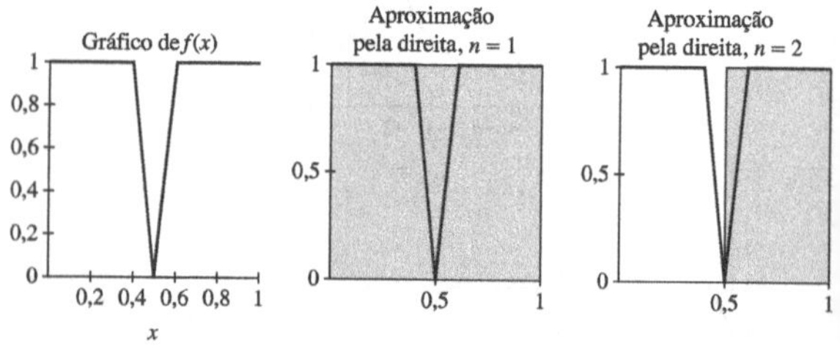

87. Quando f' é grande, o gráfico de f é mais íngreme e, portanto, existe uma vão maior entre f e L_N ou R_N.

91. $N > 30.000$

Seção 5.2 Exercícios preliminares

1. 2

2. **(a)** Falsa. $\int_a^b f(x)$ é a área *com sinal* entre o gráfico e o eixo x.
(b) Verdadeira **(c)** Verdadeira

3. Como $\cos(\pi - x) = -\cos x$, a área "negativa" entre o gráfico de $y = \cos x$ e o eixo x, acima de $[\frac{\pi}{2}, \pi]$, cancela exatamente a área "positiva" entre o gráfico e o eixo x, acima de $[0, \frac{\pi}{2}]$.

4. $\int_{-1}^{-5} 8\,dx$

Seção 5.2 Exercícios

1. A região delimitada pelo gráfico de $y = 2x$ e o eixo x acima do intervalo [−3, 3] consiste em dois triângulos retângulos. Um deles tem área $\frac{1}{2}(3)(6) = 9$ abaixo do eixo e o outro tem área $\frac{1}{2}(3)(6) = 9$ acima do eixo. Assim,

$$\int_{-3}^{3} 2x\,dx = 9 - 9 = 0$$

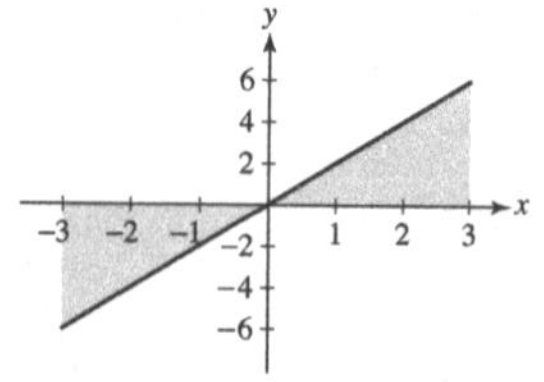

3. A região delimitada pelo gráfico de $y = 3x + 4$ e o eixo x acima do intervalo [−2, 1] consiste em dois triângulos retângulos. Um deles tem área $\frac{1}{2}(\frac{2}{3})(2) = \frac{2}{3}$ abaixo do eixo e o outro tem área $\frac{1}{2}(\frac{7}{3})(7) = \frac{49}{6}$ acima do eixo. Assim,

$$\int_{-2}^{1} (3x + 4)\,dx = \frac{49}{6} - \frac{2}{3} = \frac{15}{2}$$

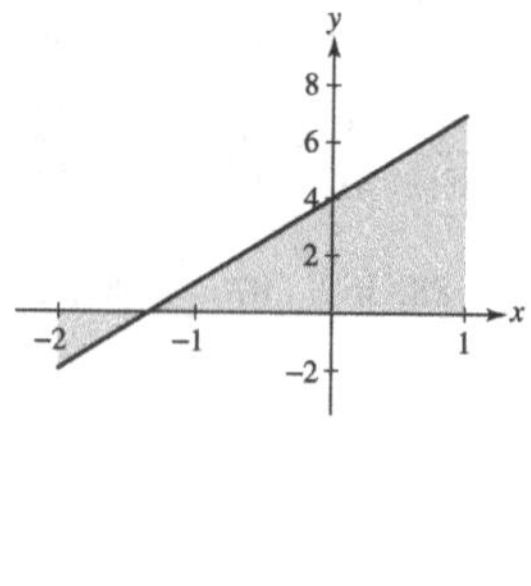

5. A região delimitada pelo gráfico de $y = 7 - x$ e o eixo x acima do intervalo $[6, 8]$ consiste em dois triângulos retângulos. Um deles tem área $\frac{1}{2}(1)(1) = \frac{1}{2}$ acima do eixo e o outro tem área $\frac{1}{2}(1)(1) = \frac{1}{2}$ abaixo do eixo. Assim,

$$\int_6^8 (7 - x)\, dx = \frac{1}{2} - \frac{1}{2} = 0$$

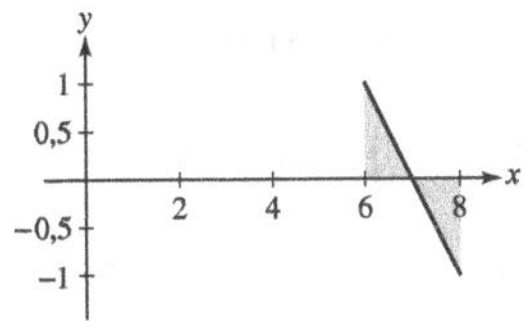

7. A região delimitada pelo gráfico de $y = \sqrt{25 - x^2}$ e o eixo x acima do intervalo $[0, 5]$ é uma quarta parte de um círculo de raio 5. Assim,

$$\int_0^5 \sqrt{25 - x^2}\, dx = \frac{1}{4}\pi(5)^2 = \frac{25\pi}{4}$$

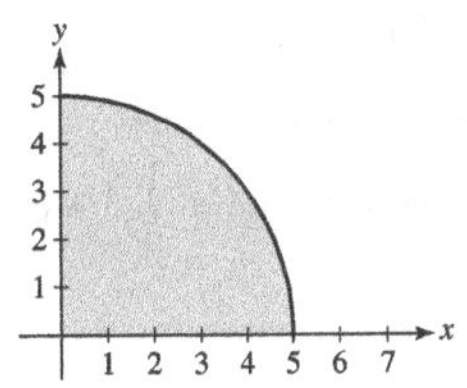

9. A região delimitada pelo gráfico de $y = 2 - |x|$ e o eixo x acima do intervalo $[-2, 2]$ é um triângulo acima do eixo, com base 4 e altura 2. Consequentemente,

$$\int_{-2}^{2} (2 - |x|)\, dx = \frac{1}{2}(2)(4) = 4$$

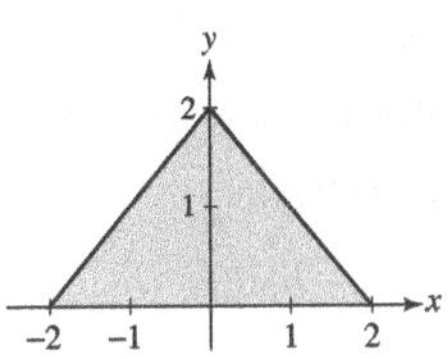

11. **(a)** $\lim_{N\to\infty} R_N = \lim_{N\to\infty} \left(30 - \frac{50}{N}\right) = 30$

(b) A região delimitada pelo gráfico de $y = 8 - x$ e o eixo x, acima do intervalo $[0, 10]$ consiste em dois triângulos retângulos. Um deles tem área $\frac{1}{2}(8)(8) = 32$ acima do eixo e o outro tem área $\frac{1}{2}(2)(2) = 2$ abaixo do eixo. Portanto,

$$\int_0^{10} (8 - x)\, dx = 32 - 2 = 30$$

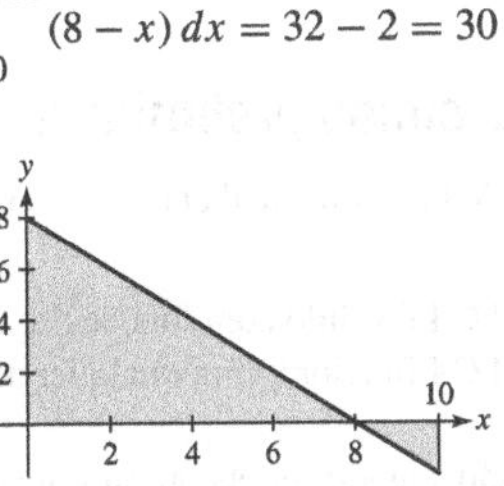

13. **(a)** $-\frac{\pi}{2}$ **(b)** $\frac{3\pi}{2}$

15. $\int_0^3 g(t)\, dt = \frac{3}{2}$; $\int_3^5 g(t)\, dt = 0$

17. A partição P é definida por

$$x_0 = 0 < x_1 = 1 < x_2 = 2{,}5 < x_3 = 3{,}2 < x_4 = 5$$

O conjunto de pontos de amostragem é dado por $C = \{c_1 = 0{,}5, c_2 = 2, c_3 = 3, c_4 = 4{,}5\}$. Finalmente, o valor da soma de Riemann é

$$34{,}25(1 - 0) + 20(2{,}5 - 1) + 8(3{,}2 - 2{,}5) + 15(5 - 3{,}2) = 96{,}85$$

19. $R(f, P, C) = 1{,}59$; aqui temos um esboço do gráfico de f e dos retângulos.

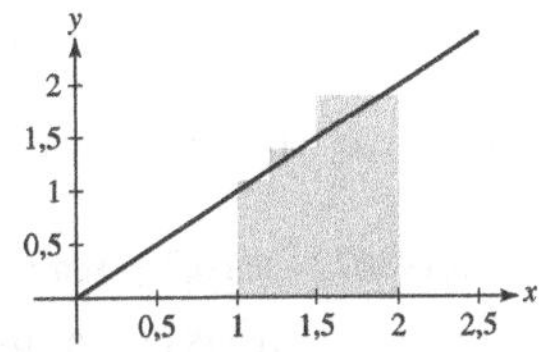

21. $R(f, P, C) = 44{,}625$; aqui temos um esboço do gráfico de f e dos retângulos.

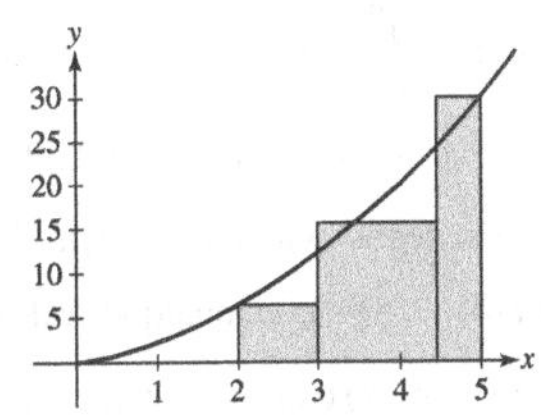

23.

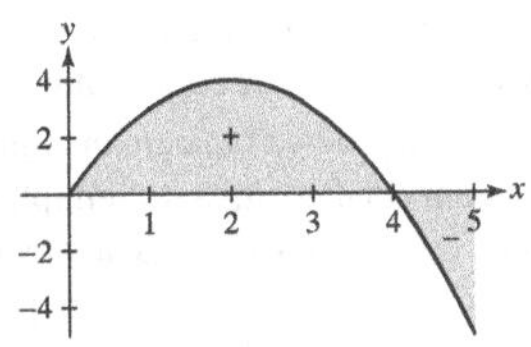

25.

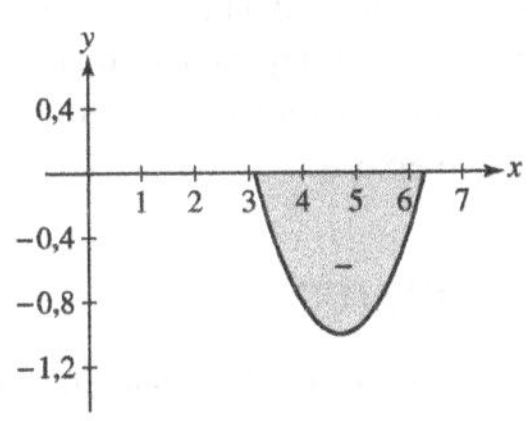

27.

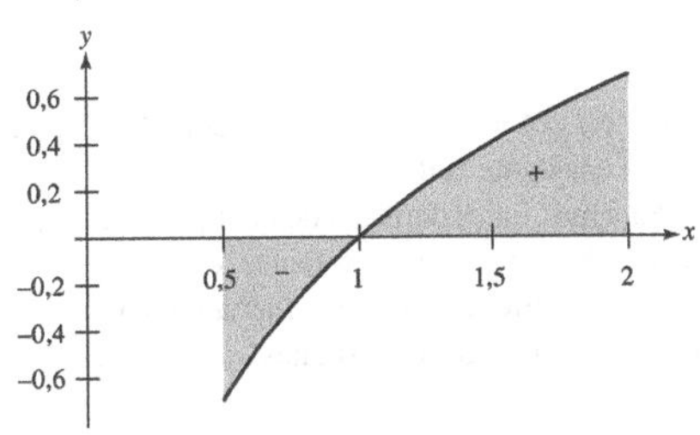

29. O integrando é sempre positivo. Portanto, a integral deve ser positiva, pois a área com sinal só tem uma parte positiva.

31. Como $y = x$ é uma função crescente em $[0, 2\pi]$ e sen $x \geq 0$ em $[0, \pi]$, mas sen $x \leq 0$ em $[\pi, 2\pi]$, segue que a área abaixo do eixo x é delimitada por $y = x$ sen x no intervalo $[0, \pi]$. Logo, a área total em $[0, 2\pi]$ será negativa, de modo que a integral também será negativa.

33. 36 **35.** 243 **37.** $-\frac{2}{3}$ **39.** $\frac{196}{3}$ **41.** $\frac{1}{3}a^3 - \frac{1}{2}a^2 + \frac{5}{6}$

43. 17 **45.** -12 **47.** Não. **49.** $\frac{81}{4}$ **51.** $-\frac{63}{4}$ **53.** 7 **55.** 8

57. -7 **59.** $\int_0^7 f(x)\, dx$ **61.** $\int_5^9 f(x)\, dx$ **63.** $\frac{4}{5}$ **65.** $-\frac{35}{2}$

67. Se $f(x)$ toma valores positivos e negativos em $[a, b]$, então $\int_a^b f(x)\,dx$ representa a área com sinal entre f e o eixo x, ao passo que $\int_a^b |f(x)|\,dx$ representa a área total (sem sinal) entre f e o eixo x. Quaisquer áreas com sinal negativas que façam parte de $\int_a^b f(x)\,dx$ são consideradas áreas positivas em $\int_a^b |f(x)|\,dx$.

69. $[-1, \sqrt{2}]$ ou $[-\sqrt{2}, 1]$

71. 9

73. $\frac{1}{2}$

75. No intervalo $[0, 1]$, temos $x^5 \le x^4$; por outro lado, $x^4 \le x^5$ se $x \in [1, 2]$.

77. $y = \operatorname{sen} x$ é crescente em $[0{,}2; 0{,}3]$. Segue que, com $0{,}2 \le x \le 0{,}3$, temos

$$m = 0{,}198 \le 0{,}19867 \approx \operatorname{sen} 0{,}2 \le \operatorname{sen} x \le \operatorname{sen} 0{,}3$$
$$\approx 0{,}29552 \le 0{,}296 = M$$

Portanto, pelo teorema da comparação, temos

$$0{,}0198 = m(0{,}3 - 0{,}2) = \int_{0,2}^{0,3} m\,dx \le \int_{0,2}^{0,3} \operatorname{sen} x\,dx \le \int_{0,2}^{0,3} M\,dx$$
$$= M(0{,}3 - 0{,}2) = 0{,}0296$$

79. f é decrescente e não negativa no intervalo $[\pi/4, \pi/2]$. Portanto, $0 \le f(x) \le f(\pi/4) = \frac{2\sqrt{2}}{\pi}$ com qualquer x de $[\pi/4, \pi/2]$.

81. A afirmação $f'(x) \le g'(x)$ é falsa. Considere $a = 0$, $b = 1$, $f(x) = x$ e $g(x) = 2$. Então $f(x) \le g(x)$ com qualquer x do intervalo $[0, 1]$, mas $f'(x) = 1$, ao passo que $g'(x) = 0$ com qualquer x.

83. Se f for uma função ímpar, então $f(-x) = -f(x)$ com qualquer x. Em vista disso, para cada área com sinal positiva do semiplano da direita em que f esteja acima do eixo x, existirá uma área com sinal negativa correspondente no semiplano à esquerda, em que f estará abaixo do eixo x. Analogamente, para cada área com sinal negativa do semiplano da direita em que f esteja abaixo do eixo x, existirá uma área com sinal positiva correspondente no semiplano à esquerda, em que f estará acima do eixo x.

Seção 5.3 Exercícios preliminares

1. Qualquer função constante é uma antiderivada da função $f(x) = 0$.
2. Não há diferença.
3. Não.
4. **(a)** Falsa. Mesmo se $f(x) = g(x)$, as antiderivadas F e G podem diferir por uma constante aditiva.
   (b) Verdadeira. Sabemos que a derivada de qualquer constante é 0.
   (c) Falsa. Se as funções f e g forem diferentes, então as antiderivadas F e G diferirão por uma função linear: $F(x) - G(x) = ax + b$, com constantes a e b convenientes.
5. Não

Seção 5.3 Exercícios

1. $6x^3 + C$ **3.** $\frac{2}{5}x^5 - 8x^3 + 12\ln|x| + C$

5. $2\operatorname{sen} x + 9\cos x + C$ **7.** $12e^x + 5x^{-1} + C$

9. (a) (ii) (b) (iii) (c) (i) (d) (iv)

11. $4x - 9x^2 + C$ **13.** $\frac{11}{5}t^{5/11} + C$ **15.** $3t^6 - 2t^5 - 14t^2 + C$

17. $5z^{1/5} - \frac{3}{5}z^{5/3} + \frac{4}{9}z^{9/4} + C$ **19.** $\frac{3}{2}x^{2/3} + C$ **21.** $-\frac{18}{t^2} + C$

23. $\frac{2}{5}t^{5/2} + \frac{1}{2}t^2 + \frac{2}{3}t^{3/2} + t + C$

25. $\frac{1}{2}x^2 + 3\ln|x| + 4x^{-1} + C$ **27.** $12\sec x + C$

29. $-\operatorname{cossec} t + C$ **31.** $\frac{1}{3}\operatorname{tg}(3\theta) + C$ **33.** $\frac{25}{3}\operatorname{tg}(3z) + C$

35. $\frac{1}{3}\operatorname{sen}(3\theta) - 2\operatorname{tg}\left(\frac{\theta}{4}\right) + C$ **37.** $\frac{3}{5}e^{5x} + C$

39. $4x^2 + 2e^{5-2x} + C$

41. O gráfico (B) não tem os mesmos extremos locais indicados por $y = f(x)$ e, portanto, *não é* uma antiderivada de $y = f(x)$.

43. $\frac{d}{dx}\left(\frac{1}{7}(x + 13)^7 + C\right) = (x + 13)^6$

45. $\frac{d}{dx}\left(\frac{1}{12}(4x + 13)^3 + C\right) = \frac{1}{4}(4x + 13)^2(4) = (4x + 13)^2$

47. $y = \frac{1}{4}x^4 + 4$ **49.** $y = t^2 + 3t^3 - 2$ **51.** $y = \frac{2}{3}t^{3/2} + \frac{1}{3}$

53. $y = \frac{1}{12}(3x + 2)^4 - \frac{1}{3}$ **55.** $y = 1 - \cos x$

57. $y = 3 + \frac{1}{5}\operatorname{sen} 5x$ **59.** $y = e^x - e^2$ **61.** $y = -3e^{12-3t} + 10$

63. $f'(x) = 6x^2 + 1$; $f(x) = 2x^3 + x + 2$

65. $f'(x) = \frac{1}{4}x^4 - x^2 + x + 1$; $f(x) = \frac{1}{20}x^5 - \frac{1}{3}x^3 + \frac{1}{2}x^2 + x$

67. $f'(t) = -2t^{-1/2} + 2$; $f(t) = -4t^{1/2} + 2t + 4$

69. $f'(t) = \frac{1}{2}t^2 - \operatorname{sen} t + 2$; $f(t) = \frac{1}{6}t^3 + \cos t + 2t - 3$

71. A equação diferencial satisfeita por $s(t)$ é

$$\frac{ds}{dt} = v(t) = 6t^2 - t$$

e a condição inicial associada é $s(1) = 0$; $s(t) = 2t^3 - \frac{1}{2}t^2 - \frac{3}{2}$.

73. $v_y = -49$ m/s

75. A equação diferencial satisfeita por $s(t)$ é

$$\frac{ds}{dt} = v(t) = \operatorname{sen}(\pi t/2)$$

e a condição inicial associada é $s(0) = 0$;
$s(t) = \frac{2}{\pi}(1 - \cos(\pi t/2))$.

77. 6,25 s; 78,125 m

79. 300 m/s

83. $c_1 = 1$ e $c_2 = -1$

85. **(a)** Pela regra da cadeia, temos

$$\frac{d}{dx}\left(\frac{1}{2}F(2x)\right) = \frac{1}{2}F'(2x)\cdot 2 = F'(2x) = f(2x)$$

Assim, $y = \frac{1}{2}F(2x)$ é uma antiderivada de $y = f(2x)$.

(b) $\frac{1}{k}F(kx) + C$

Seção 5.4 Exercícios preliminares

1. **(a)** 4 **(b)** A área com sinal entre $y = f(x)$ e o eixo x.
2. 3
3. **(a)** Falsa. O TFC I é válido com funções contínuas.
   (b) Falsa. O TFC I funciona com qualquer antiderivada do integrando.
   (c) Falsa. Se não soubermos encontrar uma antiderivada do integrando, não poderemos usar o TFCI para calcular a integral definida, mas a integral definida, ainda assim, pode existir.
4. 0

Seção 5.4 Exercícios

1. $A = \frac{1}{3}$

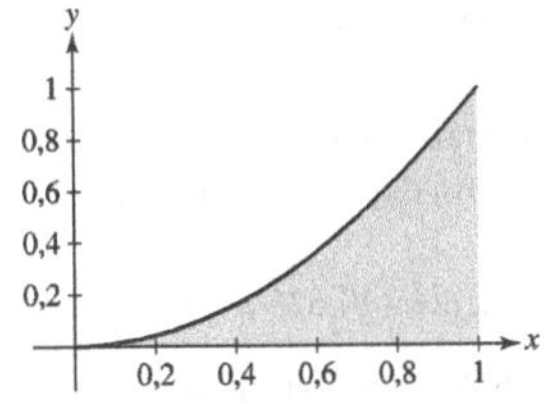

3. $A = \frac{1}{2}$

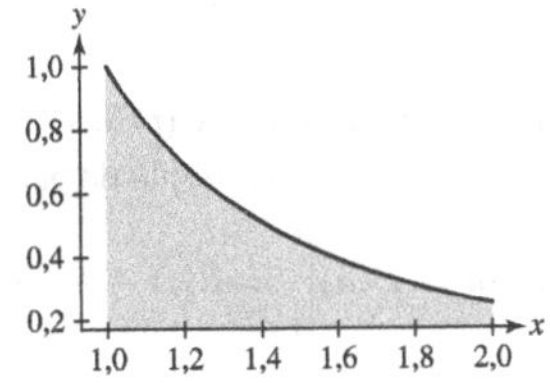

5. $\frac{27}{2}$ **7.** -1 **9.** 128 **11.** $\frac{27}{2}$ **13.** $\frac{16}{3}$ **15.** $\frac{31}{40}$ **17.** $\frac{2}{3}$
19. 12 **21.** $\frac{11}{6}$ **23.** $60\sqrt{3} - \frac{8}{3}$ **25.** $\sqrt{2}$ **27.** $\frac{3}{2}$ **29.** $\frac{4}{3\sqrt{3}}$
31. $\frac{1}{5}(\sqrt{2} - 1)$ **33.** $e - 1$ **35.** $\frac{1}{6}(e - e^{-17})$ **37.** $\ln 5$ **39.** $\ln 2$
41. $3e^{-6} - 9$ **43.** $\frac{5}{2}$ **45.** $\frac{97}{4}$ **47.** 2 **49.** $\frac{1}{4}\left(b^4 - 1\right)$
51. $\frac{1}{6}(b^6 - 1)$ **53.** $\ln 5$ **55.** $\frac{707}{12}$

57. Do ponto de vista gráfico, com funções ímpares, a área com sinal positiva de $x = 0$ até $x = 1$ cancela a área com sinal negativa de $x = -1$ até $x = 0$.

59. 24

61. $\int_0^1 x^n\,dx$ representa a área entre a curva positiva $f(x) = x^n$ e o eixo x acima do intervalo [0, 1]. Essa área fica menor à medida que n fica maior, conforme fica evidente no gráfico a seguir, que mostra as curvas com diversos valores de n.

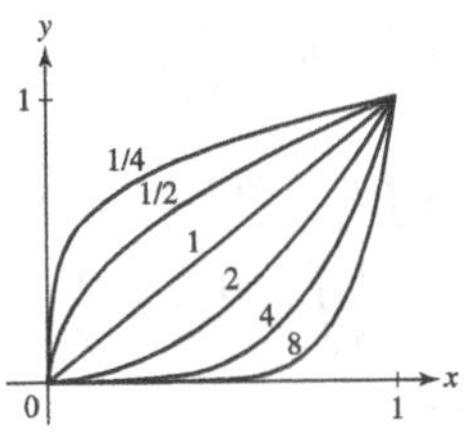

67. Sejam $a < b$ números reais e $f(x)$ tal que $|f'(x)| \le K$ com qualquer $x \in [a, b]$. Pelo TFC,

$$\int_a^x f'(t)\,dt = f(x) - f(a)$$

Como $f'(x) \ge -K$ com qualquer $x \in [a, b]$, obtemos

$$f(x) - f(a) = \int_a^x f'(t)\,dt \ge -K(x - a)$$

Como $f'(x) \le K$ com qualquer $x \in [a, b]$, obtemos

$$f(x) - f(a) = \int_a^x f'(t)\,dt \le K(x - a)$$

Combinando essas duas desigualdades, temos

$$-K(x - a) \le f(x) - f(a) \le K(x - a)$$

de modo que, por definição,

$$|f(x) - f(a)| \le K|x - a|$$

Seção 5.5 Exercícios preliminares

1. **(a)** Não **(b)** Sim

2. (c)

3. Sim. Qualquer função contínua tem uma antiderivada, a saber, $\int_a^x f(t)\,dt$.

4. (b), (e) e (f)

Seção 5.5 Exercícios

1. $A(x) = \int_{-2}^x (2t + 4)\,dt = (x + 2)^2$

3. $G(1) = 0$; $G'(1) = -1$ e $G'(2) = 2$; $G(x) = \frac{1}{3}x^3 - 2x + \frac{5}{3}$

5. $G(1) = 0$; $G'(0) = 0$ e $G'(\frac{\pi}{4}) = 1$

7. $\frac{1}{5}x^5 - \frac{32}{5}$ **9.** $1 - \cos x$ **11.** $\frac{1}{3}e^{3x} - \frac{1}{3}e^{12}$ **13.** $\frac{1}{2}x^4 - \frac{1}{2}$

15. $-e^{-9x-2} + e^{-3x}$ **17.** $F(x) = \int_5^x \sqrt{t^3 + 1}\,dt$

19. $F(x) = \int_0^x \sec t\,dt$ **21.** $x^5 - 9x^3$ **23.** $\sec(5t - 9)$

25. **(a)** $A(2) = 4$; $A(3) = 6{,}5$; $A'(2) = 2$ e $A'(3) = 3$

(b) $A(x) = \begin{cases} 2x, & 0 \le x < 2 \\ \frac{1}{2}x^2 + 2, & 2 \le x \le 4 \end{cases}$

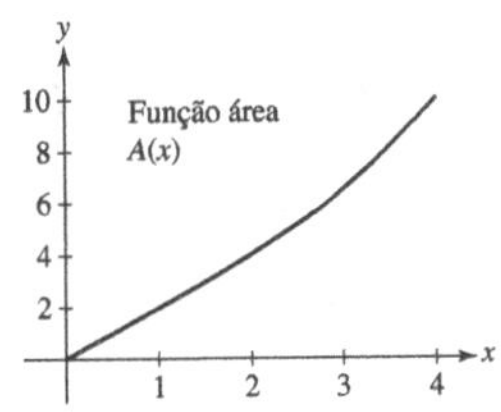

29. $\frac{2x^3}{x^2 + 1}$ **31.** $-\cos^4 s \operatorname{sen} s$

33. $2x\,\operatorname{tg}(x^2) - \frac{\operatorname{tg}(\sqrt{x})}{2\sqrt{x}}$

35. O valor mínimo de $A(x)$ é $A(1{,}5) = -1{,}25$; o valor máximo é $A(4{,}5) = 1{,}25$.

37. $A(x) = (x - 2) - 1$ e $B(x) = (x - 2)$

39. **(a)** A não tem um máximo local em P.
(b) A tem um mínimo local em R.
(c) A tem um máximo local em S.
(d) Verdadeira.

41. $g(x) = 2x + 1$; $c = 2$ ou $c = -3$

43. **(a)** Se $x = c$ for um ponto de inflexão de A, então $A''(c) = f'(c) = 0$.
(b) Supondo A côncava para cima, temos $A''(x) > 0$. Como A é a função área associada a f, temos $A'(x) = f(x)$ pelo TFC II e, portanto, $A''(x) = f'(x)$. Assim, $f'(x) > 0$ e f resulta crescente.
(c) Supondo A côncava para baixo, temos $A''(x) < 0$. Como A é a função área associada a f, temos $A'(x) = f(x)$ pelo TFC II e, portanto, $A''(x) = f'(x)$. Assim, $f'(x) < 0$, e f resulta decrescente.

45. **(a)** A é crescente nos intervalos (0, 4) e (8, 12) e é decrescente nos intervalos (4, 8) e $(12, \infty)$.
(b) Mínimo local: $x = 8$; máximo local: $x = 4$ e $x = 12$
(c) A tem pontos de inflexão em $x = 2$, $x = 6$ e $x = 10$
(d) A é côncava para cima nos intervalos (0, 2) e (6, 10) e é côncava para baixo nos intervalos (2, 6) e $(10, \infty)$.

47. O gráfico de um tal função é

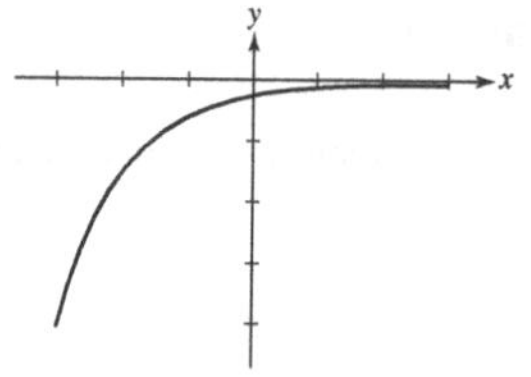

49. O menor ponto crítico positivo: $x = (\pi/2)^{2/3}$ corresponde a um máximo local; o menor ponto de inflexão positivo: $x = \pi^{2/3}$, $y = F(x)$ muda de côncavo para baixo a côncavo para cima.

51. (a) Então, pelo TFC, Parte II, $A'(x) = f(x)$ e, portanto, $y = A(x)$ e $y = F(x)$ são antiderivadas de $y = f(x)$. Assim, $F(x) = A(x) + C$ com alguma constante C.

(b) $F(b) - F(a) = (A(b) + C) - (A(a) + C) = A(b) - A(a)$

$$= \int_a^b f(t)\,dt - \int_a^a f(t)\,dt$$

$$= \int_a^b f(t)\,dt - 0 = \int_a^b f(t)\,dt$$

provando a parte I do TFC.

53. Escreva

$$\int_{u(x)}^{v(x)} f(x)\,dx = \int_{u(x)}^{0} f(x)\,dx + \int_0^{v(x)} f(x)\,dx$$

$$= \int_0^{v(x)} f(x)\,dx - \int_0^{u(x)} f(x)\,dx$$

Então, pela regra da cadeia e o TFC,

$$\frac{d}{dx}\int_{u(x)}^{v(x)} f(x)\,dx = \frac{d}{dx}\int_0^{v(x)} f(x)\,dx - \frac{d}{dx}\int_0^{u(x)} f(x)\,dx$$

$$= f(v(x))v'(x) - f(u(x))u'(x)$$

Seção 5.6 Exercícios preliminares

1. A queda total de temperatura do objeto metálico nos primeiros T minutos depois de submerso na água fria.
2. 560 km
3. As quantidades **(a)** e **(c)** seriam representadas naturalmente como derivadas; as quantidades **(b)** e **(d)** seriam representadas naturalmente como integrais.

Seção 5.6 Exercícios

1. 15,250 galões.
3. 3.660.000
5. 33 m
7. 3,675 m
9. Deslocamento: 10 m; distância: 26 m.

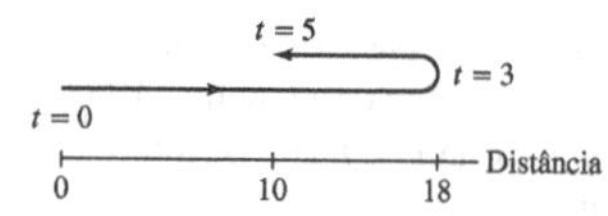

11. Deslocamento: 0 m; distância: 1 m.

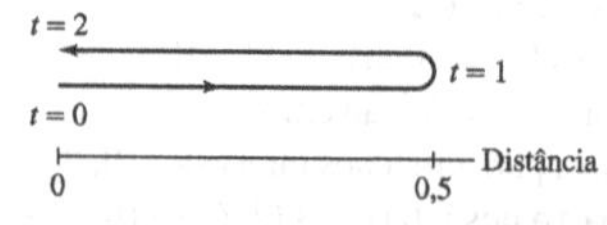

13. 39 m/s
15. 9.200 carros
17. Custo total: \$650; custo médio dos 10 primeiros: \$37,50; custo médio dos 10 últimos: \$27,50
19. 112,5 pés
21. A área abaixo do gráfico na Figura 5 representa o total do consumo de energia em um dia na Califórnia: $3{,}627 \times 10^{11}$ joules.
23. (a) $2{,}916 \times 10^{10}$
(b) Aproximadamente 240.526 asteroides de 50 km de diâmetro.
25. $\int_0^{365} R(t)\,dt \approx 605{,}05$ bilhões de pés cúbicos.
27. $100 \le t \le 150$: 404,968 famílias; $350 \le t \le 400$: 245,812 famílias.
29. A velocidade da partícula é $v(t) = s'(t) = t^{-2}$, uma antiderivada da qual é $F(t) = -t^{-1}$. Logo, a posição da partícula no instante t é

$$s(t) = \int_1^t s'(u)\,du = F(u)\Big|_1^t = F(t) - F(1) = 1 - \frac{1}{t} < 1$$

com qualquer $t \ge 1$. Assim, a partícula nunca passará por $x = 1$, o que implica que também nunca passará por $x = 2$.

31. (a) $\mathrm{EC} = \int_0^{q^*} [D(q) - p^*]\,dq$

(b) $\mathrm{EP} = \int_0^{q^*} [p^* - S(q)]\,dq$

Seção 5.7 Exercícios preliminares

1. (a) e (b)
2. (a) $u(x) = x^2 + 9$ (b) $u(x) = x^3$ (c) $u(x) = \cos x$
3. (c)

Seção 5.7 Exercícios

1. $du = (3x^2 - 2x)\,dx$ 3. $du = -2x\,\mathrm{sen}(x^2)\,dx$
5. $du = 4e^{4x+1}\,dx$
7. $\int (x-7)^3\,dx = \int u^3\,du = \frac{1}{4}u^4 + C = \frac{1}{4}(x-7)^4 + C$
9. $\int (3t-4)^5 dt = \int \frac{1}{3}u^5 du = \frac{1}{18}u^6 + C = \frac{1}{18}(3t-5)^6 + C$
11. $\int t\sqrt{t^2+1}\,dt = \frac{1}{2}\int u^{1/2}\,du = \frac{1}{3}u^{3/2} + C = \frac{1}{3}(t^2+1)^{3/2} + C$
13. $\int \frac{t^3}{(4-2t^4)^{11}}\,dt = -\frac{1}{8}\int u^{-11}\,du = \frac{1}{80}u^{-10} + C = \frac{1}{80}(4-2t^4)^{-10} + C$
15. $\int x(x+1)^9\,dx = \int (u-1)u^9\,du = \int (u^{10} - u^9)\,du$

$$= \frac{1}{11}u^{11} - \frac{1}{10}u^{10} + C = \frac{1}{11}(x+1)^{11} - \frac{1}{10}(x+1)^{10} + C$$

17. $\int x^2\sqrt{x+1}\,dx = \int (u-1)^2u^{1/2}\,du = \int (u^{5/2} - 2u^{3/2} + u^{1/2})\,du$

$$= \frac{2}{7}u^{7/2} - \frac{4}{5}u^{5/2} + \frac{2}{3}u^{3/2} + C$$

$$= \frac{2}{7}(x+1)^{7/2} - \frac{4}{5}(x+1)^{5/2} + \frac{2}{3}(x+1)^{3/2} + C$$

19. $\int \mathrm{sen}^2\,\theta\cos\theta\,d\theta = \int u^2\,du = \frac{1}{3}u^3 + C = \frac{1}{3}\,\mathrm{sen}^3\,\theta + C$
21. $\int xe^{-x^2}\,dx = -\frac{1}{2}\int e^u\,du = -\frac{1}{2}e^u + C = -\frac{1}{2}e^{-x^2} + C$

23. $\int \frac{(\ln x)^2}{x}\,dx = \int u^2\,du = \frac{1}{3}u^3 + C = \frac{1}{3}(\ln x)^3 + C$

25. $u = x^4$; $\frac{1}{4}\,\text{sen}(x^4) + C$ **27.** $u = x^{3/2}$; $\frac{2}{3}\,\text{sen}(x^{3/2}) + C$

29. $\frac{1}{40}(4x+5)^{10} + C$ **31.** $2\sqrt{t+12} + C$

33. $-\frac{1}{4(x^2+2x)^2} + C$ **35.** $\sqrt{x^2+9} + C$ **37.** $\frac{1}{3}(x^3+x)^3 + C$

39. $\frac{1}{36}(3x+8)^{12} + C$ **41.** $\frac{2}{9}(x^3+1)^{3/2} + C$

43. $-\frac{1}{2}(x+5)^{-2} + C$ **45.** $\frac{1}{39}(z^3+1)^{13} + C$

47. $\frac{4}{9}(x+1)^{9/4} + \frac{4}{5}(x+1)^{5/4} + C$ **49.** $\frac{1}{3}\cos(8-3\theta) + C$

51. $2\,\text{sen}\sqrt{t} + C$ **53.** $\frac{1}{4}\ln|\sec(4\theta+9)| + C$ **55.** $\ln|\text{sen}\,x| + C$

57. $\frac{1}{4}\,\text{tg}(4x+9) + C$ **59.** $2\,\text{tg}(\sqrt{x}) + C$

61. $-\frac{1}{6}(\cos 4x + 1)^{3/2} + C$ **63.** $\frac{1}{2}(\sec\theta - 1)^2 + C$

65. $\frac{1}{14}e^{14x-7} + C$ **67.** $-\frac{1}{3(e^x+1)^3} + C$ **69.** $-\frac{1}{e^t+1} + C$

71. $\frac{1}{5}(\ln x)^5 + C$ **73.** $-\ln|\cos(\ln x)| + C$

75. $-\frac{2}{1+\sqrt{x}} + \frac{1}{(1+\sqrt{x})^2} + C$

77. Com $u = \text{sen}\,x$, $\frac{1}{2}\text{sen}^2 x + C_1$; com $u = \cos x$, $-\frac{1}{2}\cos^2 x + C_2$; os dois resultados diferem.

79. $u = \pi$ e $u = 4\pi$ **81.** 136 **83.** $3 - \sqrt{5}$ **85.** $\frac{3}{16}$ **87.** $\frac{98}{3}$

89. $\frac{243}{4}$ **91.** $\frac{1}{2}$ **93.** $\frac{1}{2}\ln(\sec 1)$ **95.** $\frac{1}{4}$ **97.** $\frac{20}{3}\sqrt{5} - \frac{32}{5}\sqrt{3}$

99. **(a)** A probabilidade de $v \in [0, b]$ é

$$\int_0^b \frac{1}{32}ve^{-v^2/64}\,dv$$

Seja $u = -v^2/64$. Então $du = -v/32\,dv$ e

$$\int_0^b \frac{1}{32}ve^{-v^2/64}\,dv = -\int_0^{-b^2/64} e^u\,du$$

$$= -e^u\Big|_0^{-b^2/64} = -e^{-b^2/64} + 1$$

(b) $e^{-1/16} - e^{-25/64}$

101. $\frac{1}{4}f(x)^4 + C$

103. $\ln|f(x)| + C$

105. Seja $u = \text{sen}\,\theta$. Então $u(\pi/6) = 1/2$ e $u(0) = 0$, conforme exigido. Além disso, $du = \cos\theta\,d\theta$, portanto

$$d\theta = \frac{du}{\cos\theta}$$

Se $\text{sen}\,\theta = u$, então $u^2 + \cos^2\theta = 1$ e, portanto, $\cos\theta = \sqrt{1-u^2}$. Segue que $d\theta = du/\sqrt{1-u^2}$. Isso dá

$$\int_0^{\pi/6} f(\text{sen}\,\theta)\,d\theta = \int_0^{1/2} f(u)\frac{1}{\sqrt{1-u^2}}\,du$$

107. $I = \pi/4$

Seção 5.8 Exercícios preliminares

1. **(a)** b = 3 **(b)** $b = e^3$
2. $b = \sqrt{3}$
3. **(b)**
4. $x = 4u$

Seção 5.8 Exercícios

1. $\ln 9$

3. 3

5. $\frac{1}{3}\ln 4$

7. $\frac{\pi}{12}$

9. $\frac{\pi}{6}$

11. Seja $u = x/3$. Então $x = 3u$, $dx = 3\,du$, $9 + x^2 = 9(1+u^2)$ e

$$\int \frac{dx}{9+x^2} = \int \frac{3\,du}{9(1+u^2)} = \frac{1}{3}\int \frac{du}{1+u^2}$$

$$= \frac{1}{3}\,\text{arc tg}\,u + C = \frac{1}{3}\,\text{arc tg}\,\frac{x}{3} + C$$

13. $\frac{\pi}{3\sqrt{3}}$ **15.** $\frac{1}{4}\,\text{arc sen}(4t) + C$ **17.** $\frac{1}{\sqrt{3}}\,\text{arc sen}\sqrt{\frac{3}{5}}t + C$

19. $\frac{1}{\sqrt{3}}\,\text{arc sec}(2x) + C$ **21.** $\frac{1}{2}\,\text{arc sec}\,x^2 + C$

23. $\frac{\pi}{4} - \text{arc tg}(1/2)$ **25.** $\frac{(\text{arc tg}\,x)^2}{2} + C$ **27.** $\frac{2}{\ln 3}$ **29.** $\frac{1}{\ln 2}$

31. $-\frac{1}{\ln 9}\cos(9^x) + C$ **33.** $\frac{1}{2}e^{y^2} + C$ **35.** $\frac{1}{4}\sqrt{4x^2+9} + C$

37. $-\frac{7^{-x}}{\ln 7} + C$ **39.** $\frac{1}{8}\,\text{tg}^8\,\theta + C$ **41.** $-\sqrt{7-t^2} + C$

43. $\frac{3}{2}\ln(x^2+4) + \text{arc tg}(x/2) + C$ **45.** $\frac{1}{2}\,\text{arc sen}\left(\frac{2}{3}x\right) + C$

47. $-e^{-x} - 2x^2 + C$ **49.** $e^x - \frac{e^{3x}}{3} + C$

51. $-\sqrt{4-x^2} + 5\,\text{arc sen}(x/2) + C$ **53.** $\text{sen}(e^x) + C$

55. $\frac{1}{4}\,\text{arc sen}\left(\frac{4x}{3}\right) + C$ **57.** $\frac{e^{7x}}{7} + \frac{3e^{5x}}{5} + e^{3x} + e^x + C$

59. $\frac{1}{3}\ln|x^3+2| + C$ **61.** $\ln|\text{sen}\,x| + C$ **63.** $\frac{1}{8}(4\ln x + 5)^2 + C$

65. $\frac{3^{x^2}}{2\ln 3} + C$ **67.** $\frac{(\ln(\text{sen}\,x))^2}{2} + C$

69. $\frac{2}{7}(t-3)^{7/2} + \frac{12}{5}(t-3)^{5/2} + 6(t-3)^{3/2} + C$

71. A integral definida $\int_0^x \sqrt{1-t^2}\,dt$ representa a área da região abaixo da metade superior do círculo unitário de 0 a x. A região consiste em um setor do círculo e um triângulo retângulo. O setor tem ângulo central de $\frac{\pi}{2} - \theta$, em que $\cos\theta = x$, e o triângulo retângulo tem base de comprimento x e uma altura de $\sqrt{1-x^2}$.

73. Mostre que $\frac{d}{dt}\left(\sqrt{1-t^2} + t\,\text{arc sen}\,t\right) = \text{arc sen}\,t$.

75. Integrando ambos os lados da desigualdade $e^t \geq 1$, obtemos

$$\int_0^x e^t\,dt = e^x - 1 \geq x \quad \text{ou} \quad e^x \geq 1 + x$$

Integrando, então, ambos os lados dessa nova desigualdade, temos

$$\int_0^x e^t\,dt = e^x - 1 \geq x + x^2/2 \quad \text{ou} \quad e^x \geq 1 + x + x^2/2$$

Finalmente, integrando novamente ambos os lados, conseguimos

$$\int_0^x e^t\,dt = e^x - 1 \geq x + x^2/2 + x^3/6$$

ou

$$e^x \geq 1 + x + x^2/2 + x^3/6$$

como queríamos mostrar.

77. Pelo Exercício 76, $e^x \geq 1 + x + \frac{x^2}{2} + \frac{x^3}{6}$. Assim,

$$\frac{e^x}{x^2} \geq \frac{1}{x^2} + \frac{1}{x} + \frac{1}{2} + \frac{x}{6} \geq \frac{x}{6}$$

Como $\lim_{x\to\infty} x/6 = \infty$, $\lim_{x\to\infty} e^x/x^2 = \infty$. Mais geralmente, pelo Exercício 75,

$$e^x \geq 1 + \frac{x^2}{2} + \cdots + \frac{x^{n+1}}{(n+1)!}$$

Assim,

$$\frac{e^x}{x^n} \geq \frac{1}{x^n} + \cdots + \frac{x}{(n+1)!} \geq \frac{x}{(n+1)!}$$

Como $\lim_{x\to\infty} \frac{x}{(n+1)!} = \infty$, $\lim_{x\to\infty} \frac{e^x}{x^n} = \infty$.

79. **(a)** O domínio de G é $x > 0$ e, pela parte (i) do exercício precedente, a imagem de G é $\mathbf{R}$. Agora,

$$G'(x) = \frac{1}{x} > 0$$

com qualquer $x > 0$. Assim, G é crescente em seu domínio, o que implica que G tem uma inversa. O domínio da inversa é $\mathbf{R}$, e a imagem é $\{x : x > 0\}$. Denotemos por F a inversa de G.

(b) Sejam x e y números reais e suponha que $x = G(w)$ e $y = G(z)$, com certos números reais positivos w e z. Então, usando a parte (b) do exercício precedente,

$$F(x+y) = F(G(w) + G(z)) = F(G(wz)) = wz = F(x) + F(y)$$

(c) Seja r um número real qualquer. Pela parte (k) do exercício precedente, $G(E^r) = r$. Pela definição de função inversa, então segue que $F(r) = E^r$.

(d) Pela fórmula da derivada da função inversa,

$$F'(x) = \frac{1}{G'(F(x))} = \frac{1}{1/F(x)} = F(x)$$

81.

$$\lim_{n\to-1} \int_1^x t^n\,dt = \lim_{n\to-1} \left.\frac{t^{n+1}}{n+1}\right|_1^x = \lim_{n\to-1} \left(\frac{x^{n+1}}{n+1} - \frac{1^{n+1}}{n+1}\right)$$

$$= \lim_{n\to-1} \frac{x^{n+1}-1}{n+1} = \lim_{n\to-1} (x^{n+1}) \ln x$$

$$= \ln x = \int_1^x t^{-1}\,dt$$

83. **(a)** Interpretando o gráfico com y como variável independente, vemos que a função é $x = e^y$. Integrando em y então obtemos a área da região sombreada como sendo $\int_0^{\ln a} e^y\,dy$.

(b) Podemos obter a área abaixo do gráfico de $y = \ln x$ de $x = 1$ até $x = a$ calculando a área do retângulo que se estende de $x = 0$ até $x = a$ horizontalmente de $y = 0$ até $y = \ln a$ verticalmente e, então, subtrair a área da região sombreada. Assim, obtemos

$$\int_1^a \ln x\,dx = a \ln a - \int_0^{\ln a} e^y\,dy$$

(c) Calculando diretamente,

$$\int_0^{\ln a} e^y\,dy = e^y\Big|_0^{\ln a} = a - 1$$

Assim,

$$\int_1^a \ln x\,dx = a\ln a - (a-1) = a\ln a - a + 1$$

(d) Usando esses resultados, deduzimos que

$$\int \ln x\,dx = x\ln x - x + C$$

Seção 5.9 Exercícios preliminares

1. O tempo de duplicação é inversamente proporcional à constante de crescimento. Consequentemente, a quantidade com $k = 3{,}4$ duplica mais rapidamente.

2. Demora mais tempo para a população crescer de uma para duas células.

3. $\frac{dS}{dn} = -\ln 2 S(n)$

4. **(b)**

5. Se a taxa de juros sobe, então decresce o valor presente de 1 dólar daqui a um ano.

Seção 5.9 Exercícios

1. **(a)** Inicialmente, 2.000 bactérias **(b)** $t = \frac{1}{1{,}3} \ln 5 \approx 1{,}24$ horas

3. $f(t) = 5e^{t \ln 7}$

5. $N'(t) = \frac{\ln 2}{3} N(t)$; 1.048.576 moléculas depois de 1 hora

7. $y(t) = Ce^{-5t}$ com alguma constante C; $y(t) = 3{,}4e^{-5t}$

9. $y(t) = 1000e^{3(t-2)}$

11. 5,33 anos

13. $k \approx 0{,}023\ \text{h}^{-1}$; $P_0 \approx 332$

15. Dobrar: 11,55 anos; triplicar: 18,31 anos; aumentar sete vezes: 32,43 anos

17. Metade: 1,98 dias; um terço: 3,14 dias; um décimo: 6,58 dias

19. Dados I

21. **(a)** 26,39 anos **(b)** 1969

23. 7.600 anos

25. $2{,}34 \times 10^{-13}$ a $2{,}98 \times 10^{-13}$

27. 2,55 horas

29. **(a)** Sim, o gráfico parece um gráfico exponencial, especialmente nos últimos anos; $k \approx 0{,}369$ anos^{-1}

(b)

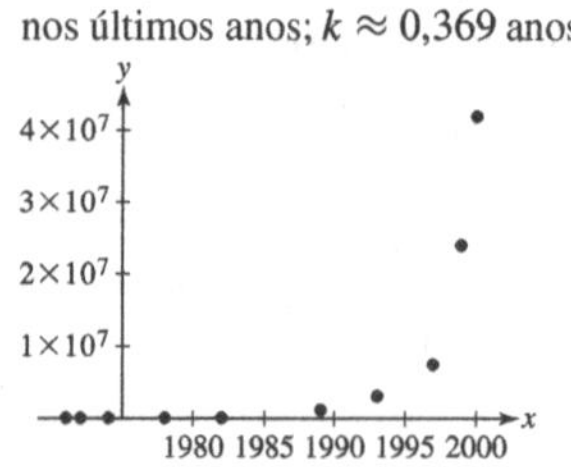

(c) $N(t) = 2250e^{0{,}369t}$

(d) O tempo de duplicação é $\ln 2/0{,}369 \approx 1{,}88$ anos

(e) $\approx 2{,}53 \times 10^{10}$ transistores

(f) Não, não é possível fazer um microprocessador menor do que um átomo.

31. Com $t_0 = 10$, o tempo de duplicação é 24; com $t_0 = 20$, o tempo de duplicação é 44.

33. **(a)** $P(10) = \$4870{,}38$ **(b)** $P(10) = \$4902{,}71$
(c) $P(10) = \$4919{,}21$

35. **(a)** 1,0508 **(b)** 1,0513

37. $12.752,56

39. Em 3 anos:
(a) PV = $4.176,35
(b) PV = $3.594,62
Em 5 anos:
(a) PV = $3.704,09
(b) PV = $2.884,75

41. 9,16%

43. **(a)** O valor presente das despesas trabalhistas reduzidas é

$$7000(e^{-0,08} + e^{-0,16} + e^{-0,24} + e^{-0,32} + e^{-0,4}) = \$27.708,50$$

Isso é mais do que o custo de \$25.000 da nova rede de computadores, de modo que essa rede deveria ser comprada.

(b) O valor presente da poupança é

$$\$27.708,50 - \$25.000 = \$2.708,50$$

45. \$39.346,93

47. \$41.906,75

51. $R = \$1.200$

53. \$71.460,53

55. $T = -\frac{1}{k}\ln\left(1 - \frac{d}{L}\right)$

57. $P(t) = 204e^{ae^{0,15t}}$ com $a \approx -0,02$; 136 ratos depois de 20 meses

59. Para aumentar m vezes, $P(t) = mP_0$ com algum t. Resolvendo $mP_0 = P_0e^{kt}$ em t, obtemos $t = \frac{\ln m}{k}$.

61. Comece expressando

$$\ln\left(1 + \frac{x}{n}\right) = \int_1^{1+x/n} \frac{dt}{t}$$

Seguindo a prova do texto, note que

$$\frac{x}{n+x} \le \ln\left(1 + \frac{x}{n}\right) \le \frac{x}{n}$$

desde que $x > 0$, ao passo que

$$\frac{x}{n} \le \ln\left(1 + \frac{x}{n}\right) \le \frac{x}{n+x}$$

se $x < 0$. Multiplicando ambas as desigualdades por n e passando ao limite com $n \to \infty$, o teorema do confronto garante que

$$\lim_{n\to\infty}\left(\ln\left(1 + \frac{x}{n}\right)\right)^n = x$$

Finalmente,

$$\lim_{n\to\infty}\left(1 + \frac{x}{n}\right)^n = e^x$$

63. **(a)** 9,38%

(b) Em geral,

$$P_0(1 + r/M)^{Mt} = P_0(1 + r_e)^t$$

portanto, $(1 + r/M)^{Mt} = (1 + r_e)^t$, ou $r_e = (1 + r/M)^M - 1$. Se os juros forem compostos continuamente, então $P_0e^{rt} = P_0(1 + r_e)^t$, portanto $e^{rt} = (1 + r_e)^t$, ou $r_e = e^r - 1$.

(c) 11,63%

(d) 18,26%

Revisão do Capítulo 5

1. $L_4 = \frac{23}{4}$; $M_4 = 7$

3. Em geral, R_N é maior do que $\int_a^b f(x)\,dx$ em qualquer intervalo $[a, b]$ no qual f seja crescente. Dado o gráfico de f, podemos tomar $[a, b] = [0, 2]$. Para que L_4 seja maior do que $\int_a^b f(x)\,dx$, f deve ser decrescente no intervalo $[a, b]$. Portanto, podemos tomar $[a, b] = [2, 3]$.

5. $R_6 = \frac{625}{8}$

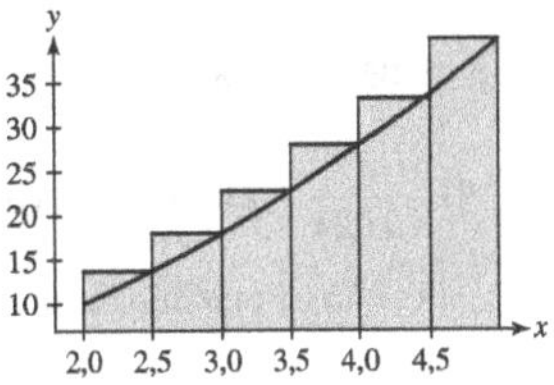

$M_6 = \frac{1127}{16}$

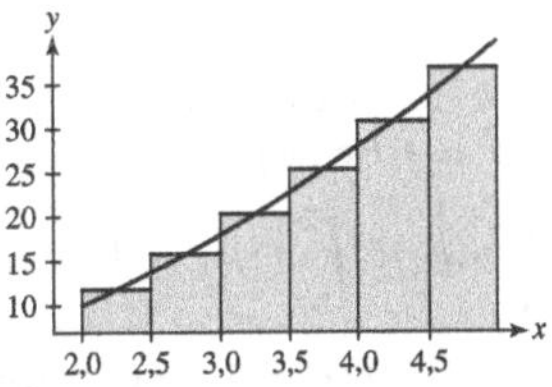

$L_6 = \frac{505}{8}$; os retângulos correspondentes a essa aproximação são dados a seguir.

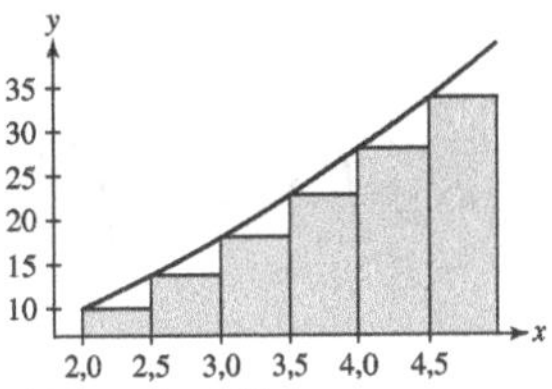

7. $R_N = \frac{141}{2} + \frac{45}{N} + \frac{9}{2N^2}$; $\frac{141}{2}$

9. $R_5 \approx 0,733732$; $M_5 \approx 0,786231$; $L_5 \approx 0,833732$

11. A área representada pelos retângulos sombreados é R_5; $R_5 = 90$; $L_5 = 90$.

13. $\lim_{N\to\infty} \frac{\pi}{6N}\sum_{j=1}^{N} \text{sen}\left(\frac{\pi}{3} + \frac{\pi j}{6N}\right) = \int_{\pi/3}^{\pi/2} \text{sen}\,x\,dx = \frac{1}{2}$

15. $\lim_{N\to\infty} \frac{5}{N}\sum_{j=1}^{N} \sqrt{4 + 5j/N} = \int_4^9 \sqrt{x}\,dx = \frac{38}{3}$

17. $x^4 - \frac{2}{3}x^3 + C$ **19.** $-\cos(\theta - 8) + C$

21. $-2t^{-2} + 4t^{-3} + C$ **23.** $\text{tg}\,x + C$ **25.** $\frac{1}{5}(y + 2)^5 + C$

27. $e^x - \frac{x^2}{2} + C$ **29.** $4\ln|x| + C$ **31.** $y(x) = x^4 + 3$

33. $y(x) = 2\sqrt{x} - 1$ **35.** $y(x) = -e^{-x} + 4$

37. $f(t) = \frac{t^2}{2} - \frac{t^3}{3} - t + 2$

39. $\frac{1}{4}\ln\frac{5}{3}$ **41.** $\frac{1}{5}\left(1 - \frac{9\sqrt{3}}{32}\right)$

43. $4x^5 - \frac{9}{4}x^4 - x^2 + C$ **45.** $\frac{4}{5}x^5 - 3x^4 + 3x^3 + C$

47. $\frac{1}{4}x^4 + x^3 + C$ **49.** $\frac{46}{3}$ **51.** 3

53. $\frac{1}{150}(10t - 7)^{15} + C$ **55.** $-\frac{1}{24}(3x^4 + 9x^2)^{-4} + C$ **57.** 506

59. $-\frac{3\sqrt{3}}{2\pi}$ **61.** $\frac{1}{27}\text{tg}(9t^3 + 1) + C$ **63.** $\frac{1}{2}\text{cotg}(9 - 2\theta) + C$

65. $3 - \frac{3\sqrt[3]{4}}{2}$ **67.** $-\frac{1}{2}e^{9-2x} + C$ **69.** $\frac{1}{3}e^{x^3} + C$

71. $\frac{10^x e^x}{\ln 10 + 1} + C$ **73.** $\frac{1}{2(e^{-x} + 2)^2} + C$ **75.** $\frac{1}{2}\ln 2$

77. arc tg(ln t) + C **79.** $\frac{1}{2}$ **81.** $\frac{1}{6}\text{arc tg}\left(\frac{2x}{3}\right) + C$

83. arc sec 12 − arc sec 4 **85.** $\frac{\pi}{12}$ **87.** $\frac{1}{2}\text{arc sen}(x^2) + C$

89. $\frac{1}{\sqrt{2}}\text{arc tg}(4\sqrt{2})$ **91.** $\frac{\pi^4}{1024}$ **93.** $\int_{-2}^{6} f(x)\,dx$

95. Mínimo local em $x = 0$, não há máximo local, pontos de inflexão em $x = \pm 1$

97. Consumo diário: 9,312 milhões de litros; entre as 6 da tarde e a meia-noite: 1,68 milhões de litros.

99. $208.245

101. 0

105. A função $f(x) = 2^x$ é crescente, portanto $1 \le x \le 2$ implica $2 = 2^1 \le 2^x \le 2^2 = 4$. Consequentemente,

$$2 = \int_1^2 2\,dx \le \int_1^2 2^x\,dx \le \int_1^2 4\,dx = 4$$

Por outro lado, a função $f(x) = 3^{-x}$ é decrescente, portanto, $1 \le x \le 2$ implica

$$\frac{1}{9} = 3^{-2} \le 3^{-x} \le 3^{-1} = \frac{1}{3}$$

Segue que

$$\frac{1}{9} = \int_1^2 \frac{1}{9}\,dx \le \int_1^2 3^{-x}\,dx \le \int_1^2 \frac{1}{3}\,dx = \frac{1}{3}$$

107. $\frac{4}{3} \le \int_0^1 f(x)\,dx \le \frac{5}{3}$

109. $-\frac{1}{1+\pi}$

111. $\text{sen}^3 x \cos x$

113. −2

115. Considere a figura a seguir, que exibe uma parte do gráfico de uma função linear.

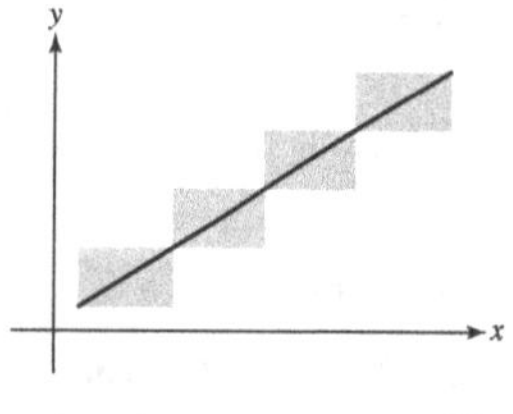

Os retângulos sombreados representam a diferença entre as aproximações R_N pela direita e L_N pela esquerda. Como o gráfico de $y = f(x)$ é uma reta, a parte de baixo de cada retângulo sombreado é exatamente do mesmo tamanho da parte de cima. Portanto, fazendo a média entre L_N e R_N, o erro das duas aproximações cancela exatamente, deixando

$$\frac{1}{2}(R_N + L_N) = \int_a^b f(x)\,dx$$

117. Seja

$$F(x) = x\sqrt{x^2-1} - 2\int_1^x \sqrt{t^2-1}dt$$

Então

$$\frac{dF}{dx} = \sqrt{x^2-1} + \frac{x^2}{\sqrt{x^2-1}} - 2\sqrt{x^2-1}$$

$$= \frac{x^2}{\sqrt{x^2-1}} - \sqrt{x^2-1} = \frac{1}{\sqrt{x^2-1}}$$

Também, $\frac{d}{dx}(\text{arc cosh}\,x) = \frac{1}{\sqrt{x^2-1}}$; portanto $y = F(x)$ e $y = \text{arc cosh}\,x$ têm a mesma derivada. Concluímos que $y = F(x)$ e $y = \text{arc cosh}\,x$ diferem por uma constante:

$$F(x) = \text{arc cosh}\,x + C$$

Agora, seja $x = 1$. Como $F(1) = 0$ e arc cosh 1 = 0, segue que $C = 0$. Assim,

$$F(x) = \text{arc cosh}\,x$$

121. Aproximadamente 6.065,9 anos

123. 5,03%

125. $17.979,10

Capítulo 6

Seção 6.1 Exercícios preliminares

1. A área da região entre os gráficos de $y = f(x)$ e $y = g(x)$, delimitada à esquerda pela reta vertical $x = a$ e à direita pela reta vertical $x = b$.

2. Sim

3. $\int_0^3 (f(x) - g(x))\,dx - \int_3^5 (g(x) - f(x))\,dx$

4. Negativa

5. A área da região delimitada pelos gráficos das funções f e g e as retas verticais $x = a$ e $x = b$.

6.

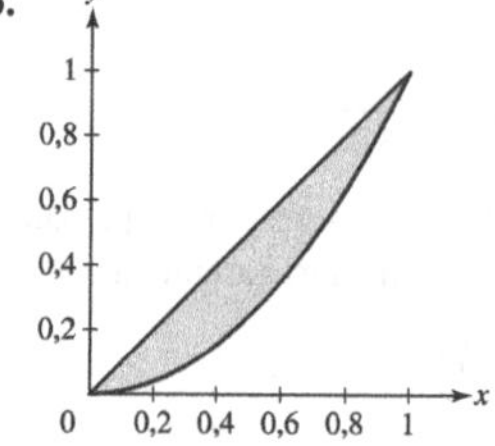

Seção 6.1 Exercícios

1. 102 **3.** $\frac{32}{3}$

5. $\sqrt{2} - 1$

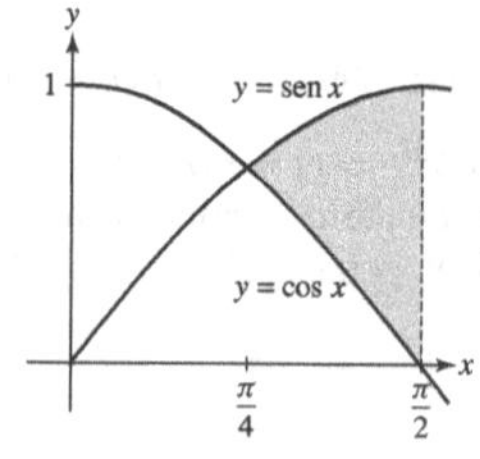

7. $\frac{343}{3}$

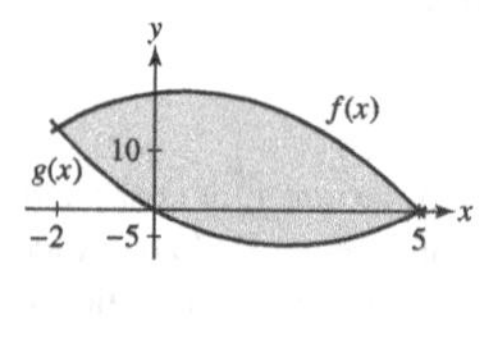

9. $\frac{1}{2}e^2 - e + \frac{1}{2}$

11. $\pi - 2$

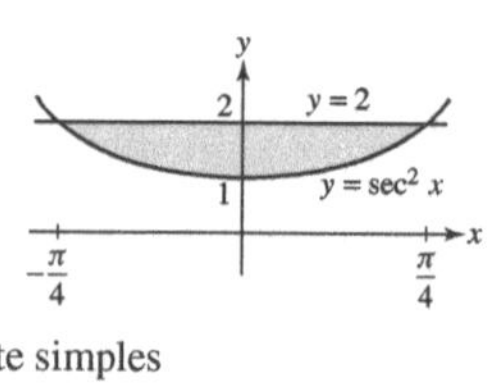

13. Horizontalmente simples

15. Nenhum dos dois **17.** $\frac{160}{3}$

19. $\frac{12\sqrt{3}-12+(\sqrt{3}-2)\pi}{24}$ **21.** $2-\frac{\pi}{2}$ **23.** $\frac{1331}{6}$ **25.** 256

27. $\frac{32}{3}$ **29.** $\frac{64}{3}$

31. $\frac{64}{3}$

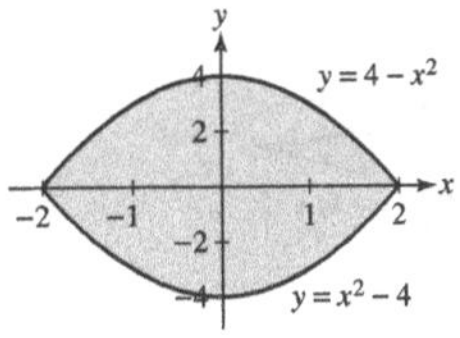

33. 2

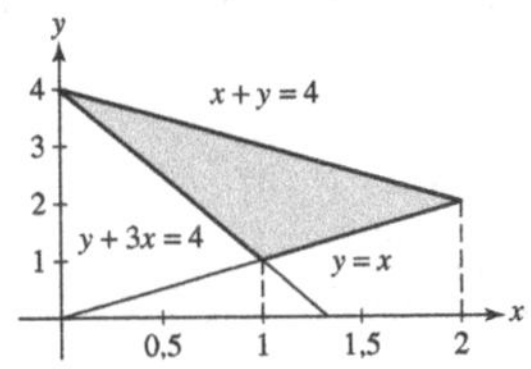

35. $\frac{128}{3}$

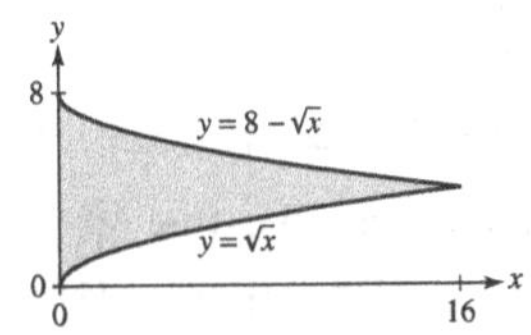

37. $\frac{1}{2}$

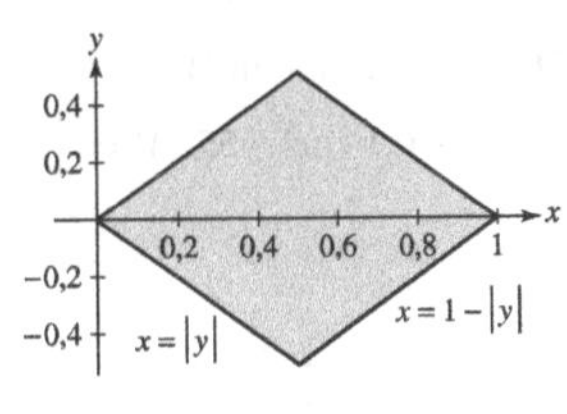

39. $\frac{1225}{8}$

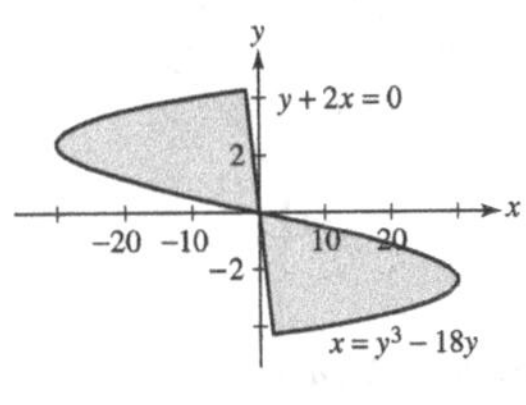

41. $\frac{32}{3}$

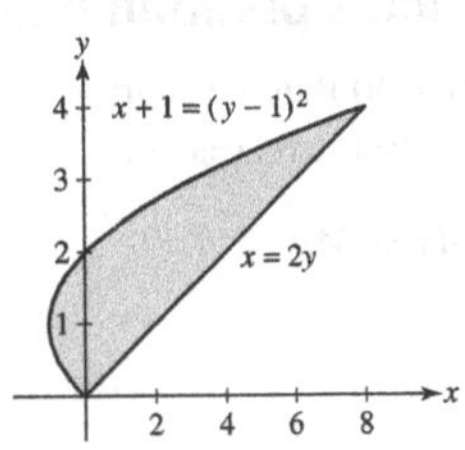

43. $\frac{3\sqrt{3}}{4}$

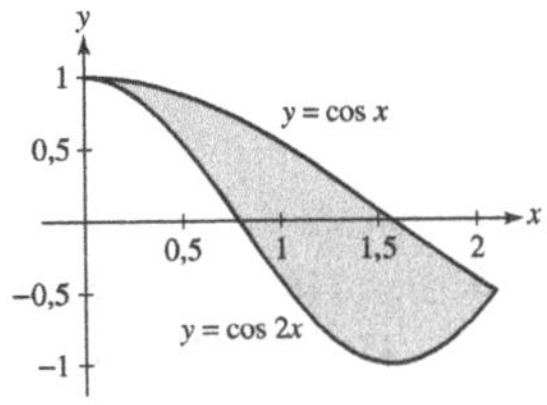

45. $\frac{2-\sqrt{2}}{2}$

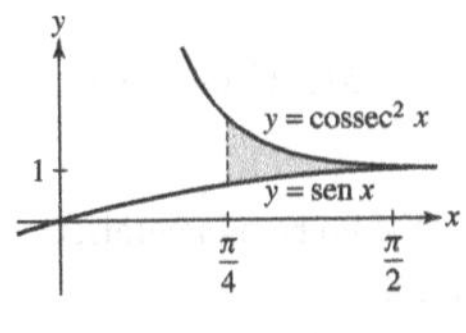

47. $4\ln 2 - 2 \approx 0{,}77259$

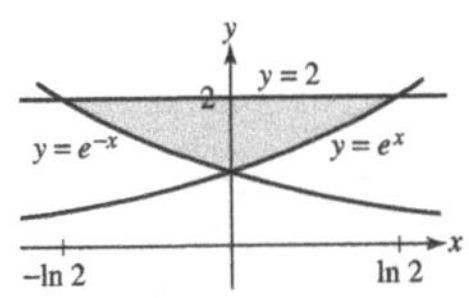

49. $\approx 0{,}7567130951$

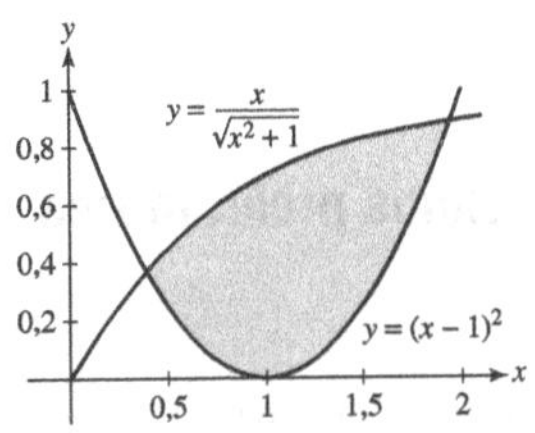

51. **(a)** (ii) **(b)** Não **(c)** Aos 10 s, a atleta 1; aos 25 s, a atleta 2

53. $\frac{8}{3}c^{3/2}$; $c = \frac{9^{1/3}}{4} \approx 0{,}520021$

55. $\int_{-\sqrt{(-1+\sqrt{5})/2}}^{\sqrt{(-1+\sqrt{5})/2}} \left[(1+x^2)^{-1} - x^2\right] dx$

57. 0,8009772242 **59.** 214,75 pol^2

61. **(b)** $\frac{1}{3}$ **(c)** 0 **(d)** 1

63. $m = 1 - \left(\frac{1}{2}\right)^{1/3} \approx 0{,}206299$

Seção 6.2 Exercícios preliminares

1. 3
2. 15
3. A taxa de fluxo é o volume de fluido que escoa por unidade de tempo através de uma área de seção transversal num dado ponto.
4. Que a velocidade do fluido dependa somente da distância radial ao centro do tubo.
5. 15

Seção 6.2 Exercícios

1. **(a)** $\frac{4}{25}(20-y)^2$ **(b)** $\frac{1280}{3}$

3. $\frac{\pi R^2 h}{3}$ **5.** $\pi\left(Rh^2 - \frac{h^3}{3}\right)$ **7.** $\frac{1}{6}abc$ **9.** $\frac{8}{3}$ **11.** 36 **13.** 18

15. $\frac{\pi}{3}$ **17.** 96π

21. **(a)** $2\sqrt{r^2 - y^2}$ **(b)** $4(r^2 - y^2)$ **(c)** $\frac{16}{3}r^3$

23. 160π **25.** 5 kg

27. 0,36 g

29. $P \approx 4423{,}59$ mil

31. $L_{10} = 233{,}86$, $R_6 = 290{,}56$

33. $P \approx 61$ cervos **35.** $Q = 128\pi$ cm^3/s **37.** $Q = \frac{8\pi}{3}$ cm^3/s

39. 16 **41.** $\frac{3}{\pi}$ **43.** $\frac{1}{10}$ **45.** -4 **47.** $\frac{1}{n+1}$

49. Em [0, 24], a temperatura média é 20; em [2, 6], a temperatura média é $20 + \frac{15}{2\pi} \approx 22{,}387325$.

51. $\approx 79{,}56$°F **53.** $\frac{100}{\pi}$ **55.** $\frac{17}{2}$ m/s **57.** 159,033 m/s

59. $\frac{3}{5^{1/4}} \approx 2{,}006221$

61. O teorema do valor médio para integrais; $c = \frac{A}{\sqrt[3]{4}}$

63. Em [0, 1], *f*; em [1, 2], *g*.

65. Existem muitas soluções. Uma poderia ser

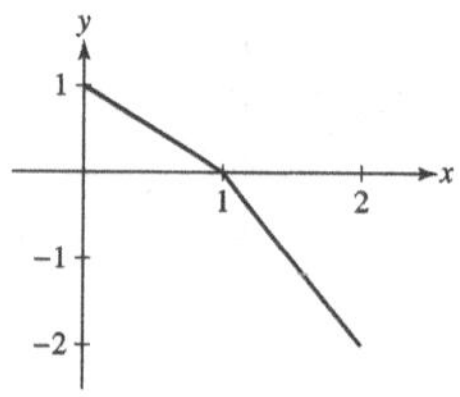

67. $v_0/2$

Seção 6.3 Exercícios preliminares

1. (a), (c)
2. Verdadeira
3. Falsa; as seções transversais serão arruelas.
4. (b)

Seção 6.3 Exercícios

1. **(a)**

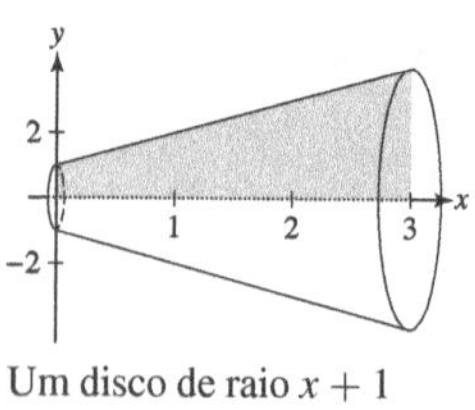

(b) Um disco de raio $x + 1$

(c) $V = 21\pi$

3. **(a)**

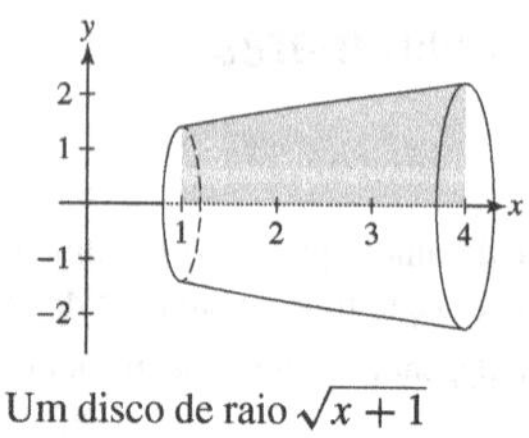

(b) Um disco de raio $\sqrt{x+1}$

(c) $V = \frac{21\pi}{2}$

5. $V = \frac{81\pi}{10}$ **7.** $V = \frac{24.573\pi}{13}$ **9.** $V = \pi$

11. $V = \frac{\pi}{2}\left(e^2 - 1\right)$ **13.** (ii)

15. **(a)**

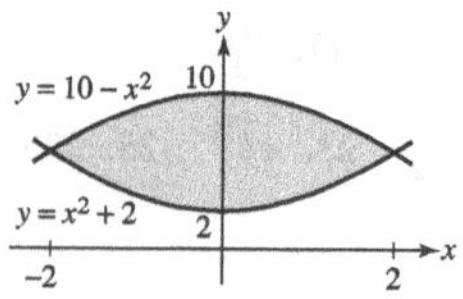

(b) Uma arruela de raio externo $R = 10 - x^2$ e raio interno $r = x^2 + 2$

(c) $V = 256\pi$

17. **(a)**

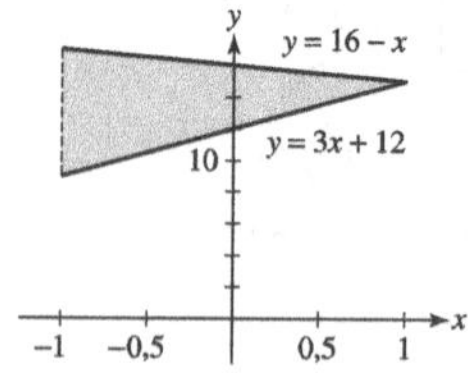

(b) Uma arruela de raio externo $R = 16 - x$ e raio interno $r = 3x + 12$

(c) $V = \frac{656\pi}{3}$

19. **(a)**

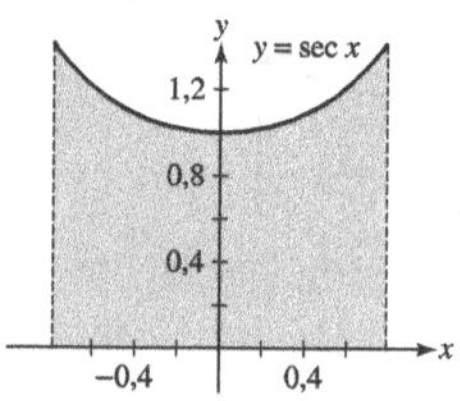

(b) Um disco circular de raio $R = \sec x$ **(c)** $V = 2\pi$

21. $V = \frac{15\pi}{2}$ **23.** $V = \frac{3\pi}{10}$ **25.** $V = 32\pi$ **27.** $V = \frac{704\pi}{15}$

29. $V = \frac{128\pi}{5}$ **31.** $V = 40\pi$ **33.** $V = \frac{376\pi}{15}$ **35.** $V = \frac{824\pi}{15}$

37. $V = \frac{32\pi}{3}$ **39.** $V = \frac{1872\pi}{5}$ **41.** $V = \frac{1400\pi}{3}$

43. $V = \pi\left(\frac{7\pi}{9} - \sqrt{3}\right)$ **45.** $V = \frac{96\pi}{5}$ **47.** $V = \frac{16\pi}{35}$

49. $V = \frac{1184\pi}{15}$ **51.** $V = 7\pi\,(1 - \ln 2)$

53. $V \approx 12.120\pi \approx 38.076{,}1$ cm^3 **55.** $V = \frac{1}{3}\pi r^2 h$

57. $V = \frac{32\pi}{105}$

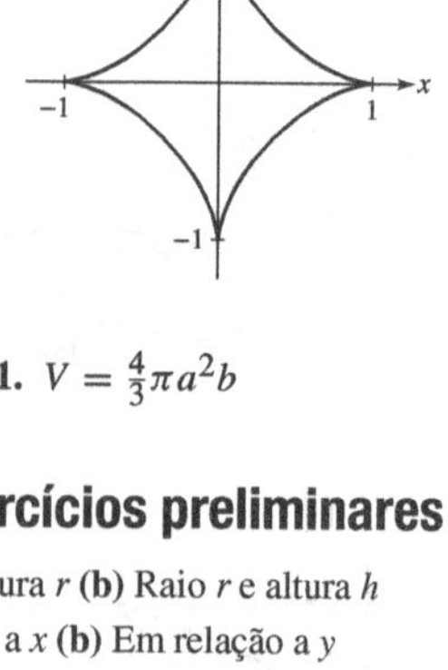

59. $V = 4\pi\sqrt{3}$ **61.** $V = \frac{4}{3}\pi a^2 b$

Seção 6.4 Exercícios preliminares

1. **(a)** Raio *h* e altura *r* **(b)** Raio *r* e altura *h*
2. **(a)** Em relação a *x* **(b)** Em relação a *y*
3. $V = 2\pi \int_0^8 y \cdot 1\,dy = 64\pi$

Seção 6.4 Exercícios

1. $V = \frac{2}{5}\pi$

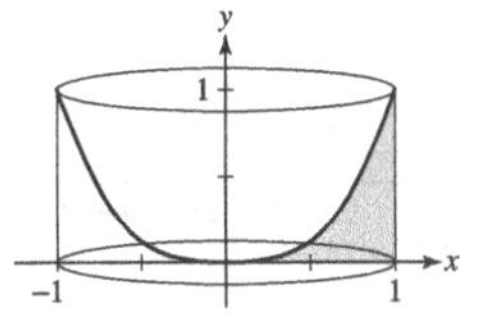

3. $V = 4\pi$

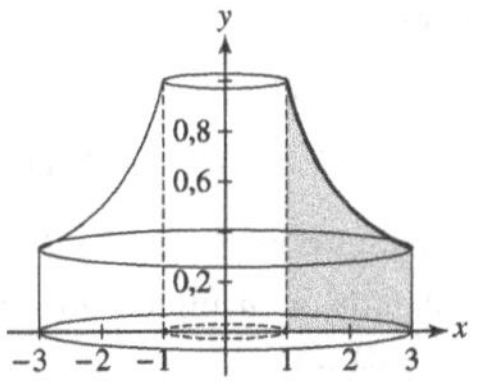

5. $V = 18\pi\left(2\sqrt{2} - 1\right)$

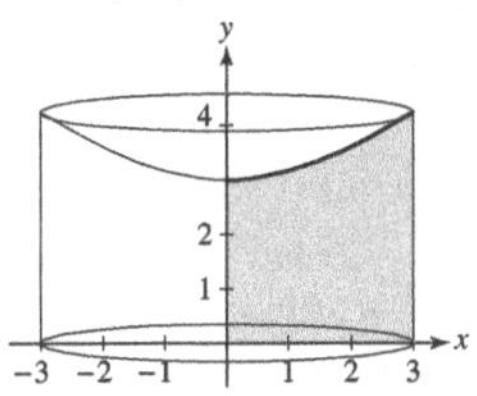

7. $V = \frac{32\pi}{3}$ **9.** $V = 16\pi$ **11.** $V = \frac{32\pi}{5}$

13. O ponto de interseção é $x = 1{,}376769504$; $V = 1{,}321975576$.

15. $V = \frac{3\pi}{5}$

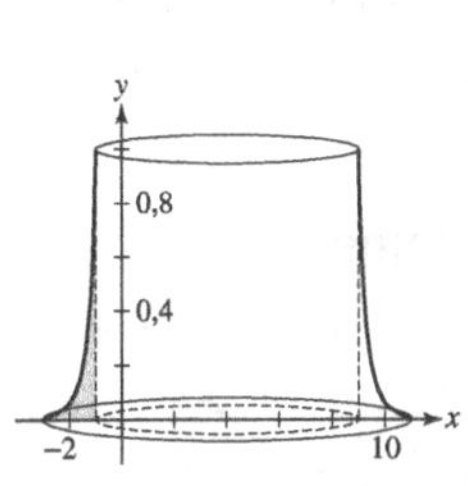

17. $V = \frac{280\pi}{81}$

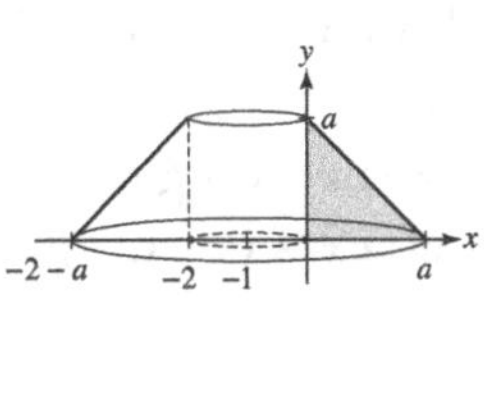

19. $V = \frac{1}{3}\pi a^3 + \pi a^2$

21. $V = \frac{\pi}{3}$

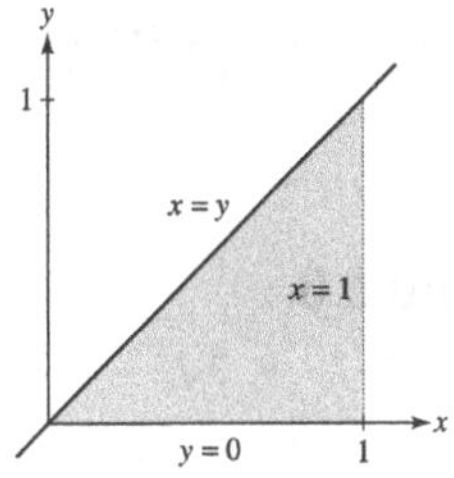

23. $V = \frac{128\pi}{3}$

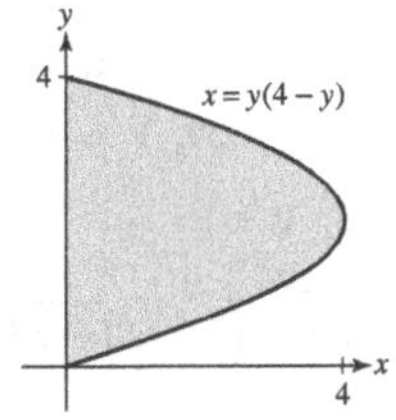

25. $V = \frac{256\pi}{15}$

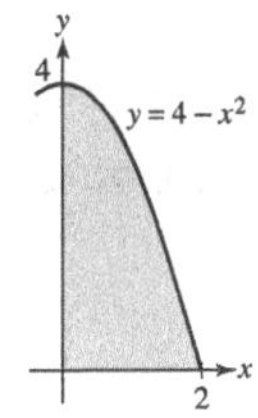

27. **(b)**

29. **(a)** $V = \frac{576\pi}{7}$ **(b)** $V = \frac{96\pi}{5}$

31. **(a)** $\overline{AB}$ gera um disco de raio $R = h(y)$; $\overline{CB}$ gera uma casca de raio x e altura $f(x)$.

(b) Cascas: $V = 2\pi \int_0^2 x f(x)\, dx$; discos: $V = \pi \int_0^{1,3} (h(y))^2\, dy$

33. $V = \frac{602\pi}{5}$ **35.** $V = 8\pi$ **37.** $V = \frac{40\pi}{3}$ **39.** $V = \frac{1024\pi}{15}$

41. $V = 16\pi$ **43.** $V = \frac{32\pi}{3}$ **45.** $V = \frac{776\pi}{15}$ **47.** $V = \frac{625\pi}{6}$

49. $\frac{3\pi}{10}$ **51.** $V = \frac{121\pi}{525}$ **53.** $V = \frac{563\pi}{30}$

55. $V = \frac{4}{3}\pi r^3$ **57.** $V = 2\pi^2 ab^2$

59. $x^2 + y^2 = 1$ em $[0, 1]$; $y = 1 - x$ em $[0, 1]$

Seção 6.5 Exercícios preliminares

1. Porque a força necessária não é constante ao longo do processo de esticar.
2. A força envolvida para levantar um tanque é o peso do tanque, que é constante.
3. $\frac{1}{2}kx^2$
4. Que a força foi aplicada no sentido oposto ao do movimento.

Seção 6.5 Exercícios

1. $W = 627{,}2$ joules **3.** $W = 5{,}76$ joules **5.** $W = 8$ joules

7. $W = 11{,}25$ joules **9.** $W = 3{,}800$ joules

11. $W = 105.840$ joules

13. $W = \frac{56.448\pi}{5}$ joules $\approx 3{,}547 \times 10^4$ joules

15. $W \approx 1{,}842 \times 10^{12}$ joules **17.** $W = 3{,}92 \times 10^6$ joules

19. $W \approx 1{,}18 \times 10^8$ joules **21.** $W = 9800\pi \ell r^3$ joules

23. $W = 2{,}94 \times 10^6$ joules **25.** $W \approx 1{,}222 \times 10^6$ joules

27. $W = 3920$ joules **29.** $W = 529{,}2$ joules

31. $W = 1470$ joules **33.** $W = 374{,}85$ joules

37. $W \approx 5{,}16 \times 10^9$ joules **41.** $\sqrt{2GM_e\left(\frac{1}{R_e} - \frac{1}{r+R_e}\right)}$ m/s

43. $v_{\text{esc}} = \sqrt{\frac{2GM_e}{R_e}}$ m/s

Revisão do Capítulo 6

1. $\frac{32}{3}$ **3.** $\frac{1}{2}$ **5.** 24 **7.** $\frac{1}{2}$ **9.** $3\sqrt{2} - 1$ **11.** $e - \frac{3}{2}$

13. Pontos de interseção: $x = 0$, $x = 0{,}7145563847$; área $= 0{,}08235024596$

15. $V = 4\pi$ **17.** 2,7552 kg **19.** $\frac{9}{4}$ **21.** $\frac{1}{2}$ senh 1 **23.** $\frac{3\pi}{4}$

25. 27 **27.** $\frac{2\pi m^5}{15}$ **29.** $V = \frac{162\pi}{5}$ **31.** $V = 64\pi$ **33.** $V = 8\pi$

35. $V = \frac{56\pi}{15}$ **37.** $V = \frac{128\pi}{15}$ **39.** $V = 4\pi\left(1 - \frac{1}{\sqrt{e}}\right)$

41. $V = 2\pi\left(c + \frac{c^3}{3}\right)$ **43.** $V = c\pi$

45. **(a)** $\int_0^1 \left(\sqrt{1-(x-1)^2} - \left(1 - \sqrt{1-x^2}\right)\right) dx$

(b) $\pi \int_0^1 \left[(1-(x-1)^2) - (1-\sqrt{1-x^2})^2\right] dx$

47. $V = \pi \int_0^{1/a} \left(a\sqrt{x} - ax^2\right)^2 dx = \frac{\pi}{6}$ **49.** $W = 1{,}6$ joule

51. $W = 1{,}93 \times 10^{10}$ joules **53.** $9800\pi\left(h^3 + 2h^2 - \frac{1}{4}h^4\right)$ joules

Capítulo 7

Seção 7.1 Exercícios preliminares

1. A fórmula da integração por partes deriva da regra do produto.

3. Transformar $v' = x$ em $v = \frac{1}{2}x^2$ aumenta a potência de x e faz a nova integral mais difícil do que a original.

Seção 7.1 Exercícios

1. $-x\cos x + \operatorname{sen} x + C$ **3.** $e^x(2x+7) + C$

5. $\frac{x^4}{16}(4\ln x - 1) + C$ **7.** $-e^{-x}(4x+1) + C$

9. $\frac{1}{25}(5x-1)e^{5x+2} + C$ **11.** $\frac{1}{2}x\operatorname{sen} 2x + \frac{1}{4}\cos 2x + C$

13. $-x^2\cos x + 2x\operatorname{sen} x + 2\cos x + C$

15. $-\frac{1}{2}e^{-x}(\operatorname{sen} x + \cos x) + C$

17. $-\frac{1}{26}e^{-5x}(\cos(x) + 5\operatorname{sen}(x)) + C$

19. $\frac{1}{4}x^2(2\ln x - 1) + C$ **21.** $\frac{x^3}{3}\left(\ln x - \frac{1}{3}\right) + C$

23. $x\left[(\ln x)^2 - 2\ln x + 2\right] + C$ **25.** $x \operatorname{arc}\cos x - \sqrt{1-x^2} + C$

27. $x \operatorname{arc}\sec x - \ln|x + \sqrt{x^2-1}| + C$

29. $\dfrac{3^x(\operatorname{sen} x + \ln 3\cos x)}{1 + (\ln 3)^2} + C$

31. $(x^2+2)\operatorname{senh} x - 2x\cosh x + C$

33. $x \operatorname{arc\,tgh} 4x + \frac{1}{8}\ln|1 - 16x^2| + C$ **35.** $2e^{\sqrt{x}}(\sqrt{x} - 1) + C$

37. $\frac{1}{4}x\operatorname{sen} 4x + \frac{1}{16}\cos 4x + C$

39. $\frac{2}{3}(x+1)^{3/2} - 2(x+1)^{1/2} + C$

41. $\operatorname{sen} x \ln(\operatorname{sen} x) - \operatorname{sen} x + C$

43. $2xe^{\sqrt{x}} - 4\sqrt{x}e^{\sqrt{x}} + 4e^{\sqrt{x}} + C$

45. $\frac{1}{4}(\ln x)^2[2\ln(\ln x) - 1] + C$

47. $\frac{1}{16}(11e^{12} + 1)$

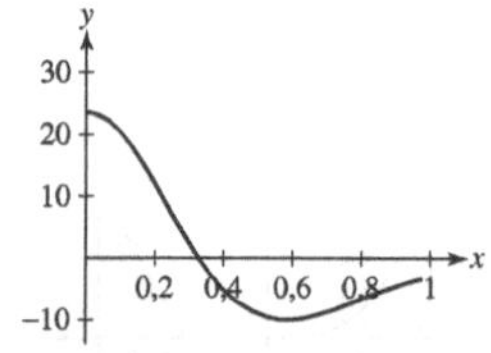

49. $2\ln 2 - \frac{3}{4}$ **51.** $\frac{e^\pi + 1}{2}$ **51.** $1 - \frac{2}{e}$ **53.** $\frac{3\ln 3 - 2}{\ln^2 3}$ **55.** $\frac{e^\pi + 1}{2}$

57. $-\frac{1}{5}\operatorname{sen}^4 x\cos x - \frac{4}{15}\operatorname{sen}^2 x\cos x - \frac{8}{15}\cos x + C$

59. $\frac{1}{3}\cos^2 x\operatorname{sen} x + \frac{2}{3}\operatorname{sen} x + C$

61. $e^x(x^3 - 3x^2 + 6x - 6) + C$

63. $\int x^n e^{-x}\,dx = -x^n e^{-x} + n\int x^{n-1}e^{-x}\,dx$ **65.** $\pi\left(\pi^2 - 4\right)$

67. Use integração por partes com $u = \ln x$ e $dv = \sqrt{x}\,dx$.

69. Use substituição, seguida de manipulação algébrica, com $u = 4 - x^2$ e $du = -2x\,dx$.

71. Use substituição com $u = x^2 + 4x + 3$ e $\frac{du}{2} = (x+2)\,dx$.

73. Use integração por partes com $u = x$ e $dv = \operatorname{sen}(3x+4)\,dx$.

75. $x(\operatorname{arc\,sen} x)^2 + 2\sqrt{1-x^2}\operatorname{arc\,sen} x - 2x + C$

77. $\frac{1}{4}x^4\operatorname{sen}(x^4) + \frac{1}{4}\cos(x^4) + C$

79. $2\pi(e^2 + 1)$

81. \$42.995,10

83. Com $k = 2$: $x(\ln x)^2 - 2x\ln x + 2x + C$; com $k = 3$: $x(\ln x)^3 - 3x(\ln x)^2 + 6x\ln x - 6x + C$

85. Use integração por partes com $u = x$ e $v' = b^x$.

87. **(b)** $V(x) = \frac{1}{2}x^2 + \frac{1}{2}$ é mais simples e fornece

$$\tfrac{1}{2}(x^2 \operatorname{arc\,tg} x - x + \operatorname{arc\,tg} x) + C$$

89. Um exemplo de uma função que satisfaz essas propriedades com algum λ é $f(x) = \operatorname{sen}\pi x$.

91. **(a)** $I_n = \frac{1}{2}x^{n-1}\operatorname{sen}(x^2) - \frac{n-1}{2}J_{n-2}$;

(c) $\frac{1}{2}x^2\operatorname{sen}(x^2) + \frac{1}{2}\cos(x^2) + C$

Seção 7.2 Exercícios preliminares

1. Reescreva $\operatorname{sen}^5 x = \operatorname{sen} x \operatorname{sen}^4 x = \operatorname{sen} x(1 - \cos^2 x)^2$ e então substitua $u = \cos x$.

3. Não, uma fórmula de redução não é necessária porque a função seno está elevada a uma potência ímpar.

5. A segunda integral requer o uso de fórmulas de redução e, portanto, mais trabalho.

Seção 7.2 Exercícios

1. $\operatorname{sen} x - \frac{1}{3}\operatorname{sen}^3 x + C$ **3.** $-\frac{1}{3}\cos^3\theta + \frac{1}{5}\cos^5\theta + C$

5. $-\frac{1}{4}\cos^4 t + \frac{1}{6}\cos^6 t + C$ **7.** 2

9. $\frac{3y}{8} + \frac{1}{4}\operatorname{sen}(2y) + \frac{1}{32}\operatorname{sen}(4y) + C$

11. $\frac{1}{6}\operatorname{sen}^5 x\cos x - \frac{1}{24}\operatorname{sen}^3 x\cos x - \frac{1}{16}\operatorname{sen} x\cos x + \frac{1}{16}x + C$

13. $\frac{1}{5}\operatorname{sen}^4 x\cos x - \frac{1}{15}\operatorname{sen}^2 x\cos x - \frac{2}{15}\cos x + C$

15. $\frac{1}{3}\sec^3 x - \sec x + C$

17. $\frac{1}{5}\operatorname{tg} x\sec^4 x - \frac{1}{15}\operatorname{tg}(x)\sec^2 x - \frac{2}{15}\operatorname{tg} x + C$

19. $-\frac{1}{2}\operatorname{cotg}^2 x + \ln|\operatorname{cossec} x| + C$ **21.** $-\frac{1}{6}\operatorname{cotg}^6 x + C$

23. $-\frac{1}{6}\cos^6 x + C$

25. $\frac{1}{12}\cos^3(3x+2)\,\text{sen}(3x+2)+\frac{1}{8}(3x+2)+\frac{1}{16}\,\text{sen}(6x+4)+C$

27. $\frac{1}{5\pi}\,\text{sen}^5(\pi\theta)-\frac{1}{7\pi}\,\text{sen}^7(\pi\theta)+C$

29. $-\frac{1}{12}\text{sen}^3(3x)\cos(3x)-\frac{1}{8}\,\text{sen}(3x)\cos(3x)+\frac{3}{8}x+C$

31. $\frac{1}{2}\text{sen}^2x-\frac{1}{2\text{sen}^2x}-2\ln|\text{sen}\,x|+C$

33. $\frac{1}{2}\,\text{cotg}(3-2x)+C$ **35.** $\frac{1}{2}\,\text{tg}^2\,x+C$

37. $\frac{1}{8}\sec^8 x-\frac{1}{3}\sec^6 x+\frac{1}{4}\sec^4 x+C$

39. $\frac{1}{9}\,\text{tg}^9\,x+\frac{1}{7}\,\text{tg}^7\,x+C$

41. $-\frac{1}{9}\,\text{cossec}^9\,x+\frac{2}{7}\,\text{cossec}^7\,x-\frac{1}{5}\,\text{cossec}^5\,x+C$ **43.** $\frac{1}{4}\,\text{sen}^2\,2x+C$

45. $\frac{1}{6}\cos^2(t^2)\,\text{sen}(t^2)+\frac{1}{3}\,\text{sen}(t^2)+C$

47. $\frac{1}{2}\cos(\text{sen}\,t)\,\text{sen}(\text{sen}\,t)+\frac{1}{2}\,\text{sen}\,t+C$ **49.** π **51.** $\frac{8}{15}$

53. $\ln\left(\sqrt{2}+1\right)$ **55.** $\ln 2$ **57.** $\frac{8}{3}$

59. $-\frac{6}{7}$ **61.** $\frac{1}{24}$

63. Em primeiro lugar, observe que $\text{sen}\,4x=2\,\text{sen}\,2x\cos 2x=2\,\text{sen}\,2x(1-2\,\text{sen}^2\,x)=2\,\text{sen}\,2x-4\,\text{sen}\,2x\,\text{sen}^2\,x=2\,\text{sen}\,2x-8\,\text{sen}^3\,x\cos x$. Então, $\frac{1}{32}(12x-8\,\text{sen}\,2x+\text{sen}\,4x)+C=\frac{3}{8}x-\frac{3}{16}\,\text{sen}\,2x-\frac{1}{4}\,\text{sen}^3\,x\cos x+C=\frac{3}{8}x-\frac{3}{8}\,\text{sen}\,x\cos x-\frac{1}{4}\,\text{sen}^3\,x\cos x+C$.

65. $\frac{\pi^2}{2}$

67. $\frac{1}{8}x-\frac{1}{16}\,\text{sen}\,2x\cos 2x+C$

69. $\frac{1}{16}x-\frac{1}{48}\,\text{sen}\,2x-\frac{1}{32}\,\text{sen}\,2x\cos 2x+\frac{1}{48}\cos^2 2x\,\text{sen}\,2x+C$

71. Use a identidade $\text{tg}^2\,x=\sec^2 x-1$ e a substituição $u=\text{tg}\,x$, $du=\sec^2 x\,dx$.

73. **(a)** $I_0=\int_0^{\pi/2}\text{sen}^0\,x\,dx=\frac{\pi}{2}$; $I_1=\int_0^{\pi/2}\text{sen}\,x\,dx=1$

(b) $\frac{m-1}{m}\int_0^{\pi/2}\text{sen}^{m-2}\,x\,dx$

(c) $I_2=\frac{\pi}{4}$; $I_3=\frac{2}{3}$; $I_4=\frac{3\pi}{16}$; $I_5=\frac{8}{15}$

75. $\cos(x)-\cos(x)\ln(\text{sen}(x))+\ln|\text{cossec}(x)-\text{cotg}(x)|+C$

79. Use integração por partes com $u=\sec^{m-2}x$ e $v'=\sec^2 x$.

Seção 7.3 Exercícios preliminares

1. **(a)** $x=3\,\text{sen}\,\theta$ **(b)** $x=4\sec\theta$ **(c)** $x=4\,\text{tg}\,\theta$ **(d)** $x=\sqrt{5}\sec\theta$

3. $2x\sqrt{1-x^2}$

Seção 7.3 Exercícios

1. **(a)** $\theta+C$ **(b)** $\text{arc sen}\left(\frac{x}{3}\right)+C$

3. **(a)** $\int\frac{dx}{\sqrt{4x^2+9}}=\frac{1}{2}\int\sec\theta\,d\theta$

(b) $\frac{1}{2}\ln|\sec\theta+\text{tg}\,\theta|+C$

(c) $\frac{1}{2}\ln\left|\sqrt{4x^2+9}+2x\right|+C$

5. $\frac{8}{\sqrt{5}}\,\text{arc sen}\left(\frac{x\sqrt{5}}{4}\right)+\frac{1}{2}x\sqrt{16-5x^2}+C$ **7.** $\frac{1}{3}\,\text{arc sec}\left(\frac{x}{3}\right)+C$

9. $\frac{-x}{4\sqrt{x^2-4}}+C$ **11.** $\sqrt{x^2-4}+C$

13. **(a)** $-\sqrt{1-x^2}$ **(b)** $\frac{1}{8}(\text{arc sen}\,x-x\sqrt{1-x^2}(1-2x^2))$

(c) $-\frac{1}{3}(1-x^2)^{\frac{3}{2}}+\frac{1}{5}(1-x^2)^{\frac{5}{2}}$

(d) $\sqrt{1-x^2}\left(-\frac{x^3}{4}-\frac{3x}{8}\right)+\frac{3}{8}\,\text{arc sen}(x)$

15. $\frac{9}{2}\,\text{arc sen}\left(\frac{x}{3}\right)-\frac{1}{2}x\sqrt{9-x^2}+C$

17. $\frac{1}{4}\ln\left|\frac{\sqrt{x^2+16}-4}{x}\right|+C$ **19.** $\ln\left|x+\sqrt{x^2-9}\right|+C$

21. $-\frac{\sqrt{5-y^2}}{5y}+C$ **23.** $\frac{1}{5}\ln\left|5x+\sqrt{25x^2+2}\right|+C$

25. $\frac{1}{16}\,\text{arc sec}\left(\frac{z}{2}\right)+\frac{\sqrt{z^2-4}}{8z^2}+C$

27. $\frac{1}{12}x\sqrt{6x^2-49}+\frac{49\ln\left(x\sqrt{6}+\sqrt{6x^2-49}\right)}{12\sqrt{6}}+C$

29. $\frac{1}{54}\,\text{arc tg}\left(\frac{1}{3}\right)+\frac{1}{180}$ **31.** $-\frac{x}{\sqrt{x^2-1}}+\ln\left|x+\sqrt{x^2+1}\right|+C$

33. Use a substituição $x=\sqrt{a}\,u$.

35. **(a)** $x^2-4x+8=x^2-4x+4+4=(x-2)^2+4$

(b) $\ln\left|\sqrt{u^2+4}+u\right|+C$

(c) $\ln\left|\sqrt{(x-2)^2+4}+x-2\right|+C$

37. $\ln\left|\sqrt{x^2+4x+13}+x+2\right|+C$

39. $\frac{1}{\sqrt{6}}\ln 12x+1+2\sqrt{6}\sqrt{x+6x^2}+C$

41. $\frac{1}{2}(x-2)\sqrt{x^2-4x+3}-\frac{1}{2}\ln\left|x-2+\sqrt{x^2-4x+3}\right|+C$

43. $x\,\text{arc sec}\,x-\ln\left|x+\sqrt{x^2-1}\right|+C$

45. $x(\ln(x^2+1)-2)+2\,\text{arc tg}\,x+C$

47. $\frac{\pi}{4}$ **49.** $4\pi\left[\sqrt{3}-\ln\left|2+\sqrt{3}\right|\right]$ **51.** $\frac{1}{2}\ln\left(\frac{x-1}{x+1}\right)+C$

53. **(a)** $1{,}789\times10^6\ \frac{V}{m}$ **(b)** $3{,}526\times10^6\ \frac{V}{m}$

Seção 7.4 Exercícios preliminares

1. **(a)** $x=\text{senh}\,t$ **(b)** $x=3\,\text{senh}\,t$ **(c)** $3x=\text{senh}\,t$

3. $\frac{1}{2}\ln\left|\frac{1+x}{1-x}\right|$

Seção 7.4 Exercícios

1. $\frac{1}{3}\,\text{senh}(3x)+C$ **3.** $\frac{1}{2}\cosh(x^2+1)+C$

5. $-\frac{1}{2}\,\text{tgh}(1-2x)+C$ **7.** $\frac{\text{tgh}^2\,x}{2}+C$ **9.** $\ln\cosh x+C$

11. $\ln|\text{senh}\,x|+C$ **13.** $\frac{1}{16}\,\text{senh}(8x-18)-\frac{1}{2}x+C$

15. $\frac{1}{32}\,\text{senh}\,4x-\frac{1}{8}x+C$ **17.** $\text{arc cosh}\,x+C$

19. $\frac{1}{5}\,\text{arc senh}\left(\frac{5x}{4}\right)+C$ **21.** $\frac{1}{2}x\sqrt{x^2-1}-\frac{1}{2}\,\text{arc cosh}\,x+C$

23. $2\,\text{arc tgh}\left(\frac{1}{2}\right)$ **25.** $\text{arc senh}\,1$

27. $\frac{1}{4}\left(\text{arc cossech}\left(-\frac{1}{4}\right)-\text{arc cossech}\left(-\frac{3}{4}\right)\right)$

29. $\text{arc cosh}\,x-\frac{\sqrt{x^2-1}}{x}+C$

31. Tome $x=\text{senh}\,t$ na primeira fórmula e $x=\cosh t$ na segunda.

33. $\frac{1}{2}x\sqrt{x^2+16}+8\ln\left|\frac{x}{4}+\sqrt{\left(\frac{x}{4}\right)^2+1}\right|+C$

35. Use integração por partes com $u=\cosh^{n-1}x$ e $v'=\cosh x$ para começar a prova.

37. $-\frac{1}{2}\left(\text{arc tgh}\,x\right)^2+C$

39. $x\,\text{arc tgh}\,x+\frac{1}{2}\ln|1-x^2|+C$

41. $u=\sqrt{\frac{\cosh x-1}{\cosh x+1}}$. Disso segue que $\cosh x=\frac{1+u^2}{1-u^2}$, $\text{senh}\,x=\frac{2u}{1-u^2}$ e $dx=\frac{2du}{1-u^2}$.

43. $\int du=u+C=\text{tgh}\,\frac{x}{2}+C$

45. Seja $gd(y) = \text{arc tg}(\text{senh } y)$. Então

$$\frac{d}{dy}gd(y) = \frac{1}{1+\text{senh}^2 y}\cosh y = \frac{1}{\cosh y} = \text{sech } y$$

onde usamos a identidade $1 + \text{senh}^2 y = \cosh^2 y$.

47. Seja $x = gd(y) = \text{arc tg}(\text{senh } y)$. Resolvendo em y, obtemos $y = \text{arc senh}(\text{tg } x)$. Portanto, $gd^{-1}(y) = \text{arc senh}(\text{tg } y)$.

49. Seja $x = it$. Então $\cosh^2 x = (\cosh(it))^2 = \cos^2 t$ e $\text{senh}^2 x = (\text{senh}(it))^2 = i^2 \text{sen}^2 t = -\text{sen}^2 t$. Assim, $1 = \cosh^2(it) - \text{senh}^2(it) = \cos^2 t - (-\text{sen}^2 t) = \cos^2 t + \text{sen}^2 t$, como queríamos mostrar.

Seção 7.5 Exercícios preliminares

1. Não, f não pode ser uma função racional, porque a integral de uma função racional não pode conter um termo com expoente que não seja inteiro como $\sqrt{x+1}$.

3. **(a)** O quadrado já está completado; irredutível
(b) O quadrado já está completado; fatora como $(x-\sqrt{5})(x+\sqrt{5})$.
(c) $x^2+4x+6 = (x+2)^2+2$; irredutível
(d) $x^2+4x+2 = (x+2)^2-2$; fatora como $(x+2-\sqrt{2})(x+2+\sqrt{2})$.

Seção 7.5 Exercícios

1. **(a)** $\dfrac{x^2+4x+12}{(x+2)(x^2+4)} = \dfrac{1}{x+2} + \dfrac{4}{x^2+4}$.

(b) $\dfrac{2x^2+8x+24}{(x+2)^2(x^2+4)} = \dfrac{1}{x+2} + \dfrac{2}{(x+2)^2} + \dfrac{-x+2}{x^2+4}$.

(c) $\dfrac{x^2-4x+8}{(x-1)^2(x-2)^2} = \dfrac{-8}{x-2} + \dfrac{4}{(x-2)^2} + \dfrac{8}{x-1} + \dfrac{5}{(x-1)^2}$.

(d) $\dfrac{x^4-4x+8}{(x+2)(x^2+4)} = x-2+\dfrac{4}{x+2} - \dfrac{4x-4}{x^2+4}$.

3. -2 **5.** $\frac{1}{9}(3x+4\ln|3x-4|)+C$

7. $\frac{x^3}{3}+\ln|x+2|+C$ **9.** $-\frac{1}{2}\ln|x-2|+\frac{1}{2}\ln|x-4|+C$

11. $\ln|x|-\ln|2x+1|+C$ **13.** $x-3\,\text{arc tg}\left(\frac{x}{3}\right)+C$

15. $2\ln|x+3|-\ln|x+5|-\frac{2}{3}\ln|3x-2|+C$

17. $3\ln|x-1|-2\ln|x+1|-\frac{5}{x+1}+C$

19. $2\ln|x-1|-\frac{1}{x-1}-2\ln|x-2|-\frac{1}{x-2}+C$

21. $\ln|x|-\ln|x+2|+\frac{2}{x+2}+\frac{2}{(x+2)^2}+C$

23. $\frac{1}{2\sqrt{6}}\ln\left|\sqrt{2}x-\sqrt{3}\right|-\frac{1}{2\sqrt{6}}\ln\left|\sqrt{2}x+\sqrt{3}\right|+C$

25. $\frac{1}{2(x+1)}+\frac{1}{4}\ln|x-1|-\frac{1}{4}\ln|x+1|+C$

27. $\frac{5}{2x+5}-\frac{5}{4(2x+5)^2}+\frac{1}{2}\ln|2x+5|+C$

29. $-\ln|x|+\ln|x-1|+\frac{1}{x-1}-\frac{1}{2(x-1)^2}+C$

31. $x+\ln|x|-3\ln|x+1|+C$

33. $2\ln|x-1|+\frac{1}{2}\ln|x^2+1|-3\,\text{arc tg}\,x+C$

35. $\frac{1}{25}\ln|x|-\frac{1}{50}\ln|x^2+25|+C$

37. $6x-14\ln|x+3|+2\ln|x-1|+C$

39. $-\frac{1}{5}\ln|x-1|-\frac{1}{x-1}+\frac{1}{10}\ln|x^2+9|-\frac{4}{15}\,\text{arc tg}\left(\frac{x}{3}\right)+C$

41. $\frac{1}{64}\ln|x|-\frac{1}{128}\ln|x^2+8|+\frac{1}{16(x^2+8)}+C$

43. $\frac{1}{6}\ln|x+2|-\frac{1}{12}\ln|x^2+4x+10|+C$

45. $\ln|x|-\frac{1}{2}\left|x^2+2x+5\right|+\frac{15-5x}{8(x^2+2x+5)}-\frac{13}{16}\text{arc tg}\left(\frac{x+1}{2}\right)+C$

47. $\frac{1}{2}\,\text{arc tg}(x^2)+C$ **49.** $\ln\left|e^x-1\right|-x+C$

51. $2\sqrt{x}+\ln|\sqrt{x}-1|-\ln|\sqrt{x}+1|+C$

53. $\ln\left|x^{1/4}-2\right|-\ln\left|x^{1/4}+2\right|+C$

55. $\ln\left|\frac{x}{\sqrt{x^2-1}}-\frac{1}{\sqrt{x^2-1}}\right|+C = \ln\left|\frac{x-1}{\sqrt{x^2-1}}\right|+C$

57. Se $\theta = 2\,\text{arc tg}\,t$, então $d\theta = 2\,dt/(1+t^2)$. Também temos $\cos(\frac{\theta}{2}) = 1/\sqrt{1+t^2}$ e $\text{sen}(\frac{\theta}{2}) = t/\sqrt{1+t^2}$. Para encontrar $\cos\theta$, usamos a identidade do ângulo duplo $\cos\theta = 1-2\,\text{sen}^2(\frac{\theta}{2})$. Isso nos dá $\cos\theta = \frac{1-t^2}{1+t^2}$. Para encontrar $\text{sen}\,\theta$, usamos a identidade do ângulo duplo $\text{sen}\,\theta = 2\,\text{sen}(\frac{\theta}{2})\cos(\frac{\theta}{2})$. Isso nos dá $\text{sen}\,\theta = \frac{2t}{1+t^2}$. Segue, então, que

$$\int \frac{d\theta}{\cos\theta+\frac{3}{4}\,\text{sen}\,\theta} =$$
$$-\frac{4}{5}\ln\left|2-\text{tg}\left(\frac{\theta}{2}\right)\right|+\frac{4}{5}\ln\left|1+2\,\text{tg}\left(\frac{\theta}{2}\right)\right|+C.$$

59. A decomposição em frações parciais mostra que $\frac{1}{(x-a)(x-b)} = \frac{\frac{1}{a-b}}{x-a}+\frac{\frac{1}{b-a}}{x-b}$. Isso pode se usado para mostrar que $\int\frac{dx}{(x-a)(x-b)} = \frac{1}{a-b}\ln\left|\frac{x-a}{x-b}\right|+C$.

61. $\frac{2}{x-6}+\frac{1}{x+2}$

Seção 7.6 Exercícios preliminares

1. Integração por partes com $u = x$, $dv = \text{sen}\,x\,dx$
2. Substituição trigonométrica $x = \text{tg}\,\theta$, $dx = \sec^2\theta\,d\theta$
3. Frações parciais
4. Substitua $u = \cos x$, $du = -\text{sen}\,x\,dx$.
5. Integração por partes com $u = \ln x$, $dv = x\,dx$
6. Substituição trigonométrica $x = \text{sen}\,\theta$, $dx = \cos\theta\,d\theta$
7. Método trigonométrico. Reescreva como $\int\left(1-\text{sen}^2 x\right)\cos^2 x\,\text{sen}\,x\,dx$. Depois use a substituição $u = \cos x$ e $u = \cos x$ e $du = -\text{sen}\,x\,dx$.
8.

$$\int\frac{u^2\,du}{a+bu} = \frac{1}{2b^3}\left[(a+bu)^2-4a\,(a+bu)+2a^2\ln|a+bu|\right]+C$$

9. Substituição trigonométrica com $x = \frac{5}{4}\,\text{tg}\,\theta$ e $dx = \frac{5}{4}\sec^2\theta\,d\theta$
10. $\int\sec^3 u\,du = \frac{1}{2}\sec u\,\text{tg}\,u+\frac{1}{2}\ln|\sec u+\text{tg}\,u|+C$
11. Complete o quadrado, depois use a substituição $u = x+1$ e $du = dx$. Em seguida, use substituição trigonométrica com $u = 2\,\text{tg}\,\theta$ e $du = 2\sec^2\theta\,d\theta$.

Seção 7.6 Exercícios

1. Complete o quadrado para obter $\int\frac{x\,dx}{\sqrt{21-(x+3)^2}}$ e depois use a substituição $x+3 = \sqrt{21}\,\text{sen}\,u$, de modo que $dx = \sqrt{21}\cos u\,du$.

3. Método trigonométrico. Reescreva como $\int\text{sen}^3 x\left(1-\text{sen}^2 x\right)\cos x\,dx$. Depois use a substituição $u = \text{sen}\,x$ e $du = \cos x\,dx$.

5. Substituição trigonométrica $x = 3\,\text{sen}\,\theta$ e $dx = 3\cos\theta\,d\theta$

7. Nenhum

9. Frações parciais **11.** $-\frac{\sqrt{4-x^2}}{4x}+C$

13. $\frac{x}{2}+\frac{1}{8}\operatorname{sen}4x\cos 4x+C$ 15. $\frac{x}{18(9+x^2)}+\frac{1}{54}\operatorname{arc\,tg}\left(\frac{x}{3}\right)+C$

17. $\sec x-\frac{2}{3}\sec^3 x+\frac{1}{5}\sec^5 x+C$

19. $x\ln\left|x^4+1\right|-4x+2\operatorname{arc\,tg}x-\ln|x-1|+\ln|x+1|+C$

21. $\ln\left|\sqrt{x^2-1}+x\right|-\frac{x}{\sqrt{x^2-1}}+C$

23. $-\frac{x+6}{8(x^2+4x+8)}-\frac{1}{16}\operatorname{arc\,tg}\left(\frac{x+2}{2}\right)+C$

25. $6\operatorname{arc\,tg}\left(x^{1/6}\right)-6x^{1/6}+2\sqrt{x}-\frac{6}{5}x^{5/6}+\frac{6}{7}x^{7/6}+C$

27. $\frac{1}{3}\ln\left|3e^t+1\right|+C$ 29. $\frac{1}{3}x^3\ln x-\frac{x^3}{9}+C$

31. $\frac{1}{2}\operatorname{arc\,tg}\left(\frac{x+1}{2}\right)+C$ 33. $\frac{2}{9}\left(1+x^3\right)^{3/2}+C$

35. $x-\ln\left(1+e^x\right)+C$

37. $2\sqrt{x}+x+\frac{2}{3}x^{3/2}+2\ln\left|\sqrt{x}-1\right|+C$

39. $\frac{2}{5}(x+1)^{5/2}-\frac{4}{3}(x+1)^{3/2}+2\sqrt{x+1}+C$

41. $x+\cos x-\frac{1}{4}\operatorname{sen}2x-\frac{1}{3}\cos 3x+\frac{1}{8}\operatorname{sen}4x+C$

43. $\frac{1}{2}\cos^2 x-\ln|\cos x|+C$

45. $x\ln\left(x^2+9\right)+6\operatorname{arc\,tg}\left(\frac{x}{3}\right)-2x+C$

47. $-\frac{1}{3}\cos^3 x+\frac{2}{5}\cos^5 x-\frac{1}{7}\cos^7 x+C$

49. $\operatorname{sen}x-\operatorname{sen}^3 x+\frac{3}{5}\operatorname{sen}^5 x-\frac{1}{7}\operatorname{sen}^7 x+C$

51. $\frac{1}{2}x^2-\frac{1}{4}\ln\left(x^2+1\right)+\frac{1}{4}\ln|x-1|+\frac{1}{4}\ln|x+1|+C$

53. $\frac{1}{4}\operatorname{sen}2x+9\operatorname{tg}x-\frac{11}{2}x+C$

55. $\frac{1}{32}x^4+\frac{1}{4}x^4(\ln x)^2-\frac{1}{8}x^4\ln x+C$ 57. $\operatorname{arc\,cosh}\left(\frac{x}{6}\right)+C$

Seção 7.7 Exercícios preliminares

1. (a) A integral converge
   (b) A integral diverge
   (c) A integral diverge
   (d) A integral converge
3. Qualquer valor de b que satisfaça $|b|\geq 2$ torna isso uma integral imprópria.
5. Saber que uma integral é menor do que uma integral divergente não nos permite tirar qualquer conclusão pelo teste da comparação.

Seção 7.7 Exercícios

1. (a) Imprópria: a função $y=x^{-1/3}$ é infinita em 0.
   (b) Imprópria: intervalo de integração infinito.
   (c) Imprópria: intervalo de integração infinito.
   (d) Própria: a função $y=e^{-x}$ é contínua no intervalo finito [0, 1].
   (e) Imprópria: a função $y=\sec x$ é infinita em $\frac{\pi}{2}$.
   (f) Imprópria: intervalo de integração infinito.
   (g) Própria: a função $y=\operatorname{sen}x$ é contínua no intervalo finito [0, 1].
   (h) Própria: a função $y=1/\sqrt{3-x^2}$ é contínua no intervalo finito [0, 1].
   (i) Imprópria: intervalo de integração infinito.
   (j) Imprópria: a função $y=\ln x$ é infinita em 0.
3. $$\int_1^\infty x^{-2/3}\,dx=\lim_{R\to\infty}\int_1^R x^{-2/3}\,dx=\lim_{R\to\infty}3\left(R^{1/3}-1\right)=\infty$$
5. A integral não converge.
7. A integral converge; $I=10.000e^{0,0004}$.
9. A integral não converge.
11. A integral converge; $I=4$.
13. A integral converge; $I=\frac{1}{8}$.
15. A integral converge; $I=2$.
17. A integral converge; $I=0$.
19. A integral converge; $I=\frac{1}{3e^{12}}$.
21. A integral converge; $I=\frac{1}{3}$.
23. A integral converge; $I=2\sqrt{2}$.
25. A integral não converge.
27. A integral converge; $I=\frac{1}{2}$.
29. A integral converge; $I=\frac{1}{2}$.
31. A integral converge; $I=\frac{\pi}{2}$.
33. A integral não converge.
35. A integral não converge.
37. A integral converge; $I=-1$.
39. A integral não converge.
41. (a) Frações parciais dizem que $\frac{dx}{(x-2)(x-3)}=\frac{dx}{x-3}-\frac{dx}{x-2}$. Isso fornece
   $$\int_4^R\frac{dx}{(x-2)(x-3)}=\ln\left|\frac{R-3}{R-2}\right|-\ln\frac{1}{2}.$$
   (b) $I=\lim_{R\to\infty}\left(\ln\left|\frac{R-3}{R-2}\right|-\ln\frac{1}{2}\right)=\ln 1-\ln\frac{1}{2}=\ln 2$
43. A integral não converge.
45. A integral não converge.
47. A integral converge; $I=0$.
49. $$\int_{-1}^1\frac{dx}{x^{1/3}}=\int_{-1}^0\frac{dx}{x^{1/3}}+\int_0^1\frac{dx}{x^{1/3}}=0$$
51. A integral converge se $a<0$.
53. $\int_{-\infty}^\infty\frac{dx}{1+x^2}=\pi$.
55. $\frac{1}{x^3+4}\leq\frac{1}{x^3}$. Portanto, a integral converge pelo teste da comparação.
57. Com $x\geq 1$, $x^2\geq x$, logo $-x^2\leq -x$ e $e^{-x^2}\leq e^{-x}$. Agora, $\int_1^\infty e^{-x}\,dx$ converge, portanto $\int_1^\infty e^{-x^2}\,dx$ converge pelo teste da comparação. Concluímos que nossa integral converge escrevendo-a como uma soma: $\int_0^\infty e^{-x^2}\,dx=\int_0^1 e^{-x^2}\,dx+\int_1^\infty e^{-x^2}\,dx$.
59. Seja $f(x)=\frac{1-\operatorname{sen}x}{x^2}$. Como $f(x)\leq\frac{2}{x^2}$ e $\int_1^\infty 2x^{-2}\,dx=2$, segue que $\int_1^\infty\frac{1-\operatorname{sen}x}{x^2}\,dx$ converge pelo teste da comparação.
61. A integral converge.
63. A integral não converge.
65. A integral converge.
67. A integral não converge.
69. A integral converge.
71. A integral converge.
73. A integral converge.
75. A integral não converge.
77. $\int_0^1\frac{dx}{x^{1/2}(x+1)}$ e $\int_1^\infty\frac{dx}{x^{1/2}(x+1)}$ convergem, portanto J converge.
79. $\$\frac{250}{0,07}$
81. \$2.000.000
83. $W=\lim_{T\to\infty}CV^2\left(\frac{1}{2}-e^{-T/RC}+\frac{1}{2}e^{-2T/RC}\right)=CV^2\left(\frac{1}{2}-0+0\right)=\frac{1}{2}CV^2$

85. 2π

87. O integrando é infinito no limite de integração superior, $x = \sqrt{2E/k}$, portanto a integral é imprópria.

$$T = \lim_{R\to\sqrt{2E/k}} T(R) = 4\sqrt{\frac{m}{k}}\,\text{arc sen}(1) = 2\pi\sqrt{\frac{m}{k}}$$

89. $Lf(s) = \dfrac{-1}{s^2+\alpha^2}\lim_{t\to\infty} e^{-st}(s\,\text{sen}(\alpha t) + \alpha\cos(\alpha t)) - \alpha.$

91. $\frac{s}{s^2+\alpha^2}$

93. $J_n = \frac{n}{\alpha}J_{n-1} = \frac{n}{\alpha}\cdot\frac{(n-1)!}{\alpha^n} = \frac{n!}{\alpha^{n+1}}$

95. $E = \frac{8\pi h}{c^3}\int_0^\infty \frac{\nu^3}{e^{\alpha\nu}-1}\,d\nu$. Como $\alpha > 0$ e $8\pi h/c^3$ é uma constante, sabemos que E é finita pelo Exercício 92.

97. Como $t > \ln t$ se $t > 2$, $F(x) = \displaystyle\int_2^x \frac{dt}{\ln t} > \int_2^x \frac{dt}{t} > \ln x$.

Assim, $F(x) \to \infty$ se $x \to \infty$. Além disso, $\displaystyle\lim_{x\to\infty} G(x) = \lim_{x\to\infty}\frac{1}{1/x} = \lim_{x\to\infty} x = \infty$. Assim, $\displaystyle\lim_{x\to\infty}\frac{F(x)}{G(x)}$ é da forma ∞/∞, e a regra de L'Hôpital é aplicável. Finalmente,

$$L = \lim_{x\to\infty}\frac{F(x)}{G(x)} = \lim_{x\to\infty}\frac{\frac{1}{\ln x}}{\frac{\ln x - 1}{(\ln x)^2}} = \lim_{x\to\infty}\frac{\ln x}{\ln x - 1} = 1.$$

99. A integral é absolutamente convergente. Use o teste da comparação com $\frac{1}{x^2}$.

Seção 7.8 Exercícios preliminares

1. Não, falha $p(x) \geq 0$

3. $p(x) = 4e^{-4x}$

Seção 7.8 Exercícios

1. $C = 2$; $P(0 \leq X \leq 1) = \frac{3}{4}$

3. $C = \frac{1}{\pi}$; $P\left(-\frac{1}{2} \leq X \leq \frac{1}{2}\right) = \frac{1}{3}$

5. $C = \frac{2}{\pi}$; $P\left(-\frac{1}{2} \leq X \leq 1\right) = \frac{2}{3} + \frac{\sqrt{3}}{4\pi}$

7. $\int_1^\infty 3x^{-4} = 1$; $\mu = \frac{3}{2}$

9. A integração confirma que $\int_0^\infty \frac{1}{50}e^{-t/50} = 1$.

11. $e^{-\frac{3}{2}} \approx 0{,}2231$ **13.** $\frac{1}{2}\left(2 - 10e^{-2}\right) \approx 0{,}32$

15. $F(-\frac{2}{3}) - F(-\frac{13}{6}) \approx 0{,}2374$

17. **(a)** $\approx 0{,}8849$ **(b)** $\approx 0{,}6554$

19. $1 - F(z)$ e $F(-z)$ são a mesma área em extremidades opostas da função de distribuição. Uma álgebra simples com a função distribuição cumulativa normal padrão mostra que $P(\mu - r\sigma \leq X \leq \mu + r\sigma) = 2F(r) - 1$.

21. $\approx 0{,}0062$

25. $\mu = \frac{5}{3}$; $\sigma = \frac{2\sqrt{5}}{3}$

27. $\mu = 3$; $\sigma = 3$

29. **(a)** $f(t)$ é a fração dos átomos iniciais presentes no instante t. Portanto, a fração de átomos que decai será a taxa de variação do número total de átomos. Num intervalo pequeno, isso é $-f'(t)\Delta t$, simplesmente.

(b) A fração de átomos que decai num intervalo arbitrariamente pequeno é equivalente à probabilidade de que um átomo individual vá decair nesse mesmo intervalo. Assim, a função densidade de probabilidade passa a ser $-f'(t)$.

(c) $\int_0^\infty -tf'(t)\,dt = \frac{1}{k}$

Seção 7.9 Exercícios preliminares

1. $T_1 = 6$; $T_2 = 7$

3. A regra do trapézio integra exatamente as funções lineares, portanto o erro será nulo.

5. As duas intepretações gráficas da regra do ponto médio são a soma das áreas dos retângulos pelo ponto médio e a soma das áreas dos trapézios tangentes.

Seção 7.9 Exercícios

1. $T_4 = 2{,}75$; $M_4 = 2{,}625$ **3.** $T_6 = 64{,}6875$; $M_6 \approx 63{,}2813$

5. $T_6 \approx 1{,}4054$; $M_6 \approx 1{,}3769$ **7.** $T_6 \approx 1{,}1703$; $M_6 \approx 1{,}2063$

9. $T_5 \approx 0{,}3846$; $M_5 \approx 0{,}3871$ **11.** $T_5 \approx 0{,}7444$; $M_5 \approx 0{,}7481$

13. $S_4 \approx 5{,}2522$ **15.** $S_6 \approx 1{,}1090$ **17.** $S_4 \approx 0{,}7469$

19. $S_8 \approx 2{,}5450$ **21.** $S_{10} \approx 0{,}3466$ **23.** $\approx 2{,}4674$

25. $\approx 1{,}8769$ **27.** $\approx 608{,}611$

29. **(a)** Supondo que a velocidade do tsunami seja uma função contínua, a x milhas da costa a velocidade é $\sqrt{15f(x)}$. O tempo T que o tsunami requer para cobrir uma distância arbitrariamente pequena dx torna-se $\frac{dx}{\sqrt{15f(x)}}$. Segue disso que

$$T = \int_0^M \frac{dx}{\sqrt{15f(x)}}.$$

(b) $\approx 3{,}347$ h.

31. **(a)** Como x^3 é côncava para cima em $[0, 2]$, T_6 é muito grande.

(b) Temos $f'(x) = 3x^2$ e $f''(x) = 6x$. Como $|f''(x)| = |6x|$ é *crescente* em $[0, 2]$, seu valor máximo ocorre em $x = 2$, e podemos tomar $K_2 = |f''(2)| = 12$. Assim, Erro$(T_6) \leq \frac{2}{9}$.

(c) Erro$(T_6) \approx 0{,}1111 < \frac{2}{9}$

33. T_{10} vai sobrestimar a integral. Erro$(T_{10}) \leq 0{,}045$.

35. M_{10} vai sobrestimar a integral. Erro$(M_{10}) \leq 0{,}0113$

37. $N \geq 10^3$; Erro $\approx 3{,}333 \times 10^{-7}$

39. $N \geq 750$; Erro $\approx 2{,}805 \times 10^{-7}$

41. Error$(T_{10}) \leq 0{,}0225$; Erro$(M_{10}) \leq 0{,}01125$

43. $S_8 \approx 4{,}0467$; Erro $(S_8) \leq 0{,}00833$; $N \geq 78$

45. Erro$(S_{40}) \leq 1{,}017 \times 10^{-4}$. **47.** $N = 306$ **49.** $N = 186$

51. **(a)** O valor máximo de $|f^{(4)}(x)|$ no intervalo $[0, 1]$ é 24.

(b) $N = 20$; $S_{20} \approx 0{,}785398$; $\left|0{,}785398 - \frac{\pi}{4}\right| \approx 1{,}55 \times 10^{-10}$

53. **(a)** Note que $|f''(x)| = |2\cos(x^2) - 4x^2\,\text{sen}(x^2)|$; a prova segue.

(b) Se $K_2 = 6$, Erro$(M_N) \leq \frac{1}{4N^2}$.

(c) $N \geq 16$

55. Erro $(T_4) \approx 0{,}1039$; Erro $(T_8) \approx 0{,}0258$; Erro $(T_{16}) \approx 0{,}0064$; Erro $(T_{32}) \approx 0{,}0016$; Erro $(T_{64}) \approx 0{,}0004$. Esses erros são praticamente o dobro do erro de M_N.

57. $S_2 = \frac{1}{4}$. Esse é o valor exato da integral.

59. $T_N = \dfrac{r(b^2 - a^2)}{2} + s(b - a) = \displaystyle\int_a^b f(x)\,dx$

61. **(a)** Esse resultado segue porque as extremidades interiores de índice par se sobrepõem:

$$\sum_{i=0}^{(N-2)/2} S_2^{2j} = \frac{b-a}{6}\left[(y_0 + 4y_1 + y_2) + (y_2 + 4y_3 + y_4) + \cdots\right]$$

$$= \frac{b-a}{6}\left[y_0 + 4y_1 + 2y_2 + 4y_3 + 2y_4 + \cdots + 4y_{N-1} + y_N\right] = S_N$$

(b) Se $f(x)$ for um polinômio quadrático, então, pela parte (a), temos

$$S_N = S_2^0 + S_2^2 + \cdots + S_2^{N-2} = \int_a^b f(x)\,dx$$

63. Seja $f(x) = ax^3 + bx^2 + cx + d$, com $a \neq 0$, um polinômio cúbico qualquer. Então $f^{(4)}(x) = 0$, de modo que podemos tomar $K_4 = 0$. Isso dá Erro$(S_N) \leq \frac{0}{180N^4} = 0$. Em outras palavras, S_N é exato para polinômios cúbicos, com qualquer N.

Revisão do Capítulo 7

1. **(a)** (v) **(b)** (iv) **(c)** (iii) **(d)** (i) **(e)** (ii)

3. $\frac{\text{sen}^9\theta}{9} - \frac{\text{sen}^{11}\theta}{11} + C$

5. $\frac{\text{tg}\,\theta\sec^5\theta}{6} - \frac{7\,\text{tg}\,\theta\sec^3\theta}{24} + \frac{\text{tg}\,\theta\sec\theta}{16} + \frac{1}{16}\ln|\sec\theta + \text{tg}\,\theta| + C$

7. $-\frac{1}{\sqrt{x^2-1}} - \text{arc sec}\,x + C$ **9.** $2\text{arc tg}\sqrt{x} + C$

11. $-\frac{\text{arc tg}x}{x} + \ln|x| - \frac{1}{2}\ln\left(1 + x^2\right) + C$

13. $\frac{5}{32}e^4 - \frac{1}{32} \approx 8{,}50$ **15.** $\frac{\cos^{12}6\theta}{72} - \frac{\cos^{10}6\theta}{60} + C$

17. $5\ln|x-1| + \ln|x+1| + C$

19. $\frac{\text{tg}^3\theta}{3} + \text{tg}\,\theta + C$ **21.** $\ln 8 - 1$

23. $-\frac{\cos^5\theta}{5} + \frac{2\cos^3\theta}{3} - \cos\theta + C$ **25.** $-\frac{1}{4}$

27. $\frac{2}{3}(\text{tg}\,x)^{3/2} + C$

29. $\frac{\text{sen}^6\theta}{6} - \frac{\text{sen}^8\theta}{8} + C$ **31.** $-\frac{1}{3}u^3 + C = -\frac{1}{3}\cot\text{g}^3\,x + C$

33. $\int_{\pi/4}^{\pi/3} \text{cotg}^2(x)\text{cossec}^3(x)\,dx = \frac{1}{16}\ln 3 + \frac{1}{8}\ln\left(\sqrt{2}-1\right) + \frac{3}{8}\sqrt{2} - \frac{5}{56}$

35. $\frac{1}{49}\ln\left|\frac{t+4}{t-3}\right| - \frac{1}{7}\cdot\frac{1}{t-3} + C$ **37.** $\frac{1}{2}\text{arc sec}\,\frac{x}{2} + C$

39. $$\int \frac{dx}{x^{3/2} + ax^{1/2}} = \begin{cases} \frac{2}{\sqrt{a}}\text{arc tg}\sqrt{\frac{x}{a}} + C & a > 0 \\ \frac{1}{\sqrt{-a}}\ln\left|\frac{\sqrt{x}-\sqrt{-a}}{\sqrt{x}+\sqrt{-a}}\right| + C & a < 0 \\ -\frac{2}{\sqrt{x}} + C & a = 0 \end{cases}$$

41. $\ln|x+2| + 5/(x+2) - 3/(x+2)^2 + C$

43. $-\ln|x-2| - 2\frac{1}{x-2} + \frac{1}{2}\ln\left(x^2+4\right) + C$

45. $\frac{1}{3}\,\text{arc tg}\left(\frac{x+4}{3}\right) + C$ **47.** $\frac{1}{2}\ln|x-1| - \frac{1}{2}\ln|x+1| + C$

49. $-\frac{(x^2+4)^{3/2}}{48x^3} + \frac{\sqrt{x^2+4}}{16x} + C$ **51.** $-\frac{1}{9}e^{4-3x}(3x+4) + C$

53. $\frac{1}{2}x^2\,\text{sen}\,x^2 + \frac{1}{2}\cos x^2 + C$

55. $\frac{x^2}{2}\,\text{arc tgh}\,x + \frac{x}{2} - \frac{1}{4}\ln\left|\frac{1+x}{1-x}\right| + C$

57. $x\ln\left(x^2+9\right) - 2x + 6\text{arc tg}\left(\frac{x}{3}\right) + C$

59. $\frac{1}{2}\,\text{senh}\,2$ **61.** $t + \frac{1}{4}\,\text{cotgh}(1-4t) + C$ **63.** $\frac{\pi}{3}$

65. $\text{arc tg}\,(\text{tgh}\,x) + C$

67. **(a)** $$I_n = \int \frac{x^n}{x^2+1}\,dx = \int \frac{x^{n-2}(x^2+1-1)}{x^2+1}\,dx = \int x^{n-2}\,dx - \int \frac{x^{n-2}}{x^2+1}\,dx = \frac{x^{n-1}}{n-1} - I_{n-2}$$

(b)
$I_0 = \text{arc tg}\,x + C$; $I_1 = \frac{1}{2}\ln\left(x^2+1\right) + C$;
$I_2 = x - \text{arc tg}\,x + C$; $I_3 = \frac{x^2}{2} - \frac{1}{2}\ln\left(x^2+1\right) + C$;
$I_4 = \frac{x^3}{3} - x + \text{arc tg}\,x + C$; $I_5 = \frac{x^4}{4} - \frac{x^2}{2} + \frac{1}{2}\ln\left(x^2+1\right) + C$

(c) Prove por indução; mostre que vale com $n = 1$ e, então, suponha que seja válido com $n = k$ e use isso para mostrar que vale com $n = k + 1$.

69. $\frac{3}{4}$

71. $C = 2$; $P(0 \leq X \leq 1) = 1 - \frac{2}{e}$

73. **(a)** 0,1587 **(b)** 0,49997

75. A integral converge; $I = \frac{1}{2}$.

77. A integral converge; $I = 3\sqrt[3]{4}$.

79. A integral converge; $I = \frac{\pi}{2}$.

81. A integral não converge.

83. A integral não converge.

85. A integral converge.

87. A integral converge.

89. A integral converge.

91. π

95. $\frac{2}{(s-\alpha)^3}$

97. **(a)** T_N é menor e M_N é maior do que a integral.
(b) M_N é menor e T_N é maior do que a integral.
(c) M_N é menor e T_N é maior do que a integral.
(d) T_N é menor e M_N é maior do que a integral.

99. $M_5 \approx 0{,}7481$

101. $M_4 \approx 0{,}7450$

103. $S_4 \approx 0{,}7469$

105. $V \approx T_9 \approx 20$ ares-m $= 2.000$ m^3

107. Erro $\leq \frac{3}{128}$.

109. $N \geq 29$

Capítulo 8

Seção 8.1 Exercícios preliminares

1. $\int_0^\pi \sqrt{1 + \text{sen}^2\,x}\,dx$ **2.** $\int_0^h 2\pi r\,dx = 2\pi rh$ **3.** Sim

4. O gráfico de $y = f(x) + C$ é uma translação vertical do gráfico de $y = f(x)$; portanto, ambos os gráficos deveriam ter o mesmo comprimento de arco. Podemos confirmar isso explicitamente como segue:

$$\text{Comprimento de } y = f(x) + C = \int_a^b \sqrt{1 + \left[\frac{d}{dx}(f(x) + C)\right]^2}\,dx = \int_a^b \sqrt{1 + [f'(x)]^2}\,dx = \text{comprimento de } y = f(x).$$

5. Como $\sqrt{1 + f'(x)^2} \geq 1$ com qualquer função f, temos

$$\text{Comprimento do gráfico de } y = f(x) \text{ em } [1, 4] = \int_1^4 \sqrt{1 + f'(x)^2}\,dx \geq \int_1^4 1\,dx = 3$$

Seção 8.1 Exercícios

1. $L = \int_2^6 \sqrt{1 + 16x^6}\,dx$ **3.** $\frac{13}{12}$ **5.** $3\sqrt{10}$

7. $\frac{1}{27}(22\sqrt{22} - 13\sqrt{13})$ **9.** $e^2 + \frac{\ln 2}{2} + \frac{1}{4}$

11. $\int_1^2 \sqrt{1 + x^6}\,dx \approx 3{,}957736$ **13.** $\int_1^2 \sqrt{1 + \frac{1}{x^4}}\,dx \approx 1{,}132123$

15. $\int_1^3 \sqrt{1 + \frac{1}{x^2}}\,dx = 2{,}29896$ **17.** 6 **19.** $\frac{1}{27}\left(80\sqrt{10} - 13\sqrt{18}\right)$

21. $a = \text{arc senh}\,(5) = \ln(5 + \sqrt{26})$

25. Seja s o comprimento de arco. Então,
$s = \frac{a}{2}\sqrt{1 + 4a^2} + \frac{1}{4}\ln|\sqrt{1 + 4a^2} + 2a|$. Assim, se $a = 1$,
$s = \frac{1}{2}\sqrt{5} + \frac{1}{4}\ln(\sqrt{5} + 2) \approx 1{,}478943$.

27. $\sqrt{1+e^{2a}} + \frac{1}{2}\ln\frac{\sqrt{1+e^{2a}}-1}{\sqrt{1+e^{2a}}+1} - \sqrt{2} + \frac{1}{2}\ln\frac{1+\sqrt{2}}{\sqrt{2}-1}$

29. $\ln(1+\sqrt{2})$ **33.** 1,552248 **35.** $16\pi\sqrt{2}$

37. $\frac{\pi}{27}(145^{3/2}-1)$ **39.** $\frac{384\pi}{5}$ **41.** $\frac{\pi}{16}(e^4-9)$

43. $2\pi\int_1^3 x^{-1}\sqrt{1+x^{-4}}\,dx \approx 7{,}60306$

45. $2\pi\int_0^2 e^{-x^2/2}\sqrt{1+x^2e^{-x^2}}\,dx \approx 8{,}222696$

47. $2\pi\ln 2 + \frac{15\pi}{8}$ **49.** $4\pi^2 br$

51. $2\pi b^2 + \frac{2\pi ba^2}{\sqrt{a^2-b^2}}\,\text{arc sen}\left(\frac{\sqrt{a^2-b^2}}{a}\right)$

Seção 8.2 Exercícios preliminares

1. A pressão é definida como força por unidade de área.
2. O fator de proporcionalidade é a densidade de peso do fluido, $w = \rho g$.
3. A força de fluido age na direção perpendicular ao lado submerso do objeto.
4. A pressão depende somente da profundidade e não varia horizontalmente a uma dada profundidade.
5. Se uma placa estiver submersa verticalmente, a pressão não será constante ao longo da placa, de modo que a força de fluido não será igual à pressão vezes a área.

Seção 8.2 Exercícios

1. **(a)** Topo: $F = 176.400$ N; base: $F = 705.600$ N

(b) $F \approx \sum_{j=1}^{N} \rho g 3 y_j\,\Delta y$ **(c)** $F = \int_2^8 \rho g 3y\,dy$

(d) $F = 882.000$ N

3. Diferença = força na placa mais submersa – força na placa menos submersa = 19.600 N

5. **(a)** A largura do triângulo varia linearmente de 0 a uma profundidade de $y = 3$ m a 1 a uma profundidade de $y = 5$ m. Assim, $f(y) = \frac{1}{2}(y-3)$.

(b) A área da faixa a uma profundidade y é $\frac{1}{2}(y-3)\Delta y$, e a pressão a uma profundidade y é $\rho g y$, em que $\rho = 10^3$ kg/m^3 e $g = 9{,}8$. Assim, a força de fluido atuando na faixa à profundidade y é aproximadamente igual a $\rho g \frac{1}{2} y(y-3)\Delta y$.

(c) $F \approx \sum_{j=1}^{N} \rho g \frac{1}{2} y_j(y_j-3)\,\Delta y \to \int_3^5 \rho g \frac{1}{2} y(y-3)\,dy$

(d) $F = \frac{127.400}{3}$ N

7. **(b)** $F = \frac{19.600}{3} r^3$ N

9. $F = \frac{19.600}{3} r^3 + 4900\pi m r^2$ N

11. $F \approx 328.224.000$ lb

13. $F = \frac{815.360}{3}$ N

15. $F \approx 6153{,}18$ N

17. $F \approx 5652{,}4$ N

19. $F = 940.800$ N

21. $5{,}4604 \times 10^{11}$ N

23. $F = (15b + 30a)h^2$ lb

25. Na frente e atrás: $F = \frac{62{,}5\sqrt{3}}{9} H^3$; lados inclinados: $F = \frac{62{,}5\sqrt{3}}{3}\ell H^2$

Seção 8.3 Exercícios preliminares

1. $M_x = M_y = 0$
2. $M_x = 21$
3. $M_x = 5$, $M_y = 10$
4. Como um retângulo é simétrico tanto em relação à reta vertical quanto à reta horizontal pelo centro do retângulo, o princípio da simetria garante que o centroide de um retângulo deve estar em ambas essas retas. O único ponto em comum às duas retas de simetria é o centro do retângulo, de modo que o centroide do retângulo deve ser o centro do retângulo.
5. Se a placa tiver o formato de um anel, então o centro de massa não ocorre em ponto algum da placa.

Seção 8.3 Exercícios

1. **(a)** $M_x = 4m$; $M_y = 9m$; centro de massa: $\left(\frac{9}{4}, 1\right)$

(b) $\left(\frac{46}{17}, \frac{14}{17}\right)$

5. Um esboço da lâmina aparece a seguir.

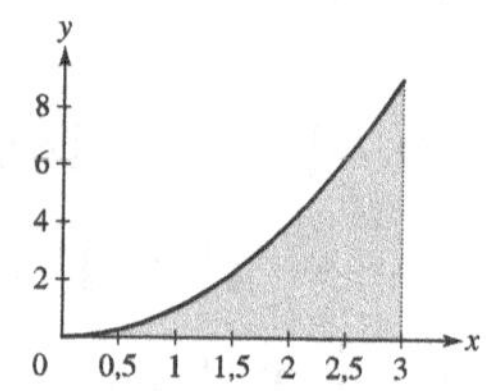

(a) $M_x = \frac{729}{10}$; $M_y = \frac{243}{4}$

(b) Área = 9 cm^2; centro de massa: $\left(\frac{9}{4}, \frac{27}{10}\right)$

7. $M_x = \frac{64\rho}{7}$; $M_y = \frac{32\rho}{5}$; centro de massa: $\left(\frac{8}{5}, \frac{16}{7}\right)$

9. **(a)** $M_x = 24$

(b) $M = 12$, portanto $y_{cm} = 2$; centro de massa: (0, 2)

11. $\left(\frac{93}{35}, \frac{45}{56}\right)$ **13.** $\left(\frac{9}{8}, \frac{18}{5}\right)$

15. $\left(\frac{1-5e^{-4}}{1-e^{-4}}, \frac{1-e^{-8}}{4(1-e^{-4})}\right)$ **17.** $\left(\frac{\pi}{2}, \frac{\pi}{8}\right)$

19. Um esboço da lâmina aparece a seguir.

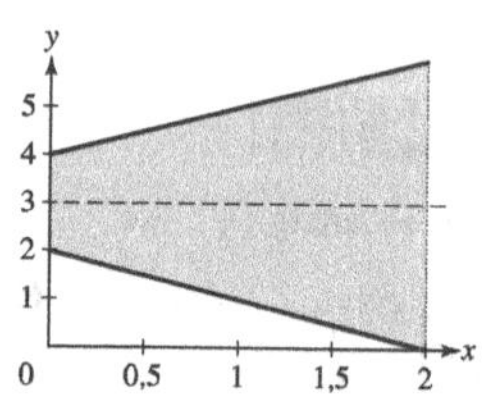

A região é claramente simétrica em relação à reta $y = 3$, portanto é de se esperar que o centroide da região esteja ao longo dessa reta. Encontramos $M_x = 24$, $M_y = \frac{28}{3}$, centroide: $\left(\frac{7}{6}, 3\right)$.

21. $\left(\frac{9}{20}, \frac{9}{20}\right)$ **23.** $\left(\frac{1}{2(e-2)}, \frac{e^2-3}{4(e-2)}\right)$ **25.** $\left(\frac{\pi\sqrt{2}-4}{4(\sqrt{2}-1)}, \frac{1}{4(\sqrt{2}-1)}\right)$

27. Um esboço da lâmina aparece a seguir. Centroide: $\left(0, \frac{2}{7}\right)$

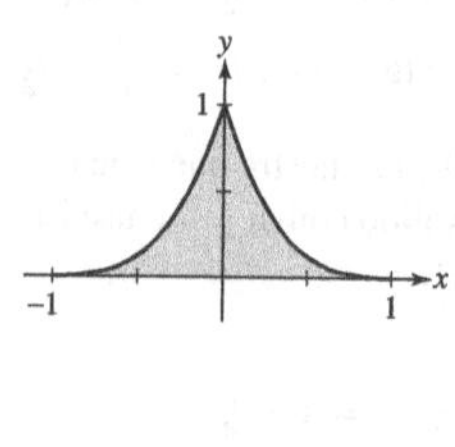

29. $\left(0, \frac{4b}{3\pi}\right)$

31. $\left(\frac{4}{3\pi}, \frac{4}{3\pi}\right)$

33. $\left(0, \frac{\frac{2}{3}(r^2-h^2)^{3/2}}{r^2 \operatorname{arc\,sen} \sqrt{1-h^2/r^2} - h\sqrt{r^2-h^2}}\right)$; com $r = 1$ e $h = \frac{1}{2}$:
$\left(0, \frac{3\sqrt{3}}{4\pi - 3\sqrt{3}}\right) \approx (0; 0{,}71)$

35. $V = \frac{\pi r^2 H}{3}$

37. $\left(0, \frac{49}{24}\right)$

39. $\left(-\frac{4}{9\pi}, \frac{4}{9\pi}\right)$

41. CM do quadrado à esquerda: (4, 4); CM do quadrado à direita: $\left(4, \frac{25}{7}\right)$

Seção 8.4 Exercícios preliminares

1. $T_3(x) = 9 + 8(x-3) + 2(x-3)^2 + 2(x-3)^3$
2. O polinômio com gráfico à direita é um polinômio de Maclaurin.
3. Um polinômio de Maclaurin dá o valor exato de $f(0)$.
4. A afirmação correta é **(b)**: $|T_3(2) - f(2)| \le \frac{2}{3}$.

Seção 8.4 Exercícios

1. $T_2(x) = x$; $T_3(x) = x - \frac{x^3}{6}$

3. $T_2(x) = \frac{1}{3} - \frac{1}{9}(x-2) + \frac{1}{27}(x-2)^2$;
$T_3(x) = \frac{1}{3} - \frac{1}{9}(x-2) + \frac{1}{27}(x-2)^2 - \frac{1}{81}(x-2)^3$

5. $T_2(x) = 75 + 106(x-3) + 54(x-3)^2$;
$T_3(x) = 75 + 106(x-3) + 54(x-3)^2 + 12(x-3)^3$

7. $T_2(x) = x$; $T_3(x) = x + \frac{x^3}{3}$

9. $T_2(x) = 2 - 3x + \frac{5x^2}{2}$; $T_3(x) = 2 - 3x + \frac{5x^2}{2} - \frac{3x^3}{2}$

11. $T_2(x) = \frac{1}{e} + \frac{1}{e}(x-1) - \frac{1}{2e}(x-1)^2$;
$T_3(x) = \frac{1}{e} + \frac{1}{e}(x-1) - \frac{1}{2e}(x-1)^2 - \frac{1}{6e}(x-1)^3$

13. $T_2(x) = (x-1) - \frac{3(x-1)^2}{2}$;
$T_3(x) = (x-1) - \frac{3(x-1)^2}{2} + \frac{11(x-1)^3}{6}$

15. Seja $f(x) = e^x$. Então, com qualquer n,
$$f^{(n)}(x) = e^x \quad \text{e} \quad f^{(n)}(0) = 1$$
Segue que
$$T_n(x) = 1 + \frac{x}{1!} + \frac{x^2}{2!} + \cdots + \frac{x^n}{n!}$$

19. $T_n(x) = 1 - x + x^2 - x^3 + \cdots + (-1)^n x^n$

21. $T_n(x) = e + e(x-1) + \frac{e(x-1)^2}{2!} + \cdots + \frac{e(x-1)^n}{n!}$

23. $T_n(x) = \frac{1}{\sqrt{2}} - \frac{1}{\sqrt{2}}\left(x - \frac{\pi}{4}\right) - \frac{1}{2\sqrt{2}}\left(x - \frac{\pi}{4}\right)^2 + \frac{1}{6\sqrt{2}}\left(x - \frac{\pi}{4}\right)^3 \cdots$
Em geral, o coeficiente de $(x - \pi/4)^n$ é
$$\pm\frac{1}{(\sqrt{2})n!}$$
com o padrão de sinais $+, -, -, +, +, -, -, \ldots$.

25. $T_2(x) = 1 + x + \frac{x^2}{2}$; $\left|T_2(-0{,}5) - f(-0{,}5)\right| \approx 0{,}018469$

27. $T_2(x) = 1 - \frac{2}{3}(x-1) + \frac{5}{9}(x-1)^2$;
$|f(1{,}2) - T_2(1{,}2)| \approx 0{,}00334008$

29. $T_3(x) = 1 + \frac{1}{2}(x-1) - \frac{1}{8}(x-1)^2 + \frac{1}{16}(x-1)^3$

31. $\frac{e^{1,1}|1{,}1|^4}{4!}$

33. $T_5(x) = 1 - \frac{x^2}{2} + \frac{x^4}{24}$; erro máximo $= \frac{(0{,}25)^6}{6!}$

35. $T_3(x) = \frac{1}{2} - \frac{1}{16}(x-4) + \frac{3}{256}(x-4)^2 - \frac{5}{2048}(x-4)^3$;
erro máximo $= \frac{35(0{,}3)^4}{65.536}$

37. $T_3(x) = x - \frac{x^3}{3}$; $T_3\left(\frac{1}{2}\right) = \frac{11}{24}$. Com $K = 5$,
$$\left|T_3\left(\tfrac{1}{2}\right) - \operatorname{arc\,tg} \tfrac{1}{2}\right| \le \frac{5\left(\frac{1}{2}\right)^4}{4!} = \frac{5}{384}$$

39. $K = 6{,}25$ é aceitável.

41. $n = 4$ **43.** $n = 6$ **47.** $n = 4$

51. $T_{4n}(x) = 1 - \frac{x^4}{2} + \frac{x^8}{4!} + \cdots + (-1)^n \frac{x^{4n}}{(2n)!}$

53. Em $a = 0$,
$$T_1(x) = -4 - x$$
$$T_2(x) = -4 - x + 2x^2$$
$$T_3(x) = -4 - x + 2x^2 + 3x^3 = f(x)$$
$$T_4(x) = T_3(x)$$
$$T_5(x) = T_3(x)$$
Em $a = 1$,
$$T_1(x) = 12(x-1)$$
$$T_2(x) = 12(x-1) + 11(x-1)^2$$
$$T_3(x) = 12(x-1) + 11(x-1)^2 + 3(x-1)^3 = -4 - x + 2x^2 + 3x^3 = f(x)$$
$$T_4(x) = T_3(x)$$
$$T_5(x) = T_3(x)$$

55. $T_2(t) = 60 + 24t - \frac{3}{2}t^2$; depois de 4 s, a distância do caminhão até a interseção é ≈ 132 m.

57. $T_3(x) = -\frac{k}{R^3}x + \frac{3k}{2R^5}x^3$

65. $T_4(x) = 1 - x^2 + \frac{1}{2}x^4$; o erro é de, aproximadamente, $|0{,}461458 - 0{,}461281| = 0{,}000177$.

67. **(b)** $\int_0^{1/2} T_4(x)\,dx = \frac{1841}{3840}$; estimativa do erro:
$$\left|\int_0^{1/2} \cos x\,dx - \int_0^{1/2} T_4(x)\,dx\right| < \frac{\left(\frac{1}{2}\right)^7}{6!}$$

69. **(a)** $T_6(x) = x^2 - \frac{1}{6}x^6$

Revisão do Capítulo 8

1. $\frac{779}{240}$ **3.** $4\sqrt{17}$ **7.** $24\pi\sqrt{2}$ **9.** $\frac{67\pi}{36}$

11. $12\pi + 4\pi^2$

13. 176.400 N

15. Força de fluido numa face triangular: $183.750\sqrt{3} + 306.250$ N; força de fluido na face retangular inclinada: $122.500\sqrt{3} + 294.000$ N.

17. $M_x = 20.480$; $M_y = 25.600$; centro de massa: $\left(2, \frac{8}{5}\right)$

19. $\left(0, \frac{2}{\pi}\right)$ **21.** $\frac{3\pi}{10}$

23. $T_3(x) = 1 + 3(x-1) + 3(x-2)^2 + (x-1)^3$

25. $T_4(x) = (x-1) + \frac{1}{2}(x-1)^2 - \frac{1}{6}(x-1)^3 + \frac{1}{12}(x-1)^4$

27. $T_4(x) = x - x^3$

29. $T_n(x) = 1 + 3x + \frac{1}{2!}(3x)^2 + \frac{1}{3!}(3x)^3 + \cdots + \frac{1}{n!}(3x)^n$

31. $T_3(1{,}1) = 0{,}832981496$; $\left|T_3(1{,}1) - \operatorname{arc\,tg} 1{,}1\right| = 2{,}301 \times 10^{-7}$

33. $n = 11$ é suficiente.

35. O enésimo polinômio de Maclaurin de $g(x) = \frac{1}{1+x}$ é
$$T_n(x) = 1 - x + x^2 - x^3 + \cdots + (-x)^n.$$

REFERÊNCIAS

O site (em inglês) MacTutor History of Mathematics Archive **www-history.mcs.st-and.ac.uk** é uma valiosa fonte de informação histórica.

Seção 1.1

(Exercício 77) Adaptado de *Calculus Problems for a New Century*, Robert Fraga, editor, Mathematical Association of America. Washington, DC, 1993, p. 9.

Seção 1.2

(Exercício 25) Adaptado de *Calculus Problems for a New Century*, Robert Fraga, editor, Mathematical Association of America. Washington, DC, 1993, p. 9.

Seção 1.7

(Exemplo 4) Adaptado de B. Waits e F. Demanan, "The Calculator and Computer Pre-Calculus Project", em *The impact of Calculators on Mathematics Instruction*, University of Houston, 1994.

(Exercício 12) Adaptado de B. Waits e F. Demanan, "The Calculator and Computer Pre-Calculus Project", em *The impact of Calculators on Mathematics Instruction*, University of Houston, 1994.

Seção 2.2

(Exercício 63) Adaptado de *Calculus Problems for a New Century*, Robert Fraga, editor, Mathematical Association of America. Washington, DC, 1993, nota 28.

Seção 2.3

(Exercício 40) Adaptado de *Calculus Problems for a New Century*, Robert Fraga, editor, Mathematical Association of America. Washington, DC, 1993, nota 28.

Revisão do Capítulo 2

(Exercício 68) Adaptado de *Calculus Problems for a New Century*, Robert Fraga, editor, Mathematical Association of America. Washington, DC, 1993, nota 28.

Seção 3.1

(Exercício 77) Problema sugerido por Dennis DeTurck, University of Pennsylvania.

Seção 3.2

(Exercícios 92 e 93) Problemas sugeridos por Chris Bishop, SUNY Stony Brook.

Seção 3.4

(Exercício Preliminar 2) Adaptado de *Calculus Problems for a New Century*, Robert Fraga, editor, Mathematical Association of America. Washington, DC, 1993, p. 25.

(Exercício 48) Karl J. Niklas e Brian J. Enquist, "Invariant Scaling Relationships for Interspecific Plant Biomass Production Rates and Body Size", *Proc. Natl. Acad. Sci.* 98, 5:2922-2927 (27 de Fevereiro de 2001).

Seção 3.5

(Exercício 45) Adaptado de Walter Meyer, "Falling Raindrops", em *Applications of Calculus*, de P. Straffin, editor, Mathematical Association of America. Washington, DC, 1993.

(Exercício 47) Adaptado de uma contribuição de Jo Hoffacker, University of Georgia.

(Exercícios 48-49) Adaptados de uma contribuição de Thomas M. Smith, University of Illinois em Chicago, e Cindy S. Smith, Plainfield High School.

(Exercícios 52 e 56) Problemas sugeridos por Chris Bishop, SUNY Stony Brook.

Seção 3.10

(Exercício 32) Adaptado de *Calculus Problems for a New Century*, Robert Fraga, editor, Mathematical Association of America. Washington, DC, 1993.

(Exercício 34) Problema sugerido por Kay Dundas.

(Exercício 38 e 44) Adaptados de *Calculus Problems for a New Century*, Robert Fraga, editor, Mathematical Association of America. Washington, DC, 1993.

Revisão do Capítulo 3

(Exercícios 81, 94 e 119) Problemas sugeridos por Chris Bishop, SUNY Stony Brook.

Seção 4.2

(Nota marginal p. 201) Adaptado de "Stories about Maxima and Minima", V. M. Tikhomirov, AMS, 1990.

(Nota marginal p. 205) De Pierre Fermat, "On Maxima and Minima and on Tangents", traduzido por D. J. Struik, editor, *A Source Book in Mathematics 1200-1800*, Princeton University Press, Princeton, NJ, 1986.

Seção 4.5

(Exercícios 48 e 79) Adaptados de *Calculus Problems for a New Century*, Robert Fraga, editor, Mathematical Association of America. Washington, DC, 1993.

Seção 4.6

(Exercícios 28-29) Adaptados de *Calculus Problems for a New Century*, Robert Fraga, editor, Mathematical Association of America. Washington, DC.

(Exercício 34) De Michael Helfgott, "Thomas Simpson and Maxima and Minima", *Convergence Magazine*, publicado *on-line* pela Mathematical Association of America.

(Exercício 42) Problema sugerido por John Haverhals, Bradley University. *Fonte:* Illinois Agrinews.

(Exercícios 44) Adaptado de *Calculus Problems for a New Century*, Robert Fraga, editor, Mathematical Association of America. Washington, DC, 1993.

(Exercícios 68-70) Adaptados de B. Noble, *Applications of Undergraduate Mathematics in Engineering*, Macmillan, New York, 1967.

(Exercício 72) Adaptado de Roger Johnson, "A Problem in Maxima and Minima", *American Mathematical Monthly*, 35:187-188 (1928).

Seção 4.7

(Exercício 19) Inspirado por "Do Dogs Know Calculus?" de Timothy Pennings, *The College Mathematics Journal*, Vol 34, No. 3 (Maio de 2003), pp. 178-182.

(Exercício 38) Adaptado de *Calculus for a Real and Complex World*, de Frank Wattenberg, PWS Publishing, Boston, 1995.

(Exercício 77) Adaptado de Robert J. Bumcrot, "Some Subtleties in L'Hôpital's Rule", em *A Century of Calculus*, Part II, Mathematical Association of America, Washington, DC, 1992.

Seção 4.8

(Exercício 20) Adaptado de *Calculus Problems for a New Century*, Robert Fraga, editor, Mathematical Association of America. Washington, DC, 1993, p. 52.

(Exercícios 32-33) Adaptados de E. Packel e S. Wagon, *Animating Calculus*, Springer-Verlag, New York, 1997, p. 79.

Revisão do Capítulo 4

(Exercício 68) Adaptado de *Calculus Problems for a New Century*, Robert Fraga, editor, Mathematical Association of America. Washington, DC, 1993.

Seção 5.1

(Exercício 3) Problema sugerido por John Polhill, Bloomsburg University.

(Exercício 86) Problema sugerido por Chris Bishop, SUNY Stony Brook.

Seção 5.5

(Exercícios 40-41) Adaptados de *Calculus Problems for a New Century*, Robert Fraga, editor, Mathematical Association of America. Washington, DC, 1993, p. 102.

(Exercício 42) Problema sugerido por Dennis DeTurck, University of Pennsylvania.

Seção 5.6

(Exercícios 25-26) M. Newman e G. Eble, "Decline in Extinction Rates and Scale Invariance in the Fossil Record", *Paleobiology* 25:434-439 (1999).

(Exercício 28) De H. Flanders, R. Korfhage e J. Price, *Calculus*, Academic Press, New York, 1970.

Seção 5.7

(Exercício 76) Adaptado de *Calculus Problems for a New Century*, Robert Fraga, editor, Mathematical Association of America. Washington, DC, 1993, p. 121.

Seção 6.1

(Exercício 52) Adaptado de Tom Farmer e Fred Grass, "Miami University: An Alternative Calculus", em *Priming the Calculus Pump*, Thomas Tucker, editor, Mathematical Association of America. Washington, DC, 1990, nota 17.

(Exercício 65) Adaptado de *Calculus Problems for a New Century*, Robert Fraga, editor, Mathematical Association of America. Washington, DC, 1993.

Seção 6.3

(Exercícios 60 e 62) Adaptados de G. Alexanderson e L. Klosinski, "Some Surprising Volumes of Revolution", *Two-Year College Mathematics Journal*, 6, 3:13-15 (1975).

Seção 7.1

(Exercícios 62-64, 67, 68-70 e 73) Problemas sugeridos por Brian Bradie, Christopher Newport University.

(Exercício 78) Adaptado de *Calculus Problems for a New Century*, Robert Fraga, editor, Mathematical Association of America. Washington, DC, 1993.

(Exercício 87) Adaptado de J. L. Borman, "A Remark on Integration by Parts," *American Mathematical Monthly* 51:32-33 (1944).

Seção 7.3

(Exercício 52) Adaptado de *Calculus Problems for a New Century*, Robert Fraga, editor, Mathematical Association of America. Washington, DC, 1993, p. 118.

Seção 7.6

(Exercícios 1-5 e 9) Problemas sugeridos por Brian Bradie, Christopher Newport University.

Seção 7.7

(Exercício 84) Problema sugerido por Chris Bishop, SUNY Stony Brook.

Seção 7.9

Ver R. Courant e F. John, *Introduction to Calculus and Analysis*, Vol. I, Springer-Verlag, New York, 1989.

Seção 8.1

(Exercício 54) Adaptado de G. Klambauer, *Aspects of Calculus*, Springer-Verlag, New York, 1986, Capítulo 6.

Apêndice D

(Demonstração do Teorema 6) Uma demonstração sem essa hipótese simplificadora pode ser encontrada em R. Courant e F. John, *Introduction to Calculus and Analysis*, Vol. I, Springer-Verlag, New York, 1989.

ÍNDICE